Hans Jörg Dirschmid

MATHEMATISCHE GRUNDLAGEN DER ELEKTROTECHNIK

Zu diesem Lehrbuch sind
LÖSUNGEN UND HINWEISE
erschienen (ISBN 3-528-03035-6)

Hans Jörg Dirschmid

MATHEMATISCHE GRUNDLAGEN DER ELEKTROTECHNIK

4., verbesserte Auflage

Mit 386 Bildern

vieweg

CIP-Titelaufnahme der Deutschen Bibliothek

Dirschmid, Hans Jörg:
Mathematische Grundlagen der Elektrotechnik/
Hans Jörg Dirschmid. – 4., verb. Aufl. –
Braunschweig; Wiesbaden: Vieweg, 1988

ISBN 978-3-322-83229-0 ISBN 978-3-322-83228-3 (eBook)
DOI 10.1007/978-3-322-83228-3

1. Auflage 1986
Nachdruck 1986
2., durchgesehene Auflage 1987
3., verbesserte Auflage 1988
4., verbesserte Auflage 1990

Der Verlag Vieweg ist ein Unternehmen der Verlagsgruppe Bertelsmann International.

Satz: Vieweg, Braunschweig und Elsner & Behrens, Ottersheim

Vorwort

Die letzten Jahrzehnte haben eine stürmische Entwicklung der technischen Wissenschaften gebracht. Die Grenzen der Phantasie des Menschen scheinen immer weiter hinauszurücken, die Verwirklichung seiner Ideen ist meist keine Utopie mehr. Wir verfügen heute über Rechenautomaten mit kaum mehr faßbarer Arbeitsgeschwindigkeit und nahezu unvorstellbarem Speichervermögen, über Maschinen, die es uns erlauben, zu immer feineren Konstruktionen vorzudringen, nicht nur um praktische Bedürfnisse zu befriedigen, sondern auch um zu einem immer tieferen Verständnis für die komplizierten Strukturen unserer physikalischen Welt zu gelangen. Viele dieser Entwicklungen und Forschungen sind aufs engste mit den mathematischen Wissenschaften verknüpft, sowohl in theoretischer, als auch in praktischer Hinsicht, ja wurden erst durch mathematische Betrachtungen möglich. Auch in Zukunft werden weitere Fortschritte ohne das Fundament einer mathematischen Untersuchung nicht denkbar sein.

Die Auseinandersetzung mit mathematischen Objekten und Modellbildungen ist für jedes technische Studium erforderlich, doch wird der Wunsch nach mathematischen Kenntnissen oft nur mit dem Bedürfnis nach einer Formelsprache begründet. Die Notwendigkeit formaler Methoden in den Naturwissenschaften ist sicher unbestritten, es bedeutet aber leichtfertigen Verzicht auf ein wertvolles Instrument, die Mathematik bloß als bequemes Rechenhilfsmittel anzusehen, wie es die in breiten Kreisen vertretene Auffassung, die Mathematik sei eine rein deduktive Wissenschaft, deren Wert einzig und allein in der Kunst des Rechnens liege, allzu deutlich zum Ausdruck bringt. Diese Ansicht, die durch Betonung des Abstrakten und Formalen oft schon in der Schule aufkommt und ein verzerrtes Bild der Mathematik entwirft, ist völlig falsch. Die Bedeutung der Mathematik ist an anderem zu messen als an der Möglichkeit zum Erlernen rechnerischer Fähigkeiten: Abstraktion und Deduktion sind bloße Ausdrucksformen mathematischer Arbeitsweise, das Lebendige in der Mathematik, ihr Lebensnerv, ist Intuition und Konstruktion.

Die Geschichte der Mathematik reicht bis in das dritte Jahrtausend v.Chr. zurück. Die Kulturen des vorderen Orients haben zahlreiches Material zu dem, was wir Arithmetik, Geometrie und Gleichungslösung nennen, gesammelt und in mehr oder minder losem Zusammenhang überliefert, teilweise auch mit Widersprüchlichem, worüber die unterschiedlichen Angaben zur Kreismessung Zeugnis ablegen. Dieses Erbe übernahmen die Griechen, deren Kultur bis in unsere Tage, wenn auch im Geist unserer Zeit kaum mehr erkennbar, hineinstrahlt. Was die Griechen vor allem von ihren Vorgängern unterschied, war ein ausgeprägter analytischer Verstand und ein – auf lange Zeit nur ihnen eigener – Hang zum reinen Schauen der Natur. Es war das Wissen um des Wissens willen, das die Frage nach dem Anfang und dem Ursprung allen Seins, die philosophische Grundfrage, erstmals so stellte, daß weder mythologische noch religiöse Antworten ihr genügen konnten. Und so ist der griechische Ursprung unseres modernen Begriffes Mathematik auch eine Würdigung der griechischen Geisteswelt. Das Wort leitet sich aus dem Zeitwort *μανθάνειν* (manthánein) ab, das folgende Bedeutungen hat: lernen, kennenlernen, erfahren, einsehen, verstehen, begreifen, wissen. Das Hauptwort *μάθημα* (máthema) bedeutet den Unterricht, das Gelernte, den Gegenstand des Lernens, die Kenntnis: Es umschreibt in abstrakter Form alle jene Dinge, die einer Beschäftigung wert sind. In den vier ‚Mathematas', der Arithmetika (Rechenkunst, Zahlenlehre), der Harmonika (Musiklehre), der Geometria (Geometrie) und der Astrologia (Astronomie) sahen die Griechen auch die Grundlage zum Verständnis der Welt und ihrer Ordnung.

Die Systematik und Logik in der Auseinandersetzung mit dem von den Babyloniern und Ägyptern Überlieferten, die Klärung von Begriffsbildungen und ihrer Zusammenhänge, die Formulierung und Sicherung von Aussagen durch Beweiseskraft, ist die Seele der griechischen Wissenschaft. Sie erschöpft sich aber nicht allein in, wie wir heute sagen würden, theoretischen Erkenntnissen, sie forderte auch geradezu Leistungen heraus, die wir mehr in die angewandte Mathematik einzuordnen haben und die zu den geistesgeschichtlichen Sternstunden der Menschheit zu zählen sind. Im dritten Jahrhundert v.Chr. gehörte es bereits zum Allgemeingut der griechischen Wissenschaft, daß die Erde Kugelgestalt hat; Platon erwähnt dies mit dichterischen Worten und Aristoteles führt als Beweis hierfür an, daß der Schatten der Erde auf dem Mond kreisförmig ist. Eratosthenes nimmt um 200 v.Chr. sogar die effektive Berechnung des Erdumfanges in Angriff. Er bestimmt durch Winkelmessungen den Breitenunterschied zwischen Alexandria und Syene und schließt aus diesem sowie aus der Entfernung der beiden Städte auf den Umfang des Vollkreises. Bewundernswert ist, daß es ihm dabei gelang, den Erdumfang auf ungefähr ein Prozent genau auszurechnen, aber mehr noch, wie stark die Überzeugung von der Richtigkeit seiner Vorstellungen gewesen sein muß, wie selbstverständlich er die für ihn und seine Zeitgenossen unfaßbare Größe der Erdkugel zur Kenntnis nahm! Kaum minder großartig, nicht nur von der Idee, sondern auch von der Durchführung her, ist die Leistung des Aristarch von Samos, der es als erster in der Geschichte wagte, die Entfernung der Erde von der Sonne zu messen. Er tat dies auf der Grundlage des pythagoräischen Lehrsatzes, indem er bei Halbmond das rechtwinkelige Dreieck betrachtete, das Sonne, Erde und Mond in solcher Lage bildet. Wenn sein Ergebnis auch weit unter dem tatsächlichen Wert liegt, und zwar ausschließlich deshalb, weil seine Einrichtungen zur Winkelmessung die für die Lösung der Aufgabe notwendigen Genauigkeitsansprüche einfach nicht erfüllen konnten, so schmälert dies nicht im geringsten den geistigen Wert seines Anliegens. Ein beredtes Zeugnis über die technische Begabung der Griechen legt ein Tunnelbau durch den Berg Samos in Kleinasien um 530 v.Chr. ab (das Wort ‚Technik' entstammt übrigens ebenfalls der griechischen Sprache: τέχνη (téchne) bedeutet Kunst, Geschicklichkeit, Sachkenntnis, Handwerk). Nach vorher angestellten feinsinnigen geometrischen Überlegungen und Konstruktionen wurden von zwei Seiten in den Berg gegraben; dabei entstand auf einen Kilometer Länge in der Mitte eine Abweichung von nur 10 Metern! Der Tunnel durch den Berg Samos, von Eupalinos erbaut, ist heute noch vollständig erhalten, genauso wie ihn Herodot beschrieben hat.

So manchem Menschen aus unserer Zeit mag die Art und Weise, wie die Griechen mit Begeisterung eine Antwort auf ihre Fragen gesucht und gefunden haben, nicht weiter bewegen, für viele ist dies längst totes Wissen. Wenn man sich aber in ihre Zeit zurückversetzt, so steht eine faszinierende Welt auf, die uns durch ihren Ideenreichtum und durch ihren schöpferischen Geist ein reiches, lebendiges Erbe hinterlassen hat. Nicht zuletzt ist aus der griechischen Geisteswelt unsere moderne Naturwissenschaft hervorgegangen, der Erfolge nur beschieden waren, wenn nach griechischer Art, mit Gefühl und Sinn für Ästhetik, aus an Ahnungen reicher Übersicht, ohne Bindung an metaphysisch vorgegebene

Denkmuster, Fragen gestellt und Antworten überprüft wurden, und schließlich auch der Mut dazu vorhanden war, gängige Auffassungen gegebenenfalls zu verwerfen. Die Geschichte der Mechanik mit ihrem Begründer Newton, die Geschichte der Elektrodynamik, verbunden mit den Namen Faraday und Maxwell, liefert uns hierfür einen glänzenden Beweis. Ansätze und Ideen, die zu nichts führten, gab es im Laufe der Zeit genug; allem Spekulativen jedoch hat sich die Natur von jeher entschieden entgegengestellt, nur wenn sich Idee, Phantasie und Mut in der Synthese organisch der Natur einordnete, führte dies zu höherer Einsicht. Den Griechen in ihrem Drang nach Einblick in den großen Plan der Natur gelang dies in vielem durch Betrachtung und Anschauung, durch ϑεωρία (theoria), wie sie es nannten. Bei ihnen tritt die Begabung zu solchem Denken, deren Erscheinungsform jene ganz bestimmte Geisteshaltung ist, die wir heute als *wissenschaftliche* Einstellung bezeichnen, zum ersten Male in der Geschichte auf, und sie wird für lange Zeit danach noch einzigartig dastehen. Die von ihrer Gedankenwelt im Laufe eines auch in manch anderer Hinsicht bewegten Abschnittes der Geschichte eingeleitete Wandlung im menschlichen Denken hält einen bedeutungsvollen Augenblick in der Geistesgeschichte der Menschheit fest, sie erhebt die griechische Art, sich mit der Natur und ihrer Ordnung zu befassen, die Mathematik, in den Rang einer Wissenschaft.

Was Mathematik in unserem heutigen Sinn ist, kann dieses bedeutungsvolle Kapitel der Kulturgeschichte des Menschen wirksamer beantworten als jeglicher Versuch einer philosophischen Definition. Die Mathematik ist letztlich etwas tief im Inneren jedes geistig regen und auf Ästhetik ansprechenden Menschen Verankertes, jeder aufgeschlossene Mensch wird sich dem Wesen der Mathematik durch aufrichtige und disziplinierte Befassung mit ihrer Substanz nähern. Dem Techniker, der für seine Kunst und für sein Handwerk das feste und sichere Fundament der Mathematik benötigt, nicht nur im Hinblick auf die Erlangung einer gewissen Rechenfertigkeit, sondern vor allem auch dazu, um Verständnis und Gefühl für die Ordnungsstrukturen unserer physikalischen Welt zu entwickeln, mag dieses Buch eine Hilfe dabei sein – vielleicht vermag es darüber hinaus so manch getrübtes Verhältnis zur Mathematik aufzulösen.

Ich komme schließlich noch der ehrenvollen Pflicht nach, allen, die mir bei der Herausgabe dieses Buches zur Seite standen, meinen Dank auszusprechen. Den Herren Dr. J. Descovich, Dr. R. Fuchs, Dr. P. Bauer, Dipl.-Ing. F. Hlawatsch, Dipl.-Ing. E. Schmidt danke ich für zahlreiche Anregungen und wertvolle Hilfe bei der Erstellung der Abbildungen sowie beim Lesen der Korrekturen; den Herren Dr. H. Hofschneider und Doz. Dr. R. Taschner bin ich darüber hinaus auch für die moralische Unterstützung während der langjährigen Arbeitszeit verpflichtet. Die unermüdliche Aufopferung meiner Mutter, mir manche Mühe des täglichen Lebens aus dem Weg zu räumen, hat mir die Arbeit in hohem Maße erleichtert. Frau U. Schmickler-Hirzebruch und Herrn A. Schubert, meinen Redakteuren beim Verlag, möchte ich auf diesem Wege für das stete Interesse und für die langmütige Geduld bei der Herausgabe dieses Buches danken.

Ich möchte nicht schließen ohne Worte des Gedenkens an Prof. Dr. E. Bukovics, dessen unermüdliches und fruchtbares Wirken an der Technischen Universität Wien auch maßgeblichen Einfluß auf das Entstehen dieses Buches gehabt hat. Sein allzu früher und völlig unerwarteter Tod vor zehn Jahren hat alle, die ihn kannten, tief getroffen.

Wien, im Juli 1985 H. J. Dirschmid

Blockdiagramm – Inhalt

Zahl – Funktion – Grenzwert
Differential – Integral
Reihen
Vektor- und Matrizenrechnung
Differentialrechnung von Funktionen in mehreren Veränderlichen
Bereichsintegrale

Lineare Funktionenräume – lineare Operationen
Orthogonalreihen
Fourier-Transformation
Laplace-Transformation
Verallgemeinerte Funktionen

Gewöhnliche Differentialgleichungen
Lineare Systeme
Nichtlineare Systeme
Stabilität – Schwingungen

Vektoranalysis
Felder – Doppelfelder
Das elektromagnetische Feld
Partielle Differentialgleichungen der mathematischen Physik
Wärmeleitungsgleichung
Wellengleichung – Telegraphengleichung

Funktionentheorie
Umkehrung der Fourier-Transformation
Umkehrung der Laplace-Transformation
$\mathcal{Z}$-Transformation
Konforme Abbildung

Inhaltsverzeichnis

Kapitel I Grundlagen der Analysis

Kapitel III Integralrechnung

Kapitel IV Reihen

Kapitel V Vektor- und Matrizenrechnung

Kapitel VI Differential- und Integralrechnung von Funktionen mehrerer Veränderlicher

Kapitel VII Integraltransformationen und verallgemeinerte Funktionen

Kapitel VIII Gewöhnliche Differentialgleichungen

Kapitel IX Vektoranalysis und partielle Differentialgleichungen

Kapitel X Funktionentheorie

Kapitel I Grundlagen der Analysis

1 Grundbegriffe

Die Entwicklung unseres heutigen Zahlbegriffes, die in einem lange währenden Abstraktionsprozess vollzogen wurde, ist eine ungemein große Leistung des menschlichen Denkens.

Bei allen historischen Völkern traten durch Abzählen der Dinge quantitative Erkenntnisse, die ihren Ausdruck in einer „Zahl“ fanden, an die Stelle bloß qualitativer. Auch die moderne Mathematik beruht zur Gänze auf dem Zählbegriff in Form der *natürlichen* Zahlen 1, 2, 3, ... , die für den Aufbau der verschiedenen Zahlbegriffe das Fundament bilden.

Dem Leser wird bekannt sein, daß schon die alten Griechen über einen sehr differenzierten Zahlbegriff verfügten, mit dessen Hilfe sie beachtliche axiomatische Untersuchungen durchführten. Ihre große Leistung ist die genaue Unterscheidung der Begriffe *„Zahl“* und *„Verhältnis“* entsprechend der modernen Terminologie „natürliche Zahl“ und „rationale Zahl“. Der Entdeckung der Inkommensurabilität von Seite und Diagonale des Quadrates, d.h. der Unvergleichbarkeit von Seitenlänge und Diagonale durch ein Verhältnis (in moderner Sprache durch eine rationale Zahl), haben sie durch Einführung der *„Diagonalzahlen“* Rechnung getragen – sie kannten also bereits gewisse Typen von irrationalen Zahlen. Damit wurde ein wesentlicher Schritt zur Entwicklung unseres heutigen Zahlbegriffes getan; es ist jedoch eine große Tragik, daß die alten Griechen nicht daran dachten, ihre verschiedenen Zahlbegriffe zu einem gemeinsamen Oberbegriff zusammenzufassen.

Beiträge gänzlich anderer Art waren die Einführung des Dezimalsystems, der negativen Zahlen und der Null durch die Inder im 6. Jahrhundert n. Chr. Über die Araber, die die Null *al sifr* (das Leere, die Leerstelle) nannten (spätlateinisch *cifra,* woher unser Wort Ziffer stammt), gelangten diese Ideen in den Kulturkreis des vorderen Orients und im weiteren, mit der Ausdehnung des arabischen Reiches im 7. Jahrhundert, über Spanien nach Europa, insbesondere die im westarabischen Raum verwendeten Ziffernsymbole. Durch den regen Handelsverkehr im Mittelmeerraum verbreitete sich diese äußerst vorteilhafte Schreib- und Rechenweise bald in Italien und gelangte von dort nach Deutschland. 1483 erschien in Nürnberg das erste deutsche Rechenbüchlein, in dem das Rechnen mit arabischen Ziffern und dem Abakus gelehrt wurde.

Mit der Einführung der Dezimalbruchentwicklung durch den Holländer *Simon Stevin* in dem Werk *De Thiende* (1585) begann die Synthese des heutigen Zahlbegriffes. Die Darstellung und Veranschaulichung der Zahlen auf der Zahlengeraden durch den französischen Philosophen *Renè Descartes* (1596–1650) ist vielleicht der entscheidende Schritt (der die griechische Mathematik gekrönt hätte!), denn auf der Identifikation von Zahlen und Längen von Strecken beruht eigentlich der moderne Begriff der reellen Zahl. Die endgültige strenge Begründung ist den großen Mathematikern des 19. Jahrhunderts, *Carl Friedrich Gauß* (1777–1855), *Bernhard Bolzano* (1781–1849), *Joseph Augustin Cauchy* (1789–1857) zu danken. Ihren Abschluß findet sie durch *Karl Weierstraß* (1815–1897), *Richard Dedekind* (1831–1916) und *Georg Cantor* (1845–1918).

Der moderne axiomatische Aufbau der reellen Zahlen geht von einigen wenigen Eigenschaften der natürlichen Zahlen, den sogenannten Grundgesetzen der Arithmetik, aus und entwickelt daraus stufenweise die Bereiche der ganzen, rationalen, reellen und komplexen Zahlen sowie ihre Eigenschaften. Die natürlichen Zahlen spielen demnach die tragende Rolle, worauf *Leopold Kronecker* (1823–1891) mit seinem bekannten Ausspruch „Die natürlichen Zahlen sind uns von Gott gegeben, alles andere ist Menschenwerk" nachdrücklich hingewiesen hat.

Der Versuch, die Grundgesetze der Arithmetik in Axiomen zu formulieren, wurde erst verhältnismäßig spät unternommen; das wohl wichtigste Axiomensystem ist das von *Giuseppe Peano* (1858–1932). Der genannte stufenweise Aufbau soll aber in seinen Einzelheiten nicht besprochen werden; wir beschränken uns vielmehr darauf, die wichtigsten Eigenschaften der reellen Zahlen anzuführen.

1.1 Arithmetische Eigenschaften der reellen Zahlen

Wir bezeichnen mit

$$\mathbb{N} := \{1, 2, 3, \ldots\}$$

die Menge der natürlichen Zahlen, mit

$$\mathbb{N}_0 := \{0, 1, 2, \ldots\}$$

die Menge der nichtnegativen ganzen Zahlen, die aus der Menge der natürlichen Zahlen durch Hinzunahme der Null entsteht, mit

$$\mathbb{Z} := \{\ldots, -3, -2, -1, 0, 1, 2, 3, \ldots\}$$

die Menge der ganzen Zahlen, mit $\mathbb{Q}$ die Menge der rationalen Zahlen, d.h. die Menge derjenigen Zahlen, die sich als Bruch $\frac{p}{q}$, $q \neq 0$, mit ganzen Zahlen p und q darstellen lassen, und schließlich mit $\mathbb{R}$ die Menge der reellen Zahlen.

Wir erinnern den Leser an die folgenden, die vier Grundrechnungsarten betreffenden Rechenregeln

$$(a + b) + c = a + (b + c), \tag{1.1}$$

$$(a \cdot b) \cdot c = a \cdot (b \cdot c) \tag{1.2}$$

(*Assoziativgesetze* der Addition und Multiplikation),

$$a + b = b + a, \tag{1.3}$$

$$a \cdot b = b \cdot a \tag{1.4}$$

(*Kommutativgesetze* der Addition und Multiplikation),

$$(a + b) \cdot c = a \cdot c + b \cdot c \tag{1.5}$$

(*Distributivgesetz*), ferner

$$a + 0 = a, \tag{1.6}$$

$$a \cdot 1 = a \tag{1.7}$$

für jede reelle Zahl a.

Für je zwei reelle Zahlen a und b ist die Gleichung

$$a + x = b \tag{1.8}$$

stets eindeutig lösbar, ihre Lösung $x := b - a$ nennt man die *Differenz* von b und a. Die auf diese Weise erklärte *Subtraktion* ist im Bereich der reellen Zahlen uneingeschränkt ausführbar.

Entsprechend gibt es zu je zwei reellen Zahlen a und b, sofern $a \neq 0$ ist, stets genau eine Lösung der Gleichung

$$a \cdot x = b, \tag{1.9}$$

die man den *Quotienten* $x := \frac{b}{a}$ nennt. Die so erklärte *Division* ist daher, *mit Ausnahme der Division durch Null,* im Bereich der reellen Zahlen uneingeschränkt ausführbar.

Die Gesetze (1.1) bis (1.9) nennt man die *Körperaxiome* und sagt deshalb, daß die reellen Zahlen einen *Körper* bilden. Dem Leser sind sicher viele weitere Rechenregeln, die Grundrechnungsarten betreffend, bekannt; diese lassen sich jedoch aus den Körperaxiomen ableiten. So folgen z.B. die *Kürzungsregeln*[1])

$$a + c = b + c \Longrightarrow a = b,$$

$$\left.\begin{array}{r} a \cdot c = b \cdot c \\ c \neq 0 \end{array}\right\} \Longrightarrow a = b,$$

indem man die Körpergesetze geeignet kombiniert. Für die Multiplikation z.B. verwendet man die wegen (1.9) vorhandene Lösung $x = \frac{1}{c}$ der Gleichung $c \cdot x = 1$ und schließt folgendermaßen:

$$(ac)x = (bc)x \overset{(1.2)}{\Longrightarrow} a(cx) = b(cx) \Longrightarrow a \cdot 1 = b \cdot 1 \overset{(1.7)}{\Longrightarrow} a = b.$$

Aus den Kürzungsregeln folgt, daß ein Produkt $a \cdot b$ nur dann Null werden kann, wenn mindestens einer der Faktoren a, b gleich Null ist.

Die Assoziativgesetze gestatten das Weglassen von Klammern: Dadurch ist eine zweifelsfreie Identifikation von Ausdrücken wie $a + b + c + \ldots + r$ bzw. $a \cdot b \cdot c \ldots \cdot r$ mit einer beliebigen endlichen Anzahl von Summanden bzw. Faktoren erst möglich.

---

1) Wir führen bei dieser Gelegenheit die Abkürzung $A \Rightarrow B$ für „Aus A folgt B" bzw. „Wenn A, so B" ein. Falls diese Aussage, dieser Schluß, richtig ist, so heißt A *eine hinreichende Bedingung für* B und B *eine notwendige Bedingung für* A. Unter $A \Leftrightarrow B$ verstehen wir die Aussage „Aus A folgt B und aus B folgt A" und nennen A und B *äquivalent*. In diesem Fall ist jede der Bedingungen A und B für die jeweils andere notwendig und hinreichend. Für $A \Leftrightarrow B$ sind auch die Sprechweisen „*A gilt genau dann, wenn* B *erfüllt ist*" oder „*Dann und nur dann gilt* A, *wenn* B *richtig ist*" u.a. im Gebrauch.

Im Zusammenhang mit derartigen mehrfachen Summen und Produkten führen wir die Schreibweise mit dem Summenzeichen Σ und dem Produktzeichen Π ein: Sind $a_1, a_2, \ldots, a_n$ beliebige reelle Zahlen, so bedeute

$$\sum_{k=1}^{n} a_k \quad \text{bzw.} \quad \prod_{k=1}^{n} a_k$$

ihre Summe bzw. ihr Produkt

$$\sum_{k=1}^{n} a_k := a_1 + a_2 + \ldots + a_n, \quad \prod_{k=1}^{n} a_k := a_1 a_2 \ldots a_n.$$

Beispiel 1.1: Für $a_k = k^2$ und $n = 5$ erhält man

$$\sum_{k=1}^{5} k^2 = 1^2 + 2^2 + 3^2 + 4^2 + 5^2 = 55$$

und

$$\prod_{k=1}^{5} k^2 = 1^2\, 2^2\, 3^2\, 4^2\, 5^2 = 14400.$$

Beispiel 1.2: Sind sämtliche $a_k = 1$, so ist

$$\sum_{k=1}^{n} 1 = 1 + 1 + \ldots + 1 = n$$

und

$$\prod_{k=1}^{n} 1 = 1 \cdot 1 \cdot 1 \cdot \ldots \cdot 1 = 1.$$

Etwas allgemeiner setzt man

$$\sum_{k=m}^{n} a_k := a_m + a_{m+1} + \ldots + a_n$$

bzw.

$$\prod_{k=m}^{n} a_k := a_m\, a_{m+1} \ldots a_n,$$

worin m und n ganze Zahlen mit $m \leqslant n$ bezeichnen, die die *Summationsgrenzen* bzw. *Produktgrenzen* heißen. Der „laufende Index" k wird auch *Summationszeiger* bzw. *Produktzeiger* genannt. So ist etwa

$$\sum_{k=3}^{5} k = 3 + 4 + 5 = 12, \quad \sum_{k=-2}^{1} k^3 = (-2)^3 + (-1)^3 + 0^3 + 1^3 = -8,$$

$$\prod_{k=-1}^{1} k = (-1) \cdot 0 \cdot 1 = 0, \quad \sum_{k=n}^{n} a_k = a_n.$$

Wir weisen mit Nachdruck darauf hin, daß die Benennung des Zeigers willkürlich ist, solange nicht Symbole benützt werden, deren Bedeutung anderweitig festgelegt ist, wie z.B. die Summationsgrenzen. So kann man statt

$$\sum_{k=m}^{n} a_k \quad \text{auch} \quad \sum_{l=m}^{n} a_l,\ \sum_{i=m}^{n} a_i,\ \sum_{h=m}^{n} a_h, \ldots$$

schreiben, nicht jedoch etwa den Zeiger mit einem der Buchstaben n, m oder a bezeichnen!

Die wiederholte Multiplikation einer reellen Zahl mit sich selbst ergibt ihre *Potenz* mit natürlichem *Exponenten*

$$a^n := \prod_{k=1}^{n} a\,. \tag{1.10}$$

Potenzen von a mit negativen ganzzahligen Exponenten werden für $a \neq 0$ durch die Festsetzung

$$a^{-n} := \left(\frac{1}{a}\right)^n = \frac{1}{a^n} \tag{1.11}$$

erklärt. Definiert man noch

$$a^0 := 1, \tag{1.12}$$

so ist die Potenz a^m für jeden ganzen Exponenten m bestimmt. Diese Definitionen, insbesondere (1.12), sind derart gewählt, daß die Rechenregeln

$$a^{m+n} = a^m \cdot a^n, \tag{1.13}$$

$$(a^m)^n = a^{m \cdot n} \tag{1.14}$$

für alle ganzzahligen Exponenten m und n gelten. In diesem Zusammenhang weisen wir noch darauf hin, daß die Symbole

$$a^{m^n} := a^{(m^n)} \quad \text{und} \quad (a^m)^n = a^{m \cdot n}$$

zu unterscheiden sind!

Eine weitere wesentliche Eigenschaft der reellen Zahlen besteht darin, daß sie sich der Größe nach vergleichen lassen. Wir verwenden die üblichen Bezeichnungen

$a \leqslant b$: a ist kleiner oder gleich, jedenfalls nicht größer als b,

$a < b$: a ist kleiner als b.

$b \geqslant a$ resp. $b > a$ bedeuten dasselbe wie $a \leqslant b$ resp. $a < b$.

Die Relation $\leqslant$ genügt den Gesetzen:

Es ist stets $a \leqslant a$ (*Reflexivität*). (1.15)

$a \leqslant b$ und $b \leqslant a \Longrightarrow a = b$ (*Antisymmetrie*). (1.16)

$a \leqslant b$ und $b \leqslant c \Longrightarrow a \leqslant c$ (*Transitivität*). (1.17)

Je zwei reelle Zahlen lassen sich vergleichen, d.h., es gilt entweder $a \leqslant b$ oder $b \leqslant a$ (oder beides). (1.18)

Die Gesetze (1.15) bis (1.18) nennt man die Axiome der *Totalordnung*.

Von großer Bedeutung ist nun die Verträglichkeit der algebraischen Operationen mit der Ordnungsrelation $\leqslant$, die in den folgenden *Monotoniegesetzen*

$$a \leqslant b \Longrightarrow a + c \leqslant b + c \quad \text{für jedes reelle } c, \tag{1.19}$$

$$a \leqslant b \text{ und } c \geqslant 0 \Longrightarrow ac \leqslant bc \tag{1.20}$$

zum Ausdruck kommt. Wegen dieser Verträglichkeit nennt man die Menge $\mathbb{R}$ einen *total geordneten Körper.*

Eine Fülle weiterer Gesetze, die das Rechnen mit Ungleichungen erleichtern, sind Folgerungen aus (1.15) bis (1.20). Wir erwähnen

$$a \geqslant 0 \Longrightarrow -a \leqslant 0, \tag{1.21}$$

$$a \leqslant b \quad \text{und} \quad c \leqslant 0 \Longrightarrow ac \geqslant bc, \tag{1.22}$$

$$a \leqslant b \Longrightarrow \quad -a \geqslant -b, \tag{1.23}$$

$$0 < a \leqslant b \Longrightarrow \frac{1}{a} \geqslant \frac{1}{b}, \tag{1.24}$$

$$a \leqslant b \quad \text{und} \quad c \leqslant d \Longrightarrow a + c \leqslant b + d, \tag{1.25}$$

$$a \leqslant b \quad \text{und} \quad c \geqslant d \Longrightarrow a - c \leqslant b - d, \tag{1.26}$$

$$0 \leqslant a \leqslant b \quad \text{und} \quad 0 \leqslant c \leqslant d \Longrightarrow ac \leqslant bd, \tag{1.27}$$

$$0 \leqslant a \leqslant b \Longrightarrow 0 \leqslant a^n \leqslant b^n \quad \text{für jede natürliche Zahl } n, \tag{1.28}$$

$$a^2 \geqslant 0 \quad \text{für jedes reelle } a. \tag{1.29}$$

Wir bemerken dazu, daß sämtliche Regeln (1.19) bis (1.28) gültig bleiben, wenn man alle vorkommenden $\leqslant$-Zeichen durch $<$-Zeichen ersetzt.

Wir wollen am Beispiel der Regeln (1.21) bis (1.23) darlegen, wie man derartige Gesetze aus (1.15) bis (1.20) ableiten kann.

Zum Beweis von (1.21) setzen wir in (1.19) 0 statt a, a statt b und $(-a)$ statt c ein.

Für (1.22) setzen wir $d = -c$, so daß nach dem eben bewiesenen $d \geqslant 0$ gilt. Nun schließen wir wie folgt:

$$a \leqslant b \overset{(1.20)}{\Longrightarrow} ad \leqslant bd \Longrightarrow a(-c) \leqslant b(-c) \Longrightarrow -ac \leqslant -bc \overset{(1.19)}{\Longrightarrow}$$

$$(ac + bc) - ac \leqslant (ac + bc) - bc \overset{(1.1)}{\Longrightarrow} bc \leqslant ac.$$

(1.23) ist ein Spezialfall von (1.22). Wir empfehlen dem Leser, zur Übung die verbleibenden Regeln zu beweisen.

Eine fundamentale Eigenschaft der reellen Zahlen, die, wie wir im folgenden Abschnitt 2 sehen werden, einen der Eckpfeiler der Grenzwerttheorie und damit der Analysis bildet, beschreibt das

Axiom von Archimedes: *Zu je zwei reellen Zahlen* $a > 0$ *und* $b > 0$ *gibt es stets eine natürliche Zahl* n, *so daß*

$$n \cdot a > b \tag{1.30}$$

gilt.

Diese in der heutigen Form erstmals von *Archimedes von Syrakus* (287–212 v. Chr.) ausgesprochene Gesetzmäßigkeit findet sich bereits in den „Elementen" *Euklids* und wird *Eudoxos von Knidos* (408–355 v. Chr.) zugeschrieben. Seine Aussage ist, daß jede beliebig große positive Zahl b durch ein geeignetes Vielfaches einer auch noch so kleinen Zahl a übertroffen werden kann.

Man nennt damit den total geordneten Körper $\mathbb{R}$ auch *archimedisch angeordnet.*

Wir erwähnten schon den grundlegenden Gedanken, die reellen Zahlen mit Längen von Strecken zu identifizieren. Dies führte zur Idee, den reellen Zahlen die Punkte einer beidseitig ins Unendliche erstreckten Geraden zuzuordnen. Diese Gerade nennt man die *Zahlengerade* (Bild 1.1). Den der Zahl 0 entsprechenden Punkt nennt man auch den *Ursprung* der Zahlengeraden; $a < b$ bedeutet, daß a links von b liegt: positive Zahlen liegen also rechts vom Ursprung, negative links davon.

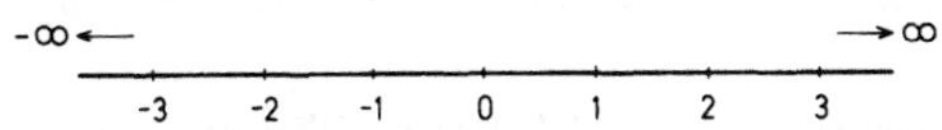

Bild 1.1

Den Abstand einer Zahl a vom Ursprung mißt man durch ihren *Absolutbetrag* (*absoluter Betrag* oder kurz *Betrag*),

$$|a| := \begin{cases} a, & \text{wenn} \quad a \geqslant 0 \\ -a, & \text{wenn} \quad a < 0. \end{cases} \tag{1.31}$$

Es gelten folgende Gesetze:

$$\text{Es ist stets} \quad |a| \geqslant 0, \tag{1.32}$$

$$|a| = 0 \iff a = 0, \tag{1.33}$$

$$|-a| = |a|, \tag{1.34}$$

$$|a \cdot b| = |a| \cdot |b|, \tag{1.35}$$

$$\left|\frac{a}{b}\right| = \frac{|a|}{|b|}, \tag{1.36}$$

$$-|a| \leqslant a \leqslant |a|, \tag{1.37}$$

$$|a| = |b| \implies \text{entweder } a = b \text{ oder } a = -b, \tag{1.38}$$

$$|a| \leqslant b \iff -b \leqslant a \leqslant b. \tag{1.39}$$

Besonders herausstreichen wollen wir die sogenannte *Dreiecksungleichung*

$$|a + b| \leqslant |a| + |b| \tag{1.40}$$

und ihre Folgerung

$$\big||a| - |b|\big| \leqslant |a - b| \leqslant |a| + |b|. \tag{1.41}$$

Zum Beweis der Dreiecksungleichung verwendet man zunächst (1.37)

$$-|a| \leqslant a \leqslant |a|, \quad -|b| \leqslant b \leqslant |b|;$$

durch Addition dieser Ungleichungen (Regel (1.25)) folgt

$$-(|a| + |b|) \leqslant a + b \leqslant |a| + |b|.$$

Nach (1.39) ist diese Ungleichung mit (1.40) äquivalent. Ersetzt man nun in (1.40) a durch a − b, so folgt

$$|a| \leqslant |a - b| + |b|$$

und analog

$$|b| \leqslant |b - a| + |a|,$$

wenn man in (1.40) b durch b − a ersetzt. Man erhält somit

$$-|a - b| \leqslant |a| - |b| \leqslant |a - b|.$$

Das ist die linke Ungleichung in (1.41). Die rechte erhält man aus (1.40), indem man b durch −b ersetzt.

Abschließend erwähnen wir noch den Begriff des *Vorzeichens* oder *Signums* einer reellen Zahl, das durch

$$\operatorname{sign}(a) := \begin{cases} +1, \text{ wenn } a > 0 \\ 0, \text{ wenn } a = 0 \\ -1, \text{ wenn } a < 0 \end{cases} \tag{1.42}$$

definiert ist und mit dem Betrag im Zusammenhang

$$|a| = a \cdot \operatorname{sign}(a) \quad \text{bzw.} \quad a = |a| \operatorname{sign}(a)$$

steht.

1.2 Das Prinzip der vollständigen Induktion

Die in den Naturwissenschaften vornehmlich zum Auffinden von Gesetzmäßigkeiten verwendete Methode ist die *Induktion,* bei der aus speziellen Beobachtungen auf das Bestehen allgemeiner Zusammenhänge geschlossen wird. So stellt z.B. der Physiker auf Grund von Experimenten Vermutungen auf, die mittels weiterer Versuche auf Herz und Nieren geprüft werden und, falls sie durch die Tests genügend erhärtet worden sind, in den Rang von Gesetzen erhoben werden. Aus diesen Gesetzen werden auf *deduktive* Weise, oft mit Hilfe der Mathematik, weitere Eigenschaften der zu untersuchenden Objekte abgeleitet. Der Komplex der so gewonnenen Erkenntnisse bildet eine physikalische „Theorie“, an der so lange festgehalten wird, als nicht neue Experimente Widersprüche aufdecken, die eine Verfeinerung, Abänderung oder gar Verwerfung der Gesetze erfordern.

Man hört oft die Ansicht, die Mathematik sei eine rein deduktive Wissenschaft, in der die induktive Denkweise – das Schließen vom Speziellen auf das Allgemeine – verpönt ist. Nichts ist falscher als das. So werden auch in der Mathematik wie in allen anderen Wissenschaften die meisten Entdeckungen durch Induktions- und Analogiebetrachtungen gewonnen. Nur unterscheidet die Mathematik scharf zwischen bloßen Vermutungen und bewiesenen Tatsachen, läßt also auf die erkennende (induktive) Phase die beweisende (deduktive) folgen.

Betrachten wir ein einfaches Beispiel. Die Beobachtungen

$$\begin{aligned} 1 &= 1^2, \\ 1+3 = 4 &= 2^2, \\ 1+3+5 = 9 &= 3^2, \\ 1+3+5+7 = 16 &= 4^2, \\ 1+3+5+7+9 = 25 &= 5^2 \end{aligned}$$

legen die Vermutung nahe, daß die Summe der ersten n ungeraden Zahlen stets den Wert n^2 ergibt. Weitere Prüfungen wie

$$\begin{aligned} 1+3+5+7+9+11+13+15+17 &= 81 = 9^2 \\ 1+3+5+7+9+11+13+15+17+19+21+23 &= 144 = 12^2 \end{aligned}$$

erhärten diese Vermutung. Wie viele Berechnungen dieser Art man aber auch anstellt – immer verbleiben noch unendlich viele Werte von n, für die man die Formel noch nicht nachgeprüft hat. Die Berechnungen liefern deshalb keinen exakten Beweis dafür, daß die oben ausgesprochene Vermutung allgemein richtig ist.

Es gibt jedoch ein Prinzip, das es gestattet, die durch Induktion gewonnene Formel in voller Allgemeinheit streng zu beweisen, den induktiven Teil also durch einen deduktiven zu vervollständigen. Dieses Prinzip nennt man die *vollständige Induktion*; es gehört zu den Grundgesetzen der Arithmetik – im Axiomensystem von Peano ist es das fünfte Axiom.

Wir wollen die Grundgedanken dieses Prinzips an unserem Beispiel erläutern. Nehmen wir an, wir hätten die Gültigkeit der Formel

$$S_n = \sum_{k=1}^{n} (2k-1) = n^2 \tag{1.43}$$

für einen bestimmten Wert von n bereits nachgeprüft. Die Überprüfung der allgemeinen Gültigkeit von (1.43) wäre nun sinnvollerweise mit der auf n folgenden natürlichen Zahl n + 1 fortzusetzen. Dazu brauchen wir nur die nächste ungerade Zahl $2(n+1)-1 = 2n+1$ zu (1.43) hinzuzuzählen und erhalten

$$S_{n+1} = S_n + (2n+1) = n^2 + 2n + 1 = (n+1)^2, \tag{1.44}$$

womit (1.43) auch für (n + 1) bewiesen ist.

Eine aufmerksame Analyse dieser Überlegung zeigt, daß dieser Übergang von n auf n +1 von der (zunächst fixierten) Zahl n unabhängig ist. Man kann daher den Übergang zur nächstgrößeren natürlichen Zahl, von 1 beginnend, beliebig oft wiederholen. Das Prinzip der vollständigen Induktion bringt nun zum Ausdruck, daß man auf diese Weise schließlich jede natürliche Zahl erreicht. Wir fassen es folgendermaßen zusammen:

Prinzip der vollständigen Induktion: *Enthält eine Menge* M *von natürlichen Zahlen*

(1) *die Zahl* 1,

(2) *mit jeder Zahl* n *auch die nachfolgende Zahl* n + 1,

so stimmt M *mit* $\mathbb{N}$ *überein, enthält also überhaupt alle natürlichen Zahlen.*

Für das eingangs erwähnte Beispiel bezeichne M die Menge aller derjenigen natürlichen Zahlen n, für die die Formel (1.43) richtig ist. Wir haben uns bereits davon überzeugt, daß 1 in M liegt, weil (1.43) für n = 1 richtig ist. Der Übergang (1.44) zeigt nun, daß aus der Gültigkeit der Formel für n die für n + 1 folgt, d.h. daß M zu jeder natürlichen Zahl n auch ihren Nachfolger n + 1 enthält. Das Prinzip der vollständigen Induktion lehrt nun, daß $M = \mathbb{N}$ ist, d.h. daß (1.43) in voller Allgemeinheit gilt.

Wir wollen das Prinzip der vollständigen Induktion an einigen Beispielen üben.

Beispiel 1.3: Wir zeigen

$$\sum_{k=1}^{n} k = 1 + 2 + 3 \ldots + n = \frac{n(n+1)}{2}. \tag{1.45}$$

Diese Formel ergibt für n = 1 die richtige Beziehung 1 = 1, ist also in diesem Fall richtig.

Wir nehmen an, sie gelte für ein bestimmtes n. Dann folgt

$$\sum_{k=1}^{n+1} k = \sum_{k=1}^{n} k + (n+1) = \frac{n(n+1)}{2} + n + 1 = \frac{(n+1)(n+2)}{2}.$$

Das ist gerade die Beziehung, die man durch Ersetzen von n durch n + 1 in (1.45) erhält. Der Übergang von n auf n + 1 ist also unbeschränkt durchführbar, (1.45) daher allgemein bewiesen.

In vielen Fällen hat man Beziehungen zu beweisen, die nicht bereits ab n = 1, sondern erst ab einer bestimmten natürlichen Zahl n_0 gelten. Man verwendet dann die folgende Variante des Prinzips der vollständigen Induktion: Ist die Aussage A(n) für $n = n_0$ richtig und ist der Schluß von n auf n + 1 für jedes $n \geqslant n_0$ durchführbar, so ist die Aussage A(n) für alle $n \geqslant n_0$ gültig.

Beispiel 1.4: Wir beweisen die sogenannte *Bernoullische Ungleichung*

$$(1+a)^n > 1 + na \quad \text{für} \quad a \neq 0,\ a > -1,\ n \geqslant 2. \tag{1.46}$$

Für $n = n_0 = 2$ ergibt sich

$$(1+a)^2 = 1 + 2a + a^2 > 1 + 2a.$$

Nehmen wir an, (1.46) gelte für ein gewisses n. Dann folgt wegen $1 + a > 0$

$$(1+a)^{n+1} = (1+a)^n(1+a) > (1+na)(1+a) = 1 + (n+1)a + na^2 > 1 + (n+1)a.$$

Beispiel 1.5: Seien $a_1, a_2, \ldots, a_n$ reelle Zahlen mit $0 < a_i < 1$ und $n \geqslant 2$. Wir zeigen

$$\prod_{k=1}^{n} (1 - a_k) > 1 - \sum_{k=1}^{n} a_k.$$

Für $n = n_0 = 2$ ist

$$(1-a_1)(1-a_2) = 1 - a_1 - a_2 + a_1a_2 > 1 - (a_1 + a_2).$$

Der Schluß von n auf n + 1 erfolgt so:

$$\prod_{k=1}^{n+1} (1-a_k) = (1-a_{n+1}) \prod_{k=1}^{n} (1-a_k) > (1-a_{n+1})\left(1 - \sum_{k=1}^{n} a_k\right) =$$

$$= 1 - a_{n+1} - \sum_{k=1}^{n} a_k + a_{n+1} \sum_{k=1}^{n} a_k > 1 - \sum_{k=1}^{n+1} a_k.$$

Beispiel 1.6: Wir wollen die Zahlen 2^n und n^3 vergleichen. Für $n = 1$ ist $2^n > n^3$, für $2 \leq n \leq 9$ findet man $2^n < n^3$. Die Vermutung, daß die letzte Ungleichung für alle $n \geq 2$ gilt, wird durch den Fall $n = 10$ widerlegt: $2^{10} = 1024 > 1000 = 10^3$. Prüft man noch einige weitere Fälle nach, etwa $n = 11, 12, 13$, so erhält man weiterhin $2^n > n^3$. Untersuchen wir daher die Vermutung

$$2^n > n^3 \quad \text{für} \quad n \geq 10.$$

Sie ist jedenfalls gültig für $n = n_0 = 10$. Nehmen wir an, sie gelte für ein bestimmtes $n \geq 10$. Dann folgt

$$2^{n+1} = 2 \cdot 2^n > 2 \cdot n^3 = n^3 + n^3 = n^3 + (n-1)n^2 + n(n-1) + n;$$

da $n > 4$ ist, folgt

$$2^{n+1} > n^3 + 3n^2 + 3n + 1 = (n+1)^3.$$

Der Schluß von n auf $n + 1$ ist daher für $n > 4$, speziell für $n \geq 10$ durchführbar. Die Formel ist daher für alle $n \geq 10$ richtig.

Für $5 \leq n \leq 9$ ist sie, obwohl der Übergang von n auf $n + 1$ durchführbar wäre, nicht richtig, da sie für $n = 5$ falsch ist!

Beispiel 1.7: Wir untersuchen die Behauptungen

„$4^n + 1$ ist durch 3 teilbar“, „$4^n - 1$ ist durch 3 teilbar“.

Der Schluß von n auf $n + 1$ verläuft in beiden Fällen gleich: Ist $4^n \pm 1$ durch 3 teilbar, d.h.

$$4^n \pm 1 = 3 \cdot m$$

mit einer geeigneten ganzen Zahl m, so folgt

$$4^{n+1} \pm 1 = 4^{n+1} - 4^n + 4^n \pm 1 = 3 \cdot (4^n + m),$$

so daß mit $4^n \pm 1$ auch $4^{n+1} \pm 1$ durch 3 teilbar wäre. Für $n = 1$ ist nun $4^1 - 1 = 3$ durch 3 teilbar; folglich ist $4^n - 1$ für alle n durch 3 teilbar. Ein natürliche Zahl der Gestalt $4^n + 1$ kann daher wegen $4^n + 1 = 4^n - 1 + 2$ für keine natürliche Zahl n durch 3 teilbar sein.

Dieses Beispiel zeigt, daß die uneingeschränkte Durchführbarkeit des Schlusses von n auf $n + 1$ nichts hilft, wenn es keine Zahl $n_0 \geq 1$ gibt, mit der man beginnen könnte.

1.3 Das Intervallschachtelungsprinzip

Die vier Grundrechnungsarten +, −, · und : führen aus der Menge der rationalen Zahlen nicht heraus, d.h. Summe, Differenz, Produkt und Quotient rationaler Zahlen sind wieder rational. Wir hätten daher die in Abschnitt 1.1 besprochenen Rechenregeln genausogut nur für die rationalen Zahlen formulieren können, die ebenfalls einen total geordneten Körper bilden. Im folgenden werden wir jedoch Eigenschaften der Menge $\mathbb{R}$ der reellen Zahlen kennenlernen, die $\mathbb{R}$ vom Körper $\mathbb{Q}$ der rationalen Zahlen wesentlich unterscheiden.

Das dem Leser bekannte Wurzelziehen ist das einfachste Beispiel einer Rechenoperation, die aus dem Bereich der rationalen Zahlen herausführt und daher dessen Erweiterung erforderlich macht. Bereits in den „Elementen“ Euklids findet man den Beweis der Irrationalität von $\sqrt{2}$. Dieser Beweis ist ein Musterbeispiel für die Technik der *indirekten Beweisführung*, mit der wir den Leser an dieser Stelle vertraut machen wollen. Diese Technik geht davon aus, daß jede Aussage entweder richtig oder falsch ist: Führt die Annahme, eine Behauptung sei falsch, auf einen Widerspruch zu den Voraussetzungen, so folgt daraus zwingend die Richtigkeit dieser Behauptung.

Treffen wir also die indirekte Annahme, $\sqrt{2}$ sei rational. Da jede rationale Zahl sich als Quotient teilerfremder ganzer Zahlen darstellen läßt, gibt es ganze Zahlen p und q mit größtem gemeinsamen Teiler 1 derart, daß

$$\sqrt{2} = \frac{p}{q}$$

ist. Daraus folgt $p^2 = 2q^2$; p^2 – und damit auch p – ist somit eine gerade Zahl, d.h. durch 2 teilbar. Daher gibt es eine ganze Zahl p' mit $p = 2p'$. Durch Quadrieren erhält man dann $2q^2 = p^2 = 4p'^2$, somit $q^2 = 2p'^2$, woraus ersichtlich ist, daß auch q^2 – und damit q – durch 2 teilbar ist. 2 ist also gemeinsamer Teiler von p und q. Die Annahme, $\sqrt{2}$ sei rational, führt somit auf einen Widerspruch – $\sqrt{2}$ muß irrational sein.

Besonders wichtige irrationale Zahlen sind die *Kreiszahl*

$$\pi = 3.141\,592\,653\,589\,793\,238\ldots$$

und die *Eulersche Zahl* (siehe Abschnitt 2.8)

$$e = 2.718\,281\,828\,459\,045\,235\ldots.$$

Da irrationale Zahlen nicht als Quotienten ganzer Zahlen dargestellt werden können, gibt ihre ziffernmäßige Angabe gewisse Probleme auf. In der Praxis pflegt man eine irrationale Zahl ξ dadurch zu erfassen, indem man sie durch rationale Zahlen „einschließt", also zwei rationale Zahlen r_1 und r_2 mit

$$r_1 < \xi < r_2$$

angibt. Je näher r_1 und r_2 beeinander liegen, d.h. je kleiner die Differenz $r_2 - r_1$ ist, um so mehr gültige Ziffern der Dezimalbruchentwicklung von ξ sind bekannt. Bereits auf Archimedes geht z.B. die Einschließung

$$\frac{223}{71} < \pi < \frac{22}{7}$$

zurück, aus der $3.140 < \pi < 3.143$ folgt.

Überlegen wir uns, wie man derartige Schranken r_1 und r_2 für $\sqrt{2}$ finden kann. Aus $1 < 2 < 2^2$ folgt

$$1 < \sqrt{2} < 2.$$

Um diese Einschließung zu verbessern, halbieren wir die Strecke von 1 nach 2 und erkennen aus $1.5^2 = 2.25 > 2$, daß der Halbierungspunkt 1.5 rechts von $\sqrt{2}$ liegt,

$$1 < \sqrt{2} < 1.5.$$

Wir halbieren weiter die Strecke von 1 nach 1.5. Es ist $1.25^2 = 1.5625 < 2$. also

$$1.25 < \sqrt{2} < 1.5.$$

Durch fortgesetztes Halbieren gelingt es, $\sqrt{2}$ immer genauer einzuschließen. So erhält man z.B. nach 13 Schritten

$$\frac{11585}{8192} < \sqrt{2} < \frac{5793}{4096},$$

woraus $1.41418 < \sqrt{2} < 1.41431$ folgt.

Dieser Vorgang läßt sich beliebig fortsetzen und liefert immer weitere Ziffern der Dezimalbruchentwicklung von $\sqrt{2}$.

Eine wesentliche Eigenschaft der Menge der reellen Zahlen ist nun, daß sie alle Zahlen enthält, die durch einen derartigen Vorgang erfaßt werden können, dessen Idee die immer genauere Einschließung der fraglichen Zahl in rationale Schranken ist. Dies kommt in dem nun zu besprechenden Intervallschachtelungsaxiom zum Ausdruck.

Zunächst erinnern wir an den Begriff des *Intervalls:* Es seien a und b reelle Zahlen. Wir bezeichnen mit $[a, b]$ die Menge aller reellen Zahlen x mit $a \leqslant x \leqslant b$, wofür wir abkürzend

$$[a, b] := \{x \mid a \leqslant x \leqslant b\}$$

schreiben, und nennen $[a, b]$ ein *abgeschlossenes Intervall.* Dagegen heißt

$$]a, b[:= \{x \mid a < x < b\}$$

ein *offenes Intervall.* Die Intervalle

$$[a, b[:= \{x \mid a \leqslant x < b\}$$

und

$$]a, b] := \{x \mid a < x \leqslant b\}$$

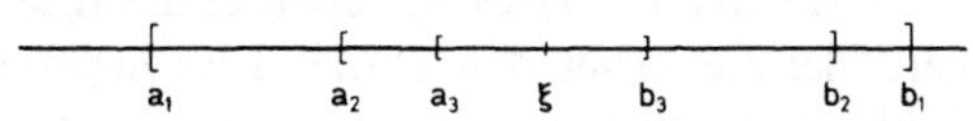

Bild 1.2

nennt man *halboffen.*

Die eben besprochenen Intervalle sind endliche Intervalle. $(b - a)$ ist ihre Länge, die Punkte a und b werden die Endpunkte des Intervalls genannt. Die vier angeführten Typen unterscheiden sich nur durch die Zugehörigkeit der Endpunkte. Kommt es auf diese nicht an, so bezeichnen wir mit dem Sammelsymbol $\langle a, b\rangle$ irgendeines dieser Intervalle.

Unendliche Intervalle sind

$$[a, \infty[:= \{x \mid x \geqslant a\} \quad \text{und} \quad]a, \infty[:= \{x \mid x > a\}$$

sowie

$$]-\infty, b] := \{x \mid x \leqslant b\} \quad \text{und} \quad]-\infty, b[:= \{x \mid x < b\}.$$

Eine dem Intervall $\langle a, b\rangle$ analoge Bedeutung haben die unendlichen Intervalle $]-\infty, b\rangle$ und $\langle a, \infty[$. Schließlich stimmt das beidseitig unendliche Intervall $]-\infty, \infty[:= \mathbb{R}$ definitionsgemäß mit der Zahlengeraden überein.

Mit diesen Bezeichnungen sind wir nun in der Lage, das angekündigte Axiom zu formulieren:

Intervallschachtelungsaxiom: *Gegeben sei eine unendliche Folge*

$$[a_1, b_1], [a_2, b_2], \ldots, [a_n, b_n], \ldots$$

von abgeschlossenen Intervallen mit folgenden beiden Eigenschaften: Es gilt 1)

$$a_n \leqslant a_{n+1} \leqslant b_{n+1} \leqslant b_n \quad \textit{für} \quad n = 1, 2, \ldots, \tag{1.47}$$

d. h. jedes Intervall der Folge ist im vorhergehenden enthalten (Bild 1.2). 2) *Die Längen der Intervalle* $[a_n, b_n]$ *werden mit zunehmendem* n *beliebig klein, d. h., zu jedem auch noch so kleinen* $\epsilon > 0$ *gibt es einen Index* n, *so daß*

$$b_n - a_n < \epsilon. \tag{1.48}$$

Dann gibt es eine und nur eine reelle Zahl ξ, *die in allen diesen Intervallen enthalten ist.*

Die Forderungen (1.47) und (1.48) zusammengenommen beinhalten, daß die Intervalle $[a_n, b_n]$ sich gewissermaßen auf den Punkt ξ „zusammenziehen". Eine derartige Folge „ineinandergeschachtelter" Intervalle nennt man eine *die reelle Zahl* ξ *bestimmende Intervallschachtelung.* Sind alle Zahlen a_n und b_n rational, so nennt man die obige Intervallfolge eine *rationale* Intervallschachtelung.

Bemerkenswert ist, daß man schon mit den rationalen Intervallschachtelungen jede reelle Zahl erfassen kann. Die Grundlage dafür ist, daß jedes Intervall rationale Zahlen enthält. Man wählt dann in den Intervallen $[a_n, b_n]$ rationale Zahlen r_n und s_n mit $r_n \leqslant \xi \leqslant s_n$ derart, daß die Intervalle $[r_n, s_n]$ wieder eine Intervallschachtelung bilden.

Anschaulich gesehen bedeutet das Intervallschachtelungsaxiom die „Lückenlosigkeit" der Zahlengeraden. Durch diese Eigenschaft unterscheidet sich die Menge der reellen Zahlen wesentlich von der der rationalen Zahlen.

So folgt z.B. aus dem Intervallschachtelungsaxiom, analog der zur Berechnung von $\sqrt{2}$ verwendeten Methode, allgemein die

Existenz der n-ten Wurzel: *Zu jeder reellen Zahl* $a > 0$ *und zu jeder natürlichen Zahl* n *gibt es genau eine positive Lösung der Gleichung*

$$x^n = a. \tag{1.49}$$

Man schreibt für diese $x = \sqrt[n]{a}$ *oder, im Hinblick auf die weiter unten zu formulierenden Rechenregeln, auch* $x = a^{1/n}$ *und nennt* $\sqrt[n]{a}$ *die n-te Wurzel aus* a.

Wir bemerken, daß die Gleichung (1.49) für gerades n auch eine negative Lösung besitzt, die mit $-\sqrt[n]{a}$ bezeichnet wird. Das Symbol $\sqrt[n]{a}$ bedeutet stets die positive Lösung von (1.49).

Man setzt nun weiter für $a > 0$, p und q ganz, $q > 0$

$$a^{p/q} := (a^{1/q})^p = (\sqrt[q]{a})^p \tag{1.50}$$

und definiert so Potenzen mit beliebigen rationalen Exponenten. Mit Hilfe des Intervallschachtelungsaxioms lassen sich dann auch die Potenzen mit beliebigen reellen Exponenten definieren. Ist die reelle Zahl b durch eine rationale Intervallschachtelung $[r_n, s_n]$ gegeben, so betrachtet man die Folge der Intervalle $[a^{r_n}, a^{s_n}]$; es läßt sich zeigen, daß auch diese Intervalle eine Intervallschachtelung bilden – die durch sie bestimmte reelle Zahl bezeichnet man mit a^b. Die Gesetze (1.11) bis (1.14) behalten dabei ihre Gültigkeit, d.h., für beliebige reelle Zahlen b und c gilt

$$a^b \cdot a^c = a^{b+c}, \tag{1.51}$$

$$(a^b)^c = a^{b \cdot c}, \tag{1.52}$$

$$a^{-b} = \frac{1}{a^b}. \tag{1.53}$$

1.4 Reelle Zahlenmengen

Mit den Intervallen haben wir bereits einfache Beispiele reeller Zahlenmengen kennengelernt. Im Zusammenhang mit der Betrachtung von Funktionen treten jedoch oft kompliziertere Mengen von reellen Zahlen auf, weshalb wir nun einige grundlegende Eigenschaften derartiger Mengen studieren wollen.

Wir setzen voraus, daß der Leser mit der elementaren Mengenlehre vertraut ist und verwenden die übliche Notation, an die wir hier erinnern wollen. Ist A eine beliebige Menge, so bedeutet $x \in A$, daß x ein Element aus A ist; ist hingegen x kein Element von A, so schreiben wir $x \notin A$. Für zwei beliebige Mengen A und B bedeutet $A \subseteq B$, daß jedes Element von A auch Element von B ist und man sagt, A ist eine *Teilmenge* von B und B eine *Obermenge* von A. Statt $A \subseteq B$ kann auch $B \supseteq A$ geschrieben werden. Zwei Mengen A und B heißen gleich, wenn sie genau dieselben Elemente enthalten, d.h. wenn gleichzeitig $A \subseteq B$ und $B \subseteq A$ gilt; man schreibt dann $A = B$. $A \neq B$ bedeutet, daß A und B nicht gleich sind. Ferner bezeichnet für je zwei Mengen A, B das Symbol $A \cup B$ die *Vereinigungsmenge,* d.h. die Menge aller Elemente, die in mindestens einer der Mengen A und B liegen, und das Symbol $A \cap B$ ihre *Durchschnittsmenge,* d.h. die Menge aller Elemente, die sowohl in A als auch in B liegen. Für die „leere Menge", d.h. die Menge, die kein Element enthält, verwenden wir das Symbol $\emptyset$.

In diesem Abschnitt beschäftigen wir uns ausschließlich mit Mengen, deren Elemente reelle Zahlen sind, d.h. mit Teilmengen von $\mathbb{R}$.

Sei $M \subseteq \mathbb{R}$. Gibt es eine reelle Zahl b derart, daß

$$x \leqslant b \quad \text{für alle} \quad x \in M, \tag{1.54}$$

so nennt man M *nach oben beschränkt* und b eine *obere Schranke* von M. Entsprechend nennt man M *nach unten beschränkt*, falls eine reelle Zahl a existiert, so daß

$$a \leqslant x \quad \text{für alle} \quad x \in M. \tag{1.55}$$

a heißt dann eine *untere Schranke* von M.

Ist M sowohl nach unten als auch nach oben beschränkt, so nennt man M *beschränkt.* Das bedeutet offenbar, daß es ein abgeschlossenes Intervall [a, b] gibt, das M ganz enthält: $M \subseteq [a, b]$. Eine nicht beschränkte Menge heißt *unbeschränkt.*

Beispiel 1.8: Sind a und b reelle Zahlen, so ist $\langle a, b\rangle$ eine beschränkte Menge, denn, wie auch immer die Zugehörigkeit der Endpunkte festgelegt wird, es gilt

$$\langle a, b\rangle \subseteq [a, b].$$

Dagegen ist das unendliche Intervall $]-\infty, b\rangle$ wohl nach oben, jedoch nicht nach unten beschränkt, also unbeschränkt. Entsprechend ist $\langle a, \infty[$ nach unten, aber nicht nach oben beschränkt.

Beispiel 1.9: Für die Menge $\mathbb{N}$ der natürlichen Zahlen ist jede reelle Zahl $a \leqslant 1$ eine unter Schranke; $\mathbb{N}$ ist jedoch nicht nach oben beschränkt. Letzteres folgt aus dem archimedischen Axiom, denn zu jeder beliebigen reellen Zahl b gibt es ein $n \in \mathbb{N}$ mit $n = n \cdot 1 > b$.

Beispiel 1.10: Die Menge

$$M = \left\{ 1, \frac{1}{2}, \frac{1}{3}, \ldots, \frac{1}{n}, \ldots \right\}$$

ist beschränkt, da stets $0 < \frac{1}{n} \leqslant 1$ gilt, so daß $M \subseteq [0, 1]$.

Wir bemerken, daß mit b offensichtlich auch jedes $b' > b$ eine obere Schranke von M ist; ist also M nach oben beschränkt, so gibt es unendlich viele obere Schranken von M. Ähnliches gilt für die unteren Schranken.

Von den oberen Schranken einer nach oben beschränkten Menge M kann höchstens eine in M selbst liegen; das gleiche gilt für die unteren Schranken. Wir beweisen dies indirekt, etwa für die oberen Schranken: Wären b und b' zwei verschiedene in M enthaltene obere Schranken, etwa $b < b'$, so wäre die Relation $x \leqslant b$ nicht für jedes $x \in M$ richtig, da sie für $x = b'$ falsch ist. Widerspruch!

Enthält M eine ihrer oberen Schranken, etwa b, so ist b das größte Element von M. Analog ist eine in M enthaltene untere Schranke das kleinste Element von M. Um solche Schranken auszuzeichnen, geben wir die

Definition 1.1 Enthält M ein größtes Element b, d.h. ein Element mit den Eigenschaften

$$b \in M \quad \text{und} \quad x \leqslant b \quad \text{für alle } x \in M, \tag{1.56}$$

so heißt b das *Maximum* von M, in Zeichen

$$b = \text{Max}\, M.$$

Gibt es in M ein kleinstes Element a,

$$a \in M \quad \text{und} \quad a \leqslant x \quad \text{für alle } x \in M, \tag{1.57}$$

so heißt a das *Minimum* von M, in Zeichen

$$a = \text{Min}\, M.$$

Eine nach oben (bzw. nach unten) nicht beschränkte Menge besitzt offenbar kein Maximum (bzw. Minimum); aber auch eine nach oben (bzw. nach unten) beschränkte Menge braucht kein solches zu besitzen, wie das folgende Beispiel zeigt.

Beispiel 1.11: Das halboffene Intervall $I = [0, 1[$ ist beschränkt. Es besitzt zwar ein Minimum, denn die untere Schranke 0 liegt in I, $\text{Min}\, I = 0$. Hingegen gibt es keine in I liegende obere Schranke von I, da 1 nicht zu I gehört. I hat also kein Maximum.

Besitzt M ein Maximum (bzw. ein Minimum), so ist dieses offenbar die kleinste obere (bzw. die größte untere) Schranke von M. Es ist eine ungemein wichtige Eigenschaft der reellen Zahlen, daß auch dann, wenn kein Maximum (bzw. Minimum) existiert, unter den oberen (bzw. unteren) Schranken von M stets eine kleinste (bzw. größte) existiert, vorausgesetzt, daß M überhaupt nach oben (bzw. nach unten) beschränkt ist.

Satz 1.1 und Definition 1.2 (Existenz des Supremums und Infimums) *Unter den oberen Schranken einer nach oben beschränkten nicht leeren Menge* M *gibt es stets eine kleinste, die man das Supremum von* M *nennt und mit* $\text{Sup}\, M$ *bezeichnet.*

Unter den unteren Schranken einer nach unten beschränkten nicht leeren Menge M *gibt es stets eine größte, die man das Infimum von* M *nennt und mit* $\text{Inf}\, M$ *bezeichnet.*

Wir führen den Beweis für die Existenz des Supremums; der Beweis für die des Infimums erfolgt analog.

Es sei also M nach oben beschränkt und b eine obere Schranke von M. Da M nicht leer ist, gibt es ein Element $a \in M$. Es gilt $a \leqslant b$. Ist $a = b$, so ist $b = \text{Max}\, M$ die kleinste obere Schranke, so daß b die an Sup M gestellten Forderungen selbst erfüllt. Wir haben daher den Fall $a < b$ zu untersuchen.

Wir konstruieren Sup M mit Hilfe einer Intervallschachtelung. Zunächst halbieren wir das Intervall $[a, b]$ und betrachten die Teilintervalle $\left[a, \frac{a+b}{2}\right]$ und $\left[\frac{a+b}{2}, b\right]$. Von diesen beiden Teilintervallen wählen wir eines aus, dessen rechter Endpunkt obere Schranke von M ist und das mindestens einen Punkt von M enthält, und nennen es $[a_1, b_1]$. Ein solches Teilintervall gibt es sicher: Enthält $\left[\frac{a+b}{2}, b\right]$ kein Element von M, so erfüllt $\left[a, \frac{a+b}{2}\right]$ die gestellten Forderungen, da $a \in M$ ist und $\frac{a+b}{2}$ dann obere Schranke von M sein muß. Andernfalls erfüllt das Intervall $\left[\frac{a+b}{2}, b\right]$ die Bedingungen. Es gibt also stets ein Intervall $[a_1, b_1]$ mit den verlangten Eigenschaften.

Durch Halbierung des Intervalls $[a_1, b_1]$ setzen wir den Prozeß fort und erhalten so eine Folge von Intervallen

$$[a, b] \supseteq [a_1, b_1] \supseteq [a_2, b_2] \supseteq \ldots \supseteq [a_n, b_n] \supseteq \ldots$$

mit folgenden Eigenschaften:

(1) $b_n - a_n = \dfrac{b-a}{2^n}$,

(2) die Zahlen b_n sind obere Schranken von M,

(3) jedes der Intervalle $[a_n, b_n]$ enthält Elemente von M.

Wir prüfen nun nach, daß die Eigenschaften (1.47) und (1.48) des Intervallschachtelungsaxioms erfüllt sind.

(1.47) ist laut Konstruktion der Intervalle $[a_n, b_n]$ klar. Ist eine – auch noch so kleine – Zahl $\epsilon > 0$ vorgegeben, so gibt es auf Grund des archimedischen Axioms stets eine natürliche Zahl n mit $n \cdot \epsilon > (b - a)$. Da weiter, wie der Leser durch vollständige Induktion überprüfen möge, stets $n < 2^n$ gilt, folgt schließlich

$$b_n - a_n = \frac{b-a}{2^n} < \frac{b-a}{n} < \epsilon.$$

(1.48) ist somit erfüllt. Es gibt daher eine und nur eine reelle Zahl β, die allen Intervallen $[a_n, b_n]$ angehört. Wir zeigen, daß $\beta = \operatorname{Sup} M$ ist.

β ist obere Schranke von M. Beweis indirekt: Wäre β nicht obere Schranke von M, so existiert ein $x \in M$ mit $\beta < x$ (vgl. Bild 1.3). Wir setzen $\epsilon = x - \beta$ und wählen n vermöge (1.48) so, daß $b_n - a_n < \epsilon$ gilt. Es folgt

$$b_n - \beta \leqslant b_n - a_n < \epsilon = x - \beta,$$

woraus $b_n < x$ resultiert. Jedes b_n ist aber obere Schranke von M: Widerspruch!

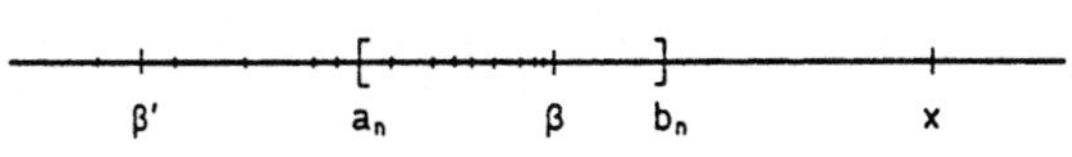

Bild 1.3

β ist die kleinste obere Schranke von M. Beweis indirekt: Angenommen, es gibt eine kleinere obere Schranke von M, etwa $\beta' < \beta$. Wir setzen $\epsilon' = \beta - \beta'$ und wählen n vermöge (1.48) so, daß $b_n - a_n < \epsilon'$ ist. Aus

$$\beta - a_n \leqslant b_n - a_n < \epsilon' = \beta - \beta'$$

folgt dann $\beta' < a_n$ (vgl. Bild 1.3). Da aber jedes Intervall $[a_n, b_n]$ mindestens ein Element von M enthält, kann β' keine obere Schranke von M sein: Widerspruch!

Die folgende Charakterisierung von Inf M bzw. Sup M erweist sich oft als nützlich.

$\beta = \operatorname{Sup} M$ gilt genau dann, wenn

$$\beta \geqslant x \quad \text{für alle } x \in M, \tag{1.58}$$

$$\text{zu jedem } \epsilon > 0 \text{ gibt es ein } x' \in M \text{ mit } \beta - \epsilon < x'; \tag{1.59}$$

analog gilt $\alpha = \operatorname{Inf} M$ dann und nur dann, wenn

$$\alpha \leqslant x \quad \text{für alle } x \in M, \tag{1.60}$$

$$\text{zu jedem } \epsilon > 0 \text{ gibt es ein } x' \in M \text{ mit } \alpha + \epsilon > x'. \tag{1.61}$$

(1.58) bedeutet, daß β obere Schranke von M ist, (1.59), daß jede kleinere Zahl $\beta' = \beta - \epsilon < \beta$ nicht mehr obere Schranke ist. Entsprechend sind (1.60) und (1.61) zu interpretieren.

Es erweist sich als zweckmäßig, für nach oben nicht beschränkte Mengen

$$\operatorname{Sup} M = +\infty$$

und für nach unten nicht beschränkte Mengen

$$\operatorname{Inf} M = -\infty$$

zu setzen. Die Charakterisierungen (1.58) bis (1.61) sind in diesem Fall natürlich sinnlos und zu ersetzen durch

$$\operatorname{Sup} M = +\infty \Longleftrightarrow \text{zu jedem } B > 0 \text{ gibt es ein } x \in M \text{ mit } x > B, \tag{1.62}$$

$$\operatorname{Inf} M = -\infty \Longleftrightarrow \text{zu jedem } A < 0 \text{ gibt es ein } x \in M \text{ mit } x < A. \tag{1.63}$$

Die Symbole Sup M, Inf M sind damit, im Gegensatz zu Max M und Min M, für jede Menge M reeller Zahlen definiert.

Beispiel 1.12: Für die Menge $M = \mathbb{N}$ aus Beispiel 1.9 ist $\operatorname{Min} \mathbb{N} = \operatorname{Inf} \mathbb{N} = 1$, $\operatorname{Sup} \mathbb{N} = +\infty$; $\operatorname{Max} \mathbb{N}$ existiert nicht.

Für die Menge M von Beispiel 1.10 gilt $\operatorname{Inf} M = 0$, $\operatorname{Sup} M = \operatorname{Max} M = 1$; Min M existiert nicht.

Für die Menge $M = [0, 1[$ von Beispiel 1.11 gilt $\operatorname{Inf} M = \operatorname{Min} M = 0$, $\operatorname{Sup} M = 1$; Max M existiert nicht.

Der Satz über die Existenz des Supremums bzw. Infimums ist ebenso wie das Intervallschachtelungsprinzip nur eine der vielen Möglichkeiten, die Lückenlosigkeit der Zahlengeraden auszudrücken. Eine andere, für die Grenzwerttheorie besonders geeignete Fassung dieser Eigenschaft der reellen Zahlen, gibt der Satz von *Bolzano* und *Weierstraß*, zu dessen Formulierung wir noch einige Begriffe benötigen.

Definition 1.3 Ist $a \in R$ und $\epsilon > 0$ beliebig, so heißt das offene Intervall

$$U(a; \epsilon) :=]a - \epsilon, a + \epsilon[= \{x \mid a - \epsilon < x < a + \epsilon\} \tag{1.64}$$

die *ϵ-Umgebung* von a.

Vermöge der Äquivalenzen

$$a - \epsilon < x < a + \epsilon \Longleftrightarrow -\epsilon < x - a < \epsilon \overset{(1.39)}{\Longleftrightarrow} |x - a| < \epsilon$$

besteht $U(a; \epsilon)$ aus allen Punkten x der Zahlengeraden, deren Abstand $|x - a|$ von a kleiner als ϵ ist (Bild 1.4).

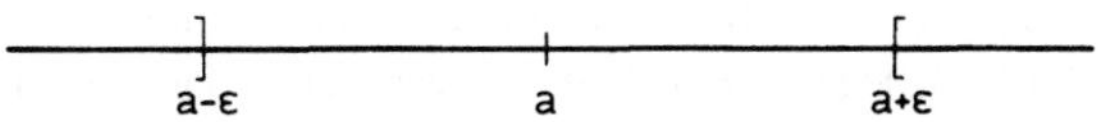

Bild 1.4

Definition 1.4 Sei $M \subseteq R$. Eine reelle Zahl a heißt *Häufungspunkt* von M, wenn in *jeder* ϵ-Umgebung unendlich viele Punkte von M liegen.

Die in Definition 1.4 gestellte Forderung, daß jede ϵ-Umgebung von a unendlich viele Punkte von M enthält, bedeutet gewissermaßen, daß die Punkte der Menge M sich bei a „häufen" – daher der Name „Häufungspunkt".

Beispiel 1.13: 0 ist Häufungspunkt der Menge M aus Beispiel 1.10. Sei nämlich $\epsilon > 0$ beliebig vorgegeben; aus dem archimedischen Axiom folgt, daß es eine natürliche Zahl N gibt mit $N \cdot \epsilon > 1$. Alle $\frac{1}{n}$ mit $n \geqslant N$ erfüllen dann die Bedingung

$$\left|\frac{1}{n} - 0\right| = \frac{1}{n} \leqslant \frac{1}{N} < \epsilon,$$

liegen also in $U(0; \epsilon)$.

Beispiel 1.14: Das Intervall $\langle a, b \rangle$ besitzt als Häufungspunkt genau die Punkte des abgeschlossenen Intervalls $[a, b]$.

Beispiel 1.15: Die Menge

$$M = \left\{1, \frac{1}{2}, \frac{1}{3}, \frac{2}{3}, \frac{1}{4}, \frac{3}{4}, \frac{1}{5}, \frac{4}{5}, \ldots, \frac{1}{n}, \frac{n-1}{n}, \ldots\right\}$$

besitzt die beiden Häufungspunkte 0 und 1.

Beispiel 1.16: Eine endliche Menge besitzt offenbar keine Häufungspunkte.

Beispiel 1.17: Die Menge der natürlichen Zahlen besitzt keine Häufungspunkte, da jedes Intervall $U(a; \epsilon)$ höchstens endlich viele natürliche Zahlen enthält.

Diese Beispiele zeigen, daß ein Häufungspunkt von M nicht unbedingt in M liegen muß. Ferner zeigt Beispiel 1.17, daß sogar unendliche Mengen keinen Häufungspunkt zu haben brauchen. Der angekündigte Satz bringt nun zum Ausdruck, daß ein solcher Sachverhalt nur für unbeschränkte Mengen eintreten kann.

Satz 1.2 (Bolzano-Weierstraß): *Jede beschränkte unendliche Menge reeller Zahlen besitzt mindestens einen Häufungspunkt.*

Da M beschränkt ist, gibt es ein abgeschlossenes Intervall $[a, b]$, das M enthält. Wir halbieren $[a, b]$ in die beiden Teilintervalle $\left[a, \frac{a+b}{2}\right]$ und $\left[\frac{a+b}{2}, b\right]$. Zumindest eines dieser beiden Intervalle enthält unendlich viele Punkte von M. Ein solches nennen wir $[a_1, b_1]$. Dieses Intervall wird wieder halbiert; $[a_2, b_2]$ bezeichne eine unendlich viele Punkte von M enthaltende Hälfte von $[a_1, b_1]$, usw. Auf diese Weise erhalten wir eine Intervallschachtelung

$$[a, b] \supseteq [a_1, b_1] \supseteq [a_2, b_2] \supseteq \ldots \supseteq [a_n, b_n] \supseteq \ldots$$

derart, daß jedes der Intervalle $[a_n, b_n]$ unendlich viele Elemente von M enthält. Sei ξ die durch diese Intervallschachtelung bestimmte reelle Zahl. Für beliebiges $\epsilon > 0$ gibt es dann ein n mit $b_n - a_n < \epsilon$, woraus

$$\xi - \epsilon < a_n \leqslant \xi \leqslant b_n < \xi + \epsilon$$

folgt. $U(\xi; \epsilon)$ enthält also das Intervall $[a_n, b_n]$, so daß die unendlich vielen Punkte von M, die in $[a_n, b_n]$ liegen, erst recht in $U(\xi; \epsilon)$ liegen. Da ϵ beliebig war, folgt, daß ξ Häufungspunkt von M ist.

Es ist kein Zufall, daß wir zum Beweis der Sätze 1.1 und 1.2 das Intervallschachtelungsaxiom benötigen. Tatsächlich läßt sich zeigen, daß jeder dieser beiden Sätze mit dem Intervallschachtelungsaxiom äquivalent ist, d.h., man könnte auch eine dieser beiden Aussagen als Axiom formulieren und daraus die andere wie auch das Intervallschachtelungsprinzip folgern. Mit dem Cauchyschen Konvergenzkriterium (vgl. Abschnitt 2.9) werden wir eine weitere, diesen Sätzen gleichwertige Aussage kennenlernen.

1.5 Fakultät und Binomialkoeffizient. Binomischer Lehrsatz

Aus den elementaren Rechenregeln, die wir in Abschnitt 1.1 besprochen haben, folgen sukzessive die für beliebige reelle Zahlen x und y gültigen Entwicklungen

$$(x + y)^2 = x^2 + 2xy + y^2,$$
$$(x + y)^3 = x^3 + 3x^2y + 3xy^2 + y^3,$$
$$(x + y)^4 = x^4 + 4x^3y + 6x^2y^2 + 4xy^3 + y^4, \quad \text{usw.}$$

Auf den ersten Blick ist daraus nicht ersichtlich, wie die Koeffizienten dieser Entwicklungen allgemein zu bilden sind. Dieses Bildungsgesetz ist der Inhalt des *binomischen Lehrsatzes,* der in vielen Anwendungen eine wichtige Rolle spielt. Zur Formulierung dieses Lehrsatzes benötigen wir zunächst einige grundlegende Begriffsbildungen, die auch für viele andere Betrachtungen äußerst nützlich sind.

Ist n eine natürliche Zahl, so setzt man abkürzend

$$n! := 1 \cdot 2 \cdot \ldots \cdot n = \prod_{k=1}^{n} k \tag{1.65}$$

und nennt n! (lies *„n-Faktorielle"*) die *Fakultät* der Zahl n. So ist z.B. 1! = 1, 2! = 2, 3! = 6, 4! = 24, 5! = 120 usw. Offenbar ist

$$(n + 1)! = (n + 1) \cdot n!. \tag{1.66}$$

Es ist zweckmäßig, auch die Fakultät von 0 zu definieren,

$$0! := 1. \tag{1.67}$$

Ist a eine beliebige reelle Zahl und k eine natürliche Zahl, so heißt

$$\binom{a}{k} := \frac{1}{k!}\prod_{i=0}^{k-1}(a-i) = \frac{a(a-1)(a-2)\dots(a-k+1)}{1\cdot 2\cdot 3\dots k} \tag{1.68}$$

der *Binomialkoeffizient „a über k“.* Auch dieses Symbol wird für k = 0 gesondert definiert,

$$\binom{a}{0} := 1. \tag{1.69}$$

Aus der Definition (1.68) des Binomialkoeffizienten folgt für $a = n \in \mathbb{N}$, $n \geqslant k$,

$$\binom{n}{k} = \frac{n(n-1)\dots(n-k+1)}{1\cdot 2\dots k}\,\frac{(n-k)\dots 2\cdot 1}{(n-k)\dots 2\cdot 1} = \frac{n!}{k!(n-k)!}, \tag{1.70}$$

so daß in diesem Fall stets

$$\binom{n}{k} = \binom{n}{n-k},\ n \geqslant k,\ n \in \mathbb{N}, \tag{1.71}$$

gilt. Speziell ist

$$\binom{n}{0} = \binom{n}{n} = 1. \tag{1.72}$$

Für $a = n < k$ ergibt (1.68)

$$\binom{n}{k} = 0,\ n < k,\ n \in \mathbb{N}, \tag{1.73}$$

denn unter den Zahlen (n − i) des Produkts in (1.68) kommt die Null vor. Wir weisen darauf hin, daß (1.70) bis (1.73) nur für natürliche Zahlen gelten. So ist etwa

$$\binom{1/2}{4} = \frac{\frac{1}{2}\left(-\frac{1}{2}\right)\left(-\frac{3}{2}\right)\left(-\frac{5}{2}\right)}{4!} = -\frac{5}{128} \neq 0;$$

dagegen gilt die Beziehung

$$\binom{a}{1} = a \tag{1.74}$$

für jedes reelle a.

Die Rechnung

$$\binom{a}{k-1} + \binom{a}{k} = \binom{a}{k-1} + \binom{a}{k-1}\frac{a-k+1}{k} = \binom{a}{k-1}\frac{a+1}{k} = \binom{a+1}{k}$$

zeigt, daß die Binomialkoeffizienten dem Gesetz

$$\binom{a+1}{k} = \binom{a}{k-1} + \binom{a}{k} \tag{1.75}$$

genügen. (1.75) heißt auch das *Additionstheorem* der Binomialkoeffizienten; es ist ein wichtiges Hilfsmittel für viele Aufgaben, in denen Binomialkoeffizienten auftreten.

So folgt z.B. aus (1.75), daß der Binomialkoeffizient $\binom{n}{k}$ stets eine nichtnegative ganze Zahl ist, wenn n selbst eine nichtnegative ganze Zahl ist. Dies beweist man leicht durch vollständige Induktion, wobei die Formel (1.75) den Schluß von n auf n + 1 ermöglicht.

Schreibt man für $n, k \in \mathbb{N}_0$, die Zahlen $\binom{n}{k}$ wie folgt in Tabellenform an,

$$
\begin{array}{ccccccccccc}
 & & & & & 1 & & & & & \\
 & & & & 1 & & 1 & & & & \\
 & & & 1 & & 2 & & 1 & & & \\
 & & 1 & & 3 & & 3 & & 1 & & \\
1 & & & 4 & & 6 & & 4 & & & 1 \\
 & & & & & \vdots & & & & & \\
\binom{n}{0} & \binom{n}{1} & \binom{n}{2} & \cdots & & \binom{n}{k} & & \cdots & \binom{n}{n-2} & \binom{n}{n-1} & \binom{n}{n} \\
 & & & & & \vdots & & & & &
\end{array}
$$

(Binomialkoeffizienten mit $k > n$ sind nicht angeführt, da sie wegen (1.73) 0 ergeben), so erhält man das sogenannte *Pascalsche Dreieck* (nach *Blaise Pascal*, 1623 – 1662, französischer Mathematiker). Das Additionstheorem (1.75) bedeutet, daß jede Zahl im Pascalschen Dreieck die Summe der beiden über ihr stehenden Zahlen ist.

Die Binomialkoeffizienten sind stets im Zusammenhang mit binomischen Entwicklungen zu finden. Ihre erste wichtige und elementare Bedeutung erlangen sie dadurch, daß die Binomialkoeffizienten $\binom{n}{k}$ für natürliches n gerade die Entwicklungskoeffizienten der eingangs erwähnten Binome $(x + y)^n$ sind. Für Entwicklungen von Binomen mit beliebigem reellen Exponenten a treten die Binomialkoeffizienten $\binom{a}{k}$ an ihre Stelle; allerdings brechen diese Entwicklungen nicht ab. Wir kommen darauf in Abschnitt 17 zurück.

Satz 1.3 (Binomischer Lehrsatz): *Sind* $x, y \in \mathbb{R}$, $n \in \mathbb{N}$, *so gilt*

$$(x+y)^n = \sum_{k=0}^{n} \binom{n}{k} x^k y^{n-k}. \tag{1.76}$$

Den Beweis führen wir durch vollständige Induktion. Für n = 1 erhält man

$$(x+y)^1 = \binom{1}{0} x^0 y^1 + \binom{1}{1} x^1 y^0 = y + x = x + y.$$

Nehmen wir nun an, (1.76) sei für ein bestimmtes n richtig. Dann folgt

$$(x+y)^{n+1} = (x+y) \sum_{k=0}^{n} \binom{n}{k} x^k y^{n-k}$$

$$= \sum_{k=0}^{n} \binom{n}{k} x^{k+1} y^{n-k} + \sum_{k=0}^{n} \binom{n}{k} x^k y^{n-k+1}.$$

Um nun den Übergang von n auf n + 1 durchführen zu können, fassen wir die beiden letzten Summen zusammen, nachdem wir durch eine geeignete Umformung erreicht haben, daß die Exponenten der Potenzen von x und y in beiden Summen für die auftretenden Werte des Zeigers gleich sind. Eine solche Umformung ist vom Typ

$$\sum_{k=M}^{N} a_k = \sum_{k=M-1}^{N-1} a_{k+1};$$

beide Summen stehen für $a_M + a_{M+1} + \ldots + a_N$, wovon der Leser sich überzeugen möge (derartige Umformungen werden beim Rechnen mit dem Σ-Zeichen und dem Π-Zeichen häufig durchgeführt). Wenn wir nun in

$$(x+y)^{n+1} = \sum_{k=0}^{n} \binom{n}{k} x^{k+1} y^{n-k} + \sum_{k=0}^{n} \binom{n}{k} x^k y^{n-k+1}$$

den Zeiger k in der linken Summe durch $k-1$ ersetzen (wodurch sich die Summationsgrenzen um 1 erhöhen), so erreichen wir dieses Ziel und es folgt

$$(x+y)^{n+1} = \sum_{k=1}^{n+1} \binom{n}{k-1} x^k y^{n-k+1} + \sum_{k=0}^{n} \binom{n}{k} x^k y^{n-k+1}$$

$$= x^{n+1} + \sum_{k=1}^{n} \binom{n}{k-1} x^k y^{n-k+1} + \sum_{k=1}^{n} \binom{n}{k} x^k y^{n-k+1} + y^{n+1}$$

$$= x^{n+1} + \sum_{k=1}^{n} \left[\binom{n}{k-1} + \binom{n}{k}\right] x^k y^{n+1-k} + y^{n+1};$$

durch Anwendung des Additionstheorems (1.75) und unter Verwendung von $\binom{n+1}{0} = \binom{n+1}{n+1} = 1$ ergibt sich schließlich

$$(x+y)^{n+1} = \sum_{k=0}^{n+1} \binom{n+1}{k} x^k y^{n+1-k}.$$

Die Formel (1.76) stimmt also auch für n + 1 und ist somit allgemein gültig.

Beispiel 1.18: Setzt man in (1.76) $x = 1, y = -1$ bzw. $x = y = 1$, so folgen die interessanten Beziehungen

$$0 = \sum_{k=0}^{n} \binom{n}{k} (-1)^k \quad \text{bzw.} \quad 2^n = \sum_{k=0}^{n} \binom{n}{k}.$$

1.6 Reelle Funktionen

1.6.1 Der Funktionsbegriff

Zusammen mit dem Begriff der Zahl und des Grenzwertes gehört der der Funktion zu den wichtigsten der Mathematik. Auch die Physik bedient sich zur mathematischen Beschreibung der gegenseitigen Abhängigkeit physikalischer Größen des Funktionsbegriffs.

Das Fallgesetz

$$s = \frac{g}{2} t^2,$$

worin g die Fallbeschleunigung bedeutet, drückt die Abhängigkeit der Fallstrecke s von der Fallzeit t aus. Die Gleichung

$$p = R \frac{T}{V}$$

stellt den Zusammenhang zwischen den Zustandsgrößen Druck p, Volumen V und Temperatur T eines idealen Gases dar; R heißt die Gaskonstante. Für ein reales Gas lautet die Beziehung zwischen den Zustandsgrößen

$$p = \frac{R \cdot T}{V - b} - \frac{a}{V^2}$$

(van der Waalsche Zustandsgleichung). Darin sind neben der Gaskonstanten R die Größen a und b spezifische Konstanten. Ein anderes Beispiel ist das *Ohmsche Gesetz*

$$U = R\,I,$$

worin U den Spannungsabfall am ohmschen Widerstand R und I die Stromstärke bezeichnet.

Allen diesen Beispielen ist gemeinsam, daß gewisse Größen nicht unabhängig voneinander variieren. In der Physik werden derartige Formeln dazu verwendet, eine dieser Größen aus den anderen zu berechnen. So ordnet z.B. das Fallgesetz jedem Zeitwert t eine ganz bestimmte Fallstrecke s zu, die Zustandsgleichung eines Gases bei fester Temperatur $T = T_0$ jedem Volumen V den zugehörigen Druck p oder auch bei konstantem Volumen $V = V_0$ jedem Temperaturwert T einen entsprechenden Wert des Druckes p, usw.

In der Hervorhebung einer solchen *Zuordnungsvorschrift* liegt das Wesen des Funktionsbegriffs. Man versteht deshalb unter einer Funktion eine Vorschrift, die jedem Element einer gewissen Menge ein wohlbestimmtes Element einer anderen Menge zuweist; es leuchtet ein, daß eine Vorschrift eine Angabe darüber, auf welche Objekte sie überhaupt angewendet werden soll, enthalten muß. In diesem Sinne geben wir die

Definition 1.5 Seien D und B gewisse Mengen. Unter einer *Funktion* oder *Abbildung* f von D in B versteht man eine *Zuordnung,* die jedem $x \in D$ ein durch x eindeutig bestimmtes Element $y \in B$ zuweist. D nennt man den *Definitionsbereich,* die Menge B den *Bildbereich* von f.

Die symbolische Schreibweise

$$f: D \longrightarrow B$$

bedeute stets, daß D der Definitionsbereich und B der Bildbereich von f ist.

Zur exakten Beschreibung einer Funktion f gehört also zweierlei: die Festlegung des Definitions- und Bildbereichs, sowie die Angabe der eigentlichen Zuordnungsvorschrift

$$t \longrightarrow f(t) := \ldots .$$

Beispiel 1.19: Die im Fallgesetz vorkommenden Größen s und t sind aus einleuchtenden Gründen nichtnegative reelle Zahlen, so daß man hier $D = B = [0, \infty[$ zu setzen hat. Eine exakte Angabe der entsprechenden Funktion kann dann in der Form

$$f : [0, \infty[\longrightarrow [0, \infty[, \ t \longrightarrow f(t) = \frac{g}{2} t^2$$

bestehen.

Es gibt durchaus Aufgabenstellungen, bei denen es nötig ist, eine Funktion derart genau anzugeben, vor allem im Hinblick auf die weiter unten zu behandelnden Umkehrfunktionen. Funktionen mit verschiedenen Definitions- bzw. Bildbereichen sind streng genommen auch dann als verschieden zu betrachten, wenn die Zuordnungsvorschrift ansonst dieselbe ist. So wird z.B. durch

$$h : \mathbb{R} \longrightarrow \mathbb{R}, t \longrightarrow h(t) = \frac{g}{2} t^2$$

eine andere Funktion erklärt als in Beispiel 1.19. Anläßlich der Besprechung von Umkehrfunktion werden wir sehen, daß die Funktionen f und h in gewisser Hinsicht tatsächlich wesentlich verschiedene Eigenschaften haben.

Auf die Benennung der die Bereiche D bzw. B durchlaufenden Variablen kommt es vom Standpunkt des Mathematikers nicht an. Durch

$$f : [0, \infty[\longrightarrow [0, \infty[, \ u \longrightarrow f(u) = \frac{g}{2} u^2$$

ist dieselbe Funktion beschrieben wie in Beispiel 1.19. In der Physik und anderen Anwendungen pflegt man jedoch für typische Größen stets eigene Symbole zu verwenden, wie t für die Zeit, T bzw. ϑ für die Temperatur, u für die elektrische Spannung, i für den elektrischen Strom u.v.a. Wir werden von diesen stillen Konventionen auch in diesem Text Gebrauch machen.

Im Gegensatz zum Mathematiker ist der Physiker in erster Linie an den physikalischen Größen selbst interessiert – sie haben für ihn konkrete Bedeutung, während Funktionen für ihn nur Hilfsmittel sind, um Zusammenhänge zwischen Größen darzustellen. Der Physiker neigt daher dazu, eine Schreibweise zu verwenden, in der die Größen explizit vorkommen. Er verzichtet meist auf die explizite Angabe des Definitions- und Bildbereichs, weil diese in der Regel ohnehin aus dem Zusammenhang heraus klar sind, und gebraucht Sprechweisen wie *„Die Funktion y = f(x)“*, *„Die Funktion f(x)“*, *„Die Funktion f(x) = ...“*, *„Die Funktion y = ...“*, *„Die Funktion y = y(x) = ...“* u.ä. Derartige Ausdrucksweisen sind streng genommen inkorrekt, nicht nur wegen des Fehlens der Angabe von Definitions- und Bildbereich, sondern auch, weil durch sie verschiedene Begriffe vermengt werden: x, f(x) und y sind reelle Zahlen und daher keine Funktionen – das korrekte Symbol für die Funktion ist f und nicht f(x); auch sind Gleichheitsbeziehungen Formeln und keine Funktionen – eine Schreibweise wie $y = y(x)$, $s = s(t)$ bezeichnet sogar eine Größe mit demselben Symbol wie die Zuordnungsvorschrift.

Trotz aller dieser Bedenken ist es zur Vermeidung einer allzu schwerfälligen Schreibweise vorteilhaft, solche ungenaue Bezeichnungsweisen zu verwenden, solange dadurch keine Unklarheiten hervorgerufen werden können. Wir werden sie deshalb stets verwenden und auch vielfach den Definitionsbereich und Bildbereich einer Funktion gar nicht explizit anführen, solange nur Eigenschaften dieser Funktion eine Rolle spielen, die allein von der eigentlichen Zuordnungsformel abhängen.

Im vorliegenden Abschnitt beschäftigen wir uns ausschließlich mit Funktionen, deren Definitions- und Bildbereiche aus reellen Zahlen bestehen, für die also $D \subseteq \mathbb{R}$ und $B \subseteq \mathbb{R}$ gilt. Derartige Funktionen nennt man *reellwertige Funktionen einer reellen Veränderlichen* oder kurz *reelle Funktionen.* In diesem Zusammenhang bemerken wir, daß man die den Definitionsbereich bzw. Bildbereich einer Funktion durchlaufenden Größen als *Veränderliche* oder *Variable* zu bezeichnen pflegt. Variiert x im Definitionsbereich von f, so nennt man x die *unabhängige Veränderliche,* variiert $y = f(x)$ im Bildbereich, so heißt y die *abhängige Veränderliche.*

Es ist für praktische Zwecke immer wieder von Nutzen, den Verlauf einer Funktion f in ihrem *Schaubild* zu veranschaulichen. Zu diesem gelangt man, wenn man in einem rechtwinkeligen Koordinatensystem sämtliche Punkte (x, y) mit $y = f(x)$ einträgt, wobei x auf der horizontalen Achse den Definitionsbereich D durchläuft. In den in der Praxis auftretenden Fällen hat das Schaubild von f meist die Gestalt einer „Kurve“.

Beispiel 1.20: Hat jedes x aus dem Definitionsbereich D von f dasselbe Bild $c \in \mathbb{R}$, so nennt man f eine *konstante Funktion* auf D. Das Schaubild der durch

$$y = f(x) = c$$

auf $D = \mathbb{R}$ definierten Funktion ist eine zur x-Achse parallele Gerade (Bild 1.5).

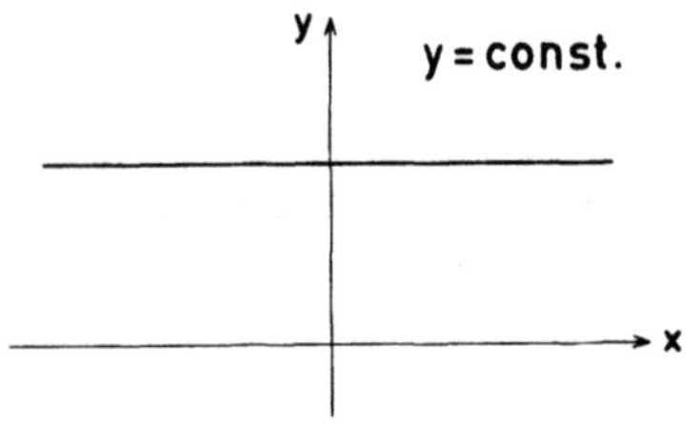

Bild 1.5

Beispiel 1.21: Sind a und b reelle Zahlen, so wird durch

$$y = f(x) = a\,x + b$$

eine auf ganz $\mathbb{R}$ definierte Funktion erklärt, deren Schaubild in der (x, y)-Ebene eine Gerade ist (Bild 1.6). Aus diesem Grund nennt man Funktionen dieses Typs *lineare Funktionen.*

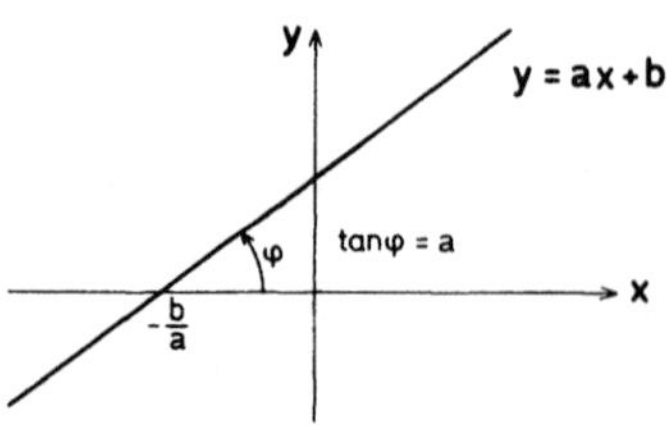

Bild 1.6

Beispiel 1.22: Ist n eine natürliche Zahl, so ist der Ausdruck x^n für jedes reelle x erklärt. Durch

$$y = f(x) = x^n$$

ist daher eine Funktion $f: \mathbb{R} \longrightarrow \mathbb{R}$ definiert. Das Schaubild dieser Funktion ist für n = 2 eine *Parabel* (Bild 1.7), für n = 3 die *kubische Parabel* (Bild 1.8).

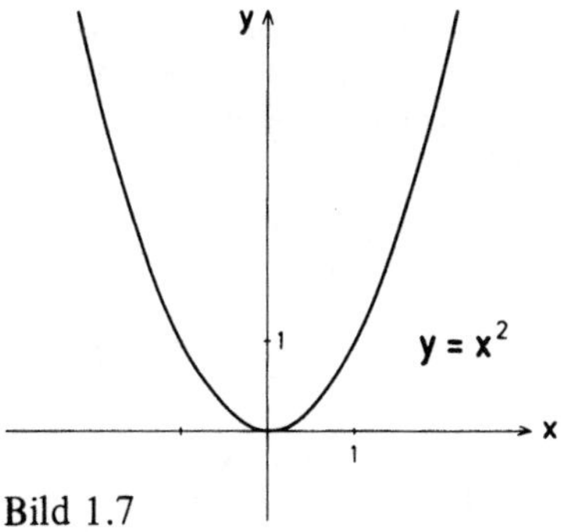

Bild 1.7

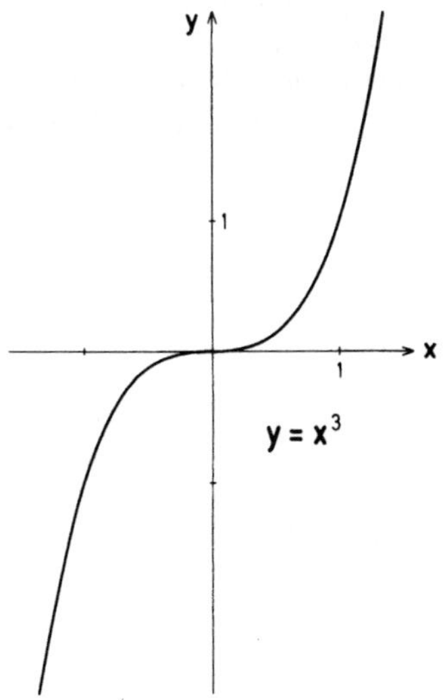

Bild 1.8

Beispiel 1.23: Die bisher betrachteten Funktionen waren auf ganz $\mathbb{R}$ definiert. Negative ganzzahlige Potenzen x^{-n} von x sind nur für $x \neq 0$ sinnvoll; der größtmögliche Definitionsbereich einer durch

$$y = f(x) = x^{-n} = \frac{1}{x^n}$$

für natürliches n definierten Funktion ist demnach $D =]-\infty, 0[\cup]0, \infty[$.

Das Schaubild der durch $f(x) = x^{-1} = \frac{1}{x}$ definierten Funktion ist eine *gleichseitige Hyperbel* (Bild 1.9).

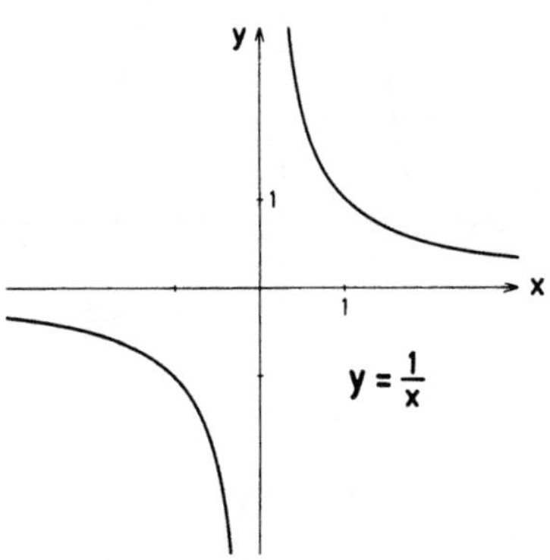

Bild 1.9

Beispiel 1.24: Unter einem *Polynom in x vom Grad n* versteht man einen Ausdruck der Form

$$p(x) = a_n x^n + a_{n-1} x^{n-1} + \ldots + a_1 x + a_0 = \sum_{k=0}^{n} a_k x^k, \quad a_n \neq 0, \tag{1.77}$$

worin die Symbole a_k reelle Zahlen bezeichnen. Die Zahlen a_k heißen die *Koeffizienten* des Polynoms p(x). Wir betrachten vorläufig nur den Fall, daß alle Koeffizienten reell sind und sprechen dann auch von einem *reellen Polynom*. In diesem Fall liefert der in (1.77) stehende Ausdruck für jedes reelle x wieder eine reelle Zahl p(x), d.h. durch y = p(x) ist eine reelle Funktion $p: \mathbb{R} \to \mathbb{R}$ definiert. Man nennt p eine *Polynomfunktion;* in der Praxis ist es auch üblich, kurz Polynom zu sagen.

Bild 1.10 zeigt das Schaubild des Polynoms $p(x) = x^3 - 2x + 2$.

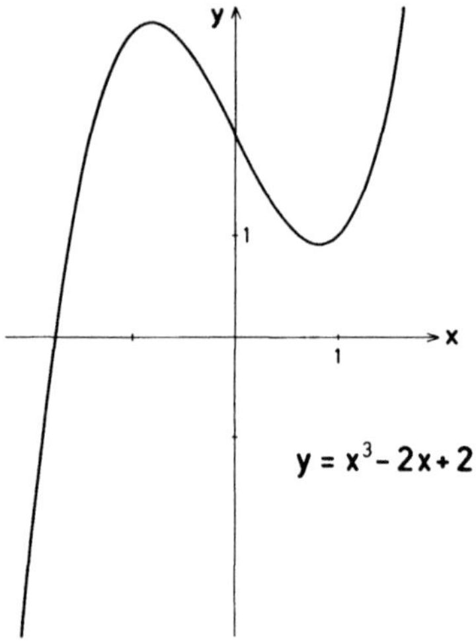

Bild 1.10

Beispiel 1.25: Den Quotienten $\frac{p(x)}{q(x)}$ zweier Polynome in x nennt man einen *rationalen Ausdruck in x.* Ein solcher Ausdruck ist nur für solche $x \in \mathbb{R}$ definiert, für die $q(x) \neq 0$ ist. Eine durch

$$r(x) = \frac{p(x)}{q(x)}$$

definierte Funktion r nennt man eine *rationale Funktion*. Sie heißt *echt gebrochen*, wenn der Grad des Zählerpolynoms kleiner als der des Nennerpolynoms ist; ansonsten nennt man sie *unecht gebrochen*.

Ein Beispiel für eine echt gebrochene rationale Funktion ist

$$r(x) = \frac{x+2}{x^2-1};$$

dieser Ausdruck ist nur für $x \neq \pm 1$ sinnvoll – der größtmögliche Definitionsbereich von r ist also
$D =]-\infty, -1[\cup]-1, 1[\cup]1, \infty[$ (Bild 1.11).

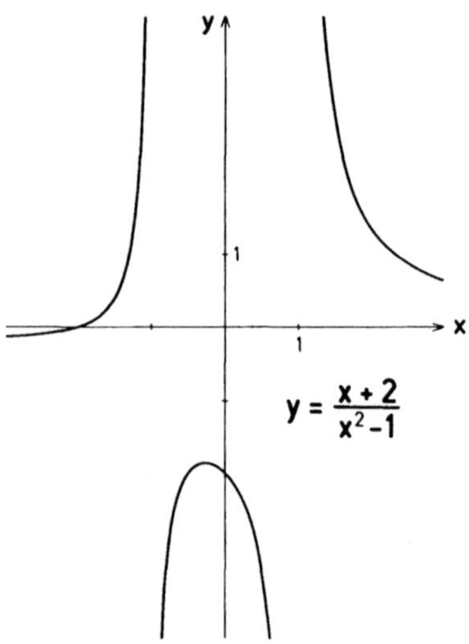

Bild 1.11

Beispiel 1.26: Die Schaubilder der für alle reellen x definierten Funktion $y = f(x) = |x|$ und $g(x) = \text{sign}(x)$ (vgl. (1.31) und (1.42)) sind in den Bildern 1.12 und 1.13 skizziert.

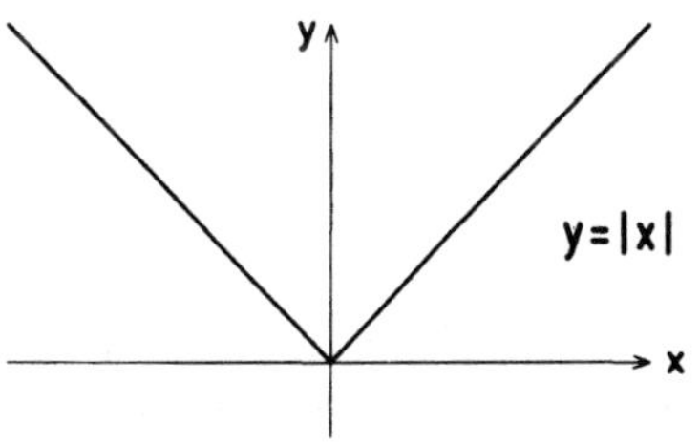

Bild 1.12

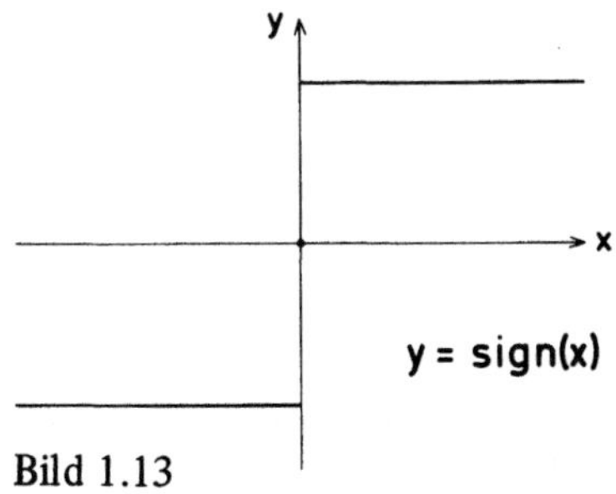

Bild 1.13

Beispiel 1.27: Aus dem archimedischen Axiom folgt, daß es zu jeder reellen Zahl x eine ganze Zahl n mit der Eigenschaft

$$n \leqslant x < n + 1$$

gibt. Diese ganze Zahl ist durch x eindeutig bestimmt und heißt das *größte Ganze von x*. Man schreibt dafür

$$n = [x].$$

Die Zahl

$$\{x\} := x - [x]$$

nennt man den *gebrochenen Anteil von x*. Die durch $f(x) = [x]$ und $g(x) = \{x\}$ auf $D = \mathbb{R}$ definierten Funktionen sind in den Bildern 1.14 und 1.15 veranschaulicht.

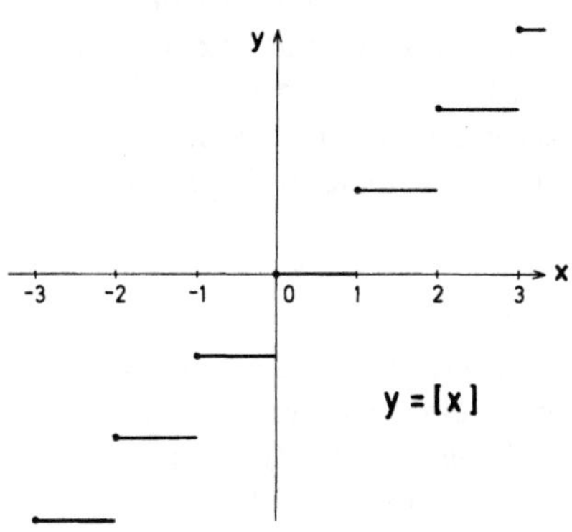

Bild 1.14

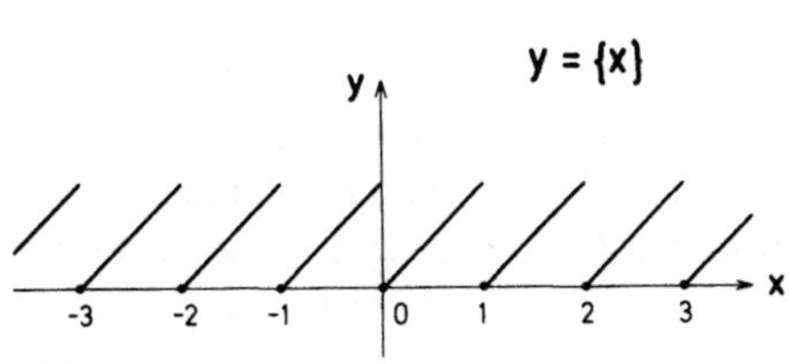

Bild 1.15

Bei all diesen Beispielen war die Zuordnungsvorschrift durch eine Formel gegeben. Es kommt jedoch vor allem bei technischen Problemen oft vor, daß zwischen zwei Größen offensichtlich ein funktionaler Zusammenhang besteht, dieser aber nicht durch eine Formel darstellbar ist. Man versucht dann meist, z.B. mit Hilfe technischer Geräte (Oszillograph,

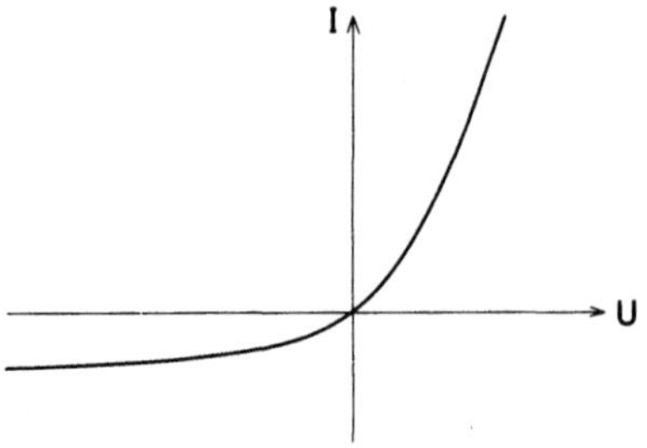

Bild 1.16

X-Y-Schreiber u.a.) zumindest das Schaubild auf experimentellem Weg zu erhalten. In Bild 1.16 ist z.B. die Kennlinie einer Diode (der Strom-Spannung-Zusammenhang) dargestellt.

Je nach Art des verwendeten Geräts erhält man entweder einen Teil des Schaubildes (Bildschirm, X-Y-Schreiber) oder auch nur (endlich viele) Meßpunkte desselben; im letzten Fall versucht man, durch diese eine geeignete Kurve hindurchzulegen, um eine ungefähre Vorstellung vom Schaubild zu erhalten.

1.6.2 Verknüpfungen reeller Funktionen

Summe $f + g$, Differenz $f - g$, Produkt $f \cdot g$ und Quotient $\frac{f}{g}$ zweier reeller Funktionen werden auf ganz natürliche Weise erklärt. So bezeichnet $f + g$ diejenige Funktion, die jedem x, für das f und g definiert sind, das Bild $y = f(x) + g(x)$ zuordnet; entsprechend legt man $f - g$, $f \cdot g$ und $\frac{f}{g}$ fest. Der Definitionsbereich von $f + g$, $f - g$, $f \cdot g$ ist demnach der Durchschnitt der Definitionsbereiche von f und g; um den Definitionsbereich von $\frac{f}{g}$ zu erhalten, hat man daraus noch die Stellen x zu entfernen, für die $g(x) = 0$ ist.

Auf analoge Weise sind Symboie wie f^n, $|f|$, $\sqrt{f}$, usw. zu verstehen.

Eine grundsätzlich andere Verknüpfung, die für die Bildung von neuen Funktionen aus „Bausteinen" wichtig ist, ist die sogenannte Zusammensetzung. Es seien f und g zwei Funktionen mit den Definitionsbereichen D_f und D_g. Liegt das Bild $f(x)$ jedes Elements $x \in D_f$ in D_g, so ist für jedes $x \in D_f$ das Bild $g(f(x))$ von $f(x)$ unter g erklärt. Als *Zusammensetzung* von f und g bezeichnet man dann diejenige Funktion h, die jedem $x \in D_f$ das Bild $h(x) := g(f(x))$ zuordnet. Für h werden die Symbole $g \circ f$ oder $g(f)$ verwendet (letzteres ist etwas ungenau). Es ist also

$$D_{g \circ f} = D_f, (g \circ f)(x) := g(f(x)).$$

In der Praxis treten Zusammensetzungen von Funktionen immer dann auf, wenn eine Größe, etwa z, von einer anderen, etwa y, abhängt, y selbst aber wieder von einer dritten Größe x abhängig ist. Beschreibt $z = g(y)$ die Abhängigkeit der Größe z von der Größe y, $y = f(x)$ die der Größe y von x, so beschreibt $z = (g \circ f)(x)$ die dadurch gegebene Abhängigkeit der Größe z von der Größe x.

Beispiel 1.28: Sei f durch $f(x) = x^2 + 1$, g durch $g(y) = y - 2$ definiert. Man kann sowohl $g \circ f$ als auch $f \circ g$ bilden: Es ist

$$(g \circ f)(x) = g(f(x)) = g(x^2 + 1) = (x^2 + 1) - 2 = x^2 - 1,$$

und

$$(f \circ g)(y) = f(g(y)) = f(y - 2) = (y - 2)^2 + 1 = y^2 - 4y + 5.$$

Aus diesem Beispiel ersieht man, daß $f \circ g$ und $g \circ f$ gänzlich verschiedene Zuordnungen definieren. Bei der Zusammensetzung von Funktionen kommt es also wesentlich auf die Reihenfolge an.

Viele Eigenschaften zusammengesetzter Funktionen werden durch entsprechende Eigenschaften der Funktionen, aus denen sie zusammengesetzt sind, übertragen. Aus diesen Gründen werden diejenigen „Bausteine", aus denen sich viele für die Anwendungen wichtige Funktionen mittels Addition, Subtraktion, Multiplikation, Division und Zusammensetzung konstruieren lassen, besonders eingehend untersucht. Man nennt diese Bausteine *elementare Funktionen;* ihnen ist Abschnitt 3 gewidmet.

1.6.3 Symmetrieeigenschaften

Eine reelle Funktion heißt *gerade,* falls ihr Definitionsbereich D zu jedem x auch $-x$ enthält und

$$f(-x) = f(x)$$

gilt. f heißt *ungerade,* falls mit x stets auch $-x$ in D liegt und

$$f(-x) = -f(x)$$

gilt. Beispiele gerader Funktionen sind $y = f(x) = x^n$ mit einer geraden ganzen Zahl n, $f(x) = |x|$. Für ungerades ganzes n ist $f(x) = x^n$ eine ungerade Funktion; ebenso ist $f(x) = \text{sign}(x)$ ungerade.

Das Schaubild einer geraden Funktion liegt spiegelbildlich zur y-Achse, da mit (x, y) stets auch $(-x, y)$ auf der f darstellenden Kurve liegt. Entsprechend besitzt das Schaubild einer ungeraden Funktion eine Symmetrie zum Koordinatenursprung $(0, 0)$. Man vergleiche etwa die Bilder 1.5, 1.7, 1.8, 1.9, 1.12 und 1.13, die solche Symmetrien zeigen.

Eine reelle Funktion heißt *periodisch mit der Periode* T oder auch T-*periodisch,* falls ihr Definitionsbereich mit jedem x auch $x + T$ enthält und stets

$$f(x + T) = f(x)$$

gilt. Durch vollständige Induktion läßt sich leicht zeigen, daß dann auch

$$f(x + nT) = f(x)$$

für jedes ganze n gilt. Kennt man den Verlauf einer T-periodischen Funktion in einem beliebigen Intervall der Länge T, etwa in $[0, T]$ oder $\left[-\frac{T}{2}, \frac{T}{2}\right]$, so läßt sich das Schaubild dieser Funktion durch periodische Fortsetzungen erhalten (Bild 1.17).

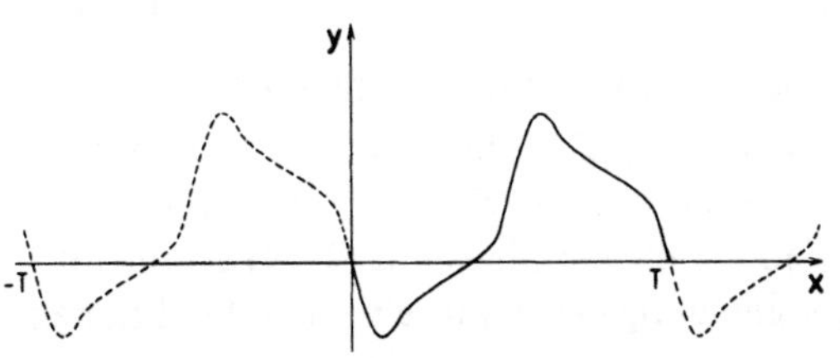

Bild 1.17

Die in Beispiel 1.27 besprochene Funktion $f(x) = \{x\} = x - [x]$ ist periodisch mit der Periode 1. Weitere wichtige Beispiele periodischer Funktionen sind die trigonometrischen Funktionen Sinus, Cosinus (beide Periode 2π), Tangens, Cotangens (beide Periode π), die wir in Abschnitt 3.4 besprechen werden.

1.6.4 Monotone Funktionen

Eine wichtige Information über die Abhängigkeit zweier Größen ist ihr gegenseitiges Wachstumsverhalten, das mit Hilfe des Monotoniebegriffs beschrieben werden kann.

Definition 1.6 Sei I eine Teilmenge des Definitionsbereichs der Funktion f. f heißt *streng monoton wachsend (steigend)* auf I, wenn für beliebiges $x_1, x_2 \in I$

$$x_1 < x_2 \Longrightarrow f(x_1) < f(x_2),$$

streng monoton abnehmend (fallend), wenn

$$x_1 < x_2 \Longrightarrow f(x_1) > f(x_2),$$

monoton wachsend (steigend), wenn

$$x_1 < x_2 \Longrightarrow f(x_1) \leqslant f(x_2),$$

monoton abnehmend (fallend), wenn

$$x_1 < x_2 \Longrightarrow f(x_1) \geqslant f(x_2).$$

In allen vier Fällen sagt man, f sei *monoton* auf I.

Beispiel 1.29: Die Funktion $f(x) = x^3$ ist auf $\mathbb{R}$ streng monoton wachsend, denn aus $x_1 < x_2$ folgt $x_1^3 < x_2^3$. $f(x) = x^2$ ist streng monoton fallend auf $]-\infty, 0]$, streng monoton wachsend auf $[0, \infty[$, aber nicht monoton auf $\mathbb{R}$. $f(x) = \frac{1}{x}$ (vgl. Bild 1.9) ist auf $]0, \infty[$ streng monoton fallend, desgleichen auf $]-\infty, 0[$. $f(x) = [x]$ ist auf $\mathbb{R}$ monoton wachsend, aber nicht streng monoton wachsend (vgl. Bild 1.14), denn für $n \leqslant x_1 < n+1$, $n \leqslant x_2 < n+1$, n ganz, und $x_1 < x_2$ folgt $[x_1] = [x_2]$. Jede konstante Funktion $f(x) = c$ ist monoton wachsend und monoton fallend, aber natürlich nicht im strengen Sinn.

Die meisten in den Anwendungen auftretenden Funktionen sind zumindest *stückweise monoton,* d.h., ihr Definitionsbereich läßt sich in endlich viele Intervalle aufteilen, auf denen sie jeweils monoton sind.

1.6.5 Umkehrfunktionen

Sei $f: D \to B$ eine Funktion. Ein in der Praxis immer wieder auftretender Problemtyp besteht darin, bei vorgegebenem y eine Stelle x zu finden, an der die Funktion den Wert y annimmt, d.h. die Gleichung

$$y = f(x) \tag{1.78}$$

nach x aufzulösen. Der Größe y wird also eine Größe x zugeordnet, für die (1.78) gilt.

Es ist in vieler Hinsicht von Vorteil, eine derartige Zuordnung wieder als Funktion auffassen zu können. Dabei ergeben sich aber zwei Probleme: Zunächst muß gewährleistet sein, daß nur solche y betrachtet werden, für die die Gleichung (1.78) überhaupt lösbar ist; sodann muß die Lösung x durch y eindeutig bestimmt sein, denn Funktionen sind Zuordnungen, die jedem Element ihres Definitionsbereichs ein und nur ein Bild zuweisen. Es stellt sich also die Frage nach der Existenz und der Eindeutigkeit der Lösung von (1.78).

Um die Existenzfrage behandeln zu können, führt man den Begriff des *Wertevorrats* von f ein. Unter dem Wertevorrat W von f verstehen wir die Menge aller $y \in B$, die tatsächlich als Bilder von Elementen von D auftreten, zu denen also ein $x \in D$ mit $y = f(x)$ existiert. Für die Lösbarkeit der Gleichung (1.78) ist demnach notwendig und hinreichend, daß $y \in W$ ist.

Funktionen, für die die Gleichung (1.78) stets (d.h. für jedes Element des Bildbereiches) lösbar ist, für die also $W = B$ gilt, nennt man *surjektiv*. In diesem Zusammenhang weisen wir darauf hin, daß Bildbereich und Wertevorrat i.a. verschiedene Mengen sind. Bei komplizierteren Funktionsvorschriften erfordert die Frage, welche Elemente tatsächlich als Bilder auftreten, oft eingehende Untersuchungen, während der in der Vorschrift angegebene Bildbereich lediglich die Elemente festlegt, die a priori überhaupt als Bilder in Frage kommen. I.a. gilt daher nur $W \subseteq B$ und nicht $W = B$.

Gänzlich andere Voraussetzungen sind für die Eindeutigkeit der Lösung der Gleichung (1.78) erforderlich. Besitzt die Gleichung (1.78) für jedes $y \in B$ höchstens eine Lösung in D, so nennt man die Funktion f *injektiv* oder *eineindeutig*. Die Injektivität einer Funktion f läßt sich offenbar folgendermaßen charakterisieren: f ist genau dann injektiv, wenn

$$x_1 \neq x_2 \Longrightarrow f(x_1) \neq f(x_2). \tag{1.79}$$

Injektive Funktionen nehmen also jeden Wert höchstens einmal an.

Mit Hilfe der Begriffe der Surjektivität und Injektivität können wir die Frage beantworten, wann die Zuordnung, die jedem y die Lösung x von (1.78) zuweist, eine Funktion $g : B \to D$ definiert (deren Definitionsbereich daher der Bildbereich von f und deren Bildbereich der Definitionsbereich von f ist). Die Lösung muß für jedes $y \in B$ existieren und eindeutig sein, d.h., f muß gleichzeitig injektiv und surjektiv sein. In diesem Fall nennt man f eine *bijektive* oder *umkehrbar eindeutige* Funktion von D nach B.

Ist $f : D \to B$ bijektiv, so ist die Zuordnung g, die jedem $y \in B$ die eindeutig bestimmte Lösung $x \in D$ der Gleichung $y = f(x)$ zuweist, eine Funktion mit dem Definitionsbereich B und dem Bildbereich D. Man nennt g die *Umkehrfunktion* oder *inverse Funktion* von f und schreibt $g = f^{-1}$. g ist offenbar wieder eine bijektive Funktion und es gilt

$$g(f(x)) = x \text{ für alle } x \in D, \quad f(g(y)) = y \text{ für alle } y \in B. \tag{1.80}$$

Beispiel 1.30: Sei $f : \mathbb{R} \to \mathbb{R}$ definiert durch $y = f(x) = 2x - 3$. f ist bijektiv, die eindeutige Lösung der Gleichung $y = 2x - 3$ ist $x = \frac{y+3}{2}$. f^{-1} ist also die durch $f^{-1}(y) := \frac{y+3}{2}$ auf ganz $\mathbb{R}$ definierte Funktion.

Beispiel 1.31: Sei $f : \mathbb{R} \to \mathbb{R}$ definiert durch $y = f(x) = x^2$. f ist weder injektiv (x und $-x$ haben dasselbe Bild), noch surjektiv (negative Werte werden nicht angenommen).

Beispiel 1.32: Sei $f : [0, \infty[\to [0, \infty[$ definiert durch $y = f(x) = x^2$. Diese Funktion, die sich von der des vorigen Beispiels nur durch die Änderung von Definitions- und Bildbereich unterscheidet, ist bijektiv. Ihre Umkehrfunktion $f^{-1} : [0, \infty[\to [0, \infty[$ ist durch $f^{-1}(y) = \sqrt{y}$ erklärt.

Beispiel 1.33: Sei $f :]-\infty, 0] \to [0, \infty[$ definiert durch $y = f(x) = x^2$. Auch diese Funktion ist bijektiv, ihre Umkehrfunktion hat den Definitionsbereich $[0, \infty[$ und den Bildbereich $]-\infty, 0]$ und ist durch $f^{-1}(y) = -\sqrt{y}$ definiert.

Die letzten drei Beispiele zeigen, daß die Eigenschaft der Bijektivität nicht allein von der eigentlichen Funktionsvorschrift, sondern auch – und zwar in wesentlichem Ausmaß – von der Wahl des Definitions- und Bildbereichs abhängt. Durch Verkleinerung des Definitionsbereichs kann man die Injektivität erzwingen (überflüssige Lösungen von (1.78) werden entfernt), durch Verkleinerung des Bildbereiches die Surjektivität. Korrekt wäre es, eine so aus f erhaltene bijektive Funktion mit einem anderen Symbol zu bezeichnen, da es sich streng genommen um eine von f verschiedene Funktion handelt. Diese Vorgangsweise würde aber in der Praxis zu unübersichtlichen Formalismen führen. Aus diesem Grund bezeichnet man eine Funktion, die aus f durch Einschränkung, d.h. durch Verkleinerung von Definitions- oder Bildbereich hervorgeht, wieder mit dem Symbol f. Erhält man so eine bijektive Funktion $f: D_1 \to B_1$ und betrachtet man deren Umkehrfunktion, so sagt man, man habe f auf dem Bereich D_1 umgekehrt. So sind die in den Beispielen 1.32 und 1.33 erwähnten Funktionen inverse Funktionen aus Beispiel 1.31 auf den Intervallen $[0, \infty[$ bzw. $]-\infty, 0]$.

Ist f auf ihrem Definitionsbereich D injektiv, so läßt sich f auf ganz D umkehren. Spezielle Beispiele injektiver Funktionen sind die streng monotonen Funktionen, denn aus $f(x_1) < f(x_2)$ bzw. $f(x_1) > f(x_2)$ folgt natürlich $f(x_1) \neq f(x_2)$. Da die Monotonie die in der Praxis häufigste Ursache für die Injektivität einer Funktion ist, formulieren wir

Satz 1.4 *Jede auf* I *streng monoton wachsende (bzw. streng monoton fallende) Funktion läßt sich auf* I *umkehren.*

Wir kommen nun auf die Frage des Schaubildes der Umkehrfunktion einer bijektiven Funktion zu sprechen. Ist $f: D \to B$ bijektiv und $g = f^{-1}: B \to D$ ihre Umkehrfunktion, so sind die Beziehungen

$$y = f(x) \quad \text{und} \quad x = g(y) \tag{1.81}$$

äquivalent. Bezeichnet man die in D variierende Variable mit x, die in B variierende mit y, so liegt (x, y) genau dann auf dem Schaubild von f, wenn (x, y) auf dem Schaubild von g liegt, d.h., daß f und g dasselbe Schaubild haben.

Es ist jedoch vielfach üblich, die unabhängige Veränderliche (d.h. die im Definitionsbereich variierende) prinzipiell mit x, die abhängige (die im Bildbereich variierende) mit y zu bezeichnen. Der Definitionsbereich von f^{-1} ist aber B, der Bildbereich D. Vertauscht man also vor der Veranschaulichung von $g = f^{-1}$ die Rollen von x und y, schreibt man also

$$y = g(x),$$

und nicht $x = g(y)$, so erhält man in der (x, y)-Ebene ein anderes Bild. Es geht aus dem von f durch *Spiegelung* an der Geraden x = y hervor, denn diese Spiegelung vertauscht gerade die x- und die y-Achse.

So hat die Umkehrfunktion g der Funktion $y = f(x) = x^2$, $x \in [0, \infty[$, dasselbe Schaubild wie die Funktion selbst, wenn man g in der Form $x = g(y) = \sqrt{y}$ schreibt; das Schaubild ist jedoch ein anderes, wenn man die Schreibweise $y = g(x) = \sqrt{x}$ wählt (vgl. Bild 1.18).

Abschließend bemerken wir, daß Umkehrfunktionen in der Physik auf ganz natürliche Weise auftreten. Funktionen beschreiben dort meistens den Zusammenhang zwischen Größen, und es ist weitgehend willkürlich, welche dieser Größen man als die unabhängige,

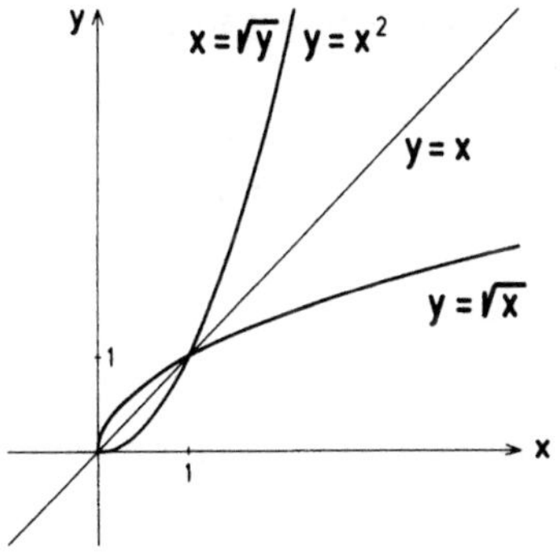

Bild 1.18

welche als die abhängige bezeichnet. So treten etwa im Zusammenhang mit dem Fallgesetz die beiden zueinander inversen Funktionen $s = f(t) = \frac{g}{2} t^2$, $t = f^{-1}(s) = \sqrt{2s/g}$ auf. Es kommt ja letztlich nur darauf an, welche dieser Größen man aus der anderen berechnen will.

1.7 Übungsbeispiele

Für die folgenden Beispiele sei X jene reelle Zahlenmenge, so daß für $x \in X$ die jeweilige Ungleichung beziehungsweise Doppelungleichung richtig ist. Man charakterisiere die Menge X (als Intervall beziehungsweise als Durchschnitt und/oder Vereinigung von Intervallen):

1. $\frac{1}{1-x} \leqslant 1 - \frac{x}{2}$
2. $\frac{1-x}{x-2} \leqslant \frac{x+1}{x-1}$
3. $\frac{1}{3} < \frac{2x-1}{3-2x} < \frac{1}{2}$
4. $(1-x)^3 < \frac{1-x}{1+2x}$
5. $\frac{1}{1-x} \leqslant 1 + 2x$
6. $x < x^2 - 2 < 4x$
7. $|x^2 - 2| \leqslant 1$
8. $\frac{|x^2 + x - 2|}{x^2 - 2x - 3} \leqslant 1$
9. $\frac{1}{1-x} < 1 + cx, \ c > 0$
10. $5 \leqslant |x-2| + |x-5| \leqslant 7$
11. $\frac{x}{x+2} < \sqrt{1+x} - 1 < \frac{x}{2}$

Für das Folgende seien a, b, c, ... reelle Zahlen. Man beweise die Allgemeingültigkeit der folgenden Ungleichungen:

12. $2\left(\frac{1}{a} + \frac{1}{b}\right)^{-1} \leqslant \sqrt{ab}, \ a, b > 0$
13. $\sqrt{ab} \leqslant \frac{1}{2}(a+b), \ a, b > 0$
14. $ab \leqslant \left(\frac{a+b}{2}\right)^2 \leqslant \frac{a^2+b^2}{2}; \ a, b > 0$
15. $\sqrt[3]{abc} \leqslant \frac{a+b+c}{3}; \ a, b > 0$
16. $3\left(\frac{1}{a} + \frac{1}{b} + \frac{1}{c}\right)^{-1} \leqslant \sqrt[3]{abc}; \ a, b, c > 0$
17. $a + b = 1 \Rightarrow |a| + |b| \geqslant 1$
18. $\frac{|a+b|}{1+|a+b|} \leqslant \frac{|a|}{1+|a|} + \frac{|b|}{1+|b|}$

Man beweise, wenn n, m, ... natürliche Zahlen sind, die Richtigkeit der folgenden Ungleichungen:

19. $\sqrt[n+m]{n^m m^n} \leqslant \sqrt{nm}$

20. $\frac{1}{2} \leqslant \sum_{k=1}^{n} \frac{1}{n+k} = \frac{1}{n+1} + \ldots + \frac{1}{2n} < \frac{3}{4}$

21. $\sqrt{n+1} - \sqrt{m} < \frac{1}{2} \sum_{k=m}^{n} \frac{1}{\sqrt{k}} = \frac{1}{2}\left(\frac{1}{\sqrt{m}} + \ldots + \frac{1}{\sqrt{n}}\right) < \sqrt{n} - \sqrt{m-1}$

Man stelle eine Vermutung über den Wert der folgenden Summen/Produkte auf und versuche, den Beweis hierfür durch vollständige Induktion zu erbringen:

22. $\sum_{k=1}^{n} k^2$

23. $\sum_{k=1}^{n} k^3$

24. $\sum_{k=1}^{n} (2k-1)$

25. $\prod_{k=2}^{n} \left(1 - \frac{1}{k}\right)$

26. $\prod_{k=1}^{n} \left(1 + \frac{1}{k}\right)$

27. $\prod_{k=2}^{n} \left(1 - \frac{1}{k^2}\right)$

28. $\sum_{k=1}^{n} (-1)^k k$

29. $\sum_{k=1}^{n} \frac{1}{4k^2 - 1}$

Man beweise durch vollständige Induktion:

30. $\sum_{k=1}^{n} \frac{1}{(4k-3)\,(4k+1)} = \frac{n}{4n+1}$

31. $\sum_{k=0}^{n} \frac{1}{\sqrt{2k+1} + \sqrt{2k+3}} = \frac{n+1}{1 + \sqrt{2n+3}}$

32. $\frac{1}{2}\,\frac{3}{4}\,\frac{5}{6} \cdots \frac{2n-1}{2n} = \frac{(2n)!}{(2^n n!)^2} \leqslant \frac{1}{\sqrt{3n+1}}$

Es bezeichne $a_1, a_2, \ldots, a_n, \ldots$ positive Zahlen. Man beweise:

33. $\operatorname{Min}_{k=1}^{n} a_k \leqslant \frac{1}{n} \sum_{k=1}^{n} a_k \leqslant \operatorname{Max}_{k=1}^{n} a_k$

34. $\prod_{k=1}^{n} a_k = 1 \Rightarrow \frac{1}{n} \sum_{k=1}^{n} a_k \geqslant 1$

Man berechne die Binomialkoeffizienten:

35. $\binom{-2}{4}$ 36. $\binom{1/4}{5}$ 37. $\binom{-1/3}{3}$ 38. $\binom{5/2}{2}$

Man konstruiere einen geschlossenen Ausdruck zur Auswertung der folgenden Binomialkoeffizienten:

39. $\binom{1/2}{n}$ 40. $\binom{-1/2}{n}$

Man beweise:

41. $\sum_{m=k}^{n} \binom{m}{k} = \binom{n+1}{k+1}$

42. $\sum_{k=0}^{m} \binom{n+k}{k} = \binom{n+m+1}{m}$

43. $\sum_{k=1}^{n} k\binom{n}{k} = n\,2^{n-1}$ 44. $\sum_{k=0}^{m} (-1)^k \binom{n}{k} = (-1)^m \binom{n-1}{m}$

45. $\sum_{k=1}^{n} (-1)^k k \binom{n}{k} = 0,\ n \geqslant 2$

46. Man konstruiere, ausgehend vom Intervall [1,2], durch Halbieren eine (rationale) Intervallschachtelung für die irrationale Zahl $\sqrt{3}$ und mit Hilfe dieser Intervallfolge eine Intervallschachtelung für die ebenfalls irrationale Zahl $2^{\sqrt{3}}$: Man bestimme die ersten drei Intervalle dieser Folge.

47. Sei $I_1 \supset I_2 \supset \ldots \supset I_n \supset \ldots$ eine Intervallschachtelung für die reelle Zahl ξ und M der Durchschnitt aller Intervalle I_k (das heißt: liegt x in M, so liegt x in *allen* Intervallen I_k). Man beweise $M = \{\xi\}$.

Man bestimme die Menge der Häufungspunkte, Supremum und Infimum und, falls vorhanden, Maximum und Minimum der Menge M:

48. $M = \{x|x \text{ rational}\}$ 49. $M = \{x|x \text{ irrational}\}$

50. $M = \{x|x \text{ reell, aber nicht ganzzahlig}\}$ 51. $M = \left\{0, \frac{1}{2}, \frac{2}{3}, \frac{3}{4}, \ldots\right\}$

52. $M = \left\{x|x = n \in \mathbb{N}_0\right\} \cup \left\{x|x = \frac{1}{n}, n \in \mathbb{N}\right\}$

53. $M = \left\{x|x = 10^{-n}, n \in \mathbb{N}_0\right\} \cup \left\{x|x = -10^{-n}, n \in \mathbb{N}_0\right\}$

54. $M = \left\{x|x = \frac{1}{n}, n \in \mathbb{N}\right\} \cup \left\{x|x = -\frac{1}{n}, n \in \mathbb{N}\right\}$

55. $M = \left\{x|x = \frac{n+1}{n^2+1}, n \in \mathbb{N}_0\right\}$ 56. $M = \left\{x|x = \frac{n^2-1}{n^4+1}, n \in \mathbb{N}\right\}$

Man bestimme den größtmöglichen Definitionsbereich $D \subseteq \mathbb{R}$ der folgenden Abbildungsvorschriften f und ermittle den Wertevorrat W von $f: D \to \mathbb{R}$:

57. $f(x) = \frac{1}{x - x^3}$ 58. $f(x) = \frac{1}{1 + x^2}$ 59. $f(x) = x + x^2$

60. $f(x) = [\,|x|\,]$ 61. $f(x) = |[x]|$ 62. $f(x) = \frac{x^3 - x^2}{2|x-1|}$

63. $f(x) = \sqrt{x+1} - \sqrt{3-x}$ 64. $f(x) = \frac{4}{1 - \sqrt{x^2 - 4}}$ 65. $f(x) = \sqrt{2 - x - x^2}$

66. $f(x) = \frac{x^2}{x^2 - 1}$ 67. $f(x) = \sqrt{\frac{x^2}{x-1}}$ 68. $f(x) = \frac{x}{\sqrt{x-1}}$

69. Sei $f: \mathbb{R} \to \mathbb{R},\ x \to f(x) = ax^2 + bx + c,\ g: \mathbb{R} \to \mathbb{R},\ x \to g(x) = \alpha x^2 + \beta x + \gamma$. Man berechne $f \circ g$ und $g \circ f$.

Welche der folgenden Funktionen $f: D \to B$ sind injektiv, surjektiv und bijektiv? Wie muß man gegebenenfalls den Definitionsbereich D einschränken, damit f injektiv wird? Wie muß man allenfalls den Bildbereich B ändern, damit f surjektiv wird?

Man bestimme weiters die Umkehrfunktionen der durch geeignete Einschränkungen hervorgehenden bijektiven Funktionen.

70. $D = B = \mathbb{R}$, $f(x) = x^2\,|x|$

71. $D = B = \mathbb{R}$, $f(x) = \dfrac{x}{x^2 + 1}$

72. $D = \left\{x \mid x \in \mathbb{R}, x \neq -\dfrac{d}{c}\right\}$, $B = \mathbb{R}$, $f(x) = \dfrac{ax + b}{cx + a}$ $ad - bc \neq 0$

73. $D = B = \mathbb{R}$, $f(x) = \dfrac{1}{x^2 + 1}$

74. $D = [-2,1]$, $B = [0,\infty[$, $f(x) = \sqrt{2 - x - x^2}$

75. $D = B = \mathbb{R}$, $f(x) = x^2 - 6x + 8$

76. $D = \{x \mid x \in \mathbb{R}, x \neq -1\}$, $B = \mathbb{R}$, $f(x) = \dfrac{1 - x}{1 + x}$

77. $D = \{x \mid x \in \mathbb{R}, x \neq 1\}$, $B = \mathbb{R}$, $f(x) = \dfrac{x}{1 - x}$

78. $D = \,]-\infty, -1[\, \cup [0, \infty[$, $B = [0, \infty[$, $f(x) = \sqrt{\dfrac{x}{1 + x}}$

2 Zahlenfolgen

2.1 Der Folgenbegriff

Eine unendliche *Folge reeller Zahlen*

$$x_1, x_2, x_3, \ldots, x_n, \ldots, \tag{2.1}$$

die in einer bestimmten Reihenfolge vorgegeben sind, kann man als reelle Funktion f mit dem Definitionsbereich $\mathbb{N}$ auffassen. Das n-te Glied x_n der Folge ist das Bild

$$x_n = f(n)$$

der natürlichen Zahl n unter der Abbildung f. Es ist jedoch im Zusammenhang mit Folgen üblich, die Indexschreibweise zu verwenden, d.h. x_n anstatt f(n) zu schreiben, und die Folge selbst nicht mit dem Symbol f, sondern mit (x_n) oder $(x_n)_{n=1,2,\ldots}$ zu bezeichnen.

Beispiel 2.1: Lautet etwa die Funktionsvorschrift $f(n) = \frac{1}{n^2}$, so erhält man die Folge

$$1, \frac{1}{4}, \frac{1}{9}, \frac{1}{16}, \frac{1}{25}, \frac{1}{36}, \ldots$$

und schreibt dafür einfach $\left(\frac{1}{n^2}\right)$.

Die Glieder x_n einer Folge (x_n) müssen durchaus nicht alle voneinander verschieden sein; so definiert die Zuordnung $x_n = 1$ für alle $n \in \mathbb{N}$ (konstante Funktion) die konstante Folge

$$1, 1, 1, \ldots .$$

Die besondere Struktur der Menge der natürlichen Zahlen ergibt die Möglichkeit, die Zuordnungsvorschrift, die eine Folge festlegt, in Form einer sogenannten *rekursiven Definition* zu geben, eine Möglichkeit, die auf dem Prinzip der vollständigen Induktion beruht.

Beispiel 2.2: Durch die Vorschrift

$$x_{n+1} = \frac{1}{2}\left(x_n + \frac{a}{x_n}\right), \; n = 1, 2, 3, \ldots \tag{2.2}$$

ist die Folge (x_n) eindeutig bestimmt, sobald das Anfangsglied x_1 festgelegt ist. Wählt man etwa

$$x_1 = a,$$

so erhält man

$$x_2 = \frac{a+1}{2}, \; x_3 = \frac{a^2 + 6a + 1}{4a + 4} \text{ usw.}$$

Rekursiv definierte Folgen treten im Zusammenhang mit Iterationsverfahren der numerischen Mathematik, speziell bei der Lösung von Gleichungen, sehr häufig auf. So wird uns die Lösung der Gleichung $x^2 = a$, d.h. die Berechnung von $\sqrt{a}$, in Abschnitt 9.3 auf die Folge (2.2) führen.

Beispiel 2.3: Besonders einfache Beispiele rekursiv definierter Folgen sind die *arithmetischen,*

$$x_{n+1} = x_n + d,$$

und die *geometrischen*

$$x_{n+1} = q \cdot x_n.$$

Für diese läßt sich sogar das allgemeine Glied explizit berechnen, und zwar erhält man für die arithmetischen Folgen

$$x_n = x_1 + (n-1)\,d,$$

für die geometrischen Folgen

$$x_n = q^{n-1} x_1.$$

Wir bemerken an dieser Stelle, daß es gelegentlich zur Vereinfachung von Formeln günstiger ist, als Indexmenge, d.h. als Definitionsbereich der Folge, statt $\mathbb{N}$ eine Menge von Typ $\{n_0, n_0 + 1, \ldots\}$, worin n_0 eine nicht unbedingt positive ganze Zahl bezeichnet, zu verwenden, mit der Durchnumerierung also bei n_0 zu beginnen. So können wir die Folge

$$1, q, q^2, q^3, \ldots$$

sowohl durch $(q^{n-1})_{n=1,2,\ldots}$ als auch durch $(q^n)_{n=0,1,\ldots}$ beschreiben; streng genommen handelt es sich dabei zwar um verschiedene Funktionen (verschiedene Definitionsbereiche), es ist jedoch üblich und auch vernünftig, sie als ein und dieselbe Folge anzusehen.

Zu jeder Zahlenfolge (x_n) betrachten wir die Menge $\{x_n \mid n \in \mathbb{N}\}$ aller Zahlen, die als Glieder der Folge vorkommen. Wir nennen diese Menge *die zur Folge gehörige Zahlenmenge.* Sie ist von der Folge selbst aus zwei Gründen zu unterscheiden:

(1) In der Zahlenfolge (x_n) kommt es auf die Reihenfolge der einzelnen Glieder an, in der zugehörigen Zahlenmenge nicht. Eine Änderung der Reihenfolge liefert eine neue Folge, aber keine neue zugehörige Zahlenmenge. So sind z.B. die Folgen 2, 4, 6, 8, 10, 12, ... und 4, 2, 8, 6, 12, 10, ... verschieden, die ihnen zuzuordnende Zahlenmenge ist jedoch dieselbe (nämlich die Menge der geraden natürlichen Zahlen).

(2) In einer Zahlenfolge können Glieder mit verschiedenen Indizes gleich sein, in einer Menge wird jedoch jedes Element nur einmal gezählt. Es kann deshalb vorkommen, daß die einer Zahlenfolge zuzuordnende Zahlenmenge sogar endlich ist. Z.B. besteht die der konstanten Folge 1, 1, 1, 1, ... zugeordnete Menge nur aus einem Element (der Zahl 1).

Wir nennen die Zahlenfolge (x_n) *beschränkt* (bzw. *nach oben* bzw. *nach unten beschränkt*), falls die ihr zugeordnete Zahlenmenge $\{x_n \mid n \in \mathbb{N}\}$ die entsprechenden Eigenschaften besitzt. Offenbar ist (x_n) genau dann beschränkt, wenn es eine positive Konstante K gibt, so daß

$$|x_n| \leqslant K, \quad n = 1, 2, \ldots .$$

Beispiel 2.4: Die Folge $\left(\frac{1}{n}\right)$ ist beschränkt wegen $0 < \frac{1}{n} \leqslant 1$ (vgl. Beispiel 1.10), desgleichen die Folge $\left(\frac{(-1)^n}{n}\right)$ wegen $\left|\frac{(-1)^n}{n}\right| = \frac{1}{n} \leqslant 1$.

Beispiel 2.5: Die Folge (n^2) ist wohl nach unten, jedoch nicht nach oben beschränkt.

Beispiel 2.6: Die Folge 1, − 1, 1, −1, 1, − 1, ..., d.h. $((-1)^n)_{n=0,1,2,\ldots}$ ist beschränkt. Hingegen ist die Folge $((-1)^n n)$ weder nach oben noch nach unten beschränkt.

Beispiel 2.7: Die arithmetische Folge (x_n) mit $x_{n+1} = x_n + d$ ist für $d > 0$ nach unten, jedoch nicht nach oben beschränkt. Dagegen ist sie für $d < 0$ nach oben, aber nicht nach unten beschränkt.

2.2 Häufungswerte und Häufungsgrenzen

Eine Zahl c heißt Häufungspunkt der reellen Zahlenmenge M, falls in jeder ϵ-Umgebung von c unendlich viele Elemente von M liegen (vgl. Def. 1.4). Die entsprechende Definition für Zahlenfolgen trägt dem Umstand Rechnung, daß eine in einer Folge mehrfach auftretende Zahl mehrfach gezählt wird, in der zugehörigen Zahlenmenge jedoch nur einmal aufscheint. Diesen Unterschied betont man durch eine andere Bezeichnung, mit der zum Ausdruck gebracht wird, daß bei einer Folge die Anzahl der Glieder im Vordergrund steht:

Definition 2.1 Die reelle Zahl c heißt *Häufungswert* der reellen Zahlenfolge (x_n), falls in jeder ϵ-Umgebung von c unendlich viele Glieder der Folge liegen, falls also für jedes $\epsilon > 0$ gilt

$$|x_n - c| < \epsilon \quad \text{für unendlich viele } n \in \mathbb{N}. \tag{2.3}$$

Wir machen den Leser darauf aufmerksam, daß es in (2.3) darauf ankommt, für wie viele Werte von n – *und nicht von* x_n! – diese Ungleichung erfüllt ist. So ist c zwangsläufig Häufungswert, wenn c selbst unendlich oft als Folgenglied auftritt.

Betrachten wir etwa die Folge $((-1)^n)_{n=0,1,\ldots}$, d.h.

$$1, -1, 1, -1, 1, -1, \ldots .$$

Die Zahlen − 1 und 1 sind Häufungswerte der Folge – sie kommen in ihr unendlich oft vor. Sie sind jedoch keine Häufungspunkte der zugehörigen Zahlenmenge, denn diese besitzt nur zwei Elemente (− 1 und 1), hat also als endliche Menge überhaupt keine Häufungspunkte.

Offenbar ist jeder Häufungspunkt der zu (x_n) gehörigen Zahlenmenge auch Häufungswert der Folge, aber die Umkehrung gilt nicht, wie die eben betrachtete Folge $((-1)^n)_{n=0,1,\ldots}$ zeigt.

Beispiel 2.8: Die Folge

$$1, 0, \frac{1}{2}, \frac{1}{2}, \frac{1}{3}, \frac{2}{3}, \frac{1}{4}, \frac{3}{4}, \ldots, \frac{1}{m}, \frac{m-1}{m}, \ldots$$

hat die beiden Häufungswerte 0 und 1: die Ungleichung $|x_n - 0| < \epsilon$ gilt für alle ungeraden $n = 2m - 1$ mit $m > \frac{1}{\epsilon}$, die Ungleichung $|x_n - 1| < \epsilon$ für alle $n = 2m$ mit $m > \frac{1}{\epsilon}$.

Bezüglich der Existenz von Häufungswerten läßt sich ein dem Satz 1.2 entsprechender Satz formulieren:

Satz 2.1 (von Bolzano-Weierstraß für Folgen): *Jede beschränkte reelle Zahlenfolge besitzt mindestens einen Häufungswert.*

Zum Beweis ersetze man in Satz 1.2 „unendlich viele Elemente von M" durch „unendlich viele Glieder der Folge" und Häufungspunkt durch Häufungswert.

Ist die Folge (x_n) nicht nach oben (bzw. nicht nach unten) beschränkt, so bezeichnet man ∞ (bzw. $-\infty$) als *uneigentliche* Häufungswerte der Folge. Man kann Satz 2.1 dann auch so aussprechen: *Jede reelle Zahlenfolge besitzt mindestens einen (eigentlichen oder uneigentlichen) Häufungswert.*

Beispiel 2.9: Die Folge 1, 2, 3, ... der natürlichen Zahlen hat überhaupt keinen endlichen Häufungswert (zur Begründung vgl. Beispiel 1.17). ∞ ist jedoch uneigentlicher Häufungswert.

Beispiel 2.10: Die Folge $0, 1, -1, 2, -2, 3, -3, \ldots$, in der alle ganzen Zahlen vorkommen, ist weder nach oben noch nach unten beschränkt; ∞ und $-\infty$ sind daher uneigentliche Häufungswerte.

Definition 2.2 Das Supremum der Menge aller eigentlichen und uneigentlichen Häufungswerte nennt man die *obere Häufungsgrenze* oder den *Limes superior,* das Infimum der Menge aller Häufungswerte die *untere Häufungsgrenze* oder den *Limes inferior* der Folge (x_n). Wir bezeichnen sie mit $\limsup x_n$ bzw. $\liminf x_n$.

Andere Schreibweisen für die Häufungsgrenzen sind $\overline{\lim}\, x_n$ für $\limsup x_n$, $\underline{\lim}\, x_n$ für $\liminf x_n$.

Beispiel 2.11: Die Folge 0, 1, 2, 0, 1, 2, 0, 1, 2, ... hat die Häufungswerte 0, 1 und 2. Es ist daher $\liminf x_n = 0$, $\limsup x_n = 2$.

Beispiel 2.12: Die einzigen Häufungswerte der Folge von Beispiel 2.8 sind 0 und 1; daher ist $\liminf x_n = 0$, $\limsup x_n = 1$.

Beispiel 2.13: Die Folge $1, 1, 2, \frac{1}{2}, 3, \frac{1}{3}, 4, \frac{1}{4}, \ldots, n, \frac{1}{n}, \ldots$ hat den eigentlichen Häufungswert $\liminf x_n = 0$ und den uneigentlichen Häufungswert $\limsup x_n = \infty$.

Beispiel 2.14: Die Folge

$$-1, -4, -9, -16, \ldots, -n^2, \ldots$$

hat als einzigen Häufungswert den uneigentlichen Häufungswert $-\infty$. Es gilt also $\liminf x_n = \limsup x_n = -\infty$. Die Beziehung $\limsup x_n = -\infty$ ist durchaus möglich!

2.3 Der Grenzwertbegriff

Wir haben bereits erwähnt, daß der Begriff des Grenzwertes zu den wichtigsten Grundlagen der Mathematik gehört – er ist das Fundament der Differential- und Integralrechnung und der Lehre von den unendlichen Reihen. Es kommt ihm daher in der gesamten Mathematik und ihren Anwendungen eine wahrhaft zentrale Bedeutung zu.

Definition 2.3 Eine reelle Zahlenfolge (x_n) heißt *konvergent,* wenn sie genau einen Häufungswert besitzt, und dieser Häufungswert endlich (also nicht gleich ∞ oder $-\infty$) ist. Diesen einzigen Häufungswert c nennt man den *Grenzwert* der Folge (x_n) und schreibt

$$c = \lim_{n \to \infty} x_n,$$

oft auch nur kurz $\lim x_n$.

Gilt $\lim x_n = c$, so sagt man, die Folge (x_n) strebe (konvergiere) für $n \to \infty$ gegen c. Das Symbol lim ist als „Limes“ zu lesen, $n \to \infty$ liest man „n gegen unendlich“.

Wir wollen den Grenzwertbegriff auf eine Weise charakterisieren, die es gestattet, seine wichtigsten Gesetzmäßigkeiten herzuleiten.

Die Folge (x_n) sei konvergent, ihr Grenzwert sei c. Wir betrachten eine beliebige ϵ-Umgebung von c, also ein Intervall $]c - \epsilon, c + \epsilon[$ mit $\epsilon > 0$. Da c Häufungswert der

Folge (x_n) ist, müssen jedenfalls unendlich viele Glieder der Folge in diesem Intervall liegen. Wir überlegen uns, daß außerhalb dieses Intervalls *höchstens endlich* viele Glieder der Folge liegen können. Nehmen wir in indirekter Beweisführung an, es würden unendlich viele Glieder der Folge nicht im Intervall $]c-\epsilon, c+\epsilon[$ liegen. M sei die Zahlenmenge dieser außerhalb von $]c-\epsilon, c+\epsilon[$ liegenden Folgenglieder; M ist entweder endlich oder unendlich. Im ersten Fall müssen unendlich viele Folgenglieder x_n gleich einer Zahl $d \in M$ sein, die dann notwendig ein von c verschiedener Häufungswert der Folge (x_n) ist. Im anderen Fall hat M nach dem Satz von Bolzano-Weierstraß für Mengen (Satz 1.2) mindestens einen (eigentlichen oder uneigentlichen) Häufungspunkt, der ein von c verschiedener Häufungswert der Folge (x_n) ist.

In beiden Fällen müßte die Folge (x_n) mindestens zwei verschiedene Häufungswerte haben, im Widerspruch zur vorausgesetzten Konvergenz.

Im Zusammenhang damit vereinbaren wir nun die folgende Sprechweise: Eine Eigenschaft A(n) gilt für *fast alle* n, wenn die Menge derjenigen n, für die A(n) nicht gilt, endlich ist („fast alle" := „alle bis auf *höchstens endlich* viele Ausnahmen").

Wir können die obige Überlegung nun folgendermaßen zusammenfassen:

Satz 2.2 *Die Folge* (x_n) *ist dann und nur dann konvergent mit dem Grenzwert* c, *wenn in jeder* ϵ*-Umgebung von* c *fast alle Glieder der Folge liegen, wenn also für jedes* $\epsilon > 0$ *gilt*

$$|x_n - c| < \epsilon \quad \textit{für fast alle } n. \tag{2.4}$$

Wir weisen besonders auf den Unterschied zwischen „unendlich viele" in (2.3) und „fast alle" in (2.4) hin, wodurch sich die Begriffe „Häufungswert" und „Grenzwert" unterscheiden. Beim Häufungswert wird nur gefordert, daß jede ϵ-Umgebung unendlich viele Glieder der Folge enthält, es dürfen aber auch unendlich viele Glieder außerhalb des Intervalls liegen.

Gilt $\lim x_n = c$, so hängt natürlich die (endliche) Anzahl derjenigen n, für die x_n nicht in $]c-\epsilon, c+\epsilon[$ liegt, von ϵ ab. Auf jeden Fall gibt es unter diesen „Ausnahmeindizes" einen größten, etwa $M(\epsilon)$. Für $n \geqslant M(\epsilon) + 1 = N(\epsilon)$ liegen alle Glieder der Folge im Intervall $]c-\epsilon, c+\epsilon[$. Man gelangt so zu der folgenden Charakterisierung des Grenzwertbegriffes:

Satz 2.3 *Die Folge* (x_n) *ist dann und nur dann konvergent mit dem Grenzwert* c, *wenn es zu jedem* $\epsilon > 0$ *einen (i. a. von* ϵ *abhängigen) Index* $N(\epsilon) \in \mathbb{N}$ *gibt, so daß*

$$|x_n - c| < \epsilon \quad \textit{für alle } n \geqslant N(\epsilon). \tag{2.5}$$

Der Satz 2.3 ist eine quantitative Version von Satz 2.2 und deshalb besser zur Herleitung der sich aus dem Grenzwertbegriff ergebenden Konsequenzen geeignet.

Beispiel 2.15: Sei $x_n = \frac{1}{n}$. Ist $\epsilon > 0$ beliebig vorgegeben, so ist die Bedingung $|x_n - 0| < \epsilon$ mit $n > \frac{1}{\epsilon}$ äquivalent. Auf Grund der archimedischen Eigenschaft gibt es zu jedem $\epsilon > 0$ eine natürliche Zahl $N = N(\epsilon)$ mit $N \cdot \epsilon > 1$. Für $n \geqslant N(\epsilon)$ gilt dann $|x_n - 0| = \left|\frac{1}{n} - 0\right| = \frac{1}{n} < \epsilon$. Man kann etwa $N(\epsilon) = \left[\frac{1}{\epsilon}\right] + 1$ wählen (dabei bezeichnet das Symbol $[x]$ wie üblich die größte ganze Zahl z, welche $z \leqslant x$ erfüllt). Es gilt also

$$\lim_{n\to\infty} \frac{1}{n} = 0. \tag{2.6}$$

Dies ist die wichtigste aller Grenzwertbeziehungen, da viele andere Grenzwerte sich mit ihrer Hilfe berechnen lassen. Sie erhellt damit auch die Bedeutung des archimedischen Axioms, das in ihr wesentlich eingeht.

Zur technischen Anwendung von Satz 2.3 bemerken wir, daß es nicht nötig ist, das kleinstmögliche $N(\epsilon)$ zu finden. Es kommt ja nur darauf an, daß die Ausnahmemenge endlich ist.

Die Formel (2.5) bringt eine Technik zum Ausdruck, die man in der Mathematik *Epsilontik* nennt. Charakteristisch für die in (2.5) vorkommende Größe ϵ ist, daß sie beliebig klein gewählt werden kann, man aber stets ein passendes $N(\epsilon)$ finden können muß. Bei der Anwendung dieser Technik kommt es häufig vor, daß mehrere derartige „beliebig kleine" Größen auftreten, von denen etwa eine ein konstantes Vielfaches der anderen ist – z.B. ϵ und 4ϵ. Ist nun $K > 0$ eine von n und ϵ unabhängige Konstante – z.B. $K = 4$ –, so durchläuft mit ϵ auch $K\epsilon$ alle positiven reellen Zahlen. In (2.5) könnte daher ebensogut $K\epsilon$ statt ϵ stehen.

Schließlich weisen wir darauf hin, daß die Abänderung, Hinzufügung oder Streichung endlich vieler Glieder die Menge der Häufungswerte einer Folge nicht verändert, auf das Konvergenzverhalten also keinen Einfluß ausüben kann.

Ist eine Folge (x_n) nicht konvergent, so sind dafür zwei Ursachen möglich. Entweder besitzt sie mehr als einen Häufungswert, oder ihr einziger Häufungswert ist uneigentlich. Da die Folge im letzteren Fall ein viel bestimmteres Verhalten zeigt, das die Übertragung zumindest eines Teils der Rechenregeln für konvergente Folgen ermöglicht, unterscheidet man die beiden Fälle auch in der Benennung:

Definition 2.4 Die Folge (x_n) heißt *bestimmt divergent,* wenn sie nur einen Häufungswert besitzt, und dieser dann uneigentlich, d.h. ∞ oder $-\infty$ ist. Man schreibt dann

$$\lim_{n\to\infty} x_n = \infty \quad \text{bzw.} \quad \lim_{n\to\infty} x_n = -\infty.$$

Besitzt sie hingegen (unter Einbeziehung der Werte ∞ und $-\infty$, falls diese Häufungswerte sind) mindestens zwei Häufungswerte, so heißt sie *unbestimmt divergent.*

Beispiel 2.16: Der einzige Häufungswert der Folge (n^2) ist ∞, sie ist also bestimmt divergent: $\lim x_n = \infty$.

Beispiel 2.17: Die Folge $1, -1, 1, -1, 1, \ldots$ (siehe Beispiel 2.6) ist unbestimmt divergent, da sie die beiden verschiedenen Häufungswerte 1 und -1 besitzt.

Beispiel 2.18: Die Folge $0, 1, -1, 2, -2, 3, -3, \ldots$ von Beispiel 2.10 ist unbestimmt divergent, da ∞ und $-\infty$ Häufungswerte sind.

Beispiel 2.19: Die Folge $1, 1, 2, \frac{1}{2}, 3, \frac{1}{3}, \ldots, n, \frac{1}{n}, \ldots$ des Beispiels 2.13 hat einen eigentlichen und einen uneigentlichen Häufungswert; sie ist daher unbestimmt divergent.

Ist die Folge (x_n) bestimmt divergent gegen ∞ oder $-\infty$, so bezeichnet man ∞ bzw. $-\infty$ als *uneigentlichen Grenzwert* der Folge (nennt die Folge aber nicht konvergent). Es ist einfach, auch für diese uneigentlichen Grenzwerte Kriterien vom Typ der Sätze 2.2 bzw. 2.3 anzugeben:

Satz 2.4: $\lim x_n = \infty$ *gilt dann und nur dann, wenn es zu jedem* $B > 0$ *ein* $N(B)$ *gibt, so daß*

$$x_n > B \quad \textit{für alle } n \geqslant N(B). \tag{2.7}$$

$\lim x_n = -\infty$ *gilt genau dann, wenn es zu jedem* $A < 0$ *ein* $N(A)$ *gibt, so daß*

$$x_n < A \quad \textit{für alle } n \geqslant N(A). \tag{2.8}$$

Es wird also verlangt, daß jede Ungleichung $x_n > B$ (bzw. $x_n < A$) für fast alle n gilt. (2.7) sagt aus, daß jedes Intervall $]-\infty, B]$ nur endlich viele Glieder der Folge enthält, was ausschließt, daß in einem solchen Intervall Häufungswerte der Folge liegen. Entsprechend ist (2.8) zu interpretrieren.

Jede unbeschränkte Folge hat ∞ oder $-\infty$ als Häufungswert, kann also nicht konvergent im Sinne der Definition 2.3 sein. Es gilt also

Satz 2.5: *Jede konvergente Folge ist beschränkt.*

Dieser Satz wird bei der Herleitung der Rechenregeln für Grenzwerte in Abschnitt 2.5 eine große Rolle spielen. Wir bemerken, daß die Umkehrung von Satz 2.5 falsch ist: Eine beschränkte Folge braucht nicht konvergent zu sein, wie etwa die Folge von Beispiel 2.17 zeigt.

Zum Abschluß dieses Abschnitts geben wir noch eine Charakterisierung der Häufungsgrenzen mit Hilfe der Epsilontik, die uns in der Lehre von den unendlichen Reihen von Nutzen sein wird.

Satz 2.6: *Sei* (x_n) *eine nach oben beschränkte Folge reeller Zahlen. Dann ist die obere Häufungsgrenze* $c = \limsup x_n$ *eindeutig charakterisiert durch die Bedingung: Für jedes* $\epsilon > 0$ *ist*

$$\begin{cases} x_n < c + \epsilon & \textit{für fast alle } n \\ x_n > c - \epsilon & \textit{für unendlich viele } n. \end{cases} \tag{2.9}$$

Entsprechend ist die untere Häufungsgrenze $d = \liminf x_n$ *einer nach unten beschränkten Folge durch*

$$\begin{cases} x_n < d + \epsilon & \textit{für unendlich viele } n \\ x_n > d - \epsilon & \textit{für fast alle } n \end{cases} \tag{2.10}$$

charakterisiert.

Bemerkenswert ist hier das gleichzeitige Auftreten der Begriffe „fast alle“ und „unendlich viele“. Die erste Zeile in (2.9) garantiert, daß rechts von c kein Häufungswert mehr liegen kann; andererseits folgt aus beiden Zeilen zusammen, daß jede ϵ-Umgebung von c unendlich viele Glieder der Folge, nach dem Satz von Bolzano-Weierstraß also auch einen ihrer Häufungswerte, enthält.

Aus den Beziehungen (2.9) bzw. (2.10) ersieht man übrigens, daß $\limsup x_n$ und $\liminf x_n$ selbst wieder Häufungswerte der Folge sind. Man kann also tatsächlich vom „größten“ bzw. „kleinsten“ Häufungswert einer Folge sprechen.

2.4 Teilfolgen

Ein wichtiges Hilfsmittel für das Studium von Zahlenfolgen ist die Betrachtung sogenannter *Teilfolgen.* Unter einer Teilfolge von (x_n) versteht man eine Folge, die aus (x_n) durch Weglassen bestimmter Glieder entsteht, so daß noch unendlich viele Glieder übrigbleiben und deren Reihenfolge dieselbe ist wie in der ursprünglichen Folge. Will man diesen Begriff exakt formulieren, so kann dies folgendermaßen geschehen: Man betrachtet eine Folge $(n_k)_{k=1,2,..}$ natürlicher Zahlen mit $n_1 < n_2 < n_3 < \ldots < n_k < n_{k+1} < \ldots$; die Folge $(y_k) := (x_{n_k})_{k=1,2,\ldots}$ ist dann eine Teilfolge von (x_n).

Beispiel 2.20: Es sei

$$(x_n) = \left(\frac{1}{n}\right) : 1, \frac{1}{2}, \frac{1}{3}, \frac{1}{4}, \frac{1}{5}, \frac{1}{6}, \frac{1}{7}, \ldots, \frac{1}{n}, \ldots .$$

Wählen wir $n_k = 2k$, so erhalten wir die Teilfolge

$$(y_k) = (x_{2k}) : \frac{1}{2}, \frac{1}{4}, \frac{1}{6}, \frac{1}{8}, \ldots$$

Dagegen ergibt $n_k = k^2$ die Teilfolge

$$(z_k) = (x_{k^2}) : 1, \frac{1}{4}, \frac{1}{9}, \frac{1}{16}, \frac{1}{25}, \ldots .$$

Satz 2.7: *Jede Teilfolge einer konvergenten Folge konvergiert gegen denselben Grenzwert.*

Denn liegen in einer ϵ-Umgebung fast alle Glieder der Folge (x_n), so liegen darin erst recht fast alle Glieder einer Teilfolge (x_{n_k}) – die Anzahl der Ausnahmen kann beim Übergang zur Teilfolge ja nur geringer werden.

Ebenso überlegt man sich, daß auch jede Teilfolge einer bestimmt divergenten Folge wiederum bestimmt divergiert.

Bedeutsam ist nun

Satz 2.8: *Die (endliche) Zahl* c *ist dann und nur dann Häufungswert der Folge* (x_n), *wenn es eine Teilfolge* (x_{n_k}) *von* (x_n) *gibt, die gegen* c *konvergiert.*

In der einen Richtung ist der Beweis leicht zu führen. Gilt $\lim\limits_{k \to \infty} x_{n_k} = c$, so liegen in jeder ϵ-Umgebung von c fast alle x_{n_k}, also unendlich viele Glieder der Folge (x_n); c ist also Häufungswert. Umgekehrt sei c ein Häufungswert der Folge (x_n). Da in jeder Umgebung von c, speziell in jeder $\frac{1}{k}$-Umgebung, unendlich viele Glieder der Folge liegen, können wir eine Folge $n_1 < n_2 < \ldots < n_k < \ldots$ von Indizes angeben derart, daß $|x_{n_k} - c| < \frac{1}{k}$ gilt. Ist dann $\epsilon > 0$ beliebig, so ist für $k > \frac{1}{\epsilon}$ die Bedingung $|x_{n_k} - c| < \epsilon$ erfüllt. Es folgt also die Konvergenz der Teilfolge $(x_{n_k})_{k=1,2,\ldots}$ gegen c.

Wir bemerken zu Satz 2.8, daß eine analoge Aussage auch für uneigentliche Häufungswerte gilt.

Kombiniert man die Sätze 2.1 und 2.8, so erhält man diejenige Version des Satzes von Bolzano-Weierstraß, die am häufigsten angewandt wird:

Satz 2.9: *Jede beschränkte Folge enthält eine konvergente Teilfolge.*

Denn nach Satz 2.1 besitzt die beschränkte Folge (x_n) mindestens einen Häufungswert; mit Satz 2.8 schließt man dann auf die Existenz einer konvergenten Teilfolge.

2.5 Das Rechnen mit Grenzwerten

Sind (x_n) und (y_n) zwei Zahlenfolgen, so nennt man die Folge $(x_n + y_n)$ ihre Summe, entsprechend $(x_n - y_n)$ ihre Differenz, $(x_n \cdot y_n)$ ihr Produkt und $\left(\frac{x_n}{y_n}\right)$ ihren Quotienten. Die vier Grundrechnungsarten werden für Folgen demnach gliedweise definiert.

Sämtliche Rechenregeln der Differential- und Integralrechnung beruhen darauf, daß die Grenzwertbildung mit den vier Grundrechnungsarten vertauschbar ist. Im folgenden Satz bringen wir diese wichtige Eigenschaft zum Ausdruck.

Satz 2.10: *Es seien* (x_n) *und* (y_n) *konvergente Zahlenfolgen,* $\lim x_n = x$, $\lim y_n = y$. *Dann sind auch die Folgen* $(x_n + y_n)$, $(x_n - y_n)$, $(x_n \cdot y_n)$ *und, im Falle* $y_n \neq 0, y \neq 0$, *auch die Folge* $\left(\frac{x_n}{y_n}\right)$ *konvergent. Es gilt*

$$\lim(x_n \pm y_n) = \lim x_n \pm \lim y_n = x \pm y, \tag{2.11}$$

$$\lim(x_n \cdot y_n) = \lim x_n \cdot \lim y_n = x \cdot y, \tag{2.12}$$

$$\lim \frac{x_n}{y_n} = \frac{\lim x_n}{\lim y_n} = \frac{x}{y}, \quad (y_n \neq 0, y \neq 0). \tag{2.13}$$

Das Prinzip, eine Grenzwertbeziehung $\lim c_n = c$ zu beweisen, besteht darin, nachzuweisen, daß der Ausdruck $|c_n - c|$ für fast alle n beliebig klein wird, d.h., man muß die Differenz $|c_n - c|$ nach oben abschätzen. Die Voraussetzung der Konvergenz von (x_n) und (y_n) bedeutet wiederum, daß für $|x_n - x|$ und $|y_n - y|$ derartige Abschätzungen möglich sind. Es liegt deshalb nahe, $|c_n - c|$ derart umzuformen, daß die Ausdrücke $|x_n - x|$ und $|y_n - y|$ auftreten. Auf dieser Idee beruhen die Beweise der Rechenregeln (2.11) bis (2.13).

Für (2.11) folgt mit Hilfe der Dreiecksungleichung

$$|(x_n \pm y_n) - (x \pm y)| = |(x_n - x) \pm (y_n - y)| \leqslant |x_n - x| + |y_n - y|.$$

Sei nun $\epsilon > 0$ vorgegeben. Dann gibt es Zahlen $N_1(\epsilon)$ und $N_2(\epsilon)$, so daß $|x_n - x| < \epsilon$ für $n \geqslant N_1(\epsilon)$ und $|y_n - y| < \epsilon$ für $n \geqslant N_2(\epsilon)$ gilt. Für $n \geqslant N(\epsilon) := \max\{N_1(\epsilon), N_2(\epsilon)\}$ gilt daher gleichzeitig

$$|x_n - x| < \epsilon \quad \text{und} \quad |y_n - y| < \epsilon,$$

folglich

$$|(x_n \pm y_n) - (x \pm y)| < \epsilon + \epsilon = 2\epsilon.$$

Daraus folgt (2.11) – vgl. die Bemerkung zur Epsilontik auf Seite 44.

Zum Beweis von (2.12) verwendet man wieder die Dreiecksungleichung und erhält

$$|x_n y_n - xy| = |(x_n - x) y_n + (y_n - y) x| \leqslant |x_n - x|\,|y_n| + |y_n - y|\,|x|.$$

Um diesen Ausdruck abzuschätzen, brauchen wir eine Schranke für $|y_n|$. Erinnern wir uns daran, daß jede konvergente Folge beschränkt ist (Satz 2.5): Es gibt also ein M derart, daß $|y_n| \leqslant M$ für alle n gilt. Sei nun $\epsilon > 0$ beliebig vorgegeben. Wir wählen $N_1(\epsilon)$ und $N_2(\epsilon)$ sowie $N(\epsilon)$ wie beim Beweis von (2.11). Für $n > N(\epsilon)$ folgt dann

$$|x_n y_n - xy| \leqslant M\epsilon + \epsilon|x| = (M + |x|)\epsilon$$

und daraus die Beziehung (2.12), da $K = M + |x|$ weder von ϵ noch von n abhängt.

Den Beweis von (2.13) überlassen wir dem Leser.

Als Spezialfall ergibt sich aus (2.11) und (2.12), wenn man für (y_n) die konstante Folge c, c, c, c,... wählt, die offensichtlich gegen c konvergiert,

$$\lim(x_n + c) = x + c \quad \text{und} \quad \lim(c \cdot x_n) = cx, \tag{2.14}$$

falls $\lim x_n = x$ gilt. Setzt man weiter $x_n = y_n$, so erhält man aus (2.12) $\lim x_n^2 = x^2$. Mittels vollständiger Induktion beweist man nun, daß allgemeiner

$$\lim x_n^k = (\lim x_n)^k = x^k \tag{2.15}$$

für jedes k = 0, 1, 2, ... gilt. Die Regel (2.13) ermöglicht dann die Übertragung von (2.15) auf negative ganze Zahlen.

Wir zeigen nun, wie man (2.15) auf rationale Exponenten übertragen kann, daß also etwa aus $\lim x_n = x$, $x_n > 0$, $x > 0$, die Beziehung $\lim \sqrt{x_n} = \sqrt{\lim x_n} = \sqrt{x}$ folgt.

Da nach Satz 2.5 die Folge (x_n) beschränkt ist, gilt dies auch für die Folge $(\sqrt{x_n})$ – sie besitzt also nur eigentliche Häufungswerte. Laut Satz 2.9 muß dann eine konvergente Teilfolge $(\sqrt{x_{n_h}})_{h=1,2,\ldots}$ von $(\sqrt{x_n})$ existieren; sei $c = \lim \sqrt{x_{n_h}}$ ihr Grenzwert. Aus (2.15) folgt (mit k = 2), daß die Folge $(x_{n_h})_{h=1,2,\ldots}$ dann gegen c^2 strebt: c^2 ist also Häufungswert der Folge (x_n) infolge Satz 2.8. Folglich gilt $c^2 = x = \lim x_n$, denn x ist der einzige Häufungswert der Folge (x_n). Man erhält schließlich $c = \sqrt{x}$ ($c = -\sqrt{x}$ ist wegen $x_n > 0$ unmöglich). Die Folge $(\sqrt{x_n})$ hat daher nur einen Häufungswert, und zwar $\sqrt{x}$, d.h., sie konvergiert mit dem Grenzwert $\sqrt{x}$.

Durch ähnliche Überlegungen kann man zeigen, daß (2.15) für alle rationalen Zahlen k gilt. Die Übertragung der Beziehung (2.15) auf irrationale Zahlen erfolgt dann durch Ausnützung von geeigneten Intervallschachtelungen. Man erhält so schließlich

Satz 2.11: *Es gelte* $x_n > 0$ *für alle* n, *ferner sei* $\lim x_n = x > 0$. *Dann gilt für jede reelle Zahl* r

$$\lim x_n^r = (\lim x_n)^r = x^r. \tag{2.16}$$

Beispiel 2.21: Die Umformung

$$\frac{n^2 + n - 1}{3n^2 - 11} = \frac{1 + \frac{1}{n} - \frac{1}{n^2}}{3 - \frac{11}{n^2}}$$

zeigt, daß

$$\lim_{n\to\infty} \frac{n^2 + n - 1}{3n^2 - 11} = \frac{1 + 0 - 0}{3 - 0} = \frac{1}{3}$$

ist. Denn aus $\lim \frac{1}{n} = 0$ folgt $\lim \frac{1}{n^2} = 0$ ((2.16) mit r = 2), daher auch $\lim \frac{11}{n^2} = 0$ ((2.14) mit c = 11). Wendet man nun auf Zähler und Nenner des umgeformten Ausdrucks die Regel (2.11) an, sodann auf den Quotienten die Regel (2.13), so erhält man den gesuchten Grenzwert.

Wir weisen den Leser darauf hin, daß die Berechnung von Grenzwerten rationaler Ausdrücke in n generell nach diesem Schema erfolgen kann.

Beispiel 2.22: Die Umformung

$$\sqrt{n^2+n}-\sqrt{n^2+1}=\frac{(n^2+n)-(n^2+1)}{\sqrt{n^2+n}+\sqrt{n^2+1}}=\frac{n-1}{\sqrt{n^2+n}+\sqrt{n^2+1}}=\frac{1-\frac{1}{n}}{\sqrt{1+\frac{1}{n}}+\sqrt{1+\frac{1}{n^2}}}$$

führt zum Ergebnis

$$\lim_{n\to\infty}(\sqrt{n^2+n}-\sqrt{n^2+1})=\frac{1-0}{1+1}=\frac{1}{2}.$$

Dabei würden die Regeln (2.6), (2.11) bis (2.13) und (2.16) mit $r=\frac{1}{2}$ verwendet.

Neben den vier Grundrechnungsarten und dem Potenzieren ist auch der Übergang zum Absolutbetrag mit der Grenzwertbildung vertauschbar:

Satz 2.12: *Ist* (x_n) *eine konvergente Zahlenfolge, so gilt*

$$\lim x_n = c \Longrightarrow \lim |x_n| = |c|. \tag{2.17}$$

Dies folgt unmittelbar aus der Dreiecksungleichung (1.41), denn es ist $\big||x_n|-|c|\big| \leqslant |x_n-c|$.

Die Umkehrung von (2.17) gilt i.a. *nicht;* so divergiert z.B. die Folge $((-1)^n)$, während die Folge 1, 1, 1, ... der Beträge ihrer Glieder konvergiert. Für $c=0$ läßt sich die Aussage (2.17) jedoch umkehren,

$$\lim x_n = 0 \Longleftrightarrow \lim |x_n| = 0, \tag{2.18}$$

denn es gilt stets $\big||x_n|\big| = |x_n|$.

Eine konvergente Folge mit dem Grenzwert 0 nennt man eine *Nullfolge.* Da die Beziehung $\lim x_n = c$ offenbar genau dann erfüllt ist, wenn $(x_n - c)$ eine Nullfolge ist, kann man die bequemeren Rechenregeln für Nullfolgen zum Nachweis von Grenzwertbeziehungen ausnützen, indem man $|x_n - c|$ durch einen Ausdruck y_n abschätzt, der eine Nullfolge bildet – aus $y_n < \epsilon$ und $|x_n - c| \leqslant y_n$ folgt ja auch $|x_n - c| < \epsilon$.

Die wichtigste Nullfolge ist $\left(\frac{1}{n}\right)$. Von fast ebenso großer Beduetung ist die geometrische Folge:

Beispiel 2.23: Es gilt

$$\lim_{n\to\infty} q^n = 0 \quad \text{für} \quad -1 < q < 1. \tag{2.19}$$

Für $q = 0$ ist das selbstverständlich. Für $0 < |q| < 1$ setzen wir $\frac{1}{|q|} = 1 + h$ mit $h > 0$. Die Anwendung der Bernoullischen Ungleichung (1.46) ergibt $\frac{1}{|q|^n} = (1+h)^n \geqslant 1 + nh > nh$, also $|q^n| < \frac{1}{nh}$. Die Folge $\left(\frac{1}{nh}\right)$ ist eine Nullfolge, daher auch die Folge $(|q^n|)$, also nach (2.18) auch die Folge (q^n).

Wir erwähnen ergänzend, daß die Folge (q^n) für $q = 1$ offenbar gegen 1 strebt, für $q > 1$ aber bestimmt divergiert, wie man ebenfalls mit Hilfe der Bernoullischen Ungleichung zeigen kann: $q^n = (1+h)^n \geqslant 1 + nh > nh$. Für $q = -1$ hat sie die beiden Häufungswerte -1 und 1, für $q < -1$ die beiden uneigentlichen Häufungswerte ∞ und $-\infty$. Sie divergiert in diesen Fällen also unbestimmt.

Beispiel 2.24: Für jedes $q \neq 1$ gilt die Summenformel

$$1 + q + q^2 + \ldots + q^{n-1} = \frac{q^n - 1}{q - 1}, \tag{2.20}$$

wie man etwa aus der Umformung

$$\begin{aligned} 1 + q + q^2 + \ldots + q^{n-1} - q(1 + q + q^2 + \ldots + q^{n-1}) &= 1 + q - q + q^2 - q^2 + \ldots + q^{n-1} - q^{n-1} - q^n \\ &= 1 - q^n \end{aligned}$$

ersieht. Aus Beispiel 2.23 folgt somit

$$\lim_{n \to \infty} (1 + q + q^2 + \ldots + q^{n-1}) = \lim_{n \to \infty} \sum_{k=0}^{n-1} q^k = \frac{1}{1-q} \quad \text{für} \quad -1 < q < 1. \tag{2.21}$$

Statt (2.21) schreibt man auch

$$\sum_{k=0}^{\infty} q^k = \frac{1}{1-q} \tag{2.22}$$

und spricht von einer unendlichen geometrischen Reihe. Derartige Summenbildungen werden wir in Abschnitt 15 studieren.

2.6 Das Prinzip der Vergleichsfolgen

In vielen Fällen, in denen Zahlenfolgen auftreten, ist man vor allem am Grenzwert interessiert. Grundsätzlich hat man aber bei Grenzwertberechnungen vorher den Nachweis der Konvergenz zu erbringen; andererseits kann man versuchen, den Konvergenzbeweis auf eine Weise zu führen, die gleichzeitig die Berechnung des Grenzwerts ermöglicht. Eine solche Vorgangsweise haben wir im Grunde schon in den vorangegangenen Beispielen 2.21 und 2.22 eingeschlagen, in denen geeignete Umformungen unter Zuhilfenahme der Rechenregeln für konvergente Folgen über den Nachweis der Konvergenz direkt zum Grenzwert führten.

Das *Prinzip der Vergleichsfolgen* ist nun eine ebensolche Methode, um im Zuge des Konvergenzbeweises auch gleichzeitig den Grenzwert zu berechnen. Als Vorbereitung diene

Satz 2.13: *Sind* (x_n) *und* (y_n) *konvergente Folgen, so gilt*

$$x_n \leqslant y_n \ \textit{für fast alle}\ n \Longrightarrow \lim x_n \leqslant \lim y_n. \tag{2.23}$$

Wir bemerken dazu, daß aus $x_n < y_n$ für fast alle n *nicht* $\lim x_n < \lim y_n$ gefolgert werden kann – die beiden Grenzwerte können auch dann gleich sein, wenn stets $x_n < y_n$ gilt, wie z.B. für $x_n = \frac{1}{n^2}$ und $y_n = \frac{1}{n}$!

Zum Beweis von Satz 2.13 machen wir die indirekte Annahme $x = \lim x_n > \lim y_n = y$. Wir wählen dann $\epsilon > 0$ so klein, daß $y - \epsilon < y < y + \epsilon < x - \epsilon < x < x + \epsilon$ gilt. Offensichtlich liegen im Intervall $]y - \epsilon, y + \epsilon[$ fast alle y_n, im Intervall $]x - \epsilon, x + \epsilon[$ fast alle x_n. Aus der Lage dieser Intervalle folgt, daß dann $x_n > y_n$ für fast alle n gelten muß im Widerspruch zur Voraussetzung!

Satz 2.13 bringt zum Ausdruck, daß die Grenzwertbildung nicht nur mit den vier Grundrechnungsarten, sondern auch mit der Ordnungsrelation $\leqslant$ (nicht aber mit ihrer Verschärfung $<$!) verträglich ist. Darauf beruht das angekündigte Prinzip, dessen praktische Bedeutung darin besteht, das Konvergenzverhalten und den Grenzwert einer Folge komplizierterer Bauart durch Vergleich mit einfacheren Folgen zu erhalten.

Satz 2.14 (Vergleichskriterium): *Es seien* (x_n) *und* (z_n) *konvergente Folgen mit* $\lim x_n = \lim z_n = c$. *Ist dann* (y_n) *eine Folge, die der Bedingung*

$$x_n \leqslant y_n \leqslant z_n \quad \textit{für fast alle } n \tag{2.24}$$

genügt, so ist auch die Folge (y_n) *konvergent gegen denselben Grenzwert, d. h.*

$$\lim y_n = c. \tag{2.25}$$

Zum Beweis dieses Satzes sei $\epsilon > 0$ beliebig vorgegeben. Auf Grund der vorausgesetzten Konvergenz beider Folgen $(x_n), (z_n)$ gegen den gemeinsamen Grenzwert c gelten die Ungleichungen

$$c - \epsilon < x_n < c + \epsilon, c - \epsilon < z_n < c + \epsilon \quad \text{für fast alle } n.$$

Daraus folgt

$$c - \epsilon < x_n \leqslant y_n \leqslant z_n < c + \epsilon,$$

also $|y_n - c| < \epsilon$ für fast alle n.

Wir demonstrieren die praktische Anwendung des Vergleichskriteriums in den folgenden Beispielen.

Beispiel 2.25: Wir wollen zeigen, daß die Beziehung

$$\lim_{n \to \infty} \sqrt[n]{n} = 1 \tag{2.26}$$

besteht. Für $n > 1$ ist $\sqrt[n]{n} > 1$, etwa $\sqrt[n]{n} = 1 + a_n$ mit $a_n > 0$. Mit Hilfe des binomischen Lehrsatzes folgt für $n \geqslant 2$

$$n = (1 + a_n)^n = 1 + na_n + \binom{n}{2} a_n^2 + \ldots + \binom{n}{n} a_n^n > \binom{n}{2} a_n^2,$$

da alle Terme dieser Summe positiv sind. Die letzte Ungleichung bedeutet nun $a_n < \sqrt{\frac{2}{n-1}}$ für $n \geqslant 2$ und wir erhalten die (2.24) entsprechende Ungleichung

$$0 < \sqrt[n]{n} - 1 = a_n < \sqrt{\frac{2}{n-1}}, \quad n \geqslant 2.$$

Nun gilt $\lim \frac{1}{n-1} = 0$, daher auch $\lim \sqrt{\frac{2}{n-1}} = 0$; mit Hilfe des Vergleichskriteriums folgt dann

$$\lim a_n = \lim(\sqrt[n]{n} - 1) = 0.$$

Also gilt (2.26), denn nach (2.14) ist

$$\lim \sqrt[n]{n} = \lim [(\sqrt[n]{n} - 1) + 1] = 0 + 1 = 1.$$

Beispiel 2.26: Mit Hilfe von Beispiel 2.25 und Satz 2.14 sind wir nun auch in der Lage, die Grenzwertbeziehung

$$\lim_{n \to \infty} \sqrt[n]{a} = 1 \quad \text{für jedes feste } a > 0 \tag{2.27}$$

zu zeigen. Für $a = 1$ ist das selbstverständlich. Ist $a > 1$, so gilt $1 < a < n$, also auch $1 < \sqrt[n]{a} < \sqrt[n]{n}$ für fast alle n. Aus Satz 2.14 folgt dann mit $x_n = 1$, $y_n = \sqrt[n]{n}$ schließlich (2.27), da $\lim \sqrt[n]{n} = 1$ ist.

Den noch übrig bleibenden Fall $0 < a < 1$ kann man mittels der Substitution $a = \frac{1}{b}$ auf den vorhergehenden zurückführen, denn wegen $b > 1$ gilt $\lim \sqrt[n]{b} = 1$, also

$$\lim \sqrt[n]{a} = \lim \frac{1}{\sqrt[n]{b}} = \frac{1}{\lim \sqrt[n]{b}} = \frac{1}{1} = 1,$$

worin (2.13) verwendet wurde.

Beispiel 2.27: Wir betrachten die durch

$$x_n = \sqrt[n]{2n^2 - 3n + 12}$$

definierte Folge. Es gilt für alle n die Ungleichung $1 < 2n^2 - 3n + 12 < 14n^2$, also

$$1 < x_n < \sqrt[n]{14n^2} = \sqrt[n]{14}\,(\sqrt[n]{n})^2.$$

Der rechts stehende Ausdruck strebt für $n \to \infty$ gegen $1 \cdot 1^2 = 1$ (siehe die Beispiele 2.25 und 2.26), aus Satz 2.14 folgt daher

$$\lim_{n \to \infty} \sqrt[n]{2n^2 - 3n + 12} = 1.$$

Beispiel 2.28: Wir wollen das vorhergehende Beispiel verallgemeinern und zeigen, daß für jedes Polynom in n,

$$p_k(n) = a_k n^k + a_{k-1} n^{k-1} + \ldots + a_1 n + a_0,\ a_k > 0, \tag{2.28}$$

stets

$$\lim \sqrt[n]{p_k(n)} = 1 \tag{2.29}$$

gilt. Das Problem ist, wie man zu einer für fast alle n gültigen Abschätzung der Form

$$a \cdot n^k \leqslant p_k(n) \leqslant b \cdot n^k \tag{2.30}$$

mit positiven Konstanten a, b gelangt. Aus einer solchen würde nämlich sofort (2.29) folgen, da $\lim \sqrt[n]{a \cdot n^k} = (\lim \sqrt[n]{a})(\lim \sqrt[n]{n})^k = 1$ und eine entsprechende Beziehung für b statt a gilt.

Die folgende Überlegung ist charakteristisch zur Gewinnung derartiger Abschätzungen; besonders beim Studium unendlicher Reihen (vgl. Abschnitt 15) bedient man sich oft ähnlicher Methoden.

Sei c irgendeine reelle Zahl, $c \neq 0$. Dann gilt

$$\lim_{n \to \infty} \frac{p_k(n)}{c \cdot n^k} = \lim_{n \to \infty} \left[\frac{a_k}{c} + \frac{a_{k-1}}{c}\frac{1}{n} + \ldots + \frac{a_0}{c}\left(\frac{1}{n}\right)^k\right] = \frac{a_k}{c}.$$

Ist nun $a_k > c$, so gibt es eine η-Umgebung um $\frac{a_k}{c}$, die vollständig rechts von 1 liegt: In diesem Intervall liegen dann fast alle Zahlen $\frac{p_k(n)}{c \cdot n^k}$, d.h. fast alle diese Zahlen sind größer als 1. Also ist $p_k(n) > c \cdot n^k$ für fast alle n, falls $c < a_k$. Analog ist $p_k(n) < c \cdot n^k$ für fast alle n, falls $c > a_k$. Dies zeigt, daß wir nur irgendwelche Zahlen a, b mit $0 < a < a_k < b$ zu wählen brauchen, damit die Ungleichung (2.30) für fast alle n gilt.

Beispiel 2.29: Zur Berechnung von

$$c = \lim_{n \to \infty} \left[\frac{1}{\sqrt{n^2+1}} + \frac{1}{\sqrt{n^2+2}} + \ldots + \frac{1}{\sqrt{n^2+n}} \right]$$

ist zu beachten, daß die Anzahl der Summanden hier von n abhängt und mit n über alle Grenzen wächst. Man kann deshalb nicht aus $\lim\limits_{n \to \infty} \frac{1}{\sqrt{n^2+k}} = 0$ schließen, daß der gesuchte Grenzwert den Wert 0 hat, da die Summenregel (2.11) eine von n unabhängige Anzahl von Summanden voraussetzt.

Tatsächlich zeigt die Abschätzung

$$x_n = n \cdot \frac{1}{\sqrt{n^2+n}} \leqslant \frac{1}{\sqrt{n^2+1}} + \frac{1}{\sqrt{n^2+2}} + \ldots + \frac{1}{\sqrt{n^2+n}} \leqslant n \cdot \frac{1}{\sqrt{n^2+1}} = z_n,$$

daß $c = 1$ gilt, denn es ist $\lim x_n = \lim z_n = 1$.

2.7 Monotone Folgen

Ähnlich den monotonen Funktionen haben auch die monotonen Zahlenfolgen eine große Bedeutung.

Definition 2.5 Eine reelle Zahlenfolge (x_n) heißt *streng monoton wachsend (steigend)*, wenn

$$x_n < x_{n+1}, \quad n = 1, 2, \ldots,$$

streng monoton abnehmend (fallend), wenn

$$x_n > x_{n+1}, \quad n = 1, 2, \ldots,$$

monoton wachsend (steigend), wenn

$$x_n \leqslant x_{n+1}, \quad n = 1, 2, \ldots,$$

monoton abnehmend (fallend), wenn

$$x_n \geqslant x_{n+1}, \quad n = 1, 2, \ldots .$$

In jedem dieser Fälle spricht man von einer *monotonen* Folge.

Da die Monotonie einer Folge vor allem im Hinblick auf ihr Konvergenzverhalten von Bedeutung ist, genügt es, die Monotoniebedingung, statt für alle $n = 1, 2, \ldots$, nur für fast alle n zu fordern, da eventuelle Streichungen von Folgengliedern weder auf das Konvergenzverhalten noch auf den Grenzwert einen Einfluß haben.

Wenn man die Monotonie einer Folge nachweisen will, empfiehlt es sich, entweder das Vorzeichen der Differenz $x_{n+1} - x_n$ aufeinanderfolgender Glieder, oder, bei Folgen mit positiven Gliedern, den Quotienten $\frac{x_{n+1}}{x_n}$ zu untersuchen.

Beispiel 2.30: Die Folge (n^r) ist für $r > 0$ streng monoton wachsend, für $r < 0$ streng monoton fallend. Für $r = 0$ ist sie eine konstante Folge und als solche sowohl wachsend als auch fallend, jedoch nicht im strengen Sinn.

Eine alternierende Folge wie $((-1)^n)$ kann nicht monoton sein.

Beispiel 2.31: Die Folge $(\sqrt[n]{n})$ ist für $n \geqslant 3$ streng monoton fallend. Der Nachweis der Ungleichung

$$\sqrt[n+1]{n+1} < \sqrt[n]{n}$$

führt durch Erhebung in die $n(n+1)$-te Potenz auf $(n+1)^n < n^{n+1}$ oder $\left(1+\frac{1}{n}\right)^n < n$. Wie wir im nächsten Abschnitt sehen werden (vgl. 2.36), ist sogar $\left(1+\frac{1}{n}\right)^n < 3$ für alle n, so daß $\left(1+\frac{1}{n}\right)^n < n$ für $n \geqslant 3$ gilt.

Beispiel 2.32: Wir untersuchen das Monotonieverhalten der durch

$$x_{n+1} = \sqrt{2+x_n},\ x_0 \geqslant -2,$$

rekursiv definierten Folge (x_n). Aus der Umformung

$$x_{n+1} - x_n = \sqrt{2+x_n} - \sqrt{2+x_{n-1}} = \frac{x_n - x_{n-1}}{\sqrt{2+x_n} + \sqrt{2+x_{n-1}}}$$

wird ersichtlich, daß für jedes n die Differenz $x_{n+1} - x_n$ dasselbe Vorzeichen wie $x_n - x_{n-1}$ hat. Durch vollständige Induktion folgt daraus, daß $x_{n+1} - x_n$ stets das Vorzeichen von $x_1 - x_0$ hat. Wir untersuchen daher, für welche Werte von x_0 etwa $x_1 - x_0 = \sqrt{2+x_0} - x_0 < 0$, d.h., $\sqrt{2+x_0} < x_0$ gilt. In diesem Fall muß $x_0 > 0$ und $2 + x_0 < x_0^2$ sein. Da -1 und 2 die Nullstellen des Polynoms $p(x) = x^2 - x - 2$ sind, gilt $p(x_0) = x_0^2 - x_0 - 2 = (x_0+1)(x_0-2)$. $p(x_0) > 0$ gilt demnach genau für $x_0 < -1$ und $x_0 > 2$. Da andererseits negative Werte von x_0 wegen $x_0 > \sqrt{2+x_0}$ nicht in Frage kommen, bleibt nur der Bereich $x_0 > 2$: Für $x_0 > 2$ ist also $x_1 - x_0 < 0$, daher $x_{n+1} - x_n < 0$, d.h. die Folge ist für $x_0 > 2$ streng monoton fallend.

Analog zeigt man, daß die Folge (x_n) für $-2 \leqslant x_0 < 2$ streng monoton steigt; im Falle $x_0 = 2$ ist sie konstant.

Die Bedeutung der monotonen Folgen liegt darin, daß ihr Konvergenzverhalten sehr bestimmt ist; im Falle der Konvergenz steigen sie zum Grenzwert auf bzw. fallen zu ihm ab. Für die Konvergenz solcher Folgen ist die Beschränktheit daher bereits hinreichend.

Satz 2.15: (Hauptsatz für monotone Folgen) *Eine monotone Folge ist dann und nur dann konvergent, wenn sie beschränkt ist. Für eine monoton wachsende Folge ist*

$$\lim_{n\to\infty} x_n = \operatorname{Sup}\{x_n \mid n \in \mathbb{N}\}, \tag{2.31}$$

für eine monton fallende Folge

$$\lim_{n\to\infty} x_n = \operatorname{Inf}\{x_n \mid n \in \mathbb{N}\}. \tag{2.32}$$

Wir bemerken dazu, daß eine monton steigende Folge offensichtlich beschränkt ist, wenn sie nur nach oben beschränkt ist (denn x_1 ist für eine monoton steigende Folge stets eine untere Schranke der zugehörigen Zahlenmenge). Ebenso ist eine monton fallende Folge beschränkt, wenn sie nach unten beschränkt ist (in diesem Fall ist x_1 eine obere Schranke der zugehörigen Zahlenmenge). Zum Beweis des Satzes nehmen wir an, die Folge (x_n) sei monoton wachsend – der Beweis des anderen Falles verläuft analog. Sei $c = \operatorname{Sup}\{x_n \mid n \in \mathbb{N}\}$; da (x_n) beschränkt vorausgesetzt wurde, ist c endlich. Nun folgt auf Grund der Supremumseigenschaft (1.58) $c \geqslant x_n$ für alle n; aus (1.59) schließen wir, daß es zu jedem $\epsilon > 0$ ein Folgenglied x_N mit $c - \epsilon < x_N$ gibt. Aus der Monotonie folgt dann $c - \epsilon < x_N \leqslant x_n \leqslant c$ für alle $n \geqslant N$. Also ist $\lim x_n = c$. Die Umkehrung des Satzes ist evident.

Beispiel 2.33: Die Folge (x_n) von Beispiel 2.32 ist als monoton nachgewiesen. Für $x_0 > 2$ fällt die Folge; da offensichtlich stets $x_n > 0$ gilt, ist sie nach unten beschränkt (und daher überhaupt beschränkt) und folglich konvergent. Ist $x_0 < 2$, so wächst (x_n); aus $x_1 = \sqrt{2 + x_0} < \sqrt{2+2} = 2$ folgt dann durch vollständige Induktion $x_n < 2$ für alle n, so daß (x_n) nach oben beschränkt ist. Da sie für $x_0 = 2$ konstant ist, erhalten wir für jeden Wert $x_0 \geqslant -2$ Konvergenz. Die Methode, die wir nun zur Bestimmung des Grenzwerts der Folge (x_n) verwenden, ist typisch für die Grenzwertberechnung rekursiv definierter Folgen.

Es sei $c = \lim x_n$. Dann ist $\lim (2 + x_n) = 2 + c$ nach (2.14) und $\lim \sqrt{2 + x_n} = \sqrt{2 + c}$ nach (2.16); andererseits ist natürlich $\lim x_n = \lim x_{n+1} = c$, so daß sich aus der Rekursionsformel der Folgenglieder die Gleichung

$$c = \sqrt{2 + c}$$

für den Grenzwert ergibt. Da das Polynom $p(x) = x^2 - x - 2$ die Nullstellen -1 und 2 hat, ergibt sich $c = \lim x_n = 2$, da wegen $x_n > 0$ die Lösung -1 nicht in Frage kommt.

Beispiel 2.34: Die durch

$$x_{n+1} = \frac{1}{2}\left(x_n + \frac{a}{x_n}\right), \; x_1 = a \geqslant 1,$$

(vgl. Beispiel 2.2) rekursiv definierte Folge ist konvergent mit dem Grenzwert $\lim x_n = \sqrt{a}$. Um dies zu zu zeigen, weisen wir nach, daß die Folge (x_n) monoton fällt und nach unten beschränkt ist.

Aus der Umformung

$$x_{n+1} - x_n = \frac{a - x_n^2}{2x_n}$$

geht hervor, daß es genügt, $x_n \geqslant \sqrt{a}$ oder $x_n^2 \geqslant a$, zu zeigen, da daraus zwingend folgt, daß (x_n) tatsächlich monoton fällt.

Die Ungleichung $x_n^2 - a \geqslant 0$ ist für $n = 1$ offensichtlich und folgt für $n \geqslant 2$ aus

$$x_n^2 - a = \left[\frac{1}{2}\left(x_{n-1} + \frac{a}{x_{n-1}}\right)\right]^2 - a = \frac{1}{4}\left(x_{n-1} - \frac{a}{x_{n-1}}\right)^2 \geqslant 0.$$

Damit ist die Konvergenz nachgewiesen. Für den Grenzwert $c = \lim x_n = \lim x_{n+1}$ folgt, wie in Beispiel 2.33, aus der Rekursionsformel für $n \to \infty$

$$c = \frac{1}{2}\left(c + \frac{a}{c}\right) \quad \text{oder} \quad c^2 - a = 0.$$

Da $c = -\sqrt{a}$ wegen $x_n \geqslant 0$ nicht in Frage kommt, folgt $c = \sqrt{a}$.

Bei dieser Gelegenheit erwähnen wir, daß monotone Zahlenfolgen stets im Zusammenhang mit Intervallschachtelungen auftreten. Die Folge (a_n) der linken Endpunkte einer Intervallschachtelung ist monoton wachsend, die Folge (b_n) der rechten Endpunkte ist monoton fallend, was in (1.47) zum Ausdruck kommt. Aus (1.47) folgt außerdem, daß $a_n \leqslant b_1$ bzw. $b_n \geqslant a_1$ gilt, beide Folgen also beschränkt und daher konvergent sind. Die Zusatzbedingung (1.48) gewährleistet, daß die beiden Grenzwerte a und b der Folgen (a_n) und (b_n) übereinstimmen, die Intervalle sich also auf einen Punkt zusammenziehen.

Im Hinblick auf das Studium unendlicher Reihen mit positiven Gliedern in Abschnitt 15 weisen wir zu Satz 2.15 insbesondere darauf hin, daß die Konvergenz einer Teilfolge einer monotonen Folge schon für die Konvergenz der ganzen Folge hinreicht und es daher zur Bestimmung des Grenzwertes einer monotonen Folge schon ausreicht, den Grenzwert einer Teilfolge zu berechnen – es ist ja nur ein Häufungswert vorhanden.

Schließlich bemerken wir noch, daß divergente – also unbeschränkte – monotone Folgen ebenfalls nur einen Häufungswert haben können, der dann uneigentlich sein muß. Monoton wachsende (bzw. fallende) unbeschränkte Folgen sind also stets bestimmt divergent gegen ∞ (bzw. $-\infty$).

2.8 Die Eulersche Zahl

Wir wollen in diesem Abschnitt zeigen, daß die durch

$$x_n = \left(1 + \frac{1}{n}\right)^n \tag{2.33}$$

definierte Folge (x_n) monoton wachsend und nach oben beschränkt ist, nach Satz 2.15 also konvergiert. Dazu formen wir (2.33) zunächst um,

$$x_n = 1 + \frac{n}{1}\frac{1}{n} + \frac{n(n-1)}{1 \cdot 2}\left(\frac{1}{n}\right)^2 + \ldots + \frac{n(n-1)\ldots 2 \cdot 1}{1 \cdot 2 \ldots (n-1)n}\left(\frac{1}{n}\right)^n,$$

und erhalten weiter

$$x_n = 1 + 1 + \frac{1}{2!}\left(1 - \frac{1}{n}\right) + \ldots + \frac{1}{n!}\left(1 - \frac{1}{n}\right)\left(1 - \frac{2}{n}\right)\ldots\left(1 - \frac{n-1}{n}\right). \tag{2.34}$$

Aus (2.34) folgt zunächst, daß (x_n) streng monoton wächst; denn ersetzt man darin n durch n + 1, so wird einerseits ein positiver Term hinzugefügt und andererseits jeder der oben stehenden Terme vergrößert, weil diese Ersetzung jeden Faktor $1 - \frac{k}{n}$ vergrößert. Es gilt also $x_n < x_{n+1}$.

Weiterhin zeigt (2.34), daß die Folge (x_n) beschränkt ist. Ersetzt man nämlich in (2.34) jeden Ausdruck $1 - \frac{k}{n}$ durch 1, so erhält man die Abschätzung

$$x_n < 2 + \frac{1}{2!} + \frac{1}{3!} + \ldots + \frac{1}{n!} =: y_n \tag{2.35}$$

und gewinnt eine einfache obere Schranke für (x_n), indem man in y_n für $k \geqslant 2$ die Ausdürcke k! durch 2^{k-1} ersetzt, also von der für $k \geqslant 2$ geltenden Ungleichung $k! \geqslant 2^{k-1}$ Gebrauch macht,

$$x_n < y_n < 2 + \frac{1}{2} + \frac{1}{4} + \ldots + \frac{1}{2^{n-1}} = 1 + \sum_{k=0}^{n-1}\left(\frac{1}{2}\right)^k = 1 + \frac{1 - \left(\frac{1}{2}\right)^n}{1 - \frac{1}{2}} < 3. \tag{2.36}$$

Dabei wurde die Summenfornel (2.20) verwendet. Die Folge (x_n) ist nach Satz 2.15 konvergent, ihr Grenzwert liegt zwischen 2 und 3, da stets $2 < x_n < 3$ gilt für $n \geqslant 2$. Man bezeichnet diesen Grenzwert nach *Euler* mit dem Buchstaben e,

$$e := \lim_{n \to \infty}\left(1 + \frac{1}{n}\right)^n = 2.718\,281\,828\,459\,045\,235\ldots\,. \tag{2.37}$$

Die Eulersche Zahl e läßt sich auch als Grenzwert der in (2.35) definierten Folge (y_n) darstellen. Ist k eine feste natürliche Zahl, so gilt für $k < n$

$$x_n > 1 + 1 + \frac{1}{2!}\left(1 - \frac{1}{n}\right) + \ldots + \frac{1}{k!}\left(1 - \frac{1}{n}\right)\left(1 - \frac{2}{n}\right)\ldots\left(1 - \frac{k-1}{n}\right).$$

Läßt man darin – bei festem k! – n gegen unendlich streben, so erhält man, da jeder Term $1 - \frac{1}{n}$ gegen 1 konvergiert und die Anzahl dieser Terme sich nicht ändert,

$$e \geqslant 2 + \frac{1}{2!} + \ldots + \frac{1}{k!} = y_k.$$

Dabei wurde Satz 2.13 verwendet. Da bei dieser Überlegung k beliebig war, gilt $x_n \leqslant y_n \leqslant e$ für alle n. Da (x_n) gegen e konvergiert, muß nach dem Vergleichskriterium auch die Folge (y_n) gegen e konvergieren: Es gilt also

$$e = \lim_{n \to \infty} \sum_{k=0}^{n} \frac{1}{k!} = \sum_{k=0}^{\infty} \frac{1}{k!}. \tag{2.38}$$

Die Folge in (2.38) konvergiert übrigens viel rascher als (2.37) und eignet sich sehr gut zur numerischen Berechnung der Zahl e.

Die Folge $\left(\left(1 + \frac{1}{n}\right)^n\right)$ ist ein Spezialfall der Folge (x_n) mit

$$x_n = \left(1 + \frac{r}{n}\right)^n, \tag{2.39}$$

in der r eine beliebige reelle Zahl bezeichnet. Durch Verfeinerung der obigen Überlegungen gelangt man für positive r zu dem Ergebnis, daß auch die Folge (2.39) monoton und beschränkt, also konvergent ist, und daß weiters

$$\lim_{n \to \infty} \left(1 + \frac{r}{n}\right)^n = \lim_{n \to \infty} \sum_{k=0}^{n} \frac{r^k}{k!} = \sum_{k=0}^{\infty} \frac{r^k}{k!} \tag{2.40}$$

gilt. Bezeichnen wir diesen Grenzwert mit c. Ist $r = \frac{p}{q} > 0$ rational, so folgt

$$c^q = \lim_{n \to \infty} \left(1 + \frac{p}{nq}\right)^{nq}.$$

Da jede Teilfolge einer konvergenten Folge gegen denselben Grenzwert konvergiert, erhält man, indem man n speziell die Vielfachen von p durchlaufen läßt,

$$c^q = \lim_{k \to \infty} \left(1 + \frac{p}{kpq}\right)^{kpq} = \lim_{k \to \infty} \left[\left(1 + \frac{1}{kq}\right)^{kq}\right]^p = \left[\lim_{k \to \infty} \left(1 + \frac{1}{kq}\right)^{kq}\right]^p.$$

Die in der eckigen Klammer auftretende Folge ist aber eine Teilfolge der gegen e konvergierenden Folge (2.37). Infolgedessen ist $c^q = e^p$, also $c = e^{p/q} = e^r$. Damit haben wir gezeigt, daß für positive rationale Werte von r

$$e^r = \lim_{n \to \infty} \left(1 + \frac{r}{n}\right)^n = \lim_{n \to \infty} \sum_{k=0}^{n} \frac{r^k}{k!} = \sum_{k=0}^{\infty} \frac{r^k}{k!} \tag{2.41}$$

gilt. Tatsächlich ist (2.41) auch für jedes reelle r richtig. Ist $r = -\frac{p}{q} < 0$, p, q > 0, ganz, so bringt die Umformung

$$\left(1 - \frac{p}{qn}\right)^n = \frac{1}{\sqrt[q]{\left(1 + \frac{p}{qn-p}\right)^p}} \; \frac{1}{\sqrt[q]{\left(1 + \frac{p}{qn-p}\right)^{qn-p}}}$$

die Beziehung

$$\lim_{n\to\infty}\left(1-\frac{p}{nq}\right)^n = 1\cdot\frac{1}{\sqrt[q]{\lim\limits_{n\to\infty}\left(1+\frac{p}{qn-p}\right)^{qn-p}}}=\frac{1}{\sqrt[q]{e^p}}=e^r,$$

so daß der linke Teil von (2.41) auch für negative rationale Werte von r nachgewiesen ist. Die Übertragung auf irrationale Werte erfolgt wie üblich mittels Intervallschachtelungen.

Den Nachweis der Gültigkeit der rechten Seite von (2.41) werden wir mit Hilfe der Theorie der Taylorreihen in Abschnitt 17 führen.

2.9 Das Cauchysche Konvergenzkriterium

Die Definition der Konvergenz einer Folge ist eng verbunden mit dem Begriff des Grenzwerts als ihrem einzigen eigentlichen Häufungswert. Deshalb ist in den Konvergenzbedingungen (2.4) und (2.5) auch stets der Grenzwert selbst enthalten. Andererseits ist durch die Glieder einer Folge bereits alles bestimmt, sowohl ihr Konvergenzverhalten wie gegebenenfalls ihr Grenzwert, so daß es naheliegend ist zu fragen, wie aus den Folgengliedern allein die Konvergenz (oder Divergenz) der Folge abgelesen werden kann. Für monotone Folgen liefert der Satz 2.15 eine Antwort; der folgende bemerkenswerte Satz stellt ein allgemeines Konvergenzkriterium dar, in dem der Grenzwert nicht explizit vorkommt und das auch keine Monotoniebedingung enthält.

Satz 2.16 (Cauchysches Konvergenzkriterium). *Eine Folge* (x_n) *ist dann und nur dann konvergent, wenn es zu jedem* $\epsilon > 0$ *einen Index* $N(\epsilon)$ *gibt, so daß*

$$|x_n - x_m| < \epsilon \textit{ für alle } m, n \textit{ mit } n \geq N(\epsilon) \textit{ und } m \geq N(\epsilon). \tag{2.42}$$

Der Beweis ist in zwei Richtungen zu führen.

Die Bedingung ist notwendig: Um dies zu zeigen, setzen wir die Konvergenz der Folge voraus: $c = \lim x_n$. Dann gibt es zu jedem $\epsilon > 0$ einen Index $N(\epsilon)$, so daß $|x_n - c| < \epsilon$ ist. Für $m \geq N(\epsilon)$ und $n \geq N(\epsilon)$ folgt dann

$$|x_n - x_m| = |(x_n - c) - (x_m - c)| \leq |x_n - c| + |x_m - c| < 2\epsilon$$

und damit die Bedingung (2.42).

Die Bedingung ist hinreichend: Es gelte (2.42). Zunächst folgt, daß dann die Folge (x_n) beschränkt ist. Denn ist $\epsilon > 0$ irgendwie gewählt, so liegen im Intervall $]x_{N(\epsilon)} - \epsilon, x_{N(\epsilon)} + \epsilon[$ alle Glieder x_m der Folge mit $m \geq N(\epsilon)$. Ist M die größte der Zahlen $|x_1|, \ldots, |x_{N(\epsilon)-1}|, |x_{N(\epsilon)} - \epsilon|, |x_{N(\epsilon)} + \epsilon|$, so gilt $|x_n| \leq M$ für alle n. Nach dem Satz von Bolzano-Weierstraß besitzt die Folge daher mindestens einen Häufungswert, etwa c. Wir zeigen nun, daß die Folge keinen weiteren Häufungswert besitzen kann, also konvergent ist. Dazu nehmen wir indirekt an, d sei ein weiterer, von c verschiedener Häufungswert. Wir setzen $\epsilon = \left|\frac{d-c}{3}\right|$. Liegt x_n in $]d - \epsilon, d + \epsilon[$ und x_m in $]c - \epsilon, c + \epsilon[$, so ist $|x_n - x_m| > \epsilon$ (Bild 2.1). Dies ist aber für unendlich viele Paare n, m der Fall, da c und d Häufungswerte sind. Dies gibt einen Widerspruch zu (2.42), denn darin wird ja gerade gefordert, daß $|x_n - x_m| \geq \epsilon$ (bei festem $n \geq N(\epsilon)$) nur für höchstens endliche Indizes m gilt.

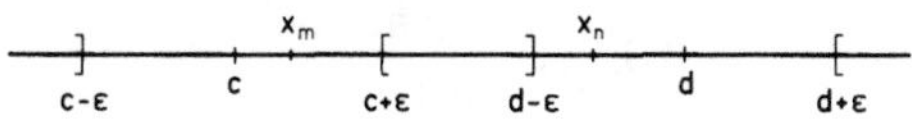

Bild 2.1

Man kann Satz 2.16 folgendermaßen kurzfassen: Eine Folge ist genau dann konvergent, wenn sich fast alle Glieder beliebig wenig voneinander unterscheiden.

Das Cauchysche Konvergenzkriterium hat keine unmittelbare praktisch-rechnerische Bedeutung, da es weniger ein Hilfsmittel zur Berechnung von Grenzwerten ist, sondern zum Nachweis der Existenz des Grenzwertes verwendet wird. Seine theoretische Bedeutung kann aber nicht hoch genug eingeschätzt werden; im Zusammenhang mit Grenzwerten von Funktionen, unendlichen Reihen, Differentialquotienten und Integralen wird es uns auf Schritt und Tritt begegnen.

Es ist kein Zufall, daß wir beim Beweis des Cauchyschen Konvergenzkriteriums den Satz von Bolzano-Weierstraß verwendet haben. Wie wir schon früher angedeutet haben, sind beide Sätze sogar äquivalent und stellen nur verschiedene Ausdrucksformen desselben Prinzips dar. Man nennt es die Vollständigkeit der reellen Zahlen oder auch die Lückenlosigkeit der Zahlengeraden. Es kommt in den folgenden Sätzen zum Vorschein:

(1) Das Cauchysche Konvergenzkriterium (Satz 2.16),
(2) Der Satz von Bolzano-Weierstraß für Mengen (Satz 1.2),
(3) Der Satz von Bolzano-Weierstraß für Folgen (Satz 2.1),
(4) Das Intervallschachtelungsprinzip (das wir als Axiom formuliert haben),
(5) Die Existenz des Supremums und Infimums (Satz 1.1),
(6) Der Hauptsatz für monotone Folgen (Satz 2.15)

Alle diese Sätze sind untereinander äquivalent.

2.10 Übungsbeispiele

Es sei (x_n) eine Folge mit dem allgemeinen Glied x_n. Man untersuche, ob die Folge (x_n) nach oben beziehungsweise nach unten beziehungsweise schlechthin beschränkt ist. Man bestimme ferner die Menge H der Häufungswerte und gebe die Häufungsgrenzen an:

1. $x_n = \dfrac{n-1}{n+1}$ 2. $x_n = (-1)^n \dfrac{1}{\sqrt{n+1}}$ 3. $x_n = \dfrac{n^2}{n+1}$

4. $x_n = n(1+(-1)^n)$ 5. $x_n = 1 + c\,n^{(-1)^n}$ 6. $x_n = (-1)^n \dfrac{n-1}{n}$

7. $x_n = \dfrac{1}{\sqrt{n^2+1}} \sum\limits_{k=1}^{n} (-1)^{k+1} k$

Man stelle eine Vermutung hinsichtlich des Grenzwertes c der Folge (x_n) an und versuche diese zu beweisen, indem man zu einer beliebig vorgegebenen Zahl $\epsilon > 0$ eine natürliche Zahl $N(\epsilon)$ bestimmt, so daß für $n \geqslant N(\epsilon)$ die Ungleichung $|x_n - c| < \epsilon$ richtig ist.

8. $x_n = \frac{n-1}{n+1}$ 9. $x_n = \frac{1}{\sqrt{n}+1}$ 10. $x_n = \frac{\sqrt{n}}{n+1}$

11. $x_n = \frac{1}{n^3+n^2+1}$ 12. $x_n = \left(1+\frac{1}{n}\right)^{10} - 1$ 13. $x_n = \sqrt{n^2+2} - \sqrt{n^2-1}$

Man berechne die folgenden Grenzwerte:

14. $\lim\limits_{n\to\infty} \left(\sqrt{n^2+n} - n\right)$ 15. $\lim\limits_{n\to\infty} n\left(1 - \sqrt[k]{1-\frac{1}{n}}\right)$ 16. $\lim\limits_{n\to\infty} \frac{1}{n^3} \sum\limits_{k=1}^{n} k(k+1)$

17. $\lim\limits_{n\to\infty} \prod\limits_{k=2}^{n} \left(1-\frac{1}{k}\right)$ 18. $\lim\limits_{n\to\infty} \prod\limits_{k=2}^{n} \left(1-\frac{2}{k(k+1)}\right)$ 19. $\lim\limits_{n\to\infty} \prod\limits_{k=1}^{n} \left(1+\frac{1}{k}\right)$

20. $\lim\limits_{n\to\infty} \prod\limits_{k=2}^{n} \left(1-\frac{1}{k^2}\right)$ 21. $\lim\limits_{n\to\infty} (2^n+3^n)^{1/n}$ 22. $\lim\limits_{n\to\infty} \frac{a^n}{\prod\limits_{k=1}^{n}(1+a^k)}$

23. $\lim\limits_{n\to\infty} \left(1+\frac{a}{n^2}\right)^n$ 24. $\lim\limits_{n\to\infty} \sum\limits_{k=1}^{n} \frac{1}{\sqrt{n^2+k}}$ 25. $\lim\limits_{n\to\infty} \left(\frac{n-1}{n+1}\right)^n$

26. $\lim\limits_{n\to\infty} \left(\frac{n-3}{n-2}\right)^{2n+5}$ 27. $\lim\limits_{n\to\infty} \sum\limits_{k=0}^{n-1} \left(a+\frac{1}{n}\right)^k$, $0<a<1$

Man untersuche die folgenden rekursiv definierten Folgen auf Konvergenz und berechne gegebenenfalls den Grenzwert:

28. $x_{n+1} = \sqrt{1+x_n^2}$ 29. $x_{n+1} = \frac{x_n}{x_n+a}$, $x_1 > 0$

30. $x_{n+2} = \frac{1}{2}(x_{n+1}+x_n)$, $x_1 = a$, $x_2 = b$ 31. $x_{n+1} = \frac{1}{3}\left(2x_n + \frac{a}{x_n^2}\right)$, $a>0$

32. $x_{n+1} = \frac{1}{2}(a-x_n^2)$, $x_1 = \frac{a}{2}$, $0<a<1$ 33. $x_{n+1} = a+\sqrt{x_n}$, $a>0$, $x_1>0$

34. $x_{n+1} = \sqrt[3]{2+3x_n}$, $x_1 = 0$ 35. $x_{n+1} = 1-\sqrt{1+x_n}$, $x_1 = \frac{9}{16}$

Man beweise die folgenden Aussagen:

36. Ist a eine reelle Zahl, $|a|<1$, und k eine beliebige natürliche Zahl, so gilt $\lim\limits_{n\to\infty} n^k a^n = 0$.

37. Ist (x_n) eine beschränkte Folge, $|x_n| \leq C$ für $n = 1, 2, \ldots$, und (y_n) eine Nullfolge, $\lim\limits_{n\to\infty} y_n = 0$, so ist auch die Produktfolge $(x_n y_n)$ eine Nullfolge: $\lim\limits_{n\to\infty} x_n y_n = 0$ (das Produkt einer beschränkten Folge und einer Nullfolge ist eine Nullfolge).

38. Ist (x_n) eine Folge, für deren Glieder die Beziehung $\limsup \left|\frac{x_{n+1}}{x_n}\right| < 1$ gilt, so ist (x_n) eine Nullfolge.

39. Ist (x_n) eine Folge, deren Glieder mit geradem Index eine konvergente Teilfolge bilden, ebenso deren Glieder mit ungeradem Index, und zwar mit dem selben Grenzwert, $\lim\limits_{n\to\infty} x_{2n} = \lim\limits_{n\to\infty} x_{2n+1} = c$, so ist auch die Folge (x_n) konvergent, es gilt $\lim\limits_{n\to\infty} x_n = c$.

40. Ist (x_n) eine konvergente Folge, $\lim\limits_{n\to\infty} x_n = c$, so ist auch die Folge (y_n) der arithmetischen Mittel, $y_n = \frac{1}{n}(x_1 + x_2 + \ldots + x_n)$, konvergent, es gilt $\lim\limits_{n\to\infty} y_n = c$.

41. Ist (x_n) eine konvergente Folge positiver Zahlen, $\lim\limits_{n\to\infty} x_n = c$, so ist auch die Folge (z_n), gebildet aus den geometrischen Mitteln, $z_n = (x_1 x_2 \ldots x_n)^{1/n}$, konvergent, es gilt $\lim\limits_{n\to\infty} z_n = c$.

42. Für eine Folge (x_n) mit positiven Gliedern gilt stets

$$\liminf \frac{x_{n+1}}{x_n} \leqslant \liminf \sqrt[n]{x_n} \leqslant \limsup \sqrt[n]{x_n} \leqslant \limsup \frac{x_{n+1}}{x_n}.$$

Aus $\lim\limits_{n\to\infty} \frac{x_{n+1}}{x_n} = c$ folgt also stets $\lim\limits_{n\to\infty} \sqrt[n]{x_n} = c$!

Man berechne die folgenden Grenzwerte:

43. $\lim\limits_{n\to\infty} \frac{1}{n}\left(1 + \frac{1}{2} + \frac{1}{3} + \ldots + \frac{1}{n}\right)$

44. $\lim\limits_{n\to\infty} \frac{1}{\sqrt[n]{n!}}$

45. $\lim\limits_{n\to\infty} \frac{\sqrt[n]{n!}}{n}$

46. $\lim\limits_{n\to\infty} \frac{1}{n}\left(1 + \sqrt{2} + \sqrt[3]{3} + \ldots + \sqrt[n]{n}\right)$

47. Es seien durch die Rekursionsvorschriften

$$b_{n+1} = \frac{1}{2}(a_n + b_n), \quad a_{n+1} = 2\left(\frac{1}{a_n} + \frac{1}{b_n}\right)^{-1}, \quad a_1 = \alpha, \quad b_1 = \beta,$$

zwei Folgen (a_n) und (b_n) gegeben. Man zeige, daß die Intervalle $I_n = [a_n, b_n]$ eine Intervallschachtelung bilden und bestimme die durch diese definierte reelle Zahl.

48. Man zeige, daß die Intervallfolge (I_n), $I_n = \left[\left(1 + \frac{1}{n}\right)^n, \left(1 + \frac{1}{n}\right)^{n+1}\right]$, $n = 1, 2, \ldots$, eine (rationale) Intervallschachtelung für die Eulersche Zahl e ist.

Man zeige auf der Grundlage dieser Aussage die für $n \geqslant 2$ geltenden Ungleichungen

$$\frac{1}{e} < \frac{\sqrt[n]{n!}}{n} < \frac{1}{e}\sqrt[n]{ne}.$$

Hinweis: Man beweise zunächst die Doppelungleichung

$$1 - \frac{1}{n} < \left(1 - \frac{1}{n^2}\right)^n < 1 - \frac{1}{n+1}.$$

49. Sei $a_1 = \alpha$, $b_1 = \beta$. Durch die Setzungen

$$b_{n+1} = \frac{1}{2}(a_n + b_n), \quad a_{n+1} = \sqrt{a_n b_n}, \quad n = 1, 2, \ldots,$$

werden rekursiv zwei Folgen (a_n) und (b_n) definiert. Man zeige, daß die Intervallfolge (I_n), $I_n = [a_n, b_n]$, eine Intervallschachtelung ist.

3 Elementare transzendente Funktionen

Von den in der Physik und Technik auftretenden Funktionen lassen sich die meisten als Zusammensetzungen einiger weniger Grundfunktionen darstellen, die man die elementaren Funktionen nennt. Mit den Polynomen und den rationalen Funktionen haben wir die einfachsten Typen solcher Funktionen bereits kennengelernt. Neben diesen sind vor allem die Exponentialfunktionen und die trigonometrischen Funktionen nebst ihren Umkehrfunktionen von großer Bedeutung; man nennt diese *elementare transzendente Funktionen.*

3.1 Die allgemeine Potenzfunktion

Die durch

$$f(x) = x^b \tag{3.1}$$

erklärte Funktion heißt die *allgemeine Potenzfunktion* zum *Exponenten* b. Ist b keine ganze Zahl, so ist im Falle $b > 0$ der Definitionsbereich und Wertevorrat von (3.1) das Intervall $[0, \infty[$, im Falle $b < 0$ das Intervall $]0, \infty[$. Für positive Exponenten ist (3.1) streng monoton steigend, für negative Exponenten streng monoton fallend. Ihre Umkehrfunktion $g(x) = f^{-1}(x) = x^{1/b}$ ist wieder eine Potenzfunktion (Bild 3.1).

Ist b eine ganze Zahl, so ist (3.1) für $b > 0$ ein Polynom, für $b < 0$ eine rationale Funktion, für $b = 0$ konstant.

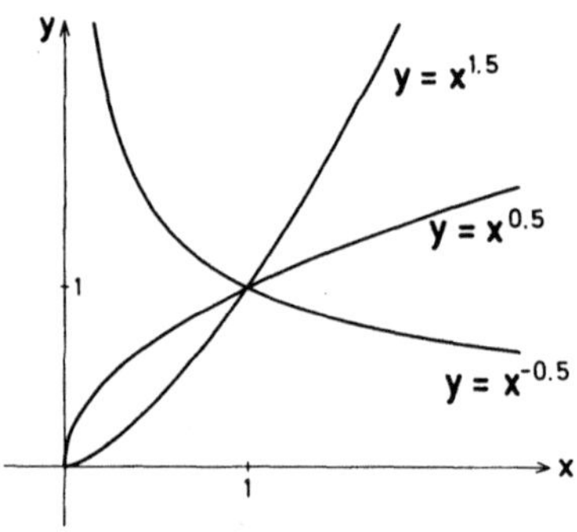

Bild 3.1

3.2 Die allgemeine Exponentialfunktion

Sei $a > 0$. Die durch

$$f(x) = a^x \tag{3.2}$$

für alle reellen x definierte Funktion heißt die *allgemeine Exponentialfunktion* zur *Basis* a. Diese Funktion ist für $a > 1$ streng monoton wachsend, für $0 < a < 1$ streng monoton fallend (Bild 3.2); für $a = 1$ ist sie offenbar konstant. In allen Fällen genügt sie dem *Multiplikationstheorem* (vgl. (1.51))

$$a^{x_1 + x_2} = a^{x_1} a^{x_2}. \tag{3.3}$$

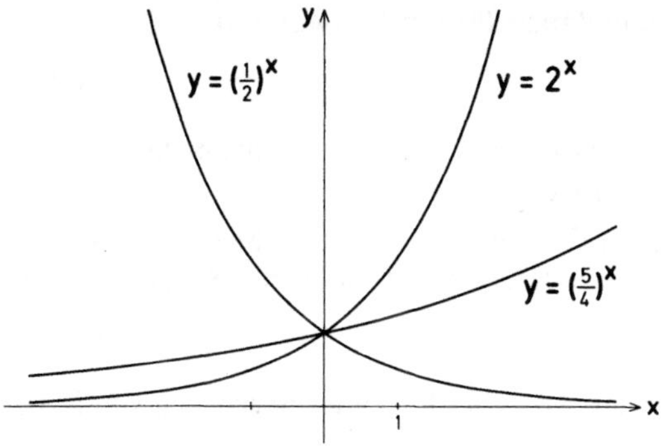

Bild 3.2

Für $a \neq 1$ nimmt a^x jeden positiven Wert genau einmal an, wie wir in Abschnitt 5 unter Verwendung des Zwischenwertsatzes für stetige Funktionen zeigen werden. Der Wertevorrat ist das Intervall $]0, \infty[$.

3.3 Der allgemeine Logarithmus

Da die allgemeine Exponentialfunktion $f(x) = a^x$ für $a \neq 1$ das Intervall $]-\infty, \infty[$ streng monoton auf das Intervall $]0, \infty[$ abbildet, existiert die Umkehrfunktion auf dem Intervall $]0, \infty[$ und bildet dieses auf $]-\infty, \infty[$ ab (Bild 3.3). Die Umkehrfunktion g der Exponentialfunktion zur Basis a wird *Logarithmus* zur *Basis* a genannt und mit

$$g(x) = \log_a x \tag{3.4}$$

bezeichnet. Es besteht also der wichtige Zusammenhang (vgl. (1.81))

$$y = \log_a x \Longleftrightarrow x = a^y, \tag{3.5}$$

der sich auch in einer der Formen

$$a^{\log_a x} = x, \ \log_a(a^y) = y \tag{3.6}$$

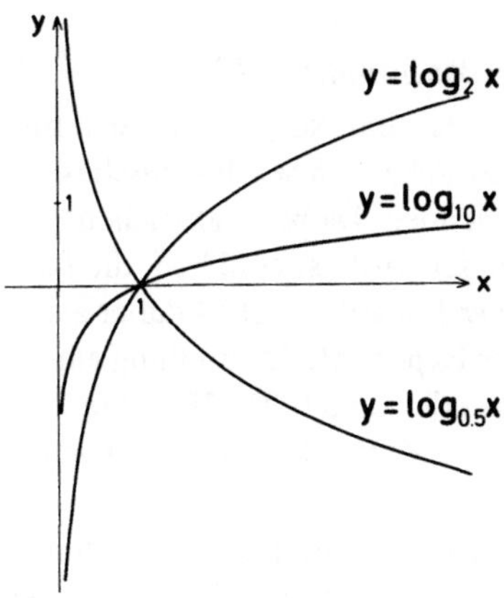

Bild 3.3

schreiben läßt (vgl. (1.80)). Insbesondere folgt daraus für $y = 1$ bzw. $y = 0$

$$\log_a a = 1, \quad \log_a 1 = 0. \tag{3.7}$$

Das Schaubild des Logarithmus entsteht aus dem Schaubild der entsprechenden Exponentialfunktion durch Spiegelung an der Geraden $y = x$.

Logarithmen sind im Grunde genommen Exponenten. Deshalb läßt sich das Multiplikationstheorem (3.3) der Exponentialfunktion als *Additionstheorem* des Logarithmus,

$$\log_a x_1 + \log_a x_2 = \log_a (x_1 x_2), \tag{3.8}$$

auffassen. Dieses Additionstheorem erhält man, wenn in (3.3) unter Beachtung von (3.6) x_k durch $\log_a x_k$ ersetzt wird.

Aus der Regel $(a^r)^s = a^{rs}$ folgt mit $r = \log_a b$, $s = c$

$$b^c = (a^{\log_a b})^c = a^{c \cdot \log_a b};$$

wendet man darauf (3.5) an, so erhält man die wichtige Rechenregel

$$\log_a (b^c) = c \cdot \log_a b. \tag{3.9}$$

Speziell gilt für $c = -1$

$$\log_a \frac{1}{b} = -\log_a b. \tag{3.10}$$

Setzt man in (3.9) statt c den Ausdruck $\log_b c$ ein, so erhält man wegen (3.6) die Formel

$$\log_a c = \log_a b \cdot \log_b c. \tag{3.11}$$

In der Form

$$\log_b c = \frac{\log_a c}{\log_a b} \tag{3.12}$$

gestattet diese Beziehung, Logarithmen verschiedener Basen aufeinander umzurechnen. (3.12) zeigt, daß Logarithmen verschiedener Basen proportional sind,

$$\log_b x = K \cdot \log_a x, \quad K = \frac{1}{\log_a b} = \log_b a. \tag{3.13}$$

Die letzte Gleichung erhält man aus (3.12) für $c = a$ unter Beachtung von (3.7).

Da alle Logarithmenfunktionen zueinander proportional sind, könnte man sich im Prinzip durch feste Wahl der Basis auf eine von ihnen beschränken. Unser dekadisches Ziffernsystem legt nahe, Logarithmen zur Basis 10 zu verwenden. Da bei praktischen Rechnungen fast ausschließlich dieser Logarithmus verwendet wird, ist es üblich, die Basis 10 nicht explizit anzugeben; das Symbol $\log x$ (*dekadischer* Logarithmus) ist daher als $\log_{10} x$ zu lesen. Da man sich in der Technik sehr gerne der Exponentialdarstellung einer reellen Zahl bedient, also z.B. $0.123456 \cdot 10^4$ für 1234.56 oder $0.654321 \cdot 10^{-5}$ für 0.00000654321 schreibt, bietet der Zehner-Logarithmus den Vorteil besserer Übersicht über die Größenordnung.

Aus ähnlichen Gründen wird in der Informationstheorie, die mit dem Dualsystem arbeitet, der Logarithmus zur Basis 2 verwendet, für den man $\operatorname{lb} x$ (*binärer* Logarithmus) schreibt.

Der Sonderstellung der Eulerschen Zahl e, die erst in der Differentialrechnung ersichtlich sein wird, trägt man in der Mathematik durch fast ausschließliche Verwendung des Logarithmus zur Basis e Rechnung. Er wird mit $\ln x = \log_e x$ bezeichnet und *natürlicher* Logarithmus genannt.

3.4 Natürliche Exponentialfunktion und natürlicher Logarithmus

Die Exponentialfunktion zur Basis e wird auf Grund ihrer Wichtigkeit mit einem gesonderten Symbol bezeichnet. Man schreibt

$$\exp(x) := e^x \tag{3.14}$$

und nennt diese Funktion die *natürliche Exponentialfunktion*; vielfach spricht man auch von der Exponentialfunktion schlechthin und meint damit immer die Exponentialfunktion zur Basis e. Ihre Eigenschaften gehen aus dem in Abschnitt 3.2 Gesagten hervor: Sie ist wegen $e > 1$ steng monoton wachsend, stets positiv und nimmt jeden positiven Wert genau einmal an (Bild 3.4). Wie wir in Abschnitt 2.8 erwähnt haben, gilt

$$e^x = \lim_{n \to \infty} \left(1 + \frac{x}{n}\right)^n = \lim_{n \to \infty} \sum_{k=0}^{n} \frac{x^k}{k!} = \sum_{k=0}^{\infty} \frac{x^k}{k!}. \tag{3.15}$$

Die Umkehrfunktion der Exponentialfunktion ist der *natürliche Logarithmus* ln x. Diese Funktion ist auf $]0, \infty[$ definiert, streng monoton wachsend und nimmt jeden reellen Wert genau einmal an (Bild 3.5). Wir erwähnen nochmals die Beziehungen

$$\ln 1 = 0, \ \ln e = 1, \ \ln e^x = x \quad \text{für jedes } x \text{ und } e^{\ln y} = y \quad \text{für} \quad y > 0.$$

Die Umrechnung auf natürliche Logarithmen erfolgt nach (3.12) durch

$$\log_a x = \frac{\ln x}{\ln a}. \tag{3.16}$$

Für a = 10 nennt man den Umrechnungsfaktor

$$M = \frac{1}{\ln 10} = \log e = 0.434\,294\,48\ldots$$

den *Modul* der dekadischen Logarithmen.

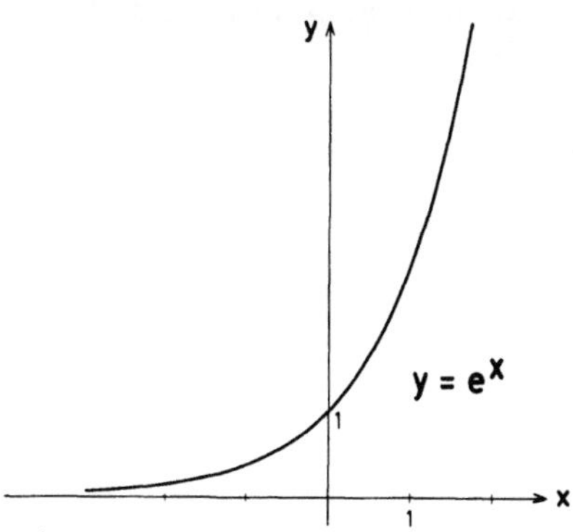

Bild 3.4

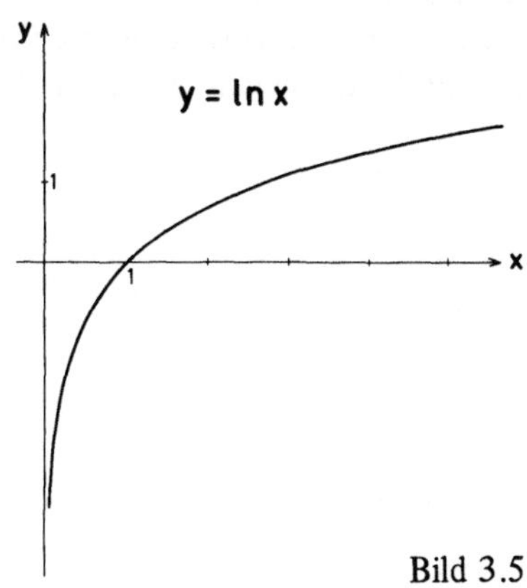

Bild 3.5

Auch die allgemeine Exponentialfunktion a^x läßt sich, vermöge $a = e^{\ln a}$, durch die natürliche Exponentialfunktion ausdrücken,

$$a^x = e^{x \cdot \ln a} = \exp(x \cdot \ln a). \tag{3.17}$$

3.5 Die trigonometrischen Funktionen

Die elementare Geometrie beruht auf der Längen- und Winkelmessung. Durch den Begriff des Betrags wird die Längenmessung ermöglicht; im folgenden wollen wir uns mit der Winkelmessung beschäftigen, die für das Verständnis der trigonometrischen Funktionen grundlegend ist.

Einen Winkel kann man sich durch Drehung eines Strahls um einen Drehpol 0 entstanden denken; dabei wird der Strahl von einer Anfangslage $\overline{OP}$ in eine Endlage $\overline{OQ}$ gebracht (Bild 3.6). Das älteste und wohl bekannteste System zur Winkelmessung ist das *Gradmaß,* das dem aus einer vollen Umdrehung entstandenen Winkel den Wert 360° zuweist. Die Einheit 1°, der 360-te Teil einer vollen Umdrehung, wird weiter in 60 Minuten (1° = 60′), eine Minute in 60 Sekunden (1′ = 60″) unterteilt. Es ist dabei durchaus zulässig, daß der Strahl aus seiner Anfangslage $\overline{OP}$ erst nach mehrmaliger Umdrehung in seine Endlage $\overline{OQ}$ gelangt. Damit entstehen auch Winkel, deren Gradmaß größer als 360° ist; zwei vollen Umdrehungen entspricht der Winkel 720°, 810° ist das Ergebnis von $2\frac{1}{4}$ Umdrehungen.

Man kommt überein, Winkel je nach dem Orientierungssinn der Drehung ein Vorzeichen zuzuordnen. Erfolgt die Drehung entgegengesetzt dem Uhrzeigersinn, so spricht man von einem *positiven* Drehsinn und ordnet dem Winkel ein positives Vorzeichen zu; Drehungen im Uhrzeigersinn werden *negative* Winkelmaße zugeordnet. So ist das Maß des Winkels α in Abb. 3.5 positiv, das des Winkels β negativ.

Das Gradmaß, das sich ebenso wie das Zeitmaß aus dem Hexagesimalsystem der Babylonier entwickelt hat, stellt jedoch nicht das „natürliche" Maß des Winkels dar; das günstigste Maß ist jenes, das die Messung von Winkeln auf die von Längen zurückführt. Dieses wird das *Bogenmaß* genannt und in der Mathematik ausschließlich verwendet.

Unter dem Bogenmaß x des Winkels α versteht man die Länge des Kreisbogens, den der Strahl bei der Drehung von der Anfangslage $\overline{OP}$ in seine Endlage $\overline{OQ}$ auf dem Kreis mit dem Mittelpunkt 0 und dem Radius 1 – dem sogenannten Einheitskreis – überstreicht (Bild 3.6). Die Vereinbarungen über Vorzeichen und Orientierung der Drehung werden übernommen, es ändert sich nur die Einheit. Einer vollen Umdrehung im positiven Sinn entspricht das Bogenmaß $+2\pi$, der Umfang des Einheitskreises.

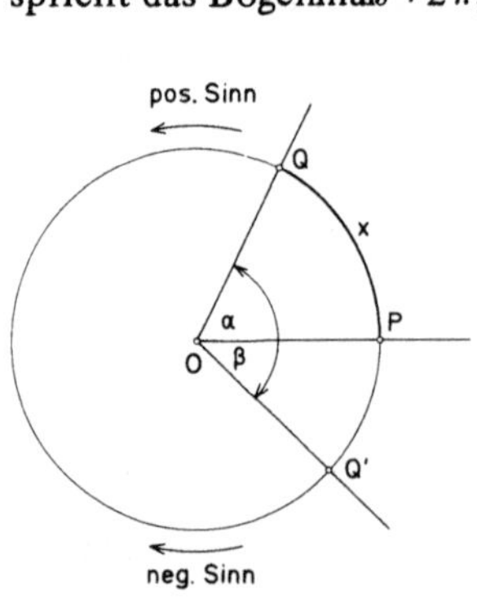

Bild 3.6

Die Umrechnung vom Gradmaß α° in das Bogenmaß x beruht auf dem Verhältnis $x : \alpha^\circ = 2\pi : 360^\circ$ oder

$$x = \frac{\pi}{180^\circ}\alpha^\circ \quad \text{bzw.} \quad \alpha^\circ = \frac{180^\circ}{\pi}x. \tag{3.18}$$

Die Einheit des Bogenmaßes wird der *Radiant* genannt; ihm entspricht im Gradmaß der Winkel 57°17′44.8…″. In Tabelle 3.1 sind einige spezielle Korrespondenzen eingetragen. Wenn nicht ausdrücklich anderes vermerkt ist, sind in diesem Text alle Winkelangaben im Bogenmaß zu verstehen.

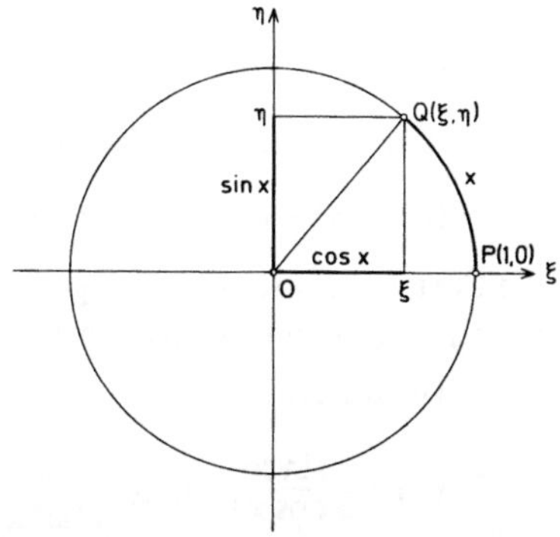

Bild 3.7

In einem kartesischen Koordinatensystem mit dem Ursprung 0 betrachten wir einen Punkt $Q(\xi, \eta)$, der auf dem Einheitskreis $\xi^2 + \eta^2 = 1$ liegt (Bild 3.7). Die Koordinaten ξ, η des Punktes Q sind durch den Winkel x, den der Strahl $\overline{OQ}$ mit der positiven ξ-Achse einschließt (der Winkel wird von der ξ-Achse aus gerechnet!), eindeutig bestimmt und daher Funktionen des Winkels x. Diese Funktionen werden der *Cosinus*

$$\xi = \cos x \tag{3.19}$$

bzw. der *Sinus*

$$\eta = \sin x \tag{3.20}$$

genannt. Sie sind offensichtlich für alle reellen x definiert. Andererseits bestimmt die Lage des Punktes Q am Einheitskreis das Bogenmaß x nur bis auf ganzzahlige Vielfache von 2π — für ganzzahliges k entspricht dem Winkel x und $x + 2\pi \cdot k$ ein und derselbe Punkt Q. Es gilt also

$$\cos(x + 2k\pi) = \cos x, \quad \sin(x + 2k\pi) = \sin x, \quad k \text{ ganz}, \tag{3.21}$$

d.h. die Funktionen cos und sin sind periodisch mit der Periode 2π.

Tabelle 3.1

Gradmaß	Bogenmaß	Gradmaß	Bogenmaß
360°	$2\pi = 6.283\,185\,30\ldots$	57°17′44.8…″	1
180°	$\pi = 3.141\,592\,65\ldots$	45°	$\frac{\pi}{4} = 0.785\,398\,16\ldots$
90°	$\frac{\pi}{2} = 1.570\,796\,32\ldots$	30°	$\frac{\pi}{6} = 0.523\,598\,77\ldots$
60°	$\frac{\pi}{3} = 1.047\,197\,55\ldots$	1°	$\frac{\pi}{180} = 0.017\,453\,29\ldots$

Auf Grund der Definition von Sinus und Cosinus gilt

$$\cos^2 x + \sin^2 x = 1 \tag{3.22}$$

und

$$|\cos x| \leqslant 1, \quad |\sin x| \leqslant 1. \tag{3.23}$$

Ebenso liest man aus Bild 3.7 die Lage der Nullstellen dieser Funktionen ab. Es ist

$$\cos x = 0 \quad \text{für} \quad x = \frac{\pi}{2} + k\pi, \quad k \text{ ganz}, \tag{3.24}$$

$$\sin x = 0 \quad \text{für} \quad x = k\pi, \quad k \text{ ganz}. \tag{3.25}$$

Aus unserer Vereinbarung über das Vorzeichen eines Winkels folgt

$$\cos(-x) = \cos x, \quad \sin(-x) = -\sin x; \tag{3.26}$$

die Cosinusfunktion ist also gerade, die Sinusfunktion ungerade (vgl. Abschnitt 1.6.3). Die Schaubilder von Cosinus und Sinus sind in Bild 3.8 skizziert.

Die durch

$$\tan x = \frac{\sin x}{\cos x}, \quad \cot x = \frac{1}{\tan x} = \frac{\cos x}{\sin x} \tag{3.27}$$

erklärten Funktionen werden der *Tangens* und der *Cotangens* genannt. Die Tangensfunktion $\tan x$ ist für alle x definiert, für die $\cos x \neq 0$ ist, somit für $x \neq \frac{\pi}{2} + k\pi$. Der Definitionsbereich der Cotangensfunktion $\cot x$ besteht aus allen x mit $\sin x \neq 0$, also $x \neq k\pi$. Aus (3.22) folgen die wichtigen Beziehungen

$$1 + \tan^2 x = \frac{1}{\cos^2 x}, \quad 1 + \cot^2 x = \frac{1}{\sin^2 x}. \tag{3.28}$$

Mit Hilfe geometrischer Proportionen kann man auch die Größen $\tan x$ und $\cot x$ durch Strecken deuten (Bild 3.9).

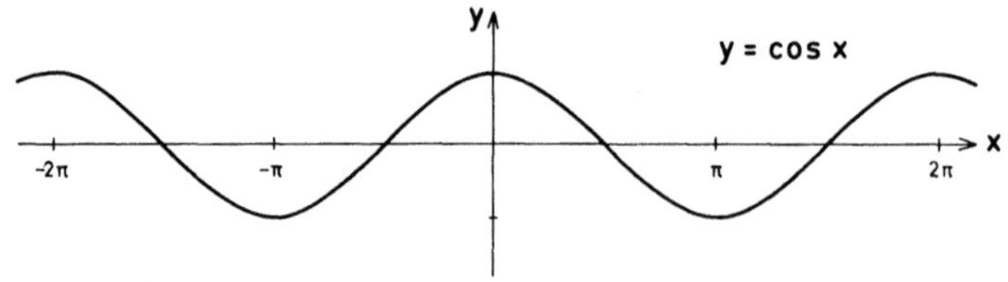

Bild 3.8a

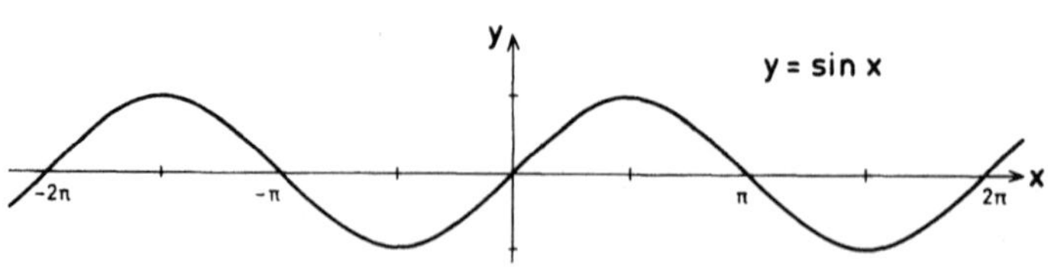

Bild 3.8b

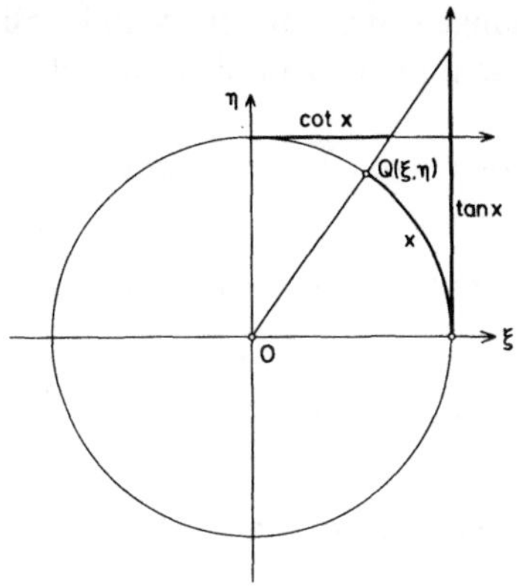

Bild 3.9

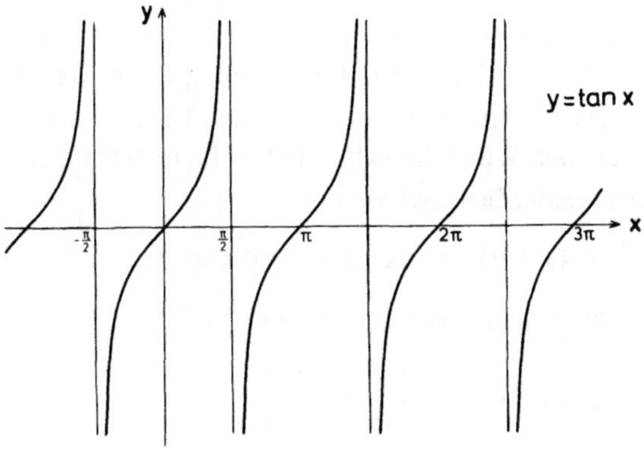

Bild 3.10a

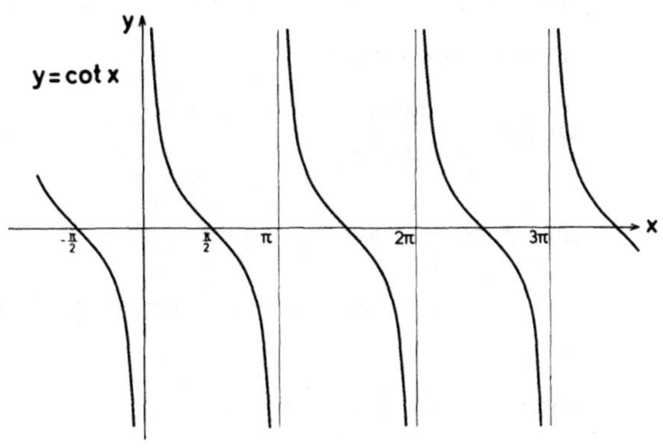

Bild 3.10b

Aus den evidenten Beziehungen

$$\cos(x + \pi) = -\cos x, \quad \sin(x + \pi) = -\sin x \tag{3.29}$$

folgt

$$\tan(x + \pi) = \tan x, \quad \cot(x + \pi) = \cot x; \tag{3.30}$$

Tangens und Cotangens sind demnach periodisch mit der Periode π. Aus (3.26) folgt weiters, daß beide ungerade Funktionen sind. Ihre Schaubilder sind in Bild 3.10 angedeutet.

Weitere Beziehungen zwischen Sinus- und Cosinuskurve einerseits, Tangens- und Cotangenskurve andererseits werden aus den Formeln

$$\sin\left(\frac{\pi}{2}-x\right)=\cos x,\quad \cos\left(\frac{\pi}{2}-x\right)=\sin x, \tag{3.31}$$

$$\tan\left(\frac{\pi}{2}-x\right)=\cot x,\quad \cot\left(\frac{\pi}{2}-x\right)=\tan x, \tag{3.32}$$

$$\sin\left(x+\frac{\pi}{2}\right)=\cos x,\quad \cos\left(x+\frac{\pi}{2}\right)=-\sin x, \tag{3.33}$$

$$\tan\left(x+\frac{\pi}{2}\right)=-\cot x,\quad \cot\left(x+\frac{\pi}{2}\right)=-\tan x \tag{3.34}$$

ersichtlich. Insbesondere zeigt (3.33), daß die Cosinuskurve aus der Sinuskurve durch Verschiebung um $\frac{\pi}{2}$ nach links entsteht; aus (3.32) ersieht man, daß die Cotangenskurve aus der Tangenskurve durch Spiegelung an der Geraden $x=\frac{\pi}{4}$ entsteht.

Die Funktionen Sinus, Cosinus, Tangens und Cotangens nennt man *trigonometrische Funktionen.* Wir stellen abschließend jene bekannten Formeln zusammen, die in der Praxis immer wieder benötigt werden.

$$\cos(x \pm y)=\cos x\cos y \mp \sin x\sin y, \tag{3.35}$$

$$\sin(x \pm y)=\sin x\cos y \pm \cos x\sin y, \tag{3.36}$$

$$\tan(x \pm y)=\frac{\tan x \pm \tan y}{1 \mp \tan x\tan y}, \tag{3.37}$$

$$\cos 2x=\cos^2 x-\sin^2 x=2\cos^2 x-1=1-2\sin^2 x, \tag{3.38}$$

$$\sin 2x=2\sin x\cos x, \tag{3.39}$$

$$\tan 2x=\frac{2\tan x}{1-\tan^2 x}, \tag{3.40}$$

$$\begin{aligned}\sin x+\sin y&=2\sin\frac{x+y}{2}\cos\frac{x-y}{2},\\ \sin x\cos y&=\frac{1}{2}\Big(\sin(x+y)+\sin(x-y)\Big),\end{aligned} \tag{3.41}$$

$$\begin{aligned}\cos x+\cos y&=2\cos\frac{x+y}{2}\cos\frac{x-y}{2},\\ \cos x\cos y&=\frac{1}{2}\Big(\cos(x+y)+\cos(x-y)\Big),\end{aligned} \tag{3.42}$$

$$\begin{aligned}\cos x-\cos y&=-2\sin\frac{x+y}{2}\sin\frac{x-y}{2},\\ \sin x\sin y&=\frac{1}{2}\Big(\cos(x-y)-\cos(x+y)\Big).\end{aligned} \tag{3.43}$$

Im Zusammenhang mit Gleichungen zwischen trigonometrischen Ausdrücken erwähnen wir:

(1) Die Gleichung $\sin x = \sin y$ hat die beiden Lösungsscharen

$x = y + 2k\pi$ (k ganz) und $x = \pi - y + 2k\pi$ (k ganz).

(2) Die Gleichung $\cos x = \cos y$ hat die beiden Lösungsscharen

$x = y + 2k\pi$ (k ganz) und $x = -y + 2k\pi$ (k ganz).

(3) Die Gleichung $\tan x = \tan y$ hat die Lösungsschar

$x = y + k\pi$ (k ganz).

Man weist dies am besten mit Hilfe der Beziehungen (3.41) und (3.43) nach, indem man z.B. $\sin x = \sin y$ als Differenz $\sin x - \sin y = 0$ schreibt, (3.41) für $-y$ statt y verwendet und beachtet, daß ein Produkt genau dann Null ist, wenn einer der Faktoren Null ist.

Schließlich erwähnen wir noch die elementaren Formeln

$$\sin x = \frac{\tan x}{\sqrt{1 + \tan^2 x}}, \quad \cos x = \frac{1}{\sqrt{1 + \tan^2 x}}, \quad -\frac{\pi}{2} < x < \frac{\pi}{2}, \tag{3.44}$$

die ein weiterer Ausdruck des Zusammenhangs der trigonometrischen Funktion sind.

3.6 Die Arcusfunktionen

Die eindeutige Umkehrung der trigonometrischen Funktionen sin, cos, tan, cot ist auf ihrem gesamten Definitionsbereich nicht möglich, da sie als periodische Funktionen jeden Wert, wenn überhaupt, sogar unendlich oft annehmen. Sie sind jedoch abschnittsweise monoton und lassen sich daher auf jedem Monotonieintervall umkehren. Je nach Wahl eines solchen Intervalls bekommt man verschiedene Umkehrfunktionen.

Die Funktion $\sin x$ ist auf dem Intervall $\left[-\frac{\pi}{2}, \frac{\pi}{2}\right]$ streng monoton wachsend und nimmt dort jeden Wert zwischen -1 und 1 genau einmal an. Sie läßt sich daher auf $\left[-\frac{\pi}{2}, \frac{\pi}{2}\right]$ nach Satz 1.4 umkehren; die entsprechende Umkehrfunktion ist auf dem Intervall $[-1, 1]$ definiert und in Bild 3.11 dargestellt.

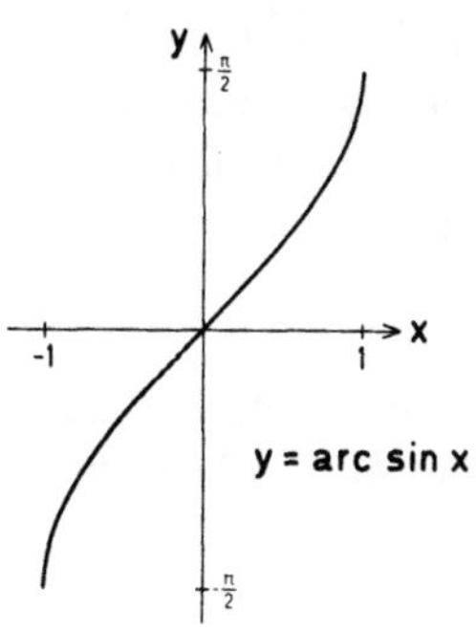

Bild 3.11

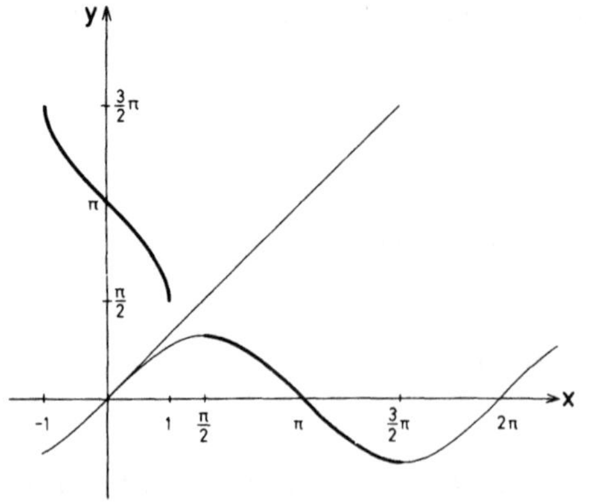

Bild 3.12

Desgleichen läßt sich sin x auf jedem Intervall $\left[\frac{\pi}{2} + k\pi, \frac{\pi}{2} + (k+1)\pi\right]$, k ganz, umkehren. Jede dieser Umkehrfunktionen ist auf $[-1, 1]$ definiert, ihre Wertevorräte sind jedoch jeweils verschieden. In Bild 3.12 ist der dem Intervall $\left[\frac{\pi}{2}, \frac{3}{2}\pi\right]$ entsprechende Fall skizziert. Man nennt jede solche Umkehrfunktion auf einem Monotonieintervall einen *Zweig* der Umkehrfunktion des Sinus. Die Bezeichnungsweise ist für alle Zweige diesselbe,

$$y = \text{arc sin } x, \tag{3.45}$$

sprich: *Arcus-Sinus von x* (der Bogen[1]), dessen Sinus gleich x ist). (3.45) ist gleichbedeutend mit $x = \sin y$ (vgl. (1.81)).

Jenen Zweig des Arcus-Sinus, der durch Umkehrung des Sinus auf dem Monotonieintervall $\left[-\frac{\pi}{2}, \frac{\pi}{2}\right]$ entsteht, für den also

$$-\frac{\pi}{2} \leqslant \text{arc sin } x \leqslant \frac{\pi}{2}, \quad -1 \leqslant x \leqslant 1, \tag{3.46}$$

gilt, nennt man den *Hauptwert* oder *Hauptzweig;* es handelt sich um den in Bild 3.11 dargestellten Zweig. Wenn nicht ausdrücklich anderes vermerkt ist, wollen wir unter arc sin x stets den Hauptwert des Arcus-Sinus verstehen.

Skizziert man alle Zweige des Arcus-Sinus in einem gemeinsamen Schaubild, so erhält man das gesamte Spiegelbild von sin x bezüglich der Geraden $y = x$ (Bild 3.13).

Ähnlich liegen die Verhältnisse bei der Umkehrung der übrigen trigonometrischen Funktionen. Die Umkehrfunktionen des Cosinus auf seinen Monotonieintervallen $[k\pi, (k+1)\pi]$ nennt man die Zweige des *Arcus-Cosinus* und schreibt

$$y = \text{arc cos } x \tag{3.47}$$

(der Bogen, dessen Cosinus gleich x ist). (3.47) bedeutet $x = \cos y$. Der Hauptwert des Arcus-Cosinus entsteht durch Umkehrung des Cosinus auf dem Intervall $[0, \pi]$, erfüllt also

$$0 \leqslant \text{arc cos } x \leqslant \pi, \quad -1 \leqslant x \leqslant 1. \tag{3.48}$$

Das Schaubild des Hauptwerts von Arcus-Cosinus ist Bild 3.14 zu entnehmen.

1) *Arcus*, lat. Bogen.

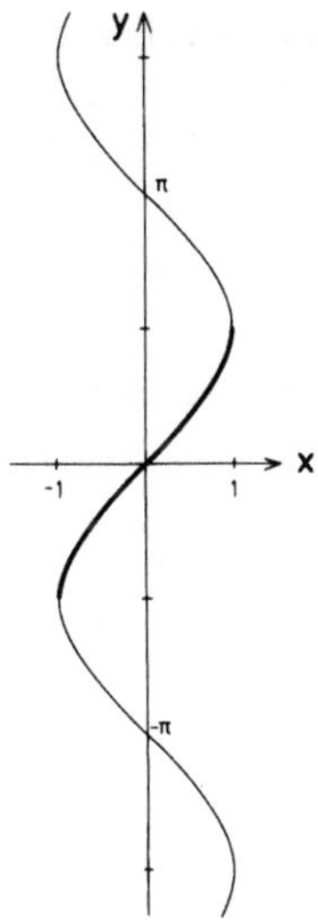

Bild 3.13

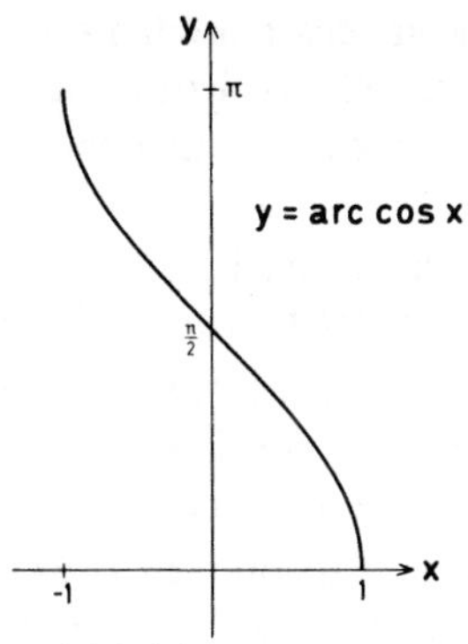

Bild 3.14

Die Umkehrung der Tangensfunktion kann auf den Intervallen $\left]\frac{\pi}{2} + k\pi, \frac{\pi}{2} + (k+1)\pi\right[$, k ganz, erfolgen. Man spricht hier von Zweigen des *Arcus-Tangens,*

$$y = \text{arc tan } x \tag{3.49}$$

(der Bogen, dessen Tangens gleich x ist).

So wie arc sin x und arc cos x ist auch das Symbol arc tan x unendlich vieldeutig. Man zeichnet daher auch hier einen Zweig als Hauptwert aus, und zwar durch Umkehrung des Tangens auf dem Intervall $\left]-\frac{\pi}{2}, \frac{\pi}{2}\right[$,

$$-\frac{\pi}{2} < \text{arc tan } x < \frac{\pi}{2}, \quad -\infty < x < \infty. \tag{3.50}$$

(Bild 3.15). Man beachte, daß arc tan x, im Gegensatz zu arc sin x und arc cos x, für alle reellen x definiert ist.

Schließlich ergibt die Umkehrung des Cotangens auf den Intervallen $]k\pi, (k+1)\pi[$ die Zweige des *Arcus-Cotangens*

$$y = \text{arc cot } x; \tag{3.51}$$

der Hauptwert wird durch

$$0 < \text{arc cot } x < \pi, \quad -\infty < x < \infty \tag{3.52}$$

festgelegt (Bild 3.16).

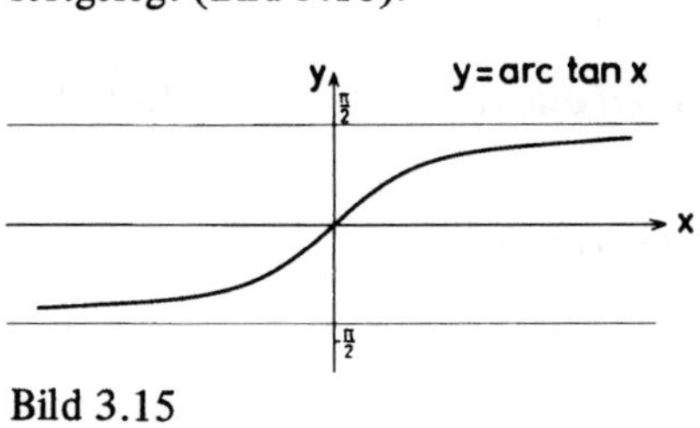

Bild 3.15

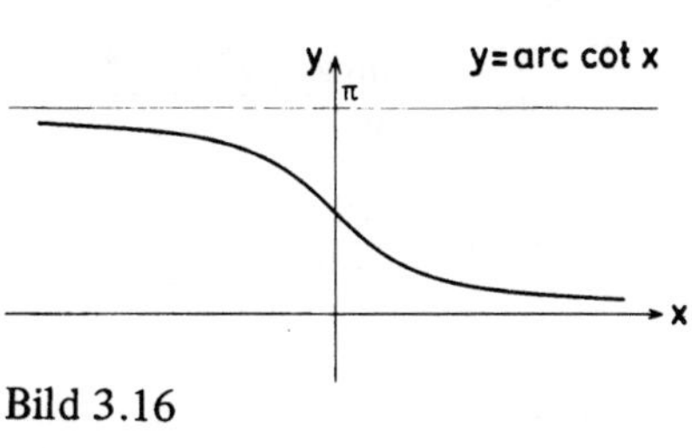

Bild 3.16

Auch die Symbole arc cos x, arc tan x, arc cot x seien im folgenden stets als Hauptwerte zu verstehen, wenn nicht explizit etwas anderes vereinbart wird. Die Hauptwerte von arc sin x und arc tan x sind streng monoton wachsend, die von arc cos x und arc cot x streng monoton fallend.

Man nennt die Umkehrfunktionen der trigonometrischen Funktionen die *Arcus-Funktionen* oder die *zyklometrischen Funktionen.*

Im Zusammenhang mit der Integrationstechnik werden wir später sehen, daß insbesondere die Funktionen y = arc sin x und y = arc tan x eine wichtige Rolle in der Analysis und ihren Anwendungen spielen.

Mit Hilfe der Additionstheoreme (3.36) für den Sinus bzw. (3.37) für den Tangens kann man leicht entsprechende Beziehungen für die Arcus-Funktionen herleiten. Setzt man etwa $u = \text{arc tan}\, x$, $v = \text{arc tan}\, y$, so gilt $x = \tan u$, $y = \tan v$ und daher

$$\tan(u + v) = \frac{\tan u + \tan v}{1 - \tan u \tan v} = \frac{x + y}{1 - xy}.$$

daraus erhält man durch Umkehrung das Additionstheorem des Arcus-Tangens,

$$\text{arc tan}\, x + \text{arc tan}\, y = \text{arc tan}\, \frac{x + y}{1 - xy}. \tag{3.53}$$

Ebenso erhält man das Additionstheorem des Arcus-Sinus

$$\text{arc sin}\, x + \text{arc sin}\, y = \text{arc sin}\, (x\sqrt{1 - y^2} + y\sqrt{1 - x^2}). \tag{3.54}$$

Die Additionstheoreme (3.53) und (3.54) gelten allerdings nicht uneingeschränkt für die Hauptwerte. Setzt man etwa in (3.54) für $x = y = 1$, so ergibt bei Zugrundelegung der Hauptwerte die linke Seite π, die rechte Seite 0. Man hat in diesem Fall auf der rechten Seite den Nebenwert π von arc sin 0 zu nehmen. Die Formeln (3.53) und (3.54) sind daher so zu verstehen, daß man auf der rechten Seite einen geeigneten Wert, der durchaus ein Nebenwert sein kann, zu nehmen hat, wenn auf der linken Seite Hauptwerte vereinbart werden.

3.7 Die Hyperbelfunktionen und Areafunktionen

Die *hyperbolischen Funktionen*

$$\sinh x = \frac{1}{2}(e^x - e^{-x}) \qquad \textit{(Sinus hyperbolicus)} \tag{3.55}$$

$$\cosh x = \frac{1}{2}(e^x + e^{-x}) \qquad \textit{(Cosinus hyperbolicus)} \tag{3.56}$$

$$\tanh x = \frac{\sinh x}{\cosh x} = \frac{e^x - e^{-x}}{e^x + e^{-x}} \qquad \textit{(Tangens hyperbolicus)} \tag{3.57}$$

$$\coth x = \frac{\cosh x}{\sinh x} = \frac{e^x + e^{-x}}{e^x - e^{-x}} \qquad \textit{(Cotangens hyperbolicus)} \tag{3.58}$$

sind für alle reellen x erklärt, mit Ausnahme von coth x, der wegen $\sinh 0 = 0$ für $x = 0$ nicht definiert ist. Diese Funktionen kommen in den Anwendungen häufig vor, insbesondere im Zusammenhang mit der Lösung von Differentialgleichungen. Sie zeigen eine starke Analogie zu den trigonometrischen Funktionen, wie man etwa aus den Additionstheoremen

$$\cosh(x \pm y) = \cosh x \cosh y \pm \sinh x \sinh y, \tag{3.59}$$

$$\sinh(x \pm y) = \sinh x \cosh y \pm \sinh y \cosh x, \tag{3.60}$$

$$\tanh(x \pm y) = \frac{\tanh x \pm \tanh y}{1 \pm \tanh x \tanh y} \tag{3.61}$$

und der Formel

$$\cosh^2 x - \sinh^2 y = 1 \tag{3.62}$$

ersieht. Die Schaubilder sind in den Bildern 3.17 und 3.18 angegeben. Wir machen speziell darauf aufmerksam, daß cosh x gerade ist, sinh x, tanh x und coth x dagegen ungerade Funktionen sind.

Die Einführung dieser Funktionen mag überflüssig erscheinen, da sie sich sämtlich mit der Exponentialfunktion darstellen lassen. Durch ihre Analogie zu den trigonometrischen Funktionen, deren Ursache wir in Abschnitt 4.6 im Zusammenhang mit der komplexen Exponentialfunktion erkennen werden, und ihr dadurch bedingtes häufiges Auftreten hat sich ihre Verwendung jedoch als sehr zweckmäßig erwiesen.

Die Bezeichnung Hyperbelfunktionen rührt daher, daß sinh x und cosh x in einer ähnlichen Beziehung zur Hyperbel stehen wie die trigonometrischen Funktionen zum Kreis: Der Punkt $Q(\xi, \eta)$, $\xi = \cosh x$, $\eta = \sinh x$, liegt auf der gleichseitigen Hyperbel $x^2 - y^2 = 1$.

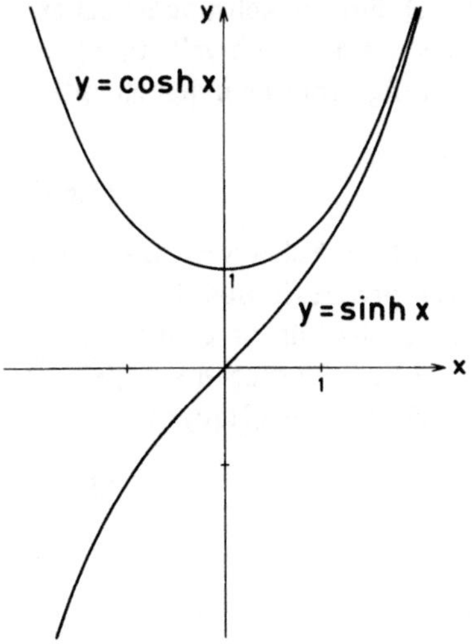

Bild 3.17

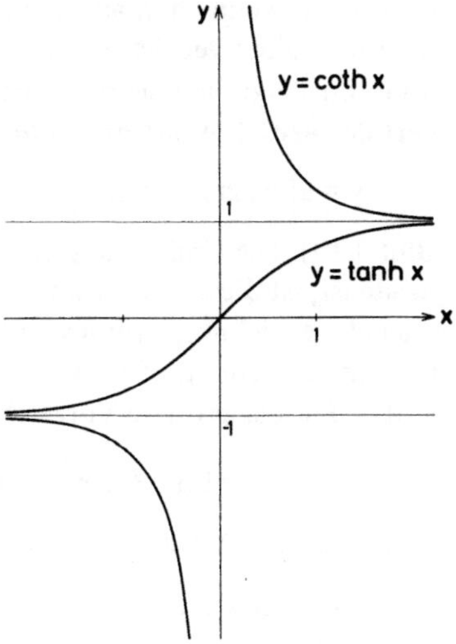

Bild 3.18

Die Umkehrfunktion des Sinus hyperbolicus heißt *Area-Sinus hyperbolicus,*

$$y = \operatorname{ar\,sinh} x \tag{3.63}$$

(Bild 3.19). Da (3.63) mit $x = \sinh y = \frac{1}{2}(e^y - e^{-y})$, also mit $e^{2y} - 2xe^y - 1 = 0$ gleichbedeutend ist, folgt durch Auflösung dieser quadratischen Gleichung in $u = e^y$ die Beziehung $u = x + \sqrt{1 + x^2}$ und daher

$$y = \operatorname{ar\,sinh} x = \ln(x + \sqrt{1 + x^2}), \quad -\infty < x < \infty. \tag{3.64}$$

(Die zweite Lösung $u = x - \sqrt{1 + x^2} < 0$ fällt aus, da $u = e^y$ nur positive Werte annehmen kann). Aus dieser Rechnung geht übrigens hervor, daß die Umkehrung des Sinus hyperbolicus im Gegensatz zu der des Sinus eindeutig ist; dies liegt daran, daß sinh x auf ganz $\mathbb{R}$ streng monoton steigt.

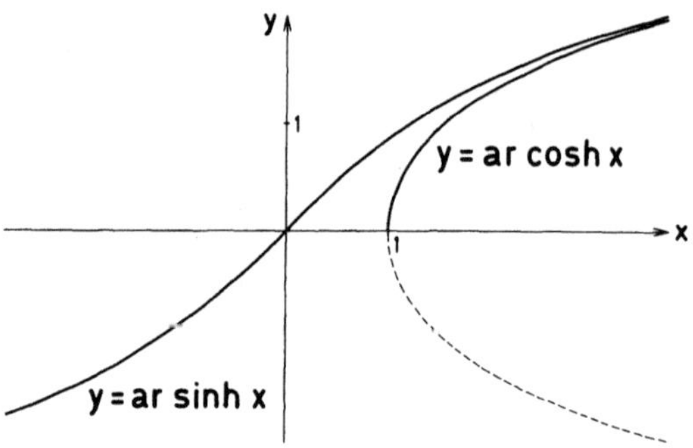

Bild 3.19

Anders liegen die Verhältnisse bei der Umkehrung des Cosinus-hyperbolicus. cosh x nimmt jeden Wert $y > 1$ genau zweimal an (cosh x ist eine gerade Funktion, die daher jeden Wert, wenn überhaupt, mindestens zweimal annimmt), ihre Umkehrung ist daher nicht in eindeutiger Weise möglich. Da die Funktion cosh x auf dem Intervall $[0, \infty[$ monoton steigt, läßt sie sich dort umkehren; diese Umkehrung nennt man den Hauptwert des *Area-Cosinus hyperbolicus,*

$$y = \operatorname{ar\,cosh} x, \quad x \geqslant 1. \tag{3.65}$$

(Bild 3.19). Die Umkehrung auf dem Intervall $]-\infty, 0]$ heißt der Nebenwert. Da cosh x gerade ist, ist dieser Nebenwert der negativ genommene Hauptwert (in Bild 3.19 gestrichelt gezeichnet). Ähnlich zu (3.64) erhält man aus $x = \cosh y$ für $u = e^y$ die quadratische Gleichung $u^2 - 2xu + 1 = 0$, die für $x > 1$ zwei positive Lösungen $x \pm \sqrt{x^2 - 1}$ besitzt. Für das positive Vorzeichen der Quadratwurzel erhält man den Hauptwert

$$\operatorname{ar\,cosh} x = \ln(x + \sqrt{x^2 - 1}), \quad x \geqslant 1, \tag{3.66}$$

für das negative Vorzeichen den Nebenwert

$$-\operatorname{ar\,cosh} x = \ln(x - \sqrt{x^2 - 1}) = -\ln(x + \sqrt{x^2 - 1}). \tag{3.67}$$

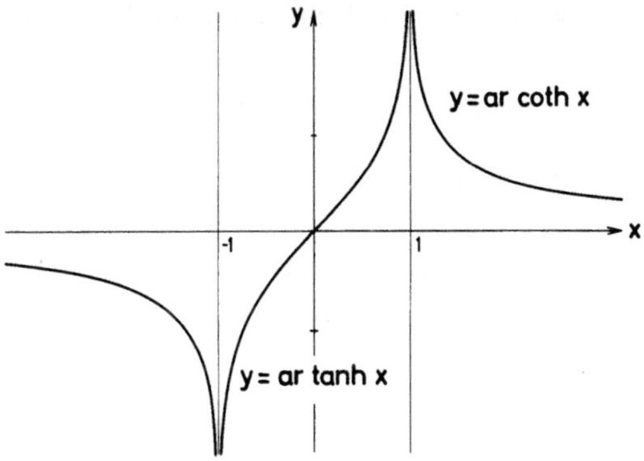

Bild 3.20

Die Umkehrfunktionen ar tanh x *(Area-Tangens hyperbolicus)* und ar coth x *(Area-Cotangens hyperbolicus)* des Tangens hyperbolicus und des Cotangens hyperbolicus sind wegen der Monotonie dieser Funktionen wieder eindeutig bestimmt. Da der Wertevorrat des Tangens hyperbolicus das Intervall]− 1, 1 [ist, wird ar tanh x nur für $|x| < 1$ definiert. Man errechnet

$$\operatorname{ar\,tanh} x = \frac{1}{2} \ln \frac{1+x}{1-x}, \quad -1 < x < 1. \tag{3.68}$$

Analog besteht wegen $|\coth x| > 1$ der Definitionsbereich des Area-Cotangens hyperbolicus aus den Intervallen $]-\infty, -1[$ und $]1, \infty[$, ferner gilt

$$\operatorname{ar\,coth} x = \frac{1}{2} \ln \frac{x+1}{x-1}, \quad |x| > 1. \tag{3.69}$$

Die Schaubilder dieser beiden Funktionen sind dem Bild 3.20 zu entnehmen.

3.8 Übungsbeispiele

Man vereinfache die folgenden Ausdrücke:

1. $a^{\frac{\ln(\ln a)}{\ln a}}$
2. $\log_a\left[\log_a\left(a^{(a^x)}\right)\right]$
3. $\dfrac{x^{\log_a y}}{y^{\log_a x}}$
4. $\log_{a_1}(a_2)\log_{a_2}(a_3)\ldots\log_{a_{n-1}}(a_n)\log_{a_n}(a_1)$
5. $\arctan x + \arctan \frac{1}{x}$
6. $\arctan\sqrt{\dfrac{1-\cos x}{1+\cos x}}$
7. $\arctan\dfrac{x}{\sqrt{1-x^2}}$
8. $\arctan\sqrt{\dfrac{1}{x^2}-1}$
9. $\arctan\dfrac{\sqrt{1-x^2}}{x}$
10. $\arcsin 2x\sqrt{1-x^2}$
11. $\cos(\arctan x)$
12. $\sin(\arctan x)$
13. $\sinh^2 x\cos^2 y + \cosh^2 x \sin^2 y$
14. $\frac{1}{x}(\cosh(\ln x) + \sinh(\ln x))$

Die folgenden Zusammensetzungen trigonometrischer Funktionen mit zyklometrischen Funktionen sind algebraische Ausdrücke in x:

15. $\sin(3 \arctan x)$ 16. $\cos(6 \arctan x)$ 17. $\tan(2 \arctan x)$ 18. $\cos(2 \arccos x)$

19. Sei $y = \sin x + \cos x$. Man berechne für eine beliebige natürliche Zahl n den Ausdruck $S_n = \cos^n x + \sin^n x$ als Funktion von y.

20. Man drücke die Summe $\arctan x + \arctan y + \arctan z$ als Funktionswert der Arcus-Tangens-Funktion aus.

Man löse die Gleichungen:

21. $x^{\sqrt{x}} = \left(\sqrt{x}\right)^x$ 22. $2^{\sin^2 x} = \cos x$ 23. $\log_x 16 = -\frac{4}{3}$

24. $\log_{\sqrt{2}} x = -2$ 25. $4^x - 3^{x-\frac{1}{2}} = 3^{x+\frac{1}{2}} - 2^{2x-1}$

26. $a^{\alpha+x} + b\, a^{\beta-x} = c,\ a, c > 0$ 27. $2 \sin^2 x + \sin^2 2x = 2$

28. $\cos x - \cos 2x = \sin 3x$ 29. $\cos^3 x \sin 3x + \sin^3 x \cos 3x = \frac{3}{4}$

30. $\sin 8x + \sin 3x = \sin x + \sin 6x$ 31. $\dfrac{1}{\sin\left(\frac{\pi}{4} + x\right)} + \dfrac{1}{\sin\left(\frac{\pi}{4} - x\right)} = 2\sqrt{2}$

32. $\arctan(x-1) + \arctan x + \arctan(x+1) = \arctan 3x$

33. $\sinh a + \sinh(a+x) + \sinh(a+2x) + \sinh(a+3x) = 0$

34. Man eliminiere φ aus den Gleichungen
$x = 3 \sin\varphi - \sin 3\varphi, \quad y = \cos 3\varphi + 3 \cos\varphi$

35. Man eliminiere φ und ψ aus den Gleichungen
$\tan\varphi + \tan\psi = a,\ \cot\varphi + \cot\psi = b,\ \varphi + \psi = c$.

36. Man zeige für $n \geqslant 2$
$$\cos\frac{\pi}{2^n} = \frac{1}{2}\sqrt{2+\sqrt{2+\sqrt{2+\ldots+\sqrt{2}}}}, \quad \sin\frac{\pi}{2^n} = \frac{1}{2}\sqrt{2-\sqrt{2+\sqrt{2+\ldots+\sqrt{2}}}},$$
worin jeweils $n-1$ Wurzeln zu ziehen sind.

37. Man zeige $\prod\limits_{k=1}^{n} \cos\dfrac{x}{2^k} = \dfrac{\sin x}{2^n \sin\frac{x}{2^n}}$

38. Man beweise, daß die Folge (x_n),
$$x_n = 1 + \frac{1}{2} + \frac{1}{3} + \ldots + \frac{1}{n} - \ln n, \quad n = 1, 2, \ldots,$$
konvergent ist. Man gebe ferner ein Intervall an, in dem der Grenzwert dieser Folge liegt.

Hinweis: Durch Logarithmieren der Ungleichungen $\left(1+\frac{1}{n}\right)^n < e < \left(1+\frac{1}{n}\right)^{n+1}$ (vgl. Beispiel 48 von Abschnitt 2.10) erhält man $\frac{1}{n+1} < \ln\left(1+\frac{1}{n}\right) < \frac{1}{n}$. Mit Hilfe dieser Ungleichungen zeige man die Monotonie der Folge (x_n); insbesondere ergeben sich durch Addition derartiger Ungleichungen Schranken für die Folgenglieder x_n.

39. Sei (x_n) eine Folge mit der Eigenschaft $\lim\limits_{n\to\infty} \frac{n \ln n}{-\ln|x_n|} = \rho > 0$. Dann ist (x_n) eine Nullfolge, ebenso die Folge $\left(\sqrt[n]{|x_n|}\right)$.

4 Die komplexen Zahlen

Die Entwicklungsgeschichte der komplexen Zahlen war im Vergleich zu der der reellen Zahlen verhältnismäßig kurz. Komplexe Zahlen traten zum ersten Mal im Zusammenhang mit der Lösung quadratischer Gleichungen $x^2 = px + q$ mit negativer Diskriminante $d = p^2 + 4q < 0$ auf, wie z.B. für $p = 10$, $q = -40$,

$$x_1 = 5 + \sqrt{-15}, \quad x_2 = 5 - \sqrt{-15}.$$

Wenn man sich auch darüber im Klaren war, daß Aufgaben, die auf die Lösung solcher Gleichungen führen, sinnlos wären und diese daher gar keine Lösung haben könnten, wie *Geronimo Cardano* (1501–1576) seine Aufgabe „Man teile 10 in zwei Teile, deren Produkt 40 ist" – die auf die beiden oben erwähnten Lösungen führt – qualifizierte, so war man sich doch der Möglichkeiten bewußt, die das Rechnen mit solchen Größen bringen konnte. So treten für kubische Gleichungen $x^3 = px + q$, die durch

$$x = \sqrt[3]{\frac{q}{2} + \sqrt{r}} + \sqrt[3]{\frac{q}{2} - \sqrt{r}}, \quad r = \left(\frac{q}{2}\right)^2 - \left(\frac{p}{3}\right)^3,$$

für $r \geqslant 0$ in reeller Weise gelöst werden, für $r < 0$ wiederum solche Ausdrücke auf, ohne daß gleichzeitig auch die Lösung x in eben diesem Sinne unsinnig wäre, z.B. für $p = 30$, $q = 36$, wofür man

$$x = \sqrt[3]{18 + \sqrt{-676}} + \sqrt[3]{18 - \sqrt{-676}}$$

erhält; durch formales Rechnen vereinfacht sich dieser Ausdruck zu $x = 6$, welche Zahl tatsächlich die Gleichung löst.

Der Bologneser Ingenieur *Raffaele Bombelli* (1536?–1572?) griff diese Frage auf, indem er Zahlen der Form

$$a + b \cdot \sqrt{-1}$$

einführte und eine erste algebraische Abhandlung über das Rechnen mit diesen Zahlen vorlegte. Darin unterwarf er sie denselben algebraischen Gesetzen wie die reellen Zahlen, wobei er zusätzlich die Rechenregel

$$(\sqrt{-1})^2 = (\sqrt{-1})\,(\sqrt{-1}) = -1$$

forderte.

Ein gewisses Unbehagen gegenüber diesen Zahlen blieb jedoch. Descartes führte für sie die Bezeichnung *imaginär* ein und meinte damit, daß solche als Lösung algebraischer Gleichungen nur „eingebildet" (*imaginer,* franz. einbilden, vorstellen) und nicht „wirklich", d.h. reell sind. Stevin lehnte diese imaginären Zahlen überhaupt ab.

Leonhard Euler (1707–1783) erkannte in seiner glänzenden Intuition das Wesen dieses neuen Zahlbegriffs. Er führte das Symbol

$$\sqrt{-1} = i$$

(i für imaginär) ein und wertete algebraische Ausdrücke mit Zahlen

$$z = a + i \cdot b = a + b \cdot \sqrt{-1},$$

wie selbstverständlich, nach den Rechenregeln für reelle Größen aus. Ferner erklärte er die transzendenten Operationen

$$(a + ib)^{c + id}, e^{a + ib}, \ln(a + ib), \sin(a + ib), \cos(a + ib) \text{ u.a.}$$ [1]

Die strenge Begründung dieses mittlerweile anerkannten Zahlentyps ist Cauchy, Sir *William Rowan Hamilton* (1805–1865) und vor allem Gauß zu danken, der auch die Bezeichnung *komplexe Zahlen* eingeführt hat. Er interpretierte die komplexen Zahlen in der nach ihm benannten Zahlenebene und betonte, daß die reellen Zahlen nur eine „Unterart" der komplexen Zahlen sind. Ferner bewies er als erster in voller Strenge den Fundamentalsatz der Algebra, der besagt, daß jede algebraische Gleichung stets eine i. a. komplexe Wurzel hat.

Der entscheidende Schritt zum Verständnis des Imaginären war die Deutung komplexer Zahlen $z = a + j \cdot b$ als geordnete Paare (a, b) reeller Zahlen. Auf dieser Grundlage entwarf Hamilton eine algebraische Definition der komplexen Zahlen. Schon Cauchy empfand es als unbefriedigend, mit komplexen Zahlen $z = a + j \cdot b$ wie mit reellen Zahlen unter Hinzunahme der Regel

$$(\sqrt{-1})^2 = j^2 = -1 \tag{4.1}$$

zu rechnen und sah im Grunde Beziehungen zwischen komplexen Zahlen als eine symbolhafte Darstellung von zwei Beziehungen zwischen reellen Zahlen an. Er unternahm es wohl, den Begriff des Imaginären zu klären, erkannte aber auch die Vorteile dieser Symbolik, weil das Rechnen mit $j = \sqrt{-1}$ leicht zu merken war und viele Beziehungen zwischen reellen Zahlen auf diese Weise sehr bequem ausgesprochen werden können.

4.1 Die Gaußsche Zahlenebene

Unter einer *komplexen Zahl* versteht man eine formale Summe der Gestalt

$$z = x + jy = x + y \cdot \sqrt{-1} \tag{4.2}$$

mit reellen Zahlen x und y. $x = \mathrm{Re}(z)$ heißt der *Realteil*, $y = \mathrm{Im}(z)$ heißt der *Imaginärteil* der komplexen Zahl z. Definitionsgemäß sind zwei komplexe Zahlen gleich, wenn ihre Real- und Imaginärteile übereinstimmen,

$$z_1 = z_2 \Longleftrightarrow \mathrm{Re}(z_1) = \mathrm{Re}(z_2) \quad \text{und} \quad \mathrm{Im}(z_1) = \mathrm{Im}(z_2). \tag{4.3}$$

Die Menge der komplexen Zahlen bezeichnen wir mit $\mathbb{C}$.

---

[1] In der Mathematik wird für $\sqrt{-1}$ ausschließlich das Symbol i verwendet. In der Elektrotechnik ist diese Schreibweise jedoch nicht vorteilhaft; sie kann zu Mißverständnissen führen, da man mit dem Buchstaben i veränderliche Ströme bezeichnet. Aus diesem Grunde ist im Rahmen der Elektrotechnik die Schreibweise $\sqrt{-1} = j$ üblich. Um den Leser nicht mit verschiedener Symbolik zu belasten, wollen wir uns in diesem Text dieser Konvention anschließen.

Die oben erwähnte Deutung der komplexen Zahlen als geordnete Paare reeller Zahlen veranlaßte Gauß, der komplexen Zahl $z = x + jy$ den Punkt $P(x, y)$ in einem kartesischen Koordinatensystem zuzuordnen; es ist evident, daß dabei auch umgekehrt jedem Punkt $P(x, y)$ genau eine komplexe Zahl $z = x + jy$ entspricht. Auf diese Weise wird die Menge $\mathbb{C}$ der komplexen Zahlen umkehrbar eindeutig auf die Punkte der (x, y)-Ebene abgebildet. Zuguterletzt kann man die Punkte dieser Ebene selbst mit den komplexen Zahlen identifizieren; man spricht dann von der *komplexen Zahlenebene* oder auch von der *Gaußschen Zahlenebene.* Die x-Achse wird üblicherweise die reelle Achse genannt, die y-Achse die imaginäre Achse. Die Einheit auf der reellen Achse ist die reelle Zahl 1, die Einheit auf der imaginären Achse ist j. Eine Zahl $z = jy$ wird dabei auch *rein imaginär* genannt (Bild 4.1).

Der Leser erkennt, in welchem Sinn die Auffassung von Gauß, die reellen Zahlen seien eine Unterart der komplexen Zahlen, zu verstehen ist, wenn er sich vor Augen hält, daß die reelle Achse der Gaußschen Zahlenebene nichts anderes als die Zahlengerade ist.

Den Abstand der komplexen Zahl $z = x + jy$ vom Ursprung nennt man den *Betrag* von z,

$$|z| := \sqrt{x^2 + y^2}, \tag{4.4}$$

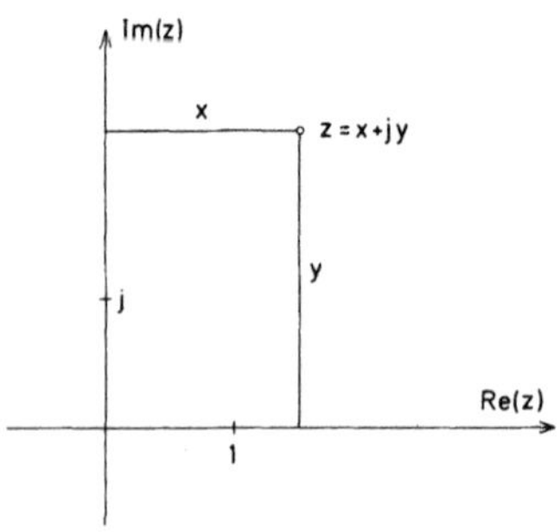

Bild 4.1

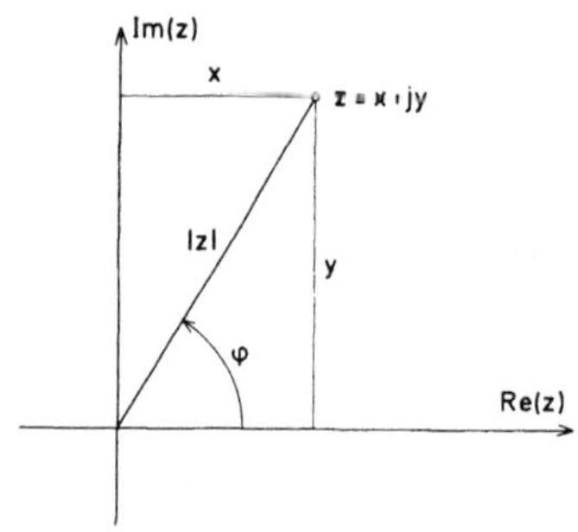

Bild 4.2

entsprechend dem Abstand des Punktes $P(x, y)$ vom Ursprung des Koordinatensystems (Bild 4.2). Diese Betragsdefinition für komplexe Zahlen ist die sinngemäße Erweiterung des Betrages einer reellen Zahl, mit dem sie für reelles z, d.h. für $\mathrm{Im}(z) = 0$, übereinstimmt. Es gelten die offensichtlichen Relationen

$$|\mathrm{Re}(z)| \leqslant |z|, \quad |\mathrm{Im}(z)| \leqslant |z|. \tag{4.5}$$

Aus Bild 4.2 erkennt man, daß mit Hilfe des Winkels φ für $z = x + jy$

$$x = \mathrm{Re}(z) = |z| \cos\varphi, \quad y = \mathrm{Im}(z) = |z| \sin\varphi \tag{4.6}$$

geschrieben werden kann. Erhöht oder vermindert man hier den Winkel φ um ein Vielfaches von 2π, so ist wegen der 2π-Periodizität der trigonometrischen Funktionen auch $\varphi + 2k\pi$ (k ganz) ein Winkel, der in (4.6) die Darstellung von Real- und Imaginärteil von z ermöglicht. Man nennt jeden solchen Winkel ein *Argument* von z und bezeichnet ihn mit arg(z). Unter all diesen Winkeln gibt es jedoch einen einzigen, der die Bedingung

$$-\pi < \arg(z) \leqslant \pi \tag{4.7}$$

erfüllt: Diesen nennt man den *Hauptwert* des Argumentes.

Beispiel 4.1: Für eine postive Zahl z, $\mathrm{Re}(z) > 0$, $\mathrm{Im}(z) = 0$, ist jede Zahl $2k\pi$, k ganz, ein Argument von z; der Hauptwert des Argumentes ist 0. Ist $z < 0$, so ist jede Zahl $(2k + 1)\pi$, k ganz, ein Argument und π der Hauptwert. Für eine imaginäre Zahl $z = jy$ ist im Falle $y > 0$ jede Zahl $\frac{\pi}{2} + 2k\pi$, k ganz, ein Argument von z, so daß $\frac{\pi}{2}$ der Hauptwert des Argumentes ist. Im Falle $y < 0$ errechnet man $-\frac{\pi}{2}$ für den Hauptwert des Argumentes.

Es ist evident, daß für jedes Argument von z die Beziehung

$$\tan \arg(z) = \frac{\mathrm{Im}(z)}{\mathrm{Re}(z)} \tag{4.8}$$

stets erfüllt ist. Diese Gleichung gestattet aber i.a. nicht, arg(z) mit Hilfe des Hauptwertes der Arcus-Tangens Funktion zu berechnen; nur für den Fall $-\frac{\pi}{2} < \arg(z) < \frac{\pi}{2}$, d.h. wenn z im ersten oder vierten Quadranten liegt, erhält man

$$\arg(z) = \arctan \frac{\mathrm{Im}(z)}{\mathrm{Re}(z)}, \quad \mathrm{Re}(z) > 0, \tag{4.9}$$

für den Hauptwert des Argumentes von z. Liegt z im zweiten Quadranten, so hat man für (4.9) den über dem Hauptwert liegenden Nebenwert der Arcus-Tangens Funktion zu nehmen; mit Hilfe des Hauptwertes kann dann

$$\arg(z) = \arctan \frac{\mathrm{Im}(z)}{\mathrm{Re}(z)} + \pi, \quad \mathrm{Re}(z) < 0, \mathrm{Im}(z) \geqslant 0, \tag{4.10}$$

geschrieben werden. Wenn schließlich z im dritten Quadranten liegt, so hat man den ersten unterhalb des Hauptwertes gelegenen Zweig der Arcus-Tangens Funktion zu nehmen, so daß man mit Hilfe des Hauptwertes der Arcus-Tangens Funktion

$$\arg(z) = \arctan \frac{\mathrm{Im}(z)}{\mathrm{Re}(z)} - \pi, \quad \mathrm{Re}(z) < 0, \mathrm{Im}(z) < 0, \tag{4.11}$$

erhält. Für $\mathrm{Re}(z) = 0$ ist $\arg(z) = \frac{\pi}{2}$ für $\mathrm{Im}(z) > 0$, $\arg(z) = -\frac{\pi}{2}$ für $\mathrm{Im}(z) < 0$. Schreibt man zusammenfassend

$$\arg(z) = \arctan \frac{\mathrm{Im}(z)}{\mathrm{Re}(z)}, \tag{4.12}$$

so ist hier nicht unbedingt der Hauptwert des Arcus-Tangens zu verstehen. Man hat sich die Verhältnisse vielmehr so vorzustellen, daß man mit dem unterhalb des Hauptwertes von arc tan x gelegenen Nebenwert beginnt, wenn z im dritten Quadraten liegt, und das Schaubild des Arcus-Tangens nach oben hin durchläuft, wobei der Übergang vom dritten in den vierten Quadraten der Wechsel auf den Hauptwert ist, der Übergang vom ersten auf den zweiten Quadranten der Wechsel auf den ersten oberhalb des Hauptwertes gelegenen Nebenwert (Bild 4.3). Durchläuft man die Arcus-Tangens-Kurve (in beiden Richtungen) um Vielfache von 2π, so erhält man die übrigen Werte des Argumentes von z. Zusammenfassend läßt sich sagen, daß man für den Hauptwert des Argumentes einer komplexen Zahl z den Hauptwert der Arcus-Tangens-Funktion sowie jeweils eine Hälfte seiner angrenzenden Nebenwerte benötigt.

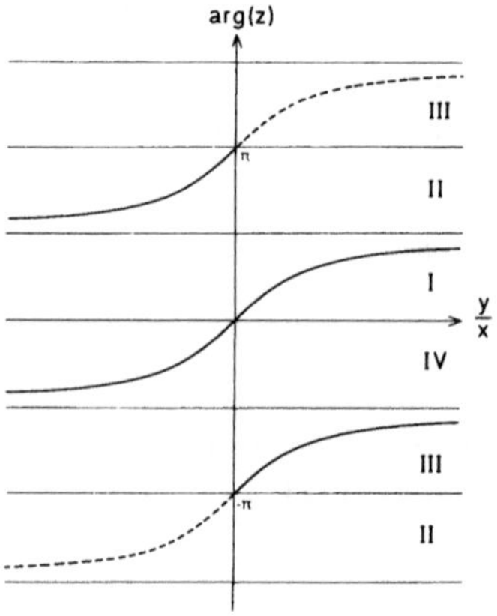

Bild 4.3

Beispiel 4.2: Die komplexe Zahl $z = 1 + j$ liegt im ersten Quadranten, so daß zufolge (4.9)

$$\arg(z) = \arctan \frac{1}{1} = \arctan 1 = \frac{\pi}{4}$$

der Hauptwert des Argumentes ist. Für die im vierten Quadranten gelegene Zahl $z = 3 - 4j$ erhält man den Hauptwert des Argumentes ebenso nach (4.9) zu

$$\arg(z) = \arctan \frac{-4}{3} = -\arctan \frac{4}{3} = -0.927\,295\,21\ldots$$

Für $z = -2 + 5j$ ist nach (4.10)

$$\arg(z) = \arctan \frac{5}{-2} + \pi = 1.951\,302\,70\ldots$$

Für $z = -4 - 3j$ ergibt die Formel (4.11)

$$\arg(z) = \arctan \frac{-3}{-4} - \pi = \arctan \frac{3}{4} - \pi = -2.498\,091\,54\ldots .$$

Mit Hilfe von (4.6) erhält man, wenn φ ein Argument von z ist, die Darstellung

$$z = |z|\,(\cos\varphi + j\sin\varphi). \qquad (4.13)$$

Sie heißt die *Polardarstellung* oder *trigonometrische Darstellung* der komplexen Zahl z und spielt neben der Darstellung durch Real- und Imaginärteil eine bedeutende Rolle. So schreibt sich $z = 1 + j$ wegen $|1 + j| = \sqrt{2}$ und $\arg(z) = \frac{\pi}{4}$ als $z = \sqrt{2}\left(\cos\frac{\pi}{4} + j\sin\frac{\pi}{4}\right)$, ebenso ist $-1 + j\sqrt{3} = 2\left(\cos\frac{2}{3}\pi + j\sin\frac{2}{3}\pi\right)$.

Die Zahl

$$\overline{z} := \mathrm{Re}(z) - j\,\mathrm{Im}(z) \qquad (4.14)$$

heißt die zu z *konjugiert komplexe Zahl* oder das *Konjugium* von z. In der Gaußschen Zahlenebene ist sie das Spiegelbild von z bezüglich der reellen Achse. Es bestehen die offensichtlichen Relationen (Bild 4.4)

$$|\bar{z}| = |z|, \quad \arg(\bar{z}) = -\arg(z), \tag{4.15}$$

wobei hier die Hauptwerte des Argumentes von z und $\bar{z}$ gemeint sind. Daraus entnimmt man die trigonometrische Darstellung

$$\bar{z} = |z|(\cos\varphi - j\sin\varphi) \tag{4.16}$$

des Konjugiums von z, worin φ ein beliebiges Argument von z ist.

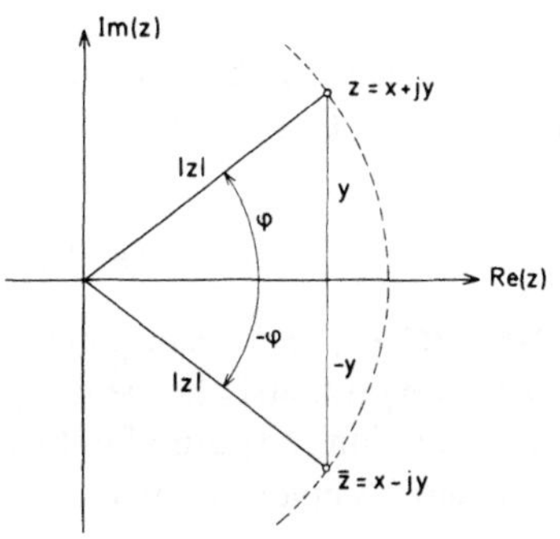

Bild 4.4

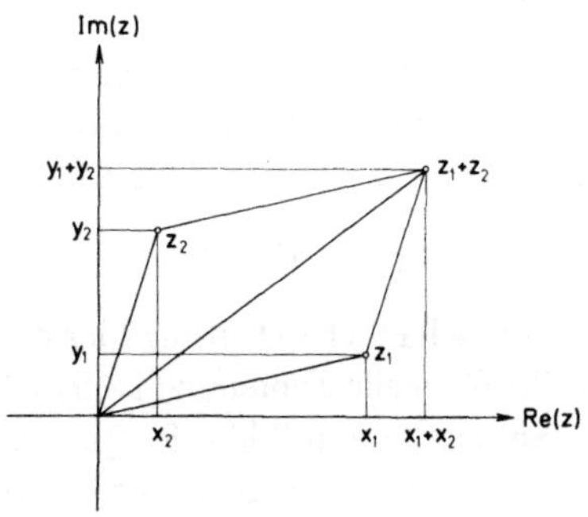

Bild 4.5

4.2 Die Addition komplexer Zahlen

Sind z_1 und z_2 komplexe Zahlen, so ist ihre Summe durch

$$z_1 + z_2 = (x_1 + j\,y_1) + (x_2 + j\,y_2) := (x_1 + x_2) + j(y_1 + y_2) \tag{4.17}$$

erklärt: Real- und Imaginärteil der Summe entstehen durch Addition der Real- und Imaginärteile der Summanden. So ist z.B. $(3 + 4j) + (2 - 3j) = 5 + j$. Diese Addition genügt dem Kommutativgesetz

$$z_1 + z_2 = z_2 + z_1$$

und dem Assoziativgesetz

$$(z_1 + z_2) + z_3 = z_1 + (z_2 + z_3),$$

weil diese Gesetze für die Addition reeller Zahlen gelten. Aus dem selben Grund hat die Gleichung $z + z_1 = z_2$ für beliebige komplexe Zahlen z_1 und z_2 die eindeutige Lösung

$$z = z_2 - z_1 = (x_2 - x_1) + j(y_2 - y_1); \tag{4.18}$$

die Differenz komplexer Zahlen erhält man folglich durch Subtraktion der Real- und Imaginärteile. Es ist etwa $(2 - 3j) - (5 - 5j) = -3 + 2j$.

Zeichnet man die Punkte z_1 und z_2 und ihre Summe $z_1 + z_2$ in der Gaußschen Ebene ein, so ergibt eine elementare Überlegung, daß diese Punkte gemeinsam mit dem Ursprung die Eckpunkte eines Parallelogramms bilden (Bild 4.5). Diese Veranschaulichung der Addition komplexer Zahlen erinnert an die elementare Vektoraddition und legt daher eine „vektorielle" Deutung der komplexen Zahlen nahe, bei der die komplexe Zahl $z = x + jy$ mit dem Vektor $\overrightarrow{OP}$ vom Ursprung zum Punkt $P(x, y)$ identifiziert wird. Der Summe zweier komplexer Zahlen entspricht dann die Summe der diese Zahlen darstellenden Vektoren, die bekanntlich komponentenweise berechnet wird. Die Komponenten des z darstellenden Vektors $\overrightarrow{OP}$ sind der Real- und Imaginärteil von z.

Sind P_1, P_2 bzw. P die den komplexen Zahlen z_1, z_2 bzw. $z_1 + z_2$ entsprechenden Punkte der Ebene (Bild 4.6), so gilt $\overrightarrow{OP_1} = \overrightarrow{P_2P}$ und $\overrightarrow{OP_2} = \overrightarrow{P_1P}$. Die Zahlen z_1 bzw. z_2 werden also auch durch die Vektoren $\overrightarrow{P_2P}$ bzw. $\overrightarrow{P_1P}$ repräsentiert; die Vektorgleichung $\overrightarrow{OP} = \overrightarrow{OP_1} + \overrightarrow{P_1P} = \overrightarrow{OP_2} + \overrightarrow{P_2P}$ veranschaulicht die Kommutativität der Addition komplexer Zahlen. Die geometrische Deutung des Assoziativgesetzes der Addition ist dem Bild 4.7 zu entnehmen.

Aus der elementaren Tatsache, daß die Länge einer Seite eines Dreiecks nicht größer als die Summe der Längen der beiden anderen Seiten sein kann, schließen wir aus Bild 4.6 für das Dreieck OPP_1 auf die Ungleichung

$$|z_1 + z_2| \leqslant |z_1| + |z_2|, \tag{4.19}$$

deren anschauliche Deutung hier nun den Namen *Dreiecksungleichung* rechtfertigt, den wir ihr für reelle Zahlen in (1.40) schon früher gegeben haben. Die geometrische Deutung der Subtraktion in Bild 4.8 – $z_2 - z_1$ wird durch den Vektor vom Punkt z_1 zum Punkt z_2 repräsentiert – ermöglicht die Übertragung der Formel (1.41) auf komplexe Zahlen

$$\big||z_1| - |z_2|\big| \leqslant |z_1 - z_2|. \tag{4.20}$$

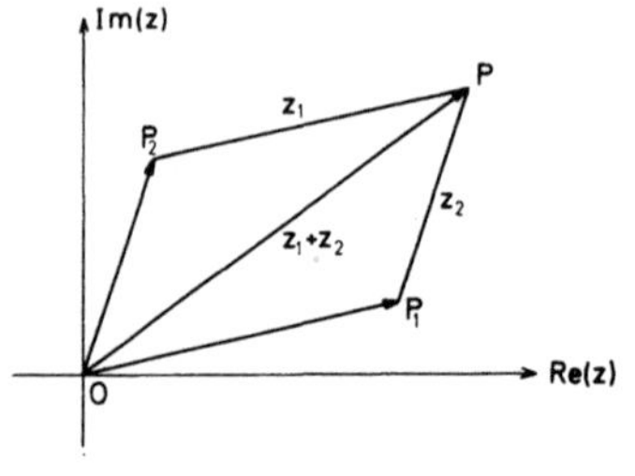

Bild 4.6

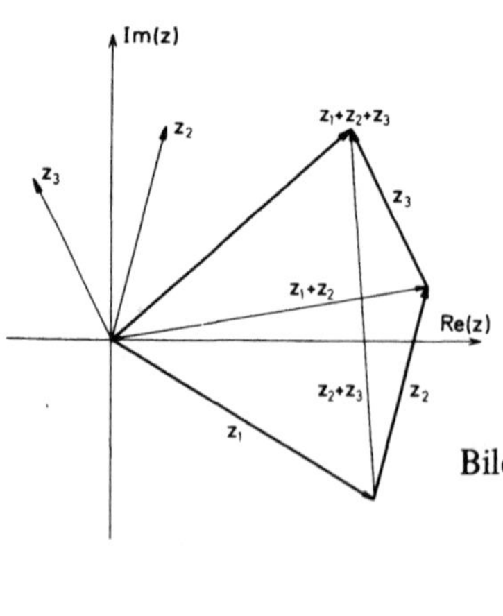

Bild 4.7

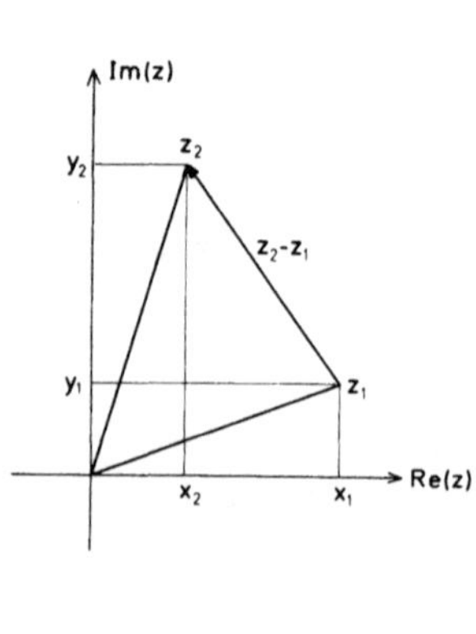

Bild 4.8

Der Übergang zur konjugiert komplexen Zahl ist mit der Addition und Subtraktion vertauschbar, d.h.

$$\overline{z_1 + z_2} = \overline{z_1} + \overline{z_2}, \quad \overline{z_1 - z_2} = \overline{z_1} - \overline{z_2}. \tag{4.21}$$

Dies ist auch geometrisch einleuchtend, da die Bildung des Konjugiums eine Spiegelung bedeutet.

Wir erwähnen noch, daß

$$z + \overline{z} = 2\,\mathrm{Re}(z) \tag{4.22}$$

immer reell und

$$z - \overline{z} = 2j\,\mathrm{Im}(z) \tag{4.23}$$

immer rein imaginär ist; Real- und Imaginärteil von z lassen sich also mit Hilfe des Konjugiums in der Form

$$\mathrm{Re}(z) = \frac{z + \overline{z}}{2}, \quad \mathrm{Im}(z) = \frac{z - \overline{z}}{2j} \tag{4.24}$$

darstellen.

4.3 Die Multiplikation komplexer Zahlen

Die Einführung der Multiplikation komplexer Zahlen erfolgt unter dem Gesichtspunkt, die für die reellen Zahlen gültigen Rechenregeln (Assoziativität, Kommutativität, Distributivität) beibehalten zu können, jedoch unter Einbeziehung der grundlegenden Formel (4.1),

$$j \cdot j = j^2 = -1.$$

Es besteht nur eine Möglichkeit, die Multiplikation komplexer Zahlen mit diesen Forderungen in Einklang zu bringen, und zwar durch

$$z_1 z_2 = (x_1 + j\,y_1)(x_2 + j\,y_2) := (x_1 x_2 - y_1 y_2) + j(x_1 y_2 + x_2 y_1). \tag{4.25}$$

Sie ergibt sich zwangsläufig aus den geforderten Rechenregeln, wie die formale Rechnung

$$\begin{aligned} z_1 z_2 &= (x_1 + j\,y_1)(x_2 + j\,y_2) = x_1 x_2 + jy_2 x_1 + jx_2 y_1 + j^2 y_1 y_2 \\ &= (x_1 x_2 - y_1 y_2) + j\,(x_1 y_2 + x_2 y_1) \end{aligned}$$

zeigt. Wir überlassen es dem Leser, die Kommutativität

$$z_1 z_2 = z_2 z_1,$$

die Assoziativität

$$z_1 (z_2 z_3) = (z_1 z_2) z_3$$

und die Distributivität

$$z_1 (z_2 + z_3) = z_1 z_2 + z_1 z_3$$

der durch (4.25) erklärten Multiplikation nachzuprüfen.

Die Gleichung $z \cdot z_1 = z_2$ besitzt für beliebige komplexe Zahlen z_1 und z_2 mit $z_1 \neq 0$ stets eine eindeutige Lösung, den Quotienten $z = \frac{z_2}{z_1}$. Man berechnet seinen Real- und Imaginärteil, indem man den Bruch mit dem Konjugium $\overline{z}_1$ des Nenners erweitert,

$$\frac{z_2}{z_1} = \frac{x_2 + j\,y_2}{x_1 + j\,y_1} = \frac{(x_2 + j\,y_2)(x_1 - j\,y_1)}{(x_1 + j\,y_1)(x_1 - j\,y_1)} = \frac{(x_1 x_2 + y_1 y_2) + j\,(x_1 y_2 - x_2 y_1)}{x_1^2 + y_1^2},$$

so daß

$$\frac{z_2}{z_1} = \frac{x_1 x_2 + y_1 y_2}{x_1^2 + y_1^2} + j\,\frac{x_1 y_2 - x_2 y_1}{x_1^2 + y_1^2} \tag{4.26}$$

die Darstellung des Quotienten durch Real- und Imaginärteil ist. Bei dieser Rechnung haben wir benützt, daß der Ausdruck $(x + jy) \cdot (x - jy) = x^2 + y^2$, d.h.

$$z\,\overline{z} = |z|^2 \tag{4.27}$$

stets reell ist. Es gilt also

$$\frac{z_2}{z_1} = z_2\,\frac{\overline{z}_1}{|z_1|^2} \tag{4.28}$$

und speziell

$$\frac{1}{z_1} = \frac{\overline{z}_1}{|z_1|^2}. \tag{4.29}$$

So ist etwa

$$\frac{2-3j}{1+4j} = \frac{(2-3j)(1-4j)}{(1+4j)(1-4j)} = \frac{-10-11j}{17} \quad \text{und} \quad \frac{1}{1+2j} = \frac{1-2j}{5}.$$

Besonders heben wir

$$\frac{1}{j} = -j = \overline{j} \tag{4.30}$$

hervor.

Eine geometrische Veranschaulichung der Multiplikation komplexer Zahlen mit Hilfe der Real- und Imaginärteile ist wohl möglich, jedoch nicht sonderlich übersichtlich und daher weniger interessant. Dagegen ermöglicht die Polardarstellung (4.13) eine einfache und für Anwendungen besonders wichtige Deutung. Seien $r_1 = |z_1|$, $r_2 = |z_2|$ die Beträge, $\varphi_1 = \arg(z_1)$, $\varphi_2 = \arg(z_2)$ Argumente der komplexen Zahlen z_1 und z_2. Die Polardarstellung ihres Produktes $z = z_1 z_2$ erhält man durch Multiplikation der entsprechenden Darstellungen der Faktoren,

$$\begin{aligned} z_1 z_2 &= r_1(\cos\varphi_1 + j\sin\varphi_1)\, r_2(\cos\varphi_2 + j\sin\varphi_2) \\ &= r_1 r_2\Big((\cos\varphi_1\cos\varphi_2 - \sin\varphi_1\sin\varphi_2) + j(\cos\varphi_1\sin\varphi_2 + \sin\varphi_1\cos\varphi_2)\Big) \end{aligned}$$

zu

$$z_1 z_2 = r_1 r_2\Big(\cos(\varphi_1 + \varphi_2) + j\sin(\varphi_1 + \varphi_2)\Big). \tag{4.31}$$

Daraus liest man

$$|z_1 z_2| = |z_1|\,|z_2|, \quad \arg(z_1 z_2) = \arg(z_1) + \arg(z_2) \tag{4.32}$$

ab, worin für das Argument des Produktes selbst dann nicht unbedingt der Hauptwert stehen muß, wenn für die Faktoren die Hauptwerte verwendet werden.

Wir fassen zusammen: *Beim Multiplizieren komplexer Zahlen werden Beträge multipliziert, Argumente addiert* (Abb. 4.9).

Beispiel 4.3: Sei $z_1 = 1 + j\sqrt{3}$, $z_2 = 1 - j$. Dann ist $|z_1| = 2$, $\arg(z_1) = \frac{\pi}{3}$ und $|z_2| = \sqrt{2}$, $\arg(z_2) = -\frac{\pi}{4}$. Folglich ist

$$|z_1 z_2| = 2\sqrt{2}, \quad \arg(z_1 z_2) = \frac{\pi}{3} - \frac{\pi}{4} = \frac{\pi}{12}$$

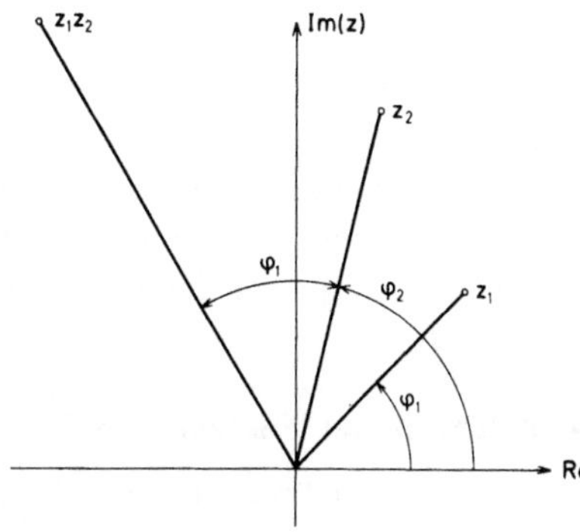

Bild 4.9

und daher

$$z_1 z_2 = 2\sqrt{2}\left(\cos\frac{\pi}{12} + j\sin\frac{\pi}{12}\right).$$

Dies zeigt auch die direkte Rechnung

$$z_1 z_2 = (1 + j\sqrt{3})(1 - j) = (\sqrt{3} + 1) + j(\sqrt{3} - 1) = 2\sqrt{2}\left[\frac{\sqrt{3}+1}{2\sqrt{2}} + j\,\frac{\sqrt{3}-1}{2\sqrt{2}}\right],$$

denn es ist tatsächlich $\cos\frac{\pi}{12} = \frac{\sqrt{3}+1}{2\sqrt{2}}$, $\sin\frac{\pi}{12} = \frac{\sqrt{3}-1}{2\sqrt{2}}$, wie man aus $\cos\frac{\pi}{6} = \frac{\sqrt{3}}{2}$ mit Hilfe der Formeln (3.38) errechnet.

Die entsprechende geometrische Deutung der Division wird durch (4.28) und (4.15) auf die der Multiplikation zurückgeführt. Man erhält

$$\left|\frac{z_2}{z_1}\right| = \frac{|z_2|}{|z_1|}, \quad \arg\left(\frac{z_2}{z_1}\right) = \arg(z_2) - \arg(z_1), \tag{4.33}$$

wobei auch hier nicht immer die Hauptwerte stehen müssen. Insbesondere ist auf Grund von (4.29)

$$\frac{1}{r(\cos\varphi + j\sin\varphi)} = \frac{1}{r}(\cos\varphi - j\sin\varphi). \tag{4.34}$$

Wir fassen zusammen: *Beim Dividieren komplexer Zahlen werden Beträge dividiert, Argumente subtrahiert.*

Beispiel 4.4: Aus $|-1 + j| = \sqrt{2}$, $\arg(-1 + j) = \frac{3}{4}\pi$ und $|2 + 2j| = 2\sqrt{2}$, $\arg(2 + 2j) = \frac{\pi}{4}$ folgt

$$\left|\frac{-1+j}{2+2j}\right| = \frac{1}{2}, \quad \arg\left(\frac{-1+j}{2+2j}\right) = \frac{\pi}{2};$$

tatsächlich gilt $\frac{-1+j}{2+2j} = \frac{j}{2}$.

Aus den aufgestellten Rechenregeln folgt, daß die Bildung des Konjugiums nicht nur mit der Addition und Subtraktion, sondern auch mit der Multiplikation und Division vertauschbar ist,

$$\overline{z_1 z_2} = \overline{z_1}\,\overline{z_2}, \quad \overline{\left(\frac{z_1}{z_2}\right)} = \frac{\overline{z_1}}{\overline{z_2}}, \tag{4.35}$$

und somit mit allen vier Grundrechnungsarten verträglich ist.

Wir schließen diesen Abschnitt mit der Bemerkung, daß die Rechenregeln (1.1) bis (1.9), die Körperaxiome, im Bereich der komplexen Zahlen uneingeschränkt gültig sind. Man spricht deshalb vom *Körper* $\mathbb{C}$ der komplexen Zahlen, der die reellen Zahlen als Unterkörper enthält.

Hingegen ist die Erweiterung der Ordnungsrelation $\leqslant$ der reellen Zahlen auf die komplexen Zahlen ohne Verlust der Monotoniegesetze (1.19) und (1.20) *nicht* möglich – aus diesen würde z.B. $0 < j^2 = -1$ folgen! Ungleichungen zwischen (nicht reellen) komplexen Zahlen sind daher sinnlos. Zwischen Realteilen, Imaginärteilen, Beträgen oder Argumenten komplexer Zahlen können natürlich Ungleichungen bestehen, da diese reelle Zahlen sind.

4.4 Potenzen und Wurzeln komplexer Zahlen

Ganzzahlige Potenzen einer komplexen Zahl werden wie für reelle Zahlen erklärt. Da bei der Multiplikation komplexer Zahlen die Beträge multipliziert und die Argumente addiert werden, gilt für $z = r(\cos\varphi + j\sin\varphi)$

$$z^2 = r^2(\cos 2\varphi + j\sin 2\varphi)$$

und allgemein, wie man durch vollständige Induktion beweist,

$$z^n = r^n(\cos n\varphi + j\sin n\varphi), \quad n = 1, 2, \dots .$$

Wegen (4.34) folgt daraus

$$z^{-n} = \left(\frac{1}{z}\right)^n = \frac{1}{r^n}(\cos n\varphi - j\sin n\varphi) = r^{-n}[\cos(-n\varphi) + j\sin(-n\varphi)];$$

definiert man wieder $z^0 = 1$, so gilt für alle ganzen Exponenten

$$z^n = r^n(\cos n\varphi + j\sin n\varphi), \quad n \text{ ganz}. \tag{4.36}$$

Der Leser möge sich davon überzeugen, daß die Rechenregeln (1.12) bis (1.14) auch für ganzzahlige Potenzen komplexer Zahlen ihre Gültigkeit behalten.

Besonders bemerkenswert ist der Spezialfall von (4.36), den man für komplexe Zahlen mit $|z| = 1$, die man *unimodulare* Zahlen nennt, erhält,

$$(\cos\varphi + j\sin\varphi)^n = \cos n\varphi + j\sin n\varphi, \quad n \text{ ganz}. \tag{4.37}$$

(4.37) heißt die *Moivresche Formel*[1]), die unter anderem gestattet, mit Hilfe des Binomischen Lehrsatzes $\cos n\varphi$ und $\sin n\varphi$ durch Potenzen von $\cos\varphi$ und $\sin\varphi$ auszudrücken, indem man in

$$\cos n\varphi + j\sin n\varphi = (\cos\varphi + j\sin\varphi)^n = \sum_{k=0}^{n} \binom{n}{k} j^k \cos^{n-k}\varphi \sin^k\varphi$$

$$= \left[\binom{n}{0}\cos^n\varphi - \binom{n}{2}\cos^{n-2}\varphi\sin^2\varphi + - \ldots\right]$$

$$+ j\left[\binom{n}{1}\cos^{n-1}\varphi\sin\varphi - \binom{n}{3}\cos^{n-3}\varphi\sin^3\varphi + - \ldots\right]$$

Real- und Imaginärteile vergleicht: Man erhält so

$$\cos n\varphi = \binom{n}{0}\cos^n\varphi - \binom{n}{2}\cos^{n-2}\varphi\sin^2\varphi + - \ldots, \tag{4.38}$$

$$\sin n\varphi = \binom{n}{1}\cos^{n-1}\varphi\sin\varphi - \binom{n}{3}\cos^{n-3}\varphi\sin^3\varphi + - \ldots. \tag{4.39}$$

Es ist z.B.

$$\cos 3\varphi = \cos^3\varphi - 3\cos\varphi\sin^2\varphi = 4\cos^3\varphi - 3\cos\varphi,$$

$$\sin 3\varphi = 3\cos^2\varphi\sin\varphi - \sin^3\varphi = 3\sin\varphi - 4\sin^3\varphi.$$

Die Moivresche Formel eignet sich besonders zur Berechnung von Potenzen komplexer Zahlen.

Beispiel 4.5:

$$(1+j)^n + (1-j)^n = (\sqrt{2})^n\left[\cos\frac{n\pi}{4} + j\sin\frac{n\pi}{4} + \cos\frac{n\pi}{4} - j\sin\frac{n\pi}{4}\right] = 2(\sqrt{2})^n\cos\frac{n\pi}{4}.$$

Wie im Reellen wird das Wurzelziehen auch im Komplexen als Umkehrung des Potenzierens erklärt. Während jedoch die Gleichung

$$w^n = z \tag{4.40}$$

für reelles z höchstens zwei reelle Lösungen w besitzt, die sich nur durch das Vorzeichen unterscheiden können, zeigt sich im Komplexen durch das Auftreten von genau n verschiedenen Lösungen ein gänzlich anderer Sachverhalt. Sind nämlich $w = R(\cos\Phi + j\sin\Phi)$, $z = r(\cos\varphi + j\sin\varphi)$ die trigonometrischen Darstellungen von w und z, so resultieren aus (4.36) und (4.40) die Beziehungen

$$R^n = r, \quad n\Phi = \varphi + 2k\pi, \quad k \text{ ganz},$$

woraus sich

$$w = \sqrt[n]{r}\left[\cos\frac{\varphi + 2k\pi}{n} + j\sin\frac{\varphi + 2k\pi}{n}\right], \quad k \text{ ganz},$$

---

1) *Abraham de Moivre*, 1667–1754.

ergibt. Stellt man hier k in der Form $k = l + q \cdot n$ mit $0 \leqslant l < n$ dar, so folgt

$$w = \sqrt[n]{r}\left[\cos\frac{\varphi + 2l\pi}{n} + j\sin\frac{\varphi + 2l\pi}{n}\right]$$

wegen der 2π-Periodizität der trigonometrischen Funktionen. Dies zeigt insbesondere, daß man bereits sämtliche Lösungen von (4.40) erhält, wenn man k auf die Zahlen $0, 1, \ldots, n-1$ beschränkt; andererseits liefern diese insgesamt n Werte von w für $z \neq 0$ lauter verschiedene Lösungen, da die Argumente alle verschieden sind. Jede solche Lösung nennt man eine *n-te Wurzel* von z und bezeichnet sie mit dem folglich mehrdeutigen Symbol $\sqrt[n]{z}$,

$$\sqrt[n]{z} = \sqrt[n]{r}\left[\cos\frac{\varphi + 2k\pi}{n} + j\sin\frac{\varphi + 2k\pi}{n}\right], \quad k = 0, 1, 2, \ldots, n-1. \tag{4.41}$$

Wie bei mehrdeutigen Symbolen üblich, wird auch hier ein Hauptwert von $\sqrt[n]{z}$ ausgezeichnet: Man legt diesen fest, indem man für φ den Hauptwert des Argumentes von z einsetzt und in (4.41) k = 0 wählt; wenn in diesem Text nichts anderes bemerkt wird, wollen wir unter dem Symbol $\sqrt[n]{z}$ stets den Hauptwert verstehen.

Die verschiedenen n-ten Wurzeln von z haben alle denselben Betrag $\sqrt[n]{r}$ und unterscheiden sich voneinander nur durch die Argumente. Die Differenz der Argumente zweier aufeinanderfolgender Wurzeln hat den konstanten Wert $\frac{2\pi}{n}$, die n-ten Wurzeln von z liegen daher in den Eckpunkten eines in den Kreis mit dem Mittelpunkt 0 und dem Radius $\sqrt[n]{r}$ eingeschriebenen regelmäßigen n-Ecks. In Bild 4.10 ist der Fall n = 6 skizziert.

Beispiel 4.6: $z = -8 + 8j\sqrt{3}$ hat den Betrag r = 16 und das Argument $\varphi = \frac{2\pi}{3}$. Mit (4.41) erhält man für $\sqrt[4]{-8 + 8j\sqrt{3}}$ die Werte

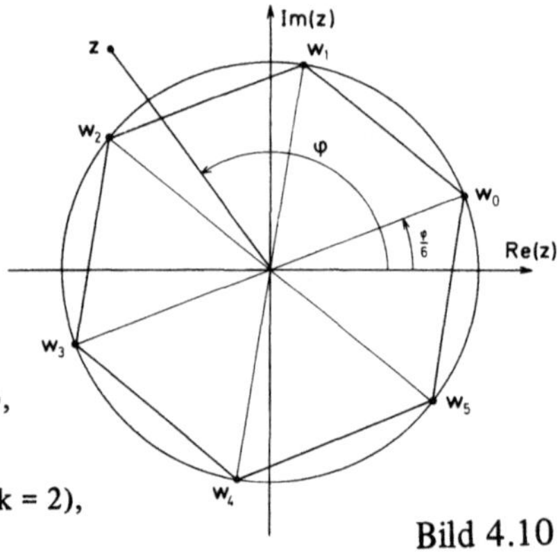

Bild 4.10

$$w_0 = 2\left[\cos\frac{\pi}{6} + j\sin\frac{\pi}{6}\right] = \sqrt{3} + j, \quad (k = 0),$$

$$w_1 = 2\left[\cos\left(\frac{\pi}{6} + \frac{\pi}{2}\right) + j\sin\left(\frac{\pi}{6} + \frac{\pi}{2}\right)\right] = -1 + j\sqrt{3}, \quad (k = 1),$$

$$w_2 = 2\left[\cos\left(\frac{\pi}{6} + \pi\right) + j\sin\left(\frac{\pi}{6} + \pi\right)\right] = -\sqrt{3} - j = -w_0, \quad (k = 2),$$

$$w_3 = 2\left[\cos\left(\frac{\pi}{6} + \frac{3\pi}{2}\right) + j\sin\left(\frac{\pi}{6} + \frac{3\pi}{2}\right)\right] = 1 - j\sqrt{3} = -w_1, \quad (k = 3).$$

Der Hauptwert ist $w_0 = \sqrt{3} + j$.

Beispiel 4.7: Wir berechnen $w = \sqrt[3]{18 + 26j}$. Es gilt $|18 + 26j| = \sqrt{1000}$, $\varphi = \arg(18 + 26j) = \arctan \frac{26}{18} =$ $= 0.965\,251\,66 \ldots$. Daraus erhält man

$$w_0 = \sqrt{10}\left[\cos\frac{\varphi}{3} + j\sin\frac{\varphi}{3}\right] = 3 + j.$$

Unter Verwendung der daraus folgenden Beziehungen $\sqrt{10}\cos\frac{\varphi}{3} = 3$, $\sqrt{10}\sin\frac{\varphi}{3} = 1$ folgt weiter

$$w_1 = \sqrt{10}\left[\cos\left(\frac{\varphi}{3} + \frac{2\pi}{3}\right) + j\sin\left(\frac{\varphi}{3} + \frac{2\pi}{3}\right)\right] = \frac{-3-\sqrt{3}}{2} + j\,\frac{3\sqrt{3}-1}{2}$$

$$w_2 = \sqrt{10}\left[\cos\left(\frac{\varphi}{3} + \frac{4\pi}{3}\right) + j\sin\left(\frac{\varphi}{3} + \frac{4\pi}{3}\right)\right] = \frac{-3+\sqrt{3}}{2} - j\,\frac{3\sqrt{3}+1}{2}.$$

Für $\omega = \sqrt[3]{18 - 26j}$ erhält man analog $\omega_0 = 3 - j = \overline{w}_0$, $\omega_1 = \overline{w}_2$, $\omega_2 = \overline{w}_1$.

Wir bemerken dazu, daß auch allgemein die n-ten Wurzeln aus $\overline{z}$ die Konjugierten der n-ten Wurzeln aus z sind, nur in anderer Reihenfolge, wie aus der geometrischen Deutung der Konjugiertenbildung als Spiegelung an der reellen Achse evident ist. Für den Hauptwert gilt stets

$$\overline{\sqrt[n]{z}} = \sqrt[n]{\overline{z}}. \tag{4.42}$$

Da im Falle n = 2 die beiden Quadratwurzeln einer komplexen Zahl sich nur durch das Vorzeichen unterscheiden, wie allgemein unter den 2n-ten Wurzeln neben w auch die Wurzel $-w$ auftreten muß, genügt es, den (stets in der rechten Halbebene $\mathrm{Re}(z) \geqslant 0$ gelegenen) Hauptwert von $\sqrt{z}$ zu berechnen. Für diesen Fall erhält man auch eine Darstellung von $\sqrt{z}$, die nur Realteil und Imaginärteil von z enthält. Ist nämlich φ der Hauptwert des Argumentes von $z = x + jy$, so erhält man mit Hilfe der Formeln (3.38)

$$\cos^2\frac{\varphi}{2} = \frac{1+\cos\varphi}{2} = \frac{1}{2}\,\frac{\sqrt{x^2+y^2}+x}{\sqrt{x^2+y^2}}, \quad \sin^2\frac{\varphi}{2} = \frac{1-\cos\varphi}{2} = \frac{1}{2}\,\frac{\sqrt{x^2+y^2}-x}{\sqrt{x^2+y^2}};$$

Ist $y \geqslant 0$ (in diesem Fall liegt z in der oberen Halbebene $\mathrm{Im}(z) \geqslant 0$), so gilt $0 \leqslant \frac{\varphi}{2} \leqslant \frac{\pi}{2}$, so daß der Hauptwert $\sqrt{z}$ im ersten Quadranten liegt und daher $\sin\frac{\varphi}{2} \geqslant 0$ ist. Dies gibt

$$\sqrt{x+jy} = \sqrt{\frac{\sqrt{x^2+y^2}+x}{2}} + j\sqrt{\frac{\sqrt{x^2+y^2}-x}{2}}, \quad y \geqslant 0. \tag{4.43}$$

Im Falle $y < 0$ liegt z in der unteren Halbebene $\mathrm{Im}(z) < 0$ und daher $\sqrt{z}$ im vierten Quadranten, was $\sin\frac{\varphi}{2} < 0$ nach sich zieht. Deswegen ist oben für $\sin\frac{\varphi}{2}$ die negative Wurzel zu ziehen, was schließlich auf

$$\sqrt{x+jy} = \sqrt{\frac{\sqrt{x^2+y^2}+x}{2}} - j\sqrt{\frac{\sqrt{x^2+y^2}-x}{2}}, \quad y < 0, \tag{4.44}$$

führt.

Beispiel 4.8: Für $z = 3 + 4j$ erhält man aus (4.43)

$$\sqrt{3+4j} = \frac{1}{\sqrt{2}}(\sqrt{8} + j\sqrt{2}) = 2 + j;$$

ähnlich errechnet man aus (4.44)

$$\sqrt{3-4j} = 2 - j,$$

was natürlich im Lichte der Beziehung (4.42) zu sehen ist.

4.5 Algebraische Gleichungen

Unter einer *algebraischen Gleichung n-ten Grades* versteht man die Aufgabe, sämtliche Nullstellen eines Polynomes n-ten Grades p(z) zu berechnen, d.h. alle komplexen Zahlen zu ermitteln, für die die Gleichung

$$p(z) = a_n z^n + a_{n-1} z^{n-1} + \ldots + a_1 z + a_0 = 0, \quad a_n \neq 0, \tag{4.45}$$

(mit reellen oder komplexen Koeffizienten a_k) erfüllt ist.

Der einfachste Fall ist die algebraische Gleichung $az + b = 0$ vom Grad 1, die auch *lineare Gleichung* genannt wird; sie besitzt infolge der Körpereigenschaft der komplexen Zahlen genau eine Lösung, nämlich $z = -\frac{b}{a}$. Die Lösungen der *quadratischen Gleichung*

$$az^2 + bz + c = 0 \tag{4.46}$$

erhält man durch die Umformung

$$az^2 + bz + c = a\left[\left(z + \frac{b}{2a}\right)^2 - \left(\frac{b^2 - 4ac}{4a^2}\right)\right] \tag{4.47}$$

zu

$$z_1 = \frac{-b + \sqrt{b^2 - 4ac}}{2a}, \quad z_2 = \frac{-b - \sqrt{b^2 - 4ac}}{2a}, \tag{4.48}$$

worin für die Wurzeln die Hauptwerte zu nehmen sind. Im Falle $b^2 - 4ac = 0$ erhält man nur die eine Lösung $z = -\frac{b}{2a}$, die auch eine *Doppellösung* genannt wird.

Beispiel 4.9: Zur Lösung der Gleichung $z^2 + jz + 2 - j = 0$ berechnet man zunächst $b^2 - 4ac = j^2 - 4(2-j) = -9 + 4j$ und nach (4.43)

$$\sqrt{-9+4j} = \sqrt{\frac{\sqrt{97}-9}{2}} + j\sqrt{\frac{\sqrt{97}+9}{2}},$$

woraus sich die Lösungen

$$z_1 = \sqrt{\frac{\sqrt{97}-9}{8}} + j\left(\sqrt{\frac{\sqrt{97}+9}{8}} - \frac{1}{2}\right), \quad z_2 = -\sqrt{\frac{\sqrt{97}-9}{8}} - j\left(\sqrt{\frac{\sqrt{97}+9}{8}} + \frac{1}{2}\right)$$

bestimmen.

Der Fall $n = 3$ ist bereits komplizierter. Zunächst läßt sich die allgemeine Gleichung dritten Grades,

$$az^3 + bz^2 + cz + d = 0, \tag{4.49}$$

die auch *kubische Gleichung* genannt wird, durch die Substitution $\zeta = z + \frac{b}{3a}$ auf eine Gleichung der Form

$$\zeta^3 = p\zeta + q \tag{4.50}$$

mit

$$p = \frac{1}{3}\left(\frac{b}{a}\right)^2 - \frac{c}{a}, \quad q = \frac{1}{3}\frac{cb}{a^2} - \frac{d}{a} - \frac{2}{27}\left(\frac{b}{a}\right)^3$$

zurückführen. Setzt man zur Lösung von (4.50) $\zeta = u + v$, so folgt weiter

$$(u^3 + v^3) + (u + v)(3uv - p) - q = 0. \tag{4.51}$$

Fordert man nun

$$uv = \frac{p}{3}, \tag{4.52}$$

so vereinfacht sich die Gleichung (4.51) zu einer quadratischen Gleichung in u^3,

$$u^6 - qu^3 + \frac{p^3}{27} = 0,$$

woraus man

$$u = \sqrt[3]{\frac{q}{2} \pm \sqrt{r}}, \quad r = \left(\frac{q}{2}\right)^2 - \left(\frac{p}{3}\right)^3, \tag{4.53}$$

und mit (4.52)

$$v = \frac{p}{3}\frac{1}{u} = \sqrt[3]{\frac{q}{2} \mp \sqrt{r}}$$

erhält. Auf diese Weise gelangt man zu der schon in der Einleitung erwähnten, nach Cardano benannten Formel

$$\zeta = \sqrt[3]{\frac{q}{2} + \sqrt{r}} + \sqrt[3]{\frac{q}{2} - \sqrt{r}}, \quad r = \left(\frac{q}{2}\right)^2 - \left(\frac{p}{3}\right)^3, \tag{4.54}$$

die drei i.a. verschiedene Lösungen der Gleichung (4.50) bringt, indem man die drei Wurzeln u_0, u_1, u_2 von (4.53) für einen festen Wert der Quadratwurzel bestimmt. Auf Grund des Ansatzes $\zeta = u + v$ gelangt man so mit Hilfe von (4.52) zu den Lösungen

$$\zeta_i = u_i + \frac{p}{3}\frac{1}{u_i}, \quad i = 0, 1, 2, \tag{4.55}$$

von (4.50) und

$$z_i = \zeta_i - \frac{b}{3a}, \quad i = 0, 1, 2, \tag{4.56}$$

von (4.49).[1)]

[1)] Ein solches algebraisches Lösungsverfahren gibt es auch für Polynome vierten Grades. Da es sehr aufwendig ist, verzichten wir auf eine Darstellung, zumal es im Zeitalter der elektronischen Rechenmaschinen seine praktische Bedeutung verloren hat. Für Polynome höheren als vierten Grades gibt es *kein* Verfahren, das mit *endlich* vielen algebraischen Operationen die Nullstellen zu berechnen gestattet; dieser „Unmöglichkeitssatz" geht auf *Niels Henrik Abel* (1802–1829) zurück.

Beispiel 4.10: Wir lösen die Gleichung $z^3 = 30z + 36$. Mit $p = 30$ und $q = 36$ wird $u^3 = \sqrt[3]{18 + 26j}$. Mit den Werten $u_0 = 3 + j$, $u_1 = \frac{-3-\sqrt{3}}{2} + j\,\frac{3\sqrt{3}-1}{2}$, $u_2 = \frac{-3+\sqrt{3}}{2} - j\,\frac{3\sqrt{3}+1}{2}$ (vgl. Beispiel 4.7) gelangt man so zu den Lösungen

$$z_0 = 6,\ z_1 = -3-\sqrt{3},\ z_2 = -3+\sqrt{3}.$$

Die Cardanosche Formel (4.54) zeigt, daß die kubische Gleichung (4.49) höchstens drei verschiedene Lösungen haben kann; dementsprechend beinhalten die Formeln (4.48), daß die quadratische Gleichung (4.46) höchstens zwei verschiedene Lösungen haben kann. Daß jedoch die Anzahl der verschiedenen Lösungen einer algebraischen Gleichung nicht unbedingt gleich der Gradzahl sein muß, zeigt die quadratische Gleichung im Falle $b^2 = 4ac$, deren dann einzige Lösung, wie schon erwähnt, eine Doppellösung genannt wird. Diesen Begriff wollen wir nun klären.

Wir erinnern den Leser zunächst an die elementare Division von Polynomen. Sind $p_1(z)$ und $p_2(z)$ zwei beliebige Polynome, so gibt es eine eindeutige Darstellung der Form

$$p_1(z) = p_2(z)\,q(z) + r(z), \tag{4.57}$$

worin $q(z)$ und $r(z)$ wieder Polynome sind und der Grad von $r(z)$ kleiner als der von $p_2(z)$ ist. Das Polynom $q(z)$ heißt der *Quotient* und $r(z)$ der *Rest* bei der Division von $p_1(z)$ durch $p_2(z)$.

Beispiel 4.11: Sei $p_1(z) = z^3 + 4z^2 + 5$, $p_2(z) = 2z^2 + 1$. Die Division wird in folgendem Schema durchgeführt:

$$\begin{array}{l}
-\left\{\begin{array}{l}(z^3 + 4z^2 + 5) : (2z^2 + 1) = \frac{1}{2}z + 2\\ z^3 + \frac{z}{2}\end{array}\right.\\
\qquad -\left\{\begin{array}{l}4z^2 - \frac{z}{2} + 5\\ 4z^2 + 2\end{array}\right.\\
\qquad\qquad -\frac{z}{2} + 3
\end{array}$$

Der Quotient ist $q(z) = \frac{z}{2} + 2$, der Rest $r(z) = -\frac{z}{2} + 3$, so daß sich nach (4.57)

$$\frac{z^3 + 4z^2 + 5}{2z^2 + 1} = \frac{z}{2} + 2 + \frac{-\frac{z}{2} + 3}{2z^2 + 1}$$

schreiben läßt.

Ist der Divisor $p_2(z) = z - a$ ein Polynom vom Grad 1, so ist $r(z)$ ein Polynom vom Grad 0, also eine Konstante. Jedes Polynom n-ten Grades $p(z)$ besitzt demnach für beliebiges a eine eindeutige Darstellung

$$p(z) = (z-a)\,q(z) + r_0, \tag{4.58}$$

worin der Quotient $q(z)$ ein Polynom vom Grade $n-1$ und der Rest r_0 eine Konstante ist. Der Wert des Restes r_0 ergibt sich durch Einsetzen von $z = a$ in (4.58) zu

$$r_0 = p(a). \tag{4.59}$$

Der Rest bei der Division von $p(z)$ durch $z - a$ ist also gerade der Wert des Polynoms für $z = a$.

Die Berechnung des Quotienten $q(z)$ und des Restes $r_0 = p(a)$ kann in einem Rechenschema erfolgen, das für die Praxis der numerischen Berechnung von Polynomwerten von großer Bedeutung ist. Die Grundlage hierfür ist die folgende Überlegung: Ist das Polynom $p(z)$ durch (4.45) gegeben und

$$q(z) = b_{n-1}z^{n-1} + b_{n-2}z^{n-2} + \ldots + b_1 z + b_0$$

der in (4.58) auftretenden Quotient, so erhält man aus

$$\begin{aligned} p(z) &= p(a) + (z-a)\,q(z) \\ &= b_{n-1}z^n + (b_{n-2} - ab_{n-1})z^{n-1} + \ldots + (b_0 - ab_1)z + p(a) - ab_0 \end{aligned}$$

durch Vergleich der Koeffizienten rechts und links die Beziehungen

$$b_{n-1} = a_n,\ b_j = ab_{j+1} + a_{j+1},\ j = 0, 1, \ldots, n-2,\ \ p(a) = ab_0 + a_0,$$

die es gestatten, die gesuchten Koeffizienten $b_{n-1}, b_{n-2}, \ldots, b_1, b_0$ des Quotienten $q(z)$ und den Rest $r_0 = p(a)$ zu errechnen. Besonders geeignet für die Handrechnung zeigt sich dabei das ohne weitere Erläuterung verständliche Rechenschema,

$$\begin{array}{c|cccccccc}
 & \multicolumn{8}{c}{\overbrace{\hphantom{a_n + a_{n-1} + a_{n-2} \cdots + a_1 + a_0 \quad}}^{p(z)}} \\
a & a_n & + \left\{\begin{matrix} a_{n-1} \\ a\cdot b_{n-1}\end{matrix}\right. & + \left\{\begin{matrix} a_{n-2} \\ a\cdot b_{n-2}\end{matrix}\right. & \begin{matrix}\cdots\cdots \\ \cdots\cdots\end{matrix} & + \left\{\begin{matrix} a_1 \\ a\cdot b_1\end{matrix}\right. & + \left\{\begin{matrix} a_0 \\ a\cdot b_0\end{matrix}\right. \\
\hline
 & b_{n-1} & b_{n-2} & b_{n-3} & \cdots\cdots & b_0 & r_0 = p(a) \\
 & \multicolumn{5}{c}{\underbrace{\hphantom{b_{n-1} \quad b_{n-2} \quad b_{n-3} \cdots\cdots b_0}}_{q(z)}} &
\end{array}$$

in der die gesuchten Größen sukzessive in der Reihenfolge $b_{n-1} = a_n, b_{n-2}, b_{n-3}, \ldots, b_1, b_0$ und $p(a)$ berechnet werden. Dieses nach *W. G. Horner* (1786–1837) benannte Schema erfordert für ein Polynom n-ten Grades n Multiplikationen und ebensoviele Additionen – man vergleiche diese Anzahl von Rechenschritten damit, wollte man $p(a)$ durch Berechnung sämtlicher Potenzen ermitteln! Das dem Horner-Schema zugrunde liegende Verfahren ist daher eine sehr günstige Methode zur Berechnung von Polynomwerten, insbesondere auch deshalb, weil eine verringerte Anzahl von Rechenoperationen das Ausmaß an Ungenauigkeiten infolge von Rundungsfehlern reduziert.

Beispiel 4.12: Sei $p(z) = 2z^3 + (1+j)z - 1 - 3j$ und $a = 2j$.

$$\begin{array}{c|ccc|c}
2j & 2 & + \left\{\begin{matrix} 0 \\ 4j \end{matrix}\right. & + \left\{\begin{matrix} 1+j \\ -8 \end{matrix}\right. & + \left\{\begin{matrix} -1-3j \\ -2-14j \end{matrix}\right. \\
\hline
 & 2 & 4j & -7+j & -3-17j = p(2j).
\end{array}$$

Der Quotient ist $q(z) = 2z^2 + 4jz - 7 + j$.

Das Horner-Schema kann auch dazu verwendet werden, mit der Kenntnis einer Nullstelle z_0 des Polynoms $p(z)$ durch Division durch $z - z_0$ den Grad der Gleichung $p(z) = 0$ um 1 zu verringern.

Beispiel 4.13: $x = 1$ ist Nullstelle des Polynoms $x^3 - 2x^2 + 5x - 4$. Die Division nach dem Hornerschema ergibt

$$p(x) = (x - 1)(x^2 - x + 4).$$

Die Nullstellen von $p(z)$ sind daher $x = 1$ und die Nullstellen von $x^2 - x + 4$.

Ist $z = z_0$ eine Nullstelle von $p(z)$, so geht aus (4.58) hervor, daß die Division von $p(z)$ durch $z - z_0$ ohne Rest aufgeht und $p(z)$ in der Form

$$p(z) = (z - z_0)\, p_1(z) \tag{4.60}$$

dargestellt werden kann. Offenbar ist die Bedingung $p(z_0) = 0$ mit dem Bestehen von (4.60) äquivalent. Der Quotient $p_1(z)$ kann nun seinerseits wieder durch $z - z_0$ teilbar sein: Ist $p_1(z_0) = 0$, d.h. $p_1(z) = (z - z_0)\, p_2(z)$, so folgt $p(z) = (z - z_0)^2\, p_2(z_0)$. Nach höchstens n Schritten muß diese fortgesetzte Division ohne Rest abbrechen – es gibt daher im Falle $p(z_0) = 0$ eine natürliche Zahl k, $1 \leqslant k \leqslant n$, so daß

$$p(z) = (z - z_0)^k\, q(z) \quad \text{mit} \quad q(z_0) \neq 0; \tag{4.61}$$

$q(z)$ selbst ist ein Polynom vom Grade $n - k$. Man nennt die Zahl k die *Vielfachheit* der Nullstelle z_0 von $p(z)$ und spricht von einer *k-fachen Nullstelle*.

Ist für die quadratische Gleichung (4.46) die Beziehung $b^2 = 4ac$ erfüllt, so ist die Nullstelle $z_0 = -\frac{b}{2a}$ eine 2-fache Nullstelle, die man eine Doppelwurzel nennt. Aus der Umformung (4.47) folgt ja

$$az^2 + bz + c = a\left(z + \frac{b}{2a}\right)^2.$$

Hat das Polynom $q(z)$ in (4.61) die h-fache Nullstelle z_1 (die von z_0 verschieden ist), so resultiert

$$q(z) = (z - z_1)^h\, q_1(z), \quad q_1(z_1) \neq 0, \quad 1 \leqslant h \leqslant n - k,$$

und

$$p(z) = (z - z_0)^k (z - z_1)^h\, q_1(z), \quad 2 \leqslant h + k \leqslant n,$$

worin natürlich $q_1(z_0) \neq 0, q_1(z_1) \neq 0$ gilt.

Sind allgemein $z_1, z_2, \ldots, z_r$ verschiedene Nullstellen eines Polynoms $p(z)$ vom Grade $n \geqslant r$ mit den Vielfachheiten $k_1, k_2, \ldots, k_r$, so gilt

$$p(z) = (z - z_1)^{k_1} (z - z_2)^{k_2} \ldots (z - z_r)^{k_r} q(z), \quad r \leqslant k_1 + \ldots + k_r \leqslant n, \tag{4.62}$$

worin natürlich $q(z_j) \neq 0, j = 1, \ldots, r$, ist. Ferner ist $n - k_1 - k_2 - \ldots - k_r \geqslant 0$ der Grad von $q(z)$.

Aus (4.62) geht hervor, daß ein Polynom n-ten Grades *höchstens* n verschiedene Nullstellen haben kann. Es bleibt jedoch die Frage zu klären, ob ein Polynom n-ten Grades stets eine Nullstelle hat, denn die obigen Überlegungen setzen ja die Existenz von Nullstellen voraus. Diese Frage, an der sich das Interesse an den komplexen Zahlen im Laufe ihrer Entwicklung stets orientiert hat, ist für die Mathematik von derart großer Bedeutung, daß ihre positive Beantwortung durch Gauß in dessen 1797 veröffentlichten Dissertation als Meilenstein der Geschichte der mathematischen Wissenschaften angesehen werden kann.

Satz 4.1 (Fundamentalsatz der Algebra). *Jedes Polynom* $p(z)$ *vom Grade* $n \geqslant 1$ *mit reellen oder komplexen Koeffizienten besitzt im Körper* $\mathbb{C}$ *der komplexen Zahlen mindestens eine Nullstelle.*

Eine wichtige Konsequenz dieses Satzes ist, daß sich die Zerlegung (4.62) so lange durchführen läßt, bis $q(z)$ den Grad 0 hat, mit anderen Worten, daß jedes Polynom $p(z)$ in der Form

$$p(z) = a_n (z - z_1)^{k_1} \dots (z - z_m)^{k_m} \quad \text{mit} \quad m \leqslant k_1 + \dots + k_m = n \tag{4.63}$$

geschrieben werden kann. Es folgt daraus weiter, daß ein Polynom vom Grade n höchstens n verschiedene Nullstellen besitzen kann; zählt man jede Nullstelle sooft, als seine Vielfachheit angibt, so besitzt ein Polynom vom Grade n sogar *genau* n Nullstellen.

Wir besprechen zum Abschluß noch den Spezialfall reeller Koeffizienten. Ist z_0, $\operatorname{Im}(z_0) \neq 0$, eine komplexe Nullstelle des Polynoms (4.45) mit reellen Koeffizienten a_k, so gilt auf Grund der Regeln (4.21) und (4.35)

$$p(\overline{z}_0) = a_n \overline{z}_0^n + \dots + a_1 \overline{z}_0 + a_0 = \overline{a_n z_0^n} + \dots + \overline{a}_1 \overline{z}_0 + \overline{a}_0 = \overline{p(z_0)},$$

also auch

$$p(\overline{z}_0) = 0,$$

so daß für reelle Polynome mit der komplexen Nullstelle z_0 auch die konjugiert komplexe Nullstelle – offenbar mit derselben Vielfachheit – auftritt. Auf Grund dieser Überlegungen gelangt man zu einer reellen Darstellung der Zerlegung (4.63): Sind $x_1, \dots, x_s$ die reellen, $z_1, \overline{z}_1, \dots, z_t, \overline{z}_t$ die komplexen Nullstellen von $p(x)$ mit den Vielfachheiten $h_1, \dots, h_s, k_1, \dots, k_t$, so gilt $h_1 + \dots + h_s + 2(k_1 + \dots + k_t) = n$ und

$$p(x) = a_n \prod_{i=1}^{s} (x - x_i)^{h_i} \prod_{i=1}^{t} [(x - z_i)(x - \overline{z}_i)]^{k_i},$$

also mit $z_i = \alpha_i + j\beta_i, \gamma_i = |z_i|^2 = \alpha_i^2 + \beta_i^2$,

$$p(x) = a_n \prod_{i=1}^{s} (x - x_i)^{h_i} \prod_{i=1}^{t} (x^2 - 2x\alpha_i + \gamma_i)^{k_i}. \tag{4.64}$$

Gibt es keine reellen bzw. komplexen Nullstellen, so ist in (4.64) das jeweilige Produkt durch 1 zu ersetzen.

Beispiel 4.14: Die Nullstellen des Polynoms $x^4 + x^2 + 1$ erhält man durch Rückführung auf die quadratische Gleichung $(x^2)^2 + x^2 + 1 = 0$ zu

$$\frac{1}{2}(1 + j\sqrt{3}), \ \frac{1}{2}(1 - j\sqrt{3}), \ \frac{1}{2}(-1 + j\sqrt{3}), \ \frac{1}{2}(-1 - j\sqrt{3}),$$

so daß

$$x^4 + x^2 + 1 = (x^2 + x + 1)(x^2 - x + 1)$$

gilt.

Beispiel 4.15: Das Polynom $z^{2n} - 1$ besitzt die reellen Wurzeln $z = 1$ und $z = -1$ und die komplexen Wurzeln

$$e_k^{(2n)} = \cos\frac{k\pi}{n} + j\sin\frac{k\pi}{n}, \quad k = 1, 2, \ldots, 2n-1, k \neq n.$$

Für $k = 2n - h$, $h \neq n$, erhält man die zu $e_h^{(2n)}$ konjugiert komplexe Nullstelle $e_{2n-h}^{(2n)} = \overline{e_h^{(2n)}}$, so daß

$$x^{2n} - 1 = (x-1)(x+1)\prod_{k=1}^{n-1}\left(x^2 - 2x\cos\frac{k\pi}{n} + 1\right)$$

gilt. Ähnlich erhält man

$$x^{2n+1} - 1 = (x-1)\prod_{k=1}^{n}\left(x^2 - 2x\cos\frac{2k\pi}{2n+1} + 1\right).$$

Die n-ten Wurzeln der Zahl 1, $e_k^{(n)} = \cos\frac{2k\pi}{n} + j\sin\frac{2k\pi}{n}$, $k = 0, 1, \ldots, n-1$, werden die *n-ten Einheitswurzeln* genannt.

Zum Abschluß erwähnen wir noch, daß die Koeffizienten eines Polynoms p(z) vom n-ten Grad notwendigerweise verschwinden, wenn p(z) = 0 an mehr als n verschiedenen Stellen gelten soll; diese Folgerung ist unmittelbar aus (4.63) abzulesen. Insbesondere zieht eine Gleichheit von Polynomen wie

$$p(z) = a_n z^n + a_{n-1} z^{n-1} + \ldots + a_0 = b_m z^m + b_{m-1} z^{m-1} + \ldots + b_0 = q(z) \quad \text{für alle } z \in \mathbb{C}$$

die Beziehungen

$$n = m \quad \text{und} \quad a_k = b_k, \quad k = 0, 1, 2, \ldots, n,$$

nach sich, da die Differenz p(z) – q(z) an mehr als n Stellen verschwindet. Von diesem „Koeffizientenvergleich" bei Gleichheit von Polynomen haben wir bei der Herleitung des Horner-Schemas bereits Gebrauch gemacht.

4.6 Komplexe Funktionen

Wir haben in Definition 1.5 den Funktionsbegriff derart gefaßt, daß im Grunde beliebige Mengen als Definitions- bzw. Bildbereich möglich sind. Im Zusammenhang mit der komplexen Rechnung treten vor allem solche Funktionen auf, die auf Mengen von komplexen Zahlen definiert sind und komplexe Werte annehmen. Eine derartige Funktion f mit dem Definitionsbereich $D \subseteq \mathbb{C}$ und dem Bildbereich $B \subseteq \mathbb{C}$ nennt man eine *komplexwertige Funktion einer komplexen Veränderlichen* oder einfach eine *komplexe Funktion.*

Beispiele komplexer Funktionen haben wir in den Polynomen mit komplexen Koeffizienten und den rationalen Funktionen $r(z) = \frac{p(z)}{q(z)}$ bereits kennengelernt.

Die Übertragung der Begriffe „Polynomfunktion" und „rationale Funktion" vom Reellen ins Komplexe bereitet keine Schwierigkeiten, da für die vier Grundrechnungsarten in $\mathbb{C}$ dieselben Rechenregeln gelten wie in $\mathbb{R}$; es ist aber keineswegs offensichtlich, wie man die elementaren transzendenten Funktionen ins Komplexe fortsetzen soll. Es liegt nicht auf der Hand, wie e^z, ln z, cos z, sin z usw. für komplexe Werte von z zu definieren sind.

Es ist das Verdienst Eulers, eine sinnvolle Möglichkeit zur Erweiterung der elementaren Funktionen von reellen auf komplexe Argumente gefunden zu haben – wie wir später sehen werden, handelt es sich dabei um die einzige sinnvolle Übertragung dieser Funktionen ins Komplexe. Die Eulersche Entdeckung beruht auf dem Vergleich der ihm bereits bekannten, für alle x gültigen „Reihenentwicklungen"

$$e^x = \lim_{n \to \infty} \sum_{k=0}^{n} \frac{x^k}{k!} = 1 + \frac{x}{1!} + \frac{x^2}{2!} + \frac{x^3}{3!} + \frac{x^4}{4!} + \frac{x^5}{5!} + \ldots,$$

$$\cos x = \lim_{n \to \infty} \sum_{k=0}^{n} \frac{(-1)^k x^{2k}}{(2k)!} = 1 - \frac{x^2}{2!} + \frac{x^4}{4!} - + \ldots,$$

$$\sin x = \lim_{n \to \infty} \sum_{k=0}^{n} \frac{(-1)^k x^{2k+1}}{(2k+1)!} = \frac{x}{1!} - \frac{x^3}{3!} + \frac{x^5}{4!} - + \ldots .$$

Die erste dieser Entwicklungen haben wir in Abschnitt 2.8 schon kennengelernt (vgl. auch (3.15)); die beiden anderen werden wir anläßlich der Besprechung der Taylorschen Reihen in Abschnitt 17 herleiten. Eulers große Entdeckung bestand nun darin, die offensichtliche Verwandtschaft dieser drei Reihenentwicklungen in einer formalen Beziehung zum Ausdruck zu bringen: Seine Idee war, die in den Reihen für den Cosinus und den Sinus auftretenden Vorzeichenwechsel durch formales Einsetzen des imaginären Ausdruckes jy für x in der Reihe für die Exponentialfunktion erscheinen zu lassen. Er erhielt so

$$e^{jy} = 1 + \frac{jy}{1!} + \frac{(jy)^2}{2!} + \frac{(jy)^3}{3!} + \frac{(jy)^4}{4!} + \frac{(jy)^5}{5!} + \ldots$$

$$= \left[1 - \frac{y^2}{2!} + \frac{y^4}{4!} - + \ldots\right] + j\left[\frac{y}{1!} - \frac{y^3}{3!} + \frac{y^5}{5!} - + \ldots\right] = \cos y + j \sin y.$$

Diese zunächst nicht begründete – weil ohne Grenzwertbetrachtungen durchgeführte – Rechnung veranlaßte Euler, die Exponentialfunktion für rein imaginäres $z = jy$ (y reell) durch

$$e^{jy} := \cos y + j \sin y \tag{4.65}$$

festzusetzen. Eine Erweiterung auf beliebige komplexe Werte von z hat sinnvollerweise unter dem Gesichtspunkt zu erfolgen, daß das Multiplikationstheorem der Exponentialfunktion,

$$e^{z_1} e^{z_2} = e^{z_1 + z_2}, \tag{4.66}$$

allgemein gültig bleibt. In Verbindung mit (4.65) erzwingt das die Festsetzung

$$\exp(z) = e^z = e^{x+jy} := e^x e^{jy} = e^x \cos y + j\, e^x \sin y. \tag{4.67}$$

Die durch (4.67) für beliebiges z erklärte komplexwertige Funktion heißt die *komplexe Exponentialfunktion.*

Mit Hilfe des Multiplikationstheorems (3.3) für die reelle Exponentialfunktion und der Additionstheoreme (3.35), (3.36) der reellen trigonometrischen Funktionen läßt sich unmittelbar nachrechnen, daß dann das Multiplikationstheorem (4.66) für beliebige komplexe Werte von z_1 und z_2 auch tatsächlich erfüllt ist. Für reelles $z = x$ liefert (4.67) natürlich den reellen Wert $e^{x+j\cdot 0} = e^x(\cos 0 + j \sin 0) = e^x$.

Die Definition (4.67) ist die einzige Möglichkeit, die Exponentialfunktion so ins Komplexe fortzusetzen, daß sie auf der reellen Achse mit der reellen Exponentialfunktion übereinstimmt und für alle Paare z_1, z_2 das Multiplikationstheorem (4.66) gültig ist.

Die Polardarstellung von e^z ist durch (4.67) bereits gegeben. Es gilt daher

$$|e^z| = e^x = e^{\mathrm{Re}(z)}, \quad \arg(e^z) = y + 2k\pi = \mathrm{Im}(z) + 2k\pi. \tag{4.68}$$

Die Vermehrung des Imaginärteils von z um ganzzahlige Vielfache von 2π ändert folglich den Wert von e^z nicht,

$$e^{z+2k\pi j} = e^z, \quad k \text{ ganz}; \tag{4.69}$$

die Exponentialfunktion ist also eine periodische Funktion mit der rein imaginären Periode $2\pi j$.

Setzt man (4.65) in die Polardarstellung (4.13) einer komplexen Zahl z ein, so erhält diese die Form

$$z = r\,e^{j\varphi} = r \exp(j\varphi), \quad r = |z|, \quad \varphi = \arg(z), \tag{4.70}$$

deren Vorteil gegenüber der trigonometrischen Darstellung (4.13) darin liegt, daß mit Exponentialausdrücken übersichtlicher gerechnet werden kann, vor allem, weil das Multiplikationstheorem der Exponentialfunktion einfacher zu handhaben ist als das Additionstheorem der trigonometrischen Funktionen. (4.70) wird auch *Exponentialdarstellung* der Zahl z genannt.

Beispiel 4.16: Es gilt $1 + j = \sqrt{2} \exp\left(j\frac{\pi}{4}\right)$, $3 - 4j = 5 \exp\left(-j \arctan\frac{4}{3}\right)$, $-2 + 5j = \sqrt{29} \exp\left[j\left(\pi - \arctan\frac{5}{2}\right)\right]$ (vgl. Beispiel 4.2).

Beispiel 4.17: Die in Beispiel 4.15 erwähnten n-ten Einheitswurzeln besitzen die Exponentialdarstellungen

$$e_k^{(n)} = \exp\left(j\frac{2k\pi}{n}\right), \quad k = 0, 1, \ldots, n-1.$$

Beispiel 4.18: Die Moivresche Formel (4.37) lautet in der Exponentialdarstellung einfach

$$(e^{j\varphi})^n = e^{jn\varphi}. \tag{4.71}$$

Die letzten beiden Beispiele bezogen sich auf unimodulare Zahlen, also Zahlen vom Betrag 1. Aus (4.68) und (4.70) ist zu erkennen, daß sich solche Zahlen stets in der Gestalt $z = e^{j\varphi}$ mit einer geeigneten Zahl φ darstellen lassen müssen; damit erhalten wir die wichtige Beziehung

$$|e^{j\varphi}| = 1. \tag{4.72}$$

Da für $z_1 = j\varphi$, $z_2 = -j\varphi$ aus dem Multiplikationstheorem (4.66) die Beziehung

$$\frac{1}{\cos\varphi + j \sin\varphi} = e^{-j\varphi} = \cos\varphi - j \sin\varphi \tag{4.73}$$

folgt, fällt für unimodulare Zahlen die Invertierung mit dem Übergang zum Konjugium zusammen. Insbesondere bedeutet (4.72), daß unimodulare Zahlen auf dem Kreis mit dem Mittelpunkt 0 und dem Radius 1, somit auf dem Einheitskreis der komplexen Ebene, liegen.

Spezielle unimodulare Zahlen sind $1 = e^0 = e^{2\pi j}, j = e^{j\pi/2}, -1 = e^{j\pi}, -j = e^{-j\pi/2}$. Schreibt man die Exponentialdarstellung von -1 in der Form

$$e^{j\pi} + 1 = 0,$$

so erhält man eine Formel, die die fünf markantesten Zahlen der Mathematik in Beziehung bringt; sie wurde von Euler für die schönste Formel der Mathematik angesehen.

Löst man

$$e^{j\varphi} = \cos\varphi + j\sin\varphi, \quad e^{-j\varphi} = \cos\varphi - j\sin\varphi$$

nach $\cos\varphi$ und $\sin\varphi$ auf, so erhält man die Darstellungen der reellen trigonometrischen Funktionen

$$\cos\varphi = \frac{e^{j\varphi} + e^{-j\varphi}}{2}, \quad \sin\varphi = \frac{e^{j\varphi} - e^{-j\varphi}}{2j} \tag{4.74}$$

durch die komplexe Exponentialfunktion, die wie (4.65) *Eulersche Formeln* genannt werden. Sie erleichtern in vielen Fällen das Rechnen mit trigonometrischen Funktionen; so gestatten sie z.B. Potenzen von $\cos\varphi$ oder $\sin\varphi$ durch $\cos\varphi$, $\cos 2\varphi$, $\sin\varphi$, $\sin 2\varphi, \ldots$ darzustellen.

Beispiel 4.19:

$$\cos^4\varphi = \left[\frac{e^{j\varphi} + e^{-j\varphi}}{2}\right]^4 = \frac{1}{16}(e^{4j\varphi} + 4e^{2j\varphi} + 6 + 4e^{-2j\varphi} + e^{-4j\varphi})$$

$$= \frac{1}{16}(2\cos 4\varphi + 8\cos 2\varphi + 6) = \frac{3}{8} + \frac{1}{2}\cos 2\varphi + \frac{1}{8}\cos 4\varphi.$$

$$\sin^3\varphi = \left[\frac{e^{j\varphi} - e^{-j\varphi}}{2j}\right]^3 = -\frac{1}{8j}(e^{3j\varphi} - 3e^{j\varphi} + 3e^{-j\varphi} - e^{-3j\varphi}) = \frac{3}{4}\sin\varphi - \frac{1}{4}\sin 3\varphi.$$

Es liegt nahe, die Formeln (4.74) zu benützen, um die Cosinus- und Sinusfunktion ins Komplexe fortzusetzen, indem man für beliebiges komplexes z

$$\cos z := \frac{e^{jz} + e^{-jz}}{2}, \quad \sin z := \frac{e^{jz} - e^{-jz}}{2j} \tag{4.75}$$

definiert. Mit Hilfe des Multiplikationstheorems (4.66) rechnet man leicht nach, daß die Additionstheoreme (3.35), (3.36) des Cosinus und Sinus uneingeschränkt auch im Komplexen gültig bleiben, ebenso die Formeln (3.21), (3.22), (3.26), (3.29), (3.31), (3.33), (3.38), (3.39) und (3.41) bis (3.43). Lediglich die Ungleichungen $|\cos x| \leqslant 1$ und $|\sin x| \leqslant 1$ gehen beim Übergang ins Komplexe verloren.

Aus (4.75) und (4.69) folgt, daß Cosinus und Sinus auch im Komplexen die Periode 2π besitzen, also stets

$$\cos(z + 2\pi) = \cos z, \quad \sin(z + 2\pi) = \sin z$$

gilt.

Beispiel 4.20:

$$\cos 2j = \frac{e^{-2} + e^{+2}}{2} = 3.76 \ldots > 1, \quad \sin 2j = \frac{e^{-2} - e^{2}}{2j} = j \cdot 3.62 \ldots, \quad |\sin 2j| > 1.$$

Wie im Reellen setzt man auch im Komplexen $\tan z = \frac{\sin z}{\cos z}$ und $\cot z = \frac{\cos z}{\sin z}$. Die Hyperbelfunktionen werden im Komplexen durch

$$\sinh z := \frac{e^z - e^{-z}}{2}, \quad \cosh z := \frac{e^z + e^{-z}}{2} \tag{4.76}$$

erklärt und mit ihnen $\tanh z = \frac{\sinh z}{\cosh z}$, $\coth z = \frac{\cosh z}{\sinh z}$. Die Verwandtschaft dieser Funktionen mit den trigonometrischen Funktionen zeigt sich im Komplexen auch in den Relationen

$$\cosh jz = \cos z, \quad \sinh jz = j \sin z. \tag{4.77}$$

Der Leser erkennt, welche zentrale Stellung der komplexen Exponentialfunktion unter den elementaren transzendenten Funktionen zukommt. Es ist daher zu erwarten, daß die Umkehrfunktion, der *komplexe Logarithmus,* eine ähnliche Bedeutung hat. Da die komplexe Exponentialfunktion $\exp(z)$ die Periode $2\pi j$ hat, genügt es, sie auf einem Streifen $y_0 < \mathrm{Im}(z) = y \leqslant y_0 + 2\pi$ zu untersuchen. Wir wählen den sogenannten *Fundamentalstreifen* $-\pi < \mathrm{Im}(z) \leqslant \pi$ (Bild 4.11), da in diesem $\arg(e^z) = \mathrm{Im}(z)$ für den Hauptwert des Argumentes von e^z gilt. Für die Umkehrung der Exponentialfunktion ist von Interesse, welche Werte e^z dort annimmt.

Ist $w = Re^{j\psi}$ die Exponentialdarstellung der komplexen Zahl $w = u + jv \neq 0$, so ist die Beziehung $e^z = w$ für $z = x + jy$ wegen (4.68) mit $|w| = R = e^x$, $\psi = \arg(w) = y + 2k\pi$, d.h. mit

$$x = \ln|w|, \quad y = \arg(w) + 2k\pi, \tag{4.78}$$

gleichbedeutend. Die Forderung, daß z im Fundamentalstreifen $-\pi < \mathrm{Im}(z) = y \leqslant \pi$ liegt, also $y = \mathrm{Im}(z)$ gleich dem Hauptwert des Argumentes von w ist, bestimmt die Lösung

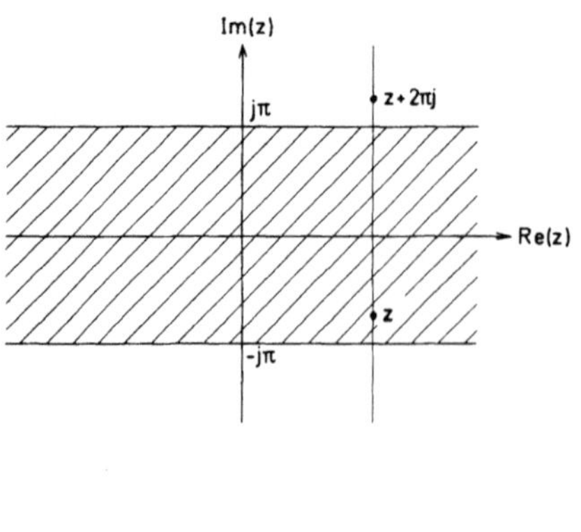

Bild 4.11

$z = x + jy$ der Gleichung $w = e^z$ eindeutig: Zu jedem $w \neq 0$ gibt es im Fundamentalstreifen eine und nur eine komplexe Zahl z, für die $e^z = w$ ist. Der Wert $w = 0$ kann auch von der komplexen Exponentialfunktion nicht angenommen werden, da für reelles x stets $e^x = |e^z| > 0$ ist. Die Exponentialfunktion nimmt daher im Fundamentalstreifen jeden Wert $w \neq 0$ genau einmal an, und zwar, wie aus (4.78) ersichtlich ist, für $z = \ln|w| + j\arg(w)$, worin für das Argument der Hauptwert zu nehmen ist; wegen der $2\pi j$-Periodizität wird der Wert $w \neq 0$ in der gesamten Ebene genau an den Stellen $z = \ln|w| + j[\arg(w) + 2k\pi]$, k ganz, angenommen. Jede komplexe Zahl z, für die $e^z = w$ gilt, nennt man einen *natürlichen Logarithmus* von w und schreibt dafür

$$\ln w := \ln|w| + j[\arg(w) + 2k\pi], \quad k \text{ ganz.} \tag{4.79}$$

Darin bezeichnet $\ln|w|$ den gewöhnlichen reellen Logarithmus der positiven Zahl $|w|$, $\arg(w)$ den Hauptwert des Argumentes von w. Setzt man in (4.79) $k = 0$, so erhält man den Hauptwert des natürlichen Logarithmus,

$$\ln w = \ln|w| + j\arg(w). \tag{4.80}$$

Im Gegensatz zum Reellen ist der natürliche Logarithmus im Komplexen unendlich vieldeutig. Dieser Nachteil wird jedoch durch die Tatsache, daß man in $\mathbb{C}$ jede von Null verschiedene Zahl logarithmieren kann, mehr als aufgehoben. Im besonderen werden durch (4.79) auch Logarithmen negativer reeller Zahlen erklärt, die jedoch sämtlich nichtreell sind.

Beispiel 4.21: Ist $x > 0$ reell, so stimmt der Hauptwert des Logarithmus von x mit dem reellen Logarithmus $\ln x$ überein; die Nebenwerte sind die Zahlen $\ln x + 2k\pi j$. Ist $x < 0$ reell, so ist $\ln x = \ln|x| + j(\pi + 2k\pi) = \ln|x| + (2k+1)\pi j$ mit dem Hauptwert $\ln|x| + j\pi$.

Beispiel 4.22: Ist $w = e^{j\varphi}$ eine unimodulare Zahl, so ist $\ln w = j(\varphi + 2k\pi)$. Speziell ist $\ln j = j\frac{\pi}{2} + 2k\pi j$; der Hauptwert ist $j\frac{\pi}{2}$. Der Hauptwert von $\ln(-j)$ ist $-j\frac{\pi}{2}$.

Beispiel 4.23: Es gilt für den Hauptwert von

$$\ln(-1-j) = \ln\sqrt{2} + j\left(-\frac{3\pi}{4}\right) = \frac{1}{2}\ln 2 - \frac{3\pi}{4}j.$$

Beispiel 4.24: Die Gleichung $\cos z = 0$ führt über die Definition (4.75) zur Gleichung $e^{2jz} + 1 = 0$; es ist also $z = \frac{1}{2j}\ln(-1) = \frac{1}{2j}j(\pi + 2k\pi) = \frac{\pi}{2} + k\pi$. Alle Nullstellen des Cosinus liegen also auf der reellen Achse. Analog zeigt man, daß auch $\sin z = 0$ genau für $z = k\pi$ gilt. Die Funktionen Sinus und Cosinus haben, abgesehen von den schon bekannten reellen Nullstellen, im Komplexen keine weiteren Nullstellen mehr.

Wir vereinbaren wieder, unter dem Symbol $\ln w$ stets den Hauptwert des Logarithmus zu verstehen; ferner bemerken wir, daß das Additionstheorem

$$\ln(w_1 w_2) = \ln w_1 + \ln w_2 \tag{4.81}$$

wegen (4.66) im Komplexen gültig bleibt, wenn man passende Werte der Logarithmen nimmt – für die Hauptwerte stimmt (4.81) i.a. nicht.

Die Exponentialfunktion und der Logarithmus ermöglichen die Einführung von Potenzen mit beliebigen komplexen Exponenten, indem man die im Reellen für $a > 0$ gültige Beziehung

$$a^b = e^{b \cdot \ln a} = \exp(b \cdot \ln a) \tag{4.82}$$

zur Definition der Potenz a^b mit $a \neq 0$ verwendet. Infolge der Vieldeutigkeit des Logarithmus ist auch die komplexe Potenz a^b i.a. unendlich vieldeutig. Die Auszeichnung eines Hauptwerts bietet sich durch die Wahl des Hauptwertes des Logarithmus in (4.82) an.

Beispiel 4.25: Die Werte von j^j ergeben sich zu

$$j^j = \exp(j \cdot \ln j) = \exp\left[j\left(j\frac{\pi}{2} + 2k\pi j\right)\right] = \exp\left(-\frac{\pi}{2} - 2k\pi\right),$$

sind also bemerkenswerterweise sämtlich reell. Der Hauptwert von j^j ist $e^{-\pi/2}$.

Beispiel 4.26: $1^{\sqrt{2}} = \exp(\sqrt{2}\ln 1) = \exp(2k\pi j\sqrt{2})$. Die Werte von $1^{\sqrt{2}}$ liegen alle am Einheitskreis, jedoch nur der Hauptwert für $k = 0$ hat den Wert 1.

Beispiel 4.27: Ist b eine ganze reelle Zahl, so fallen alle Werte von 1^b wegen $e^{b \cdot 2k\pi j} = 1$ zusammen. Der Leser möge sich überlegen, daß (4.82) für natürliche Exponenten b tatsächlich den Wert $a \cdot a \cdot \ldots \cdot a$ (mit b Faktoren) hat.

Beispiel 4.28: Ist $b = \frac{1}{n}$, $n \in \mathbb{N}$, so erhält man, wenn man in (4.82) alle möglichen Logarithmen von a nimmt, genau n verschiedene Werte,

$$e^{\frac{1}{n}[\ln|a| + j(\varphi + 2k\pi)]} = |a|^{\frac{1}{n}} \exp\left(j\,\frac{\varphi + 2k\pi}{n}\right), \quad \varphi = \arg(a);$$

diese stimmen mit den n verschiedenen n-ten Wurzeln der Zahl a überein, wobei die Wahl des Hauptwertes von $\ln a$ den Hauptwert von $\sqrt[n]{a}$ bringt.

Die Veranschaulichung einer komplexen Funktion $w = f(z)$ ist nicht wie im Reellen durch ein Schaubild möglich, da zu einer solchen Darstellung vier Dimensionen (zwei für z, zwei für w) erforderlich wären. In manchen Fällen ist jedoch eine geometrische Deutung möglich, wenn man den Übergang von z zu $w = f(z)$ als *Transformation* der komplexen Ebene interpretiert. Für $w = f(z) = z + a$ entsteht der Punkt $w = z + a$ aus dem Punkt z durch Verschiebung um den die komplexe Zahl a darstellenden Vektor (Bild 4.12); so gesehen beschreibt die Funktion $w = f(z) = z + a$ bei festem a eine *Translation* der gesamten Ebene um den Vektor a.

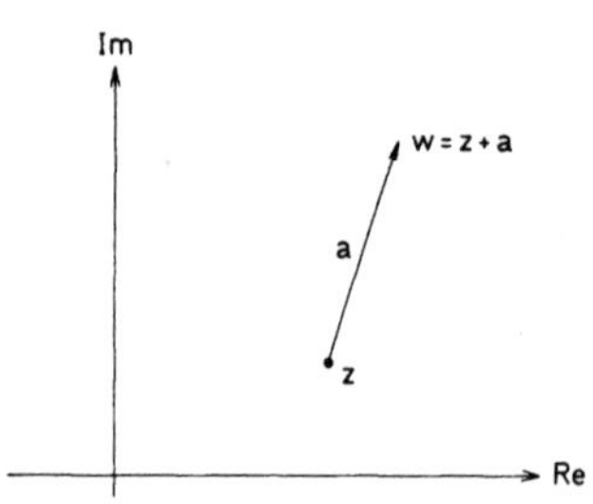

Bild 4.12

In diesem Sinn ermöglicht die geometrische Deutung der Multiplikation eine einfache Interpretation der Funktion $w = f(z) = az$ bei festem a: Aus $|w| = |az| = |a|\,|z|$, $\arg(w) = \arg(z) + \arg(a)$ folgt, daß der Vektor $w = az$ aus dem Vektor z durch Streckung (oder Stauchung) mit dem Faktor $|a|$ nebst anschließender Drehung um den Winkel $\varphi = \arg(a)$ entsteht. Man sagt daher, $w = az$ beschreibt eine *Drehstreckung* mit dem Ursprung als Drehzentrum (Bild 4.13).

Beispiel 4.29: $w = f(z) = (-1 + j)\,z$ beschreibt eine Drehstreckung, bei der die Länge jedes Vektors mit dem Faktor $|-1 + j| = \sqrt{2}$ multipliziert wird und eine Drehung um den Winkel $\arg(-1 + j) = \frac{3\pi}{4}$ erfolgt.

Besonders wichtige Spezialfälle sind die reinen Streckungen (ohne Drehung), die durch Funktionen $w = az$ mit positivem reellen a beschrieben werden, und die reinen Drehungen (ohne Streckung), die dem Fall $|a| = 1$, d.h. $a = e^{j\alpha}$, entsprechen. Die Funktion $w = e^{j\alpha}z$ beschreibt folglich eine Drehung um den Ursprung mit dem Drehwinkel α.

Beispiel 4.30: Die Funktion $w = \left(\frac{1}{2} - j\,\frac{\sqrt{3}}{2}\right) z = e^{-j\pi/3}z$ beschreibt eine Drehung um den Winkel $-\frac{\pi}{3}$, d.h. eine Drehung um 60° im negativen Sinn (Uhrzeigersinn).

Beispiel 4.31: Die Multiplikation mit j bedeutet eine Drehung um $\arg(j) = \frac{\pi}{2}$, die mit $-j$ eine Drehung um $\arg(-j) = -\frac{\pi}{2}$ (Bild 4.14).

Die allgemeine lineare Funktion $w = f(z) = az + b$ beschreibt für $a = 1$, wie schon erwähnt, eine Translation; für $a \neq 1$ kann sie als Hintereinanderausführung der Drehstreckung $\zeta = az$ und der Verschiebung $w = \zeta + b$ aufgefaßt werden. Führt man den „Fixpunkt" $z_0 = \frac{b}{1-a}$, d.h. die Lösung der Gleichung $f(z_0) = z_0$ ein, so zeigt die Umformung von $w = az + b$ zu $w - z_0 = a(z - z_0)$, daß man auch die Funktion $w = az + b$ als Drehstreckung deuten kann. Das Drehzentrum ist der Fixpunkt z_0, der Vektor $z - z_0$ wird in den Vektor $w - z_0$ gedreht. Dies ist der Inhalt eines bekannten Satzes der elementaren Geometrie, demzufolge die Hintereinanderausführung einer Drehstreckung und einer Translation wieder eine Drehstreckung – um ein neues Zentrum – liefert (Bild 4.15).

Auch der Fall der rationalen Funktion $w = f(z) = \frac{1}{z}$ gestattet eine einfache Interpretation. Wegen $|w| = \frac{1}{|z|}$, $\arg(w) = -\arg(z)$ läßt sich der Übergang von z zu $w = \frac{1}{z}$ in zwei

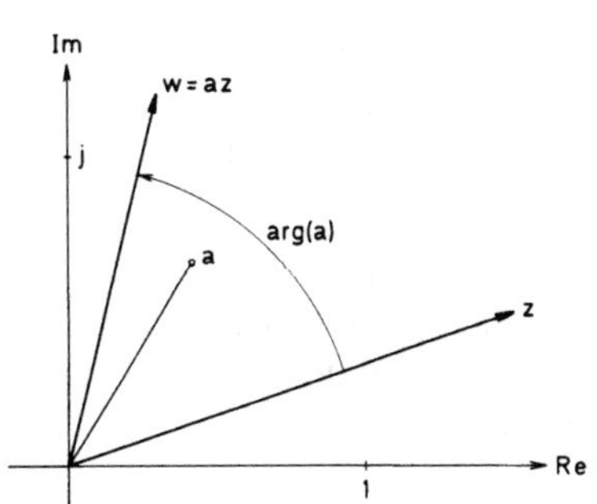

Bild 4.13

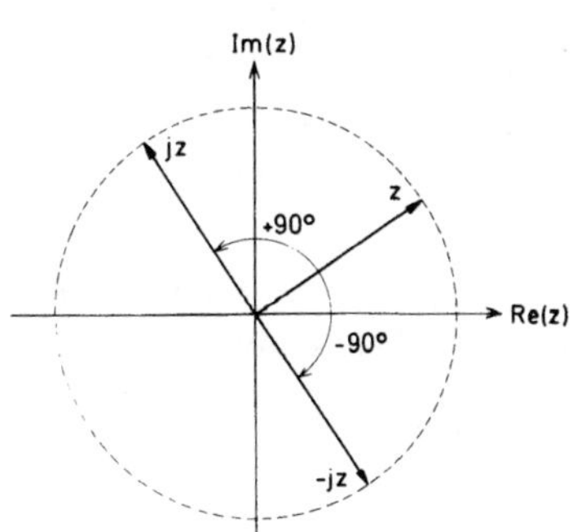

Bild 4.14

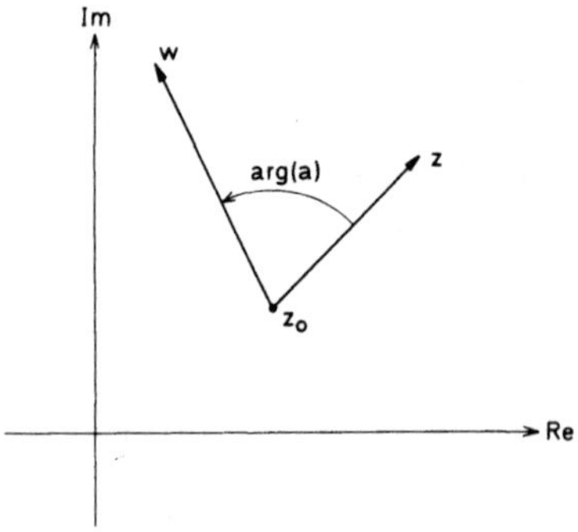

Bild 4.15

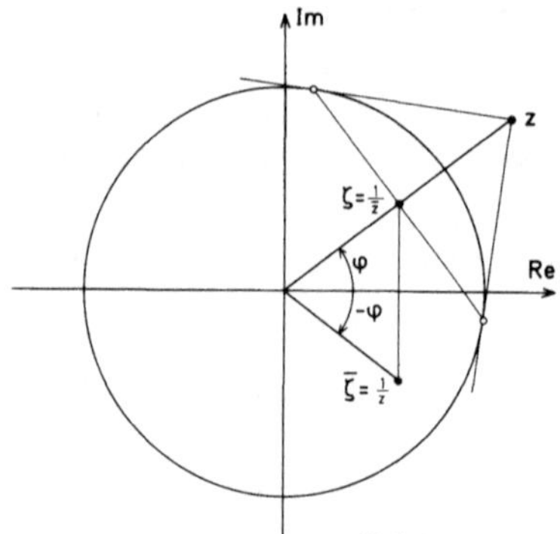

Bild 4.16

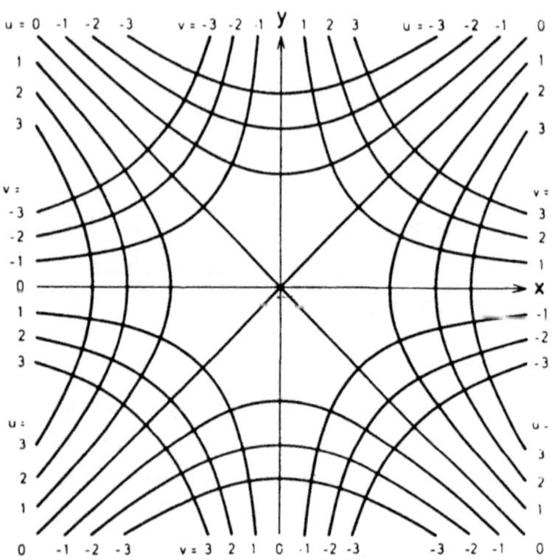

Bild 4.17

Schritten durchführen. Der erste Schritt invertiert den Betrag, ohne das Argument zu ändern, besteht also in der Zuordnung $z \to \zeta = \frac{1}{\bar{z}} = \frac{z}{|z|^2}$; der zweite Schritt wechselt das Vorzeichen des Argumentes und läßt den Betrag fest: $\zeta \to \bar{\zeta} = \frac{1}{z} = w$ (Bild 4.16). Die geometrische Deutung des zweiten Schritts als Spiegelung an der reellen Achse ist uns bereits bekannt. Den ersten Schritt, die Transformation $z \to \frac{1}{\bar{z}}$, nennt man *Spiegelung* oder *Inversion am Einheitskreis;* bei dieser bleiben offenbar alle Zahlen des Einheitskreises $z = e^{j\varphi}$ fest.

Kompliziertere Funktionen $w = f(z)$ lassen keine ähnlich einfache geometrische Deutung zu. Man kann versuchen, solche Funktionen dadurch zu veranschaulichen, daß man in einer komplexen z-Ebene und einer komplexen w-Ebene bestimmte Kurven einzeichnet, die einander bei der Abbildung $w = f(z)$ entsprechen.

Beispiel 4.32: Die Funktion $w = z^2 = (x + jy)^2 = u + jv$ führt wegen $u = \mathrm{Re}(w) = x^2 - y^2$, $v = \mathrm{Im}(w) = 2xy$ die Hyperbeln $x^2 - y^2 = C$ in die Parallelen $u = C$ zur v-Achse, die Hyperbeln $xy = \frac{D}{2}$ in die Parallelen $v = D$ zur u-Achse über (Bild 4.17).

Wesentlich leichter zu veranschaulichen sind komplexwertige Funktionen einer reellwertigen Veränderlichen – hier liegt der Definitionsbereich in $\mathbb{R}$, der Bildbereich in $\mathbb{C}$. Durch solche Funktionen werden Kurven in der komplexen Ebene beschrieben, etwa in der Form

$$z = z(t) = x(t) + jy(t), \quad t_0 \leqslant t \leqslant t_1 .$$

Durchläuft die reelle Größe t das Intervall $[t_0, t_1]$, so beschreibt der Endpunkt des Vektors z(t) eine Kurve in der komplexen Ebene (Bild 4.18). Solche graphische Darstellungen sind aus Gründen ihrer Übersichtlichkeit besonders in der Elektrotechnik sehr beliebt.

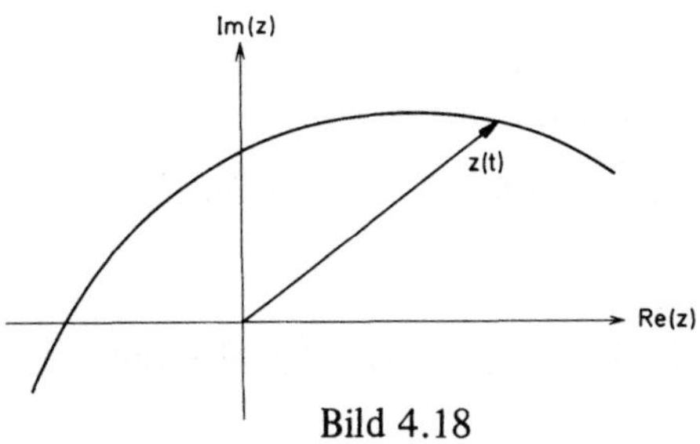

Bild 4.18

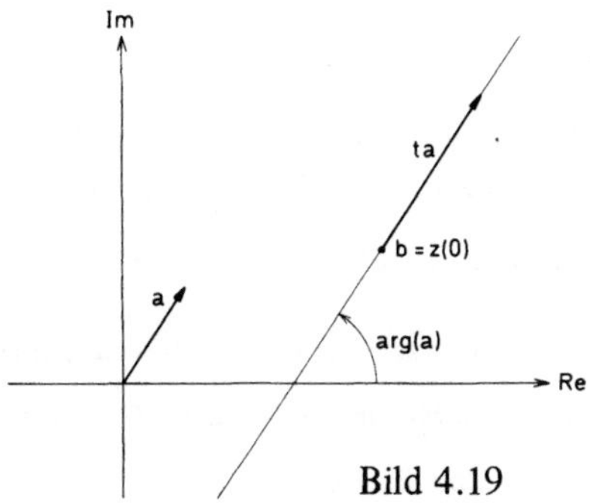

Bild 4.19

Die lineare Funktion

$$z = z(t) = at + b, \quad -\infty < t < \infty, \tag{4.83}$$

beschreibt eine Gerade in der komplexen Ebene, die parallel zur Richtung des Vektors a verläuft und durch den Punkt b = z(0) geht (Bild 4.19). Das Bild der Funktion

$$z = e^{jt}, \quad 0 \leqslant t \leqslant 2\pi, \tag{4.84}$$

ist der Einheitskreis. Allgemeiner stellt

$$z = z_0 + re^{jt}, \quad 0 \leqslant t \leqslant 2\pi, \tag{4.85}$$

den Kreis mit dem Mittelpunkt z_0 und dem Radius r dar, denn aus (4.72) folgt

$$|z - z_0| = r, \tag{4.86}$$

(Bild 4.20), worin die Charakterisierung des Kreises als geometrischer Ort aller Punkte, die von einem festen Punkt den gleichen Abstand haben, zum Ausdruck kommt; $|z - z_0|$ ist ja der Abstand des Punktes z vom Punkt z_0.

Das Bild einer Kurve in der z-Ebene unter einer komplexwertigen Funktion w = f(z) einer komplexwertigen Veränderlichen ist eine Kurve in der w-Ebene.

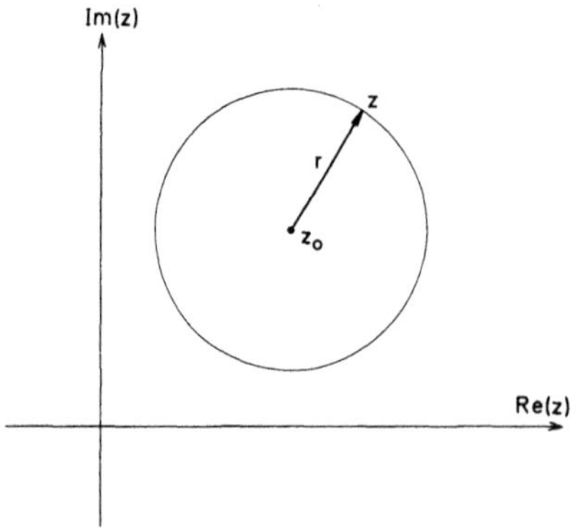

Bild 4.20

Beispiel 4.33: Wir untersuchen das Bild einer Geraden und eines Kreises unter der Abbildung $w = \frac{1}{z}$. Zu diesem Zweck erweist es sich als günstig, beide Gebilde parameterfrei darzustellen. Da t ein reeller Parameter ist, erhält man im Falle einer Geraden (4.83) $\mathrm{Im}\left(\frac{z-b}{a}\right) = 0$; mit (4.23) folgt daraus $\frac{z-b}{a} - \frac{\bar{z}-\bar{b}}{\bar{a}} = 0$, also

$$\bar{a}z - a\bar{z} + c = 0, \quad c = a\bar{b} - b\bar{a} = 2j\,\mathrm{Im}(a\bar{b}),$$

und nach Multiplikation dieser Gleichung mit $-j$, wenn $B = ja$, $C = -jc = 2\mathrm{Im}(a\bar{b})$ gesetzt wird,

$$\bar{B}z + B\bar{z} + C = 0. \tag{4.87}$$

Im Falle eines Kreises erhält man durch Quadrieren von (4.86)

$$r^2 = |z - z_0|^2 = (z - z_0)(\bar{z} - \bar{z}_0) = z\bar{z} - z_0\bar{z} - \bar{z}_0 z + z_0\bar{z}_0.$$

Durch Multiplikation mit der reellen Zahl A geht diese Gleichung in

$$Az\bar{z} + \bar{B}z + B\bar{z} + C = 0 \tag{4.88}$$

mit $B = -Az_0$, $C = A(|z_0|^2 - r^2)$ über. Umgekehrt stellt eine Gleichung wie (4.88) für reelles $A \neq 0$ und reelles C unter der Bedingung $D = |B|^2 - AC > 0$ die Gleichung eines Kreises mit dem Mittelpunkt $z_0 = -\frac{B}{A}$ und dem Radius $r = \frac{\sqrt{D}}{|A|}$ dar, wovon sich der Leser durch Einsetzen überzeugen möge. Wie man nun durch Vergleich von (4.87) und (4.88) erkennen kann, stellt (4.88) für $A = 0$ und reelles C die Gleichung einer Geraden dar; da die Geraden in (4.88) als Spezialfälle enthalten sind, faßt man sie auch als Kreise mit unendlichem Radius auf. Der durch (4.88) dargestellte Kreis (Gerade) geht offenbar genau dann durch den Ursprung, wenn $C = 0$ ist.

Die Transformation $w = \frac{1}{z}$ verwandelt nun (4.88) in die Gleichung

$$Cw\bar{w} + \overline{Bw} + Bw + A = 0,$$

die ersichtlich von der Gestalt (4.88) ist, also wieder Kreise (Gerade) darstellt. Im Falle einer Geraden ($A = 0$) erhält man als Bild einen Kreis durch den Ursprung; geht überdies diese Gerade durch den Ursprung, so ist auch $C = 0$ und der Bildkreis entartet in die Gerade $\overline{Bw} + Bw = 0$. Das Bild eines Kreises unter der Abbildung $w = \frac{1}{z}$ ist offenbar genau dann eine Gerade, wenn $C = 0$ gilt, der abzubildende Kreis also durch den Ursprung geht; ansonsten ist das Bild eines Kreises stets wieder ein Kreis.

Deutet man also eine Gerade als Kreis mit unendlichem Radius, so läßt sich das Ergebnis so ausdrücken, daß bei der Abbildung $w = \frac{1}{z}$ Kreise wieder in Kreise übergehen.

Wir besprechen zum Abschluß noch Folgen

$$z_1, z_2, z_3, \ldots, z_n, \ldots$$

komplexer Zahlen $z_n = x_n + jy_n$, die analog zu den reellen Folgen als komplexwertige Funktionen mit dem Definitionsbereich $\mathbb{N}$ der natürlichen Zahlen aufzufassen sind. Da durch eine Folge (z_n) komplexer Zahlen zwei reelle Zahlenfolgen, nämlich die Folge (x_n) der Realteile und die Folge (y_n) der Imaginärteile, definiert werden, ist es naheliegend, die komplexe Folge genau dann konvergent zu nennen, wenn sowohl die Folge (x_n) der Realteile als auch die Folge (y_n) der Imaginärteile konvergiert, und den Grenzwert der Folge (z_n) durch

$$z = \lim_{n\to\infty} z_n := \lim_{n\to\infty} x_n + j \lim_{n\to\infty} y_n = x + jy \tag{4.89}$$

zu definieren. Aus der Ungleichung

$$|z_n - z| = |x_n + jy_n - x - jy| \leqslant |x_n - x| + |y_n - y|$$

erkennt man, daß die Folge (z_n) genau dann konvergiert mit dem Grenzwert z, wenn für jedes $\epsilon > 0$ eine natürliche Zahl $N(\epsilon)$ existiert, so daß

$$|z_n - z| < \epsilon \quad \text{für} \quad n \geqslant N(\epsilon) \tag{4.90}$$

gilt: Faßt man die Kreisscheibe $|z - z_0| < \epsilon$ (vgl. (4.86)) als „*ϵ-Umgebung*" des Punktes z_0 in der komplexen Ebene auf, so läßt sich die Konvergenz einer komplexen Folge gegen den Grenzwert z – wie im Reellen – dadurch charakterisieren, daß in jeder ϵ-Umgebung von z fast alle Glieder der Folge (z_n) liegen.

Da die Definition der Konvergenz einer komplexen Folge so gefaßt ist, daß der Grenzübergang $n \to \infty$ mit der Bildung von Real- und Imaginärteil verträglich ist, kann man die Rechenregeln (2.11), (2.12) und (2.13) auch auf komplexe Folgen übertragen, ebenso die Folgerungen (2.14) und (2.15), letztere allerdings nur für ganzes k.

Evident ist ebenso die aus (4.90) folgende Tatsache

$$\lim_{n\to\infty} z_n = z \iff \lim_{n\to\infty} |z_n - z| = 0; \tag{4.91}$$

hier steht auf der rechten Seite eine reelle Zahlenfolge. Insbesondere folgt aus (4.91)

$$\lim_{n\to\infty} z_n = 0 \iff \lim_{n\to\infty} |z_n| = 0,$$

woraus man sofort erkennt, daß die komplexe geometrische Folge (z^n) für $|z| < 1$ eine Nullfolge ist,

$$\lim_{n\to\infty} z^n = 0 \quad \text{für} \quad |z| < 1. \tag{4.92}$$

Wie im Reellen leitet man daraus unter Verwendung von (2.11) bis (2.13) die Summenformel

$$\lim_{n\to\infty} \sum_{k=0}^{n-1} z^k = \lim_{n\to\infty} (1 + z + \ldots + z^{n-1}) = \lim_{n\to\infty} \frac{1 - z^n}{1 - z} = \frac{1}{1 - z} \quad \text{für} \quad |z| < 1 \tag{4.93}$$

her.

Eine nicht konvergente Folge (z_n) heißt divergent. Dieser Fall liegt genau dann vor, wenn entweder die Folge der Realteile oder die Folge der Imaginärteile oder beide divergieren.

Da sich die Ordnungsrelation $\leqslant$ vom Reellen ohne Verlust der Monotoniegesetze nicht ins Komplexe erweitern läßt, ist es naturgemäß nicht möglich, das Prinzip der Vergleichsfolgen ins Komplexe zu übertragen. Ebenso fallen alle anderen auf Ungleichheitsbeziehungen beruhenden Konvergenzkriterien in der komplexen Ebene weg.

Das notwendige und hinreichende Konvergenzkriterium von Cauchy läßt sich hingegen wörtlich auf komplexe Folgen übertragen. Ausgehend von der Ungleichung

$$|z_n - z_m| \leqslant |x_n - x_m| + |y_n - y_m|$$

ergibt sich aus der Konvergenz der Folgen (x_n) und (y_n) (unter Verwendung des Cauchyschen Konvergenzkriteriums für reelle Folgen), daß für beliebiges $\epsilon > 0$ stets ein Index $N(\epsilon)$ existiert, so daß

$$|z_n - z_m| < \epsilon \quad \text{für alle } n, m \geqslant N(\epsilon). \tag{4.94}$$

Gilt umgekehrt (4.94), so folgt aus

$$|x_n - x_m| = |\text{Re}(z_n - z_m)| \leqslant |z_n - z_m| < \epsilon \quad \text{für alle } n, m \geqslant N(\epsilon)$$

(vgl. (4.5)) die Konvergenz der Folge der Realteile und analog die Konvergenz der Folge der Imaginärteile.

Mit diesem Abriß der Konvergenztheorie komplexer Folgen wollen wir uns begnügen; wir werden im Zusammenhang mit unendlichen Reihen wieder darauf zu sprechen kommen.

4.7 Die komplexe Zeigerrechnung in der Wechselstromtechnik

Die komplexen Zahlen und vor allem die komplexen Funktionen einer komplexen Veränderlichen haben eine derartige Bedeutung erlangt, daß sich sogar ein eigener Zweig innerhalb der Mathematik, die „Funktionentheorie", entwickelt hat, die sich mit diesem Thema befaßt. Doch nicht nur für die Mathematik selbst, auch für viele Methoden der Physik und Technik stellen die komplexen Zahlen ein nahezu unentbehrliches Hilfsmittel dar. Dies gilt vor allem für die Wechselstromtechnik, für die der amerikanische Ingenieur *Charles Protheus Steinmetz* (1865–1923) einen äußerst übersichtlichen Kalkül geschaffen hat, dessen Grundzüge wir in diesem Abschnitt entwickeln wollen.

Auf dem Kreis $\xi^2 + \eta^2 = A^2$ möge ein Punkt P mit konstanter Geschwindigkeit (im positiven Sinn) umlaufen. Wenn er für einen Umlauf die Zeit T benötigt, in dieser Zeit also den Weg $2\pi A$ zurückgelegt hat, so ist offensichtlich

$$s = \frac{t}{T} 2\pi A$$

der in der Zeit t zurückgelegte Weg und $\frac{s}{A}$ der in der Zeit t überstrichene Winkel. Den für die Bewegung konstanten Quotienten

$$\omega := \frac{2\pi}{T}, \tag{4.95}$$

der für die Schnelligkeit des Ablaufs charakteristisch ist nennt man die *Winkelgeschwindigkeit* des Punktes P. Der Reziprokwert der Umlaufzeit,

$$f := \frac{1}{T}, \tag{4.96}$$

der die Anzahl der Umläufe pro Zeiteinheit angibt, heißt die *Frequenz.* Nach der Zeitspanne t hat der Punkt P den Weg $s = A\omega t$ zurückgelegt bzw. den Winkel $x = \omega t$ überstrichen. Hat er sich weiter zur Zeit $t = 0$ im Punkt $P_0(A\cos\varphi, A\sin\varphi)$ befunden, so schließt der Strahl $\overrightarrow{OP}$ zum Zeitpunkt t mit der positiven Richtung der ξ-Achse den Winkel

$$x = \omega t + \varphi$$

ein; der Winkel φ wird die *Phase* oder die *Phasenlage* genannt.

Wir betrachten nun die Projektion auf die positive Richtung der ξ-Achse, die durch die T-periodische Funktion

$$\xi = A\cos(\omega t + \varphi) \tag{4.97}$$

gegeben ist. Ein zeitlicher Prozeß (Bewegungsablauf u.ä.), der durch (4.97) beschrieben wird, heißt eine ***harmonische Schwingung*** mit der ***Amplitude*** A, der ***Kreisfrequenz*** $\omega = 2\pi f$, der ***Periode*** $T = \frac{1}{f}$ und der ***Phasenlage*** φ (Bild 4.21). Ähnlich erhält man eine harmonische Schwingung

$$\eta = A\sin(\omega t + \varphi)$$

durch Projektion auf die η-Achse. Sie geht übrigens aus (4.97) hervor, indem man dort φ durch $\varphi - \frac{\pi}{2}$ ersetzt. Ebenso ergibt die Projektion auf eine beliebige, durch den Kreismittelpunkt gehende Gerade eine harmonische Schwingung

$$\zeta = a\cos(\omega t + \psi), \quad \psi = \varphi - \alpha,$$

wenn diese Gerade mit der positiven Richtung der ξ-Achse den Winkel α einschließt. Alle diese Schwingungen unterscheiden sich bloß durch ihre Phasenlage.

Durch Anwendung des Additionstheorems (3.35) erhält man mit $a = A\cos\varphi$, $b = -A\sin\varphi$

$$\xi = a\cos\omega t + b\sin\omega t. \tag{4.98}$$

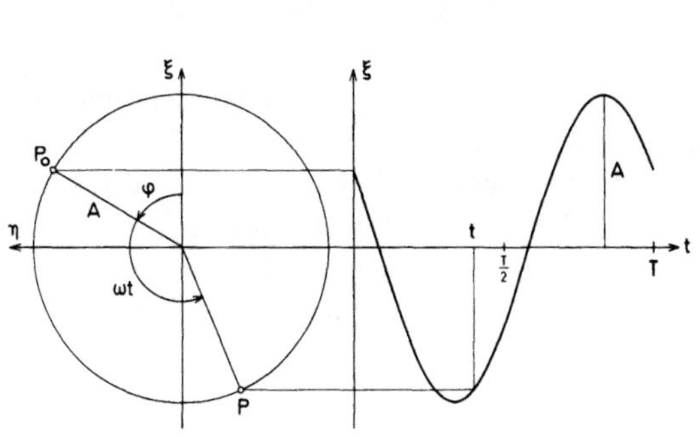

Bild 4.21

Man sieht, daß auch umgekehrt jede Funktion (4.98) eine harmonische Schwingung mit der Amplitude

$$A = \sqrt{a^2 + b^2} \tag{4.99}$$

darstellt, wobei die Phasenlage durch die Beziehungen

$$\cos\varphi = \frac{a}{A}, \quad \sin\varphi = -\frac{b}{A}, \quad -\pi < \varphi \leqslant \pi, \tag{4.100}$$

eindeutig bestimmt ist.

Von besonderer Bedeutung ist die Tatsache, daß die Summe harmonischer Schwingungen derselben Frequenz wieder eine harmonische Schwingung dieser Frequenz ist. Sind nämlich

$$\xi_1 = A_1 \cos(\omega t + \varphi_1) = a_1 \cos\omega t + b_1 \sin\omega t,$$

$$\xi_2 = A_2 \cos(\omega t + \varphi_2) = a_2 \cos\omega t + b_2 \sin\omega t$$

harmonische Schwingungen der Frequenz ω, so gibt ihre Summe

$$\xi = \xi_1 + \xi_2 = (a_1 + a_2) \cos\omega t + (b_1 + b_2) \sin\omega t$$

wieder eine harmonische Schwingung der Frequenz ω,

$$\xi = A \cos(\omega t + \varphi),$$

deren Amplitude sich zu

$$A = \sqrt{A_1^2 + A_2^2 + 2A_1 A_2 \cos(\varphi_1 - \varphi_2)}$$

bestimmt und deren Phasenlage φ aus

$$\cos\varphi = \frac{a_1 + a_2}{A}, \quad \sin\varphi = -\frac{b_1 + b_2}{A}$$

berechnet werden kann. Aus diesem Ergebnis folgt, daß auch die Summe endlich vieler harmonischer Schwingungen der gleichen Frequenz wieder eine harmonische Schwingung dieser Frequenz ist. Von der sich daher bietenden Möglichkeit, Schwingungen gleicher Frequenz zu einer einzigen Schwingung zusammenzufassen, wird in der Technik vielfach Gebrauch gemacht.

Die *Überlagerung* oder *Superposition* von harmonischen Schwingungen verschiedener Frequenzen ist keine harmonische Schwingung mehr; mit diesem Thema werden wir uns in Abschnitt 18 auseinandersetzen.

Die Interpretation einer harmonischen Schwingung als Projektion eines auf einem Kreis vom Radius A mit konstanter Winkelgeschwindigkeit umlaufenden Punktes auf eine Gerade durch den Kreismittelpunkt kann modifiziert werden, indem man die (ξ, η)-Ebene mit der komplexen Ebene identifiziert, d.h. den Punkt $P(\xi, \eta)$ als komplexe Zahl $\zeta = \xi + j\eta$ ansieht. Wenn man die Umlaufbewegung dieses Punktes im Sinne der vektoriellen Deutung der komplexen Zahlen als Rotation eines „Zeigers" mit der Anfangslage

$$\underline{\zeta} = A\, e^{j\varphi} \tag{4.101}$$

(durchaus im Sinne der Drehung eines Uhrzeigers, allerdings mit entgegengesetztem Drehsinn) versteht, so befindet sich die Spitze dieses Zeigers zum Zeitpunkt t im Punkt

$$\zeta = \underline{\zeta}\, e^{j\omega t} = A\, e^{j(\omega t + \varphi)} \tag{4.102}$$

(Bild 4.22); durch Projektion auf die reelle Achse gewinnt man die harmonische Schwingung (4.97) zurück,

$$\xi = \mathrm{Re}(\underline{\zeta}\, e^{j\omega t}) = A \cos(\omega t + \varphi). \tag{4.103}$$

Da die Drehbewegung bei konstanter Frequenz durch die Anfangslage (4.101) eindeutig bestimmt ist, ist es üblich, den (konstanten!) Vektor $\underline{\zeta}$ den *Zeiger* der Bewegung zu nennen.[1)] Die Umlaufbewegung findet ihren Ausdruck in der Multiplikation des komplexen Zeigers $\underline{\zeta}$ mit der unimodularen Zahl $e^{j\omega t}$.

Diese Darstellung harmonischer Schwingungen ist für die Wechselstromtechnik, die mit harmonischen Spannungen[2)]

$$u(t) = \hat{U} \cos(\omega t + \varphi_u), \tag{4.104}$$

mit harmonischen Strömen

$$i(t) = \hat{I} \cos(\omega t + \varphi_i) \tag{4.105}$$

und anderen harmonischen Größen arbeitet, von großer praktischer Bedeutung, indem man solche Ströme und Spannungen durch ihre Zeiger

$$\underline{\hat{U}} = \hat{U}\, e^{j\varphi_u}, \; \underline{\hat{I}} = \hat{I}\, e^{j\varphi_i}, \ldots$$

darstellt. Durch Bildung des Realteils der umlaufenden Zeiger

$$\underline{\hat{U}}\, e^{j\omega t}, \underline{\hat{I}}\, e^{j\omega t}, \ldots,$$

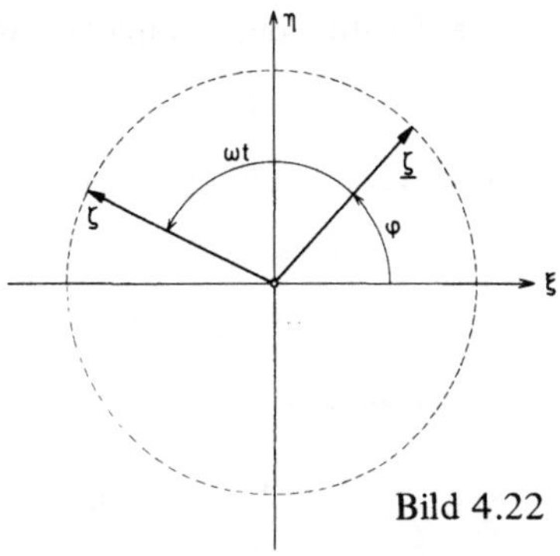

Bild 4.22

d.h. durch Projektion auf die reelle Achse, erhält man aus ihnen die entsprechenden realen, tatsächlichen Spannungen und Ströme (4.104) und (4.105) zurück. Diesen für die Wechselstromtechnik so wichtigen „Zeigerkalkül" wollen wir in der Folge in seinen Grundzügen darstellen. Seine Vorzüge zeigen sich vor allem in der Möglichkeit einer graphischen Darstellung der einzelnen Größen in einem sogenannten Zeigerdiagramm, das eine natürliche Übersicht über die Verhältnisse gibt.

---

1) Wir wollen in solchen Zusammenhängen vereinbaren, mit unterstrichenen Größen stets komplexe Zeiger in diesem Sinne zu verstehen.

2) In der Elektrotechnik bezeichnet man zeitlich veränderliche Größen mit Kleinbuchstaben: u(t) für die Spannung, i(t) für den Strom, p(t) für die Leistung u.ä. Im Falle harmonischer Wechselgrößen kennzeichnet man den Maximalwert („Spitzenwert"), der durch die Amplitude gegeben ist, mit den entsprechenden Großbuchstaben, versehen mit dem Akzent ^: $\hat{U}$, $\hat{I}$, ... Den später einzuführenden Effektivwert deutet man mit den zugehörigen Großbuchstaben U, I, ... an. Mit unterstrichenen Größen sind stets komplexe Zeiger gemeint.

Wir denken uns ein elektrisches Netzwerk (Zweipol), das aus irgendwelchen Bauelementen zusammengesetzt sei. An den Eingang werde eine harmonische Spannung (4.104) gelegt; wir setzen voraus, daß sich dann (für jede Wahl der Frequenz ω) ein harmonischer Strom (4.105) einstellt. Sind $\underline{\hat{U}}$ und $\underline{\hat{I}}$ die komplexen Zeiger von Spannung und Strom, so ist der Quotient der rotierenden Zeiger für diese Größen,

$$\underline{Z} = \frac{\underline{\hat{U}}\, e^{j\omega t}}{\underline{\hat{I}}\, e^{j\omega t}} = \frac{\underline{\hat{U}}}{\underline{\hat{I}}} = \frac{\hat{U}}{\hat{I}}\, e^{j(\varphi_u - \varphi_i)}, \tag{4.106}$$

von der Zeit unabhängig und daher keine harmonische Schwingung; der komplexe Zeiger $\underline{Z}$ stellt den Zusammenhang

$$\underline{\hat{U}} = \underline{Z}\,\underline{\hat{I}} \tag{4.107}$$

zwischen Strom- und Spannungszeiger her, weshalb man ihn – in Analogie zum Ohmschen Gesetz der Gleichstromtechnik – als *komplexen Widerstand,* auch *Scheinwiderstand* oder *Impedanz* des Netzwerks bezeichnet. In diesem Sinn nennt man die Formel (4.107) das (komplexe) *Ohmsche Gesetz* der Wechselstromtechnik. Trägt man Strom- und Spannungszeiger in der komplexen Ebene ein, so ergibt sich das Zeigerdiagramm von Bild 4.23. Den tatsächlichen Verlauf von Strom und Spannung zeigt Bild 4.24.

Der Realteil des komplexen Widerstands,

$$R := \mathrm{Re}(\underline{Z}) = |Z| \cos\varphi, \quad \varphi = \varphi_u - \varphi_i,$$

heißt *Wirkwiderstand* oder *Resistanz,* der Imaginärteil

$$X := \mathrm{Im}(\underline{Z}) = |Z| \sin\varphi, \quad \varphi = \varphi_u - \varphi_i,$$

Blindwiderstand oder *Reaktanz.*

Den Kehrwert

$$\underline{Y} = \frac{1}{\underline{Z}} = \frac{\underline{\hat{I}}}{\underline{\hat{U}}} = \frac{\hat{I}}{\hat{U}}\, e^{-j(\varphi_u - \varphi_i)} \tag{4.108}$$

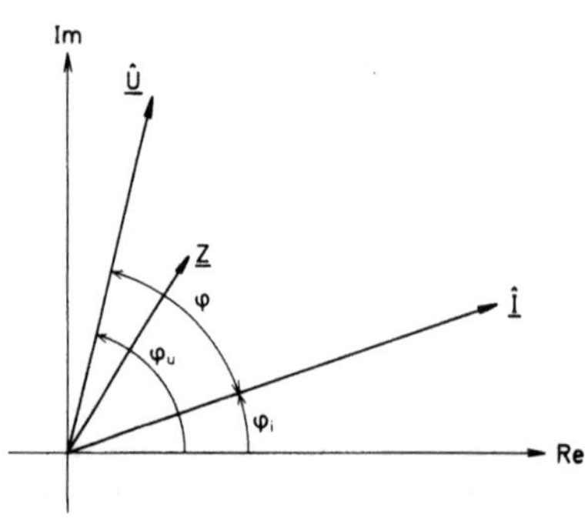

Bild 4.23

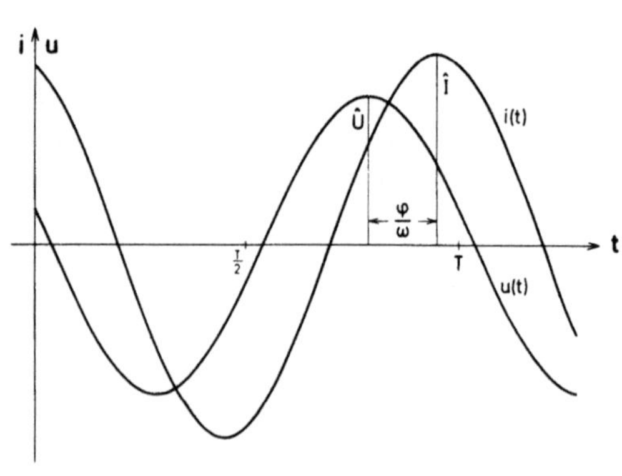

Bild 4.24

des komplexen Widerstandes nennt man den *komplexen Leitwert,* auch *Scheinleitwert* oder *Admittanz;* sein Realteil

$$G := \mathrm{Re}(\underline{Y}) = |\underline{Y}| \cos\varphi = \frac{1}{|\underline{Z}|} \cos\varphi, \varphi = \varphi_u - \varphi_i,$$

wird *Wirkleitwert* oder *Konduktanz* genannt, der Imaginärteil

$$B := \mathrm{Im}(\underline{Y}) = -|\underline{Y}| \sin\varphi = \frac{-1}{|\underline{Z}|} \sin\varphi, \varphi = \varphi_u - \varphi_i,$$

heißt *Blindleitwert* oder *Suszeptanz.*

Das Ohmsche Gesetz (4.107) oder die Leitwertfassung $\underline{\hat{I}} = \underline{Y}\,\underline{\hat{U}}$ stellt, geometrisch interpretiert, eine Drehstreckung dar. Der Drehwinkel $\varphi = \arg(\underline{Z})$ heißt die *Phasenverschiebung* zwischen Strom und Spannung; die Amplituden $\hat{U}$ und $\hat{I}$ stehen im Zusammenhang $\hat{U} = |\underline{Z}|\,\hat{I}$. Ist $\varphi > 0$, so sagt man, die Spannung eilt dem Strom voraus, im Falle $\varphi = 0$ haben Strom und Spannung die gleiche Phase, für $\varphi < 0$ eilt der Strom der Spannung voraus.

Mit $\underline{Z} = R + jX$ folgt aus dem Ohmschen Gesetz (4.107)

$$\underline{\hat{U}} = (R + jX)\,\underline{\hat{I}} = R\,\underline{\hat{I}} + jX\,\underline{\hat{I}};$$

die Spannung $\underline{\hat{U}}_W = R\,\underline{\hat{I}}$ wird *Wirkspannung,* $\underline{\hat{U}}_B = jX\,\underline{\hat{I}}$ die *Blindspannung* genannt. Da R reell ist, hat die Wirkspannung die gleiche Phase wie der Strom; die Deutung der Multiplikation mit j als Drehung um 90° ergibt (vgl. Beispiel 4.31), daß die Blindspannung senkrecht zum Strom steht (Bild 4.25). Die Zerlegung der Spannung $\underline{\hat{U}}$ in Wirk- und Blindspannung entspricht einer Zerlegung der Spannung in einen Anteil in Richtung des Stroms und einen Anteil senkrecht dazu.

Analog führt die Darstellung $\underline{Y} = G + jB$ durch

$$\underline{\hat{I}} = \underline{Y}\,\underline{\hat{U}} = G\,\underline{\hat{U}} + jB\,\underline{\hat{U}}$$

auf den *Wirkstrom* $\underline{\hat{I}}_W = G\,\underline{\hat{U}}$, der in Phase mit der Spannung $\underline{\hat{U}}$ ist, und auf den senkrechten Anteil $\underline{\hat{I}}_B = jB\,\underline{\hat{U}}$, der der *Blindstrom* genannt wird (Bild 4.26).

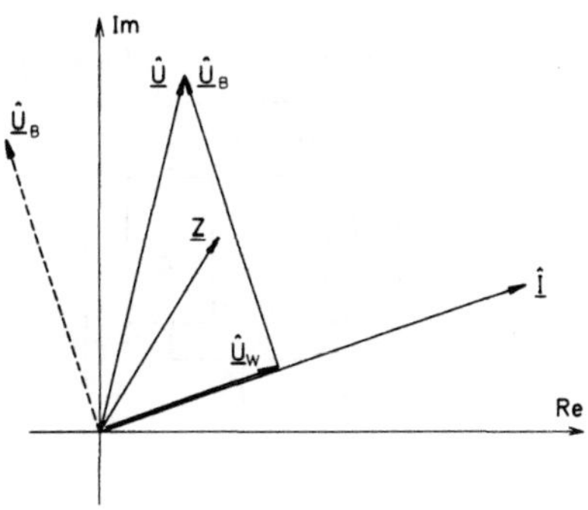

Bild 4.25

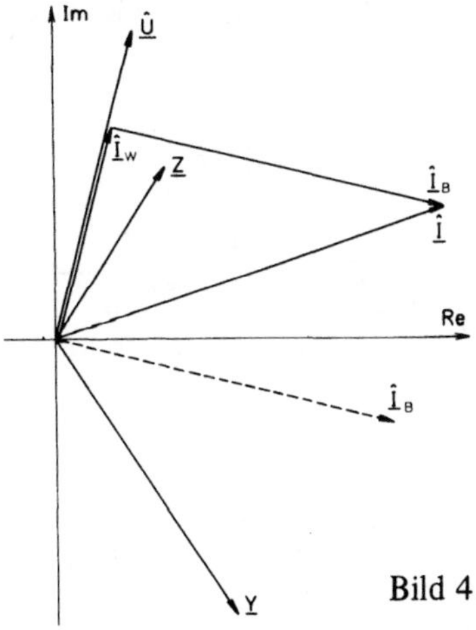

Bild 4.26

Der komplexe Widerstand $\underline{Z}$ eines Netzwerks ist in den meisten Fällen von der Frequenz ω abhängig; man bekommt eine größere Übersicht über das Verhalten des Netzwerks, wenn man die Kurve $\underline{Z}(\omega)$ in der komplexen Ebene zeichnet – man nennt ein solches Diagramm eine *Ortskurve*.

Zu den grundlegenden technischen Bauelementen gehört der reine *ohmsche Widerstand*, der Kondensator *(Kapazität)* und die Spule *(Induktivität)*. Für einen reinen ohmschen Widerstand ist

$$\underline{Z} = R \tag{4.109}$$

der Gleichstromwiderstand, für einen idealen Kondensator der Kapazität C gilt

$$\underline{Z} = \frac{1}{j\omega C} = -j\,\frac{1}{\omega C}, \tag{4.110}$$

für eine ideale Spule der Induktivität L ist

$$\underline{Z} = j\omega L. \tag{4.111}$$

Wir werden an späterer Stelle dieses Textes die Begründung für diese Formeln kennenlernen. Kondensator und Spule sind also frequenzabhängige reine Blindwiderstände.

Zur Berechnung des komplexen Widerstandes von Netzwerken hat man zu beachten, daß sich die Widerstände hintereinander (in Serie) geschalteter Bauelemente addieren,

$$\underline{Z} = \sum_i \underline{Z}_i \quad \textit{(Serienschaltung)} \tag{4.112}$$

(Bild 4.27), bei Nebeneinanderschaltung ist der Gesamtleitwert die Summe der Leitwerte (Bild 4.28),

$$\underline{Y} = \sum_i \underline{Y}_i \quad \textit{(Parallelschaltung)}. \tag{4.113}$$

Beispiel 4.34: Bei einem *Serienschwingkreis* sind ohmscher Widerstand, Kondensator und Spule in Serie geschaltet (Bild 4.29); daher ist

$$\underline{Z} = \underline{Z}_1 + \underline{Z}_2 + \underline{Z}_3 = R + j\left(\omega L - \frac{1}{\omega C}\right). \tag{4.114}$$

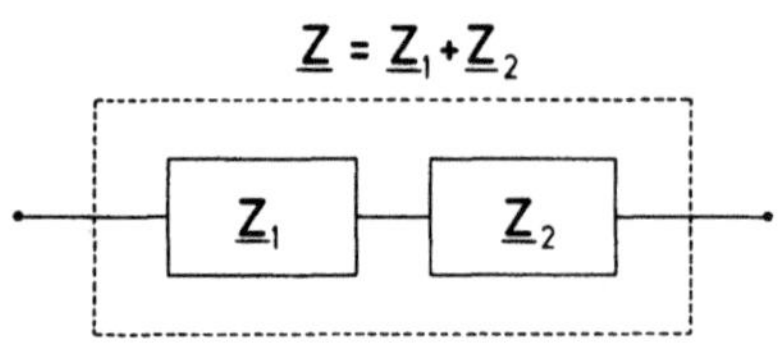

Bild 4.27

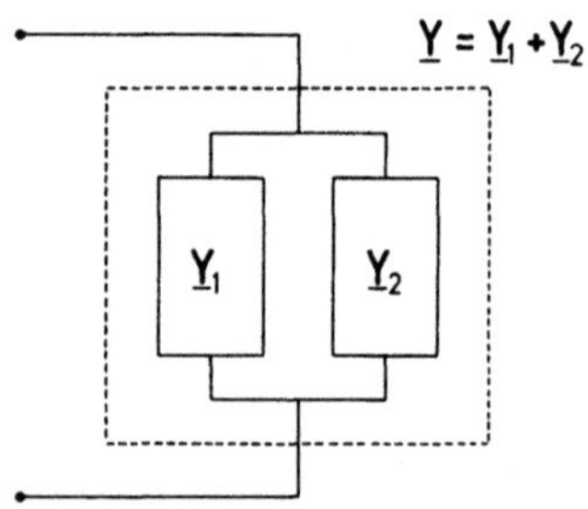

Bild 4.28

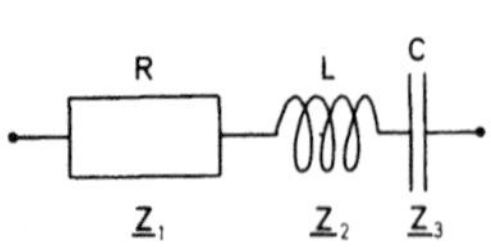

Bild 4.29

Die Ortskurve dieses Widerstands ist die durch den Punkt (R, 0) gehende zur imaginären Achse parallele Gerade, die des Leitwertes $\underline{Y} = \frac{1}{\underline{Z}}$ ist ein Kreis (vgl. Seite 110), der durch den Ursprung geht. Zur Bestimmung seines Mittelpunkts und seines Radius invertiert man den Schnittpunkt der Widerstandsgeraden mit der reellen Achse und halbiert die Strecke zum Ursprung: Sein Mittelpunkt ist also $\left(\frac{1}{2R}, 0\right)$ und sein Radius $\frac{1}{2R}$ (Bild 4.30).

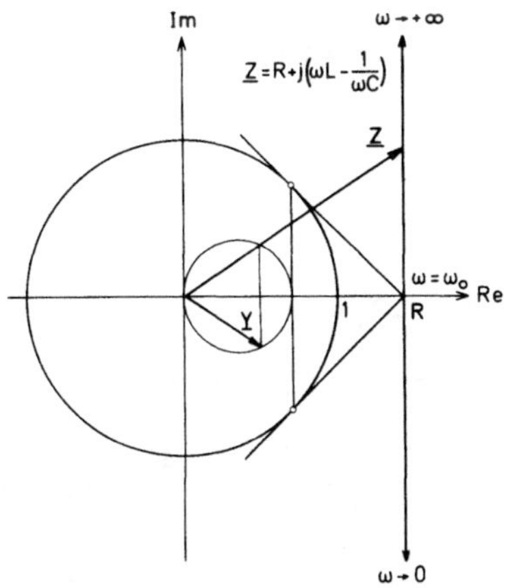

Bild 4.30

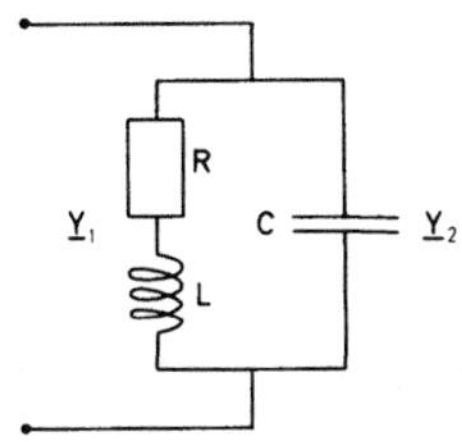

Bild 4.31

Ist R = 5 kΩ, L = 0.1 H $\left(1 \text{ Henry} = 1 \frac{Vs}{A}\right)$ und C = 0.4 μF $\left(1 \text{ Farad} = 1 \frac{As}{V}\right)$, so wird für f = 50 Hz, also $\omega = 100\,\pi\,s^{-1}$

$$\underline{Z} = 5000 + j\left(100\,\pi \cdot 0.1 - \frac{1}{100\pi \cdot 0.4 \cdot 10^{-6}}\right) = (5000 - 7926.33j)\ \Omega$$

und $|\underline{Z}| = 9371.59\ \Omega$, $\varphi = -57.76°$.

Von besonderer Bedeutung für die Praxis sind jene Fälle, in denen Strom und Spannung in Phase sind; wenn das Netzwerk nicht ein reiner ohmscher Widerstand ist (dann ist die Phasengleichheit von Strom und Spannung selbstverständlich), so ist dieser Fall durch

$$\text{Im}(\underline{Z}) = \text{Im}(\underline{Y}) = 0 \tag{4.115}$$

gekennzeichnet. I.a. tritt dies nur für gewisse Frequenzen auf, die man *Resonanzfrequenzen* nennt. So ist die Resonanzfrequenz des Serienschwingkreises durch

$$\omega_0 = \frac{1}{\sqrt{LC}} \tag{4.116}$$

gegeben, wie sich durch Nullsetzen des Imaginärteils von (4.114) ergibt.

Beispiel 4.35: Bei einem Serienschwingkreis mit der Induktivität L = 0.1 H und der Kapazität C = 0.4 μF ist $\omega_0 = 5000\ s^{-1}$.

Beispiel 4.36: Für den *Parallelschwingkreis* von Bild 4.31 hat man die Leitwerte zu addieren: Da der Widerstand des linken Zweiges (Serienschaltung von ohmschen Widerstand und Induktivität) durch

$$\underline{Z}_1 = \frac{1}{\underline{Y}_1} = R + j\omega L$$

gegeben ist, erhält man $\underline{Y}_1 = \dfrac{1}{R + j\omega L}$ und mit $\underline{Y}_2 = j\omega C$ den Gesamtleitwert

$$\underline{Y} = \underline{Y}_1 + \underline{Y}_2 = \frac{1}{R + j\omega L} + j\omega C,$$

also

$$\underline{Z} = \frac{1}{\underline{Y}} = \frac{1}{\dfrac{1}{R + j\omega L} + j\omega C} = \frac{R + j\omega L}{(1 - \omega^2 LC) + j\omega CR}.$$

Zur Berechnung der Resonanzfrequenz erhält man (am besten durch Nullsetzen des Imaginärteils des Leitwertes) die Gleichung

$$C = \frac{L}{R^2 + \omega^2 L^2},$$

aus der sich im Fall $\dfrac{L}{C} > R^2$ die Resonanzfrequenz

$$\omega_0 = \sqrt{\frac{1}{LC} - \left(\frac{R}{L}\right)^2} \qquad (4.117)$$

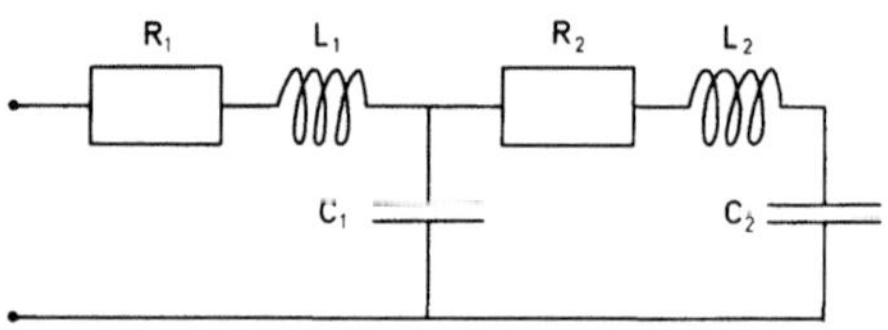

Bild 4.32

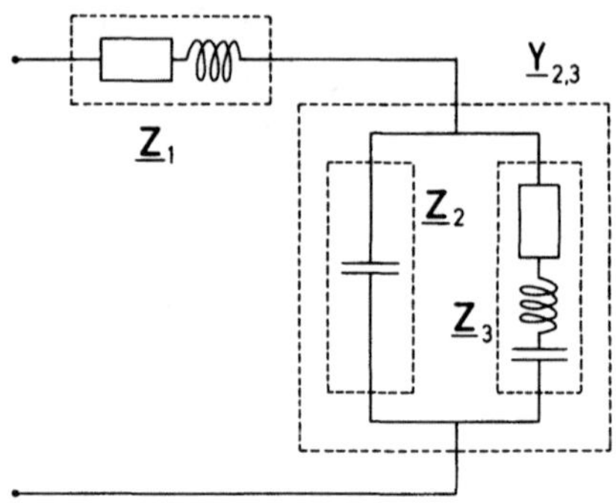

Bild 4.33

ergibt. Während ein Serienschwingkreis stets eine Resonanzfrequenz hat, braucht dies für einen Parallelschwingkreis nicht zu gelten. Geometrisch gesehen bedeutet die Resonanz, daß die Widerstands- bzw. Leitwerts-Ortskurve die reelle Achse schneidet. Dies ist für Parallelschwingkreise nur im Falle $\dfrac{L}{C} > R^2$ der Fall.

Für einen Widerstand von $R = 100\ \Omega$, $L = 0.05$ H, $C = 0.1\ \mu$F erhält man für $f = 50$ Hz, $\omega = 100\,\pi\ s^{-1}$

$$\underline{Z} = (100.1 + 15.4j)\ \Omega,\quad |\underline{Z}| = 101.28\ \Omega,\quad \arg(\underline{Z}) = 8.75°.$$

Die Resonanzfrequenz ist $\omega_0 = 14000\ s^{-1}$, der Widerstand im Resonanzfall $\underline{Z} = 5\ k\Omega$.

Beispiel 4.37: Wir berechnen den Widerstand des Netzwerks in Bild 4.32. Durch Strukturierung wie in Bild 4.33 angedeutet wird

$$\underline{Y}_{2,3} = \frac{1}{\underline{Z}_2} + \frac{1}{\underline{Z}_3};$$

folglich ist wegen $\underline{Z}_1 = R_1 + j\omega L_1$, $\underline{Z}_2 = \dfrac{1}{j\omega C_1}$ und $\underline{Z}_3 = R_2 + j\left(\omega L_2 - \dfrac{1}{\omega C_2}\right)$

$$\underline{Z} = \underline{Z}_1 + \frac{1}{\underline{Y}_{2,3}} = \underline{Z}_1 + \frac{1}{\dfrac{1}{\underline{Z}_2} + \dfrac{1}{\underline{Z}_3}}$$

$$= R_1 + j\omega L_1 + \frac{1}{j\omega C_1 + \dfrac{1}{R_2 + j\omega L_2 + \dfrac{1}{j\omega C_2}}}.$$

4.8 Übungsbeispiele

Welche geometrischen Gebilde werden durch die folgenden Gleichungen beschrieben?

1. $|z - z_1| + |z - z_2| = C,\ C \geqslant |z_1 - z_2|$ 2. $|z - z_1| - |z - z_2| = C,\ 0 \leqslant C \leqslant |z_1 - z_2|$

3. $\dfrac{|z - z_1|}{|z - z_2|} = C,\ C \geqslant 0$ 4. $|z - z_1|\,|z - z_2| = \left|\dfrac{z_1 - z_2}{2}\right|^2$ 5. $\mathrm{Re}\left(\dfrac{z}{z - z_0}\right) = C$

6. $\mathrm{Im}\left(\dfrac{z}{z - z_0}\right) = C$

Welche Bereiche in der Gaußschen Zahlenebene werden durch die folgenden Ungleichungen charakterisiert?

7. $\left|\dfrac{2z - 1}{z + 2}\right| \leqslant 1$ 8. $\mathrm{Re}\left(\dfrac{z}{z - z_0}\right) \geqslant 0$ 9. $\mathrm{Im}\left(\dfrac{z}{z - z_0}\right) \geqslant 0$

10. $|\mathrm{Re}(z)| + |\mathrm{Im}(z)| \leqslant 1$ 11. $\mathrm{Re}\left(\dfrac{1}{z}\right) \leqslant C$ 12. $\mathrm{Im}\left(\dfrac{1}{z}\right) \leqslant C$

Man beweise auf arithmetischem Wege:

13. $|z_1 + z_2| \leqslant |z_1| + |z_2|$ (Dreiecksungleichung)
14. $|z_1 + z_2|^2 + |z_1 - z_2|^2 = 2(|z_1|^2 + |z_2|^2)$ (Parallelogrammgleichung)

15. Man berechne Betrag und Argument (Hauptwert!) der Zahlen $z_n = \left(1 + \dfrac{jy}{n}\right)^n$, $|y| < \pi$, $n = 1, 2, \ldots$.

Man bestimme alle Werte der folgenden mehrdeutigen Ausdrücke und gebe den Hauptwert an:

16. $\sqrt[4]{-1}$ 17. $\sqrt[3]{j}$ 18. $\sqrt{1 - j}$
19. $\sqrt[5]{-4 + 3j}$ 20. $\sqrt{-2 + 3j}$ 21. $\sqrt[3]{-2 + 2j}$
22. $\sqrt{\left(\dfrac{j - 1}{j + 1}\right)^n}$ 23. $\sqrt[3]{1 + \sin\alpha - j\cos\alpha},\ |\alpha| < \pi$ 24. $\sqrt[4]{-8 + j\sqrt{3}}$

Man berechne die folgenden Ausdrücke durch Angabe von Real- und Imaginärteil, Betrag und Argument:

25. $(1 - j\sqrt{3})^6$ 26. $(-1 + j)^5$ 27. $\left(1 + \dfrac{j}{\sqrt{3}}\right)^n - \left(1 - \dfrac{j}{\sqrt{3}}\right)^n$

Man gebe für die folgenden komplexen Zahlen die trigonometrische Darstellung an:

28. $1 - \cos\varphi + j\sin\varphi$ 29. $1 + \sin\varphi - j\cos\varphi$ 30. $1 + j\tan\varphi$

31. $\dfrac{1 + jx}{1 - jx}$, x reell

Man berechne:

32. $\operatorname{Im}\left(\frac{1-j\sqrt{z}}{1+j\sqrt{z}}\right)$, $z \neq -1$

33. $\operatorname{Im}\left(\frac{\sin\alpha - j\sqrt{\lambda}\cos\alpha}{\cos\alpha + j\sqrt{\lambda}\sin\alpha}\right)$, $\lambda \in \mathbb{R}$, $0 < \alpha < \pi$

34. Man zeige, daß sich jede unimodulare Zahl $z \neq -1$ in der Form $z = \frac{1+jx}{1-jx}$ darstellen läßt. Welcher Zusammenhang besteht zwischen der reellen Zahl x und dem Argument der unimodularen Zahl z?

35. Die Ausdrücke $T_n(x) = \cos(n \arccos x)$, $n = 1, 2, \ldots$, sind Polynome n-ten Grades in x. Man berechne diese Polynome durch Bestimmung der Koeffizienten und beweise die spezielle Darstellung $T_n(x) = \frac{1}{2}\left[\left(x+\sqrt{x^2-1}\right)^n + \left(x-\sqrt{x^2-1}\right)^n\right]$

Man löse die folgenden quadratischen Gleichungen:

36. $z^2 - (3+j)z + 14 + 5j = 0$

37. $z^2 - (3j-2)z - 5 - j = 0$

38. $z^2 + (1+2j)z + 1 - 5j = 0$

Man löse die kubischen Gleichungen:

39. $z^3 + 8z^2 + 15z + 18 = 0$

40. $z^3 - 3z^2 + 4 = 0$

41. $2z^3 - (5+6j)z^2 + 9jz + 1 - 3j = 0$

42. Die Gleichung $3z^4 - 5z^3 + 3z^2 + 4z - 2 = 0$ hat die Lösung $z_1 = 1 + j$. Man bestimme die anderen drei Lösungen.

Man löse die folgenden Gleichungen:

43. $z^4 - z^3 + z^2 - z + 1 = 0$

44. $z^4 - 2z^3 - z^2 + 4z - 2 = 0$

45. $(z+j)^n + (z-j)^n = 0$

46. $\left(\frac{1+jx}{1-jx}\right)^n = \frac{1+j\tan\alpha}{1-j\tan\alpha}$

47. Für welche Werte des reellen Parameters λ hat die Gleichung $\frac{\lambda z + 4}{2z + \lambda} = \frac{z + \lambda}{z + 1}$:
   1. Keine reellen Lösungen?
   2. Genau eine reelle Lösung mit der Vielfachheit 1?
   3. Genau eine reelle Lösung mit Vielfachheit 2?
   4. Zwei verschiedene reelle Lösungen?
   5. Zwei verschiedene positive Lösungen?
   6. Die Lösung $z = 0$ und eine positive Lösung?
   7. Eine positive und eine negative Lösung?

Man berechne den Quotienten $q(z)$ und den Rest $r(z)$ bei der Division von $p_1(z)$ durch $p_2(z)$:

48. $p_1(z) = z^4 + 2z^3 + z^2 + 4z + 1$, $p_2(z) = z^3 + z^2 - 2$

49. $p_1(z) = z^3 + 3z^2 + 2$, $p_2(z) = z^3 + 2z^2 + 1$

50. $p_1(z) = z^4 - 1$, $p_2(z) = z^2 - z\sqrt{2} + 1$

51. $p_1(z) = z^n - 1$, $p_2(z) = z - 1$

52. $p_1(z) = z^{2n+1} + 1$, $p_2(z) = z + 1$

53. Sei $p(z) = a_n z^n + a_{n-1} z^{n-1} + \dots + a_1 z + a_0$, $a_n \neq 0$, ein Polynom n-ten Grades. Man beweise, daß $z = 1$ eine Lösung der Gleichung $p(z) = 0$ ist, wenn $\sum_{k=0}^{n} a_k = 0$ ist, und daß $z = -1$ eine Lösung der Gleichung $p(z) = 0$ ist, wenn $\sum_{k=0}^{n} (-1)^k a_k = 0$ ist. Man zeige ferner, daß die Summe aller Lösungen der Gleichung $p(z) = 0$ (unter Berücksichtigung ihrer Vielfachheiten) gleich Null ist, wenn $a_{n-1} = 0$ gilt.

54. Die Potenzen der trigonometrischen Funktionen $\sin x$ und $\cos x$ lassen sich folgendermaßen als Summen trigonometrischer Funktionen darstellen:

$$\cos^n x = a_n \cos nx + a_{n-1} \cos(n-2)x + \dots,$$
$$\sin^{2n} x = b_n \cos 2nx + b_{n-1} \cos(2n-2)x + \dots + b_0,$$
$$\sin^{2n-1} x = c_n \sin(2n-1)x + c_{n-1} \sin(2n-3)x + \dots + c_1 \sin x.$$

Man berechne die Koeffizienten a_k, b_k und c_k.

55. Man gebe einen geschlossenen Ausdruck für die Summe $\sum_{k=0}^{n} \cos(kz + \alpha)$ an, worin α eine beliebige reelle Zahl und z eine beliebige komplexe Zahl ist.

56. Man berechne Betrag und Argument (Hauptwert!) der komplexen Zahlen $w = \sin z$ und $w = \cos z$.

Man berechne Betrag und Argument (Hauptwert!) der folgenden Ausdrücke:

57. e^{2+j} 58. e^{2-3j} 59. e^{3+4j} 60. $-ae^{j\varphi}$, $a > 0$, $|\varphi| \leqslant \pi$

Man bestimme alle Werte der folgenden Potenzen:

61. $(1+j)^{1+j}$ 62. $(-2)^2$ 63. 2^j 64. $(3-4j)^{1+j}$

Man bestimme alle Werte der folgenden Ausdrücke und gebe den Hauptwert an:

65. $\ln(-2+3j)$ 66. $\ln \frac{1 \pm j}{\sqrt{2}}$ 67. $\ln(z-\alpha)$, α reell, $\operatorname{Im}(z) > 0$

Man berechne Real- und Imaginärteil der folgenden Ausdrücke:

68. $\cosh\left(2 + j\frac{\pi}{2}\right)$ 69. $\cot\left(\frac{\pi}{4} - j\ln 2\right)$ 70. $\tan(2-j)$

71. $\tan\left(\ln 3 + j\frac{\pi}{4}\right)$ 72. $\coth(2+j)$

Man löse die Gleichungen:

73. $\sin z = \frac{5+3j}{\sqrt{2}}$ 74. $\cos z = 3$ 75. $\tan z = e^{j\varphi}$, φ reell

76. $1^z = 2$ (Nebenwerte!) 77. $z^{\ln z} = e$ (Nebenwerte!)

78. Man stelle die zyklometrischen Funktionen arc sin z, arc cos z, arc tan z und arc cot z mit Hilfe des komplexen Logarithmus dar. Welche Werte der dabei auftretenden mehrdeutigen Symbole müssen genommen werden, damit sich für reelles z der Hauptwert der zyklometrischen Funktionen ergibt?

79. Man stelle die Areafunktionen ar sinh z, ar cosh z, ar tanh z und ar coth z mit Hilfe des komplexen Logarithmus dar.

80. Man bestimme das Bild des Kreises $|z - 3 + 4j| = 1$ unter der Abbildung $w = \frac{z-1}{z}$. Um welche Figur in der w-Ebene handelt es sich dabei?

81. Man bestimme das Bild des Kreises $|z - 1| = 1$ bei der Abbildung $w = \frac{2z - j}{2 + jz}$. Um welche Figur in der w-Ebene handelt es sich dabei?

82. Man bestimme das Bild des Kreises $|z| = R$, $R \neq 1$, unter der Abbildung $w = z - \frac{1}{z}$. Um welche Figur in der w-Ebene handelt es sich dabei?

83. Sei $z(t) = \frac{1}{1 + tj}$. Durchläuft der reelle Parameter t die Zahlengerade von $-\infty$ bis ∞, so durchläuft der Punkt z eine Kurve in der Gaußschen Zahlenebene. Um welche Kurve handelt es sich?

84. Sei $z(t) = \ln(\sin t)$. Durchläuft der reelle Parameter das Intervall $[-\frac{\pi}{2}, \frac{\pi}{2}]$, so durchläuft der Punkt z eine gewisse Kurve in der Gaußschen Zahlenebene. Um welche Kurve handelt es sich dabei?

85. Läuft der Punkt z längs der zur reellen Achse parallelen Geraden $z(t) = t + j\pi$ im Sinne wachsender Werte des Realteils, so bewegt sich der Bildpunkt von z unter der Abbildung $w = z + e^z$ in der w-Ebene. Wie sieht dieser Bewegungsvorgang aus?

86. Man berechne den komplexen Widerstand der in den Bildern 4.34 bis 4.40 skizzierten Schaltungen. Für die Zweipole der Bilder 4.34 und 4.35 bestimme man ferner jene Kreisfrequenz ω, für die Strom und Spannung in Phase ist.

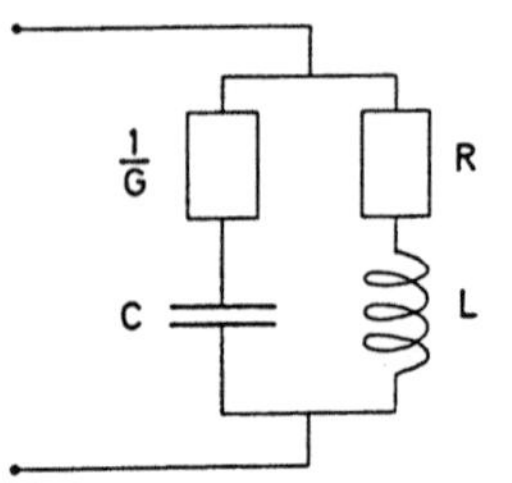

Bild 4.34

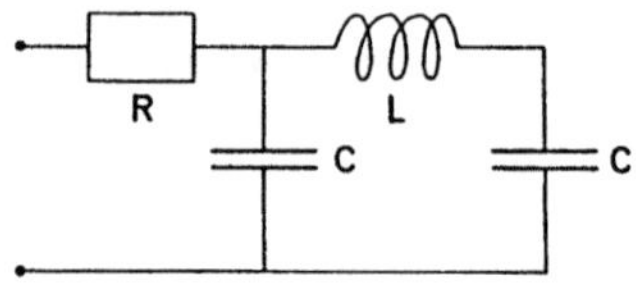

Bild 4.35

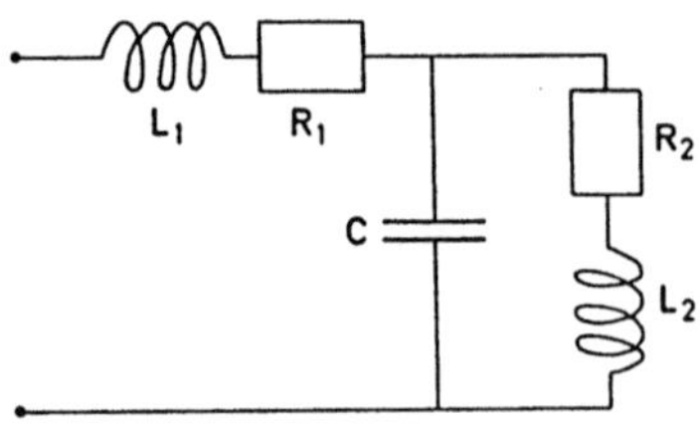

Bild 4.36

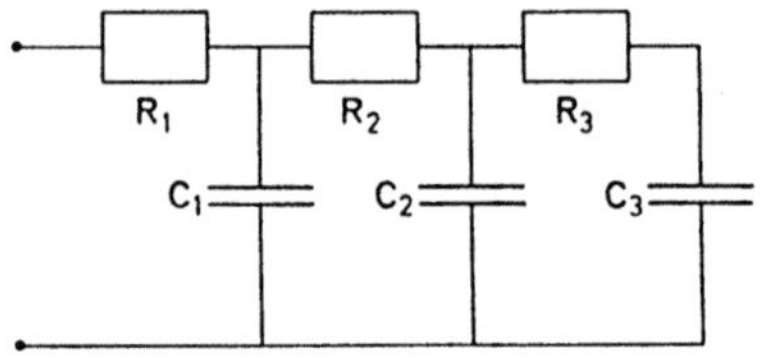

Bild 4.37

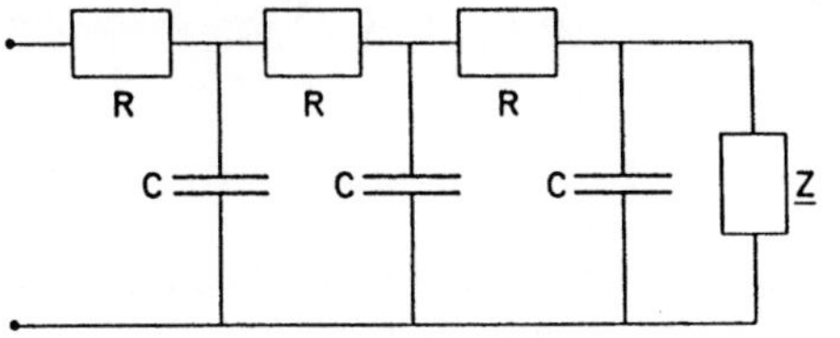

Bild 4.38

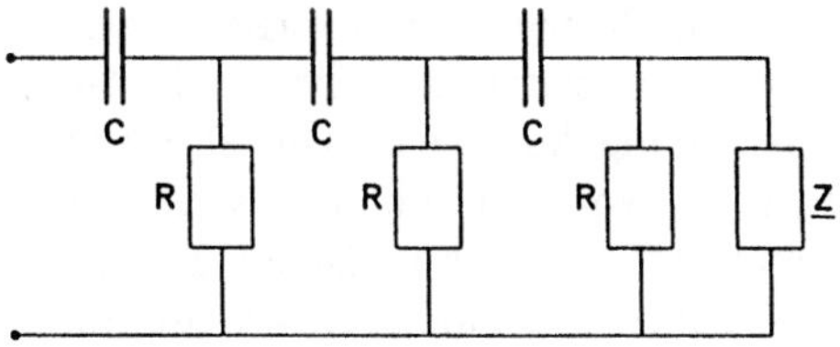

Bild 4.39

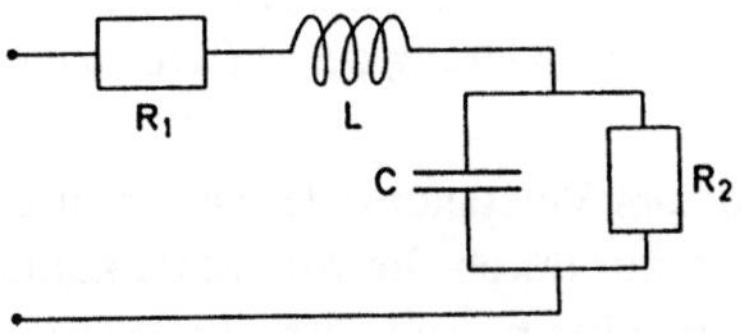

Bild 4.40

5 Grenzwert und Stetigkeit

5.1 Der Begriff des Grenzwertes

Die Mathematik des 16. und 17. Jahrhunderts, die sich in starkem Maße an geometrischen und physikalischen Fragestellungen orientierte, ging von anschaulichen Vorstellungen aus. Unter einer Variablen x verstand man eine – wir würden heute sagen: stetige oder kontinuierliche – Größe, die sich ändert, dem Fließen der Zeit vergleichbar; Ähnliches sah man im stetigen Annähern an einen Wert x_0 dieser Variablen. Eine von der Größe x abhängige Variable $y = f(x)$ ändert sich ebenfalls stetig. Solange man diesen Sinn für die Begriffsbildung der Variablen zugrundelegte, ist das Wort Funktion in unserer heutigen Auffassung als *stetige* Funktion zu verstehen, denn bewegt sich die Variable x gegen x_0, so bewegt sich $y = f(x)$ gegen $y_0 = f(x_0)$. Die Unzulänglichkeit dieser Denkweise trat jedoch in dem Augenblick ans Licht, wenn zwar die Größe x stetig dem Wert x_0 „zufließen" kann, jedoch für x_0 *kein* Funktionswert vorhanden ist: Welchem Wert nähert sich dann $y = f(x)$? Die Antwort auf diese Frage ist entscheidend zur Klärung des Differentialquotienten.

Der Schlüssel zur Lösung dieses Problems und zum Verständnis der Differential- und Integralrechnung ist der Begriff des *Grenzwerts,* denn nur durch Grenzprozesse können Differential und Integral definiert werden. Das Fehlen einer Fassung des Grenzwertbegriffes hat lange Zeit die Infinitesimalrechnung nur wenigen Gelehrten vorbehalten, die das Wesen der Dinge allein erkannten.

Betrachten wir z.B. die Funktion

$$y = f(x) = \frac{\sin x}{x},$$

die wegen des Verbots der Division durch Null für $x = 0$ *nicht* definiert ist. Trotzdem kann man die Frage stellen, wie sich y verhält, wenn x gegen 0 strebt, welchem Wert dabei die Größe y zustrebt. Der Vergleich der Flächeninhalte der Dreiecke OAB und OAC mit dem Inhalt des Kreissektors $O\widehat{AB}$ in Bild 5.1 weist auf die Gültigkeit der Doppelungleichung

$$\sin x < x < \tan x$$

für $0 < x < \frac{\pi}{2}$ hin. Daraus folgt

$$\cos x < \frac{\sin x}{x} < 1 \qquad (5.1)$$

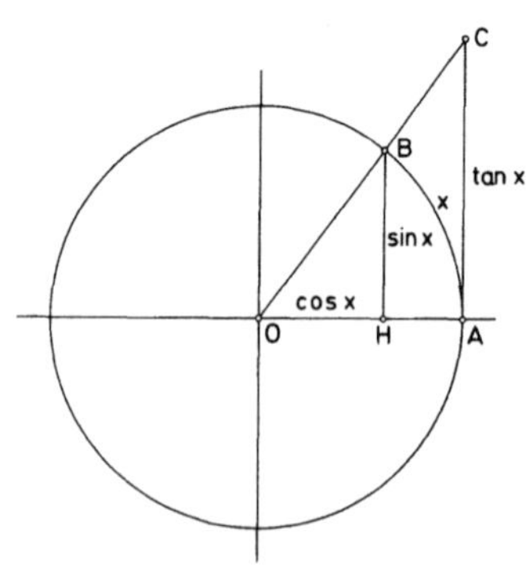

Bild 5.1

zunächst für $0 < x < \frac{\pi}{2}$; da aber die in (5.1) vorkommenden Funktionen alle gerade sind, muß die Ungleichung (5.1) auch für $-\frac{\pi}{2} < x < 0$ gelten. Wenn man nun $|x|$ genügend klein wählt, kann man erreichen, daß $\cos x$ (die Strecke OH in Bild 5.1) beliebig nahe bei 1 liegt. Dann zeigt aber die Ungleichung (5.1), daß sich auch $\frac{\sin x}{x}$ beliebig wenig von 1 unterscheidet. Man pflegt diesen Sachverahlt durch „$\frac{\sin x}{x}$ *strebt gegen* 1, *wenn* x *gegen* 0 *geht*" auszudrücken und schreibt dafür symbolisch

$$\lim_{x \to 0} \frac{\sin x}{x} = 1. \tag{5.2}$$

Die Zahl A = 1, der $\frac{\sin x}{x}$ für $x \to 0$ zustrebt, nennt man den *Grenzwert* von $\frac{\sin x}{x}$ an der Stelle $x = 0$.

Wir wollen jetzt die exakte Definition des Grenzwertbegriffes geben. Die „dynamische" vom Fließen der Zeit geprägte Vorstellung der Annäherung der Variablen x an einen festen Wert x_0 enthält keinen Hinweis darauf, welche konkreten Werte die Variable x dabei annimmt. Bei einer diskreten Folge $x_1, x_2, \ldots$ gibt es eine natürliche Reihenfolge $- x_{n+1}$ kommt nach x_n. Für eine stetige Variable x gibt es aber keine natürliche Aufeinanderfolge, denn es gibt keine der Zahl x nächstgelegene.

Cauchy erkannte, daß die Vorstellung des Zufließens die Klärung des Begriffes der stetigen Variablen erfordert, welche andererseits den Grenzwert zu ihrer Definition benötigt. Daher muß naturgemäß jeder Versuch scheitern, den Grenzwertbegriff seinerseits auf dem Bewegungsbegriff aufzubauen. Cauchy fand einen befriedigenden Ausweg in Form einer „statischen", d.h. jede Reihenfolge der x-Werte vermeidenden Definition des Grenzwertes:

Definition 5.1 Sei x_0 ein innerer Punkt des Intervalles I. Die reelle Funktion f sei in allen Punkten von I definiert, eventuell mit Ausnahme des Punktes x_0. Dann heißt die reelle Zahl A der *Grenzwert von* f *an der Stelle* x_0, symbolisch

$$\lim_{x \to x_0} f(x) = A,$$

wenn es zu jedem $\epsilon > 0$ eine Zahl $\delta = \delta(\epsilon) > 0$ gibt, so daß gilt:

$$\text{Aus } x \in I,\ x \neq x_0 \quad \text{und} \quad |x - x_0| < \delta \quad \text{folgt} \quad |f(x) - A| < \epsilon. \tag{5.3}$$

Anschaulich bedeutet dies, daß sich f(x) von seinem Grenzwert A *beliebig wenig* unterscheidet (um weniger als ϵ), wenn nur x *hinreichend nahe* bei x_0 liegt (der Abstand x von x_0 kleiner als δ ist).

Wir weisen den Leser darauf hin, daß die Gültigkeit von (5.3) nur für von x_0 *verschiedene* Werte von x gefordert wird. Wenn f an der Stelle x_0 gar nicht definiert ist, erscheint diese Einschränkung selbstverständlich. Vor allem aber beinhaltet sie, daß der Grenzwert von f an der Stelle x_0 gänzlich *unabhängig* vom allfälligen Funktionswert $f(x_0)$ erklärt wird, so daß ein Vergleich des Grenzwerts mit dem Funktionswert, der uns im nächsten Abschnitt zum Begriff der Stetigkeit führen wird, sinnvoll wird.

Eine geometrische Veranschaulichung der Definition des Grenzwerts gibt Bild 5.2. Die Ungleichung $|y - A| < \epsilon$ bestimmt einen zur x-Achse parallelen Streifen der Breite 2ϵ mit der Geraden y = A als Mittellinie (im folgenden ϵ-*Streifen* genannt), die Ungleichung $|x - x_0| < \delta$ einen Streifen der Breite 2δ parallel zur y-Achse (δ-*Streifen* genannt). Wenn A der Grenzwert von f an der Stelle x_0 ist, so kann man zu jedem ϵ-Streifen einen passenden δ-Streifen finden, so daß alle Punkte der Kurve y = f(x), die im δ-Streifen (nicht jedoch auf der Parallelen $x = x_0$ zur y-Achse) liegen, auch dem ϵ-Streifen angehören.

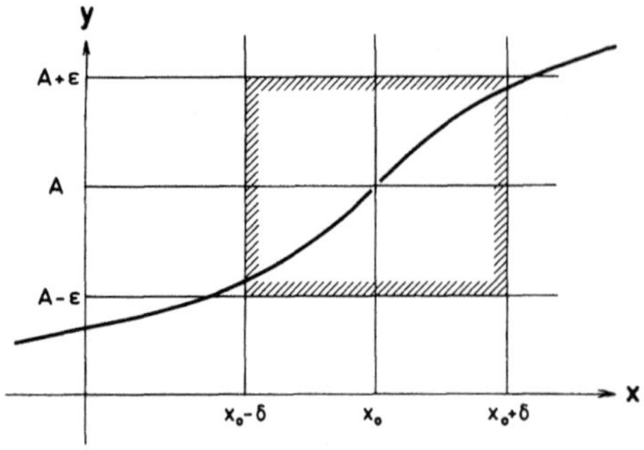

Bild 5.2

Beispiel 5.1: Sei $f(x) = x \sin\frac{1}{x}$ für $x \neq 0$. Da für jedes $x \neq 0$ die Ungleichung

$$|f(x) - 0| = \left|x \sin\frac{1}{x}\right| \leq |x|$$

besteht, erhält man für $0 < |x| = |x - 0| < \epsilon$ die Abschätzung $|f(x) - 0| < \epsilon$; daher ist (5.3) für $\delta(\epsilon) = \epsilon$ erfüllt und es gilt

$$\lim_{x \to 0} x \sin\frac{1}{x} = 0.$$

Der Leser möge sich überlegen, daß man in (5.3), wie schon in Abschnitt 2.3, ϵ durch $K\epsilon$ ersetzen kann, wenn K eine von ϵ und x unabhängige Konstante ist. Schließlich weisen wir darauf hin, daß es genügt, für alle hinreichend kleinen $\epsilon > 0$ ein $\delta(\epsilon) > 0$ zur Erfüllung von (5.3) zu finden; ferner ist nicht erforderlich, daß größtmögliche δ zu finden – so leistet in Beispiel 5.1 auch $\delta(\epsilon) = \frac{\epsilon}{2}$ das Gewünschte.

Beispiel 5.2: Wir zeigen die Beziehung

$$\lim_{x \to 1} \frac{x - 1}{\sqrt{x} - 1} = 2.$$

Für $x \geq 0$ und $x \neq 1$ gilt

$$\frac{x - 1}{\sqrt{x} - 1} - 2 = \frac{(\sqrt{x} + 1)(\sqrt{x} - 1)}{\sqrt{x} - 1} - 2 = \sqrt{x} - 1,$$

so daß die Ungleichung

$$\left|\frac{x - 1}{\sqrt{x} - 1} - 2\right| = |\sqrt{x} - 1| < \epsilon$$

für alle x mit $1 - \epsilon < \sqrt{x} < 1 + \epsilon$, d.h. für alle x mit $(1 - \epsilon)^2 < x < (1 + \epsilon)^2$ und $\epsilon < 1$ gültig ist. Da aus dieser Doppelungleichung

$$x - 1 < 2\epsilon + \epsilon^2, \quad 1 - x < 2\epsilon - \epsilon^2$$

folgt, kann (für $\epsilon < 1$) $\delta(\epsilon) = 2\epsilon - \epsilon^2$ gewählt werden.

Stellt man sich die unbegrenzte Annäherung $x \to x_0$ auf diskrete Weise vor, etwa indem x der Reihe nach die Werte einer beliebigen gegen x_0 konvergenten Folge (x_n) mit $x_n \neq x_0$ annimmt, so durchläuft y die Werte der Folge (y_n) mit $y_n = f(x_n)$. Ist A der Grenzwert von f an der Stelle $x = x_0$, so zieht $y = f(x) \to A$ für $x \to x_0$ auch $y_n = f(x_n) \to A$, also $\lim y_n = \lim f(x_n) = A$ nach sich. Diese Überlegung weist auf einen Zusammenhang des Grenzwertes von Funktionen mit dem Grenzwert von Zahlenfolgen hin:

Satz 5.1 *Dann und nur dann gilt*

$$\lim_{x \to x_0} f(x) = A,$$

wenn für jede Folge (x_n) *mit*

$$x_n \neq x_0 \quad \textit{und} \quad \lim_{n \to \infty} x_n = x_0 \quad \textit{stets folgt} \quad \lim_{n \to \infty} f(x_n) = A. \tag{5.4}$$

Weiß man um die Existenz des Grenzwerts Bescheid, so kann dieser Satz dazu verwendet werden, den Grenzwert der Funktion als Grenzwert einer Zahlenfolge zu bestimmen. Es ist jedoch *nicht* möglich, aus der Konvergenz der Folge $(f(x_n))$ von Funktionswerten für die eine oder andere Folge (x_n) auf die Existenz des Grenzwerts von f zu schließen – man hätte ja *alle* Folgen (x_n), die im Sinne von (5.4) denkbar sind, heranzuziehen. Hingegen ist mit Hilfe dieses Satzes der Nachweis möglich, daß f an der Stelle x_0 keinen Grenzwert hat – man benötigt hierfür nur zwei gegen x_0 konvergente Folgen (x'_n) und (x''_n) mit der Eigenschaft $\lim f(x'_n) \neq \lim f(x''_n)$ oder gar nur eine Folge (x_n), für die $(f(x_n))$ divergiert.

Beispiel 5.3: Der Grenzwert von $f(x) = \sin \frac{1}{x}$ an der Stelle $x = 0$ existiert nicht. Wählt man etwa $x'_n = \frac{1}{n\pi}$, so wird $y_n = \sin n\pi = 0$ und daher $\lim f(x'_n) = 0$. Für die Folge (x''_n), $x''_n = \frac{2}{(4n+1)\pi}$, ergibt sich $\lim f(x''_n) = \lim \sin(4n+1)\frac{\pi}{2} = \lim 1 = 1$. Wählt man $x_n = \frac{2}{(2n+1)\pi}$, so erhält man die divergente Folge der Funktionswerte $f(x_n) = \sin \frac{(2n+1)\pi}{2} = \cos n\pi = (-1)^n$ (Bild 5.3).

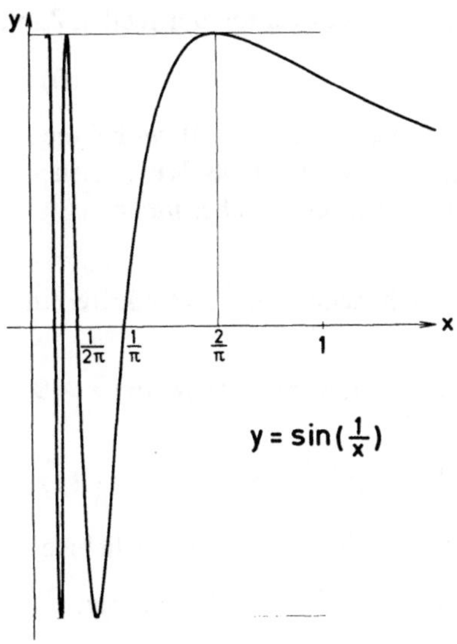

Bild 5.3

Den Beweis von Satz 5.1 haben wir in zwei Schritten zu führen. Ist A der Grenzwert von f an der Stelle x_0, so gibt es zu jedem $\epsilon > 0$ ein $\delta(\epsilon) > 0$, so daß (5.3) gilt. Ist dann (x_n) eine beliebige gegen x_0 konvergente Folge mit $x_n \neq 0$, so gibt es zu jener Zahl $\delta(\epsilon)$ einen Index $N(\epsilon)$ derart, daß $|x_n - x_0| < \delta(\epsilon)$ für $n \geqslant N(\epsilon)$ wird: daher gilt wegen (5.3) auch $|f(x_n) - A| < \epsilon$ für $n \geqslant N(\epsilon)$ – es gilt also $\lim f(x_n) = A$.

Die Umkehrung zeigen wir indirekt. Wenn $\lim\limits_{x \to x_0} f(x) = A$ nicht gilt, so gibt es eine positive Zahl ϵ_0 derart, daß jede δ-Umgebung von x_0 mindestens ein $x' \neq x_0$ mit $|f(x') - A| \geqslant \epsilon_0$ enthält. Insbesondere gibt es zu jeder natürlichen Zahl n ein $x_n \neq x_0$ mit $|x_n - x_0| < \frac{1}{n}$ und $|f(x_n) - A| \geqslant \epsilon_0$. Für die so erklärte Folge (x_n) gilt jedenfalls $x_n \neq x_0$ und $\lim x_n = x_0$; sofern die Folge $(f(x_n))$ der Funktionswerte überhaupt konvergiert, kann die Zahl A sicher nicht ihr Grenzwert sein.

Mit Satz 5.1 ist der Grenzwert von Funktionen auf den von Zahlenfolgen zurückgeführt und unterliegt daher dessen Gesetzmäßigkeiten. Wir können somit unmittelbar die Rechenregeln für konvergente Folgen auf Funktionen übertragen (vgl. Abschnitt 2.5):

$$\lim[f(x) \pm g(x)] = \lim f(x) \pm \lim g(x), \tag{5.5}$$

$$\lim[f(x) \cdot g(x)] = \lim f(x) \lim g(x), \tag{5.6}$$

$$\lim \frac{f(x)}{g(x)} = \frac{\lim f(x)}{\lim g(x)} \quad \text{falls } \lim g(x) \neq 0, \tag{5.7}$$

$$\lim [f(x)]^r = [\lim f(x)]^r, \tag{5.8}$$

$$\lim |f(x)| = |\lim f(x)|, \tag{5.9}$$

jeweils für $x \to x_0$. Diese Regeln sind so zu verstehen, daß, die Existenz der rechts stehenden Grenzwerte vorausgesetzt, die der links stehenden behauptet wird. Ist in (5.8) r keine ganze Zahl, so ist im Falle $r > 0$ zusätzlich $f(x) \geqslant 0$, im Falle $r < 0$ sogar $\lim f(x) > 0$ vorauszusetzen.

Die Verträglichkeit der Grenzwertbildung mit der Ordnungsrelation der reellen Zahlen,

$$f(x) \leqslant g(x) \implies \lim f(x) \leqslant \lim g(x), \tag{5.10}$$

folgt ebenfalls aus dem entsprechenden Gesetz für Zahlenfolgen (vgl. (2.23)), wobei die Existenz der Grenzwerte hier selbstverständlich vorausgesetzt werden muß. Wir weisen auch hier darauf hin, daß aus $f(x) < g(x)$ zwar $\lim f(x) \leqslant \lim g(x)$, i.a. aber *nicht* $\lim f(x) < \lim g(x)$ geschlossen werden kann.

Der Satz 5.1 gestattet auch die Übertragung des Cauchyschen Konvergenzkriteriums (Satz 2.16):

Satz 5.2 *Dann und nur dann existiert der Grenzwert* $\lim\limits_{x \to x_0} f(x)$, *wenn es zu jedem* $\epsilon > 0$ *ein* $\delta = \delta(\epsilon) > 0$ *gibt, so daß*

$$\textit{aus } x', x'' \neq x_0,\ |x' - x_0| < \delta,\ |x'' - x_0| < \delta \ \textit{folgt}\ |f(x') - f(x'')| < \epsilon. \tag{5.11}$$

Existiert nämlich der Grenzwert $A = \lim\limits_{x \to x_0} f(x)$, so gilt $|f(x) - A| < \epsilon$ für beliebiges $\epsilon > 0$ und passendes $\delta(\epsilon) > 0$. Ist dann $0 < |x' - x_0| < \delta$, $0 < |x'' - x_0| < \delta$, so folgt $|x' - x''| < 2\delta$ und

$$|f(x') - f(x'')| \leqslant |f(x') - A| + |f(x'') - A| < 2\epsilon.$$

Zum Beweis der Umkehrung setzen wir (5.11) voraus und betrachten eine beliebige Folge (x_n) mit $x_n \neq x_0$ und $\lim x_n = x_0$. Für eine passende natürliche Zahl $M(\delta(\epsilon)) = N(\epsilon)$ gilt dann $x_n \in U(x_0, \delta)$ für $n \geqslant N(\epsilon)$ und wegen (5.11) auch $|f(x_n) - f(x_m)| < \epsilon$ für

$n, m \geqslant N(\epsilon)$. Nach Satz 2.16 folgt daraus die Konvergenz der Folge $(f(x_n))$. Es konvergiert also *jede* Folge von Funktionswerten $(f(x_n))$, wenn nur die Folge (x_n) die Voraussetzungen von Satz 5.1 erfüllt. Wir brauchen daher nur mehr nachzuweisen, daß jede Folge $(f(x_n))$ stets gegen den selben Grenzwert A konvergiert, wie auch immer (x_n) ausgewählt ist. Treffen wir die indirekte Annahme $\lim f(x'_n) = A_1$, $\lim f(x''_n) = A_2 \neq A_1$ für zwei gewisse Folgen (x'_n) und (x''_n), die die Voraussetzungen von Satz 5.1 erfüllen, so ist auch die Mischfolge (x_n): $x'_1, x''_1, x'_2, x''_2, \ldots$ eine solche zulässige Folge; für diese könnte aber die Folge $(f(x_n))$: $f(x'_1), f(x''_1), f(x'_2), f(x''_2), \ldots$ nicht konvergieren, da sie auf Grund der Konstruktion die beiden verschiedenen Häufungswerte A_1 und A_2 hat.

5.2 Stetige Funktionen

Die Beobachtung des Naturgeschehens wie z.B. von Bewegungsabläufen hat den Begriff der Funktion und der stetigen Variablen auf ganz natürliche Weise entstehen lassen. Daß Naturvorgänge sich nicht sprunghaft ändern (*natura non facit saltus*), findet seinen mathematischen Ausdruck darin, daß $y = f(x)$ für $x \to x_0$ gegen $y_0 = f(x_0)$ strebt. Mit der Klärung des Begriffs der stetigen Variablen durch den Grenzwert nimmt dieser alte Funktionsbegriff, gemessen an unserer heutigen Definition, eine besondere Rolle ein, die durch

$$\lim_{x \to x_0} f(x) = f(\lim_{x \to x_0} x) = f(x_0) \tag{5.12}$$

charakterisiert ist. Darin kommt zum Ausdruck, daß der Grenzwert von f an der Stelle x_0 durch „Einsetzen" von x_0 berechnet werden kann. Dies ist keineswegs selbstverständlich, denn für die Existenz und den Wert des Grenzwerts spielt offenbar keine Rolle, ob und wie $f(x)$ für $x = x_0$ erklärt ist.

Definition 5.2 *Die reelle Funktion* f *heißt an der Stelle* x_0 *stetig (oder stetig im Punkt* x_0*), wenn sie in einer Umgebung von* x_0 *definiert ist und*

$$\lim_{x \to x_0} f(x) = f(x_0)$$

gilt. f *heißt stetig in einem Intervall* I, *wenn* f *in jedem Punkt von* I *stetig ist.*

Eine Funktion f ist also im Punkt x_0 stetig, wenn der Grenzwert und der Funktionswert existieren und beide übereinstimmen.

Das Konzept der stetigen Funktion ist ein nahezu natürliches Mittel zur Charakterisierung der meisten physikalischen Zusammenhänge. Wenn man trotzdem manchmal unstetige Funktionen dafür heranzieht, so geschieht dies meist aus Gründen der Einfachheit, die sich durch „Idealisierungen" ergeben können. Wenn z. B. eine starre Kugel auf eine starre Platte fällt, so ist die Geschwindigkeit im Augenblick des Aufpralles 0. Die Starrheit von Platte und Kugel bedingt eine unendliche Verzögerung, die es aber in der Natur nicht gibt; tatsächlich stellt die starre Kugel und die starre Platte eine Idealisierung dar. Die Geschwindigkeit, die zum Zeitpunkt des Aufpralles noch nicht 0 ist, fällt je nach dem Grad der Starrheit schnell gegen 0, während sich Kugel und Platte deformieren.

Aus formaler und rechnerischer Sicht bedeutet (5.12) die *Vertauschbarkeit* der Operationen der Grenzwertbildung und Funktionswertbildung. Da sich die abhängige Variable $y = f(x)$ beim Durchgang von x durch x_0 nicht sprunghaft ändert, kann das Schaubild einer stetigen Funktion ohne Absetzen des Zeichenstifts gezeichnet werden.

Aus den Rechenregeln (5.5) bis (5.9) für Grenzwerte folgt, daß mit f(x) und g(x) auch die Funktionen $f(x) \pm g(x)$, $f(x)g(x)$, $\frac{f(x)}{g(x)}$ (falls $g(x_0) \neq 0$), $|f(x)|$ und unter den üblichen Einschränkungen auch $f(x)^r$ stetig sind.

Beispiel 5.4: Da f(x) = x und die konstante Funktion g(x) = c stetige Funktionen sind, folgt aus den erwähnten Rechenregeln, daß ein Polynom p(x) überall stetig ist. Eine rationale Funktion $\frac{p(x)}{q(x)}$ ist in allen jenen Punkten stetig, in denen der Nenner nicht verschwindet.

Beispiel 5.5: Aus der Beziehung $|\sin x| < |x|$ (vgl. 5.1) folgt

$$\lim_{x \to 0} \sin x = 0 = \sin 0;$$

f(x) = sin x ist daher in x = 0 stetig.

Beispiel 5.6: Wir zeigen, daß die allgemeine Exponentialfunktion $f(x) = a^x$ $(a > 0)$ in $x_0 = 0$ stetig ist, daß also

$$\lim_{x \to 0} a^x = 1 = a^0 \tag{5.13}$$

gilt. Einen Spezialfall von (5.13) haben wir bereits in Beispiel 2.26 bewiesen: Für $(x_n) = \left(\frac{1}{n}\right)$ gilt $\lim x_n = 0$ und $\lim a^{x_n} = \lim \sqrt[n]{a} = 1$ und $\lim a^{-1/n} = 1$. Zu beliebigem $\epsilon > 0$ gibt es daher eine natürliche Zahl $N(\epsilon)$, so daß, etwa für $a > 1$,

$$1 - \epsilon < a^{-\frac{1}{N}} < a^{\frac{1}{N}} < 1 + \epsilon.$$

Für $|x| < \frac{1}{N} = \delta(\epsilon)$ folgt dann aus der Monotonie der Exponentialfunktion

$$1 - \epsilon < a^x < 1 + \epsilon;$$

da ϵ beliebig war, ist die Gültigkeit von (5.13) gezeigt.

Schon bei der Besprechung der elementaren Funktionen haben wir darauf hingewiesen, daß sich die meisten Funktionen der technischen Praxis aus diesen „Bausteinen" zusammensetzen. Der folgende Satz – einer der wichtigsten über stetige Funktionen – zeigt, daß die Stetigkeit dieser Bausteine schon für die Stetigkeit der Zusammensetzung ausreicht.

Satz 5.3 *Ist* $y = f(x)$ *an der Stelle* x_0 *und* $z = g(y)$ *an der Stelle* $y_0 = f(x_0)$ *stetig, so ist die zusammengesetzte Funktion* $z = g(f(x)) = h(x)$ *an der Stelle* x_0 *ebenfalls stetig.*

Der Beweis dieses Satzes besteht einfach in der zweimaligen Vertauschung von Limes- und Funktionsbildung. Ist (x_n) eine beliebige Folge mit $\lim x_n = x_0$, so folgt aus der Stetigkeit von f an der Stelle x_0 zunächst $\lim f(x_n) = f(x_0) = y_0$, aus der von g an der Stelle y_0 dann $\lim h(x_n) = \lim g(f(x_n)) = g(\lim f(x_n)) = g(y_0) = h(x_0)$, also $\lim\limits_{x \to x_0} h(x) = h(x_0)$.

Mit Hilfe dieses Satzes und unter Benützung der Ergebnisse der Beispiele 5.5 und 5.6 können wir nun die Stetigkeit der Funktionen sin x, cos x und a^x für beliebiges x_0 beweisen.

Beispiel 5.7: Aus der Umformung

$$\cos x = 1 - 2 \sin^2 \frac{x}{2}$$

sieht man zunächst, daß cos x an der Stelle $x_0 = 0$ stetig ist: Da $y = f(x) = \frac{x}{2}$ für $x_0 = 0$ und $g(y) =$

$= \sin y$ für $y_0 = 0$ stetig sind, folgt die Stetigkeit von $\sin \frac{x}{2}$ in $x_0 = 0$. Da Produkte und Differenzen stetiger Funktionen wieder stetig sind, ist auch $\cos x$ an der Stelle $x_0 = 0$ stetig.

Nun sei x_0 beliebig. Durch die Anwendung des Additionstheorems (3.36),

$$\sin x = \sin(x - x_0 + x_0) = \sin(x - x_0) \cos x_0 + \cos(x - x_0) \sin x_0,$$

kann man nun folgendermaßen auf die Stetigkeit von $\sin x$ schließen: Da $f(x) = x - x_0$ in x_0 und $g(y) = \sin y$ in $y_0 = 0$ stetig sind, ist $h(x) = g(f(x)) = \sin(x - x_0)$ in x_0 stetig; auf analoge Weise sieht man, daß $\cos(x - x_0)$ in x_0 stetig ist. Also ist auch $\sin x$ in x_0 stetig.

Auf ähnliche Weise zeigt man, daß auch $\cos x$ für beliebiges x_0 stetig ist. Es folgt damit, daß $\tan x$ für alle x mit $\cos x \neq 0$, d.h. für $x \neq \frac{\pi}{2} + k\pi$, und $\cot x$ für alle x mit $\sin x \neq 0$, d.h. für $x \neq k\pi$, stetig sind.

Beispiel 5.8: Aus Beispiel 5.6 und Satz 5.3 folgt, daß $g(x) = a^{x - x_0}$ in x_0 stetig ist. Die Zerlegung

$$a^x = a^{x_0} a^{x - x_0}$$

zeigt dann, daß $f(x) = a^x$ in x_0 stetig ist. Daher ist a^x eine überall stetige Funktion.

Beispiel 5.9: Aus dem letzten Beispiel folgt, daß $f(x) = e^x$ und $g(x) = e^{-x}$ überall stetige Funktionen sind (letztere als Zusammensetzung von e^y und $y = -x$). Demzufolge sind auch die Hyperbelfunktionen $\sinh x$ und $\cosh x$ überall stetig.

Der folgende Satz wird in der Differentialrechnung immer wieder benötigt.

Satz 5.4 (Vorzeichen einer stetigen Funktion). *Ist f an der Stelle* x_0 *stetig und* $f(x_0) > 0$ *(bzw.* $f(x_0) < 0$*), so gibt es eine δ-Umgebung* $]x_0 - \delta, x_0 + \delta[$ *von* x_0*, in der stets* $f(x) > 0$ *(bzw.* $f(x) < 0$*) gilt.*

Da $A = f(x_0)$ der Grenzwert von f an der Stelle x_0 ist, gibt es auf Grund der Definition des Grenzwerts zu jedem $\epsilon > 0$ ein $\delta(\epsilon) > 0$ derart, daß

$$|f(x) - f(x_0)| < \epsilon \quad \text{für} \quad |x - x_0| < \delta$$

(hier ist $x = x_0$ trivialerweise zugelassen). Ist etwa $f(x_0) > 0$ und wählt man $\epsilon = \frac{1}{2} f(x_0)$, so folgt für $|x - x_0| < \delta$ (Bild 5.4)

$$f(x) = [f(x) - f(x_0)] + f(x_0) > -\epsilon + 2\epsilon = \epsilon > 0.$$

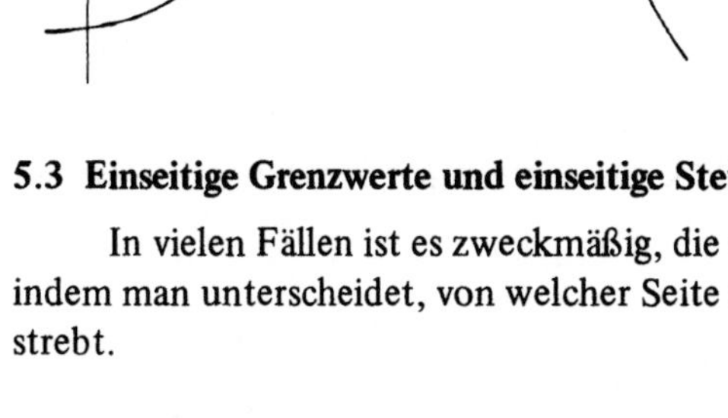

Bild 5.4

5.3 Einseitige Grenzwerte und einseitige Stetigkeit

In vielen Fällen ist es zweckmäßig, die strenge Grenzwertdefinition etwas zu lockern, indem man unterscheidet, von welcher Seite die unabhängige Variable x dem Wert x_0 zustrebt.

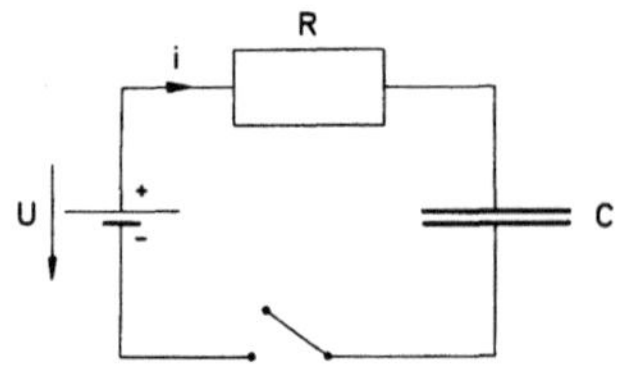

Bild 5.5

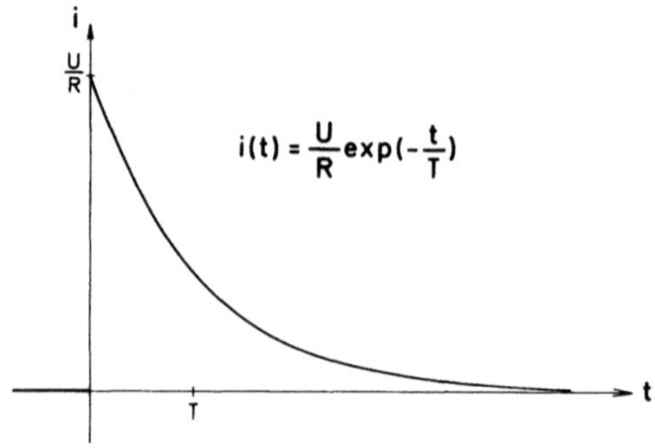

Bild 5.6

Betrachten wir die Aufladung eines Kondensators der Kapazität C über einen Widerstand R (Bild 5.5). Es sei U die Klemmenspannung der Gleichstromquelle. Die Kondensatorspannung $u_C = u_C(t)$ und der Ladestrom $i = i(t)$ hängen von der Zeit t ab und sind durch die Spannungsgleichung

$$U = u_C + u_R = u_C + Ri$$

verbunden. Beginnt die Aufladung durch Schließen des Schalters zum Zeitpunkt $t_0 = 0$, so fällt i(t), vom Anfangswert $i(0) = \frac{U}{R}$ ausgehend, für wachsendes t monoton, während die Kondensatorspannung von $u_C(0) = 0$ auf den vollen Wert der Ladespannung steigt. Vernachlässigt man die Induktivität L des Stromkreises, so erhält man, wie wir an späterer Stelle zeigen werden, den Stromverlauf

$$i(t) = \begin{cases} 0 & \text{für } t < 0 \\ \frac{U}{R}\, e^{-t/T} & \text{für } t \geq 0 \end{cases},$$

worin T = CR die sogenannte *Zeitkonstante* ist, nach der der Anfangsstrom auf den e-ten Teil abgesunken ist. (Bild 5.6). Strebt nun t von rechts gegen 0 (etwa in Form einer gegen 0 konvergenten Folge (t_n) mit positiven Gliedern), so strebt i(t) gegen $\frac{U}{R}$. Strebt dagegen t von links gegen 0 (in Form einer gegen 0 konvergenten Folge (t_n) mit negativen Gliedern), so ist stets i(t) = 0, weshalb in diesem Fall i(t) gegen 0 strebt. Der Grenzwert $\lim\limits_{t \to 0} i(t)$ im Sinn von Definition 5.1 existiert daher nicht, da die Bedingung des Folgenkriteriums von Satz 5.1 nicht erfüllt ist. Läßt man jedoch in der (5.3) entsprechenden Bedingung $|t - t_0| = |t| < \delta$ nur Werte $t > 0$ zu, so besteht ein zu (5.3) analoger Sachverhalt mit $A = \frac{U}{R}$. Man nennt deshalb $\frac{U}{R}$ den *rechtsseitigen Grenzwert* von i(t) an der Stelle $t_0 = 0$ und schreibt

$$\lim_{t \to 0+} i(t) = \frac{U}{R}.$$

Analog bezeichnet man die Annäherung von links als *linksseitigen Grenzwert,* in unserem Beispiel

$$\lim_{t \to 0-} i(t) = 0.$$

Die allgemeine Definition derartiger einseitiger Grenzwerte ergibt sich durch entsprechende Modifikation von Definition 5.1: Gibt es zu jedem $\epsilon > 0$ ein $\delta = \delta(\epsilon) > 0$ derart, daß

$$\text{Aus } x_0 < x < x_0 + \delta \quad \text{folgt} \quad |f(x) - A| < \epsilon, \tag{5.14}$$

so nennt man A den *rechtsseitigen Grenzwert von* f *an der Stelle* x_0 und schreibt

$$A = f(x_0+) := \lim_{x \to x_0+} f(x).$$

Gibt es zu jedem $\epsilon > 0$ ein $\delta = \delta(\epsilon) > 0$ so daß gilt

$$\text{Aus } x_0 - \delta < x < x_0 \quad \text{folgt} \quad |f(x) - B| < \epsilon, \tag{5.15}$$

so heißt B der *linksseitige Grenzwert von* f *an der Stelle* x_0,

$$B = f(x_0-) := \lim_{x \to x_0-} f(x).$$

Offenbar existiert der gewöhnliche beidseitige Grenzwert von f an der Stelle x_0 dann und nur dann, wenn sowohl der linksseitige als auch der rechtsseitige Grenzwert vorhanden ist und beide übereinstimmen.

Eng im Zusammenhang damit steht der Begriff der einseitigen Stetigkeit. f heißt *an der Stelle* x_0 *rechtsseitig (bzw. linksseitig) stetig,* wenn

$$\lim_{x \to x_0+} f(x) = f(x_0+) = f(x_0) \quad (\text{bzw. } \lim_{x \to x_0-} f(x) = f(x_0-) = f(x_0))$$

gilt.

Im obigen Beispiel ist der Anfangswert des Ladestroms $i(0) = \frac{U}{R}$; der Ladestrom ist daher für $t_0 = 0$ rechtsseitig, aber nicht linksseitig stetig.

Eine Funktion ist natürlich im Punkt x_0 dann und nur dann beidseitig (d.h. im gewöhnlichen Sinn) stetig, wenn sie in x_0 sowohl rechtsseitig als auch linksseitig stetig ist.

Vielfach werden wir es mit Funktionen zu tun haben, die auf einem abgeschlossenen Intervall [a, b] definiert sind. Eine solche Funktion kann in a bzw. b natürlich nur einseitig stetig sein, da sie ja links von a bzw. rechts von b gar nicht erklärt ist. Spricht man nun von einer *„auf einem abgeschlossenen Intervall* [a, b] *stetigen Funktion"*, so meint man, daß diese in jedem inneren Punkt, d.h. in jedem Punkt von]a, b[, beidseitig stetig, in den Randpunkten a und b rechtsseitig bzw. linksseitig stetig ist. Dies sei im folgenden stets stillschweigend gemeint, wenn von auf abgeschlossenen Intervallen stetigen Funktionen gesprochen wird.

Der folgende Satz zeigt wieder die für die mathematische Praxis so wichtige Sonderstellung der monotonen Funktionen.

Satz 5.5 *Ist* f *auf einem Intervall* I *monoton, so existiert in jedem Punkt von* I *der linksseitige und rechtsseitige Grenzwert.*

Sei etwa f monoton steigend. Wir betrachten die Menge $M = \{f(x) \mid x < x_0\}$ aller Funktionswerte f(x), deren Argument x kleiner als x_0 ist. Auf Grund der Monotonie von f ist M nach oben beschränkt – es gilt ja stets $f(x) \leqslant f(x_0)$, so daß $f(x_0)$ eine obere Schranke ist. Sei nun $G = \operatorname{Sup} M$. Dann gilt für $x < x_0$ stets $f(x) \leqslant G$ und zu jedem $\epsilon > 0$ existiert ein i.a. von ϵ abhängiges Argument x', so daß gilt

$$G - \epsilon < f(x') \leqslant G;$$

da f monoton steigt, ist $f(x') \leqslant f(x)$ für alle x mit $x' < x$, so daß erst recht mit $\delta(\epsilon) = x_0 - x'$ (x' hängt von ϵ ab!) die Ungleichung

$$G - \epsilon < f(x) \leqslant G \quad \text{für} \quad x_0 - \delta = x' < x < x_0$$

besteht. Der Vergleich mit (5.15) zeigt nun $G = f(x_0-)$.

Aus dem eben Bewiesenen folgt

$$f(x_0-) \leqslant f(x_0) \leqslant f(x_0+) \tag{5.16}$$

für jede monotone Funktion.

Insbesondere möchten wir den Leser auf den Zusammenhang mit den monotonen Folgen hinweisen!

5.4 Grenzwerte im Unendlichen und uneigentliche Grenzwerte

Der Ladestrom $i(t) = \frac{U}{R} e^{-t/T}$, der durch das Anschalten der Gleichspannung U den Kondensator auflädt, nimmt mit wachsendem t monoton ab und unterscheidet sich schließlich beliebig wenig von 0, wenn entsprechende Zeit verflossen ist (wir werden dies weiter unten beweisen). Man nennt deshalb 0 den Grenzwert von i(t) für t gegen Unendlich und schreibt

$$\lim_{t \to \infty} i(t) = 0.$$

Wir geben nun die formale Definition derartiger Grenzwerte:

Definition 5.3 Die reelle Zahl A heißt *Grenzwert von* f *für* x *gegen unendlich* $(x \to \infty)$ bzw. für x *gegen minus unendlich* $(x \to -\infty)$, symbolisch

$$\lim_{x \to \infty} f(x) = A \quad \text{bzw.} \quad \lim_{x \to -\infty} f(x) = A,$$

wenn es zu jedem $\epsilon > 0$ eine reelle Zahl $K > 0$ gibt, so daß gilt:

$$\text{Aus} \quad x > K \quad \text{bzw.} \quad x < -K \quad \text{folgt} \quad |f(x) - A| < \epsilon. \tag{5.17}$$

Auch für diese Grenzwerte läßt sich eine entsprechende Form des Folgenkriteriums herleiten: $\lim_{x \to \infty} f(x) = A$ gilt dann und nur dann, wenn für *jede* bestimmt gegen ∞ divergierende Folge (x_n) sich stets einundderselbe Grenzwert $A = \lim f(x_n)$ einstellt; für Grenzwerte in $-\infty$ benötigt man hierfür bestimmt gegen $-\infty$ divergierende Folgen. Den einfachen Beweis dieser Aussage überlassen wir dem Leser.

Aus dem Folgenkriterium für Grenzwerte im Unendlichen folgt nun, daß die Rechenregeln (5.5) bis (5.10) gültig bleiben, in diesen Regeln also $x \to x_0$ durch $x \to \infty$ und $x \to -\infty$ ersetzt werden kann.

Wie in allen anderen Fällen bedeuten diese Rechenregeln zusammen mit der Kenntnis einiger weniger spezieller Grenzwerte eine große Hilfe zur Berechnung komplizierterer Grenzwerte.

Beispiel 5.10: (vgl. Beispiel 2.15). Ist $\epsilon > 0$ beliebig und setzt man $K = \frac{1}{\epsilon}$, so gilt für $x > K$ und $x < -K$ die Ungleichung $\left|\frac{1}{x}\right| < \epsilon$. Daher folgen die grundlegenden Grenzwertbeziehungen

$$\lim_{x \to \infty} \frac{1}{x} = \lim_{x \to -\infty} \frac{1}{x} = 0. \tag{5.18}$$

Diese Formeln ermöglichen mit Hilfe der Rechenregeln (5.5) bis (5.8) die Berechnung von Grenzwerten rationaler Funktionen für $x \to \infty$ und $x \to -\infty$, sofern der Grad des Zählers den Grad des Nenners nicht übersteigt. So gilt z.B.

$$\lim_{x \to \pm\infty} \frac{x^2 + 3x - 11}{4x^2 + 120} = \lim_{x \to \pm\infty} \frac{1 + \frac{3}{x} - \frac{11}{x^2}}{4 + \frac{120}{x^2}} = \frac{1 + 0 + 0}{4 + 0} = \frac{1}{4}.$$

Beispiel 5.11: Aus (5.18) folgt durch Anwendung der Regeln (5.5) und (5.8) (letztere mit $r = 2$ und $r = \frac{1}{2}$)

$$\lim_{x \to \pm\infty} \sqrt{1 + \frac{1}{x^2}} = 1.$$

Mit Hilfe der Umformung (man beachte die Konvention $\sqrt{x^2} = |x|$)

$$y = f(x) = \frac{x}{\sqrt{1 + x^2}} = \frac{x}{\sqrt{x^2}\sqrt{1 + \frac{1}{x^2}}} = \operatorname{sign}(x) \frac{1}{\sqrt{1 + \frac{1}{x^2}}}$$

erhält man

$$\lim_{x \to \infty} \frac{x}{\sqrt{1 + x^2}} = 1 \quad \text{und} \quad \lim_{x \to -\infty} \frac{x}{\sqrt{1 + x^2}} = -1.$$

Geometrisch bedeutet der Grenzwert

$$A = \lim_{x \to \infty} f(x) \quad \text{bzw.} \quad A = \lim_{x \to -\infty} f(x),$$

daß sich die Kurve $y = f(x)$ für $x \to \infty$ bzw. $x \to -\infty$ der Geraden $y = A$ beliebig nähert. Man nennt die Gerade $y = A$ deshalb eine *(waagrechte) Asymptote* der Kurve $y = f(x)$.

So besitzt die Kurve $y = f(x)$ aus Beispiel 5.11 die beiden Asymptoten $y = -1$ (links) und $y = 1$ (rechts) (Bild 5.7).

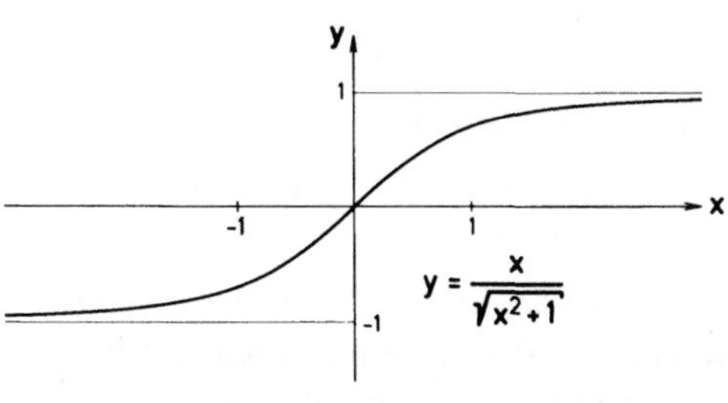

Bild 5.7

Mit den Grenzwerten im Unendlichen haben wir den Fall betrachtet, daß die unabhängige Veränderliche über alle Grenzen wächst. Es ist aber auch möglich, daß die abhängige Veränderliche $y = f(x)$ beliebig große Werte annimmt, wenn die unabhängige Veränderliche x sich einem endlichen Wert x_0 nähert. In diesem Fall spricht man wieder von uneigentlichen Grenzwerten:

Definition 5.4 Die Funktion f sei in einer Umgebung des Punktes x_0, eventuell mit Ausnahme von x_0, definiert. Man sagt, f(x) *strebt für* x *gegen* x_0 *gegen den uneigentlichen Grenzwert* ∞ (bzw. $-\infty$), wenn es zu jeder reellen Zahl $L > 0$ ein $\delta = \delta(L) > 0$ gibt, so daß gilt:

$$\text{Aus } 0 < |x - x_0| < \delta \quad \text{folgt} \quad f(x) > L \quad (\text{bzw. } f(x) < -L). \tag{5.19}$$

Man schreibt symbolisch

$$\lim_{x \to x_0} f(x) = \infty \quad \text{bzw.} \quad \lim_{x \to x_0} f(x) = -\infty.$$

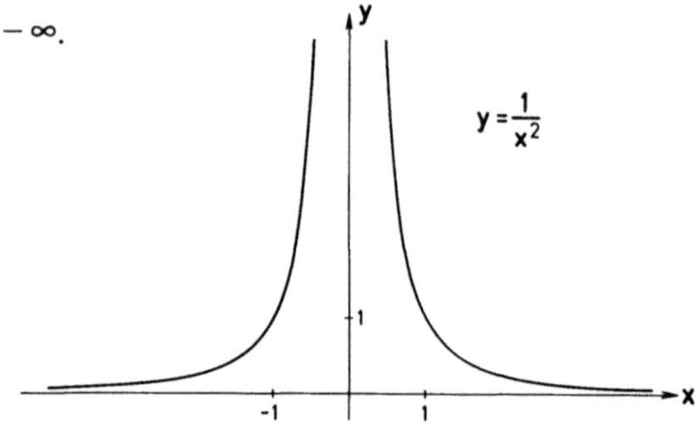

Bild 5.8

Beispiel 5.12: Für $|x| = |x - 0| < \frac{1}{\sqrt{L}} = \delta(L)$ gilt $\frac{1}{x^2} > L$. Folglich ist (Bild 5.8)

$$\lim_{x \to 0} \frac{1}{x^2} = \infty .$$

Auch einseitige uneigentliche Grenzwerte sind möglich. Gibt es zu jedem $L > 0$ ein $\delta = \delta(L) > 0$ derart, daß $f(x) > L$ nur für alle x mit $x_0 < x < x_0 + \delta$ gilt, so schreibt man

$$\lim_{x \to x_0+} f(x) = \infty;$$

analog werden die anderen möglichen einseitigen uneigentlichen Grenzwerte erklärt.

Beispiel 5.13: Für $0 < x < \frac{1}{L}$ ist $\frac{1}{x} > L$, für $-\frac{1}{L} < x < 0$ jedoch $\frac{1}{x} < -L$. Die Funktion $f(x) = \frac{1}{x}$ besitzt also in $x_0 = 0$ zwei verschiedene einseitige Grenzwerte, und zwar (vgl. Bild 1.9)

$$\lim_{x \to 0+} \frac{1}{x} = \infty, \quad \lim_{x \to 0-} \frac{1}{x} = -\infty.$$

Auch die Beziehungen

$$\lim_{x \to x_0+} f(x) = \infty, \quad \lim_{x \to x_0+} f(x) = -\infty, \quad \lim_{x \to x_0-} f(x) = \infty, \quad \lim_{x \to x_0-} f(x) = -\infty$$

lassen sich am Schaubild von f(x) leicht geometrisch interpretieren: Sie bedeuten, daß die Kurve $y = f(x)$ der senkrechten Geraden $y = x_0$ beliebig nahe kommt – man spricht von einer *senkrechten Asymptoten*.

Schließlich werden uneigentliche Grenzwerte auch im Unendlichen betrachtet. Gerade diese Grenzwerte sind besonders wichtig, da sie Aufschluß über die Werteverteilung einer Funktion liefern.[1])

---

1) Vgl. dazu die Bemerkungen über die Existenz des Logarithmus in Abschnitt 5.5.

Definition 5.5 Die Funktion f besitzt im Unendlichen den *uneigentlichen Grenzwert* ∞ bzw. $-\infty$, wenn es zu jedem $L > 0$ eine Zahl $K = K(L) > 0$ gibt, so daß gilt:

$$\text{Aus } x > K \quad \text{folgt} \quad f(x) > L \quad \text{bzw.} \quad f(x) < -L. \tag{5.20}$$

Man schreibt dann

$$\lim_{x \to \infty} f(x) = \infty \quad \text{bzw.} \quad \lim_{x \to \infty} f(x) = -\infty.$$

Analog werden die Grenzwerte

$$\lim_{x \to -\infty} f(x) = \infty \quad \text{bzw.} \quad \lim_{x \to -\infty} f(x) = -\infty$$

definiert (hier ist in Definition 5.5 die Voraussetzung $x > K$ durch $x < -K$ zu ersetzen).

Beispiel 5.14: Sei $n > 0$ ganz. Eine gerade Potenz x^{2n} strebt für $x \to \pm\infty$ gegen $+\infty$, denn aus $x > \sqrt[2n]{L} = K(L)$ bzw. $x < -\sqrt[2n]{L}$ folgt $x^{2n} > L$. Eine ungerade Potenz x^{2n+1} strebt für $x \to +\infty$ gegen $+\infty$, für $x \to -\infty$ gegen $-\infty$, denn aus $x > \sqrt[2n+1]{L}$ (bzw. $x < -\sqrt[2n+1]{L}$) folgt $x^{2n+1} > L$ (bzw. $x^{2n+1} < -L$). Zusammenfassend gilt also für $n \geqslant 1$

$$\lim_{x \to \infty} x^{2n} = \lim_{x \to -\infty} x^{2n} = \infty, \quad \lim_{x \to \infty} x^{2n+1} = \infty, \quad \lim_{x \to -\infty} x^{2n+1} = -\infty.$$

Die verschiedenen Grenzwertdefinitionen mögen zunächst etwas verwirrend wirken. Sie haben jedoch alle dieselbe logische Struktur; die folgende tabellarische Zusammenstellung soll zur besseren Übersicht dienen.

Eine Grenzwertrelation

$$\lim_{x \to A} f(x) = B \tag{5.21}$$

wird stets durch einen Satz der Form

„*Zu jedem* (b) *gibt es ein* (a) *derart, daß für alle* x *mit* (α) *gilt* (β)“

definiert. Die Aussagen (a) und (α) beziehen sich dabei auf die Werte von x, die Aussagen (b) und (β) auf die von $y = f(x)$. Die untenstehende Tabelle faßt die verschiedenen Möglichkeiten zusammen.

A =	(a)	(α)
x_0	$\delta > 0$	$0 < \|x - x_0\| < \delta$
x_0+	$\delta > 0$	$x_0 < x < x_0 + \delta$
x_0-	$\delta > 0$	$x_0 - \delta < x < x_0$
$+\infty$	$K > 0$	$x > K$
$-\infty$	$K > 0$	$x < -K$

B =	(b)	(β)
$-\infty < B < \infty$	$\epsilon > 0$	$\|f(x) - B\| < \epsilon$
$+\infty$	$L > 0$	$f(x) > L$
$-\infty$	$L > 0$	$f(x) < -L$

Mit der Einführung der uneigentlichen Grenzwerte stellt sich die Frage, ob auch für diese die Rechenregeln (5.5) bis (5.9) gelten. Zunächst sind ja für die Symbole ∞ und $-\infty$ keine Rechenoperationen eingeführt worden; bevor man die Frage nach der Gültigkeit der erwähnten Rechenregeln für ∞ und $-\infty$ stellt, müßte man erst erklären, was unter Ausdrücken $\infty + \infty$, $\infty - \infty$, $\infty \cdot \infty$, $\infty + c$ (c reell), $\infty \cdot c$ usw. verstanden werden soll.

Nun sind die Symbole ∞ und $-\infty$ ja keine Zahlen, sondern lediglich Abkürzungen dafür, daß gewisse Größen im Positiven oder Negativen über alle Grenzen wachsen. Aus diesem Grund sind auch Ausdrücke wie $\infty + \infty$, $\infty - \infty$, usw. nur als Abkürzungen zu verstehen: $\infty + \infty$ steht etwa für die Summe zweier Größen, die beide über alle Grenzen wachsen.

Nun hat auch die Summe zweier über alle Grenzen wachsender Größen dieselbe Eigenschaft, genauer

$$\text{Aus } \lim f(x) = \infty \text{ und } \lim g(x) = \infty \text{ folgt } \lim[f(x) + g(x)] = \infty. \tag{5.22}$$

Dabei ist es gleichgültig, ob Grenzübergänge $x \to x_0$ (einseitig oder beidseitig), $x \to \infty$ oder $x \to -\infty$ ausgeführt werden. Dies zeigt der Blick auf die obige Tabelle: Aus $f(x) > L$ und $g(x) > L$ folgt in allen Fällen $f(x) + g(x) > L$!

Man pflegt die Rechenregel (5.22) durch

$$\infty + \infty = \infty \tag{5.23}$$

abzukürzen. In diesem Sinn sind stets Operationen mit den Symbolen ∞ und $-\infty$ aufzufassen.

Nun ist es keineswegs so, daß mit diesen Symbolen die Grundrechnungsarten uneingeschränkt ausgeführt werden können. So hat z. B. der Ausdruck $\infty - \infty$ keinen Sinn, da ihm keine allgemeine Rechenregel entspricht. Aus der Kenntnis der Grenzwerte $\lim f(x) = \infty$ und $\lim g(x) = \infty$ kann man nämlich keine Information über Wert und Existenz des Grenzwertes der Differenz $f(x) - g(x)$ gewinnen, wie das folgende Beispiel zeigt.

Beispiel 5.15: Ist $f(x) = x^2$, $g(x) = x$, so gilt

$$\lim_{x \to \infty} [f(x) - g(x)] = \lim_{x \to \infty} (x^2 - x) = \infty;$$

ist $f(x) = x + 2$ und $g(x) = x + 4$, so ist

$$\lim_{x \to \infty} [f(x) - g(x)] = \lim_{x \to \infty} [(x + 2) - (x + 4)] = \lim_{x \to \infty} (-2) = -2;$$

ist schließlich $f(x) = x^2$ und $g(x) = x^3$, so wird

$$\lim_{x \to \infty} [f(x) - g(x)] = \lim_{x \to \infty} (x^2 - x^3) = -\infty.$$

In allen drei Fällen ist $\lim_{x \to \infty} f(x) = \lim_{x \to \infty} g(x) = \infty$!

Man unterscheidet deshalb bei Vorkommen der Symbole ∞ und $-\infty$ (und auch bei Vorkommen der Null, wenn 0 im Nenner oder im Exponenten auftritt) zwischen *„bestimmten Formen"*, denen auf Grund einer Rechenregel ein eindeutiger Wert zugewiesen werden kann, und *„unbestimmten Formen"*, bei denen dies nicht möglich ist. So ist $\infty + \infty$ eine bestimmte, $\infty - \infty$ eine unbestimmte Form. Der Leser möge sich an Hand geeigneter Beispiele (viele werden in den folgenden Abschnitten noch folgen) überlegen, daß die folgenden sieben Formen unbestimmt sind:

$$\infty - \infty, \frac{\infty}{\infty}, 0 \cdot \infty, \frac{0}{0}, \infty^0, 0^0, 1^\infty. \tag{5.24}$$

Von den bestimmten Formen erwähnen wir außer (5.23)

$$\infty + c = \infty, -\infty + c = -\infty, c - \infty = -\infty, -\infty - \infty = -\infty, \tag{5.25}$$

$$\infty \cdot \infty = c \cdot \infty = (-\infty) \cdot (-\infty) = \infty \ (c > 0), \tag{5.26}$$

$$\infty \cdot (-\infty) = c \cdot \infty = -\infty \ (c < 0), \tag{5.27}$$

$$\frac{c}{\infty} = 0: \frac{c}{\infty} = 0+ \ (c > 0), \frac{c}{\infty} = 0- \ (c < 0), \tag{5.28}$$

$$\frac{c}{0+} = +\infty \ (c > 0), \ \frac{c}{0+} = -\infty \ (c < 0), \tag{5.29}$$

$$\frac{c}{0-} = -\infty \ (c > 0), \ \frac{c}{0-} = +\infty \ (c < 0), \tag{5.30}$$

$$\infty^c = \infty \ (c > 0), \infty^c = 0+ \ (c < 0), \tag{5.31}$$

$$c^\infty = \infty \ (c > 1), c^\infty = 0+ \ (0 < c < 1). \tag{5.32}$$

Die Formeln (5.25) bis (5.32) sind sinngemäß als Abkürzungen von Rechenregeln aufzufassen, analog der Kurzfassung (5.23) von (5.22); c bezeichnet darin stets eine reelle Zahl. 0+ bzw. 0− bedeutet, daß die betreffende (abhängige) Variable mit positiven bzw. negativen Werten, d.h. von rechts bzw. von links gegen 0 strebt, wie z.B. die Grenzwerte in Beispiel 5.13 wegen $c = 1 > 0$ durch (5.29) repräsentiert werden.

Die Frage nach der Erweiterung der Rechenregeln für Grenzwerte durch Zulassung der Symbole ∞ und $-\infty$ wird also etwas anders beantwortet, als es zuerst erscheinen mag. Die in den Rechenregeln (5.5) bis (5.9) auf der rechten Seite auftretenden Ausdrücke werden bei bestimmten Formen gerade so definiert, daß die entsprechende Regel gilt. Bei unbestimmten Formen gibt es keine diesbezügliche Regel. Schon das Beispiel 5.15 zeigt, daß für die unbestimmte Form $\infty - \infty$ jedes Ergebnis möglich ist.

Erscheint ein zu berechnender Grenzwert als unbestimmte Form, so gelingt es häufig, ihn durch Umformung auf eine bestimmte Form zu bringen. Bei rationalen Funktionen und Grenzübergängen $x \to \infty$ und $x \to -\infty$ erfolgt dies nach dem Schema von Beispiel 5.10. Wir bringen dazu ein Beispiel, bei dem der Grad des Zählers den des Nenners übersteigt.

Beispiel 5.16:

$$\lim_{x \to \infty} \frac{x^3 - 12}{3 - 2x^2} = \lim_{x \to \infty} x \frac{1 - \frac{12}{x^3}}{-2 + \frac{3}{x^2}} = \infty \cdot \left(-\frac{1}{2}\right) = -\infty.$$

Allgemein ist mit $c = a_n/b_m$

$$\lim_{x \to \infty} \frac{a_n x^n + a_{n-1} x^{n-1} + \ldots + a_0}{b_m x^m + b_{m-1} x^{m-1} + \ldots + b_0} = \frac{a_n}{b_m} \lim_{x \to \infty} x^{n-m} \frac{1 + \frac{1}{x}\frac{a_{n-1}}{a_n} + \ldots}{1 + \frac{1}{x}\frac{b_{m-1}}{b_m} + \ldots}$$

$$= \begin{cases} c \cdot \infty & \text{für } n > m \\ c & \text{für } n = m \\ 0 & \text{für } n < m \end{cases}.$$

Das folgende Beispiel zeigt eine Technik, die häufig bei unbestimmten Formen des Typs $\infty - \infty$ verwendet wird (vgl. Beispiel 2.22).

Beispiel 5.17:

$$\lim_{x \to \infty} \left[\sqrt{x^2 + x + 1} - \sqrt{x^2 - x + 1}\right] = \lim_{x \to \infty} \frac{(x^2 + x + 1) - (x^2 - x + 1)}{\sqrt{x^2 + x + 1} + \sqrt{x^2 - x + 1}} =$$

$$= \lim_{x \to \infty} \frac{2x}{\sqrt{x^2 + x + 1} + \sqrt{x^2 - x + 1}} = \lim_{x \to \infty} \frac{2}{\sqrt{1 + \frac{1}{x} + \frac{1}{x^2}} + \sqrt{1 - \frac{1}{x} + \frac{1}{x^2}}}$$

$$= \frac{2}{1 + 1} = 1.$$

Mit der Differentialrechnung werden sich weitere Möglichkeiten zur Berechnung unbestimmter Ausdrücke ergeben (vgl. Abschnitt 7.4).

Schließlich wollen wir noch die Grenzwerte der elementaren Funktionen untersuchen.

Beispiel 5.18: Es gilt

$$\lim_{x \to \infty} \frac{e^x}{x^a} = \infty \tag{5.33}$$

für jedes reelle a. Für $a = 0$ erhält man daraus speziell

$$\lim_{x \to \infty} e^x = \infty. \tag{5.34}$$

Zum Nachweis von (5.33) wählen wir eine natürliche Zahl N mit $N > a + 1$. Aus der Ungleichung (vgl. Abschnitt 2.8)

$$e^x > \left(1 + \frac{x}{N}\right)^N > \left(\frac{x}{N}\right)^N \quad \text{für } x > 0$$

folgt

$$\frac{e^x}{x^a} > \frac{e^x}{x^{N-1}} > \frac{x}{N^N}, \quad x > 1.$$

Führt man, bei festem N, den Grenzübergang $x \to \infty$ durch, so strebt $\frac{x}{N^N}$ gegen ∞ und daher auch $\frac{e^x}{x^a}$.

Der Grenzwert (5.33) zeigt, daß die *Exponentialfunktion* e^x *stärker wächst als jede noch so hohe Potenz von* x!

Aus (5.33) und $e^{-x} = \frac{1}{e^x}$ folgt weiter mit Hilfe von (5.28)

$$\lim_{x \to \infty} e^{-x} = \lim_{x \to -\infty} e^x = 0. \tag{5.35}$$

Ferner zeigt (5.33) für $a = -b$ unter Anwendung der Regel (5.28)

$$\lim_{x \to \infty} x^b e^{-x} = 0. \tag{5.36}$$

Dieser Grenzwert bedeutet, *daß die Exponentialfunktion* e^{-x} *stärker fällt als jede noch so hohe Potenz von* $\frac{1}{x}$!

Allgemein gilt, da für a > 0 mit x auch ax gegen ∞ geht,

$$\lim_{x \to \infty} e^{ax} = \infty, \quad \lim_{x \to \infty} e^{-ax} = 0 \quad (a > 0). \tag{5.37}$$

Von diesen Grenzwerten haben wir bereits Gebrauch gemacht – der Ladestrom $i(t) = \frac{U}{R} e^{-t/T}$ hat für $t \to \infty$ den Grenzwert 0.

Beachtet man die Identität

$$a^x = e^{x \ln a},$$

so kann man aus (5.37) auf die Grenzwerte

$$\lim_{x \to \infty} a^x = \infty, \quad \lim_{x \to -\infty} a^x = 0 \quad \text{für } a > 1, \tag{5.38}$$

$$\lim_{x \to \infty} a^x = 0, \quad \lim_{x \to -\infty} a^x = \infty \quad \text{für } 0 < a < 1 \tag{5.39}$$

schließen.

Beispiel 5.19: Ist $L > 0$ beliebig vorgegeben und setzt man $K = e^L$, so gilt wegen der Monotonie des Logarithmus

$$\ln x > L \quad \text{für alle } x > K.$$

Daraus resultiert der Grenzwert

$$\lim_{x \to \infty} \ln x = \infty. \tag{5.40}$$

Aus der Beziehung $\ln \frac{1}{x} = -\ln x$ erhält man daraus

$$\lim_{x \to 0+} \ln x = -\infty. \tag{5.41}$$

Für den Logarithmus als Umkehrfunktion der Exponentialfunktion besteht eine zu (5.33) analoge Grenzwertbeziehung. Setzt man in (5.33) $a = 1$ und $x = cy$ mit $c > 0$, so folgt unter Verwendung von (5.28)

$$\lim_{y \to \infty} \frac{cy}{e^{cy}} = c \lim_{y \to \infty} \frac{y}{e^{cy}} = c \cdot 0 = 0.$$

Ersetzt man darin y durch ln x und beachtet man, daß wegen (5.40) mit y auch x gegen ∞ strebt, so ergibt sich

$$\lim_{x \to \infty} \frac{\ln x}{x^c} = 0 \quad \text{für jedes } c > 0. \tag{5.42}$$

Der Logarithmus ln x *wächst also für* $x \to \infty$ *schwächer als jede noch so kleine positive Potenz von* x!

Auf analoge Weise zeigt man

$$\lim_{x \to 0+} x^c \ln x = 0 \quad \text{für jedes } c > 0. \tag{5.43}$$

Beispiel 5.20: Die periodischen Funktionen sin x, cos x besitzen für $x \to \infty$ und $x \to -\infty$ weder eigentliche noch uneigentliche Grenzwerte, da sie in jedem Intervall $]K, \infty[$ alle Werte zwischen −1 und 1 sogar unendlich oft annehmen, so daß es zu jeder reellen Zahl c stets beliebig große Werte x gibt, für die $|\sin x - c| \geqslant 1$ und $|\cos x - c| \geqslant 1$ ist.

Beispiel 5.21: Aus denselben Gründen haben die periodischen Funktionen tan x und cot x keine Grenzwerte im Unendlichen. Aus der Stetigkeit von sin x und cos x folgen die Relationen

$$\lim_{x \to 0+} \sin x = 0+, \quad \lim_{x \to 0-} \sin x = 0-, \quad \lim_{x \to \frac{\pi}{2}} \sin x = 1,$$

$$\lim_{x \to \frac{\pi}{2}+} \cos x = 0-, \quad \lim_{x \to \frac{\pi}{2}-} \cos x = 0+, \quad \lim_{x \to 0} \cos x = 1$$

und daraus mit (5.29) die Grenzwerte

$$\lim_{x \to 0+} \cot x = \lim_{x \to \frac{\pi}{2}-} \tan x = \infty, \quad \lim_{x \to 0-} \cot x = \lim_{x \to \frac{\pi}{2}+} \tan x = -\infty, \tag{5.44}$$

analog

$$\lim_{x \to \pi+} \cot x = \lim_{x \to -\frac{\pi}{2}-} \tan x = \infty, \quad \lim_{x \to \pi-} \cot x = \lim_{x \to -\frac{\pi}{2}+} \tan x = -\infty. \tag{5.45}$$

Man vergleiche dazu die Schaubilder von tan x und cot x in Bild 3.10.

Da die Tangens-Funktion das Intervall $\left]-\frac{\pi}{2}, \frac{\pi}{2}\right[$ monoton auf $]-\infty, \infty[$ abbildet, kann man durch Vertauschung der Rollen der abhängigen und der unabhängigen Veränderlichen aus (5.44) und (5.45) Grenzwertrelationen für die Umkehrfunktionen ableiten:

$$\lim_{x \to -\infty} \operatorname{arc\,tan} x = -\frac{\pi}{2}, \quad \lim_{x \to \infty} \operatorname{arc\,tan} x = \frac{\pi}{2}. \tag{5.46}$$

Natürlich ist in (5.46) der Hauptwert des Arcus-Tangens einzusetzen. Für den Arcus-Cotangens erhält man

$$\lim_{x \to \infty} \operatorname{arc\,cot} x = 0, \quad \lim_{x \to -\infty} \operatorname{arc\,cot} x = \pi. \tag{5.47}$$

5.5 Auf abgeschlossenen Intervallen stetige Funktionen

Aus der Stetigkeit einer auf einem abgeschlossenen Intervall [a, b] definierten Funktion kann man wichtige Informationen über die Werteverteilung in diesem Intervall, speziell über die Lösbarkeit einer Gleichung

$$f(x) = 0$$

erhalten. Dies ist der Inhalt der sogenannten Zwischenwertsätze von Bolzano und Cauchy.

Satz 5.6 (Spezieller Zwischenwertsatz). *Ist die Funktion* f *im abgeschlossenen Intervall* [a, b] *stetig und hat* f *in den Endpunkten* a *und* b *dieses Intervalles verschiedene Vorzeichen,*

$$f(a)\, f(b) < 0,$$

so gibt es eine Stelle ξ *mit* $a < \xi < b$, *so daß*

$$f(\xi) = 0.$$

Satz 5.6 ist ein Spezialfall von

Satz 5.7 (Allgemeiner Zwischenwertsatz). *Ist die Funktion* f *auf einem (nicht notwendig abgeschlossenen) Intervall* I *stetig und nimmt sie dort die Werte* m *und* M *an, so nimmt sie auch jeden zwischen* m *und* M *liegenden Wert auf* I *an.*

Den allgemeinen Zwischenwertsatz kann man auf den speziellen zurückführen. Nimmt nämlich f die Werte m und M an den Stellen a und b des Intervalls I an, $f(a) = m$, $f(b) = M$ (Bild 5.9), und ist η ein beliebiger zwischen m und M liegender Wert, so erfüllt die Funktion $g(x) = f(x) - \eta$ auf dem abgeschlossenen Intervall [a, b] die Voraussetzung des speziellen Zwischenwertsatzes. Ist dann ξ eine Stelle mit $a < \xi < b$ und $g(\xi) = 0$, so liegt ξ in I und erfüllt $f(\xi) = \eta$.

Wir können uns daher darauf beschränken, den speziellen Zwischenwertsatz zu beweisen. Die Stelle ξ konstruieren wir mittels einer Intervallschachtelung. Wir setzen voraus, daß $f(a) < 0$ und $f(b) > 0$ ist; der andere Fall ist vollkommen analog.

Wir halbieren das Intervall [a, b], dessen Mittelpunkt $\frac{a+b}{2}$ ist. Gilt $f\left(\frac{a+b}{2}\right) = 0$, so sind wir fertig; andernfalls gibt es unter den Intervallen $\left[a, \frac{a+b}{2}\right]$, $\left[\frac{a+b}{2}, b\right]$ eines, an dessen Endpunkten f(x) wieder verschiedenes Vorzeichen hat. Dieses Intervall sei $[a_1, b_1]$. Es ist dann $f(a_1) < 0$ und $f(b_1) > 0$. Wir halbieren nun weiter das Intervall $[a_1, b_1]$. Verschwindet f im Mittelpunkt, so ist die Existenz der behaupteten Stelle ξ nachgewiesen. Andernfalls betrachten wir diejenige Hälfte von $[a_1, b_1]$, in deren Endpunkten f(x) verschiedene Vorzeichen hat und nennen es $[a_2, b_2]$ (Bild 5.10). Wenn wir auf diese Weise fortfahren und nach endlich vielen Schritten nicht auf eine Stelle treffen, an der f(x) verschwindet, so erhalten wir eine Folge ineinandergeschachtelter Intervalle

$$[a_1, b_1] \supseteq [a_2, b_2] \supseteq \ldots \supseteq [a_n, b_n] \supseteq [a_{n+1}, b_{n+1}] \supseteq \ldots,$$

die offenbar eine Intervallschachtelung ist, da deren Längen $\frac{b-a}{2^n}$ eine Nullfolge bilden. Auf Grund der Konstruktion der Intervalle gilt stets $f(a_n) < 0$, $f(b_n) > 0$. Nach dem Intervallschachtelungsprinzip gibt es genau eine Stelle ξ, die allen diesen Intervallen angehört, ferner ist

$$\xi = \lim_{n\to\infty} a_n = \lim_{n\to\infty} b_n.$$

Aus der Stetigkeit von f folgt nun unter Zuhilfenahme des Folgenkriteriums (Satz 5.1)

$$\lim_{n\to\infty} f(a_n) = \lim_{n\to\infty} f(b_n) = f(\xi).$$

Da wegen $f(a_n) < 0$ die Ungleichung $\lim f(a_n) \leqslant 0$ und wegen $f(b_n) > 0$ auch $\lim f(b_n) \geqslant 0$ gelten muß, folgt $0 \leqslant f(\xi) \leqslant 0$, d.h. $f(\xi) = 0$.

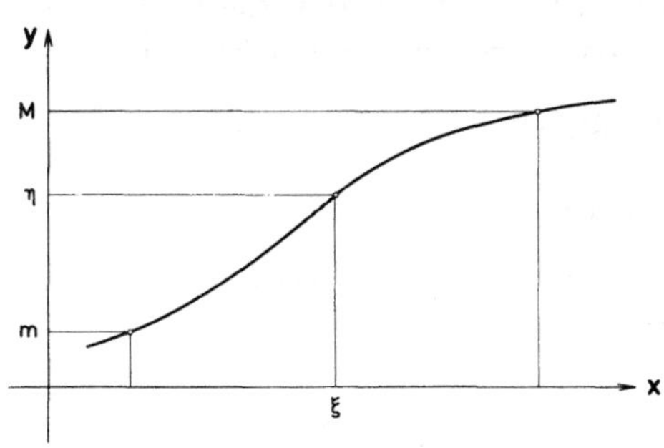

Bild 5.9

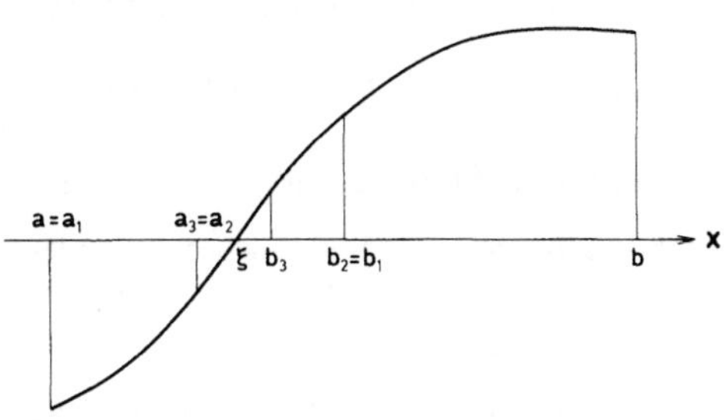

Bild 5.10

Eine andere Formulierung des speziellen Zwischenwertsatzes lautet, daß eine stetige (d.h. ohne Sprünge verlaufende) Kurve, die oberhalb und unterhalb der x-Achse verläuft, diese notwendig schneiden muß.

Beispiel 5.22: Jede algebraische Gleichung ungeraden Grades mit reellen Koeffizienten,

$$p(x) = x^{2n+1} + a_{2n}x^{2n} + \ldots + a_1 x + a_0 = 0,$$

besitzt mindestens eine reelle Lösung, denn das Polynom $p(x)$ ist überall stetig und nimmt wegen

$$\lim_{x \to -\infty} p(x) = -\infty, \quad \lim_{x \to \infty} p(x) = \infty$$

sowohl positive als auch negative Werte an.

Beispiel 5.23: (Existenz des Logarithmus). Die Funktion $f(x) = e^x$ ist stetig auf $]-\infty, \infty[$ (Beispiel 5.9) und nimmt wegen

$$\lim_{x \to -\infty} e^x = 0 \quad \text{und} \quad \lim_{x \to \infty} e^x = \infty$$

beliebig kleine und beliebig große positive Werte an. Aus dem Zwischenwertsatz folgt daher, daß sie jeden Wert $y > 0$ annimmt, daß also jedes $y > 0$ einen natürlichen Logarithmus $\ln y$ hat (dessen Eindeutigkeit aus der Monotonie der Exponentialfunktion folgt). Damit haben wir die in Abschnitt 3.3 gelassene Lücke geschlossen.

Die Frage liegt nahe, ob auch die Umkehrfunktion einer stetigen Funktion eine stetige Funktion ist. Der Zwischenwertsatz erlaubt auf elegante Weise diese noch offene Frage zu beantworten, da er einen Satz herzuleiten gestattet, der aus der Stetigkeit einer Funktion auf die Stetigkeit ihrer Umkehrfunktion schließen läßt.

Satz 5.8 (Stetigkeit der Umkehrfunktion). *Die Funktion* $y = f(x)$ *sei auf dem Intervall* I *stetig und streng monoton wachsend (bzw. streng monoton fallend). Dann bildet die Menge aller Werte, die* f *auf* I *annimmt, wieder ein Intervall, etwa* J, *und die Umkehrfunktion* $x = g(y)$ *von* f *ist auf* J *ebenfalls stetig und streng monoton wachsend (bzw. streng monoton fallend).*

Daß der Wertevorrat von f wieder ein Intervall ist, ist eine unmittelbare Folgerung aus dem Zwischenwertsatz und verwendet nicht die Monotoniebedingung. Die Voraussetzung der Monotonie ist jedoch nötig, um die Existenz der Umkehrfunktion zu sichern, die dann natürlich wieder streng monoton ist. Zu zeigen bleibt noch die Stetigkeit von $g(y)$. Da die Umkehrfunktion g eine monotone Funktion ist, existieren nach Satz 5.5 die einseitigen Grenzwerte; nach (5.16) ist ferner $g(y_0-) \leqslant g(y_0) \leqslant g(y_0+)$. Würde hierin etwa $g(y_0-) < g(y_0)$ sein, so stünde dies im Widerspruch dazu, daß der Wertevorrat I von g ein Intervall ist. Aus dem gleichen Grund muß $g(y_0) = g(y_0+)$ gelten. Damit haben wir

$$g(y_0-) = g(y_0+) = g(y_0), \quad \text{d.h.} \lim_{y \to y_0} g(y) = g(y_0)$$

und somit die Stetigkeit der Funktion g auf J bewiesen.

Beispiel 5.24: Aus Satz 5.8 schließen wir (indem wir für f die Exponentialfunktion einsetzen, deren Stetigkeit wir bereits bewiesen haben), daß $g(x) = \ln x$ auf $]0, \infty[$ stetig ist.

Beispiel 5.25: Aus der Stetigkeit und Monotonie der Funktionen $\sin x$ und $\tan x$ auf dem Intervall $\left]-\frac{\pi}{2}, \frac{\pi}{2}\right[$ folgt die Stetigkeit ihrer Umkehrfunktionen auf den entsprechenden Intervallen: $\operatorname{arc\,sin} x$ ist also auf $[-1, 1]$ und $\operatorname{arc\,tan} x$ auf $]-\infty, \infty[$ stetig.

Stetige Funktionen auf abgeschlossenen Intervallen haben noch eine weitere wichtige Eigenschaft, die für die Theorie der Maxima und Minima von großer Bedeutung ist.

Satz 5.9 (Satz von Weierstraß). *Ist* f *auf dem abgeschlossenen Intervall* [a, b] *stetig, so ist* f *dort beschränkt*[1]) *und nimmt auf* [a, b] *einen kleinsten und einen größten Wert an, d. h. es gibt zwei Stellen* x' *und* x'' *aus* [a, b], *so daß gilt*

$$f(x') \leqslant f(x) \leqslant f(x'') \quad \text{für alle } x \in [a, b].$$

Wir zeigen zuerst die Beschränktheit von f. Wäre f nicht beschränkt, also der Wertevorrat von f nicht beschränkt, so würde $|f(x)|$ auf [a, b] beliebig große Werte annehmen, so daß man eine Folge (x_n) von Punkten aus [a, b] konstruieren könnte, für die $\lim |f(x_n)| = \infty$ wäre. Andererseits enthielte diese Folge (x_n), die wegen $a \leqslant x_n \leqslant b$ beschränkt ist, auf Grund von Satz 2.9 eine konvergente Teilfolge (x_{n_k}): $\lim\limits_{k \to \infty} x_{n_k} = x_0 \in [a, b]$. Infolge der Stetigkeit von f insbesondere in x_0 wäre dann $\lim\limits_{k \to \infty} f(x_{n_k}) = f(x_0)$ im Widerspruch zu $\lim\limits_{k \to \infty} |f(x_{n_k})| = \infty$. Damit ist die Beschränktheit von f nachgewiesen. Es sei nun M das Supremum des Wertevorrats von f. Es bleibt zu zeigen, daß f tatsächlich den Wert M annimmt, oder gleichbedeutend damit, daß M das Maximum des Wertevorrates von f ist. Wegen (1.59) können wir zu jedem $n \in \mathbb{N}$ ein $\xi_n \in [a, b]$ derart wählen, daß $f(\xi_n) > M - \frac{1}{n}$ ist. Nach Satz 2.9 enthält die Folge (ξ_n) eine konvergente Teilfolge (ξ_{n_k}): $\lim\limits_{k \to \infty} \xi_{n_k} = x''$. Aus der Stetigkeit von f folgt nun mit Hilfe des Vergleichskriteriums für Zahlenfolgen (Satz 2.14)

$$M = \lim_{k \to \infty} f(\xi_{n_k}) = f(x''),$$

so daß f den Maximalwert M an der Stelle x'' annimmt. Analog zeigt man, daß f auch seinen kleinsten Wert im Intervall [a, b] annimmt.

5.6 Klassifikation der Unstetigkeitsstellen

Ist f(x) an der Stelle x_0 nicht stetig, so nennt man x_0 eine *Unstetigkeitsstelle* von f. Für die Unstetigkeit von f in x_0 sind verschiedene Ursachen möglich:

(i) Der Grenzwert $\lim\limits_{x \to x_0} f(x)$ existiert und ist endlich, ist jedoch vom Funktionswert $f(x_0)$ verschieden.

Derartige Unstetigkeiten nennt man *hebbar*, da sie durch Abänderung

$$f(x_0) := \lim_{x \to x_0} f(x)$$

behoben werden können.

(ii) Die einseitigen Grenzwerte $f(x_0-)$ und $f(x_0+)$ existieren beide und sind endlich, stimmen jedoch nicht überein. Man nennt dann x_0 eine *Sprungstelle* von f und die Differenz

$$h := f(x_0+) - f(x_0-)$$

---

[1]) D.h., daß der Wertevorrat von f eine beschränkte Menge ist.

die *Sprunghöhe* von f an der Stelle x_0. Wegen Satz 5.5 sind die Unstetigkeitsstellen einer monotonen Funktion stets von dieser Art.

(iii) Die einseitigen Grenzwerte sind zwar vorhanden, aber mindestens einer dieser Grenzwerte ist uneigentlich. Man spricht dann von einer *Unendlichkeitsstelle* von f in x_0.

(iv) Mindestens einer der beiden einseitigen Grenzwerte existiert weder im eigentlichen noch im uneigentlichen Sinn.

Hebbare Unstetigkeitsstellen und Sprungstellen werden *Unstetigkeitsstellen 1. Art* genannt; in allen anderen Fällen spricht man von *Unstetigkeitsstellen 2. Art.* Eine Funktion, welche in einem Intervall I nur Unstetigkeiten 1. Art besitzt, nennt man auf I *stückweise stetig.* Eine solche Funktion ist in Bild 5.11 skizziert.

Beispiel 5.26: Die Funktion $f(x) = \frac{\sin x}{x}$ ist für $x = 0$ nicht definiert. Durch die Festsetzung $f(0) = 1$ ist $f(x) = \frac{\sin x}{x}$ für $x \neq 0$, $f(0) = 1$ für alle x stetig.

Beispiel 5.27: Die Funktion $f(x) = [x]$ (vgl. Beispiel 1.27 und Abb. 1.14) besitzt an den Stellen $x = n$ Sprungstellen mit den Sprunghöhen $h = 1$.

Der Ladestrom $i(t)$ eines Kondensators hat bei $t = 0$ eine Sprungstelle mit der Sprunghöhe $h = \frac{U}{R}$.

Beispiel 5.28: Die Funktionen $f(x) = \frac{1}{x}$ (vgl. Beispiel 5.10 und Bild 1.9) und $f(x) = \frac{1}{x^2}$ (vgl. Beispiel 5.14 und Bild 5.8) haben an der Stelle $x = 0$ Unendlichkeitsstellen.

Beispiel 5.29: Ein interessantes Verhalten zeigt die Funktion $f(x) = \exp\left(-\frac{1}{x}\right)$ in $x = 0$, denn es ist (Bild 5.12)

$$\lim_{x \to 0-} f(x) = \infty, \quad \lim_{x \to 0+} f(x) = 0.$$

Auch hier liegt eine Unstetigkeit 2. Art vor.

Beispiel 5.30: Die Funktion $f(x) = \sin \frac{1}{x}$ hat in $x = 0$ weder einen eigentlichen noch uneigentlichen einseitigen oder beidseitigen Grenzwert (Bild 5.3). Auch diese Unstetigkeit fällt in die Kategorie der Unstetigkeitsstellen 2. Art, obwohl $\sin \frac{1}{x}$ beschränkt ist.

5.7 Komplexwertige Funktionen

Für eine komplexwertige Funktion $z(t) = x(t) + jy(t)$ einer reellen Veränderlichen t wird der Grenzwert in Verträglichkeit mit der Bildung von Real- und Imaginärteil definiert,

$$\lim_{t \to t_0} z(t) := \lim_{t \to t_0} x(t) + j \lim_{t \to t_0} y(t). \qquad (5.48)$$

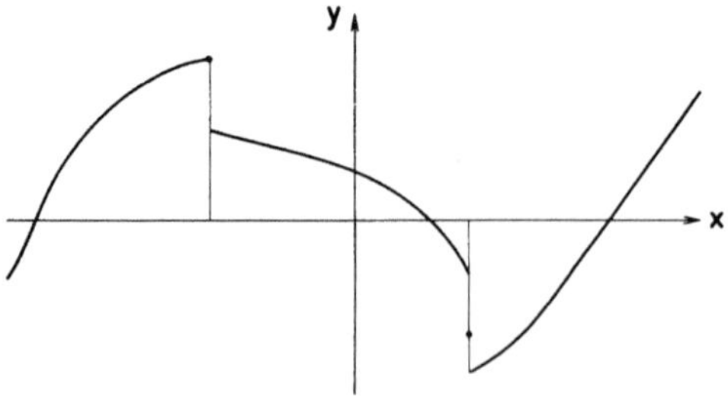

Bild 5.11

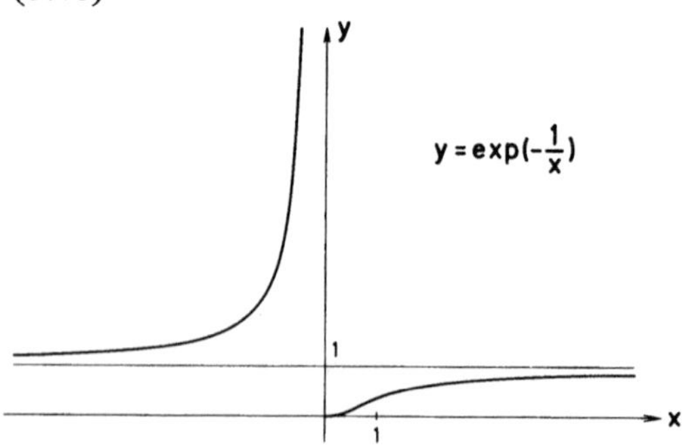

Bild 5.12

Der Grenzwert (5.48) existiert also genau dann, wenn die Grenzwerte von Real- und Imaginärteil existieren. Auf Grund dieser Definition bleiben alle Kriterien und Rechenregeln für Grenzwerte (ausgenommen jene, die die Ordnungsrelation $\leqslant$ enthalten) gültig, wenn man darin die reelle Funktion $y = f(x)$ durch die komplexe Funktion $z = z(t)$ mit t als der unabhängigen Veränderlichen ersetzt, da der Grenzwert komplexer Folgen ebenso in Verträglichkeit mit der Bildung von Real- und Imaginärteil erklärt wurde.

Die Funktion $z = z(t)$ der reellen Veränderlichen t heißt im Punkt t_0 stetig, wenn der Grenzwert (5.48) existiert, ebenso der Funktionswert $z(t_0)$ und beide übereinstimmen. Die komplexe Funktion $z = z(t)$ ist also genau dann im Punkt t_0 stetig, wenn der Realteil $x = x(t)$ und der Imaginärteil $y = y(t)$ in t_0 stetige Funktionen sind. Ist $z = z(t)$ in allen Punkten eines Intervalls I stetig – man sagt wieder, $z = z(t)$ ist auf I stetig –, so nennt man die Kurve, die der Endpunkt des Vektors $z(t)$ beschreibt, eine *stetige Kurve C*. Da mit dem Durchlaufsinn des Intervalls I auch ein Durchlaufsinn der Kurve *C* erklärt ist, spricht man auch von einer *orientierten* Kurve, für die man einen Anfangspunkt A und einen Endpunkt B vereinbart (Bild 5.13).

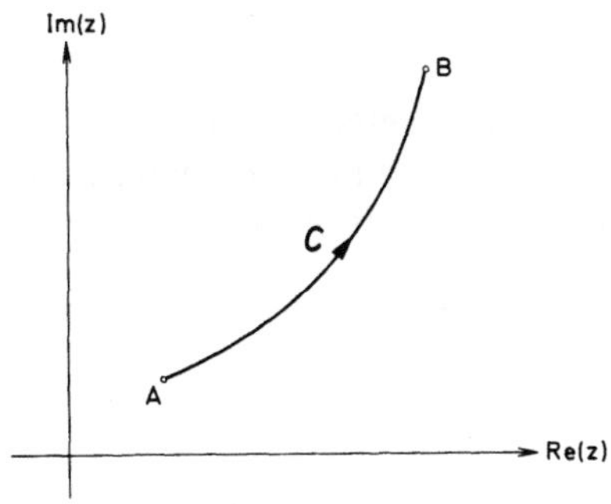

Bild 5.13

Beispiel 5.31: Die Funktion $z = e^{jt} = \cos t + j \sin t$, $0 \leqslant t \leqslant 2\pi$, ist auf $[0, 2\pi]$ stetig, denn die Funktionen $\cos t$ und $\sin t$ sind für alle t stetig. Die durch $z = e^{jt}$ dargestellte Kurve ist der Einheitskreis (vgl. (4.84)); wird das Intervall $[0, 2\pi]$ mit wachsendem t von 0 bis 2π durchlaufen, so wird dieser Kreis derart durchlaufen, daß das Innere stets „zur Linken" liegt.

Beispiel 5.32: Die Funktion $z = e^{(a + jb)t} = e^{at}(\cos bt + j \sin bt)$ ist für alle t stetig.

Beispiel 5.33: Die Funktion $z(t) = \ln(t - z_0)$, $z_0 = x_0 + jy_0$, $y_0 \neq 0$, ist bei beliebiger Wahl des Zweiges des Logarithmus für alle t stetig, denn der Realteil

$$\ln|t - z_0| = \frac{1}{2}\ln[t^2 - 2tx_0 + (x_0^2 + y_0^2)]$$

ist für alle t stetig, da der Ausdruck im Logarithmus wegen $y_0 \neq 0$ nicht 0 werden kann; ebenso ist der Imaginärteil, z.B. für $x_0 > 0$, $y_0 > 0$,

$$\arg(t - z_0) = \begin{cases} \arctan\dfrac{-y_0}{t - x_0} & \text{für } t > x_0 \\ -\dfrac{\pi}{2} & \text{für } t = x_0, \\ \arctan\dfrac{-y_0}{t - x_0} - \pi & \text{für } t < x_0 \end{cases}$$

für alle t stetig (Bild 5.14).

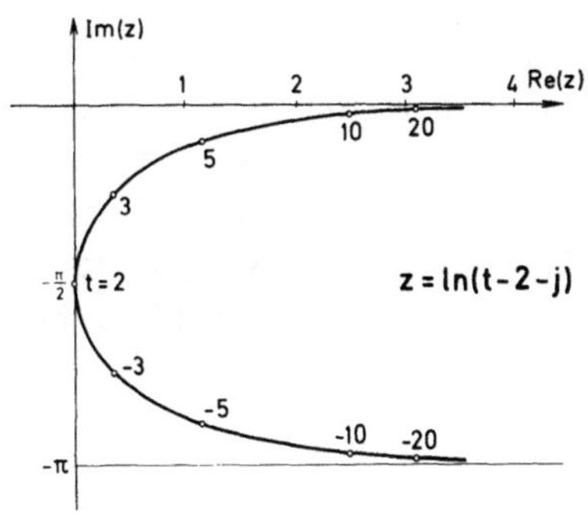

Bild 5.14

Die Möglichkeit, die (x, y)-Ebene mit der komplexen Ebene zu identifizieren, zeigt, daß die beiden stetigen Funktionen

$$x = x(t), \quad y = y(t), \quad t_1 \leqslant t \leqslant t_2, \tag{5.49}$$

eine stetige Kurve C der (x, y)-Ebene beschreiben. Man nennt (5.49) eine *Parameterdarstellung* der Kurve C und die Variable t den *Kurvenparameter*.

Die Parameterdarstellung ist i.a. eine günstigere Form zur Darstellung einer ebenen Kurve als „explizit" durch eine Gleichung $y = f(x)$. Man gelangt zwar von (5.49) auf die explizite Form, wenn man $x = x(t)$ nacht t auflöst, d.h. die Umkehrfunktion $t = t(x)$ berechnet, und in $y = y(t)$ einsetzt,

$$y = y(t) = y(t(x)) = f(x).$$

Dies ist aber nur dann möglich, wenn die Funktion $x = x(t)$ injektiv ist, so daß die Umkehrfunktion $t = t(x)$ existiert. Andernfalls erhält man für einzelne *Zweige* der Kurve verschiedene explizite Darstellungen, wie z.B. im Falle des Einheitskreises

$$y = f_1(x) = \sqrt{1 - x^2}, \quad y = f_2(x) = -\sqrt{1 - x^2}.$$

Eine besondere Stellung nehmen geschlossene Kurven ein. Für diese fällt der Anfangspunkt mit dem Endpunkt zusammen, so daß die die Kurve darstellenden Funktionen (5.49) der Bedingung

$$x(t_1) = x(t_2), \quad y(t_1) = y(t_2)$$

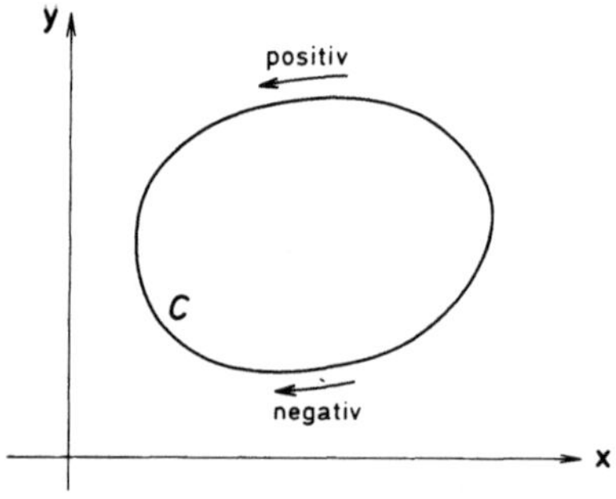

Bild 5.15

genügen. In Anlehnung an die Winkelmessung nennt man geschlossene Kurven *positiv orientiert,* wenn beim Durchlaufen das Innengebiet zur „Linken" liegt, denn dieser Durchlaufsinn entsteht, wenn ein Zeiger um einen Drehpol im Inneren der Kurve im positiven Sinn rotiert. Andernfalls heißt die geschlossene Kurve *negativ orientiert* (Bild 5.15).

Man sieht, daß eine Parameterdarstellung ein bequemes Mittel zur Darstellung ebener Kurven ist. Sie drängt sich auch auf natürliche Weise auf, wenn man an die ebene Bewegung eines Massenpunktes denkt. Die Bahnkurve des Massenpunktes kann dann durch zwei Funktionen (5.49) beschrieben werden, wobei der Parameter t die Zeit ist.

5.8 Übungsbeispiele

Man berechne die folgenden Grenzwerte:

1. $\lim\limits_{x\to 1} \dfrac{x^n - 1}{x - 1}$

2. $\lim\limits_{x\to 1} \left(\dfrac{n}{1-x^n} - \dfrac{m}{1-x^m}\right)$

3. $\lim\limits_{x\to 1} \dfrac{x^r - 1}{x^s - 1}$, r, s rational

4. $\lim\limits_{x\to \frac{\pi}{4}} \dfrac{\sin 2x - \cos 2x - 1}{\cos x - \sin x}$

5. $\lim\limits_{x\to -1} \dfrac{1 + \sqrt[3]{x}}{1 + \sqrt[5]{x}}$

6. $\lim\limits_{x\to 0} \dfrac{\sin x}{\sqrt{x}}$

7. $\lim\limits_{x\to 0} x \cot x$

8. $\lim\limits_{x\to 0} \dfrac{x^2}{\sin x} \sin \dfrac{1}{x}$

9. $\lim\limits_{x\to 0} \dfrac{\sin ax}{x}$

10. $\lim\limits_{x\to 0} \dfrac{\sin ax}{\tan bx}$

11. $\lim\limits_{x\to \infty} \left(\sqrt{x^2 + 1} - x\right)$

12. $\lim\limits_{x\to \infty} \dfrac{\sqrt[n]{1 + x} - 1}{x}$

13. $\lim\limits_{x\to \infty} \left(\sqrt[n]{(x + a_1)(x + a_2) \ldots (x + a_n)} - x\right)$

14. $\lim\limits_{x\to \infty} \dfrac{a^x}{1 + a^x}$, $a > 0$

15. $\lim\limits_{x\to 0+} \dfrac{1}{1 + e^{-1/x}}$

16. $\lim\limits_{x\to 0-} \dfrac{1}{1 + e^{-1/x}}$

17. $\lim\limits_{x\to 0} \dfrac{\sin(a + x) - \sin(a - x)}{x}$

18. $\lim\limits_{x\to 0} \dfrac{\sin(a + x) + \sin(a - x) - 2 \sin a}{x^2}$

19. $\lim\limits_{x\to \infty} \left(\sin\sqrt{x + 1} - \sin\sqrt{x}\right)$

20. $\lim\limits_{x\to 0} \dfrac{\sqrt[n]{\cos ax} - \sqrt[m]{\cos bx}}{x^2}$

21. Für welche Werte von a existiert der Grenzwert $\lim\limits_{x\to 0+} x^a \sin \dfrac{1}{x}$?

22. Man bestimme die reellen Parameter λ und μ so, daß gilt: $\lim\limits_{x\to \infty} \left(\sqrt[3]{1 - x^3} - \lambda x - \mu\right) = 0$.

Man berechne den Grenzwert der Folge (x_n):

23. $x_n = 2^n \sin \dfrac{a}{2^n}$

24. $x_n = n^2 \left(\sqrt{\cos \dfrac{a}{n}} - \sqrt{\cos \dfrac{b}{n}}\right)$, $0 < a, b < \dfrac{\pi}{2}$

Es sei die Funktion f auf dem Intervall I definiert. Man bestimme zu gegebenem $\epsilon > 0$ die größtmögliche Zahl $\delta > 0$, so daß die Aussage $|x - x_0| < \delta \Rightarrow |f(x) - f(x_0)| < \epsilon$ für beliebiges $x_0 \in I$ richtig ist.

Die Zahl δ ist von ϵ, im allgemeinen aber auch von der Stelle x_0 abhängig. Ist es möglich, eine *nur* von ϵ abhängige Zahl δ anzugeben, so daß die Aussage $|x - x_0| < \delta \Rightarrow |f(x) - f(x_0)| < \epsilon$ für *alle* $x_0 \in I$ richtig ist? Wenn ja, so gebe man eine an.

25. $f(x) = \dfrac{1}{x}$, $I = [a, 1]$, $0 < a < 1$

26. $f(x) = \dfrac{1}{x}$, $I =]0, 1[$

27. $f(x) = \dfrac{1}{1 + x^2}$, $I = [0, \infty[$

28. $f(x) = \arctan x$, $I =]-\infty, \infty[$

Die Funktion f(x) sei in einer Umgebung der Stelle x = 0 definiert, mit f(0) = 0. Man überprüfe, ob f(x) in x = 0 linksseitig stetig, rechtsseitig stetig beziehungsweise stetig ist und charakterisiere gegebenenfalls die Art der Unstetigkeit, wenn f(x) für $x \neq 0$ gegeben ist durch

29. $f(x) = \frac{\arctan x}{x}$ 30. $f(x) = \frac{x - |x|}{x}$ 31. $f(x) = x^a e^{-1/x^2}$, a reell

32. $f(x) = x^a \sin \frac{1}{x}$, a reell 33. $f(x) = \frac{1}{1 + 2^{1/x}}$ 34. $f(x) = x\left[\frac{1}{x}\right]$

35. $f(x) = \frac{1}{x}[x]$

Es sei die Funktion f in einer Umgebung der Stelle x_0 definiert, und zwar links von x_0 durch eine Formel $f(x) = f_1(x; a, b)$, rechts von x_0 durch eine Formel $f(x) = f_2(x; \alpha, \beta)$, worin a, b und α, β Parameter sind. Welche Beziehung muß zwischen diesen Parametern bestehen, damit die Funktion f an der Stelle x_0 stetig ist?

36. $f_1(x) = x^2 - 2ax + b$, $f_2(x) = \alpha x + \beta$, $x_0 = 1$
37. $f_1(x) = e^{-ax} + b$, $f_2(x) = \sin(x + \alpha)$, $x_0 = 0$
38. $f_1(x) = a \cos x + b \sin x + 1$, $f_2(x) = \alpha \cos x + \beta \sin x + 2$, $x_0 > 0$
39. Man zeige: Ist die Funktion f(x) (bezüglich x = 0) eine ungerade Funktion und ist f(x) in x = 0 stetig, so ist notwendig f(0) = 0.
40. Man zeige, daß die Gleichung $\tan x = \frac{1}{x}$ unendlich viele Lösungen $x_0, x_1, x_2, \ldots$ hat, für die $\lim\limits_{n\to\infty} \frac{x_n}{n\pi} = 1$ gilt.
Hinweis: Man beweise hierfür $n\pi < x_n < n\pi + 1$, n = 0, 1, 2, ...
41. Man skizziere in der z-Ebene den Verlauf der Kurve $z(t) = \ln(1 + \zeta)$, $\zeta = e^{jt}$, $-\pi < t < \pi$.

Es sei $z = f(\zeta)$ eine komplexe Funktion der komplexen Veränderlichen ζ. Bewegt sich die Variable ζ auf einem Kreis $|\zeta| = r$ einmal um den Koordinatenursprung herum, so durchläuft die Variable z gewisse Kurvenbögen. Wird für ζ und z der Hauptwert des Arguments vereinbart, so springt das Argument von ζ beim Passieren der negativen reellen Achse um -2π, das Argument von z hat (für die untenstehenden Funktionen) Sprungstellen, wobei die Summe der Sprunghöhen – Sprünge von größeren zu kleineren Werten sind negativ zu zählen! – bei einem Umlauf von ζ einen gewissen Wert δ hat. Vereinbart man eine stetige Änderung des Arguments von z und ζ, so ändert sich das Argument von ζ bei einem Umlauf auf dem Kreis $|\zeta| = r$ um 2π, das Argument von z um ebendenselben Wert δ. Man berechne δ für die folgenden Funktionen, in denen ν, μ reelle Parameter sind:

42. $f(\zeta) = \zeta^\nu$ 43. $f(\zeta) = \zeta^\nu(1 - \zeta)^\mu$, $r \neq 1$

44. Man berechne den Grenzwert $\lim\limits_{n\to\infty}\left(1 + \frac{jy}{n}\right)^n$ für eine beliebige reelle Zahl y.

45. Man berechne den Grenzwert $\lim\limits_{n\to\infty}\left(1 + \frac{z}{n}\right)^n$ für eine beliebige komplexe Zahl z.

Kapitel II Differentialrechnung

6 Differentialquotient und Differential

Die Infinitesimalrechnung – die Differential- und Integralrechnung – ist ein leuchtendes Beispiel dafür, wie Anschauung, Analyse durch den betrachtenden Verstand und Konstruktion durch die Mathematik vereint werden. Als sie im 17. Jahrhundert die entscheidenden Impulse durch den glanzvollen Diplomaten und Polyhistor *Gottfried Wilhelm Leibniz* (1646–1716) und den Physiker und Mathematiker *Isaac Newton* (1643–1727) erhielt, hatte sie bereits eine lange Entwicklungsgeschichte hinter sich; schon Archimedes muß als Vorläufer der modernen Integralrechnung angesehen werden, denn die von ihm verwendete „*Exhaustionsmethode*" zur Berechnung von Flächen- und Rauminhalten enthält mehr als ideenhaft die Ansätze zum bestimmten Integral.

Die Fortsetzung des Werkes der Astronomen *Johannes Kepler* (1571–1630) und *Galileo Galilei* (1564–1642) einerseits, geometrische Fragestellungen – vor allem das *Tangentenproblem* und das *Quadraturproblem* – andererseits, beherrschten zum überwiegenden Teil das mathematische Geschehen und die diesbezüglichen Entdeckungen im 17. Jahrhundert. Es ist das Verdienst Leibniz' sowie Newtons, die inneren Zusammenhänge des Tangentenproblems und des Quadraturproblems klar erkannt zu haben. Newton, angeregt durch seinen Lehrer *Isaac Barrow* (1630–1677), kommt mit der *Fluxionsrechnung*, über die er schon 1665 verfügte, wohl als erster in den Besitz des neuen Kalküls, er hat jedoch die Veröffentlichung lange hinausgezögert, ja sogar sein größtes Werk „*philosophiae naturalis principia mathematica*" (Die mathematischen Prinzipien der Naturwissenschaften), das zu den bedeutendsten Leistungen der Menschheitsgeschichte zu zählen ist, macht keinen Gebrauch davon, obwohl die Ergebnisse mit Hilfe seiner Fluxionsrechnung entstanden sind. Zehn Jahre später – das Zeichen $\int$ tritt bei Leibniz erstmals 1675 auf – entwickelte Leibniz über das Tangentenproblem (Differential) und das dazu inverse Quadraturproblem (Integral) die Grundzüge der modernen Differential- und Integralrechnung.[1])

Es ist heute unbestritten, daß Leibniz seine Methode ohne Kenntnis der Newtonschen Fluxionsrechnung entwickelte; der lange andauernde unselige Prioritätsstreit hat jedoch das Verhältnis zwischen Newton und Leibniz bereits in seinen Anfängen getrübt.

Der Leibnizsche Kalkül, wenn auch mangels des Grenzwertbegriffs nicht frei von unklaren Vorstellungen, hat kraft seiner genialen Symbolik der Differential- und Integralrechnung zum Durchbruch verholfen und ihre weiteren Erfolge begründet. Das Newtonsche Werk zeichnet sich vor allem auch durch die Klärung physikalischer und mechanischer Grundbegriffe wie der Geschwindigkeit usw. mittels der Infinitesimalrechnung aus. Sein Werk

---

1) Während der Name *Differential* auf Leibniz selbst zurückgeht, ist das Wort *Integral* einer Anregung von *Johann Bernoulli* zu danken; Leibniz verwendet zunächst die Bezeichnung *summa* (Summe).

„philosophiae naturalis principia mathematica“ war für die weiteren Forschungen von grundlegender Bedeutung; in diesem ist auch die Bestätigung der drei Keplerschen Gesetze auf analytischem Weg enthalten.

6.1 Ableitung und Differentialquotient

Das Tangentenproblem besteht in der Aufgabe, an eine Kurve, die durch eine Funktion f analytisch gegeben ist, die Tangente zu legen.

Der Begriff der Tangente bedarf zunächst einer Klärung. Wenn wir der geometrischen Anschauung folgen, so zeichnet sich die Tangente von allen durch P_0 gehenden Geraden dadurch aus, daß sie sich an die Kurve in P_0 „anschmiegt“. Darin ist schon enthalten, daß die Tangente durch einen Grenzprozeß zu definieren ist: Betrachtet man eine beliebige durch die Kurvenpunkte $P_0(x_0, f(x_0))$ und $P(x, f(x))$ gehende Sekante, so ist die Grenzlage dieser Sekante, die man durch unbegrenzte Annäherung des Punktes P an den Punkt P_0 erhält, jene Gerade, die die zunächst anschaulichen Forderungen an die Tangente erfüllt: Jede andere Gerade durch P_0 schneidet die Kurve in diesem Punkt, sie schmiegt sich ihr nicht an (Bild 6.1). Ist nun α der Winkel, den die Sekante mit der positiven Richtung der x-Achse einschließt, α_0 der Anstieg der Tangente, so ergibt sich aus der Stetigkeit der Tangens-Funktion

$$\tan \alpha_0 = \lim_{P \to P_0} \tan \alpha.$$

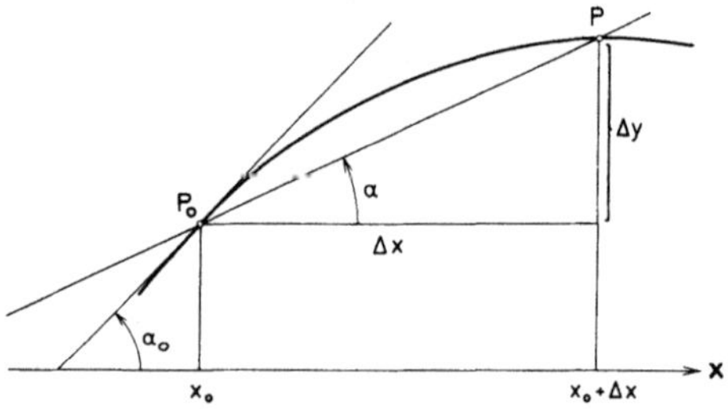

Bild 6.1

Den Anstieg der Sekante können wir nun auch aus der Gleichung $y = f(x)$ der Kurve ermitteln,

$$\tan \alpha = \frac{f(x) - f(x_0)}{x - x_0},$$

oder, wenn

$$\Delta y = y - y_0 = f(x) - f(x_0), \quad \Delta x = x - x_0$$

gesetzt wird, durch den *Differenzenquotienten*

$$\tan \alpha = \frac{\Delta y}{\Delta x}.$$

Da die Existenz einer Tangente in P_0 zumindest die Stetigkeit von f in x_0 erfordert, ist die unbegrenzte Annäherung von P an P_0 mit dem Grenzübergang $x \to x_0$ gleichbedeutend, so daß der Grenzwert des Differenzenquotienten für $x \to x_0$,

$$\tan \alpha_0 = \lim_{x \to x_0} \frac{f(x) - f(x_0)}{x - x_0},$$

den gesuchten Anstieg der Tangente in P_0 ergibt. Da $x \to x_0$ gerade $\Delta x \to 0$ bedeutet, kann er auch in der Form

$$\lim_{\Delta x \to 0} \frac{f(x_0 + \Delta x) - f(x_0)}{\Delta x} = \lim_{\Delta x \to 0} \frac{\Delta y}{\Delta x} \tag{6.1}$$

geschrieben werden.

Definition 6.1 Der Grenzwert (6.1) heißt die *Ableitung* der Funktion f an der Stelle x_0,

$$f'(x_0) := \lim_{x \to x_0} \frac{f(x) - f(x_0)}{x - x_0}, \tag{6.2}$$

oder der *Differentialquotient* „dy *nach* dx“

$$\frac{dy}{dx} = \lim_{\Delta x \to 0} \frac{\Delta y}{\Delta x}. \tag{6.3}$$

Existiert die Ableitung von f an der Stelle x_0, so heißt f in x_0 differenzierbar.

In der mathematischen Praxis verwendet man auch gern die Schreibweise mit dem Inkrement $h = \Delta x = x - x_0$,

$$f'(x_0) = \lim_{h \to 0} \frac{f(x_0 + h) - f(x_0)}{h}.$$

Die von *Joseph Louis Lagrange* (1736–1813) stammende Bezeichnung $f'(x_0)$ oder $y'(x_0)$ ist insofern glücklich gewählt, als in ihr die Abhängigkeit der Ableitung von der Stelle x_0 zum Ausdruck kommt. Sie empfiehlt sich naturgemäß dann, wenn man die durch Differentiation von f entstandene Funktion $f' : x \to f'(x)$, die man gleichfalls die Ableitung von f nennt,[1)] betrachtet.

Die Leibnizsche Notation (6.3) erweist sich vor allem in Hinblick auf das Rechnen mit Ableitungen, dem „Differential“-Kalkül, als besonders vorteilhaft; soll die Abhängigkeit von der Stelle x_0 eigens gekennzeichnet werden, so verwendet man auch die Symbolik

$$\left.\frac{dy}{dx}\right|_{x = x_0}.$$

In der Physik bedient man sich mit Vorliebe der Leibnizschen Differentialschreibweise, da in den Anwendungen das Interesse weniger dem funktionalen Zusammenhang als vielmehr den Größen selbst gilt, die im Differentialquotienten (6.3) ja symbolhaft enthalten sind.

Das Symbol $\frac{dy}{dx}$ für die Ableitung ist zunächst *nicht* als Quotient von Größen dy und dx im algebraischen Sinn aufzufassen; es soll vielmehr zum Ausdruck bringen, daß die Ableitung als Grenzwert des Differenzenquotienten $\frac{\Delta y}{\Delta x}$ für $\Delta x \to 0$ entsteht, nachdem durch geeignete Umformungen der Bruch $\frac{\Delta y}{\Delta x}$ durch die Differenz Δx gekürzt wurde, so

1) Der Begriff Ableitung bezeichnet also je nach dem Zusammenhang eine reelle Zahl (den Wert $f'(x)$ der Ableitung an der Stelle x) oder eine Funktion.

daß der anschließende Grenzübergang $\Delta x \to 0$ in praxi durchgeführt werden kann – ohne eine solche Vorarbeit würde der Grenzübergang zum sinnlosen Ausdruck $\frac{0}{0}$ führen. Für all dies steht die formale Ersetzung des Differenzsymbols Δ im Differenzenquotienten $\frac{\Delta y}{\Delta x}$ durch den Buchstaben d.

In eben diesem Sinn ist das Operationssymbol „d *nach* dx",

$$\frac{d}{dx}, \tag{6.4}$$

zu verstehen. Ist $y = f(x)$, so erinnert in

$$\frac{d}{dx} f(x) = \frac{dy}{dx}$$

der „Zähler" d daran, daß die Differenz $\Delta y = f(x + \Delta x) - f(x)$ zu bilden ist, der „Nenner" dx an die Division von Δy durch Δx und den anschließenden Grenzübergang $\Delta x \to 0$.

Wenn auch, wie erwähnt, der Differentialquotient $\frac{dy}{dx}$ nicht als Quotient zu verstehen ist, so kann man mit ihm in gewissem Sinne tatsächlich so umgehen, als handle es sich um einen wirklichen Quotienten von Größen dy und dx. Darin zeigt sich auch die Kraft der Leibnizschen „Differential"-Schreibweise, vor allem auch in der Physik, für die sie ein nahezu unentbehrliches Werkzeug zur Beschreibung physikalischer Zusammenhänge darstellt. Wir gehen an späterer Stelle darauf ein (vgl. Abschnitt 6.8 und Abschnitt 13.5).

Beispiel 6.1: Sei $y = f(x) = x^2$. Zur Berechnung der Ableitung an der Stelle x_0 ist der Differenzenquotient

$$\frac{f(x_0 + h) - f(x_0)}{h} = \frac{(x_0 + h)^2 - x_0^2}{h} = \frac{2hx_0 + h^2}{h}$$

zu bilden. Wenn man h kürzt, so wird

$$\frac{f(x_0 + h) - f(x_0)}{h} = 2x_0 + h,$$

und der Grenzübergang $h \to 0$ läßt sich glatt durchführen,

$$f'(x_0) = \lim_{h \to 0} (2x_0 + h) = 2x_0.$$

Da dies für jede Stelle x_0 gilt, ist die Ableitung f' von f, als Funktion betrachtet, durch die Zuordnung $f'(x) = 2x$ gegeben.

Da der Anstieg der Tangente an die Kurve $y = f(x)$ im Punkt P_0 durch die Ableitung $\tan\alpha_0 = f'(x_0)$ gegeben ist, resultiert

$$y = f(x_0) + f'(x_0)(x - x_0) \tag{6.5}$$

als Gleichung der Tangente.

Die Existenz der Tangente – eine geometrische Eigenschaft – kommt analytisch in einem charakteristischen Verhalten der Funktion f in einer Umgebung von x_0 zum Ausdruck. Setzt man

$$f'(x_0) = a, \quad \epsilon(h) = \frac{f(x_0 + h) - f(x_0)}{h} - a, \quad h \neq 0,$$

was der Darstellung

$$f(x_0 + h) = f(x_0) + ah + h\,\epsilon(h) \tag{6.6}$$

gleichkommt, so zieht die Definition (6.2) der Ableitung die Grenzwertbeziehung

$$\lim_{h \to 0} \epsilon(h) = 0 \tag{6.7}$$

nach sich. Wenn umgekehrt für eine beliebige Funktion f eine Darstellung (6.6) für ein gewisses a derart möglich ist, daß (6.7) gilt, so folgt die Existenz des Grenzwertes

$$f'(x_0) = \lim_{h \to 0} \frac{f(x_0 + h) - f(x_0)}{h} = \lim_{h \to 0} [a + \epsilon(h)] = a + \lim_{h \to 0} \epsilon(h) = a,$$

mit anderen Worten die Differenzierbarkeit von f an der Stelle x_0 mit der Ableitung $f'(x_0) = a$. Wir haben damit bewiesen:

Satz 6.1 *Die Funktion* f *ist an der Stelle* x_0 *genau dann differenzierbar, wenn es eine reelle Zahl* a *und eine Funktion* $\epsilon(h)$ *gibt, so daß* (6.6) *und* (6.7) *erfüllt ist. Es ist dann* $a = f'(x_0)$.

Vergleicht man (6.6) für $h = x - x_0$ mit der Gleichung der Tangente, so folgt, wenn $Y = f(x_0) + (x - x_0)\,f'(x_0)$ die Ordinate der Tangente, $y = f(x)$ die Ordinate der Kurve bezeichnet,

$$y - Y = (x - x_0)\,\epsilon(x - x_0).$$

Dies zieht, wie nicht anders zu erwarten war, $\lim_{x \to x_0} (y - Y) = 0$ nach sich; nicht aber dieser Grenzwert ist charakteristisch für die Differenzierbarkeit von f an der Stelle x_0 – der Existenz der Tangente –, sondern *wie schnell* $y - Y$ diesem Grenzwert zustrebt: man sagt, von *höherer als erster Ordnung,* weil $y - Y$ stärker gegen 0 geht als $x - x_0$, was in

$$\lim_{x \to x_0} \frac{y - Y}{x - x_0} = \lim_{x \to x_0} \epsilon(x - x_0) = 0 \tag{6.8}$$

zum Ausdruck kommt. Man nennt den Ausdruck

$$f(x_0) + f'(x_0)\,(x - x_0) \tag{6.9}$$

den *linearen Anteil von* f *an der Stelle* x_0; ersetzt man in einer Umgebung der Stelle x_0 die Funktion f durch den Ausdruck (6.9), so wird der Fehler dabei von höherer als erster Ordnung klein. Man kann sagen, *daß sich eine differenzierbare Funktion lokal wie eine lineare Funktion verhält* (Bild 6.2).

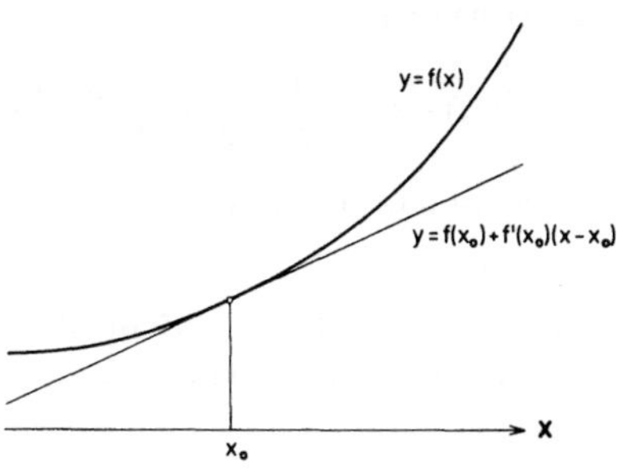

Bild 6.2

Wir erwähnten schon, daß die Stetigkeit eine selbstverständliche Voraussetzung für die Existenz der Tangente ist; dies geht auch unmittelbar aus (6.6) hervor,

$$\lim_{x \to x_0} f(x) = \lim_{h \to 0} f(x_0 + h) = \lim_{h \to 0} [f(x_0) + f'(x_0)h + h\epsilon(h)] = f(x_0).$$

Satz 6.2 *Jede in* x_0 *differenzierbare Funktion ist in* x_0 *stetig.*

Man hüte sich aber davor, aus der Stetigkeit auf die Differenzierbarkeit zu schließen! Die Funktion $f(x) = |x|$ ist zwar im Ursprung stetig, die Kurve $y = |x|$ hat dort aber keine Tangente (Bild 1.12).

6.2 Der Differentialquotient in Physik und Mechanik

Eine für die Anwendung sehr wichtige Interpretation des Differentialquotienten als „Änderung pro Zeiteinheit" erhält man im Falle zeitlich veränderlicher Größen. Die folgenden Betrachtungen mögen dies aufzeigen.

Wir studieren die Bewegung eines Punktes auf der x-Achse. Die Funktion $x = x(t)$ beschreibe die Lage des Punktes auf der x-Achse zum Zeitpunkt t. Verläuft die Bewegung gleichförmig, d.h. ist das Verhältnis

$$\frac{\Delta x}{\Delta t} = \frac{x(t_2) - x(t_1)}{t_2 - t_1}$$

der zurückgelegten Wegstrecke Δx zur dazu benötigten Zeit Δt konstant, so stellt der Quotient $\frac{\Delta x}{\Delta t}$ ein Maß für die Schnelligkeit der Bewegung dar, das die *Geschwindigkeit* v genannt wird. Im allgemeinen Fall hängt der Differenzenquotient $\frac{\Delta x}{\Delta t}$ von t_1 und t_2 ab und kann als *mittlere Geschwindigkeit* im Zeitintervall $[t_1, t_2]$ aufgefaßt werden, denn ein fiktiver zweiter Punkt, der zur Zeit t_1 dieselbe Lage hat und sich mit dieser Geschwindigkeit gleichförmig bewegt, erreicht zum Zeitpunkt t_2 denselben Ort. Der Grenzwert des Differenzenquotienten $\frac{\Delta x}{\Delta t}$,

$$v(t_1) = \dot{x}(t_1) = \left.\frac{dx}{dt}\right|_{t = t_1} = \lim_{\Delta t \to 0} \frac{\Delta x}{\Delta t}, \tag{6.10}$$

heißt die *Momentangeschwindigkeit* des Punktes zum Zeitpunkt t_1. Bei dieser Gelegenheit haben wir die Newtonsche Schreibweise für die Ableitung durch einen über die abzuleitende Größe gesetzten Punkt eingeführt. Sie wird vor allem in der Mechanik für Ableitungen nach der Zeit verwendet.

Beispiel 6.2: Aus dem Gesetz des freien Falles $s = s(t) = \frac{g}{2} t^2$ erhält man durch Differentiation die Fallgeschwindigkeit

$$v(t) = \dot{s}(t) = \frac{ds}{dt} = \lim_{\Delta t \to 0} \frac{s(t + \Delta t) - s(t)}{\Delta t} = \lim_{\Delta t \to 0} g\left(t + \frac{\Delta t}{2}\right) = gt.$$

Sie wächst proportional mit der Zeit.

Auf ähnliche Weise wird in der Elektrotechnik der Begriff der *Stromstärke als Ladungsänderung* in der Zeiteinheit erklärt. Wir denken uns einen Leiter und fixieren einen Querschnitt A; $q(t)$ sei die gesamte durch A bis zum Zeitpunkt t hindurchgeflossene

Elektrizitätsmenge. Fließt in gleichen Zeitabständen Δt durch A stets die gleiche Elektrizitätsmenge Δq, so ist der Quotient

$$I = \frac{\Delta q}{\Delta t} = \frac{q(t + \Delta t) - q(t)}{\Delta t} \tag{6.11}$$

konstant, man spricht von einem *Gleichstrom* und nennt das Verhältnis I seine *Stromstärke.* Andernfalls stellt der Differenzenquotient (6.11) lediglich einen mittleren Wert für die Stromstärke dar; der Grenzwert

$$i(t) = \lim_{\Delta t \to 0} \frac{\Delta q}{\Delta t} = \frac{dq}{dt} \tag{6.12}$$

heißt der *Momentanwert* der Stromstärke.

Für einen Kondensator der Kapazität C ist

$$C u = q$$

der Zusammenhang zwischen Ladung q und Potentialdifferenz u; zufolge (6.12) ist

$$i(t) = C \frac{du}{dt} \tag{6.13}$$

der Zusammenhang zwischen Stromstärke und dem Spannungsabfall (der Potentialdifferenz) am Kondensator.

Von ebenso grundlegender Bedeutung ist in der Elektrotechnik die zeitliche Änderung des magnetischen Flusses $\Phi(t)$, der durch einen Strom $i(t)$ hervorgerufen wird, wobei im einfachsten Fall (ideale Luftdrossel) die Proportionalität

$$\Phi(t) = L\, i(t)$$

besteht. Die zeitliche Änderung $\frac{d\Phi}{dt}$ des Flusses bewirkt, daß in der Spule eine gegen die Spannung wirkende elektromotorische Kraft e induziert wird, die proportional der Flußänderung ist,

$$e = -\frac{d\Phi}{dt}.$$

Wenn wir voraussetzen, daß die Wicklung der Spule keinen ohmschen Widerstand hat, so ist

$$u = -e = L \frac{di}{dt} \tag{6.14}$$

der Spannungsabfall an der Spule. Die positive Konstante L heißt der *Selbstinduktionskoeffizient* oder die *Induktivität* der Spule. Unter Berücksichtigung des ohmschen Widerstandes R der Wicklung ist mit $u = Ri$

$$u(t) = R i(t) + L \frac{di(t)}{dt}$$

der Spannungsabfall an der Spule.

6.3 Allgemeine Regeln der Differentiation

Die Differentiation von Funktionen wäre aus der Sicht der mathematischen und technischen Praxis ein mühsamer Vorgang, müßte man die Ableitung stets als Grenzwert des Differenzenquotienten ermitteln. Wir stellen im folgenden die grundlegenden Differentiationsregeln zusammen, die vor allem auch der Bedeutung der elementaren Funktionen Rechnung tragen; durch entsprechende Kombination dieser Regeln gelingt es, die Ableitungen komplizierterer Funktionen zu ermitteln.

Ableitung einer Konstanten. Ist $y = f(x) = c$ konstant, so ist

$$\frac{\Delta y}{\Delta x} = \frac{c - c}{\Delta x} = 0,$$

so daß stets

$$\frac{d}{dx}c = \frac{dc}{dx} = 0 \tag{6.15}$$

gilt: Die Ableitung einer Konstanten ist Null, was auch geometrisch einleuchtend ist.

Ableitung einer Potenz. Ist n eine natürliche Zahl und $y = f(x) = x^n$, so ist

$$\frac{\Delta y}{\Delta x} = \frac{f(x+h) - f(x)}{h} = \frac{(x+h)^n - x^n}{h} = \frac{1}{h}\left[\sum_{k=0}^{n}\binom{n}{k}x^{n-k}h^k - x^n\right]$$

$$= \frac{1}{h}\sum_{k=1}^{n}\binom{n}{k}x^{n-k}h^k = \binom{n}{1}x^{n-1} + h[\ldots],$$

woraus durch Grenzübergang $h \to 0$ die Regel

$$\frac{d}{dx}x^n = n \cdot x^{n-1} \tag{6.16}$$

folgt.

Ableitung einer Summe. Ist $f(x)$ differenzierbar und c eine reelle Zahl, so gilt für $g(x) = c \cdot f(x)$

$$\frac{\Delta g}{\Delta x} = \frac{c \cdot f(x+h) - c \cdot f(x)}{h} = c\,\frac{\Delta f}{\Delta x},$$

so daß auch die Funktion $g = c \cdot f$ differenzierbar ist mit der Ableitung

$$\frac{d}{dx}(c \cdot f) = c\,\frac{df}{dx}. \tag{6.17}$$

Sind die Funktionen f_1 und f_2 differenzierbar, so gilt mit $g = f_1 + f_2$

$$\frac{\Delta g}{\Delta x} = \frac{\Delta(f_1 + f_2)}{\Delta x} = \frac{\Delta f_1 + \Delta f_2}{\Delta x} = \frac{\Delta f_1}{\Delta x} + \frac{\Delta f_2}{\Delta x},$$

so daß aus der Rechenregel (5.5) für Grenzwerte die *Summenregel*

$$\frac{d}{dx}(f_1 + f_2) = \frac{df_1}{dx} + \frac{df_2}{dx} = f_1' + f_2' \tag{6.18}$$

folgt. Kombiniert man dieses Ergebnis mit (6.17), so erhält man

$$\frac{d}{dx}(c_1 f_1 + c_2 f_2) = c_1 \frac{df_1}{dx} + c_2 \frac{df_2}{dx} = c_1 f_1' + c_2 f_2', \tag{6.19}$$

und insbesondere durch Induktion

$$\frac{d}{dx} \sum_{k=1}^{n} c_k f_k(x) = \sum_{k=1}^{n} c_k \frac{df_k}{dx} = \sum_{k=1}^{n} c_k f_k'. \tag{6.20}$$

Beispiel 6.3: Sei $f(x) = x^3 + 3x^2 - 5x + 2$. Aus $\frac{d}{dx} x^3 = 3x^2$, $\frac{d}{dx}(3x^2) = 3 \cdot 2x = 6x$, $\frac{d}{dx}(-5x) = -5$, $\frac{d}{dx}(-2) = 0$ ergibt sich

$$f'(x) = 3x^2 + 6x - 5.$$

Beispiel 6.4: Ein Polynom

$$p(x) = \sum_{k=0}^{n} a_k x^k = a_0 + a_1 x + \ldots + a_n x^n$$

ist differenzierbar mit der Ableitung

$$p'(x) = \sum_{k=1}^{n} a_k k\, x^{k-1} = a_1 + 2a_2 x + 3a_3 x^2 + \ldots + n\, a_n x^{n-1}.$$

Ableitung eines Produktes. Sind f und g differenzierbare Funktionen, so gilt mit $h = f \cdot g$

$$\frac{\Delta h}{\Delta x} = \frac{f(x + \Delta x)\, g(x + \Delta x) - f(x)\, g(x)}{\Delta x} =$$

$$= \frac{[f(x+\Delta x) - f(x)]\, g(x+\Delta x) + [g(x+\Delta x) - g(x)]\, f(x)}{\Delta x} = g(x+\Delta x) \frac{\Delta f}{\Delta x} + f(x) \frac{\Delta g}{\Delta x},$$

woraus durch Grenzübergang $\Delta x \to 0$ die sogenannte *Produktregel*

$$\frac{d}{dx}(f \cdot g) = f \frac{dg}{dx} + g \frac{df}{dx} = fg' + gf' \tag{6.21}$$

folgt, da $\lim g(x + \Delta x) = g(x)$ auf Grund der durch die Differenzierbarkeit gesicherten Stetigkeit von g ist.

Ableitung eines Quotienten. Ist f in einer Umgebung von x von Null verschieden und in x differenzierbar, so gilt

$$\frac{\Delta\left(\frac{1}{f}\right)}{\Delta x} = \frac{\frac{1}{f(x+h)} - \frac{1}{f(x)}}{h} = \frac{f(x) - f(x+h)}{h} \, \frac{1}{f(x)\, f(x+h)} = -\frac{\Delta f}{\Delta x} \, \frac{1}{f(x)\, f(x+h)};$$

da f in x auch stetig ist, ergibt der Grenzübergang $h = \Delta x \to 0$

$$\frac{d\left(\frac{1}{f}\right)}{dx} = -\frac{1}{f^2} \frac{df}{dx} = -\frac{f'}{f^2}. \tag{6.22}$$

Beispiel 6.5: Ist $f(x) = x^n$, so gilt auf Grund von (6.16) und (6.22)

$$\frac{d}{dx} x^{-n} = -\frac{1}{x^{2n}} n x^{n-1} = -n x^{-n-1}.$$

Dies besagt, daß die Regel (6.16) für jede ganze Zahl gilt.

Ist $h(x) = \frac{g(x)}{f(x)} = g(x) \cdot \frac{1}{f(x)}$, so führt die Regel (6.22) zusammen mit der Produktregel (6.21) auf die *Quotientenregel*

$$\frac{d}{dx}\left(\frac{g}{f}\right) = \frac{1}{f}\frac{dg}{dx} - g\frac{1}{f^2}\frac{df}{dx} = \frac{fg' - gf'}{f^2}. \tag{6.23}$$

Beispiel 6.6: Ist $g(x) = 2x^4 + x$, $f(x) = x^2 - 1$ und

$$q(x) = \frac{g(x)}{f(x)} = \frac{2x^4 + x}{x^2 - 1},$$

so ergibt die Quotientenregel

$$q'(x) = \frac{(8x^3 + 1)(x^2 - 1) - 2x(2x^4 + x)}{(x^2 - 1)^2} = \frac{4x^5 - 8x^3 - x^2 - 1}{(x^2 - 1)^2}.$$

Mit Hilfe der bisherigen Regeln lassen sich die Ableitungen beliebiger rationaler Funktionen berechnen.

Ableitung der Exponentialfunktion. Der Differenzenquotient der Exponentialfunktion $y = f(x) = a^x$ für eine beliebige Stelle x lautet

$$\frac{\Delta y}{\Delta x} = \frac{a^{x + \Delta x} - a^x}{\Delta x} = a^x \frac{a^{\Delta x} - 1}{\Delta x}.$$

Zur Bestimmung dieses Grenzwertes für $\Delta x \to 0$ gehen wir von

$$\lim_{h \to 0} \frac{\log_a(1 + h)}{h} = \lim_{h \to 0} \log_a(1 + h)^{\frac{1}{h}} = \log_a\left[\lim_{h \to 0}(1 + h)^{\frac{1}{h}}\right]$$

aus, wobei eine Vertauschung von lim mit $\log_a$ auf der rechten Seite wegen der Stetigkeit des Logarithmus möglich ist. Wir zeigen

$$\lim_{h \to 0}(1 + h)^{\frac{1}{h}} = e, \tag{6.24}$$

woraus

$$\lim_{h \to 0} \frac{\log_a(1 + h)}{h} = \log_a e = \frac{1}{\ln a}$$

folgt (vgl. (3.16)) und schließlich, wenn man $\Delta x = \log_a(1 + h)$ setzt,

$$\lim_{\Delta x \to 0} \frac{a^{\Delta x} - 1}{\Delta x} = \lim_{h \to 0} \frac{h}{\log_a(1 + h)} = \frac{1}{\log_a e} = \ln a,$$

so daß die Differentiationsregel

$$\frac{d}{dx} a^x = a^x \ln a \tag{6.25}$$

resultiert und als Spezialfall für a = e

$$\frac{d}{dx} e^x = e^x. \tag{6.26}$$

In dieser Proportionalität von Wachstum $\frac{da^x}{dx}$ und Funktionswert a^x ist die Bedeutung der allgemeinen Exponentialfunktion für die Physik und die Technik begründet, wo dieser Sachverhalt meist in Form von Differentialgleichungen auftritt. (6.26) erklärt auch das gegenüber den Potenzfunktionen erheblich schnellere Wachstum der Exponentialfunktion (vgl. (5.33) und (5.36)).

Zum Beweis des Grenzwerts (6.24) betrachten wir eine beliebige Folge (x_n) mit $x_n \neq 0$ und $\lim x_n = 0$. Wir können ohne Beschränkung der Allgemeinheit voraussetzen, daß $|x_n| \leqslant 1$ ist. Wenn wir zunächst den Fall $x_n > 0$ voraussetzen, so ist die Folge (y_n) mit $y_n = \frac{1}{x_n}$ bestimmt divergent gegen ∞. Aus

$$[y_k] = n_k \leqslant y_k < n_k + 1$$

folgt auch $\lim n_k = \infty$ und

$$1 + \frac{1}{n_k + 1} < 1 + x_k = 1 + \frac{1}{y_k} \leqslant 1 + \frac{1}{n_k},$$

so daß

$$\left[1 + \frac{1}{n_k + 1}\right]^{n_k} < [1 + x_k]^{\frac{1}{x_k}} = \left[1 + \frac{1}{y_k}\right]^{y_k} < \left[1 + \frac{1}{n_k}\right]^{n_k + 1}$$

bzw.

$$\frac{1}{1 + \frac{1}{n_k + 1}} \left[1 + \frac{1}{n_k + 1}\right]^{n_k + 1} < [1 + x_k]^{\frac{1}{x_k}} < \left[1 + \frac{1}{n_k}\right]^{n_k} \left[1 + \frac{1}{n_k}\right]$$

folgt. Mit Hilfe des Vergleichskriteriums (Satz 2.14) schließen wir nun auf

$$\lim_{h \to 0+} (1 + h)^{\frac{1}{h}} = e,$$

da die Folgen auf der linken und rechten Seite der letzten Doppelungleichung das Produkt einer gegen 1 konvergenten Folge mit einer Teilfolge der gegen e konvergierenden Folge $\left(1 + \frac{1}{n}\right)^n$ sind. Aus der Umformung

$$(1 - h)^{-\frac{1}{h}} = \left[\frac{1}{1 - \frac{h}{h - 1}}\right]^{-\frac{1}{h}} = \left[\frac{1}{1 + \frac{h}{1 - h}}\right]^{\frac{h - 1}{h}} \frac{1}{1 - h}$$

geht nun hervor, daß auch der linksseitige Grenzwert existiert und gleich e ist, da er durch diese Umformung und die Substitution $h' = \frac{h}{1 - h}$ auf den rechtsseitigen Grenzwert zurückgeführt wird.

Beispiel 6.7: Mit Hilfe der Produktregel (6.21) berechnet sich die Ableitung von $f(x) = xe^x$ zu

$$f'(x) = 1 \cdot e^x + x \frac{d}{dx} e^x = e^x + x \cdot e^x = (x+1)e^x.$$

Ist $p(x)$ ein Polynom und $f(x) = p(x) \cdot e^x$, so ist

$$f'(x) = p'(x)\,e^x + p(x)\,e^x = q(x)e^x,$$

worin $q(x) = p'(x) + p(x)$ wieder ein Polynom ist.

Ableitung der Hyperbelfunktionen. Aus

$$\frac{d}{dx} e^{-x} = \frac{d}{dx} \frac{1}{e^x} = -\frac{e^x}{e^{2x}} = -e^{-x}$$

folgt

$$\frac{d}{dx} \cosh x = \frac{d}{dx} \frac{e^x + e^{-x}}{2} = \frac{1}{2}(e^x - e^{-x}) = \sinh x \tag{6.27}$$

und

$$\frac{d}{dx} \sinh x = \frac{d}{dx} \frac{e^x - e^{-x}}{2} = \frac{1}{2}(e^x + e^{-x}) = \cosh x. \tag{6.28}$$

Durch Anwendung der Quotientenregel erhält man mit Hilfe dieser Ergebnisse

$$\frac{d}{dx} \tanh x = \frac{\cosh^2 x - \sinh^2 x}{\cosh^2 x} = \frac{1}{\cosh^2 x} = 1 - \tanh^2 x \tag{6.29}$$

und

$$\frac{d}{dx} \coth x = \frac{\sinh^2 x - \cosh^2 x}{\sinh^2 x} = -\frac{1}{\sinh^2 x} = 1 - \coth^2 x. \tag{6.30}$$

Ableitung der trigonometrischen Funktionen. Zur Berechnung der Ableitung von $y = \sin x$ an der Stelle x bilden wir den Differenzenquotienten

$$\frac{\Delta y}{\Delta x} = \frac{\sin(x + \Delta x) - \sin x}{\Delta x},$$

der sich mit Hilfe von (3.41) für $x + \Delta x$ anstatt x und $-x$ anstatt y zu

$$\frac{\Delta y}{\Delta x} = 2\,\frac{\sin \frac{1}{2}\Delta x}{\Delta x} \cos\left(x + \frac{\Delta x}{2}\right)$$

umformen läßt. Da auf Grund von (5.2)

$$1 = \lim_{h \to 0} \frac{\sin h}{h} = \lim_{\frac{\Delta x}{2} \to 0} \frac{\sin \frac{1}{2}\Delta x}{\frac{\Delta x}{2}} = \lim_{\Delta x \to 0} \frac{\sin \frac{1}{2}\Delta x}{\frac{\Delta x}{2}}$$

ist, ergibt sich

$$\lim_{\Delta x \to 0} \frac{\Delta y}{\Delta x} = \lim_{h \to 0} \frac{\sin h}{h} \cos(x+h) = \lim_{h \to 0} \frac{\sin h}{h} \lim_{h \to 0} \cos(x+h) = \cos x,$$

also

$$\frac{d}{dx}\sin x = \cos x. \tag{6.31}$$

Auf dieselbe Weise findet man

$$\frac{d}{dx}\cos x = -\sin x. \tag{6.32}$$

Schließlich wird mit Hilfe der Quotientenregel

$$\frac{d}{dx}\tan x = \frac{1}{\cos^2 x} = 1 + \tan^2 x \tag{6.33}$$

und

$$\frac{d}{dx}\cot x = -\frac{1}{\sin^2 x} = -(1 + \cot^2 x). \tag{6.34}$$

6.4 Ableitung der Umkehrfunktion

Eine auf dem Intervall [a, b] streng monoton wachsende (bzw. streng monoton fallende) stetige Funktion bildet nach Satz 5.8 das Intervall [a, b] umkehrbar eindeutig auf das Intervall [f(a), f(b)] (bzw. [f(b), f(a)]) ab, ihre Umkehrfunktion $x = g(y)$ ist auf dem Intervall [f(a), f(b)] (bzw. [f(b), f(a)]) wieder streng monoton und stetig. Ist nun $y = f(x)$ im Punkt x_0 differenzierbar, so stellt sich die Frage, ob auch die Umkehrfunktion $x = g(y)$ im x_0 entsprechenden Punkt $y_0 = f(x_0)$ differenzierbar ist und welche Beziehung zwischen den Ableitungen $f'(x_0)$ und $g'(y_0)$ besteht.

Die Differenzierbarkeit von f in x_0 bedeutet, daß das Schaubild von f im Punkt (x_0, y_0) eine Tangente besitzt; sei $f'(x_0) = \tan\alpha$ der Anstieg dieser Tangente. Nun ist das Schaubild der Umkehrfunktion $x = g(y)$ mit dem der Funktion $y = f(x)$ identisch, so daß offenbar auch $x = g(y)$ im Punkt y_0 differenzierbar ist: $g'(y_0) = \tan\beta$, worin β den Winkel der Tangente mit der positiven Richtung der y-Achse bezeichnet (Bild 6.3). Offenbar sind die Winkel α und β komplementär: $\alpha + \beta = \frac{\pi}{2}$, woraus

$$\tan\beta = \frac{1}{\tan\alpha} \quad \text{bzw.} \quad g'(y_0) = \frac{1}{f'(x_0)}$$

folgt. Allerdings muß man den Fall $f'(x_0) = 0$ der horizontalen Tangente ausschließen, denn für $\beta = \frac{\pi}{2}$ ist $\tan\beta$ nicht definiert und die Umkehrfunktion in y_0 nicht differenzierbar.

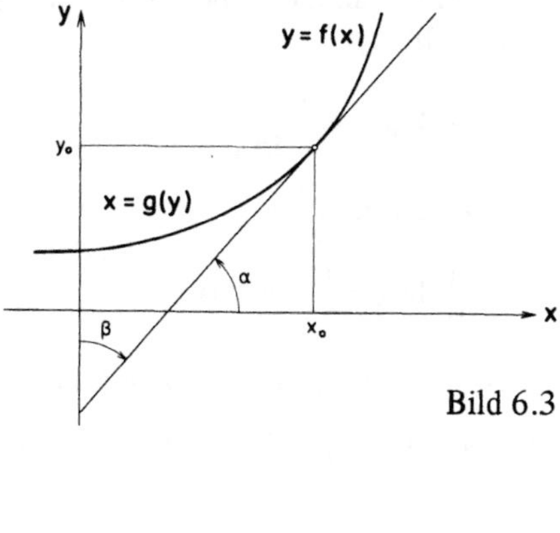

Bild 6.3

Wir erhalten daher den folgenden

Satz 6.3 (Ableitung der Umkehrfunktion). *Ist die Funktion* $y = f(x)$ *auf dem Intervall* $[a, b]$ *streng monoton, stetig und im Punkt* x_0 *differenzierbar, so ist, wenn* $f'(x_0) \neq 0$ *gilt, auch die Umkehrfunktion* $x = g(y)$ *im Punkt* $y_0 = f(x_0)$ *differenzierbar und es gilt*

$$f'(x_0) \cdot g'(y_0) = 1. \tag{6.35}$$

In der Leibnizschen Notation erhält diese Beziehung die besonders einprägsame Gestalt

$$\frac{dy}{dx}\frac{dx}{dy} = 1 \quad \text{oder} \quad \frac{dy}{dx} = \frac{1}{\frac{dx}{dy}}, \tag{6.36}$$

in der sich der Zusammenhang zwischen den Differenzenquotienten von f und g widerspiegelt,

$$\frac{\Delta x}{\Delta y} = \frac{\Delta g}{\Delta y} = \frac{g(y) - g(y_0)}{y - y_0} = \frac{x - x_0}{f(x) - f(x_0)} = \frac{1}{\frac{f(x) - f(x_0)}{x - x_0}} = \frac{1}{\frac{\Delta f}{\Delta x}} = \frac{1}{\frac{\Delta y}{\Delta x}}.$$

Da auf Grund der Monotonie und Stetigkeit der Funktionen f und g die Variable x genau dann gegen x_0 strebt, wenn y gegen y_0 strebt, erhält man daraus

$$\frac{dx}{dy} = \frac{dg}{dy} = \lim_{\Delta y \to 0} \frac{\Delta g}{\Delta y} = \lim_{\Delta x \to 0} \frac{1}{\frac{\Delta f}{\Delta x}} = \frac{1}{\lim\limits_{\Delta x \to 0} \frac{\Delta f}{\Delta x}} = \frac{1}{\frac{df}{dx}} = \frac{1}{\frac{dy}{dx}}.$$

Mit Hilfe dieses Satzes ist es nun auf einfache Weise möglich, die noch ausstehenden Ableitungen der Umkehrfunktionen der elementaren Funktionen zu ermitteln.

Ableitung des Logarithmus. Die Funktion $f(x) = y = a^x$ erfüllt für jedes Intervall $[a, b]$ die Bedingungen von Satz 6.3. Die Umkehrfunktion $g(y) = x = \log_a y$ hat daher für beliebiges $y > 0$ die Ableitung

$$g'(y) = \frac{1}{f'(x)} = \frac{1}{a^x \ln a} = \frac{1}{y}\frac{1}{\ln a}.$$

Vertauscht man die Rollen von x und y als abhängige und unabhängige Veränderliche, so ergibt sich

$$\frac{d}{dx} \log_a x = \frac{1}{x}\frac{1}{\ln a}, \quad x > 0, \tag{6.37}$$

und speziell für $a = e$

$$\frac{d}{dx} \ln x = \frac{1}{x}, \quad x > 0. \tag{6.38}$$

Ableitung der zyklometrischen Funktionen. Die Funktion $y = \sin x = f(x)$ erfüllt auf dem Intervall $\left[-\frac{\pi}{2}, \frac{\pi}{2}\right]$ die Voraussetzungen des Satzes 6.3, für $-\frac{\pi}{2} < x < \frac{\pi}{2}$ gilt $f'(x) =$

$\cos x > 0$, so daß der Hauptwert von $x = \arcsin y = g(y)$ auf dem Intervall $]-1, 1[$ differenzierbar ist mit der Ableitung

$$g'(y) = \frac{1}{f'(x)} = \frac{1}{\cos x} = \frac{1}{\sqrt{1-\sin^2 x}} = \frac{1}{\sqrt{1-y^2}}.$$

Vertauscht man wieder die Rollen von x und y, so folgt

$$\frac{d}{dx} \arcsin x = \frac{1}{\sqrt{1-x^2}}, \quad -1 < x < 1. \tag{6.39}$$

In den Punkten $x = -1$ und $x = 1$ ist $\arcsin x$ nicht differenzierbar. Wir weisen den Leser noch darauf hin, daß (6.39) nicht für alle Nebenwerte des Arcus-Sinus gilt; für die beiden oberhalb und unterhalb des Hauptwertes gelegenen Nebenwerte ist $f'(x) = \cos x < 0$, weshalb für diese die Wurzel in (6.39) negativ zu ziehen ist.

Analog erhält man für den Hauptwert des Arcus-Cosinus

$$\frac{d}{dx} \arccos x = -\frac{1}{\sqrt{1-x^2}}, \quad -1 < x < 1. \tag{6.40}$$

Die Tangens-Funktion $y = \tan x = f(x)$ erfüllt auf dem Intervall $\left]-\frac{\pi}{2}, \frac{\pi}{2}\right[$ ebenso die Voraussetzungen des Satzes 6.3 mit der Ableitung $f'(x) = 1 + \tan^2 x = 1 + y^2$ (vgl. (6.33)). Daher ist

$$g'(y) = \frac{1}{f'(x)} = \frac{1}{1+y^2}, \quad -\infty < y < \infty,$$

und nach Vertauschung von x mit y

$$\frac{d}{dx} \arctan x = \frac{1}{1+x^2}, \quad -\infty < x < \infty. \tag{6.41}$$

Diese Formel gilt allerdings für jeden Nebenwert der Arcus-Tangens-Funktion, da sich diese untereinander nur durch ein ganzzahliges Vielfaches von π unterscheiden, welches bei der Differentiation herausfällt.

Analog erhält man für jeden Zweig der Arcus-Cotangens-Funktion

$$\frac{d}{dx} \operatorname{arc\,cot} x = -\frac{1}{1+x^2}, \quad -\infty < x < \infty. \tag{6.42}$$

Ableitung der Areafunktionen. Da die Funktion $y = \sinh x = f(x)$ streng monoton steigend ist mit der Ableitung $f'(x) = \cosh x > 0$, erhält man für die Umkehrfunktion $x = \operatorname{ar\,sinh} y = g(y)$

$$g'(y) = \frac{1}{f'(x)} = \frac{1}{\cosh x} = \frac{1}{\sqrt{1+\sinh^2 x}} = \frac{1}{\sqrt{1+y^2}}, \quad -\infty < y < \infty,$$

und daher

$$\frac{d}{dx} \operatorname{ar\,sinh} x = \frac{1}{\sqrt{1+x^2}}, \quad -\infty < x < \infty. \tag{6.43}$$

Für die Ableitung der Umkehrfunktion $x = \operatorname{ar\,cosh} y = g(y)$ von $y = \cosh x = f(x)$ erhält man für den Hauptwert

$$g'(y) = \frac{1}{f'(x)} = \frac{1}{\sinh x} = \frac{1}{\sqrt{\cosh^2 x - 1}} = \frac{1}{\sqrt{y^2 - 1}}, \quad y > 1,$$

und somit

$$\frac{d}{dx} \operatorname{ar\,cosh} x = \frac{1}{\sqrt{x^2 - 1}}, \quad x > 1. \tag{6.44}$$

Die Funktion $y = \tanh x = f(x)$ ist auf $]-\infty, \infty[$ streng monoton steigend und stetig; auf Grund von (6.29) ist für die Umkehrfunktion $x = \operatorname{ar\,tanh} y = g(y)$

$$g'(y) = \frac{1}{f'(x)} = \frac{1}{1 - \tanh^2 x} = \frac{1}{1 - y^2}, \quad |y| < 1,$$

und daher

$$\frac{d}{dx} \operatorname{ar\,tanh} x = \frac{1}{1 - x^2}, \quad |x| < 1. \tag{6.45}$$

Für die Ableitung von $y = \operatorname{ar\,coth} x$ findet man dieselbe Funktionsvorschrift,

$$\frac{d}{dx} \operatorname{ar\,coth} x = \frac{1}{1 - x^2}, \quad |x| > 1, \tag{6.46}$$

nur für einen anderen Definitionsbereich.

6.5 Die Kettenregel

Mit den bisherigen Regeln sind wir in der Lage, Ableitungen von Summen, Differenzen, Produkten und Quotienten differenzierbarer Funktionen sowie ihrer Umkehrfunktionen zu ermitteln. Wie die Zusammensetzung von Funktionen abzuleiten ist, zeigt uns die Kettenregel.

Satz 6.4 (Kettenregel). *Es sei* $y = f(x) = g(h(x))$ *die Zusammensetzung der Funktionen* $y = g(z)$ *und* $z = h(x)$. *Ist die Funktion* $z = h(x)$ *an der Stelle* x_0 *differenzierbar, die Funktion* $y = g(z)$ *an der Stelle* $z_0 = h(x_0)$ *differenzierbar, so ist auch die zusammengesetzte Funktion* $y = f(x)$ *an der Stelle* x_0 *differenzierbar und ihre Ableitung ist*

$$f'(x_0) = g'(z_0)\, h'(x_0). \tag{6.47}$$

Die Ableitung $g'(z_0)$ wird die *äußere Ableitung*, $h'(x_0)$ die *innere Ableitung* genannt.

In der Leibnizschen Schreibweise lautet die Kettenregel (6.47)

$$\frac{dy}{dx} = \frac{dy}{dz}\frac{dz}{dx}. \tag{6.48}$$

Man kann dies formal als „Erweiterung" des Differentialquotienten $\frac{dy}{dx}$ mit dz auffassen, so daß ein Produkt von Differentialquotienten entsteht, die gerade Ableitungen jener Funktionen sind, aus denen $y = f(x)$ zusammengesetzt ist. Berechnet man die Ableitung von $y = f(x) = g(h(x))$ als Funktion von x, so erhält man aus (6.47) durch Einsetzen von $z = h(x)$

$$f'(x) = g'(z)\,h'(x) = g'(h(x))\,h'(x).$$

Wir beweisen die Kettenregel. Da die Funktion $y = g(z)$ an der Stelle $z_0 = h(x_0)$ differenzierbar ist, gibt es nach Satz 6.1 eine Funktion ϵ_1, für die $\lim_{\Delta z \to 0} \epsilon_1(\Delta z) = 0$ und

$$\Delta y = g(z_0 + \Delta z) - g(z_0) = g'(z_0)\,\Delta z + \Delta z\,\epsilon_1(\Delta z)$$

gilt; entsprechend zieht die Differenzierbarkeit von $z = h(x)$ an der Stelle x_0 die Existenz einer Funktion ϵ_2 mit $\lim_{\Delta x \to 0} \epsilon_2(\Delta x) = 0$ und

$$\Delta z = h(x_0 + \Delta x) - h(x_0) = h'(x_0)\,\Delta x + \Delta x\,\epsilon_2(\Delta x)$$

nach sich. Insbesondere kann für beliebiges Δx die Differenz $\Delta z = h(x_0 + \Delta x) - h(x_0)$ oben eingesetzt werden, was auf

$$\Delta y = [g'(z_0) + \epsilon_1(\Delta z)]\,[h'(x_0) + \epsilon_2(\Delta x)]\,\Delta x$$

bzw.

$$\Delta y = g'(z_0)\,h'(x_0)\,\Delta x + \Delta x\,\epsilon(\Delta x)$$

führt, wenn

$$\epsilon(\Delta x) = \epsilon_1\Big([h'(x_0) + \epsilon_2(\Delta x)]\,\Delta x\Big)\Big(h'(x_0) + \epsilon_2(\Delta x)\Big) + g'(z_0)\,\epsilon_2(\Delta x)$$

gesetzt wird. Da wegen der Stetigkeit von h mit $\Delta x \to 0$ auch $\Delta z \to 0$ strebt, erhält man

$$\lim_{\Delta x \to 0} \epsilon_1(\Delta z) = \lim_{\Delta z \to 0} \epsilon_1(\Delta z) = 0,$$

so daß schließlich mit Hilfe der Rechenregeln für Grenzwerte

$$\lim_{\Delta x \to 0} \epsilon(\Delta x) = 0$$

resultiert und daher

$$f'(x_0) = \lim_{\Delta x \to 0} \frac{\Delta y}{\Delta x} = g'(z_0)\,h'(x_0).$$

Mit Hilfe der Kettenregel sind wir in der Lage, die Gültigkeit der Regel (6.16) für beliebige Exponenten nachzuweisen. Auf Grund von (3.17) schreibt sich die allgemeine Potenzfunktion $y = f(x) = x^a$ in der Form

$$y = f(x) = x^a = e^{a \ln x};$$

hier kann die rechte Seite als Zusammensetzung der Exponentialfunktion $y = e^z$ und des Logarithmus $z = a \ln x$ aufgefaßt werden. Mit

$$\frac{d}{dz}\,e^z = e^z, \quad \frac{d}{dx}\,(a \ln x) = a\,\frac{d}{dx}\ln x = a\,\frac{1}{x}$$

erhält man dann aus (6.48)

$$\frac{d}{dx}\,e^{a \ln x} = e^z\,a\,\frac{1}{x} = e^{a \ln x}\,\frac{a}{x} = a\,x^{a-1}$$

und somit die allgemeine *Potenzregel*

$$\frac{d}{dx} x^a = a x^{a-1}. \tag{6.49}$$

In der Praxis wird die Kettenregel zur Differentiation einer komplizierteren Funktion y = f(x) meist so angewendet, indem man f geeignet als Zusammensetzung von Funktionen g und h, deren Ableitungen sich glatt ermitteln lassen, darstellt.

Beispiel 6.8: Sei $y = f(x) = e^{ax}$. Man setzt $y = g(z) = e^z$, $z = h(x) = ax$ und erhält mit den Ableitungen $\frac{dy}{dz} = e^z$, $\frac{dz}{dx} = a$ das Ergebnis

$$\frac{d}{dx} e^{ax} = a e^{ax}. \tag{6.50}$$

Beispiel 6.9: Sei $y = f(x) = \sqrt{x^2 + 1}$. Man setzt $y = g(z) = \sqrt{z}$ und $z = h(x) = x^2 + 1$. Mit den Ableitungen

$$\frac{dy}{dz} = \frac{d}{dz} z^{1/2} = \frac{1}{2} z^{\frac{1}{2} - 1} = \frac{1}{2\sqrt{z}} \quad \text{und} \quad \frac{dz}{dx} = 2x$$

ergibt sich

$$f'(x) = \frac{dy}{dx} = \frac{dy}{dz}\frac{dz}{dx} = \frac{1}{2\sqrt{z}} 2x = \frac{x}{\sqrt{x^2+1}}.$$

Beispiel 6.10: Sei $y = f(x) = \ln(x^2 + ax + b)$. Man setzt $y = g(z) = \ln z$, $z = h(x) = x^2 + ax + b$. Mit $g'(z) = \frac{1}{z}$ und $h'(x) = 2x + a$ erhält man somit

$$f'(x) = \frac{2x + a}{z} = \frac{2x + a}{x^2 + ax + b}.$$

Beispiel 6.11: Sei $y = f(x) = \sin nx$. Mit $y = \sin z$ und $z = nx$ wird

$$f'(x) = n \cos z = n \cos nx.$$

Für $y = f(x) = \cos^n x$ ergeben die Setzungen $y = z^n$ und $z = \cos x$

$$f'(x) = n z^{n-1}(-\sin x) = -n \cos^{n-1} x \sin x.$$

Die Kettenregel kann auch dann mit Erfolg angewendet werden, wenn es nötig ist, die Funktion y = f(x) mehrfach zusammenzusetzen, wie etwa y = f(x) = g(h(k(x))) mit y = g(z), z = h(w) und w = k(x). Die Leibnizsche Schreibweise ergibt dann durch sukzessive „Erweiterung" mit dz und dw

$$\frac{dy}{dx} = \frac{dy}{dz}\frac{dz}{dx}, \quad \frac{dz}{dx} = \frac{dz}{dw}\frac{dw}{dx}$$

und daher

$$\frac{dy}{dx} = \frac{dy}{dz}\frac{dz}{dw}\frac{dw}{dx} = g'(z)\, h'(w)\, k'(x) = g'(h(k(x)))\, h'(k(x))\, k'(x).$$

Beispiel 6.12: Sei $y = \ln \arctan e^x$. Mit $y = \ln z$, $z = \arctan w$ und $w = e^x$ wird

$$\frac{dy}{dz} = \frac{1}{z}, \quad \frac{dz}{dw} = \frac{1}{1 + w^2}, \quad \frac{dw}{dx} = e^x,$$

also

$$f'(x) = \frac{dy}{dx} = \frac{1}{\arctan e^x} \frac{1}{1 + e^{2x}} e^x.$$

Beispiel 6.13: Sei $y = f(x) = \sqrt{\ln^2 x + \sin x}$. Wir setzen $y = \sqrt{z}$ und $z = \ln^2 x + \sin x$. Es ist dann

$$\frac{dy}{dx} = \frac{dy}{dz}\frac{dz}{dx} = \frac{1}{2\sqrt{z}}\frac{dz}{dx}.$$

Zur Berechnung der Ableitung $\frac{dz}{dx}$ setzen wir $w = \ln x$ und erhalten

$$\frac{dz}{dx} = \frac{d}{dx} w^2 + \frac{d}{dx} \sin x = \frac{d}{dw} w^2 \frac{dw}{dx} + \cos x = 2w \frac{dw}{dx} + \cos x = \frac{2}{x} \ln x + \cos x$$

und erhalten das Ergebnis

$$f'(x) = \frac{dy}{dx} = \frac{1}{2\sqrt{\ln^2 x + \sin x}} \left[\frac{2}{x} \ln x + \cos x\right].$$

Beispiel 6.14: Sei $y = f(x) = e^{\arctan\sqrt{\sin x}}$. Wir setzen $y = e^z$, $z = \arctan u$, $u = \sqrt{v}$ und $v = \sin x$. Dann wird

$$f'(x) = \frac{dy}{dx} = \frac{dy}{dz}\frac{dz}{du}\frac{du}{dv}\frac{dv}{dx} = e^z \frac{1}{1+u^2}\frac{1}{2\sqrt{v}} \cos x = e^{\arctan\sqrt{\sin x}} \frac{\cos x}{1 + \sin x}\frac{1}{2\sqrt{\sin x}}.$$

Wir notieren noch einige allgemeinere Ergebnisse, die uns später von Nutzen sein werden.

Beispiel 6.15: Es sei $y = f(x) = g(h(x))$. Für $g = \ln z$ erhält man

$$\frac{d}{dx} \ln h(x) = \frac{h'(x)}{h(x)}. \tag{6.51}$$

Setzt man $g(z) = z^n$, so wird

$$\frac{d}{dx} (h(x))^n = nh'(x) (h(x))^{n-1}. \tag{6.52}$$

Eine weitere Anwendung der Kettenregel ist die

Logarithmische Differentiation. Sei $y = f(x) = [g(x)]^{h(x)}$. Zur Differentiation solcher Funktionen schreibt man nach (3.17)

$$y = f(x) = e^{h(x) \ln g(x)}$$

und setzt $z = h(x) \ln g(x)$. Dann wird nach (6.48)

$$\frac{dy}{dx} = \frac{dy}{dz}\frac{dz}{dx} = e^z \frac{dz}{dx} = e^z \left[h'(x) \ln g(x) + h(x) \frac{g'(x)}{g(x)}\right],$$

und daher

$$\frac{d}{dx} \left(g(x)\right)^{h(x)} = \left(g(x)\right)^{h(x)} \left[h'(x) \ln g(x) + h(x) \frac{g'(x)}{g(x)}\right]. \tag{6.53}$$

Da man auf dieses Ergebnis auch durch Differentiation von

$$\frac{d}{dx}\ln f(x) = \frac{f'(x)}{f(x)} = \frac{d}{dx}\left(h(x)\ln g(x)\right)$$

gelangt, wird (6.53) *logarithmische Differentiation* genannt.

Beispiel 6.16: Sei $f(x) = x^x$. Mit $g(x) = h(x) = x$ folgt

$$f'(x) = x^x\left[1\cdot\ln x + x\frac{1}{x}\right] = x^x(\ln x + 1).$$

Beispiel 6.17: Sei $f(x) = (\sin x)^x$. Mit $g(x) = \sin x$ und $h(x) = x$ wird

$$f'(x) = (\sin x)^x\left[\ln\sin x + x\frac{\cos x}{\sin x}\right] = (\sin x)^x\,(\ln\sin x + x\cot x)\,.$$

6.6 Einseitige und uneigentliche Ableitungen

Die Ableitung einer Funktion f ist durch einen Grenzwert definiert. Nun kann es vorkommen, daß dieser Grenzwert als „zweiseitiger" Limes nicht existiert, jedoch einseitige Grenzwerte des Differenzenquotienten – für $h \to 0+$ oder $h \to 0-$ – existieren. Man spricht dann von *einseitigen* Ableitungen. Für ihr Auftreten sind mehrere Gründe denkbar. Zum ersten kann es sein, daß die Funktion f überhaupt nur auf einer Seite von x_0 definiert ist wie z.B. im Fall $f(x) = x\sqrt{x}$ für $x_0 = 0$; zum zweiten kann der Fall eintreten, daß zwar ein rechtsseitiger und linksseitiger Grenzwert des Differenzenquotienten vorhanden ist, diese aber verschieden sind wie im Fall der Funktion $y = f(x) = |x|$: Offenbar ist

$$\lim_{h\to 0+}\frac{f(0+h)-f(0)}{h} = \lim_{h\to 0+}\frac{|h|}{h} = \lim_{h\to 0+} 1 = 1,$$

$$\lim_{h\to 0-}\frac{f(0+h)-f(0)}{h} = \lim_{h\to 0-}\frac{|h|}{h} = \lim_{h\to 0-}(-1) = -1.$$

Schließlich ist es noch denkbar, daß nur einer der beiden einseitigen Grenzwerte des Differenzenquotienten existiert wie im Fall der rechtsseitig stetigen Funktion $y = f(x) = [x]$ für $x_0 = n$,

$$\lim_{h\to 0+}\frac{[n+h]-[n]}{h} = \lim_{h\to 0+}\frac{n-n}{h} = \lim_{h\to 0+} 0 = 0.$$

Der linksseitige Grenzwert des Differenzenquotienten existiert hingegen nicht, was auch schon deshalb einleuchtet, weil die Funktion $y = f(x) = [x]$ nicht linksseitig stetig ist.

Definition 6.2 Existiert der rechtsseitige Grenzwert

$$f'_+(x_0) := \lim_{h\to 0+}\frac{f(x_0+h)-f(x_0)}{h} \tag{6.54}$$

des Differenzenquotienten von f an der Stelle x_0, so bezeichnet man $f'_+(x_0)$ als den *rechtsseitigen Differentialquotienten* oder die *rechtsseitige Ableitung* von f an der Stelle x_0. Man verwendet dafür auch die Bezeichnungen

$$\left.\frac{dy}{dx}\right|_{x=x_0+} \quad\text{und}\quad \left.\frac{df(x)}{dx}\right|_{x=x_0+}.$$

Existiert der linksseitige Grenzwert

$$f'_-(x_0) := \lim_{h \to 0-} \frac{f(x_0 + h) - f(x_0)}{h} \tag{6.55}$$

des Differenzenquotienten an der Stelle x_0, so bezeichnet man ihn als *linksseitigen Differentialquotienten* oder *linksseitige Ableitung* von f an der Stelle x_0 und verwendet für ihn auch die Bezeichnungen

$$\left.\frac{dy}{dx}\right|_{x = x_0 -} \quad \text{und} \quad \left.\frac{df(x)}{dx}\right|_{x = x_0 -}.$$

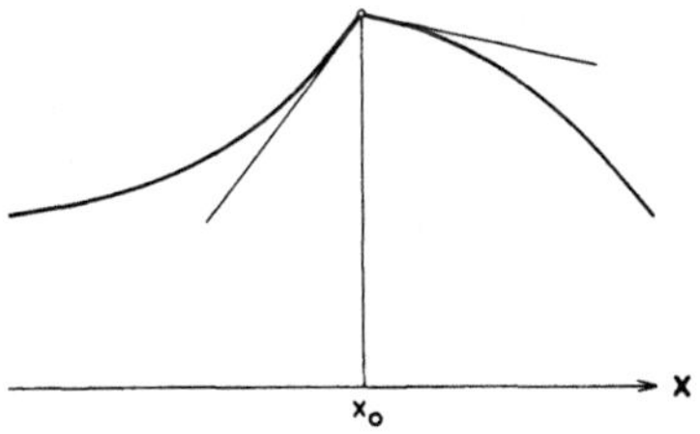

Bild 6.4

Es ist klar, daß für die Existenz eines einseitigen Differentialquotienten die entsprechende einseitige Stetigkeit eine notwendige Voraussetzung ist. Geometrisch bedeutet die Existenz eines einseitigen Differentialquotienten, daß das Schaubild eine „einseitige" Tangente hat; existieren beide einseitigen Differentialquotienten und sie sie verschieden, so hat das Schaubild in diesem Punkt zwei verschiedene einseitige Tangenten, man spricht von einer *Ecke* (Bild 6.4). Ein Beispiel dafür ist die erwähnte Funktion $y = |x|$, die in $x_0 = 0$ eine Ecke hat.

Wir weisen darauf hin, daß der einseitige Differentialquotient $f'_+(x_0)$ nicht mit dem rechtsseitigen Grenzwert $f'(x_0 +)$ zu verwechseln ist. Die Gleichheit $f'_+(x_0) = f'(x_0 +)$ besagt, daß der rechtsseitige Grenzwert der Ableitung in x_0 gleich der rechtsseitigen Ableitung ist.

Selbstverständlich lassen sich alle in den vorhergehenden Abschnitten abgeleiteten Rechenregeln unmittelbar auf den Fall einseitiger Ableitungen übertragen.

Es bleibt noch der Fall zu betrachten, daß der Differentialquotient nur als uneigentlicher Grenzwert existiert,

$$\lim_{h \to 0} \frac{f(x_0 + h) - f(x_0)}{h} = \infty \quad \text{bzw.} \quad = -\infty,$$

wobei man auch hier wieder einseitige Grenzwerte unterscheiden kann. Man spricht dann von einer *uneigentlichen Ableitung* (im Sinne des uneigentlichen Grenzwertes) von f in x_0 und schreibt

$$f'(x_0) = \infty \quad \text{bzw.} \quad = -\infty,$$

behält aber bei, die Funktion f in x_0 *nicht* differenzierbar zu nennen.

Die uneigentliche Ableitung $f'(x_0) = \infty$ bzw. $-\infty$ ist einfach geometrisch zu deuten. Ist $\tan \alpha$ der Anstieg der Kurvensehne durch die Punkte $(x_0, f(x_0))$ und $(x_0 + h, f(x_0 + h))$, so bedeutet $f'(x_0) = \infty$ bzw. $-\infty$

$$\lim_{h \to 0} \tan \alpha = \infty \quad \text{bzw.} \quad = -\infty,$$

was auf Grund der Stetigkeit der Tangens-Funktion für $\alpha \neq \frac{\pi}{2} + k\pi$ die Beziehung $\alpha_0 = \frac{\pi}{2}$ bzw. $\alpha_0 = -\frac{\pi}{2}$ für den Tangentenwinkel α_0 bedeutet: Das Schaubild hat also eine senkrechte Tangente.

Beispiel 6.18: Die Funktion $y = f(x) = \sqrt{x}$ hat an der Stelle $x_0 = 0$ die uneigentliche (einseitige) Ableitung (Abb. 6.5)

$$\lim_{h \to 0+} \frac{f(h) - f(0)}{h} \lim_{h \to 0+} \frac{\sqrt{h}}{h} = \lim_{h \to 0+} \frac{1}{\sqrt{h}} = \infty.$$

Benützt man den erweiterten Begriff der Ableitung durch Zulassung uneigentlicher Ableitungen, so braucht man beim Satz über die Ableitung der Umkehrfunktion den Fall $f'(x_0) = 0$ nicht mehr auszuschließen; die Umkehrfunktion $g(y)$ besitzt dann in $y_0 = f(x_0)$ die uneigentliche Ableitung $g'(y_0) = \pm \infty$. Ein Beispiel dafür ist die Arcus-Sinus-Funktion, die für $x = -1$ und $x = 1$ die uneigentliche Ableitung ∞ hat. Die Tangente ist in diesen Punkten senkrecht, was auch damit zu erklären ist, daß $y = \sin x$ in $x = \pm \frac{\pi}{2}$ horizontale Tangenten hat, die bei der Spiegelung an der 45°-Geraden, die durch die Vertauschung von x mit y entsteht, in Gerade übergehen, die zur neuen x-Achse senkrecht stehen.

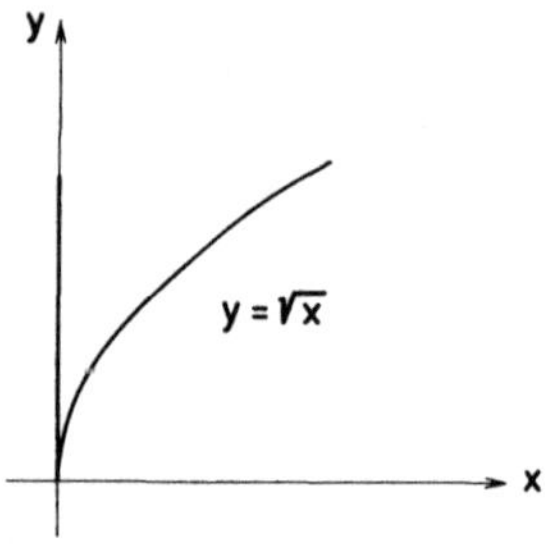

Bild 6.5

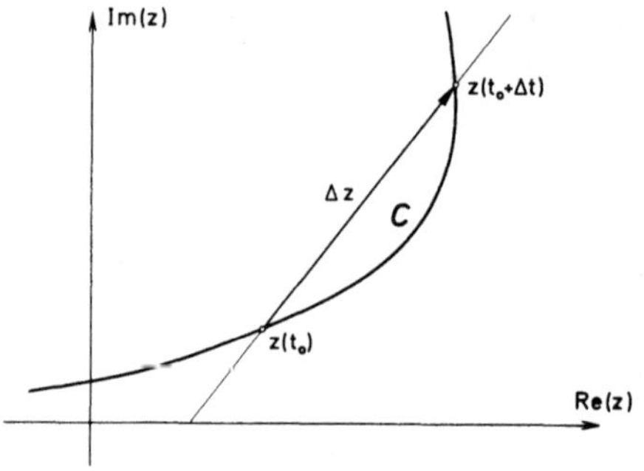

Bild 6.6

6.7 Differentiation komplexwertiger Funktionen

Wir haben in Abschnitt 6.1 das Tangentenproblem für eine Kurve gelöst, die explizit durch die Funktion $y = f(x)$ gegeben war. Auf Grund der besonderen Rolle, die die Parameterdarstellung einer ebene Kurve *C*,

$$x = x(t), \quad y = y(t), \quad t_1 \leq t \leq t_2, \tag{6.56}$$

in der ebenen Geometrie spielt, wollen wir nun die Tangentenaufgabe für eine solcherart dargestellte Kurve lösen.

Zu diesem Zweck fassen wir die Koordinatenfunktion (6.56) als Real- bzw. Imaginärteil der komplexwertigen Funktion $z = z(t) = x(t) + jy(t)$, $t_1 \leq t \leq t_2$, der reellen Veränderlichen t auf. Ist $z_0 = z(t_0)$ der Punkt, in dem die Tangente bestimmt werden soll, so bilden wir die Differenz

$$\Delta z = z(t_0 + \Delta t) - z(t_0) = [x(t_0 + \Delta t) - x(t_0)] + j[y(t_0 + \Delta t) - y(t_0)] = \Delta x + j\Delta y;$$

als Vektor liegt Δz in der die beiden Kurvenpunkte $z(t_0)$ und $z(t_0 + \Delta t)$ verbindenden Geraden (Bild 6.6), desgleichen natürlich der Differenzenquotient

$$\frac{\Delta z}{\Delta t} = \frac{\Delta x}{\Delta t} + j\frac{\Delta y}{\Delta t}, \tag{6.57}$$

da die Division einer komplexen Zahl durch eine reelle Größe nur den Betrag, nicht aber die Richtung ändert. Das Argument des Differenzenquotienten (6.57) ist gerade der Anstieg der Sekante durch die beiden Kurvenpunkte; durch den Grenzübergang $\Delta t \to 0$ rückt der Kurvenpunkt $z(t_0 + \Delta t)$ in den Punkt $z(t_0)$, während die Sekante in die Tangente übergeht. Daher hat der Grenzwert

$$\dot{z}(t_0) = \frac{dz}{dt} = \lim_{\Delta t \to 0} \frac{\Delta z}{\Delta t} = \lim_{\Delta t \to 0} \left(\frac{\Delta x}{\Delta t} + j \frac{\Delta y}{\Delta t} \right) = \frac{dx}{dt} + j \frac{dy}{dt} = \dot{x}(t_0) + j\dot{y}(t_0), \quad (6.58)$$

der der Differentialquotient oder die Ableitung der Funktion $z = z(t)$ im Punkt t_0 genannt wird, im Sinne der vektoriellen Deutung der komplexen Zahlen die Richtung der Tangente,

$$\alpha_0 = \arg\left(\frac{dz}{dt}\right). \quad (6.59)$$

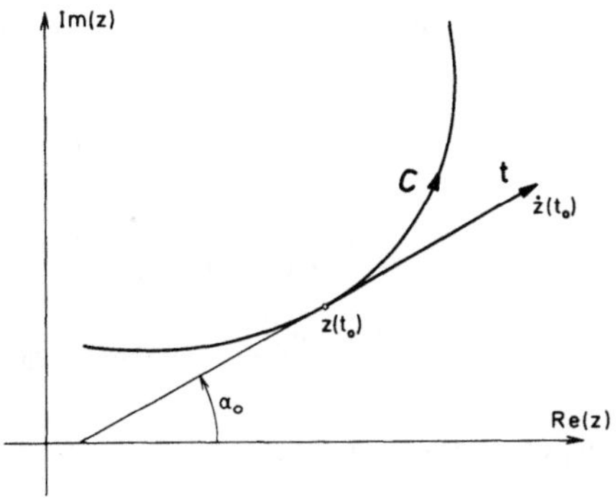

Bild 6.7

Der Vektor $\dot{z}(t_0)$ zeigt in die Richtung der Kurve *C* für wachsende Werte des Parameters t (Bild 6.7). Zufolge (6.59) ist (vgl. (4.8))

$$\tan \alpha_0 = \tan \arg \left(\frac{dz}{dt}\right) = \frac{\dot{y}(t_0)}{\dot{x}(t_0)}$$

der Anstieg der Tangente in Punkt $z(t_0)$ und

$$w(t) = z(t_0) + (t - t_0)\,\dot{z}(t_0) \quad (6.60)$$

die Gleichung der Tangente (vgl. (4.83)); die Funktion $w(t)$ wird der lineare Anteil der Funktion $z = z(t)$ an der Stelle t_0 genannt.

Die komplexe Zahl $\dot{z}(t_0)$ als Vektor $\mathbf{t} = (\dot{x}(t_0), \dot{y}(t_0))$ heißt der *Tangentenvektor* an die Kurve *C* im Punkt $z_0 = z(t_0)$.

Beispiel 6.19: Für den Kreis $z(t) = e^{jt}$ ist

$$\dot{z}(t) = \frac{dz}{dt} = \frac{d}{dt}(\cos t + j \sin t) = -\sin t + j \cos t = je^{jt}.$$

Dieses Ergebnis ist auch geometrisch einsichtig, denn der Tangentenvektor $\mathbf{t} = (\dot{x}(t), \dot{y}(t)) = (-\sin t, \cos t)$ steht auf den „Ortsvektor" $z(t)$ senkrecht, was in der Multiplikation mit j (die einer Drehung von 90° im positiven Sinn entspricht (vgl. Beispiel 4.31)), zum Ausdruck kommt. Der Tangentenvektor zeigt daher auch in die Richtung, in der der Kreis mit wachsendem Parameter durchlaufen wird.

Mit (6.58) ist die Differentiation komplexwertiger Funktionen einer reellen Veränderlichen auf Grund der Definition des Grenzwerts solcher Funktionen (vgl. (5.48)) auf die Differentiation von Real- und Imaginärteil zurückgeführt.

Beispiel 6.20: Für die komplexwertige ganzzahlige Potenz $z(t) = (t - z_0)^n$, $z_0 = x_0 + jy_0$, gilt

$$\frac{d}{dt}(t - z_0)^n = n(t - z_0)^{n-1}, \quad n \text{ ganz.} \tag{6.61}$$

Der Nachweis ist wie für die entsprechende Regel reeller Potenzen zu führen. Für positive Exponenten gilt

$$\dot{z}(t) = \lim_{\Delta t \to 0} \frac{\Delta z}{\Delta t} = \lim_{\Delta t \to 0} \frac{1}{\Delta t}\left((t + \Delta t - z_0)^n - (t - z_0)^n\right)$$

$$= \lim_{\Delta t \to 0} \frac{1}{\Delta t} \sum_{k=1}^{n} \binom{n}{k} \Delta t^k (t - z_0)^{n-k} = \lim_{\Delta t \to 0} \sum_{k=0}^{n-1} \binom{n}{k+1} \Delta t^k (t - z_0)^{n-1-k}$$

$$= n(t - z_0)^{n-1}.$$

Für negative ganzzahlige Exponenten $n = -m$ wird

$$\dot{z}(t) = \lim_{\Delta t \to 0} \frac{\Delta z}{\Delta t} = \lim_{\Delta t \to 0} \frac{1}{\Delta t}\left(\frac{1}{(t + \Delta t - z_0)^m} - \frac{1}{(t - z_0)^m}\right)$$

$$= -\lim_{\Delta t \to 0} \frac{1}{(t + \Delta t - z_0)^m (t - z_0)^m} \lim_{\Delta t \to 0} \frac{(t + \Delta t - z_0)^m - (t - z_0)^m}{\Delta t}$$

$$= \frac{-m(t - z_0)^{m-1}}{(t - z_0)^{2m}} = -m(t - z_0)^{-m-1} = n(t - z_0)^{n-1}.$$

Beispiel 6.21: Die Funktion

$$z(t) = e^{(a + jb)t} = e^{at}(\cos bt + j \sin bt)$$

ist überall differenzierbar; eine elementare Rechnung gibt

$$\frac{d}{dt} e^{(a + jb)t} = (a + jb)\, e^{(a + jb)t}. \tag{6.62}$$

Man vergleiche dieses Ergebnis mit der Ableitung (6.50) der reellen Exponentialfunktion e^{ax}!

Beispiel 6.22: Ebenso ist

$$z(t) = \ln(t - z_0) = \frac{1}{2} \ln(t^2 - 2tx_0 + x_0^2 + y_0^2) + j \arg(t - z_0)$$

für alle t differenzierbar, solange $\operatorname{Im}(z_0) = y_0 \neq 0$ gilt. Wegen

$$\frac{d}{dt}\frac{1}{2} \ln(t^2 - 2tx_0 + x_0^2 + y_0^2) = \frac{t - x_0}{|t - z_0|^2}$$

(vgl. Beispiel 6.10) und

$$\frac{d}{dt} \arg(t - z_0) = \frac{d}{dt}\left(\arctan\frac{-y_0}{t - x_0} \pm \pi\right) = \frac{y_0}{|t - z_0|^2}$$

(vgl. Beispiel 5.33) folgt

$$\frac{d}{dt} \ln(t - z_0) = \frac{t - x_0}{|t - z_0|^2} + j\frac{y_0}{|t - z_0|^2} = \frac{1}{t - z_0}. \tag{6.63}$$

Auch dieses Ergebnis vergleiche man mit der Ableitung des reellen Logarithmus $\ln(t - x_0)$ für $t > x_0$!

Wir behandeln zum Abschluß die komplexe Darstellung harmonischer Ströme und Spannungen. Es sei (vgl. Abschnitt 4.7)

$$i(t) = \hat{I}\cos(\omega t + \varphi_i) = \mathrm{Re}(\underline{\hat{I}}\, e^{j\omega t})$$

ein harmonischer Strom mit dem Zeiger $\underline{\hat{I}}$. Dann ist, da die Differentiation mit der Realteilbildung vertauschbar ist,

$$\frac{di}{dt} = \mathrm{Re}\left(\frac{d}{dt}\underline{\hat{I}}\, e^{j\omega t}\right) = \mathrm{Re}(\underline{\hat{I}}\, j\omega\, e^{j\omega t});$$

ist $u(t) = L\frac{di}{dt}$ der Spannungsabfall (vgl. (6.14)) an einer idealen Drossel der Induktivität L (ohne ohmschen Widerstand), so folgt

$$u(t) = L\frac{di}{dt} = \mathrm{Re}(\underline{\hat{I}}\, j\omega L\, e^{j\omega t});$$

die Spannung $u(t)$ entspricht also dem Zeiger

$$\underline{\hat{U}} = j\omega L\,\underline{\hat{I}} = \underline{Z}\,\underline{\hat{I}},$$

worin das Ohmsche Gesetz (4.111) zum Vorschein kommt. Die Formel (6.13),

$$i(t) = C\frac{du}{dt},$$

stellt die Beziehung zwischen Strom und Spannungsabfall an einem Kondensator der Kapazität C her. Ist

$$u(t) = \mathrm{Re}(\underline{\hat{U}}\, e^{j\omega t})$$

der Spannungsabfall, so wird

$$i(t) = \mathrm{Re}(\underline{\hat{I}}\, e^{j\omega t}) = C\frac{d}{dt}\mathrm{Re}(\underline{\hat{U}}\, e^{j\omega t}) = \mathrm{Re}(\underline{\hat{U}}\, j\omega C\, e^{j\omega t}),$$

was auf die Leitwertfassung (4.110)

$$\underline{\hat{I}} = j\omega C\,\underline{\hat{U}} = \underline{Y}\,\underline{\hat{U}}$$

des Ohmschen Gesetzes für den Kondensator führt.

6.8 Das Differential

Wir haben in Abschnitt 6.1 über das Tangentenproblem den Begriff der Differenzierbarkeit kennengelernt. Der Sachverhalt, daß im Punkt (x_0, y_0) der Kurve $y = f(x)$ die Tangente vorhanden ist, ist ein geometrischer Ausdruck dafür, daß die Funktion $f(x)$ im Punkt x_0 differenzierbar ist.

Mathematisch bedeutet die Differenzierbarkeit einer Funktion $f(x)$ in x_0, daß $f(x)$ lokal ein lineares Verhalten hat, d.h. um den Punkt x_0 durch eine lineare Funktion, den linearen Anteil $Y = f(x_0) + f'(x_0)(x - x_0)$, approximiert werden kann, wobei der Fehler $\eta = \Delta x\, \epsilon(\Delta x)$ im Verhältnis zum Argumentzuwachs $\Delta x = x - x_0$ beliebig klein wird. Dieses besondere Merkmal einer Funktion ist für eine Vielzahl von Anwendungen in Physik und Technik von allergrößter Bedeutung. Um es „rechnerisch“ ausnutzen zu können, schafft man eine Rechengröße, daß *Differential;* das Wesen des Differentials liegt darin, die Änderung Δy der Funktion $f(x)$ durch die Änderung ΔY des linearen Anteils zu approximieren.

Definition 6.3 Die Zunahme des linearen Anteils der Funktion $f(x)$ im Punkt x_0 als *lineare Funktion* des Argumentzuwachses $\Delta x = x - x_0 = h$ nennt man das *Differential* von $y = f(x)$ an der Stelle x_0, symbolisch

$$dy = f'(x_0)\,\Delta x = f'(x_0)\,h. \qquad (6.64)$$

(Bild 6.8). Zur genaueren Kennzeichnung des Differentials von f an der Stelle x_0 verwendet man auch die Symbolik

$$dy\Big|_{x = x_0} \quad \text{und } df(x_0).$$

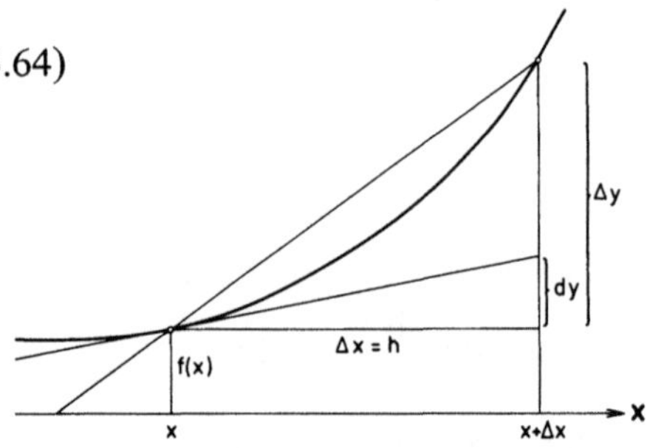

Bild 6.8

Wir weisen darauf hin, daß das Differential dy von $y = f(x)$ für *jeden* Argumentzuwachs $h = \Delta x = x - x_0$ (bei festem x_0) definiert ist; der Definitionsbereich des linearen Anteils von $f(x)$ im Punkt x_0 ist ja die ganze Zahlengerade.

Für die technische und physikalische Praxis liegt das Gewicht allerdings auf der Betrachtung kleiner Argumentzuwächse Δx, denn die Bedeutung des Differentials zeigt sich erst im Vergleich von dy mit dem Funktionszuwachs Δy. Aus der Beziehung

$$\frac{\Delta y - dy}{h} = \frac{f(x_0 + h) - f(x_0) - hf'(x_0)}{h} = \frac{\Delta y}{\Delta x} - f'(x_0) = \epsilon(h)$$

folgt auf Grund des Grenzwerts (6.7)

$$\lim_{h \to 0} \frac{\Delta y - dy}{h} = \lim_{h \to 0} \epsilon(h) = 0;$$

daraus geht hervor, daß das Differential dy die Differenz Δy umso besser approximiert, je kleiner $h = \Delta x$ ist.

Beispiel 6.23: Das Differential der Funktion $y = f(x) = \sqrt{x + 1}$ an der Stelle $x_0 = 0$ ist mit

$$f'(x) = \frac{1}{2} \frac{1}{\sqrt{1 + x}}$$

$$dy = f'(0)\,\Delta x = \frac{1}{2}\,\Delta x.$$

Daher wird die Approximation

$$\Delta y = f(\Delta x) - f(0) = \sqrt{1 + \Delta x} - 1 \approx \frac{1}{2}\,\Delta x = dy$$

umso besser, je kleiner Δx ist,

$$\sqrt{1 + \Delta x} \approx 1 + \frac{1}{2}\,\Delta x. \qquad (6.65)$$

So ist z.B. für $\Delta x = 0.1$

$$1.048\,808\ldots = \sqrt{1.1} \approx 1 + \frac{0,1}{2} = 1.05.$$

Beispiel 6.24: Das Newtonsche Gravitationspotential eines Massenkörpers im Abstand h von der Erdoberfläche ist

$$U(h) = -m \frac{\gamma M}{R + h}, \tag{6.66}$$

worin $\gamma = 6{,}668 \cdot 10^{-11}\,m^3\,kg^{-1}\,s^{-2}$ die Gravitationskonstante, $M = 5{,}9879 \cdot 10^{24}\,kg$ die Erdmasse und $R = 6{,}3784 \cdot 10^6\,m$ der (Äquator-)Radius der Erde ist. Führt man die Erdbeschleunigung $g = \frac{\gamma M}{R^2} = 9{,}814\,m\,s^{-2}$ (ohne Wirkung der Zentrifugalbeschleunigung) am Äquator ein, so ist mit $x = \frac{h}{R}$

$$\Delta U = U(h) - U(0) = mgR \left[1 - \frac{1}{1 + \frac{h}{R}} \right] = mgR \left[1 - \frac{1}{1 + x} \right]$$

die Potentialdifferenz zur Erdoberfläche und

$$dU = U'(0)\,h = mg\,Rx = mgh$$

das Differential des Potentials an der Stelle $h = 0$. Ist x sehr klein, d.h. h sehr klein gegenüber dem Erdradius R, so kann die Potentialdifferenz ΔU durch den einfachen Ausdruck

$$dU = mgh \tag{6.67}$$

für Bewegungen von Massenpunkten, die in nicht allzugroßer Entfernung von der Erdoberfläche verlaufen, in guter Näherung ersetzt werden.

Das Differential der Funktion $y = f(x) = x$,

$$dy = dx = 1 \cdot \Delta x = \Delta x \tag{6.68}$$

heißt das *Differential der unabhängigen Veränderlichen,*

$$dx = \Delta x. \tag{6.69}$$

Für die unabhängige Variable x stimmt der Zuwachs des linearen Anteils mit dem Zuwachs der Funktion überein, was auch geometrisch einleuchtend ist, wenn man sich vor Augen hält, daß die Tangente an die Gerade $y = x$ mit dieser selbst identisch ist. Setzt man aus (6.69) in (6.64) ein, so wird

$$dy = f'(x_0)\,dx \quad \text{oder} \quad df(x_0) = f'(x_0)\,dx, \tag{6.70}$$

allgemein an der Stelle x,

$$dy = f'(x)\,dx. \tag{6.71}$$

Diese Gleichung bringt zum Ausdruck, daß die Differentiale dy und dx proportional sind, wie eben Funktionen proportional sein können; man erhält (6.64), den Wert des Differentials für einen Argumentzuwachs Δx, wenn man in (6.70) den Wert des Differentials dx für diesen Argumentzuwachs, nämlich $dx = 1 \cdot \Delta x = \Delta x$, einsetzt.

Auf Grund dieser Begriffsbildungen erscheint der Differentialquotient $\frac{dy}{dx} = f'(x)$ von f an der Stelle x tatsächlich als ein echter Quotient, nämlich der Differentiale $dy = f'(x)\,\Delta x$ und $dx = \Delta x$,

$$\frac{dy}{dx} = \frac{f'(x)\,\Delta x}{\Delta x} = f'(x).$$

Die Leibnizsche Symbolik hat nun keineswegs mehr symbolischen Charakter, $\frac{dy}{dx}$ steht für den Quotienten der Differentiale dy und dx der abhängigen Variablen $y = f(x)$ und der unabhängigen Variablen x. Der Differentialquotient hängt nicht mehr vom Zuwachs Δx ab, sondern nur mehr von der Stelle, an der die Differentiale dy und dx gebildet worden sind.

Das Rechnen mit Differentialen zeigt sich in den folgenden Regeln, die durch die Summenregel, die Produktregel und die Quotientenregel begründet sind.

$$d(u \pm v) = du \pm dv, \tag{6.72}$$

$$d(a \cdot u) = a \cdot du \quad (a \text{ konstant}), \tag{6.73}$$

$$d(u \cdot v) = u\,dv + v\,du, \tag{6.74}$$

$$d\left(\frac{u}{v}\right) = \frac{1}{v^2}(v\,du - u\,dv) = \frac{du}{v} - u\,\frac{dv}{v^2}. \tag{6.75}$$

Eine für den Differential-Kalkül besonders wichtige Eigenschaft ist die *Invarianz* des Differentials bei Variablentransformationen. Sei $y = f(x)$ und

$$dy = f'(x)\,dx \tag{6.76}$$

das Differential dieser Funktion. Ist nun x selbst eine Funktion, $x = g(t)$, so ist durch Zusammensetzung $y = f(g(t)) = h(t)$ die Größe y von t abhängig; das Differential dieser Funktion ist durch

$$dy = h'(t)\,dt \tag{6.77}$$

gegeben, während

$$dx = g'(t)\,dt \tag{6.78}$$

das Differential der Funktion $x = g(t)$ ist. Dem Differential dx in (6.76) und (6.78) kommt nun verschiedene Bedeutung zu. In (6.76) ist $dx = \Delta x$ das Differential einer unabhängigen Veränderlichen, in (6.78) das Differential einer abhängigen Veränderlichen. Daß diese verschiedene Auslegung nicht zu Widersprüchen führt, ist ein weiterer Vorzug der Differential-Symbolik: Einerseits gilt auf Grund der Kettenregel

$$h'(t) = f'(x)\,g'(t),$$

andererseits erhält man durch Einsetzen von (6.78) in (6.76)

$$dy = f'(x)\,dx = f'(x)\,g'(t)\,dt.$$

Dies ist ein korrektes Ergebnis, obwohl die beiden Bedeutungen von dx als Differential einer unabhängigen und einer abhängigen Veränderlichen gleichzeitig verwendet wurden. In diesem Zusammenhang weisen wir noch darauf hin, daß die Beziehung

$$dy = f'(x)\,\Delta x$$

nicht richtig bleibt, wenn darin die unabhängige Veränderliche x durch die abhängige Veränderliche $x = g(t)$ ersetzt wird, denn $dx = \Delta x$ gilt nur für eine unabhängige Veränderliche, mit der einzigen Ausnahme einer linearen Funktion $x = g(t) = at + b$, für die $\Delta x = a\,\Delta t = dx$ gilt.

Eine ähnliche Bedeutung hat das Differential einer komplexwertigen Funktion einer reellen Veränderlichen t. Ist $z = z(t)$, so nennt man den Zuwachs des linearen Anteils im Punkt $z(t)$ als lineare Funktion des Zuwachses Δt des Parameters t,

$$dz = \dot{z}(t)\,\Delta t = \dot{x}(t)\,\Delta t + j\,\dot{y}(t)\,\Delta t,$$

das Differential der Funktion $z = z(t)$ an der Stelle t. (6.79)

Da $dx = \dot{x}(t)\Delta t$ das Differential der Funktion $x = x(t)$ und ebenso $dy = \dot{y}(t)\Delta t$ das Differential der Funktion $y = y(t)$ ist, schreibt sich

$$dz = \dot{x}(t)\Delta t + j\,\dot{y}(t)\Delta t = dx + j\,dy. \tag{6.80}$$

Der Anstieg der Tangente der durch $z = z(t)$ definierten Kurve ist durch

$$\tan\alpha_0 = \frac{\dot{y}(t)}{\dot{x}(t)} = \frac{\dot{y}(t)\Delta t}{\dot{x}(t)\Delta t} = \frac{dy}{dx}$$

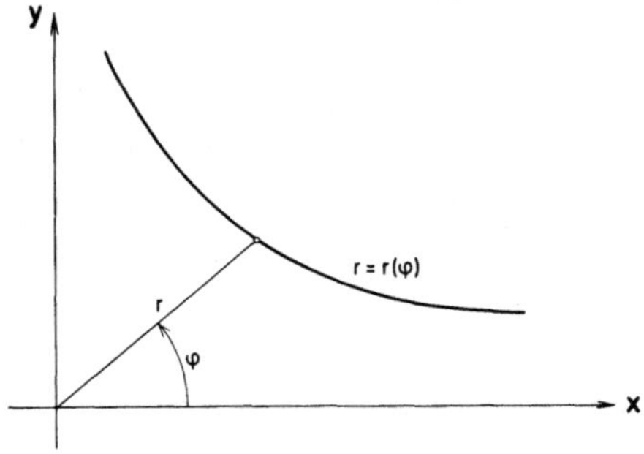

Bild 6.9

gegeben (vgl. (6.59)). Hier ist rechts der Quotient $\frac{dy}{dx}$ als Quotient der Differentiale dy und dx aufzufassen. Denkt man sich die Kurve (ohne Zuhilfenahme der komplexen Funktion $z = z(t)$) durch eine Parameterdarstellung $x = x(t)$, $y = y(t)$ gegeben, so ist dieser Quotient unabhängig von der Wahl der Parameterdarstellung. Man kann so, wenn z.B. die Kurve in Polarkoordinaten gegeben ist (Bild 6.9),

$$x = r\cos\varphi,\quad y = r\sin\varphi,\quad r = r(t),\quad \varphi = \varphi(t),$$

durch Berechnung der Differentiale von x und y (mit Hilfe der Regel (6.74))

$$dx = dr\cos\varphi - r\,d\varphi\sin\varphi,\quad dy = dr\sin\varphi + r\,d\varphi\cos\varphi$$

und durch Bildung des Quotienten

$$\frac{dy}{dx} = \frac{dr\sin\varphi + r\,d\varphi\cos\varphi}{dr\cos\varphi - r\,d\varphi\sin\varphi} \tag{6.81}$$

den Anstieg berechnen. Für $r = r(t)$ und $\varphi = \varphi(t)$ wird $dr = \dot{r}(t)\,dt$, $d\varphi = \dot{\varphi}(t)\,dt$, so daß man aus (6.81) nach Kürzen durch $dt = \Delta t$

$$\frac{dy}{dx} = \frac{\dot{r}\sin\varphi + r\dot{\varphi}\cos\varphi}{\dot{r}\cos\varphi - r\dot{\varphi}\sin\varphi}$$

erhält. Ist insbesondere $t = \varphi$ der Kurvenparameter, so gilt

$$\frac{dy}{dx} = \frac{r'\sin\varphi + r\cos\varphi}{r'\cos\varphi - r\sin\varphi}, \tag{6.82}$$

worin $r' = r'(\varphi)$ die Ableitung der Funktion $r(\varphi)$ bedeutet.

Aus der Parameterdarstellung $x = x(t)$, $y = y(t)$ der Kurve *C* kann man mittels der Umkehrfunktion $t = t(x)$ von $x = x(t)$ zur expliziten Darstellung $y = y(t(x)) = f(x)$ gelangen.

Mit Hilfe der Kettenregel erhält man dann

$$f'(x) = \frac{dy}{dx} = \frac{dy}{dt}\,\frac{dt}{dx} = \dot{y}(t)\,\frac{1}{\dot{x}(t)}, \quad t = t(x),$$

was mit (6.59) gleichbedeutend ist.

Die Beispiele 6.25 und 6.26 mögen den Gebrauch von Differentialen in Physik und Technik erläutern.

Beispiel 6.25: Eine Größe x wird gemessen und daraus eine Größe $y = f(x)$ berechnet. Da x i.a. mit einem Meßfehler behaftet ist, der von der Genauigkeit des verwendeten Meßinstrumentes abhängig ist, kann auch die Größe y nur näherungsweise berechnet werden. Die Ungenauigkeit von y wird durch

$$\Delta y = f(x + \Delta x) - f(x) \approx f'(x)\,\Delta x = dy$$

gegeben. Man erhält damit in

$$|\Delta y| \approx |f'(x)|\,|\Delta x|$$

eine Näherung für die Ungenauigkeit bei der Berechnung von y. Der relative Fehler ist

$$\left|\frac{\Delta y}{y}\right| \approx \left|\frac{f'(x)}{f(x)}\right|\,|\Delta x|.$$

Das folgende Beispiel ist typisch für die Methodik, mit der der Differential-Kalkül in Physik und Technik zur Herstellung von Zusammenhängen zwischen physikalischen Größen verwendet wird.

Beispiel 6.26: Wir betrachten eine lange elektrische Leitung, durch die ein Verbraucher V versorgt wird (Bild 6.10). An den Eingang sei die Wechselspannung $u(t) = \hat{U}\cos(\omega t + \varphi)$ gelegt. Wenn auch an jeder Stelle x der Leitung eine harmonische Spannung und ein harmonischer Strom vorhanden ist, so muß man doch auf Grund der Kapazität, der Induktivität und des ohmschen Widerstandes der Leitung erwarten, daß sich die Amplituden und Phasen von Ort zu Ort ändern. Wir stellen uns zur Aufgabe, die Gesetzmäßigkeiten dieser Änderungen herauszufinden.

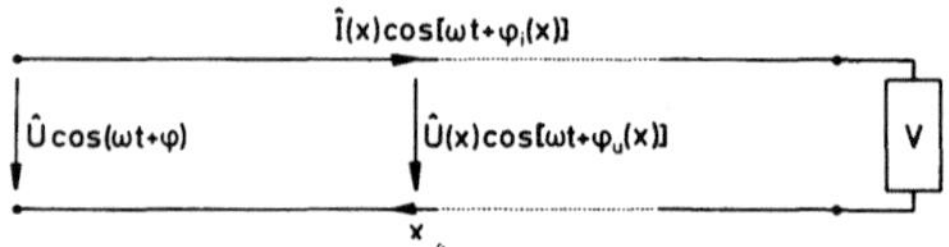

Bild 6.10

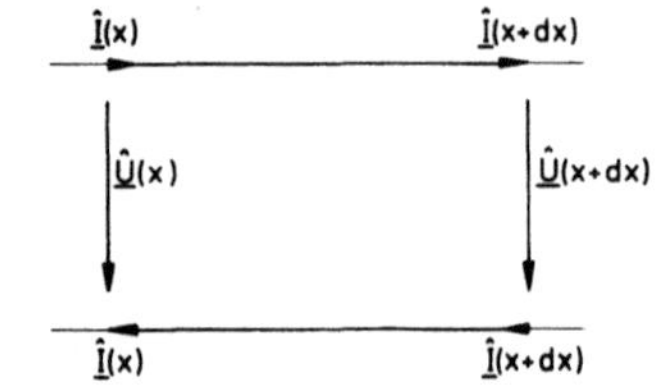

Bild 6.11

Wenn wir komplexe Zeiger $\underline{\hat{I}}$ und $\underline{\hat{U}}$ für Strom und Potentialdifferenz an der Stelle x verwenden, so drückt sich die Abhängigkeit der Amplituden und Phasen von der Stelle x durch die Abhängigkeit der komplexen Zeiger $\underline{\hat{I}}(x)$ und $\underline{\hat{U}}(x)$ von x aus – für jedes x erhalten wir ein verschiedenes Zeigerdiagramm.

Wir greifen nun ein Leitungsstück der Länge $\Delta x = dx$ heraus (Bild 6.11). Ist $C(x)$ die Gesamtkapazität der Leitung bis zur Stelle x, so ist

$$\Delta C = C(x + dx) - C(x) \approx dC = C'(x)\,dx$$

die Kapazität des Leitungselements der Länge Δx. Analog ist

$$\Delta L \approx dL = L'(x)\,dx$$

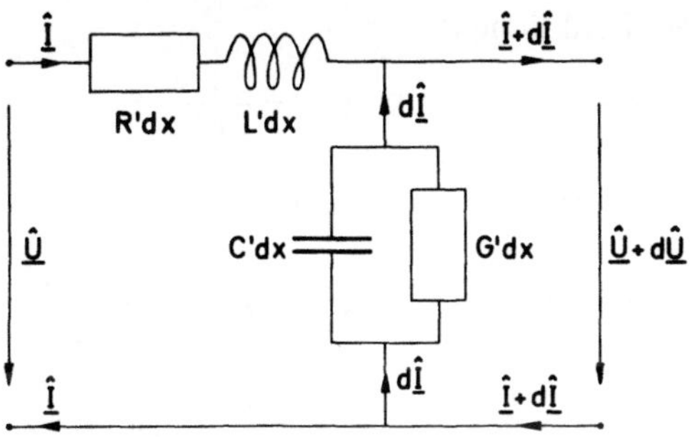

Bild 6.12

die Induktivität und

$$\Delta R \approx dR = R'(x)\,dx$$

der ohmsche Widerstand des Leitungselements. Sind die Funktionen C'(x), L'(x) und R'(x) konstant, so spricht man von einer *homogenen* Leitung. Wenn wir noch einen Isolationsleitwert $dG = G'(x)\,dx$ berücksichtigen, so können wir für die homogene Leitung mit Hilfe des Ersatzschaltbildes von Bild 6.12 den Strom-Spannung-Zusammenhang für das kleine Leitungsstück näherungsweise herstellen. Benützen wir die Näherungen

$$\hat{\underline{U}}(x+dx) \approx \hat{\underline{U}}(x) + d\hat{\underline{U}}(x), \quad \hat{\underline{I}}(x+dx) \approx \hat{\underline{I}}(x) + d\hat{\underline{I}}(x),$$

so zeigen unsere Rechenregeln von Abschnitt 4.7 das Bestehen der Gleichungen

$$d\hat{\underline{U}}(x) = -(R' + j\omega L')\,\hat{\underline{I}}\,dx, \quad d\hat{\underline{I}}(x) = -(\hat{\underline{U}}(x) + d\hat{\underline{U}}(x))\,(G' + j\omega C')\,dx,$$

aus denen, da das Produkt der Differentiale $d\hat{\underline{U}}(x)$ und dx gegenüber den anderen Größen vernachlässigbar klein ist, die Gleichungen

$$d\hat{\underline{U}}(x) = -(R' + j\omega L')\,\hat{\underline{I}}\,dx, \quad d\hat{\underline{I}}(x) = -(G' + j\omega C')\,\hat{\underline{U}}\,dx$$

resultieren. Dividiert man durch $dx = \Delta x$, so erhält man

$$\frac{d\hat{\underline{U}}}{dx} = -(R' + j\omega L')\,\hat{\underline{I}}, \quad \frac{d\hat{\underline{I}}}{dx} = -(G' + j\omega C')\,\hat{\underline{U}}, \qquad (6.83)$$

worin nach Grenzübergang $\Delta x \to 0$ zwei Gleichungen entstanden sind, die die Ableitungen von Strom und Spannung mit diesen Größen selbst exakt in Beziehung bringen. Die Gleichungen (6.83), die den gesuchten Zusammenhang herstellen, nennt man ein *System von Differentialgleichungen erster Ordnung*. Mit der Aufgabe, daraus $\hat{\underline{U}}(x)$ und $\hat{\underline{I}}(x)$ zu bestimmen, werden wir uns an späterer Stelle auseinandersetzen (Abschnitt 29.4).

6.9 Übungsbeispiele

Man bestimme den linearen Anteil der nachstehenden Funktionen an der Stelle x_0:

1. $f(x) = x - \ln x,\ x_0 = \frac{1}{2}$
2. $f(x) = \sin x,\ x_0 = \frac{\pi}{4}$
3. $f(x) = \cos x,\ x_0 = 0$
4. $f(x) = \arctan x,\ x_0 = 1$
5. $f(x) = \sinh x,\ x_0 = 0$
6. $f(x) = a^x,\ x_0 = 1$

Man berechne die Ableitung der folgenden Funktionen:

7. $f(x) = e^x(\sin x - \cos x)$ 8. $f(x) = e^x(x^2 - 2x + 2)$ 9. $f(x) = \frac{1}{\cos x}$

10. $f(x) = \frac{1}{2}\frac{e^x - 1}{e^x + 1}$ 11. $f(x) = \ln|1 + \ln x|$ 12. $f(x) = \sqrt{x + \sqrt{x}}$

13. $f(x) = \frac{x}{\sqrt{x^2 + 1}}$ 14. $f(x) = \arcsin x + \sqrt{1 - x^2}$ 15. $f(x) = \arctan\frac{x}{\sqrt{1-x^2}}$

16. $f(x) = \arcsin\frac{1 - x^2}{1 + x^2}$ 17. $f(x) = \frac{2}{3}\arctan\left(3\tan\frac{x}{2}\right)$ 18. $f(x) = \ln\frac{|x|}{1 + \sqrt{x^2 + 1}}$

19. $f(x) = \arctan\frac{x + 1}{x - 1}$ 20. $f(x) = \ln\frac{1 + \sqrt{1 - x^2}}{x}$ 21. $f(x) = \frac{1}{2}\tan^2 x + \ln\cos x$

22. $f(x) = (\sqrt{x} - 2)\sqrt{1 - x} - \arcsin\sqrt{x}$ 23. $f(x) = \frac{1}{6}(x^2 - 1)\sqrt{1 + 2x^2}$

24. $f(x) = \arcsin\sqrt{1 - x^2}$ 25. $f(x) = \arcsin\frac{2x}{1 + x^2}$

26. $f(x) = \frac{1}{\sqrt{ab}}\arctan\left\{\sqrt{\frac{b}{a}}\tan x\right\}$ 27. $f(x) = \sqrt{(a-x)(x-b)} - (a-b)\arctan\sqrt{\frac{a-x}{x-b}}$

28. $f(x) = -6\sum_{k=4}^{9}\frac{1}{k}(-1)^{k+1}(\sqrt[6]{1+x})^k$ 29. $f(x) = \prod_{k=1}^{n} e^{(x^k)}$

30. $f(x) = \frac{1}{3}\frac{2x + 1}{x^2 + x + 1} + \frac{4\sqrt{3}}{9}\arctan\frac{2x + 1}{\sqrt{3}}$

31. $f(x) = \frac{1}{4\sqrt{2}}\ln\frac{x^2 - x\sqrt{2} + 1}{x^2 + x\sqrt{2} + 1} - \frac{1}{2\sqrt{2}}\arctan\frac{x\sqrt{2}}{1 - x^2}$

32. $f(x) = \ln\frac{1 + \sqrt{1 + x^2}}{|x|} - \sqrt{x^2 + 1}$ 33. $f(x) = \ln\sqrt{\frac{1 - \sin x}{1 + \sin x}}$ 34. $f(x) = x^{\sin x}$

35. $f(x) = (\sin x)^{\sin x}$ 36. $f(x) = \left(\frac{x - 1}{x + 1}\right)^x$ 37. $f(x) = x^a\sin\frac{1}{x}$

Man berechne die Ableitungen der folgenden komplexwertigen Funktionen:

38. $z(t) = \ln(1 + e^{jt}),\ -\pi < t < \pi$ 39. $z(t) = \frac{1}{1 + q\,e^{jt}},\ |q| < 1,\ -\pi < t \leqslant \pi$

40. Man zeige, daß die für $x \neq 0$ durch $f(x) = e^{-1/x^2}$, für $x = 0$ durch $f(0) = 0$ für alle $x \in \mathbb{R}$ definierte Funktion $f(x)$ an der Stelle $x = 0$ differenzierbar ist. Man berechne $f'(0)$ und beweise weiter, daß die Ableitung $f'(x)$ insbesondere im Punkt $x = 0$ stetig ist.

41. Sei $f(x) = x^a\sin\frac{1}{x}$ für $x \neq 0$ und $f(0) = 0$. Für welche Werte des Parameters a ist die Funktion $f(x)$ in $x = 0$ stetig, für welche Werte von a ist sie in $x = 0$ differenzierbar? Für welche Werte des Parameters a ist schließlich auch die Ableitung $f'(x)$ in $x = 0$ stetig?

42. Es sei die Funktion $f(x)$ auf einem Intervall I definiert; x_0 sei ein Punkt im Inneren des Intervalls I und (x_n) eine gegen x_0 konvergierende Folge von Punkten aus I, $\lim_{n \to \infty} x_n = x_0$. Gilt $f(x_n) = 0$ für $n = 1, 2, \ldots$ und ist $f(x)$ in x_0 stetig, so muß notwendig $f(x_0) = 0$ sein. Welchen Wert muß die Ableitung $f'(x_0)$ zwingend haben, wenn $f(x)$ in x_0 auch differenzierbar ist?

7 Der Mittelwertsatz und die Taylorsche Formel

Das gewaltige Gebäude der Differential- und Integralrechnung mit seinen mannigfaltigen Anwendungen, wie der Berechnung von Extremwerten, Grenzwerten, Raum- und Flächeninhalten, der Herleitung und Lösung von Gleichungen in Physik und Technik sowie der Reihenentwicklung von Funktionen, nicht zuletzt auch seine Bedeutung für das numerische Rechnen, stützt sich auf einige grundlegende Aussagen über differenzierbare Funktionen, zu denen der Satz von Fermat und der Mittelwertsatz der Differentialrechnung gehören.

7.1 Der Mittelwertsatz der Differentialrechnung

Es sei f eine auf dem Intervall $[a, b]$ stetige Funktion. Nach dem Satz von Weierstraß (Satz 5.9) nimmt f im Intervall $[a, b]$ seinen größten und kleinsten Wert an; ist z.B. $f(\xi)$ das Maximum von f im Intervall $[a, b]$, so gilt

$$f(x) \leqslant f(\xi), \quad a \leqslant x \leqslant b.$$

Wir interessieren uns hier besonders dafür, daß f seinen größten Wert $f(\xi)$ im Inneren des Intervalles $[a, b]$ annimmt und setzen daher $a < \xi < b$ voraus. Offenbar ist dann

$$\frac{f(x) - f(\xi)}{x - \xi} \leqslant 0 \quad \text{für} \quad \xi < x \leqslant b$$

und

$$\frac{f(x) - f(\xi)}{x - \xi} \geqslant 0 \quad \text{für} \quad a \leqslant x < \xi.$$

Wenn nun f an der Stelle ξ differenzierbar ist, so folgt daraus

$$0 \leqslant \lim_{x \to \xi-} \frac{f(x) - f(\xi)}{x - \xi} = f'_-(\xi) = f'(\xi) = f'_+(\xi) = \lim_{x \to \xi+} \frac{f(x) - f(\xi)}{x - \xi} \leqslant 0,$$

woraus man $0 \leqslant f'(\xi) \leqslant 0$ und daher $f'(\xi) = 0$ abliest. Auf dasselbe Ergebnis kommt man, wenn f an einer Stelle ξ im Inneren des Intervalles $[a, b]$ seinen kleinsten Wert hat. Dies ist der Inhalt von

Satz 7.1 (Satz von Fermat[1]). *Nimmt die auf dem abgeschlossenen Intervall* $[a, b]$ *stetige Funktion* f *ihren größten bzw. kleinsten Wert in einem inneren Punkt* ξ *des Intervalles* $[a, b]$ *an und ist* f *in* ξ *differenzierbar, so gilt notwendig*

$$f'(\xi) = 0.$$

Geometrisch interpretiert besagt dies, daß eine auf dem abgeschlossenen Intervall $[a, b]$ stetige und auf dem offenen Intervall $]a, b[$ differenzierbare Funktion ihren größten und kleinsten Wert im Inneren des Intervalls $[a, b]$ nur dort annehmen kann, wo ihr Schaubild eine horizontale Tangente hat (Bild 7.1). Daß dies nicht gültig bleiben kann, wenn der

1) *Pierre de Fermat*, 1601–1665.

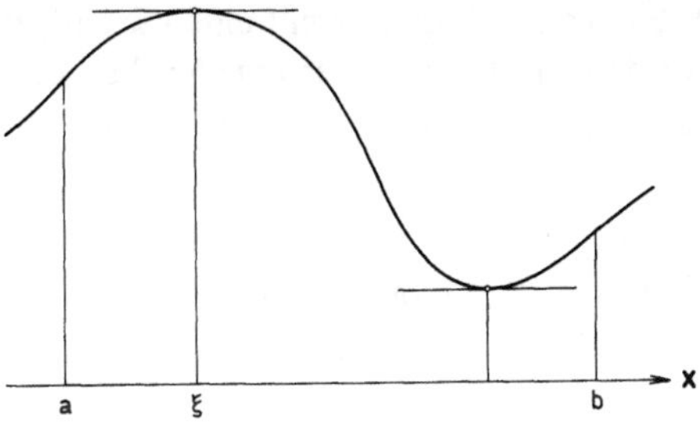

Bild 7.1

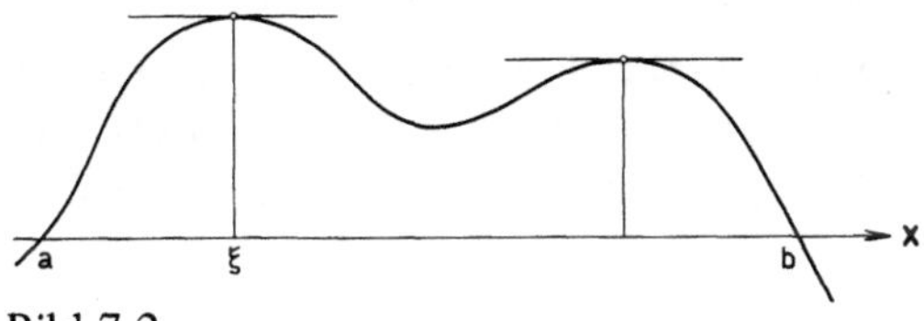

Bild 7.2

größte oder kleinste Wert von f am Rande des Intervalls [a, b] liegt, zeigt das Beispiel einer streng monotonen Funktion, die ihre Extremwerte nur am Rande annehmen kann, wo ihr Schaubild keinesfalls eine horizontale Tangente haben muß.

Der Satz von Fermat ist von zentraler Bedeutung für die Berechnung von Extremwerten einer Funktion, auf die wir in Abschnitt 8.1 zurückkommen. An dieser Stelle verwenden wir ihn als Hilfsmittel für den Beweis einer ähnlichen Aussage, deren Voraussetzungen erzwingen, daß die Funktion f einen ihrer Extremwerte im Inneren des abgeschlossenen Definitionsintervalls annimmt.

Satz 7.2 (Satz von Rolle[1]). *Ist die Funktion* f *auf dem abgeschlossenen Intervall* [a, b] *stetig und auf dem offenen Intervall*]a, b[*differenzierbar und gilt weiter*

$$f(a) = f(b) = 0,$$

so gibt es mindestens eine Stelle ξ *zwischen* a *und* b: $a < \xi < b$, *mit*

$$f'(\xi) = 0.$$

Zwischen je zwei Nullstellen einer Funktion f liegt also stets eine Nullstelle der Ableitung f' (Bild 7.2).

Zum Beweis überlegen wir uns, daß unter den Voraussetzungen $f(a) = f(b) = 0$ die stetige Funktion f ihre beiden Extremwerte, die sie nach dem Satz von Weierstraß im Intervall [a, b] annehmen muß, nicht am Rande $x = a$ und $x = b$ haben kann, also mindestens ein Extremwert in einem inneren Punkt des Intervalls [a, b] angenommen wird. Ist nämlich M der größte und m der kleinste Funktionswert, so gilt jedenfalls $m \leq M$. Im Falle $m = M$ ist f(x) wegen $m \leq f(x) \leq M = m$ auf dem Intervall [a, b] konstant und sogar identisch Null, da $f(a) = f(b) = 0$ vorausgesetzt wurde. Andernfalls ist $m < M$, wobei entweder $M \neq 0$ oder $m \neq 0$ gilt. Ist z. B. $M \neq 0$, so folgt $M > 0$, da f an der Stelle a verschwindet; dies bedeutet auch schon, daß f seinen größten Wert M im Inneren des Intervalls annehmen muß, denn es ist auch $f(b) = 0$. Im Falle $m \neq 0$ folgern wir $m < 0$ wegen $f(a) = 0$, woraus nun schon hervorgeht, daß $m = f(\xi) < f(a) = f(b) = 0$ für einen inneren Punkt ξ des Intervalls [a, b] sein muß. Nachdem also ein Extremwert notwendig im Inneren des Intervalls [a, b] angenommen wird, können wir mit Hilfe des Satzes von Fermat in jedem Fall auf die Existenz einer Stelle $\xi \in\,]a, b[$ mit $f'(\xi) = 0$ schließen, weil vorausgesetzt wurde, daß f in jedem inneren Punkt des Intervalls [a, b] differenzierbar ist.

[1]) *Michel Rolle*, 1652–1719.

Der Satz von Rolle als spezielle Fassung des Satzes von Fermat stellt einen wichtigen Hilfssatz für die Differentialrechnung dar – wir werden auf ihn noch verschiedentlich zurückgreifen. Auf ihn kann man auch den Beweis des angekündigten Mittelwertsatzes der Differentialrechnung zurückführen.

Satz 7.3 (Mittelwertsatz der Differentialrechnung). *Die Funktion* f *sei auf dem abgeschlossenen Intervall* [a, b] *stetig und auf dem offenen Intervall*]a, b[*differenzierbar. Dann gibt es mindestens eine Stelle* ξ *mit* $a < \xi < b$, *so daß*

$$f'(\xi) = \frac{f(b) - f(a)}{b - a}. \tag{7.1}$$

Zum Beweis konstruiert man die Hilfsfunktion

$$F(x) = f(x) - f(a) - \frac{f(b) - f(a)}{b - a}(x - a),$$

die auf dem abgeschlossenen Intervall [a, b] stetig und auf dem offenen Intervall]a, b[differenzierbar ist, weil f diese Eigenschaften hat. Ferner ist $F(a) = F(b) = 0$, so daß die Voraussetzungen des Satzes von Rolle erfüllt sind und die Existenz einer Stelle $\xi \in\ ]a, b[$ mit

$$0 = F'(\xi) = f'(\xi) - \frac{f(b) - f(a)}{b - a},$$

also (7.1), gefolgert werden kann.

Auch der Mittelwertsatz gestattet eine einfache geometrische Interpretation. Der Differenzenquotient auf der rechten Seite von (7.1) ist der Anstieg der Sekante durch die Punkte (a, f(a)) und (b, f(b)) des Schaubildes von f und kann als *mittlerer Anstieg* der Funktion f auf dem Intervall [a, b] angesehen werden. Nach dem Mittelwertsatz gibt es nun eine Stelle ξ zwischen a und b, in der die Tangente parallel zu dieser Sekante verläuft – mit anderen Worten, es gibt eine Stelle ξ, in der der „lokale" Anstieg dem „globalen" gleich ist (Bild 7.3).

Eine mechanische Deutung bietet der Begriff der Geschwindigkeit. Beschreibt wie in Abschnitt 6.2 die Funktion $x = x(t)$ die Lage x eines Massenpunkts zur Zeit t, so erreicht ein fiktiver zweiter Punkt, der sich zum Zeitpunkt t_1 ebenfalls am Ort $x_1 = x(t_1)$ befindet, wenn er sich mit der konstanten Geschwindigkeit

$$\bar{v} = \frac{\Delta x}{\Delta t} = \frac{x(t_2) - x(t_1)}{t_2 - t_1}$$

bewegt, zum gleichen Zeitpunkt t_2 den Ort $x_2 = x(t_2)$; nach dem Mittelwertsatz muß der aktuelle Massenpunkt mindestens zu einem Zeitpunkt τ die gleiche mittlere Geschwindigkeit haben,

$$v(\tau) = \frac{\Delta x}{\Delta t} = \bar{v}.$$

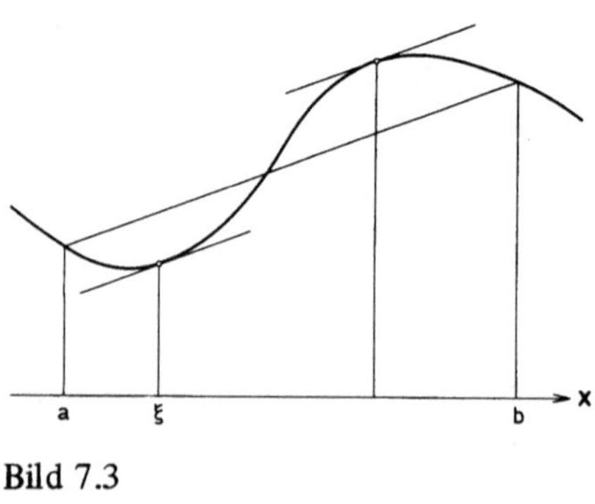

Bild 7.3

Für die mathematische Praxis verwendet man gerne eine etwas andere Formulierung des Mittelwertsatzes. Man setzt $x = a$ und $h = b - a$, d.h. $b = x + h$; mit einer geeigneten Zahl ϑ, $0 < \vartheta < 1$, läßt sich dann jede zwischen a und b gelegene Stelle ξ durch $\xi = x + \vartheta h$ darstellen (wobei ϑ durch ξ eindeutig bestimmt ist). Mit dieser Vereinbarung schreibt sich (7.1) in der Form

$$f(x + h) = f(x) + h\, f'(x + \vartheta h), \quad 0 < \vartheta < 1 . \tag{7.2}$$

Diese Ausdrucksweise hat (unter den entsprechenden Stetigkeits- und Differenzierbarkeitsvoraussetzungen) nebenher den Vorteil, auch für $h < 0$ gültig zu sein (in diesem Falle wäre in (7.1) $x + h = a$ und $b = x$ zu setzen). Die ϑ-h-Variante (7.2) ist eine für die mathematische Praxis sehr zweckmäßige Charakterisierung von Zwischenwerten in einem Intervall $[x, x + h]$ $(h > 0)$ resp. $[x + h, x]$ $(h < 0)$.

Die Berechnung der i.a. von x und h abhängigen Zahl ϑ ist nicht immer einfach; das Wesentliche ist jedoch, insbesondere für Abschätzungen der Differenz Δf, daß sie stets positiv und durch 1 nach oben beschränkt ist.

Der Mittelwertsatz hat nicht nur theoretische Bedeutung für den Aufbau der Differential- und Integralrechnung. Die folgenden beiden Beispiele mögen seine Anwendungsmöglichkeiten zeigen, welche allerdings im Bereich des numerischen Rechnens in neuerer Zeit durch das Aufkommen der elektronischen Taschenrechner in den Hintergrund gedrängt worden sind.

Beispiel 7.1: Es soll $\ln 2.9$ näherungsweise aus der Kenntnis von $\ln e = 1$ berechnet werden. Mit $h = 2{,}9 - e = 0.1817\ldots$ folgt

$$\ln 2.9 - \ln e = \frac{h}{e + \vartheta h};$$

da die Funktion $\varphi(\vartheta) = \dfrac{h}{e + \vartheta h}$ im Intervall $[0, 1]$ monoton fällt, folgt für $\vartheta = 0$ und $\vartheta = 1$ die Ungleichung

$$\frac{h}{e + h} < \frac{h}{e + \vartheta h} < \frac{h}{e}$$

und daher

$$1.062\,66\ldots = 1 + \frac{h}{e + h} < \ln 2.9 < 1 + \frac{h}{e} = 1.066\,85\ldots,$$

woraus durch Mittelwertbildung dieser Schranken der Näherungswert

$$1 + \frac{h}{2}\left(\frac{1}{e} + \frac{1}{e + h}\right) = 1.064\,755\,91\ldots$$

für $\ln 2.9$ gebildet werden kann, der vom exakten Wert $\ln 2.9 = 1.064\,710\ldots$ erst in der 5. Dezimale hinter dem Komma abweicht, also auf 4 Dezimalen hinter dem Komma genau ist.

Beispiel 7.2: In welchem Intervall $[-h, h]$ kann man die Funktion $y = \cos x$ durch $\cos 0 = 1$ derart ersetzen, daß der dabei auftretende Fehler nicht größer als eine gegebene Größe ϵ wird?

Mit Hilfe des Mittelwertsatzes erhalten wir

$$\cos x - 1 = \cos x - \cos 0 = x(-\sin \vartheta x), \quad 0 < \vartheta < 1.$$

Da für beliebiges z stets $|\sin z| \leqslant |z|$ gilt (vgl. (5.1)), erhalten wir daraus

$$|\cos x - 1| \leqslant |x| \cdot |\vartheta x| < x^2 \leqslant h^2 \leqslant \epsilon,$$

woraus folgt, daß man mit $h \leqslant \sqrt{\epsilon}$ das Auslangen findet.

Schließlich fragen wir, in welchem Intervall $[-h, h]$ die Funktion $y = \sin x$ durch $y = x$ ersetzt werden kann, wenn der Fehler nicht größer als ϵ sein soll (daß diese Frage sinnvoll ist, zeigt der Grenzwert (5.2)). Um dies zu untersuchen, bilden wir die Fehlerfunktion

$$g(x) = \sin x - x$$

und erhalten wegen $g(0) = 0$ aus dem Mittelwertsatz

$$g(x) = g(x) - g(0) = x\,g'(\vartheta x) = x(\cos \vartheta x - 1),$$

woraus nach dem obigen Ergebnis wegen $0 < \vartheta < 1$

$$|g(x)| \leqslant |x|\,|\cos \vartheta x - 1| < |x|^3 \leqslant h^3 \leqslant \epsilon$$

folgt, was auf $h \leqslant \sqrt[3]{\epsilon}$ führt.

Die Ersetzung von $\cos x$ durch 1 und $\sin x$ durch x für kleine Argumente x entspricht einer Ersetzung der trigonometrischen Funktionen durch *lineare* Funktionen. Diese „Linearisierung" der trigonometrischen Funktionen für kleine Argumente wird in der technischen Schwingungslehre oft zur Vereinfachung von Gleichungen verwendet, mit dem Ziel, zu einfachen formelmäßigen Näherungen zu gelangen. Die obigen Abschätzungen zeigen, in welchen Intervallen der Fehler unter einer ausreichenden Größe bleibt, aber auch umgekehrt, welchen Fehler man zu erwarten hat, wenn die Linearisierung in einem durch die Geometrie der Anordnung bedingten Intervall durchgeführt wird.

7.2 Höhere Ableitungen

Ist die Funktion f in allen Punkten eines Intervalls I differenzierbar, so kann man die in jedem Punkt des Intervalls I definierte Ableitung $f'(x)$ selbst wieder als Funktion von x auffassen.[1] Ist diese Ableitung $f'(x)$ ihrerseits in einem Punkt x_0 differenzierbar, so nennt man

$$\frac{d}{dx} f'(x)\Big|_{x = x_0} = f''(x_0) \qquad (7.3)$$

die *2. Ableitung von* f *an der Stelle* x_0 oder die *Ableitung 2. Ordnung* von f an der Stelle x_0. In der Leibnizschen Symbolik

$$\frac{d}{dx}\frac{dy}{dx}\Big|_{x = x_0} = \frac{d^2 y}{dx^2}\Big|_{x = x_0} = \frac{d^2 f}{dx^2}\Big|_{x = x_0}$$

spricht man vom *2. Differentialquotienten* oder *Differentialquotienten 2. Ordnung* von $y = f(x)$ an der Stelle x_0. Seine Bedeutung wird sich wieder bei der Besprechung der Differentiale höherer Ordnung in Abschnitt 7.5 herausstellen. Daneben ist auch die Bezeichnung $y''(x_0)$ bzw. y'' im Gebrauch, vor allem, wenn das Funktionssymbol mit der Bezeichnung der abhängigen Veränderlichen y identisch ist.

In der Newtonschen Symbolik wird die zweite Ableitung durch zwei über die abzuleitende Größe gesetzte Punkte wie $\ddot{x}(t)$ usw. gekennzeichnet.

---

[1]) Vgl. die Fußnote auf Seite 155.

Beispiel 7.3: Eine der wichtigsten Ableitungen höherer Ordnung in der Mechanik ist die *Beschleunigung*. Darunter versteht man die Änderung der Geschwindigkeit v(t) in der Zeiteinheit, so daß die Beschleunigung nach Abschnitt 6.2 durch die Ableitung der Geschwindigkeit auszudrücken ist,

$$b = \frac{dv}{dt} = \dot{v}(t).$$

Wegen $\dot{x}(t) = v(t)$ erhält man die Beschleunigung

$$b(t) = \frac{d}{dt}\, v(t) = \frac{d}{dt}\frac{dx}{dt} = \frac{d^2x}{dt^2} = \ddot{x}(t)$$

als zweiten Differentialquotienten des Ortes nach der Zeit. Für den freien Fall ist $v(t) = gt$ (vgl. Beispiel 6.2), also

$$b(t) = \frac{d}{dt}\, v(t) = g.$$

Ein frei fallender Körper wird daher konstant beschleunigt.[1])

Existiert die 2. Ableitung $f''(x)$ einer Funktion f in jedem Punkt eines Intervalls I, so heißt f auf I 2-mal differenzierbar. Als Funktion von x kann die 2. Ableitung auf I selbst wieder differenzierbar sein; man gelangt so zur *3. Ableitung* bzw. zum *3. Differentialquotienten*

$$\frac{d}{dx}\, f''(x)\Big|_{x = x_0} = f'''(x_0) \quad \text{bzw.} \quad \frac{d}{dx}\frac{d^2y}{dx^2} = \frac{d^3y}{dx^3} \tag{7.4}$$

der Funktion $y = f(x)$ an der Stelle x_0, und allgemein zur *n-ten Ableitung* oder *Ableitung n-ter Ordnung*

$$\frac{d}{dx}\, f^{(n-1)}(x)\Big|_{x = x_0} = f^{(n)}(x_0), \tag{7.5}$$

wobei man aus Gründen der Übersichtlichkeit gezwungen ist, die „Strichsymbolik" zur Kennzeichnung der Ordnung der Ableitung durch die in (7.5) verwendete „Ziffersymbolik" zu ersetzen. Dabei behält man die Schreibweise $f'(x)$ und $f''(x)$ für die ersten beiden Ableitungen bei,

$$f'(x) = f^{(1)}(x), \; f''(x) = f^{(2)}(x),$$

sofern diese Ableitungen nicht in allgemeineren Zusammenhängen, wie z.B. unter dem Summenzeichen, auftreten, wo man dann auch unter der 0-ten Ableitung

$$f^{(0)}(x) := f(x) \quad \text{bzw.} \quad \frac{d^0y}{dx^0} = y$$

die Funktion $y = f(x)$ selbst versteht. In der Leibnizschen Symbolik nennt man

$$\frac{d^ny}{dx^n} = \frac{d}{dx}\frac{d^{n-1}}{dx^{n-1}}, \quad n = 0, 1, 2, \ldots$$

---

1) Dies ist – im Sinne der Newtonschen Mechanik – nur eine Näherung, da das Fallgesetz $s = \frac{g}{2}t^2$ durch Zugrundelegung der Näherung $\Delta U \approx mgh$ für die Differenz der potentiellen Energie hergeleitet wird.

den *Differentialquotienten n-ter Ordnung* oder *n-ten Differentialquotienten.* Existiert die n-te Ableitung einer Funktion f auf einem Intervall I, so heißt f auf I n-mal differenzierbar.

Wir besprechen zunächst die höheren Ableitungen der elementaren Funktionen.

Beispiel 7.4: Die erste Ableitung der Potenz $f(x) = x^n$ für natürliches n ist $f'(x) = nx^{n-1}$, insbesondere wieder eine Potenz. Sofern $n > 1$ ist, gibt die Regel (6.16) oder (6.49) $f''(x) = n(n-1)x^{n-2}$. So fortfahrend erhält man

$$(x^n)^{(k)} = n(n-1)\dots(n-k+1)\,x^{n-k} = k!\binom{n}{k}x^{n-k} \quad \text{für} \quad k \leqslant n. \tag{7.6}$$

Die n-te Ableitung

$$(x^n)^{(n)} = n!$$

ist konstant, so daß

$$(x^n)^{(k)} = 0 \quad \text{für} \quad k > n$$

ist.

Beispiel 7.5: Die Ableitungen der allgemeinen Potenz $y = f(x) = x^a$ für beliebiges reelles $a \notin \mathbb{N}$ berechnen sich nach derselben Methode zu

$$(x^a)^{(n)} = a(a-1)\dots(a-n+1)\,x^{a-n} = n!\binom{a}{n}x^{a-n}, \quad n = 0, 1, 2, \dots; \tag{7.7}$$

da vorausgesetzt wurde, daß a keine natürliche Zahl ist, ist keine Ableitung identisch Null.

Beispiel 7.6: Die erste Ableitung der allgemeinen Exponentialfunktion $y = f(x) = a^x$ ist $f'(x) = a^x \ln a$. Nach derselben Differentiationsvorschrift berechnet man daher die höheren Ableitungen zu

$$(a^x)^{(n)} = a^x (\ln a)^n, \quad n = 0, 1, \dots. \tag{7.8}$$

Speziell ist für $a = e$

$$(e^x)^{(n)} = e^x, \quad n = 0, 1, 2, \dots. \tag{7.9}$$

Beispiel 7.7: Die erste Ableitung von $y = f(x) = \ln x$ ist $f'(x) = \frac{1}{x}$. Mit (7.7) erhält man daher für $a = -1$ und $n-1$ an Stelle von n

$$(\ln x)^{(n)} = \left(\frac{1}{x}\right)^{(n-1)} = (-1)(-2)\dots(-n+1)\,x^{-n} = (-1)^{n-1}(n-1)!\,x^{-n}, \tag{7.10}$$

$$n = 1, 2, \dots.$$

Beispiel 7.8: Eine besondere Struktur haben die höheren Ableitungen der trigonometrischen Funktionen Sinus und Cosinus, die sich auf Grund der Differentiationsregeln (6.31) und (6.32) ergibt. Für $y = f(x) = \sin x$ und $f'(x) = \cos x$ ergibt (6.32) $f''(x) = -\sin x$, (6.31) wieder $f^{(3)}(x) = -\cos x$, $f^{(4)}(x) = \sin x = f(x)$. Dies zeigt, daß die Ableitungen des Sinus sich periodisch wiederholen. Eine allgemeine Formel für die n-ten Ableitungen des Sinus ist mit der Beziehung $\cos x = \sin\left(x + \frac{\pi}{2}\right)$ möglich: Es gilt $f'(x) = \cos x = \sin\left(x + \frac{\pi}{2}\right)$, $f''(x) = \cos\left(x + \frac{\pi}{2}\right) = \sin\left(x + 2\,\frac{\pi}{2}\right)$ usw., allgemein

$$(\sin x)^{(n)} = \sin\left(x + n\,\frac{\pi}{2}\right), \quad n = 0, 1, 2, \dots, \tag{7.11}$$

wie man durch vollständige Induktion sofort zeigen kann.

Ähnlich verhalten sich die Ableitungen der Cosinus-Funktion, deren höhere Ableitungen sich in der Form

$$(\cos x)^{(n)} = \cos\left(x + n\frac{\pi}{2}\right), \quad n = 0, 1, 2, \ldots \tag{7.12}$$

darstellen lassen.

Die Differentiationsregeln von Abschnitt 6.3 zur Bestimmung der ersten Ableitung übertragen sich sinngemäß auf die Berechnung der höheren Ableitungen. Da die Ableitung einer Summe gleich der Summe der Ableitungen ist, überträgt sich die Regel (6.18) auch auf die n-te Ableitung,

$$(f_1 + f_2)^{(n)} = f_1^{(n)} + f_2^{(n)}; \tag{7.13}$$

entsprechend überträgt sich auch (6.17)

$$(c \cdot f)^{(n)} = c \cdot f^{(n)} \tag{7.14}$$

für eine Konstante c. Beide Regeln können wieder zu der allgemeinen Summenregel

$$\left(\sum_{k=1}^{m} c_k f_k(x)\right)^{(n)} = \sum_{k=1}^{m} c_k f_k^{(n)}(x), \quad n = 0, 1, 2, \ldots, \tag{7.15}$$

zusammengefaßt werden.

Beispiel 7.9: Ist

$$p(x) = \sum_{k=0}^{m} a_k x^k$$

ein Polynom m-ten Grades, so ist die n-te Ableitung

$$p^{(n)}(x) = \sum_{k=n}^{m} a_k (x^k)^{(n)} = \sum_{k=n}^{m} n! \binom{k}{n} a_k x^{k-n}, \quad n \leqslant m,$$

insbesondere für n = m

$$p^{(m)}(x) = m!\, a_m.$$

Jede Ableitung eines Polynoms, deren Ordnung höher als dessen Grad ist, verschwindet.

Etwas komplizierter ist die Übertragung der Produktregel. Ist $f(x) = u(x)\,v(x)$, so erhält man $f'(x) = u'(x)\,v(x) + u(x)\,v'(x)$ und durch weitere Anwendung der Produktregel

$$f'' = u''v + u'v' + u'v' + uv'' = u''v + 2u'v' + uv'',$$

$$f''' = u'''v + u''v' + 2u''v' + 2u'v'' + u'v'' + uv''' = u'''v + 3u''v' + 3u'v'' + uv''' \quad \text{usw.}$$

Hier fällt das Bildungsgesetz auf, das zum binomischen Lehrsatz (1.76) geführt hat und daher die Differentiationsregel

$$(u \cdot v)^{(n)} = \sum_{k=0}^{n} \binom{n}{k} u^{(k)} v^{(n-k)}, \quad n = 0, 1, 2, \ldots, \tag{7.16}$$

vermuten läßt. Man beweist sie durch vollständige Induktion, indem man, ausgehend von (7.16), die Ableitung

$$(u \cdot v)^{(n+1)} = \frac{d}{dx}(u \cdot v)^{(n)} = \sum_{k=0}^{n} \binom{n}{k} \frac{d}{dx}[u^{(k)}v^{(n-k)}] =$$

$$= \sum_{k=0}^{n} \binom{n}{k} [u^{(k+1)} v^{(n-k)} + u^{(k)} v^{(n-k+1)}] = \sum_{k=0}^{n} \binom{n}{k} u^{(k+1)} v^{(n-k)} +$$

$$+ \sum_{k=0}^{n} \binom{n}{k} u^{(k)} v^{(n-k+1)}$$

berechnet und analog dem Beweis des binomischen Lehrsatzes die letzten beiden Summen durch geeignete Indextransformationen zusammenfaßt.

Die Formel (7.16) heißt *Leibnizsche Produktregel.*

Beispiel 7.10: Zur Bestimmung der n-ten Ableitung von $f(x) = e^x(x^2 + x + 1)$ setzen wir $u = x^2 + x + 1$, $v = e^x$ und wir erhalten mit

$$(x^2 + x + 1)' = 2x + 1, \; (x^2 + x + 1)'' = 2, \; (x^2 + x + 1)^{(k)} = 0 \quad \text{für } k > 2,$$

so daß für $n \geqslant 2$

$$[e^x(x^2 + x + 1)]^{(n)} = \sum_{k=0}^{n} \binom{n}{k} (x^2 + x + 1)^{(k)} (e^x)^{(n-k)} =$$

$$= \sum_{k=0}^{2} \binom{n}{k} (x^2 + x + 1)^{(k)} (e^x)^{(n-k)} = e^x \left[(x^2 + x + 1) + \binom{n}{1}(2x + 1) + \binom{n}{2} 2\right]$$

$$= e^x [x^2 + (2n + 1)x + (n^2 + 1)].$$

Beispiel 7.11: Zur Berechnung der n-ten Ableitung von $f(x) = e^{ax} \sin bx$ kann man mit Hilfe der Leibnizschen Formel vorgehen. Einfacher ist es jedoch, $y = f(x)$ als Imaginärteil der komplexwertigen Funktion $z(x) = e^{(a + jb)x}$ aufzufassen. Überträgt man den Begriff der höheren Ableitung sinngemäß auf komplexwertige Funktionen einer reellen Veränderlichen, so erhält man (vgl. (6.62))

$$f^{(n)}(x) = \frac{d^n}{dx^n} \operatorname{Im}\left(e^{(a + jb)x}\right) = \operatorname{Im}\left(\frac{d^n}{dx^n} e^{(a + jb)x}\right) = \operatorname{Im}\left((a + jb)^n e^{(a + jb)x}\right);$$

setzt man $a + jb = Ae^{j\alpha}$, $A = \sqrt{a^2 + b^2}$, $\alpha = \arg(a + jb)$, so wird schließlich

$$(e^{ax} \sin bx)^{(n)} = A^n e^{ax} \sin(bx + n\alpha).$$

Gleichzeitig fällt die Formel

$$(e^{ax} \cos bx)^{(n)} = A^n e^{ax} \cos(bx + n\alpha)$$

ab. Diese Rechnung ist ungemein kürzer und übersichtlicher, als sie durch die Leibnizsche Formel wäre; die Zuhilfenahme komplexwertiger Funktionen führt hier zu einer erheblichen Vereinfachung.

Eine Regel für die höheren Ableitungen eines Quotienten hat wenig Sinn, da die höheren Ableitungen der reziproken Funktion $\frac{1}{f(x)}$ sehr bald unübersichtlich werden. In manchen Fällen kann man sich jedoch mit einfachen Kunstgriffen behelfen.

Beispiel 7.12: Um die höheren Ableitungen der Funktion $f(x) = \frac{x+1}{x-1}$ zu berechnen, schreiben wir f(x) in

$$f(x) = \frac{x+1}{x-1} = 1 + \frac{2}{x-1}$$

um. Die höheren Ableitungen des Bruchs $\frac{1}{x-1}$ lassen sich einfach ermitteln: man erhält durch stete Anwendung der Kettenregel

$$\left(\frac{1}{x-1}\right)^{(n)} = (-1)^n n!\,(x-1)^{-n-1},$$

also schließlich

$$\left(\frac{x+1}{x-1}\right)^{(n)} = 2(-1)^n n!\,(x-1)^{-n-1}, \quad n \geqslant 1.$$

Beispiel 7.13: Aus der Identität

$$\frac{1}{x^2+1} = \frac{j}{2}\left(\frac{1}{x+j} - \frac{1}{x-j}\right)$$

und der komplexen Potenzregel (6.61) wird

$$\left(\frac{1}{x^2+1}\right)^{(n)} = \frac{j}{2}(-1)^n n!\left((x+j)^{-n-1} - (x-j)^{-n-1}\right) = (-1)^{n+1} n!\,\mathrm{Im}\left((x+j)^{-n-1}\right).$$

Insbesondere wird daraus

$$(\arctan x)^{(n)} = (-1)^n (n-1)!\,\mathrm{Im}\left((x+j)^{-n}\right).$$

Ebenso führt die Übertragung der Kettenregel schnell zu unübersichtlichen Ausdrücken. Eine Ausnahme bildet der Fall der Zusammensetzung $f(x) = g(y)$ mit Hilfe der Funktion $y = h(x) = ax + b$, für die man

$$f^{(n)}(x) = g^{(n)}(y)\,a^n, \quad y = ax + b, \tag{7.17}$$

erhält.

7.3 Die Taylorsche Formel

Wir haben in Abschnitt 6.1 zum Ausdruck gebracht, daß der lineare Anteil von f an der Stelle x_0,

$$Y = f(x_0) + f'(x_0)(x - x_0),$$

(Y bezeichnet darin die Ordinate der Tangente) die Funktion f in einer Umgebung von x_0 unter allen durch den Punkt $P(x_0, f(x_0))$ gehenden Geraden am besten annähert, wobei die Sprechweise „f wird durch den linearen Anteil von höherer als erster Ordnung approximiert" durch den Grenzwert (6.8) sinnvoll wird. Durch Berechnung des Fehlers wollen wir nun versuchen, diese qualitative Aussage durch eine quantitative zu ersetzen.

Im Zuge dessen stellen wir auch die Frage, ob es nicht durch geeignete Zusatzvoraussetzungen möglich ist, die Funktion f in einer Umgebung der Stelle x_0 mit Hilfe von Polynomen höheren Grades besser zu approximieren, als dies durch lineare Funktionen, d.h.

Polynome 1. Grades, geschehen kann. Im Sinne des Grenzwerts (6.8) suchen wir also nach einem Polynom $p(x)$ vom Grade n, für das sich der Grenzwert

$$\lim_{x \to x_0} \frac{f(x) - p(x)}{(x - x_0)^n} = 0 \tag{7.18}$$

einstellt, der der Sprechweise „Der Fehler bei der Ersetzung von f durch das Polynom p in einer Umgebung von x_0 wird von höherer als n-ter Ordnung klein" einen Sinn gibt. Jedenfalls muß ein solches Polynom eindeutig sein; würde auch das Polynom $q(x)$ der Forderung (7.18) genügen, so wäre

$$\lim_{x \to x_0} \frac{q(x) - p(x)}{(x - x_0)^n} = \lim_{x \to x_0} \frac{(f-p) - (f-q)}{(x - x_0)^n} = 0,$$

was für zwei verschiedene Polynome n-ten Grades offenbar nicht möglich ist.

Die gesuchte Näherungsformel durch Polynome, die zusammen mit einer Fehlerabschätzung auch die eingangs gestellte Aufgabe löst, geht auf *Brook Taylor* (1685–1731), einen Schüler Newtons, zurück. Um sie herzuleiten, suchen wir zunächst nach einem Indiz, wie die Koeffizienten des Polynoms $p(x)$ aussehen könnten. Ein solches bringt der Zusammenhang, der zwischen den Koeffizienten eines Polynoms und seinen Ableitungen besteht.

Ist

$$q(x) = \sum_{k=0}^{n} a_k x^k$$

ein beliebiges Polynom vom Grade n, so entnehmen wir Beispiel 7.9 die Relationen $q^{(k)}(0) = k!\, a_k$, $k = 0, 1, \ldots, n$, welche auf die Darstellung

$$q(x) = \sum_{k=0}^{n} \frac{q^{(k)}(0)}{k!} x^k \tag{7.19}$$

führen. Ersetzen wir darin x durch $\xi = x + h$, so wird für festes x die Funktion $q(\xi) = q(x + h) = \overline{q}(h)$ ein Polynom in h vom Grade n, das sich gemäß (7.19) in der Form

$$\overline{q}(h) = \sum_{k=0}^{n} \frac{\overline{q}^{(k)}(0)}{k!} h^k$$

darstellen läßt. Mit Hilfe von (7.17) berechnen wir $\overline{q}^{(k)}(0) = q^{(k)}(x)$, so daß wir schließlich zu

$$q(\xi) = \sum_{k=0}^{n} \frac{q^{(k)}(x)}{k!} (\xi - x)^k \tag{7.20}$$

gelangen. Die Formel (7.20), die die *Taylorsche Formel für das Polynom* $q(x)$ genannt wird, ist nun ein Hinweis darauf, daß

$$p(\xi) = \sum_{k=0}^{n} \frac{f^{(k)}(x)}{k!} (\xi - x)^k$$

für eine beliebige Funktion f, die wir auf einem Intervall [a, b] zunächst n-mal differenzierbar voraussetzen, jenes gesuchte Polynom ist. Wir untersuchen daher (für festes ξ) die Differenz

$$f(\xi) - p(\xi) = f(\xi) - \sum_{k=0}^{n} \frac{f^{(k)}(x)}{k!} (\xi - x)^k = R_n(x),$$

die den Fehler bei der Ersetzung von $f(\xi)$ durch $p(\xi)$ angibt. Wenn wir noch die Existenz der (n + 1)-ten Ableitung $f^{(n+1)}(x)$ auf dem offenen Intervall $]a, b[$ voraussetzen, so ist $R_n(x)$ auf $]a, b[$ differenzierbar,

$$R_n'(x) = -\sum_{k=0}^{n} \frac{f^{(k+1)}(x)}{k!} (\xi - x)^k + \sum_{k=1}^{n} \frac{f^{(k)}(x)}{(k-1)!} (\xi - x)^{k-1}$$

(man beachte, daß ξ fest ist!), und wir erhalten nach einer Indextransformation $k \to k + 1$ in der zweiten Summe

$$R_n'(x) = -\frac{(\xi - x)^n}{n!} f^{(n+1)}(x). \tag{7.21}$$

Um daraus $R_n(x)$ zu berechnen, bilden wir für beliebiges $\hat{x} \neq \xi$ die Hilfsfunktion

$$F(x) = R_n(x) - R_n(\hat{x}) \left(\frac{\xi - x}{\xi - \hat{x}}\right)^{n+1},$$

die je nachdem auf dem Intervall $]\xi, \hat{x}[$ oder $]\hat{x}, \xi[$ differenzierbar ist. Ferner erfüllt sie $F(\hat{x}) = 0$ und wegen $R_n(\xi) = 0$ auch $F(\xi) = 0$, so daß nach dem Satz von Rolle auf die Existenz einer zwischen $\hat{x}$ und ξ gelegenen Stelle η mit

$$0 = F'(\eta) = R_n'(\eta) + R_n(\hat{x}) \frac{(\xi - \eta)^n}{(\xi - \hat{x})^{n+1}} (n + 1)$$

geschlossen werden kann. Daraus kann schließlich mit (7.21)

$$R_n(\hat{x}) = \frac{(\xi - \hat{x})^{n+1}}{(n+1)!} f^{(n+1)}(\eta)$$

berechnet werden; wenn wir dann wieder x statt $\hat{x}$ schreiben, so erhalten wir mit

$$R_n(x) = \frac{(\xi - x)^{n+1}}{(n+1)!} f^{(n+1)}(\eta), \tag{7.22}$$

worin η ein zwischen x und ξ liegender Punkt ist, eine Darstellung des Fehlers $R_n(x)$. Es gilt also

Satz 7.4 (Taylorsche Formel). *Ist die Funktion* f *auf dem Intervall* [a, b] n-*mal differenzierbar und existiert die* (n + 1)-*te Ableitung* $f^{(n+1)}(x)$ *auf dem offenen Intervall* $]a, b[$, *so gilt für zwei beliebige Stellen* $x, \xi \in [a, b]$

$$f(\xi) = \sum_{k=0}^{n} \frac{f^{(k)}(x)}{k!} (\xi - x)^k + R_n \tag{7.23}$$

mit

$$R_n = \frac{(\xi - x)^{n+1}}{(n+1)!} f^{(n+1)}(\eta), \tag{7.24}$$

worin η *ein geeigneter zwischen* x *und* ξ *gelegener Punkt ist.*

Das Polynom in ξ,

$$p(\xi) = \sum_{k=0}^{n} \frac{f^{(k)}(x)}{k!} (\xi - x)^k, \tag{7.25}$$

wird *Taylorsches Polynom der Ordnung* n *von* f *an der Stelle* x genannt (für n = 1 ist es der lineare Anteil von f an der Stelle x), (7.23) heißt die *Taylorsche Formel* mit dem *Restglied* R_n. Es gibt eine Vielzahl von Möglichkeiten zur Darstellung des Restgliedes R_n[1]; in der Form (7.24) geht es auf Lagrange zurück und wird Lagrangesches Restglied genannt. Es zeichnet sich vor allem durch eine bequeme Handhabung aus.

Setzt man in (7.23) und (7.24) $x = x_0$, $\xi = x_0 + h$ und charakterisiert man die zwischen x_0 und $x_0 + h$ gelegene Stelle η durch $\eta = x_0 + \vartheta h$ mit einer geeigneten Zahl $0 < \vartheta < 1$, so erhält man die ϑ-h-Schreibweise der Taylorschen Formel mit Lagrangeschem Restglied

$$f(x_0 + h) = \sum_{k=0}^{n} \frac{f^{(k)}(x_0)}{k!} h^k + \frac{h^{n+1}}{(n+1)!} f^{(n+1)}(x_0 + \vartheta h), \quad 0 < \vartheta < 1. \tag{7.26}$$

Beispiel 7.14: Sei $f(x) = e^x$ und $x_0 = 0$. Mit $f^{(n)}(x) = e^x$ erhält man für beliebiges x und n

$$e^x = \sum_{k=0}^{n} \frac{x^k}{k!} + \frac{x^{n+1}}{(n+1)!} e^{\vartheta x}, \quad 0 < \vartheta < 1.$$

Beispiel 7.15: Für $f(x) = \sin x$ wird $f^{(n)}(x) = \sin\left(x + n\frac{\pi}{2}\right)$, woraus für $h = x$ und $x_0 = 0$

$$\sin x = \sum_{k=0}^{n} \frac{\sin\left(k\frac{\pi}{2}\right)}{k!} x^k + \frac{x^{n+1}}{(n+1)!} \sin\left(\vartheta x + (n+1)\frac{\pi}{2}\right), \quad 0 < \vartheta < 1,$$

folgt, insbesondere für $n = 2p$

$$\sin x = x - \frac{x^3}{3!} + \frac{x^5}{5!} - + \ldots + (-1)^{p-1} \frac{x^{2p-1}}{(2p-1)!} + \frac{x^{2p+1}}{(2p+1)!} (-1)^p \cos(\vartheta x), \quad 0 < \vartheta < 1,$$

und für $n = 2p + 1$

$$\sin x = x - \frac{x^3}{3!} + \frac{x^5}{5!} - + \ldots + (-1)^p \frac{x^{2p+1}}{(2p+1)!} + \frac{x^{2p+2}}{(2p+2)!} (-1)^{p+1} \sin(\vartheta x), \quad 0 < \vartheta < 1.$$

Analog ergibt die Taylorsche Formel für $f(x) = \cos x$ im Falle $n = 2p$

$$\cos x = 1 - \frac{x^2}{2!} + \frac{x^4}{4!} - + \ldots + (-1)^p \frac{x^{2p}}{(2p)!} + \frac{x^{2p+1}}{(2p+1)!} (-1)^{p+1} \sin(\vartheta x), \quad 0 < \vartheta < 1,$$

---

[1]) Vgl. Abschnitt 11.5, Seite 304, Formel (11.41).

und

$$\cos x = 1 - \frac{x^2}{2!} + \frac{x^4}{4!} - + \ldots + (-1)^p \frac{x^{2p}}{(2p)!} + \frac{x^{2p+2}}{(2p+2)!}(-1)^{p+1}\cos(\vartheta x), \quad 0 < \vartheta < 1,$$

im Falle $n = 2p + 1$.

Die Taylorsche Formel ist die Grundlage für die Reihenentwicklung einer Funktion nach Potenzen von x; wir kommen in Abschnitt 17.4 auf solche Entwicklungen zu sprechen.

Der Leser erkennt, daß die Taylorsche Formel für $n = 0$ in den Mittelwertsatz (7.2) übergeht und dieser daher als Spezialfall der Taylorschen Formel angesehen werden kann. Für $n = 1$ bietet die Taylorsche Formel eine Möglichkeit, die zu Beginn dieses Abschnittes gestellte Aufgabe der Fehlerabschätzung bei der Ersetzung von f durch seinen linearen Anteil zu lösen. Wenn wir f in einer Umgebung von x_0 2-mal differenzierbar voraussetzen, so folgt aus (7.26) für $n = 1$

$$\Delta y - dy = f(x_0 + h) - f(x_0) - hf'(x_0) = \frac{h^2}{2!} f''(x_0 + \vartheta h), \quad 0 < \vartheta < 1.$$

Gilt $|f''(x)| \leqslant C$ auf dem Intervall $[x_0 - \delta, x_0 + \delta]$, so resultiert die Abschätzung

$$|\Delta y - dy| \leqslant \frac{C}{2}\delta^2 \quad \text{für } |x - x_0| \leqslant \delta.$$

Beispiel 7.16: Wir haben in Abschnitt 6.8, Beispiel 6.23, die Näherungsformel

$$\sqrt{1+x} \approx 1 + \frac{x}{2}$$

für kleine x abgeleitet. Mit $f(x) = \sqrt{1+x}$ und

$$f'(x) = \frac{1}{2}\frac{1}{\sqrt{1+x}}, \quad f''(x) = -\frac{1}{4}\frac{1}{\sqrt{(1+x)^3}}$$

erhält man dann

$$\Delta y - dy = f(x) - f(0) - xf'(0) = -\frac{1}{4}\frac{1}{\sqrt{(1+\vartheta x)^3}}\frac{x^2}{2}$$

und daraus wegen $1 + \vartheta x \geqslant 1$ für $x \geqslant 0$

$$\left|\sqrt{1+x} - \left(1 + \frac{x}{2}\right)\right| \leqslant \frac{1}{8}x^2, \quad x \geqslant 0.$$

Überdies ist stets, wie man aus dem Vorzeichen der zweiten Ableitung erkennen kann,

$$\sqrt{1+x} \leqslant 1 + \frac{x}{2} \quad \text{für } x \geqslant -1,$$

was man natürlich auch auf elementarem Wege zeigen kann.

Wir skizzieren noch einen interessanten Sachverhalt, der die Bedeutung des Taylor-Polynoms als bestes approximierendes Polynom geometrisch beleuchtet.

Der historischen Entwicklung folgend haben wir die Tangente als jene sich im Punkt (x_0, y_0) an die Kurve $y = f(x)$ „schmiegende“ Gerade durch die Grenzlage von Sekanten erklärt. Mit diesem „Anschmiegen“ verbinden wir die Vorstellung, daß die Tangente an die Kurve $y = f(x)$ möglichst wenig von dieser abweicht, in mathematischer Fassung, daß die Funktion f in einer Umgebung der Stelle x_0 durch eine lineare Funktion möglichst gut – von höherer als erster Ordnung – angenähert wird, was auf die Grenzwertforderung (7.18) mit einem Polynom $p(x)$ vom Grade 1 führt, welches dann notwendig das Taylor-Polynom 1. Ordnung, der lineare Anteil von f, sein muß.

Der mathematische Begriff des linearen Anteils der Funktion f und der geometrische Begriff der Tangente an die Kurve $y = f(x)$ sind also zwei verschiedene Ausdrucksformen der Differenzierbarkeit. Die Eigenschaft des Taylor-Polynoms 1. Ordnung, die Funktion f in einer Umgebung der Stelle x_0 von höherer als erster Ordnung zu approximieren, so daß sich die Funktion f in „erster Näherung" wie eine lineare Funktion verhält, kommt in der Sprache der Geometrie zum Ausdruck, indem man sagt, die Tangente habe im Punkt (x_0, y_0) mit der Kurve $y = f(x)$ zwei „zusammengerückte" Punkte gemeinsam, womit an die Tangente als Grenzlage von Sekanten durch zwei Kurvenpunkte erinnert wird. Die Existenz der 2. Ableitung von f zeigt nun, daß sich die Funktion f in zweiter Näherung wie ein Polynom 2. Grades verhält und die Kurve $y = f(x)$ durch eine Parabel angenähert werden kann. Diese Parabel,

$$y = f(x_0) + f'(x_0)(x - x_0) + \frac{1}{2} f''(x_0)(x - x_0)^2,$$

heißt die *Schmiegparabel;* sie hat im Punkt (x_0, y_0) mit der Kurve $y = f(x)$ drei zusammengerückte Punkte gemeinsam, womit die mathematische Eigenschaft des Taylor-Polynoms 2. Ordnung, die Funktion f in einer Umgebung der Stelle x_0 von höherer als 2. Ordnung zu approximieren, geometrisch ausgedrückt wird. Zum Beweis legen wir durch die Punkte $(x_0, f(x_0))$ und zwei benachbarte Punkte $(x_0 - h, f(x_0 - h))$, $(x_0 + h, f(x_0 + h))$, die wir im Hinblick auf eine vereinfachte Rechnung symmetrisch zum Punkt x_0 annehmen, eine Parabel (Bild 7.4)

$$y = a_0 + a_1(x - x_0) + a_2(x - x_0)^2,$$

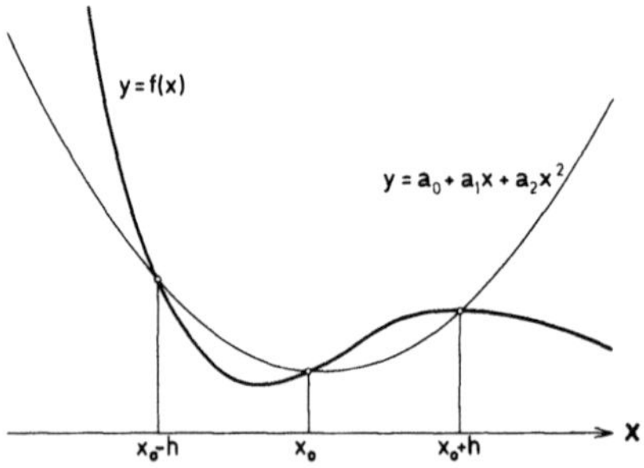

Bild 7.4

deren Koeffizienten sich aus den Forderungen (offenbar ist $a_0 = f(x_0)$)

$$f(x_0 + h) = f(x_0) + a_1 h + a_2 h^2, \quad f(x_0 - h) = f(x_0) - a_1 h + a_2 h^2$$

durch Addition und Subtraktion dieser Gleichungen zu

$$a_1 = \frac{f(x_0 + h) - f(x_0 - h)}{2h}, \quad a_2 = \frac{f(x_0 + h) - 2f(x_0) + f(x_0 - h)}{2h^2}$$

bestimmen. Die Grenzlage der Parabel erhalten wir durch Bildung der Grenzwerte der Koeffizienten a_1 und a_2 für $h \to 0$. Zunächst folgt aus der Differenzierbarkeit von f unmittelbar

$$\lim_{h \to 0} a_1 = f'(x_0).$$

Schreiben wir zur Berechnung des Grenzwertes von a_2 die Taylorsche Formel für n = 1 an, so erhalten wir aus

$$f(x_0 + h) = f(x_0) + hf'(x_0) + \frac{h^2}{2!} f''(x_0 + \vartheta_1 h), \quad 0 < \vartheta_1 < 1,$$

$$f(x_0 - h) = f(x_0) - hf'(x_0) + \frac{h^2}{2!} f''(x_0 - \vartheta_2 h), \quad 0 < \vartheta_2 < 1,$$

durch Addition

$$\frac{f(x_0 + h) - 2f(x_0) + f(x_0 - h)}{2h^2} = \frac{1}{4} [f''(x_0 + \vartheta_1 h) + f''(x_0 - \vartheta_2 h)];$$

wenn wir noch voraussetzen, daß die 2. Ableitung $f''(x)$ stetig an der Stelle x_0 ist, so ergibt dies

$$\lim_{h \to 0} a_2 = \lim_{h \to 0} \frac{f(x_0 + h) - 2f(x_0) + f(x_0 - h)}{2h^2} = \frac{1}{2} f''(x_0).^{1)} \qquad (7.27)$$

Die Schmiegparabel, die durch das Taylor-Polynom 2. Ordnung erklärt wird, erscheint somit als Grenzlage von Parabeln durch zwei dem Punkt (x_0, y_0) benachbarte Punkte. Indem die beiden benachbarten Punkte in den Punkt (x_0, x_0) hineinrücken, hat die Schmiegparabel mit der Kurve y = f(x) im Punkt (x_0, y_0) drei zusammengerückte Punkte gemeinsam.

Analoge Verhältnisse liegen im Fall der Existenz der höheren Ableitungen vor. Die mit dem Taylor-Polynom n-ter Ordnung gebildete Parabel hat mit der Kurve y = f(x) im Berührungspunkt n + 1 zusammengerückte Punkte gemeinsam, die Funktion f verhält sich lokal wie ein Polynom n-ten Grades. In Bild 7.5 sind die ersten Taylor-Polynome der Funktion f(x) = sin x dargestellt. Sie zeigen, wie die Funktion immer besser angenähert wird.

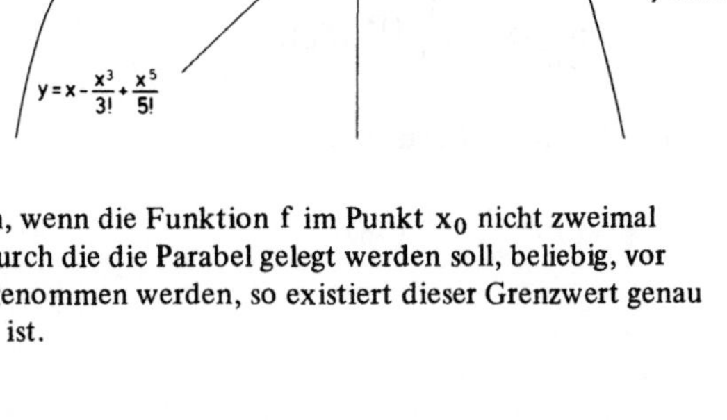

Bild 7.5

1) Dieser Grenzwert kann auch dann existieren, wenn die Funktion f im Punkt x_0 nicht zweimal differenzierbar ist. Wenn aber die Punkte, durch die die Parabel gelegt werden soll, beliebig, vor allem nicht symmetrisch zum Punkt x_0, angenommen werden, so existiert dieser Grenzwert genau dann, wenn f in x_0 zweimal differenzierbar ist.

Wir besprechen zum Abschluß noch eine vor allem im Zusammenhang mit Nullstellenfragen wichtige Eigenschaft differenzierbarer Funktionen, in der sich ebenfalls das lokale polynomartige Verhalten widerspiegelt.

Es sei $p(x)$ ein Polynom vom Grade n und x_0 eine (reelle) k-fache Nullstelle. Dann gibt es ein Polynom $q(x)$ vom Grade $n-k$ mit

$$p(x) = (x - x_0)^k q(x), \quad q(x_0) \neq 0.$$

Das Polynom $q(x)$ ist der Quotient nach der Division von $p(x)$ durch $(x - x_0)^k$ (vgl. (4.61)). Wenn wir nach der Leibnizschen Regel (7.16) die höheren Ableitungen von $p(x)$ der Ordnung $m \leqslant k$ berechnen,

$$p^{(m)}(x) = \sum_{i=0}^{m} \binom{m}{i} [(x - x_0)^k]^{(i)} q^{(m-i)}(x) = k! \sum_{i=0}^{m} \binom{m}{i} \frac{(x - x_0)^{k-i}}{(k-i)!} q^{(m-i)}(x),$$

so erhalten wir

$$p(x_0) = p'(x_0) = \ldots = p^{(k-1)}(x_0) = 0, p^{(k)}(x_0) = k!\, q(x_0) \neq 0. \qquad (7.28)$$

Man überlegt sich leicht, daß auch umgekehrt (7.28) x_0 als k-fache Nullstelle von $p(x)$ charakterisiert.

Es sei nun die Funktion f in einer Umgebung $U(x_0, \delta)$ der Stelle x_0 k-mal stetig differenzierbar und es gelte

$$f(x_0) = f'(x_0) = \ldots = f^{(k-1)}(x_0) = 0, f^{(k)}(x_0) \neq 0. \qquad (7.29)$$

Dann ist die Funktion

$$g(x) = \frac{f(x)}{(x - x_0)^k}, \quad x \neq x_0,$$

in $U(x_0, \delta)$ (mit Ausschluß des Punktes x_0) stetig. Aus der Taylorschen Formel folgt ferner (für $n = k - 1$)

$$f(x) = \frac{(x - x_0)^k}{k!} f^{(k)}(\xi(x))$$

mit einer von x abhängigen Zwischenstelle $\xi(x)$; offenbar ist

$$g(x) = \frac{1}{k!} f^{(k)}(\xi(x)).$$

Da voraussetzungsgemäß $f^{(k)}(x)$ in $U(x_0, \delta)$ stetig ist, existiert der Grenzwert

$$\lim_{x \to x_0} g(x) = \frac{1}{k!} f^{(k)}(x_0),$$

so daß durch die Festsetzung

$$g(x_0) := \frac{1}{k!} f^{(k)}(x_0)$$

die Funktion g in $U(x_0, \delta)$ stetig ist: Es gibt also unter der Voraussetzung (7.29) stets eine in $U(x_0, \delta)$ stetige Funktion g mit

$$f(x) = (x - x_0)^k\, g(x), \quad g(x_0) \neq 0, \tag{7.30}$$

und man spricht, wie für Polynome, von einer *k-fachen Nullstelle* der Funktion f(x).

7.4 Grenzwerte unbestimmter Formen

Mit Hilfe der Differentialrechnung gelingt es in vielen Fällen, die Grenzwerte unbestimmter Formen

$$\frac{0}{0}, \frac{\infty}{\infty}, \infty - \infty, 0 \cdot \infty, 0^0, 1^\infty, \infty^0,$$

die wir in Abschnitt 5.4 zurückstellen mußten, zu berechnen. Die Grundlage hiefür ist der

Satz 7.5 (Verallgemeinerter Mittelwertsatz der Differentialrechnung). *Sind die Funktionen* f *und* g *auf dem abgeschlossenen Intervall* [a, b] *stetig und im offenen Intervall*]a, b[*differenzierbar, ist weiter* $g'(x) \neq 0$ *und* $g(a) \neq g(b)$, *so gibt es stets eine zwischen* a *und* b *gelegene Stelle* ξ *mit*

$$\frac{f(b) - f(a)}{g(b) - g(a)} = \frac{f'(\xi)}{g'(\xi)}. \tag{7.31}$$

Gelegentlich wird dieser Satz auch *zweiter Mittelwertsatz der Differentialrechnung* genannt, während Satz 7.3 dann als erster Mittelwertsatz bezeichnet wird. In der ϑ-h-Schreibweise erhält er die Form

$$\frac{f(x_0 + h) - f(x_0)}{g(x_0 + h) - g(x_0)} = \frac{f'(x_0 + \vartheta h)}{g'(x_0 + \vartheta h)}, \quad 0 < \vartheta < 1. \tag{7.32}$$

Zum Beweis konstruiert man die Hilfsfunktion

$$F(x) = f(x) - f(a) - \frac{f(b) - f(a)}{g(b) - g(a)}\,[g(x) - g(a)],$$

die auf dem abgeschlossenen Intervall [a, b] stetig und auf dem offenen Intervall]a, b[differenzierbar ist, weil f und g diese Eigenschaften haben. Wie man sich durch direktes Einsetzen überzeugt, gilt $F(a) = F(b) = 0$, so daß durch Anwendung des Satzes von Rolle die Existenz einer Stelle ξ mit

$$0 = F'(\xi) = f'(\xi) - \frac{f(b) - f(a)}{g(b) - g(a)}\, g'(\xi),$$

woraus man bereits (7.31) abliest, gefolgert werden kann.

Ein Grenzwert

$$\lim_{x \to x_0+} \frac{f(x)}{g(x)}$$

führt auf die unbestimmte Form $\frac{0}{0}$, wenn

$$\lim_{x \to x_0+} f(x) = \lim_{x \to x_0+} g(x) = 0$$

eintritt (wobei die Funktionen f und g in x_0 gar nicht definiert zu sein brauchen). Wenn wir nun voraussetzen, daß f und g in einem Intervall $]x_0, x_0 + \delta[$, $\delta > 0$, differenzierbare Funktionen sind, so sind im Falle $g'(x) \neq 0$ durch die Festsetzung $f(x_0) := 0$, $g(x_0) := 0$ die Voraussetzungen des verallgemeinerten Mittelwertsatzes der Differentialrechnung für jedes Intervall $[x_0, x]$ mit $x_0 < x < x_0 + \delta$ erfüllt, so daß

$$\frac{f(x)}{g(x)} = \frac{f(x) - f(x_0)}{g(x) - g(x_0)} = \frac{f'(\xi(x))}{g'(\xi(x))}$$

mit einer geeigneten von der Variablen x abhängigen Zwischenstelle $\xi(x)$ gilt. Existiert dann der rechtsseitige Grenzwert

$$\lim_{x \to x_0+} \frac{f'(x)}{g'(x)},$$

so ist offenbar

$$\lim_{x \to x_0+} \frac{f(x)}{g(x)} = \lim_{x \to x_0+} \frac{f'(\xi(x))}{g'(\xi(x))} = \lim_{x \to x_0+} \frac{f'(x)}{g'(x)},$$

denn mit $x \to x_0+$ strebt auch die Zwischenstelle $\xi(x)$, die ja stets der Forderung $x_0 < \xi(x) < x$ genügt, von rechts gegen x_0. Dies ist der Inhalt von

Satz 7.6a (1. Regel von de l'Hospital für Grenzwerte $\frac{0}{0}$). *Sind die Funktionen* f *und* g *in einer rechtsseitigen Umgebung* $]x_0, x_0 + \delta[$ *der Stelle* x_0 *differenzierbar und gilt*

$$\lim_{x \to x_0+} f(x) = \lim_{x \to x_0+} g(x) = 0,$$

existiert ferner der Grenzwert

$$\lim_{x \to x_0+} \frac{f'(x)}{g'(x)},$$

so gilt

$$\lim_{x \to x_0+} \frac{f(x)}{g(x)} = \lim_{x \to x_0+} \frac{f'(x)}{g'(x)}.$$

Selbstverständlich gilt eine entsprechende Aussage auch für linksseitige Grenzwerte; man braucht nur die Voraussetzungen über f und g in einer linksseitigen Umgebung $]x_0 - \delta, x_0[$ zu fordern. Indem man beachtet, daß aus der Existenz und Gleichheit der einseitigen Grenzwerte die Existenz des beidseitigen Grenzwertes folgt, kann die 1. Regel von de l'Hospital auch für beidseitige Grenzwerte ausgesprochen werden, wenn man die Voraussetzungen über f und g in einer Umgebung $]x_0 - \delta, x_0 + \delta[$, allenfalls mit Ausschluß des Punktes x_0, verlangt.

Beispiel 7.17: Der Grenzwert (5.2),

$$\lim_{x \to 0} \frac{\sin x}{x},$$

führt auf die unbestimmte Form $\frac{0}{0}$. Mit $f(x) = \sin x$ und $g(x) = x$ folgt

$$\lim_{x \to 0} \frac{\sin x}{x} = \lim_{x \to 0} \frac{\cos x}{1} = \lim_{x \to 0} \cos x = \cos 0 = 1.$$

Beispiel 7.18:

$$\lim_{x \to 0} \frac{\ln \cos x}{\sin x} = \lim_{x \to 0} \frac{-\tan x}{\cos x} = 0.$$

Beispiel 7.19:

$$\lim_{x \to 0+} \frac{\sin x}{1 - \cos x} = \lim_{x \to 0+} \frac{\cos x}{\sin x} = \lim_{x \to 0+} \cot x = \infty.$$

Diese Beispiele zeigen wieder, daß unbestimmte Formen verschiedene Werte haben können.

Es kann der Fall eintreten, daß der Grenzwert $\lim \frac{f'(x)}{g'(x)}$ wiederum eine unbestimmte Form $\frac{0}{0}$ ist. Wenn man dann die Bedingungen der 1. Regel von de l'Hospital an die Ableitungen f' und g' stellt, so wird

$$\lim \frac{f(x)}{g(x)} = \lim \frac{f'(x)}{g'(x)} = \lim \frac{f''(x)}{g''(x)};$$

man überlegt sich unschwer, daß diese Kette fortgesetzt werden kann, solange unbestimmte Formen auftreten und die entsprechenden Differenzierbarkeitseigenschaften gegeben sind.

Beispiel 7.20:

$$\lim_{x \to 0} \frac{1 - \cos x}{x^2} = \lim_{x \to 0} \frac{\sin x}{2x} = \lim_{x \to 0} \frac{\cos x}{2} = \frac{1}{2} \lim_{x \to 0} \cos x = \frac{1}{2}.$$

Beispiel 7.21: Eine überlegte Vorgangsweise kann viel Rechenarbeit ersparen. Der Grenzwert

$$\lim_{x \to 0} \frac{\arctan x - x}{\sin^3 x} = \lim_{x \to 0} \frac{\frac{1}{1 + x^2} - 1}{3 \sin^2 x \cos x} = - \lim_{x \to 0} \frac{1}{3(1 + x^2) \cos x} \frac{x^2}{\sin^2 x}$$

führt wieder auf eine unbestimmte Form $\frac{0}{0}$. Wenn man hier durch Differentiation fortsetzt (man würde noch zweimal Zähler und Nenner differenzieren müssen!), wird der Aufwand beträchtlich. Schneller kommt man zum Ziel, wenn man beachtet, daß der Grenzwert

$$\lim_{x \to 0} \frac{1}{3(1 + x^2) \cos x} = \frac{1}{3}$$

existiert, ebenso

$$\lim_{x \to 0} \frac{x^2}{\sin^2 x} = \lim_{x \to 0} \frac{1}{\frac{\sin^2 x}{x^2}} = \frac{1}{\left[\lim_{x \to 0} \frac{\sin x}{x}\right]^2} = \frac{1}{1} = 1,$$

was schließlich mit Hilfe der Rechenregeln für Grenzwerte

$$\lim_{x \to 0} \frac{\arctan x - x}{\sin^3 x} = -\frac{1}{3}$$

ergibt.

Beispiel 7.22: Ist die Funktion f in einer Umgebung der Stelle x_0 2-mal stetig differenzierbar, so wird (vgl. (7.27))

$$\lim_{h \to 0} \frac{f(x_0+h) - 2f(x_0) + f(x_0-h)}{h^2} = \lim_{h \to 0} \frac{f'(x_0+h) - f'(x_0-h)}{2h}$$

$$= \lim_{h \to 0} \frac{f''(x_0+h) + f''(x_0-h)}{2} = f''(x_0).$$

Der Satz 7.6a läßt sich auch für Grenzwerte im Unendlichen aussprechen, indem man die neue abhängige Veränderliche $y = \frac{1}{x}$ einführt,

$$\lim_{x \to \infty} \frac{f(x)}{g(x)} = \lim_{y \to 0+} \frac{f\left(\frac{1}{y}\right)}{g\left(\frac{1}{y}\right)} = \lim_{y \to 0+} \frac{f'\left(\frac{1}{y}\right) y^{-2}}{g'\left(\frac{1}{y}\right) y^{-2}} = \lim_{y \to 0+} \frac{f'\left(\frac{1}{y}\right)}{g'\left(\frac{1}{y}\right)} = \lim_{x \to \infty} \frac{f'(x)}{g'(x)}.$$

Beispiel 7.23: Für $a > 0$ ist

$$\lim_{x \to \infty} \frac{\ln x}{x^a} = \lim_{x \to \infty} \frac{\frac{1}{x}}{a x^{a-1}} = \frac{1}{a} \lim_{x \to \infty} \frac{1}{x^a} = 0;$$

dies ist die schon in Abschnitt 5.4 abgeleitete Eigenschaft des Logarithmus, für $x \to \infty$ schwächer zu wachsen als jede noch so kleine Potenz von x. Ebenso erhält man mit Hilfe der Regel von de l'Hospital durch fortgesetzte Anwendung den Grenzwert

$$\lim_{x \to \infty} \frac{e^x}{x^n} = \frac{1}{n} \lim_{x \to \infty} \frac{e^x}{x^{n-1}} = \ldots = \frac{1}{n!} \lim_{x \to \infty} e^x = \infty,$$

der das Wachstumsverhalten der Exponentialfunktion wiedergibt (vgl. (5.33)).

Die Regel von de l'Hospital zur Berechnung unbestimmter Formen $\frac{0}{0}$ läßt sich auch auf den Fall $\frac{\infty}{\infty}$ ausdehnen. Wir bringen ohne Beweis

Satz 7.6b (2. Regel von de l'Hospital für Grenzwerte $\frac{\infty}{\infty}$). *Sind die Funktionen* f *und* g *in einer rechtsseitigen Umgebung* $]x_0, x_0 + \delta[$ *der Stelle* x_0 *differenzierbar und gilt*

$$\lim_{x \to x_0+} f(x) = \lim_{x \to x_0+} g(x) = \infty,$$

existiert ferner der Grenzwert

$$\lim_{x \to x_0+} \frac{f'(x)}{g'(x)},$$

so ist

$$\lim_{x \to x_0+} \frac{f(x)}{g(x)} = \lim_{x \to x_0+} \frac{f'(x)}{g'(x)}.$$

Die Zusätze zur ersten Regel von de l'Hospital bleiben uneingeschränkt gültig, ebenso besteht die Möglichkeit zur fortgesetzten Anwendung, solange unbestimmte Formen auftreten.

Beispiel 7.24:

$$\lim_{x \to \frac{\pi}{2}-} \frac{\tan x}{\frac{1}{x-\frac{\pi}{2}}} = \lim_{x \to \frac{\pi}{2}-} \frac{-\left(x-\frac{\pi}{2}\right)^2}{\cos^2 x} = -\left(\lim_{x \to \frac{\pi}{2}-} \frac{x-\frac{\pi}{2}}{\cos x}\right)^2 = -\left(\lim_{x \to \frac{\pi}{2}-} \frac{1}{-\sin x}\right)^2 = -1.$$

Hier hat sich nach einmaliger Differentiation die unbestimmte Form $\frac{0}{0}$ ergeben; die Zusammenfassung ins Quadrat hat weitere Differentiationen erspart!

Die Regel von de l'Hospital ist zwar ein leistungsfähiges Mittel, jedoch keine universelle Methode zur Berechnung der Grenzwerte unbestimmter Formen. Daß sie nicht notwendig zum Ziel führt, zeigt das Beispiel

$$\lim_{x \to \infty} \frac{a^x}{b^x} = \frac{\ln a}{\ln b} \lim_{x \to \infty} \frac{a^x}{b^x} = \ldots = \left(\frac{\ln a}{\ln b}\right)^n \lim_{x \to \infty} \frac{a^x}{b^x} = \ldots ;$$

(setzt man $\frac{a}{b} = c$, so handelt es sich dabei um den Grenzwert der Exponentialfunktion c^x). Ferner hat man stets die Voraussetzungen zu beachten: Die Funktionen $f(x) = x + \cos x$ und $g(x) = x$ erfüllen die Voraussetzungen des Satzes 7.6b bis auf die Forderung der Existenz des Grenzwertes

$$\lim_{x \to \infty} \frac{f'(x)}{g'(x)} = \lim_{x \to \infty} (1 - \sin x)!$$

Bei genauerem Hinsehen erscheint der Grenzwert

$$\lim_{x \to \infty} \frac{x + \cos x}{x} = \lim_{x \to \infty} \left(1 + \frac{\cos x}{x}\right) = 1 + \lim_{x \to \infty} \frac{\cos x}{x} = 1$$

nur formal als unbestimmte Form $\frac{\infty}{\infty}$.

Die übrigen unbestimmten Formen $0 \cdot \infty$, $\infty - \infty$, 1^∞, ∞^0 und 0^0 kann man stets durch geschickte Umformungen auf eine Form $\frac{0}{0}$ oder $\frac{\infty}{\infty}$ zurückführen.

Die unbestimmte Form $0 \cdot \infty$, die im Falle des Grenzwerts

$$\lim f(x)\, g(x), \quad \lim f(x) = 0, \quad \lim g(x) = \infty,$$

auftritt, kann man durch

$$f \cdot g = \frac{g}{\frac{1}{f}} \quad \text{oder} \quad f \cdot g = \frac{f}{\frac{1}{g}} \tag{7.33}$$

in unbestimmte Formen $\frac{\infty}{\infty}$ und $\frac{0}{0}$ verwandeln.

Beispiel 7.25: Für $a > 0$ ist der Grenzwert

$$\lim_{x \to 0+} x^a \ln x$$

eine unbestimmte Form $0 \cdot \infty$; in der Darstellung $\frac{\infty}{\infty}$ wird

$$\lim_{x \to 0+} x^a \ln x = \lim_{x \to 0+} \frac{\ln x}{x^{-a}} = -\frac{1}{a} \lim_{x \to 0+} \frac{\frac{1}{x}}{x^{-a-1}} = -\frac{1}{a} \lim_{x \to 0+} x^a = 0.$$

Die durch

$$x^a \ln x = \frac{x^a}{\frac{1}{\ln x}}$$

denkbare Umformung in eine unbestimmte Form $\frac{0}{0}$ ist nicht zweckmäßig, wovon sich der Leser überzeugen möge. Es empfiehlt sich daher bei der Anwendung der Regel von de l'Hospital, stets beide Möglichkeiten im Auge zu behalten.

Eine unbestimmte Form $\infty - \infty$ als Folge des Grenzwerts

$\lim (f(x) - g(x)),\ \lim f(x) = \lim g(x) = \infty$,

kann auf verschiedene Weise in eine unbestimmte Form $\frac{0}{0}$ oder $0 \cdot \infty$ übergeführt werden. Vielfach ist bereits durch die Umformung

$$f - g = f\left[1 - \frac{g}{f}\right] \tag{7.34}$$

eine unmittelbare Entscheidung möglich, wenn

$$\lim \frac{g(x)}{f(x)} = A \neq 1$$

ist,

$$\lim(f-g) = \lim f \cdot \lim\left(1 - \frac{g}{f}\right) = \begin{cases} \infty \cdot (1-A) = \infty, & A < 1, \\ \infty \cdot (1-A) = -\infty, & A > 1. \end{cases} \tag{7.35}$$

Für $A = 1$ entsteht eine unbestimmte Form $0 \cdot \infty$, die nach (7.33) oder durch

$$f - g = \frac{1 - \frac{g}{f}}{\frac{1}{f}} \quad \text{oder} \quad f - g = \frac{\frac{f}{g} - 1}{\frac{1}{g}}, \tag{7.36}$$

auf eine Form $\frac{0}{0}$ gebracht werden kann; das gleiche Ziel wird auch durch

$$f - g = \frac{\frac{1}{g} - \frac{1}{f}}{\frac{1}{gf}} \tag{7.37}$$

erreicht.

Beispiel 7.26:

$$\lim_{x \to 0} \left[\frac{1}{1 - \cos x} - \frac{1}{\sin x}\right] = \lim_{x \to 0} \frac{1}{1 - \cos x} \left[1 - \frac{1 - \cos x}{\sin x}\right].$$

Infolge

$$A = \lim_{x \to 0} \frac{1 - \cos x}{\sin x} = \lim_{x \to 0} \frac{\sin x}{\cos x} = 0$$

wird

$$\lim_{x \to 0} \left[\frac{1}{1 - \cos x} - \frac{1}{\sin x}\right] = \infty \cdot 1 = \infty.$$

Beispiel 7.27: Im Falle des Grenzwerts

$$\lim_{x \to 0} \left[\frac{1}{x} - \frac{1}{\sin x}\right] = \lim_{x \to 0} \frac{1}{x} \left(1 - \frac{x}{\sin x}\right)$$

wird A = 1. Indem man eine Umformung (7.34) vornimmt, wird

$$\lim_{x \to 0} \left[\frac{1}{x} - \frac{1}{\sin x}\right] = \lim_{x \to 0} \frac{1}{\sin x} \left(\frac{\sin x}{x} - 1\right) =$$

$$= \lim_{x \to 0} \frac{\frac{\sin x}{x} - 1}{\sin x} = \lim_{x \to 0} \frac{\frac{x \cos x - \sin x}{x^2}}{\cos x} = \lim_{x \to 0} \frac{1}{\cos x} \lim_{x \to 0} \frac{x \cos x - \sin x}{x^2}$$

$$= 1 \cdot \lim_{x \to 0} \frac{- x \sin x}{2x} = - \frac{1}{2} \lim_{x \to 0} \sin x = 0.$$

Zur Behandlung der letzten unbestimmten Formen 0^0, 1^∞ und ∞^0 im Fall von Grenzwerten

$$\lim f(x)^{g(x)}$$

geht man von der Identität

$$f(x)^{g(x)} = e^{g(x) \cdot \ln f(x)} \tag{7.38}$$

aus. Wenn man die Stetigkeit der Exponentialfunktion berücksichtigt, erhält man daraus

$$\lim f^g = \lim e^{g \cdot \ln f} = e^{\lim (g \cdot \ln f)}, \tag{7.39}$$

so daß man mit dem Grenzwert

$$\lim (g \cdot \ln f)$$

in jedem der drei Fälle auf eine unbestimmte Form $0 \cdot \infty$ (bzw. $\infty \cdot 0$) geführt wird. Wenn man die Regeln

$$e^\infty = \infty, e^{-\infty} = \frac{1}{e^\infty} = 0 \tag{7.40}$$

einführt, so erhält man

$$\lim f^g = e^B, \quad B = \lim (g \cdot \ln f), \tag{7.41}$$

auch für $B = \pm\infty$.

Beispiel 7.28: Der Grenzwert

$$\lim_{x \to 0+} x^x$$

ist eine unbestimmte Form 0^0. Mit $g(x) = f(x) = x$ wird (vgl. Beispiel 7.25)

$$B = \lim_{x \to 0+} (g \cdot \ln f) = \lim_{x \to 0+} x \ln x = 0$$

und daher

$$\lim_{x \to 0+} x^x = e^0 = 1.$$

Beispiel 7.29:

$$\lim_{x \to \infty} \left(1 + \frac{a}{x}\right)^x$$

ist für beliebiges reelles a vom Typ 1^∞. Mit $f(x) = 1 + \frac{a}{x}$ und $g(x) = x$ erhält man

$$B = \lim_{x \to \infty} x \ln \left(1 + \frac{a}{x}\right) = \lim_{x \to \infty} \frac{\ln\left(1 + \frac{a}{x}\right)}{\frac{1}{x}} = \lim_{x \to \infty} \frac{-\frac{a}{x^2}}{-\frac{1}{x^2}} \frac{1}{1 + \frac{a}{x}} = \lim_{x \to \infty} \frac{a}{1 + \frac{a}{x}} = a,$$

somit (vgl. (2.41))

$$\lim_{x \to \infty} \left(1 + \frac{a}{x}\right)^x = e^a.$$

Beispiel 7.30: Vom Typ ∞^0 ist der Grenzwert

$$\lim_{x \to \infty} x^{\frac{1}{\ln(\ln x)}}.$$

Mit

$$B = \lim_{x \to \infty} \frac{\ln x}{\ln(\ln x)} = \lim_{x \to \infty} \frac{\frac{1}{x}}{\frac{1}{\ln x} \cdot \frac{1}{x}} = \lim_{x \to \infty} \ln x = \infty$$

erhält man

$$\lim_{x \to \infty} x^{\frac{1}{\ln(\ln x)}} = e^\infty = \infty.$$

Wir weisen darauf hin, daß auch Grenzwerte von Zahlenfolgen mit den besprochenen Methoden ermittelt werden können, sofern die Funktionsvorschrift $x_n = f(n)$ bekannt ist (man vergleiche dazu Beispiel 7.29 und den Grenzwert (2.41)). Die Grundlage hierfür ist das Folgenkriterium für Grenzwerte (Satz 5.1).

7.5 Differentiale höherer Ordnung

Das Differential $dy = f'(x)\,dx$ der Funktion $y = f(x)$ wurde als lineare Funktion des Zuwachses $dx = \Delta x$ eingeführt. Durch

$$d^2y = d(dy) := df'(x)\,dx = f''(x)\,dx^2 = d^2 f(x) \tag{7.42}$$

wird das *Differential 2. Ordnung von* $y = f(x)$ *an der Stelle* x definiert. dx^2 bedeutet stets das Quadrat des Differentials dx; zur genaueren Unterscheidung wird $d(x^2)$ für das Differential der Funktion $f(x) = x^2$ geschrieben.

Eine Veranschaulichung des Differentials $d^2 y$ ist mit Hilfe des Taylor-Polynoms 2. Ordnung möglich (Bild 7.6),

$$p(x + dx) = f(x) + f'(x)\,dx + \frac{1}{2} f''(x)\,dx^2 = f(x) + df(x) + \frac{1}{2} d^2 f(x).$$

Durch

$$d^{n+1} y = d(d^n y) := df^{(n)}(x)\,dx^n = f^{(n+1)}(x)\,dx^{n+1} = d^{n+1} f(x) \qquad (7.43)$$

werden rekursiv die Differentiale höherer Ordnung erklärt; sie lassen sich analog zu Bild 7.6 durch die Taylor-Polynome n-ter Ordnung geometrisch deuten. Wenn man unter dem Differential 0-ter Ordnung

$$d^0 y = y = f(x) = f^{(0)} dx^0 = d^0 f(x)$$

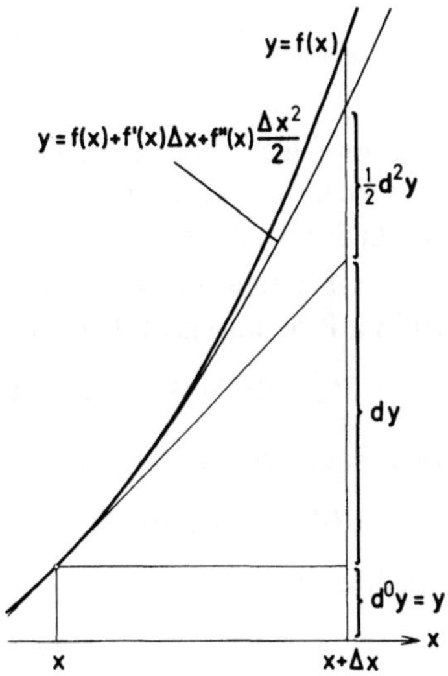

Bild 7.6

die Funktion selbst versteht, so erhält die Taylorsche Formel die Gestalt

$$f(x + dx) = \sum_{k=0}^{n} \frac{d^k f(x)}{k!} + \frac{d^{n+1} f(\xi)}{(n+1)!}, \quad \xi = x + \vartheta \Delta x, \quad 0 < \vartheta < 1. \qquad (7.44)$$

Für die unabhängige Variable x gilt stets

$$d^n x = 0 \quad \text{für} \quad n \geqslant 2, \qquad (7.45)$$

denn für $y = f(x) = x$ ist $f^{(n)}(x) = 0, n = 2, 3, \ldots$.

Im Gegensatz zum Differential 1. Ordnung $dy = f'(x)\,dx$, in dem x auch für eine abhängige Variable stehen kann, sind Differentiale höherer Ordnung nicht mehr invariant. Es sei $y = f(x)$ und $x = x(t)$, dann ist

$$dy = \dot{y}(t)\,dt = (f'(x)\,\dot{x}(t))\,dt$$

das Differential der zusammengesetzten Funktion $y = f(x(t)) = y(t)$. Aus (7.42) ergibt sich mit Hilfe der Produkt- und Kettenregel

$$d^2 y = \frac{d}{dt}(f'(x)\,\dot{x}(t))\,dt^2 = \left(f''(x)\,\dot{x}^2(t) + f'(x)\,\ddot{x}(t)\right) dt^2,$$

also wegen $dx = \dot{x}dt, dy = \dot{y}dt$

$$d^2y = f''(x)\,dx^2 + f'(x)\,d^2x. \tag{7.46}$$

Ist x eine unabhängige Variable, so erhält man daraus (7.42) mit (7.45) zurück.

Die Formel (7.46) kann verwendet werden, um die 2. Ableitung $f''(x)$ einer durch das Funktionenpaar $x = x(t), y = y(t)$ in Parameterdarstellung erklärten Funktion $y = f(x)$ zu berechnen. Mit

$$d^2y = \ddot{y}(t)\,dt^2,\ dx^2 = \dot{x}^2(t)\,dt^2,\ d^2x = \ddot{x}(t)\,dt^2$$

ergibt sich wegen $f' = \frac{\dot{y}}{\dot{x}}$

$$f''(x) = \frac{d^2y - f'd^2x}{dx^2} = \frac{\ddot{y}dt^2 - \frac{\dot{y}}{\dot{x}}\ddot{x}\,dt^2}{\dot{x}^2dt^2} = \frac{\ddot{y}\,\dot{x} - \dot{y}\,\ddot{x}}{\dot{x}^3}. \tag{7.47}$$

Wir empfehlen dem Leser, diese Rechnung zum Vergleich ohne Zuhilfenahme der Differentiale unter alleiniger Verwendung der in Abschnitt 6.3 besprochenen Differentiationsregeln durchzuführen!

Ist x eine abhängige Veränderliche, so kann das Differential 2. Ordnung durch den auf der Produktregel fußenden Kalkül

$$d^2y = d(f'dx) = df'dx + f'd(dx) = f''dx^2 + f'd^2x$$

berechnet werden; unter Beachtung von

$$d(dx^2) = 2dx\ d(dx) = 2dx\ d^2x$$

erhält man dann weiter

$$\begin{aligned} d^3y &= d(f''dx^2 + f'd^2x) = df''dx^2 + f''d(dx^2) + df'd^2x + f'd^3x \\ &= f'''dx^3 + 3f''dxd^2x + f'd^3x. \end{aligned}$$

Indem man so fortfährt, erhält man die Differentiale höherer Ordnung, wenn x eine abhängige Veränderliche ist.

7.6 Übungsbeispiele

1. Man beweise, daß das Polynom $P(x) = x^n + px + q$ für gerades n nicht mehr als zwei, für ungerades n nicht mehr als drei verschiedene reelle Nullstellen besitzen kann.
2. Man zeige, daß die Polynome n-ten Grades $p_n(x) = \frac{d^n}{dx^n}(x^2 - 1)^n$ jeweils n reelle (verschiedene) Nullstellen haben, die sämtlich im Intervall $]-1, 1[$ liegen.
3. Sei $a > 1$. Für welche Werte von b hat die Gleichung $a^x - bx = 0$ (reelle) Lösungen? Man bestimme – in Abhängigkeit von b – die Anzahl der reellen Lösungen.

Man bestimme die Anzahl der reellen Lösungen folgender Gleichungen:

4. $x \ln x = a$ 5. $\frac{1}{x}\ln x = a$ 6. $x^3 e^{-x} = a$

7. Man zeige, daß das Polynom $p_n(x) = \sum_{k=0}^{n} \frac{x^k}{k!}$ für ungerades n genau eine reelle Nullstelle hat und für gerades n nur komplexe Nullstellen besitzt.

Man berechne die n-te Ableitung folgender Funktionen:

8. $f(x) = x^3 \ln x$ 9. $f(x) = \frac{ax+b}{\alpha x+\beta}$, $a\beta - \alpha b = D \neq 0$, $\alpha \neq 0$ 10. $f(x) = \sin^2 x$

11. $f(x) = \cos^4 x$ 12. $f(x) = \frac{1}{2}\ln\frac{1+x}{1-x}$ 13. $f(x) = e^x \sin^3 x$

14. $f(x) = \frac{1}{x}\ln x$ 15. $f(x) = \frac{e^{ax}}{1+x}$ 16. $f(x) = \ln(x^2 + 2bx + c)$, $b^2 - c = \omega^2 > 0$

17. Sei $f(x) = e^{-1/x^2}$ für $x \neq 0$ und $f(0) = 0$. Man zeige, daß sich die n-te Ableitung der Funktion f(x) für $x \neq 0$ in der Form $f^{(n)}(x) = p_n\left(\frac{1}{x}\right)e^{-1/x^2}$ darstellen läßt, worin $p_n(\xi)$ ein Polynom mit dem Grad 3n ist. Man beweise ferner, daß die Funktion f(x) auch an der Stelle $x = 0$ Ableitungen beliebig hoher Ordnung besitzt und berechne $f^{(n)}(0)$.

Man ordne die folgenden Polynome nach Potenzen von $x - x_0$:

18. $p(x) = x^3 + 3x^2 + 2x + 1$, $x_0 = 1$ 19. $p(x) = x^4 - 2x^2 - 8$, $x_0 = -2$

20. $p(x) = x^n - 1$, $x_0 = 1$ 21. $p(x) = \frac{nx^{n+1} - (n+1)x^n + 1}{(1-x)^2}$, $x_0 = 0$

Man berechne das Taylorpolynom der Ordnung n für die Anschlußstelle x_0:

22. $f(x) = \sqrt{\cos x}$, $x_0 = 0$, $n = 4$ 23. $f(x) = e^{\sin x}$, $x_0 = 0$, $n = 4$

Man berechne das Taylorpolynom der Ordnung $n = 1, 2, \ldots$ für die Anschlußstelle x_0:

24. $f(x) = \frac{x}{x-1}$, $x_0 = \frac{1}{2}$ 25. $f(x) = e^{-1/x^2}$, $x_0 = 0$

26. $f(x) = \sin^2 x$, $x_0 = 0$ 27. $f(x) = \ln(x^2 + 2bx + 1)$, $x_0 = 0$

28. $f(x) = \sqrt{x}$, $x_0 = 1$ 29. $f(x) = \frac{e^x}{1+x}$, $x_0 = 0$

30. $f(x) = x^2 \ln x$, $x_0 = 1$ 31. $f(x) = \frac{1}{2}\ln\frac{1+x}{1-x}$, $x_0 = 0$

32. Die trigonometrischen Funktionen $\sin x$ und $\cos x$ sollen im Intervall $\left[-\frac{\pi}{4}, \frac{\pi}{4}\right]$ durch Taylorpolynome mit der Anschlußstelle $x_0 = 0$ angenähert werden. Wie groß muß der Grad dieser Taylorpolynome gewählt werden, damit der Approximationsfehler für jeden Wert von x aus dem in Betracht gezogenen Intervall kleiner als 10^{-8} ist?

Man berechne die folgenden Grenzwerte:

33. $\lim_{x \to \frac{\pi}{2}-} (\cos x)^{\cos x}$ 34. $\lim_{x \to \frac{\pi}{2}} \left(\frac{\pi - x}{x}\right)^{\tan x}$ 35. $\lim_{x \to 0}\left(\frac{1}{x^2} - \cot^2 x\right)$

36. $\lim\limits_{x\to 0} (\cos x)^{1/\sin^2 x}$

37. $\lim\limits_{x\to \frac{\pi}{3}} \dfrac{2\sin x - \sqrt{3}}{2\cos x - 1}$

38. $\lim\limits_{x\to 0} \dfrac{\sqrt{1+x} - \sqrt[3]{1-x}}{x}$

39. $\lim\limits_{x\to 0+} x^{\sin x}$

40. $\lim\limits_{x\to 0} \dfrac{2\tan x - \sin 2x}{\sin^3 x}$

41. $\lim\limits_{x\to 0} \dfrac{\sin x - \arctan x}{x^2 \ln(1+x)}$

42. $\lim\limits_{x\to 0} \dfrac{(1+x)^{1/x} - e}{x}$

43. $\lim\limits_{x\to 0} \dfrac{x^3 \sin x}{(1-\cos x)^2}$

44. $\lim\limits_{x\to 0} (\cos x + \sin x)^{1/x}$

45. $\lim\limits_{x\to a} \dfrac{\sin x - \sin a}{\sqrt[3]{x} - \sqrt[3]{a}}$

46. $\lim\limits_{x\to a} \dfrac{\sin\frac{x}{a} - \sin\frac{a}{x}}{x-a}$

47. $\lim\limits_{x\to \infty} (\ln x)^{1/x}$

48. $\lim\limits_{x\to \infty} \dfrac{\ln(1+e^x)}{x}$

49. $\lim\limits_{x\to \infty} x \ln\dfrac{1+x}{x}$

50. $\lim\limits_{x\to 0} \left(\dfrac{1}{\arctan x} - \dfrac{1}{x}\right)$

51. $\lim\limits_{x\to 0+} \dfrac{\ln(1-\cos x)}{\ln x}$

52. $\lim\limits_{x\to 0+} \dfrac{x^{\sqrt{x}}}{\sqrt{x^x}}$

53. $\lim\limits_{x\to 0} (\cos x)^{1/x}$

Man berechne das Differential zweiter, dritter und vierter Ordnung der Funktion $y = f(x)$, wobei x selbst wieder eine abhängige Variable sei:

54. $y = \sin x$ 55. $y = \dfrac{x}{x+1}$ 56. $y = e^x$ 57. $y = x\ln(1+x)$

8 Untersuchung von Funktionen mittels der Differentialrechnung

Das Schaubild einer Funktion ist eine große Hilfe, einen Überblick über den Funktionsverlauf zu bekommen. Sofern es nicht dazu dienen soll, auch quantitative Aufschlüsse zu geben, kann man sich beim Studium von Funktionen auf eine qualitative Wiedergabe beschränken, indem man Nullstellen, Extremwerte, Wendepunkte, Grenzwerte, eventuell vorhandene Asymptoten sowie Monotonieintervalle markiert und aus diesen Kenntnissen durch einen oder mehrere Linienzüge ein Abbild herstellt. Wie man sich diese grundlegenden Teilinformationen verschafft, soll im folgenden besprochen werden; auf die numerischen Methoden zur Berechnung von Nullstellen kommen wir dann in Abschnitt 9 zurück.

8.1 Extremwerte

Aus dem Vorzeichen der Funktion f ist ersichtlich, ob die Kurve $y = f(x)$ oberhalb oder unterhalb der x-Achse verläuft. Wenn f differenzierbar ist, gibt das Vorzeichen der Ableitung f' Aufschluß über das Monotonieverhalten.

Satz 8.1 *Ist* f *auf einem Teilintervall* I *seines Definitionsbereichs differenzierbar und gilt auf* I *stets* $f'(x) \geqslant 0$, *so ist* f *auf* I *monoton wachsend; im Falle* $f'(x) \leqslant 0$ *ist* f *auf* I *monoton fallend. Gilt auf* I *stets* $f'(x) > 0$ *bzw.* $f'(x) < 0$, *so ist* f *auf dem Intervall* I *sogar streng monoton wachsend bzw. streng monoton fallend.*

Zum Beweis ziehen wir den Mittelwertsatz der Differentialrechnung heran. Sind x_1 und x_2, $x_1 < x_2$, beliebige Punkte aus I, so ist

$$f(x_1) - f(x_2) = (x_1 - x_2)\, f'(\xi)$$

mit einer geeigneten Zwischenstelle ξ, $x_1 < \xi < x_2$. Daraus erhält man im Falle einer nichtnegativen Ableitung $f'(x) \geqslant 0$ wegen $x_1 - x_2 < 0$

$$f(x_1) - f(x_2) = (x_1 - x_2)\, f'(\xi) \leqslant 0,$$

also $f(x_1) \leqslant f(x_2)$. Im Falle $f'(x) > 0$ ist offenbar stets $(x_1 - x_2) f'(\xi) < 0$ und daher $f(x_1) < f(x_2)$. Entsprechend beweist man die zweite Aussage des Satzes 8.1.

Die Information über das Monotonieverhalten einer Funktion, die man aus dem Vorzeichen der Ableitung gewinnt, kann auch die Bestimmung des Vorzeichens von f ermöglichen. Ist z.B. f auf dem Intervall $[a, b]$ differenzierbar, $f(a) \geqslant 0$ und $f'(x) \geqslant 0$ auf $[a, b]$, so ist auch $f(x) \geqslant 0$ auf $[a, b]$.

Beispiel 8.1: Wir zeigen die Ungleichung

$$(1 + x)^a > 1 + ax, \quad a > 1, \quad x > 0.$$

Wir bilden die auf $[0, \infty[$ definierte Funktion

$$f(x) = (1 + x)^a - (1 + ax),$$

deren Ableitung für $x > 0$ positiv ist,

$$f'(x) = a(1 + x)^{a-1} - a = a[(1 + x)^{a-1} - 1] > 0, \quad x > 0.$$

Daher ist f auf $[0, \infty[$ streng monoton steigend, also $f(x) > f(0) = 0$.

Eine Sonderstellung nehmen jene Punkte ein, in denen die Ableitung verschwindet. Schon der Satz von Fermat (Satz 7.1) gibt zu erkennen, daß die Funktion f ihre Extremwerte (Maximum und Minimum) im Inneren des Definitionsbereiches nur an solchen Stellen annehmen kann. Wir engen nun den Begriff des Extremwerts ein:

Definition 8.1 Ist x_0 ein innerer Punkt des Definitionsbereiches von f und gibt es eine Umgebung $U(x_0, \delta)$ der Stelle x_0, so daß

$$f(x) \leqslant f(x_0) \quad \text{für alle } x \text{ mit} \quad x_0 - \delta < x < x_0 + \delta$$

gilt, so nennt man $f(x_0)$ ein *relatives Maximum* der Funktion f. Analog heißt $f(x_0)$ ein *relatives Minimum* der Funktion f, wenn eine Umgebung $U(x_0, \delta)$ der Stelle x_0 existiert, so daß gilt

$$f(x) \geqslant f(x_0) \quad \text{für alle } x \text{ mit} \quad x_0 - \delta < x < x_0 + \delta .$$

Man sagt auch, f hat an der Stelle x_0 ein relatives Minimum oder relatives Maximum (Bild 8.1).

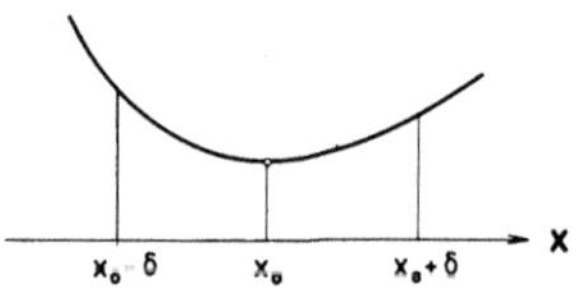

Bild 8.1a

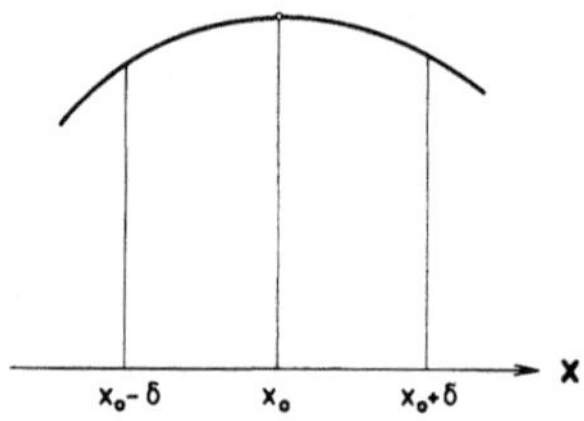

Bild 8.1b

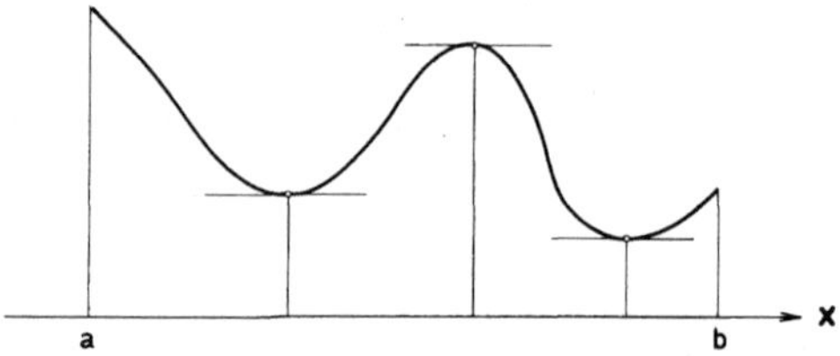

Bild 8.2

Eine auf dem Intervall I definierte Funktion kann dort durchaus mehrere relative Maxima oder Minima haben (Bild 8.2). Den größten Wert, den eine stetige Funktion auf einem abgeschlossenen Intervall stets annimmt, nennt man zur Unterscheidung von den relativen Maxima auch das *absolute* Maximum; eine analoge Bedeutung kommt dem *absoluten* Minimum zu. Es ist aber keineswegs richtig, daß einer der relativen Extremwerte auch der absolute Extremwert sein muß – in Bild 8.2 wird das absolute Maximum am Rande $x = a$ angenommen.

Indem man den Satz von Fermat lokal anwendet, erhält man als notwendige Bedingung für relative Extremwerte

Satz 8.2 *Hat die an der Stelle* x_0 *differenzierbare Funktion* f *in* x_0 *ein relatives Extremum, so gilt*

$$f'(x_0) = 0. \tag{8.1}$$

Man nennt jede Lösung der Gleichung $f'(x) = 0$ eine *stationäre Stelle* der Funktion f, weil für solche das Differential der Funktion f verschwindet. Die Bedingung (8.1) für relative Extremwerte bedeutet daher, daß f nur an stationären Stellen relative Maxima oder relative Minima haben kann – nur die stationären Stellen kommen für relative Extremwerte in Frage.

Eine Entscheidung, ob die Funktion f an der stationären Stelle x_0 ein relatives Extremum hat, ist über das Vorzeichen der Ableitung in einer Umgebung der Stelle x_0 möglich. Bequemer ist jedoch eine Untersuchung mit Hilfe der zweiten Ableitung.

Satz 8.3 *Ist die Funktion* f *in einer Umgebung der Stelle* x_0 *zweimal stetig differenzierbar, so hat* f *an der Stelle* x_0 *ein relatives Maximum, wenn die Bedingungen*

$$f'(x_0) = 0, \; f''(x_0) < 0 \tag{8.2}$$

erfüllt sind. Im Falle

$$f'(x_0) = 0, \; f''(x_0) > 0 \tag{8.3}$$

liegt an der Stelle x_0 *ein relatives Minimum der Funktion* f *vor.*

Wir beweisen diesen Satz für das relative Maximum. Da f'' an der Stelle x_0 stetig ist, gibt es nach dem Satz über das Vorzeichen einer stetigen Funktion (Satz 5.4) eine Umgebung $U(x_0, \delta)$, in der f'' das Vorzeichen nicht wechselt, also $f''(x) < 0$ für $x_0 - \delta < x < x_0 + \delta$ ist. Dies bedeutet nach Satz 8.1, daß die Ableitung f' auf dem Interfall $]x_0 - \delta, x_0 + \delta[$ streng monoton fällt, und, da $f'(x_0) = 0$ ist, insbesondere von positiven Werten zu negativen übergeht. Mit anderen Worten, es ist $f'(x) \geqslant 0$ für $x_0 - \delta < x \leqslant x_0$, $f'(x) \leqslant 0$ für $x_0 \leqslant x < x_0 + \delta$. Daher steigt f im Intervall $]x_0 - \delta, x_0]$ zum Wert $f(x_0)$ monoton an und fällt von diesem im Intervall $[x_0, x_0 + \delta[$ monoton ab. Dann ist aber stets $f(x) \leqslant f(x_0)$ in der Umgebung $U(x_0, \delta)$, $f(x_0)$ also ein relatives Maximum von f.

Beispiel 8.2: Sei $f(x) = x^2 e^x$. Durch Lösung der Gleichung

$$f'(x) = (2x + x^2)\, e^x = 0$$

erhalten wir die stationären Stellen $x = 0$ und $x = -2$. Nochmalige Differentiation ergibt

$$f''(x) = (2 + 4x + x^2)\, e^x;$$

aus $f''(-2) = -2e^{-2} < 0$ geht somit hervor, daß f an der Stelle $x = -2$ ein relatives Maximum hat, für $x = 0$ wegen $f''(0) = 2e^0 = 2 > 0$ ein relatives Minimum (Bild 8.3).

Beispiel 8.3: Sei

$$f(x) = \frac{x}{x^2 + a^2}.$$

Aus

$$f'(x) = \frac{a^2 - x^2}{(a^2 + x^2)^2}$$

ergeben sich die stationären Stellen $x = a$ und $x = -a$.

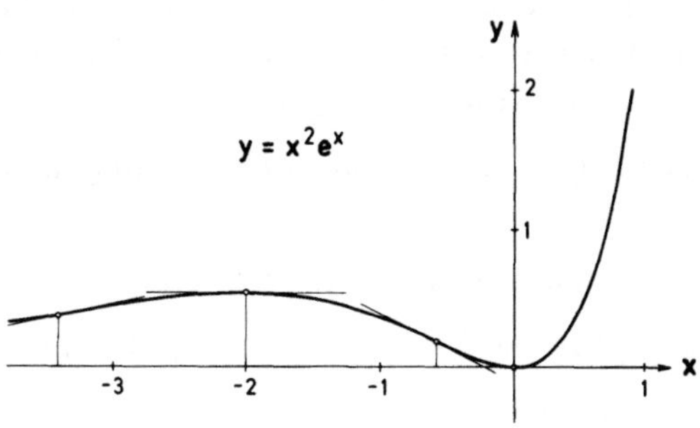

Bild 8.3

Zur Untersuchung, ob an diesen stationären Stellen von f Extremwerte vorliegen, benötigen wir an sich nur die Kenntnis des Vorzeichens von f'' an diesen Stellen – es ist im Grunde nicht einmal nötig, $f''(x)$ zu berechnen. Wenn man sich dies vor Augen hält, kann der Rechenaufwand im Falle, daß die Ableitung ein Quotient

$$f'(x) = \frac{g(x)}{h(x)}$$

ist, erheblich reduziert werden, indem man von folgender Überlegung ausgeht. Da die stationäre Stelle x_0 von f der Bedingung $g(x_0) = 0$ genügt, wird

$$f''(x_0) = \frac{h(x_0)\, g'(x_0) - h'(x_0)\, g(x_0)}{(h(x_0))^2} = \frac{g'(x_0)}{h(x_0)},$$

infolgedessen

$$\operatorname{sign}(f''(x_0)) = \operatorname{sign}\left(\frac{g'(x_0)}{h(x_0)}\right).$$

Meist ist dabei $h(x)$ das Quadrat einer Funktion, wenn z.B. $f = \frac{p}{q}$ selbst ein Quotient ist. In diesem Fall ist sogar

$$\operatorname{sign}(f''(x_0)) = \operatorname{sign}(g'(x_0)) = \operatorname{sign}(q(x_0)\, p''(x_0) - q''(x_0)\, p(x_0)).$$

Im vorliegenden Beispiel ist $h(x) = (a^2 + x^2)^2 > 0$, $g'(x) = (a^2 - x^2)' = -2x$, somit

$$\operatorname{sign}(f''(a)) = \operatorname{sign}(g'(a)) = \operatorname{sign}(-2a) = -1, \quad \operatorname{sign}(f''(-a)) = \operatorname{sign}(g'(-a)) = \operatorname{sign}(2a) = 1.$$

Die Funktion f hat somit an der Stelle $x = a$ ein relatives Maximum, an der Stelle $x = -a$ ein relatives Minimum (Bild 8.4).

Tritt der Fall

$$f'(x_0) = f''(x_0) = 0$$

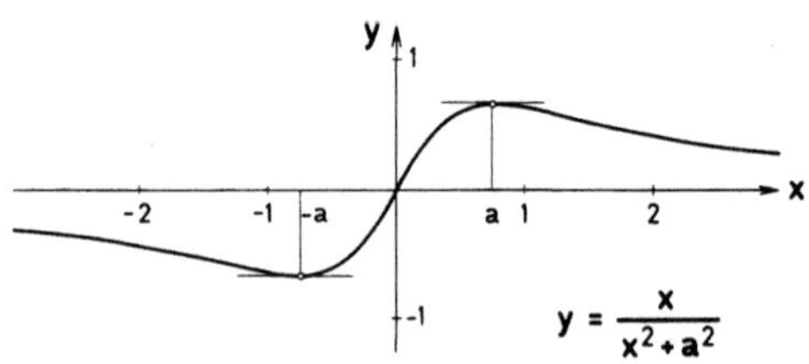

Bild 8.4

ein, so ist eine genauere Untersuchung erforderlich. Daß die Funktion f an solchen Stellen keine relativen Extrema haben muß, zeigt das Beispiel der Funktion $y = f(x) = x^3$, deren erste und zweite Ableitung an der Stelle $x = 0$ verschwindet; da $x^3 < 0$ für $x < 0$ und $x^3 > 0$ für $x > 0$ ist, kann f an der Stelle $x = 0$ weder ein relatives Maximum noch ein relatives Minimum haben (Bild 1.8). Relative Extrema sind aber nicht ausgeschlossen, denn die Funktion $f(x) = x^4$, für die $x = 0$ ebenfalls Nullstelle der ersten und zweiten Ableitung ist, hat an der Stelle $x = 0$ ihr absolutes Minimum.

Eine Aussage ermöglicht

Satz 8.4 *Ist die Funktion* f *in einer Umgebung der Stelle* x_0 2n-*mal stetig differenzierbar und gilt*

$$f'(x_0) = f''(x_0) = \ldots = f^{(2n-1)}(x_0) = 0, \; f^{(2n)}(x_0) \neq 0, \tag{8.4}$$

so liegt an der Stelle x_0 *ein relatives Maximum vor, wenn*

$$f^{(2n)}(x_0) < 0 \tag{8.5}$$

gilt, während f *im Falle*

$$f^{(2n)}(x_0) > 0 \tag{8.6}$$

an der Stelle x_0 *ein relatives Minimum hat.*

Da aus der Voraussetzung (8.4) die Konstanz des Taylor-Polynoms (2n − 1)-ter Ordnung folgt, resultiert aus der Taylorschen Formel

$$f(x) - f(x_0) = \frac{(x - x_0)^{2n}}{(2n)!} f^{(2n)}(\xi)$$

mit einer geeigneten zwischen x und x_0 gelegenen Stelle ξ. Beachtet man die Stetigkeit der 2n-ten Ableitung von f an der Stelle x_0, so können wir wieder mit Satz 5.4 auf die Existenz einer Umgebung $U(x_0, \delta)$ schließen, in der $f^{(2n)}(x)$ das Vorzeichen von $f^{(2n)}(x_0)$ hat. Infolgedessen ist im Falle $f^{(2n)}(x_0) > 0$

$$f(x) - f(x_0) \geqslant 0 \quad \text{für alle x mit} \quad x_0 - \delta < x < x_0 + \delta$$

und daher $f(x_0)$ ein relatives Minimum, im Falle $f^{(2n)}(x_0) < 0$ ist

$$f(x) - f(x_0) \leqslant 0 \quad \text{für alle x mit} \quad x_0 - \delta < x < x_0 + \delta,$$

also $f(x_0)$ ein relatives Maximum.

Beispiel 8.4: Sei $y = f(x) = 2\cos x + x^2$. Aus

$$f'(x) = -2\sin x + 2x$$

erhält man als einzige stationäre Stelle x = 0. Aus den Ableitungen $f''(x) = -2\cos x + 2$, $f'''(x) = 2\sin x$ erkennt man $f''(0) = f'''(0) = 0$; aus der vierten Ableitung $f^{(4)}(x) = 2\cos x$ ergibt sich schließlich $f^{(4)}(0) = 2 > 0$, so daß f an der Stelle x = 0 ein relatives Minimum hat.

8.2 Wendepunkte

Auch das Vorzeichen der zweiten Ableitung von f kennzeichnet eine qualitatives Verhalten der Kurve y = f(x), deren Kenntnis für Kurvendiskussionen nützlich sein kann.

Wir nehmen an, die Funktion f sei in einem Intervall I zweimal differenzierbar. Für einen festen, aber beliebigen Punkt $x_0 \in I$ bezeichne wieder $Y = f(x_0) + f'(x_0)(x - x_0)$ die Ordinate der Tangente an die Kurve y = f(x) im Punkt (x_0, y_0). Aus der Taylorschen Formel für n = 1 erhält man dann

$$y - Y = f(x) - f(x_0) - f'(x_0)(x - x_0) = \frac{(x - x_0)^2}{2} f''(\xi)$$

mit einer geeigneten zwischen x und x_0 gelegenen Stelle ξ. Ist nun $f''(x) \geqslant 0$ auf I, so gilt offenbar

$$y - Y \geqslant 0,$$

was geometrisch bedeutet, daß die Kurve y = f(x) im Intervall I oberhalb der Tangente im Punkt (x_0, y_0) liegt (Bild 8.5). Man sagt, die Kurve y = f(x) ist auf I *nach unten gewölbt* oder auf I *konkav*. Ist $f''(x) \leqslant 0$ auf I, so wird

$$y - Y \leqslant 0,$$

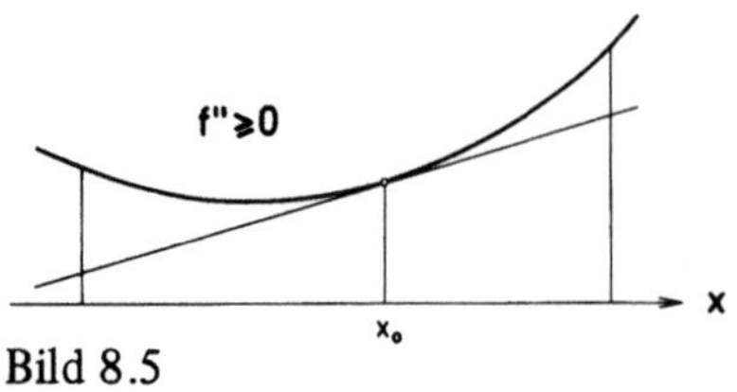

Bild 8.5

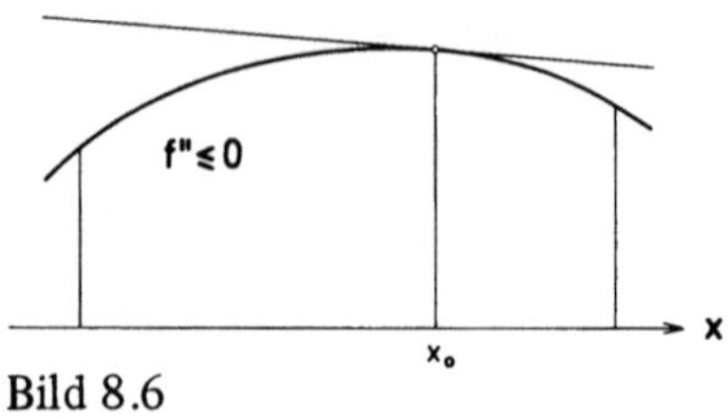

Bild 8.6

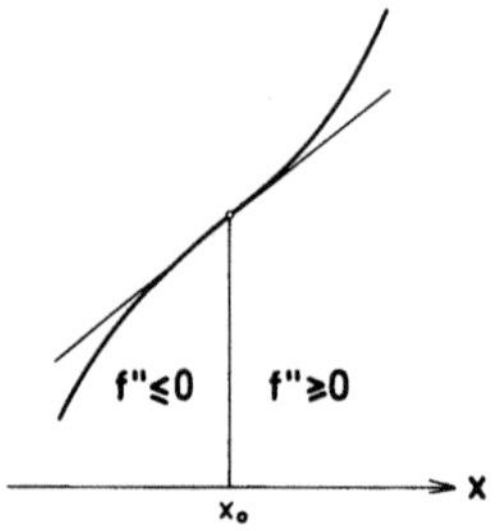

Bild 8.7

so daß die Kurve $y = f(x)$ im Intervall I unterhalb der Tangente im Punkt (x_0, y_0) verläuft. In diesem Fall spricht man von einer auf I *nach oben gewölbten* oder *konvexen* Kurve (Bild 8.6).

Interessant ist wieder der Fall $f''(x_0) = 0$. Wenn die zweite Ableitung an der Stelle x_0 ihr Vorzeichen wechselt, indem etwa $f''(x) < 0$ für $x < x_0$ und $f''(x) > 0$ für $x > x_0$ ist, so verläuft die Kurve $y = f(x)$ links von x_0 unterhalb und rechts von x_0 oberhalb der Tangente im Punkt (x_0, y_0), mit anderen Worten, die Tangente durchsetzt die Kurve im Punkt (x_0, y_0) (Bild 8.7). Eine solche Stelle x_0 heißt ein *Wendepunkt* und die Tangente eine *Wendetangente* der Kurve $y = f(x)$. Offenbar ist das Verschwinden der zweiten Ableitung eine notwendige Bedingung für Wendepunkte:

Satz 8.5 *Ist* x_0 *ein Wendepunkt der zweimal differenzierbaren Funktion* f, *so ist notwendig*

$$f''(x_0) = 0. \tag{8.7}$$

Wendepunkte sind also stationäre Stellen der Ableitung f'.

Ob nun an der Stelle x_0 tatsächlich ein Wendepunkt vorliegt, kann durch Untersuchung des Vorzeichens von f'' in einer Umgebung der Stelle x_0 festgestellt werden. Rechnerisch einfacher ist jedoch die Zuhilfenahme der höheren Ableitungen.

Satz 8.6 *Ist die Funktion* f *in einer Umgebung der Stelle* x_0 *dreimal stetig differenzierbar und gilt*

$$f''(x_0) = 0, \quad f'''(x_0) \neq 0, \tag{8.8}$$

so ist x_0 *ein Wendepunkt der Kurve* $y = f(x)$.

Wenn nämlich $f'''(x)$ an der Stelle x_0 stetig ist, so gibt es eine Umgebung $U(x_0, \delta)$, in der $f'''(x)$ das Vorzeichen nicht wechselt, also stets das Vorzeichen von $f'''(x_0)$ hat.

Infolgedessen ist die zweite Ableitung $f''(x)$ in $U(x_0, \delta)$ streng monoton und wechselt wegen $f''(x_0) = 0$ an der Stelle x_0 das Vorzeichen. Im Falle $f'''(x_0) > 0$ ist $f''(x)$ streng monoton steigend im Intervall $U(x_0, \delta)$, also $f''(x) < 0$ für $x < x_0$ und $f''(x) > 0$ für $x > x_0$ – die Kurve ist daher links von x_0 konvex, rechts von x_0 konkav. Für $f'''(x_0) < 0$ ist sie links von x_0 konkav und rechts von x_0 konvex.

Beispiel 8.5: Die Wendepunkte der Funktion $y = f(x) = x^2 e^x$ sind Lösungen der Gleichung

$$f''(x) = (2 + 4x + x^2)\, e^x = 0,$$

also $x = -2 + \sqrt{2}$, $x = -2 - \sqrt{2}$. Aus der dritten Ableitung

$$f'''(x) = (x^2 + 6x + 6)\, e^x$$

erhält man $f'''(-2 \pm \sqrt{2}) = \pm 2\sqrt{2}\, e^{-2 \pm \sqrt{2}} \neq 0$. Infolgedessen liegen an beiden Stellen Wendepunkte vor. Im Punkt $x = -2 + \sqrt{2}$ geht $y = f(x)$ von konvex in konkav über, im Punkt $x = -2 - \sqrt{2}$ von konkav in konvex (Bild 8.3).

Beispiel 8.6: In der Statistik hat die von den beiden Parametern $\overline{x}$ und σ abhängige Funktion

$$f(x) = \frac{1}{\sigma\sqrt{2\pi}} \exp\left(-\frac{(x - \overline{x})^2}{2\sigma^2}\right), \tag{8.9}$$

Bild 8.8

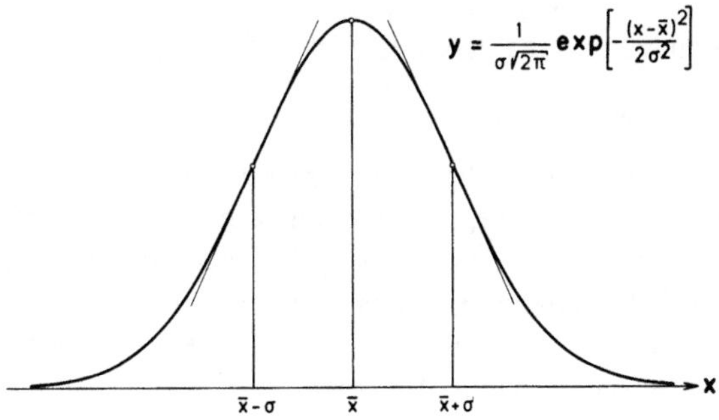

deren Schaubild *Glockenkurve* bzw. *Gaußsche Fehlerkurve* heißt, eine zentrale Bedeutung (Bild 8.8). $\overline{x}$ heißt der *Mittelwert*, σ die *Streuung*; diese ist ein Maß dafür, wie dicht sich die Fehler (die Abweichungen vom Mittelwert) um den Mittelwert $\overline{x}$ gruppieren.

Aus den Ableitungen

$$f'(x) = -\frac{x - \overline{x}}{\sigma^2} f(x),\ f''(x) = \left[-\frac{1}{\sigma^2} + \left(\frac{x - \overline{x}}{\sigma^2}\right)^2\right] f(x), \quad f'''(x) = \frac{x - \overline{x}}{\sigma^4}\left[3 - \left(\frac{x - \overline{x}}{\sigma}\right)^2\right] f(x)$$

erhalten wir für $x = \overline{x}$ den maximalen Wert $f(\overline{x}) = \frac{1}{\sigma\sqrt{2\pi}}$. Durch Nullsetzen der zweiten Ableitung erhalten wir die Wendepunkte $x = \overline{x} + \sigma$, $x = \overline{x} - \sigma$, denn es ist

$$f'''(\overline{x} \pm \sigma) = \pm\frac{2}{\sigma^3} f(\overline{x} \pm \sigma) = \pm \frac{1}{\sigma^4}\sqrt{\frac{2}{\pi e}} \neq 0.$$

Tritt der Fall

$$f''(x_0) = f'''(x_0) = 0$$

ein, so kann man mit Hilfe der höheren Ableitungen x_0 als Wendepunkt klassifizieren:

Satz 8.7 *Ist die Funktion* f *in einer Umgebung der Stelle* x_0 $(2n+1)$*-mal stetig differenzierbar und gilt*

$$f''(x_0) = f'''(x_0) = \ldots = f^{(2n)}(x_0) = 0, \quad f^{(2n+1)}(x_0) \neq 0, \tag{8.10}$$

so ist x_0 *ein Wendepunkt von* $y = f(x)$.

Aus der Stetigkeit von $f^{(2n+1)}(x)$ an der Stelle x_0 können wir wieder auf die Existenz einer Umgebung $U(x_0, \delta)$ schließen, in der $f^{(2n+1)}(x)$ beständig das Vorzeichen von $f^{(2n+1)}(x_0)$ hat. Mit Hilfe der Taylorschen Formel schreibt sich dann die Differenz $y - Y$ in der Gestalt

$$y - Y = f(x) - f(x_0) - f'(x_0)(x - x_0) = \frac{(x - x_0)^{2n+1}}{(2n+1)!} f^{(2n+1)}(\xi)$$

mit einer geeigneten Zwischenstelle ξ. Da das auf der rechten Seite stehende Restglied beim Passieren der Stelle x_0, bedingt durch die ungerade Potenz von $x - x_0$, das Vorzeichen wechselt, hat $y - Y$ links und rechts von x_0 entgegengesetztes Vorzeichen.

Wie schon in Satz 8.6 weist das Vorzeichen von $f^{(2n+1)}(x_0)$ darauf hin, ob die Kurve $y = f(x)$ links von x_0 konkav, rechts davon konvex $(f^{(2n+1)}(x_0) < 0)$ oder links konvex und rechts konkav ist $(f^{(2n+1)}(x_0) > 0)$.

8.3 Asymptoten

Die natürlichen Ausmaße einer Zeichnung bedingen, daß nur ein Teil der Kurve $y = f(x)$ wiedergegeben werden kann, wenn sich diese einseitig oder beidseitig ins Unendliche erstreckt. Zeigt jedoch die Funktion f für große Werte von $|x|$ ein nahezu lineares Verhalten, indem sich das Schaubild immer mehr an eine Gerade anschmiegt, so kann der Funktionsverlauf für $x \to \infty$ bzw. $x \to -\infty$ durch Eintragung jener Geraden in einfacher Weise veranschaulicht werden.

Existiert der (eigentliche) Grenzwert

$$\lim_{x \to \infty} f(x) = A,$$

so kommt die Kurve $y = f(x)$ für $x \to \infty$ der Geraden $y = A$, die wir in Abschnitt 5.4 eine waagrechte Asymptote genannt haben, beliebig nahe. Doch auch ein uneigentlicher Grenzwert

$$\lim_{x \to \infty} f(x) = \infty \tag{8.11}$$

schließt nicht aus, daß sich die Kurve $y = f(x)$ einer Geraden $y = ax + b$ (deren Anstieg a dann natürlich von Null verschieden sein muß) unbegrenzt annähert, indem ihr Abstand von dieser für $x \to \infty$ gegen Null strebt,

$$\lim_{x \to \infty} [f(x) - (ax + b)] = 0. \tag{8.12}$$

Eine solche Gerade $y = ax + b$ heißt eine *schräge Asymptote*.

Zur Bestimmung der Koeffizienten a und b einer schrägen Asymptote $y = ax + b$ beachten wir zunächst, daß aus der Existenz des Grenzwertes (8.12)

$$\lim_{x \to \infty} [f(x) - ax] = b \tag{8.13}$$

folgt. Wegen (8.11) ist $[f(x) - ax]$ eine unbestimmte Form $\infty - \infty$, deren Wert infolge der Forderung (8.13) endlich sein muß. Wenn wir x herausheben,

$$f(x) - ax = x\left[\frac{f(x)}{x} - a\right],$$

muß eine unbestimmte Form $\infty \cdot 0$ entstehen, da ansonsten auf Grund der Regel (7.35) der Grenzwert (8.13) im eigentlichen Sinn nicht existieren kann. Also ist notwendig

$$a = \lim_{x \to \infty} \frac{f(x)}{x}, \tag{8.14}$$

sofern dieser Grenzwert existiert. Mit Hilfe des so gewonnenen Anstiegs a der Asymptote berechnet man b aus dem Grenzwert (8.13), vorausgesetzt, daß dieser im eigentlichen Sinn existiert.

Der Grenzwert (8.14) ist eine unbestimmte Form $\frac{\infty}{\infty}$, die auch nach der 2. Regel von de l'Hospital berechnet werden kann. Existiert der Grenzwert

$$\lim_{x \to \infty} f'(x),$$

so ist

$$a = \lim_{x \to \infty} \frac{f(x)}{x} = \lim_{x \to \infty} f'(x). \tag{8.15}$$

Diese Formel zeigt, daß die Asymptote als Grenzlage der Tangente angesehen werden kann.

Beispiel 8.7: Für die Hyperbel

$$\frac{x^2}{a^2} - \frac{y^2}{b^2} = 1$$

erhalten wir aus (8.15) die bekannten Asymptoten mit dem Anstieg

$$\lim_{x \to \infty} \frac{f(x)}{x} = \pm \lim_{x \to \infty} \frac{b}{a} \frac{\sqrt{x^2 - a^2}}{x} = \pm \frac{b}{a} \lim_{x \to \infty} \sqrt{1 - \left(\frac{a}{x}\right)^2} = \pm \frac{b}{a}$$

(+ für den oberen, – für den unteren Ast).

Beispiel 8.8: Sei

$$y = f(x) = \frac{x^2 + 2x}{\sqrt{x^2 + 1}}.$$

Aus (8.15) folgt

$$a = \lim_{x \to \infty} \frac{1}{x} \frac{x^2 + 2x}{\sqrt{x^2 + 1}} = \lim_{x \to \infty} \frac{1 + \frac{2}{x}}{\sqrt{1 + \left(\frac{1}{x}\right)^2}} = 1,$$

aus (8.13)

$$b = \lim_{x \to \infty} \left[\frac{x^2 + 2x}{\sqrt{x^2 + 1}} - x\right] = \lim_{x \to \infty} x\left[\frac{1 + \frac{2}{x}}{\sqrt{1 + \left(\frac{1}{x}\right)^2}} - 1\right].$$

Hier empfiehlt sich die Substitution $y = \frac{1}{x}$,

$$b = \lim_{y \to 0} \frac{\frac{1+2y}{\sqrt{1+y^2}} - 1}{y} = \lim_{y \to 0} \frac{1}{\sqrt{1+y^2}} \lim_{y \to 0} \frac{1+2y-\sqrt{1+y^2}}{y}$$

$$= \lim_{y \to 0} \frac{1+2y-\sqrt{1+y^2}}{y} = \lim_{y \to 0} \left[2 - \frac{y}{\sqrt{1+y^2}}\right] = 2.$$

Die Asymptote für $x \to \infty$ ist daher $y = x + 2$; für $x \to -\infty$ erhält man $y = -x + 2$ (Bild 8.9).

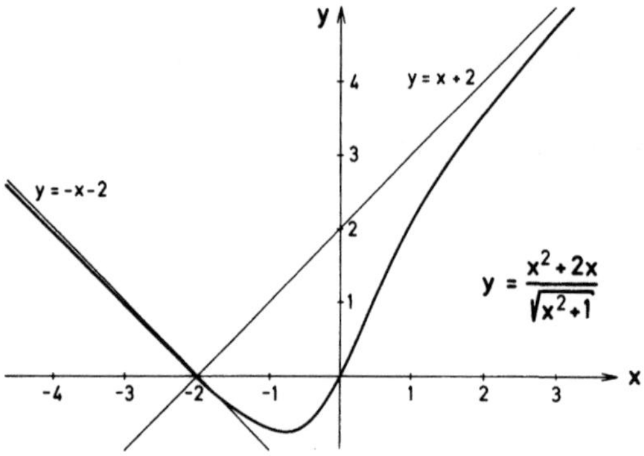

Bild 8.9

Senkrechte Asymptoten für $x \to \infty$ oder $x \to -\infty$ kann es natürlich nicht geben. Wohl aber hat dieser Begriff im Endlichen einen Sinn, wie z.B. im Falle eines einseitigen oder beidseitigen Grenzwertes

$$\lim_{x \to c+} f(x) = \infty \quad \text{oder} \quad \lim_{x \to c} f(x) = \infty.$$

So hat $y = \tan x$ die senkrechten Asymptoten $x = \frac{\pi}{2} + k\pi$, für $y = \ln x$ ist die y-Achse eine Asymptote.

Die Kurve $y = f(x)$ hat an einer Unendlichkeitsstelle der Funktion f stets eine senkrechte Asymptote. Aus Gründen der größeren Übersichtlichkeit empfiehlt es sich stets, sie in das Schaubild einzutragen.

8.4 Beispiele zur Kurvendiskussion

Die folgenden Beispiele mögen zeigen, wie man mit Hilfe der Nullstellen, Extremwerte, Wendepunkte, Grenzwerte und Asymptoten ein Bild des Funktionsverlaufs erstellen kann.

Beispiel 8.9: Wir untersuchen die Funktion

$$y = f(x) = \frac{x^3}{(1+x)^2},$$

die für alle $x \neq -1$ definiert ist. Sie besitzt die einzige Nullstelle $x = 0$. Aus dem Vorzeichen der ersten Ableitung

$$f'(x) = \frac{3x^2 + x^3}{(1+x)^3} = \frac{x^2}{(1+x)^2} \frac{x+3}{x+1}$$

erkennt man, daß f im Intervall $]-\infty, -3]$ streng monoton wachsend ist, im Intervall $[-3, -1[$ streng monoton fällt und für $-1 < x < \infty$ wieder streng monoton steigt. Die potentiellen Extremwerte sind die stationären Stellen $x = 0$ und $x = -3$; dabei kann auf Grund des Monotonieverhaltens die stationäre Stelle $x = 0$ sofort als möglicher Extremwert ausgeschieden werden. Tatsächlich errechnet man aus der zweiten Ableitung

$$f''(x) = \frac{6x}{(1+x)^4}$$

die Funktionswerte $f''(0) = 0$ und $f''(-3) = -\frac{9}{8}$, womit die Stelle $x = -3$ als ein relatives Maximum von f erkannt ist, während $f''(0) = 0$ auf einen Wendepunkt hinweist, was mit Hilfe der dritten Ableitung

$$f'''(x) = \frac{6-18x}{(1+x)^5}$$

mit $f'''(0) = 6$ bestätigt wird. Weiter sieht man aus dem Vorzeichen von $f'''(0)$, daß f links von $x = 0$ konvex, rechts von $x = 0$ konkav ist. Die Grenzwerte

$$\lim_{x\to -1-} \frac{x^3}{(1+x)^2} = \lim_{x\to -1+} \frac{x^3}{(1+x)^2} = -\infty$$

zeigen, daß $x = -1$ eine Unendlichkeitsstelle von f ist, die Gerade $x = -1$ infolgedessen eine senkrechte Asymptote. Ferner erhält man

$$\lim_{x\to\infty} \frac{x^3}{(1+x)^2} = \infty, \quad \lim_{x\to -\infty} \frac{x^3}{(1+x)^2} = -\infty.$$

Wir untersuchen noch, ob schräge Asymptoten existieren. Zu diesem Zweck berechnen wir den Grenzwert (8.14),

$$a = \lim_{x\to\infty} \frac{1}{x} \frac{x^3}{(x+1)^2} = \lim_{x\to\infty} \frac{1}{\left(1+\frac{1}{x}\right)^2} = 1,$$

und erhalten weiter aus (8.13)

$$b = \lim_{x\to\infty} \left[\frac{x^3}{(1+x)^2} - x\right] = \lim_{x\to\infty} \frac{-(2x^2+x)}{(x+1)^2} = -\lim_{x\to\infty} \frac{2+\frac{1}{x}}{\left(1+\frac{1}{x}\right)^2} = -2.$$

Die Gerade $y = x - 2$ ist also eine Asymptote der Kurve $y = f(x)$ für $x \to \infty$, aber auch für $x \to -\infty$, weil die Grenzwerte für a und b dieselben Ergebnisse bringen, wenn man darin $x \to \infty$ durch $x \to -\infty$ ersetzt (Bild 8.10).

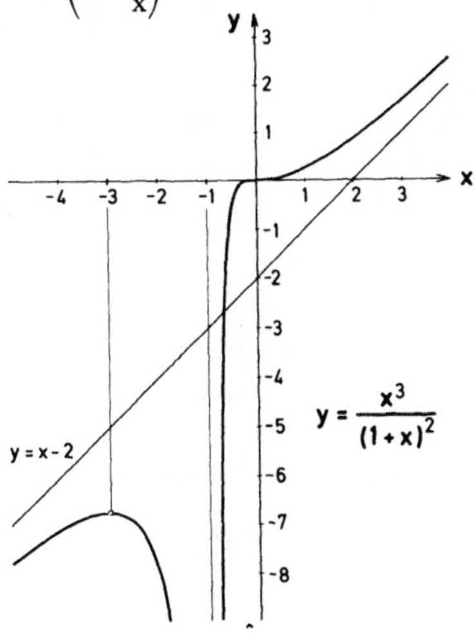

Bild 8.10

Beispiel 8.10: Wir diskutieren die Funktion

$$y = f(x) = \sqrt{\frac{x^3}{x-1}},$$

die für $x > 1$ und $x \leq 0$ definiert ist und an der Stelle $x = 0$ verschwindet. Wir bestimmen zuerst die Ableitung

$$f'(x) = \frac{1}{2}\sqrt{x(x-1)}\,\frac{2x-3}{(x-1)^2}\,.$$

Ihre Nullstelle $x = 0$ kommt als relatives Extremum nicht in Frage, da sie ein Randpunkt des Definitionsbereiches ist (jedenfalls hat $y = f(x)$ in $x = 0$ eine horizontale Tangente). Hingegen ist $x = \frac{3}{2}$ ein relatives Minimum von f, wie man aus der zweiten Ableitung

$$f''(x) = \frac{3}{4\sqrt{x(x-1)}\,(x-1)^2}$$

und $f''\left(\frac{3}{2}\right) = 2\sqrt{3} > 0$ erkennt. Da stets $f''(x) > 0$ ist, gibt es keine Wendepunkte. Ferner wird aus dem Vorzeichen von $2x - 3$ ersichtlich, daß f auf den Intervallen $]-\infty, 0]$ und $\left]1, \frac{3}{2}\right]$ streng monoton fällt, während f auf dem Intervall $\left[\frac{3}{2}, \infty\right[$ streng monoton steigt. Die Stelle $x = 1$ ist wegen

$$\lim_{x \to 1+} \sqrt{\frac{x^3}{x-1}} = \infty$$

eine Unendlichkeitsstelle mit der senkrechten Asymptote $x = 1$.

Die Grenzwerte im Unendlichen sind

$$\lim_{x \to \infty} \sqrt{\frac{x^3}{x-1}} = \lim_{x \to -\infty} \sqrt{\frac{x^3}{x-1}} = \infty;$$

die Kurve $y = f(x)$ hat für $x \to \infty$ die Asymptote $y = x + \frac{1}{2}$, für $x \to -\infty$ die Asymptote $y = -x - \frac{1}{2}$ (Bild 8.11).

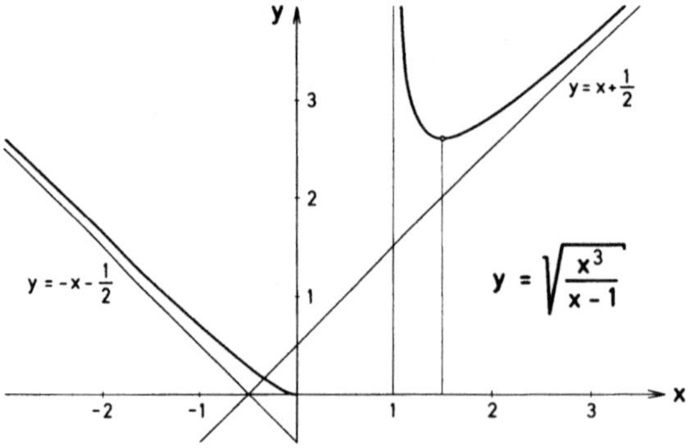

Bild 8.11

Beispiel 8.11: Zur Untersuchung der für $x \neq \frac{\pi}{2} + (2k+1)\pi$ definierten 2π-periodischen Funktion

$$y = f(x) = \frac{\sin 2x}{1 + \sin x}$$

können wir uns auf ein Periodenintervall $[0, 2\pi]$, $x \neq \frac{3}{2}\pi$, beschränken. In diesem Intervall hat f die Nullstellen $x = 0$, $x = \frac{\pi}{2}$ und $x = \pi$. Zur Bestimmung der Extremwerte berechnen wir

$$f'(x) = 2\,\frac{1 - 2\sin^2 x - \sin^3 x}{(1 + \sin x)^2}.$$

Setzt man $z = \sin x$, so wird die Lösung der Gleichung $f'(x) = 0$ auf die Lösung der kubischen Gleichung

$$1 - 2z^2 - z^3 = 0$$

zurückgeführt, die durch $z = -1$ erfüllt wird. Nach Division durch $(z + 1)$ lassen sich die übrigen Nullstellen aus der quadratischen Gleichung

$$-z^2 - z + 1 = 0$$

zu $z = \frac{-1 + \sqrt{5}}{2}$ und $z = -\frac{1 + \sqrt{5}}{2}$ berechnen. $z = \sin x = -1$ kommt als stationärer Wert von f nicht in Betracht, ebensowenig $z = \sin x = -\frac{1 + \sqrt{5}}{2} = -1.618\ldots > 1$, so daß nur die im Periodenintervall $[0, 2\pi]$ liegenden Lösungen der Gleichung

$$z = \sin x = \frac{\sqrt{5} - 1}{2} = 0.618\ldots$$

als Extremwerte in Frage kommen,

$$x_1 = 0.666\,239\ldots, \quad x_2 = 2.475\,353\ldots = \pi - x_1.$$

Da sich die erste Ableitung zu

$$f'(x) = 2\,\frac{1 - \sin x - \sin^2 x}{1 + \sin x}$$

vereinfacht, wird

$$f''(x) = -2\cos x\left[1 + \frac{1}{(1 + \sin x)^2}\right],$$

woraus man

$$f''(x_1) = -2\sqrt{5}\left(\frac{\sqrt{5} - 1}{2}\right)^{3/2}, \quad f''(x_2) = 2\sqrt{5}\left(\frac{\sqrt{5} - 1}{2}\right)^{3/2}$$

berechnet: an der Stelle x_1 liegt ein relatives Maximum, an der Stelle x_2 ein relatives Minimum vor.

Als einziger Wendepunkt im Periodenintervall $[0, 2\pi]$ kommt $x = \frac{\pi}{2}$ in Betracht. Daß es sich tatsächlich um einen solchen handelt, kann man auch geometrisch erschließen, denn zwischen einem Maximum und einem Minimum liegt stets ein Wendepunkt.

Die Stelle $x = \frac{3}{2}\pi$ ist eine Unendlichkeitsstelle, denn es gilt

$$\lim_{x \to \frac{3}{2}\pi-} \frac{\sin 2x}{1 + \sin x} = \infty, \quad \lim_{x \to \frac{3}{2}\pi+} \frac{\sin 2x}{1 + \sin x} = -\infty;$$

die Gerade $x = \frac{3}{2}\pi$ ist also eine senkrechte Asymptote (Bild 8.12). Man beachte auch die Symmetrie

$f\left(\frac{\pi}{2} + x\right) = -f\left(\frac{\pi}{2} - x\right)$!

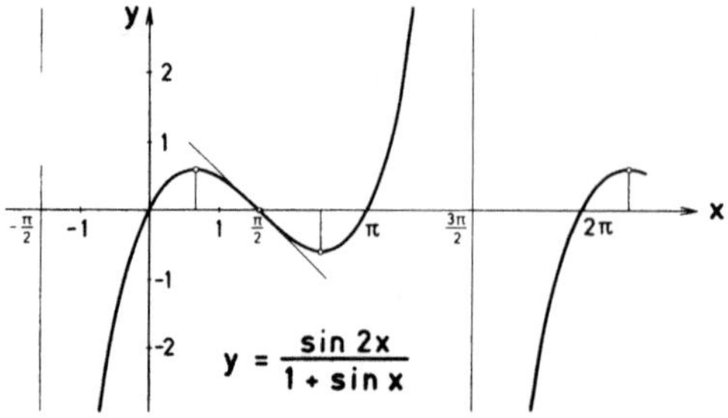

Bild 8.12

Beispiel 8.12: Der komplexe Widerstand eines Serienschwingkreises (vgl. Bild 4.29) ist durch

$$\underline{Z} = R + j\left(\omega L - \frac{1}{\omega C}\right)$$

gegeben, woraus sich aus dem Ohmschen Gesetz die Beziehung

$$\hat{U} = |\underline{Z}|\,\hat{I}$$

zwischen den Amplituden von Strom und Spannung ergibt.

Das Schaubild für den Betrag des Leitwerts

$$\eta = |\underline{Y}| = \frac{1}{|\underline{Z}|} = \frac{1}{\sqrt{R^2 + \left(\omega L - \frac{1}{\omega C}\right)^2}}$$

als Funktion der Kreisfrequenz ω heißt *Resonanzkurve* des Serienschwingkreises. Mit Hilfe der Resonanzfrequenz $\omega_0 = \frac{1}{\sqrt{LC}}$ (vgl. (4.116)) läßt sie sich auch in der Gestalt

$$\eta = |\underline{Y}| = \frac{1}{\sqrt{R^2 + \frac{L}{C}\left(\frac{\omega}{\omega_0} - \frac{\omega_0}{\omega}\right)^2}}$$

schreiben. Für $\omega = \omega_0$ erreicht sie das Maximum $\frac{1}{R}$, so daß im Resonanzfall (Strom und Spannung sind in Phase) der stärkste Strom mit der Amplitude

$$\hat{I} = \frac{1}{R}\,\hat{U}$$

(bei fester Spannung) fließt. Aus der Ableitung

$$\frac{d}{d\omega}|\underline{Y}| = -\frac{L}{\omega_0 C}\,\frac{\frac{\omega}{\omega_0} - \left(\frac{\omega_0}{\omega}\right)^3}{\sqrt{\left(R^2 + \frac{L}{C}\left(\frac{\omega}{\omega_0} - \frac{\omega_0}{\omega}\right)^2\right)^3}}$$

erkennt man, daß die Resonanzkurve umso steiler (und enger) ist, je kleiner der ohmsche Widerstand R ist. Im Grenzfall R = 0, der natürlich nicht realisierbar ist, wird die Resonanzfrequenz ω_0 zu einer Unendlichkeitsstelle (Bild 8.13).

Die Widerstandskurve

$$\zeta = |\underline{Z}| = \sqrt{R^2 + \left(\omega L - \frac{1}{\omega C}\right)^2}$$

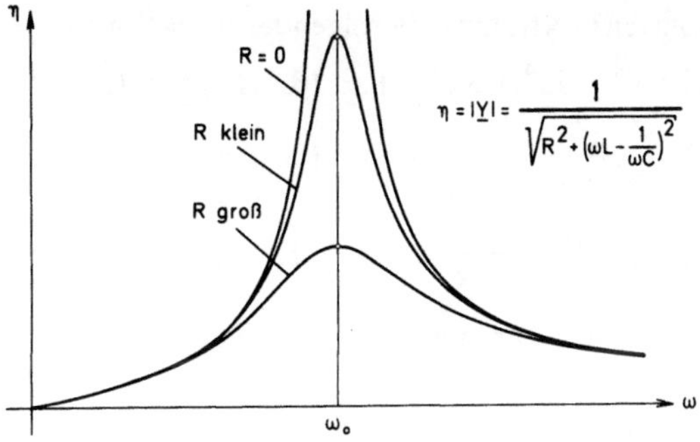

Bild 8.13

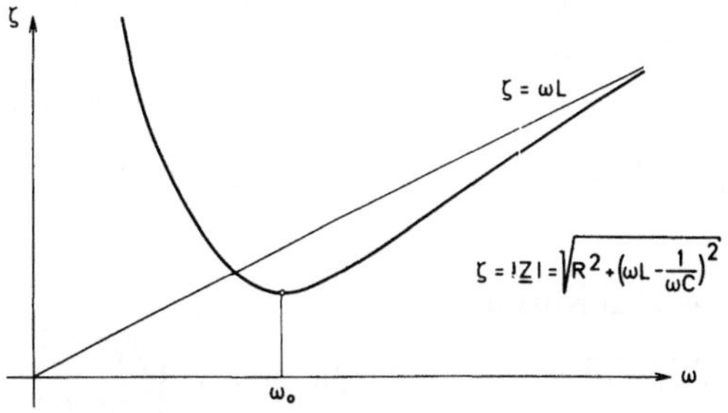

Bild 8.14

erreicht im Resonanzfall $\omega = \omega_0$ das Minimum $|\underline{Z}| = R$. Für $\omega \to 0$ wird der Widerstand ∞ (dies ist der Gleichstromfall: wegen des Kondensators kann kein Strom fließen), desgleichen für $\omega \to \infty$ (Bild 8.14).

8.5 Übungsbeispiele

Man beweise die folgenden Ungleichungen:

1. $e^x > 1 + x$ für $x > 0$
2. $\ln(1 + x) < x$ für $x > 0$
3. $x \leqslant \ln \frac{1}{1-x}$ für $x < 1$
4. $e^{2x} < \frac{1+x}{1-x}$ für $0 < x < 1$
5. $x - \frac{x^2}{2} < \ln(1 + x)$ für $x > 0$
6. $\frac{x}{1+x} < \ln(1 + x)$ für $x > 0$
7. $1 - \cos x < \frac{2}{\pi} x$ für $0 < x < \frac{\pi}{2}$
8. $\sin x > \frac{2}{\pi} x$ für $0 < x < \frac{\pi}{2}$
9. $\cot x < \frac{1}{x}$ für $0 < x < \frac{\pi}{2}$
10. $\sin x > x - \frac{x^3}{6}$ für $x > 0$
11. $x - \frac{x^3}{3} < \arctan x < x$ für $x > 0$
12. Sei $n \geqslant 8$ eine natürliche Zahl. Welche der beiden Zahlen, $\sqrt{n}^{\sqrt{n+1}}$ und $\sqrt{n+1}^{\sqrt{n}}$, ist die größere?
13. Man zeige, daß die Funktion $f(x) = \left(1 + \frac{1}{x}\right)^x$ auf dem Intervall $]0, \infty[$ streng monoton wächst, die Funktion $g(x) = \left(1 + \frac{1}{x}\right)^{x+1}$ hingegen auf demselben Intervall streng monoton fällt.

Man berechne die (relativen und absoluten) Extremwerte folgender Funktionen:

14. $f(x) = x^3 - 3x^2 - 6x + 7$
15. $f(x) = x^5 - 5x^4 + 5x^3 - 1$
16. $f(x) = x^2(a - x^2)$
17. $f(x) = x + \frac{\omega^2}{x}$
18. $f(x) = \frac{x^2}{x^2 + 4}$
19. $f(x) = x + \sqrt{1 - x}$
20. $f(x) = x\sqrt{2 - x^2}$
21. $f(x) = \frac{\sin x}{1 - \omega^2 \cos^2 x}$
22. $f(x) = x^n e^{-x}$
23. $f(x) = x^2 e^{-x^2}$
24. $f(x) = \ln x - 2 \arctan x$
25. $f(x) = x^x$
26. $f(x) = x^{1/x}$
27. $f(x) = \frac{x}{\ln x}$

Man berechne die Wendepunkte folgender Kurven und gebe ferner an, in welchen Intervallen Konvexität beziehungsweise Konkavität vorliegt:

28. $y = x^3 - 5x^2 + 3x - 5$
29. $y = (x + 1)^4 + e^x$
30. $y = 3x^5 - 5x^4 + 3x - 2$
31. $y = \frac{x^3}{x^2 + 3\omega^2}$
32. $y = a - \sqrt[3]{x - b}$
33. $y = e^{\arctan x}$

Man bestimme die Asymptoten der folgenden Kurven:

34. $y = \frac{x^3}{2(x + 1)^3}$
35. $y = \sqrt[3]{a^3 - x^3}$
36. $y = |x|\sqrt{\frac{x^2 - 1}{x^2 + 1}}$
37. $y = \sqrt{x^2 + 1} - |x + 1|$
38. $y = x \ln\left(e + \frac{1}{x}\right)$
39. $y = x e^{1/x^2}$

40. Eine Kurve C sei in Parameterdarstellung $x = x(t)$, $y = y(t)$, $t \in I$ gegeben. Die Kurve C habe in jedem Punkt eine Tangente, die sich, wenn t das Parameterintervall I durchläuft, stetig ändern möge – es seien also $x(t)$ und $y(t)$ auf I differenzierbare Funktionen mit auf I stetiger Ableitung. Man charakterisiere – durch Gleichungen für den Parameter t – jene Punkte, in denen die Kurve C zur x-Achse beziehungsweise zur y-Achse parallele Tangenten hat.

Man führe eine vollständige Diskussion (Definitionsbereich, Nullstellen, relative und absolute Extremwerte, Monotonie, Konkavität, Konvexität, Wendepunkte, Verhalten im Unendlichen und insbesondere Asymptoten) der folgenden Kurven durch:

41. $y = \frac{3x^2 - 1}{x(x^2 - 1)}$
42. $y = \frac{\cos 2x}{1 + \cos x}$
43. $y = \frac{x^3}{(1 + x)^2}$
44. $y = \frac{x^3 + 2x^2 + 7x - 3}{2x^2}$
45. $y = \frac{(x^2 - 1)(x - 2)}{x}$
46. $y = \frac{(x - 1)^2}{(x + 1)^3}$
47. $y = \frac{1}{x} + 4x^2$
48. $y = x^2 + \frac{1}{x^2}$
49. $y = \frac{x^4}{x^3 - 1}$
50. $y = \frac{x^2 + 1}{x^2 - 4x + 3}$
51. $y = \sin x + \sin 2x$
52. $y = \sqrt{x^2 + x + 1} - \sqrt{x^2 - x + 1}$
53. $y = x - \ln(x + 1)$
54. $y = x^2 \ln x$
55. $y = \ln(x^2 + 1)$

56. $y = \ln \sqrt{\frac{1+x}{1-x}}$ 57. $y = x \arctan \frac{1}{x}$ 58. $y = \frac{1 + \ln x}{x}$

59. $y = x\,e^{1/x}$ 60. $y = x^2 e^{-x^2}$ 61. $y = \frac{x}{1 + e^{1/x}}$

62. $y = (x+1)^3 \sqrt[3]{(x-1)^2}$ 63. $y = \sqrt[3]{(x+1)^2} - \sqrt[3]{x^2} + 1$ 64. $y = \left(x + \frac{1}{x}\right)^x$

65. Sei $f(x) = (\gamma - a)\,e^{-bx} + (\gamma + b)\,e^{-ax}$, $0 < a < b$, $x \geqslant 0$. Man diskutiere die Kurve $y = f(x)$ in Abhängigkeit von dem Parameter γ; insbesondere untersuche man, für welche Werte von γ die Funktion $f(x)$ Nullstellen hat und für welche Werte von γ Extremwerte auftreten.

9 Numerische Verfahren zur Berechnung von Nullstellen

9.1 Allgemeines über die Numerik der Nullstellenberechnung

Wir wenden uns nun der Aufgabe zu, die Nullstellen einer stetigen Funktion f numerisch zu berechnen, d.h. die Lösungen einer Gleichung

$$f(x) = 0 \tag{9.1}$$

zu ermitteln. Für Polynome haben wir uns mit der Nullstellenfrage in Abschnitt 4.5 schon beschäftigt und Algorithmen – das sind Rechenvorschriften – angegeben, die die Nullstellen von Polynomen vom Grad $\leqslant 3$ zu ermitteln gestatten. Für Polynome höheren als vierten Grades gibt es keine derartige allgemeine Methode zur Berechnung der Nullstellen, die in endlich vielen Schritten mit algebraischen Rechenoperationen zum Ziel führt.[1)]
In solchen Fällen ist die Gleichung (9.1) i.a. nur näherungsweise lösbar; dies gilt erst recht, wenn f eine beliebige Funktion ist.

Die Einrichtung eines Näherungsverfahrens ist an mehrere Forderungen gebunden. In erster Linie wünscht man sich, daß ein einmal errechneter Näherungswert weiter verbessert werden kann: Diese Bedingung kann man durch die Konstruktion einer Folge von Näherungswerten

$$x_0, x_1, x_2, x_3, \ldots, x_n, \ldots, \tag{9.2}$$

von der man die Konvergenz gegen eine Nullstelle ξ verlangt,

$$\lim_{n \to \infty} x_n = \xi,$$

erfüllen. Die Glieder der Folge (9.2) errechnet man sukzessive durch eine Verfahrensvorschrift, indem man, ausgehend von einem Startwert x_0 eine Verbesserung x_1 von x_0 errechnet, damit eine Verbesserung x_2 usw., so daß allgemein das Glied x_{n+1} der Folge (9.2) die durch das Verfahren errechnete Verbesserung von x_n ist und daher stets

$$|\xi - x_{n+1}| < |\xi - x_n|$$

gilt. In der Praxis kann die Folge (9.2) jedoch nicht vollständig berechnet werden, weshalb man genötigt ist, die Rechnung nach endlich vielen Schritten abzubrechen. Aus diesem Grunde ist es wünschenswert, daß das Verfahren eine Abschätzung des Fehlers jeder Näherung

$$|\xi - x_n| \leqslant c_n \tag{9.3}$$

mit Hilfe einer Nullfolge (c_n) ermöglicht.

Es leuchtet ein, daß für eine hohe Genauigkeit der Näherung i.a. eine längere Rechnung erforderlich sein wird, was aus ökonomischen und auch rechentechnischen Gründen nicht erwünscht ist. Deshalb ist man bestrebt, möglichst „rasch“ konvergente Folgen von

---

1) Vgl. die Fußnote auf Seite 95.

Näherungswerten zu konstruieren, die natürlich mit gewissen Zusatzvoraussetzungen (z. B. Differenzierbarkeit der Funktion f) zu bezahlen sein werden. Man sagt, die Folge (x_n) *konvergiert von der Ordnung* $a \geqslant 1$ gegen die Nullstelle ξ, wenn für alle Startwerte x_0 aus einer geeigneten Umgebung der Nullstelle ξ

$$\frac{|x_{n+1}-\xi|}{|x_n-\xi|^a} \leqslant C \begin{cases} <1 & \text{für } a=1 \\ <\infty & \text{für } a>1 \end{cases}, \quad n = 0, 1, 2, \ldots, \tag{9.4}$$

gilt. Die Zahl a heißt die *Konvergenzordnung* des Verfahrens. Im Falle $a = 1$ spricht man auch von *linearer* Konvergenz, im Falle $a = 2$ von *quadratischer* Konvergenz und nennt das Verfahren *linear* bzw. *quadratisch* konvergent. Je größer a ist, umso rascher Konvergiert die Folge; während im Falle $a = 1$, etwa für $C = 0.1$, von Rechenschritt zu Rechenschritt nur eine Dezimale verbessert wird, wird für ein quadratisch konvergentes Verfahren im Falle $C = 1$ mit jedem Rechenschritt die Anzahl der bereits gültigen Dezimalen verdoppelt.

Wir besprechen nun in den folgenden Abschnitten drei Verfahren, die zu den wichtigsten Methoden der numerischen Gleichungslösung zählen. Für eine Vertiefung verweisen wir den Leser auf die einschlägige Literatur.[1]

9.2 Die Regula falsi

Die *Regula falsi* – die Regel des falschen Ansatzes – gehört zu den einfachsten Verfahren. Wir setzen voraus, daß die Funktion f auf dem Intervall [a, b] stetig ist, ferner sei $f(a)\,f(b) < 0$, womit nach dem Zwischenwertsatz (Satz 5.6) die Existenz einer Nullstelle ξ im Intervall]a, b[gesichert ist. Der Einfachheit halber nehmen wir an, daß ξ die einzige Nullstelle von f im Intervall [a, b] ist.

Wir legen durch die Punkte (a, f(a)) und (b, f(b)) eine Gerade; ihre Gleichung lautet

$$y = f(a) + \frac{f(b)-f(a)}{b-a}(x-a).$$

Die Abszisse des Schnittpunktes dieser Geraden mit der x-Achse,

$$x_1 := a - \frac{b-a}{f(b)-f(a)} f(a),$$

fassen wir als ersten Näherungswert für die Nullstelle ξ auf (Bild 9.1). Ist $f(x_1) \neq 0$ – andernfalls wäre $x_1 = \xi$ –, so gilt entweder $f(a)\,f(x_1) < 0$ und $f(b)\,f(x_1) > 0$ oder $f(a)\,f(x_1) > 0$ und $f(b)\,f(x_1) < 0$. Wenn wir, wie in Bild 9.1, $f(a)\,f(x_1) < 0$ annehmen, so liegt die Nullstelle ξ im Intervall $]a, x_1[$. Legen wir jetzt durch die Punkte (a, f(a)) und $(x_1, f(x_1))$ eine Gerade und bringen wir diese zum Schnitt mit der x-Achse, so ist die Schnittpunktsabszisse

$$x_2 := a - \frac{x_1-a}{f(x_1)-f(a)} f(a)$$

[1] Etwa J. Stoer, Einführung in die numerische Mathematik, HTB Bd. 105, Springer-Verlag 1972; P. Henrici, Elemente der numerischen Analysis, Bibl. Inst., Bd. 551/562, Mannheim 1972.

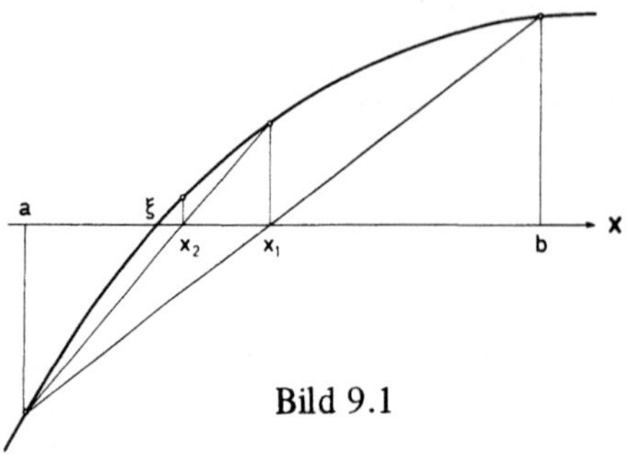

Bild 9.1

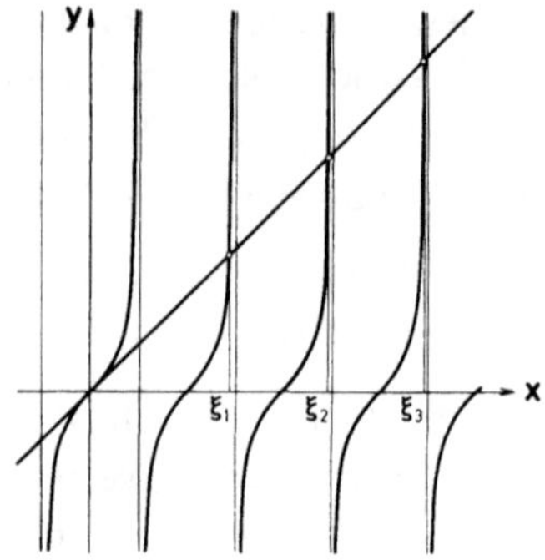

Bild 9.2

eine Verbesserung von x_1. So fortfahrend erhält man eine Folge (x_n) von Näherungswerten für die Nullstelle ξ.

Dieses Verfahren wird die *Regula falsi* genannt. Wir bringen ohne Beweis

Satz 9.1 *Ist die Funktion* f *auf dem Intervall* [a, b] *stetig und ist* $f(a)\,f(b) < 0$, *so konvergiert die mit der Regula falsi gewonnene Folge von Näherungswerten gegen eine Nullstelle von* f *im Intervall* [a, b].

Beispiel 9.1: Wir berechnen die Nullstellen der Funktion

$$f(x) = \tan x - x.$$

Wie aus Bild 9.2 ersichtlich ist, hat die Gleichung $x = \tan x$ in jedem Intervall $\left]n\pi, \left(n + \frac{1}{2}\right)\pi\right[$, $n = 1, 2, \ldots$, genau eine Lösung; überdies liegen diese Lösungen symmetrisch zum Ursprung. Das Ergebnis der Rechnung mit der Regula falsi für die ersten drei dieser Nullstellen ist in Tabelle 1 zusammengestellt.

Man erkennt, daß die Konvergenz der Regula falsi verhältnismäßig langsam ist: Nach 10 Rechenschritten liegt der Fehler noch in der Größenordnung von 10^{-3}. Die Konvergenz der Regula falsi ist im allgemeinen auch nur linear.

Tabelle 1

	ξ_1 $a = \pi$, $b = 4.6$	ξ_2 $a = 2\pi$, $b = 7.8$	ξ_3 $a = 3\pi$, $b = 10.95$
x_1	3.760 596 395	6.844 128 444	10.129 367 36
x_2	4.110 696 845	7.195 229 202	10.505 292 48
x_3	4.298 528 309	7.410 169 833	10.701 052 29
x_4	4.395 554 762	7.539 358 065	10.801 333 99
x_5	4.444 630 950	7.616 082 379	10.852 251 65
x_6	4.469 183 983	7.661 316 503	10.877 986 83
x_7	4.481 400 262	7.687 868 842	10.890 963 86
x_8	4.487 461 656	7.703 414 876	10.897 499 87
x_9	4.490 465 029	7.712 503 098	10.900 789 84
x_{10}	4.491 952 163	7.717 811 370	10.902 445 39
⋮	⋮	⋮	⋮
ξ	4.493 409 45..	7.725 251 83..	10.904 121 6..

9.3 Das Newton-Verfahren

Wir setzen nun voraus, daß f in einer Umgebung der Nullstelle ξ differenzierbar ist; x_0 sei eine erste Näherung für ξ.

Das *Newton-Verfahren* nützt die Eigenschaft differenzierbarer Funktionen aus, sich in erster Näherung wie eine lineare Funktion zu verhalten: Man legt im Punkt $(x_0, f(x_0))$ die Tangente an die Kurve $y = f(x)$ und bringt diese zum Schnitt mit der x-Achse. Die Abszisse des Schnittpunktes,

$$x_1 := x_0 - \frac{f(x_0)}{f'(x_0)},$$

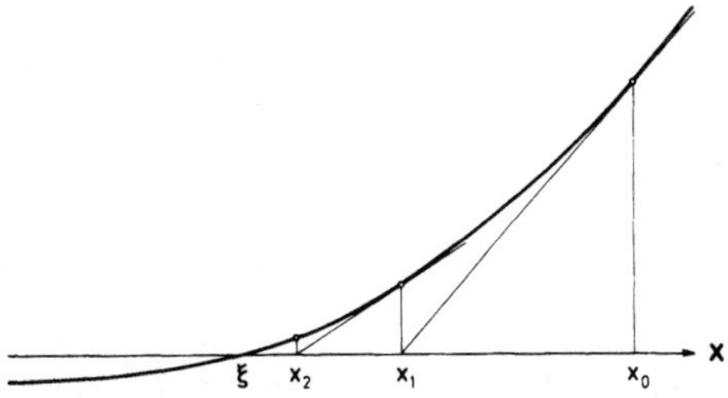

Bild 9.3

wird als nächster Näherungswert definiert. Setzt man so fort, indem man im Punkt $(x_1, f(x_1))$ die Tangente an die Kurve $y = f(x)$ legt und diese mit der x-Achse schneidet, so erhalt man die Verbesserung x_2 von x_1 (Bild 9.3). Es ist evident, daß sich die Glieder der Näherungsfolge rekursiv durch

$$x_{n+1} := x_n - \frac{f(x_n)}{f'(x_n)} \tag{9.5}$$

bestimmen.

Beispiel 9.2: Wir berechnen $\sqrt{2}$ mit Hilfe des Newton-Verfahrens aus der Gleichung

$$x^2 - 2 = 0.$$

Damit erhält man aus (9.5) die durch

$$x_{n+1} = x_n - \frac{x_n^2 - 2}{2x_n} = \frac{1}{2}\left[x_n + \frac{2}{x_n}\right]$$

rekursiv definierte Folge (vgl. Beispiel 2.34). Das Ergebnis der Rechnung ist in Tabelle 2 zusammengestellt: zum Vergleich ist auch eine Rechnung mit der Regula falsi eingetragen.

Tabelle 2

	Newton-Verfahren $x_0 = 1$	Regula falsi $a = 1, b = 2$
x_1	1.5	1.333 333 333
x_2	1.416 666 667	1.4
x_3	1.414 215 686	1.411 764 706
x_4	1.414 213 562	1.413 793 104
⋮	⋮	⋮
x_{12}		1.414 213 562

Man sieht, daß das Newton-Verfahren rascher konvergiert als die Regula falsi: Nach dem vierten Schritt „steht“ das Newton-Verfahren, d.h. die Rechnung bringt keine weitere Änderung und gibt das auf 9 Stellen genaue Ergebnis an, während mit der Regula falsi dieses Ziel erst nach 12 Rechenschritten erreicht ist.

Beispiel 9.3: Wir lösen nun die Aufgabe aus Beispiel 9.1 mit Hilfe des Newton-Verfahrens. Die Folge (9.5) lautet

$$x_{n+1} := x_n - \frac{\tan x_n - x_n}{\tan^2 x_n}.$$

Die Ergebnisse sind in Tabelle 3 zusammengestellt.

Tabelle 3

	ξ_1 $x_0 = 4.6$	ξ_2 $x_0 = 7.8$	ξ_3 $x_0 = 10.95$
x_1	4.545 732 122	7.768 739 430	10.927 168 98
x_2	4.506 145 588	7.740 014 215	10.909 948 06
x_3	4.494 171 630	7.726 959 491	10.904 494 68
x_4	4.493 412 197	7.725 274 735	10.904 123 19
x_5	4.493 409 458	7.725 251 841	10.904 121 66
x_6	4.493 409 458	7.725 251 837	10.904 121 66

Das Newton-Verfahren steht ungefähr ab dem 6. Rechenschritt, ist also auch hier wesentlich schneller als die Regula falsi. Tatsächlich ist, solange ξ eine einfache Nullstelle ist, also $f'(\xi) \neq 0$ gilt (vgl. (7.30)), das Newton-Verfahren quadratisch konvergent, wenn man voraussetzt, daß f zweimal stetig differenzierbar ist. Bezeichnet nämlich $h_n = x_n - \xi$ den Fehler, so folgt aus (9.5) nach Subtraktion von ξ

$$h_{n+1} = h_n - \frac{f(x_n)}{f'(x_n)}.$$

Beachtet man nun

$$f(x_n) = f(x_n) - f(\xi) = h_n f'(x_n) - \frac{1}{2} h_n^2 f''(x_n - \vartheta_n h_n), \quad 0 < \vartheta_n < 1,$$

so folgt aus der Stetigkeit von $f''(x)$

$$\lim_{n \to \infty} \frac{|h_{n+1}|}{|h_n|^2} = \frac{1}{2}\left|\frac{f''(\xi)}{f'(\xi)}\right|,$$

was nach (9.4) die Konvergenz von mindestens zweiter Ordnung bedeutet. Der Leser überlegt sich leicht, daß sie sogar von dritter Ordnung ist, wenn $f''(\xi) = 0$ gilt und f dreimal stetig differenzierbar ist.

Ist hingegen ξ eine mehrfache Nullstelle,

$$f(x) = (x - \xi)^k g(x), \; k > 1, \; g(\xi) \neq 0,$$

so ist die Konvergenz nur mehr linear, da in diesem Fall

$$\frac{h_{n+1}}{h_n} = 1 - \frac{1}{k + h_n \frac{g'(x_n)}{g(x_n)}}$$

gilt und infolgedessen

$$\lim_{n \to \infty} \frac{h_{n+1}}{h_n} = 1 - \frac{1}{k}.$$

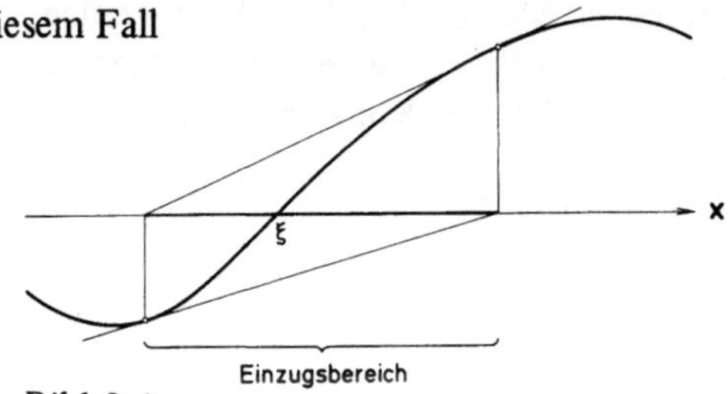

Bild 9.4

Im Gegensatz zur Regula falsi ist die Frage der Konvergenz der durch das Newton-Verfahren konstruierten Folge wesentlich komplizierter zu entscheiden. Die Konvergenz des Verfahrens ist in hohem Maße von der Wahl des Startwertes abhängig. Man nennt alle jene Punkte, für die das Newton-Verfahren gegen die Nullstelle ξ konvergiert, den *Einzugsbereich* für die Nullstelle ξ (Bild 9.4). Eine globale Charakterisierung des Einzugsbereiches ist ohne weitere Informationen i.a. nicht möglich, jedoch läßt sich aussagen, daß im Falle einer einfachen Nullstelle ξ stets eine δ-Umgebung von ξ dem Einzugsbereich angehört. Mit anderen Worten, das Newton-Verfahren konvergiert, wenn der Startwert x_0 nur hinlänglich nahe der Nullstelle liegt. Naturgemäß ist aber die bloße Aussage der Existenz einer solchen Umgebung für die praktische Rechnung keine große Hilfe.

Bild 9.4 kann man auch entnehmen, daß das Newton-Verfahren für einen entfernteren Startwert konvergieren kann, während es für einen der Nullstelle näher gelegenen divergiert.

9.4 Die Fixpunktmethode

Zu den wichtigsten Methoden der Gleichungslösung (sowie auch für den Nachweis der Existenz von Lösungen) gehört das *Fixpunktprinzip.*

Definition 9.1 Eine Stelle ξ des Definitionsbereiches einer stetigen Funktion f heißt ein *Fixpunkt,* wenn die Beziehung

$$f(\xi) = \xi \tag{9.6}$$

besteht. Eine Gleichung

$$f(x) = x \tag{9.7}$$

wird eine *Fixpunktgleichung* genannt.

Jedes Nullstellenproblem $g(x) = 0$ läßt sich in eine Fixpunktgleichung umformen, indem man die Funktion

$$f(x) = x + c\,g(x) \tag{9.8}$$

mit einer Konstanten $c \neq 0$, deren praktische Bedeutung später klar werden wird, konstruiert.

Die Lösung einer Fixpunktgleichung (9.7) versucht man durch die Konstruktion einer Näherungsfolge (x_n), deren Glieder rekursiv durch

$$x_{n+1} := f(x_n), \quad n = 0, 1, 2, \ldots \tag{9.9}$$

mit einem Startwert x_0 berechnet werden (Bild 9.5). Läßt sich diese Folge bilden und gehört im Falle der Konvergenz ihr Grenzwert

$$\lim_{n \to \infty} x_n = \xi$$

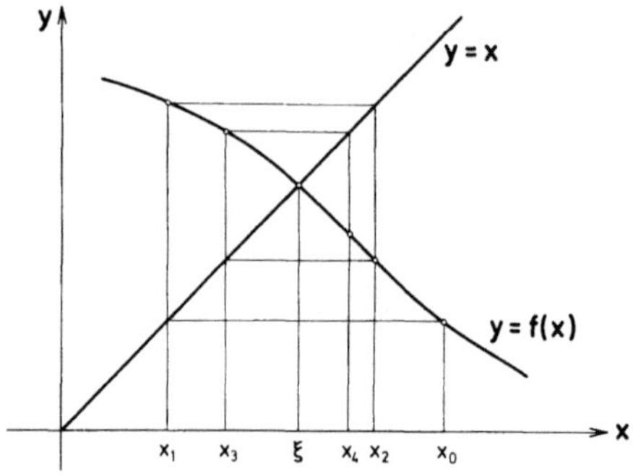

Bild 9.5

dem Definitionsbereich von f an, so ist offenbar ξ ein Fixpunkt von f, denn wegen der Stetigkeit von f ist

$$\xi = \lim_{n \to \infty} x_{n+1} = \lim_{n \to \infty} f(x_n) = f\left(\lim_{n \to \infty} x_n\right) = f(\xi).$$

Mit Hilfe der sogenannten *iterierten* Funktionen von f,

$$f_n(x) = f(f_{n-1}(x)), \quad n = 1, 2, \ldots, \quad f_0(x) = f(x),$$

lassen sich die Glieder der Folge (x_n) auch in der Gestalt

$$x_{n+1} = f_n(x_0), \quad n = 0, 1, 2, \ldots,$$

darstellen. Man nennt deshalb das Lösungsverfahren (9.9) ein *Iterationsverfahren.* Das Newton-Verfahren ist ein spezielles Iterationsverfahren für die Lösung der Fixpunktgleichung $x = F(x)$ mit

$$F(x) = x - \frac{f(x)}{f'(x)}; \tag{9.10}$$

offensichtlich ist jeder Fixpunkt von F eine Nullstelle von f.

Die moderne Mathematik hat eine Fülle von Methoden zur Gleichungslösung auf der Basis des Fixpunktverfahrens entwickelt. Bevor wir den einfachsten und für praktische Zwecke wichtigsten Fixpunktsatz besprechen können, benötigen wir noch die

Definition 9.2: Man sagt, die Funktion f genügt auf dem Intervall [a, b] einer *Lipschitz-Bedingung,* wenn eine Konstante L existiert, so daß

$$|f(x_1) - f(x_2)| \leqslant L|x_1 - x_2| \tag{9.11}$$

für jede Wahl der Punkte x_1, x_2 aus dem Intervall [a, b] ist. Die Konstante L heißt *Lipschitz-Konstante.*

Eine Funktion f, die auf dem Intervall [a, b] einer Lipschitz-Bedingung genügt, ist auf [a, b] offenbar stetig, denn es folgt aus (9.11) für $x = x_1$ und $x_2 = x + h$

$$|f(x+h) - f(x)| \leqslant L|h|,$$

und infolgedessen

$$\lim_{h \to 0} |f(x+h) - f(x)| \leqslant L \lim_{h \to 0} |h| = 0,$$

also $\lim_{h \to 0} f(x+h) = f(x)$. Man sagt daher auch, daß f auf dem Intervall [a, b] *Lipschitz-stetig* ist.

Eine beliebige stetige Funktion braucht aber umgekehrt keiner Lipschitz-Bedingung (9.11) zu genügen. Für die auf dem Intervall [0, 1] definierte Funktion $f(x) = \sqrt{x}$ gilt

$$|\sqrt{x_1} - \sqrt{x_2}| = \frac{|x_1 - x_2|}{|\sqrt{x_1} + \sqrt{x_2}|},$$

aber es gibt keine Konstante L, so daß

$$\left| \frac{1}{\sqrt{x_1} + \sqrt{x_2}} \right| \leqslant L$$

für alle Werte x_1, x_2 aus dem Intervall [0, 1] ist, denn diese können ja beliebig nahe bei Null liegen.

Geometrisch gesehen bedeutet die Lipschitz-Bedingung (9.11) die Beschränktheit des Differenzenquotienten von f,

$$\left| \frac{f(x_1) - f(x_2)}{x_1 - x_2} \right| \leqslant L.$$

Daher ist jede auf einem abgeschlossenen Intervall stetig differenzierbare Funktion dort auch Lipschitz-stetig, da aus dem Mittelwertsatz der Differentialrechnung

$$\left| \frac{f(x_1) - f(x_2)}{x_1 - x_2} \right| = |f'(\hat{x})|$$

folgt, womit jede Zahl L mit

$$M = \max_{a \leqslant x \leqslant b} |f'(x)| \leqslant L, \tag{9.12}$$

insbesondere also auch M selbst, eine Lipschitz-Konstante für f ist.

Umgekehrt braucht aber eine Lipschitz-stetige Funktion keineswegs differenzierbar zu sein, wie das Beispiel der Funktion $f(x) = |x|$ zeigt. Auf Grund der Dreiecksungleichung gilt für beliebige Werte x_1 und x_2

$$\big| |x_1| - |x_2| \big| \leqslant |x_1 - x_2|,$$

so daß $f(x) = |x|$ Lipschitz-stetig (mit der Lipschitz-Konstanten $L = 1$) ist. Die Funktion $f(x) = |x|$ ist aber auf einem Intervall, das den Punkt $x = 0$ im Inneren enthält, nicht differenzierbar.

Die Lipschitz-Stetigkeit ist also mehr als die gewöhnliche Stetigkeit, aber doch weniger als die Differenzierbarkeit.

Mit diesen Vorbereitungen bringen wir nun

Satz 9.2 (Fixpunktsatz von Banach [1]). *Die Funktion* f *sei auf dem abgeschlossenen Intervall* [a, b] *definiert und bilde dieses in sich ab, so daß*

$$a \leqslant f(x) \leqslant b \quad \textit{für} \quad a \leqslant x \leqslant b \tag{9.13}$$

[1]) *Stefan Banach* (1892–1945), polnischer Mathematiker.

gilt. Ferner sei f *auf dem Intervall* [a, b] *Lipschitz-stetig mit einer Lipschitz-Konstanten* $L < 1$. *Dann hat* f *in* [a, b] *genau einen Fixpunkt* ξ *und das Iterationsverfahren*

$$x_{n+1} = f(x_n), \quad n = 0, 1, 2, \dots,$$

konvergiert gegen diesen für jede Wahl des Startwertes $x_0 \in [a, b]$.

Darüber hinaus gilt die a-priori-Fehlerabschätzung

$$|\xi - x_n| \leqslant L^n |\xi - x_0| \leqslant L^n (b - a) \tag{9.14}$$

und die a-posteriori-Fehlerabschätzung

$$|\xi - x_{n+k}| \leqslant \frac{L^k}{1 - L} |x_{n+1} - x_n|, \quad n, k = 0, 1, 2, \dots . \tag{9.15}$$

Die beiden Fehlerabschätzungen sind ein großer Vorzug des Iterationsverfahrens. Die a-priori-Fehlerabschätzung (9.14) gestattet im *vorhinein*, also noch vor Beginn der eigentlichen Rechnung, die Anzahl der Iterationsschritte abzuschätzen, um eine bestimmte Genauigkeit zu erreichen. Mit der a-posteriori-Abschätzung (9.15) kann man nach jedem Rechenschritt, also im *nachhinein*, die Anzahl k der noch durchzuführenden Iterationsschritte zur Erlangung der gewünschten Genauigkeit abschätzen. Ihre Anwendung kann gegenüber der a-priori-Abschätzung von Vorteil sein, weil sie weniger Abschätzungsungenauigkeit enthält.

Der Fixpunktsatz stellt eine Existenz- und Eindeutigkeitsaussage dar. Dabei reicht für die Existenz mindestens eines Fixpunktes bereits die Forderung (9.13) aus, denn die Funktion $\varphi(x) = f(x) - x$, für die infolge (9.13)

$$\varphi(a) = f(a) - a \geqslant 0, \quad \varphi(b) = f(b) - b \leqslant 0$$

gilt, hat nach dem Zwischenwertsatz mindestens eine Nullstelle ξ, die offenbar ein Fixpunkt von f ist. Daß jedoch nicht mehr als ein Fixpunkt existieren kann, wird durch die Lipschitz-Bedingung mit der Forderung $L < 1$ sichergestellt: Wäre nämlich η ein zweiter von ξ verschiedener Fixpunkt von f, so würde dies wegen $L < 1$ auf den Widerspruch

$$|\eta - \xi| = |f(\eta) - f(\xi)| \leqslant L|\eta - \xi| < |\eta - \xi|$$

führen.

Die Bedingung $L < 1$ kann man auch geometrisch deuten. Wenn wir der Einfachheit halber annehmen, daß f auf [a, b] stetig differenzierbar ist, so folgt aus (9.12), daß der Anstieg von f dem Betrage nach stets kleiner als 1 ist. Daher kann die Kurve $y = f(x)$ nach dem ersten Schnittpunkt mit der Geraden $y = x$ diese in [a, b] nicht mehr erreichen (Bild 9.6).

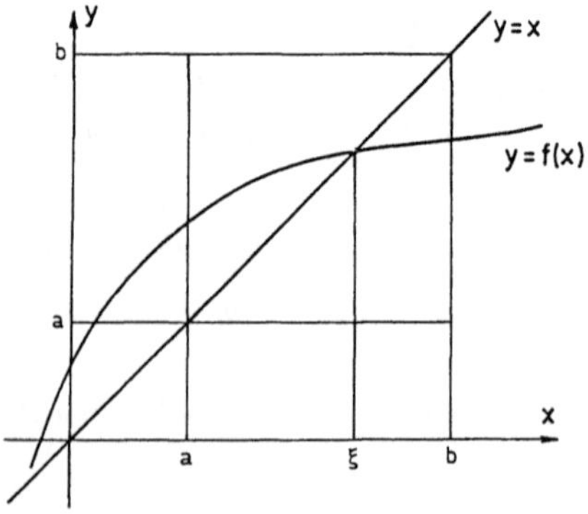

Bild 9.6

In der konstruktiven Natur des Fixpunktsatzes liegt dessen große Bedeutung für numerische Rechnungen. Die Näherungsfolge (x_n), die wegen (9.13) stets gebildet werden kann, konvergiert für *jede* Wahl des Startwertes $x_0 \in [a, b]$ gegen den (einzigen) Fixpunkt der Funktion f im Intervall [a, b].

Den Nachweis der Konvergenz der Folge (x_n) führen wir mit Hilfe des Cauchyschen Konvergenzkriteriums (Satz 2.16). Durch fortgesetzte Anwendung der Lipschitz-Bedingung erhält man

$$\begin{aligned} |x_m - x_{m-1}| &= |f(x_{m-1}) - f(x_{m-2})| \leqslant L|x_{m-1} - x_{m-2}| \leqslant \ldots \\ &\ldots \leqslant L^s|x_{m-s} - x_{m-s-1}|, \quad 0 \leqslant s \leqslant m-1. \end{aligned} \tag{9.16}$$

Daher wird für beliebiges n und k

$$|x_{n+k} - x_n| = \left|\sum_{j=1}^{k}(x_{n+j} - x_{n+j-1})\right| \leqslant \sum_{j=1}^{k} |x_{n+j} - x_{n+j-1}| \leqslant \sum_{j=1}^{k} L^{n+j-1}|x_1 - x_0|$$

$$= L^n|x_1 - x_0| \sum_{j=1}^{k} L^{j-1} = L^n \frac{1-L^k}{1-L}|x_1 - x_0| \leqslant \frac{L^n}{1-L}|x_1 - x_0|.$$

Wegen $L < 1$ kann nun für beliebiges $\epsilon > 0$ ein Index $N(\epsilon)$ derart gefunden werden, daß für alle $n \geqslant N(\epsilon)$

$$\frac{L^n}{1-L}|x_1 - x_0| < \epsilon$$

und daher erst recht

$$|x_{n+k} - x_n| < \epsilon$$

für $n \geqslant N(\epsilon)$ und beliebiges k gilt. Daher ist die Folge (x_n) konvergent. Da stets $a \leqslant x_n \leqslant b$ gilt, liegt auch ihr Grenzwert $\xi = \lim\limits_{n\to\infty} x_n$ im Intervall [a, b], womit ξ als Fixpunkt von f nachgewiesen ist.

Der Beweis der Fehlerabschätzungen beruht auf der für beliebiges k und n sowie $m \geqslant n$ geltenden Ungleichung

$$|x_{m+k} - x_m| \leqslant \frac{L^{m-n}}{1-L}|x_{n+1} - x_n|,$$

die man aus (9.16) ableiten kann,

$$|x_{m+k} - x_m| = \left|\sum_{j=1}^{k}(x_{m+j} - x_{m+j-1})\right| \leqslant \sum_{j=1}^{k}|x_{m+j} - x_{m+j-1}| \leqslant$$

$$\leqslant \sum_{j=1}^{k} L^{m-n+j-1}|x_{n+1} - x_n| = L^{m-n}\frac{1-L^k}{1-L}|x_{n+1} - x_n| \leqslant \frac{L^{m-n}}{1-L}|x_{n+1} - x_n|.$$

Da diese Ungleichung für alle k gilt, erhält man durch Grenzübergang $k \to \infty$

$$\lim_{k\to\infty}|x_{m+k} - x_m| = |\lim_{k\to\infty} x_{m+k} - x_m| = |\xi - x_m| \leqslant \frac{L^{m-n}}{1-L}|x_{n+1} - x_n|.$$

Für $m = n + k$ ist dies bereits die a-posteriori-Abschätzung (9.15). Der Beweis für die a-priori-Abschätzung ergibt sich durch wiederholte Anwendung der Lipschitzbedingung

$$|\xi - x_n| = |f(\xi) - f(x_{n-1})| \leqslant L|\xi - x_{n-1}| \leqslant \ldots \leqslant L^n|\xi - x_0| \leqslant L^n(b - a).$$

Beispiel 9.4: Wir lösen die *Keplersche Gleichung*

$$M = E - e \sin E,$$

die in folgendem Zusammenhang für die Planetenberechnung von Bedeutung ist. Ein Planet P bewegt sich auf einer Elippse mit der numerischen Exzentrizität e ($e < 1$) um die Sonne S, die in einem Brennpunkt der Ellipse liegt. Jener Ellipsenpunkt, in dem der Planet P den kürzesten Abstand von der Sonne hat, heißt das *Perihel*; dieser Punkt ist offenbar der Ellipsenscheitel A in Bild 9.7. Ein fiktiver Planet P′ bewege sich gleichzeitig mit konstanter Geschwindigkeit auf dem durch das Perihel gehenden Kreis und habe dieselbe Umlaufzeit wie der Planet P selbst, wobei sie stets zur selben Zeit im Perihel sein mögen. Wir fällen nun durch P das Lot auf die große Achse der Ellipse; es möge den Kreis im Punkt Q schneiden. Der Winkel v, den $\overline{PS}$ mit $\overline{SA}$ einschließt, wird die *wahre Anomalie* genannt, der Winkel E, unter dem sich die Strecken $\overline{OA}$ und $\overline{OQ}$ schneiden, die *exzentrische Anomalie.* Der Winkel M, den die Strecken $\overline{OA}$ und $\overline{OP}'$ einschließen, wird die *mittlere Anomalie* genannt. Den Zusammenhang zwischen mittlerer Anomalie M und exzentrischer Anomalie E beschreibt gerade die Keplersche Gleichung. Man verwendete sie zur Bestimmung des Planetenortes, denn die mittlere Anomalie M ist ja stets bekannt.

Zur Lösung der Keplerschen Gleichung bietet sich der Fixpunktsatz an, indem man sie in die Form

$$E = M + e \sin E = f(E)$$

bringt. Wegen $f'(E) = e \cos E$ folgt

$$L = \text{Max } |f'(E)| = e < 1,$$

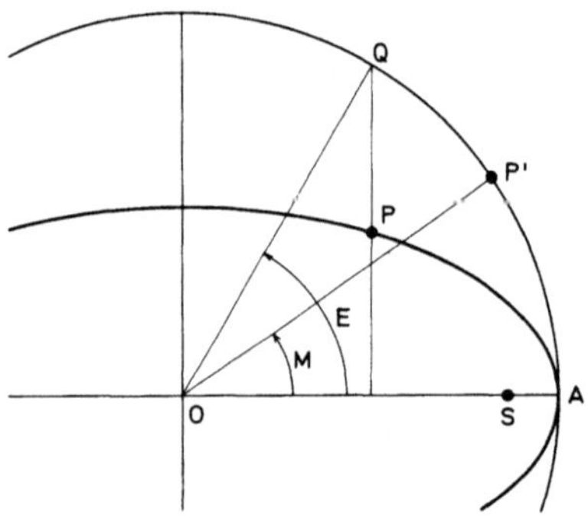

Bild 9.7

so daß nur noch Vorsorge zu treffen ist, daß das Grundintervall der Länge 2π in sich abgebildet wird. Wegen $\text{Max } f(E) = M + e$, $\text{Min } f(E) = M - e$ ergibt sich

$$\text{Max } f(E) - \text{Min } f(E) = 2e < 2 < 2\pi,$$

woraus zu schließen ist, daß die Funktion $f(E)$ stets in einem Streifen der Breite $2e < 2$ verläuft. Durch geeignete Wahl eines Grundintervalles $[a, a + 2\pi]$ läßt es sich daher stets einrichten, daß

$$a \leqslant M - e, \quad M + e \leqslant a + 2\pi$$

gilt.

Für eine numerische Rechnung legen wir eine Ellipse mit der Exzentrizität $e = \frac{1}{2}$ zugrunde und wählen $M = \frac{\pi}{3}$ als mittlere Anomalie, womit wir den Planetenort auf seiner Bahn nach einem Sechstel der Umlaufzeit (vom Perihel aus gerechnet) berechnen. Da $M - e = 0.547 \ldots > 0$ und $M + e = 1.547 \ldots < 2\pi$ gilt, können wir das Intervall $[0, 2\pi]$ zugrunde legen. Die a-priori-Abschätzung (9.14) bringt dann mit $e = L = \frac{1}{2}$ aus

$$|\bar{E} - E_n| < 2^{-n}\, 2\pi < 10^{-8}$$

(worin $\overline{E}$ die gesuchte Lösung ist) eine Mindestzahl von 30 Iterationsschritten, wenn die Rechnung auf zumindest 8 Dezimalen genau sein soll. Das Ergebnis der Rechnung haben wir in Tabelle 4 zusammengestellt; die Zahlen in der letzten Spalte rechts geben dabei an, wieviel Iterationsschritte nach der a-posteriori-Abschätzung zur Erlangung der gewünschten Genauigkeit von 8 Dezimalen hinter dem Komma nach dem jeweiligen Rechenschritt noch auszuführen sind. Nach dem 7. Schritt zeigt die a-posteriori-Abschätzung auch bereits 0 an; dies bedeutet, daß die gewünschte Genauigkeit bereits nach 7 Schritten erreicht ist.

Tabelle 4

E_0	0	–
E_1	1.047 197 551	28
E_2	1.480 210 253	27
E_3	1.545 147 494	24
E_4	1.547 033 094	19
E_5	1.547 056 385	13
E_6	1.547 056 661	6
E_7	1.547 056 665	0

Zur Berechnung von Nullstellen mit Hilfe der Fixpunktmethode macht man sich die Idee (9.8) zunutze. Wir bringen dazu

Satz 9.3 *Ist die Funktion* g *auf dem Intervall* [a, b] *stetig differenzierbar und gilt*

$$g(a) < 0 < g(b) \quad \textit{und} \quad 0 < A \leqslant g'(x) \leqslant B$$

oder

$$g(a) > 0 > g(b) \quad \textit{und} \quad 0 > A \geqslant g'(x) \geqslant B,$$

so erfüllt die Funktion

$$f(x) := x - \frac{1}{B}\, g(x)$$

auf dem Intervall [a, b] *in beiden Fällen die Voraussetzungen des Fixpunktsatzes mit der Lipschitz-Konstanten* $L = 1 - \frac{A}{B}$.

Die in jedem Fall gültige Ungleichung

$$0 \leqslant 1 - \frac{1}{B}\, g'(x) = f'(x) \leqslant 1 - \frac{A}{B} = L < 1$$

zeigt, daß die Funktion f auf dem Intervall [a, b] monoton wächst. Daher nimmt f auf [a, b] seinen kleinsten Wert für $x = a$, seinen größten Wert für $x = b$ an,

$$a - \frac{1}{B}\, g(a) = f(a) \leqslant f(x) \leqslant f(b) = b - \frac{1}{B}\, g(b).$$

Mit Hilfe der Ungleichungen

$$-\frac{g(a)}{B} > 0 \quad \text{und} \quad -\frac{g(b)}{B} < 0$$

folgert man daraus

$$a \leqslant f(x) \leqslant b,$$

so daß auch die Voraussetzung (9.13) erfüllt ist.

Beispiel 9.5: Die kleinste Nullstelle ξ_1 der Funktion $g(x) = \tan x - x$ von Beispiel 9.1 liegt im Intervall [4.4; 4.5], denn es gilt

$$-1.303\ldots = g(4.4) < 0 < g(4.5) = 0.137\ldots.$$

Für die Ableitung erhält man $g'(x) = \tan^2 x > 0$; also folgt aus der Monotonie der Tangens-Funktion im Intervall [4.4, 4.5]

$$A = \tan^2 4.4 \leqslant \tan^2 x = g'(x) \leqslant \tan^2 4.5 = B.$$

Somit kann das Iterationsverfahren zur Berechnung der Nullstelle ξ_1 mit der Funktion

$$f(x) = x - \frac{1}{\tan^2 4.5}(\tan x - x)$$

angesetzt werden. Die Lipschitz-Konstante berechnet sich zu $L = 0.554\ldots$.

Das Iterationsverfahren genügt allen wesentlichen Ansprüchen an ein Näherungsverfahren, die Konvergenzgeschwindigkeit ist aber i.a. nur linear, wie man aus der Ungleichung

$$\frac{|\xi - x_{n+1}|}{|\xi - x_n|} \leqslant L < 1$$

erkennt. Genauer ist für jeden Startwert x_0

$$\lim_{n \to \infty} \frac{|\xi - x_{n+1}|}{|\xi - x_n|} = |f'(\xi)| \leqslant L < 1,$$

wie der Leser leicht nachrechnet. Nur für $f'(\xi) = 0$ ist die Konvergenz mindestens von zweiter Ordnung, denn es gilt in diesem Falle

$$\lim_{n \to \infty} \frac{|\xi - x_{n+1}|}{|\xi - x_n|^2} = \frac{1}{2}|f''(\xi)|,$$

wie man mit Hilfe der Taylorschen Formel bestätigt. Dieser Sachverhalt ist auch für das Newton-Verfahren (für eine einfache Nullstelle), das als Iterationsverfahren für die Funktion (9.10) angesehen werden kann, gegeben, denn die Ableitung

$$F'(x) = \frac{d}{dx}\left(x - \frac{f(x)}{f'(x)}\right) = \frac{f(x)\,f''(x)}{(f'(x))^2}$$

verschwindet für die Nullstelle ξ von f, die ein Fixpunkt von F ist.

9.5 Übungsbeispiele

Die folgenden Gleichungen haben genau eine positive reelle Nullstelle. Man berechne diese auf fünf Dezimalen genau:

1. $\cos x = x$
2. $x \ln x = 1$
3. $xe^x = 3$
4. $\ln x + x = 0$
5. $\frac{\ln(1+x)}{x} = \frac{3}{4}$
6. $\frac{\sin x}{x} = \frac{1}{2}$

Man berechne die betragsmäßig kleinsten vier Lösungen folgender Gleichungen:

7. $x \cos x = 1$
8. $x \tan x + 1 = 0$
9. $2 \cosh\sqrt{x} + 2 - \sqrt{x} \sinh\sqrt{x} = 0$ (Man achte auf negative Lösungen!).
10. Die Gleichung $\frac{\sinh x}{x} = 2$ hat genau eine positive Lösung. Man berechne diese mit Hilfe des Fixpunktprinzips, und zwar über Satz 9.3, indem man die Gleichung auf die Gestalt $x = g(x) = \ln(2x + \sqrt{1+4x^2})$ bringt und ein Intervall $[a, b]$, $a > 0$, sucht, in dem die Funktion $f(x) = x - \ln(2x + \sqrt{1+4x^2})$ das Vorzeichen wechselt. Man schätze, für eine Genauigkeit von acht Dezimalen, mit Hilfe der a-priori-Abschätzung eine ausreichende Anzahl von Iterationsschritten ab und verfolge die Rechnung mit der a-posteriori-Abschätzung.
11. Sei $f(x) = \frac{1}{2}\frac{x^2 - b}{x - a}$, $a^2 - b > 0$. Man zeige, daß das Iterationsverfahren zur Bestimmung der Fixpunkte von $f(x)$ für $x_0 > a$ gegen die größere, für $x_0 < a$ gegen die kleinere der beiden (reellen) Nullstellen des Polynoms $p(x) = x^2 - 2ax + b$ konvergiert.
12. Die Gleichung $x^3 = px + q$ hat im Falle $p < 0$ eine reelle Nullstelle ξ und zwei konjugiert komplexe Nullstellen. Man zeige, daß das Iterationsverfahren $x_{n+1} = f(x_n)$ mit $f(x) = \frac{q}{x^2 - p}$ diese Nullstelle liefert, $\lim_{n\to\infty} x_n = \xi$, und zwar unabhängig von der Wahl des Startwertes x_0.

Kapitel III Integralrechnung

10 Das unbestimmte Integral

Mit der Erkenntnis der Reziprozität des Tangentenproblems und des Quadraturproblems wurde die entscheidende Grundlage zur Entwicklung der Differential- und Integralrechnung geschaffen. Die Aufgabe, an eine Kurve $y = f(x)$ die Tangente zu legen, hat zur Ableitung bzw. zum Differential der Funktion f geführt. Die Bestimmung des Inhaltes einer durch die stetige Kurve $y = f(x)$ begrenzten Fläche führt auf das „inverse" Problem, eine Funktion F zu ermitteln, deren Ableitung F' mit f übereinstimmt, bzw. für deren Differential $dF = f(x)\,dx$ gilt.

Wir wenden uns zunächst dieser Aufgabe, die die *unbestimmte Integration* genannt wird, zu. Der Zusammenhang mit dem Quadraturproblem wird im Fundamentalsatz der Differential- und Integralrechnung zutage treten.

10.1 Stammfunktionen

Definition 10.1 Es sei f eine auf dem Intervall I stetige Funktion. Jede auf I stetig differenzierbare Funktion F, deren Ableitung F' auf I mit f übereinstimmt,

$$F'(x) = f(x) \quad \text{für alle } x \in I, \tag{10.1}$$

heißt eine *Stammfunktion* von f auf I oder *Integral des Differentials* $f(x)\,dx$, denn es ist (10.1) äquivalent mit

$$dF(x) = f(x)\,dx \quad \text{für alle } x \in I. \tag{10.2}$$

Wir bemerken dazu, daß eine Stammfunktion stets auf einem Intervall anzugeben ist.

Wir wollen uns zunächst mit der Technik des Aufsuchens von Stammfunktionen beschäftigen und stellen die Frage nach der Existenz von Stammfunktionen vorläufig zurück – wir werden sie mit dem Fundamentalsatz der Differential- und Integralrechnung später positiv beantworten.

Ist F eine Stammfunktion von f, so ist für eine beliebige Konstante C auch $G(x) = F(x) + C$ eine Stammfunktion von f, denn aus (6.15) und (6.18) folgt

$$G'(x) = (F(x) + C)' = F'(x) = f(x).$$

Es gibt daher unendlich viele Stammfunktionen von f; der Grad der Unbestimmtheit ist aber äußert einfacher Natur. Sind F und G zwei verschiedene Stammfunktionen von f auf I, so folgt aus dem Mittelwertsatz der Differentialrechnung für die Differenz $\varphi(x) = F(x) - G(x)$

$$\begin{aligned}\varphi(x_1) - \varphi(x_2) &= (x_1 - x_2)\,\varphi'(\xi) = (x_1 - x_2)\,(F'(\xi) - G'(\xi))\\ &= (x_1 - x_2)\,(f(\xi) - f(\xi)) = 0\end{aligned}$$

für beliebiges x_1 und x_2 aus I, also

$$\varphi(x_1) = \varphi(x_2),$$

was bedeutet, daß $\varphi(x) = F(x) - G(x)$ auf I konstant ist.

Satz 10.1 *Zwei Stammfunktionen* F *und* G *einer auf dem Intervall* I *stetigen Funktion* f *unterscheiden sich nur durch eine Konstante,*

$$G(x) = F(x) + C \quad \textit{für alle} \quad x \in I. \tag{10.3}$$

Man kennt somit alle Stammfunktionen von f auf I, wenn bereits eine Stammfunktion F bekannt ist, denn der mit einer beliebigen Konstanten C gebildete Ausdruck $F(x) + C$ ist die allgemeinste Gestalt einer Funktion, deren Ableitung f bzw. deren Differential $f(x)\,dx$ ist.

Definition 10.2 Die Gesamtheit aller Stammfunktionen der auf dem Intervall I stetigen Funktion f heißt das *unbestimmte Integral* von f. Man schreibt dafür

$$\int f(x)\,dx$$

und nennt f den *Integranden.*

Ist F eine beliebige Stammfunktion von f, so schreibt man auch

$$\int f(x)\,dx = F(x) + C,$$

denn der Ausdruck $F(x) + C$ stellt auf Grund der obigen Bemerkung ebenfalls die Gesamtheit aller Stammfunktionen von f dar. Der Name „unbestimmtes Integral“ geht auf die Unbestimmtheit der Konstanten C zurück, die auch *Integrationskonstante* genannt wird.

Aus der Definition des unbestimmten Integrals ergeben sich unmittelbar die beiden Eigenschaften

$$d\int f(x)\,dx = f(x)\,dx \tag{10.4}$$

und

$$\int dF(x) = F(x) + C, \tag{10.5}$$

in denen zum Ausdruck kommt, daß Integration und Differentiation zueinander inverse Operationen sind.

Sinngemäß sind die Begriffe Stammfunktion und unbestimmtes Integral auf komplexwertige Funktionen einer reellen Veränderlichen zu übertragen. Die Funktion $Z(t) = X(t) + jY(t)$ heißt eine Stammfunktion der stetigen Funktion $z(t) = x(t) + jy(t)$ oder ein Integral des Differentials $z(t)\,dt$, wenn

$$\dot{Z}(t) = \dot{X}(t) + j\dot{Y}(t) = x(t) + jy(t) \tag{10.6}$$

gilt. Durch Vergleich von Real- und Imaginärteil ergibt sich daraus

$$\dot{X}(t) = x(t), \quad \dot{Y}(t) = y(t). \tag{10.7}$$

Realteil und Imaginärteil einer Stammfunktion $Z(t)$ von $z(t)$ sind also Stammfunktionen des Realteils bzw. Imaginärteils von $z(t)$. Die Gesamtheit aller Stammfunktionen von $z(t)$ heißt das unbestimmte Integral von $z(t)$,

$$\int z(t)dt.$$

Ist $X(t)$ eine Stammfunktion von $x(t)$, $Y(t)$ eine solche für $y(t)$, so ist

$$\int x(t)dt = X(t) + C_1, \quad \int y(t)\,dt = Y(t) + C_2$$

und daher

$$\int z(t)dt = (X(t) + C_1) + j(Y(t) + C_2) = Z(t) + C, \tag{10.8}$$

worin $Z(t) = X(t) + jY(t)$ und $C = C_1 + jC_2$ gesetzt ist. Die Integrationskonstante einer komplexwertigen Funktion ist eine komplexe Zahl.

Da sich zwei Stammfunktionen nur durch eine additive Konstante unterscheiden, genügt es für die Praxis der unbestimmten Integration, eine einzige Stammfunktion zu ermitteln. Im Gegensatz zur Differentiation, die als Grenzprozeß erklärt ist, steht uns jedoch kein eigentliches Verfahren zur Verfügung, nach dem die Integration durchzuführen ist. Die Methoden zur Integration sind daher aus den Regeln der Differentialrechnung zu entwickeln. Als erste Integrationsregel notieren wir die aus den Differentiationsregeln (6.17) und (6.18) folgenden Eigenschaften des unbestimmten Integrals

$$\int (c \cdot f(x))dx = c\int f(x)dx \tag{10.9}$$

und

$$\int (f_1(x) + f_2(x))dx = \int f_1(x)dx + \int f_2(x)dx, \tag{10.10}$$

die man wieder zu

$$\int \left(\sum_{k=1}^{n} c_k f_k(x) \right) dx = \sum_{k=1}^{n} c_k \int f_k(x)dx \tag{10.11}$$

zusammenfassen kann.

Es sind vor allem zwei Regeln der Differentiation, die man sich durch geeignete Adaptierung für die unbestimmte Integration zunutze macht: die Produktregel und die Kettenregel. Ihre kunstgerechte Anwendung ermöglicht es, mit Hilfe eines Schatzes von Grundintegralen in vielen wichtigen Fällen die unbestimmte Integration durchführen zu können.

10.2 Die Grundintegrale

Wenn man beachtet, daß jede stetig differenzierbare Funktion f eine Stammfunktion ihrer Ableitung ist,

$$\int f'(x)dx = f(x) + C,$$

so erhält man aus den Ableitungsregeln der elementaren Funktionen erste Integrationsformeln, die man die *Grundintegrale* nennt. Soweit es nicht eigens vermerkt ist, gelten die nachstehenden Formeln in jedem Intervall, in dem der Integrand stetig ist.

$$\int 0 \cdot dx = C. \tag{10.12}$$

$$\int x^a dx = \frac{1}{a+1} x^{a+1} + C, \quad a \neq -1. \tag{10.13}$$

$$\int \frac{1}{x} dx = \int \frac{dx}{x} = \ln|x| + C = \begin{cases} \ln x + C & \text{für } x > 0, \\ \ln(-x) + C & \text{für } x < 0. \end{cases} \tag{10.14}$$

$$\int e^x dx = e^x + C. \tag{10.15}$$

$$\int a^x dx = \frac{1}{\ln a} a^x + C, \quad a > 0, a \neq 1. \tag{10.16}$$

$$\int \sin x \, dx = -\cos x + C. \tag{10.17}$$

$$\int \cos x \, dx = \sin x + C. \tag{10.18}$$

$$\int (1 + \tan^2 x) dx = \int \frac{dx}{\cos^2 x} = \tan x + C. \tag{10.19}$$

$$\int (1 + \cot^2 x) dx = \int \frac{dx}{\sin^2 x} = -\cot x + C. \tag{10.20}$$

$$\int \sinh x \, dx = \cosh x + C. \tag{10.21}$$

$$\int \cosh x \, dx = \sinh x + C. \tag{10.22}$$

$$\int \frac{dx}{1 + x^2} = \operatorname{arc\,tan} x + C. \tag{10.23}$$

$$\int \frac{dx}{1 - x^2} = \frac{1}{2} \ln \left| \frac{1+x}{1-x} \right| + C = \begin{cases} \operatorname{ar\,tanh} x + C, -1 < x < 1, \\ \operatorname{ar\,coth} x + C, x < -1 \text{ und } x > 1. \end{cases} \tag{10.24}$$

$$\int \frac{dx}{\sqrt{1 - x^2}} = \operatorname{arc\,sin} x + C, \quad -1 < x < 1. \tag{10.25}$$

$$\int \frac{dx}{\sqrt{x^2 - 1}} = \operatorname{ar\,cosh} x + C = \ln(x + \sqrt{x^2 - 1}) + C, \quad x > 1. \tag{10.26}$$

$$\int \frac{dx}{\sqrt{1 + x^2}} = \operatorname{ar\,sinh} x + C = \ln(x + \sqrt{x^2 + 1}) + C. \tag{10.27}$$

Es bleibt einzig der zweite Teil der Regel (10.14) zu beweisen. Ist I ein Intervall auf der negativen Halbgeraden, so ist für $x \in I$ der Logarithmus

$$\ln x = \ln|x| + j\pi$$

komplexwertig; mit Hilfe der Regel (6.63) erhalten wir daraus

$$\frac{d}{dx} \ln x = \frac{d}{dx} \ln|x| = \frac{1}{x},$$

so daß ln |x| eine Stammfunktion von $\frac{1}{x}$ für jedes auf der negativen Halbgeraden liegende Intervall ist.

Für die Regel (10.24) vergleiche man (3.68) und (3.69).

Beispiel 10.1:

$$\int\left(4\sqrt{x}+\frac{5}{\sqrt[3]{x}}\right)dx = 4\int\sqrt{x}\,dx + 5\int\frac{dx}{\sqrt[3]{x}} = 4\int x^{1/2}dx + 5\int x^{-1/3}dx$$

$$= 4\frac{x^{3/2}}{\frac{3}{2}} + 5\frac{x^{2/3}}{\frac{2}{3}} + C = \frac{8}{3}\sqrt{x^3} + \frac{15}{2}\sqrt[3]{x^2} + C.$$

Beispiel 10.2:

$$\int\frac{3x^3+4x+2}{2x^3}dx = \frac{3}{2}\int dx + 2\int\frac{dx}{x^2} + \int\frac{dx}{x^3} = \frac{3}{2}x - 2\frac{1}{x} - \frac{1}{2x^2} + C.$$

Beispiel 10.3:

$$\int(x+\sin x)\,dx = \int x\,dx + \int\sin x\,dx = \frac{x^2}{2} - \cos x + C.$$

Beispiel 10.4:

$$\int\left(\sum_{k=0}^{n}a_k x^k\right)dx = \sum_{k=0}^{n}a_k\int x^k dx = \sum_{k=0}^{n}a_k\frac{1}{k+1}x^{k+1} + C.$$

Die Stammfunktionen eines Polynoms sind wieder Polynome.

Beispiel 10.5:

$$\int\frac{dx}{1+\cos 2x} = \int\frac{dx}{1+\cos^2x-\sin^2x} = \frac{1}{2}\int\frac{dx}{\cos^2x} = \frac{1}{2}\tan x + C.$$

Grundintegrale komplexwertiger Funktionen erhält man aus den Differentiationsregeln (6.61), (6.62) und (6.63) – wir schreiben von nun ab für die unabhängige Variable x anstatt t –,

$$\int(x-(a+jb))^n dx = \frac{1}{n+1}(x-(a+jb))^{n+1} + C, \quad n \neq -1,\ n \text{ ganz}. \tag{10.28}$$

$$\int\frac{dx}{x-(a+jb)} = \ln(x-(a+jb)) + C. \tag{10.29}$$

$$\int e^{(a+jb)x}dx = \frac{1}{a+jb}e^{(a+jb)x} + C. \tag{10.30}$$

In diesen Integrationsformeln ist die Integrationskonstante C als komplexe Zahl aufzufassen.

Aus (10.29) erhalten wir durch Vergleich der Realteile die (reelle) Integrationsformel

$$\int\frac{x-a}{(x-a)^2+b^2}dx = \ln|x-(a+jb)| + C = \frac{1}{2}\ln((x-a)^2+b^2) + C, \tag{10.31}$$

durch Vergleich der Imaginärteile

$$\int \frac{b}{(x-a)^2+b^2}\,dx = \arg(x-(a+jb)) + C = \arctan\frac{-b}{x-a} + C;$$

diese Formel läßt sich mit Hilfe der für die Arcus-Tangens-Funktion gültigen Formel

$$\arctan x + \arctan\frac{1}{x} = \frac{\pi}{2}\,\mathrm{sign}(x),\ x \neq 0, \tag{10.32}$$

auf die Gestalt

$$\int \frac{dx}{(x-a)^2+b^2} = \frac{1}{b}\arctan\frac{x-a}{b} + C \tag{10.33}$$

bringen, wobei an sich ein beliebiger Zweig der Arcus-Tangens-Funktion genommen werden kann, da es auf eine Konstante nicht ankommt.

Aus (10.30) erhalten wir durch Vergleich der Real- und Imaginärteile die Formeln

$$\int e^{ax}\cos bx\,dx = \frac{e^{ax}}{a^2+b^2}(a\cos bx + b\sin bx) + C \tag{10.34}$$

und

$$\int e^{ax}\sin bx\,dx = \frac{e^{ax}}{a^2+b^2}(a\sin bx - b\cos bx) + C. \tag{10.35}$$

Aus den letzten beiden Integrationsformeln erhält man als Spezialfälle für $a \neq 0$, $b = 0$

$$\int e^{ax}\,dx = \frac{1}{a}e^{ax} + C \tag{10.36}$$

und für $a = 0$, $b \neq 0$

$$\int \cos bx\,dx = \frac{1}{b}\sin bx + C, \tag{10.37}$$

$$\int \sin bx\,dx = -\frac{1}{b}\cos bx + C. \tag{10.38}$$

Setzt man in (10.36) $a = b$ und $a = -b$, so folgt

$$\int \sinh bx\,dx = \int \frac{e^{bx}-e^{-bx}}{2}\,dx = \frac{1}{2}\int e^{bx}\,dx - \frac{1}{2}\int e^{-bx}\,dx = \frac{1}{2b}e^{bx} + \frac{1}{2b}e^{-bx} + C,$$

also

$$\int \sinh bx\,dx = \frac{1}{b}\cosh bx + C \tag{10.39}$$

und analog

$$\int \cosh bx\,dx = \frac{1}{b}\sinh bx + C. \tag{10.40}$$

Beispiel 10.6: Zur Berechnung des Integrals

$$\int \sin^2 bx \, dx$$

formen wir den Integranden mit Hilfe von (3.38) um,

$$\int \sin^2 bx \, dx = \int \frac{1 - \cos 2bx}{2} \, dx = \frac{1}{2} \int dx - \frac{1}{2} \int \cos 2bx \, dx,$$

und erhalten mit Hilfe von (10.37)

$$\int \sin^2 bx \, dx = \frac{x}{2} - \frac{\sin 2bx}{4b} + C.$$

Analog erhält man

$$\int \cos^2 bx \, dx = \frac{x}{2} + \frac{\sin 2bx}{4b} + C.$$

Beispiel 10.7: Auch das Integral

$$\int \sin mx \cos nx \, dx$$

läßt sich durch Umformung des Integranden einfach berechnen: aus (3.41) erhalten wir

$$\sin mx \cos nx = \frac{1}{2}\left(\sin (m + n) x + \sin (m - n) x\right)$$

und infolgedessen mit Hilfe der Formel (10.38) für $m \neq n$

$$\int \sin mx \cos nx \, dx = -\frac{\cos(m + n)x}{2(m + n)} - \frac{\cos(m - n)x}{2(m - n)} + C, \quad m \neq n. \tag{10.41}$$

Mit analogen Umformungen ergeben sich die Formeln

$$\int \cos mx \cos nx \, dx = \frac{\sin(m + n)x}{2(m + n)} + \frac{\sin(m - n)x}{2(m - n)} + C, \quad m \neq n, \tag{10.42}$$

und

$$\int \sin mx \sin nx \, dx = \frac{\sin(m - n)x}{2(m - n)} - \frac{\sin(m + n)x}{2(m + n)} + C, \quad m \neq n. \tag{10.43}$$

Beispiel 10.8: Wir berechnen das Integral

$$\int \frac{\sin(2n + 1)x}{\sin x} \, dx$$

für eine beliebige natürliche Zahl n. Zu diesem Zweck schreiben wir $\sin(2n + 1)x$ in der Form

$$\sin(2n + 1)x = \sum_{k=1}^{n} (\sin(2k + 1)x - \sin(2k - 1)x) + \sin x \tag{10.44}$$

und erhalten mit Hilfe von (3.41)

$$\sin(2n + 1)x = \sin x + 2 \sum_{k=1}^{n} \cos 2kx \sin x,$$

also

$$\int \frac{\sin(2n+1)x}{\sin x}\,dx = \int\left(1 + 2\sum_{k=1}^{n}\cos 2kx\right)dx = x + \sum_{k=1}^{n}\frac{\sin 2kx}{k} + C.$$

Beispiel 10.9: Zur Berechnung des Integrals

$$\int \sin^4 x\,dx$$

empfiehlt es sich, $\sin x = \frac{1}{2j}(e^{jx} - e^{-jx})$ zu setzen. Mit Hilfe des binomischen Lehrsatzes erhält man

$$\int \sin^4 x\,dx = \frac{1}{16}\int (e^{jx} - e^{-jx})^4\,dx = \frac{1}{16}\int\left(e^{4jx} - 4\,e^{2jx} + 6 - 4\,e^{-2jx} + e^{-4jx}\right)dx$$

$$= \frac{1}{16}\int (2\cos 4x - 8\cos 2x + 6)\,dx$$

und unter Verwendung von (10.37)

$$\int \sin^4 x\,dx = \frac{1}{32}\sin 4x - \frac{1}{4}\sin 2x + \frac{3}{8}x + C.$$

10.3 Die Methode der Variablensubstitution

Unsere bisherigen Erfolge beruhten allein auf der Regel (10.11) und auf der Kenntnis der elementaren Grundintegrale, wurden aber nicht zuletzt auch durch geschickte Umformungen des Integranden ermöglicht. Zur Berechnung von Integralen, deren Integranden zusammengesetzte Funktionen und damit von komplizierterer Bauart sind, müssen wir uns nach weiteren Integrationsverfahren umsehen.

Eine wichtige Methode ist die *Variablensubstitution*, auch *Substitutionsmethode* genannt, deren Idee die Umkehrung der Kettenregel ist. Die Ableitung der aus den Funktionen $G(u)$ und $u = h(x)$ zusammengesetzten Funktion $F(x) = G(h(x))$ berechnet sich zu

$$F'(x) = G'(u)\,h'(x), \quad u = h(x).$$

Ist $G'(u) = g(u)$, also G eine Stammfunktion von g, so entnehmen wir dieser Beziehung

$$\int g(h(x))\,h'(x)\,dx = G(h(x)) + C. \tag{10.45}$$

Diese Formel nützt man zur Berechnung eines unbestimmten Integrals

$$\int f(x)\,dx = F(x) + C \tag{10.46}$$

aus, indem man versucht, den Integranden f in der Gestalt

$$f(x) = g(h(x))\,h'(x) \tag{10.47}$$

mit geeigneten Funktionen g und h darzustellen und das Augenmerk darauf richtet, daß die Funktion g der Integration leichter zugänglich ist. Hat man dann eine Stammfunktion G von g berechnet,

$$\int g(u)\,du = G(u) + C, \tag{10.48}$$

so erhält man mit $F(x) = G(h(x))$ eine Stammfunktion von f,

$$\int f(x)\,dx = \int g(u)\,du \Big|_{u=h(x)} = G(h(x)) + C. \tag{10.49}$$

Das unbestimmte Integral (10.46) ist durch die „Substitution" der Veränderlichen $u = h(x)$ auf die Integrationsaufgabe (10.48) zurückgeführt worden, was der Methode den Namen gegeben hat.

Auf diese Art erweist sich die Berechnung unbestimmter Integrale mit einem Integraden f der Gestalt

$$f(x) = \frac{h'(x)}{h(x)} \quad \text{und} \quad f(x) = (h(x))^a h'(x), \quad a \neq -1,$$

als besonders einfach. Man erhält mit $g(u) = \frac{1}{u}$ aus (10.49) (vgl. (6.51)) unter Verwendung des Grundintegrales (10.14)

$$\int \frac{h'(x)}{h(x)}\,dx = \ln|h(x)| + C \tag{10.50}$$

und mit $g(u) = u^a$ auf Grund von (10.13) (vgl. (6.52))

$$\int (h(x))^a h'(x)\,dx = \frac{1}{a+1}(h(x))^{a+1} + C, \quad a \neq -1. \tag{10.51}$$

Ein weiterer einfacher Fall liegt vor, wenn der Integrand f die Gestalt

$$f(x) = g(\alpha x + \beta)$$

hat. Hier liegt die Substitution $h(x) = u = \alpha x + \beta$ nahe: die Umrechnung auf die neue Variable u ergibt wegen $du = d(\alpha x + \beta) = \alpha\,dx$

$$\int f(x)\,dx = \int g(\alpha x + \beta)\,dx = \frac{1}{\alpha}\int g(u)\,du \Big|_{u=\alpha x+\beta} \tag{10.52}$$

Beispiel 10.10: Das Integral

$$\int (x-c)^a dx, \quad a \neq -1,$$

ist vom Typ (10.51), wenn man $h(x) = u = x - c$ setzt,

$$\int (x-c)^a dx = \int u^a du \Big|_{u=x-c} = \frac{1}{a+1} u^{a+1} \Big|_{u=x-c} + C = \frac{1}{a+1}(x-c)^{a+1} + C. \tag{10.53}$$

Man hätte dieses Integral auch mit Hilfe von (10.52) für $\alpha = 1$ und $\beta = -c$ berechnen können.

Beispiel 10.11: Zur Berechnung des Integrals

$$\int \frac{dx}{x-c}$$

kann man (10.50) und (10.52) (für $\alpha = 1$ und $\beta = -c$) verwenden, wobei in jedem Fall $h(x) = u = x - c$ zu substituieren ist,

$$\int \frac{dx}{x-c} = \int \frac{du}{u} \Big|_{u=x-c} = \ln|u| \Big|_{u=x-c} + C = \ln|x-c| + C. \tag{10.54}$$

Beispiel 10.12: Das Integral

$$\int \frac{dx}{x^2 + c^2}$$

kann man mit Hilfe von (10.52) für $\alpha = \frac{1}{c}$, $\beta = 0$ und $h(x) = u = \frac{x}{c}$ berechnen,

$$\int \frac{dx}{x^2 + c^2} = \frac{1}{c^2} \int \frac{dx}{\left(\frac{x}{c}\right)^2 + 1} = \frac{1}{c} \int \frac{du}{u^2 + 1} \bigg|_{u = \frac{x}{c}} = \frac{1}{c} \operatorname{arc\,tan} u \bigg|_{u = \frac{x}{c}} + C = \frac{1}{c} \operatorname{arc\,tan} \frac{x}{c} + C.$$

Beispiel 10.13: Ebenso berechnet man

$$\int \frac{dx}{x^2 - c^2}$$

mit Hilfe der Substitution $h(x) = u = \frac{x}{c}$,

$$\int \frac{dx}{x^2 - c^2} = \frac{1}{c^2} \int \frac{dx}{\left(\frac{x}{c}\right)^2 - 1} = \frac{1}{c} \int \frac{du}{u^2 - 1} \bigg|_{u = \frac{x}{c}} = \frac{1}{2c} \ln \left|\frac{1 - u}{1 + u}\right| \bigg|_{u = \frac{x}{c}} + C = \frac{1}{2c} \ln \left|\frac{x - c}{x + c}\right| + C.$$

Hat der Integrand f die Gestalt

$$f(x) = g(\cos x) \sin x \quad \text{oder} \quad f(x) = g(\sin x) \cos x,$$

so substituiert man $u = \cos x$ bzw. $u = \sin x$ und erhält nach (10.49) mit $du = -\sin x\, dx$ bzw. $du = \cos x\, dx$

$$\int g(\cos x) \sin x\, dx = -\int g(u) du \bigg|_{u = \cos x} \tag{10.55}$$

bzw.

$$\int g(\sin x) \cos x\, dx = \int g(u) du \bigg|_{u = \sin x}. \tag{10.56}$$

Beispiel 10.14:

$$\int \tan x\, dx = \int \frac{\sin x}{\cos x} dx = -\int \frac{du}{u} \bigg|_{u = \cos x} = -\ln|\cos x| + C.$$

Beispiel 10.15:

$$\int \cot x\, dx = \int \frac{\cos x}{\sin x} dx = \int \frac{du}{u} \bigg|_{u = \sin x} = \ln|\sin x| + C.$$

Beispiel 10.16:

$$\int \sin^3 x \cos x\, dx = \int u^3 du \bigg|_{u = \sin x} = \frac{1}{4} \sin^4 x + C.$$

Beispiel 10.17:

$$\int \sin^3 x\, dx = \int (1 - \cos^2 x) \sin x\, dx = \int \sin x\, dx + \int u^2 du \bigg|_{u = \cos x} = -\cos x + \frac{1}{3} \cos^3 x + C.$$

Beispiel 10.18:

$$\int \frac{dx}{1 + \sin x} = \int \frac{1 - \sin x}{1 - \sin^2 x} dx = \int \frac{dx}{\cos^2 x} - \int \frac{\sin x}{\cos^2 x} dx = \tan x + \int \frac{du}{u^2} \bigg|_{u = \cos x} = \tan x - \frac{1}{\cos x} + C.$$

Beispiel 10.19:

$$\int \frac{dx}{\sin x} = \int \frac{dx}{2\sin\frac{x}{2}\cos\frac{x}{2}} = \int \frac{\frac{1}{\cos^2\frac{x}{2}}}{2\tan\frac{x}{2}}\,dx = \int \frac{du}{u}\bigg|_{u=\tan\frac{x}{2}} = \ln\left|\tan\frac{x}{2}\right| + C.$$

Beispiel 10.20:

$$\int \frac{dx}{\cos x} = \int \frac{dx}{\sin\left(x+\frac{\pi}{2}\right)} = \int \frac{d\left(x+\frac{\pi}{2}\right)}{\sin\left(x+\frac{\pi}{2}\right)} = \int \frac{du}{\sin u}\bigg|_{u=x+\frac{\pi}{2}} = \ln\left|\tan\left(\frac{x}{2}+\frac{\pi}{4}\right)\right| + C.$$

Beispiel 10.21:

$$\int \frac{dx}{a^2\cos^2 x + b^2\sin^2 x} = \int \frac{\frac{dx}{\cos^2 x}}{a^2 + b^2\tan^2 x} = \int \frac{du}{a^2 + b^2u^2}\bigg|_{u=\tan x} = \frac{1}{b^2}\int \frac{du}{u^2 + \left(\frac{a}{b}\right)^2}\bigg|_{u=\tan x}$$

$$= \frac{1}{ab}\arctan\left(\frac{b}{a}\tan x\right) + C.$$

Beispiel 10.22:

$$\int \frac{x\,dx}{x^2+1} = \frac{1}{2}\int \frac{du}{u}\bigg|_{u=x^2+1} = \frac{1}{2}\ln(x^2+1) + C.$$

Beispiel 10.23:

$$\int \frac{x\,dx}{x^4+1} = \frac{1}{2}\int \frac{du}{1+u^2}\bigg|_{u=x^2} = \frac{1}{2}\arctan(x^2) + C.$$

Beispiel 10.24:

$$\int \frac{\ln x}{x}\,dx = \int u\,du\bigg|_{u=\ln x} = \frac{1}{2}(\ln x)^2 + C.$$

Beispiel 10.25:

$$\int \frac{dx}{x\ln x} = \int \frac{1}{\ln x}\frac{dx}{x} = \int \frac{du}{u}\bigg|_{u=\ln x} = \ln|\ln x| + C.$$

Beispiel 10.26:

$$\int x\,e^{-ax^2}dx = -\frac{1}{2a}\int e^u du\bigg|_{u=-ax^2} = -\frac{1}{2a}e^{-ax^2} + C.$$

Beispiel 10.27:

$$\int \frac{x\,dx}{\sqrt{x^2-1}} = \frac{1}{2}\int \frac{du}{\sqrt{u}}\bigg|_{u=x^2-1} = \sqrt{x^2-1} + C.$$

Beispiel 10.28: Wir berechnen das Integral

$$\int \frac{dx}{x^2+2cx+d}.$$

Hat der Nenner des Integranden 2 reelle Nullstellen x_1 und x_2,

$$x^2 + 2cx + d = (x - x_1)(x - x_2),$$

so gilt $d - c^2 \leqslant 0$. Für $d = c^2$ ist die Nullstelle $x_1 = x_2 = -c$ doppelt zu zählen und es folgt

$$\int \frac{dx}{x^2 + 2cx + d} = \int \frac{dx}{(x+c)^2} = -\frac{1}{x+c} + C.$$

Ist $d - c^2 < 0$, so setzen wir $c^2 - d = b^2$ und erhalten mit der Umformung

$$x^2 + 2cx + d = (x+c)^2 + (d - c^2) = b^2 \left[\left(\frac{x+c}{b}\right)^2 - 1\right]$$

schließlich

$$\int \frac{dx}{x^2 + 2cx + d} = \frac{1}{b^2} \int \frac{dx}{\left(\frac{x+c}{b}\right)^2 - 1} = \frac{1}{b} \int \frac{du}{u^2 - 1}\Bigg|_{u = \frac{x+c}{b}} = \frac{1}{2b} \ln \left|\frac{1-u}{1+u}\right| \Bigg|_{u = \frac{x+c}{b}} + C$$

$$= \frac{1}{2\sqrt{c^2 - d}} \ln \left|\frac{x + c - \sqrt{c^2 - d}}{x + c + \sqrt{c^2 - d}}\right| + C, \quad c^2 > d.$$

Im Falle $d - c^2 > 0$ hat der Nenner des Integranden zwei konjugiert komplexe Nullstellen

$$x_1 = a + jb,\ x_2 = a - jb,\ a = -c,\ a^2 + b^2 = d.$$

Also wird

$$\int \frac{dx}{x^2 + 2cx + d} = \int \frac{dx}{(x-a)^2 + b^2} = \frac{1}{b} \int \frac{du}{u^2 + 1}\Bigg|_{u = \frac{x-a}{b}} = \frac{1}{b} \arctan u \Bigg|_{u = \frac{x-a}{b}} + C$$

$$= \frac{1}{\sqrt{d - c^2}} \arctan \frac{x + c}{\sqrt{d - c^2}} + C, \quad c^2 < d.$$

Dieses Ergebnis stimmt natürlich mit (10.33) überein.

Beispiel 10.29: Integrale des Typs

$$\int \frac{dx}{\sqrt{c^2 - x^2}}, \int \frac{dx}{\sqrt{x^2 - c^2}}, \int \frac{dx}{\sqrt{x^2 + c^2}}$$

kann man sämtlich mit der Substitution $h(x) = u = \frac{x}{c}$ auf die Grundintegrale (10.25), (10.26) und (10.27) zurückführen,

$$\int \frac{dx}{\sqrt{c^2 - x^2}} = \frac{1}{c} \int \frac{dx}{\sqrt{1 - \left(\frac{x}{c}\right)^2}} = \int \frac{du}{\sqrt{1 - u^2}}\Bigg|_{u = \frac{x}{c}} = \arcsin \frac{x}{c} + C,$$

$$\int \frac{dx}{\sqrt{x^2 - c^2}} = \frac{1}{c} \int \frac{dx}{\sqrt{\left(\frac{x}{c}\right)^2 - 1}} = \int \frac{du}{\sqrt{u^2 - 1}}\Bigg|_{u = \frac{x}{c}} = \operatorname{ar\,cosh} \frac{x}{c} + C$$

$$= \ln \left(\frac{x}{c} + \sqrt{\left(\frac{x}{c}\right)^2 - 1}\right) + C = \ln(x + \sqrt{x^2 - c^2}) + C', \quad C' = C - \ln c,$$

$$\int \frac{dx}{\sqrt{x^2 + c^2}} = \frac{1}{c} \int \frac{dx}{\sqrt{\left(\frac{x}{c}\right)^2 + 1}} = \int \frac{du}{\sqrt{u^2 + 1}}\Bigg|_{u = \frac{x}{c}} = \operatorname{ar\,sinh} \frac{x}{c} + C$$

$$= \ln(x + \sqrt{x^2 + c^2}) + C'.$$

Beispiel 10.30: Zur Berechnung des Integrales

$$\int \frac{dx}{\sqrt{x^2 + 2cx + d}}$$

sind wie in Beispiel 10.28 Fallunterscheidungen durchzuführen. Hat das Polynom $x^2 + 2cx + d$ zwei reelle Nullstellen x_1 und x_2, so gilt, wenn diese verschieden sind, $0 > d - c^2 = -b^2$ und man erhält wie in Beispiel 10.28

$$\int \frac{dx}{\sqrt{x^2 + 2cx + d}} = \frac{1}{b} \int \frac{dx}{\sqrt{\left(\frac{x+c}{b}\right)^2 - 1}} = \int \frac{du}{\sqrt{u^2 - 1}} \bigg|_{u = \frac{x+c}{b}} = \operatorname{ar\,cosh} \frac{x+c}{b} + C$$

$$= \ln\left(x + c + \sqrt{x^2 + 2cx + d}\right) + C'.$$

Im Falle $b^2 = d - c^2 > 0$ folgt wie oben

$$\int \frac{dx}{\sqrt{x^2 + 2cx + d}} = \int \frac{du}{\sqrt{u^2 + 1}} \bigg|_{u = \frac{x+c}{b}} = \ln\left(x + c + \sqrt{x^2 + 2cx + d}\right) + C.$$

Man erhält also in beiden Fällen dasselbe Ergebnis. Der Fall $d = c^2$ führt auf das Integral (10.54) für c anstatt $-c$.

Beispiel 10.31: Ähnlich ist das Integral

$$\int \frac{dx}{\sqrt{d + 2cx - x^2}}$$

auszuwerten. Das Polynom $d + 2cx - x^2$ muß nun aber zwei verschiedene reelle Nullstellen haben, da es ansonsten nur negative Werte annehmen kann. Infolgedessen muß $c^2 + d = b^2 > 0$ gelten; man erhält dann mit der für solche Integranden üblichen Substitution

$$\int \frac{dx}{\sqrt{d + 2cx - x^2}} = \frac{1}{b} \int \frac{dx}{\sqrt{1 - \left(\frac{x-c}{b}\right)^2}} = \int \frac{du}{\sqrt{1 - u^2}} \bigg|_{u = \frac{x-c}{b}} = \arcsin \frac{x-c}{\sqrt{c^2 + d}} + C.$$

Beispiel 10.32: Ein Integral der Form

$$\int \frac{Ax + B}{\sqrt{ax^2 + bx + c}}\, dx$$

wird aufgespaltet,

$$\int \frac{Ax + B}{\sqrt{ax^2 + bx + c}} = \frac{A}{2a} \int \frac{(2ax + b)\,dx}{\sqrt{ax^2 + bx + c}} + \left(B - \frac{bA}{2a}\right) \int \frac{dx}{\sqrt{ax^2 + bx + c}}.$$

Diese Zerlegung ist so durchgeführt worden, daß das erste Integral rechts vom Typ (10.51) mit $h(x) = u = ax^2 + bx + c$ geworden ist,

$$\int \frac{2ax + b}{\sqrt{ax^2 + bx + c}}\, dx = \int \frac{du}{\sqrt{u}} \bigg|_{u = ax^2 + bx + c} = 2\sqrt{ax^2 + bx + c} + C.$$

Das zweite Integral ist je nach dem Vorzeichen von a wie in Beispiel 10.30 bzw. 10.31 zu berechnen.

Die Variablensubstitution kann auch in einer zweiten Form angewendet werden, indem man (10.49) von rechts nach links liest und damit die dieser Formel zugrundeliegende Idee umkehrt. Vertauschen wir zu diesem Zweck die Rollen von f und g sowie die von x und u, so schreibt sich (10.49)

$$\int g(u)du = \int f(x)dx\Big|_{x=h(u)}, \quad g(u) = f(h(u))h'(u).$$

Dies ist offenbar gleichbedeutend mit

$$\int f(x)\,dx = \int g(u)\,du\Big|_{u=h^{-1}(x)}, \quad g(u) = f(h(u))h'(u). \tag{10.57}$$

Liegt also das Integral

$$\int f(x)\,dx$$

zur Berechnung vor, so führt man mit $x = h(u)$ die neue Veränderliche u ein, jetzt mit dem Augenmerk darauf, daß die Funktion

$$g(u) = f(h(u))h'(u)$$

für die Integration geeigneter ist. Hat man eine Stammfunktion G von g ermittelt, so wird nach (10.57)

$$\begin{aligned}\int f(x)dx &= \int f(h(u))h'(u)du\Big|_{u=h^{-1}(x)} = \int g(u)du\Big|_{u=h^{-1}(x)}\\ &= G(u)\Big|_{u=h^{-1}(x)} = G(h^{-1}(x)) + C.\end{aligned} \tag{10.58}$$

Allerdings ist hier – im Gegensatz zur ersten Fassung – darauf zu achten, daß sich die Funktion h umkehren läßt.

Der Formalismus dieser Variante der Variablensubstitution besteht darin, im Integranden f die Variable $x = h(u)$ zu substituieren und durch Einsetzen des Differentials $dx = h'(u)du$ auf den neuen Integranden $g(u) = f(h(u))h'(u)$ zu gelangen.

Beispiel 10.33: Zur Auswertung des Integrales

$$\int\sqrt{\frac{1-x}{1+x}}\,dx$$

substituieren wir $x = \sin u$ und erhalten mit $dx = \cos u\,du$

$$\int\sqrt{\frac{1-x}{1+x}}\,dx = \int\sqrt{\frac{1-\sin u}{1+\sin u}}\cos u\,du = \int\frac{\cos^2 u}{1+\sin u}\,du = \int(1-\sin u)du$$

$$= \int du - \int \sin u\,du = (u + \cos u + C)\Big|_{u=\arcsin x} = \arcsin x + \sqrt{1-x^2} + C.$$

Beispiel 10.34: Zur Berechnung von

$$\int\frac{dx}{\sqrt[3]{x}+\sqrt{x}}$$

setzen wir $x = t^6$ und erhalten mit $dx = 6t^5 dt$

$$\int \frac{dx}{\sqrt[3]{x} + \sqrt{x}} = \int \frac{6t^5 dt}{t^2 + t^3} = 6 \int \frac{t^3}{1+t} dt = 6 \int \frac{t^3 + 1 - 1}{1+t} dt$$

$$= 6 \int (t^2 - t + 1) dt - 6 \int \frac{dt}{1+t} = 6 \left(\frac{t^3}{3} - \frac{t^2}{2} + t - \ln|1+t| + C \right) \Bigg|_{t = \sqrt[6]{x}}$$

$$= 2\sqrt{x} - 3\sqrt[3]{x} + 6\sqrt[6]{x} - 6 \ln(1 + \sqrt[6]{x}) + C.$$

Beispiel 10.35: Im Integral

$$\int \frac{dx}{(x^2 + c^2)^2}$$

substituieren wir $x = c \tan u$; wegen $dx = \frac{c\,du}{\cos^2 u}$, $x^2 + c^2 = \frac{c^2}{\cos^2 u}$ folgt somit

$$\int \frac{dx}{(x^2 + c^2)^2} = \frac{1}{c^3} \int \cos^2 u\, du = \frac{1}{2c^3} (u + \sin u \cos u) \Bigg|_{u = \arctan \frac{x}{c}} + C$$

$$= \frac{1}{2c^2} \frac{x}{x^2 + c^2} + \frac{1}{2c^3} \arctan \frac{x}{c} + C.$$

Beispiel 10.36: Mit Hilfe der zweiten Fassung der Variablensubstitution lassen sich auch Integrale des Typs

$$\int \sqrt{c^2 - x^2}\, dx, \int \sqrt{x^2 - c^2}\, dx, \int \sqrt{x^2 + c^2}\, dx$$

berechnen. Für das erste Integral setzen wir $x = c \cos u$ (auch die Substitution $x = c \sin u$ wäre möglich) und erhalten

$$\int \sqrt{c^2 - x^2}\, dx = c^2 \int \sqrt{1 - \cos^2 u}\,(-\sin u) du = -c^2 \int \sin^2 u\, du =$$

$$= -\frac{c^2}{2} (u - \sin u \cos u) \Bigg|_{u = \arccos \frac{x}{c}} + C$$

$$= -\frac{c^2}{2} \arccos \frac{x}{c} + \frac{1}{2} x \sqrt{c^2 - x^2} + C.$$

Im zweiten Integral ist $x = c \cosh u$ zu substituieren,

$$\int \sqrt{x^2 - c^2}\, dx = c^2 \int \sqrt{\cosh^2 u - 1}\, \sinh u\, du = c^2 \int \sinh^2 u\, du$$

$$= \frac{c^2}{4} \int \left(e^{2u} + e^{-2u} - 2 \right) du = \frac{c^2}{4} \left(\frac{1}{2} e^{2u} - \frac{1}{2} e^{-2u} - 2u \right) + C$$

$$= \frac{c^2}{2} (\sinh u \cosh u - u) \Bigg|_{u = \operatorname{ar\,cosh} \frac{x}{c}} + C$$

$$= -\frac{c^2}{2} \operatorname{ar\,cosh} \frac{x}{c} + \frac{x}{2} \sqrt{x^2 - c^2} + C.$$

Für das letzte Integral ergibt die Substitution $x = c \sinh u$

$$\int \sqrt{x^2 + c^2}\, dx = c^2 \int \cosh^2 u\, du = \frac{c^2}{2} (u + \sinh u \cosh u) \Bigg|_{u = \operatorname{ar\,sinh} \frac{x}{c}} + C$$

$$= \frac{c^2}{2} \operatorname{ar\,sinh} \frac{x}{c} + \frac{x}{2} \sqrt{x^2 + c^2} + C.$$

Beispiel 10.37: Zur Berechnung von

$$\int \frac{dx}{(\sqrt{x^2 + c^2})^3}$$

setzt man $x = c \sinh u$ und erhält

$$\int \frac{dx}{(\sqrt{x^2 + c^2})^3} = \int \frac{c \cosh u}{c^3 \cosh^3 u}\, du = \frac{1}{c^2} \int \frac{du}{\cosh^2 u} = \tanh u \Big|_{u = \operatorname{ar\,sinh} \frac{x}{c}} + C$$

$$= \frac{1}{c^2} \frac{e^{2u} - 1}{e^{2u} + 1}\Big|_{u = \operatorname{ar\,sinh} \frac{x}{c}} + C = \frac{1}{c^2} \frac{(x + \sqrt{x^2 + c^2})^2 - c^2}{(x + \sqrt{x^2 + c^2})^2 + c^2} + C$$

$$= \frac{1}{c^2} \frac{x}{\sqrt{x^2 + c^2}} + C.$$

Beispiel 10.38: Integrale des Typs

$$\int \sqrt{x^2 + 2cx + d}\, dx, \quad \int \sqrt{d + 2cx - x^2}\, dx$$

führt man auf die Integrale von Beispiel 10.36 zurück. Im ersten Integral setzt man im Falle $b^2 = d - c^2 > 0$ für $\frac{x + c}{b} = \sinh u$,

$$\int \sqrt{x^2 + 2cx + d}\, dx = b \int \sqrt{\left(\frac{x + c}{b}\right)^2 + 1}\, dx = b^2 \int \cosh^2 u\, du \Big|_{u = \operatorname{ar\,sinh} \frac{x + c}{b}}, \quad d > c^2,$$

im Falle $-b^2 = d - c^2 < 0$ substituiert man $\frac{x + c}{b} = \cosh u$,

$$\int \sqrt{x^2 + 2cx + d}\, dx = b \int \sqrt{\left(\frac{x + c}{b}\right)^2 - 1}\, dx = b^2 \int \sinh^2 u\, du \Big|_{u = \operatorname{ar\,cosh} \frac{x + c}{b}}, \quad d < c^2.$$

Für das zweite Integral muß $d + c^2 = b^2 > 0$ gelten (vgl. Beispiel 10.31) und man erhält mittels der Substitution $\frac{x - c}{b} = \sin u$

$$\int \sqrt{d + 2cx - x^2}\, dx = b \int \sqrt{1 - \left(\frac{x - c}{b}\right)^2}\, dx = b^2 \int \cos^2 u\, du \Big|_{u = \operatorname{arc\,sin} \frac{x - c}{b}}.$$

Hier hätte man ebensogut auch die Substitution $\frac{x - c}{b} = \cos u$ machen können.

10.4 Die Methode der partiellen Integration

Die Berechnung von Integralen, deren Integranden Produkte von Funktionen sind, kann man durch Umkehrung der Produktregel der Differentiation versuchen. Sind $u(x)$ und $v(x)$ stetig differenzierbare Funktionen, so folgt aus der Ableitungsregel

$$\frac{d}{dx}\big(u(x)\, v(x)\big) = u'(x)\, v(x) + u(x)\, v'(x)$$

durch Integration

$$\int u'(x)\, v(x)\, dx + \int u(x)\, v'(x)\, dx = \int \frac{d}{dx}(u(x)\, v(x))\, dx = u(x)\, v(x) + C. \qquad (10.59)$$

Aus dieser Formel ergibt sich die folgende Integrationsmethode: Man stellt den Integranden f des Integrales

$$\int f(x)dx$$

in Form eines Produktes $f(x) = u(x)\,v'(x)$ dar und erhält so aus (10.59)

$$\int f(x)dx = \int u(x)\,v'(x)dx = u(x)\,v(x) - \int v(x)\,u'(x)dx \qquad (10.60)$$

oder in Kurzfassung

$$\int u\,dv = u \cdot v - \int v\,du. \qquad (10.61)$$

Diese Methode wird *partielle Integration* (auch *teilweise Integration*) genannt, da die Berechnung des Integrales $\int udv$ auf die Berechnung der Integrale $v = \int dv$ und $\int vdu$ zurückgeführt wird. Sie wird dann anzuwenden sein, wenn man einen gegebenen Integranden f derart in ein Produkt $f = uv'$ zerlegen kann, daß das Integral $\int vdu$ einfacher zu ermitteln ist.

Beispiel 10.39: Wir berechnen

$$\int x\,e^x dx$$

durch partielle Integration und setzen $u(x) = x$, $v'(x) = e^x$. Dies gibt $u'(x) = 1$ und $v(x) = e^x$, also

$$\int x\,e^x dx = x\,e^x - \int 1 \cdot e^x dx = x\,e^x - e^x + C.$$

Hätten wir in diesem Beispiel $u(x) = e^x$ und $v'(x) = x$ gesetzt, so wären wir mit $v(x) = \frac{1}{2}x^2$, $u'(x) = e^x$ auf

$$\int x\,e^x dx = \frac{1}{2}x^2 e^x - \frac{1}{2}\int x^2 e^x dx$$

geführt worden. Das Integral rechts ist aber keineswegs einfacher, ja im Gegenteil sogar noch komplizierter als jenes auf der linken Seite. Der Leser möge sich daher vor Augen halten, daß die partielle Integration stets mit Gefühl anzuwenden ist, zumal es überhaupt keine allgemeine Richtlinie gibt, wann und mit welchen Setzungen eine Integrationsaufgabe durch partielle Integration gelöst werden kann.

Ein bißchen Nachdenken kann aber doch in vielen Fälle zeigen, wie die Methode der partiellen Integration zielführend wird. Im obigen Beispiel drängt sich die Wahl von $u(x) = x$ nahezu auf, da im Integral rechts durch die Ableitung $u'(x) = 1$ die Potenz als Faktor verschwunden ist – diese Potenz hat gerade die Schwierigkeit im linken Integral ausgemacht. Treten höhere Potenzen auf, so kann die partielle Integration bei steter Erniedrigung des Exponenten wiederholt angewendet werden.

Beispiel 10.40: Zur Berechnung von

$$\int x^2 \sin x\,dx$$

setzen wir $u(x) = x^2$ und $v'(x) = \sin x$ – also ist $u'(x) = 2x$ und $v(x) = -\cos x$. Dies gibt

$$\int x^2 \sin x\,dx = -x^2 \cos x + 2\int x \cos x\,dx.$$

Um das Integral auf der rechten Seite auszuwerten, setzen wir $u(x) = x$, $v'(x) = \cos x$,

$$\int x \cos x \, dx = x \sin x - \int 1 \cdot \sin x \, dx = x \sin x + \cos x + C,$$

und erhalten schließlich

$$\int x^2 \sin x \, dx = - x^2 \cos x + 2x \sin x + 2 \cos x + C.$$

Beispiel 10.41: Will man die Berechnung des Integrals

$$\int \ln x \, dx$$

durch partielle Integration versuchen, so hat es überhaupt keinen Sinn, $v'(x) = \ln x$ zu setzen. Also wählen wir $v'(x) = 1$ und $u(x) = \ln x$, d.h. $u'(x) = \frac{1}{x}$ und $v(x) = x$. Dies gibt

$$\int \ln x \, dx = x \ln x - \int x \cdot \frac{1}{x} \, dx = x(\ln x - 1) + C.$$

Beispiel 10.42: Zur Auswertung von

$$\int \operatorname{arc\,sin} x \, dx$$

mit Hilfe der Methode der partiellen Integration ist $u(x) = \operatorname{arc\,sin} x$ und $v'(x) = 1$ zu wählen, was mit $u'(x) = (1 - x^2)^{-1/2}$, $v(x) = x$ auf

$$\int \operatorname{arc\,sin} x \, dx = x \operatorname{arc\,sin} x - \int \frac{x \, dx}{\sqrt{1 - x^2}}$$

führt. Das Integral rechts läßt sich durch Substitution berechnen (vgl. Beispiel 10.27); wir erhalten schließlich

$$\int \operatorname{arc\,sin} x \, dx = x \operatorname{arc\,sin} x + \sqrt{1 - x^2} + C.$$

Beispiel 10.43: Zur Berechnung von

$$\int x^2 \operatorname{arc\,tan} x \, dx$$

setzen wir $u(x) = \operatorname{arc\,tan} x$ und $v'(x) = x^2$. Daraus folgt mit $v(x) = \frac{1}{3} x^3$ und $u'(x) = \frac{1}{1 + x^2}$

$$\int x^2 \operatorname{arc\,tan} x \, dx = \frac{x^3}{3} \operatorname{arc\,tan} x - \frac{1}{3} \int \frac{x^3 dx}{1 + x^2}.$$

Das Integral rechts berechnen wir durch einen Kunstgriff:

$$\int \frac{x^3 dx}{1 + x^2} = \int \frac{x^3 + x - x}{1 + x^2} \, dx = \int x \, dx - \int \frac{x \, dx}{1 + x^2} = \frac{x^2}{2} - \frac{1}{2} \ln (x^2 + 1) + C$$

(vgl. Beispiel 10.22), und erhalten schließlich

$$\int x^2 \operatorname{arc\,tan} x \, dx = \frac{1}{3} x^3 \operatorname{arc\,tan} x + \frac{1}{6} \ln(x^2 + 1) - \frac{1}{6} x^2 + C.$$

Der Leser möge sich überlegen, warum hier die Wahl $u(x) = x^2$, $v'(x) = \operatorname{arc\,tan} x$ nicht zum Ziel führt!

Beispiel 10.44: Wir berechnen

$$\int (x^2 + x + 1) \ln x \, dx.$$

Wenn wir $u(x) = \ln x$, $v'(x) = x^2 + x + 1$ setzen, so erhalten wir $u'(x) = \frac{1}{x}$, $v(x) = \frac{1}{3}x^3 + \frac{1}{2}x^2 + x$ und

$$\int (x^2 + x + 1)\ln x\,dx = \left(\frac{x^3}{3} + \frac{x^2}{2} + x\right)\ln x - \int\left(\frac{x^2}{3} + \frac{x}{2} + 1\right)dx$$

$$= \left(\frac{x^3}{3} + \frac{x^2}{2} + x\right)\ln x - \frac{x^3}{9} - \frac{x^2}{4} - x + C.$$

Setzt man $f(x) = u(x)\,v^{(n)}(x)$, so bringt die n-malige Anwendung der partiellen Integration

$$\int f(x)\,dx = \int u(x)\,v^{(n)}(x)\,dx = u(x)\,v^{(n-1)}(x) - u'(x)\,v^{(n-2)}(x) +$$

$$+ u''(x)\,v^{(n-3)}(x) - + \ldots + (-1)^{n-1}u^{(n-1)}(x)\,v(x) + (-1)^n \int v(x)\,u^{(n)}(x)\,dx,$$

also

$$\int u(x)\,v^{(n)}(x)\,dx = \sum_{k=0}^{n-1} (-1)^k u^{(k)}(x)\,v^{(n-1-k)}(x) + (-1)^n \int v(x)\,u^{(n)}(x)\,dx. \tag{10.62}$$

Beispiel 10.45: Wir berechnen das Integral

$$\int x^m e^{(a+jb)x}dx.$$

Wir setzen $u(x) = x^m$, $v^{(m+1)}(x) = e^{(a+jb)x}$ und wenden (10.62) für $n = m + 1$ an. Aus

$$v(x) = \frac{e^{(a+jb)x}}{(a+jb)^{m+1}},\quad v^{(k)}(x) = \frac{e^{(a+jb)x}}{(a+jb)^{m+1-k}},\quad u^{(k)}(x) = \frac{m!}{(m-k)!}x^{m-k}$$

folgt damit

$$\int x^m e^{(a+jb)x}dx = e^{(a+jb)x}\sum_{k=0}^{m} (-1)^k \frac{m!}{(m-k)!}x^{m-k}\frac{1}{(a+jb)^{k+1}} + C.$$

Als Spezialfall $a = 0$, $b = 1$ erhalten wir daraus durch Vergleich der Real- und Imaginärteile

$$\int x^m \cos x\,dx = \sum_{k=0}^{m} \frac{m!}{(m-k)!}x^{m-k}\sin\left(x + \frac{k}{2}\pi\right) + C,\quad m = 0, 1, 2, \ldots,$$

wobei für $-\frac{1}{j} = \exp\left(j\frac{\pi}{2}\right)$ gesetzt wurde,

$$\int x^m \sin x\,dx = -\sum_{k=0}^{m} \frac{m!}{(m-k)!}x^{m-k}\cos\left(x + \frac{k}{2}\pi\right) + C,\quad m = 0, 1, 2, \ldots;$$

für $b = 0$ resultiert

$$\int x^m e^{ax}dx = e^{ax}\frac{m!}{a^{m+1}}(-1)^m \sum_{k=0}^{m} \frac{(-ax)^k}{k!} + C.$$

Ist $p(x)$ ein beliebiges Polynom vom Grade m, so ergibt sich aus (10.62) für $n = m + 1$, $u(x) = p(x)$, $v^{(m+1)}(x) = e^{ax}$ die Formel

$$\int p(x)\,e^{ax}dx = e^{ax}\sum_{k=0}^{m} \frac{(-1)^k}{a^{k+1}}p^{(k)}(x) + C;$$

ebenso leitet man

$$\int p(x)\, e^{jbx} dx = -\sum_{k=0}^{m} \frac{1}{b^{k+1}} p^{(k)}(x) \exp\left(j\left(bx + \frac{k+1}{2}\pi\right)\right) + C$$

ab und erhält daraus durch Vergleich der Real- und Imaginärteile

$$\int p(x) \cos bx\, dx = \sum_{k=0}^{m} \frac{p^{(k)}(x)}{b^{k+1}} \sin\left(bx + \frac{k}{2}\pi\right) + C$$

und

$$\int p(x) \sin bx\, dx = -\sum_{k=0}^{m} \frac{p^{(k)}(x)}{b^{k+1}} \cos\left(bx + \frac{k}{2}\pi\right) + C.$$

Die Methode der partiellen Integration läßt sich auch erfolgreich auf die Berechnung von Integralen wie

$$\int (\ln x)^n dx, \int \frac{dx}{(x^2+1)^n}, \int \tan^n x\, dx \quad \text{u.ä.}$$

mit Hilfe sogenannter *Rekursionsformeln* anwenden. Dabei werden Integrale des erwähnten Typs auf solche der *gleichen* Bauart, jedoch mit kleinerem Exponenten zurückgeführt. Mit der Aufstellung solcher Rekursionsformeln für Integrale, deren Integranden von einem meist positiven ganzzahligen Parameter n abhängen, ist die Integration theoretisch durchgeführt; man braucht nur noch das *Schlußintegral*, auf das man für jeden Wert des Parameters n nach endlich vielen Rekursionsschritten stößt, anzugeben.

Beispiel 10.46: Sei

$$I_n(x) = \int (\ln x)^n dx.$$

Setzen wir $u(x) = (\ln x)^n$, $v'(x) = 1$, so folgt mit $u'(x) = \frac{n}{x}(\ln x)^{n-1}$, $v(x) = x$

$$I_n(x) = x(\ln x)^n - n\int \frac{(\ln x)^{n-1}}{x} x\, dx = x(\ln x)^n - n\, I_{n-1}(x).$$

Da diese Formel für $n \geqslant 1$ gilt, ist $I_0(x) = \int dx = x + C$ das Schlußintegral dieser Rekursion.

Will man daraus $I_3(x)$ berechnen, so bildet man

$$I_3(x) = x(\ln x)^3 - 3I_2(x),\; I_2(x) = x(\ln x)^2 - 2I_1(x),$$

$$I_1(x) = x \ln x - I_0(x) = x \ln x - x + C$$

und erhält durch schrittweises Einsetzen

$$\int (\ln x)^3 dx = x(\ln x)^3 - 3x(\ln x)^2 + 6x \ln x - 6x + C.$$

Beispiel 10.47: Sei

$$I_n(x) = \int \frac{dx}{(x^2+1)^n}.$$

Mit $u(x) = (x^2+1)^{-n}$, $v'(x) = 1$ folgt

$$I_n(x) = \frac{x}{(x^2+1)^n} + \int x \frac{2nx\,dx}{(x^2+1)^{n+1}} =$$

$$= \frac{x}{(x^2+1)^n} + 2n \int \frac{x^2+1-1}{(x^2+1)^{n+1}}\,dx = \frac{x}{(x^2+1)^n} + 2n(I_n(x) - I_{n+1}(x)),$$

also

$$I_{n+1}(x) = \frac{1}{2n}\frac{x}{(x^2+1)^n} + \frac{2n-1}{2n} I_n(x), \quad n = 1, 2, \dots, I_1(x) = \arctan x + C.$$

Mit Hilfe dieser Rekursionsformel ergibt sich z.B.

$$\int \frac{dx}{(x^2+1)^3}\,dx = \frac{1}{4}\frac{x}{(x^2+1)^2} + \frac{3}{8}\frac{x}{x^2+1} + \frac{3}{8}\arctan x + C.$$

Beispiel 10.48: Die eben berechnete Rekursionsformel kann auch zur Berechnung des Integrales

$$\int \frac{dx}{(x^2+x+1)^2}$$

verwendet werden. Man erhält zunächst durch Substitution

$$\int \frac{dx}{(x^2+x+1)^2} = \int \frac{dx}{\left[\left(x+\frac{1}{2}\right)^2 + \frac{3}{4}\right]^2} = \frac{8}{3\sqrt{3}} \int \frac{du}{(u^2+1)^2}\Bigg|_{u=\frac{2x+1}{\sqrt{3}}} = \frac{8}{3\sqrt{3}} I_2(u)\Bigg|_{u=\frac{2x+1}{\sqrt{3}}}$$

und aus

$$I_2(u) = \frac{1}{2}\frac{u}{u^2+1} + \frac{1}{2} I_1(u) = \frac{1}{2}\frac{u}{u^2+1} + \frac{1}{2}\arctan u + C$$

schließlich

$$\int \frac{dx}{(x^2+x+1)^2} = \frac{1}{3}\frac{2x+1}{x^2+x+1} + \frac{4}{3\sqrt{3}}\arctan\frac{2x+1}{\sqrt{3}} + C.$$

Beispiel 10.49: Eine Rekursionsformel für die Integrale

$$I_n(x) = \int \sin^n x\,dx$$

erhält man durch die Wahl $u(x) = \sin^{n-1}x$, $v'(x) = \sin x$,

$$I_n(x) = -\sin^{n-1}x\cos x + (n-1)\int \sin^{n-2}x\cos^2 x\,dx$$

$$= -\sin^{n-1}x\cos x + (n-1)\int \sin^{n-2}x\,(1-\sin^2 x)\,dx$$

$$= -\sin^{n-1}x\cos x + (n-1) I_{n-2}(x) - (n-1) I_n(x),$$

oder

$$I_n(x) = -\frac{\sin^{n-1}x\cos x}{n} + \frac{n-1}{n} I_{n-2}(x), \quad n = 2, 3, \dots .$$

Für diese Rekursion benötigt man die Schlußintegrale $I_0(x) = \int dx = x + C$ und $I_1(x) = \int \sin x\,dx = -\cos x + C$, in Abhängigkeit davon, ob n gerade oder ungerade ist.

Die Integrale $I_n(x)$ kann man auch geschlossen auswerten, wenn man, wie im Beispiel 10.9, $\sin x = \frac{1}{2j}(e^{jx} - e^{-jx})$ einsetzt; wir überlassen dem Leser den Nachweis von

$$\int \sin^{2m} x\, dx = \frac{1}{2^{2m}} \left(\sum_{k=1}^{m} \binom{2m}{m-k} (-1)^k \frac{\sin 2kx}{k} + \binom{2m}{m} x \right) + C,$$

$$\int \sin^{2m+1} x\, dx = \frac{-1}{2^{2m}} \sum_{k=0}^{m} \binom{2m+1}{m-k} (-1)^k \frac{\cos(2k+1)x}{2k+1} + C.$$

Auf diese Weise erhält man das Ergebnis in Vielfachen des Argumentes x ausgedrückt, während mit der Rekursionsformel die Integrale I_n als Polynome in sin x und cos x dargestellt werden.

Analog ergibt sich

$$\int \cos^n x\, dx = \frac{\cos^{n-1} x \sin x}{n} + \frac{n-1}{n} \int \cos^{n-2} x\, dx, \quad n = 2, 3, \ldots,$$

mit den Schlußintegralen $I_0(x) = x + C$ und $I_1(x) = \sin x + C$. Eine geschlossene Auswertung dieser Integrale erhält man aus den obigen Darstellungen mit der Substituion $x = u + \frac{\pi}{2}$.

Beispiel 10.50: Eine Rekursionsformel für die Integrale

$$I_n(x) = \int \tan^n x\, dx$$

erhält man mit dem Kunstgriff

$$\begin{aligned} I_n(x) &= \int \tan^{n-2} x\,(\tan^2 x + 1 - 1)\,dx = \int \tan^{n-2} x\,(\tan^2 x + 1)\,dx - I_{n-2}(x) \\ &= \int \tan^{n-2} x\, d(\tan x) - I_{n-2}(x) = \frac{1}{n-1} \tan^{n-1} x - I_{n-2}(x), \quad n = 2, 3, \ldots \,. \end{aligned}$$

Auch für diese Rekursion werden zwei Schlußintegrale $I_0(x) = x + C$ und $I_1(x) = -\ln|\cos x| + C$ benötigt.

10.5 Die Integration rationaler Funktionen

Für die rationalen Funktionen ist eine systematische Integration möglich. Sie beruht auf der *Partialbruchzerlegung* rationaler Funktionen, die es ermöglicht, die Integration rationaler Funktionen auf die Berechnung von Integralen mit speziellen rationalen Integranden zurückzuführen.

Ist

$$r(x) = \frac{a_n x^n + a_{n-1} x^{n-1} + \ldots + a_1 x + a_0}{b_m x^m + b_{m-1} x^{m-1} + \ldots + b_1 x + b_0} = \frac{p(x)}{q(x)}$$

eine rationale Funktion, wobei wir komplexe Koeffizienten a_k, b_k der Polynome p(x) und q(x) zulassen, so ist für $n \geqslant m$

$$r(x) = \frac{p(x)}{q(x)} = Q(x) + \frac{P(x)}{q(x)},$$

worin $Q(x)$ ein Polynom vom Grad $n - m$ und $P(x)$ ein Polynom höchstens vom Grad $m - 1$ ist (vgl. (4.57)). Wir können uns daher im folgenden auf echt gebrochene rationale Funktionen beschränken.

Es sei z_0 eine (reelle oder komplexe) Nullstelle des Nenners $q(x)$ mit der Vielfachheit $k \geqslant 1$,

$$q(x) = (x - z_0)^k q^*(x), \quad q^*(z_0) \neq 0,$$

(vgl. (4.61)); damit läßt sich die echt gebrochene rationale Funktion $r(x) = \frac{p(x)}{q(x)}$ in der Gestalt

$$r(x) = \frac{p(x)}{(x - z_0)^k q^*(x)}$$

anschreiben. Nun gibt es genau eine Konstante A_0 und genau ein Polynom $p_1(x)$ höchstens vom Grad $m - 2$ mit

$$r(x) = \frac{p(x)}{q(x)} = \frac{A_0}{(x - z_0)^k} + \frac{p_1(x)}{(x - z_0)^{k-1} q^*(x)}. \tag{10.63}$$

Um dies zu sehen, betrachten wir die an der Stelle z_0 stetige Funktion

$$R(x) = (x - z_0)^k r(x) = \frac{p(x)}{q^*(x)};$$

wenn wir $A_0 = R(z_0) = \frac{p(z_0)}{q^*(z_0)}$ setzen, so ist z_0 eine Nullstelle der Funktion

$$\Phi(x) = R(x) - A_0 = \frac{p(x)}{q^*(x)} - A_0,$$

insbesondere ist z_0 eine Nullstelle des Polynoms $p(x) - A_0 q^*(x)$, woraus nach (4.61) die Existenz eines eindeutig bestimmten Polynoms $p_1(x)$ mit

$$p(x) - A_0 q^*(x) = (x - z_0) p_1(x)$$

folgt, wobei sich der Grad m' des Polynoms $p_1(x)$ aus der Beziehung $m' = \mathrm{Max}(n, m - k) - 1$ bestimmt. Wegen $n < m$ folgert man daraus $m' \leqslant m - 2$.

Wenn die Vielfachheit k der Nullstelle z_0 von $q(x)$ größer als 1 ist, kann man (10.63) auf die echt gebrochene rationale Funktion

$$r_1(x) = \frac{p_1(x)}{(x - z_0)^{k-1} q^*(x)}$$

anwenden,

$$r(x) = \frac{A_0}{(x - z_0)^k} + \frac{A_1}{(x - z_0)^{k-1}} + \frac{p_2(x)}{(x - z_0)^{k-2} q^*(x)},$$

worin das Polynom $p_2(x)$ und die Konstante A_1 eindeutig bestimmt sind. So fortfahrend erhält man nach k Schritten

$$r(x) = \frac{A_0}{(x - z_0)^k} + \frac{A_1}{(x - z_0)^{k-1}} + \ldots + \frac{A_{k-1}}{x - z_0} + r^*(x), \tag{10.64}$$

worin $r^*(x) = \frac{p^*(x)}{q^*(x)}$ wieder eine echt gebrochene rationale Funktion ist, deren Nenner $q^*(x)$ die Zahl z_0 nicht mehr als Nullstelle hat.

Der Ausdruck

$$\frac{A_0}{(x-z_0)^k} + \frac{A_1}{(x-z_0)^{k-1}} + \dots + \frac{A_{k-1}}{x-z_0} \tag{10.65}$$

heißt der *Hauptteil der rationalen Funktion* $r(x)$ *für die* k*-fache Nullstelle* z_0 *seines Nenners* $q(x)$, jeder seiner Summanden wird ein *Partialbruch* von $r(x)$ genannt.

Zur Bestimmung der Koeffizienten A_i des Hauptteils für die Nullstelle z_0 bilden wir die Funktion

$$R(x) = (x-z_0)^k\, r(x) = \frac{p(x)}{q^*(x)} = \sum_{i=0}^{k-1} A_i(x-z_0)^i + (x-z_0)^k\, r^*(x);$$

offenbar ist das Polynom

$$\sum_{i=0}^{k-1} A_i(x-z_0)^i$$

das Taylor-Polynom $(k-1)$-ten Grades der Funktion $R(x) = \frac{p(x)}{q^*(x)}$ an der Stelle z_0, sodaß wir zu den Bestimmungsgleichungen (vgl. (7.20))

$$A_i = \frac{R^{(i)}(z_0)}{i!}, \quad i = 0, 1, \dots, k-1, \tag{10.66}$$

für die Koeffizienten A_i gelangen.

Beispiel 10.51: Sei

$$r(x) = \frac{x^3+2x+1}{x^4-2x^3+2x^2-2x+1} = \frac{x^3+2x+1}{(x-1)^2(x^2+1)}.$$

Der Nenner $q(x)$ hat die reelle Nullstelle $z_0 = 1$ mit der Vielfachheit $k = 2$. Mit

$$R(x) = \frac{x^3+2x+1}{x^2+1}, \quad R'(x) = \frac{x^4+x^2-2x+2}{(x^2+1)^2}$$

folgt $R(1) = 2$, $R'(1) = \frac{1}{2}$ und daher

$$\frac{x^3+2x+1}{x^4-2x^3+2x^2-2x+1} = \frac{2}{(x-1)^2} + \frac{1}{2}\,\frac{1}{x-1} + \frac{p^*(x)}{x^2+1},$$

wobei

$$p^*(x) = \frac{1}{2}\,(x-1)$$

ist , so daß man

$$\frac{x^3+2x+1}{x^4-2x^3+2x^2-2x+1} = \frac{2}{(x-1)^2} + \frac{1}{2}\,\frac{1}{x-1} + \frac{1}{2}\,\frac{x-1}{x^2+1}$$

erhält.

Beispiel 10.52: Wir berechnen den Hauptteil der rationalen Funktion

$$r(x) = \frac{x-1}{x^2+1}$$

für die einfachen Nullstellen $z_1 = j$ und $z_2 = -j$ des Nenners. Es ergibt sich aus (10.66) für die Nullstelle $z_1 = j$ mit $R_1(x) = \frac{x-1}{x+j}$

$$R_1(j) = \frac{j-1}{2j} = \frac{1+j}{2}$$

und für die Nullstelle $z_2 = -j$ mit $R_2(x) = \frac{x-1}{x-j}$

$$R_2(-j) = \frac{-j-1}{-j-j} = \frac{1-j}{2}.$$

Daher sind

$$\frac{1+j}{2}\,\frac{1}{x-j} \text{ und } \frac{1-j}{2}\,\frac{1}{x+j}$$

die Hauptteile für die Nullstellen $z_1 = j$ und $z_2 = -j$. Man erhält

$$\frac{x-1}{x^2+1} = \frac{1+j}{2}\,\frac{1}{x-j} + \frac{1-j}{2}\,\frac{1}{x+j}.$$

Es sei nun $r(x) = \frac{p(x)}{q(x)}$ eine echt gebrochene rationale Funktion, deren Nenner $q(x)$ die reellen oder komplexen Nullstellen $z_1, z_2, \ldots, z_s$ mit den Vielfachheiten $k_1, k_2, \ldots, k_s$ hat ($k_1 + \ldots + k_s$ ist daher der Grad des Nenners $q(x)$). Durch Abspalten des Hauptteils der Nullstelle z_1 erhalten wir die echt gebrochene rationale Funktion

$$r_1(x) = r(x) - \left[\frac{A_{1,0}}{(x-z_1)^{k_1}} + \ldots + \frac{A_{1,k_1-1}}{x-z_1}\right],$$

deren Nenner die Nullstellen $z_2, z_3, \ldots, z_s$ mit den Vielfachheiten $k_2, k_3, \ldots, k_s$ hat. Spalten wir von dieser den Hauptteil der Nullstelle z_2 ab, dann den Hauptteil der Nullstelle z_3 usw., so ergibt sich schließlich

$$r(x) = \frac{p(x)}{q(x)} = \sum_{i=1}^{s} \sum_{h=0}^{k_i-1} \frac{A_{i,h}}{(x-z_i)^{k_i-h}}, \tag{10.67}$$

oder ausführlich

$$\begin{aligned} r(x) = {} & \frac{A_{1,0}}{(x-z_1)^{k_1}} + \frac{A_{1,1}}{(x-z_1)^{k_1-1}} + \ldots + \frac{A_{1,k_1-1}}{x-z_1} \\ & + \frac{A_{2,0}}{(x-z_2)^{k_2}} + \frac{A_{2,1}}{(x-z_2)^{k_2-1}} + \ldots + \frac{A_{2,k_2-1}}{x-z_1} \\ & + \ldots\ldots\ldots\ldots\ldots\ldots\ldots\ldots\ldots\ldots \\ & + \frac{A_{s,0}}{(x-z_s)^{k_s}} + \frac{A_{s,1}}{(x-z_s)^{k_s-1}} + \ldots + \frac{A_{s,k_s-1}}{x-z_s}. \end{aligned}$$

Die Darstellung (10.67) heißt *Partialbruchzerlegung* oder *Partialbruchentwicklung* von r(x); sie ist auf Grund der vorangegangenen Überlegungen eindeutig bestimmt. Man kann sie auch so aussprechen, daß *jede echt gebrochene rationale Funktion die Summe der Hauptteile sämtlicher Nullstellen ihres Nenners ist.*

Beispiel 10.53: Den Beispielen 10.51 und 10.52 entnehmen wir

$$\frac{x^3+2x+1}{(x-1)^2(x^2+1)} = \frac{2}{(x-1)^2} + \frac{1}{2}\frac{1}{x-1} + \frac{1+j}{4}\frac{1}{x-j} + \frac{1-j}{4}\frac{1}{x+j}.$$

Beispiel 10.54: Wir zerlegen die echt gebrochene rationale Funktion

$$r(x) = \frac{1}{(x-1)^3(x+5)(x^2+1)^2} = \frac{1}{x^8+2x^7-10x^6+18x^5-28x^4+30x^3-22x^2+14x-5}$$

in ihre Partialbrüche. Der Nenner hat die Nullstelle $z_1 = 1$ mit der Vielfachheit $k_1 = 3$, sowie die einfache Nullstelle $z_2 = -5$, $k_2 = 1$, und die zweifachen Nullstellen $z_3 = j$, $z_4 = -j$, $k_3 = k_4 = 2$.

Zur Berechnung der Hauptteile sind die Funktionen

$$R_i(x) = (x-z_i)^{k_i}\, r(x) = \frac{(x-z_i)^{k_i}}{q(x)} = \frac{1}{q_i(x)}, \quad i = 1, 2, 3, 4,$$

zu bilden. Für die Rechnung empfiehlt es sich aus Gründen der Übersicht, von den Formeln

$$R_i(z_i) = \frac{1}{q_i(z_i)}, \quad R_i'(z_i) = -\frac{q_i'(z_i)}{q_i^2(z_i)}, \quad R_i''(z_i) = \frac{2q_i'^2(z_i) - q_i(z_i)\, q_i''(z_i)}{q_i^3(z_i)}$$

Gebrauch zu machen, indem man zuerst die Ableitungen des Polynoms $q_i(x)$ berechnet.

Hauptteil für $z_1 = 1$. Aus

$$R_1(x) = (x-1)^3\, r(x) = \frac{1}{(x+5)(x^2+1)^2} = \frac{1}{q_1(x)}$$

erhalten wir

$$q_1'(x) = q_1(x)\left(\frac{1}{x+5} + \frac{2}{x-j} + \frac{2}{x+j}\right) = q_1(x)\left(\frac{1}{x+5} + 4\frac{x}{x^2+1}\right)$$

und weiter

$$q_1''(x) = q_1(x)\left(-\frac{1}{(x+5)^2} + 4\frac{1-x^2}{(x^2+1)^2}\right) + q_1'(x)\left(\frac{1}{x+5} + 4\frac{x}{x^2+1}\right),$$

woraus man $q_1(1) = 24$, $q_1'(1) = 52$, $q_1''(1) = 112$ und damit $R_1(1) = \frac{1}{24}$, $R_1'(1) = -\frac{13}{144}$ und $R_1''(1) = \frac{85}{432}$ berechnet; also ist

$$\frac{85}{864}\frac{1}{x-1} - \frac{13}{144}\frac{1}{(x-1)^2} + \frac{1}{24}\frac{1}{(x-1)^3}$$

der Hauptteil für die Nullstelle $z_1 = 1$.

Hauptteil für $z_2 = -5$. Mit

$$R_2(x) = (x+5)\, r(x) = \frac{1}{(x-1)^3(x^2+1)^2} = \frac{1}{q_2(x)}$$

und $q_2(-5) = -146016$ folgt $R_2(-5) = -\frac{1}{146016}$, so daß

$$-\frac{1}{146016}\frac{1}{x+5}$$

der Hauptteil für die Nullstelle $z_2 = -5$ ist.

Hauptteil für $z_3 = j$. Für diese Nullstelle ist

$$R_3(x) = (x-j)^2\, r(x) = \frac{1}{(x-1)^3\,(x+5)\,(x+j)^2} = \frac{1}{q_3(x)},$$

woraus man $R_3(j) = -\frac{2-3j}{208}$, $R_3'(j) = -\frac{133+15j}{2704}$ berechnet; der Hauptteil für diese Nullstelle ergibt sich damit zu

$$-\frac{133+15j}{2704}\,\frac{1}{x-j} - \frac{2-3j}{208}\,\frac{1}{(x-j)^2}.$$

Hauptteil für $z_4 = -j$. Für diesen erhält man durch Konjugieren des Hauptteils von z_3

$$-\frac{133-15j}{2704}\,\frac{1}{x+j} - \frac{2+3j}{208}\,\frac{1}{(x+j)^2},$$

denn es ist $R_4(x) = \overline{R_3(x)}$. Durch Zusammenfassen sämtlicher Hauptteile bekommt man schließlich

$$\frac{1}{(x-1)^3\,(x+5)\,(x^2+1)^2} = \frac{85}{864}\,\frac{1}{x-1} - \frac{13}{144}\,\frac{1}{(x-1)^2} + \frac{1}{24}\,\frac{1}{(x-1)^3}$$
$$-\frac{1}{146016}\,\frac{1}{x+5} - \frac{133+15j}{2704}\,\frac{1}{x-j} - \frac{2-3j}{208}\,\frac{1}{(x-j)^2} - \frac{133-15j}{2704}\,\frac{1}{x+j} - \frac{2+3j}{208}\,\frac{1}{(x+j)^2}.$$

Besonders einfach gestaltet sich die Berechnung eines Hauptteils, der zu einer einfachen Nullstelle z_0 des Nenners $q(x)$ der echt gebrochenen rationalen Funktion $r(x) = \frac{p(x)}{q(x)}$ gehört. Sein Koeffizient A_0 berechnet sich in diesem Fall zu

$$A_0 = R(z_0) = \frac{p(z_0)}{q^*(z_0)},$$

worin mit der Bezeichnung von (10.63) das Polynom $q^*(x)$ das Ergebnis der Division von $q(x)$ durch $(x - z_0)$ ist,

$$q(x) = (x - z_0)\, q^*(x).$$

Differenziert man diese Gleichung, so folgt

$$q'(x) = q^*(x) + (x - z_0)\, q^{*\prime}(x),$$

also insbesondere für $x = z_0$,

$$q'(z_0) = q^*(z_0),$$

was auf die Formel

$$A_0 = \frac{p(z_0)}{q'(z_0)} \tag{10.68}$$

führt. Hat daher der Nenner $q(x)$ der echt gebrochenen rationalen Funktion $r(x) = \frac{p(x)}{q(x)}$ nur einfache Nullstellen $z_1, \ldots, z_m$, so wird

$$r(x) = \frac{p(x)}{q(x)} = \sum_{i=1}^{m} \frac{c_i}{x - z_i}, \quad c_i = \frac{p(z_i)}{q'(z_i)}, \quad i = 1, \ldots, m. \tag{10.69}$$

Beispiel 10.55: Der Nenner der rationalen Funktion

$$r(x) = \frac{x^2}{x^4 + 1}$$

hat die einfachen Nullstellen $z_i = \exp\left(\frac{(2i-1)}{4} j\pi\right)$, $i = 1, 2, 3, 4$. Mit $\frac{p(x)}{q'(x)} = \frac{1}{4x}$ ergibt sich daher nach (10.69) $c_i = \frac{1}{4} \exp\left(-j \frac{(2i-1)\pi}{4}\right) = \frac{1}{4} \overline{z}_i$ und

$$\frac{x^2}{x^4 + 1} = \frac{1}{4} \sum_{i=1}^{4} \frac{\overline{z}_i}{x - z_i}.$$

Mit Hilfe der Partialbruchzerlegung (10.67) (bzw. (10.69)) wird die Integration rationaler Funktionen auf die Grundintegrale (10.28) und (10.29) zurückgeführt,

$$\int \frac{p(x)}{q(x)} dx = \sum_{i=1}^{s} \sum_{h=0}^{k_i - 1} A_{i,h} \int \frac{dx}{(x - z_i)^{k_i - h}}. \tag{10.70}$$

Dieses Ergebnis gilt im allgemeinen Fall, daß der Nenner $q(x)$ und der Zähler $p(x)$ Polynome mit komplexen Koeffizienten sind.

Wir wollen jetzt voraussetzen, daß $r(x) = \frac{p(x)}{q(x)}$ reellwertig ist, also $p(x)$ und $q(x)$ reelle Polynome sind. Mit diesen Annahmen tritt neben einer komplexen Nullstelle z_0 auch ihr Konjugium $\overline{z}_0$ als Nullstelle von $q(x)$ (mit derselben Vielfachheit) auf. Aus den Bestimmungsgleichungen

$$A_i = \frac{1}{i!} R^{(i)}(z_0), \quad i = 0, 1, \ldots, k-1,$$

für die Koeffizienten A_i des Hauptteiles für die Nullstelle z_0 folgt durch Konjugieren wegen $\overline{(x - z_0)^k r(x)} = (x - \overline{z}_0)^k r(x)$

$$\overline{A}_i = \frac{1}{i!} \overline{R^{(i)}(z_0)} = \frac{1}{i!} R^{*(i)}(\overline{z}_0), \quad i = 0, 1, \ldots, k-1, \quad R^*(x) = (x - \overline{z}_0)^k r(x),$$

woraus hervorgeht, daß die konjugierten Zahlen $\overline{A}_i$ die Koeffizienten des Hauptteiles für die Nullstelle $\overline{z}_0$ sind. Infolgedessen sind auch die Hauptteile für z_0 und $\overline{z}_0$ konjugiert komplex, und wir erhalten durch Zusammenfassen der Integrale der beiden Hauptteile

$$\int \sum_{i=0}^{k-1} \frac{A_i dx}{(x - z_0)^{k-i}} + \int \sum_{i=0}^{k-1} \frac{\overline{A}_i dx}{(x - \overline{z}_0)^{k-i}} = 2 \operatorname{Re}\left(\sum_{i=0}^{k-1} A_i \int \frac{dx}{(x - z_0)^{k-i}}\right). \tag{10.71}$$

Dies bedeutet, daß man bloß den Hauptteil für die Nullstelle z_0 zu integrieren braucht und davon den zweifachen Realteil zu bilden hat.

Beispiel 10.56: (siehe Beispiel 10.53)

$$\int \frac{x^3 + 2x + 1}{(x-1)^2 (x^2+1)} dx = \int \frac{2\,dx}{(x-1)^2} + \frac{1}{2} \int \frac{dx}{x-1} + 2\operatorname{Re}\left(\frac{1+j}{4} \int \frac{dx}{x-j}\right)$$

$$= -2 \frac{1}{x-1} + \frac{1}{2} \ln|x-1| + 2\operatorname{Re}\left(\frac{1+j}{4} \ln(x-j)\right) + C.$$

Mit

$$\ln(x-j) = \ln|x-j| + j\arg(x-j) = \frac{1}{2}\ln(x^2+1) + j\arc\tan x$$

(vgl. (10.32)) folgt weiter

$$2\,\mathrm{Re}\left(\frac{1+j}{4}\ln(x-j)\right) = \frac{1}{2}(\ln\sqrt{x^2+1} - \arc\tan x),$$

also

$$\int \frac{x^3+2x+1}{(x-1)^2(x^2+1)} = -2\frac{1}{x-1} + \frac{1}{2}\ln|x-1| + \frac{1}{4}\ln(x^2+1) - \frac{1}{2}\arc\tan x + C.$$

Beispiel 10.57: (siehe Beispiel 10.54)

$$\int \frac{dx}{(x-1)^3(x+5)(x^2+1)^2} = \frac{85}{864}\int\frac{dx}{x-1} - \frac{13}{144}\int\frac{dx}{(x-1)^2}$$
$$+ \frac{1}{24}\int\frac{dx}{(x-1)^3} - \frac{1}{146016}\int\frac{dx}{x+5} - 2\,\mathrm{Re}\left(\frac{133+15j}{2704}\int\frac{dx}{x-j} + \frac{2-3j}{208}\int\frac{dx}{(x-j)^2}\right)$$

$$= \frac{85}{864}\ln|x-1| + \frac{13}{144}\frac{1}{x-1} - \frac{1}{48}\frac{1}{(x-1)^2} - \frac{1}{146016}\ln|x+5|$$
$$- \frac{133}{2704}\ln(x^2+1) + \frac{15}{1352}\arc\tan x + \frac{1}{104}\frac{2x+3}{x^2+1} + C.$$

Beispiel 10.58: (siehe Beispiel 10.55). Hier ist $z_4 = \bar{z}_1$, $z_3 = \bar{z}_2$,

$$\int\frac{x^2}{x^4+1}dx = \frac{1}{2}\mathrm{Re}\left(\int\frac{\bar{z}_1 dx}{x-z_1} + \int\frac{\bar{z}_2 dx}{x-z_2}\right) = \frac{1}{2}\mathrm{Re}\left(\bar{z}_1\ln(x-z_1) + \bar{z}_2\ln(x-z_2)\right) + C.$$

Aus $z_1 = \exp\left(\frac{j\pi}{4}\right) = \frac{1+j}{\sqrt{2}}$, $z_2 = \exp\left(\frac{3j\pi}{4}\right) = \frac{-1+j}{\sqrt{2}}$ und

$$\ln|x-z_1| = \frac{1}{2}\ln(x^2 - x\sqrt{2}+1),\quad \ln|x-z_2| = \frac{1}{2}\ln(x^2+x\sqrt{2}+1)$$

erhalten wir

$$\mathrm{Re}\left(\frac{1-j}{\sqrt{2}}\ln\left(x-\frac{1+j}{\sqrt{2}}\right) - \frac{1+j}{\sqrt{2}}\ln\left(x+\frac{1-j}{\sqrt{2}}\right)\right) =$$
$$= \mathrm{Re}\left(\frac{1-j}{\sqrt{2}}\left[\frac{1}{2}\ln(x^2-x\sqrt{2}+1) + j\arc\tan(x\sqrt{2}-1)\right]\right.$$
$$\left. - \frac{1+j}{\sqrt{2}}\left[\frac{1}{2}\ln(x^2+x\sqrt{2}+1) + j\arc\tan(x\sqrt{2}+1)\right]\right)$$
$$= \frac{1}{2\sqrt{2}}\ln\frac{x^2-x\sqrt{2}+1}{x^2+x\sqrt{2}+1} + \frac{1}{\sqrt{2}}\arc\tan(x\sqrt{2}-1) + \frac{1}{\sqrt{2}}\arc\tan(x\sqrt{2}+1),$$

und daher

$$\int\frac{x^2}{x^4+1}dx = \frac{1}{4\sqrt{2}}\ln\frac{x^2-x\sqrt{2}+1}{x^2+x\sqrt{2}+1} + \frac{1}{2\sqrt{2}}\arc\tan\frac{x\sqrt{2}}{1-x^2} + C,$$

worin das Additionstheorem (3.53) der Arcus-Tangens-Funktion verwendet wurde.

10.6 Systematische Integration einiger Funktionenklassen

Da sich rationale Funktionen geschlossen integrieren lassen, ergibt sich auch ein Weg zur geschlossenen Auswertung von Integralen, die sich durch geeignete Substitutionen auf Integrale rationaler Funktionen zurückführen lassen. Wir besprechen im folgenden eine Auswahl solcher Funktionenklassen; dabei stehen die Buchstaben r, r_1, R stets für eine rationale Funktion.

I. Integrale vom Typ

$$\int r(e^x)\,dx. \tag{10.72}$$

Sie gehen durch die Substitution

$$e^x = u,\ \ x = \ln u,\ \ dx = \frac{1}{u}\,du \tag{10.73}$$

in

$$\int r(u)\,\frac{du}{u} = \int R(u)\,du \tag{10.74}$$

über.

Beispiel 10.59:

$$\int \frac{dx}{1+e^x} = \int \frac{1}{u}\,\frac{du}{1+u} = \int \frac{du}{u} - \int \frac{du}{u+1} = \ln|u| - \ln|u+1|\,\Big|_{u=e^x} + C = x - \ln(e^x+1) + C.$$

II. Integrale vom Typ

$$\int r(\sinh x, \cosh x)\,dx. \tag{10.75}$$

Setzt man hier

$$\sinh x = \frac{1}{2}\,(e^x - e^{-x}),\ \ \cosh x = \frac{1}{2}\,(e^x + e^{-x}),$$

so geht das Integral (10.75) in ein Integral vom Typ (10.72) über,

$$\int r(\sinh x, \cosh x)\,dx = \int r\left(\frac{1}{2}\,(e^x - e^{-x}),\ \frac{1}{2}\,(e^x + e^{-x})\right) dx =$$

$$= \int r\left(\frac{1}{2}\left(e^x - \frac{1}{e^x}\right),\ \frac{1}{2}\left(e^x + \frac{1}{e^x}\right)\right) dx = \int R(e^x)\,dx.$$

Beispiel 10.60:

$$\int \frac{dx}{\sinh x} = \int \frac{2\,dx}{e^x - e^{-x}} = \int \frac{2}{e^x - \frac{1}{e^x}}\,dx = \int \frac{2}{u}\,\frac{du}{u - \frac{1}{u}} = 2\int \frac{du}{u^2-1} = \ln\left|\frac{u-1}{u+1}\right|_{u=e^x} + C$$

$$= \ln\left|\frac{e^x-1}{e^x+1}\right| + C.$$

III. Integrale vom Typ

$$\int r(\sin x, \cos x)dx. \qquad (10.76)$$

Substituiert man

$$\tan\frac{x}{2} = t, \;\; x = 2\arctan t, \; dx = \frac{2\,dt}{1+t^2}, \qquad (10.77)$$

so erhält man aus (3.44)

$$\sin\frac{x}{2} = \frac{t}{\sqrt{1+t^2}}, \quad \cos\frac{x}{2} = \frac{1}{\sqrt{1+t^2}}$$

und daraus

$$\sin x = \frac{2t}{1+t^2}, \quad \cos x = \frac{1-t^2}{1+t^2}, \qquad (10.78)$$

womit (10.76) in

$$\int r(\sin x, \cos x)\,dx = \int r\left(\frac{2t}{1+t^2}, \frac{1-t^2}{1+t^2}\right)\frac{2}{1+t^2}\,dt = \int R(t)dt$$

übergeht.

Beispiel 10.61:

$$\int\frac{dx}{5-4\cos x} = 2\int\frac{1}{5-4\dfrac{1-t^2}{1+t^2}}\,\frac{dt}{1+t^2} = \int\frac{2\,dt}{1+9t^2} = \frac{2}{3}\int\frac{d(3t)}{1+(3t)^2} = \frac{2}{3}\arctan(3t) + C$$

$$= \frac{2}{3}\arctan\left(3\tan\frac{x}{2}\right) + C.$$

IV. Integrale vom Typ

$$\int r(x, \sqrt{ax^2+bx+c})dx \qquad (10.79)$$

lassen sich auf die Integrale

$$\int r_1(u, \sqrt{u^2+1})du \;\text{ mit }\; u = \frac{1}{\omega}\left(x\sqrt{a} + \frac{b}{2\sqrt{a}}\right) \text{ im Falle } a > 0, \quad \omega^2 = c - \frac{b^2}{4a} > 0, \qquad (10.80)$$

$$\int r_1(u, \sqrt{u^2-1})du \;\text{ mit }\; u = \frac{1}{\omega}\left(x\sqrt{a} + \frac{b}{2\sqrt{a}}\right) \text{ im Falle } a > 0, \quad \omega^2 = \frac{b^2}{4a} - c > 0, \qquad (10.81)$$

$$\int r_1(u, \sqrt{1-u^2})du \;\text{ mit }\; u = \frac{1}{\omega}\left(x\sqrt{-a} - \frac{b}{2\sqrt{-a}}\right) \text{ im Falle } a < 0, \quad \omega^2 = c - \frac{b^2}{4a} > 0, \qquad (10.82)$$

zurückführen. Für (10.80) substituiert man u = sinh t, du = cosh t dt und gelangt mit

$$\int r_1(u, \sqrt{u^2+1})\,du = \int r_1(\sinh t, \cosh t) \cosh t \, dt = \int R(\sinh t, \cosh t)\,dt$$

auf ein Integral vom Typ (10.75). Ähnlich wird (10.81) durch die Substitution u = cosh t, du = sinh t dt, auf ein Integral vom Typ (10.75) zurückgeführt. Für (10.82) substituiert man u = cos t (oder u = sin t), womit (10.82) auf ein Integral (10.76) transformiert wird,

$$\int r_1(u, \sqrt{1-u^2})\,du = -\int r_1(\cos t, \sin t) \sin t \, dt = \int R(\cos t, \sin t)\,dt.$$

Beispiel 10.62:

$$\int \frac{dx}{x+\sqrt{x^2+2x+2}} = \int \frac{dx}{x+\sqrt{(x+1)^2+1}} = \int \frac{du}{u-1+\sqrt{u^2+1}}\bigg|_{u=x+1}$$

$$= \int \frac{\cosh t \, dt}{\sinh t - 1 + \cosh t}\bigg|_{\sinh t = u} = \frac{1}{2}\int \frac{e^t+e^{-t}}{e^t-1}\,dt$$

$$= \frac{1}{2}\int \frac{\left(v+\frac{1}{v}\right)\frac{dv}{v}}{v-1}\bigg|_{t=\ln v} = \frac{1}{2}\int \frac{(v^2+1)}{v^2(v-1)}\,dv = \int \left(\frac{1}{v-1} - \frac{1}{2}\frac{1}{v^2} - \frac{1}{2}\frac{1}{v}\right)dv$$

$$= \ln|v-1| + \frac{1}{2}\frac{1}{v} - \frac{1}{2}\ln|v| + C = \frac{1}{2}\ln\left(\frac{(e^t-1)^2}{e^t}\right) + \frac{1}{2}e^{-t}\bigg|_{t=\operatorname{ar\,sinh}(x+1)} + C$$

$$= \frac{1}{2}\ln\left|\frac{(x+\sqrt{x^2+2x+2})^2}{x+1+\sqrt{x^2+2x+2}}\right| + \frac{1}{2}\,\frac{1}{x+1+\sqrt{x^2+2x+2}} + C.$$

Beispiel 10.63:

$$\int \frac{dx}{x-1+\sqrt{2x-x^2}} = \int \frac{du}{u+\sqrt{1-u^2}}\bigg|_{u=x-1} = \int \frac{\cos t \, dt}{\sin t + \cos t}\bigg|_{\sin t = u}.$$

Dieses Integral berechnet man schneller ohne die Substitution (10.78):

$$\int \frac{\cos t \, dt}{\sin t + \cos t} = \frac{1}{\sqrt{2}}\int \frac{\cos t \, dt}{\sin\left(t+\frac{\pi}{4}\right)} = \frac{1}{\sqrt{2}}\int \frac{\cos\left(v-\frac{\pi}{4}\right)}{\sin v}\,dv\bigg|_{v=t+\frac{\pi}{4}} =$$

$$= \frac{1}{2}\int \frac{\cos v + \sin v}{\sin v}\,dv = \frac{1}{2}\ln|\sin v| + \frac{v}{2} + C =$$

$$= \frac{1}{2}\ln\left|\sin\left(t+\frac{\pi}{4}\right)\right| + \frac{t}{2} + \frac{\pi}{8} + C = \frac{1}{2}\ln\left|\frac{1}{\sqrt{2}}(u+\sqrt{1-u^2})\right| + \frac{1}{2}\arcsin u + C'$$

$$= \frac{1}{2}\arcsin(x-1) + \frac{1}{2}\ln\left|x-1+\sqrt{2x-x^2}\right| + C''.$$

V. Integrale vom Typ

$$\int r(x, \sqrt[m]{ax+b})\,dx \tag{10.83}$$

werden durch die Substitution

$$\sqrt[m]{ax+b} = t,\ t^m = ax+b,\ x = \frac{t^m - b}{a},\ dx = \frac{m}{a}\, t^{m-1}\, dt \tag{10.84}$$

in Integrale mit rationalem Integranden übergeführt,

$$\int r(x, \sqrt[m]{ax+b})\, dx = \int r\left(\frac{t^m - b}{a}, t\right) \frac{m}{a}\, t^{m-1}\, dt = \int R(t)\, dt.$$

Beispiel 10.64:

$$\int \frac{x+1}{x+\sqrt[3]{x-2}}\, dx = \int \frac{t^3+3}{t^3+t+2}\, 3t^2 dt \Big|_{t=\sqrt[3]{x-2}} = 3\int \frac{t^5+3t^2}{t^3+t+2}\, dt$$

$$= 3\int \left[t^2 - 1 + \frac{t^2+t+2}{t^3+t+2}\right] dt$$

$$= t^3 - 3t + \int \left[\frac{3}{2}\frac{1}{t+1} + \frac{3\sqrt{7}-15j}{4\sqrt{7}}\, \frac{1}{t - \frac{1+j\sqrt{7}}{2}} + \frac{3\sqrt{7}+15j}{4\sqrt{7}}\, \frac{1}{t - \frac{1-j\sqrt{7}}{2}}\right] dt$$

$$= t^3 - 3t + \frac{3}{2}\ln|t+1| + \mathrm{Re}\left(\frac{3\sqrt{7}-15j}{2\sqrt{7}}\ln\left(t - \frac{1+j\sqrt{7}}{2}\right)\right) + C$$

$$= \left(t^3 - 3t + \frac{3}{2}\ln|t+1| + \frac{3}{4}\ln|t^2-t+2| + \frac{15}{2\sqrt{7}}\arctan\frac{2t-1}{\sqrt{7}}\right)\Bigg|_{t=\sqrt[3]{x-2}} + C'.$$

VI. Integrale vom Typ

$$\int r\left(x, \sqrt[m]{\frac{ax+b}{cx+d}}\right) dx \tag{10.85}$$

können mit der Substitution

$$\sqrt[m]{\frac{ax+b}{cx+d}} = t,\ t^m = \frac{ax+b}{cx+d},\ x = \frac{dt^m - b}{a - ct^m},\ dx = mt^{m-1}\, \frac{ad-bc}{(a-ct^m)^2}\, dt, \tag{10.86}$$

ebenfalls auf Integrale mit rationalem Integranden transformiert werden,

$$\int r\left(x, \sqrt[m]{\frac{ax+b}{cx+d}}\right) dx = m(ad-bc)\int r\left(\frac{t^m d - b}{a-ct^m}, t\right)\frac{t^{m-1}}{(a-ct^m)^2}\, dt = \int R(t)\, dt.$$

Beispiel 10.65:

$$\int \frac{1}{x}\sqrt{\frac{x+1}{4-x}}\, dx = \frac{5}{2}\int \frac{t^2}{\left(t^2 - \frac{1}{4}\right)(t^2+1)}\, dt \Bigg|_{t=\sqrt{\frac{x+1}{4-x}}}$$

$$= \int \left[\frac{1}{2}\frac{1}{t-\frac{1}{2}} - \frac{1}{2}\frac{1}{t+\frac{1}{2}} - j\frac{1}{t-j} + j\frac{1}{t+j}\right] dt$$

$$= \frac{1}{2}\ln\left|\frac{2t-1}{2t+1}\right| + 2\,\mathrm{Re}(-j\ln(t-j)) + C = \left(\frac{1}{2}\ln\left|\frac{2t-1}{2t+1}\right| + 2\arctan t\right)\Bigg|_{t=\sqrt{\frac{x+1}{4-x}}} + C.$$

VII. Integrale vom Typ

$$\int r(x, \sqrt{ax+b}, \sqrt{cx+d})\,dx \tag{10.87}$$

werden mit jeder der Substitutionen

$$ax + b = t^2 \quad \text{bzw.} \quad cx + d = t^2 \tag{10.88}$$

in ein Integral der Form (10.79) verwandelt.

Beispiel 10.66:

$$\int \frac{x - \sqrt{x+1}}{\sqrt{x+2}}\,dx = \int \frac{t^2 - 2 - \sqrt{t^2-1}}{t}\,2t\,dt\,\Bigg|_{t=\sqrt{x+2}} = 2\int \left[t^2 - 2 - \sqrt{t^2-1}\right] dt$$

$$= \left(\frac{2}{3}t^3 - 4t + \ln(t + \sqrt{t^2-1}) - t\sqrt{t^2-1}\right)\Bigg|_{t=\sqrt{x+2}} + C$$

$$= \frac{2}{3}\sqrt{(x+2)^3} - 4\sqrt{x+2} + \ln\left(\sqrt{x+2} + \sqrt{x+1}\right) - \sqrt{x+2}\,\sqrt{x+1} + C.$$

Hier wäre es ungeschickt gewesen, $x + 1 = t^2$ zu substituieren!

10.7 Bemerkungen zur unbestimmten Integration

Die Methoden der unbestimmten Integration, die wir in den vorangegangenen Abschnitten besprochen haben, erschöpfen im wesentlichen die Möglichkeiten, Integrale mit Hilfe der elementaren Funktionen in geschlossener Form auswerten zu können.

Während die Differentiation der elementaren Funktionen und ihrer Zusammensetzungen stets wieder auf solche Funktionstypen führt, zeigt sich in der Integralrechnung ein gänzlich anderer Sachverhalt. So ist es z.B. nicht möglich, die Integrale

$$\int e^{x^2}\,dx, \int \frac{\sin x}{x}\,dx, \int \frac{\cos x}{x}\,dx, \int \frac{e^x}{x}\,dx,$$

$$\int \frac{dx}{\sqrt{p(x)}}, \int \sqrt{p(x)}\,dx, \quad p(x) = \sum_{k=0}^{n} a_k x^k, \quad n \geqslant 3,$$

durch elementare Funktionen auszudrücken (wiewohl Stammfunktionen dieser stetigen Integranden existieren). Die unbestimmte Integration führt also, anders als die Differentiation, aus der Klasse der elementaren Funktionen hinaus.

Im Grunde kann dieser Sachverhalt nicht unerwartet sein, denn die Forderung der Stetigkeit des Integranden, die allein für die unbestimmte Integration erhoben wird, hat nichts damit zu tun, ein Integral mit Hilfe elementarer Funktionen auswerten zu können. Wenn wir – als Denkmodell – nur die rationalen Funktionen als „elementare" Funktionen zulassen, so führt auch hier die Integration – wiederum im Gegensatz zur Differentiation – aus dieser Funktionenklasse heraus, denn die Integrale

$$\int \frac{dx}{1+x^2}, \int \frac{dx}{x}$$

sind keine rationalen Funktionen. Man pflegt jene Funktionen, die sich mit Hilfe der elementaren Funktionen in endlich vielen Zusammensetzungen integrieren lassen, *elementar integrierbar* zu nennen; im anderen Fall spricht man von *elementar nicht integrierbaren* Funktionen. Die Entscheidung, ob eine Funktion elementar integrierbar ist, macht eine nicht unerhebliche Schwierigkeit der praktischen Integration aus.

Integrale elementar nicht integrierbarer Funktionen definieren „neue" Funktionen, deren Berechnung nur mittels numerischer Verfahren möglich ist. Im übrigen gilt letzteres auch für die elementaren transzendenten Funktionen, die wegen ihres wiederholten und bedeutsamen Auftretens in Theorie und Praxis in die Liste der elementaren Funktionen eingereiht werden.

10.8 Übungsbeispiele

Man berechne die nachstehenden Integrale:

1. $\int \frac{(x+1)^2}{\sqrt{x}}\,dx$
2. $\int \frac{x^2-x+1}{x-3}\,dx$
3. $\int \frac{x^4}{x-1}\,dx$
4. $\int \frac{\arctan x}{1+x^2}\,dx$
5. $\int \cos x \cos 3x\,dx$
6. $\int \cos x \sin 3x\,dx$
7. $\int \frac{\sin x}{\sqrt[3]{\cos^2 x}}\,dx$
8. $\int \frac{\cos x}{1+\sin x}\,dx$
9. $\int \frac{1+\cos^2 x}{1+\cos 2x}\,dx$
10. $\int \frac{(1+x)^2}{x(1+x^2)}\,dx$
11. $\int \sin^3 x \cos^2 x\,dx$
12. $\int \frac{\cos^8 x}{\sin^2 x}\,dx$
13. $\int \frac{1}{\cos x}\,dx$
14. $\int \frac{\sin x - \cos x}{\sin x + \cos x}\,dx$
15. $\int \frac{1}{1+\tan x}\,dx$
16. $\int \frac{1}{\sin x + \cos x}\,dx$
17. $\int \frac{x^3}{\sqrt[3]{x^4+1}}\,dx$
18. $\int x\sqrt{1-x^2}\,dx$
19. $\int \frac{2x-3}{x^2-3x+5}\,dx$
20. $\int \frac{1}{\cos^2 x\sqrt{1+\tan x}}\,dx$
21. $\int \frac{x^2}{x^3+1}\,dx$
22. $\int \frac{1}{x \ln x}\,dx$
23. $\int x\, e^{-x^2}\,dx$
24. $\int a^{-x}\,dx$
25. $\int \frac{1+x}{\sqrt{1-x^2}}\,dx$
26. $\int \frac{e^x}{e^{2x}+4}\,dx$
27. $\int \frac{1+x-x^2}{\sqrt{(1-x^2)^3}}\,dx$
28. $\int \frac{x(1-x^2)}{1+x^4}\,dx$
29. $\int \frac{2x-\sqrt{\arcsin x}}{\sqrt{1-x^2}}\,dx$
30. $\int \frac{3x-1}{x^2+9}\,dx$
31. $\int \frac{1}{1+\sqrt{x^2+1}}\,dx$
32. $\int \frac{x^3}{\sqrt{x-1}}\,dx$
33. $\int \frac{1}{\sqrt{1+e^x}}\,dx$
34. $\int \frac{\sqrt{1+\ln x}}{x \ln x}\,dx$
35. $\int \frac{\ln \tan x}{\sin x \cos x}\,dx$
36. $\int \frac{1}{x^2\sqrt{x^2+a^2}}\,dx$

37. $\int \frac{1}{x\sqrt{1+x^2}}\,dx$ 38. $\int (x+1)\sqrt{x^2+2x}\,dx$ 39. $\int \frac{\sqrt{x}}{1+\sqrt{x^3}}\,dx$

40. $\int \frac{2x+3}{\sqrt{1+x^2}}\,dx$ 41. $\int \frac{1}{x\sqrt{3-\ln^2 x}}\,dx$ 42. $\int \frac{1}{\sqrt{5-2x+x^2}}\,dx$

43. $\int \frac{1}{\sqrt{12x-2-9x^2}}\,dx$ 44. $\int \frac{8x-11}{\sqrt{5+2x-x^2}}\,dx$ 45. $\int \sqrt{\frac{a-x}{x-b}}\,dx$

46. $\int \frac{x^3}{\sqrt{1+2x^2}}\,dx$ 47. $\int \frac{\sqrt{x+1}+1}{\sqrt{x+1}-1}\,dx$ 48. $\int \frac{\sqrt{x^2+2x}}{x}\,dx$

49. $\int \frac{1}{(x+1)(2x+1)}\,dx$ 50. $\int \frac{2x^2+41x-91}{(x-1)(x+3)(x-4)}\,dx$ 51. $\int \frac{x^3-1}{4x^3-x}\,dx$

52. $\int \frac{x^6-2x^4+3x^3-9x^2+4}{x^5-5x^3+4x}\,dx$ 53. $\int \left(\frac{x+2}{x-1}\right)^2 dx$ 54. $\int \frac{1}{1+x^3}\,dx$

55. $\int \frac{2x^2-3x-3}{(x-1)(x^2-2x+5)}\,dx$ 56. $\int \frac{x^4+1}{x^3-x^2+x-1}\,dx$ 57. $\int \frac{x^3-6}{x^4+6x^2+8}\,dx$

58. $\int \frac{x^3+x-1}{(x^2+2)^2}\,dx$ 59. $\int \frac{(x+1)^4}{(x^2+2x+2)^3}\,dx$ 60. $\int \frac{1}{(x^2+9)^3}\,dx$

61. $\int \frac{2x}{(1+x)(1+x^2)^2}\,dx$ 62. $\int \frac{x}{\sqrt{x+1}+\sqrt[3]{x+1}}\,dx$ 63. $\int \sqrt{\frac{1-\sqrt{x}}{1+\sqrt{x}}}\,dx$

64. $\int \frac{x^2+\sqrt{1+x}}{\sqrt[3]{1+x}}\,dx$ 65. $\int \frac{1}{x}\frac{\sqrt[3]{1-x}}{\sqrt[3]{1+x}}\,dx$ 66. $\int \frac{1}{\sqrt[4]{1+x^4}}\,dx$

67. $\int \frac{1}{(\sin x+\cos x)^2}\,dx$ 68. $\int \frac{\sin^2 x}{1-\tan x}\,dx$ 69. $\int \frac{1}{1+\sin^2 x}\,dx$

70. $\int \frac{1}{1-\sin^4 x}\,dx$ 71. $\int \frac{1}{a^2\cos^2 x+b^2\sin^2 x}\,dx$ 72. $\int \frac{2-\sin x}{2+\cos x}\,dx$

73. $\int \sqrt{\tan x}\,dx$ 74. $\int \frac{1}{\sinh x}\,dx$ 75. $\int \sqrt{\tanh x}\,dx$

76. $\int \frac{1}{\tanh x}\,dx$ 77. $\int \frac{1}{x\sqrt{x^2+x+1}}\,dx$ 78. $\int \frac{1}{(2x-3)\sqrt{4x-x^2}}\,dx$

79. $\int \frac{1}{1+\sqrt{x^2+2x+2}}\,dx$ 80. $\int \frac{2x+3}{(x^2+2x+3)\sqrt{x^2+2x+4}}\,dx$

81. $\int \frac{x\sqrt{1+x}}{\sqrt{1-x}}\,dx$ 82. $\int \frac{1}{x-\sqrt{x^2-1}}\,dx$ 83. $\int \sqrt{1+\frac{1}{\sin x}}\,dx$

84. $\int \frac{\arcsin x}{x^2}\,dx$ 85. $\int \frac{1}{(x^3+3x^2+3x+1)\sqrt{x^2+2x-3}}\,dx$

Man berechne die Hauptteile der folgenden echt gebrochenen rationalen Funktionen:

86. $r(x) = \frac{x}{2x^2 - 3x - 2}$

87. $r(x) = \frac{1}{6x^3 - 7x^2 - 3x}$

88. $r(x) = \frac{1}{x^4 - 3x^2 + 2}$

89. $r(x) = \frac{x^2}{x^3 + 5x^2 + 8x + 4}$

90. $r(x) = \frac{x^3 - 6x^2 + 9x + 7}{(x-2)^3 (x-5)}$

91. $r(x) = \frac{x^2 - 2x + 3}{(x-1)(x^3 - 4x^2 + 3x)}$

92. $r(x) = \frac{x^3 - 2x^2 + 4}{x^3 (x-2)^2}$

93. $r(x) = \frac{1}{(x^2 + 1)(x^2 + x)}$

94. $r(x) = \frac{1}{(x+1)^2 (x^2 + 1)}$

95. $r(x) = \frac{1}{x(x^2 + 4)^2 (x^2 + 1)}$

96. $r(x) = \frac{1}{(x^2 + 2x + 10)^3}$

97. $r(x) = \frac{3x^4 + 4}{x^2 (x^2 + 1)^3}$

98. $r(x) = \frac{(x-1)^2}{(1+x)(x^2+1)^3}$

99. $r(x) = \frac{x^3 + 4x^2 + 6x}{x^4 + 2x^3 + 3x^2 + 4x + 2}$

100. $r(x) = \frac{4x^3 - 17x^2 + 28x - 15}{x^4 - 7x^3 + 20x^2 - 27x + 15}$

101. $r(x) = \frac{n!}{x(x+1)(x+2)\dots(x+n-1)}$, $n = 2, 3, \dots$

11 Das bestimmte Integral

Die Aufgabe der Flächeninhaltsbestimmung, die weit in das klassische Altertum zurückreicht und für geradlinig begrenzte ebene Figuren durch die griechische Mathematik erschöpfend behandelt wurde, stand immer wieder im Mittelpunkt geometrischer Fragestellungen und fand nicht zuletzt auch allgemeines Interesse.

Die ersten Ansätze zur Berechnung von Flächeninhalten krummlinig begrenzter Figuren gehen auf Archimedes zurück, der die Aufgabe für Parabelsegmente und den Kreis, die Königin aller Figuren, in Angriff nahm. Seine *Exhaustionsmethode*[1]) genannte Idee, Flächeninhalte mit Hilfe elementarer geometrischer Figuren wie Rechtecke und Dreiecke „auszuschöpfen", hat, gemessen an den Möglichkeiten des 3. Jahrhunderts v. Chr., respektable Näherungswerte erbracht, wie die von ihm berechneten Schranken für die Kreiszahl π ausweisen. An sie knüpfen auch unsere heutigen Methoden der Flächeninhaltsbestimmung an, durch fortgesetzte „verfeinerte Ausschöpfung" Flächeninhalte als Grenzwert einer Folge immer besserer Näherungswerte zu berechnen.

In einzelnen Fällen wurden solche Grenzprozesse schon im 17. Jahrhundert durchgeführt. Der entscheidende Fortschritt gelang aber erst durch die Differential- und Integralrechnung, mit der ein handlicher und heute jedem gebildeten Menschen zugänglicher Kalkül geschaffen wurde, Flächeninhalte ohne weitere Grenzprozesse berechnen zu können.

Bis in die Mitte des 19. Jahrhunderts war der „Inhalt" einer Fläche etwas durch die Anschauung Gegebenes, der berechnet werden kann und keine gesonderte Definition benötigt. Erst in den letzten 100 Jahren wurde der Begriff des „Inhaltes" systematisch mit Hilfe des Integralbegriffs geklärt. Diese Entwicklung wurde durch *B. Riemann* (1826–1866) eingeleitet, u.a. durch *T. J. Stieltjes* (1856–1894) fortgesetzt und fand einen gewissen Abschluß durch *H. Lebesgue* (1875–1951).

Das bestimmte Integral hat jedoch nicht nur geometrische Bedeutung. Der über das unbestimmte Integral bestehende Zusammenhang mit dem für die Physik so wichtigen Differentialbegriff erhebt das bestimmte Integral in den Rang, der ihm im Rahmen der Naturwissenschaften zukommt.

11.1 Die Definition des bestimmten Integrales

Unter einem *ebenen Normalbereich* wollen wir im folgenden einen Bereich verstehen, der von den Geraden $x = a$, $x = b$, von einer Kurve $y = f(x)$ und von der x-Achse begrenzt ist (Bild 11.1). Dabei setzen wir voraus, daß die Funktion f auf dem Intervall $[a, b]$ stetig und positiv ist. Wir lassen uns zunächst von der Anschauung leiten, den Flächeninhalt F dieses Normalbereiches als etwas Gegebenes, zu Berechnendes, anzusehen.

Die besonders einfache Struktur solcher Normalbereiche legt nahe, die Berechnung seines Inhalts durch eine Folge von immer feineren Ausschöpfungen mit Rechtecken zu versuchen.

[1]) exhaurire, lat. ausschöpfen.

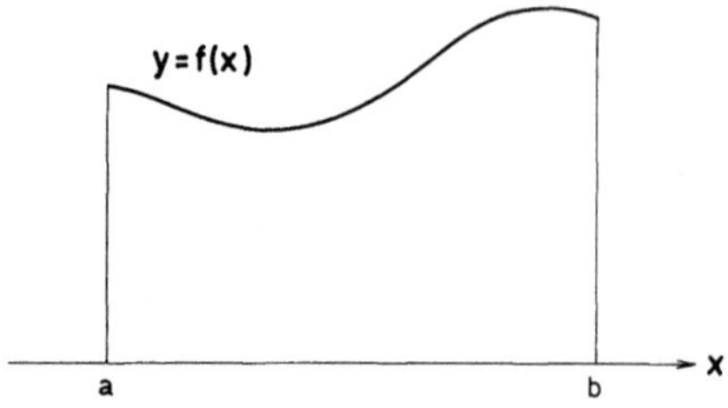

Bild 11.1

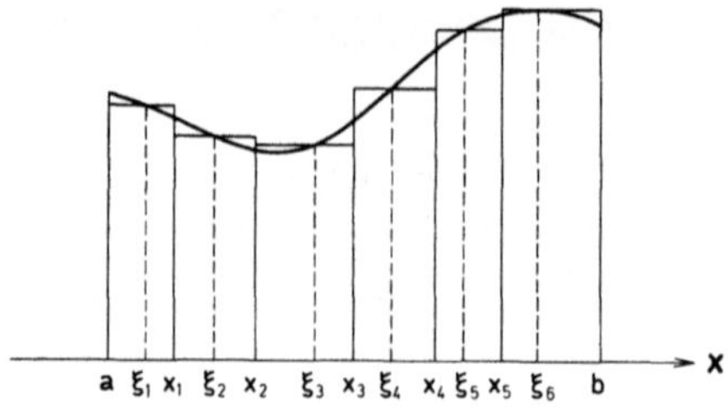

Bild 11.2

Wir wählen zu diesem Zweck im Intervall [a, b] die Punkte

$$a < x_1 < x_2 < \ldots < x_{n-1} < b$$

aus, wobei wir außerdem $a = x_0$ und $b = x_n$ setzen. Diese $n - 1$ Teilungspunkte x_i bestimmen eine *Zerlegung* Z des Intervalles $I = [a, b]$ in die n *Teilintervalle* $I_k = [x_{k-1}, x_k]$, $k = 1, \ldots, n$, deren Längen durch

$$\Delta x_k = x_k - x_{k-1}, \quad k = 1, \ldots, n,$$

gegeben sind. Offenbar gilt

$$\sum_{k=1}^{n} \Delta x_k = b - a.$$

Unter der *Feinheit* der Zerlegung Z versteht man die größte der Intervallängen Δx_k,

$$\Delta(Z) := \operatorname*{Max}_{k=1}^{n} \Delta x_k.$$

Sind die Teilungspunkte x_k der Zerlegung Z äquidistant gewählt,

$$x_k = x_{k-1} + \Delta x = a + k\,\Delta x, \quad k = 1, \ldots, n, \quad \Delta x = \frac{b-a}{n},$$

so spricht man von einer *äquidistanten* Zerlegung; ihre Teilintervalle haben sämtlich die gleiche Länge Δx.

Wenn wir nun in jedem der Teilintervalle I_k „Zwischenpunkte" ξ_k, $x_{k-1} \leqslant \xi_k \leqslant x_k$, auswählen, so ist $f(\xi_k)\,\Delta x_k$ die Fläche des über dem Teilintervall I_k errichteten Rechteckes mit der Höhe $f(\xi_k)$; die Summe der Flächeninhalte aller n Rechtecke,

$$R(Z, f) := \sum_{k=1}^{n} f(\xi_k)\,\Delta x_k, \tag{11.1}$$

heißt eine *Zwischensumme* oder *Riemannsche Summe* für die Zerlegung Z. Sie stellt im Sinne des Ausschöpfungsprozesses des Normalbereiches durch Rechtecke einen Näherungswert für den gesuchten Flächeninhalt F dar (Bild 11.2). Zu jeder Zerlegung Z des Intervalles [a, b] gibt es offensichtlich beliebig viele solcher Zwischensummen.

Wählt man die Zwischenpunkte ξ_k an den Stellen, für die f im Teilintervall I_k seinen kleinsten bzw. größten Wert annimmt, so erhält man spezielle Zwischensummen:

$$U(Z, f) := \sum_{k=1}^{n} f(\xi_k') \Delta x_k, \quad f(\xi_k') = \underset{x \in I_k}{\operatorname{Min}} f(x), \tag{11.2}$$

heißt die zur Zerlegung Z gehörige *Untersumme,*

$$O(Z, f) := \sum_{k=1}^{n} f(\xi_k'') \Delta x_k, \quad f(\xi_k'') = \underset{x \in I_k}{\operatorname{Max}} f(x), \tag{11.3}$$

wird die zur Zerlegung Z gehörige *Obersumme* genannt (Bild 11.3). Untersumme und Obersumme sind (bei fester Zerlegung) eindeutig bestimmt. Wegen

$$f(\xi_k') \leqslant f(x) \leqslant f(\xi_k'') \quad \text{für} \quad x_{k-1} \leqslant x \leqslant x_k$$

gilt

$$U(Z, f) \leqslant R(Z, f) \leqslant O(Z, f) \tag{11.4}$$

für jede beliebige zur Zerlegung Z gehörige Zwischensumme R(Z, f). Gleichermaßen ist die ebenfalls für jede Zerlegung Z gültige Ungleichung

$$U(Z, f) \leqslant F \leqslant O(Z, f) \tag{11.5}$$

geometrisch einleuchtend.

Eine immer feiner werdende Unterteilung des Normalbereiches in Rechtecke erreichen wir durch die Wahl einer Folge (Z_n) von Zerlegungen mit der Eigenschaft

$$\lim_{n \to \infty} \Delta(Z_n) = 0. \tag{11.6}$$

Eine solche Folge von Zerlegungen wird eine *ausgezeichnete Zerlegungsfolge* genannt; sie hat, wie man aus (11.6) abliest, die Eigenschaft, daß die Intervallängen mit zunehmendem n beliebig klein werden, während die Anzahl der Teilungspunkte über alle Grenzen wächst.

Bilden wir zu jedem Glied einer ausgezeichneten Zerlegungsfolge (Z_n) eine beliebige Zwischensumme $R(Z_n, f)$, so bestehen auf Grund von (11.5) die Ungleichungen

$$U(Z_n, f) \leqslant R(Z_n, f) \leqslant O(Z_n, f), \quad n = 1, 2, \dots, \tag{11.7}$$

sowie

$$U(Z_n, f) \leqslant F \leqslant O(Z_n, f), \qquad n = 1, 2 \dots . \tag{11.8}$$

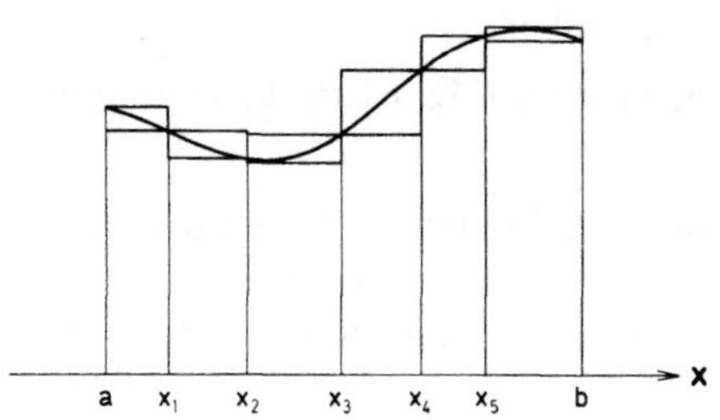

Bild 11.3

Wenn nun für jede ausgezeichnete Zerlegungsfolge (Z_n) beide Folgen $(U(Z_n, f))$ und $(O(Z_n, f))$ stets gegen denselben Grenzwert konvergieren, so ist dieser offenbar gleich dem Flächeninhalt des Normalbereiches,

$$F = \lim_{n\to\infty} U(Z_n, f) = \lim_{n\to\infty} O(Z_n, f), \tag{11.9}$$

wie man mit Hilfe des Vergleichskriteriums für Zahlenfolgen aus den Ungleichungen (11.8) schließen kann. Ebenso erkennen wir, daß unter diesen Umständen jede Folge von Zwischensummen, die mit einer ausgezeichneten Zerlegungsfolge gebildet ist, gegen den Grenzwert (11.9) konvergiert.

Definition 11.1 Konvergiert *jede* Folge von Zwischensummen für *jede* ausgezeichnete Zerlegungsfolge stets gegen denselben Grenzwert, so heißt dieser das *bestimmte Integral von* f *über* [a, b],

$$\int_a^b f(x)\,dx := \lim_{n\to\infty} R(Z_n, f). \tag{11.10}$$

Man nennt a die *untere,* b die *obere Integrationsgrenze,* f den *Integranden* und x die *Integrationsvariable.*

Wir bemerken, daß die Bezeichnung der Integrationsvariablen willkürlich ist, sofern das Symbol nicht schon anderweitig verwendet wurde. So kommt jedem der Symbole

$$\int_a^b f(x)\,dx, \quad \int_a^b f(t)\,dt, \quad \int_a^b f(u)\,du$$

dieselbe Bedeutung zu. Die Integrationsvariable spielt eine ähnliche Rolle wie der Summenzeiger.

Die analytische Fassung (11.10) des Integrals als Grenzwert einer Folge von Summen ist nun das Mittel zur Definition des Flächeninhaltes, der bislang nur ein Ding der Anschauung war. Wir ordnen sinngemäß jedem Normalbereich über dem Intervall [a, b] den Flächeninhalt

$$F = \int_a^b f(x)\,dx$$

zu. Daß durch diese Definition jedem Normalbereich tatsächlich ein Flächeninhalt zugeordnet wird, mit anderen Worten, daß der Grenzwert (11.10) stets existiert, sichert der folgende Satz, den wir im nächsten Abschnitt beweisen wollen.

Satz 11.1 *Ist die Funktion* f *auf dem abgeschlossenen Intervall* [a, b] *stetig, so existiert das bestimmte Integral von* f *über* [a, b].

Mit Hilfe der analytischen Definition des bestimmten Integrales können wir uns auch von der Forderung $f(x) \geqslant 0$ befreien. Ist die Funktion f abschnittsweise negativ oder überhaupt negativ auf dem Intervall [a, b], so ordnen wir diesen Normalbereichen, in Übereinstimmung mit dem Vorzeichenprinzip der analytischen Geometrie, negative Flächeninhalte zu (Bild 11.4).

Ebenso lösen wir uns von der Voraussetzung $a < b$ für die Integrationsgrenzen, indem wir für $a > b$

$$\int_a^b f(x)\,dx := -\int_b^a f(x)\,dx \tag{11.11}$$

und für $a = b$

$$\int_a^a f(x)\,dx := 0 \tag{11.12}$$

festsetzen.

Wir besprechen noch einige grundlegende Eigenschaften des bestimmten Integrals. Die Beziehung

$$\int_a^b f(x)\,dx = \int_a^c f(x)\,dx + \int_c^b f(x)\,dx, \quad a \leqslant c \leqslant b \quad \text{oder} \quad b \leqslant c \leqslant a, \tag{11.13}$$

ist ohne weitere Erklärung einleuchtend (Bild 11.5). Da die Grenzwertbildung mit der Addition vertauschbar ist, folgt

$$\int_a^b [f(x) + g(x)]\,dx = \int_a^b f(x)\,dx + \int_a^b g(x)\,dx; \tag{11.14}$$

ferner zeigt man mit Hilfe der zweiten Regel (2.14)

$$\int_a^b (c \cdot f(x))\,dx = c \int_a^b f(x)\,dx. \tag{11.15}$$

Beide Regeln lassen sich in

$$\int_a^b \left(\sum_{k=1}^n c_k f_k(x)\right) dx = \sum_{k=1}^n c_k \int_a^b f_k(x)\,dx \tag{11.16}$$

zusammenfassen.

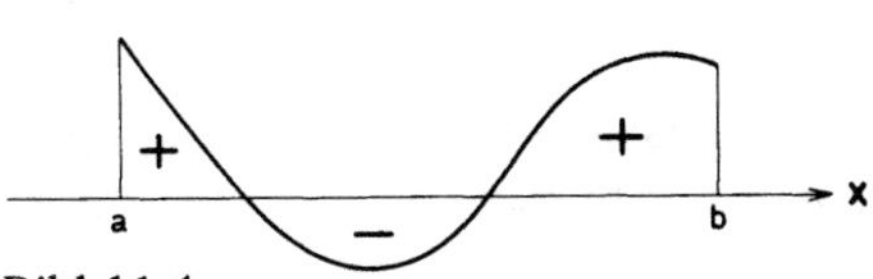

Bild 11.4

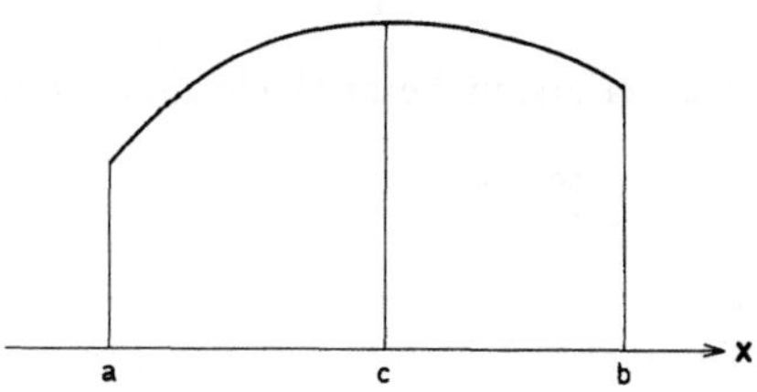

Bild 11.5

11.2 Die Existenz des Integrales stetiger Funktionen

Wir holen in diesem Abschnitt den Beweis von Satz 11.1 über die Existenz des bestimmten Integrales über stetige Integranden nach.

Wir führen ihn in zwei Schritten. Erstens zeigen wir die Existenz des Grenzwertes

$$\lim_{n\to\infty} U(Z_n, f)$$

für jede ausgezeichnete Zerlegungsfolge (Z_n); im zweiten Schritt beweisen wir

$$\lim_{n\to\infty} [O(Z_n, f) - U(Z_n, f)] = 0.$$

Offenbar ist dann auch die Folge $(O(Z_n, f))$ der Obersummen konvergent,

$$\begin{aligned}\lim_{n\to\infty} O(Z_n, f) &= \lim_{n\to\infty} \Big((O(Z_n, f) - U(Z_n, f)) + U(Z_n, f)\Big) = \\ &= \lim_{n\to\infty} \Big(O(Z_n, f) - U(Z_n, f)\Big) + \lim_{n\to\infty} U(Z_n, f) = \lim_{n\to\infty} U(Z_n, f).\end{aligned}$$

Durch Anwendung des Vergleichskriteriums für Zahlenfolgen auf die Ungleichungen (11.7) können wir aus diesem Ergebnis schließen, daß auch jede Folge von Zwischensummen gegen diesen Grenzwert konvergiert,

$$\lim_{n\to\infty} R(Z_n, f) = \lim_{n\to\infty} U(Z_n, f) = \lim_{n\to\infty} O(Z_n, f) = \int_a^b f(x)\,dx.$$

Beide Teile des Beweisprogrammes fußen auf einer Eigenschaft stetiger Funktionen auf abgeschlossenen Intervallen, die man die *gleichmäßige Stetigkeit* nennt: Ist f auf dem abgeschlossenen Intervall $[a, b]$ stetig, so gibt es zu jeder positiven Zahl $\epsilon > 0$ eine nur von ϵ allein abhängige Zahl $\delta = \delta(\epsilon) > 0$, so daß für

$$|x - y| < \delta \quad \text{folgt} \quad |f(x) - f(y)| < \epsilon. \tag{11.17}$$

Den Beweis dieser Eigenschaft führen wir indirekt. Wäre (11.17) nicht richtig, so gibt es eine Zahl $\epsilon_0 > 0$, so daß für jede positive Zahl $\delta > 0$ zwei Punkte x' und x'' existieren, für die die Ungleichungen

$$|x' - x''| < \delta, \quad |f(x') - f(x'')| \geq \epsilon_0$$

gelten. Wenn wir nun δ der Reihe nach die Werte $1, \frac{1}{2}, \frac{1}{3}, \ldots, \frac{1}{n}, \ldots$ annehmen lassen, so erhalten wir für jede natürliche Zahl n zwei Stellen x_n' und x_n'' mit

$$|x_n' - x_n''| < \frac{1}{n}, \quad |f(x_n') - f(x_n'')| \geq \epsilon_0, \quad n = 1, 2, \ldots.$$

Aus der ersten dieser Ungleichungen folgern wir

$$\lim_{n\to\infty} (x_n' - x_n'') = 0.$$

Da stets $a \leq x_n' \leq b$ gilt, ist die Folge (x_n') beschränkt; folglich gibt es eine konvergente Teilfolge (x_{n_k}') von (x_n'), $\xi = \lim_{k\to\infty} x_{n_k}'$. Insbesondere gilt daher auch

$$\lim_{k\to\infty} x_{n_k}'' = \lim_{k\to\infty} \Big((x_{n_k}'' - x_{n_k}') + x_{n_k}'\Big) = \lim_{k\to\infty} x_{n_k}' = \xi.$$

Da ferner stets $|f(x'_{n_k}) - f(x''_{n_k})| \geqslant \epsilon_0$ ist und f auf [a, b] stetig vorausgesetzt wurde, erhalten wir den Widerspruch

$$0 < \epsilon_0 \leqslant \lim_{k\to\infty} |f(x'_{n_k}) - f(x''_{n_k})| = \left|\lim_{k\to\infty}\left(f(x'_{n_k}) - f(x''_{n_k})\right)\right| = |f(\xi) - f(\xi)| = 0.$$

Wir zeigen nun die Existenz des Grenzwertes $\lim\limits_{n\to\infty} U(Z_n, f)$ mit Hilfe des Cauchyschen Konvergenzkriteriums. Seien Z_n und Z_m zwei Zerlegungen der ausgezeichneten Zerlegungsfolge (Z_n); wir wählen eine beliebige positive Zahl $\epsilon > 0$ und erhalten aus (11.17) die Zahl $\delta = \delta(\epsilon)$. Ferner setzen wir $\Delta(Z_n) < \delta$, $\Delta(Z_m) < \delta$ voraus, was wegen $\lim \Delta(Z_n) = 0$ für hinreichend große Zahlen m und n, etwa $n, m \geqslant N(\delta(\epsilon)) = M(\epsilon)$, erreicht werden kann. Um die Differenz

$$|U(Z_n, f) - U(Z_m, f)|$$

abzuschätzen, betrachten wir jene Zerlegung Z, deren Teilungspunkte sowohl die Teilungspunkte von Z_n als auch die Teilungspunkte von Z_m sind. Nehmen wir zunächst an, die Zerlegung Z entsteht aus Z_n durch Hinzunahme eines einzigen Teilungspunktes $\hat{x}$, der in das Intervall $I_k = [x_{k-1}, x_k]$ der Zerlegung Z_n fallen möge. Offenbar ist dann, wenn wir die Bezeichnungen

$$f(\xi_k) = \min_{x \in I_k} f(x), \quad f(\xi'_k) = \min_{x_{k-1} \leqslant x \leqslant \hat{x}} f(x), \quad f(\xi''_k) = \min_{\hat{x} \leqslant x \leqslant x_k} f(x)$$

verwenden,

$$U(Z, f) - U(Z_n, f) = f(\xi'_k)(\hat{x} - x_{k-1}) + f(\xi''_k)(x_k - \hat{x}) - f(\xi_k)(x_k - x_{k-1}),$$

also wegen $f(\xi'_k) \geqslant f(\xi_k)$, $f(\xi''_k) \geqslant f(\xi_k)$ einerseits

$$U(Z, f) \geqslant U(Z_n, f),$$

und andererseits mit Hilfe von (11.17)

$$\begin{aligned} U(Z, f) - U(Z_n, f) &= (f(\xi'_k) - f(\xi_k))(\hat{x} - x_{k-1}) + (f(\xi''_k) - f(\xi_k))(x_k - \hat{x}) \\ &< \epsilon(\hat{x} - x_{k-1}) + \epsilon(x_k - \hat{x}) = \epsilon \Delta x_k, \end{aligned}$$

denn auf Grund der Voraussetzung $\Delta(Z_n) < \delta$ ist $|\xi'_k - \xi_k| < \delta$, $|\xi''_k - \xi_k| < \delta$. Man überlegt sich nun, daß diese Abschätzung gültig bleibt, wenn die Verfeinerung Z von Z_n durch Hinzunahme von Teilungspunkten in einem einzigen Teilintervall der Zerlegung Z_n entsteht; kommen daher in sämtlichen Teilintervallen der Zerlegung Z_n neue Teilungspunkte hinzu, so gibt jedes Teilintervall I_h einen Beitrag $\epsilon \Delta x_h$, insgesamt also wegen $\Sigma \Delta x_k = (b - a)$

$$0 \leqslant U(Z, f) - U(Z_n, f) < \epsilon(b - a).$$

Der linke Teil dieser Ungleichung besagt überdies, daß Untersummen bei „Verfeinerung" der Zerlegung nicht kleiner werden.

Eine ähnliche Ungleichung erhält man auch für die Obersummen,

$$0 \leqslant O(Z_n, f) - O(Z, f) < \epsilon(b - a),$$

in der enthalten ist, daß Obersummen bei Verfeinerung der Zerlegung nicht größer werden.

Es sei nun Z die Zerlegung, die durch Vereinigung der Teilungspunkte von Z_n und Z_m entsteht. Dann ist auf Grund des eben Bewiesenen

$$|U(Z_n, f) - U(Z_m, f)| = |U(Z_n, f) - U(Z, f) + U(Z, f) - U(Z_m, f)|$$
$$\leqslant |U(Z_n, f) - U(Z, f)| + |U(Z_m, f) - U(Z, f)| < 2\epsilon(b-a)$$

für $n, m \geqslant M(\epsilon)$, was die Konvergenz der Folge der Untersummen bedeutet.

Zum Beweis des zweiten Teiles geben wir wieder eine beliebige Zahl $\epsilon > 0$ vor, mit der wir aus (11.17) die Zahl $\delta = \delta(\epsilon)$ bestimmen. Wir wählen eine beliebige Zerlegung Z_m der Folge (Z_n) mit $\Delta(Z_m) < \delta$, $m \geqslant M(\epsilon)$. Bezeichnet $x_k, k = 1, \ldots, m' - 1$, die Teilungspunkte von Z_m und

$$f(\eta_k) = \underset{x \in I_k}{\text{Max}}\, f(x), \quad f(\xi_k) = \underset{x \in I_k}{\text{Min}}\, f(x),$$

so folgt aus (11.17) wegen $\Delta(Z_m) < \delta$

$$f(\eta_k) - f(\xi_k) < \epsilon, \quad k = 1, \ldots, m',$$

und daher

$$0 \leqslant O(Z_m, f) - U(Z_m, f) = \sum_{k=1}^{m'} [f(\eta_k) - f(\xi_k)]\, \Delta x_k$$
$$< \epsilon \sum_{k=1}^{m'} \Delta x_k = \epsilon(b-a), \quad m \geqslant M(\epsilon).$$

Dies ist aber mit

$$\lim_{n \to \infty} [O(Z_n, f) - U(Z_n, f)] = 0$$

gleichbedeutend, womit der Beweis vollständig ist.

11.3 Der Fundamentalsatz der Differential- und Integralrechnung

Die Berechnung des Grenzwertes (11.10) erfordert schon für sehr einfache Funktionen, wie z. B. die Potenzen, einen hohen Aufwand. Daß er sich auf gänzlich anderem Wege, nämlich mit Hilfe des unbestimmten Integrales und damit indirekt über die Differentialrechnung ermitteln läßt, war ein entscheidender Fortschritt für die Praxis der Flächeninhaltsmessung.

Es sei F eine Stammfunktion von f auf dem Intervall [a, b] und Z eine Zerlegung dieses Intervalles mit den Teilungspunkten $x_k, k = 1, \ldots, m - 1$. Wenn wir $a = x_0$, $b = x_m$ setzen, so gilt

$$\sum_{k=1}^{m} \big(F(x_k) - F(x_{k-1})\big) = \sum_{k=1}^{m} \Delta F_k = F(b) - F(a).$$

Nun genügt die Funktion F auf jedem Teilintervall I_k der Zerlegung Z den Voraussetzungen des Mittelwertsatzes der Differentialrechnung; es gibt daher Stellen ξ_k, $x_{k-1} < \xi_k < x_k$, mit

$$\Delta F_k = F(x_k) - F(x_{k-1}) = f(\xi_k)\,\Delta x_k, \quad k = 1, \ldots, m.$$

Setzen wir oben ein, so folgt weiter

$$F(b) - F(a) = \sum_{k=1}^{m} f(\xi_k)\,\Delta x_k.$$

Wenn wir nun Z die Zerlegungen Z_n einer ausgezeichneten Zerlegungsfolge (Z_n) durchlaufen lassen, so streben die Summen rechts für $n \to \infty$ gegen das bestimmte Integral von f über [a, b], während die linke Seite, die ja von n nicht abhängt, ungeändert bleibt,

$$F(b) - F(a) = \sum_{k=1}^{m} \Delta F_k = \sum_{k=1}^{m} f(\xi_k)\,\Delta x_k \to \int_a^b f(x)\,dx.$$

Dies ist der schon mehrfach angekündigte

Satz 11.2 (Fundamentalsatz der Differential- und Integralrechnung). *Ist* F *eine Stammfunktion von* f *auf dem Intervall* [a, b], *so gilt*

$$\int_a^b f(x)\,dx = F(b) - F(a). \tag{11.18}$$

Gelegentlich werden wir für die Differenz $F(b) - F(a)$ auch die Schreibweisen

$$F(b) - F(a) = [F(x)]_a^b = F(x)\Big|_a^b$$

verwenden.

Daß (11.18) *unabhängig* von der Auswahl der Stammfunktion von f ist, zeigt die für zwei beliebige Stammfunktionen F und G von f gültige Beziehung

$$F(b) - F(a) = G(b) - G(a),$$

die sich aus der Tatsache ergibt, daß sich je zwei Stammfunktionen von f nur durch eine additive Konstante unterscheiden: Ist $G(x) = F(x) + C$, also $G(a) = F(a) + C$, $G(b) = F(b) + C$, so erhält man $G(b) - G(a) = F(b) + C - (F(a) + C) = F(b) - F(a)$.

Der Zusammenhang des bestimmten Integrales mit der Differentialrechnung, der durch den Fundamentalsatz hergestellt wird,

$$\lim \sum \Delta F = \lim \sum \frac{\Delta F}{\Delta x}\,\Delta x = \lim \sum f\,\Delta x \to \int_a^b f dx = \int_a^b \frac{dF}{dx}\,dx = \int_a^b dF,$$

wird durch die Leibnizsche Schreibweise treffend symbolisiert. Das Zeichen $\int$, von Leibniz als stilisiertes „S" für *summa* eingeführt, soll daran erinnern, daß das Integral als Grenzwert von Summen von Differenzen, die durch den Grenzprozess in Differentiale übergehen, erklärt ist.

Mit dem Fundamentalsatz der Differential- und Integralrechnung wird die Berechnung bestimmter Integrale auf die unbestimmte Integration zurückgeführt.

Beispiel 11.1:

$$\int_a^b x^n dx = \frac{1}{n+1} x^{n+1} \Big|_a^b = \frac{1}{n+1} (b^{n+1} - a^{n+1}), \quad n \neq -1.$$

Beispiel 11.2:

$$\int_a^b \frac{dx}{x} = \ln|x| \Big|_a^b = \ln \frac{b}{a}.$$

Beispiel 11.3:

$$\int_0^\pi \sin x \, dx = -\cos x \Big|_0^\pi = -(\cos\pi - \cos 0) = 2.$$

Beispiel 11.4:

$$\int_0^1 \frac{dx}{1+x^2} = \arctan x \Big|_0^1 = \arctan 1 = \frac{\pi}{4}.$$

Beispiel 11.5: (vgl. (10.41), (10.42), (10.43))

$$\int_0^{2\pi} \sin mx \cos nx \, dx = 0. \tag{11.19}$$

$$\int_0^{2\pi} \sin mx \sin nx \, dx = \begin{cases} 0 & \text{für } m \neq n, \\ \pi & \text{für } m = n. \end{cases} \tag{11.20}$$

$$\int_0^{2\pi} \cos mx \cos nx \, dx = \begin{cases} 0 & \text{für } m \neq n, \\ \pi & \text{für } m = n. \end{cases} \tag{11.21}$$

Diese Relationen sind von großer Bedeutung für die Theorie der Fourierreihen (vgl. Abschnitt 18.2).

Beispiel 11.6: (vgl. Beispiel 10.58)

$$\int_0^1 \frac{x^2\,dx}{1+x^4} = \frac{1}{4\sqrt{2}} \left[\ln \frac{x^2 - x\sqrt{2}+1}{x^2 + x\sqrt{2}+1} + 2\arctan(x\sqrt{2}-1) + 2\arctan(x\sqrt{2}+1) \right]_0^1$$

$$= \frac{1}{4\sqrt{2}} \left(2\ln(\sqrt{2}-1) + \pi \right).$$

Obwohl es an sich nicht nötig ist, die Technik der unbestimmten Integration methodisch auch für die bestimmte Integration nutzbar zu machen, erweist es sich trotzdem als vorteilhaft, sowohl aus dem Grunde besserer Übersichtlichkeit (vor allem bei mehreren aufeinanderfolgenden Substitutionen), als auch im Hinblick auf eine vereinfachte Rechnung, entsprechende Regeln für die bestimmte Integration von der unbestimmten Integration zu übernehmen. In Frage kommen hierfür die Variablensubstitution und die partielle Integration.

Bei der Übertragung der Variablensubstitution hat man zu beachten, daß bei der Substitution der Integrationsvariablen auch die Integrationsgrenzen mittransformiert werden. Aus (10.45) folgern wir

$$\int_a^b g(h(x))\,h'(x)\,dx = \Big[G(h(x)) + C\Big]_a^b = G(h(b)) - G(h(a)),$$

also

$$\int_a^b g(h(x))\,h'(x)\,dx = \int_{h(a)}^{h(b)} g(u)\,du. \tag{11.22}$$

Beispiel 11.7: Zur Berechnung einer Stammfunktion des Integranden von

$$\int_0^1 \frac{x\,dx}{x^2+1}$$

haben wir in Beispiel 10.22 $h(x) = u = x^2 + 1$ substituiert. Deshalb ist mit $h(0) = 1$, $h(1) = 2$

$$\int_0^1 \frac{x\,dx}{x^2+1} = \frac{1}{2}\int_1^2 \frac{du}{u} = \frac{1}{2}\ln 2.$$

Beispiel 11.8:

$$\int_{-1}^1 \frac{dx}{x^2+2x+5} = \int_{-1}^1 \frac{dx}{(x+1)^2+4}.$$

Mit der Substitution $h(x) = u = \frac{x+1}{2}$ transformieren sich die Integrationsgrenzen -1 und 1 zu $h(-1) = 0$, $h(1) = 1$,

$$\int_{-1}^1 \frac{dx}{x^2+2x+5} = \frac{1}{2}\int_0^1 \frac{du}{u^2+1} = \frac{1}{2}\arctan u\,\Big|_0^1 = \frac{1}{2}\arctan 1 = \frac{\pi}{8}.$$

Beispiel 11.9: Für das Integral

$$\int_0^c \frac{dx}{x^2 + c^2}$$

substituiert man $h(x) = u = \frac{x}{c}$; die Integrationsgrenzen 0 und c transformieren sich dadurch in 0 und 1,

$$\int_0^c \frac{dx}{x^2 + c^2} = \frac{1}{c} \int_0^1 \frac{du}{u^2 + 1} = \frac{1}{c} \arctan u \Big|_0^1 = \frac{\pi}{4c}.$$

Zerlegt man ein Integral der Form

$$\int_{-a}^{a} f(x)\,dx = \int_{-a}^{0} f(x)\,dx + \int_0^a f(x)\,dx$$

und substituiert man im ersten Integral rechts $h(x) = u = -x$, so folgt unter Beachtung von (11.11)

$$\int_{-a}^{0} f(x)\,dx = -\int_a^0 f(-u)\,du = \int_0^a f(-x)\,dx$$

und daher mit (11.14)

$$\int_{-a}^{a} f(x)\,dx = \int_0^a [f(x) + f(-x)]\,dx.$$

Ist speziell f(x) eine auf $[-a, a]$ gerade Funktion, d.h. $f(x) = f(-x)$ für $-a \leqslant x \leqslant a$, so wird

$$\int_{-a}^{a} f(x)\,dx = 2\int_0^a f(x)\,dx, \quad f(x) = f(-x). \tag{11.23}$$

Für eine auf $[-a, a]$ ungerade Funktion f wird

$$\int_{-a}^{a} f(x)\,dx = 0, \quad f(-x) = -f(x). \tag{11.24}$$

Beispiel 11.10: (vgl. Beispiel 10.29)

$$\int_{-c}^{c} \frac{dx}{\sqrt{c^2 + x^2}} = 2\int_0^c \frac{dx}{\sqrt{c^2 + x^2}} = 2\int_0^1 \frac{du}{\sqrt{u^2 + 1}} = 2\ln(u + \sqrt{u^2 + 1}) \Big|_0^1 = 2(\ln(1 + \sqrt{2}) - \ln 1)$$

$$= 2\ln(1 + \sqrt{2}).$$

Beispiel 11.11: Es ist

$$\int_{-\pi}^{\pi} \sin(x + \sin x)\, dx = 0,$$

denn der Integrand ist auf dem Intervall $[-\pi, \pi]$ ungerade. Dieses Beispiel zeigt, wie nützlich (11.24) sein kann, denn in diesem Fall läßt sich eine Stammfunktion auf elementarem Wege nicht angeben.

Auch die zweite Fassung der Variablensubstitution kann übertragen werden, indem man (10.58) übernimmt,

$$\int_a^b f(x)\, dx = \int_{h^{-1}(a)}^{h^{-1}(b)} f(h(u))\, h'(u)\, du. \tag{11.25}$$

Dabei ist darauf zu achten, daß die Funktion h auf ihrem Definitionsbereich umkehrbar ist.

Beispiel 11.12: (vgl. Beispiel 10.36). Der Wert des Integrals

$$I = \int_{-c}^{c} \sqrt{c^2 - x^2}\, dx = 2\int_0^c \sqrt{c^2 - x^2}\, dx$$

ist die halbe Fläche eines Kreises mit dem Radius c. Wir substituieren $x = h(u) = c \sin u$, womit sich die Integrationsgrenzen aus der Umkehrfunktion $u = \arcsin \frac{x}{c}$ in $u = 0$ für $x = 0$ und $u = \frac{\pi}{2}$ für $x = c$ transformieren,

$$I = 2\int_0^c \sqrt{c^2 - x^2}\, dx = 2c^2 \int_0^{\pi/2} \cos^2 u\, du = 2c^2 \left(\frac{u}{2} + \frac{\sin 2u}{4}\right)\Bigg|_0^{\pi/2} = c^2\,\frac{\pi}{2}.$$

Beispiel 11.13: (Vgl. Beispiel 10.63)

$$\int_{1/2}^{3/2} \frac{dx}{x - 1 + \sqrt{2x - x^2}} = \int_{-1/2}^{1/2} \frac{du}{u + \sqrt{1 - u^2}} = \int_{-\pi/6}^{\pi/6} \frac{\cos t\, dt}{\sin t + \cos t}$$

$$= \frac{1}{\sqrt{2}} \int_{\pi/12}^{5\pi/12} \frac{\cos\left(v - \frac{\pi}{4}\right)}{\sin v}\, dv = \frac{1}{2}\left(\ln |\sin v| + v\right)\Bigg|_{\pi/12}^{5\pi/12} = \frac{\pi}{6} + \frac{1}{2} \ln (2 + \sqrt{3}).$$

Beispiel 11.14:

$$I = \int_0^1 \sqrt{e^x - 1}\, dx.$$

Wir substituieren zunächst $e^x = u$,

$$I = \int_0^1 \sqrt{e^x - 1}\,dx = \int_1^e \sqrt{u-1}\,\frac{du}{u},$$

weiter $u - 1 = t^2$,

$$I = \int_1^e \sqrt{u-1}\,\frac{du}{u} = 2\int_0^{\sqrt{e-1}} \frac{t^2 dt}{t^2+1} = 2\int_0^{\sqrt{e-1}} dt - 2\int_0^{\sqrt{e-1}} \frac{dt}{t^2+1} = 2(\sqrt{e-1} - \arctan\sqrt{e-1}).$$

Auch die unbestimmte partielle Integration kann als Formel für die bestimmte Integration geschrieben werden,

$$\int_a^b u(x)\,v'(x)\,dx = [u(x)v(x)]_a^b - \int_a^b v(x)\,u'(x)\,dx$$
$$= u(b)v(b) - u(a)\,v(a) - \int_a^b v(x)\,u'(x)\,dx. \tag{11.26}$$

Beispiel 11.15:

$$\int_0^1 \arctan x\,dx = [x \arctan x]_0^1 - \int_0^1 \frac{x\,dx}{1+x^2} = \arctan 1 - \frac{1}{2}\int_0^1 \frac{d(x^2+1)}{x^2+1}$$
$$= \arctan 1 - \frac{1}{2}\int_1^2 \frac{du}{u} = \frac{\pi}{4} - \frac{1}{2}\ln 2.$$

Beispiel 11.16:

$$\int_0^\pi x \cos x\,dx = [x \sin x]_0^\pi - \int_0^\pi \sin x\,dx = -2.$$

Beispiel 11.17: (vgl. Beispiel 10.45)

$$\int_0^1 x^n e^{-x} dx = \left[-e^{-x} n! \sum_{k=0}^{n} \frac{x^k}{k!}\right]_0^1 = n!\left(1 - \frac{1}{e}\sum_{k=0}^{n} \frac{1}{k!}\right).$$

Die Formel (11.26) eignet sich vor allem für die Konstruktion von Rekursionsformeln für bestimmte Integrale.

Beispiel 11.18:

$$I = \int_0^1 \frac{dx}{(x^2+1)^4}.$$

Eine Rekursionsformel für die Integrale

$$I_n = \int_0^1 \frac{dx}{(x^2+1)^n}$$

entnehmen wir Beispiel 10.47:

$$I_{n+1} = \frac{1}{n2^{n+1}} + \frac{2n-1}{2n} I_n, \quad n = 1, 2, \ldots, \quad I_1 = \int_0^1 \frac{dx}{x^2+1} = \frac{\pi}{4}.$$

Also wird

$$I_4 = \frac{1}{48} + \frac{5}{6} I_3, \quad I_3 = \frac{1}{16} + \frac{3}{4} I_2, \quad I_2 = \frac{1}{4} + \frac{1}{2} I_1 = \frac{1}{4} + \frac{\pi}{8}$$

und schließlich

$$I_4 = I = \int_0^1 \frac{dx}{(x^2+1)^4} = \frac{11}{48} + \frac{5\pi}{64}.$$

Beispiel 11.19: Aus Beispiel 10.49 erhalten wir

$$I_n = \int_0^{\pi/2} \sin^n x\, dx = \left[-\frac{\sin^{n-1} x \cos x}{n}\right]_0^{\pi/2} + \frac{n-1}{n} I_{n-2}, \quad n = 2, 3, \ldots,$$

also

$$I_n = \frac{n-1}{n} I_{n-2}, \quad n = 2, 3, \ldots, \quad I_0 = \int_0^{\pi/2} dx = \frac{\pi}{2}, \quad I_1 = \int_0^{\pi/2} \sin x\, dx = 1.$$

Daraus ergeben sich die Integrale

$$\int_0^{\pi/2} \sin^{2m} x\, dx = \frac{2m-1}{2m}\,\frac{2m-3}{2m-2} \cdots \frac{3}{4}\,\frac{1}{2}\, I_0 = \frac{(2m)!}{2^{2m}(m!)^2}\,\frac{\pi}{2}, \quad m = 0, 1, 2, \ldots,$$

$$\int_0^{\pi/2} \sin^{2m+1} x\, dx = \frac{2m}{2m+1}\,\frac{2m-2}{2m-1} \cdots \frac{4}{5}\,\frac{2}{3}\, I_1 = \frac{2^{2m}(m!)^2}{(2m+1)!}, \quad m = 0, 1, 2, \ldots.$$

11.4 Erweiterung des bestimmten Integrals

Die in Abschnitt 11.1 gegebene Definition des bestimmten Integrals von f über [a,b] setzt die Stetigkeit des Integranden f auf dem abgeschlossenen Intervall [a, b] voraus. Wir erweitern nun den Integralbegriff auf stückweise stetige Funktionen, deren Unstetigkeiten ausschließlich Sprungstellen sind.

Die Funktion f sei auf dem abgeschlossenen Intervall [a, b] stückweise stetig; von ihren Unstetigkeitsstellen $a = c_0 < c_1 < \ldots < c_{n-1} < c_n = b$[1]) setzen wir voraus, daß sie endlicher Anzahl und sämtlich Sprungstellen sind. Es existieren daher in jeder dieser Unstetigkeitsstellen die einseitigen Grenzwerte $f(c_{k-1}+), f(c_k-), k = 1, \ldots, n$, die Funktion f selbst ist in jedem offenen Intervall $]c_{k-1}, c_k[$ stetig (Bild 11.6). Wenn wir nun, in jedem der Intervalle $[c_{k-1}, c_k]$ für sich, anstatt der Funktionswerte in den Endpunkten die entsprechenden einseitigen Grenzwert von f nehmen, so erreichen wir, daß f, jeweils auf dem betreffenden Intervall, stetig ist, so daß die Integrale

$$\int_{c_{k-1}}^{c_k} f(x)\,dx$$

einen wohlbestimmten Sinn haben. Wir erklären nun das bestimmte Integral der auf [a, b] stückweise stetigen Funktion f durch die Festsetzung

$$\int_a^b f(x)\,dx := \int_{c_0}^{c_1} f(x)\,dx + \int_{c_1}^{c_2} f(x)\,dx + \ldots + \int_{c_{n-1}}^{c_n} f(x)\,dx,$$

die auch im Einklang mit der geometrischen Bedeutung des Integrals ist. Es ist offensichtlich, daß dabei die Eigenschaften (11.11) bis (11.16) auch für Integrale mit stückweise stetigem Integranden ihre Gültigkeit behalten.

Beispiel 11.20:

$$\int_{-2}^{4} \operatorname{sign}(x)\,dx = \int_{-2}^{0} (-1)dx + \int_{0}^{4} 1 \cdot dx = -x\Big|_{-2}^{0} + x\Big|_{0}^{4} = -2 + 4 = 2.$$

Beispiel 11.21:

$$\int_0^3 x^2\,[x]\,dx = \int_0^1 x^2 \cdot 0\,dx + \int_1^2 x^2 \cdot 1\,dx + \int_2^3 x^2 \cdot 2\,dx = \frac{x^3}{3}\Big|_1^2 + 2\,\frac{x^3}{3}\Big|_2^3 = 15.$$

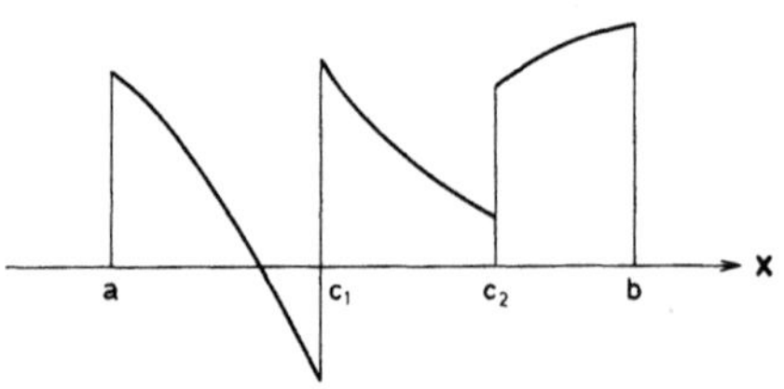

Bild 11.6

1) Wir lassen auch Unstetigkeiten von f am Rande des Intervalls [a, b] zu.

11.5 Die Mittelwertsätze der Integralrechnung

Die Mittelwertsätze der Integralrechnung, denen wir uns zum Abschluß zuwenden wollen, sind von allgemeiner Bedeutung. Ihre Verwendung besteht vor allem in der Abschätzung von Integralen; wir werden im folgenden aber auch den Existenzbeweis für Stammfunktionen nachholen können.

Als Vorbereitung besprechen wir einige Eigenschaften des Integrales, die sich in Ungleichungen ausdrücken.

Es sei f eine auf dem Interval [a, b] stetige nichtnegative Funktion. Da unter dieser Voraussetzung für jede Zwischensumme $R(Z, f) \geqslant 0$ gilt, erhalten wir auch

$$\int_a^b f(x)\,dx \geqslant 0 \quad \text{wenn } f(x) \geqslant 0 \text{ auf } [a, b], \tag{11.27}$$

da die Grenzwertbildung mit den Relationen $\geqslant$ (und $\leqslant$) verträglich ist (vgl. Satz 2.13). (11.27) wird deshalb auch *Monotonieeigenschaft* des Integrales genannt. Eine einfache Überlegung zeigt, daß sie auch auf stückweise stetige nichtnegative Funktionen erweitert werden kann. Die Ungleichung (11.27) kann sogar verschärft werden: Ist $f(x_0) > 0$ zumindest in einem Punkt x_0 des Intervalles [a, b] und ist f in x_0 stetig, so gilt

$$\int_a^b f(x)\,dx > 0, \tag{11.28}$$

was auch geometrisch einleuchtend ist.

Wenn die Funktionen g und h auf dem Intervall [a, b] überall der Ungleichung $g(x) \geqslant h(x)$ genügen, so erhalten wir aus (11.27) für $f = g - h$ den Spezialfall

$$\int_a^b g(x)\,dx \geqslant \int_a^b h(x)\,dx,$$

der besagt, daß man Ungleichungen integrieren kann. Da insbesondere stets

$$-|f(x)| \leqslant f(x) \leqslant |f(x)|, \quad a \leqslant x \leqslant b,$$

für jede auf [a, b] stückweise stetige Funktion gilt, folgern wir durch Integration

$$-\int_a^b |f(x)|\,dx \leqslant \int_a^b f(x)\,dx \leqslant \int_a^b |f(x)|\,dx, \quad a < b,$$

oder

$$\left|\int_a^b f(x)dx\right| \leqslant \int_a^b |f(x)|\,dx, a < b, \text{bzw.} \left|\int_a^b f(x)dx\right| \leqslant \left|\int_a^b |f(x)|dx\right|, \tag{11.29}$$

wobei diese letzte Ungleichung auch für $a > b$ richtig ist.

Ist M eine Schranke für die Funktionswerte von f,

$$|f(x)| \leqslant M, \quad a \leqslant x \leqslant b,$$

so folgt weiter

$$\left|\int_a^b f(x)\,dx\right| \leqslant M(b-a). \tag{11.30}$$

Die Ungleichungsbeziehungen (11.29) und (11.30) sind ein wichtiges Hilfsmittel für die Abschätzung von Integralen.

Wir setzen nun voraus, daß die Funktion f auf dem Intervall [a, b] stetig ist und bezeichnen mit m bzw. M den kleinsten bzw. größten Wert von f im Intervall [a, b], die nach dem Satz von Weierstraß (Satz 5.9) im Intervall [a, b] auch angenommen werden,

$$\operatorname*{Min}_{a \leqslant x \leqslant b} f(x) = m \leqslant f(x) \leqslant M = \operatorname*{Max}_{a \leqslant x \leqslant b} f(x).$$

Durch Integration dieser Ungleichung erhalten wir

$$m(b-a) \leqslant \int_a^b f(x)\,dx \leqslant M(b-a).$$

Die Zahl

$$\mu = \frac{1}{b-a}\int_a^b f(x)\,dx,$$

die Höhe eines dem Normalbereich von f über [a, b] flächengleichen Rechteckes mit der Breite $b-a$, genügt infolgedessen der Ungleichung $m \leqslant \mu \leqslant M$. Da f auf [a, b] stetig vorausgesetzt wurde, können wir daraus mit Hilfe des Zwischenwertsatzes (Satz 5.7) auf die Existenz einer Stelle $\xi \in [a, b]$ mit $f(\xi) = \mu$ schließen. Da der Fall $\mu = m$ und $\mu = M$ (wenn $m < M$ ist) nicht in Frage kommt, wie sich der Leser leicht selbst überlegen kann, gibt es eine Stelle ξ mit $f(\xi) = \mu$ im offenen Intervall]a, b[; ist $m = M$, so kann wegen $f(x) = \text{const.}$ ebenfalls $\xi \in\,]a, b[$ angenommen werden. Damit haben wir

Satz 11.3 (Erster Mittelwertsatz der Integralrechnung). *Ist die Funktion* f *auf dem abgeschlossenen Intervall* [a, b] *stetig, so gibt es eine Stelle* $\xi \in\,]a, b[$ *mit der Eigenschaft*

$$\frac{1}{b-a}\int_a^b f(x)\,dx = f(\xi). \tag{11.31}$$

Vielfach wird dieser Satz auch in der ϑ-h-Schreibweise

$$\int_{x_0}^{x_0+h} f(x)\,dx = h\,f(x_0 + \vartheta h), \quad 0 < \vartheta < 1, \tag{11.32}$$

angewendet.

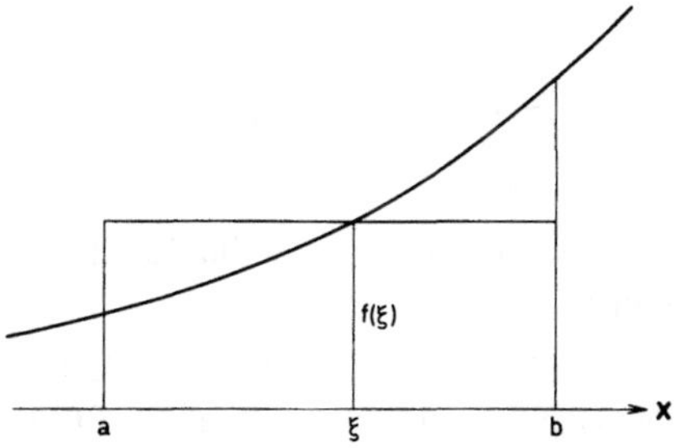

Bild 11.7

Geometrisch besagt dieser Mittelwertsatz, daß stets ein dem Normalbereich von f über [a, b] flächengleiches Rechteck mit der Breite (b – a) existiert, dessen Höhe gleich einem Funktionswert $f(\xi)$ ist. Im Sinne dieser geometrischen Deutung kann dieser als mittlerer Wert der Funktion f im Intervall [a, b] angesehen werden (Bild 11.7).

Der Mittelwertsatz setzt uns auch in die Lage, den noch ausstehenden Beweis der Existenz von Stammfunktionen zu führen. Wir setzen voraus, daß die Funktion f auf dem abgeschlossenen Intervall [a, b] stetig ist. Da dann f für jedes $x \in [a, b]$ im Intervall [a, x] stetig ist, existiert die Funktion

$$F(x) := \int_a^x f(t)\,dt, \quad a \leqslant x \leqslant b, \tag{11.33}$$

die ein *bestimmtes Integral mit variabler oberer Grenze* genannt wird. Aus der Darstellung für die Differenz ΔF,

$$\Delta F = F(x+h) - F(x) = \int_a^{x+h} f(t)\,dt - \int_a^x f(t)\,dt = \int_a^{x+h} f(t)\,dt + \int_x^a f(t)\,dt = \int_x^{x+h} f(t)\,dt,$$

folgern wir aus (11.32)

$$F(x+h) = F(x) + h\,f(x + \vartheta h), \quad 0 < \vartheta < 1, \tag{11.34}$$

und daraus durch Grenzübergang $h \to 0$

$$\lim_{h \to 0} F(x+h) = \lim_{h \to 0} \big(F(x) + h\,f(x + \vartheta h)\big) = F(x),$$

also die Stetigkeit von F im Intervall [a, b]. Aus (11.34) folgt aber auch

$$\frac{\Delta F}{\Delta x} = \frac{F(x+h) - F(x)}{h} = f(x + \vartheta h), \quad 0 < \vartheta < 1,$$

und weiter durch Grenzübergang

$$F'(x) = \lim_{\Delta x \to 0} \frac{\Delta F}{\Delta x} = \lim_{h \to 0} f(x + \vartheta h) = f(x),$$

oder in der Leibnizschen Symbolik

$$\frac{d}{dx} \int_a^x f(t)\,dt = f(x). \tag{11.35}$$

Daraus geht hervor, daß die durch (11.33) definierte Funktion F eine Stammfunktion von f auf [a, b] ist.

Die Gleichung (11.34) stellt übrigens einen Zusammenhang mit dem Mittelwertsatz der Differentialrechnung her. Auf (11.34) gelangt man sowohl durch Anwendung des ersten Mittelwertsatzes der Integralrechnung auf die stetige Funktion f, als auch durch Anwendung des Mittelwertsatzes der Differentialrechnung auf eine Stammfunktion F von f.

Wir weisen an dieser Stelle mit Nachdruck darauf hin, daß die Stetigkeit der Funktion auf dem Intervall [a, b] eine wesentliche Voraussetzung für die Existenz einer differenzierbaren Funktion F ist, deren Ableitung auf [a, b] mit f übereinstimmt. Aus diesen Gründen haben wir den Begriff der Stammfunktion a priori nur für stetige Funktionen gegeben, obwohl das Integral mit variabler oberer Grenze für den auf stückweise stetige Integranden erweiterten Integralbegriff ebenfalls einen Sinn hat. Doch zeigt sich, daß die Funktion (11.33) für solche Integranden wohl stetig, aber nicht mehr differenzierbar ist. Ein Beispiel hierfür ist die Funktion $f(x) = \operatorname{sign}(x)$, für die wir

$$\int_0^x \operatorname{sign}(t)\,dt = |x|$$

erhalten. Die „Integralfunktion" $|x|$ von $\operatorname{sign}(x)$ ist in der Unstetigkeitsstelle $x = 0$ des Integranden nicht differenzierbar!

Mit der selben Beweisidee gelingt der Nachweis, daß jedes bestimmte Integral mit variabler oberer Grenze

$$\int_c^x f(t)\,dt \tag{11.36}$$

und fester unterer Grenze $c \in [a, b]$ eine Stammfunktion von f ist. Für die Differenz zweier solcher mit den unteren Grenzen c_1 und c_2 gebildeten Funktionen erhält man

$$\int_{c_1}^x f(t)\,dt - \int_{c_2}^x f(t)\,dt = \int_{c_1}^{c_2} f(t)\,dt = \text{const.}$$

und damit die wohlbekannte Eigenschaft, daß sich zwei Stammfunktionen nur durch eine additive Konstante unterscheiden.

Dagegen ist ein *Integral mit variabler unterer Grenze*

$$\int_x^c f(t)\,dt \tag{11.37}$$

keine Stammfunktion von f, sondern eine Stammfunktion von −f, wie aus

$$\frac{d}{dx}\int_x^c f(t)\,dt = \frac{d}{dx}\left(-\int_c^x f(t)\,dt\right) = -\frac{d}{dx}\int_c^x f(t)\,dt = -f(x) \tag{11.38}$$

hervorgeht.

Die Auffassung des Integrals als Mittelwert, zu der man durch den ersten Mittelwertsatz der Integralrechnung berechtigt ist, wird in den Anwendungen vielfach zur Konstruktion einfacherer Modelle benützt. Dem für die Elektrotechnik so wichtigen Begriff des *Effektivwertes* einer harmonischen Wechselgröße liegt eine derartige Idee zugrunde.

An einen ohmschen Widerstand R sei die Spannung $u(t) = \hat{U}\cos(\omega t + \varphi)$ angelegt; auf Grund des Ohmschen Gesetzes fließt dann der Strom $i(t) = \hat{I}\cos(\omega t + \varphi)$, $\hat{I} = \frac{\hat{U}}{R}$. Die Momentanleistung

$$p(t) = u(t)\,i(t) = R\,i^2(t) = \frac{dW}{dt}$$

ist gleich der zeitlichen Änderung der im Widerstand erzeugten Joule'sche Wärmemenge W; die in einem Periodenintervall abgegebene Wärmemenge ist daher

$$\int_0^T p(t)\,dt = R\int_0^T i^2(t)\,dt = R\hat{I}^2\int_0^T \cos^2(\omega t + \varphi)\,dt =$$

$$= R\,\hat{I}^2\,\frac{1}{\omega}\int_0^T \cos^2(\omega t + \varphi)\,d(\omega t + \varphi) = \frac{RT\hat{I}^2}{2\pi}\int_\varphi^{2\pi+\varphi} \cos^2 u\,du = \frac{RT\hat{I}^2}{2}.$$

Die Stromstärke I eines Gleichstromes, der im Periodenintervall [0, T] die gleiche Wärmemenge im Widerstand erzeugt, ist daher aus der Gleichung

$$I^2 RT = \hat{I}^2 RT\,\frac{1}{2}$$

zu bestimmen,

$$I = \frac{\hat{I}}{\sqrt{2}}. \tag{11.39}$$

Die Stromstärke I dieses Gleichstromes heißt der *Effektivwert* der harmonischen Wechselgröße $i(t) = \hat{I}\cos(\omega t + \varphi)$.[1])

---

[1]) Siehe die Fußnote auf Seite 115.

Der erste Mittelwertsatz der Integralrechnung läßt eine Verallgemeinerung für Integrale zu, deren Integranden Produkte von Funktionen sind.

Satz 11.4 (Verallgemeinerter Mittelwertsatz der Integralrechnung). *Ist* f *auf* [a, b] *stetig,* g *auf* [a, b] *(auch stückweise) stetig und* $g(x) \geqslant 0$, *so gibt es eine Stelle* $\xi \in\,]a, b[$ *mit*

$$\int_a^b f(x)\,g(x)\,dx = f(\xi)\int_a^b g(x)\,dx. \tag{11.40}$$

Zum Beweis bezeichne wieder m und M die Extremwerte von f im Intervall [a, b]. Multipliziert man die Ungleichung $m \leqslant f(x) \leqslant M$ mit g(x), so folgt

$$m\,g(x) \leqslant f(x)\,g(x) \leqslant M\,g(x)$$

und daraus durch Integration

$$m\int_a^b g(x)\,dx \leqslant \int_a^b f(x)\,g(x)\,dx \leqslant M\int_a^b g(x)\,dx.$$

Wie schon beim Beweis des ersten Mittelwertsatzes schließt man aus der daraus folgenden Ungleichung

$$m \leqslant \frac{\int_a^b f(x)\,g(x)\,dx}{\int_a^b g(x)\,dx} = \mu \leqslant M$$

auf die Existenz einer Stelle $\xi \in\,]a, b[$ mit $f(\xi) = \mu$.

Auch dieser Mittelwertsatz steht in engem Zusammenhang mit der Differentialrechnung. Aus der Ableitung des Restgliedes $R_n(x)$ für die Taylorsche Formel (vgl. (7.21)) erhalten wir (bei festem ξ) durch Integration unter Berücksichtigung von $R_n(\xi) = 0$

$$R_n(x) = -\int_\xi^x \frac{(\xi - t)^n}{n!}\,f^{(n+1)}(t)\,dt.$$

Wenn wir $\xi = x + h$ setzen und $t = x + \tau$ substituieren, so folgt

$$R_n(x) = \frac{1}{n!}\int_0^h (h - \tau)^n f^{(n+1)}(x + \tau)\,d\tau. \tag{11.41}$$

Mit dieser auf Euler zurückgehenden Darstellung des Restgliedes lautet die Taylorsche Formel (7.26) für $x = x_0$, $\xi = x_0 + h$

$$f(x_0 + h) = \sum_{k=0}^{n} \frac{f^{(k)}(x_0)}{k!} h^k + \frac{1}{n!} \int_0^h (h - \tau)^n f^{(n+1)}(x_0 + \tau)\, d\tau. \tag{11.42}$$

Der verallgemeinerte Mittelwertsatz ermöglicht es nun, den Zusammenhang des Eulerschen Restgliedes mit dem Lagrangeschem Restglied (7.24) herzustellen. Da die Funktion $(h - \tau)^n$ auf dem Intervall $[0, h]$ (im Fall $h < 0$ ersetzt man h durch $-h$) nichtnegativ ist, können wir auf (11.41) den verallgemeinerten Mittelwertsatz mit $g(\tau) = (h - \tau)^n$ und $f^{(n+1)}(x + \tau)$ anstatt $f(\tau)$ anwenden,

$$R_n(x) = \frac{1}{n!} f^{(n+1)}(x + \vartheta h) \int_0^h (h - \tau)^n d\tau = \frac{h^{n+1}}{(n+1)!} f^{(n+1)}(x + \vartheta h), \quad 0 < \vartheta < 1.$$

Die Voraussetzung für (11.40), daß einer der Faktoren sein Vorzeichen nicht wechseln darf, schränkt den Anwendungsbereich des verallgemeinerten Mittelwertsatzes ziemlich ein. Wir bringen zum Abschluß (ohne Beweis) einen weiteren Mittelwertsatz, bei dem diese Voraussetzung durch eine Monotoniebedingung ersetzt wird.

Satz 11.5 (Zweiter Mittelwertsatz der Integralrechnung). *Ist* f *auf* [a, b] *stetig,* g *auf* [a, b] *(auch stückweise) stetig und monoton, so gibt es eine Stelle* $\xi \in [a, b]$ *mit der Eigenschaft*

$$\int_a^b f(x)\, g(x)\, dx = g(a+) \int_a^{\xi} f(x)\, dx + g(b-) \int_{\xi}^b f(x)\, dx. \tag{11.43}$$

11.6 Übungsbeispiele

Man berechne die folgenden bestimmten Integrale:

1. $\int_0^1 \sqrt{1 + x}\, dx$
2. $\int_{-2}^{-1} \frac{x - 1}{\sqrt{-x} + 1}\, dx$
3. $\int_0^1 \frac{x}{(x^2 + 1)^2}\, dx$
4. $\int_1^e \frac{1 + \ln x}{x}\, dx$
5. $\int_1^2 \frac{1}{x^2} e^{1/x}\, dx$
6. $\int_1^e \frac{1}{x\sqrt{1 + \ln x}}\, dx$
7. $\int_0^1 \frac{\sqrt{x}}{1 + x}\, dx$
8. $\int_0^{\pi/2} \frac{dx}{a - \cos x}, \quad a > 1$
9. $\int_0^{\pi} \frac{\sin x}{1 + \cos^2 x}\, dx$

10. $\int_0^{a/2} \frac{a}{(x-a)(x-2a)} dx$ 11. $\int_2^3 \frac{dx}{2x^2+3x-2}$ 12. $\int_0^1 \frac{dx}{x^2+4x+5}$

13. $\int_1^2 \frac{dx}{x+x^3}$ 14. $\int_{-1/2}^1 \frac{dx}{\sqrt{8+2x-x^2}}$ 15. $\int_0^{\pi/2} \cos^3 x \sin 2x\, dx$

16. $\int_{-\pi/2}^{\pi/2} \sqrt{\cos x - \cos^3 x}\, dx$ 17. $\int_{\pi/4}^{\pi/3} \frac{x}{\sin^2 x} dx$ 18. $\int_0^{\pi} x^3 \sin x\, dx$

19. $\int_0^{a\sqrt{7}} \frac{x^3}{\sqrt[3]{a^2+x^2}} dx$ 20. $\int_0^{\pi/2} \cos^n x\, dx,\ n = 1,2,\ldots$ 21. $\int_1^e (\ln x)^n dx,\ n = 1,2,\ldots$

22. $\int_1^{\sqrt{3}} \frac{\sqrt{1+x^2}}{x^2} dx$ 23. $\int_0^a \frac{1}{x+\sqrt{a^2-x^2}} dx$ 24. $\int_0^{-\ln 2} \sqrt{1-e^{2x}}\, dx$

25. $\int_{\sqrt{2}}^2 \frac{1}{x^5\sqrt{x^2-1}} dx$ 26. $\int_0^1 \sqrt{(1-x^2)^3}\, dx$ 27. $\int_0^1 x^2\sqrt{1-x^2}\, dx$

28. $\int_0^3 \frac{1}{\sqrt{(x^2+3)^5}} dx$ 29. $\int_0^{\pi/4} \cos^7 2x\, dx$ 30. $\int_{1/\sqrt{2}}^1 \frac{\sqrt{1-x^2}}{x^6} dx$

31. $\int_0^{1/\sqrt{3}} \frac{1}{(2x^2+1)\sqrt{x^2+1}} dx$ 32. $\int_{\sqrt{8/3}}^{2\sqrt{2}} \frac{1}{x\sqrt{(x^2-2)^5}} dx$ 33. $\int_0^{\pi/4} \frac{x \sin x}{\cos^3 x} dx$

34. $\int_0^1 (\arcsin x)^4\, dx$ 35. $\int_0^1 \frac{3x+2}{\sqrt{(x^2+4x+3)^5}} dx$ 36. $\int_0^1 \frac{\sqrt[3]{(x-2)^2}}{3+\sqrt[3]{(x+2)^2}} dx$

37. $\int_0^{\pi} \cos^n x \cos nx\, dx,\ n = 1, 2, \ldots$ 38. $\int_0^{\pi} \cos^n x \sin nx\, dx,\ n = 1, 2, \ldots$

39. $\int_0^{\pi} \cos^n x \cos mx\, dx,\ n = 1, 2, \ldots$ 40. $\int_{-\pi/2}^{\pi/2} e^{-\mu x} \cos^{2n+1} x\, dx,\ n = 1, 2, \ldots$

41. $\int_{-\pi}^{\pi} \frac{1}{a - e^{jx}}\, dx, \quad |a| \neq 1$

42. $\int_{-1}^{1} \frac{dx}{\sqrt{(a^2 + 2ax + 1)^3}}, \quad |a| \neq 1$

43. $\int_{0}^{\pi} \frac{1}{a^2 - 2a\cos x + 1}\, dx, \quad |a| \neq 1$

44. $\int_{0}^{\pi/2} \frac{1}{a^2\cos^2 x + b^2\sin^2 x}\, dx, \quad ab \neq 0$

45. $\int_{0}^{2\pi} \frac{1}{a + b\cos x}\, dx, \quad |b| < a$

46. $\int_{-1}^{1} \frac{1}{x^2 - 2x\cos\varphi + 1}\, dx, \quad |\varphi| < \pi$

47. $\int_{0}^{\pi} \frac{\sin x}{\sqrt{1 + 2a\cos x + a^2}}\, dx$

48. $\int_{0}^{\pi} \frac{\sin^2 x}{1 + 2a\cos x + a^2}\, dx, \quad |a| \neq 1,$

49. $\int_{-1}^{1} \frac{1}{\sqrt{a^2 - 2ax + 1}\,\sqrt{b^2 - 2bx + 1}}\, dx, \quad 0 < a < 1, \quad 0 < b < 1$

50. $\int_{-\pi/2}^{\pi/2} \frac{1}{a\sin^2 x + 2b\sin x\cos x + c\cos^2 x}\, dx, \quad ac - b^2 > 0$

51. $\int_{0}^{\pi} \frac{x\sin x}{1 + \cos^2 x}\, dx$

52. $\int_{0}^{1} \frac{\ln(1 + x)}{1 + x^2}\, dx$

Man beweise die folgenden Gleichungen:

53. $\int_{0}^{\pi} (\xi + \sqrt{\xi^2 - 1}\cos x)^n\, dx = \int_{0}^{\pi} \frac{1}{(\xi - \sqrt{\xi^2 - 1}\cos x)^{n+1}}\, dx, \quad \xi > 1,$

Ist die Funktion $f(x)$ auf dem Intervall $[0, 1]$ stetig, so gilt

54. $\int_{0}^{\pi} x\, f(\sin x)\, dx = \frac{\pi}{2} \int_{0}^{\pi} f(\sin x)\, dx$

55. $\int_{0}^{\pi/2} f(\cos x)\, dx = \int_{0}^{\pi/2} f(\sin x)\, dx$

56. Es seien die Funktionen $f(x)$ und $g(x)$ auf dem Intervall $[a, b]$ stückweise stetig. Man beweise die sogenannte *Schwarzsche Ungleichung*

$$\left(\int_{a}^{b} f(x)\, g(x)\, dx\right)^2 \leqslant \int_{a}^{b} f^2(x)\, dx \int_{a}^{b} g^2(x)\, dx$$

Hinweis: Man beachte hierfür, daß das quadratische Polynom in λ: $p(\lambda) = \int_a^b (f(x) - \lambda g(x))^2\, dx \geqslant 0$, nicht zwei verschiedene reelle Nullstellen haben kann.

57. Es sei $p_n(x) = \frac{d^n}{dx^n}(x^2 - 1)^n$. Man beweise die Beziehungen

$$\int_{-1}^{1} p_n(x)\, p_m(x) dx = 0 \quad \text{für } n \neq m \quad \text{und} \quad \int_{-1}^{1} p_n^2(x) dx = (n!)^2 \frac{2^{2n+1}}{2n+1}$$

58. Das Integral $I(a, b) = \int_0^{\pi/2} \frac{1}{\sqrt{a^2 \cos^2 x + b^2 \sin^2 x}}\, dx$ ist elementar nicht auswertbar.

Sein Wert läßt sich folgendermaßen als Grenzwert charakterisieren: Ausgehend von der Gleichung

$$\int_0^{\pi/2} \frac{1}{\sqrt{a^2 \cos^2 x + b^2 \sin^2 x}}\, dx = \int_0^{\pi/2} \frac{1}{\sqrt{a_1^2 \cos^2 x + b_1^2 \sin^2 x}}\, dx ,$$

$a_1 = \frac{a+b}{2}$, $b_1 = \sqrt{ab}$, erhält man durch Induktion und Grenzwertbildung

$$I(a, b) = \int_0^{\pi/2} \frac{1}{\sqrt{a_n^2 \cos^2 x + b_n^2 \sin^2 x}}\, dx = \frac{\pi}{2\xi} ,$$

$a_n = \frac{a_{n-1} + b_{n-1}}{2}$, $b_n = \sqrt{a_{n-1} b_{n-1}}$, $n = 1, 2, \ldots$, worin ξ jene von Null verschiedene reelle Zahl ist, die durch die Intervallschachtelung $[b_n, a_n]$ eindeutig bestimmt ist (vgl. Übungsbeispiel 49 in Abschnitt 2.10). Man berechne näherungsweise $I(\sqrt{2}, 1)$, durch Betrachtung oberer und unterer Schranken für dieses Integral, auf drei Dezimalen genau.

59. Man beweise die sogenannte *Wallis'sche Formel:* $\lim\limits_{n \to \infty} \frac{2^{4n}(n!)^4}{(2n)!^2} \frac{1}{2n+1} = \frac{\pi}{2}$.

Hinweis: Ausgehend von den für $0 < x < \frac{\pi}{2}$ geltenden Ungleichungen $\sin^{2n+1} x < \sin^{2n} x < \sin^{2n-1} x$ folgere man

$$\int_0^{\pi/2} \sin^{2n+1} x\, dx < \int_0^{\pi/2} \sin^{2n} x\, dx < \int_0^{\pi/2} \sin^{2n-1} x\, dx$$

beziehungsweise durch Auswertung dieser Integrale

$\frac{2^{2n}(n!)^2}{(2n+1)!} < \frac{(2n)!}{2^{2n}(n!)^2} \frac{\pi}{2} < \frac{2^{2n-2}(n-1)!^2}{(2n-1)!}$, $n = 1, 2, \ldots$, und daraus die Behauptung.

Durch geeignete Abschätzung des Integranden läßt sich der Wert eines bestimmten Integrals nach oben und unten abschätzen. Man beweise die folgenden Ungleichungen:

60. $\int_0^{\pi/2} e^{-\rho\cos x}\,dx < \frac{\pi}{2\rho}(1-e^{-\rho})$, $\rho > 0$ 61. $\frac{1}{2} < \int_0^{1/2} \frac{1}{\sqrt{1-x^{2n}}}\,dx < \frac{\pi}{6}$

62. $0.88 < \int_0^1 \frac{1}{\sqrt{1+x^4}}\,dx < 0.94.$

Man berechne die folgenden Integrale mit stückweise stetigem Integranden:

63. $\int_0^a [x]\,dx$ 64. $\int_{-\pi}^{\pi} [\sin x]\,dx$ 65. $\int_{-2}^{3} \operatorname{sign}(x^3 - 2x^2 - x + 2)\,e^x\,dx$

66. $\int_0^{2\pi} x\,[\cos x]\,dx.$

Man berechne den Mittelwert der Funktion $f(x)$ auf dem Intervall I und bestimme eine Stelle ξ im Inneren des Intervalls I, an der dieser angenommen wird:

67. $f(x) = \sqrt{x} + \frac{1}{\sqrt{x}}$, $I = [1,4]$ 68. $f(x) = \frac{1}{x^2+1}$, $I = [0,1]$ 69. $f(x) = \frac{1}{e^x+1}$, $I = [0,2]$.

12 Uneigentliche Integrale

12.1 Nochmalige Erweiterung des Integralbegriffs

Die Erweiterung des Integralbegriffs, die wir in Abschnitt 11.4 vorgenommen haben, erweist sich in mancher Hinsicht als nicht ausreichend. Dies betrifft einerseits die explizit ausgesprochene Forderung der Art der zulässigen Unstetigkeiten des Integranden, nach der nur sprunghaft unstetige Funktionen zur Integration zugelassen werden, andererseits die Definition des bestimmten Integrales selbst, in der ein abgeschlossenes und beschränktes Integrationsintervall zugrundegelegt wurde. Neben physikalischen Argumenten, die für eine weitere Ausdehnung des Integrales sprechen, vor allen Dingen die Zulassung von Funktionen mit Unendlichkeitsstellen sowie die Erweiterung auf unendliche Integrationsintervalle, führt die Variablensubstitution und die partielle Integration von selbst auf solche Situationen.

Aus dem Integral

$$I = \int_0^1 \arcsin x \, dx$$

entsteht durch partielle Integration mit den Setzungen $u'(x) = 1$, $v(x) = \arcsin x$

$$I = \int_0^1 \arcsin x \, dx = [x \arcsin x]_0^1 - \int_0^1 \frac{x\,dx}{\sqrt{1-x^2}} = \frac{\pi}{2} - \int_0^1 \frac{x\,dx}{\sqrt{1-x^2}}.$$

Während das Integral auf der linken Seite wohldefiniert ist, da der Integrand auf dem Integrationsintervall stetig ist, stellt das Integral rechts, auf das wir durch die partielle Integration geführt worden sind, ein sinnloses Symbol dar, da der Integrand im Punkt $x = 1$ eine Unendlichkeitsstelle hat.

Integrale rationaler Funktionen von $\sin x$ und $\cos x$ über dem Integrationsintervall $[0, \pi]$ werden durch die Substitution $\tan \frac{x}{2} = t$ in Integrale über das unbeschränkte Integrationsintervall $[0, \infty[$ übergeführt (vgl. (10.76) bis (10.78)), denn wegen $\lim\limits_{x \to \pi-} \tan \frac{x}{2} = \infty$ ist z. B.

$$\int_0^\pi \frac{dx}{2 + \cos x} = \int_0^\infty \frac{2\,dt}{t^2 + 3}.$$

Auch hier hat das Integral auf der rechten Seite keinen Sinn, wohl aber jenes auf der linken Seite.

Diese Beispiele zeigen aber auch, wie die gewünschte Erweiterung des Integralbegriffs vorzunehmen ist. Wenn wir unter Ausnützung der (linksseitigen) Stetigkeit der Stammfunktion

$$I(x) = \int_0^x \arcsin t \, dt$$

des Integranden arc sin x im Punkt x = 1 das Integral als Grenzwert

$$\int_0^1 \arcsin t\, dt = \lim_{x \to 1-} \int_0^x \arcsin t\, dt$$

schreiben, so ergibt sich aus $\lim_{x \to 1-} x \arcsin x = \frac{\pi}{2}$

$$I = \int_0^1 \arcsin t\, dt = \lim_{x \to 1-} \left[x \arcsin x - \int_0^x \frac{t\, dt}{\sqrt{1-t^2}} \right] =$$

$$= \lim_{x \to 1-} x \arcsin x - \lim_{x \to 1-} \int_0^x \frac{t\, dt}{\sqrt{1-t^2}} = \frac{\pi}{2} - \lim_{x \to 1-} \int_0^x \frac{t\, dt}{\sqrt{1-t^2}},$$

also schließlich (vgl. Beispiel 10.42)

$$I = \frac{\pi}{2} - \lim_{x \to 1-} \int_0^x \frac{t\, dt}{\sqrt{1-t^2}} = \frac{\pi}{2} - \lim_{x \to 1-} (1 - \sqrt{1-x^2}) = \frac{\pi}{2} - 1.$$

Es ist daher sinnvoll, das Integral

$$\int_0^1 \frac{t\, dt}{\sqrt{1-t^2}} := \lim_{x \to 1-} \int_0^x \frac{t\, dt}{\sqrt{1-t^2}}$$

durch den rechtsstehenden Grenzwert zu definieren.

Definition 12.1 Ist die Funktion f auf dem halboffenen Intervall [a, b[stetig und hat f im Punkt x = b eine Unendlichkeitsstelle, so heißt der Grenzwert

$$\int_a^b f(t)\, dt := \lim_{x \to b-} \int_a^x f(t)\, dt \qquad (\lim_{x \to b-} f(x) = \pm \infty) \tag{12.1}$$

ein *uneigentliches Integral erster Art.* Existiert dieser Grenzwert im *eigentlichen* Sinn, so heißt (12.1) ein *konvergentes* uneigentliches Integral erster Art; andernfalls wird das Integral *divergent* genannt.

Analog wird durch

$$\int_a^b f(t)\, dt := \lim_{x \to a+} \int_x^b f(t)\, dt \qquad (\lim_{x \to a+} f(x) = \pm \infty) \tag{12.2}$$

das uneigentliche Integral von Funktionen definiert, die am linken Ende des Integrationsintervalls eine Unendlichkeitsstelle haben.

Ähnlich ist die Situation im Falle unendlicher Integrationsintervalle. Wenn wir von der Darstellung als Grenzwert

$$I = \int_0^{\pi} \frac{dt}{2 + \cos t} = \lim_{x \to \pi -} \int_0^x \frac{dt}{2 + \cos t}$$

ausgehen, so ergibt die Transformation $\tan \frac{t}{2} = u$ im Integral rechts die neuen Integrationsgrenzen 0 und $\tan \frac{x}{2}$ und es wird

$$I = \lim_{x \to \pi -} \int_0^x \frac{dt}{2 + \cos t} = \lim_{x \to \pi -} \int_0^{\tan \frac{x}{2}} \frac{2\,du}{u^2 + 3} = \frac{2}{\sqrt{3}} \lim_{x \to \pi -} \left[\arctan \frac{u}{\sqrt{3}}\right]_0^{\tan \frac{x}{2}}$$

$$= \frac{2}{\sqrt{3}} \lim_{x \to \pi -} \arctan\left(\frac{1}{\sqrt{3}} \tan \frac{x}{2}\right) = \frac{2}{\sqrt{3}} \lim_{u \to \infty} \arctan\left(\frac{u}{\sqrt{3}}\right) = \frac{\pi}{\sqrt{3}},$$

denn mit $x \to \pi -$ strebt $u = \tan \frac{x}{2}$ gegen ∞. Dies veranlaßt zur Festsetzung

$$\int_0^{\infty} \frac{du}{u^2 + 3} := \lim_{x \to \infty} \int_0^x \frac{du}{u^2 + 3}.$$

Definition 12.2 Ist die Funktion f auf dem unendlichen Intervall $[a, \infty[$ stetig, so heißt der Grenzwert

$$\int_a^{\infty} f(t)\,dt := \lim_{x \to \infty} \int_a^x f(t)\,dt \tag{12.3}$$

ein *uneigentliches Integral zweiter Art.* Existiert dieser Grenzwert im *eigentlichen* Sinn, so heißt (12.3) ein *konvergentes* uneigentliches Integral zweiter Art, andernfalls wird das Integral *divergent* genannt.

Entsprechend wird durch

$$\int_{-\infty}^{a} f(t)\,dt := \lim_{x \to -\infty} \int_x^a f(t)\,dt \tag{12.4}$$

das Integral über dem Intervall $]-\infty, a]$ definiert.

Die Benennung *uneigentliches* Integral soll den Unterschied zum gewöhnlichen Integral hervorheben, das im Zusammenhang mit uneigentlichen Integralen gelegentlich auch als *eigentliches* Integral bezeichnet wird.

Die besprochenen uneigentlichen Integrale sind Grundtypen, auf die sich sämtliche Fälle zurückführen lassen. Liegt die Unendlichkeitsstelle c im offenen Intervall]a, b[, so ist das Integral von f durch die Zerlegung

$$\int_a^b f(x)\,dx = \int_a^c f(x)\,dx + \int_c^b f(x)\,dx$$

in die erwähnten Typen uneigentlicher Integrale erster Art zu berechnen, wobei diese jeweils für sich allein zu behandeln sind. Ähnlich ist ein Integral der auf]$-\infty$, ∞[stetigen Funktion f,

$$\int_{-\infty}^{\infty} f(x)\,dx = \int_{-\infty}^{a} f(x)\,dx + \int_a^{\infty} f(x)\,dx,$$

in die beiden rechtsstehenden uneigentlichen Integrale zweiter Art aufzuspalten, wobei die Wahl des Punktes a beliebig getroffen werden kann. Auch gemischte Fälle sind möglich, wie z. B. das Integral

$$\int_0^{\infty} \frac{\ln x}{1+x^2}\,dx,$$

das durch die Aufspaltung

$$\int_0^{\infty} \frac{\ln x}{1+x^2}\,dx = \int_0^1 \frac{\ln x}{1+x^2}\,dx + \int_1^{\infty} \frac{\ln x}{1+x^2}\,dx$$

in ein uneigentliches Integral erster und zweiter Art zerlegt wird.

Beispiel 12.1:

$$I = \int_0^1 \ln t\,dt = \lim_{x\to 0+} \int_x^1 \ln t\,dt = \lim_{x\to 0+} (t\ln t - t)\Big|_x^1 = -1 - \lim_{x\to 0+} (x\ln x - x) = -1.$$

Das Integral ist also konvergent.

Beispiel 12.2:

$$\int_0^{\pi/2} \tan t\,dt = \lim_{x\to\frac{\pi}{2}-} (-\ln\cos t)\Big|_0^x = -\lim_{x\to\frac{\pi}{2}-} \ln\cos x = \infty.$$

Das Integral ist also divergent.

Beispiel 12.3:

$$\int_0^{\infty} te^{-t}dt = \lim_{x\to\infty} \left[-e^{-t}(t+1)\right]_0^x = 1 - \lim_{x\to\infty} e^{-x}(x+1) = 1.$$

Beispiel 12.4: Ist p(x) ein Polynom vom Grade m, so folgt (vgl. Beispiel 10.45)

$$\int_0^\infty e^{-at}p(t)\,dt = \lim_{x\to\infty}\left[-e^{-at}\sum_{k=0}^{m}\frac{1}{a^{k+1}}p^{(k)}(t)\right]_0^x = \sum_{k=0}^{m}\frac{1}{a^{k+1}}p^{(k)}(0) -$$

$$-\lim_{x\to\infty}\left[e^{-ax}\sum_{k=0}^{m}\frac{1}{a^{k+1}}p^{(k)}(x)\right] = \sum_{k=0}^{m}\frac{1}{a^{k+1}}p^{(k)}(0), \quad a>0,$$

denn es gilt, wenn $a > 0$ ist, $\lim_{x\to\infty} e^{-ax}q(x) = 0$ für jedes Polynom q(x).

Beispiel 12.5:

$$\int_0^\infty e^{-at}\cos bt\,dt = \lim_{x\to\infty}\left[\frac{e^{-at}}{a^2+b^2}(b\sin bt - a\cos bt)\right]_0^x = \frac{a}{a^2+b^2}, \quad a>0.$$

Beispiel 12.6: Für $\gamma \neq 1$ erhält man

$$\int_a^b \frac{dt}{(b-t)^\gamma} = -\lim_{x\to b-}\left[\frac{(b-t)^{1-\gamma}}{1-\gamma}\right]_a^x = \begin{cases}\frac{(b-a)^{1-\gamma}}{1-\gamma}, & \gamma<1,\\ \infty, & \gamma>1,\end{cases}$$

für $\gamma = 1$

$$\int_a^b \frac{dt}{b-t} = -\lim_{x\to b-} \ln(b-x) + \ln(b-a) = +\infty.$$

Das Integral ist also für $\gamma < 1$ konvergent, für $\gamma \geqslant 1$ divergent.

Beispiel 12.7: Sei $\gamma \neq 1$, $a > 0$, dann gilt

$$\int_a^\infty \frac{dt}{t^\gamma} = \lim_{x\to\infty}\left[\frac{t^{1-\gamma}}{1-\gamma}\right]_a^x = \begin{cases}\frac{a^{1-\gamma}}{\gamma-1}, & \gamma>1,\\ \infty, & \gamma<1.\end{cases}$$

Für $\gamma = 1$ wird

$$\int_a^\infty \frac{dt}{t} = \lim_{x\to\infty} \ln x - \ln a = \infty.$$

Das Integral ist also für $\gamma > 1$ konvergent, für $\gamma \leqslant 1$ divergent.

Beispiel 12.8:

$$\int_{-\infty}^{\infty} \frac{dt}{t^2+t+1} = \int_{-\infty}^{\infty} \frac{dt}{\left(t+\frac{1}{2}\right)^2+\frac{3}{4}} = \int_{-\infty}^{0} + \int_{0}^{\infty}$$

$$= \lim_{x\to-\infty} \left[\frac{2}{\sqrt{3}} \arctan\left(\frac{2t+1}{\sqrt{3}}\right)\right]_x^0 + \lim_{x\to\infty} \left[\frac{2}{\sqrt{3}} \arctan\left(\frac{2t+1}{\sqrt{3}}\right)\right]_0^x =$$

$$= \lim_{x\to-\infty} \frac{-2}{\sqrt{3}} \arctan\left(\frac{2x+1}{\sqrt{3}}\right) + \lim_{x\to\infty} \frac{2}{\sqrt{3}} \arctan\left(\frac{2x+1}{\sqrt{3}}\right) = \frac{2}{\sqrt{3}}\left(\frac{\pi}{2}+\frac{\pi}{2}\right) = \frac{2\pi}{\sqrt{3}}.$$

Beispiel 12.9: Sowohl ein uneigentliches Integral erster Art als auch zweiter Art ist

$$\int_1^{\infty} \frac{dt}{t\sqrt{t^2-1}} = \int_1^{2} \frac{dt}{t\sqrt{t^2-1}} + \int_2^{\infty} \frac{dt}{t\sqrt{t^2-1}}.$$

Aus

$$\int \frac{dx}{x\sqrt{x^2-1}} = \int \frac{du}{\cosh u}\bigg|_{u=\operatorname{ar}\cosh x} = 2\int \frac{du}{e^u+\frac{1}{e^u}} = 2\int \frac{dv}{v^2+1}\bigg|_{v=e^u}$$

$$= 2\arctan\left(e^{\operatorname{ar}\cosh x}\right) + C = 2\arctan\left(x+\sqrt{x^2-1}\right) + C$$

folgt

$$\int_1^{2} \frac{dt}{t\sqrt{t^2-1}} = \lim_{x\to 1+} \left[2\arctan\left(t+\sqrt{t^2-1}\right)\right]_x^2$$

$$= 2\arctan(2+\sqrt{3}) - \lim_{x\to 1+} 2\arctan\left(x+\sqrt{x^2-1}\right) = 2\arctan(2+\sqrt{3}) - \frac{\pi}{2},$$

$$\int_2^{\infty} \frac{dt}{t\sqrt{t^2-1}} = \lim_{x\to\infty} \left[2\arctan\left(t+\sqrt{t^2-1}\right)\right]_2^x$$

$$= -2\arctan(2+\sqrt{3}) + \lim_{x\to\infty} 2\arctan\left(x+\sqrt{x^2-1}\right) = \pi - 2\arctan(2+\sqrt{3}),$$

also insgesamt

$$\int_1^{\infty} \frac{dt}{t\sqrt{t^2-1}} = \frac{\pi}{2}.$$

Die Definition des uneigentlichen Integrals erlaubt die Berechnung und damit die Feststellung der Konvergenz bzw. der Divergenz, wenn der Integrand elementar integrierbar ist. Ist dies jedoch nicht der Fall, so wird durch ein Integral

$$F(x) = \int_a^x f(t)\,dt$$

eine Funktion definiert, die nicht aus elementaren Funktionen zusammengesetzt ist[1]); die Konvergenz des uneigentlichen Integrales

$$I = \int_a^\infty f(t)\,dt$$

oder

$$I = \int_a^b f(t)\,dt, \quad \lim_{x \to b-} f(x) = \pm\infty \quad \text{oder} \quad \lim_{x \to a+} f(x) = \pm\infty$$

kann daher nicht durch direkte Grenzwertbildung festgestellt werden. Ein Beispiel hierfür ist das Eulersche Integral der *Gammafunktion*

$$\Gamma(x) := \int_0^\infty e^{-t} t^{x-1}\,dt. \tag{12.5}$$

das ein uneigentliches Integral zweiter Art und für $0 < x < 1$ auch ein uneigentliches Integral erster Art ist. In vielen Anwendungen, namentlich in der Statistik, spielen die beiden komplementären *Fehlerintegrale* (engl. *error-function*)

$$\operatorname{erfc}(x) := \frac{2}{\sqrt{\pi}} \int_x^\infty e^{-t^2}\,dt, \quad \operatorname{erf}(x) := 1 - \frac{2}{\sqrt{\pi}} \int_x^\infty e^{-t^2}\,dt \tag{12.6}$$

eine große Rolle; auch sie werden durch uneigentliche Integrale definiert.

In allen Fällen nicht elementar integrierbarer Funktionen definieren uneigentliche Integrale (wie natürlich auch eigentliche Integrale) gewisse Größen, wenn man sich vorher davon überzeugt hat, daß die Integrale konvergieren; erst nach dem Konvergenzbeweis kann mit diesen Integralen, also mit den durch sie definierten Größen, gerechnet werden. Daher ist es zweckmäßig, will man nicht stets eine besondere Untersuchung anstellen, nach Kriterien zu suchen, die die Konvergenz bzw. die Divergenz mit einfachen Mitteln festzustellen ermöglichen. Ein solches Konvergenzkriterium wollen wir nun für uneigentliche Integrale beider Arten in den folgenden Abschnitten herleiten: die diesem Kriterium zugrundeliegende Idee beruht auf dem Vergleichsprinzip.

12.2 Uneigentliche Integrale erster Art

Der Ansatzpunkt zur Konvergenzuntersuchung des uneigentlichen Integrals (12.1) ist die Konstruktion eines notwendigen und hinreichenden Konvergenzkriteriums, aus dem man, mit Rücksicht auf die Eignung zur Untersuchung konkreter Fälle, hinreichende Bedingungen ableitet.

---

[1]) Vgl. Abschnitt 10.7.

Ein derartiges Kriterium erhält man durch Kombination der Definition des uneigentlichen Integrals erster Art als Grenzwert der Stammfunktion

$$F(x) = \int_a^x f(t)\,dt$$

für $x \to b-$ und Satz 5.2, der notwendigen und hinreichenden Bedingung für die Existenz des Grenzwertes von Funktionen. Beachtet man

$$F(x'') - F(x') = \int_{x'}^{x''} f(t)\,dt,$$

so können wir mit Satz 5.2 folgern: *Das uneigentliche Integral* (12.1) *konvergiert genau dann, wenn es zu jeder positiven Zahl* $\epsilon > 0$ *eine Zahl* $\delta = \delta(\epsilon) > 0$ *gibt mit der Eigenschaft*

$$\left| \int_{x'}^{x''} f(t)\,dt \right| < \epsilon \quad \text{für} \quad b - \delta < x', x'' < b. \tag{12.7}$$

Diese analytische Charakterisierung der Konvergenz des uneigentlichen Integrales (12.1) ermöglicht nun die Konstruktion hinreichender Konvergenzkriterien. Die folgenden Überlegungen bilden den Kern für eine der wichtigsten Konvergenzaussagen dieser Art.

Interpretiert man das uneigentliche Integral (12.1), der geometrischen Deutung des Integrals folgend, als Flächeninhalt des sich ins Unendliche erstreckenden Normalbereichs von f über $[a, b[$, so sagt uns die Anschauung, daß das Wachstum der Funktion f für $x \to b-$ ein gewisses Maß nicht übersteigen darf, soll der Flächeninhalt endlich, d. h. das Integral konvergent sein. Es ist daher naheliegend, das Wachstum der Funktion f mit dem anderer Funktionen zu vergleichen, die ebenfalls in $x = b$ eine Unendlichkeitsstelle haben und für die das uneigentliche Integral (12.1) konvergiert.

Es sei g eine auf dem Intervall $[c, b[$ stetige nichtnegative Funktion, die in $x = b$ eine Unendlichkeitsstelle hat; ferner sei das Integral

$$\int_c^b g(t)\,dt \tag{12.8}$$

konvergent, so daß nach (12.7) für jedes $\epsilon > 0$ eine Abschätzung

$$\left| \int_{x'}^{x''} g(t)\,dt \right| < \epsilon \quad \text{für} \quad b - \delta < x', x'' < b$$

mit einer von ϵ abhängigen Zahl δ möglich ist. Wenn nun die Ungleichung

$$|f(x)| \leqslant A\,g(x) \quad \text{für} \quad b - \delta < x < b \tag{12.9}$$

mit einer geeigneten Konstanten $A > 0$ erfüllt ist, so können wir mit Hilfe von (11.29) die Ungleichung

$$\left|\int_{x'}^{x''} f(t)\,dt\right| \leqslant \left|\int_{x'}^{x''} |f(t)|\,dt\right| \leqslant A\left|\int_{x'}^{x''} g(t)\,dt\right| < A\epsilon, \quad b-\delta < x', x'' < b,$$

folgern und daraus auf die Konvergenz des Integrals (12.1) schließen, da auch für f die notwendige und hinreichende Bedingung (12.7) erfüllt ist.

Ist das Integral (12.8) divergent und gilt für eine Konstante $A > 0$

$$f(x) \geqslant A\,g(x), \quad b-\delta < x < b, \tag{12.10}$$

so divergiert offenbar auch das Integral (12.1), denn in diesem Falle existieren immer zwei dem Punkt $x = b$ beliebig benachbarte Stellen x' und x'' mit der Eigenschaft

$$\left|\int_{x'}^{x''} f(t)\,dt\right| \geqslant A\left|\int_{x'}^{x''} g(t)\,dt\right| \geqslant A\epsilon_0$$

für eine gewisse positive Zahl $\epsilon_0 > 0$, wie sich der Leser durch Negation der notwendigen und hinreichenden Bedingung (12.7) überlegen möge.

Eine Ungleichung (12.9) bzw. (12.10) besteht immer, wenn der Grenzwert

$$\lim_{x\to b-} \frac{f(x)}{g(x)} = B \tag{12.11}$$

(im eigentlichen und für (12.10) auch im uneigentlichen Sinn) existiert. In diesem Fall zieht die Konvergenz des Integrals von g die des Integrals von f und (für $B \neq 0$) die Divergenz des Integrals von g die des Integrals von f nach sich.

Von besonderem Interesse ist der Vergleich des Wachstums von f mit den Potenzen. Setzt man in (12.11) $g(x) = (b-x)^{-\gamma}$, $\gamma > 0$, so ist zufolge Beispiel 12.6

$$\int_a^b g(x)\,dx = \int_a^b \frac{dx}{(b-x)^\gamma} \begin{cases} \text{konvergent für } \gamma < 1, \\ \text{divergent für } \gamma \geqslant 1; \end{cases}$$

infolgedessen erhalten wir

Satz 12.1 (Hinreichendes Konvergenzkriterium für uneigentliche Integrale erster Art). *Existiert (im eigentlichen oder uneigentlichen Sinn) der Grenzwert*

$$\lim_{x\to b-} (b-x)^\gamma f(x) = B \tag{12.12}$$

für irgendeinen Exponenten $\gamma < 1$ *und ist dabei* $0 \leqslant |B| < \infty$, *so konvergiert das uneigentliche Integral* (12.1). *Gilt hingegen* $0 < |B| \leqslant \infty$ *für irgendeinen Exponenten* $\gamma \geqslant 1$, *so divergiert das Integral* (12.1).

Ein entsprechender Satz gilt für uneigentliche Integrale, deren Integrand f am linken Ende des Integrationsintervalles eine Unendlichkeitsstelle hat; dabei tritt an die Stelle des Grenzwertes (12.12)

$$\lim_{x \to a+} (x-a)^{\gamma} f(x) = B. \tag{12.13}$$

Existiert der Grenzwert (12.12) für eine Zahl γ_0 im eigentlichen Sinn und ist er von Null verschieden, so läßt sich die auf $[a, b[$ stetige Funktion f in das Produkt

$$f(x) = \frac{1}{(b-x)^{\gamma_0}} h(x) \tag{12.14}$$

mit einer durch die Festsetzung $h(b) := \lim_{x \to b-} h(x) = B$ auf dem abgeschlossenen Intervall $[a, b]$ stetigen Funktion h aufspalten. Ist es daher möglich, den Integranden f des uneigentlichen Integrals (12.1) als Produkt (12.14) anzuschreiben, so kann die Konvergenz unmittelbar festgestellt werden: ist $\gamma_0 < 1$, so konvergiert das Integral, im Fall $\gamma_0 \geqslant 1$ liegt Divergenz vor.

Eine analoge Aussage gilt für uneigentliche Integrale, deren Integranden am linken Intervallende unendlich werden.

Beispiel 12.10: Der Integrand von

$$\int_0^1 e^{-x} x^{a-1} dx$$

hat für $a < 1$ eine Unendlichkeitsstelle im Punkt $x = 0$. Da er als Produkt (12.14) gegeben ist, liegt für $\gamma_0 = 1 - a < 1$, also für $a > 0$, Konvergenz vor, Divergenz für $a \leqslant 0$.

Beispiel 12.11: Auch der Integrand von

$$\int_0^1 \frac{dx}{\sqrt{1-x^2}}$$

läßt sich aufspalten,

$$\frac{1}{\sqrt{1-x^2}} = \frac{1}{\sqrt{1-x}} \frac{1}{\sqrt{1+x}}.$$

Wegen $\gamma_0 = \frac{1}{2}$ ist das Integral konvergent.

Beispiel 12.12: Zur Entscheidung der Konvergenz des Integrals

$$\int_0^{\alpha} \frac{dx}{\sqrt{\cos x - \cos\alpha}}$$

berechnen wir in Abhängigkeit des variablen Exponenten γ den Grenzwert

$$\lim_{x \to \alpha-} (\alpha - x)^{\gamma} \frac{1}{\sqrt{\cos x - \cos \alpha}} = \lim_{x \to \alpha-} (\alpha - x)^{\gamma - 1/2} \frac{\sqrt{\frac{\alpha - x}{2}}}{\sqrt{\sin \frac{\alpha - x}{2}}} \frac{1}{\sqrt{\sin \frac{\alpha + x}{2}}}$$

$$= \begin{cases} 0 & \text{für } \gamma > \frac{1}{2}, \\ \frac{1}{\sqrt{\sin \alpha}} & \text{für } \gamma = \frac{1}{2}. \end{cases}$$

Es ist also jede Wahl von γ mit $\frac{1}{2} \leqslant \gamma < 1$ möglich, um aus Satz 12.1 auf die Konvergenz schließen zu können.

Beispiel 12.13:

$$\int_0^1 \frac{\ln x}{1 + x^2} \, dx.$$

Hier ist

$$\lim_{x \to 0+} x^{\gamma} \frac{\ln x}{1 + x^2} = 0$$

für jeden Exponenten γ mit $0 < \gamma < 1$; das Integral ist also konvergent.

Beispiel 12.14: Das Integral

$$\int_0^1 \frac{dx}{\ln x}$$

ist divergent, denn es ist für $\gamma = 1$

$$\lim_{x \to 1-} (1 - x) \frac{1}{\ln x} = \lim_{x \to 1-} \frac{-1}{\frac{1}{x}} = -1 \neq 0.$$

Beispiel 12.15: Der Integrand von

$$I = \int_0^1 \frac{e^{1/x}}{\sqrt{1 - x}} \, dx$$

wird in beiden Endpunkten des Integrationsintervalls unendlich; daher ist das Integral aufzuspalten, etwa in

$$I = \int_0^1 [..] \, dx = \int_0^{1/2} [..] \, dx + \int_{1/2}^1 [..] \, dx = I_1 + I_2.$$

Das Integral I_2 ist konvergent $\left(\gamma_0 = \frac{1}{2}\right)$; dagegen ist das Integral I_1 divergent, denn es ist

$$\lim_{x \to 0+} x^\gamma \frac{e^{1/x}}{\sqrt{1-x}} = \lim_{y \to \infty} \frac{1}{y^{\gamma - \frac{1}{2}}} \frac{e^y}{\sqrt{y-1}} = \infty$$

für jeden Exponenten γ. Daher ist auch das Integral I divergent, da die Konvergenz nur gegeben ist, wenn *beide* Integrale I_1 und I_2 konvergieren.

12.3 Uneigentliche Integrale zweiter Art

Auch für uneigentliche Integrale zweiter Art führt die Methode des Wachstumsvergleichs zu einem handlichen Konvergenzkriterium.

Wie sich der Leser leicht an Hand der Definition des Grenzwertes im Unendlichen überlegt, *ist das uneigentliche Integral* (12.3) *genau dann konvergent, wenn es zu jeder Zahl* $\epsilon > 0$ *eine von* ϵ *abhängige Zahl* $K = K(\epsilon)$ *gibt mit der Eigenschaft*

$$\left|\int_{x'}^{x''} f(t)\,dt\right| < \epsilon \quad \text{für} \quad x', x'' > K(\epsilon). \tag{12.15}$$

Ist wieder g eine auf dem Intervall $[c, \infty[$ stetige nichtnegative Funktion und gilt die Ungleichung

$$|f(x)| \leqslant A\,g(x) \quad \text{für} \quad x > K_1, \tag{12.16}$$

so folgt aus der Konvergenz des Integrals

$$\int_c^\infty g(t)\,dt \tag{12.17}$$

die Konvergenz des Integrals (12.3), wie man aus der Kette von Ungleichungen

$$\left|\int_{x'}^{x''} f(t)\,dt\right| \leqslant \left|\int_{x'}^{x''} |f(t)|\,dt\right| \leqslant A \left|\int_{x'}^{x''} g(t)\,dt\right| < A\epsilon, \quad x', x'' > \operatorname{Max}\{K_1, K(\epsilon)\},$$

abliest, deren letztes Glied aus der Konvergenz des Integrals (12.17) folgt. Auf analoge Weise schließt man auf die Divergenz des Integrales (12.3), wenn das Integral (12.17) divergiert und

$$f(x) \geqslant A\,g(x) \quad \text{für} \quad x > K_2, \quad A > 0 \tag{12.18}$$

gilt.

Ungleichungen der Form (12.16) und (12.18) erhält man stets, wenn der Grenzwert

$$\lim_{x \to \infty} \frac{f(x)}{g(x)} = B \tag{12.19}$$

im eigentlichen oder uneigentlichen Sinn existiert, so daß auch hier wieder die Konvergenz des Integrales von g die des Integrals von f ($|B| < \infty$) und die Divergenz des Integrals von g die des Integrals von f bedingt ($|B| \neq 0$).

Vergleicht man das Wachstum von f mit den Potenzen $x^{-\gamma}$, $\gamma > 0$, setzt man also in (12.19) $g(x) = x^{-\gamma}$, so resultiert unter Beachtung von

$$\int_c^\infty g(x)\,dx = \int_c^\infty \frac{dx}{x^\gamma} \begin{cases} \text{konvergent} & \text{für } \gamma > 1, \\ \text{divergent} & \text{für } \gamma \leqslant 1, \end{cases}$$

(vgl. Beispiel 12.7) der

Satz 12.2 (Hinreichendes Konvergenzkriterium für uneigentliche Integrale zweiter Art). *Existiert (im eigentlichen oder uneigentlichen Sinn) der Grenzwert*

$$\lim_{x \to \infty} x^\gamma f(x) = B \tag{12.20}$$

für irgendeinen Exponenten $\gamma > 1$ *und ist dabei* $0 \leqslant |B| < \infty$, *so ist das Integral* (12.3) *konvergent. Gilt hingegen* $0 < |B| \leqslant \infty$ *für irgendeinen Exponenten* $\gamma \leqslant 1$, *so divergiert das Integral* (12.3).

Ein entsprechender Satz gilt für uneigentliche Integrale über Intervalle $]-\infty, a]$, für die man den Grenzwert (12.20) durch

$$\lim_{x \to -\infty} |x|^\gamma f(x) = B \tag{12.21}$$

zu ersetzen hat.

Beispiel 12.16: Das Integral

$$\int_1^\infty e^{-x} x^{a-1} dx$$

konvergiert für jede Zahl a, denn es ist

$$\lim_{x \to \infty} x^\gamma e^{-x} x^{a-1} = 0$$

für jeden Exponenten γ.

Wir können daher zusammen mit Beispiel 12.10 schließen, daß die in (12.5) eingeführte Gammafunktion

$$\Gamma(x) = \int_0^\infty e^{-t} t^{x-1} dt$$

den Definitionsbereich $]0, \infty[$ hat, weil das $\Gamma(x)$ definierende Integral für $x > 0$ konvergiert.

Beispiel 12.17: Genügt die Funktion h für $x > x_0$ der Ungleichung

$$|h(x)| \leqslant e^{\delta x} \quad \text{mit} \quad \delta < 1,\ x > x_0,$$

so existiert das uneigentliche Integral

$$\int_a^\infty e^{-x} h(x)\,dx,$$

denn aus der Abschätzung

$$|x^\gamma e^{-x} h(x)| \leqslant |x|^\gamma e^{-(1-\delta)x}, \quad x > x_0,$$

folgt wegen $\delta < 1$

$$\lim_{x \to \infty} x^\gamma e^{-x} h(x) = 0$$

für jeden Exponenten γ.

Dieses Beispiel zeigt, daß das Auftreten der Exponentialfunktion e^{-x} als Faktor die Konvergenz eines uneigentlichen Integrales bei verhältnismäßig starkem Wachstum des anderen Faktors im Integranden garantiert. Vgl. dazu auch Beispiel 12.4.

Beispiel 12.18: Zur Konvergenzuntersuchung des Integrals

$$\int_1^\infty \frac{\ln x}{1 + x^2}\,dx$$

berechnen wir in Abhängigkeit von γ den Grenzwert

$$\lim_{x \to \infty} x^\gamma \frac{\ln x}{1 + x^2} = \begin{cases} \infty & \text{für } \gamma \geqslant 2, \\ 0 & \text{für } \gamma < 2, \end{cases}$$

so daß wir mit $1 < \gamma < 2$ aus Satz 12.2 auf die Konvergenz schließen können.

Beispiel 12.19: Das Integral

$$\int_{-\infty}^a e^{-x^2}\,dx$$

ist konvergent wegen

$$\lim_{x \to -\infty} |x|^\gamma e^{-x^2} = 0$$

für jede Zahl $\gamma > 0$. Insbesondere konvergiert auch

$$\int_{-\infty}^\infty e^{-x^2}\,dx.$$

Im Falle des Integrals

$$\int_0^\infty \frac{\sin x}{x}\,dx \tag{12.22}$$

versagt das Konvergenzkriterium wegen

$$\lim_{x \to \infty} x^\gamma \frac{\sin x}{x} = \begin{cases} 0 & \text{für} \quad 0 < \gamma < 1, \\ \text{nicht existent für } \gamma \geqslant 1. \end{cases}$$

Obwohl die optimale Abschätzung

$$\left| \frac{\sin x}{x} \right| \leqslant \frac{1}{x}$$

auf Divergenz hinweisen mag, ist das Integral (12.22) konvergent, wie wir mit Hilfe des zweiten Mittelwertsatzes der Integralrechnung beweisen können. Sei $I = [x', x'']$ ein beliebiges Intervall (mit $x' > 0$), so ist die Funktion $g(x) = \frac{1}{x}$ auf I monoton, die Funktion $f(x) = \sin x$ stetig auf I, so daß es eine Stelle ξ, $x' \leqslant \xi \leqslant x''$, mit der Eigenschaft

$$\int_{x'}^{x''} \frac{\sin x}{x} dx = \frac{1}{x'} \int_{x'}^{\xi} \sin x \, dx + \frac{1}{x''} \int_{\xi}^{x''} \sin x \, dx = \frac{1}{x'} (\cos x' - \cos \xi) + \frac{1}{x''} (\cos \xi - \cos x'')$$

gibt, aus der die Abschätzung

$$\left| \int_{x'}^{x''} \frac{\sin x}{x} dx \right| \leqslant \frac{2}{x'} + \frac{2}{x''} < \frac{4}{x'}$$

folgt. Ist also $\epsilon > 0$ beliebig vorgegeben und wählt man $K(\epsilon) = \frac{4}{\epsilon}$, so erhält man

$$\left| \int_{x'}^{x''} \frac{\sin x}{x} dx \right| < \epsilon \quad \text{für} \quad x', x'' > \frac{4}{\epsilon} = K(\epsilon),$$

also nach (12.15) die Konvergenz des Integrales (12.22).

Mit dieser Beweisidee gelingt auch der Nachweis der Konvergenz der Integrale

$$\int_0^\infty \frac{\sin x}{\sqrt{x}} dx \quad \text{und} \quad \int_0^\infty \frac{\cos x}{\sqrt{x}} dx,$$

indem man $f(x) = \sin x$ (bzw. $f(x) = \cos x$) und $g(x) = \frac{1}{\sqrt{x}}$ setzt.

12.4 Rechenregeln für uneigentliche Integrale

Da uneigentliche Integrale Grenzwerte eigentlicher Integrale sind, lassen sich die wichtigsten Rechenregeln, ebenso die partielle Integration und die Methode der Variablensubstitution, auf uneigentliche Integrale erweitern, indem man in den entsprechenden Regeln für eigentliche Integrale zum Grenzwert übergeht. Im folgenden wollen wir unter $\int_a^b f(x)\,dx$ Integrale jeden Typs verstehen, eigentliche oder uneigentliche, wobei für uneigentliche Integrale zweiter Art die Integrationsgrenzen a und b für $-\infty$ bzw. ∞ stehen.

Als erstes ergibt sich die Regel

$$\int_a^b [c_1 f_1(x) + c_2 f_2(x)]\,dx = c_1 \int_a^b f_1(x)\,dx + c_2 \int_a^b f_2(x)\,dx,$$

die so zu verstehen ist, daß das Integral auf der linken Seite konvergiert, wenn die Integrale auf der rechten Seite konvergent sind. In diesem Zusammenhang sei darauf hingewiesen, daß durch Addition uneigentlicher Integrale (erster Art) auch ein eigentliches Integral entstehen kann.

Ebenso übertragen sich die beiden Varianten der Variablensubstitution für unbestimmte Integrale. Wenn wir annehmen, daß das Integral $\int_a^b f(x)\,dx$ durch die Verhältnisse am rechten Intervallende uneigentlich ist, so folgt aus (11.22)

$$\int_a^b f(t)\,dt = \lim_{x \to b} \int_a^x f(t)\,dt = \lim_{x \to b} \int_a^x g(h(t))\,h'(t)\,dt = \lim_{x \to b} \int_{h(a)}^{h(x)} g(u)\,du,$$

also unter der Voraussetzung, daß der Grenzwert $\lim_{x \to b} h(x)$ (im eigentlichen oder uneigentlichen Sinn) existiert,

$$\int_a^b f(t)\,dt = \int_{h(a)}^{\lim_{x \to b} h(x)} g(u)\,du, \quad f(t) = g(h(t))\,h'(t).$$

Analog erhält man

$$\int_a^b f(t)\,dt = \int_{h^{-1}(a)}^{\lim_{x \to b} h^{-1}(x)} f(h(u))\,h'(u)\,du,$$

vorausgesetzt, daß der Grenzwert $\lim_{x \to b} h^{-1}(x)$ im eigentlichen oder uneigentlichen Sinn existiert.

Diesen Regeln kann man im besonderen entnehmen, daß ein uneigentliches Integral notwendig konvergent ist, wenn es aus einem eigentlichen Integral durch Variablensubstitution hervorgegangen ist. Auch umgekehrt steht die Konvergenz eines Integrales fest, wenn es sich in ein eigentliches Integral transformieren läßt. Es ist auch möglich, daß durch Variablensubstitution ein uneigentliches Integral in ein solches des anderen Typs übergeführt wird. Auch in diesem Fall zieht die Konvergenz des einen Integrals die des anderen nach sich.

Beispiel 12.20: Substituiert man im Integral

$$I = \frac{1}{\sqrt{2}} \int_0^\alpha \frac{dx}{\sqrt{\cos x - \cos\alpha}}, \quad 0 \leqslant \alpha < \frac{\pi}{2},$$

(vgl. Beispiel 12.12) $\sin\frac{x}{2} = kt$, $k = \sin\frac{\alpha}{2}$, so wird daraus

$$I = \int_0^1 \frac{dt}{\sqrt{1-t^2}\sqrt{1-k^2t^2}}.$$

Dieses konvergente Integral wird durch die Substitution $t = \sin u$ in das (wegen $k < 1$) eigentliche Integral

$$I = \int_0^{\pi/2} \frac{du}{\sqrt{1-k^2\sin^2 u}} \tag{12.23}$$

transformiert. (12.23) heißt ein *elliptisches Normalintegral erster Gattung.*

Beispiel 12.21: Durch die Substitution $x = \frac{1}{t}$ wird aus

$$\int_0^1 \frac{\ln x}{1+x^2}\,dx = -\int_1^\infty \frac{\ln t}{1+t^2}\,dt;$$

insbesondere ist daher

$$\int_0^\infty \frac{\ln x}{1+x^2}\,dx = 0.$$

Auch die Regel der partiellen Integration überträgt sich auf uneigentliche Integrale. Geht man in

$$\int_a^x u(t)\,v'(t)\,dt = [u(t)\,v(t)]_a^x - \int_a^x v(t)\,u'(t)\,dt$$

zur Grenze $x \to b$ über, so erhält man

$$\int_a^b u(t)\,v'(t)\,dt = [u(t)\,v(t)]_a^b - \int_a^b v(t)\,u'(t)\,dt,$$

vorausgesetzt, daß der Grenzwert

$$[u(x)\,v(x)]_a^b := \lim_{x\to b}[u(t)\,v(t)]_a^x = \lim_{x\to b} u(x)\,v(x) - u(a)\,v(a)$$

existiert. Es ist leicht einzusehen, daß beide Integrale dann entweder konvergieren oder divergieren. Insbesondere ist die Konvergenz uneigentlicher Integrale gesichert, auf die man durch partielle Integration eigentlicher Integrale geführt wird.

Beispiel 12.22: Aus dem eigentlichen Integral

$$\int_0^1 \frac{\arctan x}{x}\,dx$$

erhält man durch partielle Integration

$$\int_0^1 \frac{\arctan x}{x}\,dx = \lim_{x\to 0+}\left([\arctan t\cdot \ln t]_x^1 - \int_x^1 \frac{\ln t}{1+t^2}\,dt\right) = -\int_0^1 \frac{\ln t}{1+t^2}\,dt.$$

Nach den obigen Bemerkungen ist dies ein neuer Konvergenzbeweis des auf der rechten Seite stehenden uneigentlichen Integrales.

Beispiel 12.23: Das Integral

$$\int_0^{\pi/2} \frac{x}{\tan x}\,dx$$

ist wegen der Existenz der Grenzwerte

$$\lim_{x\to 0+} \frac{x}{\tan x} = 1 \quad \text{und} \quad \lim_{x\to \frac{\pi}{2}-} \frac{x}{\tan x} = 0$$

ein eigentliches Integral. Die partielle Integration führt auf ein uneigentliches Integral,

$$\int_0^{\pi/2} \frac{x}{\tan x}\,dx = [x \ln(\sin x)]_0^{\pi/2} - \int_0^{\pi/2} \ln(\sin x)\,dx = -\int_0^{\pi/2} \ln(\sin x)\,dx,$$

dessen Konvergenz damit feststeht. Es läßt sich mit einem Kunstgriff berechnen:

$$I = \int_0^{\pi/2} \ln(\sin x)\,dx = \int_0^{\pi/4} + \int_{\pi/4}^{\pi/2} = \int_0^{\pi/4} \ln(\sin x)\,dx + \int_0^{\pi/4} \ln(\cos x)\,dx$$

$$= \int_0^{\pi/4} \ln\frac{\sin 2x}{2}\,dx = \frac{1}{2}\int_0^{\pi/2} \ln\frac{\sin y}{2}\,dy = \frac{1}{2}\,I - \frac{\pi}{4}\ln 2,$$

d.h. $I = -\frac{\pi}{2}\ln 2$.

Beispiel 12.24: Wendet man die partielle Integration auf das Integral der Gammafunktion an,

$$\Gamma(x) = \int_0^{\infty} e^{-t}t^{x-1}dt = [-e^{-t}t^{x-1}]_0^{\infty} + (x-1)\int_0^{\infty} e^{-t}t^{x-2}dt = (x-1)\,\Gamma(x-1),$$

so erhält man mit

$$\lim_{t\to 0+} -e^{-t}t^{x-1} = \begin{cases} 0 & \text{für} \quad x>1 \\ -\infty & \text{für} \quad 0<x<1 \end{cases}, \quad \lim_{t\to\infty} -e^{-t}t^{x-1} = 0$$

für $x > 1$ die Beziehung

$$\Gamma(x) = (x-1)\,\Gamma(x-1). \tag{12.24}$$

Mit $\Gamma(1) = 1 = 0!$ berechnet man daraus

$$\Gamma(n) = (n-1)!, \quad n = 1, 2, \dots, \tag{12.25}$$

d.h. die Gammafunktion nimmt für das ganzzahlige Argument $n \geqslant 1$ den Wert $(n-1)!$ an.[1] Wir erwähnen noch die Darstellung des Binomialkoeffizienten

$$\binom{a}{n} = \frac{1}{n!}\,\frac{\Gamma(a+1)}{\Gamma(a+1-n)}, \quad n = 0, 1, 2, \dots \tag{12.26}$$

und die wichtige Beziehung

$$\Gamma\left(\frac{1}{2}\right) = \int_0^\infty \frac{e^{-t}}{\sqrt{t}}\,dt = 2\int_0^\infty e^{-x^2}\,dx = \int_{-\infty}^\infty e^{-x^2}\,dx = \sqrt{\pi}. \tag{12.27}$$

12.5 Hauptwerte uneigentlicher Integrale

Ein uneigentliches Integral erster Art, dessen Integrand im Inneren des Integrationsintervalles eine Unendlichkeitsstelle hat, ist in die Summe zweier uneigentlicher Integrale aufzuspalten,

$$\int_a^b f(x)\,dx = \int_a^c f(x)\,dx + \int_c^b f(x)\,dx = \lim_{\epsilon \to 0+} \int_a^{c-\epsilon} f(x)\,dx + \lim_{\eta \to 0+} \int_{c+\eta}^b f(x)\,dx,$$

worin die Grenzübergänge $\epsilon \to 0+$ und $\eta \to 0+$ völlig unabhängig voneinander durchzuführen sind. Existieren diese Grenzwerte nicht, so untersucht man den Grenzwert des Ausdruckes

$$\int_a^{c-\epsilon} f(x)\,dx + \int_{c+\epsilon}^b f(x)\,dx,$$

den man nach Cauchy den *Hauptwert* des uneigentlichen Integrales $\int_a^b f(x)\,dx$ nennt,

$$\mathrm{HW}\int_a^b f(x)\,dx := \lim_{\epsilon \to 0+}\left(\int_a^{c-\epsilon} f(x)\,dx + \int_{c+\epsilon}^b f(x)\,dx\right). \tag{12.28}$$

[1] Die Gammafunktion ist auch historisch als Lösung der Aufgabe hervorgegangen, eine Funktion mit diesen Eigenschaften anzugeben.

Es ist offensichtlich, daß aus der Konvergenz des uneigentlichen Integrales die Existenz des Hauptwertes folgt und dann auch

$$\mathrm{HW}\int_a^b f(x)\,dx = \int_a^b f(x)\,dx$$

gilt. Umgekehrt kann aber aus der Existenz des Hauptwertes nicht auf die Konvergenz des uneigentlichen Integrales geschlossen werden. Während das Integral

$$\int_{-1}^{1}\frac{dx}{x} = \int_{-1}^{0}\frac{dx}{x} + \int_{0}^{1}\frac{dx}{x} = \lim_{\epsilon\to 0-}\int_{-1}^{\epsilon}\frac{dx}{x} + \lim_{\eta\to 0+}\int_{\eta}^{1}\frac{dx}{x}$$

$$= \lim_{\epsilon\to 0-}\ln|\epsilon| - \lim_{\eta\to 0+}\ln\eta$$

divergiert, weil jedes der beiden Integrale divergent ist, existiert der Hauptwert

$$\mathrm{HW}\int_{-1}^{1}\frac{dx}{x} = \lim_{\epsilon\to 0+}\left(\int_{-1}^{-\epsilon}\frac{dx}{x} + \int_{\epsilon}^{1}\frac{dx}{x}\right) = \lim_{\epsilon\to 0+}(\ln\epsilon - \ln\epsilon) = 0.$$

Beispiel 12.25: Das uneigentliche Integral

$$\int_0^{\pi/2}\frac{dx}{\sin a - \sin x},\quad 0 < a < \frac{\pi}{2},$$

ist divergent, denn es gilt

$$\lim_{x\to a}(x-a)\frac{1}{\sin a - \sin x} = -\frac{1}{\cos a}.$$

Wir berechnen den Hauptwert. Aus

$$\int\frac{dx}{\sin a - \sin x} = \frac{1}{\cos a}\ln\left|\frac{\tan\frac{x}{2} - \cot\frac{a}{2}}{\tan\frac{x}{2} - \tan\frac{a}{2}}\right| + C$$

ergibt sich

$$\int_0^{a-\epsilon}\frac{dx}{\sin a - \sin x} + \int_{a+\epsilon}^{\pi/2}\frac{dx}{\sin a - \sin x} =$$

$$= \frac{1}{\cos a}\ln\tan\frac{a}{2} + \frac{1}{\cos a}\ln\left|\frac{\left(\tan\frac{a-\epsilon}{2} - \cot\frac{a}{2}\right)\left(\tan\frac{a+\epsilon}{2} - \tan\frac{a}{2}\right)}{\left(\tan\frac{a+\epsilon}{2} - \cot\frac{a}{2}\right)\left(\tan\frac{a-\epsilon}{2} - \tan\frac{a}{2}\right)}\right|$$

und daraus durch Grenzübergang $\epsilon \to 0+$

$$\mathrm{HW} \int_0^{\pi/2} \frac{dx}{\sin a - \sin x} = \frac{1}{\cos a} \ln \tan \frac{a}{2}.$$

Für uneigentliche Integrale des Typs $\int_{-\infty}^{\infty} f(x)\,dx$ definiert man den Hauptwert durch den Grenzwert

$$\mathrm{HW} \int_{-\infty}^{\infty} f(x)\,dx := \lim_{A \to \infty} \int_{-A}^{A} f(x)\,dx. \tag{12.29}$$

Auch hier folgt aus der Konvergenz des uneigentlichen Integrals die Existenz des Hauptwertes; der Schluß in umgekehrter Richtung ist i.a. wieder nicht richtig. Mit Hilfe der Umformung

$$\int_{-A}^{A} f(x)\,dx = \int_{-A}^{0} f(x)\,dx + \int_{0}^{A} f(x)\,dx = \int_{0}^{A} [f(x) + f(-x)]\,dx$$

erhält man

$$\mathrm{HW} \int_{-\infty}^{\infty} f(x)\,dx = \lim_{A \to \infty} \int_{0}^{A} [f(x) + f(-x)]\,dx.$$

Demnach existiert der Hauptwert genau dann, wenn das uneigentliche Integral

$$\int_{0}^{\infty} [f(x) + f(-x)]\,dx$$

konvergiert.

Wir erwähnen zum Abschluß, daß Hauptwerte auch für uneigentliche Integrale erster und zweiter Art betrachtet werden. Wenn zum Beispiel f(x) in x_0 eine Unendlichkeitsstelle hat, sonst aber stetig ist auf der Zahlengeraden, so erklärt man sinngemäß

$$\mathrm{HW} \int_{-\infty}^{\infty} f(x)\,dx = \lim_{\substack{A \to \infty \\ \epsilon \to 0+}} \left(\int_{-A}^{x_0 - \epsilon} f(x)\,dx + \int_{x_0 + \epsilon}^{A} f(x)\,dx \right)$$

$$= \lim_{A \to \infty} \lim_{\epsilon \to 0+} \left(\int_{-A}^{x_0 - \epsilon} f(x)\,dx + \int_{x_0 + \epsilon}^{A} f(x)\,dx \right) = \lim_{\epsilon \to 0+} \lim_{A \to \infty} \left(\int_{-A}^{x_0 - \epsilon} f(x)\,dx + \int_{x_0 + \epsilon}^{A} f(x)\,dx \right)$$

$$= \lim_{\substack{\epsilon \to 0+ \\ A \to \infty}} \left(\int_{\epsilon}^{A + x_0} f(x_0 - x)\,dx + \int_{\epsilon}^{A - x_0} f(x_0 + x)\,dx \right) = \int_{0}^{\infty} \Big(f(x_0 - x) + f(x_0 + x) \Big)\,dx\,;$$

also existiert der Hauptwert genau dann, wenn das uneigentliche Integral auf der rechten Seite konvergiert.

12.6 Übungsbeispiele

Man berechne die folgenden uneigentlichen Integrale:

1. $\int_{-1}^{1} \frac{1}{(a-x)\sqrt{1-x^2}}\,dx,\ a>1$
2. $\int_{0}^{1} \sqrt{\frac{x}{1-x}}\,dx$
3. $\int_{0}^{1} \frac{\arcsin x}{\sqrt{1-x^2}}\,dx$
4. $\int_{1}^{2} \frac{1}{x\sqrt{3x^2-2x-1}}\,dx$
5. $\int_{1}^{2} \frac{1}{x\ln x}\,dx$
6. $\int_{0}^{2} \frac{1}{x^2-4x+3}\,dx$
7. $\int_{1}^{e} \frac{1}{x\sqrt{\ln x}}\,dx$
8. $\int_{a}^{b} \frac{1}{\sqrt{(x-a)(b-x)}}\,dx,\ a<b$
9. $\int_{0}^{1} \frac{1}{1-x^2+2\sqrt{1-x^2}}\,dx$
10. $\int_{0}^{1} \frac{e^{1/x}}{x^3}\,dx$
11. $\int_{-1}^{0} \frac{e^{1/x}}{x^3}\,dx$
12. $\int_{a}^{\infty} \frac{1}{x\sqrt{1+x^2}}\,dx,\ a>0$
13. $\int_{0}^{\infty} \frac{1}{(a^2+x^2)^n}\,dx$
14. $\int_{0}^{\infty} \frac{x\ln x}{(1+x^2)^2}\,dx$
15. $\int_{0}^{\infty} \frac{1}{1+x^4}\,dx$
16. $\int_{1}^{\infty} \frac{1}{x^2(x+1)}\,dx$
17. $\int_{1}^{\infty} \frac{\arctan x}{x^2}\,dx$
18. $\int_{-\infty}^{\infty} \frac{1}{(x^2+1)^2}\,dx$
19. $\int_{1}^{\infty} \frac{1}{x\sqrt{x-1}}\,dx$
20. $\int_{1}^{\infty} \frac{x^2-2}{x^3\sqrt{x^2-1}}\,dx$
21. $\int_{1}^{\infty} \frac{1}{x^2-2x\cos\varphi+1}\,dx,\ 0<\varphi<\pi$

Unter Benutzung der Integralformeln $\int_{0}^{\infty} e^{-x^2}\,dx = \frac{\sqrt{\pi}}{2}$, $\int_{0}^{\infty} \frac{\sin x}{x}\,dx = \frac{\pi}{2}$ werte man die folgenden Integrale aus:

22. $\int_{0}^{\infty} e^{-ax^2}\,dx$
23. $\int_{0}^{\infty} \frac{e^{-x}}{\sqrt{x}}\,dx$
24. $\int_{0}^{\infty} x^{2n} e^{-x^2}\,dx,\ n=0,1,\ldots$
25. $\int_{0}^{\infty} \frac{\sin \omega x}{x}\,dx$
26. $\int_{0}^{\infty} \frac{\sin ax\ \cos bx}{x}\,dx$
27. $\int_{0}^{\infty} \frac{\sin^3 x}{x}\,dx$

Die folgenden uneigentlichen Integrale lassen sich auf das Integral $\int\limits_0^{\pi/2} \ln \sin x\, dx = -\frac{\pi}{2} \ln 2$ zurückführen:

28. $\int\limits_0^{\pi} x \ln \sin x\, dx$ 29. $\int\limits_0^{\pi/2} x \cot x\, dx$ 30. $\int\limits_0^{1} \frac{\arcsin x}{x}\, dx$

31. $\int\limits_0^{1} \frac{\ln x}{\sqrt{1-x^2}}\, dx$

Man untersuche die folgenden Integrale – gegebenenfalls in Abhängigkeit auftretender Parameter – auf Konvergenz, beziehungsweise Divergenz:

32. $\int\limits_0^{1} x^{a-1}(1-x)^{b-1}\, dx$ 33. $\int\limits_0^{\infty} \frac{\cos ax}{1+x^2}\, dx$ 34. $\int\limits_0^{\pi/2} \frac{\ln \sin x}{\sqrt{x}}\, dx$

35. $\int\limits_0^{\infty} \frac{e^{1/x}}{x^3}\, dx$ 36. $\int\limits_0^{\infty} x^x e^{-x^n}\, dx$ 37. $\int\limits_a^{\infty} \frac{1}{x\sqrt{\ln^3 x}}\, dx,\ a > 1$

38. $\int\limits_a^{\infty} \frac{1}{x \ln(\ln x)}\, dx,\ a > e$ 39. $\int\limits_0^{1} \frac{\sqrt{x}}{\sqrt{1-x^4}}\, dx$ 40. $\int\limits_0^{\pi/2} \frac{1-\cos x}{x^a}\, dx$

41. $\int\limits_1^{\infty} \frac{1}{\sqrt[3]{(1-x^2)^2}}\, dx$ 42. $\int\limits_1^{\infty} \frac{x+1}{\sqrt[3]{x^3-1}}\, dx$ 43. $\int\limits_1^{\infty} \frac{\ln(x^2+1)}{x^a}\, dx$

44. $\int\limits_0^{\infty} \sqrt{x}\, e^{-x}\, dx$ 45. $\int\limits_1^{\infty} \frac{x^2+1}{x^3}\, dx$ 46. $\int\limits_0^{\infty} \left(\frac{x}{\sinh x} - 1\right) \frac{1}{x^2}\, dx$

47. $\int\limits_{\xi}^{\infty} \frac{1}{\sqrt{x(x-a)(x-b)}}\, dx,\ \xi > a > b > 0$ 48. $\int\limits_0^{\infty} \frac{x \sin ax}{1+x^2}\, dx$

49. $\int\limits_0^{\infty} \frac{x^{a-1}}{1+x}\, dx$ 50. $\int\limits_0^{\pi/2} (\tan x)^a\, dx$ 51. $\int\limits_0^{\infty} \left(e^{-a^2/x^2} - e^{-b^2/x^2}\right) dx$

52. $\int\limits_0^{\infty} \frac{p(x)}{q(x)}\, dx,\ p(x) = a_0 x^n + \ldots + a_n,\ q(x) = b_0 x^m + \ldots + b_m.$

Man untersuche, ob der Cauchysche Hauptwert der folgenden divergenten Integrale existiert und berechne diesen gegebenenfalls:

53. $\mathrm{HW}\int\limits_a^b \frac{1}{x-\xi}\,dx,\ a<\xi<b$

54. $\mathrm{HW}\int\limits_{-1}^{1} \frac{1}{x^n}\,dx,\ n=1,2,\ldots$

55. $\mathrm{HW}\int\limits_a^b \frac{1}{(x-\xi)^n}\,dx,\ a<\xi<b$

56. $\mathrm{HW}\int\limits_{-\infty}^{\infty} \frac{x+1}{x^2+1}\,dx$

57. $\mathrm{HW}\int\limits_{-1}^{1} \frac{1}{x^2+2x}\,dx$

58. $\mathrm{HW}\int\limits_{-\infty}^{\infty} \frac{1}{x(x^2+x+1)}\,dx$

59. $\mathrm{HW}\int\limits_{-\infty}^{\infty} \frac{1}{x+j}\,dx$

60. $\mathrm{HW}\,\frac{1}{2\pi j}\int\limits_{-\infty}^{\infty} \frac{e^{j\omega x}}{x}\,dx$

61. $\mathrm{HW}\int\limits_0^{\pi/2} \frac{1}{\sqrt{2}\cos x-1}\,dx$

13 Anwendung der Differential- und Integralrechnung in Geometrie, Mechanik und Physik

13.1 Der Flächeninhalt ebener Figuren

Wir haben in Abschnitt 11.1 gelernt, den Flächeninhalt eines ebenen Normalbereichs mit Hilfe des bestimmten Integrals zu messen. Wir wollen nun im folgenden darlegen, wie der Integralbegriff zur Berechnung von Flächeninhalten allgemeinerer Figuren verwendet werden kann.

Wir betrachten zunächst einen Bereich B der (x, y)-Ebene, dessen Begrenzung aus den zur y-Achse parallelen Geraden $x = a$ und $x = b$ sowie aus zwei Kurven C_1 und C_2 besteht, die durch die auf dem Intervall $[a, b]$ stetigen Funktionen f_1 und f_2 beschrieben werden. Wir setzen dabei $f_1(x) \leqslant f_2(x)$ für $a \leqslant x \leqslant b$ voraus, womit wir fordern, daß sich die Berandung von B nicht durchdringt, so daß die Kurve C_1 stets unterhalb der Kurve C_2 liegt (Bild 13.1). Der Flächeninhalt dieses Bereiches ist dann offenbar

$$F = \int_a^b [f_2(x) - f_1(x)]\,dx. \tag{13.1}$$

Es sei nun B ein ebener Bereich, dessen geschlossene Randkurve C durch eine Parameterdarstellung $x = x(t)$, $y = y(t)$, $\alpha \leqslant t \leqslant \beta$, beschrieben ist. Ferner nehmen wir an, daß die Berandung C von B in jedem Punkt eine Tangente habe, deren Lage sich beim Durchlaufen der Kurve stetig ändert. Mit diesen Annahmen sind die Funktionen $x(t)$ und $y(t)$ auf dem Intervall $[\alpha, \beta]$ stetig differenzierbar. Überdies fordern wir wieder, daß sich die Kurve C nicht durchdringt.

Unser Ziel ist, die Berechnung des Flächeninhalts von B mit Hilfe der Formel (13.1) zu bewerkstelligen. Dazu ist erforderlich, daß sich die Berandung C von B in zwei Kurven C_1 und C_2 zerlegen läßt, für die eine explizite Darstellung mittels stetiger Funktionen möglich ist. Zu diesem Zweck schließen wir den Bereich B zwischen zwei Geraden $x = a$ und $x = b$ ein, wobei wir verlangen, daß jede dieser zur y-Achse parallelen Geraden die Randkurve C von B in genau einem Punkt A bzw. B berührt; diese Punkte teilen die Berandung C in die beiden Kurven C_1 und C_2 (Bild 13.2). Der Einfachheit halber setzen

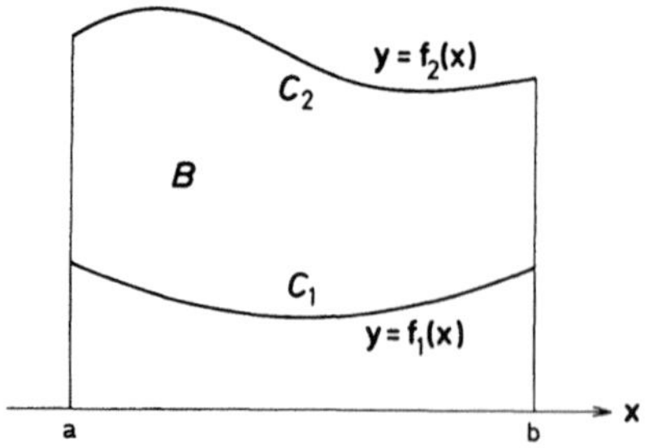

Bild 13.1

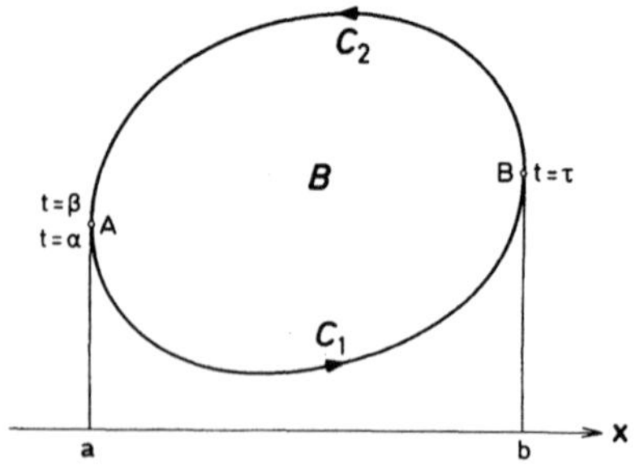

Bild 13.2

wir noch voraus, daß die Parameterdarstellung von C so gewählt sei, daß der Punkt A auch Anfangs- und Endpunkt von C ist; der Punkt B möge durch den Parameterwert $t = \tau, \alpha < \tau < \beta$, auf der Kurve C charakterisiert sein. Durch diese Teilung der Kurve C in die Kurven C_1 und C_2 wird das Parameterintervall $[\alpha, \beta]$ in die beiden Teilintervalle $[\alpha, \tau]$ und $[\tau, \beta]$ zerlegt. Wenn durch die gegebene Parameterdarstellung die Kurve C positiv orientiert ist (die Kurve also mit wachsendem Parameter so durchlaufen wird, daß sich der Bereich B stets zur Linken befindet), so liegt der Kurventeil C_1 – der den Parameterwerten $t \in [\alpha, \tau]$ entsprechen möge – unterhalb des Teiles C_2, der mit dieser Übereinkunft durch die Parameterwerte $t \in [\tau, \beta]$ beschrieben wird. Ist hingegen die Kurve C negativ orientiert, so liegt C_1 oberhalb von C_2, was bei der Verwendung der Flächenformel (13.1) zur berücksichtigen ist. Wir nehmen für das Folgende die positive Orientierung an.

Die Existenz einer expliziten Darstellung $y = f_1(x)$ des Kurvenbogens C_1 setzt voraus, daß sich die Funktion $x(t)$ auf dem Teilintervall $[\alpha, \tau]$ umkehren läßt. Dieser Zweig $t = \varphi(x)$ der Umkehrfunktion von $x(t)$ existiert, wenn die Funktion $x(t)$ auf dem Intervall $[\alpha, \tau]$ streng monoton ist (sie muß dann infolge der Annahme über die gegenseitige Lage der Punkte A und B streng monoton steigend sein). Unter dieser Voraussetzung ist $y = f_1(x) = y(\varphi(x)), a \leqslant x \leqslant b$, die explizite Darstellung von C_1.

Analog gelangt man zu einer expliziten Darstellung $y = f_2(x)$ für den Kurvenbogen C_2 unter der Bedingung, daß die Funktion $x(t)$ auf dem Teilintervall $[\tau, \beta]$ streng monoton (fallend) ist. Bezeichnet $t = \psi(x)$ diesen Zweig der Umkehrfunktion von $x(t)$ auf dem Intervall $[\tau, \beta]$, so folgt $y = f_2(x) = y(\psi(x)), a \leqslant x \leqslant b$.

Wenn wir nun die Flächenformel (13.1),

$$F = \int_a^b [f_2(x) - f_1(x)]\,dx = \int_a^b y(\psi(x))\,dx - \int_a^b y(\varphi(x))\,dx,$$

anwenden und in beiden Integralen rechts $x = x(t)$ substituieren, so gehen die Integranden wegen $\psi(x(t)) = t$ und $\varphi(x(t)) = t$, $dx = \dot{x}(t)\,dt$ in $y(t)\,\dot{x}(t)$ über, während sich die Grenzen im Integral von f_1 zu $a \to \alpha, b \to \tau$ und im Integral von f_2 zu $a \to \beta, b \to \tau$ transformieren,

$$F = \int_\beta^\tau y(t)\,\dot{x}(t)\,dt - \int_\alpha^\tau y(t)\,\dot{x}(t)\,dt;$$

daraus entsteht durch Zusammenfassung der beiden Integrale die Flächenformel

$$F = -\int_\alpha^\beta y(t)\,\dot{x}(t)\,dt. \tag{13.2}$$

Integriert man partiell, so folgt wegen $y(\beta)\,x(\beta) = y(\alpha)\,x(\alpha)$

$$F = \int_\alpha^\beta x(t)\,\dot{y}(t)\,dt; \tag{13.3}$$

durch Addition erhält man weiter

$$F = \frac{1}{2} \int_{\alpha}^{\beta} [x(t)\dot{y}(t) - y(t)\dot{x}(t)]\, dt. \tag{13.4}$$

Diese Flächenformel bringt in vielen Fällen eine einfachere Rechnung.

Ist die Berandung C von B durch die Parameterdarstellung $x = x(t)$, $y = y(t)$ negativ orientiert, so ist in (13.2), (13.3) und (13.4) das Vorzeichen zu ändern, denn in diesem Fall liegt der Bogen C_1 oberhalb des Bogens C_2, so daß die Flächenformel (13.1) mit vertauschten Rollen von f_1 und f_2 anzuwenden ist.

Es ist aus geometrischen Gründen zu erwarten, daß die so gewonnenen Flächenformeln von der Wahl der Parameterdarstellung der Berandung C unabhängig sind. Um dies nachzuweisen, nehmen wir an, es wären $x = x(t)$, $y = y(t)$, $\alpha \leqslant t \leqslant \beta$, und $x = \overline{x}(\overline{t})$, $y = \overline{y}(\overline{t})$, $\overline{\alpha} \leqslant \overline{t} \leqslant \overline{\beta}$, zwei verschiedene Parameterdarstellungen von C mit derselben Orientierung für C. Zwischen den Parametern t und $\overline{t}$ besteht dann ein umkehrbar eindeutiger Zusammenhang $t = h(\overline{t})$, wobei die Funktion $h(\overline{t})$ streng monoton wächst, da sonst die Kurve C durch die beiden Parameterdarstellungen verschiedenartig orientiert wäre. Es ist also $\overline{y}(\overline{t}) = y(h(\overline{t}))$, $\overline{x}(\overline{t}) = x(h(\overline{t}))$, $\overline{\alpha} \leqslant \overline{t} \leqslant \overline{\beta}$. Substituiert man dann im Integral (13.2) $t = h(\overline{t})$, so folgt

$$F = -\int_{\alpha}^{\beta} y(t)\dot{x}(t)\, dt = -\int_{\overline{\alpha}}^{\overline{\beta}} y(h(\overline{t}))\, \dot{x}(h(\overline{t}))\, \frac{dh}{d\overline{t}}\, d\overline{t} = -\int_{\overline{\alpha}}^{\overline{\beta}} \overline{y}(\overline{t})\, \dot{\overline{x}}(\overline{t})\, d\overline{t},$$

denn es gilt $\frac{d}{d\overline{t}}\, \overline{x}(\overline{t}) = \frac{d}{d\overline{t}}\, x(h(\overline{t})) = \dot{x}(h(\overline{t}))\, \frac{dh}{d\overline{t}}$.

Beispiel 13.1: Wir berechnen den Inhalt einer Ellipse mit den Hauptachsen a und b. Da wir in der Wahl der Parameterdarstellung der Berandung frei sind, wählen wir $x = a \cos t$, $y = b \sin t$, $0 \leqslant t \leqslant 2\pi$. Damit ergibt die Formel (13.2)

$$F = -\int_0^{2\pi} y(t)\dot{x}(t)\, dt = ab \int_0^{2\pi} \sin^2 t\, dt = ab\pi,$$

die Formel (13.3)

$$F = \int_0^{2\pi} x(t)\dot{y}(t)\, dt = ab \int_0^{2\pi} \cos^2 t\, dt = ab\pi;$$

den einfachsten Integranden ergibt die Formel (13.4)

$$F = \frac{1}{2} \int_0^{2\pi} [x(t)\dot{y}(t) - y(t)\dot{x}(t)]\, dt = \frac{ab}{2} \int_0^{2\pi} dt = ab\pi.$$

Die Unabhängigkeit der Flächenformeln (13.2), (13.3) und (13.4) von der speziellen Wahl der Parameterdarstellung der Berandung C von B, jedoch unter Wahrung der geforderten positiven Orientierung, drückt man durch die „parameterfreie" Schreibweise

$$F = -\oint_C y\,dx = \oint_C x\,dy \tag{13.5}$$

beziehungsweise

$$F = \frac{1}{2}\oint_C (x dy - y dx) \tag{13.6}$$

aus. Jedes dieser Integrale wird ein *Kurvenintegral* [1] genannt, im besonderen ein Kurvenintegral über eine geschlossene Kurve, was durch den Ring im Integralzeichen angedeutet wird. Diese Symbolik erfordert aber, daß die Kurve, über die das Integral zu erstrecken ist, von *vornherein orientiert* ist. Man verbindet daher, wenn von Integralen über eine Kurve gesprochen wird, mit dem Zeichen C für die Kurve automatisch auch einen Orientierungssinn, wobei man die Kurve C mit der umgekehrten Orientierung durch das Symbol $-C$ kennzeichnet. Da eine Änderung des Orientierungssinnes einen Vorzeichenwechsel des Kurvenintegrales nach sich zieht, erhalten wir mit dieser Übereinkunft

$$\int_{-C} = -\int_C \quad \text{bzw.} \quad \oint_{-C} = -\oint_C \tag{13.7}$$

für Integrale über geschlossene Kurven. Dies ist auch konform mit der Regel (11.11) für bestimmte Integrale, wenn man mit dem Durchlaufsinn des Intervalles [a, b] vom „Anfangspunkt" a zum „Endpunkt" b eine Orientierung von [a, b] erklärt.

Diese Wahl der Bezeichnungsweise bewährt sich auch im Hinblick auf die folgenden Abschwächungen der Voraussetzungen, die zur Herleitung der Flächenformeln (13.2) bis (13.4) notwendig waren. Zunächst ist es ein Leichtes einzusehen, daß diese Formeln ihre Gültigkeit behalten, wenn die Berandung C von B Ecken aufweist, sich also aus stückweise glatten Kurvenbögen C_i zusammensetzt (Bild 13.3). Dies bedeutet die Zulassung von stückweise stetig differenzierbaren Koordinatenfunktionen x(t) und y(t) und entspricht damit der Erweiterung des Integralbegriffes, die wir in Abschnitt 11.4 vorgenommen haben. Jedes dieser Kurvenstücke C_i ist durch die (positive) Orientierung der Randkurve C orientiert. Wie der Leser an Hand des obigen Beweises leicht selbst nachweisen kann, haben die Integrale

$$\int_{C_i} x dy, \quad \int_{C_i} y dx, \quad \int_{C_i} (x dy - y dx)$$

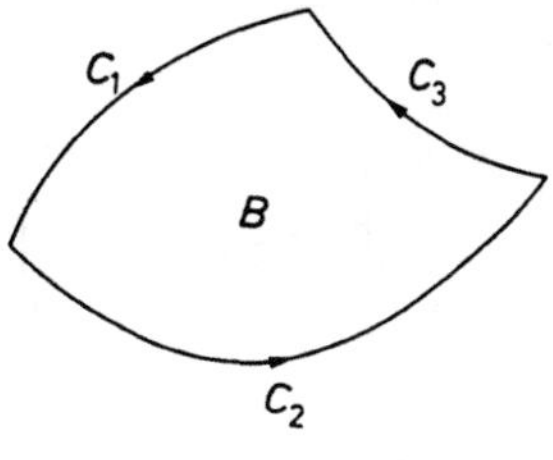

Bild 13.3

[1] Hier handelt es sich um spezielle Kurvenintegrale; wir werden allgemeine Kurvenintegrale an späterer Stelle studieren.

für jede die Kurve C_i gleichartig orientierende Parameterdarstellung denselben Wert. Deutet man daher die Zusammensetzung der Kurvenstücke C_i zur (geschlossenen) Kurve C durch die formale Addition

$$C = \sum_i C_i$$

an, so gewinnen wir die einprägsame Regel

$$\oint_C = \oint_{\Sigma C_i} = \sum_i \int_{C_i}, \tag{13.8}$$

die eine natürliche Verallgemeinerung der Formel (11.13) für bestimmte Integrale ist.

Die Flächenformeln (13.2) bis (13.4) lassen sich noch in vielen Fällen anwenden, in denen sich die Berandung C des Bereiches B nicht in zwei Kurven C_1 und C_2 zerlegen läßt, die eine explizite Darstellung zulassen. Gelingt es nämlich, den Bereich B, wie in Bild 13.4 angedeutet, derart in Teilbereiche B_i zu zerlegen, daß die Berandung C_i eines jeden solchen Bereiches B_i den Voraussetzungen für die Formeln (13.2) bis (13.4) genügt, so lassen sich diese auf jeden Teilbereich B_i mit anschließender Summation zur Berechnung des Inhalts von B anwenden. Dabei sieht man, daß die im Inneren von B liegenden Berandungsstücke der Bereiche B_i zweimal durchlaufen werden, und zwar jedesmal mit anderer Orientierung. Zufolge (13.7) heben sich diese Beiträge auf, so daß nur mehr die Integrale über diejenigen Berandungsstücke der Teilbereiche B_i übrigbleiben, die auf dem Rand C von B liegen.

Beispiel 13.2: Wir berechnen den Flächeninhalt des Normalbereichs von f über dem Intervall [a, b] für eine auf [a, b] stetige nichtnegative Funktion f. Die Berandung setzt sich aus 4 Kurven, C_1, C_2, C_3 und C_4 zusammen (Bild 13.5), für die wir die Parameterdarstellungen

$$\begin{aligned} C_1 &: x = t, \quad y = 0, && a \leqslant t \leqslant b, \\ C_2 &: x = b, \quad y = t, && 0 \leqslant t \leqslant f(b), \\ -C_3 &: x = t, \quad y = f(t), && a \leqslant t \leqslant b, \\ -C_4 &: x = a, \quad y = t, && 0 \leqslant t \leqslant f(a), \end{aligned}$$

angeben können. Dabei haben wir aus Gründen einer bequemeren Parameterdarstellung für die Kurven C_3 und C_4 die umgekehrte Orientierung angegeben und dies durch das „negative Vorzeichen" berücksichtigt.

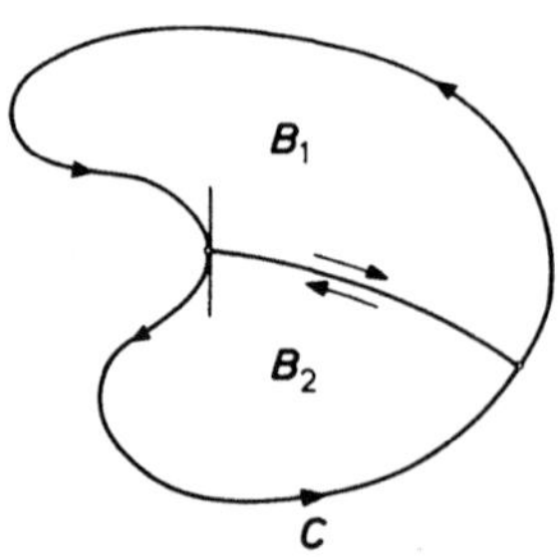

Bild 13.4

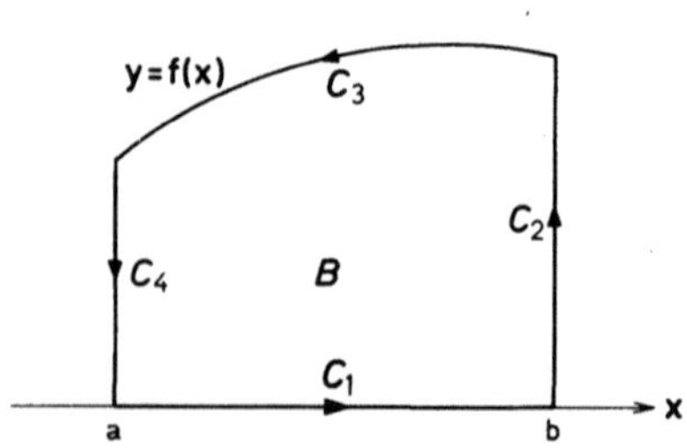

Bild 13.5

Wir verwenden die Formel (13.2):

$$-\int_{C_1} y\,dx = -\int_a^b 0 \cdot dt = 0, \quad -\int_{C_2} y\,dx = \int_0^{f(b)} t \cdot 0 \cdot dt = 0,$$

$$-\int_{C_3} y\,dx = \int_{-C_3} y\,dx = \int_a^b f(t) \cdot 1 \cdot dt = \int_a^b f(t)\,dt, \quad -\int_{C_4} y\,dx = \int_{-C_4} y\,dx = \int_0^{f(a)} t \cdot 0 \cdot dt = 0,$$

insgesamt das bekannte Resultat

$$F = -\oint_C y\,dx = \int_{C_1} y\,dx + \int_{C_2} y\,dx + \int_{C_3} y\,dx + \int_{C_4} y\,dx = \int_a^b f(t)\,dt.$$

Beispiel 13.3: Es sei C eine nicht geschlossene Kurve mit der Parameterdarstellung $x = x(t)$, $y = y(t)$, $t_1 \leqslant t \leqslant t_2$. Der Parameterwert t_1 möge dem Anfangspunkt A, der Parameterwert t_2 dem Endpunkt B entsprechen. Wir verbinden diese Punkte durch Geraden mit dem Ursprung und berechnen den Inhalt des so entstandenen ebenen Bereiches (Bild 13.6).

Die Berandung dieses „Sektors" besteht aus der Kurve C und die die Punkte A und B mit dem Ursprung verbindenden Strecken C_1 und C_2, für die wir die Parameterdarstellungen

$$C_1: x = t\,x(t_1), \quad y = t\,y(t_1), \quad 0 \leqslant t \leqslant 1,$$

$$-C_2: x = t\,x(t_2), \quad y = t\,y(t_2), \quad 0 \leqslant t \leqslant 1,$$

verwenden. Wenn wir die Formel (13.4) zugrunde legen, so erhalten wir

$$\int_{C_1} (x\,dy - y\,dx) = \int_0^1 x(t_1)\,y(t_1)\,(t - t)\,dt = 0,$$

$$\int_{C_2} (x\,dy - y\,dx) = -\int_{-C_2} (x\,dy - y\,dx) = -\int_0^1 x(t_2)\,y(t_2)\,(t - t)\,dt = 0,$$

so daß nur das Integral über C übrig bleibt,

$$F = \frac{1}{2} \int_C (x\,dy - y\,dx). \qquad (13.9)$$

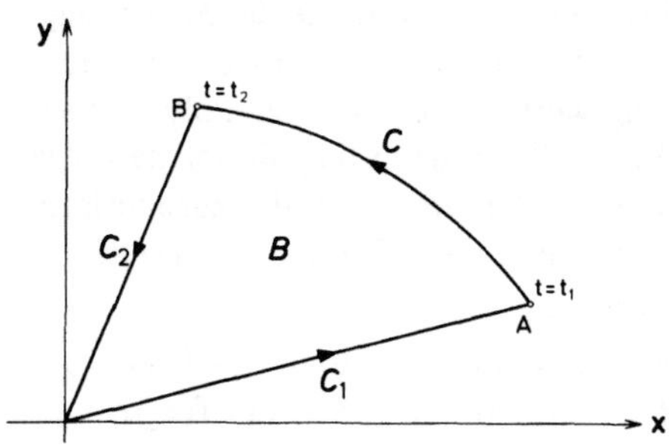

Bild 13.6

(13.9) heißt die *Leibnizsche Sektorformel.*

Wählt man in (13.9) eine Darstellung der Randkurve C in Polarkoordinaten mit dem Winkel φ als Parameter,

$$x = r(\varphi)\cos\varphi, \quad y = r(\varphi)\sin\varphi, \quad \varphi_1 \leqslant \varphi \leqslant \varphi_2,$$

so folgt aus $x\dot{y} - y\dot{x} = r^2(\varphi)$ die Flächenformel

$$F = \frac{1}{2}\int_{\varphi_1}^{\varphi_2} r^2(\varphi)\,d\varphi. \tag{13.10}$$

Beispiel 13.4: Wir berechnen den Flächeninhalt des *Lemniskate* $(x^2 + y^2)^2 = 2a^2(x^2 - y^2)$ (Bild 13.7). Mit der Darstellung $r^2(\varphi) = 2a^2\cos 2\varphi$, $-\frac{\pi}{4} \leqslant \varphi \leqslant \frac{\pi}{4}$ folgt

$$F = a^2 \int_{-\pi/4}^{\pi/4} \cos 2\varphi\,d\varphi = a^2.$$

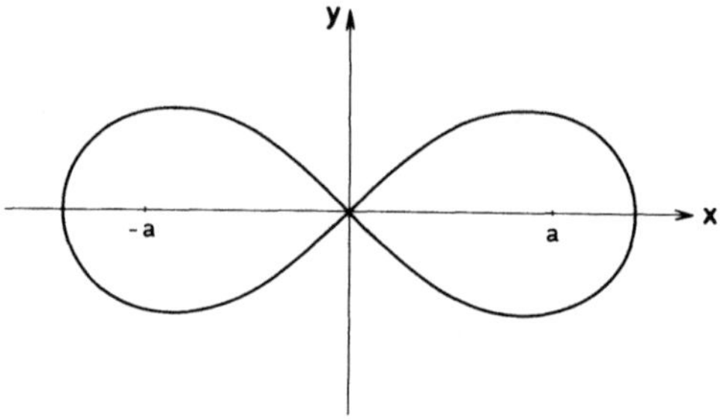

Bild 13.7

13.2 Bogenlänge und Bogendifferential

Die Aufgabe, die Länge einer endlichen stetigen Kurve C der (x, y)-Ebene zu messen, stellt uns vor ein Problem, das ähnlich dem der Flächeninhaltsmessung ebener Bereiche ist. Es ist uns zwar bekannt, wie man die Längen von Geradenstücken mißt, wir wissen aber nicht, wie einer Kurve eine Länge zugeordnet werden kann, wenn es auch durchaus unserer Anschauung entspricht, daß eine Kurve eine endliche Länge hat und mit geradlinigen Maßstäben verglichen werden kann, indem man sie *„rektifiziert"*, d.h. geraderichtet.

Wenn wir uns zuerst wieder auf den Standpunkt stellen, die Länge einer stetigen Kurve C als etwas zu Berechnendes anzusehen, so ist der Gedanke naheliegend, im ersten Schritt Näherungswerte für die Länge der Kurve zu konstruieren, wie wir ja auch den Inhalt eines Normalbereiches zunächst durch eine Summe von Rechtecksflächen angenähert haben. Die augenscheinlich beste Methode zur Gewinnung vernünftiger Näherungswerte wird sein, der Kurve C ein Polygon einzuschreiben und die Summe der Seitenlängen, die Länge des Polygons, als Näherung zu verwenden. Ähnlich wie bei der Flächeninhaltsberechnung bilden wir dann eine Folge von Näherungswerten, die wir durch Polygone erhalten, deren Ecken immer dichter auf der Kurve liegen. Wenn dann für jede solche Folge von Polygonen, deren Seiten sämtlich gegen Null streben, der Grenzwert der zugehörigen Längen stets ein und derselbe ist, so werden wir diesen mit gutem Grund als Länge der Kurve C auffassen; man nennt ihn die *Bogenlänge* von C.

Wir betrachten als erstes eine Kurve C, die eine explizite Darstellung $y = f(x)$, $a \leqslant x \leqslant b$, zuläßt. Schreiben wir dieser Kurve ein Polygon mit den Ecken $(x_i, f(x_i))$,

$i = 0, 1, \ldots, n$, ein, wobei wir $x_0 = a$ und $x_n = b$ setzen, so wird eine Zerlegung Z des Intervalles [a, b] mit den Teilungspunkten

$$a = x_0 < x_1 < \ldots < x_{n-1} < x_n = b$$

bestimmt (Bild 13.8). Die Länge der Polygonseite über dem Teilintervall $I_i = [x_{i-1}, x_i]$ ist

$$\Delta s_i = \sqrt{\Delta x_i^2 + \Delta y_i^2}, \; \Delta x_i = x_i - x_{i-1}, \; \Delta y_i = f(x_i) - f(x_{i-1}),$$

die Länge des Polygons infolgedessen

$$\sum_{i=1}^{n} \Delta s_i = \sum_{i=1}^{n} \sqrt{\Delta x_i^2 + \Delta y_i^2}.$$

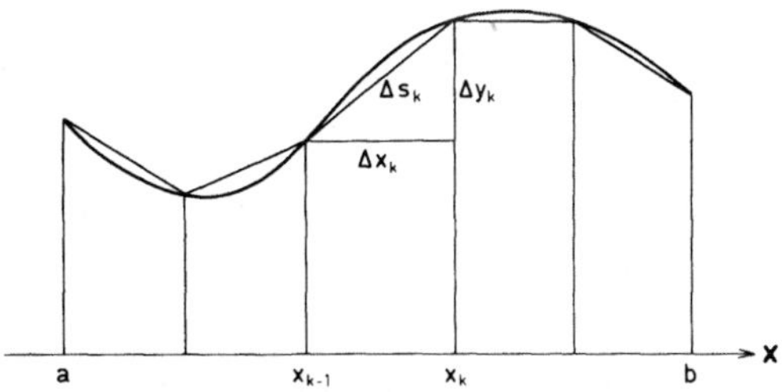

Bild 13.8

Wenn wir nun die Funktion f stetig differenzierbar auf dem Intervall [a, b] voraussetzen, so können wir durch Anwendung des Mittelwertsatzes auf die Differenzen Δy_i,

$$\Delta y_i = f(x_i) - f(x_{i-1}) = f'(\xi_i)\,\Delta x_i, \quad x_{i-1} < \xi_i < x_i,$$

die Länge des Polygons zu

$$\sum_{i=1}^{n} \Delta s_i = \sum_{i=1}^{n} \sqrt{1 + (f'(\xi_i))^2}\,\Delta x_i \tag{13.11}$$

berechnen. Aus der Stetigkeit der Funktion $\sqrt{1 + (f'(x))^2}$ können wir schließen, daß jede ausgezeichnete Zerlegungsfolge (Z_n) des Intervalles [a, b] eine Folge von Polygonen definiert, deren Seiten sämtlich gegen Null streben; umgekehrt wird durch jede Folge von Polygonen mit dieser Eigenschaft eine ausgezeichnete Zerlegungsfolge (Z_n) des Intervalles [a, b] bestimmt. Wir können daher von einer beliebigen ausgezeichneten Zerlegungsfolge (Z_n) des Intervalles [a, b] ausgehen; die Längen der zugehörigen Polygone bilden dabei, wie wir aus (13.11) ablesen, eine Folge von Zwischensummen der stetigen Funktion $\sqrt{1 + f'^2}$ für die ausgezeichnete Zerlegungsfolge (Z_n). Somit gelangen wir auf Grund der Ergebnisse von Abschnitt 11.2 zu dem Schluß, daß die Polygonlängen jeder solchen „zulässigen" Polygonfolge gegen den Grenzwert

$$\int_a^b \sqrt{1 + (f'(x))^2}\,dx$$

konvergieren. Entsprechend unserem Programm erklären wir durch dieses Integral die *Bogenlänge* s der Kurve *C*,

$$s(a, b) := \int_a^b \sqrt{1 + (f'(x))^2}\,dx. \tag{13.12}$$

Diese Definition können wir im Sinne der Erweiterung des Integralbegriffes von Abschnitt 11.4 unmittelbar auf Kurven mit Ecken ausdehnen, die durch eine stückweise stetig differenzierbare Funktion f dargestellt werden können.

Ist die Kurve *C* in Parameterdarstellung $x = x(t)$, $y = y(t)$, $\alpha \leqslant t \leqslant \beta$, gegeben, wobei $x(t)$ und $y(t)$ auf dem Intervall $[\alpha, \beta]$ stückweise stetig differenzierbare Funktionen sind, so finden wir mit Hilfe von $f'(x) = \frac{\dot{y}(t)}{\dot{x}(t)}$ und der Substitutionsregel für bestimmte Integrale, indem wir mit $x = x(t)$ die neue Integrationsvariable t einführen,

$$\int_a^b \sqrt{1 + (f'(x))^2}\, dx = \int_\alpha^\beta \sqrt{1 + \left(\frac{\dot{y}(t)}{\dot{x}(t)}\right)^2}\, \dot{x}(t)\, dt,$$

und somit für die Länge der Kurve *C* zwischen zwei den Parameterwerten α und β entsprechenden Kurvenpunkten

$$s(\alpha, \beta) = \int_\alpha^\beta \sqrt{(\dot{x}(t))^2 + (\dot{y}(t))^2}\, dt. \qquad (13.13)$$

Diese Darstellung befreit uns auch von der Forderung, die Kurve *C* durch eine Gleichung der Form $y = f(x)$ explizit darstellen zu können; sie kann zur Berechnung der Bogenlänge beliebiger Kurven verwendet werden, insbesondere geschlossener Kurven, vorausgesetzt, daß die Funktionen $x(t)$ und $y(t)$ stückweise stetig differenzierbar sind. Der Nachweis hierfür sei dem Leser überlassen.

Aus (13.13) erhält man für eine durch Polarkoordinaten $x = r(\varphi)\cos\varphi$, $y = r(\varphi)\sin\varphi$, $\varphi_1 \leqslant \varphi \leqslant \varphi_2$, beschriebene Kurve

$$s(\varphi_1, \varphi_2) = \int_{\varphi_1}^{\varphi_2} \sqrt{(r(\varphi))^2 + (r'(\varphi))^2}\, d\varphi. \qquad (13.14)$$

Beispiel 13.5: Wir berechnen die Bogenlänge der *Astroide* $x^{2/3} + y^{2/3} = a^{2/3}$ (Bild 13.9). Mit Hilfe der Parameterdarstellung $x = a\cos^3 t$, $y = a\sin^3 t$, $0 \leqslant t \leqslant 2\pi$, wird

$$\dot{x}^2 + \dot{y}^2 = 9a^2 \sin^2 t \cos^2 t$$

und wir erhalten unter Ausnützung der Symmetrie das Ergebnis

$$s = 12a \int_0^{\pi/2} \sin t \cos t\, dt = 3a \int_0^{\pi} \sin u\, du = 6a.$$

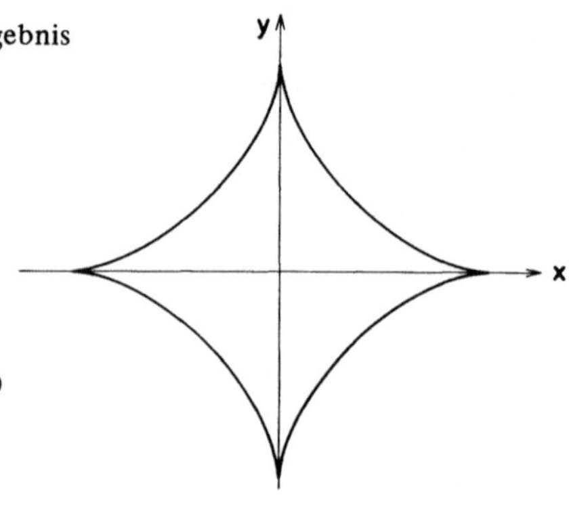

Bild 13.9

Beispiel 13.6: Die Berechnung des Umfangs U einer Ellipse $y = f(x) = b\sqrt{1-\left(\frac{x}{a}\right)^2}$ mit den Hauptachsen a und b führt unter Verwendung von (13.12) auf das Integral

$$U = 4\int_0^a \sqrt{1+\left(\frac{b}{a}\right)^2 \frac{x^2}{a^2-x^2}}\,dx,$$

das durch die Substitution $x = at$, $k^2 = 1-\left(\frac{b}{a}\right)^2$ in

$$U = 4a\int_0^1 \sqrt{\frac{1-k^2t^2}{1-t^2}}\,dt$$

übergeht und mit $t = \sin u$ in

$$U = 4a\int_0^{\pi/2} \sqrt{1-k^2\sin^2 u}\,du \tag{13.15}$$

transformiert wird. Das Integral (13.15) heißt ein *elliptisches Normalintegral zweiter Gattung* (vgl. (12.23)); es ist ebenso wie das Normalintegral erster Gattung auf elementarem Wege nicht auswertbar.

Beispiel 13.7: Wird ein Seil der Länge $2l$ zwischen zwei Stützen im Abstand 2b und der Höhe h über der Erdoberfläche aufgehängt, so nimmt es die Gestalt der durch

$$y = f(x) = h - a\cosh\frac{b}{a} + a\cosh\frac{x}{a}$$

beschriebenen Kurve an, die die *Seilkurve* oder *Kettenlinie* genannt wird (Bild 13.10). Die Größe a heißt der *Seilparameter* und ist aus der Gleichung

$$2l = \int_{-b}^{b} \sqrt{1+(f'(x))^2}\,dx = 2\int_0^b \cosh\frac{x}{a}\,dx = 2a\sinh\frac{b}{a}$$

zu bestimmen. Für den *Durchhang* $d = h - f(0)$ des Seiles erhält man

$$d = a\left(\cosh\frac{b}{a} - 1\right) = \sqrt{l^2+a^2} - a.$$

Ist die Funktion f auf dem Intervall [a, b] stetig differenzierbar, so ist

$$s(x, a) = \int_a^x \sqrt{1+(f'(u))^2}\,du$$

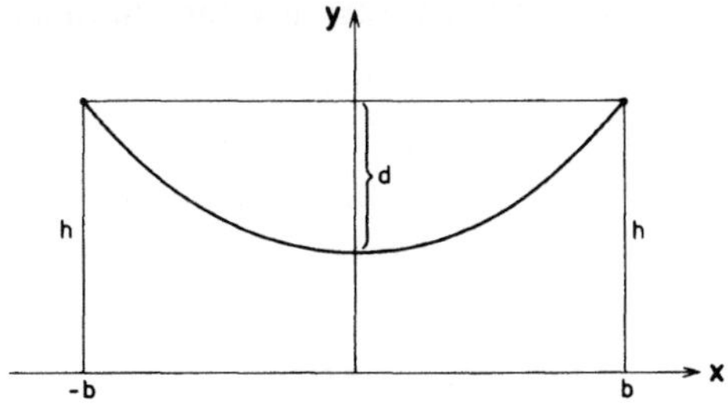

Bild 13.10

eine auf [a, b] stetig differenzierbare Funktion, deren Differential

$$ds = \sqrt{1 + (f'(x))^2}\, dx \tag{13.16}$$

das *Bogendifferential* oder *Bogenelement* der durch y = f(x) beschriebenen Kurve *C* genannt wird. Ist *C* in Parameterdarstellung gegeben, so ist das Bogendifferential

$$ds = \sqrt{\dot{x}^2 + \dot{y}^2}\, dt\,, \tag{13.17}$$

speziell in Polarkoordinaten

$$ds = \sqrt{r^2 + r'^2}\, d\varphi. \tag{13.18}$$

Setzt man in (13.17) $dx = \dot{x}dt$, $dy = \dot{y}dt$, so erhält man mit der Schreibweise

$$ds = \sqrt{dx^2 + dy^2} \tag{13.19}$$

das Bogendifferential *unabhängig* von der Art, wie die Kurve dargestellt ist.

13.3 Inhalt einer Rotationsfläche. Volumen eines Rotationskörpers

Auch die Aufgabe, den Inhalt der durch Rotation einer Kurve *C* um die x-Achse entstandenen Rotationsfläche und das von ihr eingeschlossene Volumen zu berechnen, führt auf Integrationen.

Es sei die Kurve *C* durch die Gleichung $y = f(x)$, $a \leqslant x \leqslant b$, explizit dargestellt, wobei wir $f(x) \geqslant 0$ voraussetzen. Wir schreiben der Kurve ein Polygon ein, die eine Zerlegung des Intervalles [a, b] bestimmt. Wenn wir das Polygon um die x-Achse rotieren lassen, entsteht ein Gebilde aus Kegelstümpfen. Nun ist die Mantelfläche ΔF des Kegelstumpfes über dem Teilintervall der Breite Δx aus der elementaren Formel

$$\Delta F = \pi \Delta s \left(f(x + \Delta x) + f(x)\right) = 2\pi \Delta s\, f(\xi), \quad x < \xi < x + \Delta x,$$

zu bestimmen (Bild 13.11). Der Flächeninhalt der durch Rotation des Polygons entstandenen Rotationsfläche ist daher eine Summe $2\pi \Sigma f(\xi)\Delta s$, die mit geeigneten Zwischenwerten ξ aus den einzelnen Teilintervallen zu bilden ist; für eine Folge von Polygonen, deren Seiten gegen Null streben, konvergiert diese Summe gegen das bestimmte Integral

$$F = 2\pi \int_a^b y\, ds = 2\pi \int_a^b f(x) \sqrt{1 + (f'(x))^2}\, dx,$$

mit dem wir einen Ausdruck für den Inhalt der Rotationsfläche erhalten.

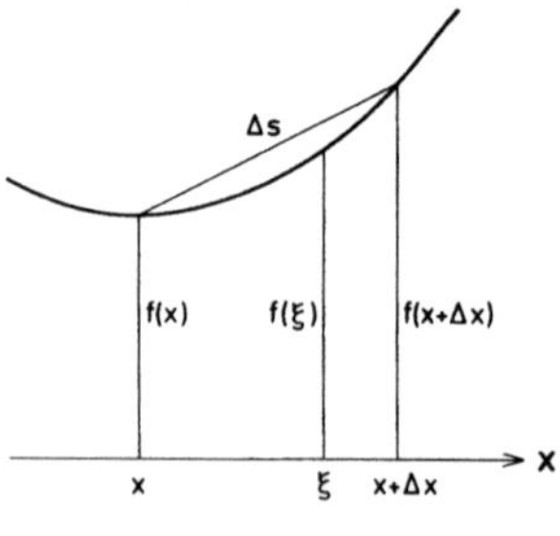

Bild 13.11

Zur Berechnung des Volumens ist analog vorzugehen, indem man durch Summierung der Inhalte

$$\Delta V = \frac{\pi}{3}\left(f^2(x) + f(x)\,f(x+\Delta x) + f^2(x+\Delta x)\right)\Delta x = \pi f^2(\xi)\Delta x, \quad x < \xi < x + \Delta x,$$

der einzelnen Kegelstümpfe die Näherungswerte $\pi \Sigma f^2(\xi)\Delta x$ für das Volumen V berechnet. Beim Grenzübergang streben diese Summen gegen den Ausdruck

$$V = \pi \int_a^b f^2(x)\,dx$$

für den Inhalt des von der Rotationsfläche eingeschlossenen Volumens.

13.4 Krümmung ebener Kurven

Auch die Krümmung ist ein Begriff, mit dem wir durch den Sprachgebrauch eine qualitative Vorstellung verbinden, aber kein eigentliches Maß zur Verfügung haben.

Es entspricht unserer Anschauung, eine Kurve *C* um so stärker gekrümmt zu nennen, je schneller sich der Anstieg α der Tangente, bezogen auf den Zuwachs der Bogenlänge, ändert. Wenn wir daher zwei Punkte P und Q auf der Kurve C betrachten, in denen die Tangenten die Winkel α und $\alpha + \Delta\alpha$ mit der positiven Richtung der x-Achse einschließen (Bild 13.12), so ist es naheliegend, den Quotienten $\frac{\Delta\alpha}{\Delta s}$ als ein Maß für die mittlere Krümmung der Kurve *C* längs des Bogens zwischen den Punkten P und Q anzusehen. Der Grenzwert

$$\kappa := \lim_{\Delta s \to 0} \frac{\Delta\alpha}{\Delta s} = \frac{d\alpha}{ds}$$

heißt die *Krümmung* der Kurve im Punkt P.

Für einen Kreis vom Radius r ist

$$\frac{\Delta\alpha}{\Delta s} = \frac{1}{r},$$

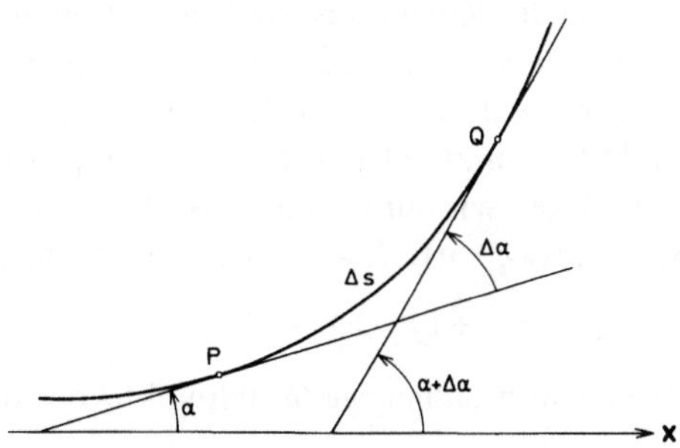

Bild 13.12

also $\kappa = \frac{1}{r}$; für eine Gerade ist $\Delta\alpha = 0$ und daher $\kappa = 0$. Die Definition der Krümmung ist also vernünftig, denn ein Kreis ist in jedem Punkt gleich gekrümmt und eine Gerade nicht gekrümmt. Es ist auch natürlich, den Reziprokwert des Radius eines Kreises als ein Maß für seine Krümmung zu verwenden.

Um die Krümmung einer durch die Gleichung $y = f(x)$ explizit beschriebenen Kurve zu berechnen, haben wir den Quotienten der Differentiale

$$d\alpha = d(\arctan f'(x)) = \frac{f''(x)}{1 + (f'(x))^2}\,dx$$

und

$$ds = \sqrt{1 + (f'(x))^2}\,dx$$

zu bilden,

$$\kappa = \frac{d\alpha}{ds} = \frac{f''(x)}{[1 + (f'(x))^2]^{3/2}}.$$

Für eine in Parameterdarstellung gegebene Kurve wird

$$d\alpha = d\left(\arc\tan\frac{\dot{y}}{\dot{x}}\right) = \frac{1}{1 + \left(\frac{\dot{y}}{\dot{x}}\right)^2}\, d\left(\frac{\dot{y}}{\dot{x}}\right) = \frac{\dot{x}\ddot{y} - \ddot{x}\dot{y}}{\dot{x}^2 + \dot{y}^2}\, dt$$

und daher auf Grund von (13.17)

$$\kappa = \frac{d\alpha}{ds} = \frac{\dot{x}\ddot{y} - \ddot{x}\dot{y}}{(\dot{x}^2 + \dot{y}^2)^{3/2}}.$$

Die Krümmungsverhältnisse einer Kurve lassen sich geometrisch veranschaulichen, indem man den Kurvenverlauf mit Kreisen vergleicht. Es gibt unendlich viele die Kurve im Punkt P berührende Kreise; die Mittelpunkte dieser Kreise liegen sämtlich auf der senkrecht zur Tangentenrichtung durch den Punkt P verlaufenden Geraden. Sie haben infolge der gemeinsamen Tangente im Berührungspunkt P mit der Kurve zwei zusammengerückte Punkte gemeinsam. Unter all diesen Kreisen schmiegt sich jener am besten an, der mit der Kurve im Berührungspunkt mindestens drei zusammengerückte Punkte gemeinsam hat. Wie man sich leicht überlegt, kann es auch nur einen solchen Kreis geben: er wird der *Krümmungskreis* oder *Schmiegkreis* im Punkt P genannt.

Da der Krümmungskreis definitionsgemäß mindestens drei zusammengerückte Punkte mit der Kurve im Berührungspunkt gemeinsam hat, erscheint er analytisch als Grenzlage von Kreisen durch den Punkt P und zwei benachbarte Punkte. Um seinen Radius ρ und den Mittelpunkt $M(\alpha, \beta)$ für eine in expliziter Darstellung $y = f(x)$ gegebene Kurve herzuleiten, legen wir durch den Punkt $P(x_0, f(x_0))$ und die beiden benachbarten Punkte $(x_0 - h, f(x_0 - h)), (x_0 + h, f(x_0 + h))$ einen Kreis

$$(x - a)^2 + (y - b)^2 = r^2,$$

dessen von h abhängige Mittelpunktskoordinaten a und b aus den Gleichungen

$$\begin{aligned}
(x_0 - h - a)^2 + (f(x_0 - h) - b)^2 &= r^2, \\
(x_0 - a)^2 \quad + (f(x_0) - b)^2 &= r^2, \\
(x_0 + h - a)^2 + (f(x_0 + h) - b)^2 &= r^2
\end{aligned}$$

zu berechnen sind. Indem man von der ersten und dritten Gleichung jeweils die zweite subtrahiert und die so entstehenden Beziehungen addiert, wird a und r eliminiert und es bleibt eine Bestimmungsgleichung für b,

$$b\,\frac{f(x_0 + h) - 2f(x_0) + f(x_0 - h)}{h^2} = 1 + \frac{1}{2h^2}\,[f^2(x_0 + h) - 2f^2(x_0) + f^2(x_0 - h)].$$

Für $h \to 0$ strebt der Koeffizient von b gegen $f''(x_0)$ (vgl. (7.27)), die rechte Seite gegen

$$1 + \frac{1}{2}\frac{d^2}{dx^2} f^2(x)\bigg|_{x = x_0} = 1 + f(x_0)f''(x_0) + f'^2(x_0);$$

es folgt also

$$\lim_{h \to 0} b = \beta = f(x_0) + \frac{1 + f'^2(x_0)}{f''(x_0)}.$$

Eine entsprechende Rechnung ergibt

$$\lim_{h \to 0} a = \alpha = x_0 - f'(x_0)\,\frac{1 + f'^2(x_0)}{f''(x_0)};$$

für den Radius ρ des Krümmungskreises findet man schließlich

$$\lim_{h \to 0} r = \rho = \frac{(1 + f'^2(x_0))^{3/2}}{|f''(x_0)|},$$

woraus der Zusammenhang

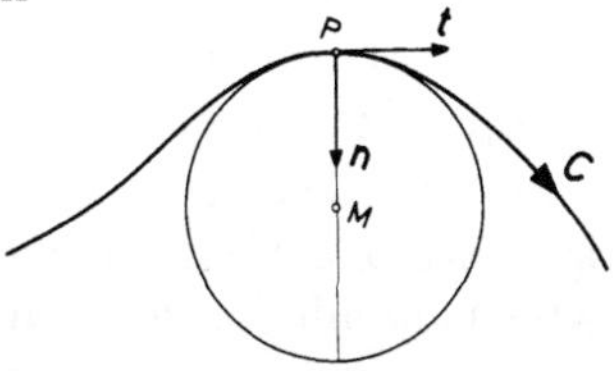

Bild 13.13

$$\rho = \left|\frac{1}{\kappa}\right|$$

zu erkennen ist. Der Radius ρ des Krümmungskreises wird daher auch *Krümmungsradius*, sein Mittelpunkt $M(\alpha, \beta)$ *Krümmungsmittelpunkt* genannt.

Der auf die Länge 1 normierte Vektor **n** vom Punkt P zum Krümmungsmittelpunkt heißt *Normalvektor* oder *Kurvennormale* (Bild 13.13). Die Umrechnung der Koordinaten des Krümmungsmittelpunktes auf eine in Parameterdarstellung beschriebene Kurve,

$$\alpha = x - \frac{1}{\kappa}\,\frac{\dot{y}}{\sqrt{\dot{x}^2 + \dot{y}^2}}, \quad \beta = y + \frac{1}{\kappa}\,\frac{\dot{x}}{\sqrt{\dot{x}^2 + \dot{y}^2}},$$

zeigt, daß der Normalenvektor in der Wirkungslinie des Vektors $(-\dot{y}, \dot{x})$ liegt und orthogonal zur Tangentenrichtung $(\dot{x}, \dot{y})$ ist. Sein Richtungssinn wird durch das Vorzeichen der Krümmung bestimmt.

Es sei noch darauf hingewiesen, daß das Vorzeichen der Krümmung auf einen (zumindest lokal) konvexen ($\kappa > 0$) bzw. konkaven ($\kappa < 0$) Kurvenverlauf hinweist. Im Falle eines Wendepunktes ist $\kappa = 0$, der Krümmungskreis entartet in eine Gerade, die mit der Wendetangente zusammenfällt.

13.5 Anwendungen in der Physik

Die Differential- und Integralrechnung ragt in ihren Anwendungen weit über die Geometrie hinaus, sie ist ein Fundament der mathematischen Formulierung der Gesetze der Mechanik und Physik.

Wir haben am Modell der homogenen Leitung schon gesehen, wie das Differential als Instrument zur Herleitung von Gesetzmäßigkeiten verwendet werden kann. Zunächst betrachtet man kleine „Ausschnitte" im Bereich der unabhängigen Veränderlichen, entweder kleine räumliche Abgrenzungen wie bei der homogenen Leitung, oder kleine Zeitintervalle bei zeitlich veränderlichen Größen. *Unter Ausnützung der im „Kleinen" bestehenden linearen Zusammenhänge setzt man sodann die einzelnen Größen mit Hilfe ihrer Differentiale in Beziehung.* Dividiert man schließlich diese Gleichungen, deren Unbekannte Differentiale sind, durch das Differential der unabhängigen Veränderlichen, so entstehen eine oder mehrere Gleichungen, in denen neben der gesuchten Funktion auch deren Ableitungen auftreten (vgl. (6.83)). Solche Gleichungen werden *Differentialgleichungen* genannt; sie beschreiben die Eigenschaften des betrachteten Systems im „Kleinen", wie dies ja für das Auftreten von Differentialquotienten charakteristisch ist. Die durch „Integration" dieser Differentialgleichungen gefundenen Lösungen beschreiben die Verhältnisse im „Großen".

Es ist ein unsterblicher Verdienst Newtons, diese Idee, die Verhältnisse im Großen durch Integration von Differentialgleichungen zu gewinnen, die aus Betrachtungen im Kleinen hervorgehen, im Rahmen der klassischen Mechanik (die nach ihm auch Newtonsche Mechanik genannt wird) als erster angewendet zu haben. Auch in der Physik führt dieses Prinzip auf grundlegende Differentialgleichungen, wie die Maxwellschen Gleichungen der Elektrodynamik, die Wärmeleitungsgleichung, die Diffusionsgleichung und die Wellengleichung für die Beschreibung von Schwingungsvorgängen, um nur einige zu nennen. Wir werden uns mit der Herleitung und Lösung dieser Gleichungen später noch ausführlich beschäftigen; an dieser Stelle begnügen wir uns mit einem elementaren Exkurs.

Eine nahezu selbstverständliche Voraussetzung ist die exakte Fassung der physikalischen Grundbegriffe wie Geschwindigkeit, Beschleunigung, Arbeit, elektrischer Strom u.a. Wir beginnen daher zunächst mit einigen allgemeinen Betrachtungen über physikalische Begriffsbildungen.

Wir wählen als Modell die Geschwindigkeit eines Massenpunktes (vgl. Abschnitt 6.2). Eine genauere Analyse der Definition der Momentangeschwindigkeit zeigt, daß dieser Begriff in zwei „Stufen" eingeführt wird. In der ersten Stufe betrachtet man die einfachste Bewegung, nämlich die lineare Bewegung, bei welcher gleiche Strecken in gleichen Zeiten zurückgelegt werden; der dann stets konstante Quotient der zurückgelegten Wegstrecke Δs und der dafür benötigten Zeit $\Delta t = t_2 - t_1$,

$$v := \frac{\Delta s}{\Delta t} = \text{const.},$$

heißt die Geschwindigkeit dieser Bewegung.

In der zweiten Stufe untersucht man allgemeine Bewegungen. Der Quotient

$$\frac{\Delta s}{\Delta t} = \frac{s_2 - s_1}{t_2 - t_1}$$

heißt, wie wir früher schon erwähnt haben, die mittlere Geschwindigkeit im Zeitintervall $[t_1, t_2]$; er ist im Gegensatz zur linearen Bewegung der ersten Stufe i.a. nicht konstant und sowohl von der Zeitdifferenz Δt als auch von t_1 (bzw. t_2) abhängig. Die Momentangeschwindigkeit zum Zeitpunkt t_1 wird durch den Grenzwert

$$\lim_{t_2 \to t_1} \frac{s_2 - s_1}{t_2 - t_1} = \left.\frac{ds}{dt}\right|_{t = t_1} = v(t_1)$$

erklärt.

Auf die gleiche Weise geht man immer dann vor, wenn eine dritte Größe durch das Verhältnis zweier bestimmter Größen definiert wird, wie z.B. der Strom als Ladungsfluß pro Zeit, die Dichte als Quantität pro Volumen u.a. In der ersten Stufe wird der Fall betrachtet, wo dieses Verhältnis konstant ist, etwa der Gleichstrom, wo in gleichen Zeiten Δt gleiche Ladungen Δq durch den Leiterquerschnitt fließen, oder die Dichte einer homogenen Massenverteilung, wo gleiche Volumina dieselbe Masse haben. *Im allgemeinen Fall der zweiten Stufe ersetzt man die Verhältnisse (die Differenzenquotienten) durch ihre Grenzwerte (die Differentialquotienten).*

Die umgekehrte Aufgabe, aus der Kenntnis der Geschwindigkeit $v(t)$ den Weg-Zeit-Zusammenhang $s(t)$ zu ermitteln, führt über die Differentialgleichung

$$\dot{s} = \frac{ds}{dt} = v(t)$$

für die Funktion $s(t)$ auf eine Integration. Das Differential der Funktion $s(t)$ an der Stelle t,

$$ds = v(t)\,dt,$$

worin der Zuwachs $dt = \Delta t$ beliebig gewählt werden kann, gibt an, welchen Wegzuwachs man im Zeitintervall $[t, t + \Delta t]$ erhalten würde, wenn ab dem Zeitpunkt t die Geschwindigkeit den konstanten Wert $v(t)$ hätte. Der tatsächliche Wegzuwachs $\Delta s = s(t + \Delta t) - s(t)$ im Zeitintervall $[t, t + \Delta t]$ läßt sich nach dem Mittelwertsatz der Differentialrechnung in der Form

$$\Delta s = v(\tau)\,\Delta t, \quad t < \tau < t + \Delta t,$$

darstellen. Soll also die im Zeitintervall $[t_0, t]$ zurückgelegte Wegstrecke $s(t) - s(t_0)$ berechnet werden, so erhält man durch Unterteilung

$$t_0 < t_1 < t_2 < \ldots < t_{n-1} < t_n = t$$

dieses Intervalles wegen

$$s(t) - s(t_0) = \sum_{k=1}^{n} \Delta s_k$$

die Beziehung

$$s(t) - s(t_0) = \sum_{k=1}^{n} v(\tau_k)\,\Delta t_k$$

bei geeigneten Zwischenwerten τ_k. Während die linke Seite von der Zerlegung des Intervalles unabhängig ist, strebt die Summe rechts bei beliebiger Verfeinerung der Zerlegung gegen das bestimmte Integral

$$\int_{t_0}^{t} v(\tau)\,d\tau,$$

mit dem wir schließlich den gesuchten Weg-Zeit-Zusammenhang erhalten,

$$s(t) - s(t_0) = \int_{t_0}^{t} v(\tau)\, d\tau = \int_{s_0}^{s} ds.$$

Im Grunde stellt dies eine physikalische Formulierung des Hauptsatzes der Differential- und Integralrechnung am Modell der Geschwindigkeit dar.

Wir fassen dieses Prinzip zusammen. Es sei y eine von x abhängige Größe; in der ersten Stufe wird das Verhältnis

$$z := \frac{\Delta y}{\Delta x} = \text{const.}$$

betrachtet, in der zweiten Stufe entspricht diesem Differenzenquotienten der Differentialquotient

$$z = \frac{dy}{dx}.$$

Der Beziehung zwischen den Differenzen Δx und Δy,

$$\Delta y = z\,\Delta x,$$

der ersten Stufe entspricht in der zweiten Stufe das Differential

$$dy = z\,dx.$$

Berechnet man in der ersten Stufe den Gesamtzuwachs der Größe y über dem Intervall $[x_0, x]$ durch

$$y(x) - y(x_0) = \sum_k \Delta y_k = \sum_k z\,\Delta x_k = \sum_k \frac{\Delta y_k}{\Delta x_k}\,\Delta x_k$$

als Summe von Teilzuwächsen, so entspricht dieser Summation in der zweiten Stufe die Integration

$$y(x) - y(x_0) = \int_{y_0}^{y} dy = \int_{x_0}^{x} z\,dx = \int_{x_0}^{x} \frac{dy}{dx}\,dx.$$

Wir bringen dazu einige elementare Anwendungen.

Ein frei fallender Körper wird im Gravitationsfeld nahe der Erdoberfläche konstant beschleunigt,

$$b = \frac{dv}{dt} = g.$$

Wird dem Körper zum Beginn t_0 des freien Falles die Anfangsgeschwindigkeit $v_0 = v(t_0)$ erteilt, so erreicht er zum Zeitpunkt t die Geschwindigkeit

$$v(t) = v_0 + \int_{t_0}^{t} g\,d\tau = v_0 + g(t - t_0).$$

Aus diesem Geschwindigkeitsgesetz findet man für die Fallstrecke im Zeitintervall $[t_0, t]$, wenn sie ab dem Zeitpunkt t_0 gemessen wird $(s(t_0) = 0)$,

$$s(t) = \int_{t_0}^{t} v(\tau)\,d\tau = \int_{t_0}^{t} [v_0 + g(\tau - t_0)]\,d\tau = v_0(t - t_0) + \frac{g}{2}(t - t_0)^2 .$$

Dies ist das Gesetz des freien Falles. Für $t_0 = v_0 = 0$ erhält man daraus die bekannte Formel $s = \frac{g}{2} t^2$.

Für einen Kondensator der Kapazität C besteht zwischen dem Spannungsabfall $u(t)$ und der Stromstärke $i(t)$ der Zusammenhang

$$i = C \frac{du}{dt}$$

(vgl. (6.13)). Die Berechnung der Spannung $u(t)$ aus der Kenntnis des Stromes $i(t)$ führt auf die Integration

$$u(t) - u(t_0) = \int_{u_0}^{u} du = \frac{1}{C}\int_{q_0}^{q} dq = \frac{1}{C}\int_{t_0}^{t} i(\tau)\,d\tau;$$

Ist $Q = q_0 = q(t_0)$ die Ladung des Kondensators zum Zeitpunkt t_0, so erhalten wir daraus

$$u(t) = \frac{1}{C}\int_{t_0}^{t} i(\tau)\,d\tau + \frac{Q}{C}. \tag{13.20}$$

Ein anderer Typ physikalischer Begriffsbildungen wird nicht durch Verhältnisse, sondern durch Proportionalitäten erklärt, wie z.B. die *Arbeit,* die bei der Bewegung eines Massenpunktes von einer Kraft geleistet wird. In der ersten Stufe wird angenommen, daß bei der Verschiebung um gleiche Strecken Δs die gleiche Arbeit ΔA geleistet wird, die Arbeit also proportional der Wegstrecke ist,

$$\Delta A := k\,\Delta s.$$

Die Proportionalitätskonstante k, dem Betrage nach gleich der Größe der wirkenden Kraft, ist positiv, wenn die Richtung der Kraft in die Bewegungsrichtung fällt, und negativ, wenn die Kraft der Bewegungsrichtung entgegenwirkt.

In der zweiten Stufe, in der die Kraft $k(s)$ längs der Kurve, auf der die Bewegung vor sich geht, von Ort zu Ort verschieden ist, definiert man

$$dA = k(s)\,ds$$

und erhält durch Integration die Arbeit

$$A = \int_{s_0}^{s_1} k(s)\,ds, \tag{13.21}$$

die bei der Bewegung von s_0 nach s_1 von der längs des Weges wirkenden Kraft $k(s)$ geleistet wird. Ist A positiv, so ist von der Kraft Arbeit geleistet worden; im Falle einer negativen Arbeit spricht man von einer gewonnenen Arbeit. Bei dieser Definition kommt es natürlich darauf an, von welcher Kraft die Rede ist. Wird ein Gewicht gehoben, so leistet die zur Überwindung der Schwerkraft aufzubringende Kraft positive Arbeit. Die dabei von der Schwerkraft geleistete Arbeit ist negativ.

Wir betrachten eine Feder, die aus ihrem entspannten Zustand um die Länge l gedehnt wird. In der linearen Elastizitätstheorie nimmt man an, daß die Feder dem Stauchen oder Dehnen eine elastische Kraft, die sogenannte *Federkraft,* entgegensetzt, deren Größe proportional der Änderung ihrer Länge ist,

$$k(s) = c(s - s_0). \tag{13.22}$$

Da die Kraft stets so gerichtet ist, um die Feder wieder in ihren entspannten Zustand zurückzubringen, ist die Proportionalitätskonstante c, die *Federkonstante,* positiv (Bild 13.14).

Die Kraft $k(s)$, die zur Dehnung der Feder um die Länge l aufzubringen ist, leistet die Arbeit

$$A = \int_{s_0}^{s_0+l} k(s)\,ds = \int_{s_0}^{s_0+l} c(s - s_0)\,ds = \frac{c}{2}\,l^2.$$

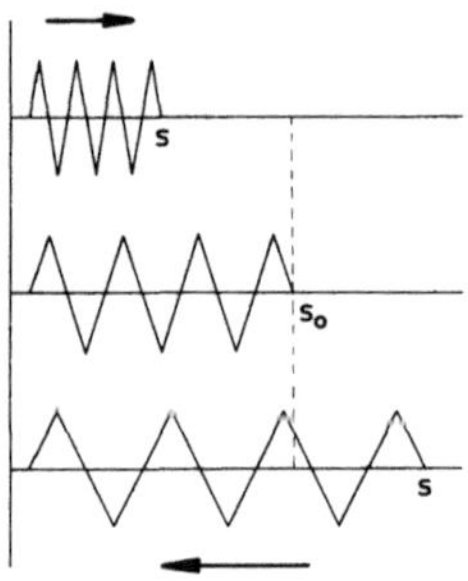

Bild 13.14

Bei einer Stauchung um dieselbe Länge wird, wie wir erwarten, auch dieselbe Arbeit geleistet,

$$A = \int_{s_0}^{s_0-l} c(s - s_0)ds = \frac{c}{2}\,l^2.$$

Wir betrachten einige weitere Anwendungen.

Nach dem Coulombschen Gesetz ist die mechanische Kraft K, mit der sich zwei Punktladungen Q_1 und Q_2 anziehen oder abstoßen, durch

$$K = \frac{Q_1 Q_2}{4\pi\epsilon a^2}$$

gegeben, worin a den Abstand der beiden Punkte bezeichnet, in denen sich die Ladungen befinden; ϵ ist die Dielektrizitätskonstante des umgebenden Mediums. Die Wirkungslinie der Kraft liegt in der die beiden Punkte verbindenden Geraden; bei gleichartigen Ladungen tritt Abstoßung ein, entgegengesetzte Ladungen werden angezogen.

Wir wollen die Zugkraft berechnen, mit der eine Linienquelle eine punktförmige Ladung anzieht bzw. abstößt. Wir nehmen dazu an, die Linienquelle der Länge l habe bei homogener Ladungsdichte die Gesamtladung Q. Die Linienquelle legen wir in die y-Achse, die punktförmige Ladung γ befinde sich im Punkt (ξ, η).

Wir greifen auf der Linienquelle ein Stück der Länge Δy heraus. Auf Grund der Annahme homogener Ladungsdichte befindet sich auf diesem die Ladung $\Delta Q = \frac{Q}{l}\Delta y$. Wenn wir uns diese Ladung in einem Punkt $\hat{y}$ dieses Stückes konzentriert denken, so ist zufolge des Coulombschen Gesetzes

$$\Delta K = \frac{\gamma Q}{4\pi\epsilon l} \frac{1}{\xi^2 + (\eta - \hat{y})^2} \Delta y$$

die Kraft zwischen dem Stück der Linienquelle und der Ladung γ; ihre Wirkungslinie liegt in der die Punkte (ξ, η) und $(0, \hat{y})$ verbindenden Geraden (Bild 13.15). Die Kraftkomponente in der x-Richtung ergibt sich zu

$$\Delta K_x = \Delta K \cos\varphi = \frac{\gamma Q}{4\pi\epsilon l} \frac{\xi}{(\xi^2 + (\eta - \hat{y})^2)^{3/2}} \Delta y;$$

also ist

$$dK_x = \frac{\gamma Q}{4\pi\epsilon l} \frac{\xi}{(\xi^2 + (\eta - y)^2)^{3/2}} dy$$

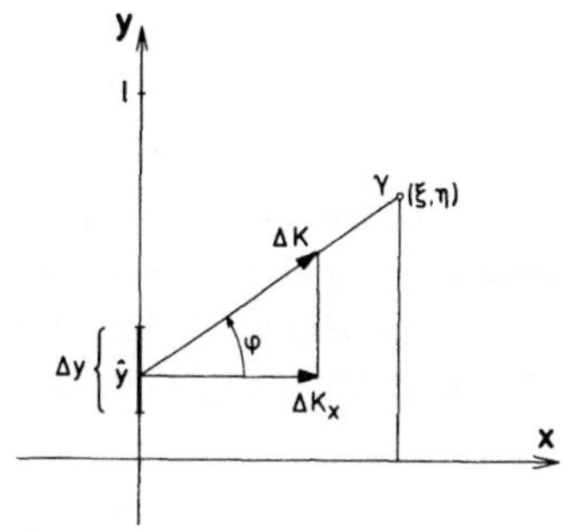

Bild 13.15

das Differential der Zugkraft K_x und wir erhalten durch Integration

$$K_x = \frac{\gamma Q}{4\pi\epsilon l} \int_0^l \frac{\xi\, dy}{((y - \eta)^2 + \xi^2)^{3/2}} = \frac{\gamma Q}{4\pi\epsilon\xi l} \left(\frac{l - \eta}{\sqrt{(l - \eta)^2 + \xi^2}} + \frac{\eta}{\sqrt{\eta^2 + \xi^2}} \right).$$

Wir betrachten nun zwei parallele Linienquellen der entgegengesetzt gleichen Gesamtladung Q im Abstand d voneinander. Wenn wir uns nach dem obigen Vorbild die eine der beiden Linienquellen in kleine Stücke der Länge Δy unterteilt denken und weiter die in einem solchen befindliche Ladung $\Delta Q = \frac{Q}{l}\Delta y$ in einem Zwischenpunkt $(d, \hat{y})$ konzentrieren, so wird dieses Stück mit der Kraft

$$\Delta K_x = \frac{Q^2}{4\pi\epsilon d l^2} \left(\frac{l - \hat{y}}{\sqrt{(l - \hat{y})^2 + d^2}} + \frac{\hat{y}}{\sqrt{\hat{y}^2 + d^2}} \right) \Delta y$$

angezogen; wir schließen daraus, daß

$$dK_x = \frac{Q^2}{4\pi\epsilon d l^2} \left(\frac{l - y}{\sqrt{(l - y)^2 + d^2}} + \frac{y}{\sqrt{y^2 + d^2}} \right) dy$$

das Differential der Zugkraft ist und bekommen durch Integration das Ergebnis

$$K_x = \frac{Q^2}{4\pi\epsilon d l^2} \int_0^l \left(\frac{l - y}{\sqrt{(l - y)^2 + d^2}} + \frac{y}{\sqrt{y^2 + d^2}} \right) dy = \frac{Q^2}{2\pi\epsilon d l^2} \left(\sqrt{l^2 + d^2} - d \right).$$

Führt man die Ladungsdichte $\rho = \frac{Q}{l}$ ein, so ist

$$\frac{K_x}{l} = \frac{\rho^2}{2\pi\epsilon d}\left(\sqrt{\left(\frac{d}{l}\right)^2 + 1} - \frac{d}{l}\right)$$

die Kraft pro Längeneinheit; daraus folgt durch Grenzübergang $l \to \infty$ bei konstanter Ladungsdichte ρ, daß

$$\lim_{l \to \infty} \frac{K_x}{l} = \frac{\rho^2}{2\pi\epsilon d}$$

die Kraftdichte zweier unendlich langer Linienquellen ist, die sich im Abstand d voneinander befinden und entgegengesetzt gleiche konstante Ladungsdichte ρ haben.

Wir beschließen unseren Exkurs mit einigen Aufgaben, die auf charakteristische Differentialgleichungen führen. Unser Ziel ist, auf die einfachsten Grundtatsachen der Integration von Differentialgleichungen hinzuweisen; eine allgemeine Theorie, soweit es eine solche gibt, werden wir später entwickeln.

Aufladung eines Kondensators über einen Widerstand. Wir betrachten die in Bild 5.5 skizzierte Schaltung. Wenn wir den Schalter zum Zeitpunkt $t_0 = 0$ schließen, beginnt ein Ladestrom i(t) zu fließen. Um eine Bestimmungsgleichung für diesen zu finden, gehen wir von der Spannungsgleichung

$$U = u_R + u_C$$

aus und erhalten unter Berücksichtigung von (13.20) mit Q – 0, da wir annehmen wollen, daß der Kondensator zu Beginn ungeladen ist,und $u_R = iR$ die Beziehung

$$u_R + u_C = iR + \frac{1}{C}\int_0^t i(t')\,dt' = U.$$

Durch Differentiation folgern wir daraus die Differentialgleichung

$$R\frac{di}{dt} + \frac{1}{C}i = 0$$

für den Strom i(t) bzw.

$$\frac{di}{dt} = -\frac{1}{RC}i.$$

Diese Gleichung bedeutet, daß die Abnahme des Stromes dem Augenblickswert der Stromstärke proportional ist, weshalb ein exponentielles Abklingen der Stromstärke zu erwarten ist. Tatsächlich erhalten wir aus dem Differential

$$dt = -RC\frac{di}{i}$$

der Umkehrfunktion von i(t) durch Integration zunächst

$$\int_0^t dt = t = -RC \int_{i_0}^{i} \frac{di}{i} = -RC \ln \frac{i}{i_0},$$

worin $i_0 = i(0) = \frac{U}{R}$ ist, wie wir der Spannungsgleichung für $t = 0$ entnehmen, und durch Auflösen nach i schließlich das Ergebnis

$$i(t) = \frac{U}{R} e^{-t/RC}.$$

Die Ladung des Kondensators ist daher

$$q(t) = \int_0^t i(t')\,dt' = \frac{U}{R} \int_0^t e^{-t'/RC} dt' = UC(1 - e^{-t/RC});$$

sie nähert sich asymptotisch dem Grenzwert

$$Q = \lim_{t \to \infty} q(t) = UC.$$

Einfachste elastische Schwingung. Ein Massenkörper m, der sich in der Richtung der x-Achse frei bewegen kann, sei mit einer Feder verbunden und, im entspannten Zustand der Feder, von dieser im Ursprung festgehalten. Wir bringen ihn aus der Ruhelage $x = 0$ in den Punkt x_0; wird er dann sich selbst überlassen, so führt er infolge der Wirkung der Federkraft eine Bewegung aus, die wir durch eine Funktion $x = x(t)$, die Entfernung x von der Ruhelage zur Zeit t, beschreiben können. Nach dem Newtonschen Gesetz der Dynamik des Massenpunktes genügt die Funktion x(t) der Differentialgleichung

$$mb = m\ddot{x} = k,$$

worin k die auf den Massenkörper wirkende Kraft ist, die unter unseren Annahmen in der Wirkung der Feder zu sehen ist. Da die Rückholkraft cx, bei einer Entfernung x von der Ruhelage $x = 0$ (vgl. (13.22)), stets die der Bewegung des Massenpunktes entgegengesetzte Richtung hat, ist

$$k = -cx$$

zu setzen, wodurch wir auf die Differentialgleichung

$$m\ddot{x} + cx = 0 \tag{13.23}$$

für die Funktion x(t) geführt werden.

Die Differentialgleichung (13.23) können wir mit einem einfachen Kunstgriff lösen. Wir nehmen an, es sei x(t) eine Lösung; es folgt durch Multiplikation mit $\dot{x}(t)$

$$m\dot{x}\ddot{x} + c\dot{x}x = 0,$$

oder, was damit gleichbedeutend ist,

$$\frac{d}{dt}\left(\frac{1}{2} m\dot{x}^2 + \frac{1}{2} cx^2\right) = 0. \tag{13.24}$$

Durch Integration dieser Gleichung erhalten wir die Beziehung

$$\frac{1}{2}m\dot{x}^2 + \frac{1}{2}cx^2 = a,$$

worin a eine beliebige (jedoch nichtnegative) Integrationskonstante bezeichnet. Indem wir nach $\dot{x}$ auflösen,

$$\frac{dx}{dt} = \dot{x} = \sqrt{\frac{2a}{m} - \frac{c}{m}x^2},$$

wird ersichtlich, daß

$$dt = \frac{dx}{\sqrt{\frac{2a}{m} - \frac{c}{m}x^2}}$$

das Differential der Umkehrfunktion x(t) ist; Integration ergibt

$$t = \int \frac{dx}{\sqrt{\frac{2a}{m} - \frac{c}{m}x^2}} = -\sqrt{\frac{m}{c}}\,\arccos\left(x\sqrt{\frac{c}{2a}}\right) + b$$

mit einer weiteren Integrationskonstanten b. Dies zeigt, daß die Lösungen der Differentialgleichung (13.23) von der Gestalt

$$x = \sqrt{\frac{2a}{c}}\cos\left((t-b)\sqrt{\frac{c}{m}}\right)$$

sind, oder, wenn wir anstatt der Konstanten a und b die ebenfalls willkürlichen Konstanten A und φ einführen,

$$x = A\cos(\omega t + \varphi), \tag{13.25}$$

wobei wir $\omega = \sqrt{\frac{c}{m}}$ gesetzt haben: *Die Lösungen der Differentialgleichung*

$$\ddot{x} + \omega^2 x = 0 \tag{13.26}$$

beschreiben harmonische Schwingungen der Frequenz ω.

Das Auftreten zweier willkürlicher Konstanten in der Lösung ist charakteristisch für eine Differentialgleichung, in der die höchste vorkommende Ableitung von zweiter Ordnung ist. Es sind ja zwei Integrationen erforderlich, wodurch eben zwei willkürliche Konstante in die Lösung eingehen.

Daß die Differentialgleichung (13.26) den Bewegungsvorgang nicht vollständig beschreibt, war im Grunde auch zu erwarten, da in ihr keinerlei Information enthalten ist, in welchem Zustand sich das System Masse-Feder zu Beginn der Bewegung befunden hat. Dies betrifft die Anfangslage und die Anfangsgeschwindigkeit, die dem Massenkörper zusätzlich erteilt wurde: Durch die beiden *Anfangsbedingungen*, die Anfangslage $x_0 = x(0)$ und die Anfangsgeschwindigkeit $v_0 = \dot{x}(0)$, werden die Integrationskonstanten eindeutig bestimmt; damit ist der Bewegungsvorgang durch die Funktion x(t) vollständig wiedergegeben.

Setzen wir also in (13.25) $t = 0$, so folgt

$$x_0 = x(0) = A \cos\varphi,$$

und nach Differentiation von (13.25)

$$v_0 = \dot{x}(0) = -A\omega \sin\varphi,$$

woraus sich Amplitude A und Phasenlage φ der Schwingung zu

$$A = \sqrt{x_0^2 + \left(\frac{v_0}{\omega}\right)^2}, \quad \tan\varphi = -\frac{v_0}{x_0\omega}$$

bestimmen. Die Lösung der Aufgabe ist schließlich

$$x(t) = A\cos(\omega t + \varphi) = x_0 \cos\omega t + \frac{v_0}{\omega}\sin\omega t.$$

Hinter dem mathematischen Kunstgriff, der den Schritt von der Differentialgleichung (13.23) auf die Gleichung (13.24) ermöglichte, steckt eine wichtige physikalische Eigenschaft. Wie wir wissen, ist $\frac{1}{2}cx^2$ die von der Federkraft bei der Deformation der Feder um die Länge $|x|$ gewonnene Arbeit; sie wird von der Bewegung aufgebracht und setzt die Feder in einen Zustand, selbst wieder die Arbeit $\frac{1}{2}cx^2$ zu leisten. Dieses Vermögen, Arbeit zu leisten, drückt einen Energiezustand aus, weshalb die von der Feder gewonnene Arbeit $V = \frac{1}{2}cx^2$ die *potentielle Energie* der Feder oder die *Verzerrungsenergie* genannt wird. Der zweite Term $T = \frac{1}{2}mv^2 = \frac{1}{2}m\dot{x}^2$ ist die *kinetische Energie* des Massenkörpers; damit kann die Gleichung (13.24) auch in der Form

$$\frac{d}{dt}(T + V) = 0$$

geschrieben werden, mit anderen Worten, die *Gesamtenergie* $E = T + V$ *des Systems Feder-Masse ist stets konstant.* Diese Erhaltung der Gesamtenergie setzt natürlich voraus, daß im Laufe der Bewegung keine Energie verloren geht, wie etwa durch Reibung des Massenkörpers, bei der durch Erwärmung thermische Energie an die Umgebung abgegeben wird, oder durch Verluste an Energie während der Dehnung und Stauchung der Feder („Materialhysterese").

Die Gesamtenergie E des Systems ist allein durch den Energiezustand bestimmt, in den das System zu Beginn der Bewegung gesetzt wurde. Integration von (13.24) zwischen den Grenzen $t = 0$ und t ergibt auch

$$T + V = \frac{1}{2}m\dot{x}^2 + \frac{1}{2}cx^2 = \frac{1}{2}mv_0^2 + \frac{1}{2}cx_0^2 = T_0 + V_0 = E,$$

worin $T_0 = \frac{1}{2}mv_0^2$ die in den Massenkörper durch die Anfangsgeschwindigkeit v_0 gesteckte kinetische Energie und $V_0 = \frac{1}{2}cx_0^2$ die durch die Auslenkung x_0 von der Ruhelage in die Feder gesteckte potentielle Energie ist. Die Gesamtenergie E „pendelt" dabei zwischen der Feder und dem Massenkörper; sie wird in den Totpunkten der Bewegung vollständig von der Feder aufgenommen, beim Durchgang durch die Ruhelage $x = 0$ steckt sie in der kinetischen Energie des Massenkörpers.

Elektrische Schwingungen. Eine Spule der Induktivität L ohne ohmschen Widerstand und ein geladener Kondensator der Kapazität C seien, wie in Bild 13.16 skizziert, zu einem geschlossenen Stromkreis, der durch einen Schalter unterbrochen ist, zusammengeschaltet. Wie wir nun zeigen wollen, stellt sich beim Schließen des Schalters ein harmonischer Strom i(t) ein (Bild 13.17).

Da die Summe der Spannungsabfälle in einem geschlossenen Stromkreis gleich Null ist,

$$u_L + u_C = 0,$$

erhalten wir aus (13.20) und (6.14) die Gleichung

$$L\frac{di}{dt} + \frac{1}{C}\int_0^t i(t')\,dt' + \frac{Q}{C} = 0, \tag{13.27}$$

worin Q die Ladung des Kondensators zum Zeitpunkt t = 0 ist. Durch Differentiation von (13.27) entsteht die Differentialgleichung

$$L\frac{d^2 i}{dt^2} + \frac{1}{C}\,i = 0, \tag{13.28}$$

die vom Typ (13.26) mit $\omega = \frac{1}{\sqrt{LC}}$ ist. Ihre Lösungen sind harmonische Schwingungen der Frequenz ω,

$$i(t) = \hat{I}\cos(\omega t + \varphi), \quad \omega = \frac{1}{\sqrt{LC}}. \tag{13.29}$$

Um die Amplitude $\hat{I}$ und die Phasenlage φ zu bestimmen, haben wir die Anfangswerte des Systems in (13.29) einzusetzen. Da im Augenblick, wenn der Schalter geschlossen wird, noch kein Strom fließt, erhalten wir aus der Bedingung $i(0) = 0$ zunächst $\varphi = \frac{\pi}{2}$. Für die Änderung der Stromstärke zum Zeitpunkt t = 0 entnehmen wir aus Gleichung (13.27)

$$L\left.\frac{di}{dt}\right|_{t=0} + \frac{Q}{C} = 0, \quad \text{d.h.} \quad \left.\frac{di}{dt}\right|_{t=0} = -Q\omega^2,$$

was nach Differentiation von (13.29) auf $\hat{I} = Q\omega$ und schließlich auf die Lösung

$$i(t) = Q\omega\cos\left(\omega t + \frac{\pi}{2}\right) \tag{13.30}$$

führt.

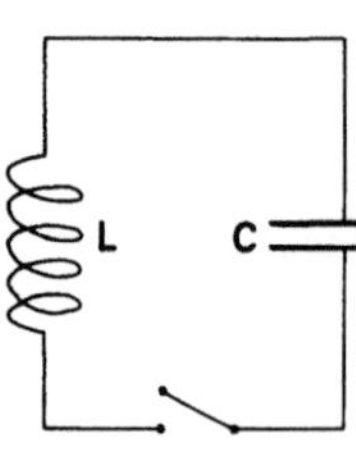

Bild 13.16

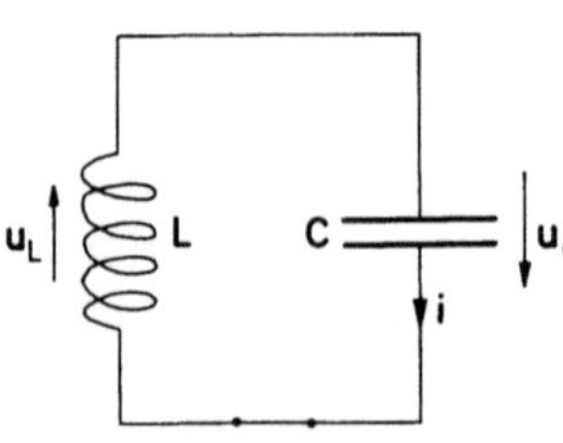

Bild 13.17

Das mathematische Pendel. In einem Punkt O sei an einer masselosen Stange der Länge l ein punktförmiger Körper der Masse m aufgehängt. Diese Anordnung bezeichnet man als *mathematisches Pendel* (Bild 13.18). Wird das Pendel aus seiner Ruhelage $\varphi = 0$ ausgelenkt, so beginnt es unter dem Einfluß der Schwerkraft zu schwingen. Um die Bewegungsgleichung dieser Schwingung aufzustellen, gehen wir von der Erhaltung der Gesamtenergie aus, die sich aus der kinetischen Energie $T = \frac{1}{2}\,mv^2 = \frac{1}{2}\,m\left(l\frac{d\varphi}{dt}\right)^2$ und der potentiellen Energie $U = -mgl\cos\varphi$ zusammensetzt,

$$\frac{1}{2}\,m\left(l\frac{d\varphi}{dt}\right)^2 - mgl\cos\varphi = E = \text{const.} \tag{13.31}$$

Durch Differentiation dieser Gleichung sehen wir, daß die Schwingungen des Pendels durch die Differentialgleichung

$$l\ddot{\varphi} + g\sin\varphi = 0 \tag{13.32}$$

beschrieben werden. Zur Lösung der Gleichung (13.31) bestimmen wir zunächst die Gesamtenergie E des Pendels. Ist $\alpha = \varphi(0)$ der Winkel der Anfangsauslenkung und wird der Masse m keine Anfangsgeschwindigkeit erteilt, so ist die Gesamtenergie

$$E = -mgl\cos\alpha;$$

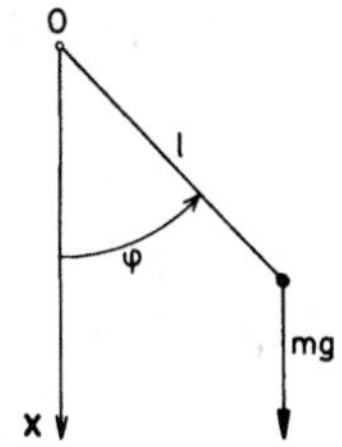

Bild 13.18

wir bekommen daher aus (13.31) die Differentialgleichung

$$\left(\frac{d\varphi}{dt}\right)^2 = \frac{2g}{l}\,(\cos\varphi - \cos\alpha). \tag{13.33}$$

Bezeichnet T die Dauer einer vollen Schwingung des Pendels, so fällt der Pendelausschlag φ im Intervall $\left[0, \frac{T}{2}\right]$ – vom oberen Totpunkt zum unteren Totpunkt – monoton auf den Wert $-\alpha$; infolgedessen müssen wir, um das Differential der Umkehrfunktion von $\varphi(t)$ im Intervall $\left[0, \frac{T}{2}\right]$ aus (13.33) zu bestimmen, wegen $\frac{d\varphi}{dt} \leqslant 0$ die Wurzel negativ ziehen,

$$dt = -\sqrt{\frac{l}{2g}}\,\frac{d\varphi}{\sqrt{\cos\varphi - \cos\alpha}}.$$

Integrieren wir zwischen den Grenzen α und φ, so erhalten wir eine Darstellung der Umkehrfunktion $t = t(\varphi)$ im Intervall $[-\alpha, \alpha]$,

$$t = -\sqrt{\frac{l}{2g}}\int_{\alpha}^{\varphi}\frac{d\varphi'}{\sqrt{\cos\varphi' - \cos\alpha}}.$$

Durch die Substitution $\sin\frac{\varphi'}{2} = \sin\frac{\alpha}{2}\sin y$ geht dieses Integral wegen $\cos\varphi' - \cos\alpha =$
$= 1 - 2\sin^2\frac{\varphi'}{2} - 1 + 2\sin^2\frac{\alpha}{2} = 2\sin^2\frac{\alpha}{2}\cos^2 y$ in

$$t = \sqrt{\frac{l}{g}} \int\limits_{\arcsin\left(\frac{1}{k}\sin\frac{\varphi}{2}\right)}^{\pi/2} \frac{dy}{\sqrt{1 - k^2\sin^2 y}}, \quad k = \sin\frac{\alpha}{2}, \tag{13.34}$$

über. Für die Schwingungsdauer T erhalten wir daraus das elliptische Normalintegral erster Gattung

$$T = 4\sqrt{\frac{l}{g}} \int\limits_0^{\pi/2} \frac{dy}{\sqrt{1 - k^2\sin^2 y}}, \quad k = \sin\frac{\alpha}{2}. \tag{13.35}$$

Da der Pendelausschlag φ stets zwischen den Grenzen $-\alpha$ und α liegt, kann für kleine Anfangsauslenkungen der Term $\sin\varphi$ in der Differentialgleichung (13.32) näherungsweise durch φ ersetzt werden (vgl. Beispiel 7.2). Dies führt auf die Differentialgleichung

$$\ddot{\varphi} + \frac{g}{l}\varphi = 0,$$

die vom Typ (13.26) mit $\omega = \sqrt{\frac{g}{l}}$ ist: man nennt diesen Vorgang *Linearisierung* der Differentialgleichung (13.32). Wir sehen daraus, daß Pendelschwingungen mit kleinen Ausschlägen näherungsweise harmonische Schwingungen sind. Wir bekommen daher mit dem Ausdruck $2\pi\sqrt{\frac{l}{g}}$ einen angenäherten Wert für die Schwingungsdauer des mathematischen Pendels bei kleinen Anfangsauslenkungen.

13.6 Übungsbeispiele

1. Man berechne den Inhalt jener Fläche, die von einem Bogen der sogenannten *Zykloide* $x = a(t - \sin t)$, $y = a(1 - \cos t)$, $0 \leqslant t \leqslant 2\pi$, und der x-Achse berandet wird.
2. Man berechne den Flächeninhalt der *Kardioide*, deren Gleichung in Polarkoordinaten durch $r = a(1 + \cos\varphi)$, $-\pi \leqslant \varphi \leqslant \pi$, gegeben ist.
3. Man berechne den Flächeninhalt der in Bild 13.9 dargestellten Astroide $x^{2/3} + y^{2/3} = a^{2/3}$.
4. Durch die Gleichung $x^2 + y^2 = x^4 + y^4$ wird eine geschlossene Kurve in der (x,y)-Ebene beschrieben. Man berechne den Inhalt der von dieser Kurve berandeten Fläche.
5. Man berechne den Flächeninhalt des Ellipsensektors, der von der Ellipse $\frac{x^2}{a^2} + \frac{y^2}{b^2} = 1$ und den beiden Geraden $y = x\tan\alpha$, $y = x\tan\beta$, $0 \leqslant \alpha < \beta \leqslant \pi$, begrenzt wird.

Man berechne den Inhalt jener Körper, die durch Rotation der folgenden Kurven um die x-Achse entstehen:

6. Die Lemniskate $(x^2 + y^2)^2 = a^2(x^2 - y^2)$
7. Die Kardioide $r = a(1 + \cos\varphi)$
8. Der Zykloidenbogen $x = a(t - \sin t)$, $y = a(1 - \cos t)$, $0 \leqslant t \leqslant 2\pi$
9. Die Parabel $y^2 = 2px$, $0 \leqslant x \leqslant a$
10. Die Ellipse $\frac{x^2}{a^2} + \frac{y^2}{b^2} = 1$.

Man berechne die Oberfläche jener Körper, die durch Rotation folgender Kurven um die x-Achse entstehen:

11. Die Sinus-Kurve $y = \sin x$, $0 \leqslant x \leqslant \pi$
12. Die Zykloide $x = a(t - \sin t)$, $y = a(1 - \cos t)$, $0 \leqslant t \leqslant 2\pi$
13. Die Kardioide $r = a(1 + \cos\varphi)$.

Man berechne die Bogenlänge folgender Kurven:

14. Der Zykloide $x = a(t - \sin t)$, $y = a(1 - \cos t)$, $0 \leqslant t \leqslant 2\pi$
15. Der Kardioide $r = a(1 + \cos\varphi)$
16. Der *archimedischen Spirale* $r = a\varphi$, $0 \leqslant \varphi \leqslant 2\pi$
17. Der *logarithmischen Spirale* $r = a\,e^{\gamma\varphi}$, $0 \leqslant \varphi \leqslant 2\pi$
18. Man bestimme jene Punkte auf der Ellipse $\frac{x^2}{a^2} + \frac{y^2}{b^2} = 1$, in denen die Krümmung am größten beziehungsweise am kleinsten ist und gebe die Krümmung in diesen Punkten an.
19. Man bestimme die Krümmung in jedem Punkt der Hyperbel $xy = a^2$. In welchem Punkt ist sie am größten?

Man bestimme die Krümmung folgender Kurven:

20. Der Kardioide $r = a(1 + \cos\varphi)$ im Punkt $P(2a, 0)$
21. Der Zykloide $x = a(t - \sin t)$, $y = a(1 - \cos t)$ im Punkt mit dem Parameterwert $t = 0$ und $t = \pi$
22. Der Lemniskate $(x^2 + y^2)^2 = a^2(x^2 - y^2)$ im Punkt $P(a, 0)$.

Ein physikalisches System sei durch zwei Größen x und y zu beschreiben, wobei zwischen diesen ein Zusammenhang $y = f(x)$ beziehungsweise $x = g(y)$ bestehen möge. Bekannt ist die Beziehung $dy = h(y)\,dx$ zwischen den Differentialen dx und dy der Systemgrößen; wie lautet der funktionale Zusammenhang zwischen den Größen x und y, wenn insbesondere zu verlangen ist, daß für $x = x_0$ die Größe y den Wert y_0 und umgekehrt für $y = y_0$ die Variable x den Wert x_0 haben muß? Man löse diese Aufgabe für folgende Situationen:

23. $dy = y^2\,dx$, $x_0 = 0$, $y_0 = 1$
24. $dy = \sin y\,dx$, $x_0 = 0$, $y_0 = \frac{\pi}{2}$
25. $dy = e^y\,dx$, $x_0 = y_0 = 0$.

14 Numerische Integration

Wir haben schon an früherer Stelle darauf hingewiesen, daß durch unbestimmte Integrale Funktionen definiert werden können, die sich nicht durch elementare Funktionen ausdrücken lassen, auch wenn die Integranden aus elementaren Funktionen zusammengesetzt sind. Es ist auch offensichtlich, daß der Fundamentalsatz der Differential- und Integralrechnung in allen Fällen, in denen der Integrand nicht elementar integrierbar ist, seine Bedeutung im Hinblick auf die rechnerische Auswertung bestimmter Integrale verliert. Wenn es daher nicht gelingt, ein bestimmtes Integral mit irgendeinem Kunstgriff – also auf anderem Wege als über den Fundamentalsatz – auszuwerten, besteht nur mehr die Möglichkeit einer näherungsweisen Berechnung mittels numerischer Verfahren. Erst recht gilt dies auch für die Berechnung von Stammfunktionen, die man zu diesem Zweck als bestimmte Integrale mit variabler oberer Grenze schreibt.

Mit der Konstruktion numerischer Integrationsverfahren für bestimmte Integrale, die, wie bei allen numerischen Rechnungen, nur sinnvoll sind, wenn sie durch Fehlerabschätzungen ergänzt werden, wollen wir uns im folgenden auseinandersetzen.

14.1 Allgemeines über numerische Integration

Einen ersten Anhaltspunkt zur Konstruktion von Näherungsverfahren liefert die Definition des bestimmten Integrals

$$I = \int_a^b f(x)\,dx$$

als Grenzwert von Zwischensummen

$$\sum_{k=1}^{n} f(\xi_k)\,\Delta x_k,$$

die bereits als Näherungswerte für das bestimmte Integral I verwendet werden können. Die Frage dabei ist nur, wie die Zwischenwerte ξ_k auszuwählen sind – i.a. gibt es wenig stichhaltige Argumente für die eine oder andere Wahl. Daher ist es zweckmäßig, im Hinblick auf die Einrichtung eines allgemein anwendbaren Verfahrens, das sich vor allem für die Programmierung auf elektronischen Rechenanlagen oder Taschenrechnern eignet, keine direkte Wahl der Zwischenwerte vorzunehmen, sondern eine indirekte, indem man folgendermaßen vorgeht: Nachdem man durch die Teilungspunkte x_k, $k = 0, 1, \ldots, n$ ($a = x_0$, $b = x_n$), eine Zerlegung des Intervalles $[a, b]$ bestimmt hat, approximiert man die Funktion f über jedem Teilintervall $[x_{k-1}, x_k]$ durch eine Funktion $\tilde{f}_k$ und betrachtet die Integrale

$$\tilde{I}_k = \int_{x_{k-1}}^{x_k} \tilde{f}_k(x)\,dx$$

als Näherungswerte für die Integrale

$$I_k = \int_{x_{k-1}}^{x_k} f(x)\,dx.$$

Von den Funktionen $\tilde{f}_k$ wird man dabei verlangen, daß sie die Funktion f im Intervall $[x_{k-1}, x_k]$ möglichst gut approximieren, insbesondere, daß es eine Stelle ξ_k im Intervall $[x_{k-1}, x_k]$ gibt, für die

$$\tilde{I}_k = f(\xi_k)\,\Delta x_k \tag{14.1}$$

gilt, aber auch, daß die Fehler $I_k - \tilde{I}_k$ bei der Ersetzung von I_k durch $\tilde{I}_k$ abgeschätzt werden können. Mit dem Ausdruck

$$\tilde{I} = \sum_{k=1}^{n} \tilde{I}_k = \sum_{k=1}^{n} \int_{x_{k-1}}^{x_k} \tilde{f}_k(x)\,dx, \tag{14.2}$$

der zufolge (14.1) auch eine Zwischensumme für das Integral I darstellt, erhalten wir schließlich einen Näherungswert für das Integral I, wobei wir den Gesamtfehler durch Summation der Fehler über den einzelnen Teilintervallen berechnen können.

Für praktische Rechnungen ist am zweckmäßigsten, das Integrationsintervall [a, b] in Teilintervalle gleicher Länge zu unterteilen. Eine solche Zerlegung nannten wir äquidistant; bei einer Unterteilung in n Teilintervalle sind $x_k = a + kh$, $k = 0, 1, ..., n$, $h = \frac{b-a}{n}$, die Teilungspunkte, die gemeinsame Intervallänge h wird *Schrittweite* der Zerlegung genannt. Da eine Folge äquidistanter Zerlegungen offensichtlich eine ausgezeichnete Zerlegungsfolge ist, konvergieren die Näherungswerte (14.2), da sie ja Zwischensummen sind, für $n \to \infty$ gegen das Integral I. Damit ist auch die nahezu selbstverständliche Forderung der Konvergenz des Näherungsverfahrens erfüllt. Mit Rücksicht auf einen geringen Rechenaufwand wird man sich auch eine möglichst hohe Konvergenzgeschwindigkeit wünschen. Wir werden an den beiden Verfahren, die wir nun im folgenden besprechen wollen, sehen, daß dafür, neben der Wahl der approximierenden Funktionen $\tilde{f}_k$, vor allem Differenzierbarkeitseigenschaften des Integranden f ausschlaggebend sind.

14.2 Die Trapezformel

Eine naheliegende Wahl der approximierenden Funktionen $\tilde{f}_k$ sind die Sehnen

$$y = \tilde{f}_k(x) = f(x_{k-1}) + \frac{f(x_k) - f(x_{k-1})}{x_k - x_{k-1}}(x - x_{k-1}),$$

durch die der Flächeninhalt von f über den Teilintervallen der Zerlegung durch Trapezinhalte

$$\frac{1}{2}\Delta x_k \left(f(x_k) + f(x_{k-1})\right)$$

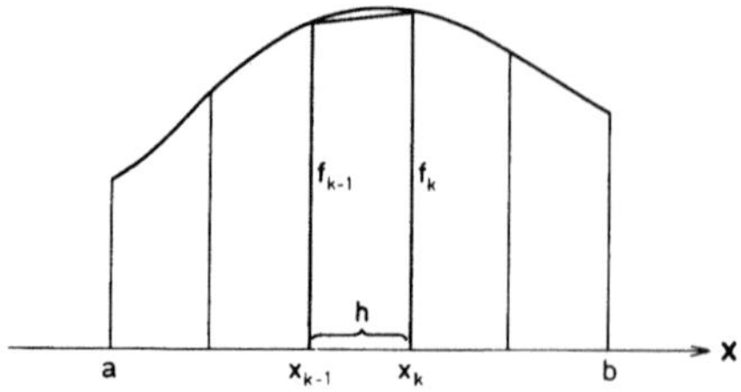

Bild 14.1

angenähert wird (Bild 14.1). Der Leser möge sich davon überzeugen, daß sich diese auch durch Rechtecksflächen (14.1) mit geeigneten Zwischenstellen ξ_k ausdrücken lassen. Bei Zugrundelegung einer äquidistanten Zerlegung der Schrittweite h bekommt man daher durch Summierung aller Trapezinhalte,

$$T(h) := h\left(\frac{f(a)}{2} + f(a+h) + \ldots + f(a+kh) + \ldots + f(b-h) + \frac{f(b)}{2}\right), \tag{14.3}$$

einen angenäherten Ausdruck für das Integral von f über [a, b], der die *Trapezformel* genannt wird.

Wir untersuchen den Fehler der Näherung (14.3). Dabei gehen wir davon aus, zunächst den Fehler der Näherung $\frac{h}{2}(f(0) + f(h))$ für das bestimmte Integral $\int\limits_0^h f(x)\,dx$ abzuschätzen. Zu diesem Zweck bilden wir die Differenz

$$f(x) - \tilde{f}(x) = f(x) - \left(f(0) + x\,\frac{f(h) - f(0)}{h}\right),$$

die an den Stellen x = 0 und x = h verschwindet, so daß eine Darstellung

$$f(x) - \tilde{f}(x) = x(x-h)\,g(x)$$

mit einer geeigneten stetigen Funktion g möglich ist, wenn wir die Differenzierbarkeit von f auf [0, h] voraussetzen (vgl. (7.30)). Wir setzen nun f auf [0, h] zweimal stetig differenzierbar voraus. Dann ist auch die mit einem beliebigen Wert $\hat{x} \in [0, h]$ gebildete Funktion

$$\varphi(x) = f(x) - \tilde{f}(x) - x(x-h)\,g(\hat{x})$$

zweimal stetig differenzierbar; sie verschwindet im Falle $0 < \hat{x} < h$ an den Stellen x = 0, $x = \hat{x}$ und x = h; im Falle $\hat{x} = 0$ (bzw. $\hat{x} = h$) ist $x = \hat{x}$ eine zweifache Nullstelle, so daß auch die Ableitung φ' an dieser Stelle verschwindet. Sodann können wir mit Hilfe des Satzes von Rolle schließen, daß die Ableitung φ' an mindestens zwei Stellen des Intervalles [0, h] verschwindet, die zweite Ableitung φ'' infolgedessen an mindestens einer Stelle: Es gibt also eine (von $\hat{x}$ abhängige) Stelle $\xi \in\,]0, h[$ mit

$$0 = \varphi''(\xi) = f''(\xi) - 2g(\hat{x}).$$

Wenn wir darin x statt $\hat{x}$ schreiben, bedeutet dies

$$f(x) = \tilde{f}(x) + x(x-h)\,\frac{f''(\xi(x))}{2}, \quad 0 < \xi(x) < h,$$

und weiter die Abschätzung

$$|f(x) - \tilde{f}(x)| \leqslant x(h-x)\frac{1}{2} \underset{0 \leqslant x \leqslant h}{\operatorname{Max}} |f''(x)|,$$

also

$$\left| \int_0^h [f(x) - \tilde{f}(x)]\, dx \right| \leqslant \int_0^h |f(x) - \tilde{f}(x)|\, dx \leqslant \frac{1}{2} \underset{0 \leqslant x \leqslant h}{\operatorname{Max}} |f''(x)| \int_0^h x(h-x)\, dx,$$

$$= \frac{h^3}{12} \underset{0 \leqslant x \leqslant h}{\operatorname{Max}} |f''(x)|.$$

Mit dieser Ungleichung haben wir eine Abschätzung des Fehlers gefunden, wenn wir die Fläche des Normalbereiches von f über einem Intervall der Länge h durch die Trapezfläche ersetzen. Wir erhalten daher durch Summation unter Berücksichtigung von $nh = b - a$ die Fehlerabschätzung

$$\left| \int_a^b f(x)\, dx - T(h) \right| \leqslant h^2 \frac{b-a}{12} \underset{a \leqslant x \leqslant b}{\operatorname{Max}} |f''(x)| \tag{14.4}$$

bei der angenäherten Berechnung des Integrals von f über [a, b] durch die Trapezformel (14.3). Der Fehler geht also mit h mindestens von zweiter Ordnung gegen Null, wenn f auf [a, b] zweimal stetig differenzierbar ist.

Die Darstellung für den Fehler ist für numerische Rechnungen sehr vorteilhaft, da sie es ermöglicht, die Schrittweite h von vornherein so zu bestimmen, daß eine gewünschte Genauigkeit erreicht wird. Soll z.B. ein auf p Stellen hinter dem Komma genauer Wert errechnet werden, so bestimmt man eine (möglichst große) Schrittweite h derart, daß die Ungleichung

$$h^2 \frac{b-a}{12} \underset{a \leqslant x \leqslant b}{\operatorname{Max}} |f''(x)| < 10^{-p}$$

erfüllt ist.

Beispiel 14.1: Wir wollen das Integral

$$\int_0^1 \frac{\sin \pi x}{x}\, dx$$

auf 4 Stellen genau berechnen. Wir ermitteln zunächst

$$\underset{0 \leqslant x \leqslant 1}{\operatorname{Max}} \left| \frac{d^2}{dx^2} \frac{\sin \pi x}{x} \right| = \frac{1}{3} \pi^3$$

und haben sodann die Schrittweite h so zu wählen, daß die Ungleichung

$$\frac{h^2 \pi^3}{36} < 10^{-4}$$

erfüllt ist: dies bedeutet

$$h < \frac{6}{100\pi\sqrt{\pi}} = 0.0107\ldots \text{ bzw. } n = \frac{1}{h} \geqslant 93.$$

Wir wählen für die Rechnung n = 100, da sich die Potenzen von 10 (wie auch von 2) in Rechenmaschinen exakt darstellen lassen und somit der Einfluß von Rundungsfehlern vermindert werden kann. Das Ergebnis der Rechnung ist

$$T\left(\frac{1}{100}\right) = 1.851\,910\,87\ldots,$$

der auf 8 Stellen hinter dem Komma exakte Wert ist

$$\int_0^1 \frac{\sin \pi x}{x}\,dx = 1.851\,937\,05\ldots,$$

so daß der Fehler in der Größenordnung von $3 \cdot 10^{-5}$ liegt.

14.3 Die Simpsonsche Formel

Die Simpsonsche Formel entwickelt sich aus der auf Kepler zurückgehenden Näherungsformel

$$\int_a^b f(x)dx \approx \frac{b-a}{6}\left(f(a) + 4f\left(\frac{a+b}{2}\right) + f(b)\right), \tag{14.5}$$

welche auch als *Keplersche Faßregel* bekannt ist. Man erhält sie, wenn man durch die Punkte $(a, f(a))$, $\left(\frac{a+b}{2}, f\left(\frac{a+b}{2}\right)\right)$ und $(b, f(b))$ eine quadratische Parabel legt und diese als Näherung für f im Intervall [a, b] verwendet (Bild 14.2). Wir überlassen die einfache Rechnung dem Leser, ebenso den Nachweis, daß sich die rechte Seite von (14.5) als Rechtecksfläche $(b-a)f(\xi)$ mit einem geeigneten Zwischenwert ausdrücken läßt.

Wenn wir nun das Intervall [a, b] in eine gerade Anzahl n = 2m von Teilintervallen der Länge $h = \frac{b-a}{2m}$ zerlegen und in je zwei aufeinanderfolgenden Intervallen die Funktion f durch eine quadratische Interpolationsparabel $\widetilde{f}$ annähern, so entsteht durch Summation der Näherungswerte (14.5) der Ausdruck

$$\begin{aligned} S(h) := \frac{h}{3}\big(&f(a) + 4f(a+h) + 2f(a+2h) + 4f(a+3h) + \ldots \\ &\ldots + 4f(b-3h) + 2f(b-2h) + 4f(b-h) + f(b)\big) \end{aligned} \tag{14.6}$$

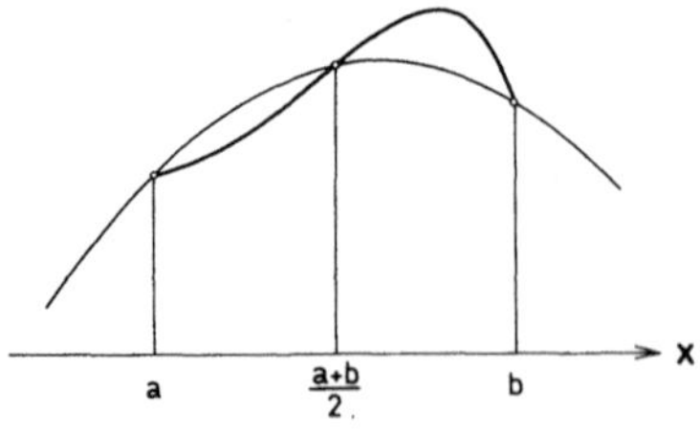

Bild 14.2

als Näherung für das bestimmte Integral von f über [a, b], der als *Simpsonsche Formel* bezeichnet wird.

Zur Untersuchung des Rechenfehlers benötigen wir eine Abschätzung des Fehlers der Näherung (14.5), wobei wir uns auf ein Intervall $[-h, h]$ beschränken können. Wir setzen ferner f auf diesem Intervall viermal stetig differenzierbar voraus und bezeichnen mit

$$\tilde{f}(x) = f(0) + x\,\frac{f(h) - f(-h)}{2h} + x^2\,\frac{f(h) - 2f(0) + f(-h)}{2h^2}$$

die Interpolationsparabel für f.

Als erstes stellen wir fest, daß die Näherung (14.5) sogar exakt ist, wenn f ein Polynom dritten Grades ist. Bezeichnet nämlich $p(x) = a_0 + a_1 x + a_2 x^2 + a_3 x^3$ ein beliebiges kubisches Polynom, so gilt

$$\int_{-h}^{h} p(x)\,dx = 2ha_0 + 2a_2\,\frac{h^3}{3} = \frac{h}{3}\Big(p(-h) + 4p(0) + p(h)\Big)\,,$$

wie der Leser leicht bestätigt. Aus diesem Grund können wir das Interpolationspolynom $\tilde{f}$ durch ein kubisches Polynom p ersetzen, das an den Stellen $x = -h$, $x = 0$ und $x = h$ die Werte $f(-h)$, $f(0)$ und $f(h)$ annimmt. Da ein solches durch diese drei Bedingungen nicht eindeutig bestimmt ist, legen wir es durch die zusätzliche Forderung $p'(0) = f'(0)$ fest. Die Differenz $f(x) - p(x)$ verschwindet nun an den Stellen $x = -h$, $x = 0$ und $x = h$, insbesondere ist $x = 0$ infolge der Bedingung $p'(0) = f'(0)$ eine doppelte Nullstelle. Wir können daher die Differenz $f(x) - p(x)$ in der Form

$$f(x) - p(x) = x^2 (x - h)(x + h)\, g(x)$$

mit einer auf $[-h, h]$ stetigen Funktion g ausdrücken. Um g zu bestimmen, wählen wir eine beliebige Stelle $\hat{x} \in [-h, h]$ und bilden die Funktion

$$\varphi(x) = f(x) - p(x) - x^2 (x - h)(x + h)\, g(\hat{x}),$$

die, wenn wir mehrfache Nullstellen entsprechend oft zählen, an mindestens fünf Stellen des Intervalles $[-h, h]$ verschwindet. Ihre erste Ableitung hat nach dem Satz von Rolle infolgedessen mindestens 4 Nullstellen, die zweite mindestens drei, die dritte mindestens zwei und schließlich die vierte mindestens eine,

$$0 = \varphi^{(4)}(\xi) = f^{(4)}(\xi) - 24\, g(\hat{x}), \qquad -h < \xi(\hat{x}) < h\,.$$

Wenn wir wieder x statt $\hat{x}$ schreiben, so erhalten wir daraus

$$g(x) = \frac{1}{24}\, f^{(4)}(\xi(x))$$

und somit die Darstellung

$$f(x) - p(x) = \frac{1}{24}\, x^2 (x - h)(x + h)\, f^{(4)}(\xi(x))$$

für die Differenz $f - p$, mit der wir die Abschätzung

$$|f(x) - p(x)| \leqslant \frac{1}{24} x^2(h^2 - x^2) \max_{-h \leqslant x \leqslant h} |f^{(4)}(x)|$$

erhalten und weiter durch Integration

$$\left| \int_{-h}^{h} [f(x) - p(x)]\, dx \right| \leqslant \frac{1}{24} \max_{-h \leqslant x \leqslant h} |f^{(4)}(x)| \int_{-h}^{h} x^2(h^2 - x^2)\, dx = \frac{h^5}{90} \max_{-h \leqslant x \leqslant h} |f^{(4)}(x)|.$$

Wenn wir schließlich

$$\int_{-h}^{h} \tilde{f}(x)\, dx = \frac{h}{3} \Big(f(-h) + 4f(0) + f(h)\Big) = \int_{-h}^{h} p(x)\, dx$$

beachten, so bekommen wir die Abschätzung

$$\left| \int_{-h}^{h} f(x)\, dx - \frac{h}{3} \Big(f(-h) + 4f(0) + f(h)\Big) \right| \leqslant \frac{h^5}{90} \max_{-h \leqslant x \leqslant h} |f^{(4)}(x)|$$

für den Integrationsfehler bei der Ersetzung von f durch das quadratische Interpolationspolynom $\tilde{f}$. Summieren wir über alle $m = \frac{n}{2}$ Doppelstreifen auf, so finden wir für den Fehler der Näherung (14.6)

$$\left| \int_{a}^{b} f(x)\, dx - S(h) \right| \leqslant h^4 \frac{b-a}{180} \max_{a \leqslant x \leqslant b} |f^{(4)}(x)|\,. \tag{14.7}$$

Der Fehler der Simpsonschen Formel geht also mit h mindestens von vierter Ordnung gegen Null, wenn f auf $[a, b]$ viermal stetig differenzierbar ist. Dadurch ist die Simpsonsche Formel der Trapezformel überlegen, da man zur Erlangung einer gewünschten Genauigkeit eine wesentlich geringere Anzahl von Funktionsauswertungen benötigt.

Beispiel 14.2: Wir berechnen das Integral von Beispiel 14.1 mit der Simpsonschen Formel auf mindestens 6 Stellen.

Mit Hilfe der Beziehung

$$\max_{0 \leqslant x \leqslant 1} \left| \frac{d^4}{dx^4} \frac{\sin \pi x}{x} \right| = \frac{1}{5} \pi^5$$

folgern wir aus der Ungleichung

$$\frac{h^4 \pi^5}{900} < 10^{-6},$$

daß die Schrittweite h der Bedingung $h < 0{,}0414\ldots$ genügen muß, die Anzahl $n = \frac{1}{h} > 24.147\ldots$ der Teilintervalle demnach mindestens gleich 26 zu betragen hat, da sie geradzahlig sein muß.

Wir wählen $n = 2^5 = 32$ und erhalten den Näherungswert

$$S\left(\frac{1}{32}\right) = 1.851\,937\,11\ldots,$$

der einen Fehler in der Größenordnung von $7 \cdot 10^{-8}$ aufweist.

Beispiel 14.3: Wir wollen zum Abschluß die Schwingungsdauer des mathematischen Pendels bei einer Anfangsauslenkung von $\alpha = \frac{\pi}{2}$ berechnen, was mit $k = \sin\frac{\pi}{4} = \frac{1}{\sqrt{2}}$ auf das elliptische Normalintegral erster Gattung

$$T = 4\sqrt{\frac{l}{g}} \int_0^{\pi/2} \frac{dx}{\sqrt{1 - \frac{1}{2}\sin^2 x}}$$

führt (vgl. (13.35)).

Um das Integral

$$I = \int_0^{\pi/2} \frac{dx}{\sqrt{1 - \frac{1}{2}\sin^2 x}}$$

auf 8 Stellen genau zu berechnen, ermitteln wir zunächst

$$\max_{0 \leqslant x \leqslant \frac{\pi}{2}} \left| \frac{d^4}{dx^4} \frac{1}{\sqrt{1 - \frac{1}{2}\sin^2 x}} \right| = 13\sqrt{2},$$

wodurch wir mit (14.7) auf die Bedingung

$$\pi \frac{h^4 13\sqrt{2}}{360} < 10^{-8}$$

für die Schrittweite h geführt werden, der wir $h < 0.0158$ bzw. $\frac{\pi}{2h} = n > 99.4$ entnehmen. Wir wählen $n = 100$, wofür die Formel (14.6) die Näherung

$$\int_0^{\pi/2} \frac{dx}{\sqrt{1 - \frac{1}{2}\sin^2 x}} \approx S\left(\frac{1}{100}\right) = 1.854\,074\,67\ldots$$

ergibt. Wir ersehen daraus, daß die Schwingungsdauer

$$T = 4I\sqrt{\frac{l}{g}} = \sqrt{\frac{l}{g}}\,7.416\,298\,7\ldots$$

bereits merklich von dem angenäherten Wert $2\pi\sqrt{\frac{l}{g}}$ für kleine Anfangsauslenkungen abweicht.

Wir erwähnen zum Abschluß, daß der Fehler der Simpsonschen Formel mit h nur mehr von dritter Ordnung gegen Null geht, wenn f auf dem Intervall [a, b] nur dreimal stetig differenzierbar ist; in diesem Fall läßt sich

$$\left|\int_a^b f(x)dx - S(h)\right| \leqslant h^3 \frac{b-a}{72} \max_{a \leqslant x \leqslant b} |f^{(3)}(x)|$$

beweisen. Ist sogar f auf [a, b] nur zweimal stetig differenzierbar, so wird der Fehler mit h von höherer als zweiter Ordnung klein, womit die Simpsonsche Formel der Trapezformel hinsichtlich der Konvergenzgeschwindigkeit auch in diesem Fall überlegen ist. Wenn f überhaupt nur einmal stetig differenzierbar ist, geht der Fehler, sowohl für die Trapezregel als auch für die Simpsonsche Formel, von höherer als erster Ordnung gegen Null.

Für eine Vertiefung der Methoden der numerischen Integration sei auf die einschlägige Literatur verwiesen.[1])

14.4 Übungsbeispiele

Man berechne durch Benutzung einer Quadraturformel die folgenden Integrale mit einer Genauigkeit von acht Stellen hinter dem Komma:

1. $I = \int_0^1 \frac{1}{\sqrt{1+x^4}} dx$
2. $I = \int_0^1 \frac{e^x}{1+x} dx$
3. $I = \int_0^{\pi} \frac{\sin x}{1+x^2} dx$
4. $I = \int_0^{\pi} \frac{x \sin x}{1+\cos^2 x} dx$
5. $I = \int_0^{1/2} \frac{1}{\sqrt{1-x^8}} dx$

Man berechne die elliptischen Normalintegrale erster und zweiter Gattung für $k = \frac{n}{10}$, $n = 1, 2, \ldots, 9$:

6. $F(k) = \int_0^{\pi/2} \frac{1}{\sqrt{1-k^2\sin^2 x}} dx$
7. $E(k) = \int_0^{\pi/2} \sqrt{1-k^2\sin^2 x}\, dx$

Man berechne die Zahl π mit einer Genauigkeit von acht Dezimalstellen hinter dem Komma, und zwar über folgende Integrale:

8. $I = 4\int_0^1 \frac{1}{1+x^2} dx$
9. $I = 4\int_0^{1/\sqrt{2}} \frac{1}{\sqrt{1-x^2}} dx$

---

[1]) Vgl. die Fußnote auf Seite 233.

Man berechne, mit einer Genauigkeit von acht Dezimalstellen hinter dem Komma, den natürlichen Logarithmus von 2 und 3:

10. $\ln 2 = \int_1^2 \frac{1}{x}\,dx$ 11. $\ln 3 = \int_1^3 \frac{1}{x}\,dx$

12. Man berechne das uneigentliche Integral

$I = \int_0^1 \frac{\ln x}{1+x^2}\,dx$, nachdem man es durch partielle Integration in ein eigentliches Integral übergeführt hat.

13. Gelingt es nicht, ein uneigentliches Integral in ein eigentliches Integral überzuführen, so kann man auch folgenden Weg zu seiner Berechnung einschlagen. Man sucht zunächst eine elementar integrierbare Funktion $\varphi(x)$, die an der kritischen Stelle *qualitativ* dieselben Merkmale besitzt, also im wesentlichen dieselben Wachstumseigenschaften hinsichtlich einer Annäherung an die kritische Stelle hat wie die Funktion $f(x)$. In mathematischer Sprechweise wird von der Funktion $\varphi(x)$ verlangt, daß der Quotient $\frac{f(x)}{\varphi(x)}$ einem von Null verschiedenen Grenzwert zustrebt, wenn sich x der kritischen Stelle unbegrenzt nähert: $\lim \frac{f(x)}{\varphi(x)} = \alpha \neq 0$. Sodann bildet man

$$\int_a^b f(x)dx = \int_a^b f(x)dx - \alpha\int_a^b \varphi(x)dx + \alpha\int_a^b \varphi(x)dx = \int_a^b (f(x) - \alpha\varphi(x))dx + \alpha\int_a^b \varphi(x)dx\,.$$

Wenn nun der Grenzwert $\lim(f(x) - \alpha\varphi(x))$ im eigentlichen Sinn existiert, dann ist das erste Integral auf der rechten Seite ein ‚eigentliches' Integral; das zweite schließlich kann auf elementarem Wege ausgewertet werden.

Man berechne auf diese Weise das uneigentliche Integral $\int_0^{\pi} \frac{\cos x^2}{\sqrt{x}}$ mit einer Genauigkeit von sechs Dezimalstellen hinter dem Komma.

Kapitel IV Reihen

15 Reihen mit konstanten Gliedern

Der ungeheure Aufschwung, den die mathematische Wissenschaft mit der Entwicklung der Differential- und Integralrechnung genommen hat, brachte eine Fülle von Ergebnissen an den Tag, bei denen vor allem Summen mit unendlicher Summandenzahl im Mittelpunkt standen. Viele dieser Entdeckungen, die Eulersche Reihe für die Exponentialfunktion

$$e^x = 1 + \frac{x}{1!} + \frac{x^2}{2!} + \frac{x^3}{3!} + \ldots,$$

die auch nach *Nikolaus Mercator* (1620–1687) benannte Reihe für den Logarithmus

$$\ln(1 + x) = x - \frac{x^2}{2} + \frac{x^3}{3} - \frac{x^4}{4} + \frac{x^5}{5} - + \ldots,$$

die von Newton gefundene Binomialreihe

$$(1 + x)^a = 1 + \frac{a}{1!}x + \frac{a(a-1)}{2!}x^2 + \frac{a(a-1)(a-2)}{3!}x^3 + \ldots,$$

der man eine so hohe Bedeutung beimaß, daß sie sogar in den Grabstein Newtons eingemeißelt wurde, sowie die von Leibniz entdeckte Darstellung

$$\frac{\pi}{4} = 1 - \frac{1}{3} + \frac{1}{5} - \frac{1}{7} + \frac{1}{9} - \frac{1}{11} + - \ldots,$$

in der die Kreiszahl π erstmals unter einem rein arithmetischen Gesichtspunkt auftrat, müssen zu den schönsten Ergebnissen der Infinitesimalrechnung gezählt werden. Auch die geometrische Reihe

$$\frac{1}{1-x} = 1 + x + x^2 + x^3 + x^4 + \ldots$$

als Ergebnis der nicht abbrechenden Division $1:(1-x)$ war im 18. Jahrhundert wohlbekannt.

Auf solche unendliche Summen ist man teils aus geometrischen, teils aus anderen Erwägungen als Resultate von Rechnungen gestoßen. Euler und seine Zeitgenossen, aber auch schon Newton und Leibniz, haben sie, unterstützt durch konkrete Vorstellungen, mit dem sicheren Instinkt für das mathematisch Richtige als Ergebnisse angeschrieben und den Ausdruck, der zu ihrer Entstehung Anlaß gegeben hat, als Wert der Summe angesehen. Um die Tatsache, daß die Addition nur für eine *endliche* Anzahl von Summanden erklärt ist und folglich unendliche Summen eine neue Begriffsbildung darstellen, für die eine gesonderte Erklärung erforderlich ist, kümmerte man sich wenig. Erst zu Beginn des 19. Jahrhunderts, als der Strom von Entdeckungen nachgelassen hatte, wurde das Bedürfnis nach größerer Klarheit und Sicherung der Ergebnisse geweckt. Im Zuge allmählich einsetzender und immer stärker werdender Kritik begann eine Auseinandersetzung mit den Grundlagen, in deren Verlauf die Theorie der unendlichen Summen auf das sichere Fundament des Folgenbegriffes gestellt wurde, nachdem Cauchy erkannt hatte, daß unendliche Summen durch eine Grenzwertbildung zu erklären sind. Damit war der Anstoß gegeben für den weiteren Aufbau der Theorie, die im Laufe des 19. Jahrhunderts, vor allem durch Cauchy, Abel, Gauß, Weierstraß und Riemann, in allen prinzipiellen Fragen vollendet wurde.

15.1 Der Begriff der Reihe

Ein vertrautes Beispiel einer unendlichen Summe ist jeder unendliche Dezimalbruch $a = a_0.\, a_1 a_2 a_3 a_4 a_5 \ldots$, der als Abkürzung für

$$a = a_0 + \frac{a_1}{10} + \frac{a_2}{100} + \frac{a_3}{1000} + \frac{a_4}{10000} + \frac{a_5}{100000} + \ldots$$

steht, wie z.B. die Zahl $\pi = 3.141\,59 \ldots$ als Abkürzung für

$$\pi = 3 + \frac{1}{10} + \frac{4}{100} + \frac{1}{1000} + \frac{5}{10000} + \frac{9}{100000} + \ldots .$$

In numerischen Rechnungen, die die Zahl π benötigen, wird nicht die ganze Summe verwendet, sondern – je nach erforderlicher Genauigkeit – nur ein Stück derselben. Nähert man π durch 3.141 59 an, so arbeitet man mit der Summe der ersten 6 Summanden. Will man die Genauigkeit erhöhen, so fügt man einfach weitere Summanden hinzu. Die Zahl π selbst erhält man als Grenzwert, indem man die Anzahl der Summanden über alle Grenzen wachsen läßt.

Es ist daher sinnvoll, will man solche Summenbildungen von einem etwas allgemeineren Standpunkt studieren, einer unendlichen Summe

$$a_1 + a_2 + a_3 + a_4 + \ldots$$

im Falle der Existenz des Grenzwertes

$$s = \lim_{n \to \infty} (a_1 + a_2 + \ldots + a_n)$$

den Wert s als Summe zuzuweisen.

Definition 15.1 Ein Ausdruck

$$\sum_{n=1}^{\infty} a_n = a_1 + a_2 + a_3 + a_4 + \ldots$$

wird eine *unendliche Reihe* oder kurz *Reihe* genannt. Die Summanden a_n heißen die *Glieder* der Reihe, die Summen

$$s_n = \sum_{k=1}^{n} a_k = a_1 + a_2 + \ldots + a_n$$

bezeichnet man als *Partialsummen* oder *Teilsummen* der Reihe. Existiert der Grenzwert

$$s = \lim_{n \to \infty} \sum_{k=1}^{n} a_k = \lim_{n \to \infty} s_n,$$

so heißt die Reihe *konvergent* und s ihre *Summe.* Andernfalls wird die Reihe *divergent* genannt. Ist im besonderen die Folge (s_n) der Partialsummen bestimmt divergent gegen ∞ oder $-\infty$, so wird auch die Reihe *bestimmt divergent* genannt, was man symbolisch durch

$$\sum_{n=1}^{\infty} a_n = \infty \quad \text{bzw.} \ -\infty$$

zum Ausdruck bringt.

Vielfach ist es zweckmäßig, die Glieder einer Reihe von $n = 0$ an durchzunumerieren,

$$\sum_{n=0}^{\infty} a_n = a_0 + a_1 + a_2 + \ldots;$$

wenn man, aus welchen Gründen auch immer, die Glieder einer Reihe von einer beliebigen ganzen Zahl k an numeriert, wie etwa $a_k, a_{k+1}, a_{k+2}, \ldots$, so wird die Schreibweise

$$\sum_{n=k}^{\infty} a_n = a_k + a_{k+1} + a_{k+2} + \ldots$$

naheliegend. Auf die Konvergenz einer Reihe hat die Numerierung der Glieder selbstverständlich keinen Einfluß. Ebenso zeigen die Reihen

$$\sum_{n=1}^{\infty} a_n \quad \text{und} \quad \sum_{n=k}^{\infty} a_n$$

für beliebiges festes k dasselbe Konvergenz- bzw. Divergenzverhalten, da sich ihre Partialsummen durch die Konstante $s_{k-1} = a_1 + a_2 + \ldots + a_{k-1}$ unterscheiden. Wir werden daher für allgemeine Konvergenzuntersuchungen vielfach das Symbol Σa_n ohne Angabe des Summationsbeginnes verwenden.

Beispiel 15.1: Die Reihe

$$\sum_{n=1}^{\infty} \frac{1}{n(n+1)}$$

ist konvergent. Schreiben wir nämlich ihre Glieder in der Form $\frac{1}{n(n+1)} = \frac{1}{n} - \frac{1}{n+1}$, so lassen sich die Partialsummen explizit berechnen,

$$s_n = \sum_{k=1}^{n} \left(\frac{1}{k} - \frac{1}{k+1}\right) = \left(1 - \frac{1}{2}\right) + \left(\frac{1}{2} - \frac{1}{3}\right) + \left(\frac{1}{3} - \frac{1}{4}\right) + \ldots + \left(\frac{1}{n} - \frac{1}{n+1}\right) = 1 - \frac{1}{n+1}.$$

Durch Grenzwertbildung bekommen wir somit

$$\sum_{n=1}^{\infty} \frac{1}{n(n+1)} = \lim_{n \to \infty} \left(1 - \frac{1}{n+1}\right) = 1.$$

Beispiel 15.2: Auch die geometrische Reihe

$$\sum_{n=1}^{\infty} q^n = \frac{1}{1-q}, \quad |q| < 1,$$

haben wir als Grenzwert der Folge ihrer Partialsummen kennengelernt (vgl. (2.21)). Für $|q| \geqslant 1$ ist die geometrische Reihe divergent, im Falle $q > 1$ insbesondere bestimmt divergent.

Durch die Definition 15.1 wird einer unendlichen Reihe der Grenzwert einer Folge als Summe zugeordnet, womit das Studium unendlicher Reihen auf den Folgenbegriff zurückgeführt wird (übrigens läßt sich auch jede beliebige Folge (s_n) als Reihe mit den Gliedern $a_n = s_n - s_{n-1}$ schreiben). Aus diesem Grunde könnte man auf eine eigene Theorie der Reihen an sich verzichten. Nun zeigt es sich aber, daß Grenzwertbildungen vielfach von selbst in Form von Reihen auftreten und viele Ergebnisse von Problemen der praktischen Analysis durch sie in übersichtlicher Form dargestellt werden können. Der Reihenbegriff war ja auch vor dem Folgenbegriff vorhanden, dessen Schwergewicht eher auf der theoretischen Begründung der Infinitesimalrechnung liegt. Es ist daher zweckmäßig, nach Möglichkeiten zu suchen, die aus dem Verhalten der Glieder einer Reihe auf die Konvergenz bzw. Divergenz zu schließen gestatten, nicht zuletzt auch deshalb, weil die Partialsummen nur in wenigen Fällen durch einen expliziten Ausdruck berechnet werden können.

Wendet man das notwendige und hinreichende Konvergenzkriterium für Folgen (Satz 2.16) auf die Partialsummen einer Reihe Σa_n an, so ergibt sich unmittelbar ein notwendiges und hinreichendes Konvergenzkriterium für Reihen:

Satz 15.1 (Notwendiges und hinreichendes Konvergenzkriterium für Reihen). *Die Reihe* Σa_n *ist genau dann konvergent, wenn es zu jeder Zahl* $\epsilon > 0$ *eine von* ϵ *abhängige natürliche Zahl* $N(\epsilon)$ *gibt, so daß gilt*

$$|s_{n+k} - s_n| = \left| \sum_{m=n+1}^{n+k} a_m \right| < \epsilon \quad \textit{für alle } k = 1, 2, \ldots \textit{ und } n \geqslant N(\epsilon). \tag{15.1}$$

Setzt man hierin insbesondere $k = 1$, so gewinnen wir ein einfaches notwendiges Konvergenzkriterium:

Satz 15.2 (Notwendiges Konvergenzkriterium für Reihen). *Notwendig dafür, daß die Reihe* Σa_n *konvergiert, ist*

$$\lim_{n \to \infty} a_n = 0. \tag{15.2}$$

Mit anderen Worten: Ist eine Reihe Σa_n konvergent, so bilden ihre Glieder eine Nullfolge.

Daß es schon einfache Fälle divergenter Reihen gibt, für die die notwendige Konvergenzbedingung (15.2) erfüllt ist, lehrt uns das folgende

Beispiel 15.3: Die unendliche Reihe

$$\sum_{n=1}^{\infty} \frac{1}{n} = 1 + \frac{1}{2} + \frac{1}{3} + \frac{1}{4} + \frac{1}{5} + \frac{1}{6} + \dots, \tag{15.3}$$

die die ***harmonische Reihe*** genannt wird, ist (bestimmt) divergent. Aus der für alle n gültigen Abschätzung

$$s_{2n} - s_n = \frac{1}{n+1} + \frac{1}{n+2} + \dots + \frac{1}{2n} \geqslant n\frac{1}{2n} = \frac{1}{2}$$

erkennen wir nämlich, daß die Bedingung (15.1) für beliebiges k nicht erfüllt werden kann. Hingegen ist die notwendige Bedingung (15.2) erfüllt, da die Glieder der harmonischen Reihe eine Nullfolge bilden.

Die Bezeichnung „Summe“ für den Wert einer unendlichen Reihe könnte den Anschein erwecken, daß mit Reihen nach denselben Gesetzen gerechnet werden kann wie mit gewöhnlichen (endlichen) Summen. Tatsächlich können nicht sämtliche Regeln aufrecht erhalten werden.

Da die Grenzwertbildung mit der Addition und Multiplikation vertauschbar ist (vgl. Satz 2.10), können zwei beliebige konvergente Reihen Σa_n und Σb_n „gliedweise“ addiert und subtrahiert werden,

$$\sum_{n=1}^{\infty} a_n \pm \sum_{n=1}^{\infty} b_n = \sum_{n=1}^{\infty} (a_n \pm b_n); \tag{15.4}$$

die so entstehende Reihe mit den Gliedern $(a_n \pm b_n)$ ist wieder konvergent. Ebenso besteht die Möglichkeit, eine Reihe Σa_n mit einer Konstanten gliedweise zu multiplizieren,

$$c \cdot \sum_{n=1}^{\infty} a_n = \sum_{n=1}^{\infty} (c \cdot a_n). \tag{15.5}$$

Auch dürfen in einer konvergenten Reihe Σa_n beliebig Klammern gesetzt werden,

$$s = \sum_{n=1}^{\infty} a_n = (a_1 + \dots + a_{n_1}) + (a_{n_1+1} + \dots + a_{n_2}) + \dots = \sum_{k=1}^{\infty} A_k, \tag{15.6}$$

wobei wir $A_k = a_{n_{k-1}+1} + \dots + a_{n_k}$ und $n_0 = 0$ gesetzt haben. Die durch Zusammenfassung von Gliedern der Reihe Σa_n hervorgegangene Reihe ΣA_k ist wieder konvergent mit der Summe s, denn bezeichnet (s_n) die Folge der Partialsummen der Reihe Σa_n, so ist offenbar die Teilfolge (s_{n_k}) die Partialsummenfolge der Reihe ΣA_k, die als Teilfolge einer konvergenten Folge gleichfalls konvergent ist und den Wert $s = \lim s_n$ zum Grenzwert hat.

Sind die Glieder einer konvergenten Reihe selbst durch Klammern zusammengefaßte Ausdrücke, so dürfen die Klammern nur dann weggelassen werden, wenn die auf diese Weise entstehende Reihe konvergent ist. Dies zeigt auch das Beispiel der Reihe

$$0 = (1-1) + (1-1) + (1-1) + \dots;$$

durch Fortlassen der Klammern entsteht die Reihe

$$1 - 1 + 1 - 1 + - \ldots = \sum_{n=0}^{\infty} (-1)^n,$$

die divergent ist, da die Folge ihrer Partialsummen die beiden Häufungswerte 0 und 1 hat.

In konvergenten Reihen können also Klammern beliebig gesetzt werden, aber nicht uneingeschränkt weggelassen werden.

15.2 Absolute und bedingte Konvergenz

Hat eine Reihe Σa_n nur positive Glieder, so bilden ihre Partialsummen s_n eine monoton steigende Folge, denn die Bedingung $a_n > 0$ besagt ja

$$s_{n+1} = s_n + a_n > s_n, \quad n = 1, 2, \ldots .$$

Eine Reihe mit positiven Gliedern konvergiert daher auf Grund von Satz 2.15 genau dann, wenn die Folge ihrer Partialsummen beschränkt ist; anderenfalls ist sie bestimmt divergent. Ein entsprechendes Verhalten zeigen natürlich auch Reihen mit ausschließlich negativen Gliedern, da deren Partialsummen monoton fallen, und allgemein jede Reihe, deren Glieder fast alle gleiches Vorzeichen haben, denn die Partialsummen solcher Reihen stellen ab einem gewissen Index – dem Index des letzten Gliedes, dessen Vorzeichen nur endlich oft aufscheint – eine monotone Folge dar. Die Konvergenzuntersuchung von Reihen mit nur endlich vielen Gliedern eines Vorzeichens kann also auf dem Nachweis der Beschränktheit ihrer Partialsummen methodisch aufgebaut werden.

Die Situation ändert sich jedoch, wenn unendlich viele Glieder beider Vorzeichen auftreten. Die Konvergenz solcher Reihen kann dadurch zustande kommen, daß ein unter dem Einfluß der positiven Glieder zu starkes Wachstum der Partialsummen durch darauffolgende negative Glieder immer wieder ausgeglichen wird. Die einfachsten Reihen solchen Typs sind die sogenannten *alternierenden* Reihen

$$\sum (-1)^n a_n, \quad a_n > 0,$$

deren Glieder abwechselnd positives und negatives Vorzeichen haben. Für sie läßt sich ein einfaches, auf Leibniz zurückgehendes hinreichendes Konvergenzkriterium aussprechen:

Satz 15.3 (Konvergenzkriterium von Leibniz für alternierende Reihen). *Bilden die Beträge* a_n *der Glieder einer alternierenden Reihe* $\Sigma(-1)^n a_n$ $(a_n > 0)$ *eine monotone Nullfolge, so ist die Reihe* $\Sigma(-1)^n a_n$ *konvergent.*

Wir führen den Beweis für die alternierende Reihe

$$\sum_{n=0}^{\infty} (-1)^n a_n = a_0 - a_1 + a_2 - a_3 + - \ldots, \quad a_n > a_{n+1} > 0.$$

Bezeichnet (s_n) die Folge ihrer Partialsummen, so erkennen wir aus den für alle natürlichen Zahlen n geltenden Ungleichungen

$$s_{2n} - s_{2n-2} = a_{2n} - a_{2n-1} < 0$$

und

$$s_{2n+1} - s_{2n-1} = a_{2n} - a_{2n+1} > 0,$$

die beide auf der Monotonie der Folge (a_n) beruhen, daß die Teilfolge (s_{2n}) eine monoton fallende, die Teilfolge (s_{2n+1}) eine monoton steigende Folge ist. Mit der Abschätzung

$$s_{2n} = s_{2n+1} + a_{2n+1} > s_{2n+1} > \ldots > s_1$$

für die Partialsummen s_{2n} schließen wir weiter, daß die Folge (s_{2n}) nach unten beschränkt ist, ebenso aus

$$s_{2n+1} = s_{2n} - a_{2n+1} < s_{2n} < \ldots < s_0,$$

daß die Folge (s_{2n+1}) nach oben beschränkt ist. Beide Teilfolgen (s_{2n}) und (s_{2n+1}) der Partialsummenfolge (s_n) sind daher konvergent (Satz 2.15); sie haben wegen $\lim a_n = 0$ auch denselben Grenzwert

$$s = \lim_{n\to\infty} s_{2n+1} = \lim_{n\to\infty} (s_{2n} - a_{2n+1}) = \lim_{n\to\infty} s_{2n} - \lim_{n\to\infty} a_{2n+1} = \lim_{n\to\infty} s_{2n}.$$

Da infolgedessen die Partialsummenfolge (s_n) nur den Häufungswert s haben kann, ist die alternierende Reihe $\Sigma(-1)^n a_n$ konvergent mit der Summe s.

Wir bemerken dazu, daß die Partialsummen mit geradem und ungeradem Index eine Intervallschachtelung $I_n = [s_{2n+1}, s_{2n}]$, $n = 0, 1, 2, \ldots$, definieren, deren Intervalle die Länge a_{2n+1} haben. Die durch diese Intervallschachtelung bestimmte Zahl ist die Reihensumme s, da diese den Ungleichungen

$$s_{2n+1} < s < s_{2n}$$

genügt. Faßt man daher eine Partialsumme s_n als Näherungswert für die Reihensumme s auf, so ist der Fehler dem Betrag nach kleiner als der Betrag des ersten vernachlässigten Gliedes,

$$|s - s_n| < a_{n+1}, \quad n = 0, 1, 2, \ldots .$$

Beispiel 15.4: Die Reihe

$$\sum_{n=1}^{\infty} \frac{(-1)^{n+1}}{n} = 1 - \frac{1}{2} + \frac{1}{3} - \frac{1}{4} + \frac{1}{5} - + \ldots$$

ist konvergent, da die Beträge $\frac{1}{n}$ ihrer Glieder eine monotone Nullfolge bilden. Wir werden später die Beziehung

$$1 - \frac{1}{2} + \frac{1}{3} - \frac{1}{4} + \frac{1}{5} - + \ldots = \ln 2$$

zeigen.

Wir weisen mit Nachdruck darauf hin, daß die Monotonie der Folge (a_n) ein wesentlicher Bestandteil des Leibnizschen Konvergenzkriteriums ist. Daß alternierende

Reihen, deren Glieder absolut genommen keine monotone Nullfolge bilden, divergent sein können, zeigt das Beispiel der alternierenden Reihe

$$\sum_{n=0}^{\infty} (-1)^n \left(\frac{1}{\sqrt{n+1}} + \frac{(-1)^n}{n+1}\right).$$

Wenn wir die Partialsummen mit ungeradem Index betrachten,

$$s_{2n-1} = (1+1) - \left(\frac{1}{\sqrt{2}} - \frac{1}{2}\right) + \left(\frac{1}{\sqrt{3}} + \frac{1}{3}\right) - \left(\frac{1}{\sqrt{4}} - \frac{1}{4}\right) + - \ldots$$
$$+ \left(\frac{1}{\sqrt{2n-1}} + \frac{1}{2n-1}\right) - \left(\frac{1}{\sqrt{2n}} - \frac{1}{2n}\right),$$

und darin jeweils vier aufeinanderfolgende Glieder zusammenfassen,

$$s_{2n-1} = \sum_{k=1}^{n} \left(\frac{1}{\sqrt{2k-1}} + \frac{1}{2k-1} - \frac{1}{\sqrt{2k}} + \frac{1}{2k}\right),$$

so bekommen wir aus der Abschätzung

$$\frac{1}{\sqrt{2k-1}} + \frac{1}{2k-1} - \frac{1}{\sqrt{2k}} + \frac{1}{2k} > \frac{1}{\sqrt{2k}} + \frac{1}{2k} - \frac{1}{\sqrt{2k}} + \frac{1}{2k} = \frac{1}{k}$$

die Ungleichung

$$s_{2n-1} > \sum_{k=1}^{n} \frac{1}{k}.$$

Auf der rechten Seite stehen die Partialsummen der harmonischen Reihe (15.3), die infolge der Divergenz derselben über alle Grenzen anwachsen; daher ist

$$\lim_{n\to\infty} s_{2n-1} \geqslant \lim_{n\to\infty} \sum_{k=1}^{n} \frac{1}{k} = \sum_{k=1}^{\infty} \frac{1}{k} = \infty$$

und somit die Teilfolge (s_{2n-1}) der Folge der Partialsummen bestimmt divergent. Eine Folge, die eine divergente Teilfolge enthält, kann aber nicht konvergent sein – damit ist die obige Reihe als divergent nachgewiesen.

Die Methode, die Divergenz einer Reihe durch den Nachweis der Existenz einer divergenten Teilfolge der Partialsummenfolge zu beweisen, wird sehr häufig angewendet.

Wir haben schon gesehen, daß bei unendlichen Reihen Klammern nicht uneingeschränkt fortgelassen werden dürfen, im Gegensatz zu den gewöhnlichen Summen, wo dies auf Grund des Assoziativgesetzes selbstverständlich getan werden kann. Der Unterschied zu den gewöhnlichen Summen wird noch durch eine andere, nahezu paradox anmutende Erscheinung deutlich hervorgehoben. Es zeigt sich, daß bei Reihen mit unendlich vielen Gliedern beider Vorzeichen auch die Aufeinanderfolge der Glieder *nicht* beliebig geändert werden darf, ohne gleichzeitig auch die Reihensumme zu ändern, ja sogar aus einer konvergenten Reihe eine divergente entstehen zu lassen.

Betrachten wir die konvergente Reihe von Beispiel 15.4,

$$\ln 2 = s = 1 - \frac{1}{2} + \frac{1}{3} - \frac{1}{4} + \frac{1}{5} - \frac{1}{6} + \frac{1}{7} - \frac{1}{8} + \frac{1}{9} - \frac{1}{10} + \frac{1}{11} - \frac{1}{12} + - \ldots .$$

Wenn wir sie mit $\frac{1}{2}$ multiplizieren, so entsteht die Reihe

$$\frac{1}{2}\ln 2 = \frac{s}{2} = \quad \frac{1}{2} \quad - \quad \frac{1}{4} \quad + \quad \frac{1}{6} \quad - \quad \frac{1}{8} \quad + \quad \frac{1}{10} \quad - \quad \frac{1}{12} + - \ldots ;$$

addieren wir diese, indem wir uns zwischen je zwei aufeinanderfolgende Glieder eine Null eingefügt denken, zur obigen Reihe hinzu, so bekommen wir

$$\frac{3}{2}\ln 2 = \frac{3}{2}s = 1 + \frac{1}{3} - \frac{1}{2} + \frac{1}{5} + \frac{1}{7} - \frac{1}{4} + \frac{1}{9} + \frac{1}{11} - \frac{1}{6} + + - \ldots .$$

Diese Reihe hat dieselben Glieder wie die Reihe, von der wir ausgegangen sind, doch ist die Summe eine andere! Der einzige Unterschied besteht in der geänderten Aufeinanderfolge der Glieder, die offenbar für die Änderung der Summe verantwortlich ist.[1])

Diese Tatsache nötigt zu besonderer Vorsicht beim Rechnen mit unendlichen Reihen, da sie zur Einhaltung der Reihenfolge der Glieder zwingt. Für die Praxis des Rechnens mit Reihen ist es daher vorteilhaft, Kenntnis darüber zu haben, unter welchen Bedingungen auf diesbezügliche Vorsichtsmaßnahmen verzichtet werden kann. Die folgenden Betrachtungen geben darüber Aufschluß.

Wir vereinbaren zunächst die Sprechweise: Eine Reihe Σb_n entsteht aus der Reihe Σa_n durch *Umordnung* der Glieder, wenn jedes Glied der Reihe Σb_n genau einmal als Glied der Reihe Σa_n auftritt und umgekehrt – die Reihen Σa_n und Σb_n haben dieselben Glieder, nur in anderer Reihenfolge. Offenbar ist auch jede eine Umordnung der anderen. Ferner führen wir die folgenden Begriffsbildungen ein:

Definition 15.2 Eine konvergente Reihe, deren Summe und auch Konvergenzverhalten durch eine Umordnung verändert werden kann, heißt *bedingt konvergent.*

Summe und Konvergenz einer bedingt konvergenten Reihe sind also von der Bedingung abhängig, daß die Reihenfolge der Glieder eingehalten wird.

Definition 15.3 Eine Reihe Σa_n heißt *absolut konvergent,* wenn die mit den Beträgen ihrer Glieder gebildete Reihe $\Sigma |a_n|$ konvergiert.

Aus der Ungleichung

$$|s_{n+k} - s_n| = |a_{n+1} + \ldots + a_{n+k}| \leqslant |a_{n+1}| + \ldots + |a_{n+k}|$$

ist unmittelbar zu erkennen, daß eine absolut konvergente Reihe auch im gewöhnlichen Sinn konvergiert, denn auf Grund der notwendigen und hinreichenden Bedingung (15.1) wird als Folge der absoluten Konvergenz $|a_{n+1}| + \ldots + |a_{n+k}| < \epsilon$ für hinreichend großes n und beliebiges k, so daß erst recht auch $|s_{n+k} - s_n| < \epsilon$ gilt. Umgekehrt braucht aber

[1]) Andererseits erscheint der ganze Sachverhalt doch irgendwie plausibel, wenn man bedenkt, daß die Partialsummen gänzlich verschieden von denen der ursprünglichen Reihe sind und somit durchaus einen anderen Grenzwert haben können!

eine konvergente Reihe keinesfalls absolut konvergent zu sein, wie das Beispiel der – offenbar bedingt konvergenten – Reihe

$$\ln 2 = 1 - \frac{1}{2} + \frac{1}{3} - \frac{1}{4} + \frac{1}{5} - \frac{1}{6} + - \ldots$$

zeigt: Die aus den Beträgen ihrer Glieder gebildete Reihe ist die divergente harmonische Reihe (15.3).

Es zeigt sich nun, daß es genau die absolut konvergenten Reihen sind, die beliebig umgeordnet werden können, ohne daß sich Summe und Konvergenzverhalten ändert:

Satz 15.4 *Eine unendliche Reihe ist genau dann bedingt konvergent, wenn sie nicht absolut konvergent ist.*

Wir erkennen daraus, daß die unendlichen Reihen in zwei Klassen, die bedingt konvergenten Reihen und die absolut konvergenten Reihen, eingeteilt werden können. Der Satz zeigt ferner, daß man mit absolut konvergenten Reihen im großen und ganzen wie mit gewöhnlichen Summen rechnen darf und die für bedingt konvergente Reihen gebotene Vorsicht außer acht gelassen werden kann.

Zum Beweis nehmen wir zunächst an, die konvergente Reihe $s = \Sigma a_n$ sei auch absolut konvergent. Bezeichnet dann Σb_n eine beliebige Umordnung der Reihe Σa_n, so haben wir zu zeigen, daß auch die Reihe Σb_n konvergent mit der Summe s ist. Dies gelingt, indem wir den Nachweis erbringen, daß die aus den Partialsummen s_n der Reihe Σa_n und den Partialsummen σ_n der umgeordneten Reihe Σb_n gebildete Differenzenfolge $(s_n - \sigma_n)$ eine Nullfolge ist; damit würden wir mit den Rechenregeln für konvergente Zahlenfolgen die Beziehung

$$\lim_{n\to\infty} \sigma_n = \lim_{n\to\infty} (\sigma_n - s_n + s_n) = \lim_{n\to\infty} (\sigma_n - s_n) + \lim_{n\to\infty} s_n = \lim_{n\to\infty} s_n$$

erhalten, aus der hervorgeht, daß auch die umgeordnete Reihe Σb_n konvergent ist und $s = \Sigma a_n$ zur Summe hat.

Wir geben eine beliebige natürliche Zahl n_0 vor. Dann gibt es eine (von n_0 abhängige) Zahl n_1, so daß für $n \geqslant n_1$ in der Differenz $s_n - \sigma_n$ nur Glieder der Reihe Σa_n vorkommen, deren Index nicht kleiner als n_0 ist. Wenn wir nun mit n' den größten Index der in der Partialsumme σ_n vorkommenden Reihenglieder a_n bezeichnen, so können wir die Differenz $s_n - \sigma_n$ in der Form

$$|s_n - \sigma_n| \leqslant \sum_{n_0 \leqslant k \leqslant n'} |a_k|$$

abschätzen, wobei unter dieser Summe gemeint ist, daß der Index k gewisse Zahlen von n_0 bis n' durchläuft. Fügen wir die fehlenden Glieder ein, so gilt erst recht

$$|s_n - \sigma_n| \leqslant \sum_{n_0 \leqslant k \leqslant n'} |a_k| \leqslant \sum_{k=n_0}^{n'} |a_k| .$$

Nun bedeutet die absolute Konvergenz der Reihe Σa_n zusammen mit der notwendigen und hinreichenden Bedingung (15.1), daß die Summe rechts kleiner als eine beliebige positive Zahl ϵ wird, wenn nur $n_0 \geqslant N(\epsilon)$ hinreichend groß ist. Wählen wir etwa $n_0 = N(\epsilon)$, so finden wir eine (von n_0 und somit von ϵ abhängige) natürliche Zahl $N_1(\epsilon) \geqslant n_0 = N(\epsilon)$, so daß für $n \geqslant N_1(\epsilon)$ die Differenz $s_n - \sigma_n$ keine Glieder der Reihe Σa_n enthält, deren Index kleiner als $n_0 = N(\epsilon)$ ist. Folglich ist $|s_n - \sigma_n| < \epsilon$ für $n \geqslant N_1(\epsilon)$ und $(s_n - \sigma_n)$ als Nullfolge erkannt; damit ist der erste Teil des Beweises vollständig.

Zum Beweis der umgekehrten Aussage, daß eine nicht absolut konvergente Reihe nur bedingt konvergieren kann, stellen wir zunächst fest, daß eine bedingt konvergente Reihe notwendig unendlich viele Glieder beider Vorzeichen haben muß; andernfalls wäre sie nach den zu Beginn dieses Abschnittes gemachten Bemerkungen entweder absolut konvergent oder bestimmt divergent. Wenn wir nun die positiven Glieder der bedingt konvergenten Reihe Σa_n (etwa in der Reihenfolge ihres Auftretens) mit p_n, die negativen Glieder mit $-q_n$ ($q_n > 0$) bezeichnen, so kommen wir zu dem Schluß, daß mindestens eine der beiden Reihen Σp_n und Σq_n divergiert, da sonst die Reihe Σa_n absolut konvergieren würde, wie aus der Ungleichung

$$\sum_{k=1}^{n} |a_k| \leqslant \sum_{k=1}^{\infty} p_k + \sum_{k=1}^{\infty} q_k$$

hervorgeht, die auf die Beschränktheit der Partialsummen der Reihe $\Sigma|a_n|$ hinweist. Tatsächlich müssen sogar beide Reihen Σp_n und Σq_n divergieren, da andernfalls die Reihe Σa_n überhaupt divergent wäre.

Nach diesen Vorbemerkungen können wir den Beweis führen, daß eine nicht absolut konvergente Reihe Σa_n stets so umgeordnet werden kann, daß eine divergente Reihe entsteht, womit erwiesen sein wird, daß die Reihe Σa_n nur bedingt konvergieren kann. Zu diesem Zweck wählen wir eine Teilfolge (n_k) der natürlichen Zahlen, so daß die Ungleichungen

$$p_1 + \ldots + p_{n_1} > 1 + q_1, \ldots, p_{n_k+1} + \ldots + p_{n_{k+1}} > 1 + q_{k+1}, \ldots$$

erfüllt sind; daß dies möglich ist, folgt aus der Tatsache, daß die Partialsummen der Reihe Σp_n infolge der (bestimmten) Divergenz dieser Reihe unbeschränkt anwachsen. Wenn wir nun die folgende Umordnung

$$p_1 + \ldots + p_{n_1} - q_1 + p_{n_1+1} + \ldots + p_{n_2} - q_2 + \ldots + p_{n_k+1} + \ldots + p_{n_{k+1}} - q_{k+1} + \ldots$$

der Reihe Σa_n betrachten, so erkennen wir, daß die Teilfolge

$$\sigma_m = \sum_{k=0}^{m} (p_{n_k+1} + \ldots + p_{n_{k+1}} - q_{k+1}), \quad m = 0, 1, 2, \ldots, (n_0 = 0)$$

der Folge der Partialsummen der umgeordneten Reihe Σb_n divergiert, da auf Grund der Konstruktion der Reihe Σb_n stets $\sigma_m > m + 1$ gilt. Daraus folgt nun auch, daß die Reihe Σb_n divergiert und somit die Reihe Σa_n nur bedingt konvergent sein kann. Damit ist Satz 15.4 vollständig bewiesen.

Wir erwähnen in diesem Zusammenhang, daß eine bedingt konvergente Reihe sogar so umgeordnet werden kann, daß ein beliebiger Wert als Summe zustandekommt. Wenn die gewünschte Reihensumme s positiv sein soll, addiert man zunächst so viele positive Glieder, daß s gerade übertroffen wird, addiert weiter so viele negative Glieder hinzu, bis man gerade wieder unterhalb von s liegt, addiert sodann wieder positive Glieder hinzu und erhält, so fortfahrend, schließlich eine Reihe, deren Partialsummen sich dem Wert s unbegrenzt nähern.

15.3 Das Vergleichsprinzip. Kriterien für die absolute Konvergenz

Nachdem wir erkannt haben, welche Bedeutung der absoluten Konvergenz von Reihen zukommt, gehen wir nun dazu über, Bedingungen abzuleiten, deren Erfüllung die absolute Konvergenz sicherstellt. Allen diesen Konvergenzkriterien liegt das Prinzip zugrunde, die Beträge der Glieder der zu untersuchenden Reihe mit den Gliedern einer anderen Reihe zu vergleichen, deren Konvergenz- bzw. Divergenzverhalten leichter zu übersehen ist.

Satz 15.5 *Es seien* $b_1, b_2, \ldots$ *positive Zahlen. Gelten für die Glieder einer Reihe* Σa_n *die Ungleichungen*

$$|a_n| \leqslant b_n \quad \textit{für fast alle } n, \tag{15.7}$$

so folgt aus der Konvergenz der Reihe Σb_n *die absolute Konvergenz der Reihe* Σa_n. *Gilt hingegen*

$$|a_n| \geqslant b_n \quad \textit{für fast alle } n, \tag{15.8}$$

so folgt aus der Divergenz der Reihe Σb_n *die Divergenz der Reihe* $\Sigma |a_n|$.

Eine konvergente Reihe Σb_n, deren Glieder den Ungleichungen (15.7) genügen, heißt eine *konvergente Majorante* oder *konvergente Oberreihe* für die Reihe $\Sigma |a_n|$, eine divergente Reihe Σb_n, für deren Glieder die Beziehungen (15.8) erfüllt sind, wird eine *divergente Minorante* oder *divergente Unterreihe* für die Reihe $\Sigma |a_n|$ genannt.

Zum Beweis des Satzes nützen wir die Tatsache aus, daß die Partialsummen der Reihe $\Sigma |a_n|$ eine monoton steigende Folge bilden, die Reihe $\Sigma |a_n|$ also genau dann konvergent ist, wenn ihre Partialsummen beschränkt sind. Gelten die Abschätzungen (15.7) etwa ab einem gewissen Index n_0, so ist für $n \geqslant n_0$

$$\sum_{k=n_0}^{n} |a_k| \leqslant \sum_{k=n_0}^{n} b_k \leqslant \sum_{k=n_0}^{\infty} b_k,$$

woraus zu ersehen ist, daß die Summe der konvergent vorausgesetzten Reihe rechts als Schranke für die Partialsummen der Reihe $\sum_{k=n_0}^{\infty} |a_k|$ verwendet werden kann; infolgedessen ist auch die Reihe $\Sigma |a_n|$ konvergent.

Der zweite Teil des Satzes ist ebenso selbstverständlich: Wenn wir annehmen, die Ungleichungen (15.8) gelten ab einem Index n_0, so folgt durch Summation

$$\sum_{k=n_0}^{n} |a_k| \geqslant \sum_{k=n_0}^{n} b_k$$

und durch Grenzübergang

$$\lim_{n \to \infty} \sum_{k=n_0}^{n} |a_k| \geqslant \lim_{n \to \infty} \sum_{k=n_0}^{n} b_k = \infty,$$

also die Divergenz der Reihe $\sum_{k=n_0}^{\infty} |a_k|$ und somit auch die Divergenz der Reihe $\Sigma |a_n|$.

Das in Satz 15.5 zum Ausdruck gekommene Prinzip des Reihenvergleichs beinhaltet eine Konvergenz- und eine Divergenzaussage für die Reihe $\Sigma |a_n|$. Während durch die Existenz einer konvergenten Majorante für die Reihe $\Sigma |a_n|$ die absolute Konvergenz und damit auch die Konvergenz der Reihe Σa_n gesichert ist, kann durch die Existenz einer divergenten Minorante für die Reihe $\Sigma |a_n|$ nur behauptet werden, daß die Reihe Σa_n nicht absolut konvergiert, sie kann immerhin noch bedingt konvergent sein.

Das Vergleichsprinzip macht man sich in praktischen Konvergenzuntersuchungen zunutze, indem man durch Abschätzung der Beträge der Glieder eine konvergente Majorante oder divergente Minorante konstruiert, je nachdem, ob man Konvergenz oder Divergenz vermutet. Dabei ist es ratsam, gefühlvoll vorzugehen; durch zu starke Vergrößerung der Reihenglieder kann eine „divergente Majorante“ entstehen, die natürlich völlig wertlos ist. Ebenso sinnlos ist eine „konvergente Minorante“, auf die man im Rahmen der Überprüfung auf Divergenz durch allzu rohe Verkleinerung der Glieder stoßen kann.

Um eine möglichst weitreichende Anwendbarkeit des Vergleichsprinzips zu sichern, benötigt man einen entsprechenden Schatz von konvergenten und divergenten Vergleichsreihen mit positiven Gliedern. Die wichtigste von allen ist die geometrische Reihe. Für sie besagt der Konvergenzteil von Satz 15.5: Gilt für fast alle natürlichen Zahlen

$$|a_n| \leqslant c\, q^n, \quad 0 < q < 1, \tag{15.9}$$

mit einer positiven Konstanten c, so ist die Reihe Σa_n absolut konvergent.

Die Konvergenzbedingung (15.9) können wir in eine für die praktische Rechnung geeignetere Form bringen. Ziehen wir in (15.9) die n-te Wurzel, so erhalten wir zunächst die für fast alle natürlichen Zahlen geltenden Ungleichungen

$$\sqrt[n]{|a_n|} \leqslant q \sqrt[n]{c}. \tag{15.10}$$

Auf Grund dessen ist der größte Häufungswert der Folge $(\sqrt[n]{|a_n|})$ auch nicht größer als der größte Häufungswert der Folge $(q \sqrt[n]{c})$; da die Folge $(q \sqrt[n]{c})$, weil sie konvergent mit dem Grenzwert q ist (vgl. (2.27)), überhaupt nur den einzigen Häufungswert q hat, erhalten wir die Beziehung

$$\limsup \sqrt[n]{|a_n|} \leqslant q < 1, \tag{15.11}$$

die somit, als eine Folgerung von (15.9), die absolute Konvergenz der Reihe Σa_n garantiert.

Ist der größte Häufungswert der Folge $(\sqrt[n]{|a_n|})$ größer als 1,

$$\limsup \sqrt[n]{|a_n|} > 1, \tag{15.12}$$

so sind auch unendlich viele Glieder der Folge $(\sqrt[n]{|a_n|})$ und inbesondere auch unendlich viele Glieder der Folge $(|a_n|)$ größer als 1, weshalb die Folge $(|a_n|)$ und daher auch die Folge (a_n) keine Nullfolge sein kann, so daß aus (15.12) notwendig die Divergenz der Reihe Σa_n folgt. Fassen wir zusammen, so erhalten wir das auf Cauchy zurückgehende Kriterium:

Satz 15.6 (Wurzelkriterium). *Gilt für die Glieder der Reihe* Σa_n

$$\limsup \sqrt[n]{|a_n|} < 1, \tag{15.13}$$

so ist die Reihe Σa_n *absolut konvergent. Im Falle*

$$\limsup \sqrt[n]{|a_n|} > 1 \tag{15.14}$$

divergiert die Reihe Σa_n.

Ist die Folge $(\sqrt[n]{|a_n|})$ konvergent, so tritt an die Stelle der oberen Häufungsgrenze in (15.13) und (15.14) der Grenzwert

$$\lim_{n \to \infty} \sqrt[n]{|a_n|}.$$

Es ist wichtig festzuhalten, daß im Falle

$$\limsup \sqrt[n]{|a_n|} = 1 \quad \text{oder} \quad \lim_{n \to \infty} \sqrt[n]{|a_n|} = 1 \tag{15.15}$$

keine Aussage möglich ist: die Reihe Σa_n kann bedingt konvergent, absolut konvergent aber auch divergent sein.

Beispiel 15.5: Wir untersuchen die Reihe

$$\sum_{n=0}^{\infty} \frac{a^n}{n+1},$$

wobei wir mit a eine beliebige reelle Zahl bezeichnen. Durch Anwendung des Wurzelkriteriums können wir mit Hilfe des Grenzwertes

$$\lim_{n \to \infty} \sqrt[n]{\frac{|a^n|}{n+1}} = \lim_{n \to \infty} \frac{|a|}{\sqrt[n]{n+1}} = \frac{|a|}{\lim \sqrt[n]{n+1}} = |a|$$

folgendes aussagen: für $|a| < 1$ ist die Reihe absolut konvergent, für $|a| > 1$ divergent.

Ist $a = 1$ oder $a = -1$, so tritt der Fall (15.15) ein. Wir können die Situation aber mit unseren bisherigen Kenntnissen klären: Da die Reihe für $a = 1$ in die harmonische Reihe (15.3) übergeht, divergiert sie für $a = 1$, konvergiert aber, wenn auch nur bedingt, für $a = -1$, da sie dann die schon mehrfach verwendete Reihe

$$1 - \frac{1}{2} + \frac{1}{3} - \frac{1}{4} + \frac{1}{5} - \frac{1}{6} + - \ldots$$

darstellt. Die Reihe ist also für $-1 \leqslant a < 1$ konvergent, wobei sie für $-1 < a < 1$ absolut konvergiert.

Eine andere Form der Konvergenzuntersuchung, die ebenfalls auf dem Vergleichsprinzip beruht, ist das Studium der Beträge der Quotienten aufeinanderfolgender Glieder. Nehmen wir an, es möge

$$\left|\frac{a_{n+1}}{a_n}\right| \leqslant q < 1 \quad \text{für } n \geqslant n_0 \tag{15.16}$$

gelten. Wir erhalten daraus

$$|a_{n+1}| \leqslant q|a_n| \leqslant q^2 |a_{n-1}| \leqslant \ldots \leqslant q^{n+1-n_0}|a_{n_0}| = cq^n, \; n \geqslant n_0, \; c = q^{1-n_0}|a_{n_0}|,$$

und sehen, daß aus den Ungleichungen (15.16) ebenfalls die absolute Konvergenz der Reihe Σa_n folgt. Insbesondere hat (15.16)

$$\limsup \left|\frac{a_{n+1}}{a_n}\right| \leqslant q < 1 \tag{15.17}$$

zur Folge.

Der Fall

$$\limsup \left|\frac{a_{n+1}}{a_n}\right| > 1$$

läßt jetzt jedoch *keinen* Schluß auf Divergenz der Reihe Σa_n zu. Erst wenn auch die untere Häufungsgrenze größer als 1 ist,

$$\liminf \left|\frac{a_{n+1}}{a_n}\right| > 1, \tag{15.18}$$

kann die Divergenz der Reihe Σa_n behauptet werden, denn in diesem Fall folgt $\left|\frac{a_{n+1}}{a_n}\right| > 1$ für fast alle natürlichen Zahlen, also, wenn diese Ungleichungen etwa ab dem Index n_0 gelten, $|a_{n+1}| > |a_{n_0}|$ für $n \geqslant n_0$, so daß die Folge $(|a_n|)$ und erst recht auch die Folge (a_n) keine Nullfolge sein kann.

Existiert aber der Grenzwert der Quotientenfolge, so fallen ihre beiden Häufungsgrenzen zusammen und wir gelangen zu dem nach *Jean le Rond d'Alembert* (1717–1783) benannten Konvergenzkriterium:

Satz 15.7 (Quotientenkriterium). *Existiert der Grenzwert*

$$\lim_{n\to\infty} \left|\frac{a_{n+1}}{a_n}\right| = q, \tag{15.19}$$

so ist die Reihe Σa_n *im Falle* $q < 1$ *absolut konvergent, im Falle* $q > 1$ *divergent.*

Das Quotientenkriterium ist schwächer als das Wurzelkriterium, da es für eine gleichwertige Aussage die Existenz des Grenzwertes (15.19) voraussetzt. Wenn dieser Grenzwert nicht vorhanden ist, so besteht nach unserer Herleitung noch die Möglichkeit, eine Aussage mit Hilfe der Häufungsgrenzen machen zu können: Ist die obere Häufungsgrenze kleiner als 1, so ist die Reihe Σa_n absolut konvergent, ist die untere Häufungsgrenze größer als 1, so ist die Reihe Σa_n divergent. Doch auch in dieser Form ist das Quotientenkriterium schwächer als das Wurzelkriterium, da keine Entscheidung getroffen werden kann, wenn die Häufungsgrenzen den Ungleichungen

$$\liminf \left|\frac{a_{n+1}}{a_n}\right| \leqslant 1 \leqslant \limsup \left|\frac{a_{n+1}}{a_n}\right|$$

genügen, wohingegen mit dem Wurzelkriterium nur im Falle

$$\limsup \sqrt[n]{|a_n|} = 1$$

eine Entscheidung nicht möglich ist.

Wir bemerken noch, ohne diese Tatsache zu beweisen, daß es keinen Sinn hat, das Wurzelkriterium anzuwenden, wenn das Quotientenkriterium versagt, weil der Grenzwert (15.19) gleich 1 ist, da dann auch der Grenzwert der Folge der n-ten Wurzeln existiert und ebenfalls gleich 1 ist – beide Kriterien beruhen eben auf dem Vergleich der Glieder der Reihe Σa_n mit den Gliedern einer geometrischen Reihe.

Beispiel 15.6:

$$\frac{1}{3} + \frac{1 \cdot 3}{3 \cdot 6} + \ldots + \frac{1 \cdot 3 \ldots (2n-1)}{3^n n!} + \ldots = \sum_{n=1}^{\infty} \frac{(2n)!}{6^n (n!)^2}.$$

Die Quotientenfolge konvergiert,

$$\lim_{n \to \infty} \left|\frac{a_{n+1}}{a_n}\right| = \lim_{n \to \infty} \frac{(2n+2)!}{6^{n+1}(n+1)!^2} \frac{6^n (n!)^2}{(2n)!} = \lim_{n \to \infty} \frac{1}{3} \frac{2n+1}{n+1} = \frac{2}{3} < 1,$$

also ist die Reihe konvergent.

Beispiel 15.7:

$$1 + \frac{2!}{2^2} + \frac{3!}{3^3} + \ldots + \frac{n!}{n^n} + \ldots = \sum_{n=1}^{\infty} \frac{n!}{n^n}$$

Die Quotientenfolge lautet

$$\frac{a_{n+1}}{a_n} = \frac{(n+1)!}{(n+1)^{n+1}} \frac{n^n}{n!} = \left(\frac{n}{n+1}\right)^n = \frac{1}{\left(1 + \frac{1}{n}\right)^n}$$

und hat den Grenzwert $\frac{1}{e} < 1$ – also ist die Reihe konvergent.

Beispiel 15.8:

$$x + \frac{x^2}{2^2} + \frac{x^3}{3^2} + \ldots + \frac{x^n}{n^2} + \ldots = \sum_{n=1}^{\infty} \frac{x^n}{n^2}.$$

Durch Bildung der Quotienten erhalten wir

$$\frac{|x|^{n+1}}{(n+1)^2} \frac{n^2}{|x|^n} = |x| \left(\frac{n}{n+1}\right)^2 \to |x|,$$

woraus folgt, daß die Reihe für $-1 < x < 1$ absolut konvergiert und für $|x| > 1$ divergiert; für $x = 1$ und $x = -1$ versagt das Quotientenkriterium. Wir werden weiter unten jedoch sehen, daß die Reihe auch für $|x| = 1$ absolut konvergiert.

Beispiel 15.9:

$$2 + q + 2q^2 + q^3 + 2q^4 + q^5 + 2q^6 + \dots .$$

Bilden wir die Quotientenfolge, so sehen wir, daß deren Glieder abwechselnd aus den Zahlen $\left|\frac{q}{2}\right|$ und $2|q|$ bestehen. Ist demnach $|q| < \frac{1}{2}$, so folgt aus dem Quotientenkriterium die absolute Konvergenz der Reihe; ist $|q| > 2$, so liegt sicher Divergenz vor. Für $\frac{1}{2} \leqslant |q| \leqslant 1$ ist gerade die Situation gegeben, in der das Quotientenkriterium, auch unter Beachtung der Häufungsgrenzen, versagt. Dagegen erhalten wir mit Hilfe des Wurzelkriteriums $\lim \sqrt[n]{|a_n|} = |q|$ und somit die Konvergenz für $|q| < 1$, die Divergenz für $|q| \geqslant 1$.

Eine andere sich ebenfalls auf das Vergleichsprinzip stützende Methode besteht im Vergleich mit einem Integral. Wir nehmen an, die Glieder der Reihe $\sum\limits_{n=1}^{\infty} a_n$ seien positiv, ferner gebe es eine auf dem Intervall $[1, \infty[$ stetige, positive und streng monoton fallende Funktion $f(x)$, die an den Stellen $x = n$ die Werte $f(n) = a_n$ annimmt. Wir erhalten dann auf Grund der Monotonie der Funktion $f(x)$

$$a_{k+1} \leqslant f(x) \leqslant a_k, \quad k \leqslant x \leqslant k+1, \quad k = 1, 2, \dots ;$$

integrieren wir diese Ungleichungen, so folgt

$$a_{k+1} \leqslant \int_k^{k+1} f(x)\,dx \leqslant a_k$$

und, wenn wir von 1 bis n summieren,

$$\sum_{k=1}^{n} a_{k+1} \leqslant \sum_{k=1}^{n} \int_k^{k+1} f(x)\,dx = \int_1^{n+1} f(x)\,dx \leqslant \sum_{k=1}^{n} a_k . \tag{15.20}$$

Existiert daher das uneigentliche Integral $\int\limits_1^{\infty} f(x)\,dx$, so existiert

$$\sum_{k=1}^{\infty} a_{k+1} = \lim_{n\to\infty} \sum_{k=1}^{n} a_{k+1} \leqslant \lim_{n\to\infty} \int_1^{n+1} f(x)\,dx = \int_1^{\infty} f(x)\,dx.$$

Andererseits sieht man, daß aus der Divergenz des uneigentlichen Integrals die Divergenz der Reihe folgt, denn in diesem Fall ergibt der rechte Teil der Ungleichung (15.20)

$$\lim_{n\to\infty} \sum_{k=1}^{n} a_k \geqslant \lim_{n\to\infty} \int_1^{n+1} f(x)\,dx = \infty.$$

Damit haben wir folgendes Konvergenz- und Divergenzkriterium für Reihen mit positiven Gliedern gewonnen:

Satz 15.8 (Integralkriterium von Cauchy). *Ist* $f(x)$ *eine auf dem Intervall* $[1, \infty[$ *stetige, positive und streng monoton fallende Funktion, so ist die Reihe* $\sum\limits_{n=1}^{\infty} f(n)$ *genau dann konvergent, wenn das uneigentliche Integral* $\int\limits_1^{\infty} f(x)\,dx$ *konvergiert.*

Überdies gestattet dieses Kriterium eine Abschätzung der Reihensumme. Gehen wir nämlich in (15.20) zur Grenze $n \to \infty$ über, so erhalten wir, wenn wir mit s die Summe der Reihe bezeichnen, die Ungleichung $s - a_1 \leqslant \int\limits_1^{\infty} f(x)\,dx \leqslant s$, also

$$\int\limits_1^{\infty} f(x)\,dx \leqslant s = \sum_{n=1}^{\infty} a_n \leqslant \int\limits_1^{\infty} f(x)\,dx + a_1 .$$

Beispiel 15.10: Die sogenannte *hyperharmonische Reihe*

$$\sum_{n=1}^{\infty} \frac{1}{n^a} = 1 + \frac{1}{2^a} + \frac{1}{3^a} + \frac{1}{4^a} + \ldots \tag{15.21}$$

ist konvergent für $a > 1$ und divergent für $a \leqslant 1$ (der Spezialfall $a = 1$ ist die bereits als divergent erkannte harmonische Reihe). Da sich die Glieder der hyperharmonischen Reihe als Werte der Funktion $f(x) = \frac{1}{x^a}$ für $x = n$ schreiben lassen, können wir aus dem Integralkriterium schließen, daß die Reihe (15.21) genau dann konvergiert, wenn das uneigentliche Integral

$$\int\limits_1^{\infty} \frac{dx}{x^a}$$

konvergiert. Nun entnehmen wir Beispiel 12.7, daß dies wiederum genau dann der Fall ist, wenn $a > 1$ ist. Da das Integral für $a \leqslant 1$ divergiert, muß auch die hyperharmonische Reihe für $a \leqslant 1$ divergieren.

Dagegen ist die alternierende Reihe

$$\sum_{n=1}^{\infty} \frac{(-1)^{n-1}}{n^a} = 1 - \frac{1}{2^a} + \frac{1}{3^a} - \frac{1}{4^a} + - \ldots$$

für jeden Exponenten $a > 0$ konvergent, da die Beträge ihrer Glieder monoton gegen Null fallen (Satz 15.3). Durch Übergang zu den Beträgen sehen wir, daß sie nur für $a > 1$ absolut konvergiert und folglich für $a \leqslant 1$ bedingt konvergent sein muß.

Die hyperharmonische Reihe (15.21) ist nach der geometrischen Reihe die wichtigste Vergleichsreihe, vor allem deshalb, weil es unter den hyperharmonischen Reihen solche gibt, die „langsamer" divergieren als die geometrische Reihe mit noch so nahe bei 1 gelegenem Quotienten $q > 1$, aber auch solche, die „langsamer" konvergieren als die geometrische Reihe mit noch so nahe bei 1 gelegenem Quotienten $q < 1$. Insofern stellt die hyperharmonische Reihe eine Bereicherung des Schatzes an Vergleichsreihen dar und hat nebenher auch den Vorzug, von einfacher Gestalt zu sein.

Die folgenden Beispiele sollen zeigen, wie durch individuelle Abschätzung der Reihenglieder unter Zuhilfenahme des in Satz 15.5 ausgesprochenen Vergleichsprinzips eine Untersuchung auf Konvergenz und Divergenz durchgeführt werden kann; dabei möge sich der Leser durch Anwendung des Quotienten- und Wurzelkriteriums – soweit dies durchführbar ist – davon überzeugen, daß ein Vergleich mit der geometrischen Reihe nicht möglich ist.

Beispiel 15.11: Die Reihe

$$\sum_{n=1}^{\infty} \frac{1}{n^2 + c^2}$$

ist konvergent, denn durch die Abschätzung

$$\frac{1}{n^2 + c^2} \leqslant \frac{1}{n^2}$$

finden wir eine konvergente Majorante in Form der hyperharmonischen Reihe (15.21) für $a = 2$.

Beispiel 15.12: Die Reihe

$$\sum_{n=1}^{\infty} \frac{1}{\sqrt{n+9}}$$

ist divergent, wie aus der Ungleichung $\frac{1}{\sqrt{n+9}} \geqslant \frac{1}{2\sqrt{n}}$, $n \geqslant 3$, hervorgeht, durch die wir eine divergente Minorante mit den Gliedern $\frac{1}{2\sqrt{n}}$ gefunden haben.

Beispiel 15.13: Die Reihe von Beispiel 15.8 ist für jedes x mit $|x| \leqslant 1$ absolut konvergent, denn für alle solche Werte von x ist die hyperharmonische Reihe für $a = 2$ eine konvergente Majorante.

Beispiel 15.14: Die Reihe

$$\sum_{n=2}^{\infty} (\sqrt[n]{n} - 1)$$

ist ebenfalls divergent, denn aus der für $n \geqslant 3$ geltenden Ungleichung $n > e > \left(1 + \frac{1}{n}\right)^n$ folgt $\sqrt[n]{n} > 1 + \frac{1}{n}$, also $\sqrt[n]{n} - 1 > \frac{1}{n}$ für $n \geqslant 3$, so daß die harmonische Reihe eine divergente Minorante ist.

15.4 Multiplikation von Reihen

Wir wissen, daß in konvergenten Reihen Klammern beliebig gesetzt werden können. In absolut konvergenten Reihen darf die Reihenfolge der Glieder beliebig verändert werden, so daß solche unendliche Summenbildungen assoziativ und kommutativ sind. Offen geblieben ist die Frage, inwieweit unendliche Reihen auch distributiv sind.

Für gewöhnliche Summen ist

$$\sum_{n=0}^{N} a_n \sum_{m=0}^{M} b_m = \sum_{\substack{n=0,\dots,N \\ m=0,\dots,M}} a_n b_m,$$

wie auch immer die rechts stehende Doppelsumme berechnet wird. Für das Produkt unendlicher Reihen kann dies ohne weiteres nicht behauptet werden; sind $s = \Sigma a_n$ und $t = \Sigma b_m$ zwei konvergente Reihen und bezeichnet man die Produkte $a_n b_m$ in irgendeiner Reihenfolge mit $c_0, c_1, c_2, \dots$, so ist es zunächst fraglich, ob die Gleichheit

$$s \cdot t = \sum_{n=0}^{\infty} a_n \sum_{m=0}^{\infty} b_m = \sum_{l=0}^{\infty} c_l \tag{15.22}$$

besteht, da, wenn die Reihe rechts nur bedingt konvergiert, ihre Summe von der Aufeinanderfolge der Glieder abhängt und damit von der Art der Numerierung der Produkte $a_n b_m$, $n, m = 0, 1, 2, \dots$. Wenn aber die Reihe Σc_l absolut konvergiert, so ist man in der Wahl der Reihenfolge frei.

Die für die Praxis des Rechnens mit Reihen wichtigste Form der Produktbildung ist

$$\sum_{n=0}^{\infty} \sum_{k=0}^{n} a_k b_{n-k} = \sum_{n=0}^{\infty} (a_0 b_n + a_1 b_{n-1} + \dots + a_n b_0). \tag{15.23}$$

Man faßt also jeweils alle Produkte $a_h b_k$ mit gleicher Indexsumme $n = h + k$ zusammen, addiert diese und bildet die Reihe aus allen diesen Ausdrücken; daß auf diese Weise auch sämtliche Produkte $a_h b_k$ erfaßt werden, ist offensichtlich.

Wir zeigen nun, daß aus der absoluten Konvergenz der Reihen Σa_n und Σb_n die absolute Konvergenz der Reihe (15.23) und die Gleichung

$$\sum_{n=0}^{\infty} a_n \sum_{m=0}^{\infty} b_m = \sum_{n=0}^{\infty} (a_0 b_n + a_1 b_{n-1} + \dots + a_n b_0) \tag{15.24}$$

folgt. Zunächst zeigt die Ungleichung

$$\sum_{k=0}^{n} \left| \sum_{h=0}^{k} a_h b_{k-h} \right| \leqslant \sum_{k=0}^{n} \sum_{h=0}^{k} |a_h b_{k-h}| \leqslant \sum_{k=0}^{n} |a_k| \sum_{h=0}^{n} |b_h| \leqslant \sum_{k=0}^{\infty} |a_k| \sum_{h=0}^{\infty} |b_h|$$

daß sich aus der absoluten Konvergenz der Reihen Σa_n und Σb_n auch die absolute Konvergenz der Reihe (15.23) ergibt. Zum Nachweis der Gleichung (15.24) bezeichnen wir mit s_n und t_n die Partialsummen der Reihen Σa_n und Σb_n. Wir nehmen sodann eine solche Umordnung der Reihe (15.23) vor, daß die gegen den Grenzwert $s \cdot t$ konvergierende Produktfolge $(s_n t_n)$ eine Teilfolge der Partialsummenfolge dieser so umgeordneten Produktreihe wird, welche somit $s \cdot t$ zur Summe hat. Auf Grund der absoluten Konvergenz hat folglich auch die Reihe (15.23) den Wert $s \cdot t$ zur Summe, d.h. es gilt (15.24).

Beispiel 15.15: Die Reihe für die Exponentialfunktion (vgl. (3.15))

$$e^x = \sum_{n=0}^{\infty} \frac{x^n}{n!} = 1 + x + \frac{x^2}{2!} + \frac{x^3}{3!} + \frac{x^4}{4!} + \ldots$$

ist für jedes x absolut konvergent, denn der Grenzwert der Quotientenfolge ist $\lim_{n \to \infty} \frac{|x|}{n+1} = 0$. Sind x und y beliebige Zahlen, so ergibt (15.24)

$$e^x e^y = \sum_{n=0}^{\infty} \frac{x^n}{n!} \sum_{m=0}^{\infty} \frac{y^m}{m!} = \sum_{n=0}^{\infty} \sum_{k=0}^{n} \frac{x^k}{k!} \frac{y^{n-k}}{(n-k)!} = \sum_{n=0}^{\infty} \sum_{k=0}^{n} \frac{1}{n!} \binom{n}{k} x^k y^{n-k}$$

$$= \sum_{n=0}^{\infty} \frac{1}{n!} \sum_{k=0}^{n} \binom{n}{k} x^k y^{n-k} = \sum_{n=0}^{\infty} \frac{(x+y)^n}{n!} = e^{x+y},$$

worin der binomische Lehrsatz verwendet wurde. Das Ergebnis der Produktbildung ist das Multiplikationstheorem für die Exponentialfunktion.

15.5 Reihen mit komplexen Gliedern

Bis jetzt war nur von Reihen mit reellen Gliedern die Rede. Sinngemäß ist der Begriff der Reihe mit komplexen Gliedern

$$\sum_{n=0}^{\infty} z_n = \sum_{n=0}^{\infty} (x_n + jy_n) \tag{15.25}$$

zu erklären: Die Reihe (15.25) heißt *konvergent*, wenn der Grenzwert ihrer Partialsummenfolge

$$\lim_{n \to \infty} \sum_{k=0}^{n} z_k = \lim_{n \to \infty} \sum_{k=0}^{n} (x_k + jy_k) = \lim_{n \to \infty} \sum_{k=0}^{n} x_k + j \lim_{n \to \infty} \sum_{k=0}^{n} y_k$$

existiert, der dann als *Summe* der Reihe (15.25) bezeichnet wird. Andernfalls wird die Reihe *divergent* genannt.

Eine Reihe mit komplexen Gliedern ist offenbar genau dann konvergent, wenn die Reihe der Realteile Σx_n und die Reihe der Imaginärteile Σy_n konvergiert. Ist eine der beiden Reihen Σx_n oder Σy_n bedingt konvergent, so kann durch eine Umordnung der Reihe (15.25) ihre Summe und ihr Konvergenzverhalten geändert werden. Sind beide Reihen Σx_n und Σy_n absolut konvergent, so konvergiert infolge der Ungleichungen $|z_n| \leqslant |x_n| + |y_n|$ auch die Reihe

$$\sum_{n=0}^{\infty} |z_n| = \sum_{n=0}^{\infty} \sqrt{x_n^2 + y_n^2}, \tag{15.26}$$

die eine Reihe mit reellen Gliedern ist; umgekehrt erkennt man aus $|x_n| \leqslant |z_n|$, $|y_n| \leqslant |z_n|$, daß die Konvergenz der Reihe (15.26) die absolute Konvergenz der Reihen Σx_n und Σy_n nach sich zieht. Man nennt daher eine Reihe mit komplexen Gliedern *absolut* konvergent, wenn die (reelle) Reihe der Beträge ihrer Glieder konvergiert, und *bedingt* konvergent, wenn die Reihe der Realteile oder die Reihe der Imaginärteile (oder beide) bedingt konvergente Reihen sind, womit Satz 15.4 uneingeschränkt auch für Reihen mit komplexen Gliedern gilt.

Die absolute Konvergenz einer Reihe mit komplexen Gliedern kann mit den Mitteln von Abschnitt 15.3 überprüft werden, insbesondere durch Anwendung des Wurzelkriteriums und des Quotientenkriteriums.

Die Regeln für das Rechnen mit reellen Reihen – die gliedweise Addition und Subtraktion, die Multiplikation mit einer Konstanten, die in Abschnitt 15.4 besprochene Multiplikation von Reihen sowie das Setzen von Klammern – behalten selbstverständlich ihre Gültigkeit auch für Reihen mit komplexen Gliedern.

15.6 Übungsbeispiele

Man überprüfe die folgenden Reihen auf Konvergenz und berechne ihre Summe:

1. $$\sum_{n=1}^{\infty} \ln\left(1+\frac{2}{n(n+3)}\right) = \ln\frac{3}{2} + \ln\frac{6}{5} + \ln\frac{10}{9} + \ldots$$

2. $$\sum_{n=1}^{\infty} \frac{1}{n(n+1)(n+2)} = \frac{1}{1\cdot 2\cdot 3} + \frac{1}{2\cdot 3\cdot 4} + \frac{1}{3\cdot 4\cdot 5} + \ldots$$

3. $$\sum_{n=1}^{\infty} \frac{1}{n(n+1)(n+3)} = \frac{1}{1\cdot 2\cdot 4} + \frac{1}{2\cdot 3\cdot 5} + \frac{1}{3\cdot 4\cdot 6} + \ldots$$

4. $$\sum_{n=1}^{\infty} \frac{1}{4n^2-1} = \frac{1}{4\cdot 1^2-1} + \frac{1}{4\cdot 2^2-1} + \frac{1}{4\cdot 3^2-1} + \ldots$$

5. $$\sum_{n=1}^{\infty} \frac{2n+1}{n^2(n+1)^2} = \frac{3}{1^2 2^2} + \frac{5}{2^2 3^2} + \frac{7}{3^2 4^2} + \ldots$$

6. $$\sum_{n=1}^{\infty} \ln\left(1+\frac{1}{n}\right) = \ln 2 + \ln\frac{3}{2} + \ln\frac{4}{3} + \ldots$$

7. $$\sum_{n=1}^{\infty} \operatorname{arc\,tan}\frac{1}{2n^2} = \operatorname{arc\,tan}\frac{1}{2} + \operatorname{arc\,tan}\frac{1}{8} + \operatorname{arc\,tan}\frac{1}{18} + \ldots$$

8. $$\sum_{n=1}^{\infty} \frac{1}{(\alpha+n)(\alpha+n+1)\ldots(\alpha+n+m)}$$

Die folgenden Reihen können, wenn überhaupt, nur bedingt konvergent sein:

9. $\sum_{n=1}^{\infty}\left(\frac{1}{\sqrt{n+1}-1}-\frac{1}{\sqrt{n+1}+1}\right)=\frac{1}{\sqrt{2}-1}-\frac{1}{\sqrt{2}+1}+\frac{1}{\sqrt{3}-1}-\frac{1}{\sqrt{3}+1}+-\ \dots$

10. $1+\frac{1}{2}-\frac{2}{3}+\frac{1}{4}+\frac{1}{5}-\frac{2}{6}+\frac{1}{7}+\frac{1}{8}-\frac{2}{9}+\frac{1}{10}+\frac{1}{11}-\frac{2}{12}++-\ \dots$

11. $1+\frac{1}{2}-\frac{1}{3}-\frac{1}{4}+\frac{1}{5}+\frac{1}{6}-\frac{1}{7}-\frac{1}{8}+\frac{1}{9}+\frac{1}{10}-\frac{1}{11}-\frac{1}{12}++--\ \dots$

12. $1+\frac{1}{\sqrt{3}}-\frac{1}{\sqrt{2}}+\frac{1}{\sqrt{5}}+\frac{1}{\sqrt{7}}-\frac{1}{\sqrt{4}}+\frac{1}{\sqrt{9}}+\frac{1}{\sqrt{11}}-\frac{1}{\sqrt{6}}++-\ \dots$

Die folgenden Reihen lassen sich teils mit der geometrischen Reihe, teils mit der hyperharmonischen Reihe vergleichen:

13. $\sum_{n=1}^{\infty}\frac{1}{\sqrt{n(n+1)}}$ 14. $\sum_{n=2}^{\infty}\left(1-\frac{1}{n}\right)^{n^2}$ 15. $\sum_{n=1}^{\infty}\frac{1}{\sqrt{n(n^2+1)}}$

16. $\sum_{n=1}^{\infty}\ln\left(1+\frac{1}{n^2}\right)$ 17. $\sum_{n=2}^{\infty}\frac{1}{\ln n}$ 18. $\sum_{n=1}^{\infty}\frac{1}{n\sqrt[n]{n}}$

19. $\sum_{n=2}^{\infty}\frac{\ln n!}{n!}$ 20. $\sum_{n=0}^{\infty}\left(\frac{n}{e}\right)^{n}\frac{1}{n!}$ 21. $\sum_{n=1}^{\infty}\left(\frac{n+1}{n^2+1}\right)^{2}$

22. $\sum_{n=0}^{\infty}\frac{1}{n^3+n^2+1}$ 23. $\sum_{n=2}^{\infty}\frac{n-\sqrt{n}}{n^2-n}$ 24. $\sum_{n=2}^{\infty}\frac{n+1}{(n-1)^2}$

25. $\sum_{n=1}^{\infty}\frac{1}{n^2-4n+5}$ 26. $\sum_{n=1}^{\infty}\frac{1}{\sqrt{n^2+2n}}$ 27. $\sum_{n=2}^{\infty}\frac{1}{\sqrt{n}}\ln\left(\frac{n+1}{n-1}\right)$

28. $\sum_{n=0}^{\infty}\frac{(n!)^2}{(2n)!}$ 29. $\sum_{n=1}^{\infty}\frac{a^n}{1-a^n},\ |a|\neq 1$ 30. $\sum_{n=1}^{\infty}\frac{a^n}{(1+a)(1+a^2)\dots(1+a^n)}$

31. $\sum_{n=1}^{\infty}\frac{a^n n!}{n^n}$ 32. $\sum_{n=0}^{\infty}\frac{(na)^n}{n!}$ 33. $\sum_{n=1}^{\infty}\left[\left(1+\frac{1}{n^2}\right)^{n}-1\right]$

34. $\sum_{n=2}^{\infty}\left(\left(1-\frac{1}{n}\right)^{n}-\frac{1}{e}\right)$ 35. $1+a+ab+a^2b+a^2b^2+\dots+a^nb^{n-1}+a^nb^n+\dots$

Die folgenden vier Aufgaben – die Konvergenzuntersuchung der Reihen in Beispiel 36, 37 und 38 sowie die Berechnung des Grenzwertes in Beispiel 39 – lassen sich mit Hilfe des Integralkriteriums von Cauchy lösen:

36. $\sum_{n=2}^{\infty} \frac{1}{n(\ln n)^a}$ 37. $\sum_{n=1}^{\infty} \frac{1}{n \ln(1+n)}$ 38. $\sum_{n=1}^{\infty} \left(\frac{1}{n} - \ln \frac{n+1}{n}\right)$

39. $\lim_{n \to \infty} \left(\frac{1}{n+1} + \frac{1}{n+2} + \ldots + \frac{1}{2n}\right)$

40. Man beweise das folgende Konvergenzkriterium: *Sind* (a_n) *und* (b_n) *zwei Folgen mit positiven Gliedern und gilt*

$$(*) \quad \frac{a_{n+1}}{a_n} \leqslant \frac{b_{n+1}}{b_n}$$

für fast alle natürlichen Zahlen, so folgt aus der Konvergenz der Reihe Σb_n *die Konvergenz der Reihe* Σa_n *und aus der Divergenz der Reihe* Σa_n *die Divergenz der Reihe* Σb_n.

Hinweis: Man leite aus den Ungleichungen (*), die für $n \geqslant N$ gelten mögen, die Ungleichungen $a_n \leqslant \frac{a_N}{b_N} b_n$ ab.

41. Man beweise das Konvergenzkriterium von *Raabe*, dessen Aussage für die Konvergenz/Divergenz einer Reihe Σa_n mit positiven Gliedern a_n auf dem Vergleich mit der hyperharmonischen Reihe (15.21) mit $a > 1$/auf dem Vergleich mit der harmonischen Reihe (15.3) beruht. Es lautet in der Limesform: *Sei* Σa_n *eine Reihe mit positiven Gliedern und*

$$\lim_{n \to \infty} n\left(1 - \frac{a_{n+1}}{a_n}\right) = \alpha .$$

Gilt $\alpha > 1$, *so ist die Reihe* Σa_n *konvergent; im Falle* $\alpha < 1$ *ist die Reihe* Σa_n *divergent.*

Dem Leser seien zwei Wege zum Beweis dieses Kriteriums vorgeschlagen. Der erste Weg besteht in der Auflösung des Limesbeziehung mit Hinblick auf die Erstellung von Ungleichungen (*) wie in Beispiel 40, im Fall $\alpha > 1$ mit $b_n = 1/(n-1)^\alpha$, im Fall $\alpha < 1$ in der Form $\frac{a_{n+1}}{a_n} \geqslant \frac{n-1}{n}$.

Auf dem zweiten Weg ist zunächst der Nachweis zu erbringen, daß die Folge $((n+1)a_n)$ (ab einem gewissen Index N) streng monoton ist, und zwar ist sie im Falle $\alpha > 1$ fallend, im Falle $\alpha < 1$ wachsend. Damit erhält man, wenn $\alpha > 1$ ist, eine konvergente Majorante der Form $b_n = \beta((n-1)a_n - na_{n+1})$, hingegen, wenn $\alpha < 1$ ist, eine divergente Minorante $b_n = \gamma/n$.

Mit Hilfe des Raabeschen Kriteriums untersuche man die folgenden Reihen auf Konvergenz beziehungsweise Divergenz:

42. $\sum_{n=0}^{\infty} \frac{2^{2n+1}(n!)^2}{(2n+2)!}$

43. $\sum_{n=1}^{\infty} \frac{n!}{(a+1)(a+2)\ldots(a+n)}$

44. $\sum_{n=0}^{\infty} \frac{(2n)!}{2^{2n}(n!)^2} \frac{1}{2n+1}$

45. $\sum_{n=0}^{\infty} \binom{p+n}{n}$

Man bilde die folgenden Reihenprodukte:

46. $\sum_{n=0}^{\infty} q^n \sum_{m=0}^{\infty} q^m$

47. $\sum_{n=0}^{\infty} \frac{(-1)^n x^{2n}}{(2n)!} \sum_{m=0}^{\infty} \frac{(-1)^m x^{2m+1}}{(2m+1)!}$

48. $\sum_{n=0}^{\infty} x^n \sum_{m=0}^{\infty} a_m x^m$

16 Folgen und Reihen von Funktionen

16.1 Vorbemerkungen

Unsere bisherigen Betrachtungen bezogen sich auf Reihen mit konstanten Gliedern. Die eigentliche Bedeutung unendlicher Reihen für Theorie und Praxis kommt erst ans Licht, wenn ihre Glieder Funktionen sind. Durch die Summe einer solchen Reihe

$$\sum_{n=1}^{\infty} f_n(x) = f_1(x) + f_2(x) + f_3(x) + \ldots, \tag{16.1}$$

deren Glieder $f_n(x)$ auf einem Intervall I definierte Funktionen sind, ist eine Funktion erklärt, deren Definitionsbereich aus allen Punkten von I besteht, für die die Reihe (16.1) konvergiert, für die also der Grenzwert der Partialsummen

$$s(x) = \lim_{n\to\infty} \sum_{k=1}^{n} f_k(x) \tag{16.2}$$

existiert. Der Definitionsbereich der *Summenfunktion* s(x), der in vielen Fällen wieder ein Intervall ist, wird der *Konvergenzbereich* der Reihe (16.1) genannt; seine Bestimmung ist mit den Mitteln von Abschnitt 15 möglich, weshalb wir diese Aufgabe für das weitere von unseren prinzipiellen Betrachtungen ausschließen.

Die Fragen, die sich durch Funktionenreihen ergeben, beziehen sich vor allem auf die Eigenschaften der Summenfunktion, insbesondere darauf, inwieweit sich Eigenschaften der Glieder auf die Summenfunktion übertragen. Im Vordergrund steht zunächst die Frage nach der Stetigkeit der Summe einer Reihe, deren Glieder $f_n(x)$ auf einem gemeinsamen Intervall stetige Funktionen sind, wie dies in vielen wichtigen Anwendungen der Fall ist. Aber auch die Kenntnis der Differenzierbarkeit der Summe einer Reihe ist in manchen Fällen unentbehrlich. Im Zusammenhang mit der praktischen Durchführung der Integration und Differentiation der Summenfunktion ist es ferner interessant zu wissen, inwieweit Funktionenreihen wie gewöhnliche Summen von Funktionen integriert und differenziert werden können, mit anderen Worten, unter welchen Voraussetzungen die Integration mit der Summation vertauscht werden kann,

$$\int_a^b s(x)\,dx = \int_a^b \sum_{n=1}^{\infty} f_n(x)\,dx = \sum_{n=1}^{\infty} \int_a^b f_n(x)\,dx,$$

so daß man einen Ausdruck für das bestimmte Integral der Summenfunktion in Form einer unendlichen Reihe mit konstanten Gliedern erhält, und unter welchen Voraussetzungen die Vertauschbarkeit der Differentiation mit der Summation möglich ist,

$$\frac{d}{dx} s(x) = \frac{d}{dx} \sum_{n=1}^{\infty} f_n(x) = \sum_{n=1}^{\infty} \frac{d}{dx} f_n(x),$$

die Ableitung der Summenfunktion somit durch die Reihe der Ableitungen der Glieder ausgedrückt werden kann.

Es wird sich erweisen, daß die Eigenschaften der Summenfunktion einer Reihe mit veränderlichen Gliedern wesentlich von der Art und Weise abhängig sind, *wie* die Reihe, d. h. die Folge ihrer Partialsummen, für verschiedene Werte der Veränderlichen gegen die Summenfunktion konvergiert. Bevor wir jedoch näher darauf eingehen, erinnern wir daran, daß unendliche Reihen auf dem Folgenbegriff aufgebaut sind. Wir werden daher unsere Untersuchungen für Folgen von Funktionen führen; indem wir die Ergebnisse auf die Partialsummen von Funktionenreihen übertragen, erhalten wir unmittelbar entsprechende Aussagen über Reihen von Funktionen.

16.2 Die gleichmäßige Konvergenz

Wir setzen voraus, daß die Glieder $g_n(x)$ der Folge von Funktionen

$$g_1(x), g_2(x), g_3(x), \dots$$

auf einem bestimmten Intervall I definiert sind. Existiert für jedes feste $x \in I$ der Grenzwert $\lim_{n \to \infty} g_n(x)$, so sagen wir, die Folge $(g_n(x))$ *konvergiert auf* I und nennen die für jedes $x \in I$ definierte Funktion

$$g(x) := \lim_{n \to \infty} g_n(x)$$

die *Grenzfunktion* der Folge $(g_n(x))$. Offenbar läßt sich dieser Sachverhalt auch so zum Ausdruck bringen, daß für jedes $\epsilon > 0$ und für jede Zahl $x \in I$ eine von ϵ und i. a. auch von x abhängige Zahl $N(\epsilon, x)$ existiert mit der Eigenschaft

$$|g_n(x) - g(x)| < \epsilon \quad \text{für } n \geqslant N(\epsilon, x). \tag{16.3}$$

Es ist wesentlich festzuhalten, daß die für (16.3) benötigte natürliche Zahl N i.a. auch von der betreffenden Stelle x abhängig ist. Diese Abhängigkeit ist nur ein anderer Ausdruck dafür, daß der Wert der Grenzfunktion g(x) an der Stelle x der Grenzwert einer gewissen Folge ist, die sich durch Einsetzen des Argumentes x in die Glieder der Folge $(g_n(x))$ ergibt; für zwei verschiedene Werte x_1 und x_2 erhält man zwei verschiedene Folgen $(g_n(x_1))$ und $(g_n(x_2))$ und daher auch zwei verschiedene Zahlen N_1 und N_2, um bei *gleichem* ϵ die Bedingung (16.3) zu erfüllen.

Interessant ist nun der Fall, wenn es eine von ϵ *allein* abhängige Zahl $N = N(\epsilon)$ gibt, die zur Erfüllung der Ungleichung (16.3) *für alle* Punkte des Intervalles I geeignet ist.

Definition 16.1. Eine Folge $(g_n(x))$ heißt *auf einem Intervall* I *gleichmäßig konvergent* gegen die Grenzfunktion g(x), wenn es zu jedem $\epsilon > 0$ eine nur von ϵ *allein* abhängige natürliche Zahl $N = N(\epsilon)$ gibt, so daß gilt

$$|g_n(x) - g(x)| < \epsilon \quad \text{für } n \geqslant N(\epsilon) \quad \text{und } \textit{alle} \ x \in I. \tag{16.4}$$

Eine Folge $(g_n(x))$ ist also gleichmäßig konvergent auf dem Intervall I, wenn fast alle Kurven $y = g_n(x)$ in ihrer ganzen Ausdehnung längs des Intervalles I in einem „ϵ-*Streifen*" um die Grenzkurve $y = g(x)$ liegen. Mit anderen Worten, die Kurven $y = g_n(x)$ schmiegen sich immer dichter an die Grenzkurve $y = g(x)$ an, wobei ihre Abweichung von dieser im ganzen Intervall I beliebig klein wird, so daß es gerechtfertigt ist zu sagen, die Annäherung an die Grenzkurve erfolgt im ganzen Intervall I „gleichmäßig" (Bild 16.1).

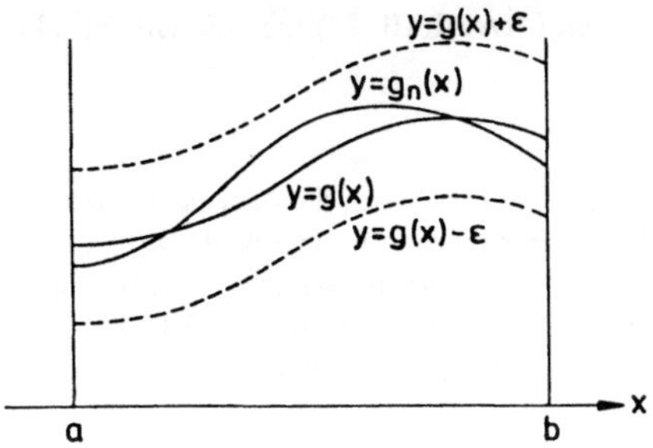

Bild 16.1

Wir wollen den Sachverhalt an den folgenden beiden Beispielen erläutern.

Beispiel 16.1: Die Funktionenfolge

$$g_n(x) = \frac{nx}{1+n^2x^2}$$

konvergiert auf jedem Intervall gegen die Grenzfunktion $g(x) = 0$, denn auf Grund der Abschätzung

$$|g_n(x)| < \frac{1}{n\,|x|}$$

wird $|g_n(x)| < \epsilon$ für festes $x \neq 0$ und $n \geqslant N(\epsilon, x) > \left[\frac{1}{\epsilon\,|x|}\right]$. Für $x = 0$ ist stets $g_n(0) = 0$, also auch $g(0) = 0$.

Betrachten wir zunächst die Konvergenz auf dem Intervall $[1, 2]$. Es ist dann $x \geqslant 1$ und wir bekommen aus der obigen Abschätzung

$$\left|\frac{nx}{1+n^2x^2}\right| < \frac{1}{n} \quad \text{für } 1 \leqslant x \leqslant 2.$$

Die Konvergenz ist daher auf dem Intervall $[1, 2]$ gleichmäßig, denn jede Zahl $N(\epsilon) > \left[\frac{1}{\epsilon}\right]$ leistet das Gewünschte.

Eine ganz andere Situation finden wir vor, wenn wir das Intervall $[0, 1]$ zugrunde legen. Die Funktionen $g_n(x)$ nehmen an den Stellen $x = \frac{1}{n}$ sämtlich den gleichen maximalen Wert $\frac{1}{2} = g_n\left(\frac{1}{n}\right)$ an; zu diesem Wert steigen die Kurven $y = g_n(x)$ vom Ursprung aus an und fallen dann wieder zur x-Achse herab, wobei sich dieser Buckel, immer schmäler und steiler werdend, mit zunehmendem n nach links verschiebt. Infolgedessen müssen die Kurven $y = g_n(x)$ *jeden* beliebigen ϵ-Streifen $\left(\epsilon < \frac{1}{2}\right)$ um die Grenzkurve $y = 0$ im Intervall $[0, 1]$ verlassen, so daß die Konvergenz auf dem Intervall $[0, 1]$ keine gleichmäßige sein kann (Bild 16.2).

Natürlich zeigt sich dieser Sachverhalt auch rechnerisch. Für ein festes $x \neq 0$ ist $|g_n(x)| < \epsilon$ für $n \geqslant N(\epsilon, x) > \left[\frac{1}{\epsilon\,|x|}\right]$. Variiert x im Intervall $[0, 1]$, so ist es offenbar nicht möglich, eine von x unabhängige Zahl N zu finden, für die $N > \left[\frac{1}{\epsilon\,|x|}\right]$ bei festem $\epsilon > 0$ erreicht werden kann.

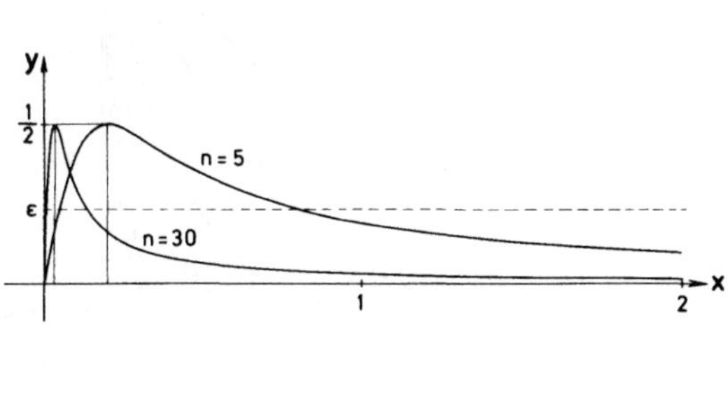

Bild 16.2

Beispiel 16.2: Die Folge der Potenzen (x^n) konvergiert auf dem Intervall $[0, 1]$ gegen die Grenzfunktion

$$g(x) = \begin{cases} 0 & \text{für } 0 \leq x < 1, \\ 1 & \text{für } x = 1. \end{cases}$$

Die Konvergenz kann auf dem halboffenen Intervall $[0, 1[$ – und erst recht auf dem abgeschlossenen Intervall $[0, 1]$ – nicht gleichmäßig sein. Die Kurven $y = x^n$ nähern sich zwar im Intervall $[0, 1[$ der x-Achse beliebig an, müssen aber letztlich doch *jeden* ϵ-Streifen $(\epsilon < 1)$ um die x-Achse im Intervall $[0, 1[$ verlassen, da sie wegen $g_n(1) = 1$ alle durch den Punkt $x = y = 1$ gehen müssen (Bild 16.3). Rechnerisch sieht man dies folgendermaßen: Variiert x im Intervall $[0, 1[$, so läßt sich die Ungleichung $|x^n| < \epsilon$, d.h. $|x| < \sqrt[n]{\epsilon}$ $(\epsilon < 1)$ für $n \geq N$ nicht erfüllen.

Hingegen ist die Konvergenz auf jedem abgeschlossenen Intervall $[0, 1 - \delta]$ mit beliebigem positiven δ $(0 < \delta < 1)$ gleichmäßig. Man braucht die natürliche Zahl N nur so groß zu wählen, daß die Kurve $y = x^N$ den ϵ-Streifen erst in einem Punkt verläßt, der rechts von $1 - \delta$ liegt; sämtliche darauffolgenden Kurven $y = x^n$ $(n \geq N)$ verlassen dann den ϵ-Streifen ebenfalls rechts von $1 - \delta$, da sie alle unterhalb der Kurve $y = x^N$ verlaufen.

Die Zahl N können wir aus der Bedingung $|x^n| < \epsilon$, $0 \leq x \leq 1 - \delta$, leicht abschätzen. Für den größten Wert $x = 1 - \delta$ ergibt sie $1 - \delta < \sqrt[n]{\epsilon}$, woraus zu erkennen ist, daß sich jede Wahl $N > \left|\frac{\ln \epsilon}{\ln(1-\delta)}\right|$ eignet.

Die besondere Art der Konvergenz einer Folge, auf einem Intervall gleichmäßig zu konvergieren, läßt sich natürlich auch aus den Gliedern der Folge allein erkennen. Wir notieren das folgende „Cauchy-Kriterium", dessen Beweis wir dem Leser überlassen können.

Satz 16.1. (Notwendiges und hinreichendes Kriterium für die gleichmäßige Konvergenz einer Funktionenfolge). *Eine Folge* $(g_n(x))$ *ist auf dem Intervall* I *genau dann gleichmäßig konvergent, wenn es zu jedem* $\epsilon > 0$ *eine nur von* ϵ *allein abhängige Zahl* $N(\epsilon)$ *gibt, so daß gilt*

$$|g_n(x) - g_m(x)| < \epsilon \quad \textit{für alle } n, m \geq N(\epsilon) \quad \textit{und alle } x \in I. \tag{16.5}$$

Nach diesen Betrachtungen über Funktionenfolgen übertragen wir nun den Begriff der gleichmäßigen Konvergenz auf Reihen mit veränderlichen Gliedern.

Definition 16.2. Eine auf dem Intervall I konvergente Reihe $s(x) = \Sigma f_n(x)$ heißt *auf dem Intervall* I *gleichmäßig konvergent,* wenn die Folge $(s_n(x))$ ihrer Partialsummen auf I gleichmäßig gegen die Summenfunktion $s(x)$ konvergiert, wenn also zu jedem $\epsilon > 0$ eine nur von ϵ allein abhängige Zahl $N(\epsilon)$ existiert, so daß gilt

$$|s_n(x) - s(x)| = \left|\sum_{k=n+1}^{\infty} f_k(x)\right| < \epsilon \quad \text{für } n \geq N(\epsilon) \quad \text{und } \textit{alle } x \in I. \tag{16.6}$$

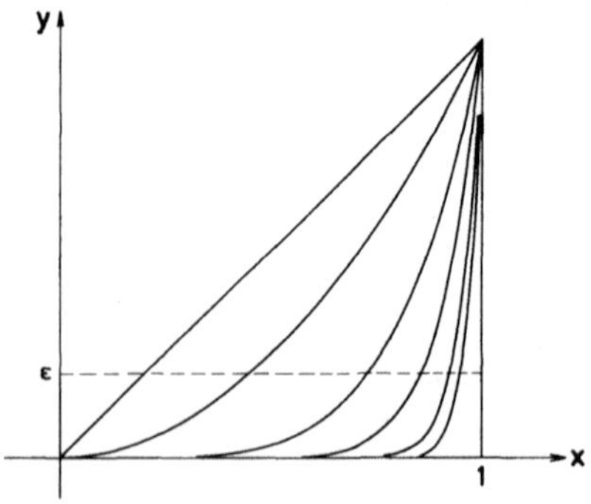

Bild 16.3

Wenden wir schließlich Satz 16.1 auf die Partialsummen einer Reihe $\Sigma f_n(x)$ an, so erhalten wir unmittelbar eine entsprechende Aussage über die gleichmäßige Konvergenz von Reihen mit veränderlichen Gliedern.

Satz 16.2 (Notwendiges und hinreichendes Kriterium für die gleichmäßige Konvergenz von Funktionenreihen). *Eine Reihe* $\Sigma f_n(x)$ *ist auf dem Intervall* I *genau dann gleichmäßig konvergent, wenn es zu jedem* $\epsilon > 0$ *eine von* ϵ *allein abhängige Zahl* $N(\epsilon)$ *gibt, so daß gilt*

$$|s_{n+k}(x) - s_n(x)| = \left| \sum_{m=n+1}^{n+k} f_m(x) \right| < \epsilon \quad \text{für alle } x \in I,\ k = 1, 2, \ldots \text{ und } n \geqslant N(\epsilon). \tag{16.7}$$

Aus dieser Konvergenzaussage können wir ein für die Anwendungen besonders nützliches Kriterium zur Feststellung der gleichmäßigen Konvergenz einer Funktionenreihe ableiten.

Satz 16.3 (Hinreichendes Kriterium für die gleichmäßige Konvergenz von Funktionenreihen). *Lassen sich die Glieder eine Reihe* $\Sigma f_n(x)$ *durch Zahlen* c_n *abschätzen,*

$$|f_n(x)| \leqslant c_n \quad \text{für alle } x \in I, \tag{16.8}$$

und konvergiert die Reihe Σc_n, *so ist die Reihe* $\Sigma f_n(x)$ *auf dem Intervall* I *gleichmäßig konvergent.*

Die Reihe Σc_n wird auch eine *konvergente Majorante für die Reihe* $\Sigma f_n(x)$ *auf dem Intervall* I genannt.

Zum Beweis summieren wir die Ungleichungen (16.8) und erhalten für beliebiges k und alle $x \in I$

$$|f_{n+1}(x) + \ldots + f_{n+k}(x)| \leqslant |f_{n+1}(x)| + \ldots + |f_{n+k}(x)| \leqslant c_{n+1} + \ldots + c_{n+k};$$

da die Reihe Σc_n konvergent vorausgesetzt wurde, gibt es für beliebiges ϵ eine Zahl $N(\epsilon)$, so daß der Ausdruck auf der rechten Seite kleiner als ϵ wird, sobald nur $n \geqslant N(\epsilon)$ gewählt wird. Damit ist erst recht auch die linke Seite dieser Ungleichung für $n \geqslant N(\epsilon)$ kleiner als ϵ, und unsere Behauptung ist bewiesen, da die Voraussetzungen von Satz 16.2 erfüllt sind.

Wir können dieser Beweisführung noch entnehmen, daß eine Reihe, für die es auf dem Intervall I eine konvergente Majorante gibt, auf dem Intervall I auch absolut konvergiert. Man pflegt dies durch die Sprechweise „*Die Reihe konvergiert auf* I *absolut und gleichmäßig*" auszudrücken.

Beispiel 16.3: Die geometrische Reihe

$$\sum_{n=0}^{\infty} x^n = \frac{1}{1-x}$$

konvergiert auf dem Intervall $]-1, 1[$. Sie ist auf jedem abgeschlossenen Intervall $[-1+\delta, 1-\delta]$, $0 < \delta < 1$, gleichmäßig konvergent, denn die Abschätzung $|x^n| \leqslant (1-\delta)^n$ auf einem solchen Intervall zeigt, daß die geometrische Reihe $\Sigma\,(1-\delta)^n$ eine konvergente Majorante auf dem Intervall $[-1+\delta, 1-\delta]$ darstellt.

Wir können sogar noch weiter gehen und behaupten, daß die geometrische Reihe Σx^n auf jedem abgeschlossenen Intervall $[a, b]$, das zur Gänze im Konvergenzintervall $]-1, 1[$ enthalten ist, dessen Endpunkte also den Einschränkungen $-1 < a < b < 1$ unterworfen sind, gleichmäßig konvergiert. Da es nämlich stets eine positive Zahl δ mit der Eigenschaft $-1 < -1 + \delta \leqslant a < b \leqslant 1 - \delta < 1$ gibt und die geometrische Reihe, den obigen Überlegungen zufolge, auf dem abgeschlossenen Intervall $[-1 + \delta, 1 - \delta]$ gleichmäßig konvergiert, ist sie natürlich erst recht auf dem darin enthaltenen Intervall $[a, b]$ gleichmäßig konvergent.

Man hüte sich aber davor zu meinen, daß sie deshalb auch im Konvergenzintervall $]-1, 1[$ gleichmäßig konvergiert! Daß dies nicht richtig ist, folgt aus der Tatsache, daß der Reihenrest

$$s(x) - s_n(x) = \sum_{k=n+1}^{\infty} x^k = \frac{x^{n+1}}{1-x}$$

– im Widerspruch zu (16.6) – für fast alle n und alle $x \in]-1, 1[$ seinen Betrag nach nicht unter eine beliebig vorgegebene Schranke ϵ gedrückt werden kann: wie groß auch immer n gewählt ist, es gibt stets eine Stelle $x \in]-1, 1[$, so daß $|s(x) - s_n(x)| > 1$ ausfällt! (Vgl. hierzu Beispiel 16.2).

Beispiel 16.4: Funktionenreihen, deren Glieder trigonometrische Funktionen sind,

$$\sum_{n=1}^{\infty} a_n \cos nx, \quad \sum_{n=1}^{\infty} b_n \sin nx,$$

konvergieren überall, wenn sie bereits auf einem Intervall der Länge 2π konvergent sind; ihre Summe ist dann eine 2π-periodische Funktion. Sie konvergieren sicher gleichmäßig auf $]-\infty, \infty[$, wenn die Reihen Σa_n und Σb_n absolut konvergieren, wie aus den für alle x geltenden Abschätzungen

$$|a_n \cos nx| \leqslant |a_n|, \quad |b_n \sin nx| \leqslant |b_n|$$

unter Zuhilfenahme von Satz 16.3 geschlossen werden kann.

In den folgenden Abschnitten wollen wir nun zeigen, daß die gleichmäßige Konvergenz es gestattet, aus den Eigenschaften der Glieder einer Folge bzw. Reihe auf dieselben Eigenschaften der Grenzfunktion bzw. Summenfunktion zu schließen und daß es ferner im großen und ganzen möglich ist, gleichmäßig konvergente Funktionenreihen hinsichtlich Integration und Differentiation wie gewöhnliche Summen zu behandeln.

16.3 Stetigkeit der Summenfunktion

Wir beginnen mit der Frage nach der Stetigkeit der Summe einer Reihe und beweisen dafür zuerst den folgenden

Satz 16.4. *Sind die Glieder der Folge* $(g_n(x))$ *auf dem Intervall* $[a, b]$ *stetig und konvergiert die Folge auf* $[a, b]$ *gleichmäßig, so ist die Grenzfunktion* $g(x)$ *auf* $[a, b]$ *stetig.*

Zum Beweis seien x und $x + h$ zwei beliebige Punkte des Intervalles $[a, b]$. Wir geben eine positive Zahl ϵ vor und schätzen die Differenz

$$|g(x+h) - g(x)| = |g(x+h) - g_n(x+h) + g_n(x+h) - g_n(x) + g_n(x) - g(x)|$$
$$\leqslant |g(x+h) - g_n(x+h)| + |g_n(x+h) - g_n(x)| + |g_n(x) - g(x)|$$

ab. Auf Grund der gleichmäßigen Konvergenz der Folge $(g_n(x))$ finden wir erstens eine Zahl $N(\epsilon)$, so daß die Ungleichungen

$$|g(x+h) - g_n(x+h)| < \epsilon, \quad |g_n(x) - g(x)| < \epsilon$$

für $n \geqslant N(\epsilon)$ gültig sind. Zweitens können wir, die Stetigkeit der Folgenglieder ausnützend, für einen beliebigen, jedoch fest zu denkenden Index $n \geqslant N(\epsilon)$ eine von ϵ abhängige Zahl $\delta = \delta(\epsilon)$ angeben, so daß

$$|g_n(x+h) - g_n(x)| < \epsilon \quad \text{für } |h| < \delta$$

gilt. Setzen wir diese Abschätzungen oben ein, so bekommen wir schließlich

$$|g(x+h) - g(x)| < 3\epsilon \quad \text{für } |h| < \delta,$$

womit der Nachweis erbracht ist, daß die Grenzfunktion $g(x)$ an der beliebig ausgewählten Stelle x – und mithin auf dem ganzen Intervall $[a, b]$ – stetig ist.

Es sei ausdrücklich erwähnt, daß dieser Satz nur eine *hinreichende* Bedingung für die Stetigkeit der Grenzfunktion zum Ausdruck bringt. So zeigt das Beispiel 16.1, daß die Grenzfunktion stetig sein kann, obwohl die Folge nicht gleichmäßig konvergiert.

Durch Übertragung auf die Partialsummen einer Funktionenreihe erhalten wir schließlich eine entsprechende Aussage über die Stetigkeit der Summenfunktion.

Satz 16.5 *Sind die Glieder der Reihe* $\Sigma f_n(x)$ *auf dem Intervall* $[a, b]$ *stetig und konvergiert die Reihe auf* $[a, b]$ *gleichmäßig, so ist ihre Summe auf* $[a, b]$ *stetig.*

16.4 Gliedweise Integration

Als nächstes wollen wir nachweisen, daß für gleichmäßig konvergente Folgen die Grenzwertbildung $n \to \infty$ mit der Integration vertauschbar ist.

Satz 16.6. *Sind die Glieder der Folge* $(g_n(x))$ *auf dem Intervall* $[a, b]$ *stetig und konvergiert die Folge auf* $[a, b]$ *gleichmäßig gegen die Grenzfunktion* $g(x)$, *so ist auch die Folge* $(G_n(x))$ *der Integrale mit variabler oberer Grenze* $G_n(x) = \int\limits_{\alpha}^{x} g_n(t)\,dt, \alpha \in [a, b]$, *auf dem Intervall* $[a, b]$ *gleichmäßig konvergent gegen die Grenzfunktion* $G(x) = \int\limits_{\alpha}^{x} g(t)\,dt$, *d.h. es gilt*

$$\int\limits_{\alpha}^{x} g(t)\,dt = \int\limits_{\alpha}^{x} \lim_{n\to\infty} g_n(t)\,dt = \lim_{n\to\infty} \int\limits_{\alpha}^{x} g_n(t)\,dt. \tag{16.9}$$

Speziell ist für $\alpha = a$ und $x = b$

$$\int\limits_{a}^{b} g(x)\,dx = \int\limits_{a}^{b} \lim_{n\to\infty} g_n(x)\,dx = \lim_{n\to\infty} \int\limits_{a}^{b} g_n(x)\,dx.$$

Zum Beweis bemerken wir zunächst, daß auf Grund der Voraussetzungen die Grenzfunktion $g(x)$ auf dem Intervall $[a, b]$ stetig ist und somit integriert werden kann. Wir können dann zu jedem $\epsilon > 0$ eine Zahl $N(\epsilon)$ angeben, so daß für alle x aus dem Intervall $[a, b]$ $|g_n(x) - g(x)| < \epsilon$ wird für $n \geqslant N(\epsilon)$; damit ist die Abschätzung

$$|G_n(x) - G(x)| = \left| \int_\alpha^x g_n(t)\,dt - \int_\alpha^x g(t)\,dt \right| \leqslant \left| \int_\alpha^x |g_n(t) - g(t)|\,dt \right|$$

$$\leqslant \left| \int_\alpha^x \epsilon\,dt \right| = \epsilon\,|x - \alpha| \leqslant \epsilon\,(b - a) \quad \text{für } n \geqslant N(\epsilon) \quad \text{und } x \in [a, b]$$

möglich, die bereits zeigt, daß die Folge $(G_n(x))$ auf dem Intervall $[a, b]$ gleichmäßig gegen die Funktion $G(x)$ konvergiert.

Für gleichmäßig konvergente Funktionenreihen bedeutet dieses Ergebnis die Vertauschbarkeit der Integration mit der Summation.

Satz 16.7. *Sind die Glieder der Reihe* $s(x) = \sum_{n=1}^{\infty} f_n(x)$ *auf dem Intervall* $[a, b]$ *stetig und konvergiert die Reihe auf diesem Intervall gleichmäßig, so konvergiert auch die Reihe* $\sum_{n=1}^{\infty} \int_\alpha^x f_n(t)\,dt$, $\alpha \in [a, b]$, *auf dem Intervall* $[a, b]$ *gleichmäßig und es gilt*

$$\int_\alpha^x s(t)\,dt = \int_\alpha^x \sum_{n=1}^{\infty} f_n(t)\,dt = \sum_{n=1}^{\infty} \int_\alpha^x f_n(t)\,dt. \tag{16.10}$$

Eine auf einem Intervall gleichmäßig konvergente Funktionenreihe darf also, wie eine gewöhnliche Summe stetiger Funktionen, auf diesem Intervall *gliedweise* integriert werden.

16.5 Gliedweise Differentiation

Während bei einer gleichmäßig konvergenten Funktionenfolge die Integration mit der Grenzwertbildung vertauschbar ist, trifft dies für die Differentiation ohne weitere Voraussetzungen nicht zu. Man sieht dies schon an dem einfachen Beispiel der Folge $(g_n(x))$ mit den Gliedern $g_n(x) = \frac{\sin nx}{n}$, die wegen $\left|\frac{\sin nx}{n}\right| \leqslant \frac{1}{n}$ auf jedem Intervall gleichmäßig gegen die Grenzfunktion $g(x) = 0$ konvergiert; wie sich aber durch Differentiation $g_n'(x) = \cos nx$ zeigt, ist die Folge $(g_n'(x))$ auf keinem Intervall konvergent!

Wenn aber auch die Folge der Ableitungen gleichmäßig konvergiert, so reicht dies aus, um die Differentiation mit der Grenzwertbildung vertauschen zu können.

Satz 16.8. *Konvergiert die Folge* $(g_n(x))$ *auf dem Intervall* $[a, b]$ *gegen die Grenzfunktion* $g(x)$, *sind die Glieder* $g_n(x)$ *auf diesem Intervall stetig differenzierbar und ist ferner die durch Differentiation entstandene Folge* $(g_n'(x))$ *auf dem Intervall* $[a, b]$ *gleichmäßig konvergent, so ist die Grenzfunktion* $g(x)$ *auf* $[a, b]$ *differenzierbar und es gilt*

$$\frac{d}{dx} g(x) = \frac{d}{dx} \lim_{n \to \infty} g_n(x) = \lim_{n \to \infty} \frac{d}{dx} g_n(x). \tag{16.11}$$

Um die Richtigkeit dieser Behauptung zu beweisen, bezeichnen wir mit $h(x)$ die (stetige) Grenzfunktion der Folge $(g_n'(x))$ und wenden Satz 16.6 auf die Folge $(g_n'(x))$ an,

$$\int_\alpha^x h(t)\,dt = \lim_{n \to \infty} \int_\alpha^x g_n'(t)\,dt = \lim_{n \to \infty} \left(g_n(x) - g_n(\alpha)\right) = g(x) - g(\alpha).$$

Daraus geht hervor, daß die Grenzfunktion $g(x)$ eine Stammfunktion von $h(x)$ ist und folglich $g'(x) = h(x)$ für alle $x \in [a, b]$ gilt. Wegen der Stetigkeit von $h(x)$ ist die Grenzfunktion $g(x)$ auf $[a, b]$ sogar stetig differenzierbar.

Wir fügen noch hinzu, daß für die Gültigkeit von (16.11) nur die gleichmäßige Konvergenz der Folge $(g_n'(x))$ und nicht auch die gleichmäßige Konvergenz der Folge $(g_n(x))$ – welche durch die Voraussetzungen des Satzes übrigens stets gegeben ist – benötigt wird.

Eine entsprechende zusätzliche Voraussetzung ist nun auch für die gliedweise Differentiation von Funktionenreihen erforderlich.

Satz 16.9. *Konvergiert die Reihe* $\sum_{n=1}^{\infty} f_n(x) = s(x)$ *auf dem Intervall* $[a, b]$, *sind ihre Glieder* $f_n(x)$ *auf* $[a, b]$ *stetig differenzierbar und konvergiert die durch Differentiation entstandene Reihe* $\sum_{n=1}^{\infty} f_n'(x)$ *auf* $[a, b]$ *gleichmäßig, so ist die Summenfunktion* $s(x)$ *auf* $[a, b]$ *differenzierbar und es gilt*

$$\frac{d}{dx} s(x) = \frac{d}{dx} \sum_{n=1}^{\infty} f_n(x) = \sum_{n=1}^{\infty} \frac{d}{dx} f_n(x). \tag{16.12}$$

16.6 Übungsbeispiele

Man bestimme den Konvergenzbereich folgender Funktionenreihen:

1. $\sum_{n=0}^{\infty} x^n(1-x)^n$
2. $\sum_{n=0}^{\infty} \left(\frac{x}{1-x}\right)^n$
3. $\sum_{n=0}^{\infty} \frac{1}{n+1} \frac{1}{(2x+1)^n}$
4. $\sum_{n=0}^{\infty} n e^{-nx}$
5. $\sum_{n=1}^{\infty} \frac{\cos nx}{n^2}$
6. $\sum_{n=0}^{\infty} x^n(1-x^n)$
7. $\sum_{n=1}^{\infty} \frac{x^n}{(x-1)(x-2)\dots(x-n)}$
8. Auf welchen Intervallen ist die Folge $(g_n(x))$ mit dem allgemeinen Glied $g_n(x) = \dfrac{n^2 x}{n^2 x + 1}$ gleichmäßig konvergent?

Auf welchen Intervallen sind die folgenden Funktionenreihen gleichmäßig konvergent?

9. $\sum_{n=0}^{\infty} q^n \cos nx, |q| < 1$ 10. $\sum_{n=0}^{\infty} \sin^n x$ 11. $\sum_{n=1}^{\infty} \frac{1}{n^2 + x^2}$

12. $\sum_{n=1}^{\infty} \frac{1}{n(x+1)^n}$ 13. $\sum_{n=1}^{\infty} \frac{1}{(x^2+1)^n}$ 14. $\sum_{n=1}^{\infty} \frac{\cos nx}{n(n+1)}$

15. $\sum_{n=1}^{\infty} \frac{(-1)^n}{x^2 + n}$ 16. $\sum_{n=1}^{\infty} \frac{1}{n^x}$ 17. $\sum_{n=0}^{\infty} (-1)^n \frac{x^n \ln^n x}{n!}$

18. $\sum_{n=1}^{\infty} nx\, e^{-nx^2/2} \left(\left(1 + \frac{1}{n}\right) e^{-x^2/2} - 1\right)$

Man berechne die folgenden Integrale, nachdem man den Nachweis erbracht hat, daß die Summation mit der Integration vertauschbar ist:

19. $I = \int\limits_{\ln 2}^{\ln 3} \sum_{n=1}^{\infty} n\, e^{-nx} dx$ 20. $I = \int\limits_{0}^{\infty} \sum_{n=1}^{\infty} \frac{1}{x^2 + n^4} dx$

21. $I = \int\limits_0^1 e^{-x^2} dx$: Man setze für e^{-x^2} die Reihe $\sum_{n=0}^{\infty} \frac{(-1)^n}{n!} x^{2n}$ ein!

22. $I = \int\limits_0^1 x^{-x} dx$: Man setze für x^{-x} die Reihe $\sum_{n=0}^{\infty} \frac{(-1)^n}{n!} x^n \ln^n x$ ein!

23. Man zeige, daß die durch die Reihe $s(x) = \sum_{n=0}^{\infty} \frac{\sin 2^{n^2} x}{a^{n^2}}$, $a > 1$, auf $]-\infty, \infty[$ definierte Funktion in jedem Punkt stetig ist. Welche Voraussetzung gewährleistet, daß die Funktion $s(x)$ differenzierbar ist, wobei ihre Ableitung $s'(x)$ durch gliedweise Differentiation gewonnen werden kann?

24. Die durch die Reihe $\zeta(x) = \sum_{n=1}^{\infty} \frac{1}{n^x}$ für $x > 1$ definierte Funktion heißt *Riemannsche Zeta-Funktion.* Man zeige, daß die Funktion $\zeta(x)$ für $x > 1$ differenzierbar ist und daß ihre Ableitung $\zeta'(x)$ durch gliedweise Differentiation gewonnen werden kann. Wie oft ist $\zeta(x)$ für $x > 1$ (gliedweise) differenzierbar?

25. Es sei $(s_n(x))$ eine Folge von Funktionen, die sämtlich auf einem Intervall I definiert sind; weiter bezeichne K den Konvergenzbereich und J ein Teilintervall desselben, $J \subseteq K \subseteq I$. Man beweise, daß die Konvergenz der Folge $(s_n(x))$ auf dem Intervall J keine gleichmäßige sein kann, wenn es eine gegen einen Punkt x_0 des Intervalls J konvergierende Folge (x_n) von Punkten aus J gibt, für die die Grenzwerte $\lim\limits_{n \to \infty} s_n(x_n)$ und $\lim\limits_{n \to \infty} s(x_n)$ existieren, jedoch voneinander verschieden sind.

17 Potenzreihen

17.1 Der Konvergenzradius

Einen besonders wichtigen Platz nehmen in den Anwendungen diejenigen Funktionenreihen ein, deren Glieder mit Hilfe der Potenzen von x aufgebaut sind. Eine solche Reihe

$$\sum_{n=0}^{\infty} a_n x^n = a_0 + a_1 x + a_2 x^2 + a_3 x^3 + \ldots \tag{17.1}$$

wird eine *Potenzreihe* (*in* x) genannt. Die Konstanten a_n heißen die *Koeffizienten* der Potenzreihe. Beispiele für solche Reihen sind die geometrische Reihe

$$\frac{1}{1-x} = 1 + x + x^2 + x^3 + \ldots$$

und die Reihe für die Exponentialfunktion

$$e^x = 1 + \frac{x}{1!} + \frac{x^2}{2!} + \frac{x^3}{3!} + \frac{x^4}{4!} + \frac{x^5}{5!} + \ldots.$$

Etwas allgemeiner ist die Reihe

$$\sum_{n=0}^{\infty} a_n (x - x_0)^n = a_0 + a_1 (x - x_0) + a_2 (x - x_0)^2 + \ldots, \tag{17.2}$$

die eine *Potenzreihe in* $x - x_0$ genannt wird. Dabei ist x_0 eine feste Zahl, die auch als *Anschlußstelle* bezeichnet wird. Offenbar kann man eine solche Potenzreihe durch Einführung der neuen Veränderlichen $\xi = x - x_0$ in eine Potenzreihe mit der Anschlußstelle $\xi_0 = 0$, also der Form (17.1), überführen. Da diesem Vorgang eine Verlegung des Koordinatenursprunges in den Punkt x_0 entspricht, können wir uns in den folgenden Untersuchungen, ohne an Allgemeinheit einzubüßen, auf Potenzreihen der Form (17.1) beschränken.

Wir wenden uns als erstes der Bestimmung des Konvergenzbereiches zu. Es ist offensichtlich, daß eine Potenzreihe (17.1) für $x = 0$ konvergiert, wie auch immer ihre Koeffizienten beschaffen sind. Wie das Beispiel der Reihe für die Exponentialfunktion zeigt, gibt es Potenzreihen, die für jeden Wert des Argumentes x konvergieren; es gibt aber auch solche, die nur für den Wert $x = 0$ konvergent sind wie z. B. die Reihe

$$\sum_{n=1}^{\infty} n^n x^n = x + 4x^2 + 27x^3 + 256x^4 + \ldots.$$

Da es nämlich zu jedem $x \neq 0$ stets eine natürliche Zahl N mit $|x| > \frac{1}{N}$ gibt, erhält man $|nx| > 1$ für $n \geqslant N$, so daß die Glieder der Reihe keine Nullfolge bilden können, wie es für eine konvergente Reihe notwendig der Fall sein muß.

Diese beiden Extremfälle pflegt man gesondert zu bezeichnen: Eine Potenzreihe, die für jeden Wert von x konvergiert, wird *beständig konvergent* genannt; eine Potenzreihe, die nur für $x = 0$ konvergent ist, nennt man *nirgends konvergent* – die Konvergenz für $x = 0$ ist ja selbstverständlich.

Eine grundlegende Aussage über das Konvergenzverhalten von Potenzreihen macht der folgende

Satz 17.1. *Konvergiert eine Potenzreihe für ein Argument* $x_1 \neq 0$, *so konvergiert sie für alle* x *mit* $|x| < |x_1|$ *absolut. Sie konvergiert gleichmäßig auf jedem Intervall* $[-\xi, \xi]$, *wenn* ξ *eine beliebige positive Zahl mit* $\xi < |x_1|$ *ist.*

Divergiert eine Potenzreihe für ein Argument x_2, *so divergiert sie auch für jedes* x *mit* $|x| > |x_2|$.

Wenn eine Potenzreihe für $x_1 \neq 0$ konvergiert, so müssen ihre Glieder $a_n x_1^n$ notwendig eine Nullfolge bilden; also gibt es zu jeder positiven Zahl η eine natürliche Zahl N mit $|a_n x_1^n| = |a_n|\,|x_1|^n < \eta$ für $n \geqslant N$. Ist sodann x ein beliebiges Argument mit der Eigenschaft $|x| \leqslant \xi < |x_1|$ und bezeichnet q – bei gegebenem ξ – den konstanten Quotienten $q = \frac{\xi}{|x_1|} < 1$, so bekommen wir die Abschätzungen

$$|a_n x^n| \leqslant |a_n|\,\xi^n = q^n\,|a_n|\,|x_1|^n < q^n \eta \quad \text{für } n \geqslant N,$$

und können daraus schließen, daß die Reihe $\Sigma\, \eta q^n$ eine konvergente Majorante für die Potenzreihe auf dem Intervall $[-\xi, \xi]$ ist, was nach Satz 16.3 bedeutet, daß die Potenzreihe auf diesem Intervall gleichmäßig konvergiert und, da ξ beliebig nahe an $|x_1|$ gelegen sein kann, für jedes x mit $|x| < |x_1|$ absolut konvergiert.

Um die Richtigkeit der zweiten Behauptung zu beweisen, nehmen wir in indirekter Schlußweise an, die Reihe würde für ein gewisses x mit $|x| > |x_2|$ konvergieren. Nach dem eben Bewiesenen müßte sie dann aber für x_2 absolut konvergieren, im Widerspruch zur Voraussetzung.

Aus Satz 17.1 geht hervor, daß es für eine Potenzreihe, die weder beständig noch nirgends konvergiert, ein Intervall mit zum Ursprung symmetrischen Endpunkten geben muß, in dessen Innerem die Reihe absolut konvergiert, während sie außerhalb divergiert.

Satz 17.2. *Ist* $\Sigma\, a_n x^n$ *eine Potenzreihe, die weder beständig noch nirgends konvergiert, so gibt es eine eindeutig bestimmte positive Zahl* r *mit der Eigenschaft, daß die Reihe für alle* x *mit* $|x| < r$ *absolut konvergiert und für alle* x *mit* $|x| > r$ *divergiert.*

Die Zahl r *wird der Konvergenzradius, das Intervall von* $\langle -r, r \rangle$ *(je nach Konvergenz oder Divergenz einschließlich der Endpunkte oder nicht) das Konvergenzintervall der Potenzreihe genannt. Der genaue Wert des Konvergenzradius ist*

$$r = \frac{1}{\limsup \sqrt[n]{|a_n|}}\,. \tag{17.3}$$

Wir übergehen den Beweis der Existenz der Zahl r und zeigen die Darstellung (17.3), die die Abhängigkeit des Konvergenzradius von den Koeffizienten zum Ausdruck bringt.

Bezeichnet $\mu = \limsup \sqrt[n]{|a_n|}$, so ist $0 < \mu < \infty$. Wäre nämlich $\mu = 0$, so würde aus dem Wurzelkriterium (Satz 15.6)

$$\limsup \sqrt[n]{|a_n x^n|} = |x|\,\mu = 0$$

für beliebiges x folgen, die Reihe also beständig konvergent sein. Ist $\mu = \infty$, so würde dies

$$\limsup \sqrt[n]{|a_n x^n|} = \infty$$

für jedes $x \neq 0$ bedeuten, so daß die Reihe nirgends konvergent wäre. Beide Fälle sind in den Voraussetzungen ausgeschlossen – also ist $0 < \mu < \infty$. Aus der Beziehung

$$\limsup \sqrt[n]{|a_n x^n|} = \mu\,|x|$$

folgt dann mit Hilfe des Wurzelkriteriums, daß die Reihe für jedes Argument x mit $|x| < \frac{1}{\mu}$ konvergiert und im Falle $|x| > \frac{1}{\mu}$ divergiert – folglich muß $r = \frac{1}{\mu}$ sein.

Ordnet man einer beständig konvergenten Potenzreihe den Konvergenzradius $r = \infty$ zu, einer nirgends konvergenten Potenzreihe den Konvergenzradius $r = 0$, und setzt man in diesem Zusammenhang $\frac{1}{0} = \infty$, $\frac{1}{\infty} = 0$, so wird durch (17.3) auch für beständig konvergente und nirgends konvergente Potenzreihen ein Konvergenzradius erklärt.

Im Falle, daß die Folge $(\sqrt[n]{|a_n|})$ konvergent oder bestimmt divergent ist, tritt an die Stelle von (17.3) der Grenzwert

$$r = \lim_{n \to \infty} \frac{1}{\sqrt[n]{|a_n|}}. \tag{17.4}$$

In diesem Zusammenhang erwähnen wir, ohne diese Tatsache zu beweisen, daß die Bestimmung des Konvergenzradius auch mit Hilfe des Quotientenkriteriums durch den Grenzwert

$$r = \lim_{n \to \infty} \left| \frac{a_n}{a_{n+1}} \right| \tag{17.5}$$

möglich ist, falls dieser im eigentlichen oder uneigentlichen Sinn existiert (vgl. Satz 15.7).

Für die Randpunkte $x = r$ und $x = -r$ des Konvergenzintervalles wird in Satz 17.2 keine Aussage hinsichtlich Konvergenz bzw. Divergenz der Potenzreihe gemacht, so daß für diese Werte stets eine eigene Untersuchung erforderlich ist. Es können tatsächlich alle möglichen Fälle auftreten, wie die folgenden Beispiele zeigen.

Die geometrische Reihe, deren Konvergenzradius $r = 1$ ist, divergiert für $x = 1$ und $x = -1$. Die Reihe (vgl. Beispiel 15.5)

$$x + \frac{x^2}{2} + \frac{x^3}{3} + \frac{x^4}{4} + \ldots$$

mit dem Konvergenzradius $r = \lim \frac{n+1}{n} = 1$ divergiert für $x = 1$ und konvergiert (bedingt) für $x = -1$. Die Reihe

$$x - \frac{x^3}{3} + \frac{x^5}{5} - \frac{x^7}{7} + \frac{x^9}{9} - + \ldots$$

hat ebenfalls den Konvergenzradius $r = 1$ und konvergiert bedingt in beiden Randpunkten $x = 1$ und $x = -1$ des Konvergenzintervalles. Die Reihe (vgl. Beispiel 15.8 und Beispiel 15.13)

$$x + \frac{x^2}{2^2} + \frac{x^3}{3^2} + \frac{x^4}{4^2} + \dots,$$

deren Konvergenzradius $r = 1$ ist, konvergiert sogar absolut in beiden Punkten $x = 1$ und $x = -1$.

17.2 Eigenschaften der Summenfunktion

Aus den bisherigen Ergebnissen über das Konvergenzverhalten von Potenzreihen läßt sich nun unmittelbar folgende Aussage über die Stetigkeit der Summenfunktion beweisen.

Satz 17.3. *Die Summe einer Potenzreihe mit positivem Konvergenzradius ist in jedem inneren Punkt ihres Konvergenzintervalles stetig.*

Zum Beweis sei $r > 0$ der Konvergenzradius der Potenzreihe und $x_0 \in\,]-r, r[$ beliebig gewählt. Es gibt dann stets eine positive Zahl δ mit der Eigenschaft $|x_0| < r - \delta$. Da die Reihe z.B. für $x_1 = r - \frac{\delta}{2}$ absolut konvergiert, können wir mit Satz 17.1 schließen, daß die Reihe auf dem Intervall $[-r + \delta, r - \delta]$ gleichmäßig konvergiert, und mit Satz 16.5, daß die Summenfunktion in diesem Intervall – also auch im Punkt x_0 – stetig ist.

Nun ist die Frage naheliegend, ob die Summe einer Potenzreihe auch in den Randpunkten des Konvergenzintervalles (entsprechend einseitig) stetig ist, vorausgesetzt natürlich, daß die Reihe in diesen Punkten konvergiert. Die Antwort darauf gibt der folgende Satz, auf dessen Beweis wir nicht eingehen wollen:

Satz 17.4 (Abelscher Grenzwertsatz). *Hat die Potenzreihe* $s(x) = \sum_{n=0}^{\infty} a_n x^n$ *einen positiven Konvergenzradius* r *und konvergiert sie für* $x = r$, *so gilt*

$$\lim_{x \to r-} s(x) = s(r) = \sum_{n=0}^{\infty} a_n r^n.$$

Eine entsprechende Aussage gilt für das linke Intervallende $x = -r$.

Eine Potenzreihe kann im Inneren ihres Konvergenzintervalles gliedweise integriert werden:

Satz 17.5. *Ist* $s(x) = \sum_{n=0}^{\infty} a_n x^n$ *eine Potenzreihe mit positivem Konvergenzradius* r, *so gilt für beliebiges* $\alpha \in\,]-r, r[$

$$\int_{\alpha}^{x} s(t)\,dt = \sum_{n=0}^{\infty} a_n \int_{\alpha}^{x} t^n\,dt = \sum_{n=0}^{\infty} \frac{a_n}{n+1} x^{n+1} + C, \quad C = -\sum_{n=0}^{\infty} \frac{a_n}{n+1} \alpha^{n+1}, \quad -r < x < r.$$

Für beliebige Zahlen $\alpha, x \in\,]-r, r[$ finden wir nämlich eine Zahl $\delta > 0$ mit $-r + \delta \leqslant \alpha, x \leqslant r - \delta$; da die Konvergenz auf jedem Intervall $[-r + \delta, r - \delta]$ gleichmäßig ist, folgt aus Satz 16.7 die Behauptung.

Die Integration einer Potenzreihe mit variabler oberer Grenze führt also auf eine Potenzreihe mit den Gliedern $a_n' = \frac{a_{n-1}}{n}$; sie hat den gleichen Konvergenzradius wie die ursprüngliche Reihe, denn es gilt

$$\limsup \sqrt[n]{\left|\frac{a_{n-1}}{n}\right|} = \limsup \sqrt[n]{|a_n|} = \frac{1}{r}, \tag{17.6}$$

wovon sich der Leser leicht selbst überzeugen kann.

Beispiel 17.1: Durch gliedweise Integration der geometrischen Reihe entsteht für $-1 < x < 1$

$$-\ln(1-x) = \int_0^x \frac{dt}{1-t} = \sum_{n=0}^{\infty} \int_0^x t^n\,dt = \sum_{n=0}^{\infty} \frac{x^{n+1}}{n+1}.$$

Die durch Integration entstandene Reihe rechts hat den Konvergenzradius $r = 1$ und konvergiert bedingt für $x = -1$. Nach dem Abelschen Grenzwertsatz ist ihre Summe für $x = -1$ daher $-\ln 2$ und wir erhalten insgesamt die *„Reihendarstellung"* für den Logarithmus

$$\ln(1-x) = -\sum_{n=1}^{\infty} \frac{x^n}{n} = -x - \frac{x^2}{2} - \frac{x^3}{3} - \frac{x^4}{4} - \frac{x^5}{5} - \ldots, -1 \leqslant x < 1. \tag{17.7}$$

Beispiel 17.2: Integrieren wir die geometrische Reihe für $q = -x^2$,

$$1 - x^2 + x^4 - x^6 + - \ldots = \frac{1}{1+x^2},$$

deren Konvergenzradius $r = 1$ ist, zwischen den Grenzen 0 und x, $|x| < 1$, so erhalten wir

$$\arctan x = \int_0^x \frac{dt}{1+t^2} = \sum_{n=0}^{\infty} (-1)^n \int_0^x t^{2n}\,dt = \sum_{n=0}^{\infty} \frac{(-1)^n}{2n+1} x^{2n+1}.$$

Der Konvergenzradius der rechterhand stehenden Reihe ist $r = 1$, die Reihe konvergiert aber auch bedingt für $x = 1$ und $x = -1$. Wir bekommen somit die Reihendarstellung für die Arcus-Tangens-Funktion

$$\arctan x = \sum_{n=0}^{\infty} \frac{(-1)^n}{2n+1} x^{2n+1} = x - \frac{x^3}{3} + \frac{x^5}{5} - \frac{x^7}{7} + - \ldots, -1 \leqslant x \leqslant 1. \tag{17.8}$$

Für $x = 1$ (und $x = -1$) entsteht die *Leibnizsche Reihe*

$$\arctan 1 = \frac{\pi}{4} = 1 - \frac{1}{3} + \frac{1}{5} - \frac{1}{7} + \frac{1}{9} - + \ldots.$$

Zur Überprüfung der Differenzierbarkeit der Summe einer Potenzreihe $s(x) = \sum_{n=0}^{\infty} a_n x^n$ mit positivem Konvergenzradius r haben wir nach Satz 16.9 die durch gliedweise Differentiation entstehende Reihe

$$\sum_{n=0}^{\infty} a_n \frac{d}{dx} x^n = \sum_{n=1}^{\infty} n a_n x^{n-1} = a_1 + 2a_2 x + 3a_3 x^2 + \ldots$$

auf gleichmäßige Konvergenz zu untersuchen. Nun können wir sofort feststellen, indem wir in (17.6) die Zahlen a_n durch die Glieder $(n+1)\,a_{n+1}$ ersetzen, daß die so entstandene Potenzreihe ebenfalls den Konvergenzradius r hat. Da die Reihe daher in jedem Intervall $[-r+\delta, r-\delta]$ $(0<\delta<r)$ gleichmäßig konvergiert, erhalten wir aus Satz 16.9 die Gleichung

$$s'(x) = \sum_{n=1}^{\infty} n\,a_n x^{n-1} = a_1 + 2a_2 x + 3a_3 x^2 + \ldots, \quad -r<x<r.$$

Differenzieren wir nun die rechts stehende Reihe, so bleibt aus denselben Gründen wie oben der Konvergenzradius ungeändert, und wir gelangen zu

$$s''(x) = \sum_{n=2}^{\infty} n(n-1)\,a_n x^{n-2} = 2a_2 + 3\cdot 2a_3 x + 4\cdot 3a_4 x^2 + \ldots, \quad -r<x<r.$$

Man sieht, daß die gliedweise Differentiation beliebig fortgesetzt werden kann, weil jedesmal eine Potenzreihe mit unverändertem Konvergenzradius r entsteht. Wir erhalten daher durch induktiven Schluß den

Satz 17.6. *Eine Potenzreihe* $s(x) = \sum_{n=0}^{\infty} a_n x^n$ *stellt innerhalb ihres Konvergenzintervalles eine beliebig oft differenzierbare Funktion dar. Die k-te Ableitung der Summenfunktion erhält man durch k-malige gliedweise Differentiation*

$$s^{(k)}(x) = \sum_{n=k}^{\infty} n(n-1)\ldots(n-k+1)\,a_n x^{n-k} = \sum_{n=0}^{\infty} \frac{(n+k)!}{n!}\,a_{n+k} x^n, \quad -r<x<r. \tag{17.9}$$

Setzen wir in (17.9) für $x = 0$, so bekommen wir die wichtigen Formeln

$$s^{(k)}(0) = k!\,a_k, \quad k = 0, 1, 2, \ldots, \tag{17.10}$$

durch die ein Zusammenhang zwischen den Koeffizienten und den Ableitungen an der Anschlußstelle $x_0 = 0$ hergestellt wird. Im besonderen ist daraus zu erkennen, daß die Koeffizienten einer Potenzreihe durch die Summenfunktion eindeutig bestimmt sind. Weiß man daher von zwei Potenzreihen $\sum_{n=0}^{\infty} a_n x^n$ und $\sum_{n=0}^{\infty} b_n x^n$, daß sie in einem gemeinsamen Intervall $]-\rho, \rho[$ konvergieren und dort dieselbe Summe haben, so müssen ihre Koeffizienten übereinstimmen, denn durch k-malige Differentiation der Gleichung $\sum_{n=0}^{\infty} a_n x^n = \sum_{n=0}^{\infty} b_n x^n$ und Einsetzen für $x = 0$ folgt $k!a_k = k!b_k$, somit $a_k = b_k$, $k = 0, 1, 2, \ldots$. Wenn also eine Funktion überhaupt durch eine Potenzreihe darstellbar ist, so kann dies nur auf eine Weise möglich sein. Auf diesem *Identitätssatz für Potenzreihen* beruht das Prinzip des *Koeffizientenvergleichs.* Wir verweisen den Leser in diesem Zusammenhang auf eine entsprechende Eigenschaft von Polynomen.[1])

[1]) Vgl. Abschnitt 4.5, Seite 100.

Völlig gleichlautende Ergebnisse erhält man für Potenzreihen in $x - x_0$. Das Konvergenzintervall einer Reihe $\sum_{n=0}^{\infty} a_n(x - x_0)^n$ ist von der Form $\langle x_0 - r, x_0 + r\rangle$, je nach Konvergenz oder Divergenz einschließlich oder ausschließlich der Randpunkte; dabei haben wir mit r den durch (17.3) zu bestimmenden Konvergenzradius bezeichnet. An die Stelle von (17.10) tritt

$$s^{(k)}(x_0) = k!\, a_k, \quad k = 0, 1, 2, \ldots, \tag{17.11}$$

für eine Potenzreihe in $x - x_0$.

17.3 Das Rechnen mit Potenzreihen

Sind $\sum_{n=0}^{\infty} a_n x^n$ und $\sum_{n=0}^{\infty} b_n x^n$ zwei Potenzreihen, die in einem gemeinsamen Intervall $]-\rho, \rho[$ konvergieren, so können sie gliedweise addiert und subtrahiert werden,

$$\sum_{n=0}^{\infty} a_n x^n \pm \sum_{n=0}^{\infty} b_n x^n = \sum_{n=0}^{\infty} x^n (a_n \pm b_n)$$

(vgl. (15.4)). Ebenso ist die Multiplikation mit einer Konstanten durch gliedweises Multiplizieren der Glieder auszuführen (vgl. (15.5)). Die Multiplikation nach dem Schema (15.24) ergibt, da beide Reihen im Intervall $]-\rho, \rho[$ absolut konvergieren,

$$\sum_{n=0}^{\infty} a_n x^n \sum_{n=0}^{\infty} b_n x^n = \sum_{n=0}^{\infty} x^n (a_0 b_n + a_1 b_{n-1} + \ldots + a_{n-1} b_1 + a_n b_0).$$

Darin zeigt sich vor allem die Bedeutung der Produktbildung (15.23), da durch sie das Produkt zweier Potenzreihen wieder als Potenzreihe angeschrieben werden kann. Die Produktreihe konvergiert ebenfalls für $x \in\,]-\rho, \rho[$, möglicherweise aber auch in einem umfassenderen Intervall.

Potenzreihen können auch dividiert werden, indem man mit unbestimmten Koeffizienten $c_0, c_1, c_2, \ldots$ den Ansatz

$$\frac{a_0 + a_1 x + a_2 x^2 + \ldots}{b_0 + b_1 x + b_2 x^2 + \ldots} = c_0 + c_1 x + c_2 x^2 + \ldots$$

macht. Dabei ist, um im Punkt $x = 0$ die Division durch Null auszuschließen, $b_0 \neq 0$ vorauszusetzen, wenn es nicht vorher möglich ist, durch eine Potenz von x zu dividieren, um eine solche Situation zu vermeiden. Multipliziert man diesen Ansatz mit der Reihe $\sum_{n=0}^{\infty} b_n x^n$, so ergibt sich

$$\sum_{n=0}^{\infty} a_n x^n = \sum_{n=0}^{\infty} c_n x^n \sum_{n=0}^{\infty} b_n x^n = \sum_{n=0}^{\infty} x^n (c_0 b_n + c_1 b_{n-1} + \ldots + c_n b_0)$$

und weiter durch Koeffizientenvergleich das Gleichungssystem

$$a_n = c_0 b_n + c_1 b_{n-1} + c_2 b_{n-2} + \ldots + c_n b_0, \quad n = 0, 1, 2, \ldots,$$

ausführlich

$$\begin{aligned} a_0 &= c_0 b_0, \\ a_1 &= c_0 b_1 + c_1 b_0, \\ a_2 &= c_0 b_2 + c_1 b_1 + c_2 b_0, \\ a_3 &= c_0 b_3 + c_1 b_2 + c_2 b_1 + c_3 b_0, \\ &\vdots \end{aligned}$$

für die Koeffizienten $c_0, c_1, c_2, \ldots$ des gesuchten Quotienten. Aus der ersten dieser Gleichungen erhält man das konstante Glied c_0, aus der zweiten sodann unter Benützung des bereits errechneten Wertes für c_0 den Koeffizienten c_1, aus der dritten c_2 usw.

Beispiel 17.3.: Wir berechnen den Quotienten

$$\frac{x}{\ln(1-x)} = \frac{-x}{\sum\limits_{n=0}^{\infty} \frac{x^{n+1}}{n+1}} = \frac{-1}{\sum\limits_{n=0}^{\infty} \frac{x^n}{n+1}} = c_0 + c_1 x + c_2 x^2 + \ldots$$

(vgl (17.7)). Das Gleichungssystem hierfür lautet

$$c_0 = -1, \quad 0 = \sum_{k=0}^{n} c_k \frac{1}{n+1-k}, \quad n = 1, 2, \ldots,$$

beziehungsweise

$$\frac{1}{2} c_0 + c_1 = 0, \frac{1}{3} c_0 + \frac{1}{2} c_1 + c_2 = 0, \frac{1}{4} c_0 + \frac{1}{3} c_1 + \frac{1}{2} c_2 + c_3 = 0, \frac{1}{5} c_0 + \frac{1}{4} c_1 + \frac{1}{3} c_2 + \frac{1}{2} c_3 + c_4 = 0 \text{ usw.}$$

Daraus ergeben sich der Reihe nach die Werte $c_1 = \frac{1}{2}, c_2 = \frac{1}{12}, c_3 = \frac{1}{24}, c_4 = \frac{19}{720}, \ldots$, also

$$\frac{x}{\ln(1-x)} = -1 + \frac{1}{2}x + \frac{1}{12}x^2 + \frac{1}{24}x^3 + \frac{19}{720}x^4 + \ldots$$

17.4 Die Taylorsche Reihe einer Funktion

Nachdem wir die Eigenschaften der durch eine Potenzreihe dargestellten Funktion studiert haben, wenden wir uns nun umgekehrt der Aufgabe zu, eine gegebene Funktion $f(x)$ in eine Potenzreihe zu „entwickeln", d.h. sie als Summe einer Potenzreihe darzustellen. Wir wollen dazu annehmen, die Funktion $f(x)$ sei in einem Intervall definiert, das den Punkt x_0, die Anschlußstelle der gesuchten Entwicklung, in seinem Inneren enthält. Da die Summe einer Potenzreihe im Inneren ihres Konvergenzintervalles eine beliebig oft differenzierbare Funktion darstellt, benötigen wir diese Eigenschaft, zumindest in einer Umgebung der Stelle x_0, auch für die zu entwickelnde Funktion $f(x)$. Die Entwicklung muß dann lauten

$$f(x) = \sum_{n=0}^{\infty} \frac{f^{(n)}(x_0)}{n!}(x-x_0)^n = f(x_0) + \frac{x-x_0}{1!} f'(x_0) + \frac{(x-x_0)^2}{2!} f''(x_0) + \ldots,$$

da ihre Koeffizienten, wie wir (17.11) entnehmen, notwendig mit den Ableitungen der Summenfunktion f(x) an der Anschlußstelle zu bilden sind. Stellen wir dieser zunächst nur formal gebildeten Reihe die Taylorsche Formel für die Funktion f(x) gegenüber (vgl. (7.23)),

$$f(x) = f(x_0) + \frac{x - x_0}{1!} f'(x_0) + \dots + \frac{(x - x_0)^n}{n!} f^{(n)}(x_0) + R_n(x),$$

mit dem Restglied in der Lagrangeschen Form (7.24)

$$R_n(x) = \frac{(x - x_0)^{n+1}}{(n+1)!} f^{(n+1)}(\xi),$$

oder in der Eulerschen Form (11.41)

$$R_n(x) = \frac{1}{n!} \int_{x_0}^{x} (x - t)^n f^{(n+1)}(t)\, dt,$$

so sehen wir durch Grenzübergang $n \to \infty$, *daß die Entwicklung*

$$f(x) = \sum_{n=0}^{\infty} \frac{f^{(n)}(x_0)}{n!} (x - x_0)^n = f(x_0) + \frac{x - x_0}{1!} f'(x_0) + \frac{(x - x_0)^2}{2!} f''(x_0) + \dots \tag{17.12}$$

für alle x *gültig ist, für die das Restglied* $R_n(x)$ *mit wachsendem* n *gegen* 0 *strebt,*

$$\lim_{n \to \infty} R_n(x) = 0. \tag{17.13}$$

Man nennt dann die Reihe (17.12) die *Taylorsche Reihe* der Funktion f(x).[1]

Existiert der Grenzwert (17.13) für alle x aus einem Intervall $]-\rho, \rho[$, so ist der Konvergenzradius der Taylorschen Reihe von f(x) mindestens gleich ρ, wie aus dem Konvergenzverhalten einer Potenzreihe zu erkennen ist. Das Augenmerk bei der Entwicklung einer Funktion f(x) in ihre Taylorsche Reihe ist daher auf die Abschätzung des Restgliedes $R_n(x)$ der Taylorschen Formel zu richten, für das man, je nach Zweckmäßigkeit, die eine oder andere Darstellung zugrunde legen kann.

Es sei in diesem Zusammenhang ausdrücklich bemerkt, daß die beliebige Differenzierbarkeit in einer Umgebung der gewünschten Anschlußstelle nur eine *notwendige*, aber keine *hinreichende* Bedingung dafür ist, daß eine Funktion in ihre Taylorsche Reihe entwickelt werden kann. Dies zeigt auch das Beispiel der Funktion $f(x) = e^{-1/x^2}$ für $x \neq 0$ und $f(0) = 0$. Diese Funktion ist in jeder Umgebung von $x_0 = 0$ beliebig oft differenzierbar, ihre Ableitungen für $x_0 = 0$ sind sämtlich 0. Es ist daher für jedes x und n stets $R_n(x) = f(x)$, woraus zu erkennen ist, daß die Restglieder in keiner Umgebung von $x_0 = 0$ gegen 0 streben. Infolgedessen gibt es keine Potenzreihenentwicklung mit der Anschlußstelle $x_0 = 0$.

1) Mit dieser Bezeichnungsweise ist jede Potenzreihe die Taylorsche Reihe ihrer Summenfunktion.

17.5 Entwicklung der elementaren Funktionen

Wir benützen nun die Ergebnisse des letzten Abschnittes, um Reihenentwicklungen der elementaren Funktionen zu gewinnen.

Die Exponentialfunktion e^x. Wir schreiben die Taylorsche Formel für die Exponentialfunktion e^x an (vgl. Beispiel 7.14)),

$$e^x = 1 + \frac{x}{1!} + \frac{x^2}{2!} + \ldots + \frac{x^n}{n!} + \frac{x^{n+1}}{(n+1)!} e^{\vartheta x}, \quad 0 < \vartheta < 1.$$

Zu jedem festen x finden wir dann eine natürliche Zahl N, so daß $n > 2\,|x|$ ist für $n \geqslant N$. Dann wird für $n \geqslant N$

$$\left|\frac{x^{n+1}}{(n+1)!}\right| = \frac{|x|^N}{N!}\,\frac{|x|}{N+1}\cdot\ldots\cdot\frac{|x|}{n+1} < \frac{|x|^N}{N!}\left(\frac{1}{2}\right)^{n+1-N} = \frac{|2x|^N}{N!}\left(\frac{1}{2}\right)^{n+1}$$

und wegen $\lim\limits_{n\to\infty}\left(\frac{1}{2}\right)^n = 0$

$$\lim_{n\to\infty}\frac{x^{n+1}}{(n+1)!} = 0 \quad \text{für } -\infty < x < \infty. \tag{17.14}$$

Infolgedessen ist auch

$$\lim_{n\to\infty} R_n(x) = \lim_{n\to\infty}\frac{x^{n+1}}{(n+1)!}\,e^{\vartheta x} = 0$$

für jedes x und wir erhalten die Entwicklung

$$e^x = \sum_{n=0}^{\infty}\frac{x^n}{n!} = 1 + \frac{x}{1!} + \frac{x^2}{2!} + \frac{x^3}{3!} + \frac{x^4}{4!} + \frac{x^5}{5!} + \ldots, \qquad -\infty < x < \infty. \tag{17.15}$$

Damit ist endlich die Reihenentwicklung (3.15) der Exponentialfunktion bestätigt, von der wir in unseren Betrachtungen schon verschiedentlich Gebrauch gemacht haben.

Die trigonometrischen Funktionen $\sin x$ und $\cos x$. Die Taylorsche Formel für die Funktion $\sin x$ lautet mit dem Restglied in der Lagrangeschen Form (vgl. Beispiel 7.15)

$$\sin x = \sum_{k=0}^{n}\frac{\sin\left(k\frac{\pi}{2}\right)}{k!}\,x^k + \frac{x^{n+1}}{(n+1)!}\sin\left(\vartheta x + (n+1)\frac{\pi}{2}\right).$$

Auch hier ist leicht zu sehen, daß das Restglied für alle x gegen Null strebt. Aus der Abschätzung

$$0 \leqslant |R_n(x)| = \left|\frac{x^{n+1}}{(n+1)!}\sin\left(\vartheta x + (n+1)\frac{\pi}{2}\right)\right| \leqslant \left|\frac{x^{n+1}}{(n+1)!}\right|$$

folgt mit Hilfe des Vergleichskriteriums (Satz 2.14), da die rechte Seite dieser Ungleichung zufolge (17.14) für jedes x den Grenzwert 0 hat,

$$\lim_{n\to\infty} R_n(x) = \lim_{n\to\infty}\frac{x^{n+1}}{(n+1)!}\sin\left(\vartheta x + (n+1)\frac{\pi}{2}\right) = 0.$$

Wir gelangen so zu der Entwicklung

$$\sin x = \sum_{n=0}^{\infty} \frac{(-1)^n}{(2n+1)!} x^{2n+1} = x - \frac{x^3}{3!} + \frac{x^5}{5!} - \frac{x^7}{7!} + - \ldots, \quad -\infty < x < \infty. \qquad (17.16)$$

Durch eine analoge Betrachtung erhalten wir

$$\cos x = \sum_{n=0}^{\infty} \frac{(-1)^n}{(2n)!} x^{2n} = 1 - \frac{x^2}{2!} + \frac{x^4}{4!} - \frac{x^6}{6!} + - \ldots, \quad -\infty < x < \infty. \qquad (17.17)$$

Die hyperbolischen Funktionen sinh x und cosh x. Benützen wir die Definitionen $\sinh x = \frac{1}{2}(e^x - e^{-x})$ und $\cosh x = \frac{1}{2}(e^x + e^{-x})$, so ergeben sich durch Subtraktion und Addition der Taylorschen Reihen für e^x und e^{-x} die Entwicklungen

$$\sinh x = \sum_{n=0}^{\infty} \frac{x^{2n+1}}{(2n+1)!} = x + \frac{x^3}{3!} + \frac{x^5}{5!} + \frac{x^7}{7!} + \ldots, \quad -\infty < x < \infty \qquad (17.18)$$

und

$$\cosh x = \sum_{n=0}^{\infty} \frac{x^{2n}}{(2n)!} = 1 + \frac{x^2}{2!} + \frac{x^4}{4!} + \frac{x^6}{6!} + \ldots, \quad -\infty < x < \infty. \qquad (17.19)$$

Die Funktion $(1 + x)^a$. Die Binomialreihe. Wir entwickeln das „Binom“

$$f(x) = (1 + x)^a, \quad x > -1,$$

in ihre Taylorsche Reihe mit der Anschlußstelle $x_0 = 0$. Setzen wir in den Ableitungen

$$f^{(n)}(x) = a(a-1)\ldots(a-n+1)(1+x)^{a-n} = n! \binom{a}{n} (1+x)^{a-n}$$

(vgl. (7.7)) für $x = 0$, so gelangen wir zur Taylorschen Formel

$$(1 + x)^a = 1 + ax + \frac{a(a-1)}{2!} x^2 + \ldots + \frac{a(a-1)\ldots(a-n+1)}{n!} x^n + R_n(x).$$

Für das Restglied verwenden wir die Eulersche Darstellung

$$R_n(x) = \frac{a(a-1)\ldots(a-n)}{n!} \int_0^x (x-t)^n (1+t)^{a-n-1} dt.$$

Zunächst erhalten wir durch Anwendung des ersten Mittelwertsatzes der Integralrechnung (Satz 11.3) für $x > -1$

$$\int_0^x (x-t)^n (1+t)^{a-n-1} dt = x^{n+1} (1-\vartheta)^n (1+\vartheta x)^{a-n-1}, \quad 0 < \vartheta < 1.$$

Wir wählen nun eine beliebige positive Zahl δ und beschränken x auf das Intervall $[-1+\delta, 1-\delta]$. Dann ist sowohl $1+\vartheta x > \delta$ als auch $1+\vartheta x > 1-\vartheta$ und wir erhalten für $\delta < \frac{1}{2}$ die Abschätzung

$$\left|\int_0^x (x-t)^n (1+t)^{a-n-1}\,dt\right| \leqslant |x|^{n+1}\,|1+\vartheta x|^{a-1} \leqslant \frac{(1-\delta)^{n+1}}{\delta^{|1-a|}}$$

für den Integralterm des Restgliedes $R_n(x)$. Um eine Abschätzung für den Faktor vor dem Integral zu finden, sei $k = [\,|a|\,] + 1$. Sodann gilt

$$\left|\frac{a(a-1)\dots(a-n)}{n!}\right| \leqslant \frac{k(k+1)\dots(k+n)}{n!} = \frac{(n+k)!}{n!\,(k-1)!} =$$

$$= \frac{(n+k)(n+k-1)\dots(n+1)}{(k-1)!} \leqslant \frac{(n+k)^k}{(k-1)!}$$

und wir bekommen insgesamt

$$|R_n(x)| \leqslant (1-\delta)^{n+1}\,\frac{(n+k)^k}{\delta^{|1-a|}(k-1)!} \qquad \text{für} \quad |x| \leqslant 1-\delta.$$

Die Ausdrücke auf der rechten Seite dieser Ungleichung streben mit wachsendem n gegen Null; fassen wir sie nämlich als Glieder c_n einer Reihe auf, so zeigt das Quotientenkriterium

$$\lim_{n\to\infty} \frac{c_{n+1}}{c_n} = \lim_{n\to\infty} \left(\frac{n+k+1}{n+k}\right)^k (1-\delta) = 1-\delta < 1$$

die Konvergenz der Reihe $\Sigma\, c_n$, weswegen dann die Glieder c_n notwendig eine Nullfolge bilden müssen. Also gilt, da die Zahl $\delta > 0$ beliebig klein gewählt werden kann,

$$\lim_{n\to\infty} R_n(x) = 0 \quad \text{für } -1 < x < 1$$

und wir erhalten somit die Entwicklung

$$(1+x)^a = \sum_{n=0}^{\infty} \binom{a}{n} x^n = 1 + ax + \frac{a(a-1)}{2!}x^2 + \frac{a(a-1)(a-2)}{3!}x^3 + \dots, \; -1 < x < 1 \tag{17.20}$$

Die Entwicklung (17.20), die zu den großen Entdeckungen Newtons zu zählen ist, wird *Binomialreihe* oder *Binomische Reihe* genannt. Sie ist eine Verallgemeinerung des Binomischen Lehrsatzes, in den sie für einen positiven ganzzahligen Exponenten a übergeht.

Verwendet man die Beziehungen

$$\binom{1/2}{n} = (-1)^{n-1}\,\frac{(2n-2)!}{2^{2n-1}\,n!\,(n-1)!}, \quad \binom{-1/2}{n} = \frac{(-1)^n\,(2n)!}{2^{2n}\,(n!)^2}, \quad n \geqslant 1,$$

so erhält man für $a = \frac{1}{2}$ und $a = -\frac{1}{2}$ die speziellen Entwicklungen

$$\begin{aligned}\sqrt{1+x} &= 1 + \sum_{n=1}^{\infty} (-1)^{n-1} \frac{(2n-2)!}{2^{2n-1} n!(n-1)!} x^n \\ &= 1 + \frac{1}{2}x - \frac{1}{8}x^2 + \frac{1}{16}x^3 - \frac{5}{128}x^4 + \frac{7}{256}x^5 - \frac{21}{1024}x^6 + - \ldots, -1 < x \leqslant 1,\end{aligned} \tag{17.21}$$

und

$$\begin{aligned}\frac{1}{\sqrt{1+x}} &= 1 + \sum_{n=1}^{\infty} (-1)^n \frac{(2n)!}{2^{2n}(n!)^2} x^n \\ &= 1 - \frac{1}{2}x + \frac{3}{8}x^2 - \frac{5}{16}x^3 + \frac{35}{128}x^4 - \frac{63}{256}x^5 + \frac{231}{1024}x^6 - + \ldots, -1 < x \leqslant 1.\end{aligned} \tag{17.22}$$

Der Logarithmus ln(1 − x). Die Reihe für den Logarithmus ln(1 − x) konnten wir durch gliedweise Integration der geometrischen Reihe gewinnen (vgl. Beispiel 17.1),

$$\ln(1-x) = -\sum_{n=0}^{\infty} \frac{1}{n+1} x^{n+1}, \quad -1 \leqslant x < 1. \tag{17.23}$$

Ersetzen wir darin x durch − x, so ergibt sich daraus

$$\ln(1+x) = \sum_{n=0}^{\infty} \frac{(-1)^n}{n+1} x^{n+1}, \quad -1 < x \leqslant 1. \tag{17.24}$$

Durch Subtraktion der beiden Entwicklungen erhalten wir schließlich noch

$$\ln \frac{1+x}{1-x} = 2 \sum_{n=0}^{\infty} \frac{1}{2n+1} x^{2n+1}, \quad -1 < x < 1. \tag{17.25}$$

Die Funktionen arc sin x und arc tan x. Die Berechnung der Ableitungen der Funktion arc sin x führt sehr bald auf unübersichtliche Ausdrücke. Erheblich einfacher ist es, von der Ableitung

$$\frac{d}{dx} \arcsin x = \frac{1}{\sqrt{1-x^2}}$$

auszugehen, deren Taylorsche Reihe wir unmittelbar anschreiben können, wenn wir in (17.22) x durch $-x^2$ ersetzen,

$$\frac{1}{\sqrt{1-x^2}} = 1 + \sum_{n=1}^{\infty} \frac{(2n)!}{2^{2n}(n!)^2} x^{2n}, \quad -1 < x < 1.$$

Daraus entsteht durch gliedweise Integration

$$\arcsin x = \int_0^x \frac{dt}{\sqrt{1-t^2}} = \sum_{n=0}^{\infty} \frac{(2n)!}{2^{2n}(n!)^2} \frac{x^{2n+1}}{2n+1}, -1 \leqslant x \leqslant 1. \tag{17.26}$$

Die (absolute) Konvergenz dieser Reihe für x = 1 und x = − 1 ergibt sich aus einer genaueren Untersuchung des Verhaltens ihrer Glieder für $n \to \infty$, bei der sich herausstellt, daß diese für hinreichend großes n kleiner als $C n^{-3/2}$ sind, wobei C eine von n unabhängige Konstante ist; die hyperharmonische Reihe (15.21) für $a = \frac{3}{2}$ kann somit zur Konstruktion einer konvergenten Majorante herangezogen werden.

Die Reihe für die Arcus-Tangens-Funktion haben wir in Beispiel 17.2 durch gliedweise Integration der geometrischen Reihe mit dem Quotienten $-x^2$ gefunden,

$$\arctan x = \sum_{n=0}^{\infty} (-1)^n \frac{x^{2n+1}}{2n+1}, \quad -1 \leqslant x \leqslant 1. \tag{17.27}$$

Die Funktionen ar sinh x und ar tanh x. Auch die Reihenentwicklungen für die Areafunktionen ar sinh x und ar tanh x lassen sich am einfachsten durch Entwicklung ihrer Ableitungen und anschließende gliedweise Integration ermitteln. So folgt aus (17.22) für x^2 anstatt x

$$\frac{1}{\sqrt{1+x^2}} = 1 + \sum_{n=1}^{\infty} (-1)^n \frac{(2n)!}{2^{2n}(n!)^2} x^{2n}, \quad -1 \leqslant x \leqslant 1,$$

und daraus

$$\operatorname{ar\,sinh} x = \int_0^x \frac{dt}{\sqrt{1+t^2}} = \sum_{n=0}^{\infty} (-1)^n \frac{(2n)!}{2^{2n}(n!)^2} \frac{x^{2n+1}}{2n+1}, \quad -1 \leqslant x \leqslant 1. \tag{17.28}$$

Weiters ergibt sich durch gliedweise Integration der geometrischen Reihe mit dem Quotienten x^2 die Entwicklung

$$\operatorname{ar\,tanh} x = \int_0^x \frac{dt}{1-t^2} = \sum_{n=0}^{\infty} \frac{x^{2n+1}}{2n+1}, \quad -1 < x < 1. \tag{17.29}$$

17.6 Beispiele für Reihenentwicklungen

Die Grundlage für die Entwicklung einer gegebenen Funktion in ihre Taylorsche Reihe ist die Taylorsche Formel. Sie verlangt, sämliche Ableitungen an der gewünschten Anschlußstelle zu ermitteln und sodann eine Abschätzung des Restgliedes durchzuführen. In der Praxis kann aber die Berechnung der höheren Ableitungen mitunter bald zu unüberschaubaren Ausdrücken führen, wodurch erst recht auch das Verhalten des Restgliedes schwer zu erkennen ist. Es ist deshalb nicht immer günstig, eine Entwicklungsaufgabe durch fortgesetzte Differentiation in Angriff zu nehmen mit dem Ziel, sämtliche Ableitungen an der betreffenden Stelle durch Einsetzen zu berechnen, es sei denn, daß ein erster Versuch ein Bildungsgesetz erkennen läßt.

Mit Rücksicht auf den Rechenaufwand kann es mitunter lohnend sein, die Aufgabe durch geschickte Operationen auf ein Entwicklungsproblem zurückzuführen, das einfacher zu bewältigen oder sogar überhaupt bekannt ist. Solche Methoden können darin bestehen, die Funktion in einfache Terme zu zerlegen, für die Reihenentwicklungen bekannt sind.

Erscheint die zu entwickelnde Funktion als Quotient zweier Funktionen, so können durch einen unbestimmten Ansatz die ersten Koeffizienten der gesuchten Entwicklung meist schneller als durch Bildung der Ableitungen berechnet werden. Dabei kann sich die Tatsache, daß eine in Bezug auf die Anschlußstelle gerade Funktion in ihrer Entwicklung nur gerade Potenzen, eine ungerade Funktion dementsprechend nur ungerade Potenzen enthalten kann, manchmal als nützlich erweisen. Man hat jedoch in allen Fällen, wenn die Entwicklung nicht über die Taylorsche Formel durch Abschätzung des Restgliedes zustande gekommen ist, durch eine gesonderte Untersuchung stets den Nachweis zu führen, daß die ermittelte Reihe die betreffende Funktion in ihrem Konvergenzintervall tatsächlich darstellt.

Mit den folgenden Beispielen sollen einige Ideen vermittelt werden, die sich für viele Aufgaben als zielführend erweisen können.

Bei der Herleitung der Reihenentwicklung für die zyklometrischen Funktionen und die Areafunktionen haben wir eine gewisse *„Einsetzregel"* verwendet: Ist die zu entwickelnde Funktion $f(x)$ von der Form $f(x) = g(c \cdot x^k)$ und die Entwicklung $g(x) = \sum_{n=0}^{\infty} a_n x^n$, $|x| < r$, bekannt, so erhält man die Entwicklung von $f(x)$ durch Einsetzen des Ausdruckes $c \cdot x^k$ in die Entwicklung von $g(x)$, also $f(x) = \sum_{n=0}^{\infty} a_n c^n x^{kn}$, $|x| < \sqrt[k]{\frac{r}{|c|}}$. Daß dadurch die Entwicklung für die Funktion $f(x)$ gefunden ist, bedarf wohl keiner weiteren Untersuchung.

Beispiel 17.4: Durch diese Einsetzregel erhält man z.B. die Entwicklung (vgl. (17.23))

$$\ln(1 - x^2) = -\sum_{n=0}^{\infty} \frac{1}{n+1} x^{2n+2}, \quad -1 < x < 1.$$

Beispiel 17.5: Wir entwickeln die Funktion

$$f(x) = \ln(x^2 - 5x + 6)$$

an der Stelle $x_0 = 0$. Zu diesem Zweck stellen wir $f(x)$ in der Form

$$f(x) = \ln((2 - x)(3 - x)) = \ln(2 - x) + \ln(3 - x) = \ln 2 + \ln\left(1 - \frac{x}{2}\right) + \ln 3 + \ln\left(1 - \frac{x}{3}\right) =$$
$$= \ln 6 + \ln\left(1 - \frac{x}{2}\right) + \ln\left(1 - \frac{x}{3}\right)$$

dar und erhalten unter Beachtung von (17.23) für $-1 \leqslant \frac{x}{2} < 1$ und $-1 \leqslant \frac{x}{3} < 1$, also für $-2 \leqslant x < 2$

$$\ln(x^2 - 5x + 6) = \ln 6 - \sum_{n=0}^{\infty} \frac{1}{n+1}\left(\frac{x}{2}\right)^{n+1} - \sum_{n=0}^{\infty} \frac{1}{n+1}\left(\frac{x}{3}\right)^{n+1}$$
$$= \ln 6 - \sum_{n=1}^{\infty} \frac{x^n}{n}\left(\frac{1}{2^n} + \frac{1}{3^n}\right), \quad -2 \leqslant x < 2.$$

Beispiel 17.6: Für die Entwicklung von

$$f(x) = \frac{1}{x^2 - 2tx + 1}$$

an der Stelle $x_0 = 0$ zerlegen wir $f(x)$ in seine Partialbrüche

$$\frac{1}{x^2-2tx+1} = \frac{1}{2\sqrt{t^2-1}}\left(\frac{1}{x-(t+\sqrt{t^2-1})} - \frac{1}{x-(t-\sqrt{t^2-1})}\right)$$

und setzen zunächst $t > 1$ voraus. Wenn wir dann t in der Form $t = \cosh z$ $(z > 0)$ darstellen, so nimmt $f(x)$ die Gestalt

$$f(x) = \frac{1}{2\sinh z}\left(\frac{1}{x-e^z} - \frac{1}{x-e^{-z}}\right) = \frac{1}{2\sinh z}\left(e^z\frac{1}{1-xe^z} - e^{-z}\frac{1}{1-xe^{-z}}\right)$$

an. Setzen wir an die Stelle der rechts stehenden Ausdrücke die geometrische Reihe mit den Quotienten xe^z und xe^{-z} ein, so erhalten wir für $|x| < e^{-z}$

$$\frac{1}{x^2-2tx+1} = \frac{1}{2\sinh z}\sum_{n=0}^{\infty} x^n\left(e^{(n+1)z} - e^{-(n+1)z}\right) = \sum_{n=0}^{\infty} x^n\frac{\sinh(n+1)z}{\sinh z}, \; t > 1, \; |x| < e^{-z}.$$

Die Entwicklung für $t < -1$ ergibt sich, wenn man x durch $-x$ ersetzt,

$$\frac{1}{x^2-2tx+1} = \sum_{n=0}^{\infty} (-1)^n x^n \frac{\sinh(n+1)z}{\sinh z}, \quad t < -1, \; |x| < e^{-z}.$$

Für $|t| < 1$ setzen wir $t = \cos z$, $-\frac{\pi}{2} < z < \frac{\pi}{2}$, und bekommen so die Darstellung

$$\frac{1}{x^2-2tx+1} = \frac{1}{2j\sin z}\left[e^{jz}\frac{1}{1-xe^{jz}} - e^{-jz}\frac{1}{1-xe^{-jz}}\right],$$

aus der wir mit Hilfe der geometrischen Reihe mit den komplexen Quotienten xe^{jz} und xe^{-jz} die Entwicklung

$$\frac{1}{x^2-2tx+1} = \sum_{n=0}^{\infty} x^n\frac{\sin(n+1)z}{\sin z}, \quad |t| < 1, \; |x| < 1,$$

erhalten. Für $t = 1$ wird schließlich

$$\frac{1}{x^2-2x+1} = \frac{1}{(x-1)^2} = \frac{d}{dx}\frac{1}{1-x} = \frac{d}{dx}\sum_{n=0}^{\infty} x^n = \sum_{n=1}^{\infty} n\,x^{n-1}, \quad |x| < 1,$$

und für $t = -1$

$$\frac{1}{x^2+2x+1} = \sum_{n=1}^{\infty} (-1)^{n-1} n x^{n-1}, \quad |x| < 1.$$

Es sei dem Leser der Nachweis überlassen, daß durch die angegebenen Reihen die gesuchten Entwicklungen tatsächlich gefunden worden sind. Sie lassen sich zusammenfassen, wenn man die Koeffizienten $\dfrac{\sin(n+1)z}{\sin z}$ als Funktionen von $t = \cos z$ berechnet; das Ergebnis sind Polynome n-ten Grades in t,

$$T_n(t) = \sum_{k=0}^{[\frac{n}{2}]} \binom{n+1}{2k+1} t^{n-2k}(t^2-1)^k = \frac{\sin(n+1)z}{\sin z}, \quad t = \cos z,$$

(vgl. (4.39)).

Ebenso zeigt man

$$\frac{\sinh (n+1) z}{\sinh z} = T_n(t), \quad t = \cosh z,$$

und erhält auf diese Weise schließlich

$$\frac{1}{x^2 - 2tx + 1} = \sum_{n=0}^{\infty} x^n T_n(t), \quad |x| < \left| |t| - \sqrt{t^2 - 1} \right|.$$

Beispiel 17.7: Die Entwicklung der Funktion

$$f(x) = (\text{arc} \sin x)^2$$

kann prinzipiell durch Quadrieren der Reihe für die Funktion arc sin x durchgeführt werden. Die Koeffizienten der Entwicklung lassen sich dabei allerdings nur in Form von Summen (15.23) anschreiben, die nicht unmittelbar auszuwerten sind. Auf dem folgenden Weg erhält man die Koeffizienten in geschlossener Form. Aus

$$f'(x) = \frac{2}{\sqrt{1-x^2}} \text{arc} \sin x$$

erhalten wir durch nochmalige Differentiation

$$f''(x) = \frac{2}{1-x^2} + 2 \frac{x \,\text{arc} \sin x}{(1-x^2)\sqrt{1-x^2}}$$

oder

$$(1-x^2) f''(x) = 2 + x f'(x).$$

Diese Gleichung ermöglicht es, mit Hilfe der Leibnizschen Formel (7.16) eine Rekursionsvorschrift für die Ableitungen der Funktion f(x) an der Stelle x = 0 anzugeben, was in diesem Fall besonders günstig ist, da nur Polynome als Koeffizienten auftreten. Wenn wir noch beachten, daß beide Seiten dieser Gleichung gerade Funktionen sind, weil f(x) gerade ist, und wir daher nur Ableitungen gerader Ordnung benötigen, so wird für k = 1, 2, ...

$$\sum_{h=0}^{2k} \binom{2k}{h} (1-x^2)^{(h)} \Big|_{x=0} f^{(2k-h+2)}(0) = \sum_{h=0}^{2k} \binom{2k}{h} x^{(h)} \Big|_{x=0} f^{(2k+1-h)}(0)$$

und infolgedessen

$$f^{(2k+2)}(0) - 2k(2k-1) f^{(2k)}(0) = 2k f^{(2k)}(0), \quad k \geqslant 1.$$

Nach Division durch (2k + 2)! entsteht daraus die Rekursionsformel

$$a_{2k+2} = \frac{f^{(2k+2)}(0)}{(2k+2)!} = \frac{4k^2}{(2k+2)(2k+1)} \frac{f^{(2k)}(0)}{(2k)!} = \frac{4k^2}{(2k+2)(2k+1)} a_{2k}$$

für die Koeffizienten a_{2k}, die sich mit Hilfe von $a_2 = 1$ leicht auflösen läßt,

$$a_{2k+2} = \frac{f^{(2k+2)}(0)}{(2k+2)!} = \frac{2^{2k+1}(k!)^2}{(2k+2)!}, \quad k = 0, 1, 2, \ldots .$$

Damit erhalten wir die Entwicklung

$$(\text{arc} \sin x)^2 = \sum_{n=0}^{\infty} \frac{2^{2n+1}(n!)^2}{(2n+2)!} x^{2n+2}, \quad -1 \leqslant x \leqslant 1.$$

Daß diese Reihe, deren Konvergenzradius 1 ist, tatsächlich die Funktion $(\arcsin x)^2$ darstellt, ist leicht einzusehen. Erstens wissen wir, daß eine Entwicklung existiert, denn wir brauchen nur die Reihe für arc sin x zu quadrieren, zweitens stellen ihre Koeffizienten die Ableitungen an der Stelle 0, dividiert durch die entsprechende Fakultät, dar, und drittens kann es nach dem Identitätssatz für Potenzreihen nur eine solche Entwicklung geben.

Beispiel 17.8: Wir entwickeln die Funktion

$$f(x) = \frac{1}{\sqrt{x^2 - 2x\cos\vartheta + 1}}, \quad 0 \leqslant \vartheta \leqslant \pi,$$

in ihre Taylor-Reihe mit der Anschlußstelle $x_0 = 0$. Zu diesem Zweck stellen wir die Funktion f(x) in der Form

$$f(x) = \frac{1}{\sqrt{x^2 - 2x\cos\vartheta + 1}} = \frac{1}{(1 - x\cos\vartheta)\sqrt{1 + \left(\dfrac{x\sin\vartheta}{1 - x\cos\vartheta}\right)^2}}$$

dar. Verwenden wir hier die Integralformel

$$\frac{1}{\pi}\int_0^{\pi}\frac{dy}{1 - ja\cos y} = \frac{1}{\pi}\int_0^{\pi}\frac{dy}{1 + a^2\cos^2 y} + \frac{ja}{\pi}\int_0^{\pi}\frac{\cos y}{1 + a^2\cos^2 y}\,dy$$

$$= \frac{1}{\pi}\int_0^{\pi}\frac{dy}{1 + a^2\cos^2 y} - \frac{ja}{\pi}\int_{-\pi/2}^{\pi/2}\frac{\sin y}{1 + a^2\sin^2 y}\,dy = \frac{1}{\pi}\int_0^{\pi}\frac{dy}{1 + a^2\cos^2 y} = \frac{1}{\sqrt{1 + a^2}},$$

so folgt weiter

$$\frac{1}{\sqrt{x^2 - 2x\cos\vartheta + 1}} = \frac{1}{1 - x\cos\vartheta}\,\frac{1}{\pi}\int_0^{\pi}\frac{dy}{1 - j\dfrac{x\sin\vartheta}{1 - x\cos\vartheta}\cos y}$$

$$= \frac{1}{\pi}\int_0^{\pi}\frac{dy}{1 - x(\cos\vartheta + j\sin\vartheta\cos y)}.$$

Der Integrand des letzten Integrales läßt sich nunmehr als Summe der geometrischen Reihe mit dem komplexen Quotienten $(\cos\vartheta + j\sin\vartheta\cos y)\,x$ anschreiben,

$$\frac{1}{1 - x(\cos\vartheta + j\sin\vartheta\cos y)} = \sum_{n=0}^{\infty} x^n(\cos\vartheta + j\sin\vartheta\cos y)^n, \quad -1 < x < 1.$$

Da wir für diese komplexe Reihe durch die Abschätzung

$$|x^n(\cos\vartheta + j\sin\vartheta\cos y)^n| \leqslant |x|^n(\cos^2\vartheta + \sin^2\vartheta\cos^2 y)^{n/2} \leqslant |x|^n$$

eine konvergente Majorante in Form der geometrischen Reihe mit dem Quotienten $|x| < 1$ finden, ist, als Folge von Satz 16.3, sowohl die Reihe der Realteile als auch die der Imaginärteile in bezug auf y gleichmäßig konvergent auf dem Intervall $[0, \pi]$, so daß gliedweise integriert werden darf,

$$\frac{1}{\pi}\int_0^{\pi}\frac{dy}{1 - x(\cos\vartheta + j\sin\vartheta\cos y)} = \sum_{n=0}^{\infty} x^n\,\frac{1}{\pi}\int_0^{\pi}(\cos\vartheta + j\sin\vartheta\cos y)^n dy, \quad -1 < x < 1.$$

Damit erhalten wir die Entwicklung

$$\frac{1}{\sqrt{x^2 - 2x\cos\vartheta + 1}} = \sum_{n=0}^{\infty} x^n \frac{1}{\pi}\int_0^{\pi}(\cos\vartheta + j\sin\vartheta\cos y)^n dy, \quad -1 < x < 1. \tag{17.30}$$

Setzen wir $\xi = \cos\vartheta$, so sehen wir, daß die Koeffizienten dieser Entwicklung Polynome n-ten Grades in ξ sind,

$$P_n(\xi) = \frac{1}{\pi}\int_0^{\pi}(\xi + \sqrt{\xi^2 - 1}\cos y)^n dy = \sum_{k=0}^{n}\binom{n}{k}\xi^{n-k}(\sqrt{\xi^2-1})^k \frac{1}{\pi}\int_0^{\pi}\cos^k y\, dy \tag{17.31}$$

$$= n! \sum_{k=0}^{\left[\frac{n}{2}\right]} \frac{1}{(n-2k)!\,(k!)^2\, 2^{2k}}\xi^{n-2k}(\xi^2-1)^k = \frac{1}{2^n}\sum_{k=0}^{\left[\frac{n}{2}\right]}\frac{(-1)^k(2n-2k)!}{k!\,(n-k)!\,(n-2k)!}\xi^{n-2k}.$$

Die Polynome $P_n(\xi)$ heißen *Legendresche Polynome*[1]. Sie spielen eine wichtige Rolle in der mathematischen Physik.

Wir zeigen zum Abschluß, wie mit Hilfe von Reihenentwicklungen auch Integrale ausgewertet werden können.

Beispiel 17.9: Wir stellen den Integranden des elliptischen Integrals

$$\int_0^{\pi/2}\frac{dx}{\sqrt{1-k^2\sin^2 x}}, \quad k^2 < 1,$$

(vgl. Beispiel 14.3) durch seine Taylor-Reihe dar, indem wir in (17.22) x durch $-k^2\sin^2 x$ ersetzen,

$$\frac{1}{\sqrt{1-k^2\sin^2 x}} = \sum_{n=0}^{\infty} k^{2n}\frac{(2n)!}{2^{2n}(n!)^2}\sin^{2n} x.$$

Diese Reihe ist auf dem Intervall $\left[0, \frac{\pi}{2}\right]$ gleichmäßig konvergent bezüglich x, so daß wir sie gliedweise integrieren können (vgl. Beispiel 11.19),

$$\int_0^{\pi/2}\frac{dx}{\sqrt{1-k^2\sin^2 x}} = \sum_{n=0}^{\infty} k^{2n}\frac{(2n)!}{2^{2n}(n!)^2}\int_0^{\pi/2}\sin^{2n} x\,dx = \frac{\pi}{2}\sum_{n=0}^{\infty}\left(\frac{(2n)!}{2^{2n}(n!)^2}\right)^2 k^{2n}$$

$$= \frac{\pi}{2}\left(1 + \frac{1}{4}k^2 + \frac{9}{64}k^4 + \frac{25}{256}k^6 + \frac{1225}{16384}k^8 + \ldots\right).$$

Solcher Entwicklungen bedient man sich, um durch die Partialsummen den Wert von (elementar nicht auswertbaren) Integralen, zumindest in gewissen Grenzen, in Abhängigkeit eines Parameters näherungsweise darstellen zu können. So ist, wenn wir auf das mathematische Pendel zurückkommen, der Ausdruck

$$2\pi\sqrt{\frac{l}{g}}\left(1 + \frac{k^2}{4}\right)$$

jedenfalls ein besserer Näherungswert für die Schwingungsdauer bei kleinen Anfangsauslenkungen als der Wert $2\pi\sqrt{\frac{l}{g}}$.

---

[1] *Adrien Marie Legendre*, 1752–1833.

17.7 Übungsbeispiele

Man bestimme den Konvergenzradius der folgenden Potenzreihen und diskutiere das Konvergenzverhalten in den Randpunkten des Konvergenzintervalls:

1. $\sum_{n=1}^{\infty} \frac{(-1)^n}{4n^2-1} x^n$ 2. $\sum_{n=0}^{\infty} \frac{(2n)!}{(n!)^2} x^{2n}$ 3. $\sum_{n=1}^{\infty} n\, a^{n-1} x^{n-1}$

4. $\sum_{n=1}^{\infty} \frac{2^n}{n^2} x^n$ 5. $\sum_{n=2}^{\infty} \frac{\ln n}{n} x^n$ 6. $\sum_{n=1}^{\infty} \frac{1}{(2n-1)3^n} x^n$

7. $\sum_{n=1}^{\infty} (\sqrt{n})^n x^n$ 8. $\sum_{n=0}^{\infty} \frac{n+1}{n!} x^n$ 9. $\sum_{n=1}^{\infty} \frac{2n+1}{2n-1} x^n$

10. $\sum_{n=1}^{\infty} \left(1+\frac{1}{n^2}\right)^{n^2} x^n$ 11. $\sum_{n=1}^{\infty} \left(1+\frac{1}{n}\right)^{n^2} x^n$ 12. $\sum_{n=0}^{\infty} \frac{(-1)^n 2^{-2n}}{(n!)^2} x^{2n}$

13. $\sum_{n=1}^{\infty} \frac{\alpha(\alpha+1)\ldots(\alpha+n-1)\beta(\beta+1)\ldots(\beta+n-1)}{\gamma(\gamma+1)\ldots(\gamma+n-1)} \frac{x^n}{n!}$

14. Man summiere die Potenzreihe $s(x) = \sum_{n=2}^{\infty} \frac{1}{n(n-1)} x^{n+1}$, deren Konvergenzradius $r = 1$ ist, durch einen geschlossenen Ausdruck.
Hinweis: Nach zweimaliger Differentiation der Funktion $\frac{s(x)}{x}$ erhält man die Gleichung $\left(\frac{s(x)}{x}\right)'' = \sum_{n=2}^{\infty} x^{n-2} = \frac{1}{1-x}, -1 < x < 1$; aus dieser erhält man durch zwei bestimmte Integrationen zwischen den Grenzen 0 und x unter Berücksichtigung der Beziehungen $s(0) = s'(0) = 0$ das für $-1 \leqslant x \leqslant 1$ gültige Ergebnis $s(x) = x(1-x)\ln(1-x) + x^2$.

Man berechne die Summe der folgenden Potenzreihen:

15. $\sum_{n=1}^{\infty} \frac{1}{n(n+1)\,(n+2)} x^{n+2}$ 16. $\sum_{n=1}^{\infty} \frac{n(-1)^n}{(n+1)(n+2)} x^n$ 17. $\sum_{n=0}^{\infty} \frac{1}{(3n)!} x^{3n}$

18. Man beweise, daß die Funktion $s(x) = \sum_{n=1}^{\infty} \frac{1}{n^2} x^n$ für $0 < x < 1$ der Gleichung $s(x) + s(1-x) + \ln x \ln(1-x) = \text{const.}$ genügt. Man bestimme ferner diese Konstante.

19. Man weise nach, daß die Reihe $s(x) = \sum_{n=0}^{\infty} \frac{(-1)^n}{(n!)^2} \left(\frac{x}{2}\right)^{2n}$ beständig konvergent ist und für $-\infty < x < \infty$ der Gleichung $x\,s''(x) + s'(x) + x\,s(x) = 0$ genügt.

20. Man zeige, daß die Potenzreihe

$$s(x) = 1 + \sum_{n=1}^{\infty} \frac{\alpha(\alpha+1)\dots(\alpha+n-1)\,\beta(\beta+1)\dots(\beta+n-1)}{\gamma(\gamma+1)\dots(\gamma+n-1)} \frac{x^n}{n!}, \quad \gamma \neq 0, -1, \dots,$$

im Intervall $-1 < x < 1$ der Gleichung

$x(x-1)\,s''(x) + ((\alpha+\beta+1)x - \gamma)\,s'(x) + \alpha\beta\, s(x) = 0$ genügt.

Man entwickle die folgenden Funktionen in ihre Taylorsche Reihe um den Punkt x_0:

21. $f(x) = e^x \sin x,\ x_0 = 0$
22. $f(x) = \cos^3 x,\ x_0 = 0$
23. $f(x) = \dfrac{1+3x^2}{(1-x)^3},\ x_0 = 0$
24. $f(x) = \ln(1 + x + x^2),\ x_0 = 0$
25. $f(x) = \ln(x^2 - 3x + 2),\ x_0 = 0$
26. $f(x) = \dfrac{x + 4x^2 + x^3}{(1-x)^4},\ x_0 = 0$
27. $f(x) = \sqrt[3]{8 - x^3},\ x_0 = 0$
28. $f(x) = \cos x \cosh x,\ x_0 = 0$
29. $f(x) = \dfrac{x+1}{x} \ln(1+x),\ x_0 = 0$
30. $f(x) = \dfrac{\ln x}{x},\ x_0 = 1$
31. $f(x) = \dfrac{1}{2} (\arctan x)^2,\ x_0 = 0$
32. $f(x) = \dfrac{1}{2x(1-x^2)} \ln \dfrac{1+x}{1-x},\ x_0 = 0$
33. $f(x) = \dfrac{1}{2} \arctan x \ln(1+x^2),\ x_0 = 0$
34. $f(x) = \dfrac{1}{4} \arctan x \ln \dfrac{1+x}{1-x},\ x_0 = 0$
35. $f(x) = \ln(x + \sqrt{1+x^2}),\ x_0 = 0$
36. $f(x) = \dfrac{1}{\sqrt{x^2 - 2ax\cos\varphi + a^2}},\ x_0 = 0$
37. $f(x) = \sin(\mu \arcsin x),\ x_0 = 0$
38. $f(x) = \cos(\mu \arccos x),\ x_0 = 0$
39. $f(x) = e^{x \cot\alpha} \cos x,\ x_0 = 0$

Man berechne die ersten vier Glieder der Taylorschen Reihe folgender Funktionen (mit der Anschlußstelle $x_0 = 0$):

40. $f(x) = \dfrac{1}{2} (\ln(1-x))^2$
41. $f(x) = \tan x$
42. $f(x) = x \cot x$
43. $f(x) = \ln(1 + e^x)$
44. $f(x) = (1+x)^x$
45. $f(x) = e^{\sin x}$
46. $f(x) = \frac{1}{e} (1+x)^{1/x}$

Man berechne die folgenden Integrale durch Reihenentwicklung nach dem Parameter k ($|k| < 1$):

47. $E(k) = \displaystyle\int_0^{\pi/2} \sqrt{1 - k^2 \sin^2 x}\, dx$
48. $I(k) = \displaystyle\int_0^{\pi} \ln(1 - k\cos x)\, dx$

49. Man beweise die Entwicklung $f(x) = (1-x)e^{x + \frac{x^2}{2} + \dots + \frac{x^m}{m}} = 1 - \dfrac{x^{m+1}}{m+1} + \dots$

50. Die Koeffizienten B_n der Potenzreihenentwicklung

$$(*)\quad \frac{x}{e^x - 1} = \sum_{n=0}^{\infty} B_n \frac{1}{n!} x^n \quad (\text{gültig für } |x| < 2\pi)$$

heißen *Bernoullische Zahlen*. Man beweise für $n \geqslant 2$ die Rekursionsformel $\sum_{k=0}^{n-1} \binom{n}{k} B_k = 0$, zeige weiter, daß $B_3 = B_5 = \ldots = 0$ gelten muß und berechne B_0, B_1, B_2, B_4, B_6 und B_8.

Man beweise, mit Hilfe der Entwicklung (*) von Beispiel 50, die folgenden Entwicklungen:

51. $$x \cot x = \sum_{n=0}^{\infty} (-1)^n \frac{2^{2n}}{(2n)!} B_{2n} x^{2n} \quad (\text{gültig für } |x| < \pi)$$

52. $$\tan x = \sum_{n=1}^{\infty} (-1)^{n-1} \frac{2^{2n}(2^{2n} - 1)}{(2n)!} B_{2n} x^{2n-1} \quad \left(\text{gültig für } |x| < \frac{\pi}{2}\right)$$

53. $$\frac{x}{\sin x} = \sum_{n=0}^{\infty} (-1)^{n-1} \frac{(2^{2n} - 2)}{(2n)!} B_{2n} x^{2n} \quad (\text{gültig für } |x| < \pi)$$

Die Potenzreihenentwicklung der folgenden Funktionen um die Stelle $x_0 = 0$ kann ebenfalls mit Hilfe der Gleichung (*) in Beispiel 50 bewerkstelligt werden.

54. $f(x) = \ln \cos x$ 55. $f(x) = \ln \frac{\sin x}{x}$ 56. $f(x) = \ln \frac{\tan x}{x}$

18 Fouriersche Reihen

18.1 Periodische Funktionen. Harmonische Analyse

In vielen Gebieten der Technik spielen periodische Vorgänge eine wichtige Rolle. Derartige Erscheinungen, die sich nach einem bestimmten Zeitabschnitt T, der Periode des Ablaufs, wiederholen, treffen wir bei Umdrehungen von Maschinen an, wie z. B. bei der Erzeugung von Wechselstrom in einem Generator. In der Wechselstromtechnik, die sich mit zeitlich veränderlichen elektrischen und magnetischen Größen befaßt, nehmen periodische Vorgänge einen wichtigen Platz ein. Aber auch Schwingungen, die auf Grund der elastischen Eigenschaften sämtlicher Materialien in allen Arten von mechanischen Konstruktionen auftreten können, sind Erscheinungsformen periodischer Größen und für die Technik von allergrößter Bedeutung.

Mathematisch lassen sich periodisch veränderliche Größen mit periodischen Funktionen beschreiben. Wir erinnern daran, daß eine Funktion $f(t)$ T-*periodisch* genannt wird, wenn die Gleichung

$$f(t+T) = f(t)$$

für alle Werte des Argumentes t erfüllt ist. Die elementarsten periodischen Funktionen sind die trigonometrischen Funktionen

$$a \cos \omega t, \quad b \sin \omega t, \quad a \cos \omega t + b \sin \omega t$$

sowie

$$A \cos(\omega t + \varphi),$$

deren Periode $T = \frac{2\pi}{\omega}$ ist (vgl. Abschnitt 4.7). Mit Hilfe dieser Funktionen lassen sich nun kompliziertere periodische Funktionen aufbauen.

Wir untersuchen zunächst, unter welchen Voraussetzungen die Summe

$$A_1 \sin \omega_1 t + A_2 \sin \omega_2 t$$

für beliebige Amplituden A_1 und A_2 wieder eine periodische Funktion darstellt. Wenn wir annehmen, sie hätte die Periode T, so muß

$$A_1 \sin\big(\omega_1 (t+T)\big) + A_2 \sin\big(\omega_2 (t+T)\big) = A_1 \sin \omega_1 t + A_2 \sin \omega_2 t,$$

also

$$A_1 \Big[\sin\big(\omega_1 (t+T)\big) - \sin \omega_1 t\Big] + A_2 \Big[\sin\big(\omega_2 (t+T)\big) - \sin \omega_2 t\Big] = 0$$

gelten und folglich, da die Amplituden beliebig sein sollen,

$$0 = \sin\big(\omega_1 (t+T)\big) - \sin \omega_1 t = 2 \cos\left(\omega_1 \left(t + \frac{T}{2}\right)\right) \sin \omega_1 \frac{T}{2}$$

und

$$0 = \sin\big(\omega_2 (t+T)\big) - \sin \omega_2 t = 2 \cos\left(\omega_2 \left(t + \frac{T}{2}\right)\right) \sin \omega_2 \frac{T}{2}.$$

Da diese Gleichungen für jedes t erfüllt sein müssen, schließen wir daraus $\sin \omega_1 \frac{T}{2} = \sin \omega_2 \frac{T}{2} = 0$, d.h. $\omega_1 T = 2 p\pi$, $\omega_2 T = 2 q\pi$ mit gewissen positiven ganzen Zahlen p und q, oder

$$\omega_1 : \omega_2 = p : q;$$

mit anderen Worten, *das Verhältnis der Kreisfrequenzen – und damit natürlich auch der Perioden – muß rational sein.* Die Periode T ist dann durch $T = pT_1 = qT_2$ bestimmt, wenn p und q teilerfremd sind.

Dieses Ergebnis ist selbstverständlich auch für die Summe

$$A_1 \cos(\omega_1 t + \varphi_1) + A_2 \cos(\omega_2 t + \varphi_2)$$

gültig.

Aus diesen Überlegungen geht hervor, daß durch den Ausdruck

$$A_0 + A_1 \cos(\omega t + \varphi_1) + A_2 \cos(2\omega t + \varphi_2)$$

eine periodische Funktion mit der Periode $T = \frac{2\pi}{\omega}$ gegeben ist. Das gleiche gilt dann natürlich auch für die endliche Summe

$$A_0 + \sum_{n=1}^{m} A_n \cos(n\omega t + \varphi_n) \tag{18.1}$$

und auch für die unendliche Reihe

$$A_0 + \sum_{n=1}^{\infty} A_n \cos(n\omega t + \varphi_n), \tag{18.2}$$

sofern diese in einem Intervall der Länge T – der Periode ihrer Summenfunktion – konvergiert.

Da die Funktionen $\cos n\omega t$ bzw. $\sin n\omega t$ Polynome in $\cos\omega t$ bzw. $\sin\omega t$ sind, wird ein Ausdruck (18.1),

$$A_0 + \sum_{n=1}^{m} A_n \cos(n\omega t + \varphi_n) = A_0 + \sum_{n=1}^{m} (a_n \cos n\omega t + b_n \sin n\omega t),$$

der folglich als Polynom in $\cos\omega t$ und $\sin\omega t$ angeschrieben werden kann, ein *trigonometrisches Polynom* (vom Grad m) genannt. Eine Reihe der Gestalt (18.2),

$$A_0 + \sum_{n=1}^{\infty} A_n \cos(n\omega t + \varphi_n) = A_0 + \sum_{n=1}^{\infty} (a_n \cos n\omega t + b_n \sin n\omega t)$$

heißt eine *trigonometrische Reihe.*

Die periodische Funktion, die durch die Summe einer (konvergenten) trigonometrischen Reihe dargestellt wird, ist das Ergebnis der Summation von Funktionen, durch die harmonische Schwingungen beschrieben werden. Wir sagen dann auch, der durch die Summenfunktion beschriebene periodische Vorgang entsteht durch *Überlagerung* oder

Superposition harmonischer Schwingungen, deren Kreisfrequenzen ganzzahlige Vielfache der durch die Periode T bestimmten Grundfrequenz $\omega = \frac{2\pi}{T}$ sind. Die Schwingung mit der Grundfrequenz ω wird dabei die *Grundschwingung* oder *Grundharmonische* genannt, alle übrigen bezeichnet man als *Oberschwingungen.*

Wir kehren die Dinge nun um und stellen die folgende Frage: *Läßt sich ein beliebiger T-periodischer Vorgang* f(t) *als Superposition harmonischer Schwingungen darstellen?*

Nach dem oben Gesagten müssen die Frequenzen der dafür benötigten harmonischen Schwingungen sämtlich Vielfache der durch die Periode T von f(t) im vorhinein bereits bestimmten Grundfrequenz $\omega = \frac{2\pi}{T}$ sein, da sonst die Summe nicht mehr die Periode T hätte. Wir können daher die Frage folgendermaßen präzisieren: Unter welchen Voraussetzungen ist es möglich, eine T-periodische Funktion f(t) in eine trigonometrische Reihe

$$f(t) = A_0 + \sum_{n=1}^{\infty} A_n \cos(n\omega t + \varphi_n), \quad \omega T = 2\pi, \tag{18.3}$$

zu entwickeln und wie sind gegebenenfalls die Amplituden A_n und die Phasen φ_n zu bestimmen?

Für die Elektrotechnik bedeutet eine solche Darstellung, z. B. für einen Strom

$$i(t) = I_0 + \sum_{n=1}^{\infty} \hat{I}_n \cos(n\omega t + \varphi_n), \tag{18.4}$$

worin I_0 den *Gleichstromanteil* und $\hat{I}_1 \cos(\omega t + \varphi_1)$ die *Grundharmonische* darstellt, daß der Strom i(t) die Summenwirkung harmonischer Ströme $\hat{I}_n \cos(n\omega t + \varphi_n)$ ist, ebenso eine Spannung

$$u(t) = U_0 + \sum_{n=1}^{\infty} \hat{U}_n \cos(n\omega t + \psi_n) \tag{18.5}$$

mit dem *Gleichspannungsanteil* U_0.

Wir werden sehen, daß die Entwicklung einer periodischen Funktion f(t) in eine trigonometrische Reihe unter verhältnismäßig schwachen Voraussetzungen über die Funktion f(t) möglich ist. Bevor wir jedoch näher darauf eingehen, führen wir eine zu (18.3) äquivalente komplexe Schreibweise für trigonometrische Reihen ein, die besonders in der Elektrotechnik gern verwendet wird.

Schreiben wir (18.3) in der Form

$$f(t) = A_0 + \sum_{n=1}^{\infty} A_n \cos(n\omega t + \varphi_n) = \frac{a_0}{2} + \sum_{n=1}^{\infty} (a_n \cos n\omega t + b_n \sin n\omega t) \tag{18.6}$$

und setzen wir für $\cos n\omega t$ und $\sin n\omega t$ die Ausdrücke

$$\cos n\omega t = \frac{1}{2}\left(e^{jn\omega t} + e^{-jn\omega t}\right), \quad \sin n\omega t = \frac{1}{2j}\left(e^{jn\omega t} - e^{-jn\omega t}\right)$$

darin ein, so wird

$$f(t) = \frac{a_0}{2} + \sum_{n=1}^{\infty} (a_n \cos n\omega t + b_n \sin n\omega t)$$

$$= \frac{a_0}{2} + \frac{1}{2} \sum_{n=1}^{\infty} \left(a_n (e^{jn\omega t} + e^{-jn\omega t}) - j b_n (e^{jn\omega t} - e^{-jn\omega t})\right)$$

$$= \frac{a_0}{2} + \frac{1}{2} \sum_{n=1}^{\infty} (a_n - j b_n)\, e^{jn\omega t} + \frac{1}{2} \sum_{n=1}^{\infty} (a_n + j b_n)\, e^{-jn\omega t}$$

oder, wenn wir den Zeiger n der Summe rechts durch $-n$ ersetzen,

$$f(t) = \sum_{n=-\infty}^{\infty} c_n\, e^{jn\omega t} \tag{18.7}$$

mit

$$c_n = \frac{1}{2}(a_n - j b_n), \quad c_{-n} = \bar{c}_n, \quad n = 0, 1, 2, \ldots, \quad b_0 = 0. \tag{18.8}$$

Wir werden diese komplexe Schreibweise neben der reellen Form (18.3) verwenden. Um uns auch von der Deutung der Veränderlichen t als der Zeit freizumachen, werden wir auch Entwicklungen

$$f(x) = \frac{a_0}{2} + \sum_{n=1}^{\infty} (a_n \cos n\omega x + b_n \sin n\omega x) \tag{18.9}$$

mit x als der unabhängigen Veränderlichen betrachten, die für $\omega = 1$ insbesondere 2π-periodische Funktionen darstellen.

Die Aufgabe, eine periodische Funktion in eine trigonometrische Reihe zu entwickeln wird *harmonische Analyse* genannt.

18.2 Die Fouriersche Reihe einer periodischen Funktion

Wir folgen nun dem Gedankengang des französischen Mathematikers *Jean Paptiste Joseph Fourier* (1768–1830), der in seinem 1822 erschienenen Werk „*Théorie analytique de la chaleur*" im Zusammenhang mit Problemen der Wärmeleitung erstmals Reihenentwicklungen nach trigonometrischen Funktionen vornahm.

Wir gehen von einer 2π-periodischen stetigen Funktion $f(x)$ aus und wollen annehmen, daß eine Entwicklung von $f(x)$ in die trigonometrische Reihe

$$f(x) = \frac{a_0}{2} + \sum_{n=1}^{\infty} (a_n \cos nx + b_n \sin nx) \tag{18.10}$$

existiert. Wenn wir nun die zusätzliche Annahme machen, daß die Reihe (18.10) im Intervall $[0,2\pi]$ gleichmäßig konvergiert, so können wir sie gliedweise integrieren,

$$\int_0^{2\pi} f(x)\,dx = \frac{a_0}{2}\int_0^{2\pi} dx + \sum_{n=1}^{\infty}\left(a_n\int_0^{2\pi}\cos nx\,dx + b_n\int_0^{2\pi}\sin nx\,dx\right) = a_0\pi,$$

woraus notwendig

$$a_0 = \frac{1}{\pi}\int_0^{2\pi} f(x)\,dx$$

folgt. Wenn wir sie ferner mit $\cos mx$ multiplizieren und anschließend gliedweise integrieren, so folgt unter Benützung der Formeln (11.19) und (11.21)

$$\int_0^{2\pi} f(x)\cos mx\,dx = \frac{a_0}{2}\int_0^{2\pi}\cos mx\,dx$$

$$+\sum_{n=1}^{\infty}\left(a_n\int_0^{2\pi}\cos nx\cos mx\,dx + b_n\int_0^{2\pi}\sin nx\cos mx\,dx\right) = a_m\pi,$$

also

$$a_m = \frac{1}{\pi}\int_0^{2\pi} f(x)\cos mx\,dx,\quad m = 1, 2, \ldots .$$

Wenn wir die Reihe (18.10) mit $\sin mx$ multiplizieren und gliedweise integrieren, so ergeben sich, wenn wir (11.19) und (11.20) beachten, die Beziehungen

$$b_m = \frac{1}{\pi}\int_0^{2\pi} f(x)\sin mx\,dx,\quad m = 1, 2, \ldots .$$

Die Koeffizienten

$$a_0 = \frac{1}{\pi}\int_0^{2\pi} f(x)\,dx,\quad a_m = \frac{1}{\pi}\int_0^{2\pi} f(x)\cos mx\,dx,\quad b_m = \frac{1}{\pi}\int_0^{2\pi} f(x)\sin mx\,dx,\quad m = 1, 2, \ldots, \tag{18.11}$$

die wir auf diese Art gefunden haben, werden die *Fourier-Koeffizienten* der Funktion $f(x)$ genannt, die mit ihnen gebildete trigonometrische Reihe

$$\frac{1}{2\pi}\int_0^{2\pi} f(y)\,dy + \sum_{n=1}^{\infty}\left(\frac{\cos nx}{\pi}\int_0^{2\pi} f(y)\cos ny\,dy + \frac{\sin nx}{\pi}\int_0^{2\pi} f(y)\sin ny\,dy\right)$$

$$= \frac{1}{2\pi}\int_0^{2\pi} f(y)\,dy + \sum_{n=1}^{\infty}\frac{1}{\pi}\int_0^{2\pi} f(y)\cos n(x-y)\,dy \tag{18.12}$$

heißt die *Fourier-Reihe der Funktion* $f(x)$.

Trotz der Überzeugungskraft des Gedankens von Fourier, der auf die Koeffizienten (18.11) geführt hat, ist der Schluß *nicht* zulässig, daß die Reihe (18.12) konvergiert und die Werte der Funktion $f(x)$ zur Summe hat. Die obigen Rechnungen beruhen ja auf der Voraussetzung, daß die Entwicklung (18.10) der Funktion $f(x)$ in eine gleichmäßig konvergente trigonometrische Reihe überhaupt existiert – eine Annahme, die bislang noch auf unsicheren Füßen steht. Das einzige, was wir mit Sicherheit aussagen können, ist bloß, daß die Koeffizienten a_n und b_n einer auf dem Intervall $[0,2\pi]$ gleichmäßig mit der Summe $f(x)$ konvergierenden trigonometrischen Reihe notwendig den Gleichungen (18.11) genügen. Wir müssen uns daher fragen, ob die Reihe (18.12) überhaupt konvergiert und weiter, ob sie im Falle der Konvergenz auch wirklich die Werte der Funktion $f(x)$ zur Summe hat.

Es zeigt sich nun tatsächlich, daß auf diese beiden Fragen bereits unter verhältnismäßig schwachen Voraussetzungen über die zu entwickelnde Funktion $f(x)$ eine positive Antwort gegeben werden kann. Wir nehmen das Ergebnis vorweg und holen den Beweis des folgenden Satzes im nächsten Abschnitt nach.

Satz 18.1. *Es sei* $f(x)$ *eine* 2π*-periodische stückweise stetige Funktion. Ist dann* $f(x)$ *in einer linksseitigen Umgebung* $]x_0-\delta_1, x_0[$ *der Stelle* x_0 *monoton, desgleichen in einer rechtsseitigen Umgebung* $]x_0, x_0+\delta_2[$ [1]*, so konvergiert die Fouriersche Reihe der Funktion* $f(x)$ *an der Stelle* x_0 *und ihre Summe ist das arithmetische Mittel aus dem rechtsseitigen und linksseitigen Grenzwert an der Stelle* x_0,

$$\frac{f(x_0+)+f(x_0-)}{2} = \frac{a_0}{2} + \sum_{n=1}^{\infty}(a_n\cos nx_0 + b_n\sin nx_0)\,. \tag{18.13}$$

Wir bemerken dazu, daß diese lokalen einseitigen Monotonieforderungen die Existenz der einseitigen Grenzwerte der Funktion $f(x)$ an der Stelle x garantieren (vgl. dazu Satz 5.5). Ist $f(x)$ an der Stelle x_0 insbesondere auch stetig, so ist die Summe der Fourier-Reihe von $f(x)$ der Funktionswert $f(x_0)$.

Es sei mit Nachdruck darauf hingewiesen, daß die Monotonieforderung ein wesentlicher Bestandteil der Voraussetzungen von Satz 18.1 ist. Durch die bloße Forderung der Stetigkeit kann nicht einmal die Konvergenz der Fourier-Reihe garantiert werden – es gibt Beispiele stetiger Funktionen, deren Fourier-Reihe in einzelnen Punkten bestimmt divergiert!

---

[1]) Die Funktion $f(x)$ muß deshalb nicht in einer ganzen Umgebung $]x_0-\delta, x_0+\delta[$ monoton sein; durch diese ‚einseitigen' Monotoniebedingungen wird zugelassen, daß $f(x)$, zum Beispiel, links von x_0 monoton fallend, rechts von x_0 monoton steigend ist.

Der folgende Satz, auf dessen Beweis wir verzichten, liefert für viele in der Praxis auftretende Entwicklungsaufgaben ein einfaches Kriterium, um aus den Eigenschaften der zu entwickelnden Funktion auf die Konvergenz der Fourierschen Reihe zu schließen.

Satz 18.2. *Es sei* $f(x)$ *eine stückweise stetige* 2π*-periodische Funktion. Existieren die Grenzwerte*

$$\lim_{h\to 0+} \frac{f(x_0+h)-f(x_0+)}{h}, \quad \lim_{h\to 0-} \frac{f(x_0+h)-f(x_0-)}{h},$$

so konvergiert die Fouriersche Reihe der Funktion $f(x)$ *an der Stelle* x_0 *mit der Summe* $\frac{1}{2}(f(x_0+)+f(x_0-))$. *Ist im besonderen* $f(x)$ *an der Stelle* x_0 *differenzierbar, so konvergiert die Fouriersche Reihe von* $f(x)$, *ihre Summe ist in diesem Fall der Funktionswert* $f(x_0)$.

Entsprechende Ergebnisse erhält man für T-periodische Funktionen $f(t)$, deren Fourier-Koeffizienten aus den Formeln

$$a_0 = \frac{2}{T}\int_0^T f(t)\,dt, \quad a_n = \frac{2}{T}\int_0^T f(t)\cos n\,\omega t\,dt, \quad b_n = \frac{2}{T}\int_0^T f(t)\sin n\,\omega t\,dt, \quad n = 1, 2, \ldots, \tag{18.14}$$

zu berechnen sind. Die komplexe Darstellung (18.7) der Fourier-Reihe einer solchen Funktion lautet

$$f(t) = \sum_{n=-\infty}^{\infty} c_n e^{jn\,\omega t}, \qquad c_n = \frac{1}{T}\int_0^T f(\tau) e^{-jn\,\omega\tau}\,d\tau, \; \omega T = 2\pi. \tag{18.15}$$

Die Berechnung der Fourier-Koeffizienten kann man sich manchmal erleichtern, indem man die Tatsache ausnützt, daß das Integral einer periodischen Funktion über ein Intervall, dessen Länge gleich einer Periode ist, stets den gleichen Wert hat,

$$\begin{aligned}\int_a^{a+2\pi} f(x)\,dx &= \int_a^0 f(x)\,dx + \int_0^{2\pi} f(x)\,dx + \int_{2\pi}^{2\pi+a} f(x)\,dx \\ &= \int_a^0 f(x+2\pi)\,dx + \int_0^{2\pi} f(x)\,dx + \int_{2\pi}^{2\pi+a} f(x)\,dx \\ &= \int_{2\pi+a}^{2\pi} f(t)\,dt + \int_0^{2\pi} f(x)\,dx + \int_{2\pi}^{2\pi+a} f(x)\,dx = \int_0^{2\pi} f(x)\,dx.\end{aligned}$$

Daher kann man zur Berechnung der Fourier-Koeffizienten auch die Integrationsformen

$$\int_{-\pi}^{\pi} (\ldots)\,dx, \quad \int_{-T/2}^{T/2} (\ldots)\,dt$$

anwenden. Ist insbesondere f(x) eine gerade Funktion (bezüglich des Koordinatenursprungs), so sind die Sinus-Koeffizienten b_n sämtlich Null, da diese Integrale mit ungeradem Integranden sind. Durch eine analoge Schlußfolgerung findet man, daß alle Cosinus-Koeffizienten a_n einer ungeraden Funktion gleich Null sind.

Beispiel 18.1: Die T-periodische Funktion

$$f(x) = x, \quad 0 \leqslant x < T, \quad f(x + kT) = f(x),$$

(Bild 18.1) soll in ihre Fouriersche Reihe entwickelt werden. Aus (18.14) folgt

$$a_0 = \frac{2}{T}\int_0^T x\,dx = T, \quad a_n = \frac{2}{T}\int_0^T x\cos n\omega x\,dx = 0, \quad b_n = \frac{2}{T}\int_0^T x\sin n\omega x\,dx = -\frac{2}{n\omega}, \quad n = 1, 2, \ldots$$

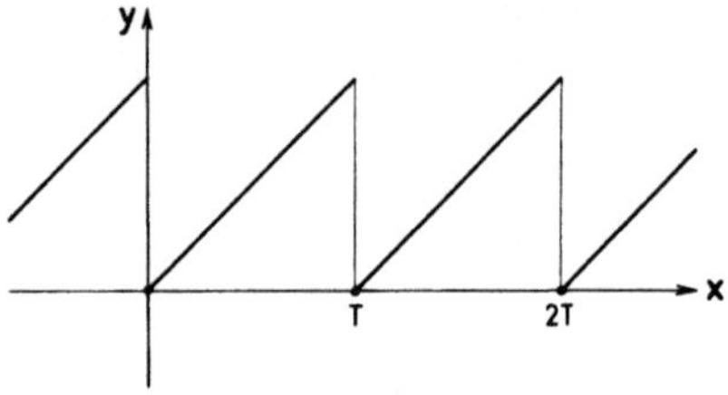

Bild 18.1

so daß

$$f(t) = T\left[\frac{1}{2} - \frac{1}{\pi}\sum_{n=1}^{\infty}\frac{\sin n\omega x}{n}\right]$$

die gesuchte Fourier-Reihe von f(x) ist. Man sieht, daß die Summe dieser Reihe in den Sprungstellen $x = kT, k = 0, \pm 1, \pm 2, \ldots$, der arithmetische Mittelwert $\frac{T}{2}$ der einseitigen Grenzwerte ist.

Beispiel 18.2: Wir stellen einen mit der Periode T wiederkehrenden Spannungsimpuls

$$u(t) = \begin{cases} U, & t_0 - h \leqslant t \leqslant t_0 + h, \\ 0 & \text{sonst} \end{cases}$$

(Bild 18.2) durch seine Fourier-Reihe dar, wobei wir die komplexe Darstellung (18.15) verwenden wollen,

$$c_n = \frac{1}{T}\int_0^T f(t)\,e^{-jn\omega t}\,dt = \frac{1}{T}U\int_{t_0-h}^{t_0+h} e^{-jn\omega t}\,dt = -\frac{U}{jn\omega T}\left[e^{-jn\omega t}\right]_{t_0-h}^{t_0+h}$$

$$= \frac{jU}{n\omega T}\left[e^{-jn\omega(t_0+h)} - e^{-jn\omega(t_0-h)}\right] = \frac{jU}{n\omega T}e^{-jn\omega t_0}(-2j\sin n\omega h)$$

$$= \frac{2U}{n\omega T}e^{-jn\omega t_0}\sin n\omega h, \quad n = 1, 2, \ldots, \quad c_0 = \frac{2hU}{T}.$$

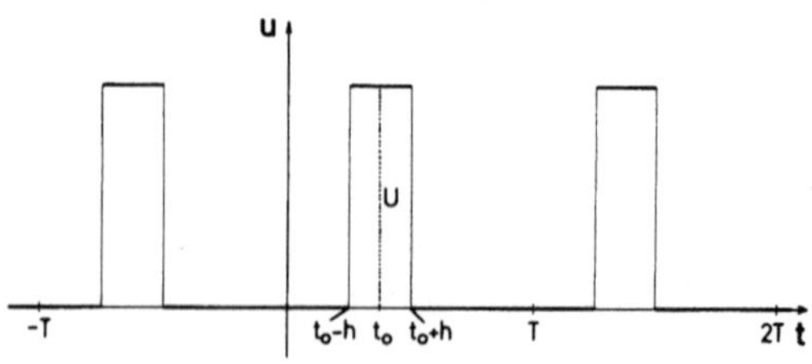

Bild 18.2

Aus

$$|c_n| = \frac{1}{2}\hat{U}_n = \frac{U}{n\pi}|\sin n\omega h|$$

erhalten wir die Amplituden $\hat{U}_n$ der Darstellung (18.5), aus

$$\Psi_n = \arg(c_n) = -n\omega t_0$$

die zugehörigen Phasen. Insgesamt ist

$$u(t) = U\left(\frac{2h}{T} + 2\sum_{n=1}^{\infty}\frac{\sin n\omega h}{n\pi}\cos n\omega(t-t_0)\right).$$

Beispiel 18.3: Wir zerlegen eine gleichgerichtete Sinus-Spannung

$$u(t) = \hat{U}|\sin\omega t|, \quad \omega T = 2\pi,$$

(Bild 18.3) in ihre harmonischen Schwingungen. Da die Periode $\frac{T}{2}$ ist, erhält man in komplexer Rechnung ($T' = \frac{T}{2}$, $\omega' = 2\omega$, $\omega' T' = 2\pi$)

$$u(t) = \sum_{n=-\infty}^{\infty} c_n e^{jn\omega' t}.$$

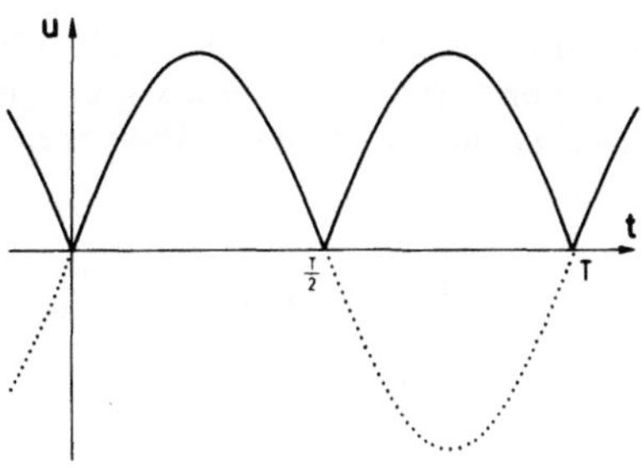

Bild 18.3

Für die Koeffizienten c_n finden wir

$$c_0 = \frac{1}{T'}\int_0^{T'}\hat{U}\sin\omega t\,dt = \frac{2}{T}\int_0^{T/2}\hat{U}\sin\omega t\,dt = \frac{2\hat{U}}{\pi}$$

und für $n \geqslant 1$

$$c_n = \frac{1}{T'}\int_0^{T'}\hat{U}\sin\omega t\, e^{-jn\omega' t}dt = \frac{2}{T}\int_0^{T/2}\hat{U}\sin\omega t\, e^{-2nj\omega t}dt = -\hat{U}\frac{2}{\pi(4n^2-1)},$$

also

$$\hat{U}_n = 2|c_n| = \frac{4\hat{U}}{\pi(4n^2-1)}, \quad \Psi_n = \arg(c_n) = \pi.$$

Wir bekommen somit das Ergebnis

$$\hat{U}|\sin\omega t| = \frac{2\hat{U}}{\pi}\left(1 - 2\sum_{n=1}^{\infty}\frac{\cos 2n\omega t}{4n^2-1}\right).$$

Beispiel 18.4: Für die abgeschnittene Sinus-Spannung

$$u(t) = \begin{cases}\hat{U}\sin\omega t, & 0 \leqslant t \leqslant \frac{T}{2},\\ 0, & \frac{T}{2} < t < T,\end{cases} \qquad u(t+kT) = u(t),$$

(Bild 18.4) erhalten wir in reeller Rechnung

$$a_0 = \frac{2\hat{U}}{T}\int\limits_0^{T/2} \sin\omega t\, dt = \frac{2\hat{U}}{\pi}, \quad a_1 = 0, \quad b_1 = \frac{\hat{U}}{2},$$

$$a_n = \frac{2\hat{U}}{T}\int\limits_0^{T/2} \sin\omega t \cos n\omega t\, dt = \frac{\hat{U}}{\pi}\,\frac{(-1)^{n+1}-1}{n^2-1}, \quad b_n = 0, \ n \geqslant 2,$$

und somit

$$u(t) = \frac{\hat{U}}{2}\sin\omega t + \frac{\hat{U}}{\pi}\left(1 - 2\sum_{n=1}^{\infty}\frac{\cos 2n\omega t}{4n^2-1}\right).$$

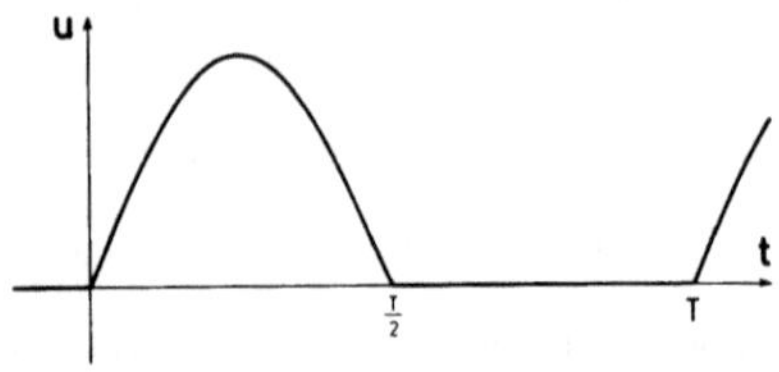

Bild 18.4

Beispiel 18.5: Sei a keine ganze Zahl. Wir entwickeln die auf die Zahlengerade 2π-periodisch fortgesetzte Funktion $f(x) = \cos ax, -\pi \leqslant x < \pi$, in ihre Fourier-Reihe. Da $f(x)$ gerade ist, sind sämtliche Sinus-Koeffizienten $b_n = 0$; für die Cosinus-Koeffizienten erhalten wir

$$a_n = \frac{2}{\pi}\int\limits_0^{\pi} \cos ax \cos nx\, dx = \frac{1}{\pi}\int\limits_0^{\pi} [\cos(a+n)x + \cos(a-n)x]\, dx = \frac{(-1)^n}{\pi}\,\frac{2a\sin a\pi}{a^2-n^2}, \quad n = 0, 1, 2, \dots .$$

Damit ergibt sich die Entwicklung

$$\cos ax = \frac{\sin a\pi}{a\pi} + \frac{2a}{\pi}\sin a\pi \sum_{n=1}^{\infty}\frac{(-1)^n}{a^2-n^2}\cos nx, \qquad -\pi \leqslant x \leqslant \pi.$$

Setzen wir darin $x = \pi$ und schreiben wir dann für $a\pi = x$, so erhalten wir daraus die bemerkenswerte „Partialbruchentwicklung" der Cotangens-Funktion

$$\cot x = \frac{1}{x} + \sum_{n=1}^{\infty}\frac{2x}{x^2-n^2\pi^2}, \quad x \neq k\pi.$$

Setzen wir dagegen $x = 0$, so ergibt sich, wenn wir wieder $a\pi = x$ schreiben,

$$\frac{x}{\sin x} = 1 + \sum_{n=1}^{\infty}(-1)^n\frac{2x^2}{x^2-n^2\pi^2}, \quad x \neq k\pi.$$

Da die Partialbruchentwicklung der Cotangens-Funktion auf jedem abgeschlossenen Intervall, das kein Vielfaches von π enthält, gleichmäßig konvergiert, können wir sie im Intervall $]-\pi, \pi[$ gliedweise von 0 bis x integrieren,

$$\ln\frac{\sin x}{x} = \sum_{n=1}^{\infty}\ln(\pi^2 n^2 - x^2) - \sum_{n=1}^{\infty}\ln(n^2\pi^2) = \sum_{n=1}^{\infty}\ln\left(1 - \frac{x^2}{n^2\pi^2}\right),$$

und erhalten daraus die (für alle x gültige) „Faktorisierung" des Sinus

$$\sin x = x \prod_{n=1}^{\infty} \left(1 - \frac{x^2}{n^2 \pi^2}\right),$$

die bereits Euler bekannt war. Darin ist das unendliche Produkt als Grenzwert von „Partialprodukten" aufzufassen.

18.3 Konvergenztheorie Fourierscher Reihen

Wir wenden uns nun dem Beweis von Satz 18.1 zu und beginnen mit einigen Betrachtungen von allgemeinem Interesse.

Wir bezeichnen mit

$$t_m(x) = \frac{\alpha_0}{2} + \sum_{n=1}^{m} (\alpha_n \cos nx + \beta_n \sin nx)$$

ein beliebiges trigonometrisches Polynom vom Grade m und stellen uns die Aufgabe, jenes trigonometrische Polynom zu finden, für das das *mittlere Fehlerquadrat*

$$\int_0^{2\pi} [f(x) - t_m(x)]^2 \, dx \qquad (18.16)$$

möglichst klein wird, mit anderen Worten, wir suchen die *beste mittlere Approximation* von f(x) durch ein trigonometrisches Polynom vom Grade m. Setzen wir $t_m(x)$ ein, so erhalten wir nach Ausführung der Integration

$$0 \leqslant \int_0^{2\pi} \left(f^2(x) - 2 f(x) t_m(x) + t_m^2(x)\right) dx$$

$$= \int_0^{2\pi} f^2(x)\, dx + \pi \left[\frac{\alpha_0^2}{2} + \sum_{n=1}^{m} (\alpha_n^2 + \beta_n^2) - 2 \sum_{n=1}^{m} (\alpha_n a_n + \beta_n b_n) - \alpha_0 a_0\right]$$

$$= \int_0^{2\pi} f^2(x)\, dx - \pi \left[\frac{a_0^2}{2} + \sum_{n=1}^{m} (a_n^2 + b_n^2)\right] + \pi \left[\frac{1}{2}(\alpha_0 - a_0)^2 + \sum_{n=1}^{m} ((\alpha_n - a_n)^2 + (\beta_n - b_n)^2)\right],$$

worin wir mit a_n und b_n die Fourier-Koeffizienten der Funktion f(x) bezeichnet haben. Wir sehen daraus, daß das mittlere Fehlerquadrat genau dann am kleinsten ist, wenn

$$\alpha_n = a_n, \quad \beta_n = b_n$$

gilt: *Die beste mittlere Approximation von* f(x) *durch ein trigonometrisches Polynom m-ten Grades wird durch die m-te Partialsumme der Fourier-Reihe von* f(x) *geleistet.*

Das mittlere Fehlerquadrat hat dann den Wert

$$\int_0^{2\pi} f^2(x)\,dx - \pi\left(\frac{a_0^2}{2} + \sum_{n=1}^{m} (a_n^2 + b_n^2)\right) \geqslant 0.$$

Aus dieser Beziehung können wir die Ungleichung

$$\frac{a_0^2}{2} + \sum_{n=1}^{m} (a_n^2 + b_n^2) \leqslant \frac{1}{\pi}\int_0^{2\pi} f^2(x)\,dx, \quad m = 1, 2, \ldots,$$

folgern, die die *Besselsche Ungleichung* genannt wird. Sie zeigt uns die Beschränktheit der Summen auf der linken Seite und damit die Konvergenz der Reihe

$$\frac{a_0^2}{2} + \sum_{n=1}^{\infty} (a_n^2 + b_n^2),$$

deren Summe dann auch nicht größer als das Integral über $f^2(x)$ sein kann,

$$\frac{a_0^2}{2} + \sum_{n=1}^{\infty} (a_n^2 + b_n^2) \leqslant \frac{1}{\pi}\int_0^{2\pi} f^2(x)\,dx\,. \tag{18.17}$$

Es gilt nun tatsächlich sogar die Gleichung

$$\frac{a_0^2}{2} + \sum_{n=1}^{\infty} (a_n^2 + b_n^2) = \frac{1}{\pi}\int_0^{2\pi} f^2(x)\,dx\,, \tag{18.18}$$

die die *Vollständigkeitsrelation* der trigonometrischen Funktionen genannt wird. Sie bedeutet, wenn $s_m(x)$ die Partialsummen der Fourier-Reihe von $f(x)$ bezeichnen,

$$\lim_{m\to\infty} \int_0^{2\pi} [f(x) - s_m(x)]^2\,dx = 0. \tag{18.19}$$

Wenn man sich dabei vergegenwärtigt, daß die Entwicklung einer Funktion $f(x)$ über eine Approximation von $f(x)$ durch eine endliche Summe von Funktionen zustande kommt, so bedeutet (18.19) die Konvergenz der Fourier-Reihe von $f(x)$ bezüglich des „Abweichungsmaßes" (18.16), als das das mittlere Fehlerquadrat an dieser Stelle zu verstehen ist. Man sagt daher auch, die Fourier-Reihe einer Funktion $f(x)$ *konvergiert im Mittel* gegen die Funktion $f(x)$.

Die Konvergenz im Mittel, die unter sehr allgemeinen Voraussetzungen über die Funktion $f(x)$ gegeben ist, bedeutet nun keineswegs, daß die Fourier-Reihe auch bezüglich des gewöhnlichen Abweichungsmaßes, der Differenz $|f(x) - s_m(x)|$, also *punktweise* konvergiert. Wenn auch die Integrale (18.16) für entsprechend hohen Index m beliebig klein werden, so kann es dennoch geschehen, daß in der Umgebung einzelner Stellen die Abweichungen $|f(x) - s_m(x)|$ verhältnismäßig groß sind, obwohl aber die Fläche darunter klein ist.

Wir erwähnen in diesem Zusammenhang noch die etwas allgemeinere Form der Vollständigkeitsrelation

$$\frac{1}{\pi}\int_0^{2\pi} f(x)\,g(x)\,dx = \frac{a_0\alpha_0}{2} + \sum_{n=1}^{\infty}(a_n\alpha_n + b_n\beta_n), \qquad (18.20)$$

worin a_n und b_n bzw. α_n und β_n die Fourier-Koeffizienten der Funktionen $f(x)$ bzw. $g(x)$ bezeichnen. Man erhält (18.20), indem man (18.18) für die Funktion $f(x) - g(x)$ anschreibt und davon die entsprechenden Beziehungen für $f(x)$ und $g(x)$ subtrahiert.

Eine Konsequenz der Vollständigkeitsrelation sind weiters die Grenzwertbeziehungen

$$\lim_{n\to\infty}\int_0^{2\pi} f(x)\cos nx\,dx = \lim_{n\to\infty}\int_0^{2\pi} f(x)\sin nx\,dx = 0, \qquad (18.21)$$

die sich aus der notwendigen Konvergenzbedingung (15.2) für Reihen ergeben. Wir können mit Hilfe von (18.21) auch zeigen, daß

$$\lim_{n\to\infty}\int_a^{b} f(x)\cos nx\,dx = \lim_{n\to\infty}\int_a^{b} f(x)\sin nx\,dx = 0 \qquad (18.22)$$

für jedes Intervall $[a, b]$ gilt, das vollständig in $[0, 2\pi]$ enthalten ist, dessen Endpunkte also den Ungleichungen $0 \leqslant a < b \leqslant 2\pi$ genügen. Betrachtet man nämlich die Funktion $\varphi(x)$, die auf $[a, b]$ mit $f(x)$ übereinstimmt, dagegen in den nicht zu $[a, b]$ gehörigen Punkten des Intervalls $[0, 2\pi]$ die Werte 0 hat, so wird

$$0 = \lim_{n\to\infty}\int_0^{2\pi} \varphi(x)\cos nx\,dx = \lim_{n\to\infty}\int_a^{b} f(x)\sin nx\,dx,$$

analog für den zweiten Grenzwert.

Wir gehen nun dazu über, die Partialsummen (vgl. (18.12))

$$s_n(x) = \frac{1}{2\pi}\int_0^{2\pi} f(y)\,dy + \sum_{k=1}^{n}\frac{1}{\pi}\int_0^{2\pi} f(y)\cos k(x-y)\,dy$$

der Fourierschen Reihe von $f(x)$ zu untersuchen. Verwenden wir die Summenformel

$$\frac{1}{2} + \sum_{k=1}^{n}\cos ka = \frac{1}{2}\,\frac{\sin(2n+1)\frac{a}{2}}{\sin\frac{a}{2}},$$

deren Beweis dem Leser überlassen sei, so können wir sie auch in der Gestalt

$$s_n(x) = \frac{1}{2\pi} \int_0^{2\pi} f(y) \frac{\sin(2n+1)\frac{x-y}{2}}{\sin\frac{x-y}{2}} dy$$

anschreiben. Substituieren wir $x - y = z$, so folgt weiter

$$s_n(x) = \frac{1}{2\pi} \int_{x-2\pi}^{x} f(x-z) \frac{\sin(2n+1)\frac{z}{2}}{\sin\frac{z}{2}} dz = \frac{1}{2\pi} \int_{-\pi}^{\pi} f(x-z) \frac{\sin(2n+1)\frac{z}{2}}{\sin\frac{z}{2}} dz,$$

wobei wir das Integrationsintervall um $\pi - x$ verschieben durften, weil der Integrand 2π-periodisch ist. Trennen wir nun die Integration von $-\pi$ bis π in die Integrationen von $-\pi$ bis 0 und von 0 bis π auf und substituieren wir im Integral von $-\pi$ bis 0 für $z = -u$, so folgt nach Zusammenfassen der Integrale

$$s_n(x) = \frac{1}{\pi} \int_0^{\pi} \frac{f(x-z) + f(x+z)}{2} \frac{\sin(2n+1)\frac{z}{2}}{\sin\frac{z}{2}} dz,$$

und schließlich, wenn wir noch $z = 2t$ substituieren,

$$s_n(x) = \frac{2}{\pi} \int_0^{\pi/2} \frac{f(x-2t) + f(x+2t)}{2} \frac{\sin(2n+1)t}{\sin t} dt. \tag{18.23}$$

Wir wählen nun eine feste Zahl δ, $0 < \delta < \frac{\pi}{2}$, und betrachten die Folge von Integralen

$$\frac{2}{\pi} \int_\delta^{\pi/2} \frac{f(x-2t) + f(x+2t)}{2} \frac{\sin(2n+1)t}{\sin t} dt.$$

Da die Funktion $\frac{f(x-2t) + f(x+2t)}{2\sin t}$ auf dem Intervall $\left[\delta, \frac{\pi}{2}\right]$ stückweise stetig ist, können wir mit Hilfe von (18.22) auf die Grenzwertbeziehung

$$\lim_{n\to\infty} \frac{2}{\pi} \int_\delta^{\pi/2} \frac{f(x-2t) + f(x+2t)}{2} \frac{\sin(2n+1)t}{\sin t} dt = 0$$

schließen. Wir erkennen daraus folgendes: Existiert der Grenzwert

$$\lim_{n\to\infty} \frac{2}{\pi} \int_0^{\delta} \frac{f(x-2t) + f(x+2t)}{2} \frac{\sin(2n+1)t}{\sin t} dt, \tag{18.24}$$

so existiert auch der Grenzwert der Partialsummen der Fourier-Reihe der Funktion $f(x)$, und es gilt

$$\lim_{n\to\infty} s_n(x) = \lim_{n\to\infty}\left(\frac{2}{\pi}\int_0^{\delta}(\ldots)\,dt + \frac{2}{\pi}\int_{\delta}^{\pi/2}(\ldots)\,dt\right) = \lim_{n\to\infty}\frac{2}{\pi}\int_0^{\delta}(\ldots)\,dt$$

$$+\lim_{n\to\infty}\frac{2}{\pi}\int_{\delta}^{\pi/2}(\ldots)\,dt = \lim_{n\to\infty}\frac{2}{\pi}\int_0^{\delta}\frac{f(x-2t)+f(x+2t)}{2}\,\frac{\sin(2n+1)t}{\sin t}\,dt.$$

Entscheidend für das Konvergenzverhalten der Fourier-Reihe von $f(x)$ ist also die Existenz des Grenzwertes (18.24). Diese Erkenntnis ist bemerkenswert, kommt doch in ihr zum Ausdruck, daß das Verhalten der Funktion $f(x)$ in einer Umgebung $[x-2\delta, x+2\delta]$ der Stelle x ausschlaggebend für die Konvergenz der Fourier-Reihe im Punkt x ist. Hält man sich dagegen vor Augen, daß die Fourier-Reihe selbst vom Verlauf der Funktion im ganzen Intervall $[0, 2\pi]$ abhängt, insofern, da ja die Fourier-Koeffizienten vom Verhalten der Funktion im Periodenintervall abhängig sind, so mutet diese Erscheinung, die *Riemannsches Paradoxon* genannt wird, einigermaßen merkwürdig an.

Wir nehmen nun eine weitere Vereinfachung der Integrale (18.24) vor. Beachten wir, daß die Funktion

$$\frac{1}{\sin t}-\frac{1}{t}=\frac{t-\sin t}{t\sin t}=t\,\frac{\frac{1}{6}-t^2\frac{1}{120}+-\ldots}{1-t^2\frac{1}{6}+-\ldots}$$

auf dem Intervall $[0, \delta]$ stetig ist, so folgern wir, ebenfalls mit Hilfe von (18.22),

$$\lim_{n\to\infty}\frac{2}{\pi}\int_0^{\delta}\frac{f(x-2t)+f(x+2t)}{2}\left(\frac{1}{\sin t}-\frac{1}{t}\right)\sin(2n+1)t\,dt = 0.$$

Dies zeigt, daß der Grenzwert (18.24) genau dann existiert, wenn die Folge von Integralen

$$\frac{2}{\pi}\int_0^{\delta}\frac{f(x-2t)+f(x+2t)}{2}\,\frac{\sin(2n+1)t}{t}\,dt \qquad (18.25)$$

konvergiert; im Falle der Konvergenz dieser Folge stimmt offenbar ihr Grenzwert mit (18.24) überein. Zusammenfassend können wir nun sagen: Die Folge der Partialsummen $(s_n(x))$ der Fourier-Reihe von $f(x)$ konvergiert an der Stelle x genau dann, wenn die Folge von Integralen (18.25) konvergiert; im Falle der Konvergenz ist

$$\lim_{n\to\infty} s_n(x) = \lim_{n\to\infty}\frac{2}{\pi}\int_0^{\delta}\frac{f(x-2t)+f(x+2t)}{2}\,\frac{\sin(2n+1)t}{t}\,dt. \qquad (18.26)$$

Aus (18.26) bekommen wir noch ein Ergebnis, das wir im folgenden benötigen werden. Setzen wir $f(x) = 1$, so ist auch $s_n(x) = 1$, $n = 1, 2, \ldots$, und daher

$$1 = \lim_{n \to \infty} \frac{2}{\pi} \int_0^{\delta} \frac{\sin(2n+1)t}{t} \, dt, \quad n = 1, 2, \ldots .$$

Substituieren wir $(2n + 1)t = u$, so entsteht daraus

$$\lim_{n \to \infty} \int_0^{(2n+1)\delta} \frac{\sin u}{u} \, du = \frac{\pi}{2} .$$

Da das uneigentliche Integral $\int\limits_0^{\infty} \frac{\sin u}{u} du$ konvergiert (vgl. (12.22)), folgt durch Grenzübergang $n \to \infty$

$$\frac{\pi}{2} = \int_0^{\infty} \frac{\sin u}{u} \, du. \tag{18.27}$$

Die Integrale (18.25) sind vom Typ

$$I_n = \frac{2}{\pi} \int_0^{\delta} \varphi(t) \frac{\sin nt}{t} \, dt;$$

über eine solche Folge von Integralen läßt sich nun folgendes aussagen: *Ist* $\varphi(t)$ *in einer rechtsseitigen Umgebung* $]0, \delta'[$, $0 < \delta' < \delta$, *der Stelle* $t = 0$ *monoton, so konvergiert die Folge der Integrale* I_n *und ihr Grenzwert ist*

$$\lim_{n \to \infty} \frac{2}{\pi} \int_0^{\delta} \varphi(t) \frac{\sin nt}{t} \, dt = \lim_{t \to 0+} \varphi(t) = \varphi(0+). \tag{18.28}$$

Zum Beweis dieser Behauptung können wir annehmen, daß die Funktion $\varphi(t)$ in $t = 0$ rechtsstetig ist, also $\varphi(0+) = \varphi(0)$ gilt (vgl. Abschnitt 11.4). Sodann geben wir eine beliebige Zahl $\epsilon > 0$ vor und wählen δ'', $0 < \delta'' < \delta'$, so klein, daß $|\varphi(t) - \varphi(0)| < \epsilon$ für $0 \leqslant t \leqslant \delta''$ ist. Wir setzen noch $\psi(t) = \varphi(t) - \varphi(0)$ und formen die Integrale I_n folgendermaßen um,

$$I_n = \frac{2}{\pi} \int_0^{\delta} \varphi(t) \frac{\sin nt}{t} \, dt = \frac{2}{\pi} \int_0^{\delta''} \psi(t) \frac{\sin nt}{t} \, dt + \frac{2}{\pi} \varphi(0) \int_0^{\delta''} \frac{\sin nt}{t} \, dt + \frac{2}{\pi} \int_{\delta''}^{\delta} \varphi(t) \frac{\sin nt}{t} \, dt.$$

Auf das erste der rechterhand stehenden Integrale wenden wir nun den zweiten Mittelwertsatz der Integralrechnung (Satz 11.5) an,

$$I_n = \psi(\delta'')\frac{2}{\pi}\int_{\vartheta\delta''}^{\delta''}\frac{\sin nt}{t}\,dt + \varphi(0)\frac{2}{\pi}\int_0^{\delta''}\frac{\sin nt}{t}\,dt + \frac{2}{\pi}\int_{\delta''}^{\delta}\varphi(t)\frac{\sin nt}{t}\,dt, \quad 0<\vartheta<1.$$

Nun gilt wegen (18.22)

$$\lim_{n\to\infty}\frac{2}{\pi}\int_{\delta''}^{\delta}\varphi(t)\frac{\sin nt}{t}\,dt = 0$$

und wegen (18.27)

$$\lim_{n\to\infty}\varphi(0)\frac{2}{\pi}\int_0^{\delta''}\frac{\sin nt}{t}\,dt = \varphi(0)\lim_{n\to\infty}\frac{2}{\pi}\int_0^{n\delta''}\frac{\sin u}{u}\,du = \varphi(0)\frac{2}{\pi}\int_0^{\infty}\frac{\sin u}{u}\,du = \varphi(0).$$

Das noch ausstehende Integral der obigen Zerlegung von I_n schätzen wir nun folgendermaßen ab. Zunächst stellen wir fest, daß die Funktion

$$h(x) = \frac{2}{\pi}\int_0^x \frac{\sin u}{u}\,du$$

beschränkt ist. Andernfalls gäbe es nämlich eine bestimmte divergente Folge (x_n) mit $\lim h(x_n) = \infty$, was im Widerspruch zu (18.27) steht. Ist also $|h(x)| \leqslant M$ für jedes $x \geqslant 0$, so erhalten wir

$$\left|\frac{2}{\pi}\int_{\vartheta\delta''}^{\delta''}\frac{\sin nt}{t}\,dt\right| = \frac{2}{\pi}\left|\int_{n\vartheta\delta''}^{n\delta''}\frac{\sin u}{u}\,du\right| = \frac{2}{\pi}\,|h(n\delta'') - h(n\vartheta\delta'')| \leqslant \frac{4M}{\pi}$$

und folglich wegen $|\psi(\delta'')| = |\varphi(\delta'') - \varphi(0)| < \epsilon$

$$\left|\frac{2}{\pi}\,\psi(\delta'')\int_{\vartheta\delta''}^{\delta''}\frac{\sin nt}{t}\,dt\right| < \epsilon\,\frac{4M}{\pi}$$

für jedes n. Da ϵ beliebig war, folgt unter Berücksichtigung aller dieser Ergebnisse schließlich die Behauptung (18.28).

Damit gelingt nun endlich der Abschluß des Beweises von Satz 18.1. Setzen wir f(x) in einer linksseitigen Umgebung von x monoton voraus, so wird zufolge (18.28)

$$\lim_{n\to\infty}\frac{2}{\pi}\int_0^{\delta}\frac{f(x-2t)}{2}\,\frac{\sin(2n+1)t}{t}\,dt = \lim_{t\to 0+}\frac{f(x-2t)}{2} = \frac{1}{2}f(x-),$$

und analog, wenn f(x) in einer rechtsseitigen Umgebung von x monoton ist,

$$\lim_{n\to\infty} \frac{2}{\pi} \int_0^{\delta} \frac{f(x+2t)}{2} \frac{\sin(2n+1)t}{t} dt = \lim_{t\to 0+} \frac{f(x+2t)}{2} = \frac{1}{2} f(x+).$$

Zusammengenommen bedeuten diese Grenzwerte die behauptete Summe $\frac{f(x+)+f(x-)}{2}$ der Fourierschen Reihe von f(x) unter den angegebenen Voraussetzungen.

18.4 Gliedweise Differentiation und Integration Fourierscher Reihen

Es ist interessant, daß Fourier-Reihen unter allgemeineren Bedingungen als sonst gliedweise differenziert und integriert werden dürfen. Es sei f(x) eine stetige 2π-periodische Funktion, die in höchstens endlich vielen Punkten eines Periodenintervalles nicht differenzierbar ist und deren ebenfalls 2π-periodische Ableitung f'(x) im Sinne von Abschnitt 11.4 stückweise stetig ist. Ferner möge f'(x) den Voraussetzungen von Satz 18.1 genügen, um die Konvergenz der Fourier-Reihe von f'(x) zu gewährleisten.

Wenn wir beachten, daß wegen

$$\int_0^{2\pi} f'(x)\, dx = f(2\pi) - f(0) = 0$$

die Fourier-Reihe von f'(x) kein konstantes Glied enthalten kann, so lautet die Fourier-Reihe von f'(x)

$$f'(x) = \sum_{n=1}^{\infty} (a_n' \cos nx + b_n' \sin nx).$$

Die Koeffizienten dieser Entwicklung können wir nun durch partielle Integration

$$a_n' = \frac{1}{\pi} \int_0^{2\pi} f'(x) \cos nx\, dx = \left[\frac{1}{\pi} f(x) \cos nx\right]_0^{2\pi} + \frac{n}{\pi} \int_0^{2\pi} f(x) \sin nx\, dx$$

$$= \frac{n}{\pi} \int_0^{2\pi} f(x) \sin nx\, dx$$

in Zusammenhang mit den Fourier-Koeffizienten a_n und b_n der Funktion f(x) bringen,

$$a_n' = n b_n,$$

und analog

$$b_n' = -n a_n.$$

Setzen wir diese Ausdrücke in die Reihe für $f'(x)$ ein,

$$f'(x) = \sum_{n=1}^{\infty} (n\, b_n \cos nx - n\, a_n \sin nx),$$

und stellen wir dieses Ergebnis der Fourier-Reihe von $f(x)$ gegenüber, so erkennen wir, daß die Reihe der Ableitung $f'(x)$ mit der formal gliedweise differenzierten Reihe für $f(x)$ übereinstimmt – mit anderen Worten, *die Fourier-Reihe einer stetigen Funktion kann in Hinblick auf die Berechnung der Ableitung gliedweise differenziert werden, wenn die Ableitung den Voraussetzungen des Satzes 18.1 genügt.*

Die gliedweise Integration mit variabler oberer Grenze ist für eine beliebige Fouriersche Reihe nicht immer möglich, weil das Integral einer periodischen Funktion nicht unbedingt wieder periodisch ist. Man überlegt sich aber unschwer, daß die Bedingung

$$\int_0^{2\pi} f(x)\, dx = 0,$$

also das Verschwinden des konstanten Gliedes der Fourier-Reihe von $f(x)$, notwendig und hinreichend dafür ist, daß die Funktion $\int^x f(t)\, dt$ periodisch mit derselben Periode wie $f(x)$ ist. Dreht man nunmehr die obige Überlegung um, so zeigt dies, *daß die Fourier-Reihe einer Funktion, deren konstantes Glied verschwindet, gliedweise integriert werden darf.*

18.5 Das Konvergenzverhalten in der Umgebung von Sprungstellen

Wir wollen nun das Konvergenzverhalten von Fourier-Reihen in der Umgebung von Sprungstellen untersuchen, wobei wir uns darauf beschränken, die Verhältnisse an einem Beispiel aufzuzeigen.

Wir entwickeln die Funktion $f(x) = \frac{\pi - x}{2}$, $0 \leqslant x < 2\pi$, die wir uns 2π-periodisch fortgesetzt denken, in ihre Fourier-Reihe

$$\frac{\pi - x}{2} = \sum_{n=1}^{\infty} \frac{\sin nx}{n}, \quad 0 < x < 2\pi.$$

Die Partialsummen

$$s_m(x) = \sum_{n=1}^{m} \frac{\sin nx}{n}$$

dieser Reihe zeigen nun in der Umgebung der Stelle $x = 0$ ein typisches Verhalten. Die Ableitungen

$$s'_m(x) = \sum_{n=1}^{m} \cos nx = \frac{\sin m\frac{x}{2}}{\sin\frac{x}{2}} \cos(m+1)\frac{x}{2}$$

verschwinden im Intervall $[0, 2\pi]$ an den Stellen

$$x_k' = \frac{2k\pi}{m}, \quad k = 1, 2, \ldots, m-1, \quad x_k'' = \frac{2k+1}{m+1}\pi, \quad k = 0, 1, \ldots, m,$$

so daß wir an diesen Stellen Extremwerte erwarten dürfen. Tatsächlich zeigt sich, daß an den Stellen x_k' relative Minima und an den Stellen x_k'' relative Maxima vorliegen; dabei wird das absolute Maximum im Intervall $[0, 2\pi]$ an der Stelle $\frac{\pi}{m+1}$ angenommen. Da sämtliche Kurven $y = s_m(x)$ durch den Koordinatenursprung gehen, schnellen die Kurven $y = s_m(x)$ zur Höhe

$$s_m\left(\frac{\pi}{m+1}\right) = \sum_{n=1}^{m} \frac{1}{n} \sin\frac{n\pi}{m+1}$$

hinauf. Diese Höhen erreichen mit unbegrenzt wachsendem m einen Grenzwert, den wir einfach berechnen können. Fassen wir die Werte $s_m\left(\frac{\pi}{m+1}\right)$ als Riemannsche Zwischensummen der stetigen Funktion $\frac{\sin \pi x}{x}$ für das Intervall $[0, 1]$ bei einer äquidistanten Zerlegung mit der Intervallänge $\frac{1}{m+1}$ und den Zwischenwerten in den rechten Intervallen auf, so folgt (vgl. Beispiel 14.1)

$$\lim_{m \to \infty} s_m\left(\frac{\pi}{m+1}\right) = \int_0^1 \frac{\sin \pi x}{x}\, dx = \frac{\pi}{2}\, 1.1789 \ldots > \frac{\pi}{2}.$$

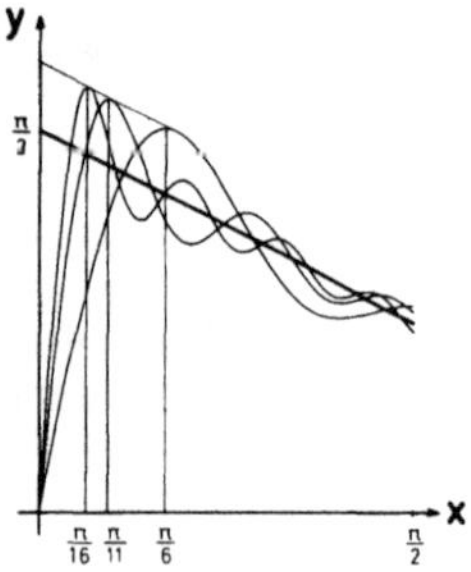

Bild 18.5

Dieses „*Überschwingen*" der Partialsummen, das *Gibbsches Phänomen* genannt wird, ist typisch für das Konvergenzverhalten einer Fourier-Reihe in der Umgebung einer Sprungstelle. Die Breite dieses Überschwingens wird zwar mit zunehmendem m immer schmäler, ihre Höhe aber nähert sich einem Grenzwert, der deutlich über dem rechtsseitigen Grenzwert der Funktion ist. In Bild 18.5 sind einige Partialsummen des obigen Beispiels dargestellt.

In der Elektrotechnik ist das Gibbsche Phänomen bei der Übertragung von Signalen in Netzwerken von Bedeutung, da Schwingungen verschiedentlich nur bis zu einer maximalen Frequenz übertragen werden können. Bei einer sich sprunghaft ändernden Spannung, wie etwa im obigen Beispiel, wird dabei der Einfluß der hochfrequenten Anteile unterdrückt, wodurch ein Überschwingen auftritt.

18.6 Anwendungen in der Elektrotechnik

In der Elektrotechnik spielen periodische Größen elektrischer und magnetischer Natur, wie Ströme, Spannungen, Flüsse etc., eine große Rolle. Wir bringen zunächst einige

Begriffsbildungen, die zur Beurteilung von Wechselgrößen dienen und gehen im Anschluß daran auf einige Anwendungen in der nichtlinearen Elektrotechnik ein.

Bezeichnet $x(t)$ eine Wechselgröße mit der Periode T, so nennt man den Reziprokwert der Periode $f = \frac{1}{T}$ die *Frequenz* von $x(t)$. Der Ausdruck

$$\bar{x} = \frac{1}{T} \int_0^T x(t)\,dt$$

heißt der *arithmetische Mittelwert*,

$$X = \sqrt{\frac{1}{T} \int_0^T (x(t))^2\,dt}$$

der *Effektivwert* der Wechselgröße $x(t)$.[1] Schreiben wir die Fourier-Entwicklung von $x(t)$ an,

$$x(t) = X_0 + \sum_{n=1}^{\infty} \hat{X}_n \cos(n\omega t + \varphi_n),$$

so zeigt (18.14), daß der arithmetische Mittelwert $\bar{x}$ gerade das konstante Glied X_0 der Fourier-Entwicklung von $x(t)$ ist. Im Falle, daß $x(t)$ einen Strom $i(t)$ oder eine Spannung $u(t)$ darstellt (vgl. (18.4) und (18.5)), ergibt der Mittelwert also gerade den Gleichstromanteil I_0 bzw. den Gleichspannungsanteil U_0.

Durch Anwendung der Vollständigkeitsrelation (18.18) bekommen wir

$$\frac{1}{T} \int_0^T (x(t))^2\,dt = X_0^2 + \frac{1}{2} \sum_{n=1}^{\infty} \hat{X}_n^2$$

und, wenn wir die Effektivwerte $X_n = \frac{1}{\sqrt{2}} \hat{X}_n$ (vgl. (11.39)) der einzelnen Teilschwingungen einführen[2]),

$$\frac{1}{T} \int_0^T (x(t))^2\,dt = X_0^2 + \sum_{n=1}^{\infty} X_n^2.$$

Der Effektivwert einer Mischgröße ist daher

$$X = \sqrt{X_0^2 + \sum_{n=1}^{\infty} X_n^2}.$$

---

[1]) Gelegentlich verwendet man die Bezeichnung „Wechselgröße" nur für einen Vorgang, dessen arithmetischer Mittelwert 0 ist und spricht andernfalls von einer Mischgröße.

[2]) Vgl. die Fußnote auf Seite 115.

Für den Effektivwert der Wechselgröße $x_\sim(t) = x(t) - X_0$ erhält man daraus

$$X_\sim = \sqrt{\sum_{n=1}^{\infty} X_n^2}.$$

Unter dem *Schwingungsgehalt* der Größe $x(t)$ versteht man den Ausdruck

$$s = \frac{X_\sim}{X}$$

und unter der *Welligkeit*

$$w = \frac{X_\sim}{X_0}.$$

Die Welligkeit w und der Schwingungsgehalt s sind miteinander durch die Beziehung

$$\frac{1}{s^2} - \frac{1}{w^2} = 1$$

verknüpft.

Für eine reine Wechselgröße $x(t)$ $(X_0 = 0)$ erklärt man durch

$$\hat{x} = \operatorname*{Max}_{0 \leqslant t \leqslant T} |x(t)|$$

den *Scheitelwert* und versteht unter dem *Scheitelfaktor* den Quotienten

$$\sigma = \frac{\hat{x}}{X}.$$

Das Verhältnis des Effektivwertes der Summe sämtlicher Oberschwingungen und des Effektivwertes,

$$k = \frac{1}{X} \sqrt{\sum_{n=2}^{\infty} X_n^2},$$

heißt der *Oberschwingungsgehalt* oder der *Klirrfaktor*. Er ist ein Maß für die Abweichung der Wechselgröße $x(t)$ von der Sinus-Form und ist auch für sinusförmige Wechselgrößen gleich 0. Der Klirrfaktor ist mit dem *Grundschwingungsgehalt*

$$g = \frac{X_1}{X},$$

der ein Maß für die Dominanz der Grundschwingung ist, durch die Gleichung

$$k^2 + g^2 = 1$$

verbunden.

Man nennt ein Element (ohmscher Widerstand, Kondensator, Spule, Diode und andere Halbleiter) *linear*, wenn der Zusammenhang seiner typischen Kenngrößen linear ist. Das Schaubild dieses Zusammenhanges wird die *Kennlinie* des Elements genannt; für ein lineares Element ist die Kennlinie demnach stets eine Gerade. Das einfachste Beispiel eines linearen Elementes ist der (ideale) ohmsche Widerstand, bei dem Strom und Spannung in der Beziehung

$$u = R i$$

zueinander stehen. Ein anderes Beispiel ist der (ideale) Kondensator, dessen Kenngrößen, die Ladung q und die Potentialdifferenz u, durch die Gleichung

$$q = C u$$

verbunden sind, worin C die Kapazität ist. Für eine (ideale) Spule der Induktivität L ist der magnetische Fluß Φ proportional dem Strom i,

$$\Phi = L i.$$

Für einen (idealen) Kondensator der Kapazität C ist der Strom-Spannungszusammenhang durch die Gleichung

$$i = C \frac{du}{dt}$$

(vgl. (6.13)) gegeben, für eine (ideale) Spule der Induktivität L ist

$$u = L \frac{di}{dt}$$

(vgl. (6.14)) der Zusammenhang zwischen Strom und Spannung. Diese beiden Gleichungen besagen auch, daß durch einen Kondensator ein harmonischer Strom fließt, wenn eine harmonische Spannung angelegt wird, und im Falle einer Spule, daß ein eingeprägter harmonischer Strom einen harmonischen Spannungsabfall bewirkt.

Zu den nichtlinearen Elementen zählen Halbleiter, Kondensatoren, deren Dielektrika ferroelektrische Stoffe sind, sowie Spulen mit ferromagnetischem Kern. Die Kennlinien solcher Elemente können sehr komplizierter Natur sein. In Bild 18.6 ist die Kennlinie einer Spule mit Eisenkern, die „*Hystereseschleife*" genannt wird, abgebildet; darin ist die zur Stromstärke i proportionale Größe H die *magnetische Feldstärke*, die zweite Größe B bezeichnet die zum magnetischen Fluß Φ proportionale *magnetische Induktion*.

Es ist eine offensichtliche Tatsache, daß durch ein nichtlineares Element bei Anlegen einer harmonischen Spannung ein Strom derselben Periode fließt, der aber nicht mehr harmonisch ist. Denken wir uns durch die Gleichung $i = f(u)$ die Kennlinie eines nichtlinearen (frequenzunabhängigen) Elementes dargestellt, so fließt, wenn eine Spannung

$$u(t) = U_0 + \hat{U}_1 \cos(\omega t + \psi)$$

angelegt wird, der Strom

$$i(t) = f(U_0 + \hat{U}_1 \cos(\omega t + \psi)) = I_0 + \sum_{n=1}^{\infty} \hat{I}_n \cos(n \omega t + \varphi_n),$$

der ebenso wie die Spannung u die Periode T hat, jedoch von komplizierterer Natur ist. Wenn nun die Amplitude $\hat{U}_1$ klein ist, so wird die Kennlinie nur in einer kleinen Umgebung des Punktes $u = U_0$,

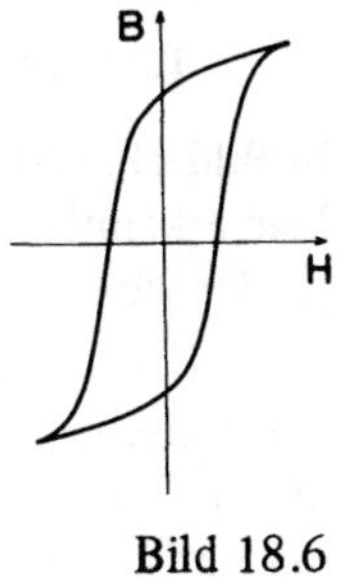

Bild 18.6

$i = I_0 = f(U_0)$, den man den *Arbeitspunkt* nennt, benötigt. Wenn daher die Funktion $f(u)$ im Punkt U_0 differenzierbar ist, kann man die Kennlinie in einer Umgebung des Arbeitspunktes durch die Tangente ersetzen. Diese Gerade wird die *Arbeitsgerade* genannt. Mathematisch bedeutet diese Ersetzung die Linearisierung der Funktion $f(u)$ in einer Umgebung von U_0, physikalisch-technisch dementsprechend, daß sich das Element für kleine Amplituden wie ein lineares Element verhält. Rechnerisch sieht dies folgendermaßen aus: Stellt man die Gleichung der Tangente im Arbeitspunkt auf

$$i = f(U_0) + f'(U_0)(u - U_0),$$

so erhält man durch Einsetzen der Spannung $u(t) = U_0 + \hat{U}_1 \cos(\omega t + \psi)$ die Näherung

$$i(t) = I_0 + f'(U_0)\hat{U}_1 \cos(\omega t + \psi)$$

für kleine Amplituden $\hat{U}_1$ (Bild 18.7). Die Qualität dieser Näherung hängt neben der Größe der Amplitude $\hat{U}_1$ natürlich auch vom Verlauf der Kennlinie, insbesondere von der Krümmung im Arbeitspunkt ab. Wird die Amplitude $\hat{U}_1$ vergrößert, so macht sich, je nach der Stärke der Krümmung, in zunehmendem Maße der Einfluß der Oberschwingungen bemerkbar. Man kann sich dann in Grenzen damit behelfen, die Arbeitsgerade durch eine Arbeitsparabel, das Taylorsche Polynom

$$i = I_0 + f'(U_0)(u - U_0) + \frac{1}{2} f''(U_0)(u - U_0)^2,$$

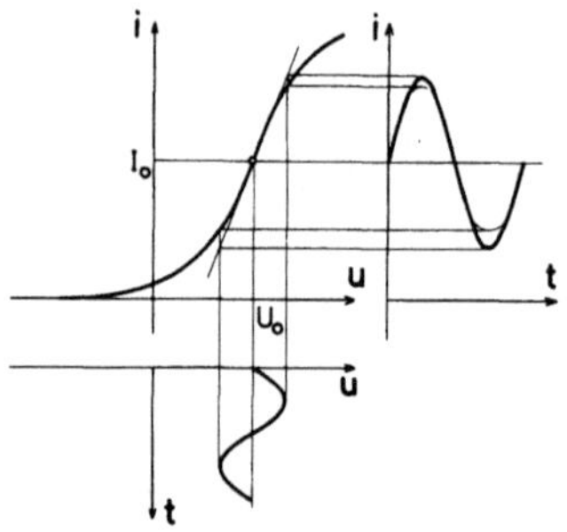

Bild 18.7

zu ersetzen, wodurch man die Näherung

$$i(t) = I_0 + \frac{1}{4} f''(U_0) + f'(U_0)\hat{U}_1 \cos(\omega t + \psi) + \frac{1}{4} f''(U_0)\hat{U}_1 \cos(2\omega t + 2\psi)$$

erhält, in der bereits der Einfluß der ersten Oberschwingung Berücksichtigung findet. Für die Kennlinie

$$i = f(u) = \arctan(bu), \quad b > 0,$$

erhält man bei einer Spannung $u(t) = \hat{U} \sin \omega t$ den Strom

$$i(t) = \arctan(b\,\hat{U} \sin \omega t).$$

In Bild 18.8 ist der Verlauf des Stromes für mehrere Werte der Amplitude $\hat{U}$ eingetragen. Man erkennt, wie mit zunehmender Amplitude $\hat{U}$ der Einfluß der Oberschwingungen immer größer wird.

Die Kennlinie $i = \arctan(bu)$ wäre für eine Spule denkbar. Ist das Material aber ferromagnetisch, so ist der Zusammenhang von B und H bzw. dem Fluß Φ und dem Strom i durch eine Hystereseschleife gegeben. In Bild 18.9 ist der Strom in einer Spule mit ferromagnetischem Kern bei einer sinusförmigen Spannung dargestellt.

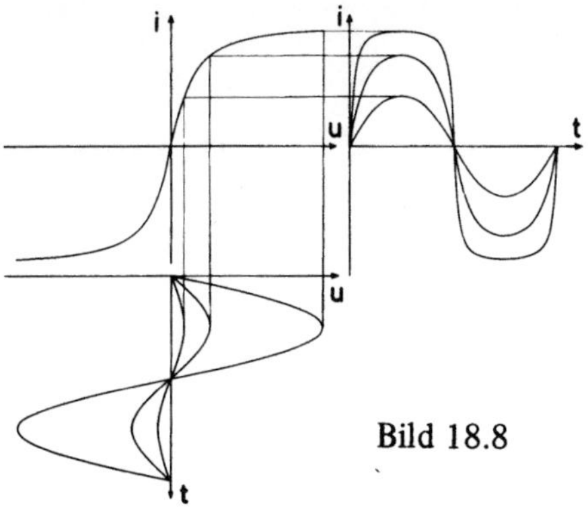

Bild 18.8

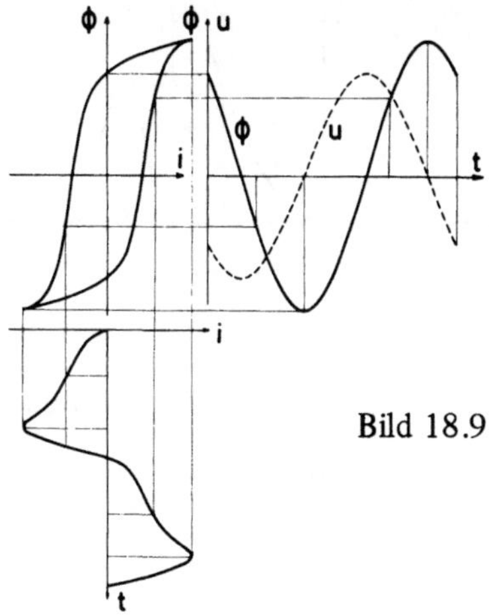

Bild 18.9

Die Approximation der Kennlinie durch ein Taylor-Polynom ist immer nur lokaler Natur. Man kann die Kennlinie auch global approximieren, indem man sie etwa durch ein Polynom interpoliert oder stückweise durch ein Polynom ersetzt. Wenn der Grad der dabei verwendeten Polynome nicht zu groß ist, kann man auf verhältnismäßig einfache Weise zu Näherungen für die Amplituden und Phasen der auf die Grundschwingung folgenden Oberschwingungen gelangen.

Wir nehmen als Beispiel die Kennlinie einer Diode, die durch die Funktion

$$i = f(u) = \begin{cases} u^2, & u \geqslant 0, \\ 0, & u < 0, \end{cases}$$

beschrieben werden kann (Bild 18.10). Für die Spannung $u(t) = \hat{U} \sin \omega t$ erhält man den Strom

$$i(t) = \begin{cases} \hat{U}^2 \sin^2 \omega t, & 0 \leqslant t < \frac{T}{2}, \\ 0, & \frac{T}{2} \leqslant t < T, \end{cases}$$

dessen Fourier-Entwicklung durch

$$i(t) = \hat{U}^2 \left[\frac{1}{4} - \frac{1}{4} \cos 2\omega t - \frac{4}{\pi} \sum_{n=1}^{\infty} \frac{\sin(2n-1)\omega t}{(4n^2-1)(2n-3)}\right]$$

gegeben ist.

Die Kennlinien nichtlinearer Elemente sind i.a. gemessene Kurven, die verschiedentlich nur in aufwendiger Weise sinnvoll durch andere elementare Funktionen angenähert werden können. Ströme und Spannungen erhält man ebenfalls nur über Oszillographen oder X-Y-Schreiber. Unter solchen Umständen ist eine rechnerische Lösung ungemein kompliziert, wenn nicht gar undurchführbar. Man greift dann zu Näherungsverfahren, von denen graphi-

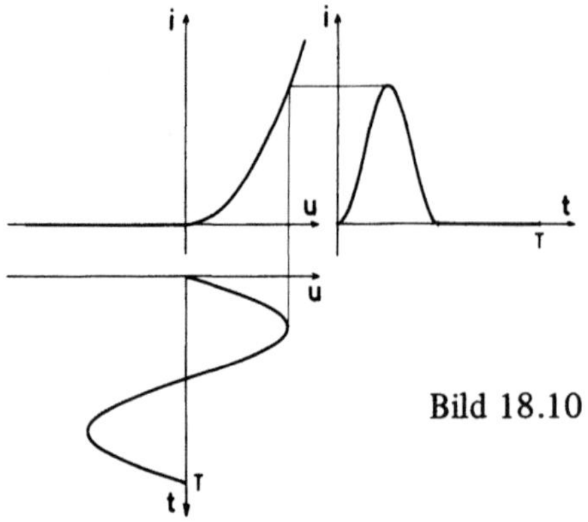

Bild 18.10

sche und numerische zu erwähnen sind. Wir wollen nun zum Abschluß ein numerisches Verfahren besprechen.

18.7 Trigonometrische Interpolation

Es sei $f(t)$ eine T-periodische Funktion. Im Intervall $[0,T[$ geben wir $2N+1$ Punkte

$$t_k = k\frac{T}{2N+1}, \quad k = 0, 1, 2, \dots, 2N,$$

in äquidistantem Abstand voneinander vor und stellen uns zur Aufgabe, jenes trigonometrische Polynom

$$T_N(t) = \frac{a_0}{2} + \sum_{n=1}^{N} (a_n \cos n\,\omega t + b_n \sin n\,\omega t), \; \omega = \frac{2\pi}{T}, \tag{18.29}$$

bzw. in komplexer Darstellung

$$T_N(t) = \sum_{n=-N}^{N} c_n e^{jn\omega t}, \quad c_n = \frac{a_n - jb_n}{2}, \quad c_{-n} = \bar{c}_n, \tag{18.30}$$

zu finden, das die Funktion $f(t)$ an den Stellen t_k interpoliert, das also den Forderungen

$$T_N(t_k) = f(t_k), \; k = 0, 1, 2, \dots, 2N,$$

genügt.

Zur Lösung dieser Aufgabe ist es zweckmäßig, von der komplexen Form (18.30) auszugehen. Wir setzen $z = e^{j\omega t}$,

$$z_k = e^{j\omega t_k} = \left(e^{j\frac{\omega T}{2N+1}}\right)^k = z_1^k, \; k = 0, 1, \dots, 2N,$$

und suchen eine komplexe Funktion

$$p(z) = \sum_{n=-N}^{N} c_n z^n$$

so zu bestimmen, daß die Bedingungen

$$p(z_k) = p(z_1^k) = f(t_k), \quad k = 0, 1, \ldots, 2N,$$

erfüllt sind. Das Prinzip, mit dem solche Aufgaben gelöst werden, besteht darin, Interpolationsfunktionen $p_k(z)$, $k = 0, 1, \ldots, 2N$, anzugeben, für die

$$p_k(z_k) = p_k(z_1^k) = 1, \quad p_k(z_h) = 0, \quad h \neq k, h, k = 0, 1, \ldots, 2N,$$

gilt. Offensichtlich ist dann mit

$$p(z) = \sum_{k=0}^{2N} f(t_k)\, p_k(z)$$

und $T_N(t) = p(e^{j\omega t})$ jene die Interpolationsaufgabe lösende Funktion gefunden.

Man sieht nun unschwer, daß die Funktion

$$p_0(z) = \frac{1}{2N+1} \sum_{k=-N}^{N} z^k = \frac{z^{-N}}{2N+1} \sum_{k=0}^{2N} z^k = \frac{1}{2N+1}\, \frac{z^{2N+1} - 1}{z - 1}\, z^{-N}$$

wegen

$$z_k^{2N+1} = e^{jk\omega T} = e^{2k\pi j} = 1, \quad k \neq 0,$$

die Eigenschaft

$$p_0(z_k) = 0, \; k = 1, 2, \ldots, 2N, \quad p_0(z_0) = p_0(1) = 1$$

hat. Dreht man nun die Gaußsche Zahlenebene um den Winkel $\frac{h\omega T}{2N+1}$, $h = 1, 2, \ldots, 2N$, so wird

$$p_h(z) = p_0\left(z\, e^{-j\frac{h\omega T}{2N+1}}\right)$$

eine Interpolationsfunktion mit

$$p_h(z_h) = 1, \quad p_h(z_k) = 0, \quad h \neq k, h, k = 0, 1, \ldots, 2N.$$

Damit bekommen wir nun

$$p(z) = \sum_{k=0}^{2N} f(t_k) p_k(z) = \sum_{k=0}^{2N} f(t_k) \frac{1}{2N+1} \sum_{n=-N}^{N} \left(z\, e^{-j\frac{k\omega T}{2N+1}}\right)^n$$

und für $z = e^{j\omega t}$

$$T_N(t) = \sum_{k=0}^{2N} f(t_k) \frac{1}{2N+1} \sum_{n=-N}^{N} e^{jn\omega(t-t_k)} = \sum_{n=-N}^{N} c_n e^{jn\omega t} \qquad (18.31)$$

mit

$$c_n = \frac{1}{2N+1} \sum_{k=0}^{2N} f(t_k)\, e^{-jn\omega t_k}, \quad n = -N, -N+1, \ldots, N. \qquad (18.32)$$

Für die Koeffizienten des reellen trigonometrischen Polynoms (18.29) erhalten wir daraus

$$a_0 = \frac{2}{2N+1} \sum_{k=0}^{2N} f(t_k), \quad a_n = \frac{2}{2N+1} \sum_{k=0}^{2N} f(t_k) \cos n\omega t_k,$$
$$b_n = \frac{2}{2N+1} \sum_{k=0}^{2N} f(t_k) \sin n\omega t_k, \quad n = 1, 2, \ldots, N. \tag{18.33}$$

An diesen Formeln fällt auf, daß sie gerade jene Ausdrücke darstellen, die man durch numerische Integration der Funktionen $f(t)$, $f(t)\cos n\,\omega t$, $f(t)\sin n\,\omega t$ mit Hilfe der Trapezformel bei Zugrundelegung der Stützstellen t_k erhalten würde[1]). Da unter geeigneten Voraussetzungen (z.B. die Stetigkeit von $f(t)$) die obigen Formeln für die Koeffizienten des Interpolationspolynoms (18.29) für $N \to \infty$ gegen die Fourier-Koeffizienten der Funktion $f(t)$ streben, können wir somit feststellen, *daß das Interpolationspolynom* (18.29) *durch Grenzübergang* $N \to \infty$ *in die Fourier-Reihe von* $f(t)$ *übergeht.*

Wir bemerken zur Ergänzung, daß man bei der trigonometrischen Interpolation auch eine gerade Anzahl von Stützstellen $t_k = k\,\frac{T}{2N}$, $k = 0, 1, 2, \ldots, 2N-1$, auswählen kann. In diesem Fall tritt an die Stelle von (18.29)

$$T_N(t) = \frac{a_0}{2} + \sum_{n=1}^{N-1} (a_n \cos n\,\omega t + b_n \sin n\,\omega t) + \frac{a_N}{2} \cos N\omega t, \tag{18.34}$$

worin für die Koeffizienten aus

$$a_n = \frac{1}{N} \sum_{k=0}^{2N-1} f(t_k) \cos n\omega t_k, \quad n = 0, 1, 2, \ldots, N, \tag{18.35}$$

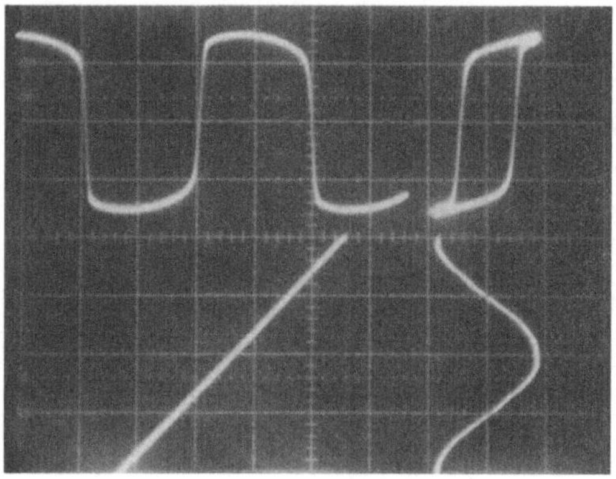

Bild 18.11

1) Der letzte Term $\frac{1}{2} f(T)$, der in der Trapezformel aufscheint, ist wegen der Periodizität von $f(t)$ in den obigen Formeln bereits für $k = 0$ berücksichtigt.

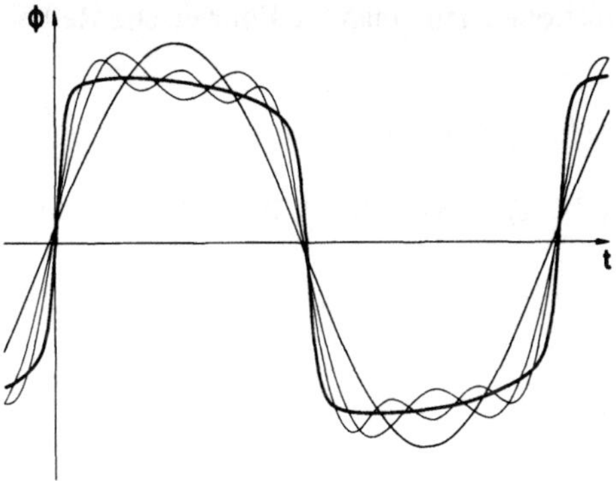

Bild 18.12

beziehungsweise

$$b_n = \frac{1}{N} \sum_{k=0}^{2N-1} f(t_k) \sin n\,\omega t_k, \quad n = 1, 2, \ldots, N-1, \tag{18.36}$$

einzusetzen ist.

Bild 18.11 zeigt links oben den Verlauf des magnetischen Flusses, der in einer Spule mit ferromagnetischem Kern bei einem eingeprägten sinusförmigen Strom auftritt. In Bild 18.12 ist der Verlauf der durch trigonometrische Interpolation gewonnenen Grundschwingung sowie die Summe der nächsten Oberschwingungen zu sehen.

18.8 Übungsbeispiele

Man entwickle die folgenden 2π-periodischen Funktionen in ihre Fouriersche Reihe (die Funktion f(x) ist auf einem Periodenintervall $]0, 2\pi[$ oder $]-\pi, \pi[$ angegeben, wobei vereinbart sei, daß der Funktionswert in jedem Punkt, insbesondere in eventuellen Sprungstellen, gleich dem arithmetischen Mittelwert der einseitigen Grenzwerte ist).

1. $f(x) = |x|, -\pi < x < \pi$
2. $f(x) = \frac{x}{\pi} + 1$ für $0 < x < \pi$, $f(x) = -\frac{x}{\pi}$ für $\pi < x < 2\pi$
3. $f(x) = -f(-x) = x(\pi - x), 0 < x < \pi$
4. $f(x) = \frac{\pi}{4} \operatorname{sign}(x), -\pi < x < \pi$
5. $f(x) = -1$ für $0 < x < \frac{\pi}{2}$, $f(x) = 0$ für $\frac{\pi}{2} < x < \frac{3\pi}{2}$, $f(x) = 1$ für $\frac{3\pi}{2} < x < 2\pi$
6. $f(x) = f(-x) = \frac{1}{2} - \frac{\pi}{4} \sin x, 0 < x < \pi$
7. $f(x) = |x| \sin x, -\pi < x < \pi$
8. $f(x) = x^2, -\pi < x < \pi$
9. $f(x) = 0$ für $-\pi < x < 0$, $f(x) = x$ für $0 < x < \pi$
10. $f(x) = x \cos x, -\pi < x < \pi$
11. $f(x) = \sin ax, -\pi < x < \pi$, a nicht ganzzahlig
12. $f(x) = \cosh ax, -\pi < x < \pi$
13. $f(x) = \sinh ax, -\pi < x < \pi$
14. $f(x) = f(2\pi - x) = e^{\alpha x} - 1, 0 < x < \pi$

Für die nachfolgenden T-periodischen Funktionen gebe man die Fouriersche Reihe in komplexer Darstellung an:

15. $f(t) = U(1 - e^{-2t/T})$ für $0 < t < \frac{T}{2}$, $f(t) = 0$ für $\frac{T}{2} < t < T$

16. $f(t) = U e^{-t/T}$, $0 < t < T$ 17. $f(t) = \frac{2}{T}(\beta - \alpha)t - \beta = -f(-t)$, $0 < t < \frac{T}{2}$

18. $f(t) = \alpha t$, $-\frac{T}{2} < t < \frac{T}{2}$

19. $$f(t) = \begin{cases} 2U\frac{t}{\tau - \sigma}, & 0 < t < \frac{\tau - \sigma}{2}, \\ U, & \frac{\tau - \sigma}{2} < t < \frac{\tau + \sigma}{2}, \\ 2U\frac{\tau - t}{\tau - \sigma}, & \frac{\tau + \sigma}{2} < t < \tau, \\ 0, & \tau < t < T \quad (0 < \sigma < \tau \leqslant T) \end{cases}$$

Die beiden folgenden Ausdrücke $t(x)$ sind trigonometrische Polynome n-ten Grades. Man berechne die Koeffizienten dieser trigonometrischen Polynome.

20. $t(x) = \sin^n x$ 21. $t(x) = \cos^n x$

Man berechne den arithmetischen Mittelwert $\bar{x}$, den Effektivwert X, den Schwingungsgehalt s, die Welligkeit w, den Scheitelwert $\hat{x}$, den Scheitelfaktor σ, den Grundschwingungsgehalt g und schließlich den Oberschwingungsgehalt k folgender Schwingungen:

22. $x = f(t)$, für die Funktion $f(t)$ aus Beispiel 15
23. $x = f(t)$, für die Funktion $f(t)$ aus Beispiel 16
24. $x = f(t)$, für die Funktion $f(t)$ aus Beispiel 17
25. $x = f(t)$, für die Funktion $f(t)$ aus Beispiel 18
26. $x = f(t)$, für die Funktion $f(t)$ aus Beispiel 19 (mit $\sigma = T/2$, $\tau = T$).
27. Es sei $\beta_1(x) = x - [x] - \frac{1}{2}$; die Funktion $\beta_2(x)$ wird durch die Forderung $\beta_2'(x) = \beta_1(x)$ (x nicht ganzzahlig) festgelegt, und zwar so, daß $\beta_2(x)$ wie $\beta_1(x)$ eine periodische Funktion mit der Periode 1 ist (diese zweite Bedingung legt die Integrationskonstante fest). Allgemein werde rekursiv durch die Gleichungen $\beta_{n+1}'(x) = \beta_n(x)$, $n = 1, 2, \dots$, eine Folge von 1-periodischen Funktionen $\beta_n(x)$ definiert.

Man entwickle die Funktion $\beta_n(x)$ in ihre Fouriersche Reihe.

Die Funktionen $\beta_n(x)$ sind für $0 < x < 1$ Polynome n-ten Grades in x. Jene eindeutig bestimmten Polynome $B_n(x)$, die für $0 < x < 1$ mit den 1-periodischen Funktionen $\beta_n(x)$ übereinstimmen, heißen *Bernoullische Polynome.* Bezeichnet B_n die Bernoullischen Zahlen (siehe Beispiel 50 in Abschnitt 17.7), so gilt

$$B_n(x) = \frac{1}{n!} \sum_{k=0}^{n} \binom{n}{k} x^k B_{n-k}, \text{ also } B_n(0) = \frac{1}{n!} B_n .$$

Man beweise die Summenformeln

$$\sum_{n=1}^{\infty} \frac{1}{n^{2k}} = \frac{1}{(2k)!}(-1)^{k-1} 2^{2k-1} \pi^{2k} B_{2k}\,, \quad k = 1, 2, \ldots,$$

sowie die Potenzreihenentwicklung

$$t\,\frac{e^{xt}}{e^t - 1} = \sum_{n=0}^{\infty} B_n(x)\,t^n, \quad |t| < 2\pi\,.$$

28. Man leite aus den Darstellungen der Cotangens-Funktion

$$\pi x \cot \pi x = \sum_{n=0}^{\infty} \frac{(-1)^n 2^{2n} \pi^{2n}}{(2n)!} B_{2n} x^{2n} = 1 - 2 \sum_{k=1}^{\infty} \frac{x^2}{k^2 - x^2}$$

(siehe Beispiel 18.5 und Beispiel 52 aus Abschnitt 17.7) die Summenformeln

$$\sum_{n=1}^{\infty} \frac{1}{n^{2k}} = (-1)^{k-1} \frac{2^{2k-1}}{(2k)!} \pi^{2k} B_{2k}\,, \quad k = 1, 2, \ldots, \text{ her.}$$

Man setze hierfür die Entwicklungen $\dfrac{x^2}{k^2 - x^2} = \sum\limits_{n=1}^{\infty} \left(\dfrac{x}{k}\right)^{2n}$ in die Partialbruchzerlegung der Cotangens-Funktion ein, erbringe den Nachweis, daß die beiden Summationen vertauscht werden können und führe schließlich einen Koeffizientenvergleich durch.

29. Man beweise das folgende Konvergenzkriterium für die Folge (I_n) der Integrale

$I_n = \dfrac{2}{\pi} \displaystyle\int_0^{\delta} \varphi(t) \frac{\sin nt}{t}\,dt$: *Ist der Grenzwert* $\lim\limits_{t \to 0+} \varphi(t) = \varphi(0+)$ *vorhanden, ebenso der Grenzwert* $\lim\limits_{t \to 0+} \dfrac{\varphi(t) - \varphi(0+)}{t}$, *so konvergiert die Folge* (I_n), *und zwar gilt*

$$\lim_{n \to \infty} I_n = \lim_{t \to 0+} \varphi(t) = \varphi(0+).$$

Kapitel V Vektor- und Matrizenrechnung

19 Vektoren im euklidischen Raum

Das mathematische Abbild des Raumes unserer physikalischen Welt ist der dem Leser wohlvertraute dreidimensionale euklidische Raum. Um physikalische Vorgänge beschreiben und studieren zu können, ist es unerläßlich, Begriffe zu schaffen, mit Hilfe derer die elementaren physikalischen Größen mathematisch erfaßt werden können. Dabei geht es vor allem um den Vektorbegriff, der wohl am besten geeignet ist, Größen zu charakterisieren, die durch eine reelle Zahl und eine Richtung zu messen sind. Anlaß für den Vektorbegriff und den Aufbau der Vektorrechnung ist jedoch nicht nur das Bedürfnis, physikalische Zusammenhänge mathematisch darzustellen, wir besitzen mit dem Vektorkalkül auch ein Mittel, geometrische Beziehungen im dreidimensionalen Raum auf einfache und anschauliche Weise zu beschreiben.

19.1 Punkte, Strecken und Vektoren

Um geometrische Orte im euklidischen Raum kennzeichnen zu können, bedient man sich vorzugsweise eines *kartesischen Koordinatensystems*, das aus drei aufeinander senkrecht stehenden Koordinatenachsen besteht, auf denen gleiche Einheitsstrecken markiert sind. Der gemeinsame Schnittpunkt dieser drei Koordinatenachsen wird *Koordinatenursprung* oder kurz *Ursprung* genannt. In einem solchen Koordinatensystem ist ein Punkt P durch die Angabe von drei reellen Zahlen, den Abständen der senkrechten Projektionen von P auf die Koordinatenachsen vom Ursprung, die man die *Koordinaten* des Punktes P nennt, eindeutig festgelegt. Wir bezeichnen sie mit x_1, x_2 und x_3, entsprechend den Projektionen auf die x_1-, x_2- und x_3-Achse (Bild 19.1). Um in späteren Anwendungen die Indizesschreibweise zu vermeiden, werden wir auch die vielfach üblichen Bezeichnungen x, y und z verwenden und sprechen dann sinngemäß von der x-, y- und z-Achse.

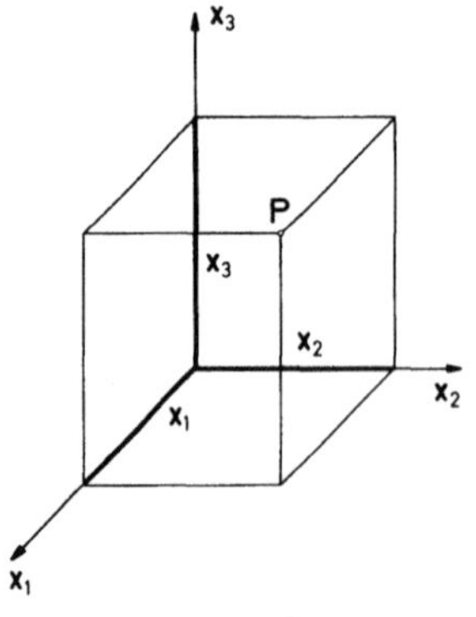

Bild 19.1

Wie die Zahlengerade ist jede der drei Koordinatenachsen auf natürliche Weise im Sinne wachsender Werte der jeweiligen Koordinate orientiert. Sinngemäß spricht man von einer positiven und einer negativen Halbachse. Die Koordinatenachsen denkt man sich ferner gegenseitig so angeordnet, daß eine Drehung der positiven x_1-Achse (um den kleineren Winkel) in die positive x_2-Achse, verbunden mit einer Fortbewegung in Richtung der positiven x_3-Achse, eine Rechtsschraubung ergibt. Ein solches Koordinatensystem pflegt man *positiv orientiert* oder ein *Rechtssystem* zu nennen. Man überlegt sich unschwer, daß dann auch die Drehung der positiven x_2-Achse in die positive x_3-Achse zusammen mit einer Fortbewegung in Richtung der positiven x_1-Achse eine Rechtsschraubung ist, ebenso die Drehung der positiven x_3-Achse in die positive x_1-Achse mit einer Fortbewegung in Richtung der positiven x_2-Achse. Ist die Anordnung der Koordinatenachsen so getroffen, daß kein Rechtssystem vorliegt, so entsteht bei jeder der eben beschriebenen Bewegungen eine Linksschraubung; man spricht in diesem Fall von einem *negativ orientierten* Koordinatensystem oder von einem *Linkssystem.* Kehrt man in einem Linkssystem die Orientierung einer Koordinatenachse um, so erhält man ein Rechtssystem, und umgekehrt entsteht aus einem Rechtssystem durch Änderung der Orientierung einer Koordinatenachse ein Linkssystem. Für das Folgende legen wir immer ein positiv orientiertes Koordinatensystem zugrunde.

Es seien P und Q zwei Punkte mit den Koordinaten x_1, x_2, x_3 beziehungsweise y_1, y_2, y_3. Wir verbinden die beiden Punkte P und Q durch eine Strecke und geben dieser eine Orientierung, indem wir einen Anfangspunkt und einen Endpunkt festlegen. Wir sprechen dann von einer *orientierten Strecke* und bezeichnen sie mit $\overrightarrow{PQ}$ beziehungsweise $\overrightarrow{QP}$, je nachdem, ob P beziehungsweise Q der Anfangspunkt ist. Die Differenzen der Koordinaten des Endpunktes und des Anfangspunktes heißen die *Koordinaten* einer orientierten Strecke. So sind

$$a_1 = y_1 - x_1, \quad a_2 = y_2 - x_2, \quad a_3 = y_3 - x_3$$

die Koordinaten der orientierten Strecke $\overrightarrow{PQ}$,

$$-a_1 = x_1 - y_1, \quad -a_2 = x_2 - y_2, \quad -a_3 = x_3 - y_3$$

die Koordinaten der orientierten Strecke $\overrightarrow{QP}$: kehrt man den Richtungssinn einer orientierten Strecke um, so ändert sich das Vorzeichen der Koordinaten.

Es ist in diesem Zusammenhang wichtig festzuhalten, daß durch zwei (verschiedene) Punkte eine orientierte Strecke eindeutig bestimmt ist, indem einer der beiden Punkte als Anfangspunkt und der andere als Endpunkt festgelegt wird. Hingegen kann einer orientierten Strecke, die durch ihre Koordinaten a_1, a_2 und a_3 gegeben ist, ein Anfangs- und Endpunkt nicht eindeutig zugeordnet werden, erst wenn man einen Punkt als Anfangs- oder Endpunkt festsetzt, wobei offenbar jeder Punkt des Raumes in Betracht gezogen werden kann, ist auch der andere bestimmt. Eine orientierte Strecke ist also nicht an einen bestimmten Anfangspunkt gebunden, sie kann vielmehr im Raum beliebig parallel zu sich verschoben werden.

Definition 19.1 Unter einem *Vektor* verstehen wir eine Größe, die sich einer orientierten Strecke umkehrbar eindeutig zuordnen läßt.

Auf Grund dieser Definition kann ein Vektor durch das geordnete Zahlentripel

$$(a_1, a_2, a_3)$$

der Koordinaten der ihm zuzuordnenden orientierten Strecke beschrieben werden. Die Zahlen a_i nennen wir dann auch die ***Koordinaten*** des Vektors, für den wir als Symbol den Buchstaben **a** in Fettdruck einführen. Dementsprechend seien im folgenden **a**, **b**, **c**, ... Vektoren, deren Koordinaten wir, ohne dies eigens zu erwähnen, mit $a_i, b_i, c_i, \ldots$ bezeichnen.

Ein Vektor wird also durch das geordnete Tripel seiner Koordinaten bezüglich des fest gewählten Koordinatensystems charakterisiert, ebenso wie auch ein Punkt des Raumes durch das Zahlentripel (x_1, x_2, x_3) seiner Koordinaten festgelegt wird. Es erweist sich als bequem für die symbolische Vektorrechnung, mit der man vielen physikalischen Zusammenhängen eine übersichtliche Form geben kann, das Koordinatentripel (x_1, x_2, x_3) eines Raumpunktes P als orientierte Strecke vom Koordinatenursprung O zum Punkt P aufzufassen; diese orientierte Strecke $\overrightarrow{OP}$ nennt man einen *Ortsvektor* und verwendet als Symbol den entsprechenden Buchstaben **x** in Fettdruck. Wir weisen aber nachdrücklich darauf hin, daß ein Ortsvektor kein Vektor im Sinn der obigen Definition ist, denn ein Ortsvektor ist eine orientierte Strecke, die an den Koordinatenursprung als Anfangspunkt gebunden ist. Ist schließlich **a** der Vektor, der der orientierten Strecke $\overrightarrow{PQ}$ zuzuordnen ist, so schreiben wir symbolisch $\mathbf{a} = \mathbf{y} - \mathbf{x}$, worin **y** der Ortsvektor zum Punkt Q, **x** der Ortsvektor zum Punkt P ist; wir sagen auch, **x** ist der Anfangspunkt und **y** ist der Endpunkt des Vektors **a**.

19.2 Addition von Vektoren und Multiplikation mit einer Zahl

Definition 19.2 Unter der Summe zweier Vektoren **a** und **b** verstehen wir den Vektor **c** mit den Koordinaten

$$c_1 = a_1 + b_1, \quad c_2 = a_2 + b_2, \quad c_3 = a_3 + b_3.$$

Wir schreiben für diese Gleichungen abkürzend $\mathbf{c} = \mathbf{a} + \mathbf{b}$.

Die Vektoraddition ist offenbar kommutativ,

$$\mathbf{a} + \mathbf{b} = \mathbf{b} + \mathbf{a},$$

und assoziativ,

$$\mathbf{a} + (\mathbf{b} + \mathbf{c}) = (\mathbf{a} + \mathbf{b}) + \mathbf{c}.$$

Geometrisch läßt sich die Vektoraddition durch das *Vektorparallelogramm* deuten, das uns von der Addition komplexer Zahlen beziehungsweise ebener Vektoren her vertraut ist. Ordnen wir den Vektoren **a** und **b** die orientierten Strecken $\overrightarrow{PR}$ und $\overrightarrow{RQ}$ zu, so repräsentiert die orientierte Strecke $\overrightarrow{PQ}$ den Summenvektor $\mathbf{c} = \mathbf{a} + \mathbf{b}$ (Bild 19.2). Ist nämlich **x** der Ortsvektor zum Punkt P, **z** jener zum Punkt R und **y** jener zum Punkt Q, so ist $\mathbf{a} = \mathbf{z} - \mathbf{x}$, $\mathbf{b} = \mathbf{y} - \mathbf{z}$ und

$$\mathbf{c} = \mathbf{a} + \mathbf{b} = (\mathbf{z} - \mathbf{x}) + (\mathbf{y} - \mathbf{z}) = \mathbf{y} - \mathbf{x}.$$

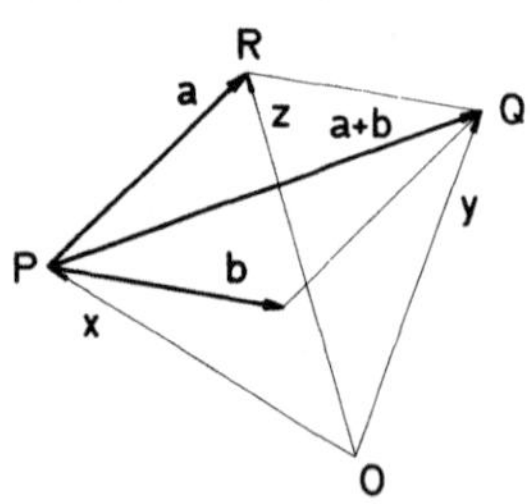

Bild 19.2

Wir erklären eine zweite grundlegende Vektoroperation, die Multiplikation eines Vektors mit einer reellen Zahl:

Definition 19.3 Unter dem Produkt eines Vektors $\mathbf{a}$ mit einer reellen Zahl λ verstehen wir den Vektor $\mathbf{b}$ mit den Koordinaten

$$b_1 = \lambda a_1, \quad b_2 = \lambda a_2, \quad b_3 = \lambda a_3.$$

Für diese Gleichungen schreiben wir symbolisch $\mathbf{b} = \lambda\mathbf{a}$; ferner definieren wir $\mathbf{a}\lambda := \lambda\mathbf{a}$.

Die Multiplikation eines Vektors mit einer reellen Zahl ist assoziativ: $\lambda(\mu\mathbf{a}) = (\lambda\mu)\mathbf{a}$, kommutativ: $\lambda\mu\mathbf{a} = \mu\lambda\mathbf{a}$, insbesondere ist $1\mathbf{a} = \mathbf{a}$. Ferner genügt sie den distributiven Gesetzen

$$(\lambda + \mu)\mathbf{a} = \lambda\mathbf{a} + \mu\mathbf{a}, \quad \lambda(\mathbf{a} + \mathbf{b}) = \lambda\mathbf{a} + \lambda\mathbf{b}.$$

Wir denken uns die Vektoren $\mathbf{a}$ und $\mathbf{b} = \lambda\mathbf{a}$ durch die orientierten Strecken $\overrightarrow{PQ}$ und $\overrightarrow{PR}$ repräsentiert. Offenbar liegen die drei Punkte P, Q und R auf einer Geraden; diesen Sachverhalt drücken wir auch dadurch aus, daß wir sagen, die Vektoren $\mathbf{a}$ und $\mathbf{b} = \lambda\mathbf{a}$ haben dieselbe *Richtung* beziehungsweise dieselbe *Wirkungslinie*; wir nennen die beiden Vektoren auch *kollinear*. Eine Gerade kann nun auf zweierlei Arten orientiert werden, und dementsprechend können die orientierten Strecken $\overrightarrow{PQ}$ und $\overrightarrow{PR}$ gleiche oder entgegengesetzte Orientierung haben. Im ersten Fall ist $\lambda > 0$, die Vektoren $\mathbf{a}$ und $\mathbf{b} = \lambda\mathbf{a}$ haben dieselbe Orientierung, im zweiten Fall ist $\lambda < 0$, die beiden Vektoren sind entgegengesetzt orientiert (Bild 19.3). Speziell ist für $\lambda = -1$

$$\mathbf{b} = -\mathbf{a}$$

der zu $\mathbf{a}$ entgegengesetzt orientierte Vektor.

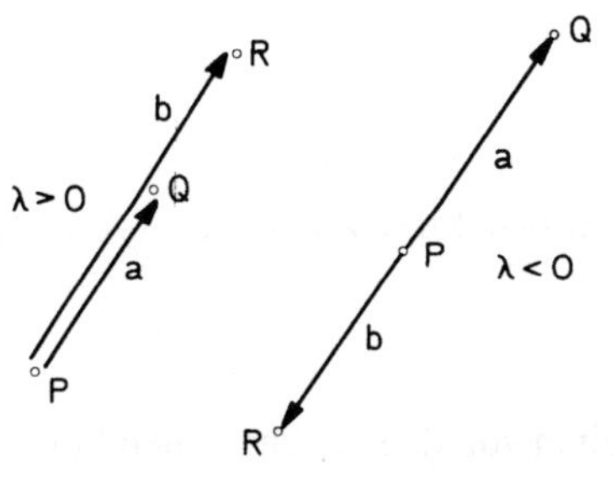

Bild 19.3

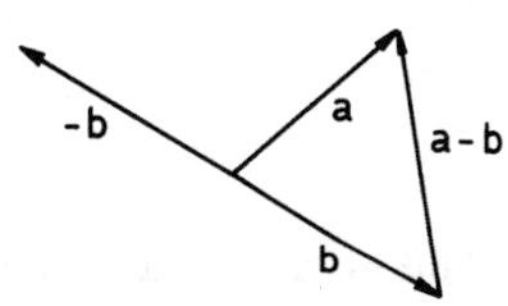

Bild 19.4

Sind $\mathbf{a}$ und $\mathbf{b}$ zwei Vektoren, so nennen wir den Vektor

$$\mathbf{c} = \mathbf{a} + (-\mathbf{b}) = \mathbf{a} - \mathbf{b}$$

mit den Koordinaten

$$c_1 = a_1 - b_1, \quad c_2 = a_2 - b_2, \quad c_3 = a_3 - b_3$$

die *Differenz* der Vektoren $\mathbf{a}$ und $\mathbf{b}$. Geometrisch erhält man den Vektor $\mathbf{c} = \mathbf{a} - \mathbf{b}$ durch Konstruktion des Vektorparallelogramms für die Vektoren $\mathbf{a}$ und $-\mathbf{b}$ (Bild 19.4).

Die Differenz zweier Vektoren $\mathbf{a}$ und $\mathbf{b}$ ist wieder ein Vektor, wenn $\mathbf{a}$ und $\mathbf{b}$ verschiedene Vektoren sind. Ist jedoch $\mathbf{b} = \mathbf{a}$, so ist das Ergebnis der Subtraktion formal ein Vektor, dessen Koordinaten sämtlich gleich Null sind. Von einem Vektor im eigentlichen Sinn kann in diesem Fall nicht gesprochen werden, da es keine orientierte Strecke gibt, durch die er repräsentiert werden kann – eine solche müßte ja gleichen Anfangs- und Endpunkt haben. Damit aber die Summe und die Differenz zweier Vektoren sowie das Produkt eines Vektors mit einer beliebigen reellen Zahl stets wieder einen Vektor ergibt, wollen wir dennoch von einem Vektor sprechen und die Bezeichnung *Nullvektor* $\mathbf{o}$ einführen.

19.3 Lineare Abhängigkeit

Da die Vektoraddition assoziativ ist, kommt einer Summe endlich vieler Vektoren

$$\mathbf{r} = \mathbf{a}_1 + \mathbf{a}_2 + \ldots + \mathbf{a}_n$$

ein wohlbestimmter Sinn zu. Der Summenvektor $\mathbf{r}$ wird, in Anlehnung an eine in der Physik gebräuchlichen Sprechweise, die *Resultierende* der Vektoren $\mathbf{a}_k$ genannt. Ermittelt man den Vektor $\mathbf{r}$ auf zeichnerischem Wege, so entsteht ein Gebilde, das man als *Polygonzug* beziehungsweise *Vektorpolygonzug* bezeichnet (Bild 19.5). Ist dieser Polygonzug geschlossen, das heißt, ist sein Anfangspunkt gleich seinem Endpunkt, so ist die Resultierende $\mathbf{r}$ der Nullvektor; andernfalls ist $\mathbf{r}$ vom Nullvektor verschieden. Offenbar kommt es dabei nicht darauf an, in welcher Reihenfolge die Vektoren $\mathbf{a}_k$ addiert werden, da die Vektoraddition kommutativ ist. Deutet man die Vektoren $\mathbf{a}_k$ als Kräfte, die in einem Punkt P angreifen, so befindet sich dieser Punkt im Gleichgewicht, wenn die Resultierende $\mathbf{r}$ gleich dem Nullvektor ist; trifft dies nicht zu, so greift im Punkt P die resultierende Kraft $\mathbf{r}$ an.

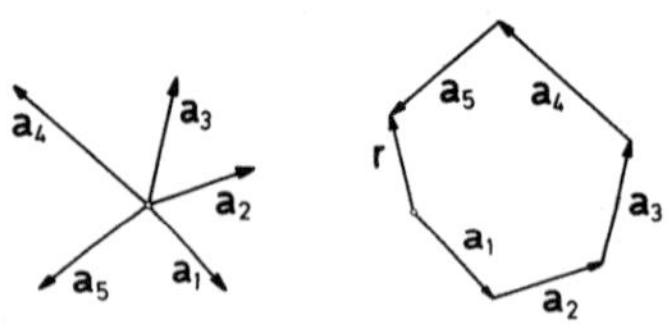

Bild 19.5

Sind $\mathbf{a}_1, \mathbf{a}_2, \ldots, \mathbf{a}_n$ beliebige Vektoren, so wird die mit beliebigen Zahlen $\lambda_1, \lambda_2, \ldots, \lambda_n$ gebildete Summe

$$\lambda_1\mathbf{a}_1 + \lambda_2\mathbf{a}_2 + \ldots + \lambda_n\mathbf{a}_n$$

eine *Linearkombination* der Vektoren $\mathbf{a}_k$ genannt. Abgesehen von den verschiedenen Polygonzügen, die sich durch Änderung der Summationsreihenfolge ergeben, die bei gleichem Anfangspunkt jedoch stets denselben Endpunkt haben, entsteht für jede Wahl der Konstanten λ_k bei fester Summationsreihenfolge ein bestimmter Polygonzug; die Endpunkte der Polygonzüge, die sich auf diese Weise bilden lassen, sind im allgemeinen voneinander verschieden. Man kann sich nun fragen, ob es nicht durch eine geeignete Wahl der Konstanten λ_k möglich ist, einen geschlossenen Polygonzug herzustellen, mit anderen Worten, ob es nicht Konstante λ_k gibt, so daß gilt

$$\lambda_1\mathbf{a}_1 + \lambda_2\mathbf{a}_2 + \ldots + \lambda_n\mathbf{a}_n = \mathbf{o}.$$

Offenbar ist dies sicher durch die Wahl $\lambda_1 = \lambda_2 = \ldots = \lambda_n = 0$ möglich. Da dieser Fall selbstverständlich ist, wird die gestellte Frage erst interessant, wenn von den Zahlen λ_k verlangt wird, daß sie nicht alle gleich Null sind. Um diesen Sachverhalt hervorzuheben, spricht man von der *trivialen Linearkombination*, wenn alle Zahlen λ_k gleich Null sind, und von einer *nichttrivialen Linearkombination*, wenn mindestens eine der Zahlen λ_k von Null verschieden ist.

Definition 19.4 Es sei $\mathbf{a}_1, \mathbf{a}_2, \ldots, \mathbf{a}_n$ ($n \geqslant 1$) ein System von Vektoren. Gibt es Zahlen $\lambda_1, \lambda_2, \ldots, \lambda_n$, die nicht alle gleich Null sind, so daß gilt

$$\lambda_1\mathbf{a}_1 + \lambda_2\mathbf{a}_2 + \ldots + \lambda_n\mathbf{a}_n = \mathbf{o}, \tag{19.1}$$

so heißen die Vektoren $\mathbf{a}_k$ *linear abhängig*. Kann hingegen die Gleichung (19.1) nur durch $\lambda_1 = \lambda_2 = \ldots = \lambda_n = 0$ erfüllt werden, so nennt man die Vektoren $\mathbf{a}_k$ *linear unabhängig*.

Ein System von (endlich vielen) Vektoren ist also linear abhängig, wenn der Nullvektor durch eine nichttriviale Linearkombination dieser Vektoren dargestellt werden kann. Es ist dagegen linear unabhängig, wenn nur die triviale Linearkombination den Nullvektor ergibt.

Bezeichnen wir mit a_{1k}, a_{2k}, a_{3k} die Koordinaten des Vektors $\mathbf{a}_k$, so lautet (19.1) ausführlich

$$\begin{aligned} a_{11}\lambda_1 + a_{12}\lambda_2 + \ldots + a_{1n}\lambda_n &= 0,\\ a_{21}\lambda_1 + a_{22}\lambda_2 + \ldots + a_{2n}\lambda_n &= 0,\\ a_{31}\lambda_1 + a_{32}\lambda_2 + \ldots + a_{3n}\lambda_n &= 0. \end{aligned} \tag{19.2}$$

Diese drei Gleichungen haben stets die Lösung $\lambda_k = 0$; ist diese die einzige Lösung, so müssen die Vektoren $\mathbf{a}_k$ linear unabhängig sein. Wenn aber diese Gleichungen durch Zahlen λ_k, die nicht alle gleich Null sind, erfüllt werden können, so sind die Vektoren $\mathbf{a}_k$ linear abhängig. Die Frage nach der linearen Abhängigkeit beziehungsweise linearen Unabhängigkeit von Vektoren berührt somit die Lösungstheorie linearer Gleichungssysteme, mit der wir uns in Abschnitt 20 ausführlich befassen werden. Zunächst aber wollen wir einige Fälle diskutieren, bei denen das wesentliche des Begriffs der linearen Abhängigkeit anschaulich zutage tritt.

Definitionsgemäß ist ein einzelner Vektor $\mathbf{a}$ linear abhängig, wenn eine Zahl $\lambda \neq 0$ existiert, so daß $\lambda\mathbf{a} = \mathbf{o}$ ist. Die Gleichungen (19.2) lauten in diesem Fall $\lambda a_1 = \lambda a_2 = \lambda a_3 = 0$; wegen $\lambda \neq 0$ muß dann $a_1 = a_2 = a_3 = 0$ gelten, also $\mathbf{a} = \mathbf{o}$ sein. Umgekehrt ist der Nullvektor $\mathbf{o}$ linear abhängig, denn es ist $\lambda\mathbf{o} = \mathbf{o}$ für jede beliebige Zahl λ. Ein einzelner Vektor ist also genau dann linear abhängig, wenn er gleich dem Nullvektor ist.

Als nächstes betrachten wir den Fall zweier Vektoren $\mathbf{a}$ und $\mathbf{b}$. Ist einer der beiden Vektoren der Nullvektor, so sind die beiden Vektoren linear abhängig; ist zum Beispiel $\mathbf{a} = \mathbf{o}$, so führt die Setzung $\lambda = 1, \mu = 0$ auf $\lambda\mathbf{a} + \mu\mathbf{b} = 1\,\mathbf{o} + 0\,\mathbf{b} = \mathbf{o}$. Sind die beiden Vektoren $\mathbf{a}$ und $\mathbf{b}$ linear abhängig, aber keiner von ihnen der Nullvektor, so gibt es zwei Zahlen λ und μ, die nicht beide gleich Null sind, so daß $\lambda\mathbf{a} + \mu\mathbf{b} = \mathbf{o}$ beziehungsweise $\lambda\mathbf{a} = -\mu\mathbf{b}$ gilt (offenbar müssen sogar beide Zahlen λ und μ von Null verschieden sein, denn wäre etwa $\lambda \neq 0$ und $\mu = 0$, so wäre $\lambda\mathbf{a} = \mathbf{o}$, was wegen $\lambda \neq 0$ nur für $\mathbf{a} = \mathbf{o}$ zutreffen kann). Setzen wir $\nu = -\frac{\mu}{\lambda}$, so erhalten wir schließlich $\mathbf{a} = \nu\mathbf{b}$, und dies bedeutet, daß die Vektoren $\mathbf{a}$ und $\mathbf{b}$ kollinear sind. Hiervon gilt offenbar auch die Umkehrung, so daß zwei Vektoren $\mathbf{a} \neq \mathbf{o}$ und $\mathbf{b} \neq \mathbf{o}$ genau dann linear abhängig sind, wenn sie kollinear sind.

Zwei linear unabhängige Vektoren **a** und **b** können folglich nicht kollinear sein, auch kann keiner von ihnen der Nullvektor sein. Legen wir den Anfangspunkt der Vektoren **a** und **b** in den Punkt P und sind Q beziehungsweise R die Endpunkte, so liegen die drei Punkte P, Q und R nicht auf einer Geraden. Da durch drei Punkte, die nicht auf einer Geraden liegen, eine Ebene eindeutig bestimmt ist, sagt man, *die Vektoren* **a** *und* **b** *spannen eine Ebene auf* (Bild 19.6). Genauer spricht man von einer *Ebenenstellung*, der Schar aller Ebenen, die zu einer festen Ebene parallel sind, denn der Anfangspunkt der Vektoren **a** und **b** kann in einen beliebigen Punkt des Raumes gelegt werden.

Drei Vektoren **a**, **b** und **c** sind linear abhängig, wenn einer von ihnen der Nullvektor ist. Wir wollen zunächst wieder annehmen, daß die drei Vektoren linear abhängig sind, ohne daß einer von ihnen der Nullvektor ist. Dann gibt es drei Zahlen λ, μ und ν, die nicht alle gleich Null sind, so daß $\lambda\mathbf{a} + \mu\mathbf{b} + \nu\mathbf{c} = \mathbf{o}$ gilt. Ist zum Beispiel $\nu \neq 0$, so können wir diese Gleichung durch ν dividieren und erhalten mit $\lambda' = -\frac{\lambda}{\nu}$, $\mu' = -\frac{\mu}{\nu}$

$$\mathbf{c} = \lambda'\mathbf{a} + \mu'\mathbf{b}. \qquad (19.3)$$

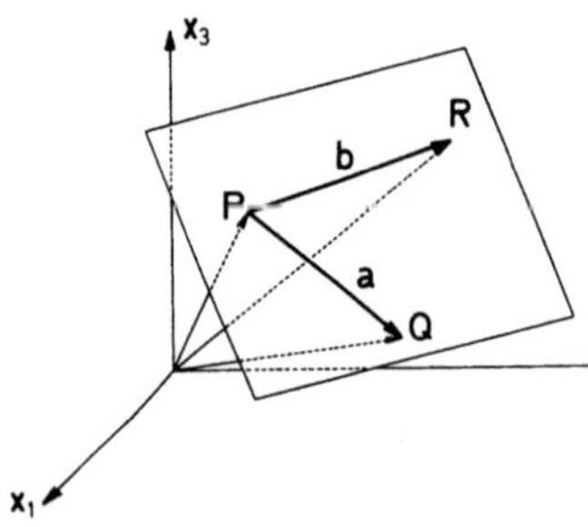

Bild 19.6

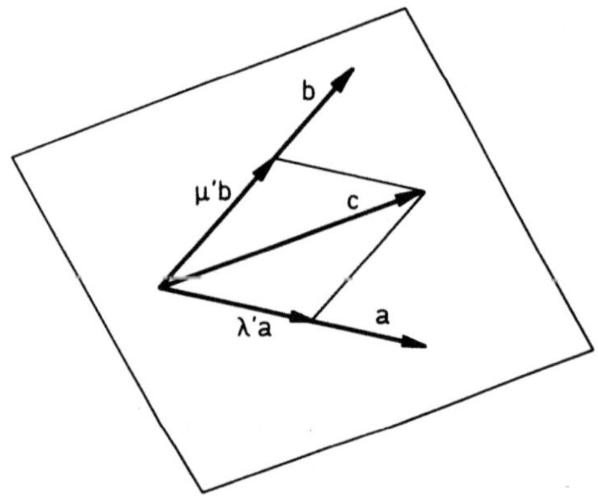

Bild 19.7

Wir haben nun zwei Fälle zu unterscheiden, je nachdem, ob die Vektoren **a** und **b** linear abhängig oder linear unabhängig sind. Im ersten Fall sind **a** und **b** kollineare Vektoren, das heißt es gilt $\mathbf{b} = \beta\mathbf{a}$ und folglich $\mathbf{c} = \lambda'\mathbf{a} + \mu'\beta\mathbf{a} = \gamma\mathbf{a}$: die drei Vektoren **a**, **b** und **c** haben dieselbe Richtung. Im zweiten Fall bestimmen **a** und **b** eine Ebenenstellung. Die Gleichung (19.3) besagt dann, daß der Endpunkt des Vektors **c** in der von den Vektoren **a** und **b** aufgespannten Ebene liegt, wenn alle drei Vektoren einen gemeinsamen Anfangspunkt haben. Aus diesem Grunde werden drei linear abhängige Vektoren, von denen zwei linear unabhängig sind *komplanar* genannt (Bild 19.7). Zusammenfassend können wir sagen: drei Vektoren $\mathbf{a} \neq \mathbf{o}$, $\mathbf{b} \neq \mathbf{o}$ und $\mathbf{c} \neq \mathbf{o}$ sind genau dann linear abhängig, wenn sie entweder kollinear oder komplanar sind.

Sind drei Vektoren **a**, **b** und **c**, von denen keiner der Nullvektor ist, weder kollinear noch komplanar, so sind sie linear unabhängig, insbesondere sind **a** und **b** beziehungsweise **b** und **c** beziehungsweise **a** und **c** linear unabhängige Vektoren. Die drei Vektoren **a**, **b** und **c** spannen ein *Parallelepipedon* auf – das dreidimensionale Analogon zum Parallelogramm (Bild 19.8).

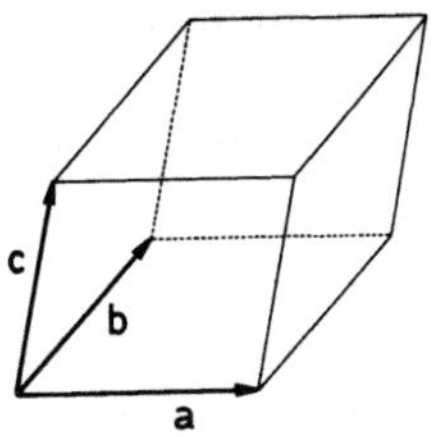

Bild 19.8

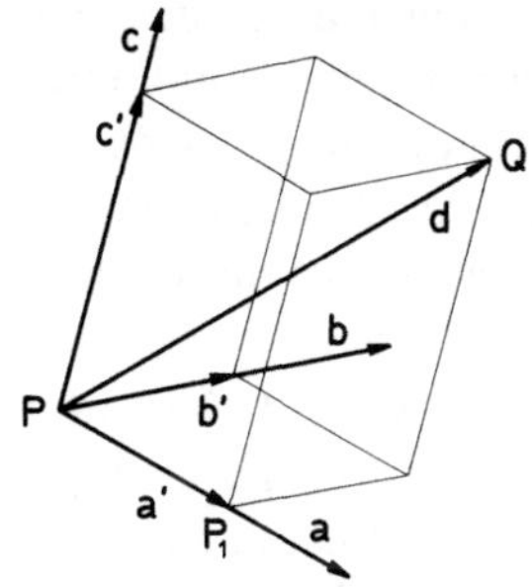

Bild 19.9

Drei linear unabhängige Vektoren werden auch ein *Dreibein* genannt.

Es seien nun vier Vektoren **a**, **b**, **c** und **d** gegeben, wobei wir annehmen, daß keiner der Nullvektor ist. Sind sie linear abhängig, so gibt es vier Konstante λ, μ, ν und ρ, so daß $\lambda\mathbf{a} + \mu\mathbf{b} + \nu\mathbf{c} + \rho\mathbf{d} = \mathbf{o}$ gilt. Wenn etwa $\rho \neq 0$ ist, erhalten wir aus dieser Gleichung die Darstellung

$$\mathbf{d} = \lambda'\mathbf{a} + \mu'\mathbf{b} + \nu'\mathbf{c} \tag{19.4}$$

des Vektors **d**, wobei für $\lambda' = -\frac{\lambda}{\rho}$, $\mu' = -\frac{\mu}{\rho}$ und $\nu' = -\frac{\nu}{\rho}$ gesetzt wurde. Nun gibt es drei Möglichkeiten: die Vektoren **a**, **b** und **c** sind kollinear, komplanar oder linear unabhängig. Im ersten Fall sind dann alle vier Vektoren kollinear, im zweiten Fall alle vier Vektoren komplanar. Im dritten Fall schließlich, wenn **a**, **b** und **c** linear unabhängige Vektoren sind, ist (19.4) eine Darstellung des Vektors **d** im Dreibein der Vektoren **a**, **b** und **c**. Diese Darstellung ist übrigens eindeutig, denn gäbe es eine zweite mit entsprechenden Koeffizienten λ'', μ'' und ν'', so würden wir nach Subtraktion die Gleichung

$$\mathbf{o} = \mathbf{d} - \mathbf{d} = (\lambda' - \lambda'')\mathbf{a} + (\mu' - \mu'')\mathbf{b} + (\nu' - \nu'')\mathbf{c}$$

erhalten, die nur für $\lambda' = \lambda''$, $\mu' = \mu''$ und $\nu' = \nu''$ bestehen kann, da andernfalls die Vektoren **a**, **b** und **c** linear abhängig sein müßten.

Es stellt sich nun die Frage, ob sich jeder beliebige Vektor als Linearkombination der Vektoren eines Dreibeins darstellen läßt. Tatsächlich gilt

Satz 19.1 *Jeder Vektor des dreidimensionalen Raumes läßt sich in eindeutiger Weise als Linearkombination der Vektoren eines Dreibeins darstellen.*

Eine Folgerung von Satz 19.1 ist

Satz 19.2 *Je vier Vektoren des dreidimensionalen Raumes sind linear abhängig.*

Die Eindeutigkeit der Darstellung (19.4) ist bereits gezeigt; was ihre Existenz anlangt, so bringen wir einen geometrischen Beweis. Es seien **a**, **b** und **c** linear unabhängige Vektoren, **d** sei ein beliebiger vierter Vektor. Den Anfangspunkt aller vier Vektoren legen wir in den Punkt P. Wenn wir nun durch den Endpunkt Q des Vektors **d** jene Ebene legen, die parallel zu der von den Vektoren **b** und **c** aufgespannten Ebene ist, so schneidet diese die durch den Vektor **a** bestimmte Gerade durch P in einem Punkt P_1. Den Vektor mit dem Anfangspunkt P und dem Endpunkt P_1 bezeichnen wir mit $\mathbf{a}'$; offenbar ist $\mathbf{a}'$ kollinear zu **a**, also $\mathbf{a}' = \lambda\mathbf{a}$ (Bild 19.9). Ebenso legen wir durch Q eine Ebene parallel zu derjenigen, die von den Vektoren **a** und **c** aufgespannt wird. Wir schneiden diese Ebene mit der durch den Vektor **b** bestimmten Geraden durch den Punkt P. Ist P_2 der Schnittpunkt, so sei $\mathbf{b}'$ der Vektor mit dem Anfangspunkt P und dem Endpunkt P_2; der Vektor $\mathbf{b}'$ ist kollinear zu **b**, das heißt, es ist $\mathbf{b}' = \mu\mathbf{b}$. Ist schließlich $\mathbf{c}' = \nu\mathbf{c}$ der zu **c** kollineare Vektor, dessen Endpunkt der Schnittpunkt P_3 der von den Vektoren **a** und **b** aufgespannten Ebene durch Q mit der vom Vektor **c** bestimmten Geraden durch P ist, so erhalten wir die Gleichung $\mathbf{d} = \mathbf{a}' + \mathbf{b}' + \mathbf{c}'$, also die Darstellung (19.4).

Zum Beweis von Satz 19.2 nimmt man in indirekter Schlußweise an, es gäbe vier linear unabhängige Vektoren. Da dann jeweils drei dieser vier Vektoren ebenfalls linear unabhängig sein müssen, findet man einen Widerspruch in der Tatsache, daß der vierte Vektor nach Satz 19.1 als Linearkombination der übrigen drei Vektoren dargestellt werden kann.

Aus Satz 19.2 können wir noch den Schluß ziehen, daß mehr als vier Vektoren immer linear abhängig sind. Wenn nämlich vier Vektoren stets linear abhängig sind, so muß dies erst recht für eine größere Anzahl von Vektoren gelten.

Satz 19.1 besagt, und darin liegt seine Bedeutung, daß jeder beliebige Vektor als Linearkombination der Vektoren eines Dreibeins dargestellt werden kann. Man nennt daher die Vektoren eines Dreibeins auch eine *Basis*. Eine Sonderstellung nimmt das Dreibein der sogenannten *Maßvektoren*

$$(1, 0, 0), \quad (0, 1, 0), \quad (0, 0, 1),$$

die wir der Reihe nach mit $\mathbf{e}_1, \mathbf{e}_2$ und $\mathbf{e}_3$ bezeichnen, ein. Sie werden durch die orientierten Strecken vom Koordinatenursprung zu den Einheitspunkten auf den Koordinatenachsen repräsentiert. Sie sind linear unabhängig, denn die Linearkombination

$$\lambda\mathbf{e}_1 + \mu\mathbf{e}_2 + \nu\mathbf{e}_3 = \mathbf{r}$$

ist ein Vektor mit den Koordinaten λ, μ und ν. Die Forderung $\mathbf{r} = \mathbf{o}$ kann nur durch $\lambda = \mu = \nu = 0$ erfüllt werden, so daß nur die triviale Linearkombination der Maßvektoren den Nullvektor ergeben kann. Ein beliebiger Vektor **a** läßt sich mit Hilfe der Maßvektoren in der Form

$$\mathbf{a} = a_1\mathbf{e}_1 + a_2\mathbf{e}_2 + a_3\mathbf{e}_3$$

darstellen; darin sind die Koeffizienten die Koordinaten des Vektors **a** in Bezug auf das fest gewählte kartesische Koordinatensystem.

19.4 Betrag und inneres Produkt

Es sei **a** ein Vektor, dessen Anfangspunkt wir in den Punkt P legen; der Endpunkt sei Q. Unter der *Länge* des Vektors **a**, die wir mit $|\mathbf{a}|$ bezeichnen und den *absoluten Betrag* oder kurz *Betrag* des Vektors **a** nennen, versteht man die Länge der orientierten Strecke $\overrightarrow{PQ}$: Ist x der Ortsvektor des Anfangspunktes P, y der Ortsvektor des Endpunktes Q, so ist

$$|\mathbf{a}| = \sqrt{(x_1 - y_1)^2 + (x_2 - y_2)^2 + (x_3 - y_3)^2} = \sqrt{a_1^2 + a_2^2 + a_3^2}\,.$$

Auch der Betrag von Vektoren hat die drei grundlegenden Eigenschaften, die wir von der Betragsbildung reeller und komplexer Zahlen her kennen. Es gilt

$$|\mathbf{a}| \geqslant 0 \quad \text{und} \quad |\mathbf{a}| = 0 \quad \text{genau dann, wenn} \quad \mathbf{a} = \mathbf{o} \tag{19.5}$$

ist; für jede reelle Zahl λ ist

$$|\lambda \mathbf{a}| = |\lambda|\,|\mathbf{a}|, \tag{19.6}$$

und schließlich gilt auch die *Dreiecksungleichung*

$$|\mathbf{a} + \mathbf{b}| \leqslant |\mathbf{a}| + |\mathbf{b}|, \tag{19.7}$$

die wiederum besagt, daß in einem Dreieck die Länge einer Seite (hier die Diagonale im Vektorparallelogramm der Vektoren **a** und **b**) nicht größer als die Summe der Längen der beiden anderen Seiten ist. Das Gleichheitszeichen in (19.7) gilt offenbar genau dann, wenn das Vektorparallelogramm der Vektoren **a** und **b** entartet ist, das heißt, wenn die Vektoren **a** und **b** kollinear sind. Aus (19.7) folgert man noch

$$\big|\,|\mathbf{a}| - |\mathbf{b}|\,\big| \leqslant |\mathbf{a} - \mathbf{b}| \leqslant |\mathbf{a}| + |\mathbf{b}|. \tag{19.8}$$

Ein Vektor der Länge 1 wird *Einsvektor* oder *Einheitsvektor* genannt. Ist **a** ein beliebiger Vektor, so hat der Vektor $\mathbf{a}/|\mathbf{a}|$ die Länge 1. Die Länge des Nullvektors **o** ist gleich Null; auf Grund von (19.5) ist der Nullvektor der einzige Vektor mit dieser Eigenschaft.

Für die Messung des (kleineren) Winkels, den zwei Vektoren miteinander einschließen, führt man eine Vektoroperation ein, das sogenannte innere oder skalare Produkt zweier Vektoren.

Es seien **a** und **b** zwei Vektoren, deren Anfangspunkt wir in den Punkt P legen. Ist Q der Endpunkt von **a** und R der Endpunkt von **b**, so bilden die Punkte P, Q und R die Eckpunkte eines Dreiecks mit den Seiten $|\mathbf{a}|$, $|\mathbf{b}|$ und $|\mathbf{a} - \mathbf{b}|$, vorausgesetzt, daß die Vektoren **a** und **b** nicht kollinear, also linear unabhängig sind. Nach dem Cosinussatz gilt dann

$$|\mathbf{a} - \mathbf{b}|^2 = |\mathbf{a}|^2 + |\mathbf{b}|^2 - 2|\mathbf{a}|\,|\mathbf{b}|\cos\varphi,$$

wenn φ der Winkel im Punkt P ist (Bild 19.10). Nun ist

$$\begin{aligned} |\mathbf{a} - \mathbf{b}|^2 &= (a_1 - b_1)^2 + (a_2 - b_2)^2 + (a_3 - b_3)^2 \\ &= |\mathbf{a}|^2 + |\mathbf{b}|^2 - 2(a_1b_1 + a_2b_2 + a_3b_3) \end{aligned}$$

und folglich

$$a_1b_1 + a_2b_2 + a_3b_3 = |\mathbf{a}|\,|\mathbf{b}|\cos\varphi \tag{19.9}$$

oder

$$\cos\varphi = \frac{a_1b_1 + a_2b_2 + a_3b_3}{|\mathbf{a}|\,|\mathbf{b}|}. \tag{19.10}$$

Der Ausdruck auf der linken Seite von (19.9) wird *inneres* oder *skalares Produkt* der Vektoren **a** und **b** genannt; man schreibt symbolisch

$$\mathbf{a} \cdot \mathbf{b} = a_1b_1 + a_2b_2 + a_3b_3. \tag{19.11}$$

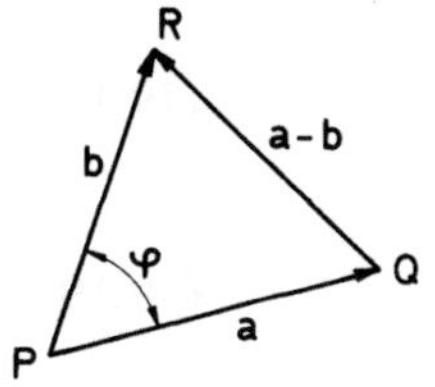

Bild 19.10

Es gilt also

$$\cos\varphi = \frac{\mathbf{a}\cdot\mathbf{b}}{|\mathbf{a}|\,|\mathbf{b}|} \tag{19.12}$$

beziehungsweise

$$\mathbf{a}\cdot\mathbf{b} = |\mathbf{a}|\,|\mathbf{b}|\cos\varphi. \tag{19.13}$$

Das innere Produkt eines Vektors mit sich selbst steht mit dem Betrag in der Beziehung

$$\mathbf{a}\cdot\mathbf{a} = |\mathbf{a}|^2. \tag{19.14}$$

Sind die beiden Vektoren **a** und **b** kollinear, so schließen sie den Winkel $\varphi = 0$ oder $\varphi = \pi$ ein, das heißt, es ist $\cos\varphi = 1$ beziehungsweise $\cos\varphi = -1$. Dies kommt auch in (19.13) zum Ausdruck, denn für $\mathbf{b} = \lambda\mathbf{a}$ folgt aus (19.13) und (19.6)

$$\mathbf{a}\cdot\mathbf{b} = \mathbf{a}\cdot(\lambda\mathbf{a}) = |\lambda|\,|\mathbf{a}|^2\cos\varphi,$$

also, da auch $\mathbf{a}\cdot\mathbf{b} = \lambda|\mathbf{a}|^2$ gilt,

$$\cos\varphi = \operatorname{sign}(\lambda);$$

ist $\lambda < 0$, so sind die Vektoren **a** und **b** entgegengesetzt orientiert und schließen den Winkel π ein, ist $\lambda > 0$, so sind sie gleichartig orientiert und schließen den Winkel 0 ein.

Ein besonderer Fall ist das Verschwinden des inneren Produktes zweier Vektoren **a** und **b**,

$$\mathbf{a}\cdot\mathbf{b} = 0.$$

Wenn weder der Vektor **a** noch der Vektor **b** der Nullvektor ist, so folgt aus (19.13) $\cos\varphi = 0$, also $\varphi = \frac{\pi}{2}$. Die beiden Vektoren **a** und **b** stehen aufeinander senkrecht, weshalb man von *orthogonalen Vektoren* spricht. Da stets $\mathbf{a}\cdot\mathbf{o} = 0$ für jeden Vektor **a** gilt, vereinbaren wir, der Sonderstellung des Nullvektors **o** Rechnung tragend, die Sprechweise, daß der Nullvektor zu jedem Vektor, insbesondere zu sich selbst, orthogonal ist.

Für das innere Produkt gelten die folgenden Rechenregeln: Es ist

$$\mathbf{a}\cdot\mathbf{a} \geqslant 0 \quad \text{und} \quad \mathbf{a}\cdot\mathbf{a} = 0 \quad \text{genau dann, wenn} \quad \mathbf{a} = \mathbf{o} \tag{19.15}$$

ist; ferner gilt das kommutative Gesetz

$$\mathbf{a}\cdot\mathbf{b} = \mathbf{b}\cdot\mathbf{a}, \tag{19.16}$$

das distributive Gesetz

$$(\mathbf{a}+\mathbf{b})\cdot\mathbf{c} = \mathbf{a}\cdot\mathbf{c} + \mathbf{b}\cdot\mathbf{c}, \tag{19.17}$$

und

$$(\lambda\mathbf{a})\cdot\mathbf{b} = \mathbf{a}\cdot(\lambda\mathbf{b}) = \lambda(\mathbf{a}\cdot\mathbf{b}). \tag{19.18}$$

Schließlich erwähnen wir die sogenannte *Schwarzsche Ungleichung*

$$|\mathbf{a}\cdot\mathbf{b}| \leqslant |\mathbf{a}|\,|\mathbf{b}| \tag{19.19}$$

oder ausführlich

$$(a_1b_1 + a_2b_2 + a_3b_3)^2 \leqslant (a_1^2 + a_2^2 + a_3^2)(b_1^2 + b_2^2 + b_3^2).$$

Der Beweis ergibt sich unmittelbar aus (19.13),

$$|\mathbf{a} \cdot \mathbf{b}| = |\mathbf{a}|\,|\mathbf{b}|\,|\cos\varphi| \leqslant |\mathbf{a}|\,|\mathbf{b}|.$$

Es sei mit Nachdruck darauf hingewiesen, daß das innere Produkt kein Produkt im gewöhnlichen Sinn ist, es ist ja streng genommen eine Summe von Produkten. Auch ist das Ergebnis eine reelle Zahl und kein Vektor! Speziell sei darauf verwiesen, daß eine Gleichung $\mathbf{a} \cdot \mathbf{b} = \mathbf{a} \cdot \mathbf{c}$ nicht durch den Vektor **a** „gekürzt" werden kann; sie besagt, wie man der Umformung $\mathbf{a} \cdot (\mathbf{b} - \mathbf{c}) = 0$ entnehmen kann, daß der Vektor **a** auf den Vektor $\mathbf{b} - \mathbf{c}$ senkrecht steht.

Wir bringen zum Abschluß noch einige Begriffsbildungen, die in den Anwendungen immer wieder von Nutzen sind.

Ist **e** ein Einheitsvektor, der mit dem Vektor **a** den Winkel φ einschließt, so folgt aus (19.13)

$$\mathbf{a} \cdot \mathbf{e} = |\mathbf{a}| \cos\varphi.$$

Der Vektor

$$\mathbf{a}_e = (\mathbf{a} \cdot \mathbf{e})\mathbf{e}, \tag{19.20}$$

der die Richtung des Vektors **e** hat, wird die *Komponente des Vektors* **a** *in der Richtung von* **e** genannt (Bild 19.11). Sein Betrag $|\mathbf{a} \cdot \mathbf{e}|$ ist die Länge der Projektion von **a** auf die Richtung von **e**. Ist speziell $\mathbf{e} = \mathbf{e}_k$ ein Maßvektor, so ist

$$(\mathbf{a} \cdot \mathbf{e}_k)\mathbf{e}_k = a_k\mathbf{e}_k$$

die Komponente von **a** in der Richtung des Maßvektors $\mathbf{e}_k$. Der Cosinus des Winkels γ_k, den der Vektor **a** mit dem Maßvektor $\mathbf{e}_k$ einschließt, berechnet sich zu

$$\cos\gamma_k = \frac{a_k}{|\mathbf{a}|}, \quad k = 1, 2, 3.$$

Die Quotienten der Koordinaten a_k des Vektors **a** und seines Betrages werden deshalb auch *Richtungscosinusse* genannt (Bild 19.12). Offenbar gilt

$$\cos^2\gamma_1 + \cos^2\gamma_2 + \cos^2\gamma_3 = 1.$$

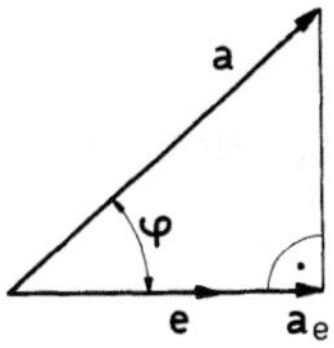

Bild 19.11

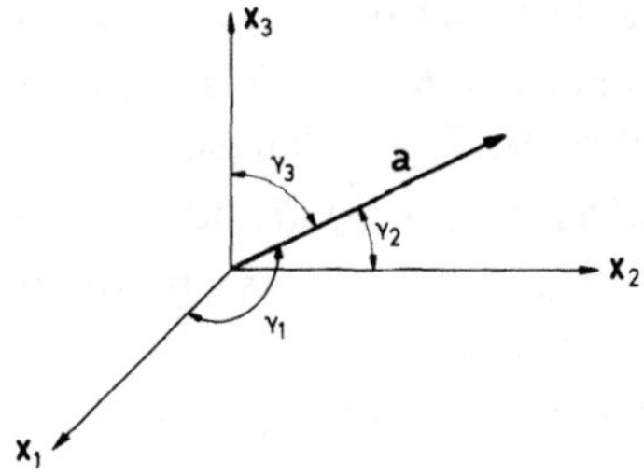

Bild 19.12

Der Vektor

$$\mathbf{e} = \mathbf{e}_1 \cos\gamma_1 + \mathbf{e}_2 \cos\gamma_2 + \mathbf{e}_3 \cos\gamma_3$$

ist ein Einheitsvektor, dessen Richtung mit derjenigen von **a** übereinstimmt, denn es ist

$$\mathbf{a} = |\mathbf{a}|\,\mathbf{e}.$$

Der Vektor **e** übernimmt in gewisser Weise jene Rolle, die das Vorzeichen bei den reellen Zahlen spielt.

19.5 Äußeres Produkt von Vektoren

Für die analytische Geometrie im dreidimensionalen Raum, aber auch zur Darstellung vieler physikalischer Zusammenhänge erweist sich neben dem inneren Produkt von Vektoren die Einführung einer weiteren Vektorverknüpfung als zweckmäßig, das sogenannte äußere oder vektorielle Produkt von Vektoren. Bevor wir darauf eingehen können, benötigen wir den Begriff der *Orientierung* eines Dreibeins.

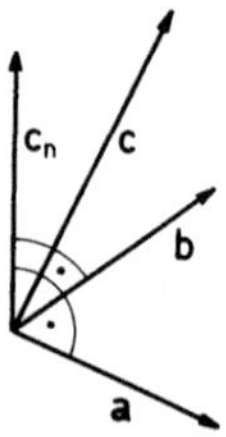

Bild 19.13

Es sei {**a**, **b**, **c**} ein beliebiges Dreibein. Wir wollen dieses Dreibein in der angegebenen Reihenfolge der Vektoren **a**, **b** und **c** *positiv orientiert* nennen, wenn die Drehung des ersten Vektors **a** in den zweiten Vektor **b** zusammen mit einer Fortbewegung in Richtung der Komponente $\mathbf{c}_n$ von **c**, die auf die Vektoren **a** und **b** senkrecht steht, eine Rechtsschraubung ergibt (Bild 19.13). Offenbar ist dann auch die Drehung des Vektors **b** in den Vektor **c** zusammen mit einer Fortbewegung in Richtung der Komponente von **a**, die auf die Vektoren **b** und **c** senkrecht steht, eine Rechtsschraubung, ebenso die Drehung von **c** in den Vektor **a** zusammen mit einer Fortbewegung in Richtung der Komponente von **b**, die auf die Vektoren **a** und **c** senkrecht steht. Ist das Dreibein {**a**, **b**, **c**} nicht positiv orientiert, so nennen wir es *negativ orientiert*; bei jeder der eben beschriebenen Bewegungen entsteht eine Linksschraubung. Ist das Dreibein {**a**, **b**, **c**} positiv orientiert, so auch {**b**, **c**, **a**} und {**c**, **a**, **b**}; hingegen sind {**b**, **a**, **c**}, {**a**, **c**, **b**} und {**c**, **b**, **a**} negativ orientiert. Der Leser sei an den Begriff des positiv orientierten Koordinatensystems erinnert, der ja nur ein anderer Ausdruck dafür ist, daß das Dreibein {$\mathbf{e}_1$, $\mathbf{e}_2$, $\mathbf{e}_3$} positiv orientiert ist.

Es seien nun **a** und **b** zwei beliebige linear unabhängige Vektoren. Wir suchen einen Vektor **c** mit folgenden Eigenschaften:

1. *Der Vektor* **c** *steht auf die beiden Vektoren* **a** *und* **b** *senkrecht.*

Damit ist die Richtung des Vektors **c** bestimmt, nicht aber seine Orientierung. Wir legen diese durch die Forderung

2. *Das Dreibein* {**a**, **b**, **c**} *ist positiv orientiert*

fest. Schließlich verlangen wir

3. *Der Betrag von* **c** *ist gleich dem Flächeninhalt des von den Vektoren* **a** *und* **b** *aufgespannten Parallelogramms.*

Den Vektor **c**, der durch diese drei Forderungen eindeutig bestimmt ist, nennen wir das *äußere* oder *vektorielle Produkt* der Vektoren **a** und **b** und schreiben symbolisch

$$\mathbf{c} = \mathbf{a} \times \mathbf{b}$$

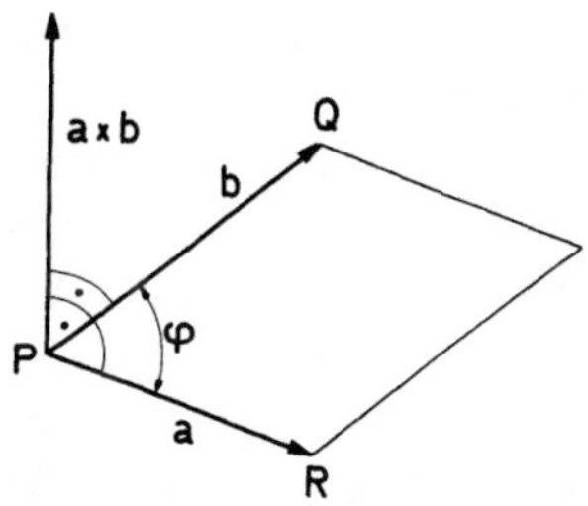

Bild 19.14

(Bild 19.14). Wir besprechen zunächst einige grundlegende Eigenschaften des äußeren Produktes von Vektoren.

Auf Grund der Forderung 1 ist

$$\mathbf{a} \cdot (\mathbf{a} \times \mathbf{b}) = \mathbf{b} \cdot (\mathbf{a} \times \mathbf{b}) = \mathbf{o}. \tag{19.21}$$

Aus der Forderung 2 ergibt sich, daß das Dreibein $\{\mathbf{a}, \mathbf{b}, \mathbf{a} \times \mathbf{b}\}$ und ebenso das Dreibein $\{\mathbf{b}, \mathbf{a}, \mathbf{b} \times \mathbf{a}\}$ positiv orientiert ist, so daß $\{\mathbf{a}, \mathbf{b}, \mathbf{b} \times \mathbf{a}\}$ ein negativ orientiertes Dreibein ist. Da die Vektoren $\mathbf{a} \times \mathbf{b}$ und $\mathbf{b} \times \mathbf{a}$ den gleichen Betrag und die gleiche Richtung haben, müssen sie folglich entgegengesetzt orientiert sein, das heißt, es gilt

$$\mathbf{a} \times \mathbf{b} = -(\mathbf{b} \times \mathbf{a}). \tag{19.22}$$

Diese Eigenschaft wird *Antikommutativität* genannt.

Es gelten die distributiven Gesetze

$$(\mathbf{a} + \mathbf{b}) \times \mathbf{c} = \mathbf{a} \times \mathbf{c} + \mathbf{b} \times \mathbf{c}, \quad \mathbf{c} \times (\mathbf{a} + \mathbf{b}) = \mathbf{c} \times \mathbf{a} + \mathbf{c} \times \mathbf{b}, \tag{19.23}$$

ferner ist

$$(\lambda\mathbf{a}) \times \mathbf{b} = \lambda(\mathbf{a} \times \mathbf{b}) = \mathbf{a} \times (\lambda\mathbf{b}) \tag{19.24}$$

für jede reelle Zahl λ richtig.

Um das äußere Produkt zweier Vektoren **a** und **b** als einen Vektor mit den oben genannten drei Eigenschaften einführen zu können, mußten wir verlangen, daß die Vektoren **a** und **b** linear unabhängig sind. Von dieser Forderung wollen wir uns nun nachträglich befreien, indem wir nunmehr zulassen, daß die Vektoren **a** und **b** linear abhängig sind; gleichzeitig fordern wir die Allgemeingültigkeit der Rechenregeln (19.21) bis (19.24). Damit ergibt sich aus (19.22) für $\mathbf{b} = \mathbf{a}$

$$\mathbf{a} \times \mathbf{a} = -(\mathbf{a} \times \mathbf{a}) = \mathbf{o} \tag{19.25}$$

und für $\mathbf{b} = \lambda\mathbf{a}$ unter Berücksichtigung von (19.24)

$$\mathbf{a} \times \mathbf{b} = \mathbf{a} \times (\lambda\mathbf{a}) = \lambda(\mathbf{a} \times \mathbf{a}) = \mathbf{o}. \tag{19.26}$$

Das äußere Produkt linear abhängiger Vektoren ergibt also stets den Nullvektor. Dies steht im Einklang mit der Forderung 3, denn der Nullvektor ist der einzige Vektor, dessen Betrag gleich Null ist: Das Vektorparallelogramm kollinearer Vektoren ist entartet, so daß ihm der Inhalt Null zuzuordnen ist. Wir halten also fest, daß das äußere Produkt zweier Vektoren **a** und **b** genau dann der Nullvektor ist, wenn die Vektoren **a** und **b** linear abhängig sind.

Obwohl das Ergebnis der äußeren Multiplikation von Vektoren wieder ein Vektor ist, darf man darin dennoch keine Produktbildung im üblichen Sinn verstehen. Es gelten zwar die distributiven Gesetze, doch hat das assoziative Gesetz keine Gültigkeit. Der Vektor $\mathbf{a} \times (\mathbf{b} \times \mathbf{c})$ liegt in der von den Vektoren **b** und **c** aufgespannten Ebene; die beiden Vektoren $\mathbf{a} \times (\mathbf{b} \times \mathbf{c})$ und $(\mathbf{a} \times \mathbf{b}) \times \mathbf{c}$ können daher im allgemeinen nicht gleich sein, denn der erste liegt in der von den Vektoren **b** und **c**, der zweite in der von den Vektoren **a** und **b** aufgespannten Ebene. Da also das assoziative Gesetz nicht gültig ist, müssen in mehrfachen äußeren Produkten die Klammern gesetzt werden – Ausdrücke wie $\mathbf{a} \times \mathbf{b} \times \mathbf{c}$ sind mehrdeutig und daher sinnlos. Wir weisen schließlich noch darauf hin, daß eine Gleichung

$$\mathbf{a} \times \mathbf{b} = \mathbf{a} \times \mathbf{c}$$

nicht durch den Vektor **a** „gekürzt" werden kann. Wie aus der Umformung

$$\mathbf{a} \times (\mathbf{b} - \mathbf{c}) = \mathbf{o}$$

hervorgeht, ist die obige Gleichung stets richtig, wenn die Vektoren **a** und $\mathbf{b} - \mathbf{c}$ kollinear sind, also $\mathbf{a} = \lambda(\mathbf{b} - \mathbf{c})$ gilt.

Mit Hilfe der Regeln für das Rechnen mit äußeren Produkten sind wir nun in der Lage, die Koordinaten des äußeren Produktes $\mathbf{a} \times \mathbf{b}$ zweier Vektoren **a** und **b** durch die Koordinaten der Vektoren **a** und **b** auszudrücken. Wir stellen die Vektoren **a** und **b** als Linearkombination der Maßvektoren dar,

$$\mathbf{a} = a_1\mathbf{e}_1 + a_2\mathbf{e}_2 + a_3\mathbf{e}_3, \quad \mathbf{b} = b_1\mathbf{e}_1 + b_2\mathbf{e}_2 + b_3\mathbf{e}_3,$$

und setzen diese Ausdrücke ein; durch gliedweises multiplizieren, zu dem wir durch das Distributivgesetz (19.23) berechtigt sind, erhalten wir

$$\begin{aligned}\mathbf{a} \times \mathbf{b} &= (a_1\mathbf{e}_1 + a_2\mathbf{e}_2 + a_3\mathbf{e}_3) \times (b_1\mathbf{e}_1 + b_2\mathbf{e}_2 + b_3\mathbf{e}_3)\\ &= a_1b_1(\mathbf{e}_1 \times \mathbf{e}_1) + a_2b_1(\mathbf{e}_2 \times \mathbf{e}_1) + a_3b_1(\mathbf{e}_3 \times \mathbf{e}_1)\\ &+ a_1b_2(\mathbf{e}_1 \times \mathbf{e}_2) + a_2b_2(\mathbf{e}_2 \times \mathbf{e}_2) + a_3b_2(\mathbf{e}_3 \times \mathbf{e}_2)\\ &+ a_1b_3(\mathbf{e}_1 \times \mathbf{e}_3) + a_2b_3(\mathbf{e}_2 \times \mathbf{e}_3) + a_3b_3(\mathbf{e}_3 \times \mathbf{e}_3).\end{aligned}$$

Berücksichtigen wir jetzt

$$\mathbf{e}_1 \times \mathbf{e}_1 = \mathbf{o}, \quad \mathbf{e}_2 \times \mathbf{e}_2 = \mathbf{o}, \quad \mathbf{e}_3 \times \mathbf{e}_3 = \mathbf{o}$$

sowie die auf Grund der Definition des äußeren Produktes evidenten Beziehungen

$$\mathbf{e}_1 \times \mathbf{e}_2 = \mathbf{e}_3, \quad \mathbf{e}_2 \times \mathbf{e}_3 = \mathbf{e}_1, \quad \mathbf{e}_3 \times \mathbf{e}_1 = \mathbf{e}_2,$$

so erhalten wir schließlich

$$\mathbf{a} \times \mathbf{b} = (a_2b_3 - a_3b_2)\mathbf{e}_1 + (a_3b_1 - a_1b_3)\mathbf{e}_2 + (a_1b_2 - a_2b_1)\mathbf{e}_3. \tag{19.27}$$

Eine einfache Formel erhalten wir für den Betrag des äußeren Produktes zweier Vektoren. Definitionsgemäß ist $|\mathbf{a} \times \mathbf{b}|$ der Flächeninhalt des von den Vektoren **a** und **b** aufgespannten Parallelogramms; berücksichtigen wir, daß dessen Inhalt gleich dem doppelten

Flächeninhalt des Dreiecks mit den Eckpunkten P, Q und R ist (Bild 19.14), so ergibt sich über eine elementare Formel zur Berechnung des Flächeninhalts eines Dreiecks

$$|\mathbf{a} \times \mathbf{b}| = |\mathbf{a}|\,|\mathbf{b}| \sin\varphi. \tag{19.28}$$

Wegen

$$\sin^2\varphi = 1 - \cos^2\varphi = 1 - \left(\frac{\mathbf{a}\cdot\mathbf{b}}{|\mathbf{a}|\,|\mathbf{b}|}\right)^2$$

folgt

$$|\mathbf{a} \times \mathbf{b}|^2 = |\mathbf{a}|^2\,|\mathbf{b}|^2 - (\mathbf{a}\cdot\mathbf{b})^2. \tag{19.29}$$

19.6 Determinanten

Der Begriff der Determinante geht geometrisch aus der Flächen- und Rauminhaltsbestimmung hervor. Darüber hinaus stellen Determinanten ein bequemes Rechenhilfsmittel dar, mit dem viele Zusammenhänge in übersichtlicher Form beschrieben werden können.

Wir befassen uns zunächst mit der Flächeninhaltsbestimmung. Zu diesem Zweck legen wir ein positiv orientiertes Koordinatensystem zugrunde, wobei unter der positiven Orientierung zu verstehen ist, daß sich die x_1-Achse um den 90-grädigen Winkel in die x_2-Achse drehen läßt. Es seien P und Q zwei Punkte mit den Koordinaten x_1, x_2 und y_1, y_2; diese beiden Punkte bestimmen zusammen mit dem Koordinatenursprung O ein Dreieck, dessen Flächeninhalt F wir nun berechnen wollen (Bild 19.15). Bequem ist hierfür die Anwendung der Leibnizschen Sektorformel (13.9); durch die Gleichungen $z_1(t) = x_1 + t(y_1 - x_1)$, $z_2(t) = x_2 + t(y_2 - x_2)$, $0 \leqslant t \leqslant 1$, die wir symbolisch in $\mathbf{z}(t) = \mathbf{x} + t(\mathbf{y} - \mathbf{x})$ zusammenfassen, wird die die Punkte P und Q verbindende Strecke S parametrisiert und wir erhalten

$$z_1\dot{z}_2 - z_2\dot{z}_1 = \big(x_1 + t(y_1 - x_1)\big)(y_2 - x_2) - \big(x_2 + t(y_2 - x_2)\big)(y_1 - x_1) = \\ = x_1y_2 - x_2y_1,$$

so daß (13.9)

$$F = \frac{1}{2}\int_S (z_1 dz_2 - z_2 dz_1) = \frac{1}{2}(x_1y_2 - x_2y_1) \tag{19.30}$$

ergibt.

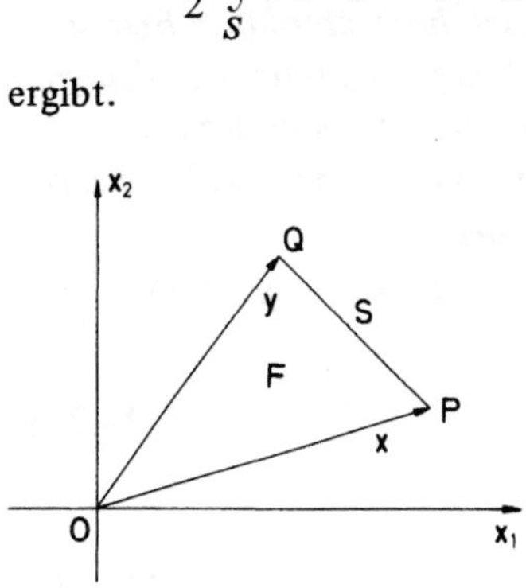

Bild 19.15

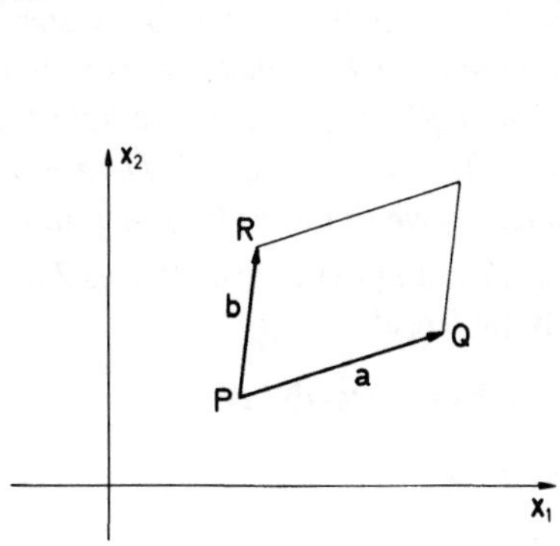

Bild 19.16

Die Anwendung der Leibnizschen Sektorformel erfordert, daß der Ortsvektor $\mathbf{z} = \mathbf{x} + t(\mathbf{y} - \mathbf{x})$ eine positive Drehung ausführt, wenn der Parameter t von 0 bis 1 wächst. Dies hängt nun offenbar von der gegenseitigen Lage der Punkte P und Q ab: das Vorzeichen des Ausdrucks auf der rechten Seite von (19.30) ist positiv, wenn sich der Ortsvektor **x** durch eine positive Drehung um den kleineren Winkel, den **x** und **y** miteinander einschließen, in den Ortsvektor **y** bringen läßt; andernfalls ist der Ausdruck auf der rechten Seite von (19.30) negativ. Der Fall schließlich, daß $F = 0$ ist, tritt offenbar genau dann ein, wenn das Verhältnis $x_1 : y_1 = x_2 : y_2$ besteht, das heißt, wenn die drei Punkte O, P und Q auf einer Geraden liegen.

Sind P, Q und R die Eckpunkte eines Dreiecks in allgemeiner Lage, so repräsentiert man die orientierten Strecken $\overrightarrow{PQ}$ und $\overrightarrow{PR}$ durch ebene Vektoren **a** und **b**; dann ist auf Grund von (19.30)

$$a_1b_2 - a_2b_1 \tag{19.31}$$

dem Betrag nach der doppelte Flächeninhalt des Dreiecks PQR, also betragsmäßig gleich dem Flächeninhalt des von den Vektoren **a** und **b** aufgespannten Parallelogramms (Bild 19.16). Das Vorzeichen von (19.31) ist positiv, wenn sich der Vektor **a** durch eine positive Drehung um den kleineren Winkel, den **a** und **b** einschließen, in den Vektor **b** drehen läßt, andernfalls negativ. Der Ausdruck (19.31) ist genau dann gleich Null, wenn das Dreieck PQR entartet ist, das heißt, wenn die Vektoren **a** und **b** kollinear, also linear abhängig sind.

Man nennt den Ausdruck (19.31) die *Determinante der ebenen Vektoren* **a** und **b** und schreibt symbolisch

$$\operatorname{Det}(\mathbf{a}, \mathbf{b}) = \begin{vmatrix} a_1 & b_1 \\ a_2 & b_2 \end{vmatrix} = a_1b_2 - a_2b_1.$$

Die Koordinaten des ersten Vektors **a** bilden die erste Spalte des quadratischen Zahlenschemas, die Koordinaten des zweiten Vektors **b** die zweite Spalte.

Wir nennen zwei linear unabhängige ebene Vektoren **a** und **b** ein *positiv orientiertes Zweibein* $\{\mathbf{a}, \mathbf{b}\}$, wenn sich der erste Vektor **a** durch eine positive Drehung um den kleineren Winkel, den **a** und **b** miteinander einschließen, in den zweiten Vektor **b** drehen läßt. Mit dieser Definition können wir die Determinante ebener Vektoren folgendermaßen charakterisieren: *Die Determinante* $\operatorname{Det}(\mathbf{a}, \mathbf{b})$ *zweier ebener Vektoren ist ihrem absoluten Betrag nach gleich dem Flächeninhalt des von den Vektoren* **a** *und* **b** *aufgespannten Parallelogramms, ihr Vorzeichen gibt an, ob das Zweibein* $\{\mathbf{a}, \mathbf{b}\}$ *positiv* ($\operatorname{Det}(\mathbf{a}, \mathbf{b}) > 0$) *oder negativ* ($\operatorname{Det}(\mathbf{a}, \mathbf{b}) < 0$) *orientiert ist. Die Determinante zweier ebener Vektoren* **a** *und* **b** *verschwindet genau dann, wenn die Vektoren* **a** *und* **b** *linear abhängig sind.*

Ist $\{\mathbf{a}, \mathbf{b}\}$ ein positiv orientiertes Zweibein, so ist $\{\mathbf{b}, \mathbf{a}\}$ negativ orientiert. Daraus ergibt sich die Regel

$$\operatorname{Det}(\mathbf{a}, \mathbf{b}) = -\operatorname{Det}(\mathbf{b}, \mathbf{a}), \tag{19.32}$$

aus der für $\mathbf{b} = \mathbf{a}$

$$\operatorname{Det}(\mathbf{a}, \mathbf{a}) = 0 \tag{19.33}$$

folgt. Durch eine elementare geometrische Überlegung findet man

$$\mathrm{Det}(\mathbf{a} + \mathbf{b}, \mathbf{c}) = \mathrm{Det}(\mathbf{a}, \mathbf{c}) + \mathrm{Det}(\mathbf{b}, \mathbf{c}) \tag{19.34}$$

und

$$\mathrm{Det}(\lambda \mathbf{a}, \mathbf{b}) = \lambda\, \mathrm{Det}(\mathbf{a}, \mathbf{b}). \tag{19.35}$$

Der Ausdruck (19.31) für den Flächeninhalt eines Vektorparallelogramms läßt sich auch durch eine dreidimensionale Betrachtung über das äußere Produkt von Vektoren gewinnen. Sind $\mathbf{a} = a_1\mathbf{e}_1 + a_2\mathbf{e}_2$ und $\mathbf{b} = b_1\mathbf{e}_1 + b_2\mathbf{e}_2$ zwei dreidimensionale zur (x_1, x_2)-Ebene parallele Vektoren, so ist der Betrag des äußeren Produktes

$$\mathbf{c} = \mathbf{a} \times \mathbf{b} = (a_1b_2 - a_2b_1)\mathbf{e}_3$$

der Flächeninhalt des von den Vektoren $\mathbf{a}$ und $\mathbf{b}$ aufgespannten Parallelogramms. Das Vorzeichen der Koordinate $c_3 = a_1b_2 - a_2b_1$ gibt an, ob das Dreibein $\{\mathbf{a}, \mathbf{b}, \mathbf{e}_3\}$ positiv $(c_3 > 0)$ oder negativ $(c_3 < 0)$ orientiert ist. Sind die Vektoren $\mathbf{a}$ und $\mathbf{b}$ kollinear, so ist $c_3 = 0$. Wir bemerken hiezu, daß das Zweibein $\{\mathbf{a}, \mathbf{b}\}$ der als eben aufgefaßten Vektoren $\mathbf{a}$ und $\mathbf{b}$ offenbar genau dann positiv orientiert ist, wenn das Dreibein $\{\mathbf{a}, \mathbf{b}, \mathbf{e}_3\}$ der dreidimensionalen Vektoren $\mathbf{a}$, $\mathbf{b}$ und $\mathbf{e}_3$ positiv orientiert ist.

Sind $\mathbf{a}$ und $\mathbf{b}$ ebene Vektoren, so nennt man die reelle Zahl

$$\mathbf{a} \times \mathbf{b} = a_1b_2 - a_2b_1 = \mathrm{Det}(\mathbf{a}, \mathbf{b})$$

auch das *äußere Produkt* der Vektoren a und $\mathbf{b}$.

In diesem Zusammenhang weisen wir auf die Leibnizsche Flächeninhaltsformel (13.9) hin, die sich unter Verwendung des äußeren Produktes ebener Vektoren in der Form

$$F = \frac{1}{2}\int_C \mathbf{x} \times d\mathbf{x} = \frac{1}{2}\int_C \mathbf{x} \times \dot{\mathbf{x}}\, dt \tag{19.36}$$

schreiben läßt, worin $\mathbf{x} = \mathbf{x}(t)$ der Ortsvektor zu den Punkten auf der Kurve C ist; die positive Orientierung der Kurve C kommt dabei darin zum Ausdruck, daß das Zweibein $\{\mathbf{x}, \dot{\mathbf{x}}\}$, bezogen auf einen Drehpol im Inneren, in jedem Punkt auf der Kurve C positiv orientiert ist.

Der Determinantenbegriff für ebene Vektoren ermöglicht eine anschauliche Deutung der Koordinaten des äußeren Produktes von Vektoren. An der Darstellung (19.27) fällt auf, daß sich die Koordinaten des Vektors a $\times$ $\mathbf{b}$ als Determinanten schreiben lassen,

$$\mathbf{a} \times \mathbf{b} = \begin{vmatrix} a_2 & b_2 \\ a_3 & b_3 \end{vmatrix} \mathbf{e}_1 - \begin{vmatrix} a_1 & b_1 \\ a_3 & b_3 \end{vmatrix} \mathbf{e}_2 + \begin{vmatrix} a_1 & b_1 \\ a_2 & b_2 \end{vmatrix} \mathbf{e}_3 . \tag{19.37}$$

Die Koordinaten des äußeren Produktes zweier Vektoren $\mathbf{a}$ und $\mathbf{b}$ sind die Determinanten der Projektionen der Vektoren $\mathbf{a}$ und $\mathbf{b}$ auf die Koordinatenebenen. Die Beträge der Koordinaten des Vektors $\mathbf{a} \times \mathbf{b}$ sind demnach die Flächeninhalte der Projektionen des von den Vektoren $\mathbf{a}$ und $\mathbf{b}$ aufgespannten Parallelogramms auf die drei Koordinatenebenen; das Vorzeichen gibt an, ob die Projektionen der beiden Vektoren auf die jeweilige Koordinatenebene ein positiv oder negativ orientiertes Zweibein bilden (Bild 19.17).

Wir wenden uns nun der Bestimmung von Rauminhalten zu, und zwar wollen wir das Volumen eines Tetraeders mit den Eckpunkten P, Q, R und S berechnen. Den orientierten Strecken $\overrightarrow{PQ}$, $\overrightarrow{PR}$ und $\overrightarrow{PS}$ ordnen wir der Reihe nach die Vektoren $\mathbf{a}$, $\mathbf{b}$ und $\mathbf{c}$ zu; offenbar

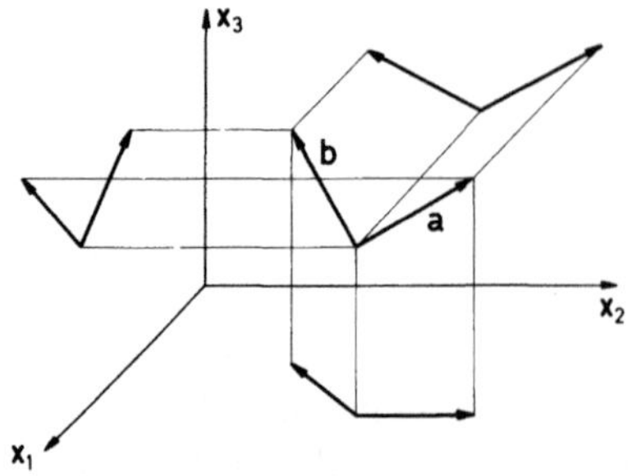

Bild 19.17

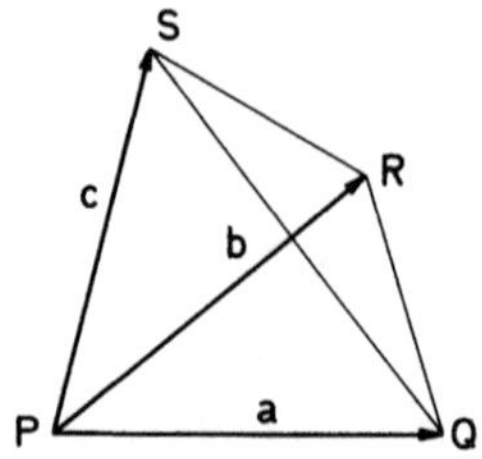

Bild 19.18

müssen die drei Vektoren **a**, **b** und **c** linear unabhängig sein, da andernfalls die vier Punkte P, Q, R und S in einer Ebene liegen und kein Tetraeder bestimmen. Das Volumen des Tetraeders ist nach einer elementaren Formel gleich $V = \frac{1}{3} F h$, worin F der Inhalt der Grundfläche und h die Höhe ist. Wir wählen als Grundfläche das Dreieck PQR, so daß $F = \frac{1}{2} |\mathbf{a} \times \mathbf{b}|$ ist. Die Höhe h ist der Normalabstand des Punktes S von der Ebene, in der die Grundfläche liegt (Bild 19.18). Wenn das Dreibein {**a**, **b**, **c**} positiv orientiert ist, dann zeigt der auf die Grundfläche senkrecht stehende Einsvektor $\mathbf{n} = \frac{\mathbf{a} \times \mathbf{b}}{|\mathbf{a} \times \mathbf{b}|}$ zum Punkt S; es ist dann $h = \mathbf{c} \cdot \mathbf{n}$ und somit

$$\begin{aligned} V &= \frac{1}{6} (\mathbf{a} \times \mathbf{b}) \cdot \mathbf{c} = \frac{1}{6} \mathbf{c} \cdot (\mathbf{a} \times \mathbf{b}) \\ &= \frac{1}{6} \left\{ c_1 \begin{vmatrix} a_2 & b_2 \\ a_3 & b_3 \end{vmatrix} + c_2 \begin{vmatrix} b_1 & a_1 \\ b_3 & a_3 \end{vmatrix} + c_3 \begin{vmatrix} a_1 & b_1 \\ a_2 & b_2 \end{vmatrix} \right\} \\ &= \frac{1}{6} \left(a_2 b_3 c_1 - a_3 b_2 c_1 + a_3 b_1 c_2 - a_1 b_3 c_2 + a_1 b_2 c_3 - a_2 b_1 c_3 \right). \end{aligned} \tag{19.38}$$

Ist das Dreibein {**a**, **b**, **c**} negativ orientiert, so liefert (19.38) das Volumen des Tetraeders mit negativem Vorzeichen, denn in diesem Fall müßte für $\mathbf{n} = -\frac{\mathbf{a} \times \mathbf{b}}{|\mathbf{a} \times \mathbf{b}|}$ gesetzt werden.

Der Ausdruck

$$(\mathbf{a} \times \mathbf{b}) \cdot \mathbf{c} = a_2 b_3 c_1 - a_3 b_2 c_1 + a_3 b_1 c_2 - a_1 b_3 c_2 + a_1 b_2 c_3 - a_2 b_1 c_3 \tag{19.39}$$

wird gelegentlich auch das *Spatprodukt* der Vektoren **a**, **b** und **c** bezeichnet. Beachtet man, daß der Voluminhalt des von den Vektoren **a**, **b** und **c** aufgespannten Parallelepipedons gleich dem 6-fachen Rauminhalt des Tetraeders PQRS ist, so erhalten wir folgendes Ergebnis: Die reelle Zahl $(\mathbf{a} \times \mathbf{b}) \cdot \mathbf{c}$ ist dem Betrag nach gleich dem Voluminhalt des von den Vektoren **a**, **b** und **c** aufgespannten Parallelepipedons, das Vorzeichen gibt an, ob das Dreibein {**a**, **b**, **c**} positiv oder negativ orientiert ist. Schließlich ist der Ausdruck (19.39) offenbar genau dann gleich Null, wenn die Vektoren **a**, **b** und **c** linear abhängig sind, das heißt kollinear oder komplanar sind; in diesem Fall ist das Tetraeder PQRS und das von den Vektoren **a**, **b** und **c** aufgespannte Parallelepipedon entartet.

Man nennt die reelle Zahl (19.39) die *Determinante der räumlichen Vektoren* **a**, **b** und **c** und schreibt symbolisch

$$\operatorname{Det}(\mathbf{a}, \mathbf{b}, \mathbf{c}) = \begin{vmatrix} a_1 & b_1 & c_1 \\ a_2 & b_2 & c_2 \\ a_3 & b_3 & c_3 \end{vmatrix} = (\mathbf{a} \times \mathbf{b}) \cdot \mathbf{c}. \tag{19.40}$$

Die Spalten dieses quadratischen Zahlenschemas sind aus den Koordinaten der Vektoren $\mathbf{a}, \mathbf{b}$ und $\mathbf{c}$ in dieser Reihenfolge zu bilden. Wir fassen zusammen: *Die Determinante dreier räumlicher Vektoren* $\mathbf{a}, \mathbf{b}$ *und* $\mathbf{c}$ *ist dem Betrag nach gleich dem Volumen des von den Vektoren* $\mathbf{a}, \mathbf{b}$ *und* $\mathbf{c}$ *aufgespannten Parallelepipedons, das Vorzeichen gibt an, ob das Dreibein* $\{\mathbf{a}, \mathbf{b}, \mathbf{c}\}$ *positiv* $(\mathrm{Det}(\mathbf{a}, \mathbf{b}, \mathbf{c}) > 0)$ *oder negativ* $(\mathrm{Det}(\mathbf{a}, \mathbf{b}, \mathbf{c}) < 0)$ *orientiert ist. Die Determinante dreier Vektoren* $\mathbf{a}, \mathbf{b}$ *und* $\mathbf{c}$ *ist genau dann gleich Null, wenn die drei Vektoren* $\mathbf{a}, \mathbf{b}$ *und* $\mathbf{c}$ *linear abhängig sind.*

Die Determinante ebener Vektoren ist ein einfacher Ausdruck, den man sich leicht einprägen kann. Man multipliziert die Glieder in den beiden Diagonalen des quadratischen Zahlenschemas und bildet die Differenz dieser Produkte,

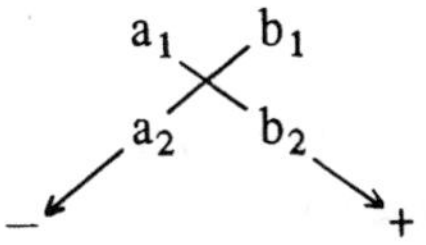

Einigermaßen komplizierter ist der Ausdruck (19.39) für die Determinante dreier räumlicher Vektoren. Natürlich kann man zunächst das äußere Produkt $\mathbf{a} \times \mathbf{b}$ in (19.38) berechnen und anschließend das innere Produkt mit dem Vektor $\mathbf{c}$ bilden. Einfacher und schneller ist der Weg über die sogenannte *Regel von Sarrus:* Man fügt zu den Spalten des quadratischen Schemas der Vektoren $\mathbf{a}, \mathbf{b}$ und $\mathbf{c}$ die Spalten $\mathbf{a}$ und $\mathbf{b}$ hinzu, das heißt, man bildet das Schema

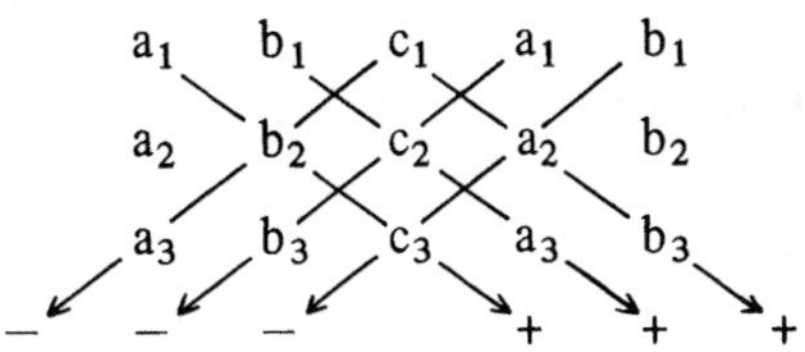

multipliziert die Glieder der Diagonalen von links oben nach rechts unten sowie die Glieder der Diagonalen von rechts oben nach links unten, versieht die so entstehenden Produkte mit positivem beziehungsweise negativem Vorzeichen und bildet die Summe dieser sechs Terme – das Ergebnis ist der Wert der Determinante der Vektoren $\mathbf{a}, \mathbf{b}$ und $\mathbf{c}$.

Die Determinante von drei Vektoren des Raumes hat dieselben charakteristischen Eigenschaften wie die Determinante zweier ebener Vektoren. Vertauscht man zwei benachbarte Vektoren in der „Argumentliste" der Determinante, so ändert sich das Vorzeichen der Determinante, denn eine solche Vertauschung bewirkt eine Änderung der Orientierung des Dreibeins,

$$\begin{aligned} &\mathrm{Det}(\mathbf{a}, \mathbf{b}, \mathbf{c}) = -\mathrm{Det}(\mathbf{a}, \mathbf{c}, \mathbf{b}) = \mathrm{Det}(\mathbf{c}, \mathbf{a}, \mathbf{b}) \\ &= -\mathrm{Det}(\mathbf{c}, \mathbf{b}, \mathbf{a}) = \mathrm{Det}(\mathbf{b}, \mathbf{c}, \mathbf{a}) = -\mathrm{Det}(\mathbf{b}, \mathbf{a}, \mathbf{c}). \end{aligned} \tag{19.41}$$

Sind insbesondere zwei Vektoren in der Argumentliste gleich, zum Beispiel $\mathbf{a} = \mathbf{b}$, so folgt

$$\mathrm{Det}(\mathbf{a}, \mathbf{a}, \mathbf{c}) = -\mathrm{Det}(\mathbf{a}, \mathbf{a}, \mathbf{c}) = 0, \tag{19.42}$$

im Einklang damit, daß die Determinante linear abhängiger Vektoren gleich Null ist. Direkt über die Definition (19.40) bestätigt man

$$\mathrm{Det}(\mathbf{a} + \mathbf{b}, \mathbf{c}, \mathbf{d}) = \mathrm{Det}(\mathbf{a}, \mathbf{c}, \mathbf{d}) + \mathrm{Det}(\mathbf{b}, \mathbf{c}, \mathbf{d}) \tag{19.43}$$

und

$$\mathrm{Det}(\lambda \mathbf{a}, \mathbf{b}, \mathbf{c}) = \lambda \mathrm{Det}(\mathbf{a}, \mathbf{b}, \mathbf{c}). \tag{19.44}$$

Die beiden letzten Eigenschaften gelten natürlich für jeden Vektor in der Argumentliste.

Wir beschließen diese Betrachtungen über Determinanten und deren Zusammenhänge mit dem äußeren Produkt von Vektoren mit einigen für die Anwendungen nützlichen Formeln. Als erstes weisen wir auf eine Merkregel zur Berechnung der Koordinaten des äußeren Produktes zweier Vektoren **a** und **b** durch die symbolische Determinante

$$\begin{vmatrix} \mathbf{e}_1 & a_1 & b_1 \\ \mathbf{e}_2 & a_2 & b_2 \\ \mathbf{e}_3 & a_3 & b_3 \end{vmatrix} = \mathbf{e}_1(a_2b_3 - a_3b_2) + \mathbf{e}_2(a_3b_1 - a_1b_3) + \mathbf{e}_3(a_1b_2 - a_2b_1)$$

hin: Man ersetzt in (19.40) die Koordinaten des Vektors **c** durch die Maßvektoren und berechnet die so entstehende symbolische Determinante, wobei man die Maßvektoren formal als die Koordinaten eines Vektors auffaßt.

Von der Richtigkeit der folgenden Formeln zur Berechnung mehrfacher Vektorprodukte möge sich der Leser durch direktes Nachrechnen überzeugen.

$$\mathbf{a} \times (\mathbf{b} \times \mathbf{c}) = (\mathbf{a} \cdot \mathbf{c})\mathbf{b} - (\mathbf{a} \cdot \mathbf{b})\mathbf{c}, \tag{19.45}$$

$$(\mathbf{a} \times \mathbf{b}) \times \mathbf{c} = (\mathbf{a} \cdot \mathbf{c})\mathbf{b} - (\mathbf{b} \cdot \mathbf{c})\mathbf{a}, \tag{19.46}$$

$$(\mathbf{a} \times \mathbf{b}) \cdot (\mathbf{c} \times \mathbf{d}) = (\mathbf{a} \cdot \mathbf{c})(\mathbf{b} \cdot \mathbf{d}) - (\mathbf{a} \cdot \mathbf{d})(\mathbf{b} \cdot \mathbf{c}), \tag{19.47}$$

$$\begin{aligned}(\mathbf{a} \times \mathbf{b}) \times (\mathbf{c} \times \mathbf{d}) &= \mathbf{b}\,\mathrm{Det}(\mathbf{a}, \mathbf{c}, \mathbf{d}) - \mathbf{a}\,\mathrm{Det}(\mathbf{b}, \mathbf{c}, \mathbf{d}) \\ &= \mathbf{c}\,\mathrm{Det}(\mathbf{a}, \mathbf{b}, \mathbf{d}) - \mathbf{d}\,\mathrm{Det}(\mathbf{a}, \mathbf{b}, \mathbf{c}),\end{aligned} \tag{19.48}$$

$$\mathrm{Det}(\mathbf{a} \times \mathbf{b}, \mathbf{b} \times \mathbf{c}, \mathbf{c} \times \mathbf{a}) = \big(\mathrm{Det}(\mathbf{a}, \mathbf{b}, \mathbf{c})\big)^2. \tag{19.49}$$

Mit Hilfe des äußeren Produktes und des Determinantenbegriffs läßt sich schließlich auch die Aufgabe, einen beliebigen Vektor als Linearkombination der Vektoren eines Dreibeins darzustellen, auf elegante Weise lösen. Es seien die Vektoren **a**, **b** und **c** linear unabhängig, **d** sei ein beliebiger vierter Vektor. Dann gibt es eindeutig bestimmte Zahlen λ, μ und ν, so daß gilt

$$\mathbf{d} = \lambda \mathbf{a} + \mu \mathbf{b} + \nu \mathbf{c}.$$

Um den Koeffizienten λ zu bestimmen, bilden wir das innere Produkt des Vektors **d** mit dem Vektor $\mathbf{b} \times \mathbf{c}$; wegen $\mathbf{b} \cdot (\mathbf{b} \times \mathbf{c}) = \mathbf{c} \cdot (\mathbf{b} \times \mathbf{c}) = 0$ erhalten wir

$$\lambda = \frac{\mathbf{d} \cdot (\mathbf{b} \times \mathbf{c})}{\mathbf{a} \cdot (\mathbf{b} \times \mathbf{c})} = \frac{\mathrm{Det}(\mathbf{d}, \mathbf{b}, \mathbf{c})}{\mathrm{Det}(\mathbf{a}, \mathbf{b}, \mathbf{c})}.$$

Auf analoge Weise erhält man

$$\mu = \frac{\mathbf{d} \cdot (\mathbf{a} \times \mathbf{c})}{\mathbf{b} \cdot (\mathbf{a} \times \mathbf{c})} = \frac{\mathrm{Det}(\mathbf{a}, \mathbf{d}, \mathbf{c})}{\mathrm{Det}(\mathbf{a}, \mathbf{b}, \mathbf{c})}, \quad \nu = \frac{\mathbf{d} \cdot (\mathbf{a} \times \mathbf{b})}{\mathbf{c} \cdot (\mathbf{a} \times \mathbf{b})} = \frac{\mathrm{Det}(\mathbf{a}, \mathbf{b}, \mathbf{d})}{\mathrm{Det}(\mathbf{a}, \mathbf{b}, \mathbf{c})},$$

und somit

$$\mathbf{d} = \frac{\mathrm{Det}(\mathbf{d}, \mathbf{b}, \mathbf{c})}{\mathrm{Det}(\mathbf{a}, \mathbf{b}, \mathbf{c})}\mathbf{a} + \frac{\mathrm{Det}(\mathbf{a}, \mathbf{d}, \mathbf{c})}{\mathrm{Det}(\mathbf{a}, \mathbf{b}, \mathbf{c})}\mathbf{b} + \frac{\mathrm{Det}(\mathbf{a}, \mathbf{b}, \mathbf{d})}{\mathrm{Det}(\mathbf{a}, \mathbf{b}, \mathbf{c})}\mathbf{c}. \tag{19.50}$$

19.7 Gerade und Ebene im Raum

Eine Gerade *g* im Raum ist durch zwei Punkte P′ und P″ eindeutig bestimmt. Es seien $\mathbf{x}'$ und $\mathbf{x}''$ die Ortsvektoren zu den Punkten P′ und P″; ist $\mathbf{x}$ der Ortsvektor zu einem beliebigen Punkt P auf der Geraden *g*, so sind die Vektoren $\mathbf{a} = \mathbf{x}'' - \mathbf{x}'$ und $\mathbf{x} - \mathbf{x}'$ kollinear (Bild 19.19), das heißt, es gibt eine Zahl t, so daß gilt

$$\mathbf{x} - \mathbf{x}' = t\mathbf{a} = t(\mathbf{x}'' - \mathbf{x}'). \tag{19.51}$$

Ausführlich lauten diese Gleichungen

$$\begin{aligned} x_1 &= x_1' + ta_1 = x_1' + t(x_1'' - x_1'),\\ x_2 &= x_2' + ta_2 = x_2' + t(x_2'' - x_2'),\\ x_3 &= x_3' + ta_3 = x_3' + t(x_3'' - x_3'). \end{aligned} \tag{19.52}$$

(19.51) beziehungsweise (19.52) ist eine *Parameterdarstellung* der Geraden *g*. Durchläuft der Parameter t das Intervall $]-\infty, \infty[$, so durchläuft der Punkt P die Gerade *g*. Löst man jede der drei Gleichungen (19.52) nach dem Parameter t auf, so erhält man die sogenannte *Doppelgleichung* der Geraden *g*,

$$\frac{x_1 - x_1'}{a_1} = \frac{x_2 - x_2'}{a_2} = \frac{x_3 - x_3'}{a_3}. \tag{19.53}$$

Die Tatsache, daß die Vektoren $\mathbf{a}$ und $\mathbf{x} - \mathbf{x}'$ kollinear sind, hätte man auch durch die Gleichung

$$(\mathbf{x} - \mathbf{x}') \times \mathbf{a} = \mathbf{o} \tag{19.54}$$

ausdrücken können. Diese parameterfreie Form der Geradengleichung ist mit der Doppelgleichung der Geraden äquivalent.

Eine Ebene ϵ im Raum ist durch drei Punkte, die nicht auf einer Geraden liegen, eindeutig bestimmt. Sind P′, Q′ und R′ drei Punkte mit dieser Eigenschaft, so spannen die Vektoren $\mathbf{a} = \mathbf{y}' - \mathbf{x}'$ und $\mathbf{b} = \mathbf{z}' - \mathbf{x}'$ die Ebene auf, wenn $\mathbf{x}'$, $\mathbf{y}'$ und $\mathbf{z}'$ die Ortsvektoren zu den Punkten P′, Q′ und R′ sind (Bild 19.20). Ist P ein beliebiger Punkt auf der Ebene und $\mathbf{x}$ sein Ortsvektor, so sind die Vektoren $\mathbf{a}$, $\mathbf{b}$ und $\mathbf{x} - \mathbf{x}'$ komplanar, so daß zwei reelle Zahlen u und v existieren mit der Eigenschaft

$$\mathbf{x} - \mathbf{x}' = u\mathbf{a} + v\mathbf{b} = u(\mathbf{y}' - \mathbf{x}') + v(\mathbf{z}' - \mathbf{x}') \tag{19.55}$$

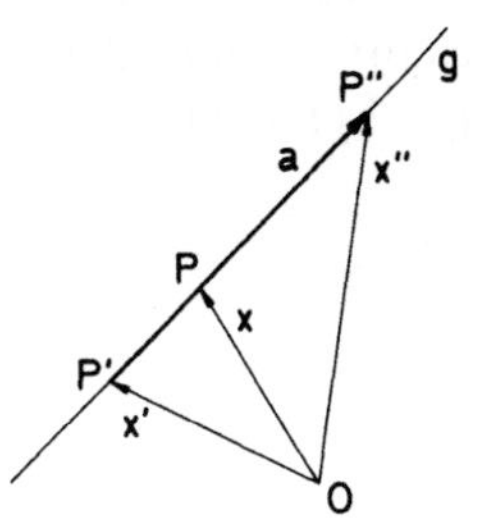

Bild 19.19

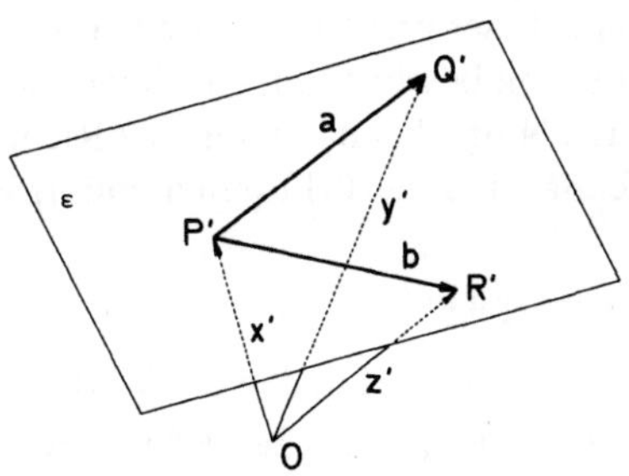

Bild 19.20

oder ausführlich

$$\begin{aligned} x_1 &= x_1' + ua_1 + vb_1, \\ x_2 &= x_2' + ua_2 + vb_2, \\ x_3 &= x_3' + ua_3 + vb_3. \end{aligned} \tag{19.56}$$

Dies ist die *Parameterdarstellung* der Ebene. Der Vektor

$$\mathbf{n} = \mathbf{a} \times \mathbf{b} \tag{19.57}$$

steht senkrecht auf die Ebene und gibt infolgedessen die Normalenrichtung der Ebene an. Bildet man das innere Produkt der linken und rechten Seite von (19.55) mit dem Vektor $\mathbf{n}$, so erhält man

$$(\mathbf{x} - \mathbf{x}') \cdot \mathbf{n} = 0 \tag{19.58}$$

beziehungsweise

$$\mathrm{Det}(\mathbf{x} - \mathbf{x}', \mathbf{a}, \mathbf{b}) = 0 \tag{19.59}$$

beziehungsweise

$$\mathbf{x} \cdot \mathbf{n} = \mathbf{x}' \cdot \mathbf{n}. \tag{19.60}$$

Die letzte Gleichung lautet ausführlich

$$x_1 n_1 + x_2 n_2 + x_3 n_3 = k, \tag{19.61}$$

worin für $k = \mathbf{x}' \cdot \mathbf{n}$ gesetzt wurde. Die Gleichung (19.61) heißt *Hessesche Normalform* der Ebene. Hat der Vektor $\mathbf{n}$ die Länge 1, so ist die Konstante k der Abstand der Ebene vom Koordinatenursprung.

Die Gleichung (19.61) erlaubt uns eine geometrische Deutung der Geradengleichung (19.54). Von den sich aus (19.54) ergebenden drei Gleichungen

$$\begin{aligned} x_2 a_3 - x_3 a_2 &= x_2' a_3 - x_3' a_2, \\ x_1 a_3 - x_3 a_1 &= x_1' a_3 - x_3' a_1, \\ x_1 a_2 - x_2 a_1 &= x_1' a_2 - x_2' a_1, \end{aligned}$$

sind nur zwei wesentlich, die dritte ist eine Folgerung aus den beiden anderen: Multipliziert man nämlich die erste Gleichung mit a_1, die zweite mit $-a_2$ und bildet man die Summe der beiden Gleichungen, so erhält man die mit $-a_3$ multiplizierte dritte Gleichung. Wir können daher auf eine dieser drei Gleichungen verzichten. Durch die Gleichung (19.54) werden demnach zwei Ebenen beschrieben, die Gerade selbst erscheint als der Schnitt dieser beiden Ebenen, deren Normalen $\mathbf{n}_1$ und $\mathbf{n}_2$ die Richtung der Vektoren $(0, a_3, -a_2)$ und $(a_3, 0, -a_1)$ haben. Offenbar sind die Vektoren $\mathbf{a}$ und $\mathbf{n}_1 \times \mathbf{n}_2$ kollinear.

19.8 Übungsbeispiele

Man berechne den Winkel φ, den die Vektoren $\mathbf{a}$ und $\mathbf{b}$ miteinander einschließen:

1. $\mathbf{a} = -\mathbf{e}_1 + 3\mathbf{e}_2 + \mathbf{e}_3, \quad \mathbf{b} = 2\mathbf{e}_1 + 4\mathbf{e}_2 - 3\mathbf{e}_3.$
2. $\mathbf{a} = \mathbf{e}_2 + 4\mathbf{e}_3, \quad \mathbf{b} = \mathbf{e}_1 - \mathbf{e}_2 + 2\mathbf{e}_3.$

3. Für welchen Wert des Parameters λ sind die Vektoren

$\mathbf{a} = \lambda\mathbf{e}_1 + \mathbf{e}_2 + 2\lambda\mathbf{e}_3, \quad \mathbf{b} = \lambda\mathbf{e}_1 - 8\mathbf{e}_2 + \mathbf{e}_3$

orthogonal?

4. Man stelle den Vektor $\mathbf{a}$ in der Form $\mathbf{a} = \mathbf{a}_1 + \mathbf{a}_2$ dar, worin $\mathbf{a}_1$ parallel, $\mathbf{a}_2$ orthogonal zu einem gebenen Vektor $\mathbf{n}$ ist.

Man berechne das äußere Produkt $\mathbf{a} \times \mathbf{b}$ der Vektoren $\mathbf{a}$ und $\mathbf{b}$:

5. $\mathbf{a} = \mathbf{e}_1 - \mathbf{e}_2 + 2\mathbf{e}_3, \quad \mathbf{b} = 3\mathbf{e}_1 + \mathbf{e}_2 - 2\mathbf{e}_3.$

6. $\mathbf{a} = \mathbf{e}_2 + \mathbf{e}_3, \quad \mathbf{b} = \mathbf{e}_1 + \mathbf{e}_3.$

7. $\mathbf{a} = \mathbf{e}_1 - 2\mathbf{e}_2 + \mathbf{e}_3, \quad \mathbf{b} = \mathbf{e}_1 + \mathbf{e}_2 + \mathbf{e}_3.$

8. Man berechne den Flächeninhalt des Parallelogramms ABCD mit $A(-1, -3, -4)$, $B(7, 13, 4)$, $C(-25, 37, 12)$, D.

9. Sind die Vektoren

$\mathbf{a} = 2\mathbf{e}_1 + 5\mathbf{e}_2 + 8\mathbf{e}_3, \quad \mathbf{b} = \mathbf{e}_1 - 4\mathbf{e}_2 + 6\mathbf{e}_3, \quad \mathbf{c} = -3\mathbf{e}_1 + 9\mathbf{e}_2 - 7\mathbf{e}_3$

linear abhängig oder linear unabhängig?

10. Welche Orientierung hat das Dreibein $\{\mathbf{a}, \mathbf{b}, \mathbf{c}\}$,

$\mathbf{a} = 2\mathbf{e}_1 + 5\mathbf{e}_2 + \mathbf{e}_3, \quad \mathbf{b} = 3\mathbf{e}_1 - 2\mathbf{e}_2 + 2\mathbf{e}_3, \quad \mathbf{c} = 4\mathbf{e}_1 + \mathbf{e}_2 + 3\mathbf{e}_3$?

Man berechne die folgenden Determinanten:

11. $D = \begin{vmatrix} 1 & 2 & 5 \\ 3 & -4 & 7 \\ -3 & 12 & -15 \end{vmatrix}$ 12. $D = \begin{vmatrix} 12 & 6 & -4 \\ 6 & 4 & 4 \\ 3 & 2 & 8 \end{vmatrix}$ 13. $D = \begin{vmatrix} a & 1 & a \\ -1 & a & 1 \\ a & -1 & a \end{vmatrix}$

14. $D = \begin{vmatrix} 1 & 1 & 1 \\ 1 & 1+a & 1 \\ 1 & 1 & 1+b \end{vmatrix}$ 15. $D = \begin{vmatrix} 1+\cos\alpha & 1+\sin\alpha & 1 \\ 1-\sin\alpha & 1+\cos\alpha & 1 \\ 1 & 1 & 1 \end{vmatrix}$

16. $D = \begin{vmatrix} 1 & a & a^2 \\ 1 & b & b^2 \\ 1 & c & c^2 \end{vmatrix}$

17. Man bestimme die Gleichung der durch die Punkte $A(2, -3, 7)$, $B(0, 1, 2)$ und $C(5, -1, 4)$ gegebenen Ebene.

18. Man bestimme die Richtung der Schnittgeraden der beiden Ebenen

$4x_1 - 2x_2 - 4x_3 = 12, \quad 6x_1 - 3x_2 + 2x_3 = 66.$

19. Man berechne den Durchstoßpunkt der durch den Koordinatenursprung gehenden Geraden $\mathbf{x} = t\mathbf{n}$ mit der Ebene $\mathbf{n} \cdot \mathbf{x} = k$.

20. Man stelle den Vektor $\mathbf{d} = -14\mathbf{e}_1 + 2\mathbf{e}_2 + 13\mathbf{e}_3$ als Linearkombination der Vektoren

$\mathbf{a} = 12\mathbf{e}_1 + 6\mathbf{e}_2 + 3\mathbf{e}_3, \quad \mathbf{b} = 6\mathbf{e}_1 + 4\mathbf{e}_2 + 2\mathbf{e}_3, \quad \mathbf{c} = -4\mathbf{e}_1 + 4\mathbf{e}_2 + 8\mathbf{e}_3$

dar.

20 Matrizenrechnung. Lineare Gleichungssysteme

Viele Grundgleichungen der Physik zählen zu der wichtigen Klasse der sogenannten *linearen Gleichungen.* Ursache hierfür ist in der Regel das Prinzip von der Überlagerung der Wirkungen, das man auch das *Superpositionsprinzip* nennt. Wenn sich bei einem physikalischen System Einzelwirkungen additiv zu einer Gesamtwirkung zusammensetzen, so findet dies in linearen Beziehungen zwischen den einzelnen Größen seinen mathematischen Ausdruck.

Bei den verschiedenen Typen linearer Gleichungen hat man es mit Rechengrößen und Operationsvorschriften zu tun, die zwar auf unterschiedliche Weise definiert sind, die jedoch auf Grund ihres gemeinsamen Merkmals, der Linearitätseigenschaft, die gleiche Struktur in den Lösungen besitzen. Die einfachsten Vertreter linearer Gleichungen sind die Systeme linearer Gleichungen in mehreren Unbekannten. In der Gestalt ihrer allgemeinen Lösung kommen bereits alle jene Eigenschaften zum Vorschein, die für lineare Gleichungen charakteristisch sind.

Ein wertvolles Instrument für die Theorie linearer Gleichungssysteme, aber auch für deren rechnerische Lösung in programmgesteuerten Rechenanlagen, ist der Matrizenkalkül, mit dessen Grundzügen wir den Leser in diesem Abschnitt vertraut machen wollen. Darüber hinaus ist die Matrizenrechnung in vielen technischen Anwendungen ein bequemes Hilfsmittel, um lineare Zusammenhänge zwischen mehreren Variablenreihen in übersichtlicher Form darzustellen.

20.1 Vektoren im n-dimensionalen Raum

Jedem Punkt P des dreidimensionalen Raumes ordnen wir das Tripel (x_1, x_2, x_3) seiner kartesischen Koordinaten zu. In Verallgemeinerung dessen konstruieren wir einen n-*dimensionalen Raum*, in dem wir jeden Punkt P durch das n-tupel $(x_1, x_2, \ldots, x_n)$ seiner kartesischen Koordinaten festlegen.

Ebenso verallgemeinern wir den Begriff der orientierten Strecke. Hat der Punkt P die Koordinaten x_i, der Punkt Q die Koordinaten y_i, so sind die Differenzen $y_i - x_i$ die Koordinaten der orientierten Strecke $\overrightarrow{PQ}$. Als n-*dimensionalen Vektor* bezeichnen wir dann eine Größe, die sich einer orientierten Strecke umkehrbar eindeutig zuordnen läßt. Ist $\overrightarrow{PQ}$ die dem Vektor **a** zuzuordnende orientierte Strecke, so nennen wir die Zahlen $a_i = y_i - x_i$ die *Koordinaten* des Vektors **a**. Die orientierte Strecke $\overrightarrow{OP}$ vom Koordinatenursprung O zum Punkt P mit den Koordinaten x_i heißt *Ortsvektor* **x** zum Punkt P. Wenn nichts anderes gesagt wird, so stehen die Symbole **x**, **y**, **z**, ... für Ortsvektoren, hingegen bezeichnen die Symbole **a**, **b**, **c**, ... Vektoren im eigentlichen Sinn.

Die Summe zweier Vektoren **a** und **b** ist der Vektor **c** mit den Koordinaten $c_i = a_i + b_i$; wir schreiben hierfür symbolisch $\mathbf{c} = \mathbf{a} + \mathbf{b}$. Das Produkt eines Vektors **a** mit einer reellen Zahl λ ist der Vektor **b** mit den Koordinaten $b_i = \lambda a_i$, wofür wir symbolisch $\mathbf{b} = \lambda\mathbf{a}$ schreiben. Die Differenz $\mathbf{c} = \mathbf{a} - \mathbf{b}$ wird wieder als Summe der Vektoren **a** und $-\mathbf{b} = (-1)\mathbf{b}$ erklärt. Um die Addition von Vektoren und die Multiplikation von Vektoren mit einer reellen Zahl uneingeschränkt durchführen zu können, führen wir den Nullvektor **o** ein, dessen Koordinaten sämtlich gleich Null sind. Der Leser verifiziert leicht, daß auch im n-dimensionalen Raum die Addition von Vektoren kommutativ und assoziativ ist, ebenso, daß die Multiplikation mit einer reellen Zahl kommutativ, assoziativ und distributiv ist.

Ist $\mathbf{a}_1, \mathbf{a}_2, \ldots, \mathbf{a}_k$ ein beliebiges System von Vektoren, so nennen wir die mit beliebigen reellen Zahlen λ_i gebildete Summe

$$\lambda_1\mathbf{a}_1 + \lambda_2\mathbf{a}_2 + \ldots + \lambda_k\mathbf{a}_k$$

eine *Linearkombination* der Vektoren $\mathbf{a}_i$, wobei wir den Sonderfall $\lambda_1 = \lambda_2 = \ldots = \lambda_k = 0$ durch die Bezeichnung *triviale Linearkombination* hervorheben, im Gegensatz zur *nichttrivialen Linearkombination*, in der mindestens eine der Zahlen λ_i von Null verschieden ist. Wie im dreidimensionalen Fall nennen wir ein System von Vektoren $\mathbf{a}_i$ *linear abhängig*, wenn sich der Nullvektor durch eine nichttriviale Linearkombination dieser Vektoren darstellen läßt; im anderen Fall, wenn nur die triviale Linearkombination den Nullvektor ergibt, heißen die Vektoren $\mathbf{a}_i$ *linear unabhängig*.

Ein einzelner Vektor ist genau dann linear unabhängig, wenn er vom Nullvektor verschieden ist. Es gilt ferner

Satz 20.1 *Jedes System von Vektoren, das den Nullvektor enthält, ist linear abhängig.*

Wenn $\mathbf{a}_1 = \mathbf{o}$ ist und $\mathbf{a}_2, \ldots, \mathbf{a}_k$ beliebige Vektoren sind, so wird durch die nichttriviale Linearkombination

$$1\,\mathbf{o} + 0\,\mathbf{a}_2 + \ldots + 0\,\mathbf{a}_k = \mathbf{o}$$

der Nullvektor dargestellt, weshalb die Vektoren $\mathbf{a}_i$ linear abhängig sind.

Satz 20.2 *Sind* $\mathbf{a}_1, \mathbf{a}_2, \ldots, \mathbf{a}_k$ *linear abhängige Vektoren, so läßt sich mindestens einer dieser Vektoren als Linearkombination der übrigen darstellen.*

Da die Vektoren $\mathbf{a}_i$ als linear abhängig vorausgesetzt sind, gibt es Zahlen λ_i, die nicht alle gleich Null sind, so daß gilt

$$\lambda_1\mathbf{a}_1 + \lambda_2\mathbf{a}_2 + \ldots + \lambda_k\mathbf{a}_k = \mathbf{o}.$$

Aus dieser Gleichung folgt, wenn etwa $\lambda_k \neq 0$ ist,

$$\mathbf{a}_k = -\frac{\lambda_1}{\lambda_k}\mathbf{a}_1 - \frac{\lambda_2}{\lambda_k}\mathbf{a}_2 - \ldots - \frac{\lambda_{k-1}}{\lambda_k}\mathbf{a}_{k-1};$$

somit ist der Vektor $\mathbf{a}_k$ als Linearkombination der übrigen Vektoren dieses Systems dargestellt.

Satz 20.3 *Es seien* $\mathbf{a}_1, \mathbf{a}_2, \ldots, \mathbf{a}_k, \ldots, \mathbf{a}_h$ *beliebige Vektoren. Sind die Vektoren* $\mathbf{a}_1, \mathbf{a}_2, \ldots, \mathbf{a}_k$ *linear abhängig, so sind auch die Vektoren* $\mathbf{a}_1, \mathbf{a}_2, \ldots, \mathbf{a}_k, \ldots, \mathbf{a}_h$ *linear abhängig. Mit anderen Worten, jede Obermenge eines Systems linear abhängiger Vektoren ist linear abhängig.*

Da die Vektoren $\mathbf{a}_1, \mathbf{a}_2, \ldots, \mathbf{a}_k$ linear abhängig sind, gibt es Zahlen λ_i, die nicht alle gleich Null sind und der Gleichung

$$\lambda_1\mathbf{a}_1 + \lambda_2\mathbf{a}_2 + \ldots + \lambda_k\mathbf{a}_k = \mathbf{o}$$

genügen. Infolgedessen gilt auch

$$\lambda_1\mathbf{a}_1 + \lambda_2\mathbf{a}_2 + \ldots + \lambda_k\mathbf{a}_k + 0\,\mathbf{a}_{k+1} + \ldots + 0\,\mathbf{a}_h = \mathbf{o},$$

woraus hervorgeht, daß der Nullvektor in nichttrivialer Weise durch die Vektoren $\mathbf{a}_1, \mathbf{a}_2, \ldots, \mathbf{a}_h$ dargestellt werden kann.

Satz 20.4 *Es seien* $\mathbf{a}_1, \mathbf{a}_2, \ldots \mathbf{a}_k, \ldots \mathbf{a}_h$ *beliebige Vektoren. Sind die Vektoren* $\mathbf{a}_1, \mathbf{a}_2, \ldots, \mathbf{a}_h$ *linear unabhängig, so sind auch die Vektoren* $\mathbf{a}_1, \mathbf{a}_2, \ldots, \mathbf{a}_k$ *linear unabhängig. Mit anderen Worten, jede Untermenge eines Systems linear unabhängiger Vektoren ist linear unabhängig.*

Der Beweis ergibt sich unmittelbar aus Satz 20.3: Wären die Vektoren $\mathbf{a}_1, \mathbf{a}_2, \ldots \mathbf{a}_k$ linear abhängig, so wären es, im Widerspruch zur Annahme, auch die Vektoren $\mathbf{a}_1, \mathbf{a}_2, \ldots \mathbf{a}_h$.

Es stellt sich wieder die Frage, wie groß die Maximalzahl linear unabhängiger Vektoren des n-dimensionalen Raumes ist. Das System der *Maßvektoren*

$$(1,0,0,\ldots,0), \quad (0,1,0,\ldots,0), \quad \ldots, \quad (0,0,0,\ldots,1),$$

die wir der Reihe nach mit $\mathbf{e}_1, \mathbf{e}_2, \ldots, \mathbf{e}_n$ bezeichnen, ist sicher linear unabhängig: die Linearkombination $\lambda_1\mathbf{e}_1 + \lambda_2\mathbf{e}_2 + \ldots + \lambda_n\mathbf{e}_n$ ergibt den Vektor $(\lambda_1, \lambda_2, \ldots, \lambda_n)$, der ungleich dem Nullvektor ist, wenn eine der Zahlen λ_i von Null verschieden ist. Damit ist der Nachweis erbracht, daß es im n-dimensionalen Raum zumindest n linear unabhängige Vektoren gibt. Der folgende Satz, dessen Beweis wir später nachholen werden, bringt zum Ausdruck, daß n auch die Maximalzahl linear unabhängiger Vektoren des n-dimensionalen Raumes ist.

Satz 20.5 *Je* n + 1 *Vektoren des* n*-dimensionalen Raumes sind linear abhängig.*

Eine unmittelbare Folgerung aus diesem Satz ist

Satz 20.6 *Ist* $\mathbf{a}_1, \mathbf{a}_2, \ldots, \mathbf{a}_n$ *ein System von* n *linear unabhängigen Vektoren des* n*-dimensionalen Raumes, so läßt sich jeder Vektor* $\mathbf{a}$ *in eindeutiger Weise als Linearkombination dieser Vektoren darstellen,*

$$\mathbf{a} = \lambda_1\mathbf{a}_1 + \lambda_2\mathbf{a}_2 + \ldots + \lambda_n\mathbf{a}_n.$$

Den Nachweis, daß eine solche Darstellung eindeutig sein muß, erbringt man durch eine indirekte Beweisführung, analog der Situation im dreidimensionalen Raum. Daß ein beliebiger Vektor $\mathbf{a}$ immer als Linearkombination von n linear unabhängigen Vektoren $\mathbf{a}_1, \mathbf{a}_2, \ldots, \mathbf{a}_n$ dargestellt werden kann, sieht man folgendermaßen. Da die n + 1 Vektoren $\mathbf{a}, \mathbf{a}_1, \ldots, \mathbf{a}_n$ nach Satz 20.5 linear abhängig sein müssen, gibt es Zahlen $\lambda, \lambda_1, \ldots, \lambda_n$, die nicht alle gleich Null sind, so daß gilt

$$\lambda\mathbf{a} + \lambda_1\mathbf{a}_1 + \lambda_2\mathbf{a}_2 + \ldots + \lambda_n\mathbf{a}_n = \mathbf{o}.$$

Wäre jetzt $\lambda = 0$, so müßten die Vektoren $\mathbf{a}_1, \mathbf{a}_2, \ldots, \mathbf{a}_n$ linear abhängig sein. Also ist $\lambda \neq 0$ und folglich

$$\mathbf{a} = -\frac{\lambda_1}{\lambda}\mathbf{a}_1 - \frac{\lambda_2}{\lambda}\mathbf{a}_2 - \ldots - \frac{\lambda_n}{\lambda}\mathbf{a}_n.$$

Wir erwähnen der Vollständigkeit halber, daß ein beliebiger Vektor $\mathbf{a}$ mit den Koordinaten a_i, wenn das System der Maßvektoren verwendet wird, die Darstellung

$$\mathbf{a} = a_1\mathbf{e}_1 + a_2\mathbf{e}_2 + \ldots + a_n\mathbf{e}_n$$

besitzt.

Da es möglich ist, mit Hilfe eines Systems von n linear unabhängigen Vektoren jeden beliebigen Vektor als Linearkombination dieser Vektoren in eindeutiger Weise darzustellen, nennt man ein System von n linear unabhängigen Vektoren des n-dimensionalen Raumes ein n-*Bein* oder eine *Basis* des n-dimensionalen Raumes. Eine besonders einfache Basis ist das System der Maßvektoren, da die Koeffizienten der Darstellung eines Vektors durch die Vektoren dieses Systems die Koordinaten des Vektors sind.

20.2 Lineare Mannigfaltigkeiten

Der folgende Begriff wird uns später beim Studium der Lösungsverhältnisse linearer Gleichungssysteme nützlich sein.

Definition 20.1 Unter einer *linearen Mannigfaltigkeit* des n-dimensionalen Raumes versteht man eine nicht leere Menge L von Vektoren mit folgenden Eigenschaften:

1. Sind **a** und **b** Vektoren aus L, so ist auch die Summe $\mathbf{a} + \mathbf{b}$ ein Vektor aus L.

2. Ist **a** ein Vektor aus L und λ eine beliebige reelle Zahl, so ist auch das Produkt $\lambda\mathbf{a}$ ein Vektor aus L.

Eine lineare Mannigfaltigkeit ist also eine Menge von Vektoren des n-dimensionalen Raumes mit der besonderen Eigenschaft, daß die Addition und die Multiplikation mit einer reellen Zahl nicht aus dieser Menge hinausführt, das heißt, die Summe zweier Vektoren sowie das Produkt eines Vektors mit einer beliebigen reellen Zahl ist stets wieder ein Vektor dieser Menge. Man kann beide Bedingungen zu einer einzigen zusammenfassen, indem man fordert, daß mit **a** und **b** auch der Vektor $\lambda\mathbf{a} + \mu\mathbf{b}$ für beliebige reelle Zahlen λ und μ ein Vektor aus L ist.

Wir bemerken, daß der Nullvektor **o** in jeder linearen Mannigfaltigkeit enthalten ist, ferner gehört mit dem Vektor **a** auch der Vektor $-\mathbf{a}$ einer linearen Mannigfaltigkeit an. Dies geht aus der zweiten Bedingung für $\lambda = 0$ und $\lambda = -1$ hervor.

Wir wollen uns den Begriff der linearen Mannigfaltigkeit im dreidimensionalen Raum geometrisch veranschaulichen.

Beispiel 20.1: Die Menge aller derjenigen Vektoren, die orthogonal zu einem gegebenen Vektor **n** sind, bilden eine lineare Mannigfaltigkeit. Sind nämlich **a** und **b** zwei zu **n** orthogonale Vektoren, so folgt

$$\mathbf{n} \cdot (\mathbf{a} + \mathbf{b}) = \mathbf{n} \cdot \mathbf{a} + \mathbf{n} \cdot \mathbf{b} = 0,$$

also ist auch die Summe $\mathbf{a} + \mathbf{b}$ orthogonal zum Vektor **n**. Ist ferner **a** orthogonal zu **n** und λ eine beliebige reelle Zahl, so ist

$$\mathbf{n} \cdot (\lambda\mathbf{a}) = \lambda(\mathbf{n} \cdot \mathbf{a}) = 0,$$

das heißt, der Vektor $\lambda\mathbf{a}$ ist orthogonal zum Vektor **n**.

Durch den Vektor **n** wird eine Ebenenstellung bestimmt. Die Mannigfaltigkeit der zum Vektor **n** orthogonalen Vektoren besteht demnach aus jenen Vektoren, die parallel zur Ebene $\mathbf{n} \cdot \mathbf{x} = 0$ sind. Wird diese Ebene von den beiden (linear unabhängigen) Vektoren **a** und **b** aufgespannt und ist **c** ein beliebiger Vektor dieser linearen Mannigfaltigkeit, so läßt er sich auf eindeutige Weise als Linearkombination der Vektoren **a** und **b** darstellen,

$$\mathbf{c} = \lambda\mathbf{a} + \mu\mathbf{b}.$$

Beispiel 20.2: Auch die Menge aller Vektoren, die zu einer gegebenen Richtung **n** parallel sind, ist eine lineare Mannigfaltigkeit. Sind die Vektoren **a** und **b** parallel zu **n**, das heißt ist $\mathbf{n} \times \mathbf{a} = \mathbf{o}$ und $\mathbf{n} \times \mathbf{b} = \mathbf{o}$, so ist auch

$$\mathbf{n} \times (\mathbf{a} + \mathbf{b}) = \mathbf{n} \times \mathbf{a} + \mathbf{n} \times \mathbf{b} = \mathbf{o} + \mathbf{o} = \mathbf{o};$$

ferner folgt aus $\mathbf{x} \times \mathbf{a} = \mathbf{o}$ für jede beliebige reelle Zahl λ

$$\mathbf{n} \times (\lambda\mathbf{a}) = \lambda(\mathbf{n} \times \mathbf{a}) = \mathbf{o}.$$

Diese lineare Mannigfaltigkeit besteht aus allen Vektoren, die parallel zu der Geraden $\mathbf{n} \times \mathbf{x} = \mathbf{o}$ sind. Ist $\mathbf{c}$ ein beliebiger Vektor aus dieser linearen Mannigfaltigkeit, so ist er kollinear zu $\mathbf{n}$, das heißt, es gilt

$$\mathbf{c} = \lambda \mathbf{n}$$

mit einer eindeutig bestimmten Zahl λ.

Eine lineare Mannigfaltigkeit von Vektoren des n-dimensionalen Raumes kann natürlich nicht mehr als n linear unabhängige Vektoren enthalten. Besteht eine lineare Mannigfaltigkeit L nicht nur aus dem Nullvektor, so enthält L mindestens einen linear unabhängigen Vektor; die Maximalzahl l linear unabhängiger Vektoren, die in L enthalten sind, wird die *Dimension* der linearen Mannigfaltigkeit L genannt. Ein System $\mathbf{a}_1, \mathbf{a}_2, \ldots, \mathbf{a}_l$ von l linear unabhängigen Vektoren heißt eine *Basis der linearen Mannigfaltigkeit L*. Jeder Vektor der linearen Mannigfaltigkeit L läßt sich in eindeutiger Weise als Linearkombination von Basisvektoren darstellen.

Besteht eine lineare Mannigfaltigkeit nur aus dem Nullvektor, so ordnet man ihr die Dimension $l = 0$ zu. Der ganze n-dimensionale Raum ist offenbar auch eine lineare Mannigfaltigkeit, ihre Dimension ist $l = n$. Diese linearen Mannigfaltigkeiten, nämlich jene, die nur den Nullvektor enthält, sowie die lineare Mannigfaltigkeit, die aus allen Vektoren des n-dimensionalen Raumes besteht, nennt man auch *triviale* Mannigfaltigkeiten.

Beispiel 20.3: Die lineare Mannigfaltigkeit von Beispiel 20.1 hat die Dimension $l = 2$; zwei zum Vektor $\mathbf{n}$ orthogonale und linear unabhängige Vektoren $\mathbf{a}$ und $\mathbf{b}$ bilden eine Basis dieser Mannigfaltigkeit.

Die lineare Mannigfaltigkeit von Beispiel 20.2 hat die Dimension $l = 1$; jeder zum Vektor $\mathbf{n}$ kollineare Vektor bildet eine Basis.

20.3 Lineare Transformationen

Wir betrachten ein System von Gleichungen

$$\begin{aligned} y_1 &= A_{11}x_1 + A_{12}x_2 + \ldots + A_{1n}x_n + b_1, \\ y_2 &= A_{21}x_1 + A_{22}x_2 + \ldots + A_{2n}x_n + b_2, \\ &\ldots\ldots\ldots\ldots\ldots\ldots\ldots\ldots \\ y_m &= A_{m1}x_1 + A_{m2}x_2 + \ldots + A_{mn}x_n + b_m, \end{aligned} \tag{20.1}$$

für das wir auch kurz

$$y_i = \sum_{j=1}^{n} A_{ij}x_j + b_i, \quad i = 1, 2, \ldots, m,$$

schreiben. Wir wollen uns mit den verschiedenen Deutungsmöglichkeiten eines solchen Gleichungssystems auseinandersetzen.

Punkttransformationen. Durch (20.1) wird jedem n-tupel $(x_1, x_2, \ldots, x_n)$ ein m-tupel $(y_1, y_2, \ldots, y_m)$ eindeutig zugeordnet. Sehen wir die Zahlen x_i als Koordinaten eines Punktes in einem n-dimensionalen Raum, die Zahlen y_j als Koordinaten eines Punktes in einem m-dimensionalen Raum an, so erhalten wir die Deutung als *Punktabbildung* oder *Punkttransformation:* Durch (20.1) wird jedem Punkt $\mathbf{x}$ eines n-dimensionalen Raumes ein Punkt $\mathbf{y}$ eines m-dimensionalen Raumes eindeutig zugeordnet.

Im Fall m = n kann (20.1) als Abbildung aufgefaßt werden, vermöge der jedem Punkt eines n-dimensionalen Raumes ein Punkt eines anderen n-dimensionalen Raumes zugeordnet wird, oder als Vorschrift, die jedem Punkt $\mathbf{x}$ eines n-dimensionalen Raumes einen Punkt $\mathbf{y}$ desselben n-dimensionalen Raumes zuordnet.

Es seien $\mathbf{x}$ und $\mathbf{x}'$ zwei Punkte, die durch (20.1) auf die Punkte $\mathbf{y}$ und $\mathbf{y}'$ abgebildet werden. Dem Vektor $\mathbf{a} = \mathbf{x}' - \mathbf{x}$ entspricht daher bei der Transformation (20.1) der Vektor $\mathbf{a}' = \mathbf{y}' - \mathbf{y}$; zwischen den Koordinaten von $\mathbf{a}$ und $\mathbf{a}'$ besteht der Zusammenhang

$$a_i' = \sum_{j=1}^{n} A_{ij} a_j, \quad i = 1, 2, \ldots, m. \tag{20.2}$$

Diese Transformationsvorschrift hat die folgenden Eigenschaften:

1. *Geht bei der Transformation* (20.1) *der Vektor* $\mathbf{a}_1$ *in den Vektor* $\mathbf{a}_1'$, *der Vektor* $\mathbf{a}_2$ *in den Vektor* $\mathbf{a}_2'$ *über, so geht der Summenvektor* $\mathbf{a}_1 + \mathbf{a}_2$ *in die Summe* $\mathbf{a}_1' + \mathbf{a}_2'$ *der Bildvektoren über.*

2. *Geht bei der Transformation* (20.1) *der Vektor* $\mathbf{a}$ *in den Vektor* $\mathbf{a}'$ *über und ist* λ *eine beliebige reelle Zahl, so geht der Vektor* $\lambda\mathbf{a}$ *in den Vektor* $\lambda\mathbf{a}'$ *über.*

Diese beiden Eigenschaften, die man auch in der Form

$$\text{Für} \quad \mathbf{a}_1 \to \mathbf{a}_1' \quad \text{und} \quad \mathbf{a}_2 \to \mathbf{a}_2' \quad \text{folgt} \quad \lambda\mathbf{a}_1 + \mu\mathbf{a}_2 \to \lambda\mathbf{a}_1' + \mu\mathbf{a}_2'$$

zusammenfassen kann, wird *Linearität* genannt; im besonderen heißt die Eigenschaft (1) die *Additivität*, die Eigenschaft (2) die *Homogenität* der Transformation. Linear ist also ein Synonym für *additiv* und *homogen.*

Man nennt aus diesem Grund (20.1) eine *lineare Transformation.*

Koordinatentransformationen. Zu einer völlig anderen Deutung von (20.1) im Falle n = m gelangt man, wenn man die Zahlen x_i und y_i als Koordinaten ein und desselben Punktes eines n-dimensionalen Raumes, bezogen auf zwei verschiedene Koordinatensysteme ansieht. In dieser Auslegung von (20.1) spricht man von einer *Koordinatentransformation.*

Wir wollen uns die Deutung von (20.1) als Koordinatentransformation im zweidimensionalen Raum veranschaulichen und betrachten hierfür das System

$$\begin{aligned} y_1 &= A_{11}x_1 + A_{12}x_2 + b_1, \\ y_2 &= A_{21}x_1 + A_{22}x_2 + b_2. \end{aligned} \tag{20.3}$$

Führen wir die Vektoren $\mathbf{a}_1$ und $\mathbf{a}_2$, deren Koordinaten die Zahlen A_{11}, A_{21} und A_{12}, A_{22} in den Spalten des Koeffizientenschemas sind, ein, so können wir (20.3) in der Form

$$\mathbf{y} = \mathbf{a}_1 x_1 + \mathbf{a}_2 x_2 + \mathbf{b} \tag{20.4}$$

schreiben. Jetzt nehmen wir an, daß die beiden Vektoren $\mathbf{a}_1$ und $\mathbf{a}_2$ linear unabhängig sind. Sie bilden dann ein Zweibein, man sagt, die Vektoren $\mathbf{a}_1$ und $\mathbf{a}_2$ spannen ein *affines Koordinatensystem* auf. Die Koordinatenachsen haben die Richtung der Vektoren $\mathbf{a}_1$ und $\mathbf{a}_2$, es ist $\mathbf{b}$ der Ortsvektor zum Ursprung des affinen Koordinatensystems. Die Zahlen x_1 und x_2 heißen die *affinen Koordinaten* des Punktes P, dessen kartesische Koordinaten durch y_1 und y_2 gegeben sind (Bild 20.1).

Man nennt deshalb (20.1) für n = m auch eine *affine Transformation.*

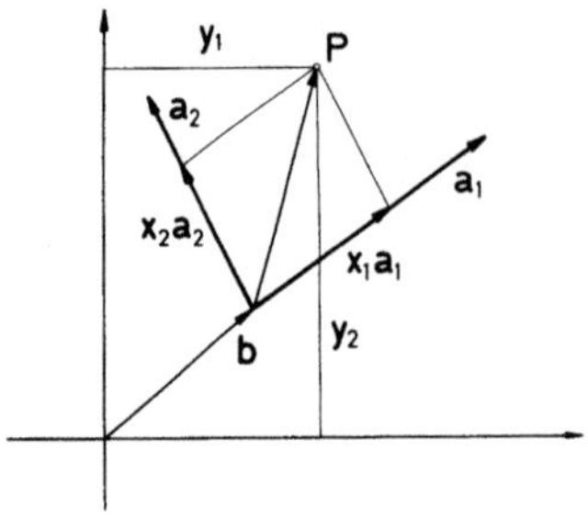

Bild 20.1

Wir wollen uns jetzt mit linearen Transformationen näher befassen. Vor allem gilt unser Interesse den Zusammensetzungen und der Frage nach der Umkehrbarkeit der Zuordnung, die sich in der Auslegung als Koordinatentransformation von selbst stellt.

20.4 Matrizen

Die Eigenschaften linearer Transformationen sind allein durch die Koeffizienten A_{ij} der Gleichungen (20.1) bestimmt. Wir ordnen diese Koeffizienten nun in der Form an, wie sie in den Gleichungen (20.1) aufscheinen,

$$\begin{pmatrix} A_{11} & A_{12} & \dots & A_{1n} \\ A_{21} & A_{22} & \dots & A_{2n} \\ \dots & \dots & \dots & \dots \\ A_{m1} & A_{m2} & \dots & A_{mn} \end{pmatrix},$$

und nennen jedes solche Schema von m × n Zahlen eine *Matrix* von m Zeilen und n Spalten. Die Zahlen A_{ij} heißen die *Elemente* der Matrix. Mit dem ersten Index werden die Zeilen numeriert, mit dem zweiten die Spalten, das heißt, es ist A_{ij} das Element in der i-ten Zeile und j-ten Spalten. Wir vereinbaren schließlich, mit Großbuchstaben **A**, **B**, **C**,... in Fettdruck Matrizen zu bezeichnen, deren Elemente dann automatisch die entsprechenden Großbuchstaben A_{ij}, B_{ij}, C_{ij}, ... in Normaldruck seien. Sofern es nicht aus dem Zusammenhang hervorgeht, werden wir die Spalten- und Zeilenzahl jedesmal angeben, indem wir von einer m × n-Matrix sprechen.

Hat eine Matrix gleiche Zeilen- und Spaltenzahl n, so spricht man von einer *quadratischen* (n-reihigen) Matrix.

Es sei nun $(x_1, x_2, \dots, x_n)$ ein n-tupel von Zahlen, entweder das Koordinaten-n-tupel eines Ortsvektors oder eines Vektors im eigentlichen Sinn. Wir schreiben für dieses n-tupel symbolisch **x** und erklären das Produkt einer m × n-Matrix **A** mit dem Zahlen-n-tupel **x**,

$$\mathbf{y} = \mathbf{A} \cdot \mathbf{x},$$

dessen Ergebnis **y** ein Zahlen-m-tupel $(y_1, y_2, \dots, y_m)$ ist mit

$$y_i = \sum_{j=1}^{n} A_{ij} x_j, \quad i = 1, 2, \dots, m.$$

Die Zahlen y_i sind, je nachdem, ob **x** ein Ortsvektor oder ein Vektor ist, die Koordinaten eines Ortsvektors oder eines Vektors.

Die Multiplikation einer Matrix **A** mit einem Zahlen-n-tupel **x** hat die Linearitätseigenschaft, denn offenbar ist

$$\mathbf{A}\cdot(\mathbf{x}_1+\mathbf{x}_2)=\mathbf{A}\cdot\mathbf{x}_1+\mathbf{A}\cdot\mathbf{x}_2 \tag{20.5}$$

und

$$\mathbf{A}\cdot(\lambda\mathbf{x})=\lambda(\mathbf{A}\cdot\mathbf{x}) \tag{20.6}$$

für jede beliebige reelle Zahl λ.

Mit dieser Symbolik läßt sich die lineare Transformation (20.1) in der Kurzform

$$\mathbf{y}=\mathbf{A}\cdot\mathbf{x}+\mathbf{b}$$

anschreiben; die Matrix **A** heißt *Koeffizientenmatrix* der Transformation. Deutet man (20.1) als Punktabbildung, so ist die Spaltenzahl von **A** gleich der Dimension des Urbildraumes, die Zeilenzahl von **A** gleich der Dimension des Bildraumes. In der Auslegung als Koordinatentransformation ist **A** stets eine quadratische Matrix.

Wir betrachten jetzt zwei lineare Transformationen

$$\mathbf{x}'=\mathbf{A}\cdot\mathbf{x},\quad \mathbf{x}''=\mathbf{B}\cdot\mathbf{x}\,,$$

durch die jedem Vektor **x** eines n-dimensionalen Raumes ein Vektor $\mathbf{x}'$ beziehungsweise $\mathbf{x}''$ eines m-dimensionalen Raumes zugeordnet wird; die Koeffizientenmatrizen **A** und **B** haben deshalb die gleiche Zeilenzahl m und die gleiche Spaltenzahl n. Ebenso wie wir Funktionen addieren, konstruieren wir nun jene lineare Transformation, die dem Vektor **x** die Summe $\mathbf{y}=\mathbf{x}'+\mathbf{x}''$ zuordnet,

$$\mathbf{y}=\mathbf{x}'+\mathbf{x}''=\mathbf{A}\cdot\mathbf{x}+\mathbf{B}\cdot\mathbf{x}=\mathbf{C}\cdot\mathbf{x}\,,$$

worin die Elemente der Matrix **C** durch die Gleichungen

$$C_{ij}=A_{ij}+B_{ij},\quad i=1,2,\dots,m,\ j=1,2,\dots,n, \tag{20.7}$$

gegeben sind. Wir nehmen dies zum Anlaß, die Matrix **C** die *Summe der Matrizen* **A** *und* **B** zu nennen, wofür wir symbolisch

$$\mathbf{C}=\mathbf{A}+\mathbf{B}$$

schreiben. Die Addition von Matrizen ist *elementweise* durchzuführen,

$$\begin{pmatrix} A_{11} & A_{12} & \dots & A_{1n}\\ A_{21} & A_{22} & \dots & A_{2n}\\ \dots & \dots & \dots & \dots\\ A_{m1} & A_{m2} & \dots & A_{mn}\end{pmatrix}+\begin{pmatrix} B_{11} & B_{12} & \dots & B_{1n}\\ B_{21} & B_{22} & \dots & B_{2n}\\ \dots & \dots & \dots & \dots\\ B_{m1} & B_{m2} & \dots & B_{mn}\end{pmatrix}$$

$$=\begin{pmatrix} A_{11}+B_{11} & A_{12}+B_{12} & \dots & A_{1n}+B_{1n}\\ A_{21}+B_{21} & A_{22}+B_{22} & \dots & A_{2n}+B_{2n}\\ \dots & \dots & \dots & \dots\\ A_{m1}+B_{m1} & A_{m2}+B_{m2} & \dots & A_{mn}+B_{mn}\end{pmatrix}.$$

Es sei mit Nachdruck darauf hingewiesen, daß nur Matrizen gleicher Zeilen- und Spaltenzahl addiert werden können!

Wir bemerken, daß die Matrizenaddition kommutativ,

$$\mathbf{A} + \mathbf{B} = \mathbf{B} + \mathbf{A},$$

und assoziativ ist,

$$\mathbf{A} + (\mathbf{B} + \mathbf{C}) = (\mathbf{A} + \mathbf{B}) + \mathbf{C}.$$

Jene lineare Transformation, die jedem Punkt $\mathbf{x}$ eines n-dimensionalen Raumes den Koordinatenursprung $\mathbf{o}$ eines m-dimensionalen Raumes zuordnet, heißt *Null-Transformation*. Die Elemente der Koeffizientenmatrix dieser Transformation müssen offenbar sämtlich gleich Null sein. Die Matrix

$$\mathbf{0} = \begin{pmatrix} 0 & 0 & \dots & 0 \\ 0 & 0 & \dots & 0 \\ \dots & \dots & \dots & \dots \\ 0 & 0 & \dots & 0 \end{pmatrix}$$

mit m Zeilen und n Spalten heißt m × n-*Nullmatrix* $\mathbf{0}$. Es gilt für jede beliebige m × n-Matrix

$$\mathbf{A} + \mathbf{0} = \mathbf{A}.$$

Die lineare Transformation, die jeden Punkt $\mathbf{x}$ des n-dimensionalen Raumes in sich überführt, heißt *identische Transformation*. Da es sich dabei um eine Abbildung eines n-dimensionalen Raumes auf sich handelt, muß die Koeffizientenmatrix quadratisch sein; offenbar hat sie die Gestalt

$$\mathbf{E} = \begin{pmatrix} 1 & 0 & \dots & 0 \\ 0 & 1 & \dots & 0 \\ \dots & \dots & \dots & \dots \\ 0 & 0 & \dots & 1 \end{pmatrix}.$$

Diese Matrix wird die (n-reihige) *Einheitsmatrix* genannt.

Als nächstes betrachten wir die Hintereinanderausführung zweier linearer Transformationen. Es sei $\mathbf{A}$ eine m × p-Matrix und

$$\mathbf{y} = \mathbf{A} \cdot \mathbf{z} + \mathbf{a} \tag{20.8}$$

eine Abbildung eines p-dimensionalen Raumes auf einen m-dimensionalen Raum, ferner sei $\mathbf{B}$ eine p × n-Matrix und

$$\mathbf{z} = \mathbf{B} \cdot \mathbf{x} + \mathbf{b} \tag{20.9}$$

eine Abbildung eines n-dimensionalen Raumes auf den p-dimensionalen Raum. Setzt man beide Transformationen zusammen, so ergibt sich eine Abbildung des n-dimensionalen Raumes auf den m-dimensionalen Raum, indem durch (20.9) dem Punkt $\mathbf{x}$ zunächst der Punkt $\mathbf{z}$ des p-dimensionalen Raumes zugeordnet wird, diesem durch (20.8) der Punkt $\mathbf{y}$ des m-dimensionalen Raumes. Der Punkt $\mathbf{y}$ ist also das Bild des Punktes $\mathbf{x}$ bei einer Transformation, die durch Zusammensetzung der Abbildungen (20.9) und (20.8) konstruiert werden kann. Um das Bildungsgesetz dieser Abbildung zu erhalten, gehen wir mit

$$z_k = \sum_{j=1}^{n} B_{kj} x_j + b_k, \quad k = 1, 2, \dots, p,$$

in die Gleichungen

$$y_i = \sum_{k=1}^{p} A_{ik} z_k + a_i, \quad i = 1, 2, \ldots, m.$$

Dadurch erhalten wir

$$y_i = \sum_{k=1}^{p} A_{ik}\left(\sum_{j=1}^{n} B_{kj} x_j + b_k\right) + a_i = \sum_{j=1}^{n} \sum_{k=1}^{p} A_{ik} B_{kj} x_j + \sum_{k=1}^{n} A_{ik} b_k + a_i$$

$$= \sum_{j=1}^{n} C_{ij} x_j + c_i, \quad i = 1, 2, \ldots, m,$$

worin für

$$c_i = \sum_{k=1}^{n} A_{ik} b_k + a_i, \quad i = 1, 2, \ldots, m,$$

gesetzt wurde, für

$$C_{ij} = \sum_{k=1}^{p} A_{ik} B_{kj}, \quad i = 1, 2, \ldots, m, j = 1, 2, \ldots, n. \tag{20.10}$$

Dieses Ergebnis lehrt uns, daß die Hintereinanderausführung zweier linearer Transformationen wieder eine lineare Transformation ist. Die Matrix **C** mit den Elementen (20.10) heißt das *Produkt der Matrizen* **A** *und* **B**, symbolisch

$$\mathbf{C} = \mathbf{A} \cdot \mathbf{B}.$$

Bei der Matrizenmultiplikation ist folgendes zu beachten. Da sie aus der Hintereinanderausführung zweier linearer Transformationen hervorgeht,

$$\mathbf{y} = \mathbf{A} \cdot (\mathbf{B} \cdot \mathbf{x} + \mathbf{b}) + \mathbf{a} = (\mathbf{A} \cdot \mathbf{B}) \cdot \mathbf{x} + \mathbf{A} \cdot \mathbf{b} + \mathbf{a} = \mathbf{C} \cdot \mathbf{x} + \mathbf{c},$$

ist das Ergebnis von der Reihenfolge abhängig. Damit die beiden Transformationen (20.8) und (20.9) überhaupt zusammengesetzt werden können, muß die Spaltenzahl von **A**, die ja gleich der Dimension des Urbildraumes von (20.8) ist, mit der Zeilenzahl von **B**, die gleich der Dimension des Bildraumes von (20.9) ist, übereinstimmen: *das Matrizenprodukt* **A** · **B** *kann daher nur dann gebildet werden, wenn die Spaltenzahl des „linken" Faktors* **A** *mit der Zeilenzahl des „rechten" Faktors* **B** *identisch ist.* Sind beide Matrizen quadratisch, bei gleicher Zeilen- und Spaltenzahl, so können beide Produkte **A** · **B** und **B** · **A** gebildet werden, doch ist im allgemeinen

$$\mathbf{A} \cdot \mathbf{B} \neq \mathbf{B} \cdot \mathbf{A},$$

denn ebenso wie das Ergebnis der Zusammensetzung von Abbildungen davon abhängt, in welcher Reihenfolge zwei Abbildungen zusammengesetzt werden, ist das Produkt zweier Matrizen von der Reihenfolge der Faktoren abhängig.

Die Matrizenmultiplikation ist daher *nicht* kommutativ!

Wohl aber ist die Matrizenmultiplikation assoziativ,

$$\mathbf{A}\cdot(\mathbf{B}\cdot\mathbf{C})=(\mathbf{A}\cdot\mathbf{B})\cdot\mathbf{C},$$

denn die Zusammensetzung von Abbildungen gehorcht dem assoziativen Gesetz.

Beispiel 20.4:

$$\begin{pmatrix}1&2&3\\4&5&6\end{pmatrix}\cdot\begin{pmatrix}0&1&4&7\\2&-1&8&0\\3&5&-7&6\end{pmatrix}=\begin{pmatrix}13&14&-1&25\\28&29&14&64\end{pmatrix}.$$

Beispiel 20.5:

$$\begin{pmatrix}1&3\\2&1\end{pmatrix}\cdot\begin{pmatrix}4&6\\5&-1\end{pmatrix}=\begin{pmatrix}19&3\\13&11\end{pmatrix},\quad \begin{pmatrix}4&6\\5&-1\end{pmatrix}\cdot\begin{pmatrix}1&3\\2&1\end{pmatrix}=\begin{pmatrix}16&18\\3&14\end{pmatrix}.$$

In der Vektorrechnung im dreidimensionalen Raum sind uns schon mehrfach Produktbildungen begegnet, für die die Kürzungsregel nicht gilt, weil aus dem Verschwinden des Produktes nicht auf das Verschwinden eines der Faktoren geschlossen werden kann. Dieser Sachverhalt trifft auch für die Matrizenmultiplikation zu, wie das folgende Beispiel zeigt.

Beispiel 20.6: Es gilt

$$\begin{pmatrix}a&0\\b&0\end{pmatrix}\cdot\begin{pmatrix}0&0\\c&d\end{pmatrix}=\begin{pmatrix}0&0\\0&0\end{pmatrix},$$

hingegen ist

$$\begin{pmatrix}0&0\\c&d\end{pmatrix}\cdot\begin{pmatrix}a&0\\b&0\end{pmatrix}=\begin{pmatrix}0&0\\ac+bd&0\end{pmatrix}.$$

Es ist also sehr wohl möglich, daß $\mathbf{A}\cdot\mathbf{B}=\mathbf{0}$ ist, ohne daß einer der Faktoren gleich der Nullmatrix ist; wie dieses Beispiel auch zeigt, kann $\mathbf{A}\cdot\mathbf{B}=\mathbf{0}$ sein, während $\mathbf{B}\cdot\mathbf{A}\neq\mathbf{0}$ ist. Es gibt sogar Matrizen, die von der Nullmatrix verschieden sind, deren Quadrat aber gleich der Nullmatrix ist,

$$\begin{pmatrix}0&1\\0&0\end{pmatrix}\cdot\begin{pmatrix}0&1\\0&0\end{pmatrix}=\begin{pmatrix}0&0\\0&0\end{pmatrix}.$$

Eine Matrix, deren Spaltenzahl gleich 1 ist, bezeichnet man als *Spalte*. Da eine Spalte umkehrbar eindeutig einem Vektor oder einem Ortsvektor zugeordnet werden kann, nennt man eine Matrix mit einer Spalte auch einen *Spaltenvektor*. Wir weisen darauf hin, daß die Multiplikation einer Matrix **A** mit einem n-tupel **x**, wie wir sie zu Beginn dieses Abschnittes eingeführt haben, dem Produkt $\mathbf{A}\cdot\mathbf{x}$ einer Matrix **A** mit einem Spaltenvektor **x** entspricht; das Ergebnis ist ein Spaltenvektor, dessen Zeilenzahl gleich der Zeilenzahl der Matrix **A** ist. Eine Matrix mit einer Zeile wird eine *Zeile* oder *Zeilenvektor* genannt, da sich eine solche, wie auch eine einspaltige Matrix, umkehrbar eindeutig einem Vektor oder Ortsvektor zuordnen läßt. Das Produkt einer Matrix mit einem Zeilenvektor ist nur in der Reihenfolge „Zeile mal Matrix" möglich, wenn die Matrix mehr als eine Spalte hat,

$$\begin{pmatrix}x_1 & x_2 & \dots & x_m\end{pmatrix}\cdot\begin{pmatrix}A_{11}&A_{12}&\dots&A_{1n}\\A_{21}&A_{22}&\dots&A_{2n}\\\dots&\dots&\dots&\dots\\A_{m1}&A_{m2}&\dots&A_{mn}\end{pmatrix}=\left(\sum_{i=1}^{m}A_{i1}x_i\ \dots\dots\ \sum_{i=1}^{m}A_{in}x_i\right),$$

das Ergebnis ist wieder ein Zeilenvektor, dessen Spaltenzahl gleich der Spaltenzahl der Matrix **A** ist.

Ein spezielles Produkt ist „*Zeile mal Spalte*",

$$\begin{pmatrix} a_1 & a_2 & \dots & a_n \end{pmatrix} \cdot \begin{pmatrix} b_1 \\ b_2 \\ \vdots \\ b_n \end{pmatrix} = a_1 b_1 + a_2 b_2 + \dots + a_n b_n,$$

das Ergebnis ist eine 1 × 1-Matrix und somit eine reelle Zahl; hingegen ist das Produkt „*Spalte mal Zeile*" eine Matrix

$$\begin{pmatrix} b_1 \\ b_2 \\ \vdots \\ b_n \end{pmatrix} \cdot \begin{pmatrix} a_1 & a_2 & \dots & a_m \end{pmatrix} = \begin{pmatrix} b_1 a_1 & b_1 a_2 & \dots & b_1 a_m \\ b_2 a_1 & b_2 a_2 & \dots & b_2 a_m \\ \dots & \dots & \dots & \dots \\ b_n a_1 & b_n a_2 & \dots & b_n a_m \end{pmatrix},$$

deren Zeilenzahl gleich der Zeilenzahl der Spalte und deren Spaltenzahl gleich der Spaltenzahl der Zeile ist.

Es sei noch darauf hingewiesen, daß die Matrizenmultiplikation distributiv ist, das heißt es gilt

$$\mathbf{A} \cdot (\mathbf{B} + \mathbf{C}) = \mathbf{A} \cdot \mathbf{B} + \mathbf{A} \cdot \mathbf{C}, \quad (\mathbf{B} + \mathbf{C}) \cdot \mathbf{A} = \mathbf{B} \cdot \mathbf{A} + \mathbf{C} \cdot \mathbf{A},$$

sofern die in diesen Gleichungen auftretenden Summen und Produkte einen Sinn haben.

Wir erklären schließlich noch eine weitere Produktbildung, die Multiplikation einer Matrix mit einer reellen Zahl. Ist **A** eine m × n-Matrix und λ eine reelle Zahl, so nennen wir die m × n-Matrix **B** mit den Elementen

$$B_{ij} = \lambda A_{ij}, \quad i = 1, \dots, m, j = 1, \dots, n, \tag{20.11}$$

das Produkt von **A** *mit der Zahl* λ und schreiben symbolisch

$$\mathbf{B} = \lambda \mathbf{A}.$$

Die Multiplikation einer Matrix mit einer Zahl ist also elementweise durchzuführen,

$$\lambda \begin{pmatrix} A_{11} & A_{12} & \dots & A_{1n} \\ A_{21} & A_{22} & \dots & A_{2n} \\ \dots & \dots & \dots & \dots \\ A_{m1} & A_{m2} & \dots & A_{mn} \end{pmatrix} = \begin{pmatrix} \lambda A_{11} & \lambda A_{12} & \dots & \lambda A_{1n} \\ \lambda A_{21} & \lambda A_{22} & \dots & \lambda A_{2n} \\ \dots & \dots & \dots & \dots \\ \lambda A_{m1} & \lambda A_{m2} & \dots & \lambda A_{mn} \end{pmatrix}.$$

Es gelten die Rechenregeln

$$\mu(\lambda \mathbf{A}) = (\mu\lambda)\,\mathbf{A}, \quad (\lambda + \mu)\,\mathbf{A} = \lambda \mathbf{A} + \mu \mathbf{A}, \quad 1\,\mathbf{A} = \mathbf{A}$$

und

$$\lambda(\mathbf{A} + \mathbf{B}) = \lambda \mathbf{A} + \lambda \mathbf{B}, \quad (\lambda \mathbf{A}) \cdot \mathbf{B} = \lambda(\mathbf{A} \cdot \mathbf{B}) = \mathbf{A} \cdot (\lambda \mathbf{B}),$$

deren Beweis dem Leser überlassen sei.

Wir haben somit drei Rechenoperationen für Matrizen kennengelernt, die Addition und die Multiplikation von Matrizen sowie die Multiplikation einer Matrix mit einer reellen Zahl. Die Summe **A** + **B** zweier Matrizen **A** und **B** ist nur für Matrizen gleicher Zeilen- und Spaltenzahl erklärt. Die Matrizenaddition ist kommutativ und assoziativ. Das Produkt **A** · **B** zweier Matrizen **A** und **B** kann nur gebildet werden, wenn die Spaltenzahl der Matrix **A** mit der Zeilenzahl der Matrix **B** übereinstimmt. Die Multiplikation von Matrizen ist nicht kommutativ, wohl aber genügt sie dem assoziativen und dem distributiven Gesetz. Die dritte Rechenoperation, die wir mit Matrizen ausführen können, die Multiplikation mit einer reellen Zahl, ist keiner Einschränkung unterworfen.

Wir wollen abschließend noch auf einige spezielle Typen quadratischer Matrizen hinweisen, die in den Anwendungen Bedeutung haben.

Unter einer *oberen Dreiecksmatrix* versteht man eine quadratische Matrix, in der alle Elemente unterhalb der Hauptdiagonale, das ist die Diagonale von links oben nach rechts unten, gleich Null sind,

$$\mathbf{R} = \begin{pmatrix} R_{11} & R_{12} & \cdots & R_{1n} \\ & R_{22} & \cdots & R_{2n} \\ \mathcal{O} & & \ddots & \\ & & & R_{nn} \end{pmatrix}.$$

In einer *unteren Dreiecksmatrix* dagegen sind alle Elemente oberhalb der Hauptdiagonale gleich Null,

$$\mathbf{L} = \begin{pmatrix} L_{11} & & & \mathcal{O} \\ L_{21} & L_{22} & & \\ & & \ddots & \\ L_{n1} & L_{n2} & \cdots & L_{nn} \end{pmatrix}.$$

Eine Matrix, die sowohl eine untere als auch eine obere Dreiecksmatrix ist, hat offenbar die Eigenschaft, daß nur die Hauptdiagonalelemente von Null verschieden sein können,

$$\mathbf{D} = \begin{pmatrix} D_1 & & \mathcal{O} \\ & D_2 & \\ & & \ddots & \\ \mathcal{O} & & & D_n \end{pmatrix}.$$

Eine solche Matrix wird eine *Diagonalmatrix* genannt. Eine spezielle Diagonalmatrix ist die Einheitsmatrix **E**: ihre Hauptdiagonalelemente sind sämtlich gleich 1. Ist **E** die Einheitsmatrix mit m Zeilen und Spalten und **A** eine m × n-Matrix, so ist **E** · **A** = **A**; ist **E** die Einheitsmatrix mit n Zeilen und Spalten, so ist **A** · **E** = **A**. Ist **A** quadratisch, so sind beide Produkte sinnvoll, es gilt **A** · **E** = **E** · **A** = **A**.

Wir haben für die lineare Transformation **y** = **A** · **x** + **b** verschiedene Deutungen kennengelernt. In jedem Fall handelt es sich um eine Vorschrift, die einem n-tupel **x** in eindeutiger Weise ein n-tupel **y** zuordnet. Man kann sich nun die Frage stellen, ob diese Zuordnung umkehrbar eindeutig ist. Die Beantwortung dieser Frage wird uns zum Begriff der Inversen einer Matrix führen; um uns damit auseinandersetzen zu können, benötigen wir den Determinantenbegriff.

20.5 Determinanten

Wir haben in Abschnitt 19.6 über die Bestimmung des Inhalts eines Parallelogramms beziehungsweise eines Parallelepipedons den Begriff der Determinante im zwei- und dreidimensionalen Raum kennengelernt. Da wir in Räumen höherer Dimension aus unserer physischen Anschauung her eine Inhaltsmessung nicht kennen, liegt es nahe, den Begriff der zwei- beziehungsweise dreireihigen Determinante zu verallgemeinern, um dadurch zu einer Definition des Inhalts eines von n Vektoren des n-dimensionalen Raumes aufgespannten Parallelepipedons zu gelangen. Bevor wir nun den Determinantenbegriff aus den charakteristischen Eigenschaften der zwei- und dreireihigen Determinanten entwickeln können, benötigen wir einige Kenntnisse über Permutationen.

Gegeben seien n beliebige (unterscheidbare) Dinge, die wir uns der Reihe nach durchnumeriert denken. Unter einer *Permutation* dieser Dinge verstehen wir eine gewisse Aufeinanderfolge, die wir uns durch Vertauschungen aus der natürlichen Reihenfolge, in der sie durchnumeriert sind, entstanden denken. Wir wollen schließlich von diesen Dingen abstrahieren und sie, da sie ja durch die Numerierung den natürlichen Zahlen von 1 bis n umkehrbar eindeutig zugeordnet sind, durch die natürlichen Zahlen 1, 2, ..., n symbolisch repräsentieren.

So sind $\{1, 2\}$ und $\{2, 1\}$ alle Permutationen von zwei Elementen,

$$\{1,2,3\},\quad \{1,3,2\},\quad \{3,1,2\},\quad \{2,1,3\},\quad \{2,3,1\},\quad \{3,2,1\}$$

alle Permutationen von drei Elementen.

Wir stellen zunächst fest, daß die Anzahl aller möglichen Permutationen von n Elementen gleich n! ist. Den Beweis dieser Behauptung führen wir durch vollständige Induktion. Der Induktionsanfang ist $n = 2$ – wie wir festgestellt haben, gibt es $2 = 2!$ Permutationen von 2 Elementen. Die Induktionsannahme lautet, daß es $(n-1)!$ Permutationen von $n-1$ Elementen gibt. Wir greifen eine beliebige Permutation der Elemente $1, 2, \dots, n-1$ heraus, etwa $\{i_1, i_2, \dots, i_{n-1}\}$. Mit Hilfe des neu hinzukommenden Elementes n können wir nun aus dieser Permutation n Permutationen der n Elemente $1, 2, \dots, n-1, n$ bilden, nämlich

$$\{i_1, i_2, \dots, i_{n-1}, n\},\quad \{i_1, i_2, \dots, n, i_{n-1}\},\quad \dots,\quad \{i_1, i_2, n, \dots, i_{n-1}\},$$
$$\{i_1, n, i_2, \dots, i_{n-1}\},\quad \{n, i_1, i_2, \dots, i_{n-1}\},$$

indem wir das neu hinzugekommene Element an alle denkbaren Stellen setzen, wofür es insgesamt n Möglichkeiten gibt (auf diese Weise haben wir oben die Permutationen von drei Elementen aus den Permutationen von zwei Elementen gewonnen). Da wir somit aus jeder der $(n-1)!$ Permutationen von $n-1$ Elementen genau n Permutationen von n Elementen erhalten, ergibt sich als Anzahl der Permutationen von n Elementen $n(n-1)! = n!$.

Jede Permutation können wir uns durch sukzessives Vertauschen von zwei Elementen aus der natürlichen Reihenfolge entstanden denken, so zum Beispiel im Falle $n = 3$

$$\{3, 1, 2\} \leftarrow \{\overset{\frown}{2, 1, 3}\} \leftarrow \{\overset{\frown}{1, 2}, 3\};$$

die Auswahl der Vertauschungen ist aber nicht von der Permutation abhängig, man kann durch andere Vertauschungen zur selben Permutation gelangen,

$$\{3, 1, 2\} \leftarrow \{\overset{\frown}{1, 3}, 2\} \leftarrow \{1, \overset{\frown}{2, 3}\}.$$

Weiter kann die Anzahl der Vertauschungen, die für die Überführung der natürlichen Reihenfolge in eine gewisse Permutation notwendig ist, durchaus verschieden sein, wie aus

$$\{3, 1, 2\} \leftarrow \{3, \widehat{2, 1}\} \leftarrow \{\widehat{2, 3}, 1\} \leftarrow \{\widehat{1, 3, 2}\} \leftarrow \{1, \widehat{2, 3}\}$$

durch Vergleich mit den oben besprochenen Möglichkeiten hervorgeht. Es ist also möglich, eine Permutation aus der natürlichen Reihenfolge durch eine ungleiche Anzahl von Vertauschungen herzustellen. Eines aber haben alle Wege, die zu ein und derselben Permutation führen, gemeinsam: *Die Differenz der Anzahl der Vertauschungen ist immer eine gerade Zahl.* Man überlegt sich dies auf folgende Weise. Wir nehmen an, es sei eine feste Permutation auf zwei verschiedene Arten durch p beziehungsweise q Vertauschungen aus der natürlichen Reihenfolge entstanden. Wir führen dann die natürliche Reihenfolge auf dem ersten Weg durch p Vertauschungen in diese Permutation über und stellen, indem wir den zweiten Weg mit q Vertauschungen in umgekehrter Richtung verfolgen, die natürliche Reihenfolge wieder her; wir haben dabei insgesamt $p + q$ Vertauschungen durchgeführt. Angenommen, es sei nun $p - q$ und somit auch $p + q$ eine ungerade Zahl. Dies würde bedeuten, daß es möglich ist, die natürliche Reihenfolge durch eine ungerade Anzahl von Vertauschungen in sich überzuführen. Daß dies aber nicht zutreffen kann, ist offensichtlich.

Die Tatsache, daß die Differenz der Anzahl von Vertauschungen, die zur selben Permutation führen, immer eine gerade Zahl ist, zeigt, daß eine gewisse Permutation immer nur durch eine gerade oder ungerade Anzahl von Vertauschungen aus der natürlichen Reihenfolge gewonnen werden kann. Wenn daher eine gewisse Permutation durch f Vertauschungen aus der natürlichen Reihenfolge entsteht, so ist die Größe $(-1)^f$ unabhängig davon, wie diese Permutation erzeugt worden ist. Die Mindestanzahl von Vertauschungen, die man benötigt, um eine Permutation aus der natürlichen Reihenfolge herzustellen, wird *Anzahl der Fehlstände* dieser Permutation genannt; eine Permutation heißt insbesondere *gerade*, wenn die Anzahl der Fehlstände eine gerade Zahl ist, andernfalls spricht man von einer *ungeraden* Permutation. Wir verwenden im folgenden das Symbol $f(i_1, i_2, \ldots, i_n)$ für die Anzahl der Fehlstände der Permutation $\{i_1, i_2, \ldots, i_n\}$.

Nach diesen vorbereitenden Betrachtungen über Permutationen können wir nun dazu übergehen, die Determinante als Funktion von n Vektoren des n-dimensionalen Raumes durch Übertragung der charakteristischen Eigenschaften zwei- und dreireihiger Determinanten zu konstruieren. Sind $\mathbf{a}_1, \mathbf{a}_2, \ldots, \mathbf{a}_n$ n beliebige Vektoren des n-dimensionalen Raumes, so bezeichnen wir mit $\mathrm{Det}(\mathbf{a}_1, \mathbf{a}_2, \ldots, \mathbf{a}_n)$ ihre Determinante.

Eine Determinante ändert ihr Vorzeichen, wenn zwei Vektoren in ihrer Argumentliste vertauscht werden (vgl. (19.41)); wir verlangen daher

$$\mathrm{Det}(\ldots, \mathbf{a}, \ldots, \mathbf{b}, \ldots) = -\mathrm{Det}(\ldots, \mathbf{b}, \ldots, \mathbf{a}, \ldots). \tag{20.12}$$

Diese Eigenschaft heißt totale Schiefsymmetrie: *eine Determinante ist eine total schiefsymmetrische Funktion ihrer Argumentvektoren.*

Weiter fordern wir für jeden Vektor in der Argumentliste die Eigenschaften (19.43) und (19.44), die wir in der Bedingung

$$\mathrm{Det}(\ldots, \lambda\mathbf{a} + \mu\mathbf{b}, \ldots) = \lambda\,\mathrm{Det}(\ldots, \mathbf{a}, \ldots) + \mu\,\mathrm{Det}(\ldots, \mathbf{b}, \ldots) \tag{20.13}$$

zusammenfassen. Wir verlangen damit, daß eine Determinante eine lineare Funktion jedes ihrer Argumentvektoren ist, man sagt, *eine Determinante ist eine multilineare Funktion.*

Durch die beiden Forderungen (20.12) und (20.13) ist die Determinante nur bis auf einen Faktor bestimmt; diesen legen wir fest durch die Normierungsvorschrift

$$\mathrm{Det}(\mathbf{e}_1, \mathbf{e}_2, \dots, \mathbf{e}_n) = 1, \tag{20.14}$$

worin die Vektoren $\mathbf{e}_k$ die Maßvektoren sind.

Wir zeigen zunächst, daß durch die drei Forderungen (20.12), (20.13) und (20.14) die Determinante von n Vektoren des n-dimensionalen Raumes eindeutig bestimmt ist. Zu diesem Zweck stellen wir die Vektoren $\mathbf{a}_i$ als Linearkombinationen der Maßvektoren $\mathbf{e}_k$ dar,

$$\mathbf{a}_i = \sum_{k=1}^{n} a_{ki}\mathbf{e}_k, \quad i = 1, 2, \dots, n.$$

Setzen wir ein,

$$\mathrm{Det}(\mathbf{a}_1, \mathbf{a}_2, \dots, \mathbf{a}_n) = \mathrm{Det}\left(\sum_{k_1=1}^{n} a_{k_1 1}\mathbf{e}_{k_1}, \sum_{k_2=1}^{n} a_{k_2 2}\mathbf{e}_{k_2}, \dots, \sum_{k_n=1}^{n} a_{k_n n}\mathbf{e}_{k_n}\right),$$

so erhalten wir auf Grund der Linearitätseigenschaft (20.13)

$$\mathrm{Det}(\mathbf{a}_1, \mathbf{a}_2, \dots, \mathbf{a}_n) = \sum_{k_1=1}^{n} \sum_{k_2=1}^{n} \dots \sum_{k_n=1}^{n} a_{k_1 1}a_{k_2 2} \dots a_{k_n n}\mathrm{Det}(\mathbf{e}_{k_1}, \mathbf{e}_{k_2}, \dots, \mathbf{e}_{k_n}).$$

Sind nun in einem Summanden dieser n-fachen Summe zwei Indizes gleich, etwa $k_1 = k_2$, so ist

$$\mathrm{Det}(\mathbf{e}_{k_1}, \mathbf{e}_{k_1}, \dots, \mathbf{e}_{k_n}) = -\,\mathrm{Det}(\mathbf{e}_{k_1}, \mathbf{e}_{k_1}, \dots, \mathbf{e}_{k_n}) = 0,$$

denn durch eine Vertauschung der ersten beiden Vektoren ändert sich nichts in der Argumentliste, nach (20.12) ändert sich aber das Vorzeichen der Determinante. Daher verschwindet dieser Summand; dies bedeutet, daß zur obigen Summe nur diejenigen Wertesysteme $\{k_1, k_2, \dots, k_n\}$ der Summationszeiger einen von Null verschiedenen Beitrag liefern, die eine Permutation der natürlichen Zahlen 1, 2, …, n sind. Also ist

$$\mathrm{Det}(\mathbf{a}_1, \mathbf{a}_2, \dots, \mathbf{a}_n) = \sum a_{k_1 1}a_{k_2 2} \dots a_{k_n n}\mathrm{Det}(\mathbf{e}_{k_1}, \mathbf{e}_{k_2}, \dots, \mathbf{e}_{k_n}),$$

worin die Summe über alle Permutationen $\{k_1, k_2, \dots, k_n\}$ der natürlichen Zahlen 1, 2, …, n zu erstrecken ist. Ist schließlich $\{k_1, k_2, \dots, k_n\}$ eine beliebige Permutation der Zahlen 1, 2, …, n und $f(k_1, k_2, \dots, k_n)$ die Anzahl ihrer Fehlstände, so ist

$$\mathrm{Det}(\mathbf{e}_{k_1}, \mathbf{e}_{k_2}, \dots, \mathbf{e}_{k_n}) = (-1)^{f(k_1, k_2, \dots, k_n)}\mathrm{Det}(\mathbf{e}_1, \mathbf{e}_2, \dots, \mathbf{e}_n),$$

denn bei jeder der $f(k_1, k_2, \dots, k_n)$ Vertauschungen, die notwendig sind, um die Permutation $\{k_1, k_2, \dots, k_n\}$ in die natürliche Reihenfolge $\{1, 2, \dots, n\}$ überzuführen, ändert die Determinante nach (20.12) ihr Vorzeichen. Berücksichtigen wir noch (20.14), so erhalten wir

$$\mathrm{Det}(\mathbf{a}_1, \mathbf{a}_2, \dots, \mathbf{a}_n) = \sum (-1)^{f(k_1, k_2, \dots, k_n)} a_{k_1 1}a_{k_2 2} \dots a_{k_n n}, \tag{20.15}$$

wobei die Summe über alle Permutationen der natürlichen Zahlen 1, 2, …, n zu erstrecken ist. Damit ist der Nachweis erbracht, daß durch die drei Forderungen (20.12), (20.13) und (20.14) die Determinante von n Vektoren des n-dimensionalen Raumes eindeutig bestimmt ist. Man schreibt symbolisch

$$\mathrm{Det}(\mathbf{a}_1, \mathbf{a}_2, \ldots, \mathbf{a}_n) = \begin{vmatrix} a_{11} & a_{12} & \cdots & a_{1n} \\ a_{21} & a_{22} & \cdots & a_{2n} \\ \cdots & \cdots & \cdots & \cdots \\ a_{n1} & a_{n2} & \cdots & a_{nn} \end{vmatrix}$$

und spricht von einer n*-reihigen Determinante* beziehungsweise von einer *Determinante* n*-ter Ordnung.* In den Spalten des quadratischen Zahlenschemas stehen der Reihe nach die Koordinaten der Vektoren $\mathbf{a}_k$.

Die Summanden in (20.15) kommen folgendermaßen zustande. Aus jeder Spalte und jeder Zeile wird ein Element herausgegriffen und das Produkt $a_{k_1 1} a_{k_2 2} \cdots a_{k_n n}$ gebildet, nachdem man die Faktoren nach der Spaltennummer geordnet hat. Die Zeilenindizes sind eine Permutation $\{k_1, k_2, \ldots, k_n\}$ der natürlichen Zahlen $1, 2, \ldots, n$; ist $f = f(k_1, k_2, \ldots, k_n)$ die Anzahl ihrer Fehlstände, so wird $(-1)^f a_{k_1 1} a_{k_2 2} \cdots a_{k_n n}$ gebildet.

Es sei dem Leser als Übung empfohlen, für $n = 2$ und $n = 3$ die Formeln für die zwei- und dreireihige Determinante aus (20.15) abzuleiten!

Als erste wichtige Eigenschaft n-reihiger Determinanten vermerken wir in

Satz 20.7 *Es ist* $\mathrm{Det}(\mathbf{a}_1, \mathbf{a}_2, \ldots, \mathbf{a}_n) = 0$ *genau dann, wenn die Vektoren* $\mathbf{a}_1, \mathbf{a}_2, \ldots, \mathbf{a}_n$ *linear abhängig sind.*

Zum Beweis nehmen wir zunächst an, die Vektoren $\mathbf{a}_1, \mathbf{a}_2, \ldots, \mathbf{a}_n$ sind linear abhängig. Dann läßt sich nach Satz 20.2 mindestens einer dieser Vektoren als Linearkombination der übrigen darstellen; sei etwa

$$\mathbf{a}_n = \sum_{k=1}^{n-1} \lambda_k \mathbf{a}_k,$$

so folgt aus

$$\mathrm{Det}(\mathbf{a}_1, \mathbf{a}_2, \ldots, \mathbf{a}_n) = \mathrm{Det}\left(\mathbf{a}_1, \mathbf{a}_2, \ldots, \mathbf{a}_{n-1}, \sum_{k=1}^{n-1} \lambda_k \mathbf{a}_k\right)$$

$$= \sum_{k=1}^{n-1} \lambda_k \mathrm{Det}(\mathbf{a}_1, \mathbf{a}_2, \ldots, \mathbf{a}_{n-1}, \mathbf{a}_k) = 0,$$

denn auf Grund der Forderung (20.12) verschwindet jede Determinante, in deren Argumentliste zwei Vektoren gleich sind.

Um den Beweis in der anderen Richtung zu führen, gehen wir von der Annahme aus, daß die Vektoren $\mathbf{a}_1, \mathbf{a}_2, \ldots, \mathbf{a}_n$ linear unabhängig sind. Nach Satz 20.6 läßt sich jeder Vektor in eindeutiger Weise als Linearkombination dieser Vektoren darstellen, insbesondere auch die Maßvektoren,

$$\mathbf{e}_i = \sum_{k=1}^{n} \lambda_{ik} \mathbf{a}_k, \quad i = 1, 2, \ldots, n.$$

Damit ergibt sich über eine Rechnung, die analog der Herleitung von (20.15) ist,

$$1 = \mathrm{Det}(\mathbf{e}_1, \mathbf{e}_2, \ldots, \mathbf{e}_n) = \sum (-1)^{f(k_1, k_2, \ldots, k_n)} \lambda_{1k_1} \lambda_{2k_2} \ldots \lambda_{nk_n} \mathrm{Det}(\mathbf{a}_1, \mathbf{a}_2, \ldots, \mathbf{a}_n),$$

worin die Summe über alle Permutationen $\{k_1, k_2, \ldots, k_n\}$ der natürlichen Zahlen $1, 2, \ldots, n$ zu erstrecken ist. Wäre nun $\mathrm{Det}(\mathbf{a}_1, \mathbf{a}_2, \ldots, \mathbf{a}_n) = 0$, so würde dies den Widerspruch $1 = \mathrm{Det}(\mathbf{e}_1, \mathbf{e}_2, \ldots, \mathbf{e}_n) = 0$ ergeben.

Wir haben die n-reihige Determinante aus den charakteristischen Eigenschaften zwei- und dreireihiger Determinanten abgeleitet. Entsprechend der geometrischen Bedeutung der Determinante von Vektoren im zwei- und dreidimensionalen Raum definieren wir nun: *Der Betrag* $|\mathrm{Det}(\mathbf{a}_1, \mathbf{a}_2, \ldots, \mathbf{a}_n)|$ *ist gleich dem Voluminhalt des von den Vektoren* $\mathbf{a}_1, \mathbf{a}_2, \ldots, \mathbf{a}_n$ *aufgespannten* n*-dimensionalen Parallelepipedons*. Mit dem Vorzeichen erklären wir die Orientierung eines n-Beins: *Ist* $\mathrm{Det}(\mathbf{a}_1, \mathbf{a}_2, \ldots, \mathbf{a}_n) > 0$, *so heißt das* n*-Bein* $\{\mathbf{a}_1, \mathbf{a}_2, \ldots, \mathbf{a}_n\}$ *positiv orientiert, ist* $\mathrm{Det}(\mathbf{a}_1, \mathbf{a}_2, \ldots, \mathbf{a}_n) < 0$, *so heißt das* n*-Bein* $\{\mathbf{a}_1, \mathbf{a}_2, \ldots, \mathbf{a}_n\}$ *negativ orientiert.*

Zur Berechnung zwei- und dreireihiger Determinanten stehen uns einfache Merkregeln zur Verfügung, bei mehrreihigen Determinanten ist dies jedoch nicht der Fall. Der Weg, eine Determinante durch Auswertung der Summe (20.15) zu berechnen, ist aus praktischen Gründen nicht gangbar, es müßten zum Beispiel für eine 10-reihige Determinante alle 10! = 3628800 Permutationen von 10 Elementen ermittelt werden und ebensoviele Produkte von 10 Elementen; schließlich müßten 3628800 Summanden addiert werden! Wir wollen im folgenden die wichtigsten Eigenschaften von Determinanten besprechen; mit Hilfe dieser lassen sich durch geschickte Kombination mehrreihige Determinanten auf relativ bequeme Weise berechnen.

Satz 20.8 *Der Wert einer* n*-reihigen Determinante ändert sich nicht, wenn man Zeilen und Spalten vertauscht, das heißt, es gilt*

$$\begin{vmatrix} a_{11} & a_{12} & \ldots & a_{1n} \\ a_{21} & a_{22} & \ldots & a_{2n} \\ \cdots & \cdots & \cdots & \cdots \\ a_{n1} & a_{n2} & \ldots & a_{nn} \end{vmatrix} = \begin{vmatrix} a_{11} & a_{21} & \ldots & a_{n1} \\ a_{12} & a_{22} & \ldots & a_{n2} \\ \cdots & \cdots & \cdots & \cdots \\ a_{1n} & a_{2n} & \ldots & a_{nn} \end{vmatrix}. \qquad (20.16)$$

Diese Vertauschung nennt man „*Spiegelung der Determinante an der Hauptdiagonale*" oder kurz „*Stürzen*" *der Determinante.* Die Gleichung (20.16) ist so zu verstehen, daß auf der linken Seite die Determinante der Vektoren $\mathbf{a}_i = \Sigma\, a_{ki}\mathbf{e}_k$, auf der rechten Seite die Determinante der Vektoren $\mathbf{b}_i = \Sigma\, a_{ik}\mathbf{e}_k$ steht.

Zum Beweis von (20.16) greifen wir einen beliebigen Summanden

$$(-1)^{f(k_1, k_2, \ldots, k_n)} a_{k_1 1} a_{k_2 2} \ldots a_{k_n n}$$

von (20.15) heraus. Da in der Permutation $\{k_1, k_2, \ldots, k_n\}$ jede natürliche Zahl zwischen 1 und n genau einmal vorkommt, können wir diesen Summanden durch Vertauschung der Multiplikationsreihenfolge auch in der Form

$$(-1)^{f(k_1, k_2, \ldots, k_n)} a_{1i_1} a_{2i_2} \ldots a_{ni_n}$$

schreiben, wobei $\{i_1, i_2, \ldots, i_n\}$ wieder eine Permutation der natürlichen Zahlen $1, 2, \ldots, n$ ist. Offenbar entsteht die Permutation $\{i_1, i_2, \ldots, i_n\}$ aus $\{1, 2, \ldots, n\}$ durch ebensoviele Vertauschungen, wie zur Überführung von $\{k_1, k_2, \ldots, k_n\}$ in die natürliche Reihenfolge erforderlich ist. Also ist $f(k_1, k_2, \ldots, k_n) = f(i_1, i_2, \ldots, i_n)$ und

$$(-1)^{f(k_1,k_2,\ldots,k_n)} a_{k_1 1} a_{k_2 2} \ldots a_{k_n n} = (-1)^{f(i_1,i_2,\ldots,i_n)} a_{1 i_1} a_{2 i_2} \ldots a_{n i_n}.$$

Daraus folgt schließlich

$$\sum (-1)^{f(k_1,k_2,\ldots,k_n)} a_{k_1 1} a_{k_2 2} \ldots a_{k_n n} = \sum (-1)^{f(i_1,i_2,\ldots,i_n)} a_{1 i_1} a_{2 i_2} \ldots a_{n i_n},$$

womit gezeigt ist, daß sich die Summe (20.15) nicht ändert, wenn man die Zahlen a_{ij} durch die Zahlen a_{ji} ersetzt, was gerade in (20.16) zum Ausdruck kommt.

Die Gleichung (20.16) berechtigt uns dazu, jede Eigenschaft von Determinanten, die sich auf Spalten bezieht, auch für Zeilen aussprechen zu können.

Satz 20.9 *Vertauscht man zwei Spalten (Zeilen) einer Determinante, so wechselt die Determinante ihr Vorzeichen.*

Diese Eigenschaft ist eine unmittelbare Folgerung aus (20.12). Insbesondere gilt

Satz 20.10 *Sind zwei Spalten (Zeilen) einer Determinante gleich, so ist der Wert der Determinante gleich Null.*

Satz 20.11 *Addiert man zu einer Spalte (Zeile) ein Vielfaches einer anderen Spalte (Zeile) hinzu, so bleibt der Wert der Determinante unverändert.*

Es gilt nämlich auf Grund von (20.13) unter Berücksichtigung von Satz 20.10

$$\begin{aligned}\mathrm{Det}(\ldots, \mathbf{a}_i + \lambda \mathbf{a}_j, \ldots, \mathbf{a}_j, \ldots) &= \mathrm{Det}(\ldots, \mathbf{a}_i, \ldots, \mathbf{a}_j, \ldots) + \lambda\, \mathrm{Det}(\ldots, \mathbf{a}_j, \ldots, \mathbf{a}_j, \ldots) = \\ &= \mathrm{Det}(\ldots \mathbf{a}_i, \ldots, \mathbf{a}_j, \ldots).\end{aligned}$$

Satz 20.12 *Ersetzt man in einer Determinante eine Spalte (Zeile) durch ein Vielfaches derselben, so wird der Wert der Determinante um dieses Vielfache verändert,*

$$\mathrm{Det}(\ldots, \lambda \mathbf{a}_i, \ldots) = \lambda\, \mathrm{Det}(\ldots, \mathbf{a}_i, \ldots). \tag{20.17}$$

Der Beweis folgt wieder aus der Forderung (20.13). Für $\lambda = 0$ ergibt sich aus (20.17), daß eine Determinante den Wert Null hat, wenn in einer Spalte oder Zeile lauter Nullen stehen. Diese Eigenschaft folgt natürlich auch aus Satz 20.7, denn wenn in einer Spalte lauter Nullen stehen, so bedeutet dies ja nichts anderes, als daß einer der Vektoren in der Argumentliste der Nullvektor ist.

Eine Folgerung aus Satz 20.7 ist ferner

Satz 20.13 *Eine Determinante mit parallelen Spalten (Zeilen) hat den Wert Null.*

Eine dreireihige Determinante kann durch Rückführung auf drei zweireihige Determinanten berechnet werden, indem man in $\mathrm{Det}(\mathbf{a}, \mathbf{b}, \mathbf{c}) = (\mathbf{a} \times \mathbf{b}) \cdot \mathbf{c}$ zuerst die Koordinaten des Vektors $\mathbf{a} \times \mathbf{b}$ errechnet, die ja als zweireihige Determinanten geschrieben werden können, und dann das innere Produkt mit dem Vektor $\mathbf{c}$ bildet (vgl. (19.40)). Dieser Sachverhalt gilt nun ganz allgemein: eine n-reihige Determinante kann als Summe von n Determinanten der Ordnung $n - 1$ dargestellt werden. Um diesen sogenannten *Entwicklungssatz* ableiten zu können, benötigen wir den Begriff des *algebraischen Komplementes*, der uns noch bei anderen Untersuchungen ein nützliches Hilfsmittel sein wird. Streicht man in einer n-reihigen Determinante die i-te Zeile und die j-te Spalte, so entsteht eine $(n - 1)$-reihige „Unterdeterminante"; versehen mit dem Vorzeichen $(-1)^{i+j}$ wird sie das *algebraische*

Komplement der i-ten Zeile und j-ten Spalte genannt,

$$\alpha_{ij} = (-1)^{i+j} \begin{vmatrix} a_{11} & a_{12} & \cdots & a_{1\,j-1} & a_{1\,j+1} & \cdots & a_{1n} \\ a_{21} & a_{22} & \cdots & a_{2\,j-1} & a_{2\,j+1} & \cdots & a_{2n} \\ \cdots & \cdots & \cdots & \cdots & \cdots & \cdots & \cdots \\ a_{i-1\,1} & a_{i-1\,2} & \cdots & a_{i-1\,j-1} & a_{i-1\,j+1} & \cdots & a_{i-1\,n} \\ a_{i+1\,1} & a_{i+1\,2} & \cdots & a_{i+1\,j-1} & a_{i+1\,j+1} & \cdots & a_{i+1\,n} \\ \cdots & \cdots & \cdots & \cdots & \cdots & \cdots & \cdots \\ a_{n1} & a_{n2} & \cdots & a_{n\,j-1} & a_{n\,j+1} & \cdots & a_{nn} \end{vmatrix}. \quad (20.18)$$

Es gilt der

Satz 20.14 (Entwicklungssatz nach einer Spalte oder Zeile) *Ist* j *die Nummer einer beliebigen Spalte, so ist*

$$\begin{vmatrix} a_{11} & a_{12} & \cdots & a_{1n} \\ a_{21} & a_{22} & \cdots & a_{2n} \\ \cdots & \cdots & \cdots & \cdots \\ a_{n1} & a_{n2} & \cdots & a_{nn} \end{vmatrix} = \sum_{i=1}^{n} a_{ij}\alpha_{ij}, \quad j = 1, 2, \ldots, n; \quad (20.19)$$

ist i *die Nummer einer beliebigen Zeile, so ist*

$$\begin{vmatrix} a_{11} & a_{12} & \cdots & a_{1n} \\ a_{21} & a_{22} & \cdots & a_{2n} \\ \cdots & \cdots & \cdots & \cdots \\ a_{n1} & a_{n2} & \cdots & a_{nn} \end{vmatrix} = \sum_{j=1}^{n} a_{ij}\alpha_{ij}, \quad i = 1, 2, \ldots, n. \quad (20.20)$$

Mit Hilfe dieses Entwicklungssatzes läßt sich die Berechnung einer vierreihigen Determinante auf die Berechnung von vier dreireihigen Determinanten zurückführen, zum Beispiel durch Entwicklung nach der ersten Spalte,

$$\begin{vmatrix} a_{11} & a_{12} & a_{13} & a_{14} \\ a_{21} & a_{22} & a_{23} & a_{24} \\ a_{31} & a_{32} & a_{33} & a_{34} \\ a_{41} & a_{42} & a_{43} & a_{44} \end{vmatrix} = a_{11} \begin{vmatrix} a_{22} & a_{23} & a_{24} \\ a_{32} & a_{33} & a_{34} \\ a_{42} & a_{43} & a_{44} \end{vmatrix} - a_{21} \begin{vmatrix} a_{12} & a_{13} & a_{14} \\ a_{32} & a_{33} & a_{34} \\ a_{42} & a_{43} & a_{44} \end{vmatrix} +$$

$$+ a_{31} \begin{vmatrix} a_{12} & a_{13} & a_{14} \\ a_{22} & a_{23} & a_{24} \\ a_{42} & a_{43} & a_{44} \end{vmatrix} - a_{41} \begin{vmatrix} a_{12} & a_{13} & a_{14} \\ a_{22} & a_{23} & a_{24} \\ a_{32} & a_{33} & a_{34} \end{vmatrix}.$$

Zum Beweis des Entwicklungssatzes betrachten wir die Determinante

$$\mathrm{Det}(\mathbf{a}_1, \mathbf{a}_2, \ldots, \mathbf{a}_{j-1}, \mathbf{e}_i, \mathbf{a}_{j+1}, \ldots, \mathbf{a}_n) = \begin{vmatrix} a_{11} & a_{12} & \cdots & 0 & \cdots & a_{1n} \\ a_{21} & a_{22} & \cdots & 0 & \cdots & a_{2n} \\ \cdots & \cdots & \cdots & \cdots & \cdots & \cdots \\ a_{i1} & a_{i2} & \cdots & 1 & \cdots & a_{in} \\ \cdots & \cdots & \cdots & \cdots & \cdots & \cdots \\ a_{n1} & a_{n2} & \cdots & 0 & \cdots & a_{nn} \end{vmatrix},$$

bei der in der j-ten Spalte der Maßvektor e_i steht; sie ist gleich dem algebraischen Komplement (20.18) der j-ten Spalte und i-ten Zeile,

$$\mathrm{Det}(a_1, a_2, \ldots, a_{j-1}, e_i, a_{j+1}, \ldots, a_n) = \alpha_{ij}, \tag{20.21}$$

wovon man sich an Hand der Darstellung (20.15) einer Determinante leicht überzeugen kann. Damit ergibt sich (20.19) auf folgende Weise,

$$\mathrm{Det}(a_1, a_2, \ldots, a_j, \ldots, a_n) = \mathrm{Det}\left(a_1, a_2, \ldots, \sum_{i=1}^{n} a_{ij}e_i, \ldots, a_n\right)$$

$$= \sum_{i=1}^{n} a_{ij}\,\mathrm{Det}(a_1, a_2, \ldots, e_i, \ldots, a_n) = \sum_{i=1}^{n} a_{ij}\alpha_{ij}.$$

Der Entwicklungssatz (20.19) eröffnet uns die Möglichkeit, die Berechnung einer n-reihigen Determinante auf die Berechnung einer einzigen (n − 1)-reihigen Determinante zurückzuführen. Der Wert einer Determinante ist gleich $a_{ij}\alpha_{ij}$, wenn alle Elemente in der i-ten Zeile oder alle Elemente in der j-ten Spalte gleich Null sind bis auf das Element a_{ij}. Dieser Sachverhalt läßt sich herstellen, indem man zu den entsprechenden Spalten (oder Zeilen) geeignete Vielfache anderer Spalten (oder Zeilen) hinzuaddiert, was nach Satz 20.11 den Wert der Determinante nicht ändert.

Beispiel 20.7: Es sei

$$D = \begin{vmatrix} 1 & 0 & 4 & 3 \\ 2 & 1 & 3 & 4 \\ 3 & 5 & 0 & 2 \\ 1 & 3 & 4 & 2 \end{vmatrix}.$$

Wir wählen die Entwicklung nach der ersten Zeile, da in dieser bereits eine Null steht. Subtrahieren wir das Vierfache der ersten Spalte von der dritten Spalte und das Dreifache der ersten Spalte von der vierten Spalte, so entsteht

$$D = \begin{vmatrix} 1 & 0 & 4 & 3 \\ 2 & 1 & 3 & 4 \\ 3 & 5 & 0 & 2 \\ 1 & 3 & 4 & 2 \end{vmatrix} = \begin{vmatrix} 1 & 0 & 0 & 0 \\ 2 & 1 & -5 & -2 \\ 3 & 5 & -12 & -7 \\ 1 & 3 & 0 & -1 \end{vmatrix} = \begin{vmatrix} 1 & -5 & -2 \\ 5 & -12 & -7 \\ 3 & 0 & -1 \end{vmatrix}.$$

Diese dreireihige Determinante kann nach der Regel von Sarrus berechnet werden; schneller ist der Weg, wenn man sie nach der dritten Zeile entwickelt, nachdem man in dieser Nullen erzeugt hat, zum Beispiel dadurch, daß man das Dreifache der dritten Spalte zur ersten Spalte hinzuaddiert,

$$D = \begin{vmatrix} 1 & -5 & -2 \\ 5 & -12 & -7 \\ 3 & 0 & -1 \end{vmatrix} = \begin{vmatrix} -5 & -5 & -2 \\ -16 & -12 & -7 \\ 0 & 0 & -1 \end{vmatrix} = (-1)\begin{vmatrix} -5 & -5 \\ -16 & -12 \end{vmatrix} = 20.$$

Die Berechnung einer mehrreihigen Determinante durch wiederholte Anwendung des Entwicklungssatzes ist besonders auf die Handrechnung zugeschnitten. Für den Einsatz programmgesteuerter Rechenmaschinen eignet sich eine systematische Umformung, bei der oberhalb oder unterhalb der Hauptdiagonale Nullen erzeugt werden. Es gilt nämlich

Satz 20.15 *Sind in einer Determinante alle Elemente unterhalb oder oberhalb der Hauptdiagonale gleich Null, so ist der Wert der Determinante gleich dem Produkt der Hauptdia-*

gonalglieder,

$$\begin{vmatrix} a_{11} & a_{12} & \cdots & a_{1n} \\ & a_{22} & \cdots & a_{2n} \\ & \mathcal{O} & \ddots & \\ & & & a_{nn} \end{vmatrix} = a_{11}a_{22}\ldots a_{nn} = \begin{vmatrix} a_{11} & & & \mathcal{O} \\ a_{21} & a_{22} & & \\ & & \ddots & \\ a_{n1} & a_{n2} & \cdots & a_{nn} \end{vmatrix} \tag{20.22}$$

Zum Beweis wende man den Entwicklungssatz an.

Beispiel 20.8: Wir berechnen nochmals die Determinante von Beispiel 20.7,

$$\begin{vmatrix} 1 & 0 & 4 & 3 \\ 2 & 1 & 3 & 4 \\ 3 & 5 & 0 & 2 \\ 1 & 3 & 4 & 2 \end{vmatrix} = \begin{vmatrix} 1 & 0 & 4 & 3 \\ 0 & 1 & -5 & -2 \\ 0 & 5 & -12 & -7 \\ 0 & 3 & 0 & -1 \end{vmatrix} = \begin{vmatrix} 1 & 0 & 4 & 3 \\ 0 & 1 & -5 & -2 \\ 0 & 0 & 13 & 3 \\ 0 & 0 & 15 & 5 \end{vmatrix} = \begin{vmatrix} 1 & 0 & 4 & 3 \\ 0 & 1 & -5 & -2 \\ 0 & 0 & 13 & 3 \\ 0 & 0 & 0 & \frac{20}{13} \end{vmatrix} = 20.$$

Im ersten Schritt erzeugen wir in der ersten Spalte unterhalb des Hauptdiagonalelementes Nullen, indem wir geeignete Vielfache der ersten Zeile zur zweiten, dritten und vierten Zeile hinzuzählen. Im nächsten Schritt werden geeignete Vielfache der zweiten Zeile zur dritten und vierten hinzuaddiert usw.

Der Begriff des algebraischen Komplementes ist nicht nur für den Entwicklungssatz von Bedeutung, es besteht vielmehr noch ein weiterer Zusammenhang, der später grundlegend für die Matrizeninversion sein wird.

Wir bemerken zunächst, daß die algebraischen Komplemente α_{ij}, $i = 1, 2, \ldots, n$, der j-ten Spalte unabhängig von den Elementen a_{ij}, $i = 1, 2, \ldots, n$, der j-ten Spalte sind. Wir multiplizieren nun die algebraischen Komplemente der j-ten Spalte mit den Elementen der k-ten Spalte und bilden die Summe dieser Produkte; dies gibt unter Berücksichtigung von (20.21)

$$\sum_{i=1}^{n} a_{ik}\alpha_{ij} = \sum_{i=1}^{n} a_{ik}\,\mathrm{Det}(\mathbf{a}_1, \ldots, \mathbf{a}_{j-1}, \mathbf{e}_i, \mathbf{a}_{j+1}, \ldots, \mathbf{a}_n) =$$

$$= \mathrm{Det}(\mathbf{a}_1, \ldots, \mathbf{a}_{j-1}, \mathbf{a}_k, \mathbf{a}_{j+1}, \ldots, \mathbf{a}_n) = 0, \quad k \neq j,$$

denn in dieser Determinante ist die k-te Spalte mit der j-ten Spalte identisch. Es gilt also

$$\sum_{i=1}^{n} a_{ik}\alpha_{ij} = 0, \quad k \neq j. \tag{20.23}$$

Ebenso zeigt man

$$\sum_{i=1}^{n} a_{ki}\alpha_{ji} = 0, \quad k \neq j. \tag{20.24}$$

Multipliziert man also die algebraischen Komplemente einer Spalte (Zeile) mit den Elementen einer anderen Spalte (Zeile), so ist die Summe dieser Produkte gleich Null.

Mit Hilfe des sogenannten *Kroneckerschen Delta-Symbols*

$$\delta_{ij} = \begin{cases} 1 & \text{für } i = j, \\ 0 & \text{für } i \neq j, \end{cases} \tag{20.25}$$

lassen sich die beiden Gleichungen (20.19) und (20.23) zusammenfassen,

$$\sum_{i=1}^{n} a_{ik}\alpha_{ij} = \delta_{kj}\,\mathrm{Det}(\mathbf{a}_1, \mathbf{a}_2, \ldots, \mathbf{a}_n), \quad j, k = 1, 2, \ldots, n, \tag{20.26}$$

ebenso die Gleichungen (20.20) und (20.24),

$$\sum_{i=1}^{n} a_{ki}\alpha_{ji} = \delta_{kj}\,\mathrm{Det}(\mathbf{a}_1, \mathbf{a}_2, \ldots, \mathbf{a}_n), \quad j, k = 1, 2, \ldots, n. \tag{20.27}$$

20.6 Die Determinante einer Matrix

Unter der *Determinante einer quadratischen Matrix*

$$\mathbf{A} = \begin{pmatrix} A_{11} & A_{12} & \ldots & A_{1n} \\ A_{21} & A_{22} & \ldots & A_{2n} \\ \ldots & \ldots & \ldots & \ldots \\ A_{n1} & A_{n2} & \ldots & A_{nn} \end{pmatrix}$$

mit n Zeilen und Spalten versteht man die Determinante der Spalten dieser Matrix; man verwendet dasselbe Symbol wie für die Determinante von Vektoren und schreibt

$$\mathrm{Det}\,\mathbf{A} = \begin{vmatrix} A_{11} & A_{12} & \ldots & A_{1n} \\ A_{21} & A_{22} & \ldots & A_{2n} \\ \ldots & \ldots & \ldots & \ldots \\ A_{n1} & A_{n2} & \ldots & A_{nn} \end{vmatrix}.$$

Wir bezeichnen mit

$$\mathbf{a}_i = \sum_{k=1}^{n} A_{ki}\mathbf{e}_k = \mathbf{A}\cdot\mathbf{e}_i, \quad i = 1, 2, \ldots, n, \tag{20.28}$$

jene Vektoren, deren Koordinaten die Elemente der Spalten der Matrix **A** sind und setzen zunächst voraus, daß die Vektoren $\mathbf{a}_k$ linear unabhängig sind. Dann ist

$$\mathrm{Det}\,\mathbf{A} = \mathrm{Det}(\mathbf{a}_1, \mathbf{a}_2, \ldots, \mathbf{a}_n) = \mathrm{Det}(\mathbf{A}\cdot\mathbf{e}_1, \mathbf{A}\cdot\mathbf{e}_2, \ldots, \mathbf{A}\cdot\mathbf{e}_n). \tag{20.29}$$

Diese Gleichung macht es uns möglich, die Determinante einer quadratischen Matrix geometrisch zu deuten. Wir betrachten zu diesem Zweck die Punkttransformation $\mathbf{y} = \mathbf{A}\cdot\mathbf{x} + \mathbf{b}$. Bei dieser geht der n-dimensionale Einheitswürfel in das von den Vektoren $\mathbf{a}_i = \mathbf{A}\cdot\mathbf{e}_i$ aufgespannte Parallelepipedon über. Wegen $\mathrm{Det}(\mathbf{e}_1, \mathbf{e}_2, \ldots, \mathbf{e}_n) = 1$ kann man (20.29) auch in der Form

$$\mathrm{Det}\,\mathbf{A} = \frac{\mathrm{Det}(\mathbf{A}\cdot\mathbf{e}_1, \mathbf{A}\cdot\mathbf{e}_2, \ldots, \mathbf{A}\cdot\mathbf{e}_n)}{\mathrm{Det}(\mathbf{e}_1, \mathbf{e}_2, \ldots, \mathbf{e}_n)},$$

schreiben. In dieser Gleichung können die Maßvektoren $\mathbf{e}_k$ durch ein beliebiges anderes System linear unabhängiger Vektoren ersetzt werden, es gilt nämlich allgemein

$$\mathrm{Det}\,\mathbf{A} = \frac{\mathrm{Det}(\mathbf{A}\cdot\mathbf{c}_1, \mathbf{A}\cdot\mathbf{c}_2, \ldots, \mathbf{A}\cdot\mathbf{c}_n)}{\mathrm{Det}(\mathbf{c}_1, \mathbf{c}_2, \ldots, \mathbf{c}_n)}, \tag{20.30}$$

worin $\mathbf{c}_1, \mathbf{c}_2, \ldots, \mathbf{c}_n$ beliebige linear unabhängige Vektoren sind. Die Gleichung (20.30) lehrt uns folgendes: *Der Betrag der Determinante einer quadratischen Matrix* $\mathbf{A}$ *ist gleich dem Verhältnis der Voluminhalte zweier Parallelepipeda, die einander bei der Abbildung* $\mathbf{y} = \mathbf{A} \cdot \mathbf{x} + \mathbf{b}$ *entsprechen; das Vorzeichen gibt Aufschluß darüber, ob das* n-*Bein der Bildvektoren dieselbe Orientierung hat wie das* n-*Bein der Urbildvektoren.*

Zum Beweis der Gleichung (20.30) zeigen wir allgemein

$$\operatorname{Det}(\mathbf{A} \cdot \mathbf{c}_1, \mathbf{A} \cdot \mathbf{c}_2, \ldots, \mathbf{A} \cdot \mathbf{c}_n) = \operatorname{Det}\mathbf{A}\,\operatorname{Det}(\mathbf{c}_1, \mathbf{c}_2, \ldots, \mathbf{c}_n), \tag{20.31}$$

worin $\mathbf{c}_1, \mathbf{c}_2, \ldots, \mathbf{c}_n$ beliebige Vektoren sind, die nicht notwendigerweise linear unabhängig sein müssen. Setzen wir die Darstellungen $\mathbf{c}_i = \sum c_{ki}\mathbf{e}_k$ in die linke Seite von (20.31) ein, so folgt

$$\begin{aligned}\operatorname{Det}(\mathbf{A} \cdot \mathbf{c}_1, \mathbf{A} \cdot \mathbf{c}_2, \ldots, \mathbf{A} \cdot \mathbf{c}_n) &= \operatorname{Det}\left(\sum_{k_1=1}^{n} \mathbf{a}_{k_1}c_{k_1 1}, \sum_{k_2=1}^{n} \mathbf{a}_{k_2}c_{k_2 2}, \ldots, \sum_{k_n=1}^{n} \mathbf{a}_{k_n}c_{k_n n}\right)\\
&= \sum (-1)^{f(k_1,k_2,\ldots,k_n)} c_{k_1 1}c_{k_2 2} \ldots c_{k_n n} \operatorname{Det}(\mathbf{a}_1, \mathbf{a}_2, \ldots, \mathbf{a}_n)\\
&= \operatorname{Det}(\mathbf{c}_1, \mathbf{c}_2, \ldots, \mathbf{c}_n)\operatorname{Det}(\mathbf{a}_1, \mathbf{a}_2, \ldots, \mathbf{a}_n)\\
&= \operatorname{Det}(\mathbf{c}_1, \mathbf{c}_2, \ldots, \mathbf{c}_n)\operatorname{Det}\mathbf{A}.\end{aligned}$$

Aus der allgemein gültigen Gleichung (20.31) können wir noch folgende Schlüsse ziehen. Ist $\operatorname{Det}\mathbf{A} = 0$, so sind die Vektoren $\mathbf{d}_k = \mathbf{A} \cdot \mathbf{c}_k$ linear abhängig, gleichgültig, ob die Vektoren $\mathbf{c}_k$ linear abhängig oder linear unabhängig sind. Ist $\operatorname{Det}\mathbf{A} \neq 0$, so sind die Vektoren $\mathbf{d}_k$ sicher linear unabhängig, wenn es die Vektoren $\mathbf{c}_k$ sind; wenn dagegen die Vektoren $\mathbf{c}_k$ linear abhängig sind, so sind es auch die Vektoren $\mathbf{d}_k$.

Wir betrachten nun zwei lineare Transformationen. Bei der ersten, $\mathbf{z} = \mathbf{A} \cdot \mathbf{x} + \mathbf{a}$, mögen die Vektoren $\mathbf{u}_k$ in die Vektoren $\mathbf{v}_k = \mathbf{A} \cdot \mathbf{u}_k$ übergehen, bei der zweiten, $\mathbf{y} = \mathbf{B} \cdot \mathbf{z} + \mathbf{b}$, mögen die Vektoren $\mathbf{v}_k$ in die Vektoren $\mathbf{w}_k = \mathbf{B} \cdot \mathbf{v}_k$ übergehen. Es gilt also

$$\operatorname{Det}(\mathbf{v}_1, \mathbf{v}_2, \ldots, \mathbf{v}_n) = \operatorname{Det}\mathbf{A}\,\operatorname{Det}(\mathbf{u}_1, \mathbf{u}_2, \ldots, \mathbf{u}_n)$$

und

$$\operatorname{Det}(\mathbf{w}_1, \mathbf{w}_2, \ldots, \mathbf{w}_n) = \operatorname{Det}\mathbf{B}\,\operatorname{Det}(\mathbf{v}_1, \mathbf{v}_2, \ldots, \mathbf{v}_n),$$

woraus sich

$$\operatorname{Det}(\mathbf{w}_1, \mathbf{w}_2, \ldots, \mathbf{w}_n) = \operatorname{Det}\mathbf{A}\,\operatorname{Det}\mathbf{B}\,\operatorname{Det}(\mathbf{u}_1, \mathbf{u}_2, \ldots, \mathbf{u}_n) \tag{20.32}$$

ergibt. Setzen wir die beiden Transformationen $\mathbf{z} = \mathbf{A} \cdot \mathbf{x} + \mathbf{a}$ und $\mathbf{y} = \mathbf{B} \cdot \mathbf{z} + \mathbf{b}$ zusammen, so gehen bei der zusammengesetzten Transformation $\mathbf{y} = \mathbf{C} \cdot \mathbf{x} + \mathbf{c}$, worin $\mathbf{C} = \mathbf{B} \cdot \mathbf{A}$ und $\mathbf{c} = \mathbf{B} \cdot \mathbf{a} + \mathbf{b}$ ist, die Vektoren $\mathbf{u}_k$ direkt in die Vektoren $\mathbf{w}_k = \mathbf{C} \cdot \mathbf{u}_k = \mathbf{B} \cdot \mathbf{A} \cdot \mathbf{u}_k$ über; somit gilt

$$\operatorname{Det}(\mathbf{w}_1, \mathbf{w}_2, \ldots, \mathbf{w}_n) = \operatorname{Det}(\mathbf{B} \cdot \mathbf{A})\operatorname{Det}(\mathbf{u}_1, \mathbf{u}_2, \ldots, \mathbf{u}_n). \tag{20.33}$$

Vergleichen wir jetzt (20.32) mit (20.33), so erhalten wir den

Satz 20.16 (Multiplikationssatz für Determinanten) *Die Determinante des Produktes zweier quadratischer Matrizen ist gleich dem Produkt der Determinanten dieser Matrizen,*

$$\operatorname{Det}(\mathbf{A} \cdot \mathbf{B}) = \operatorname{Det}(\mathbf{B} \cdot \mathbf{A}) = \operatorname{Det}\mathbf{A}\,\operatorname{Det}\mathbf{B}. \tag{20.34}$$

Wir erinnern daran, daß die Matrizenmultiplikation nicht kommutativ ist. Obwohl die Matrizenprodukte $\mathbf{A} \cdot \mathbf{B}$ und $\mathbf{B} \cdot \mathbf{A}$ im allgemeinen verschieden sind, so haben ihre Determinanten jedoch stets den selben Wert!

20.7 Die Inversion von Matrizen

Wir greifen nun die Frage auf, ob es zu einer gegebenen quadratischen Matrix **A** eine Matrix **X** mit der Eigenschaft

$$\mathbf{A} \cdot \mathbf{X} = \mathbf{X} \cdot \mathbf{A} = \mathbf{E} \tag{20.35}$$

gibt, worin **E** die Einheitsmatrix ist. Für die Lösbarkeit der Gleichungen (20.35) ist offenbar

$$\operatorname{Det}\mathbf{A} \neq 0 \tag{20.36}$$

eine notwendige Bedingung, denn haben die Gleichungen (20.35) eine Lösung **X**, so folgt mit (20.34) und $\operatorname{Det}\mathbf{E} = 1$

$$\operatorname{Det}(\mathbf{A} \cdot \mathbf{X}) = \operatorname{Det}(\mathbf{X} \cdot \mathbf{A}) = \operatorname{Det}\mathbf{A} \operatorname{Det}\mathbf{X} = \operatorname{Det}\mathbf{E} = 1.$$

Wie wir im folgenden sehen werden, ist die Bedingung (20.36) auch hinreichend für die Lösbarkeit der Gleichungen (20.35). Um eine Lösung zu konstruieren, führen wir die zu **A** *adjungierte Matrix*

$$\mathbf{A}^{ad} = \begin{pmatrix} \alpha_{11} & \alpha_{21} & \cdots & \alpha_{n1} \\ \alpha_{12} & \alpha_{22} & \cdots & \alpha_{n2} \\ \cdots & \cdots & \cdots & \cdots \\ \alpha_{1n} & \alpha_{2n} & \cdots & \alpha_{nn} \end{pmatrix} \tag{20.37}$$

ein; ihr Element in der i-ten Zeile und j-ten Spalte ist das algebraische Komplement α_{ji} der j-ten Zeile und i-ten Spalte der Determinante von **A**. Es gilt auf Grund der Gleichungen (20.26) und (20.27)

$$\mathbf{A} \cdot \mathbf{A}^{ad} = \mathbf{A}^{ad} \cdot \mathbf{A} = \mathbf{E} \operatorname{Det}\mathbf{A}. \tag{20.38}$$

Daraus folgt, daß die Matrix

$$\mathbf{X} = \frac{1}{\operatorname{Det}\mathbf{A}} \mathbf{A}^{ad} \tag{20.39}$$

eine Lösung der Gleichungen (20.35) ist. Daß sie die einzige Lösung ist, ergibt sich durch eine indirekte Beweisführung. Sind $\mathbf{X}_1$ und $\mathbf{X}_2$ zwei beliebige Lösungen der Gleichungen (20.35),

$$\mathbf{A} \cdot \mathbf{X}_1 = \mathbf{X}_1 \cdot \mathbf{A} = \mathbf{E}, \quad \mathbf{A} \cdot \mathbf{X}_2 = \mathbf{X}_2 \cdot \mathbf{A} = \mathbf{E},$$

so erhält man durch Multiplikation der ersten dieser beiden Gleichungen mit $\mathbf{X}_2$ unter Berücksichtigung des zweiten Gleichungspaares

$$\mathbf{X}_2 = \mathbf{A} \cdot \mathbf{X}_1 \cdot \mathbf{X}_2 = \mathbf{X}_1 \cdot \mathbf{A} \cdot \mathbf{X}_2 = \mathbf{X}_1 \cdot \mathbf{E} = \mathbf{X}_1.$$

Die unter der Bedingung (20.36) existierende eindeutig bestimmte Lösung (20.39) der Gleichungen (20.35) heißt *Inverse der Matrix* **A**, symbolisch

$$\mathbf{A}^{-1} = \frac{1}{\operatorname{Det}\mathbf{A}} \mathbf{A}^{ad}. \tag{20.40}$$

Eine quadratische Matrix, deren Determinante von Null verschieden ist, wird auch ***regulär*** genannt; es sind also nur die regulären Matrizen invertierbar. Eine quadratische Matrix, die nicht regulär ist, heißt *singulär*.

Für das Rechnen mit Inversen sind zwei Regeln zu beachten.

Satz 20.17 *Ist* $\mathbf{A}$ *eine reguläre Matrix, so ist auch* $\mathbf{A}^{-1}$ *regulär und*

$$\operatorname{Det}\mathbf{A}^{-1} = \frac{1}{\operatorname{Det}\mathbf{A}}. \tag{20.41}$$

Sind $\mathbf{A}$ *und* $\mathbf{B}$ *reguläre Matrizen, so ist auch das Produkt* $\mathbf{A}\cdot\mathbf{B}$ *eine reguläre Matrix; die Inverse dieses Produktes ist das Produkt der Inversen in umgekehrter Reihenfolge,*

$$(\mathbf{A}\cdot\mathbf{B})^{-1} = \mathbf{B}^{-1}\cdot\mathbf{A}^{-1}. \tag{20.42}$$

Der Beweis von (20.41) ergibt sich durch Anwendung des Multiplikationssatzes für Determinanten auf die Gleichung $\mathbf{A}\cdot\mathbf{A}^{-1} = \mathbf{E}$.

Um (20.42) zu beweisen, lösen wir die Gleichung

$$\mathbf{A}\cdot\mathbf{B}\cdot\mathbf{X} = \mathbf{E}.$$

Multiplizieren wir sie von links mit $\mathbf{A}^{-1}$, so resultiert

$$\mathbf{A}^{-1}\cdot\mathbf{A}\cdot\mathbf{B}\cdot\mathbf{X} = \mathbf{E}\cdot\mathbf{B}\cdot\mathbf{X} = \mathbf{B}\cdot\mathbf{X} = \mathbf{A}^{-1};$$

multiplizieren wir jetzt von links mit $\mathbf{B}^{-1}$, so folgt

$$\mathbf{B}^{-1}\cdot\mathbf{B}\cdot\mathbf{X} = \mathbf{E}\cdot\mathbf{X} = \mathbf{X} = \mathbf{B}^{-1}\cdot\mathbf{A}^{-1}.$$

Die Matrix $\mathbf{X} = \mathbf{B}^{-1}\cdot\mathbf{A}^{-1}$ ist auch eine Lösung der Gleichung $\mathbf{X}\cdot\mathbf{A}\cdot\mathbf{B} = \mathbf{E}$, womit $\mathbf{X} = \mathbf{B}^{-1}\cdot\mathbf{A}^{-1}$ als die zu $\mathbf{A}\cdot\mathbf{B}$ inverse Matrix nachgewiesen ist.

Der Umstand, daß bei der Matrizeninversion die Reihenfolge der Faktoren umzukehren ist, hat seine Ursache darin, daß die Matrizenmultiplikation nicht kommutativ ist. Man hat daher beim Rechnen mit Matrizen stets darauf zu achten, von welcher Seite zu multiplizieren ist.

Beispiel 20.9: Die Inverse einer zweireihigen Matrix

$$\mathbf{A} = \begin{pmatrix} A_{11} & A_{12} \\ A_{21} & A_{22} \end{pmatrix}$$

ist

$$\mathbf{A}^{-1} = \frac{1}{A_{11}A_{22} - A_{12}A_{21}} \begin{pmatrix} A_{22} & -A_{12} \\ -A_{21} & A_{11} \end{pmatrix},$$

speziell ist

$$\begin{pmatrix} 1 & 3 \\ 5 & -2 \end{pmatrix}^{-1} = -\frac{1}{17}\begin{pmatrix} -2 & -3 \\ -5 & 1 \end{pmatrix}.$$

Beispiel 20.10:

$$\begin{pmatrix} 1 & 2 & 3 \\ 4 & 0 & 2 \\ 6 & -1 & 5 \end{pmatrix}^{-1} = \frac{1}{26}\begin{pmatrix} -2 & 13 & -4 \\ 8 & 13 & -10 \\ 4 & -13 & 8 \end{pmatrix}.$$

Beispiel 20.11: Wir lösen die Gleichung

$$\mathbf{A} \cdot \mathbf{X} \cdot \mathbf{B} = \mathbf{C}$$

unter der Voraussetzung, daß **A** und **B** reguläre Matrizen sind. Multiplikation von links mit $\mathbf{A}^{-1}$ ergibt

$$\mathbf{A}^{-1} \cdot \mathbf{A} \cdot \mathbf{X} \cdot \mathbf{B} = \mathbf{X} \cdot \mathbf{B} = \mathbf{A}^{-1} \cdot \mathbf{C},$$

anschließende Multiplikation von rechts mit $\mathbf{B}^{-1}$

$$\mathbf{X} \cdot \mathbf{B} \cdot \mathbf{B}^{-1} = \mathbf{X} = \mathbf{A}^{-1} \cdot \mathbf{C} \cdot \mathbf{B}^{-1}.$$

Beispiel 20.12: Wir wollen die Inverse der Matrix

$$\mathbf{X} = \mathbf{A} - \mathbf{B}$$

durch die Inversen der Matrizen **A** und **B** ausdrücken. Dies gelingt durch die Umformung

$$\mathbf{X} = \mathbf{A} - \mathbf{B} = \mathbf{A} \cdot (\mathbf{B}^{-1} - \mathbf{A}^{-1}) \cdot \mathbf{B}$$

und weiter durch Bildung der Inversen,

$$\mathbf{X}^{-1} = (\mathbf{A} - \mathbf{B})^{-1} = \mathbf{B}^{-1} \cdot (\mathbf{B}^{-1} - \mathbf{A}^{-1})^{-1} \cdot \mathbf{A}^{-1}.$$

Wir beschließen diese Betrachtungen mit einer Bemerkung über das Verschwinden eines Matrizenproduktes. Ist in einem Produkt $\mathbf{A} \cdot \mathbf{B}$ einer der Faktoren eine reguläre Matrix und ist $\mathbf{A} \cdot \mathbf{B} = \mathbf{0}$, so ist der andere Faktor gleich der Nullmatrix. Ist nämlich zum Beispiel **A** regulär, so folgt durch Multiplikation von links mit $\mathbf{A}^{-1}$

$$\mathbf{A}^{-1} \cdot \mathbf{A} \cdot \mathbf{B} = \mathbf{B} = \mathbf{0}.$$

Ist $\mathbf{A} \cdot \mathbf{B} = \mathbf{0}$ und keiner der beiden Faktoren die Nullmatrix, so sind zwingend beide Faktoren singulär.

Die Ermittlung der Inversen einer Matrix durch Berechnung der algebraischen Komplemente ist mehr theoretischer Natur, für die praktische Rechnung ist dieser Weg bei Matrizen größerer Reihenzahl nahezu indiskutabel. Prinzipiell ist hierfür die Berechnung von n^2 Determinanten $(n-1)$-ter Ordnung sowie einer n-reihigen Determinante erforderlich. Wir werden später sehen, daß es möglich ist, den Aufwand zur Berechnung der Inversen einer Matrix im wesentlichen auf den Aufwand zur Berechnung einer n-reihigen Determinante zu reduzieren. Die Methode, die dabei zur Anwendung gelangt, die Dreieckszerlegung einer quadratischen Matrix, ist auch das einzig brauchbare Mittel, eine Determinante höherer Reihenzahl zu berechnen.

20.8 Der Rang einer Matrix

Das Studium der Lösungsverhältnisse linearer Gleichungssysteme wird wesentlich erleichtert durch eine Begriffsbildung, die gewisse charakteristische Merkmale einer Matrix kennzeichnet.

Es sei **A** eine beliebige Matrix mit m Zeilen und n Spalten. Unter dem *Spaltenrang* der Matrix **A** versteht man die Maximalzahl linear unabhängiger Spalten von **A**, als *Zeilenrang* bezeichnet man die Maximalzahl linear unabhängiger Zeilen von **A**. Es zeigt sich, daß der Spaltenrang einer Matrix stets gleich ihrem Zeilenrang ist; den gemeinsamen Zeilen- und Spaltenrang nennt man den *Rang der Matrix* **A** und schreibt für diese charakteristische Größe symbolisch

$$\text{Rang}\,\mathbf{A}.$$

Eine Matrix hat offenbar genau dann den Rang Null, wenn alle ihre Elemente gleich Null sind, das heißt, wenn sie gleich der Nullmatrix **0** ist. Wenn demnach eine Matrix **A** von der Nullmatrix verschieden ist, so ist ihr Rang mindestens gleich 1. Der Rang kann aber auch die Zeilen- und Spaltenzahl nicht übertreffen, so daß für eine von der Nullmatrix verschiedene Matrix **A** mit m Zeilen und n Spalten stets gilt

$$1 \leqslant \operatorname{Rang} \mathbf{A} \leqslant \operatorname{Min}\{m, n\}.$$

Zum Nachweis der Gleichheit von Zeilen- und Spaltenrang einer Matrix verwenden wir eine Methode, die gleichzeitig die Bestimmung des Ranges ermöglicht. Die Idee dieses Verfahrens ist, die Matrix **A** mit Hilfe von Matrizenoperationen in eine Matrix umzuformen, deren Elemente unterhalb der Hauptdiagonale sämtlich gleich Null sind.

Wir nehmen an, es sei das Element $A_{11} \neq 0$; wenn dies nicht der Fall ist, so können wir dies sicher durch Vertauschen gewisser Zeilen und Spalten erreichen, was klarerweise keinen Einfluß auf die Maximalzahl linear unabhängiger Zeilen und Spalten hat. Wir multiplizieren dann die erste Zeile der Matrix **A** der Reihe nach mit $-A_{21}/A_{11}, -A_{31}/A_{11}, \ldots, -A_{m1}/A_{11}$ und addieren sie zur zweiten, dritten, ... und schließlich zur m-ten Zeile hinzu. Das Ergebnis ist eine Matrix der Gestalt

$$\mathbf{A}_1 = \begin{pmatrix} A_{11} & A_{12} & A_{13} & \cdots & A_{1n} \\ 0 & A'_{22} & A'_{23} & \cdots & A'_{2n} \\ 0 & A'_{32} & A'_{33} & \cdots & A'_{3n} \\ \cdots & \cdots & \cdots & \cdots & \cdots \\ 0 & A'_{m2} & A'_{m3} & \cdots & A'_{mn} \end{pmatrix},$$

die mit der Matrix **A** im Zusammenhang

$$\mathbf{A}_1 = \mathbf{L}_1 \cdot \mathbf{A} \tag{20.43}$$

steht, worin $\mathbf{L}_1$ eine m-reihige untere Dreiecksmatrix

$$\mathbf{L}_1 = \begin{pmatrix} 1 & & & & \\ -\dfrac{A_{21}}{A_{11}} & 1 & & \emptyset & \\ -\dfrac{A_{31}}{A_{11}} & 0 & 1 & & \\ \vdots & & \emptyset & \ddots & \\ -\dfrac{A_{m1}}{A_{11}} & 0 & & & 1 \end{pmatrix}$$

ist mit der Besonderheit, daß alle Elemente der Hauptdiagonale gleich 1 sind.

Wenn nun alle Elemente der Matrix $\mathbf{A}_1$ unterhalb der ersten Zeile gleich Null sind, so brechen wir den Prozeß ab, denn offenbar sind alle Zeilen der Matrix **A** ein Vielfaches der ersten Zeile, das heißt alle m Zeilen sind kollinear, der Zeilenrang der Matrix **A** ist in diesem Fall gleich 1. Trifft dies nicht zu, so gibt es unterhalb der ersten Zeile wenigstens ein von Null verschiedenes Element. Wir wollen annehmen, daß $A'_{22} \neq 0$ ist; andernfalls bringen wir durch Vertauschen von Zeilen und Spalten ein von Null verschiedenes Element an die Stelle des Elementes A'_{22}. Wir multiplizieren dann die zweite Zeile der Matrix $\mathbf{A}_1$ der Reihe nach mit $-A'_{32}/A'_{22}, -A'_{42}/A'_{22}, \ldots, -A'_{m2}/A'_{22}$ und addieren sie zur dritten, vierten, und schließlich zur m-ten Zeile hinzu; das Ergebnis ist die Matrix

$$\mathbf{A}_2 = \begin{pmatrix} A_{11} & A_{12} & A_{13} & A_{14} & \dots & A_{1n} \\ 0 & A'_{22} & A'_{23} & A'_{24} & \dots & A'_{2n} \\ 0 & 0 & A''_{33} & A''_{34} & \dots & A''_{3n} \\ 0 & 0 & A''_{43} & A''_{44} & \dots & A''_{4n} \\ \dots & \dots & \dots & \dots & \dots & \dots \\ 0 & 0 & A''_{m3} & A''_{m4} & \dots & A''_{mn} \end{pmatrix},$$

die offenbar aus der Matrix $\mathbf{A}_1$ hervorgeht, wenn man $\mathbf{A}_1$ von links mit einer unteren Dreiecksmatrix $\mathbf{L}_2$ multipliziert,

$$\mathbf{A}_2 = \mathbf{L}_2 \cdot \mathbf{A}_1 , \tag{20.44}$$

und zwar mit einer Matrix $\mathbf{L}_2$ der Gestalt

$$\mathbf{L}_2 = \begin{pmatrix} 1 & & & & \mathcal{O} \\ 0 & 1 & & & \\ 0 & -\dfrac{A'_{32}}{A'_{22}} & 1 & & \\ \vdots & & & \ddots & \\ 0 & -\dfrac{A'_{m2}}{A'_{22}} & \mathcal{O} & & 1 \end{pmatrix}.$$

Wenn nun unterhalb der zweiten Zeile der Matrix $\mathbf{A}_2$ alle Elemente gleich Null sind, so muß der Prozeß abgebrochen werden. Andernfalls ist fortzusetzen, indem man in der dritten Spalte der Matrix $\mathbf{A}_2$ unterhalb dem – als von Null verschieden angenommenen – Element A''_{33} Nullen erzeugt, was wir durch Multiplikation der Matrix $\mathbf{A}_2$ von links mit einer unteren Dreiecksmatrix $\mathbf{L}_3$ erreichen, deren Hauptdiagonalelemente sämtlich gleich 1 sind und deren Elemente in der dritten Spalte unterhalb des Hauptdiagonalelementes der Reihe nach die Zahlen $-A''_{43}/A''_{33}, -A''_{53}/A''_{33}, \dots, -A''_{m3}/A''_{33}$ sind, während alle anderen Elemente unterhalb der Hauptdiagonale gleich Null sind. Die Matrix

$$\mathbf{A}_3 = \mathbf{L}_3 \cdot \mathbf{A}_2 \tag{20.45}$$

hat dann die gewünschte Gestalt.

Dieses Verfahren bricht klarerweise nach höchstens $s = \text{Min}\,\{m, n\}$ Schritten ab. Wir wollen annehmen, daß nach $r \leqslant s$ Schritten das Verfahren abbricht, weil entweder $r = s$ ist oder unterhalb der r-ten Zeile der Matrix

$$\mathbf{A}_r = \mathbf{L}_r \cdot \mathbf{A}_{r-1} \tag{20.46}$$

sämtliche Elemente gleich Null sind,

$$\mathbf{A}_r = \begin{pmatrix} R_{11} & R_{12} & \dots & R_{1r} & \dots & R_{1n} \\ 0 & R_{22} & \dots & R_{2r} & \dots & R_{2n} \\ & & \ddots & & & \\ 0 & 0 & \dots & R_{rr} & \dots & R_{rn} \\ 0 & 0 & \dots & 0 & \dots & 0 \\ \dots & \dots & \dots & \dots & \dots & \dots \\ 0 & 0 & \dots & 0 & \dots & 0 \end{pmatrix}.$$

Ist r = s, so hat $\mathbf{A}_r$, z. B. für m < n, die Gestalt

$$\mathbf{A}_r = \begin{pmatrix} R_{11} & R_{12} & \dots & R_{1r} & \dots & R_{1n} \\ & R_{22} & \dots & R_{2r} & \dots & R_{2n} \\ \emptyset & & \ddots & & & \\ & & & R_{rr} & \dots & R_{rn} \end{pmatrix}.$$

Da die Hauptdiagonalglieder $R_{11}, R_{22}, \dots, R_{rr}$ der Matrix $\mathbf{A}_r$ von Null verschieden sind, hat die Matrix $\mathbf{A}_r$ genau r linear unabhängige Zeilen; es ist also r ihr Zeilenrang. Wegen $R_{kk} \neq 0$ sind auch die ersten r Spalten der Matrix $\mathbf{A}_r$ linear unabhängig; offenbar ist r auch die Maximalzahl linear unabhängiger Spalten. Für die Matrix $\mathbf{A}_r$ stimmt also der Zeilenrang mit dem Spaltenrang überein, es ist r = Rang $\mathbf{A}_r$.

Wir zeigen nun, daß auch die Matrix **A** den Rang r hat. Zu diesem Zweck fassen wir zunächst die Gleichungen (20.43) bis (20.46) zusammen,

$$\mathbf{A}_r = \mathbf{L}_r \cdot \mathbf{A}_{r-1} = \dots = \mathbf{L}_r \cdot \mathbf{L}_{r-1} \cdot \dots \cdot \mathbf{L}_2 \cdot \mathbf{L}_1 \cdot \mathbf{A}.$$

Die Matrizen $\mathbf{L}_k$ sind untere Dreiecksmatrizen, deren Hauptdiagonalelemente gleich 1 sind; wir dürfen dem Leser den Nachweis überlassen, daß auch das Produkt

$$\mathbf{L} = \mathbf{L}_r \cdot \mathbf{L}_{r-1} \cdot \dots \cdot \mathbf{L}_2 \cdot \mathbf{L}_1$$

eine untere Dreiecksmatrix ist, deren Hauptdiagonalelemente sämtlich gleich 1 sind. Zwischen der Matrix **A** und der Matrix $\mathbf{A}_r$ besteht also der Zusammenhang

$$\mathbf{L} \cdot \mathbf{A} = \mathbf{A}_r, \qquad (20.47)$$

worin **L** eine untere Dreiecksmatrix mit Einsen auf der Hauptdiagonale ist; die Matrix **L** ist daher regulär, ihre Determinante ist 1.

Als erstes stellen wir fest, daß die Zeilen der Matrix $\mathbf{A}_r$ Linearkombinationen der Zeilen der Matrix A sind: aus diesem Grund muß **A** wie $\mathbf{A}_r$ den Zeilenrang r haben. Bezeichnen wir nun mit $\mathbf{a}_1, \mathbf{a}_2, \dots, \mathbf{a}_n$ die Spalten der Matrix A, mit $\mathbf{b}_1, \mathbf{b}_2, \dots, \mathbf{b}_n$ die Spalten der Matrix $\mathbf{A}_r$, so gilt $\mathbf{b}_k = \mathbf{L} \cdot \mathbf{a}_k$, k = 1, 2, ..., n. Da die Matrix **L** regulär ist, müssen die Vektoren $\mathbf{a}_1, \mathbf{a}_2, \dots, \mathbf{a}_r$ linear unabhängig sein, weil die Vektoren $\mathbf{b}_1, \mathbf{b}_2, \dots, \mathbf{b}_r$ linear unabhängig sind[1]). Aus der Tatsache, daß die Vektoren $\mathbf{b}_1, \mathbf{b}_2, \dots, \mathbf{b}_r, \mathbf{b}_j$, $r < j \leqslant n$, linear abhängig sind, ergibt sich nun, daß auch die Vektoren $\mathbf{a}_1, \mathbf{a}_2, \dots, \mathbf{a}_r, \mathbf{a}_j$ linear abhängig sein müssen: dies bedeutet wiederum, daß die Matrix **A** nicht mehr als r linear unabhängige Spalten haben kann. Also ist r auch der Spaltenrang von **A** und Rang **A** = r.

Beispiel 20.13: Wir bestimmen den Rang der Matrix

$$\mathbf{A} = \begin{pmatrix} 4 & 2 & -1 & 0 \\ -20 & -7 & 4 & 7 \\ 56 & 22 & -12 & -14 \end{pmatrix}.$$

Um in der ersten Spalte unterhalb des Hauptdiagonalelementes Nullen zu erzeugen, multiplizieren wir von links mit der Dreiecksmatrix

$$\mathbf{L}_1 = \begin{pmatrix} 1 & 0 & 0 \\ 5 & 1 & 0 \\ -14 & 0 & 1 \end{pmatrix}$$

[1]) Vgl. die Bemerkung auf Seite 507 im Anschluß an den Beweis von (20.31).

und erhalten

$$\mathbf{A}_1 = \mathbf{L}_1 \cdot \mathbf{A} = \begin{pmatrix} 1 & 0 & 0 \\ 5 & 1 & 0 \\ -14 & 0 & 1 \end{pmatrix} \cdot \begin{pmatrix} 4 & 2 & -1 & 0 \\ -20 & -7 & 4 & 7 \\ 56 & 22 & -12 & -14 \end{pmatrix} = \begin{pmatrix} 4 & 2 & -1 & 0 \\ 0 & 3 & -1 & 7 \\ 0 & -6 & 2 & -14 \end{pmatrix}.$$

Im nächsten Schritt multiplizieren wir von links mit der Dreiecksmatrix

$$\mathbf{L}_2 = \begin{pmatrix} 1 & 0 & 0 \\ 0 & 1 & 0 \\ 0 & 2 & 1 \end{pmatrix};$$

dies führt auf die Matrix

$$\mathbf{A}_2 = \mathbf{L}_2 \cdot \mathbf{A}_1 = \begin{pmatrix} 1 & 0 & 0 \\ 0 & 1 & 0 \\ 0 & 2 & 1 \end{pmatrix} \cdot \begin{pmatrix} 4 & 2 & -1 & 0 \\ 0 & 3 & -1 & 7 \\ 0 & -6 & 2 & -14 \end{pmatrix} = \begin{pmatrix} 4 & 2 & -1 & 0 \\ 0 & 3 & -1 & 7 \\ 0 & 0 & 0 & 0 \end{pmatrix}.$$

Es ist also Rang $\mathbf{A} = 2$. Dem Leser sei die Bestätigung der Gleichung (20.47) empfohlen,

$$\mathbf{L} \cdot \mathbf{A} = \mathbf{L}_2 \cdot \mathbf{L}_1 \cdot \mathbf{A} = \begin{pmatrix} 1 & 0 & 0 \\ 5 & 1 & 0 \\ -4 & 2 & 1 \end{pmatrix} \cdot \begin{pmatrix} 4 & 2 & -1 & 0 \\ -20 & -7 & 4 & 7 \\ 56 & 22 & -12 & -14 \end{pmatrix} = \begin{pmatrix} 4 & 2 & -1 & 0 \\ 0 & 3 & -1 & 7 \\ 0 & 0 & 0 & 0 \end{pmatrix}.$$

20.9 Lineare Gleichungssysteme

Ein System von zwei Gleichungen in zwei Unbekannten,

$$\begin{aligned} A_{11}x_1 + A_{12}x_2 &= b_1, \\ A_{21}x_1 + A_{22}x_2 &= b_2, \end{aligned} \tag{20.48}$$

können wir als die Gleichungen zweier Geraden g_1 und g_2 auffassen. Die Normalenrichtungen der beiden Geraden sind durch die Vektoren (A_{11}, A_{12}) und (A_{21}, A_{22}), die Zeilen der Koeffizientenmatrix **A**, die wir mit $\mathbf{a}_1^*$ und $\mathbf{a}_2^*$ bezeichnen, gegeben. Die Lösung des Systems (20.48) ist identisch mit der Aufgabe, alle Punkte (x_1, x_2) zu finden, die auf beiden Geraden g_1 und g_2 liegen.

Sind die beiden Vektoren $\mathbf{a}_1^*$ und $\mathbf{a}_2^*$ linear unabhängig, also nicht kollinear, so sind die beiden Geraden g_1 und g_2 nicht parallel; das Gleichungssystem (20.48) ist in diesem Fall eindeutig lösbar, die Koordinaten des Schnittpunktes P sind

$$x_1 = \frac{b_1A_{22} - b_2A_{12}}{A_{11}A_{22} - A_{12}A_{21}}, \quad x_2 = \frac{b_2A_{11} - b_1A_{21}}{A_{11}A_{22} - A_{12}A_{21}},$$

wovon sich der Leser durch Nachrechnen überzeugen möge. Bezeichnet man mit $\mathbf{a}_1 = A_{11}\mathbf{e}_1 + A_{21}\mathbf{e}_2$ und $\mathbf{a}_2 = A_{12}\mathbf{e}_1 + A_{22}\mathbf{e}_2$ die Spalten der Koeffizientenmatrix **A**, so können wir die Koordinaten des Schnittpunktes P auch in der Form

$$x_1 = \frac{\operatorname{Det}(\mathbf{b}, \mathbf{a}_2)}{\operatorname{Det}(\mathbf{a}_1, \mathbf{a}_2)}, \quad x_2 = \frac{\operatorname{Det}(\mathbf{a}_1, \mathbf{b})}{\operatorname{Det}(\mathbf{a}_1, \mathbf{a}_2)} \tag{20.49}$$

anschreiben. Die Determinante der Koeffizientenmatrix **A** im Nenner dieser Ausdrücke ist von Null verschieden, denn die lineare Unabhängigkeit der Zeilen (und Spalten) der Matrix **A** bedeutet ja gerade $\operatorname{Det} \mathbf{A} \neq 0$.

Sind die Vektoren $\mathbf{a}_1^*$ und $\mathbf{a}_2^*$ linear abhängig, also kollinear, so sind die beiden Geraden g_1 und g_2 parallel. In diesem Fall hat das System (20.48) keine Lösung, es sei denn, die beiden Geraden fallen zusammen. Beide Gleichungen beschreiben dann dieselbe Gerade g, und dies bedeutet, daß jede der beiden Gleichungen (20.48) ein Vielfaches der anderen sein muß; eine der beiden Gleichungen (20.48) sagt also nichts Neues aus und kann daher gestrichen werden. Mathematisch drückt sich dieser Sachverhalt in den Verhältnissen

$$A_{11} : A_{21} = A_{12} : A_{22} = b_1 : b_2$$

aus oder dadurch, daß die Matrix

$$\mathbf{B} = \begin{pmatrix} A_{11} & A_{12} & b_1 \\ A_{21} & A_{22} & b_2 \end{pmatrix},$$

die man die *erweiterte Koeffizientenmatrix* nennt, den Rang 1 hat, ebenso wie die Koeffizientenmatrix $\mathbf{A}$. Man kürzt dies durch die Sprechweise ab, die beiden Gleichungen (20.48) sind linear abhängig. Die Lösung des Systems (20.48) besteht aus allen Punkten, die auf der Geraden g liegen – es gibt also in diesem Fall unendlich viele Lösungen.

Ein System (20.48) läßt sich noch auf andere Weise deuten, und zwar kann man die rechte Seite $\mathbf{b}$ als Linearkombination der Vektoren $\mathbf{a}_1$ und $\mathbf{a}_2$, den Spalten der Koeffizientenmatrix $\mathbf{A}$, auffassen. Sofern eine solche Darstellung überhaupt möglich ist, bedeutet die Lösung des Systems (20.48), die affinen Koordinaten des Vektors $\mathbf{b}$ in dem von den Vektoren $\mathbf{a}_1$ und $\mathbf{a}_2$ aufgespannten schiefwinkeligen Koordinatensystem zu finden. Da sich nun jeder zweidimensionale Vektor in eindeutiger Weise als Linearkombination zweier linear unabhängiger Vektoren darstellen läßt, hat (20.48) sicher eine eindeutige Lösung, wenn die Vektoren $\mathbf{a}_1$ und $\mathbf{a}_2$ linear unabhängig sind. Die Lösungszahlen sind natürlich mit (20.49) identisch und stellen die affinen Koordinaten des Vektors $\mathbf{b}$ in Bezug auf das Zweibein der Spalten $\mathbf{a}_1$ und $\mathbf{a}_2$ der Koeffizientenmatrix $\mathbf{A}$ dar.

Sind aber die beiden Vektoren $\mathbf{a}_1$ und $\mathbf{a}_2$ linear abhängig, also kollinear, so läßt sich nicht mehr jeder beliebige Vektor als Linearkombination dieser Vektoren darstellen. Die Bedingung hierfür ist offenbar, daß der Vektor $\mathbf{b}$ dieselbe Richtung hat wie die Vektoren $\mathbf{a}_1$ und $\mathbf{a}_2$, also alle drei Vektoren kollinear sind. Dieser Sachverhalt läßt sich auch folgendermaßen beschreiben. Die Vektoren $\mathbf{a}_1$ und $\mathbf{a}_2$ spannen eine lineare Mannigfaltigkeit der Dimension 1 auf, und eine Lösung des Systems (20.48) existiert nur dann, wenn der Vektor $\mathbf{b}$ dieser Mannigfaltigkeit angehört; dies ist aber gleichbedeutend damit, daß die oben eingeführte erweiterte Koeffizientenmatrix $\mathbf{B}$ den Rang 1 hat, denn nur dann liegen alle drei Vektoren $\mathbf{a}_1$, $\mathbf{a}_2$ und $\mathbf{b}$ in der von den Vektoren $\mathbf{a}_1$ und $\mathbf{a}_2$ aufgespannten Mannigfaltigkeit. Natürlich ist in diesem Fall der Vektor $\mathbf{b}$ nicht in eindeutiger Weise als Linearkombination der Spalten von $\mathbf{A}$ darstellbar, so daß unendlich viele Lösungen des Systems (20.48) existieren, entsprechend dem Fall zusammenfallender Geraden in der ersten Deutung.

Ganz analog läßt sich ein System von drei Gleichungen in drei Unbekannten

$$\begin{aligned} A_{11}x_1 + A_{12}x_2 + A_{13}x_3 &= b_1, \\ A_{21}x_1 + A_{22}x_2 + A_{23}x_3 &= b_2, \\ A_{31}x_1 + A_{32}x_2 + A_{33}x_3 &= b_3, \end{aligned} \tag{20.50}$$

interpretieren. Jede der drei Gleichungen (20.50) kann als die Gleichung einer Ebene im Raum angesehen werden, die Normalenrichtungen dieser Ebenen sind durch die Vektoren $\mathbf{a}_i^* = A_{i1}\mathbf{e}_1 + A_{i2}\mathbf{e}_2 + A_{i3}\mathbf{e}_3$, den Zeilen der Koeffizientenmatrix $\mathbf{A}$, gegeben. Sind diese Vektoren linear unabhängig, so ist keine der drei Ebenen parallel zu einer anderen, alle drei schneiden sich in genau einem Punkt (x_1, x_2, x_3), was bedeutet, daß in diesem Fall die Lösung von (20.50) eindeutig bestimmt ist.

Sind aber die Normalenrichtungen $\mathbf{a}_i^*$ linear abhängig, so sind zwei Fälle möglich: entweder sind sie kollinear oder komplanar. Im ersten Fall ist Rang $\mathbf{A} = 1$, im zweiten Fall ist Rang $\mathbf{A} = 2$. Jedenfalls verlaufen mindestens zwei Ebenen parallel, und das System (20.50) kann nur dann lösbar sein, wenn die parallelen Ebenen zusammenfallen. Dieser Fall ist wieder dadurch gekennzeichnet, daß der Rang der erweiterten Koeffizientenmatrix

$$\mathbf{B} = \begin{pmatrix} A_{11} & A_{12} & A_{13} & b_1 \\ A_{21} & A_{22} & A_{23} & b_2 \\ A_{31} & A_{32} & A_{33} & b_3 \end{pmatrix}$$

mit dem Rang der Koeffizientenmatrix $\mathbf{A}$ übereinstimmt: $r = \text{Rang}\,\mathbf{A} = \text{Rang}\,\mathbf{B}$. Ist $r = 1$, so sind zwei Gleichungen linear abhängig, alle drei Gleichungen beschreiben ein und dieselbe Ebene; jeder Punkt (x_1, x_2, x_3) auf dieser Ebene ist eine Lösung des Systems (20.50). Ist $r = 2$, so ist nur eine Gleichung linear abhängig, durch das System (20.50) werden zwei (nicht parallele) Ebenen beschrieben; die Lösungen sind in diesem Falle die Punkte auf der Schnittgeraden dieser beiden Ebenen.

Ähnlich überträgt sich die Auslegung, die rechte Seite als Linearkombination der Spalten $\mathbf{a}_1, \mathbf{a}_2$ und $\mathbf{a}_3$ der Koeffizientenmatrix $\mathbf{A}$ anzusehen. Sind die drei Spalten linear unabhängig, so läßt sich jeder Vektor als Linearkombination in eindeutiger Weise darstellen. Die Lösung lautet in diesem Fall (vgl. (19.50))

$$x_1 = \frac{\text{Det}(\mathbf{b}, \mathbf{a}_2, \mathbf{a}_3)}{\text{Det}\,\mathbf{A}}, \quad x_2 = \frac{\text{Det}(\mathbf{a}_1, \mathbf{b}, \mathbf{a}_3)}{\text{Det}\,\mathbf{A}}, \quad x_3 = \frac{\text{Det}(\mathbf{a}_1, \mathbf{a}_2, \mathbf{b})}{\text{Det}\,\mathbf{A}}.$$

Diese Größen stellen die affinen Koordinaten des Vektors $\mathbf{b}$ in Bezug auf das von den Spalten der Matrix $\mathbf{A}$ aufgespannten schiefwinkeligen Koordinatensystems dar.

Sind hingegen die Spalten der Koeffizientenmatrix linear abhängig, so ist der Rang der Matrix $\mathbf{A}$ gleich 1 oder 2, je nachdem, ob die Spalten von $\mathbf{A}$ eine eindimensionale oder zweidimensionale Mannigfaltigkeit aufspannen. Das System (20.50) ist in diesem Fall nur dann lösbar, wenn der Vektor $\mathbf{b}$ dieser Mannigfaltigkeit angehört; offenbar ist dies genau dann der Fall, wenn der Rang der erweiterten Koeffizientenmatrix $\mathbf{B}$ mit dem Rang der Koeffizientenmatrix $\mathbf{A}$ übereinstimmt. Das System (20.50) ist dann natürlich nicht eindeutig lösbar, da es unendlich viele Möglichkeiten gibt, den Vektor $\mathbf{b}$ als Linearkombination der linear abhängigen Spalten der Koeffizientenmatrix $\mathbf{A}$ darzustellen.

Nach diesen einleitenden Betrachtungen, die bereits das Wesen der Lösungsverhältnisse bei Systemen linearer Gleichungen aufzeigen, gehen wir nun zum Studium des allgemeinen Falles über. Wir betrachten ein System von m Gleichungen in n Unbekannten

$$\begin{aligned} A_{11}x_1 + A_{12}x_2 + \ldots + A_{1n}x_n &= b_1, \\ A_{21}x_1 + A_{22}x_2 + \ldots + A_{2n}x_n &= b_2, \\ \ldots\ldots\ldots\ldots\ldots\ldots\ldots\ldots\ldots \\ A_{m1}x_1 + A_{m2}x_2 + \ldots + A_{mn}x_n &= b_m, \end{aligned} \tag{20.51}$$

das wir mit Hilfe der $m \times n$-Matrix $\mathbf{A}$ auch als *lineare Vektorgleichung*

$$\mathbf{A} \cdot \mathbf{x} = \mathbf{b} \tag{20.52}$$

schreiben. Wir interessieren uns zunächst dafür, unter welchen Voraussetzungen die Gleichung (20.52) *eindeutig* lösbar ist, sofern es überhaupt eine Lösung gibt. Zu diesem Zweck nehmen wir an, daß $\mathbf{x}_1$ und $\mathbf{x}_2$ zwei verschiedene Lösungen der Gleichung (20.52) sind,

$$\mathbf{A} \cdot \mathbf{x}_2 = \mathbf{A} \cdot \mathbf{x}_1 = \mathbf{b}.$$

Bilden wir die Differenz $\mathbf{x} = \mathbf{x}_2 - \mathbf{x}_1$, so genügt diese offenbar der Gleichung

$$\mathbf{A} \cdot \mathbf{x} = \mathbf{o}, \tag{20.53}$$

denn auf Grund der Linearitätseigenschaften (20.5) und (20.6) ist

$$\mathbf{A} \cdot \mathbf{x} = \mathbf{A} \cdot (\mathbf{x}_2 - \mathbf{x}_1) = \mathbf{A} \cdot \mathbf{x}_2 - \mathbf{A} \cdot \mathbf{x}_1 = \mathbf{b} - \mathbf{b} = \mathbf{o}. \tag{20.54}$$

Die Gleichung (20.53) wird die zu (20.52) gehörige *homogene Gleichung* genannt, weil mit jeder Lösung $\mathbf{x}$ auch das Vielfache $\lambda\mathbf{x}$ eine Lösung der Gleichung (20.53) ist; dagegen nennt man die Gleichung (20.52) *inhomogen*, wenn die rechte Seite $\mathbf{b}$ vom Nullvektor verschieden ist.

Die homogene Gleichung (20.53) besitzt stets die Lösung $\mathbf{x} = \mathbf{o}$, die man deswegen als *triviale Lösung* bezeichnet; eine Lösung heißt *nichttrivial*, wenn sie vom Nullvektor verschieden ist. Wenn $\mathbf{x} = \mathbf{o}$ nicht die einzige Lösung ist, so kann die homogene Gleichung (20.53) nicht eindeutig lösbar sein, da jedes Vielfache einer Lösung wieder eine Lösung ist.

Die Gleichung (20.54) lehrt uns, daß die inhomogene Gleichung nur dann zwei verschiedene Lösungen haben kann, wenn die homogene Gleichung in nichttrivialer Weise lösbar ist. Die Existenz einer nichttrivialen Lösung der homogenen Gleichung (20.53) können wir nun leicht entscheiden, wenn wir die Gleichung (20.53) in der Form

$$\mathbf{a}_1 x_1 + \mathbf{a}_2 x_2 + \ldots + \mathbf{a}_n x_n = \mathbf{o} \tag{20.55}$$

anschreiben, worin $\mathbf{a}_k$ die Spalten der Koeffizientenmatrix $\mathbf{A}$ sind. Wir entnehmen der Gleichung (20.55), daß die homogene Gleichung (20.53) offenbar genau dann eine nichttriviale Lösung hat, wenn die Spalten $\mathbf{a}_k$ der Matrix $\mathbf{A}$ linear abhängig sind. Wenn die Spalten der Matrix $\mathbf{A}$ linear unabhängig sind, so ist der Nullvektor nur durch die triviale Linearkombination darstellbar, so daß in diesem Fall, und genau in diesem Fall, die homogene Gleichung (20.53) nur die triviale Lösung hat. Ist aber die triviale Lösung die einzige Lösung der homogenen Gleichung (20.53), so kann die inhomogene Gleichung (20.52) höchstens eine Lösung haben, denn sind $\mathbf{x}_1$ und $\mathbf{x}_2$ zwei Lösungen, so folgt zwingend $\mathbf{x}_1 = \mathbf{x}_2$. Hat das homogene System nur die triviale Lösung, so sind die Spalten der Matrix $\mathbf{A}$ linear unabhängig, der Rang von $\mathbf{A}$ ist gleich der Spaltenzahl.

Eine $m \times n$-Matrix $\mathbf{A}$ heißt *injektiv*, wenn die Abbildung $\mathbf{y} = \mathbf{A} \cdot \mathbf{x} + \mathbf{b}$ eines n-dimensionalen Raumes in einen m-dimensionalen Raum eineindeutig ist, das heißt, wenn jedem Bild $\mathbf{y}$ genau ein Urbild $\mathbf{x}$ entspricht, so daß gilt: aus $\mathbf{x}_1 \neq \mathbf{x}_2$ folgt $\mathbf{A} \cdot \mathbf{x}_1 \neq \mathbf{A} \cdot \mathbf{x}_2$ (vgl. Abschnitt 1.6, insbesondere (1.79)). Offenbar ist eine Matrix $\mathbf{A}$ genau dann injektiv, wenn die homogene Gleichung $\mathbf{A} \cdot \mathbf{x} = \mathbf{o}$ nur die triviale Lösung hat. *Also ist eine Matrix genau dann injektiv, wenn gilt*

$$\text{Rang } \mathbf{A} = \textit{Spaltenzahl von } \mathbf{A}. \tag{20.56}$$

Wir bemerken dazu, daß eine Matrix nur dann injektiv sein kann, wenn ihre Zeilenzahl nicht kleiner als ihre Spaltenzahl ist, die Matrix also eine „stehende“ rechteckige oder quadratische Matrix ist, da ja der Rang die Zeilenzahl nicht übersteigen kann.

Wir fassen unsere bisherigen Ergebnisse zusammen in

Satz 20.18 *Wenn ein inhomogenes Gleichungssystem* $\mathbf{A} \cdot \mathbf{x} = \mathbf{b}$ *überhaupt lösbar ist, so ist es genau dann eindeutig lösbar, wenn die Koeffizientenmatrix injektiv ist, der Rang von* $\mathbf{A}$ *also gleich der Anzahl der Unbekannten ist. Eine homogene Gleichung* $\mathbf{A} \cdot \mathbf{x} = \mathbf{o}$ *hat genau dann nur die triviale Lösung* $\mathbf{x} = \mathbf{o}$, *wenn die Koeffizientenmatrix* $\mathbf{A}$ *injektiv ist.*

Wir bemerken, daß mit Hilfe von Satz 20.18 der Beweis von Satz 20.5 erbracht werden kann. Ist nämlich $\mathbf{A}$ eine Matrix mit m Zeilen und $n = m + 1$ Spalten, so kann $\mathbf{A}$ nicht injektiv sein. Dies bedeutet, daß das homogene System $\mathbf{A} \cdot \mathbf{x} = \mathbf{o}$ eine nichttriviale Lösung besitzen muß, beziehungsweise, daß die Gleichung (20.55) (mit $n = m + 1$) für Zahlen x_i, die nicht alle gleich Null sind, erfüllt werden kann – in einem m-dimensionalen Raum sind also $m + 1$ Vektoren stets linear abhängig.

Wir wenden uns jetzt der Frage nach der *Lösbarkeit* einer inhomogenen Gleichung (20.52) zu. Während die eindeutige Lösbarkeit von den Eigenschaften der Koeffizientenmatrix $\mathbf{A}$ abhängig ist, hängt die Lösbarkeit natürlich von der rechten Seite $\mathbf{b}$ ab. Da der Vektor $\mathbf{b}$ im Falle der Lösbarkeit eine Linearkombination der Spalten von $\mathbf{A}$ ist, liegt der Vektor $\mathbf{b}$ in der von den Spalten der Matrix $\mathbf{A}$ aufgespannten linearen Mannigfaltigkeit, oder anders ausgedrückt, der Vektor $\mathbf{b}$ muß im Falle der Lösbarkeit des Systems (20.52) von den Spalten der Matrix $\mathbf{A}$ linear abhängig sein. Dies wiederum bedeutet, daß die *erweiterte Koeffizientenmatrix*

$$\mathbf{B} = \begin{pmatrix} A_{11} & A_{12} & \dots & A_{1n} & b_1 \\ A_{21} & A_{22} & \dots & A_{2n} & b_2 \\ \dots & \dots & \dots & \dots & \dots \\ A_{m1} & A_{m2} & \dots & A_{mn} & b_m \end{pmatrix}$$

denselben Rang wie die Koeffizientenmatrix $\mathbf{A}$ haben muß. Es gilt somit

Satz 20.19 *Damit ein inhomogenes lineares Gleichungssystem* $\mathbf{A} \cdot \mathbf{x} = \mathbf{b}$ *lösbar ist, ist notwendig und hinreichend, daß der Rang der erweiterten Koeffizientenmatrix* $\mathbf{B}$ *mit dem Rang der Koeffizientenmatrix* $\mathbf{A}$ *übereinstimmt.*

Von Interesse ist noch die Frage, unter welchen Voraussetzungen ein System linearer Gleichungen für *jede beliebige rechte Seite lösbar ist.* Wenn wir davon ausgehen, daß jeder m-dimensionale Vektor als Linearkombination der m-dimensionalen Spalten der Koeffizientenmatrix $\mathbf{A}$ darstellbar sein soll, so müssen von den n Spalten der Matrix $\mathbf{A}$ genau m Spalten linear unabhängig sein, weil man zur Darstellung eines beliebigen Vektors des m-dimensionalen Raumes ein System von m linear unabhängigen Vektoren benötigt. Folglich muß der Rang der Matrix $\mathbf{A}$ gleich ihrer Zeilenzahl sein, wenn (20.52) für jeden Vektor $\mathbf{b}$ lösbar sein soll.

Wir nennen eine $m \times n$-Matrix *surjektiv*, wenn die Abbildung $y = \mathbf{A} \cdot \mathbf{x} + \mathbf{b}$ eines n-dimensionalen Raumes in einen m-dimensionalen Raum die Eigenschaft hat, daß jeder Punkt y wenigstens ein Urbild x hat, entsprechend dem Begriff der surjektiven Funktion (vgl. Abschnitt 1.6). *Eine surjektive Matrix ist also durch*

$$\text{Rang } \mathbf{A} = \textit{Zeilenzahl von } \mathbf{A} \qquad (20.57)$$

gekennzeichnet. Wir bemerken dazu, daß eine Matrix nur dann surjektiv sein kann, wenn ihre Spaltenzahl nicht kleiner als ihre Zeilenzahl ist, da ja der Rang nicht größer als die

Spaltenzahl sein kann. Nur eine „liegende“ rechteckige oder quadratische Matrix kann also surjektiv sein. Wir haben somit den

Satz 20.20 *Ein inhomogenes Gleichungssystem* $\mathbf{A} \cdot \mathbf{x} = \mathbf{b}$ *ist genau dann für jede beliebige rechte Seite* $\mathbf{b}$ *lösbar, wenn die Koeffizientenmatrix surjektiv ist, das heißt, wenn der Rang von* $\mathbf{A}$ *gleich der Anzahl der Gleichungen ist.*

Eine injektive und surjektive Matrix wird *bijektiv* genannt. Eine bijektive Matrix ist offenbar quadratisch und regulär, denn beide Forderungen zusammen bedeuten

$$\text{Rang}\,\mathbf{A} = \text{Zeilenzahl von}\ \mathbf{A} = \text{Spaltenzahl}\ \mathbf{A}. \tag{20.58}$$

Die inhomogene Gleichung $\mathbf{A} \cdot \mathbf{x} = \mathbf{b}$ mit einer bijektiven Koeffizientenmatrix ist für jede beliebige rechte Seite eindeutig lösbar. Man nennt diese Situation den *Regelfall.* Mit Hilfe der Inversen $\mathbf{A}^{-1}$ der Koeffizientenmatrix $\mathbf{A}$ läßt sich die Lösung in der Form

$$\mathbf{x} = \mathbf{A}^{-1} \cdot \mathbf{b} \tag{20.59}$$

angeben. Es gilt somit

Satz 20.21 *Ein inhomogenes Gleichungssystem* $\mathbf{A} \cdot \mathbf{x} = \mathbf{b}$ *ist genau dann für jede rechte Seite* $\mathbf{b}$ *eindeutig lösbar, wenn die Koeffizientenmatrix* $\mathbf{A}$ *regulär ist. Ein homogenes Gleichungssystem* $\mathbf{A} \cdot \mathbf{x} = \mathbf{o}$ *mit quadratischer Koeffizientenmatrix* $\mathbf{A}$ *ist genau dann in nichttrivialer Weise lösbar, wenn die Matrix* $\mathbf{A}$ *singulär ist, das heißt, wenn* $\text{Det}\,\mathbf{A} = 0$ *gilt.*

Die eindeutig bestimmte Lösung (20.59) im Regelfall läßt sich auch noch auf andere Weise als durch Inversion der Koeffizientenmatrix gewinnen.

Satz 20.22 (Cramer'sche Regel) *Liegt bei der inhomogenen Gleichung* $\mathbf{A} \cdot \mathbf{x} = \mathbf{b}$ *der Regelfall vor, so sind die Zahlen*

$$x_i = \frac{1}{\text{Det}\,\mathbf{A}} \begin{vmatrix} A_{11} & \dots & A_{1\,i-1} & b_1 & A_{1\,i+1} & \dots & A_{1n} \\ A_{21} & \dots & A_{2\,i-1} & b_2 & A_{2\,i+1} & \dots & A_{2n} \\ \dots & \dots & \dots & \dots & \dots & \dots & \dots \\ A_{n1} & \dots & A_{n\,i-1} & b_n & A_{n\,i+1} & \dots & A_{nn} \end{vmatrix} \tag{20.60}$$

die Koordinaten der Lösung $\mathbf{x}$.

Zum Beweis schreiben wir die Determinanten auf der rechten Seite von (20.60) in der Form

$$x_i = \frac{1}{\text{Det}\,\mathbf{A}} \text{Det}(\mathbf{a}_1, \dots, \mathbf{a}_{i-1}, \mathbf{b}, \mathbf{a}_{i+1}, \dots, \mathbf{a}_n),$$

worin wir wieder mit $\mathbf{a}_k$ die Spalten der Matrix $\mathbf{A}$ bezeichnen. Berücksichtigen wir nun die Beziehungen $\mathbf{a}_i = \mathbf{A} \cdot \mathbf{e}_i$, $i = 1, 2, \dots, n$, so folgt mit $\mathbf{A} \cdot \mathbf{x} = \mathbf{b}$ und (20.31)

$$\begin{aligned} &\frac{1}{\text{Det}\,\mathbf{A}} \text{Det}(\mathbf{a}_1, \dots, \mathbf{a}_{i-1}, \mathbf{b}, \mathbf{a}_{i+1}, \dots, \mathbf{a}_n) \\ &= \frac{1}{\text{Det}\,\mathbf{A}} \text{Det}(\mathbf{A} \cdot \mathbf{e}_1, \dots, \mathbf{A} \cdot \mathbf{e}_{i-1}, \mathbf{A} \cdot \mathbf{x}, \mathbf{A} \cdot \mathbf{e}_{i+1}, \dots, \mathbf{A} \cdot \mathbf{e}_n) \\ &= \text{Det}(\mathbf{e}_1, \dots, \mathbf{e}_{i-1}, \mathbf{x}, \mathbf{e}_{i+1}, \dots, \mathbf{e}_n) = \text{Det}\left(\mathbf{e}_1, \dots, \mathbf{e}_{i-1}, \sum_{k=1}^{n} x_k \mathbf{e}_k, \mathbf{e}_{i+1}, \dots, \mathbf{e}_n\right) \\ &= \sum_{k=1}^{n} x_k \,\text{Det}(\mathbf{e}_1, \dots, \mathbf{e}_{i-1}, \mathbf{e}_k, \mathbf{e}_{i+1}, \dots, \mathbf{e}_n) = x_i. \end{aligned}$$

Die Cramersche Regel, so einfach sie ist, eignet sich dennoch wenig für die praktische Lösung linearer Gleichungssysteme, sie erfordert immerhin die Berechnung von n + 1 Determinanten n-ter Ordnung, was bei einer größeren Anzahl von Unbekannten zu einem nicht unbeträchtlichen Aufwand führt. Der Umstand allerdings, daß die einzelnen Unbekannten unabhängig voneinander berechnet werden können, kann manchmal von Nutzen sein, namentlich wenn Ausdrücke für einzelne der Unbekannten benötigt werden.

Nachdem wir nun einen Einblick in die Lösungsverhältnisse linearer Gleichungssysteme gewonnen haben, richten wir unser Interesse auf die Struktur der Lösungen. Wir suchen einen Ausdruck, der alle Lösungen des inhomogenen Systems (20.52) beschreibt; einen solchen Ausdruck nennt man die *allgemeine Lösung* des inhomogenen Systems (20.52).

Wir nehmen an, das inhomogene System (20.52) sei lösbar, $\mathbf{x}_p$ sei eine beliebige Lösung. Über die Koeffizientenmatrix **A** setzen wir voraus, daß sie nicht injektiv ist, da andernfalls $\mathbf{x}_p$ die einzige Lösung des Systems (20.52) ist. Unter solchen Umständen nennt man $\mathbf{x}_p$ eine *partikuläre* Lösung von (20.52). Ist nun $\mathbf{x}_a$ eine von $\mathbf{x}_p$ verschiedene Lösung des inhomogenen Systems, so ist die Differenz $\mathbf{x}_a - \mathbf{x}_p$ eine Lösung der homogenen Gleichung (20.53), denn es gilt

$$\mathbf{A} \cdot (\mathbf{x}_a - \mathbf{x}_p) = \mathbf{A} \cdot \mathbf{x}_a - \mathbf{A} \cdot \mathbf{x}_p = \mathbf{b} - \mathbf{b} = \mathbf{o}.$$

Dies bedeutet: ist $\mathbf{x}_p$ eine feste Lösung der inhomogenen Gleichung und $\mathbf{x}_a$ eine beliebige andere, so kann $\mathbf{x}_a$ in der Form

$$\mathbf{x}_a = \mathbf{x}_p + \mathbf{x}_h \tag{20.61}$$

dargestellt werden, worin $\mathbf{x}_h$ eine gewisse Lösung der homogenen Gleichung (20.53) ist. Wenn also umgekehrt $\mathbf{x}_h$ alle Lösungen der homogenen Gleichung durchläuft, so erhalten wir mit $\mathbf{x}_a$ offenbar alle Lösungen der inhomogenen Gleichung. Wir suchen deshalb nach einem Ausdruck, der alle Lösungen der homogenen Gleichung beschreibt.

Dazu stellen wir zunächst fest, daß die Lösungen der homogenen Gleichung (20.53) eine lineare Mannigfaltigkeit bilden. Sind nämlich **x** und **y** zwei beliebige Lösungen der homogenen Gleichung (20.53), so gilt

$$\mathbf{A} \cdot (\mathbf{x} + \mathbf{y}) = \mathbf{A} \cdot \mathbf{x} + \mathbf{A} \cdot \mathbf{y} = \mathbf{o} + \mathbf{o} = \mathbf{o};$$

ist ferner **x** eine Lösung und λ eine beliebige Zahl, so ist auch λ**x** eine Lösung,

$$\mathbf{A} \cdot (\lambda\mathbf{x}) = \lambda(\mathbf{A} \cdot \mathbf{x}) = \lambda\mathbf{o} = \mathbf{o}.$$

Diese lineare Mannigfaltigkeit heißt der *Kern der Matrix* **A**, ihre Dimension d wird der *Defekt der Matrix* **A** genannt. Wir zeigen, daß der Defekt gleich der Differenz aus der Spaltenzahl n und dem Rang r der Matrix **A** ist,

$$d = n - r. \tag{20.62}$$

Um dies zu beweisen, haben wir den Nachweis zu erbringen, daß d linear unabhängige Lösungen der homogenen Gleichung existieren; ferner ist zu zeigen, daß d + 1 Lösungen stets linear abhängig sind.

Ist d = 0, also n = r, so hat die homogene Gleichung $\mathbf{A} \cdot \mathbf{x} = \mathbf{o}$ nach Satz 20.18 nur die triviale Lösung, d. h. der Kern von **A** besteht nur aus dem Nullvektor.

Sei also r < n. Wir nehmen der Einfachheit halber an, daß die ersten r Spalten $\mathbf{a}_1, \mathbf{a}_2, \ldots, \mathbf{a}_r$ der Matrix **A** linear unabhängig sind. Die Spalten $\mathbf{a}_{r+1}, \ldots, \mathbf{a}_n$ lassen sich dann in eindeutiger Weise als Linearkombination der ersten r Spalten darstellen,

$$\mathbf{a}_{r+j} = x_{j1}\mathbf{a}_1 + x_{j2}\mathbf{a}_2 + \ldots + x_{jr}\mathbf{a}_r, \quad j = 1, 2, \ldots, d, \; d = n - r.$$

Dies zeigt, daß die Vektoren

$$\mathbf{x}_j = x_{j1}\mathbf{e}_1 + \ldots x_{jr}\mathbf{e}_r - \mathbf{e}_{r+j}, \quad j = 1, 2, \ldots, d, \tag{20.63}$$

Lösungen der homogenen Gleichung (20.53) sind. Die letzten n − r Koordinaten des Vektors $\mathbf{x}_j$ sind Null, bis auf die (r + j)-te, welche gleich −1 ist. Aus dieser Eigenschaft geht unmittelbar hervor, daß die Vektoren $\mathbf{x}_1, \mathbf{x}_2, \ldots, \mathbf{x}_d$ linear unabhängig sind, denn die Gleichung

$$\lambda_1 \begin{pmatrix} x_{11} \\ \vdots \\ x_{1r} \\ -1 \\ 0 \\ \vdots \\ 0 \end{pmatrix} + \lambda_2 \begin{pmatrix} x_{21} \\ \vdots \\ x_{2r} \\ 0 \\ -1 \\ \vdots \\ 0 \end{pmatrix} + \ldots + \lambda_d \begin{pmatrix} x_{d1} \\ \vdots \\ x_{dr} \\ 0 \\ 0 \\ \vdots \\ -1 \end{pmatrix} = \begin{pmatrix} 0 \\ \vdots \\ \vdots \\ \vdots \\ \vdots \\ \vdots \\ 0 \end{pmatrix}$$

kann offenbar nur erfüllt sein, wenn $\lambda_1 = \lambda_2 = \ldots = \lambda_d = 0$ ist.

Wir zeigen schließlich, daß d + 1 Lösungen der homogenen Gleichung (20.53) stets linear abhängig sind. Dazu nehmen wir an, es sei $\mathbf{y}$ eine beliebige Lösung der homogenen Gleichung, so daß gilt

$$\mathbf{a}_1 y_1 + \mathbf{a}_2 y_2 + \ldots + \mathbf{a}_r y_r + \mathbf{a}_{r+1} y_{r+1} + \ldots + \mathbf{a}_n y_n = \mathbf{0}.$$

Setzen wir die Darstellungen der Vektoren $\mathbf{a}_{r+1}, \ldots, \mathbf{a}_n$ ein, so folgt

$$\mathbf{0} = \mathbf{a}_1 y_1 + \ldots + \mathbf{a}_r y_r + \sum_{j=1}^{d} y_{r+j} \sum_{k=1}^{r} \mathbf{a}_k x_{jk} = \mathbf{a}_1 y_1 + \ldots + \mathbf{a}_r y_r + \sum_{k=1}^{r} \mathbf{a}_k \sum_{j=1}^{d} y_{r+j} x_{jk}$$

und daraus

$$y_k = -\sum_{j=1}^{d} y_{r+j} x_{jk}, \quad k = 1, 2, \ldots, r,$$

beziehungsweise

$$\mathbf{y} = -y_{r+1}\mathbf{x}_1 - y_{r+2}\mathbf{x}_2 - \ldots - y_n \mathbf{x}_d.$$

Also sind die Vektoren $\mathbf{y}, \mathbf{x}_1, \mathbf{x}_2, \ldots, \mathbf{x}_d$ linear abhängig.

Damit ist gezeigt, daß die Vektoren $\mathbf{x}_1, \mathbf{x}_2, \ldots, \mathbf{x}_d$ eine Basis des Kerns der Matrix $\mathbf{A}$ bilden; jeder Vektor des Kerns von $\mathbf{A}$, also jede Lösung der homogenen Gleichung (20.53), läßt sich als Linearkombination der Basisvektoren $\mathbf{x}_k$ darstellen. Somit ist bewiesen

Satz 20.23 *Es sei* $\mathbf{A} \cdot \mathbf{x} = \mathbf{0}$ *ein lineares homogenes Gleichungssystem, dessen Koeffizientenmatrix* $\mathbf{A}$ *die Spaltenzahl* n *und den Rang* $r < n$ *habe. Dann ist der mit beliebigen Zahlen* $\lambda_1, \lambda_2, \ldots, \lambda_d$ *gebildete Ausdruck*

$$\mathbf{x}_h = \lambda_1 \mathbf{x}_1 + \lambda_2 \mathbf{x}_2 + \ldots + \lambda_d \mathbf{x}_d, \quad d = n - r, \tag{20.64}$$

die allgemeine Lösung der Gleichung $\mathbf{A} \cdot \mathbf{x} = \mathbf{0}$.

Nachdem wir jetzt wissen, welche Struktur die allgemeine Lösung eines linearen homogenen Gleichungssystems hat, ist es ein leichtes, die allgemeine Lösung eines inhomogenen Gleichungssystems zu konstruieren. Die Gleichung (20.61) sagt aus, daß wir alle Lösungen der inhomogenen Gleichung erhalten, wenn wir zu den Lösungen der homogenen Gleichung eine partikuläre Lösung der inhomogenen Gleichung addieren:

Satz 20.24 *Die allgemeine Lösung eines linearen inhomogenen Gleichungssystems* $\mathbf{A} \cdot \mathbf{x} = \mathbf{b}$ *(mit nichtinjektiver Koeffizientenmatrix) hat die Gestalt*

$$\mathbf{x}_a = \mathbf{x}_p + \mathbf{x}_h = \mathbf{x}_p + \lambda_1 \mathbf{x}_1 + \lambda_2 \mathbf{x}_2 + \ldots + \lambda_d \mathbf{x}_d, \tag{20.65}$$

worin $\mathbf{x}_p$ *eine partikuläre Lösung der inhomogenen Gleichung und* $\mathbf{x}_h$ *die allgemeine Lösung der homogenen Gleichung ist.*

Nach diesen theoretischen Untersuchungen über die Lösungsverhältnisse wenden wir uns nun der Praxis der Lösung linearer Gleichungssysteme zu.

20.10 Das Gaußsche Eliminationsverfahren

Das Verfahren, das man zur rechnerischen Lösung linearer Gleichungssysteme verwendet, besteht darin, Schritt für Schritt jeweils eine Unbekannte zu eliminieren. Es ist aufs engste verwandt mit der Methode, die wir zur Bestimmung des Ranges einer Matrix konstruiert haben und wird *Gaußsches Eliminationsverfahren* genannt.

Wir betrachten zunächst ein inhomogenes System in n Gleichungen von n Unbekannten,

$$\begin{aligned}
A_{11}x_1 + A_{12}x_2 + \ldots + A_{1n}x_n &= b_1,\\
A_{21}x_1 + A_{22}x_2 + \ldots + A_{2n}x_n &= b_2,\\
\ldots\ldots\ldots\ldots\ldots\ldots\ldots\ldots&\ldots\\
A_{n1}x_1 + A_{n2}x_2 + \ldots + A_{nn}x_n &= b_n.
\end{aligned}$$

Wir eliminieren im ersten Schritt die Unbekannte x_1, indem wir uns eine Gleichung suchen, in der der Koeffizient von x_1 von Null verschieden ist; wir können dabei annehmen, daß dies die erste Gleichung ist, was gegebenenfalls durch Umnumerierung der Gleichungen erreicht werden kann. Wir multiplizieren nun die erste Gleichung der Reihe nach mit $-A_{21}/A_{11}$, $-A_{31}/A_{11}, \ldots, -A_{n1}/A_{11}$ und addieren sie zur zweiten, dritten, usw. und zur n-ten Gleichung hinzu. Das Resultat ist ein offensichtlich äquivalentes Gleichungssystem

$$\begin{aligned}
A_{11}x_1 + A_{12}x_2 + \ldots + A_{1n}x_n &= b_1,\\
A'_{22}x_2 + \ldots + A'_{2n}x_n &= b'_2,\\
\ldots\ldots\ldots\ldots\ldots\ldots&\ldots\\
A'_{n2}x_2 + \ldots + A'_{nn}x_n &= b'_n.
\end{aligned}$$

Die erste dieser Gleichungen nennen wir die erste *Hauptgleichung*. Die restlichen n − 1 Gleichungen bilden ein System für die Unbekannten $x_2, x_3, \ldots, x_n$, welches wir nach derselben Methode weiter behandeln. Wir eliminieren die Unbekannte x_2, indem wir die zweite Gleichung der Reihe nach mit $-A'_{32}/A'_{22}, -A'_{42}/A'_{22}, \ldots, -A'_{n2}/A'_{22}$ multiplizieren und zur dritten, vierten usw. und zur n-ten Gleichung hinzuzählen; auf diese Weise entsteht das Gleichungssystem

$$\begin{aligned} A_{11}x_1 + A_{12}x_2 + A_{13}x_3 + \ldots + A_{1n}x_n &= b_1, \\ A'_{22}x_2 + A'_{23}x_3 + \ldots + A'_{2n}x_n &= b'_2, \\ A''_{33}x_3 + \ldots + A''_{3n}x_n &= b''_3, \\ \ldots\ldots\ldots\ldots\ldots\ldots\ldots\ldots \\ A''_{n3}x_3 + \ldots + A''_{nn}x_n &= b''_n. \end{aligned}$$

So fortfahrend ergibt sich am Ende, wenn der Regelfall vorliegt, ein zum gegebenen Gleichungssystem äquivalentes System

$$\begin{aligned} R_{11}x_1 + R_{12}x_2 + R_{13}x_3 + \ldots + R_{1n}x_n &= c_1, \\ R_{22}x_2 + R_{23}x_3 + \ldots + R_{2n}x_n &= c_2, \\ R_{33}x_3 + \ldots + R_{3n}x_n &= c_3, \\ \ldots\ldots\ldots\ldots\ldots\ldots \\ R_{nn}x_n &= c_n, \end{aligned}$$

aus dem wir durch Lösen der letzten Gleichung den Wert der Unbekannten x_n erhalten, mit der Kenntnis von x_n durch Einsetzen in die $(n-1)$-te Gleichung den Wert der Unbekannten x_{n-1}, und so fortfahrend, am Ende aus der ersten Gleichung den Wert der Unbekannten x_1.

Wir verweisen den Leser darauf, daß das Verfahren gleichwertig mit der Zerlegung (20.47) ist, die in diesem Falle die Form

$$\mathbf{L} \cdot \mathbf{A} = \mathbf{R} \tag{20.66}$$

annimmt, worin **L** und **R** Dreiecksmatrizen der Gestalt

$$\mathbf{L} = \begin{pmatrix} 1 & & & \mathcal{O} \\ L_{21} & 1 & & \\ L_{31} & L_{32} & 1 & \\ & & & \ddots & \\ L_{n1} & L_{n2} & \ldots\ldots & & 1 \end{pmatrix}, \quad \mathbf{R} = \begin{pmatrix} R_{11} & R_{12} & R_{13} & \ldots & R_{1n} \\ & R_{22} & R_{22} & \ldots & R_{2n} \\ & & R_{33} & \ldots & R_{3n} \\ & \mathcal{O} & & \ddots & \\ & & & & R_{nn} \end{pmatrix}$$

sind. (20.66) wird *Dreieckszerlegung der Matrix* **A** genannt. Das Ergebnis des Eliminationsverfahrens ist die Gleichung

$$\mathbf{R} \cdot \mathbf{x} = \mathbf{c} = \mathbf{L} \cdot \mathbf{b}, \tag{20.67}$$

wie sich durch Multiplikation der Gleichung $\mathbf{A} \cdot \mathbf{x} = \mathbf{b}$ von links mit der Matrix **L** ergibt,

$$\mathbf{L} \cdot \mathbf{A} \cdot \mathbf{x} = \mathbf{R} \cdot \mathbf{x} = \mathbf{L} \cdot \mathbf{b} = \mathbf{c}.$$

Die Dreieckszerlegung (20.66) einer quadratischen Matrix ist auch die Grundlage zur Berechnung von Determinanten höherer Ordnung. Auf Grund von (20.22) ist $\mathrm{Det}\,\mathbf{L} = 1$ und $\mathrm{Det}\,\mathbf{R} = R_{11}R_{22} \ldots R_{nn}$; damit folgt aus der Darstellung

$$\mathbf{A} = \mathbf{L}^{-1} \cdot \mathbf{R} \tag{20.68}$$

unter Berücksichtigung von (20.34) und (20.41)

$$\mathrm{Det}\,\mathbf{A} = \mathrm{Det}(\mathbf{L}^{-1} \cdot \mathbf{R}) = \frac{\mathrm{Det}\,\mathbf{R}}{\mathrm{Det}\,\mathbf{L}} = \mathrm{Det}\,\mathbf{R} = R_{11}R_{22} \ldots R_{nn}. \tag{20.69}$$

Die Dreieckszerlegung (20.66) bietet weiter die schnellste und numerisch beste Methode zur Invertierung von Matrizen. Aus (20.68) ergibt sich

$$\mathbf{A}^{-1} = \mathbf{R}^{-1} \cdot \mathbf{L}, \tag{20.70}$$

da nach (20.42) die Inverse eines Produktes das Produkt der Inversen in umgekehrter Reihenfolge ist. Die Spalten $\mathbf{x}_i$ der Inversen der Matrix **A** sind die Lösungen der Gleichungssysteme

$$\mathbf{A} \cdot \mathbf{x}_i = \mathbf{e}_i, \quad i = 1, 2, \ldots, n,$$

oder, wenn man von links mit der Matrix **L** multipliziert,

$$\mathbf{R} \cdot \mathbf{x}_i = \mathbf{l}_i = \mathbf{L} \cdot \mathbf{e}_i, \quad i = 1, 2, \ldots, n. \tag{20.71}$$

Zur Invertierung einer Matrix ist also zunächst die Dreieckszerlegung (20.66) durchzuführen, dann sind die n Gleichungssysteme (20.71), deren rechte Seiten die Spalten der Matrix **L** sind, zu lösen. Die Koeffizientenmatrix dieser Gleichungssysteme ist die Dreiecksmatrix **R**, so daß kein weiterer Eliminationsprozeß mehr erforderlich ist.

Nahezu alle Computerverfahren zur Konstruktion der Inversen einer Matrix, zur Berechnung einer Determinante und zur Lösung eines linearen Gleichungssystems beruhen auf der Dreieckszerlegung (20.66). Trotz der Einfachheit dieser Methode kann die rechnerische Durchführung erhebliche numerische Schwierigkeiten bereiten. Wir können darauf nicht weiter eingehen und verweisen den Leser auf die Lehrbuchliteratur[1]).

Beispiel 20.14: Wir lösen durch Handrechnung das System

$$\begin{aligned} 3x_1 - 7x_2 - 11x_3 - 8x_4 &= 4, \\ x_1 + 2x_2 + 3x_3 + 5x_4 &= -5, \\ 5x_1 - x_2 - x_3 + 2x_4 &= 0, \\ 2x_1 + x_2 + 9x_3 + 4x_4 &= 11. \end{aligned}$$

Wir ordnen zur Durchführung des Eliminationsverfahrens die Koeffizienten dieses Gleichungssystems in einem Schema an, wobei wir, was sich für eine Handrechnung stets empfiehlt, zur Fehlerkontrolle eine Spalte äußerst rechts einrichten, in der wir die Zeilensummen $A_{k1} + A_{k2} + \ldots + A_{kn} + b_k$ anschreiben. Indem wir diese Spalte wie die anderen Spalten behandeln, haben wir eine Rechenkontrolle durch Vergleich des Istwertes mit dem Sollwert.

3	−7	−11	−8	4	−19	
1	2	3	5	−5	6	1. Hauptgleichung
5	−1	−1	2	0	5	
2	1	9	4	11	27	

Wir eliminieren die Unbekannte x_1 und verwenden hierfür die zweite Gleichung als erste Hauptgleichung, weil in ihr der Koeffizient von x_1 gleich 1 ist. Auf diese Weise entsteht das äquivalente System

1	2	3	5	−5	6
0	−13	−20	−23	19	−37
0	−11	−16	−23	25	−25
0	−3	3	−6	21	15

[1]) George E. Forsyth/Cleve B. Mohler, Computer-Verfahren für lineare algebraische Systeme, R. Oldenburg Verlag, München – Wien 1971.

Wir erleichtern uns die weitere Rechnung, wenn wir hier die zweite Gleichung und die mit –1 multiplizierte dritte Gleichung zur vierten hinzuzählen, weil dann in dieser der Koeffizient von x_3 gleich –1 ist,

1	2	3	5	–5	6	
0	–13	–20	–23	19	–37	
0	–11	–16	–23	25	–25	
0	–5	–1	–6	15	3	2. Hauptgleichung

Die vierte Gleichung nehmen wir jetzt als zweite Hauptgleichung und eliminieren aus der zweiten und dritten Gleichung die Unbekannte x_3,

1	2	3	5	–5	6	
0	–5	–1	–6	15	3	
0	87	0	97	–281	–97	3. Hauptgleichung
0	69	0	73	–215	–73	

Aus diesem System eliminieren wir schließlich die Unbekannte x_2, indem wir die mit –23 multiplizierte dritte Gleichung zu der mit 29 multiplizierten vierten Gleichung hinzuzählen,

1	2	3	5	–5	6
0	–5	–1	–6	15	3
0	87	0	97	–281	–97
0	0	0	–114	228	114

Aus der vierten Gleichung ergibt sich nun $x_4 = -2$, damit aus der dritten Hauptgleichung $x_2 = -1$, aus der zweiten Hauptgleichung $x_3 = 2$ und schließlich aus der ersten Hauptgleichung $x_1 = 1$.

Beispiel 20.15: Wir berechnen die Inverse der Matrix

$$\mathbf{A} = \begin{pmatrix} 1 & 4 & -1 \\ 2 & 10 & -2 \\ -1 & 2 & 4 \end{pmatrix}$$

durch Dreieckszerlegung. Im ersten Schritt bilden wir die Matrix

$$\mathbf{L}_1 = \begin{pmatrix} 1 & 0 & 0 \\ -2 & 1 & 0 \\ 1 & 0 & 1 \end{pmatrix};$$

dies führt zunächst zu

$$\mathbf{L}_1 \cdot \mathbf{A} = \begin{pmatrix} 1 & 0 & 0 \\ -2 & 1 & 0 \\ 1 & 0 & 1 \end{pmatrix} \cdot \begin{pmatrix} 1 & 4 & -1 \\ 2 & 10 & -2 \\ -1 & 2 & 4 \end{pmatrix} = \begin{pmatrix} 1 & 4 & -1 \\ 0 & 2 & 0 \\ 0 & 6 & 3 \end{pmatrix}.$$

Im zweiten Schritt ist die Matrix

$$\mathbf{L}_2 = \begin{pmatrix} 1 & 0 & 0 \\ 0 & 1 & 0 \\ 0 & -3 & 1 \end{pmatrix}$$

zu konstruieren; damit erhalten wir das Endergebnis

$$\mathbf{L}_2 \cdot \mathbf{L}_1 \cdot \mathbf{A} = \begin{pmatrix} 1 & 0 & 0 \\ 0 & 1 & 0 \\ 0 & -3 & 1 \end{pmatrix} \cdot \begin{pmatrix} 1 & 4 & -1 \\ 0 & 2 & 0 \\ 0 & 6 & 3 \end{pmatrix} = \begin{pmatrix} 1 & 4 & -1 \\ 0 & 2 & 0 \\ 0 & 0 & 3 \end{pmatrix} = \mathbf{R}.$$

Die Dreieckszerlegung der Matrix **A** lautet also

$$\mathbf{L}\cdot\mathbf{A}=\begin{pmatrix}1&0&0\\-2&1&0\\7&-3&1\end{pmatrix}\cdot\begin{pmatrix}1&4&-1\\2&10&-2\\-1&2&4\end{pmatrix}=\begin{pmatrix}1&4&-1\\0&2&0\\0&0&3\end{pmatrix}=\mathbf{R}.$$

Um die Inverse von **A** zu errechnen, haben wir die drei Gleichungssysteme (20.71) zu lösen,

$$\begin{pmatrix}1&4&-1\\0&2&0\\0&0&3\end{pmatrix}\cdot\begin{pmatrix}x_1\\x_2\\x_3\end{pmatrix}=\begin{pmatrix}1\\-2\\7\end{pmatrix},\ \begin{pmatrix}1&4&-1\\0&2&0\\0&0&3\end{pmatrix}\cdot\begin{pmatrix}y_1\\y_2\\y_3\end{pmatrix}=\begin{pmatrix}0\\1\\-3\end{pmatrix},\ \begin{pmatrix}1&4&-1\\0&2&0\\0&0&3\end{pmatrix}\cdot\begin{pmatrix}z_1\\z_2\\z_3\end{pmatrix}=\begin{pmatrix}0\\0\\1\end{pmatrix},$$

deren Lösungen **x**, **y** und **z** die Spalten der Inversen von **A** sind. Nach einer kurzen Rechnung erhält man

$$\mathbf{A}^{-1}=\begin{pmatrix}\frac{22}{3}&-3&\frac{1}{3}\\-1&\frac{1}{2}&0\\\frac{7}{3}&-1&\frac{1}{3}\end{pmatrix}.$$

Bricht das Eliminationsverfahren vorzeitig ab, weil der Rang der Koeffizientenmatrix kleiner als die Anzahl der Unbekannten ist, so ist das System nicht eindeutig lösbar. Wie man in einem solchen Fall, der übrigens stets gegeben ist, wenn das System mehr Unbekannte enthält als Gleichungen vorhanden sind, vorgeht, möge das folgende Beispiel zeigen.

Beispiel 20.16: Wir lösen das System

$$\begin{aligned}x_1-2x_2+3x_3-4x_4&=2,\\2x_1+x_2-x_3+x_4&=1,\\x_1+8x_2-11x_3+14x_4&=-4,\\12x_1+x_2+x_3-3x_4&=9,\end{aligned}$$

und eliminieren als erste die Unbekannte x_1,

1	−2	3	−4	2	0
0	5	−7	9	−3	4
0	10	−14	18	−6	8
0	25	−35	45	−15	20
0	5	−7	9	−3	4
0	0	0	0	0	0
0	0	0	0	0	0

Das Verfahren bricht nach dem zweiten Schritt ab, es sind also nur zwei Gleichungen linear unabhängig, die beiden übrigen können gestrichen werden. Wir setzen $x_3=\lambda_1$, $x_4=\lambda_2$ und bringen diese Terme auf die rechte Seite, so daß das System

$$\begin{aligned}x_1-2x_2&=2-3\lambda_1+4\lambda_2,\\5x_2&=-3+7\lambda_1-9\lambda_2,\\x_3&=\lambda_1\quad,\\x_4&=\lambda_2\end{aligned}$$

entsteht. Eliminieren wir aus den ersten beiden Gleichungen die Unbekannte x_2, so erhalten wir das Ergebnis

$$x_1=\frac{4}{5}-\frac{1}{5}\lambda_1+\frac{2}{5}\lambda_2,\quad x_2=-\frac{3}{5}+\frac{7}{5}\lambda_1-\frac{9}{5}\lambda_2,\quad x_3=\lambda_1,x_4=\lambda_2,$$

oder, wenn wir die Vektoren

$$x_p = \left(\frac{4}{5}, -\frac{3}{5}, 0, 0\right), \quad x_1 = \left(-\frac{1}{5}, \frac{7}{5}, 1, 0\right), \quad x_2 = \left(\frac{2}{5}, -\frac{9}{5}, 0, 1\right)$$

einführen,

$$x = x_p + \lambda_1 x_1 + \lambda_2 x_2.$$

Dies ist die allgemeine Lösung des Systems. Die Koeffizientenmatrix **A** hat den Rang 2 (es sind nur zwei Gleichungen linear unabhängig), es ist ihr Defekt gleich $d = n - r = 4 - 2 = 2$. Die Vektoren $\mathbf{x}_1$ und $\mathbf{x}_2$ sind eine Basis des Kerns von **A**, $\mathbf{x}_p$ ist eine partikuläre Lösung des inhomogenen Systems (für $x_3 = x_4 = 0$).

Wir bemerken noch, daß sich die Unlösbarkeit eines Systems im Laufe des Eliminationsverfahrens von selbst herausstellt, weshalb wir auf eine Überprüfung des Ranges der erweiterten Koeffizientenmatrix verzichten konnten.

20.11 Euklidische Geometrie im n-dimensionalen Raum

Unsere bisherigen Betrachtungen galten in erster Linie dem Aufbau der Determinanten- und Matrizenrechnung sowie der Theorie und Praxis der linearen Gleichungssysteme. Wir wenden uns nun der Geometrie im n-dimensionalen Raum zu, für die wir eine Längen- und Winkelmessung benötigen. Allerdings können wir die Länge eines Vektors und den Winkel, den zwei Vektoren miteinander einschließen, nicht unserer Anschauung entnehmen; es liegt aber auf der Hand, die Ausdrücke zur Längen- und Winkelmessung, die uns vom Dreidimensionalen her wohl vertraut sind, zu verallgemeinern.

Unter der *Länge* eines Vektors $\mathbf{a} = \mathbf{y} - \mathbf{x}$ verstehen wir die reelle Größe

$$|\mathbf{a}| = \sqrt{(y_1 - x_1)^2 + (y_2 - x_2)^2 + \ldots + (y_n - x_n)^2} = \sqrt{a_1^2 + a_2^2 + \ldots + a_n^2},$$

die wir auch *absoluten Betrag* oder kurz *Betrag* des Vektors **a** nennen. Auch diese Betragsdefinition hat die Eigenschaften (19.5) bis (19.8), wie der Leser leicht selbst verifizieren kann. Der Nullvektor **o** ist der einzige Vektor, dessen Länge gleich Null ist. Ein Vektor der Länge 1 wird ein *Einheitsvektor* oder *Einsvektor* genannt, der Vektor $\mathbf{e} = \mathbf{a}/|\mathbf{a}|$ der Einsvektor in der Richtung von **a**. Den Übergang vom Vektor **a** zum Einsvektor **e** mit derselben Richtung und Orientierung nennt man *Normierung* des Vektors **a**.

Die reelle Zahl

$$\mathbf{a} \cdot \mathbf{b} = a_1 b_1 + a_2 b_2 + \ldots + a_n b_n$$

heißt das *innere Produkt* der Vektoren **a** und **b**. Es gelten auch im n-dimensionalen Raum die Rechenregeln (19.15) bis (19.18), ebenso ist die Schwarzsche Ungleichung

$$|\mathbf{a} \cdot \mathbf{b}| \leqslant |\mathbf{a}|\,|\mathbf{b}| \tag{20.72}$$

gültig. Wir müssen sie an dieser Stelle allerdings beweisen und gehen hierfür von dem Ausdruck

$$0 \leqslant |\mathbf{a} + \lambda \mathbf{b}|^2 = \sum_{k=1}^{n} (a_k + \lambda b_k)^2 = \sum_{k=1}^{n} a_k^2 + 2\lambda \sum_{k=1}^{n} a_k b_k + \lambda^2 \sum_{k=1}^{n} b_k^2$$

aus, der für beliebiges λ stets nichtnegativ ist. Fassen wir die rechte Seite als quadratisches Polynom in λ auf, so kann dieses keine verschiedenen reellen Nullstellen haben; daher kann die Diskriminante D dieses Polynoms nicht positiv sein,

$$D = \left(\sum_{k=1}^{n} a_k b_k \right)^2 - \sum_{k=1}^{n} a_k^2 \sum_{k=1}^{n} b_k^2 = (\mathbf{a} \cdot \mathbf{b})^2 - |\mathbf{a}|^2 |\mathbf{b}|^2 \leqslant 0.$$

Eine reelle Nullstelle kommt nur im Falle D = 0 in Frage; es ist dies offenbar genau dann der Fall, wenn es eine Zahl λ mit der Eigenschaft $\mathbf{a} + \lambda \mathbf{b} = \mathbf{o}$ gibt, wenn also die Vektoren **a** und **b** kollinear sind: Das Gleichheitszeichen in (20.72) gilt also wieder genau dann, wenn **a** und **b** linear abhängige Vektoren sind.

Aus der Schwarzschen Ungleichung folgt, daß für beliebige Vektoren **a** und **b** stets

$$-|\mathbf{a}|\,|\mathbf{b}| \leqslant \mathbf{a} \cdot \mathbf{b} \leqslant |\mathbf{a}|\,|\mathbf{b}|$$

gilt, also, wenn die Vektoren **a** und **b** vom Nullvektor verschieden sind,

$$-1 \leqslant \frac{\mathbf{a} \cdot \mathbf{b}}{|\mathbf{a}|\,|\mathbf{b}|} \leqslant 1.$$

Es gibt daher genau eine Zahl φ zwischen 0 und π mit der Eigenschaft

$$\cos\varphi = \frac{\mathbf{a} \cdot \mathbf{b}}{|\mathbf{a}|\,|\mathbf{b}|}. \tag{20.73}$$

Die Zahl φ nennen wir den *Winkel, den die Vektoren* **a** *und* **b** *miteinander einschließen.* Ist $\varphi = 0$ oder $\varphi = \pi$, so haben die Vektoren **a** und **b** dieselbe Richtung. Im Falle $\varphi = \frac{\pi}{2}$ ist

$$\mathbf{a} \cdot \mathbf{b} = 0,$$

die Vektoren **a** und **b** sind *orthogonal*. Dabei kommen wir überein, da stets $\mathbf{a} \cdot \mathbf{o} = 0$ gilt, dem Nullvektor die Eigenschaft zuzusprechen, zu jedem Vektor orthogonal zu sein. Somit gilt

$$\mathbf{a} \cdot \mathbf{b} = |\mathbf{a}|\,|\mathbf{b}| \cos\varphi \tag{20.74}$$

für beliebige Vektoren **a** und **b**.

Ein n-Bein $\{\mathbf{a}_1, \mathbf{a}_2, \ldots, \mathbf{a}_n\}$ heißt eine *orthogonale Basis* des n-dimensionalen Raumes, wenn die Vektoren $\mathbf{a}_k$ paarweise orthogonal sind,

$$\mathbf{a}_i \cdot \mathbf{a}_j = \begin{cases} 0 & \text{für } i \neq j, \\ |\mathbf{a}_i|^2 > 0 & \text{für } i = j. \end{cases}$$

Sind speziell die Vektoren $\mathbf{a}_i$ Einheitsvektoren, so heißt $\{\mathbf{a}_1, \mathbf{a}_2, \ldots, \mathbf{a}_n\}$ ein *orthonormales n-Bein*; ein solches läßt sich mit Hilfe des Kroneckerschen Deltasymbols (20.25) durch die Gleichungen

$$\mathbf{a}_i \cdot \mathbf{a}_j = \delta_{ij}, \quad i, j = 1, 2, \ldots, n. \tag{20.75}$$

charakterisieren. Das System der Maßvektoren $\{\mathbf{e}_1, \mathbf{e}_2, \ldots, \mathbf{e}_n\}$ ist offensichtlich ein orthonormales n-Bein.

Ein orthonormales n-Bein hat den Vorzug, daß sich ein beliebiger Vektor **a** in sehr einfacher Weise als Linearkombination dieser Vektoren darstellen läßt. Ist $\{\mathbf{e}'_1, \mathbf{e}'_2, \ldots, \mathbf{e}'_n\}$ ein orthonormales n-Bein, so können wir die Koeffizienten λ_i der Linearkombination

$$\mathbf{a} = \lambda_1 \mathbf{e}'_1 + \lambda_2 \mathbf{e}'_2 + \ldots + \lambda_n \mathbf{e}'_n$$

ohne Lösen eines linearen Gleichungssystems gewinnen: Die Koeffizienten λ_k sind nämlich die inneren Produkte des Vektors a mit den Vektoren e_k' des Systems,

$$a \cdot e_k' = \left(\sum_{i=1}^{n} \lambda_i e_i'\right) \cdot e_k' = \sum_{i=1}^{n} \lambda_i (e_i' \cdot e_k') = \sum_{i=1}^{n} \lambda_i \delta_{ik} = \lambda_k.$$

Also gilt in einem Orthonormalsystem

$$a = (a \cdot e_1')e_1' + (a \cdot e_2')e_2' + \ldots + (a \cdot e_n')e_n'. \tag{20.76}$$

Es ist daher von großem Vorteil, ein orthonormales n-Bein zur Darstellung von Vektoren zu benutzen.

Aus jedem beliebigen n-Bein läßt sich ein orthogonales n-Bein konstruieren. Es möge $\{a_1, a_2, \ldots, a_n\}$ ein beliebiges n-Bein sein; wir setzen $\mathbf{b}_1 = \mathbf{a}_1$ und konstruieren einen Vektor $\mathbf{b}_2$, der auf $\mathbf{b}_1$ senkrecht steht, und zwar machen wir den Ansatz

$$\mathbf{b}_2 = l_{21}\mathbf{b}_1 + \mathbf{a}_2.$$

Da $\mathbf{b}_2$ zu $\mathbf{b}_1$ orthogonal sein soll, muß

$$0 = \mathbf{b}_1 \cdot \mathbf{b}_2 = l_{21}(\mathbf{b}_1 \cdot \mathbf{b}_1) + \mathbf{b}_1 \cdot \mathbf{a}_2$$

gelten; daraus folgt

$$l_{21} = -\frac{\mathbf{b}_1 \cdot \mathbf{a}_2}{\mathbf{b}_1 \cdot \mathbf{b}_1}.$$

Sind solcherart die paarweise orthogonalen Vektoren $\mathbf{b}_1, \mathbf{b}_2, \ldots, \mathbf{b}_{k-1}$ bestimmt, so suchen wir den Vektor $\mathbf{b}_k$ als Linearkombination

$$\mathbf{b}_k = l_{k1}\mathbf{b}_1 + l_{k2}\mathbf{b}_2 + \ldots + l_{k\,k-1}\mathbf{b}_{k-1} + \mathbf{a}_k;$$

die Koeffizienten l_{kj} ergeben sich aus den Bedingungsgleichungen $\mathbf{b}_1 \cdot \mathbf{b}_k = \mathbf{b}_2 \cdot \mathbf{b}_k = \ldots = \mathbf{b}_{k-1} \cdot \mathbf{b}_k = 0$ zu

$$l_{kj} = -\frac{\mathbf{b}_j \cdot \mathbf{a}_k}{\mathbf{b}_j \cdot \mathbf{b}_j}, \quad k = 2, 3, \ldots, n, j = 1, 2, \ldots, k-1.$$

Hat man auf diese Weise aus dem n-Bein $\{\mathbf{a}_1, \mathbf{a}_2, \ldots, \mathbf{a}_n\}$ das orthogonale n-Bein $\{\mathbf{b}_1, \mathbf{b}_2, \ldots, \mathbf{b}_n\}$ konstruiert, so erhält man durch Übergang zu den Vektoren $e_i' = \mathbf{b}_i/|\mathbf{b}_i|$ das orthonormale n-Bein $\{e_1', e_2', \ldots, e_n'\}$. Diese Konstruktion eines Orthogonalsystems aus einem gegebenen n-Bein heißt *Schmidtsches Orthogonalisierungsverfahren.*

20.12 Orthogonale Transformationen. Die Transponierte einer Matrix

Wir sind bis jetzt davon ausgegangen, Vektoren durch Bezugnahme auf ein festes kartesisches Koordinatensystem zu beschreiben. Dieses Koordinatensystem ist an sich völlig willkürlich, zumal wir im Raum keinen eigentlichen Bezugspunkt und auch keine ausgezeichneten Richtungen haben. Durch die Wahl der orientierten Koordinatenachsen und der Einheitsstrecken auf diesen werden auf natürliche Weise für das Koordinatensystem charakteristische orientierte Strecken erklärt, die durch die Maßvektoren beschrieben werden. Gegenüber schiefwinkeligen Koordinatensystemen, die durch ein beliebiges n-Bein definiert werden können, besitzen kartesische Koordinatensysteme den Vorzug, daß Vektoren auf sehr bequeme Weise dargestellt werden können, ebenso lassen sich Längen und Winkel durch einfache Formeln messen. Die Beschreibung eines Vektors durch ein n-tupel reeller Zahlen benötigt stets die Bezugnahme auf ein festes Koordinatensystem; dies ist vor allem dann bedeutungsvoll, wenn mehrere Koordinatensysteme nebeneinander verwendet werden. Selbstverständlich hat ein und derselbe Vektor in zwei verschiedenen Koordinatensystemen verschiedene Koordinaten.

In Abschnitt 20.4 haben wir uns bereits kurz damit auseinandergesetzt, welche Beziehungen zwischen den Koordinaten eines Punktes und eines Vektors in zwei verschiedenen Koordinatensystemen bestehen. Wir wollen uns jetzt mit diesem Problem etwas ausführlicher befassen, wobei wir uns vor allem für den Zusammenhang zwischen den Koordinaten eines Punktes oder Vektors bezüglich zweier kartesischer Koordinatensysteme interessieren.

Es seien $\{\mathbf{e}_1', \mathbf{e}_2', \ldots, \mathbf{e}_n'\}$ und $\{\mathbf{e}_1'', \mathbf{e}_2'', \ldots, \mathbf{e}_n''\}$ zwei orthonormale Basen des n-dimensionalen Raumes, durch die zwei kartesische Koordinatensysteme charakterisiert werden. Ist $\mathbf{a}$ ein beliebiger Vektor, so gilt auf Grund von (20.76)

$$\mathbf{a} = \sum_{k=1}^{n} (\mathbf{a} \cdot \mathbf{e}_k')\mathbf{e}_k' = \sum_{k=1}^{n} (\mathbf{a} \cdot \mathbf{e}_k'')\mathbf{e}_k''. \tag{20.77}$$

Sind a_i' die Koordinaten des Vektors $\mathbf{a}$ bezüglich des einmal gestrichenen Koordinatensystems, a_i'' die Koordinaten von $\mathbf{a}$ bezüglich des zweimal gestrichenen Koordinatensystems, so ist

$$a_i' = \mathbf{a} \cdot \mathbf{e}_i', \quad a_i'' = \mathbf{a} \cdot \mathbf{e}_i'', \quad i = 1, 2, \ldots, n.$$

Um die Beziehungen zwischen den Koordinaten a_i' und a_i'' zu finden, setzen wir aus (20.77) ein,

$$a_i' = \left(\sum_{k=1}^{n} a_k''\mathbf{e}_k''\right) \cdot \mathbf{e}_i' = \sum_{k=1}^{n} (\mathbf{e}_i' \cdot \mathbf{e}_k'')\, a_k'', \quad i = 1, 2, \ldots, n. \tag{20.78}$$

Ebenso erhält man

$$a_i'' = \left(\sum_{k=1}^{n} a_k'\mathbf{e}_k'\right) \cdot \mathbf{e}_i'' = \sum_{k=1}^{n} (\mathbf{e}_i'' \cdot \mathbf{e}_k')\, a_k', \quad i = 1, 2, \ldots, n. \tag{20.79}$$

Die Matrix $\mathbf{A}$ mit den Elementen

$$A_{ik} = \mathbf{e}_i' \cdot \mathbf{e}_k'', \tag{20.80}$$

die den Übergang vom zweimal gestrichenen Koordinatensystem auf das einmal gestrichene beschreibt, hat einige besondere Eigenschaften. In ihren Spalten stehen die Koordinaten der Vektoren $\mathbf{e}_k''$ bezogen auf die orthonormale Basis $\{\mathbf{e}_1', \mathbf{e}_2', \ldots, \mathbf{e}_n'\}$, in ihren Zeilen stehen die Koordinaten der Vektoren $\mathbf{e}_k'$, bezogen auf die Basis $\{\mathbf{e}_1'', \mathbf{e}_2'', \ldots, \mathbf{e}_n''\}$. Da in den Spalten der Matrix $\mathbf{A}$ orthogonale Einsvektoren stehen, muß folglich

$$|\operatorname{Det}\mathbf{A}| = 1 \tag{20.81}$$

gelten. Eine Matrix mit den genannten Eigenschaften heißt *orthogonal*. Eine lineare Transformation mit orthogonaler Koeffizientenmatrix nennt man eine *orthogonale Transformation.*

Die Matrix **B** mit den Elementen

$$B_{ik} = e_i'' \cdot e_k'$$

ist offenbar die Inverse der Matrix **A**, denn sie beschreibt den Übergang vom einmal gestrichenen Koordinatensystem auf das zweimal gestrichene. Darüber hinaus besteht zwischen den Elementen der Matrizen **A** und **B** der Zusammenhang

$$B_{ik} = A_{ki}, \tag{20.82}$$

das heißt, die Matrix

$$\mathbf{B} = \mathbf{A}^{-1}$$

geht aus der Matrix **A** durch Stürzen, also durch Vertauschen von Zeilen und Spalten, hervor. Offensichtlich ist auch **B** eine orthogonale Matrix; insbesondere gilt wegen (20.16)

$$\text{Det}\,\mathbf{B} = \text{Det}\,\mathbf{A}^{-1} = \text{Det}\,\mathbf{A}. \tag{20.83}$$

Das Stürzen einer Matrix ist für die symbolische Vektor- und Matrizenrechnung eine wichtige Operationsvorschrift, weshalb wir hierfür eine eigene Begriffsbildung einführen. Ist **A** eine m × n-Matrix mit den Elementen A_{ij}, so heißt die durch Vertauschen von Zeilen mit Spalten aus **A** hervorgehende Matrix ihre *Transponierte*; wir schreiben symbolisch

$$\mathbf{A}^* = \begin{pmatrix} A_{11} & A_{21} & \dots & A_{m1} \\ A_{12} & A_{22} & \dots & A_{m2} \\ \dots & \dots & \dots & \dots \\ A_{1n} & A_{2n} & \dots & A_{mn} \end{pmatrix}.$$

Die Transponierte **A*** einer m × n-Matrix **A** ist eine Matrix mit n Zeilen und m Spalten. Es gelten die folgenden Rechenregeln:

$$(\mathbf{A} + \mathbf{B})^* = \mathbf{A}^* + \mathbf{B}^*, \tag{20.84}$$

$$(\mathbf{A} \cdot \mathbf{B})^* = \mathbf{B}^* \cdot \mathbf{A}^*, \tag{20.85}$$

$$(\lambda \mathbf{A})^* = \lambda \mathbf{A}^*, \tag{20.86}$$

$$(\mathbf{A}^*)^* = \mathbf{A}^{**} = \mathbf{A}, \tag{20.87}$$

$$(\mathbf{A}^{-1})^* = (\mathbf{A}^*)^{-1}, \tag{20.88}$$

$$\text{Det}\,\mathbf{A}^* = \text{Det}\,\mathbf{A}. \tag{20.89}$$

Die Regeln (20.84), (20.86), (20.87) bedürfen keiner weiteren Bemerkung, (20.89) ist eine unmittelbare Folgerung aus (20.16). Zum Beweis von (20.85) bilden wir das Produkt $\mathbf{C} = \mathbf{A} \cdot \mathbf{B}$,

$$C_{ij} = \sum_{k=1}^{n} A_{ik} B_{kj}.$$

Führen wir der bequemeren Darstellung halber für das Element in der i-ten Zeile und j-ten Spalte der Transponierten **X*** einer Matrix **X** das Symbol $(\mathbf{X}^*)_{ij} = X_{ji}$ ein, so können wir die obige Gleichung auf die Gestalt

$$(\mathbf{C}^*)_{ji} = \sum_{k=1}^{n} (\mathbf{A}^*)_{ki}(\mathbf{B}^*)_{jk} = \sum_{k=1}^{n} (\mathbf{B}^*)_{jk}(\mathbf{A}^*)_{ki}$$

bringen: daher ist nach den Regeln der Matrizenmultiplikation $\mathbf{C}^* = \mathbf{B}^* \cdot \mathbf{A}^*$. Um (20.88) zu beweisen, wenden wir (20.85) auf die Gleichung $\mathbf{A} \cdot \mathbf{A}^{-1} = \mathbf{E}$ an; berücksichtigen wir hierfür $\mathbf{E} = \mathbf{E}^*$, so erhalten wir

$$\mathbf{E} = \mathbf{E}^* = (\mathbf{A} \cdot \mathbf{A}^{-1})^* = (\mathbf{A}^{-1})^* \cdot \mathbf{A}^*,$$

woraus hervorgeht, daß die Matrix $(\mathbf{A}^{-1})^*$ die Inverse der Matrix $\mathbf{A}^*$ ist.

Wir bemerken, daß eine orthogonale Matrix durch

$$\mathbf{A}^* = \mathbf{A}^{-1} \tag{20.90}$$

beziehungsweise durch die Gleichungen

$$\mathbf{A} \cdot \mathbf{A}^* = \mathbf{A}^* \cdot \mathbf{A} = \mathbf{E} \tag{20.91}$$

charakterisiert werden kann. Durch Anwendung des Multiplikationssatzes für Determinanten ergibt sich aus diesen Gleichungen unter Berücksichtigung von (20.89)

$$(\mathrm{Det}\,\mathbf{A})^2 = 1. \tag{20.92}$$

Eine quadratische Matrix **A** mit der Eigenschaft

$$\mathbf{A} = \mathbf{A}^* \tag{20.93}$$

wird *symmetrisch* genannt, weil ihre Elemente den Gleichungen $A_{ij} = A_{ji}$ genügen und somit zur Hauptdiagonale spiegelbildlich sind. Symmetrische Matrizen spielen in vielen Anwendungen eine große Rolle; auf die wichtigsten Eigenschaften symmetrischer Matrizen kommen wir in Abschnitt 21.3 zurück. Dagegen wird eine quadratische Matrix **A**, deren Elemente den Gleichungen $A_{ij} = -A_{ji}$ genügen, für die also

$$\mathbf{A} = -\mathbf{A}^* \tag{20.94}$$

gilt, *antisymmetrisch* genannt. Wegen $A_{ii} = -A_{ii}$ haben antisymmetrische Matrizen die Eigenschaft, daß ihre Hauptdiagonalelemente sämtlich gleich Null sind. In diesem Zusammenhang erwähnen wir noch, daß sich jede quadratische Matrix durch

$$\mathbf{A} = \frac{1}{2}\left(\mathbf{A} + \mathbf{A}^*\right) + \frac{1}{2}\left(\mathbf{A} - \mathbf{A}^*\right) \tag{20.95}$$

in einen symmetrischen Anteil $\mathbf{S} = \frac{1}{2}(\mathbf{A} + \mathbf{A}^*)$ und in einen antisymmetrischen Anteil $\mathbf{T} = \frac{1}{2}(\mathbf{A} - \mathbf{A}^*)$ in eindeutiger Weise zerlegen läßt.

Wir gehen zum Abschluß noch auf die symbolische Vektor- und Matrizenrechnung ein, die sich auf die Transponiertenbildung gründet und die in den Anwendungen gerne verwendet wird.

Ein Spaltenvektor

$$\mathbf{x} = \begin{pmatrix} x_1 \\ x_2 \\ \vdots \\ x_n \end{pmatrix},$$

also eine n × 1-Matrix, geht durch Transposition in den Zeilenvektor

$$\mathbf{x}^* = \begin{pmatrix} x_1 & x_2 & \dots & x_n \end{pmatrix}$$

über, der eine 1 × n-Matrix ist[1]); umgekehrt entsteht aus dem Zeilenvektor $\mathbf{x}^*$ durch Transposition der Spaltenvektor $\mathbf{x}$, entsprechend der Regel (20.87). Transponieren wir den Spaltenvektor $\mathbf{A} \cdot \mathbf{x}$, so entsteht der Zeilenvektor

$$(\mathbf{A} \cdot \mathbf{x})^* = \mathbf{x}^* \cdot \mathbf{A}^*,$$

denn beim Transponieren eines Matrizenproduktes ist wegen (20.85) die Reihenfolge der Faktoren zu vertauschen; aus einem Zeilenvektor $\mathbf{x}^* \cdot \mathbf{B}$ geht durch Transponieren der Spaltenvektor

$$(\mathbf{x}^* \cdot \mathbf{B})^* = \mathbf{B}^* \cdot \mathbf{x}^{**} = \mathbf{B}^* \cdot \mathbf{x}$$

hervor.

In der symbolischen Vektorrechnung ordnet man einem n-tupel von Zahlen $(x_1, x_2, \dots, x_n)$, das einen Vektor oder einen Ortsvektor charakterisiert, den Spaltenvektor $\mathbf{x}$ zu. Sind $\mathbf{a}$ und $\mathbf{b}$ zwei Vektoren, so ordnet man ihnen Spaltenvektoren zu, für die man dasselbe Symbol verwendet, und schreibt für das innere Produkt anstatt $\mathbf{a} \cdot \mathbf{b}$ jetzt $\mathbf{a}^* \cdot \mathbf{b}$. Der Ausdruck $\mathbf{a} \cdot \mathbf{b}$ für das innere Produkt, den wir bis jetzt verwendet haben, ist dabei grundsätzlich zu unterscheiden vom Ausdruck $\mathbf{a}^* \cdot \mathbf{b}$, bei dem es sich um ein Matrizenprodukt handelt, und zwar um das Produkt Zeile mal Spalte, dessen Ergebnis eine 1 × 1-Matrix, also eine reelle Zahl ist. Der Vorteil dieser Matrizensymbolik liegt in folgendem. Während ein Produkt $\mathbf{a} \cdot \mathbf{b} \cdot \mathbf{c}$ ein sinnloser Ausdruck ist, kommt dem Matrizenprodukt

$$\mathbf{a} \cdot \mathbf{b}^* \cdot \mathbf{c}$$

auf Grund der Assoziativität der Matrizenmultiplikation ein wohlbestimmter Sinn zu. In unserer bisher verwendeten Symbolik müßte ein solcher Ausdruck entweder als $\mathbf{a}(\mathbf{b} \cdot \mathbf{c})$ oder als $(\mathbf{b} \cdot \mathbf{c})\mathbf{a}$ geschrieben werden. Als Beispiel weisen wir auf die Darstellung (20.76) eines Vektors $\mathbf{a}$ hin, die unter Verwendung der Matrizensymbolik als Gleichung

$$\mathbf{a} = \sum_k \mathbf{e}'_k \cdot \mathbf{e}'^*_k \cdot \mathbf{a}$$

geschrieben werden kann.

Sind $\mathbf{a}$ und $\mathbf{b}$ zwei Vektoren, deren Koordinaten a_i und b_i durch die Gleichungen

$$a_i = \sum_k X_{ik} b_k$$

in einem Zusammenhang stehen, so drücken wir dies symbolisch durch $\mathbf{a} = \mathbf{X} \cdot \mathbf{b}$ aus, worin jetzt $\mathbf{a}$ und $\mathbf{b}$ als Spaltenvektoren aufzufassen sind. Wenn wir zum Beispiel die Länge des Vektors $\mathbf{a}$ berechnen wollen, so haben wir das Matrizenprodukt

$$|\mathbf{a}|^2 = \mathbf{a}^* \cdot \mathbf{a} = (\mathbf{X} \cdot \mathbf{b})^* \cdot (\mathbf{X} \cdot \mathbf{b}) = \mathbf{b}^* \cdot \mathbf{X}^* \cdot \mathbf{X} \cdot \mathbf{b}$$

zu bilden.

---

[1]) Wir wollen im folgenden mit Symbolen wie $\mathbf{x}, \mathbf{y}, \dots$ stets Spaltenvektoren bezeichnen, wohingegen Symbole $\mathbf{x}^*, \mathbf{y}^*, \dots$, die mit einem Stern versehen sind, immer Zeilenvektoren seien.

20.13 Vektoren mit komplexen Koordinaten

In vielen Anwendungen, so zum Beispiel in der Theorie der elektrischen Netzwerke und der Vierpoltheorie, treten Systeme linearer Beziehungen auf, in denen sämtliche Größen komplexe Zahlen sind. Es liegt daher nahe, die Begriffsbildungen der Vektor- und Matrizenrechnung ins Komplexe zu übertragen, um auch für solch allgemeinere Fälle einen Kalkül zur Verfügung zu haben. Die geometrischen Deutungen allerdings, die sich durch die Geometrie des dreidimensionalen Raumes ergaben, gehen dabei natürlich verloren.

Ein n-tupel komplexer Zahlen $(z_1, z_2, \ldots, z_n)$ nennen wir einen *Vektor mit komplexen Koordinaten*; wir schreiben symbolisch $\mathbf{z}$ für den Vektor mit den Koordinaten z_i. Die Summe und Differenz $\mathbf{z}_1 \pm \mathbf{z}_2$ zweier Vektoren $\mathbf{z}_1$ und $\mathbf{z}_2$ wird wie im Reellen koordinatenweise erklärt, ebenso die Produktbildung $\lambda\mathbf{z}$ eines Vektors $\mathbf{z}$ mit einer komplexen Zahl λ. Vollkommen analog ist der Begriff der Linearkombination von Vektoren mit komplexen Koordinaten zu übertragen, wobei jetzt natürlich komplexe Koeffizienten zugelassen sind. Gleichermaßen heißt ein System von Vektoren mit komplexen Koordinaten linear abhängig, wenn der Nullvektor in nichttrivialer Weise dargestellt werden kann; andernfalls nennt man es linear unabhängig. Insbesondere behalten die Sätze 20.1 bis 20.6 ihre Gültigkeit. Ein System von n linear unabhängigen Vektoren mit komplexen Koordinaten wird ein n-Bein oder eine Basis genannt. Das System der Maßvektoren ist ein n-Bein und kann daher zur Darstellung eines jeden beliebigen n-dimensionalen Vektors mit komplexen Koordinaten herangezogen werden.

Unter einer $m \times n$-Matrix mit komplexen Elementen

$$\mathbf{Z} = \begin{pmatrix} Z_{11} & Z_{12} & \cdots & Z_{1n} \\ Z_{21} & Z_{22} & \cdots & Z_{2n} \\ \cdots & \cdots & \cdots & \cdots \\ Z_{m1} & Z_{m2} & \cdots & Z_{mn} \end{pmatrix}$$

versteht man ein Schema von $m \times n$ komplexen Zahlen Z_{ij}, die die Elemente der Matrix $\mathbf{Z}$ genannt werden. Matrizen mit komplexen Elementen werden wie im Reellen elementweise addiert und subtrahiert, auch die Multiplikation ist wie im Reellen erklärt.

Der Begriff der Determinante von Vektoren mit komplexen Koordinaten wird ebenfalls aus den drei Forderungen (20.12), (20.13) und (20.14) abgeleitet,

$$\operatorname{Det}(\mathbf{z}_1, \mathbf{z}_2, \ldots, \mathbf{z}_n) = \begin{vmatrix} z_{11} & z_{12} & \cdots & z_{1n} \\ z_{21} & z_{22} & \cdots & z_{2n} \\ \cdots & \cdots & \cdots & \cdots \\ z_{n1} & z_{n2} & \cdots & z_{nn} \end{vmatrix} = \sum (-1)^{f(k_1, \ldots, k_n)} z_{k_1 1} \cdots z_{k_n n}.$$

Ihr Wert ist eine komplexe Zahl. Sämtliche Rechenregeln, die wir kennengelernt haben, bleiben im komplexen Fall gültig. Sinnlos ist es, die Determinante von Vektoren mit komplexen Koordinaten geometrisch deuten zu wollen, auch können wir einem n-Bein keine Orientierung zuordnen. Genauso wie im Reellen wird die Determinante einer quadratischen Matrix mit komplexen Elementen als Determinante ihrer Spalten eingeführt.

Die Gleichungen (20.26) und (20.27), deren Übertragung ins Komplexe keine Schwierigkeiten bereitet, sind wieder die Grundlage zur Inversion von Matrizen. Des weiteren bleibt alles in Abschnitt 20.9 über die Lösungsverhältnisse linearer Gleichungssysteme gültig, auch die Dreieckszerlegung kann für Matrizen mit komplexen Elementen wie im Reellen durchgeführt werden.

Unter dem *Betrag* eines Vektors **z** mit den komplexen Koordinaten z_i versteht man die reelle nichtnegative Größe

$$|\mathbf{z}| = \sqrt{|z_1|^2 + |z_2|^2 + \ldots + |z_n|^2} = \sqrt{z_1\bar{z}_1 + z_2\bar{z}_2 + \ldots + z_n\bar{z}_n}. \tag{20.96}$$

Auch für diese Betragsdefinition gelten die Gesetze (19.5) bis (19.8). Ein Vektor der Länge 1 heißt wieder *Einsvektor* oder *unimodular.*

Das *innere Produkt* zweier Vektoren **u** und **v** mit den komplexen Koordinaten u_i und v_i wird durch den Ausdruck

$$\mathbf{u} \cdot \mathbf{v} = \bar{u}_1 v_1 + \bar{u}_2 v_2 + \ldots + \bar{u}_n v_n = \sum_{k=1}^{n} \bar{u}_k v_k \tag{20.97}$$

erklärt. Dabei ist zu beachten, daß die Koordinaten des linken Faktors zu konjugieren sind, damit die Regel

$$\mathbf{z} \cdot \mathbf{z} = |\mathbf{z}|^2 \tag{20.98}$$

auch im Komplexen erhalten bleibt. Das innere Produkt (20.97) ist deswegen nicht mehr kommutativ, es gilt vielmehr

$$\mathbf{u} \cdot \mathbf{v} = \overline{\mathbf{v} \cdot \mathbf{u}}, \tag{20.99}$$

das heißt, bei einer Vertauschung der Reihenfolge der Faktoren ist der Wert des inneren Produktes zu konjugieren. Das distributive Gesetz (19.17) bleibt gültig, für (19.18) ist hingegen

$$(\lambda \mathbf{u}) \cdot \mathbf{v} = \bar{\lambda}(\mathbf{u} \cdot \mathbf{v}) = \mathbf{u} \cdot (\bar{\lambda} \mathbf{v}) \tag{20.100}$$

als Konsequenz der Definition (20.97) des inneren Produktes zu beachten. Die Schwarzsche Ungleichung (19.19) behält auch im Komplexen ihre Gültigkeit.

Da das innere Produkt komplexer Zahlen wieder eine komplexe Zahl ist, besteht keine Möglichkeit analog dem reellen Fall, einen Winkel zwischen zwei Vektoren mit komplexen Koordinaten einzuführen. Wir nennen aber trotzdem in Analogie zum Reellen zwei Vektoren **u** und **v** *orthogonal*, wenn die Beziehung

$$\mathbf{u} \cdot \mathbf{v} = 0$$

besteht. Dementsprechend heißt ein n-Bein von Vektoren $\{\mathbf{z}_1, \mathbf{z}_2, \ldots, \mathbf{z}_n\}$ orthogonal, wenn die Vektoren dieses Systems paarweise orthogonal sind, also $\mathbf{z}_i \cdot \mathbf{z}_j = 0$ für $i \neq j$ gilt. Im Besonderen sprechen wir von einem orthonormalen n-Bein, wenn alle Vektoren eines orthogonalen n-Beins unimodular sind, also $\mathbf{z}_i \cdot \mathbf{z}_j = \delta_{ij}$ ist.

Es seien $\{\mathbf{e}_1', \mathbf{e}_2', \ldots, \mathbf{e}_n'\}$ und $\{\mathbf{e}_1'', \mathbf{e}_2'', \ldots, \mathbf{e}_2''\}$ zwei beliebige Orthonormalsysteme. Hat ein Vektor **z** im Orthonormalsystem der Vektoren $\mathbf{e}_k'$ die Koordinaten z_k', im Orthonormalsystem der Vektoren $\mathbf{e}_k''$ die Koordinaten z_k'', so gilt wie im Reellen

$$z_i' = \sum_{k=1}^{n} (\mathbf{e}_i' \cdot \mathbf{e}_k'')\, z_k'' \quad \text{bzw.} \quad z_i'' = \sum_{k=1}^{n} (\mathbf{e}_i'' \cdot \mathbf{e}_k')\, z_k', \quad i = 1, 2, \ldots, n,$$

(vgl. (20.78) und (20.79)). Die Matrizen **A** und **B** mit den Elementen $A_{ik} = \mathbf{e}_i' \cdot \mathbf{e}_k''$ und $B_{ik} = \mathbf{e}_i'' \cdot \mathbf{e}_k'$ sind zueinander invers, ferner ist wegen (20.99)

$$B_{ik} = \overline{A}_{ki}.$$

Die Matrix $\mathbf{B} = \mathbf{A}^{-1}$ geht aus der Matrix **A** durch Stürzen *und durch Konjugieren* der Elemente hervor. Führt man den Begriff der Transponierten einer komplexen Matrix ein, so wird dieser Sachverhalt zu berücksichtigen sein, um den Kalkül mit den transponierten Matrizen vom Reellen übernehmen zu können. Man nennt die Matrix $\mathbf{Z}^*$ mit den Elementen $(\mathbf{Z}^*)_{ij} = \overline{Z}_{ji}$ die Transponierte der Matrix **Z**. Die Rechenregeln für das Rechnen mit transponierten Matrizen bleiben gültig, nur (20.86) und (20.89) sind zu modifizieren, weil im Komplexen beim Transponieren auch zu Konjugieren ist: es gilt anstatt (20.86)

$$(\lambda \mathbf{A})^* = \overline{\lambda} \mathbf{A}^*, \tag{20.101}$$

anstatt (20.89)

$$\operatorname{Det} \mathbf{A}^* = \overline{\operatorname{Det} \mathbf{A}}. \tag{20.102}$$

Der einfache Beweis dieser beiden Formeln sei dem Leser überlassen.

Die Transformationsmatrix **A**, die den Zusammenhang zwischen den Koordinaten eines Vektors bezüglich zweier verschiedener Orthonormalsysteme beschreibt, kann wieder durch

$$\mathbf{A}^{-1} = \mathbf{A}^* \tag{20.103}$$

beziehungsweise durch die Gleichungen

$$\mathbf{A}^* \cdot \mathbf{A} = \mathbf{A} \cdot \mathbf{A}^* = \mathbf{E} \tag{20.104}$$

charakterisiert werden. Im Komplexen wird eine Matrix mit dieser Eigenschaft *unitär* genannt.

Von besonderer Bedeutung in vielen Anwendungen sind Matrizen, die gleich ihrer Transponierten sind,

$$\mathbf{A} = \mathbf{A}^*. \tag{20.105}$$

Eine solche Matrix, die wir im Reellen symmetrisch genannt haben, heißt im Komplexen *hermitesch*[1]). Eine Matrix mit komplexen Elementen, für die

$$\mathbf{A} = -\mathbf{A}^* \tag{20.106}$$

gilt, wird *antihermitesch* genannt. Wir bemerken hierzu, daß die Matrix j**A** hermitesch ist, wenn **A** antihermitesch ist, denn es gilt

$$(\mathrm{j}\mathbf{A})^* = -\mathrm{j}\,\mathbf{A}^* = -\mathrm{j}(-\mathbf{A}) = \mathrm{j}\mathbf{A}.$$

Ist **A** hermitesch, so ist j**A** antihermitesch.

Wie eine quadratische Matrix mit reellen Elementen stets als Summe einer symmetrischen und antisymmetrischen Matrix dargestellt werden kann, läßt sich auch eine Matrix

[1]) *Charles Hermite*, franz. Mathematiker, 1822–1901.

Z mit komplexen Elementen stets in einen hermiteschen Anteil $\mathbf{S} = \frac{1}{2}(\mathbf{Z} + \mathbf{Z}^*)$ und in einen antihermiteschen Anteil $\mathbf{T} = \frac{1}{2}(\mathbf{Z} - \mathbf{Z}^*)$ zerlegen: $\mathbf{Z} = \mathbf{S} + \mathbf{T}$. Setzt man $\mathbf{T} = \frac{1}{2j}(\mathbf{Z} - \mathbf{Z}^*)$, so erhält man eine Zerlegung der Gestalt

$$\mathbf{Z} = \mathbf{S} + j\mathbf{T},$$

worin **S** und **T** hermitesche Matrizen sind.

Hermitesche und antihermitesche Matrizen gehören zur Klasse der Matrizen, die mit ihrer Transponierten vertauschbar sind,

$$\mathbf{A} \cdot \mathbf{A}^* = \mathbf{A}^* \cdot \mathbf{A}. \tag{20.107}$$

Eine Matrix mit dieser Eigenschaft heißt *normal*. Wie man aus (20.104) abliest, gehören auch die unitären Matrizen zur Klasse der normalen Matrizen.

20.14 Übungsbeispiele

Man berechne die folgenden Determinanten:

1. $D = \begin{vmatrix} 5 & 1 & 2 & 3 \\ 0 & 1 & 2 & 4 \\ 10 & 2 & 4 & 1 \\ 2 & 5 & 7 & 13 \end{vmatrix}$ 2. $D = \begin{vmatrix} a & 1 & 0 & 0 \\ -1 & b & 1 & 0 \\ 0 & -1 & c & 1 \\ 0 & 0 & -1 & d \end{vmatrix}$

3. $D = \begin{vmatrix} 1 & -2 & 3 & -2 & -2 \\ 2 & -1 & 1 & 3 & 2 \\ 1 & 1 & 2 & 1 & 1 \\ 1 & -4 & -3 & -2 & -5 \\ 3 & -2 & 2 & 2 & -2 \end{vmatrix}$

Man berechne die n-reihigen Determinanten

4. $D_n = \begin{vmatrix} 0 & 1 & 1 & \dots & 1 \\ 1 & 0 & 1 & \dots & 1 \\ 1 & 1 & 0 & \dots & 1 \\ \dots & \dots & \dots & \dots & \dots \\ 1 & 1 & 1 & \dots & 0 \end{vmatrix}$ 5. $D_n = \begin{vmatrix} 2 & -1 & 0 & \dots & 0 & 0 \\ -1 & 2 & -1 & \dots & 0 & 0 \\ 0 & -1 & 2 & \dots & 0 & 0 \\ \dots & \dots & \dots & \dots & \dots & \dots \\ 0 & 0 & 0 & \dots & -1 & 2 \end{vmatrix}$

Man bestimme den Rang der folgenden Matrizen und überprüfe, ob es sich um injektive oder surjektive Matrizen handelt:

6. $\mathbf{A} = \begin{pmatrix} 1 & 2 & -1 & 4 \\ -1 & 0 & 3 & 2 \\ 3 & 4 & -5 & 6 \end{pmatrix}$ 7. $\mathbf{A} = \begin{pmatrix} 1 & -2 & 2 & 1 & 3 \\ -2 & 4 & -3 & -4 & -4 \\ 1 & 2 & 0 & -6 & 3 \end{pmatrix}$

8. $\mathbf{A} = \begin{pmatrix} 1 & 2 & 1 \\ 3 & 2 & -2 \\ 4 & -3 & -1 \\ 2 & 4 & 2 \end{pmatrix}$ 9. $\mathbf{A} = \begin{pmatrix} 1 & 2 & -1 & 3 \\ -2 & 2 & -2 & -4 \\ 1 & 1 & 0 & 3 \\ 0 & -1 & 1 & 0 \\ 1 & 0 & -1 & 1 \end{pmatrix}$

10. $\mathbf{A} = \begin{pmatrix} 2 & 3 & -2 & 4 \\ 7 & 4 & -3 & 10 \\ 3 & 2 & 3 & 4 \\ -2 & 4 & 0 & 5 \end{pmatrix}$

Man berechne die Inverse der folgenden Matrizen über die Dreieckszerlegung:

11. $\mathbf{A} = \begin{pmatrix} 1 & 1 & 0 \\ 0 & 1 & 0 \\ 0 & 1 & 1 \end{pmatrix}$ 12. $\mathbf{A} = \begin{pmatrix} 1 & 3 & 2 & -3 \\ 2 & 1 & -1 & 2 \\ -1 & 2 & 1 & -1 \\ 2 & -4 & -1 & 4 \end{pmatrix}$

13. Welche Beziehung muß zwischen den Zahlen b_1, b_2 und b_3 bestehen, damit das Gleichungssystem

$$\begin{aligned} x_1 + 2x_2 + 3x_3 &= b_1, \\ 4x_1 + 5x_2 + 6x_3 &= b_2, \\ 7x_1 + 8x_2 + 9x_3 &= b_3 \end{aligned}$$

lösbar ist?

Man löse die folgenden Gleichungssysteme:

14. $\begin{cases} x_1 + 2x_2 - x_3 + 4x_4 = 5 \\ -x_1 + 3x_3 + 2x_4 = 1 \\ 3x_1 + 4x_2 - 5x_3 + 6x_4 = 9 \end{cases}$ 15. $\begin{cases} x_1 - 2x_2 + 2x_3 + x_4 + 3x_5 = 1 \\ -2x_1 + 4x_2 - 3x_3 - 4x_4 - 4x_5 = 0 \\ x_1 + 2x_2 - 7x_4 + 3x_5 = 1 \end{cases}$

16. $\begin{cases} x_1 + 2x_2 + x_3 = 1 \\ 3x_1 + 2x_2 - 2x_3 = 4 \\ 4x_1 - 3x_2 - x_3 = -1 \\ 6x_1 + x_2 + x_3 = 1 \end{cases}$ 17. $\begin{cases} x_1 + 2x_2 - x_3 + 3x_4 = 5 \\ -2x_1 + 2x_2 - 2x_3 - 4x_4 = -6 \\ x_1 + x_2 + 3x_4 = 5 \\ -x_2 + x_3 = 0 \\ x_1 - x_3 + x_4 = 1 \end{cases}$

18. Man löse die Matrizengleichung $\mathbf{A} \cdot \mathbf{X} - \mathbf{X} \cdot \mathbf{A} = \mathbf{B}$ für

$\mathbf{A} = \begin{pmatrix} 1 & 2 \\ 1 & -1 \end{pmatrix}$, $\mathbf{B} = \begin{pmatrix} 1 & 2 \\ -2 & -1 \end{pmatrix}$.

Mit welchen Matrizen ist die Matrix **A** vertauschbar, das heißt für welche Matrizen **X** gilt $\mathbf{A} \cdot \mathbf{X} = \mathbf{X} \cdot \mathbf{A}$?

19. Man berechne aus den Vektoren

$\mathbf{a}_1 = \mathbf{e}_1 + \mathbf{e}_2 + \mathbf{e}_3$, $\mathbf{a}_2 = \mathbf{e}_1 - 2\mathbf{e}_2 + \mathbf{e}_3$, $\mathbf{a}_3 = \mathbf{e}_1 + 2\mathbf{e}_2 + 3\mathbf{e}_3$

ein Orthonormalsystem $\{\mathbf{b}_1, \mathbf{b}_2, \mathbf{b}_3\}$ mit $\mathbf{b}_1 = \mathbf{a}_1/|\mathbf{a}_1|$.

20. Man stelle die Transformationsmatrix **T** auf, die den Übergang vom Koordinatensystem der Maßvektoren auf das Koordinatensystem der orthonormalen Vektoren

$\mathbf{e}_1' = \frac{1}{\sqrt{3}}(\mathbf{e}_1 + \mathbf{e}_2 + \mathbf{e}_3)$, $\mathbf{e}_2' = \frac{1}{\sqrt{6}}(\mathbf{e}_1 - 2\mathbf{e}_2 + \mathbf{e}_3)$, $\mathbf{e}_3' = \frac{1}{\sqrt{2}}(-\mathbf{e}_1 + \mathbf{e}_3)$

leistet.

21. Es sei **A** eine n-reihige reelle Matrix, deren Spalten $\mathbf{a}_i = \mathbf{A} \cdot \mathbf{e}_i$ paarweise orthogonal sind. Man berechne die Determinante der Matrix **A** (Hinweis: man bilde das Produkt $\mathbf{A}^* \cdot \mathbf{A}$).

22. Man zeige: Eine Matrix **A** hat genau dann den Rang 1, wenn sie ein Produkt „Spalte mal Zeile" ist, also die Gestalt $\mathbf{A} = \mathbf{a} \cdot \mathbf{b}^*$ hat.

23. Sei **A** eine $m \times n$-Matrix mit dem Rang $r > 0$. Dann gibt es eine injektive $m \times r$-Matrix **B** und eine surjektive $r \times n$-Matrix **C**, so daß $\mathbf{A} = \mathbf{B} \cdot \mathbf{C}$ gilt.

24. Sei **A** eine $m \times n$-Matrix. Man zeige, daß die Gleichung $\mathbf{A} \cdot \mathbf{x} = \mathbf{o}$ genau dann für jeden n-dimensionalen Vektor **x** richtig ist, wenn **A** die $m \times n$-Nullmatrix **0** ist.

25. Sei **A** eine nichtinjektive Matrix. Man zeige, daß stets eine Matrix $\mathbf{X} \neq \mathbf{0}$ existiert, so daß $\mathbf{A} \cdot \mathbf{X} = \mathbf{0}$ gilt.

26. Sei $\mathbf{A}$ eine nicht surjektive Matrix. Man zeige, daß stets eine Matrix $\mathbf{Y} \neq \mathbf{0}$ existiert, so daß $\mathbf{Y} \cdot \mathbf{A} = \mathbf{0}$ gilt.
27. Sei $\mathbf{A}$ eine $m \times n$-Matrix. Unter welcher Voraussetzung über $\mathbf{A}$ existiert eine $n \times m$-Matrix $\mathbf{X}$ mit der Eigenschaft $\mathbf{A} \cdot \mathbf{X} = \mathbf{E}$, worin $\mathbf{E}$ die m-reihige Einheitsmatrix ist?
28. Sei $\mathbf{A}$ eine $m \times n$-Matrix. Unter welcher Voraussetzung über $\mathbf{A}$ existiert eine $n \times m$-Matrix $\mathbf{Y}$ mit der Eigenschaft $\mathbf{Y} \cdot \mathbf{A} = \mathbf{E}$, worin $\mathbf{E}$ die n-reihige Einheitsmatrix ist?
29. Sei $\mathbf{A}$ eine $m \times r$-Matrix, $\mathbf{B}$ eine $r \times n$-Matrix und $\mathbf{A} \cdot \mathbf{B} = \mathbf{0}$. Unter welcher Voraussetzung über $\mathbf{A}$ kann $\mathbf{B} = \mathbf{0}$, unter welcher Voraussetzung über $\mathbf{B}$ kann $\mathbf{A} = \mathbf{0}$ gefolgert werden?
30. Sei $\mathbf{A}$ eine beliebige $m \times n$-Matrix mit dem Rang $r > 0$. Man zeige:

    (i) Die Menge der Vektoren $\{\mathbf{y} | \mathbf{y} = \mathbf{A} \cdot \mathbf{x}\}$ des m-dimensionalen Raumes ist eine lineare Mannigfaltigkeit der Dimension r.

    Bezeichnet L diese lineare Mannigfaltigkeit und ist K der Kern der transponierten Matrix $\mathbf{A}^*$, so gilt weiter:

    (ii) Ist $\mathbf{x} \in L$ und $\mathbf{x} \in K$, so ist $\mathbf{x} = \mathbf{o}$.

    (iii) Ist $\mathbf{x} \in L$ und $\mathbf{y} \in K$, so ist $\mathbf{y}^* \cdot \mathbf{x} = 0$.

    (iv) Ist $\mathbf{a}$ ein beliebiger Vektor des m-dimensionalen Raumes, so gibt es eine eindeutige Zerlegung $\mathbf{a} = \mathbf{x} + \mathbf{y}$, wobei $\mathbf{x} \in L$ und $\mathbf{y} \in K$ ist.

    (v) Ist $\mathbf{b}$ ein beliebiger Vektor des m-dimensionalen Raumes, so gehört der Vektor $\mathbf{b}$ genau dann der Mannigfaltigkeit L an, wenn $\mathbf{b}$ auf alle Vektoren der Mannigfaltigkeit K senkrecht steht.

    Dies bedeutet: Das Gleichungssystem $\mathbf{A} \cdot \mathbf{x} = \mathbf{b}$ ist genau dann lösbar, wenn die rechte Seite $\mathbf{b}$ orthogonal zu allen Lösungen der homogenen Gleichung $\mathbf{A}^* \cdot \mathbf{y} = \mathbf{o}$ ist (vgl. hierzu Beispiel 13).
31. Sei $\mathbf{A}$ eine singuläre Matrix. Dann ist auch die Matrix $\mathbf{A}^{ad}$ singulär, insbesondere kann die Matrix $\mathbf{A}^{ad}$ nur den Rang 0 oder 1 haben. Man zeige dies auf folgendem Wege:

    (i) Es ist $\mathbf{A}^{ad} = \mathbf{0}$ genau dann, wenn Rang $\mathbf{A} \leqslant n - 2$;

    aus der äquivalenten Aussage

    (i′) Es ist Rang $\mathbf{A}^{ad} \geqslant 1$ genau dann, wenn Rang $\mathbf{A} > n - 2$

    und über

    (ii) Ist Rang $\mathbf{A} = n - 1$, so ist Rang $\mathbf{A}^{ad} \leqslant 1$

    folgt die Aussage: Ist $\mathbf{A}$ singulär, so ist Rang $\mathbf{A}^{ad} \leqslant 1$, und zwar gilt Rang $\mathbf{A}^{ad} = 1$ genau dann, wenn Rang $\mathbf{A} = n - 1$ ist.
32. Sei $\mathbf{A}$ eine n-reihige Matrix mit dem Rang $r = n - 1$. Dann hat nach Beispiel 31 die Matrix $\mathbf{A}^{ad}$ den Rang 1, somit ist nach Beispiel 22 die adjungierte Matrix ein Produkt „Spalte mal Zeile": $\mathbf{A}^{ad} = \mathbf{a} \cdot \mathbf{b}^*$. Wie lassen sich die Spaltenvektoren $\mathbf{a}$ und $\mathbf{b}$ charakterisieren?
33. Es sei $\mathbf{A}$ eine n-reihige Matrix. Man berechne die Determinante der adjungierten Matrix $\mathbf{A}^{ad}$.
34. Sei $\mathbf{A}$ eine n-reihige Matrix. Man berechne die Adjungierte der adjungierten Matrix, das heißt die Matrix $(\mathbf{A}^{ad})^{ad}$.

21 Eigenwerte und Eigenvektoren von Matrizen

Der Begriff des Eigenwertes hat für Physik und Technik fundamentale Bedeutung. Er stellt ein wichtiges mathematisches Konzept zur Beschreibung gewisser charakteristischer Eigenschaften physikalischer Systeme dar, in denen die betreffenden Größen in linearen Beziehungen zueinander stehen und die deshalb als *lineare Systeme* bezeichnet werden. Lineare Systeme, in denen endlich viele physikalische Größen durch lineare Gleichungen verknüpft sind und die mit Hilfe von Matrizen beschrieben werden können, lassen sich hinsichtlich gewisser Eigenschaften, denen aus technischer Sicht großes Interesse beizumessen ist, durch die Eigenwerte und die Eigenvektoren der sogenannten Systemmatrix vollständig charakterisieren.

Neben dem physikalischen Interesse an Eigenwerten spielen auch mathematische Gesichtspunkte eine Rolle. Wir werden in diesem Text noch des öfteren auf den Begriff des Eigenwertes im Rahmen mathematischer Untersuchungen zurückkommen.

21.1 Der Begriff des Eigenwertes und des Eigenvektors

Wir betrachten im folgenden in der Regel Matrizen mit komplexen Elementen, was wir deshalb nicht immer eigens betonen werden. Die Unterschiedlichkeiten des reellen und komplexen Falles, soweit sie überhaupt von Interesse sind, sollen aber entsprechend hervorgehoben werden.

Definition 21.1 Eine Zahl λ heißt *Eigenwert* der quadratischen Matrix $\mathbf{A}$, wenn ein vom Nullvektor verschiedener Vektor $\mathbf{x}$ existiert, so daß gilt

$$\mathbf{A}\cdot\mathbf{x}=\lambda\mathbf{x}; \tag{21.1}$$

der Vektor $\mathbf{x}$ heißt *Eigenvektor* zum Eigenwert λ.

Schreiben wir die Gleichung (21.1) in der Form

$$(\mathbf{A}-\lambda\mathbf{E})\cdot\mathbf{x}=\mathbf{o}, \tag{21.2}$$

so wird ersichtlich, daß die Zahl λ nur dann ein Eigenwert der Matrix $\mathbf{A}$ sein kann, wenn das homogene lineare Gleichungssystem (21.2) eine nichttriviale Lösung hat, da ein Eigenvektor vom Nullvektor verschieden sein muß. Nach Satz 20.21 hat aber ein homogenes lineares Gleichungssystem genau dann eine nichttriviale Lösung, wenn die Koeffizientenmatrix singulär ist, das heißt, wenn ihre Determinante gleich Null ist. Folglich kann die Zahl λ nur dann ein Eigenwert der Matrix $\mathbf{A}$ sein, wenn die Determinante der Koeffizientenmatrix $\mathbf{A}-\lambda\mathbf{E}$ des Systems (21.2) verschwindet,

$$\operatorname{Det}(\mathbf{A}-\lambda\mathbf{E})=\begin{vmatrix} A_{11}-\lambda & A_{12} & \dots & A_{1n}\\ A_{21} & A_{22}-\lambda & \dots & A_{2n}\\ \dots & \dots & \dots & \dots\\ A_{n1} & A_{n2} & \dots & A_{nn}-\lambda\end{vmatrix}=0. \tag{21.3}$$

Aus den Determinanteneigenschaften, insbesondere daraus, daß jeder Term der Entwicklung (20.15) ein Produkt von Elementen aus jeder Spalte und jeder Zeile ist, ergibt sich nun, daß der Ausdruck

$$\operatorname{Det}(\mathbf{A}-\lambda\mathbf{E})=(-1)^n\left[\lambda^n-\lambda^{n-1}(A_{11}+A_{22}+\dots+A_{nn})+\dots+(-1)^n\operatorname{Det}\mathbf{A}\right] \tag{21.4}$$

ein Polynom in λ mit dem exakten Grad n ist; es wird das *charakteristische Polynom der Matrix* **A** genannt,

$$p(\lambda) = \mathrm{Det}(\mathbf{A} - \lambda\mathbf{E}). \tag{21.5}$$

Offenbar kann eine Zahl λ nur dann ein Eigenwert der Matrix **A** sein, wenn λ eine Nullstelle des charakteristischen Polynoms $p(\lambda)$ ist. Wenn umgekehrt λ eine Nullstelle des charakteristischen Polynoms der Matrix **A** ist, so ist die Matrix $\mathbf{A} - \lambda\mathbf{E}$ singulär und das homogene lineare Gleichungssystem (21.2) hat eine nichttriviale Lösung. Also gilt

Satz 21.1 *Die Eigenwerte einer quadratischen Matrix sind die Nullstellen ihres charakteristischen Polynoms.*

Wir ziehen daraus den Schluß, daß eine quadratische n-reihige Matrix höchstens n verschiedene Eigenwerte haben kann. Die Vielfachheit, mit der ein Eigenwert als Nullstelle des charakteristischen Polynoms erscheint, wird *algebraische Vielfachheit* des betreffenden Eigenwertes genannt. Die Gleichung $p(\lambda) = 0$ heißt *charakteristische Gleichung* der Matrix **A**.

Ist λ ein Eigenwert der Matrix **A**, so ist jede Lösung **x** von (21.2) ein Eigenvektor zum Eigenwert λ. Da ein lineares homogenes Gleichungssystem mit singulärer Koeffizientenmatrix nicht eindeutig lösbar ist, können Eigenvektoren nicht eindeutig bestimmt sein. Die Gesamtheit der Eigenvektoren, die zu einem einzelnen Eigenwert λ gehören, bilden eine lineare Mannigfaltigkeit, die der Kern der Matrix $\mathbf{A} - \lambda\mathbf{E}$ ist. Die Dimension des Kerns der Matrix $\mathbf{A} - \lambda\mathbf{E}$, also die Maximalzahl linear unabhängiger Eigenvektoren zum Eigenwert λ, wird die *geometrische Vielfachheit* des Eigenwertes genannt. Wir bemerken hierzu ohne Beweis, daß die geometrische Vielfachheit eines Eigenwertes höchstens gleich seiner algebraischen Vielfachheit ist, das heißt, es kann nie mehr linear unabhängige Eigenvektoren zu einem Eigenwert geben, als dessen algebraische Vielfachheit beträgt. Daß die geometrische Vielfachheit tatsächlich kleiner sein kann als die algebraische, zeigt das

Beispiel 21.1: Das charakteristische Polynom der Matrix

$$\mathbf{A} = \begin{pmatrix} 6 & 4 & 4 \\ -1 & 0 & -1 \\ -2 & 0 & 0 \end{pmatrix}$$

ist

$$p(\lambda) = \begin{vmatrix} 6-\lambda & 4 & 4 \\ -1 & -\lambda & -1 \\ -2 & 0 & -\lambda \end{vmatrix} = -\lambda^3 + 6\lambda^2 - 12\lambda + 8 = -(\lambda - 2)^3;$$

die Matrix **A** hat nur einen Eigenwert, nämlich $\lambda = 2$, und zwar mit der algebraischen Vielfachheit 3. Zur Berechnung der Eigenvektoren stellen wir das Gleichungssystem (21.2) auf,

$$\begin{aligned} 4x_1 + 4x_2 + 4x_3 &= 0, \\ -x_1 - 2x_2 - x_3 &= 0, \\ -2x_1 \phantom{{}-2x_2} - 2x_3 &= 0; \end{aligned}$$

es hat die allgemeine Lösung $x_1 = \mu$, $x_2 = 0$, $x_3 = -\mu$, worin μ ein beliebiger Parameter ist. Da die allgemeine Lösung somit nur einen willkürlichen Parameter enthält, ist der Defekt der Koeffizientenmatrix gleich 1, der Vektor $\mathbf{e} = \mathbf{e}_1 - \mathbf{e}_3$ ist Basisvektor des Kerns der Koeffizientenmatrix. Folglich ist die geometrische Vielfachheit des Eigenwertes $\lambda = 2$ gleich 1, jeder Vektor $\mathbf{x} = \mu\mathbf{e}$ ist Eigenvektor zum Eigenwert $\lambda = 2$.

Beispiel 21.2: Um die Eigenwerte und Eigenvektoren der Matrix

$$A = \begin{pmatrix} 0 & -4 & -2 \\ 1 & 4 & 1 \\ 2 & 4 & 4 \end{pmatrix}$$

zu berechnen, ermitteln wir zunächst das charakteristische Polynom,

$$p(\lambda) = \begin{vmatrix} -\lambda & -4 & -2 \\ 1 & 4-\lambda & 1 \\ 2 & 4 & 4-\lambda \end{vmatrix} = -\lambda^3 + 8\lambda^2 - 20\lambda + 16 = -(\lambda-2)^2(\lambda-4).$$

Also hat die Matrix **A** den (algebraisch) zweifachen Eigenwert $\lambda = 2$ und den einfachen Eigenwert $\lambda = 4$. Um die Eigenvektoren zum Eigenwert $\lambda = 2$ zu berechnen, haben wir das homogene Gleichungssystem (21.2),

$$\begin{aligned} -2x_1 - 4x_2 - 2x_3 &= 0, \\ x_1 + 2x_2 + x_3 &= 0, \\ 2x_1 + 4x_2 + 2x_3 &= 0, \end{aligned}$$

zu lösen. Die allgemeine Lösung lautet $x_1 = 2\mu + \nu$, $x_2 = -\mu$, $x_3 = -\nu$; da in ihr zwei willkürliche Parameter auftreten, ist der Defekt der Koeffizientenmatrix und somit die geometrische Vielfachheit des Eigenwertes $\lambda = 2$ gleich 2; die beiden Vektoren $\mathbf{x}_1 = 2\mathbf{e}_1 - \mathbf{e}_2$ und $\mathbf{x}_2 = \mathbf{e}_1 - \mathbf{e}_3$ bilden eine Basis des Kerns der Matrix $\mathbf{A} - 2\mathbf{E}$ und sind linear unabhängige Eigenvektoren zum Eigenwert $\lambda = 2$. Hier stimmt die algebraische Vielfachheit des Eigenwertes $\lambda = 2$ mit der geometrischen überein.

Die Bestimmung der Eigenvektoren zum Eigenwert $\lambda = 4$ führt auf das Gleichungssystem

$$\begin{aligned} -4x_1 - 4x_2 - 2x_3 &= 0, \\ x_1 \qquad + x_3 &= 0, \\ 2x_1 + 4x_2 \qquad &= 0 \end{aligned}$$

mit der allgemeinen Lösung $x_1 = -2\mu$, $x_2 = \mu$, $x_3 = 2\mu$. Also ist der Vektor $\mathbf{x} = -2\mathbf{e}_1 + \mathbf{e}_2 + 2\mathbf{e}_3$ Basisvektor des Kerns der Matrix $\mathbf{A} - 4\mathbf{E}$ und somit Eigenvektor zum einfachen Eigenwert $\lambda = 4$.

Numeriert man jeden Eigenwert sooft, als seine algebraische Vielfachheit beträgt, so ist auf Grund des Vietàschen Wurzelsatzes

$$\begin{aligned} p(\lambda) &= (-1)^n \prod_{k=1}^{n} (\lambda - \lambda_k) \\ &= (-1)^n \left[\lambda^n - \lambda^{n-1}(\lambda_1 + \lambda_2 + \ldots + \lambda_n) + - \ldots + (-1)^n \lambda_1\lambda_2 \ldots \lambda_n\right]. \end{aligned} \tag{21.6}$$

Die Koeffizienten des charakteristischen Polynoms sind die elementarsymmetrischen Funktionen der Eigenwerte. Vergleicht man (21.6) mit (21.4), so findet man

$$A_{11} + A_{22} + \ldots + A_{nn} = \lambda_1 + \lambda_2 + \ldots + \lambda_n. \tag{21.7}$$

Die Summe der Hauptdiagonalglieder ist gleich der Summe der Eigenwerte. Den Ausdruck auf der linken Seite von (21.7) nennt man die *Spur der Matrix* **A** und schreibt hierfür symbolisch

$$\mathrm{Spur}\,\mathbf{A} = A_{11} + A_{22} + \ldots + A_{nn}.$$

Vergleicht man die konstanten Glieder in (21.4) und (21.6), so ergibt sich

$$\mathrm{Det}\,\mathbf{A} = \lambda_1\lambda_2 \ldots \lambda_n. \tag{21.8}$$

Das Produkt der Eigenwerte einer Matrix ist gleich ihrer Determinante. Daraus ergibt sich eine Möglichkeit, die Regularität einer Matrix mit Hilfe der Eigenwerte zu charakterisieren:

Satz 21.2 *Eine Matrix ist genau dann regulär, wenn alle ihre Eigenwerte von Null verschieden sind.*

Von Bedeutung ist auch der folgende

Satz 21.3 *Die zu verschiedenen Eigenwerten gehörigen Eigenvektoren einer Matrix sind linear unabhängig.*

Zum Beweis betrachten wir zwei verschiedene Eigenwerte λ_1 und λ_2 der Matrix $\mathbf{A}$ mit den zugehörigen Eigenvektoren $\mathbf{x}_1$ und $\mathbf{x}_2$,

$$\mathbf{A} \cdot \mathbf{x}_1 = \lambda_1 \mathbf{x}_1, \quad \mathbf{A} \cdot \mathbf{x}_2 = \lambda_2 \mathbf{x}_2.$$

Wären nun die beiden Vektoren $\mathbf{x}_1$ und $\mathbf{x}_2$ linear abhängig, so gibt es eine Zahl $\alpha \neq 0$ mit der Eigenschaft

$$\mathbf{x}_1 = \alpha \mathbf{x}_2.$$

Multiplizieren wir diese Gleichung von links mit der Matrix $\mathbf{A} - \lambda_1 \mathbf{E}$, so folgt

$$\mathbf{o} = (\mathbf{A} - \lambda_1 \mathbf{E}) \cdot \mathbf{x}_1 = \alpha(\mathbf{A} - \lambda_1 \mathbf{E}) \cdot \mathbf{x}_2 = \alpha(\mathbf{A} \cdot \mathbf{x}_2 - \lambda_1 \mathbf{x}_2) = \alpha(\lambda_2 - \lambda_1)\, \mathbf{x}_2.$$

Dies ist aber ein Widerspruch, denn wegen $\lambda_1 \neq \lambda_2$ müßte $\mathbf{x}_2 = \mathbf{o}$ sein!

Eine wichtige Eigenschaft der Eigenwerte einer Matrix ist ihre *Invarianz* gegenüber Koordinatentransformationen. Es sei $\{\mathbf{e}_1', \mathbf{e}_2', \ldots, \mathbf{e}_n'\}$ eine beliebige Basis, bezüglich der der Vektor $\mathbf{x} = \sum x_i \mathbf{e}_i$ die Koordinaten x_i' habe, $\mathbf{x} = \sum x_i' \mathbf{e}_i'$. Schreiben wir für diese Gleichung symbolisch $\mathbf{x} = \mathbf{T} \cdot \mathbf{x}'$, wobei $\mathbf{T}$ die reguläre Matrix ist, deren Spalten die Vektoren $\mathbf{e}_k'$ sind, so folgt durch Einsetzen in (21.1)

$$\mathbf{A} \cdot \mathbf{T} \cdot \mathbf{x}' = \lambda \mathbf{T} \cdot \mathbf{x}'$$

und daraus

$$\mathbf{T}^{-1} \cdot \mathbf{A} \cdot \mathbf{T} \cdot \mathbf{x}' = \lambda \mathbf{x}'.$$

Führen wir zur Abkürzung die Matrix $\mathbf{A}' = \mathbf{T}^{-1} \cdot \mathbf{A} \cdot \mathbf{T}$ ein, so lautet jetzt die Eigenwertgleichung (21.1)

$$\mathbf{A}' \cdot \mathbf{x}' = \lambda \mathbf{x}'.$$

Wir müssen zeigen, daß die Matrix $\mathbf{A}'$ dieselben Eigenwerte wie die Matrix $\mathbf{A}$ hat, was wir am besten dadurch erledigen, indem wir den Nachweis erbringen, daß das charakteristische Polynom der Matrix $\mathbf{A}'$ mit dem charakteristischen Polynom der Matrix $\mathbf{A}$ identisch ist. Sei also $q(\lambda) = \operatorname{Det}(\mathbf{A}' - \lambda \mathbf{E})$; dann gilt

$$\begin{aligned} q(\lambda) &= \operatorname{Det}(\mathbf{T}^{-1} \cdot \mathbf{A} \cdot \mathbf{T} - \lambda \mathbf{E}) = \operatorname{Det}\left(\mathbf{T}^{-1} \cdot (\mathbf{A} - \lambda \mathbf{E}) \cdot \mathbf{T}\right) \\ &= \operatorname{Det} \mathbf{T}^{-1} \operatorname{Det}(\mathbf{A} - \lambda \mathbf{E}) \operatorname{Det} \mathbf{T} = \operatorname{Det}(\mathbf{A} - \lambda \mathbf{E}) = p(\lambda), \end{aligned}$$

worin (20.34) und (20.41) verwendet wurde.

21.2 Die Cayley-Hamiltonsche Gleichung

Für quadratische Matrizen gelten die Regeln für das Rechnen mit Potenzen unter der Einschränkung, daß die Exponenten natürliche Zahlen sind,

$$\mathbf{A}^n \cdot \mathbf{A}^m = \mathbf{A}^{n+m} = \mathbf{A}^m \cdot \mathbf{A}^n. \tag{21.9}$$

Definiert man

$$\mathbf{A}^0 = \mathbf{E}$$

für jede quadratische Matrix, so gilt (21.9) mit Einschluß der Null als Exponent. Die Erweiterung der Regel (21.9) auf negative Exponenten ist jedoch nur für reguläre Matrizen möglich und geschieht durch die Festsetzung

$$\mathbf{A}^{-n} = (\mathbf{A}^{-1})^n \tag{21.10}$$

für jede natürliche Zahl n.

Sind die Zahlen $\lambda_1, \lambda_2, \ldots, \lambda_n$ die – entsprechend ihren algebraischen Vielfachheiten gezählten – Eigenwerte der Matrix $\mathbf{A}$, so sind die k-ten Potenzen $\lambda_1^k, \lambda_2^k, \ldots, \lambda_n^k$ die Eigenwerte der Matrizenpotenz $\mathbf{A}^k$, und zwar mit denselben algebraischen Vielfachheiten. Für singuläre Matrizen ist diese Aussage natürlich nur für $k = 0, 1, 2, \ldots$ sinnvoll, für reguläre Matrizen ist sie für jede ganze Zahl k richtig. Ist nämlich $\mathbf{x}_j$ ein Eigenvektor zum Eigenwert λ_j, so gilt $\mathbf{A} \cdot \mathbf{x}_j = \lambda_j \mathbf{x}_j$ und, indem man diese Gleichung mit $\mathbf{A}$ multipliziert,

$$\mathbf{A}^2 \cdot \mathbf{x}_j = \lambda_j \mathbf{A} \cdot \mathbf{x}_j = \lambda_j^2 \mathbf{x}_j.$$

So fortfahrend erhält man die Gleichungen

$$\mathbf{A}^k \cdot \mathbf{x}_j = \lambda_j^k \mathbf{x}_j, \quad j = 1, 2, \ldots, n, \tag{21.11}$$

die auch für negative Exponenten gültig sind, denn aus der Gleichung $\mathbf{A} \cdot \mathbf{x}_j = \lambda_j \mathbf{x}_j$ ergibt sich durch Multiplikation mit $\mathbf{A}^{-1}$ von links

$$\mathbf{A}^{-1} \cdot \mathbf{x}_j = \frac{1}{\lambda_j} \mathbf{x}_j; \tag{21.12}$$

daraus geht hervor, daß die Reziprokwerte $1/\lambda_j$ die Eigenwerte der Matrix $\mathbf{A}^{-1}$ sind. Man beachte dabei, daß die Eigenwerte einer regulären Matrix alle von Null verschieden sind.

Es sei nun μ eine beliebige Zahl. Die Eigenwerte der Matrix $\mathbf{B} = \mathbf{A} + \mu\mathbf{E}$ sind die Zahlen $\lambda_1 + \mu, \lambda_2 + \mu, \ldots, \lambda_n + \mu$, denn das charakteristische Polynom $q(\lambda)$ der Matrix $\mathbf{B}$ hängt mit dem charakteristischen Polynom $p(\lambda)$ der Matrix $\mathbf{A}$ folgendermaßen zusammen:

$$q(\lambda) = \mathrm{Det}(\mathbf{B} - \lambda\mathbf{E}) = \mathrm{Det}(\mathbf{A} + \mu\mathbf{E} - \lambda\mathbf{E}) = \mathrm{Det}\left[\mathbf{A} - (\lambda - \mu)\mathbf{E}\right] = p(\lambda - \mu). \tag{21.13}$$

Die Matrix $\mathbf{B} = \mu\mathbf{A}$ hat dagegen die Eigenwerte $\mu\lambda_1, \mu\lambda_2, \ldots, \mu\lambda_n$, denn es gilt

$$\mathrm{Det}(\mathbf{B} - \lambda\mathbf{E}) = \mathrm{Det}(\mu\mathbf{A} - \lambda\mathbf{E}) = \mathrm{Det}\left[\mu(\mathbf{A} - \frac{\lambda}{\mu}\mathbf{E})\right] = \mu^n\, p\left(\frac{\lambda}{\mu}\right). \tag{21.14}$$

Es sei nun $k(x)$ ein beliebiges Polynom,

$$k(x) = a_n x^n + a_{n-1} x^{n-1} + \ldots + a_1 x + a_0, \quad a_n \neq 0.$$

Dann heißt der Ausdruck

$$k(\mathbf{A}) = a_n\mathbf{A}^n + a_{n-1}\mathbf{A}^{n-1} + \ldots + a_1\mathbf{A} + a_0\mathbf{E} \tag{21.15}$$

ein *Matrizenpolynom* (vom Grade n). Sind h(x) und k(x) zwei beliebige Polynome, so gilt auf Grund von (21.9)

$$h(\mathbf{A}) \cdot k(\mathbf{A}) = k(\mathbf{A}) \cdot h(\mathbf{A}).$$

Der Leser kann mit Hilfe der Gleichungen (21.11) leicht selbst den Nachweis erbringen, daß die Zahlen $k(\lambda_1), k(\lambda_2), \ldots, k(\lambda_n)$ die Eigenwerte der Matrix $k(\mathbf{A})$ sind.

Sind $x_1, x_2, \ldots, x_n$ die Nullstellen des Polynoms k(x), so lautet die Faktorisierung von k(x), wenn wir jede Nullstelle sooft zählen, als die Vielfachheit beträgt,

$$k(x) = a_n \prod_{k=1}^{n} (x - x_k). \tag{21.16}$$

Zur Berechnung der Matrix $k(\mathbf{A})$ kann natürlich auch in dieser Darstellung die Variable x durch die Matrix **A** substituiert werden, wobei die Zahlenwerte x_k durch die Matrizen $x_k\mathbf{E}$ zu ersetzen sind,

$$k(\mathbf{A}) = a_n \prod_{k=1}^{n} (\mathbf{A} - x_k\mathbf{E}). \tag{21.17}$$

Es wäre jetzt allerdings ein falscher Schluß, aus $k(\mathbf{A}) = \mathbf{0}$ zu folgern, daß einer der Faktoren in (21.17) gleich der Nullmatrix ist, denn ein Matrizenprodukt kann die Nullmatrix ergeben, ohne daß einer der Faktoren die Nullmatrix ist.

Insbesondere erhalten wir für das charakteristische Polynom $p(\lambda)$ der Matrix **A**

$$p(\mathbf{A}) = (-1)^n \prod_{k=1}^{n} (\mathbf{A} - \lambda_k\mathbf{E}). \tag{21.18}$$

Ist $\mathbf{x}_j$ ein Eigenvektor zum Eigenwert λ_j, so erkennen wir daraus

$$p(\mathbf{A}) \cdot \mathbf{x}_j = \mathbf{o}, \tag{21.19}$$

denn wegen der Vertauschbarkeit der Faktoren in (21.18) können wir die Matrix $p(\mathbf{A})$ auch in der Form

$$p(\mathbf{A}) = (-1)^n \left(\prod_{\substack{k=1 \\ k \neq j}}^{n} (\mathbf{A} - \lambda_k\mathbf{E}) \right) \cdot (\mathbf{A} - \lambda_j\mathbf{E})$$

anschreiben und daraus durch Multiplikation mit $\mathbf{x}_j$ von rechts auf die Gültigkeit von (21.19) schließen.

Es besteht nun der interessante Sachverhalt, daß die Gleichung $p(\mathbf{A}) \cdot \mathbf{x} = \mathbf{o}$ für jeden beliebigen Vektor gilt, also nicht bloß für die Eigenvektoren der Matrix **A**. Es stellt sich nämlich heraus, daß die Matrix $p(\mathbf{A})$ die Nullmatrix ist:

Satz 21.4 *Jede quadratische Matrix genügt ihrer charakteristischen Gleichung, das heißt ist* $p(\lambda)$ *das charakteristische Polynom der Matrix* **A**, *so gilt*

$$p(\mathbf{A}) = \mathbf{0}. \tag{21.20}$$

Dieser Zusammenhang wurde zuerst von R. W. Hamilton und *Arthur Cayley* (1821–1895) für einige spezielle Fälle gefunden und wird deshalb die *Cayley-Hamiltonsche Gleichung* genannt.

Zum Beweis betrachten wir die Adjungierte der Matrix $\mathbf{A} - \lambda\mathbf{E}$. Auf Grund von (20.38) gilt

$$(\mathbf{A} - \lambda\mathbf{E})^{ad} \cdot (\mathbf{A} - \lambda\mathbf{E}) = \mathrm{Det}(\mathbf{A} - \lambda\mathbf{E})\mathbf{E} = p(\lambda)\mathbf{E}. \tag{21.21}$$

Die Elemente der Matrix $(\mathbf{A} - \lambda\mathbf{E})^{ad}$ sind die algebraischen Komplemente der Matrix $\mathbf{A} - \lambda\mathbf{E}$ und Polynome in λ höchstens vom Grad $n - 1$, da sie $(n - 1)$-reihige Unterdeterminanten der Matrix $\mathbf{A} - \lambda\mathbf{E}$ sind. Wir ordnen nach Potenzen von λ und erhalten auf diese Weise die Darstellung

$$(\mathbf{A} - \lambda\mathbf{E})^{ad} = \lambda^{n-1}\mathbf{B}_{n-1} + \lambda^{n-2}\mathbf{B}_{n-2} + \ldots + \lambda\mathbf{B}_1 + \mathbf{B}_0 \tag{21.22}$$

mit von λ unabhängigen Matrizen $\mathbf{B}_0, \mathbf{B}_1, \ldots, \mathbf{B}_{n-1}$. Setzen wir in (21.21) ein, so folgt

$$\begin{aligned}
&(\lambda^{n-1}\mathbf{B}_{n-1} + \ldots + \lambda\mathbf{B}_1 + \mathbf{B}_0) \cdot (\mathbf{A} - \lambda\mathbf{E})\\
&= \lambda^{n-1}\mathbf{B}_{n-1} \cdot \mathbf{A} + \ldots + \lambda\mathbf{B}_1 \cdot \mathbf{A} + \mathbf{B}_0 \cdot \mathbf{A} - \lambda^n\mathbf{B}_{n-1} - \ldots - \lambda^2\mathbf{B}_1 - \lambda\mathbf{B}_0\\
&= -\lambda^n\mathbf{B}_{n-1} + \lambda^{n-1}(\mathbf{B}_{n-1} \cdot \mathbf{A} - \mathbf{B}_{n-2}) + \ldots + \lambda(\mathbf{B}_1 \cdot \mathbf{A} - \mathbf{B}_0) + \mathbf{B}_0 \cdot \mathbf{A}\\
&= p(\lambda)\mathbf{E} = (t_n\lambda^n + t_{n-1}\lambda^{n-1} + \ldots + t_1\lambda + t_0)\mathbf{E},
\end{aligned}$$

worin t_i die Koeffizienten des charakteristischen Polynoms $p(\lambda)$ sind. Durch Koeffizientenvergleich ergibt sich daraus

$$\begin{aligned}
-\mathbf{B}_{n-1} &= t_n\mathbf{E},\\
\mathbf{B}_{n-1} \cdot \mathbf{A} - \mathbf{B}_{n-2} &= t_{n-1}\mathbf{E},\\
&\vdots\\
\mathbf{B}_1 \cdot \mathbf{A} - \mathbf{B}_0 &= t_1\mathbf{E},\\
\mathbf{B}_0 \cdot \mathbf{A} &= t_0\mathbf{E}.
\end{aligned}$$

Multiplizieren wir die erste dieser Gleichungen mit $\mathbf{A}^n$, die zweite mit $\mathbf{A}^{n-1}$ usw., die vorletzte mit $\mathbf{A}$ und addieren wir zusammen, so heben sich sämtliche Ausdrücke auf der linken Seite weg, während die rechte Seite die Matrix $p(\mathbf{A})$ ergibt,

$$\mathbf{0} = t_n\mathbf{A}^n + t_{n-1}\mathbf{A}^{n-1} + \ldots + t_1\mathbf{A} + t_0\mathbf{E} = p(\mathbf{A}).$$

Aus der Cayley-Hamiltonschen Gleichung (21.20) können wir die bemerkenswerte Schlußfolgerung ziehen, daß sich jede ganzzahlige Potenz einer n-reihigen Matrix als Linearkombination der Potenzen $\mathbf{E}, \mathbf{A}, \ldots, \mathbf{A}^{n-1}$ darstellen läßt beziehungsweise in der Form

$$\mathbf{A}^m = p_m(\mathbf{A}), \quad m \text{ ganz}, \tag{21.23}$$

worin $p_m(x)$ ein Polynom höchstens vom Grade $n - 1$ ist. Für $0 \leqslant m < n$ ist das selbstverständlich; für $m = n$ berechnen wir $\mathbf{A}^n$ aus der Gleichung $p(\mathbf{A}) = \mathbf{0}$,

$$\mathbf{A}^n = s_{n-1}\mathbf{A}^{n-1} + \ldots + s_1\mathbf{A} + s_0\mathbf{E} = q(\mathbf{A}) = p_n(\mathbf{A}). \tag{21.24}$$

Multiplizieren wir diese Gleichung mit der Matrix $\mathbf{A}$ und setzen wir anschließend aus (21.24) ein, so erhalten wir

$$\mathbf{A}^{n+1} = s_{n-1}q(\mathbf{A}) + s_{n-2}\mathbf{A}^{n-1} + \ldots + s_1\mathbf{A}^2 + s_0\mathbf{A} = p_{n+1}(\mathbf{A}),$$

worin $p_{n+1}(x)$ ein Polynom höchstens vom Grade n − 1 ist. So fortfahrend erhält man für jede positive Potenz eine Darstellung (21.23). Für $m < 0$ gehen wir zunächst von der Gleichung

$$\mathbf{A}^{-1} = \hat{s}_{n-1}\mathbf{A}^{n-1} + \ldots + \hat{s}_1\mathbf{A} + \hat{s}_0\mathbf{E} = \hat{q}(\mathbf{A}) = p_{-1}(\mathbf{A}) \tag{21.25}$$

aus, die wir erhalten, wenn wir die Gleichung (21.20) mit $\mathbf{A}^{-1}$ multiplizieren und anschließend nach $\mathbf{A}^{-1}$ auflösen. Zur Berechnung von $\mathbf{A}^{-2}$ multiplizieren wir die Gleichung (21.25) mit $\mathbf{A}^{-1}$ und setzen rechts für die Matrix $\mathbf{A}^{-1}$ den Ausdruck $\hat{q}(\mathbf{A})$ ein,

$$\mathbf{A}^{-2} = \hat{s}_{n-1}\mathbf{A}^{n-2} + \ldots + \hat{s}_2\mathbf{A} + \hat{s}_1\mathbf{E} + \hat{s}_0\hat{q}(\mathbf{A}) = p_{-2}(\mathbf{A});$$

offenbar ist $p_{-2}(x)$ wieder ein Polynom, dessen Grad höchstens n − 1 ist. Nach diesem Prinzip fährt man fort und gewinnt so sukzessive die Darstellungen für negative Exponenten.

Die Berechnung der Potenzen einer Matrix auf die eben beschriebene Weise ist sehr mühsam. Wir werden in Abschnitt 38.3 eine elegante Methode zur Berechnung der Potenzen einer Matrix kennenlernen.

21.3 Eigenwerttheorie hermitescher und symmetrischer Matrizen

In vielen Anwendungen treten hermitesche oder symmetrische Matrizen auf, die durch

$$\mathbf{A} = \mathbf{A}^*$$

charakterisiert sind. Sie haben im Rahmen der Eigenwerttheorie eine Sonderstellung, die sich darauf gründet, daß ihre Eigenwerte stets reell und ihre Eigenvektoren stets orthogonal sind.

Es sei $\mathbf{A}$ eine hermitesche Matrix, λ ein Eigenwert und $\mathbf{x}$ der zugehörige Eigenvektor,

$$\mathbf{A} \cdot \mathbf{x} = \lambda\mathbf{x}. \tag{21.26}$$

Durch Transponieren dieser Gleichung erhalten wir unter Berücksichtigung von (20.101)

$$\mathbf{x}^* \cdot \mathbf{A}^* = \mathbf{x}^* \cdot \mathbf{A} = \bar{\lambda}\mathbf{x}^*. \tag{21.27}$$

Multiplizieren wir nun die Gleichung (21.26) von links mit dem Zeilenvektor $\mathbf{x}^*$, die Gleichung (21.27) von rechts mit dem Spaltenvektor $\mathbf{x}$, so resultieren die Gleichungen

$$\mathbf{x}^* \cdot \mathbf{A} \cdot \mathbf{x} = \lambda\mathbf{x}^* \cdot \mathbf{x}$$

und

$$\mathbf{x}^* \cdot \mathbf{A} \cdot \mathbf{x} = \bar{\lambda}\mathbf{x}^* \cdot \mathbf{x},$$

aus denen wir durch Subtraktion

$$(\lambda - \bar{\lambda})\mathbf{x}^* \cdot \mathbf{x} = 0 \tag{21.28}$$

erhalten. Da $\mathbf{x}$ als Eigenvektor vom Nullvektor verschieden ist, gilt $\mathbf{x}^* \cdot \mathbf{x} \neq 0$ und folglich, damit die Gleichung (21.28) erfüllt sein kann, $\lambda - \bar{\lambda} = 0$, das heißt $\mathrm{Im}(\lambda) = 0$. Es gilt somit

Satz 21.5 *Die Eigenwerte einer hermiteschen (symmetrischen) Matrix sind reell.*

Das charakteristische Polynom einer hermiteschen Matrix ist daher stets ein Polynom mit reellen Koeffizienten, da es nur reelle Nullstellen hat. Für eine beliebige Matrix ist diese Aussage im allgemeinen falsch; auch wenn das charakteristische Polynom reelle Koeffizienten hat, müssen die Nullstellen jedoch keineswegs reell sein, ja sie können sogar alle komplex sein.

Wir zeigen als nächste wichtige Eigenschaft hermitescher Matrizen

Satz 21.6 *Die Eigenvektoren einer hermiteschen Matrix zu verschiedenen Eigenwerten sind stets orthogonal.*

Zum Beweis betrachten wir zwei verschiedene Eigenwerte λ_1 und λ_2 mit den zugehörigen Eigenvektoren $\mathbf{x}_1$ und $\mathbf{x}_2$,

$$\mathbf{A} \cdot \mathbf{x}_1 = \lambda_1 \mathbf{x}_1, \quad \mathbf{A} \cdot \mathbf{x}_2 = \lambda_2 \mathbf{x}_2.$$

Wir multiplizieren die erste dieser Gleichungen mit dem Zeilenvektor $\mathbf{x}_2^*$,

$$\mathbf{x}_2^* \cdot \mathbf{A} \cdot \mathbf{x}_1 = \lambda_1 \mathbf{x}_2^* \cdot \mathbf{x}_1, \tag{21.29}$$

die zweite mit dem Zeilenvektor $\mathbf{x}_1^*$,

$$\mathbf{x}_1^* \cdot \mathbf{A} \cdot \mathbf{x}_2 = \lambda_2 \mathbf{x}_1^* \cdot \mathbf{x}_2,$$

und bringen diese durch Transponieren in die Gestalt

$$\mathbf{x}_2^* \cdot \mathbf{A} \cdot \mathbf{x}_1 = \lambda_2 \mathbf{x}_2^* \cdot \mathbf{x}_1, \tag{21.30}$$

wobei $\mathbf{A} = \mathbf{A}^*$ berücksichtigt wurde und weiter die Tatsache, daß λ_2 reell ist. Ziehen wir nun die Gleichung (21.30) von der Gleichung (21.29) ab, so folgt

$$(\lambda_1 - \lambda_2)\mathbf{x}_2^* \cdot \mathbf{x}_1 = 0,$$

und daraus wegen $\lambda_1 \neq \lambda_2$

$$\mathbf{x}_2^* \cdot \mathbf{x}_1 = 0.$$

Hat eine hermitesche Matrix lauter verschiedene Eigenwerte, so bilden die zugehörigen Eigenvektoren eine orthogonale Basis; durch Normieren kann man zu einer orthonormalen Basis übergehen. Aber auch dann, wenn nicht alle Eigenwerte verschieden sind, einzelne Eigenwerte also eine Vielfachheit größer als 1 haben, läßt sich stets eine orthogonale Basis aus Eigenvektoren konstruieren, denn es zeigt sich, daß für hermitesche Matrizen die algebraische Vielfachheit eines Eigenwertes mit der geometrischen Vielfachheit übereinstimmt.

Zum Beweis dieser Behauptung betrachten wir einen Eigenwert λ_1 und den zugehörigen auf die Länge 1 normierten Eigenvektor $\mathbf{e}_1'$. Wir konstruieren ein orthonormales n-Bein, das aus dem Eigenvektor $\mathbf{e}_1'$ und weiteren beliebigen Einsvektoren $\mathbf{e}_2', \ldots, \mathbf{e}_n'$ besteht, indem wir zum Beispiel von den n Maßvektoren $\mathbf{e}_k$ den Vektor $\mathbf{e}_1$ weglassen, wenn $\mathbf{e}_1' \cdot \mathbf{e}_1 \neq 0$ gilt, und die n Vektoren $\mathbf{e}_1', \mathbf{e}_2, \ldots, \mathbf{e}_n$ dem Schmidtschen Orthogonalisierungsverfahren unterwerfen. Wir transformieren nun auf das Orthonormalsystem der Vektoren $\mathbf{e}_k'$. Die Transformationsmatrix $\mathbf{T}$ hat die Elemente $T_{ij} = \mathbf{e}_i \cdot \mathbf{e}_j'$ (vgl. (20.80)) und ist eine unitäre Matrix, $\mathbf{T}^{-1} = \mathbf{T}^*$. Sind x_i die Koordinaten eines Vektors im System der Maßvektoren, x_i' die Koordinaten dieses Vektors bezüglich des Orthonormalsystems der Vektoren $\mathbf{e}_k'$, so gilt $x_i = \sum T_{ij} x_j'$ beziehungsweise symbolisch $\mathbf{x} = \mathbf{T} \cdot \mathbf{x}'$. Die Eigenwertgleichung $\mathbf{A} \cdot \mathbf{x} = \lambda \mathbf{x}$ geht bei dieser Transformation über in

$$\mathbf{A} \cdot \mathbf{T} \cdot \mathbf{x}' = \lambda \mathbf{T} \cdot \mathbf{x}'$$

beziehungsweise, da **T** eine unitäre Matrix ist,

$$\mathbf{A}' \cdot \mathbf{x}' = \lambda \mathbf{x}', \tag{21.31}$$

worin

$$\mathbf{A}' = \mathbf{T}^* \cdot \mathbf{A} \cdot \mathbf{T} \tag{21.32}$$

gesetzt wurde. Die Matrix $\mathbf{A}'$ hat die Gestalt

$$\mathbf{A}' = \begin{pmatrix} \lambda_1 & 0 & 0 & \dots & 0 \\ 0 & A'_{22} & A'_{23} & \dots & A'_{2n} \\ 0 & A'_{32} & A'_{33} & \dots & A'_{3n} \\ \dots & \dots & \dots & \dots & \dots \\ 0 & A'_{n2} & A'_{n3} & \dots & A'_{nn} \end{pmatrix}.$$

Man sieht dies folgendermaßen. Die Spalten der Matrix **T** sind die Vektoren $\mathbf{e}'_k$, bezogen auf das Koordinatensystem der Maßvektoren. Schreiben wir die Matrix **T** als „Zeile von Spalten", $\mathbf{T} = \begin{pmatrix} \mathbf{e}'_1 & \mathbf{e}'_2 & \dots & \mathbf{e}'_n \end{pmatrix}$, so erhalten wir, da $\mathbf{e}'_1$ Eigenvektor zum Eigenwert λ_1 ist,

$$\mathbf{A} \cdot \mathbf{T} = \begin{pmatrix} \lambda_1 \mathbf{e}'_1 & \mathbf{A} \cdot \mathbf{e}'_2 & \dots & \mathbf{A} \cdot \mathbf{e}'_n \end{pmatrix},$$

und weiter, wenn wir $\mathbf{T}^*$ als „Spalte von Zeilen" schreiben,

$$\mathbf{T}^* \cdot \mathbf{A} \cdot \mathbf{T} = \begin{pmatrix} \mathbf{e}'^*_1 \\ \mathbf{e}'^*_2 \\ \vdots \\ \mathbf{e}'^*_n \end{pmatrix} \cdot \begin{pmatrix} \lambda_1 \mathbf{e}'_1 & \mathbf{A} \cdot \mathbf{e}'_2 & \dots & \mathbf{A} \cdot \mathbf{e}'_n \end{pmatrix} =$$

$$= \begin{pmatrix} \lambda_1 \mathbf{e}'^*_1 \cdot \mathbf{e}'_1 & \mathbf{e}'^*_1 \cdot \mathbf{A} \cdot \mathbf{e}'_2 & \dots & \mathbf{e}'^*_1 \cdot \mathbf{A} \cdot \mathbf{e}'_n \\ \lambda_1 \mathbf{e}'^*_2 \cdot \mathbf{e}'_1 & A'_{22} & \dots & A'_{2n} \\ \dots & \dots & \dots & \dots \\ \lambda_1 \mathbf{e}'^*_n \cdot \mathbf{e}'_1 & A'_{n2} & \dots & A'_{nn} \end{pmatrix}.$$

Es gilt also $A'_{11} = \lambda_1 \mathbf{e}'^*_1 \cdot \mathbf{e}'_1 = \lambda_1$; für die übrigen Elemente der ersten Zeile finden wir

$$A'_{1k} = \mathbf{e}'^*_1 \cdot \mathbf{A} \cdot \mathbf{e}'_k = (\mathbf{A} \cdot \mathbf{e}'_1)^* \cdot \mathbf{e}'_k = \lambda_1 \mathbf{e}'^*_1 \cdot \mathbf{e}'_k = 0, \quad k = 2, \dots, n,$$

ebenso für die Elemente in der ersten Spalte

$$A'_{k1} = \lambda_1 \mathbf{e}'^*_k \cdot \mathbf{e}'_1 = 0, \quad k = 2, \dots, n.$$

Wir bemerken, daß die Matrix $\mathbf{A}'$ wieder eine hermitesche Matrix ist,

$$\mathbf{A}'^* = (\mathbf{T}^* \cdot \mathbf{A} \cdot \mathbf{T})^* = \mathbf{T}^* \cdot \mathbf{A}^* \cdot \mathbf{T}^{**} = \mathbf{T}^* \cdot \mathbf{A} \cdot \mathbf{T} = \mathbf{A}'.$$

Aus der Invarianz der Eigenwerte gegenüber Koordinatentransformationen folgt, daß die Matrizen **A** und $\mathbf{A}'$ dieselben Eigenwerte mit denselben Vielfachheiten haben.

Wir nehmen jetzt an, der Eigenwert λ_1 habe die Vielfachheit $k \geqslant 2$ und zeigen, daß das Gleichungssystem (21.31) zur Bestimmung der Eigenvektoren für $\lambda = \lambda_1$ mindestens zwei Lösungen $\mathbf{x}_1$ und $\mathbf{x}_2$ hat, die zueinander orthogonal sind. Dies ist in der Tat leicht zu sehen; das System (21.31) lautet ausführlich

$$\begin{array}{llll} (A'_{22}-\lambda_1)x'_2 + & A'_{23}x'_3 & + \ldots + & A'_{2n}x'_n \quad = 0, \\ A'_{32}x'_2 & +(A'_{33}-\lambda_1)x'_3 & + \ldots + & A'_{3n}x'_n \quad = 0, \\ \ldots & & & \\ A'_{n2}x'_2 + & A'_{n3}x'_3 & + \ldots + & (A'_{nn}-\lambda_1)x'_n = 0, \end{array} \tag{21.33}$$

und hat die Besonderheit, daß die Unbekannte x'_1 gar nicht auftritt. Deshalb ist $(1, 0, \ldots, 0)$ eine Lösung; wir bezeichnen sie mit $\mathbf{x}_1$. Da die „Teilmatrix"

$$\begin{pmatrix} A'_{22} & A'_{23} & \ldots & A'_{2n} \\ A'_{32} & A'_{33} & \ldots & A'_{3n} \\ \ldots & & & \\ A'_{n2} & A'_{n3} & \ldots & A'_{nn} \end{pmatrix}$$

von $\mathbf{A}'$ den Eigenwert λ_1 haben muß, ist die Koeffizientenmatrix des Systems (21.33) singulär. Folglich existiert eine nichttriviale Lösung der Gestalt $(0, x'_2, \ldots, x'_n)$, die wir mit $\mathbf{x}_2$ bezeichnen. Offenbar gilt $\mathbf{x}_1^* \cdot \mathbf{x}_2 = 0$, die beiden Vektoren $\mathbf{x}_1$ und $\mathbf{x}_2$ sind orthogonal und als Lösungen des Systems (21.33) klarerweise Eigenvektoren der Matrix $\mathbf{A}'$. Die beiden Vektoren $\mathbf{e}'_1 = \mathbf{T} \cdot \mathbf{x}_1$, $\mathbf{e}''_1 = \mathbf{T} \cdot \mathbf{x}_2$ sind orthogonale Eigenvektoren der Matrix $\mathbf{A}$ zum mehrfachen Eigenwert λ_1, denn es gilt wegen (20.104)

$$\mathbf{e}_1'^* \cdot \mathbf{e}''_1 = \mathbf{x}_1^* \cdot \mathbf{T}^* \cdot \mathbf{T} \cdot \mathbf{x}_2 = \mathbf{x}_1^* \cdot \mathbf{x}_2 = 0.$$

Setzt man auf diese Weise fort, so erhält man nach k Schritten k paarweise orthogonale Eigenvektoren zum k-fachen Eigenwert λ_1. Wir haben damit den überaus wichtigen

Satz 21.7 *Zu jeder hermiteschen Matrix läßt sich eine orthonormale Basis von Eigenvektoren angeben.*

Sind $\mathbf{e}'_1, \mathbf{e}'_2, \ldots, \mathbf{e}'_n$ *die orthonormalen Eigenvektoren zu den Eigenwerten* $\lambda_1, \lambda_2, \ldots \lambda_n$ *der hermiteschen Matrix* $\mathbf{A}$ *und ist* $\mathbf{T}$ *die Matrix, die den Übergang vom Orthonormalsystem der Maßvektoren* $\mathbf{e}_k$ *auf das Orthonormalsystem der Eigenvektoren* $\mathbf{e}'_k$ *beschreibt*, $T_{ij} = \mathbf{e}_i \cdot \mathbf{e}'_j$, *so ist*

$$\mathbf{T}^* \cdot \mathbf{A} \cdot \mathbf{T} = \begin{pmatrix} \lambda_1 & & & \mathcal{O} \\ & \lambda_2 & & \\ & & \ddots & \\ \mathcal{O} & & & \lambda_n \end{pmatrix}. \tag{21.34}$$

Bezogen auf das Orthonormalsystem der Eigenvektoren hat die hermitesche Matrix $\mathbf{A}$ *Diagonalgestalt; die Hauptdiagonalelemente sind die Eigenwerte von* $\mathbf{A}$.

Beispiel 21.3: Wir berechnen die Eigenwerte und Eigenvektoren der symmetrischen Matrix

$$\mathbf{A} = \begin{pmatrix} 0 & 1 & 1 \\ 1 & 0 & 1 \\ 1 & 1 & 0 \end{pmatrix}.$$

Die charakteristische Gleichung lautet

$$p(\lambda) = \begin{vmatrix} -\lambda & 1 & 1 \\ 1 & -\lambda & 1 \\ 1 & 1 & -\lambda \end{vmatrix} = (1+\lambda)^2(2-\lambda) = 0.$$

Es ist also $\lambda_1 = 2$ ein einfacher, $\lambda_2 = \lambda_3 = -1$ ein zweifacher Eigenwert. Den Eigenvektor zum Eigenwert $\lambda_1 = 2$ bestimmen wir aus dem Gleichungssystem

$$\begin{aligned} -2x_1 + x_2 + x_3 &= 0, \\ x_1 - 2x_2 + x_3 &= 0, \\ x_1 + x_2 - 2x_3 &= 0. \end{aligned}$$

Es hat die allgemeine Lösung $\mathbf{x} = \mu(\mathbf{e}_1 + \mathbf{e}_2 + \mathbf{e}_3)$, so daß $\mathbf{e}'_1 = \frac{1}{\sqrt{3}}(1, 1, 1)$ normierter Eigenvektor zum Eigenwert $\lambda_1 = 2$ ist.

Die Koeffizientenmatrix des Gleichungssystems zur Bestimmung der Eigenvektoren zu dem zweifachen Eigenwert $\lambda_2 = \lambda_3 = -1$ muß notwendig den Rang 1 haben; tatsächlich genügen beide Eigenvektoren der Gleichung

$$x_1 + x_2 + x_3 = 0$$

mit der allgemeinen Lösung $\mathbf{x} = \mu(\mathbf{e}_1 - \mathbf{e}_2) + \nu(\mathbf{e}_1 - \mathbf{e}_3)$. Seien

$$\mathbf{x}' = \mu_1(\mathbf{e}_1 - \mathbf{e}_2) + \nu_1(\mathbf{e}_1 - \mathbf{e}_3), \quad \mathbf{x}'' = \mu_2(\mathbf{e}_1 - \mathbf{e}_2) + \nu_2(\mathbf{e}_1 - \mathbf{e}_3)$$

zwei zueinander orthogonale Eigenvektoren. Drei der vier Zahlen μ_1, μ_2, ν_1 und ν_2 können beliebig gewählt werden: wir setzen $\mu_1 = \mu_2 = 1$ und $\nu_1 = -1$. Dann folgt aus

$$\mathbf{x}'^* \cdot \mathbf{x}'' = 2\mu_1\mu_2 + \nu_1\mu_2 + \nu_2\mu_1 + 2\nu_1\nu_2 = 1 - \nu_2 = 0$$

für $\nu_2 = 1$, also

$$\mathbf{x}' = \mathbf{e}_3 - \mathbf{e}_2 = (0, -1, 1), \quad \mathbf{x}'' = 2\mathbf{e}_1 - \mathbf{e}_2 - \mathbf{e}_3 = (2, -1, -1);$$

durch Normierung erhält man schließlich

$$\mathbf{e}'_2 = \frac{1}{\sqrt{2}}(0, -1, 1), \quad \mathbf{e}'_3 = \frac{1}{\sqrt{6}}(2, -1, -1).$$

Die Matrix $\mathbf{T}$ lautet

$$\mathbf{T} = \begin{pmatrix} \frac{1}{\sqrt{3}} & 0 & \frac{2}{\sqrt{6}} \\ \frac{1}{\sqrt{3}} & -\frac{1}{\sqrt{2}} & -\frac{1}{\sqrt{6}} \\ \frac{1}{\sqrt{3}} & \frac{1}{\sqrt{2}} & -\frac{1}{\sqrt{6}} \end{pmatrix}.$$

Wir haben gesehen, daß die Matrix $j\mathbf{A}$ antihermitesch ist, wenn die Matrix $\mathbf{A}$ hermitesch ist. Da die Eigenwerte einer hermiteschen Matrix reell sind, müssen die Eigenwerte einer antihermiteschen Matrix notwendigerweise rein imaginär sein. Das gleiche gilt natürlich auch für antisymmetrische Matrizen; beachtet man, daß das charakteristische Polynom einer antisymmetrischen Matrix reelle Koeffizienten hat, so muß mit $j\lambda$ stets auch $-j\lambda$ Eigenwert einer antisymmetrischen Matrix sein. Daraus folgt insbesondere, daß eine antisymmetrische Matrix nur geradzahligen Rang haben kann.

Beispiel 21.4: Es sei

$$\mathbf{A} = \begin{pmatrix} 0 & -a_3 & a_2 \\ a_3 & 0 & -a_1 \\ -a_2 & a_1 & 0 \end{pmatrix}.$$

Aus der charakteristischen Gleichung

$$p(\lambda) = \begin{vmatrix} -\lambda & -a_3 & a_2 \\ a_3 & -\lambda & -a_1 \\ -a_2 & a_1 & -\lambda \end{vmatrix} = -\lambda^3 - \lambda(a_1^2 + a_2^2 + a_3^2) = 0$$

folgt $\lambda_1 = j\rho$, $\lambda_2 = -j\rho$ und $\lambda_3 = 0$, $\rho = \sqrt{a_1^2 + a_2^2 + a_3^2}$.

Die Tatsache, daß eine antisymmetrische Matrix keine reellen Eigenwerte $\lambda \neq 0$ haben kann, zeigt sich auch in folgendem. Bezeichnet **a** den Vektor mit den Koordinaten a_i, so gilt für den Vektor **x**

$$\mathbf{A} \cdot \mathbf{x} = \mathbf{a} \times \mathbf{x}, \tag{21.35}$$

wie der Leser durch Nachrechnen bestätigen kann. Hätte die antisymmetrische Matrix **A** einen reellen Eigenwert $\lambda_0 \neq 0$, so müßte für einen gewissen Vektor $\mathbf{x}_0 \neq \mathbf{0}$ die Gleichung $\mathbf{a} \times \mathbf{x}_0 = \lambda_0 \mathbf{x}_0$ bestehen, die offensichtlich widersprüchlich ist.

Wir bemerken abschließend, daß sich auch für normale Matrizen, die durch die Vertauschbarkeit mit ihrer Transponierten gekennzeichnet sind (vgl. (20.107)), ein Orthonormalsystem von Eigenvektoren konstruieren läßt, denn Satz 21.7 gilt allgemein für normale (also insbesondere auch für antihermitesche und unitäre) Matrizen. Die Eigenvektoren einer normalen Matrix **A** sind Eigenvektoren der hermiteschen Matrix $\mathbf{A} \cdot \mathbf{A}^*$; die Eigenwerte normaler Matrizen sind im allgemeinen komplex.

21.4 Quadratische Formen

Unter einer *quadratischen Form* in n reellen Größen $x_1, x_2, \ldots, x_n$ versteht man einen Ausdruck

$$Q = \sum_{i=1}^{n} \sum_{j=1}^{n} A_{ij} x_i x_j, \tag{21.36}$$

worin die Koeffizienten A_{ij} den Symmetriebeziehungen $A_{ij} = A_{ji}$ genügen. So ist zum Beispiel für n = 2

$$Q = A_{11}x_1^2 + 2\,A_{12}x_1x_2 + A_{22}x_2^2,$$

für n = 3

$$Q = A_{11}x_1^2 + A_{22}x_2^2 + A_{33}x_3^2 + 2\,A_{12}x_1x_2 + 2\,A_{13}x_1x_3 + 2\,A_{23}x_2x_3.$$

Mit Hilfe der Matrizensymbolik läßt sich eine quadratische Form auch als Produkt

$$Q = \mathbf{x}^* \cdot \mathbf{A} \cdot \mathbf{x} \tag{21.37}$$

mit einer symmetrischen Koeffizientenmatrix **A** schreiben.

Wir wollen als erstes untersuchen, wie sich eine quadratische Form bei einer Koordinatentransformation verhält. Sind x_i die Koordinaten eines Vektors bezüglich des Systems der Maßvektoren und x_i' die Koordinaten dieses Vektors bezüglich eines beliebigen anderen Koordinatensystems, wobei die Spalten **x** und **x**′ über die Transformationsgleichung

$$\mathbf{x} = \mathbf{T} \cdot \mathbf{x}' \tag{21.38}$$

zusammenhängen, so folgt durch Einsetzen von (21.38) in (21.37)

$$Q = \mathbf{x}'^* \cdot \mathbf{T}^* \cdot \mathbf{A} \cdot \mathbf{T} \cdot \mathbf{x}' = \mathbf{x}'^* \cdot \mathbf{A}' \cdot \mathbf{x}', \tag{21.39}$$

worin jetzt

$$A' = T^* \cdot A \cdot T \tag{21.40}$$

die Koeffizientenmatrix ist. Wir halten also fest, daß eine quadratische Form bei einer Koordinatentransformation wieder in eine quadratische Form übergeführt wird.

Besonders einfache Gestalt hat die quadratische Form (21.37), wenn die Koeffizientenmatrix **A** eine Diagonalmatrix ist, da dann keine „gemischten" Glieder auftreten,

$$Q = A_{11}x_1^2 + A_{22}x_2^2 + \ldots + A_{nn}x_n^2. \tag{21.41}$$

Man kann sich nun fragen, ob es nicht möglich ist, durch Übergang zu einem anderen kartesischen Koordinatensystem die quadratische Form (21.37) auf die spezielle Gestalt (21.41) zu transformieren. Daß dies möglich ist, lehren uns die Ergebnisse von Abschnitt 21.3. Da **A** eine symmetrische Matrix ist, existiert stets eine orthogonale Matrix **T** mit der Eigenschaft, daß

$$A' = T^* \cdot A \cdot T$$

eine Diagonalmatrix ist, deren Hauptdiagonalelemente die Eigenwerte λ_k der Matrix **A** sind: die Matrix **T** beschreibt die Transformation auf das durch die paarweise orthonormalen Eigenvektoren e_k' der Matrix **A** charakterisierte kartesische Koordinatensystem (Satz 21.7). Transformiert man also auf das System der Eigenvektoren der Matrix **A**, so geht (21.37) über in

$$Q = x'^* \cdot A' \cdot x' = \lambda_1 x_1^2 + \lambda_2 x_2^2 + \ldots + \lambda_n x_n^2. \tag{21.42}$$

Wir haben damit den wichtigen

Satz 21.8 *Jede quadratische Form* $Q = x^* \cdot A \cdot x$ *läßt sich durch Transformation auf das von den Eigenvektoren der Matrix* **A** *bestimmte kartesische Koordinatensystem auf die „Diagonalform"* (21.42) *umrechnen.*

Die Transformation der quadratischen Form (21.37) auf die Diagonalform (21.42) wird *Hauptachsentransformation* genannt. Wir wollen uns diese Transformation geometrisch veranschaulichen.

Es sei

$$Q = a\,x_1^2 + 2b\,x_1x_2 + c\,x_2^2 \tag{21.43}$$

eine quadratische Form in den Größen x_1 und x_2; die Koeffizientenmatrix lautet

$$A = \begin{pmatrix} a & b \\ b & c \end{pmatrix}. \tag{21.44}$$

Genügen x_1 und x_2 der Gleichung (21.43), so liegt der Punkt (x_1, x_2) mit dem Ortsvektor **x** auf einer Kurve *C*, deren Gestalt wir nun untersuchen wollen. Die Eigenvektoren e_1' und e_2' der Matrix **A** definieren ein zweites kartesisches Koordinatensystem, dessen Ursprung wir mit dem des Koordinatensystems der Maßvektoren e_1 und e_2 zusammenlegen. Wir rechnen nun auf das (positiv orientierte) Koordinatensystem der Eigenvektoren um; führen wir den Winkel φ ein, den die Vektoren e_1' und e_1 miteinander einschließen, so lautet die Transformationsgleichung ausführlich

$$x_1 = (e_1^* \cdot e_1')x_1' + (e_1^* \cdot e_2')x_2' = x_1' \cos\varphi - x_2' \sin\varphi,$$
$$x_2 = (e_2^* \cdot e_1')x_1' + (e_2^* \cdot e_2')x_2' = x_1' \sin\varphi + x_2' \cos\varphi.$$

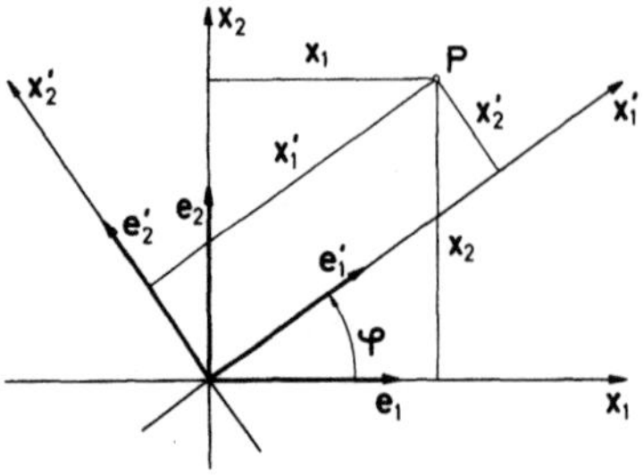

Bild 21.1

Das Koordinatensystem der Eigenvektoren geht durch Drehung um den Winkel φ aus dem Koordinatensystem der Maßvektoren hervor (Bild 21.1). Die quadratische Form (21.43) geht dabei über in

$$Q = \lambda_1 x_1'^2 + \lambda_2 x_2'^2, \tag{21.45}$$

worin λ_1 und λ_2 die Eigenwerte der Matrix (21.44) sind,

$$\lambda_1 = \frac{a + c + \sqrt{(a-c)^2 + 4b^2}}{2}, \quad \lambda_2 = \frac{a + c - \sqrt{(a-c)^2 + 4b^2}}{2}.$$

Ist $Q \neq 0$, so können wir die Gleichung (21.45) auf die Gestalt

$$\frac{\lambda_1}{Q} x_1'^2 + \frac{\lambda_2}{Q} x_2'^2 = 1 \tag{21.46}$$

bringen, wohingegen $Q = 0$ auf die Gleichung

$$\lambda_1 x_1'^2 + \lambda_2 x_2'^2 = 0$$

führt. Dies gibt uns zu erkennen, daß die Gleichung (21.43) für $Q \neq 0$ einen Kegelschnitt beschreibt, und zwar eine Ellipse, wenn die beiden Zahlen λ_1/Q und λ_2/Q positiv sind, dagegen eine Hyperbel, wenn diese beiden Zahlen entgegengesetztes Vorzeichen haben. Im Koordinatensystem der Eigenvektoren der Matrix (21.44) hat dieser Kegelschnitt die Hauptachsenform.

Durch die allgemeinere Gleichung

$$\mathbf{x}^* \cdot \mathbf{A} \cdot \mathbf{x} + \mathbf{b}^* \cdot \mathbf{x} + c = 0 \tag{21.47}$$

werden ebenfalls Kegelschnitte beschrieben. Bei einer Parallelverschiebung $\mathbf{x} = \mathbf{y} + \mathbf{a}$ geht die Gleichung (21.47) über in

$$\begin{aligned}&\mathbf{y}^* \cdot \mathbf{A} \cdot \mathbf{y} + \mathbf{a}^* \cdot \mathbf{A} \cdot \mathbf{y} + \mathbf{y}^* \cdot \mathbf{A} \cdot \mathbf{a} + \mathbf{a}^* \cdot \mathbf{A} \cdot \mathbf{a} + \mathbf{b}^* \cdot \mathbf{y} + \mathbf{b}^* \cdot \mathbf{a} + c = \\ &= \mathbf{y}^* \cdot \mathbf{A} \cdot \mathbf{y} + \mathbf{y}^* \cdot (2\,\mathbf{A} \cdot \mathbf{a} + \mathbf{b}) + \mathbf{a}^* \cdot \mathbf{A} \cdot \mathbf{a} + \mathbf{b}^* \cdot \mathbf{a} + c = 0.\end{aligned}$$

Ist die Matrix $\mathbf{A}$ regulär, so führt die Setzung $\mathbf{a} \doteq -\frac{1}{2}\mathbf{A}^{-1} \cdot \mathbf{b}$, durch die der lineare Term zum Verschwinden gebracht wird, auf die quadratische Form $\mathbf{y}^* \cdot \mathbf{A} \cdot \mathbf{y} = Q$ mit $Q = -\mathbf{a}^* \cdot \mathbf{A} \cdot \mathbf{a} - \mathbf{b}^* \cdot \mathbf{a} - c$; ist $Q \neq 0$, so wird durch (21.47) eine Ellipse oder Hyperbel beschrieben, wobei der Mittelpunkt im Punkt $\mathbf{a}$ liegt. Ist die Matrix $\mathbf{A}$ singulär, so ist einer der beiden Eigenwerte gleich Null, etwa $\lambda_2 = 0$. Die Transformation $\mathbf{x} = \mathbf{T} \cdot \mathbf{x}'$ führt (21.47) über in

$$\lambda_1 x_1'^2 + \beta_1 x_1' + \beta_2 x_2' + c = 0.$$

Dies ist die Gleichung einer Parabel.

Quadratische Formen treten in vielen Anwendungen auf, wobei man sich oft vor allem für das Vorzeichen eines Ausdrucks $\mathbf{x}^* \cdot \mathbf{A} \cdot \mathbf{x}$ interessiert. Wir nennen eine quadratische Form $\mathbf{x}^* \cdot \mathbf{A} \cdot \mathbf{x}$ *definit*, wenn sie mit Ausnahme des Vektors $\mathbf{x} = \mathbf{o}$ stets ein und dasselbe Vorzeichen hat. Speziell sagen wir, die quadratische Form $\mathbf{x}^* \cdot \mathbf{A} \cdot \mathbf{x}$ ist *positiv definit*, wenn

$$\mathbf{x}^* \cdot \mathbf{A} \cdot \mathbf{x} > 0 \quad \text{für} \quad \mathbf{x} \neq \mathbf{o} \tag{21.48}$$

gilt und *negativ definit* im Falle

$$\mathbf{x}^* \cdot \mathbf{A} \cdot \mathbf{x} < 0 \quad \text{für} \quad \mathbf{x} \neq \mathbf{o}. \tag{21.49}$$

Wenn eine quadratische Form keine negativen Werte annimmt, also

$$\mathbf{x}^* \cdot \mathbf{A} \cdot \mathbf{x} \geqslant 0$$

für jeden Vektor **x** gilt, wobei das Gleichheitszeichen auch gelten kann, wenn **x** vom Nullvektor verschieden ist, so spricht man von einer *positiv semidefiniten Form*; dementsprechend heißt eine quadratische Form *negativ semidefinit*, wenn

$$\mathbf{x}^* \cdot \mathbf{A} \cdot \mathbf{x} \leqslant 0$$

für jeden Vektor **x** gilt. Nimmt dagegen eine quadratische Form Werte beider Vorzeichen an, so wird sie *indefinit* genannt.

Man nennt eine symmetrische Matrix **A** definit bzw. semidefinit, wenn die quadratische Form $\mathbf{x}^* \cdot \mathbf{A} \cdot \mathbf{x}$ definit bzw. semidefinit ist.

Die Frage, ob eine quadratische Form definit, semidefinit oder indefinit ist, kann mit Hilfe der Eigenwerte der Koeffizientenmatrix beantwortet werden.

Satz 21.9 *Eine quadratische Form* $\mathbf{x}^* \cdot \mathbf{A} \cdot \mathbf{x}$ *ist genau dann positiv definit, wenn alle Eigenwerte der Matrix* **A** *positiv sind; sie ist genau dann negativ definit, wenn alle Eigenwerte negativ sind. Eine positiv semidefinite Form liegt genau dann vor, wenn die Eigenwerte nicht negativ sind, also* $\lambda_k \geqslant 0$ *gilt, eine negativ semidefinite Form hingegen, wenn die Eigenwerte von* **A** *nicht positiv sind, also den Ungleichungen* $\lambda_k \leqslant 0$ *genügen. Schließlich ist eine quadratische Form genau dann indefinit, wenn die Koeffizientenmatrix positive und negative Eigenwerte hat.*

Zum Beweis dieses Satzes bringt man die quadratische Form $\mathbf{x}^* \cdot \mathbf{A} \cdot \mathbf{x}$ auf die Diagonalgestalt (21.42); die detaillierte Ausführung des Beweises sei dem Leser überlassen.

Auf Grund dieses Satzes ermöglicht die Kenntnis der Eigenwerte eine Aussage über Definitheit beziehungsweise Indefinitheit einer quadratischen Form. Nun ist einerseits die Berechnung der Eigenwerte einer Matrix mit größerer Reihenzahl ein numerisch heikles Problem[1]) und im allgemeinen auch ziemlich aufwendig, andererseits ist die Kenntnis der Eigenwerte gar nicht erforderlich, es genügt vielmehr, über das Vorzeichen der Eigenwerte eine Aussage machen zu können. Es ist deshalb naheliegend, nach einem Kriterium zu suchen, mit Hilfe dessen die Entscheidung über Definitheit oder Indefinitheit ohne Berechnung der Eigenwerte herbeigeführt werden kann.

Ist **A** eine quadratische n-reihige Matrix, so nennt man die n Determinanten

$$D_k = \begin{vmatrix} A_{11} & A_{12} & \dots & A_{1k} \\ A_{21} & A_{22} & \dots & A_{2k} \\ \dots & \dots & \dots & \dots \\ A_{k1} & A_{k2} & \dots & A_{kk} \end{vmatrix}, \quad k = 1, 2, \dots, n,$$

die *Hauptabschnittsdeterminanten* der Matrix **A**. Wir bringen ohne Beweis den

[1]) Eine ausgezeichnete Darstellung numerischer Methoden der linearen Algebra, insbesondere der Berechnung von Eigenwerten, findet der Leser in dem Buch von N. Gastinel, Lineare numerische Analysis, Friedr. Vieweg + Sohn, 1972.

Satz 21.10 *Die quadratische Form* $\mathbf{x}^* \cdot \mathbf{A} \cdot \mathbf{x}$ *ist genau dann positiv definit, wenn alle Hauptabschnittsdeterminanten der Koeffizientenmatrix* $\mathbf{A}$ *positiv sind,*

$$D_k > 0, \quad k = 1, 2, \ldots, n; \tag{21.50}$$

sie ist genau dann negativ definit, wenn die Hauptabschnittsdeterminanten der Koeffizientenmatrix $\mathbf{A}$ *alternierendes Vorzeichen haben, das heißt wenn gilt*

$$(-1)^k D_k > 0, \quad k = 1, 2, \ldots, n. \tag{21.51}$$

Wir bemerken hierzu, daß eine Aussage hinsichtlich Semidefinitheit mit Hilfe der Hauptabschnittsdeterminanten der Koeffizientenmatrix nicht möglich ist.

Beispiel 21.5: Die quadratische Form (21.43) ist genau dann positiv definit, wenn

$$D_1 = a > 0, \quad D_2 = ac - b^2 > 0$$

gilt. Der Leser überzeuge sich davon, daß die Gültigkeit dieser beiden Ungleichungen notwendig und hinreichend dafür ist, daß die Eigenwerte der Matrix (21.44) positiv sind.

Hingegen ist die quadratische Form (21.43) genau dann negativ definit, wenn

$$D_1 = a < 0, \quad D_2 = ac - b^2 > 0$$

gilt: nur wenn diese beiden Ungleichungen erfüllt sind, haben die Eigenwerte der Koeffizientenmatrix (21.44) negatives Vorzeichen.

21.5 Übungsbeispiele

Man berechne die Eigenwerte und die Eigenvektoren der folgenden Matrizen:

1. $\mathbf{A} = \begin{pmatrix} 2 & 0 & -2 \\ 2 & 4 & 2 \\ 4 & 4 & 6 \end{pmatrix}$ 2. $\mathbf{A} = \begin{pmatrix} 15 & 0 & -9 \\ 6 & 6 & -6 \\ 3 & 0 & 3 \end{pmatrix}$ 3. $\mathbf{A} = \begin{pmatrix} 5 & 3 & 1 \\ 2 & 6 & 2 \\ 1 & -1 & 5 \end{pmatrix}$

4. $\mathbf{A} = \begin{pmatrix} 1 & 1 & -1 \\ 1 & 3 & 1 \\ 0 & -2 & 2 \end{pmatrix}$ 5. $\mathbf{A} = \begin{pmatrix} -2+2j & -3+j & \frac{1}{2}(1+j) \\ 1-j & 2 & -\frac{1}{2}(1+j) \\ 2-2j & 2-2j & 0 \end{pmatrix}$

6. $\mathbf{A} = \begin{pmatrix} 0 & 4 & 1 \\ -4 & 0 & -8 \\ -1 & 8 & 0 \end{pmatrix}.$

Man berechne die Potenzen der folgenden Matrizen und stelle sie in der Form $\mathbf{A}^n = p_n(\mathbf{A}) = \alpha_n \mathbf{A} + \beta_n \mathbf{E}$ dar:

7. $\mathbf{A} = \begin{pmatrix} a & 1 \\ 0 & b \end{pmatrix}$ 8. $\mathbf{A} = \begin{pmatrix} 0 & a \\ b & 0 \end{pmatrix}.$

9. Es sei $\mathbf{A}$ eine Matrix mit der Eigenschaft $\mathrm{Re}(\lambda_i) = \rho_i \neq 0$. Für welche (reellen) Werte von ω ist dann die Matrix $j\omega\mathbf{E} - \mathbf{A}$ regulär?

10. Welche Beziehung besteht zwischen den Eigenwerten λ_i einer Matrix $\mathbf{A}$ und den Eigenwerten μ_i ihrer Transponierten $\mathbf{A}^*$?

Man berechne die Eigenwerte und Eigenvektoren der folgenden symmetrischen Matrizen und konstruiere eine orthogonale Matrix $\mathbf{T}$, so daß $\mathbf{T}^* \cdot \mathbf{A} \cdot \mathbf{T}$ eine Diagonalmatrix ist, deren Hauptdiagonalelemente die Eigenwerte der Matrix **A** sind:

11. $\mathbf{A} = \begin{pmatrix} 3 & -1 & 1 \\ -1 & 5 & -1 \\ 1 & -1 & 3 \end{pmatrix}$ 12. $\mathbf{A} = \begin{pmatrix} 13 & 2 & -4 \\ 2 & 10 & -2 \\ -4 & -2 & 13 \end{pmatrix}$.

Man stelle fest, welcher Kegelschnitt (Ellipse, Hyperbel, Parabel) durch die folgenden Gleichungen gegeben ist und transformiere auf Hauptachsenform:

13. $4x^2 + 4xy + y^2 + x - 2y = 0$ 14. $3x^2 - 2xy + 3y^2 + x + y - 1 = 0$
15. $x^2 - 6xy + y^2 + 2x - y + 1 = 0$.

Man überprüfe die folgenden quadratischen Formen auf Definitheit, Semidefinitheit und Indefinitheit:

16. $Q = 5x^2 + 7y^2 + 6z^2 - 4xz - 4yz$
17. $Q = -8x^2 - 18y^2 - 19z^2 - 16xy + 12xz + 28yz$
18. $Q = 8x^2 + 5y^2 + 5z^2 - 4xy + 4xz + 8yz$
19. $Q = -4x^2 - 3y^2 - 2z^2 + 4xy - 4yz$
20. $Q = 11x^2 + 5y^2 + 2z^2 + 16xy - 4xz + 20yz$
21. Eine quadratische Matrix **A** mit der Eigenschaft $\mathbf{A}^2 = \mathbf{A}$ heißt *idempotent*. Man zeige: Ist λ Eigenwert einer idempotenten Matrix, so ist $\lambda = 0$ oder $\lambda = 1$.
22. Eine quadratische Matrix **A** heißt *nilpotent*, wenn eine natürliche Zahl n existiert, so daß $\mathbf{A}^n = \mathbf{0}$ ist. Man zeige: Ist λ Eigenwert einer nilpotenten Matrix, so ist $\lambda = 0$.
23. Sei **T** eine unitäre Matrix. Man zeige: Ist λ ein Eigenwert von **T**, so ist $|\lambda| = 1$: Die Eigenwerte einer unitären Matrix sind sämtlich unimodular.
24. Sei **P** eine idempotente hermitesche Matrix und $\mathbf{Q} = \mathbf{E} - \mathbf{P}$. Dann ist auch **Q** eine idempotente hermitesche Matrix, ferner gilt

    (i) $\mathbf{P} \cdot \mathbf{Q} = \mathbf{Q} \cdot \mathbf{P} = \mathbf{0}$.

    Bezeichnet K_P den Kern von **P**, K_Q den Kern von **Q**, so gilt:

    (ii) Es ist $\mathbf{x} \in K_P$ genau dann, wenn $\mathbf{Q} \cdot \mathbf{x} = \mathbf{x}$,

    (iii) Es ist $\mathbf{y} \in K_Q$ genau dann, wenn $\mathbf{P} \cdot \mathbf{y} = \mathbf{y}$,

    (iv) Ist $\mathbf{x} \in K_P$ und $\mathbf{y} \in K_Q$, so ist $\mathbf{x}^* \cdot \mathbf{y} = 0$.

    Man nennt **P** einen *orthogonalen Projektor* auf den Kern von **Q** und **Q** einen orthogonalen Projektor auf den Kern von **P**.
25. Sei $\{\mathbf{e}'_1, \mathbf{e}'_2, \ldots, \mathbf{e}'_n\}$ ein beliebiges Orthonormalsystem des n-dimensionalen Raumes. Wird $\mathbf{P}_i = \mathbf{e}'_i \cdot \mathbf{e}'^*_i$, i = 1, 2, …, n, gesetzt, so gilt:

    (i) $\mathbf{P}_i^2 = \mathbf{P}_i, \mathbf{P}_i^* = \mathbf{P}_i$,

    (ii) $\mathbf{P}_i \cdot \mathbf{P}_j = \mathbf{0}$ für $i \neq j$,

    (iii) $\sum_{i=1}^{n} \mathbf{P}_i = \mathbf{E}$.
26. Sei **A** eine hermitesche Matrix mit den Eigenwerten $\lambda_1, \lambda_2, \ldots, \lambda_n$. Ist $\{\mathbf{e}'_1, \mathbf{e}'_2, \ldots, \mathbf{e}'_n\}$ das Orthonormalsystem der Eigenvektoren, so gilt mit den Setzungen $\mathbf{P}_i = \mathbf{e}'_i \cdot \mathbf{e}'^*_i$ für $i = 1, 2, \ldots, n$: $\mathbf{A} = \sum_{i=1}^{n} \lambda_i \mathbf{P}_i$ (*Spektraldarstellung* der hermiteschen Matrix **A**).

27. Es sei $\{e'_1, e'_2, \ldots, e'_n\}$ ein beliebiges Orthonormalsystem des n-dimensionalen Raumes und $\mathbf{P}_i = \mathbf{e}'_i \cdot \mathbf{e}'^*_i$, i = 1, 2, ..., n. Sind $\lambda_1, \lambda_2, \ldots, \lambda_n$ beliebige komplexe Zahlen, so ist $\mathbf{A} = \sum_{i=1}^{n} \lambda_i \mathbf{P}_i$ eine normale Matrix; die Eigenwerte sind die Zahlen λ_i, $\mathbf{e}'_i$ ist ein zum Eigenwert λ_i gehöriger Eigenvektor Man zeige ferner:

(i) Sind die Zahlen λ_i unimodular, so ist **A** eine unitäre Matrix.

(ii) Sind die Zahlen λ_i reell, so ist **A** eine hermitesche Matrix.

(iii) Sind die Zahlen λ_i rein imaginär, so ist **A** eine antihermitesche Matrix.

Kapitel VI Differential- und Integralrechnung von Funktionen mehrerer Veränderlicher

Den bisherigen Untersuchungen, die sich auf den Aufbau der Differential- und Integralrechnung bezogen, lag stets eine reelle Funktion einer reellen Veränderlichen, zumeist auf einem Intervall definiert, zugrunde. In der Regel waren es Fragenkreise aus der Geometrie, die zu unseren Entwicklungen Anlaß gegeben hatten; so führte uns das Tangentenproblem zum Differential, das Quadraturproblem zum Integral. An einigen Beispielen konnten wir aber auch sehen, wie diese Mittel zur Behandlung technischer und physikalischer Aufgaben eingesetzt werden können, solange ein Zusammenhang zwischen zwei Größen besteht, deren gegenseitige Abhängigkeit durch eine reelle Funktion einer reellen Veränderlichen mathematisch beschrieben wird. Wenngleich dieser einfachste Funktionstyp in vielen praktischen Anwendungen im Vordergrund steht, so erfordert doch die Beschreibung physikalischer Vorgänge im dreidimensionalen Raum eine entsprechende Erweiterung, da mehrere unabhängige Veränderliche, die drei Koordinaten des Raumpunktes und vielfach auch die Zeit als weitere Variable, mit einer physikalischen Größe, die durch eine reelle Zahl oder auch durch einen Vektor zu messen ist, in Beziehung zu setzen sind.

Beim Aufbau der Differential- und Integralrechnung von Funktionen in mehreren unabhängigen Veränderlichen, dem wir uns im folgenden zuwenden, orientieren wir uns zunächst wieder an Fragen aus der Geometrie, sowohl aus Gründen der Anschaulichkeit als auch der Analogie zu den Untersuchungen, die zum Differential und Integral einer Funktion einer reellen Veränderlichen geführt haben. Neben den völlig selbstverständlichen begrifflichen Erweiterungen werden wir dabei vielfach nur einfache Ergänzungen anzubringen haben. Die mannigfachen physikalisch-technischen Anwendungen, für die wir damit die mathematische Grundlage schaffen, wollen wir im Anschluß daran in den Vordergrund stellen.

22 Funktionen in mehreren unabhängigen Veränderlichen

22.1 Der Funktionsbegriff in mehreren unabhängigen Veränderlichen

Wir erinnern zunächst an den allgemeinen Funktionsbegriff: Sind D und B zwei Mengen, so heißt eine Vorschrift f, die jedem Element $x \in D$ ein eindeutig bestimmtes Element $y \in B$ zuordnet, eine Funktion von D in B. Die Menge D wird der Definitionsbereich, die Menge B der Bildbereich genannt. Wenn wir für D und B Mengen reeller Zahlen zugrundelegen, so sprechen wir von einer reellen Funktion einer reellen Veränderlichen. Zum Funktionsbegriff in mehreren unabhängigen Veränderlichen gelangen wir nun, wenn wir die Menge D als Punktmenge in Räumen von zwei, drei und mehr Dimensionen annehmen. Wir gehen zunächst davon aus, daß der Bildbereich B eine Menge reeller Zahlen ist.

Ist D eine Menge von Punkten einer (x_1, x_2)-Ebene, so wird durch eine Funktion von D in B jedem Punkt von D eine reelle Zahl zugeordnet. Da jeder Punkt von D durch das Paar seiner kartesischen Koordinaten, x_1 und x_2, beschrieben werden kann, besteht eine solche Vorschrift darin, daß einem Wertepaar (x_1, x_2) eine reelle Zahl y als Funktionswert zugewiesen wird. Wir kennzeichnen diese Zuordnung durch eine Gleichung

$$y = f(x_1, x_2),$$

in der f die Vorschrift symbolisiert, vermöge der aus den Koordinaten x_1 und x_2 des in Betracht gezogenen Punktes der Funktionswert y zu ermitteln ist. Wir sagen, f ist eine reelle Funktion der beiden reellen Veränderlichen x_1 und x_2; da der „Argumentpunkt" im Definitionsbereich D beliebig wählbar ist, bezeichnen wir seine Koordinaten x_1 und x_2 als unabhängige Variable und sprechen von y als der (von x_1 und x_2) abhängigen Veränderlichen.

Dementsprechend werden wir, im Falle, daß D eine Menge von Punkten des dreidimensionalen Raumes ist, eine Funktion von D in B als Beziehung

$$y = f(x_1, x_2, x_3)$$

zwischen den Koordinaten x_1, x_2 und x_3 des Argumentpunktes und dem Funktionswert y ausdrücken. Wir nennen f eine reelle Funktion der drei unabhängigen reellen Veränderlichen x_1, x_2 und x_3, y heißt die abhängige Variable. Ebenso beschreiben wir eine Vorschrift, die jedem Punkt einer Menge D des n-dimensionalen Raumes eine reelle Zahl zuordnet, durch eine Gleichung

$$y = f(x_1, x_2, \dots, x_n),$$

die den Zusammenhang zwischen den Koordinaten des Argumentpunktes und dem diesen zuzuordnenden Funktionswert y herstellt. Sinngemäß heißt f eine reelle Funktion in den n unabhängigen reellen Veränderlichen $x_1, x_2, \dots, x_n$, y die von diesen Veränderlichen abhängige Variable.

Eine reelle Funktion in mehreren unabhängigen Veränderlichen ist also eine Vorschrift, die einer „Liste" von in gewissen Grenzen frei wählbaren reellen Variablen eine bestimmte Größe zuordnet. Diese unabhängigen Variablen müssen aber keineswegs die Koordinaten eines Punktes in einem Raum von entsprechend vielen Dimensionen sein, wovon wir uns bisher leiten ließen. Wir gebrauchen den Funktionsbegriff in mehreren unabhängigen Veränderlichen vielmehr ganz allgemein, wenn einem System von Größen, deren konkrete Natur durchaus verschieden sein kann, eine reelle Zahl oder eine andere Größe als Funktionswert zugewiesen wird. So ist z. B. der Druck eines Gases eine Funktion der Temperatur und seines Volumens – für ein ideales Gas wird dieser Zusammenhang zwischen den drei Zustandsgrößen: Druck p, Temperatur T und Volumen V, durch die Gleichung

$$p = R\frac{T}{V}$$

beschrieben, worin R eine für das Gas typische Konstante ist. Ein anderes Beispiel ist der Anodenstrom i_a einer Triode, der sich einstellt, wenn das Gitter auf das Potential u_g und die Anode auf das Potential u_a gelegt wird,

$$i_a = f(u_g, u_a).$$

Das Entscheidende ist allein, daß eine Zuordnung vorliegt, die ein Ausdruck für die Abhängigkeit einer gewissen Zustandsgröße (der abhängigen Veränderlichen) von der Systemkonfiguration ist, die wieder durch andere Zustandsgrößen (die unabhängigen Variablen) charakterisiert wird.

In vielen Zweigen der Physik spielt jedoch die Abhängigkeit einer Größe vom Ort eine wichtige Rolle. Man pflegt dann, die kompakte und übersichtliche Vektorschreibweise ausnützend, eine Größe y als Funktion des Ortsvektors **x** zu schreiben,

$$y = f(\mathbf{x}).$$

Streng genommen fehlt aber darin die Information über die Dimension des Urbildraumes, doch ergibt sich diese meist aus dem Zusammenhang. In den Anwendungen ist aber die Zusammenfassung unabhängiger Veränderlicher zu einem Ortsvektor (oder Vektor) nur dann sinnvoll, wenn es sich bei diesen tatsächlich um Koordinaten handelt – es hat wenig Sinn, Volumen und Temperatur eines Gases, Gitterpotential und Anodenpotential einer Triode, als Koordinaten eines Vektors anzusehen. Es dient aber durchaus der Übersichtlichkeit, Ortskoordinaten zu einem Ortsvektor zusammenzufassen; kommen neben solchen weitere unabhängige Veränderliche vor, wie dies z. B. der Fall ist, wenn eine Größe y nicht nur ortsabhängig ist, sondern sich auch am Ort mit der Zeit ändert, so tragen wir dem durch die Schreibweise

$$y = f(\mathbf{x}, t)$$

Rechnung, die als Abkürzung für

$$y = f(x_1, x_2, x_3, t)$$

steht.

Reelle Funktionen des Ortes und anderer unabhängiger Veränderlicher werden in der Physik meist *skalare* Funktionen genannt, weil man durch reelle Zahlen zu messende Größen als *Skalare* zu bezeichnen pflegt. Als zweiten für die Beschreibung physikalischer Zusammenhänge wichtigen Typ benötigt man *vektorwertige* Funktionen in mehreren unabhängigen Veränderlichen, um die Ortsabhängigkeit vektorieller Größen, wie z. B. mechanische Kräfte, beschreiben zu können. Wir erhalten diesen Funktionsbegriff, wenn wir nun von der Voraussetzung abgehen, den Bildbereich B als Menge reeller Zahlen anzunehmen und nun auch für B Punktmengen in Räumen von mehreren Dimensionen zulassen.

Nehmen wir für B eine Menge von Punkten des zweidimensionalen Raumes, für D eine reelle Zahlenmenge, so wird durch eine Funktion von D in B jeder Zahl $x \in D$ ein Ortsvektor (oder Vektor) des zweidimensionalen Raumes zugeordnet, was wir am besten durch zwei Gleichungen

$$y_1 = f_1(x), \quad y_2 = f_2(x)$$

ausdrücken können, in denen wir mit den Funktionssymbolen f_1 und f_2 die Vorschrift kennzeichnen, durch die die Koordinaten des Bildvektors, y_1 und y_2, für das Argument x zu bestimmen sind. Es liegt nun nahe, diese zu einem Ortsvektor (oder Vektor) y zusammenzufassen und, anstatt die Abhängigkeit seiner Koordinaten vom Argument x einzeln anzuführen, die symbolische Schreibweise

$$\mathbf{y} = \mathbf{f}(x)$$

zu verwenden, worin mit dem fettgedruckten Funktionssymbol **f** die „Vektorwertigkeit" der Zuordnungsvorschrift hervorgehoben wird. Wir nennen **f** eine *vektorwertige* oder *vektorielle* Funktion der unabhängigen reellen Veränderlichen x.

Andere Typen vektorwertiger Funktionen erhalten wir unter entsprechenden Annahmen über die Dimensionen von Definitionsbereich und Bildbereich, wie etwa

$$y_1 = f_1(x_1, x_2), \quad y_2 = f_2(x_1, x_2), \quad y_3 = f_3(x_1, x_2),$$

wenn der Bildbereich B eine Teilmenge des dreidimensionalen Raumes, der Definitionsbereich D eine Teilmenge des zweidimensionalen Raumes ist, wofür wir dann kurz

$$\mathbf{y} = \mathbf{f}(\mathbf{x}) = \mathbf{f}(x_1, x_2)$$

schreiben und, wenn nötig, eine Angabe über die Dimensionen hinzufügen; ferner die Funktion

$$y_1 = f_1(x_1, x_2, x_3), \quad y_2 = f_2(x_1, x_2, x_3), \quad y_3 = f_3(x_1, x_2, x_3)$$

oder kurz

$$\mathbf{y} = \mathbf{f}(\mathbf{x}) = \mathbf{f}(x_1, x_2, x_3),$$

für die sowohl der Definitionsbereich als auch der Bildbereich eine Punktmenge des dreidimensionalen Raumes ist.

Ist allgemein D eine Menge von Punkten des n-dimensionalen Raumes, B eine solche des m-dimensionalen Raumes, so beschreiben wir eine Funktion von D in B durch die Vektorgleichung

$$\mathbf{y} = \mathbf{f}(\mathbf{x}),$$

die ausführlich

$$\begin{aligned} y_1 &= f_1(x_1, x_2, \ldots, x_n) \\ y_2 &= f_2(x_1, x_2, \ldots, x_n) \\ &\vdots \\ y_m &= f_m(x_1, x_2, \ldots, x_n) \end{aligned}$$

lautet, und nennen **f** eine vektorwertige oder vektorielle Funktion der unabhängigen (vektoriellen) Veränderlichen **x**, den Bildvektor **y** die abhängige Variable. Ebenso wie bei reellen Funktionen in mehreren unabhängigen reellen Veränderlichen verwenden wir diesen Funktionsbegriff ganz allgemein, wenn einem n-tupel reeller Zahlen $(x_1, x_2, \ldots, x_n)$ ein m-tupel $(y_1, y_2, \ldots, y_m)$ von reellen Zahlen zugeordnet wird, wobei die unabhängigen und abhängigen Veränderlichen keineswegs geometrische Bedeutung als Koordinaten von Punkten oder Vektoren in Räumen entsprechend vieler Dimensionen haben müssen. Es hat dann im konkreten Fall aber wenig Sinn, die symbolische Schreibweise zu verwenden, weshalb wir uns in den Anwendungen ihrer nur dann bedienen werden, wenn es sich auch wirklich um Koordinaten handelt, und werden dann gegebenenfalls weitere unabhängige Veränderliche explizit in die Liste der unabhängigen Veränderlichen aufnehmen, wie etwa

$$\mathbf{y} = \mathbf{f}(\mathbf{x}, t)$$

zur Beschreibung einer orts- und zeitabhängigen vektoriellen Größe $\mathbf{y}$.

Wir werden die symbolische Schreibweise aber auch dann verwenden, wenn es uns auf Eigenschaften von Funktionen oder auf Zusammenhänge ankommt, denen allgemeines Interesse beizumessen ist. In einzelnen Herleitungen hingegen, die eine ausführlichere Form erfordern und für die wir aus Gründen der Anschaulichkeit den zwei- und dreidimensionalen Raum zugrundelegen, werden wir zur Vermeidung von Indizes die Ortskoordinaten eines Punktes mit x, y und z oder mit ξ, η und ζ bezeichnen und diese als unabhängige Veränderliche vollzählig in der Variablenliste von Funktionen anführen. Abhängige Veränderliche, vor allem wenn es sich um Koordinaten eines Vektors handelt, werden wir zumeist mit den Buchstaben u, v und w kennzeichnen, für Funktionssymbole werden wir vielfach die Buchstaben f, g und h, φ, χ und ψ oder auch das Symbol für die betreffende abhängige Variable verwenden. Zur Formulierung der Ergebnisse wollen wir jedoch wieder die symbolische Schreibweise heranziehen, durch die wir einerseits eine übersichtliche und einprägsame Darstellung erreichen, andererseits aber auch gleichzeitig das Ergebnis der diesbezüglichen Verallgemeinerung auf Räume von mehr als drei Dimensionen erhalten, da hierfür die Verhältnisse im zwei- und dreidimensionalen Raum charakteristisch sind.

Bevor wir uns den geometrischen und physikalischen Deutungen der wichtigsten eben besprochenen Funktionstypen zuwenden, wollen wir auf mögliche Formen der Bereiche eingehen, die als Definitionsbereich von Funktionen in mehreren unabhängigen Veränderlichen wichtig sind. Während wir beim Studium der Funktionen einer reellen Veränderlichen mit einem Intervall als Definitionsbereich das Auslangen finden konnten, tritt nun eine Vielzahl von Formen auf, deren Merkmale sich in vielen Anwendungen wiederfinden.

Zu den einfachsten Bereichen zählt der durch die beiden Ungleichungen $\alpha \leqslant x \leqslant a$, $\beta \leqslant y \leqslant b$ charakterisierte Rechtecksbereich (Bild 22.1); in Anlehnung an den Intervallbegriff auf der Zahlengeraden wollen wir einen solchen Rechtecksbereich ein *abgeschlossenes Intervall* des zweidimensionalen Raumes nennen, abgeschlossen deshalb, weil die rechteckförmige Berandungskurve diesem Bereich ebenfalls angehört. Unter dem *offenem Intervall* wollen wir das Rechteck ohne seinen Rand verstehen, also die durch $\alpha < x < a$, $\beta < y < b$ charakterisierte Punktmenge. Dementsprechend nennen wir einen quaderförmigen Bereich $\alpha \leqslant x \leqslant a, \beta \leqslant y \leqslant b, \gamma \leqslant z \leqslant c$ ein abgeschlossenes Intervall des dreidimensionalen Raumes, ohne seine Berandungsflächen, $\alpha < x < a, \beta < y < b, \gamma < z < c$, ein offenes Intervall. Ein anderer ebenso einfacher Bereich ist der Kreisbereich $(x-a)^2 + (y-b)^2 \leqslant r^2$ mit dem Radius r und dem Mittelpunkt M(a, b) (Bild 22.2), den wir abgeschlossen nennen, weil der Randkreis $(x-a)^2 + (y-b)^2 = r^2$ ihm angehört. Dagegen wollen wir den Bereich $(x-a)^2 + (y-b)^2 < r^2$ einen offenen Kreisbereich nennen. Im dreidimensionalen Raum ent-

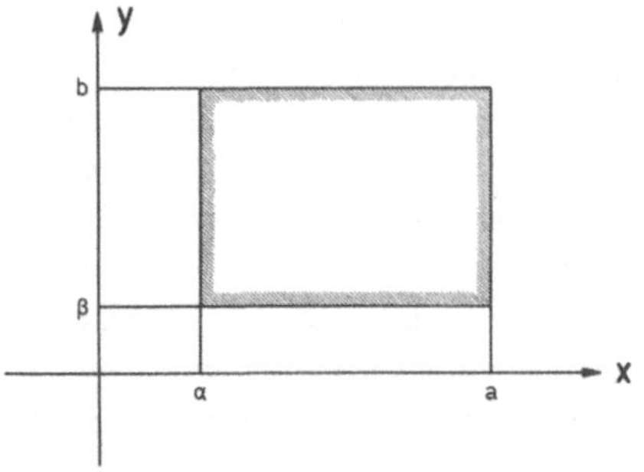

Bild 22.1

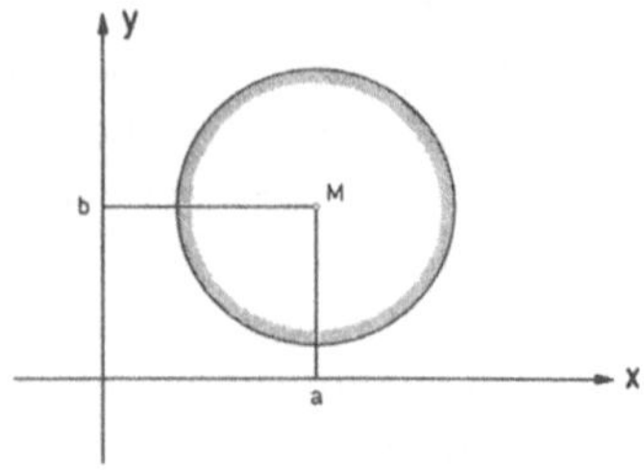

Bild 22.2

sprechen diesen Typen die abgeschlossene Kugel $(x-a)^2 + (y-b)^2 + (z-c)^2 \leqslant r^2$ sowie die offene Kugel $(x-a)^2 + (y-b)^2 + (z-c)^2 < r^2$ mit dem Radius r und dem Mittelpunkt M(a, b, c). Verwenden wir die Vektorschreibweise, so lassen sich Kreis und Kugel durch die Ungleichungen $|\mathbf{x}-\mathbf{a}| \leqslant r$ bzw. $|\mathbf{x}-\mathbf{a}| < r$ kennzeichnen. In diesem Zusammenhang weisen wir darauf hin, daß der offene Kreis bzw. die offene Kugel mit dem Mittelpunkt **a** und dem Radius ϵ,

$$|\mathbf{x}-\mathbf{a}| < \epsilon,$$

die natürliche Verallgemeinerung des Begriffes der ϵ-Umgebung des Punktes **a** für den zwei- bzw. dreidimensionalen Raum ist.

Wir werden jedoch auch kompliziertere Punktmengen als Definitionsbereich zu betrachten haben. In der Regel setzen wir aber voraus, wie für ebene Bereiche als Definitionsbereich von Funktionen zweier unabhängiger Veränderlicher, daß diese von einander nicht durchdringenden stetigen Kurven begrenzt sind. Liegt ein solcher Bereich B[1]) ganz im Endlichen, besteht er also aus Punkten des Inneren einer geschlossenen Kurve, so wollen wir ihn *beschränkt* nennen; ein solcher Bereich ist in Bild 22.3 dargestellt. Dabei kann es durchaus möglich sein, daß einzelne Teilbereiche im Inneren, die selbst wieder von geschlossenen Kurven begrenzt sind, ausgenommen sind, wie es in Bild 22.4 angedeutet ist. Es kommt aber auch vor, daß nur einzelne Punkte des Inneren einer geschlossenen Kurve dem betreffenden Bereich nicht angehören, wie z. B. der Mittelpunkt M(a, b) der

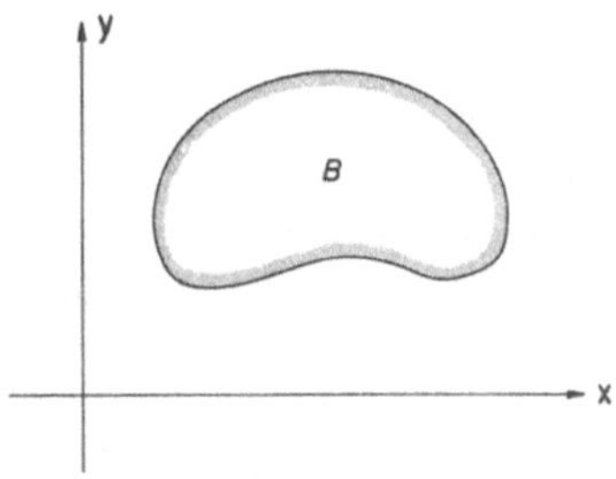

Bild 22.3

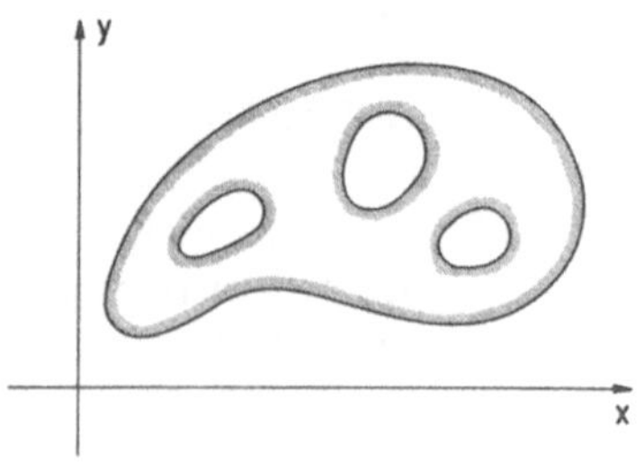

Bild 22.4

[1]) Wir wollen in Hinkunft als Symbol für Bereiche Großbuchstaben in Kursivdruck verwenden.

„punktierten" Kreisscheibe $0 < (x-a)^2 + (y-b)^2 < r^2$ ein solcher Ausnahmepunkt ist. Selbstverständlich kann sich ein ebener Bereich teilweise oder allseitig ins Unendliche erstrecken, in welchem Fall wir von einem *unbeschränkten* Bereich sprechen. Beispiele hierfür sind die ganze Ebene, eventuell mit Ausnahme einzelner Punkte, oder das „Äußere" geschlossener Kurven, wie etwa das Äußere $x^2 + y^2 \geqslant r^2$ des offenen Kreises $x^2 + y^2 < r^2$, oder solche Bereiche, die aus allen Punkten der Ebene auf einer „Seite" einer sich ins Unendliche erstreckenden Kurve bestehen, wie die Halbebene $ax + by + c \geqslant 0$, deren Berandung die Gerade $ax + by + c = 0$ ist. In allen Fällen wollen wir einen ebenen Bereich *abgeschlossen* nennen, wenn seine Berandung ihm vollständig angehört, hingegen *offen*, wenn dies für keinen Punkt seiner Randkurve(n) zutrifft.

Der Leser wird keine Schwierigkeiten haben, die besprochenen Merkmale ebener Bereiche auf den dreidimensionalen Raum zu übertragen; es ist hierbei nur zu beachten, daß Flächen als Berandung räumlicher Bereiche an die Stelle der Randkurven bei ebenen Bereichen treten.

In den folgenden Abschnitten wird es im allgemeinen nicht erforderlich sein, den Definitionsbereich einer Funktion eigens anzugeben, wenn unser Interesse in der Hauptsache den Eigenschaften von Funktionen gilt, so daß wir ohne Erwähnung des Definitionsbereiches einfach von einer reellen Funktion f, auch f(**x**), oder einer vektorwertigen Funktion **f**, auch **f**(**x**), sprechen werden, daneben aber, vor allem wenn wir auf Einzelheiten eingehen, Sprechweisen wie „die Funktion $z = f(x, y)$", „die Funktion $u = f(x, y, z)$" oder „die Funktion $u = f(x, y)$, $v = g(x, y)$" gebrauchen. Wenn wir dagegen in konkreten Fällen die Funktionsvorschrift durch eine Gleichung $z = f(x, y) = \ldots$ angeben, so wollen wir als Definitionsbereich stillschweigend die Menge aller Wertepaare (x, y) annehmen, für die diese Gleichung vernünftig ist; so hat die Gleichung

$$z = \sqrt{1 - x^2 - y^2}$$

nur für diejenigen Werte der unabhängigen Veränderlichen x und y einen Sinn, für die die Ungleichung $x^2 + y^2 \leqslant 1$ erfüllt ist; der Definitionsbereich der Funktion

$$z = \frac{1}{x^2 + y^2}$$

ist die ganze Ebene mit Ausnahme des Koordinatenursprungs $x = y = 0$; ebenso ist die Gleichung

$$z = \frac{1}{ax + by + c}$$

nur sinnvoll, wenn $ax + by + c \neq 0$ ist, so daß der Definitionsbereich der durch diese Gleichung beschriebenen Funktion die ganze Ebene mit Ausnahme der Punkte der Geraden $ax + by + c = 0$ ist.

Die verschiedenen Typen reeller und vektorwertiger Funktionen haben für die Anwendungen unterschiedliche Bedeutung. Sie dienen einerseits der mathematischen Beschreibung räumlicher Gebilde wie Kurven und Flächen und damit der Geometrie im dreidimensionalen Raum, andererseits der Herstellung von Beziehungen zwischen reellen und vektorwertigen physikalischen Größen. Wir wollen nun im folgenden die wichtigsten Funktionstypen besprechen und dabei, soweit dies im Augenblick möglich ist, auf ihren Gebrauch in den

Anwendungen hinweisen, weiter einen Überblick über die Möglichkeiten einer graphischen Darstellung geben, für die wir, bedingt durch die natürlichen Dimensionen einer Zeichenebene, nach geeigneten Methoden suchen müssen. Da man dabei die konkrete Bedeutung der abhängigen und unabhängigen Veränderlichen berücksichtigen will, um so zu einer Veranschaulichung des interessierenden physikalischen oder geometrischen Sachverhalts zu kommen, ergeben sich dem Zweck entsprechend unterschiedliche Darstellungsformen.

Eine einfache geometrische Deutung läßt die reelle Funktion $z = f(x, y)$ zweier unabhängiger Veränderlicher zu. Fassen wir die Variablen x, y und z als kartesische Koordinaten eines Raumpunktes auf, so wird durch die Gleichung $z = f(x, y)$ zwischen diesen ein Zusammenhang hergestellt, durch den, entsprechend der Rolle von x und y als unabhängige Veränderliche, jedem Punkt (x, y) des in der (x, y)-Ebene liegenden Definitionsbereiches der über ihm befindliche Raumpunkt (x, y, z) mit der dritten Koordinate $z = f(x, y)$ zugeordnet wird (Bild 22.5). Auf diese Weise erhalten wir als „Schaubild" der Funktion f eine Fläche, die aus allen Punkten $(x, y, f(x, y))$ besteht, für die der Punkt (x, y) dem Definitionsbereich der Funktion f angehört. Dieses Bild entspricht der graphischen Darstellung des Funktionsverlaufs einer Funktion einer reellen Veränderlichen durch eine Kurve, weshalb wir, in Anlehnung an die Sprechweise „*die Kurve* $y = f(x)$", kurz von der „*Fläche* $z = f(x, y)$" sprechen werden.

Vertraute Beispiel dieser Deutung von Funktionen zweier unabhängiger Veränderlicher sind die durch die lineare Funktion $z = ax + by + c$ beschriebene Ebene, ferner die Oberfläche $z = \sqrt{r^2 - x^2 - y^2}$ der oberhalb der (x, y)-Ebene gelegenen Halbkugel mit dem Radius r und dem Mittelpunkt im Koordinatenursprung. Ein etwas allgemeineres Beispiel ist eine Funktion der Form $z = f(x, y) = g(\sqrt{x^2 + y^2})$ (hier ist g eine Funktion einer reellen Veränderlichen!); sie beschreibt die „Drehfläche", die von der Kurve $z = g(y)$ bei einer Drehung um die z-Achse überstrichen wird (Bild 22.6).

Es ist grundsätzlich denkbar, mit Hilfe geometrischer Konstruktionen ein Bild der Fläche $z = f(x, y)$ herzustellen, doch erweist sich die dabei nicht zu umgehende Projektion der räumlichen Verhältnisse auf eine Zeichenebene im Hinblick auf das Anschauungsvermögen als Übelstand; für die Praxis ist ein Vorgehen zweckmäßiger, das solche Mittel vermeidet. Dieser Forderung wird die Darstellung des Funktionsverlaufs durch *Höhenlinien* gerecht, welche dem Leser von Landkarten zur Beschreibung der Topographie vertraut sind. Man bringt die Fläche $z = f(x, y)$ mit einer zur (x, y)-Ebene parallelen Ebene $z = C = \text{const.}$ zum Schnitt und projiziert diese Schnittkurven parallel zur z-Achse auf die (x, y)-Ebene. Diese in der (x, y)-Ebene liegenden Kurven sind der geometrische Ort aller Punkte (x, y), die der Gleichung $f(x, y) = C$ genügen; sie setzen sich aus einem oder mehreren Kurvenbögen, unter Umständen auch aus geschlossenen Kurven, zusammen und werden *Höhenlinien, Schichtlinien* oder auch *Niveaulinien* genannt. Wenn man nun ein System solcher Höhenlinien mit konstantem Niveauunterschied konstruiert, indem man die Höhe z die Werte einer arithmetischen Folge durchlaufen läßt, so entsteht ein Bild, das durch die Dichte der Höhenlinien den Funktionsverlauf veranschaulicht. Je enger nämlich zwei benachbarte Höhenlinien zusammenrücken, umso steiler ist in diesem Bereich der „Anstieg" der Fläche, dagegen ist ihr Verlauf umso flacher, je weiter die Höhenlinien voneinander entfernt liegen.

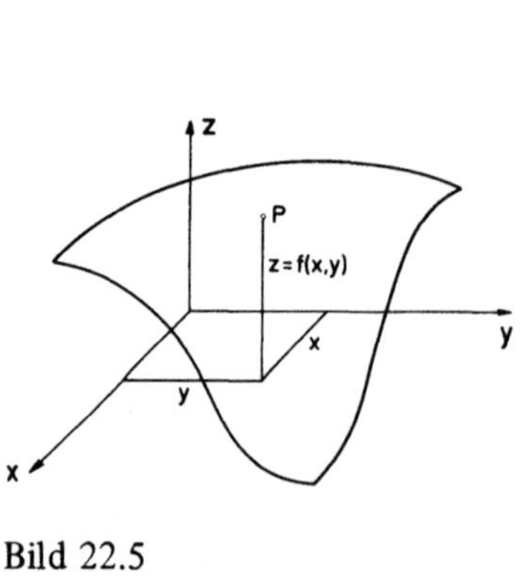

Bild 22.5

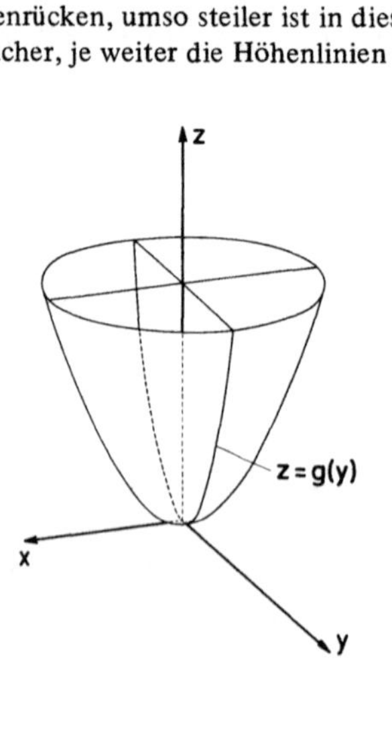

Bild 22.6

Es hat jedoch wenig Sinn, in physikalisch-technischen Anwendungen von einer Fläche zu sprechen, wenn die Variablen physikalische Größen sind; letztlich kennt die Physik keine abhängigen und unabhängigen Veränderlichen, sondern meist gleichberechtigte Zustandsgrößen, wie etwa den Druck p, das Volumen V und die Temperatur T eines Gases, oder den Anodenstrom i_a, das Anodenpotential u_a und das Gitterpotential u_g einer Triode. Zur graphischen Veranschaulichung der Systemeigenschaften bedient man sich nun einer Idee, die mit jener des Höhenliniennetzes eng verwandt ist. Man erteilt einer Zustandsvariablen einen konstanten Wert, so daß der Zusammenhang der beiden übrigen durch eine Kurve veranschaulicht werden kann. Man erhält auf diese Weise ein System von ***Kennlinien***, wenn man der die Rolle eines Parameters übernehmenden Systemvariablen verschiedene Werte gibt, wobei man sich einer geeigneten Skala bedient. So bleiben Druck und Volumen eines Gases veränderlich, wenn es auf konstanter Temperatur gehalten wird; jene Linien, die den Zusammenhang dieser Zustandsgrößen für verschiedene Werte der Temperatur beschreiben, werden *Isothermen* genannt. Bleibt dagegen der Druck konstant, so ändert sich das Volumen mit der Temperatur; diese Kennlinien heißen *Isobaren*. Zwingt man schließlich dem Gas konstantes Volumen auf, so kann man die Abhängigkeit des Druckes von der Temperatur studieren. Für eine Triode steht die Abhängigkeit des Anodenstromes vom Gitterpotential und dem Anodenpotential im Vordergrund. In Bild 22.7 sind solche Kennlinien bei konstantem Gitterpotential und bei konstantem Anodenpotential dargestellt.

Eine reelle Funktion $u = f(x, y, z)$ in drei unabhängigen Veränderlichen läßt sich nicht mehr durch ein geometrisches Gebilde im dreidimensionalen Raum veranschaulichen. In der Physik bedient man sich dieses Funktionstyps, um die Abhängigkeit einer skalaren Größe u vom Ort zu beschreiben. Man bezeichnet einen solchen Sachverhalt als *Feld* und nennt u die *Feldgröße*; um hervorzuheben, daß u eine skalare Größe ist, spricht man auch von einem *Skalarfeld*. Ein einfaches Beispiel für ein Skalarfeld ist das Temperaturfeld, das durch eine skalare Funktion des Ortes dargestellt werden kann, ferner die potentielle Energie

$$U = -\frac{\gamma m M}{\sqrt{x^2 + y^2 + z^2}}$$

eines im Punkt (x, y, z) befindlichen Massenkörpers m im Graviationsfeld einer Zentralmasse M, deren Lage wir im Koordinatenursprung angenommen haben; dabei bezeichnet γ die Gravitationskonstante.

Zur Veranschaulichung der skalaren Funktion $u = f(x, y, z)$ greift man auf die Idee zurück, die der Darstellung einer Fläche durch Höhenlinien zugrunde liegt. Man erteilt der abhängigen Variablen u die Werte einer passenden Skala; der geometrische Ort aller Punkte (x, y, z), für die die abhängige Variable u denselben Wert hat, sind jetzt die *Niveauflächen* $f(x, y, z) = \text{const}$, die an die Stelle der Niveaulinien treten. Für die potentielle Energie eines Massenkörpers sind diese Flächen, die auch als *Äquipotentialflächen* bezeichnet werden, konzentrische Kugeln, in deren Mittelpunkt sich die Zentralmasse befindet.

Den einfachsten Typ vektorwertiger Funktionen, nämlich die Funktion

$$x = x(t), \quad y = y(t), \quad a \leqslant t \leqslant b, \tag{22.1}$$

haben wir bereits kennengelernt, als wir uns mit komplexen Funktionen $w = w(t) = x(t) + jy(t)$ einer reellen Veränderlichen befaßten. Dabei ergab sich als Schaubild der Funktion (22.1) eine Kurve in der (x, y)-Ebene, indem wir von der Möglichkeit Gebrauch machten, die komplexe w-Ebene mit der (x, y)-Ebene zu identifizieren. Wir sprachen von einer Parameterdarstellung der Kurve durch das Funktionenpaar (22.1) und nannten die unabhängige Veränderliche t den Kurvenparameter.

Damit ist es ein leichtes einzusehen, daß durch die vektorwertige Funktion

$$x = x(t), \quad y = y(t), \quad z = z(t), \quad a \leqslant t \leqslant b, \tag{22.2}$$

eine *Kurve im Raum* beschrieben wird, längs der sich der Punkt P mit den Koordinaten x, y und z bewegt, wenn t das Intervall [a, b] durchläuft. Die drei Funktionen (22.2), die wir unter Benützung der Vektorsymbolik auch in der Form $\mathbf{x} = \mathbf{x}(t)$ zusammenfassen, sind also eine Parameterdarstellung dieser Raumkurve mit der Veränderlichen t als Kurvenparameter (Bild 22.8).

Eine Darstellung, in der die Koordinaten der Kurvenpunkte ohne Verwendung von Parametern in Beziehung gebracht werden, wie eine Gleichung $y = f(x)$ für ebene Kurven, ist für Raumkurven nur

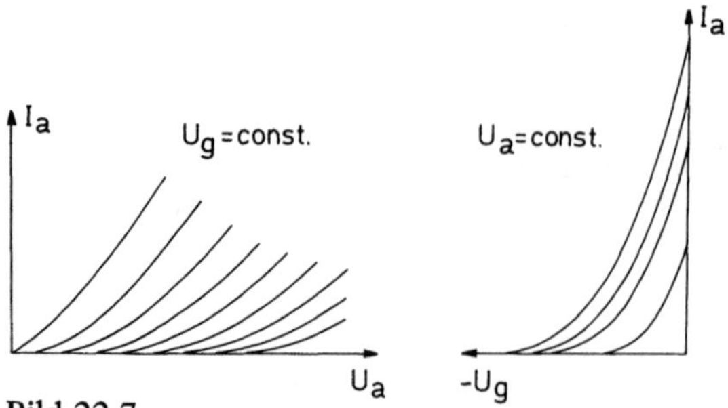

Bild 22.7

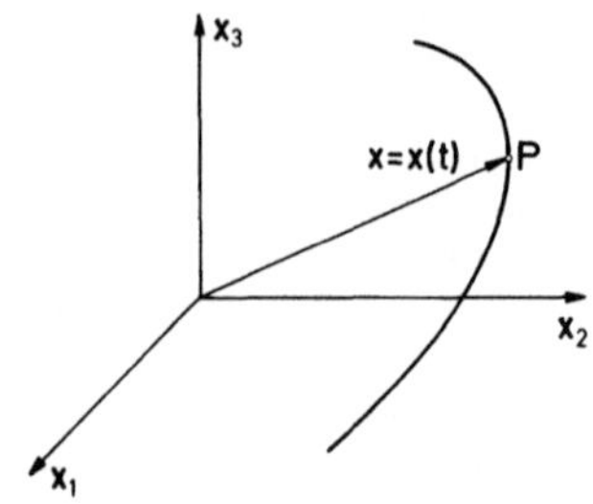

Bild 22.8

durch zwei Gleichungen möglich, etwa $z = f(x, y)$ und $z = g(x, y)$, so daß in dieser Form die Raumkurve als Schnittgebilde der beiden Flächen $z = f(x, y)$ und $z = g(x, y)$ erscheint. Zur Konstruktion solcher Flächen braucht man nur eine der Koodinatenfunktionen, etwa $x = x(t)$, nach t aufzulösen, wobei man im Falle mehrdeutiger Lösungen mehrere Zweige erhält, und die Umkehrfunktion $t = \varphi(x)$ in die Gleichungen $y = y(t)$ und $z = z(t)$ einzusetzen, mit dem Ergebnis $y = y(t) = y(\varphi(x)) = f(x)$ und $z = z(t) = z(\varphi(x)) = g(x)$; dabei handelt es sich um zylindrische Flächen, deren Erzeugende parallel zur y-Achse beziehungsweise parallel zur z-Achse verlaufen, weil in $z = f(x)$ die Variable y, in $y = g(x)$ die Variable z fehlt. Andererseits lassen sich die beiden Gleichungen $z = f(x)$ und $y = g(x)$ auch als Parameterdarstellung der Raumkurve ansehen, für die jetzt die Koordinate x die Rolle des Kurvenparameters übernommen hat. Sie ist aber nicht sehr vorteilhaft, weil in ihr die x-Koordinate gegenüber den beiden anderen Koordinaten y und z ausgezeichnet wird. Aber nicht nur für geometrische Untersuchungen ist der Parameterdarstellung (22.2) bei der Darstellung einer Raumkurve gegenüber anderen Formen der Vorzug zu geben, auch in der Mechanik erweist sich die Funktion (22.2) zur Beschreibung der Bewegung eines Massepunktes auf seiner Bahnkurve am besten geeignet, wobei die Zeit die Rolle eines hierfür natürlichen Parameters übernimmt.

Als Beispiel sei der Leser auf die Gerade im Raum hingewiesen, für die wir eine Parameterdarstellung in der Form $\mathbf{x} = \mathbf{x}(t) = \mathbf{x}_0 + t\,\mathbf{a}$ angeben können, in der der Vektor $\mathbf{a}$ die Richtung kennzeichnet und $\mathbf{x}_0$ ein beliebiger Punkt auf der Geraden ist, der dann dem Wert $t = 0$ des Parameters entspricht. Eine parameterfreie Darstellung ergibt sich als Schnitt zweier Ebenen, deren Normalenrichtungen $\mathbf{n}$ und $\mathbf{m}$ beide orthogonal zur Richtung $\mathbf{a}$ der Geraden sind, so daß etwa $\mathbf{a} = \mathbf{n} \times \mathbf{m}$ ist. Die beiden Ebenengleichungen $\mathbf{x} \cdot \mathbf{n} = \mathbf{x}_0 \cdot \mathbf{n}$ und $\mathbf{x} \cdot \mathbf{m} = \mathbf{x}_0 \cdot \mathbf{m}$ lassen sich dann in der Form $(\mathbf{x} - \mathbf{x}_0) \times \mathbf{a} = \mathbf{0}$ zusammenfassen (vgl. Abschnitt 19.7).

Während sich vektorwertige Funktionen in einer reellen unabhängigen Veränderlichen durch eine Kurve veranschaulichen lassen, kann die vektorwertige Funktion in zwei reellen unabhängigen Veränderlichen,

$$x = x(u, v), \quad y = y(u, v), \quad z = z(u, v), \quad (u, v) \in B, \tag{22.3}$$

für die wir dann auch kurz $\mathbf{x} = \mathbf{x}(u, v)$ schreiben, als eine *Fläche im Raum* geometrisch gedeutet werden. Sie wird vom Punkt P mit den Koordinaten x, y und z überstrichen, wenn das Wertepaar (u, v) den Definitionsbereich B der Funktion durchläuft. Wir kommen zu dieser Auffassung, wenn wir die Variable u konstant setzen, $u = u_0 = \text{const}$, wodurch wir eine Koordinatenlinie in der (u, v)-Ebene auszeichnen, deren Bild die Raumkurve $\mathbf{x} = \mathbf{x}(u_0, v)$ mit v als Kurvenparameter ist. Variieren wir nun u, so überstreicht die Kurve $\mathbf{x} = \mathbf{x}(u, v)$ – mit v als Kurvenparameter – eine Fläche. Gleiches gilt für die Kurve $\mathbf{x} = \mathbf{x}(u, v)$ mit u als Kurvenparameter, wenn v verändert wird.

Die Koordinatenlinien u = const und v = const in der (u, v)-Ebene bestimmen somit ein Netz von Kurven auf der Fläche, welches auch ein *Koordinatennetz* auf der Fläche genannt wird, da jeder Punkt auf der Fläche der Schnittpunkt genau einer u-Linie und genau einer v-Linie ist (Bild 22.9). Man nennt die drei Funktionen (22.3) eine Parameterdarstellung dieser Fläche mit den *Flächenparametern* u und v. Aus dem gleichen Grund, der für Kurven eine Parameterdarstellung vielfach zweckmäßiger erscheinen läßt, weil dadurch vermieden werden kann, die Kurve in einzelne Zweige teilen zu müssen, ist bei der Beschreibung einer Fläche die Parameterdarstellung der eingangs erwähnten Form, zwischen den Koordinaten der Punkte auf der Fläche Beziehungen herzustellen, vorzuziehen.

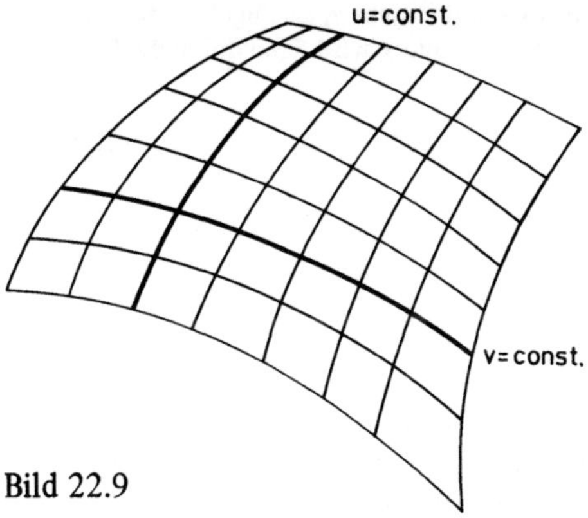

Bild 22.9

Als Beispiel sei die Parameterdarstellung $\mathbf{x} = \mathbf{x}_0 + u\,\mathbf{a} + v\,\mathbf{b}$ der durch den Punkt $\mathbf{x}_0$ gehenden Ebene angeführt, die von den beiden (linear unabhängigen) Vektoren **a** und **b** aufgespannt wird (vgl. Abschnitt 19.7).

Um von der Parameterdarstellung einer Fläche durch drei Funktionen (22.3) zu einer Gleichung $z = f(x, y)$ zu gelangen, hat man zwei der Koordinatenfunktionen, etwa $x = x(u, v)$ und $y = y(u, v)$, nach u und v aufzulösen und das Ergebnis $u = \varphi(x, y)$ und $v = \psi(x, y)$ in die dritte Koordinatengleichung $z = z(u, v) = z(\varphi(x, y), \psi(x, y)) = f(x, y)$ einzusetzen. Daß dieser Vorgang i. a. nur lokal möglich ist – worin eben zum Vorschein kommt, daß die Fläche gegebenenfalls in mehrere Teile zu zerlegen ist – werden wir an späterer Stelle sehen (vgl. Abschnitt 23.3); nur wenn der Zusammenhang der Wertepaare (u, v) und (x, y) in den ersten beiden Koordinatenfunktionen von (22.3) umkehrbar eindeutig ist, so daß jede zur z-Achse parallele Gerade die Fläche in höchstens einem Punkt durchstoßen kann, ist eine parameterfreie Darstellung der gesamten durch (22.3) beschriebenen Fläche möglich. Hingegen gelangt man von einer Gleichung $z = f(x, y)$ immer zu einer Parameterdarstellung, indem man einfach $x = x(u, v) = u$, $y = y(u, v) = v$ setzt, womit sich die dritte Koordinatenfunktion zu $z = z(u, v) = f(u, v)$ ergibt.

Eine geometrische Bedeutung gänzlich anderer Art kommt der Funktion

$$u = f(x, y), \quad v = g(x, y), \quad (x, y) \in B, \tag{22.4}$$

zu. Gehen wir davon aus, die Zahlenpaare (x, y) und (u, v) als kartesische Koordinaten von Punkten einer (x, y)-Ebene und einer (u, v)-Ebene anzusehen, so wird durch (22.4) eine Punktabbildung vermittelt, in dem gleichen Sinne, wie wir die lineare Transformation $\mathbf{y} = \mathbf{A} \cdot \mathbf{x} + \mathbf{b}$ als Punkttransformation aufgefaßt haben (vgl. Abschnitt 20.3). Wir können die Wertesysteme (x, y) und (u, v) aber auch als ein Paar verschiedenartiger Koordinatentupel ein und desselben Punktes (das Zahlenpaar (x, y) in der Regel als System kartesischer Koordinaten) ansehen, analog der Deutung von $\mathbf{y} = \mathbf{A} \cdot \mathbf{x} + \mathbf{b}$ als Koordinatentransformation, weshalb wir unter diesem Gesichtspunkt die Funktion (22.4) ebenfalls als Koordinatentransformation bezeichnen.

Ein wohlbekanntes Beispiel solch anderer Koordinaten sind die ebenen Polarkoordinaten r und φ eines Punktes der Ebene; sie stehen mit den kartesischen Koordinaten dieses Punktes im Zusammenhang

$$r = \sqrt{x^2 + y^2}, \quad \varphi = \arctan\frac{y}{x},$$

worin für die Arcus-Tangens-Funktion ein entsprechender Zweig zu nehmen ist. Wie man aus den Polarkoordinaten die kartesischen Koordinaten berechnet, zeigt die Umkehrung

$$x = r\cos\varphi, \quad y = r\sin\varphi.$$

Da eine Umrechnung von den einen Koordinaten auf die anderen stets möglich sein muß, kommt zur Deutung der Funktion (22.4) als Koordinatentransformation grundsätzlich die Forderung hinzu, daß der Zusammenhang zwischen den Wertesystemen (x, y) und (u, v) umkehrbar eindeutig ist, die

Funktion (22.4) im Sinne von Abschnitt 1.6 demnach injektiv und surjektiv, also bijektiv ist. Die Umrechnung von den Koordinaten u und v auf die Koordinaten x und y wird dann durch die Umkehrfunktion

$$x = \varphi(u, v), \quad y = \psi(u, v) \tag{22.5}$$

geleistet, die den Bedingungen

$$u = f(\varphi(u, v), \psi(u, v)), \quad v = g(\varphi(u, v), \psi(u, v))$$

für alle Paare (u, v) des Wertebereiches der Funktion (22.4) und

$$x = \varphi(f(x, y), g(x, y)), \quad y = \psi(f(x, y), g(x, y))$$

für alle Paare (x, y) des Definitionsbereiches der Funktion (22.4) genügt (vgl. Abschnitt 1.6). Für die lineare Transformation $\mathbf{y} = \mathbf{A} \cdot \mathbf{x} + \mathbf{b}$ konnten wir die Frage nach der Umkehrbarkeit mit der zusätzlichen Forderung der Regularität der Matrix **A** beantworten; wir werden in Abschnitt 23.3 diesen Sachverhalt als grundlegend für die Existenz der Umkehrfunktion (22.5) der Funktion (22.4) erkennen.

Ebenso wie ein Punkt P mit den kartesischen Koordinaten x_0 und y_0 als Schnittpunkt der Koordinatenlinien $x = x_0$ und $y = y_0$ erklärt werden kann, erscheint er auch als Schnittpunkt der beiden Kurven

$$f(x, y) = u_0, \quad g(x, y) = v_0, \tag{22.6}$$

wenn (u_0, v_0) das den kartesischen Koordinaten x_0 und y_0 entsprechende Koordinatenpaar des Punktes P ist (Bild 22.10). Natürlich dürfen die beiden Linien (22.6) nur einen Schnittpunkt haben, was darauf hinausläuft, daß die Gleichungen (22.6) genau eine Lösung haben, nämlich $x = x_0$ und $y = y_0$: dieser Sachverhalt ist offenbar nur ein anderer Ausdruck für die Existenz der Umkehrfunktion (22.5). Der Definitionsbereich der Funktion (22.4) wird auf diese Weise durch ein Netz von Kurven $f(x, y) = u = \text{const}$ und $g(x, y) = v = \text{const}$ überdeckt, die die *Koordinatenlinien* genannt werden. Da es sich bei diesen im allgemeinen um gekrümmte Kurven handelt, bezeichnet man u und v auch als *krummlinige Koordinaten*.

Die Koordinatenlinien ebener Polarkoordinaten sind die konzentrischen Kreise $r = \text{const}$ mit dem Mittelpunkt im Koordinatenursprung und die durch den Ursprung gehenden Geraden $\varphi = \text{const}$ mit dem Anstieg $\tan\varphi$ (Bild 22.11).

Wir erwähnen an dieser Stelle, daß eine komplexwertige Funktion einer komplexen Veränderlichen $w = f(z)$ als Funktionensystem 22.4 geschrieben werden kann, wenn man die Gleichung $w = u + jv = f(x + jy)$ in Real- und Imaginärteil zerlegt,

$$u = \operatorname{Re}(f(z)) = u(x, y), \quad v = \operatorname{Im}(f(z)) = v(x, y). \tag{22.7}$$

Als Beispiel sei die Funktion $w = f(z) = z^2$ angeführt mit $u = x^2 - y^2$, $v = 2xy$ (vgl. Beispiel 4.32). Die Linien $u = \text{const}$ und $v = \text{const}$ sind gleichseitige Hyperbeln (Bild 4.17).

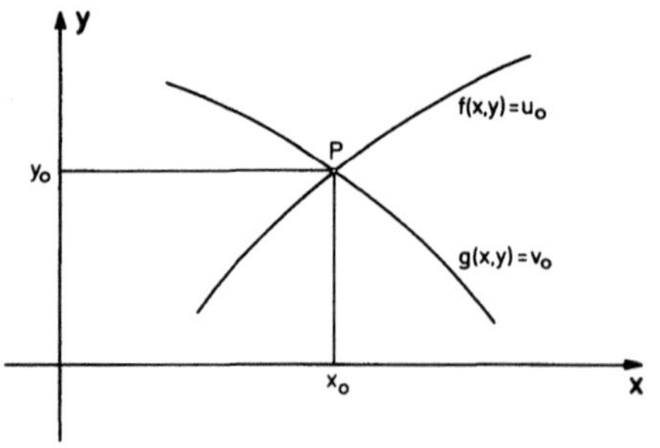

Bild 22.10

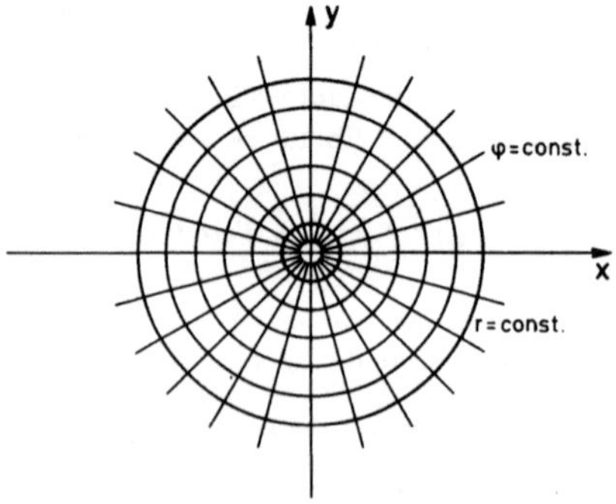

Bild 22.11

Den gleichen Zweck erfüllt die Funktion

$$u = f(x, y, z), \quad v = g(x, y, z), \quad w = h(x, y, z) \tag{22.8}$$

als Koordinatentransformation im dreidimensionalen Raum. Die Existenz der Umkehrfunktion

$$x = \varphi(u, v, w), \quad y = \chi(u, v, w), \quad z = \psi(u, v, w), \tag{22.9}$$

wird durch eine zusätzliche Bedingung, die der für ebene Koordinatentransformationen (22.4) analog ist, sicherzustellen sein. Die im allgemeinen gekrümmten Flächen $f(x, y, z) = u = \text{const}$, $g(x, y, z) = v = \text{const}$ und $h(x, y, z) = w = \text{const}$ werden die ***Koordinatenflächen*** genannt, entsprechend den Koordinatenebenen $x = \text{const}$, $y = \text{const}$ und $z = \text{const}$. Daß sich je drei Koordinatenflächen in genau einem Punkt schneiden, ist wieder mit der Forderung nach der Umkehrfunktion (22.9) gleichbedeutend.

Als besonders wichtige Koordinaten erwähnen wir hier die ***Zylinderkoordinaten*** r, φ und z (Bild 22.12), die mit den kartesischen Koordinaten durch die Gleichungen

$$r = \sqrt{x^2 + y^2}, \quad \varphi = \arctan\frac{y}{x}, \quad z = z, \tag{22.10}$$

wobei stets $r \geqslant 0$ und $0 \leqslant \varphi < 2\pi$ gilt, verbunden sind; die Umkehrung lautet

$$x = r\cos\varphi, \quad y = r\sin\varphi, \quad z = z. \tag{22.11}$$

Die Koordinatenflächen sind die zur z-Achse parallelen konzentrischen Kreiszylinder $r = \text{const}$, die durch die z-Achse gehenden Ebenen $\varphi = \text{const}$ und die zur (x, y)-Ebene parallelen Ebenen $z = \text{const}$ (Bild 22.13).

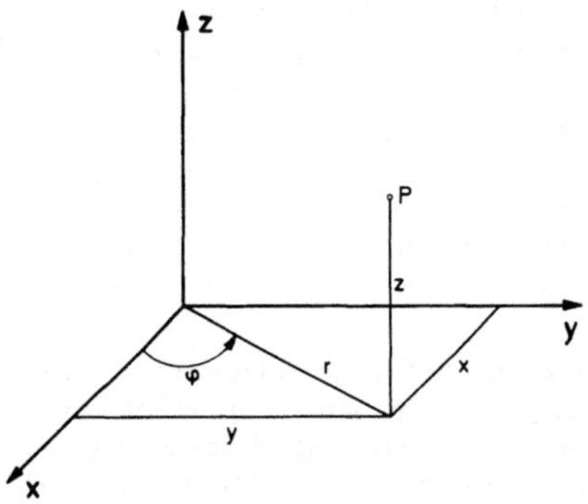

Bild 22.12

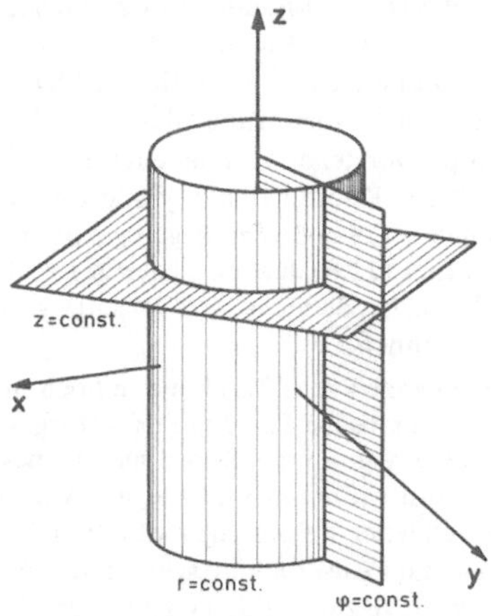

Bild 22.13

Von ebenso großer Bedeutung für die Anwendungen sind die ***räumlichen Polarkoordinaten*** oder ***Kugelkoordinaten***, die einen Raumpunkt P durch eine Länge und zwei Winkel festlegen: Durch den Abstand r des Punktes P vom Koordinatenursprung, durch den ***Poldistanz*** genannten Winkel ϑ, den der Radiusvektor $\overrightarrow{OP}$ mit der positiven Richtung der z-Achse einschließt, und durch den auch als ***Azimut*** bezeichneten Winkel φ, den die Richtung $\overrightarrow{OP'}$ vom Ursprung zur Projektion P' des Punktes P auf die (x, y)-Ebene mit der positiven Richtung der x-Achse bildet (Bild 22.14). Mit den kartesischen Koordinaten x, y und z stehen die Kugelkoordinaten r, ϑ und φ im Zusammenhang

$$r = \sqrt{x^2 + y^2 + z^2}, \quad \vartheta = \arccos\frac{z}{r}, \quad \varphi = \arctan\frac{y}{x}; \tag{22.12}$$

es ist stets $r \geqslant 0$, $0 \leqslant \vartheta \leqslant \pi$, $0 \leqslant \varphi < 2\pi$. Die Umrechnung auf die kartesischen Koordinaten ergibt sich aus den Gleichungen

$$x = r\cos\varphi\sin\vartheta, \quad y = r\sin\varphi\sin\vartheta, \quad z = r\cos\vartheta. \tag{22.13}$$

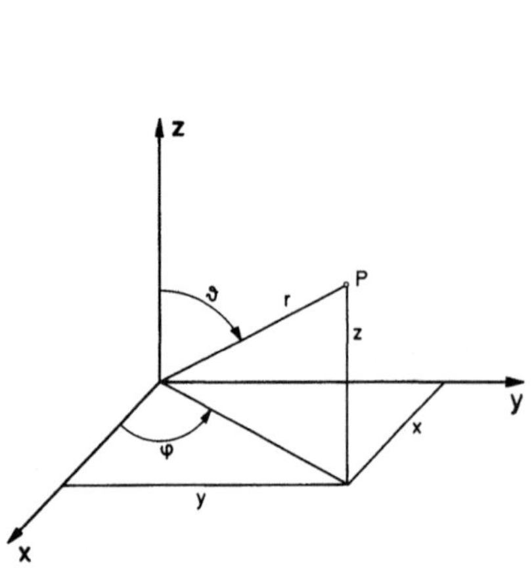

Bild 22.14

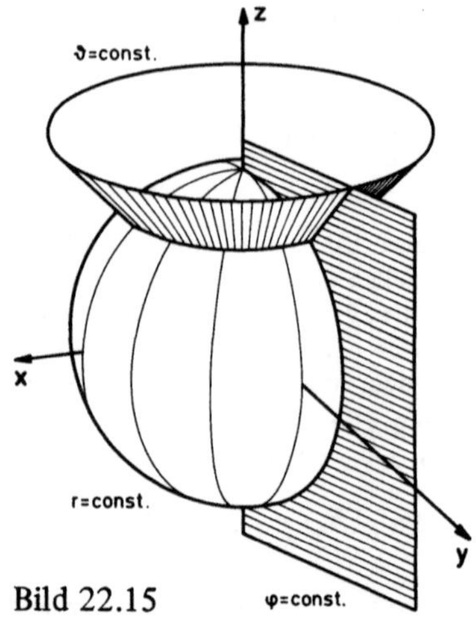

Bild 22.15

Die Koordinatenflächen sind die konzentrischen Kugeln r = const, die durch die z-Achse gehenden Ebenen φ = const und die Kreiskegeln ϑ = const, deren Achse die z-Achse ist und deren Scheitel im Koordinatenursprung liegen (Bild 22.15).

Natürlich läßt sich die Funktion (22.8) auch als Punkttransformation deuten, d. h. als Abbildung, die jedem Punkt des (x, y, z)-Raumes mit den Koordinaten x, y und z einen Punkt mit den Koordinaten u, v und w in einem (u, v, w)-Raum als Bild zuordnet. Identifizieren wir die beiden Räume, womit jedem Punkt im Definitionsbereich der Funktion (22.8) ein Punkt im selben Raum entspricht, so können wir die Funktion (22.8) als „Verzerrung" deuten, indem wir uns einen elastischen den Definitionsbereich ausfüllenden Körper vorstellen und bei einer Deformation desselben ein Masseteilchen verfolgen, das sich im Punkt mit den Koordinaten x, y und z befunden hat und durch die Deformation in den Punkt mit den Koordinaten u, v und w zu liegen gekommen ist, so daß der deformierte Körper den Wertebereich der Funktion (22.8) darstellt. Hierfür ist allerdings vorauszusetzen, daß die Funktion (22.8) umkehrbar eindeutig ist, da nicht zwei verschiedene Masseteilchen nach der Deformation denselben Platz einnehmen können.

Funktionen vom Typ (22.8) können noch in einem ganz anderen Sinn gedeutet werden, der vor allem für die mathematische Fassung der Naturgesetze grundlegend ist. Anders als bisher sehen wir jetzt die Variablen u, v und w als Koordinaten eines Vektors an, dessen Fußpunkt wir in den Argumentpunkt mit den Koordinaten x, y und z legen. Auf diese Weise wird jedem Punkt im Definitionsbereich ein an diesen gebundener Vektor zugeordnet; in der symbolischen Schreibweise wollen wir dies auch in der Form $\mathbf{y} = \mathbf{f}(\mathbf{x})$ zum Ausdruck bringen, indem wir mit $\mathbf{y}$ den Vektor mit den Koordinaten u, v und w bezeichnen und als Argument den Ortsvektor $\mathbf{x}$ einführen. Ähnlich wie wir von einem Skalarfeld sprechen, wenn in einem gewissen Bereich jedem Punkt ein Skalar als Feldgröße zugeordnet wird, nennen wir den durch die Funktion $\mathbf{y} = \mathbf{f}(\mathbf{x})$ beschriebenen Sachverhalt ein *Vektorfeld*, womit hervorgehoben werden soll, daß die Feldgröße $\mathbf{y}$ ein Vektor ist. In der Physik verwendet man diesen Feldbegriff, um einen physikalischen Zustand des Raumes zu beschreiben, dessen Wirkung durch eine reelle Zahl und eine Richtung, also durch einen Vektor, gemessen werden kann.

Das Gravitationsfeld einer Zentralmasse M im Koordinatenursprung möge als Beispiel eines Vektorfeldes dienen, dessen Feldgröße eine mechanische Kraft ist. Bringt man eine punktförmige Masse m in den Punkt $\mathbf{x}$, so wirkt auf diese die zur Zentralmasse M, also zum Koordinatenursprung hin gerichtete Anziehungskraft $\mathbf{k} = -\gamma m M \frac{1}{r^3}\mathbf{x}$, $r = |\mathbf{x}|$, ausführlich

$$k_x = -\gamma m M \frac{1}{r^3} x, \quad k_y = -\gamma m M \frac{1}{r^3} y, \quad k_z = -\gamma m M \frac{1}{r^3} z.$$

Das mathematische Studium der Vektorfelder, das man als *Vektoranalysis* bezeichnet, wollen wir in den folgenden mehr geometrisch orientierten Betrachtungen weitgehend ausklammern, da wir für viele mit Vektorfeldern verbundene Modellbildungen der physikalischen Realität erst manche Grundlage schaffen müssen. Die Vektoranalysis und die Behandlung der Felder der Elektrodynamik ist einem eigenen Kapitel vorbehalten.

Wir beschließen diese Einleitung über den Funktionsbegriff in mehreren abhängigen und unabhängigen Veränderlichen mit einigen selbstverständlichen Bemerkungen über die möglichen Verknüpfungen von Funktionen. Reelle Funktionen können addiert, subtrahiert, multipliziert und unter den üblichen Einschränkungen dividiert werden, was natürlich nur sinnvoll ist, wenn der Durchschnitt der Definitionsbereiche beider Funktionen nicht leer ist. Das Ergebnis $f(x) + g(x)$, $f(x) - g(x)$, $f(x)g(x)$ und $\frac{f(x)}{g(x)}$ ist wieder eine reelle Funktion. Ebenso sind $|f(x)|$ und die Potenz $[f(x)]^a$ als reelle Funktionen (letztere nur für $f(x) > 0$ oder a ganzzahlig) zu verstehen. Für vektorwertige Funktionen $\mathbf{f}(x)$ und $\mathbf{g}(x)$ ist die Summe $\mathbf{f}(x) + \mathbf{g}(x)$ und die Differenz $\mathbf{f}(x) - \mathbf{g}(x)$ als Vektoraddition und Vektorsubtraktion zu bilden. An die Stelle des gewöhnlichen Produktes reeller Funktionen tritt das innere Produkt $[\mathbf{f}(x)] \cdot [\mathbf{g}(x)]$, kurz $\mathbf{f} \cdot \mathbf{g}$, das Ergebnis ist allerdings eine reelle Funktion, ebenso das Resultat $|\mathbf{f}(x)|$ der Betragsbildung. Das Produkt einer vektoriellen Funktion $\mathbf{f}(x)$ mit einer Zahl α ist die Vektorfunktion $\alpha\mathbf{f}(x)$, das innere Produkt der Funktion $\mathbf{f}(x)$ mit dem Vektor $\mathbf{a}$ ist die reelle Funktion $\mathbf{a} \cdot \mathbf{f}(x)$. Schließlich lassen sich auch Zusammensetzungen bilden, durch die die verschiedensten Arten reeller und vektorwertiger Funktionen entstehen können. Aus $z = f(y)$ und $y = \mathbf{g}(x)$ erhalten wir durch Zusammensetzung die reelle Funktion $z = f(\mathbf{g}(x)) = h(x)$ der reellen Veränderlichen x, aus $\mathbf{z} = \mathbf{f}(y)$ und $y = \mathbf{g}(x)$ die vektorwertige Funktion $\mathbf{z} = \mathbf{f}(\mathbf{g}(x)) = \mathbf{h}(x)$ der reellen Veränderlichen x; setzen wir $z = f(\mathbf{y})$ und $\mathbf{y} = \mathbf{g}(\mathbf{x})$ zusammen, so ergibt dies die reelle Funktion $z = f(\mathbf{g}(\mathbf{x})) = h(\mathbf{x})$ der vektoriellen Veränderlichen $\mathbf{x}$, durch $\mathbf{z} = \mathbf{f}(\mathbf{y})$ und $\mathbf{y} = \mathbf{g}(\mathbf{x})$ werden wir zu der vektorwertigen Funktion $\mathbf{z} = \mathbf{f}(\mathbf{g}(\mathbf{x})) = \mathbf{h}(\mathbf{x})$ der ebenfalls vektoriellen Veränderlichen $\mathbf{x}$ geführt. Eine Funktion desselben Typs ist das Ergebnis der Zusammensetzung von $\mathbf{z} = \mathbf{f}(y)$ und $y = g(\mathbf{x})$. Von welchem Typ beide Funktionen auch sind, reell oder vektorwertig, die Anzahl der unabhängigen Veränderlichen der einen Funktion muß mit der Anzahl der abhängigen Veränderlichen der anderen übereinstimmen.

22.2 Grenzwert und Stetigkeit

Mit den folgenden Betrachtungen schließen wir unmittelbar an die auf Cauchy zurückgehende Definition des Grenzwertes einer reellen Funktion einer reellen Veränderlichen von Abschnitt 5.1 an. Unser Ziel ist, die Idee des Grenzwertes für diejenigen Typen von reellen und vektorwertigen Funktionen zu formulieren, die wir im vorangegangenen Abschnitt besprochen haben. Wir wollen uns allerdings nur auf die hierfür notwendigen Ergänzungen beschränken, da es sich durchwegs um nahezu selbstverständliche Verallgemeinerungen handelt.

Es sei $z = f(x, y)$ eine reelle Funktion der beiden unabhängigen reellen Veränderlichen x und y; als Definitionsbereich nehmen wir einen Bereich B in der (x, y)-Ebene an, dessen Berandung aus einer oder mehreren Kurven besteht, wobei wir auch Ausnahmepunkte zulassen. Mit $P_0(x_0, y_0)$ bezeichnen wir einen Punkt der (x, y)-Ebene, der nicht unbedingt dem Bereich B anzugehören braucht, von dem wir aber voraussetzen, daß er aus dem Inneren von B her erreichbar ist, etwa auf einer Kurve, die in B beginnt und im Punkt P_0 endet, jedoch ohne dazwischen den Bereich B zu verlassen. Unabhängig davon, ob der Punkt P_0 dem Bereich B angehört oder nicht, wollen wir nun untersuchen, wie sich die abhängige Veränderliche $z = f(x, y)$ verhält, wenn sich der Argumentpunkt $P(x, y)$ stetig gegen den Grenzpunkt $P_0(x_0, y_0)$ bewegt, vor allem, ob dabei z gegen einen bestimmten Wert strebt. Trifft dies in unserer intuitiven Vorstellung von einer stetigen Bewegung des Punktes P gegen den Punkt P_0 zu, so geben wir diesem Sachverhalt die mathematische Fassung, indem wir sagen, *die reelle Zahl* A *heißt der Grenzwert der Funktion* $z = f(x, y)$ *im Punkt* $P_0(x_0, y_0)$, *wenn es zu jedem* $\epsilon > 0$ *eine (i. a. von* ϵ *abhängige) Zahl* $\delta = \delta(\epsilon) > 0$ *gibt, so daß gilt*

$$|f(x,y) - A| < \epsilon \quad \textit{für} \quad 0 < (x - x_0)^2 + (y - y_0)^2 < \delta^2,$$

wenn sich also die abhängige Veränderliche $z = f(x, y)$ um beliebig wenig von A unterscheidet, sofern nur der Punkt $P(x, y)$ in einem Kreis um P_0 von hinreichend kleinem Radius δ liegt, also dem Grenzpunkt P_0 hinreichend nahe ist[1]). Wir schreiben dafür symbolisch

$$\lim_{P \to P_0} f(x,y) = A \quad \text{oder} \quad \lim_{\substack{x \to x_0 \\ y \to y_0}} f(x,y) = A.$$

Wir weisen darauf hin, daß diese Definition des Grenzwertes von Funktionen zweier unabhängiger Veränderlicher wieder unabhängig vom gegebenenfalls vorhandenen Funktionswert $z_0 = f(x_0, y_0)$ abgefaßt ist.

Die Berechnung des Grenzwertes von Funktionen zweier unabhängiger Veränderlicher stellt uns vor die Aufgabe, einen doppelten Grenzübergang $x \to x_0$ und $y \to y_0$ durchzuführen. Wenn wir uns auf einer Kurve mit der Parameterdarstellung $x = x(t)$, $y = y(t)$ in den Punkt P_0 bewegen, deren Endpunkt P_0 dem Parameterwert $t = t_0$ entsprechen möge, so zieht die Existenz des Grenzwertes $\lim f(x, y) = A$ die Beziehung

$$\lim_{t \to t_0} f\big(x(t), y(t)\big) = A \tag{22.14}$$

nach sich. Dabei ist klar, daß dies für jede in P_0 endende Kurve Gültigkeit haben muß, soll der Grenzwert $\lim f(x, y)$ existieren und gleich A sein. Infolgedessen können wir sofort eine negative Entscheidung treffen, wenn wir nämlich zwei Kurven $x = x(t)$, $y = y(t)$ und $x = \xi(\tau)$, $y = \eta(\tau)$ mit den Parameterwerten $t = t_0$ und $\tau = \tau_0$ für ihren gemeinsamen Endpunkt P_0 angeben können, für die der Grenzwert (22.14) verschieden ausfällt,

$$\lim_{t \to t_0} f\big(x(t), y(t)\big) \neq \lim_{\tau \to \tau_0} f\big(\xi(\tau), \eta(\tau)\big),$$

denn dann ist sicher, daß der Grenzwert der Funktion $z = f(x, y)$ im Punkt P_0 nicht existiert.

Die Bestätigung der Gleichung (22.14) für eine endliche noch so große Anzahl von Kurven ist selbstverständlich noch lange kein Existenzbeweis für den Grenzwert der Funktion $z = f(x, y)$ im Punkt P_0. Wie wir auf diese Weise dennoch den doppelten Grenzübergang auf einen einfachen zurückführen können, zeigt uns eine Überlegung, die darauf abzielt, die Annäherung des Punktes $P(x, y)$ an den Punkt $P_0(x_0, y_0)$ für eine umfassende Klasse stetiger Kurven zu beschreiben. Wir wählen als Parameter der Kurven den Abstand r

---

[1]) An sich könnten wir diese Nachbarschaft auch mittels einer „Quadratumgebung“ $|x - x_0| < \delta$, $|y - y_0| < \delta$ ausdrücken, denn es kommt ja nur darauf an, daß der Punkt P dem Punkt P_0 hinreichend benachbart ist. Wir geben aber der Kreisumgebung den Vorzug, aus Gründen, die dem Leser weiter unten einsichtig werden.

des Punktes $P(x, y)$ vom Punkt $P_0(x_0, y_0)$; ist $\varphi = \varphi(r)$ die Gleichung einer solchen Kurve in Polarkoordinaten, bezogen auf den Punkt P_0, so lautet ihre Parameterdarstellung

$$x = x_0 + r\cos\varphi(r), \quad y = y_0 + r\sin\varphi(r).$$

Nun wird im allgemeinen der Grenzwert

$$\lim_{r\to 0} f\big(x_0 + r\cos\varphi(r), y_0 + r\sin\varphi(r)\big), \tag{22.15}$$

wenn er existiert, vom Winkel $\varphi_0 = \lim\varphi(r)$, den die Tangente der Kurve im Punkt P_0 mit der x-Achse einschließt, abhängen, also von der Art und Weise, *wie* wir auf dieser Kurve im Punkt P_0 eintreffen. Da es aber gerade nicht darauf ankommen darf, wie der Punkt P gegen den Punkt P_0 strebt, kann der Grenzwert $\lim f(x, y)$ nur dann existieren, wenn der Grenzwert (22.15) *unabhängig* vom Winkel φ_0 ist. Befreien wir uns schließlich von Kurven und deren Parameterdarstellungen, womit φ als unabhängige Veränderliche auftritt, so können wir aus der Tatsache, daß der Grenzwert

$$\lim_{r\to 0} f(x_0 + r\cos\varphi, y_0 + r\sin\varphi) = A$$

unabhängig vom Winkel φ ist, auf die Existenz des Grenzwertes der Funktion $z = f(x, y)$ im Punkt P_0 schließen und insbesondere die Gleichheit

$$\lim_{\substack{x\to x_0\\ y\to y_0}} f(x, y) = \lim_{r\to 0} f(x_0 + r\cos\varphi, y_0 + r\sin\varphi) \tag{22.16}$$

behaupten. Wir übergehen den exakten Beweis hierfür, den wir dem Leser überlassen können, und wollen uns an Hand von Beispielen diesen Sachverhalt ansehen.

Beispiel 22.1: Die Funktion

$$z = f(x, y) = \frac{x^2 - y^2}{x^2 + y^2}$$

ist in allen Punkten mit Ausnahme des Koordinatenursprungs definiert. In Polarkoordinaten wird

$$z = f(x, y) = f(r\cos\varphi, r\sin\varphi) = \cos 2\varphi;$$

wegen

$$\lim_{r\to 0} \cos 2\varphi = \cos 2\varphi$$

existiert der Grenzwert im Koordinatenursprung nicht, da die Funktion f bei entsprechender Annäherung an den Ursprung offenbar jeden Wert zwischen -1 und 1 annimmt. Insbesondere können wir dem entnehmen, daß sich der Wert $\cos 2\varphi$ als Grenzwert ergibt, wenn wir uns in den Koordinatenursprung längs einer Kurve bewegen, die dort mit der x-Achse den Winkel φ einschließt. Wählen wir speziell die x-Achse, so wird

$$\lim_{x\to 0} f(x, 0) = \lim_{x\to 0} 1 = 1 = \cos 0,$$

bewegen wir uns auf der y-Achse in den Ursprung, so erhalten wir

$$\lim_{y\to 0} f(0, y) = \lim_{y\to 0} (-1) = -1 = \cos 2\,\frac{\pi}{2}.$$

Beispiel 22.2: Dagegen existiert im Koordinatenursprung der Grenzwert der Funktion

$$z = f(x, y) = x \sin\frac{1}{y} + y \sin\frac{1}{x},$$

deren Definitionsbereich die ganze (x, y)-Ebene mit Ausnahme der Koordinatenachsen ist, und ist gleich

$$\lim_{\substack{x \to 0 \\ y \to 0}} \left(x \sin\frac{1}{y} + y \sin\frac{1}{x}\right) = 0.$$

Wir können dies durch Einführung von Polarkoordinaten bestätigen, aber auch direkt mit Hilfe der Definition des Grenzwertes, denn da $\sin\frac{1}{x}$ und $\sin\frac{1}{y}$ beschränkte Funktionen sind, gilt

$$\left| x \sin\frac{1}{y} + y \sin\frac{1}{x} \right| \leqslant |x| + |y|$$

und folglich mit $\delta(\epsilon) = \epsilon/\sqrt{2}$

$$\left| x \sin\frac{1}{y} + y \sin\frac{1}{x} \right| < \epsilon \quad \text{für} \quad 0 < x^2 + y^2 < \delta^2.$$

Genauso wie bei reellen Funktionen einer reellen Veränderlichen führt der Vergleich des Grenzwertes mit dem Funktionswert zum Begriff der Stetigkeit: *Die Funktion* $z = f(x, y)$ *heißt in einem Punkt* $P_0(x_0, y_0)$ *ihres Definitionsbereiches stetig, wenn der Grenzwert im Punkt* P_0 *existiert und gleich dem Funktionswert ist,*

$$\lim_{\substack{x \to x_0 \\ y \to y_0}} f(x, y) = f(x_0, y_0).$$

Ist die Funktion $z = f(x, y)$ in jedem Punkt eines Bereiches B stetig, so nennen wir $z = f(x, y)$ eine auf B stetige Funktion.

Im vorangegangenen Abschnitt haben wir eine Funktion $z = f(x, y)$ als Fläche im Raum gedeutet und die Methode der Niveaulinien zur Veranschaulichung des Funktionsverlaufes kennengelernt. Diese Darstellung setzt natürlich voraus, daß die Funktion $z = f(x, y)$ stetig ist, da uns sonst das Zusammenrücken und das Auseinanderstreben der Niveaulinien keine Vorstellung von einem steilen und flachen Verlauf vermitteln könnte. Im Grunde ist auch unsere natürliche Vorstellung von einer Fläche, wie auch von einer Kurve, eng mit dem Stetigkeitsbegriff verbunden.

Für reelle Funktionen in drei unabhängigen reellen Veränderlichen werden Grenzwert und Stetigkeit auf entsprechende Weise erklärt. Die reelle Zahl A heißt Grenzwert der Funktion $u = f(x, y, z)$ im Punkt $P_0(x_0, y_0, z_0)$, wenn es zu jeder Zahl $\epsilon > 0$ eine Zahl $\delta = \delta(\epsilon) > 0$ gibt, so daß

$$|f(x, y, z) - A| < \epsilon \quad \text{für} \quad 0 < (x - x_0)^2 + (y - y_0)^2 + (z - z_0)^2 < \delta^2.$$

Der dreifache Grenzübergang $x \to x_0$, $y \to y_0$ und $z \to z_0$, den wir symbolisch

$$\lim_{x \to x_0,\, y \to y_0,\, z \to z_0} f(x, y, z) = A$$

ausdrücken, läßt sich, ähnlich wie im Falle des zweifachen Grenzüberganges bei Funktionen in zwei unabhängigen Veränderlichen mit Hilfe ebener Polarkoordinaten, durch Einführung von Kugelkoordinaten auf einen einfachen zurückführen,

$$\lim_{r \to 0} f(x_0 + r \cos\varphi \sin\vartheta,\ y_0 + r \sin\varphi \sin\vartheta,\ z_0 + r \cos\vartheta),$$

wofür vorauszusetzen ist, daß dieser Grenzwert existiert und unabhängig von der Poldistanz ϑ und dem Azimut φ ist. Existiert der Grenzwert der Funktion $u = f(x, y, z)$ in einem Punkt $P_0(x_0, y_0, z_0)$ ihres Definitionsbereiches und ist er gleich dem Funktionswert $u_0 = f(x_0, y_0, z_0)$, so heißt f im Punkt P_0 stetig; wir sprechen wieder von einer auf dem Bereich *B* stetigen Funktion $u = f(x, y, z)$, wenn diese in jedem Punkt von *B* stetig ist.

Im allgemeinen Fall einer reellen Funktion $y = f(x_1, x_2, \ldots, x_n) = f(\mathbf{x})$ heißt die reelle Zahl A der Grenzwert der Funktion f im Punkt $P_0(\mathring{x}_1, \mathring{x}_2, \ldots, \mathring{x}_n)$, dessen Ortsvektor wir mit $\mathbf{x}_0$ bezeichnen, wenn es zu jeder Zahl $\epsilon > 0$ eine Zahl $\delta = \delta(\epsilon) > 0$ gibt mit der Eigenschaft

$$|f(\mathbf{x}) - A| < \epsilon \quad \text{für} \quad 0 < |\mathbf{x} - \mathbf{x}_0| < \delta;$$

diese Definition hat nun völlig gleichen Wortlaut wie diejenige des Grenzwertes einer reellen Funktion einer reellen Veränderlichen, wenn man vom Vektorcharakter der Variablen $\mathbf{x}$ absieht und deshalb unter dem Ausdruck

$$|\mathbf{x} - \mathbf{x}_0| = \sqrt{(x_1 - \mathring{x}_1)^2 + (x_2 - \mathring{x}_2)^2 + \ldots + (x_n - \mathring{x}_n)^2}$$

den euklidischen Abstand des Punktes $\mathbf{x}$ vom Punkt $\mathbf{x}_0$ zu verstehen hat. Um diese Übereinstimmung zu erzielen, haben wir übrigens bei Funktionen von zwei unabhängigen Veränderlichen eine Kreisumgebung um den Punkt P_0, bei Funktionen von drei unabhängigen Veränderlichen eine Kugelumgebung um den Punkt P_0 (an Stelle der auch eine Würfelumgebung $|x - x_0| < \delta$, $|y - y_0| < \delta$, $|z - z_0| < \delta$ statthaft wäre), also die δ-Umgebung des Punktes P_0 im zwei- bzw. dreidimensionalen Raum gewählt. Symbolisch schreiben wir für den Grenzwert

$$\lim_{\mathbf{x} \to \mathbf{x}_0} f(\mathbf{x}) = A$$

und drücken darin mit dem Symbol $\mathbf{x} \to \mathbf{x}_0$ aus, daß die Koordinaten des Argumentpunktes $\mathbf{x}$ *gleichzeitig* und *unabhängig* voneinander gegen die entsprechenden Koordinaten des Punktes $\mathbf{x}_0$ streben.

Wenn schließlich der Grenzwert der Funktion $y = f(\mathbf{x})$ im Punkt $\mathbf{x}_0$ mit dem Funktionswert $y_0 = f(\mathbf{x}_0)$ übereinstimmt, also

$$\lim_{\mathbf{x} \to \mathbf{x}_0} f(\mathbf{x}) = f(\mathbf{x}_0)$$

gilt, so nennen wir die Funktion $y = f(\mathbf{x})$ im Punkt $\mathbf{x}_0$ stetig; trifft dies für alle Punkte eines Bereiches *B* zu, so heißt $y = f(\mathbf{x})$ auf *B* stetig.

Ist die Funktion $y = f(\mathbf{x})$ im Punkt $\mathbf{x}_0$ nicht stetig, so bezeichnen wir $\mathbf{x}_0$ als *Unstetigkeitsstelle* der Funktion. Offenbar ist eine Funktion genau dann unstetig, wenn entweder der Grenzwert existiert, jedoch vom Funktionswert verschieden ist, oder aber der Grenzwert nicht existiert. Im ersten Fall sprechen wir wieder von einer *hebbaren Unstetigkeit*, denn wir können eine solche Unstetigkeit durch eine geeignete Abänderung des Funktionswertes beseitigen. Für das Fehlen des Grenzwertes im zweiten Fall kann es verschiedene Ursachen geben, wenn etwa der Funktionswert auf verschiedenen im Punkt P_0 endenden Wegen unterschiedlichen Werten zustrebt, oder aber bei beliebiger Annäherung an P_0 über alle Grenzen wächst, in welchem Falle wir, da doch ein bestimmtes Verhalten vorliegt, von einem *uneigentlichen Grenzwert* sprechen und dies durch

$$\lim_{\mathbf{x} \to \mathbf{x}_0} f(\mathbf{x}) = \infty$$

zum Ausdruck bringen. Allgemein nennen wir einen derartigen Punkt eine *Unendlichkeitsstelle* der Funktion y = f(x). Es liegt in der Natur der Sache, daß bei Funktionen in zwei Veränderlichen ganze Linien aus solchen Punkten bestehen können, die wir dann als *Unendlichkeitslinien* bezeichnen. So ist z. B. die Gerade y = x eine Unendlichkeitslinie der Funktion $z = \frac{1}{(y-x)^2}$, dagegen der Koordinatenursprung eine einzelne Unendlichkeitsstelle der Funktion $z = \frac{1}{x^2+y^2}$. Bei Funktionen in drei Veränderlichen treten neben Unendlichkeitslinien auch *Unendlichkeitsflächen* auf.

Auch einseitige Grenzwerte werden für Funktionen in mehreren Veränderlichen sinnvoll, wenn der in Betracht kommende Punkt P_0 auf einer Kurve, im dreidimensionalen Fall auf einer Fläche liegt, deren Punkte Unstetigkeitsstellen sind. Stellt sich bei Annäherung an P_0 von einer Seite der Kurve oder Fläche her in der Grenze immer ein bestimmter Wert ein, so werden wir diesen als *einseitigen Grenzwert* bezeichnen. Ein Beispiel für diesen Fall bietet uns die Funktion z = sign(x + y); da die Gerade x + y = 0 die (x, y)-Ebene in zwei Hälften teilt, die durch die Ungleichungen $x + y < 0$ bzw. $x + y > 0$ gekennzeichnet sind, strebt der Funktionswert gegen −1 oder 1, je nachdem, von welcher Seite her die Annäherung an die Gerade y = −x erfolgt. Daß auch uneigentliche einseitige Grenzwerte auftreten können, möge der Leser sich an Hand der Funktion $z = \frac{1}{ax+by+c}$ überlegen.

Schließlich kommen auch (eigentliche und uneigentliche) Grenzwerte im Unendlichen in Betracht. Wir studieren durch sie das Verhalten einer Funktion, wenn sich der Argumentpunkt beliebig weit vom Koordinatenursprung entfernt. Damit tritt ein Unterschied zu den beiden Grenzübergängen $x \to -\infty$ und $x \to \infty$ bei Funktionen einer Veränderlichen zutage, denn da es in Räumen von zwei und mehr Dimensionen eine Vielzahl von Wegen gibt, die ins Unendliche führen, sind wir für Funktionen in mehreren unabhängigen Veränderlichen gezwungen, jeden derartigen Weg zuzulassen, wenn wir Aufschluß über das Verhalten der Funktion in großer Entfernung vom Koordinatenursprung haben wollen. Man kann dies auch so ausdrücken, daß es in mehrdimensionalen Räumen nur einen einzigen unendlich weit entfernten Punkt gibt. Den Grenzübergang zu diesem kürzen wir durch das Symbol $\mathbf{x} \to \infty$ ab und verstehen darunter präzise, daß der Abstand $|\mathbf{x}|$ des Punktes $\mathbf{x}$ vom Koordintenursprung über alle Grenzen wächst.

Wir begnügen uns mit dieser Übersicht, da der Leser keine Schwierigkeiten haben wird, mit Hilfe der Zusammenstellung auf Seite 139 für alle diese Grenzwerte eine präzise Formulierung zu finden.

Fast von selbst verstehen sich jetzt Grenzwert und Stetigkeit vektorwertiger Funktionen. Sinngemäß werden wir im Hinblick auf den Grenzwert der Vektor-Funktion $\mathbf{y} = \mathbf{f}(\mathbf{x})$ im Punkt $\mathbf{x}_0$ verlangen, daß die Grenzwerte $a_i = \lim f_i(\mathbf{x})$ aller Koordinatenfunktionen im Punkt $\mathbf{x}_0$ existieren und, falls dies zutrifft, den Punkt $\mathbf{a}$ mit den Koordinaten $a_1, a_2, \ldots, a_n$ als Grenzwert der Funktion $\mathbf{y} = \mathbf{f}(\mathbf{x})$ im Punkt $\mathbf{x}_0$ bezeichnen,

$$\lim_{\mathbf{x} \to \mathbf{x}_0} \mathbf{f}(\mathbf{x}) = \mathbf{a}.$$

In der entsprechenden ϵ-δ-Fassung ist zu jeder Zahl $\epsilon > 0$ die Existenz einer Zahl $\delta = \delta(\epsilon) > 0$ zu fordern, so daß

$$|\mathbf{f}(\mathbf{x}) - \mathbf{a}| < \epsilon \quad \text{für} \quad 0 < |\mathbf{x} - \mathbf{x}_0| < \delta$$

gilt, denn diese Bedingung ist genau dann erfüllt, wenn der Grenzwert jeder Koordinatenfunktion von $\mathbf{f}$ im Punkt $\mathbf{x}_0$ existiert. Als Unterschied zur Grenzwertdefinition reeller Funktionen heben wir hervor, daß jetzt auch der Ausdruck $|\mathbf{f}(\mathbf{x}) - \mathbf{a}|$ als Abstand des Punktes $\mathbf{y} = \mathbf{f}(\mathbf{x})$ vom Punkt $\mathbf{a}$ aufzufassen ist. Für die Stetigkeit der Funktion $\mathbf{y} = \mathbf{f}(\mathbf{x})$ fordern wir selbstverständlich die Gleichheit von Grenzwert und Funktionswert, was offensichtlich darauf hinausläuft, daß jede einzelne Koordinatenfunktion von $\mathbf{f}$ im Punkt $\mathbf{x}_0$ stetig ist. Wir erinnern den Leser noch daran, daß auch die Stetigkeit von Funktionen in mehreren Veränderlichen als Vertauschbarkeit von Grenzwertbildung und Funktionswertbildung,

$$\lim_{\mathbf{x} \to \mathbf{x}_0} \mathbf{f}(\mathbf{x}) = \mathbf{f}\left(\lim_{\mathbf{x} \to \mathbf{x}_0} \mathbf{x}\right) = \mathbf{f}(\mathbf{x}_0),$$

formuliert werden kann.

Wir übertragen schließlich noch den Grenzwert- und Stetigkeitsbegriff auf komplexe Funktionen $w = f(z)$ einer komplexen Veränderlichen. Die komplexe Zahl a heißt der Grenzwert der Funktion $f(z)$ an der Stelle z_0, wenn es zu jeder Zahl $\epsilon > 0$ eine Zahl $\delta = \delta(\epsilon) > 0$ gibt, so daß gilt

$$|f(z) - a| < \epsilon \quad \text{für} \quad 0 < |z - z_0| < \delta.$$

Diese Definition steht im Einklang mit dem Grenzwertbegriff der durch ein Paar reeller Funktionen $u = u(x, y)$ und $v = v(x, y)$ definierten vektorwertigen Funktion, in die sich ja jede komplexe Funktion auf Grund der umkehrbar eindeutigen Zuordnung komplexer Zahlen zu ebenen Vektoren überführen läßt. Existiert der Grenzwert der Funktion $f(z)$ an der Stelle z_0 und ist er gleich dem Funktionswert, so nennen wir $f(z)$ an der Stelle z_0 stetig.

Die Regeln (5.5) bis (5.10) für das Rechnen mit Grenzwerten übertragen sich wörtlich auf reelle Funktionen in mehreren unabhängigen Veränderlichen. Für vektorwertige Funktionen lassen sich allerdings nur die Gesetze betreffend den Grenzwert einer Summe, einer Differenz, eines (inneren) Produktes sowie der Betragsbildung aussprechen, da Quotienten und Potenzen von Vektoren sinnlose Symbole sind und auch Ungleichungen zwischen Vektoren nicht erklärt sind. Alles in allem beinhalten diese Rechengesetze die Vertauschbarkeit der Grenzwertbildung mit den Grundrechnungsarten für reelle Zahlen und Vektoren, was uns im Hinblick auf die Verknüpfungen von Funktionen den Schluß zu ziehen gestattet, daß Summe, Differenz, Produkt und Betrag von Funktionen mehrerer Veränderlicher, im Falle reeller Funktionen auch der Quotient und die Potenz, stetige Funktionen sind. Wie der Leser durch buchstäbliche Übertragung des Beweises von Satz 5.3 zeigen kann, gilt dies auch für die Zusammensetzung von Funktionen.

Wir erwähnen schließlich noch, daß auch Funktionen in mehreren Veränderlichen die uns von den reellen stetigen Funktionen einer Veränderlichen her bekannten Eigenschaften besitzen. Der Satz über das Vorzeichen einer stetigen Funktion (Satz 5.4) läßt sich klarerweise nur für reelle Funktionen übertragen, ebenso der Zwischenwertsatz (Satz 5.7), der nun besagt, daß eine stetige Funktion $y = f(\mathbf{x})$ jeden Wert zwischen zwei Funktionswerten $f(\mathbf{x}')$ und $f(\mathbf{x}'')$ mindestens einmal annimmt, vorausgesetzt, daß sich die beiden Punkte $\mathbf{x}'$ und $\mathbf{x}''$ durch eine ganz im Definitionsbereich verlaufende stetige Kurve verbinden lassen (auf der dann auch die Zwischenwerte angenommen werden). Dagegen wird der Satz über die Stetigkeit der Umkehrfunktion (Satz 5.8) $\mathbf{x} = \mathbf{g}(\mathbf{y})$ einer Funktion $\mathbf{y} = \mathbf{f}(\mathbf{x})$ nur für vektorwertige Funktionen gleicher Anzahl abhängiger und unabhängiger Veränderlicher sinnvoll. Hervorheben wollen wir noch den Satz von Weierstraß (Satz 5.9), demzufolge jede auf einem abgeschlossenen und beschränkten Bereich stetige reelle Funktion $y = f(\mathbf{x})$ beschränkt ist und einen größten und kleinsten Wert in diesem Bereich annimmt, es also stets zwei Punkte $\mathbf{x}'$ und $\mathbf{x}''$ gibt, so daß die Ungleichung $f(\mathbf{x}') \leqslant f(\mathbf{x}) \leqslant f(\mathbf{x}'')$ für alle Punkte $\mathbf{x}$ dieses Bereiches erfüllt ist.

22.3 Partielle Ableitungen

Der Begriff der *partiellen* Ableitung, den wir im folgenden darlegen wollen, stützt sich auf den Differentialquotienten von Funktionen einer Veränderlichen. Für sich allein gesehen spielen die partiellen Ableitungen eine eher untergeordnete Rolle als Hilfsgrößen, jedoch sind alle zusammengenommen in einer entsprechenden Anordnung als Matrix, wie wir im nächsten Abschnitt ausführen wollen, grundlegend für Ableitung und Differential reeller und vektorwertiger Funktionen in mehreren unabhängigen Veränderlichen.

Es sei $z = f(x, y)$ eine in ihrem Definitionsbereich stetige Funktion, die wir uns durch eine Fläche dargestellt denken. Wir wollen untersuchen, wie sich die Funktion f in den Koordinatenrichtungen ändert, was geometrisch bedeutet, wie die Fläche $z = f(x, y)$ von einem Punkt P_0 mit den Koordinaten x_0, y_0 und $z_0 = f(x_0, y_0)$ aus in Richtung der x- bzw. y-Achse ansteigt. Zu diesem Zweck legen wir durch den Punkt P_0 die zur (z, x)-Ebene parallele Ebene $y = y_0 = \text{const}$, die die Fläche $z = f(x, y)$ in der Kurve $z = f(x, y_0)$, $y = y_0$ schneidet. Der Anstieg der Tangente an diese Schnittkurve im Punkt P_0 ist offenbar ein Maß für die Steilheit der Fläche bei Fortschreiten in der x-Richtung (Bild 22.16); er berechnet sich zu

$$\tan\alpha = \lim_{h \to 0} \frac{f(x_0 + h, y_0) - f(x_0, y_0)}{h}.$$

Bei diesem Grenzwert handelt es sich um den gewöhnlichen Differentialquotienten der Funktion $z = f(x, y_0)$ und somit um eine Differentiation der Funktion f nach der Veränderlichen x für *konstanten* Wert der Veränderlichen y. Wir sprechen deshalb von der *partiellen Ableitung (erster Ordnung) der Funktion* $z = f(x, y)$ *nach der Veränderlichen* x *an der Stelle* (x_0, y_0) und schreiben hierfür symbolisch

$$\lim_{h \to 0} \frac{f(x_0 + h, y_0) - f(x_0, y_0)}{h} = \left.\frac{\partial z}{\partial x}\right|_{\substack{x = x_0 \\ y = y_0}} = \left.\frac{\partial}{\partial x} f(x, y)\right|_{\substack{x = x_0 \\ y = y_0}} = z_x = f_x(x_0, y_0),$$

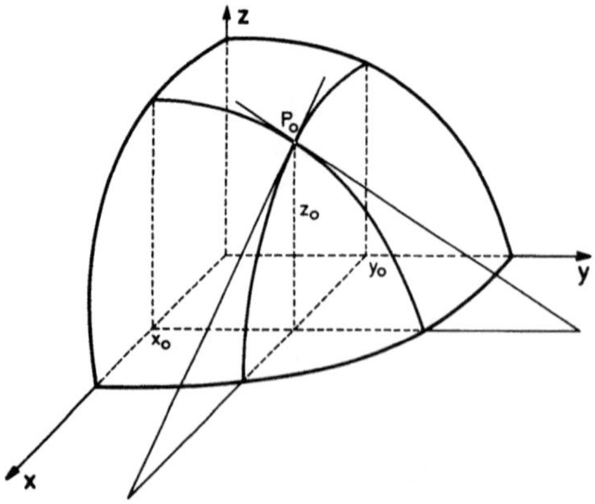

Bild 22.16

wobei wir uns, um hervorzuheben, daß es sich um einen partiellen Differentialquotienten handelt, des Differentiationssymbols $\frac{\partial}{\partial x}$ bedienen, mit dem Zeichen ∂ den Buchstaben d stilisierend, den wir vom Differentialquotienten einer Funktion einer Veränderlichen her gewohnt sind. Die Schreibweise f_x bzw. $f_x(x, y)$, in der als Ergebnis der partiellen Differentiation die betreffende Veränderliche als „Index" zum Funktionssymbol gesetzt wird, ist ebenfalls sehr gebräuchlich und erweist sich vor allem dann als vorteilhaft, wenn die partielle Ableitung wieder als Funktion der beiden Veränderlichen x und y betrachtet wird.

Entsprechend heißt der Differentialquotient

$$\lim_{k \to 0} \frac{f(x_0, y_0 + k) - f(x_0, y_0)}{k} = \left.\frac{\partial z}{\partial y}\right|_{\substack{x = x_0 \\ y = y_0}} = \left.\frac{\partial}{\partial y} f(x, y)\right|_{\substack{x = x_0 \\ y = y_0}} = z_y = f_y(x_0, y_0)$$

die partielle Ableitung (erster Ordnung) der Funktion $z = f(x, y)$ nach der Veränderlichen y an der Stelle (x_0, y_0). Er stellt den Tangens des Winkels β dar, den die Tangente an die Schnittkurve $z = f(x_0, y)$, $x = x_0$ der Fläche $z = f(x, y)$ und der Ebene $x = x_0$ mit der positiven Richtung der y-Achse einschließt. Wir erhalten somit durch diese Ableitung Aufschluß über die Steilheit der Fläche $z = f(x, y)$ bei Fortschreiten in Richtung der y-Achse.

Da bei der partiellen Differentiation alle Veränderlichen konstant gehalten werden bis auf diejenige, nach der zu differenzieren ist, können wir die Berechnung der partiellen Ableitungen nach denselben Regeln durchführen, die uns von der Differentiation einer Funktion einer reellen Veränderlichen her geläufig sind.

Beispiel 22.3: Die partiellen Ableitungen der Funktion $z = x^2 \cos y$ lauten

$$\frac{\partial z}{\partial x} = 2\,x \cos y \quad \text{und} \quad \frac{\partial z}{\partial y} = -x^2 \sin y;$$

für die Funktion $z = \sqrt{x^2 + y^2}$ erhalten wir

$$\frac{\partial z}{\partial x} = \frac{x}{\sqrt{x^2 + y^2}} = \frac{x}{z} \quad \text{und} \quad \frac{\partial z}{\partial y} = \frac{y}{\sqrt{x^2 + y^2}} = \frac{y}{z}.$$

Zur Berechnung der partiellen Ableitung der Funktion $z = x^y$ nach der Veränderlichen x haben wir nach der Potenzregel (6.49) vorzugehen,

$$\frac{\partial z}{\partial x} = y\, x^{y-1};$$

für die partielle Ableitung nach y haben wir die Regel (6.53) für die logarithmische Differentiation heranzuziehen,

$$\frac{\partial z}{\partial y} = x^y \ln x.$$

Für Funktionen $u = f(x, y, z)$ in drei unabhängigen Veränderlichen erklären wir die partiellen Ableitungen erster Ordnung als Differentialquotienten für die jeweilige Veränderliche bei festgehaltenen Werten der beiden anderen Variablen und schreiben sinngemäß

$$\frac{\partial u}{\partial x} = \frac{\partial}{\partial x} f(x, y, z) = f_x(x, y, z) = u_x,$$

entsprechend für die Ableitungen nach y und z. Ebenso führen wir die partiellen Ableitungen einer Funktion $y = f(x_1, \ldots, x_n) = f(\mathbf{x})$ in n unabhängigen Veränderlichen als Differentialquotienten

$$\lim_{h \to 0} \frac{f(x_1, \ldots, x_i + h, \ldots, x_n) - f(x_1, \ldots, x_n)}{h} = \frac{\partial y}{\partial x_i} = \frac{\partial}{\partial x_i} f(\mathbf{x}) = f_{x_i}(\mathbf{x})$$

ein. Sie geben den Anstieg der Funktion $y = f(\mathbf{x})$ in den einzelnen Koordinatenrichtungen an.

Partielle Ableitungen einer reellen Funktion sind selbst wieder reelle Funktionen und können daher nach den einzelnen Veränderlichen partiell differenziert werden. So entstehen aus den partiellen Ableitungen $f_x(x, y)$ und $f_y(x, y)$ der Funktion $z = f(x, y)$ die vier Ausdrücke

$$\frac{\partial}{\partial x}\left(\frac{\partial z}{\partial x}\right) = \frac{\partial^2 z}{\partial x^2} = z_{xx} = f_{xx}, \quad \frac{\partial}{\partial y}\left(\frac{\partial z}{\partial x}\right) = \frac{\partial^2 z}{\partial y \partial x} = z_{xy} = f_{xy},$$

und

$$\frac{\partial}{\partial x}\left(\frac{\partial z}{\partial y}\right) = \frac{\partial^2 z}{\partial x \partial y} = z_{yx} = f_{yx}, \quad \frac{\partial}{\partial y}\left(\frac{\partial z}{\partial y}\right) = \frac{\partial^2 z}{\partial y^2} = z_{yy} = f_{yy},$$

die als *partielle Differentialquotienten* bzw. *partielle Ableitungen zweiter Ordnung* bezeichnet werden. Dabei ist die Reihenfolge der Differentiationen in den sogenannten *gemischten* partiellen Ableitungen $\frac{\partial^2 z}{\partial x \partial y}$ und $\frac{\partial^2 z}{\partial y \partial x}$ aus der Aufeinanderfolge der Symbole ∂x und ∂y im Nenner von rechts nach links abzulesen, in der Indexsymbolik z_{yx} und z_{xy} ist sie durch die Stellung der Variablensymbole x und y, von links nach rechts gelesen, gekennzeichnet. Durch nochmalige partielle Differentiation werden wir zu den partiellen Differentialquotienten bzw. partiellen Ableitungen dritter Ordnung geführt,

$$\frac{\partial}{\partial x}\left(\frac{\partial^2 z}{\partial x^2}\right) = \frac{\partial^3 z}{\partial x^3} = z_{xxx} = f_{xxx}, \quad \frac{\partial}{\partial y}\left(\frac{\partial^2 z}{\partial x^2}\right) = \frac{\partial^3 z}{\partial y \partial x^2} = z_{xxy} = f_{xxy},$$

$$\frac{\partial}{\partial x}\left(\frac{\partial^2 z}{\partial y \partial x}\right) = \frac{\partial^3 z}{\partial x \partial y \partial x} = z_{xyx} = f_{xyx}, \quad \left(\frac{\partial}{\partial y}\right)\frac{\partial^2 z}{\partial y \partial x} = \frac{\partial^3 z}{\partial y^2 \partial x} = z_{xyy} = f_{xyy}$$

usw. Wie der Leser leicht bestätigt, gibt es $2^3 = 8$ partielle Ableitungen dritter Ordnung und allgemein 2^n partielle Ableitungen n-ter Ordnung,

$$\frac{\partial}{\partial x}\left(\frac{\partial^{n-1} z}{\partial x^{n-1}}\right) = \frac{\partial^n z}{\partial x^n}, \quad \frac{\partial}{\partial y}\left(\frac{\partial^{n-1} z}{\partial x^{n-1}}\right) = \frac{\partial^n z}{\partial y \partial x^{n-1}} \quad \text{usw.}$$

Die höheren partiellen Ableitungen von Funktionen in mehr als zwei unabhängigen Veränderlichen sind sinngemäß zu verstehen. Für eine reelle Funktion $y = f(x_1, \ldots, x_n) = f(\mathbf{x})$ in n unabhängigen Veränderlichen stellen die n^2 Ableitungen

$$\frac{\partial}{\partial x_i}\left(\frac{\partial y}{\partial x_j}\right) = \frac{\partial^2 y}{\partial x_i \partial x_j} = \frac{\partial}{\partial x_i}\left(\frac{\partial}{\partial x_j} f(\mathbf{x})\right) = f_{x_j x_i}(\mathbf{x}) = y_{x_j x_i}, \quad i, j = 1, \ldots, n,$$

sämtliche partiellen Ableitungen zweiter Ordnung dar, aus denen durch weitere Differentiation die Ableitungen dritter Ordnung usw. hervorgehen. Insgesamt gibt es n^k in ihrer Differentiationsreihenfolge zu unterscheidende partielle Ableitungen k-ter Ordnung einer Funktion in n unabhängigen Veränderlichen.

Beispiel 22.4: Die ersten partiellen Ableitungen der Funktion $z = x^2 \cos y$ sind $z_x = 2x \cos y$ und $z_y = -x^2 \sin y$. Aus ihnen berechnen sich die zweiten partiellen Ableitungen zu

$$z_{xx} = 2\cos y, \quad z_{xy} = -2x \sin y = z_{yx}, \quad z_{yy} = -x^2 \cos y.$$

Desgleichen ergeben sich aus den Ableitungen $z_x = \frac{x}{z}$ und $z_y = \frac{y}{z}$ der Funktion $z = \sqrt{x^2 + y^2}$ die partiellen Ableitungen zweiter Ordnung

$$z_{xx} = \frac{y^2}{\left(\sqrt{x^2+y^2}\right)^3}, \quad z_{xy} = -\frac{xy}{\left(\sqrt{x^2+y^2}\right)^3} = z_{yx}, \quad z_{yy} = \frac{x^2}{\left(\sqrt{x^2+y^2}\right)^3},$$

aus den Ableitungen $z_x = y\,x^{y-1}$ und $z_y = x^y \ln x$ der Funktion $z = x^y$ erhalten wir

$$z_{xx} = y(y-1)x^{y-2}, \quad z_{xy} = x^{y-1} + y\,x^{y-1}\ln x = z_{yx}, \quad z_{yy} = x^y(\ln x)^2.$$

An diesen Beispielen fällt auf, daß die beiden gemischten Ableitungen z_{xy} und z_{yx} gleich sind, es also in diesen Fällen gar nicht darauf ankommt, nach welcher Veränderlichen zuerst differenziert wird. Es ist daher naheliegend, allgemein nach den Bedingungen zu fragen, unter denen diese Gleichheit gewährleistet ist, eine partielle Ableitung also unabhängig von der Reihenfolge der Differentiationen ist. Es zeigt sich nun, daß es hierfür genügt, die Stetigkeit der gemischten Ableitungen vorauszusetzen.

Satz 22.1 (Satz von Schwarz) *Sind die gemischten partiellen Ableitungen* $f_{xy}(x, y)$ *und* $f_{yx}(x, y)$ *der Funktion* $z = f(x, y)$ *in einem Bereich B stetige Funktionen, so gilt in B überall*

$$f_{xy}(x, y) = f_{yx}(x, y).$$

Wir stellen zunächst fest, daß die Stetigkeit der gemischten partiellen Ableitungen die Stetigkeit von f und ihrer partiellen Ableitungen erster Ordnung voraussetzt. Die Ableitung $f_x(x, y)$ ist offenbar bezüglich y, die Ableitung $f_y(x, y)$ bezüglich x stetig differenzierbar. Es genügt ferner, die Gleichheit der gemischten partiellen Ableitungen für innere Punkte des Bereiches *B* zu zeigen, da dann die Gleichung $f_{xy} = f_{yx}$ aus Stetigkeitsgründen auch in den Randpunkten von *B* gelten muß. Es sei also (x, y) ein innerer Punkt von *B*; wir betrachten drei benachbarte Punkte $(x + h, y)$, $(x, y + k)$ und $(x + h, y + k)$, die dann für hinreichend kleine Werte von h und k zu *B* gehören müssen, und bilden den Ausdruck

$$A = f(x+h, y+k) - f(x+h, y) - f(x, y+k) + f(x, y), \tag{22.17}$$

den wir mit Hilfe der Funktion

$$\varphi(x) = f(x, y+k) - f(x, y)$$

zunächst in der Form

$$A = \varphi(x+h) - \varphi(x)$$

schreiben. Durch Anwendung des Mittelwertsatzes der Differentialrechnung erhalten wir daraus

$$A = h\varphi'(x + \vartheta h), \quad 0 < \vartheta < 1.$$

Andererseits ist

$$\varphi'(x + \vartheta h) = f_x(x + \vartheta h, y + k) - f_x(x + \vartheta h, y)$$

und folglich, weil f_x bezüglich y stetig differenzierbar ist,

$$\varphi'(x + \vartheta h) = k f_{xy}(x + \vartheta h, y + \vartheta' k), \quad 0 < \vartheta' < 1,$$

also insgesamt

$$\frac{A}{hk} = f_{xy}(x + \vartheta h, y + \vartheta' k). \tag{22.18}$$

Ebenso können wir den Ausdruck (22.17) durch Einführung der Funktion

$$\psi(y) = f(x + h, y) - f(x, y)$$

als Differenz

$$A = \psi(y + k) - \psi(y)$$

darstellen und diese mit Hilfe des Mittelwertsatzes der Differentialrechnung auf die Gestalt

$$A = k\psi'(y + \vartheta_1 k), \quad 0 < \vartheta_1 < 1,$$

bringen, woraus wir wie vorhin durch Berechnung der Ableitung

$$\psi'(y + \vartheta_1 k) = f_y(x + h, y + \vartheta_1 k) - f_y(x, y + \vartheta_1 k) = h f_{yx}(x + \vartheta_1' h, y + \vartheta_1 k)$$

nun die Darstellung

$$\frac{A}{hk} = f_{yx}(x + \vartheta_1' h, y + \vartheta_1 k) \tag{22.19}$$

gewinnen. Der Vergleich von (22.18) mit (22.19) und der anschließende Grenzübergang $h \to 0$, $k \to 0$ führt jetzt unter Berücksichtigung der Stetigkeit der gemischten partiellen Ableitungen zur Gleichung $f_{xy}(x, y) = f_{yx}(x, y)$.

Ähnlich argumentiert man für Funktionen in n unabhängigen Veränderlichen, für die sich die Gleichheit der gemischten partiellen Ableitungen zweiter Ordnung durch Betrachtung der Funktion $g(x, y) = f(\ldots, x, \ldots, y, \ldots)$ ergibt. Es ist auch unschwer einzusehen, daß die höheren partiellen Ableitungen ebenfalls unabhängig von der Differentiationsreihenfolge sind, sofern es sich bei diesen um stetige Funktionen handelt. So bestätigt man die Gleichung $f_{xyx} = f_{yxx}$ durch den Schluß, daß die Ableitungen f_{xy} und f_{yx} gleich sind und folglich auch deren partielle Ableitungen nach x. Zum Nachweis von $f_{xxy} = f_{xyx}$ genügt die Feststellung, daß die gemischten Ableitungen der Funktion $g = f_x$ übereinstimmen; damit ist nun auch $f_{xxy} = f_{yxx}$ gezeigt. Da zwei aufeinanderfolgende Differentiationen in ihrer Reihenfolge umgekehrt werden können, muß es auf diese Weise durch geeignete Vertauschungen gelingen, zwei sich in der Anzahl der Differentiationen nach x und y entsprechende gemischte partielle Ableitungen ineinander überzuführen.

Es ist eine für manche praktische Rechnung angenehme Folge des Satzes von Schwarz, daß die Anzahl der verschiedenen partiellen Ableitungen höherer Ordnung geringer ist, als wir zunächst erwarten konnten. So hat die Funktion $z = f(x, y)$ drei verschiedene partielle Ableitungen zweiter Ordnung,

$$z_{xx}, \quad z_{xy}, \quad z_{yy},$$

vier verschiedene partielle Ableitungen dritter Ordnung,

$$z_{xxx}, \quad z_{xxy}, \quad z_{yyx}, \quad z_{yyy},$$

die Funktion $u = f(x, y, z)$ hat sechs verschiedene Ableitungen zweiter Ordnung,

$$u_{xx}, \quad u_{yy}, \quad u_{zz}, \quad u_{xy} = u_{yx}, \quad u_{xz} = u_{zx}, \quad u_{yz} = u_{zy}.$$

22.4 Übungsbeispiele

1. Man berechne den Grenzwert der Funktion $z = \frac{1}{x^4 + y^4} \exp\left(\frac{-1}{x^2 + y^2}\right)$ für $x \to 0, y \to 0$.
2. Existiert der Grenzwert von $z = x^2 \exp\left(\frac{y}{x}\right)$ für $x \to 0, y \to 0$?
3. Unter welchen Voraussetzungen über die Konstanten a, b und c existiert der Grenzwert

$$\lim_{x \to 0,\, y \to 0} \frac{a\,x^2 + b\,x\,y + c\,y^2}{x^2 + y^2}\ ?$$

4. Man berechne die ersten und zweiten partiellen Ableitungen der Funktion $z = e^{xy}$.
5. Man berechne die partiellen Ableitungen z_{xx} und z_{yy} der Funktion $z = \ln(x^2 + y^2)$ und bestätige die Gleichung $z_{xx} + z_{yy} = 0$.
6. Man berechne die partiellen Ableitungen der Funktion $u = f(x, t) = \exp(-\kappa^2 c^2 t + jcx)$ und bestätige die Gleichung $u_{xx} = \frac{1}{\kappa^2} u_t$.
7. Man berechne die partiellen Ableitungen der Funktion $u = e^{j\mathbf{n}\cdot\mathbf{x}}$ $(\mathbf{n} \cdot \mathbf{x} = a\,x + b\,y + c\,z)$ und bestätige die Gleichung $-(u_{xx} + u_{yy} + u_{zz}) = |\mathbf{n}|^2 u$.
8. Man berechne die partiellen Ableitungen der Funktion $u = u(x, y, z) = \frac{1}{r}$, $r^2 = x^2 + y^2 + z^2$, und bestätige, daß die Gleichung $u_{xx} + u_{yy} + u_{zz} = 0$ für alle Punkte des Raumes mit Ausnahme des Koordinatenursprungs erfüllt ist.
9. Man berechne die partiellen Ableitungen der Funktion $u = u(x, y, z, t)$ $= \frac{\kappa}{\sqrt{t^3}} \exp\left(-\frac{x^2 + y^2 + z^2}{4\kappa^2 t}\right)$ und zeige auf diese Weise, daß die Gleichung $u_{xx} + u_{yy} + u_{zz} =$ $= \frac{1}{\kappa^2} u_t$ für alle Punkte des Raumes und $t > 0$ erfüllt ist.

23 Differentiation von Funktionen in mehreren Veränderlichen

Der Begriff der Ableitung einer Funktion in einer Veränderlichen ist aus dem Tangentenproblem hervorgegangen. Aufgaben ähnlich geometrischer Natur benötigen für ihre mathematische Formulierung den Funktionsbegriff in mehreren Veränderlichen, wie die Bestimmung der Tangentialebene an eine Fläche, für die wir durch einen geeigneten Grenzprozeß auch eine entsprechende Gleichung als analytischen Ausdruck finden können. Was dabei allerdings als Ableitung der Funktion verstanden werden soll, geht im ersten Augenblick daraus nicht unmittelbar hervor, doch mag der Leser immerhin erkennen, daß es notwendig sein wird, sich von der Vorstellung der Ableitung als einem Differentialquotienten wie beim Tangentenproblem zu lösen. Um den Weg zu finden, der uns zu einer Definition der Differenzierbarkeit und der Ableitung von Funktionen in mehreren Veränderlichen führt, setzen wir uns zunächst mit den Begriffen „differenzierbar" und „Ableitung" auseinander. Zu diesem Zweck bedienen wir uns einer Gegenüberstellung der Verhältnisse bei ebenen Kurven und Flächen im Raum, durch die bereits das Wesen der Dinge ans Licht kommt.

Was für eine Kurve die Tangente ist, ist für eine Fläche die Tangentialebene. Bei aller Verschiedenheit dieser Gebilde finden wir nun doch ein charakteristisches Merkmal vor, das beiden Situationen gemeinsam ist. Die Tangente wird als jene Gerade an die Kurve eingeführt, die sich in dem in Betracht gezogenen Punkt an die Kurve anschmiegt, und eben die gleiche Vorstellung haben wir von der Tangentialebene im Hinblick auf die Art der Berührung der Fläche. Beide Male haben wir es also mit einer besonderen Eigenschaft der Kurve und Fläche darstellenden Funktionen zu tun, denn an eine Kurve die Tangente und an eine Fläche die Tangentialebene legen zu können, ist keine Selbstverständlichkeit. Für reelle Funktionen in einer Veränderlichen haben wir den geometrischen Sachverhalt der Existenz der Kurventangente mathematisch als lineares Verhalten der Funktion im Kleinen bezeichnet und damit umschrieben, daß sich die Änderung des Funktionswertes in zwei Summanden aufspalten läßt, in einen linearen Anteil und einen Fehler, der von höherer als erster Ordnung verschwindet, das heißt auch im Vergleich mit dem Argumentzuwachs klein wird. Diese Eigenschaft differenzierbarer Funktionen ist letztlich auch die Grundlage für den Differentialbegriff gewesen, dessen Bedeutung ja gerade darin liegt, daß der Fehler bei der Ersetzung des Funktionszuwachses durch die Änderung des linearen Anteils größenordnungsmäßig gegenüber dem Argumentzuwachs vernachlässigt werden kann. In Anbetracht der geometrischen Verwandtschaft von Tangente und Tangentialebene müssen wir nun auch in der Existenz der Tangentialebene einen Hinweis darauf sehen, daß die die Fläche beschreibende Funktion ein lineares Verhalten im Kleinen aufweist, die Existenz der Tangentialebene demnach nur eine geometrische Ausdrucksweise für den mathematischen Sachverhalt ist, daß der Funktionszuwachs einen linearen Anteil enthält. Diese Eigenschaft ergibt sich für Funktionen in einer Veränderlichen aus der Existenz des Differentialquotienten, also aus der Differenzierbarkeit. Obwohl nun durch die Existenz des Differentialquotienten und die Differenzierbarkeit für Funktionen in einer Veränderlichen dasselbe ausgesagt wird, ist dennoch differenzierbar ein umfassenderes Wort, da es zur Kennzeichnung jenes charakteristischen Verhaltens bei kleinen Argumentänderungen für Funktionen ohne Bezugnahme auf die Anzahl der Variablen dienen kann. Wir werden deshalb auch ganz allgemein eine Funktion differenzierbar nennen, wenn der Funktionszuwachs aus einem linearen Anteil besteht, sowie aus einem Fehler, der im Verhältnis zum

Betrag des Argumentzuwachses klein wird. In diesem Sinne ist also die Existenz der Tangentialebene einer Fläche ein geometrischer Sachverhalt, der mathematisch die Differenzierbarkeit der die Fläche darstellenden Funktion bedeutet.

Durch die Differenzierbarkeit wird also über den lokalen Funktionsverlauf eine *qualitative* Aussage gemacht, die die Feststellung eines linearen Verhaltens bei kleinen Änderungen des Argumentes zum Inhalt hat. Mit dem Begriff der Ableitung soll nunmehr auf *quantitative* Weise Aufschluß über das Funktionsverhalten gewonnen werden, was auf die konkrete Bestimmung des linearen Anteils hinausläuft. Für eine Kurve bedeutet dies gerade die Ermittlung der Tangentengleichung, also die Berechnung des Tangentenanstiegs und damit einer reellen Zahl (den Differentialquotienten); für eine Fläche die Gleichung der Tangentialebene, also die Kenntnis des Normalenvektors und damit einer Richtung. Wir haben natürlich davon auszugehen, daß der lineare Anteil selbst eine Funktion ist; je nach der Natur der abhängigen Veränderlichen ist der Funktionswert eine reelle Zahl oder ein Vektor, seine Änderung folglich eine Differenz reeller Zahlen oder ebenfalls ein Vektor. Für den allgemeinen Fall einer vektorwertigen Funktion einer vektoriellen Veränderlichen ist daher die Änderung des linearen Anteils eine lineare Vektorfunktion des Argumentzuwachses, deren Bestimmung wir auf eine lineare Rechenvorschrift, die auf den Argumentzuwachs anzuwenden ist, zurückführen können. Da wir schließlich in den Matrizen ein geeignetes Mittel kennengelernt haben, lineare Zusammenhänge zwischen Vektoren zu beschreiben, liegt es jetzt auf der Hand, diese Rechenvorschrift durch eine Matrix anzugeben. Diese Matrix nennen wir die Ableitung der Funktion in dem gerade betrachteten Punkt.

Die Definition der Ableitung einer Vektorfunktion als Matrix ermöglicht nicht nur eine durch die Vektor-Matrizen-Symbolik übersichtliche Form der Rechenregeln, sondern auch einen formelmäßigen Anschluß an geometrische Fragenkreise der linearen Vektorrechnung, wie zum Beispiel Punkt- und Koordinatentransformationen, deren Verallgemeinerung die Einführung krummliniger Koordinaten anstelle affiner, zumeist kartesischer Koordinaten ist. Charakteristisch an solchen Erweiterungen ist, daß es sich dabei um einen Übergang von linearen zu nichtlinearen Aufgaben handelt. Es erweist sich deshalb auch als zielführend für die Lösung mancher nichtlinearen Aufgabe, eine Betrachtung der einfachen linearen Verhältnisse voranzustellen und im Anschluß daran auf den nichtlinearen Fall überzugehen, indem man sich auf kleine Umgebungen beschränkt, für die infolge der Differenzierbarkeit die Zusammenhänge als linear angesehen werden können. Der Differentialbegriff gibt uns schließlich das Mittel in die Hand, die Lösung nichtlinearer Aufgaben im Rahmen dieses Prinzips rechnerisch vorbereiten zu können. Da wir das Differential als lineare Vektorfunktion mit der Ableitungsmatrix einführen werden, steht überdies für das Rechnen mit Differentialen der gesamte Vektor-Matrizenkalkül zur Verfügung.

23.1 Ableitung und Differential

Nach diesen Vorbemerkungen schicken wir eine eingehende Untersuchung zur Klärung von Ableitung und Differential am Beispiel jener Funktionen voraus, deren geometrische Deutung wir in Abschnitt 22.1 besprochen haben. Zum Beginn wenden wir uns der Bestimmung der Tangentialebene einer durch die Gleichung $z = f(x, y)$ gegebenen Fläche zu, wobei wir uns derselben Idee bedienen, die in Abschnitt 6.1 zur Lösung der Tangentenaufgabe geführt hat. Unter Berücksichtigung dessen, daß eine Ebene durch drei Punkte eindeutig bestimmt ist, wählen wir zwei dem in Betracht gezogenen Punkt P_0 benachbarte Punkte P' und P'' aus und bestimmen die durch diese drei Punkte gegebene

Ebene. Die Grenzlage dieser Ebene, wenn die Punkte P′ und P″ unabhängig voneinander gegen den Punkt P_0 rücken, werden wir als Tangentialebene der Fläche $z = f(x, y)$ im Punkt P_0 anzusehen haben. Es seien also x_0, y_0 und $z_0 = f(x_0, y_0)$ die Koordinaten des Punktes P_0, als Nachbarpunkte wählen wir $P'(x_0 + h, y_0, f(x_0 + h, y_0))$ und $P''(x_0, y_0 + k, f(x_0, y_0 + k))$. Für $h \to 0$ und $k \to 0$ gilt dann $P' \to P_0$ und $P'' \to P_0$. Die Gleichung der durch die Punkte P_0, P′ und P″ gehenden Ebene lautet nun in Determinantenform (vgl. Abschnitt 19.7)

$$0 = \begin{vmatrix} x - x_0 & y - y_0 & z - z_0 \\ h & 0 & f(x_0 + h, y_0) - f(x_0, y_0) \\ 0 & k & f(x_0, y_0 + k) - f(x_0, y_0) \end{vmatrix},$$

aus der nach Division durch h und k und anschließendem Grenzübergang $h \to 0$ und $k \to 0$ die Gleichung

$$0 = \begin{vmatrix} x - x_0 & y - y_0 & z - z_0 \\ 1 & 0 & f_x(x_0, y_0) \\ 0 & 1 & f_y(x_0, y_0) \end{vmatrix} = -f_x(x_0, y_0)(x - x_0) - f_y(x_0, y_0)(y - y_0) + (z - z_0)$$

folgt. Natürlich ist dabei vorauszusetzen, daß die partiellen Ableitungen der Funktion $f(x, y)$ an der Stelle (x_0, y_0) existieren, doch läßt dies allein noch nicht den Schluß zu, daß die Tangentialebene der Fläche im Punkt P_0 existiert, da wir den Grenzübergang $P' \to P_0$ und $P'' \to P_0$ auf einem ganz bestimmten Weg und nicht, wie es an sich erforderlich wäre, durch beliebige Annäherung an P_0 durchgeführt haben. Dieser Mangel an der Ausführung des Grenzüberganges läßt sich jedoch beheben, wenn wir auch die Stetigkeit der partiellen Ableitungen von $f(x, y)$ an der Stelle (x_0, y_0) fordern. Unter dieser Zusatzvoraussetzung, die wir im folgenden stillschweigend als gegeben annehmen, existiert im Punkt P_0 die Tangentialebene an die Fläche $z = f(x, y)$; ihre Gleichung lautet

$$z = z_0 + f_x(x_0, y_0)(x - x_0) + f_y(x_0, y_0)(y - y_0), \tag{23.1}$$

aus der wir überdies entnehmen, daß die Normale die Richtung des Vektors

$$\mathbf{n} = \mathbf{e}_x f_x + \mathbf{e}_y f_y - \mathbf{e}_z \tag{23.2}$$

hat.

Existiert die Tangentialebene an die Fläche $z = f(x, y)$ im Punkt $P_0(x_0, y_0, z_0)$, so nennen wir die die Fläche beschreibende Funktion $f(x, y)$ an der Stelle (x_0, y_0) differenzierbar. Wir kennzeichnen damit eine charakteristische Eigenschaft der Funktion $f(x, y)$, die mathematisch ein lineares Verhalten der Funktion $f(x, y)$ im Kleinen bedeutet und im Anschmiegen der Tangentialebene an die Fläche $z = f(x, y)$ ihren geometrischen Ausdruck findet. Der angenäherten Wiedergabe des Flächenverlaufes durch die Tangentialebene entspricht die Approximation der Funktion $f(x, y)$ durch den (6.9) entsprechenden Ausdruck

$$Z = f(x_0, y_0) + f_x(x_0, y_0)(x - x_0) + f_y(x_0, y_0)(y - y_0), \tag{23.3}$$

den wir als linearen Anteil der Funktion $f(x, y)$ an der Stelle (x_0, y_0) bezeichnen. Der Fehler, der sich dabei ergibt, wird im Verhältnis zum Abstand der Punkte (x, y) und (x_0, y_0) beliebig klein, denn es gilt entsprechend (6.8)

$$\lim_{\substack{h \to 0 \\ k \to 0}} \frac{z - Z}{\sqrt{h^2 + k^2}} = \lim_{\substack{h \to 0 \\ k \to 0}} \frac{f(x_0 + h, y_0 + k) - f(x_0, y_0) - f_x(x_0, y_0)h - f_y(x_0, y_0)k}{\sqrt{h^2 + k^2}} = 0. \tag{23.4}$$

Zum Beweis dieser Grenzwertbeziehung zerlegt man den Ausdruck

$$z - Z = f(x_0 + h, y_0 + k) - f(x_0, y_0) - f_x(x_0, y_0)h - f_y(x_0, y_0)k$$

durch Einfügen und Abzählen von $f(x_0, y_0 + k)$ in zwei Summanden; für den einen erhalten wir unter Berücksichtigung der Stetigkeit der partiellen Ableitung $f_x(x, y)$ an der Stelle (x_0, y_0) die Abschätzung

$$\left|f(x_0 + h, y_0 + k) - f(x_0, y_0 + k) - hf_x(x_0, y_0)\right| \leqslant |h| \left| f_x(x_0 + \vartheta h, y_0 + k) - f_x(x_0, y_0)\right|$$
$$< |h| \epsilon \quad \text{für} \quad \sqrt{h^2 + k^2} < \delta_1(\epsilon),$$

für den anderen unter Ausnützung der Stetigkeit von $f_y(x, y)$ an der Stelle (x_0, y_0) auf die gleiche Weise

$$\left|f(x_0, y_0 + k) - f(x_0, y_0) - kf_y(x_0, y_0)\right| < |k| \epsilon \quad \text{für} \quad \sqrt{h^2 + k^2} < \delta_2(\epsilon),$$

woraus schließlich für $\delta(\epsilon) = \text{Min}\left(\delta_1(\epsilon), \delta_2(\epsilon)\right)$ die Ungleichung

$$|z - Z| < \epsilon(|h| + |k|) < 2\epsilon\sqrt{h^2 + k^2} \quad \text{für} \quad \sqrt{h^2 + k^2} < \delta(\epsilon)$$

folgt, die mit dem Grenzwert (23.4) gleichbedeutend ist.

Ähnlich wie für Funktionen einer Veränderlichen können wir aus der Existenz des Grenzwertes (23.4) schließen, daß eine Funktion $\epsilon(h, k)$ existiert mit der Eigenschaft

$$\lim_{h \to 0,\, k \to 0} \epsilon(h, k) = 0, \tag{23.5}$$

so daß in Analogie zu (6.6) mit $h = x - x_0$, $k = y - y_0$ und $a = f_x(x_0, y_0)$, $b = f_y(x_0, y_0)$ die Gleichung

$$f(x_0 + h, y_0 + k) = f(x_0, y_0) + ah + bk + \sqrt{h^2 + k^2}\,\epsilon(h, k) \tag{23.6}$$

erfüllt ist. Wir gebrauchen hierfür wieder die Sprechweise, daß die an der Stelle (x_0, y_0) differenzierbare Funktion $f(x, y)$ durch ihren linearen Anteil (23.3) von höherer als erster Ordnung approximiert wird. Zusammen mit der Grenzwertforderung (23.5) stellt die Gleichung (23.6), entsprechend dem Wortlaut von Satz 6.1, die notwendige und hinreichende Bedingung für die Differenzierbarkeit der Funktion $f(x, y)$ an der Stelle (x_0, y_0) dar. Wir erwähnen dazu nochmals, daß die Stetigkeit der partiellen Ableitungen von $f(x, y)$ hinreichend für die Differenzierbarkeit der Funktion $f(x, y)$ an der Stelle (x_0, y_0) ist.

Die Änderung des linearen Anteils (23.3) der Funktion $f(x, y)$ ist eine lineare Funktion des Ortszuwachses $h = x - x_0 = \Delta x$, $k = y - y_0 = \Delta y$, die als das Differential der Funktion $f(x, y)$ an der Stelle (x_0, y_0) bezeichnet wird, symbolisch

$$dz = f_x(x_0, y_0)h + f_y(x_0, y_0)k = f_x(x_0, y_0)\Delta x + f_y(x_0, y_0)\Delta y; \tag{23.7}$$

auch die Bezeichnungsweisen

$$dz\Big|_{\substack{x = x_0 \\ y = y_0}} \quad \text{oder} \quad df(x_0, y_0)$$

sind üblich. Geometrisch entspricht dem Differential der Funktion $f(x, y)$ der Zuwachs der die Tangentialebene darstellenden Funktion (Bild 23.1). Als lineare Funktion ist das Differential für jeden Ortszuwachs erklärt, doch liegt auch hier wiederum die Bedeutung

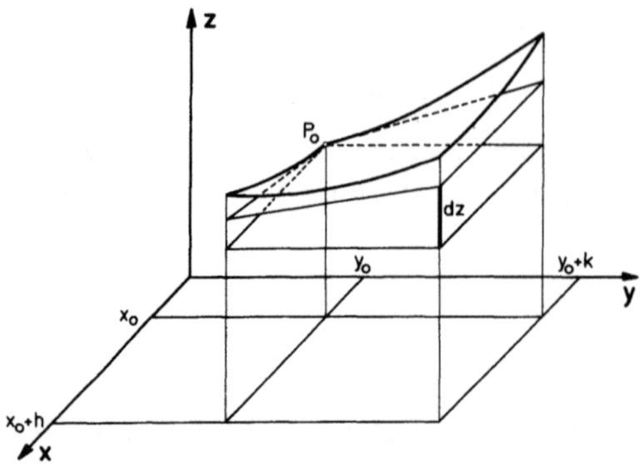

Bild 23.1

für die Anwendungen im Vergleich mit der Änderung $\Delta z = f(x + \Delta x, y + \Delta y) - f(x, y)$ des Funktionswertes für kleine Werte von Δx und Δy. Aus dem Grenzwert

$$\lim_{\Delta x \to 0,\, \Delta y \to 0} \frac{\Delta z - dz}{\sqrt{\Delta x^2 + \Delta y^2}} = 0$$

geht schließlich hervor, daß das Differential dz die Änderung Δz des Funktionswertes umso besser approximiert, je kleiner Δx und Δy sind.

Wir klären nun schließlich, was wir als Ableitung der Funktion $f(x, y)$ zu verstehen haben. Da das Differential der Funktion $f(x, y)$ auch als lineare Funktion der vektoriellen Veränderlichen $(\Delta x, \Delta y)$ aufgefaßt werden kann, besteht die Möglichkeit, durch Einführung der Zeilenmatrix $\begin{pmatrix} f_x & f_y \end{pmatrix}$ das Differential dz als Produkt der Zeilenmatrix $\begin{pmatrix} f_x & f_y \end{pmatrix}$ mit dem Spaltenvektor der Argumentänderung anzuschreiben,

$$dz = \begin{pmatrix} f_x & f_y \end{pmatrix} \cdot \begin{pmatrix} \Delta x \\ \Delta y \end{pmatrix},$$

wozu wir uns deshalb veranlaßt sehen, weil lineare Funktionen von Vektoren durch Matrizen beschrieben werden können. Wir bezeichnen nun die Matrix $\begin{pmatrix} f_x & f_y \end{pmatrix}$ als Ableitung der Funktion $f(x, y)$ an der Stelle (x_0, y_0), in Zeichen

$$f'(x_0, y_0) = \begin{pmatrix} f_x(x_0, y_0) & f_y(x_0, y_0) \end{pmatrix}, \tag{23.8}$$

und können auf diese Weise dem Differential der Funktion $f(x, y)$ die Form

$$dz = f'(x_0, y_0) \cdot \begin{pmatrix} \Delta x \\ \Delta y \end{pmatrix} \tag{23.9}$$

geben, deren Bedeutung sich später noch zeigen wird.

Es hat natürlich nur dann einen Sinn, die Matrix (23.8) als Ableitung der Funktion $f(x, y)$ zu bezeichnen, wenn die Funktion $f(x, y)$ differenzierbar ist. Es ist durchaus möglich, daß beide partiellen Ableitungen der Funktion $f(x, y)$ existieren, ohne daß deshalb die Funktion $f(x, y)$ differenzierbar ist. In diesem Fall wird natürlich auch das Differential (23.9) hinfällig. Alles hängt von der Erfüllung der Gleichung (23.6) durch die geforderte Funktion $\epsilon(h, k)$ ab, deren Existenz aus der Stetigkeit der partiellen Ableitungen nachgewiesen werden konnte. Diese Bedingung war es auch gerade, die den eingangs durchgeführten Grenzübergang zur Bestimmung der Tangentialebene gerechtfertigt hat. Wir können somit zusammenfassen, daß die Funktion f(x, y) an der Stelle (x_0, y_0) differenzierbar ist, wenn die partiellen Ableitungen $f_x(x, y)$ und $f_y(x, y)$ an dieser Stelle stetige Funktionen sind.

Die Existenz der partiellen Ableitungen ist also eine notwendige Bedingung für die Differenzierbarkeit, die Stetigkeit der partiellen Ableitungen eine hinreichende. Damit tritt ein Unterschied zur Differentiation von Funktionen einer Veränderlichen zutage, für die die Existenz des Grenzwertes des Differenzenquotienten notwendig und hinreichend für die Differenzierbarkeit ist.

Die Ableitungsmatrix (23.8) der Funktion z = f(x, y) läßt eine Deutung zu, die uns auch die lokalen Eigenschaften differenzierbarer Funktionen in mehr als zwei unabhängigen Veränderlichen veranschaulichen hilft. Wir ordnen der Zeilenmatrix (23.8) den Vektor

$$\operatorname{grad} f = \mathbf{e}_x f_x(x_0, y_0) + \mathbf{e}_y f_y(x_0, y_0) \tag{23.10}$$

mit dem Fußpunkt in $P_0(x_0, y_0)$ zu, den wir den *Gradienten* der Funktion z = f(x, y) im Punkt P_0 nennen. Diese Bezeichnung wird durch folgende Überlegung verständlich, die davon ausgeht, das Differential (23.9) nunmehr als inneres Produkt

$$dz = (\operatorname{grad} f) \cdot (\mathbf{e}_x \Delta x + \mathbf{e}_y \Delta y)$$

zu schreiben; führen wir noch den Winkel φ ein, den der Gradient von f und der Ortszuwachs $\mathbf{e}_x \Delta x + \mathbf{e}_y \Delta y$ miteinander einschließen (Bild 23.2), so folgt mit (19.13) weiter

$$dz = \sqrt{f_x^2 + f_y^2}\sqrt{\Delta x^2 + \Delta y^2}\cos\varphi.$$

Betrachten wir nun nur Ortszuwächse $\mathbf{e}_x \Delta x + \mathbf{e}_y \Delta y$, deren Endpunkte auf einem Kreis von kleinem Radius ρ liegen, so wird

$$dz = \rho\,|\operatorname{grad} f|\cos\varphi \tag{23.11}$$

allein vom Winkel φ abhängig. Diese Darstellung läßt insbesondere erkennen, daß dz seinen größten Wert für den Winkel $\varphi = 0$ annimmt. Da wir mit dem Differential die Änderung der Funktion in Abhängigkeit vom Argumentzuwachs beschreiben, können wir daraus den Schluß ziehen, daß sich die Funktion f(x, y) in jener Richtung am stärksten ändert, die durch den Gradienten gekennzeichnet ist. Geometrisch interpretiert bedeutet dies, daß die Fläche z = f(x, y) am stärksten ansteigt, wenn man in der Richtung des Gradienten vom Punkt $P_0(x_0, y_0)$ in der (x, y)-Ebene fortschreitet; über die Steilheit der Fläche in dieser Richtung gibt der Betrag des Gradienten Aufschluß, der nichts anderes als der Tangens des Anstiegswinkels ist. Entfernt man sich vom Punkt P_0 in einer auf den Gradienten senkrecht stehenden Richtung, so ist in (23.11) $\varphi = \frac{\pi}{2}$ zu setzen, was dz = 0 ergibt. Diese Glei-

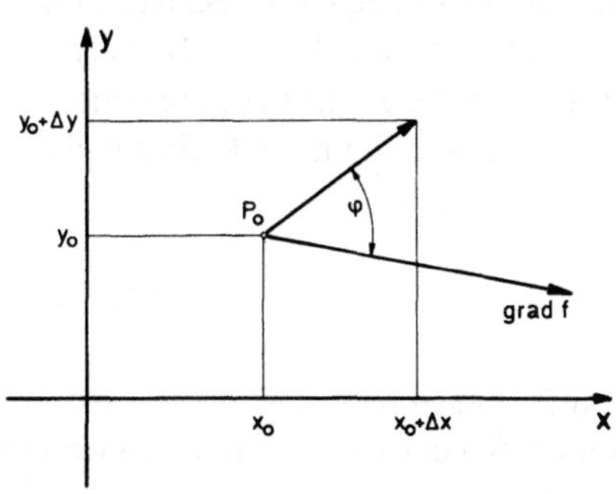

Bild 23.2

chung besagt, daß die Funktion f in dieser Richtung stationär ist. Wir folgern daraus, daß diese Richtung in die Tangentenrichtung der Niveaulinie $z_0 = f(x, y)$ in der (x, y)-Ebene fällt, und weiter, daß der Gradient auf diese Niveaulinie senkrecht steht. Für $\varphi = \pi$ erhalten wir schließlich jene Richtung, in der die Fläche am steilsten abfällt. Fassen wir zusammen, so gibt der Gradient (23.10) der Funktion $f(x, y)$ die Richtung des größten Wachstums der Funktion an, sein Betrag ist ein Maß für das Anwachsen in dieser Richtung. Der Gradient steht ferner senkrecht auf die durch diesen Punkt gehende Niveaulinie.

Für reelle Funktionen $u = f(x, y, z)$ in drei unabhängigen Veränderlichen ist die Ableitung im Punkt $P_0(x_0, y_0, z_0)$, wie wir später sehen werden, die Zeilenmatrix

$$f'(x_0, y_0, z_0) = \begin{pmatrix} f_x & f_y & f_z \end{pmatrix}.$$

Der Vektor

$$\operatorname{grad} f = \mathbf{e}_x f_x + \mathbf{e}_y f_y + \mathbf{e}_z f_z \tag{23.12}$$

mit dem Fußpunkt in P_0 heißt der Gradient der Funktion f im Punkt P_0. Schreiben wir wie vorhin das Differential

$$du = f_x \Delta x + f_y \Delta y + f_z \Delta z$$

als inneres Produkt des Gradienten und des Ortszuwachses,

$$du = (\operatorname{grad} f) \cdot (\mathbf{e}_x \Delta x + \mathbf{e}_y \Delta y + \mathbf{e}_z \Delta z),$$

so erhalten wir durch Einführung des Winkels φ zwischen Gradient und Ortszuwachs die Gleichung

$$du = \rho\, |\operatorname{grad} f| \cos\varphi, \tag{23.13}$$

wenn wir verlangen, daß der Endpunkt des Ortszuwachses auf einer Kugel mit dem kleinen Radius ρ liegt. Aus der Gleichung (23.13) läßt sich wieder ablesen, daß in der Richtung des Gradienten der Funktionszuwachs am größten ist, und gleich Null, wenn man sich in der Tangentialebene der Niveaufläche $u_0 = f(x, y, z)$ vom Punkt P_0 aus fortbewegt. Der Gradient gibt also die Richtung des stärksten Funktionszuwachses an und steht senkrecht auf die Niveaufläche, die durch diesen Punkt hindurchgeht.

Als nächstes stellen wir uns zur Aufgabe, die Gleichung der Tangente einer Raumkurve zu bestimmen, die wir uns durch drei Funktionen $x = x(t)$, $y = y(t)$, $z = z(t)$ oder symbolisch als Vektorfunktion $\mathbf{x} = \mathbf{x}(t)$ gegeben denken. Wir lösen diese Tangentenaufgabe für den Kurvenpunkt $\mathbf{x}_0 = \mathbf{x}(t_0)$, indem wir durch den Punkt $\mathbf{x}_0$ und einen benachbarten Punkt $\mathbf{x} = \mathbf{x}(t_0 + \Delta t)$ die Verbindungssehne legen, deren Richtung durch den Differenzenvektor $\Delta\mathbf{x} = \mathbf{x}(t_0 + \Delta t) - \mathbf{x}(t_0)$ gegeben ist. Zur Bestimmung der Grenzlage dieser Sehne bei unbegrenzter Annäherung des Punktes $\mathbf{x}(t_0 + \Delta t)$ gegen den Punkt $\mathbf{x}(t_0)$ dividieren wir den Vektor $\Delta\mathbf{x}$ durch die reelle Größe Δt, was ja an der Richtung der Sehne nichts ändert; der anschließende Grenzübergang $\Delta t \to 0$ liefert uns dann die Richtung der Tangente als Grenzwert des Differenzenquotienten

$$\left.\frac{d\mathbf{x}}{dt}\right|_{t = t_0} = \lim_{\Delta t \to 0} \frac{\mathbf{x}(t_0 + \Delta t) - \mathbf{x}(t_0)}{\Delta t}, \tag{23.14}$$

den wir als Grenzwert von Vektoren selbst als Vektor aufzufassen haben. Wenn er existiert, sind seine Koordinaten die Ableitungen $\dot{x}(t_0)$, $\dot{y}(t_0)$ und $\dot{z}(t_0)$ der Koordinatenfunktionen von $\mathbf{x}(t)$ an der Stelle t_0, da der Grenzwert (23.14) koordinatenweise zu bilden ist. Wir bezeichnen ihn als Ableitung oder Differentialquotient der Funktion $\mathbf{x}(t)$ an der Stelle t_0; in Anlehnung an die von Newton eingeführte Symbolik verwenden wir auch die Schreibweise

$$\left.\frac{d\mathbf{x}}{dt}\right|_{t=t_0} = \dot{\mathbf{x}}(t_0) = \mathbf{e}_x\,\dot{x}(t_0) + \mathbf{e}_y\,\dot{y}(t_0) + \mathbf{e}_z\,\dot{z}(t_0)\,. \tag{23.15}$$

Da wir mit dem Differentialquotienten die Tangentenrichtung gefunden haben, erhalten wir unter Berücksichtigung von (19.51) die Gleichung

$$\mathbf{x} = \mathbf{x}(t_0) + \dot{\mathbf{x}}(t_0)(t - t_0) \tag{23.16}$$

als Parameterdarstellung der Kurventangente im Punkt $\mathbf{x}_0 = \mathbf{x}(t_0)$. Aus unserer Herleitung geht überdies hervor, daß der Differentialquotient $\frac{d\mathbf{x}}{dt}$ stets in diejenige Richtung zeigt, in der die Kurve für wachsende Werte des Parameters t durchlaufen wird. Auch sei der Leser in diesem Zusammenhang auf die Differentiation komplexwertiger Funktionen $z(t) = x(t) + jy(t)$ einer reellen Veränderlichen hingewiesen (Abschnitt 6.7), die ebenfalls aus einer Tangentenaufgabe hervorging und die Tangentenrichtung als Ableitung $\dot{z}(t) = \dot{x}(t) + j\dot{y}(t)$ beziehungsweise als ebenen Vektor $\mathbf{t} = (\dot{x}, \dot{y})$ brachte. Das Tangentenproblem für eine ebene Kurve in Parameterdarstellung $x = x(t)$, $y = y(t)$ ist letztlich ein Spezialfall der eben behandelten Aufgabe für Raumkurven.

Wie schon bemerkt worden ist, existiert der Grenzwert (23.14) genau dann, wenn die Koordinatenfunktionen von $\mathbf{x}(t)$ an der Stelle t_0 differenzierbar sind. Unter Berücksichtigung der notwendigen und hinreichenden Bedingung für die Differenzierbarkeit einer reellen Funktion einer reellen Veränderlichen können wir diesen Sachverhalt auch mittels einer vektorwertigen Funktion $\epsilon(\Delta t)$ mit der Eigenschaft

$$\lim_{\Delta t \to 0} \epsilon(\Delta t) = \mathbf{0}$$

durch die Gleichung

$$\mathbf{x}(t_0 + \Delta t) = \mathbf{x}(t_0) + \mathbf{a}\Delta t + \Delta t\,\epsilon(\Delta t) \tag{23.17}$$

ausdrücken, in der wir für $\mathbf{a} = \dot{\mathbf{x}}(t_0)$ gesetzt haben. Sinngemäß fordern wir die Existenz einer solchen Funktion $\epsilon(\Delta t)$ als notwendige und hinreichende Bedingung für die Differenzierbarkeit der Funktion $\mathbf{x}(t)$ an der Stelle t_0; der vektorwertige Ausdruck

$$\mathbf{x}(t_0) + \mathbf{a}\Delta t = \mathbf{x}(t_0) + \dot{\mathbf{x}}(t_0)(t - t_0) \tag{23.18}$$

stellt den linearen Anteil der Funktion $\mathbf{x}(t)$ an der Stelle t_0 dar. Die Änderung des linearen Anteils ist eine lineare Funktion des Parameterzuwachses, die wir das Differential der Funktion $\mathbf{x}(t)$ an der Stelle t_0 nennen, in Zeichen

$$d\mathbf{x} = \mathbf{a}\Delta t = \dot{\mathbf{x}}(t_0)\Delta t \tag{23.19}$$

oder auch

$$\left.d\mathbf{x}\right|_{t=t_0} \quad \text{bzw.} \quad d\mathbf{x}(t_0).$$

Das Differential $d\mathbf{x}$ ist ein Vektor, der vom Kurvenpunkt $\mathbf{x}(t_0)$ zu jenem Punkt auf der Tangente zeigt, der dem Parameterzuwachs Δt entspricht (Bild 23.3).

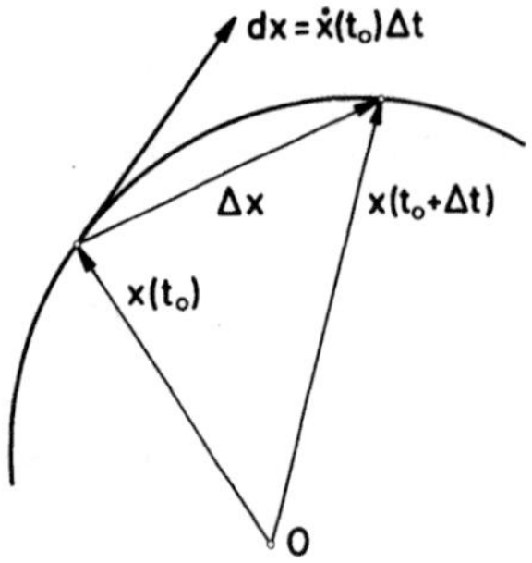

Bild 23.3

Wir haben schon erwähnt, daß die Funktion $\mathbf{x} = \mathbf{x}(t)$ in der Mechanik zur Darstellung der Bahnkurve eines Massenpunktes mit der Zeit t als natürlichem Parameter herangezogen wird. Der Differenzenquotient $\frac{\Delta \mathbf{x}}{\Delta t}$ gibt uns dann über zweierlei Dinge Aufschluß. Sein Betrag ist der Quotient aus der Länge der die Punkte $\mathbf{x}(t_0 + \Delta t)$ und $\mathbf{x}(t_0)$ verbindenden Strecke und der Zeitspanne, die der Massenpunkt vom Punkt $\mathbf{x}(t_0)$ bis zu seinem Eintreffen im Punkt $\mathbf{x}(t_0 + \Delta t)$ benötigt; was die Orientierung betrifft, so weist $\frac{\Delta \mathbf{x}}{\Delta t}$ vom Punkt $\mathbf{x}(t_0)$ zum Punkt $\mathbf{x}(t_0 + \Delta t)$. Der Differenzenquotient $\frac{\Delta \mathbf{x}}{\Delta t}$ kann somit als Vektor der *mittleren Geschwindigkeit* im Zeitintervall $[t_0, t_0 + \Delta t]$ angesehen werden, der Grenzwert $\frac{d\mathbf{x}}{dt}$ wird der Vektor der *Momentangeschwindigkeit* genannt. Er zeigt in die augenblickliche Bewegungsrichtung und gibt mit seinem Betrag die Geschwindigkeit der Bewegung an. Man bezeichnet ihn mit

$$\mathbf{v} = \mathbf{v}(t) = \frac{d\mathbf{x}}{dt} = \mathbf{e}_x \dot{x} + \mathbf{e}_y \dot{y} + \mathbf{e}_z \dot{z} .$$

Der Geschwindigkeitsvektor $\mathbf{v}(t)$ ist selbst wieder eine Vektorfunktion einer reellen Veränderlichen; seine Ableitung, die die Änderung der Geschwindigkeit nach Betrag und Richtung beschreibt, ist der Vektor der *Beschleunigung*

$$\mathbf{b} = \frac{d\mathbf{v}}{dt} = \dot{\mathbf{v}} = \mathbf{e}_x \dot{v}_x + \mathbf{e}_y \dot{v}_y + \mathbf{e}_z \dot{v}_z = \mathbf{e}_x \ddot{x} + \mathbf{e}_y \ddot{y} + \mathbf{e}_z \ddot{z} .$$

Seine Koordinaten sind die zweiten Ableitungen der Bahnkoordinaten.

Wir kehren jetzt noch einmal zur Bestimmung der Tangentialebene einer Fläche zurück, die wir uns jetzt aber in Parameterdarstellung $\mathbf{x} = \mathbf{x}(u, v)$, also durch drei Funktionen $x = x(u, v)$, $y = y(u, v)$ und $z = z(u, v)$, vorgegeben denken. Wir verfahren zur Lösung dieser Aufgabe wie vorhin, indem wir die Tangentialebene im Punkt $\mathbf{x}_0 = \mathbf{x}(u_0, v_0)$ als Grenzlage von Ebenen durch zwei benachbarte Punkte $\mathbf{x}(u_0 + \Delta u, v_0)$ und $\mathbf{x}(u_0, v_0 + \Delta v)$ bestimmen. Wir erhalten für diese Ebenen die Gleichung

$$\begin{vmatrix} x - x(u_0, v_0) & y - y(u_0, v_0) & z - z(u_0, v_0) \\ x(u_0 + \Delta u, v_0) - x(u_0, v_0) & y(u_0 + \Delta u, v_0) - y(u_0, v_0) & z(u_0 + \Delta u, v_0) - z(u_0, v_0) \\ x(u_0, v_0 + \Delta v) - x(u_0, v_0) & y(u_0, v_0 + \Delta v) - y(u_0, v_0) & z(u_0, v_0 + \Delta v) - z(u_0, v_0) \end{vmatrix} = 0.$$

Um den Grenzübergang $\Delta u \to 0$, $\Delta v \to 0$ durchführen zu können, dividieren wir die zweite bzw. dritte Zeile dieser Determinante durch Δu bzw. Δv. Das Ergebnis

$$\begin{vmatrix} x - x_0 & y - y_0 & z - z_0 \\ x_u(u_0, v_0) & y_u(u_0, v_0) & z_u(u_0, v_0) \\ x_v(u_0, v_0) & y_v(u_0, v_0) & z_v(u_0, v_0) \end{vmatrix} = 0$$

können wir unter Berücksichtigung der Formel (19.40) in der Form

$$(\mathbf{x} - \mathbf{x}_0) \cdot (\mathbf{x}_u \times \mathbf{x}_v) = 0 \tag{23.20}$$

anschreiben, in der wir die Vektoren $\mathbf{x}_u$ und $\mathbf{x}_v$ als „partielle" Ableitungen der Funktion $\mathbf{x}(u, v)$ an der Stelle (u_0, v_0) eingeführt haben. Die Existenz dieser beiden Vektoren, d. h. die Existenz der partiellen Ableitungen der Koordinatenfunktionen nach u und v, bedeutet allerdings noch nicht, daß die Tangentialebene im Punkt $\mathbf{x}_0$ existiert, da unserer Ableitung wieder eine Unvollständigkeit anhaftet, insofern wir die Nachbarpunkte auf Koordinatenlinien gegen den Punkt $\mathbf{x}_0$ rücken ließen. Wir bemerken dazu ohne Beweis, daß die Stetigkeit der partiellen Ableitungen der Koordinatenfunktionen an der Stelle (u_0, v_0) unsere Vorgangsweise rechtfertigt. Doch zeigt ein Blick auf die Gleichung (23.20), daß wir zusätzlich die lineare Unabhängigkeit der Vektoren $\mathbf{x}_u$ und $\mathbf{x}_v$ zu fordern haben, da ihr äußeres Produkt sonst gleich dem Nullvektor ist. Es ist nun unschwer zu erkennen, welcher geometrische Sachverhalt die lineare Unabhängigkeit der beiden Vektoren zur Folge hat. Offenbar sind die Vektoren $\mathbf{x}_u$ und $\mathbf{x}_v$ die Tangentenvektoren der Koordinatenlinien $\mathbf{x} = \mathbf{x}(u, v_0)$ und $\mathbf{x} = \mathbf{x}(u_0, v)$ in deren Schnittpunkt $\mathbf{x}_0 = \mathbf{x}(u_0, v_0)$; sie müssen daher notwendigerweise in der Tangentialebene liegen (Bild 23.4). Wenn wir also von der Annahme ausgehen, daß sich die Linien $\mathbf{x} = \mathbf{x}(u, v_0)$ und $\mathbf{x} = \mathbf{x}(u_0, v)$ kreuzen und nicht berühren, können die Vektoren $\mathbf{x}_u$ und $\mathbf{x}_v$ nicht kollinear sein. Sie spannen folglich die Tangentialebene auf, deren Gleichung dann auch durch (23.20) gegeben ist. Durch das äußere Produkt

$$\mathbf{n} = \mathbf{x}_u \times \mathbf{x}_v \tag{23.21}$$

ist die Normalenrichtung $\mathbf{n}$ der Tangentialebene gekennzeichnet. Da die Vektoren $\mathbf{x}_u$ und $\mathbf{x}_v$ die Tangentialebene aufspannen, ist

$$\mathbf{x} = \mathbf{x}(u_0, v_0) + \mathbf{x}_u(u_0, v_0)\Delta u + \mathbf{x}_v(u_0, v_0)\Delta v \tag{23.22}$$

eine Parameterdarstellung der Tangentialebene (vgl. hierzu (19.55)).

Existiert die Tangentialebene der Fläche $\mathbf{x} = \mathbf{x}(u, v)$ im Punkt $\mathbf{x}(u_0, v_0)$, so nennen wir die Funktion $\mathbf{x}(u, v)$ an der Stelle (u_0, v_0) differenzierbar. Wir können die Differenzierbarkeit auch durch die Forderung nach einer vektorwertigen Funktion $\epsilon(\Delta u, \Delta v)$ ausdrücken, für die einerseits die Grenzwertbeziehung

$$\lim_{\Delta u \to 0,\, \Delta v \to 0} \epsilon(\Delta u, \Delta v) = \mathbf{o}$$

gilt, andererseits für $\mathbf{a} = \mathbf{x}_u(u_0, v_0)$, $\mathbf{b} = \mathbf{x}_v(u_0, v_0)$ die Gleichung

$$\mathbf{x}(u_0 + \Delta u, v_0 + \Delta v) = \mathbf{x}(u_0, v_0) + \mathbf{a}\Delta u + \mathbf{b}\Delta v + \sqrt{\Delta u^2 + \Delta v^2}\,\epsilon(\Delta u, \Delta v) \tag{23.23}$$

erfüllt ist. Wir haben damit die notwendige und hinreichende Bedingung für die Differenzierbarkeit der Funktion $\mathbf{x}(u, v)$ an der Stelle (u_0, v_0) gefunden; sie besagt, daß die Funktion

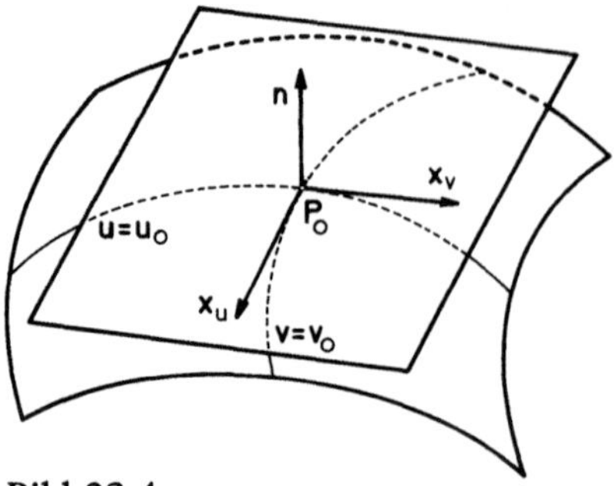

Bild 23.4

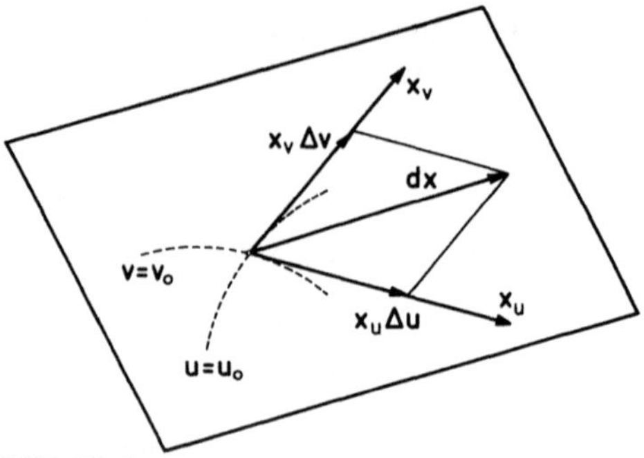

Bild 23.5

$\mathbf{x}(u, v)$ durch ihren linearen Anteil an der Stelle (u_0, v_0),

$$\mathbf{x}(u_0, v_0) + \mathbf{a}\Delta u + \mathbf{b}\Delta v = \mathbf{x}(u_0, v_0) + \mathbf{x}_u\Delta u + \mathbf{x}_v\Delta v, \tag{23.24}$$

von höherer als erster Ordnung approximiert wird, denn (23.23) ist gleichbedeutend mit der Grenzwertbeziehung

$$\lim_{\Delta u \to 0,\, \Delta v \to 0} \frac{\mathbf{x} - \mathbf{x}_0 - \mathbf{a}\Delta u - \mathbf{b}\Delta v}{\sqrt{\Delta u^2 + \Delta v^2}} = \lim_{\Delta u \to 0,\, \Delta v \to 0} \boldsymbol{\epsilon}(\Delta u, \Delta v) = \mathbf{o},$$

deren Nachweis mit Hilfe der Stetigkeit der partiellen Ableitungen der Koordinatenfunktionen erbracht werden kann. Wir bemerken in diesem Zusammenhang noch, daß die Funktion $\mathbf{x}(u, v)$ an der Stelle (u_0, v_0) offenbar genau dann differenzierbar ist, wenn jede ihrer Koordinatenfunktionen als reelle Funktion der beiden unabhängigen Veränderlichen u und v an der Stelle (u_0, v_0) differenzierbar ist.

Die Änderung des linearen Anteils (23.24) ist eine lineare Funktion der Parameterzuwächse Δu und Δv; sie wird das Differential der Funktion $\mathbf{x}(u, v)$ an der Stelle (u_0, v_0) genannt,

$$d\mathbf{x} = d\mathbf{x}(u_0, v_0) = \mathbf{x}_u(u_0, v_0)\Delta u + \mathbf{x}_v(u_0, v_0)\Delta v. \tag{23.25}$$

Das Differential $d\mathbf{x}$ ist ein Vektor, der in der Tangentialebene liegt und vom Punkt $\mathbf{x}(u_0, v_0)$ zu jenem Punkt auf der Tangentialebene weist, der in Gleichung (23.22) den Parameterwerten Δu und Δv entspricht (Bild 23.5).

Als Ableitung der Funktion $\mathbf{x}(u, v)$ an der Stelle (u_0, v_0) bezeichnen wir nun die Matrix

$$\mathbf{x}'(u_0, v_0) = \begin{pmatrix} x_u(u_0, v_0) & x_v(u_0, v_0) \\ y_u(u_0, v_0) & y_v(u_0, v_0) \\ z_u(u_0, v_0) & z_v(u_0, v_0) \end{pmatrix}, \tag{23.26}$$

deren Spalten die Tangentenvektoren der Koordinatenlinien im Punkt $\mathbf{x}(u_0, v_0)$ sind. Durch diese Definition werden wir wieder der Tatsache gerecht, daß das Differential der Funktion $\mathbf{x}(u, v)$ der vektoriellen Veränderlichen (u, v) eine lineare Funktion des vektoriellen Argumentzuwachses ist und somit durch eine Matrix beschrieben werden kann,

$$d\mathbf{x} = \mathbf{x}'(u_0, v_0) \cdot \begin{pmatrix} \Delta u \\ \Delta v \end{pmatrix}. \tag{23.27}$$

Es sei auch an dieser Stelle darauf hingewiesen, daß die Existenz der partiellen Ableitungen nur eine notwendige Bedingung für die Differenzierbarkeit der Funktion $\mathbf{x}(u, v)$ ist. Da durch die Stetigkeit der partiellen Ableitungen, wie wir schon erwähnt haben, die Existenz der Tangentialebene als Grenzlage einer Ebene durch den Punkt $\mathbf{x}_0$ und zwei beliebig benachbarte Punkte gesichert ist, haben wir in der Stetigkeit der partiellen Ableitungen der Funktion $\mathbf{x}(u, v)$ eine hinreichende Bedingung für die Differenzierbarkeit an der Stelle (u_0, v_0).

Als letzten Fall besprechen wir den Begriff der Ableitung und des Differentials für vektorwertige Funktionen einer vektoriellen unabhängigen Veränderlichen, die durch ein Funktionenpaar

$$u = u(x, y), \quad v = v(x, y) \tag{23.28}$$

gegeben sind. Wie wir an anderem Ort schon festgestellt haben, lassen sich solche Funktionen als Punkt- oder Koordinatentransformationen deuten. Im folgenden gehen wir von der Deutung als Punkttransformation aus, durch die jedem Punkt (x, y) des Definitionsbereiches B in der (x, y)-Ebene ein Punkt (u, v) des Bildbereiches B' in der (u, v)-Ebene zugeordnet wird. Die einfachste Transformation dieser Art ist die lineare Transformation

$$\begin{pmatrix} u \\ v \end{pmatrix} = \begin{pmatrix} a & b \\ d & e \end{pmatrix} \cdot \begin{pmatrix} x \\ y \end{pmatrix} + \begin{pmatrix} c \\ f \end{pmatrix},$$

die wir in Abschnitt 20.3 kennengelernt haben. Entsprechen bei dieser Transformation einander die Punkte $P_0(x_0, y_0)$ und $Q_0(u_0, v_0)$ sowie die Punkte $P(x, y)$ und $Q(u, v)$, so besteht zwischen den die Strecken $\overrightarrow{P_0P}$ und $\overrightarrow{Q_0Q}$ repräsentierenden Vektoren $(\Delta x, \Delta y)$ und $(\Delta u, \Delta v)$ der lineare Zusammenhang

$$\begin{pmatrix} \Delta u \\ \Delta v \end{pmatrix} = \begin{pmatrix} a & b \\ d & e \end{pmatrix} \cdot \begin{pmatrix} \Delta x \\ \Delta y \end{pmatrix}.$$

Wir können uns nun fragen, ob sich die Funktion (23.28) zumindest für kleine Änderungen Δx und Δy der Argumente nicht ebenfalls wie eine lineare Transformation verhält, also für geeignete reelle Zahlen a_1, a_2, b_1 und b_2

$$u = u_0 + a_1\Delta x + b_1\Delta y + \ldots$$

$$v = v_0 + a_2\Delta x + b_2\Delta y + \ldots$$

gilt, wobei der durch die Punkte angedeutete Fehler größenordnungsmäßig klein gegenüber den Argumentänderungen Δx und Δy ist. Genauer meinen wir damit, daß zwei Funktionen $\epsilon_1(\Delta x, \Delta y)$ und $\epsilon_2(\Delta x, \Delta y)$ existieren, die den Forderungen

$$\lim_{\Delta x \to 0,\, \Delta y \to 0} \epsilon_1(\Delta x, \Delta y) = \lim_{\Delta x \to 0,\, \Delta y \to 0} \epsilon_2(\Delta x, \Delta y) = 0 \tag{23.29}$$

genügen und die beiden Gleichungen

$$u(x_0 + \Delta x, y_0 + \Delta y) = u(x_0, y_0) + a_1\Delta x + b_1\Delta y + \sqrt{\Delta x^2 + \Delta y^2}\,\epsilon_1(\Delta x, \Delta y),$$

$$v(x_0 + \Delta x, y_0 + \Delta y) = v(x_0, y_0) + a_2\Delta x + b_2\Delta y + \sqrt{\Delta x^2 + \Delta y^2}\,\epsilon_2(\Delta x, \Delta y) \tag{23.30}$$

erfüllen. Unter diesen Gegebenheiten nennen wir die Funktion (23.28) an der Stelle (x_0, y_0) differenzierbar und bringen damit wieder zum Ausdruck, daß für kleine Argumentänderungen ein lineares Verhalten vorliegt, das durch die lineare Transformation

$$\begin{pmatrix} u_0 \\ v_0 \end{pmatrix} + \begin{pmatrix} a_1 & b_1 \\ a_2 & b_2 \end{pmatrix} \cdot \begin{pmatrix} \Delta x \\ \Delta y \end{pmatrix}, \tag{23.31}$$

die wir den linearen Anteil der Funktion (23.28) nennen, beschrieben wird. Zur Bestimmung der vier Matrixelemente a_1, a_2, b_1 und b_2 überlegen wir uns zunächst, daß die beiden Gleichungen (23.30) mit den Grenzwertforderungen (23.29) nur erfüllt werden können, wenn beide Koordinatenfunktionen $u(x, y)$ und $v(x, y)$ als reelle Funktionen an der Stelle (x_0, y_0) differenzierbar sind. Wenn wir also voraussetzen, daß die partiellen Ableitungen der beiden Funktionen (23.28) existieren und an der Stelle (x_0, y_0) stetig sind, so können wir durch Vergleich von (23.30) mit (23.6) auf die Beziehungen

$$a_1 = u_x(x_0, y_0), \quad b_1 = u_y(x_0, y_0)$$

und

$$a_2 = v_x(x_0, y_0), \quad b_2 = v_y(x_0, y_0)$$

schließen. Wir bezeichnen die Matrix

$$\begin{pmatrix} \dfrac{\partial u}{\partial x} & \dfrac{\partial u}{\partial y} \\[2ex] \dfrac{\partial v}{\partial x} & \dfrac{\partial v}{\partial y} \end{pmatrix} \tag{23.32}$$

als Ableitung der durch (23.28) gegebenen Funktion. Die Änderung des linearen Anteils (23.31) ist eine lineare Funktion des vektorwertigen Argumentzuwachses $(\Delta x, \Delta y)$, die wir das Differential der Funktion (23.28) an der Stelle (x_0, y_0) nennen,

$$\begin{pmatrix} du \\ dv \end{pmatrix} = \begin{pmatrix} u_x & u_y \\ v_x & v_y \end{pmatrix} \cdot \begin{pmatrix} \Delta x \\ \Delta y \end{pmatrix}, \tag{23.33}$$

ausführlich

$$du = \frac{\partial u}{\partial x} \Delta x + \frac{\partial u}{\partial y} \Delta y,$$

$$dv = \frac{\partial v}{\partial x} \Delta x + \frac{\partial v}{\partial y} \Delta y.$$

Wir wollen uns schließlich noch eine geometrische Veranschaulichung dieser Zusammenhänge verschaffen. Wir wissen, daß die Spalten der Koeffizientenmatrix **A** einer affinen Transformation $\mathbf{y} = \mathbf{A} \cdot \mathbf{x} + \mathbf{b}$ die Achsenrichtungen des i. a. schiefwinkeligen Koordinatensystems des Bildraumes angeben. Im gegenständlichen Fall ist die Koeffizientenmatrix die Ableitung (23.32); ihre Spalten erkennen wir als die Tangentenvektoren $\mathbf{a} = \left(\frac{\partial u}{\partial x}, \frac{\partial v}{\partial x}\right)$ und $\mathbf{b} = \left(\frac{\partial u}{\partial y}, \frac{\partial v}{\partial y}\right)$ der Linien $u = u(x, y_0)$, $v = v(x, y_0)$ und $u = u(x_0, y)$, $v = v(x_0, y)$, also der Bilder der Koordinatenlinien $x = x_0$ und $y = y_0$ bei der Transformation (23.28) (Bild 23.6).

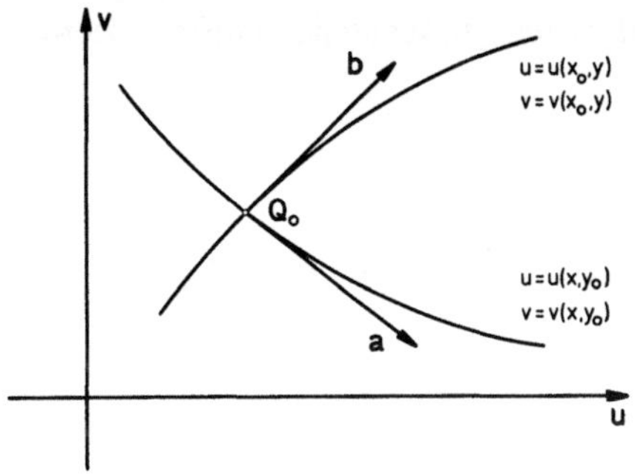

Bild 23.6

Fordern wir also die lineare Unabhängigkeit der Vektoren **a** und **b**, d. h. die Regularität der Ableitungsmatrix (23.32), so spannen die Vektoren **a** und **b** im Punkt Q_0 ein lokales affines Koordinatensystem auf; sie entsprechen den Maßvektoren $\mathbf{e}_x$ und $\mathbf{e}_y$ im Punkt P_0, die wir als die Tangentenvektoren der sich im Punkt P_0 schneidenden Koordinatenlinien $y = y_0$ und $x = x_0$ ansehen können. Das Bild eines Vektors $(\Delta x, \Delta y)$ mit dem Fußpunkt in P_0 wird durch das Differential (du, dv) (von höherer als erster Ordnung) angenähert.

Wir weisen wieder darauf hin, daß die Differenzierbarkeit der durch das Funktionenpaar (23.28) definierten vektorwertigen Funktion der vektorwertigen Veränderlichen (x, y) genau dann gegeben ist, wenn beide Koordinatenfunktionen u(x, y) und v(x, y) als reelle Funktionen der beiden Veränderlichen x und y differenzierbar sind. Da hierfür die Existenz und Stetigkeit der partiellen Ableitungen eine hinreichende Bedingung ist, können wir wieder den Schluß ziehen, daß die Stetigkeit der Funktionen $u_x(x, y)$, $u_y(x, y)$, $v_x(x, y)$ und $v_y(x, y)$ die Differenzierbarkeit der Funktion (23.28) nach sich zieht.

Wir haben bei der Besprechung von Funktionen des Typs (23.28) schon darauf hingewiesen, daß sich eine komplexwertige Funktion w = f(z) einer komplexen Veränderlichen ebenfalls als Paar reeller Funktionen schreiben läßt, das durch Real- und Imaginärteilbildung aus w = f(z) hervorgeht,

$$\operatorname{Re}(w) = u = u(x, y) = \operatorname{Re}\big(f(x + jy)\big), \quad \operatorname{Im}(w) = v = v(x, y) = \operatorname{Im}\big(f(x + jy)\big).$$

Ebenso wie das Funktionenpaar (23.28) vermittelt eine komplexe Funktion w = f(z) eine Punkttransformation, durch die jedem Punkt eines Bereiches der z-Ebene ein Punkt in der w-Ebene als Bild zugeordnet wird. Für differenzierbare Funktionen f(z) ergibt sich eine geometrische Besonderheit der Abbildung, die wir im folgenden darlegen wollen.

Eine komplexe Funktion w = f(z) nennen wir an der Stelle z_0 differenzierbar, wenn sich der Funktionszuwachs durch eine lineare Funktion von höherer als erster Ordnung annähern läßt, das heißt, wenn eine komplexwertige Funktion $\epsilon(\Delta z)$ mit der Eigenschaft

$$\lim_{\Delta z \to 0} \epsilon(\Delta z) = 0$$

existiert und weiter eine komplexe Zahl a, so daß die Gleichung

$$f(z_0 + \Delta z) = f(z_0) + a\Delta z + \Delta z\, \epsilon(\Delta z) \tag{23.34}$$

für jeden Argumentzuwachs $\Delta z = z - z_0$ erfüllt ist. Die Zahl a nennen wir die Ableitung von f(z) an der Stelle z_0 und schreiben

$$f'(z_0) = a.$$

Aus (23.34) geht hervor, daß die Funktion f(z) an der Stelle z_0 genau dann differenzierbar ist, wenn der Grenzwert

$$\lim_{\Delta z \to 0} \frac{f(z_0 + \Delta z) - f(z_0)}{\Delta z}$$

existiert, so daß die Ableitung $f'(z_0)$ einer komplexen Funktion f(z) als Grenzwert des Differenzenquotienten

$$f'(z_0) = \lim_{\Delta z \to 0} \frac{f(z_0 + \Delta z) - f(z_0)}{\Delta z} \tag{23.35}$$

eingeführt werden kann. Umgekehrt schließt man, wie für reelle Funktionen einer Veränderlichen, vom Grenzwert (23.35) auf die Existenz einer Funktion $\epsilon(\Delta z)$, für die $\lim \epsilon(\Delta z) = 0$ gilt und für die die Gleichung (23.34) mit $a = f'(z_0)$ erfüllt ist. Die Existenz des Grenzwertes (23.35) ist also eine notwendige und hinreichende Bedingung für die Differenzierbarkeit der Funktion $w = f(z)$ an der Stelle z_0.

Der Ausdruck

$$f(z_0) + f'(z_0)(z - z_0) = f(z_0) + f'(z_0)\Delta z \tag{23.36}$$

wird der lineare Anteil der Funktion f(z) an der Stelle z_0 genannt, seine Änderung als lineare Funktion des Argumentzuwachses $\Delta z = z - z_0$ heißt das Differential von $w = f(z)$ an der Stelle z_0,

$$dw = f'(z_0)\Delta z. \tag{23.37}$$

Das Differential beschreibt eine Drehstreckung (vgl. Abschnitt 4.6); der Vektor dw, der im Punkt $w_0 = f(z_0)$ anzusetzen ist, entsteht durch Drehung des Vektors $\Delta z = z - z_0$ um den Winkel $\arg\big(f'(z_0)\big)$ und durch Änderung der Länge von Δz um den Faktor $|f'(z_0)|$, wobei wir natürlich $f'(z_0) \neq 0$ vorauszusetzen haben.

Zur Berechnung der Ableitung $f'(z_0)$ bilden wir den Differenzenquotienten

$$\frac{f(z_0 + \Delta z) - f(z_0)}{\Delta z} =$$

$$= \frac{u(x_0 + \Delta x, y_0 + \Delta y) - u(x_0, y_0)}{\Delta x + j\Delta y} + j\,\frac{v(x_0 + \Delta x, y_0 + \Delta y) - v(x_0, y_0)}{\Delta x + j\Delta y}$$

$$= \frac{\Delta u + j\Delta v}{\Delta x + j\Delta y} = \frac{\Delta u\Delta x + \Delta v\Delta y}{\Delta x^2 + \Delta y^2} - j\,\frac{\Delta u\Delta y - \Delta v\Delta x}{\Delta x^2 + \Delta y^2},$$

so daß

$$f'(z_0) = \lim_{\substack{\Delta x \to 0 \\ \Delta y \to 0}} \frac{\Delta u\Delta x + \Delta v\Delta y}{\Delta x^2 + \Delta y^2} - j \lim_{\substack{\Delta x \to 0 \\ \Delta y \to 0}} \frac{\Delta u\Delta y - \Delta v\Delta x}{\Delta x^2 + \Delta y^2} \tag{23.38}$$

gilt, vorausgesetzt, daß die beiden rechts stehenden Grenzwerte existieren. Um sie zu berechnen, setzen wir die Differenzierbarkeit der Funktionen u(x, y) und v(x, y) an der Stelle (x_0, y_0) voraus. Dann gilt

$$\Delta u = u_x(x_0, y_0)\Delta x + u_y(x_0, y_0)\Delta y + \sqrt{\Delta x^2 + \Delta y^2}\,\epsilon_1(\Delta x, \Delta y),$$

$$\Delta v = v_x(x_0, y_0)\Delta x + v_y(x_0, y_0)\Delta y + \sqrt{\Delta x^2 + \Delta y^2}\,\epsilon_2(\Delta x, \Delta y)$$

und folglich

$$\Delta u \Delta x + \Delta v \Delta y = u_x \Delta x^2 + v_y \Delta y^2 + (u_y + v_x)\Delta x \Delta y + \\ + \sqrt{\Delta x^2 + \Delta y^2}\,\Big(\Delta x\, \epsilon_1(\Delta x, \Delta y) + \Delta y\, \epsilon_2(\Delta x, \Delta y)\Big)$$

beziehungsweise

$$\Delta u \Delta y - \Delta v \Delta x = u_y \Delta y^2 - v_x \Delta x^2 + (u_x - v_y)\Delta x \Delta y + \\ + \sqrt{\Delta x^2 + \Delta y^2}\,\Big(\Delta y\, \epsilon_1(\Delta x, \Delta y) - \Delta x\, \epsilon_2(\Delta x, \Delta y)\Big).$$

Dividieren wir durch $\Delta x^2 + \Delta y^2$, so folgt weiter

$$\frac{\Delta u \Delta x + \Delta v \Delta y}{\Delta x^2 + \Delta y^2} = \frac{u_x \Delta x^2 + v_y \Delta y^2 + (u_y + v_x)\Delta x \Delta y}{\Delta x^2 + \Delta y^2} + \\ + \epsilon_1(\Delta x, \Delta y)\frac{\Delta x}{\sqrt{\Delta x^2 + \Delta y^2}} + \epsilon_2(\Delta x, \Delta y)\frac{\Delta y}{\sqrt{\Delta x^2 + \Delta y^2}}$$

und wegen

$$\left|\frac{\Delta x}{\sqrt{\Delta x^2 + \Delta y^2}}\right| \leqslant 1, \quad \left|\frac{\Delta y}{\sqrt{\Delta x^2 + \Delta y^2}}\right| \leqslant 1$$

unter Berücksichtigung von $\lim \epsilon_1(\Delta x, \Delta y) = \lim \epsilon_2(\Delta x, \Delta y) = 0$ schließlich

$$\lim_{\substack{\Delta x \to 0 \\ \Delta y \to 0}} \frac{\Delta u \Delta x + \Delta v \Delta y}{\Delta x^2 + \Delta y^2} = \lim_{\substack{\Delta x \to 0 \\ \Delta y \to 0}} \frac{u_x \Delta x^2 + v_y \Delta y^2 + (u_y + v_x)\Delta x \Delta y}{\Delta x^2 + \Delta y^2},$$

vorausgesetzt, daß der rechterhand stehende Grenzwert existiert. Nun ist es ein leichtes einzusehen, etwa durch Einführung von Polarkoordinaten $\Delta x = \Delta r \cos\varphi$, $\Delta y = \Delta r \sin\varphi$ und Zurückführung des Doppellimes auf den einfachen Grenzübergang $\Delta r \to 0$, daß dieser Grenzwert genau dann existiert, wenn die Beziehungen

$$u_x = v_y, \quad u_y = -v_x \tag{23.39}$$

bestehen; der Grenzwert ist dann

$$\lim_{\Delta x \to 0,\, \Delta y \to 0} \frac{\Delta u \Delta x + \Delta v \Delta y}{\Delta x^2 + \Delta y^2} = u_x = v_y. \tag{23.40}$$

Unter genau denselben Bedingungen existiert auch der zweite gesuchte Grenzwert und ist gleich

$$\lim_{\Delta x \to 0,\, \Delta y \to 0} \frac{\Delta u \Delta y - \Delta v \Delta x}{\Delta x^2 + \Delta y^2} = u_y = -v_x. \tag{23.41}$$

Es ist also

$$f'(z_0) = u_x + j\,v_x = -j(u_y + j\,v_y). \tag{23.42}$$

Die Gleichungen (23.39) werden *Cauchy-Riemannsche Differentialgleichungen* genannt. Sie zeigen uns nun die angekündigte besondere geometrische Eigenschaft der durch eine differenzierbare komplexe Funktion $w = f(z)$ vermittelten Punktabbildung auf. Für eine allgemeine Transformation (23.28) haben wir die Spalten der Ableitungsmatrix

(23.32) als Tangentenvektoren der Bilder der Koordinatenlinien $x = x_0$ und $y = y_0$ gedeutet. Unter der Annahme, daß die Ableitungsmatrix regulär ist, kennzeichnen die Vektoren (u_x, v_x) und (u_y, v_y) die Koordinatenrichtungen eines i. a. schiefwinkeligen Koordinatensystems, dessen Ursprung der Bildpunkt Q_0 von P_0 bei der Abbildung (23.28) ist. Bei den durch eine differenzierbare komplexe Funktion $w = f(z)$ vermittelten Punktabbildungen ist die Regularität der Ableitung durch die Bedingung

$$f'(z_0) \neq 0 \tag{23.43}$$

gekennzeichnet, denn es ist unter Berücksichtigung der Cauchy-Riemannschen Differentialgleichungen und (23.42)

$$\begin{vmatrix} u_x & u_y \\ v_x & v_y \end{vmatrix} = \begin{vmatrix} u_x & -v_x \\ v_x & u_x \end{vmatrix} = u_x^2 + v_x^2 = |f'(z_0)|^2 \neq 0. \tag{23.44}$$

Aus den Cauchy-Riemannschen Differentialgleichungen (23.39) folgt aber auch, daß die Tangentenvektoren (u_x, v_x) und (u_y, v_y) *orthogonal* sind,

$$(u_x, v_x) \cdot (u_y, v_y) = u_x u_y + v_x v_y = u_x u_y - u_y u_x = 0. \tag{23.45}$$

Eine differenzierbare komplexe Funktion $w = f(z)$ (oder auch eine differenzierbare Funktion (23.28), für die beide Gleichungen (23.39) erfüllt sind) vermittelt daher eine Punkttransformation, durch die lokal ein *rechtwinkeliges* Koordinatensystem bestimmt ist. Dieses ist überdies positiv orientiert, wie aus der Determinante (23.44) abgelesen werden kann, deren Vorzeichen wegen $f'(z_0) \neq 0$ positiv ist. Es ist charakteristisch für eine durch eine differenzierbare Funktion $w = f(z)$ vermittelte Punkttransformation, daß sich die Bilder der Koordinatenlinien x = const. und y = const. stets unter rechtem Winkel schneiden. Wir werden weiter unten sehen, daß dieser Sachverhalt als Sonderfall eines allgemeineren Zusammenhangs zu sehen ist, insofern der Winkel, unter dem sich zwei beliebige Kurven in der z-Ebene schneiden, bei einer Transformation durch eine differenzierbare Funktion $w = f(z)$ erhalten bleibt, d. h. daß sich auch die Bildlinien in der w-Ebene unter demselben Winkel schneiden, vorausgesetzt, daß die Ableitung im Schnittpunkt von Null verschieden ist. Eine solche Abbildung wird als *winkeltreu* oder *konform* bezeichnet; ihr kommt in den Anwendungen eine besondere Rolle bei der Abbildung zweier ebener Bereiche zu.

Ebenso wie ein Funktionenpaar (23.28) als Koordinatentransformation verwendet werden kann, können wir auch durch den Realteil und den Imaginärteil einer komplexen Funktion krummlinige Koordinaten einführen. Sie sind dadurch ausgezeichnet, daß sich die Koordinatenlinien u = const. und v = const. unter rechtem Winkel schneiden, weshalb man sie als *orthogonale krummlinige Koordinaten* bezeichnet. Wir werden uns mit Koordinatentransformationen in Abschnitt 23.4 auseinandersetzen und dabei besonders auf orthogonale Koordinaten eingehen.

Nachdem wir durch diese ausführlicheren Betrachtungen am Beispiel repräsentativer Funktionstypen einen Einblick in die Differentiation von Funktionen in mehreren Veränderlichen gewinnen konnten, wenden wir uns nun der Besprechung des allgemeinen Falles zu. Es sei $\mathbf{y} = \mathbf{f}(\mathbf{x})$ eine Funktion in $m \geqslant 1$ abhängigen Veränderlichen $y_1, \ldots, y_m$ und $n \geqslant 1$ unabhängigen Veränderlichen $x_1, \ldots, x_n$,

$$y_j = f_j(x_1, x_2, \ldots, x_n), \quad j = 1, 2, \ldots, m.$$

Wir lassen für m = 1 reelle Funktionen und für n = 1 Funktionen einer reellen Veränderlichen zu, schreiben aber doch **x** und **y** als vektorielle Variable, um das Gewicht auf den allgemeinen Fall zu legen. Der Leser möge sich etwa daran orientieren, daß eine reelle Veränderliche als eindimensionaler Vektor angesehen werden kann. Mit dieser Übereinkunft sprechen wir nun folgende Definition aus:

Definition 23.1 Die Funktion $\mathbf{y} = \mathbf{f}(\mathbf{x})$ heißt an der Stelle $\mathbf{x}_0$ *differenzierbar*, wenn Funktionen $\epsilon_i(h_1, h_2, \ldots, h_n)$, i = 1, 2, …, m, existieren, als Vektor $\boldsymbol{\epsilon}(\mathbf{h})$, für die

$$\lim_{\mathbf{h} \to \mathbf{0}} \boldsymbol{\epsilon}(\mathbf{h}) = \mathbf{o} \tag{23.46}$$

gilt, und weiter eine (m × n)-Matrix **A**, so daß die Gleichung

$$\mathbf{f}(\mathbf{x}_0 + \mathbf{h}) = \mathbf{f}(\mathbf{x}_0) + \mathbf{A} \cdot \mathbf{h} + |\mathbf{h}|\, \boldsymbol{\epsilon}(\mathbf{h}) \tag{23.47}$$

für alle Vektoren **h** erfüllt ist, für die auch der Punkt $\mathbf{x}_0 + \mathbf{h}$ im Definitionsbereich der Funktion **f** liegt. Die Matrix **A** heißt die *Ableitung* der Funktion **f** an der Stelle $\mathbf{x}_0$, symbolisch

$$\mathbf{f}'(\mathbf{x}_0) = \mathbf{A};$$

der Ausdruck

$$\mathbf{f}(\mathbf{x}_0) + \mathbf{A} \cdot \mathbf{h} = \mathbf{f}(\mathbf{x}_0) + \mathbf{f}'(\mathbf{x}_0) \cdot \mathbf{h} \tag{23.48}$$

wird der *lineare Anteil der Funktion* **f** *an der Stelle* $\mathbf{x}_0$ genannt, seine Änderung als lineare Funktion des Argumentzuwachses $\mathbf{h} = \Delta\mathbf{x}$,

$$d\mathbf{y} = \mathbf{f}'(\mathbf{x}_0) \cdot \mathbf{h} = \mathbf{f}'(\mathbf{x}_0) \cdot \Delta\mathbf{x}, \tag{23.49}$$

heißt das *Differential der Funktion* **f** *an der Stelle* $\mathbf{x}_0$.

Mit dieser Definition haben wir den Ableitungsbegriff für alle Typen reeller und vektorwertiger Funktionen eines reellen oder vektorwertigen Argumentes auf einen gemeinsamen Nenner gebracht. Als Spezialfälle heben wir die skalare Funktion $y = f(x_1, \ldots, x_n) = f(\mathbf{x})$ hervor, deren Ableitung $f'(\mathbf{x}_0)$ eine Zeilenmatrix ist (vgl. (23.8)), und die vektorwertige Funktion $\mathbf{y} = \mathbf{f}(x)$ einer reellen Veränderlichen, deren Ableitung $\mathbf{f}'(x_0)$ eine Spaltenmatrix ist. Die Ableitung einer reellen Funktion $y = f(x)$ einer reellen Veränderlichen ist sowohl eine Zeilenmatrix als auch eine Spaltenmatrix, d. h. eine reelle Zahl, der uns wohlvertraute Differentialquotient.

Es stellt sich jetzt natürlich die Frage, unter welchen Voraussetzungen eine Funktion $\mathbf{y} = \mathbf{f}(\mathbf{x})$ differenzierbar ist und wie gegebenenfalls die Elemente der Ableitungsmatrix zu berechnen sind. Nun lassen unsere Betrachtungen, mit denen wir diesen Abschnitt eingeleitet haben, die Vermutung zu, daß die Existenz der partiellen Ableitungen der einzelnen Koordinatenfunktionen $f_i(\mathbf{x})$ nach den unabhängigen Veränderlichen eine notwendige, die Stetigkeit dieser Ableitungen als reelle Funktionen des Argumentes **x** eine hinreichende Bedingung ist. In der Tat gilt

Satz 23.1 *Notwendig dafür, daß die Funktion* $\mathbf{y} = \mathbf{f}(\mathbf{x})$,

$$y_i = f_i(x_1, x_2, \ldots, x_n), \quad i = 1, 2, \ldots, m,$$

an der Stelle $\mathbf{x}_0$ *differenzierbar ist, ist die Existenz sämtlicher partieller Ableitungen der Koordinatenfunktionen* f_i *an der Stelle* $\mathbf{x}_0$; *hinreichend für die Differenzierbarkeit an der*

Stelle $\mathbf{x}_0$ *ist die Stetigkeit der partiellen Ableitungen (als reelle Funktionen des Argumentes* $\mathbf{x}$*) an der Stelle* $\mathbf{x}_0$*. Die Ableitung* $\mathbf{f}'(\mathbf{x}_0)$ *ist die* $(m \times n)$*-Matrix*

$$\mathbf{f}'(\mathbf{x}_0) = \begin{pmatrix} \frac{\partial f_1}{\partial x_1} & \frac{\partial f_1}{\partial x_2} & \cdots & \frac{\partial f_1}{\partial x_n} \\ \frac{\partial f_2}{\partial x_1} & \frac{\partial f_2}{\partial x_2} & \cdots & \frac{\partial f_2}{\partial x_n} \\ \cdots & \cdots & \cdots & \cdots \\ \frac{\partial f_m}{\partial x_1} & \frac{\partial f_m}{\partial x_2} & \cdots & \frac{\partial f_m}{\partial x_n} \end{pmatrix}, \tag{23.50}$$

für die auch die Bezeichnung Funktionalmatrix gebräuchlich ist. Ihre Elemente sind die partiellen Ableitungen der Koordinatenfunktionen an der Stelle $\mathbf{x}_0$.

Wir beschränken uns beim Beweis dieses Satzes auf die Behauptung, daß das Element A_{ij} in der i-ten Zeile und j-ten Spalte der Ableitungsmatrix $\mathbf{A}$ notwendig die partielle Ableitung

$$A_{ij} = \frac{\partial}{\partial x_j} f_i(\mathbf{x})\bigg|_{\mathbf{x} = \mathbf{x}_0} \tag{23.51}$$

sein muß. Aus der Differenzierbarkeit der Funktion $\mathbf{f}$ an der Stelle $\mathbf{x}_0$ folgt nämlich, daß die Gleichung (23.47) mit einer der Forderung (23.46) genügenden Funktion $\epsilon(\mathbf{h})$ erfüllt ist. Sind $\mathring{x}_i$ die Koordinaten des Punktes $\mathbf{x}_0$ und wählen wir speziell $\mathbf{h} = h\mathbf{e}_j$ (worin $\mathbf{e}_j$ den j-ten Maßvektor bezeichnet), so erhalten wir aus (23.47)

$$\begin{aligned} \frac{\partial}{\partial x_j} f_i(\mathbf{x})\bigg|_{\mathbf{x} = \mathbf{x}_0} &= \lim_{h \to 0} \frac{f_i(\mathring{x}_1, \ldots, \mathring{x}_j + h, \ldots, \mathring{x}_n) - f_i(\mathring{x}_1, \ldots, \mathring{x}_n)}{h} \\ &= A_{ij} + \lim_{h \to 0} \frac{|h|}{h} \epsilon_i(0, \ldots, h, \ldots, 0) = A_{ij}, \end{aligned}$$

also die Behauptung (23.51).

Auf den Beweis des zweiten Teiles dieses Satzes, der eine hinreichende Bedingung für die Differenzierbarkeit durch die Forderung nach der Stetigkeit der partiellen Ableitungen ausspricht, wollen wir verzichten. Wir haben an der Herleitung der Gleichung für die Tangentialebene schon erkennen können, weshalb die Existenz der partiellen Ableitungen allein noch nicht ausreichend für die Differenzierbarkeit ist. Die Ursache hierfür liegt darin, daß in den partiellen Ableitungen der Grenzübergang längs Koordinatenachsen enthalten ist – die gegenüber anderen Richtungen nicht bevorzugt sind –, es aber in Räumen von zwei und mehr Dimensionen eine Vielzahl von Wegen gibt, den Grenzübergang gegen einen bestimmten Punkt auszuführen. Wir dürfen deshalb auch erwarten, daß die Funktion $\mathbf{y} = \mathbf{f}(x)$ einer reellen Veränderlichen, deren Ableitung die Spaltenmatrix mit den Elementen $f_i'(x_0)$ ist (bei Funktionen in einer Veränderlichen treten natürlich die gewöhnlichen Differentialquotienten an die Stelle der partiellen), im Punkt x_0 genau dann differenzierbar ist, wenn jede Koordinatenfunktion im Punkt x_0 differenzierbar ist, weil eben in derartigen Fällen die Annäherung an den Punkt x_0 nur längs der Koordinatenrichtung möglich ist. Der Leser sei in diesem Zusammenhang auf die Differentiation der

Funktion $\mathbf{x} = \mathbf{x}(t)$ hingewiesen, deren Ableitungsmatrix, aufgefaßt als Vektor, uns die Tangentenrichtung der Raumkurve $\mathbf{x} = \mathbf{x}(t)$ lieferte, ohne daß zusätzlich die Forderung der Stetigkeit der Koordinatenableitungen hätte erhoben werden müssen.

Wir fügen ergänzend hinzu, daß durch den Satz 23.1 die Frage, ob die Ableitungsmatrix einer Funktion eindeutig bestimmt ist, positiv beantwortet wird. Ferner sei darauf hingewiesen, daß jede in $\mathbf{x}_0$ differenzierbare Funktion $\mathbf{f}(\mathbf{x})$ in diesem Punkt auch stetig ist, entsprechend dem Satz 6.2, dessen Beweisgedanke für die diesbezügliche Aussage für Funktionen in mehreren Veränderlichen direkt übernommen werden kann. Wir vereinbaren schließlich noch, eine Funktion auf einem Bereich differenzierbar zu nennen, wenn sie in jedem Punkt dieses Bereiches differenzierbar ist.

Beispiel 23.1: Es seien r und φ die ebenen Polarkoordinaten eines Punktes mit den kartesischen Koordinaten x und y,

$$r = r(x, y) = \sqrt{x^2 + y^2}, \quad \varphi = \varphi(x, y) = \arc\tan \frac{y}{x}.$$

Zur Berechnung der Ableitung dieser Funktion haben wir die partiellen Differentialquotienten

$$r_x = \frac{x}{\sqrt{x^2 + y^2}} = \cos\varphi, \quad r_y = \frac{y}{\sqrt{x^2 + y^2}} = \sin\varphi \tag{23.52}$$

und

$$\varphi_x = \frac{1}{1 + \left(\frac{y}{x}\right)^2}\left(-\frac{y}{x^2}\right) = -\frac{\sin\varphi}{r}, \quad \varphi_y = \frac{1}{1 + \left(\frac{y}{x}\right)^2}\frac{1}{x} = \frac{\cos\varphi}{r} \tag{23.53}$$

zu ermitteln und gemäß (23.50) die Matrix

$$\begin{pmatrix} r_x & r_y \\ \varphi_x & \varphi_y \end{pmatrix} = \begin{pmatrix} \cos\varphi & \sin\varphi \\ -\frac{\sin\varphi}{r} & \frac{\cos\varphi}{r} \end{pmatrix}$$

zu bilden.

Von den Differentiationsregeln wollen wir nur diejenigen hervorheben, die im Hinblick auf den Vektorcharakter der abhängigen und unabhängigen Veränderlichen Neues bringen. Wir schreiben deshalb $\mathbf{f}(\mathbf{x})$ und $\mathbf{g}(\mathbf{x})$ wieder als Vektoren an, wollen damit aber auch reelle Funktionen und Funktionen einer reellen Veränderlichen berücksichtigen. Klarerweise gilt für eine Summe die Regel

$$(\mathbf{f} + \mathbf{g})' = \mathbf{f}' + \mathbf{g}' \tag{23.54}$$

und für die Multiplikation der Vektorfunktion $\mathbf{f}(\mathbf{x})$ mit einer reellen Zahl c

$$(c\mathbf{f})' = c\mathbf{f}'. \tag{23.55}$$

In (23.54) ist die Summe rechts eine Matrizenaddition, in (23.55) steht auf der rechten Seite das Produkt der Ableitungsmatrix mit der reellen Zahl c. Für die Ableitung eines inneren Produktes gilt ferner die *Produktregel*

$$(\mathbf{f} \cdot \mathbf{g})' = \mathbf{f}^* \cdot \mathbf{g}' + \mathbf{g}^* \cdot \mathbf{f}', \tag{23.56}$$

in der wir die Summanden auf der rechten Seite als Matrizenprodukte anzusehen haben, in denen $\mathbf{f}^*$ und $\mathbf{g}^*$ die aus den Vektoren $\mathbf{f}$ und $\mathbf{g}$ gebildeten Zeilenmatrizen sind. Ausführlich lautet (23.56)

$$(\mathbf{f}\cdot\mathbf{g})' = \left(f_1 \dots f_m\right)\cdot\begin{pmatrix}\frac{\partial g_1}{\partial x_1} & \dots & \frac{\partial g_1}{\partial x_n}\\ \dots & \dots & \dots\\ \frac{\partial g_m}{\partial x_1} & \dots & \frac{\partial g_m}{\partial x_n}\end{pmatrix} + \left(g_1 \dots g_m\right)\cdot\begin{pmatrix}\frac{\partial f_1}{\partial x_1} & \dots & \frac{\partial f_1}{\partial x_n}\\ \dots & \dots & \dots\\ \frac{\partial f_m}{\partial x_1} & \dots & \frac{\partial f_m}{\partial x_n}\end{pmatrix}.$$

Von der Gültigkeit dieser Formel kann sich der Leser durch Berechnung der partiellen Ableitungen der reellen Funktion $h(\mathbf{x}) = \mathbf{f}(\mathbf{x}) \cdot \mathbf{g}(\mathbf{x})$ überzeugen, wir wollen aber einen anderen Weg einschlagen, der typisch für die Ermittlung der Ableitung ist. Wir bilden für beliebiges $\Delta\mathbf{x}$

$$\begin{aligned} h(\mathbf{x}_0 + \Delta\mathbf{x}) &= \mathbf{f}(\mathbf{x}_0 + \Delta\mathbf{x}) \cdot \mathbf{g}(\mathbf{x}_0 + \Delta\mathbf{x}) \\ &= \left(\mathbf{f}(\mathbf{x}_0) + \mathbf{f}'(\mathbf{x}_0)\cdot\Delta\mathbf{x} + \dots\right)\cdot\left(\mathbf{g}(\mathbf{x}_0) + \mathbf{g}'(\mathbf{x}_0)\cdot\Delta\mathbf{x} + \dots\right), \end{aligned}$$

worin wir die Terme, die von höherer als erster Ordnung klein werden, durch Punkte angedeutet haben. Die Kommutativität des inneren Produktes von Vektoren ausnützend erhalten wir daraus

$$h(\mathbf{x}_0 + \Delta\mathbf{x}) = h(\mathbf{x}_0) + \mathbf{g}(\mathbf{x}_0)\cdot\left(\mathbf{f}'(\mathbf{x}_0)\cdot\Delta\mathbf{x}\right) + \mathbf{f}(\mathbf{x}_0)\cdot\left(\mathbf{g}'(\mathbf{x}_0)\cdot\Delta\mathbf{x}\right) + \dots,$$

wieder unter Vernachlässigung der Glieder höherer Ordnung. Wenn wir unter Heranziehung des Matrizenkalküls für das innere Produkt der beiden Vektoren $\mathbf{a}$ und $\mathbf{A}\cdot\mathbf{b}$ das Matrizenprodukt $\mathbf{a}^*\cdot\mathbf{A}\cdot\mathbf{b}$ schreiben, so folgt

$$h(\mathbf{x}_0 + \Delta\mathbf{x}) = h(\mathbf{x}_0) + \left(\mathbf{g}(\mathbf{x}_0)^*\cdot\mathbf{f}'(\mathbf{x}_0) + \mathbf{f}(\mathbf{x}_0)^*\cdot\mathbf{g}'(\mathbf{x}_0)\right)\cdot\Delta\mathbf{x} + \dots,$$

woraus durch Vergleich mit (23.47) abgelesen werden kann, daß die Funktion $h(\mathbf{x}) = \mathbf{f}(\mathbf{x})\cdot\mathbf{g}(\mathbf{x})$ differenzierbar ist und ihre Ableitung $h'(\mathbf{x}_0)$ gleich der Zeilenmatrix $\mathbf{f}^*\cdot\mathbf{g}' + \mathbf{g}^*\cdot\mathbf{f}'$ ist.

Die Produktregel gilt unverändert auch für reelle Funktionen f und g, wobei dann allerdings f anstatt f^* und g anstatt g^* geschrieben werden kann. Ordnen wir der Ableitungsmatrix einer reellen Funktion f den *Gradienten*

$$\operatorname{grad} f = \frac{\partial f}{\partial x_1}\mathbf{e}_1 + \frac{\partial f}{\partial x_2}\mathbf{e}_2 + \dots + \frac{\partial f}{\partial x_n}\mathbf{e}_n$$

zu, so läßt sich die Regel (23.56) auch durch die Formel

$$\operatorname{grad}(fg) = f \operatorname{grad} g + g \operatorname{grad} f \tag{23.57}$$

ausdrücken.

Die Differentiation zusammengesetzter Funktionen $\mathbf{f}(\mathbf{x}) = \mathbf{g}\left(\mathbf{h}(\mathbf{x})\right)$ erfolgt nach einer Rechenvorschrift, die wieder als *Kettenregel* bezeichnet wird. Ihr Wortlaut ist der gleiche wie der in Satz 6.4 für die Differentiation reeller Funktionen einer Veränderlichen: Ist die Funktion $\mathbf{z} = \mathbf{h}(\mathbf{x})$ an der Stelle $\mathbf{x}_0$ differenzierbar, die Funktion $\mathbf{y} = \mathbf{g}(\mathbf{z})$ an der Stelle $\mathbf{z}_0 = \mathbf{h}(\mathbf{x}_0)$ differenzierbar, so ist auch die zusammengesetzte Funktion $\mathbf{y} = \mathbf{f}(\mathbf{x}) = \mathbf{g}\left(\mathbf{h}(\mathbf{x})\right)$ an der Stelle $\mathbf{x}_0$ differenzierbar; ihre Ableitung ist das Produkt der Ableitungsmatrizen von $\mathbf{g}$ und $\mathbf{h}$,

$$\mathbf{f}'(\mathbf{x}_0) = \mathbf{g}'(\mathbf{z}_0)\cdot\mathbf{h}'(\mathbf{x}_0). \tag{23.58}$$

Diese Regel lautet ausführlich, wenn etwa $y_i = g_i(z_1, \dots, z_l)$, $i = 1, 2, \dots, m$, und $z_j = h_j(x_1, \dots, x_n)$, $j = 1, 2, \dots, l$, ist,

$$\begin{pmatrix} \frac{\partial f_1}{\partial x_1} & \dots & \frac{\partial f_1}{\partial x_n} \\ \dots & \dots & \dots \\ \frac{\partial f_m}{\partial x_1} & \dots & \frac{\partial f_m}{\partial x_n} \end{pmatrix} = \begin{pmatrix} \frac{\partial g_1}{\partial z_1} & \dots & \frac{\partial g_1}{\partial z_l} \\ \dots & \dots & \dots \\ \frac{\partial g_m}{\partial z_1} & \dots & \frac{\partial g_m}{\partial z_l} \end{pmatrix} \cdot \begin{pmatrix} \frac{\partial h_1}{\partial x_1} & \dots & \frac{\partial h_1}{\partial x_n} \\ \dots & \dots & \dots \\ \frac{\partial h_l}{\partial x_1} & \dots & \frac{\partial h_l}{\partial x_n} \end{pmatrix}.$$

Die Matrix $\mathbf{g}'$ wird die *äußere*, die Matrix $\mathbf{h}'$ die *innere* Ableitung genannt. Der Beweis für die Kettenregel kann buchstabengetreu aus Abschnitt 6.5 übernommen werden.

Wir wollen die Differentiation der zusammengesetzten Funktionen an einem einfachen Beispiel darlegen, mit dem auch bereits das Wesentliche aufgezeigt wird. Es sei $z = g(u, v)$ eine reelle Funktion der beiden Veränderlichen u und v, die ihrerseits Funktionen der beiden Veränderlichen x und y sein mögen, $u = u(x, y)$, $v = v(x, y)$. Durch Zusammensetzung entsteht die reelle Funktion $z = g\big(u(x, y), v(x, y)\big) = f(x, y)$. Aus der Kettenregel bestimmt sich die Ableitung von f zu

$$\begin{pmatrix} f_x & f_y \end{pmatrix} = \begin{pmatrix} g_u & g_v \end{pmatrix} \cdot \begin{pmatrix} u_x & u_y \\ v_x & v_y \end{pmatrix};$$

die partiellen Ableitungen der Funktion $f(x, y)$ lauten daher

$$f_x = g_u u_x + g_v v_x, \quad f_y = g_u u_y + g_v v_y. \tag{23.59}$$

Diese beiden Formeln sind nun auch die Grundlage für die Berechnung der höheren partiellen Ableitungen. Es ist

$$f_{xx} = \frac{\partial}{\partial x}\big(g_u u_x\big) + \frac{\partial}{\partial x}\big(g_v v_x\big) = g_u u_{xx} + u_x \frac{\partial}{\partial x} g_u + g_v v_{xx} + v_x \frac{\partial}{\partial x} g_v .$$

Die partielle Ableitung $g_u\big(u(x, y), v(x, y)\big)$ ist selbst eine zusammengesetzte Funktion; ihre Ableitung nach x bestimmt sich nach der Kettenregel

$$\frac{\partial}{\partial x} g_u = \frac{\partial g_u}{\partial u} u_x + \frac{\partial g_u}{\partial v} v_x = g_{uu} u_x + g_{uv} v_x.$$

Analog erhält man

$$\frac{\partial}{\partial x} g_v = g_{vu} u_x + g_{vv} v_x$$

und somit unter Berücksichtigung der Gleichheit der gemischten partiellen Ableitungen

$$f_{xx} = g_{uu} u_x^2 + 2 g_{uv} u_x v_x + g_{vv} v_x^2 + g_u u_{xx} + g_v v_{xx}. \tag{23.60}$$

Durch dieselbe Überlegung gelangt man zu

$$\begin{aligned} f_{xy} &= \frac{\partial}{\partial y}\big(g_u u_x\big) + \frac{\partial}{\partial y}\big(g_v v_x\big) = u_x(g_{uu} u_y + g_{uv} v_y) + g_u u_{xy} + v_x(g_{vu} u_y + g_{vv} v_y) + g_v v_{xy} \\ &= g_{uu} u_x u_y + g_{uv}(u_x v_y + u_y v_x) + g_{vv} v_x v_y + g_u u_{xy} + g_v v_{xy}, \end{aligned} \tag{23.61}$$

und schließlich wird

$$f_{yy} = g_{uu}u_y^2 + 2g_{uv}u_y v_y + g_{vv}v_y^2 + g_u u_{yy} + g_v v_{yy}. \tag{23.62}$$

Für die partiellen Ableitungen einer zusammengesetzten Funktion $f(x, y, z) = g\big(u(x, y, z), v(x, y, z), w(x, y, z)\big)$ erhält man auf die gleiche Weise

$$\begin{aligned} f_x &= g_u u_x + g_v v_x + g_w w_x, \\ f_y &= g_u u_y + g_v v_y + g_w w_y, \\ f_z &= g_u u_z + g_v v_z + g_w w_z. \end{aligned} \tag{23.63}$$

Mit Hilfe dieser Formel lassen sich dann wie oben die höheren partiellen Ableitungen berechnen.

Beispiel 23.2: Es sei $z = g(r, \varphi)$, r und φ seien die Polarkoordinaten eines Punktes mit den kartesischen Koordinaten x und y. Die partiellen Ableitungen der zusammengesetzten Funktion $z = f(x, y) = g\big(r(x, y), \varphi(x, y)\big)$ erhalten wir aus (23.59) mit $u = r$ und $v = \varphi$,

$$f_x = g_r r_x + g_\varphi \varphi_x = g_r \cos\varphi - g_\varphi \frac{\sin\varphi}{r},$$

$$f_y = g_r r_y + g_\varphi \varphi_y = g_r \sin\varphi + g_\varphi \frac{\cos\varphi}{r},$$

womit wir die partiellen Ableitungen als Funktionen der Polarkoordinaten gewonnen haben, wenn wir in den Ausdrücken ganz rechts r und φ als Argumente der partiellen Ableitungen g_r und g_φ belassen. Für die höheren partiellen Ableitungen liefern die Formeln (23.60) bis (23.62) unter Berücksichtigung von

$$r_{xx} = \frac{\sin^2\varphi}{r}, \quad r_{xy} = -\frac{\cos\varphi \sin\varphi}{r}, \quad r_{yy} = \frac{\cos^2\varphi}{r}$$

und

$$\varphi_{xx} = 2\frac{\sin\varphi\cos\varphi}{r^2}, \quad \varphi_{xy} = \frac{\sin^2\varphi - \cos^2\varphi}{r^2}, \quad \varphi_{yy} = -2\frac{\sin\varphi\cos\varphi}{r^2}$$

die Ausdrücke

$$f_{xx} = g_{rr}\cos^2\varphi - 2g_{r\varphi}\frac{\cos\varphi\sin\varphi}{r} + g_{\varphi\varphi}\frac{\sin^2\varphi}{r^2} + g_r\frac{\sin^2\varphi}{r} + 2g_\varphi\frac{\sin\varphi\cos\varphi}{r^2},$$

$$f_{xy} = g_{rr}\cos\varphi\sin\varphi + g_{r\varphi}\frac{\cos^2\varphi - \sin^2\varphi}{r} - g_{\varphi\varphi}\frac{\sin\varphi\cos\varphi}{r^2} - g_r\frac{\cos\varphi\sin\varphi}{r} + g_\varphi\frac{\sin^2\varphi - \cos^2\varphi}{r^2},$$

$$f_{yy} = g_{rr}\sin^2\varphi + 2g_{r\varphi}\frac{\sin\varphi\cos\varphi}{r} + g_{\varphi\varphi}\frac{\cos^2\varphi}{r^2} + g_r\frac{\cos^2\varphi}{r} - 2g_\varphi\frac{\sin\varphi\cos\varphi}{r^2}.$$

Für die Zusammensetzung komplexer Funktion $w = g(\xi)$ und $\xi = h(z)$ zur Funktion $w = f(z) = g\big(h(z)\big)$ lautet die wieder als Kettenregel bezeichnete Differentiationsvorschrift

$$f'(z) = g'(\xi)h'(z); \tag{23.64}$$

g' heißt die äußere, h' die innere Ableitung. Wir bemerken dazu, daß sowohl die Variable ξ als auch die Variable z reell sein kann.

Im Besitz der Kettenregel für komplexe Funktionen können wir nun den Nachweis erbringen, daß die durch eine differenzierbare komplexe Funktion $w = f(z)$ vermittelte Punkttransformation winkeltreu ist.

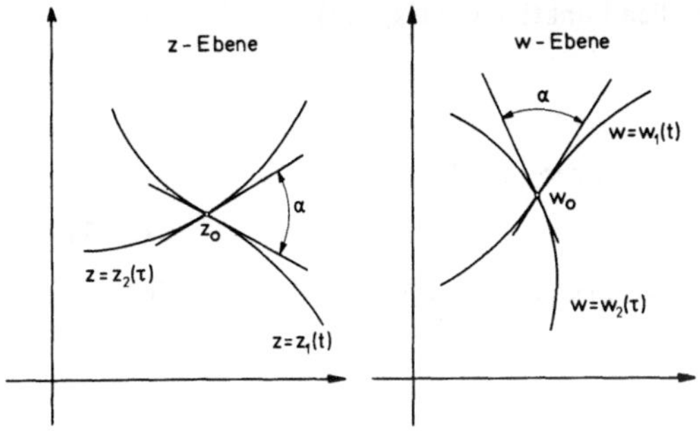

Bild 23.7

Beispiel 23.3: Es sei $w = f(z)$ im Bereich B der z-Ebene differenzierbar und bilde B auf den Bereich B' der w-Ebene ab. Ferner seien $z = z_1(t)$, $z = z_2(\tau)$ zwei beliebige Kurven in B, die sich im Punkt $z_0 = z_1(t_0) = z_2(\tau_0)$ schneiden mögen. Die Bilder dieser Kurven in der w-Ebene bezeichnen wir mit $w_1(t) = f(z_1(t))$ und $w_2(\tau) = f(z_2(\tau))$ (Bild 23.7). Da die Punkte, in denen die Ableitung von f verschwindet, eine Ausnahmerolle spielen, setzen wir $f'(z_0) \neq 0$ voraus. Für die Existenz der Tangenten an die Kurven $z = z_1(t)$ und $z = z_2(\tau)$ im Punkt z_0 benötigen wir die Differenzierbarkeit der Funktionen $z_1(t)$ und $z_2(\tau)$ an der Stelle t_0 bzw. τ_0; es existieren dann auch die Tangenten an die Bildkurven im Punkt $w_0 = f(z)$, da die Funktionen $w_1(t)$ und $w_2(\tau)$ auf Grund der Kettenregel an der Stelle t_0 bzw. τ_0 differenzierbar sind. Der Schnittwinkel α bestimmt sich aus der Formel

$$\alpha = \arg(\dot{z}_1 \overline{\dot{z}_2}),$$

der Winkel β analog aus

$$\beta = \arg(\dot{w}_1 \overline{\dot{w}_2}).$$

Nun ist zufolge (23.64)

$$\dot{w}_1(t_0) = f'(z_0)\dot{z}_1(t_0), \quad \dot{w}_2(\tau_0) = f'(z_0)\dot{z}_2(\tau_0)$$

und daher

$$\beta = \arg(\dot{w}_1 \overline{\dot{w}_2}) = \arg\left(f'(z_0)\dot{z}_1 \overline{f'(z_0)\dot{z}_2}\right) = \arg(\dot{z}_1 \overline{\dot{z}_2}) = \alpha,$$

wobei wir davon Gebrauch gemacht haben, daß die reelle Zahl $f'(z_0)\overline{f'(z_0)} = |f'(z_0)|^2 \neq 0$ als Faktor auf die Argumentbildung keinen Einfluß hat.

Wir beschließen diesen Abschnitt über Differentiation und Ableitung von Funktionen in mehreren Veränderlichen mit einigen Ergänzungen zum Differentialbegriff. Für eine Funktion $\mathbf{y} = \mathbf{f}(\mathbf{x})$ haben wir das Differential an der Stelle $\mathbf{x}_0$ als lineare Funktion des Argumentzuwachses $\Delta\mathbf{x}$ eingeführt,

$$d\mathbf{y} = \mathbf{f}'(\mathbf{x}_0) \cdot \Delta\mathbf{x}.$$

Als *Differential der unabhängigen Veränderlichen* $\mathbf{x}$ bezeichnen wir das Differential der Funktion $\mathbf{y} = \mathbf{x}$; da deren Ableitung gleich der Einheitsmatrix $\mathbf{E}$ ist, wird

$$d\mathbf{y} = d\mathbf{x} = \mathbf{E} \cdot \Delta\mathbf{x},$$

also

$$d\mathbf{x} = \Delta\mathbf{x}$$

(vgl. (6.69)). Wir schreiben deshalb das Differential der Funktion $\mathbf{y} = \mathbf{f}(\mathbf{x})$ in der Form

$$d\mathbf{y} = \mathbf{f}'(\mathbf{x}_0) \cdot d\mathbf{x}. \tag{23.65}$$

So lautet zum Beispiel das Differential der reellen Funktion $u = f(x, y, z)$

$$du = \frac{\partial f}{\partial x} dx + \frac{\partial f}{\partial y} dy + \frac{\partial f}{\partial z} dz,$$

das wir mit Hilfe des Gradienten der Funktion f auch als inneres Produkt

$$du = (\operatorname{grad} f) \cdot d\mathbf{x} \tag{23.66}$$

schreiben können. Das Differential der durch ein Funktionenpaar $u = u(x, y)$, $v = v(x, y)$ definierten Vektorfunktion ist

$$du = \frac{\partial u}{\partial x} dx + \frac{\partial u}{\partial y} dy, \quad dv = \frac{\partial v}{\partial x} dx + \frac{\partial v}{\partial y} dy.$$

Wie bei Funktionen einer Veränderlichen besteht formal kein Unterschied zwischen dem Differential der abhängigen und der unabhängigen Veränderlichen, eine Eigenschaft des Differentials, die wir als *Invarianz* bezeichnet haben. Ist $\mathbf{y} = \mathbf{g}(\mathbf{z})$ und $\mathbf{z} = \mathbf{h}(\mathbf{x})$, so ist $d\mathbf{z}$ in $d\mathbf{y} = \mathbf{g}' \cdot d\mathbf{z}$ das Differential einer unabhängigen Veränderlichen, in $d\mathbf{z} = \mathbf{h}' \cdot d\mathbf{x}$ das Differential einer abhängigen Veränderlichen. Das Differential der zusammengesetzten Funktion $\mathbf{y} = \mathbf{f}(\mathbf{x}) = \mathbf{g}(\mathbf{h}(\mathbf{x}))$ lautet zufolge der Kettenregel $d\mathbf{y} = \mathbf{g}' \cdot \mathbf{h}' \cdot d\mathbf{x}$ und entsteht durch Einsetzen von $d\mathbf{z} = \mathbf{h}' \cdot d\mathbf{x}$ in $d\mathbf{y} = \mathbf{g}' \cdot d\mathbf{z}$.

Für das Rechnen mit Differentialen führen wir die Regeln

$$d(\mathbf{f} + \mathbf{g}) = d\mathbf{f} + d\mathbf{g}, \tag{23.67}$$

$$d(c\mathbf{f}) = c\,d\mathbf{f} \tag{23.68}$$

und

$$d(\mathbf{f} \cdot \mathbf{g}) = \mathbf{f}^* \cdot d\mathbf{g} + \mathbf{g}^* \cdot d\mathbf{f} \tag{23.69}$$

an, die eine unmittelbare Folgerung der Differentiationsregeln (23.54), (23.55) und (23.56) sind.

23.2 Implizite Funktionen. Differentiation der impliziten Funktionen

Wir sind gewohnt, einen Zusammenhang zwischen zwei Größen x und y durch eine Gleichung $y = f(x)$ zu beschreiben. Da dies aber zur Voraussetzung hat, daß die Größe y eindeutig durch die Größe x bestimmt ist, gelingt auf diese Weise nicht immer eine vollständige Charakterisierung aller in Frage kommenden Wertesysteme (x, y), wie es in den Anwendungen zumeist erwünscht ist. Vor allem aber dann, wenn x und y gleichberechtigte Größen sind, wie etwa x und y als kartesische Koordinaten, erscheint es unmotiviert, eine Beziehung zwischen x und y durch eine Gleichung $y = f(x)$ ausdrücken zu wollen, die eine Unsymmetrie in den Veränderlichen aufweist. Daß dies zu Einbußen an Allgemeinheit führen kann, war schon in der elementaren Geometrie zu erkennen, insofern ebene Kurven nicht immer durch eine Gleichung $y = f(x)$ beschrieben werden können. Dagegen treten in einer Gleichung $F(x, y) = 0$ beide Variablen gleichberechtigt nebeneinander auf; liegt der Punkt $P(x, y)$ auf der Kurve, so genügen seine Koordinaten der Gleichung $F(x, y) = 0$.

Doch nicht nur in der Geometrie, auch in der Physik haben wir es vielfach mit gleichberechtigten Größen zu tun. Es besteht zum Beispiel kein Grund, irgendeine der drei Zustandsgrößen eines Gases, den Druck p, die Temperatur T und das Volumen V, gegenüber den beiden anderen a priori auszuzeichnen, so daß es der Natur der Dinge eher entspricht, ihren Zusammenhang durch eine Gleichung $F(p, T, V) = 0$ zu kennzeichnen. Erst im Verlauf einer konkreten Untersuchung, wie zum Beispiel mit dem Ziel, die Abhängigkeit des Druckes von der Temperatur bei konstant gehaltenem Volumen zu studieren, tritt eine Zustandsgröße gegenüber den anderen in den Vordergrund.

Liegt eine Gleichung $F(x, y) = 0$ vor, so können wir uns fragen, ob sie sich nach einer der Veränderlichen y oder x durch eine Funktion $y = f(x)$ oder $x = g(y)$ auflösen läßt, so daß die Gleichung $F\bigl(x, f(x)\bigr) = 0$ für alle x aus einem gewissen Intervall beziehungsweise die Gleichung $F\bigl(g(y), y\bigr) = 0$ für alle y aus einem gewissen Intervall erfüllt ist. Wenn dies der Fall ist, so sagen wir, die Funktion $y = f(x)$ beziehungsweise $x = g(y)$ ist *implizit* durch die Gleichung $F(x, y) = 0$ gegeben, das Ergebnis der Auflösung nach y beziehungsweise x lautet *explizit* $y = f(x)$ beziehungsweise $x = g(y)$. Es wäre aber verfehlt, wollte man nun annehmen, daß die Auflösung einer Gleichung $F(x, y) = 0$ stets und in eindeutiger Weise möglich ist. Wir müssen im allgemeinen vielmehr erwarten, daß das Ergebnis der Auflösung nach y, wenn eine solche überhaupt möglich ist, aus mehreren, unter Umständen auch unendlichen vielen expliziten Funktionen $y = f_i(x)$ besteht, die wir dann *Zweige* der durch $F(x, y) = 0$ implizit gegebenen Funktion nennen, wie zum Beispiel die Halbkreise $y = \sqrt{1 - x^2}$ und $y = -\sqrt{1 - x^2}$ des Kreises $F(x, y) = x^2 + y^2 - 1 = 0$ oder die Zweige der Arcus-Sinus Funktion, die wir implizit durch die Gleichung $F(x, y) = x - \sin y = 0$ darstellen können.

Die folgenden Untersuchungen zielen nun darauf ab, festzustellen, unter welchen Bedingungen durch eine Gleichung $F(x, y) = 0$ implizit eine Funktion $y = f(x)$ beziehungsweise $x = g(y)$ gegeben ist. Gleichzeitig damit soll auch die Differentiation der implizit gegebenen Funktionen behandelt werden.

Um uns ein anschauliches Bild von den Verhältnissen zu verschaffen, deuten wir die Gleichung

$$F(x, y) = 0 \tag{23.70}$$

als Schnitt der Ebene $z = 0$ mit der Fläche $z = F(x, y)$. Wenn überhaupt eine Schnittkurve existiert, so kann diese aus einem einzigen Kurvenbogen, aber auch aus mehreren voneinander getrennten Kurvenstücken bestehen. Ist $P(x, y)$ ein Punkt auf einem solchen Kurvenstück, so genügen seine Koordinaten jedenfalls der Gleichung (23.70). Wenn es möglich ist, dieses Kurvenstück durch eine Gleichung $y = f(x)$, $a \leqslant x \leqslant b$, zu beschreiben, so erfüllt die Funktion $f(x)$ die Gleichung

$$F\bigl(x, f(x)\bigr) = 0 \quad \text{für} \quad a \leqslant x \leqslant b.$$

Es ist natürlich auch denkbar, daß dieses Kurvenstück durch eine Gleichung $x = g(y)$, $\alpha \leqslant y \leqslant \beta$, dargestellt werden kann, in welchem Fall dann $g(y)$ der Gleichung

$$F\bigl(g(y), y\bigr) = 0 \quad \text{für} \quad \alpha \leqslant y \leqslant \beta$$

genügt. Die Funktion $y = f(x)$ ist eine *Auflösung* der Gleichung (23.70) nach y, desgleichen $x = g(y)$ eine Auflösung dieser Gleichung nach x (Bild 23.8).

Wir geben dieser Betrachtung nun eine mehr mathematische Fassung. Offenbar müssen wir verlangen, daß die Gleichung (23.70) zumindest eine Lösung x_0, y_0 hat; andernfalls verläuft die Fläche $z = F(x, y)$ zur Gänze oberhalb oder unterhalb der (x, y)-Ebene, ohne diese auch nur zu berühren, und von einer Auflösung der Gleichung (23.70) kann überhaupt keine Rede sein. Ein solches Wertepaar (x_0, y_0) mit $F(x_0, y_0) = 0$ bezeichnen wir als *Anfangslösung*. Die Existenz einer Anfangslösung bedeutet nun aber noch nicht, daß die

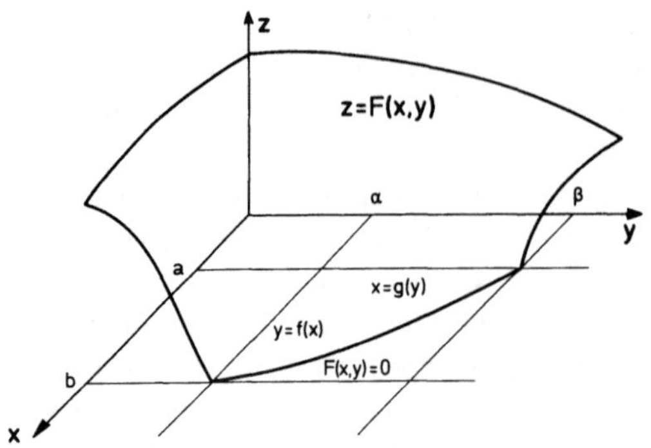

Bild 23.8

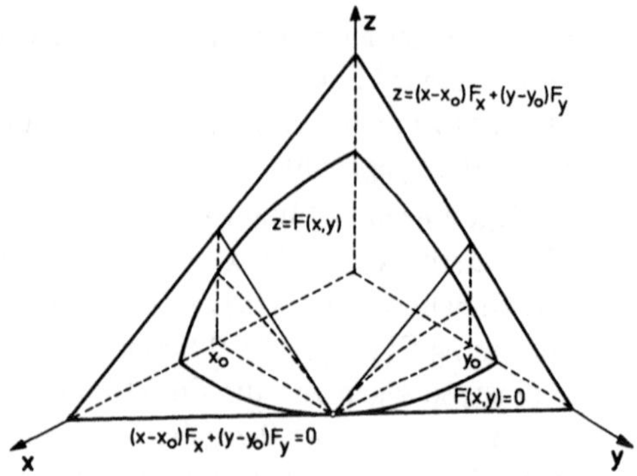

Bild 23.9

Fläche $z = F(x, y)$ die (x, y)-Ebene längs eines auch noch so kleinen Kurvenstückes schneiden muß. Eine Entscheidung gelingt uns jetzt, wenn wir die Stellung der Tangentialebene im Punkt $(x_0, y_0, 0)$ betrachten, wofür wir nun voraussetzen müssen, daß die Funktion $F(x, y)$ an der Stelle (x_0, y_0) differenzierbar ist. Es sind zwei Fälle möglich: Entweder ist die Tangentialebene mit der (x, y)-Ebene identisch oder sie durchsetzt die (x, y)-Ebene. Im ersten Fall muß $F_x(x_0, y_0) = F_y(x_0, y_0) = 0$ gelten, da sonst die Normalenrichtung $(F_x, F_y, -1)$ der Tangentialebene (vgl. (23.2)) nicht parallel zur z-Achse ist und folglich die Tangentialebene nicht mit der (x, y)-Ebene zusammenfallen kann. Das gleichzeitige Verschwinden der partiellen Ableitungen an der Stelle (x_0, y_0) können wir auch durch $F'(x_0, y_0) = \begin{pmatrix} 0 & 0 \end{pmatrix}$ ausdrücken, also dadurch, daß die Ableitung der Funktion $F(x, y)$ im Punkt (x_0, y_0) gleich der Nullmatrix ist. Welchen Situationen wir dann gegenüberstehen können, zeigen uns die folgenden Beispiele. Für $F(x, y) = x^2 + y^2 = 0$ ist $x_0 = y_0 = 0$ eine Anfangslösung mit $F'(0, 0) = \begin{pmatrix} 0 & 0 \end{pmatrix}$. Offenbar ist $x_0 = y_0 = 0$ auch die einzige Lösung dieser Gleichung, das Drehparaboloid $z = x^2 + y^2$ verläuft vollständig im Halbraum $z \geqslant 0$ und berührt im Koordinatenursprung die (x, y)-Ebene. Anders liegen die Verhältnisse im Falle $F(x, y) = x^2 - y^2 = 0$. Wie vorhin ist $x_0 = y_0 = 0$ eine Anfangslösung und $F'(0, 0) = \begin{pmatrix} 0 & 0 \end{pmatrix}$. Wir erhalten jetzt gleich zwei sich im Punkt $(0, 0)$ kreuzende Kurven $y = x$ und $y = -x$ als Schnittgebilde des hyperbolischen Paraboloids $z = x^2 - y^2$ mit der (x, y)-Ebene, weshalb eine eindeutige Auflösung der Gleichung $x^2 - y^2 = 0$ in einer Umgebung der Stelle $x_0 = 0$ durch eine Funktion $y = f(x)$ unmöglich ist. Andererseits zeigt das Beispiel $F(x, y) = (x-y)^2 = 0$, daß die Ableitung von $F(x, y)$ für eine Anfangslösung (hier $x_0 = y_0 = 0$) gleich der Nullmatrix sein kann und dennoch die Möglichkeit einer eindeutigen Auflösung besteht. Es ist also jeder Fall denkbar, wenn die Tangentialebene mit der (x, y)-Ebene zusammenfällt, eine *eindeutige* Auflösbarkeit ist im allgemeinen nicht gewährleistet.

Ist die Tangentialebene aber nicht mit der (x, y)-Ebene identisch, so muß sie diese durchsetzen. In diesem Fall ist mindestens eine der beiden partiellen Ableitungen von $F(x, y)$ an der Stelle (x_0, y_0) von Null verschieden, das heißt $F'(x_0, y_0) \neq \begin{pmatrix} 0 & 0 \end{pmatrix}$. Da sich die Fläche in einer Umgebung der Stelle (x_0, y_0) nicht allzu stark verwölben kann, ziehen wir daraus den Schluß, daß sie die (x, y)-Ebene in einem kleinen Kurvenstück schneiden muß, das sich vom Punkt (x_0, y_0) nach beiden Seiten hin erstreckt. Wir erkennen ferner, daß dieses Kurvenstück im Punkt (x_0, y_0) eine Tangente hat, die uns als Schnittgerade der Tangentialebene mit der Ebene $z = 0$ geliefert wird (Bild 23.9). Wir finden ihre Gleichung, indem wir in der Gleichung für die Tangentialebene (vgl. (23.1) mit $z_0 = F(x_0, y_0) = 0$)

$$z = F_x(x_0, y_0)(x - x_0) + F_y(x_0, y_0)(y - y_0)$$

für $z = 0$ setzen,

$$F_x(x_0, y_0)(x - x_0) + F_y(x_0, y_0)(y - y_0) = 0. \tag{23.71}$$

Da wegen $F'(x_0, y_0) \neq \begin{pmatrix} 0 & 0 \end{pmatrix}$ nicht beide partiellen Ableitungen von $F(x, y)$ an der Stelle (x_0, y_0) gleich Null sein können, dürfen wir z. B. $F_y(x_0, y_0) \neq 0$ annehmen. Dividieren wir dann die Gleichung (23.71) durch $F_y(x_0, y_0)$, so erhalten wir die Tangentengleichung in der Form

$$y = y_0 - \frac{F_x(x_0, y_0)}{F_y(x_0, y_0)}(x - x_0).$$

Dies besagt zwar noch nicht, daß eine Darstellung der Schnittkurve explizit durch eine Gleichung $y = f(x)$ möglich ist, doch wenn dies der Fall ist, so ist die Funktion $f(x)$ an der Stelle x_0 differenzierbar und ihre Ableitung lautet

$$f'(x_0) = -\frac{F_x(x_0, y_0)}{F_y(x_0, y_0)}, \quad y_0 = f(x_0). \tag{23.72}$$

Ist hingegen $F_y(x_0, y_0) = 0$, so verläuft die Kurventangente parallel zur y-Achse, weshalb wir nicht mit einer expliziten Darstellung durch eine Gleichung $y = f(x)$ rechnen können, es sei denn, die Tangente durchsetzt die Kurve. Im Falle $F_x(x_0, y_0) \neq 0$ dürfen wir auch erwarten, die Schnittkurve explizit durch eine Gleichung $x = g(y)$ beschreiben zu können; nach Division der Tangentengleichung (23.71) durch $F_x(x_0, y_0)$ erkennen wir dann, daß auch $g(y)$ an der Stelle y_0 differenzierbar ist mit der Ableitung

$$g'(y_0) = -\frac{F_y(x_0, y_0)}{F_x(x_0, y_0)}, \quad x_0 = g(y_0). \tag{23.73}$$

Jede der beiden Funktionen $y = f(x)$ und $x = g(y)$ ist die Umkehrfunktion der anderen, da durch beide die Schnittkurve oder ein Teil derselben beschrieben wird. Aus den Differentiationsregeln (23.72) und (23.73) schließen wir noch auf den Zusammenhang

$$f'(x_0)g'(y_0) = 1,$$

der uns von der Differentiation der Umkehrfunktion her geläufig ist (vgl. die Formel (6.35) in Abschnitt 6.4).

Es zeigt sich nun durch eine genauere Untersuchung, daß aus der bloßen Existenz der Tangentialebene im Punkt $(x_0, y_0, 0)$ eine explizite Darstellung der Schnittkurve nicht gefolgert werden kann. Wenn wir aber zusätzlich voraussetzen, daß die Tangentialebene der Fläche $z = F(x, y)$ auch in einer Umgebung des Punktes $(x_0, y_0, 0)$ existiert und sich in dieser stetig ändert, so läßt die Schnittkurve eine explizite Darstellung zu. Wir fassen dies zusammen im

Satz 23.2 *Es sei* $F(x, y) = 0$ *und* (x_0, y_0) *eine Anfangslösung dieser Gleichung. Sind dann die partiellen Ableitungen* $F_x(x, y)$ *und* $F_y(x, y)$ *der Funktion* $F(x, y)$ *in einer Umgebung der Stelle* (x_0, y_0) *stetig und gilt* $F_y(x_0, y_0) \neq 0$, *so gibt es ein Intervall* $a \leqslant x \leqslant b$ *um den Punkt* x_0, *auf dem durch die Gleichung* $F(x, y) = 0$ *eine stetige Funktion* $f(x)$ *mit* $y_0 = f(x_0)$ *bestimmt ist, die*

$$F\big(x, f(x)\big) = 0 \quad \textit{für} \quad a \leqslant x \leqslant b$$

erfüllt. Die Funktion f(x) *ist differenzierbar und ihre Ableitung* f'(x) *genügt an jeder Stelle des Intervalles* [a, b] *der Gleichung*

$$F_x(x, y) + F_y(x, y) f'(x) = 0, \quad a \leqslant x \leqslant b. \tag{23.74}$$

Wir bemerken dazu, daß durch diesen Satz keine Auskunft darüber gegeben wird, wie groß das Intervall [a, b] ist. Wie weit sich die Schnittkurve erstreckt, ist schließlich auch eine ganz andere Frage und kann aus lokalen Eigenschaften der Funktion F(x, y) in einer Umgebung der Anfangslösung (x_0, y_0) nicht beantwortet werden. Solange wir eben nur Forderungen lokaler Natur an die Funktion F(x, y) stellen, dürfen wir auch nur lokale Aussagen über die Funktion f(x) erwarten. Ebensowenig Aufschluß gibt der Satz im Hinblick darauf, wie die Funktion f(x) berechnet werden kann; in dieser Hinsicht ist er nicht konstruktiv, weshalb wir auch auf eine präzise Beweisführung verzichten wollen.

Durch Vertauschung der Rollen von x und y erhalten wir unter der Voraussetzung $F_x(x_0, y_0) \neq 0$ eine Existenzaussage für eine auf einem gewissen Intervall $[\alpha, \beta]$ stetige Funktion g(y), für die $x_0 = g(y_0)$ und $F\big(g(y), y\big) = 0$ für alle $y \in [\alpha, \beta]$ gilt. Die Funktion g(y) ist differenzierbar, ihre Ableitung ist aus

$$F_x(x, y) g'(y) + F_y(x, y) = 0, \quad \alpha \leqslant y \leqslant \beta, \tag{23.75}$$

zu berechnen.

Beispiel 23.4: Sei $F(x, y) = x^2 + y^2 - 1 = 0$ und (x_0, y_0) eine Anfangslösung mit $|x_0| < 1$, $y_0 > 0$. Die Auflösung lautet wegen der Annahme $y_0 > 0$

$$y = f(x) = \sqrt{1 - x^2}, \quad -1 \leqslant x \leqslant 1.$$

Für die Ableitung erhalten wir aus (23.74)

$$f'(x) = -\frac{F_x(x, y)}{F_y(x, y)} = -\frac{x}{y} = -\frac{x}{\sqrt{1 - x^2}}.$$

Hätten wir $y_0 < 0$ vorausgesetzt, so hieße die Auflösung

$$y = f(x) = -\sqrt{1 - x^2}, \quad -1 \leqslant x \leqslant 1.$$

Im Falle $y_0 = 0$ ist $x_0^2 = 1$ und die Voraussetzung $F_y \neq 0$ des Satzes 23.2 ist wegen $F_y(x_0, y_0) = 2y_0 = 0$ nicht erfüllt. Dagegen ist $F_x(x_0, y_0) = 2x_0 \neq 0$ und folglich eine Auflösung nach x möglich, die durch

$$x = g(y) = \operatorname{sign}(x_0) \sqrt{1 - y^2}$$

geliefert wird. Die Ableitung von g(y) lautet

$$g'(y) = -\frac{F_y(x, y)}{F_x(x, y)} = -\frac{y}{x} = -\operatorname{sign}(x_0) \frac{y}{\sqrt{1 - y^2}}.$$

Ähnliche Verhältnisse finden wir vor, wenn eine Gleichung

$$F(x, y, z) = 0 \tag{23.76}$$

gegeben ist und nach einer der Veränderlichen durch eine Funktion der beiden übrigen aufgelöst werden soll, von der wir dann sagen, daß sie implizit durch die Gleichung (23.76) gegeben ist. Wir wollen etwa die Auflösung nach der Variablen z durch eine Funktion z = f(x, y) besprechen; alle anderen Möglichkeiten sind analog zu behandeln. Wir deuten zu diesem Zweck die Gleichung (23.76) als Niveaufläche der Funktion u = F(x, y, z) für u = 0. Ist x_0, y_0, z_0 eine Anfangslösung der Gleichung (23.76), so entspricht der Auflösung von (23.76) nach z die explizite Darstellung $z = f(x, y)$ der Niveaufläche in einer Umgebung des Punktes $P_0(x_0, y_0, z_0)$. Da der Gradient (F_x, F_y, F_z) senkrecht auf die Niveauflächen $F(x, y, z) = \text{const.}$ steht, lautet die Tangentialebene im Punkt P_0

$$F_x(x_0, y_0, z_0)(x - x_0) + F_y(x_0, y_0, z_0)(y - y_0) + F_z(x_0, y_0, z_0)(z - z_0) = 0.$$

Steht die Tangentialebene nun senkrecht auf die (x, y)-Ebene, wofür notwendig $F_z(x_0, y_0, z_0) = 0$ gelten muß, so können wir im allgemeinen nicht mit einer Auflösung von (23.76) durch eine Funktion $z = f(x, y)$ rechnen. Wenn aber $F_z(x_0, y_0, z_0) \neq 0$ ist, ferner die Tangentialebene an die Fläche $F(x, y, z) = 0$ auch in einer Umgebung des Punktes P_0 existiert und sich darin stetig ändert, so läßt sich zeigen, daß es einen abgeschlossenen Bereich B der (x, y)-Ebene gibt, der den Punkt (x_0, y_0) in seinem Inneren enthält, und daß eine durch die Gleichung (23.76) eindeutig bestimmte auf B stetige Funktion $z = f(x, y)$ mit den Eigenschaften $z_0 = f(x_0, y_0)$ und

$$F\big(x, y, f(x, y)\big) = 0 \quad \text{für} \quad (x, y) \in B$$

existiert. Die Funktion f(x, y) ist in B differenzierbar, ihre partiellen Ableitungen sind die Quotienten

$$f_x = -\frac{F_x(x, y, z)}{F_z(x, y, z)}, \quad f_y = -\frac{F_y(x, y, z)}{F_z(x, y, z)}. \tag{23.77}$$

Zu diesen Formeln gelangt man durch folgende Überlegung: Sowohl der Gradient (F_x, F_y, F_z) als auch der Vektor $(f_x, f_y, -1)$ bestimmen die Normalenrichtung der Tangentialebene, sind also kollineare Vektoren; offenbar besteht der Zusammenhang

$$-F_z(f_x \mathbf{e}_x + f_y \mathbf{e}_y - \mathbf{e}_z) = F_x \mathbf{e}_x + F_y \mathbf{e}_y + F_z \mathbf{e}_z,$$

aus dem nun sich nun unmittelbar die Differentiationsregeln (23.77) ergeben. Wir entnehmen dieser Gleichung überdies, daß die Ableitung der Funktion f(x, y) als Lösung der Matrizengleichung

$$\begin{pmatrix} F_x & F_y \end{pmatrix} + F_z \begin{pmatrix} f_x & f_y \end{pmatrix} = \begin{pmatrix} 0 & 0 \end{pmatrix}$$

angesehen werden kann.

Unter analogen Bedingungen lassen sich diese Ergebnisse auf die Auflösung einer Gleichung $F(x, y, z, \ldots) = 0$ übertragen. Von Interesse ist nun auch der allgemeine Fall, bei dem es um Auflösung von m Gleichungen (in mehr als m Veränderlichen) nach m Variablen geht.

Es seien m *Gleichungen*

$$\begin{aligned} &F_1(x_1, x_2, \ldots, x_n, y_1, y_2, \ldots, y_m) = 0, \\ &F_2(x_1, x_2, \ldots, x_n, y_1, y_2, \ldots, y_m) = 0, \\ &\ldots\ldots\ldots\ldots\ldots\ldots\ldots\ldots\ldots\ldots \\ &F_m(x_1, x_2, \ldots, x_n, y_1, y_2, \ldots, y_m) = 0 \end{aligned}$$

in n + m *Veränderlichen gegeben, für die wir kurz*

$$\mathbf{F}(\mathbf{x}, \mathbf{y}) = \mathbf{o} \tag{23.78}$$

schreiben. Gibt es eine Auflösung dieser Gleichungen nach den Veränderlichen $y_1, \ldots, y_m$ *durch* m *Funktionen* $y_j = f_j(x_1, x_2, \ldots, x_n), j = 1, 2, \ldots, m$, *kurz* $\mathbf{y} = \mathbf{f}(\mathbf{x})$, *so daß für alle Punkte aus einem gewissen Bereich die Gleichung*

$$\mathbf{F}\left(\mathbf{x}, \mathbf{f}(\mathbf{x})\right) = \mathbf{o}$$

erfüllt ist, so sagen wir, die Funktion $\mathbf{y} = \mathbf{f}(\mathbf{x})$ *ist implizit durch die Gleichung* (23.78) *gegeben.* Es zeigt sich nun, daß unter ganz ähnlichen Bedingungen wie im einfachsten Fall eine solche Funktion existiert. Um eine größere Übersichtlichkeit zu erreichen, führen wir zunächst die Matrizen

$$\mathbf{F_x} = \begin{pmatrix} \frac{\partial F_1}{\partial x_1} & \cdots\cdots & \frac{\partial F_1}{\partial x_n} \\ \cdots & \cdots & \cdots \\ \frac{\partial F_m}{\partial x_1} & \cdots\cdots & \frac{\partial F_m}{\partial x_n} \end{pmatrix}, \quad \mathbf{F_y} = \begin{pmatrix} \frac{\partial F_1}{\partial y_1} & \cdots\cdots & \frac{\partial F_1}{\partial y_m} \\ \cdots & \cdots & \cdots \\ \frac{\partial F_m}{\partial y_1} & \cdots\cdots & \frac{\partial F_m}{\partial y_m} \end{pmatrix}$$

als „partielle Ableitungen" der Funktion $\mathbf{F}(\mathbf{x}, \mathbf{y})$ nach den Veränderlichen $\mathbf{x}$ und $\mathbf{y}$ ein. Dann gilt

Satz 23.3 *Es sei* $\mathbf{F}(\mathbf{x}, \mathbf{y}) = \mathbf{o}$ *und* $(\mathbf{x}_0, \mathbf{y}_0)$ *eine Anfangslösung dieser Gleichung. Sind sämtliche partiellen Ableitungen* $\frac{\partial F_i}{\partial x_j}$ *und* $\frac{\partial F_i}{\partial y_k}$ *der Funktion* $\mathbf{F}(\mathbf{x}, \mathbf{y})$ *in einer Umgebung der Stelle* $(\mathbf{x}_0, \mathbf{y}_0)$ *stetig und ist die Matrix* $\mathbf{F_y}(\mathbf{x}_0, \mathbf{y}_0)$ *regulär, so existiert ein* n*-dimensionales Intervall* $a_i \leqslant x_i \leqslant b_i$, $i = 1, \ldots, n$, *um den Punkt* $\mathbf{x}_0$, *auf dem durch die Gleichung* $\mathbf{F}(\mathbf{x}, \mathbf{y}) = \mathbf{o}$ *eine stetige Funktion* $\mathbf{f}(\mathbf{x})$ *mit* $\mathbf{y}_0 = \mathbf{f}(\mathbf{x}_0)$ *eindeutig bestimmt ist, die*

$$\mathbf{F}\left(\mathbf{x}, \mathbf{f}(\mathbf{x})\right) = \mathbf{o} \quad \textit{für} \quad a_i \leqslant x_i \leqslant b_i, \quad i = 1, 2, \ldots, n,$$

erfüllt. Die Funktion $\mathbf{f}(\mathbf{x})$ *ist differenzierbar und ihre Ableitung* $\mathbf{f}'(\mathbf{x})$ *genügt an jeder Stelle des Intervalls* $a_i \leqslant x_i \leqslant b_i$ *der Gleichung*

$$\mathbf{F_x}(\mathbf{x}, \mathbf{y}) + \mathbf{F_y}(\mathbf{x}, \mathbf{y}) \cdot \mathbf{f}'(\mathbf{x}) = \mathbf{0}. \tag{23.79}$$

Diese Matrizengleichung für die Ableitung $\mathbf{f}'(\mathbf{x})$ lautet ausführlich

$$\begin{pmatrix} \frac{\partial F_1}{\partial x_1} & \cdots\cdots & \frac{\partial F_1}{\partial x_n} \\ \cdots & \cdots & \cdots \\ \frac{\partial F_m}{\partial x_1} & \cdots\cdots & \frac{\partial F_m}{\partial x_n} \end{pmatrix} + \begin{pmatrix} \frac{\partial F_1}{\partial y_1} & \cdots\cdots & \frac{\partial F_1}{\partial y_m} \\ \cdots & \cdots & \cdots \\ \frac{\partial F_m}{\partial y_1} & \cdots\cdots & \frac{\partial F_m}{\partial y_m} \end{pmatrix} \cdot \begin{pmatrix} \frac{\partial f_1}{\partial x_1} & \cdots\cdots & \frac{\partial f_1}{\partial x_n} \\ \cdots & \cdots & \cdots \\ \frac{\partial f_m}{\partial x_1} & \cdots\cdots & \frac{\partial f_m}{\partial x_n} \end{pmatrix} =$$

$$= \begin{pmatrix} 0 & \cdots\cdots & 0 \\ \cdots & \cdots & \cdots \\ 0 & \cdots\cdots & 0 \end{pmatrix}.$$

Wir sind hier zum ersten Mal darauf gestoßen, daß eine Bedingung, die im einfachsten Fall das Nichtverschwinden einer Ableitung verlangt (die Forderung $F_y \neq 0$ in Satz 23.2), im allgemeinen Fall vektorwertiger Funktionen als Regularität einer Ableitungsmatrix auszusprechen ist (eine völlig gleichwertige Formulierung ist natürlich auch $\operatorname{Det} \mathbf{F_y} \neq 0$). Die

Regularität der partiellen Ableitung $\mathbf{F_y}$ wird einerseits zum Existenznachweis der Funktion $\mathbf{f}(\mathbf{x})$ benötigt, andererseits aber auch zur Berechnung der Ableitung $\mathbf{f}'(\mathbf{x})$ aus der Gleichung (23.79),

$$\mathbf{f}'(\mathbf{x}) = -\mathbf{F_y}^{-1}(\mathbf{x}, \mathbf{y}) \cdot \mathbf{F_x}(\mathbf{x}, \mathbf{y}). \tag{23.80}$$

Wir bemerken noch, daß die Auflösung der Gleichung (23.78) nach m beliebigen Veränderlichen erfolgen kann, wobei jedoch mindestens m + 1 reelle Argumente vorhanden sein müssen. Ist insbesondere m = n, so können wir die Gleichung (23.78) auch nach den Veränderlichen $x_1, \ldots, x_n$ durch n Funktionen $x_i = g_i(y_1, \ldots, y_n)$, kurz $\mathbf{x} = \mathbf{g}(\mathbf{y})$, auflösen. Unter entsprechenden Voraussetzungen, die sich aus Satz 23.3 durch Vertauschung der Rollen von **x** und **y** ergeben, gilt dann für die Ableitung der Funktion $\mathbf{g}(\mathbf{y})$

$$\mathbf{F_x}(\mathbf{x}, \mathbf{y}) \cdot \mathbf{g}'(\mathbf{y}) + \mathbf{F_y}(\mathbf{x}, \mathbf{y}) = \mathbf{0}. \tag{23.81}$$

Wir übergehen den Beweis des Satzes 23.3 und wollen an zwei einfachen Beispielen die Differentiationsregel (23.79) beleuchten.

Beispiel 23.5: Es seien die beiden Gleichungen F(x, y, z) = 0 und G(x, y, z) = 0 gegeben. Zufolge des Satzes 23.3 können wir sie unter der Voraussetzung

$$\begin{vmatrix} F_y & F_z \\ G_y & G_z \end{vmatrix} \neq 0$$

durch zwei Funktionen y = y(x), z = z(x) lösen, so daß die Gleichungen

$$F(x, y(x), z(x)) = 0 \quad \text{und} \quad G(x, y(x), z(x)) = 0$$

für alle x aus einem gewissen Intervall [a, b] erfüllt sind. Geometrisch gesehen liefern die beiden Funktionen y = y(x) und z = z(x) eine Parameterdarstellung der Schnittkurve der beiden Flächen F(x, y, z) = 0 und G(x, y, z) = 0 mit x als Kurvenparameter. Um die Tangentenrichtung (1, y', z') zu bestimmen (vgl. (23.15) mit x an Stelle des allgemeinen Kurvenparameters t), benötigen wir die Ableitungen der Funktionen y(x) und z(x); wir erhalten sie aus der Regel (23.79),

$$\begin{pmatrix} F_x \\ G_x \end{pmatrix} + \begin{pmatrix} F_y & F_z \\ G_y & G_z \end{pmatrix} \cdot \begin{pmatrix} y' \\ z' \end{pmatrix} = \begin{pmatrix} 0 \\ 0 \end{pmatrix},$$

ausführlich

$$F_x + F_y y' + F_z z' = 0, \quad G_x + G_y y' + G_z z' = 0.$$

Die gesuchten Ableitungen ergeben sich nun aus der Formel (23.80) durch Bildung der Inversen oder durch Lösung dieses linearen Gleichungssystems in y' und z' zu

$$y' = \frac{F_z G_x - F_x G_z}{F_y G_z - F_z G_y}, \quad z' = \frac{F_x G_y - F_y G_x}{F_y G_z - F_z G_y}.$$

Beispiel 23.6: Es seien nun zwei Gleichungen

$$F(x, y, u, v) = 0, \quad G(x, y, u, v) = 0$$

in vier Veränderlichen gegeben. Ist

$$\begin{vmatrix} F_u & F_v \\ G_u & G_v \end{vmatrix} \neq 0,$$

so lassen sich die beiden Gleichungen durch zwei Funktionen u = u(x, y) und v = v(x, y) lösen, die den Gleichungen

$$F(x, y, u(x, y), v(x, y)) = 0, \quad G(x, y, u(x, y), v(x, y)) = 0$$

für alle Punkte (x, y) aus einem gewissen Bereich *B* der (x, y)-Ebene genügen. Es wird also durch die beiden Gleichungen F(x, y, u, v) = 0 und G(x, y, u, v) = 0 implizit eine Punkttransformation mit dem Definitionsbereich *B* definiert. Die Ableitungsmatrix (23.32) erhalten wir durch Lösung der Matrizengleichung

$$\begin{pmatrix} F_x & F_y \\ G_x & G_y \end{pmatrix} + \begin{pmatrix} F_u & F_v \\ G_u & G_v \end{pmatrix} \cdot \begin{pmatrix} u_x & u_y \\ v_x & v_y \end{pmatrix} = \begin{pmatrix} 0 & 0 \\ 0 & 0 \end{pmatrix},$$

die zwei Paare linearer Gleichungen in den Unbekannten partiellen Ableitungen u_x, v_x und u_y, v_y liefert,

$$F_x + F_u u_x + F_v v_x = 0, \quad F_y + F_u u_y + F_v v_y = 0,$$

$$G_x + G_u u_x + G_v v_x = 0, \quad G_y + G_u u_y + G_v v_y = 0.$$

Ist auch die Matrix der partiellen Ableitungen der Funktionen F(x, y, u, v) und G(x, y, u, v) nach den Veränderlichen x und y regulär,

$$\begin{vmatrix} F_x & F_y \\ G_x & G_y \end{vmatrix} \neq 0,$$

so können wir die Gleichungen F(x, y, u, v) = 0 und G(x, y, u, v) = 0 durch zwei Funktionen x = x(u, v), y = y(u, v) lösen, so daß

$$F(x(u, v), y(u, v), u, v) = 0, \quad G(x(u, v), y(u, v), u, v) = 0$$

für alle Punkte (u, v) eines gewissen Bereiches *B'* der (u, v)-Ebene gilt. Die Ableitung dieser durch die Funktionen x = x(u, v) und y = y(u, v) vermittelten Punkttransformation ist aus der Matrizengleichung (vgl. (23.81))

$$\begin{pmatrix} F_x & F_y \\ G_x & G_y \end{pmatrix} \cdot \begin{pmatrix} x_u & x_v \\ y_u & y_v \end{pmatrix} + \begin{pmatrix} F_u & F_v \\ G_u & G_v \end{pmatrix} = \begin{pmatrix} 0 & 0 \\ 0 & 0 \end{pmatrix}$$

zu ermitteln, die sich wie oben auch als Paar linearer Gleichungssysteme für die gesuchten partiellen Ableitungen x_u, y_u und x_v, y_v schreiben läßt.

Die Differentiationsregel (23.74) für implizit gegebene Funktionen und ihre Verallgemeinerung (23.79) lassen sich noch auf eine Weise interpretieren, die sich auf den Differentialbegriff stützt.

Es sei z = F(x, y) eine Funktion in den beiden unabhängigen Veränderlichen x und y; ihr Differential

$$dz = F_x dx + F_y dy$$

gibt die Änderung des Funktionswertes in der durch die unabhängigen Differentiale dx und dy gekennzeichneten Richtung an. Betrachten wir nun eine Niveaufläche der Funktion z = F (x, y), so gilt, da ja längs einer solchen der Funktionswert ungeändert bleibt,

$$dz = 0 = F_x dx + F_y dy.$$

Die Differentiale dx und dy sind jetzt nicht mehr frei wählbar, vielmehr ist in jedem Punkt der Niveaulinie dy durch dx oder dx durch dy bestimmt. Ist etwa $F_y \neq 0$, so erhalten wir

$$dy = -\frac{F_x}{F_y} dx;$$

diese Gleichung ist nichts anderes als die Differentiationsregel (23.74).

Ähnlich ist die Situation, wenn wir eine Funktion u = F(x, y, z) der drei unabhängigen Veränderlichen x, y und z betrachten. Im Differential

$$du = F_x dx + F_y dy + F_z dz$$

dieser Funktion sind die drei Differentiale dx, dy und dz frei wählbar. Auf einer Niveaufläche F(x, y, z) = = const. besteht die Beziehung

$$du = 0 = F_x dx + F_y dy + F_z dz,$$

in der nur mehr zwei Differentiale unabhängig voneinander sind. Ist etwa $F_z \neq 0$, so erhalten wir

$$dz = -\frac{F_x}{F_z} dx - \frac{F_y}{F_z} dy$$

und damit neuerlich die Regel (23.77) zur Bildung der partiellen Ableitungen f_x und f_y der durch F(x, y, z) = 0 implizit gegebenen Funktion z = f(x, y).

Sind zwei Funktionen u = F(x, y, z) und v = G(x, y, z) gegeben, so verlangen wir durch die Gleichungen

$$du = 0 = F_x dx + F_y dy + F_z dz, \quad dv = 0 = G_x dx + G_y dy + G_z dz,$$

daß beide Funktionen einen stationären Verlauf bei entsprechender Einschränkung der Argumente haben. Von den drei Differentialen dx, dy und dz ist aber jetzt nur mehr eines frei wählbar, wenn beide Gleichungen erfüllt werden sollen. Wenn die Matrix

$$\begin{pmatrix} F_y & F_z \\ G_y & G_z \end{pmatrix}$$

regulär ist, können wir aus beiden Gleichungen dy und dz berechnen; das Ergebnis lautet (vgl. Beispiel 23.5)

$$dy = \frac{F_z G_x - F_x G_z}{F_y G_z - F_z G_y} dx, \quad dz = \frac{F_x G_y - F_y G_x}{F_y G_z - F_z G_y} dx.$$

Schließlich bedeutet die Auflösung zweier Gleichungen F(x, y, u, v) = 0 und G(x, y, u, v) = 0 einen Zusammenhang zwischen den Differentialen dx, dy, du und dv, der durch

$$F_x dx + F_y dy + F_u du + F_v dv = 0, \quad G_x dx + G_y dy + G_u du + G_v dv = 0$$

beschrieben wird. Diese beiden Gleichungen können wir auch in der Form

$$\begin{pmatrix} F_x & F_y \\ G_x & G_y \end{pmatrix} \cdot \begin{pmatrix} dx \\ dy \end{pmatrix} + \begin{pmatrix} F_u & F_v \\ G_u & G_v \end{pmatrix} \cdot \begin{pmatrix} du \\ dv \end{pmatrix} = \begin{pmatrix} 0 \\ 0 \end{pmatrix}$$

schreiben, im Hinblick auf die Auflösung nach den Differentialen du und dv (oder dx und dy). Unter der Bedingung

$$\begin{vmatrix} F_u & F_v \\ G_u & G_v \end{vmatrix} \neq 0$$

lassen sich dann aus dieser Matrizengleichung die Differentiale du und dv als lineare Funktionen von dx und dy berechnen. Durch Vergleich der Resultate mit dem Differential der durch die beiden Funktionen u = u(x, y), v = v(x, y) definierten Punkttransformation gelangt man dann zu den partiellen Ableitungen u_x, v_x, u_y und v_y. Wir können aber auch für

$$\begin{pmatrix} du \\ dv \end{pmatrix} = \begin{pmatrix} u_x & u_y \\ v_x & v_y \end{pmatrix} \cdot \begin{pmatrix} dx \\ dy \end{pmatrix}$$

einsetzen, was uns auf die Matrizengleichung

$$\left[\begin{pmatrix} F_x & F_y \\ G_x & G_y \end{pmatrix} + \begin{pmatrix} F_u & F_v \\ G_u & G_v \end{pmatrix} \cdot \begin{pmatrix} u_x & u_y \\ v_x & v_y \end{pmatrix}\right] \cdot \begin{pmatrix} dx \\ dy \end{pmatrix} = \begin{pmatrix} 0 \\ 0 \end{pmatrix}$$

führt. Da diese für beliebige Werte der Differentiale dx und dy erfüllt sein muß (dx und dy sind frei wählbar, wenn wir nach du und dv auflösen), kann die Koeffizientenmatrix dieses homogenen Gleichungssystems in dx und dy nur die Nullmatrix sein,

$$\begin{pmatrix} F_x & F_y \\ G_x & G_y \end{pmatrix} + \begin{pmatrix} F_u & F_v \\ G_u & G_v \end{pmatrix} \cdot \begin{pmatrix} u_x & u_y \\ v_x & v_y \end{pmatrix} = \begin{pmatrix} 0 & 0 \\ 0 & 0 \end{pmatrix}.$$

Damit haben wir die Differentiationsregel für eine durch zwei Gleichungen $F(x, y, u, v) = 0$ und $G(x, y, u, v) = 0$ implizit gegebene Funktion $u = u(x, y)$, $v = v(x, y)$ wiedergewonnen (vgl. Beispiel 23.6).

23.3 Differentiation der Umkehrfunktion

Nach diesen Betrachtungen über implizite Funktionen sind wir nun in der Lage, eine Aussage über die Umkehrbarkeit einer vektorwertigen Funktion zu machen und auch die Ableitung der Umkehrfunktion anzugeben. Es sei $\mathbf{y} = \mathbf{f}(\mathbf{x})$,

$$y_j = f_j(x_1, x_2, \ldots, x_n), \quad j = 1, 2, \ldots, n,$$

eine Funktion gleicher Anzahl abhängiger und unabhängiger Veränderlicher. Die Funktion $\mathbf{f}(\mathbf{x})$ sei in einer Umgebung der Stelle $\mathbf{x}_0$ differenzierbar, die partiellen Ableitungen $\frac{\partial f_j}{\partial x_i}$ seien in dieser Umgebung stetig. Wir betrachten dann die Gleichung

$$\mathbf{F}(\mathbf{x}, \mathbf{y}) = \mathbf{y} - \mathbf{f}(\mathbf{x}) = \mathbf{o}, \tag{23.82}$$

für die $\mathbf{x}_0, \mathbf{y}_0 = \mathbf{f}(\mathbf{x}_0)$ eine Anfangslösung ist. Die partiellen Ableitungen $\mathbf{F_x}$ und $\mathbf{F_y}$ der Funktion $\mathbf{F}(\mathbf{x}, \mathbf{y})$ lauten

$$\mathbf{F_x} = -\mathbf{f}'(\mathbf{x}), \quad \mathbf{F_y} = \mathbf{E}, \tag{23.83}$$

worin $\mathbf{E}$ die n-reihige Einheitsmatrix bezeichnet. Auf Grund von Satz 23.3 läßt sich nun unter der Voraussetzung, daß die Ableitungsmatrix $\mathbf{F_x}(\mathbf{x}_0, \mathbf{y}_0) = -\mathbf{f}'(\mathbf{x}_0)$ regulär ist, die Gleichung (23.82) durch eine Funktion $\mathbf{x} = \mathbf{g}(\mathbf{y})$ nach der Veränderlichen $\mathbf{x}$ in einer Umgebung der Stelle $\mathbf{y}_0 = \mathbf{f}(\mathbf{x}_0)$ auflösen, so daß

$$\mathbf{y} = \mathbf{f}\big(\mathbf{g}(\mathbf{y})\big)$$

für alle Punkte $\mathbf{y}$ dieser Umgebung von $\mathbf{y}_0$ gilt, sowie auch

$$\mathbf{x} = \mathbf{g}\big(\mathbf{f}(\mathbf{x})\big)$$

für alle $\mathbf{x}$ aus einer geeigneten Umgebung der Stelle $\mathbf{x}_0$. Für die Ableitung der Funktion $\mathbf{g}(\mathbf{y})$ erhalten wir aus (23.81) unter Berücksichtigung von (23.83) die Matrizengleichung

$$-\mathbf{f}'(\mathbf{x}) \cdot \mathbf{g}'(\mathbf{y}) + \mathbf{E} = \mathbf{0}.$$

Wir haben damit

Satz 23.4 *Hat die Funktion* $\mathbf{y} = \mathbf{f}(\mathbf{x})$ *in einer Umgebung der Stelle* $\mathbf{x}_0$ *stetige partielle Ableitungen* $\frac{\partial f_j}{\partial x_i}$ *und ist* $\mathbf{f}'(\mathbf{x}_0)$ *regulär, so gibt es in einer gewissen Umgebung der Stelle* $\mathbf{y}_0 = \mathbf{f}(\mathbf{x}_0)$ *genau eine Umkehrung* $\mathbf{x} = \mathbf{g}(\mathbf{y})$ *von* $\mathbf{y} = \mathbf{f}(\mathbf{x})$. *Die Funktion* $\mathbf{g}(\mathbf{y})$ *ist in dieser Umgebung differenzierbar, ihre Ableitung lautet*

$$\mathbf{g}'(\mathbf{y}) = \big(\mathbf{f}'(\mathbf{x})\big)^{-1}, \quad \mathbf{x} = \mathbf{g}(\mathbf{y}). \tag{23.84}$$

Es entspricht der Natur des Satzes über implizite Funktionen, daß wir nur eine lokale Umkehrbarkeit der Funktion $\mathbf{y} = \mathbf{f}(\mathbf{x})$ aussprechen können. Existiert die Umkehrfunktion

$\mathbf{x} = \mathbf{g}(\mathbf{y})$ von $\mathbf{y} = \mathbf{f}(\mathbf{x})$ global, d. h. hat die Gleichung $\mathbf{y} = \mathbf{f}(\mathbf{x})$ für jedes $\mathbf{y}$ aus dem Bildbereich von $\mathbf{f}$ genau eine Lösung $\mathbf{x}$ im Definitionsbereich von $\mathbf{f}$ (vgl. Abschnitt 1.6), so ist unter der Voraussetzung, daß die Ableitungsmatrix $\mathbf{f}'(\mathbf{x})$ in jedem Punkt des Definitionsbereiches regulär ist, also überall

$$\operatorname{Det} \mathbf{f}'(\mathbf{x}) \neq 0$$

gilt, die Umkehrfunktion $\mathbf{x} = \mathbf{g}(\mathbf{y})$ in jedem Punkt differenzierbar, ihre Ableitung $\mathbf{g}'(\mathbf{y})$ ist die Inverse der Ableitung von $\mathbf{f}(\mathbf{x})$.

Beispiel 23.7: Es sei durch $u = u(x, y)$, $v = v(x, y)$ eine Transformation von Punkten der (x, y)-Ebene in die (u, v)-Ebene gegeben. Ist dann $P_0(x_0, y_0)$ ein Punkt, dem das Bild $Q_0(u_0, v_0)$ zugeordnet wird, ferner

$$D = \begin{vmatrix} u_x & u_y \\ v_x & v_y \end{vmatrix} = u_x v_y - u_y v_x \neq 0$$

im Punkt P_0, so existiert in einer Umgebung des Punktes Q_0 eine Umkehrung $x = x(u, v)$, $y = y(u, v)$, d. h. es gilt

$$u = u\big(x(u, v), y(u, v)\big), \quad v = v\big(x(u, v), y(u, v)\big)$$

für alle Punkte (u, v) dieser Umgebung und

$$x = x\big(u(x, y), v(x, y)\big), \quad y = y\big(u(x, y), v(x, y)\big)$$

für alle Punkte (x, y) aus dem Bild dieser Umgebung bei der Transformation $x = x(u, v)$, $y = y(u, v)$. Die Ableitung dieser lokalen Umkehrung genügt der Gleichung

$$\begin{pmatrix} x_u & x_v \\ y_u & y_v \end{pmatrix} \cdot \begin{pmatrix} u_x & u_y \\ v_x & v_y \end{pmatrix} = \begin{pmatrix} 1 & 0 \\ 0 & 1 \end{pmatrix}$$

und lautet folglich

$$\begin{pmatrix} x_u & x_v \\ y_u & y_v \end{pmatrix} = \frac{1}{u_x v_y - u_y v_x} \begin{pmatrix} v_y & -u_y \\ -v_x & u_x \end{pmatrix}.$$

Die partiellen Ableitungen der Umkehrfunktion $x = x(u, v)$, $y = y(u, v)$ berechnen sich also zu

$$x_u = \frac{1}{D} v_y, \quad y_u = -\frac{1}{D} v_x, \quad x_v = -\frac{1}{D} u_y, \quad y_v = \frac{1}{D} u_x.$$

Beispiel 23.8: Es sei $\mathbf{x} = \mathbf{x}(u, v)$ die Parameterdarstellung einer Fläche und $\mathbf{x}_0 = \mathbf{x}(u_0, v_0)$. Da wir verlangen, daß die Ableitungsmatrix $\mathbf{x}'(u_0, v_0)$ (vgl. (23.26)) den Rang 2 hat[1]), ist mindestens eine der Unterdeterminanten

$$D_1 = \begin{vmatrix} y_u & y_v \\ z_u & z_v \end{vmatrix}, \quad D_2 = \begin{vmatrix} x_u & x_v \\ z_u & z_v \end{vmatrix}, \quad D_3 = \begin{vmatrix} x_u & x_v \\ y_u & y_v \end{vmatrix}$$

im Punkt (u_0, v_0) von Null verschieden, etwa

$$D_3 = \begin{vmatrix} x_u & x_v \\ y_u & y_v \end{vmatrix} \neq 0.$$

---

[1]) Diese Bedingung kann in isolierten Punkten verletzt sein. Liegt dieser Fall vor, so bedeutet dies, daß der Grenzwert des Normalenvektors $\mathbf{n} = \mathbf{x}_u \times \mathbf{x}_v$ im Punkt (u_0, v_0) gleich dem Nullvektor ist. Der auf die Länge 1 normierte Vektor $\mathbf{n}/|\mathbf{n}|$ kann aber einem Grenzwert zustreben, der ungleich dem Nullvektor ist, weil er aus Stetigkeitsgründen ebenfalls die Länge 1 haben muß.

Dies bedeutet, daß sich das Funktionenpaar $x = x(u, v)$, $y = y(u, v)$ in einer Umgebung der Stelle (u_0, v_0) durch zwei Funktionen $u = u(x, y)$, $v = v(x, y)$ umkehren läßt. Setzen wir diese in $z = z(u, v)$ ein, so erhalten wir durch $z = z(u(x, y), v(x, y)) = f(x, y)$ in einer Umgebung der Stelle $x_0 = x(u_0, v_0)$, $y_0 = y(u_0, v_0)$ eine explizite Darstellung der Fläche. Die Ableitung der Funktion $f(x, y)$ ist mit der Kettenregel zu berechnen,

$$\begin{pmatrix} f_x & f_y \end{pmatrix} = \begin{pmatrix} z_u & z_v \end{pmatrix} \cdot \begin{pmatrix} u_x & u_y \\ v_x & v_y \end{pmatrix},$$

woraus

$$\begin{pmatrix} f_x & f_y \end{pmatrix} \cdot \begin{pmatrix} x_u & x_v \\ y_u & y_v \end{pmatrix} = \begin{pmatrix} z_u & z_v \end{pmatrix}$$

und schließlich die Beziehung

$$-D_3(f_x \mathbf{e}_x + f_y \mathbf{e}_y - \mathbf{e}_z) = \mathbf{x}_u \times \mathbf{x}_v = D_1 \mathbf{e}_1 - D_2 \mathbf{e}_2 + D_3 \mathbf{e}_3$$

zwischen der Normalenrichtung der Tangentialebene in expliziter Darstellung und in Parameterdarstellung folgt.

Im Falle $D_2 \neq 0$ lassen sich die Funktionen $x = x(u, v)$, $z = z(u, v)$ durch $u = u(x, z)$, $v = v(x, z)$ auflösen, wodurch wir eine explizite Darstellung $y = y(u(x, z), v(x, z)) = g(x, z)$ in einer Umgebung der Stelle (x_0, z_0) erhalten würden; es gilt dann $D_2(g_x \mathbf{e}_x - \mathbf{e}_y + g_z \mathbf{e}_z) = \mathbf{x}_u \times \mathbf{x}_v$. Schließlich ist im Falle $D_1 \neq 0$ auch eine Darstellung $x = h(y, z)$ für eine Umgebung von (y_0, z_0) möglich, wobei dann $-D_1(-\mathbf{e}_x + h_y \mathbf{e}_y + h_z \mathbf{e}_z) = \mathbf{x}_u \times \mathbf{x}_v$ ist.

23.4 Punkt- und Koordinatentransformationen

Wir schließen jetzt nochmals an die geometrische Deutung eines Funktionenpaares $u = u(x, y)$, $v = v(x, y)$ als Punkttransformation an, wobei wir voraussetzen, daß die Ableitungsmatrix im Punkt $P_0(x_0, y_0)$ regulär ist, also

$$D = \begin{vmatrix} u_x & u_y \\ v_x & v_y \end{vmatrix} = u_x v_y - u_y v_x \neq 0$$

gilt. In einer Umgebung des Bildpunktes $Q_0(u_0, v_0)$ von P_0 verhält sich die Abbildung $u = u(x, y)$, $v = v(x, y)$ wie

$$\begin{pmatrix} u \\ v \end{pmatrix} = \begin{pmatrix} u_0 \\ v_0 \end{pmatrix} + \begin{pmatrix} u_x & u_y \\ v_x & v_y \end{pmatrix} \cdot \begin{pmatrix} x - x_0 \\ y - y_0 \end{pmatrix} + \dots \,. \tag{23.85}$$

Infolge der Regularität der Ableitungsmatrix im Punkt P_0 läßt sich die Transformation $u = u(x, y)$, $v = v(x, y)$ in einer Umgebung des Punktes Q_0 umkehren; die Umkehrfunktion $x = x(u, v)$, $y = y(u, v)$ vermittelt ebenfalls eine Punkttransformation, deren Verhalten für kleine Änderungen der Argumente durch

$$\begin{pmatrix} x \\ y \end{pmatrix} = \begin{pmatrix} x_0 \\ y_0 \end{pmatrix} + \begin{pmatrix} x_u & x_v \\ y_u & y_v \end{pmatrix} \cdot \begin{pmatrix} u - u_0 \\ v - v_0 \end{pmatrix} + \dots \tag{23.86}$$

beschrieben wird. Hierin ist die Koeffizientenmatrix die Inverse der Koeffizientenmatrix in (23.85), wie aus der Ableitungsregel (23.84) hervorgeht (vgl. auch Beispiel 23.7). Es ist also der lineare Anteil der Umkehrabbildung $x = x(u, v)$, $y = y(u, v)$ die Umkehrung des linearen Anteils der Transformation $u = u(x, y)$, $v = v(x, y)$.

Wir haben in Abschnitt 20.6 die geometrische Bedeutung der Koeffizientendeterminante einer linearen Transformation kennengelernt. Es stellte sich heraus, daß der Betrag gleich dem Verhältnis der Inhalte zweier Parallelogramme (allgemein zweier Parallelepipeda) ist, die einander bei der Transformation entsprechen, während aus dem Vorzeichen abgelesen werden kann, ob die Orientierung eines Zweibeins (allgemein eines n-Beins) sich dabei auf die Bildvektoren überträgt. Wir wollen uns nun überlegen, daß die Determinante der Ableitungsmatrix einer nichtlinearen Transformation in ähnlicher Weise gedeutet werden kann, hinsichtlich ihres Betrages als Verhältnis der Inhalte nunmehr infinitesimal kleiner Bereiche.

Wir betrachten in der (x, y)-Ebene ein Rechteck R, das von den Koordinatenlinien $x = x_0$, $x = x_0 + \Delta x$ und $y = y_0$, $y = y_0 + \Delta y$ begrenzt wird. Bei der Transformation $u = u(x, y)$, $v = v(x, y)$ geht dieses Rechteck in ein krummliniges Viereck R' über, dessen Eckpunkte Q_0, Q_1, Q_2 und Q_3 die Bilder der Eckpunkte $P_0(x_0, y_0)$, $P_1(x_0 + \Delta x, y_0)$, $P_2(x_0, y_0 + \Delta y)$ und $P_3(x_0 + \Delta x, y_0 + \Delta y)$ von R sind (Bild 23.10). Vermöge der durch den linearen Anteil bestimmten affinen Transformation

$$\begin{pmatrix} u \\ v \end{pmatrix} = \begin{pmatrix} u_0 \\ v_0 \end{pmatrix} + \begin{pmatrix} u_x & u_y \\ v_x & v_y \end{pmatrix} \cdot \begin{pmatrix} x - x_0 \\ y - y_0 \end{pmatrix} \tag{23.87}$$

geht das Rechteck R in ein Parallelogramm S über, dessen Eckpunkte Q_0, Q_1', Q_2' und Q_3' der Reihe nach die Koordinaten

$$u_0, \quad u_0 + u_x \Delta x, \quad u_0 + u_y \Delta y, \quad u_0 + u_x \Delta x + u_y \Delta y$$

beziehungsweise

$$v_0, \quad v_0 + v_x \Delta x, \quad v_0 + v_y \Delta y, \quad v_0 + v_x \Delta x + v_y \Delta y$$

haben; sie unterscheiden sich von den Koordinaten der Eckpunkte des krummlinigen Viereckes R' nur um Größen, die mit Δx und Δy von höherer als erster Ordnung klein werden. Wir können daher den Inhalt $\Delta F'$ des krummlinigen Vierecks R' durch den Inhalt des Parallelogramms S annähern. Berücksichtigen wir, daß das Parallelogramm S von den Vektoren $(u_x\Delta x, v_x\Delta x) = (u_x, v_x)\Delta x$ und $(u_y\Delta y, v_y\Delta y) = (u_y, v_y)\Delta y$ aufgespannt wird, so erhalten wir

$$\Delta F' = \left\| \begin{matrix} u_x & u_y \\ v_x & v_y \end{matrix} \right\| \Delta x \Delta y + \ldots,$$

wobei der durch die Punkte angedeutete Fehler im Verhältnis zum Flächeninhalt $\Delta F = \Delta x \Delta y$ des Rechteckes R klein wird. Führen wir den Grenzübergang $\Delta F = \Delta x\Delta y \to 0$ durch, indem wir den Grenzwert für $\Delta x \to 0$, $\Delta y \to 0$ derart bilden, daß dabei der Quotient $\frac{\Delta y}{\Delta x}$ einem endlichen Wert zustrebt, so erhalten wir schließlich

$$\lim_{\substack{\Delta x \to 0 \\ \Delta y \to 0}} \frac{\Delta F'}{\Delta F} = \left\| \begin{matrix} u_x & u_y \\ v_x & v_y \end{matrix} \right\| . \tag{23.88}$$

Das Verhältnis der Flächeninhalte von R' und R ist in der Grenze gleich dem Betrag der Determinante der Ableitungsmatrix, der somit ein Maß für die flächenhafte Verzerrung infinitesimaler Bereiche ist.

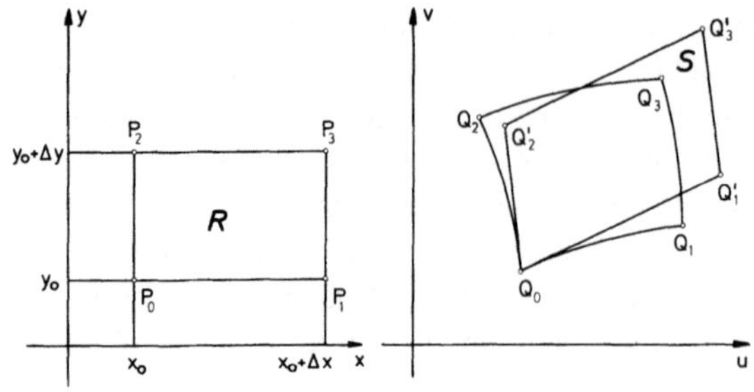

Bild 23.10

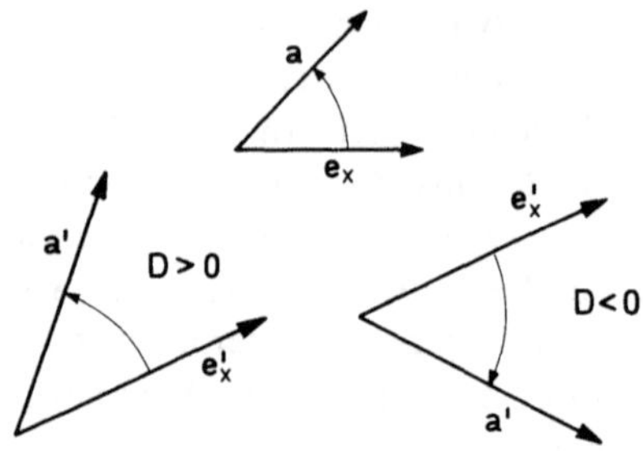

Bild 23.11

Ebenso überträgt sich die Bedeutung des Vorzeichens. Ist die Determinante der Ableitungsmatrix positiv, so ist das durch (23.87) im Punkt Q_0 definierte lokale schiefwinkelige Koordinatensystem positiv orientiert. Genauer müssen wir sagen, daß es dieselbe Orientierung hat wie das von den Maßvektoren $\mathbf{e}_x$ und $\mathbf{e}_y$ im Punkt P_0 bestimmte Koordinatensystem. Ist dagegen die Determinante der Ableitungsmatrix negativ, so hat sich die Orientierung umgekehrt. Wir bekommen somit durch das Vorzeichen der Determinante der Ableitung einer nichtlinearen Transformation insbesondere Aufschluß darüber, ob der Drehsinn erhalten bleibt oder umgekehrt wird, je nachdem, ob die Determinante der Ableitung positiv oder negativ ist. Darunter ist nun folgendes zu verstehen. Wir kennzeichnen mit dem Vektor $\mathbf{a} = (\cos\alpha, \sin\alpha)$ eine Richtung in der (x, y)-Ebene, die mit der x-Achse den Winkel α einschließt. Die durch $\mathbf{e}_x$ und $\mathbf{a}$ repräsentierten Richtungen gehen bei der Transformation über in

$$\mathbf{a} = \begin{pmatrix}\cos\alpha\\ \sin\alpha\end{pmatrix} \to \mathbf{a}' = \begin{pmatrix}u_x & u_y\\ v_x & v_y\end{pmatrix}\cdot\begin{pmatrix}\cos\alpha\\ \sin\alpha\end{pmatrix}, \quad \mathbf{e}_x = \begin{pmatrix}1\\0\end{pmatrix} \to \mathbf{e}'_x = \begin{pmatrix}u_x & u_y\\ v_x & v_y\end{pmatrix}\cdot\begin{pmatrix}1\\0\end{pmatrix} = \begin{pmatrix}u_x\\ v_x\end{pmatrix}.$$

Drehen wir nun den Vektor $\mathbf{a}$ im positiven Sinn aus dem Vektor $\mathbf{e}_x$ heraus um 360° herum, d. h. lassen wir α von 0 bis 2π anwachsen, so ist das Zweibein $\{\mathbf{e}_x, \mathbf{a}\}$ für $\alpha \in]0, \pi[$ positiv orientiert, für $\alpha \in]\pi, 2\pi[$ negativ orientiert, wie aus dem Vorzeichen von $\mathrm{Det}(\mathbf{e}_x, \mathbf{a}) = \sin\alpha$ hervorgeht. Die die Bildrichtungen repräsentierenden Vektoren $\mathbf{e}'_x$ und $\mathbf{a}'$ bilden das Zweibein $\{\mathbf{e}'_x, \mathbf{a}'\}$, dessen Orientierung aus dem Vorzeichen von

$$\mathrm{Det}(\mathbf{e}'_x, \mathbf{a}') = \begin{vmatrix}u_x & u_y\\ v_x & v_y\end{vmatrix} \mathrm{Det}(\mathbf{e}_x, \mathbf{a}) = \begin{vmatrix}u_x & u_y\\ v_x & v_y\end{vmatrix} \sin\alpha = D\sin\alpha$$

(vgl. (20.31)) abzulesen ist: Im Falle $D > 0$ bleibt die Orientierung dieselbe wie von $\{\mathbf{e}_x, \mathbf{a}\}$, so daß $\mathbf{a}'$ im gleichen Sinn wie $\mathbf{a}$ gedreht wird, im Falle $D < 0$ ist das Zweibein $\{\mathbf{e}'_x, \mathbf{a}'\}$ entgegengesetzt orientiert, $\mathbf{a}'$ wird andersherum gedreht (Bild 23.11). Mit anderen Worten, umlaufen wir den Punkt P_0 auf einer geschlossenen Kurve, so wird die Bildkurve im gleichen oder entgegengesetzten Sinn durchlaufen, je nachdem, ob $D > 0$ oder $D < 0$ ist.

Die Determinante der Ableitungsmatrix wird *Funktionaldeterminante* genannt und in der Form

$$D = \frac{\partial(u, v)}{\partial(x, y)} = \begin{vmatrix}u_x & u_y\\ v_x & v_y\end{vmatrix}$$

symbolisch abgekürzt. Ihre Eigenschaften lassen sich folgendermaßen zusammenfassen:

Der Betrag der Funktionaldeterminante ist ein Maß für die flächenhafte Verzerrung infinitesimaler Bereiche, das Vorzeichen gibt an, ob die Orientierung der Berandung ebener Figuren erhalten bleibt ($D > 0$) *oder sich umkehrt* ($D < 0$).

Aus den Rechenregeln (20.10) und (20.34) sowie aus der Kettenregel (23.58) und der Regel (23.84) für die Differentiation der Umkehrfunktion erhalten wir unmittelbar für die Zusammensetzung der Transformationen $u = u(\xi, \eta)$, $v = v(\xi, \eta)$ und $\xi = \xi(x, y)$, $\eta = \eta(x, y)$

$$\frac{\partial(u, v)}{\partial(x, y)} = \frac{\partial(u, v)}{\partial(\xi, \eta)} \frac{\partial(\xi, \eta)}{\partial(x, y)}, \tag{23.89}$$

für die Funktionaldeterminante der Umkehrung $x = x(u, v)$, $y = y(u, v)$ von $u = u(x, y)$, $v = v(x, y)$ die Beziehung

$$\frac{\partial(x, y)}{\partial(u, v)} = \frac{1}{\frac{\partial(u, v)}{\partial(x, y)}} \quad \text{oder} \quad \frac{\partial(x, y)}{\partial(u, v)} \frac{\partial(u, v)}{\partial(x, y)} = 1. \tag{23.90}$$

Die Informationen, die uns die Funktionaldeterminante über Transformationen ebener Bereiche liefert, werden später in der Integralrechnung von Bedeutung sein.

Für Transformationen von Bereichen des dreidimensionalen Raumes durch eine Funktion

$$u = u(x, y, z), \quad v = v(x, y, z), \quad w = w(x, y, z)$$

begnügen wir uns mit der Feststellung, daß die Funktionaldeterminante

$$D = \frac{\partial(u, v, w)}{\partial(x, y, z)} = \begin{vmatrix} u_x & u_y & u_z \\ v_x & v_y & v_z \\ w_x & w_y & w_z \end{vmatrix}$$

ihrem Betrag nach ein Maß für die räumliche Verzerrung infinitesimaler Bereiche ist und mit ihrem Vorzeichen Aufschluß darüber gibt, ob das von einem beliebigen Dreibein im (x, y, z)-Raum aufgespannte Koordinatensystem in ein solches mit gleicher Orientierung ($D > 0$) oder entgegengesetzter Orientierung ($D < 0$) übergeht.

Beispiel 23.9: Deuten wir die ebenen Polarkoordinaten r und φ eines Punktes als rechtwinkelige kartesische Koordinaten in einer (r, φ)-Ebene, so wird durch die Funktionen $x = r \cos\varphi$, $y = r \sin\varphi$ das in der (r, φ)-Ebene liegende Rechteck $0 \leqslant r \leqslant a$, $-\pi < \varphi \leqslant \pi$, auf den Kreis $x^2 + y^2 \leqslant a^2$ in der (x, y)-Ebene abgebildet. Dabei entspricht jedem Punkt der auf der φ-Achse liegenden Rechteckseite der Koordinatenursprung der (x, y)-Ebene. Bilden wir die Funktionaldeterminante

$$\frac{\partial(x, y)}{\partial(r, \varphi)} = \begin{vmatrix} x_r & x_\varphi \\ y_r & y_\varphi \end{vmatrix} = \begin{vmatrix} \cos\varphi & -r \sin\varphi \\ \sin\varphi & r \cos\varphi \end{vmatrix} = r, \tag{23.91}$$

so erkennen wir gleichfalls, daß die Punkte $(0, \varphi)$ eine Ausnahmerolle spielen, insofern die Funktionaldeterminante gleich Null ist. Die Umkehrung $r = \sqrt{x^2 + y^2}$, $\varphi = \arctan \frac{y}{x}$ ist im Koordinatenursprung nicht definiert, denn $x = y = 0$ führt zum sinnlosen Ausdruck $\arctan \frac{0}{0}$. Tatsächlich sind die Gleichungen $x = 0 = r \cos\varphi$ und $y = 0 = r \sin\varphi$ nicht eindeutig lösbar, da sie für $r = 0$ und jedes φ erfüllt sind. Es wird also durch $x = r \cos\varphi$ und $y = r \sin\varphi$ das Rechteck $0 < r \leqslant a$, $-\pi < \varphi \leqslant \pi$ umkehrbar eindeutig auf den punktierten Kreis $0 < x^2 + y^2 \leqslant a^2$ abgebildet.

Beispiel 23.10: Fassen wir die Kugelkoordinaten r, ϑ und φ eines Punktes als rechtwinkelige Koordinaten in einem (r, ϑ, φ)-Raum auf, so wird durch

$$x = r\cos\varphi\sin\vartheta, \quad y = r\sin\varphi\sin\vartheta, \quad z = r\cos\vartheta$$

der Quader $0 \leqslant r \leqslant a$, $0 \leqslant \vartheta \leqslant \pi$, $-\pi < \varphi \leqslant \pi$ auf die Kugel $x^2 + y^2 + z^2 \leqslant a^2$ abgebildet. Für die Funktionaldeterminante

$$\begin{vmatrix} x_r & x_\vartheta & x_\varphi \\ y_r & y_\vartheta & y_\varphi \\ z_r & z_\vartheta & z_\varphi \end{vmatrix} = \begin{vmatrix} \cos\varphi\sin\vartheta & r\cos\varphi\cos\vartheta & -r\sin\varphi\sin\vartheta \\ \sin\varphi\sin\vartheta & r\sin\varphi\cos\vartheta & r\cos\varphi\sin\vartheta \\ \cos\vartheta & -r\sin\vartheta & 0 \end{vmatrix}$$

dieser Transformation erhalten wir nach einigen elementaren Rechenschritten

$$\frac{\partial(x, y, z)}{\partial(r, \vartheta, \varphi)} = r^2 \sin\vartheta. \tag{23.92}$$

Sie verschwindet für $r = 0$ und $\vartheta = 0, \pi$. Die Punkte der Quaderflächen $r = 0$, $\vartheta = 0$ und $\vartheta = \pi$ werden auf die Punkte der z-Achse abgebildet, und zwar für $\vartheta = 0$ auf die positive z-Achse, für $\vartheta = \pi$ auf die negative z-Achse, für $r = 0$ erhalten wir als Bild den Koordinatenursprung des (x, y, z)-Raumes, welchen Wert dabei auch immer ϑ und φ haben. Die Umkehrung lautet

$$r = \sqrt{x^2 + y^2 + z^2}, \quad \vartheta = \operatorname{arc}\cos\left(\frac{z}{\sqrt{x^2 + y^2 + z^2}}\right), \quad \varphi = \operatorname{arc}\tan\frac{y}{x};$$

sie ist in den Punkten der z-Achse nicht definiert. Zusammenfassend können wir sagen, daß die Kugel $0 < x^2 + y^2 + z^2 \leqslant a^2$ mit Ausnahme der Punkte der z-Achse umkehrbar eindeutig auf den Quader $0 < r \leqslant a$, $0 < \vartheta < \pi$, $-\pi < \varphi \leqslant \pi$ abgebildet wird.

Wir haben in Abschnitt 22.1 gelernt, ein Funktionenpaar $u = u(x, y)$, $v = v(x, y)$ auch als Koordinatentransformation zu deuten. Ist die Lage eines Punktes in der Ebene durch irgend zwei Zahlen u und v eindeutig festgelegt, so können wir u und v mit gleichem Recht als Koordinaten des in Betracht gezogenen Punktes bezeichnen wie die vertrauten kartesischen Koordinaten x und y. Wenn daher die Funktionen $u(x, y)$ und $v(x, y)$ (zumindest lokal) umkehrbar sind, so lassen sich die Wertesysteme (u, v) auch als Koordinatenpaare für die Punkte der Ebene auffassen. Für die Existenz einer lokalen Umkehrung genügt es vorauszusetzen, daß die Ableitungsmatrix regulär ist und ihre Elemente, die partiellen Ableitungen u_x, u_y, v_x und v_y, stetige Funktionen sind.

Die Linien $u = u(x, y) = \text{const.}$ und $v = v(x, y) = \text{const.}$ heißen die *Koordinatenlinien;* weil diese i. a. gekrümmt sind, haben wir u und v auch *krummlinige Koordinaten* genannt. Die Existenz der Umkehrung $x = x(u, v)$, $y = y(u, v)$, die die Umrechnung vom System der krummlinigen Koordinaten u und v auf die kartesischen Koordinaten x und y ermöglicht, bedeutet die eindeutige Lösbarkeit der Gleichungen $u = u(x, y)$ und $v = v(x, y)$ für gegebene Werte von u und v. Geometrisch gesehen heißt dies, daß sich zwei Koordinatenlinien in genau einem Punkt schneiden, wobei sie sich in diesem Punkt entweder berühren, also eine gemeinsame Tangente haben, oder einander durchsetzen. Der zweite Fall liegt genau dann vor, wenn die Ableitungsmatrix regulär ist. Da dann auch die Ableitungsmatrix der Umkehrfunktion $x = x(u, v)$, $y = y(u, v)$ regulär ist und deren Spalten – die Tangentenrichtungen an die Koordinatenlinien – infolgedessen linear unabhängig sind, müssen sich die Koordinatenlinien unter einem Winkel zwischen 0° und 180° kreuzen. Für das Folgende nehmen wir nun an, daß die Ableitung der Funktion $u = u(x, y)$, $v = v(x, y)$ in jedem Punkt eines Bereiches B regulär ist und die partiellen Ableitungen in B stetig sind, so daß der Bereich B von den beiden Kurvenscharen $u = \text{const.}$ und $v = \text{const.}$ überdeckt wird und jeder Punkt von B auf genau einer Kurve aus jeder der beiden Scharen liegt.

Von besonderem Interesse sind jene Koordinatentransformationen, deren Koordinatenlinien einander in jedem Punkt unter rechtem Winkel schneiden. Sie werden *orthogonale (krummlinige) Koordinaten* genannt. Da die Vektoren

$$\mathbf{t}_u = \left(\frac{\partial x}{\partial v}, \frac{\partial y}{\partial v}\right), \quad \mathbf{t}_v = \left(\frac{\partial x}{\partial u}, \frac{\partial y}{\partial u}\right) \tag{23.93}$$

die Richtung der Tangenten an die Koordinatenlinien u = const. und v = const. haben, sind orthogonale Koordinaten offenbar durch die Bedingung

$$\mathbf{t}_u \cdot \mathbf{t}_v = \frac{\partial x}{\partial u}\frac{\partial x}{\partial v} + \frac{\partial y}{\partial u}\frac{\partial y}{\partial v} = 0 \tag{23.94}$$

gekennzeichnet. Es bedeutet dies insbesondere, daß die Ableitung der Umkehrfunktion $x = x(u, v)$, $y = y(u, v)$, von links mit ihrer Transponierten multipliziert, eine Diagonalmatrix mit positiven Diagonalgliedern ergibt,

$$\begin{pmatrix} \frac{\partial x}{\partial u} & \frac{\partial y}{\partial u} \\ \frac{\partial x}{\partial v} & \frac{\partial y}{\partial v} \end{pmatrix} \cdot \begin{pmatrix} \frac{\partial x}{\partial u} & \frac{\partial x}{\partial v} \\ \frac{\partial y}{\partial u} & \frac{\partial y}{\partial v} \end{pmatrix} = \begin{pmatrix} U^2 & 0 \\ 0 & V^2 \end{pmatrix}, \tag{23.95}$$

worin wir die Abkürzungen

$$U^2 = |\mathbf{t}_v|^2 = \left(\frac{\partial x}{\partial u}\right)^2 + \left(\frac{\partial y}{\partial u}\right)^2, \quad V^2 = |\mathbf{t}_u|^2 = \left(\frac{\partial x}{\partial v}\right)^2 + \left(\frac{\partial y}{\partial v}\right)^2 \tag{23.96}$$

eingeführt haben. Multiplizieren wir die Gleichungen (23.95) von rechts mit der Inversen der Ableitung von $x = x(u, v)$, $y = y(u, v)$, also mit der Ableitung von $u = u(x, y)$, $v = v(x, y)$, so folgt daraus

$$\begin{pmatrix} \frac{\partial x}{\partial u} & \frac{\partial y}{\partial u} \\ \frac{\partial x}{\partial v} & \frac{\partial y}{\partial v} \end{pmatrix} = \begin{pmatrix} U^2 \frac{\partial u}{\partial x} & U^2 \frac{\partial u}{\partial y} \\ V^2 \frac{\partial v}{\partial x} & V^2 \frac{\partial v}{\partial y} \end{pmatrix} \tag{23.97}$$

und weiter durch Vergleich der Matrixelemente

$$\frac{\partial x}{\partial u} = U^2 \frac{\partial u}{\partial x}, \quad \frac{\partial y}{\partial u} = U^2 \frac{\partial u}{\partial y}, \quad \frac{\partial x}{\partial v} = V^2 \frac{\partial v}{\partial x}, \quad \frac{\partial y}{\partial v} = V^2 \frac{\partial v}{\partial y}. \tag{23.98}$$

Diesen Beziehungen entnehmen wir insbesondere den Zusammenhang

$$|\operatorname{grad} u|^2 = \left(\frac{\partial u}{\partial x}\right)^2 + \left(\frac{\partial u}{\partial y}\right)^2 = \frac{1}{U^2}, \quad |\operatorname{grad} v|^2 = \left(\frac{\partial v}{\partial x}\right)^2 + \left(\frac{\partial v}{\partial y}\right)^2 = \frac{1}{V^2}. \tag{23.99}$$

Als weitere Folgerung erhalten wir die Beziehung

$$\frac{\partial u}{\partial x}\frac{\partial v}{\partial x} + \frac{\partial u}{\partial y}\frac{\partial v}{\partial y} = (\operatorname{grad} u) \cdot (\operatorname{grad} v) = 0; \tag{23.100}$$

sie ist nur ein anderer Ausdruck für die Orthogonalität der Vektoren $\mathbf{t}_u$ und $\mathbf{t}_v$, denn es ist $\operatorname{grad} u = \frac{1}{U^2}\mathbf{t}_v$ (grad u steht ja senkrecht auf die Koordinatenlinie u = const, weshalb grad u notwendigerweise kollinear zur Tangentenrichtung der Koordinatenlinie v = const. ist) und $\operatorname{grad} v = \frac{1}{V^2}\mathbf{t}_u$ (Bild 23.12). Es sind also die Spalten der Ableitung von x = x(u, v), y = y(u, v) und die Zeilen der Ableitung von u = u(x, y), v = v(x, y) orthogonal.

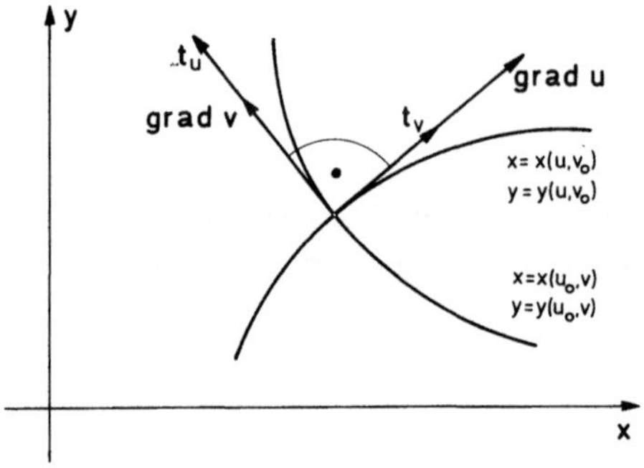

Bild 23.12

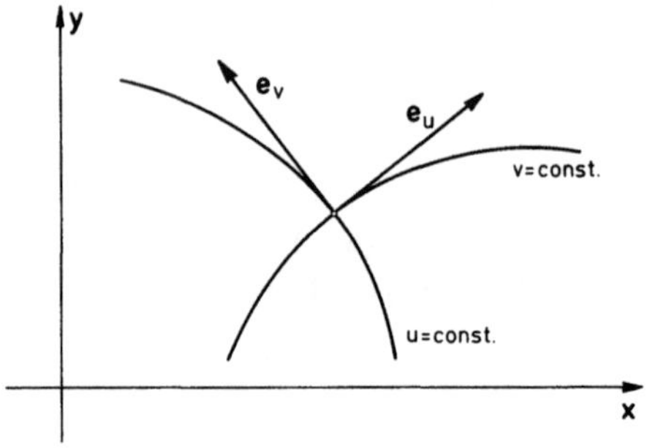

Bild 23.13

Wir errichten nun in jedem Punkt ein rechtwinkeliges (u, v)-Koordinatensystem, dessen Achsen wir durch die Richtungen des stärksten Wachstums der Koordinaten u und v festlegen. Da die Gradientenvektoren grad u und grad v in diese Richtungen weisen, haben wir als „Maßvektoren" dieses Koordinatensystems (Bild 23.13)

$$\mathbf{e}_u = \frac{\operatorname{grad} u}{|\operatorname{grad} u|} = U \operatorname{grad} u, \quad \mathbf{e}_v = \frac{\operatorname{grad} v}{|\operatorname{grad} v|} = V \operatorname{grad} v. \tag{23.101}$$

Da sich die Achsenrichtungen dieses Systems von Punkt zu Punkt ändern, nennt man es ein *rechtwinkeliges lokales Koordinatensystem*. Es ist positiv orientiert, wenn das Zweibein $\{\mathbf{e}_u, \mathbf{e}_v\}$ positiv orientiert ist, wenn also

$$\operatorname{Det}(\mathbf{e}_u, \mathbf{e}_v) = \begin{vmatrix} U\frac{\partial u}{\partial x} & V\frac{\partial v}{\partial x} \\ U\frac{\partial u}{\partial y} & V\frac{\partial v}{\partial y} \end{vmatrix} = \frac{1}{UV}\begin{vmatrix} \frac{\partial x}{\partial u} & \frac{\partial x}{\partial v} \\ \frac{\partial y}{\partial u} & \frac{\partial y}{\partial v} \end{vmatrix} = \frac{1}{UV}\frac{\partial(x, y)}{\partial(u, v)} > 0$$

gilt, womit auch für Koordinatentransformationen die Orientierung aus dem Vorzeichen der Funktionaldeterminante hervorgeht: Für ein Rechtssystem ist die Funktionaldeterminante positiv, für ein Linkssystem negativ. Da $\mathbf{e}_u$ und $\mathbf{e}_v$ orthogonale Einsvektoren sind, gilt überdies $\operatorname{Det}(\mathbf{e}_u, \mathbf{e}_v) = 1$ und folglich

$$\frac{\partial(x, y)}{\partial(u, v)} = UV \tag{23.102}$$

für ein positiv orientiertes (lokales) Koordinatensystem. Im anderen Fall ist das Vorzeichen der Funktionaldeterminante negativ; wir erreichen dann durch Vertauschen der Rollen von u und v eine positive Orientierung. Im folgenden sei immer angenommen, daß das Zweibein $\{\mathbf{e}_u, \mathbf{e}_v\}$ positiv orientiert ist.

Ein Vektor **a** mit den kartesischen Koordinaten $a_x = \mathbf{a} \cdot \mathbf{e}_x$ und $a_y = \mathbf{a} \cdot \mathbf{e}_y$ [1]) hat bezüglich des lokalen (u, v)-Systems die Koordinaten

$$a_u = \mathbf{a} \cdot \mathbf{e}_u = (a_x \mathbf{e}_x + a_y \mathbf{e}_y) \cdot \mathbf{e}_u = a_x(\mathbf{e}_x \cdot \mathbf{e}_u) + a_y(\mathbf{e}_y \cdot \mathbf{e}_u) = a_x U \frac{\partial u}{\partial x} + a_y U \frac{\partial u}{\partial y},$$

beziehungsweise, wenn wir (23.98) berücksichtigen,

$$a_u = a_x \frac{1}{U}\frac{\partial x}{\partial u} + a_y \frac{1}{U}\frac{\partial y}{\partial u}.$$

Analog erhalten wir

$$a_v = a_x \frac{1}{V}\frac{\partial x}{\partial v} + a_y \frac{1}{V}\frac{\partial y}{\partial v}.$$

Der Zusammenhang zwischen den Koordinatenspalten des Vektors **a** in beiden Systemen ist also

$$\begin{pmatrix} a_u \\ a_v \end{pmatrix} = \begin{pmatrix} \frac{1}{U}\frac{\partial x}{\partial u} & \frac{1}{U}\frac{\partial y}{\partial u} \\ \frac{1}{V}\frac{\partial x}{\partial v} & \frac{1}{V}\frac{\partial y}{\partial v} \end{pmatrix} \cdot \begin{pmatrix} a_x \\ a_y \end{pmatrix},$$

worin die Elemente der orthogonalen Koeffizientenmatrix die inneren Produkte der Maßvektoren beider Koordinatensysteme sind (vgl. Abschnitt 20.12). Es ist also

$$\mathbf{a} = a_x \mathbf{e}_x + a_y \mathbf{e}_y = a_u \mathbf{e}_u + a_v \mathbf{e}_v = \left(a_x \frac{\partial x}{\partial u} + a_y \frac{\partial y}{\partial u}\right)\frac{1}{U}\mathbf{e}_u + \left(a_x \frac{\partial x}{\partial v} + a_y \frac{\partial y}{\partial v}\right)\frac{1}{V}\mathbf{e}_v. \tag{23.103}$$

Beispiel 23.11: Das einfachste Beispiel orthogonaler krummliniger Koordinaten sind die ebenen Polarkoordinaten r und φ. Die Koordinatenlinien sind die Kreise r = const, die von den Geraden φ = const. unter rechtem Winkel geschnitten werden. Mit u = r und v = φ wird

$$U^2 = \left(\frac{\partial x}{\partial r}\right)^2 + \left(\frac{\partial y}{\partial r}\right)^2 = 1, \quad V^2 = \left(\frac{\partial x}{\partial \varphi}\right)^2 + \left(\frac{\partial y}{\partial \varphi}\right)^2 = r^2;$$

für die Umrechnung von den kartesischen Koordinaten eines Vektors auf die Koordinaten im (r, φ)-System erhalten wir nach (23.103) die Formeln

$$a_r = a_x \cos\varphi + a_y \sin\varphi, \quad a_\varphi = -a_x \sin\varphi + a_y \cos\varphi,$$

aus denen sich durch Umkehrung

$$a_x = a_r \cos\varphi - a_\varphi \sin\varphi, \quad a_y = a_r \sin\varphi + a_\varphi \cos\varphi$$

ergibt.

Von großer Bedeutung als orthogonale krummlinige Koordinaten sind der Realteil u = u(x, y) und der Imaginärteil v = v(x, y) einer differenzierbaren komplexen Funktion w = u + jv = f(x + jy) = f(z), für die die Orthogonalitätsbedingung (23.94) (bzw. (23.100)) auf Grund der Cauchy-Riemannschen Differentialgleichungen (23.39) erfüllt ist. Überdies

[1]) Im folgenden stellen Symbole $a_x, a_y, \ldots, a_u, a_v, \ldots$ keine partiellen Ableitungen dar, sondern die Koordinaten eines Vektors **a** in entsprechenden Koordinatensystemen. Partielle Ableitungen sind bis zum Ende dieses Abschnittes ausschließlich mit Hilfe des partiellen Differentiationssymbols geschrieben.

gilt

$$\frac{1}{U^2} = \left(\frac{\partial u}{\partial x}\right)^2 + \left(\frac{\partial u}{\partial y}\right)^2 = |f'(z)|^2 = \left(\frac{\partial v}{\partial x}\right)^2 + \left(\frac{\partial v}{\partial y}\right)^2 = \frac{1}{V^2}, \tag{23.104}$$

d. h. die Gradientenvektoren haben dieselbe Länge.

Koordinatentransformationen im dreidimensionalen Raum werden durch Funktionen

$$u = u(x, y, z), \quad v = v(x, y, z), \quad w = w(x, y, z) \tag{23.105}$$

beschrieben; die Umkehrung sei

$$x = x(u, v, w), \quad y = y(u, v, w), \quad z = z(u, v, w). \tag{23.106}$$

An die Stelle der Koordinatenlinien im ebenen Fall treten die *Koordinatenflächen* $u = u(x, y, z) = \text{const}$, $v = v(x, y, z) = \text{const}$, $w = w(x, y, z) = \text{const}$. Schneiden einander je zwei Koordinatenflächen unter rechtem Winkel, so nennen wir u, v und w *orthogonale* Koordinaten. Sie sind dadurch gekennzeichnet, daß die Tangentenvektoren an die Schnittkurven von je zwei Koordinatenflächen paarweise aufeinander senkrecht stehen. Bezeichnen wir den Tangentenvektor der Schnittkurve von v = const. und w = const. beziehungsweise u = const. und w = const. beziehungsweise u = const. und v = const. der Reihe nach mit $\mathbf{t}_{v,w}$, beziehungsweise $\mathbf{t}_{u,w}$, beziehungsweise $\mathbf{t}_{u,v}$, so ist offenbar

$$\mathbf{t}_{v,w} = \left(\frac{\partial x}{\partial u}, \frac{\partial y}{\partial u}, \frac{\partial z}{\partial u}\right), \quad \mathbf{t}_{u,w} = \left(\frac{\partial x}{\partial v}, \frac{\partial y}{\partial v}, \frac{\partial z}{\partial v}\right), \quad \mathbf{t}_{u,v} = \left(\frac{\partial x}{\partial w}, \frac{\partial y}{\partial w}, \frac{\partial z}{\partial w}\right). \tag{23.107}$$

Die Orthogonalität dieser Vektoren läßt sich dann analog (23.95) als Matrizengleichung

$$\begin{pmatrix} \frac{\partial x}{\partial u} & \frac{\partial y}{\partial u} & \frac{\partial z}{\partial u} \\ \frac{\partial x}{\partial v} & \frac{\partial y}{\partial v} & \frac{\partial z}{\partial v} \\ \frac{\partial x}{\partial w} & \frac{\partial y}{\partial w} & \frac{\partial z}{\partial w} \end{pmatrix} \cdot \begin{pmatrix} \frac{\partial x}{\partial u} & \frac{\partial x}{\partial v} & \frac{\partial x}{\partial w} \\ \frac{\partial y}{\partial u} & \frac{\partial y}{\partial v} & \frac{\partial y}{\partial w} \\ \frac{\partial z}{\partial u} & \frac{\partial z}{\partial v} & \frac{\partial z}{\partial w} \end{pmatrix} = \begin{pmatrix} U^2 & 0 & 0 \\ 0 & V^2 & 0 \\ 0 & 0 & W^2 \end{pmatrix}$$

ausdrücken, worin für

$$U^2 = \left(\frac{\partial x}{\partial u}\right)^2 + \left(\frac{\partial y}{\partial u}\right)^2 + \left(\frac{\partial z}{\partial u}\right)^2, \quad V^2 = \left(\frac{\partial x}{\partial v}\right)^2 + \left(\frac{\partial y}{\partial v}\right)^2 + \left(\frac{\partial z}{\partial v}\right)^2,$$
$$W^2 = \left(\frac{\partial x}{\partial w}\right)^2 + \left(\frac{\partial y}{\partial w}\right)^2 + \left(\frac{\partial z}{\partial w}\right)^2 \tag{23.108}$$

gesetzt wurde. Daraus entsteht, wenn wir von rechts mit der Ableitung von (23.105) multiplizieren, die (23.97) entsprechende Beziehung

$$\begin{pmatrix} \frac{\partial x}{\partial u} & \frac{\partial y}{\partial u} & \frac{\partial z}{\partial u} \\ \frac{\partial x}{\partial v} & \frac{\partial y}{\partial v} & \frac{\partial z}{\partial v} \\ \frac{\partial x}{\partial w} & \frac{\partial y}{\partial w} & \frac{\partial z}{\partial w} \end{pmatrix} = \begin{pmatrix} U^2 \frac{\partial u}{\partial x} & U^2 \frac{\partial u}{\partial y} & U^2 \frac{\partial u}{\partial z} \\ V^2 \frac{\partial v}{\partial x} & V^2 \frac{\partial v}{\partial y} & V^2 \frac{\partial v}{\partial z} \\ W^2 \frac{\partial w}{\partial x} & W^2 \frac{\partial w}{\partial y} & W^2 \frac{\partial w}{\partial z} \end{pmatrix}. \tag{23.109}$$

Durch Vergleich der Matrixelemente ergeben sich daraus die zu (23.98) analogen Relationen

$$\frac{\partial x}{\partial u} = U^2 \frac{\partial u}{\partial x}, \quad \frac{\partial x}{\partial v} = V^2 \frac{\partial v}{\partial x}, \quad \frac{\partial x}{\partial w} = W^2 \frac{\partial w}{\partial x} \quad \text{usw.}$$

Insbesondere ist

$$\operatorname{grad} u = \frac{1}{U^2} \mathbf{t}_{v,w}, \quad \operatorname{grad} v = \frac{1}{V^2} \mathbf{t}_{u,w}, \quad \operatorname{grad} w = \frac{1}{W^2} \mathbf{t}_{u,v}.$$

Wie im ebenen Fall sind die Spalten der Ableitung von (23.106) und die Zeilen der Ableitung von (23.105) orthogonal.

Mit Hilfe der orthogonalen Einsvektoren

$$\mathbf{e}_u = U \operatorname{grad} u, \quad \mathbf{e}_v = V \operatorname{grad} v, \quad \mathbf{e}_w = W \operatorname{grad} w \tag{23.110}$$

konstruieren wir nun in jedem Raumpunkt ein lokales rechtwinkeliges (u, v, w)-Koordinatensystem, dessen Achsen wir in die Richtungen des stärksten Anstiegs der Koordinaten u, v und w legen. Dieses Koordinatensystem ist positiv orientiert, wenn das Dreibein $\{\mathbf{e}_u, \mathbf{e}_v, \mathbf{e}_w\}$ positiv orientiert ist, d. h. wenn die Funktionaldeterminante $\frac{\partial(x, y, z)}{\partial(u, v, w)} > 0$ ist. Übrigens ist in Analogie zu (23.102)

$$\frac{\partial(x, y, z)}{\partial(u, v, w)} = UVW \tag{23.111}$$

im Falle eines positiv orientierten (u, v, w)-Systems.

Zwischen den kartesischen Koordinaten $a_x = \mathbf{a} \cdot \mathbf{e}_x$, $a_y = \mathbf{a} \cdot \mathbf{e}_y$, $a_z = \mathbf{a} \cdot \mathbf{e}_z$ eines Vektors **a** und den Koordinaten $a_u = \mathbf{a} \cdot \mathbf{e}_u$, $a_v = \mathbf{a} \cdot \mathbf{e}_v$, $a_w = \mathbf{a} \cdot \mathbf{e}_w$ dieses Vektors im (u, v, w)-System besteht der Zusammenhang

$$\begin{pmatrix} a_u \\ a_v \\ a_w \end{pmatrix} = \begin{pmatrix} \frac{1}{U}\frac{\partial x}{\partial u} & \frac{1}{U}\frac{\partial y}{\partial u} & \frac{1}{U}\frac{\partial z}{\partial u} \\ \frac{1}{V}\frac{\partial x}{\partial v} & \frac{1}{V}\frac{\partial y}{\partial v} & \frac{1}{V}\frac{\partial z}{\partial v} \\ \frac{1}{W}\frac{\partial x}{\partial w} & \frac{1}{W}\frac{\partial y}{\partial w} & \frac{1}{W}\frac{\partial z}{\partial w} \end{pmatrix} \cdot \begin{pmatrix} a_x \\ a_y \\ a_z \end{pmatrix},$$

worin die Elemente der orthogonalen Koeffizientenmatrix die inneren Produkte der Maßvektoren beider Koordinatensysteme sind. Ausführlich lautet also die Darstellung eines Vektors **a** im (u, v, w)-System

$$\begin{aligned} \mathbf{a} &= a_x \mathbf{e}_x + a_y \mathbf{e}_y + a_z \mathbf{e}_z = a_u \mathbf{e}_u + a_v \mathbf{e}_v + a_w \mathbf{e}_w = \\ &= \left(a_x \frac{\partial x}{\partial u} + a_y \frac{\partial y}{\partial u} + a_z \frac{\partial z}{\partial u}\right) \frac{1}{U} \mathbf{e}_u + \left(a_x \frac{\partial x}{\partial v} + a_y \frac{\partial y}{\partial v} + a_z \frac{\partial z}{\partial v}\right) \frac{1}{V} \mathbf{e}_v \\ &+ \left(a_x \frac{\partial x}{\partial w} + a_y \frac{\partial y}{\partial w} + a_z \frac{\partial z}{\partial w}\right) \frac{1}{W} \mathbf{e}_w . \end{aligned} \tag{23.112}$$

Orthogonale Koordinaten werden in den Anwendungen in erster Linie deshalb eingeführt, um bei der Lösung von Problemen durch Berücksichtigung der Geometrie Vereinfachungen erzielen zu können. Eine für uns wichtige Klasse von Aufgaben, in denen die Geometrie eine Rolle spielt, sind die partiellen Differentialgleichungen der mathematischen Physik, die aus einigen grundlegenden Differentialoperationen hervorgehen. Wir wollen deshalb, um uns später darauf beziehen zu können, die Umrechnung dieser Differentialausdrücke auf orthogonale Koordinaten darlegen.

Eine Differentialoperation, die wir bereits kennengelernt haben, ist die Gradientenbildung einer skalaren Funktion $\omega = \omega(x, y, z)$. Durch Zusammensetzung mit der Funktion (23.106) leisten wir die Umrechnung des Skalars ω auf die Koordinaten u, v und w, $\omega\big(x(u, v, w), y(u, v, w), z(u, v, w)\big) = \tilde{\omega}(u, v, w)$. Der Gradient von ω hat im (x, y, z)-System die Koordinaten

$$(\operatorname{grad}\omega)_x = \frac{\partial\omega}{\partial x}, \quad (\operatorname{grad}\omega)_y = \frac{\partial\omega}{\partial y}, \quad (\operatorname{grad}\omega)_z = \frac{\partial\omega}{\partial z}.$$

Setzen wir diese in (23.112) ein, so wird

$$(\operatorname{grad}\omega)_u = \frac{1}{U}\left(\frac{\partial\omega}{\partial x}\frac{\partial x}{\partial u} + \frac{\partial\omega}{\partial y}\frac{\partial y}{\partial u} + \frac{\partial\omega}{\partial z}\frac{\partial z}{\partial u}\right) = \frac{1}{U}\frac{\partial\omega}{\partial u}\,^{1)},$$

analog

$$(\operatorname{grad}\omega)_v = \frac{1}{V}\frac{\partial\omega}{\partial v}, \quad (\operatorname{grad}\omega)_w = \frac{1}{W}\frac{\partial\omega}{\partial w},$$

also

$$\operatorname{grad}\omega = \frac{1}{U}\frac{\partial\omega}{\partial u}e_u + \frac{1}{V}\frac{\partial\omega}{\partial v}e_v + \frac{1}{W}\frac{\partial\omega}{\partial w}e_w. \tag{23.113}$$

Beispiel 23.12: Ebenso wie die ebenen Polarkoordinaten sind auch die Kugelkoordinaten r, ϑ und φ orthogonale Koordinaten. Mit $u = r$, $v = \vartheta$ und $w = \varphi$ erhalten wir

$$U^2 = \left(\frac{\partial x}{\partial r}\right)^2 + \left(\frac{\partial y}{\partial r}\right)^2 + \left(\frac{\partial z}{\partial r}\right)^2 = 1,$$

$$V^2 = \left(\frac{\partial x}{\partial \vartheta}\right)^2 + \left(\frac{\partial y}{\partial \vartheta}\right)^2 + \left(\frac{\partial z}{\partial \vartheta}\right)^2 = r^2,$$

$$W^2 = \left(\frac{\partial x}{\partial \varphi}\right)^2 + \left(\frac{\partial y}{\partial \varphi}\right)^2 + \left(\frac{\partial z}{\partial \varphi}\right)^2 = r^2\sin^2\vartheta.$$

Die Koordinaten eines Vektors **a** im (r, ϑ, φ)-System lauten der Reihe nach

$$a_r = a_x\cos\varphi\sin\vartheta + a_y\sin\varphi\sin\vartheta + a_z\cos\vartheta,$$

$$a_\vartheta = a_x\cos\varphi\cos\vartheta + a_y\sin\varphi\cos\vartheta - a_z\sin\vartheta,$$

$$a_\varphi = -a_x\sin\varphi + a_y\cos\varphi.$$

---

[1] Die Funktion $\tilde{\omega}$ ist die zusammengesetzte Funktion und daher von ω als Funktionsvorschrift zu unterscheiden. Da wir jedoch, wie das in den physikalischen Anwendungen sehr gebräuchlich ist, mit dem Funktionssymbol gleichzeitig die abhängige Variable kennzeichnen, auf die die partiellen Differentialquotienten bezogen sind, schreiben wir im folgenden $\partial\omega/\partial u$ usw.; als Funktionen sind diese Ausdrücke die partiellen Ableitungen der zusammengesetzten Funktion $\tilde{\omega}$ nach den Veränderlichen u usw.

Die Koordinaten des Gradienten eines Skalars ω sind im (r, ϑ, φ)-System zufolge (23.113)

$$(\operatorname{grad}\omega)_r = \frac{\partial\omega}{\partial r}, \quad (\operatorname{grad}\omega)_\vartheta = \frac{1}{r}\frac{\partial\omega}{\partial\vartheta}, \quad (\operatorname{grad}\omega)_\varphi = \frac{1}{r\sin\vartheta}\frac{\partial\omega}{\partial\varphi}.$$

Eine zweite wichtige Differentialoperation bezieht sich auf ein Vektorfeld $\mathbf{a} = (a_x, a_y, a_z)$,

$$\operatorname{div}\mathbf{a} := \frac{\partial a_x}{\partial x} + \frac{\partial a_y}{\partial y} + \frac{\partial a_z}{\partial z}. \tag{23.114}$$

Diese skalare Größe wird die *Divergenz* des Vektorfeldes $\mathbf{a}(x, y, z)$ genannt; auf ihre physikalische Bedeutung wird in Abschnitt 33.2 eingegangen. Um den Ausdruck (23.114) auf orthogonale Koordinaten umzurechnen, stellen wir zunächst den Zusammenhang zwischen den kartesischen Koordinaten a_x, a_y, a_z und den Koordinaten a_u, a_v, a_w im (u, v, w)-System her,

$$a_x = a_u U\frac{\partial u}{\partial x} + a_v V\frac{\partial v}{\partial x} + a_w W\frac{\partial w}{\partial x},$$

$$a_y = a_u U\frac{\partial u}{\partial y} + a_v V\frac{\partial v}{\partial y} + a_w W\frac{\partial w}{\partial y},$$

$$a_z = a_u U\frac{\partial u}{\partial z} + a_v V\frac{\partial v}{\partial z} + a_w W\frac{\partial w}{\partial z}.$$

Durch Bildung der partiellen Ableitungen folgt

$$\begin{aligned}\frac{\partial a_x}{\partial x} + \frac{\partial a_y}{\partial y} + \frac{\partial a_z}{\partial z} = {} & \frac{\partial}{\partial x}\left(a_u U\frac{\partial u}{\partial x}\right) + \frac{\partial}{\partial y}\left(a_u U\frac{\partial u}{\partial y}\right) + \frac{\partial}{\partial z}\left(a_u U\frac{\partial u}{\partial z}\right) \\ & + \frac{\partial}{\partial x}\left(a_v V\frac{\partial v}{\partial x}\right) + \frac{\partial}{\partial y}\left(a_v V\frac{\partial v}{\partial y}\right) + \frac{\partial}{\partial z}\left(a_v V\frac{\partial v}{\partial z}\right) \\ & + \frac{\partial}{\partial x}\left(a_w W\frac{\partial w}{\partial x}\right) + \frac{\partial}{\partial y}\left(a_w W\frac{\partial w}{\partial y}\right) + \frac{\partial}{\partial z}\left(a_w W\frac{\partial w}{\partial z}\right)\end{aligned}$$

und durch Anwendung der Produktregel unter Berücksichtigung der Beziehungen (23.109) zwischen den partiellen Ableitungen von (23.105) und (23.106)

$$\begin{aligned}\frac{\partial a_x}{\partial x} + \frac{\partial a_y}{\partial y} + \frac{\partial a_z}{\partial z} = {} & \frac{1}{U^2}\frac{\partial}{\partial u}\left(a_u U\right) + \frac{1}{V^2}\frac{\partial}{\partial v}\left(a_v V\right) + \frac{1}{W^2}\frac{\partial}{\partial w}\left(a_w W\right) + \\ & + a_u U\Delta u + a_v V\Delta v + a_w W\Delta w,\end{aligned}$$

worin wir mit

$$\Delta = \frac{\partial^2}{\partial x^2} + \frac{\partial^2}{\partial y^2} + \frac{\partial^2}{\partial z^2} \tag{23.115}$$

den *Laplaceschen*[1]) *Differentialausdruck* eingeführt haben. Die Berechnung von Δu sieht

[1]) *Pierre Simon Laplace*, franz. Mathematiker, 1749–1829.

nun folgendermaßen aus:

$$\Delta u = \frac{\partial}{\partial x}\frac{\partial u}{\partial x} + \frac{\partial}{\partial y}\frac{\partial u}{\partial y} + \frac{\partial}{\partial z}\frac{\partial u}{\partial z} = \frac{\partial}{\partial x}\left(\frac{1}{U^2}\frac{\partial x}{\partial u}\right) + \frac{\partial}{\partial y}\left(\frac{1}{U^2}\frac{\partial y}{\partial u}\right) + \frac{\partial}{\partial z}\left(\frac{1}{U^2}\frac{\partial z}{\partial u}\right)$$

$$= \frac{\partial}{\partial u}\left(\frac{1}{U^2}\frac{\partial x}{\partial u}\right)\frac{1}{U^2}\frac{\partial x}{\partial u} + \frac{\partial}{\partial v}\left(\frac{1}{U^2}\frac{\partial x}{\partial u}\right)\frac{1}{V^2}\frac{\partial x}{\partial v} + \frac{\partial}{\partial w}\left(\frac{1}{U^2}\frac{\partial x}{\partial u}\right)\frac{1}{W^2}\frac{\partial x}{\partial w}$$

$$+ \frac{\partial}{\partial u}\left(\frac{1}{U^2}\frac{\partial y}{\partial u}\right)\frac{1}{U^2}\frac{\partial y}{\partial u} + \frac{\partial}{\partial v}\left(\frac{1}{U^2}\frac{\partial y}{\partial u}\right)\frac{1}{V^2}\frac{\partial y}{\partial v} + \frac{\partial}{\partial w}\left(\frac{1}{U^2}\frac{\partial y}{\partial u}\right)\frac{1}{W^2}\frac{\partial y}{\partial w}$$

$$+ \frac{\partial}{\partial u}\left(\frac{1}{U^2}\frac{\partial z}{\partial u}\right)\frac{1}{U^2}\frac{\partial z}{\partial u} + \frac{\partial}{\partial v}\left(\frac{1}{U^2}\frac{\partial z}{\partial u}\right)\frac{1}{V^2}\frac{\partial z}{\partial v} + \frac{\partial}{\partial w}\left(\frac{1}{U^2}\frac{\partial z}{\partial u}\right)\frac{1}{W^2}\frac{\partial z}{\partial w}.$$

Beachten wir nun die Orthogonalitätsrelationen $\mathbf{t}_{v,w} \cdot \mathbf{t}_{u,w} = 0$ und $\mathbf{t}_{v,w} \cdot \mathbf{t}_{u,v} = 0$, d. h.

$$\frac{\partial x}{\partial u}\frac{\partial x}{\partial v} + \frac{\partial y}{\partial u}\frac{\partial y}{\partial v} + \frac{\partial z}{\partial u}\frac{\partial z}{\partial v} = 0, \quad \frac{\partial x}{\partial u}\frac{\partial x}{\partial w} + \frac{\partial y}{\partial u}\frac{\partial y}{\partial w} + \frac{\partial z}{\partial u}\frac{\partial z}{\partial w} = 0,$$

und berücksichtigen wir ferner

$$U\frac{\partial U}{\partial u} = \frac{\partial x}{\partial u}\frac{\partial^2 x}{\partial u^2} + \frac{\partial y}{\partial u}\frac{\partial^2 y}{\partial u^2} + \frac{\partial z}{\partial u}\frac{\partial^2 z}{\partial u^2},$$

$$V\frac{\partial V}{\partial u} = \frac{\partial x}{\partial v}\frac{\partial^2 x}{\partial u \partial v} + \frac{\partial y}{\partial v}\frac{\partial^2 y}{\partial u \partial v} + \frac{\partial z}{\partial v}\frac{\partial^2 z}{\partial u \partial v},$$

$$W\frac{\partial W}{\partial u} = \frac{\partial x}{\partial w}\frac{\partial^2 x}{\partial u \partial w} + \frac{\partial y}{\partial w}\frac{\partial^2 y}{\partial u \partial w} + \frac{\partial z}{\partial w}\frac{\partial^2 z}{\partial u \partial w},$$

so folgt weiter

$$\Delta u = \frac{1}{U^2}\left[U^2\frac{\partial}{\partial u}\frac{1}{U^2} + \frac{1}{U^2}U\frac{\partial U}{\partial u}\right] + \frac{1}{V^2}\left[\frac{1}{U^2}V\frac{\partial V}{\partial u}\right] + \frac{1}{W^2}\left[\frac{1}{U^2}W\frac{\partial W}{\partial u}\right]$$

$$= \frac{1}{U^2}\left[\frac{1}{V}\frac{\partial V}{\partial u} + \frac{1}{W}\frac{\partial W}{\partial u} - \frac{1}{U}\frac{\partial U}{\partial u}\right].$$

Durch eine ähnliche Rechnung ergibt sich

$$\Delta v = \frac{1}{V^2}\left[\frac{1}{U}\frac{\partial U}{\partial v} + \frac{1}{W}\frac{\partial W}{\partial v} - \frac{1}{V}\frac{\partial V}{\partial v}\right], \quad \Delta w = \frac{1}{W^2}\left[\frac{1}{U}\frac{\partial U}{\partial w} + \frac{1}{V}\frac{\partial V}{\partial w} - \frac{1}{W}\frac{\partial W}{\partial w}\right].$$

Für den sich auf a_u beziehenden Term erhalten wir demnach

$$\frac{1}{U^2}\frac{\partial}{\partial u}\left(a_u U\right) + a_u U \Delta u = a_u\frac{1}{U^2}\frac{\partial U}{\partial u} + \frac{1}{U}\frac{\partial a_u}{\partial u} + \frac{1}{U}a_u\left[\frac{1}{V}\frac{\partial V}{\partial u} + \frac{1}{W}\frac{\partial W}{\partial u} - \frac{1}{U}\frac{\partial U}{\partial u}\right]$$

$$= \frac{1}{U}\frac{\partial a_u}{\partial u} + \frac{1}{UVW}a_u\frac{\partial}{\partial u}(VW) = \frac{1}{UVW}\frac{\partial}{\partial u}\left(VW\,a_u\right).$$

Analoge Ausdrücke erhalten wir für die von a_v und a_w herrührenden Terme; durch Addition folgt schließlich

$$\frac{\partial a_x}{\partial x} + \frac{\partial a_y}{\partial y} + \frac{\partial a_z}{\partial z} = \frac{1}{UVW}\left[\frac{\partial}{\partial u}\left(VW\,a_u\right) + \frac{\partial}{\partial v}\left(UW\,a_v\right) + \frac{\partial}{\partial w}\left(UV\,a_w\right)\right]. \tag{23.116}$$

Ist speziell a(x, y, z) der Gradient eines Skalars ω, so folgt aus (23.113)

$$a_u = (\operatorname{grad}\omega)_u = \frac{1}{U}\frac{\partial\omega}{\partial u}, \quad a_v = (\operatorname{grad}\omega)_v = \frac{1}{V}\frac{\partial\omega}{\partial v}, \quad a_w = (\operatorname{grad}\omega)_w = \frac{1}{W}\frac{\partial\omega}{\partial w},$$

und damit

$$\begin{aligned} \operatorname{div}\operatorname{grad}\omega = \Delta\omega &= \frac{\partial^2\omega}{\partial x^2} + \frac{\partial^2\omega}{\partial y^2} + \frac{\partial^2\omega}{\partial z^2} \\ &= \frac{1}{UVW}\left[\frac{\partial}{\partial u}\left(\frac{VW}{U}\frac{\partial\omega}{\partial u}\right) + \frac{\partial}{\partial v}\left(\frac{UW}{V}\frac{\partial\omega}{\partial v}\right) + \frac{\partial}{\partial w}\left(\frac{UV}{W}\frac{\partial\omega}{\partial w}\right)\right]. \end{aligned} \tag{23.117}$$

Der Laplacesche Differentialausdruck spielt eine wichtige Rolle in der mathematischen Physik. Die partielle Differentialgleichung

$$\Delta\omega = \rho \tag{23.118}$$

heißt *Poissonsche*[1]) *Differentialgleichung*; für $\rho = 0$ wird

$$\Delta\omega = 0 \tag{23.119}$$

die *Laplacesche Differentialgleichung* genannt.

Für ein ebenes Skalarfeld fällt die Abhängigkeit von z fort; der Laplaceoperator lautet in diesem Fall

$$\Delta = \frac{\partial^2}{\partial x^2} + \frac{\partial^2}{\partial y^2}.$$

Seine Umrechnung auf orthogonale krummlinige Koordinaten $u = u(x, y)$, $v = v(x, y)$ gewinnen wir aus der Formel (23.117), wenn wir die „zylindrischen" Koordinaten $u = u(x, y)$, $v = v(x, y)$, $w = z$ einführen, die klarerweise orthogonal sind, wenn dies für u und v zutrifft. Es ist

$$U^2 = \left(\frac{\partial x}{\partial u}\right)^2 + \left(\frac{\partial y}{\partial u}\right)^2, \quad V^2 = \left(\frac{\partial x}{\partial v}\right)^2 + \left(\frac{\partial y}{\partial v}\right)^2, \quad W^2 = 1$$

und, da ja $\omega = \omega(x, y)$ in eine Funktion $\omega = \tilde{\omega}(u, v)$ übergeht, die keine Abhängigkeit von w aufweist,

$$\Delta\omega = \frac{\partial^2\omega}{\partial x^2} + \frac{\partial^2\omega}{\partial y^2} = \frac{1}{UV}\left[\frac{\partial}{\partial u}\left(\frac{V}{U}\frac{\partial\omega}{\partial u}\right) + \frac{\partial}{\partial v}\left(\frac{U}{V}\frac{\partial\omega}{\partial v}\right)\right]. \tag{23.120}$$

Wir weisen in diesem Zusammenhang noch auf einen interessanten Sachverhalt hin, der zur Gewinnung von Lösungen der Laplaceschen Differentialgleichung (23.119) dienen kann. Ist $u = \operatorname{Re}\big(f(z)\big)$, $v = \operatorname{Im}\big(f(z)\big)$, so ist zufolge (23.104) $U = V$, und die Gleichung $\Delta\omega = 0$ geht über in

$$\frac{\partial^2\omega}{\partial u^2} + \frac{\partial^2\omega}{\partial v^2} = 0.$$

---

[1]) *Simeon Denis Poisson*, franz. Mathematiker, 1781–1840.

Während im allgemeinen Fall in der transformierten Laplaceschen Differentialgleichung auch die ersten partiellen Differentialquotienten auftreten, sind in der durch Real- und Imaginärteil einer (differenzierbaren) komplexen Funktion transformierten Laplaceschen Differentialgleichung nur die zweiten partiellen Differentialquotienten enthalten. Übrigens genügen der Realteil $u = u(x, y)$ und der Imaginärteil $v = v(x, y)$ jeder für sich der Laplaceschen Differentialgleichung, wie aus den Cauchy-Riemannschen Differentialgleichungen (23.39) hervorgeht[1]).

Für Kugelkoordinaten ($u = r$, $v = \vartheta$, $w = \varphi$) lautet der Laplaceoperator ($U = 1$, $V = r$, $W = r\sin\vartheta$)

$$\Delta\omega = \frac{1}{r^2}\left[\frac{\partial}{\partial r}\left(r^2\frac{\partial\omega}{\partial r}\right) + \frac{1}{\sin\vartheta}\frac{\partial}{\partial\vartheta}\left(\sin\vartheta\frac{\partial\omega}{\partial\vartheta}\right) + \frac{1}{\sin^2\vartheta}\frac{\partial^2\omega}{\partial\varphi^2}\right], \tag{23.121}$$

in Zylinderkoordinaten $x = r\cos\varphi$, $y = r\sin\varphi$, $z = z$ ($u = r$, $v = \varphi$ und $w = z$) ist $U = 1$, $V = r$, $W = 1$ und daher

$$\Delta\omega = \frac{1}{r}\frac{\partial}{\partial r}\left(r\frac{\partial\omega}{\partial r}\right) + \frac{1}{r^2}\frac{\partial^2\omega}{\partial\varphi^2} + \frac{\partial^2\omega}{\partial z^2}. \tag{23.122}$$

Für ebene Polarkoordinaten erhalten wir aus (23.120) mit $u = r$, $v = \varphi$

$$\Delta\omega = \frac{1}{r}\frac{\partial}{\partial r}\left(r\frac{\partial\omega}{\partial r}\right) + \frac{1}{r^2}\frac{\partial^2\omega}{\partial\varphi^2}. \tag{23.123}$$

Als dritte wichtige Differentialoperation erwähnen wir die *Rotation* eines Vektorfeldes $\mathbf{a}(x, y, z)$, die, symbolisch rot **a** geschrieben, selbst wieder ein Vektorfeld ist,

$$\left\{\begin{aligned} (\mathrm{rot}\,\mathbf{a})_x &= \frac{\partial a_z}{\partial y} - \frac{\partial a_y}{\partial z} \\ (\mathrm{rot}\,\mathbf{a})_y &= \frac{\partial a_x}{\partial z} - \frac{\partial a_z}{\partial x} \\ (\mathrm{rot}\,\mathbf{a})_z &= \frac{\partial a_y}{\partial x} - \frac{\partial a_x}{\partial y} \end{aligned}\right. . \tag{23.124}$$

Die Umrechnung auf orthogonale Koordinaten ist methodisch grundsätzlich die gleiche, die zur Formel (23.117) geführt hat, sie erfordert aber eine längere Rechnung. Es sei deshalb bloß das Endresultat angegeben,

$$\left\{\begin{aligned} (\mathrm{rot}\,\mathbf{a})_u &= \frac{1}{VW}\left[\frac{\partial}{\partial v}(W\,a_w) - \frac{\partial}{\partial w}(V\,a_v)\right] \\ (\mathrm{rot}\,\mathbf{a})_v &= \frac{1}{UW}\left[\frac{\partial}{\partial w}(U\,a_u) - \frac{\partial}{\partial u}(W\,a_w)\right] \\ (\mathrm{rot}\,\mathbf{a})_w &= \frac{1}{UV}\left[\frac{\partial}{\partial u}(V\,a_v) - \frac{\partial}{\partial v}(U\,a_u)\right] \end{aligned}\right. . \tag{23.125}$$

[1]) Hierfür ist an sich vorauszusetzen, daß die zweiten partiellen Ableitungen der Funktionen $u(x, y)$ und $v(x, y)$ existieren und stetig sind. Es stellt sich jedoch heraus, daß bereits aus der Differenzierbarkeit der Funktion $f(z)$ die Existenz sämtlicher partieller Ableitungen von $u(x, y)$ und $v(x, y)$ folgt.

Es ist zum Beispiel in Zylinderkoordinaten

$$\begin{cases} (\mathrm{rot}\,\mathbf{a})_r = \dfrac{1}{r}\dfrac{\partial a_z}{\partial \varphi} - \dfrac{\partial a_\varphi}{\partial z} \\ (\mathrm{rot}\,\mathbf{a})_\varphi = \dfrac{\partial a_r}{\partial z} - \dfrac{\partial a_z}{\partial r}\,. \\ (\mathrm{rot}\,\mathbf{a})_z = \dfrac{1}{r}\dfrac{\partial}{\partial r}\left(r\,a_\varphi\right) - \dfrac{1}{r}\dfrac{\partial a_r}{\partial \varphi} \end{cases} \tag{23.126}$$

Wir erwähnen zum Abschluß noch einige weitere orthogonale Koordinaten, die in gewissem Sinn Verallgemeinerungen der Zylinderkoordinaten und der Kugelkoordinaten sind.

Koordinaten des parabolischen Zylinders ($u = \xi$, $v = \eta$, $w = z$):

$$\begin{cases} x = \dfrac{1}{2}(\xi^2 - \eta^2) \\ y = \xi\eta, \qquad 0 \leqslant \xi < \infty, \ |\eta| < \infty. \\ z = z \end{cases} \tag{23.127}$$

Parabolische Koordinaten ($u = \xi$, $v = \eta$, $w = \varphi$):

$$\begin{cases} x = \xi\eta\cos\varphi \\ y = \xi\eta\sin\varphi, \qquad 0 \leqslant \xi, \eta < \infty, 0 \leqslant \varphi < 2\pi. \\ z = \dfrac{1}{2}(\xi^2 - \eta^2) \end{cases} \tag{23.128}$$

Koordinaten des elliptischen Zylinders ($u = \xi$, $v = \varphi$, $w = z$):

$$\begin{cases} x = c\cosh\xi\cos\varphi \\ y = c\sinh\xi\sin\varphi, \qquad 0 \leqslant \varphi < 2\pi, 0 \leqslant \xi < \infty. \\ z = z \end{cases} \tag{23.129}$$

Koordinaten des gestreckten Rotationsellipsoids ($u = \xi$, $v = \vartheta$, $w = \varphi$):

$$\begin{cases} x = c\sinh\xi\sin\vartheta\cos\varphi \\ y = c\sinh\xi\sin\vartheta\sin\varphi, \qquad 0 \leqslant \xi < \infty, 0 \leqslant \varphi < 2\pi, 0 \leqslant \vartheta \leqslant \pi. \\ z = c\cosh\xi\cos\vartheta \end{cases} \tag{23.130}$$

Koordinaten des abgeplatteten Rotationsellipsoids ($u = \xi$, $v = \vartheta$, $w = \varphi$):

$$\begin{cases} x = c\cosh\xi\sin\vartheta\cos\varphi \\ y = c\cosh\xi\sin\vartheta\sin\varphi, \qquad 0 \leqslant \xi < \infty, 0 \leqslant \varphi < 2\pi, 0 \leqslant \vartheta \leqslant \pi. \\ z = c\sinh\xi\cos\vartheta \end{cases} \tag{23.131}$$

Toruskoordinaten ($u = \xi, v = \vartheta, w = \varphi$):

$$\begin{cases} x = c \dfrac{\sinh\xi}{\cosh\xi - \cos\vartheta} \cos\varphi \\ y = c \dfrac{\sinh\xi}{\cosh\xi - \cos\vartheta} \sin\varphi, \quad 0 \leqslant \xi < \infty, 0 \leqslant \vartheta, \varphi < 2\pi. \\ z = c \dfrac{\sin\vartheta}{\cosh\xi - \cos\vartheta} \end{cases} \tag{23.132}$$

Elliptische Koordinaten ($u = \lambda, v = \mu, w = \nu$):

$$\begin{cases} x^2 = \dfrac{(a^2+\lambda)(a^2+\mu)(a^2+\nu)}{(a^2-b^2)(a^2-c^2)} \\ y^2 = -\dfrac{(b^2+\lambda)(b^2+\mu)(b^2+\nu)}{(b^2-a^2)(b^2-c^2)}, \quad \begin{matrix} -c^2 \leqslant \lambda < \infty \\ -b^2 \leqslant \mu \leqslant -c^2, \\ -a^2 \leqslant \nu \leqslant -b^2 \end{matrix} \quad a > b > c > 0. \\ z^2 = \dfrac{(c^2+\lambda)(c^2+\mu)(c^2+\nu)}{(a^2-c^2)(b^2-c^2)} \end{cases} \tag{23.133}$$

Bipolarkoordinaten ($u = \xi, v = \vartheta, w = z$):

$$\begin{cases} x = c \dfrac{\sinh\xi}{\cosh\xi - \cos\vartheta} \\ y = c \dfrac{\sin\vartheta}{\cosh\xi - \cos\vartheta}, \quad |\xi| < \infty, 0 \leqslant \vartheta < 2\pi. \\ z = z \end{cases} \tag{23.134}$$

23.5 Übungsbeispiele

1. Man berechne die Tangentialebene des Drehparaboloids $z = x^2 + y^2$ im Punkt $P(1, 2, 5)$.
2. Man berechne die Tangentialebene der in Parameterdarstellung $x = \cos u \sin v$, $y = \sin u \sin v$, $z = \cos v$ $(0 \leqslant u \leqslant 2\pi, 0 \leqslant v \leqslant \pi)$ gegebenen Flächen (Einheitskugel) im Punkt mit den Parameterwerten $u = \frac{\pi}{4}$, $v = \frac{2\pi}{3}$.
3. Man beweise die Rechenregel $\frac{d}{dt}(\mathbf{x} \times \mathbf{y}) = \dot{\mathbf{x}} \times \mathbf{y} + \mathbf{x} \times \dot{\mathbf{y}}$ für Funktionen $\mathbf{x} = \mathbf{x}(t)$, $\mathbf{y} = \mathbf{y}(t)$.
4. Ein Massenpunkt bewege sich auf einer kreisförmigen Bahn. Sein Ortsvektor ist $\mathbf{x} = \mathbf{x}(t) = (1 - \cos\vartheta)(\mathbf{x}_0 \cdot \mathbf{e})\mathbf{e} + \mathbf{x}_0 \cos\vartheta + (\mathbf{e} \times \mathbf{x}_0) \sin\vartheta$, $\vartheta = \vartheta(t)$; darin bezeichnet $\mathbf{e}$ den Einsvektor senkrecht zur Bahnebene. Man berechne den Geschwindigkeitsvektor $\mathbf{v} = \dot{\mathbf{x}}$ und erbringe den Nachweis von $\mathbf{v} = \mathbf{w} \times \mathbf{x}$, worin $\mathbf{w} = \dot{\vartheta}(t)\mathbf{e}$ der Vektor der Winkelgeschwindigkeit ist. Man verifiziere ferner die Darstellung $\mathbf{b} = \dot{\mathbf{v}} = \ddot{\vartheta}(\mathbf{e} \times \mathbf{x}) + \dot{\vartheta}^2\left((\mathbf{e} \cdot \mathbf{x})\mathbf{e} - \mathbf{x}\right)$ für den Beschleunigungsvektor.
5. Man berechne den Gradienten und das Differential der Funktion $z = e^{xy}$.
6. Man berechne den Gradienten und das Differential der Funktion $u = \frac{1}{r}$, $r^2 = x^2 + y^2 + z^2$.
7. Man berechne die Ableitungsmatrix und das Differential der Funktion $u = x + y + z$, $v = x^2 + y^2 + z^2$, $w = xy + xz + yz$.

8. Man berechne die Ableitungsmatrix und das Differential der Funktion $\mathbf{y} = \frac{1}{r^3}\mathbf{x}$, $r = |\mathbf{x}| = \sqrt{x^2 + y^2 + z^2}$.
9. Man berechne die Ableitung der Funktion $\mathbf{y} = \mathbf{f}(\mathbf{x}) = \mathbf{A} \cdot \mathbf{x} + \mathbf{b}$.
10. Es sei $z = z(x, y)$ und $x = \frac{u-v}{2}$, $y = \frac{u+v}{2}$. Man berechne die partiellen Ableitungen der Zusammensetzung $z = z\left(\frac{u-v}{2}, \frac{u+v}{2}\right) = \tilde{z}(u, v)$ und drücke den Differentialausdruck $z_{xx} - z_{yy}$ mit Hilfe der partiellen Ableitungen der Funktion $\tilde{z}$ nach u und v aus.
11. Auf die gleiche Weise rechne man den Ausdruck $y^2 z_{xx} - 2xyz_{xy} + x^2 z_{yy} - xz_x - yz_y$ auf ebene Polarkoordinaten um.
12. Man rechne die Differentialausdrücke (i) $xz_y - yz_x$, (ii) $xz_x + yz_y$ auf ebene Polarkoordinaten um.
13. Man beweise die Ableitungsregel $(f\mathbf{g})' = f\mathbf{g}' + \mathbf{g} \cdot f'$ (Skalarfunktion mal Vektorfunktion).
14. Man berechne die partiellen Ableitungen $z_x, z_y, z_{xx}, z_{xy}, z_{yy}$ der Funktion $z = g(u, v)$, $u = x + y$, $v = x - y$.
15. Es sei $F(x, y) = x^y - y^x = 0$. Man berechne y'.
16. Es sei $F(x, y) = x \sin y - \cos y + \cos 2y = 0$. Man berechne y'.
17. Es sei $F(x, y) = x^2 + 2xy + y^2 - 4x + 2y - 2 = 0$. Man berechne y'.
18. Man berechne die Tangentialebene der Fläche $F(x, y, z) = x^2 + y^2 - z^2 = 0$ im Punkt $P(3, 4, -5)$.
19. Man berechne den Gradienten der durch $F(x, y, z) = x^2 - 2y^2 + z^2 - 4x + 2z - 5 = 0$ implizit gegebenen Funktion $z = f(x, y)$.
20. Man berechne die Ableitung der durch

    $F(x, y, u, v) = x \sin x \sin u + v \cos v = 0,$

    $G(x, y, u, v) = \sin y + \sin x + \ln u + u = 0$

    implizit gegebenen Funktion $u = u(x, y)$, $v = v(x, y)$ im Punkt $x = \pi$, $y = -\frac{\pi}{2}$ (mit $u = 1$, $v = \frac{\pi}{2}$).
21. Sei $\mathbf{F}(\mathbf{x}, \mathbf{y}) = \mathbf{A} \cdot \mathbf{x} + \mathbf{B} \cdot \mathbf{y} + \mathbf{c} = \mathbf{o}$. Unter welchen Voraussetzungen existiert eine Auflösung $\mathbf{y} = \mathbf{f}(\mathbf{x})$ und $\mathbf{x} = \mathbf{g}(\mathbf{y})$?
22. Man bestätige durch Berechnung der partiellen Ableitungen, daß die Funktion $u = f(\mathbf{n} \cdot \mathbf{x} - vt)$, $\mathbf{n} \cdot \mathbf{x} = ax + by + cz$, eine Lösung der partiellen Differentialgleichung $\Delta u = \frac{1}{v^2} u_{tt}$ ist, wenn die reelle Funktion einer reellen Veränderlichen f zweimal stetig differenzierbar und $|\mathbf{n}| = 1$ ist.
23. Man rechne die skalare Größe $|\text{grad}\,\omega|^2$ auf Zylinder- und Kugelkoordinaten um.
24. Man rechne den Laplaceoperator auf die speziellen Koordinaten (23.127) bis (23.134) um.

24 Fortführung der Differentialrechnung

Der Aufbau der Differentialrechnung von Funktionen in mehreren Veränderlichen folgt in seinen Grundzügen denselben Ideen, von denen wir uns beim Studium der Funktionen in einer reellen Veränderlichen leiten ließen. Wir verzichten jedoch auf eine ausführliche Darstellung, zumal in der Ingenieurmathematik den mehr geometrisch orientierten Untersuchungen von Funktionen eine eher untergeordnete Bedeutung zukommt. Im folgenden liegt der eigentliche Schwerpunkt auf der Extremwertrechnung, für die wir die Taylorsche Formel benötigen und deshalb voranstellen. Zum Abschluß wenden wir uns noch der numerischen Gleichungslösung zu, wobei wir uns auf das Newtonsche Verfahren beschränken.

24.1 Die Taylorsche Formel und der Mittelwertsatz

Auch für Funktionen in mehreren Veränderlichen kann man sich die Frage stellen, ob eine angenäherte Darstellung durch Polynome möglich ist. Eine erste Approximation des Funktionsverlaufs erhielten wir durch den linearen Anteil, der ein Polynom ersten Grades in den Argumentdifferenzen ist. Für genauere Approximationen durch Polynome höheren Grades sind nun wieder entsprechende Differenzierbarkeitseigenschaften zu fordern.

Die höheren Ableitungen von Funktionen in mehreren unabhängigen Veränderlichen lassen sich durch Linearisierung der jeweils vorhergehenden einführen. Sie haben für uns jedoch keinen praktischen Nutzen, ihre Konstruktion ist auch zur Ableitung der Taylorschen Formel für Funktionen in mehreren Veränderlichen gar nicht erforderlich, da wir diese mit einem einfachen Kunstgriff aus der Taylorschen Formel für Funktionen einer Veränderlichen gewinnen können.

Es sei die Funktion $z = f(x, y)$ in einem gewissen Bereich B definiert, ihre partiellen Ableitungen bis inklusive der Ordnung $n + 1$ mögen in B existieren und stetig sein. Ferner sei (x_0, y_0) ein Punkt im Inneren von B; sind dann die Zahlen h und k so klein, daß auch die Punkte $(x_0 + th, y_0 + tk)$ für $0 \leqslant t \leqslant 1$ zu B gehören, so können wir auf die im Intervall $[0, 1]$ $n + 1$ mal stetig differenzierbare Funktion

$$F(t) = f(x_0 + th, y_0 + tk) \tag{24.1}$$

die Taylorsche Formel (7.26) für die Anschlußstelle $t = 0$ anwenden,

$$F(t) = \sum_{m=0}^{n} \frac{F^{(m)}(0)}{m!} t^m + \frac{t^{n+1}}{(n+1)!} F^{(n+1)}(\vartheta t), \quad 0 < \vartheta < 1. \tag{24.2}$$

Für $t = 1$ entnehmen wir dieser Gleichung

$$f(x_0 + h, y_0 + k) = \sum_{m=0}^{n} \frac{F^{(m)}(0)}{m!} + \frac{1}{(n+1)!} F^{(n+1)}(\vartheta), \quad 0 < \vartheta < 1. \tag{24.3}$$

Nun ist $F(0) = f(x_0, y_0)$ und nach der Kettenregel

$$F'(0) = f_x(x_0, y_0)h + f_y(x_0, y_0)k,$$

$$F''(0) = f_{xx}(x_0, y_0)h^2 + 2f_{xy}(x_0, y_0)hk + f_{yy}(x_0, y_0)k^2,$$

usw., allgemein

$$F^{(m)}(0) = \sum_{l=0}^{m} \binom{m}{l} h^l k^{m-l} \frac{\partial^m f}{\partial x^l \partial y^{m-l}}\Bigg|_{\substack{x=x_0\\y=y_0}} = \sum_{i+j=m} \frac{m!}{i!j!} h^i k^j \frac{\partial^m f}{\partial x^i \partial y^j}\Bigg|_{\substack{x=x_0\\y=y_0}}, \tag{24.4}$$

wie der Leser durch vollständige Induktion leicht selbst beweisen kann. Es besteht also die Gleichung

$$f(x_0 + h, y_0 + k) = \sum_{m=0}^{n} \sum_{i+j=m} \frac{1}{i!j!} h^i k^j \frac{\partial^m f}{\partial x^i \partial y^j}\Bigg|_{\substack{x=x_0\\y=y_0}} + R_n, \tag{24.5}$$

mit

$$R_n = \sum_{i+j=n+1} \frac{1}{i!j!} h^i k^j \frac{\partial^{n+1} f}{\partial x^i \partial y^j}\Bigg|_{\substack{x=x_0+\vartheta h\\y=y_0+\vartheta k}}, \quad 0 < \vartheta < 1. \tag{24.6}$$

(24.5) wird die *Taylorsche Formel* der Funktion $f(x, y)$ genannt, (24.6) das *Restglied* (nach Lagrange), das Polynom

$$p(h, k) = \sum_{m=0}^{n} \sum_{i+j=m} \frac{1}{i!j!} h^i k^j \frac{\partial^m f}{\partial x^i \partial y^j}\Bigg|_{\substack{x=x_0\\y=y_0}} \tag{24.7}$$

in den Argumentdifferenzen h und k heißt *Taylorsches Polynom* n-*ten Grades* der Funktion $f(x, y)$ an der Stelle (x_0, y_0).

Für $n = 0$ entnehmen wir der Taylorschen Formel den *Mittelwertsatz*

$$f(x_0 + h, y_0 + k) = f(x_0, y_0) + hf_x(x_0 + \vartheta h, y_0 + \vartheta k) + kf_y(x_0 + \vartheta h, y_0 + \vartheta k), \quad 0 < \vartheta < 1, \tag{24.8}$$

für $n = 1$ lautet die Taylorsche Formel

$$\begin{aligned} f(x_0 + h, y_0 + k) &= f(x_0, y_0) + hf_x(x_0, y_0) + kf_y(x_0, y_0) + \\ &+ \frac{1}{2}\left(h^2 f_{xx}(x_0 + \vartheta h, y_0 + \vartheta k) + 2hkf_{xy}(x_0 + \vartheta h, y_0 + \vartheta k) + k^2 f_{yy}(x_0 + \vartheta h, y_0 + \vartheta k)\right) \end{aligned} \tag{24.9}$$

mit einer geeigneten Zahl $0 < \vartheta < 1$. Führen wir die auf Grund der Gleichheit der gemischten partiellen Ableitungen symmetrische Matrix

$$\mathbf{F} = \begin{pmatrix} f_{xx} & f_{xy} \\ f_{yx} & f_{yy} \end{pmatrix}, \tag{24.10}$$

die Ableitung des Gradienten von $f(x, y)$, ein, so läßt sich das Restglied auch in der Form

$$R_1 = \frac{1}{2}\begin{pmatrix} h & k \end{pmatrix} \cdot \mathbf{F} \cdot \begin{pmatrix} h \\ k \end{pmatrix} \tag{24.11}$$

schreiben, wobei $(x_0 + \vartheta h, y_0 + \vartheta k)$ das Argument der Elemente der Matrix $\mathbf{F}$ ist.

Für Funktionen in mehr als zwei unabhängigen Veränderlichen ist analog vorzugehen. Im allgemeinen Fall $y = f(\mathbf{x}) = f(x_1, \ldots, x_n)$ betrachten wir die Funktion $F(t) = f(\mathbf{x}_0 + t\mathbf{h}) =$

$f(\mathring{x}_1 + th_1, \ldots, \mathring{x}_n + th_n)$ und wenden auf diese die Taylorsche Formel an. Für die Ableitungen von $F(t)$ an der Stelle $t = 0$ erhalten wir die Ausdrücke

$$F^{(m)}(0) = \sum_{i_1+i_2+\ldots+i_n=m} \frac{m!}{i_1!\,i_2!\ldots i_n!} h_1^{i_1} h_2^{i_2} \ldots h_n^{i_n} \left.\frac{\partial^m f}{\partial x_1^{i_1} \partial x_2^{i_2} \ldots \partial x_n^{i_n}}\right|_{x_i = \mathring{x}_i},$$

die in die Gleichung (24.3) einzusetzen sind.

Für $n = 0$ ergibt die Taylorsche Formel der Funktion $f(\mathbf{x})$ den Mittelwertsatz

$$f(\mathring{x}_1 + h_1, \mathring{x}_2 + h_2, \ldots, \mathring{x}_n + h_n) = f(\mathring{x}_1, \mathring{x}_2, \ldots, \mathring{x}_n) + \sum_{k=1}^{n} h_k \left.\frac{\partial f}{\partial x_k}\right|_{x_i = \mathring{x}_i + \vartheta h_i},$$

den wir mit Hilfe der Ableitungsmatrix von $f(\mathbf{x})$ auch in der Form

$$f(\mathbf{x}_0 + \mathbf{h}) = f(\mathbf{x}_0) + f'(\mathbf{x}_0 + \vartheta\mathbf{h}) \cdot \mathbf{h}, \quad 0 < \vartheta < 1, \tag{24.12}$$

schreiben können. Für $n = 1$ erhalten wir

$$f(\mathbf{x}_0 + \mathbf{h}) = f(\mathbf{x}_0) + f'(\mathbf{x}_0) \cdot \mathbf{h} + \frac{1}{2}\mathbf{h}^* \cdot \mathbf{F} \cdot \mathbf{h}, \tag{24.13}$$

worin die symmetrische Matrix

$$\mathbf{F} = \begin{pmatrix} f_{x_1x_1} & f_{x_1x_2} & \cdots & f_{x_1x_n} \\ f_{x_2x_1} & f_{x_2x_2} & \cdots & f_{x_2x_n} \\ \cdots & \cdots & \cdots & \cdots \\ f_{x_nx_1} & f_{x_nx_2} & \cdots & f_{x_nx_n} \end{pmatrix} \tag{24.14}$$

die (an der Stelle $\mathbf{x}_0 + \vartheta\mathbf{h}$ zu nehmende) Ableitung des Gradienten der Funktion $f(\mathbf{x})$ ist.

Wir kehren jetzt nochmals zur Formel (24.2) zurück. Ein Blick auf (7.44) zeigt uns, daß die Ausdrücke (24.4) die Werte der höheren Differentiale der Funktion $F(t)$ für $\Delta t = 1$ sind; sie heißen die *höheren Differentiale der Funktion* $f(x, y)$ *an der Stelle* (x_0, y_0) und werden mit $d^m f(x_0, y_0)$ (oder kurz $d^m f$) bezeichnet. Indem wir für $\Delta x = dx$ und für $\Delta y = dy$ einsetzen, ist zum Beispiel

$$d^2 f = f_{xx}dx^2 + 2f_{xy}dxdy + f_{yy}dy^2,$$

$$d^3 f = f_{xxx}dx^3 + 3f_{xxy}dx^2dy + 3f_{xyy}dxdy^2 + f_{yyy}dy^3$$

usw. Die höheren Differentiale sind jeweils die Änderungen der vorhergehenden,

$$\begin{aligned} d^2 f = d(df) &= d(f_x dx + f_y dy) = df_x dx + df_y dy \\ &= (f_{xx}dx + f_{xy}dy)dx + (f_{yx}dx + f_{yy}dy)dy \\ &= f_{xx}dx^2 + 2f_{xy}dxdy + f_{yy}dy^2, \end{aligned}$$

$$\begin{aligned} d^3 f = d(d^2 f) &= df_{xx}dx^2 + 2df_{xy}dxdy + df_{yy}dy^2 \\ &= (f_{xxx}dx + f_{xxy}dy)dx^2 + 2(f_{xyx}dx + f_{xyy}dy)dxdy + \\ &\qquad + (f_{yyx}dx + f_{yyy}dy)dy^2 \\ &= f_{xxx}dx^3 + 3f_{xxy}dx^2dy + 3f_{xyy}dxdy^2 + f_{yyy}dy^3. \end{aligned}$$

Wir können sie in der Form

$$d^m f = \left(\frac{\partial}{\partial x}dx + \frac{\partial}{\partial y}dy\right)^m f \tag{24.15}$$

als symbolische Potenz schreiben, die nach dem binomischen Lehrsatz auszuwerten ist,

$$d^m f = \sum_{l=0}^{m} \binom{m}{l} \frac{\partial^m f}{\partial x^l \partial y^{m-l}} dx^l dy^{m-l} = \sum_{i+j=m} \frac{m!}{i!j!} \frac{\partial^m f}{\partial x^i \partial y^j} dx^i dy^j.$$

Für Funktionen in mehr als zwei unabhängigen Veränderlichen, z. B. für $u = f(x, y, z)$, erhält man analoge Ausdrücke; das m-te Differential dieser Funktion lautet als symbolische Potenz

$$d^m f = \left(\frac{\partial}{\partial x}dx + \frac{\partial}{\partial y}dy + \frac{\partial}{\partial z}dz\right)^m f,$$

die sinngemäß nach dem *Multinomischen Lehrsatz*

$$\left(a_1 + a_2 + \ldots a_n\right)^m = \sum_{i_1 + i_2 + \ldots + i_n = m} \frac{m!}{i_1! i_2! \ldots i_n!} a_1^{i_1} a_2^{i_2} \ldots a_n^{i_n}$$

zu berechnen ist.

Beispiel 24.1: Für die Funktion $f(x, y) = \sin(x + y)$ wird

$$\frac{\partial^{i+j} f}{\partial x^i \partial y^j} = \sin\left(x + y + \frac{i+j}{2}\pi\right)$$

(vgl. (7.11)); folglich ist das m-te Differential an der Stelle (0, 0)

$$d^m f = \sum_{l=0}^{m} \binom{m}{l} dx^l dy^{m-l} \sin\left(m\frac{\pi}{2}\right) = (dx + dy)^m \sin\left(m\frac{\pi}{2}\right).$$

Die Taylorsche Formel (24.5) ergibt somit

$$\sin(x + y) = \sum_{m=0}^{n} \frac{(x+y)^m}{m!} \sin\left(m\frac{\pi}{2}\right) + \frac{(x+y)^{n+1}}{(n+1)!} \sin\left(\vartheta(x+y) + \frac{n+1}{2}\pi\right).$$

Dieses Ergebnis ist natürlich identisch mit der Taylorschen Formel für die Funktion $f(z) = \sin z$ mit $z = x + y$ (vgl. Beispiel 7.15).

24.2 Extremwerte

Es sei $z = f(x, y)$ eine Funktion, die wir uns durch eine Fläche veranschaulichen. Wenn wir annehmen, daß der Definitionsbereich von $f(x, y)$ beschränkt und abgeschlossen ist, so nimmt $f(x, y)$ nach dem Satz von Weierstraß ihre Extremwerte an, mit anderen Worten, die Fläche $z = f(x, y)$ hat einen „tiefsten" und „höchsten" Punkt. Die Stelle, an der das Maximum oder das Minimum vorliegt, kann ein Randpunkt oder ein innerer Punkt des Definitionsbereiches sein. Wird ein Extremwert in einem Punkt im Inneren angenommen und besitzt die Fläche $z = f(x, y)$ in diesem eine Tangentialebene, so muß diese notwendig parallel zur (x, y)-Ebene verlaufen, das heißt, es muß für das Maximum oder Minimum der Funktion $f(x, y)$ im Punkt (x_0, y_0) notwendig

$$f_x(x_0, y_0) = f_y(x_0, y_0) = 0 \tag{24.16}$$

gelten, da dies gerade die Bedingung dafür ist, daß der Normalenvektor $\mathbf{n} = (f_x, f_y, -1)$ der Tangentialebene (vgl. (23.2)) parallel zur z-Achse ist. Dieses Ergebnis ist nichts anderes als die Verallgemeinerung des Satzes von Fermat (Satz 7.1), in dem für ein Extremum die Parallelität der Kurventangente zur x-Achse ausgesprochen wird. Die Gleichungen (24.16) lassen sich auch als „Verschwinden" der Ableitung von $f(x, y)$ im Punkt (x_0, y_0) lesen,

$$f'(x_0, y_0) = \begin{pmatrix} 0 & 0 \end{pmatrix}. \tag{24.17}$$

Für Funktionen $u = f(x, y, z)$ in drei unabhängigen Veränderlichen finden wir durch folgende Überlegung die (24.16) bzw. (24.17) entsprechende notwendige Bedingung für das Vorliegen eines Extremums. Wir schreiben das Differential der Funktion $u = f(x, y, z)$ mit Hilfe des Gradienten in der Form

$$du = \operatorname{grad} f \cdot d\mathbf{x} = \rho\,|\operatorname{grad} f|\cos\varphi \tag{24.18}$$

mit $|d\mathbf{x}| = \rho$ und φ als dem Winkel zwischen den Richtungen von $d\mathbf{x}$ und $\operatorname{grad} f$ (vgl. (23.13)). Liegt nun im Punkt (x_0, y_0, z_0) das Maximum der Funktion $f(x, y, z)$ vor, so muß $du \leqslant 0$ für jeden Argumentzuwachs $d\mathbf{x}$, d. h. für jeden Winkel φ gelten, da ja ein Anwachsen des Funktionswertes ausgeschlossen ist. Für $\varphi = 0$ ist aber $du \geqslant 0$, und beide Ungleichungen sind nur verträglich, wenn im Punkt (x_0, y_0, z_0)

$$\operatorname{grad} f = \mathbf{o} \tag{24.19}$$

ist. Auf die gleiche Bedingung gelangt man für das Eintreten des Minimums im Punkt (x_0, y_0, z_0). Es muß jetzt $du \geqslant 0$ für jeden Argumentzuwachs $d\mathbf{x}$ und somit für jeden Winkel φ sein, da der Funktionswert jetzt nur wachsen kann. Ist aber $\operatorname{grad} f \neq \mathbf{o}$, so erhalten wir für $\varphi = \pi$ die auf die Existenz kleinerer Funktionswerte hinweisende Ungleichung $du < 0$, weshalb die Funktion $f(x, y, z)$ im Punkt (x_0, y_0, z_0) nicht ihr Minimum haben kann. Es ergibt sich somit als notwendige Bedingung dafür, daß im Punkt (x_0, y_0, z_0) einer der beiden Extremwerte der Funktion $f(x, y, z)$ vorliegt, die Gültigkeit der Gleichungen

$$f_x(x_0, y_0, z_0) = f_y(x_0, y_0, z_0) = f_z(x_0, y_0, z_0) = 0, \tag{24.20}$$

die mit Hilfe der Ableitungsmatrix der Funktion $f(x, y, z)$ in

$$f'(x_0, y_0, z_0) = \begin{pmatrix} 0 & 0 & 0 \end{pmatrix} \tag{24.21}$$

zusammengefaßt werden können.

Dieselbe Idee führt nun auch für Funktionen $y = f(\mathbf{x}) = f(x_1, \ldots, x_n)$ in n unabhängigen Veränderlichen zu einer notwendigen Bedingung dafür, daß im Punkt $\mathbf{x}_0$ einer der beiden Extremwerte vorliegt. Sie lautet $dy = 0 = f'(\mathbf{x}_0) \cdot d\mathbf{x}$ für jeden Argumentzuwachs $d\mathbf{x}$, also

$$f'(\mathbf{x}_0) = \mathbf{0}. \tag{24.22}$$

Wir engen nun den Begriff des Extremwertes einer Funktion wieder ein, indem wir sagen, die Funktion $y = f(\mathbf{x})$ hat an der Stelle $\mathbf{x}_0$ ein *relatives Maximum* (*relatives Minimum*), wenn $\mathbf{x}_0$ ein Punkt im Inneren des Definitionsbereiches von $f(\mathbf{x})$ ist und es eine δ-Umgebung um den Punkt $\mathbf{x}_0$ gibt, so daß gilt

$$f(\mathbf{x}) \leqslant f(\mathbf{x}_0) \quad \text{bzw.} \quad f(\mathbf{x}) \geqslant f(\mathbf{x}_0) \quad \text{für alle } \mathbf{x} \text{ mit} \quad |\mathbf{x} - \mathbf{x}_0| < \delta.$$

Zur besonderen Kennzeichnung des größten und kleinsten Wertes einer Funktion nennen wir diese Extrema, so sie existieren, das *absolute Maximum* bzw. das *absolute Minimum*.

Indem wir unsere obigen Ergebnisse lokal anwenden, wird (24.22) oder ausführlich

$$f_{x_1}(\mathbf{x}_0) = f_{x_2}(\mathbf{x}_0) = \ldots = f_{x_n}(\mathbf{x}_0) = 0 \qquad (24.23)$$

zur notwendigen Bedingung dafür, daß an der Stelle $\mathbf{x}_0$ ein relatives Extremum der Funktion $f(\mathbf{x})$ vorliegt. Jeder Punkt, für den die Gleichungen (24.23) erfüllt sind, wird eine *stationäre Stelle* der Funktion $f(\mathbf{x})$ genannt.

Die Charakterisierung der Extremwerte einer Funktion $f(\mathbf{x})$ in mehreren unabhängigen Veränderlichen durch die Gleichung (24.22) entspricht dem Nullsetzen der Ableitung bei Funktionen einer Veränderlichen, die Bestimmung der stationären Stellen läuft auf die Lösung der Gleichungen (24.23) hinaus. Daß jedoch nicht alle stationären Stellen Punkte sind, in denen $f(\mathbf{x})$ ein relatives Extremum hat, müssen wir schon auf Grund der Situation erwarten, die sich bei Funktionen einer Veränderlichen ergab. Um Aufschluß darüber zu gewinnen, ob an einer stationären Stelle tatsächlich ein relatives Extremum vorliegt, haben wir wieder das Vorzeichen des Ausdruckes

$$\Delta f = f(\mathbf{x}) - f(\mathbf{x}_0)$$

zu untersuchen: für ein relatives Maximum muß $\Delta f \leqslant 0$, für ein relatives Minimum muß $\Delta f \geqslant 0$ für alle $\mathbf{x}$ aus einer gewissen Umgebung der Stelle $\mathbf{x}_0$ gelten.

Es sei also $f'(\mathbf{x}_0) = \mathbf{0}$, ferner setzen wir voraus, daß die zweiten partiellen Ableitungen der Funktion $f(\mathbf{x})$ in einer Umgebung der Stelle $\mathbf{x}_0$ stetige Funktionen sind. Unter Berücksichtigung der Taylorschen Formel für $n = 1$ wird nun

$$\Delta f = \frac{1}{2}(\mathbf{x} - \mathbf{x}_0)^* \cdot \mathbf{F} \cdot (\mathbf{x} - \mathbf{x}_0), \qquad (24.24)$$

worin die Matrix $\mathbf{F}$, die Ableitung (24.14) des Gradienten von $f(\mathbf{x})$, an einer Stelle $\mathbf{x}_0 + \vartheta(\mathbf{x} - \mathbf{x}_0)$ mit geeignetem $0 < \vartheta < 1$ zu nehmen ist. Aus diesem Grunde ist die Differenz der Funktionswerte keine reine quadratische Form der Argumentdifferenzen $x_i - \mathring{x}_i$; da es uns aber nur auf das Vorzeichen der Differenz Δf ankommt, können wir uns durch folgende Überlegung behelfen. Wir betrachten die Matrix $\mathbf{F}$ und nennen diese $\mathbf{F}_0$ für das Argument $\mathbf{x}_0$. Auf Grund der Gleichheit der gemischten zweiten partiellen Ableitungen der Funktion $f(\mathbf{x})$ ist $\mathbf{F}_0$ eine symmetrische Matrix. Die quadratische Form

$$Q = (\mathbf{x} - \mathbf{x}_0)^* \cdot \mathbf{F}_0 \cdot (\mathbf{x} - \mathbf{x}_0) \qquad (24.25)$$

nimmt für $\mathbf{x} \neq \mathbf{x}_0$ genau dann nur positive oder nur negative Werte an, wenn die Matrix $\mathbf{F}_0$ positiv oder negativ definit ist. Dafür ist, zufolge Satz 21.10, notwendig und hinreichend, daß die Hauptabschnittsdeterminanten

$$D_k = \begin{vmatrix} f_{x_1 x_1}(\mathbf{x}_0) & f_{x_1 x_2}(\mathbf{x}_0) & \ldots & f_{x_1 x_k}(\mathbf{x}_0) \\ f_{x_2 x_1}(\mathbf{x}_0) & f_{x_2 x_2}(\mathbf{x}_0) & \ldots & f_{x_2 x_k}(\mathbf{x}_0) \\ \dots & \dots & \dots & \dots \\ f_{x_k x_1}(\mathbf{x}_0) & f_{x_k x_2}(\mathbf{x}_0) & \ldots & f_{x_k x_k}(\mathbf{x}_0) \end{vmatrix}, \quad k = 1, 2, \ldots, n, \qquad (24.26)$$

sämtlich von Null verschieden sind und alle positives oder abwechselnd positives und negatives Vorzeichen haben. Aus der Stetigkeit der Hauptabschnittsdeterminanten D_k ergibt sich nun unter Berücksichtigung des Satzes über das Vorzeichen einer stetigen Funktion, daß die quadratische Form

$$(\mathbf{x}-\mathbf{x}_0)^* \cdot \mathbf{F}(\mathbf{y}) \cdot (\mathbf{x}-\mathbf{x}_0)$$

für alle Punkte $\mathbf{y}$ aus einer gewissen Umgebung der Stelle $\mathbf{x}_0$ definit ist, wenn sie für $\mathbf{y} = \mathbf{x}_0$ definit ist. Fassen wir zusammen, so erhalten wir die folgende hinreichende Bedingung für das Eintreten eines relativen Extremums der Funktion $f(\mathbf{x})$: *Ist* $f'(\mathbf{x}_0) = \mathbf{0}$ *und ist die Ableitungsmatrix* (24.14) *des Gradienten von* $f(\mathbf{x})$ *positiv definit, so liegt an der Stelle* $\mathbf{x}_0$ *ein relatives Minimum vor, ist sie negativ definit, so hat* $f(\mathbf{x})$ *an der Stelle* $\mathbf{x}_0$ *ein relatives Maximum.* Wir können diesen Sachverhalt auch mit dem Differentialbegriff formulieren: *Ist* $df(\mathbf{x}_0) = 0$ *und ist das zweite Differential* $d^2f(\mathbf{x}_0)$ *eine positiv definite quadratische Form, so hat* $f(\mathbf{x})$ *an der Stelle* $\mathbf{x}_0$ *ein relatives Minimum, ist* $d^2f(\mathbf{x}_0)$ *eine negativ definite quadratische Form, so liegt im Punkt* $\mathbf{x}_0$ *ein relatives Maximum der Funktion* $f(\mathbf{x})$ *vor.* Zur Feststellung der Definitheit verhilft uns der Satz 21.10, durch den wir nun für die praktische Rechnung folgendes hinreichendes Kriterium für relative Extremwerte erhalten: *Ist die erste Ableitung der Funktion* $f(\mathbf{x})$ *an der Stelle* $\mathbf{x}_0$ *gleich der Nullmatrix und ist im Punkt* $\mathbf{x}_0$

$$D_k > 0 \quad \text{für} \quad k = 1, 2, \ldots, n, \tag{24.27}$$

so liegt an der Stelle $\mathbf{x}_0$ *ein relatives Minimum vor, ist*

$$(-1)^k D_k > 0 \quad \text{für} \quad k = 1, 2, \ldots, n, \tag{24.28}$$

so hat $f(\mathbf{x})$ *an der Stelle* $\mathbf{x}_0$ *ein relatives Maximum.*

Für eine Funktion $f(x, y)$ in zwei unabhängigen Veränderlichen lauten diese Bedingungen: Ist $f_x(x_0, y_0) = f_y(x_0, y_0) = 0$ und

$$f_{xx}(x_0, y_0) f_{yy}(x_0, y_0) - f_{xy}^2(x_0, y_0) > 0, \tag{24.29}$$

so liegt an der Stelle (x_0, y_0) ein relatives Maximum vor, wenn

$$f_{xx}(x_0, y_0) < 0 \tag{24.30}$$

ist, hingegen ein relatives Minimum, wenn gilt

$$f_{xx}(x_0, y_0) > 0\ ^{1)}. \tag{24.31}$$

Ist die Matrix $\mathbf{F}_0$ bzw. das zweite Differential der Funktion $f(\mathbf{x})$ indefinit, so handelt es sich mit Sicherheit nicht um ein relatives Extremum. Man spricht in diesem Fall von einem *Sattelpunkt*, da der Funktionsverlauf (bei Funktionen zweier Veränderlicher) die charakteristischen Merkmale des parabolischen Hyperboloids $z = x^2 - y^2$ aufweist, das in der Umgebung des Koordinatenursprungs die Form eines Sattels hat.

Wir weisen noch auf zwei Umstände hin. Ist das zweite Differential $d^2f(\mathbf{x}_0)$ eine semidefinite quadratische Form, so ist eine allgemein gültige Aussage nicht möglich. Wenn die Matrix $\mathbf{F}_0$ gleich der Nullmatrix ist, so liegt der Fall vor, der bei Funktionen in einer Veränderlichen durch die Gleichungen $f'(x_0) = f''(x_0) = 0$ gekennzeichnet ist. Eine Ent-

---

1) Diese Asymmetrie in der Unterscheidung der relativen Extremwerte durch das Vorzeichen der zweiten partiellen Ableitung nach x ist nur scheinbar, denn auf Grund der Forderung (24.29) ist $\operatorname{sign}(f_{xx}) = \operatorname{sign}(f_{yy})$.

scheidung kann dann durch Berücksichtigung der nächsthöheren Glieder in der Taylorschen Formel herbeigeführt werden. Wenn wir uns dabei auf die höheren Differentiale stützen, so gelangen wir zu folgender Aussage, die Satz 8.4 entspricht: *Nimmt das erste nicht identisch verschwindende Differential nur negative bzw. nur positive Werte an, so liegt ein relatives Maximum bzw. ein relatives Minimum vor.*

Beispiel 24.2: Es sei $f(x, y) = x^3 + y^3 - 3axy$. Aus

$$f_x(x, y) = 3x^2 - 3ay = 0, \quad f_y(x, y) = 3y^2 - 3ax = 0$$

ergeben sich die stationären Stellen $P_1(0, 0)$ und $P_2(a, a)$. Die zweiten partiellen Ableitungen der Funktion $f(x, y)$ sind

$$f_{xx} = 6x, \quad f_{yy} = 6y, \quad f_{xy} = -3a;$$

der Ausdruck (24.29) lautet daher

$$D_2 = f_{xx}f_{yy} - f_{xy}^2 = 36xy - 9a^2.$$

Die Funktion $f(x, y)$ hat also im Punkt $P_2(a, a)$ ein relatives Extremum, denn es ist $D_2 = 27a^2 > 0$. Je nachdem, ob $a > 0$ oder $a < 0$ ist, handelt es sich wegen $f_{xx}(a, a) = 6a$ dabei um ein relatives Minimum oder um ein relatives Maximum. Im Punkt $P_1(0, 0)$ hat $f(x, y)$ keinen Extremwert, denn offenbar nimmt $f(x, y)$ in jeder Umgebung des Koordinatenursprungs positive und negative Werte an.

Beispiel 24.3: Sei $f(x, y) = x^3y + xy^3 - 4xy$. Die Gleichungen für die stationären Stellen lauten

$$f_x = 3x^2y + y^3 - 4y = y(3x^2 + y^2 - 4) = 0,$$
$$f_y = x^3 + 3xy^2 - 4x = x(x^2 + 3y^2 - 4) = 0,$$

ihre Lösungen ergeben neun stationäre Stellen,

$$P_1(0, 0), \quad P_2(0, 2), \quad P_3(0, -2), \quad P_4(2, 0), \quad P_5(-2, 0), \quad P_6(1, 1),$$
$$P_7(1, -1), \quad P_8(-1, 1), \quad P_9(-1, -1).$$

Wir bilden zunächst wieder den Ausdruck

$$D_2 = f_{xx}f_{yy} - f_{xy}^2 = 36x^2y^2 - (3x^2 + 3y^2 - 4)^2.$$

Da er für die Punkte P_1, P_2, P_3, P_4 und P_5 negatives Vorzeichen hat, kann es sich bei diesen nicht um den Ort relativer Extremwerte der Funktion $f(x, y)$ handeln. Für die Punkte P_6, P_7, P_8 und P_9 ist $D_2 = 32 > 0$. Da $f_{xx} = 6 > 0$ für P_6 und P_9 ist, hat $f(x, y)$ in diesen Punkten ein relatives Minimum; für die Punkte P_7 und P_8 ist $f_{xx} = -6 < 0$, so daß in diesen ein relatives Maximum vorliegt.

Beispiel 24.4: Für die Funktion $f(x, y, z) = xyz(4a - x - y - z)$ lauten die Gleichungen für die stationären Stellen

$$f_x = yz(4a - x - y - z) - xyz = 0,$$
$$f_y = xz(4a - x - y - z) - xyz = 0,$$
$$f_z = xy(4a - x - y - z) - xyz = 0.$$

Von den Lösungen dieser Gleichungen, zu denen auch die Punkte auf den Koordinatenachsen gehören, kommt nur der Punkt $P(a, a, a)$ als Ort eines relativen Extremums in Betracht. Zur Untersuchung der Verhältnisse in diesem Punkt bilden wir die Matrix

$$\mathbf{F} = \begin{pmatrix} -2a^2 & -a^2 & -a^2 \\ -a^2 & -2a^2 & -a^2 \\ -a^2 & -a^2 & -2a^2 \end{pmatrix};$$

die Hauptabschnittsdeterminanten sind

$$D_1 = -2a^2 < 0, \quad D_2 = 3a^4 > 0, \quad D_3 = -4a^6 < 0,$$

die Funktion f(x, y, z) hat demnach im Punkt P(a, a, a) ein relatives Maximum.

Eine besonders wichtige Anwendung findet die Extremwertrechnung in der Methode der *kleinsten Fehlerquadrate* zur Approximation empirisch gegebener Funktionen. In der Physik und Technik stößt man vielfach auf einen funktionalen Zusammenhang zwischen zwei Größen x und y, die Funktionsvorschrift ist aber selbst nicht weiter bekannt. In der Regel verschafft man sich durch Messungen einzelne zusammengehörige Wertepaare x_k, y_k $(k = 1, 2, \ldots, n)$, doch ist diese Information für nachfolgende Rechnungen, in denen der ganze Funktionsverlauf zumindest näherungsweise benötigt wird, meist unzulänglich. Man versucht daher, den funktionalen Zusammenhang zwischen den Größen x und y durch einfache analytische Ausdrücke zu approximieren. Prinzipiell besteht hierfür die Möglichkeit der Interpolation durch Polynome. Eine solche Verfahrensweise ist aber nicht immer zweckmäßig, einerseits deshalb, weil der Rechenaufwand mit der Zahl der Punkte schnell ansteigt, andererseits auch die unvermeidbaren Meßfehler in die Rechnung eingehen. Überdies kann die Polynominterpolation zu unangenehmen Überraschungen führen, denn mit der Zahl der Stützpunkte steigt der Polynomgrad und damit auch die Zahl der Nullstellen, was unter Umständen ein starkes Oszillieren zur Folge hat.

Man geht deshalb einen anderen Weg. Durch geeignete Messungen verschafft man sich Aufschluß über den Funktionsverlauf und versucht, einen Funktionstyp herauszulesen, der dieselben charakteristischen Merkmale trägt. Das heißt, man trachtet eine Funktion zu finden, die von einer gewissen Anzahl von Parametern $a_1, \ldots, a_N$ abhängt und, zumindest in dem durch die Messungen ausgeschöpften Bereich, als Näherung *qualitativ* sinnvoll ist. Solche Funktionen können die Polynome eines festen Grades sein, deren Koeffizienten die Rolle der Parameter übernehmen, die Exponentialfunktionen ae^{bx} oder die Potenzfunktionen ax^b mit den Parametern a und b. Nachdem man sich also auf einen Funktionstyp $\varphi(x; a_1, \ldots, a_N)$ festgelegt hat, nützt man im Hinblick auf eine sinnvolle Wahl der Parameter $a_1, \ldots, a_N$ die N Freiheitsgrade aus, die in diesen stecken, um die Approximationsfehler

$$\eta_k = \varphi(x_k; a_1, \ldots, a_N) - y_k, \quad k = 1, \ldots, n,$$

möglichst klein zu halten. Da i. a. die Zahl der Meßpunkte wesentlich größer sein wird als die Zahl der Parameter, wäre es unsinnig, die Fehler in entsprechend vielen Punkten zu Null machen zu wollen, vielmehr wird man die Parameter so einrichten, daß die Fehler *gleichmäßig* auf die einzelnen Punkte verteilt werden. Damit sie auch möglichst niedrig ausfallen, trifft man die Wahl der Parameter so, daß der Ausdruck

$$F(a_1, \ldots, a_N) = \sum_{k=1}^{n} \left(\varphi(x_k; a_1, \ldots, a_N) - y_k\right)^2 = \sum_{k=1}^{n} \eta_k^2, \tag{24.32}$$

die Summe der *Fehlerquadrate*, den kleinstmöglichen Wert annimmt. Wir haben hierfür die partiellen Ableitungen der Funktion F nach den einzelnen Parametern gleich Null zu setzen,

$$\frac{\partial F}{\partial a_i} = 2 \sum_{k=1}^{n} \left(\varphi(x_k; a_1, \ldots, a_N) - y_k\right) \frac{\partial \varphi}{\partial a_i} = 0, \quad i = 1, \ldots, N. \tag{24.33}$$

Dieses Verfahren zur Approximation empirischer Funktionen heißt *Methode der kleinsten Fehlerquadrate.*

Ist zum Beispiel $\varphi(x; a, b) = ax + b$, so führen diese Bedingungen auf das lineare Gleichungssystem

$$\begin{aligned} a \sum_k x_k^2 + b \sum_k x_k &= \sum_k x_k y_k, \\ a \sum_k x_k + b\,n &= \sum_k y_k, \end{aligned} \tag{24.34}$$

das wegen

$$0 < \sum_k \left(x_k - \frac{s}{n}\right)^2 = \sum_k x_k^2 - \frac{s^2}{n}, \quad s = \sum_k x_k,$$

immer eindeutig lösbar ist, wenn zumindest zwei verschiedene x-Werte vorhanden sind. Die Lösungen lauten

$$a = \frac{n \sum x_k y_k - \sum x_k \sum y_k}{n \sum x_k^2 - (\sum x_k)^2}, \quad b = \frac{\sum y_k \sum x_k^2 - \sum x_k \sum x_k y_k}{n \sum x_k^2 - (\sum x_k)^2}. \tag{24.35}$$

Beispiel 24.5: Es sei die Meßreihe

x	1.	2.	3.	4.	5.	6.	7.	8.	9.
y	0.65	1.04	2.21	2.85	4.50	5.60	7.05	8.15	10.20

gegeben. Wir versuchen die Approximation der empirisch gegebenen Funktion durch eine Potenzfunktion $y = \varphi(x; a, b) = ax^b$. Die Bestimmungsgleichungen (24.33) ergeben

$$a \sum_k x_k^{2b} - \sum_k y_k x_k^b = 0, \quad a \sum_k x_k^{2b} \ln x_k - \sum_k y_k x_k^b \ln x_k = 0.$$

Eliminiert man daraus den Parameter a, so ergibt sich für b die Gleichung

$$\frac{\sum y_k x_k^b}{\sum x_k^{2b}} - \frac{\sum y_k x_k^b \ln x_k}{\sum x_k^{2b} \ln x_k} = 0$$

mit der Lösung $b = 1.4385836..$, aus der sich der zweite Parameter zu $a = 0.4247411..$ berechnet. Die Lösungsfunktion ist in Bild 24.1 abgebildet; die durch Kreuze gekennzeichneten Punkte bezeichnen darin die gegebenen Meßpunkte.

Eng verwandt mit der Methode der kleinsten Fehlerquadrate ist die schon in Abschnitt 18.3 besprochene Approximation einer 2π-periodischen Funktion f(x) durch ein trigonometrisches Polynom m-ten Grades,

$$t_m(x) = \frac{a_0}{2} + \sum_{k=1}^{m} \left(a_k \cos kx + b_k \sin kx\right).$$

Die beste Approximation erhalten wir, wenn das Fehlerintegral

$$F(a_0, a_1, \dots, a_m, b_1, \dots, b_m) = \int_{-\pi}^{\pi} \left(f(x) - t_m(x)\right)^2 dx$$

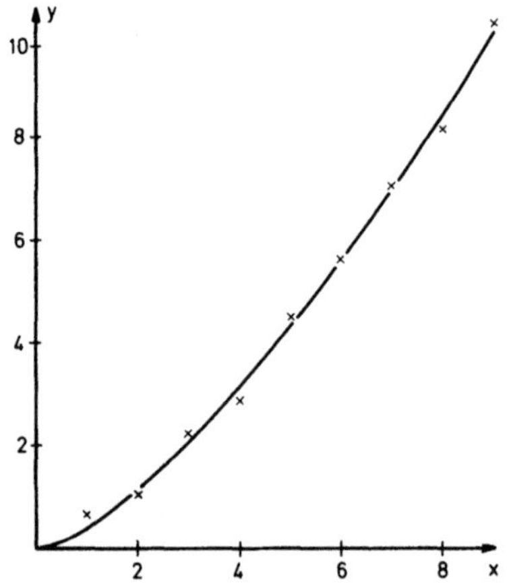

Bild 24.1

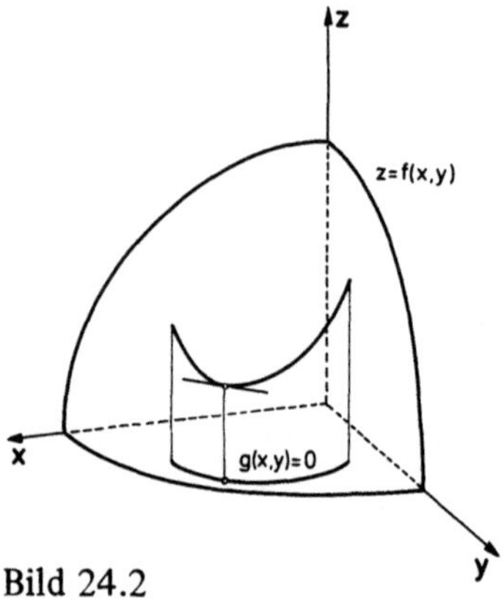

Bild 24.2

den kleinstmöglichen Wert hat. Bildet man die partiellen Ableitungen der Funktion F nach den Koeffizienten $a_0, a_1, \ldots, a_m, b_1, \ldots, b_m$ und setzt man die so gewonnenen Ausdrücke gleich Null, so erhält man als Lösung die Fourierkoeffizienten der Funktion f(x); damit ist neuerlich bestätigt, daß die beste Approximation von f(x) durch jenes trigonometrische Polynom geleistet wird, dessen Koeffizienten gerade die Fourierkoeffizienten der Funktion f(x) sind.

24.3 Extremwerte unter Nebenbedingungen

In vielen Aufgabenstellungen wird nach Extremwerten einer Funktion $z = f(x, y)$ gesucht, wobei x und y nicht unabhängig voneinander sind, sondern durch eine Gleichung $g(x, y) = 0$, die *Nebenbedingung* genannt wird, miteinander verbunden sind. Eine solche Extremwertaufgabe ist zum Beispiel, das Rechteck größten Flächeninhalts bei gegebenem Umfang U zu finden: Bezeichnet x und y die Rechteckseiten, so soll das Maximum der Funktion $z = f(x, y) = xy$ unter der Nebenbedingung $g(x, y) = 2(x + y) - U = 0$ gefunden werden. Im Prinzip stellen derartige Aufgaben nichts Neues dar, denn durch Auflösen der Nebenbedingung $g(x, y) = 0$ nach einer der Veränderlichen, etwa $y = y(x)$, läßt sich das Problem auf eine gewöhnliche Extremwertaufgabe für die zusammengesetzte Funktion $z = f\big(x, y(x)\big) = h(x)$ zurückführen. Da aber unter Umständen eine Auflösung der Nebenbedingung rechnerisch gar nicht möglich ist, aber auch um jedwede Bevorzugung einer der beiden Variablen zu vermeiden, sehen wir uns veranlaßt, einen anderen Weg zur Lösung von Extremwertaufgaben unter Nebenbedingungen einzuschlagen.

Wir wollen zuerst die Extremwertaufgabe für eine Funktion $z = f(x,y)$ unter der Nebenbedingung $g(x,y) = 0$ geometrisch deuten. Die Funktion $z = f(x,y)$ veranschaulichen wir uns durch eine Fläche, die Gleichung $g(x,y) = 0$, die eine Kurve oder auch ein System von Kurven in der (x, y)-Ebene beschreibt, fassen wir als eine zylindrische Fläche auf, deren Erzeugenden parallel zur z-Achse sind. Sie schneidet die Fläche $z = f(x,y)$ in einer Raumkurve (Bild 24.2): Die Extremwertaufgabe für die Funktion $z = f(x,y)$ unter der Nebenbedingung $g(x,y) = 0$ bedeutet daher, die höchsten und niedrigsten Punkte auf dieser Raumkurve zu finden. Analytisch ausgedrückt heißt dies, daß wir die Punkte auf der Raumkurve mit einer zur (x, y)-Ebene parallelen Tangente zu bestimmen haben.

Es sei (x_0, y_0) der Ort eines relativen Extremums der Funktion $z = f(x, y)$ unter der Nebenbedingung $g(x, y) = 0$. Dann sind die Differentiale dx und dy der Variablen x und y einerseits durch die Gleichung

$$g_x(x_0, y_0)dx + g_y(x_0, y_0)dy = 0 \tag{24.36}$$

miteinander verbunden und genügen andererseits der Beziehung

$$dz = 0 = f_x(x_0, y_0)dx + f_y(x_0, y_0)dy. \tag{24.37}$$

Diese Gleichungen sind so zu verstehen, daß nur (24.36) eine Einschränkung an die Differentiale darstellt, so daß eines der Differentiale dx oder dy frei wählbar ist: genügen die Differentiale dx und dy der Gleichung (24.36), so muß für ein relatives Extremum der Funktion f(x, y) die Gleichung (24.37) erfüllt sein. Wir müssen dabei natürlich voraussetzen, daß an der Stelle (x_0, y_0) nicht beide partiellen Ableitungen g_x und g_y verschwinden, da sonst ein Auflösen der Nebenbedingung nicht möglich ist. Berücksichtigen wir dies, so können wir feststellen, daß die Matrix

$$\begin{pmatrix} f_x(x_0, y_0) & f_y(x_0, y_0) \\ g_x(x_0, y_0) & g_y(x_0, y_0) \end{pmatrix}, \tag{24.38}$$

deren Determinante die Funktionaldeterminante der Funktionen f(x, y) und g(x, y) ist, notwendig den Rang 1 haben muß: der Rang 0 kommt nicht in Frage, da sie wegen der Voraussetzung $g_x(x_0, y_0) \neq 0$ oder $g_y(x_0, y_0) \neq 0$ nicht gleich der Nullmatrix sein kann, der Rang 2 deshalb nicht, weil sonst die beiden Gleichungen (24.36) und (24.37) nur für $dx = dy = 0$ erfüllt sein können, im Widerspruch dazu, daß nur die Gleichung (24.36) eine Einschränkung an die Differentiale dx und dy darstellt. Die Singularität der Matrix (24.38) bedeutet nun, daß im Punkt (x_0, y_0)

$$\frac{\partial(f, g)}{\partial(x, y)} = 0$$

ist, wodurch wir auf die Gleichungen

$$f_x(x_0, y_0)g_y(x_0, y_0) - f_y(x_0, y_0)g_x(x_0, y_0) = 0, \quad g(x_0, y_0) = 0, \tag{24.39}$$

von denen die zweite selbstverständlich ist, als notwendige Bedingung für das Eintreten eines relativen Extremums der Funktion f(x, y) im Punkt (x_0, y_0) unter der Nebenbedingung $g(x, y) = 0$ geführt werden.

Wir können aber auch auf andere Weise vorgehen. Fassen wir die Singularität der Matrix (24.38) als Parallelität ihrer Zeilen auf, so wird für ein relatives Extremum die Proportionalität

$$f_x : g_x = f_y : g_y$$

gefordert, die sich durch Einführung eines Proportionalitätsfaktors λ in zwei Gleichungen aufspalten läßt,

$$f_x(x_0, y_0) + \lambda g_x(x_0, y_0) = 0, \quad f_y(x_0, y_0) + \lambda g_y(x_0, y_0) = 0. \tag{24.40}$$

Zusammen mit der Nebenbedingung $g(x_0, y_0) = 0$ stellen diese die Bedingungsgleichungen für die relativen Extrema der Funktion

$$F(x, y, \lambda) = f(x, y) + \lambda g(x, y) \tag{24.41}$$

dar, in der λ gleichberechtigt neben x und y eine unabhängige Veränderliche ist,

$$F_x = f_x + \lambda g_x = 0, \quad F_y = f_y + \lambda g_y = 0, \quad F_\lambda = g = 0. \tag{24.42}$$

Wir erhalten somit folgende Regel zur Bestimmung der stationären Stellen unter Nebenbedingungen: *Man bilde die Funktion* $F = f + \lambda g$ *und berechne aus den Gleichungen* (24.42) *ihre stationären Stellen; ist* (x_0, y_0, λ_0) *eine solche, so ist* (x_0, y_0) *eine stationäre Stelle der Funktion* $f(x, y)$ *unter der Nebenbedingung* $g(x, y) = 0$. Diese Regel wird *Lagrangesche Multiplikatorenregel* genannt, den Faktor λ bezeichnet man als *Lagrangeschen Multiplikator.*

Beispiel 24.6: Wir bestimmen das flächengrößte Rechteck bei gegebenem Umfang U. Dazu haben wir das Maximum der Funktion $z = f(x, y) = xy$ unter der Nebenbedingung $g(x, y) = 2(x + y) - U = 0$ aufzusuchen. Gemäß der Lagrangeschen Regel bilden wir die Funktion

$$F(x, y, \lambda) = xy + \lambda(2x + 2y - U)$$

und bestimmen ihre stationären Stellen aus

$$F_x = y + 2\lambda = 0, \quad F_y = x + 2\lambda = 0, \quad F_\lambda = 2x + 2y - U = 0.$$

Die ersten beiden Gleichungen ergeben $x = y$, aus der dritten ergibt sich $4x = U$, also $x = y = \frac{U}{4}$. Für den Lagrangeschen Multiplikator findet man $\lambda = -\frac{U}{8}$, doch ist seine Kenntnis für die Lösung unserer Aufgabe unwesentlich. Das flächengrößte Rechteck bei gegebenem Umfang ist ein Quadrat.

Beispiel 24.7: Wir berechnen den größten und kleinsten Abstand des Mittelpunktskegelschnittes

$$g(x, y) = ax^2 + 2bxy + cy^2 - 1 = 0$$

vom Koordintenursprung. Wir setzen dabei voraus, daß die Eigenwerte μ_1 und μ_2 der Koeffizientenmatrix

$$\mathbf{T} = \begin{pmatrix} a & b \\ b & c \end{pmatrix}$$

von Null verschieden sind, so daß $g(x, y) = 0$ einen Kreis ($\mu_1 = \mu_2 > 0$), eine Ellipse ($\mu_1 > \mu_2 > 0$) oder eine Hyperbel ($\mu_1 > 0 > \mu_2$) darstellt (vgl. Abschnitt 21.4). Unsere Aufgabe läuft darauf hinaus, die Extremwerte der Funktion $z = \sqrt{x^2 + y^2}$ unter der Nebenbedingung $g(x, y) = 0$ zu bestimmen; wir können uns die Rechnung aber vereinfachen, indem wir anstatt der Funktion $z = \sqrt{x^2 + y^2}$ die Funktion $z = x^2 + y^2$ betrachten, da ja das Quadrat des Abstandes in denselben Punkten einen relativen Extremwert hat wie der Abstand selbst. Aus

$$F(x, y, \lambda) = x^2 + y^2 + \lambda(ax^2 + 2bxy + cy^2 - 1)$$

ergeben sich die Gleichungen

$$F_x = 2x + 2\lambda ax + 2\lambda by = 0, \quad F_y = 2y + 2\lambda bx + 2\lambda cy = 0, \quad F_\lambda = g = 0$$

für die stationären Stellen. Die beiden ersten bilden ein lineares homogenes Gleichungssystem in x und y,

$$\begin{aligned} (1 + a\lambda)x + \lambda by &= 0, \\ \lambda bx + (1 + c\lambda)y &= 0. \end{aligned}$$

Multiplizieren wir beide mit $\mu = -\frac{1}{\lambda}$, so entsteht daraus

$$\begin{aligned} (a - \mu)x + by &= 0, \\ bx + (c - \mu)y &= 0. \end{aligned}$$

Dieses Gleichungssystem hat nur dann eine nichttriviale Lösung, wenn die Koeffizientendeterminante verschwindet. Da diese gleich dem charakteristischen Polynom der Koeffizientenmatrix T ist, erhalten wir bereits die Lösungen für den Lagrangeschen Multiplikator $\lambda = -\frac{1}{\mu}$, denn es kann μ nur gleich einem der beiden reellen Eigenwerte μ_1, μ_2 der Matrix **T** sein. Es ergeben sich somit zwei mögliche Werte $\lambda_1 = -\frac{1}{\mu_1}$ und $\lambda_2 = -\frac{1}{\mu_2}$ für den Lagrangeschen Parameter. Unter Berücksichtigung der Nebenbedingung erhalten wir aus

$$0 = \frac{1}{2}\left(xF_x + yF_y\right) = x^2 + y^2 + \lambda$$

die Extremwerte der Abstandsfunktion,

$$x^2 + y^2 = -\lambda.$$

Handelt es sich also um eine Ellipse, so ergeben sich die beiden Extremwerte $\frac{1}{\mu_1}$ und $\frac{1}{\mu_2}$, die Quadrate der beiden Halbachsen. Die stationären Stellen sind die Ellipsenscheitel, wobei in den Hauptscheiteln die Abstandsfunktion ein relatives Maximum annimmt, in den Nebenscheiteln ein relatives Minimum. Liegt durch $g(x, y) = 0$ eine Hyperbel vor, so gibt es nur einen Extremwert, nämlich das relative Minimum $\frac{1}{\mu_1}$, das in den Scheiteln angenommen wird. Handelt es sich schließlich um einen Kreis, wobei $a = c$ und $b = 0$ ist, so ist die Abstandsfunktion unter der Nebenbedingung $g(x, y) = a(x^2 + y^2) - 1 = 0$ konstant gleich $\frac{1}{a}$, dem Quadrat des Radius dieses Kreises. Dies zeigt sich auch darin, daß die partiellen Ableitungen der Funktion F nach x und y für $\lambda = -\frac{1}{a}$ identisch in x und y erfüllt sind.

Die Lagrangesche Multiplikatorenmethode ersetzt eine Extremwertaufgabe unter Nebenbedingungen durch eine solche ohne Nebenbedingungen, wobei allerdings eine Unbekannte, der Lagrangesche Multiplikator, mehr auftritt. Wir haben aber durch die Einführung des Lagrangeschen Multiplikators eine leicht merkbare Regel gewonnen, was besonders bei Extremwertaufgaben in mehreren unabhängigen Veränderlichen und unter mehreren Nebenbedingungen zum Tragen kommt.

Wir betrachten die Extremwertaufgabe für eine Funktion $u = f(x, y, z)$ unter der Nebenbedingung $g(x, y, z) = 0$. Ist $P_0(x_0, y_0, z_0)$ eine stationäre Stelle unter dieser Nebenbedingung, so gilt in P_0

$$du = 0 = f_x dx + f_y dy + f_z dz, \tag{24.43}$$

wenn die Differentiale dx, dy und dz durch die Gleichung

$$0 = g_x dx + g_y dy + g_z dz \tag{24.44}$$

verknüpft sind. Dabei haben wir wieder vorauszusetzen, daß die Ableitungsmatrix g' im Punkt P_0 ungleich der Nullmatrix ist, um zumindest nach einer der Veränderlichen aus $g(x, y, z) = 0$ auflösen zu können. Da die Differentiale dx, dy und dz ausschließlich durch die Gleichung (24.44) miteinander verbunden sind und deshalb zwei von ihnen frei wählbar sind, erhalten wir aus beiden Gleichungen (24.43) und (24.44), indem wir etwa $dz = 0$ setzen, das Gleichungssystem

$$f_x dx + f_y dy = 0,$$

$$g_x dx + g_y dy = 0,$$

in dem noch immer eines der beiden Differentiale dx oder dy frei gewählt werden kann, weshalb für die Koeffizientendeterminante $\frac{\partial(f,g)}{\partial(x,y)} = 0$ gelten muß. Indem wir $dy = 0$ setzen, gelangen wir durch die gleiche Überlegung auf die Bedingung $\frac{\partial(f,g)}{\partial(x,z)} = 0$, analog für $dx = 0$ auf $\frac{\partial(f,g)}{\partial(y,z)} = 0$. Da aus dem Verschwinden von je zwei dieser Funktionaldeterminanten bereits folgt, daß auch die dritte gleich Null ist, erhalten wir zwei Gleichungen

$$\begin{aligned} &f_x(x_0, y_0, z_0)g_y(x_0, y_0, z_0) - f_y(x_0, y_0, z_0)g_x(x_0, y_0, z_0) = 0, \\ &f_x(x_0, y_0, z_0)g_z(x_0, y_0, z_0) - f_z(x_0, y_0, z_0)g_x(x_0, y_0, z_0) = 0, \end{aligned} \tag{24.45}$$

die zusammen mit der Nebenbedingung $g(x_0, y_0, z_0) = 0$ eine notwendige Bedingung dafür ergeben, daß im Punkt $P_0(x_0, y_0, z_0)$ ein relatives Extremum der Funktion $u = f(x, y, z)$ unter der Nebenbedingung $g(x, y, z) = 0$ vorliegt.

Das Verschwinden der Funktionaldeterminanten $\frac{\partial(f, g)}{\partial(x, y)}, \frac{\partial(f, g)}{\partial(x, z)}, \frac{\partial(f, g)}{\partial(y, z)}$ und die Forderung $g'(x_0, y_0, z_0) \neq \mathbf{0}$ bedeuten aber auch, daß die Matrix

$$\begin{pmatrix} f_x & f_y & f_z \\ g_x & g_y & g_z \end{pmatrix}$$

den Rang 1 hat, ihre Zeilen also parallel sind. Demnach existiert ein Faktor λ, so daß im Punkt $P_0(x_0, y_0, z_0)$ die Gleichungen

$$f_x + \lambda g_x = 0, \quad f_y + \lambda g_y = 0, \quad f_z + \lambda g_z = 0 \tag{24.46}$$

erfüllt sind. Führen wir die Funktion

$$F(x, y, z, \lambda) = f(x, y, z) + \lambda g(x, y, z) \tag{24.47}$$

ein, so lauten die Bedingungsgleichungen für ihre stationären Stellen

$$F_x = f_x + \lambda g_x = 0, \quad F_y = f_y + \lambda g_y = 0, \quad F_z = f_z + \lambda g_z = 0, \quad F_\lambda = g = 0, \tag{24.48}$$

sind also gerade die Gleichungen (24.46) und die Nebenbedingung $g(x, y, z) = 0$. Dies ist die Lagrangesche Multiplikatorenregel für das Extremwertproblem einer Funktion $u = f(x, y, z)$ unter der Nebenbedingung $g(x, y, z) = 0$.

Zur Bestimmung der Extremwerte einer Funktion $y = f(x_1, \ldots, x_n)$ in n Veränderlichen unter einer Nebenbedingung $g(x_1, \ldots, x_n) = 0$ ist analog vorzugehen: *Man bilde die Funktion*

$$F(x_1, \ldots, x_n, \lambda) = f(x_1, \ldots, x_n) + \lambda g(x_1, \ldots, x_n) \tag{24.49}$$

und berechne ihre stationären Stellen aus den Gleichungen

$$\frac{\partial F}{\partial x_i} = \frac{\partial f}{\partial x_i} + \lambda \frac{\partial g}{\partial x_i} = 0, \quad i = 1, \ldots, n, \quad \frac{\partial F}{\partial \lambda} = g = 0; \tag{24.50}$$

ist $(\mathring{x}_1, \ldots, \mathring{x}_n, \mathring{\lambda})$ *eine solche und ist* $g'(\mathring{x}_1, \ldots, \mathring{x}_n) \neq \mathbf{0}$, *so ist* $(\mathring{x}_1, \ldots, \mathring{x}_n)$ *eine stationäre Stelle der Funktion* $f(x_1, \ldots, x_n)$ *unter der Nebenbedingung* $g(x_1, \ldots, x_n) = 0$.

Die Multiplikatorenregel läßt sich auch auf Extremwertaufgaben mit mehreren Nebenbedingungen erweitern. Wir greifen hier nur einen Fall heraus, an dem bereits alles Wesentliche zu erkennen ist.

Wir suchen die Extremwerte der Funktion $u = f(x, y, z, t)$ unter den beiden Nebenbedingungen $g(x, y, z, t) = 0$ und $h(x, y, z, t) = 0$. Sei $P_0(x_0, y_0, z_0, t_0)$ eine stationäre Stelle der Funktion $f(x, y, z, t)$; die erste der folgenden drei Gleichungen ergibt sich aus der Forderung, daß $f(x, y, z, t)$ im Punkt P_0 stationär ist, die beiden anderen drücken in

Differentialform aus, daß nur zwei der vier Differentiale dx, dy, dz, dt unabhängig sind,

$$\begin{aligned} du = 0 &= f_x dx + f_y dy + f_z dz + f_t dt, \\ 0 &= g_x dx + g_y dy + g_z dz + g_t dt, \\ 0 &= h_x dx + h_y dy + h_z dz + h_t dt, \end{aligned} \tag{24.51}$$

so daß sich alle drei erfüllen lassen, wenn zwei der vier Differentiale dx, dy, dz und dt beliebig vorgegeben werden. Da wir wieder voraussetzen müssen, daß sich die Nebenbedingungen nach zwei der vier Veränderlichen auflösen lassen, zum Beispiel nach x und y, wofür $\frac{\partial(g, h)}{\partial(x, y)} \neq 0$ in P_0 zu fordern ist, hat die Matrix

$$\begin{pmatrix} f_x & f_y & f_z & f_t \\ g_x & g_y & g_z & g_t \\ h_x & h_y & h_z & h_t \end{pmatrix} \tag{24.52}$$

mindestens den Rang 2, denn aus der Auflösbarkeit der Nebenbedingungen folgt die lineare Unabhängigkeit ihrer zweiten und dritten Zeile. Daß ihr Rang auch nicht größer als 2 sein kann, schließen wir wieder daraus, daß zwei der Differentiale dx, dy, dz und dt frei wählbar sind. Es ist infolgedessen die erste Zeile der Matrix (24.52) eine Linearkombination der zweiten und dritten Zeile; dies heißt, es existieren zwei Faktoren λ und μ, die übrigens wegen der linearen Unabhängigkeit der zweiten und dritten Zeile eindeutig bestimmt sind, so daß gilt

$$\begin{aligned} &f_x + \lambda g_x + \mu h_x = 0, \quad f_y + \lambda g_y + \mu h_y = 0 \\ &f_z + \lambda g_z + \mu g_z = 0, \quad f_t + \lambda g_t + \mu h_t = 0. \end{aligned} \tag{24.53}$$

Zusammen mit den beiden Nebenbedingungen sind dies die Bestimmungsgleichungen für die stationären Stellen der Funktion

$$F(x, y, z, t, \lambda, \mu) = f(x, y, z, t) + \lambda g(x, y, z, t) + \mu h(x, y, z, t). \tag{24.54}$$

Für den allgemeinen Fall lautet nun die Lagrangesche Multiplikatorenregel folgendermaßen: *Sind die Extremwerte der Funktion* $y = f(x_1, \ldots, x_n) = f(x)$ *unter* m $(m \leqslant n - 1)$ *Nebenbedingungen* $g_i(x) = g_i(x_1, \ldots, x_n) = 0$, $i = 1, \ldots, m$, *gesucht, so bilde man die Funktion*

$$F(x_1, \ldots, x_n, \lambda_1, \ldots, \lambda_m) = f(x) + \sum_{i=1}^{m} \lambda_i g_i(x) \tag{24.55}$$

und bestimme die stationären Stellen der Funktion F *aus den Bedingungsgleichungen*

$$\frac{\partial F}{\partial x_k} = \frac{\partial f}{\partial x_k} + \sum_{i=1}^{m} \lambda_i \frac{\partial g_i}{\partial x_k} = 0, \quad k = 1, \ldots, n, \quad \frac{\partial F}{\partial \lambda_h} = g_h = 0, \quad h = 1, \ldots, m. \tag{24.56}$$

Ist $(\mathring{x}_1, \ldots, \mathring{x}_n, \mathring{\lambda}_1, \ldots, \mathring{\lambda}_m)$ *eine Lösung dieser* n + m *Gleichungen, so ist* $(\mathring{x}_1, \ldots, \mathring{x}_n)$ *eine stationäre Stelle der Funktion* $y = f(x)$ *unter den* m *Nebenbedingungen* $g_i(x) = 0$, *vorausgesetzt, daß sich die* m *Gleichungen* $g_i(x) = 0$ *nach* m *der* n *Veränderlichen* $x_1, \ldots, x_n$ *auflösen lassen.*

Die Lagrangesche Multiplikatorenregel liefert unter den angegebenen Bedingungen die stationären Stellen einer Funktion unter Nebenbedingungen. Sie ist jedoch nur eine besonders einprägsame Formulierung der notwendigen Bedingungen für relative Extrema und darf nicht so verstanden werden, daß die Untersuchung, ob an einer stationären Stelle tatsächlich ein Extremwert vorliegt, an der Funktion $F(x, y, \ldots, \lambda, \mu, \ldots)$ fortgesetzt werden kann. Wenn es sich auch aus der Fragestellung in der Praxis zumeist ergibt, daß nur ein Extremwert vorliegen kann und deshalb keine besondere Untersuchung notwendig ist, so muß im Zweifelsfall die Entscheidung mit Hilfe der Methoden von Abschnitt 24.2 herbeigeführt werden.

Es sei etwa (x_0, y_0) eine stationäre Stelle der Funktion $z = f(x, y)$ unter der Nebenbedingung $g(x, y) = 0$. Da wir im Hinblick auf die Auflösbarkeit der Nebenbedingung nach einer der beiden Veränderlichen verlangen, daß die Ableitung der Funktion $g(x, y)$ im Punkt (x_0, y_0) ungleich der Nullmatrix ist, sei etwa $g_y(x_0, y_0) \neq 0$ und $y = y(x)$ das Ergebnis der Auflösung nach y. In $z = f(x, y)$ eingesetzt ergibt dies die Funktion $z = h(x) = f(x, y(x))$, deren erste Ableitung an der Stelle x_0 verschwinden muß,

$$h'(x_0) = f_x(x_0, y_0) + f_y(x_0, y_0)y'(x_0) = f_x(x_0, y_0) - f_y(x_0, y_0)\frac{g_x(x_0, y_0)}{g_y(x_0, y_0)} = 0.$$

Diese Gleichung ist nichts anderes als die notwendige Bedingung (24.39) für das Eintreten eines relativen Extremums der Funktion $z = f(x, y)$ unter der Nebenbedingung $g(x, y) = 0$. Ob es sich nun um ein relatives Maximum oder ein relatives Minimum handelt, entscheiden wir mit dem Vorzeichen der zweiten Ableitung. Allgemein ist $h'(x) = f_x(x, y) + f_y(x, y)y'(x)$ und

$$h''(x) = f_{xx} + f_{xy}y' + f_{yx}y' + f_{yy}y'^2 + f_y y'' = f_{xx} + 2f_{xy}y' + f_{yy}y'^2 + f_y y''.$$

Die Ableitung y'' gewinnen wir durch Differentiation der Gleichung $g_x + g_y y' = 0$ aus

$$g_{xx} + 2g_{xy}y' + g_{yy}y'^2 + g_y y'' = 0.$$

Für eine Extremwertaufgabe $u = f(x, y, z)$ unter einer Nebenbedingung $g(x, y, z) = 0$ können wir unter der Voraussetzung $g_z \neq 0$ die Nebenbedingung durch die Funktion $z = z(x, y)$ auflösen und das Problem auf die Bestimmung der Extremwerte der Funktion $h(x, y) = f(x, y, z(x, y))$ zurückführen. Ein relatives Extremum liegt vor, wenn die Matrix

$$\begin{pmatrix} h_{xx} & h_{xy} \\ h_{yx} & h_{yy} \end{pmatrix}$$

definit ist. Um die zweiten partiellen Ableitungen der Funktion $h(x, y)$ zu bestimmen, haben wir die Gleichungen

$$h_x = f_x + f_z z_x, \quad h_y = f_y + f_z z_y$$

nach x und y zu differenzieren,

$$h_{xx} = f_{xx} + 2f_{xz}z_x + f_{zz}z_x^2 + f_z z_{xx},$$

$$h_{xy} = f_{xy} + f_{xz}z_y + f_{zy}z_x + f_{zz}z_x z_y + f_z z_{xy} = h_{yx},$$

$$h_{yy} = f_{yy} + 2f_{yz}z_y + f_{zz}z_y^2 + f_z z_{yy}.$$

Die partiellen Ableitungen z_x und z_y sind hierin aus

$$g_x + g_z z_x = 0, \quad g_y + g_z z_y = 0$$

einzusetzen, die zweiten partiellen Ableitungen der Funktion $z(x, y)$ erhalten wir durch Differentiation dieser Gleichungen nach x und y aus

$$g_{xx} + 2g_{xz}z_x + g_{zz}z_x^2 + g_z z_{xx} = 0,$$

$$g_{xy} + g_{xz}z_y + g_{yz}z_x + g_{zz}z_x z_y + g_z z_{xy} = 0,$$

$$g_{yy} + 2g_{yz}z_y + g_{zz}z_y^2 + g_z z_{yy} = 0.$$

Die Multiplikatorenregel geht auf eine Untersuchung von Lagrange zur Statik eines Massenpunktes unter Nebenbedingungen zurück. Bekanntlich ist notwendig dafür, daß ein freier Punkt in Ruhe bleibt, das Gleichgewicht der an ihm angreifenden Kräfte. Ist der Punkt aber an eine Fläche $g(x, y, z) = 0$ gebunden, so brauchen die äußeren Kräfte nicht mehr im Gleichgewicht zu sein, da die Fläche selbst Bewegungen verhindern kann. Lagrange führte die *Reaktionskraft* $-\lambda$ grad g, bedingt durch die Bindung an die Fläche $g(x, y, z) = 0$, ein; für die Aufrechterhaltung der Ruhelage des Punktes fordert er nun das Gleichgewicht der äußeren Kräfte und der Reaktionskraft,

$$\sum_i \mathbf{k}_i - \lambda \operatorname{grad} g = \mathbf{o}\,.$$

Mit anderen Worten, der Punkt bleibt in Ruhe, wenn die Resultierende der äußeren Kräfte in die Normalenrichtung der Fläche fällt.

Man nennt eine Kraft **k** *konservativ*, wenn sie sich als Gradient einer skalaren Funktion $U(\mathbf{x})$, die ein *Potential* genannt wird, darstellen läßt,

$$\mathbf{k} = -\operatorname{grad} U$$ [1]).

Ein Satz der Mechanik besagt nun, daß ein Massenpunkt im Ruhezustand verharrt, wenn das Potential U der äußeren Kräfte einen stationären Wert hat, wenn also $\operatorname{grad} U = \mathbf{o}$ ist. Im Falle eines Minimums ist die Ruhelage *stabil*, im Falle eines Maximums *instabil* [2]). Wenn wir also annehmen, daß die Resultierende der äußeren Kräfte, die in einem an eine Fläche $g(x, y, z) = 0$ gebundenen Massenpunkt angreifen, ein Potential U hat, so lautet die Bedingung dafür, daß der Massenpunkt in seiner Ruhelage verharrt,

$$-\operatorname{grad} U - \lambda \operatorname{grad} g = \mathbf{o}$$

oder $\operatorname{grad}(U + \lambda g) = \mathbf{o}$, ausführlich

$$U_x + \lambda g_x = 0, \quad U_y + \lambda g_y = 0, \quad U_z + \lambda g_z = 0,$$

zu der natürlich die Gleichung $g(x, y, z) = 0$ hinzukommt.

24.4 Das Newtonsche Verfahren

In Abschnitt 9 sind die grundlegenden Ideen zur Lösung nichtlinearer Gleichungen $f(x) = 0$ besprochen worden. Sie lassen sich auf Gleichungssysteme

$$f(x, y) = 0, \quad g(x, y) = 0 \tag{24.57}$$

und solche in mehr Unbekannten (bei gleicher Anzahl von Gleichungen) verallgemeinern, wir wollen uns jedoch mit dem Newtonschen Verfahren begnügen.

---

[1]) Eine konservative Kraft ist zum Beispiel die Gravitationskraft $\mathbf{k} = -\gamma m M \frac{1}{r^3}\mathbf{x}$ mit dem Newtonschen Gravitationspotential $U = -\frac{\gamma m M}{r}$.

[2]) Unter einer ***stabilen*** Ruhelage versteht man dabei folgendes: Bringt man den Massenpunkt ein wenig aus seiner Ruhelage, so entfernt er sich in der darauf folgenden Bewegung nur wenig. Führt die durch eine Störung hervorgerufene Bewegung von diesem Punkt fort, so spricht man von einer ***instabilen*** Ruhelage. Wir kommen darauf in Abschnitt 32 zurück.

Die Lösung zweier Gleichungen (24.57) können wir uns als das Aufsuchen des Schnittpunktes der beiden Kurven $f(x, y) = 0$ und $g(x, y) = 0$ veranschaulichen, aber auch als die Bestimmung des Durchstoßpunktes der Schnittkurve der beiden Flächen $z = f(x, y)$ und $z = g(x, y)$ mit der (x, y)-Ebene. Das Newtonsche Verfahren zur angenäherten Berechnung der Koordinaten ξ und η dieses Punktes geht wieder von einer ersten Näherung (x_0, y_0) aus. Die Schnittkurve der beiden Flächen $z = f(x, y)$ und $z = g(x, y)$ wird durch die Schnittgerade der Tangentialebenen

$$z = f(x_0, y_0) + (x - x_0) f_x(x_0, y_0) + (y - y_0) f_y(x_0, y_0),$$

$$z = g(x_0, y_0) + (x - x_0) g_x(x_0, y_0) + (y - y_0) g_y(x_0, y_0)$$

der beiden Flächen im Punkt (x_0, y_0) angenähert, die Koordinaten x_1 und y_1 des Durchstoßpunktes mit der (x,y)-Ebene dienen als nächste Näherung für die Lösung ξ und η der Gleichungen (24.57). Sie bestimmen sich aus den Gleichungen

$$0 = f(x_0, y_0) + (x_1 - x_0) f_x(x_0, y_0) + (y_1 - y_0) f_y(x_0, y_0),$$

$$0 = g(x_0, y_0) + (x_1 - x_0) g_x(x_0, y_0) + (y_1 - y_0) g_y(x_0, y_0),$$

denen wir mit der Matrizenschreibweise auch die Gestalt

$$\begin{pmatrix} x_1 \\ y_1 \end{pmatrix} = \begin{pmatrix} x_0 \\ y_0 \end{pmatrix} - \begin{pmatrix} f_x(x_0, y_0) & f_y(x_0, y_0) \\ g_x(x_0, y_0) & g_y(x_0, y_0) \end{pmatrix}^{-1} \cdot \begin{pmatrix} f(x_0, y_0) \\ g(x_0, y_0) \end{pmatrix}$$

geben können. Durch fortgesetzte Anwendung dieser Idee erhalten wir die Iterationsvorschrift

$$\begin{pmatrix} x_{n+1} \\ y_{n+1} \end{pmatrix} = \begin{pmatrix} x_n \\ y_n \end{pmatrix} - \begin{pmatrix} f_x(x_n, y_n) & f_y(x_n, y_n) \\ g_x(x_n, y_n) & g_y(x_n, y_n) \end{pmatrix}^{-1} \cdot \begin{pmatrix} f(x_n, y_n) \\ g(x_n, y_n) \end{pmatrix}, \quad n = 0, 1, \ldots, \tag{24.58}$$

die eine Folge von Punkten $P_n(x_n, y_n)$ definiert, deren Koordinaten unter der Voraussetzung, daß der Startpunkt $P_0(x_0, y_0)$ in hinreichender Nachbarschaft des Lösungspunktes (ξ, η) liegt, gegen dessen Koordinaten ξ und η konvergieren,

$$\lim_{n \to \infty} x_n = \xi, \quad \lim_{n \to \infty} y_n = \eta.$$

Die Iterationsvorschrift (24.58) wird das *Newtonsche Verfahren* zur Lösung der Gleichungen (24.57) genannt. Im allgemeinen ist die Konvergenz quadratisch im Sinne von Abschnitt 9.1.

Für n Gleichungen $f_i(x_1, \ldots, x_n) = 0$, $i = 1, \ldots, n$, in n Unbekannten $x_1, \ldots, x_n$, die wir als Vektorgleichung

$$\mathbf{f}(\mathbf{x}) = \mathbf{o} \tag{24.59}$$

zusammenfassen wollen, lautet das Newtonsche Verfahren, ausgehend von einem Startpunkt $\mathbf{x}_0$,

$$\mathbf{x}_{n+1} = \mathbf{x}_n - [\mathbf{f}'(\mathbf{x}_n)]^{-1} \cdot \mathbf{f}(\mathbf{x}_n), \quad n = 0, 1, \ldots . \tag{24.60}$$

Die quadratische Konvergenz wird hier, im Hinblick auf den Rechenaufwand bei jedem Iterationsschritt, teuer erkauft, da jedesmal eine Matrix zu invertieren ist, was übrigens unter Umständen numerisch nicht unproblematisch ist. Man kann dies umgehen mit dem sogenannten *vereinfachten Newtonschen Verfahren*

$$x_{n+1} = x_n - [f'(x_0)]^{-1} \cdot f(x_n), \quad n = 0, 1, \ldots, \tag{24.61}$$

das eine Matrixinversion nur im Startpunkt x_0 erfordert, doch geht dabei im allgemeinen die quadratische Konvergenz verloren.

24.5 Übungsbeispiele

1. Man berechne das Taylorsche Polynom zweiten Grades der Funktion $z = \frac{\cos x}{\cos y}$ an der Stelle (0, 0).
2. Man berechne das Taylorsche Polynom dritten Grades der Funktion $z = \arctan \frac{x-y}{1+xy}$ an der Stelle (0, 0).
3. Man berechne das Taylorsche Polynom zweiten Grades der durch die Gleichung $F(x, y, z) = z^3 + yz - xy^2 - x^3 = 0$ implizit gegebenen Funktion $z = f(x, y)$ mit $f(1, 1) = 1$ an der Stelle (1, 1).
4. Man berechne das zweite und dritte Differential der Funktion $z = e^x \cos y$.
5. Man bestimme die relativen Extremwerte der Funktion $z = \sin x + \sin y + \sin(x + y)$ im Quadrat $0 \leqslant x \leqslant \frac{\pi}{2}, 0 \leqslant y \leqslant \frac{\pi}{2}$.
6. Man bestimme die relativen Extremwerte der Funktion $u = \frac{1 + x + y}{\sqrt{1 + x^2 + y^2}}$.
7. Man berechne die Extremwerte der Funktion $u = (x + y + z) \exp\left(-(x^2 + y^2 + z^2)\right)$.
8. Man bestimme die relativen Extremwerte der durch die Gleichung $F(x, y, z) =$ $= 2x^2 + 2y^2 + z^2 + 8xz - z + 8 = 0$ implizit gegebenen Funktion $z = f(x, y)$.
9. Man bestimme die relativen Extremwerte der Funktion $z = xy$ unter der Nebenbedingung $x^2 + y^2 - 1 = 0$.
10. Man bestimme die relativen Extremwerte der Funktion $u = xyz$ unter der Nebenbedingung $x^2 + y^2 + z^2 - 1 = 0$.
11. Man bestimme die relativen Extrema der Funktion $u = x + y + z$ unter der Nebenbedingung $\frac{1}{x} + \frac{1}{y} + \frac{1}{z} = 1$.
12. Man bestimme die relativen Extremwerte der Funktion $u = xyz$ unter den beiden Nebenbedingungen $x + y + z = 5$, $xy + yz + xz = 8$.
13. Es sei **T** eine symmetrische Matrix. Man bestimme die stationären Stellen der Funktion $f(x_1, \ldots, x_n) = f(\mathbf{x}) = \frac{\mathbf{x}^* \cdot \mathbf{T} \cdot \mathbf{x}}{\mathbf{x}^* \cdot \mathbf{x}}$.

    Man zeige, daß $\lambda_{min} \leqslant f(\mathbf{x}) \leqslant \lambda_{max}$ für jedes **x** gilt, wobei λ_{min} der kleinste, λ_{max} der größte Eigenwert der Matrix **T** ist. Für einen zum Eigenwert λ_{min} gehörigen Eigenvektor $\mathbf{x}'$ wird $f(\mathbf{x}') = \lambda_{min}$, analog $f(\mathbf{x}'') = \lambda_{max}$, wenn $\mathbf{x}''$ ein Eigenvektor zum Eigenwert λ_{max} ist: Der größte Eigenwert der Matrix **T** ist das absolute Maximum, der kleinste Eigenwert der Matrix **T** das absolute Minimum der Funktion $f(\mathbf{x})$.

    Ist λ_0 ein beliebiger Eigenwert zwischen dem größten und dem kleinsten, $\lambda_{min} < \lambda_0 < \lambda_{max}$, und $\mathbf{x}_0$ ein zugehöriger Eigenvektor, so liegt im Punkt $\mathbf{x}_0$ ein Sattelpunkt vor.
14. Es sei **T** eine symmetrische Matrix. Man berechne die stationären Stellen der Funktion $f(x_1, \ldots, x_n) = f(\mathbf{x}) = \mathbf{x}^* \cdot \mathbf{T} \cdot \mathbf{x}$ unter der Nebenbedingung $g(\mathbf{x}) = \mathbf{x}^* \cdot \mathbf{x} - 1 = 0$.

GPSR Compliance

The European Union's (EU) General Product Safety Regulation (GPSR) is a set of rules that requires consumer products to be safe and our obligations to ensure this.

If you have any concerns about our products, you can contact us on ProductSafety@springernature.com

In case Publisher is established outside the EU, the EU authorized representative is:

Springer Nature Customer Service Center GmbH
Europaplatz 3
69115 Heidelberg, Germany

Batch number: 10584556

Printed by Printforce, the Netherlands

Hans Jörg Dirschmid

MATHEMATISCHE GRUNDLAGEN DER ELEKTROTECHNIK

Zu diesem Lehrbuch sind
LÖSUNGEN UND HINWEISE
erschienen (ISBN 3-528-03035-6)

Hans Jörg Dirschmid

MATHEMATISCHE GRUNDLAGEN DER ELEKTROTECHNIK

4., verbesserte Auflage

Mit 386 Bildern

vieweg

CIP-Titelaufnahme der Deutschen Bibliothek

Dirschmid, Hans Jörg:
Mathematische Grundlagen der Elektrotechnik/
Hans Jörg Dirschmid. – 4., verb. Aufl. –
Braunschweig; Wiesbaden: Vieweg, 1988

ISBN 978-3-322-83229-0 ISBN 978-3-322-83228-3 (eBook)
DOI 10.1007/978-3-322-83228-3

1. Auflage 1986
Nachdruck 1986
2., durchgesehene Auflage 1987
3., verbesserte Auflage 1988
4., verbesserte Auflage 1990

Der Verlag Vieweg ist ein Unternehmen der Verlagsgruppe Bertelsmann International.

Satz: Vieweg, Braunschweig und Elsner & Behrens, Ottersheim

Vorwort

Die letzten Jahrzehnte haben eine stürmische Entwicklung der technischen Wissenschaften gebracht. Die Grenzen der Phantasie des Menschen scheinen immer weiter hinauszurücken, die Verwirklichung seiner Ideen ist meist keine Utopie mehr. Wir verfügen heute über Rechenautomaten mit kaum mehr faßbarer Arbeitsgeschwindigkeit und nahezu unvorstellbarem Speichervermögen, über Maschinen, die es uns erlauben, zu immer feineren Konstruktionen vorzudringen, nicht nur um praktische Bedürfnisse zu befriedigen, sondern auch um zu einem immer tieferen Verständnis für die komplizierten Strukturen unserer physikalischen Welt zu gelangen. Viele dieser Entwicklungen und Forschungen sind aufs engste mit den mathematischen Wissenschaften verknüpft, sowohl in theoretischer, als auch in praktischer Hinsicht, ja wurden erst durch mathematische Betrachtungen möglich. Auch in Zukunft werden weitere Fortschritte ohne das Fundament einer mathematischen Untersuchung nicht denkbar sein.

Die Auseinandersetzung mit mathematischen Objekten und Modellbildungen ist für jedes technische Studium erforderlich, doch wird der Wunsch nach mathematischen Kenntnissen oft nur mit dem Bedürfnis nach einer Formelsprache begründet. Die Notwendigkeit formaler Methoden in den Naturwissenschaften ist sicher unbestritten, es bedeutet aber leichtfertigen Verzicht auf ein wertvolles Instrument, die Mathematik bloß als bequemes Rechenhilfsmittel anzusehen, wie es die in breiten Kreisen vertretene Auffassung, die Mathematik sei eine rein deduktive Wissenschaft, deren Wert einzig und allein in der Kunst des Rechnens liege, allzu deutlich zum Ausdruck bringt. Diese Ansicht, die durch Betonung des Abstrakten und Formalen oft schon in der Schule aufkommt und ein verzerrtes Bild der Mathematik entwirft, ist völlig falsch. Die Bedeutung der Mathematik ist an anderem zu messen als an der Möglichkeit zum Erlernen rechnerischer Fähigkeiten: Abstraktion und Deduktion sind bloße Ausdrucksformen mathematischer Arbeitsweise, das Lebendige in der Mathematik, ihr Lebensnerv, ist Intuition und Konstruktion.

Die Geschichte der Mathematik reicht bis in das dritte Jahrtausend v.Chr. zurück. Die Kulturen des vorderen Orients haben zahlreiches Material zu dem, was wir Arithmetik, Geometrie und Gleichungslösung nennen, gesammelt und in mehr oder minder losem Zusammenhang überliefert, teilweise auch mit Widersprüchlichem, worüber die unterschiedlichen Angaben zur Kreismessung Zeugnis ablegen. Dieses Erbe übernahmen die Griechen, deren Kultur bis in unsere Tage, wenn auch im Geist unserer Zeit kaum mehr erkennbar, hineinstrahlt. Was die Griechen vor allem von ihren Vorgängern unterschied, war ein ausgeprägter analytischer Verstand und ein – auf lange Zeit nur ihnen eigener – Hang zum reinen Schauen der Natur. Es war das Wissen um des Wissens willen, das die Frage nach dem Anfang und dem Ursprung allen Seins, die philosophische Grundfrage, erstmals so stellte, daß weder mythologische noch religiöse Antworten ihr genügen konnten. Und so ist der griechische Ursprung unseres modernen Begriffes Mathematik auch eine Würdigung der griechischen Geisteswelt. Das Wort leitet sich aus dem Zeitwort *μανθάνειν* (manthánein) ab, das folgende Bedeutungen hat: lernen, kennenlernen, erfahren, einsehen, verstehen, begreifen, wissen. Das Hauptwort *μάθημα* (máthema) bedeutet den Unterricht, das Gelernte, den Gegenstand des Lernens, die Kenntnis: Es umschreibt in abstrakter Form alle jene Dinge, die einer Beschäftigung wert sind. In den vier ‚Mathematas', der Arithmetika (Rechenkunst, Zahlenlehre), der Harmonika (Musiklehre), der Geometria (Geometrie) und der Astrologia (Astronomie) sahen die Griechen auch die Grundlage zum Verständnis der Welt und ihrer Ordnung.

Die Systematik und Logik in der Auseinandersetzung mit dem von den Babyloniern und Ägyptern Überlieferten, die Klärung von Begriffsbildungen und ihrer Zusammenhänge, die Formulierung und Sicherung von Aussagen durch Beweiseskraft, ist die Seele der griechischen Wissenschaft. Sie erschöpft sich aber nicht allein in, wie wir heute sagen würden, theoretischen Erkenntnissen, sie forderte auch geradezu Leistungen heraus, die wir mehr in die angewandte Mathematik einzuordnen haben und die zu den geistesgeschichtlichen Sternstunden der Menschheit zu zählen sind. Im dritten Jahrhundert v.Chr. gehörte es bereits zum Allgemeingut der griechischen Wissenschaft, daß die Erde Kugelgestalt hat; Platon erwähnt dies mit dichterischen Worten und Aristoteles führt als Beweis hierfür an, daß der Schatten der Erde auf dem Mond kreisförmig ist. Eratosthenes nimmt um 200 v.Chr. sogar die effektive Berechnung des Erdumfanges in Angriff. Er bestimmt durch Winkelmessungen den Breitenunterschied zwischen Alexandria und Syene und schließt aus diesem sowie aus der Entfernung der beiden Städte auf den Umfang des Vollkreises. Bewundernswert ist, daß es ihm dabei gelang, den Erdumfang auf ungefähr ein Prozent genau auszurechnen, aber mehr noch, wie stark die Überzeugung von der Richtigkeit seiner Vorstellungen gewesen sein muß, wie selbstverständlich er die für ihn und seine Zeitgenossen unfaßbare Größe der Erdkugel zur Kenntnis nahm! Kaum minder großartig, nicht nur von der Idee, sondern auch von der Durchführung her, ist die Leistung des Aristarch von Samos, der es als erster in der Geschichte wagte, die Entfernung der Erde von der Sonne zu messen. Er tat dies auf der Grundlage des pythagoräischen Lehrsatzes, indem er bei Halbmond das rechtwinkelige Dreieck betrachtete, das Sonne, Erde und Mond in solcher Lage bildet. Wenn sein Ergebnis auch weit unter dem tatsächlichen Wert liegt, und zwar ausschließlich deshalb, weil seine Einrichtungen zur Winkelmessung die für die Lösung der Aufgabe notwendigen Genauigkeitsansprüche einfach nicht erfüllen konnten, so schmälert dies nicht im geringsten den geistigen Wert seines Anliegens. Ein beredtes Zeugnis über die technische Begabung der Griechen legt ein Tunnelbau durch den Berg Samos in Kleinasien um 530 v.Chr. ab (das Wort ‚Technik' entstammt übrigens ebenfalls der griechischen Sprache: *τέχνη* (téchne) bedeutet Kunst, Geschicklichkeit, Sachkenntnis, Handwerk). Nach vorher angestellten feinsinnigen geometrischen Überlegungen und Konstruktionen wurden von zwei Seiten in den Berg gegraben; dabei entstand auf einen Kilometer Länge in der Mitte eine Abweichung von nur 10 Metern! Der Tunnel durch den Berg Samos, von Eupalinos erbaut, ist heute noch vollständig erhalten, genauso wie ihn Herodot beschrieben hat.

So manchem Menschen aus unserer Zeit mag die Art und Weise, wie die Griechen mit Begeisterung eine Antwort auf ihre Fragen gesucht und gefunden haben, nicht weiter bewegen, für viele ist dies längst totes Wissen. Wenn man sich aber in ihre Zeit zurückversetzt, so steht eine faszinierende Welt auf, die uns durch ihren Ideenreichtum und durch ihren schöpferischen Geist ein reiches, lebendiges Erbe hinterlassen hat. Nicht zuletzt ist aus der griechischen Geisteswelt unsere moderne Naturwissenschaft hervorgegangen, der Erfolge nur beschieden waren, wenn nach griechischer Art, mit Gefühl und Sinn für Ästhetik, aus an Ahnungen reicher Übersicht, ohne Bindung an metaphysisch vorgegebene

Denkmuster, Fragen gestellt und Antworten überprüft wurden, und schließlich auch der Mut dazu vorhanden war, gängige Auffassungen gegebenenfalls zu verwerfen. Die Geschichte der Mechanik mit ihrem Begründer Newton, die Geschichte der Elektrodynamik, verbunden mit den Namen Faraday und Maxwell, liefert uns hierfür einen glänzenden Beweis. Ansätze und Ideen, die zu nichts führten, gab es im Laufe der Zeit genug; allem Spekulativen jedoch hat sich die Natur von jeher entschieden entgegengestellt, nur wenn sich Idee, Phantasie und Mut in der Synthese organisch der Natur einordnete, führte dies zu höherer Einsicht. Den Griechen in ihrem Drang nach Einblick in den großen Plan der Natur gelang dies in vielem durch Betrachtung und Anschauung, durch ϑεωρία (theoria), wie sie es nannten. Bei ihnen tritt die Begabung zu solchem Denken, deren Erscheinungsform jene ganz bestimmte Geisteshaltung ist, die wir heute als *wissenschaftliche* Einstellung bezeichnen, zum ersten Male in der Geschichte auf, und sie wird für lange Zeit danach noch einzigartig dastehen. Die von ihrer Gedankenwelt im Laufe eines auch in manch anderer Hinsicht bewegten Abschnittes der Geschichte eingeleitete Wandlung im menschlichen Denken hält einen bedeutungsvollen Augenblick in der Geistesgeschichte der Menschheit fest, sie erhebt die griechische Art, sich mit der Natur und ihrer Ordnung zu befassen, die Mathematik, in den Rang einer Wissenschaft.

Was Mathematik in unserem heutigen Sinn ist, kann dieses bedeutungsvolle Kapitel der Kulturgeschichte des Menschen wirksamer beantworten als jeglicher Versuch einer philosophischen Definition. Die Mathematik ist letztlich etwas tief im Inneren jedes geistig regen und auf Ästhetik ansprechenden Menschen Verankertes, jeder aufgeschlossene Mensch wird sich dem Wesen der Mathematik durch aufrichtige und disziplinierte Befassung mit ihrer Substanz nähern. Dem Techniker, der für seine Kunst und für sein Handwerk das feste und sichere Fundament der Mathematik benötigt, nicht nur im Hinblick auf die Erlangung einer gewissen Rechenfertigkeit, sondern vor allem auch dazu, um Verständnis und Gefühl für die Ordnungsstrukturen unserer physikalischen Welt zu entwickeln, mag dieses Buch eine Hilfe dabei sein – vielleicht vermag es darüber hinaus so manch getrübtes Verhältnis zur Mathematik aufzulösen.

Ich komme schließlich noch der ehrenvollen Pflicht nach, allen, die mir bei der Herausgabe dieses Buches zur Seite standen, meinen Dank auszusprechen. Den Herren Dr. J. Descovich, Dr. R. Fuchs, Dr. P. Bauer, Dipl.-Ing. F. Hlawatsch, Dipl.-Ing. E. Schmidt danke ich für zahlreiche Anregungen und wertvolle Hilfe bei der Erstellung der Abbildungen sowie beim Lesen der Korrekturen; den Herren Dr. H. Hofschneider und Doz. Dr. R. Taschner bin ich darüber hinaus auch für die moralische Unterstützung während der langjährigen Arbeitszeit verpflichtet. Die unermüdliche Aufopferung meiner Mutter, mir manche Mühe des täglichen Lebens aus dem Weg zu räumen, hat mir die Arbeit in hohem Maße erleichtert. Frau U. Schmickler-Hirzebruch und Herrn A. Schubert, meinen Redakteuren beim Verlag, möchte ich auf diesem Wege für das stete Interesse und für die langmütige Geduld bei der Herausgabe dieses Buches danken.

Ich möchte nicht schließen ohne Worte des Gedenkens an Prof. Dr. E. Bukovics, dessen unermüdliches und fruchtbares Wirken an der Technischen Universität Wien auch maßgeblichen Einfluß auf das Entstehen dieses Buches gehabt hat. Sein allzu früher und völlig unerwarteter Tod vor zehn Jahren hat alle, die ihn kannten, tief getroffen.

Wien, im Juli 1985 H. J. Dirschmid

Blockdiagramm – Inhalt

Zahl – Funktion – Grenzwert
Differential – Integral
Reihen
Vektor- und Matrizenrechnung
Differentialrechnung von Funktionen in mehreren Veränderlichen
Bereichsintegrale

Lineare Funktionenräume – lineare Operationen
Orthogonalreihen
Fourier-Transformation
Laplace-Transformation
Verallgemeinerte Funktionen

Gewöhnliche Differentialgleichungen
Lineare Systeme
Nichtlineare Systeme
Stabilität – Schwingungen

Vektoranalysis
Felder – Doppelfelder
Das elektromagnetische Feld
Partielle Differentialgleichungen der mathematischen Physik
Wärmeleitungsgleichung
Wellengleichung – Telegraphengleichung

Funktionentheorie
Umkehrung der Fourier-Transformation
Umkehrung der Laplace-Transformation
$\mathscr{Z}$-Transformation
Konforme Abbildung

Inhaltsverzeichnis

Kapitel I Grundlagen der Analysis

Kapitel II Differentialrechnung

Kapitel III Integralrechnung

Kapitel IV Reihen

Kapitel V Vektor- und Matrizenrechnung

Kapitel VI Differential- und Integralrechnung von Funktionen mehrerer Veränderlicher

Kapitel VIII Gewöhnliche Differentialgleichungen

Kapitel IX Vektoranalysis und partielle Differentialgleichungen

Kapitel X Funktionentheorie

25 Integration von Funktionen in mehreren Veränderlichen

Durch die Unterscheidung zwischen reellwertigen und vektorwertigen Funktionen führt die Verallgemeinerung der Integration bei Funktionen in mehreren Veränderlichen zu verschiedenen Integraltypen. Auch gestalten sich, anders als bei reellen Funktionen in einer Veränderlichen, bei denen durch den Fundamentalsatz der Differential- und Integralrechnung ein grundlegender Zusammenhang zwischen Differentiation und Integration hergestellt wird, die Beziehungen zwischen Integration und Differentiation bei Funktionen in mehreren Veränderlichen auf unterschiedliche Weise. Bei alledem wird sich jedoch herausstellen, daß die Praxis der Integration auf dem Integralbegriff für Funktionen in einer Veränderlichen fußt, wie sich auch die Differentiation von Funktionen in mehreren Veränderlichen auf den Begriff des Differentialquotienten stützt.

Im folgenden behandeln wir die Integration reellwertiger Funktionen, die uns zunächst zum Begriff des Bereichsintegrales führen wird. Wir gehen dabei von der nächstliegenden Verallgemeinerung des Integralbegriffes, der Voluminhaltsbestimmung räumlicher Bereiche, aus. Die Integration vektorwertiger Funktionen verschieben wir auf später; wir werden hier auf Kurvenintegrale und Flächenintegrale stoßen, zu deren Einführung uns physikalische Betrachtungen Anlaß geben werden.

25.1 Integrale als Funktionen eines Parameters

Es sei $z = f(x, y)$ eine auf dem Rechtecksbereich $a \leqslant x \leqslant b, \alpha \leqslant y \leqslant \beta$ stetige Funktion. Da dann $f(x, y)$ für jedes $x \in [a, b]$ eine auf dem Intervall $[\alpha, \beta]$ stetige Funktion von y ist, können wir die Funktion $f(x, y)$ für festes $x \in [a, b]$ bezüglich y über das Intervall $[\alpha, \beta]$ integrieren; durch seine Abhängigkeit von x stellt das Integral

$$F(x) = \int_{\alpha}^{\beta} f(x, y)\,dy \tag{25.1}$$

eine auf dem Intervall $[a, b]$ definierte Funktion dar. Da x bei der Integration die Rolle eines Parameters hat, wird (25.1) ein *Parameterintegral* genannt. Geometrisch können wir den Wert des Integrales (25.1) bei gegebenem x als Inhalt der Schnittfläche des über der Strecke $\overline{PQ}$ liegenden und nach oben durch $z = f(x, y)$ begrenzten Normalbereichs deuten (Bild 25.1).

Beispiel 25.1:

$$F(x) = \int_0^1 e^{xy}\,dy = \frac{e^x - 1}{x}, \quad x \neq 0.$$

Beispiel 25.2:

$$F(x) = \int_0^1 y^x\,dy = \frac{1}{x+1}, \quad -1 < a \leqslant x \leqslant b.$$

Beispiel 25.3:

$$F(x) = \int_0^1 x^y\,dy = \frac{x-1}{\ln x}, \quad 0 < a \leqslant x \leqslant b.$$

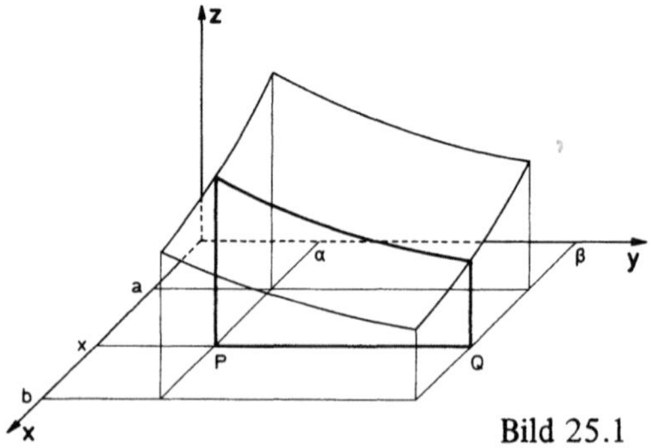

Bild 25.1

Wir interessieren uns für die Eigenschaften der durch ein Parameterintegral definierten Funktion, insbesondere dafür, inwieweit sich Eigenschaften des Integranden f(x, y) auf die Funktion F(x) übertragen.

Unsere erste Frage gilt der Stetigkeit. Zur Untersuchung der Differenz

$$F(x+h)-F(x)=\int_{\alpha}^{\beta}\Big[f(x+h,y)-f(x,y)\Big]dy$$

greifen wir auf eine Eigenschaft stetiger Funktionen mit abgeschlossenem und beschränktem Definitionsbereich zurück, die in Abschnitt 11.2 besprochene *gleichmäßige Stetigkeit*, die unverändert auch für Funktionen in mehreren Veränderlichen nachgewiesen werden kann: Zu jedem $\epsilon > 0$ gibt es eine nur von ϵ allein abhängige Zahl $\delta = \delta(\epsilon) > 0$, so daß gilt

$$|f(x',y')-f(x'',y'')|<\epsilon \quad \text{für} \quad (x'-x'')^2+(y'-y'')^2<\delta^2$$

(vgl. (11.17)). Geben wir also eine Zahl $\epsilon > 0$ vor und setzen wir $x' = x + h$, $x'' = x$, $y' = y'' = y$, so können wir aus der Ungleichung

$$|F(x+h)-F(x)|\leqslant\int_{\alpha}^{\beta}|f(x+h,y)-f(x,y)|dy<\int_{\alpha}^{\beta}\epsilon\, dy=\epsilon(\beta-\alpha),\quad |h|<\delta,$$

bereits die Stetigkeit der Funktion F(x) für jedes $x \in [a, b]$ folgern. Aus der Stetigkeit des Integranden eines Parameterintegrales folgt also die Stetigkeit der durch das Integral dargestellten Funktion. Wir haben damit insbesondere die Vertauschbarkeitsrelation

$$\lim_{x\to x_0} F(x)=\lim_{x\to x_0}\int_{\alpha}^{\beta}f(x,y)dy=\int_{\alpha}^{\beta}\Big(\lim_{x\to x_0} f(x,y)\Big)dy=\int_{\alpha}^{\beta}f(x_0,y)dy. \tag{25.2}$$

Als nächstes untersuchen wir die Funktion F(x) auf Differenzierbarkeit. Setzen wir voraus, daß die partielle Ableitung $f_x(x, y)$ im Rechtecksbereich $a \leqslant x \leqslant b$, $\alpha \leqslant y \leqslant \beta$ existiert und stetig ist, so gilt

$$F'(x)=\frac{d}{dx}\int_{\alpha}^{\beta}f(x,y)dy=\int_{\alpha}^{\beta}\frac{\partial}{\partial x}f(x,y)dy=\int_{\alpha}^{\beta}f_x(x,y)dy. \tag{25.3}$$

Dies ist wieder eine Vertauschbarkeitsrelation, die Differentiation darf unter dem Integral durchgeführt werden, wobei das Differentiationssymbol $\frac{d}{dx}$ durch $\frac{\partial}{\partial x}$ zu ersetzen ist. Zum Beweis bilden wir

$$\frac{F(x+h)-F(x)}{h}-\int_{\alpha}^{\beta}f_x(x,y)dy=\int_{\alpha}^{\beta}\left[\frac{f(x+h,y)-f(x,y)}{h}-f_x(x,y)\right]dy.$$

Nun ist nach dem Mittelwertsatz (24.8) (mit k = 0)

$$\frac{f(x+h,y)-f(x,y)}{h}=f_x(x+\vartheta h,y),\quad 0<\vartheta<1,$$

und folglich

$$\left|\frac{F(x+h)-F(x)}{h}-\int_{\alpha}^{\beta} f_x(x,y)\,dy\right| \leqslant \int_{\alpha}^{\beta} \left|f_x(x+\vartheta h, y)-f_x(x,y)\right|dy.$$

Da vorausgesetzt wurde, daß die partielle Ableitung $f_x(x, y)$ im Rechteck $a \leqslant x \leqslant b$, $\alpha \leqslant y \leqslant \beta$ stetig ist, ist sie dort auch gleichmäßig stetig und wir können wie vorhin auf

$$\left|\frac{F(x+h)-F(x)}{h}-\int_{\alpha}^{\beta} f_x(x,y)\,dy\right| < \epsilon(\beta-\alpha), \quad |h|<\delta,$$

schließen, was mit der Grenzwertbeziehung

$$F'(x) = \lim_{h\to 0} \frac{F(x+h)-F(x)}{h} = \int_{\alpha}^{\beta} f_x(x,y)\,dy$$

gleichbedeutend ist.

Die Differentiation unter dem Integral kann mit Erfolg zur Auswertung bestimmter Integrale verwendet werden.

Beispiel 25.4: Der Integrand in

$$F(x) = \int_0^{\pi} \ln(1-x\cos y)\,dy, \quad -1<x<1,$$

hat keine sich aus elementaren Funktionen zusammensetzende Stammfunktion, so daß das Integral nicht über den Fundamentalsatz berechnet werden kann.

Ist $\delta > 0$ eine beliebige positive Zahl, so ist der Integrand $\ln(1-x\cos y)$ im Rechteck $-1+\delta \leqslant x \leqslant 1-\delta$, $0 \leqslant y \leqslant \pi$ stetig, ebenso seine partielle Ableitung nach x, so daß zur Berechnung der Ableitung von F(x) unter dem Integral differenziert werden kann,

$$F'(x) = \int_0^{\pi} \frac{\partial}{\partial x}\ln(1-x\cos y)\,dy = -\int_0^{\pi} \frac{\cos y}{1-x\cos y}\,dy, \quad |x| \leqslant 1-\delta.$$

Das Integral auf der rechten Seite kann durch die Substitution $\tan\frac{y}{2} = t$ ausgewertet werden; das Ergebnis ist

$$F'(x) = \frac{\pi}{x}\left(1-\frac{1}{\sqrt{1-x^2}}\right).$$

Wegen

$$\int \frac{1}{x}\left(1-\frac{1}{\sqrt{1-x^2}}\right)dx = \ln\left(1+\sqrt{1-x^2}\right)+C$$

erhalten wir

$$F(x) = \pi\ln\left(1+\sqrt{1-x^2}\right)+C_0$$

mit einer noch zu bestimmenden Konstanten C_0. Berücksichtigen wir hierfür

$$F(0) = \int_0^{\pi} \ln 1 \, dy = 0 = \pi \ln 2 + C_0 ,$$

so folgt $C_0 = -\pi \ln 2$ und infolgedessen

$$F(x) = \int_0^{\pi} \ln(1 - x \cos y) \, dy = \pi \ln \frac{1 + \sqrt{1 - x^2}}{2} .$$

Dieses Ergebnis gilt, da δ beliebig war, für $-1 < x < 1$; es ist aber auch für $x = 1$ und $x = -1$ richtig, was wir an sich von vornherein nicht erwarten durften, da das Integral für diese Werte von x uneigentlich wird. Wir finden jedoch die Bestätigung aus der Konvergenz des Integrales für $x = 1$ und $x = -1$ und durch Einsetzen $F(1) = F(-1) = -\pi \ln 2$ unter Berücksichtigung der Integralformeln

$$\int_0^{\pi} \ln(1 + \cos y) \, dy = \int_0^{\pi} \ln\left(2 \cos^2 \frac{y}{2}\right) dy = \pi \ln 2 + 4 \int_0^{\pi/2} \ln \cos t \, dt = -\pi \ln 2,$$

$$\int_0^{\pi} \ln(1 - \cos y) \, dy = \int_0^{\pi} \ln\left(2 \sin^2 \frac{y}{2}\right) dy = \pi \ln 2 + 4 \int_0^{\pi/2} \ln \sin t \, dt = -\pi \ln 2$$

(vgl. Beispiel 12.23).

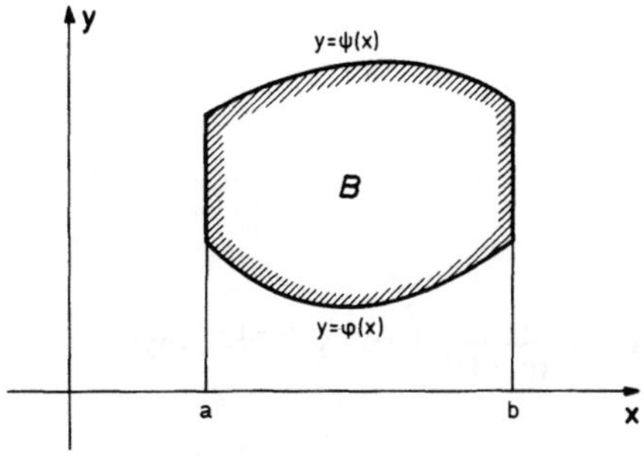

Bild 25.2

Es liegt nahe, nicht bloß rechteckförmige Definitionsbereiche für den Integranden eines Parameterintegrales zuzulassen. Es sei B ein Bereich, der von den Kurvenstücken $y = \varphi(x)$, $y = \psi(x)$, $a \leqslant x \leqslant b$, und $x = a$, $x = b$ begrenzt ist, dessen Punkte sich also durch die beiden Ungleichungen $\varphi(x) \leqslant y \leqslant \psi(x)$ für $a \leqslant x \leqslant b$ beschreiben lassen (Bild 25.2). Ist die Funktion $f(x, y)$ auf diesem Bereich stetig, so ist das Integral

$$F(x) = \int_{\varphi(x)}^{\psi(x)} f(x, y) \, dy, \tag{25.4}$$

in dem nun auch die Integrationsgrenzen von x abhängen, eine stetige Funktion von x auf dem Intervall $[a, b]$, wenn die Funktionen $\varphi(x)$ und $\psi(x)$ auf $[a, b]$ stetig sind. Existiert auch die partielle Ableitung $f_x(x, y)$ und ist sie in B stetig, sind ferner $\varphi(x)$ und $\psi(x)$ auf [a, b] differenzierbare Funktionen, so ist auch F(x) auf [a, b] differenzierbar und es gilt

$$F'(x) = \int\limits_{\varphi(x)}^{\psi(x)} f_x(x, y)dy + f\bigl(x, \psi(x)\bigr)\psi'(x) - f\bigl(x, \varphi(x)\bigr)\varphi'(x). \tag{25.5}$$

Zum Beweis dieser Differentiationsregel gehen wir von der Funktion

$$G(x, u, v) = \int\limits_u^v f(x, y)dy$$

aus, so daß $F(x) = G\bigl(x, \varphi(x), \psi(x)\bigr)$ ist. Die Ableitung von F(x) ist nach der Kettenregel zu berechnen,

$$\frac{dF}{dx} = \frac{\partial G}{\partial x} + \frac{\partial G}{\partial u}\frac{du}{dx} + \frac{\partial G}{\partial v}\frac{dv}{dx};$$

berücksichtigt man jetzt

$$G_x = \int\limits_u^v f_x(x, y)dy, \quad G_u = -f(x, u), \quad G_v = f(x, v),$$

so folgt für $u = \varphi(x)$ und $v = \psi(x)$ die Regel (25.5).

Beispiel 25.5: Es sei

$$F(x) = \frac{1}{n!}\int\limits_0^x (x - y)^n f(y)dy.$$

Die Differentiation nach der Regel (25.5) ergibt

$$F'(x) = \frac{1}{(n-1)!}\int\limits_0^x (x - y)^{n-1}f(y)dy + \frac{1}{n!}(x - x)^n f(x) = \frac{1}{(n-1)!}\int\limits_0^x (x - y)^{n-1}f(y)dy;$$

allgemein ist

$$F^{(k)}(x) = \frac{1}{(n-k)!}\int\limits_0^x (x - y)^{n-k}f(y)dy, \quad k = 0, 1, \ldots, n,$$

und

$$F^{(n+1)}(x) = f(x).$$

Offenbar ist $F(0) = F'(0) = \ldots = F^{(n)}(0) = 0$; da f(x) die (n + 1)-te Ableitung der Funktion F(x) ist, läßt sich F(x) durch (n + 1)-malige Integration zwischen den Grenzen 0 und x aus f(x) gewinnen,

$$\frac{1}{n!}\int\limits_0^x (x - y)^n f(y)dy = \int\limits_0^x dx_1 \int\limits_0^{x_1} dx_2 \ldots \int\limits_0^{x_{n-1}} dx_n \int\limits_0^{x_n} f(x_{n+1})dx_{n+1}. \tag{25.6}$$

Diese n + 1 Integrationen lassen sich demnach durch eine einzige ausdrücken.

Wir bemerken hierzu, daß das Eulersche Restglied (11.41) der Taylorschen Formel unter Zuhilfenahme der Formel (25.6) abgeleitet werden kann. Es sei g(x) in einer Umgebung der Stelle $x_0 = 0$ (n + 1)-mal stetig differenzierbar und

$$\omega(x) = g(x) - \sum_{k=0}^{n} \frac{g^{(k)}(0)}{k!} x^k$$

die Differenz der Funktion g(x) und ihrem Taylorschen Polynom n-ter Ordnung an der Stelle $x_0 = 0$. Es gilt $\omega(0) = \omega'(0) = \ldots = \omega^{(n)}(0) = 0$, $\omega^{(n+1)}(x) = g^{(n+1)}(x)$, so daß zufolge (25.6)

$$\omega(x) = \frac{1}{n!} \int_0^x (x-y)^n g^{(n+1)}(y)\,dy$$

ist.

Ein weiterer Schritt zur Verallgemeinerung ist die Betrachtung von Integralen, die von mehr als einem Parameter abhängen wie

$$F(x, y) = \int_\alpha^\beta f(x, y, z)\,dz$$

beziehungsweise

$$F(x, y, z) = \int_{\varphi(x,y)}^{\psi(x,y)} f(x, y, z)\,dz.$$

Unter analogen Eigenschaften stellen sie stetige und differenzierbare Funktionen dar, deren partielle Ableitungen nach den Regeln

$$F_x(x, y) = \int_\alpha^\beta f_x(x, y, z)\,dz$$

beziehungsweise

$$F_x(x, y) = \int_{\varphi(x,y)}^{\psi(x,y)} f_x(x, y, z)\,dz + f\big(x, y, \psi(x, y)\big)\psi_x(x, y) - f\big(x, y, \varphi(x, y)\big)\varphi_x(x, y),$$

analog für die partiellen Ableitungen nach y, zu berechnen sind.

25.2 Bereichsintegrale

Es sei *B* ein abgeschlossener und beschränkter Bereich der (x, y)-Ebene, der von einer stetigen und geschlossenen Kurve berandet sein möge. z = f(x, y) sei eine auf *B* definierte stetige Funktion, von der wir zunächst voraussetzen, daß sie in *B* nichtnegativ ist. Wir veranschaulichen diese Funktion im (x, y, z)-Raum durch eine über *B* liegende Fläche; den räumlichen Bereich, der von der (x, y)-Ebene, von dem über der Randkurve von *B* errichteten Zylinder und nach oben durch die Fläche z = f(x, y) begrenzt wird, nennen wir einen *räumlichen Normalbereich* über *B* (Bild 25.3).

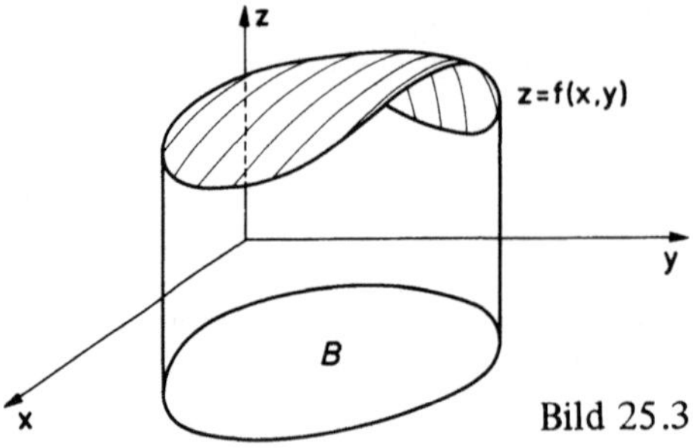

Bild 25.3

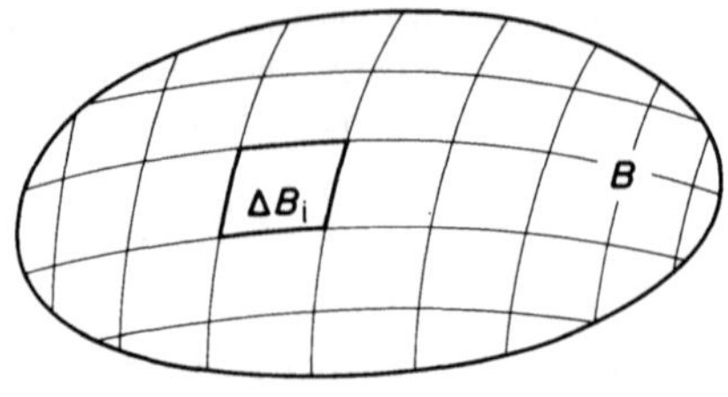

Bild 25.4

Durch die Frage nach der Maßzahl für den Voluminhalt eines Normalbereiches im dreidimensionalen Raum werden wir zur nächstliegenden Verallgemeinerung des bestimmten Integrals geführt. Wir gehen natürlich von unserer Anschauung aus, daß ein solches Volumen wirklich gemessen werden kann, und suchen es zu berechnen, doch liegt im Grunde der gleiche Sachverhalt vor wie bei der Inhaltsmessung ebener Normalbereiche, bei der wir erst nachträglich den Flächeninhalt durch das bestimmte Integral definiert haben. Wir werden demgemäß auch hier durch einen Grenzprozeß einen analytischen Ausdruck ableiten und diesen zur Definition des Voluminhaltes räumlicher Normalbereiche heranziehen.

Wir trachten zunächst zu Näherungswerten zu gelangen, wobei wir uns der gleichen Idee bedienen, die sich schon bei der Bestimmung des Flächeninhaltes eines ebenen Normalbereiches als zielführend erwies. Wir zerlegen den Bereich B in kleine Teilbereiche ΔB_i, indem wir B mit einem Netz von Kurven überziehen. Es können dies achsenparallele Gerade sein, aber auch beliebige andere Kurven (Bild 25.4). Den Inhalt des Bereiches ΔB_i bezeichnen wir mit $\Delta\mu_i$, unter dem Durchmesser δ_i des Bereiches ΔB_i verstehen wir den Abstand der beiden am weitesten voneinander entfernten Punkte von ΔB_i; den größten dieser Durchmesser nennen wir die *Feinheit* der Zerlegung. Nun approximieren wir das Volumen ΔV_i des über ΔB_i befindlichen Normalbereiches durch das Volumen eines Zylinders mit der Grundfläche ΔB_i, wobei wir als Höhe einen beliebigen Funktionswert $f(\xi_i, \eta_i)$ mit $(\xi_i, \eta_i) \in \Delta B_i$ auswählen,

$$\Delta V_i \approx f(\xi_i, \eta_i)\Delta\mu_i.$$

Summieren wir über alle Teilbereiche auf, so erhalten wir mit der *Riemannschen Summe*

$$V \approx \sum_i f(\xi_i, \eta_i)\Delta\mu_i \tag{25.7}$$

einen Näherungsausdruck für das gesuchte Volumen V. Um diesen zu verbessern, verfeinern wir die vorgenommene Zerlegung mehr und mehr, das heißt wir betrachten eine Folge von Zerlegungen des Bereiches B, wobei wir voraussetzen, daß die aus den Feinheiten der Zerlegungen gebildete reelle Zahlenfolge eine Nullfolge ist; wir sprechen dann wieder von einer *ausgezeichneten Zerlegungsfolge*. Unter der Voraussetzung der Stetigkeit der Funktion $f(x, y)$ auf B streben dann die Summen (25.7) für jede ausgezeichnete Zerlegungsfolge stets gegen ein und denselben Grenzwert, den wir das *Bereichsintegral von* $f(x, y)$ *über* B nennen und symbolisch als

$$\int_B f(x, y)\,d\mu$$

schreiben. Das Bereichsintegral von f(x, y) über B liefert uns die gesuchte Maßzahl für das Volumen V des Normalbereiches von f(x, y) über B,

$$V = \int_B f(x, y)\,d\mu.$$

Indem wir uns von der Voraussetzung $f(x, y) \geqslant 0$ auf B befreien, ordnen wir unterhalb der (x, y)-Ebene liegenden Teilen des Normalbereiches von f(x, y) über B negative Voluminhalte zu.

Offensichtlich ist die (11.16) entsprechende Rechenregel

$$\int_B \sum_{k=1}^{n} c_k f_k(x, y)\,d\mu = \sum_{k=1}^{n} c_k \int_B f_k(x, y)\,d\mu; \qquad (25.8)$$

sind ferner B_1 und B_2 zwei von geschlossenen Kurven berandete beschränkte Bereiche, die höchstens Stücke ihrer Randkurven gemeinsam haben, so gilt

$$\int_{B_1 \cup B_2} f(x, y)\,d\mu = \int_{B_1} f(x, y)\,d\mu + \int_{B_2} f(x, y)\,d\mu \qquad (25.9)$$

als Verallgemeinerung von (11.13). Diese Regel gestattet uns die Erweiterung des Bereichsintegrales auf stückweise stetige Funktionen: Ist f(x, y) auf dem Bereich B erklärt und läßt sich B in endlich viele einzelne Teilbereiche B_i zerlegen, in deren Innerem f(x, y) stetig ist und eine stetige Fortsetzung auf den Rand erlaubt, so erklären wir, in Analogie zur Erweiterung bestimmter Integrale für stückweise stetige Funktionen von Abschnitt 11.4,

$$\int_B f(x, y)\,d\mu = \sum_i \int_{B_i} f(x, y)\,d\mu. \qquad (25.10)$$

Wir erwähnen schließlich noch, daß auch Bereichsintegrale die Monotonieeigenschaft besitzen: Sind f(x, y) und g(x, y) auf B stetige oder stückweise stetige Funktionen und gilt in B überall $f(x, y) \leqslant g(x, y)$, so gilt auch (vgl. (11.27))

$$\int_B f(x, y)\,d\mu \leqslant \int_B g(x, y)\,d\mu.$$

Aus der Monotonieeigenschaft beweist man wie in Abschnitt 11.5 die Ungleichung (vgl. (11.29))

$$\left| \int_B f(x, y)\,d\mu \right| \leqslant \int_B |f(x, y)|\,d\mu.$$

Die Berechnung von Bereichsintegralen stellt uns vor die gleiche Situation, wie sie sich zunächst bei der Auswertung bestimmter Integrale ergab. Durch den Fundamentalsatz der Differential- und Integralrechnung wurde es erst möglich, bestimmte Integrale ohne den in der Definition enthaltenen Grenzprozeß zu berechnen. Glücklicherweise läßt sich auch für Bereichsintegrale, für die wir nichts dem Fundamentalsatz entsprechendes zur Verfügung haben, dieser Grenzübergang (zumindest für eine große Klasse von Bereichen) durch Zurückführung auf zwei gewöhnliche Integrationen umgehen.

Wir nehmen zunächst an, der Bereich B sei ein Rechteck $a \leqslant x \leqslant b$, $\alpha \leqslant y \leqslant \beta$. Wie wir im vorangegangenen Abschnitt festgestellt haben, ist der Wert des Parameterintegrales

$$F(\xi) = \int_{\alpha}^{\beta} f(\xi, y)\,dy$$

gleich dem Inhalt der Schnittfläche des Normalbereiches von $f(x, y)$ über B mit der zur (y, z)-Ebene parallelen Ebene $x = \xi$. Folglich ist

$$F(\xi)\Delta x = \Delta x \int_{\alpha}^{\beta} f(\xi, y)\,dy$$

ein Näherungswert für das Volumen einer Scheibe der Dicke Δx (Bild 25.5). Unterteilen wir also den Normalbereich durch eine Zerlegung des Intervalles $[a, b]$ auf der x-Achse in dünne Scheiben, so erhalten wir durch die Riemannsche Summe

$$\sum F(\xi)\Delta x = \sum \Delta x \int_{\alpha}^{\beta} f(\xi, y)\,dy$$

eine Näherung für das Volumen V des Normalbereiches, bei unbegrenzter Verfeinerung wird schließlich der Grenzwert

$$V = \int_{a}^{b} F(x)\,dx = \int_{a}^{b}\left(\int_{\alpha}^{\beta} f(x, y)\,dy\right)dx \tag{25.11}$$

ein exakter Ausdruck für das Volumen V des Normalbereiches von $f(x, y)$ über B.

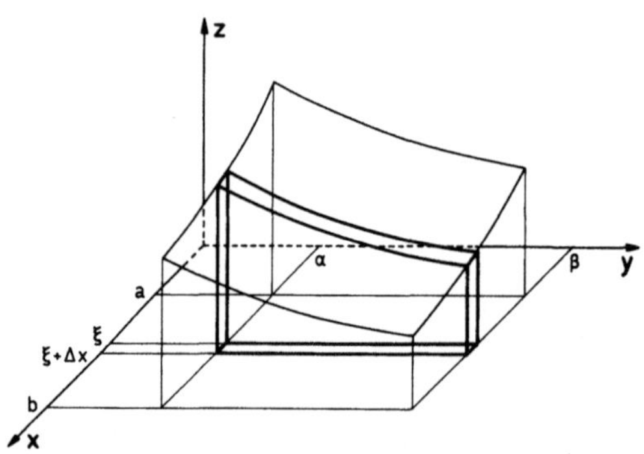

Bild 25.5

Ebenso hätten wir den Normalbereich mit zur (z, x)-Ebene parallelen Schnitten in dünne Scheiben mit dem Volumen

$$\Delta y \int_{a}^{b} f(x, \eta)\,dx$$

zerlegen können; die Summe aller dieser Teilvolumina geht beim Grenzübergang in das Integral

$$V = \int_{\alpha}^{\beta} \left(\int_{a}^{b} f(x, y) dx \right) dy \tag{25.12}$$

über, das anschaulich ebenfalls den Voluminhalt des Normalbereiches der Funktion f(x, y) über dem Rechteck *B* angibt, so daß

$$V = \int_{a}^{b} \left(\int_{\alpha}^{\beta} f(x, y) dy \right) dx = \int_{\alpha}^{\beta} \left(\int_{a}^{b} f(x, y) dx \right) dy$$

gilt, wofür wir dann auch kurz

$$V = \int_{a}^{b} dx \int_{\alpha}^{\beta} f(x, y) dy = \int_{\alpha}^{\beta} dy \int_{a}^{b} f(x, y) dx \tag{25.13}$$

schreiben. Auf den strengen Beweis der in (25.13) zum Ausdruck kommenden Vertauschbarkeit der Integrationsreihenfolge wollen wir verzichten. Sie gibt uns jedenfalls Anlaß zur Schreibweise

$$V = \int_{a}^{b} \int_{\alpha}^{\beta} f(x, y) dy dx = \int_{\alpha}^{\beta} \int_{a}^{b} f(x, y) dx dy$$

oder überhaupt

$$V = \iint_{B} f(x, y) dx dy, \tag{25.14}$$

worin durch die beiden Integralzeichen die zwei Integrationen über x und y angedeutet werden und durch den Integrationsbereich *B*, das Rechteck $a \leqslant x \leqslant b$, $\alpha \leqslant y \leqslant \beta$, festgelegt ist, daß über x zwischen den Grenzen a und b, über y zwischen den Grenzen α und β zu integrieren ist.

Wir nennen (25.14) ein *Doppelintegral.* Es ist anschaulich klar, da ja das Bereichsintegral von f(x, y) über *B* definitionsgemäß der Voluminhalt des Normalbereiches von f(x, y) über *B* ist, daß das Doppelintegral (25.14) gleich dem Bereichsintegral von f(x, y) über *B* ist,

$$\int_{B} f(x, y) d\mu = \iint_{B} f(x, y) dx dy. \tag{25.15}$$

Wir wollen auch auf diesen Beweis verzichten, nur soviel sei hierzu gesagt, daß das rechterhand stehende Doppelintegral der Wahl einer durch Parallelen zu den Koordinatenachsen vorgenommenen Zerlegungsfolge für das Bereichsintegral entspricht; die Gleichheit (25.13) sagt nichts anderes aus als die Unabhängigkeit der Riemannschen Summen (25.7) von der Art und Weise, wie die einzelnen Beiträge summiert werden.

Besonders einfach gestaltet sich die Integration eines Produktes $z = f(x, y) = g(x)h(y)$ über einen Rechtecksbereich $a \leqslant x \leqslant b, \alpha \leqslant y \leqslant \beta$: Das Bereichsintegral

$$\int_B f(x, y)d\mu = \int_a^b g(x)dx \int_\alpha^\beta h(y)dy$$

ist das Produkt der bestimmten Integrale von $g(x)$ und $h(x)$.

Durch die Formel (25.15) wird die Berechnung eines Bereichsintegrales über einen Rechtecksbereich auf die Auswertung eines Doppelintegrales, also nach (25.11) oder (25.12) auf zwei gewöhnliche Integrationen zurückgeführt. Dies trifft jetzt auch für eine allgemeinere Klasse von Bereichen zu.

Es sei B ein Bereich, der sich durch ein Paar von Ungleichungen $\varphi_1(x) \leqslant y \leqslant \varphi_2(x)$, $a \leqslant x \leqslant b$, beschreiben läßt. Den Normalbereich der Funktion $f(x, y)$ zerlegen wir durch Schnitte parallel zur (y, z)-Ebene in dünne Scheiben; das Volumen einer solchen Scheibe ist näherungsweise

$$\Delta x \int_{\varphi_1(\xi)}^{\varphi_2(\xi)} f(\xi, y)dy.$$

Summieren wir über alle Teilvolumina auf, so ergibt der Grenzübergang für eine ausgezeichnete Zerlegungsfolge des Intervalles $[a, b]$ den Voluminhalt des Normalbereiches von $f(x, y)$ über B,

$$\int_B f(x, y)d\mu = \int_a^b \left(\int_{\varphi_1(x)}^{\varphi_2(x)} f(x, y)dy \right) dx = \int_a^b dx \int_{\varphi_1(x)}^{\varphi_2(x)} f(x, y)dy. \tag{25.16}$$

Läßt sich der Bereich B auch durch zwei Ungleichungen $\psi_1(y) \leqslant x \leqslant \psi_2(y), \alpha \leqslant y \leqslant \beta$, angeben, so erhalten wir durch dieselbe Schlußweise

$$\int_B f(x, y)d\mu = \int_\alpha^\beta dy \int_{\psi_1(y)}^{\psi_2(y)} f(x, y)dx. \tag{25.17}$$

Auch für Integrale über solche Bereiche verwenden wir dann die Kurzschreibweise (25.15), in der nun das Doppelintegral für eines der beiden Integrale auf der rechten Seite von (25.16) oder (25.17) steht.

Wenn sich also ein Bereich durch Ungleichungen $\varphi_1(x) \leqslant y \leqslant \varphi_2(x)$, $a \leqslant x \leqslant b$ oder $\psi_1(y) \leqslant x \leqslant \psi_2(y), \alpha \leqslant y \leqslant \beta$ (oder auch in beiden Formen) beschreiben läßt, so kann das Integral über diesen durch zwei gewöhnliche Integrationen nach den Formeln (25.16) oder (25.17) berechnet werden. Es gelingt uns damit schließlich auch die Auswertung von Bereichsintegralen, deren Integrationsbereich sich in einzelne Teilbereiche zerlegen läßt, von denen jeder durch ein Paar von Ungleichungen beschrieben werden kann. Die Integrale über die einzelnen Teilbereiche lassen sich dann über Doppelintegrale berechnen, deren Summe unter Anwendung der Regel (25.10) das Integral über den Gesamtbereich ergibt.

Beispiel 25.6: Es sei B der Kreisbereich $x^2 + y^2 \leq r^2$ mit dem Radius r und dem Mittelpunkt im Koordinatenursprung. Wir können ihn durch die Ungleichungen $-\sqrt{r^2 - x^2} \leq y \leq \sqrt{r^2 - x^2}$, $-r \leq x \leq r$ darstellen, so daß

$$\int\limits_{x^2+y^2 \leq r^2} f(x, y)\, d\mu = \int\limits_{-r}^{r} dx \int\limits_{-\sqrt{r^2-x^2}}^{\sqrt{r^2-x^2}} f(x, y)\, dy.$$

Für die Funktion $z = f(x, y) = \sqrt{r^2 - x^2 - y^2}$ erhalten wir das Volumen einer Halbkugel,

$$\int\limits_{x^2+y^2 \leq r^2} \sqrt{r^2 - x^2 - y^2}\, d\mu = \int\limits_{-r}^{r} dx \int\limits_{-\sqrt{r^2-x^2}}^{\sqrt{r^2-x^2}} \sqrt{r^2 - x^2 - y^2}\, dy$$

$$= \int\limits_{-r}^{r} (r^2 - x^2)dx \int\limits_{-\pi/2}^{\pi/2} \cos^2 t\, dt = \frac{\pi}{2} \int\limits_{-r}^{r} (r^2 - x^2)dx = \frac{2}{3} r^3 \pi,$$

worin bei der Integration nach y die Substitution $y = \sqrt{r^2 - x^2} \sin t$ gemacht wurde.

Beispiel 25.7: Es sei B der Dreiecksbereich von Bild 25.6. Wir können ihn in zwei Teilbereiche B_1: $0 \leq y \leq x + 1$, $-1 \leq x \leq 0$ und B_2: $0 \leq y \leq 1 - x$, $0 \leq x \leq 1$ aufspalten, so daß

$$\int\limits_B f(x, y)d\mu = \int\limits_{B_1} f(x, y)d\mu + \int\limits_{B_2} f(x, y)d\mu = \int\limits_{-1}^{0} dx \int\limits_{0}^{x+1} f(x, y)dy + \int\limits_{0}^{1} dx \int\limits_{0}^{1-x} f(x, y)dy.$$

Wir können aber auch von den Ungleichungen $y - 1 \leq x \leq 1 - y$, $0 \leq y \leq 1$ ausgehen, für die wir nach der Formel (25.17)

$$\int\limits_B f(x, y)d\mu = \int\limits_0^1 dy \int\limits_{y-1}^{1-y} f(x, y)dx$$

erhalten.

Beispiel 25.8: Es sei B der Bereich von Bild 25.7. Wir zerlegen ihn in die drei Teilbereiche

$$B_1: \sqrt{2x - x^2} \leq y \leq \sqrt{4x - x^2}, \qquad 0 \leq x \leq 2,$$
$$B_2: -\sqrt{4x - x^2} \leq y \leq -\sqrt{2x - x^2}, \qquad 0 \leq x \leq 2,$$
$$B_3: -\sqrt{4x - x^2} \leq y \leq \sqrt{4x - x^2}, \qquad 2 \leq x \leq 4,$$

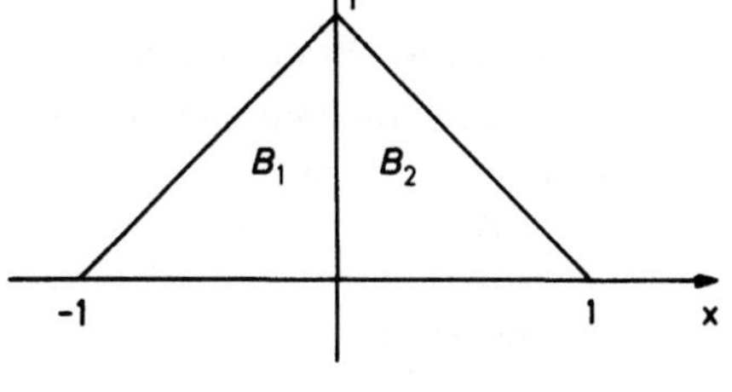

Bild 25.6

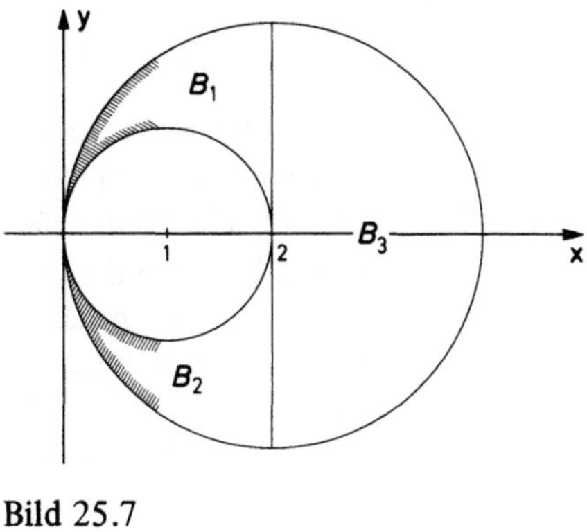

Bild 25.7

und erhalten

$$\int_B f(x,y)\,d\mu = \int_0^2 dx \int_{\sqrt{2x-x^2}}^{\sqrt{4x-x^2}} f(x,y)\,dy + \int_0^2 dx \int_{-\sqrt{4x-x^2}}^{-\sqrt{2x-x^2}} f(x,y)\,dy + \int_2^4 dx \int_{-\sqrt{4x-x^2}}^{\sqrt{4x-x^2}} f(x,y)\,dy.$$

Beispiel 25.9: Das Bereichsintegral

$$I = \int_B d\mu$$

ist gleich dem Voluminhalt des Normalbereiches der Funktion $f(x, y) = 1$ über dem Bereich B, der ein über der Randkurve von B errichteter Zylinder mit der Höhe 1 ist. Der Wert des Bereichsintegrales ist daher numerisch gleich dem Flächeninhalt des Bereiches B; läßt B eine Darstellung $\varphi_1(x) \leqslant y \leqslant \varphi_2(x)$, $a \leqslant x \leqslant b$ zu, so wird

$$I = \int_B d\mu = \int_a^b dx \int_{\varphi_1(x)}^{\varphi_2(x)} dy = \int_a^b \left(\varphi_2(x) - \varphi_1(x)\right) dx.$$

Das rechterhand stehende Integral ist nichts anderes als die Flächeninhaltsformel (13.1).

Nachdem wir mit dem Integral von Funktionen über zweidimensionale Bereiche die nächstliegende Verallgemeinerung des bestimmten Integrales kennengelernt haben, bringt nun das Integral von Funktionen in drei Veränderlichen keine wesentlich neuen Gesichtspunkte mehr. Es sei B ein abgeschlossener und beschränkter Bereich des dreidimensionalen Raumes, $u = f(x, y, z)$ eine auf B stetige Funktion. Wir zerlegen B durch drei Scharen von Flächen in endlich viele kleine Teilbereiche ΔB_i, deren Voluminhalte wir wieder mit $\Delta\mu_i$ bezeichnen. In jedem dieser Bereiche ΔB_i wählen wir einen Punkt (ξ_i, η_i, ζ_i) aus und bilden die Riemannsche Summe

$$\sum_i f(\xi_i, \eta_i, \zeta_i)\,\Delta\mu_i.$$

Für eine beliebige ausgezeichnete Zerlegungsfolge, d. h. für eine Folge von Zerlegungen des Bereiches B, deren größte Durchmesser beliebig klein werden, streben diese Summen stets gegen ein und denselben Grenzwert, den wir das *Bereichsintegral von* $f(x, y, z)$ *über* B nennen und mit

$$\int_B f(x,y,z)\,d\mu$$

bezeichnen. Es gelten sinngemäß die Rechenregeln (25.8) und (25.9) sowie (25.10), mit Hilfe der wir wieder die Erweiterung auf Integrale von stückweise stetigen Funktionen vornehmen. Ebenso besitzen Integrale über dreidimensionale Bereiche die Monotonieeigenschaft.

Für eine große Klasse von Bereichen läßt sich die Berechnung von dreidimensionalen Bereichsintegralen auf eine Integration über einen zweidimensionalen Bereich zurückführen. Wir projizieren den Integrationsbereich B auf die (x, y)-Ebene, d. h. wir betrachten in der (x, y)-Ebene den Bereich B', der aus allen Punkten (x, y) besteht, für die $(x, y, z) \in B$ ist. Läßt sich nun der Bereich B darstellen als die Menge aller Punkte (x, y, z), für die

$\psi_1(x, y) \leqslant z \leqslant \psi_2(x, y)$ mit $(x, y) \in B'$ ist, so wird

$$\int\limits_B f(x, y, z)d\mu = \int\limits_{B'} \left(\int\limits_{\psi_1(x,y)}^{\psi_2(x,y)} f(x, y, z)dz \right) d\mu' = \int\limits_{B'} d\mu' \int\limits_{\psi_1(x,y)}^{\psi_2(x,y)} f(x, y, z)dz, \quad (25.18)$$

worin wir mit $d\mu'$ das „Integrationsdifferential" für den ebenen Bereich B' in der (x, y)-Ebene bezeichnet haben. Geometrisch bedeutet dies folgendes: Der Bereich B wird nach unten und oben, d. h. in der Richtung der negativen und positiven z-Achse, durch die Flächen $z = \psi_1(x, y)$ und $z = \psi_2(x, y)$ begrenzt. Unterteilen wir nun die Projektion B' des Bereiches B in Teilbereiche $\Delta B_j'$ und errichten wir über jedem dieser Teilbereiche einen zur z-Achse parallelen Zylinder, so schneiden diese die untere und obere Deckfläche in kleinen Flächenstücken. Jeden dieser Zylinder unterteilen wir durch zur (x, y)-Ebene parallele Ebenen mit den Abständen Δz_i in kleine räumliche Bereiche; damit ist eine Zerlegung des Bereiches B gegeben (Bild 25.8). Sei nun $\Delta B_j'$ einer der Teilbereiche von B' mit dem Flächeninhalt $\Delta\mu_j'$; wir wählen in $\Delta B_j'$ einen Punkt (ξ_j, η_j) aus, ferner in jedem Teilbereich des über $\Delta B_j'$ befindlichen Zylinders einen Punkt (ξ_j, η_j, ζ_i). Als Beitrag zur Riemannschen Summe bezüglich der Zerlegung von B liefert daher $\Delta B_j'$ den Ausdruck

$$\sum_i f(\xi_j, \eta_j, \zeta_i)\Delta z_i \Delta\mu_j',$$

wobei wir noch die kleinen Deckflächen auf dem Rand von B durch die zur (x, y)-Ebene parallelen Ebenstücke $z = \psi_1(\xi_j, \eta_j)$ und $z = \psi_2(\xi_j, \eta_j)$ ersetzt haben. Durch Verfeinerung der Unterteilung des über $\Delta B_j'$ errichteten Zylinders streben diese Summen gegen das Integral

$$\Delta\mu_j' \int\limits_{\psi_1(\xi_j, \eta_j)}^{\psi_2(\xi_j, \eta_j)} f(\xi_j, \eta_j, \zeta)d\zeta.$$

Summieren wir die von allen Teilbereichen $\Delta B_j'$ herrührenden Beiträge auf, so wird

$$\sum_j \Delta\mu_j' \int\limits_{\psi_1(\xi_j, \eta_j)}^{\psi_2(\xi_j, \eta_j)} f(\xi_j, \eta_j, \zeta)d\zeta$$

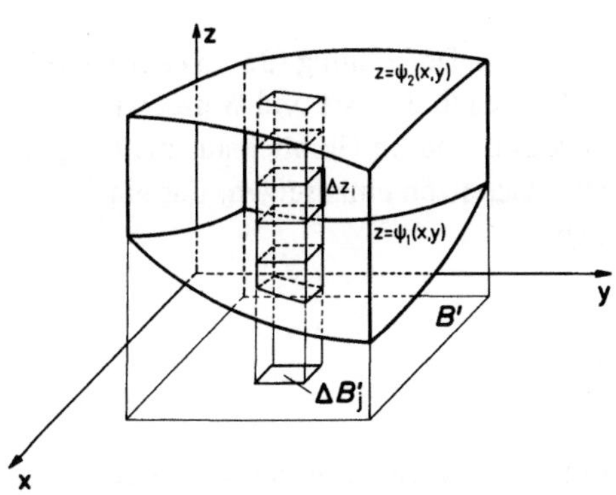

Bild 25.8

eine Riemannsche Summe für das Bereichsintegral der Funktion

$$g(x, y) = \int_{\psi_1(x, y)}^{\psi_2(x, y)} f(x, y, z)\,dz$$

über die Projektion B' des Bereiches B auf die (x, y)-Ebene. Es folgt also beim Grenzübergang für eine ausgezeichnete Zerlegungsfolge von B'

$$\int_B f(x, y, z)\,d\mu = \int_{B'} g(x, y)\,d\mu' = \int_{B'} d\mu' \int_{\psi_1(x, y)}^{\psi_2(x, y)} f(x, y, z)\,dz.$$

Die Formel (25.18) ermöglicht die Rückführung eines Integrales über einen dreidimensionalen Bereich durch eine Integration auf ein Integral über einen zweidimensionalen Bereich. Wir schließen daraus, daß dreidimensionale Bereichsintegrale über Bereiche, die sich durch Ungleichungen angeben lassen, durch drei Integrationen berechnet werden können. Läßt sich nämlich das Integral über die Projektion B' des Bereiches B als Doppelintegral schreiben, d. h. genügen die Koordinaten der Punkte von B' zwei Ungleichungen $\varphi_1(x) \leqslant y \leqslant \varphi_2(x)$, $a \leqslant x \leqslant b$, so daß insgesamt der Integrationsbereich B durch die drei Ungleichungen $\psi_1(x, y) \leqslant z \leqslant \psi_2(x, y)$, $\varphi_1(x) \leqslant y \leqslant \varphi_2(x)$, $a \leqslant x \leqslant b$ beschrieben wird, so folgt aus (25.18)

$$\int_B f(x, y, z)\,d\mu = \int_a^b dx \int_{\varphi_1(x)}^{\varphi_2(x)} dy \int_{\psi_1(x, y)}^{\psi_2(x, y)} f(x, y, z)\,dz. \tag{25.19}$$

Wenn sich der Integrationsbereich B zum Beispiel durch Ungleichungen $\psi_1(x, z) \leqslant y \leqslant \psi_2(x, y)$, $\varphi_1(z) \leqslant x \leqslant \varphi_2(z)$, $a \leqslant z \leqslant b$ angeben läßt, so ergibt eine analoge Schlußweise

$$\int_B f(x, y, z)\,d\mu = \int_a^b dz \int_{\varphi_1(z)}^{\varphi_2(z)} dx \int_{\psi_1(x, z)}^{\psi_2(x, z)} f(x, y, z)\,dy.$$

Entsprechende Formeln erhält man für die übrigen (insgesamt 3! = 6) denkbaren Möglichkeiten der Darstellung von B. Wir schreiben deshalb das Bereichsintegral

$$\int_B f(x, y, z)\,d\mu = \iiint_B f(x, y, z)\,dx\,dy\,dz$$

als *dreifaches Integral* über den Bereich B, in Analogie zur Darstellung (25.15) eines zweidimensionalen Bereichsintegrales als Doppelintegral. Je nach der Art und Weise, wie der Bereich B durch Ungleichungen angegeben werden kann, sind im Hinblick auf die Integrationen über x, y und z die entsprechenden Integrationsgrenzen einzusetzen. Für einen Quader B: $a_1 \leqslant x \leqslant b_1$, $a_2 \leqslant y \leqslant b_2$, $a_3 \leqslant z \leqslant b_3$ wird

$$\int_B f(x, y, z)\,d\mu = \int_{a_1}^{b_1} dx \int_{a_2}^{b_2} dy \int_{a_3}^{b_3} f(x, y, z)\,dz. \tag{25.20}$$

Die Integrationsreihenfolge kann wie bei Doppelintegralen beliebig vertauscht werden.

Beispiel 25.10: Es sei B die Kugel $x^2 + y^2 + z^2 \leqslant r^2$. Wir erhalten mit $-\sqrt{r^2 - x^2 - y^2} \leqslant z \leqslant \sqrt{r^2 - x^2 - y^2}$, $-\sqrt{r^2 - x^2} \leqslant y \leqslant \sqrt{r^2 - x^2}$, $-r \leqslant x \leqslant r$ aus (25.19)

$$\int\limits_{x^2 + y^2 + z^2 \leqslant r^2} f(x, y, z)\,d\mu = \int\limits_{-r}^{r} dx \int\limits_{-\sqrt{r^2 - x^2}}^{\sqrt{r^2 - x^2}} dy \int\limits_{-\sqrt{r^2 - x^2 - y^2}}^{\sqrt{r^2 - x^2 - y^2}} f(x, y, z)\,dz.$$

Beispiel 25.11: Es sei B das Tetraeder in Bild 25.9. Die Gleichung der durch die drei Punkte P(1, 0, 0), Q(0, 1, 0) und R(0, 0, 1) gehenden Ebene lautet $x + y + z = 1$, folglich haben wir für B die Darstellung $0 \leqslant z \leqslant 1 - x - y$, $0 \leqslant y \leqslant 1 - x$, $0 \leqslant x \leqslant 1$, d. h.

$$\int\limits_{B} f(x, y, z)\,d\mu = \int\limits_{0}^{1} dx \int\limits_{0}^{1-x} dy \int\limits_{0}^{1-x-y} f(x, y, z)\,dz.$$

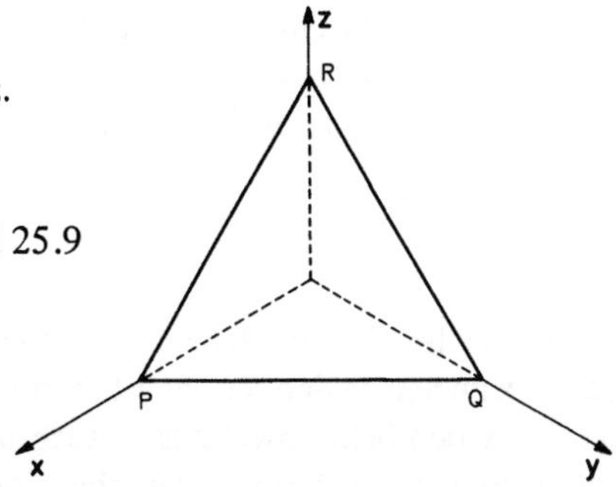

Bild 25.9

Beispiel 25.12: Das Bereichsintegral

$$I = \int\limits_{B} d\mu$$

ist gleich dem Voluminhalt des Bereiches B. Zufolge (25.19) wird

$$I = \int\limits_{a}^{b} dx \int\limits_{\varphi_1(x)}^{\varphi_2(x)} dy \int\limits_{\psi_1(x, y)}^{\psi_2(x, y)} dz = \int\limits_{a}^{b} dx \int\limits_{\varphi_1(x)}^{\varphi_2(x)} \big(\psi_2(x, y) - \psi_1(x, y)\big)\,dy.$$

Diese Formel stellt das Analogon der Flächeninhaltsformel (13.1) für räumliche Bereiche dar.

Um das Volumen des von den Flächen $z = x^2 + y^2$ und $z = x + y$ berandeten Bereiches zu berechnen, projizieren wir die Schnittkurve der beiden Flächen auf die (x, y)-Ebene. Diese geschlossene Kurve berandet die Projektion B' des von den beiden Flächen eingeschlossenen Volumens; ihre Gleichung lautet

$$x^2 + y^2 = x + y$$

und ergibt die beiden Zweige

$$y = \frac{1 - \sqrt{1 + 4x - 4x^2}}{2}, \quad y = \frac{1 + \sqrt{1 + 4x - 4x^2}}{2}$$

für $1 + 4x - 4x^2 \geqslant 0$, d. h. für $\frac{1 - \sqrt{2}}{2} \leqslant x \leqslant \frac{1 + \sqrt{2}}{2}$. Wir erhalten infolgedessen, da das Paraboloid $z = x^2 + y^2$ für die Punkte der Projektion B' unterhalb der Ebene $z = x + y$ liegt,

$$V = \int\limits_{\frac{1-\sqrt{2}}{2}}^{\frac{1+\sqrt{2}}{2}} dx \int\limits_{\frac{1-\sqrt{1+4x-4x^2}}{2}}^{\frac{1+\sqrt{1+4x-4x^2}}{2}} \big(x + y - x^2 - y^2\big)\,dy = \frac{1}{6} \int\limits_{\frac{1-\sqrt{2}}{2}}^{\frac{1+\sqrt{2}}{2}} \left(\sqrt{1 + 4x - 4x^2}\right)^3 dx$$

$$= \frac{1}{3} \int\limits_{-1}^{1} \left(\sqrt{1 - t^2}\right)^3 dt = \frac{2}{3} \int\limits_{0}^{\pi/2} \cos^4 u\,du = \frac{\pi}{8}.$$

Zum Abschluß noch einige Bemerkungen zur Schreibweise, die wir künftighin verwenden wollen. Immer dann, wenn es uns auf die konkrete Berechnung eines Bereichsintegrales ankommt, werden wir es als Doppelintegral oder dreifaches Integral schreiben. In den Anwendungen hingegen, in denen mehr der physikalische Inhalt im Vordergrund steht, bevorzugen wir für Integrale über dreidimensionale Bereiche, wenn wir die „Integrationsvariable" nicht weiter zu kennzeichnen brauchen, die Kurzschreibweise

$$\int_B f d\tau,$$

wobei wir, wie dies in der Physik üblich ist, das *Volumelement* mit $d\tau$ bezeichnen. Soll aber die Integrationsvariable hervorgehoben werden, wie zumeist dann, wenn der Integrand auch noch von anderen Veränderlichen abhängt, so schreiben wir

$$\int_B f(\mathbf{x})\mathbf{dx}$$

mit $\mathbf{dx}$ als dem Volumelement. Um Verwechslungen mit dem Differential $d\mathbf{x}$ der Veränderlichen $\mathbf{x}$ zu vermeiden, erscheint jetzt auch das Symbol $\mathbf{d}$ in Fettdruck. Wir werden uns der symbolischen Schreibweise aber auch in Zusammenhängen von allgemeinem Interesse bedienen, um nicht immer zwischen Integralen über zwei- und dreidimensionale Bereiche unterscheiden zu müssen.

25.3 Der Mittelwertsatz. Bereichsdifferentiation

Auch für Bereichsintegrale läßt sich ein Mittelwertsatz – entsprechend (11.32) für bestimmte Integrale – ableiten. Allerdings bedarf es jetzt einer zusätzlichen Voraussetzung über den Integrationsbereich, daß nämlich zwei beliebige Punkte stets durch eine ganz im Integrationsbereich verlaufende stetige Kurve verbunden werden können. Sei also B von dieser Beschaffenheit, ferner abgeschlossen und beschränkt, $f(\mathbf{x})$ eine auf B stetige Funktion (in zwei oder drei unabhängigen Veränderlichen). Nach dem Satz von Weierstraß nimmt $f(\mathbf{x})$ auf B ihr Maximum und ihr Minimum in Punkten von B an: $m = f(\mathbf{x}')$, $M = f(\mathbf{x}'')$. Es gilt daher

$$m = f(\mathbf{x}') \leqslant f(\mathbf{x}) \leqslant f(\mathbf{x}'') = M$$

und wegen der Monotonieeigenschaft des Integrales

$$m \int_B \mathbf{dx} \leqslant \int_B f(\mathbf{x})\mathbf{dx} \leqslant M \int_B \mathbf{dx},$$

d. h. wenn wir mit

$$J = \int_B \mathbf{dx}$$

den Inhalt des Bereiches B bezeichnen,

$$m \leqslant \frac{1}{J} \int_B f(\mathbf{x})\mathbf{dx} \leqslant M.$$

Wenn jetzt $\mathbf{x} = \mathbf{x}(t)$, $t' \leqslant t \leqslant t''$, eine stetige die Punkte $\mathbf{x}'$ und $\mathbf{x}''$ verbindende Kurve ist, $\mathbf{x}' = \mathbf{x}(t')$, $\mathbf{x}'' = \mathbf{x}(t'')$, so ist die Funktion $\varphi(t) = f(\mathbf{x}(t))$ auf dem Intervall $[t', t'']$ stetig und nimmt offenbar ihre Extremwerte in den Endpunkten t' und t'' an; nach dem Zwischenwertsatz nimmt sie also jeden Wert zwischen m und M an, so daß insbesondere eine Stelle $\tau \in]t', t''[$ existiert mit

$$f(\mathbf{x}(\tau)) = \frac{1}{J} \int\limits_B f(\mathbf{x})\mathbf{dx}.$$

Damit haben wir die Existenz eines Punktes $\mathbf{y} \in B$ mit der Eigenschaft

$$f(\mathbf{y}) = \frac{1}{J} \int\limits_B f(\mathbf{x})\mathbf{dx} \tag{25.21}$$

nachgewiesen. (25.21) ist die Verallgemeinerung des Mittelwertsatzes auf Bereichsintegrale. Analog (11.40) läßt sich auch

$$\int\limits_B f(\mathbf{x})g(\mathbf{x})\mathbf{dx} = f(\mathbf{y}) \int\limits_B g(\mathbf{x})\mathbf{dx} \tag{25.22}$$

für eine gewisse Stelle $\mathbf{y} \in B$ zeigen, wenn $f(\mathbf{x})$ und $g(\mathbf{x})$ auf B stetige Funktionen sind und $g(\mathbf{x})$ auf B das Vorzeichen nicht wechselt.

Der Mittelwertsatz (25.21) erlaubt jetzt auch die Verallgemeinerung der für Funktionen in einer Veränderlichen grundlegenden Formel

$$\frac{d}{dx} \int\limits_{\alpha}^{x} f(t)dt = f(x).$$

Wir fassen diese jetzt als Grenzwert des Quotienten

$$\frac{1}{h} \int\limits_{x}^{x+h} f(t)dt = f(\xi)$$

aus dem bestimmten Integral der Funktion f(x) und der Länge h des Integrationsintervalles für $h \to 0$ auf und betrachten ihr Analogon für Integrale über zwei- und dreidimensionale Bereiche: Ist ΔB ein Bereich mit dem Inhalt $\Delta\tau$, der die Voraussetzungen für den Mittelwertsatz erfüllt, so gilt

$$\frac{1}{\Delta\tau} \int\limits_{\Delta B} f(\mathbf{x}')\mathbf{dx}' = f(\mathbf{y})$$

für eine geeignete Stelle $\mathbf{y} \in \Delta B$. Ziehen wir jetzt den Bereich ΔB auf einen Punkt $\mathbf{x}$ zusammen, was wir durch $\Delta\tau \to 0$ andeuten, so folgt, da dabei zwangsläufig die „Zwischenpunkte" $\mathbf{y}$ gegen $\mathbf{x}$ streben müssen,

$$\lim_{\Delta\tau \to 0} \frac{1}{\Delta\tau} \int\limits_{\Delta B} f(\mathbf{x}')\mathbf{dx}' = f(\mathbf{x}). \tag{25.23}$$

Dieser Grenzübergang, der für Funktionen in einer Veränderlichen der Differentiation des Integrales mit variabler oberer Grenze entspricht, wird *Bereichsdifferentiation* (auch *Gebietsdifferentiation*) genannt.

Wir kommen damit zu einer für die Physik sehr wichtigen Deutung des Integrales über dreidimensionale Bereiche. Wir denken uns einen Bereich B des Raumes (der auch der ganze Raum sein kann) mit einer Substanz (Masse, Ladung, Wärmemenge, Energie u.a.) ausgefüllt derart, daß in hinreichend kleinen Teilbereichen beliebig wenig von dieser Substanz enthalten ist. Wir sprechen dann von einer *stetigen Belegung* des Bereiches B durch diese Substanz. Jedem Teilbereich $X \subseteq B$ sei nun eine reelle Zahl $\mathrm{q} = \varphi(X)$, die im Teilbereich X enthaltene Gesamtmenge dieser Substanz, zugeordnet[1]). Ist nun ΔB ein kleiner Bereich von B mit dem Voluminhalt $\Delta\tau$ und $\Delta\mathrm{q} = \varphi(\Delta B)$ die in ΔB befindliche Substanz, so wird der Quotient $\frac{\Delta \mathrm{q}}{\Delta\tau}$ die *mittlere Dichte* der Substanz (*mittlere Belegungsdichte*) im Bereich ΔB genannt. Ziehen wir ΔB auf einen Punkt $\mathbf{x}$ zusammen, so nennen wir den Grenzwert

$$\lim_{\Delta\tau\to 0} \frac{\Delta \mathrm{q}}{\Delta\tau} = \gamma(\mathbf{x}), \tag{25.24}$$

falls er existiert, die *Dichte* der Substanz (*Belegungsdichte*) im Punkt $\mathbf{x}$. Existiert er in jedem Punkt $\mathbf{x}$ von B, so nennen wir die Funktion $\gamma(\mathbf{x})$ die *Dichtefunktion* der in B verteilten Substanz q. Offenbar muß auf Grund von (25.23) und (25.24) der Zusammenhang

$$\mathrm{q} = \varphi(X) = \int_X \gamma(\mathbf{x})\,\mathbf{dx} \tag{25.25}$$

bestehen: *Das Bereichsintegral der Dichte liefert die im Integrationsbereich enthaltene Menge der Substanz, die Bereichsdifferentiation des Integrales über die Dichte ergibt die Dichtefunktion.* Wir schreiben dies symbolisch

$$\mathrm{dq} = \gamma(\mathbf{x})\,\mathbf{dx} \tag{25.26}$$

und

$$\mathrm{q} = \int_X \mathrm{dq} = \int_X \gamma(\mathbf{x})\,\mathbf{dx}. \tag{25.27}$$

Wesentlich hierfür ist aber, daß in hinreichend kleinen Bereichen beliebig kleine Mengen der Substanz enthalten sind; andernfalls würde der Grenzwert (25.24) nicht für jeden Punkt von B existieren.

Der Zusammenhang zwischen der Integration über mehrdimensionale Bereiche und der Bereichsdifferentiation führt uns zu einem Prinzip, das in der Physik zur mathematischen Beschreibung verschiedenster Wirkungen herangezogen wird. Wir gehen davon aus, daß eine Substanz (Masse, Ladung u. a) der Quantität 1 auf zwei Punkte $\mathbf{x}$ und $\mathbf{y}$ verteilt ist und eine Wechselwirkung eintritt (z. B. die Anziehung zweier punktförmiger Massen bzw. Ladungen), die entweder durch eine reelle Zahl oder durch eine reelle Zahl und eine Richtung gemessen werden kann, mathematisch also durch eine reelle oder vektorwertige Funk-

[1]) Man nennt eine solche Zuordnung auch eine *Mengenfunktion.*

tion zu beschreiben ist. Im Folgenden sei φ ein Maß (reell- oder vektorwertig) für diese Wirkung, Φ dementsprechend eine reell- oder vektorwertige Funktion,

$$\varphi = \Phi(\mathbf{x}, \mathbf{y}).$$

Da die Wirkung nur von der gegenseitigen Lage der Punkte $\mathbf{x}$ und $\mathbf{y}$ abhängt, ist φ genauer eine Funktion der Differenz der Ortsvektoren $\mathbf{x}$ und $\mathbf{y}$,

$$\varphi = \Phi(\mathbf{x} - \mathbf{y}). \tag{25.28}$$

Mathematisch bedeutet dies, daß der Skalar oder der Vektor φ *invariant* gegenüber Parallelverschiebungen des Koordinatensystems ist, wie dies für physikalische Größen selbstverständlich ist. Wir nehmen nun weiter an, daß die Wechselwirkung proportional der Substanzmenge in den Punkten $\mathbf{x}$ und $\mathbf{y}$ ist, so daß die Wirkung einer im Punkt $\mathbf{y}$ befindlichen Substanz Q auf die im Punkt $\mathbf{x}$ konzentrierte Substanzmenge q gleich

$$\varphi = qQ\Phi(\mathbf{x} - \mathbf{y})$$

ist. In der ersten Stufe betrachten wir nun den Fall, daß in den Punkten $\mathbf{y}_1, \ldots, \mathbf{y}_n$ Substanzmengen $Q_1, \ldots, Q_n$ konzentriert sind; wir sprechen in diesem Fall von einer *diskreten Verteilung*. Wenn sich die Wirkungen auf die im Punkt $\mathbf{x}$ befindliche Substanz q *superponieren*, d. h. überlagern (wie zum Beispiel Kräfte), so erhalten wir die Gesamtwirkung durch Addition der Einzelwirkungen,

$$\varphi = q \sum_{i=1}^{n} Q_i \Phi(\mathbf{x} - \mathbf{y}_i).$$

In der zweiten Stufe gehen wir davon aus, daß die Substanz mit *stetiger* Dichte $\gamma(\mathbf{x})$ auf einen abgeschlossenen und beschränkten Bereich B des Raumes verteilt ist. Zunächst nehmen wir eine Unterteilung des Bereiches B in Teilbereiche ΔB_i mit den Voluminhalten $\Delta\tau_i$ vor und wählen in jedem dieser Teilbereiche ΔB_i einen Punkt $\hat{\mathbf{y}}_i$ derart, daß die Gleichung

$$\Delta Q_i = \int_{\Delta B_i} \gamma(\mathbf{y})\, d\mathbf{y} = \gamma(\hat{\mathbf{y}}_i) \int_{\Delta B_i} d\mathbf{y} = \gamma(\hat{\mathbf{y}}_i)\, \Delta\tau_i$$

erfüllt ist (nach dem Mittelwertsatz gibt es solche Punkte auf Grund der Stetigkeit der Dichtefunktion γ). Einen angenäherten Wert für die Wirkung auf die im Punkt $\mathbf{x}$ befindliche Substanzmenge q erhalten wir nun durch Summation der Beiträge von allen Teilbereichen ΔB_i,

$$\varphi \approx q \sum_i \Delta Q_i \Phi(\mathbf{x} - \hat{\mathbf{y}}_i) = q \sum_i \Phi(\mathbf{x} - \hat{\mathbf{y}}_i)\gamma(\hat{\mathbf{y}}_i)\, \Delta\tau_i.$$

Beim anschließenden Grenzübergang für eine ausgezeichnete Zerlegungsfolge des Bereiches B geht diese Summe über in das Integral

$$\varphi = q \int_B \Phi(\mathbf{x} - \mathbf{y})\gamma(\mathbf{y})\, d\mathbf{y},$$

das nun einen exakten Ausdruck für die Wirkung der im Bereich B stetig verteilten Substanz auf die im Punkt $\mathbf{x}$ konzentrierte Substanz darstellt.

Dieses Ergebnis können wir folgendermaßen formalisieren, indem wir sagen, vom Teilvolumen $d\mathbf{y}$ rührt die Wirkung

$$d\varphi = q\Phi(\mathbf{x} - \mathbf{y})\gamma(\mathbf{y})\, d\mathbf{y} \tag{25.29}$$

her, die Gesamtwirkung erhalten wir durch Summation aller Teilwirkungen,

$$\varphi = \int_B d\varphi = q \int_B \Phi(\mathbf{x} - \mathbf{y})\gamma(\mathbf{y})\, d\mathbf{y}. \tag{25.30}$$

Dies gilt aber nur für kontinuierlich verteilte Substanzen, da die Existenz einer Dichtefunktion Voraussetzung ist. Für diskrete Verteilungen gibt es keine Dichtefunktion, was schon daraus hervorgeht, daß in hinreichend kleinen Teilbereichen nicht beliebig kleine Substanzmengen enthalten sind. Erst durch eine Verallgemeinerung des Funktionskonzeptes wird es uns möglich sein, auch für diskret verteilte Substanzen eine Dichtefunktion anzugeben (siehe Abschnitt 28.2).

Als Beispiel betrachten wir die Massenanziehung. Befindet sich im Punkt x die Masse m, im Punkt y die Masse M, so wird die Masse m mit der Kraft

$$\mathbf{k} = -\gamma m M \frac{1}{|\mathbf{x}-\mathbf{y}|^3}(\mathbf{x}-\mathbf{y}), \tag{25.31}$$

worin γ die Gravitationskonstante ist, von der Masse M angezogen. Ein den Bereich B ausfüllender Körper mit der Massendichte $\mu(\mathbf{y})$ übt daher auf die im Punkt x befindliche Masse m die Anziehungskraft

$$\mathbf{k} = -\gamma m \int_B \frac{1}{|\mathbf{x}-\mathbf{y}|^3}(\mathbf{x}-\mathbf{y})\mu(\mathbf{y})\,d\mathbf{y} \tag{25.32}$$

aus.

Auf die gleiche Weise ist zur Bestimmung der potentiellen Energie einer punktförmigen Masse im Gravitationsfeld eines Massenkörpers vorzugehen. Ausgangspunkt ist die potentielle Energie

$$U = -\gamma m M \frac{1}{|\mathbf{x}-\mathbf{y}|}$$

einer im Punkt x konzentrierten Masse m im Gravitationsfeld der punktförmigen Masse M im Punkt y. Für einen Massenkörper mit stetiger Massendichte $\mu(\mathbf{y})$ ergibt das Integral

$$U = -\gamma m \int_B \frac{1}{|\mathbf{x}-\mathbf{y}|}\mu(\mathbf{y})\,d\mathbf{y} \tag{25.33}$$

die potentielle Energie der im Punkt x konzentrierten Masse m im Gravitationsfeld des den Bereich B ausfüllenden Massenkörpers.

25.4 Transformation der Bereichsintegrale

Die Methode der Variablensubstitution, die mit dem Ziel angewendet wird, durch Einführung einer neuen Veränderlichen Funktionen der Integration zugänglich zu machen, hat sich als ein wertvolles Hilfsmittel bei der Berechnung bestimmter Integrale erwiesen. Es ist daher naheliegend, auch für Bereichsintegrale eine derartige Umformung vorzunehmen. Doch brauchen die Schwierigkeiten bei der Auswertung von Bereichsintegralen nicht nur in Form komplizierter Integranden aufzutreten, sie können sich auch durch die Gestalt des Integrationsbereiches ergeben, was übrigens auch der Grund ist, weshalb die Berechnung von Bereichsintegralen noch seltener gelingt als die bestimmter Integrale. Die Variablensubstitution bei Bereichsintegralen verfolgt daher gegebenenfalls zwei Ziele, einerseits kompliziertere Integranden geeignet umzuformen, andererseits den Integrationsbereich auf eine einfachere Gestalt zu transformieren.

Das Bereichsintegral

$$I = \int_B f(x, y)\,d\mu$$

wurde als Grenzwert Riemannscher Summen für eine beliebige Folge von Zerlegungen des Bereiches B eingeführt, wobei wir nur verlangen, daß die größten Durchmesser beim Grenzübergang gegen Null streben; hinsichtlich der Art und Weise, wie der Bereich B durch jede Zerlegung unterteilt wird, herrscht weitgehende Freiheit. Wie wir diese nun ausnützen können, um das Bereichsintegral der Funktion f(x, y) über B in ein anderes Integrationsproblem überzuführen, lehrt uns die folgende Betrachtung.

Durch die Funktion

$$x = x(u, v), \quad y = y(u, v)$$

werde der Bereich B der (x, y)-Ebene umkehrbar eindeutig auf den Bereich B' der (u, v)-Ebene abgebildet. Dabei sei vorausgesetzt, daß die partiellen Ableitungen der beiden Koordinatenfunktionen in B' existieren und stetig sind, ferner sei die Funktionaldeterminante in B' von Null verschieden,

$$\frac{\partial(x, y)}{\partial(u, v)} = x_u y_v - x_v y_u \neq 0,$$

so daß sie in B' beständig dasselbe Vorzeichen hat. Wir unterteilen nun den Bereich B' der (u, v)-Ebene durch achsenparallele Gerade $u = u_j$ und $v = v_k$ in rechteckförmige Teilbereiche $\Delta B_i'$. Durch die Bildlinien $u(x, y) = u_j$, $v(x, y) = v_k$ in der (x, y)-Ebene wird der Bereich B mit einem Netz von Kurven überzogen, so daß durch die Zerlegung des Bereiches B' in Rechtecke eine Zerlegung des Bereiches B in Teilbereiche ΔB_i bestimmt wird (Bild 25.10). Es seien dabei ΔB_i und $\Delta B_i'$ zwei einander entsprechende Teilbereiche mit den Flächeninhalten $\Delta\mu_i$ und $\Delta\mu_i'$. Auf Grund der geometrischen Deutung (23.88) der Funktionaldeterminante und der Stetigkeit der partiellen Ableitungen besteht zwischen den Flächeninhalten $\Delta\mu_i$ und $\Delta\mu_i'$ der Zusammenhang

$$\Delta\mu_i = \left|\frac{\partial(x, y)}{\partial(u, v)}\right| \Delta\mu_i',$$

wenn wir als Argument der Funktionaldeterminante, unter Ausnützung ihrer Stetigkeit, eine geeignete Stelle $(\hat{u}_i, \hat{v}_i) \in \Delta B_i'$ auswählen. Den Punkten $(\hat{u}_i, \hat{v}_i)$ entsprechen bei der Abbildung $x = x(u, v)$, $y = y(u, v)$ die Punkte $(\xi_i, \eta_i) \in \Delta B_i$, $\xi_i = x(\hat{u}_i, \hat{v}_i)$, $\eta_i = y(\hat{u}_i, \hat{v}_i)$; bilden wir mit diesen die Riemannsche Summe für das Bereichsintegral der Funktion f(x, y) über B, so gilt offenbar

$$\sum_i f(\xi_i, \eta_i)\Delta\mu_i = \sum_i f\left(x(\hat{u}_i, \hat{v}_i), y(\hat{u}_i, \hat{v}_i)\right) \left|\frac{\partial(x, y)}{\partial(u, v)}\right|_{\substack{u = \hat{u}_i \\ v = \hat{v}_i}} \Delta\mu_i'.$$

Hier steht auf der linken Seite eine Riemannsche Summe für das Bereichsintegral der Funktion f(x, y) über B, auf der rechten Seite eine Riemannsche Summe für das Bereichsintegral

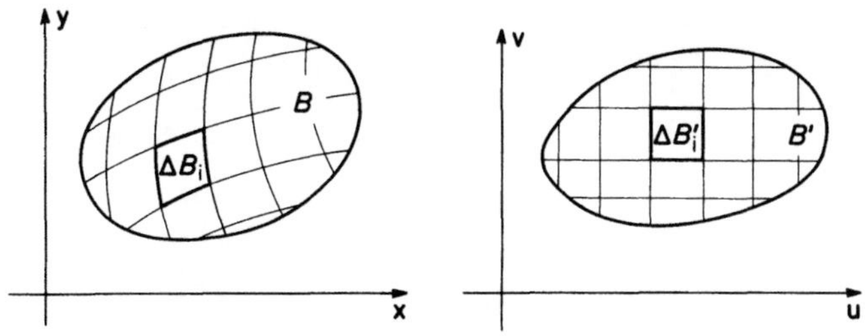

Bild 25.10

der Funktion $f\big(x(u,v), y(u,v)\big)\left|\frac{\partial(x,y)}{\partial(u,v)}\right|$ über den Bereich B'. Da infolge der Stetigkeit der Funktionaldeterminante der Transformation eine ausgezeichnete Zerlegungsfolge des Bereiches B' im oben erläuterten Sinn auch eine ausgezeichnete Zerlegungsfolge für den Bereich B bestimmt, führt der Grenzübergang zu

$$\int\limits_B f(x,y)\,d\mu = \int\limits_{B'} f\big(x(u,v), y(u,v)\big)\left|\frac{\partial(x,y)}{\partial(u,v)}\right| d\mu', \tag{25.34}$$

als Doppelintegral geschrieben,

$$\iint\limits_B f(x,y)\,dx\,dy = \iint\limits_{B'} f\big(x(u,v), y(u,v)\big)\left|\frac{\partial(x,y)}{\partial(u,v)}\right| du\,dv. \tag{25.35}$$

Dies ist die *Transformationsformel für Bereichsintegrale* über zweidimensionale Bereiche. Ihr exakter Beweis ist, wie auch schon der der Existenz des Bereichsintegrales stetiger Funktionen, äußerst umfangreich, weshalb wir uns mit dieser heuristischen Ableitung begnügen. Es sei ergänzend noch bemerkt, daß die Funktionaldeterminante in einzelnen Punkten verschwinden kann, ohne daß sich an der Gültigkeit der Transformationsformel (25.34) etwas ändert. Klammern wir nämlich solche Punkte vom Integrationsbereich durch Kreise von hinreichend kleinem Radius aus, so daß von diesen nur ein beliebig kleiner Beitrag zum Bereichsintegral geleistet wird, so können wir auf diesen „gelochten" Integrationsbereich die Formel (25.34) anwenden; lassen wir anschließend den Radius dieser Kreise gegen Null streben, so muß aus Stetigkeitsgründen die Gleichheit in (25.34) erhalten bleiben.

Eine besonders wichtige und häufig angewendete Transformation ist die durch Einführung ebener Polarkoordinaten r und φ. Mit (23.91) erhalten wir aus (25.35)

$$\iint\limits_B f(x,y)\,dx\,dy = \iint\limits_{B'} f(r\cos\varphi, r\sin\varphi)\,r\,dr\,d\varphi.$$

Ein Kreisbereich $x^2 + y^2 \leqslant a^2$ wird durch Polarkoordinaten auf ein Rechteck $0 \leqslant r \leqslant a$, $-\pi \leqslant \varphi \leqslant \pi$ (oder $0 \leqslant \varphi \leqslant 2\pi$) abgebildet (vgl. Beispiel 23.9), so daß gilt

$$\iint\limits_{x^2+y^2\leqslant a^2} f(x,y)\,dx\,dy = \int\limits_{-\pi}^{\pi} d\varphi \int\limits_0^a f(r\cos\varphi, r\sin\varphi)\,r\,dr$$

Beispiel 25.13: Sei

$$I = \iint\limits_{x^2+y^2\leqslant a^2} e^{-(x^2+y^2)}\,dx\,dy.$$

Nach (25.16) würden wir

$$I = \int\limits_{-a}^{a} e^{-x^2}dx \int\limits_{-\sqrt{a^2-x^2}}^{\sqrt{a^2-x^2}} e^{-y^2}dy$$

zu berechnen haben – das innere Integral ist aber auf elementarem Weg nicht auswertbar. Mit Hilfe der Transformation auf Polarkoordinaten ergibt sich aber

$$I = \int_{-\pi}^{\pi} d\varphi \int_{0}^{a} re^{-r^2}dr = 2\pi \int_{0}^{a} re^{-r^2}dr = \pi \int_{0}^{a^2} e^{-u}du = \pi(1 - e^{-a^2}).$$

Beispiel 25.14: Es sei *B* der in der Halbebene $x \geqslant 0$ liegende Teil der Lemniskate $(x^2 + y^2)^2 = 2a^2(x^2 - y^2)$ (Bild 13.7). Eine Darstellung dieses Bereiches durch zwei Ungleichungen ist möglich, durch Einführung von Polarkoordinaten wird die Rechnung jedoch wesentlich vereinfacht. Die Randkurve hat die Gleichung $r^2 = 2a^2 \cos 2\varphi, -\frac{\pi}{4} \leqslant \varphi \leqslant \frac{\pi}{4}$, so daß der Bildbereich in der Form $0 \leqslant r \leqslant \sqrt{2a^2 \cos 2\varphi}, -\frac{\pi}{4} \leqslant \varphi \leqslant \frac{\pi}{4}$ beschrieben werden kann. Damit erhalten wir

$$\iint_B f(x, y)dxdy = \int_{-\pi/4}^{\pi/4} d\varphi \int_{0}^{\sqrt{2a^2 \cos 2\varphi}} f(r\cos\varphi, r\sin\varphi)r\,dr$$

und insbesondere für $f(x, y) = 1$ den Flächeninhalt der Lemniskate (vgl. Beispiel 13.4)

$$F = \int_{-\pi/4}^{\pi/4} d\varphi \int_{0}^{\sqrt{2a^2 \cos 2\varphi}} rdr = a^2 \int_{-\pi/4}^{\pi/4} \cos 2\varphi\, d\varphi = a^2.$$

Beispiel 25.15: Ist der Integrationsbereich *B* eine Ellipse $\left(\frac{x}{a}\right)^2 + \left(\frac{y}{b}\right)^2 \leqslant 1$, so setzen wir $x = a\,r\cos\varphi$, $y = b\,r\sin\varphi$, wodurch die Ellipse auf das Rechteck $-\pi \leqslant \varphi \leqslant \pi, 0 \leqslant r \leqslant 1$, abgebildet wird. Die Funktionaldeterminante dieser Transformation lautet

$$\frac{\partial(x, y)}{\partial(r, \varphi)} = abr,$$

woraus sich schließlich

$$\iint_B f(x, y)dxdy = ab \iint_{B'} f(ar\cos\varphi, br\sin\varphi)rdrd\varphi = ab \int_{-\pi}^{\pi} d\varphi \int_{0}^{1} f(ar\cos\varphi, br\sin\varphi)rdr$$

ergibt. Für $f(x, y) = 1$ erhalten wir daraus $ab\pi$ als Flächeninhalt der Ellipse.

Beispiel 25.16: Es sei

$$I = \iint_{x^2 + y^2 \leqslant R^2} e^{-(ax^2 + 2bxy + cy^2)}dxdy,$$

worin $Q = ax^2 + 2bxy + cy^2$ eine positiv definite quadratische Form ist. Im ersten Schritt transformieren wir das Integral so, daß die im Exponenten stehende quadratische Form kein gemischtes Glied mehr enthält, d. h. wir transformieren die quadratische Form Q zunächst auf ihre Hauptachsen. Dies geschieht durch die orthogonale Transformation

$$\begin{pmatrix} x \\ y \end{pmatrix} = \begin{pmatrix} A_{11} & A_{12} \\ A_{21} & A_{22} \end{pmatrix} \cdot \begin{pmatrix} u \\ v \end{pmatrix},$$

deren Koeffizientenmatrix spaltenweise aus den normierten Eigenvektoren der symmetrischen Matrix

$$\mathbf{T} = \begin{pmatrix} a & b \\ b & c \end{pmatrix}$$

zu bilden ist. Nun gilt einerseits

$$x^2+y^2=\begin{pmatrix}x & y\end{pmatrix}\cdot\begin{pmatrix}x\\ y\end{pmatrix}=\begin{pmatrix}u & v\end{pmatrix}\cdot\begin{pmatrix}A_{11} & A_{21}\\ A_{12} & A_{22}\end{pmatrix}\cdot\begin{pmatrix}A_{11} & A_{12}\\ A_{21} & A_{22}\end{pmatrix}\cdot\begin{pmatrix}u\\ v\end{pmatrix}=$$

$$=\begin{pmatrix}u & v\end{pmatrix}\cdot\begin{pmatrix}u\\ v\end{pmatrix}=u^2+v^2,$$

woraus abzulesen ist, daß der neue Integrationsbereich wieder ein Kreis mit dem Radius R ist (was sich auch daraus ergibt, daß die Transformation ja eine Drehung des Koordinatensystems vermittelt), andererseits wird

$$Q=\begin{pmatrix}x & y\end{pmatrix}\cdot\begin{pmatrix}a & b\\ b & c\end{pmatrix}\cdot\begin{pmatrix}x\\ y\end{pmatrix}=\begin{pmatrix}u & v\end{pmatrix}\cdot\begin{pmatrix}A_{11} & A_{21}\\ A_{12} & A_{22}\end{pmatrix}\cdot\begin{pmatrix}a & b\\ b & c\end{pmatrix}\cdot\begin{pmatrix}A_{11} & A_{12}\\ A_{21} & A_{22}\end{pmatrix}\cdot\begin{pmatrix}u\\ v\end{pmatrix}$$

$$=\begin{pmatrix}u & v\end{pmatrix}\cdot\begin{pmatrix}\lambda & 0\\ 0 & \mu\end{pmatrix}\cdot\begin{pmatrix}u\\ v\end{pmatrix}=\lambda u^2+\mu v^2,$$

worin wir mit λ und μ die beiden (positiven) Eigenwerte der Matrix **T** eingeführt haben. Aus der Orthogonalität der Matrix **A** folgt schließlich

$$\frac{\partial(x,y)}{\partial(u,v)}=\begin{vmatrix}A_{11} & A_{12}\\ A_{21} & A_{22}\end{vmatrix}=\pm 1$$

und daher

$$I=\iint\limits_{x^2+y^2\leqslant R^2} e^{-Q}dxdy=\iint\limits_{u^2+v^2\leqslant R^2} e^{-(\lambda u^2+\mu v^2)}dudv.$$

Im zweiten Schritt substituieren wir nun $u=\frac{1}{\sqrt{\lambda}}r\cos\varphi$, $v=\frac{1}{\sqrt{\mu}}r\sin\varphi$, was zu

$$\frac{\partial(u,v)}{\partial(r,\varphi)}=\frac{1}{\sqrt{\lambda\mu}}r=\frac{1}{\sqrt{\operatorname{Det}\mathbf{T}}}r$$

führt. Der Integrationsbereich $u^2+v^2\leqslant R^2$ wird dabei auf den Bereich $0\leqslant r\leqslant g(\varphi)=\frac{R\sqrt{\lambda\mu}}{\sqrt{\mu\cos^2\varphi+\lambda\sin^2\varphi}}$, $-\pi\leqslant\varphi\leqslant\pi$, transformiert, so daß wir zu dem Ergebnis

$$I=\frac{1}{\sqrt{\operatorname{Det}\mathbf{T}}}\int_{-\pi}^{\pi}d\varphi\int_0^{g(\varphi)}re^{-r^2}dr=\frac{1}{\sqrt{\operatorname{Det}\mathbf{T}}}\int_{-\pi}^{\pi}\left(-\frac{1}{2}e^{-r^2}\right)\Bigg|_0^{g(\varphi)}d\varphi$$

$$=\frac{1}{\sqrt{\operatorname{Det}\mathbf{T}}}\int_0^{\pi}\left(1-e^{-g^2(\varphi)}\right)d\varphi=\frac{\pi}{\sqrt{\operatorname{Det}\mathbf{T}}}-\frac{1}{\sqrt{\operatorname{Det}\mathbf{T}}}\int_0^{\pi}\exp\left(-\frac{\lambda\mu R^2}{\mu\cos^2\varphi+\lambda\sin^2\varphi}\right)d\varphi$$

gelangen. Das rechterhand stehende Integral kann allerdings nur numerisch ausgewertet werden; immerhin ist das Doppelintegral auf ein gewöhnliches Integral zurückgeführt worden.

Die Transformationsformel (25.34) läßt sich ohne Schwierigkeiten auf Integrale über dreidimensionale Bereiche übertragen. Wir bilden den Bereich B des (x, y, z)-Raumes durch eine umkehrbar eindeutige Transformation

$$x=x(u,v,w),\quad y=y(u,v,w),\quad z=z(u,v,w)$$

auf den Bereich B' des (u, v, w)-Raumes ab und setzen dabei voraus, daß die Funktionaldeterminante $\frac{\partial(x,y,z)}{\partial(u,v,w)}$ dieser Transformation in B' ihr Vorzeichen nicht wechselt. Dann gilt

$$\int_B f(x,y,z)d\mu=\int_{B'} g(u,v,w)\left|\frac{\partial(x,y,z)}{\partial(u,v,w)}\right|d\mu', \tag{25.36}$$

worin $g(u, v, w) = f\big(x(u, v, w), y(u, v, w), z(u, v, w)\big)$ die Zusammensetzung der Funktion $f(x, y, z)$ mit der Abbildungsfunktion ist. Als dreifaches Integral geschrieben lautet (25.36)

$$\iiint\limits_{B} f(x, y, z)\,dx\,dy\,dz = \iiint\limits_{B'} g(u, v, w) \left| \frac{\partial(x, y, z)}{\partial(u, v, w)} \right| du\,dv\,dw. \qquad (25.37)$$

Besonders wichtige Fälle sind die Transformation durch Zylinderkoordinaten r, φ, z und Kugelkoordinaten r, ϑ, φ. Durch Zylinderkoordinaten wird ein Kreiszylinder $x^2 + y^2 \leqslant a^2$, $0 \leqslant z \leqslant h$ auf den Quader $0 \leqslant r \leqslant a$, $-\pi \leqslant \varphi \leqslant \pi$ (oder $0 \leqslant \varphi \leqslant 2\pi$), $0 \leqslant z \leqslant h$ abgebildet. Mit $\dfrac{\partial(x, y, z)}{\partial(r, \varphi, z)} = r$ folgern wir daher aus (25.37) die Transformationsformel

$$\iiint\limits_{\substack{x^2 + y^2 \leqslant a^2 \\ 0 \leqslant z \leqslant h}} f(x, y, z)\,dx\,dy\,dz = \int_{-\pi}^{\pi} d\varphi \int_0^a r\,dr \int_0^h f(r\cos\varphi, r\sin\varphi, z)\,dz.$$

Kugelkoordinaten vermitteln eine Abbildung der Kugel $x^2 + y^2 + z^2 \leqslant a^2$ auf den Quader $0 \leqslant r \leqslant a$, $0 \leqslant \vartheta \leqslant \pi$, $-\pi \leqslant \varphi \leqslant \pi$ $(0 \leqslant \varphi \leqslant 2\pi)$ (vgl. Beispiel 23.10), so daß mit (23.92)

$$\iiint\limits_{x^2 + y^2 + z^2 \leqslant a^2} f(x, y, z)\,dx\,dy\,dz = \int_{-\pi}^{\pi} d\varphi \int_0^{\pi} \sin\vartheta\,d\vartheta \int_0^a g(r, \vartheta, \varphi) r^2\,dr$$

gilt, worin $g(r, \vartheta, \varphi) = f(r\sin\vartheta\cos\varphi, r\sin\vartheta\sin\varphi, r\cos\vartheta)$ gesetzt wurde. Dabei ist leicht einzusehen, daß diese Formel trotz des Verschwindens der Funktionaldeterminante in den Punkten der z-Achse richtig ist, denn klammert man die z-Achse durch eine dünne Röhre vom Durchmesser η aus, so erhalten wir die Bestätigung für die Gültigkeit dieser Transformationsformel durch den Grenzübergang $\eta \to 0$ für das über den Restbereich erstreckte Integral.

Mit der symbolischen Schreibweise können wir die Transformationsformeln (25.34) bzw. (25.36) für Integrale über zwei- bzw. dreidimensionale Bereiche zusammenfassen. Wird durch $\mathbf{x} = \mathbf{h}(\mathbf{y})$ der (zwei- bzw. dreidimensionale) Integrationsbereich B des x-Raumes umkehrbar eindeutig auf den (zwei- bzw. dreidimensionalen) Bereich B' des y-Raumes abgebildet, so gilt

$$\int\limits_B f(\mathbf{x})\,d\mathbf{x} = \int\limits_{B'} f\big(\mathbf{h}(\mathbf{y})\big) \left| \operatorname{Det} \mathbf{h}'(\mathbf{y}) \right| d\mathbf{y}. \qquad (25.38)$$

Hierin ist auch die Transformationsformel (11.25) für bestimmte Integrale enthalten, für die die Determinante der Ableitungsmatrix als die gewöhnliche Ableitung $h'(y)$ aufzufassen ist und B' das Bildintervall des Integrationsintervalles B bei der Transformation $x = h(y)$ ist. Daß hierfür in der Fassung (25.38) der Betrag der Ableitung zu nehmen ist, hat seinen Grund darin, daß in (11.25) die Grenzen mittransformiert werden können. Im Falle $h'(y) > 0$ wird das Intervall $[a, b]$ auf das Intervall $[h^{-1}(a), h^{-1}(b)]$ abgebildet; wenn hingegen $h'(y) < 0$ ist, so hat man als Bildintervall $[h^{-1}(b), h^{-1}(a)]$, der Bildung des Betrages der Ableitung kann durch Multiplikation des Integrales mit -1 entsprochen werden, was ebensogut durch Vertauschung der Integrationsgrenzen berücksichtigt werden kann.

Beispiel 25.17: Wir berechnen das Volumen des Ellipsoides $\left(\frac{x}{a}\right)^2 + \left(\frac{y}{b}\right)^2 + \left(\frac{z}{c}\right)^2 \leqslant 1$. Wir setzen zu diesem Zweck

$$x = ar\sin\vartheta\cos\varphi, \quad y = br\sin\vartheta\sin\varphi, \quad z = cr\cos\vartheta,$$

wodurch das Ellipsoid auf den Quader $0 \leq r \leq 1, 0 \leq \vartheta \leq \pi, -\pi \leq \varphi \leq \pi$ transformiert wird. Die Funktionaldeterminante dieser Abbildung lautet

$$\frac{\partial(x, y, z)}{\partial(r, \vartheta, \varphi)} = abcr^2 \sin\vartheta,$$

womit wir schließlich

$$V = \iiint_B dxdydz = abc \int_{-\pi}^{\pi} d\varphi \int_0^{\pi} \sin\vartheta \, d\vartheta \int_0^1 r^2 dr = \frac{4}{3} abc\pi$$

erhalten.

Beispiel 25.18: Um das Volumen des von der Fläche $|A_{11}x + A_{12}y + A_{13}z| + |A_{21}x + A_{22}y + A_{23}z| + |A_{31}x + A_{32}y + A_{33}z| = 1$ ($\mathrm{Det}\,A \neq 0$) eingeschlossenen Bereichs B zu berechnen, transformieren wir das Integral

$$V = \iiint_B dxdydz$$

durch

$$u = A_{11}x + A_{12}y + A_{13}z, \quad v = A_{21}x + A_{22}y + A_{23}z, \quad w = A_{31}x + A_{32}y + A_{33}z$$

und erhalten mit

$$\frac{\partial(x, y, z)}{\partial(u, v, w)} = \frac{1}{\frac{\partial(u, v, w)}{\partial(x, y, z)}} = \frac{1}{\mathrm{Det}\,A}$$

$$V = \iiint_{|u| + |v| + |w| \leq 1} |\mathrm{Det}\,A|^{-1} dudvdw = \frac{8}{|\mathrm{Det}\,A|} \iiint_{\substack{u+v+w \leq 1 \\ u \geq 0,\, v \geq 0,\, w \geq 0}} dudvdw$$

$$= \frac{8}{|\mathrm{Det}\,A|} \int_0^1 du \int_0^{1-u} dv \int_0^{1-u-v} dw = \frac{4}{3} |\mathrm{Det}\,A|^{-1}.$$

Beispiel 25.19: Wir berechnen das Volumen des von der Fläche $\sqrt{\frac{x}{a}} + \sqrt{\frac{y}{b}} + \sqrt{\frac{z}{c}} = 1$ und den Koordinatenebenen begrenzten im ersten Oktanten liegenden Bereiches B. Durch die Abbildungsfunktion

$$x = ar^2 \sin^4\vartheta \cos^4\varphi, \quad y = br^2 \sin^4\vartheta \sin^4\varphi, \quad z = cr^2 \cos^4\vartheta$$

wird der Bereich B auf das Rechteck $0 \leq r \leq 1, 0 \leq \vartheta \leq \frac{\pi}{2}, 0 \leq \varphi \leq \frac{\pi}{2}$ transformiert; die Funktionaldeterminante berechnet sich zu

$$\frac{\partial(x, y, z)}{\partial(r, \vartheta, \varphi)} = 32abcr^5 \sin^7\vartheta \cos^3\vartheta \sin^3\varphi \cos^3\varphi.$$

Also ist

$$V = \iiint_B dxdydz = 32abc \int_0^1 r^5 dr \int_0^{\pi/2} \sin^7\vartheta \cos^3\vartheta \, d\vartheta \int_0^{\pi/2} \sin^3\varphi \cos^3\varphi \, d\varphi = \frac{abc}{90}.$$

Beispiel 25.20: Wir berechnen die potentielle Energie U(x, y, z) einer punktförmigen Masse m im Gravitationsfeld einer homogenen Kugel mit konstanter Massendichte μ. Zufolge (25.33) ist

$$U(x, y, z) = -\gamma m\mu \iiint\limits_B \frac{1}{\sqrt{(x-\xi)^2 + (y-\eta)^2 + (z-\zeta)^2}}\, d\xi d\eta d\zeta,$$

worin B die Kugel $\xi^2 + \eta^2 + \zeta^2 \leqslant R^2$ ist. Da wir das Potential außerhalb dieser Kugel berechnen, haben wir $x^2 + y^2 + z^2 > R^2$ vorauszusetzen.

Auf Grund der vollständigen Symmetrie ist die potentielle Energie des Massenkörpers nur vom Abstand zum Kugelmittelpunkt abhängig, so daß wir von der Annahme

$$U = U(x, y, z) = \hat{U}(\sqrt{x^2 + y^2 + z^2})$$

ausgehen können; wenn wir daher $x = y = 0$ setzen, so erhalten wir für das Potential auf der z-Achse im Abstand ρ vom Kugelmittelpunkt das einfachere Integral

$$\hat{U}(\rho) = -\gamma\mu m \iiint\limits_B \frac{1}{\sqrt{\xi^2 + \eta^2 + (\zeta - \rho)^2}}\, d\xi d\eta d\zeta, \quad \rho > R.$$

Transformieren wir mit Hilfe von Polarkoordinaten, so wird

$$\hat{U}(\rho) = -\gamma\mu m \int_{-\pi}^{\pi} d\varphi \int_0^{\pi} \sin\vartheta\, d\vartheta \int_0^R \frac{1}{\sqrt{r^2 + \rho^2 - 2\rho r \cos\vartheta}}\, r^2 dr$$

$$= -2\pi\gamma\mu m \int_0^R r^2 dr \int_0^{\pi} \frac{\sin\vartheta}{\sqrt{r^2 + \rho^2 - 2\rho r\cos\vartheta}}\, d\vartheta$$

und weiter durch die Substitution $r^2 + \rho^2 - 2\rho r \cos\vartheta = u$

$$\hat{U}(\rho) = -\frac{\pi\gamma\mu m}{\rho} \int_0^R r dr \int_{(\rho - r)^2}^{(\rho + r)^2} \frac{du}{\sqrt{u}} = -\frac{2\pi\gamma\mu m}{\rho} \int_0^R [(r + \rho) - (\rho - r)] r dr$$

$$= -\frac{4\pi\gamma\mu m}{\rho} \int_0^R r^2 dr = -\frac{4R^3\pi\mu}{3} \frac{\gamma m}{\rho} = -\gamma m M \frac{1}{\rho},$$

worin M die Gesamtmasse der Kugel bezeichnet. Es ist demnach

$$U(x, y, z) = -\gamma m M \frac{1}{\sqrt{x^2 + y^2 + z^2}}, \quad x^2 + y^2 + z^2 > R^2.$$

Eine punktförmige Masse hat im Gravitationsfeld einer homogenen Vollkugel der Gesamtmasse M somit dasselbe Potential wie im Gravitationsfeld einer im Kugelmittelpunkt befindlichen Punktmasse M. Die Vollkugel wirkt also so, als wäre ihre Masse im Mittelpunkt konzentriert.

25.5 Uneigentliche Parameterintegrale

In vielen Anwendungen treten Integrale eines Parameters auf, deren Integranden Unendlichkeitslinien aufweisen, und solche, bei denen über ein unbeschränktes Intervall zu integrieren ist. Wir unterscheiden demgemäß zwischen *uneigentlichen Parameterintegralen erster Art* (*mit unbeschränktem Integranden*) und *uneigentlichen Parameterintegralen zweiter Art* (*mit unbeschränktem Integrationsintervall*).

Ein uneigentliches Parameterintegral erster Art ist zum Beispiel

$$F(x) = \int_0^1 y^x dy, \quad x > -1,$$

(für $x > 0$ ist es ein gewöhnliches Parameterintegral), ein uneigentliches Parameterintegral zweiter Art ist

$$F(x) = \int_0^\infty e^{-xy} f(y)\,dy,$$

worin $f(y)$ eine auf $[0, \infty[$ stetige Funktion ist. Auch gemischte Typen sind möglich, wie das Eulersche Integral der Gammafunktion

$$\Gamma(x) = \int_0^\infty e^{-x} y^{x-1} dy$$

für $0 < x < 1$ (vgl. (12.5)).

Als *Konvergenzbereich* eines uneigentlichen Parameterintegrales bezeichnet man die Gesamtheit aller Punkte x, für die das Integral im Sinne von Abschnitt 12 konvergiert.

Es ist nun keineswegs so, daß ein uneigentliches Integral stetig vom Parameter abhängt, ähnlich wie auch bei Funktionenreihen die Stetigkeit der Summenfunktion nicht so ohne weiteres aus der Stetigkeit der Glieder geschlossen werden kann. Im Grunde stehen wir sogar vor der gleichen Situation wie bei Funktionenreihen, ja wir können die Beantwortung der Frage nach der Stetigkeit und Differenzierbarkeit eines uneigentlichen Parameterintegrales auf die Theorie unendlicher Funktionenreihen zurückführen. Dies wird uns zum Begriff der *gleichmäßigen Konvergenz* von uneigentlichen Parameterintegralen führen, dem die gleiche Bedeutung beizumessen ist wie dem der gleichmäßigen Konvergenz in der Theorie der Funktionenreihen.

Wir greifen von den vielen Typen uneigentlicher Integrale erster Art nur einen Fall heraus. Es sei die Funktion $f(x, y)$ auf dem Rechteck $a \leqslant x \leqslant b$, $\alpha \leqslant y < \beta$ stetig und

$$\lim_{y \to \beta -} f(x, y) = \infty \quad \text{für jedes } x \in [a, b], \tag{25.39}$$

ferner sei das Integral

$$F(x) = \int_\alpha^\beta f(x, y)\,dy \tag{25.40}$$

für jedes $x \in [a, b]$ konvergent. Wir können dieses Integral nun als Funktionenreihe darstellen, indem wir eine beliebige streng monoton steigende Folge (c_n) mit $c_1 = \alpha$ und $\lim c_n = \beta$ auswählen,

$$F(x) = \lim_{n \to \infty} \sum_{k=1}^{n} \int_{c_k}^{c_{k+1}} f(x, y)\,dy = \sum_{k=1}^{\infty} \int_{c_k}^{c_{k+1}} f(x, y)\,dy, \quad a \leqslant x \leqslant b. \tag{25.41}$$

Auf Grund der vorausgesetzten Stetigkeit der Funktion f(x, y) sind die Glieder

$$g_k(x) = \int_{c_k}^{c_{k+1}} f(x, y)\,dy$$

dieser Reihe auf dem Intervall [a, b] stetig, so daß zufolge Satz 16.5 die Funktion F(x) auf [a, b] stetig ist, wenn die Reihe $\sum g_k(x)$ auf dem Intervall [a, b] gleichmäßig konvergiert. Damit dies der Fall ist, muß nach Satz 16.2 zu jedem $\epsilon > 0$ eine natürliche Zahl $N(\epsilon)$ existieren, so daß für jede beliebige natürliche Zahl m

$$\left|\sum_{k=n}^{n+m} g_k(x)\right| = \left|\int_{c_n}^{c_{n+m+1}} f(x, y)\,dy\right| < \epsilon$$

wird für $n \geqslant N(\epsilon)$ und jedes $x \in [a, b]$. Zusammen mit $\lim c_n = \beta$ bedeutet hierin die Forderung $n \geqslant N(\epsilon)$, daß c_n (und wegen der Monotonie der Folge (c_n) erst recht auch jedes Folgenglied c_{n+m}) hinreichend nahe bei β liegt. Wenn daher zu jedem $\epsilon > 0$ eine nur von ϵ allein abhängige Zahl $\delta = \delta(\epsilon) > 0$ existiert, so daß

$$\left|\int_c^d f(x, y)\,dy\right| < \epsilon \quad \text{für } \beta - \delta < c, d < \beta \text{ und für } a \leqslant x \leqslant b \tag{25.42}$$

gilt, so ist die Reihe (25.41) auf dem Intervall [a, b] sicherlich gleichmäßig konvergent. In Analogie zu den Funktionenreihen nennen wir das Integral (25.40) auf dem Intervall [a, b] *gleichmäßig* konvergent, wenn es zu jedem $\epsilon > 0$ eine Zahl $\delta = \delta(\epsilon)$ gibt mit der Eigenschaft

$$\left|\int_c^\beta f(x, y)\,dy\right| < \epsilon \quad \text{für } \beta - \delta < c < \beta \text{ und } a \leqslant x \leqslant b. \tag{25.43}$$

Die Bedingung (25.42) ist notwendig und hinreichend für die gleichmäßige Konvergenz des Integrales (25.40) auf dem Intervall [a, b].

Beispiel 25.21: Das Integral

$$F(x) = \int_0^1 e^{-y} y^{x-1}\,dy$$

ist für jedes $x > 0$ konvergent (vgl. Beispiel 12.10). Wir zeigen, daß es auf jedem Intervall $[\eta, a]$ mit beliebigem $\eta > 0$ gleichmäßig konvergiert. Die Funktion F(x) ist daher auf jedem Intervall $[\eta, a]$ stetig und infolgedessen, weil η und ebenso a beliebig sind, auch auf dem Intervall $]0, \infty[$.

Es sei $0 < c < d < 1$; wegen $e^{-y} \leqslant 1$ für $c \leqslant y \leqslant d$ gilt

$$\left|\int_c^d e^{-y} y^{x-1}\,dy\right| \leqslant \int_c^d y^{x-1}\,dy = \frac{1}{x}\left(d^x - c^x\right) < \frac{d^\eta}{\eta}, \quad x \geqslant \eta\,.$$

Bestimmen wir nun eine Zahl δ, die der Ungleichung $\delta^\eta < \epsilon\eta$ genügt, so ist die Bedingung (25.42) erfüllt, das Integral auf jedem Intervall $[\eta, a]$ mit $0 < \eta < a$ gleichmäßig konvergent.

Durch Anwendung des Satzes 16.7 erkennen wir, daß für gleichmäßig konvergente uneigentliche Parameterintegrale die Reihenfolge der Integrationen vertauscht werden kann,

$$\int_a^b dx \int_\alpha^\beta f(x, y)\,dy = \int_\alpha^\beta dy \int_a^b f(x, y)\,dx. \tag{25.44}$$

Ist die partielle Ableitung $f_x(x, y)$ auf dem Rechteck $a \leqslant x \leqslant b$, $\alpha \leqslant y < \beta$ stetig und ist das Integral

$$\int_\alpha^\beta f_x(x, y)\,dy$$

auf [a, b] gleichmäßig konvergent, so ist auch die unter Berücksichtigung der Differentiationsregel (25.3) formal differenzierte Reihe (25.41) auf [a, b] gleichmäßig konvergent und wir folgern mit Satz 16.9

$$\frac{d}{dx}\int_\alpha^\beta f(x, y)\,dy = \int_\alpha^\beta f_x(x, y)\,dy, \quad a \leqslant x \leqslant b. \tag{25.45}$$

Auch uneigentliche Parameterintegrale zweiter Art lassen sich auf Funktionenreihen zurückführen. Wir betrachten den besonders wichtigen Typ

$$F(x) = \int_\alpha^\infty f(x, y)\,dy, \tag{25.46}$$

wobei wir voraussetzen, daß die Funktion $f(x, y)$ auf dem Halbstreifen $a \leqslant x \leqslant b$, $\alpha \leqslant y$ stetig sei und das Integral auf dem Intervall [a, b] konvergiert. Indem wir eine beliebige streng monoton steigende und bestimmt divergente Folge (c_n) mit $c_1 = \alpha$ auswählen, können wir das Integral (25.46) als Funktionenreihe

$$F(x) = \int_\alpha^\infty f(x, y)\,dy = \sum_{n=1}^\infty \int_{c_n}^{c_{n+1}} f(x, y)\,dy$$

mit auf [a, b] stetigen Gliedern darstellen. Sie konvergiert gleichmäßig auf dem Intervall [a, b], wenn es zu jedem $\epsilon > 0$ eine natürliche Zahl $N(\epsilon)$ gibt, so daß für jede natürliche Zahl m

$$\left|\sum_{k=n}^{n+m} \int_{c_k}^{c_{k+1}} f(x, y)\,dy\right| = \left|\int_{c_n}^{c_{n+m+1}} f(x, y)\,dy\right| < \epsilon$$

für alle $x \in [a, b]$ gilt, wenn nur $n \geqslant N(\epsilon)$ ist. Wie oben erkennen wir, daß diese Bedingung erfüllt ist, wenn es zu jedem $\epsilon > 0$ eine Zahl L gibt, so daß gilt

$$\left|\int_c^d f(x, y)\,dy\right| < \epsilon \quad \text{für } c, d \geqslant L \text{ und für } a \leqslant x \leqslant b. \tag{25.47}$$

Wir nennen das uneigentliche Integral (25.46) auf dem Intervall [a, b] *gleichmäßig* konvergent, wenn zu jedem $\epsilon > 0$ eine Zahl L existiert mit der Eigenschaft

$$\left| \int_c^\infty f(x,y)\,dy \right| < \epsilon \quad \text{für } c \geqslant L \text{ und für } a \leqslant x \leqslant b. \tag{25.48}$$

Die Bedingung (25.47) ist notwendig und hinreichend für die gleichmäßige Konvergenz des Integrales (25.46) auf dem Intervall [a, b].

Konvergiert das Integral (25.46) auf dem Intervall [a, b] gleichmäßig, so ist es eine stetige Funktion des Parameters x auf dem Intervall [a, b]. Es gilt ferner die Vertauschbarkeitsbeziehung

$$\int_a^b dx \int_\alpha^\infty f(x,y)\,dy = \int_\alpha^\infty dy \int_a^b f(x,y)\,dx \tag{25.49}$$

und

$$\frac{d}{dx} \int_\alpha^\infty f(x,y)\,dy = \int_\alpha^\infty f_x(x,y)\,dy, \quad a \leqslant x \leqslant b, \tag{25.50}$$

wenn die partielle Ableitung $f_x(x, y)$ auf dem Halbstreifen $a \leqslant x \leqslant b$, $\alpha \leqslant y$ existiert, stetig ist und das Integral

$$\int_\alpha^\infty f_x(x,y)\,dy$$

auf dem Intervall [a, b] gleichmäßig konvergiert.

Beispiel 25.22: Besonders wichtig in den Anwendungen sind Integrale der Form

$$F(x) = \int_a^\infty e^{-xy} f(y)\,dy, \tag{25.51}$$

worin f(y) eine auf $[a, \infty[$ stetige oder stückweise stetige Funktion ist; weiter sei $a \geqslant 0$, was offensichtlich keine Beschränkung der Allgemeinheit bedeutet. Existiert das Integral

$$\int_a^\infty f(y)\,dy, \tag{25.52}$$

so ist (25.51) offenbar für $x \geqslant 0$ konvergent. Divergiert hingegen das Integral (25.52), so müssen wir das Wachstum der Funktion f(y) zur Feststellung des Konvergenzbereichs des Integrales (25.51) genauer untersuchen. Gibt es zum Beispiel eine positive Zahl α, so daß der Grenzwert

$$\lim_{y \to \infty} y^{-\alpha} f(y) = B \tag{25.53}$$

endlich ausfällt, hat also die Funktion f(y) im wesentlichen das Wachstum einer Potenz, so ist das Integral (25.51) konvergent für $x > 0$ und gleichmäßig konvergent für $x \geqslant \eta > 0$, woraus wir den Schluß ziehen, daß die durch (25.51) definierte Funktion F(x) auf dem Intervall $]0, \infty[$ stetig ist. Ist hingegen der Grenzwert (25.53) für jede positive Zahl α unendlich, so setzen wir von f(y) wenigstens voraus, daß zumindest eine positive Zahl x' existiert mit der Eigenschaft, daß die Funktion $e^{-x'y}f(y)$ für $y \to \infty$ beschränkt ist. Mit x_0 bezeichnen wir das Infimum dieser Zahlen, d. h. es gibt zu jeder positiven Zahl δ eine Konstante C, so daß

$$e^{-y(x_0+\delta)}|f(y)| \leqslant C \quad \text{für } a \leqslant y < \infty \tag{25.54}$$

gilt. Unter dieser Voraussetzung, die im wesentlichen bedeutet, daß die Funktion f(y) nicht stärker wächst als die Exponentialfunktion, ist das Integral für $x \geqslant x_0 + \eta$, $\eta > 0$, gleichmäßig konvergent und infolgedessen eine auf $]x_0, \infty[$ stetige Funktion von x.

Aus (25.54) folgt nämlich die Ungleichung

$$|f(y)| \leqslant Ce^{y(x_0+\delta)} \quad \text{für } a \leqslant y < \infty$$

beziehungsweise

$$e^{-xy}|f(y)| \leqslant Ce^{-y(x-x_0-\delta)} \quad \text{für } a \leqslant y < \infty.$$

Ist nun $x \geqslant x_0 + \eta$ und $\delta < \eta = 2\delta$, so wird

$$e^{-xy}|f(y)| \leqslant Ce^{-y\delta} \quad \text{für } x \geqslant x_0 + 2\delta \text{ und } a \leqslant y < \infty$$

und daher für $c \geqslant a$

$$\left|\int_c^\infty e^{-xy}f(y)\,dy\right| \leqslant C\int_c^\infty e^{-y\delta}dy = \frac{C}{\delta}e^{-c\delta}.$$

Wir brauchen also nur mehr c so groß zu wählen, daß zu gegebenem $\epsilon > 0$ die Ungleichung $Ce^{-c\delta} < \delta\epsilon$ erfüllt ist, um die gleichmäßige Konvergenz des Integrales (25.51) für $x \geqslant x_0 + 2\delta$ sichergestellt zu haben.

Die Zahl x_0 heißt *Konvergenzabszisse* für das Integral (25.51).

Es sei also das Integral (25.51) für $x \geqslant x_0 + \eta$ gleichmäßig konvergent und somit eine auf dem Intervall $]x_0, \infty[$ stetige Funktion von x. Die partielle Ableitung des Integranden nach x lautet $-ye^{-xy}f(y)$; da auch die Funktion yf(y) nicht stärker wächst als die Exponentialfunktion, wenn dies für die Funktion f(y) zutrifft, und sie insbesondere das durch (25.54) charakterisierte Wachstumsverhalten mit derselben Abszisse x_0 wie für f(y) hat, ist die durch (25.51) definierte Funktion F(x) auf dem Intervall $]x_0, \infty[$ differenzierbar. Wie man durch induktiven Schluß sieht, ist F(x) auf dem Intervall $]x_0, \infty[$ sogar beliebig oft differenzierbar. Die n-te Ableitung lautet

$$F^{(n)}(x) = (-1)^n \int_a^\infty y^n e^{-xy}f(y)\,dy. \tag{25.55}$$

Beispiel 25.23: Das Integral

$$F(x) = \int_0^\infty e^{-xy}\frac{\sin y}{y}\,dy$$

ist für $x \geqslant 0$ gleichmäßig konvergent; der Nachweis verläuft analog dem Konvergenzbeweis für das Integral

$$\int_0^\infty \frac{\sin y}{y}\,dy = \frac{\pi}{2} \tag{25.56}$$

(vgl. (12.22) und (18.27)). Für $x > 0$ darf unter dem Integral differenziert werden,

$$F'(x) = -\int_0^\infty e^{-xy} \sin y \, dy,$$

denn das rechterhand stehende Integral ist für $x \geqslant \eta > 0$ gleichmäßig konvergent (für $x = 0$ ist es divergent). Wir können es auf elementarem Wege berechnen,

$$F'(x) = -\frac{1}{1+x^2}, \quad x > 0.$$

Daraus folgt

$$F(x) = -\arctan x + C_0$$

mit einer noch zu bestimmenden Konstanten C_0. Wir können diese bestimmen, indem wir für $x = 0$ mit dem Integral (25.56) vergleichen, oder ohne die Kenntnis dieses Integrales, indem wir das Verhalten der Funktion $F(x)$ für $x \to \infty$ untersuchen: Unter Berücksichtigung von $|\sin y| \leqslant |y|$ ergibt sich die Abschätzung

$$|F(x)| \leqslant \int_0^\infty e^{-xy} dy = \frac{1}{x}$$

und daraus die Existenz des Grenzwertes

$$0 = \lim_{x\to\infty} F(x) = \lim_{x\to\infty} \left(-\arctan x + C_0\right) = -\frac{\pi}{2} + C_0;$$

infolgedessen ist $C_0 = \frac{\pi}{2}$ und damit schließlich

$$\int_0^\infty e^{-xy} \frac{\sin y}{y} dy = \frac{\pi}{2} - \arctan x, \quad x \geqslant 0.$$

Wenn wir hier $x = 0$ setzen, erhalten wir neuerlich das Integral (25.56) bestätigt.

Beispiel 25.24: Das Integral

$$F(x) = \int_0^\infty e^{-xy} dy = \frac{1}{x}$$

ist für $x \geqslant \eta > 0$ gleichmäßig konvergent. Durch n-malige Differentiation erhalten wir

$$\frac{n!}{x^{n+1}} = \int_0^\infty e^{-xy} y^n dy.$$

Setzen wir hierin $x = 1$, so folgt

$$\Gamma(n+1) = n! = \int_0^\infty e^{-y} y^n dy.$$

Beispiel 25.25: Die Funktion f(x) möge auf dem Intervall $[0, \infty[$ stetig differenzierbar sein, ferner sei $\lim_{x\to\infty} f(x) = 0$ vorausgesetzt. Dann gilt für $0 < a < b$

$$I = \int_0^\infty \frac{f(bx) - f(ax)}{x}\,dx = f(0)\ln\frac{a}{b}.$$

Um dies nachzuweisen, schreiben wir den Integranden in der Form

$$\frac{f(bx) - f(ax)}{x} = \frac{1}{x}\int_{ax}^{bx} f'(z)\,dz = \int_a^b f'(xt)\,dt$$

und erhalten damit

$$I = \int_0^\infty \frac{f(bx) - f(ax)}{x}\,dx = \int_0^\infty dx \int_a^b f'(xt)\,dt.$$

Da nun das Integral

$$\int_0^\infty f'(xt)\,dx = -\frac{1}{t}f(0)$$

auf Grund der Voraussetzung $\lim_{x\to\infty} f(x) = 0$ auf dem Intervall $[a, b]$ gleichmäßig konvergiert, kann die Integrationsreihenfolge vertauscht werden,

$$I = \int_a^b dt \int_0^\infty f'(xt)\,dx = -f(0)\int_a^b \frac{dt}{t} = f(0)\ln\frac{a}{b}.$$

Beispiel 25.26: Das Integral

$$F(x) = \int_1^\infty e^{-y}y^{x-1}\,dy$$

existiert für jedes reelle x und ist gleichmäßig konvergent auf jedem abgeschlossenen Intervall $[a, b]$. Dies folgt aus der für $a \leqslant x \leqslant b$ geltenden Ungleichung $|e^{-y}y^{x-1}| \leqslant e^{-y}y^{b-1}$ und aus der Konvergenz des Integrales

$$\int_1^\infty e^{-y}y^{b-1}\,dy.$$

Da andererseits

$$\int_0^1 e^{-y}y^{x-1}\,dy$$

für $x \geqslant \eta > 0$ gleichmäßig konvergiert, ist schließlich der Nachweis erbracht, daß die Gammafunktion für $x > 0$ eine stetige Funktion ist.

Beispiel 25.27: Wir berechnen das auf jedem abgeschlossenen Intervall gleichmäßig konvergente Integral

$$F(x) = \int_0^\infty \frac{\cos xy}{1+y^2}\,dy$$

und beweisen zunächst, daß das durch formale Differentiation hervorgehende Integral

$$\int_0^\infty \frac{y\sin xy}{1+y^2}\,dy$$

für $x \geqslant \eta > 0$ und $x \leqslant -\eta < 0$ gleichmäßig konvergiert. Wir verwenden hierfür den zweiten Mittelwertsatz der Integralrechnung: Setzen wir in (11.43) für $f(y) = \sin xy$ mit $|x| \geqslant \eta$ und für $g(y) = \frac{y}{1+y^2}$, so sind die Voraussetzungen von Satz 11.5 für $y \geqslant 1$ erfüllt und wir erhalten für $1 \leqslant c \leqslant d$

$$\int_c^d \frac{y\sin xy}{1+y^2}\,dy = \frac{c}{1+c^2}\int_c^\xi \sin xy\,dy + \frac{d}{1+d^2}\int_\xi^d \sin xy\,dy$$

$$= \frac{c}{1+c^2}\frac{1}{x}\left(\cos cx - \cos\xi x\right) + \frac{d}{1+d^2}\frac{1}{x}\left(\cos\xi x - \cos dx\right),$$

somit

$$\left|\int_c^d \frac{y\sin xy}{1+y^2}\,dy\right| \leqslant 4\,\frac{c}{1+c^2}\,\frac{1}{|x|} < \frac{2}{c\eta} < \epsilon, \quad |x| \geqslant \eta,\ d \geqslant c \geqslant L = \frac{2}{\epsilon\eta}.$$

Es gilt also nach (25.50)

$$F'(x) = -\int_0^\infty \frac{y\sin xy}{1+y^2}\,dy, \quad x \neq 0.$$

Dieses Integral darf nun nicht mehr nach der Regel (25.50) differenziert werden, da dabei ein divergentes Integral entsteht. Um wieder zu einem differenzierbaren Integral zu gelangen, addieren wir die für $x > 0$ gültige Gleichung

$$\frac{\pi}{2} = \int_0^\infty \frac{\sin y}{y}\,dy = \int_0^\infty \frac{\sin xy}{y}\,dy$$

hinzu,

$$F'(x) + \frac{\pi}{2} = \int_0^\infty \frac{\sin xy}{y(1+y^2)}\,dy.$$

Offenbar darf diese Gleichung nach der Regel (25.50) differenziert werden,

$$F''(x) = \int_0^\infty \frac{\cos xy}{1+y^2}\,dy = F(x), \quad x > 0.$$

Zur Lösung der Gleichung $F''(x) - F(x) = 0$ können wir denselben Kunstgriff wie bei der Untersuchung der Differentialgleichung $\ddot{x} + \omega^2 x = 0$ in Abschnitt 13.5 anwenden; das Ergebnis ist, daß jede Lösung von der Gestalt $Ce^x + De^{-x}$ mit zwei beliebigen Konstanten C und D ist. Demnach ist für $x > 0$

$$F(x) = C_0 e^x + D_0 e^{-x}$$

mit zwei noch zu bestimmenden Konstanten C_0 und D_0. Aus der für alle x gültigen Ungleichung

$$|F(x)| \leq \int_0^\infty \frac{dy}{1+y^2} = \frac{\pi}{2}$$

ziehen wir zunächst den Schluß, daß die Funktion F(x) beschränkt ist, so daß notwendig $C_0 = 0$ gelten muß. Damit erhalten wir nun aus der Forderung $F(0) = \frac{\pi}{2}$ für $D_0 = \frac{\pi}{2}$; wenn wir jetzt noch berücksichtigen, daß F(x) eine gerade Funktion ist, gelangen wir zu dem Ergebnis

$$\int_0^\infty \frac{\cos xy}{1+y^2}\,dy = \frac{\pi}{2} e^{-|x|}. \tag{25.57}$$

Für das abgeleitete Integral folgern wir daraus noch

$$\int_0^\infty \frac{y \sin xy}{1+y^2}\,dy = \frac{\pi}{2} e^{-|x|} \operatorname{sign}(x). \tag{25.58}$$

Die Integrale (25.57) und (25.58) werden *Laplacesche Integrale* genannt.

25.6 Uneigentliche Bereichsintegrale

Die Integration von Funktionen in mehreren Veränderlichen hatten wir an die Voraussetzung geknüpft, daß der Integrationsbereich abgeschlossen und beschränkt ist und daß der Integrand auf diesem stetig ist. Im Hinblick auf manche Anwendung ist jedoch eine Erweiterung des Integralbegriffes über die Zulassung stückweise stetiger Funktionen hinaus erforderlich, und zwar, wie schon bei der Integration von Funktionen einer Veränderlichen, auf Integrale mit unbeschränktem Integranden und auf Integrale über einen unbeschränkten Integrationsbereich. Wir unterscheiden dabei wieder zwischen *uneigentlichen Integralen erster Art*, solchen mit *unbeschränktem Integranden*, und *uneigentlichen Integralen zweiter Art*, solchen mit *unbeschränktem Integrationsbereich.*

Bei uneigentlichen Integralen erster Art kann der Integrand in einzelnen Punkten, aber auch auf ganzen Kurvenstücken und, bei Integralen über dreidimensionale Bereiche, auch in allen Punkten eines Flächenstückes unendlich werden. Der Grundgedanke zur Definition des Bereichsintegrales von Funktionen mit solchen Eigenschaften ist der gleiche wie bei Funktionen einer Veränderlichen. Man schließt die Unendlichkeitsstellen durch offene Umgebungen zunächst von der Integration aus und betrachtet die Integrale über die Restbereiche, um sodann diese Umgebungen auf die Unendlichkeitsstellen zusammenzuziehen. Mathematisch formuliert bedeutet dies die Wahl einer beliebigen Folge (U_n) von offenen Umgebungen der Unendlichkeitsstellen, das heißt also einer Folge (U_n) von offenen Umgebungen, deren gemeinsamer Durchschnitt aus allen Unendlichkeitsstellen des Integranden f(x) und nur aus diesen besteht, und anschließend die Untersuchung des Verhaltens der Integrale über die Restbereiche $B_n = B - U_n$ für $n \to \infty$: *Existiert der Grenzwert*

$$\int_B f(x)dx = \lim_{n\to\infty} \int_{B_n} f(x)dx \tag{25.59}$$

unabhängig von der Auswahl der Umgebungsfolge (U_n), *so nennt man ihn das uneigentliche Bereichsintegral der Funktion* f(x) *über B* und spricht insbesondere von einem *konvergenten* Integral. Existiert der Grenzwert (25.59) nur im uneigentlichen Sinn oder fällt er für verschiedene Umgebungsfolgen verschieden aus, so wird das Bereichsintegral von f(x) über *B divergent* genannt.

Es ist nicht schwer, hinreichende Bedingungen für die Konvergenz anzugeben. Wir behandeln hier aber nur den Fall einer einzelnen Unendlichkeitsstelle; das dabei angewendete Prinzip kann ohne Schwierigkeiten auf Integranden mit Unendlichkeitslinien bzw. Unendlichkeitsflächen übertragen werden.

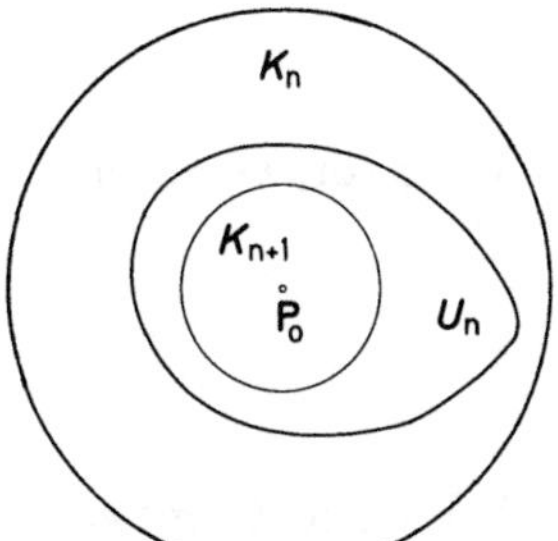

Bild 25.11

Es sei f(x, y) eine auf dem Bereich *B* stetige Funktion mit Ausnahme des Punktes $P_0(x_0, y_0)$, der eine Unendlichkeitsstelle von f(x, y) sei. Wir nehmen ferner an, daß P_0 ein innerer Punkt des Bereiches *B* ist, so daß ein Kreis *K* mit dem Radius R um P_0 existiert, der zur Gänze im Bereich *B* enthalten ist. Es genügt dann, Bedingungen für die Konvergenz des Integrales über den Kreis *K* anzugeben, da das Integral über den Restbereich $B - K$ keine Schwierigkeiten bereitet. Sei (U_n) eine beliebige Folge von (offenen) Umgebungen des Punktes P_0; offenbar ist jede Umgebung U_n in einem Kreis K_n mit dem Radius r_n enthalten, andererseits enthält U_n selbst einen Kreis K_{n+1} mit dem Radius r_{n+1} (Bild 25.11). Wir können daher die Umgebungsfolge (U_n) durch eine Folge von Kreisen (K_n) mit den Radien r_n ersetzen, wobei wir bloß $\lim r_n = 0$ zu fordern haben. Wenn wir nun im Integral der Funktion f(x, y) über den Kreisringbereich $K - K_n$ Polarkoordinaten $x = x_0 + r\cos\varphi$, $y = y_0 + r\sin\varphi$ einführen, so wird

$$I_n = \int_{K-K_n} f(x, y)d\mu = \int_{r_n}^{R} r\,dr \int_0^{2\pi} g(r, \varphi)d\varphi,$$

worin $g(r, \varphi) = f(x_0 + r\cos\varphi, y_0 + r\sin\varphi)$ gesetzt ist. Da nun das Integral

$$F(r) = \int_0^{2\pi} g(r, \varphi)d\varphi$$

für $r > 0$ eine stetige Funktion ist, existiert das Bereichsintegral der Funktion $f(x, y)$ über den Kreis K offenbar genau dann, wenn der Grenzwert

$$\lim_{n \to \infty} \int_{r_n}^{R} rF(r)\,dr$$

für jede Folge (r_n) mit $\lim r_n = 0$ existiert, was gleichbedeutend mit der Existenz des Grenzwertes

$$\lim_{r \to 0+} \int_{r}^{R} rF(r)\,dr$$

ist. Wenn nun überhaupt

$$\int_{0}^{R} rF(r)\,dr$$

ein uneigentliches Integral ist, so liegt nach Satz 12.1 sicher Konvergenz vor, wenn der Grenzwert

$$\lim_{r \to 0+} r^{\gamma'} rF(r) = \lim_{r \to 0+} r^{\gamma'+1} \int_{0}^{2\pi} g(r, \varphi)\,d\varphi$$

für eine Zahl γ', $0 < \gamma' < 1$, endlich ist. Dies ist aber sicher der Fall, wenn der Grenzwert

$$\begin{aligned}\lim_{r \to 0+} r^{\gamma'+1} g(r, \varphi) &= \lim_{r \to 0+} r^{\gamma'+1} f(x_0 + r\cos\varphi, y_0 + r\sin\varphi) \\ &= \lim_{\substack{x \to x_0 \\ y \to y_0}} \left(\sqrt{(x - x_0)^2 + (y - y_0)^2}\right)^{\gamma'+1} f(x, y)\end{aligned}$$

im eigentlichen Sinn existiert. Wir werden damit zu folgender Bedingung geführt: *Ist* (x_0, y_0) *eine im Inneren von B liegende Unendlichkeitsstelle des für* $(x, y) \neq (x_0, y_0)$ *auf B stetigen Integranden* $f(x, y)$ *und existiert der Grenzwert*

$$\lim_{\substack{x \to x_0 \\ y \to y_0}} \left(\sqrt{(x - x_0)^2 + (y - y_0)^2}\right)^{\gamma} f(x, y) \tag{25.60}$$

für eine Zahl γ *mit* $0 < \gamma < 2$, *so konvergiert das Bereichsintegral von* $f(x, y)$ *über B.*

Auf genau die gleiche Weise verfährt man bei uneigentlichen Integralen über dreidimensionale Bereiche zur Ableitung einer hinreichenden Bedingung für die Konvergenz des Integrales bei isolierten Unendlichkeitsstellen. Da bei der Einführung von Kugelkoordinaten die Potenz r^2 zum Integranden hinzukommt, lautet jetzt die Konvergenzbedingung so: *Ist* (x_0, y_0, z_0) *eine im Inneren von B liegende Unendlichkeitsstelle der für* $(x, y, z) \neq$ $\neq (x_0, y_0, z_0)$ *auf B stetigen Funktion* $f(x, y, z)$ *und existiert der Grenzwert*

$$\lim_{x \to x_0,\, y \to y_0,\, z \to z_0} \left(\sqrt{(x - x_0)^2 + (y - y_0)^2 + (z - z_0)^2}\right)^{\gamma} f(x, y, z) \tag{25.61}$$

für eine Zahl γ *mit* $0 < \gamma < 3$, *so konvergiert das Bereichsintegral von* $f(x, y, z)$ *über B.*

Wir überlassen es dem Leser, mit Hilfe der Ergebnisse von Abschnitt 12 hinreichende Bedingungen für die Divergenz uneigentlicher Bereichsintegrale abzuleiten.

Beispiel 25.28: Das Integral

$$I = \iint\limits_{x^2+y^2 \leq 1} \frac{1}{\left(\sqrt{x^2+y^2}\right)^{3/2}} dxdy$$

ist konvergent, denn es gilt

$$\lim_{\substack{x\to 0\\ y\to 0}} \left(\sqrt{x^2+y^2}\right)^\gamma \frac{1}{\left(\sqrt{x^2+y^2}\right)^{3/2}} = \lim_{\substack{x\to 0\\ x\to 0}} \left(\sqrt{x^2+y^2}\right)^{\gamma-3/2} = 0$$

für $\gamma > \frac{3}{2}$. Durch Einführung von Polarkoordinaten erhalten wir

$$I = 2\pi \int_0^1 \frac{dr}{\sqrt{r}} = 4\pi.$$

Beispiel 25.29: Ebenso ist das Integral

$$I = \iint\limits_{x^2+y^2 \leq 1} \ln(x^2+y^2)dxdy$$

konvergent, da

$$\lim_{\substack{x\to 0\\ y\to 0}} \left(\sqrt{x^2+y^2}\right)^\gamma \ln(x^2+y^2) = \lim_{r\to 0+} 2r^\gamma \ln r = 0$$

ist für jede Zahl $\gamma > 0$. Der Wert des Integrales ist

$$I = \int_0^{2\pi} d\varphi \int_0^1 r \ln(r^2)dr = -\pi.$$

Beispiel 25.30: Wir betrachten das Integral

$$U(x, y, z) = \iiint\limits_B \frac{1}{\sqrt{(x-\xi)^2+(y-\eta)^2+(z-\zeta)^2}} d\xi d\eta d\zeta$$

von Beispiel 25.20, worin wieder B die Kugel $\xi^2+\eta^2+\zeta^2 \leq R^2$ sei. Für $x^2+y^2+z^2 \leq R^2$ ist es ein konvergentes uneigentliches Integral, da die Bedingung (25.61) für $\gamma \geq \frac{1}{2}$ erfüllt ist. Um es zu berechnen, gehen wir zunächst wie in Beispiel 25.20 vor, haben jetzt aber bei der Berechnung des Integrales

$$\hat{U}(\rho) = \frac{\pi}{\rho} \int_0^R r dr \int_{(\rho-r)^2}^{(\rho+r)^2} \frac{du}{\sqrt{u}} = \frac{2\pi}{\rho} \int_0^R \left(r+\rho-|\rho-r|\right) r dr$$

zu berücksichtigen, daß nun auch ρ kleiner als r wird, weshalb die Transformation der unteren Integrationsgrenze $\sqrt{(\rho-r)^2} = |\rho-r|$ ergibt.

Wir erhalten nun weiter durch Aufspalten des rechterhand stehenden Integrales

$$\hat{U}(\rho) = \frac{2\pi}{\rho}\left(\int_0^\rho [r + \rho - (\rho - r)]r\,dr + \int_\rho^R [r + \rho - (r - \rho)]r\,dr\right)$$

$$= \frac{4\pi}{\rho}\left(\int_0^\rho r^2 dr + \int_\rho^R r\rho\,dr\right) = \frac{4\pi}{\rho}\left(\frac{\rho^3}{3} + \frac{\rho}{2}(R^2 - \rho^2)\right) = \frac{2\pi}{3}(3R^2 - \rho^2).$$

Auf analoge Weise verfährt man bei Integralen über unbeschränkte Bereiche: Man wählt eine beliebige Folge von Bereichen B_n, die für $n \to \infty$ den Integrationsbereich B ausschöpfen und betrachtet bei diesem Grenzübergang die Integrale über die Bereiche B_n. Existiert der Grenzwert dieser Integrale unabhängig von der Auswahl der Bereiche B_n, so nennt man diesen das uneigentliche Bereichsintegral über B und spricht wieder von einem konvergenten Integral. In allen anderen Fällen wird das Bereichsintegral über B divergent genannt.

Wir besprechen speziell den wichtigen Fall, daß der Integrationsbereich die ganze (x, y)-Ebene ist, die wir als Bereich mit $\mathbb{R}^2$ bezeichnen. Es sei f(x, y) in jedem Punkt der (x, y)-Ebene stetig, ferner sei B_n eine Folge von Bereichen, wobei, zumindest ab einem gewissen Index, jeder Bereich den vorhergehenden enthält und für $n \to \infty$ die ganze (x, y)-Ebene ausgeschöpft wird. Existiert dann unabhängig von der Auswahl der Bereichsfolge (B_n) der Grenzwert

$$\int_{\mathbb{R}^2} f(x, y)\,d\mu = \lim_{n\to\infty} \int_{B_n} f(x, y)\,d\mu, \tag{25.62}$$

so nennen wir diesen das *uneigentliche Integral der Funktion* f(x, y) *erstreckt über die ganze* (x, y)-*Ebene.*

Wir wollen noch eine hinreichende Bedingung für die Konvergenz ableiten. Offenbar können wir wieder von Kreisbereichen K_n mit den Radien r_n, $\lim r_n = \infty$, ausgehen. Durch Einführung von Polarkoordinaten wird

$$I_n = \int_{K_n} f(x, y)\,d\mu = \int_0^{r_n} r\,dr \int_0^{2\pi} g(r, \varphi)\,d\varphi = \int_0^{r_n} rF(r)\,dr,$$

worin $g(r, \varphi) = f(r\cos\varphi, r\sin\varphi)$ und

$$F(r) = \int_0^{2\pi} g(r, \varphi)\,d\varphi$$

gesetzt wurde. Daher konvergieren die Integrale I_n für jede bestimmt divergente Folge (r_n) genau dann, wenn der Grenzwert

$$\lim_{n\to\infty} \int_0^{r_n} rF(r)\,dr = \lim_{R\to\infty} \int_0^R rF(r)\,dr = \int_0^\infty rF(r)\,dr$$

existiert, das heißt, wenn das rechterhand stehende uneigentliche Integral konvergiert. Dies ist nach Satz 12.2 sicher der Fall, wenn der Grenzwert

$$\lim_{r \to \infty} r^{\gamma'} r F(r)$$

für eine Zahl $\gamma' > 1$ existiert. Wir erhalten damit folgende hinreichende Bedingung für die Konvergenz des uneigentlichen Bereichsintegrals (25.62): *Ist die Funktion* f(x, y) *in jedem Punkt der* (x, y)*-Ebene stetig und existiert der Grenzwert*

$$\lim_{\substack{x \to \infty \\ y \to \infty}} \left(\sqrt{x^2 + y^2}\right)^{\gamma} f(x, y) \tag{25.63}$$

für eine Zahl γ *mit* $\gamma > 2$, *so ist das Bereichsintegral der Funktion* f(x, y) *über die ganze Ebene* $\mathbb{R}^2$ *konvergent.*

Dieses Ergebnis läßt sich ohne Schwierigkeiten auf allgemeinere sich ins Unendliche erstreckende Bereiche übertragen. Ist der Bereich *B* zum Beispiel ein Winkelraum, so ist der Grenzwert (25.63) sinngemäß so zu verstehen, daß x und y innerhalb dieses Winkelraumes gegen unendlich streben.

Durch eine analoge Betrachtung im Raum werden wir zu folgendem Konvergenzkriterium für uneigentliche Bereichsintegrale über den ganzen Raum $\mathbb{R}^3$ geführt, das wir jetzt in symbolischer Schreibweise formulieren wollen: *Ist die Funktion* $f(x, y, z) = f(\mathbf{x})$ *in jedem Punkt des Raumes stetig und existiert der Grenzwert*

$$\lim_{\mathbf{x} \to \infty} |\mathbf{x}|^{\gamma} f(\mathbf{x})$$

für eine Zahl γ *mit* $\gamma > 3$, *so konvergiert das Bereichsintegral der Funktion* $f(\mathbf{x})$ *über den ganzen Raum* $\mathbb{R}^3$. Sinngemäß ist diese Bedingung auf allgemeinere Bereichsformen zu übertragen.

Es ist eine nahezu selbstverständliche Tatsache, daß uneigentliche Bereichsintegrale nach den Regeln von Abschnitt 25.4 transformiert werden können. Wenn ein uneigentliches Integral dabei in ein „eigentliches" Integral übergeht, so ist dies gleichzeitig auch ein Konvergenznachweis; umgekehrt steht die Konvergenz eines uneigentlichen Bereichsintegrales fest, wenn es aus einem eigentlichen durch Transformation hervorgegangen ist.

Wir schreiben auch uneigentliche Bereichsintegrale als mehrfache Integrale, so zum Beispiel

$$\int_{\mathbb{R}^2} f(x, y)\, d\mu = \int_{-\infty}^{\infty} dx \int_{-\infty}^{\infty} f(x, y)\, dy = \int_{-\infty}^{\infty} dy \int_{-\infty}^{\infty} f(x, y)\, dx, \tag{25.65}$$

oder, wenn *B* der Bereich $x \geqslant a$, $y \geqslant b$ ist,

$$\int_{x \geqslant a,\, y \geqslant b} f(x, y)\, d\mu = \int_a^{\infty} dx \int_b^{\infty} f(x, y)\, dy = \int_b^{\infty} dy \int_a^{\infty} f(x, y)\, dx, \tag{25.66}$$

natürlich unter der Voraussetzung, daß die linkerhand stehenden Bereichsintegrale konvergieren. Die Vertauschbarkeit der Integrationsreihenfolge ist hierin eine einfache Folgerung aus der Konvergenz des Bereichsintegrales. Denn diese bedeutet ja, zum Beispiel für (25.66), wenn wir den Integrationsbereich $x \geqslant a, y \geqslant b$ durch Rechtecke $a \leqslant x \leqslant A, b \leqslant y \leqslant B$ ausschöpfen, die Existenz des Grenzwertes

$$\lim_{\substack{A\to\infty \\ B\to\infty}} \int_a^A dx \int_b^B f(x,y)dy = \int_a^\infty dx \int_b^\infty f(x,y)dy = \int_{x\geqslant a,\, y\geqslant b} f(x,y)d\mu,$$

für den wir unter Berücksichtigung von (25.13) auch

$$\int_{x\geqslant a,\, y\geqslant b} f(x,y)d\mu = \lim_{\substack{A\to\infty \\ B\to\infty}} \int_b^B dy \int_a^A f(x,y)dx = \int_b^\infty dy \int_a^\infty f(x,y)dx$$

erhalten.

Beispiel 25.31: Das Integral

$$I = \iint_{x\geqslant 0,\, y\geqslant 0} e^{-x^2-y^2}dxdy$$

ist offensichtlich konvergent; unter Beibehaltung kartesischer Koordinaten führt seine Berechnung auf

$$I = \int_0^\infty dx \int_0^\infty e^{-x^2-y^2}dy = \int_0^\infty e^{-x^2}dx \int_0^\infty e^{-y^2}dy = \left(\int_0^\infty e^{-x^2}dx\right)^2.$$

Durch Einführung von Polarkoordinaten erhalten wir dagegen

$$I = \int_0^{\pi/2} d\varphi \int_0^\infty e^{-r^2}r\,dr = \frac{\pi}{2}\int_0^\infty re^{-r^2}dr = \frac{\pi}{4}\int_0^\infty e^{-u}du = \frac{\pi}{4}$$

und daraus durch Vergleich beider Resultate

$$\int_0^\infty e^{-x^2}dx = \frac{\sqrt{\pi}}{2},$$

womit nun endlich die Formel (12.27) bewiesen ist.

Beispiel 25.32: Wir berechnen das in Abschnitt 12.3 als konvergent nachgewiesene Integral

$$I = \int_0^\infty \frac{\sin x}{\sqrt{x}}dx, \tag{25.67}$$

indem wir aus der Formel

$$\frac{1}{\sqrt{x}} = \frac{1}{\sqrt{x}}\frac{2}{\sqrt{\pi}}\int_0^\infty e^{-t^2}dt = \frac{2}{\sqrt{\pi}}\int_0^\infty e^{-xy^2}dy$$

für $\frac{1}{\sqrt{x}}$ einsetzen,

$$I = \frac{2}{\sqrt{\pi}} \int_0^\infty \sin x dx \int_0^\infty e^{-xy^2} dy.$$

Da nun das Bereichsintegral

$$\int_{x \geq 0,\, y \geq 0} e^{-xy^2} \sin x \, d\mu$$

konvergiert, kann die Integrationsreihenfolge vertauscht werden,

$$I = \frac{2}{\sqrt{\pi}} \int_0^\infty dy \int_0^\infty e^{-xy^2} \sin x \, dx,$$

woraus schließlich durch Berechnung des inneren Integrales

$$I = \frac{2}{\sqrt{\pi}} \int_0^\infty \frac{dy}{1 + y^4} = \sqrt{\frac{\pi}{2}}$$

folgt.
Durch die Substitution $x = t^2$ geht das Integral (25.67) in

$$I = 2 \int_0^\infty \sin(t^2) dt = \int_{-\infty}^\infty \sin(t^2) dt$$

über, das ebenso wie

$$\int_{-\infty}^\infty \cos(t^2) dt$$

Fresnelsches Integral genannt wird. Die Fresnelschen Integrale sind für die Beschreibung der sogenannten Fresnelschen Beugung von Wellen wichtig. Ihr Wert ist

$$\int_{-\infty}^\infty \sin(t^2) dt = \int_{-\infty}^\infty \cos(t^2) dt = \sqrt{\frac{\pi}{2}},$$

wobei die Berechnung des Cosinus-Integrales nach dem gleichen Muster dem Leser überlassen sei.

Beispiel 25.33: Die durch das uneigentliche Integral

$$B(x, y) = \int_0^1 t^{x-1}(1-t)^{y-1} dt \tag{25.68}$$

definierte Funktion tritt in vielen Zweigen der angewandten Mathematik auf und wird nach Euler ***Betafunktion*** genannt. Da das Integral nur für $x > 0, y > 0$ konvergiert, ist ihr Definitionsbereich der erste Quadrant; sie ist dort auch stetig, da das sie definierende Integral für $x \geq \delta' > 0, y \geq \delta'' > 0$ gleichmäßig konvergiert. Wie man durch die Substitution $t = 1 - \tau$ erkennt, ist die Betafunktion eine symmetrische Funktion ihrer Argumente,

$$B(x, y) = B(y, x).$$

Die Betafunktion steht in einem sehr oft verwendeten Zusammenhang mit der Gammafunktion. Substituieren wir mit $u > 0$ für $t = \frac{1}{2}\left(\frac{v}{u} + 1\right)$, so wird

$$B(x, y) = (2u)^{1-x-y} \int_{-u}^{u} (u+v)^{x-1}(u-v)^{y-1} dv$$

und weiter, wenn wir diese Gleichung mit $e^{-2u}(2u)^{x+y-1}$ multiplizieren und zwischen den Grenzen 0 und a integrieren,

$$B(x, y) \int_0^a e^{-2u}(2u)^{x+y-1} du = \int_0^a e^{-2u} du \int_{-u}^{u} (u+v)^{x-1}(u-v)^{y-1} dv.$$

Das Doppelintegral auf der rechten Seite fassen wir nun als Integral über das Dreieck B: $-u \leqslant v \leqslant u$, $0 \leqslant u \leqslant a$ auf,

$$\iint_B e^{-2u}(u+v)^{x-1}(u-v)^{y-1} du dv;$$

durch die Transformation $\xi = u + v$, $\eta = u - v$ geht es über in

$$\frac{1}{2} \iint_{B'} e^{-\xi-\eta} \xi^{x-1} \eta^{y-1} d\xi d\eta,$$

worin B' das Dreieck mit den Eckpunkten P(0, 0), Q(0, 2a) und R(2a, 0) ist. Wenn wir jetzt in der Gleichung

$$B(x, y) \int_0^{2a} e^{-t} t^{x+y-1} dt = \iint_{B'} e^{-(\xi+\eta)} \xi^{x-1} \eta^{y-1} d\xi d\eta$$

den Grenzübergang $a \to \infty$ durchführen, so strebt die rechte Seite gegen das Doppelintegral

$$\iint_{\xi \geqslant 0,\, \eta \geqslant 0} e^{-(\xi+\eta)} \xi^{x-1} \eta^{y-1} d\xi d\eta = \int_0^{\infty} e^{-\xi} \xi^{x-1} d\xi \int_0^{\infty} e^{-\eta} \eta^{y-1} d\eta = \Gamma(x)\Gamma(y),$$

der Ausdruck auf der linken Seite wird dabei zu

$$B(x, y)\Gamma(x+y),$$

womit der gesuchte Zusammenhang

$$B(x, y) = \frac{\Gamma(x)\Gamma(y)}{\Gamma(x+y)} \tag{25.69}$$

hergestellt ist.

Mit Hilfe dieses Ergebnisses können wir noch eine weitere grundlegende Formel für die Gammafunktion ableiten. Wir betrachten das Integral

$$I(x) = \int_0^{\infty} \frac{y^{x-1}}{1+y} dy, \quad 0 < x < 1.$$

Durch die Substitution $1 + y = u$ geht es über in

$$I(x) = \int_1^\infty \frac{(u-1)^{x-1}}{u} du$$

und weiter durch die Substitution $u = \frac{1}{v}$

$$I(x) = \int_0^1 (1-v)^{x-1} v^{-x} dv = B(x, 1-x).$$

Es ist also unter Berücksichtigung von (25.69) und $\Gamma(1) = 1$

$$I(x) = \Gamma(x)\Gamma(1-x).$$

Für rationale Werte von x läßt sich das Integral I(x) auf elementarem Wege berechnen. Sei $x = \frac{p}{q}$ rational, p und q teilerfremd und $0 < p < q$, so liefert die Transformation $y = t^q$ das Integral

$$I\left(\frac{p}{q}\right) = q \int_0^\infty \frac{t^{p-1}}{1+t^q} dt$$

mit rationalem Integranden. Nach einer etwas längeren Rechnung erhält man hierfür

$$I\left(\frac{p}{q}\right) = \frac{\pi}{\sin \frac{p\pi}{q}}.$$

Zum Nachweis, daß diese Gleichung nicht nur für rationale Zahlen des Intervalles $]0, 1[$ gültig ist, betrachten wir einen beliebigen Punkt $x \in]0, 1[$ und konstruieren eine Folge rationaler Zahlen r_n mit $\lim r_n = x$. Wenn wir nun berücksichtigen, daß das Integral I(x) für $0 < x < 1$ eine stetige Funktion von x ist, da es für $0 < \eta' \leq x \leq \eta'' < 1$ gleichmäßig konvergiert, folgt

$$\frac{\pi}{\sin \pi x} = \lim_{n \to \infty} \frac{\pi}{\sin r_n \pi} = \lim_{n \to \infty} I(r_n) = I\left(\lim_{n \to \infty} r_n\right) = I(x).$$

Durch Vergleich mit der anderen Darstellung des Integrales I(x) ergibt sich nun die angekündigte Formel

$$\Gamma(x)\Gamma(1-x) = \frac{\pi}{\sin \pi x}, \quad 0 < x < 1. \tag{25.70}$$

25.7 Anwendungen in Geometrie und Physik

Die Bogenlänge von Raumkurven. In Abschnitt 13.2 haben wir die Bestimmung der Bogenlänge einer ebenen Kurve auf eine Integrationsaufgabe zurückgeführt. Wir wollen jetzt dieselbe Aufgabe für eine räumliche Kurve behandeln; über die Meßbarkeit der Länge einer Kurve gilt natürlich das in Abschnitt 13.2 Gesagte, wir berufen uns aber wieder auf die Anschauung, daß eine Raumkurve eine endliche Länge hat, das heißt rektifiziert werden kann.

Es sei $x = x(t)$, $y = y(t)$, $z = z(t)$ oder in symbolischer Schreibweise $\mathbf{x} = \mathbf{x}(t)$, $a \leq t \leq b$, die Parameterdarstellung einer Raumkurve; die Koordinatenfunktionen setzen wir auf dem Intervall [a, b] stetig differenzierbar voraus. Zur Lösung unserer Aufgabe gehen wir auf die gleiche Weise vor wie beim ebenen Problem, indem wir dem Kurvenbogen einen Polygonzug einschreiben und dessen Länge als Näherungswert für die gesuchte Bogenlänge auffassen. Wir wählen hierfür Punkte $P_i(x_i, y_i, z_i)$ auf der Kurve aus, welche den Parameterwerten t_i entsprechen mögen. Die Länge des durch die Punkte P_i bestimmten Polygonzuges ist

$$\sum_{i=1}^{n} \sqrt{\Delta x_i^2 + \Delta y_i^2 + \Delta z_i^2} = \sum_{i=1}^{n} \sqrt{\left(\dot{x}(\tau_i)\right)^2 + \left(\dot{y}(\tau_i)\right)^2 + \left(\dot{z}(\tau_i)\right)^2}\, \Delta t_i,$$

worin $\Delta x_i = x(t_i) - x(t_{i-1}) = \dot{x}(\tau_i)\Delta t_i$ usw. berücksichtigt wurde. Daß hierin für alle drei Koordinatendifferenzen ein gemeinsamer Zwischenwert genommen werden kann, folgt aus der Tatsache, daß im Intervall $]t_{i-1}, t_i[$ ein Parameterwert τ_i existiert, so daß in dem betreffenden Kurvenpunkt $\mathbf{x}(\tau_i)$ die Tangente parallel zur Sehne $P_{i-1}P_i$ ist. Wenn wir jetzt eine Folge von Polygonzügen betrachten, deren größte Seiten beliebig klein werden, so streben die Polygonlängen beim Grenzübergang gegen das bestimmte Integral

$$s = \int_a^b \sqrt{\left(\dot{x}(t)\right)^2 + \left(\dot{y}(t)\right)^2 + \left(\dot{z}(t)\right)^2}\, dt, \tag{25.71}$$

das nunmehr einen exakten Ausdruck für die Länge des Kurvenbogens darstellt. Der Nachweis, daß der Wert dieses Integrales unabhängig von der gewählten Parameterdarstellung für die Kurve ist, kann nach dem Muster von Abschnitt 13.2 erbracht werden und sei dem Leser überlassen.

Das Symbol

$$ds = \sqrt{\dot{x}^2 + \dot{y}^2 + \dot{z}^2}\, dt = |\dot{\mathbf{x}}|\, dt \tag{25.72}$$

beziehungsweise

$$ds = \sqrt{dx^2 + dy^2 + dz^2} \tag{25.73}$$

wird das *Bogenelement* oder *Bogendifferential* genannt. Die Bogenlänge einer Kurve C wird auch gern als Integral

$$s = \int_C ds$$

mit C als Symbol für den Integrationsbereich geschrieben.

In geometrischen Betrachtungen ist es bequem, die von einem Anfangspunkt der Kurve aus gemessene Bogenlänge als Parameter für die Kurvendarstellung einzuführen. Wenn wir, wie in der Geometrie üblich, die Ableitungen der Koordinatenfunktionen nach der Bogenlänge s mit x', y' und z' bezeichnen, erhalten wir aus (25.72)

$$x'^2 + y'^2 + z'^2 = 1,$$

das heißt, daß der Vektor

$$\mathbf{t} = x'\mathbf{e}_x + y'\mathbf{e}_y + z'\mathbf{e}_z = \mathbf{x}'$$

der auf die Länge 1 normierte Tangentenvektor ist.

In physikalischen Anwendungen betrachtet man verschiedentlich den durch Idealisierungen bedingten Fall, daß auf einer Kurve eine Substanz stetig verteilt ist, so daß sich auf Stücken dieser Kurve von hinreichend kleiner Länge beliebig kleine Mengen dieser Substanz befinden. In der Regel verwendet man dann die von einem beliebigen Punkt aus gemessene Bogenlänge als Parameter für die Kurvendarstellung $\mathbf{x} = \mathbf{x}(s)$ und bezeichnet mit $q(s)$ die Gesamtmenge der Substanz auf dem Kurvenbogen, der sich von diesem Anfangspunkt zum Punkt $\mathbf{x}(s)$ erstreckt. Auf einem kleinen Stück der Kurve mit der Länge Δs befindet sich dann die Substanzmenge $\Delta q = q(s + \Delta s) - q(s)$. Der Quotient $\frac{\Delta q}{\Delta s}$ ist daher ein Ausdruck für die mittlere Dichte der Substanz auf diesem kleinen Kurvenbogen; ziehen wir diesen auf den Punkt $\mathbf{x}(s)$ zusammen, so erhalten wir in der Grenze

$$\lim_{\Delta s \to 0} \frac{\Delta q}{\Delta s} = \frac{dq}{ds} = \gamma(s)$$

die *Dichte* der Substanz im Punkt $\mathbf{x}(s)$. Aus der *Liniendichte* genannten Funktion $\gamma(s)$ erhalten wir die auf einem Kurvenstück C befindliche Substanzmenge durch Integration

$$q = \int_{s_0}^{s_1} \gamma(s)\, ds,$$

wenn Anfangs- bzw. Endpunkt dieses Kurvenstückes den Parameterwerten s_0 bzw. s_1 entsprechen. Man schreibt dafür auch

$$q = \int_C \gamma(s)\, ds,$$

worin mit dem Symbol C als Integrationsbereich jener Teil der Kurve gekennzeichnet ist, über den die Integration zu erstrecken ist.

Der Inhalt krummer Flächenstücke. Während die Bogenlänge einer Raumkurve durch ein bestimmtes Integral einer Funktion in einer Veränderlichen ausgedrückt wird, führt die Berechnung des Inhaltes einer krummen Fläche, die als *Komplanation* der Fläche bezeichnet wird, nun auf ein Bereichsintegral.

Es sei durch die Funktion $\mathbf{x} = \mathbf{x}(u, v)$, $(u, v) \in B$, eine Fläche in Parameterdarstellung gegeben. Wir setzen voraus, daß die partiellen Ableitungen der Koordinatenfunktionen in jedem Punkt des Parameterbereiches existieren und auf B stetige Funktionen sind, weiter, daß der Normalenvektor $\mathbf{n} = \mathbf{x}_u \times \mathbf{x}_v$ in jedem Punkt der Fläche vom Nullvektor verschieden ist (vgl. (23.21)). Den Bereich B der (u, v)-Ebene unterteilen wir nun durch achsenparallele Gerade in Teilbereiche ΔB_k. Für jeden solchen Teilbereich ΔB_k betrachten wir nun das kleine Flächenstück, das den Parameterwerten $(u, v) \in \Delta B_k$ entspricht. Sei ΔB ein solcher Teilbereich, begrenzt von den Linien $u = u_0$, $u = u_0 + \Delta u$, $v = v_0$, $v = v_0 + \Delta v$; das kleine Flächenstück wird dann von den Parameterlinien $\mathbf{x} = \mathbf{x}(u_0, v)$, $\mathbf{x} = \mathbf{x}(u_0 + \Delta u, v)$, $v_0 \leqslant v \leqslant v_0 + \Delta v$, und $\mathbf{x} = \mathbf{x}(u, v_0)$, $\mathbf{x} = \mathbf{x}(u, v_0 + \Delta v)$, $u_0 \leqslant u \leqslant u_0 + \Delta u$, berandet. Wir ersetzen es durch das Stück der Tangentialebene in einem beliebigen Punkt dieses Flächenstückes, für den wir aus Gründen einer einfacheren Darstellung den Punkt $\mathbf{x}_0 = \mathbf{x}(u_0, v_0)$ auswählen (Bild 25.12). Das Stück der Tangentialebene, das als Ersatz für das Flächenstück genommen wird, hat dann die Darstellung

$$\mathbf{x} = \mathbf{x}_0 + \mathbf{x}_u(u_0, v_0)(u - u_0) + \mathbf{x}_v(u_0, v_0)(v - v_0),$$
$$u_0 \leqslant u \leqslant u_0 + \Delta u, \quad v_0 \leqslant v \leqslant v_0 + \Delta v,$$

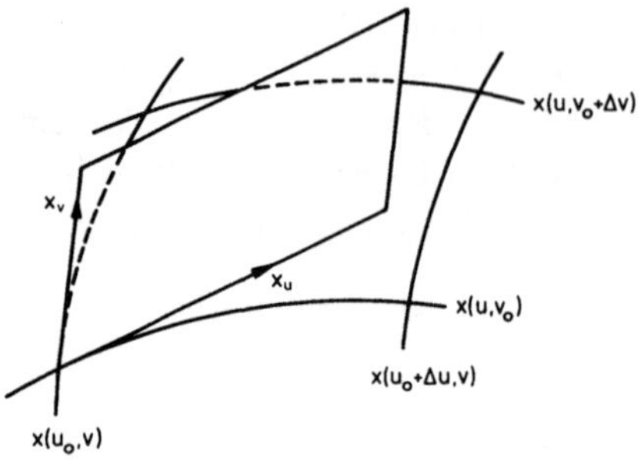

Bild 25.12

(vgl. (23.22)). Den Inhalt des kleinen Flächenstückes approximieren wir nun durch den Inhalt dieses Stückes der Tangentialebene; da es sich bei diesem um das Parallelogramm handelt, das von den Vektoren $\mathbf{x}_u(u_0, v_0)\Delta u$ und $\mathbf{x}_v(u_0, v_0)\Delta v$ aufgespannt wird, ist sein Flächeninhalt

$$\left|\mathbf{x}_u(u_0, v_0) \times \mathbf{x}_v(u_0, v_0)\right| \Delta u \Delta v.$$

Summieren wir die von allen Teilbereichen ΔB_k gelieferten Ausdrücke auf, so erhalten wir durch

$$A \approx \sum |\mathbf{x}_u \times \mathbf{x}_v| \Delta u \Delta v$$

einen Näherungsausdruck für den gesuchten Inhalt A der Fläche. Für eine ausgezeichnete Zerlegungsfolge des Parameterbereiches B streben diese gegen das Bereichsintegral der Funktion $|\mathbf{x}_u \times \mathbf{x}_v|$ über den Bereich B, das wir als Doppelintegral

$$A = \iint_B |\mathbf{x}_u \times \mathbf{x}_v| \, du \, dv \tag{25.74}$$

schreiben und als Inhalt der Fläche aufzufassen haben.

Führen wir die Größen

$$E = \mathbf{x}_u \cdot \mathbf{x}_u, \quad F = \mathbf{x}_u \cdot \mathbf{x}_v, \quad G = \mathbf{x}_v \cdot \mathbf{x}_v \tag{25.75}$$

ein, die auch als *Fundamentalgrößen der Flächentheorie* bezeichnet werden, so folgt unter Beachtung von (19.29)

$$A = \iint_B \sqrt{EG - F^2} \, du \, dv. \tag{25.76}$$

Das Symbol

$$do = \sqrt{EG - F^2} \, du \, dv \tag{25.77}$$

wird als das *Flächenelement* eingeführt; man schreibt die Oberflächenformel (25.76) dann auch gern in der Form

$$A = \int_F do,$$

worin die Fläche F, deren Inhalt durch das Integral angegeben wird, als Symbol für den Integrationsbereich steht.

Ist die Fläche durch eine Gleichung $z = f(x, y)$, $(x, y) \in B$, explizit gegeben, so ist $x = u$, $y = v$, $z = f(u, v)$ eine Parameterdarstellung für sie; mit

$$E = 1 + f_u^2, \quad F = f_u f_v, \quad G = 1 + f_v^2$$

erhalten wir in diesem Fall

$$EG - F^2 = (1 + f_u^2)(1 + f_v^2) - f_u^2 f_v^2 = 1 + f_u^2 + f_v^2$$

und infolgedessen, wenn wir wieder x statt u, y statt v schreiben,

$$A = \int_F do = \iint_B \sqrt{1 + f_x^2 + f_y^2}\, dxdy, \tag{25.78}$$

wobei wir noch festhalten, daß

$$do = \sqrt{1 + f_x^2 + f_y^2}\, dxdy \tag{25.79}$$

das Flächenelement einer explizit durch $z = f(x, y)$ dargestellten Fläche ist.

Ist dagegen die Fläche implizit durch eine Gleichung $F(x, y, z) = 0$ gegeben, so finden wir unter Berücksichtigung der Differentiationsformeln (23.77), wenn im Bereich B_z stets $F_z \neq 0$ ist,

$$A = \iint_{B_z} \sqrt{F_x^2 + F_y^2 + F_z^2}\, \frac{dxdy}{|F_z|}.$$

Analog sind die Integrale

$$A = \iint_{B_x} \sqrt{F_x^2 + F_y^2 + F_z^2}\, \frac{dydz}{|F_x|}$$

und

$$A = \iint_{B_y} \sqrt{F_x^2 + F_y^2 + F_z^2}\, \frac{dzdx}{|F_y|}$$

zu verstehen, worin B_x und B_y jene Bereiche der (y, z)- und (z, x)-Ebene sind, in denen eine Auflösung der Gleichung $F(x, y, z) = 0$ nach x bzw. y möglich ist. Die Integrale stellen aber nur die Inhalte jenes Teiles der durch $F(x, y, z) = 0$ implizit gegebenen Fläche dar, in denen eine solche Auflösung möglich ist.

Beispiel 25.34: Wir berechnen die Oberfläche der Kugel $x^2 + y^2 + z^2 = R^2$, indem wir die Parameterdarstellung

$$x = R \cos u \sin v, \quad y = R \sin u \sin v, \quad z = R \cos v, \quad 0 \leqslant v \leqslant \pi, \quad -\pi \leqslant u \leqslant \pi,$$

wählen. Mit

$$x_u = (-R \sin u \sin v, R \cos u \sin v, 0), \quad x_v = (R \cos u \cos v, R \sin u \cos v, -R \sin v)$$

erhalten wir

$$E = R^2 \sin^2 v, \quad F = 0, \quad G = R^2$$

und somit

$$A = \int_{-\pi}^{\pi} du \int_0^{\pi} \sqrt{EG - F^2}\, dv = \int_{-\pi}^{\pi} du \int_0^{\pi} R^2 \sin v\, dv = 4\pi R^2.$$

Wir bemerken an dieser Stelle, daß das Flächenelement einer Kugel vom Radius R gleich

$$do = R^2 \sin\vartheta \, d\vartheta \, d\varphi \tag{25.80}$$

ist, worin das Azimut wieder mit φ und die Polhöhe wieder mit ϑ bezeichnet ist. Für das Flächenelement der Einheitskugel wird gelegentlich auch das Symbol

$$d\Omega = \sin\vartheta \, d\vartheta d\varphi \tag{25.81}$$

verwendet.

In expliziter Weise kann nur eine Kugelhälfte dargestellt werden: für $z = \sqrt{R^2 - x^2 - y^2}$ ergibt die Formel (25.78) deshalb auch nur die halbe Kugeloberfläche,

$$A = \iint\limits_{x^2+y^2 \leqslant R^2} \sqrt{1 + f_x^2 + f_y^2}\, dxdy = R \int_{-R}^{R} dx \int_{-\sqrt{R^2-x^2}}^{\sqrt{R^2-x^2}} \frac{1}{\sqrt{R^2 - x^2 - y^2}}\, dy = 2\pi R^2.$$

Genauso wie in räumlichen Bereichen und auf stetigen Raumkurven können wir uns auch auf einer Fläche eine Substanz stetig verteilt denken. Bezeichnet ΔF ein kleines Flächenstück mit dem Inhalt Δo und ist Δq die darauf befindliche Substanzmenge, so erklären wir durch den Grenzwert

$$\lim_{\Delta o \to 0} \frac{\Delta q}{\Delta o} = \gamma \tag{25.82}$$

die *Flächendichte* der Substanz, wobei mit $\Delta o \to 0$ symbolisch das Zusammenziehen des Flächenstückes ΔF auf einen Punkt der Fläche angedeutet wird. Aus der Dichte erhalten wir durch Integration die gesamte auf einem Flächenstück F befindliche Substanzmenge

$$q = \int_F \gamma do, \tag{25.83}$$

worin wieder die Fläche F symbolisch als Integrationsbereich geschrieben wird.

Beispiel 25.35: Die Oberfläche der Kugel K mit dem Radius R und dem Mittelpunkt im Koordinatenursprung sei mit Masse konstanter Dichte μ belegt. Die potentielle Energie einer im Punkt (x, y, z) konzentrierten Masse m ist dann

$$U(x, y, z) = -\gamma\mu m \int_K \frac{1}{\sqrt{(x-\xi)^2 + (y-\eta)^2 + (z-\zeta)^2}}\, do.$$

Ebenso wie bei der Vollkugel ist das Potential eine Funktion des Abstandes vom Kugelmittelpunkt; durch Einführung von Kugelkoordinaten

$$\xi = R \sin\vartheta \cos\varphi, \quad \eta = R \sin\vartheta \sin\varphi, \quad \zeta = R \cos\vartheta$$

erhalten wir unter Berücksichtigung von (25.80)

$$\hat{U}(\rho) = -\gamma\mu m \int_{-\pi}^{\pi} d\varphi \int_0^{\pi} \frac{R^2 \sin\vartheta}{\sqrt{R^2 + \rho^2 - 2R\rho\cos\vartheta}}\, d\vartheta = -2\pi R^2 \gamma\mu m \int_0^{\pi} \frac{\sin\vartheta\, d\vartheta}{\sqrt{R^2 + \rho^2 - 2R\rho\cos\vartheta}}$$

$$= -\frac{\gamma m M}{4\rho R} \int_{(R-\rho)^2}^{(R+\rho)^2} \frac{du}{\sqrt{u}} = -\frac{\gamma m M}{2\rho R}\Big(R + \rho - |R - \rho|\Big) = \begin{cases} -\dfrac{\gamma m M}{\rho}, & \rho > R, \\ -\dfrac{\gamma m M}{R}, & \rho \leqslant R, \end{cases}$$

worin mit $M = 4\pi R^2\mu$ die Gesamtmasse eingeführt wurde: ***Eine mit Masse belegte Kugelfläche wirkt also nach außen so, als wäre die Gesamtmasse im Kugelmittelpunkt konzentriert.*** Im Inneren ist das Potential konstant, was bedeutet, daß auf einen im Inneren befindlichen Massenpunkt keine Kraftwirkung ausgeübt wird und dieser folglich in jedem Punkt im Gleichgewicht ist.

Statisches Moment und Schwerpunkt. Unter dem *statischen Moment* einer im Punkt $\mathbf{x}_0$ konzentrierten Masse m in Bezug auf einen Punkt $\mathbf{x}$ versteht man den Vektor

$$s = m(\mathbf{x}_0 - \mathbf{x}).$$

Ist $\mathbf{x}$ der Koordinatenursprung, so werden die Koordinaten s_x, s_y und s_z des Momentenvektors s die *Momente* in Bezug auf die (y, z)- bzw. (z, x)- bzw. (x, y)-Ebene genannt. Befinden sich in den Punkten $\mathbf{x}_1, \mathbf{x}_2, \ldots, \mathbf{x}_n$ die Massen $m_1, m_2, \ldots, m_n$, so ist das statische Moment dieser diskreten Massenverteilung in Bezug auf den Punkt $\mathbf{x}$ gleich der Summe der von den einzelnen Massen m_i herrührenden Momente,

$$s = \sum_{i=1}^{n} m_i(\mathbf{x}_i - \mathbf{x}).$$

Ist in einem räumlichen Bereich *B* eine Masse mit stetiger Dichte μ verteilt, so erhalten wir für das statische Moment in Bezug auf den Punkt $\mathbf{x}$ das Integral

$$s = \int_B (\mathbf{y} - \mathbf{x})\mu(\mathbf{y})\mathbf{dy}, \tag{25.84}$$

ausführlich, wenn ξ, η und ζ die Integrationsvariablen kennzeichnen,

$$s_x = \iiint_B (\xi - x)\mu(\xi, \eta, \zeta)d\xi d\eta d\zeta, \quad s_y = \iiint_B (\eta - y)\mu(\xi, \eta, \zeta)d\xi d\eta d\zeta,$$

$$s_z = \iiint_B (\zeta - z)\mu(\xi, \eta, \zeta)d\xi d\eta d\zeta.$$

Unter dem *Schwerpunkt* $\mathbf{x}_s$ einer Massenverteilung versteht man jenen Punkt, in Bezug auf den das statische Moment gleich dem Nullvektor ist. Aus (25.84) ergibt sich daher, wenn wir mit

$$M = \int_B \mu(\mathbf{y})\mathbf{dy}$$

die Gesamtmasse einführen,

$$\mathbf{x}_s = \frac{1}{M}\int_B \mathbf{y}\mu(\mathbf{y})\mathbf{dy}, \tag{25.85}$$

ausführlich

$$x_s = \frac{1}{M}\iiint_B \xi\,\mu\,d\xi d\eta d\zeta, \quad y_s = \frac{1}{M}\iiint_B \eta\,\mu\,d\xi d\eta d\zeta, \quad z_s = \frac{1}{M}\iiint_B \zeta\,\mu\,d\xi d\eta d\zeta.$$

Als spezielle Anwendung berechnen wir die potentielle Energie eines Massenkörpers B der Dichte μ. Wir verwenden dabei die Näherungsformel U = mgz für die potentielle Energie eines Massenpunktes, der sich in der Höhe z über der Erdoberfläche befindet (vgl. Beispiel 6.24). Die gesamte potentielle Energie des Körpers ist dann

$$U = g \int_B z\mu d\tau.$$

Führen wir mit (25.85) die z-Koordinate des Schwerpunktes ein, so wird

$$U = z_S g \int_B \mu d\tau = Mgz_S.$$

Dies ist das wohlbekannte Ergebnis, ***daß ein Massenkörper die gleiche potentielle Energie hat wie die in seinem Schwerpunkt konzentrierte Gesamtmasse.*** Dies gilt aber natürlich nur näherungsweise, da ja die Formel U = mgh für die potentielle Energie nur eine Näherung ist (vgl. hierzu das in Beispiel 6.24 Gesagte).

Trägheitsmoment. Unter dem *Trägheitsmoment* einer punktförmigen Masse m in Bezug auf eine Achse g versteht man das Produkt

$$I_g = m\rho^2,$$

worin ρ den Normalabstand des Massenpunktes von der Achse g bedeutet. Für eine diskrete Massenverteilung addieren sich die Trägheitsmomente der einzelnen Massenpunkte zum Gesamtträgheitsmoment,

$$I_g = \sum_i m_i \rho_i^2,$$

so daß das Trägheitsmoment für eine kontinuierliche Massenverteilung mit der Dichte μ im Bereich B durch das Integral

$$I_g = \int_B \rho^2 \mu d\tau \tag{25.86}$$

auszudrücken ist. Wenden wir den verallgemeinerten Mittelwertsatz (25.22) an, so wird für einen „mittleren" Abstand i

$$I_g = i^2 \int_B \mu d\tau = Mi^2; \tag{25.87}$$

dieser mittlere Abstand i wird *Trägheitsradius* genannt.

Wir bestimmen nun das Trägheitsmoment eines Massenkörpers um eine durch den Koordinatenursprung gehende Achse g, deren Richtung wir durch den Einsvektor **e** kennzeichnen. Da $\rho = |\mathbf{e} \times \mathbf{x}|$ der Normalabstand des Punktes **x** von der Achse g ist, erhalten wir

$$\begin{aligned} I_g &= \int_B |\mathbf{e} \times \mathbf{x}|^2 \mu d\tau = \int_B \left[(ye_z - ze_y)^2 + (ze_x - xe_z)^2 + (xe_y - ye_x)^2\right] \mu d\tau \\ &= e_x^2 \int_B (y^2 + z^2)\mu d\tau + e_y^2 \int_B (x^2 + z^2)\mu d\tau + e_z^2 \int_B (x^2 + y^2)\mu d\tau \\ &\quad - 2e_y e_z \int_B yz\mu d\tau - 2e_x e_z \int_B xz\mu d\tau - 2e_x e_y \int_B xy\mu d\tau. \end{aligned}$$

Hierin sind

$$I_x = \int_B (y^2 + z^2)\mu d\tau, \quad I_y = \int_B (x^2 + z^2)\mu d\tau, \quad I_z = \int_B (x^2 + y^2)\mu d\tau$$

die Trägheitsmomente bezüglich der x-, y- und z-Achse; die Integrale

$$I_{xy} = \int_B xy\mu d\tau, \quad I_{xz} = \int_B xz\mu d\tau, \quad I_{yz} = \int_B yz\mu d\tau$$

werden die *Deviationsmomente* in Bezug auf die (x, y)-, (z, x)- und (y, z)-Ebene genannt. Führen wir die symmetrische Matrix

$$\Theta = \begin{pmatrix} I_x & -I_{xy} & -I_{xz} \\ -I_{xy} & I_y & -I_{yz} \\ -I_{xz} & -I_{yz} & I_z \end{pmatrix}, \tag{25.88}$$

die als *Trägheitsmatrix* bezeichnet wird, ein, so kann das Trägheitsmoment in Bezug auf die durch den Koordinatenursprung gehende Achse g mit der Richtung $\mathbf{e}$ in der Form

$$I_g = \mathbf{e}^* \cdot \Theta \cdot \mathbf{e} \tag{25.89}$$

geschrieben werden. Für das Trägheitsmoment in Bezug auf eine zu g parallele Achse g' durch den Punkt $\mathbf{x}_0$ erhalten wir den Ausdruck

$$\begin{aligned} I_{g'} &= \int_B |\mathbf{e} \times (\mathbf{x} - \mathbf{x}_0)|^2 \mu d\tau = \int_B \left(|\mathbf{e} \times \mathbf{x}|^2 - 2(\mathbf{e} \times \mathbf{x}_0) \cdot (\mathbf{e} \times \mathbf{x}) + |\mathbf{e} \times \mathbf{x}_0|^2\right) \mu d\tau \\ &= \int_B |\mathbf{e} \times \mathbf{x}|^2 \mu d\tau - 2(\mathbf{e} \times \mathbf{x}_0) \cdot \int_B (\mathbf{e} \times \mathbf{x}) \mu d\tau + \int_B |\mathbf{e} \times \mathbf{x}_0|^2 \mu d\tau \\ &= I_g - 2(\mathbf{e} \times \mathbf{x}_0) \cdot \left(\mathbf{e} \times \int_B \mathbf{x} \mu d\tau\right) + |\mathbf{e} \times \mathbf{x}_0|^2 \int_B \mu d\tau \end{aligned}$$

und durch Einführung des Ortsvektors $\mathbf{x}_s$ zum Schwerpunkt des Massenkörpers mit der Gesamtmasse M,

$$I_{g'} = I_g - 2(\mathbf{e} \times \mathbf{x}_0) \cdot (\mathbf{e} \times \mathbf{x}_s)M + |\mathbf{e} \times \mathbf{x}_0|^2 M = I_g - |\mathbf{e} \times \mathbf{x}_s|^2 M + |\mathbf{e} \times (\mathbf{x}_0 - \mathbf{x}_s)|^2 M.$$

Wenn also insbesondere für $\mathbf{x}_0$ der Schwerpunkt $\mathbf{x}_s$ gewählt wird, ergibt sich unter Berücksichtigung dessen, daß ja $|\mathbf{e} \times \mathbf{x}_s| = \rho$ der Abstand der beiden Achsen g und g' ist,

$$I_g = I_{g'} + \rho^2 M. \tag{25.90}$$

Dies ist der Satz *von Steiner*, der besagt, *daß das Trägheitsmoment um eine Achse g gleich der Summe aus dem Trägheitsmoment um die zu g parallele Achse g' durch den Schwerpunkt und der mit dem Quadrat des Abstandes der beiden Achsen multiplizierten Gesamtmasse ist.*

Die Formel (25.89) stellt das Trägheitsmoment um eine durch den Koordinatenursprung gehende Achse als quadratische Form der Koordinaten der normierten Achsenrichtung dar. Wir tragen nun vom Koordinatenursprung aus auf jeder Achse $\mathbf{e}$ nach beiden Seiten die Strecke $1/\sqrt{I_g}$ auf, wobei I_g das

Trägheitsmoment bezüglich der gerade in Betracht gezogenen Achsenrichtung e ist. Der Ortsvektor zum Endpunkt dieser Strecke ist $\mathbf{x}' = \mathbf{e}/\sqrt{I_g}$, wenn e die Richtung der Achse g repräsentiert. Der Vektor $\mathbf{x}'$ überstreicht eine Fläche, deren Gleichung durch

$$\mathbf{x}'^* \cdot \Theta \cdot \mathbf{x}' = 1 \tag{25.91}$$

gegeben ist. Da die Eigenwerte λ_1, λ_2 und λ_3 der Trägheitsmatrix Θ sämtlich positiv sind (wir schließen dabei umgekehrt aus der Kenntnis der positiven Definitheit der Trägheitsmatrix auf das Vorzeichen ihrer Eigenwerte), handelt es sich bei dieser Fläche um ein Ellipsoid mit den Hauptachsen $1/\sqrt{\lambda_1}$, $1/\sqrt{\lambda_2}$ und $1/\sqrt{\lambda_3}$, welches man das *Trägheitsellipsoid* nennt. Bezeichnen $\mathbf{e}'_1$, $\mathbf{e}'_2$ und $\mathbf{e}'_3$ die normierten Eigenvektoren der Trägheitsmatrix, so ist das Trägheitsmoment bezüglich der durch die Eigenrichtung $\mathbf{e}'_i$ bestimmten Achse

$$I_i = \mathbf{e}_i'^* \cdot \Theta \cdot \mathbf{e}'_i = \mathbf{e}_i'^* \cdot (\lambda_i \mathbf{e}'_i) = \lambda_i,$$

also gleich dem zu dieser Eigenrichtung gehörigen Eigenwert. Man nennt die Eigenwerte der Trägheitsmatrix die *Hauptträgheitsmomente* I_1, I_2 und I_3, die zugehörigen Eigenrichtungen werden *Hauptträgheitsachsen* genannt. Wird als Bezugssystem das (orthogonale) Dreibein $\{\mathbf{e}'_1, \mathbf{e}'_2, \mathbf{e}'_3\}$ der Hauptträgheitsachsen zugrundegelegt, so erhalten wir für das Trägheitsmoment in Bezug auf die durch den Einsvektor e gekennzeichnete Achse g den Ausdruck

$$I_g = I_1 e_x'^2 + I_2 e_y'^2 + I_3 e_z'^2,$$

worin e'_x, e'_y und e'_z die Koordinaten des Vektors e im System der Hauptträgheitsachsen sind. Dies entspricht der orthogonalen Transformation auf das durch die Trägheitshauptachsen bestimmte Koordinatensystem, in dem die Trägheitsmatrix Diagonalform hat und für das folglich die quadratische Form (25.89) keine gemischten Glieder enthält. Insbesondere sind im System der Trägheitshauptachsen sämtliche Deviationsmomente gleich Null.

Wir erwähnen in diesem Zusammenhang noch, daß sich Symmetrieeigenschaften des Massenkörpers in den Hauptträgheitsmomenten, den Eigenwerten der Trägheitsmatrix, widerspiegeln. Sind zwei Hauptträgheitsmomente gleich, etwa $I_1 = I_2$, so ist die Hauptträgheitsachse $\mathbf{e}'_3$ eine Symmetrieachse des Körpers, das heißt, der Körper geht bei der Drehung um diese Achse in sich über. Die zu den Hauptträgheitsmomenten I_1 und I_2 gehörigen Trägheitshauptachsen $\mathbf{e}'_1$ und $\mathbf{e}'_2$ können beliebig orthogonal zu $\mathbf{e}'_3$ gewählt werden, entsprechend dem Unbestimmtheitsgrad der Eigenvektoren bei mehrfachen Eigenwerten einer symmetrischen Matrix. Physikalisch bedeutet dies, daß man für jede orthogonal zu $\mathbf{e}'_3$ verlaufende Achse das Trägheitsmoment $I_1 = I_2$ erhält.

Schließlich sei noch bemerkt, daß das größte der drei Hauptträgheitsmomente das maximale Trägheitsmoment im Vergleich zu allen durch einen festen Punkt gehenden Achsenrichtungen darstellt; eine entsprechende Aussage gilt für das kleinste der drei Hauptträgheitsmomente. Dies folgt aus der Tatsache, daß durch die zum größten und kleinsten Hauptträgheitsmoment gehörigen Trägheitshauptachsen das Extremumproblem

$$\mathbf{x}^* \cdot \Theta \cdot \mathbf{x} \to \begin{cases} \text{maximal} \\ \text{minimal} \end{cases} \quad \text{mit} \quad \mathbf{x}^* \cdot \mathbf{x} = 1$$

gelöst wird (vgl. hierzu Übungsbeispiel 24.14).

Unter der *kinetischen Energie* eines Massenkörpers versteht man die Größe

$$T = \frac{1}{2} \int\limits_B v^2 \mu \, d\tau, \quad v = |\mathbf{v}|. \tag{25.92}$$

Für die Drehung eines starren Körpers um eine feste Achse e können wir mit Hilfe des Trägheitsmomentes einen einfachen Ausdruck für die kinetische Energie dieses Massenkörpers angeben. Dreht sich ein Massenpunkt um eine feste Achse e mit der Winkelgeschwindigkeit $\dot{\varphi}$, so ist seine Geschwindigkeit $\mathbf{v} = \boldsymbol{\omega} \times \mathbf{x}$, worin x seine augenblickliche Lage und $\boldsymbol{\omega} = \mathbf{e}\dot{\varphi}$ den Vektor der Winkelgeschwindigkeit bezeichnet (vgl. hierzu das Übungsbeispiel 23.4). Für die kinetische Energie eines starren Körpers erhalten wir daher, wenn als Bezugspunkt ein beliebiger Punkt auf der Drehachse gewählt wird und I_g das Trägheitsmoment um die Achse e darstellt,

$$T = \frac{1}{2} \int\limits_B |\omega \times x|^2 \mu d\tau = \frac{1}{2} \omega^* \cdot \Theta \cdot \omega = \frac{1}{2} I_g \dot{\varphi}^2. \tag{25.93}$$

25.8 Übungsbeispiele

Die folgenden Integrale lassen sich durch Differentiation nach dem Parameter a berechnen:

1. $I = \int\limits_0^\pi \ln\left(1 - 2a\cos x + a^2\right) dx$ 2. $I = \int\limits_0^{\pi/2} \frac{\arctan(a \tan x)}{\tan x} dx$

3. $I = \int\limits_0^\pi \frac{\ln(1 + a\cos x)}{\cos x} dx, \quad |a| < 1.$

4. Es sei die Funktion g(x) auf dem Intervall [a, b] stetig und $f(x) = \int\limits_a^b g(y)|x - y| dy$. Man berechne $f''(x)$ für $x \neq a$ und $x \neq b$.

Man berechne das Bereichsintegral der Funktion f(x, y) über den Bereich B für

5. $f(x, y) = x + y$, B der Bereich $|x - y| + |x + y| \leqslant 1$.
6. $f(x, y) = x^2 + y^2$, B das Dreieck mit den Eckpunkten (0, 0), (0, 2), (2, 0).
7. $f(x, y) = \frac{x^2}{1 + y^2}$, B das Quadrat $0 \leqslant x \leqslant 1, 0 \leqslant y \leqslant 1$.
8. $f(x, y) = \frac{y}{(1 + x^2 + y^2)^{3/2}}$, B das Quadrat $0 \leqslant x \leqslant 1, 0 \leqslant y \leqslant 1$.
9. $f(x, y) = x^2 y e^{xy}$, B das Rechteck $0 \leqslant x \leqslant 1, 0 \leqslant y \leqslant 2$.

In den beiden folgenden Aufgaben ist nach einer Darstellung des Bereiches B durch ein Paar von Ungleichungen gefragt:

10. B: $x + y \leqslant 1, x - y \leqslant 1, x \geqslant 0$. 11. B: $y \geqslant x^2, y \leqslant 4 - x^2$.

In den beiden folgenden Aufgaben stelle man die Integrale mit vertauschter Integrationsreihenfolge dar:

12. $I = \int\limits_0^1 dy \int\limits_y^{\sqrt{y}} f(x, y) dx.$ 13. $I = \int\limits_1^2 dx \int\limits_x^{2x} f(x, y) dy.$

Man berechne

14. $I = \int\limits_0^a dx \int\limits_0^x dy \int\limits_0^y xyz dz.$ 15. $I = \iiint\limits_{\substack{x + y + z \leqslant 1 \\ x \geqslant 0,\, y \geqslant 0,\, z \geqslant 0}} \frac{1}{(x + y + z + 1)^3} dx dy dz.$

16. Man berechne das Integral der Funktion f(x, y, z) = xy über den von dem hyperbolischen Paraboloid z = xy und von den Ebenen x + y = 1, z = 0 begrenzten Bereich ($z \geqslant 0$).

Man berechne den Flächeninhalt des von den folgenden Kurven begrenzten Bereiches:

17. $(x^2+y^2)^2 = a^2x^2+b^2y^2$. 18. $(x^2+y^2)^3 = a^2(x^4+y^4)$.

19. $x^4+y^4 = 2a^2xy,\ x \geqslant 0,\ y \geqslant 0$.

Man berechne das Volumen des von den folgenden Flächen berandeten Körpers:

20. $x^2z^2+a^2y^2 = c^2x^2,\quad 0 \leqslant x \leqslant a$. 21. $y^2+z^2 = x,\quad x = y,\ z \geqslant 0$.

22. $\left(\left(\frac{x}{a}\right)^2+\left(\frac{y}{b}\right)^2\right)^2+\left(\frac{z}{c}\right)^2 = 1,\quad z \geqslant 0$.

23. $z = x\sqrt{x}+y\sqrt{y},\quad x+y = 1,\quad x \geqslant 0,\ y \geqslant 0,\ z \geqslant 0$.

24. Man berechne die auf eine punktförmige Masse m wirkende Anziehungskraft im Gravitationsfeld einer homogenen Vollkugel konstanter Massendichte μ, ausgehend von dem Newtonschen Massenanziehungsgesetz, demzufolge eine im Punkt $\mathbf{x}_1$ befindliche Punktmasse m_1 mit der Kraft $\mathbf{k} = -\gamma m_1 m_2 \frac{1}{|\mathbf{x}_1-\mathbf{x}_2|^3}(\mathbf{x}_1-\mathbf{x}_2)$ von der im Punkt $\mathbf{x}_2$ konzentrierten Masse m_2 angezogen wird.

25. Man berechne die Bogenlänge der *Schraublinie* $x = a\cos t,\ y = a\sin t,\ z = ct,\ 0 \leqslant t \leqslant 2\pi$.

26. Man berechne die Oberfläche des Teiles der Kugel $x^2+y^2+z^2 = a^2$, der innerhalb des Zylinders $x^2+y^2 = ax$ liegt (*Vivianisches Fenster*).

27. Man berechne das Integral

$$I = \int\limits_K \frac{\cos\varphi}{r^2}\, do$$

über die Oberfläche der Kugel K: $x^2+y^2+z^2 = R^2$, wenn $r = |\mathbf{x}-\mathbf{y}|$ den Abstand des Punktes $\mathbf{x}$ von den Punkten $\mathbf{y}$ der Fläche bedeutet und φ der Winkel ist, den die (ins Äußere der Kugel weisende) Flächennormale mit der Richtung vom Punkt $\mathbf{y}$ zum Punkt $\mathbf{x}$ einschließt.

28. Man berechne das über die ganze Ebene erstreckte Integral der Funktion $f(x,y) = e^{-Q}$, worin $Q = ax^2+2bxy+cy^2$ eine positiv definite quadratische Form ist.

29. Man berechne das über den ganzen Raum erstreckte Integral der Funktion e^{-Q}, worin $Q = ax^2+by^2+cz^2+2dxy+2exz+2fyz$ eine positiv definite quadratische Form ist.

Man berechne die uneigentlichen Integrale

30. $I = \iint\limits_{\mathbb{R}^2} \frac{1}{(1+x^2+y^2)^{3/2}}\, dx\, dy$. 31. $I = \iint\limits_{\mathbb{R}^2} \frac{e^{-x^2-y^2}}{\sqrt{x^2+y^2}}\, dx\, dy$.

32. Man berechne das Integral der Funktion $f(x,y) = e^{-y^2}$ über den von den beiden Geraden $x = 0$ und $y = x$ begrenzten Winkelraum $(x \geqslant 0,\ y \geqslant 0)$.

Man berechne die folgenden uneigentlichen Parameterintegrale:

33. $I(x) = \int\limits_0^\infty e^{-y^2}\cos 2xy\, dy$. 34. $I(x) = \int\limits_0^\infty \frac{\sin xy}{y}\, dy$.

35. $I = \int\limits_0^\infty \frac{\cos bx-\cos ax}{x^2}\, dx,\quad a > 0,\ b > 0$. 36. $I(x) = \frac{2}{\pi}\int\limits_0^\infty \frac{\sin y\cos xy}{y}\, dy$.

Die folgenden drei Integrale lassen sich auf die Betafunktion zurückführen:

37. $I = \int\limits_0^{\pi/2} \sin^a x \, dx, \quad a > -1.$ 38. $I = \int\limits_0^{\pi/2} \tan^a x \, dx, \quad -1 < a < 1.$

39. $I = \int\limits_0^{1} \frac{1}{\sqrt[n]{1-x^n}} \, dx.$

40. Man berechne das Integral

$$I = \int\limits_0^{\infty} \left(\frac{\sin x}{x}\right)^2 dx. \quad \text{Hinweis: man setze } \frac{1}{x^2} = \int\limits_0^{\infty} e^{-xy} y \, dy.$$

Sei

$$J_0(x) = \frac{2}{\pi} \int\limits_0^{\pi/2} \cos(x \sin\varphi) \, d\varphi.$$

Man berechne:

41. $I = \int\limits_0^{\infty} e^{-ax} J_0(x) \, dx, \quad a > 0.$ 42. $I = \int\limits_0^{\infty} \frac{\sin ax}{x} J_0(x) \, dx.$

Kapitel VII Integraltransformationen und verallgemeinerte Funktionen

Im Mittelpunkt dieses Kapitels steht die Fourier-Transformation und die Laplace-Transformation. Beide sind sogenannte Integraltransformationen, denen in Theorie und Praxis der Elektrotechnik allergrößte Bedeutung zukommt.

Neben dem Studium dieser speziellen Integraltransformationen treffen wir noch einige Vorbereitungen für die Lösung linearer Gleichungen, deren einfachster Vertreter die uns bereits vertraute lineare Vektorgleichung ist. Die Lösungsverhältnisse aller Typen linearer Gleichungen können durch eine allgemeine Untersuchung studiert werden, indem von der konkreten Natur der Objekte und Rechenvorschriften abstrahiert wird. Bei der praktischen Konstruktion der Lösung steht man aber jedesmal vor einer anderen Situation. Die lineare Vektorgleichung, die durch eine Matrix beschrieben wird und nur die vier Grundrechnungsarten zu ihrem Aufbau benötigt, kann auch mit algebraischen Rechenoperationen gelöst werden; naturgemäß anders sind die Verhältnisse bei linearen Differentialgleichungen und linearen Integralgleichungen, bei denen durch den im Differential beziehungsweise Integral versteckten Grenzprozeß ein neues Element hinzukommt, von dem zu erwarten ist, daß es auch in den Lösungsvorgang eingeht. Nichtsdestoweniger kann man nach einer Lösungsmethode suchen, die von weiteren gemeinsamen Merkmalen ausgeht und bei deren Anwendung keine unmittelbare Rücksicht auf die konkrete Natur der Objekte zu nehmen ist. Ein solches Prinzip gewinnen wir aus dem Eigenwertkonzept, das zunächst für die symmetrischen Integraloperatoren dargelegt werden soll; es wird uns später zur Lösung von Problemen verhelfen, die durch Differentialgleichungen beschrieben werden.

Den Abschluß dieses Kapitels bildet ein kleiner Exkurs in die Theorie der verallgemeinerten Funktionen, wobei es uns vor allem darum geht, für manche Begriffsbildungen, die sich für die Anwendungen als sehr nützlich erwiesen haben, jedoch in der „klassischen" Mathematik nicht eingeordnet werden können, eine mathematisch einwandfreie Begründung nebst entsprechenden Rechenregeln zu geben.

26 Lineare Funktionenräume und lineare Integraloperatoren

26.1 Lineare Operatoren

Es sei C eine Klasse von Funktionen, die alle auf einem Intervall I definiert sind und gewisse gemeinsame Merkmale haben, wie zum Beispiel Stetigkeit, stückweise Stetigkeit oder Differenzierbarkeit auf dem Definitionsintervall I. Wir interessieren uns dabei vor allem für Funktionenklassen mit folgender Eigenschaft: Aus

$$f(x) \in C \quad \text{und} \quad g(x) \in C \quad \text{folgt} \quad \alpha f(x) + \beta g(x) \in C \tag{26.1}$$

für beliebige Zahlen α und β. Ist dabei C eine Klasse reellwertiger Funktionen, so sind mit α und β beliebige reelle Zahlen gemeint, für eine Klasse komplexwertiger Funktionen werden dementsprechend für α und β beliebige komplexe Zahlen zugelassen. Die Eigenschaft (26.1) besagt, daß mit je zwei Funktionen stets auch deren Summe eine Funktion dieser Klasse ist, ebenso das Produkt einer Funktion mit einer beliebigen Zahl. Eine solche Funktionenklasse hat hinsichtlich der Addition von Funktionen und der Multiplikation von Funktionen mit einer Zahl dieselbe Struktur wie eine lineare Mannigfaltigkeit von Vektoren, bei der die Addition von Vektoren und die Multiplikation von Vektoren mit einer Zahl nicht aus ihr hinausführt, das heißt, stets wieder einen Vektor dieser Mannigfaltigkeit ergibt. Wir nennen daher eine Funktionenklasse C mit der Eigenschaft (26.1) eine *lineare Mannigfaltigkeit von Funktionen* oder einen *linearen Funktionenraum.*

Ein besonders wichtiges Beispiel ist die Klasse der auf einem Intervall I stetigen Funktionen, die mit C(I) bezeichnet wird. Da die Summe zweier auf I stetiger Funktionen wieder eine auf I stetige Funktion ist, desgleichen das Produkt einer auf I stetigen Funktion mit einer Zahl, ist C(I) ein linearer Funktionenraum. Ebenso bilden die auf einem Intervall I n-mal stetig differenzierbaren Funktionen einen linearen Funktionenraum, wie aus den Differentiationsregeln (6.17) und (6.18) beziehungsweise in der Zusammenfassung (6.19) unmittelbar hervorgeht; er wird mit $C^n(I)$ bezeichnet, wobei unter $C^0(I)$ auch die Klasse der auf I stetigen Funktionen verstanden wird. Ein weiteres Beispiel ist die Klasse der auf der Zahlengeraden definierten periodischen Funktionen mit gemeinsamer Periode.

Definition 26.1 Sind C_1 und C_2 zwei lineare Funktionenräume, so heißt eine Vorschrift A, die jeder Funktion f(x) aus C_1 eine Funktion

$$g(x) = A\,f(x)$$

aus C_2 zuordnet und die Eigenschaft hat, daß für zwei beliebige Funktionen f(x) und g(x) aus C_1 sowie für zwei beliebige Zahlen α und β stets

$$A\big(\alpha f(x) + \beta g(x)\big) = \alpha A f(x) + \beta A g(x) \tag{26.2}$$

gilt, ein *linearer Operator* auf C_1 in C_2.

Wir weisen ausdrücklich darauf hin, daß die Eigenschaft (26.1), die für den „Definitionsbereich" C_1 und den „Bildbereich" C_2 gefordert wird, eine wesentliche Voraussetzung für die Begriffsbildung des linearen Operators darstellt, da sonst die Gleichung (26.2) ihren Sinn verliert.

Die Funktionen des Definitionsbereiches eines linearen Operators bezeichnet man auch als *Objektfunktionen* oder kurz *Objekte*, sinngemäß daher den Definitionsbereich auch als *Objektbereich*. Das Ergebnis $g(x) = A f(x)$ der Anwendung des Operators A auf die Objektfunktion f(x) wird auch *Resultatfunktion*, *Bildfunktion* oder kurz *Bild* genannt.

Besondere Bedeutung in den Anwendungen kommt den *linearen Differentialoperatoren* und den *linearen Integraloperatoren* zu. Ist der Objektbereich die Klasse $C^n(I)$ der auf dem Intervall I n-mal stetig differenzierbaren Funktionen, der Bildbereich die Klasse C(I) der auf dem Intervall I stetigen Funktionen und sind $a_0(x), a_1(x), \ldots, a_n(x)$ auf I stetige Funktionen, so wird der Operator L, der jeder Funktion $y(x) \in C^n(I)$ die auf I stetige Funktion

$$s(x) = Ly(x) = \sum_{k=0}^{n} a_k(x)y^{(k)}(x) = a_n y^{(n)} + a_{n-1}y^{(n-1)} + \ldots + a_1 y' + a_0 y \quad (26.3)$$

als Bild zuordnet, ein *linearer Differentialoperator* genannt, denn auf Grund der Differentiationsregeln (6.17) und (6.18) gilt

$$L\big(\alpha y(x) + \beta z(x)\big) = \alpha L y(x) + \beta L z(x) \quad (26.4)$$

für zwei beliebige Funktionen $y(x) \in C^n(I)$, $z(x) \in C^n(I)$ und beliebige Zahlen α und β. Wir sagen ferner, der Operator L, den wir mit dem symbolischen Differentiationsoperator $D = \frac{d}{dx}$ auch in der Form

$$L = a_n D^n + a_{n-1} D^{n-1} + \ldots + a_1 D + a_0$$

schreiben, hat die *Ordnung* n, entsprechend der Ordnung der höchsten vorkommenden Ableitung der Argumentfunktion y(x), wofür natürlich die Annahme zu treffen ist, daß der Koeffizient $a_n(x)$ ungleich der Nullfunktion ist, was stillschweigend immer geschehen soll.

Ist I = [a, b], J = [c, d] und K(s, t) eine auf dem Rechteck $a \leqslant t \leqslant b$, $c \leqslant s \leqslant d$ stetige Funktion, so wird der Operator K mit dem Objektbereich C(I) und dem Bildbereich C(J), der einer auf [a, b] stetigen Funktion x(t) die auf [c, d] stetige Funktion

$$y(s) = Kx(t) = \int_a^b K(s, t)x(t)dt, \quad c \leqslant s \leqslant d, \quad (26.5)$$

als Bild zuordnet, ein *linearer Integraloperator* genannt, da er auf Grund der Rechenregeln (11.14) und (11.15) beziehungsweise (11.16) für bestimmte Integrale die Eigenschaft

$$K\big(\alpha x(t) + \beta y(t)\big) = \alpha K x(t) + \beta K y(t) \quad (26.6)$$

hat. Die Funktion K(s, t) wird als *Kern* des Operators K bezeichnet. Neben der Form (26.5) betrachtet man für I = J auch Integraloperatoren

$$y(s) = Kx(t) = \int_a^s K(s, t)x(t)dt, \quad a \leqslant s \leqslant b, \quad (26.7)$$

die sich von (26.5) durch die variable obere Integrationsgrenze unterscheiden.

Lineare Operatoren sind natürlich nichts anderes als Funktionen mit der speziellen Eigenschaft (26.2). Da jetzt Argument und Bild selbst Funktionen sind, schreiben wir kurz

$$g = Af,$$

indem wir die unabhängige Variable im Argument f(x) und im Bild g(x) nicht weiter kennzeichnen. Streng genommen müßten wir die Schreibweise $g = A(f)$ wählen, doch übernehmen wir die für lineare Operatoren gebräuchliche Kurzform unter Weglassung der Klammern.

Wir bemerken in diesem Zusammenhang, daß auch Matrizen lineare Operatoren sind; ihr Objekt- und Bildbereich sind lineare Mannigfaltigkeiten von Vektoren. Die Anwendung des Matrixoperators **A** auf den Vektor **x** entspricht dabei der Multiplikation $\mathbf{A} \cdot \mathbf{x}$ der Matrix **A** mit dem Vektor **x**.

Ebenso wie das Studium der linearen Gleichungssysteme Anlaß für den Matrixbegriff und im weiteren für den Aufbau der Matrizenrechnung war, haben Differential- und Integraloperatoren ihren Ursprung in den linearen Differential- und Integralgleichungen. Ist L ein Differentialoperator (26.3) der Ordnung n und $s(x)$ eine auf I stetige Funktion, so heißt

$$Ly(x) = a_n y^{(n)} + a_{n-1} y^{(n-1)} + \ldots + a_1 y' + a_0 y = s(x), \tag{26.8}$$

kurz

$$Ly = s,$$

eine *lineare Differentialgleichung* n-*ter Ordnung*; ihre Lösungen sind in der Klasse der auf dem Intervall I n-mal stetig differenzierbaren Funktionen zu suchen. Für eine vorgegebene auf dem Intervall $I = [c, d]$ stetige Funktion $f(s)$ wird

$$Kx(t) = \int_a^b K(s, t)x(t)\,dt = f(s), \quad c \leqslant s \leqslant d, \tag{26.9}$$

oder kurz

$$Kx = f$$

eine *lineare Integralgleichung* für die auf dem Intervall $[a, b]$ definierte Funktion $x(t)$ genannt. Neben solchen Gleichungen sind auch andere Formen wichtig wie

$$x(s) - \mu \int_a^b K(s, t)x(t)\,dt = f(s), \quad a \leqslant s \leqslant b, \tag{26.10}$$

oder in symbolischer Kurzform

$$x - \mu Kx = f,$$

wobei μ einen Parameter bezeichnet. Speziell wird (26.9) *eine Fredholmsche Integralgleichung*[1]) *erster Art*, (26.10) eine *Fredholmsche Integralgleichung zweiter Art* genannt. Neben diesen bezeichnet man

$$\int_a^s K(s, t)x(t)\,dt = f(s), \quad a \leqslant s \leqslant b, \tag{26.11}$$

[1]) *Erik Fredholm*, 1866–1927, schwedischer Mathematiker.

als *Volterrasche Integralgleichung*[1]) *erster Art,*

$$x(s) - \int_a^s K(s,t)x(t)dt = f(s), \quad a \leqslant s \leqslant b, \tag{26.12}$$

als *Volterrasche Integralgleichung zweiter Art*. Eine Volterrasche Integralgleichung läßt sich auch als Fredholmsche Integralgleichung mit dem Kern

$$H(s,t) = \begin{cases} 0 & \text{für } s < t \\ K(s,t) & \text{für } t \leqslant s \end{cases} \tag{26.13}$$

schreiben. Ist der Kern einer Fredholmschen Integralgleichung von der Form $K(s,t) = H(s-t)$ und der Objektbereich die Mannigfaltigkeit der auf $]-\infty, \infty[$ definierten stetigen Funktionen, so wird

$$\int_{-\infty}^{\infty} H(s-t)x(t)dt = f(s), \quad -\infty < s < \infty, \tag{26.14}$$

eine Integralgleichung vom *Faltungstyp* oder *Faltungsgleichung* genannt. Legt man als Objektbereich die Mannigfaltigkeit der auf $[0, \infty[$ stetigen Funktionen zugrunde und ist $H(\tau)$ nur für $\tau \geqslant 0$ von Null verschieden, so geht (26.14) über in die Volterrasche Integralgleichung

$$\int_0^s H(s-t)x(t)dt = f(s), \quad s \geqslant 0, \tag{26.15}$$

die ebenfalls als Faltungsgleichung bezeichnet wird.

Wir wollen uns im folgenden, wenn auch nur in Form eines Abrisses und ohne Anspruch auf mathematische Strenge, mit den Eigenschaften einer wichtigen Klasse linearer Integraloperatoren befassen. Der nächste Abschnitt dient hierfür als Vorbereitung. Wir empfehlen dem Leser noch, sich die Begriffsbildungen und Methoden der Vektorrechnung ins Gedächtnis zurückzurufen, da die folgenden Betrachtungen weitgehende Analogien zur Vektorrechnung enthalten.

26.2 Orthogonale Funktionensysteme und Orthogonalreihen

Es sei $C(I)$ die Mannigfaltigkeit der auf einem (beschränkten oder unbeschränkten) Grundintervall I definierten stetigen Funktionen.

Wir nennen ein endliches Teilsystem $x_1(t), x_2(t), \ldots, x_n(t)$ von Funktionen aus $C(I)$ *linear abhängig*, wenn es Zahlen $c_1, c_2, \ldots, c_n$ gibt, die nicht alle gleich Null sind und für die

$$c_1x_1(t) + c_2x_2(t) + \ldots + c_nx_n(t) = 0 \quad \text{für alle } t \in I \tag{26.16}$$

gilt, wofür wir dann auch sagen, *daß die Nullfunktion in nichttrivialer Weise als Linearkombination der Funktionen* $x_1(t), x_2(t), \ldots, x_n(t)$ *dargestellt werden kann.* Wenn sich aber die

[1]) *Vito Volterra*, 1860–1940, italienischer Mathematiker.

Gleichung (26.16) nur für $c_1 = c_2 = \ldots = c_n = 0$ erfüllen läßt, so nennen wir die Funktionen $x_1(t), x_2(t), \ldots, x_n(t)$ *linear unabhängig.*

Es ist nicht schwer, ein Kriterium anzugeben, mit Hilfe dessen sich die lineare Unabhängigkeit von Funktionen feststellen läßt. Nehmen wir an, die Klasse C(I) sei die Mannigfaltigkeit der auf dem Grundintervall I = [a, b] komplexwertigen stetigen Funktionen, so gilt für beliebige (komplexe) Zahlen $c_1, c_2, \ldots, c_n$

$$\int_a^b \left| \sum_{k=1}^n c_k x_k(t) \right|^2 dt = \sum_{i,j=1}^n A_{ij} \bar{c}_i c_j \geqslant 0, \quad A_{ij} = \int_a^b \overline{x_i(t)} x_j(t) dt.$$

Die Matrix **A** mit den Elementen A_{ij} ist offenbar hermitesch und entweder positiv definit oder positiv semidefinit. Sind die Funktionen $x_1(t), x_2(t), \ldots, x_n(t)$ linear unabhängig, so gilt notwendig

$$\sum_{i,j=1}^n A_{ij} \bar{c}_i c_j > 0$$

mit Ausnahme von $c_1 = c_2 = \ldots = c_n = 0$, d. h. die Matrix **A** muß in diesem Fall positiv definit sein. Ist **A** nicht positiv definit – und somit positiv semidefinit –, so sind die Funktionen $x_1(t), x_2(t), \ldots, x_n(t)$ linear abhängig. Wir folgern daraus unter Berücksichtigung von Satz 21.9, daß alle Eigenwerte der Matrix **A** positiv sein müssen, wenn die Funktionen $x_1(t), x_2(t), \ldots, x_n(t)$ linear unabhängig sind, hingegen mindestens ein Eigenwert gleich Null ist, wenn die Funktionen $x_1(t), x_2(t), \ldots, x_n(t)$ linear abhängig sind. Da die Determinante einer Matrix gleich dem Produkt ihrer Eigenwerte ist, erhalten wir, da in jedem Fall $\operatorname{Det} \mathbf{A} \geqslant 0$ ist,

$$\operatorname{Det} \mathbf{A} > 0$$

als notwendige und hinreichende Bedingung für die lineare Unabhängigkeit der Funktionen $x_1(t), x_2(t), \ldots, x_n(t)$. Die Determinante der Matrix **A** mit den Elementen A_{ij} wird *Gramsche Determinante* der Funktionen $x_1(t), x_2(t), \ldots, x_n(t)$ genannt.

Für Systeme linear abhängiger Funktionen gelten sinngemäß die Sätze 20.1 bis 20.3: Es ist jedes System von Funktionen, das die Nullfunktion enthält, linear abhängig, ebenso jedes System, in dem ein Teilsystem linear abhängiger Funktionen enthalten ist; ferner läßt sich in einem System linear abhängiger Funktionen mindestens eine Funktion als Linearkombination der übrigen darstellen. Für linear unabhängige Funktionensysteme überträgt sich der Satz 20.4, demzufolge jedes Teilsystem linear unabhängiger Funktionen ebenfalls linear unabhängig ist.

Der wesentliche Unterschied zu den Mannigfaltigkeiten von Vektoren kommt mit der Frage nach der Maximalzahl linear unabhängiger Funktionen eines Funktionenraumes heraus. Es zeigt sich schon bei den einfachsten Funktionenräumen C(I), $C^n(I)$ und bei der Klasse der T-periodischen Funktionen, daß es keine Maximalzahl linear unabhängiger Funktionen gibt, da immer Teilsysteme mit beliebig großer Anzahl linear unabhängiger Funktionen existieren. Betrachten wir zum Beispiel die Klasse der Polynome; wenn es in dieser nur endlich viele linear unabhängige Polynome gäbe, so daß jedes Polynom eine Linearkombination gewisser endlich vieler Polynome wäre, so stünde dies in offensichtlichem Widerspruch dazu, daß es Polynome beliebig großen Grades gibt. Wir ordnen solchen Mannigfaltigkeiten von Funktionen die Dimension ∞ zu. Die Räume C(I), $C^n(I)$, weil sie die Polynome enthalten, sind unendlichdimensionale Mannigfaltigkeiten.

Wir erklären nun in unserem Funktionenraum C(I) ein inneres Produkt. Sind die Funktionen aus C(I) reellwertig auf dem Grundintervall I = [a, b], so heißt der Ausdruck

$$(f,g) := \int_a^b f(t)g(t)dt \tag{26.17}$$

das *innere Produkt* der Funktionen f(t) und g(t). Für komplexwertige Funktionen erklären wir das innere Produkt durch

$$(f,g) := \int_a^b \overline{f(t)}g(t)dt. \tag{26.18}$$

Für manche Anwendungen ist es nützlich, das innere Produkt zweier Funktionen durch

$$(f,g) = \int_a^b p(t)f(t)g(t)dt \quad \text{bzw.} \quad (f,g) = \int_a^b p(t)\overline{f(t)}g(t)dt \tag{26.19}$$

einzuführen, wobei p(t) eine auf dem Grundintervall [a, b] positive ein für alle Mal feste Funktion ist, die *Belegungsfunktion* genannt wird. Wir können es dem Leser überlassen, den Nachweis zu erbringen, daß das innere Produkt von (reellen bzw. komplexwertigen) Funktionen denselben Gesetzen genügt wie das innere Produkt von (reellen bzw. komplexen) Vektoren. Ebenso gilt für das innere Produkt die *Schwarzsche Ungleichung*

$$|(f,g)|^2 \leqslant (f,f)(g,g), \tag{26.20}$$

das heißt

$$\left|\int_a^b \overline{f(t)}g(t)dt\right|^2 \leqslant \int_a^b |f(t)|^2 dt \int_a^b |g(t)|^2 dt,$$

die wie für Vektoren bewiesen wird.

Natürlich hat das innere Produkt von Funktionen nicht die anschauliche Bedeutung wie dasjenige von dreidimensionalen Vektoren. Wir hatten ja auch schon bei der Einführung des inneren Produktes n-dimensionaler Vektoren keine unmittelbare geometrische Vorstellung, der Zweck war vielmehr eine Verallgemeinerung mit Rücksicht auf die Übertragung der Geometrie des dreidimensionalen Raumes, und das gleiche Ziel verfolgen wir auch hier. Wir führen zunächst durch

$$\|f\| := \sqrt{(f,f)} \tag{26.21}$$

die *Norm* (*Länge*) einer Funktion ein, analog der Länge eines Vektors. Wir bedienen uns dabei zweier „Betragsstriche", um Verwechslungen mit der Betragsbildung von Funktionen zu vermeiden. Weiter nennen wir zwei Funktionen f(t) und g(t) *orthogonal*, wenn ihr inneres

Produkt gleich Null ist,

$$(f, g) = \int_a^b \overline{f(t)} g(t) dt = 0, \tag{26.22}$$

wobei für reellwertige Funktionen die Bildung des Konjugiums ignoriert werden kann. Wird das innere Produkt (26.19) mit einer Belegungsfunktion $p(t)$ zugrundegelegt, so nennt man $f(t)$ und $g(t)$ auch orthogonal bezüglich der Belegungsfunktion $p(t)$. Ein System $\{x_1(t), x_2(t), \ldots, x_n(t), \ldots\}$ von Funktionen wird ein *Orthogonalsystem* genannt, wenn je zwei Funktionen dieses Systems orthogonal sind,

$$(x_i, x_j) = \int_a^b \overline{x_i(t)} x_j(t) dt = 0 \quad \text{für } i \neq j.$$

Speziell spricht man von einem *Orthonormalsystem*, wenn jede Funktion des Systems die Länge 1 hat, so daß allgemein

$$(x_i, x_j) = \int_a^b \overline{x_i(t)} x_j(t) dt = \delta_{ij} \tag{26.23}$$

gilt, worin δ_{ij} das Kroneckersche Deltasymbol bedeutet. Dividiert man jede Funktion eines Orthogonalsystems durch ihre Länge, so entsteht ein Orthonormalsystem. Aus einem Orthonormalsystem $\{x_1(t), x_2(t), \ldots\}$ bezüglich einer Belegungsfunktion $p(t)$ kann man stets ein Orthonormalsystem im gewöhnlichen Sinn bilden, indem man zu den Funktionen $y_n(t) = \sqrt{p(t)}\, x_n(t)$ übergeht.

Beispiel 26.1: Ein uns wohlbekanntes Beispiel orthonormaler Funktionen ist das System der trigonometrischen Funktionen auf dem Grundintervall $[-\pi, \pi]$ (oder für ein beliebiges Intervall der Länge 2π),

$$\frac{1}{\sqrt{2\pi}}, \frac{\cos x}{\sqrt{\pi}}, \frac{\sin x}{\sqrt{\pi}}, \frac{\cos 2x}{\sqrt{\pi}}, \frac{\sin 2x}{\sqrt{\pi}}, \ldots, \tag{26.24}$$

beziehungsweise in komplexer Form,

$$\frac{1}{\sqrt{2\pi}} e^{jnx}, \quad n = 0, \pm 1, \pm 2, \ldots . \tag{26.25}$$

Beispiel 26.2: Die Legendreschen Polynome $P_n(x)$, die uns das erste mal bei der Reihenentwicklung in Beispiel 17.8 begegnet sind und in der Form

$$P_n(x) = \frac{1}{2^n n!} \frac{d^n}{dx^n} \left((x^2 - 1)^n\right), \quad n = 0, 1, 2, \ldots, \tag{26.26}$$

dargestellt werden können, wovon der Leser sich durch Vergleich mit (17.31) überzeugen kann, sind ein wichtiges Beispiel orthogonaler Funktionen auf dem Grundintervall $[-1, 1]$. Ist etwa $n < m$, so erhalten wir durch partielle Integration

$$(P_n, P_m) = \frac{1}{2^{n+m} n! m!} \int_{-1}^{1} \frac{d^n}{dx^n}\left((x^2-1)^n\right) \frac{d^m}{dx^m}\left((x^2-1)^m\right) dx$$

$$= -\frac{1}{2^{n+m} n! m!} \int_{-1}^{1} \frac{d^{n+1}}{dx^{n+1}}\left((x^2-1)^n\right) \frac{d^{m-1}}{dx^{m-1}}\left((x^2-1)^m\right) dx = \dots$$

$$= \frac{(-1)^n}{2^{n+m} n! m!} \int_{-1}^{1} \frac{d^{2n}}{dx^{2n}}\left((x^2-1)^n\right) \frac{d^{m-n}}{dx^{m-n}}\left((x^2-1)^m\right) dx$$

$$= (-1)^n \frac{(2n)!}{2^{n+m} n! m!} \frac{d^{m-n-1}}{dx^{m-n-1}}\left((x^2-1)^m\right) \Bigg|_{-1}^{1} = 0.$$

Für n = m wird

$$(P_n, P_n) = (-1)^n \frac{(2n)!}{2^{2n}(n!)^2} \int_{-1}^{1} (x^2-1)^n dx = \frac{2(2n)!}{2^{2n}(n!)^2} \int_{0}^{\pi/2} \cos^{2n+1} t \, dt = \frac{2}{2n+1},$$

so daß die Polynome

$$p_n(x) = \sqrt{\frac{2n+1}{2}}\, P_n(x)$$

ein Orthonormalsystem auf dem Intervall $[-1, 1]$ bilden.

Beispiel 26.3: Die Sinusfunktionen

$$\varphi_n(x) = \sqrt{\frac{2}{\pi}} \sin nx, \quad n = 1, 2, \dots, \tag{26.27}$$

bilden ein Orthonormalsystem auf dem Grundintervall $[0, \pi]$, ebenso die Cosinusfunktionen

$$\psi_0(x) = \frac{1}{\sqrt{\pi}}, \quad \psi_n(x) = \sqrt{\frac{2}{\pi}} \cos nx, \quad n = 1, 2, \dots . \tag{26.28}$$

Beispiel 26.4: Die Polynome

$$T_0(x) = 1, \quad T_n(x) = \frac{\cos(n \arccos x)}{2^{n-1}} = \frac{1}{2^{n-1}} \sum_{k=0}^{[n/2]} \binom{n}{2k} x^{n-2k}(x^2-1)^k, \quad n = 1, 2, \dots, \tag{26.29}$$

werden *Tschebyscheffsche Polynome*[1]) genannt. Sie sind auf dem Grundintervall $[-1, 1]$ orthogonal bezüglich der Belegungsfunktion $p(x) = \frac{1}{\sqrt{1-x^2}}$, wie aus

$$\int_{-1}^{1} p(x) T_n(x) T_m(x) dx = \frac{1}{2^{n+m-2}} \int_{0}^{\pi} \cos nt \cos mt\, dt = \begin{cases} 0 & \text{für } m \neq n \\ \frac{\pi}{2^{2n-1}} & \text{für } m = n \neq 0 \end{cases}$$

[1]) *P. L. Tschebyscheff*, 1821–1894, russischer Mathematiker.

ersichtlich ist. Die Polynome

$$t_0(x) = \frac{1}{\sqrt{\pi}}, \quad t_n(x) = \frac{2^n}{\sqrt{2\pi}} T_n(x) = \sqrt{\frac{2}{\pi}} \cos(n \arccos x), \quad n = 1, 2, \ldots,$$

bilden daher ein Orthonormalsystem bezüglich der Belegungsfunktion $p(x) = \frac{1}{\sqrt{1-x^2}}$ auf dem Grundintervall $[-1, 1]$.

Beispiel 26.5: Die Polynome

$$L_n(x) = e^x \frac{d^n}{dx^n} (x^n e^{-x}) = n! \sum_{k=0}^{n} \frac{(-1)^k}{k!} \binom{n}{k} x^k, \quad n = 0, 1, 2, \ldots, \tag{26.30}$$

werden *Laguerresche Polynome*[1]) genannt. Sie bilden ein Orthogonalsystem bezüglich der Belegungsfunktion $p(x) = e^{-x}$ auf dem Grundintervall $[0, \infty[$. Aus

$$\int_0^\infty e^{-x}(L_n(x))^2 dx = (n!)^2$$

erhalten wir also das Orthonormalsystem

$$l_n(x) = \frac{1}{n!} L_n(x), \quad n = 0, 1, 2, \ldots,$$

bezüglich der Belegungsfunktion $p(x) = e^{-x}$ auf dem Grundintervall $[0, \infty[$.

Beispiel 26.6: Die Polynome

$$H_n(x) = (-1)^n e^{x^2} \frac{d^n}{dx^n} \left(e^{-x^2}\right) = \sum_{k=0}^{[n/2]} \frac{(-1)^k}{k!} \frac{n!}{(n-2k)!} (2x)^{n-2k}, \quad n = 0, 1, 2, \ldots, \tag{26.31}$$

heißen *Hermitesche Polynome*. Sie sind auf dem Grundintervall $]-\infty, \infty[$ orthogonal bezüglich der Belegungsfunktion $p(x) = e^{-x^2}$. Wegen

$$\int_{-\infty}^{\infty} e^{-x^2}(H_n(x))^2 dx = 2^n n! \sqrt{\pi}$$

ist

$$h_n(x) = \frac{1}{\sqrt{2^n n! \sqrt{\pi}}} H_n(x), \quad n = 0, 1, 2, \ldots,$$

ein Orthonormalsystem bezüglich der Belegungsfunktion $p(x) = e^{-x^2}$ auf dem Grundintervall $]-\infty, \infty[$.

Ähnlich wie aus einem System linear unabhängiger Vektoren durch das Schmidtsche Orthogonalisierungsverfahren ein Orthogonalsystem bestimmt werden kann, läßt sich auch aus einem System linear unabhängiger Funktionen ein Orthogonalsystem konstruieren. Wir verzichten auf eine eigene Darstellung, da der Leser bei der Übertragung des Verfahrens auf Funktionensysteme keine Schwierigkeiten haben wird.

Beispiel 26.7: Orthogonalisiert man, mit dem Intervall $[-1, 1]$ als Grundintervall, das System der Potenzen $1, t, t^2, t^3, \ldots$, so erhält man der Reihe nach die orthogonalen Funktionen

$$x_0(t) = 1, \quad x_1(t) = t, \quad x_2(t) = t^2 - \frac{1}{3}, \quad x_3(t) = t^3 - \frac{3}{5} t \quad \text{usw.}$$

---

[1]) *Edmond Laguerre*, 1834–1886, französischer Mathematiker.

Man erhält auf diese Weise ein Orthogonalsystem von Polynomen auf dem Grundintervall [−1, 1], von dem sich zeigen läßt, daß es bis auf einen multiplikativen Faktor mit dem System der Legendreschen Polynome identisch ist.

Die Tschebyscheffschen Polynome (26.29) erhält man durch Orthogonalisierung der Potenzen bezüglich der Belegungsfunktion $p(x) = \frac{1}{\sqrt{1-x^2}}$ auf dem Grundintervall [−1, 1], die Laguerreschen Polynome (26.30) durch Orthogonalisierung der Potenzen auf dem Grundintervall [0, ∞[bezüglich der Belegungsfunktion $p(x) = e^{-x}$ und schließlich die Hermiteschen Polynome (26.31) durch Orthogonalisierung der Potenzen auf dem Grundintervall]−∞, ∞[bezüglich der Belegungsfunktion $p(x) = e^{-x^2}$.

Wie wir in Abschnitt 20.11 gesehen haben, ist ein Orthonormalsystem $\{\mathbf{e}_1, \mathbf{e}_2, \ldots, \mathbf{e}_N\}$ besonders vorteilhaft zur Darstellung von Vektoren. Multipliziert man den Ansatz

$$\mathbf{x} = \sum_{n=1}^{N} \xi_n \mathbf{e}_n \tag{26.32}$$

mit $\mathbf{e}_k$, so folgt $\xi_k = \mathbf{e}_k \cdot \mathbf{x}$ und somit

$$\mathbf{x} = \sum_{n=1}^{N} (\mathbf{e}_n \cdot \mathbf{x})\mathbf{e}_n. \tag{26.33}$$

Haben wir nun ein Orthonormalsystem $\{x_1(t), x_2(t), \ldots\}$ von Funktionen des Funktionenraumes C(I) über dem Grundintervall I = [a, b] gegeben, so können wir uns fragen, ob sich eine beliebige Funktion f(t) aus C(I) analog (26.32) darstellen läßt,

$$f(t) = \sum_{n=1}^{\infty} \xi_n x_n(t), \quad a \leqslant t \leqslant b, \tag{26.34}$$

so daß wir die Funktionen $x_n(t)$ als „Basisfunktionen" der Mannigfaltigkeit C(I) ansehen können, und wie gegebenenfalls die Koeffizienten ξ_n zu bestimmen sind. Wir haben hier allerdings einen grundsätzlichen Unterschied zu beachten. Während wir wissen, daß N orthonormale Vektoren des N-dimensionalen Raumes stets eine Basis bilden, d. h. daß jeder Vektor x des N-dimensionalen Raumes als Linearkombination (26.32) dargestellt werden kann, können wir jetzt nur behaupten, daß die Funktionen eines Orthonormalsystems linear unabhängig sind, nicht aber, ob es tatsächlich Koeffizienten ξ_n gibt, so daß die Reihe (26.34) konvergiert und die willkürliche Funktion f(t) als Summenfunktion hat. Wenn aber auf irgendeine Weise feststeht, daß es solche Koeffizienten gibt und die Reihe (26.34) gleichmäßig konvergiert, so können wir die Koeffizienten ξ_n bestimmen, indem wir die Reihe (26.34) mit $x_1(x), x_2(t), \ldots$ multiplizieren und über das Intervall [a, b] integrieren. Durch Vertauschung von Summation und Integration ergibt sich dann unter Berücksichtigung der Orthonormalitätsrelationen (26.23)

$$\xi_n = \int_a^b f(t)x_n(t)dt, \quad n = 1, 2, \ldots, \tag{26.35}$$

und infolgedessen

$$f(t) = \sum_{n=1}^{\infty} x_n(t) \int_a^b f(\tau)x_n(\tau)d\tau. \tag{26.36}$$

Ist $\{x_1(t), x_2(t), \ldots\}$ ein System von orthonormalen Funktionen bezüglich einer Belegungsfunktion p(t), so werden wir durch analoges Verfahren auf die Reihe

$$f(t) = \sum_{n=1}^{\infty} x_n(t) \int_a^b p(\tau)f(\tau)x_n(\tau)d\tau \tag{26.37}$$

geführt.

Der Leser erkennt, daß wir hier auf die gleiche Weise vorgegangen sind wie bei der Entwicklung einer periodischen Funktion in ihre Fouriersche Reihe. Wenn wir die Mannigfaltigkeit der 2π-periodischen Funktionen betrachten und das Orthonormalsystem (26.25) der trigonometrischen Funktionen heranziehen, so ist die Reihe (26.36) mit der Fourierschen Reihe der Funktion f(t) überhaupt identisch. Man nennt daher die Reihe (26.36) bzw. (26.37) die *Fourierreihe der Funktion* f(t) *nach dem Orthonormalsystem* $\{x_1(t), x_2(t), \ldots\}$, die Koeffizienten (26.35) werden die *Fourierkoeffizienten* der Funktion f(t) bezüglich des Orthonormalsystems $\{x_1(t), x_2(t), \ldots\}$ genannt. Man spricht auch von einer *Orthogonalreihenentwicklung* der Funktion f(t) nach dem Orthonormalsystem $\{x_1(t), x_2(t), \ldots\}$.

Die Fouriersche Idee, der wir uns bei der Herleitung der Reihe (26.36) bzw. (26.37) bedient haben, ermöglicht es uns aber keineswegs, etwa die Konvergenz der Reihe (26.36) bzw. (26.37) zu behaupten, ebensowenig, ob im Konvergenzfall die Summe tatsächlich f(t) ist. Wir haben ja auch schon bei der Herleitung der Fourierreihe in Abschnitt 18.2 auf diesen Sachverhalt hingewiesen und die Notwendigkeit erkannt, eine eigene Konvergenzuntersuchung durchzuführen. Sie brachte ein positives Ergebnis, wenn gleichzeitig die willkürliche Funktion f(t) gewissen Bedingungen unterworfen wird. Der entscheidende Punkt bei der Entwicklung nach einem Orthonormalsystem ist, ob sich dieses auch wirklich als umfassend genug erweist, womit folgendes gemeint ist.

Betrachten wir zunächst nochmals die Darstellung eines Vektors bezüglich eines orthonormalen N-Beins $\{e_1, e_2, \ldots, e_N\}$. Die Tatsache, daß jeder Vektor x des N-dimensionalen Raumes als Linearkombination der Vektoren dieses N-Beins dargestellt werden kann, zeigt sich darin, daß stets ein System von Zahlen $\xi_1, \xi_2, \ldots, \xi_N$ existiert, so daß gilt

$$0 = \left| x - \sum_{n=1}^{N} \xi_n e_n \right|^2 = |x|^2 - \sum_{n=1}^{N} |\xi_n|^2.$$

Wir fassen daher sinngemäß ein Orthonormalsystem $\{x_1(t), x_2(t), \ldots\}$ als Basis unserer Mannigfaltigkeit auf, wenn für jede Funktion f(t) eine Folge von Zahlen ξ_n existiert mit der Eigenschaft

$$0 = \left\| f(t) - \sum_{n=1}^{\infty} \xi_n x_n(t) \right\|,$$

die natürlich als Grenzwertbeziehung

$$0 = \lim_{N \to \infty} \left\| f(t) - \sum_{n=1}^{N} \xi_n x_n(t) \right\| \tag{26.38}$$

zu verstehen ist. Der mit beliebigen Zahlen γ_n gebildete Ausdruck

$$\left\| f(t) - \sum_{n=1}^{N} \gamma_n x_n(t) \right\|^2 = \int_a^b \left| f(t) - \sum_{n=1}^{N} \gamma_n x_n(t) \right|^2 dt \tag{26.39}$$

wird *mittleres Fehlerquadrat* genannt. Wegen

$$0 \leqslant \left\| f(t) - \sum_{n=1}^{N} \gamma_n x_n(t) \right\|^2 = \int_a^b \left| f(t) - \sum_{n=1}^{N} \gamma_n x_n(t) \right|^2 dt$$

$$= \int_a^b |f(t)|^2 dt - 2\,\mathrm{Re}\left(\sum_{n=1}^{N} \bar{\gamma}_n \int_a^b f(t)\overline{x_n(t)}\,dt \right) + \sum_{n=1}^{N} \sum_{m=1}^{N} \bar{\gamma}_n \gamma_m \int_a^b \overline{x_n(t)}\,x_m(t)\,dt$$

$$= \|f\|^2 - \sum_{n=1}^{N} |(x_n, f)|^2 + \sum_{n=1}^{N} |(x_n, f) - \gamma_n|^2$$

hat das mittlere Fehlerquadrat (26.39) den kleinsten Wert

$$\left\| f(t) - \sum_{n=1}^{N} (x_n, f) x_n(t) \right\|^2 = \|f\|^2 - \sum_{n=1}^{N} |(x_n, f)|^2 \geqslant 0,$$

wenn $\gamma_n = (x_n, f)$ ist, so daß unter allen Funktionen

$$\sum_{n=1}^{N} \gamma_n x_n(t)$$

bei festem N die – im Sinne eines minimalen mittleren Fehlerquadrates (26.39) – beste Approximation der Funktion f(t) durch die N-te Partialsumme der Reihe (26.36) geleistet wird. Die Bedingung (26.38) ist schließlich erfüllt, wenn die Beziehung

$$\lim_{N \to \infty} \sum_{n=1}^{N} |(x_n, f)|^2 = \sum_{n=1}^{\infty} |(x_n, f)|^2 = \|f\|^2 \tag{26.40}$$

besteht, die als *Vollständigkeitsrelation* bezeichnet wird. Die in jedem Fall gültige Ungleichung

$$\sum_{n=1}^{\infty} |(x_n, f)|^2 \leqslant \|f\|^2 \tag{26.41}$$

wird *Besselsche Ungleichung*[1]) genannt.

Wir nennen ein Orthonormalsystem $\{x_1(t), x_2(t), \ldots\}$ von Funktionen der Mannigfaltigkeit C(I) *vollständig*, wenn die Gleichung (26.40) für jede Funktion f(t) aus C(I) gültig ist. Den sich aus der Äquivalenz der Grenzwertbeziehung (26.38) und der Vollständigkeits-

[1]) *Friedrich Wilhelm Bessel*, 1784–1846, deutscher Astronom und Mathematiker.

relation (26.40) ergebenden Sachverhalt drücken wir dann auch kurz so aus, indem wir sagen, die Folge

$$s_N(t) = \sum_{n=1}^{N} (x_n, f) x_n(t)$$

der Partialsummen der Reihe (26.36) *konvergiert im Mittel gegen die Funktion* f(t), wofür wir dann

$$f(t) \cong \sum_{n=1}^{\infty} (x_n, f) x_n(t)$$

schreiben. Man sagt, *die Fourierreihe der Funktion* f(t) *nach einem vollständigen Orthonormalsystem konvergiert im Mittel gegen die Funktion* f(t). Wir haben es dabei mit einer Konvergenz bezüglich der Funktionennorm (26.21) zu tun, die nicht mit der punktweisen Konvergenz verwechselt werden darf. Eine Folge $(g_n(t))$ von Funktionen der Mannigfaltigkeit C(I) konvergiert auf dem Grundintervall I = [a, b] im Mittel gegen die Funktion g(t), wenn

$$\lim_{n\to\infty} \left\| g_n(t) - g(t) \right\| = \lim_{n\to\infty} \sqrt{\int_a^b \left| g_n(t) - g(t) \right|^2 dt} = 0$$

gilt. Die Tatsache, daß die Folge $(g_n(t))$ im Mittel gegen die Grenzfunktion g(t) konvergiert, läßt aber *nicht* den Schluß zu, daß die Folge $(g_n(t))$ *punktweise* gegen die Grenzfunktion g(t) konvergiert, denn hierfür muß

$$\lim_{n\to\infty} \left| g_n(t) - g(t) \right| = 0 \quad \text{für } a \leqslant t \leqslant b$$

gelten. Die Konvergenz im Mittel und die punktweise (gewöhnliche) Konvergenz sind zwei völlig verschiedene Konvergenzbegriffe. Wir können aus der Konvergenz im Mittel nicht auf die punktweise Konvergenz schließen und umgekehrt, es sei denn, die Konvergenz ist auf dem Grundintervall eine gleichmäßige.

Beispiel 26.8: Das System (26.27) der Sinusfunktionen ist auf dem Intervall $[0, \pi]$ vollständig. Denken wir uns auf dem Intervall $[0, \pi]$ eine stetige Funktion f(t) gegeben und setzen wir diese auf das Intervall $[-\pi, 0[$ durch die Festsetzung $f(t) = -f(-t)$, $t \in [-\pi, 0[$, ungerade fort, so lautet die Fourierentwicklung dieser Funktion unter den bekannten zusätzlichen Voraussetzungen für die punktweise Konvergenz

$$f(t) = \frac{2}{\pi} \sum_{n=1}^{\infty} \sin nt \int_0^{\pi} f(\tau) \sin n\tau d\tau. \tag{26.42}$$

Diese Reihe, die die Funktion f(t) jedenfalls auf dem Intervall $]0, \pi[$ darstellt, wird ***Fourier-Sinus-Reihe*** der Funktion f(t) genannt. Da die Vollständigkeitsrelation (26.40) für das System (26.24) der trigonometrischen Funktionen auf dem Intervall $[-\pi, \pi]$ gegeben ist, wie wir in Abschnitt 18.3 (ohne Beweis) festgestellt haben, muß (26.40) auch für das System der Sinusfunktionen auf dem Grundintervall $[0, \pi]$ gelten.

Durch gerade Fortsetzung $f(t) = f(-t)$, $t \in [-\pi, 0[$, auf das Intervall $[-\pi, 0[$ erhalten wir die im Intervall $]0, \pi[$ gültige Entwicklung

$$f(t) = \frac{1}{\pi} \int_0^{\pi} f(\tau) d\tau + \frac{2}{\pi} \sum_{n=1}^{\infty} \cos nt \int_0^{\pi} f(\tau) \cos n\tau d\tau, \tag{26.43}$$

die als *Fourier-Cosinus-Reihe* bezeichnet wird. Es ist, wie sich durch eine analoge Argumentation wie vorhin zeigen läßt, auch das System der Cosinusfunktionen (26.28) auf dem Intervall $[0, \pi]$ vollständig.

Orthogonalreihen stellen ein wichtiges Hilfsmittel für die Lösung von Aufgaben der mathematischen Physik dar, die durch Differentialgleichungen und Randbedingungen beschrieben werden können. Unter gewissen zusätzlichen Bedingungen gehört zu jeder solchen Aufgabe ein vollständiges System orthogonaler Funktionen, nach denen die Lösungsfunktion entwickelt werden kann. Dabei wird sich zeigen, daß diese Orthogonalreihen für die Lösungsfunktion auch punktweise konvergieren. Wir wollen daher die Frage nach der punktweisen Konvergenz von Orthogonalreihenentwicklungen hier nicht weiter behandeln und uns im folgenden dem Studium der symmetrischen und hermiteschen Integraloperatoren zuwenden. Wir werden später sehen, daß die Umkehroperatoren von Differentialoperatoren allgemein durch Integraloperatoren dargestellt werden können, wobei viele durch Differentialgleichungen beschriebenen Probleme der mathematischen Physik auf symmetrische Integraloperatoren führen.

Hermitesche bzw. symmetrische Integraloperatoren können als das „unendlichdimensionale" Analogon der symmetrischen bzw. hermiteschen Matrizen angesehen werden. In den folgenden Untersuchungen steht daher die Eigenwerttheorie der hermiteschen Integraloperatoren im Vordergrund.

26.3 Symmetrische und hermitesche Integraloperatoren

Es sei wieder C(I) die Mannigfaltigkeit der auf dem Grundintervall $I = [a, b]$ stetigen (reellwertigen oder komplexwertigen) Funktionen, K ein Integraloperator (26.5) mit dem Objekt- und Bildbereich C(I). Vom (reellwertigen oder komplexwertigen) Kern $K(s, t)$ des Operators K setzen wir voraus, daß er auf dem Quadrat $a \leqslant s \leqslant b$, $a \leqslant t \leqslant b$ stetig ist.

Eine Zahl λ wird *Eigenwert* des Operators K genannt, wenn eine von der Nullfunktion verschiedene Funktion $x(t)$ aus C(I) existiert, so daß gilt

$$\int_a^b K(s, t)x(t)dt = \lambda x(s), \quad a \leqslant s \leqslant b, \tag{26.44}$$

wofür wir symbolisch auch

$$Kx = \lambda x$$

schreiben. Die Funktion $x(t)$ wird eine *zum Eigenwert λ gehörige Eigenfunktion* des Operators K genannt.

Im Falle, daß die Funktionen aus C(I) reellwertig sind, sind nur reelle Zahlen als Eigenwerte möglich, wenn aber C(I) aus komplexwertigen Funktionen besteht, haben wir natürlich auch komplexe Zahlen als Eigenwerte zuzulassen.

Die Tatsache, daß Objekt- und Bildbereich eines Integraloperators unendlichdimensionale Mannigfaltigkeiten sind, hat eine wichtige Konsequenz im Hinblick auf die Existenz von Eigenwerten. Während eine Matrix, als linearer Operator auf einer endlichdimensionalen Vektormannigfaltigkeit, zumindest im komplexen Fall, stets mindestens einen Eigenwert hat (und dann genau der Dimension entsprechend viele, wenn sie unter Berücksichtigung ihrer Vielfachheiten gezählt werden), braucht ein Integraloperator überhaupt keine Eigenwerte zu besitzen. Wir interessieren uns aber im folgenden nur für eine spezielle Klasse von Integraloperatoren, deren endlichdimensionales Analogon die symmetrischen und hermiteschen Matrizen sind und für die sich hinsichtlich der Eigenwerttheorie weitgehend gemeinsame Eigenschaften nachweisen lassen.

Als Objekt- und Bildbereich des Integraloperators K betrachten wir nun die Mannigfaltigkeit der auf dem Grundintervall [a, b] komplexwertigen stetigen Funktionen. Der komplexwertige Kern K(s, t) sei auf dem Quadrat $a \leqslant s \leqslant b$, $a \leqslant t \leqslant b$ stetig. Für das innere Produkt zweier Funktionen haben wir die Form (26.18) zugrundezulegen.

Es seien f(t) und g(t) zwei Funktionen des Objektbereiches von K. Wir bilden den Ausdruck

$$(f, Kg) = \int_a^b \overline{f(s)}\left(\int_a^b K(s,t)\,g(t)\,dt\right) ds = \int_a^b ds \int_a^b K(s,t)\overline{f(s)}g(t)\,dt$$

und vertauschen darin die Integrationsreihenfolge,

$$(f, Kg) = \int_a^b dt \int_a^b K(s,t)\overline{f(s)}g(t)\,ds = \int_a^b g(t)\left(\overline{\int_a^b \overline{K(s,t)}f(s)\,ds}\right) dt.$$

Setzen wir hier

$$K^*(t,s) = \overline{K(s,t)}, \qquad (26.45)$$

so wird

$$(f, Kg) = \int_a^b g(t)\left(\int_a^b \overline{K^*(t,s)}\,\overline{f(s)}\,ds\right) dt = \int_a^b g(t)\left(\overline{\int_a^b K^*(t,s)f(s)\,ds}\right) dt,$$

also, wenn K^* den Integraloperator mit dem Kern $K^*(s, t)$ bezeichnet,

$$(f, Kg) = (K^*f, g). \qquad (26.46)$$

Der Operator K^* wird der zu K *transponierte Operator* genannt, analog der transponierten $\mathbf{A}^*$ einer quadratischen Matrix $\mathbf{A}$. Der Kern des transponierten Operators wird also durch Vertauschen der Rollen der Argumente, entsprechend dem Spiegeln einer Matrix an der Hauptdiagonale, und durch anschließendes Konjugieren gebildet; für reelle Kerne ist einfach $K^*(s, t) = K(t, s)$. Gilt nun

$$K(s,t) = \overline{K(t,s)} = K^*(s,t), \quad a \leqslant s \leqslant b,\ a \leqslant t \leqslant b, \qquad (26.47)$$

das heißt

$$(Kf, g) = (f, Kg) \qquad (26.48)$$

für zwei beliebige Funktionen f(t) und g(t) des Objektbereiches von K, so wird K ein *hermitescher Operator* genannt[1]). Im reellen Fall, der durch die Symmetrie des Kernes in

[1]) Die der obigen Gleichung entsprechende Kennzeichnung hermitescher Matrizen wäre die Bedingung, daß $(\mathbf{A} \cdot \mathbf{x})^* \cdot \mathbf{y} = \mathbf{x}^* \cdot (\mathbf{A} \cdot \mathbf{y})$ für jeden Vektor $\mathbf{x}$ und für jeden Vektor $\mathbf{y}$ gilt; diese Bedingung ist offenbar genau dann erfüllt, wenn $\mathbf{A} = \mathbf{A}^*$ ist.

seinen beiden Veränderlichen gekennzeichnet ist,

$$K(s, t) = K(t, s), \quad a \leqslant s \leqslant b, \; a \leqslant t \leqslant b, \tag{26.49}$$

spricht man von einem *symmetrischen Operator.*

Es ist nun grundlegend, *daß ein hermitescher Integraloperator mit stetigem Kern, dessen Objektfunktionen auf einem beschränkten und abgeschlossenen Intervall definiert und stetig sind, stets mindestens einen von Null verschiedenen Eigenwert hat.* Dieser ist notwendigerweise reell, denn bezeichnet $x(t)$ eine zum Eigenwert λ zugehörige Eigenfunktion, so folgt aus

$$\lambda(x, x) = (x, Kx) = (Kx, x) = (\lambda x, x) = \bar{\lambda}(x, x)$$

wegen $(x, x) \neq 0$ unmittelbar $\lambda = \bar{\lambda}$. Ferner gilt in Analogie zu den hermiteschen Matrizen, daß zu zwei verschiedenen Eigenwerten λ_1 und λ_2 gehörige Eigenfunktionen $x_1(t)$ bzw. $x_2(t)$ stets orthogonal sind. Bilden wir nämlich den Ausdruck (x_2, Kx_1), so folgt einerseits

$$(x_2, Kx_1) = \lambda_1(x_2, x_1),$$

andererseits aus (26.48) unter Berücksichtigung der Tatsache, daß die Eigenwerte von K reell sind,

$$(x_2, Kx_1) = (Kx_2, x_1) = (\lambda_2 x_2, x_1) = \lambda_2(x_2, x_1)$$

und daraus durch Vergleich $(x_2, x_1) = 0$.

Es sei nun λ_1 ein Eigenwert von K, $x_1(t)$ eine zugehörige Eigenfunktion, von der wir annehmen, daß sie auf die Länge 1 normiert ist, für die also $(x_1, x_1) = 1$ gilt. Wir betrachten den Kern

$$K_1(s, t) = K(s, t) - \lambda_1 x_1(s)\overline{x_1(t)}.$$

Offenbar ist $K_1(s, t)$ der Kern eines hermiteschen Operators K_1, welcher demnach mindestens einen von Null verschiedenen Eigenwert λ_2 hat. Bezeichnet $x_2(t)$ eine zugehörige auf die Länge 1 normierte Eigenfunktion, so gilt

$$\lambda_2 x_2(s) = \int_a^b K_1(s, t)x_2(t)dt = \int_a^b K(s, t)x_2(t)dt - \lambda_1 x_1(s) \int_a^b \overline{x_1(t)}x_2(t)dt.$$

Multiplizieren wir diese Gleichung mit $\overline{x_1(s)}$ und integrieren wir über das Grundintervall, so folgt

$$\lambda_2(x_1, x_2) = (x_1, Kx_2) - \lambda_1(x_1, x_2) = (Kx_1, x_2) - \lambda_1(x_1, x_2) = 0,$$

woraus wir erstens erkennen, daß die Funktionen $x_1(t)$ und $x_2(t)$ orthogonal sind, zweitens unter Berücksichtigung der darüberstehenden Gleichung, daß λ_2 auch Eigenwert von K und $x_2(t)$ eine dazugehörige Eigenfunktion ist. Wir betrachten nun weiter den einen hermiteschen Operator K_2 definierenden Kern

$$K_2(s, t) = K(s, t) - \left(\lambda_1 x_1(s)\overline{x_1(t)} + \lambda_2 x_2(s)\overline{x_2(t)}\right).$$

Wir schließen, daß K_2 mindestens einen von Null verschiedenen Eigenwert λ_3 hat; eine zugehörige Eigenfunktion sei $x_3(t)$. Wie vorhin läßt sich nun zeigen, daß $x_3(t)$ orthogonal zu den Eigenfunktionen $x_1(t)$ und $x_2(t)$ ist, und weiter, daß λ_3 auch Eigenwert von K zur Eigenfunktion $x_3(t)$ ist. Wir setzen auf diese Weise fort, indem wir die Folge von Kernen

$$K_n(s, t) = K(s, t) - \sum_{k=1}^{n} \lambda_k x_k(s) \overline{x_k(t)} \tag{26.50}$$

betrachten. Bricht dieser Prozeß ab, das heißt gilt etwa für $n = N$

$$K(s, t) = \sum_{k=1}^{N} \lambda_k x_k(s) \overline{x_k(t)}, \tag{26.51}$$

so hat K nur endlich viele von Null verschiedene Eigenwerte. Die Zahl $\lambda = 0$ ist aber jedenfalls auch ein Eigenwert von K, wofür wir folgende Begründung geben können. Da die Dimension des Objektbereiches unendlich ist, gibt es sicher unendlich viele linear unabhängige Funktionen, die zu den endlich vielen Eigenfunktionen $x_1(t), \ldots, x_N(t)$ orthogonal sind; andererseits ist jede Funktion $x(t)$, für die

$$(x_n, x) = \int_a^b \overline{x_n(t)} x(t) dt = 0, \quad n = 1, \ldots, N,$$

gilt, Eigenfunktion des Operators K zum Eigenwert $\lambda = 0$, wie aus

$$\int_a^b K(s, t) x(t) dt = \int_a^b \sum_{n=1}^{N} \lambda_n x_n(s) \overline{x_n(t)} x(t) dt = \sum_{n=1}^{N} \lambda_n x_n(s) \int_a^b \overline{x_n(t)} x(t) dt = 0,$$

$$a \leqslant s \leqslant b,$$

folgt. Ein Integraloperator, dessen Kern von der Form (26.51) ist, hat also sicher den Eigenwert $\lambda = 0$, der, wie man sagt, unendliche Vielfachheit hat, da es unendlich viele linear unabhängige Eigenfunktionen zu diesem Eigenwert gibt.

Ein Kern der Form (26.51) wird ein *Produktkern* oder *ausgearteter Kern* genannt. Ein Integraloperator mit ausgeartetem Kern hat nur endlich viele von Null verschiedene Eigenwerte, und hiervon gilt auch die Umkehrung.

Ist aber keiner der Kerne (26.50) die Nullfunktion auf dem Rechteck $a \leqslant s \leqslant b$, $a \leqslant t \leqslant b$, kann dieser Prozeß also ad infinitum fortgesetzt werden, so hat der Operator K unendlich viele von Null verschiedene Eigenwerte λ_i, die nach fallenden Beträgen angeordnet werden können,

$$|\lambda_1| \geqslant |\lambda_2| \geqslant \ldots \geqslant |\lambda_n| \geqslant |\lambda_{n+1}| \geqslant \ldots,$$

wodurch auch die (nach unserer Konstruktion paarweise orthogonalen) Eigenfunktionen durchnumeriert werden,

$$x_1(t), x_2(t), \ldots, x_n(t), \ldots \ .$$

Es wäre allerdings ein Irrtum anzunehmen, daß die Zahl $\lambda = 0$ nicht Eigenwert des Operators K sein kann, wenn keine der Funktionen $K_n(s, t)$ die Nullfunktion ist. Der Eigenwert $\lambda = 0$ kann trotzdem auftreten, ja sogar, wie immer bei ausgearteten Kernen, mit unendlicher Vielfachheit, da es in einer unendlichdimensionalen Funktionenmannigfaltigkeit auch unendlich viele Funktionen geben kann, die zu allen Funktionen eines unendlichen Funktionensystems orthogonal sind.

Es ist jetzt naheliegend sich zu fragen, wie sich die Folge (26.50) für $n \to \infty$ verhält. Nun läßt sich im allgemeinen Fall aber nur zeigen, daß die Funktionen $K_n(s, t)$ im Mittel gegen den Kern $K(s, t)$ konvergieren, womit gemeint ist, daß die Folge $\left(K_n(s, t)\right)$ für festes s (bzw. t) im Mittel bezüglich t (bzw. s) gegen $K(s, t)$ konvergiert, so daß

$$K(s, t) \cong \sum_{n=1}^{\infty} \lambda_n x_n(s) \overline{x_n(t)} \tag{26.52}$$

bezüglich der Konvergenz im Mittel gilt, im allgemeinen aber nicht im Sinne der punktweisen Konvergenz. Wenn aber die Reihe

$$\sum_{n=1}^{\infty} \lambda_n x_n(s) \overline{x_n(t)} \tag{26.53}$$

absolut für jedes s und t konvergiert und zumindest in einer der beiden Veränderlichen auf dem Grundintervall gleichmäßig konvergent ist, so gilt

$$K(s, t) = \sum_{n=1}^{\infty} \lambda_n x_n(s) \overline{x_n(t)} \tag{26.54}$$

gleichmäßig in s und t für $a \leqslant s \leqslant b$, $a \leqslant t \leqslant b$.

Auf die gleichmäßige Konvergenz der Reihe (26.53) kann aus einer besonderen Eigenschaft des Operators K geschlossen werden. Man nennt einen hermiteschen Integraloperator K *positiv definit* bzw. *negativ definit*, wenn die „quadratische Form“

$$(Kx, x) = \int_a^b \int_a^b K(s, t) \overline{x(s)} x(t) \, ds \, dt \tag{26.55}$$

für jede von der Nullfunktion verschiedene Funktion $x(t)$ positives bzw. negatives Vorzeichen hat. Gilt $(Kx, x) \geqslant 0$ bzw. $(Kx, x) \leqslant 0$ für jede Funktion des Objektbereiches von K, so heißt K *positiv semidefinit* bzw. *negativ semidefinit*. Ein definiter Operator hat offenbar nur von Null verschiedene Eigenwerte, die sämtlich das gleiche Vorzeichen haben, ein semidefiniter Operator hat notwendigerweise auch den Eigenwert Null. Für den Sonderfall eines definiten oder semidefiniten Operators läßt sich nun zeigen, daß die Reihe (26.53) gleichmäßig in beiden Veränderlichen konvergiert und infolgedessen die „Entwicklung“ (26.54) gilt. Mit anderen Worten, haben die von Null verschiedenen Eigenwerte alle das gleiche Vorzeichen, so gilt die Entwicklung (26.54) gleichmäßig in s und t. Diese Bedingung läßt sich dann noch dahingehend abschwächen, daß die von Null verschiedenen Eigenwerte fast alle das gleiche Vorzeichen haben.

Für einen definiten oder semidefiniten Operator konvergiert also die Reihe (26.53) gleichmäßig in s und t, woraus wir die Beziehung

$$\int_a^b K(s, s) \, ds = \int_a^b \sum_{n=1}^{\infty} \lambda_n x_n(s) \overline{x_n(s)} \, ds = \sum_{n=1}^{\infty} \lambda_n \int_a^b \overline{x_n(s)} x_n(s) \, ds = \sum_{n=1}^{\infty} \lambda_n$$

folgern können, da die Integration mit der Summation vertauscht werden kann. Der Ausdruck

$$\operatorname{Spur} K = \int_a^b K(s, s)\,ds \qquad (26.56)$$

wird die *Spur* des Operators K genannt. Es ist also für definite bzw. semidefinite Operatoren insbesondere die Reihe der Eigenwerte konvergent, was natürlich auch dann zutrifft, wenn der Operator K nur endlich viele Eigenwerte des anderen Vorzeichens hat. Wir ziehen daraus den Schluß, daß die Eigenwerte eine Nullfolge bilden müssen (was übrigens auch im allgemeinen der Fall ist). Ferner zeigt uns dies, daß unter den von Null verschiedenen Eigenwerten eines hermiteschen Operators jeweils nur endlich viele gleich sein können. Numerieren wir die Eigenwerte ohne Rücksichtnahme auf wiederholtes Auftreten, so nennen wir die Anzahl, mit der nach unserem Konstruktionsverfahren eine Zahl als Eigenwert auftritt, die Vielfachheit des betreffenden Eigenwertes. Ein von Null verschiedener Eigenwert kann also höchstens endliche Vielfachheit haben. Der Eigenwert Null, wenn er vorhanden ist, spielt dabei eine Ausnahmerolle. Wie wir gesehen haben, kann seine Vielfachheit auch unendlich sein. Wir bemerken noch, daß zu einem mehrfachen Eigenwert stets genauso viele linear unabhängige Eigenfunktionen existieren, als dessen Vielfachheit beträgt; diese sind nach unserem Konstruktionsverfahren sämtlich paarweise orthogonal.

Unsere Überlegungen gelten selbstverständlich auch für symmetrische Operatoren, für die einzig die Bildung des Konjugiums zu ignorieren ist. In der folgenden Zusammenfassung sind daher auch die symmetrischen Operatoren enthalten.

Satz 26.1 *Ist K ein hermitescher Integraloperator auf dem Objektbereich der auf dem abgeschlossenen und beschränkten Grundintervall* $[a, b]$ *stetigen Funktionen und ist sein Kern* $K(s, t)$ *auf dem Quadrat* $a \leqslant s \leqslant b$, $a \leqslant t \leqslant b$ *stetig und nicht ausgeartet, so hat K abzählbar unendlich viele von Null verschiedene reelle Eigenwerte. Die zugehörigen Eigenfunktionen sind paarweise orthogonal. Haben die von Null verschiedenen Eigenwerte von K fast alle dasselbe Vorzeichen, so gilt die Entwicklung* (26.54) *gleichmäßig in* s *und* t.

Es sei ausdrücklich bemerkt, daß die Beschränktheit und Abgeschlossenheit des Grundintervalles $[a, b]$ sowie die Stetigkeit des Kernes auf dem (abgeschlossenen) Quadrat $a \leqslant s \leqslant b$, $a \leqslant t \leqslant b$ wesentliche Voraussetzungen für die Schlußfolgerungen des Satzes 26.1 sind. Ist eine dieser zwei Bedingungen verletzt, so kann die Existenz eines Eigenwertes, von der ja unsere ganze Überlegung ausging, nicht mehr behauptet werden. Die Aussage von Satz 26.1 läßt sich aber unter einer zusätzlichen Bedingung aufrecht erhalten. Wenn zwar das Grundintervall $[a, b]$ beschränkt ist, der Kern des Integraloperators hingegen auf dem Rand des Quadrates $a \leqslant s \leqslant b$, $a \leqslant t \leqslant b$ Unendlichkeitsstellen aufweist, so haben wir die Existenz des uneigentlichen Integrales erster Art

$$\int_a^b \int_a^b |K(s, t)|^2\,ds\,dt < \infty$$

zu fordern, im Falle, daß das Grundintervall von der Form $[a, \infty[$ und damit unbeschränkt ist, müssen wir verlangen, daß das uneigentliche Integral zweiter Art

$$\int_a^\infty \int_a^\infty |K(s, t)|^2\,ds\,dt < \infty$$

konvergiert.

Die Tatsache, daß durch einen hermiteschen Integraloperator ein Orthonormalsystem des Objekt- und Bildbereiches, bestehend aus den Eigenfunktionen des Operators, gegeben ist, richtet unser Interesse darauf, ob dieses Orthonormalsystem vollständig ist, d. h. ob jede Funktion f(t) des Objektbereiches in eine im Mittel konvergente Orthogonalreihe nach den Eigenfunktionen des Operators *K* entwickelt werden kann.

Der entscheidende Punkt bei der Beantwortung der Frage nach der Vollständigkeit des Systems der zu den von Null verschiedenen Eigenwerten von *K* gehörigen Eigenfunktionen liegt darin, ob die Zahl $\lambda = 0$ als Eigenwert von *K* auftritt oder nicht. Wie wir der Vollständigkeitsrelation (26.40) entnehmen, ist ein Orthonormalsystem $\{x_1(t), x_2(t), \ldots\}$ sicher nicht vollständig, wenn eine von der Nullfunktion verschiedene Funktion y(t) mit der Eigenschaft

$$(x_k, y) = \int_a^b \overline{x_k(t)}\, y(t)\, dt = 0 \quad \text{für } k = 1, 2, \ldots \tag{26.57}$$

existiert, mit anderen Worten, wenn es neben der Nullfunktion noch eine weitere Funktion gibt, die zu *allen* Funktionen des Orthonormalsystems $\{x_1(t), x_2(t), \ldots\}$ orthogonal ist. Hat daher ein hermitescher Integraloperator den Eigenwert $\lambda = 0$, so bilden die zu den von Null verschiedenen Eigenwerten λ_n gehörigen Eigenfunktionen $x_n(t)$ kein vollständiges Orthonormalsystem, denn jede dieser Eigenfunktionen ist orthogonal zu allen Eigenfunktionen zum Eigenwert $\lambda = 0$. Es läßt sich dann aber zeigen, daß das System der Eigenfunktionen $x_n(t)$ auf einer Teilmannigfaltigkeit des Objektbereiches vollständig ist, nämlich auf der Mannigfaltigkeit aller Funktionen des Objektbereiches, die orthogonal zu jeder zum Eigenwert $\lambda = 0$ gehörigen Eigenfunktion sind. Mit anderen Worten, diese Mannigfaltigkeit besteht aus allen auf dem Grundintervall stetigen Funktionen f(t), für die

$$(x, f) = \int_a^b \overline{x(t)}\, f(t)\, dt = 0$$

ist für jede Eigenfunktion x(t) zum Eigenwert $\lambda = 0$. Da insbesondere eine Funktion g(t) der Gestalt

$$g(s) = \int_a^b K(s, t) f(t)\, dt \tag{26.58}$$

mit einer auf dem Grundintervall stetigen Funktion f(t) diese Eigenschaft hat, wie aus

$$\int_a^b \overline{x(s)}\, g(s)\, ds = \int_a^b \overline{x(s)}\, ds \int_a^b K(s, t) f(t)\, dt = \int_a^b \overline{x(s)}\, ds \int_a^b \overline{K(t, s)}\, f(t)\, dt$$

$$= \int_a^b f(t)\, dt\, \overline{\int_a^b K(t, s)\, x(s)\, ds} = 0$$

ersichtlich ist, läßt sich jede Funktion der Gestalt (26.58) in eine im Mittel konvergente

Orthogonalreihe nach den Eigenfunktionen $x_n(t)$ des Operators K entwickeln,

$$g(t) \cong \sum_{n=1}^{\infty} x_n(t) \int_a^b \overline{x_n(\tau)} g(\tau) d\tau. \tag{26.59}$$

Wegen

$$\int_a^b \overline{x_n(\tau)} g(\tau) d\tau = \int_a^b \overline{x_n(\tau)} d\tau \int_a^b K(\tau, t) f(t) dt = \int_a^b f(t) dt \overline{\int_a^b K(t, \tau) x_n(\tau) d\tau}$$

$$= \lambda_n \int_a^b \overline{x_n(t)} f(t) dt$$

lassen sich die Fourierkoeffizienten dieser Reihe durch die Fourierkoeffizienten der Funktion $f(t)$ ausdrücken, so daß allgemein für jede Funktion des Objektbereiches die Entwicklung

$$g(s) = \int_a^b K(s, t) f(t) dt \cong \sum_{n=1}^{\infty} \lambda_n x_n(s) \int_a^b \overline{x_n(t)} f(t) dt \tag{26.60}$$

gilt. Man gelangt zu diesem Ergebnis auch, wenn man die Reihe (26.52) mit $f(t)$ multipliziert und anschließend über das Grundintervall integriert, indem man Summation und Integration vertauscht. Es läßt sich nun zeigen, daß die Reihe (26.59) bzw. (26.60) nicht bloß im Mittel gegen die Funktion $g(t)$ konvergiert, sondern sogar absolut und gleichmäßig auf dem Grundintervall $[a, b]$.

Ist jedoch $\lambda = 0$ kein Eigenwert des hermiteschen Operators K, so ist das System der Eigenfunktionen von K vollständig. Wir verzichten auch auf diesen Beweis und fassen unsere Ergebnisse zusammen.

Satz 26.2 *Ist K ein hermitescher Integraloperator mit den von Null verschiedenen Eigenwerten* λ_n *und den zugehörigen paarweise orthogonalen Eigenfunktionen* $x_n(t)$, *so konvergiert die Reihe* (26.60) *absolut und gleichmäßig auf dem Grundintervall für jede Funktion* $f(t)$ *des Objektbereiches. Ist* $\lambda = 0$ *kein Eigenwert des Operators K, so läßt sich jede Funktion des Objektbereiches in eine im Mittel konvergente Orthogonalreihe nach den Eigenfunktionen des Operators K entwickeln.*

Wir begnügen uns mit diesem Überblick, mit dem wir eine gewisse Vorbereitung für die Lösung der partiellen Differentialgleichungen der mathematischen Physik, bei der symmetrische Integraloperatoren eine große Rolle spielen, verfolgen.

26.4 Übungsbeispiele

1. Man stelle die Potenzen x^n, $n = 0, 1, 2, \ldots$, als Linearkombinationen der Legendreschen Polynome $P_n(x)$ dar.

Ist $\{q_0(x), q_1(x), \ldots\}$ ein System orthogonaler Polynome (orthogonal auf einem Intervall I bezüglich einer Belegungsfunktion p(x)) und

$$\psi(t, x) = \sum_{n=0}^{\infty} t^n q_n(x) \quad \text{für } |t| < r, x \in I,$$

so heißt $\psi(t, x)$ die *erzeugende Funktion* der orthogonalen Polynome $q_n(x)$.

2. Ausgehend von der Integraldarstellung

$$P_n(x) = \frac{1}{\pi} \int_0^{\pi} (x + \sqrt{x^2 - 1} \cos \varphi)^n d\varphi$$

der Legendreschen Polynome (vgl. Beispiel 17.8) zeige man, daß $\psi(t, x) = \frac{1}{\sqrt{1 - 2xt + t^2}}$ die erzeugende Funktion der Legendreschen Polynome $P_n(x)$ ist.

3. Man berechne die Fourierkoeffizienten der Funktion $\psi(t, x) = \frac{1}{1-t} \exp\left(-\frac{xt}{1-t}\right)$ (für festes $t \in]-1, 1[$) bezüglich des Orthogonalsystems der Laguerreschen Polynome $L_n(x)$ (das Grundintervall ist $[0, \infty[$, die Belegungsfunktion ist $p(x) = e^{-x}$). Durch Entwicklung der Funktion $\psi(t, x)$ nach Potenzen von t beweise man, daß $\psi(t, x)$ die erzeugende Funktion der Laguerreschen Polynome $L_n(x)$ ist.

4. Man berechne die Fourierkoeffizienten der Funktion $\psi(t, x) = \exp(-t^2 + 2tx)$ (für festes reelles t) bezüglich des Orthogonalsystems der Hermiteschen Polynome $H_n(x)$ (das Grundintervall ist $]-\infty, \infty[$, die Belegungsfunktion ist $p(x) = e^{-x^2}$). Man entwickle andererseits die Funktion $\psi(t, x)$ nach Potenzen von t und zeige auf diese Weise, daß die Funktion $\psi(t, x)$ die erzeugende Funktion der Hermiteschen Polynome $H_n(x)$ ist.

5. Man berechne die erzeugende Funktion der Tschebyscheffschen Polynome $T_n(x)$, und zwar jene Funktion $\psi(t, x)$, deren Taylorreihe

$$\psi(t, x) = \sum_{n=0}^{\infty} (2t)^n T_n(x), \quad |t| < 1, |x| < 1$$

lautet.

6. Man zeige, daß die Legendreschen Polynome $P_n(x)$ der Differentialgleichung $\frac{d}{dx}\left((x^2 - 1) \frac{dP_n}{dx}\right) = n(n + 1)P_n$ genügen.

7. Es sei $\{q_0(x), q_1(x), \ldots\}$, $q_n(x) = x^n + a_1^{(n)} x^{n-1} + \ldots + a_n^{(n)}$, $n = 0, 1, 2, \ldots$, ein System orthogonaler Polynome (orthogonal auf einem Intervall I bezüglich einer Belegungsfunktion p(x)). Man zeige

$$(q_n, q_n) = \int_I p(x) \left(q_n(x)\right)^2 dx = \int_I p(x) x^n q_n(x) dx = \left(x^n, q_n(x)\right).$$

Man stelle die Gleichung auf, der die Eigenwerte der folgenden Integraloperatoren mit dem Kern K(s, t) genügen (Hinweis: man differenziere die Eigenwertgleichung $Kx = \lambda x$ und zeige auf diese Weise, daß jede Eigenfunktion des Integraloperators K einer Differentialgleichung vom Typ $x'' + \mu x = 0$ genügt, wenn der zugehörige Eigenwert von Null verschieden ist).

8. $K(s, t) = \begin{cases} s, & 0 \leqslant s \leqslant t \leqslant 1, \\ t, & 0 \leqslant t \leqslant s \leqslant 1. \end{cases}$

9. $K(s, t) = \frac{1}{2} |s - t|, \quad 0 \leqslant s, t \leqslant 1.$

Das System (26.24) der trigonometrischen Funktionen ist das Orthonormalsystem der Eigenfunktionen der folgenden Integraloperatoren mit dem Kern K(s, t). Man berechne die Eigenwerte.

10. $K(s, t) = \frac{1}{2\pi} \frac{1 - \lambda^2}{1 - 2\lambda \cos(s - t) + \lambda^2}, \quad -\pi \leqslant s, t \leqslant \pi.$

11. $K(s, t) = \frac{\cos\omega(|t - s| - \pi)}{2\omega \sin\omega\pi}, \quad -\pi \leqslant s, t \leqslant \pi$, ω nicht ganzzahlig.

12. Es seien die Funktionen $a_1(s), a_2(s), \ldots, a_n(s), b_1(s), b_2(s), \ldots, b_n(s)$ auf dem abgeschlossenen Intervall [a, b] stetig, die beiden Funktionensysteme $a_k(s)$ und $b_h(s)$ seien linear unabhängig. Man zeige, daß der Integraloperator mit dem Kern

$$K(s, t) = \sum_{k=1}^{n} a_k(s) b_k(t), \quad a \leqslant s, t \leqslant b,$$

ausgeartet ist, und zwar durch den Nachweis, daß die von Null verschiedenen Eigenwerte von K die Nullstellen eines Polynoms sind. Unter welchen Voraussetzungen ist ferner die Gleichung

$$\alpha x(s) + \beta \int_a^b K(s, t) x(t) dt = f(s), \quad a \leqslant s \leqslant b, \beta \neq 0,$$

in der α und β Parameter sind, für eine auf dem Intervall [a, b] stetige Funktion f(s) lösbar? Wann ist diese Gleichung eindeutig lösbar, wann sicherlich nicht?

Hinweis: Jede Eigenfunktion des Integraloperators K zu einem von Null verschiedenen Eigenwert ist eine Linearkombination der Funktionen $a_1(s), a_2(s), \ldots, a_n(s)$.

Wenn die Gleichung $\alpha x + \beta K x = f$ lösbar ist, dann muß die Lösung x(s) eine Linearkombination der Funktionen $a_1(s), a_2(s), \ldots, a_n(s), f(s)$ sein. Man mache also zur Lösung den Ansatz

$$x(s) = c_0 f(s) + \sum_{k=1}^{n} c_k a_k(s).$$

27 Die Fourier- und Laplace-Transformation

Die *Fourier-Transformation* und die sich aus ihr ableitende *Laplace-Transformation* gehören zu den wichtigsten mathematischen Rechenhilfsmitteln der Elektrotechnik. Die Fourier-Transformation entsteht aus dem Problem, einen aperiodischen Vorgang in harmonische Schwingungen zu zerlegen und schließt eng an die harmonische Analyse periodischer Vorgänge an, weshalb die Bedeutung der Fouriertransformation vor allem auch an ihrer physikalischen Aussage zu messen ist. Dagegen verhilft uns die Laplace-Transformation zu einer eleganten Rechenmethode, die eine Vielzahl von insbesondere elektrotechnischen Problemen auf bequeme und einfache Weise einer Lösung zuzuführen gestattet.

Auf die vielfältigen Anwendungen der Laplace-Transformation in den verschiedensten Zweigen der Elektrotechnik, die Analyse und Synthese von elektrischen Stromkreisen, Schaltungen, Filtern u. a. kann in diesem Text nicht eingegangen werden, auch müssen wir uns auf die wichtigsten Elemente der ziemlich umfangreichen mathematischen Theorie der Laplace-Transformation beschränken. Im folgenden behandeln wir die grundlegenden Eigenschaften und Rechenregeln der Fourier- und Laplace-Transformation. Wie speziell die Laplace-Transformation zur Lösung gewisser Differentialgleichungsprobleme eingesetzt werden kann, soll dann im nächsten Kapitel dargelegt werden.

27.1 Spektrale Zerlegung periodischer und aperiodischer Vorgänge

In Abschnitt 18 haben wir gelernt, daß eine T-periodische Funktion f(t) in eine Reihe nach trigonometrischen Funktionen entwickelt werden kann,

$$\begin{aligned} f(t) &= \frac{a_0}{2} + \sum_{n=1}^{\infty} \left(a_n \cos n\omega t + b_n \sin n\omega t\right) = A_0 + \sum_{n=1}^{\infty} A_n \cos(n\omega t + \varphi_n) \\ &= \frac{1}{T}\int_{-T/2}^{T/2} f(\tau)d\tau + \sum_{n=1}^{\infty} \frac{2}{T}\int_{-T/2}^{T/2} f(\tau)\cos n\omega(t-\tau)d\tau, \quad \omega = \frac{2\pi}{T}, \end{aligned} \tag{27.1}$$

die die Fouriersche Reihe der Funktion f(t) genannt wird. Man kann auf Grund dieser Entwicklung von der Vorstellung ausgehen – und darin liegt gerade die Bedeutung für die Anwendungen –, daß ein periodischer Vorgang die Summenwirkung harmonischer Schwingungen ist, deren Frequenzen die Vielfachen einer Grundfrequenz $\omega = \frac{2\pi}{T}$ sind. Man sagt hierfür auch, daß die periodische Funktion *spektral* zerlegt ist. Die Gesamtheit der harmonischen Schwingungen, aus denen sich f(t) durch Superposition zusammensetzt, bezeichnet man als das *Spektrum* von f(t). Das Spektrum ist daher durch die Folge (A_n) der Amplituden und die Folge (φ_n) der Phasen eindeutig bestimmt. Da die Amplitude A_n und die Phase φ_n des zur Frequenz $n\omega$ gehörigen spektralen Anteils auch aus dem komplexen Fourierkoeffizienten c_n der komplexen Schreibweise (18.15) der Fourierschen Entwicklung (27.1),

$$f(t) = \sum_{n=-\infty}^{\infty} c_n e^{jn\omega t}, \quad c_n = \frac{1}{T}\int_{-T/2}^{T/2} f(\tau)e^{-jn\omega\tau}d\tau, \tag{27.2}$$

zufolge des Zusammenhanges

$$|c_n| = \frac{A_n}{2}, \quad \arg(c_n) = \varphi_n, \quad n = 1, 2, \ldots,$$

berechnet werden kann, ist das Spektrum von f(t) auch durch die Folge (c_n) der komplexen Fourierkoeffizienten bestimmt. Die Folge (Tc_n) wird *Spektralfolge* von f(t) genannt. Wie wir ganz allgemein den Folgenbegriff mit Hilfe des Funktionsbegriffes erklärt haben, können wir uns auch die Spektralfolge (Tc_n) als komplexwertige Funktion der Frequenz, die nur in den Punkten $\omega_n = n\omega$ von Null verschieden ist, vorstellen. Diese Funktion wird *Spektralfunktion* von f(t) genannt. Daß diese nur in isoliert gelegenen Punkten der Frequenzachse von Null verschiedene Werte hat, ist nur ein anderer mathematischer Ausdruck dafür, daß Beiträge zum Spektrum nur von „diskreten" Frequenzen, den Vielfachen der Grundfrequenz, geliefert werden. Man spricht daher, um diesen Sachverhalt hervorzuheben, von einem *diskreten Spektrum.*

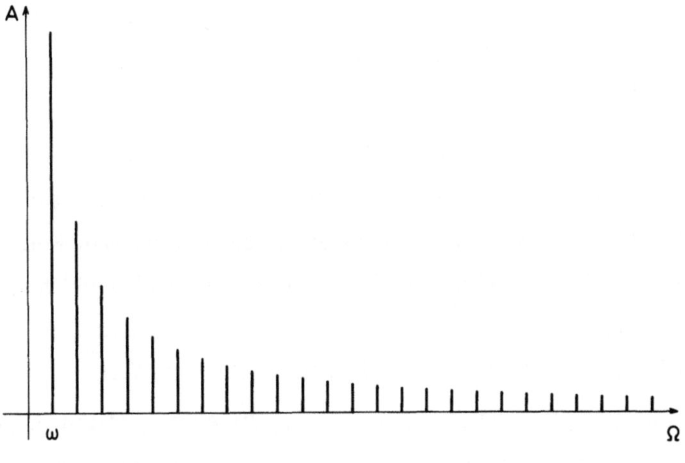

Bild 27.1

Von besonderem Interesse in der Elektrotechnik sind die Amplituden und Frequenzen der einzelnen Teilschwingungen. Man trägt deshalb die Amplituden A_n über einer Frequenzachse in einem sogenannten *Linienspektrum* auf, das als *Amplitudenspektrum* bezeichnet wird (Bild 27.1). Da die Frequenzen der spektralen Anteile die Vielfachen der Grundfrequenz $\omega = \frac{2\pi}{T}$ sind, ist der Abstand zweier benachbarter Linien im Amplitudenspektrum konstant gleich der Grundfrequenz ω. Auch die Phasen φ_n lassen sich in einem Linienspektrum, dem *Phasenspektrum*, darstellen. Im allgemeinen benötigt man jedoch nur das Amplitudenspektrum, mit dem man einen Überblick erhält, wie schnell die Amplituden der Oberschwingungen gegen Null gehen.

Aus der Vollständigkeitsrelation (18.18) erhalten wir unter Berücksichtigung des Zusammenhanges (18.8) zwischen den reellen und komplexen Fourierkoeffizienten

$$\int_{-T/2}^{T/2} f^2(t)\,dt = T \sum_{n=-\infty}^{\infty} |c_n|^2. \tag{27.3}$$

Für ein harmonisches Signal $c_n e^{jn\omega t}$ mit dem Zeiger $c_n = \frac{1}{2}(a_n - jb_n)$ ist der Ausdruck

$$\frac{A_n^2}{2} = \frac{a_n^2 + b_n^2}{2} = 2\,|c_n|^2 = |c_n|^2 + |c_{-n}|^2$$

die mittlere Leistung in einem Periodenintervall; daher ist

$$\frac{1}{T}\int_{-T/2}^{T/2} f^2(t)\,dt = \sum_{n=-\infty}^{\infty} |c_n|^2$$

die mittlere Leistung des periodischen Signals f(t) in einem Periodenintervall: die mittlere Leistung eines periodischen Signales in einem Periodenintervall ist gleich der Summe der mittleren Leistungen der spektralen Anteile von f(t). Das Linienspektrum der Quadrate der Beträge der komplexen Fourierkoeffizienten wird daher auch das *Leistungsspektrum* genannt.

Ein nicht periodischer Vorgang wird *aperiodisch* oder *einmalig* genannt. Funktionen, durch die sich aperiodische Erscheinungen beschreiben lassen, haben demgemäß keine Periodizitätseigenschaften, eine Darstellung durch Superposition von harmonischen Schwingungen, deren Frequenzen Vielfache einer Grundfrequenz sind, ist daher sicher ausgeschlossen, da dies charakteristisch für periodische Vorgänge ist[1]).

Beschreibt die Funktion f(t) einen aperiodischen Vorgang, so können wir f(t) in einem Intervall $\left[-\frac{T}{2}, \frac{T}{2}\right]$ in ihre Fouriersche Reihe (27.1) entwickeln. Im Inneren dieses Intervalles stellt die Reihe (27.1) die Funktion f(t) dar, außerhalb die T-periodische Fortsetzung des auf das Intervall $\left[-\frac{T}{2}, \frac{T}{2}\right]$ eingeschränkten Funktionsverlaufs, wobei wir wegen der im allgemeinen geltenden Ungleichung $f\left(-\frac{T}{2}\right) \neq f\left(\frac{T}{2}\right)$ in den Endpunkten des Intervalles $\left[-\frac{T}{2}, \frac{T}{2}\right]$ (und allgemein in den Punkten $t = \frac{T}{2} + kT$, k ganzzahlig) den Wert $\frac{1}{2}\left(f\left(-\frac{T}{2}\right) + f\left(\frac{T}{2}\right)\right)$ als Summe der Reihe (27.1) erwarten müssen (Bild 27.2). Natürlich kann die Zahl T dabei beliebig groß gewählt werden; in dem Ausmaß, wie T vergrößert wird, erreicht man auch eine Darstellung der Funktion f(t) in einem entsprechend großen zum Ursprung symmetrisch liegenden Intervall der t-Achse. Da beim Grenzübergang $T \to \infty$

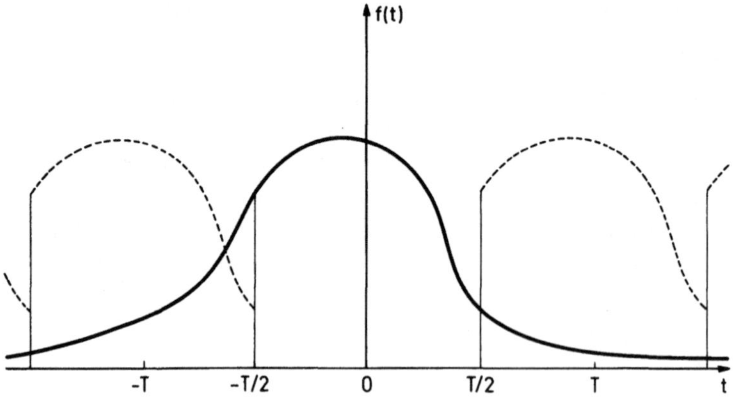

Bild 27.2

[1]) Dagegen wäre es denkbar, daß ein aperiodischer Vorgang die Summenwirkung harmonischer Schwingungen diskreter Frequenzen ist, die aber *nicht* Vielfache einer bestimmten Grundfrequenz sind.

das Intervall $\left[-\frac{T}{2}, \frac{T}{2}\right]$ in die ganze t-Achse übergeht, liegt es nun nahe, sich zu fragen, ob durch den Grenzwert

$$\lim_{T\to\infty}\left(\frac{1}{T}\int_{-T/2}^{T/2} f(\tau)d\tau + \sum_{n=1}^{\infty}\frac{2}{T}\int_{-T/2}^{T/2} f(\tau)\cos n\omega(t-\tau)d\tau\right), \tag{27.4}$$

falls er für jedes t existiert, die aperiodische Funktion f(t) dargestellt wird.

Was wir beim Grenzübergang $T \to \infty$ erwarten müssen, zeigt uns die folgende Überlegung. Je größer die Periode einer periodischen Funktion ist, umso kleiner ist die Grundfrequenz, umso kleiner daher der Abstand zweier Linien im Amplituden- und Phasenspektrum. Wenn wir daher durch den Grenzübergang in (27.4) die Zahl T beliebig vergrößern, rücken die Linien im Amplituden- und Phasenspektrum beliebig nahe aneinander, in der Grenze wird sich für jede Frequenz eine Amplitude und Phase ergeben. Wir betrachten dies als Hinweis, daß aperiodische Vorgänge durch Superposition harmonischer Schwingungen *sämtlicher* Frequenzen (einschließlich des Grenzfalls $\omega = 0$) mit entsprechenden frequenzabhängigen Amplituden und Phasen dargestellt werden können.

Wir wollen nun den Grenzübergang in $T \to \infty$ auf formale Weise durchführen. Dazu machen wir zunächst die Voraussetzung

$$\int_{-\infty}^{\infty} |f(t)|dt < \infty. \tag{27.5}$$

Funktionen mit dieser Eigenschaft werden *absolut integrierbar über* $\mathbb{R}$ genannt. Für solche ist offenbar

$$\lim_{T\to\infty}\frac{1}{T}\int_{-T/2}^{T/2} f(\tau)d\tau = 0$$

und folglich der Grenzwert (27.4) gleich

$$\lim_{T\to\infty}\sum_{n=1}^{\infty}\frac{2}{T}\int_{-T/2}^{T/2} f(\tau)\cos\frac{2\pi n}{T}(t-\tau)d\tau. \tag{27.6}$$

Ersetzen wir die Glieder dieser Reihe durch

$$\frac{1}{\pi}\frac{2\pi}{T}\int_{-\infty}^{\infty} f(\tau)\cos\frac{2\pi n}{T}(t-\tau)d\tau,$$

indem wir den Grenzübergang für die Integrationsgrenzen durchführen, so können wir die Reihe (27.6) formal als Riemannsche Summe der Funktion

$$g(\omega) = \frac{1}{\pi}\int_{-\infty}^{\infty} f(\tau)\cos\omega(t-\tau)d\tau$$

über das unendliche Intervall $[0, \infty[$ auffassen. Hierin ist $\frac{2\pi}{T}$ der Abstand zweier benachbarter Punkte der (äquidistanten) Zerlegung von $[0, \infty[$, die Zwischenwerte werden in den rechten Endpunkten der Teilintervalle genommen. Wir argumentieren nun weiter formal, indem wir annehmen, daß die Riemannsche Summe

$$\frac{1}{\pi}\sum_{n=1}^{\infty}\frac{2\pi}{T}\int_{-\infty}^{\infty} f(\tau)\cos\frac{2\pi n}{T}(t-\tau)d\tau = \sum_{n=1}^{\infty} g(n\Delta\omega)\Delta\omega, \quad \Delta\omega = \frac{2\pi}{T},$$

beim Grenzübergang $T \to \infty$ in das Integral

$$\int_0^{\infty} g(\omega)d\omega = \frac{1}{\pi}\int_0^{\infty} d\omega \int_{-\infty}^{\infty} f(\tau)\cos\omega(t-\tau)d\tau$$

übergeht. Wir werden im nächsten Abschnitt sehen, daß unter gewissen weiteren Voraussetzungen neben der Bedingung (27.5) tatsächlich

$$f(t) = \frac{1}{\pi}\int_0^{\infty} d\omega \int_{-\infty}^{\infty} f(\tau)\cos\omega(t-\tau)d\tau \tag{27.7}$$

gilt. (27.7) wird das *Fouriersche Integraltheorem* genannt.

Setzen wir

$$a(\omega) = \frac{1}{\pi}\int_{-\infty}^{\infty} f(\tau)\cos\omega\tau d\tau, \quad b(\omega) = \frac{1}{\pi}\int_{-\infty}^{\infty} f(\tau)\sin\omega\tau d\tau, \tag{27.8}$$

so kann (27.7) in der Form

$$f(t) = \int_0^{\infty}\Big(a(\omega)\cos\omega t + b(\omega)\sin\omega t\Big)d\omega \tag{27.9}$$

geschrieben werden. Ist $f(t)$ eine gerade Funktion, so ist $b(\omega) = 0$ für jedes ω, ist $f(t)$ eine ungerade Funktion, so ist $a(\omega) = 0$ für jedes ω. Wenn wir in (27.7) für $\cos\omega(t-\tau) = \frac{1}{2}\left(e^{j\omega(t-\tau)} + e^{-j\omega(t-\tau)}\right)$ einsetzen, so erhalten wir

$$f(t) = \frac{1}{2\pi}\int_0^{\infty} d\omega \int_{-\infty}^{\infty} f(\tau)e^{j\omega(t-\tau)}d\tau + \frac{1}{2\pi}\int_0^{\infty} d\omega \int_{-\infty}^{\infty} f(\tau)e^{-j\omega(t-\tau)}d\tau$$

und weiter, indem wir im zweiten Integral ω durch $-\omega$ ersetzen, durch Zusammenfassen beider Integrale

$$f(t) = \int_{-\infty}^{\infty} c(\omega)e^{j\omega t}d\omega, \quad c(\omega) = \frac{1}{2\pi}\int_{-\infty}^{\infty} f(\tau)e^{-j\omega\tau}d\tau. \tag{27.10}$$

Dies ist die komplexe Fassung des Fourierschen Integraltheorems[1]). Die Funktion $c(\omega)$ hängt mit $a(\omega)$ und $b(\omega)$ durch

$$c(\omega) = \frac{1}{2}\Big(a(\omega) - jb(\omega)\Big), \quad \omega \geqslant 0,$$

zusammen, ferner ist

$$c(-\omega) = \overline{c(\omega)}.$$

Setzen wir

$$A(\omega) = \sqrt{a^2(\omega) + b^2(\omega)} = 2\,\big|c(\omega)\big|, \quad \varphi(\omega) = \arg\Big(c(\omega)\Big),$$

so erhalten wir aus (27.9) schließlich die weitere Form

$$f(t) = \int_0^\infty A(\omega)\cos\Big(\omega t + \varphi(\omega)\Big)\,d\omega. \tag{27.11}$$

Vom physikalischen Standpunkt aus besagt das Fouriersche Integraltheorem, daß auch ein aperiodischer Vorgang als Superposition harmonischer Schwingungen dargestellt werden kann, wofür aber, wie wir es ja erwartet haben, im allgemeinen sämtliche Frequenzen benötigt werden. Man spricht von einer *spektralen Zerlegung* von $f(t)$ und nennt die Gesamtheit aller harmonischen Schwingungen, aus denen sich $f(t)$ durch Superposition zusammensetzt, das *Spektrum* von $f(t)$. Das Spektrum ist durch die *Amplitudendichtefunktion* $A(\omega)$ und durch die *Phasendichtefunktion* $\varphi(\omega)$ eindeutig bestimmt, ebenso durch die komplexwertige Funktion $2\pi c(\omega)$, die als *Spektralfunktion* bezeichnet wird. Wir haben es aber jetzt mit einem *kontinuierlichen* Spektrum zu tun, da das Spektrum aus Schwingungen jeder Frequenz besteht. Mit dem Begriff des Spektrums können wir den Unterschied zwischen periodischen und aperiodischen Vorgängen daher auch folgendermaßen charakterisieren: *Das Spektrum eines periodischen Vorgangs ist diskret, dasjenige eines aperiodischen Vorgangs kontinuierlich.*

Trägt man die Amplituden $A(\omega)$ über einer Frequenzachse auf, so ergibt sich als Bild das sogenannte *Amplitudendichtespektrum*, durch Einzeichnen der Phasen $\varphi(\omega)$ erhält man das *Phasendichtespektrum*. Die Funktionen $a(\omega)$ beziehungsweise $b(\omega)$ werden auch als *Cosinus-Spektrum* beziehungsweise *Sinus-Spektrum* bezeichnet.

Anstelle der Energie

$$\int_{-T/2}^{T/2} f^2(t)\,dt$$

eines periodischen Signales in einem Periodenintervall betrachtet man bei aperiodischen

---

[1]) Wir bemerken hierzu, daß diese beiden uneigentlichen Integrale, wie aus unserer formalen Ableitung des Fourierschen Integraltheorems hervorgeht, streng genommen als Hauptwertintegrale im Sinne von (12.29) aufzufassen sind.

Signalen die Gesamtenergie

$$\int_{-\infty}^{\infty} f^2(t)dt.$$

Konvergiert dieses Integral, so heißt f(t) ein Signal von *endlicher Energie*. Nun ergibt die Verallgemeinerung der Vollständigkeitsrelation (18.18) beziehungsweise (27.3) die Gleichung

$$\int_{-\infty}^{\infty} f^2(t)dt = 2\pi \int_{-\infty}^{\infty} |c(\omega)|^2 d\omega, \tag{27.12}$$

auf deren Beweis wir allerdings nicht eingehen werden. Sie zeigt uns jedenfalls, daß die Gesamtenergie des Signals f(t) die Summe der Energien seiner spektralen Anteile ist. Man nennt daher die Funktion $2\pi |c(\omega)|^2$ die *spektrale Energiedichte* des Signals f(t) und das Bild, das man durch Eintragen der Energiedichte über der Frequenzachse erhält, das *Energiedichtespektrum*.

27.2 Das Fouriersche Integraltheorem

Nach dieser formalen Ableitung des Fourierschen Integraltheorems, die vor allem die physikalische Bedeutung hervorhebt, wollen wir nun eine mathematische Untersuchung über die Gültigkeit der Gleichung (27.7) anschließen.

Da wir es beim Fourierschen Integraltheorem mit uneigentlichen Integralen zu tun haben, müssen wir zunächst Vorsorge für die Konvergenz treffen. Wir setzen voraus, daß die Funktion f(t) absolut integrierbar ist über $\mathbb{R}$ und schließen daraus unter Berücksichtigung der für jedes feste t und beliebiges $\omega \geqslant 0$ geltenden Ungleichung

$$|f(\tau) \cos\omega(t-\tau)| \leqslant |f(\tau)|, \quad -\infty < \tau < \infty,$$

auf die gleichmäßige Konvergenz des Integrales

$$\int_{-\infty}^{\infty} f(\tau) \cos\omega(t-\tau)d\tau \tag{27.13}$$

bezüglich ω auf dem Intervall $[0, \infty[$ und somit auf die Stetigkeit der Funktion

$$g(\omega) = \frac{1}{\pi} \int_{-\infty}^{\infty} f(\tau) \cos\omega(t-\tau)d\tau$$

auf dem Intervall $[0, \infty[$. Wir betrachten nun weiter für festes t und $y \geqslant 0$ die Funktion

$$G(y) = \int_0^y g(\omega)d\omega = \frac{1}{\pi}\int_0^y d\omega \int_{-\infty}^{\infty} f(\tau) \cos\omega(t-\tau)d\tau. \tag{27.14}$$

Existiert der Grenzwert von G(y) für $y \to \infty$, so gilt offenbar

$$\lim_{y\to\infty} G(y) = \frac{1}{\pi}\int_0^\infty d\omega \int_{-\infty}^\infty f(\tau)\cos\omega(t-\tau)d\tau. \tag{27.15}$$

Um diesen Grenzwert zu berechnen, vertauschen wir zunächst in (27.14) die Integrationen über ω und τ, was auf Grund der gleichmäßigen Konvergenz des Integrales (27.13) erlaubt ist (vgl. (25.49)). Es gilt also auch

$$G(y) = \frac{1}{\pi}\int_{-\infty}^\infty f(\tau)d\tau \int_0^y \cos\omega(t-\tau)d\omega = \frac{1}{\pi}\int_{-\infty}^\infty f(\tau)\frac{\sin y(t-\tau)}{(t-\tau)}d\tau,$$

und weiter nach einer einfachen Umformung

$$G(y) = \frac{2}{\pi}\int_0^\infty \frac{f(t+u)+f(t-u)}{2}\frac{\sin uy}{u}du. \tag{27.16}$$

Wir stützen uns nun weiter auf einen Hilfssatz, der als Analogon zu (18.22) zu verstehen ist: *Ist die Funktion* $\tilde{f}(t)$ *absolut integrierbar über* $\mathbb{R}$, *so gilt*

$$\lim_{y\to\infty}\int_{-\infty}^\infty \tilde{f}(t)\sin yt\,dt = \lim_{y\to\infty}\int_{-\infty}^\infty \tilde{f}(t)\cos yt\,dt = 0. \tag{27.17}$$

Wählen wir also eine beliebige Zahl $\delta > 0$, so gilt, weil die Funktion

$$\tilde{f}(u) = \begin{cases} \dfrac{f(t+u)+f(t-u)}{2u}, & \delta \leqslant u < \infty, \\ 0 & , \quad -\infty < u < \delta, \end{cases}$$

die Voraussetzungen für (27.17) erfüllt,

$$\lim_{y\to\infty}\frac{2}{\pi}\int_\delta^\infty \frac{f(t+u)+f(t-u)}{2u}\sin uy\,du = 0,$$

und daher

$$\lim_{y\to\infty} G(y) = \frac{2}{\pi}\int_0^\delta \frac{f(t+u)+f(t-u)}{2}\frac{\sin uy}{u}du. \tag{27.18}$$

Wir berufen uns jetzt auf einen weiteren Hilfssatz, der (18.28) entspricht: *Ist die Funktion* $\varphi(t)$ *in einer rechtsseitigen Umgebung* $]0, \delta'], 0 < \delta' < \delta$, *der Stelle* $t = 0$ *monoton, so gilt*

$$\lim_{y\to\infty}\frac{2}{\pi}\int_0^\delta \varphi(t)\frac{\sin yt}{t}dt = \lim_{t\to 0+}\varphi(t) = \varphi(0+). \tag{27.19}$$

Wenden wir nun die Schlußweise wie beim Konvergenzbeweis der Fourierschen Reihenentwicklung an, so ergibt sich schließlich

$$\lim_{y \to \infty} G(y) = \frac{f(t+) + f(t-)}{2}, \tag{27.20}$$

wenn die Funktion f(t) in einer rechtsseitigen und in einer linksseitigen Umgebung der Stelle t monoton ist. Kombinieren wir (27.15) und (27.20), so erhalten wir den

Satz 27.1 *Ist die stückweise stetige Funktion* f(t) *auf* $\mathbb{R}$ *absolut integrierbar und ist sie in einer linksseitigen und in einer rechtsseitigen Umgebung der Stelle* t *monoton, so gilt*

$$\frac{f(t+) + f(t-)}{2} = \frac{1}{\pi} \int_0^{\infty} d\omega \int_{-\infty}^{\infty} f(\tau) \cos\omega(t - \tau) d\tau. \tag{27.21}$$

Wir sehen, daß zur Darstellbarkeit einer Funktion f(t) durch ihr Fouriersches Integral, wie wir uns ausdrücken, abgesehen von der Forderung der absoluten Integrierbarkeit über $\mathbb{R}$, die aus Konvergenzgründen erhoben wird, dieselbe Bedingung über das Funktionsverhalten genügt, die wir für die Konvergenz der Entwicklung einer periodischen Funktion gefunden haben. Es überträgt sich daher sinngemäß auch der Satz 18.2:

Satz 27.2 *Es sei die Funktion* f(t) *stückweise stetig und absolut integrierbar über* $\mathbb{R}$. *Existieren in einem Punkt* t *die Grenzwerte*

$$\lim_{h \to 0+} \frac{f(t+h) - f(t+)}{h} \quad \text{und} \quad \lim_{h \to 0-} \frac{f(t+h) - f(t-)}{h},$$

so gilt

$$\frac{f(t+) + f(t-)}{2} = \frac{1}{\pi} \int_0^{\infty} d\omega \int_{-\infty}^{\infty} f(\tau) \cos\omega(t - \tau) d\tau;$$

ist f(t) *an der Stelle* t *differenzierbar, so ist der Wert des Fourierschen Integrals gleich dem Funktionswert* f(t).

Beispiel 27.1: Wir stellen die Funktion $f(t) = \frac{\pi}{2} e^{-|t|}$ durch ihr Fourier-Integral dar, wobei wir uns der Form (27.9) bedienen wollen. Da f(t) eine gerade Funktion ist, wird $b(\omega) = 0$ und

$$a(\omega) = \frac{1}{\pi} \int_{-\infty}^{\infty} f(t) \cos\omega t dt = \int_0^{\infty} e^{-t} \cos\omega t dt = \frac{1}{1 + \omega^2}.$$

Es gilt also

$$\frac{\pi}{2} e^{-|t|} = \int_0^{\infty} \frac{\cos\omega t}{1 + \omega^2} d\omega$$

(vgl. (25.57)). Für die Funktion $f(t) = \frac{\pi}{2} e^{-|t|} \operatorname{sign}(t)$ erhalten wir dagegen $a(\omega) = 0$ und

$$b(\omega) = \frac{1}{\pi} \int_{-\infty}^{\infty} f(t) \sin\omega t dt = \int_0^{\infty} e^{-t} \sin\omega t dt = \frac{\omega}{1 + \omega^2},$$

somit (vgl. (25.58))

$$\frac{\pi}{2} e^{-|t|} \operatorname{sign}(t) = \int_0^\infty \frac{\omega \sin \omega t}{1+\omega^2} d\omega.$$

Beispiel 27.2: Wir stellen die Funktion $f(t) = e^{-at^2}$, $a > 0$, durch ihr Fourier-Integral dar, wobei wir jetzt die komplexe Form (27.10) verwenden wollen. Hierfür haben wir das Integral

$$2\pi c(\omega) = \int_{-\infty}^{\infty} e^{-at^2} e^{-j\omega t} dt = \int_{-\infty}^{\infty} e^{-at^2} \cos \omega t dt + j \int_{-\infty}^{\infty} e^{-at^2} \sin \omega t dt$$

zu berechnen. Das zweite Integral rechts verschwindet, da der Integrand eine ungerade Funktion ist; zur Bestimmung des ersten bilden wir die Ableitung der Funktion $c(\omega)$ und werten das durch Differentiation entstehende Integral durch partielle Integration aus,

$$2\pi c'(\omega) = -\int_{-\infty}^{\infty} e^{-at^2} t \sin \omega t \, dt = \frac{1}{2a} \left(\sin \omega t \, e^{-at^2}\right) \Bigg|_{-\infty}^{\infty} - \frac{\omega}{2a} \int_{-\infty}^{\infty} e^{-at^2} \cos \omega t \, dt = -\frac{\omega\pi}{a} c(\omega).$$

Wir haben eine Differentialgleichung gefunden, der die Funktion $c(\omega)$ genügen muß. Zur Bestimmung der Lösungen schreiben wir diese Gleichung in der Form

$$\frac{c'(\omega)}{c(\omega)} = -\frac{\omega}{2a}$$

und integrieren zwischen den Grenzen 0 und ω,

$$\int_0^\omega \frac{c'(\tilde{\omega})}{c(\tilde{\omega})} d\tilde{\omega} = -\frac{1}{2a} \int_0^\omega \tilde{\omega} d\tilde{\omega} = -\frac{\omega^2}{4a}.$$

Unter Berücksichtigung der Integrationsformel (10.50) ergibt sich weiter

$$\ln|c(\omega)| - \ln|c(0)| = -\frac{\omega^2}{4a},$$

also

$$c(\omega) = c(0) e^{-\frac{\omega^2}{4a}}.$$

Wegen

$$c(0) = \frac{1}{2\pi} \int_{-\infty}^{\infty} e^{-at^2} dt = \frac{1}{\pi\sqrt{a}} \int_0^\infty e^{-t^2} dt = \frac{1}{2\sqrt{a\pi}}$$

(vgl. (12.27)) erhalten wir schließlich

$$c(\omega) = \frac{1}{2\sqrt{a\pi}} e^{-\frac{\omega^2}{4a}}$$

und

$$e^{-at^2} = \frac{1}{2\sqrt{a\pi}} \int_{-\infty}^{\infty} e^{-\frac{\omega^2}{4a}} e^{j\omega t} d\omega.$$

Für $a = \frac{1}{2}$ ergibt sich daraus die bemerkenswerte Beziehung

$$e^{-t^2/2} = \frac{1}{\sqrt{2\pi}} \int_{-\infty}^{\infty} e^{-\omega^2/2} e^{j\omega t} d\omega. \tag{27.22}$$

Beispiel 27.3: Wir stellen den einmaligen Spannungsimpuls

$$u(t) = \begin{cases} U & \text{für } 0 \leqslant |t| \leqslant T \\ 0 & \text{für } |t| > T \end{cases}$$

durch das Fouriersche Integral dar, wobei wir uns wieder der komplexen Form bedienen wollen. Es ist

$$c(\omega) = \frac{1}{2\pi} \int_{-\infty}^{\infty} u(t) e^{-j\omega t} dt = \frac{U}{2\pi} \int_{-T}^{T} e^{-j\omega t} dt = \frac{U}{\pi} \frac{\sin \omega T}{\omega}$$

und daher

$$u(t) = \frac{U}{\pi} \int_{-\infty}^{\infty} \frac{\sin \omega T}{\omega} e^{j\omega t} d\omega = \frac{2U}{\pi} \int_{0}^{\infty} \frac{\sin \omega T \cos \omega t}{\omega} d\omega.$$

27.3 Die Fourier-Transformation

Das Fouriersche Integraltheorem in der komplexen Form (27.10) können wir auch als lineare Integraltransformation deuten. Jeder stückweise stetigen und auf $\mathbb{R}$ absolut integrierbaren Funktion f(t) wird durch

$$F(\omega) = \int_{-\infty}^{\infty} f(t) e^{-j\omega t} dt \tag{27.23}$$

die *Spektralfunktion* $F(\omega)$ zugeordnet, die die *Fourier-Transformierte* der Funktion f(t) genannt wird. Den Operator, der diese als *Fourier-Transformation* bezeichnete Zuordnung vermittelt, bezeichnen wir mit $\mathscr{F}$ und schreiben (27.23) symbolisch

$$\mathscr{F} f(t) = F(\omega).$$

Der Objektbereich des Operators $\mathscr{F}$ ist die lineare Mannigfaltigkeit der auf $\mathbb{R}$ absolut integrierbaren stückweise stetigen Funktionen; da das Integral in (27.23) für eine auf $\mathbb{R}$ absolut integrierbare Funktion f(t) gleichmäßig in ω konvergiert, ist die Funktion $F(\omega)$ stetig, der Bildbereich von $\mathscr{F}$ also die Mannigfaltigkeit der auf $\mathbb{R}$ stetigen Funktionen. Da schließlich der Operator $\mathscr{F}$ die Linearitätseigenschaft (26.2) hat,

$$\mathscr{F}\big(\alpha f(t) + \beta g(t)\big) = \alpha \mathscr{F} f(t) + \beta \mathscr{F} g(t), \tag{27.24}$$

ist $\mathscr{F}$ ein linearer Operator.

Der Objektbereich von $\mathscr{F}$ wird in der Elektrotechnik auch *Zeitbereich*, *Originalbereich* oder *Oberbereich*, der Bildbereich auch *Frequenzbereich* oder *Unterbereich* genannt. Demgemäß spricht man von einer *Zeitfunktion*, *Originalfunktion* oder *Oberfunktion*, beziehungsweise von der *Bildfunktion*, *Frequenzfunktion* oder *Unterfunktion*. Zumeist wird für die Bildfunktion $F(\omega)$ von f(t) der zugehörige Großbuchstabe als Funktionssymbol verwendet.

Wir entnehmen ferner (27.10), daß durch einen anderen ebenfalls linearen Operator aus der Bildfunktion $F(\omega)$ die Originalfunktion $f(t)$ zurückgewonnen werden kann,

$$f(t) = \frac{1}{2\pi} \int_{-\infty}^{\infty} F(\omega) e^{j\omega t} d\omega. \tag{27.25}$$

Es handelt sich bei diesem um den Umkehroperator von $\mathscr{F}$, für den wir symbolisch $\mathscr{F}^{-1}$ schreiben,

$$\mathscr{F}^{-1} F(\omega) = f(t).$$

Die Operatoren $\mathscr{F}$ und $\mathscr{F}^{-1}$ sind Integraloperatoren mit den komplexwertigen Kernen

$$K(\omega, t) = e^{-j\omega t} \quad \text{und} \quad L(t, \omega) = \frac{1}{2\pi} e^{j\omega t}, \quad -\infty < \omega,\ t < \infty.$$

Wir können aus dieser Symmetrie bemerkenswerte Eigenschaften des Operators $\mathscr{F}$ ableiten. Ist $F(\omega) = \mathscr{F} f(t)$ auch eine Funktion des Originalbereiches, so können wir auf $F(t)$ den Operator $\mathscr{F}$ anwenden,

$$\mathscr{F}^2 f(t) = \mathscr{F} F(t) = \int_{-\infty}^{\infty} F(t) e^{-j\omega t} dt = 2\pi f(-\omega)$$

und weiter

$$\mathscr{F}^3 f(t) = 2\pi \mathscr{F} f(-t) = 2\pi \int_{-\infty}^{\infty} f(-t) e^{-j\omega t} dt = 2\pi \int_{-\infty}^{\infty} f(t) e^{j\omega t} dt = 2\pi F(-\omega),$$

schließlich ist

$$\mathscr{F}^4 f(t) = 2\pi \mathscr{F} F(-t) = 2\pi \int_{-\infty}^{\infty} F(-t) e^{-j\omega t} dt = (2\pi)^2 f(t).$$

Wir folgern daraus, daß der Operator

$$\left(\frac{1}{2\pi}\right)^2 \mathscr{F}^4$$

der Einheitsoperator ist. Wenn also der Operator $\mathscr{F}$ einen Eigenwert λ hat, so gilt notwendig $\left(\frac{\lambda}{\sqrt{2\pi}}\right)^4 = 1$, also $\lambda = \sqrt{2\pi}\sqrt[4]{1}$. Demnach hat $\mathscr{F}$ höchstens die vier Eigenwerte $\lambda_1 = \sqrt{2\pi}$, $\lambda_2 = j\sqrt{2\pi}$, $\lambda_3 = -\sqrt{2\pi}$ und $\lambda_4 = -j\sqrt{2\pi}$. Es ist nun interessant, daß die mit den hermiteschen Polynomen (26.31) gebildeten orthogonalen Funktionen

$$h_n(t) = e^{-t^2/2} H_n(t) = (-1)^n e^{t^2/2} \frac{d^n}{dt^n} \left(e^{-t^2}\right)$$

die Eigenfunktionen von $\mathscr{F}$ sind. Zum Nachweis dessen benötigen wir eine Rekursionsformel für die hermiteschen Polynome $H_n(t)$,

$$H_{n+1}(t) = 2t H_n(t) - 2n H_{n-1}(t), \quad n = 1, 2, \ldots, \tag{27.26}$$

die folgendermaßen abgeleitet werden kann,

$$
\begin{aligned}
H_{n+1}(t) &= (-1)^{n+1} e^{t^2} \frac{d^{n+1}}{dt^{n+1}} \left(e^{-t^2}\right) = (-1)^{n+1} e^{t^2} \frac{d^n}{dt^n} \left(-2te^{-t^2}\right) \\
&= (-1)^{n+1} e^{t^2} \sum_{k=0}^{n} \binom{n}{k} (-2t)^{(k)} \left(e^{-t^2}\right)^{(n-k)} \\
&= (-1)^{n+1} e^{t^2} (-2t) \left(e^{-t^2}\right)^{(n)} - 2n(-1)^{n+1} e^{t^2} \left(e^{-t^2}\right)^{(n-1)} \\
&= 2tH_n(t) - 2nH_{n-1}(t).
\end{aligned}
$$

Wir setzen jetzt für $n = 0, 1, 2, \ldots$

$$
\tilde{h}_n(\omega) = \int_{-\infty}^{\infty} h_n(t) e^{-j\omega t} dt = (-1)^n \int_{-\infty}^{\infty} e^{t^2/2} \frac{d^n}{dt^n} \left(e^{-t^2}\right) e^{-j\omega t} dt
$$

und integrieren partiell im Integral für $\tilde{h}_{n+1}(\omega)$,

$$
\begin{aligned}
\tilde{h}_{n+1}(\omega) &= (-1)^{n+1} \int_{-\infty}^{\infty} e^{t^2/2} \frac{d^{n+1}}{dt^{n+1}} \left(e^{-t^2}\right) e^{-j\omega t} dt \\
&= (-1)^n \int_{-\infty}^{\infty} (t - j\omega) e^{t^2/2} \frac{d^n}{dt^n} \left(e^{-t^2}\right) e^{-j\omega t} dt \\
&= \int_{-\infty}^{\infty} (t - j\omega) e^{-t^2/2} H_n(t) e^{-j\omega t} dt \\
&= -j\omega \int_{-\infty}^{\infty} e^{-t^2/2} H_n(t) e^{-j\omega t} dt + \int_{-\infty}^{\infty} e^{-t^2/2} t H_n(t) e^{-j\omega t} dt.
\end{aligned}
$$

Der erste Summand ist gleich $-j\omega\tilde{h}_n(\omega)$, im Integral rechts setzen wir aus der Rekursionsformel (27.26) für $tH_n(t) = \frac{1}{2} H_{n+1}(t) + nH_{n-1}(t)$ ein, wodurch wir

$$
\tilde{h}_{n+1}(\omega) = -j\omega\tilde{h}_n(\omega) + \frac{1}{2}\tilde{h}_{n+1}(\omega) + n\tilde{h}_{n-1}(\omega),
$$

also

$$
\tilde{h}_{n+1}(\omega) = -2j\omega\tilde{h}_n(\omega) + 2n\tilde{h}_{n-1}(\omega), \quad n = 1, 2, \ldots,
$$

erhalten. Nun ist nach (27.22)

$$
\tilde{h}_0(\omega) = \int_{-\infty}^{\infty} e^{-t^2/2} e^{-j\omega t} dt = \int_{-\infty}^{\infty} e^{-t^2/2} e^{j\omega t} dt = \sqrt{2\pi}\, e^{-\omega^2/2} = \sqrt{2\pi}\, h_0(\omega),
$$

ferner

$$\tilde{h}_1(\omega) = 2 \int_{-\infty}^{\infty} t e^{-t^2/2} e^{-j\omega t} dt = -2j\omega \int_{-\infty}^{\infty} e^{-t^2/2} e^{-j\omega t} dt = -2j\omega \sqrt{2\pi}\, e^{-\omega^2/2}$$

$$= -j\sqrt{2\pi}\, h_1(\omega)$$

und folglich, da offensichtlich auch die Funktionen $h_n(t)$ der Rekursionsformel (27.26) genügen,

$$\tilde{h}_2(\omega) = \left(-2\omega h_1(\omega) + 2h_0(\omega)\right)\sqrt{2\pi} = -\sqrt{2\pi}\, h_2(\omega).$$

Wir überlassen es nun dem Leser, durch vollständige Induktion den Nachweis von

$$\tilde{h}_n(\omega) = (-j)^n \sqrt{2\pi}\, h_n(\omega), \quad n = 0, 1, 2, \ldots,$$

zu erbringen. Es geht daraus schließlich hervor, daß die Funktionen $h_n(t)$ Eigenfunktionen des Operators $\mathscr{F}$ sind, wobei $(-j)^n\sqrt{2\pi}$ die zugehörigen Eigenwerte sind. Diese vier verschiedenen Eigenwerte haben alle unendliche Vielfachheit, denn zum Eigenwert $(-j)^k\sqrt{2\pi}$ $(k = 0, 1, 2, 3)$ gehören die Eigenfunktionen $h_{k+4n}(t)$, $n = 0, 1, \ldots$.

Wir stellen nun die wichtigsten Abbildungsgesetze der Fourier-Transformation zusammen. Im folgenden sei $F(\omega)$ die Fourier-Transformierte der Funktion $f(t)$.

Gehen wir durch eine Maßstabsänderung auf der Zeitachse von der Funktion $f(t)$ zur Funktion $f(at)$ über, so besteht im Bildbereich der Zusammenhang

$$\mathscr{F} f(at) = \frac{1}{|a|} F\left(\frac{\omega}{a}\right). \tag{27.27}$$

(27.27) wird *Ähnlichkeitssatz* genannt. Zum Beweis bilden wir

$$\int_{-\infty}^{\infty} f(at) e^{-j\omega t} dt = \frac{\operatorname{sign}(a)}{a} \int_{-\infty}^{\infty} f(\tau) e^{-j\frac{\omega}{a}\tau} d\tau = \frac{1}{|a|} F\left(\frac{\omega}{a}\right).$$

Führt man eine *Zeitverschiebung* durch, so wird

$$\int_{-\infty}^{\infty} f(t - t_0) e^{-j\omega t} dt = \int_{-\infty}^{\infty} f(\tau) e^{-j\omega(\tau + t_0)} d\tau = e^{-j\omega t_0} \int_{-\infty}^{\infty} f(t) e^{-j\omega t} dt,$$

also

$$\mathscr{F} f(t - t_0) = e^{-j\omega t_0} F(\omega). \tag{27.28}$$

Bei einer *Frequenzverschiebung* ergibt sich

$$\frac{1}{2\pi} \int_{-\infty}^{\infty} F(\omega - \omega_0) e^{j\omega t} d\omega = \frac{1}{2\pi} \int_{-\infty}^{\infty} F(\omega) e^{jt(\omega + \omega_0)} d\omega = \frac{1}{2\pi} e^{j\omega_0 t} \int_{-\infty}^{\infty} F(\omega) e^{j\omega t} d\omega,$$

und somit

$$\mathscr{F}^{-1} F(\omega - \omega_0) = e^{j\omega_0 t} f(t). \tag{27.29}$$

Es sei jetzt f(t) eine auf IR stetige und absolut integrierbare Funktion, von der wir voraussetzen, daß sie auf IR differenzierbar ist, eventuell mit Ausnahme von endlich vielen Punkten, in denen dann wenigstens die einseitigen Ableitungen existieren mögen. Genügt auch die Ableitung f'(t) den Voraussetzungen des Satzes 27.1, so gilt notwendigerweise $\lim\limits_{t \to \pm\infty} f(t) = 0$ und wir erhalten

$$\int_{-\infty}^{\infty} f'(t)e^{-j\omega t}dt = \left(e^{-j\omega t}f(t)\right)\Big|_{-\infty}^{\infty} + j\omega \int_{-\infty}^{\infty} f(t)e^{-j\omega t}dt = j\omega \int_{-\infty}^{\infty} f(t)e^{-j\omega t}dt,$$

also

$$\mathscr{F}f'(t) = j\omega\mathscr{F}f(t) = j\omega F(\omega). \tag{27.30}$$

Nach dieser Regel bestimmt sich die Fourier-Transformierte der Ableitung f'(t) von f(t) einfach durch Multiplikation der Fourier-Transformierten von f(t) mit $j\omega$: *Der Differentiation im Zeitbereich entspricht daher im Frequenzbereich die Multiplikation mit* $j\omega$. Durch wiederholte Anwendung von (27.30) ergibt sich

$$\mathscr{F}f^{(n)}(t) = (j\omega)^n \mathscr{F}f(t) = (j\omega)^n F(\omega). \tag{27.31}$$

Dagegen entspricht der Differentiation im Frequenzbereich die Multiplikation mit −jt im Zeitbereich,

$$\mathscr{F}^{-1}F'(\omega) = -jt\mathscr{F}^{-1}F(\omega) = -jtf(t). \tag{27.32}$$

Erfüllt mit f(t) auch das Integral mit variabler oberer Grenze

$$g(t) = \int_{-\infty}^{t} f(\tau)d\tau$$

die Voraussetzungen von Satz 27.1, wofür notwendig $\lim\limits_{t \to \infty} g(t) = 0$ gelten muß, so folgt

$$\int_{-\infty}^{\infty} g(t)e^{-j\omega t}dt = \left(-\frac{e^{-j\omega t}}{j\omega}\int_{-\infty}^{t} f(\tau)d\tau\right)\Bigg|_{-\infty}^{\infty} + \frac{1}{j\omega}\int_{-\infty}^{\infty} f(t)e^{-j\omega t}dt$$

und wir erhalten die Regel

$$\mathscr{F}\int_{-\infty}^{t} f(\tau)d\tau = \frac{1}{j\omega}\mathscr{F}f(t) = \frac{1}{j\omega}F(\omega). \tag{27.33}$$

Der Integration im Zeitbereich entspricht also im Frequenzbereich die Division durch $j\omega$.

27.4 Die Faltung

Wir betrachten ein lineares zeitinvariantes System, das auf ein Eingangssignal f(t) mit dem Ausgangssignal g(t) antwortet (Bild 27.3). Den funktionalen Zusammenhang zwischen dem Eingang f(t) und dem Ausgang g(t) schreiben wir in der Form

$$Uf(t) = g(t) \tag{27.34}$$

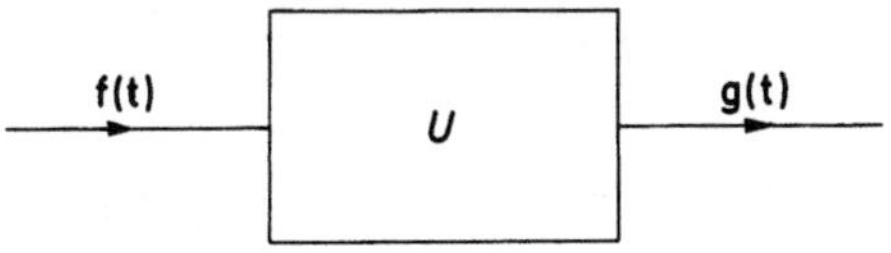

Bild 27.3

mit einem Operator U. Mit der *Zeitinvarianz* des Systems verlangen wir, daß eine Verschiebung des Eingangssignals um eine Zeitdauer T eine Verschiebung des Ausgangssignales um die gleiche Zeitdauer hervorruft, so daß allgemein

$$U\mathrm{f}(\mathrm{t}+\mathrm{T}) = \mathrm{g}(\mathrm{t}+\mathrm{T}) \tag{27.35}$$

für jedes T gilt. Insbesondere hat dies zur Folge, daß die Reaktion auf ein T-periodisches Eingangssignal ein T-periodisches Ausgangssignal ist.

Mit der *Linearität* des Systems verlangen wir die Eigenschaft, daß sich die Wirkungen überlagern oder, wie man auch sagt, superponieren. Mathematisch formuliert reagiert das System auf ein Eingangssignal $\mathrm{f}(\mathrm{t}) = \mathrm{f}_1(\mathrm{t}) + \mathrm{f}_2(\mathrm{t})$ mit dem Ausgangssignal

$$U\mathrm{f}(\mathrm{t}) = U\big(\mathrm{f}_1(\mathrm{t}) + \mathrm{f}_2(\mathrm{t})\big) = U\mathrm{f}_1(\mathrm{t}) + U\mathrm{f}_2(\mathrm{t})$$

beziehungsweise auf das Signal $\mathrm{af}(\mathrm{t})$ mit

$$U\big(\mathrm{af}(\mathrm{t})\big) = \mathrm{a}U\mathrm{f}(\mathrm{t}).$$

Die Kombination dieser beiden Gleichungen bedeutet die Linearitätseigenschaft (26.2) des das System beschreibenden Operators U. Ganz allgemein wird ein System *linear* genannt, wenn der Zusammenhang zwischen der Eingangsgröße und der Ausgangsgröße durch einen linearen Operator beschrieben werden kann.

Wir setzen von unserem System nun weiter voraus, daß für eine harmonische Schwingung als Eingang stets eine harmonische Schwingung als Ausgang auftritt, so daß

$$U\big(\mathrm{A}\cos(\omega \mathrm{t} + \varphi)\big) = \mathrm{B}\cos(\omega \mathrm{t} + \psi) \tag{27.36}$$

für jede Frequenz ω gilt. Ersetzen wir in dieser Gleichung das Eingangs- und Ausgangssignal durch die komplexe Darstellung $\underline{\mathrm{A}}\mathrm{e}^{\mathrm{j}\omega \mathrm{t}}$ und $\underline{\mathrm{B}}\mathrm{e}^{\mathrm{j}\omega \mathrm{t}}$ mit den komplexen Zeigern $\underline{\mathrm{A}} = \mathrm{A}\mathrm{e}^{\mathrm{j}\varphi}$ und $\underline{\mathrm{B}} = \mathrm{B}\mathrm{e}^{\mathrm{j}\psi}$, so geht sie in

$$U\big(\underline{\mathrm{A}}\mathrm{e}^{\mathrm{j}\omega \mathrm{t}}\big) = \underline{\mathrm{A}}U(\mathrm{e}^{\mathrm{j}\omega \mathrm{t}}) = \underline{\mathrm{B}}\mathrm{e}^{\mathrm{j}\omega \mathrm{t}}$$

über. Wir lesen daraus ab, daß der das System beschreibende Operator U die Eigenschaft

$$U(\mathrm{e}^{\mathrm{j}\omega \mathrm{t}}) = \lambda \mathrm{e}^{\mathrm{j}\omega \mathrm{t}} \tag{27.37}$$

für eine gewisse im allgemeinen von ω abhängige Zahl λ hat. Wir können (27.37) auch so deuten, daß jede Funktion $\mathrm{e}^{\mathrm{j}\omega \mathrm{t}}$ Eigenfunktion des Operators U mit dem zugehörigen Eigenwert $\lambda = \lambda(\omega)$ ist: *Lineare zeitinvariante Systeme mit der Eigenschaft* (27.36) *sind also dadurch charakterisiert, daß jede Funktion* $\mathrm{e}^{\mathrm{j}\omega \mathrm{t}}$ *Eigenfunktion des Systemoperators ist.*

Wir betrachten nun ein beliebiges aperiodisches Eingangssignal $\mathrm{f}(\mathrm{t})$, dessen Fourier-Transformierte wir wieder mit $\mathrm{F}(\omega)$ bezeichnen. Überlagern wir die spektralen Anteile eines kleinen Frequenzbereiches $[\omega_0, \omega_0 + \Delta\omega]$, so ist das Ergebnis näherungsweise eine harmonische Schwingung mit dem Zeiger $\frac{1}{2\pi}\mathrm{F}(\omega_0)\Delta\omega$,

$$\frac{1}{2\pi}\int_{\omega_0}^{\omega_0+\Delta\omega} \mathrm{F}(\omega)\mathrm{e}^{\mathrm{j}\omega \mathrm{t}}\mathrm{d}\omega \approx \frac{1}{2\pi}\mathrm{F}(\omega_0)\Delta\omega\,\mathrm{e}^{\mathrm{j}\omega_0 \mathrm{t}},$$

so daß näherungsweise

$$U\left(\frac{1}{2\pi}\int\limits_{\omega_0}^{\omega_0+\Delta\omega} F(\omega)e^{j\omega t}d\omega\right) \approx \frac{1}{2\pi}\lambda(\omega_0)F(\omega_0)\Delta\omega\, e^{j\omega_0 t} \tag{27.38}$$

gilt. Zerlegen wir also die Frequenzachse in kleine Teilintervalle, so erhalten wir durch Summation und Grenzübergang

$$g(t) = Uf(t) = U\left(\frac{1}{2\pi}\int\limits_{-\infty}^{\infty} F(\omega)e^{j\omega t}d\omega\right) = \frac{1}{2\pi}\int\limits_{-\infty}^{\infty}\lambda(\omega)F(\omega)e^{j\omega t}d\omega \tag{27.39}$$

als Antwort des Systems auf das Signal $f(t)$. Die Fourier-Transformierte $G(\omega)$ des Ausgangssignales $g(t)$ ist demnach das Produkt der Fourier-Transformierten $F(\omega)$ des Eingangssignales mit der Funktion $\lambda(\omega)$,

$$G(\omega) = \lambda(\omega)F(\omega). \tag{27.40}$$

Die Funktion $\lambda(\omega)$ wird *Übertragungsfunktion* genannt. Die Kenntnis der Eigenwerte von U, die Übertragungsfunktion $\lambda(\omega)$, reicht aus, um das Systemverhalten vollständig zu beschreiben.

Auf ein T-periodisches Eingangssignal $f(t)$ mit den komplexen Fourierkoeffizienten c_n erhalten wir entsprechend (27.39) als Ausgang

$$g(t) = Uf(t) = \sum_{n=-\infty}^{\infty}\lambda_n c_n e^{jn\omega t}, \quad \omega T = 2\pi,\ \lambda_n = \lambda(n\omega). \tag{27.41}$$

Die komplexen Fourierkoeffizienten des Ausgangssignales $g(t)$ sind die Zahlen

$$d_n = \lambda_n c_n, \tag{27.42}$$

analog (27.40).

Ganz allgemein erklärt man als Übertragungsfunktion $\lambda(\omega)$ eines linearen Netzwerkes den Quotienten aus der Fourier-Transformierten $G(\omega)$ der Ausgangsgröße $g(t)$ und der Fourier-Transformierten $F(\omega)$ der Eingangsgröße $f(t)$,

$$\lambda(\omega) = \frac{G(\omega)}{F(\omega)}. \tag{27.43}$$

Mathematisch stellt $\lambda(\omega)$ für eine bestimmte Frequenz ω den Eigenwert des Systemoperators U zur Eigenfunktion $e^{j\omega t}$ dar.

Diese Betrachtungen zeigen, welche Bedeutung der Multiplikation von Funktionen im Frequenzbereich zukommt. Wir wollen nun untersuchen, auf welche Weise im Zeitbereich die Originalfunktion $h(t)$ eines Produktes $H(\omega) = F(\omega)G(\omega)$ aus den Originalfunktionen $f(t)$ und $g(t)$ bestimmt werden kann. Zu diesem Zweck bilden wir

$$F(\omega)G(\omega) = \int\limits_{-\infty}^{\infty} f(t')e^{-j\omega t'}dt' \int\limits_{-\infty}^{\infty} g(\tau')e^{-j\omega\tau'}d\tau'$$

und schreiben das rechtsstehende Produkt als Doppelintegral

$$F(\omega)G(\omega) = \int_{-\infty}^{\infty}\int_{-\infty}^{\infty} f(t')g(\tau')e^{-j\omega(t'+\tau')}dt'd\tau'.$$

Transformieren wir dieses Integral, indem wir $\tau' = \tau$, $\tau' + t' = t$ substituieren, so erhalten wir weiter

$$F(\omega)G(\omega) = \int_{-\infty}^{\infty} e^{-j\omega t}dt \int_{-\infty}^{\infty} f(t-\tau)g(\tau)d\tau. \tag{27.44}$$

Daraus geht nun hervor, daß die Fourier-Transformierte der Funktion

$$h(t) = \int_{-\infty}^{\infty} f(t-\tau)g(\tau)d\tau \tag{27.45}$$

gerade das Produkt $H(\omega) = F(\omega)G(\omega)$ ist. Wir schreiben für (27.45)

$$h(t) = f(t) * g(t), \tag{27.46}$$

kurz $h = f * g$, und bezeichnen die auf diese Weise im Zeitbereich definierte „Produktbildung" mit dem Operationssymbol $*$ als *Faltung*; insbesondere sprechen wir vom *Faltungsprodukt* der Funktionen f(t) und g(t). Es gilt also

$$\mathscr{F}\Big(f(t) * g(t)\Big) = \mathscr{F}f(t)\mathscr{F}g(t), \tag{27.47}$$

wozu bemerkt sei, daß das Faltungsprodukt zweier Zeitfunktionen stets absolut integrierbar über $\mathbb{R}$ ist, wenn dies für beide Faktoren zutrifft.

Durch die Substitution $t - \tau = \tau'$ im Integral (27.45) erkennt man, daß das Faltungsprodukt kommutativ ist,

$$f(t) * g(t) = g(t) * f(t), \tag{27.48}$$

ferner durch eine einfache Rechnung, daß die Faltung assoziativ,

$$f(t) * \Big(g(t) * h(t)\Big) = \Big(f(t) * g(t)\Big) * h(t), \tag{27.49}$$

und distributiv ist,

$$f(t) * \Big(g(t) + h(t)\Big) = f(t) * g(t) + f(t) * h(t). \tag{27.50}$$

Mit Hilfe des Faltungsbegriffes können wir für ein zeitinvariantes lineares System mit der Eigenschaft (27.36) den Zusammenhang zwischen dem Eingangssignal und dem Ausgangssignal, der im Frequenzbereich durch die Gleichung (27.40) gegeben ist, im Zeitbereich mit Hilfe eines linearen Integraloperators darstellen. Besitzt die Übertragungsfunktion $\lambda(\omega)$ ein Urbild

$$l(t) = \frac{1}{2\pi}\int_{-\infty}^{\infty} \lambda(\omega)e^{j\omega t}d\omega, \tag{27.51}$$

so entspricht der Gleichung (27.40) im Zeitbereich

$$g(t) = l(t) * f(t) = \int_{-\infty}^{\infty} l(t-\tau) f(\tau) d\tau . \tag{27.52}$$

Der Operator U, mit dem wir das System zunächst symbolisch durch (27.34) nebst den Forderungen (27.35) und (27.36) beschrieben haben, kann somit durch einen Integraloperator ausgedrückt werden, dessen Kern durch die Funktion $l(t-\tau)$, $-\infty < t, \tau < \infty$, gegeben ist. Nach (27.37) ist jede Funktion $e^{j\omega t}$ Eigenfunktion des Operators U,

$$\int_{-\infty}^{\infty} l(t-\tau) e^{j\omega\tau} d\tau = \lambda(\omega) e^{j\omega t}, \quad -\infty < \omega < \infty. \tag{27.53}$$

Diese Eigenwertgleichung besagt nichts anderes, als daß die Fourier-Transformierte der Funktion $l(t)$ die Übertragungsfunktion $\lambda(\omega)$ ist. Substituieren wir nämlich $\tau = t - t'$, so geht (27.53) nach Division durch $e^{j\omega t}$ über in

$$\int_{-\infty}^{\infty} l(t') e^{-j\omega t'} dt' = \lambda(\omega). \tag{27.54}$$

Diese Betrachtungen gelten nur für aperiodische Funktionen. Für periodische Funktionen müssen wir, da solche über $\mathbb{R}$ nicht absolut integrierbar sind, eine eigene Untersuchung anstellen. Wir interessieren uns daher zunächst dafür, welche T-periodische Funktion $h(t)$ dem (gliedweise auszuführenden) Produkt $\left(Tc_n^{(h)}\right) = \left(Tc_n^{(f)}\right)\left(Tc_n^{(g)}\right)$,

$$c_n^{(h)} = Tc_n^{(f)} c_n^{(g)}, \tag{27.55}$$

der Spektralfolgen $\left(Tc_n^{(f)}\right)$ und $\left(Tc_n^{(g)}\right)$ zweier T-periodischer Funktionen $f(t)$ und $g(t)$ im Zeitbereich entspricht. Wir bilden

$$Tc_n^{(f)} c_n^{(g)} = \frac{1}{T} \int_0^T f(t') e^{-jn\omega t'} dt' \int_0^T g(\tau') e^{-jn\omega\tau'} d\tau'$$

$$= \frac{1}{T} \int_0^T \int_0^T f(t') g(\tau') e^{-jn\omega(t'+\tau')} dt' d\tau'$$

und transformieren dieses Doppelintegral durch $\tau' = \tau$, $t' + \tau' = t$. Das Quadrat $0 \leqslant t' \leqslant T$, $0 \leqslant \tau' \leqslant T$ der (t', τ')-Ebene wird dabei auf ein Parallelogramm in der (t, τ)-Ebene mit den Eckpunkten $(0, 0)$, (T, T), $(T, 0)$ und $(2T, T)$ abgebildet. Es ist also, da die Punkte dieses Parallelogramms durch Ungleichungen $\tau \leqslant t \leqslant \tau + T$, $0 \leqslant \tau \leqslant T$ beschrieben werden,

$$Tc_n^{(f)} c_n^{(g)} = \frac{1}{T} \int_0^T d\tau \int_\tau^{\tau+T} f(t-\tau) g(\tau) e^{-jn\omega t} dt,$$

und, da wegen der T-Periodizität des Integranden im inneren Integral die Integrationsgrenzen verschoben werden fürfen,

$$Tc_n^{(f)}c_n^{(g)} = \frac{1}{T}\int_0^T d\tau \int_0^T f(t-\tau)g(\tau)e^{-jn\omega t}dt = \frac{1}{T}\int_0^T e^{-jn\omega t}dt \int_0^T f(t-\tau)g(\tau)d\tau.$$

Daraus ist abzulesen, daß die offenbar T-periodische Funktion

$$h(t) = \int_0^T f(t-\tau)g(\tau)d\tau \tag{27.56}$$

jene Funktion ist, deren Fourierkoeffizienten die Produkte (27.55) sind, deren Spektralfolge also gleich dem Produkt der Spektralfolgen von $f(t)$ und $g(t)$ ist. Das Integral (27.56) wird *Faltungsprodukt* der T-periodischen Funktionen $f(t)$ und $g(t)$ genannt und gleich wie im aperiodischen Fall mit $f(t) * g(t)$ bezeichnet. Auch die Faltung periodischer Funktionen ist eine kommutative, assoziative und gegenüber der Addition distributive Operation.

Zum Abschluß sei darauf hingewiesen, daß sich die Fourier-Transformierte eines Produktes von Funktionen des Zeitbereiches als Faltungsprodukt ihrer Fourier-Transformierten schreiben läßt. Sind $F(\omega)$ und $G(\omega)$ die Fourier-Transformierten der Zeitfunktionen $f(t)$ und $g(t)$, so bestätigt man durch eine formale Rechnung wie vorhin

$$f(t)g(t) = \left(\frac{1}{2\pi}\right)^2 \int_{-\infty}^{\infty} e^{j\omega t}d\omega \int_{-\infty}^{\infty} F(\omega-\omega')G(\omega')d\omega', \tag{27.57}$$

woraus die Regel

$$\mathscr{F}\left(f(t)g(t)\right) = \frac{1}{2\pi}\int_{-\infty}^{\infty} F(\omega-\omega')G(\omega')d\omega' \tag{27.58}$$

folgt. Natürlich ist hierfür vorauszusetzen, daß das Produkt der Funktionen $f(t)$ und $g(t)$ eine Fourier-Transformierte besitzt, also absolut integrierbar über $\mathbb{R}$ ist. Es sei ausdrücklich darauf hingewiesen, daß dies *nicht* aus der absoluten Integrierbarkeit der Faktoren $f(t)$ und $g(t)$ gefolgert werden kann.

27.5 Sprungfunktion und Stoßfunktion

Für die Lösung vieler technischer Probleme, vor allem der Elektrotechnik, spielen zwei Funktionen eine wichtige Rolle: Die *Sprungfunktion* und die *Stoßfunktion*.

Wir betrachten eine gewisse zeitabhängige Größe $u = u(t)$, deren Wert konstant gleich Null ist bis zu einem gewissen Zeitpunkt $t = t_0$, im Zeitintervall $[t_0, t_0 + \Delta t]$ auf den Wert U anwächst, vom Zeitpunkt $t_0 + \Delta t$ an wieder konstant ist und den Wert U hat. Im allgemeinen wird dabei der Sprung vom Wert 0 auf den Wert U stetig verlaufen (*natura non facit saltus*), die Zeitdauer Δt ist in den allermeisten Fällen sehr klein gegenüber der Beobachtungsdauer der Größe u. Zur vollständigen mathematischen Beschreibung des Verlaufs der Größe u benötigt man vor allem auch die Kenntnis über den Verlauf während des Sprunges,

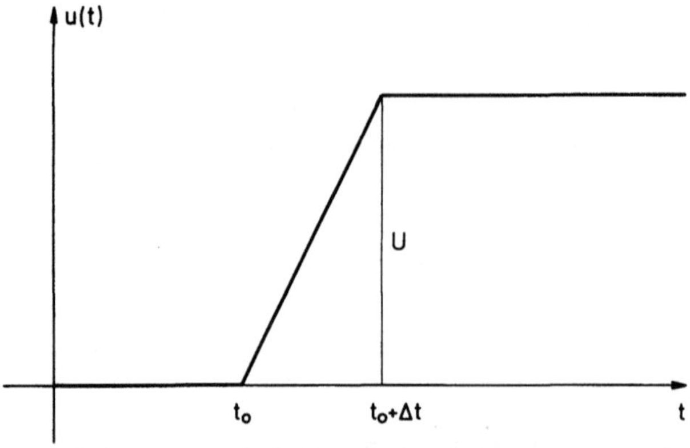

Bild 27.4

doch ist diese in der Regel nur durch komplizierte Betrachtungen zu erlangen. Man ist daher gezwungen, den Funktionsverlauf im Intervall $[t_0, t_0 + \Delta t]$ willkürlich anzunehmen, etwa durch einen linearen Anstieg (Bild 27.4)

$$u(t) = \frac{U}{\Delta t}(t - t_0), \quad t_0 \leqslant t \leqslant t_0 + \Delta t, \tag{27.59}$$

was allerdings den Nachteil hat, daß die Änderung $\dot{u}$ der Größe u nunmehr unstetig ist. Ein anderer Weg zur Darstellung des Übergangs vom Wert 0 auf den Wert U, der dies vermeidet und noch dazu zu einer beliebig oft differenzierbaren Funktion führt, ist der folgende. Wir betrachten die Funktion

$$\varphi(t) = \begin{cases} \frac{1}{C} \exp\left(-\frac{1}{1-t^2}\right), & -1 < t < 1, \\ 0, & |t| \geqslant 1, \end{cases} \tag{27.60}$$

worin die Konstante C so gewählt ist, daß

$$\int_{-\infty}^{\infty} \varphi(t)\,dt = \int_{-1}^{1} \varphi(t)\,dt = \frac{1}{C}\int_{-1}^{1} \exp\left(-\frac{1}{1-t^2}\right) dt = 1 \tag{27.61}$$

gilt (Bild 27.5). Die Funktion $\varphi(t)$ ist beliebig oft differenzierbar, was in den Punkten $|t| \neq 1$ selbstverständlich ist und für $t = \pm 1$ durch eine einfache Rechnung nachgewiesen

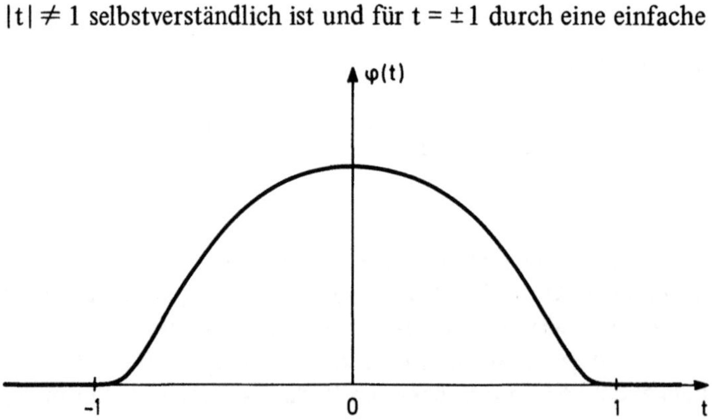

Bild 27.5

werden kann; die Ableitungen in t = −1 und t = 1 sind sämtlich gleich Null. Nun gilt offenbar

$$\psi(t) = \frac{2}{\Delta t} \int\limits_{-\infty}^{t} \varphi\left(2\frac{\tau - t_0}{\Delta t} - 1\right) d\tau = \begin{cases} 1 & \text{für } t \geqslant t_0 + \Delta t, \\ 0 & \text{für } t \leqslant t_0, \end{cases} \tag{27.62}$$

so daß auch

$$u(t) = U\psi(t) \tag{27.63}$$

zur Wiedergabe des Verlaufs der Größe u herangezogen werden kann, wobei diese Form gegenüber (27.59) den Vorteil der Differenzierbarkeit hat. Die Funktion (27.63) ist in Bild 27.6 dargestellt.

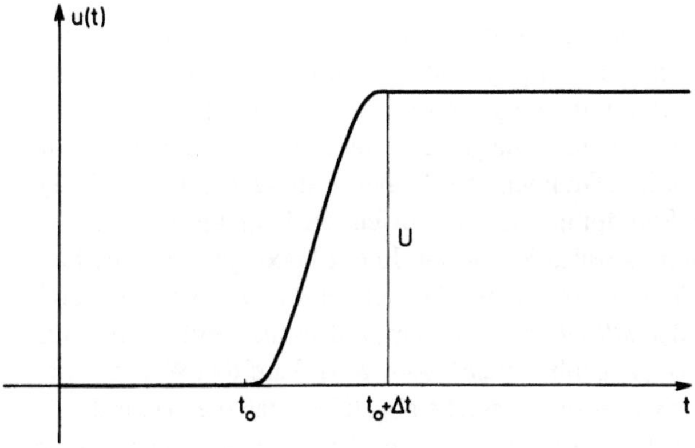

Bild 27.6

Eine dritte Variante ergibt sich durch Verwendung der Funktion e^{-t^2}. Da für $k > 0$

$$\int\limits_{-\infty}^{\infty} e^{-kt^2} dt = \sqrt{\frac{\pi}{k}}$$

gilt, stellt

$$\chi(t) = \sqrt{\frac{k}{\pi}} \int\limits_{-\infty}^{t} e^{-k\tau^2} d\tau = \frac{1}{\sqrt{\pi}} \int\limits_{-\infty}^{t\sqrt{k}} e^{-u^2} du \tag{27.64}$$

eine Funktion dar, die von $-\infty$ aus zunächst sehr langsam anwächst, und zwar umso langsamer, je größer k ist, in der Nähe des Koordinatenursprungs anzusteigen beginnt, und zwar umso steiler, je größer k ist, und sich dann dem Wert 1 nähert, den sie in der Grenze $t \to \infty$ annimmt (Bild 27.7). Die Funktion

$$u(t) = U\chi(t - t_0) \tag{27.65}$$

stellt dann allerdings eine Näherung in einem anderen Sinn dar, insofern die Konstanz der Größe u in den Zeitintervallen $t \leqslant t_0$ und $t \geqslant t_0 + \Delta t$ nicht gegeben ist.

Ginge man davon aus, den Sprungverlauf der Größe u wiedergeben zu wollen, so stünde man vor dem Problem, einerseits eine möglichst einfache Funktion auszuwählen,

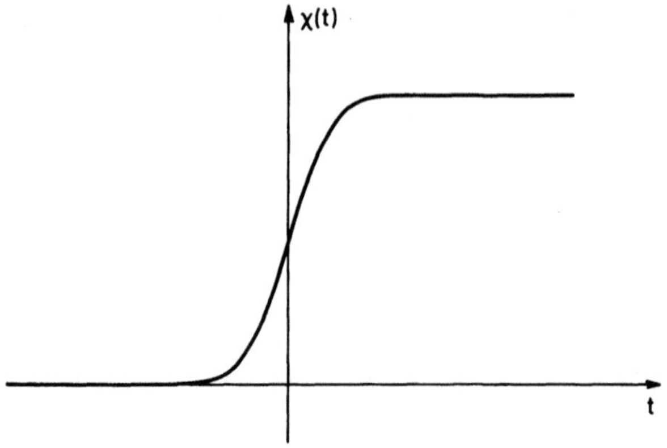

Bild 27.7

die in anschließenden Rechnungen keine Schwierigkeiten bereitet, wie etwa der stetige Ansatz (27.59); andererseits hat man auch auf physikalische Gegebenheiten Rücksicht zu nehmen, wenn etwa die Differenzierbarkeit eine physikalische Selbstverständlichkeit ist. Der Leser erkennt, daß man dabei in ein Dilemma gerät, insofern der mathematisch einfache Ansatz (27.59) aus physikalischen Gründen abzulehnen wäre, der Ansatz (27.63) und (27.65) hingegen vom praktischen Standpunkt aus verworfen werden muß, da Differentiation und Integration auf komplizierte Ausdrücke führen. In der Praxis geht man deshalb einen anderen Weg, der alles Willkürliche vermeidet. Man verzichtet von vornherein auf eine Darstellung des Sprungverlaufs und *idealisiert* das Problem, indem man einfach annimmt, die Größe u springt im Zeitpunkt t_0 „augenblicklich" vom Wert 0 auf den Wert U. Die Berechtigung zu dieser Annahme wird aus der Tatsache abgeleitet, daß die Dauer des Sprunges klein ist im Vergleich zum Beobachtungszeitraum. Die mathematische Beschreibung dieser Idealisierung erhält man aus allen obigen Darstellungen durch einen Grenzübergang, aus (27.59) und (27.63) für $\Delta t \to 0$, (27.65) für $k \to \infty$. Mit Hilfe der von *Oliver Heaviside* (1850–1925) eingeführten *Sprungfunktion*

$$\sigma(t) = \begin{cases} 1 & \text{für } t > 0, \\ 0 & \text{für } t < 0, \end{cases} \tag{27.66}$$

(Bild 27.8) lautet das Ergebnis dann[1])

$$u(t) = U\sigma(t - t_0). \tag{27.67}$$

Natürlich können von physikalischer Seite jetzt erst recht Einwände gegen die Verwendung der Sprungfunktion geltend gemacht werden. Aber auch aus mathematischer Sicht erwachsen Probleme durch die Beiziehung unstetiger Funktionen. Wir werden uns mit den Auswirkungen solcher Idealisierungen daher noch auseinanderzusetzen haben.

Die zweite wichtige Idealisierung ist die *Stoßfunktion*, die vor allem zur (idealisierten) mathematischen Beschreibung der Auswirkungen von Störungen, die für eine im Vergleich

[1]) Für $t = 0$ wird kein Funktionswert erklärt. Aus mathematischer Sicht muß jede Definition von $\sigma(0)$ willkürlich erfolgen, da ja im Punkt t_0 keine der Funktionen (27.59), (27.63) und (27.65) beim Grenzübergang einem bestimmten Wert zustrebt. Aber auch vom physikalischen Standpunkt gibt es den Funktionswert $\sigma(0)$ nicht, da ja zum Zeitpunkt $t = 0$ der Sprung stattfindet.

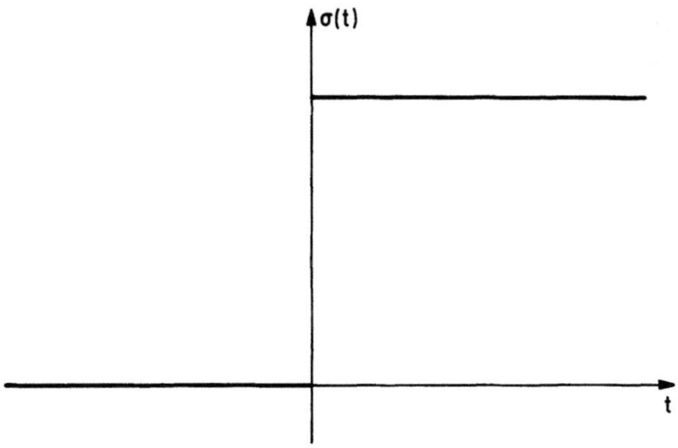

Bild 27.8

zum Beobachtungszeitraum kleine Zeitspanne wirksam sind, herangezogen wird. Als Beispiel sei die kurzfristige Einwirkung einer Kraft auf einen in Bewegung befindlichen Massenkörper oder das Auftreten eines elektrischen Spannungs- oder Stromimpulses genannt.

Wir betrachten wieder eine zeitlich veränderliche Größe $u = u(t)$, die bis zum Zeitpunkt $t = t_0$ den konstanten Wert 0 hat, im Zeitpunkt t_0 anzusteigen beginnt und nach einer Zeitspanne Δt wieder auf den Wert 0 abgesunken ist. Man spricht von einem *Stoß* oder *Impuls* und nennt

$$U = \int_{-\infty}^{\infty} u(t)dt \tag{27.68}$$

die *Stärke* des Impulses.

Was die Darstellung der Größe u während der Impulsdauer im Zeitintervall $[t_0, t_0 + \Delta t]$ anlangt, so befinden wir uns in der gleichen Situation wie vorhin bei der Beschreibung des Sprungverlaufs. Wir können annehmen, daß die Größe u mit der Impulsstärke U den konstanten Wert

$$u(t) = \frac{U}{\Delta t}, \quad t_0 \leqslant t \leqslant t_0 + \Delta t, \tag{27.69}$$

hat (Bild 27.9), wir können aber auch von einer Darstellung mit Hilfe der Funktion (27.60) ausgehen, indem wir mit der in Bild 27.10 dargestellten Funktion

$$u(t) = \frac{2U}{\Delta t}\varphi\left(2\frac{t - t_0}{\Delta t} - 1\right) \tag{27.70}$$

den zeitlichen Verlauf der Größe u beschreiben. Denkbar wäre auch eine Wiedergabe des Stoßvorgangs mit Hilfe der Funktion e^{-t^2},

$$u(t) = U\sqrt{\frac{k}{\pi}}\,e^{-k(t-t_0)^2}, \tag{27.71}$$

(vgl. Bild 8.8), wobei die Größe u zunächst sehr kleine Werte hat, von einem gewissen Zeitpunkt an, der je nach der Größe des Parameters k dem Punkt $t = t_0$ entsprechend eng benachbart ist, steil ansteigt, um sogleich wieder abzufallen und im weiteren Verlauf nur sehr kleine Werte annimmt.

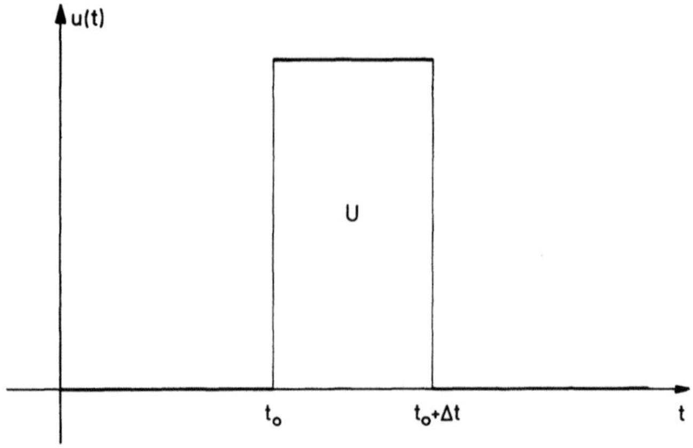

Bild 27.9

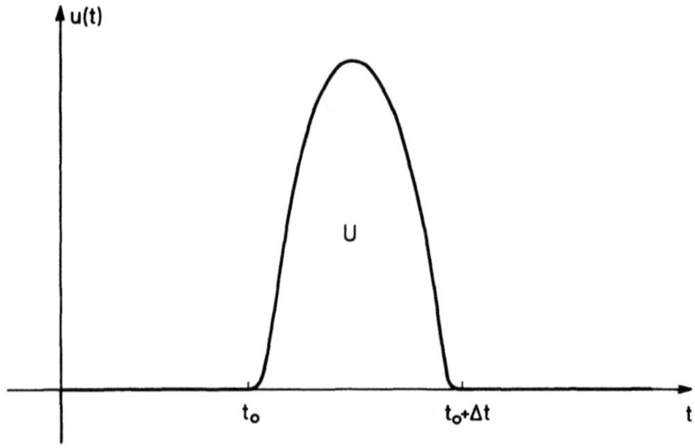

Bild 27.10

Während beim Sprungvorgang der Grenzübergang ohne weiteres durchgeführt werden konnte, bereitet uns jetzt die Idealisierung des Stoßes mathematisch Schwierigkeiten. Die Ursache liegt darin, daß wir die Impulsstärke (27.68) konstant halten müssen – sie ist ja jene Größe, die den Stoßvorgang in erster Linie quantitativ charakterisiert –, wenn wir mit der Impulsdauer zur Grenze 0 übergehen. Aus allen drei Funktionstypen (27.69), (27.70) und (27.71) würden wir beim Grenzübergang eine Funktion erhalten, die für $t \neq t_0$ den Wert Null hat, für $t = t_0$ unendlich ist und ferner die Gleichung (27.68) für die vorgegebene von Null verschiedene Impulsstärke zu erfüllen hat. Eine solche Funktion kann es im üblichen Sinn nicht geben, und zwar aus zwei Gründen: Erstens sind die Werte reeller Funktionen wohldefinierte Zahlen und zweitens muß das Integral über eine Funktion, die nur in einem einzigen Punkt von Null verschieden ist, den Wert Null haben.

Wir führen aber dennoch ein sich an den gewöhnlichen Funktionsbegriff anlehnendes Symbol für die mathematische Idealisierung des Stoßvorganges ein, die auf *P. A. M. Dirac* zurückgehende *Deltafunktion, Dirac-Funktion oder Impulsfunktion*

$$\delta(t) = \begin{cases} 0 & \text{für } t \neq 0, \\ \infty & \text{für } t = 0 \end{cases} \tag{27.72}$$

mit der Eigenschaft

$$\int_{-\infty}^{\infty} \delta(t)dt = 1. \tag{27.73}$$

Sie steht als *Symbol für einen Grenzübergang* an Funktionen einer gewissen Funktionenklasse, aus denen wir mit (27.69), (27.70) und (27.71) drei Vertreter herausgegriffen haben. Genauer meinen wir damit folgendes: Ist $\delta(t, \epsilon)$ eine auf $\mathbb{R}$ stetige oder stückweise stetige von einem Parameter ϵ abhängige nichtnegative Funktion mit der Eigenschaft

$$\lim_{\epsilon \to 0} \delta(t, \epsilon) = 0 \quad \text{für } t \neq 0 \quad \text{und} \quad \lim_{\epsilon \to 0} \delta(0, \epsilon) = \infty, \tag{27.74}$$

und gilt für jeden Wert von ϵ

$$\int_{-\infty}^{\infty} \delta(t, \epsilon)dt = 1, \tag{27.75}$$

so ist symbolisch

$$\lim_{\epsilon \to 0} \delta(t, \epsilon) = \delta(t);$$

die Eigenschaft (27.73) ist formal das Ergebnis der Vertauschung von Grenzübergang und Integration

$$1 = \int_{-\infty}^{\infty} \delta(t, \epsilon)dt = \lim_{\epsilon \to 0} \int_{-\infty}^{\infty} \delta(t, \epsilon)dt = \int_{-\infty}^{\infty} \lim_{\epsilon \to 0} \delta(t, \epsilon)dt = \int_{-\infty}^{\infty} \delta(t)dt.$$

Jede Funktion $\delta(t, \epsilon)$ mit der Eigenschaft (27.74) und (27.75) kann zur angenäherten Beschreibung eines Stoßvorganges herangezogen werden; auf Grund des charakteristischen Schaubildes spricht man auch von *nadelartigen* Funktionen. Sie sind durch (27.75) normiert in dem Sinne, daß ihre Impulsstärke gleich 1 ist.

Mit Hilfe der Deltafunktion schreiben wir nun symbolisch für einen zum Zeitpunkt $t = t_0$ auftretenden idealisierten Impuls der Stärke U

$$u(t) = U\delta(t - t_0). \tag{27.76}$$

Die Deltafunktion (27.72) hat aber nur Symbolwert, solange wir nicht im Besitz von Rechengesetzen sind. Wir versuchen daher, sie im Rahmen der gewöhnlichen Analysis, soweit dies möglich ist, einzuordnen. Da die Gleichung (27.73) im Grunde das wesentliche Charakteristikum der Deltafunktion ist, müssen wir erwarten, daß wir Aussagen über die Deltafunktion nur dann machen können, wenn sie unter dem Integral auftritt. Zunächst ist offensichtlich, daß wir im Integral (27.73) formal die Substitution $t \to t - t_0$ machen können, da es sich dabei ja nur um eine Verschiebung des Koordinatenursprungs handelt, so daß auch

$$\int_{-\infty}^{\infty} \delta(t - t_0)dt = 1 \tag{27.77}$$

gilt. Dies ist jedoch nur ein Spezialfall einer allgemeinen Regel, die wir jetzt, ohne Anspruch auf mathematische Strenge, ableiten wollen. Wir gehen aus von der Funktion

$$\delta(t, \epsilon) = \frac{1}{\epsilon}\varphi\left(\frac{t}{\epsilon}\right), \tag{27.78}$$

worin $\varphi(t)$ durch (27.60) erklärt ist. Es gilt

$$\lim_{\epsilon \to 0} \frac{1}{\epsilon}\varphi\left(\frac{t}{\epsilon}\right) = 0 \quad \text{für } t \neq 0, \qquad \lim_{\epsilon \to 0} \frac{1}{\epsilon}\varphi(0) = \lim_{\epsilon \to 0} \frac{1}{C\epsilon e} = \infty,$$

und

$$\int_{-\infty}^{\infty} \frac{1}{\epsilon}\varphi\left(\frac{t}{\epsilon}\right) dt = \int_{-\epsilon}^{\epsilon} \frac{1}{\epsilon}\varphi\left(\frac{t}{\epsilon}\right) dt = \frac{1}{C\epsilon}\int_{-\epsilon}^{\epsilon} \exp\left(-\frac{1}{1-\left(\frac{t}{\epsilon}\right)^2}\right) dt = \frac{1}{C}\int_{-1}^{1} \exp\left(-\frac{1}{1-u^2}\right) du = 1,$$

also

$$\lim_{\epsilon \to 0} \frac{1}{\epsilon}\varphi\left(\frac{t}{\epsilon}\right) = \delta(t). \tag{27.79}$$

Es sei nun f(t) eine auf IR stückweise stetige Funktion, von der wir insbesondere die Stetigkeit an der Stelle t = 0 voraussetzen; wir bilden damit das Integral

$$I = \int_{-\infty}^{\infty} \delta(t, \epsilon) f(t) dt = \int_{-\epsilon}^{\epsilon} \frac{1}{\epsilon}\varphi\left(\frac{t}{\epsilon}\right) f(t) dt.$$

Aus dem verallgemeinerten Mittelwertsatz der Integralrechnung (Satz 11.4) ergibt sich bei festgehaltenem $\epsilon > 0$, da $\frac{1}{\epsilon}\varphi\left(\frac{t}{\epsilon}\right)$ im Intervall $]-\epsilon, \epsilon[$ positiv ist,

$$I = f(\eta) \int_{-\epsilon}^{\epsilon} \frac{1}{\epsilon}\varphi\left(\frac{t}{\epsilon}\right) dt = f(\eta), \quad -\epsilon < \eta < \epsilon,$$

und schließlich beim Grenzübergang $\epsilon \to 0$ auf Grund der Stetigkeit von f(t) an der Stelle t = 0,

$$\lim_{\epsilon \to 0} \int_{-\infty}^{\infty} \delta(t, \epsilon) f(t) dt = \lim_{\epsilon \to 0} f(\eta) = f(0),$$

da mit ϵ der Zwischenwert η gegen Null geht. Wir fassen diesen Grenzwert symbolisch als Regel

$$\int_{-\infty}^{\infty} \delta(t) f(t) dt = f(0) \tag{27.80}$$

für eine auf IR stückweise stetige und im Punkt t = 0 stetige Funktion f(t) auf: *Die Deltafunktion vermag als Faktor einer Funktion* f(t) *im Integral den Funktionswert von* f(t) *an der Stelle* t = 0 *„herauszusieben“*. Wenden wir (27.80) auf die Funktion $f(\tau - t)$ an, so erhalten wir für jedes τ

$$\int_{-\infty}^{\infty} \delta(t) f(\tau - t)\, dt = f(\tau), \tag{27.81}$$

vorausgesetzt, daß f(t) an der Stelle $t = \tau$ stetig ist. Verschieben wir den Koordinatenursprung um die Strecke τ, so folgt aus (27.80)

$$\int_{-\infty}^{\infty} \delta(t - \tau) f(t - \tau)\, dt = f(0);$$

wenn wir in dieser Gleichung die Funktion $f(t - \tau)$ durch f(t) ersetzen, so erhalten wir schließlich unter Berücksichtigung der Symmetriebeziehung $\delta(t) = \delta(-t)$

$$\int_{-\infty}^{\infty} \delta(\tau - t) f(t)\, dt = f(\tau). \tag{27.82}$$

Setzen wir für f(t) in (27.81) die Heavisidesche Sprungfunktion $\sigma(t)$ ein, so erhalten wir die Gleichung

$$\sigma(\tau) = \int_{-\infty}^{\infty} \delta(t) \sigma(\tau - t)\, dt = \int_{-\infty}^{\tau} \delta(t)\, dt, \quad \tau \neq 0, \tag{27.83}$$

in der die Deltafunktion mit der Heavisideschen Sprungfunktion verknüpft ist. Wir verweisen in diesem Zusammenhang noch auf die Beziehung

$$\int_a^b \delta(t) f(t)\, dt = \begin{cases} f(0) & \text{für } a < 0 < b, \\ 0 & \text{für } a < b < 0 \text{ oder } 0 < a < b. \end{cases} \tag{27.84}$$

Sie folgt aus (27.80), wenn darin für f(t) die mit Hilfe der Heavisideschen Sprungfunktion „abgeschnittene" Funktion $f(t)\sigma(t - a)\sigma(b - t)$ eingesetzt wird.

Als weitere Folgerung von (27.80) ergibt sich

$$\int_{-\infty}^{\infty} \delta(t) \big(af(t) + bg(t)\big)\, dt = a \int_{-\infty}^{\infty} \delta(t) f(t)\, dt + b \int_{-\infty}^{\infty} \delta(t) g(t)\, dt = af(0) + bg(0). \tag{27.85}$$

Von Nutzen ist gelegentlich auch die folgende Regel, die wieder symbolisch für einen Grenzwert steht. Substituieren wir in den Integralen (27.75) über eine Schar nadelartiger Funktionen $\delta(t, \epsilon)$ für $t = a\tau$, so resultiert

$$1 = |a| \int_{-\infty}^{\infty} \delta(a\tau, \epsilon)\, d\tau,$$

woraus hervorgeht, daß auch die Funktionenschar $|a|\delta(at, \epsilon)$ die Eigenschaften (27.74) und (27.75) hat und deshalb

$$\lim_{\epsilon \to 0} |a|\delta(at, \epsilon) = \delta(t)$$

gilt. Symbolisch schreiben wir für diesen Grenzwert

$$|a|\delta(at) = \delta(t). \tag{27.86}$$

Ersetzen wir darin t durch $t - t_0$, so ergibt sich

$$|a|\delta\big(a(t - t_0)\big) = \delta(t - t_0),$$

insbesondere für $b = -at_0$

$$\delta(at + b) = \frac{1}{|a|}\delta\left(t + \frac{b}{a}\right). \tag{27.87}$$

Algebraische Verknüpfungen wie die Addition und Subtraktion, die Multiplikation und Division von Funktionen, können mit der Deltafunktion nicht uneingeschränkt gebildet werden. So ist das Produkt $\delta(t)\delta(t)$ der Deltafunktion mit sich selbst ein sinnloses Symbol. Sinnvoll ist dagegen die Summe $\delta(t) + \delta(t) = 2\delta(t)$, mit der ein Impuls der Stärke 2 dargestellt wird; entsprechende Bedeutung kommt dem Produkt $a\delta(t)$ für eine beliebige reelle Zahl a zu. Hinsichtlich der Multiplikation von $\delta(t)$ mit einer an der Stelle $t = 0$ stetigen Funktion $f(t)$ gilt die mit (27.80) verträgliche Regel

$$f(t)\delta(t) = f(0)\delta(t). \tag{27.88}$$

Einen wohlbestimmten Sinn hat auch der Ausdruck $\delta(t - t') + \delta(t - t'')$ für $t' \neq t''$; er steht für den Grenzwert

$$\lim_{\epsilon, \eta \to 0} \big(\delta(t - t', \epsilon) + \delta(t - t'', \eta)\big) = \delta(t - t') + \delta(t - t'')$$

und stellt die idealisierte Impulsfunktion für zwei zu den Zeitpunkten t' und t'' auftretende Impulse der Stärke 1 dar. Ist (t_n) eine bestimmt divergente Zahlenfolge, so kann auch die Reihe

$$u(t) = \sum_{n=1}^{\infty} U_n\delta(t - t_n) \tag{27.89}$$

gebildet werden, die die Idealisierung einer *Impulsfolge* zu den Zeitpunkten $t = t_n$ mit der jeweiligen Impulsstärke U_n darstellt.

Nadelartige Funktionen besitzen nach Satz 27.1 eine Fourier-Transformierte, wenn sie für $t \to \pm\infty$ nur hinreichend rasch gegen Null gehen, und erst recht, wenn sie, wie zum Beispiel die Funktionen (27.78), außerhalb eines beschränkten Intervalles gleich Null sind. So finden wir für die Fourier-Transformierte der Funktion

$$\delta(t, \epsilon) = \begin{cases} \dfrac{1}{2\epsilon} & \text{für } |t| \leqslant \epsilon, \\ 0 & \text{für } |t| > \epsilon \end{cases}$$

von Beispiel 27.3 (mit $T = \epsilon$ und $U = \frac{1}{2\epsilon}$)

$$\mathscr{F}\delta(t, \epsilon) = \frac{\sin\omega\epsilon}{\omega\epsilon},$$

für die nadelartige Funktion (27.78) ergibt sich unter Zuhilfenahme des verallgemeinerten Mittelwertsatzes der Integralrechnung

$$\mathscr{F}\delta(t, \epsilon) = \frac{1}{\epsilon}\int_{-\infty}^{\infty} \varphi\left(\frac{t}{\epsilon}\right) e^{-j\omega t} dt = \frac{1}{\epsilon}\int_{-\epsilon}^{\epsilon} \varphi\left(\frac{t}{\epsilon}\right)\left(\cos\omega t - j\sin\omega t\right) dt$$

$$= \cos\omega t' \frac{1}{\epsilon}\int_{-\epsilon}^{\epsilon} \varphi\left(\frac{t}{\epsilon}\right) dt = \cos\omega t', \quad -\epsilon < t' < \epsilon,$$

und für die nadelartige Funktion (27.71) für $k = \frac{1}{4\epsilon}$ und $t_0 = 0$

$$\mathscr{F}\left(\frac{1}{2\sqrt{\pi\epsilon}} e^{-\frac{t^2}{4\epsilon}}\right) = e^{-\epsilon\omega^2}.$$

Allen drei angeführten Typen nadelartiger Funktionen ist gemeinsam, daß sich für $\epsilon \to 0$ in der Grenze

$$\lim_{\epsilon \to 0} \mathscr{F}\delta(t, \epsilon) = 1 \qquad (27.90)$$

für jede Frequenz ω ergibt. Wir werten dies als Indiz dafür, daß (27.90) für jede Schar nadelartiger Funktionen gilt, das heißt für jede Funktionenschar $\delta(t, \epsilon)$ mit den Eigenschaften (27.74) und (27.75). Wir verzichten auf den allgemeinen Beweis und nehmen diese Tatsache zum Anlaß, den Grenzwert (27.90) unter Vertauschung der Limesoperation mit dem Operator $\mathscr{F}$ symbolisch als Gleichung

$$\Delta(\omega) = \mathscr{F}\delta(t) = 1 \qquad (27.91)$$

zu schreiben und die konstante Funktion $\Delta(\omega) = 1$ im Bildraum der Fourier-Transformation als Frequenzfunktion der Deltafunktion zu erklären. Wir stehen damit vor der interessanten Tatsache, daß der im gewöhnlichen Sinn im Zeitbereich gar nicht existenten Funktion $\delta(t)$ die denkbar einfachste Funktion als Bild bei der Fourier-Transformation zuzuordnen ist, beziehungsweise, daß dem „Einselement" bezüglich der Multiplikation im Bildraum kein Urbild im üblichen Sinn entspricht.

Auf einfache Weise lassen sich jetzt die Gleichungen (27.81) und (27.82) deuten. Fassen wir sie als Faltungsprodukte auf, so bedeuten sie nichts anderes als

$$\delta(t) * f(t) = f(t) * \delta(t) = f(t), \qquad (27.92)$$

die Deltafunktion ist im Zeitbereich das „Einselement" bezüglich der Faltung von Funktionen. Im Bildraum entsprechen den Gleichungen (27.92) wegen (27.47) und (27.91) die selbstverständlichen Beziehungen

$$1 \cdot F(\omega) = F(\omega) \cdot 1 = F(\omega).$$

Die Transformation der Funktion $\delta(t-t_0)$ kann durch eine der obigen analogen Rechnung an Hand der von uns verwendeten Vertreter nadelartiger Funktionen bewerkstelligt werden,

$$\mathscr{F}\delta(t-t_0)=e^{-j\omega t_0}. \qquad (27.93)$$

Formal wäre man zu diesem Ergebnis auch durch die Formel (27.82) gekommen (für $\tau = t_0$ und $f(t) = e^{j\omega t}$ unter Berücksichtigung der offenkundigen Beziehung $\delta(t) = \delta(-t)$), aber auch durch Anwendung des Zeitverschiebungssatzes (27.28). Zur Transformation von $\delta(at)$ finden wir die Regel

$$\mathscr{F}\delta(at)=\frac{1}{|a|}, \quad a \neq 0, \qquad (27.94)$$

die formal im Einklang mit (27.27) beziehungsweise (27.86) steht.

Bilden wir formal die Originalfunktion der konstanten Funktion $\Delta(\omega) = 1$, das heißt, wenden wir den Umkehroperator $\mathscr{F}^{-1}$ auf $\Delta(\omega) = 1$ an, so erhalten wir das für jeden Wert von t divergente Integral[1])

$$\mathscr{F}^{-1}1 = \mathrm{HW}\,\frac{1}{2\pi}\int_{-\infty}^{\infty} e^{j\omega t}d\omega = \frac{1}{\pi}\int_0^{\infty}\cos\omega t\,d\omega.$$

Dieses Symbol erlangt Bedeutung, wenn es mit einer Funktion f(t) gefaltet wird und dabei die beiden Integrationen vertauscht werden. Das Resultat ist das Fouriersche Integraltheorem

$$\frac{1}{\pi}\int_{-\infty}^{\infty} f(\tau)d\tau\int_0^{\infty}\cos\omega(t-\tau)d\omega = \frac{1}{\pi}\int_0^{\infty}d\omega\int_{-\infty}^{\infty} f(\tau)\cos\omega(t-\tau)d\tau = f(t).$$

Wir schreiben daher symbolisch, da nur die Faltung der Deltafunktion mit f(t) wieder die Funktion f(t) ergibt,

$$\delta(t)=\frac{1}{\pi}\int_0^{\infty}\cos\omega t\,d\omega = \mathrm{HW}\,\frac{1}{2\pi}\int_{-\infty}^{\infty}e^{j\omega t}d\omega. \qquad (27.95)$$

Während der Deltafunktion im Bildbereich der Fourier-Transformation eine einfache Funktion zugeordnet werden kann, die Rücktransformation aber auf ein divergentes Integral führt, stehen wir bei einer anderen Funktion genau vor der umgekehrten Situation. Aus dem uns wohlbekannten Integral

$$\int_0^{\infty}\frac{\sin\omega t}{\omega}d\omega = \frac{\pi}{2}\,\mathrm{sign}(t)$$

[1]) Siehe die Fußnote auf Seite 747.

erhalten wir

$$\frac{1}{2}\,\mathrm{sign}(t) = \frac{1}{\pi}\int_0^\infty \frac{\sin\omega t}{\omega}\,d\omega = \frac{1}{2\pi}\int_{-\infty}^\infty \frac{\sin\omega t}{\omega}\,d\omega = \mathrm{HW}\,\frac{1}{2\pi}\int_{-\infty}^\infty \frac{e^{j\omega t}}{j\omega}\,d\omega = \mathscr{F}^{-1}\,\frac{1}{j\omega};$$

demnach ergibt die formale Anwendung des Operators $\mathscr{F}^{-1}$ auf die wegen ihrer Unstetigkeit im Punkt $\omega = 0$ nicht im Bildbereich der Fourier-Transformation enthaltene Funktion $S(\omega) = \frac{1}{j\omega}$

$$\mathscr{F}^{-1}\,\frac{1}{j\omega} = \frac{1}{2}\,\mathrm{sign}(t) = \sigma(t) - \frac{1}{2}, \tag{27.96}$$

also eine Funktion, die an der Stelle t = 0 um 1 springt. Natürlich kann diese Funktion nicht im Originalraum der Fourier-Transformation liegen, das heißt auf $\mathbb{R}$ absolut integrierbar sein. In der Tat führt die Anwendung des Operators $\mathscr{F}$ auf die Funktion $\frac{1}{2}\,\mathrm{sign}(t)$ auf ein divergentes Integral

$$\mathscr{F}\left(\frac{1}{2}\,\mathrm{sign}(t)\right) = \mathrm{HW}\,\frac{1}{2}\int_{-\infty}^\infty \mathrm{sign}(t)e^{-j\omega t}dt = \frac{1}{j}\int_0^\infty \sin\omega t dt; \tag{27.97}$$

das gleiche tritt ein, wenn wir den Operator $\mathscr{F}$ auf die Heavisidesche Sprungfunktion anwenden,

$$\mathscr{F}\sigma(t) = \int_0^\infty e^{-j\omega t}dt = \int_0^\infty \cos\omega t dt - j\int_0^\infty \sin\omega t dt. \tag{27.98}$$

Wollen wir daher der mit dem Faktor $\frac{1}{2}$ multiplizierten Signumfunktion eine Fourier-Transformierte zuordnen, so ist dies nur durch die Definition

$$\mathscr{F}\left(\frac{1}{2}\,\mathrm{sign}(t)\right) := \frac{1}{j\omega} \tag{27.99}$$

sinnvoll. Konsequenterweise müssen wir dann, um nicht zu einem Widerspruch mit (27.97) zu kommen,

$$\int_0^\infty \sin\omega t dt = \frac{1}{\omega} \tag{27.100}$$

schreiben, was nachgerade widersinnig anmutet.

Wenn wir auf diese Weise der Signumfunktion eine Fourier-Transformierte zuordnen, so können wir dies mit gleichem Recht auch für die Heavisidesche Sprungfunktion tun. Zur Wahrung der Linearität des Operators $\mathscr{F}$ müssen wir dann wegen $\sigma(t) = \frac{1}{2}\left(\mathrm{sign}(t) + 1\right)$

$$\mathscr{F}\sigma(t) = \frac{1}{j\omega} + \frac{1}{2}\,\mathscr{F}1$$

festlegen, also hätten wir, da wegen (27.95)

$$\mathscr{F}1 = \mathrm{HW} \int_{-\infty}^{\infty} e^{-j\omega t} dt = 2 \int_{0}^{\infty} \cos \omega t dt = 2\pi\delta(\omega) \tag{27.101}$$

gesetzt werden müßte, die Fourier-Transformierte von $\sigma(t)$ durch

$$\Sigma(\omega) = \mathscr{F}\sigma(t) := \frac{1}{j\omega} + \pi\delta(\omega) \tag{27.102}$$

zu definieren. Wir würden dieses Ergebnis auch direkt aus (27.98) erhalten, wenn wir darin für das erste Integral auf der rechten Seite (27.95) mit vertauschten Rollen von t und ω, für das zweite Integral (27.100) berücksichtigen.

Der Leser wird sich an dieser Stelle bereits fragen, was denn auf diese Weise aus der Fourier-Transformation alles herausgepreßt werden soll, zumal dabei Methoden angewendet worden sind, die suspekt erscheinen müssen. Nun besitzt einerseits die Fourier-Transformation in der Elektrotechnik allergrößte Bedeutung, vor allem in der Nachrichtentechnik, andererseits spielt die Sprungfunktion und die Stoßfunktion eine wichtige Rolle bei der mathematischen Beschreibung vieler Modellbildungen. Im Hinblick auf den Einsatz der Fourier-Transformation in elektrotechnischen Problemen ist es daher wünschenswert, den Anwendungsbereich der Fourier-Transformation in einer Form zu erweitern, daß auch diese Funktionen darin enthalten sind. Wir werden daher die Fourier-Transformation auf eine umfassendere Klasse von Funktionen auszudehnen haben, der dann auch andere auf $\mathbb{R}$ nicht absolut integrierbare Funktionen, wie die Polynome und die trigonometrischen Funktionen, angehören. Wie bei allen Erweiterungen in der Mathematik lassen wir uns dabei davon leiten, daß die bestehenden Rechenregeln, im speziellen (27.27) bis (27.33), uneingeschränkt auf die neu hinzukommenden Objekte angewendet werden können.

Für den Augenblick lassen wir aber offen, wie diese Erweiterung auf mathematisch einwandfreie Weise konstruiert werden kann, in Abschnitt 28.4 werden wir auf diese Frage zurückkommen.

27.6 Die Laplace-Transformation

So unbestritten die Bedeutung der Fourier-Transformation für die technische Analyse und das praktische Rechnen auch ist, weshalb man auch einen mathematisch aufwendigen Weg zur Beseitigung ihrer Schwächen in Kauf nimmt – im übrigen ist auch die komplexe Wechselstromrechnung eine Anwendung der Fourier-Transformation, so erweist sich dennoch eine Modifikation für manche Zwecke als geeigneter. Es handelt sich dabei um die *Laplace-Transformation*; ihr Anwendungsbereich umfaßt nahezu alle technisch wichtigen Funktionen, ohne daß Einbußen an den rechnerischen Bequemlichkeiten der Fourier-Transformation hingenommen werden müssen.

In der Physik und namentlich in der Elektrotechnik hat man es häufig mit zeitlich veränderlichen Vorgängen zu tun, die erst ab einem gewissen Zeitpunkt, dem Einschaltzeitpunkt, abzulaufen beginnen. Legen wir $t = 0$ als diesen Einschaltzeitpunkt fest, so können wir einen solchen Vorgang durch eine für $t > 0$ erklärte Funktion $f(t)$ beschreiben. Auf eine derartige Funktion kann die Fourier-Transformation nicht angewendet werden; definieren wir aber, was naheliegend ist, $f(t) = 0$ für $t < 0$, so lautet die Fourier-Transformierte der solcherart auf die negative Zeitachse fortgesetzten Funktion

$$\int_0^\infty f(t)e^{-j\omega t}dt,$$

vorausgesetzt, daß die Funktion f(t) für $t \to \infty$ ein entsprechendes Verhalten aufweist, um die Konvergenz dieses Integrals sicherzustellen. Wenn wir aber anstatt der Funktion f(t) eine ganze Schar von Funktionen

$$e^{-xt}f(t), \quad t \geqslant 0,$$

das heißt, die mit den „*Dämpfungsfaktoren*" e^{-xt} multiplizierte Zeitfunktion betrachten, so konvergiert das Integral

$$\int_0^\infty e^{-t(x+j\omega)}f(t)dt \tag{27.103}$$

unter wesentlich schwächeren Voraussetzungen über die Funktion f(t). Trennen wir in Real- und Imaginärteil auf,

$$\int_0^\infty e^{-t(x+j\omega)}f(t)dt = \int_0^\infty e^{-xt}f(t)\cos\omega t dt - j\int_0^\infty e^{-xt}f(t)\sin\omega t dt,$$

so erhalten wir zwei von den Parametern x und ω abhängige uneigentliche Integrale. Mit Integralen dieser Form haben wir uns in Beispiel 25.22 schon auseinandergesetzt; wenden wir die dortigen Ergebnisse auf den Real- und Imaginärteil des Integrales (27.103) an, so kommen wir zu folgendem Schluß: Genügt die Funktion f(t) einer Ungleichung

$$|f(t)| \leqslant e^{at} \quad \text{für} \quad t \geqslant t_0,$$

so konvergieren wegen $|\cos\omega t| \leqslant 1$ und $|\sin\omega t| \leqslant 1$ beide Integrale für $x > a$ und jedes ω. Ist x_0 die kleinste reelle Zahl mit der Eigenschaft, daß zu jedem $\delta > 0$ eine Zahl $t_0 = t_0(\delta) \geqslant 0$ angegeben werden kann und die Ungleichung $|f(t)| \leqslant e^{at}$ für $a = x_0 + \delta$ und $t \geqslant t_0$ richtig ist, so finden wir als Konvergenzbereich sowohl des Realteils als auch des Imaginärteils von (27.103) die von der Geraden $x = x_0$ begrenzte Halbebene $\langle x_0, \infty[, -\infty < \omega < \infty$ der (x, ω)-Ebene. Über die Konvergenz auf der Geraden $x = x_0$ kann dabei im allgemeinen nichts ausgesagt werden. Da insbesondere die Konvergenz für $x \geqslant x_0 + \delta$ gleichmäßig in x und ω ist, handelt es sich bei beiden Integralen um stetige Funktionen der beiden Veränderlichen x und ω.

Es liegt nun nahe, in (27.103) die Dämpfungszahl x und die Frequenz ω zu einer komplexen Zahl $s = x + j\omega$ zusammenzufassen und (27.103) in der Form

$$\int_0^\infty e^{-st}f(t)dt$$

zu schreiben: Dieses Integral wird *Laplace-Integral* der Funktion f(t) genannt. Wenn f(t) für $t \to \infty$ nicht stärker als exponentiell anwächst, wird durch das Laplace-Integral der Funktion f(t) eine komplexwertige Funktion

$$F(s) = \int_0^\infty e^{-st} f(t)\,dt \qquad (27.104)$$

der komplexen Veränderlichen $s = x + j\omega$ erklärt. Der Definitionsbereich von F(s) ist unseren obigen Überlegungen zufolge ein Gebiet $\mathrm{Re}(s) > x_0$ in der komplexen s-Ebene, das als *Konvergenzhalbebene* bezeichnet wird; die Zahl x_0 heißt *Konvergenzabszisse.*

Wir bemerken dazu, daß F(s) in jedem Punkt der Konvergenzhalbebene $\mathrm{Re}(s) > x_0$ stetig ist, aber auch differenzierbar, da die Funktionen $u(x, \omega) = \mathrm{Re}\big(F(s)\big)$ und $v(x, \omega) = \mathrm{Im}\big(F(s)\big)$ stetige partielle Ableitungen haben, die in jedem Punkt der Konvergenzhalbebene von F(s) den Cauchy-Riemannschen Differentialgleichungen (23.39) genügen. Es gilt (vgl. (25.55))

$$F'(s) = -\int_0^\infty e^{-st} t f(t)\,dt, \quad \mathrm{Re}(s) > x_0. \qquad (27.105)$$

Wir fassen nun das Laplace-Integral als Vorschrift auf, die einer reellen Funktion f(t) eine in einer Halbebene definierte komplexwertige Funktion F(s) zuordnet, wofür wir dann symbolisch

$$\mathscr{L} f(t) = F(s) = \int_0^\infty e^{-st} f(t)\,dt \qquad (27.106)$$

schreiben. $\mathscr{L}$ ist ein linearer Integraloperator mit dem Kern e^{-st},

$$\mathscr{L}\big(\alpha f(t) + \beta g(t)\big) = \alpha \mathscr{L} f(t) + \beta \mathscr{L} g(t), \qquad (27.107)$$

sein Objektbereich ist die Menge aller derjenigen Funktionen, die nicht stärker als exponentiell anwachsen und damit offenbar eine lineare Mannigfaltigkeit bilden; der Bildbereich, die Menge der auf einer Halbebene der komplexen s-Ebene stetigen Funktionen der komplexen Veränderlichen s, ist ersichtlich ebenfalls eine lineare Mannigfaltigkeit.

Die durch (27.106) vermittelte lineare Abbildung wird *Laplace-Transformation* genannt, das Bild F(s) der Funktion f(t) bei der Abbildung durch den Operator $\mathscr{L}$ die *Laplace-Transformierte* von f(t). Einem üblichen Brauch folgend verwenden wir als Funktionssymbol für die Bildfunktion stets den zugehörigen Großbuchstaben der Objektfunktion. Für den Objektbereich des Operators $\mathscr{L}$ sind auch die Bezeichnungen *Zeitbereich*, *Originalbereich* und *Oberbereich* geläufig, dementsprechend wird eine Funktion des Objektbereiches *Zeitfunktion*, *Originalfunktion* oder *Oberfunktion* genannt. Der Bildbereich heißt vielfach auch *Unterbereich*, wobei man für eine Bildfunktion auch die Bezeichnung *Unterfunktion* verwendet.

Die Umkehrung der Laplace-Transformation führt uns, entsprechend ihrer Ableitung aus der Fourier-Transformation, auf

$$\mathscr{L}^{-1} F(s) = \frac{1}{2\pi} \int_{-\infty}^{\infty} F(x + j\omega) e^{(x+j\omega)t} d\omega = \begin{cases} f(t) & \text{für } t > 0, \\ 0 & \text{für } t < 0. \end{cases} \qquad (27.108)$$

Einen eleganten Weg zur Auswertung dieses Integrales zur Umkehrung der Laplace-Transformation, ebenso des Integrales (27.25) zur Umkehrung der Fourier-Transformation, werden wir später kennenlernen (siehe Abschnitt 38.1). In vielen Fällen läßt sich die Rücktransformation auch durch geschickte Kombination der Rechenregeln unter Heranziehung einer Tabelle der wichtigsten Korrespondenzen ausführen. Wir werden im Laufe des folgenden auf diese in den Anwendungen praktizierte Technik der Rücktransformation noch zu sprechen kommen.

Grundlegend für die technischen Anwendungen sind die Transformationsformeln für die Potenz t^a und die Exponentialfunktion e^{at}. Es gilt für reelles s und $a > -1$

$$\int_0^\infty e^{-st} t^a dt = \frac{1}{s^{a+1}} \int_0^\infty e^{-z} z^a dz;$$

den Nachweis, daß diese Gleichung auch für komplexes s richtig ist, werden wir später erbringen. Unter Berücksichtigung von (12.5) finden wir daher

$$\mathscr{L} t^a = \frac{\Gamma(a+1)}{s^{a+1}}, \quad a > -1, \ \operatorname{Re}(s) > 0. \tag{27.109}$$

Für die Exponentialfunktion e^{at} mit komplexem $a = \alpha + j\beta$ ergibt sich aus

$$\int_0^\infty e^{-st} e^{at} dt = \int_0^\infty e^{-t(s-a)} dt = \frac{1}{s-a}$$

die wichtige Transformationsformel

$$\mathscr{L} e^{at} = \frac{1}{s-a}, \quad \operatorname{Re}(s) > \operatorname{Re}(a). \tag{27.110}$$

Wir folgern insbesondere aus (27.109) für a = 0

$$\mathscr{L} 1 = \frac{1}{s}, \quad \operatorname{Re}(s) > 0, \tag{27.111}$$

und für die Potenzen mit natürlichem Exponenten

$$\mathscr{L} t^n = \frac{n!}{s^{n+1}}, \quad \operatorname{Re}(s) > 0. \tag{27.112}$$

Aus (27.110) ergibt sich für $a = \pm j\omega$ auf Grund der Linearität des Operators $\mathscr{L}$

$$\mathscr{L}\left(\frac{1}{2j}\left(e^{j\omega t} - e^{-j\omega t}\right)\right) = \frac{1}{2j}\left(\frac{1}{s-j\omega} - \frac{1}{s+j\omega}\right) = \frac{\omega}{s^2+\omega^2},$$

also

$$\mathscr{L} \sin \omega t = \frac{\omega}{s^2+\omega^2}, \quad \operatorname{Re}(s) > 0. \tag{27.113}$$

Aus einer analogen Rechnung resultiert

$$\mathscr{L} \cos \omega t = \frac{s}{s^2+\omega^2}, \quad \operatorname{Re}(s) > 0. \tag{27.114}$$

Setzen wir in (27.110) für a = ω, so ergeben sich auf die gleiche Weise die Korrespondenzen

$$\mathscr{L} \sinh \omega t = \frac{\omega}{s^2 - \omega^2}, \quad \mathrm{Re}(s) > |\omega|, \tag{27.115}$$

und

$$\mathscr{L} \cosh \omega t = \frac{s}{s^2 - \omega^2}, \quad \mathrm{Re}(s) > |\omega|. \tag{27.116}$$

Wir weisen den Leser auf die bemerkenswerte Tatsache hin, daß die Laplace-Transformierten der Potenzfunktionen und der Exponentialfunktionen sowie der daraus abgeleiteten trigonometrischen und hyperbolischen Funktionen *rationale* Funktionen der komplexen Veränderlichen s sind!

27.7 Rechenregeln für die Laplace-Transformation

Die Bestimmung der Laplace-Transformierten technisch wichtiger Zeitfunktionen, aber auch die Praxis der Rücktransformation, wird wesentlich erleichtert durch einige wenige Rechenregeln, die wir im folgenden zusammenstellen wollen. Es bezeichne dabei immer F(s) die Laplace-Transformierte der Funktion f(t).

Bei einer Maßstabsänderung auf der Zeitachse geht man von der Funktion f(t) durch die Substitution $t \to at$ zur Funktion f(at) über. Zwischen den Bildfunktionen von f(t) und f(at) besteht ein einfacher Zusammenhang: Aus

$$\mathscr{L} f(at) = \int_0^\infty e^{-st} f(at)\, dt = \frac{1}{a} \int_0^\infty e^{-\frac{s}{a}\tau} f(\tau)\, d\tau$$

ergibt sich die als *Ähnlichkeitssatz* bezeichnete Regel

$$\mathscr{L} f(at) = \frac{1}{a} F\left(\frac{s}{a}\right), \quad a > 0. \tag{27.117}$$

Einer Dilatation /Komprimierung im Zeitbereich entspricht also eine Komprimierung/ Dilatation im Bildbereich. Ersetzen wir in (27.117) a durch $\frac{1}{a}$, so resultiert die Transformationsformel

$$\mathscr{L}\left(\frac{1}{a} f\left(\frac{t}{a}\right)\right) = F(as), \quad a > 0. \tag{27.118}$$

Zwei weitere wichtige Regeln ergeben sich aus dem Zusammenhang, der zwischen den Bildfunktionen von f(t) und der um den Zeitpunkt t_0 verschobenen Funktion $f(t - t_0)$ sowie zwischen den Originalfunktionen von F(s) und der um s_0 verschobenen Funktion $F(s - s_0)$ besteht.

Wir sind davon ausgegangen, den Zeitablauf physikalischer Vorgänge ab einem gewissen Einschaltzeitpunkt, den wir mit t = 0 mehr oder minder willkürlich festgelegt haben, zu messen. Dennoch können nach einer gewissen Zeitspanne $t_0 > 0$ weitere Effekte auftreten. Derartige Vorgänge können wir durch eine Funktion f(t) mit der Eigenschaft $f(t) = 0$ für $t < 0$ beschreiben, wenn wir als Argument $t - t_0$ einsetzen (Bild 27.11). Wir nennen $f(t - t_0)$ die um t_0 „verschobene" Funktion f(t). Zur Bestimmung ihrer Laplace-

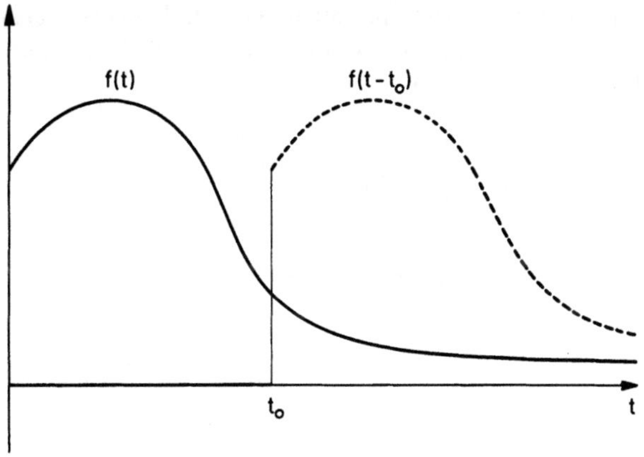

Bild 27.11

Transformierten

$$\mathscr{L}f(t-t_0) = \int_0^\infty e^{-st} f(t-t_0)\,dt = \int_{t_0}^\infty e^{-st} f(t-t_0)\,dt$$

substituieren wir im Integral auf der rechten Seite für $t - t_0 = \tau$,

$$\mathscr{L}f(t-t_0) = \int_0^\infty e^{-s(\tau+t_0)} f(\tau)\,d\tau = e^{-st_0} \int_0^\infty e^{-s\tau} f(\tau)\,d\tau,$$

und erhalten daraus die Regel

$$\mathscr{L}f(t-t_0) = e^{-st_0}\mathscr{L}f(t) = e^{-st_0}F(s), \tag{27.119}$$

die als *erster Verschiebungssatz*, *Verschiebungssatz im Oberbereich* oder *Zeitverschiebungssatz* bezeichnet wird.

Wir wollen nun auch, wie angekündigt, den Zusammenhang der Originalfunktionen bei einer Verschiebung im Bildbereich untersuchen. Wir haben dazu im Laplace-Integral der Funktion f(t) die Variable s durch $s - s_0$ zu ersetzen,

$$F(s-s_0) = \int_0^\infty e^{-t(s-s_0)} f(t)\,dt = \int_0^\infty e^{-st}\left(e^{s_0 t} f(t)\right)dt,$$

und können aus dieser Gleichung unmittelbar die Beziehung

$$\mathscr{L}\left(e^{s_0 t} f(t)\right) = F(s-s_0) \tag{27.120}$$

ablesen. Man nennt diese Regel den *zweiten Verschiebungssatz, Verschiebungssatz im Unterbereich* oder *Dämpfungssatz.*

Eine besonders wichtige Eigenschaft der Laplace-Transformation besteht darin, *daß der Differentiation und Integration im Zeitbereich algebraische Rechenoperationen im Bildbereich entsprechen.* Betrachten wir das Integral mit variabler oberer Grenze

$$g(t) = \int_0^t f(\tau)\,d\tau.$$

Liegt f(t) im Zeitbereich der Laplace-Transformation, so hat auch g(t) eine Laplace-Transformierte, offenbar mit gleicher Konvergenzabszisse wie die Funktionen f(t). Durch partielle Integration im Laplace-Integral der Funktion g(t),

$$\mathscr{L}g(t) = \int_0^\infty e^{-st}\left(\int_0^t f(\tau)d\tau\right)dt = \left(-\frac{1}{s}e^{-st}\int_0^t f(\tau)d\tau\right)\Bigg|_0^\infty + \frac{1}{s}\int_0^\infty e^{-st}f(t)dt,$$

finden wir nun, da der integrierte Term für Re(s) > 0 verschwindet,

$$\mathscr{L}\int_0^t f(\tau)d\tau = \frac{1}{s}\mathscr{L}f(t) = \frac{1}{s}F(s). \tag{27.121}$$

Der Integration im Zeitbereich zwischen der variablen oberen Grenze t *und der festen unteren Grenze* 0 *entspricht im Bildbereich die Division durch* s.

Aus der Integrationsregel (27.121) können wir nun ohne Schwierigkeit den Zusammenhang der Bildfunktionen von f(t) und ihrer Ableitung f′(t) herstellen. Ist f(t) eine für t > 0 stetige und, abgesehen von einzelnen Punkten, in denen wenigstens die einseitigen Ableitungen existieren, stetig differenzierbare Funktion, deren Ableitung f′(t) im Zeitbereich der Laplace-Transformation liegt, so liegt auch f(t) im Zeitbereich der Laplace-Transformation und es folgt aus (27.121)

$$\mathscr{L}\int_0^t f'(\tau)d\tau = \frac{1}{s}\mathscr{L}f'(t).$$

Nun haben wir zu beachten, daß die (durch f(t) = 0 für t < 0 auf die negative Zeitachse fortgesetzte) Funktion f(t) im Punkt t = 0 im Falle f(0+) ≠ 0 unstetig ist. Da Unstetigkeiten bei Zeitfunktionen ihren Ursprung zumeist in mathematischen Idealisierungen haben, hat es auch vom physikalischen Standpunkt aus wenig Sinn, von einem Funktionswert f(0) im Einschaltzeitpunkt zu sprechen. Grundsätzlich könnten wir auch aus mathematischer Sicht auf eine Festlegung des Funktionswertes für t = 0 verzichten, denn bei der Integration, die in einer Sprungstelle des Integranden beginnt, geht unabhängig von einer nachträglichen Definition des Funktionswertes immer der rechtsseitige Grenzwert ein, wie im Falle von

$$\int_0^t f'(\tau)d\tau = f(t) - f(0+).$$

Es ist jedoch üblich, den Funktionswert einer Zeitfunktion f(t) zum Einschaltzeitpunkt t = 0 durch den rechtsseitigen Grenzwert f(0) := f(0+) festzulegen, und ebenso für die Ableitungen $f^{(k)}(0) := f^{(k)}(0+)$ zu definieren, vorausgesetzt, daß diese Grenzwerte existieren. In diesem Sinn haben wir die nunmehr folgende Regel über die Differentiation im Zeitbereich,

$$\mathscr{L}f'(t) = sF(s) - f(0), \tag{27.122}$$

zu verstehen. Sie bedeutet im wesentlichen, *daß der Differentiation im Zeitbereich die Multiplikation mit* s *im Bildbereich entspricht.*

Wiederholte Anwendung von (27.122) liefert

$$\begin{aligned}\mathscr{L} f^{(n)}(t) &= s^n F(s) - s^{n-1} f(0) - s^{n-2} f'(0) - \ldots - f^{(n-1)}(0) \\ &= s^n F(s) - \sum_{m=0}^{n-1} s^m f^{(n-m-1)}(0),\end{aligned} \tag{27.123}$$

wobei die Ableitungen von f(t) an der Stelle t = 0 als rechtsseitige Grenzwerte aufzufassen sind. Die wiederholte Anwendung der Regel über die Integration im Zeitbereich liefert unter Berücksichtigung von (25.6)

$$\mathscr{L} \frac{1}{n!} \int_0^t (t-\tau)^n f(\tau)\, d\tau = \frac{1}{s^{n+1}} \mathscr{L} f(t) = \frac{1}{s^{n+1}} F(s). \tag{27.124}$$

Wir können uns nun auch fragen, wie die Beziehungen einer Bildfunktion zu ihrer Ableitung beziehungsweise zu ihrem Integral im Zeitbereich aussehen. Nun folgt aus (27.105) unmittelbar

$$\mathscr{L}\big(t f(t)\big) = -F'(s), \tag{27.125}$$

allgemein für n = 0, 1, ...

$$\mathscr{L}\big(t^n f(t)\big) = (-1)^n F^{(n)}(s). \tag{27.126}$$

Bilden wir andererseits das Integral der Bildfunktion F(s) (für reelles s) zwischen den Grenzen s′ und s″, so können wir in

$$\int_{s'}^{s''} F(s)\, ds = \int_{s'}^{s''} ds \int_0^\infty e^{-st} f(t)\, dt$$

für $s'' > s' > s_0$, wenn s_0 die Konvergenzabszisse des Laplace-Integrales der Funktion f(t)) ist, auf Grund der gleichmäßigen Konvergenz des inneren Integrales im Intervall [s′, s″] die Integrationen vertauschen,

$$\int_{s'}^{s''} F(s)\, ds = \int_0^\infty f(t)\, dt \int_{s'}^{s''} e^{-st}\, ds = \int_0^\infty \frac{f(t)}{t}\left(e^{-s't} - e^{-s''t}\right) dt.$$

Auch der Grenzübergang $s'' \to \infty$ kann unter dem Integral durchgeführt werden, wodurch sich schließlich

$$\int_{s'}^{\infty} F(s)\, ds = \int_0^\infty e^{-s't} \frac{f(t)}{t}\, dt,$$

also die Regel

$$\mathscr{L} \frac{f(t)}{t} = \int_s^\infty F(\sigma)\, d\sigma \tag{27.127}$$

ergibt. Weiter folgt daraus, wenn der Grenzübergang $s \to 0+$ erlaubt ist,

$$\int_0^\infty F(\sigma)d\sigma = \int_0^\infty \frac{f(t)}{t} dt. \tag{27.128}$$

Wenden wir schließlich die Integrationsregel (27.121) auf die Funktion $\frac{f(t)}{t}$ an, so können wir aus der identischen Beziehung

$$\int_0^t \frac{f(\tau)}{\tau} d\tau = \int_0^\infty \frac{f(t)}{t} dt - \int_t^\infty \frac{f(\tau)}{\tau} d\tau$$

unter Berücksichtigung von (27.127) auf die Gleichung

$$\frac{1}{s}\int_s^\infty F(\sigma)d\sigma = \int_0^\infty \frac{f(t)}{t} dt\,\mathscr{L}1 - \mathscr{L}\int_t^\infty \frac{f(\tau)}{\tau} d\tau = \frac{1}{s}\int_0^\infty \frac{f(t)}{t} dt - \mathscr{L}\int_t^\infty \frac{f(\tau)}{\tau} d\tau$$

schließen, die wir in der Form

$$\mathscr{L}\int_t^\infty \frac{f(\tau)}{\tau} d\tau = \frac{1}{s}\int_0^s F(\sigma)d\sigma \tag{27.129}$$

zusammenfassen können.

Mit Hilfe dieser Regeln und den grundlegenden Transformationsformeln (27.109) und (27.110) gelingt es nun, eine Reihe für die Anwendungen wichtiger Korrespondenzen auf einfache Weise herzustellen.

Wegen $\sigma(t) = 1$ für $t > 0$ lautet die Laplace-Transformierte der Heavisideschen Sprungfunktion zufolge (27.109) für $a = 0$

$$\mathscr{L}\sigma(t) = \mathscr{L}1 = \frac{1}{s}, \quad \operatorname{Re}(s) > 0. \tag{27.130}$$

Aus dem Zeitverschiebungssatz (27.119) ergibt sich damit für das Bild der um $t_0 > 0$ verschobenen Sprungfunktion

$$\mathscr{L}\sigma(t - t_0) = \frac{1}{s} e^{-st_0}, \quad \operatorname{Re}(s) > 0. \tag{27.131}$$

Beispiel 27.4: Als weitere Anwendung des Zeitverschiebungssatzes berechnen wir die Laplace-Transformierte der zum Zeitpunkt $t = t_0$ einsetzenden Cosinus-Schwingung

$$u(t) = \sigma(t - t_0) \cos \omega t$$

(Bild 27.12). Zunächst ist

$$\begin{aligned} u(t) &= \sigma(t - t_0) \cos(\omega(t - t_0) + \omega t_0) \\ &= \sigma(t - t_0) \cos \omega(t - t_0) \cos \omega t_0 - \sigma(t - t_0) \sin \omega(t - t_0) \sin \omega t_0 ; \end{aligned}$$

mit dieser Umformung erhalten wir auf Grund von

$$\mathscr{L}(\sigma(t - t_0) \cos \omega(t - t_0)) = e^{-st_0} \mathscr{L}(\sigma(t) \cos \omega t) = e^{-st_0} \mathscr{L} \cos \omega t$$

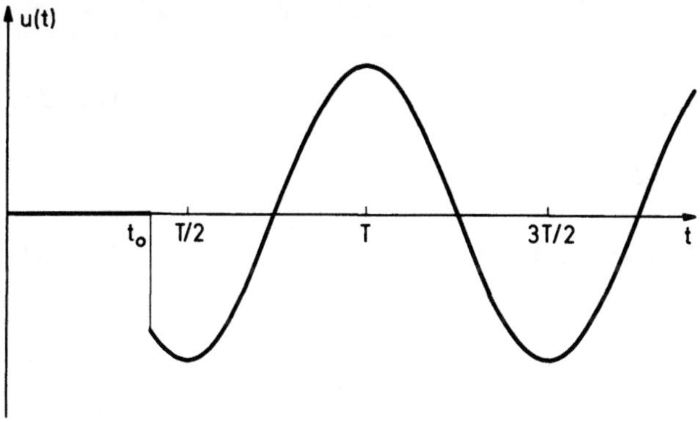

Bild 27.12

und

$$\mathscr{L}\big(\sigma(t-t_0)\sin\omega(t-t_0)\big) = e^{-st_0}\,\mathscr{L}\big(\sigma(t)\sin\omega t\big) = e^{-st_0}\,\mathscr{L}\sin\omega t$$

unter Berücksichtigung der Korrespondenzen (27.113) und (27.114) sowie der Linearitätseigenschaft (27.107)

$$\mathscr{L}u(t) = e^{-st_0}\,\frac{s\cos\omega t_0 - \omega\sin\omega t_0}{s^2+\omega^2}\,.$$

Beispiel 27.5: Um die Laplace-Transformierte einer einzigen Cosinus-Schwingung

$$u(t) = \begin{cases}\cos\omega t & \text{für } 0 \leqslant t \leqslant T\\ 0 & \text{für } t > T\end{cases},\quad \omega T = 2\pi,$$

(Bild 27.13) zu finden, stellen wir u(t) in der Form

$$u(t) = \cos\omega t - \sigma(t-T)\cos\omega t = \cos\omega t - \sigma(t-T)\cos\omega(t-T)$$

dar und erhalten als Ergebnis

$$\begin{aligned}\mathscr{L}u(t) &= \mathscr{L}\cos\omega t - \mathscr{L}\big(\sigma(t-T)\cos\omega(t-T)\big)\\ &= \mathscr{L}\cos\omega t - e^{-sT}\,\mathscr{L}\big(\sigma(t)\cos\omega t\big) = (1-e^{-sT})\;\mathscr{L}\cos\omega t = \frac{s}{s^2+\omega^2}(1-e^{-sT}).\end{aligned}$$

Die Anwendung des Dämpfungssatzes (27.120) für $s_0 = -\rho$ auf die Korrespondenzen (27.113) und (27.114) liefert die wichtigen Transformationsformeln

$$\mathscr{L}(e^{-\rho t}\sin\omega t) = \frac{\omega}{(s+\rho)^2+\omega^2},\quad \mathrm{Re}(s) > -\rho, \tag{27.132}$$

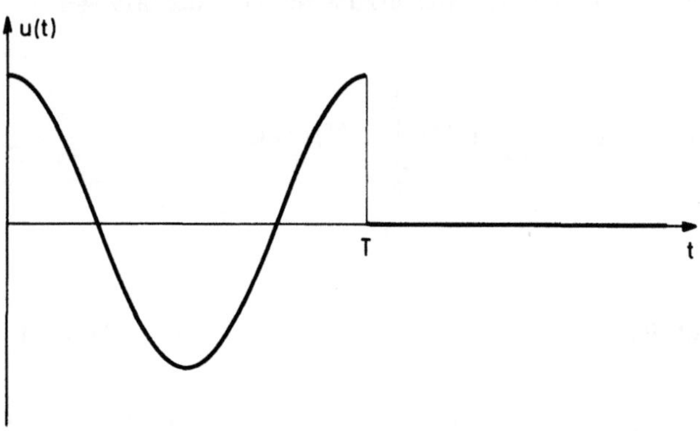

Bild 27.13

beziehungsweise

$$\mathscr{L}(e^{-\rho t}\cos\omega t) = \frac{s+\rho}{(s+\rho)^2+\omega^2}, \quad \mathrm{Re}(s) > -\rho. \tag{27.133}$$

Auf die gleiche Weise ergibt sich aus (27.109)

$$\mathscr{L}(e^{-\rho t}t^a) = \frac{\Gamma(a+1)}{(s+\rho)^{a+1}}, \quad \mathrm{Re}(s) > -\rho,\ a > -1. \tag{27.134}$$

Allgemein gilt für komplexes $s_0 = -\rho + j\omega$

$$\mathscr{L}(e^{(-\rho+j\omega)t}t^a) = \frac{\Gamma(a+1)}{(s+\rho-j\omega)^{a+1}}, \quad \mathrm{Re}(s) > -\rho,\ a > -1; \tag{27.135}$$

daraus folgen die Formeln

$$\mathscr{L}(e^{-\rho t}t^a\sin\omega t) = \frac{\Gamma(a+1)}{2j}\left(\frac{1}{(s+\rho-j\omega)^{a+1}} - \frac{1}{(s+\rho+j\omega)^{a+1}}\right), \tag{27.136}$$

und

$$\mathscr{L}(e^{-\rho t}t^a\cos\omega t) = \frac{\Gamma(a+1)}{2}\left(\frac{1}{(s+\rho-j\omega)^{a+1}} + \frac{1}{(s+\rho+j\omega)^{a+1}}\right). \tag{27.137}$$

Für eine natürliche Zahl a hätte man die drei letzten Transformationsformeln auch durch Kombination des Dämpfungssatzes mit der Regel über die Ableitung der Bildfunktion, angewendet auf (27.109) beziehungsweise (27.113) und (27.114), erhalten.

Eine einfache Formel ergibt sich zur Bestimmung der Laplace-Transformierten eines periodischen Ablaufs, der zum Zeitpunkt $t = 0$ einsetzt. Beschreibt die Funktion $f(t)$ einen solchen Vorgang mit der Periode T, so gilt

$$f(t+nT) = f(t), \quad t \geqslant 0,\ n = 0, 1, 2, \dots .$$

Bilden wir das Laplace-Integral der Funktion $f(t)$,

$$\mathscr{L}f(t) = \int_0^\infty e^{-st}f(t)\,dt = \sum_{n=0}^{\infty}\int_{nT}^{(n+1)T} e^{-st}f(t)\,dt,$$

so finden wir durch die Substitution $t = \tau + nT$ unter Ausnützung der Periodizitätseigenschaft der Funktion $f(t)$

$$\mathscr{L}f(t) = \sum_{n=0}^{\infty}\int_0^T e^{-s(\tau+nT)}f(\tau+nT)\,d\tau = \sum_{n=0}^{\infty} e^{-snT}\int_0^T e^{-s\tau}f(\tau)\,d\tau$$

und somit die Transformationsformel

$$\mathscr{L}f(t) = \frac{1}{1-e^{-sT}}\int_0^T e^{-st}f(t)\,dt, \ \mathrm{Re}(s) > 0. \tag{27.138}$$

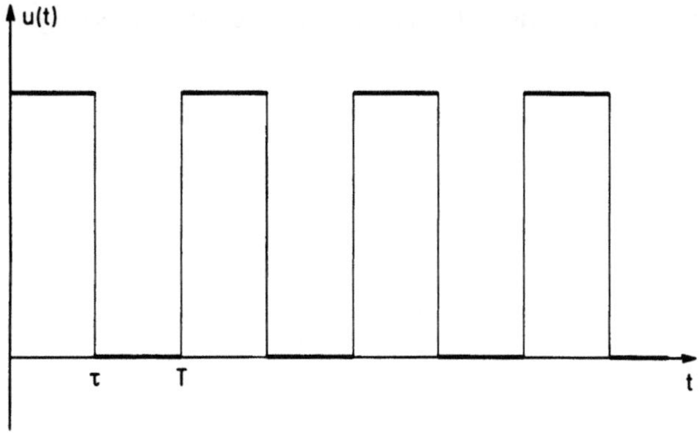

Bild 27.14

Beispiel 27.6: Wir berechnen die Laplace-Transformierte der Impulsfolge von Bild 27.14. Da die Impulsdauer τ die halbe Periode ist, ergibt (27.138)

$$\mathscr{L}u(t) = \frac{U}{1-e^{-2\tau s}} \int_0^{\tau} e^{-st}dt = \frac{U}{1-e^{-2\tau s}} \left(-\frac{1}{s}e^{-st}\right)\Bigg|_0^{\tau} = \frac{U}{s}\frac{1-e^{-s\tau}}{1-e^{-2s\tau}} = \frac{U}{s}\frac{1}{1+e^{-s\tau}}.$$

Auf das gleiche Ergebnis wären wir natürlich gekommen, wenn wir von der Darstellung

$$u(t) = U\left\{\left(\sigma(t)-\sigma(t-\tau)\right)+\left(\sigma(t-2\tau)-\sigma(t-3\tau)\right)+\ldots\right\} = U\sum_{n=0}^{\infty}(-1)^n\sigma(t-n\tau)$$

ausgegangen wären,

$$\mathscr{L}u(t) = \frac{U}{s}\sum_{n=0}^{\infty}(-1)^n e^{-ns\tau} = \frac{U}{s}\frac{1}{1+e^{-s\tau}}.$$

Beispiel 27.7: Für die Laplace-Transformierte der gleichgerichteten Sinusspannung $u(t) = U|\sin\omega t|$ (Bild 18.3) finden wir

$$\mathscr{L}u(t) = \frac{1}{1-e^{-sT/2}}\int_0^{T/2} e^{-st}\sin\omega t\,dt = \frac{U\omega}{s^2+\omega^2}\frac{1+e^{-sT/2}}{1-e^{-sT/2}}.$$

Beispiel 27.8: Als Anwendung des Satzes (27.127) über die Integration im Bildbereich bestimmen wir die Laplace-Transformierte der Funktion $f(t) = \frac{\sin\omega t}{t}$. Eine kurze Rechnung ergibt

$$\mathscr{L}\frac{\sin\omega t}{t} = \int_s^{\infty}(\mathscr{L}\sin\omega t)d\sigma = \int_s^{\infty}\frac{\omega}{\sigma^2+\omega^2}d\sigma = \arctan\frac{\omega}{s}.$$

Beispiel 27.9: Das Integral der Funktion $\frac{\sin t}{t}$ wird *Integral-Sinus-Funktion* genannt und mit

$$\mathrm{Si}(t) := \int_0^t \frac{\sin\tau}{\tau}d\tau \tag{27.139}$$

bezeichnet. Für ihre Laplace-Transformierte finden wir auf Grund der identisch erfüllten Beziehung

$$\int_0^t \frac{\sin\tau}{\tau}\, d\tau = \frac{\pi}{2} - \int_t^\infty \frac{\sin\tau}{\tau}\, d\tau$$

mit Hilfe von (27.129)

$$\mathscr{L}\,\mathrm{Si}(t) = \mathscr{L}\int_0^t \frac{\sin\tau}{\tau}\, d\tau = \frac{\pi}{2}\,\mathscr{L}1 - \mathscr{L}\int_t^\infty \frac{\sin\tau}{\tau}\, d\tau = \frac{\pi}{2s} - \frac{1}{s}\int_0^s \frac{d\sigma}{1+\sigma^2} = \frac{\pi}{2s} - \frac{1}{s}\,\mathrm{arc\,tan}\,s,$$

also

$$\mathscr{L}\,\mathrm{Si}(t) = \frac{1}{s}\,\mathrm{arc\,cot}\,s. \tag{27.140}$$

Als *Integral-Cosinus-Funktion* bezeichnet man das Integral

$$\mathrm{Ci}(t) := -\int_t^\infty \frac{\cos\tau}{\tau}\, d\tau, \quad t > 0. \tag{27.141}$$

Ihre Laplace-Transformierte erhalten wir unmittelbar aus (27.129)

$$\mathscr{L}\,\mathrm{Ci}(t) = -\frac{1}{2s}\ln(s^2+1). \tag{27.142}$$

Der Leser mag mittlerweile ermessen, in welcher Weise sich die praktische Bestimmung der Laplace-Transformierten einer Zeitfunktion durch Benützung der angeführten Rechenregeln, vor allem wenn diese geschickt kombiniert werden, vereinfachen kann, konnten wir doch in allen Fällen, abgesehen von den Grundformeln (27.109) und (27.110), einer *direkten* Auswertung des Laplace-Integrales ausweichen.

Zur Bestimmung der Bildfunktionen aus dem Laplace-Integral sei folgendes bemerkt. Grundsätzlich ist hierfür zu beachten, daß s eine komplexe Veränderliche ist; dies bringt mit sich, daß Substitutionen, in denen die Variable s eingeht, ohne besondere Rechtfertigung für uns unzulässig werden. Nun läßt sich aber zeigen, daß jedes Ergebnis, das unter der Annahme einer reellen Veränderlichen s für $s > s_0$ gewonnen worden ist, unmittelbar die Laplace-Transformierte als Funktion der komplexen Veränderlichen liefert, wenn darin s als komplexe Variable angesehen wird; die Zahl s_0 ist dann auch die Konvergenzabszisse. Aus diesem Sachverhalt, den wir an dieser Stelle nicht begründen können (siehe Beispiel 37.11), ergibt sich die Legitimation für die Anwendung der Regeln (27.127) und (27.129) über die Integration im Zeitbereich, in denen ja s als reelle Veränderliche aufzufassen ist. Vor allem in komplizierteren Fällen, in denen auf das Laplace-Integral zurückzugreifen ist, wie in den folgenden zwei Beispielen, wird dadurch die Bestimmung der Bildfunktion erleichtert, da wir von allen uns geläufigen Integrationsregeln Gebrauch machen dürfen.

Beispiel 27.10: Wir berechnen die Laplace-Transformierte der Funktion

$$f(t) = \frac{1}{\sqrt{\pi t}}\, e^{-\frac{x^2}{4t}}, \quad t > 0,$$

worin x ein Parameter ist. Zunächst erhalten wir für reelles positives s

$$\mathscr{L}f(t) = \frac{1}{\sqrt{\pi}} \int_0^\infty e^{-st} e^{-x^2/4t} \frac{dt}{\sqrt{t}} = \frac{2}{\sqrt{\pi}} \int_0^\infty e^{-s\tau^2} e^{-\left(\frac{x}{2\tau}\right)^2} d\tau$$

$$= \frac{2}{\sqrt{\pi}} e^{-x\sqrt{s}} \int_0^\infty e^{-\left(\tau\sqrt{s} - \frac{x}{2\tau}\right)^2} d\tau = \frac{2}{\sqrt{\pi s}} e^{-x\sqrt{s}} \int_0^\infty e^{-\left(u - \frac{a}{u}\right)^2} du, \quad a = \frac{x\sqrt{s}}{2}.$$

Nun gilt

$$\int_0^\infty e^{-\left(u - \frac{a}{u}\right)^2} du = a \int_0^\infty e^{-\left(\frac{a}{v} - v\right)^2} \frac{dv}{v^2},$$

worin $u = \frac{a}{v}$ substituiert wurde, und deshalb

$$2 \int_0^\infty e^{-\left(u - \frac{a}{u}\right)^2} du = \int_0^\infty \left(1 + \frac{a}{v^2}\right) e^{-\left(\frac{a}{v} - v\right)^2} dv = \int_{-\infty}^\infty e^{-x^2} dx = \sqrt{\pi}.$$

Berücksichtigen wir dieses Ergebnis, so folgt

$$\mathscr{L}\left(\frac{1}{\sqrt{\pi t}} e^{-\frac{x^2}{4t}}\right) = \frac{1}{\sqrt{s}} e^{-x\sqrt{s}}. \tag{27.143}$$

Durch Anwendung der Regel (27.127) ergibt sich daraus

$$\mathscr{L}\left(\frac{x}{2t\sqrt{\pi t}} e^{-\frac{x^2}{4t}}\right) = e^{-x\sqrt{s}}. \tag{27.144}$$

Beispiel 27.11: Zur Berechnung der Laplace-Transformierten der Funktion

$$f(t) = \frac{\sin x\sqrt{t}}{\pi}$$

bilden wir, indem wir s wieder als reelle Veränderliche ansehen, das Integral

$$\mathscr{L}f(t) = \frac{1}{\pi} \int_0^\infty e^{-st} \sin x\sqrt{t}\, dt$$

und substituieren darin $\tau = \sqrt{t}$,

$$\mathscr{L}f(t) = \frac{2}{\pi} \int_0^\infty e^{-s\tau^2} \tau \sin x\tau\, d\tau.$$

Integrieren wir partiell, so folgt

$$\frac{2}{\pi} \int_0^\infty \tau e^{-s\tau^2} \sin x\tau\, d\tau = \frac{x}{s\pi} \int_0^\infty e^{-s\tau^2} \cos x\tau\, d\tau;$$

andererseits gilt

$$\frac{2}{\pi}\int_0^\infty \tau e^{-s\tau^2}\sin x\tau\, d\tau = -\frac{2}{\pi}\frac{d}{dx}\int_0^\infty e^{-s\tau^2}\cos x\tau\, d\tau$$

und daher, wenn

$$\varphi(x) = \frac{2}{\pi}\int_0^\infty e^{-s\tau^2}\cos x\tau\, d\tau$$

gesetzt wird,

$$\varphi'(x) + \frac{x}{2s}\varphi(x) = 0.$$

Wenden wir, nachdem wir diese Gleichung zu $\frac{\varphi'(x)}{\varphi(x)} = -\frac{x}{2s}$ umgeschrieben haben, die Regel (10.50) an, so folgt

$$\varphi(x) = Ce^{-\frac{x^2}{4s}},$$

worin C eine Konstante ist, deren Wert sich durch Einsetzen von x = 0 zu $C = \frac{1}{\sqrt{\pi s}}$ ergibt. Berücksichtigen wir schließlich $\mathscr{L}f(t) = -\varphi'(x)$, so resultiert

$$\mathscr{L}\frac{\sin x\sqrt{t}}{\pi} = \frac{x}{2s\sqrt{\pi s}}e^{-\frac{x^2}{4s}}. \tag{27.145}$$

Wenden wir hierauf die Regel (27.122) über die Differentiation im Zeitbereich an, so folgt weiter

$$\mathscr{L}\frac{\cos x\sqrt{t}}{\pi\sqrt{t}} = \frac{1}{\sqrt{\pi s}}e^{-\frac{x^2}{4s}}. \tag{27.146}$$

Wir untersuchen nun zum Abschluß dieser Zusammenstellung der wichtigsten Rechenregeln und Transformationsformeln, wie die Bilder nadelartiger Funktionen bei der Laplace-Transformation aussehen, mit dem Ziel, einen Ausdruck für die Laplace-Transformierte der Deltafunktion $\delta(t)$ zu finden.

Betrachten wir zunächst den rechteckförmigen Impuls

$$\delta(t, \epsilon) = \begin{cases} \frac{1}{\epsilon} & \text{für } 0 \leqslant t < \epsilon, \\ 0 & \text{für } t \geqslant \epsilon \end{cases}$$

der Stärke 1. Stellen wir ihn in der Form

$$\delta(t, \epsilon) = \frac{1}{\epsilon}\left(\sigma(t) - \sigma(t-\epsilon)\right)$$

dar, so erhalten wir mit (27.130) und dem Zeitverschiebungssatz (27.119) unmittelbar

$$\mathscr{L}\delta(t, \epsilon) = \frac{1 - e^{-\epsilon s}}{\epsilon s}.$$

Beim Grenzübergang $\epsilon \to 0$ streben die nadelartigen Funktionen $\delta(t, \epsilon)$ gegen die Deltafunktion,

$$\lim_{\epsilon \to 0} \delta(t, \epsilon) = \delta(t),$$

andererseits gilt für jedes feste (komplexe) s

$$\lim_{\epsilon \to 0} \mathscr{L}\delta(t, \epsilon) = \lim_{\epsilon \to 0} \frac{1 - e^{-\epsilon s}}{\epsilon s} = 1.$$

Diese Grenzwertbeziehung gilt nun in der Tat für jede Schar nadelartiger Funktionen $\delta(t, \epsilon)$ mit den Eigenschaften[1])

$$\int_0^\infty \delta(t, \epsilon)\,dt = 1 \quad \text{und} \quad \lim_{\epsilon \to 0} \delta(t, \epsilon) = \delta(t) = \begin{cases} \infty & \text{für } t = 0, \\ 0 & \text{für } t > 0. \end{cases} \tag{27.147}$$

Nehmen wir zum Beispiel die Klasse der nadelartigen Funktionen $\delta(t, \epsilon)$, die nach der Stoßdauer η gleich Null sind, so daß $\delta(t, \epsilon) = 0$ für $t > \eta$ ist, wobei $\eta \to 0$ für $\epsilon \to 0$ gilt. Fassen wir jetzt die Variable s im Laplace-Integral der Funktion $\delta(t, \epsilon)$ als reelle Veränderliche auf, so folgt durch Anwendung des verallgemeinerten Mittelwertsatzes der Integralrechnung

$$\mathscr{L}\delta(t, \epsilon) = \int_0^\infty e^{-st}\delta(t, \epsilon)\,dt = \int_0^\eta e^{-st}\delta(t, \epsilon)\,dt = e^{-s\tau}\int_0^\eta \delta(t, \epsilon)\,dt = e^{-s\tau}, \quad 0 \leqslant \tau \leqslant \eta,$$

und daher, weil mit ϵ auch η, mithin auch die Zwischenstelle τ gegen Null strebt,

$$\lim_{\epsilon \to 0} \mathscr{L}\delta(t, \epsilon) = \lim_{\epsilon \to 0} e^{-s\tau} = 1. \tag{27.148}$$

Wegen der Allgemeingültigkeit dieses Sachverhaltes erklären wir als Laplace-Transformierte der Deltafunktion $\delta(t)$ die konstante Funktion $\Delta(s) = 1$,

$$\Delta(s) = \mathscr{L}\delta(t) = 1. \tag{27.149}$$

Auf die gleiche Weise läßt sich das Bild eines idealisierten Impulses der Stärke 1 zum Zeitpunkt t_0 ableiten; das Ergebnis ist

$$\mathscr{L}\delta(t - t_0) = e^{-st_0}, \tag{27.150}$$

so daß formal auch der Zeitverschiebungssatz auf die Deltafunktion als Zeitfunktion angewendet werden kann. Ebenso bestätigt man

$$\mathscr{L}\delta(at) = \frac{1}{a}\mathscr{L}\delta(t) = \frac{1}{a}, \quad a > 0, \tag{27.151}$$

in Übereinstimmung mit der Regel (27.86).

[1]) Wir betrachten jetzt natürlich nur solche nadelartige Funktionen, die von vornherein gleich Null für $t < 0$ sind.

Beispiel 27.12: Wir betrachten eine Folge von Impulsen zu den Zeitpunkten $0 \leqslant t_0 < t_1 < t_2 < \ldots$, $\lim t_n = \infty$, die wir als Reihe

$$u(t) = \sum_{n=0}^{\infty} U_n \delta(t - t_n)$$

darstellen können, worin U_n die Stärke des Impulses zum Zeitpunkt t_n ist (vgl. (27.89)). Auf Grund der Linearität der Laplace-Transformation erhalten wir

$$\mathscr{L}u(t) = \sum_{n=0}^{\infty} U_n \mathscr{L}\delta(t - t_n) = \sum_{n=0}^{\infty} U_n e^{-st_n}.$$

Ist speziell der Zeitabstand zweier aufeinanderfolgender Impulse konstant gleich T und haben alle Impulse die Stärke 1, das heißt, ist $U_n = 1$ und $t_n = t_0 + nT$ für $n = 0, 1, 2, \ldots$,

$$u(t) = \sum_{n=0}^{\infty} \delta(t - t_0 - nT), \tag{27.152}$$

so gilt

$$\mathscr{L}u(t) = \sum_{n=0}^{\infty} e^{-s(t_0 + nT)} = e^{-st_0} \frac{1}{1 - e^{-sT}}. \tag{27.153}$$

27.8 Die Faltung im Zeitbereich der Laplace-Transformation

Wie wir schon bei der Fourier-Transformation auseinandergesetzt haben, kommt der Frage nach der Zeitfunktion eines Produktes zweier Bildfunktionen große Bedeutung zu. Wir fanden, daß dem Faltungsprodukt zweier Zeitfunktionen als Bild das Produkt der Bildfunktionen zuzuordnen ist, so daß der Faltung als Operation im Zeitbereich die Multiplikation im Bildbereich entspricht. Wir wollen jetzt für die Laplace-Transformation untersuchen, wie ein Produkt von Bildfunktionen in den Zeitbereich zurückzutransformieren ist.

Es seien F(s) und G(s) die Laplace-Transformierten der Zeitfunktionen f(t) und g(t). Wir bilden das Produkt

$$F(s)G(s) = \int_0^{\infty} e^{-st'} f(t')dt' \int_0^{\infty} e^{-s\tau'} g(\tau')d\tau'$$

und schreiben es wie bei der Fourier-Transformation als Doppelintegral

$$F(s)G(s) = \int_0^{\infty}\int_0^{\infty} e^{-s(\tau' + t')} f(t')g(\tau')dt'd\tau',$$

das jetzt aber über den ersten Quadranten der (t', τ')-Ebene erstreckt ist. Durch die Substitution $t' + \tau' = t$, $\tau' = \tau$ wird der Integrationsbereich $t' \geqslant 0$, $\tau' \geqslant 0$ auf den Winkelraum $0 \leqslant \tau \leqslant t$, $0 \leqslant t < \infty$ transformiert, so daß sich

$$F(s)G(s) = \int_0^{\infty} e^{-st}dt \int_0^{t} f(t - \tau)g(\tau)d\tau$$

ergibt. Wir entnehmen dieser Gleichung, daß der Funktion

$$h(t) = \int_0^t f(t-\tau)g(\tau)d\tau \tag{27.154}$$

das Bild H(s) = F(s)G(s) bei der Laplace-Transformation zugeordnet wird. Nehmen wir, wie generell für die Objektfunktionen der Laplacetransformation, $f(t) = g(t) = 0$ für $t < 0$ an, so ist wegen $f(t-\tau) = 0$ für $\tau > t$ und $g(\tau) = 0$ für $\tau < 0$ das Produkt $f(t-\tau)g(\tau)$ nur für $t \geqslant 0$ und $0 \leqslant \tau \leqslant t$ von Null verschieden und infolgedessen

$$h(t) = \int_0^t f(t-\tau)g(\tau)d\tau = \int_{-\infty}^{\infty} f(t-\tau)g(\tau)d\tau = f(t) * g(t). \tag{27.155}$$

Mit anderen Worten, die durch (27.154) erklärte Funktion h(t) ist das Faltungsprodukt der Funktionen f(t) und g(t). Offenbar ist $h(t) = 0$ für $t < 0$, ferner genügt, wie wir ohne Beweis feststellen, auch die Funktion h(t) einer Ungleichung $|h(t)| \leqslant e^{at}$ für $t \geqslant t_0$, wenn dies für die Funktionen f(t) und g(t) zutrifft. Dies bedeutet, daß das Faltungsprodukt zweier Zeitfunktionen wieder der Laplace-Transformation unterworfen werden kann, wobei ihre Laplace-Transformierte das Produkt der Bildfunktionen der Faktoren f(t) und g(t) ist,

$$\mathscr{L}\left(f(t) * g(t)\right) = \mathscr{L}f(t)\mathscr{L}g(t), \tag{27.156}$$

beziehungsweise

$$\mathscr{L}\int_0^t f(t-\tau)g(\tau)d\tau = \mathscr{L}f(t)\mathscr{L}g(t). \tag{27.157}$$

Auch bei der Laplace-Transformation entspricht der Faltung im Zeitbereich die Multiplikation im Bildbereich und umgekehrt. Es tritt im Faltungsprodukt von Objektfunktionen der Laplace-Transformation nur insofern eine Änderung ein, als das Faltungsintegral kein uneigentliches Integral mehr ist, was seine Ursache darin hat, daß die Objektfunktionen der Laplace-Transformation gleich Null für negatives Argument sind.

Wir weisen an dieser Stelle nochmals darauf hin, daß die Faltung kommutativ, assoziativ und distributiv ist.

Beispiel 27.13: Es sei $f(t) = e^{-\rho t}$, $g(t) = \sin\omega t$ für $t \geqslant 0$. Die Faltung dieser Funktionen ergibt

$$h(t) = e^{-\rho t} * \sin\omega t = \int_0^t e^{-\rho(t-\tau)} \sin\omega\tau d\tau,$$

oder infolge der Kommutativität

$$h(t) = \sin\omega t * e^{-\rho t} = \int_0^t e^{-\rho\tau} \sin\omega(t-\tau)d\tau,$$

doch erfordert die Auswertung dieses Integrales mehr Aufwand als bei der umgekehrten Reihenfolge der Faktoren. Wir erhalten

$$h(t) = e^{-\rho t} \int_0^t e^{\rho\tau} \sin\omega\tau d\tau = \frac{1}{\rho^2 + \omega^2} (\rho \sin\omega t - \omega \cos\omega t + \omega e^{-\rho t}), \quad t \geqslant 0.$$

Beispiel 27.14: Wir bilden das Faltungsprodukt einer beliebigen Funktion f(t) mit der Funktion g(t) = 1,

$$1 * f(t) = \int_0^t f(\tau) d\tau.$$

Die Faltung mit der konstanten Funktion 1 entspricht also der Integration mit fester unterer Grenze 0. Nochmalige Faltung mit der Funktion 1 ergibt

$$1 * 1 * f(t) = 1 * (1 * f(t)) = \int_0^t dt' \int_0^{t'} f(\tau) d\tau;$$

da nun wegen der Assoziativität der Faltung die Klammern beliebig gesetzt werden dürfen, folgt aus

$$1 * 1 = t$$

auch

$$1 * 1 * f(t) = (1 * 1) * f(t) = \int_0^t (t - \tau) f(\tau) d\tau.$$

Führen wir das Symbol

$$(\varphi(t))^{*n} = \varphi(t) * \varphi(t) * \ldots * \varphi(t)$$

für das n-fache Faltungsprodukt einer Zeitfunktion $\varphi(t)$ ein, so folgt aus

$$1^{*n} = \frac{1}{(n-1)!} t^{n-1} \tag{27.158}$$

neuerlich die Formel (25.6),

$$1^{*n} * f(t) = \frac{1}{(n-1)!} t^{n-1} * f(t) = \frac{1}{(n-1)!} \int_0^t (t - \tau)^{n-1} f(\tau) d\tau.$$

(vgl. hierzu die Regel (27.124)).

Die Faltungsregel (27.156) ist eines der wirksamsten Mittel für die Praxis der Rücktransformation, das den komplizierten Weg über die allgemeine Umkehrformel (27.108) vermeidet. Insbesondere dann, wenn Bildfunktionen als Produkte dargestellt werden können, ermöglicht die Faltungsregel (27.156) auf relativ bequeme Weise die Bestimmung der Originalfunktion.

Beispiel 27.15: Es sei

$$F(s) = \frac{1}{(s-1)\sqrt{s+1}}.$$

Zur Berechnung der Originalfunktion zerlegen wir F(s) in die beiden Faktoren $\frac{1}{s-1}$ und $\frac{1}{\sqrt{s+1}}$ und erhalten auf Grund der Korrespondenzen $\left(\Gamma\left(\frac{1}{2}\right) = \sqrt{\pi}\right)$

$$\mathscr{L} e^t = \frac{1}{s-1}, \quad \frac{1}{\sqrt{\pi}} \mathscr{L} \frac{1}{\sqrt{t}} = \frac{1}{\sqrt{s}} \quad \text{und} \quad \frac{1}{\sqrt{\pi}} \mathscr{L}\left(e^{-t} \frac{1}{\sqrt{t}}\right) = \frac{1}{\sqrt{s+1}}$$

für die gesuchte Originalfunktion

$$f(t) = \mathscr{L}^{-1} \frac{1}{(s-1)\sqrt{s+1}} = \frac{1}{\sqrt{\pi}}\left(e^{-t} \frac{1}{\sqrt{t}} * e^t\right) = \frac{1}{\sqrt{\pi}} \int_0^t e^{t-\tau} e^{-\tau} \frac{1}{\sqrt{\tau}} d\tau$$

$$= \frac{1}{\sqrt{\pi}} e^t \int_0^t e^{-2\tau} \frac{d\tau}{\sqrt{\tau}} = \sqrt{\frac{2}{\pi}}\, e^t \int_0^{\sqrt{2t}} e^{-u^2} du.$$

Beispiel 27.16: Wir suchen die Originalfunktion zu

$$F(s) = \frac{1}{\sqrt{s^2-1}}.$$

Zu diesem Zweck stellen wir F(s) in der Form

$$F(s) = \frac{1}{\sqrt{s-1}} \frac{1}{\sqrt{s+1}}$$

dar und erhalten mit Hilfe von

$$\frac{1}{\sqrt{\pi}} \mathscr{L}\left(e^{-t} \frac{1}{\sqrt{t}}\right) = \frac{1}{\sqrt{s+1}}, \quad \frac{1}{\sqrt{\pi}} \mathscr{L}\left(e^{t} \frac{1}{\sqrt{t}}\right) = \frac{1}{\sqrt{s-1}}$$

die Originalfunktion als Faltungsprodukt

$$f(t) = \frac{1}{\pi} \int_0^t e^{t-\tau} \frac{1}{\sqrt{t-\tau}} e^{-\tau} \frac{1}{\sqrt{\tau}} d\tau = \frac{1}{\pi} e^t \int_0^t e^{-2\tau} \frac{1}{\sqrt{t\tau - \tau^2}} d\tau$$

und schließlich, wenn wir darin $2\tau = t(1 - \sin\varphi)$ substituieren,

$$f(t) = \mathscr{L}^{-1} \frac{1}{\sqrt{s^2-1}} = \frac{1}{\pi} \int_{-\pi/2}^{\pi/2} e^{t \sin\varphi} d\varphi = \frac{2}{\pi} \int_0^{\pi/2} \cosh(t \sin\varphi) d\varphi.$$

Analog erhält man

$$\mathscr{L}^{-1} \frac{1}{\sqrt{s^2+1}} = \frac{1}{\pi} \int_{-\pi/2}^{\pi/2} e^{jt \sin\varphi} d\varphi = \frac{2}{\pi} \int_0^{\pi/2} \cos(t \sin\varphi) d\varphi.$$

27.9 Rücktransformation echt gebrochener rationaler Funktionen

Es wurde schon darauf hingewiesen, daß die Umkehrung der Laplace-Transformation über das Integral (27.108) zu komplizierten Rechnungen führen kann. Glücklicherweise ist man in den Anwendungen vielfach gar nicht darauf angewiesen, diesen Weg zu beschreiten, da man sich die Berechnung der Originalfunktion unter Umständen wesentlich erleichtern kann. Wie wir auch durchblicken lassen wollten, stellen die Rechenregeln der Laplace-Transformation, namentlich die Faltungsregel, zusammen mit einer Tabelle der wichtigsten Transformationsformeln ein wirkungsvolles Instrument zur Rücktransformation dar, mit dem man in den technischen Anwendungen zumeist auch das Auslangen findet. In der Tabelle der wichtigsten Grundformeln fehlt uns aber noch ein wichtiger Funktionstyp, nämlich die Umkehrung der rationalen Funktionen. Wir wollen nun darlegen, wie eine rationale Funktion, wenn sie echt gebrochen ist, unmittelbar in den Zeitbereich zurücktransformiert werden kann[1]).

Es sei

$$R(s) = \frac{p(s)}{q(s)} = \frac{a_n s^n + a_{n-1} s^{n-1} + \ldots + a_1 s + a_0}{b_m s^m + b_{m-1} s^{m-1} + \ldots + b_1 s + b_0}, \quad n < m,$$

eine echt gebrochene rationale Funktion, $s_1, s_2, \ldots, s_l$ seien die Nullstellen des Nennerpolynoms $q(s)$. Wie wir wissen, ist eine echt gebrochene rationale Funktion die Summe ihrer Hauptteile, das heißt es gilt

$$R(s) = R_1(s) + R_2(s) + \ldots + R_l(s),$$

worin $R_i(s)$ den Hauptteil von $R(s)$ für die Nullstelle s_i des Nenners $q(s)$ bezeichnet. Die Aufgabe der Rücktransformation einer echt gebrochenen rationalen Funktion ist also prinzipiell gelöst, wenn wir den Hauptteil einer rationalen Funktion in den Zeitbereich zurücktransformieren können. Es sei also

$$R_i(s) = \frac{A_0}{(s-s_i)^v} + \frac{A_1}{(s-s_i)^{v-1}} + \ldots + \frac{A_{v-1}}{s-s_i} \tag{27.159}$$

der Hauptteil von $R(s)$ für die v-fache Nullstelle s_i des Nenners $q(s)$. Nun finden wir durch Kombination der Transformationsformel (27.109) und der Regel (27.120), dem Verschiebungssatz im Zeitbereich (oder durch Kombination der Transformationsformel (27.110) und der Regel (27.126) über die Differentiation im Bildbereich)

$$\frac{1}{k!} \mathscr{L}\left(e^{s_i t} t^k\right) = \frac{1}{(s-s_i)^{k+1}}, \quad k = 0, 1, \ldots, \tag{27.160}$$

woraus sich schließlich unter Benützung der Linearität der Laplace-Transformation

$$r_i(t) = \mathscr{L}^{-1} R_i(s) = e^{s_i t} \left(A_0 \frac{t^{v-1}}{(v-1)!} + A_1 \frac{t^{v-2}}{(v-2)!} + \ldots + A_{v-1} \right) \tag{27.161}$$

als Urbild des Hauptteiles $R_i(s)$ ergibt.

[1]) Wie wir im folgenden Abschnitt 27.10 sehen werden, kann eine unecht gebrochene rationale Funktion als Laplace-Transformierte einer – im Sinne unseres bisher zugrundegelegten Funktionsbegriffes – zulässigen Zeitfunktion nicht auftreten. Erst durch eine Erweiterung des Funktionsbegriffes treten auch unecht gebrochene rationale Funktionen als Bildfunktionen auf (siehe Abschnitt 28.4).

Beispiel 27.17: Sei

$$R(s) = \frac{s^3 + 2s + 1}{(s-1)^2(s^2+1)} = \left(\frac{2}{(s-1)^2} + \frac{1}{2}\frac{1}{s-1}\right) + \frac{1+j}{4}\frac{1}{s-j} + \frac{1-j}{4}\frac{1}{s+j}$$

(vgl. Beispiel 10.53). Es folgt aus (27.160)

$$r(t) = \mathscr{L}^{-1}\frac{s^3 + 2s + 1}{(s-1)^2(s^2+1)} = e^t\left(2t + \frac{1}{2}\right) + \frac{1+j}{4}e^{jt} + \frac{1-j}{4}e^{-jt}$$

$$= e^t\left(2t + \frac{1}{2}\right) + \frac{1}{2}(\cos t - \sin t).$$

Besonders einfach gestaltet sich die Rücktransformation, wenn die Nullstellen des Nenners $q(s)$ sämtlich einfach sind, so daß die Koeffizienten der Partialbruchzerlegung von $R(s) = \frac{p(s)}{q(s)}$,

$$R(s) = \sum_{k=1}^{m} \frac{p(s_k)}{q'(s_k)}\frac{1}{s - s_k}, \tag{27.162}$$

durch Einsetzen von $s = s_k$ in den Ausdruck $\frac{p(s)}{q'(s)}$ berechnet werden können (vgl. (10.69)). Es folgt daraus

$$r(t) = \mathscr{L}^{-1}R(s) = \sum_{k=1}^{m} \frac{p(s_k)}{q'(s_k)} e^{s_k t}. \tag{27.163}$$

Diese spezielle Umkehrformel wird *Heavisidescher Entwicklungssatz* genannt.

Beispiel 27.18: Es sei

$$R(s) = \frac{s^2}{s^4+1} = \sum_{k=1}^{4} \frac{\bar{s}_k}{4}\frac{1}{s - s_k}, \quad s_k = \exp\left(\frac{2k-1}{4}j\pi\right), \quad k = 1, 2, 3, 4,$$

(vgl. Beispiel 10.55). Das Ergebnis der Rücktransformation lautet unter Berücksichtigung von $s_1 = \bar{s}_4$, $s_2 = \bar{s}_3$

$$r(t) = \mathscr{L}^{-1}\frac{s^2}{s^4+1} = \frac{1}{\sqrt{2}}\left(\cos\frac{t}{\sqrt{2}}\sinh\frac{t}{\sqrt{2}} + \sin\frac{t}{\sqrt{2}}\cosh\frac{t}{\sqrt{2}}\right).$$

Beispiel 27.19: Wir lösen die Umkehraufgabe für die rationale Funktion

$$R(s) = \frac{as + b}{s^2 + 2cs + d}$$

mit reellen Koeffizienten a, b, c und d. Wir haben dabei zu unterscheiden, ob die Nullstellen des Nenners gleich oder voneinander verschieden sind. Fallen beide Nullstellen zusammen, so ist $c^2 - d = 0$, die Partialbruchzerlegung von $R(s)$ lautet in diesem Fall

$$R(s) = \frac{as + b}{s^2 + 2cs + d} = \frac{b - ac}{(s+c)^2} + \frac{a}{s+c},$$

woraus sich mit (27.161)

$$r(t) = \mathscr{L}^{-1}R(s) = (b - ac)te^{-ct} + ae^{-ct} = e^{-ct}(a + t(b - ac))$$

ergibt. Sind beide Nullstellen verschieden, so liefert der Heavisidesche Entwicklungssatz (27.163) das Ergebnis

$$r(t) = \mathscr{L}^{-1}\left(\frac{b-ac+a\sqrt{c^2-d}}{2\sqrt{c^2-d}}\,\frac{1}{s+c-\sqrt{c^2-d}}+\frac{b-ac-a\sqrt{c^2-d}}{-2\sqrt{c^2-d}}\,\frac{1}{s+c+\sqrt{c^2-d}}\right)$$

$$= e^{-ct}\left(\frac{b-ac+a\sqrt{c^2-d}}{2\sqrt{c^2-d}}\,e^{t\sqrt{c^2-d}}+\frac{b-ac-a\sqrt{c^2-d}}{-2\sqrt{c^2-d}}\,e^{-t\sqrt{c^2-d}}\right)$$

$$= e^{-ct}\left(a\cosh\left(t\sqrt{c^2-d}\right)+\frac{b-ac}{\sqrt{c^2-d}}\sinh\left(t\sqrt{c^2-d}\right)\right).$$

Insbesondere wird für $\omega^2 = d - c^2 > 0$

$$r(t) = e^{-ct}\left(a\cos\omega t+\frac{b-ac}{\omega}\sin\omega t\right),$$

ein Ergebnis, das sich auch in der Form

$$r(t) = Ae^{-ct}\cos(\omega t+\varphi)$$

schreiben läßt, wenn $\tan\varphi = \frac{ac-b}{a\omega}$ und $A = \sqrt{a^2+\left(\frac{b-ac}{\omega}\right)^2}$ gesetzt wird. Analog erhält man für $\omega^2 = c^2 - d > 0$

$$r(t) = e^{-ct}\left(a\cosh\omega t+\frac{b-ac}{\omega}\sinh\omega t\right) = \left(\frac{a}{2}+\frac{b-ac}{2\omega}\right)e^{-t(c-\omega)}+\left(\frac{a}{2}-\frac{b-ac}{2\omega}\right)e^{-t(c+\omega)}.$$

Diese Ergebnisse hätten wir auch auf andere Weise gewinnen können, indem wir R(s) folgendermaßen umformen,

$$R(s) = \frac{as+b}{s^2+2cs+d} = a\,\frac{s+c}{(s+c)^2+d-c^2}+\frac{b-ac}{(s+c)^2+d-c^2},$$

wenn $d - c^2 \neq 0$ ist. Für $d - c^2 = \omega^2 > 0$ folgt daraus unter Berücksichtigung der Korrespondenzen (27.113) und (27.114) sowie des zweiten Verschiebungssatzes (27.120)

$$r(t) = \mathscr{L}^{-1}R(s) = e^{-ct}\left(a\cos\omega t+\frac{b-ac}{\omega}\sin\omega t\right);$$

analog ist im Falle $c^2 - d > 0$ vorzugehen.

27.10 Asymptotische Eigenschaften der Bildfunktion

In vielen Anwendungen wird der vollständige Verlauf einer Zeitfunktion, deren Laplace-Transformierte errechnet wurde, gar nicht benötigt, man ist vielmehr bloß daran interessiert, Aufschluß über das Verhalten der Zeitfunktion für $t \to 0+$ und/oder $t \to \infty$ zu gewinnen. Solche Fragen sind insbesondere dann von Bedeutung, wenn es auf den Einschaltstrom in einem elektrischen Netzwerk kurz nach dem Anlegen der Klemmenspannung ankommt, oder wenn man wissen möchte, ob durch Störungen hervorgerufene Vorgänge wieder abklingen. Natürlich lassen sich alle diese Eigenschaften aus der Kenntnis der Zeitfunktion ablesen, doch ist es bequemer, Rückschlüsse auf das entsprechende Verhalten der Zeitfunktion bereits aus der Bildfunktion ziehen zu können, im besonderen dann, wenn die Rücktransformation auf kompliziertere Rechnungen führt. Wir wollen im folgenden einige diesbezügliche Aussagen machen, wobei wir uns auf die einfachsten Grundtatsachen dieser komplizierten Thematik beschränken müssen.

Eine erste Aussage über das Verhalten einer Bildfunktion im Unendlichen liefert uns der Grenzübergang $s \to \infty$ im Laplace-Integral der Zeitfunktion: *Ist* $F(s)$ *die Laplace-Transformierte der Zeitfunktion* $f(t)$ *und ist* s_0 *ein Punkt, für den das Laplace-Integral konvergiert, so gilt*

$$\lim_{s \to \infty} F(s) = 0, \tag{27.164}$$

wenn s *in einem Winkelraum* $|\arg(s - s_0)| \leqslant \eta < \frac{\pi}{2}$ *ins Unendliche strebt.* Wir bemerken, daß (27.164) offenbar eine notwendige Bedingung dafür ist, daß die in einer Halbebene der komplexen Ebene stetige Funktion $F(s)$ die Laplace-Transformierte einer Zeitfunktion ist[1]).

Wir setzen nun voraus, daß die Funktion $f(t)$ für $t > 0$ differenzierbar ist (abgesehen von einzelnen Punkten, in denen die einseitigen Ableitungen existieren mögen). Dann liefert die Anwendung von (27.164) auf die Differentiationsregel (27.122)

$$0 = \lim_{s \to \infty} \mathscr{L} f'(t) = \lim_{s \to \infty} \big(sF(s) - f(0+)\big).$$

Berücksichtigen wir dabei, daß die Existenz des rechtsseitigen Grenzwertes von $f(t)$ an der Stelle $t = 0$ eine Bedingung für die Gültigkeit der Regel über die Differentiation im Zeitbereich ist, so berechtigt uns dies zu der Schlußfolgerung: Aus

$$\lim_{t \to 0+} f(t) = A \quad \text{folgt} \quad \lim_{s \to \infty} sF(s) = A,$$

die auch ohne die Voraussetzung der Differenzierbarkeit von $f(t)$ gültig ist. Wir weisen aber mit Nachdruck darauf hin, daß die Umkehrung, der Schluß vom Verhalten von $sF(s)$ für $s \to \infty$ auf das Verhalten von $f(t)$ für $t \to 0+$, im allgemeinen falsch ist. Als Gegenbeispiel dient die Funktion $f(t) = \frac{1}{\sqrt{t}} \cos \frac{1}{t}$, deren Laplace-Transformierte die Funktion $F(s) = \sqrt{\frac{\pi}{s}}\, e^{-\sqrt{2s}}$ ist. Offenbar hat $sF(s)$ für $s \to \infty$ den Grenzwert 0, die Funktion $f(t)$ strebt aber für $t \to 0+$ keinem Grenzwert zu.

Fassen wir zusammen, so erhalten wir den sogenannten *Anfangswertsatz*: *Existiert der Grenzwert von* $f(t)$ *für* $t \to 0+$, *so ist*

$$\lim_{t \to 0+} f(t) = \lim_{s \to \infty} sF(s). \tag{27.165}$$

Um nun auch aus dem Verhalten einer Zeitfunktion für $t \to \infty$ Rückschlüsse auf Eigenschaften der Bildfunktion ziehen zu können, gehen wir von einer Eigenschaft des Laplace-Integrales (27.104) aus, die in gewisser Weise ein Analogon zum Abelschen Grenzwertsatz für Potenzreihen (Satz 17.4) darstellt: Ist das Laplace-Integral der Zeitfunktion $f(t)$ für $s = 0$ konvergent (und somit die Konvergenzabszisse $s_0 \leqslant 0$), so strebt die Bildfunktion $F(s)$ gegen $F(0)$, wenn s in einem Winkelraum $|\arg(s)| \leqslant \eta < \frac{\pi}{2}$ gegen Null strebt. Mit anderen Worten, es ist der Grenzübergang $s \to 0$ mit der Integration vertauschbar,

$$\lim_{s \to 0} F(s) = \lim_{s \to 0} \int_0^\infty e^{-st} f(t)\,dt = \int_0^\infty \lim_{s \to 0} e^{-st} f(t)\,dt = \int_0^\infty f(t)\,dt, \tag{27.166}$$

[1]) Die Bedingung ist aber nicht hinreichend!

wenn das Integral der Zeitfunktion über das Intervall $[0, \infty[$ konvergiert. Wenden wir diese Grenzwertbeziehung auf die Ableitung $f'(t)$ der Zeitfunktion $f(t)$ an, so folgt unter Berücksichtigung der Differentiationsregel (27.122)

$$\lim_{s \to 0} \left(sF(s) - f(0+) \right) = \int_0^\infty f'(t)dt = \lim_{t \to \infty} \int_0^t f'(\tau)d\tau = \lim_{t \to \infty} f(t) - f(0+).$$

Wir ziehen daraus den Schluß[1]): Aus

$$\lim_{t \to \infty} f(t) = A \quad \text{folgt} \quad \lim_{s \to 0} sF(s) = A.$$

Auch hier ist die Umkehrung, der Schluß vom Verhalten von $sF(s)$ für $s \to 0$ auf das Verhalten von $f(t)$ für $t \to \infty$, im allgemeinen falsch. Dies zeigt uns auch wieder ein Gegenbeispiel: Es strebt $s\mathscr{L} \cos t \to 0$ für $s \to 0$, aber die Funktion $\cos t$ hat für $t \to \infty$ keinen Grenzwert.

Fassen wir wieder zusammen, so erhalten wir den sogenannten *Endwertsatz*: *Existiert der Grenzwert von* $f(t)$ *für* $t \to \infty$, *so gilt*

$$\lim_{t \to \infty} f(t) = \lim_{s \to 0} sF(s). \tag{27.167}$$

Vor der Anwendung des Anfangswertsatzes beziehungsweise des Endwertsatzes muß also auf irgendeine Weise gesichert sein, daß der entsprechende Grenzwert der Zeitfunktion existiert. Um zu Aussagen dieser Art zu gelangen, ist eine eingehende Analyse des Zusammenhanges zwischen den Eigenschaften einer Zeitfunktion und ihrer Bildfunktion erforderlich. Wir müssen jedoch den an einer Vertiefung interessierten Leser auf die Literatur über die Laplace-Transformation verweisen[2]).

27.11 Faltungsgleichungen

Die Theorie der Fourier- und Laplace-Transformation versetzt uns in die Lage, auf formalem Wege Lösungen von linearen Integralgleichungen vom Faltungstyp, (26.14) und (26.15), zu gewinnen.

Schreiben wir die Fredholmsche Integralgleichung erster Art,

$$\int_{-\infty}^{\infty} k(t-\tau)x(\tau)d\tau = f(t), \tag{27.168}$$

als Faltungsprodukt

$$k(t) * x(t) = f(t),$$

---

[1]) Es läßt sich zeigen, daß die in unserer Herleitung indirekt gemachten Voraussetzungen, betreffend die Existenz des Grenzwertes $f(0+)$ und die Differenzierbarkeit von $f(t)$, hierfür nicht erforderlich sind.

[2]) Eine besonders umfassende Behandlung dieser Fragen findet der Leser in dem dreibändigen Werk von *G. Doetsch*, Handbuch der Laplace-Transformation, Birkhäuser-Verlag Basel und Stuttgart, 1955.

und wenden wir auf diesen Ausdruck den Operator $\mathscr{F}$ der Fourier-Transformation an, so erhalten wir als Bildgleichung

$$K(\omega)X(\omega) = F(\omega),$$

deren Lösung

$$X(\omega) = \frac{F(\omega)}{K(\omega)}$$

lautet. Wenn also unsere Operationen gerechtfertigt waren und der Quotient $\frac{F(\omega)}{K(\omega)}$ ein Urbild im Zeitbereich hat, so stellt

$$x(t) = \frac{1}{2\pi} \int_{-\infty}^{\infty} \frac{F(\omega)}{K(\omega)} e^{j\omega t} d\omega \tag{27.169}$$

eine Lösung der Gleichung (27.168) dar.

Auf die gleiche Weise können wir auch bei der Fredholmschen Integralgleichung zweiter Art

$$x(t) + \int_{-\infty}^{\infty} k(t-\tau)x(\tau)d\tau = f(t) \tag{27.170}$$

verfahren, indem wir sie in der Form

$$x(t) + k(t) * x(t) = f(t)$$

anschreiben. Im Bildraum der Fourier-Transformation entspricht ihr dann die Gleichung

$$X(\omega) + K(\omega)X(\omega) = F(\omega)$$

mit der Lösung

$$X(\omega) = \frac{F(\omega)}{1 + K(\omega)}.$$

Die Gleichung (27.170) wird also formal durch

$$x(t) = \frac{1}{2\pi} \int_{-\infty}^{\infty} \frac{F(\omega)}{1 + K(\omega)} e^{j\omega t} d\omega \tag{27.171}$$

gelöst; setzen wir $M(\omega) = \frac{K(\omega)}{1 + K(\omega)}$ und hat $M(\omega)$ ein Urbild $m(t)$, so läßt sich diese Lösung im Zeitbereich wieder als Faltungsprodukt darstellen,

$$x(t) = f(t) - \int_{-\infty}^{\infty} m(t-\tau)f(\tau)d\tau. \tag{27.172}$$

Wir haben hier ein Prinzip verwendet, dessen man sich in den Anwendungen gern bedient: Man transformiert die zu lösende Gleichung, wobei diese in eine Bildgleichung übergeht, aus der sich das Bild der gesuchten Lösung auf einfache Weise ermitteln läßt, und wendet auf dieses die Umkehrtransformation an. So elegant dieser Lösungsweg auch aussieht, so werden dennoch Existenz- und Eindeutigkeitsfragen im gegenständlichen Fall in keiner Weise beantwortet, ebensowenig, ob es sich bei den Funktionen (27.169) beziehungsweise (27.171) und (27.172) um Lösungen der Gleichungen (27.168) und (27.170) handelt. Nichtsdestoweniger erweisen sich formale Methoden in vielen Fällen als zielführend, nur hat man sich eben nachträglich von der Richtigkeit des Ergebnisses zu überzeugen.

Beispiel 27.20: Es liege die Gleichung

$$\int_{-\infty}^{\infty} e^{-(t-\tau)}\sigma(t-\tau)x(\tau)d\tau = e^{-t^2/2}$$

vor. Wenden wir auf sie die Fourier-Transformation an, so geht sie in

$$\frac{1}{1+j\omega}X(\omega) = \sqrt{2\pi}\,e^{-\omega^2/2}$$

(vgl. (27.22)) über, so daß

$$X(\omega) = \sqrt{2\pi}\,(1+j\omega)e^{-\omega^2/2}$$

das Bild der gesuchten Funktion x(t) ist. Die Funktion x(t) selbst erhalten wir durch Anwendung der Umkehrtransformation

$$x(t) = \frac{1}{\sqrt{2\pi}}\int_{-\infty}^{\infty}(1+j\omega)e^{-\omega^2/2}e^{j\omega t}d\omega$$

$$= \frac{1}{\sqrt{2\pi}}\int_{-\infty}^{\infty}e^{-\omega^2/2}e^{j\omega t}d\omega + \frac{1}{\sqrt{2\pi}}\int_{-\infty}^{\infty}j\omega e^{-\omega^2/2}e^{j\omega t}d\omega.$$

Das erste dieser Integrale berechnet sich auf Grund der Formel (27.22) zu $e^{-t^2/2}$, für das zweite ergibt sich unter Berücksichtigung der Differentiationsregel (27.30) $-te^{-t^2/2}$, so daß also

$$x(t) = (1-t)e^{-t^2/2}.$$

Daß durch diese Funktion tatsächlich unsere Gleichung gelöst wird, kann der Leser durch Einsetzen ohne Schwierigkeiten bestätigen.

Für die Gleichung

$$x(t) + \int_{-\infty}^{\infty} e^{-(t-\tau)}\sigma(t-\tau)x(\tau)d\tau = e^{-t^2/2}$$

wird

$$M(\omega) = \frac{K(\omega)}{1+K(\omega)} = \frac{1}{2+j\omega}$$

und

$$m(t) = \sigma(t)e^{-2t};$$

damit ergibt sich aus (27.172)

$$x(t) = e^{-t^2/2} - \int_{-\infty}^{\infty} e^{-2(t-\tau)}\sigma(t-\tau)e^{-\tau^2/2}d\tau$$

$$= e^{-t^2/2} - e^{-2(t-1)} \int_{-\infty}^{t} e^{-\left(\frac{\tau}{\sqrt{2}} - \sqrt{2}\right)^2} d\tau$$

Präzisere Aussagen lassen sich über Volterrasche Gleichungen machen. Betrachten wir die Integralgleichung erster Art,

$$\int_0^t k(t-\tau)x(\tau)d\tau = f(t). \tag{27.173}$$

Die Anwendung der Laplace-Transformation liefert als Bildgleichung

$$K(s)X(s) = F(s),$$

somit

$$X(s) = \frac{1}{K(s)}F(s).$$

Nun ist aber wegen $\lim\limits_{s\to\infty} \frac{1}{K(s)} = \infty$ die Funktion $\frac{1}{K(s)}$ keine Bildfunktion; wenn aber eine natürliche Zahl n existiert, so daß $\frac{1}{s^n K(s)}$ ein Urbild $\tilde{k}(t)$ hat, so schreiben wir die Bildgleichung in der Gestalt

$$s^n K(s)\frac{X(s)}{s^n} = F(s)$$

beziehungsweise

$$\frac{X(s)}{s^n} = \frac{1}{s^n K(s)}F(s)$$

und erhalten durch Rücktransformation in den Zeitbereich unter Berücksichtigung der Regel (27.124)

$$\frac{1}{(n-1)!}\int_0^t (t-\tau)^{n-1}x(\tau)d\tau = \int_0^t \tilde{k}(t-\tau)f(\tau)d\tau,$$

und schließlich

$$x(t) = \frac{d^n}{dt^n}\int_0^t \tilde{k}(t-\tau)f(\tau)d\tau. \tag{27.174}$$

Man sucht also nicht die Funktion x(t) selbst, sondern, zum Beispiel für n = 1, ihr Integral zwischen den Grenzen 0 und t.

Beispiel 27.21: Wir lösen die Gleichung

$$\int_0^t (t-\tau)^{-a} x(\tau)\,d\tau = f(t), \quad 0 < a < 1,$$

die von N. H. Abel erstmalig für $a = \frac{1}{2}$ gelöst wurde und deshalb *Abelsche Integralgleichung* genannt wird. Es gilt

$$K(s) = \mathscr{L} t^{-a} = \frac{\Gamma(1-a)}{s^{1-a}}$$

und unter Berücksichtigung von (25.70)

$$\frac{1}{s}\frac{1}{K(s)} = \frac{1}{\Gamma(1-a)}\frac{1}{s^a} = \frac{1}{\Gamma(a)\Gamma(1-a)}\mathscr{L} t^{a-1} = \frac{\sin a\pi}{\pi}\mathscr{L} t^{a-1};$$

also ist

$$x(t) = \frac{\sin a\pi}{\pi}\frac{d}{dt}\int_0^t (t-\tau)^{a-1} f(\tau)\,d\tau.$$

Ebenso lassen sich Volterrasche Integralgleichungen zweiter Art,

$$x(t) + \int_0^t k(t-\tau)x(\tau)\,d\tau = f(t), \tag{27.175}$$

durch Anwendung der Laplace-Transformation lösen. Ihre Bildgleichung lautet

$$X(s) + K(s)X(s) = F(s),$$

woraus wir

$$X(s) = \frac{F(s)}{1+K(s)} = F(s) - \frac{K(s)}{1+K(s)}F(s)$$

erhalten. Setzen wir hier

$$\tilde{k}(t) = \mathscr{L}^{-1}\frac{K(s)}{1+K(s)},$$

so erhalten wir als Lösung der Gleichung (27.175)

$$x(t) = f(t) - \int_0^t \tilde{k}(t-\tau)f(\tau)\,d\tau. \tag{27.176}$$

27.12 Ergänzungen

Es sei $f(t)$ eine für $t \geqslant 0$ definierte und auf dem Intervall $[0, \infty[$ absolut integrierbare Funktion. Wir erklären durch die Festsetzung $f(t) = -f(-t)$ eine auf $\mathbb{R}$ absolut integrierbare ungerade Funktion, auf die wir das Fouriersche Integraltheorem anwenden. Aus

(27.8) folgt $a(\omega) = 0$ und aus (27.9)

$$f(t) = \int_0^\infty b(\omega)\sin\omega t\,d\omega, \quad b(\omega) = \mathscr{F}_s f(t) = \frac{2}{\pi}\int_0^\infty f(\tau)\sin\omega\tau\,d\tau. \tag{27.177}$$

Dieses Analogon zur Fourier-Sinus-Reihe (26.42) wird *Fourier-Sinus-Transformation* genannt. Durch gerade Fortsetzung auf die negative Zeitachse erhält man die *Fourier-Cosinus-Transformation*

$$f(t) = \int_0^\infty a(\omega)\cos\omega t\,d\omega, \quad a(\omega) = \mathscr{F}_c f(t) = \frac{2}{\pi}\int_0^\infty f(\tau)\cos\omega\tau\,d\tau, \tag{27.178}$$

der die Fourier-Cosinus-Reihe (26.43) für periodische Funktionen entspricht.

Die Fourier-Sinus- bzw. Fourier-Cosinus-Transformation hätten wir auch durch den Grenzübergang $T \to \infty$ aus der Fourier-Sinus-Reihe bzw. der Fourier-Cosinus-Reihe gewinnen können. Eine andere derartige Integralformel für eine auf $[0, \infty[$ definierte absolut integrierbare Funktion $f(t)$ erhält man durch den Grenzübergang $T \to \infty$ aus der Fourierschen Reihe, wenn die Koeffizienten als Integrale mit den Grenzen 0 und T dargestellt werden,

$$f(t) = \lim_{T\to\infty}\left(\frac{1}{T}\int_0^T f(\tau)\,d\tau + \sum_{n=1}^{\infty}\frac{2}{T}\int_0^T f(\tau)\cos n\omega(t-\tau)\,d\tau\right).$$

Das Ergebnis lautet unter der Voraussetzung, daß die Funktion $f(t)$ auf $[0, \infty[$ absolut integrierbar ist,

$$f(t) = \frac{1}{\pi}\int_0^\infty d\omega \int_0^\infty f(\tau)\cos\omega(t-\tau)\,d\tau, \quad t \geqslant 0. \tag{27.179}$$

Dieses Integraltheorem heißt in der Form

$$f(t) = \frac{1}{2\pi}\int_{-\infty}^{\infty} F(\omega)e^{j\omega t}\,d\omega, \quad F(\omega) = \int_0^\infty f(\tau)e^{-j\omega\tau}\,d\tau \tag{27.180}$$

die *einseitige Fourier-Transformation*. Um sie von der Fourier-Transformation, von der bisher immer die Rede war, zu unterscheiden, bezeichnet man (27.23) und (27.25) als zweiseitige Fourier-Transformation; für die Operatoren der einseitigen bzw. zweiseitigen Fourier-Transformation werden zur Unterscheidung die Symbole

$$\mathscr{F}_I f(t) = \int_0^\infty f(t)e^{-j\omega t}\,dt \quad \text{bzw.} \quad \mathscr{F}_{II} f(t) = \int_{-\infty}^{\infty} f(t)e^{-j\omega t}\,dt$$

verwendet.

Die zweiseitige Fourier-Transformation geht in die einseitige über, wenn nur Objektfunktionen betrachtet werden, die gleich Null für ein negatives Argument sind. Daher konvergiert das erste Integral in (27.180) auch für negative Werte von t und liefert hierfür den Wert 0.

Aus der einseitigen Fourier-Transformation kann unmittelbar die Laplace-Transformation als einseitige Fourier-Transformation gedämpfter Zeitfunktionen abgeleitet werden. Man nennt diese durch das Laplace-Integral (27.104) vermittelte Abbildung auch die *einseitige Laplace-Transformation* und hebt dies durch die Bezeichnung

$$\mathscr{L}_{I} f(t) = \int_{0}^{\infty} e^{-st} f(t)\, dt$$

hervor. Daneben betrachtet man nämlich auch die Transformation

$$\mathscr{L}_{II} f(t) = \int_{-\infty}^{\infty} e^{-st} f(t)\, dt, \tag{27.181}$$

die *zweiseitige Laplace-Transformation* genannt wird. Der Definitionsbereich ihrer Bildfunktionen ist ein Streifen $x_0 < \mathrm{Re}(s) < x_1$ der komplexen s-Ebene, der Durchschnitt der Konvergenzbereiche der beiden Integrale

$$\int_{0}^{\infty} e^{-st} f(t)\, dt \quad \text{und} \quad \int_{-\infty}^{0} e^{-st} f(t)\, dt.$$

Substituiert man im Integral (27.181) für $e^{-t} = z$, so geht es in

$$\int_{0}^{\infty} z^{s-1} f(-\ln z)\, dz$$

über. Die daraus hervorgehende lineare Transformation, die jeder auf $[0, \infty[$ definierten Objektfunktion f(t) das Bild

$$\mathscr{M} f(t) = \int_{0}^{\infty} t^{s-1} f(t)\, dt \tag{27.182}$$

zuordnet, wird *Mellin-Transformation* genannt.

27.13 Übungsbeispiele

Man berechne die Fourier-Transformierte der folgenden Funktionen:

1. $f(t) = \begin{cases} 0, & t < 0 \\ -1, & 0 \leq t \leq t_0. \\ e^{-t}, & t_0 < t \end{cases}$

2. $f(t) = \begin{cases} 1 - t^2, & |t| \leq 1, \\ 0, & |t| > 1. \end{cases}$

3. $f(t) = e^{-|t - t_0|}$.

4. $f(t) = \mathrm{sign}(t) e^{-|t|}$.

5. $f(t) = \int_{-\infty}^{t} \mathrm{sign}(\tau) e^{-|\tau|} d\tau$.

6. $f(t) = \sigma(t)e^{-at}\cos(\omega_0 t + \varphi), \quad a > 0.$

7. $f(t) = \dfrac{e^{-t}}{\sqrt{\pi}} \displaystyle\int_{-\infty}^{t} e^{-\tau^2}\, d\tau.$

Man berechne das Faltungsprodukt $f(t) * g(t)$:

8. $f(t) = \sigma(t)\dfrac{t^{a-1}}{\Gamma(a)}, \quad g(t) = \sigma(t)\dfrac{t^{b-1}}{\Gamma(b)}, \quad a > 0, b > 0.$

9. $f(t) = \sigma(t)e^{-t}, \quad g(t) = e^{-|t|}.$

10. $f(t) = t^2, \quad g(t) = e^{-t^2}.$

Man berechne die Laplace-Transformierte der folgenden Funktionen:

11. $f(t) = \dfrac{e^{bt} - e^{at}}{b - a}$ 12. $f(t) = \dfrac{\sin at - at\cos at}{2a^3}$

13. $f(t) = t\,\dfrac{\sin at}{2a}$ 14. $f(t) = \dfrac{t^2}{2}\cos at.$

15. $f(t) = \sigma(t - t_0)e^{-t}.$ 16. $f(t) = \left[\dfrac{t}{T}\right].$ 17. $f(t) = \cos(\omega t + \varphi)$

18. $f(t) = \sin^3 \omega t$ 19. $f(t) = \dfrac{1}{t}(e^{-at} - e^{-bt})$ 20. $f(t) = \dfrac{1}{t}(\cos at - \cos bt)$

21. $f(t) = \dfrac{2}{\sqrt{\pi}} \displaystyle\int_0^{\sqrt{t}} e^{-\tau^2}\, d\tau$ 22. $f(t) = \displaystyle\int_t^{\infty} \dfrac{e^{-\tau}}{\tau}\, d\tau$ 23. $f(t) = \dfrac{e^{-2t}}{\sqrt{t}}$

24. $f(t) = L_n(t) = \dfrac{1}{n!}e^t \dfrac{d^n}{dt^n}(t^n e^{-t}).$

25. Man berechne die Laplace-Transformierte der T-periodischen Funktion

$$f(t) = \cos\omega t, \quad 0 \leqslant t \leqslant \frac{\pi}{\omega} = T, \quad f(t + nT) = f(t).$$

Man berechne die Laplace-Transformierte der Funktionen

26. $f(t) = \displaystyle\int_0^t \cos(t - \tau)\sin\tau \,\dfrac{d\tau}{\tau}$ 27. $f(t) = \displaystyle\int_0^t e^{-\tau}\sin(t - \tau)\dfrac{d\tau}{\sqrt{\tau}}.$

Man berechne die Originalfunktion zu folgenden Bildfunktionen:

28. $F(s) = \dfrac{1 - e^{-sT}}{s^2}$ 29. $F(s) = \dfrac{1 - e^{-2\pi s}}{s^2 + 1}$ 30. $F(s) = \dfrac{1}{s^2 + 8s + 17}$

31. $F(s) = e^{-(s+2)t_0}\dfrac{1}{s^2 + 8s + 17}$ 32. $F(s) = \dfrac{6s - 4}{s^2 - 4s + 20}$

33. $F(s) = \dfrac{3s + 7}{s^2 - 2s + 3}$ 34. $F(s) = \dfrac{1}{\sqrt{as + b}}, \quad a > 0.$

35. $F(s) = \frac{1}{\sqrt{s+1}} \frac{s+1}{s^2+2s+5}$ 36. $F(s) = e^{-\tau s} \frac{s+1}{s^2+2s+5}$

37. $F(s) = \left(\frac{s+1}{s^2+2s+5}\right)^2$ 38. $F(s) = \ln\left(1+\frac{1}{s^2}\right)$

39. $F(s) = \ln \frac{s^2+a^2}{s^2+b^2}$ 40. $F(s) = \frac{1}{\sqrt{s^2+2s+5}}$

41. $F(s) = \frac{2s^2-4}{(s+1)(s-2)(s+3)}$ 42. $F(s) = \frac{3s+1}{(s-1)(s^2+1)}$

43. $F(s) = \frac{s-1}{(s+3)(s^2+2s+2)}$ 44. $F(s) = \frac{2s^3-s^2-1}{(s+1)^2(s^2+1)^2}$

Man löse die Faltungsgleichungen

45. $\int\limits_{-\infty}^{\infty} e^{-|t-\tau|} x(\tau) d\tau = e^{-t^2/2}$ 46. $\int\limits_0^t \frac{x(\tau)}{\sqrt{t-\tau}} d\tau = t\sqrt{t}\,\sigma(t).$

47. $x(t) + e^{-t} \int\limits_0^t e^{\tau} x(\tau)\, d\tau = \sigma(t).$

28 Verallgemeinerte Funktionen

In vielen Zweigen der Physik sucht man in Idealisierungen Zuflucht, um zu einer dem Zweck entsprechenden mathematischen Beschreibung zu gelangen. Während man aber in den Naturwissenschaften gewöhnlich von der Vorstellung kontinuierlich veränderlicher Größen ausgeht, wofür der Begriff der stetigen Funktion ein ausreichendes Modell bildet, treten als Folge von Idealisierungen unstetige Funktionen auf, wie zum Beispiel die den Sprungablauf idealisierende Sprungfunktion $\sigma(t)$, oder es wird eine mathematische Beschreibung mit Hilfe des gewöhnlichen Funktionsbegriffes überhaupt unmöglich. Wir konnten dies bei der Idealisierung des Stoßvorganges sehen, die uns zur Einführung der Deltafunktion $\delta(t)$ veranlaßt hat. Wenn wir uns dabei auch in der Schreibweise an den gewöhnlichen Funktionsbegriff anlehnen, so bleibt dennoch die Deltafunktion im Grunde bloß ein Symbol, und ebenso symbolhaften Charakter haben die Rechenregeln, die wir im Zusammenhang damit angeführt haben. Eine wichtige physikalische Idealisierung ist auch die Vorstellung von einer in einem Punkt konzentrierten Substanz wie die punktförmige Masse oder die punktförmige Ladung. Für dieses Modell sind wir mit dem gewöhnlichen Funktionsbegriff nicht in der Lage, eine Dichtefunktion anzugeben. Es wird sich herausstellen, daß auch in diesem Fall die Deltafunktion, nunmehr als Funktion des Ortes, zur mathematischen Beschreibung heranzuziehen ist.

Man kann sich natürlich auf den Standpunkt stellen, daß eine physikalische Größe sich nie unstetig ändert oder ein Impuls niemals schlagartig auftritt; ebensowenig physikalische Realität ist die punktförmige Verteilung einer Substanz. Weicht man jedoch, was grundsätzlich möglich ist, Idealisierungen aus, so hat man unter Umständen mühsame und schwierige Rechnungen in Kauf zu nehmen, um zu dem gewünschten Ergebnis zu gelangen, wenn sich der praktischen Durchführung nicht überhaupt unüberwindliche Hindernisse in den Weg stellen. Andererseits muß man sich bei Idealisierungen darüber im Klaren sein, daß alle Rechenoperationen, bei denen man sich nicht auf Methoden der gewöhnlichen Analysis berufen kann, ungerechtfertigt sind, weshalb auch jedes auf derartige Weise gewonnene Ergebnis von zweifelhaftem Wert sein muß. Den Versuch, einen befriedigenden Ausweg aus dieser Situation zu finden, hat *Laurent Schwartz* unternommen. Ausgehend von einer Verallgemeinerung des Funktionsbegriffes hat er ein mathematisches Gebäude geschaffen, durch das eine einwandfreie mathematische Beschreibung von Idealisierungen und den sich daraus ergebenden Konsequenzen ermöglicht wird.

28.1 Der Begriff der verallgemeinerten Funktion

In der Physik bedient man sich des Funktionsbegriffes, um auszudrücken, daß zwei Größen x und y voneinander abhängig sind. Man beschreibt ihren Zusammenhang mathematisch durch eine Gleichung $y = f(x)$ und verbindet damit die Vorstellung, daß die Größe y für einen beliebigen Wert der Größe x zahlenmäßig jederzeit exakt gemessen werden kann. Dies ist jedoch nur eine gedankliche Abstraktion, denn eine im mathematischen Sinn exakte Messung ist im allgemeinen unmöglich. Beim eigentlichen Meßvorgang wird auch nicht die physikalische Größe y selbst gemessen, sondern vielmehr ihre Wirkung auf eine Meßvorrichtung. Als Ergebnis ist dabei eine Art Mittelwert zu erwarten; messen wir eine zeitabhängige Größe, so bedarf es einer gewissen Zeitspanne, in der die zu messende Größe auf die Meßapparatur einwirken muß, die dann als Meßergebnis einen mittleren Wert in diesem Zeitintervall anzeigt; ebenso wird sich bei der Messung räumlich veränderlicher Größen ein gewisser Mittelwert über einen kleinen räumlichen Bereich als Meßergebnis einstellen.

Wir suchen nun ein mathematisches Modell für den Meßvorgang. Die an der Stelle x_0 zu messende Größe sei gedanklich durch die Funktion $y = f(x)$ beschrieben, das Meßinstrument denken wir uns durch eine Funktion $\varphi(x)$ repräsentiert, die in einem Intervall $I = [a, b]$, das den Punkt x_0 in seinem Inneren enthält, definiert sei. Da die Messung eine Mittelwertbildung ist, stellen wir das Meßergebnis als Integral

$$\int_a^b f(x)\varphi(x)\,dx \tag{28.1}$$

dar. Dem Leser mag dabei die Charakterisierung des Meßinstrumentes durch eine Funktion etwas gekünstelt erscheinen. Wir geben aber zu bedenken, daß das Resultat der Messung eben auch von der Meßvorrichtung abhängt, und dies wird im Integral (28.1) durch die Funktion $\varphi(x)$ berücksichtigt. Den Wert des Integrales (28.1) können wir uns zum Beispiel als Zeigerausschlag deuten; er ist mit einer „Eichvorschrift"

$$\int_a^b \varphi(x)\,dx = 1 \tag{28.2}$$

für das Meßinstrument tatsächlich ein Mittelwert der zu messenden Größe $y = f(x)$ im Intervall $[a, b]$, denn wenden wir auf (28.1) den verallgemeinerten Mittelwertsatz der Integralrechnung an, so wird

$$\int_a^b f(x)\varphi(x)\,dx = f(\xi)\int_a^b \varphi(x)\,dx = f(\xi), \quad a < \xi < b, \tag{28.3}$$

unter der Bedingung, daß die Funktion $f(x)$ im Intervall $[a, b]$ stetig und die Funktion $\varphi(x)$ im Intervall $[a, b]$ nichtnegativ ist.

Die Messung einer physikalischen Größe darf aber nicht der Beschränkung auf eine spezielle Meßapparatur unterliegen und muß sich gegebenenfalls mit anderen Instrumenten wiederholen lassen. Dementsprechend steht im Integral (28.1) die Funktion $\varphi(x)$ stellvertretend für eine spezielle Meßvorrichtung, für die Messung mit anderen Instrumenten haben wir andere Funktionen in (28.1) einzusetzen. Wir werden auf diese Weise dazu geführt, das Integral als Funktion anzusehen, deren Argument die das Meßinstrument repräsentierende Funktion $\varphi(x)$ ist. Wenn wir uns nun dieser Auffassung anschließen, müssen wir auch einen Definitionsbereich angeben. Was dies betrifft, so ist es naheliegend, überhaupt alle auf $\mathbb{R}$ definierten stückweise stetigen Funktionen zuzulassen, die in einem abgeschlossenen und beschränkten Intervall von Null verschiedene Werte haben und außerhalb dieses Intervalls gleich Null sind. Wir verlangen aber noch eine zusätzliche Eigenschaft, deren Bedeutung später klar werden wird: Wir betrachten als Argument von (28.1) jede auf $\mathbb{R}$ beliebig oft differenzierbare Funktion $\varphi(x)$, die außerhalb eines beschränkten und abgeschlossenen Intervalls gleich Null ist. Eine solche Funktion wird *Testfunktion* genannt. Eine Testfunktion ist also beliebig oft differenzierbar und nur in den Punkten eines beschränkten und abgeschlossenen Intervalls von Null verschieden[1]).

Ein Beispiel einer derartigen Funktion haben wir mit (27.60) schon kennengelernt, die Funktion

$$\varphi(x) = \begin{cases} \exp\left(-\dfrac{1}{1-x^2}\right), & |x| < 1, \\ 0, & |x| \geqslant 1, \end{cases} \tag{28.4}$$

die in Bild 28.1 dargestellt ist. Wir können aus ihr weitere Testfunktionen bilden, so zum Beispiel für $\epsilon > 0$

$$\psi(x) = \varphi\left(\frac{x}{\epsilon}\right), \tag{28.5}$$

die außerhalb des Intervalles $[-\epsilon, \epsilon]$ verschwindet, oder allgemein für beliebiges x_0 die Funktion

$$\psi(x) = \varphi\left(\frac{x - x_0}{\epsilon}\right), \tag{28.6}$$

die nur im Intervall $[x_0 - \epsilon, x_0 + \epsilon]$ von Null verschiedene Werte hat.

Ist $\varphi(x)$ eine Testfunktion und $f(x)$ eine auf $\mathbb{R}$ beliebig oft differenzierbare Funktion, so ist auch das Produkt $\varphi(x)f(x)$ eine Testfunktion. Insbesondere stellt daher das Produkt $\alpha\varphi(x)$ einer Testfunktion mit einer beliebigen Zahl α eine Testfunktion dar. Evident ist auch, daß die Summenfunktion $\varphi(x) + \psi(x)$ zweier Testfunktionen $\varphi(x)$ und $\psi(x)$ wieder eine Testfunktion ist. Aus den beiden letzten Bemerkungen geht hervor, daß die Testfunktionen eine lineare Mannigfaltigkeit von Funktionen bilden, die wir den *Testfunktionenraum* nennen und mit D bezeichnen.

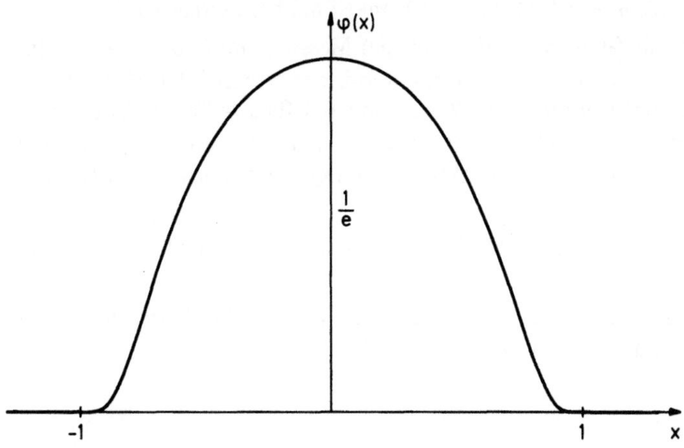

Bild 28.1

[1]) Wir werden später auch Testfunktionen zu betrachten haben, die zwar beliebig oft differenzierbar sind, aber außerhalb jedes beschränkten Intervalles von Null verschiedene Werte haben. Auch wird sich die Notwendigkeit ergeben, komplexwertige Testfunktionen zu verwenden. Wir betrachten im folgenden aber nur den reellen Fall; eine Übertragung auf komplexe Funktionen wird dem Leser keine Schwierigkeiten machen.

Wir betrachten nun das Integral (28.1) für jede beliebige Testfunktion aus D, indem wir gegebenenfalls die Funktion f(x) durch die Festsetzung f(x) = 0 auf ganz $\mathbb{R}$ fortsetzen, und schreiben es in der Form

$$\int_{-\infty}^{\infty} f(x)\varphi(x)\,dx. \tag{28.7}$$

Dieses Integral ist nur scheinbar ein uneigentliches Integral, denn da wir voraussetzen, daß eine Testfunktion nur in einem abgeschlossenen und beschränkten Intervall, etwa $I = [a, b]$, von Null verschiedene Werte hat, ist (28.7) in Wirklichkeit ein Integral über das Intervall $[a, b]$. Wir bedienen uns der Schreibweise als uneigentliches Integral deshalb, weil für verschiedene Testfunktionen auch dieses Intervall verschieden ist.

Durch das Integral (28.7) wird jeder Testfunktion $\varphi(x)$ eine reelle Zahl zugeordnet, wofür wir symbolisch

$$l_f(\varphi) = \int_{-\infty}^{\infty} f(x)\varphi(x)\,dx \tag{28.8}$$

schreiben. Da nun die Testfunktionen eine lineare Mannigfaltigkeit bilden, ebenso der Bildbereich bei dieser Zuordnung, der Körper der reellen Zahlen, eine lineare Mannigfaltigkeit ist, und schließlich für zwei beliebige Testfunktionen $\varphi(x)$ und $\psi(x)$

$$l_f(\alpha\varphi + \beta\psi) = \alpha l_f(\varphi) + \beta l_f(\psi) \tag{28.9}$$

mit beliebigen Zahlen α und β gilt, stellt (28.8) einen *linearen Operator* auf dem Testfunktionenraum D dar, dessen Bildbereich der Körper der reellen Zahlen ist. Man nennt $l_f(\varphi)$ ein *lineares Funktional* auf dem Testfunktionenraum D, da allgemein ein linearer Operator, dessen Bildbereich ein Zahlenkörper ist, als lineares Funktional bezeichnet wird.

Der Wert des Funktionals $l_f(\varphi)$ ist das Ergebnis der Messung der Größe $y = f(x)$ für eine Meßanordnung, die durch die Testfunktion $\varphi(x)$ repräsentiert wird. Mit Hilfe aller Meßergebnisse, das heißt aus der Kenntnis der Werte von $l_f(\varphi)$ für *alle* Testfunktionen, können wir nun den exakten Wert $y_0 = f(x_0)$ der Größe y für das Argument x_0 berechnen. Wir bedienen uns dafür einer Folge von Testfunktionen $\delta_n(x)$ mit drei speziellen Eigenschaften:

1. Die Testfunktion $\delta_n(x)$ sei nichtnegativ und habe außerhalb des Intervalles $I_n = [a_n, b_n]$ den Wert Null.

2. Die Intervalle I_n bilden eine Intervallschachtelung für die reelle Zahl x_0 (das heißt es ist $a_1 \leq a_2 \leq \ldots, b_1 \geq b_2 \geq \ldots$ und $\lim a_n = \lim b_n = x_0$) und

3. Für jedes n sei

$$\int_{-\infty}^{\infty} \delta_n(x)\,dx = \int_{a_n}^{b_n} \delta_n(x)\,dx = 1.$$

Eine solche Folge nadelartiger Testfunktionen wird eine *Deltafolge für den Punkt* x_0 genannt.

Zur Konstruktion einer Deltafolge greifen wir auf die Funktion (28.6) zurück und lassen ϵ die Glieder einer Nullfolge (ϵ_n) durchlaufen,

$$\delta_n(x) = \frac{1}{C\epsilon_n}\varphi\left(\frac{x - x_0}{\epsilon_n}\right), \quad C = \int_{-1}^{1} \exp\left(-\frac{1}{1-x^2}\right)dx, \quad \lim_{n\to\infty} \epsilon_n = 0. \tag{28.10}$$

Bilden wir jetzt die Werte des Funktionals $l_f(\varphi)$ für die Glieder $\delta_n(x)$ einer Deltafolge für den Punkt x_0, so ergibt sich mit Hilfe des verallgemeinerten Mittelwertsatzes der Integralrechnung

$$l_f(\delta_n) = \int_{-\infty}^{\infty} f(x)\delta_n(x)dx = \int_{a_n}^{b_n} f(x)\delta_n(x)dx = f(\xi_n)\int_{a_n}^{b_n}\delta_n(x)dx = f(\xi_n),$$

$$a_n < \xi_n < b_n,$$

und durch Grenzübergang $n \to \infty$ unter Berücksichtigung von $\lim \xi_n = x_0$

$$\lim_{n\to\infty} l_f(\delta_n) = \lim_{n\to\infty} f(\xi_n) = f(x_0), \tag{28.11}$$

wenn f(x) in einer Umgebung der Stelle x_0 stetig ist. Eine Deltafolge repräsentiert also eine Serie von Messungen mit immer „feineren" Instrumenten, bei der sich in der Grenze der exakte Wert ergibt. Der Leser denke hier zum Beispiel an die Messung der Lichtgeschwindigkeit im Laufe der Geschichte!

Wir sind also in der Lage, aus den Werten des Funktionals $l_f(\varphi)$ den Funktionswert von y = f(x) für jedes Argument x zu berechnen[1]). Dies heißt aber, daß die Zuordnungsvorschrift f, nach der die abhängige Variable y für das Argument x zu berechnen ist, durch das Funktional $l_f(\varphi)$ vollständig charakterisiert ist. Das Funktional $l_f(\varphi)$ kann also genausogut zur Beschreibung des funktionellen Zusammenhangs zwischen den Größen x und y dienen, wie eine formelmäßige Darstellung y = f(x). Der Unterschied zwischen beiden Auffassungen liegt darin, daß durch eine Formel y = f(x) den einzelnen Werten der Variablen x aus einem bestimmten Zahlenbereich jeweils Werte aus einem anderen Zahlenbereich zugeordnet werden, für das Funktional $l_f(\varphi)$ hingegen nicht der einzelne Funktionswert eine Rolle spielt, *sondern der gesamte Verlauf der Funktion, also die Verteilung der Funktionswerte für alle* x.

Jeder auf $\mathbb{R}$ stückweise stetigen Funktion f(x) wird durch (28.8) ein lineares Funktional auf dem Testfunktionenraum D zugeordnet. Wir sagen hierfür, *das Funktional* $l_f(\varphi)$ *wird von der Funktion* f(x) *erzeugt* und deuten dies im folgenden immer durch das Funktionssymbol als „Index" im Zeichen l für das Funktional an. Wir können uns nun fragen, ob jedes Funktional auf D in der Form (28.8) mit einer auf $\mathbb{R}$ stückweise stetigen Funktion f(x) dargestellt werden kann. Die Antwort auf diese Frage fällt negativ aus, wie uns das Beispiel des offensichtlich linearen Funktionals

$$l(\varphi) = \varphi(0) \tag{28.12}$$

---

[1]) Dies gilt natürlich nur für die Punkte, in denen f(x) stetig ist. Unstetigkeiten, vor allem Sprungstellen der Funktion, haben wir ja als Folge von Idealisierungen anzusehen, weshalb wir in solchen Punkten überhaupt keinen Funktionswert festlegen wollen.

zeigt. Um uns davon zu überzeugen, daß dieses Funktional *nicht* von einer auf IR stückweise stetigen Funktion f(x) erzeugt wird, brauchen wir nur die Grenzwerte für Deltafolgen zu berechnen. Wir bedienen uns dabei der Deltafolge (28.10) und erhalten zunächst im Punkt $x_0 = 0$

$$\lim_{n\to\infty} l(\delta_n) = \lim_{n\to\infty} \delta_n(0) = \lim_{n\to\infty} \frac{1}{eC\epsilon_n} = \infty$$

wegen $\lim \epsilon_n = 0+$. Für $x_0 \neq 0$ finden wir eine natürliche Zahl N mit der Eigenschaft $\epsilon_n \leqslant |x_0|$ für $n \geqslant N$, so daß $\delta_n(0) = 0$ für $n \geqslant N$ und folglich auch

$$\lim_{n\to\infty} l(\delta_n) = \lim_{n\to\infty} \delta_n(0) = 0$$

ist. Wäre also das Funktional (28.12) in der Form (28.8) mit einer Funktion f(x) darstellbar, so müßte f(x) = 0 für $x \neq 0$ und $f(0) = \infty$ sein, die Funktion f(x) hätte also die Merkmale der symbolischen Funktion $\delta(x)$!

Dieses Beispiel zeigt uns aber auch etwas anderes. Gehen wir von der üblichen Auffassung von einer Funktion als punktweise definierter Zuordnungsvorschrift $x \to y = f(x)$ ab und bedienen wir uns zur Beschreibung der Abhängigkeit zweier Größen x und y eines linearen Funktionals $l(\varphi)$ auf dem Testfunktionenraum D, so gewinnen wir, wenn wir alle linearen Funktionale auf D betrachten, Funktionen hinzu, für die wir keine Möglichkeit zur Beschreibung durch eine Formel oder Gleichung haben. Durch diese Anschauung wird der Funktionsbegriff *verallgemeinert*, vor allem können wir dadurch dem Symbol $\delta(x)$ einen präzisen Sinn durch das Funktional (28.12) geben, das ebenso wohldefiniert ist wie das von einer Funktion f(x) erzeugte Funktional (28.8). Wir nehmen dies zum Anlaß für die

Definition 28.1 Jedes lineare Funktional auf dem Testfunktionenraum D heißt eine *verallgemeinerte Funktion* der reellen Veränderlichen x.

Dabei nennen wir zwei verallgemeinerte Funktionen $l(\varphi)$ und $\tilde{l}(\varphi)$ gleich, wenn $l(\varphi) = \tilde{l}(\varphi)$ für jede Testfunktion $\varphi(x)$ ist. Insbesondere bezeichnen wir $l(\varphi)$ als *reguläres* Funktional, wenn eine auf IR stückweise stetige Funktion f(x) existiert, so daß $l_f(\varphi) = l(\varphi)$ gilt; andernfalls heißt $l(\varphi)$ ein *singuläres* Funktional.

Den Gewinn, den wir mit dieser allgemeineren Auffassung vom Funktionsbegriff erzielen, müssen wir allerdings mit Einbußen bezahlen, die die uns geläufigen Verknüpfungen von Funktionen betreffen.

Ohne Schwierigkeiten läßt sich die Addition, Subtraktion und Multiplikation mit einer Konstanten für verallgemeinerte Funktionen erklären. Sind f(x) und g(x) zwei auf IR stückweise stetige Funktionen, so ist auch die Summe f(x) + g(x) auf IR stückweise stetig; sie erzeugt das Funktional

$$l_{f+g}(\varphi) = \int_{-\infty}^{\infty} \big(f(x) + g(x)\big)\varphi(x)dx = \int_{-\infty}^{\infty} f(x)\varphi(x)dx + \int_{-\infty}^{\infty} g(x)\varphi(x)dx =$$
$$= l_f(\varphi) + l_g(\varphi).$$

Wir nennen daher den rechtsstehenden Ausdruck die *Summe der beiden regulären Funktionale $l_f(\varphi)$ und $l_g(\varphi)$* und schreiben dafür

$$l_{f+g}(\varphi) = (l_f + l_g)(\varphi) = l_f(\varphi) + l_g(\varphi). \tag{28.13}$$

Schließlich nehmen wir dies zum Anlaß, die Summe zweier beliebiger verallgemeinerter Funktionen $l(\varphi)$ und $\tilde{l}(\varphi)$ durch

$$(l+\tilde{l})(\varphi) := l(\varphi) + \tilde{l}(\varphi) \tag{28.14}$$

zu erklären.

Ist α eine Zahl und $l_f(\varphi)$ ein reguläres Funktional, so ist

$$l_{\alpha f}(\varphi) = \int_{-\infty}^{\infty} \alpha f(x)\varphi(x)\,dx = \alpha \int_{-\infty}^{\infty} f(x)\varphi(x)\,dx = \alpha l_f(\varphi)$$

das von der Funktion αf erzeugte Funktional; wir nennen es das *Produkt des Funktionals $l_f(\varphi)$ mit der Zahl* α, symbolisch

$$l_{\alpha f}(\varphi) = (\alpha l_f)(\varphi) = \alpha l_f(\varphi). \tag{28.15}$$

Das Produkt eines beliebigen Funktionals $l(\varphi)$ mit einer Zahl α definieren wir daher durch

$$(\alpha l)(\varphi) := \alpha l(\varphi). \tag{28.16}$$

Die Addition verallgemeinerter Funktionen und die Multiplikation mit einer Zahl sind also wohldefinierte Operationen; die Differenz zweier verallgemeinerter Funktionen $l(\varphi)$ und $\tilde{l}(\varphi)$ ist dann die Summe $(l+(-1)\tilde{l})(\varphi) = (l-\tilde{l})(\varphi)$.

Die ersten Schwierigkeiten begegnen uns bei der Übertragung der Multiplikation. Für lineare Funktionale läßt sich zwar eine Summe bilden, die wieder ein lineares Funktional ist, doch können wir kein Produkt erklären, das einerseits ein lineares Funktional ist, andererseits für reguläre Funktionale $l_f(\varphi)$ und $l_g(\varphi)$ mit dem vom Produkt $f(x)g(x)$ der Funktionen $f(x)$ und $g(x)$ erzeugten Funktional

$$l_{fg}(\varphi) = \int_{-\infty}^{\infty} f(x)g(x)\varphi(x)\,dx \tag{28.17}$$

übereinstimmt. Wir können allenfalls, wenn einer der Faktoren, etwa $g(x)$, eine auf $\mathbb{R}$ beliebig oft differenzierbare Funktion ist, das Funktional (28.17) in der Form

$$l_{fg}(\varphi) = l_f(g\varphi) \tag{28.18}$$

schreiben, da unter der genannten Bedingung über $g(x)$ auch das Produkt $g(x)\varphi(x)$ eine Testfunktion ist. Wir nehmen dies nun zum Anlaß, wenigstens das Produkt einer verallgemeinerten Funktion $l(\varphi)$ mit einer beliebig oft differenzierbaren Funktion $f(x)$ zu erklären, und zwar durch

$$(fl)(\varphi) := l(f\varphi). \tag{28.19}$$

Die Ursache, daß als Faktoren nur beliebig oft differenzierbare Funktionen zugelassen werden können, liegt in unserer Forderung, daß Testfunktionen beliebig oft differenzierbar sind. Warum wir diese Eigenschaft verlangen, wird sich weiter unten herausstellen; würden wir auf die Bedingung der Differenzierbarkeit verzichten, indem wir zum Beispiel jede stetige Funktion, die außerhalb eines beschränkten und abgeschlossenen Intervalles gleich Null ist, als Testfunktion zulassen, so könnten wir auch das Produkt einer verallgemeinerten Funktion mit einer beliebigen stetigen Funktion erklären.

Auch die Zusammensetzung verallgemeinerter Funktionen ist im allgemeinen unmöglich. Als wichtigen Fall besprechen wir die lineare Substitution $x \to y = ax + b$, die der Zusammensetzung $f(g(x))$ der Funktion $f(x)$ mit der Funktion $g(x) = ax + b$ entspricht und auf verallgemeinerte Funktionen übertragen werden kann. Wir gehen aus von dem regulären Funktional

$$l_{f \circ g}(\varphi) = \int_{-\infty}^{\infty} f(ax + b)\varphi(x)\,dx, \quad g(x) = ax + b,$$

und substituieren in diesem Integral für $ax + b = y$,

$$l_{f \circ g}(\varphi) = \frac{1}{|a|} \int_{-\infty}^{\infty} f(y)\varphi\left(\frac{y-b}{a}\right)dy.$$

Nun ist mit $\varphi(x)$ auch die Funktion $\psi(x) = \varphi\left(\frac{x-b}{a}\right)$ eine Testfunktion, weshalb wir das von der zusammengesetzten Funktion $f(g(x)) = f(ax + b)$ erzeugte Funktional auch in der Form

$$l_{f \circ g}(\varphi) = (l_f \circ g)(\varphi) = \frac{1}{|a|} l_f(\psi), \quad \psi(x) = \varphi\left(\frac{x-b}{a}\right), \quad g(x) = ax + b, \tag{28.20}$$

schreiben können. Wir definieren daher die Zusammensetzung einer beliebigen verallgemeinerten Funktion $l(\varphi)$ mit der Funktion $g(x) = ax + b$ durch

$$(l \circ g)(\varphi) := \frac{1}{|a|} l(\psi), \quad \psi(x) = \varphi\left(\frac{x-b}{a}\right), \quad g(x) = ax + b. \tag{28.21}$$

Mit Hilfe dieser Substitutionsregel können wir die Begriffe „gerade" und „ungerade" Funktion auf verallgemeinerte Funktionen übertragen. Setzen wir in (28.21) für $b = 0$ und $a = -1$, so erhalten wir

$$\big(l \circ (-x)\big)(\varphi) = l(\psi), \quad \psi(x) = \varphi(-x).$$

Gilt daher für jede Testfunktion $\varphi(x)$

$$l(\varphi) = l(\psi), \quad \psi(x) = \varphi(-x),$$

so nennen wir $l(\varphi)$ eine *gerade verallgemeinerte Funktion*, gilt

$$l(\varphi) = -l(\psi), \quad \psi(x) = \varphi(-x),$$

so heißt $l(\varphi)$ eine *ungerade verallgemeinerte Funktion*. Als Beispiel sei das Funktional (28.12) angeführt, das offenbar eine gerade verallgemeinerte Funktion darstellt.

Der Begriff der verallgemeinerten Funktion kann ohne Schwierigkeiten auf den Fall mehrerer unabhängiger Veränderlicher übertragen werden. Als Testfunktion nehmen wir jede Funktion, die nur in einem abgeschlossenen und beschränkten Bereich von Null verschiedene Werte hat, wobei wir verlangen, daß alle ihre partiellen Ableitungen nach den einzelnen Veränderlichen existieren. Für eine Funktion $y = f(\mathbf{x})$ erklären wir das Funktional

$$l_f(\varphi) = \int f(\mathbf{x})\varphi(\mathbf{x})\,d\mathbf{x},$$

wobei der Integrationsbereich die (x, y)-Ebene $\mathbb{R}^2$ oder der (x, y, z)-Raum $\mathbb{R}^3$ ist. Wieder handelt es sich dabei nur scheinbar um ein uneigentliches Integral, der tatsächliche Integrationsbereich ist ein abgeschlossener und beschränkter Bereich, nämlich jener, auf dem die Testfunktion $\varphi(\mathbf{x})$ ihre von Null verschiedenen Werte hat. Beispiele für Testfunktionen in mehreren Veränderlichen finden wir auf einfache Weise, so zum Beispiel mit Hilfe der Funktion (28.4) im Falle zweier unabhängiger Veränderlicher

$$\psi(x, y) = \varphi(x)\varphi(y) \quad \text{oder} \quad \psi(x, y) = \varphi\left(\sqrt{x^2 + y^2}\right);$$

die erste verschwindet außerhalb des Quadrates $-1 \leqslant x \leqslant 1, -1 \leqslant y \leqslant 1$, die zweite außerhalb des Kreises $x^2 + y^2 \leqslant 1$. Analoge Konstruktionen sind im Falle von drei unabhängigen Veränderlichen möglich. Ebenso überträgt sich der Begriff der Deltafolge für einen Punkt $\mathbf{x}_0$, wobei an die Stelle der Intervalle eine Folge ineinandergeschachtelter beschränkter und abgeschlossener Bereiche tritt, die sich auf den Punkt $\mathbf{x}_0$ zusammenziehen. Die Werte einer Funktion $f(\mathbf{x})$ lassen sich dann mit Hilfe solcher Deltafolgen aus dem von der Funktion $f(\mathbf{x})$ erzeugten Funktional $l_f(\varphi)$ rekonstruieren, wobei jetzt die Fassung (25.22) des verallgemeinerten Mittelwertsatzes der Integralrechnung zu verwenden ist. Zum Nachweis dessen, daß nicht alle Funktionale von einer Funktion erzeugt werden, dient uns das mehrdimensionale Analogon zu (28.12), das Funktional

$$l(\varphi) = \varphi(\mathbf{o}).$$

Jedes Funktional auf dem Raum der Testfunktionen von zwei beziehungsweise drei unabhängigen Veränderlichen heißt eine verallgemeinerte Funktion von zwei beziehungsweise drei unabhängigen Veränderlichen. Wie bei verallgemeinerten Funktionen einer Veränderlichen unterscheiden wir dabei wieder zwischen regulären und singulären verallgemeinerten Funktionen.

Sinngemäß übertragen sich die Rechenregeln (28.13) bis (28.19), an die Stelle von (28.21) tritt nun

$$(l \circ \mathbf{g})(\varphi) = \frac{1}{|\operatorname{Det} \mathbf{A}|} l(\psi), \quad \psi(\mathbf{x}) = \varphi\left(\mathbf{A}^{-1} \cdot (\mathbf{x} - \mathbf{b})\right), \quad \mathbf{g}(\mathbf{x}) = \mathbf{A} \cdot \mathbf{x} + \mathbf{b}. \tag{28.22}$$

28.2 Die Deltafunktion

Die Deltafunktion hat, nicht zuletzt auf Grund ihrer Bedeutung in der mathematischen Physik, den eigentlichen Anstoß zur Verallgemeinerung des Funktionsbegriffes gegeben. In Abschnitt 27.5 haben wir sie als Symbol für die Grenzfunktion von Impulsen für gegen Null gehende Impulsdauer bei festgehaltener Impulsstärke 1 eingeführt. Im gewöhnlichen Sinn streben aber derartige Funktionen, die wir als nadelartig bezeichnet haben, keiner Grenzfunktion zu, wohl aber konvergieren die Funktionale nadelartiger Funktionen gegen ein „Grenzfunktional“, das linear ist und somit eine verallgemeinerte Funktion darstellt.

Wir betrachten als einfachsten Fall die rechteckförmigen Impulse

$$\delta(x, \epsilon) = \begin{cases} \dfrac{1}{2\epsilon}, & |x| \leqslant \epsilon, \\ 0, & |x| > \epsilon. \end{cases}$$

Die von ihnen erzeugten regulären Funktionale

$$\int_{-\infty}^{\infty} \delta(x, \epsilon)\varphi(x)dx = \frac{1}{2\epsilon}\int_{-\epsilon}^{\epsilon} \varphi(x)dx$$

lassen sich mit Hilfe des ersten Mittelwertsatzes der Integralrechnung in der Form

$$\int_{-\infty}^{\infty} \delta(x, \epsilon)\varphi(x)dx = \varphi(\xi), \quad -\epsilon < \xi < \epsilon,$$

darstellen, worin ξ eine von ϵ (und auch von der Testfunktion $\varphi(x)$) abhängige Zwischenstelle ist. Da mit $\epsilon \to 0$ auch $\xi \to 0$ gilt, folgt

$$\lim_{\epsilon \to 0} \int_{-\infty}^{\infty} \delta(x, \epsilon)\varphi(x)dx = \varphi(0). \tag{28.23}$$

Es konvergieren also die Funktionale gegen ein Grenzfunktional, während die sie erzeugenden Funktionen keiner Grenzfunktion zustreben.

Es läßt sich nun zeigen, daß (28.23) für jede Schar nadelartiger Funktionen gilt, also für jede Funktionenschar $\delta(x, \epsilon)$ mit den Eigenschaften (27.74) und (27.75). Das bereits als singulär erkannte lineare Funktional

$$l_\delta(\varphi) = \varphi(0), \tag{28.24}$$

das demnach immer aus den Funktionalen nadelartiger Funktionen beim Grenzübergang für gegen Null gehende Impulsdauer hervorgeht, wird *Delta-Funktional* genannt.

Das Deltafunktional beschreibt auf mathematische korrekte Weise idealisierte Impulse der Stärke 1. Man arbeitet aber, um derartige Vorgänge zu beschreiben, nicht mit dem Funktional (28.24); es müßten dann ja auch alle anderen Funktionen, auch die auf $\mathbb{R}$ stetigen oder stückweise stetigen Funktionen, als Funktionale angeschrieben werden, was sehr schnell zu unüberschaubaren Ausdrücken führen kann. Man bedient sich durchaus des Symbols $\delta(x)$ und schreibt das Deltafunktional (28.24) formal als Integral

$$l_\delta(\varphi) = \int_{-\infty}^{\infty} \delta(x)\varphi(x)dx = \varphi(0), \tag{28.25}$$

worin $\delta(x)$ gewissermaßen als „erzeugende Funktion" auftritt, um anzudeuten, daß $\delta(x)$, wenn man dieses Symbol als Funktion gelten läßt, die Eigenschaft hat, aus einer Testfunktion $\varphi(x)$ den Funktionswert $\varphi(0)$ „herauszusieben". Wenn man aber so tut, als wäre $\delta(x)$ eine Funktion, so darf dies nicht dazu verleiten, unbekümmert mit $\delta(x)$ zu rechnen, als würden auch für $\delta(x)$, wenigstens formal, alle Möglichkeiten zur Verknüpfung mit anderen Funktionen bestehen beziehungsweise alle geläufigen Rechenoperationen erlaubt sein, vielmehr ist jeder Rechenschritt mit $\delta(x)$ durch die Rechenregeln für verallgemeinerte Funktionen zu rechtfertigen. Die wichtigsten Regeln für das Rechnen mit $\delta(x)$, die wir teilweise schon als formale Grenzwerte kennengelernt haben, wollen wir nun ableiten.

Da zwei beliebige verallgemeinerte Funktionen addiert werden können, läßt sich insbesondere die Summe des Deltafunktionals mit einem beliebigen regulären Funktional bilden,

$$l_f(\varphi) + l_\delta(\varphi) = \int_{-\infty}^{\infty} f(x)\varphi(x)\,dx + \varphi(0).$$

Mit (28.25) können wir dafür auch symbolisch

$$l_f(\varphi) + l_\delta(\varphi) = \int_{-\infty}^{\infty} \big(f(x) + \delta(x)\big)\varphi(x)\,dx$$

schreiben und damit die Summe

$$f(x) + \delta(x)$$

erklären. Diese symbolische Funktion beschreibt die Idealisierung eines Vorgangs, dem in einer kleinen Umgebung der Stelle $x = 0$ ein Impuls der Stärke 1 überlagert ist (Bild 28.2).

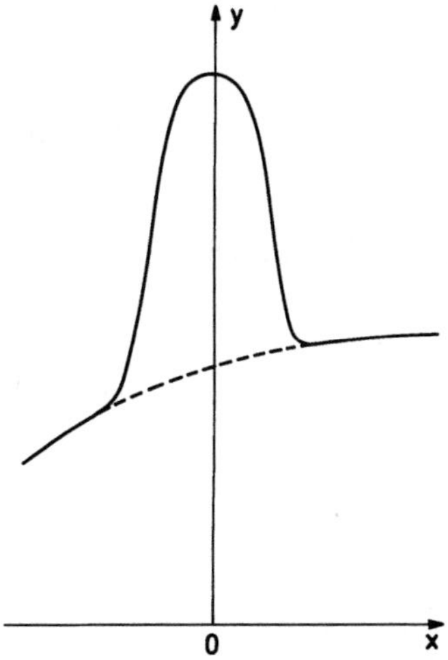

Bild 28.2

Das Produkt des Deltafunktionals mit einer beliebig oft differenzierbaren Funktion $f(x)$ ist nach (28.19) durch das Funktional

$$(f l_\delta)(\varphi) = f(0)\varphi(0) \tag{28.26}$$

erklärt[1]), symbolisch als Integral geschrieben

$$\int_{-\infty}^{\infty} \big(f(x)\delta(x)\big)\varphi(x)\,dx = \int_{-\infty}^{\infty} \delta(x)\big(f(x)\varphi(x)\big)\,dx = f(0)\varphi(0).$$

[1]) Verzichten wir auf die Forderung der Differenzierbarkeit für Testfunktionen und verlangen wir bloß ihre Stetigkeit, so kann $f(x)$ auch eine stetige Funktion sein.

Setzen wir aus (28.24) in (28.26) ein, so erhalten wir die Gleichung

$$(f l_\delta)(\varphi) = f(0) l_\delta(\varphi),$$

in der wir die Begründung für die Regel

$$f(x)\delta(x) = f(0)\delta(x) \tag{28.27}$$

haben (vgl. (27.88)).

Wir können weiter das Deltafunktional mit der Funktion $g(x) = ax + b$ zusammensetzen; nach der Regel (28.21) haben wir hierfür das Funktional

$$(l_\delta \circ g)(\varphi) = \frac{1}{|a|}\varphi\left(-\frac{b}{a}\right) \tag{28.28}$$

zu bilden, symbolisch als Integral

$$\int_{-\infty}^{\infty} \delta(ax + b)\varphi(x)\,dx = \frac{1}{|a|}\varphi\left(-\frac{b}{a}\right). \tag{28.29}$$

Daraus ergibt sich insbesondere für $a = 1$ und $b = -x_0$

$$\int_{-\infty}^{\infty} \delta(x - x_0)\varphi(x)\,dx = \varphi(x_0), \tag{28.30}$$

das heißt, $\delta(x - x_0)$ entspricht dem Funktional $l(\varphi) = \varphi(x_0)$. Berücksichtigen wir dies, so gewinnen wir mit (28.29) für (28.28) die symbolische Regel

$$\delta(ax + b) = \frac{1}{|a|}\delta\left(x + \frac{b}{a}\right) \tag{28.31}$$

(vgl. (27.87)). Für $a = -1$ und $b = x_0$ ergibt sich aus (28.29)

$$\int_{-\infty}^{\infty} \delta(x_0 - x)\varphi(x)\,dx = \varphi(x_0),$$

womit auch $\delta(x_0 - x)$ durch das Funktional $l(\varphi) = \varphi(x_0)$ zu erklären ist. Formal bedeutet dies $\delta(x - x_0) = \delta(x_0 - x)$ beziehungsweise

$$\delta(x) = \delta(-x), \tag{28.32}$$

im Einklang damit, daß das Deltafunktional eine gerade verallgemeinerte Funktion ist, worauf schon hingewiesen wurde.

Es sei schließlich (x_n) eine bestimmt divergente Folge von Punkten. Der mit beliebigen Konstanten c_n gebildete Ausdruck

$$\sum_{n=1}^{\infty} c_n\varphi(x_n) \tag{28.33}$$

ist für jede Testfunktion $\varphi(x)$ sinnvoll, denn es handelt sich nur scheinbar um eine unendliche Summe. Da wir ja voraussetzen, daß eine Testfunktion außerhalb eines gewissen beschränkten und abgeschlossenen Intervalls verschwindet, sind nur endlich viele Glieder in (28.33) von Null verschieden, so daß die Reihe für jede Testfunktion konvergent ist. Auf Grund dessen ist (28.33) ein lineares Funktional; wir schreiben dafür symbolisch, indem wir uns auf (28.30) beziehen,

$$\sum_{n=1}^{\infty} c_n \delta(x - x_n). \tag{28.34}$$

Damit haben wir schließlich auch die Bildung einer Reihe wie (27.89) gerechtfertigt.

Das Deltafunktional kann auch als verallgemeinerte Funktion in mehreren unabhängigen Veränderlichen betrachtet werden,

$$l_\delta(\varphi) = \varphi(\mathbf{o}). \tag{28.35}$$

Dieses lineare singuläre Funktional schreiben wir als Integral erstreckt über den $\mathbf{x}$-Raum

$$\int \delta(\mathbf{x})\varphi(\mathbf{x})d\mathbf{x} = \varphi(\mathbf{o}), \tag{28.36}$$

indem wir uns einer $\delta(x)$ analog aufzufassenden symbolischen Funktion $\delta(\mathbf{x})$ bedienen, der wir die Eigenschaften

$$\delta(\mathbf{x}) = \begin{cases} 0 & \text{für } \mathbf{x} \neq \mathbf{o} \\ \infty & \text{für } \mathbf{x} = \mathbf{o} \end{cases} \quad \text{und} \quad \int \delta(\mathbf{x})d\mathbf{x} = 1$$

zuschreiben. Im Sinne von (28.30) ist $\delta(\mathbf{x} - \mathbf{x}_0)$ zu verstehen; als Rechenregel erwähnen wir die Verallgemeinerung von (28.27)

$$f(\mathbf{x})\delta(\mathbf{x}) = f(\mathbf{o})\delta(\mathbf{x}),$$

wobei wir verlangen, daß alle partiellen Ableitungen der Funktion $f(\mathbf{x})$ existieren und stetig sind. Diese Forderung kann wieder entfallen und auf die Stetigkeit der Funktion $f(\mathbf{x})$ reduziert werden, wenn als Testfunktion jede stetige Funktion, die außerhalb eines gewissen abgeschlossenen und beschränkten Bereichs des $\mathbf{x}$-Raumes gleich Null ist, in Betracht gezogen wird.

Das δ-Symbol als Funktion der Zeit t dient uns zur Beschreibung idealisierter Impulse, als Funktion des Ortes $\mathbf{x}$ ziehen wir es zur mathematischen Formulierung einer anderen Idealisierung heran, die sich in vielen Anwendungen als zweckmäßig erweist. Es handelt sich dabei um die Dichtefunktion einer im Raum verteilten Substanz, wenn von der Vorstellung ausgegangen wird, daß diese in einzelnen Punkten konzentriert ist.

In der physikalischen Welt füllt jede Substanz einen gewissen, wenn auch noch so kleinen Teil des Raumes aus. Es entspricht keinesfalls der Wirklichkeit, davon auszugehen, eine Substanzmenge wäre in einem Punkt konzentriert; jeder Massenkörper hat eine endliche räumliche Ausdehnung, ebenso ist ein Elektron kein punktförmiger Ladungsträger. Im Hinblick auf eine zweckentsprechende mathematische Formulierung kann es aber für die Lösung physikalischer Probleme dennoch von Vorteil sein, derartige Idealisierungen in Betracht zu ziehen. Nehmen wir als Beispiel das System Sonne – Erde – Mond. Aus unserem Blickwinkel ist jeder dieser Himmelskörper von enormer Größe, wenn aber ihre Bewegungen studiert werden sollen, erscheinen ihre Durchmesser sehr klein in Anbetracht ihrer gegenseitigen Entfernungen. Da gerade auf diese das Augenmerk zu richten ist, scheint es nicht unvernünftig, Sonne, Erde und Mond trotz des Umstandes, daß ihre Abmessungen sehr unterschiedliche Größenverhältnisse aufweisen, als punktförmige Massen anzusehen[1]).

Wir schließen jetzt an unsere Betrachtungen von Abschnitt 25.3 an und betrachten einen Massenkörper der Gesamtmasse m, der einen abgeschlossenen und beschränkten Bereich B des Raumes ausfüllt. Die Massendichte $\mu(\mathbf{x})$, die außerhalb von B gleich Null ist, sei innerhalb von B stetig. Wenn wir übereinkommen, daß Integrale ohne Integrationsgrenzen über den ganzen Raum erstreckt sind, so ist nach (25.27)

$$\mathrm{m} = \int \mu(\mathbf{x})\,\mathbf{dx} = \int_B \mu(\mathbf{x})\,\mathbf{dx}.$$

Wenn wir nun den Massenkörper bei konstant gehaltener Gesamtmasse m auf den Punkt $\mathbf{x}_0$ zusammenziehen, so vergrößert sich die mittlere Massendichte in dem Ausmaß, in dem das Volumen des Massenkörpers verkleinert wird; in der Grenze schließlich ergibt sich eine Dichtefunktion mit den Eigenschaften $\mu(\mathbf{x}) = \mathbf{o}$ für $\mathbf{x} \neq \mathbf{x}_0$, $\mu(\mathbf{o}) = \infty$ und

$$\int \mu(\mathbf{x})\,\mathbf{dx} = \mathrm{m},$$

die wir mit dem δ-Symbol folgendermaßen ausdrücken können,

$$\mu(\mathbf{x}) = \mathrm{m}\delta(\mathbf{x} - \mathbf{x}_0). \tag{28.37}$$

Für die Dichtefunktion einer diskreten Massenverteilung, bei der die Massen $\mathrm{m_i}$ in den Punkten $\mathbf{x}_i$ konzentriert sind, finden wir auf Grund dessen

$$\mu(\mathbf{x}) = \sum_i \mathrm{m_i}\delta(\mathbf{x} - \mathbf{x}_i). \tag{28.38}$$

Zu analogen Ergebnissen gelangen wir, wenn es sich um andere punktförmig verteilte Substanzen handelt. Ersetzen wir in (28.37) die Masse m durch die elektrische Ladung q, so stellt (28.37) die Dichte einer Ladungsverteilung dar, bei der sich im Punkt $\mathbf{x}_0$ die Gesamtladung q befindet, und ähnlich ist (28.38) zu interpretieren, wenn darin die Massen $\mathrm{m_i}$ durch die Ladungen $\mathrm{q_i}$ ersetzt werden.

28.3 Differentiation verallgemeinerter Funktionen

Es wurde schon hervorgehoben, daß unstetige beziehungsweise nicht differenzierbare Funktionen in der Folge von Idealisierungen auftreten können. Dies schafft solange keine Probleme, als nur Integrale berechnet werden müssen, im Augenblick aber, wo auch Ableitungen zu bilden sind, ändert sich die Situation.

[1]) Der Übergang zur punktförmigen Masse führt aber nur dann zu sinnvollen Ergebnissen, wenn die Abmessungen aller Körper im Verhältnis zu den Entfernungen klein sind. Für das System Erde-Satellit wäre es wohl zulässig, den Satelliten, der sich in einer Umlaufbahn von 200–300 km über der Erdoberfläche bewegt, als punktförmige Masse anzusehen, nicht aber die Erde! Beim Studium von Satellitenbahnen spielt bereits die Tatsache eine Rolle, daß die Erde keine Kugel ist, ja sogar, daß ihre Massendichte nicht konstant ist.

An einen Kondensator der Kapazität C werde eine Spannung u(t) angelegt, die, als Idealisierung, zum Zeitpunkt t_0 vom Wert $u(t_0-)$ auf den Wert $u(t_0+)$ springt, sonst aber differenzierbar mit stetiger Ableitung ist. Der sich einstellende Strom i(t) ist aus der Gleichung $i(t) = C \frac{d}{dt} u(t)$ zu bestimmen. Nun gestattet diese Formel, die Stromstärke durch Differentiation der Funktion u(t) punktweise zu berechnen, abgesehen natürlich vom Punkt t_0. Wenn wir uns auch auf den Standpunkt stellen, daß in Unstetigkeitsstellen gar kein Funktionswert zu erklären ist, so bedeutet dies nicht, daß eine Untersuchung der Stromstärke zum Zeitpunkt t_0, weil wir keinen Funktionswert für die Spannung im Punkt t_0 angeben, entfallen kann. Die technische Seite dieses Beispiels lehrt uns nämlich, daß ein jähes Ansteigen der Spannung einen Stromstoß zur Folge hat, der um so stärker ausfällt, je größer der Spannungssprung ist. Um nun auf mathematisch einwandfreie Weise beschreiben zu können, wie sich der Sprung der Spannung auf die Stromstärke auswirkt, gehen wir dazu über, Strom und Spannung als lineare Funktionale darzustellen, wozu wir, streng genommen, bei physikalischen Größen immer verpflichtet sind. Natürlich werden wir solange in gewohnter Weise i(t) und u(t) anstatt der Funktionale $l_i(\varphi)$ und $l_u(\varphi)$ schreiben, als die zur Anwendung gelangenden Rechenoperationen legitim sind, im gegenständlichen Beispiel die Differentiation der Spannung u(t). Wenn aber, wie beispielsweise infolge einer Idealisierung, diese Ableitung nicht mehr zu jedem Zeitpunkt gebildet werden kann, müssen wir auf die Funktionale zurückgreifen. Aus den Rechenregeln für verallgemeinerte Funktionen können wir dann symbolische Rechengesetze, die der uns vertrauten Schreibweise für Funktionen angepaßt sind, ableiten, wie wir dies schon im vorangegangenen Abschnitt getan haben. Es verbleibt uns jetzt noch, einer verallgemeinerten Funktion ein Funktional als Ableitung zuzuordnen, womit wir uns nun im folgenden befassen wollen; dabei wird endlich auch klar werden, weshalb wir für Testfunktionen Differenzierbarkeitseigenschaften verlangen.

Wie schon bei den Rechenregeln für verallgemeinerte Funktionen, ist unser Ausgangspunkt die Situation, die wir für reguläre Funktionale vorfinden. Es sei f(x) eine auf $\mathbb{R}$ stetig differenzierbare Funktion; ihre Ableitung erzeugt das Funktional

$$l_{f'}(\varphi) = \int_{-\infty}^{\infty} f'(x)\varphi(x)dx.$$

Integrieren wir partiell, so ergibt sich

$$l_{f'}(\varphi) = -\int_{-\infty}^{\infty} f(x)\varphi'(x)dx,$$

denn der integrierte Term verschwindet auf Grund des Umstandes, daß die Integration in Wirklichkeit über ein von der Testfunktion $\varphi(x)$ abhängiges Intervall [a, b] zu erstrecken ist, in dessen Endpunkten die Testfunktion die Werte Null hat. Berücksichtigen wir jetzt, daß auch $\varphi'(x)$ eine Testfunktion ist, so haben wir den Zusammenhang

$$l_{f'}(\varphi) = -l_f(\varphi').$$

Diese Gleichung lehrt uns nun, wie wir den Begriff der Ableitung auf verallgemeinerte Funktionen zu übertragen haben. Da in ihr die rechte Seite für jede beliebige auf $\mathbb{R}$ stückweise stetige Funktion f(x) ein lineares Funktional ist, erklären wir das Funktional $-l_f(\varphi')$ als Ableitung des Funktionals $l_f(\varphi)$ und schreiben dafür, indem wir den Operator D als Symbol für die Differentiation verallgemeinerter Funktionen einführen,

$$Dl_f(\varphi) = l'_f(\varphi) := -l_f(\varphi'). \tag{28.39}$$

Durch diese Definition wird jeder stückweise stetigen Funktion eine Ableitung als verallgemeinerte Funktion zugeordnet. Wir wollen uns zunächst überlegen, was wir unter dieser

„verallgemeinerten" Ableitung einer im gewöhnlichen Sinn nicht differenzierbaren Funktion zu verstehen haben, wobei unser Interesse dem Fall gilt, daß f(x) im Punkt x_0 wohl stetig ist, aber verschiedene einseitige Ableitungen hat, das Schaubild von f(x) im Punkt x_0 also eine Ecke aufweist, beziehungsweise, daß f(x) im Punkt x_0 eine Sprungstelle hat.

Nehmen wir also an, die Funktion f(x) sei überall differenzierbar mit Ausnahme des Punktes x_0; ihre Ableitung existiere in jedem Punkt $x \neq x_0$, die Funktion f'(x) sei stetig in den Intervallen $]-\infty, x_0[$ und $]x_0, \infty[$. Ferner setzen wir voraus, daß die einseitigen Grenzwerte $f(x_0-)$ und $f(x_0+)$ beziehungsweise $f'(x_0-)$ und $f'(x_0+)$ existieren. Gilt $f(x_0+) = f(x_0-)$, aber $f'(x_0+) \neq f'(x_0-)$, so hat f(x) im Punkt x_0 eine Ecke, ist $f(x_0+) \neq$ $\neq f(x_0-)$, so liegt eine Sprungstelle mit der Sprunghöhe $h = f(x_0+) - f(x_0-)$ vor. Wir denken uns nun das Auftreten einer Ecke oder einer Sprungstelle der Funktion f(x) durch eine Idealisierung entstanden, und zwar im folgenden Sinn. Wir grenzen um den Punkt x_0 eine Umgebung $]x_0 - \epsilon, x_0 + \eta[$ ab und ersetzen in diesem Intervall die Funktion f(x) durch eine Funktion $g(x; \epsilon, \eta)$, so daß

$$\tilde{f}(x; \epsilon, \eta) = \begin{cases} f(x) & \text{für } x \leqslant x_0 - \epsilon \text{ und } x \geqslant x_0 + \eta \\ g(x; \epsilon, \eta) & \text{für } x_0 - \epsilon < x < x_0 + \eta \end{cases}$$

eine stetig differenzierbare Funktion ist mit der Eigenschaft

$$\lim_{\epsilon \to 0, \eta \to 0} \tilde{f}(x; \epsilon, \eta) = f(x) \quad \text{für } x \neq x_0 .$$

In Bild 28.3 ist diese Konstruktion am Beispiel der Funktion $f(x) = |x - x_0|$ für eine Ecke, in Bild 28.4 am Beispiel der Funktion $f(x) = \operatorname{sign}(x - x_0)$ für eine Sprungstelle dargestellt.

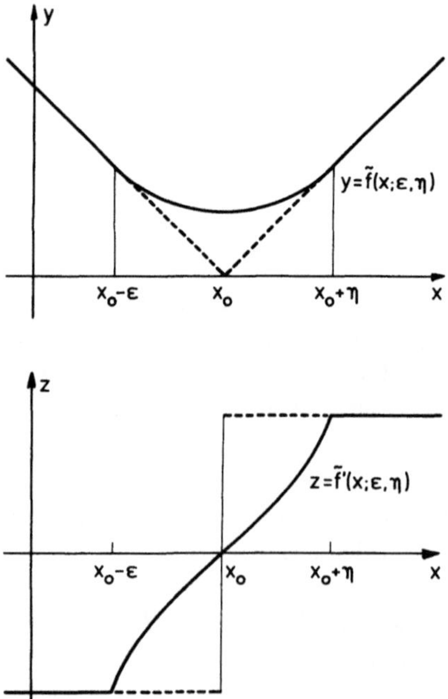

Bild 28.3

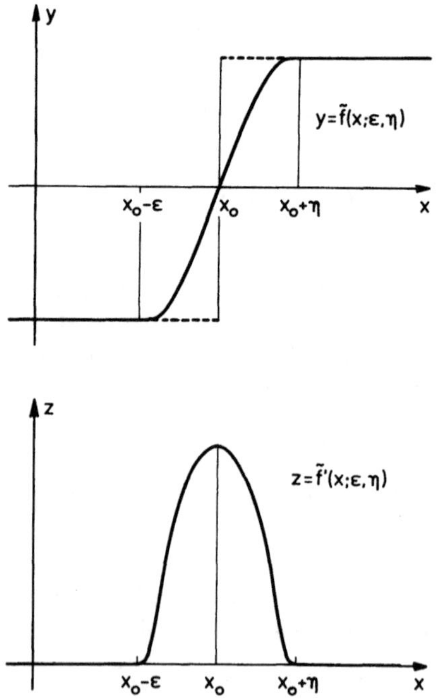

Bild 28.4

Wir bilden nun nach (28.39) die Ableitung des Funktionals $l_{\tilde{f}}(\varphi)$,

$$l_{\tilde{f}'}(\varphi) = Dl_{\tilde{f}}(\varphi) = -\int_{-\infty}^{\infty} \tilde{f}(x; \epsilon, \eta)\varphi'(x)dx$$

$$= -\int_{-\infty}^{x_0-\epsilon} f(x)\varphi'(x)dx - \int_{x_0-\epsilon}^{x_0+\eta} g(x; \epsilon, \eta)\varphi'(x)dx - \int_{x_0+\eta}^{\infty} f(x)\varphi'(x)dx.$$

Das erste und letzte Integral auf der rechten Seite formen wir durch partielle Integration um, wobei sich

$$Dl_{\tilde{f}}(\varphi) = \int_{-\infty}^{x_0-\epsilon} f'(x)\varphi(x)dx - f(x_0-\epsilon)\varphi(x_0-\epsilon) + \int_{x_0+\eta}^{\infty} f'(x)\varphi(x)dx$$

$$+ f(x_0+\eta)\varphi(x_0+\eta) - \int_{x_0-\epsilon}^{x_0+\eta} g(x; \epsilon, \eta)\varphi'(x)dx$$

ergibt. Wir berechnen den Grenzwert dieses Funktionals für $\epsilon \to 0$ und $\eta \to 0$. Da wir davon ausgehen können, daß bei diesem Grenzübergang die Funktion $g(x; \epsilon, \eta)$ im Punkt x_0 nicht über alle Grenzen wächst, also eine von ϵ und η unabhängige Zahl C existiert, so daß $|g(x; \epsilon, \eta)| \leqslant C$ für jedes ϵ und η und $x \in]x_0-\epsilon, x_0+\eta[$ gilt, folgt

$$\lim_{\epsilon \to 0, \eta \to 0} \int_{x_0-\epsilon}^{x_0+\eta} g(x; \epsilon, \eta)\varphi'(x)dx = 0$$

und daher auf Grund unserer Voraussetzungen über die Funktion $f(x)$

$$\lim_{\epsilon \to 0, \eta \to 0} Dl_{\tilde{f}}(\varphi) = \lim_{\epsilon \to 0}\left(\int_{-\infty}^{x_0-\epsilon} f'(x)\varphi(x)dx - f(x_0-\epsilon)\varphi(x_0-\epsilon)\right)$$

$$+ \lim_{\eta \to 0}\left(\int_{x_0+\eta}^{\infty} f'(x)\varphi(x)dx + f(x_0+\eta)\varphi(x_0+\eta)\right)$$

$$= \big(f(x_0+) - f(x_0-)\big)\varphi(x_0) + \int_{-\infty}^{\infty} f'(x)\varphi(x)dx,$$

worin das Integral der stückweise stetigen Funktion $f'(x)$ im Sinne der Erweiterung des bestimmten Integrales auf stückweise stetige Funktionen zu verstehen ist.

Bilden wir andererseits die Ableitung des Funktionals $l_f(\varphi)$, so erhalten wir nach (28.39)

$$Dl_f(\varphi) = -l_f(\varphi') = -\int_{-\infty}^{\infty} f(x)\varphi'(x)\,dx = -\int_{-\infty}^{x_0} f(x)\varphi'(x)\,dx - \int_{x_0}^{\infty} f(x)\varphi'(x)\,dx$$

$$= \Big(f(x_0+) - f(x_0-)\Big)\varphi(x_0) + \int_{-\infty}^{\infty} f'(x)\varphi(x)\,dx, \tag{28.40}$$

also gilt

$$\lim_{\epsilon \to 0,\, \eta \to 0} Dl_{\tilde{f}}(\varphi) = Dl_f(\varphi),$$

mit anderen Worten, die Funktionale $Dl_{\tilde{f}}(\varphi) = l_{\tilde{f}'}(\varphi)$ konvergieren beim Übergang von $\tilde{f}(x; \epsilon, \eta)$ zur Idealisierung $f(x)$ gegen das Funktional $Dl_f(\varphi)$. Unter Bezugnahme auf (28.30) schreiben wir für (28.40)

$$Dl_f(\varphi) = \int_{-\infty}^{\infty} \Big(f'(x) + h\,\delta(x - x_0)\Big)\varphi(x)\,dx, \quad h = f(x_0+) - f(x_0-), \tag{28.41}$$

und bedienen uns, um zu unserer vertrauten Schreibweise zurückzukehren, des Differentiationsoperators D zur Bildung der verallgemeinerten Ableitung einer stückweise stetigen Funktion, das heißt wir schreiben für (28.41)

$$Df(x) = f'(x) + \Big(f(x_0+) - f(x_0-)\Big)\delta(x - x_0). \tag{28.42}$$

Hat also die Funktion $f(x)$ im Punkt x_0 eine Ecke, so ist ihre verallgemeinerte Ableitung gleich der stückweise stetigen Funktion $f'(x)$,

$$Df(x) = f'(x), \tag{28.43}$$

wenn aber $f(x)$ im Punkt x_0 eine Sprungstelle mit der Sprunghöhe $h = f(x_0+) - f(x_0-)$ hat, so kommt der Term $h\delta(x - x_0)$ hinzu,

$$Df(x) = f'(x) + h\delta(x - x_0). \tag{28.44}$$

Der Leser möge sich dies an Hand der Bilder 28.3 und 28.4 veranschaulichen!

Beispiel 28.1: Die verallgemeinerte Ableitung der Funktion $f(x) = |x|$ ist das lineare Funktional

$$Dl_{|x|}(\varphi) = -l_{|x|}(\varphi') = -\int_{-\infty}^{\infty} |x|\varphi'(x)\,dx = \int_{-\infty}^{0} x\varphi'(x)\,dx - \int_{0}^{\infty} x\varphi'(x)\,dx,$$

das wir durch partielle Integration folgendermaßen umformen können,

$$Dl_{|x|}(\varphi) = -\int_{-\infty}^{0} \varphi(x)\,dx + \int_{0}^{\infty} \varphi(x)\,dx = \int_{-\infty}^{\infty} \mathrm{sign}(x)\varphi(x)\,dx;$$

infolgedessen ist

$$D\,|x| = \mathrm{sign}(x). \tag{28.45}$$

Beispiel 28.2: Um die verallgemeinerte Ableitung der Funktion f(x) = sign(x) zu bestimmen, bilden wir

$$Dl_{\text{sign}}(\varphi) = -\int_{-\infty}^{\infty} \operatorname{sign}(x)\varphi'(x)\,dx = \int_{-\infty}^{0} \varphi'(x)\,dx - \int_{0}^{\infty} \varphi'(x)\,dx = 2\varphi(0) = 2\int_{-\infty}^{\infty} \delta(x)\varphi(x)\,dx,$$

also ist

$$D\,\operatorname{sign}(x) = 2\delta(x). \tag{28.46}$$

Beispiel 28.3: Die verallgemeinerte Ableitung der Funktion[1])

$$f(x) = x_+ = \begin{cases} x & \text{für } 0 \leqslant x, \\ 0 & \text{für } x < 0 \end{cases}$$

ist das Funktional

$$Dl_{x_+}(\varphi) = -\int_{0}^{\infty} x\varphi'(x)\,dx = \int_{0}^{\infty} \varphi(x)\,dx = \int_{-\infty}^{\infty} \sigma(x)\varphi(x)\,dx,$$

so daß

$$Dx_+ = \sigma(x). \tag{28.47}$$

Die verallgemeinerte Ableitung der Funktion $\sigma(x)$ erhalten wir aus

$$Dl_{\sigma}(\varphi) = -\int_{-\infty}^{\infty} \sigma(x)\varphi'(x)\,dx = -\int_{0}^{\infty} \varphi'(x)\,dx = \varphi(0) = \int_{-\infty}^{\infty} \delta(x)\varphi(x)\,dx$$

zu (vgl. (27.83))

$$D\sigma(x) = \delta(x). \tag{28.48}$$

Der Begriff der Ableitung läßt sich auf beliebige auch singuläre verallgemeinerte Funktionen übertragen. Wir verallgemeinern (28.39) und geben die

Definition 28.2 Die Ableitung einer verallgemeinerten Funktion $l(\varphi)$ ist das Funktional $-l(\varphi')$, symbolisch

$$Dl(\varphi) = l'(\varphi) := -\,l(\varphi'). \tag{28.49}$$

Beispiel 28.4: Die Ableitung des Deltafunktionals $l_\delta(\varphi)$ ist das Funktional

$$Dl_\delta(\varphi) = l'_\delta(\varphi) = -\varphi'(0).$$

Die symbolische Funktion $D\delta(x)$ können wir uns als Grenzwert der Ableitungen nadelartiger Funktionen vorstellen (Bild 28.5).

Sind $l(\varphi)$ und $\tilde{l}(\varphi)$ zwei beliebige verallgemeinerte Funktionen, so ist die Ableitung ihrer Summe gleich der Summe der Ableitungen von $l(\varphi)$ und $\tilde{l}(\varphi)$,

$$(l + \tilde{l})'(\varphi) = l'(\varphi) + \tilde{l}'(\varphi); \tag{28.50}$$

---

[1]) Mit dem Symbol $f_+(x)$ bezeichnet man allgemein jene aus f(x) hervorgehende Funktion, für die $f_+(x) = f(x)$ für $x \geqslant 0$ und $f_+(x) = 0$ für $x < 0$ ist.

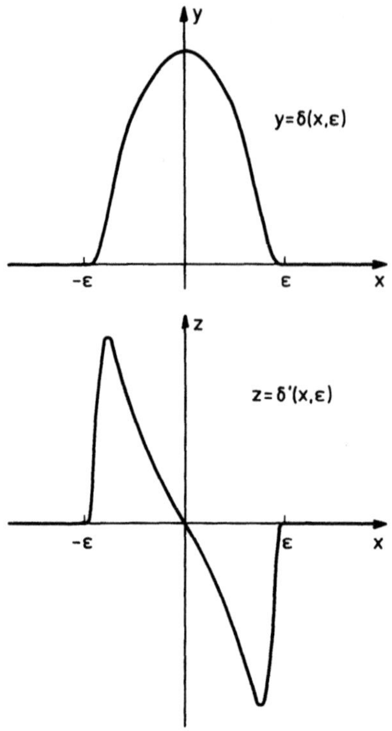

Bild 28.5

ist α eine beliebige Zahl, so gilt

$$(\alpha l)'(\varphi) = \alpha l'(\varphi). \tag{28.51}$$

Auch eine Regel für die Ableitung eines Produktes läßt sich übertragen. Ist f(x) eine beliebig oft differenzierbare Funktion, so können wir das Produkt mit einer beliebigen verallgemeinerten Funktion $l(\varphi)$ bilden. Für die Ableitung dieses Produktes finden wir auf Grund der Linearitätseigenschaften unter Berücksichtigung dessen, daß bei der Differentiation die Testfunktionen abzuleiten sind,

$$\begin{aligned}(\mathrm{f}l)'(\varphi) &= -(\mathrm{f}l)(\varphi') = -l(\mathrm{f}\varphi') = l\left(\mathrm{f}'\varphi - (\mathrm{f}\varphi)'\right) = \mathrm{f}'l(\varphi) + l'(\mathrm{f}\varphi)\\ &= \mathrm{f}'l(\varphi) + \mathrm{f}l'(\varphi),\end{aligned}$$

wofür wir dann kurz

$$(\mathrm{f}l)' = \mathrm{f}'l + \mathrm{f}l' \tag{28.52}$$

schreiben. Aus dieser Produktregel erhalten wir wegen $x\delta(x) = 0$ die Beziehung

$$xD\delta(x) + \delta(x) = 0. \tag{28.53}$$

Um den Begriff der Ableitung auf beliebige reguläre und singuläre verallgemeinerte Funktionen erweitern zu können, mußten wir die Voraussetzung machen, daß Testfunktionen beliebig oft differenzierbar sind, denn nur unter dieser Bedingung ist die Ableitung jeder Testfunktion selbst wieder eine Testfunktion, worauf wir uns eigentlich gestützt haben. Würden wir für Testfunktionen nur die Stetigkeit verlangen, so ließe sich nicht jeder beliebigen verallgemeinerten Funktion eine Ableitung zuordnen, die Differentiation bliebe beschränkt auf reguläre Funktionale, die von differenzierbaren Funktionen erzeugt werden. Die Forderung, daß Testfunktionen beliebig oft differenzierbar sind, hat aber noch eine weitere Konsequenz: *verallgemeinerte Funktionen sind beliebig oft differenzierbar.*

Die Ableitung $-l(\varphi')$ der verallgemeinerten Funktion $l(\varphi)$ ist selbst ein lineares Funktional und kann daher ebenfalls differenziert werden,

$$D\left(Dl(\varphi)\right) = D\left(-l(\varphi')\right) = -Dl(\varphi') = (-1)^2 l(\varphi'').$$

Wir bezeichnen dieses lineare Funktional als zweite Ableitung von $l(\varphi)$ und schreiben symbolisch

$$D^2 l(\varphi) = l''(\varphi) = (-1)^2 l(\varphi''). \tag{28.54}$$

Auch die zweite Ableitung kann differenziert werden, da es sich bei ihr wieder um ein lineares Funktional handelt; wir erklären die n-te Ableitung des Funktionals $l(\varphi)$ rekursiv durch

$$D^{\mathrm{n}} l(\varphi) = D\left(D^{\mathrm{n}-1} l(\varphi)\right)$$

und erhalten daraus

$$D^{\mathrm{n}} l(\varphi) = l^{(\mathrm{n})}(\varphi) = (-1)^{\mathrm{n}} l(\varphi^{(\mathrm{n})}), \tag{28.55}$$

wie der Leser durch vollständige Induktion leicht selbst beweisen kann. Ist dabei $l(\varphi) = l_{\mathrm{f}}(\varphi)$ ein reguläres Funktional, erzeugt von der n-mal stetig differenzierbaren Funktion f(x), so gilt natürlich

$$D^{\mathrm{n}} l_{\mathrm{f}}(\varphi) = l_{\mathrm{f}^{(\mathrm{n})}}(\varphi).$$

Für die n-te Ableitung eines regulären Funktionals $l_{\mathrm{f}}(\varphi)$ schreiben wir auch symbolisch $D^{\mathrm{n}}\mathrm{f(x)}$.

Beispiel 28.5: Es gilt

$$D^2 |\mathrm{x}| = D\,\mathrm{sign}(\mathrm{x}) = 2\delta(\mathrm{x}),$$
$$D^2 \mathrm{x}_+ = D\sigma(\mathrm{x}) = \delta(\mathrm{x}).$$

Der Begriff der Ableitung läßt sich auch auf verallgemeinerte Funktionen in mehreren unabhängigen Veränderlichen übertragen. Ist $l(\varphi)$ eine verallgemeinerte Funktion in den Veränderlichen x, y, ..., so erklären wir als partielle Ableitung nach x, y, ... die Funktionale

$$D_{\mathrm{x}} l(\varphi) = -l(\varphi_{\mathrm{x}}),\quad D_{\mathrm{y}} l(\varphi) = -l(\varphi_{\mathrm{y}}),\quad \ldots\,. \tag{28.56}$$

Entsprechend sind die höheren partiellen Ableitungen einzuführen. Als Ableitung von $l(\varphi)$ erklären wir die Zeilenmatrix

$$Dl(\varphi) = l'(\varphi) = \begin{pmatrix} D_{\mathrm{x}} l(\varphi) & D_{\mathrm{y}} l(\varphi) & \ldots \end{pmatrix} = -\begin{pmatrix} l(\varphi_{\mathrm{x}}) & l(\varphi_{\mathrm{y}}) & \ldots \end{pmatrix}. \tag{28.57}$$

So ist zum Beispiel die Ableitung des Deltafunktionals in den drei unabhängigen Veränderlichen x, y und z die Zeilenmatrix

$$Dl_\delta(\varphi) = -\varphi'(\mathbf{0}) = -\begin{pmatrix} \varphi_{\mathrm{x}}(\mathbf{0}) & \varphi_{\mathrm{y}}(\mathbf{0}) & \varphi_{\mathrm{z}}(\mathbf{0}) \end{pmatrix}$$

oder in symbolischer Schreibweise

$$D\delta(\mathbf{x}) = \begin{pmatrix} D_{\mathrm{x}}\delta & D_{\mathrm{y}}\delta & D_{\mathrm{z}}\delta \end{pmatrix}.$$

28.4 Fourier-Transformation verallgemeinerter Funktionen

In Abschnitt 27.5 haben wir, ausgehend von einer Schar nadelartiger Funktionen, der symbolischen Funktion $\delta(t)$ eine Fourier-Transformierte zugeordnet, indem wir in (27.90) den Grenzübergang formal mit dem Operator $\mathscr{F}$ vertauscht haben. Wir wollen nun skizzieren, wie (27.91) ein präziser Sinn gegeben werden kann und dabei aufzeigen, an unsere Betrachtungen am Ende von Abschnitt 27.5 anschließend, wie die Fourier-Transformation auf eine größere Klasse von Funktionen ausgedehnt werden kann.

Wir gehen aus von der Gleichung (27.58) und setzen darin $\omega = 0$, so daß gilt, wenn über f(t) und g(t) entsprechende Voraussetzungen gemacht werden,

$$\int_{-\infty}^{\infty} f(t)g(t)dt = \frac{1}{2\pi}\int_{-\infty}^{\infty} F(-\omega)G(\omega)d\omega = \frac{1}{2\pi}\int_{-\infty}^{\infty} F(\omega)G(-\omega)d\omega. \tag{28.58}$$

Wenn nun $G(\omega)$ auf $\mathbb{R}$ absolut integrierbar ist, so läßt sich auf die Funktion $G(-t)$ der Operator $\mathscr{F}$ anwenden, wobei offenbar

$$\mathscr{F}G(-t) = 2\pi g(\omega)$$

gilt; fassen wir daher in (28.58) die Funktion $\varphi(\omega) = \frac{1}{2\pi}G(-\omega)$ als Urbild und die Funktion $\Phi(t) = g(t)$ als deren Bild auf, so folgt aus (28.58), wenn wir die Integrationsvariable einheitlich mit x bezeichnen,

$$\int_{-\infty}^{\infty} f(x)\Phi(x)dx = \int_{-\infty}^{\infty} F(x)\varphi(x)dx, \quad \Phi = \mathscr{F}\varphi, F = \mathscr{F}f. \tag{28.59}$$

Diese Gleichung ist nun die Grundlage für die Erweiterung der Fourier-Transformation, indem wir darin $\varphi(x)$ als Testfunktion ansehen. Allerdings müssen wir den Begriff der Testfunktion zu diesem Zweck modifizieren, da mit $\varphi(x)$ auch die Funktion $\Phi(x) = \mathscr{F}\varphi(x)$ im Integral auf der linken Seite eine Testfunktion sein soll. Für eine Testfunktion im bisherigen Sinn ist die Bildfunktion bei der Fourier-Transformation keine Testfunktion mehr, da diese nicht die Eigenschaft hat, außerhalb eines gewissen abgeschlossenen und beschränkten Intervalles zu verschwinden. Im Hinblick darauf erweitern wir den Testfunktionenraum D, indem wir *jede beliebig oft differenzierbare Funktion, die nebst jeder Ableitung für* $|x| \to \infty$ *stärker als jede Potenz* $\frac{1}{|x|}$ *gegen Null strebt,* als Testfunktion heranziehen, wie zum Beispiel die Funktion $\varphi(x) = e^{-ax^2}$, $a > 0$. Diese „schnell abnehmenden" Testfunktionen bilden eine lineare Mannigfaltigkeit, die offenbar den Testfunktionenraum D umfaßt; sie werde im folgenden mit S bezeichnet. Die Testfunktionen aus S haben nun die gewünschte Eigenschaft, daß mit jeder Funktion $\varphi(x) \in S$ auch deren Bild $\Phi(x) = \mathscr{F}\varphi(x)$ eine Funktion aus S ist. Wir verzichten auf den Beweis dieser für das Folgende grundlegenden Eigenschaft der Testfunktionen aus S; der Leser findet sie für die Testfunktion $\varphi(x) = e^{-ax^2}$ in Beispiel 27.2 bestätigt. Entsprechend dieser Erweiterung ist der Begriff der Deltafolge im Testfunktionenraum S zu fassen. Jede Deltafolge von Funktionen aus D ist auch eine Deltafolge von Testfunktionen aus S, doch nicht umgekehrt; als Beispiel einer Deltafolge von Funktionen aus S, die nicht in D liegen, erwähnen wir

$$\delta_n(x) = \sqrt{\frac{k_n}{\pi}}e^{-k_n x^2}, \quad n = 1, 2, \ldots, \lim_{n\to\infty} k_n = \infty. \tag{28.60}$$

Wir erweitern nun auch den Begriff der verallgemeinerten Funktion und nennen, zur Unterscheidung von den linearen Funktionalen auf D, jedes lineare Funktional auf dem Testfunktionenraum S eine *temperierte verallgemeinerte Funktion* oder eine *verallgemeinerte Funktion von langsamem Wachstum*[1]).

Wir schreiben $l(\varphi)$ auch für temperierte verallgemeinerte Funktionen, beziehungsweise $l_f(\varphi)$, wenn sie von einer Funktion f(x) erzeugt werden, und bemerken hierzu allenfalls, um Mißverständnisse auszuschließen, daß $\varphi(x)$ eine Testfunktion aus S ist. Die Rechenregeln (28.14), (28.16) und (28.21) können unmittelbar auf temperierte verallgemeinerte Funktionen übertragen werden, für (28.19) kommt die Einschränkung hinzu, daß f(x) für $|x| \to \infty$ nicht allzu stark wächst, so daß auch das Produkt $f(x)\varphi(x)$ eine Testfunktion aus S ist. Temperierte verallgemeinerte Funktionen sind ebenfalls nach der Regel (28.49) zu differenzieren, wobei auch die Ableitungsregeln (28.50), (28.51) und (28.52) gültig bleiben.

Die Gleichung (28.59) können wir nun in der Form

$$l_f(\mathscr{F}\varphi) = l_{\mathscr{F}f}(\varphi), \quad \varphi(x) \in S, \tag{28.61}$$

schreiben, wenn die Funktion f(x) eine Fourier-Transformierte im Sinne von Abschnitt 27.3 besitzt. Dies veranlaßt uns zu folgender

Definition 28.3 Ist $l(\varphi)$ eine temperierte verallgemeinerte Funktion, so ist ihre *Fourier-Transformierte* die temperierte verallgemeinerte Funktion

$$\mathscr{F}l(\varphi) := l(\mathscr{F}\varphi), \quad \varphi(x) \in S. \tag{28.62}$$

Wir bemerken hierzu, daß bei dieser Erweiterung der Fourier-Transformation auf temperierte verallgemeinerte Funktionen die Linearitätseigenschaft des Operators $\mathscr{F}$ erhalten bleibt, denn es gilt

$$\mathscr{F}(\alpha l + \beta \tilde{l})(\varphi) = (\alpha l + \beta \tilde{l})(\mathscr{F}\varphi) = \alpha l(\mathscr{F}\varphi) + \beta \tilde{l}(\mathscr{F}\varphi) = \alpha \mathscr{F}l(\varphi) + \beta \mathscr{F}\tilde{l}(\varphi).$$

Beispiel 28.6: Die Fourier-Transformierte des Deltafunktionals $l_\delta(\varphi) = \varphi(0)$ ist

$$\mathscr{F}l_\delta(\varphi) = l_\delta(\mathscr{F}\varphi) = \Phi(0), \quad \Phi(x) = \mathscr{F}\varphi(x) = \int_{-\infty}^{\infty} e^{-jxy}\varphi(y)\,dy,$$

also wegen

$$\Phi(0) = \int_{-\infty}^{\infty} \varphi(x)\,dx = l_1(\varphi)$$

das von der konstanten Funktion $\Delta(x) = 1$ erzeugte Funktional, was wir symbolisch durch

$$\mathscr{F}\delta(t) = 1 \tag{28.63}$$

zum Ausdruck bringen, wobei wir, wie auch im folgenden, bei der Formulierung der Endergebnisse zu unserer gewohnten Schreibweise zurückkehren, in der t die unabhängige Variable der Zeitfunktion und ω die unabhängige Variable der Frequenzfunktion kennzeichnet.

---

[1]) Während jede auf IR stückweise stetige Funktion ein lineares Funktional auf dem Testfunktionenraum D erzeugt, müssen im Hinblick auf eine Darstellung als Funktional auf dem Testfunktionenraum S Einschränkungen an das Wachstum für $|x| \to \infty$ zur Sicherung der Konvergenz des nunmehr uneigentlichen Integrales (28.8) gemacht werden.

Beispiel 28.7: Wir berechnen die Fourier-Transformierte der konstanten Funktion f(t) = 1 [1]). Nach (28.62) haben wir hierfür das Funktional

$$\mathscr{F} l_1(\varphi) = l_1(\mathscr{F}\varphi) = \int_{-\infty}^{\infty} \Phi(x)\,dx, \quad \Phi(x) = \mathscr{F}\varphi(x) = \int_{-\infty}^{\infty} e^{-jxy}\varphi(y)\,dy,$$

zu bilden. Um das uneigentliche Integral der Testfunktion $\Phi(x)$ mit Hilfe der Funktion $\varphi(x)$ auszudrücken, schreiben wir es als Hauptwertintegral

$$\int_{-\infty}^{\infty} \Phi(x)\,dx = \mathrm{HW}\int_{-\infty}^{\infty} \Phi(x)\,dx = \lim_{A\to\infty} \int_{-A}^{A} \Phi(x)\,dx,$$

was wegen der Konvergenz des Integrales zulässig ist. Wenn wir nun berücksichtigen, daß das Integral

$$\int_{-\infty}^{\infty} e^{-jxy}\varphi(y)\,dy$$

gleichmäßig auf $\mathbb{R}$ konvergiert, ist die folgende Vertauschung der Integrationen gerechtfertigt (vgl. (25.49)),

$$\int_{-A}^{A} \Phi(x)\,dx = \int_{-A}^{A} dx \int_{-\infty}^{\infty} e^{-jxy}\varphi(y)\,dy = \int_{-\infty}^{\infty} \varphi(y)\,dy \int_{-A}^{A} e^{-jxy}\,dx = 2\int_{-\infty}^{\infty} \frac{\sin Ay}{y}\varphi(y)\,dy.$$

Infolgedessen gilt

$$\int_{-\infty}^{\infty} \Phi(x)\,dx = 2\pi \lim_{A\to\infty} \frac{1}{\pi}\int_{-\infty}^{\infty} \frac{\sin Ay}{y}\varphi(y)\,dy,$$

und wir schließen mit Hilfe von (27.16) und (27.20)

$$\int_{-\infty}^{\infty} \Phi(x)\,dx = 2\pi\varphi(0);$$

also ist

$$\mathscr{F} l_1(\varphi) = 2\pi\varphi(0) = 2\pi l_\delta(\varphi)$$

oder symbolisch

$$\mathscr{F}1 = 2\pi\delta(\omega). \tag{28.64}$$

Beispiel 28.8: Um die Fourier-Transformierte der Signumfunktion f(t) = sign (t) zu berechnen, bilden wir das Funktional

$$\mathscr{F} l_{\mathrm{sign}}(\varphi) = l_{\mathrm{sign}}(\mathscr{F}\varphi) = \int_{-\infty}^{\infty} \mathrm{sign}(x)\,\Phi(x)\,dx = \int_{0}^{\infty} \Psi(x)\,dx,$$

---

[1]) Diese Sprechweise ist nicht exakt, es müßte genauer heißen ... die Fourier-Transformierte der von der Funktion f(t) = 1 erzeugten temperierten verallgemeinerten Funktion $l_f(\varphi)$ ... .

worin

$$\Psi(x) = \Phi(x) - \Phi(-x) = \int_{-\infty}^{\infty} (e^{-jxy} - e^{jxy})\varphi(y)\,dy = \frac{2}{j}\int_{-\infty}^{\infty} \sin xy\,\varphi(y)\,dy$$

eine Testfunktion aus S ist. Unser Ziel ist wieder, das uneigentliche Integral der Funktion $\Psi(x)$ mit Hilfe der Testfunktion $\varphi(x)$ auszudrücken und schreiben es zu diesem Zweck als Grenzwert

$$\int_0^{\infty} \Psi(x)\,dx = \lim_{\substack{A\to\infty \\ \epsilon\to 0+}} \int_{\epsilon}^{A} \Psi(x)\,dx.$$

Wie vorhin ist es auf Grund der gleichmäßigen Konvergenz des Integrales

$$\int_{-\infty}^{\infty} \sin xy\,\varphi(y)\,dy$$

auf $\mathbb{R}$ gestattet, bei der Berechnung des Integrales der Funktion $\Psi(x)$ über das Intervall $[\epsilon, A]$ die Integrationen zu vertauschen,

$$\int_{\epsilon}^{A} \Psi(x)\,dx = \frac{2}{j}\int_{-\infty}^{\infty} \varphi(y)\,dy \int_{\epsilon}^{A} \sin xy\,dx = \frac{2}{j}\int_{-\infty}^{\infty} \frac{\cos\epsilon y - \cos Ay}{y}\varphi(y)\,dy.$$

Wir zerlegen nun die Testfunktion $\varphi(x)$ in ihren ungeraden Anteil $\varphi_u(x)$ und in ihren geraden Anteil $\varphi_g(x)$,

$$\varphi(x) = \varphi_u(x) + \varphi_g(x), \quad \varphi_u(x) = \frac{\varphi(x) - \varphi(-x)}{2}, \quad \varphi_g(x) = \frac{\varphi(x) + \varphi(-x)}{2};$$

da der Ausdruck $\dfrac{\cos\epsilon y - \cos Ay}{y}$ eine ungerade Funktion von y ist, ergibt sich nun

$$\int_{\epsilon}^{A} \Psi(x)\,dx = \frac{1}{j}\int_{-\infty}^{\infty} \frac{\varphi(y) - \varphi(-y)}{y}(\cos\epsilon y - \cos Ay)\,dy.$$

Beachten wir nun weiter, daß $\varphi_u(x)$ eine ungerade Funktion ist, demnach in $x = 0$ eine Nullstelle hat, und selbst eine Testfunktion ist, so folgt unter Berücksichtigung von (27.17)

$$\lim_{A\to\infty} \int_{-\infty}^{\infty} \frac{\varphi(y) - \varphi(-y)}{y} \cos Ay\,dy = 0,$$

und schließlich, da das andere Integral eine stetige Funktion des Parameters ϵ ist,

$$\int_0^{\infty} \Psi(x)\,dx = \lim_{\substack{A\to\infty \\ \epsilon\to 0+}} \int_{\epsilon}^{A} \Psi(x)\,dx = \frac{1}{j}\int_{-\infty}^{\infty} \frac{\varphi(y) - \varphi(-y)}{y}\,dy$$

$$= \frac{1}{j}\lim_{\epsilon\to 0+}\left(\int_{-\infty}^{-\epsilon} \frac{\varphi(y) - \varphi(-y)}{y}\,dy + \int_{\epsilon}^{\infty} \frac{\varphi(y) - \varphi(-y)}{y}\,dy\right)$$

$$= \frac{2}{j}\lim_{\epsilon\to 0+}\left(\int_{-\infty}^{-\epsilon} \frac{\varphi(y)}{y}\,dy + \int_{\epsilon}^{\infty} \frac{\varphi(y)}{y}\,dy\right) = \frac{2}{j}\,\mathrm{HW}\int_{-\infty}^{\infty} \frac{\varphi(y)}{y}\,dy.$$

Das letzte Integral stellt eine temperierte verallgemeinerte Funktion dar, für deren erzeugende Funktion wir symbolisch $\frac{2}{j}\,\mathrm{HW}\,\frac{1}{y}$ schreiben, um an die Bildung des Hauptwertes zu erinnern. Damit erhält das auf formale Weise gewonnene Ergebnis (27.99) der Fourier-Transformation der Signumfunktion einen präzisen Sinn,

$$\mathcal{F}\left(\frac{1}{2}\,\mathrm{sign}(t)\right) = \mathrm{HW}\,\frac{1}{j\omega}. \tag{28.65}$$

Für die Fourier-Transformierte der Heavisideschen Sprungfunktion $\sigma(t)$ erhalten wir unter Berücksichtigung der Linearitätseigenschaft des Operators $\mathcal{F}$ aus der Darstellung $\sigma(t) = \frac{1}{2}(\mathrm{sign}(t) + 1)$ mit Hilfe des Ergebnisses von Beispiel 28.7

$$\mathcal{F}\sigma(t) = \mathrm{HW}\,\frac{1}{j\omega} + \pi\delta(\omega), \tag{28.66}$$

worunter wir natürlich die temperierte verallgemeinerte Funktion

$$\mathrm{HW}\int_{-\infty}^{\infty} \frac{1}{jx}\,\varphi(x)\,dx + \pi\varphi(0)$$

zu verstehen haben.

Beispiel 28.9: Besonders einfach gestaltet sich die Berechnung der Fourier-Transformierten der Funktion $f(t) = e^{jat}$ für reelles a. Es gilt

$$\mathcal{F}l_{e^{jax}}(\varphi) = l_{e^{jax}}(\mathcal{F}\varphi) = \int_{-\infty}^{\infty} e^{jax}\Phi(x)\,dx = 2\pi\varphi(a),$$

das heißt

$$\mathcal{F}e^{jat} = 2\pi\delta(\omega - a). \tag{28.67}$$

Insbesondere ergibt sich daraus

$$\mathcal{F}\cos at = \pi\big(\delta(\omega - a) + \delta(\omega + a)\big) \tag{28.68}$$

und

$$\mathcal{F}\sin at = \frac{\pi}{j}\big(\delta(\omega - a) - \delta(\omega + a)\big). \tag{28.69}$$

Beispiel 28.10: Es sei f(t) eine T-periodische Funktion mit den komplexen Fourierkoeffizienten

$$c_n = \frac{1}{T}\int_0^T f(t)e^{-jn\omega_0 t}dt, \quad \omega_0 T = 2\pi.$$

Wir bilden die Fourier-Transformierte der von der Funktion f(t) erzeugten temperierten verallgemeinerten Funktion $l_f(\varphi)$,

$$\mathcal{F}l_f(\varphi) = l_f(\mathcal{F}\varphi) = \int_{-\infty}^{\infty} f(x)\Phi(x)\,dx, \quad \Phi(x) = \mathcal{F}\varphi(x) = \int_{-\infty}^{\infty} e^{-jxy}\varphi(y)\,dy.$$

Setzen wir hier für f(x) die Fouriersche Reihe

$$f(x) = \sum_{n=-\infty}^{\infty} c_n e^{jn\omega_0 x}$$

ein, so folgt

$$\mathscr{F}l_f(\varphi) = \int_{-\infty}^{\infty} \sum_{n=-\infty}^{\infty} c_n e^{jn\omega_0 x}\Phi(x)\,dx.$$

Unter der Voraussetzung, daß die Reihe

$$\sum_{n=-\infty}^{\infty} c_n \varphi(n\omega_0)$$

für jede Testfunktion aus S konvergiert, was in diesem Fall wegen $|c_n| \to 0$ für $n \to \pm\infty$ (vgl. (18.21)) und wegen der Eigenschaften der Testfunktionen aus S sicher erfüllt ist, kann die Integration mit der Summation vertauscht werden,

$$\mathscr{F}l_f(\varphi) = \sum_{n=-\infty}^{\infty} c_n \int_{-\infty}^{\infty} e^{jn\omega_0 x}\Phi(x)\,dx = 2\pi \sum_{n=-\infty}^{\infty} c_n \varphi(n\omega_0). \tag{28.70}$$

Für dieses Ergebnis schreiben wir

$$\mathscr{F}f(t) = 2\pi \sum_{n=-\infty}^{\infty} c_n \delta\left(\omega - \frac{2\pi n}{T}\right); \tag{28.71}$$

es stellt die Fourier-Transformierte einer T-periodischen Funktion dar und kann dahingehend interpretiert werden, daß Beiträge zum Spektrum nur von diskreten Frequenzen, den Vielfachen der Grundfrequenz $\omega_0 = \frac{2\pi}{T}$, geliefert werden.

Eine temperierte verallgemeinerte Funktion $l(\varphi)$ wird T-*periodisch* genannt, wenn

$$(l \circ (x + T))(\varphi) = l(\varphi) \tag{28.72}$$

für jede Testfunktion aus S gilt, das heißt wegen (28.21)

$$l(\varphi) = l(\psi), \quad \psi(x) = \varphi(x - T).$$

Für die Fourier-Transformierte einer T-periodischen verallgemeinerten Funktion $l(\varphi)$ finden wir das Funktional

$$\mathscr{F}l(\varphi) = 2\pi \sum_{n=-\infty}^{\infty} c_n \varphi\left(\frac{2\pi n}{T}\right), \tag{28.73}$$

worin die Koeffizienten c_n durch $l(\varphi)$ eindeutig bestimmt sind; sie heißten die *Fourier-Koeffizienten der verallgemeinerten Funktion* $l(\varphi)$. Wir schreiben (28.73) symbolisch als Reihe

$$2\pi \sum_{n=-\infty}^{\infty} c_n \delta\left(\omega - \frac{2\pi n}{T}\right) = \pi a_0 \delta(\omega) \tag{28.74}$$

$$+ \pi \sum_{n=1}^{\infty} \left[a_n\left(\delta\left(\omega - \frac{2\pi n}{T}\right) + \delta\left(\omega + \frac{2\pi n}{T}\right)\right) + \frac{b_n}{j}\left(\delta\left(\omega - \frac{2\pi n}{T}\right) - \delta\left(\omega + \frac{2\pi n}{T}\right)\right)\right]$$

mit

$$a_n = c_n + c_{-n}\,,\quad b_n = j\,(c_n - c_{-n})\quad \text{bzw.}\quad c_n = \frac{a_n - jb_n}{2},\quad c_{-n} = \overline{c_n}\,.$$

Unter Berücksichtigung von (28.67) beziehungsweise der Formeln (28.68) und (28.69) finden wir daher eine symbolische Reihendarstellung

$$\sum_{n=-\infty}^{\infty} c_n e^{jn\omega_0 t} = \frac{a_0}{2} + \sum_{n=1}^{\infty} (a_n \cos n\omega_0 t + b_n \sin n\omega_0 t),\qquad \omega_0 = \frac{2\pi}{T},$$

der verallgemeinerten Funktion $l(\varphi)$. Diese Reihe wird eine *verallgemeinerte Fourier-Reihe* genannt; sie steht für das Funktional

$$l(\varphi) = \lim_{N\to\infty}\left(\sum_{n=-N}^{N} c_n \int_{-\infty}^{\infty} e^{jn\omega_0 x}\varphi(x)\,dx\right). \tag{28.75}$$

Auf Grund der Eigenschaften der Testfunktionen aus S existiert dieser Grenzwert, wenn die Fourier-Koeffizienten c_n den Abschätzungen

$$|c_n| \leqslant Cn^k,\qquad n \geqslant N_0,$$

für eine gewisse natürliche Zahl k genügen.

Ist die Spektralfolge (Tc_n) die konstante Folge ... 1, 1, 1, ... , so wird

$$\frac{1}{T}\sum_{n=-\infty}^{\infty} e^{jn\omega_0 t} = \frac{1}{T} + \frac{2}{T}\sum_{n=1}^{\infty} \cos n\omega_0 t\,; \tag{28.76}$$

diese verallgemeinerte Fourier-Reihe stellt einen zu den Zeitpunkten t = kT periodisch wiederkehrenden Einheitsimpuls dar.

Die Fourier-Transformation läßt sich auch für verallgemeinerte Funktionen umkehren, und zwar durch

$$\mathcal{F}^{-1} l(\varphi) = l(\mathcal{F}^{-1}\varphi). \tag{28.77}$$

Beispiel 28.11: Für das Deltafunktional ergibt sich

$$\mathcal{F}^{-1} l_\delta(\varphi) = l_\delta(\mathcal{F}^{-1}\varphi) = \psi(0),\qquad \psi(x) = \mathcal{F}^{-1}\varphi(x) = \frac{1}{2\pi}\int_{-\infty}^{\infty} e^{jxy}\varphi(y)\,dy.$$

Wegen

$$\psi(0) = \frac{1}{2\pi}\int_{-\infty}^{\infty} \varphi(y)\,dy = \frac{1}{2\pi}\,l_1(\varphi)$$

ist

$$\mathcal{F}^{-1}\delta(\omega) = \frac{1}{2\pi}, \tag{28.78}$$

was wegen (28.64) auch selbstverständlich ist.

Die Eigenschaften der Fourier-Transformation, die wir in Abschnitt 27.3 besprochen haben, können weitgehend auf verallgemeinerte Funktionen übertragen werden. Wir schreiben sie in symbolischer Form, so daß im folgenden eine Beziehung $\mathscr{F}f(t) = F(\omega)$ als Gleichheit der Funktionale $\mathscr{F}l_f(\varphi) = l_f(\mathscr{F}\varphi)$ und $l_F(\varphi)$ zu verstehen ist. Zunächst erwähnen wir die Formeln

$$\mathscr{F}f(t) = 2\pi\mathscr{F}^{-1}f(-t) \tag{28.79}$$

beziehungsweise

$$\mathscr{F}^2 f(t) = 2\pi f(-t). \tag{28.80}$$

Beispiel 28.12: Da $\delta(t)$ eine gerade Funktion ist, gilt

$$\mathscr{F}^2\delta(t) = 2\pi\delta(t),$$

in Übereinstimmung mit den Korrespondenzen $\mathscr{F}\delta(t) = 1$ und $\mathscr{F}^2\delta(t) = \mathscr{F}1 = 2\pi\delta(t)$.

Für eine Verschiebung im Zeitbereich besteht die Regel

$$\mathscr{F}f(t - t_0) = e^{-j\omega t_0}\mathscr{F}f(t) = e^{-j\omega t_0}F(\omega) \tag{28.81}$$

als Spezialfall der allgemeineren Transformationsformel

$$\mathscr{F}f(at + b) = \frac{1}{|a|}e^{j\omega b/a}F\left(\frac{\omega}{a}\right), \tag{28.82}$$

der Kombination von (27.27) und (27.28); ebenso behält die Regel (27.29) ihre Gültigkeit.

Beispiel 28.13: Für die Deltafunktion erhalten wir die Korrespondenz

$$\mathscr{F}\delta(t - t_0) = e^{-j\omega t_0}, \tag{28.83}$$

im Einklang mit (28.67) und (28.80), beziehungsweise

$$\mathscr{F}\delta(at + b) = \frac{1}{|a|}\,e^{j\omega b/a}. \tag{28.84}$$

Diese Transformationsformel hätten wir auch aus (28.81) unter Berücksichtigung von (28.31) gewinnen können,

$$\mathscr{F}\delta(at + b) = \frac{1}{|a|}\,\mathscr{F}\delta\left(t + \frac{b}{a}\right) = \frac{1}{|a|}\,e^{j\omega b/a}.$$

Beispiel 28.14: Für die Funktion $f(t) = \frac{1}{2}\operatorname{sign}(t - t_0)$ liefert (28.81) die Transformationsformel

$$\mathscr{F}\left(\frac{1}{2}\operatorname{sign}(t - t_0)\right) = e^{-j\omega t_0}\mathrm{HW}\,\frac{1}{j\omega} = \mathrm{HW}\,\frac{e^{-j\omega t_0}}{j\omega}. \tag{28.85}$$

Beispiel 28.15: Aus der durch Übertragung von (27.29) hervorgehenden Regel gewinnen wir die Beziehung

$$\mathscr{F}\left(\frac{1}{2}e^{j\omega_0 t}\operatorname{sign}(t)\right) = \mathrm{HW}\,\frac{1}{j(\omega - \omega_0)}, \tag{28.86}$$

die als Funktional

$$\frac{1}{2}\int_{-\infty}^{\infty}\operatorname{sign}(t)e^{j\omega_0 t}\Phi(t)\,dt = \mathrm{HW}\int_{-\infty}^{\infty}\frac{1}{j(\omega - \omega_0)}\varphi(\omega)\,d\omega, \quad \Phi(x) = \mathscr{F}\varphi(x),$$

zu verstehen ist.

Auch die Differentiationsregel im Zeitbereich bleibt für verallgemeinerte Funktionen gültig, denn es ist wegen $(\mathscr{F}\varphi)' = \mathscr{F}\big(-jx\varphi(x)\big)$

$$\mathscr{F}Dl(\varphi) = \mathscr{F}l'(\varphi) = l\big(-(\mathscr{F}\varphi)'\big) = \mathscr{F}l\big(jx\varphi(x)\big) = jx\mathscr{F}l(\varphi).$$

Wird das Funktional $l(\varphi)$ dabei von einer Funktion f(t) erzeugt, so schreiben wir hierfür

$$\mathscr{F}Df(t) = j\omega\mathscr{F}f(t) = j\omega F(\omega). \tag{28.87}$$

Beispiel 28.16: Es ist

$$\frac{1}{2}\,\mathscr{F}D\,\text{sign}(t) = j\omega \text{HW}\frac{1}{j\omega}.$$

Nun ist das von der auf der rechten Seite stehenden Funktion erzeugte Funktional

$$\text{HW}\int_{-\infty}^{\infty}\frac{1}{j\omega}\,j\omega\,\varphi(\omega)\,d\omega = \int_{-\infty}^{\infty}\varphi(\omega)\,d\omega = l_1(\varphi),$$

das heißt, es ist $j\omega\text{HW}\frac{1}{j\omega} = 1$ und folglich

$$\frac{1}{2}\,\mathscr{F}D\,\text{sign}(t) = 1.$$

Zu diesem Ergebnis wären wir auch gekommen, wenn wir auf die Gleichung $\frac{1}{2}D\,\text{sign}(t) = \delta(t)$ (Beispiel 28.2) die Fourier-Transformation unter Berücksichtigung von $\mathscr{F}\delta(t) = 1$ angewendet hätten.

Beispiel 28.17: Für die Funktion $f(t) = \sigma(t)$ erhalten wir aus der Transformationsformel $\mathscr{F}\sigma(t) = \text{HW}\frac{1}{j\omega} + \pi\delta(\omega)$ die Beziehung

$$\mathscr{F}D\sigma(t) = j\omega\,\mathscr{F}\sigma(t) = j\omega\text{HW}\frac{1}{j\omega} + j\omega\pi\delta(\omega) = 1$$

wegen $\omega\delta(\omega) = 0$.

Beispiel 28.18: Ist allgemein f(t) eine stetig differenzierbare Funktion mit Ausnahme des Punktes t_0, in dem f(t) eine Ecke oder eine Sprungstelle der Sprunghöhe $h = f(t_0+) - f(t_0-)$ haben möge, so folgt mit (28.44)

$$\mathscr{F}Df(t) = \mathscr{F}\big(f'(t) + h\delta(t-t_0)\big) = \mathscr{F}f'(t) + he^{-j\omega t_0},$$

worin $\mathscr{F}f'(t)$ eine gewöhnliche Fourier-Transformierte ist, wenn die stückweise stetige Funktion f'(t) absolut integrierbar auf $\mathbb{R}$ ist. So erhalten wir zum Beispiel für die Funktion

$$f(t) = \sigma(t)e^{-at}, \quad a > 0,$$

deren Fourier-Transformierte

$$F(\omega) = \mathscr{F}f(t) = \int_0^{\infty} e^{-j\omega t}e^{-at}dt = \frac{1}{a + j\omega}$$

lautet, die Beziehung

$$\mathscr{F}D\big(\sigma(t)e^{-at}\big) = \frac{j\omega}{a + j\omega}.$$

Für die verallgemeinerte Ableitung der Funktion f(t) ergibt sich andererseits nach der Produktregel (28.52)

$$D(\sigma(t)e^{-at}) = e^{-at}D\sigma(t) + \sigma(t)De^{-at} = e^{-at}\delta(t) + \sigma(t)(e^{-at})' = \delta(t) - a\sigma(t)e^{-at}$$

und somit

$$\mathcal{F}D(\sigma(t)e^{-at}) = \mathcal{F}(\delta(t) - a\sigma(t)e^{-at}) = 1 - a\,\mathcal{F}(\sigma(t)e^{-at}) = 1 - a\frac{1}{a+j\omega} = \frac{j\omega}{a+j\omega}.$$

Durch fortgesetzte Anwendung der Differentiationsregel (28.87) ergibt sich

$$\mathcal{F}\left(D^n f(t)\right) = (j\omega)^n \mathcal{F} f(t) = (j\omega)^n F(\omega). \tag{28.88}$$

Beispiel 28.19: So erhalten wir aus (28.88) für $f(t) = \delta(t)$

$$\mathcal{F}(D^n\delta(t)) = (j\omega)^n. \tag{28.89}$$

Auch die Regel (27.32) über die Differentiation im Frequenzbereich läßt sich auf verallgemeinerte Funktionen übertragen,

$$\mathcal{F}\left(-jtf(t)\right) = DF(\omega) \tag{28.90}$$

beziehungsweise

$$\mathcal{F}\left((-jt)^n f(t)\right) = D^n F(\omega). \tag{28.91}$$

Beispiel 28.20: Für $f(t) = 1$ ergibt diese Regel

$$\mathcal{F} t^n = 2\pi j^n D^n \delta(\omega). \tag{28.92}$$

Ist $f(t) = a_0 + a_1 t + \ldots + a_m t^m$ ein Polynom m-ten Grades, so lautet die Fourier-Transformierte dieses Polynoms

$$\mathcal{F}(a_0 + a_1 t + \ldots + a_m t^m) = 2\pi\big(a_0\delta(\omega) + ja_1 D\delta(\omega) + \ldots + (j)^m a_m D^m \delta(\omega)\big). \tag{28.93}$$

Für das folgende benötigen wir den Begriff des *endlichen Bestandteils* eines divergenten Integrales, mit dem wir gewissen divergenten Integralen einen endlichen Wert zuweisen. Wir betrachten für eine beliebige Testfunktion aus S das Integral

$$\int_{-\infty}^{\infty} \frac{1}{x^a}\varphi(x)\,dx, \quad a > 1, \tag{28.94}$$

das divergent ist, wenn nicht $x = 0$ eine mindestens $[a] = n$-fache Nullstelle der Testfunktion $\varphi(x)$ ist. Durch formale partielle Integration geht es über in

$$\frac{1}{a-1}\int_{-\infty}^{\infty} \frac{1}{x^{a-1}}\varphi'(x)\,dx;$$

wir integrieren weiter partiell, wenn dieses Integral noch immer divergent ist, und erhalten nach $n = [a]$ partiellen Integrationen, im Falle daß $n = [a] < a$ ist, ein konvergentes Integral

$$\frac{\Gamma(a-n)}{\Gamma(a)}\int_{-\infty}^{\infty} \frac{1}{x^{a-n}}\varphi^{(n)}(x)\,dx,$$

das der *endliche Bestandteil des Integrales* (28.94) genannt wird. Im Falle, daß $a = n + 1$ eine natürliche Zahl ist, ist das durch n-malige partielle Integration aus (28.94) hervorgehende Integral noch immer divergent, wir bezeichnen in diesem Fall den *Cauchyschen Hauptwert*

$$\frac{1}{n!}\,\mathrm{HW}\int_{-\infty}^{\infty}\frac{1}{x}\varphi^{(n)}(x)\,dx$$

als endlichen Bestandteil von (28.94). Symbolisch schreiben wir nach L. Schwartz für den endlichen Bestandteil von (28.94)

$$\mathrm{Pf}\int_{-\infty}^{\infty}\frac{1}{x^a}\varphi(x)\,dx := \begin{cases}\dfrac{1}{n!}\,\mathrm{HW}\displaystyle\int_{-\infty}^{\infty}\frac{1}{x}\varphi^{(n)}(x)\,dx, & a = n+1 \geqslant 1,\\[2ex] \dfrac{\Gamma(a-n)}{\Gamma(a)}\displaystyle\int_{-\infty}^{\infty}\frac{1}{x^{a-n}}\varphi^{(n)}(x)\,dx, & n = [a] < a,\end{cases} \tag{28.95}$$

worin „Pf" eine Abkürzung für *partie finie* (*pars finita*) ist. Schließlich vereinbaren wir, die erzeugende Funktion des durch (28.95) definierten linearen Funktionals auf S mit $\mathrm{Pf}\,\frac{1}{x^a}$ zu bezeichnen, wobei $\mathrm{Pf}\,\frac{1}{x} = \mathrm{HW}\,\frac{1}{x}$ und $x^{n-1}\mathrm{Pf}\,\frac{1}{x^n} = \mathrm{Pf}\,\frac{1}{x} = \mathrm{HW}\,\frac{1}{x}$ ist.

Beispiel 28.21: Aus der Formel $\mathscr{F}\left(\frac{1}{2}\,\mathrm{sign}\,(t)\right) = \mathrm{HW}\,\frac{1}{j\omega}$ erhalten wir durch Anwendung von (28.90) für die Fourier-Transformierte der Funktion $\frac{1}{2j}\,t\,\mathrm{sign}\,(t) = \frac{1}{2j}\,|t|$ das Funktional

$$-\mathrm{HW}\int_{-\infty}^{\infty}\frac{1}{j\omega}\varphi'(\omega)\,d\omega = -\frac{1}{j}\,\mathrm{Pf}\int_{-\infty}^{\infty}\frac{1}{\omega^2}\varphi(\omega)\,d\omega,$$

also

$$\mathscr{F}\,|t| = -2\mathrm{Pf}\,\frac{1}{\omega^2}.$$

Allgemein wird

$$\mathscr{F}\,(t^n\,\mathrm{sign}\,(t)) = 2\mathrm{Pf}\,\frac{n!}{(j\omega)^{n+1}}.$$

Dieses Beispiel vermag die Zweckmäßigkeit der Einführung des endlichen Bestandteils (28.95) des divergenten Integrales (28.94) im Zusammenhang mit der Fourier-Transformation zu erhellen. Es gibt einerseits keine Möglichkeit, das konvergente Integral

$$\mathrm{HW}\int_{-\infty}^{\infty}\frac{1}{x}\varphi^{(n)}(x)\,dx$$

als Funktional in der Form eines konvergenten Integrales

$$\int_{-\infty}^{\infty}\ldots\varphi(x)\,dx$$

anzuschreiben, andererseits benötigen wir zumindest ein Symbol für die durch die Punkte angedeutete „erzeugende“ Funktion, das in Einklang mit den Rechenregeln der Fourier-Transformation gebracht werden kann. Mit dem endlichen Bestandteil wird dies jedoch erreicht. So folgt zum Beispiel aus dem letzten Ergebnis

$$\mathscr{F}D\left(t^n \operatorname{sign}(t)\right) = j\omega\,\mathscr{F}\left(t^n \operatorname{sign}(t)\right) = j\omega 2\mathrm{Pf}\,\frac{n!}{(j\omega)^{n+1}} = 2\mathrm{Pf}\,\frac{n!}{(j\omega)^n}.$$

Zum selben Ergebnis gelangen wir, wenn wir auf

$$D\left(t^n \operatorname{sign}(t)\right) = \operatorname{sign}(t) D t^n + t^n D \operatorname{sign}(t) = nt^{n-1} \operatorname{sign}(t) + 2t^n \delta(t) = nt^{n-1} \operatorname{sign}(t)$$

die Fourier-Transformation anwenden,

$$\mathscr{F}D\left(t^n \operatorname{sign}(t)\right) = n\,\mathscr{F}\left(t^{n-1} \operatorname{sign}(t)\right) = 2n\mathrm{Pf}\,\frac{(n-1)!}{(j\omega)^n} = 2\mathrm{Pf}\,\frac{n!}{(j\omega)^n}.$$

Beispiel 28.22: Zur Berechnung der Fourier-Transformierten der Funktion $\sigma(t)t^n$ setzen wir in (28.91) für $f(t) = \sigma(t)$ und erhalten

$$(-j)^n\,\mathscr{F}(\sigma(t)t^n) = D^n\,\mathscr{F}\sigma(t) = D^n\left(\mathrm{HW}\,\frac{1}{j\omega} + \pi\delta(\omega)\right),$$

also

$$\mathscr{F}(\sigma(t)t^n) = \mathrm{Pf}\,\frac{n!}{(j\omega)^{n+1}} + j^n \pi D^n \delta(\omega).$$

Beispiel 28.23: Es sei

$$f(t) = \sum_{n=-\infty}^{\infty} c_n e^{jn\omega_0 t}, \quad \omega_0 T = 2\pi,$$

eine verallgemeinerte Fourier-Reihe; ihre Ableitung ist das Funktional

$$-\sum_{n=-\infty}^{\infty} c_n \int_{-\infty}^{\infty} e^{jn\omega_0 x} \varphi'(x)\,dx = \sum_{n=-\infty}^{\infty} jn\omega_0 c_n \int_{-\infty}^{\infty} e^{jn\omega_0 x} \varphi(x)\,dx,$$

also die durch gliedweise Differentiation entstehende verallgemeinerte Fourier-Reihe

$$Df(t) = \sum_{n=-\infty}^{\infty} jn\omega_0 c_n e^{jn\omega_0 t}.$$

Die Fourier-Transformierte von $f(t)$ ist

$$\mathscr{F}f(t) = 2\pi \sum_{n=-\infty}^{\infty} c_n \delta(\omega - n\omega_0),$$

und nach Regel (28.87) die Transformierte der Ableitung $Df(x)$

$$\mathscr{F}Df(t) = 2\pi j\omega \sum_{n=-\infty}^{\infty} c_n \delta(\omega - n\omega_0) = 2\pi \sum_{n=-\infty}^{\infty} jn\omega_0 c_n \delta(\omega - n\omega_0)$$

wegen $\omega\delta(\omega - n\omega_0) = n\omega_0 \delta(\omega - n\omega_0)$.

Verallgemeinerte Fourier-Reihen besitzen Ableitungen beliebiger Ordnung, die durch gliedweise Differentiation zu berechnen sind,

$$D^k f(t) = \sum_{n=-\infty}^{\infty} (jn\omega_0)^k c_n e^{jn\omega_0 t}.$$

Während wir bei der Formulierung der Rechenregeln der Fourier-Transformation bisher auf keine Schwierigkeiten gestoßen sind, müssen wir nun bei der Übertragung der Faltungsregel gewisse Einschränkungen hinnehmen. Wir wollen aber die Gründe hierfür nicht auseinandersetzen und uns damit begnügen, Voraussetzungen anzugeben, unter denen die Gleichung

$$\mathscr{F}\big(f(t) * g(t)\big) = \mathscr{F}f(t)\,\mathscr{F}g(t) = F(\omega)G(\omega) \tag{28.96}$$

gültig ist. Wir setzen dabei voraus, daß das Faltungsprodukt der Funktionen f(t) und g(t) einen Sinn hat. Die Gleichung (28.96) ist dann sicher richtig, *wenn die Fourier-Transformierte von einem der beiden Faktoren eine beliebig oft differenzierbare Funktion ist.*

Beispiel 28.24: Ist $f(t) = t\sigma(t)$ und $g(t) = \sigma(t)e^{-t}$, so ist die Bedingung erfüllt, denn es ist $G(\omega) = \mathscr{F}g(t) = \dfrac{1}{1+j\omega}$ eine beliebig oft differenzierbare Funktion. Das Faltungsprodukt dieser Funktionen ist

$$h(t) = f(t) * g(t) = \sigma(t)\int_0^t \tau e^{-(t-\tau)}d\tau = (t - 1 + e^{-t})\sigma(t).$$

Aus Beispiel 28.22 entnehmen wir

$$\mathscr{F}\big(t\sigma(t)\big) = \mathrm{Pf}\,\frac{1}{(j\omega)^2} + j\pi D\delta(\omega)$$

und erhalten für die Fourier-Transformierte von h(t) zunächst

$$\mathscr{F}\big((t-1+e^{-t})\sigma(t)\big) = \mathrm{Pf}\,\frac{1}{(j\omega)^2} + j\pi D\delta(\omega) - \mathrm{HW}\,\frac{1}{j\omega} - \pi\delta(\omega) + \frac{1}{1+j\omega}$$

$$= \frac{1}{1+j\omega}\left[(1+j\omega)\mathrm{Pf}\,\frac{1}{(j\omega)^2} + (1+j\omega)j\pi D\delta(\omega) - (1+j\omega)\mathrm{HW}\,\frac{1}{j\omega} - (1+j\omega)\pi\delta(\omega) + 1\right]$$

$$= \frac{1}{1+j\omega}\left[\mathrm{Pf}\,\frac{1}{(j\omega)^2} + \mathrm{Pf}\,\frac{1}{j\omega} + j\pi D\delta(\omega) - \pi\omega D\delta(\omega) - \mathrm{HW}\,\frac{1}{j\omega} - 1 - \pi\delta(\omega) - j\pi\omega\delta(\omega) + 1\right].$$

Berücksichtigen wir nun $\mathrm{Pf}\,\frac{1}{j\omega} = \mathrm{HW}\,\frac{1}{j\omega}$, $\omega D\delta(\omega) = -\delta(\omega)$ (vgl. (28.53)) und $\omega\delta(\omega) = 0$, so gelangen wir zu dem Ergebnis

$$\mathscr{F}h(t) = \mathscr{F}\big((t-1+e^{-t})\sigma(t)\big) = \frac{1}{1+j\omega}\left[\mathrm{Pf}\,\frac{1}{(j\omega)^2} + j\pi D\delta(\omega)\right],$$

das übereinstimmt mit

$$\mathscr{F}\big(t\sigma(t)\big)\,\mathscr{F}\big(e^{-t}\sigma(t)\big) = \frac{1}{1+j\omega}\left[\mathrm{Pf}\,\frac{1}{(j\omega)^2} + j\pi D\delta(\omega)\right].$$

Beispiel 28.25: Für das Funktionenpaar f(t) = t, $g(t) = e^{-t^2}$ ist die Bedingung ebenfalls erfüllt, denn g(t) ist eine Testfunktion aus S. Daher ist nach (28.96)

$$\mathscr{F}\int_{-\infty}^{\infty}(t-\tau)e^{-\tau^2}d\tau = \mathscr{F}\,t\,\mathscr{F}e^{-t^2} = 2\pi j D\delta(\omega)\sqrt{\pi}e^{-\omega^2/4}$$

(vgl. Beispiel 27.2). Beachten wir nun

$$e^{-\omega^2/4}\delta(\omega) = \delta(\omega)$$

und die durch Differentiation folgende Gleichung

$$D\delta(\omega) = -\frac{\omega}{2}e^{-\omega^2/4}\delta(\omega) + e^{-\omega^2/4}D\delta(\omega) = e^{-\omega^2/4}D\delta(\omega),$$

so folgt

$$\mathscr{F}\int_{-\infty}^{\infty}(t-\tau)e^{-\tau^2}d\tau = 2\pi j\sqrt{\pi}D\delta(\omega).$$

Wenn wir andererseits das Faltungsprodukt berechnen,

$$\int_{-\infty}^{\infty}(t-\tau)e^{-\tau^2}d\tau = t\int_{-\infty}^{\infty}e^{-\tau^2}d\tau = t\sqrt{\pi},$$

so gelangen wir durch Anwendung der Fourier-Transformation zum selben Resultat.

Beispiel 28.26: Ist f(t) = cos t und der andere Faktor der rechteckförmige Impuls $g(t) = \sigma(t+T) - \sigma(t-T)$, so ist unsere Bedingung für die Gültigkeit von (28.96) erfüllt, denn die Fourier-Transformierte einer Funktion, die außerhalb eines beschränkten und abgeschlossenen Intervalls die Werte Null hat, ist beliebig oft differenzierbar. Es ist

$$h(t) = f(t) * g(t) = \int_{-T}^{T}\cos(t-\tau)d\tau = \sin(t+T) - \sin(t-T) = 2\sin T\cos t$$

und folglich wegen (28.68)

$$\mathscr{F}\big(f(t) * g(t)\big) = 2\sin T\,\mathscr{F}\cos t = 2\pi\sin T\,[\delta(\omega-1) + \delta(\omega+1)].$$

Zur Berechnung der Fourier-Transformierten der einzelnen Faktoren benützen wir das Ergebnis von Beispiel 27.3 (für U = 1) und wieder (28.68),

$$\mathscr{F}g(t) = 2\frac{\sin\omega T}{\omega},\qquad \mathscr{F}f(t) = \mathscr{F}\cos t = \pi[\delta(\omega-1) + \delta(\omega+1)]$$

und erhalten unter Bezugnahme auf (28.27)

$$\mathscr{F}g(t)\,\mathscr{F}f(t) = 2\pi\frac{\sin\omega T}{\omega}[\delta(\omega-1) + \delta(\omega+1)] = 2\pi\sin T[\delta(\omega-1) + \delta(\omega+1)].$$

Beispiel 28.27: Unsere Bedingung für die Gültigkeit von (28.96) ist erfüllt, wenn einer der Faktoren δ(t) (oder eine Ableitung $D^k\delta(t)$) ist. Wir haben für eine beliebige Funktion f(t)

$$\delta(t) * f(t) = \int_{-\infty}^{\infty}\delta(t-\tau)f(\tau)d\tau = \int_{-\infty}^{\infty}\delta(\tau)f(t-\tau)d\tau = f(t) * \delta(t) = f(t) \tag{28.97}$$

zu setzen[1]). Diese Gleichung geht bei der Fourier-Transformation über in

$$\mathcal{F}(\delta(t) * f(t)) = \mathcal{F}\delta(t)\,\mathcal{F} f(t) = 1 \cdot \mathcal{F} f(t) = \mathcal{F} f(t).$$

Ist die Voraussetzung für die Gültigkeit der Gleichung (28.96) erfüllt, so gilt

$$D\big(f(t) * g(t)\big) = Df(t) * g(t) = f(t) * Dg(t), \tag{28.98}$$

im Einklang mit

$$\begin{aligned}\mathcal{F}D\big(f(t) * g(t)\big) &= j\omega\mathcal{F}\big(f(t) * g(t)\big) = j\omega\big(F(\omega)G(\omega)\big)\\ &= \big(j\omega F(\omega)\big)G(\omega) = F(\omega)\big(j\omega G(\omega)\big)\\ &= \mathcal{F}\big(Df(t) * g(t)\big) = \mathcal{F}\big(f(t) * Dg(t)\big).\end{aligned}$$

Beispiel 28.28: Für die Ableitung der Faltung von $\delta(t)$ mit einer stückweise stetigen Funktion f(t) erhalten wir auf Grund von (28.97)

$$Df(t) = D(\delta(t) * f(t)) = D\delta(t) * f(t) = \delta(t) * Df(t).$$

Ist f(t) stetig und, eventuell mit Ausnahme einzelner Punkte, differenzierbar, so bedeutet dies

$$D(\delta(t) * f(t)) = \delta(t) * Df(t) = \delta(t) * f'(t) = f'(t). \tag{28.99}$$

Wir erwähnen schließlich noch die Beziehung

$$D^n(f(t) * g(t)) = D^k f(t) * D^{n-k} g(t), \quad 0 \leqslant k \leqslant n. \tag{28.100}$$

Es gilt also insbesondere

$$D^n\delta(t) * f(t) = \delta(t) * D^n f(t) = f^{(n)}(t), \tag{28.101}$$

wenn die Funktion f(t) (n – 1)-mal stetig differenzierbar ist und eine stückweise stetige n-te Ableitung hat.

Mit der Fourier-Transformation temperierter verallgemeinerter Funktionen ist uns eine Erweiterung des Anwendungsbereiches des Operators $\mathcal{F}$ gelungen, wobei die Rechenregeln der „klassischen" Fourier-Transformation gültig bleiben. Wir können damit, grob gesprochen, jede Funktion, die nicht stärker als ein Polynom anwächst, der Fourier-Transformation unterwerfen. Wir erfassen aber nicht die ganze Klasse der elementaren Funktionen. Die Exponentialfunktion e^x wächst stärker als jede Potenz von x, weshalb wir ihr auf diesem Weg keine Fourier-Transformierte zuordnen können. Um auch Funktionen mit exponentiellem Wachstum der Fourier-Transformation unterwerfen zu können, ist eine weitere Ausdehnung des Begriffs der verallgemeinerten Funktion notwendig, für die wir den Leser auf die einschlägige Lehrbuchliteratur verweisen müssen.

Auch die Laplace-Transformation kann für verallgemeinerte Funktionen erklärt werden. Da jedoch allen technisch wichtigen Funktionen eine Laplace-Transformierte zu-

---

[1]) Wir müssen an dieser Stelle einen Hinweis über die Entstehung dieser Formel anbringen, damit der Leser nicht durch die Voraussetzungen bei anderen äußerlich ähnlichen Beziehungen von Funktionen mit der Deltafunktion in Verwirrung gerät. Wie bei allen anderen Rechenoperationen mit verallgemeinerten Funktionen wird auch die Faltung $(l * \tilde{l})(\varphi)$ zweier Funktionale $l(\varphi)$ und $\tilde{l}(\varphi)$ nach dem Prinzip eingeführt, daß für reguläre Funktionale $(l_f * l_g)(\varphi) = l_{f*g}(\varphi)$ gilt. Hierfür gibt es – unter gewissen Voraussetzungen über f(t) und g(t) – nur einen Weg, der insbesondere, wenn das Deltafunktional als Faktor auftritt, $(l_\delta * l_f)(\varphi) = l_f(\varphi)$ ergibt. In diesem Sinne ist die Gleichung (28.97) zu verstehen, weshalb in ihr auch über die Funktion f(t) keine lokalen Eigenschaften verlangt werden.

geordnet werden kann, richtet sich unser Interesse vor allem auf die Transformation singulärer verallgemeinerter Funktionen, wobei für uns insbesondere jene von Bedeutung sind, die durch Differentiation aus regulären Funktionalen hervorgehen. Wir tragen dem Rechnung durch die

Definition 28.4 Es sei f(t) für $t > 0$ stückweise stetig und $f(t) = 0$ für $t < 0$. Dann heißt

$$\mathscr{L}\left(D^n f(t)\right) := s^n \mathscr{L} f(t) \tag{28.102}$$

die *Laplace-Transformierte der* n-*ten verallgemeinerten Ableitung der Funktion* f(t).

Unberührt von dieser Verallgemeinerung bleibt die Linearitätseigenschaft sowie die eindeutige Umkehrbarkeit der Laplace-Transformation.

Beispiel 28.29: Aus $D\sigma(t) = \delta(t)$ folgt

$$\mathscr{L}\delta(t) = \mathscr{L}\left(D\sigma(t)\right) = s\, \mathscr{L}\sigma(t) = s\frac{1}{s} = 1 \tag{28.103}$$

in Übereinstimmung mit der formalen Ableitung (27.149). Für die höheren Ableitungen von $\delta(t)$ erhalten wir

$$\mathscr{L}\left(D^n\delta(t)\right) = \mathscr{L}\left(D^{n+1}\sigma(t)\right) = s^{n+1}\frac{1}{s} = s^n. \tag{27.104}$$

Es ist demnach

$$\mathscr{L}^{-1}(a_0 + a_1 s + \ldots + a_m s^m) = a_0\delta(t) + a_1 D\delta(t) + \ldots + a_m D^m\delta(t). \tag{28.105}$$

Es ist wesentlich für das Verständnis der Laplace-Transformierten verallgemeinerter Funktionen, daß in (28.102) die Funktion f(t) auf $\mathbb{R}$ definiert ist und für $t < 0$ die Werte $f(t) = 0$ hat. Abgesehen davon, daß verallgemeinerte Funktionen immer für alle reellen Argumente definiert sind, folgt daraus erst die Übereinstimmung von (28.102) mit der Differentiationsregel (27.122) beziehungsweise (27.123), wenn f(t) für $t > 0$ stetig differenzierbar beziehungsweise n-mal stetig differenzierbar ist. Da dann f(t) im Punkt $t = 0$ im allgemeinen eine Sprungstelle der Sprunghöhe $h = f(0+) - f(0-) = f(0+)$ hat, ergibt sich für die verallgemeinerte Ableitung von f(t) zufolge (28.44)

$$Df(t) = f'(t) + f(0+)\delta(t),$$

und somit unter Berücksichtigung von (28.103)

$$s\mathscr{L}f(t) = \mathscr{L}Df(t) = \mathscr{L}f'(t) + f(0+)\cdot 1,$$

das heißt

$$\mathscr{L}f'(t) = s\mathscr{L}f(t) - f(0+).$$

Ist f(t) für $t > 0$ n-mal stetig differenzierbar, so erhalten wir als n-te verallgemeinerte Ableitung von f(t) den Ausdruck

$$D^n f(t) = f^{(n)}(t) + f(0+)D^{n-1}\delta(t) + \ldots + f^{(n-1)}(0+)\delta(t). \tag{28.106}$$

Ist zum Beispiel f(t) für $t > 0$ zweimal stetig differenzierbar, so gilt

$$D^2 f(t) = D\left(f'(t) + f(0+)\delta(t)\right) = f''(t) + f'(0+)\delta(t) + f(0+)D\delta(t).$$

Wenden wir auf (28.106) die Laplace-Transformation an, so erhalten wir zufolge (28.104)

$$s^n\mathscr{L}f(t) = \mathscr{L}D^n f(t) = \mathscr{L}f^{(n)}(t) + f(0+)s^{n-1} + f'(0+)s^{n-2} + \ldots + f^{(n-1)}(0+),$$

also die uns wohlbekannte Regel (27.123),

$$\mathscr{L}f^{(n)}(t) = s^n \mathscr{L}f(t) - s^{n-1}f(0+) - s^{n-2}f'(0+) - \ldots - f^{(n-1)}(0+).$$

Die Rechenregeln der Laplace-Transformation bleiben gültig, soweit sie bei dieser Erweiterung von Belang sind. Als eine besonders wichtige Regel heben wir den Faltungssatz

$$\mathscr{L}\big(f(t) * g(t)\big) = \mathscr{L}f(t)\mathscr{L}g(t)$$

hervor, der ohne Einschränkung auf die von uns betrachteten verallgemeinerten Funktionen angewendet werden kann, wobei der Leser insbesondere auf die Rechenregeln (28.98) und (28.100) hingewiesen sei.

Beispiel 28.30: Aus dem Verschiebungssatz im Zeitbereich erhalten wir die Korrespondenz

$$\mathscr{L}\delta(t - t_0) = e^{-st_0}. \tag{28.107}$$

Sie ergibt sich auch unmittelbar aus der Beziehung $D\sigma(t - t_0) = \delta(t - t_0)$ und

$$\mathscr{L}\delta(t - t_0) = \mathscr{L}D\sigma(t - t_0) = s\,\mathscr{L}\sigma(t - t_0) = s\frac{1}{s}e^{-st_0} = e^{-st_0}.$$

Beispiel 28.31: Aus dem Verschiebungssatz im Bildbereich folgt

$$\mathscr{L}(e^{s_0t}D\delta(t)) = s - s_0. \tag{28.108}$$

Zur Ableitung dieser Formel könnten wir auch von der Gleichung

$$e^{s_0t}D\delta(t) = D\big(e^{s_0t}\delta(t)\big) - s_0e^{s_0t}\delta(t) = D\delta(t) - s_0\delta(t)$$

ausgehen, die uns durch Anwendung der Laplace-Transformation zum selben Ergebnis führt,

$$\mathscr{L}(e^{s_0t}D\delta(t)) = \mathscr{L}D\delta(t) - s_0\,\mathscr{L}\delta(t) = s - s_0.$$

Beispiel 28.32: Das Urbild der Funktion

$$G(s) = s^nF(s), \quad F(s) = \mathscr{L}f(t),$$

ist $g(t) = D^nf(t)$; durch Anwendung des Faltungssatzes erhalten wir

$$\mathscr{L}^{-1}G(s) = g(t) = D^n\delta(t) * f(t) = \delta(t) * D^nf(t) = D^nf(t),$$

worin wir (28.101) benützt haben.

Beispiel 28.33: Es sei F(s) die Laplace-Transformierte der Funktion f(t) und

$$G(s) = R(s)F(s),$$

worin R(s) eine beliebige unecht gebrochene rationale Funktion sei. Zur Berechnung der Originalfunktion $g(t) = \mathscr{L}^{-1}G(s)$ zerlegen wir R(s) in eine echt gebrochene rationale Funktion $\widetilde{R}(s)$ und ein Polynom Q(s), so daß

$$R(s) = \widetilde{R}(s) + Q(s) = \widetilde{R}(s) + a_0 + a_1s + \ldots + a_ms^m.$$

Das Urbild von $\widetilde{R}(s)$ sei $\tilde{r}(t)$; es kann durch Partialbruchzerlegung, wie in Abschnitt 27.9 dargelegt wurde, berechnet werden. Damit liefert uns der Faltungssatz und die Transformationsformel (28.105)

$$g(t) = \left(\sum_{k=0}^{m} a_kD^k\delta(t) + \tilde{r}(t)\right) * f(t) = \sum_{k=0}^{m} a_kD^k\delta(t) * f(t) + \tilde{r}(t) * f(t)$$

$$= \sum_{k=0}^{m} a_kD^k(\delta(t) * f(t)) + \tilde{r}(t) * f(t) = \sum_{k=0}^{m} a_kD^kf(t) + \tilde{r}(t) * f(t),$$

wobei die verallgemeinerten Ableitungen $D^kf(t)$ nach (28.44) bzw. (28.55) zu bilden sind.

Für die Funktion

$$G(s) = \frac{s^3 - s}{s^2 + 1} F(s)$$

erhalten wir nach Division des Zählers $s^3 - s$ durch den Nenner $s^2 + 1$ die Darstellung

$$G(s) = \left(s - 2\frac{s}{s^2 + 1}\right) F(s)$$

und daraus

$$g(t) = \big(D\delta(t) - 2\cos t\big) * f(t) = Df(t) - 2\cos t * f(t).$$

28.5 Übungsbeispiele

Man vereinfache die Ausdrücke

1. $e^{-ax}\delta(x - x_0)$ 2. $x^2\delta(x-1)$ 3. $\delta(x+\pi)\cos x$ 4. $e^x\delta(ax+b)$.

Man berechne die erste und zweite verallgemeinerte Ableitung der Funktionen

5. $f(x) = x\sigma(x)$ 6. $f(x) = \sigma\left(x - \frac{\pi}{2}\right)\sin x$ 7. $f(x) = (e^x - 1)\sigma(x)$

8. $f(x) = x^2 \operatorname{sign}(x)$ 9. $f(x) = \sin x \operatorname{sign}(x)$.

Man vereinfache die Ausdrücke

10. $x^2D^2\delta(x)$ 11. $xD^2\delta(x)$ 12. $x^3D^3\delta(x)$.

Man berechne die Ausdrücke

13. $(D - \omega)\left(\sigma(x)e^{\omega x}\right)$ 14. $(D^2 + \omega^2)\dfrac{\sigma(x)\sin\omega x}{\omega}$ 15. $\dfrac{1}{n!}D^n\left(\sigma(x)x^n\right)$.

Man berechne die Fourier-Transformierte der Funktionen

16. $f(t) = t^n\cos\omega_0 t$ 17. $f(t) = t^n \sin\omega_0 t$

18. $f(t) = t^n\sigma(t)\cos\omega_0 t$ 19. $f(t) = t^n \operatorname{sign}(t)\sin\omega_0 t$.

20. Man entwickle die Funktion $f(t) = |t|$, $-\pi < t < \pi$, $f(t + 2k\pi) = f(t)$, und ihre beiden ersten verallgemeinerten Ableitungen in ihre Fouriersche Reihe. Man vergleiche diese Entwicklungen mit den durch gliedweise Differentiation der Fourier-Reihe von $f(t)$ hervorgehenden Reihen.

Man berechne die Fourier-Transformierte der Funktionen

21. $f(t) = \cos t * e^{-|t|}$ 22. $f(t) = te^{-t^2} * \cos t$,

23. $f(t) = \big(\sigma(t) - \sigma(t-T)\big)\sin\omega_0 t * t$, $\omega_0 T = 2\pi$.

Man berechne $\mathcal{L}^{-1}G(s) = g(t)$ für folgende Funktionen

24. $G(s) = \dfrac{s+1}{s-1}$ 25. $G(s) = \left(\dfrac{s+1}{s-1}\right)^4$

26. $G(s) = \left(s + \dfrac{1}{s}\right)\operatorname{arc\,cot} s$ 27. $G(s) = s\dfrac{s^4 + s^2 + 1}{(s^2-1)^2}F(s)$.

Kapitel VIII Gewöhnliche Differentialgleichungen

Von allen Gleichungsarten, die in Physik und Technik zur mathematischen Beschreibung von Naturvorgängen aufgestellt werden, ist wohl den Differentialgleichungen die größte Bedeutung beizumessen. Die unbekannte Größe in derartigen Gleichungen ist eine Funktion, die Gleichung selbst stellt eine Bedingung dar, die die Lösungsfunktion zusammen mit gewissen Ableitungen von ihr erfüllen soll. Handelt es sich dabei um eine Gleichung für eine Funktion in einer reellen Veränderlichen, so gehen neben der gesuchten Funktion selbst ihre „gewöhnlichen" Ableitungen in die Gleichung ein, weshalb man von einer *gewöhnlichen Differentialgleichung* spricht, zur Unterscheidung von den *partiellen Differentialgleichungen*, deren Unbekannte eine Funktion in mehreren reellen Veränderlichen ist und die deshalb durch das Auftreten partieller Ableitungen gekennzeichnet sind.

Der Grund, weshalb die Beschreibung von Naturvorgängen mit mathematischen Methoden immer zu Differentialgleichungen führt, liegt in der Bedeutung des Differentials, was letztlich auch zur Namensgebung geführt hat. Der Differentialbegriff ermöglicht die mathematische Formulierung grundlegender physikalischer Zusammenhänge, indem zunächst die Beziehungen zwischen den in Betracht zu ziehenden Größen und deren Änderungen gewissermaßen unter der Lupe untersucht werden. Durch eine solche Betrachtung im *Kleinen* gelangt man zu einer oder mehreren Gleichungen, je nach der Anzahl der auftretenden Größen, für die am Ende ein Zusammenhang mit ihren Änderungen beziehungsweise Ableitungen hergestellt worden ist. Die Lösung dieser Gleichungen liefert uns schließlich Funktionen, durch die die Verhältnisse im *Großen* beschrieben werden. Auf die Bedeutung dieses Prinzips, durch eine *lokale* Untersuchung unter Ausnützung der im Kleinen bestehenden linearen Verhältnisse über die Lösung der daraus abgeleiteten Gleichungen die *globalen* Zusammenhänge aufzudecken, haben wir früher schon hingewiesen. Bevor wir uns jetzt dem Studium der Differentialgleichungen und der Konstruktion ihrer Lösungen zuwenden, sei an einem wichtigen Fragenkreis aus der Elektrotechnik das Entstehen von Differentialgleichungen vorgeführt. Dabei kommen zunächst nur gewöhnliche Differentialgleichungen zur Sprache, mit partiellen Differentialgleichungen werden wir uns in Kapitel IX auseinandersetzen.

29 Lösungsverhältnisse bei gewöhnlichen Differentialgleichungen

29.1 Ausgleichsvorgänge

Wird an ein Netzwerk, das aus (idealen) induktiven, kapazitiven und ohmschen Widerständen aufgebaut ist, eine harmonische Spannung angelegt, so fließt ein harmonischer Strom, der mit Hilfe des komplexen Ohmschen Gesetzes berechnet werden kann. Bei diesem Rechenverfahren ist man aber an einen streng sinusförmigen Verlauf von Strom und Spannung gebunden, denn der komplexe Widerstand verliert seinen Sinn, wenn Strom und Spannung keine harmonischen Größen sind. Wir stoßen aber, unter Berufung auf das Ohmsche Gesetz, auf keine Schwierigkeiten bei der Bestimmung des Stromverlaufs, wenn eine beliebige periodische oder aperiodische Erregerspannung anliegt. Wir gehen davon aus, den (gesuchten) Strom i(t) und die (gegebene) Spannung u(t) als Fouriersches Integral darzustellen,

$$i(t) = \frac{1}{2\pi}\int_{-\infty}^{\infty} I(\omega)e^{j\omega t}d\omega, \quad u(t) = \frac{1}{2\pi}\int_{-\infty}^{\infty} U(\omega)e^{j\omega t}d\omega,$$

und deuten diese Gleichungen dahingehend, daß Strom und Spannung durch Überlagerung (Superposition) harmonischer Schwingungen entstehen. Wenn wir jetzt einen Frequenzbereich $[\omega_0, \omega_0 + \Delta\omega]$ herausgreifen, so liefert dieser einen Beitrag zur Spannung u(t), den wir näherungsweise als harmonisch ansehen können,

$$\frac{1}{2\pi}\int_{\omega_0}^{\omega_0+\Delta\omega} U(\omega)e^{j\omega t}d\omega \approx \frac{1}{2\pi}U(\omega_0)e^{j\omega_0 t}\Delta\omega,$$

insbesondere haben wir den Ausdruck

$$d\underline{U}(\omega_0) = \frac{1}{2\pi}U(\omega_0)\Delta\omega$$

als seinen Zeiger aufzufassen. Der Spannungsbeitrag mit dem Zeiger $d\underline{U}(\omega_0)$ hat nun einen harmonischen Strom zur Folge, dessen Zeiger $d\underline{I}(\omega_0)$ auf Grund des Ohmschen Gesetzes durch

$$d\underline{I}(\omega_0) = \underline{Y}(\omega_0)d\underline{U}(\omega_0) = \frac{1}{2\pi}\underline{Y}(\omega_0)U(\omega_0)\Delta\omega$$

gegeben ist, wobei $\underline{Y}(\omega)$ den Leitwert des Netzwerkes bezeichnet. Wir erhalten daher, indem wir die Frequenzachse in Teilintervalle der Länge $\Delta\omega_i$ zerlegen, durch Summation und Grenzübergang

$$i(t) = \int_{-\infty}^{\infty} e^{j\omega t}d\underline{I}(\omega) = \frac{1}{2\pi}\int_{-\infty}^{\infty} \underline{Y}(\omega)U(\omega)e^{j\omega t}d\omega, \tag{29.1}$$

woraus hervorgeht, daß

$$I(\omega) = \underline{Y}(\omega)U(\omega) \tag{29.2}$$

die Fourier-Transformierte des Stromes i(t) ist.

Diese Ableitung, deren Ansatzpunkte das Ohmsche Gesetz und die Methode der Fourier-Transformation waren, stützt sich in entscheidendem Maße auf das *Superpositionsprinzip*, das Prinzip von der Überlagerung der Wirkungen. Der Berechtigung, dieses anwenden zu können, liegt eine physikalische Eigenschaft des betrachteten Systems zugrunde, die sich mathematisch folgendermaßen formulieren läßt: Fließt bei Anliegen der Spannung $u_1(t)$ beziehungsweise $u_2(t)$ der Strom $i_1(t)$ beziehungsweise $i_2(t)$ und sind α und β beliebige Zahlen, so ist die Antwort auf die Klemmenspannung $u(t) = \alpha u_1(t) + \beta u_2(t)$ der Strom $i(t) = \alpha i_1(t) + \beta i_2(t)$. Beschreiben wir allgemein den Zusammenhang zwischen dem Strom $i(t)$ und der Klemmenspannung $u(t)$ durch einen Operator Y in der Form $i(t) = Yu(t)$, so bedeutet diese Forderung die *Linearität* des Operators Y,

$$Y\left(\alpha u_1(t) + \beta u_2(t)\right) = \alpha Y u_1(t) + \beta Y u_2(t), \tag{29.3}$$

insbesondere spricht man von einem *linearen Netzwerk*. Wir halten also fest, daß die Linearität des Netzwerkes eine Voraussetzung zur Anwendung des Superpositionsprinzipes ist.

Es ist unschwer einzusehen, daß ein aus idealen Widerständen aufgebautes Netzwerk, von dem wir oben ausgegangen sind, die Linearitätseigenschaft hat; der Operator Y, durch den ja das Netzwerk vollständig beschrieben wird, läßt sich übrigens leicht angeben, und zwar besteht auf Grund der Faltungsregel (27.47), wenn $y(t) = \mathscr{F}^{-1}\underline{Y}(\omega)$ gesetzt wird, der Zusammenhang

$$i(t) = Yu(t) = y(t) * u(t), \tag{29.4}$$

der offensichtlich linear ist. Die Funktion $y(t)$ ist das Urbild des Leitwertes $\underline{Y}(\omega)$ bei der Fourier-Transformation; sie beschreibt den Verlauf des Stromes, wenn an die Klemmen der Einheitsimpuls $u(t) = \delta(t)$ angelegt wird. Deshalb wird $y(t) = \mathscr{F}^{-1}\underline{Y}(\omega)$ auch die *Impulsantwort* genannt, als Funktion der Frequenz ω ist der Leitwert $\underline{Y}(\omega)$ nichts anderes als die Übertragungsfunktion des Netzwerkes.

Das Gesetz (29.2) haben wir als Verallgemeinerung der Leitwertfassung des Ohmschen Gesetzes der Wechselstromrechnung aufzufassen. Es wurde aus dem Ohmschen Gesetz abgeleitet und geht selbstverständlich in dieses über, wenn für $u(t)$ eine harmonische Spannung eingesetzt wird. Dies zeigt uns die folgende Rechnung. Wir bezeichnen mit $\underline{Y}(\omega)$ den Leitwert und berechnen die Fourier-Transformierte der harmonischen Spannung $u(t) = \mathrm{Re}(\hat{\underline{U}}e^{j\omega_0 t})$,

$$\begin{aligned} U(\omega) &= \mathscr{F}\,\mathrm{Re}(\hat{\underline{U}}e^{j\omega_0 t}) = \mathscr{F}\left\{\frac{1}{2}\left(\hat{\underline{U}}e^{j\omega_0 t} + \overline{\hat{\underline{U}}e^{j\omega_0 t}}\right)\right\} = \frac{1}{2}\hat{\underline{U}}\,\mathscr{F}e^{j\omega_0 t} + \frac{1}{2}\bar{\hat{\underline{U}}}\,\mathscr{F}e^{-j\omega_0 t} \\ &= \pi\left(\hat{\underline{U}}\delta(\omega-\omega_0) + \bar{\hat{\underline{U}}}\delta(\omega+\omega_0)\right), \end{aligned}$$

worin (28.67) verwendet wurde; wir erhalten weiter unter Berücksichtigung von (28.27)

$$I(\omega) = \mathscr{F}\,i(t) = \underline{Y}(\omega)U(\omega) = \pi\left(\underline{Y}(\omega_0)\hat{\underline{U}}\delta(\omega-\omega_0) + \underline{Y}(-\omega_0)\bar{\hat{\underline{U}}}\delta(\omega+\omega_0)\right),$$

und schließen wegen (28.78) und dem Verschiebungssatz im Bildbereich, wenn wir noch $\underline{Y}(-\omega) = \overline{\underline{Y}(\omega)}$ beachten,

$$\begin{aligned} i(t) &= \mathscr{F}^{-1}I(\omega) = \pi\left(\hat{\underline{U}}\underline{Y}(\omega_0)\,\mathscr{F}^{-1}\delta(\omega-\omega_0) + \overline{\hat{\underline{U}}\underline{Y}(\omega_0)}\,\mathscr{F}^{-1}\delta(\omega+\omega_0)\right) \\ &= \frac{1}{2}\hat{\underline{U}}\underline{Y}(\omega_0)e^{j\omega_0 t} + \frac{1}{2}\overline{\hat{\underline{U}}\underline{Y}(\omega_0)}\,e^{-j\omega_0 t} = \mathrm{Re}\left(\hat{\underline{U}}\underline{Y}(\omega_0)e^{j\omega_0 t}\right), \end{aligned}$$

also

$$\hat{\underline{I}} = \underline{Y}(\omega_0)\hat{\underline{U}}.$$

Die Lösung (29.1), die wir mit Hilfe des Ohmschen Gesetzes abgeleitet haben, ist offensichtlich allein durch die Spannung bestimmt und unabhängig davon, in welchem Zustand sich das Netzwerk im Einschaltzeitpunkt befunden hat, wiewohl wir doch an sich erwarten müssen, daß sich verschiedene Anfangszustände des Netzwerkes auch in einem unterschiedlichen Verlauf des Stromes zeigen. Nun zeigt sich in der Tat, wenn die Klemmenspannung eine *periodische* Größe ist, daß nach einer gewissen Zeitspanne ein Zustand eintritt, in dem *alle* Größen (Strom, magnetischer Fluß, Energie des elektrischen und magnetischen Feldes) ebenfalls einen *periodischen* Verlauf haben – übrigens mit der gleichen Periode wie die angelegte Spannung –, den man als den *eingeschwungenen Zustand* bezeichnet. Der eingeschwungene Zustand ist allein von der angelegten Spannung abhängig, er wird nicht durch den Zustand des Systems im Einschaltzeitpunkt beeinflußt. Alle Wirkungen durch den Systemzustand im Einschaltzeitpunkt sind abgeklungen, so, als wäre das Netzwerk seit unendlich langer Zeit unter Spannung. Wie wir später sehen werden, ist dieser Sachverhalt die Grundlage für das komplexe Ohmsche Gesetz; da wir uns bei der Ableitung von (29.1) gerade auf das Ohmsche Gesetz gestützt haben, ist (29.1) als jener Strom zu deuten, der sich unabhängig vom Anfangszustand für eine nichtperiodische Spannung einstellt.

Der eingeschwungene Zustand umfaßt in der Grenze für gegen Null gehende Frequenz den Gleichstromfall, der dadurch gekennzeichnet ist, daß alle Größen unabhängig von der Zeit sind, also einen zeitlich konstanten Verlauf haben, weshalb er auch als *stationärer Zustand* bezeichnet wird. Insofern haben wir den eingeschwungenen Zustand als eine Verallgemeinerung des Gleichstromfalles anzusehen.

Das Verhalten eines Netzwerkes wird durch den eingeschwungenen Zustand erst ab einem gewissen Zeitpunkt beschrieben, in jener Zeitspanne nach dem Einschalten wirkt sich in erster Linie der Anfangszustand des Systems, aber auch der Augenblickswert der Spannung im Einschaltzeitpunkt, für den wir ein für allemal $t = 0$ festlegen, auf den Verlauf des Stromes aus. Das vollständige Bild ergibt sich nun, wenn wir noch das Systemverhalten vor dem Einschaltzeitpunkt einbeziehen: Durch das Einschalten der Spannung zum Zeitpunkt $t = 0$ wird ein stationärer (nämlich stromloser) Zustand beendet, nach einer Übergangsphase, deren Dauer im wesentlichen vom Netzwerk selbst abhängt, stellt sich der eingeschwungene Zustand ein. Den Übergang vom stromlosen Zustand vor dem Einschaltzeitpunkt in den eingeschwungenen Zustand bezeichnet man als *Einschaltvorgang*, insbesondere spricht man vom *Einschaltstrom*. Unter einem *Ausgleichsvorgang* versteht man allgemein den Übergang von einem eingeschwungenen Zustand in einen anderen, womit wir den Einschaltvorgang als einen speziellen Ausgleichsvorgang anzusehen haben.

Die Grundlage für die rechnerische Ermittlung des durch das Einschalten bedingten Ausgleichsvorganges bilden die sogenannten *Zeitgleichungen* für Netzwerke. Zu ihrer Aufstellung ist zunächst von den beiden *Kirchhoffschen Gesetzen* auszugehen, weshalb für jede Masche ein Umlaufsinn zu wählen und für jeden Verbindungssteg zwischen zwei Stromverzweigungen eine positive Stromrichtung festzulegen ist. Nach dem ersten Kirchhoffschen Gesetz, der *Knotenregel*, ist die Summe aller abfließenden Ströme gleich Null, wenn jeder Strom mit einem Vorzeichen versehen wird, das positiv oder negativ ist, je nachdem, ob die positive Zählrichtung vom Knoten wegweist oder zu ihm hin gerichtet ist,

$$\sum_k i_k = 0 \text{ [1]}. \qquad (29.5)$$

Zu diesen Stromgleichungen kommen nun die Spannungsgleichungen hinzu. Sie ergeben sich durch Anwendung des zweiten Kirchhoffschen Gesetzes, der *Maschenregel*, derzufolge die Summe der Spannungsabfälle, vermindert um die Summe der elektromotorischen Kräfte, in jeder Masche gleich Null ist,

$$\sum_k u_k - e = 0. \tag{29.6}$$

Darin bezeichnet die Größe e die Summe aller elektromotorischen Kräfte.

Durch die aus den beiden Kirchhoffschen Gesetzen hervorgehenden Strom- und Spannungsgleichungen sind die Ströme in den einzelnen Leitern zwischen zwei Verzweigungen und die Potentialdifferenzen noch nicht eindeutig bestimmt, wir benötigen noch die Beziehungen zwischen den Strömen und den Spannungsabfällen. Diese werden hergestellt sein, wenn der Zusammenhang zwischen Strom und Spannung an den einzelnen Widerständen zwischen zwei Stromverzweigungen bekannt ist. Für einen (idealen) ohmschen Widerstand R mit dem Leitwert $Y = \frac{1}{R}$ haben wir die Proportionalität

$$u = Ri \quad \text{bzw.} \quad i = Yu \tag{29.7}$$

zwischen dem Strom i und der Spannung u. Befindet sich in einem Verbindungssteg ein Kondensator, so haben wir von dessen charakteristischen Kenngrößen, der Ladung q und der Potentialdifferenz u, auszugehen, zwischen denen im Idealfall ein linearer Zusammenhang besteht,

$$q = Cu, \tag{29.8}$$

worin die Konstante *C* die *Kapazität* genannt wird. Einen Kondensator bezeichnet man deshalb auch als *kapazitiven Widerstand*. Unter Berücksichtigung von

$$i = \frac{dq}{dt} \tag{29.9}$$

ergibt sich somit der Zusammenhang

$$i = C\,\frac{du}{dt} \tag{29.10}$$

zwischen Strom und Spannung.

Die Gleichungen (29.7) und (29.8) kennzeichnen den Idealfall, in dem die Kennlinien von Widerstand und Kondensator Gerade sind. Wir sprechen deshalb auch von *linearen* Widerständen, was für weite Bereiche eine sinnvolle Annahme ist. Bedenkt man, daß die Proportionalitätskonstante R in (29.7) im allgemeinen auch von der Temperatur abhängig ist und daß in einem ohmschen Widerstand die Wärmemenge

$$W = ui \tag{29.11}$$

pro Zeiteinheit erzeugt wird, wodurch sich der Widerstand erhitzt und infolgedessen ver-

---

[1]) Diese Gleichung ist in voller Strenge nur dann gültig, wenn sich die in den Knoten befindlichen elektrischen Ladungsmengen mit der Zeit nicht ändern, was im nichtstationären Fall nicht zutrifft. Gehen diese Änderungen jedoch nur sehr langsam vor sich, so stellt (29.5) eine sinnvolle Näherung dar. Man bezeichnet diesen Sonderfall als *quasistationären* Fall.

ändert, so wird man auf natürliche Weise zum *nichtlinearen* ohmschen Widerstand geführt, dessen Strom-Spannungsbeziehung durch eine Gleichung

$$i = y(u) \tag{29.12}$$

zu beschreiben ist. Ein technisch besonders wichtiger nichtlinearer ohmscher Widerstand ist die Diode, für die im Idealfall $y(u) = \infty$ für $u > 0$ und $y(u) = 0$ für $u < 0$ ist. Für die Praxis bietet sich zum Beispiel eine Näherung $i = \alpha(e^{\beta u} - 1)$ mit einer kleinen Konstanten α und einer großen Konstanten β an.

Neben nichtlinearen ohmschen Widerständen gibt es auch nichtlineare Kondensatoren, wie beispielsweise solche, deren Dielektrikum ein *ferroelektrischer* Stoff ist und die als *Elektrete* bezeichnet werden. Ihre Kennlinie hat die Form einer Hysterisschleife. Für nichtlineare Kondensatoren tritt an Stelle von (29.8) eine Gleichung

$$q = c(u); \tag{29.13}$$

der Zusammenhang zwischen Strom und Spannung ergibt sich dann mit Hilfe von (29.9) zu

$$i = \frac{d}{dt} c(u) = c'(u) \frac{du}{dt}. \tag{29.14}$$

Ohmsche Widerstände beschreiben im wesentlichen die durch die Materialeigenschaften der Leiter bedingten elektrischen Verhältnisse, die Geometrie der Leiterschleife hat, abgesehen von der Länge des Leiters, aus der sich der Gesamtwiderstand bestimmt, keine weiteren Auswirkungen. Der Begriff des kapazitiven Widerstandes hingegen ist Ausdruck dafür, inwieweit sich die Geometrie der Anordnung und übrigens auch das umgebende Medium auf die *elektrischen* Verhältnisse auswirkt. Dieser Einfluß ist in der Regel sehr klein, doch kann er, im Hinblick auf gewisse Effekte, bei einer geeigneten Anordnung der Leiter in gewünschtem Maße merkbar werden.

Physikalische Vorgänge werden fast immer durch geometrische Konfigurationen beeinflußt. So wie sich dies hinsichtlich der elektrischen Verhältnisse in stromdurchflossenen Leitern am Auftreten kapazitiver Widerstände zeigt, haben wir auch einen Zusammenhang der Geometrie einer Leiterschleife mit den *magnetischen* Wirkungen zu erwarten. Fließt in einem Leiter ein Strom, so tritt bekanntlich ein Magnetfeld auf, dessen Kraftlinien den Leiter umschlingen, und umgekehrt ist das Vorhandensein eines Magnetfeldes ein Hinweis auf die Existenz von Leiterströmen. Der Strom in einem geschlossenen Leiter ruft nun ein Magnetfeld hervor, dessen Kraftlinien eine beliebig gedachte vom Leiter berandete Fläche durchsetzen. Die Stärke des Magnetfeldes mißt man über die gesamte Fläche mit einer skalaren Größe, dem *magnetischen Fluß* Φ durch diese Fläche[1]). Es läßt sich zeigen, daß dieser unabhängig vom Verlauf der gedachten Fläche ist, also für jede vom Leiter berandete Fläche denselben Wert hat, so daß der magnetische Fluß tatsächlich nur von der Geometrie der geschlossenen Leiterschleife abhängig ist. Da er durch das Magnetfeld bestimmt ist und dieses wiederum von der Stromstärke im Leiter abhängt, ist allgemein der magnetische Fluß eine Funktion der Stromstärke,

$$\Phi = \varphi(i), \tag{29.15}$$

1) Eine präzise Fassung dieses Begriffes müssen wir auf später verschieben; siehe hierzu Abschnitt 35.7.

wobei im Idealfall dieser Zusammenhang linear ist,

$$\Phi = Li. \tag{29.16}$$

Ändert sich der magnetische Fluß mit der Zeit, etwa infolge eines zeitlich veränderlichen Magnetfeldes oder durch Bewegung der Leiterschleife, so wird in der Leiterschleife eine elektromotorische Kraft

$$e = -\frac{d\Phi}{dt} = -\varphi'(i)\frac{di}{dt} \tag{29.17}$$

„induziert", wobei im Idealfall (29.16)

$$e = -L\frac{di}{dt} \tag{29.18}$$

gilt, weshalb die Konstante L in (29.16) auch der *Selbstinduktionskoeffizient* genannt wird. Dieser ist, wie im allgemeinen Fall die Funktion $\varphi(i)$, von der Anordnung der Leiter sowie auch vom umgebenden Medium abhängig.

Die elektromotorische Kraft der Selbstinduktion ist grundsätzlich bei der Aufstellung der Maschengleichungen (29.6) zu berücksichtigen. Formal ist ihre Wirkung offenbar gleich derjenigen eines *induktiven* Widerstandes, dessen Strom-Spannungsbeziehung durch die Gleichung

$$u = L\frac{di}{dt} \tag{29.19}$$

beschrieben wird. Im allgemeinen wird er vernachlässigbar klein sein, doch läßt sich das Phänomen der Selbstinduktion auch konstruktiv ausnützen, indem man durch eine geeignete Leiteranordnung den Selbstinduktionskoeffizienten der Leiterschleife so groß macht, daß die induzierte elektromotorische Kraft (29.17) merkbar wird und der beabsichtigte Effekt auftritt. Technisch erreicht man dies durch eine Spule (Drossel), die deshalb als induktiver Widerstand schlechthin bezeichnet wird.

In einer geschlossenen Leiterschleife tritt aber nicht allein durch den „Eigenstrom" eine elektromotorische Kraft auf, auch „Fremdströme" in benachbarten Leitern, zu denen keine leitende Verbindung besteht, können die Ursache für elektromotorische Kräfte sein. Betrachten wir zum Beispiel zwei elektrisch getrennte Leiterschleifen C_1 und C_2, in denen die Ströme i_1 und i_2 fließen mögen. Der gesamte durch eine von C_1 berandete Fläche hindurchgehende magnetische Fluß Φ_1 setzt sich additiv zusammen aus dem Fluß $\Phi_{11} = L_{11}i_1$ und dem vom Fremdstrom i_2 bewirkten Fluß $\Phi_{12} = L_{12}i_2$, denn auch einige den Strom i_2 begleitende magnetische Kraftlinien winden sich um die Leiterschleife C_1; es ist also (bei entsprechender positiver Zählrichtung für die Ströme)

$$\Phi_1 = \Phi_{11} + \Phi_{12} = L_{11}i_1 + L_{12}i_2. \tag{29.20}$$

Umgekehrt ergibt sich durch eine analoge Argumentation für den gesamten durch die Leiterschleife C_2 hindurchgehenden Fluß Φ_2 der Ausdruck

$$\Phi_2 = \Phi_{21} + \Phi_{22} = L_{21}i_1 + L_{22}i_2, \tag{29.21}$$

wobei aus Symmetriegründen und der Tatsache, daß die vier Koeffizienten L_{11}, L_{12}, L_{21} und L_{22} nur von der Geometrie der beiden Leiterschleifen und insbesondere, wie bei L_{12}

und L_{21}, von ihrer gegenseitigen Lage abhängig sind,

$$L_{12} = L_{21} \tag{29.22}$$

gelten muß. Man schreibt gewöhnlich $L_1 = L_{11}$ und $L_2 = L_{22}$ für die Selbstinduktionskoeffizienten der Leiterschleifen C_1 und C_2 und $M = L_{12} = L_{21}$ für die den Einfluß von C_1 auf C_2 beziehungsweise von C_2 auf C_1 beschreibende Größe, die der *Gegeninduktionskoeffizient* genannt wird.

Induzierte elektromotorische Kräfte treten in Leiterschleifen immer dann auf, wenn sich der gesamte durch die Leiterschleife hindurchgehende magnetische Fluß Φ ändert, und zwar ist allgemein

$$e = -\frac{d\Phi}{dt}. \tag{29.23}$$

Im obigen Beispiel wird daher in der Leiterschleife C_1 die elektromotorische Kraft

$$e_1 = -\left(L_1 \frac{di_1}{dt} + M \frac{di_2}{dt}\right) \tag{29.24}$$

induziert, in der Leiterschleife C_2

$$e_2 = -\left(L_2 \frac{di_2}{dt} + M \frac{di_1}{dt}\right). \tag{29.25}$$

Im allgemeinen wird die elektromotorische Kraft durch Gegeninduktion vernachlässigbar sein, ebenso wie die durch Selbstinduktion, es sei denn, es wird in konstruktivem Sinn von der Gegeninduktion Gebrauch gemacht, wie beispielsweise beim Transformator.

Aus den beiden Kirchhoffschen Gesetzen (29.5) und (29.6) erhalten wir ein System von Strom- und Spannungsgleichungen, zu denen noch die Beziehungen (29.7), (29.10) und (29.19) zwischen den Strömen und den Potentialdifferenzen hinzukommen. Aus der Gesamtheit dieser Gleichungen lassen sich die gesuchten Ströme noch nicht eindeutig bestimmen, es müssen noch weitere Bedingungen erfüllt sein, die man als *Schaltgesetze* bezeichnet, womit auch der bisher unberücksichtigte Einschaltvorgang in die Rechnung eingeht.

Die Schaltgesetze ergeben sich durch physikalische Überlegungen, ihre mathematische Formulierung besteht in Stetigkeitsaussagen im Einschaltzeitpunkt $t = 0$. Entsprechend den kapazitiven und induktiven Widerständen ergeben sich zwei derartige Schaltgesetze. Die Ladung q eines (idealen) Kondensators ist nach (29.8) proportional der Potentialdifferenz u. Würde sich diese sprunghaft ändern, so hätte dies eine unstetige Änderung der Ladung q zur Folge, was nach Gleichung (29.9) einen unendlichen Stromstoß bewirken würde. An den ohmschen Widerständen der Zuleitungen, wie klein diese auch immer sein mögen, würde infolgedessen ein unendlicher Spannungsabfall auftreten, was nach dem zweiten Kirchhoffschen Gesetz im Widerspruch zur physikalischen Realität stünde. Wir erhalten daher, insbesondere im Hinblick auf den Einschaltzeitpunkt $t = 0$, als

Erstes Schaltgesetz: *Die Ladung und somit auch die Spannung an einem Kondensator ändert sich stetig mit der Zeit.*

Eine Untersuchung der Strom- und Spannungsverhältnisse an einer (idealen) Drossel führt uns zum zweiten Schaltgesetz. Nach (29.16) ist der magnetische Fluß Φ und der

Strom i proportional; würde sich der Strom i unstetig ändern, so auch der Fluß Φ, und dies hieße nach (29.18), daß eine unendlich große elektromotorische Kraft induziert wird beziehungsweise eine unendlich große Spannung hervorgerufen wird, was wieder dem zweiten Kirchhoffschen Gesetz widerspricht. Daher ergibt sich als

Zweites Schaltgesetz: *Der magnetische Fluß und somit auch der Strom in einer Drossel ändert sich stetig mit der Zeit.*

Die Bedingungen, die sich aus den beiden Schaltgesetzen zusätzlich zum System der Strom- und Spannungsgleichungen ergeben, werden *Anfangsbedingungen* genannt. Sie sind jedoch nicht nur für den Einschaltvorgang maßgebend, sondern allgemein für jeden beliebigen Ausgleichsvorgang. Wird ein solcher zum Zeitpunkt t_0 eingeleitet, so gilt für die Spannung u(t) beziehungsweise für die Ladung q(t) eines Kondensators

$$u(t_0-) = u(t_0+) \quad \text{bzw.} \quad q(t_0-) = q(t_0+) \tag{29.26}$$

und für den Strom i(t) beziehungsweise für den Fluß Φ(t) einer Drossel

$$i(t_0-) = i(t_0+) \quad \text{bzw.} \quad \Phi(t_0-) = \Phi(t_0+). \tag{29.27}$$

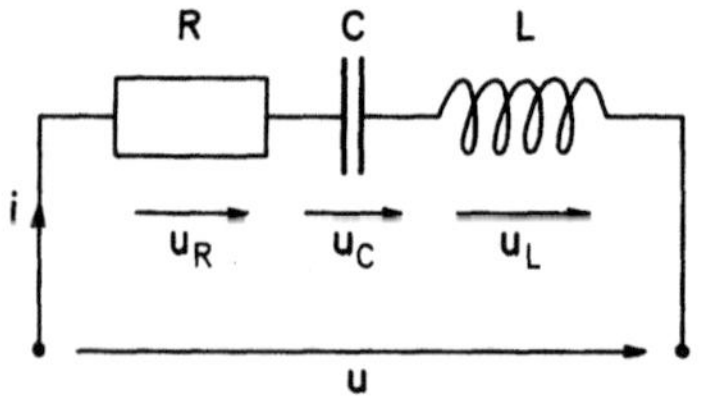

Bild 29.1

Beispiel 29.1: Die Zeitgleichungen eines Serienschwingkreises (Bild 29.1) bestehen aus der Maschengleichung

$$u_L + u_R + u_C = u = e$$

und den Beziehungen

$$u_L = L\frac{di}{dt}, \quad u_R = Ri, \quad u_C = \frac{1}{C}\int_0^t i(\tau)d\tau + \frac{Q}{C},$$

worin Q die Ladung des Kondensators zum Einschaltzeitpunkt t = 0 bedeutet (vgl. (13.20)); alle vier Gleichungen lassen sich zu einer einzigen zusammenfassen, in der der Strom als Unbekannte auftritt,

$$L\frac{di}{dt} + Ri + \frac{1}{C}\int_0^t i(\tau)d\tau = u(t) - \frac{Q}{C}. \tag{29.28}$$

Aus dem zweiten Schaltgesetz ergibt sich auf Grund des stromlosen Zustandes vor dem Einschalten die Bedingung

$$0 = i(0-) = i(0+), \tag{29.29}$$

aus dem ersten Schaltgesetz

$$\frac{Q}{C} = u_C(0-) = u_C(0+); \tag{29.30}$$

aus der Maschengleichung folgt schließlich wegen $u_R(0+) = 0$

$$\frac{Q}{C} = u(0+) - u_L(0+) = u(0+) - Li'(0+),$$

also

$$i'(0+) = \frac{1}{L} u(0+) - \frac{Q}{LC}. \tag{29.31}$$

Führen wir in (29.28) anstatt des Stromes i die Ladung q als Unbekannte ein, so entsteht die Gleichung

$$L \frac{d^2q}{dt^2} + R \frac{dq}{dt} + \frac{1}{C} q = u(t), \tag{29.32}$$

anstatt der Bedingungen (29.29) und (29.31) ist

$$q(0+) = Q, \quad q'(0+) = 0 \tag{29.33}$$

zu erfüllen.

Beispiel 29.2: Zur Aufstellung der Zeitgleichungen eines Parallelschwingkreises (Bild 29.2) haben wir von einer Knotengleichung

$$i = i_1 + i_2$$

und zwei Maschengleichungen (mit u = e)

$$u_{R_1} + u_L + u_C + u_{R_2} = 0, \quad u + u_C + u_{R_1} = 0$$

auszugehen, zu denen die Beziehungen

$$u_C = -\frac{1}{C} \int_0^t i_1(\tau) d\tau, \quad u_{R_1} = -R_1 i_1, \quad u_L = L \frac{di_2}{dt}, \quad u_{R_2} = R_2 i_2$$

hinzukommen, wobei der Kondensator ungeladen angenommen wurde. Setzen wir daraus für u_{R_1}, u_C, u_L und u_{R_2} in die Maschengleichungen ein, so ergeben sich die beiden Gleichungen

$$L \frac{di_2}{dt} + R_2 i_2 = u, \quad \frac{1}{C} \int_0^t i_1(\tau) d\tau + R_1 i_1 = u \tag{27.34}$$

für die Ströme i_1 und i_2, aus denen der Gesamtstrom $i = i_1 + i_2$ aus der Knotengleichung berechnet werden kann. Die Schaltgesetze liefern die Anfangsbedingungen

$$i_2(0+) = i_2(0-) = 0 \tag{29.35}$$

und

$$0 = u_C(0-) = u_C(0+) = -u_{R_1}(0+) - u(0+) = R_1 i_1(0+) - u(0+),$$

das heißt

$$i_1(0+) = \frac{1}{R_1} u(0+). \tag{29.36}$$

Beispiel 29.3: Zur Untersuchung der Verhältnisse in einem idealen Lufttransformator (Bild 29.3) nehmen wir an, die Primärwicklung habe die Induktivität L_1 und den ohmschen Widerstand R_1, die Sekundärwicklung die Induktivität L_2 und den ohmschen Widerstand R_2. Die Gegeninduktion, auf der das Prinzip des Transformators ja beruht, darf jetzt nicht vernachlässigt werden; wir bezeichnen mit

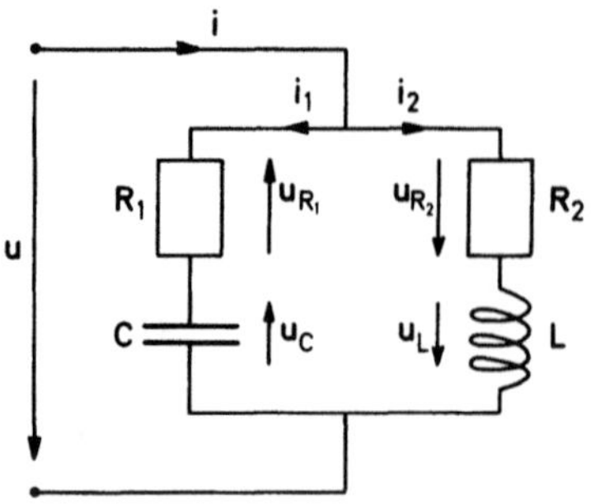

Bild 29.2

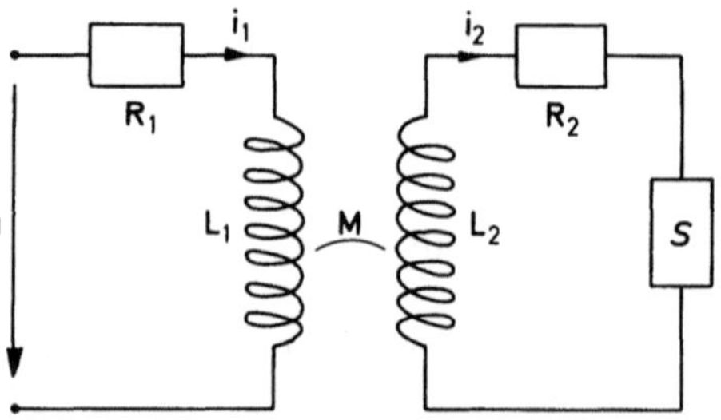

Bild 29.3

M den Koeffizienten der Gegeninduktion. An die Primärwicklung werde eine Spannung u(t) angelegt, $i_1(t)$ sei der Primärstrom; auf der Sekundärseite liege eine Last, dessen Strom-Spannungszusammenhang durch eine Gleichung $u_2(t) = \mathcal{S}i_2(t)$ beschrieben sei, wobei $i_2(t)$ den Sekundärstrom bedeuten möge. Je nachdem, ob es sich dabei um einen ohmschen, kapazitiven oder induktiven Widerstand handelt, ist für $\mathcal{S}i_2(t)$ einer der Ausdrücke (29.7) bzw. (29.10) bzw. (29.19) einzusetzen. Der Kurzschlußfall ist durch eine ohmsche Sekundärlast R = 0 gekennzeichnet, der Leerlauffall durch eine ohmsche Last mit $R = \infty$, so daß $i_2(t) = 0$ ist. Zur Aufstellung der Transformatorgleichungen haben wir die Maschenregel auf die Primärseite und Sekundärseite anzuwenden. Für die Primärseite gilt

$$R_1 i_1 = u + e_1,$$

worin e_1 die Summe aller in der Primärwicklung induzierten elektromotorischen Kräfte ist. Aus (29.24) folgt wegen der unterschiedlichen positiven Zählrichtungen für die Ströme mit $-i_2$ anstatt i_2

$$L_1 \frac{di_1}{dt} + R_1 i_1 - M \frac{di_2}{dt} = u \tag{29.37}$$

als Gleichung für die Primärseite. Die Maschenregel für die Sekundärseite ergibt zunächst

$$R_2 i_2 + \mathcal{S} i_2 = e_2$$

und unter Berücksichtigung von (29.25)

$$L_2 \frac{di_2}{dt} + R_2 i_2 - M \frac{di_1}{dt} + \mathcal{S} i_2 = 0. \tag{29.38}$$

Die Schaltgesetze liefern zu den Gleichungen (29.37) und (29.38) die Anfangsbedingungen

$$i_1(0+) = 0, \quad i_2(0+) = 0. \tag{29.39}$$

Im Leerlauffall ist $i_2(t) = 0$, die Spannung an der Sekundärseite ist

$$u_0(t) = M \frac{di_1}{dt};$$

im Kurzschlußfall ist $\mathcal{S}i_2 = 0$, der Kurzschlußstrom $i_0(t)$ bestimmt sich aus den beiden Gleichungen

$$L_1 \frac{di_1}{dt} + R_1 i_1 - M \frac{di_0}{dt} = u, \quad L_2 \frac{di_0}{dt} + R_2 i_0 - M \frac{di_1}{dt} = 0,$$

zu denen die erste Gleichung (29.39) und $i_0(0+) = 0$ als Anfangsbedingung hinzukommt.

Die Zeitgleichungen eines Netzwerkes setzen sich grundsätzlich aus den Knoten- und Maschengleichungen sowie aus den Strom-Spannungsbeziehungen an den einzelnen Widerständen zusammen, wobei die Lösungen, die unbekannten Ströme und Spannungen, auf

Grund der Schaltgesetze gewisse Anfangsbedingungen erfüllen müssen. Das System der Zeitgleichungen läßt sich nach folgendem Gesichtspunkt in zwei Arten von Gleichungen einteilen: in solche, die einfache lineare Gleichungen sind, zu denen die Knoten- und Maschengleichungen sowie die Strom-Spannungsbeziehungen an den ohmschen Widerständen gehören, und in solche, in denen die unbekannten Ströme und Spannungen auch als Ableitungen auftreten, die Strom-Spannungsbeziehungen an den induktiven und kapazitiven Widerständen. Nun lassen sich durch einen reinen Eliminationsprozeß aus den Gleichungen der ersten Kategorie jene Unbekannten, die in den Gleichungen der zweiten Kategorie nicht als Ableitungen auftreten (die Ströme in den Kondensatoren und die Spannungen an Drosseln) als lineare Funktionen derjenigen Unbekannten ausdrücken, die in die Gleichungen der zweiten Kategorie durch ihre Ableitungen eingehen (nämlich die Ströme durch Drosseln und die Spannungen an Kondensatoren). Substituiert man diese Ausdrücke für die Ströme in Kondensatoren und die Spannungen an Drosseln in die Gleichungen der zweiten Kategorie, so ergibt sich für die Spannungen an Kondensatoren und die Ströme in Drosseln, die jetzt der Reihe nach mit $x_1(t), x_2(t), \ldots, x_n(t)$ bezeichnet sein mögen, ein Gleichungssystem der Art

$$\begin{aligned}
\frac{dx_1}{dt} &= A_{11}x_1 + A_{12}x_2 + \ldots + A_{1n}x_n + s_1, \\
\frac{dx_2}{dt} &= A_{21}x_1 + A_{22}x_2 + \ldots + A_{2n}x_n + s_2, \\
&\vdots \\
\frac{dx_n}{dt} &= A_{n1}x_1 + A_{n2}x_2 + \ldots + A_{nn}x_n + s_n,
\end{aligned} \tag{29.40}$$

worin die Funktionen $s_k(t)$ bekannt sind. Die Gesamtheit der Gleichungen (29.40) wird ein *System von Differentialgleichungen erster Ordnung* genannt. Die Anzahl n dieser Gleichungen ergibt sich aus der Anzahl der kapazitiven und induktiven Widerstände, die unbekannten Funktionen $x_k(t)$ sind die Ströme in den induktiven Widerständen und die Spannungen an den kapazitiven Widerständen, für die sich unmittelbar aus den beiden Schaltgesetzen Anfangsbedingungen für die Werte $x_k(0+)$ ergeben.

Beispiel 29.4: Die vier Gleichungen des Serienschwingkreises für die vier Unbekannten u_L, u_R, u_C und i lauten

$$u_L + u_R + u_C = u, \quad u_R = Ri, \quad u_L = L\frac{di}{dt}, \quad i = C\frac{du_C}{dt}.$$

Aus den ersten beiden Gleichungen rechnen wir u_L als Funktion von i und u_C aus, das Ergebnis

$$u_L = u - Ri - u_C$$

setzen wir in die dritte Gleichung ein, womit zusammen mit der vierten Gleichung das Differentialgleichungssystem

$$\frac{di}{dt} = -\frac{1}{L}u_C - \frac{R}{L}i + \frac{1}{L}u, \quad \frac{du_C}{dt} = \frac{1}{C}i \tag{29.41}$$

entsteht, das unter Berücksichtigung der Anfangsbedingungen

$$u_C(0+) = \frac{Q}{C}, \quad i(0+) = 0 \tag{29.42}$$

zu lösen ist. Die beiden anderen Unbekannten u_L und u_R können mit der Kenntnis von i und u_C dann unmittelbar ausgerechnet werden.

Aus den Knoten- und Maschengleichungen sowie den Strom-Spannungsbeziehungen für den Parallelschwingkreis sind die Unbekannten i_1 und u_L als Funktionen von u_C und i_2 darzustellen,

$$i_1 = \frac{1}{R_1}(u + u_C), \quad u_L = u - R_2 i_2,$$

womit wir auf das Differentialgleichungssystem

$$\frac{du_C}{dt} = -\frac{1}{CR_1}(u + u_C), \quad \frac{di_2}{dt} = \frac{1}{L}(u - R_2 i_2) \tag{29.43}$$

mit den Anfangsbedingungen

$$u_C(0+) = 0, \quad i_2(0+) = 0 \tag{29.44}$$

geführt werden. Sind daraus u_C und i_2 berechnet, so läßt sich unmittelbar i_1, u_L und der Gesamtstrom i bestimmen.

Für den Transformator haben wir aus den Gleichungen (29.37) und (29.38) nach i_1' und i_2' aufzulösen, was unter der Annahme einer ohmschen Last $\mathcal{S}i_2 = Ri_2$ auf der Sekundärseite das Differentialgleichungssystem

$$\begin{aligned} \frac{di_1}{dt} &= -\frac{1}{D}\left(L_2R_1i_1 + M(R_2 + R)i_2\right) + \frac{L_2}{D}u, \\ \frac{di_2}{dt} &= -\frac{1}{D}\left(MR_1i_1 + L_1(R_2 + R)i_2\right) + \frac{M}{D}u \end{aligned} \tag{29.45}$$

ergibt, worin zur Abkürzung $D = L_1L_2 - M^2$ gesetzt wurde. Die Anfangsbedingungen für (29.45) lauten

$$i_1(0+) = 0, \quad i_2(0+) = 0. \tag{29.46}$$

Im Falle einer induktiven Last L an der Sekundärseite ist für $\mathcal{S}i_2 = Li_2'$ in (29.38) einzusetzen; beide Gleichungen (29.37) und (29.38) können dann nach i_1' und i_2' aufgelöst werden. Liegt an der Sekundärseite eine kapazitive Last C, so kommt in (29.38) eine neue Unbekannte u_2 anstatt $\mathcal{S}i_2$ hinzu und zu den Gleichungen (29.37) und (29.38) die Beziehung $i_2 = Cu_2'$. Aus dieser und dem Ergebnis der Auflösung von (29.37) und (29.38) nach i_1' und i_2' mit u_2 anstatt des Ausdruckes $\mathcal{S}i_2$ setzt sich das entsprechende Differentialgleichungssystem zusammen, als Anfangsbedingungen ergeben sich die Forderungen (29.46) und $u_2(0+) = 0$, wenn der Kondensator auf der Sekundärseite im Augenblick des Einschaltens ungeladen ist.

Wir sehen also, daß uns die Berechnung von Ausgleichsvorgängen über die Zeitgleichungen im wesentlichen auf die Lösung eines Systems (29.40) von Differentialgleichungen erster Ordnung führt, für das wir in der Vektor-Matrizenschreibweise symbolisch kurz

$$\dot{\mathbf{x}} = \mathbf{A} \cdot \mathbf{x} + \mathbf{s} \tag{29.47}$$

schreiben, wobei die Lösung gewisse Anfangsbedingungen, die wir durch die Festlegung $\mathbf{x}(0) := \mathbf{x}(0+)$ der rechtsseitigen Stetigkeit von $\mathbf{x}(t)$ zum Zeitpunkt $t = 0$ von nun ab in der Form

$$\mathbf{x}(0) = \mathbf{x}_0 \tag{29.48}$$

annehmen, erfüllen muß. Die Matrix **A** wird die *Systemmatrix* genannt, die Funktion s(t) die *Störfunktion*. Ist das Netzwerk aus idealen Widerständen aufgebaut, so sind die Elemente der Matrix **A** konstant, andernfalls können sie auch Funktionen der Unbekannten

$x_1(t), x_2(t), \ldots, x_n(t)$ sein. Offen ist noch die Frage, ob das System (29.47) unter Berücksichtigung der Anfangsbedingungen (29.48) lösbar beziehungsweise eindeutig lösbar ist – wir werden darauf später eine positive Antwort geben können.

29.2 Das allgemeine Integral

Unter einer *impliziten Differentialgleichung* versteht man eine Gleichung

$$F\left(x, y, y', y'', \ldots, y^{(n)}\right) = 0. \tag{29.49}$$

Entsprechend der Ordnung der höchsten in ihr auftretenden Ableitung wird (29.49) eine *Differentialgleichung* n*-ter Ordnung* genannt. Eine Funktion $y(x)$, die auf einem Intervall I n-mal differenzierbar ist, heißt Lösung oder auch *Integral* von (29.49), wenn die Gleichung

$$F\left(x, y(x), y'(x), y''(x), \ldots, y^{(n)}(x)\right) = 0 \quad \text{für alle } x \in I$$

erfüllt ist.

Unter der Voraussetzung

$$F_{y^{(n)}} \neq 0$$

kann die Gleichung (29.49) nach der Veränderlichen $y^{(n)}$ aufgelöst werden, das Ergebnis

$$y^{(n)} = f\left(x, y, y', y'', \ldots, y^{(n-1)}\right) \tag{29.50}$$

heißt eine *explizite Differentialgleichung* n*-ter Ordnung.* An dieser Stelle sei darauf hingewiesen, daß aus einer impliziten Differentialgleichung durch Auflösen nach der Ableitung höchster Ordnung mehrere explizite Differentialgleichungen entstehen können, wie zum Beispiel im Fall der Differentialgleichung erster Ordnung

$$F(x, y, y') = y^2 - y'^2 = 0,$$

bei der wir durch Auflösen nach y' auf die beiden expliziten Gleichungen

$$y' = y = f_1(x, y), \quad y' = -y = f_2(x, y)$$

geführt werden. Offenbar ist jede Funktion, die auch nur einer dieser beiden Gleichungen genügt, ein Integral der Gleichung $F(x, y, y') = 0$.

Einfache Typen von Differentialgleichungen sind uns schon mehrfach begegnet. Im Grunde läuft die Berechnung einer Stammfunktion einer gegebenen Funktion $f(x)$ auf die Lösung einer expliziten Differentialgleichung erster Ordnung, nämlich

$$y' = f(x), \tag{29.51}$$

hinaus. Jede Stammfunktion von $f(x)$ ist Lösung („Integral") dieser Gleichung und umgekehrt ist offenbar jedes Integral von (29.51) eine Stammfunktion von $f(x)$. Wir können daher, wenn $F(x)$ eine feste Stammfunktion von $f(x)$ bezeichnet, die Lösungen der Gleichung (29.51) in der Form

$$y = y(x) = F(x) + C \tag{29.52}$$

darstellen. Eine willkürliche Integrationskonstante scheint auch in der Gesamtheit der Lösungen der Differentialgleichung

$$y' = ay \tag{29.53}$$

auf, die uns bei der Aufladung eines Kondensators begegnet ist. Durch logarithmische Integration nach

Division durch y erhalten wir

$$\ln|y| = \int a\,dx = ax + C'$$

mit C' als Integrationskonstanten, und weiter, wenn wir $C' = \ln C$ mit einer ebenso willkürlichen Konstanten C setzen, durch Entlogarithmieren

$$y = y(x) = Ce^{ax}. \tag{29.54}$$

Die Lösungen von (29.53) haben also notwendig die Gestalt (29.54), und umgekehrt kann man sich unschwer davon überzeugen, daß jede Funktion (29.54) ein Integral der Gleichung (29.53) ist.

Schon etwas allgemeiner ist die Differentialgleichung

$$y' = g(x)h(y), \tag{29.55}$$

die man auf Grund ihrer besonderen Gestalt eine ***Differentialgleichung mit getrennten Veränderlichen*** nennt. Ist y(x) ein Integral, so gilt

$$\frac{y'(x)}{h(y(x))} = g(x)$$

für alle Werte von x aus einem gewissen Intervall I. Wir dürfen deshalb zwischen zwei beliebigen Grenzen x_0 und x integrieren, vorausgesetzt, daß diese im Intervall I liegen; dabei fassen wir die obere Integrationsgrenze x als variabel, die untere Integrationsgrenze x_0 als fest auf. Schreiben wir noch $f(x) = \frac{1}{h(x)}$ für den Kehrwert der Funktion h(x), so erhalten wir die Gleichung

$$\int_{x_0}^{x} f(y(\xi))y'(\xi)d\xi = \int_{x_0}^{x} g(\xi)d\xi,$$

die ebenfalls für alle Werte von x aus dem Intervall I gültig ist. Das Integral auf der rechten Seite berechnet sich einfach zu $G(x) - G(x_0)$, wenn G(x) eine beliebige Stammfunktion von g(x) ist; um das Integral auf der linken Seite zu berechnen, führen wir die neue Integrationsvariable $\eta = y(\xi)$ ein,

$$\int_{x_0}^{x} f(y(\xi))y'(\xi)d\xi = \int_{y(x_0)}^{y(x)} f(\eta)d\eta = F(y(x)) - F(y(x_0)),$$

worin F(x) eine beliebige Stammfunktion von f(x) bezeichnet. Somit ergibt sich

$$F(y(x)) - F(y(x_0)) = G(x) - G(x_0),$$

und dies bedeutet, daß die in Betracht gezogene Lösung y(x) implizit durch die Gleichung

$$F(y) - G(x) - C = 0$$

gegeben ist, wobei die Konstante

$$C = F(y_0) - G(x_0)$$

durch x_0 und $y_0 = y(x_0)$ eindeutig bestimmt ist. Es ist nun auch umgekehrt ein leichtes nachzuweisen, daß jede Funktion y(x), die der impliziten Gleichung

$$\Phi(x, y) = F(y) - G(x) - C = 0 \tag{29.56}$$

genügt, in der C eine beliebige Konstante ist, ein Integral der Gleichung (29.55) ist.

Diese Beispiele lassen bereits erkennen, daß die Lösungen einer expliziten Differentialgleichung erster Ordnung

$$y' = f(x, y) \tag{29.57}$$

nicht bloß einzelne Funktionen sind, sondern allgemein aus einer ganzen Schar von Funktionen

$$y = \varphi(x, C) \tag{29.58}$$

bestehen, deren Scharparameter C zwischen gewissen Grenzen variiert und für jeden Wert von C genau eine Kurve der Schar kennzeichnet. Wir können uns dies auch durch eine geometrische Überlegung anschaulich machen. Zu diesem Zweck nehmen wir an, die Funktion $f(x, y)$ sei in einem gewissen Bereich B der (x, y)-Ebene definiert und stetig. Durch die Gleichung (29.57) wird jedem Punkt von B eine Richtung $y' = \tan\alpha$ zugeordnet. Denken wir uns diese Richtung in jedem Punkt von B markiert, so erhalten wir ein sogenanntes *Richtungsfeld*, durch das die Differentialgleichung (29.57) auf geometrische Weise charakterisiert ist (Bild 29.4). Nun greifen wir einen beliebigen Punkt P_0 mit den Koordinaten x_0 und y_0 heraus; schreiten wir in der in ihm definierten Richtung $y'_0 = f(x_0, y_0)$ um ein differentielles Stück dx (etwa im Sinne wachsender Werte von x) fort, so gelangen wir in den Nachbarpunkt mit den Koordinaten $x_0 + dx$ und $y_0 + dy = y_0 + f(x_0, y_0)dx$. Von diesem aus wird der Prozeß fortgesetzt; dabei entsteht eine *Integralkurve*, die im Punkt P_0 beginnt und sich bis an den Rand des Bereiches B erstrecken läßt. Natürlich kann sie vom Punkt P_0 aus auch im Sinne fallender Werte von x konstruiert werden und endet auch in diesem Fall am Rand des Bereiches B (Bild 29.5).

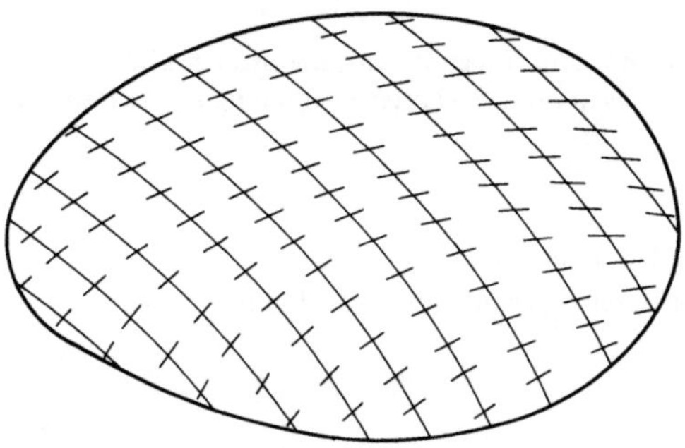

Bild 29.4

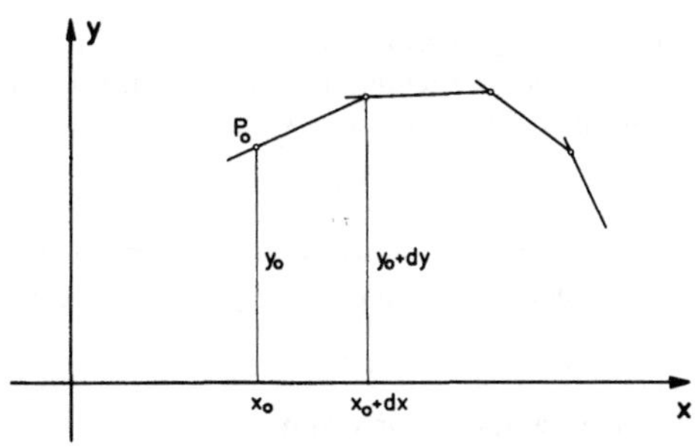

Bild 29.5

Es erscheint unter diesem Gesichtspunkt daher einleuchtend, daß durch jeden Punkt von B eine Integralkurve gelegt werden kann, mit anderen Worten, daß die Differentialgleichung (29.57) bei Vorgabe zweier Werte x_0 und y_0 eine Lösung $y(x)$ mit der Eigenschaft $y_0 = y(x_0)$ hat. Wenn wir nun einen Ausdruck $\varphi(x, C)$ zur Verfügung haben, der als Funktion von x für jeden festen Wert von C innerhalb eines gewissen Intervalls eine Lösung der Differentialgleichung (29.57) ist, so können wir die durch den Punkt P_0 hindurchgehende(n) Integralkurve(n) ermitteln; wir brauchen dazu nur alle Werte des Parameters C zu bestimmen, die der Gleichung

$$y_0 = \varphi(x_0, C) \tag{29.59}$$

genügen. Hat diese Gleichung für jedes in Frage kommende Wertepaar (x_0, y_0) genau eine Lösung für C, so geht offenbar durch jeden Punkt von B genau eine Integralkurve der Gleichung (29.57). Dieser Sachverhalt ist sicherlich gegeben, wenn die Gleichung (29.59) eine Lösung $C = C_0$ hat und die Ungleichung

$$\varphi_C(x_0, C_0) \neq 0$$

erfüllt ist. Auf Grund des Satzes über implizite Funktionen gibt es dann nämlich in einer gewissen Umgebung des Punktes P_0 eine eindeutige Auflösung

$$C_0 = \psi(x, y)$$

der Gleichung (29.58), die die gesuchte durch den Punkt P_0 hindurchgehende Integralkurve implizit beschreibt. Welche Bedingungen die Funktion f(x, y) erfüllen muß, damit gewährleistet ist, daß durch jeden Punkt von B genau eine Integralkurve hindurchgeht, wollen wir im nächsten Abschnitt untersuchen.

Auch bei Differentialgleichungen höherer Ordnung besteht die Gesamtheit der Lösungen aus einer Schar von Funktionen. Betrachten wir zum Beispiel die eindimensionale Schwingungsgleichung

$$y'' = -\omega^2 y$$

(vgl. (13.26)), von der wir bewiesen haben, daß sich jede Lösung in der Gestalt

$$y = y(x) = A\cos(\omega x + \varphi) = a\cos\omega x + b\sin\omega x$$

darstellen läßt, wobei A und φ beziehungsweise a und b willkürliche Integrationskonstanten sind. Wir rufen dem Leser die Konstruktion dieser Lösungen in Erinnerung, insbesondere, daß – entsprechend der Ordnung der Differentialgleichung – zwei Integrationen durchgeführt worden sind, was sich eben im Auftreten zweier willkürlicher Konstanten ausdrückt. Ganz ähnlich ist die Situation bei der Pendelgleichung (13.32). Als weiteres Beispiel betrachten wir die Differentialgleichung

$$y'' = (1 + y'^2)^{3/2},$$

deren Lösungen geometrisch einfach zu konstruieren sind: ihre Integrale sind, wie uns ein Blick auf die Formel für die Krümmung einer ebenen Kurve lehrt, Kurven mit konstanter Krümmung $\kappa = 1$. Demnach müssen die Integralkurven Kreise mit dem Radius r = 1 sein,

$$(x - a)^2 + (y - b)^2 = 1.$$

Die Mittelpunktskoordinaten a und b bleiben natürlich willkürlich.

Besonders einfach zu lösen ist die spezielle Differentialgleichung n-ter Ordnung

$$y^{(n)} = 0.$$

Einmalige Integration ergibt

$$y^{(n-1)} = c_0,$$

daraus folgt durch Integration

$$y^{(n-2)} = c_0 x + c_1;$$

setzt man fort, so ergibt sich nach insgesamt n Integrationen

$$y = y(x) = c_0 x^{n-1} + c_1 x^{n-2} + \ldots + c_{n-2} x + c_{n-1}.$$

Es ist also jedes Polynom, dessen Grad n – 1 nicht übersteigt, ein Integral der Differentialgleichung $y^{(n)} = 0$ und umgekehrt.

Eine spezielle Lösung der Gleichung

$$y^{(n)} = f(x)$$

können wir mit Hilfe der Formel (25.6) finden,

$$y_p(x) = \frac{1}{(n-1)!} \int_0^x (x - y)^{n-1} f(y)\,dy,$$

in der n hintereinander ausgeführte Integrationen zwischen den Grenzen 0 und x in einer Integration zusammengefaßt werden. Berücksichtigen wir, daß n unbestimmte Integrationen auszuführen sind, so brauchen wir zu $y_p(x)$ nur ein beliebiges Polynom höchstens vom Grade $n-1$ hinzuzuzählen, dessen Koeffizienten die Rolle der Integrationskonstanten übernehmen, um alle Lösungen der Gleichung $y^{(n)} = f(x)$ zu erhalten,

$$y = y(x) = c_0 x^{n-1} + c_1 x^{n-2} + \ldots + c_{n-1} + \frac{1}{(n-1)!} \int_0^x (x-y)^{n-1} f(y)\,dy.$$

Als Ergebnis dieser Betrachtungen können wir nun zusammenfassen, daß die Gesamtheit der Lösungen einer expliziten Differentialgleichung n-ter Ordnung

$$y^{(n)} = f\left(x, y, y', y'', \ldots, y^{(n-1)}\right) \tag{29.60}$$

aus einer n-parametrigen Funktionenschar

$$y = \varphi(x, c_1, c_2, \ldots, c_n) \tag{29.61}$$

besteht, wobei die Anzahl der Parameter mit der Ordnung der Differentialgleichung übereinstimmt, entsprechend den n Integrationen, die von (29.60) zu (29.61) führen. Wir können dies auch so ausdrücken, *daß eine explizite Differentialgleichung* n-*ter Ordnung eine* n-*parametrige Kurvenschar beschreibt*. Unter gewissen Bedingungen über die Funktion f in (29.60) (als Funktion ihrer $n+1$ unabhängigen Veränderlichen) geht durch jeden Punkt eines gewissen Bereiches genau eine Integralkurve $y = y(x)$, die den Bedingungen

$$y(x_0) = y_0, \quad y'(x_0) = y'_0, \quad \ldots, \quad y^{(n-1)}(x_0) = y_0^{(n-1)} \tag{29.62}$$

genügt und durch eine entsprechende Wahl der Parameter aus (29.61) hervorgeht. Diese Bedingungen werden *Anfangsbedingungen* genannt, die Funktion $y = \varphi(x, c_1, \ldots, c_n)$ heißt das *allgemeine Integral* von (29.60). Die Aufgabe, jenes Integral von (29.60) zu finden, das Anfangsbedingungen (29.62) mit vorgegebenen Werten $x_0, y_0, y'_0, \ldots, y_0^{(n-1)}$ genügt, heißt *Anfangswertaufgabe*; sie kann mit Hilfe des allgemeinen Integrals (29.60) über das Gleichungssystem

$$\begin{aligned} y_0 &= \varphi(x_0, c_1, c_2, \ldots, c_n), \\ y'_0 &= \varphi'(x_0, c_1, c_2, \ldots, c_n), \\ &\vdots \\ y_0^{(n-1)} &= \varphi^{(n-1)}(x_0, c_1, c_2, \ldots, c_n) \end{aligned} \tag{29.63}$$

gelöst werden.

Die Tatsache, daß Differentialgleichungen eine ganze Funktionenschar liefern, aus der erst mit Hilfe von Anfangsbedingungen eine spezielle Lösung ausgesondert werden kann, darf aus physikalischer Sicht nicht weiter überraschen. Schon die Ableitung einer Differentialgleichung zur Beschreibung eines physikalischen Vorgangs zeigt, daß die Differentialgleichung nur eine *qualitative* Beschreibung des Ablaufs gibt, erst durch Berücksichtigung der Anfangsbedingungen, das heißt der Ausgangszustände, wird der Vorgang auch *quantitativ* festgelegt. Deshalb darf es auch, was die Berechnung von Ausgleichsvorgängen anlangt, nicht weiter verwundern, daß nur diejenigen Größen, an die durch die Schaltgesetze Bedingungen zum Einschaltzeitpunkt $t = 0$ gestellt werden, nämlich die Ströme in Drosseln und die Spannungen an Kondensatoren, durch Lösung eines

Differentialgleichungssystems zu bestimmen sind, die übrigen hingegen aus gewöhnlichen linearen Gleichungen.

Eine Differentialgleichung höherer als erster Ordnung für eine unbekannte Größe ist in den allermeisten Fällen in den physikalischen Anwendungen das Ergebnis eines *mathematischen Eliminationsprozesses* aus mehreren Differentialgleichungen erster Ordnung für eine entsprechende Anzahl unbekannter Größen. Der Einsatz des Differentials beim Studium physikalischer Zusammenhänge kann ja nur zu Differentialgleichungen erster Ordnung führen.

Als Beispiel sei die Herleitung der Differentialgleichungen der homogenen Leitung

$$\frac{d\underline{\hat{U}}}{dx} = -(R' + j\omega L')\underline{\hat{I}}, \quad \frac{d\underline{\hat{I}}}{dx} = -(G' + j\omega C')\underline{\hat{U}}$$

(vgl. (6.83)) in Erinnerung gebracht: Eliminiert man eine Unbekannte, etwa die Spannung $\underline{\hat{U}}(x)$, durch einen Differentiationsprozeß in der zweiten Gleichung, so erhält man eine Differentialgleichung zweiter Ordnung für den Strom $\underline{\hat{I}}(x)$,

$$\frac{d^2\underline{\hat{I}}}{dx^2} = (R' + j\omega L')(G' + j\omega C')\underline{\hat{I}}, \tag{29.64}$$

und analog für die Spannung $\underline{\hat{U}}(x)$ durch Differentiation der ersten Gleichung

$$\frac{d^2\underline{\hat{U}}}{dx^2} = (R' + j\omega L')(G' + j\omega C')\underline{\hat{U}}. \tag{29.65}$$

Ebenso ist das Grundgesetz der Dynamik,

$$m\ddot{x} = k,$$

das Ergebnis der Elimination der Geschwindigkeit v aus den beiden Gleichungen

$$d(mv) = m\,dv = k\,dt \quad \text{und} \quad dx = v\,dt,$$

von denen die erste die mathematische Formulierung des zweiten Newtonschen Axioms ist, unter Berücksichtigung der Definition, daß die Bewegungsgröße durch den *Impuls*, das Produkt aus Masse und Geschwindigkeit, zu messen ist.

Es ist aus diesen Gründen naheliegend, auch Differentialgleichungssysteme zu betrachten. Wir sprechen von einem *System von Differentialgleichungen erster Ordnung* (es bezeichne nun t die unabhängige Veränderliche und $x_1, x_2, \ldots, x_n$ von t abhängige Variable), wenn n Gleichungen

$$\begin{aligned} \dot{x}_1 &= f_1(t, x_1, x_2, \ldots, x_n), \\ \dot{x}_2 &= f_2(t, x_1, x_2, \ldots, x_n), \\ &\vdots \\ \dot{x}_n &= f_n(t, x_1, x_2, \ldots, x_n) \end{aligned} \tag{29.66}$$

für die unbekannten Funktionen $x_1(t), x_2(t), \ldots, x_n(t)$ vorliegen; in der Vektorsymbolik können wir sie kurz in einer Vektorgleichung

$$\dot{\mathbf{x}} = \mathbf{f}(t, \mathbf{x}) \tag{29.67}$$

für die Vektorfunktion $\mathbf{x}(t)$ zusammenfassen. Als Anfangsbedingungen für (29.66) sind n Forderungen zum Zeitpunkt $t = t_0$,

$$x_1(t_0) = \mathring{x}_1, \quad x_2(t_0) = \mathring{x}_2, \quad \ldots, \quad x_n(t_0) = \mathring{x}_n, \tag{29.68}$$

zu erfüllen, beziehungsweise

$$\mathbf{x}(t_0) = \mathbf{x}_0 \tag{29.69}$$

für (29.67). Die Lösung der Anfangswertaufgabe kann mit Hilfe des allgemeinen Integrals

$$\mathbf{x} = \varphi(t, \mathbf{c}) \tag{29.70}$$

gefunden werden; dabei ist φ eine vektorwertige Funktion der unabhängigen Veränderlichen t und der n Parameter $c_1, c_2, \ldots, c_n$, die in (29.70) zu einem Vektor $\mathbf{c}$ zusammengefaßt sind.

Beispiele für Differentialgleichungssysteme erster Ordnung stellen die beiden Differentialgleichungen (6.83) für die homogene Leitung dar, ferner das System (29.40) zur Beschreibung von Ausgleichsvorgängen. Beide haben die Besonderheit, daß die Abhängigkeit der Funktion $\mathbf{f}(t, \mathbf{x})$ bezüglich der Variablen $\mathbf{x}$ durch eine Matrix mit konstanten Elementen beschrieben werden kann,

$$\mathbf{f}(t, \mathbf{x}) = \mathbf{A} \cdot \mathbf{x} + \mathbf{s}(t), \tag{29.71}$$

wobei im Fall der homogenen Leitung auch $\mathbf{s}(t) = \mathbf{0}$ ist.

Eine explizite Differentialgleichung (29.60) der Ordnung n läßt sich stets in ein System von Differentialgleichungen erster Ordnung überführen. Man setzt (es sei wieder t die unabhängige Veränderliche anstatt x)

$$x_1 = y, \quad x_2 = y', \quad \ldots, \quad x_n = y^{(n-1)}$$

und erhält auf diese Weise das spezielle System

$$\begin{aligned} \dot{x}_1 &= f_1(t, x_1, x_2, \ldots, x_n) = x_2, \\ \dot{x}_2 &= f_2(t, x_1, x_2, \ldots, x_n) = x_3, \\ &\vdots \\ \dot{x}_{n-1} &= f_{n-1}(t, x_1, x_2, \ldots, x_n) = x_n, \\ \dot{x}_n &= f_n(t, x_1, x_2, \ldots, x_n) = f(t, x_1, x_2, \ldots, x_n). \end{aligned} \tag{29.72}$$

Dabei gehen die Anfangsbedingungen (29.62) für die Gleichung (29.60) in entsprechende Anfangsbedingungen (29.68) über.

Als Spezialfall betrachten wir die Differentialgleichung n-ter Ordnung

$$a_0 y^{(n)} + a_1 y^{(n-1)} + \ldots + a_{n-1} y' + a_n y = s(x), \tag{29.73}$$

für die das System

$$\dot{\mathbf{x}} = \mathbf{A} \cdot \mathbf{x} + \mathbf{s}(t) \tag{29.74}$$

mit

$$\mathbf{A} = \begin{pmatrix} 0 & 1 & 0 & \ldots & 0 & 0 \\ 0 & 0 & 1 & \ldots & 0 & 0 \\ \cdots & \cdots & \cdots & \cdots & \cdots & \cdots \\ 0 & 0 & 0 & & 0 & 1 \\ -\frac{a_n}{a_0} & -\frac{a_{n-1}}{a_0} & -\frac{a_{n-2}}{a_0} & \ldots & -\frac{a_2}{a_0} & -\frac{a_1}{a_0} \end{pmatrix}, \quad \mathbf{s}(t) = \begin{pmatrix} 0 \\ 0 \\ \vdots \\ 0 \\ \frac{s(t)}{a_0} \end{pmatrix}, \tag{29.75}$$

eine äquivalente Form der Darstellung ist.

Man kann sich nun auch umgekehrt fragen, ob sich jedes System von Differentialgleichungen erster Ordnung durch Eliminationsprozesse in eine entsprechende Anzahl von Differentialgleichungen höherer Ordnung für jeweils eine der Koordinatenfunktionen überführen läßt, so daß jede Koordinatenfunktion durch Lösung einer Differentialgleichung höherer Ordnung gefunden werden kann. Im allgemeinen trifft dies für ein System (29.66) nicht zu, wohl aber dann, wenn die rechte Seite die Gestalt (29.71) mit einer konstanten Koeffizientenmatrix A hat; die Ordnung der dabei sich ergebenden Differentialgleichungen ist höchstens gleich der Zahl der unbekannten Funktionen.

Wie ein solcher Eliminationsprozeß im einfachsten Fall aussieht, wollen wir zunächst am Beispiel eines Systems von zwei Differentialgleichungen erster Ordnung

$$\begin{aligned} \dot{x} &= Ax + By + a(t), \\ \dot{y} &= Cx + Dy + b(t) \end{aligned} \tag{29.76}$$

behandeln. Wir können annehmen, daß nicht beide Koeffizienten B und C gleich Null sind, also etwa $B \neq 0$ ist. Wir differenzieren die erste Gleichung (29.76),

$$\ddot{x} = A\dot{x} + B\dot{y} + \dot{a}(t),$$

und setzen für $\dot{y}$ aus der zweiten Gleichung ein,

$$\ddot{x} = A\dot{x} + B\big(Cx + Dy + b(t)\big) + \dot{a}(t);$$

ist $D = 0$, so tritt bereits nur mehr die Funktion x(t) auf, im Falle $D \neq 0$ setzen wir für By aus der ersten Gleichung (29.76) ein, was schließlich auf die Differentialgleichung zweiter Ordnung

$$\ddot{x} - \dot{x}(A + D) + x(AD - BC) = Bb(t) - Da(t) + \dot{a}(t) \tag{29.77}$$

für die Funktion x(t) führt. Sind zum System (29.76) Anfangsbedingungen $x(t_0) = x_0$, $y(t_0) = y_0$ vorgegeben, so ist für die Lösung der Gleichung (29.77)

$$x(t_0) = x_0, \quad \dot{x}(t_0) = Ax_0 + By_0 + a(t_0)$$

zu berücksichtigen. Durch eine analoge Rechnung gelangt man zur Differentialgleichung

$$\ddot{y} - \dot{y}(A + D) + y(AD - BC) = Ca(t) - Ab(t) + \dot{b}(t) \tag{29.78}$$

für die Funktion y(t) allein, mit den Anfangsbedingungen

$$y(t_0) = y_0, \quad \dot{y}(t_0) = Cx_0 + Dy_0 + b(t_0).$$

Abgesehen von der rechten Seite und den Anfangsbedingungen handelt es sich um dieselbe Gleichung wie für die Funktion x(t).

Wie dieser Eliminationsprozeß für die allgemeine Gleichung (29.74) durchzuführen ist, soll in Abschnitt 31.5 besprochen werden.

Neben Systemen von Differentialgleichungen erster Ordnung spielen manchmal auch Differentialgleichungen zweiter Ordnung

$$\ddot{x} = f(t, x, \dot{x}) \tag{29.79}$$

mit Anfangsbedingungen

$$x(t_0) = x_0, \quad \dot{x}(t_0) = \dot{x}_0$$

eine Rolle, wobei besonders diejenigen von Interesse sind, bei denen die rechte Seite von der „Geschwindigkeit" $\dot{x}$ nicht abhängt,

$$\ddot{x} = f(t, x), \tag{29.80}$$

und von diesen vor allem auch solche, deren rechte Seite f(t, x) die spezielle Form (29.71) hat,

$$\ddot{\mathbf{x}} = \mathbf{A} \cdot \mathbf{x} + \mathbf{s}(t). \tag{29.81}$$

Auf solche Differentialgleichungen läßt sich die Lösung vieler Schwingungsprobleme zurückführen. Natürlich können wir Differentialgleichungssysteme zweiter Ordnung durch Einführung der Vektorvariablen $\mathbf{y} = \dot{\mathbf{x}}$ als Systeme erster Ordnung

$$\dot{\mathbf{z}} = \mathbf{B} \cdot \mathbf{z} + \hat{\mathbf{s}}(t)$$

formulieren, wobei **z** der Vektor mit den Koordinaten $x_1, x_2, \ldots, x_n, y_1, y_2, \ldots, y_n$, **B** eine $2n \times 2n$ „Blockmatrix"

$$\mathbf{B} = \begin{pmatrix} \mathbf{0} & \mathbf{E} \\ \mathbf{A} & \mathbf{0} \end{pmatrix} \quad \text{und} \quad \hat{\mathbf{s}}(t) = \begin{pmatrix} \mathbf{0} \\ \mathbf{s}(t) \end{pmatrix}$$

ist.

29.3 Das Verfahren der sukzessiven Approximationen

Es wurde schon darauf hingewiesen, daß die Beschreibung vieler physikalischer Vorgänge auf Differentialgleichungen führt, die unter Berücksichtigung von Anfangsbedingungen zu lösen sind. Bei Ausgleichsvorgängen erhalten wir diese aus den Schaltgesetzen; die Bewegung eines Massenpunktes unter Einfluß von Kräften, die durch ein System zweiter Ordnung beschrieben wird, ist erst durch die Anfangslage und die Anfangsgeschwindigkeit bestimmt. Vom mathematischen Standpunkt müssen wir uns nun die Frage stellen, ob erstens überhaupt eine Lösung der Differentialgleichung existiert, die vorgegebene Anfangsbedingungen erfüllt (*Existenzfrage*) und zweitens, ob diese eindeutig ist (*Eindeutigkeitsfrage*), wie ja auch der physikalische Ablauf durch die Ausgangssituation eindeutig bestimmt ist.

Offenbar genügt es, die Antwort auf diese Fragen für ein System (29.67) von Differentialgleichungen erster Ordnung mit Anfangsbedingungen (29.69) zu suchen; auf Grund der vorangegangenen Betrachtungen über die Möglichkeit, eine explizite Differentialgleichung (29.60) mit Anfangsbedingungen (29.62) in ein System von Differentialgleichungen erster Ordnung überzuführen, wird somit auch die Anfangswertaufgabe für explizite Differentialgleichungen höherer Ordnung mitbehandelt. Aus Gründen der Einfachheit beschränken wir uns im folgenden auf die Anfangswertaufgabe

$$y' = f(x, y), \quad y(x_0) = y_0; \tag{29.82}$$

der Leser wird keine Schwierigkeiten bei der Übertragung auf allgemeine Differentialgleichungssysteme erster Ordnung haben.

Es sei $y(x)$ zumindest in einer δ-Umgebung des Punktes x_0 eine Lösung der Anfangswertaufgabe (29.82), so daß gilt

$$y'(x) = f\big(x, y(x)\big) \quad \text{für alle } x \text{ mit } |x - x_0| < \delta.$$

Durch Integration ergibt sich die Integralgleichung

$$y(x) = y_0 + \int_{x_0}^{x} f\big(\xi, y(\xi)\big)\, d\xi, \quad |x - x_0| < \delta. \tag{29.83}$$

Führen wir den Operator F ein,

$$Fy(x) = y_0 + \int_{x_0}^{x} f\bigl(\xi, y(\xi)\bigr)\,d\xi,$$

so können wir (29.83) als „Fixpunktgleichung" schreiben,

$$y(x) = Fy(x). \tag{29.84}$$

Es liegt nun nahe, diese Fixpunktgleichung auf iterative Weise zu lösen. Beginnend mit einer Funktion $y_0(x)$, die der Anfangsbedingung $y_0(x_0) = y_0$ genügt, also am besten gleich mit der konstanten Funktion $y_0(x) = y_0$, berechnen wir eine Folge von Funktionen $y_n(x)$ nach der Vorschrift

$$y_n(x) = Fy_{n-1}(x) = y_0 + \int_{x_0}^{x} f\bigl(\xi, y_{n-1}(\xi)\bigr)\,d\xi, \quad n = 1, 2, \ldots\,. \tag{29.85}$$

Offenbar genügen alle Funktionen dieser Folge der Anfangsbedingung, denn es ist

$$y_n(x_0) = y_0 + \int_{x_0}^{x_0} f\bigl(\xi, y_{n-1}(\xi)\bigr)\,d\xi = y_0.$$

Wenn nun alle Funktionen der Folge $\bigl(y_n(x)\bigr)$ in einem Intervall I um die Stelle x_0 definiert sind und die Folge selbst auf diesem Intervall punktweise gegen eine Grenzfunktion $y(x)$ konvergiert,

$$\lim_{n \to \infty} y_n(x) = y(x), \quad x \in I,$$

die dann übrigens auch der Anfangsbedingung genügen muß, so brauchen wir nur mehr den Nachweis zu erbringen, daß der Grenzübergang $n \to \infty$ mit dem Operator F vertauschbar ist,

$$\lim_{n \to \infty} Fy_n(x) = F\Bigl(\lim_{n \to \infty} y_n(x)\Bigr) = Fy(x). \tag{29.86}$$

Unter diesen Umständen ist $y(x)$ eine Lösung der Fixpunktgleichung (29.84), das heißt eine Lösung der Integralgleichung (29.83). Da aber jede Lösung von (29.83) auch eine Lösung der Anfangswertaufgabe (29.82) ist und umgekehrt, hätten wir damit die Existenzfrage beantwortet. Der iterative Lösungsprozeß für die Aufgabe (29.82) durch die Funktionenfolge $\bigl(y_n(x)\bigr)$ wird *Verfahren der sukzessiven Approximationen* genannt.

Der Leser erkennt, daß diese Idee zur Konstruktion einer Lösung der Integralgleichung (29.83) und der mit ihr äquivalenten Anfangswertaufgabe (29.82) dem Prinzip nach die gleiche ist, die dem Iterationsverfahren (9.9) zur Lösung einer Fixpunktgleichung (9.7) zugrundeliegt. Für diese einfachste Fixpunktgleichung liefert uns der Fixpunktsatz von Banach (Satz 9.2) eine Aussage über die Konvergenz des Iterationsverfahrens und die Eindeutigkeit des Fixpunktes; die Frage, unter welchen Voraussetzungen die nach der Iterationsvorschrift (29.85) zu bildende Funktionenfolge gegen eine Lösung der Anfangswertaufgabe (29.82) konvergiert und ob diese eindeutig lösbar ist, beantwortet uns der

Satz 29.1 (Existenz- und Eindeutigkeitssatz) *Es sei die Funktion* $f(x, y)$ *in einem Rechteck* $|x - x_0| < a$, $|y - y_0| < b$ *stetig und beschränkt. In diesem Rechteck genüge ferner* $f(x, y)$ *einer Lipschitzbedingung bezüglich der Variablen* y, *und zwar gleichmäßig in* x, *das heißt, es möge eine Konstante* L *existieren, so daß für beliebige Werte* y' *und* y'' *aus dem Intervall* $]y_0 - b, y_0 + b[$ *die Ungleichung*

$$\left|f(x, y') - f(x, y'')\right| \leqslant L\,|y' - y''| \tag{29.87}$$

für jeden Wert von x *aus dem Intervall* $]x_0 - a, x_0 + a[$ *gültig ist. Dann gibt es auf einem gewissen Intervall* $[x_0 - \alpha, x_0 + \alpha]$, $\alpha < a$, *genau eine Lösung der Anfangswertaufgabe* (29.82).

Der Beweis dieses Satzes gliedert sich in drei Teile und folgt dabei der Idee des Fixpunktsatzes von Banach. Die Durchführung der einzelnen Schritte ist eigentlich nur mehr mathematische Routine, weshalb wir uns mit einer Skizze begnügen.

Zunächst ist der Nachweis zu erbringen, daß die Funktionenfolge $\left(y_n(x)\right)$ nach der Vorschrift (29.85) auch tatsächlich gebildet werden kann. Dies läuft darauf hinaus, eine Einschränkung $I' = [x_0 - a', x_0 + a']$, $a' < a$, des Intervalles $I =]x_0 - a, x_0 + a[$ zu konstruieren, so daß die Werte sämtlicher Funktionen $y_n(x)$ für $x \in I'$ im Intervall $J =]y_0 - b, y_0 + b[$ liegen (beim Fixpunktsatz 9.2 wird die Durchführbarkeit des Iterationsverfahrens (9.9) durch die Forderung garantiert, daß die Funktion $f(x)$ das Intervall $[a, b]$ in sich abbildet).

Im zweiten Schritt wird die gleichmäßige Konvergenz der Folge $\left(y_n(x)\right)$ auf dem Intervall I' bewiesen. Die Voraussetzung der Stetigkeit der Funktion $f(x, y)$ und ihre Beschränktheit auf dem Rechteck $|x - x_0| \leqslant a'$, $|y - y_0| < b$ bedingt, daß auch die Folge $\left(f\left(x, y_n(x)\right)\right)$ auf dem Intervall I' gleichmäßig konvergiert, und zwar gegen die Funktion $f\left(x, y(x)\right)$, wenn $y(x)$ die Grenzfunktion der Folge $\left(y_n(x)\right)$ ist. Auf Grund des Satzes 16.6 über die Vertauschbarkeit von Integration und Grenzwertbildung bei gleichmäßiger Konvergenz kann somit der Grenzübergang $n \to \infty$ in (29.85) mit der Integration vertauscht werden, womit schließlich die Vertauschung des Grenzüberganges mit dem Operator F in (29.86) gerechtfertigt und $y(x)$ als Lösung der Integralgleichung (29.83) beziehungsweise der Anfangswertaufgabe (29.82) erkannt ist (beim Fixpunktsatz 9.2 genügt hierfür die Voraussetzung der Stetigkeit der Funktion $f(x)$).

Die technische Durchführung dieser beiden Beweisschritte für das Existenzproblem macht wesentlichen Gebrauch von der Lipschitzbedingung (29.87). Es liegt jedoch im Wesen der Dinge, daß die Bedingung (29.87) für die Lösbarkeit der Anfangswertaufgabe (29.82) beziehungsweise der Integralgleichung (29.83) keineswegs gestellt werden muß, ähnlich wie man beim Beweis des Satzes 9.2 auf die Existenz zumindest eines Fixpunktes ohne Zurückgreifen auf die Lipschitzbedingung schließen kann. Es genügt, für die Existenz einer Lösung von (29.83) die Stetigkeit der Funktion $f(x, y)$ zu verlangen. Ebenso wie für die Gleichung (9.7) erweist sich aber die Lipschitzbedingung als hinreichend für die Existenz höchstens einer Lösung und damit genau einer Lösung. Angenommen nämlich, es würden auf einem gewissen Intervall um x_0 zwei Lösungen $y_1(x)$ und $y_2(x)$ der Integralgleichung (29.83) existieren, so wäre

$$\left|y_1(x) - y_2(x)\right| = \left|\int_{x_0}^{x} \left[f\left(\xi, y_1(\xi)\right) - f\left(\xi, y_2(\xi)\right)\right] d\xi\right| \leqslant L \left|\int_{x_0}^{x} \left|y_1(\xi) - y_2(\xi)\right| d\xi\right| .$$

Betrachten wir diese Lösungen auf einem (allenfalls kleineren) Intervall $[x_0 - \alpha, x_0 + \alpha]$ mit $\alpha < \frac{1}{L}$, so erhalten wir mit

$$\gamma = \max_{|x-x_0| \leqslant \alpha} \left|y_1(x) - y_2(x)\right| = \left|y_1(\xi) - y_2(\xi)\right|, \quad x_0 - \alpha \leqslant \xi \leqslant x_0 + \alpha,$$

aus der Ungleichung

$$\gamma \leqslant \left| L \int_{x_0}^{\xi} \left|y_1(x) - y_2(x)\right| dx \right| \leqslant L\gamma |\xi - x_0|$$

den offensichtlichen Widerspruch

$$1 \leqslant L|\xi - x_0| \leqslant \alpha L < 1.$$

Hinsichtlich der Bedeutung der Lipschitzbedingung (29.87) gilt das gleiche, was in Abschnitt 9.4 darüber gesagt wurde. Wenn insbesondere die partielle Ableitung $f_y(x, y)$ im Rechteck $|x - x_0| < a$, $|y - y_0| < b$ existiert und beschränkt ist, so erhalten wir aus dem Mittelwertsatz der Differentialrechnung (24.8)

$$f(x, y') - f(x, y'') = f_y(x, \hat{y})(y' - y''), \quad \hat{y} = y'' + \vartheta(y' - y''), \quad 0 < \vartheta < 1,$$

und, wenn M eine Schranke für $|f_y(x, y)|$ ist,

$$\left|f(x, y') - f(x, y'')\right| \leqslant M|y' - y''|.$$

Jede Schranke für $|f_y(x, y)|$ ist als Lipschitzkonstante tauglich, doch anders als beim Fixpunktsatz von Banach brauchen wir jetzt nicht darauf zu achten, daß eine solche kleiner als 1 ist. Etwas einschränkend anstatt (29.87) ist daher die Forderung, daß die partielle Ableitung $f_y(x, y)$ im Rechteck $|x - x_0| < a$, $|y - y_0| < b$ existiert und beschränkt ist. In dieser Form wurde Satz 29.1 bereits von Cauchy ausgesprochen.

Es ist übrigens sehr leicht, eine Anfangswertaufgabe zu konstruieren, die nicht eindeutig lösbar ist. Wie wir schon früher einmal festgestellt haben, ist die Funktion $f(y) = \sqrt{y}$ in keiner Umgebung der Stelle $y = 0$ Lipschitz-stetig, infolgedessen ist auch für die Anfangswertaufgabe

$$y' = \sqrt{|y|}, \quad y(0) = 0$$

die Bedingung (29.87) nicht erfüllt. Wir finden in der Tat auch zwei Lösungen, nämlich $y(x) = 0$ und nach dem Muster der Lösungskonstruktion für eine Differentialgleichung (29.55) mit getrennten Veränderlichen die Lösung $y(x) = \frac{1}{4} x|x|$.

Der Existenz- und Eindeutigkeitssatz läßt sich unmittelbar auf Systeme von Differentialgleichungen erster Ordnung übertragen. Die Iterationsvorschrift (29.85) zur Lösung von (29.67) unter der Anfangsbedingung (29.69) lautet jetzt

$$\mathbf{x}_n(t) = \mathbf{x}_0 + \int_{t_0}^{t} \mathbf{f}\left(\tau, \mathbf{x}_{n-1}(\tau)\right) d\tau, \quad \mathbf{x}_0(t) = \mathbf{x}_0, \quad n = 1, 2, \ldots, \tag{29.88}$$

und sinngemäß ist $\mathbf{x}(t) = \lim_{n \to \infty} \mathbf{x}_n(t)$ die Lösung, wobei dieser Grenzübergang koordinatenweise durchzuführen ist.

Der Satz 29.1 liefert uns nicht allein eine Aussage über die Existenz und Eindeutigkeit der Lösung einer Anfangswertaufgabe, er hat auch konstruktiven Charakter, denn er versetzt uns in die Lage, eine Anfangswertaufgabe wenigstens näherungsweise lösen zu können. Wir wollen die Anwendung des Verfahrens der sukzessiven Approximationen an zwei Beispielen vorführen.

Beispiel 29.5: Wir betrachten die Pendelgleichung (13.32),

$$\ddot{\varphi} + \omega^2 \sin\varphi = 0,$$

mit den Anfangsbedingungen

$$\varphi(0) = \alpha, \quad \dot{\varphi}(0) = 0.$$

Zunächst führen wir die Differentialgleichung in ein System von zwei Differentialgleichungen erster Ordnung über, indem wir $\psi(t) = \dot{\varphi}(t)$ setzen, so daß

$$\dot{\varphi} = \psi, \quad \dot{\psi} = -\omega^2 \sin\varphi, \quad \varphi(0) = \alpha, \quad \psi(0) = 0.$$

Wir starten das Verfahren der sukzessiven Approximationen mit der konstanten Funktion $\varphi_0(t) = \alpha$, $\psi_0(t) = 0$ und erhalten nach (29.88)

$$\varphi_1(t) = \alpha + \int_0^t \psi_0(\tau)d\tau = \alpha,$$

$$\psi_1(t) = -\omega^2 \int_0^t \sin\varphi_0(\tau)d\tau = -\omega^2 \sin\alpha \int_0^t d\tau = -\omega^2 t \sin\alpha,$$

mit diesem Ergebnis

$$\varphi_2(t) = \alpha + \int_0^t \psi_1(\tau)d\tau = \alpha - \omega^2 \sin\alpha \int_0^t \tau d\tau = \alpha - \frac{1}{2}\omega^2 t^2 \sin\alpha,$$

$$\psi_2(t) = -\omega^2 \int_0^t \sin\varphi_1(\tau)d\tau = -\omega^2 \int_0^t \sin\alpha\, d\tau = -\omega^2 t \sin\alpha,$$

usw. In Bild 29.6 sind die ersten Glieder der Folge $(\varphi_n(t))$, deren Grenzfunktion die gesuchte Lösung ist, gemeinsam mit der exakten Lösung dargestellt.

Die Bedeutung des Verfahrens der sukzessiven Approximationen liegt jedoch weniger in der Konstruktion von Näherungslösungen, für die im allgemeinen anderen Verfahren der Vorzug zu geben ist. Als eher theoretische Anwendung benützen wir es, um die Lösungen der Anfangswertaufgabe

$$\dot{\mathbf{x}} = \mathbf{A} \cdot \mathbf{x}, \quad \mathbf{x}(t_0) = \mathbf{x}_0 \tag{29.89}$$

mit konstanter Koeffizientenmatrix **A** zu bestimmen. Ausgehend von $\mathbf{x}_0(t) = \mathbf{x}_0$ berechnen wir nach der Vorschrift (29.88)

$$\mathbf{x}_1(t) = \mathbf{x}_0 + \int_{t_0}^t \mathbf{A} \cdot \mathbf{x}_0 d\tau = \mathbf{x}_0 + \mathbf{A} \cdot \mathbf{x}_0 \int_{t_0}^t d\tau = \big(\mathbf{E} + \mathbf{A}(t - t_0)\big) \cdot \mathbf{x}_0$$

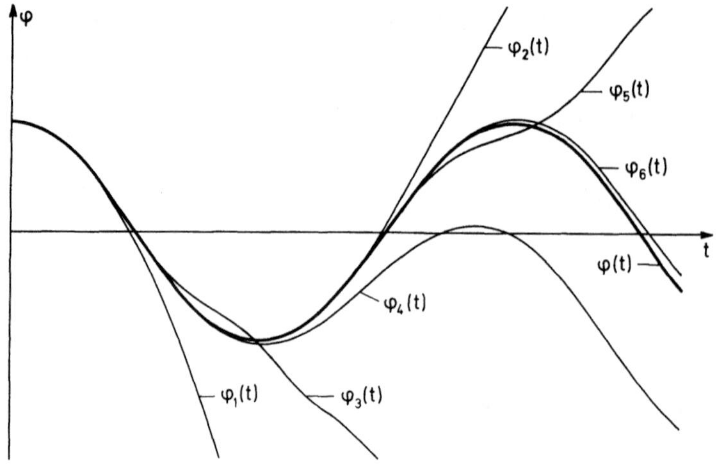

Bild 29.6

und damit

$$x_2(t) = x_0 + \int_{t_0}^{t} A \cdot x_1(\tau)d\tau = x_0 + \int_{t_0}^{t} A \cdot \left(E + A(\tau - t_0)\right) \cdot x_0 d\tau$$

$$= \left(E + A(t - t_0) + \frac{1}{2} A^2(t - t_0)^2\right) \cdot x_0.$$

Auf Grund dieses Ergebnisses vermuten wir das allgemeine Bildungsgesetz

$$x_n(t) = \sum_{k=0}^{n} \frac{(t - t_0)^k}{k!} A^k \cdot x_0,$$

das auch ohne Schwierigkeiten durch vollständige Induktion bewiesen werden kann. Der Grenzübergang $n \to \infty$ liefert uns die Potenzreihe

$$x(t) = \sum_{k=0}^{\infty} \frac{(t - t_0)^k}{k!} A^k \cdot x_0, \tag{29.90}$$

von der sich zeigen läßt, daß sie beständig konvergiert. Es liegt nahe, für die Reihe in (29.90) das Symbol

$$e^{A(t - t_0)} := \sum_{k=0}^{\infty} \frac{(t - t_0)^k}{k!} A^k \tag{29.91}$$

einzuführen, womit wir die Lösung (29.90) von (29.89) in der Form

$$x(t) = e^{A(t - t_0)} \cdot x_0 \tag{29.92}$$

anschreiben können. Insbesondere ist

$$x = \varphi(t, c) = e^{At} \cdot c \tag{29.93}$$

das allgemeine Integral der Gleichung $\dot{x} = A \cdot x$.

Das Ergebnis (29.92) wird später den Ausgangspunkt des Studiums der Lösungsverhältnisse linearer Differentialgleichungen mit konstanten Koeffizienten bilden. Im Augenblick haben wir ihm eher theoretische Bedeutung beizumessen, angesichts der für größere Matrizen ziemlich schwierigen Aufgabe, die Reihe (29.91) zu berechnen. Prinzipiell kann man hierfür folgendermaßen vorgehen. Wir erinnern uns, daß jede Potenz einer Matrix **A** in der Form

$$\mathbf{A}^m = a_0^{(m)}\mathbf{A}^{N-1} + a_1^{(m)}\mathbf{A}^{N-2} + \ldots + a_{N-2}^{(m)}\mathbf{A} + a_{N-1}^{(m)}\mathbf{E} = p_m(\mathbf{A})$$

dargestellt werden kann, wobei N die Reihenzahl der Matrix **A** ist (vgl. (21.23)). Setzen wir diese Ausdrücke in (29.91) ein, so erhalten wir durch Ordnen nach Potenzen von A

$$e^{\mathbf{A}(t-t_0)} = P_0(t-t_0)\mathbf{A}^{N-1} + \ldots + P_{N-1}(t-t_0)\mathbf{E}, \qquad (29.94)$$

worin

$$P_k(t) = \sum_{m=0}^{\infty} \frac{t^m}{m!} a_k^{(m)}, \quad k = 0, 1, \ldots, N-1,$$

gesetzt wurde; da die Reihe (29.91) beständig konvergent ist, sind auch die Potenzreihen $P_k(t)$ beständig konvergent. Die Matrix $e^{\mathbf{A}t}$ ist also eine Linearkombination der Potenzen $\mathbf{A}^0 = \mathbf{E}, \mathbf{A}, \mathbf{A}^2, \ldots, \mathbf{A}^{N-1}$, deren Koeffizienten gewisse Funktionen sind, die sich in eine beständig konvergente Potenzreihe entwickeln lassen.

Eine elegante Methode zur Berechnung der Potenzen einer Matrix werden wir in Abschnitt 38.3 kennenlernen.

Beispiel 29.6: Wir lösen das Differentialgleichungssystem

$$\dot{x} = ay, \quad \dot{y} = bx \qquad (29.95)$$

durch Bestimmung der Matrix (29.91). Die Koeffizientenmatrix lautet

$$\mathbf{A} = \begin{pmatrix} 0 & a \\ b & 0 \end{pmatrix},$$

ihre Potenzen sind

$$\mathbf{A}^2 = ab\mathbf{E}, \quad \mathbf{A}^3 = ab\mathbf{A}, \ldots,$$

allgemein

$$\mathbf{A}^{2n} = (ab)^n\mathbf{E}, \quad \mathbf{A}^{2n+1} = (ab)^n\mathbf{A}, \quad n = 0, 1, 2, \ldots .$$

Damit erhalten wir

$$e^{\mathbf{A}t} = \sum_{m=0}^{\infty} \frac{t^m}{m!}\mathbf{A}^m = \sum_{n=0}^{\infty} \frac{t^{2n}}{(2n)!}\mathbf{A}^{2n} + \sum_{n=0}^{\infty} \frac{t^{2n+1}}{(2n+1)!}\mathbf{A}^{2n+1}$$

$$= \mathbf{E}\sum_{n=0}^{\infty} \frac{t^{2n}}{(2n)!}(ab)^n + \mathbf{A}\sum_{n=0}^{\infty} \frac{t^{2n+1}}{(2n+1)!}(ab)^n = \mathbf{E}\cosh(t\sqrt{ab}) + \mathbf{A}\frac{1}{\sqrt{ab}}\sinh(t\sqrt{ab}),$$

das heißt

$$e^{\mathbf{A}t} = \begin{pmatrix} \cosh(t\sqrt{ab}) & \frac{a}{\sqrt{ab}}\sinh(t\sqrt{ab}) \\ \frac{b}{\sqrt{ab}}\sinh(t\sqrt{ab}) & \cosh(t\sqrt{ab}) \end{pmatrix}.$$

Das allgemeine Integral des Systems (29.95) lautet daher

$$x(t) = c_1 \cosh(t\sqrt{ab}) + c_2 \frac{a}{\sqrt{ab}} \sinh(t\sqrt{ab}),$$
$$y(t) = c_1 \frac{b}{\sqrt{ab}} \sinh(t\sqrt{ab}) + c_2 \cosh(t\sqrt{ab}). \tag{29.96}$$

29.4 Ergänzungen und Bemerkungen

Es wurde schon hervorgehoben, daß durch eine Differentialgleichung eine Kurvenschar beschrieben wird und daß die Lösung der Anfangswertaufgabe darauf hinausläuft, eine Kurve dieser Schar durch die Anfangsbedingung auszusondern. Wir können uns nun auch umgekehrt die Frage stellen, ob eine gegebene Kurvenschar $y = \varphi(x, c)$ durch eine Differentialgleichung repräsentiert werden kann, das heißt, ob es eine Differentialgleichung $y' = f(x, y)$ gibt, deren allgemeines Integral gerade die Funktionenschar $y = \varphi(x, c)$ ist. Dies ist tatsächlich der Fall, wenn wir voraussetzen, daß durch jeden Punkt des Bereiches B, der durch die Schar $y = \varphi(x, c)$ „überdeckt" wird, genau eine Kurve hindurchgeht. Mathematisch bedeutet diese Forderung, daß sich die Gleichung $y = \varphi(x, c)$ eindeutig nach dem Scharparameter c durch eine Funktion $c = \psi(x, y)$ auflösen läßt, die im ganzen Bereich B definiert ist. Dies ist jedenfalls möglich, wenn für alle zulässigen Werte von x und c die Ungleichung

$$\varphi_c(x, c) \neq 0 \tag{29.97}$$

erfüllt ist. Wir können dann das Richtungsfeld konstruieren, indem wir in jedem Punkt von B die Richtung der Kurventangente bestimmen, also die Funktion $y' = \varphi_x(x, c)$ bilden. Setzen wir in diese für $c = \psi(x, y)$ ein, so resultiert eine Differentialgleichung

$$y' = \varphi_x\big(x, \psi(x, y)\big) = f(x, y),$$

deren Richtungsfeld mit demjenigen der Kurvenschar $y = \varphi(x, c)$ identisch ist.

Im Zusammenhang damit wollen wir noch auf die Frage eingehen, ob jede Lösung einer Differentialgleichung in ihrem allgemeinen Integral enthalten ist. Daß dies im allgemeinen nicht zutrifft, können wir uns durch folgende geometrische Überlegung anschaulich machen. Unter der *Einhüllenden* (*Enveloppe*) einer Kurvenschar $y = \varphi(x, c)$ verstehen wir eine Kurve $y = y(x)$, die selbst dieser Schar nicht angehört und in jedem Punkt eine Kurve der Schar $y = \varphi(x, c)$ berührt, das heißt, mit ihr eine gemeinsame Tangente hat (Bild 29.7). Um die Gleichung der Einhüllenden zu finden, stellen wir diese in der Form $x = x(c)$, $y = y(c)$ dar, so daß $y(c) = \varphi(x(c), c)$ für alle c gilt. Daher ist einerseits $y'(c) = \varphi_x(x(c), c)\, x'(c) + \varphi_c(x(c), c)$, andererseits $\frac{y'(c)}{x'(c)} = \varphi_x(x(c), c)$ wegen der gemein-

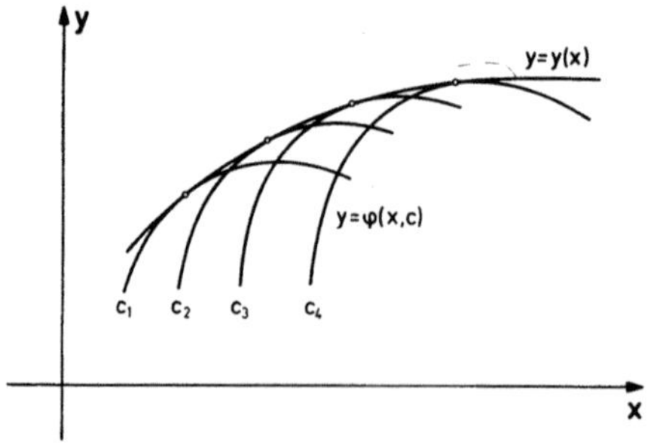

Bild 29.7

samen Tangente im Berührungspunkt (x(c), y(c)); es muß daher

$$\varphi_c(x, c) = 0 \tag{29.98}$$

gelten. Besitzt diese Gleichung für $x = x_0$ genau eine Lösung $c = c_0$, so berührt die Scharkurve $y = \varphi(x, c_0)$ im Punkt P_0 mit den Koordinaten x_0 und $y_0 = \varphi(x_0, c_0)$ die Einhüllende. Die Gleichung der Einhüllenden erhalten wir nun, wenn wir (29.98) nach c durch eine Funktion $c = \psi(x)$ auflösen und diese in die Schargleichung einsetzen,

$$y = y(x) = \varphi\big(x, \psi(x)\big).$$

Es sei allerdings darauf aufmerksam gemacht, daß wir die Existenz einer Einhüllenden angenommen haben, es ist keineswegs richtig, daß die eindeutige Auflösbarkeit der Gleichung (29.98) nach c durch eine Funktion von x auch die Existenz einer Einhüllenden bedeutet. Die allgemeine Theorie ist einigermaßen kompliziert, weshalb wir auch nicht weiter darauf eingehen wollen. Um vielmehr auf unsere Frage zurückzukommen, wollen wir annehmen, die durch das allgemeine Integral beschriebene Kurvenschar $y = \varphi(x, c)$ habe eine Einhüllende $y = y(x)$. Nun können wir aus der Definition der Einhüllenden direkt folgern, daß die Einhüllende $y = y(x)$ des allgemeinen Integrals $y = \varphi(x, c)$ in das Richtungsfeld der Differentialgleichung paßt. Deshalb ist auch die Einhüllende eine Integralkurve, die Funktion $y = y(x)$ eine Lösung der Differentialgleichung. Man bezeichnet sie, wie auch jede andere Lösung, die nicht im allgemeinen Integral enthalten ist, als *singuläre* Lösung. Besitzt also das allgemeine Integral $y = \varphi(x, c)$ eine Einhüllende $y = y(x)$ und wird diese im Punkt P_0 mit den Koordinaten x_0 und $y_0 = y(x_0)$ von der Scharkurve mit dem Parameterwert c_0 berührt, so gibt es zwei Integralkurven, die durch den Punkt P_0 hindurchgehen, nämlich die Einhüllende $y = y(x)$ und die Scharkurve $y = \varphi(x, c_0)$ des allgemeinen Integrals.

In den physikalischen Anwendungen führt die Berechnung eines zeitlichen Vorgangs, der zu einem gewissen Zeitpunkt beginnt, immer auf Anfangswertaufgaben; die eindeutige Lösbarkeit setzt dabei voraus, daß ebensoviele Anfangsbedingungen vorhanden sind, als die Ordnung der Differentialgleichung beträgt, denn es sind genausoviele Beziehungen notwendig, als das allgemeine Integral Parameter enthält. In vielen ebenfalls durch Differentialgleichungen beschriebenen Problemen der mathematischen Physik, in denen die unabhängige Veränderliche eine Ortsvariable ist, sucht man eine Lösung innerhalb eines gewissen Intervalles, in dessen *Endpunkten* gewisse Bedingungen vorgeschrieben sind. Man spricht in diesem Fall von einer Differentialgleichung mit *Randbedingungen* beziehungsweise von einer *Randwertaufgabe*.

Beispiel 29.7: Vor eine Randwertaufgabe stellt uns das Problem der homogenen Leitung, an die wir uns eine sinusförmige Wechselspannung angelegt denken. Die Differentialgleichungen, die wir zu lösen haben, sind die beiden Gleichungen (6.83) beziehungsweise (29.95), deren allgemeines Integral wir in Beispiel 29.6 bereits berechnet haben. Wir schreiben es in komplexer Form

$$\begin{aligned} \underline{\hat{U}}(x) &= \underline{Z}_w(\underline{\hat{I}}_1 e^{-\gamma x} + \underline{\hat{I}}_2 e^{\gamma x}), \\ \underline{\hat{I}}(x) &= \underline{\hat{I}}_1 e^{-\gamma x} - \underline{\hat{I}}_2 e^{\gamma x}, \end{aligned} \tag{29.99}$$

wobei wir anstatt der willkürlichen Konstanten c_1 und c_2 in (29.96) die „Ströme“

$$\underline{\hat{I}}_1 = \frac{1}{2}\left(\frac{c_1}{\underline{Z}_w} + c_2\right), \quad \underline{\hat{I}}_2 = \frac{1}{2}\left(\frac{c_1}{\underline{Z}_w} - c_2\right)$$

eingeführt haben; weiter ist $a = -(R' + j\omega L')$, $b = -(G' + j\omega C')$ und

$$\gamma = \sqrt{ab} = \sqrt{(R' + j\omega L')(G' + j\omega C')} = \alpha + j\beta, \quad \underline{Z}_w = \sqrt{\frac{a}{b}} = \sqrt{\frac{R' + j\omega L'}{G' + j\omega C'}}$$

gesetzt[1]). Die Größe $\underline{Z}_w$ hat die Dimension eines Widerstandes und wird *Wellenwiderstand* oder *Wellenimpedanz* genannt.

Die Länge der Leitung sei l; legen wir den Anfang in den Koordinatenursprung, so ist das Ende der Leitung durch $x = l$ gekennzeichnet. Die möglichen Lösungen des Problems werden uns von der Differentialgleichung für das offene Intervall $]0, l[$ geliefert, am Anfang und Ende der Leitung werden die Verhältnisse durch die Spannungsquelle und den Verbraucher bestimmt: Ist $\underline{\hat{U}}_0$ der Zeiger der Eingangsspannung, so muß

$$\underline{\hat{U}}(0) = \underline{\hat{U}}_0 \tag{29.100}$$

gelten, wenn am Ende der Leitung ein Verbraucher mit dem Widerstand $\underline{Z}$ angeschlossen ist, so besteht im Punkt $x = l$ der Zusammenhang

$$\underline{\hat{U}}(l) = \underline{Z}\,\underline{\hat{I}}(l) \tag{29.101}$$

zwischen dem Strom- und dem Spannungszeiger. Aus beiden Forderungen ergeben sich nun eindeutige Werte für die Ströme $\underline{\hat{I}}_1$ und $\underline{\hat{I}}_2$; indem wir in (29.99) für $x = 0$ setzen, erhalten wir mit (29.100)

$$\underline{\hat{U}}_0 = \underline{Z}_w(\underline{\hat{I}}_1 + \underline{\hat{I}}_2),$$

für $x = l$ unter Berücksichtigung von (29.101)

$$\underline{\hat{I}}_1 e^{-\gamma l}(\underline{Z}_w - \underline{Z}) + \underline{\hat{I}}_2 e^{\gamma l}(\underline{Z}_w + \underline{Z}) = 0.$$

Die beiden Randbedingungen (29.100) und (29.101) führen also zu einem linearen Gleichungssystem für die Ströme $\underline{\hat{I}}_1$ und $\underline{\hat{I}}_2$; die Lösung lautet

$$\underline{\hat{I}}_1 = \frac{\underline{\hat{U}}_0}{\underline{Z}_w} \frac{e^{\gamma l}(\underline{Z} + \underline{Z}_w)}{e^{\gamma l}(\underline{Z} + \underline{Z}_w) + e^{-\gamma l}(\underline{Z} - \underline{Z}_w)}, \quad \underline{\hat{I}}_2 = \frac{\underline{\hat{U}}_0}{\underline{Z}_w} \frac{e^{-\gamma l}(\underline{Z} - \underline{Z}_w)}{e^{\gamma l}(\underline{Z} + \underline{Z}_w) + e^{-\gamma l}(\underline{Z} - \underline{Z}_w)}.$$

Damit ist der Verlauf des Spannungszeigers durch

$$\underline{\hat{U}}(x) = \underline{\hat{U}}_1 e^{-\gamma x} + \underline{\hat{U}}_2 e^{\gamma x} \tag{29.102}$$

gegeben, wobei die Spannungszeiger

$$\underline{\hat{U}}_1 = \underline{Z}_w \underline{\hat{I}}_1, \quad \underline{\hat{U}}_2 = \underline{Z}_w \underline{\hat{I}}_2$$

nur von der Eingansspannung $\underline{\hat{U}}_0$, vom Widerstand $\underline{Z}$ des Verbrauchers, der Länge l der Leitung und vom Wellenwiderstand $\underline{Z}_w$ abhängig sind.

Wenn man zu den Augenblickswerten der Spannung übergeht, erkennt man die physikalische Bedeutung der beiden Summanden in (29.102). Wir multiplizieren daher mit $e^{j\omega t}$,

$$\underline{\hat{U}}(x)e^{j\omega t} = \underline{\hat{U}}_1 e^{-\alpha x} e^{j(\omega t - \beta x)} + \underline{\hat{U}}_2 e^{\alpha x} e^{j(\omega t + \beta x)}. \tag{29.103}$$

Um Aufschluß zu bekommen, welchen Vorgang der erste Term auf der rechten Seite beschreibt, stellen wir uns einen Beobachter vor, der sich längs der Leitung in Richtung der positiven x-Achse, also zum Verbraucher hin, mit der konstanten Geschwindigkeit

$$v = \frac{\omega}{\beta} \tag{29.104}$$

---

1) Es ist beim Übergang von (29.96) auf (29.99) die Beziehung $\frac{-a}{\sqrt{ab}} = \underline{Z}_w$ und analog $\frac{-b}{\sqrt{ab}} = \frac{1}{\underline{Z}_w}$ zu beachten, da für die Wurzeln die Hauptwerte zu nehmen sind!

bewegt[1]). Beginnt seine Bewegung zum Zeitpunkt t = 0 im Punkt $x = x_0$, so befindet er sich zum Zeitpunkt t im Punkt

$$x = vt + x_0.$$

Der Beobachter sieht zum Zeitpunkt t = 0 am Ort $x = x_0$ den Spannungszeiger $\hat{\underline{U}}^* = \hat{\underline{U}}_1 e^{-\alpha x_0} e^{-j\beta x_0}$, zum Zeitpunkt t am Ort $x = vt + x_0$ wegen

$$\omega t - \beta x = \beta(vt - x) = -\beta x_0$$

den Spannungszeiger

$$\hat{\underline{U}}_1 e^{-\alpha x} e^{j(\omega t - \beta x)} = \hat{\underline{U}}_1^* e^{-\alpha vt} = \hat{\underline{U}}_1^* e^{-\alpha \Delta x},$$

worin $\Delta x = x - x_0 = vt$ die zurückgelegte Wegstrecke im Zeitintervall [0, t] ist.

Der Beobachter sieht also immer denselben Spannungszeiger und nimmt eine exponentielle Dämpfung seiner Amplitude wahr. Man kann sich den durch den ersten Term in (29.103) beschriebenen Vorgang daher so vorstellen, daß sich die Ausgangssituation in ihrer Gesamtheit nach rechts mit der konstanten Geschwindigkeit v bei gleichzeitigem exponentiellen Abnehmen der Amplituden verschiebt. Einen solchen Vorgang bezeichnet man als *gedämpfte Welle*. Die für die Ausbreitung charakteristische Konstante γ wird *Fortpflanzungskonstante* oder *Ausbreitungskonstante* genannt; der Realteil α ist für die Dämpfung verantwortlich und heißt *Dämpfungskonstante* oder *Dämpfungsbelag*, der Imaginärteil β bestimmt bei fester Frequenz ω die Ausbreitungsgeschwindigkeit v und wird *Phasenkonstante* oder *Phasenbelag* genannt.

Auch der zweite Term in (29.103) beschreibt eine Welle. Sie pflanzt sich mit der Geschwindigkeit −v, das heißt in Richtung der negativen x-Achse fort und entsteht durch Reflexion der als *Hauptwelle* bezeichneten zum Verbraucher hinlaufenden Welle, weshalb sie auch *Echowelle* genannt wird. Der zweite Summand des Stromzeigers in (29.99) trägt deshalb ein negatives Vorzeichen, da die zurücklaufende Echowelle einen Strom bedingt, dessen positive Zählrichtung die Richtung der negativen x-Achse hat.

Das Zustandekommen der Echowelle erklärt sich daraus, daß durch den Verbraucher am Ende der Leitung ein Verhältnis (29.101) zwischen Strom und Spannung erzwungen wird. Nur wenn der Widerstand des Verbrauchers gleich der Wellenimpedanz ist, also für

$$\underline{Z} = \underline{Z}_W,$$

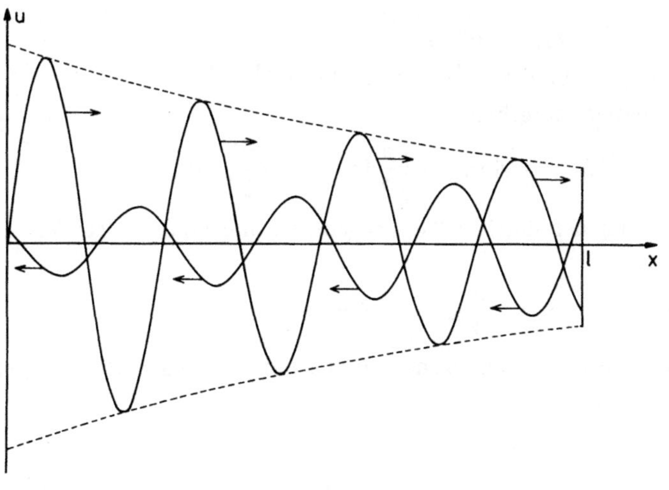

Bild 29.8

[1]) Da die Zahl γ der Hauptwert von $\sqrt{ab}$ ist, gilt $\mathrm{Re}(\gamma) = \alpha > 0$, und wegen $\mathrm{Im}(ab) > 0$ auch $\mathrm{Im}(\gamma) = \beta > 0$.

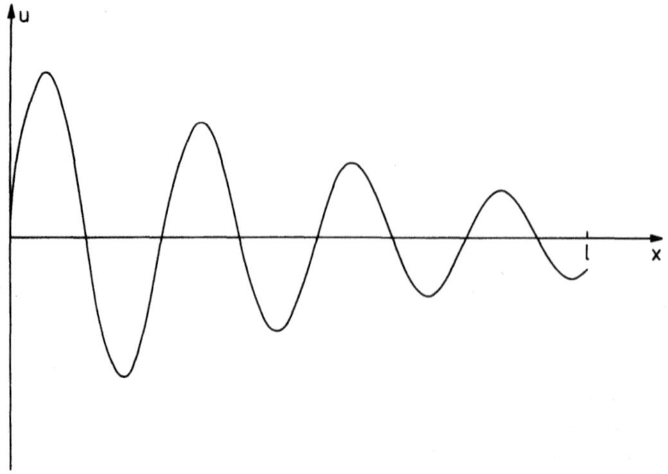

Bild 29.9

tritt keine Echowelle auf; dieser Sonderfall, der auch durch die Proportionalität von Strom und Spannung längs des Leiters gekennzeichnet ist,

$$\underline{\hat{U}}(x) = \underline{Z}_w \underline{\hat{I}}(x),$$

wird *Wellenanpassung* genannt.

In Bild 29.8 sind die realen Strom- und Spannungsverhältnisse (Hauptwelle und Echowelle) skizziert, Bild 29.9 zeigt die resultierende Welle.

29.5 Übungsbeispiele

Man berechne das allgemeine Integral der folgenden Differentialgleichungen:

1. $y' = xy$ 2. $y' = xy^2$ 3. $y' = y(1 + y^2)$

4. $y' = \frac{y^2 + 1}{x^2 + 1}$ 5. $y' = e^{x+y}$ 6. $y' + y^2 = 1$

7. $y'^2 = (1 - \cos x)y$ 8. $y'^2 + 2ay' + by = 0$

9. $y'^2 - x^2 y = 0$ 10. $y'^2 - 6xy' + 8x^2 y = 0$ 11. $y^{(n)} = e^x$.

Man löse die folgenden Anfangswertaufgaben:

12. $y' + y^2 = 1, \quad y(0) = 0.$ 13. $y'' = \sin x, \quad y\left(\frac{\pi}{2}\right) = 1, \quad y'\left(\frac{\pi}{2}\right) = 0.$

Man berechne durch Bestimmung der Matrix $e^{\mathbf{A}t}$ das allgemeine Integral der folgenden Differentialgleichungssysteme:

14. $\dot{x} = ax + by, \quad \dot{y} = cx - ay.$ 15. $\dot{x} = \frac{3}{2}x - y, \quad \dot{y} = x - y.$

16. Welchen Differentialgleichungen zweiter Ordnung genügen die Lösungen $x(t)$ und $y(t)$ des Differentialgleichungssystems

$$\dot{x} = -3x - y + \cos t, \quad \dot{y} = x - y + \sin t?$$

17. Man gebe alle Funktionen $x(t)$, $y(t)$ und $z(t)$ an, die den Gleichungen $\frac{dx}{x} = \frac{dy}{y} = \frac{dz}{z}$, die sich mit Hilfe der Vektorsymbolik in einer Gleichung $\dot{\mathbf{x}} \times \mathbf{x} = \mathbf{o}$ formulieren lassen, genügen. Man deute das Ergebnis geometrisch!

Die Lösung der folgenden Differentialgleichungen läßt sich durch Integration einer Differentialgleichung erster Ordnung bewerkstelligen.

18. $y''^2 = y'$. 19. $y''' = xy''$. 20. $(1 + x^2)y'' + y'^2 + 1 = 0$.

21. Man berechne mit Hilfe des Verfahrens der sukzessiven Approximationen durch Ausführung von drei Iterationsschritten eine Näherungslösung der Anfangswertaufgabe $y' = x - y^2$, $y(0) = 0$.

22. Man berechne die Einhüllende der Geradenschar $y = ax + a^2$, $-\infty < a < \infty$, stelle die Differentialgleichung dieser Schar auf und überzeuge sich, daß auch die Einhüllende eine Lösung ist.

Man stelle die Zeitgleichungen für die folgenden Netzwerke auf:

23. Bild 29.10. 24. Bild 29.11. 25. Bild 29.12 26. Bild 29.13.

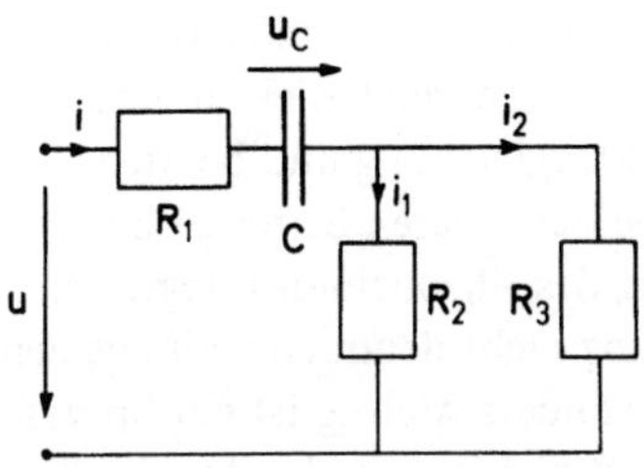

Bild 29.10

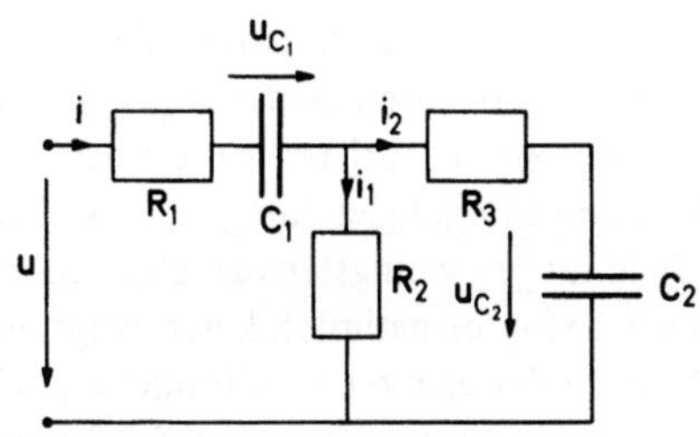

Bild 29.11

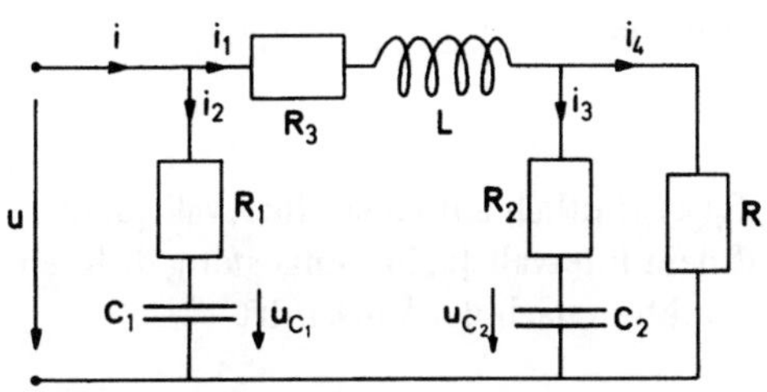

Bild 29.12

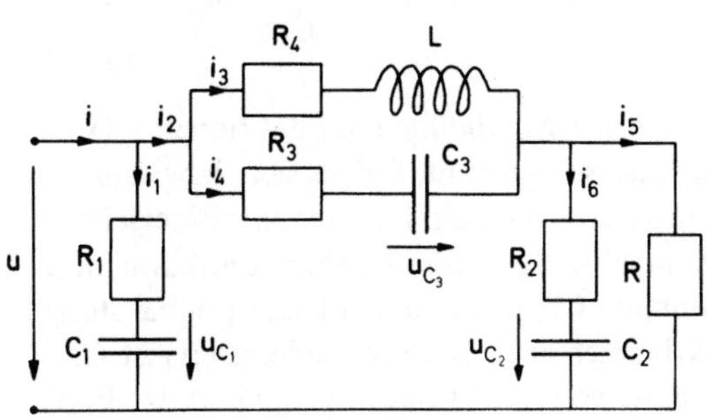

Bild 29.13

30 Allgemeine Theorie linearer Differentialgleichungen

Zur Konstruktion des allgemeinen Integrales einer Differentialgleichung gibt es keinen systematischen Weg, wenn überhaupt eine Darstellung mit Hilfe elementarer Funktionen möglich ist, so kann sie zumeist nur durch mehr oder minder trickreiche Methoden und Überlegungen gefunden werden. Der Leser halte sich dabei die Aufgabe der unbestimmten Integration vor Augen, bei der man vor einer ähnlichen Situation steht; bei Differentialgleichungen ist man allerdings bereits froh, wenn es gelingt, die Lösung auf unbestimmte Integrationen zurückführen zu können. Abgesehen davon, daß wir mit den wenigen Funktionen, die sich mit Hilfe der elementaren Funktionen symbolisch beschreiben lassen, kein taugliches Mittel für die Lösung von Differentialgleichungen zur Verfügung haben, ist es zumeist sehr schwierig, sich überhaupt Aufschluß über die Gestalt des allgemeinen Integrales verschaffen zu können.

Ganz anders verhält es sich mit den linearen Differentialgleichungen, die zur großen Klasse der linearen Gleichungen gehören. Wenn wir es auch mit anderen Objekten und Operationsvorschriften zu tun haben als bei der linearen Vektorgleichung und bei den linearen Integralgleichungen, so verhilft uns das Gemeinsame der inneren Struktur linearer Gleichungen wenigstens zu einer theoretischen Beschreibung des allgemeinen Integrales. Dies bedeutet natürlich keineswegs, daß die praktische Lösung nicht dennoch weit aus dem Bereich der elementaren Funktionen hinausführen kann. Besonders wichtig ist der Spezialfall der linearen Differentialgleichungen mit konstanten Koeffizienten, die im Anschluß an die allgemeine Theorie behandelt werden sollen. Das allgemeine Integral solcher Gleichungen kann mit Hilfe elementarer Funktionen beschrieben werden und erfordert im wesentlichen die Lösung einer algebraischen Gleichung.

30.1 Der lineare Differentialoperator

Es seien die Funktionen $f_0(x), f_1(x), \ldots, f_n(x)$ sämtlich auf einem Intervall $]a, b[$ stetig. Eine Operationsvorschrift L, die jeder auf dem Intervall $]a, b[$ n-mal stetig differenzierbaren Funktion $y(x)$ eine auf $]a, b[$ stetige Funktion nach der Vorschrift

$$Ly(x) := f_0(x)y^{(n)} + f_1(x)y^{(n-1)} + \ldots + f_{n-1}(x)y' + f_n(x)y = \sum_{k=0}^{n} f_{n-k}(x)y^{(k)} \tag{30.1}$$

zuordnet, heißt ein *linearer Differentialoperator* n-*ter Ordnung*; die Funktionen $f_k(x)$ werden die *Koeffizienten* des Differentialoperators L genannt. Daß es sich dabei um einen linearen Operator im Sinne der Definition 26.1 handelt, ist offenbar: Einerseits ist L eine Operationsvorschrift, die auf jede n-mal stetig differenzierbare Funktion angewendet werden kann, so daß der Funktionenraum $C^n(]a, b[)$ der auf $]a, b[$ n-mal stetig differenzierbaren Funktionen als sein Objektbereich anzusehen ist, andererseits ist für jede Funktion $y(x) \in C^n(]a, b[)$ die rechte Seite von (30.1) eine auf $]a, b[$ stetige Funktion, womit der Funktionenraum $C^0(]a, b[)$ der Bildbereich ist, und schließlich besitzt L die Linearitätseigenschaft (26.2), denn auf Grund der fundamentalen Eigenschaften (7.13) und (7.14) gilt für zwei beliebige Funktionen $y(x) \in C^n(]a, b[)$ und $z(x) \in C^n(]a, b[)$

$$L\big(\alpha y(x) + \beta z(x)\big) = \alpha Ly(x) + \beta Lz(x) \tag{30.2}$$

mit beliebigen Zahlen α und β.

Ist s(x) eine vorgegebene auf]a, b[stetige Funktion, so nennt man die Gleichung

$$\mathcal{L}y(x) = s(x) \tag{30.3}$$

eine *lineare Differentialgleichung* n-*ter Ordnung*. Ist s(x) = 0 auf]a, b[, handelt es sich also um die Gleichung

$$\mathcal{L}y(x) = 0, \tag{30.4}$$

so spricht man von einer *homogenen* linearen Differentialgleichung, andernfalls von einer *inhomogenen* linearen Differentialgleichung.

Die eindeutige Lösbarkeit einer linearen Differentialgleichung (30.3) unter Anfangsbedingungen

$$y(x_0) = y_0, \quad y'(x_0) = y_0', \quad \ldots, \quad y^{(n-1)}(x_0) = y_0^{(n-1)} \tag{30.5}$$

erfordert (zumindest in einer Umgebung der Stelle x_0) die Stetigkeit der Koeffizienten $f_k(x)$ – was bereits in der Definition des linearen Differentialoperators verlangt wurde –, aber auch die des Quotienten $\frac{s(x)}{f_0(x)}$, wie sich durch Überführung von (30.3) in ein System von Differentialgleichungen erster Ordnung unmittelbar aus dem Existenz- und Eindeutigkeitssatz ergibt. Es ist daher notwendig $f_0(x_0) \neq 0$ zu verlangen, was im folgenden immer stillschweigend geschehen soll. Ist $f_0(x) \neq 0$ auf]a, b[, so existiert auf dem ganzen Intervall]a, b[eine eindeutig bestimmte Lösung der Anfangswertaufgabe (30.3) mit (30.5).

Wie bei allen Typen linearer Gleichungen ermöglicht uns die Linearitätseigenschaft (30.2) des Differentialoperators $\mathcal{L}$ eine genaue Charakterisierung der Lösungsverhältnisse linearer Differentialgleichungen. So sind wir, wie bei der linearen Vektorgleichung, im Besitze aller Lösungen der inhomogenen Gleichung (30.3), wenn wir eine *spezielle* (*partikuläre*) Lösung $y_p(x)$ der inhomogenen Gleichung und *alle* Lösungen der homogenen Gleichung kennen,

$$\mathcal{L}y_p(x) = s(x),$$

denn sind y(x) und z(x) zwei beliebige Lösungen der inhomogenen Gleichung (30.3), so ist ihre Differenz y(x) – z(x) eine Lösung der homogenen Gleichung,

$$\mathcal{L}\big(y(x) - z(x)\big) = \mathcal{L}y(x) - \mathcal{L}z(x) = s(x) - s(x) = 0.$$

Das allgemeine Integral $y_a(x) = \varphi_a(x, c_1, c_2, \ldots, c_n)$ der inhomogenen Gleichung (30.3) kann daher mit der Kenntnis einer beliebigen Lösung $y_p(x)$ der inhomogenen Gleichung und des allgemeinen Integrales $y_h(x) = \varphi_h(x, c_1, c_2, \ldots, c_n)$ der homogenen Gleichung in der Form

$$y_a(x) = y_p(x) + y_h(x) = y_p(x) + \varphi_h(x, c_1, c_2, \ldots, c_n) \tag{30.6}$$

dargestellt werden. Die Bestimmung des allgemeinen Integrales einer inhomogenen Differentialgleichung besteht also in der Aufgabe, das allgemeine Integral der zugehörigen homogenen Differentialgleichung zu ermitteln sowie eine spezielle Lösung der inhomogenen Differentialgleichung anzugeben.

Es ist ein Kennzeichen homogener linearer Differentialgleichungen, daß ihr allgemeines Integral eine *lineare* Funktion der Integrationsparameter c_k ist,

$$y_h(x) = \varphi_h(x, c_1, c_2, \ldots, c_n) = c_1y_1(x) + c_2y_2(x) + \ldots + c_ny_n(x); \tag{30.7}$$

dabei sind die Funktionen $y_k(x)$ gewisse spezielle Lösungen der homogenen Gleichung (30.4). Das allgemeine Integral einer inhomogenen linearen Differentialgleichung hat daher die Gestalt

$$y_a(x) = \varphi_a(x, c_1, c_2, \ldots, c_n) = y_p(x) + c_1 y_1(x) + c_2 y_2(x) + \ldots + c_n y_n(x). \quad (30.8)$$

Diese Betrachtungen zeigen, daß die homogene Gleichung der Ansatzpunkt für das Studium der Lösungsverhältnisse linearer Differentialgleichungen ist. Wir wenden uns daher auch zunächst der homogenen Gleichung zu, vor allem um zu präzisieren, welche besonderen Eigenschaften ein System $y_1(x), y_2(x), \ldots, y_n(x)$ von Lösungen der homogenen Gleichung (30.4) haben muß, damit es zur Bildung des allgemeinen Integrales (30.7) herangezogen werden kann; im Anschluß daran werden wir eine Methode kennenlernen, die uns die Berechnung eines partikulären Integrales der inhomogenen Gleichung (30.3) mit Hilfe eines solchen „zulässigen" Systems von Lösungen der zugehörigen homogenen Gleichung ermöglicht.

Wenn die mathematische Beschreibung eines physikalischen Vorgangs auf die Lösung einer inhomogenen linearen Differentialgleichung (30.3) führt, so repräsentiert die rechte Seite $s(x)$ meist eine „Erregung" oder „Störung" des Systems, die gesuchte Funktion $y(x)$ die Antwort darauf. Wird das System in Ruhe gelassen, das heißt, ist $s(x) = 0$, so ist auch $y(x) = 0$ eine Lösung, tritt hingegen eine Störung $s(x)$ auf, so beschreibt die Lösung $y(x)$ die von $s(x)$ hervorgerufene Wirkung. Man bezeichnet deshalb auch die rechte Seite $s(x)$ einer linearen inhomogenen Differentialgleichung als *Störfunktion*.

Es sei schließlich auch an dieser Stelle wieder darauf hingewiesen, daß die Linearitätseigenschaft eines Operators der mathematische Ausdruck des Superpositionsprinzips, des Prinzips von der Überlagerung der Wirkungen ist. Wird ein physikalisches System durch einen linearen Operator L beschrieben, so hat dieses die Eigenschaft, daß die Antwort $L(y + z)$ auf die Summe (Überlagerung) $y + z$ zweier Eingänge y und z gleich der Summe $Ly + Lz$ der Antworten Ly und Lz auf y und z sind, ferner reagiert das System auf das Vielfache αy eines Eingangs y mit αLy, also mit dem entsprechenden Vielfachen der Antwort auf y.

30.2 Die homogene Gleichung

In Analogie zu unseren Betrachtungen über die lineare homogene Vektorgleichung ziehen wir aus der Linearitätseigenschaft (30.2) des Differentialoperators (30.1) den Schluß, daß die Gesamtheit der Lösungen der homogenen Differentialgleichung (30.4) eine Mannigfaltigkeit von Funktionen bildet, die man auch den *Kern* des Differentialoperators (30.1) nennt. Angesichts dessen, daß der Kern eine Teilmannigfaltigkeit des jedenfalls unendlichdimensionalen Funktionenraumes der auf dem Grundintervall $]a, b[$ n-mal stetig differenzierbaren Funktionen bildet, ist es nun eine Besonderheit – was bei der linearen homogenen Vektorgleichung selbstverständlich war –, daß der Kern eines Differentialoperators (30.1) *endliche* Dimension hat, die insbesondere genau gleich der Ordnung n ist. Das heißt, es gibt n linear unabhängige Lösungen $y_1(x), y_2(x), \ldots, y_n(x)$ der homogenen Gleichung (30.4), mit deren Hilfe jede andere Lösung $y(x)$ in der Form

$$y(x) = \sum_{k=1}^{n} c_k y_k(x) \quad (30.9)$$

mit geeigneten Koeffizienten c_k dargestellt werden kann. Die Funktionen $y_k(x)$ bilden eine „Basis" des Kerns des Operators L, die speziell eine *Integralbasis* oder ein *Fundamentalsystem* der homogenen Gleichung genannt wird. Wir bemerken dazu, daß es natürlich unendlich viele Integralbasen gibt. Als Funktion von x und der Parameter c_k ist (30.9) das allgemeine Integral von (30.4); wie angekündigt, handelt es sich dabei um eine lineare Funktion der Koeffizienten c_k.

Der Beweis dieser für lineare Differentialgleichungen fundamentalen Aussage ist in zwei Schritten zu führen. Es ist, erstens, der Nachweis zu erbringen, daß mindestens n linear unabhängige Lösungen von (30.4) existieren, zweitens, daß je n + 1 Lösungen von (30.4) stets linear abhängig sind.

Zur Feststellung der linearen Unabhängigkeit von Funktionen können wir grundsätzlich wie in Abschnitt 26.2 vorgehen, doch vereinfacht sich diese Aufgabe, wenn n Funktionen, die auf einem Intervall $]a, b[$ $(n-1)$-mal stetig differenzierbar sind, auf lineare Unabhängigkeit untersucht werden sollen. Nehmen wir an, die n Funktionen $y_1(x), y_2(x), \ldots, y_n(x)$ sind linear abhängig, so bedeutet dies die Existenz von Zahlen $c_1, c_2, \ldots, c_n$, die nicht alle gleich Null sind und für die die Gleichung

$$c_1y_1(x) + c_2y_2(x) + \ldots + c_ny_n(x) = 0 \quad \text{für alle } x \in\,]a, b[\tag{30.10}$$

Gültigkeit hat. Wir dürfen deshalb $(n-1)$-mal differenzieren; auf diese Weise erhalten wir zu (30.10) weitere $n-1$ Gleichungen hinzu, also insgesamt n Gleichungen

$$c_1y_1^{(k)}(x) + c_2y_2^{(k)}(x) + \ldots + c_ny_n^{(k)}(x) = 0, \quad k = 0, 1, \ldots, n-1, \tag{30.11}$$

die für jeden Wert von $x \in\,]a, b[$ erfüllt sind. Sie besagen, daß aus der linearen Abhängigkeit von n je $(n-1)$-mal stetig differenzierbaren Funktionen $y_1(x), y_2(x), \ldots, y_n(x)$ auch die lineare Abhängigkeit ihrer Ableitungen einschließlich $(n-1)$-ter Ordnung folgt. Wenn wir jetzt für x einen festen Wert x_0 in die Gleichungen (30.11) einsetzen, so sehen wir, daß die Zahlen $c_1, c_2, \ldots, c_n$ notwendig Lösungen des homogenen linearen Gleichungssystems

$$c_1y_1^{(k)}(x_0) + c_2y_2^{(k)}(x_0) + \ldots + c_ny_n^{(k)}(x_0) = 0, \quad k = 0, 1, \ldots, n-1,$$

sein müssen, und ziehen daraus weiter den Schluß, unter Berufung auf Satz 20.21, daß die Koeffizientendeterminante verschwinden muß,

$$\begin{vmatrix} y_1(x_0) & y_2(x_0) & \ldots & y_n(x_0) \\ y_1'(x_0) & y_2'(x_0) & \ldots & y_n'(x_0) \\ \cdots & \cdots & \cdots & \cdots \\ y_1^{(n-1)}(x_0) & y_2^{(n-1)}(x_0) & \ldots & y_n^{(n-1)}(x_0) \end{vmatrix} = 0. \tag{30.12}$$

Ist sie hingegen für einen einzigen Wert von x_0 aus dem Grundintervall $]a, b[$ von Null verschieden, so sind die Funktionen $y_1(x), y_2(x), \ldots, y_n(x)$ sicherlich linear unabhängig.

Die Determinante

$$W(x, y_1, \ldots, y_n) = \begin{vmatrix} y_1(x) & y_2(x) & \ldots & y_n(x) \\ y_1'(x) & y_2'(x) & \ldots & y_n'(x) \\ \cdots & \cdots & \cdots & \cdots \\ y_1^{(n-1)}(x) & y_2^{(n-1)}(x) & \ldots & y_n^{(n-1)}(x) \end{vmatrix} \tag{30.13}$$

wird *Wronskische*[1]) *Determinante* der Funktionen $y_1(x), y_2(x), \ldots, y_n(x)$ genannt. Ihr Verschwinden auf dem Grundintervall ist jedenfalls eine notwendige Bedingung für die lineare Abhängigkeit der Funktionen $y_k(x)$, im allgemeinen aber nicht hinreichend. Wenn es sich bei den n Funktionen $y_k(x)$ um Lösungen einer homogenen Differentialgleichung n-ter Ordnung handelt, so ist die Bedingung $W(x, y_1, \ldots, y_n) = 0$ auf dem Grundintervall $]a, b[$ auch hinreichend für die lineare Abhängigkeit der Funktionen $y_k(x)$. Wir erkennen dies am besten aus einem interessanten Zusammenhang der Wronskischen Determinante (30.13) mit dem Differentialoperator (30.1): Die Wronskische Determinante von n Lösungen der Gleichung (30.4) genügt einer linearen homogenen Differentialgleichung erster Ordnung, die mit den Koeffizienten des Differentialoperators (30.1) zu bilden ist. Wir differenzieren daher, um diese Gleichung abzuleiten, den Ausdruck (30.13). Um zu sehen, wie eine Determinante zu differenzieren ist, erinnern wir den Leser zunächst daran, daß eine Determinante n-ter Ordnung die Summe von n! Produkten ist, wobei in jedem dieser Produkte genau ein Element aus jeder Zeile und jeder Spalte auftritt. Aus der Regel für die Ableitung mehrfacher Produkte folgern wir daraus, daß die Ableitung einer n-reihigen Determinante die Summe von n Determinanten ist,

$$\begin{aligned}\frac{d}{dx}\operatorname{Det}\mathbf{A} &= \frac{d}{dx}\sum(-1)^f A_{1i_1}A_{2i_2}\ldots A_{ni_n}\\ &= \sum(-1)^f\left(\frac{d}{dx}A_{1i_1}\right)A_{2i_2}\ldots A_{ni_n} + \ldots + \sum(-1)^f A_{1i_1}A_{2i_2}\ldots\frac{d}{dx}\left(A_{ni_n}\right);\end{aligned}$$

bei diesen Summanden handelt es sich offenbar um jene Determinanten, die aus der abzuleitenden Determinante hervorgehen, wenn wir in dieser die Elemente jeweils einer Zeile (oder Spalte) durch deren Ableitungen ersetzen. Nach dieser Regel erhalten wir beispielsweise für die Ableitung einer dreireihigen Determinante

$$\frac{d}{dx}\begin{vmatrix} a & b & c\\ d & e & f\\ g & h & k\end{vmatrix} = \begin{vmatrix} a' & b' & c'\\ d & e & f\\ g & h & k\end{vmatrix} + \begin{vmatrix} a & b & c\\ d' & e' & f'\\ g & h & k\end{vmatrix} + \begin{vmatrix} a & b & c\\ d & e & f\\ g' & h' & k'\end{vmatrix}.$$

Für die Ableitung einer Wronskischen Determinante (30.13) ergibt sich auf Grund dieser Differentiationsregel, wenn wir berücksichtigen, daß Determinanten mit identischen Zeilen den Wert Null haben,

$$\frac{d}{dx}W(x, y_1, \ldots, y_n) = \begin{vmatrix} y_1 & y_2 & \cdots & y_n\\ y_1' & y_2' & \cdots & y_n'\\ \cdots & \cdots & \cdots & \cdots\\ y_1^{(n-2)} & y_2^{(n-2)} & \cdots & y_n^{(n-2)}\\ y_1^{(n)} & y_2^{(n)} & \cdots & y_n^{(n)}\end{vmatrix}. \tag{30.14}$$

Diese Formel gilt zunächst noch für beliebige n-mal stetig differenzierbare Funktionen $y_k(x)$; wenn diese aber Lösungen der Gleichung (30.4) sind, so können wir die Ausdrücke

$$y_k^{(n)} = -\frac{1}{f_0(x)}\left(f_1(x)y_k^{(n-1)} + \ldots + f_n(x)y_k\right), \quad k = 1, 2, \ldots, n,$$

[1]) *Jan Hoene-Wronski*, 1775–1853, polnischer Gelehrter.

in (30.14) einsetzen. Zerlegen wir weiter die dadurch entstehende Determinante, indem wir von der Linearitätseigenschaft der Determinante Gebrauch machen, in eine Summe von n Determinanten, so stellen wir fest, daß bis auf eine jede dieser Determinanten zwei identische Zeilen hat; die übrigbleibende ist ein Vielfaches der Wronskischen Determinante selbst, und wir erhalten am Ende die lineare homogene Differentialgleichung

$$W' = -\frac{f_1(x)}{f_0(x)} W, \tag{30.15}$$

der die Wronskische Determinante eines Systems von n Lösungen der Gleichung (30.4) jedenfalls genügt. Sie ist eine Differentialgleichung mit getrennten Veränderlichen, ihr allgemeines Integral lautet

$$W(x, y_1, \ldots, y_n) = Ce^{-\int f_1/f_0 dx}.$$

Ist insbesondere $x_0 \in]a, b[$ und $W_0 = W(x_0, y_1, \ldots, y_n)$ der Wert der Wronskischen Determinante an der Stelle x_0, so gilt

$$W(x, y_1, \ldots, y_n) = W_0 e^{-\int_{x_0}^{x} f_1/f_0 dx}. \tag{30.16}$$

Das Bemerkenswerte daran ist, daß nur die Koeffizienten der beiden höchsten Ableitungen benötigt werden, um die Wronskische Determinante an einer beliebigen Stelle berechnen zu können, wenn ihr Wert an einer einzigen Stelle bekannt ist.

Die Darstellung (30.16) dient uns insbesondere als Beweis dafür, *daß die Wronskische Determinante von* n *Lösungen einer homogenen Differentialgleichung* n*-ter Ordnung entweder überall gleich Null ist oder an keiner einzigen Stelle verschwindet.* Wir können daher sagen, *daß* n *Lösungen einer linearen homogenen Differentialgleichung* n*-ter Ordnung genau dann linear unabhängig sind, wenn ihre Wronskische Determinante an einer einzigen Stelle im Grundintervall von Null verschieden ist,* oder umgekehrt, *daß* n *Lösungen genau dann linear abhängig sind, wenn ihre Wronskische Determinante für einen einzigen Wert aus dem Grundintervall verschwindet.*

Dieses Ergebnis benutzen wir zum Nachweis, daß stets n linear unabhängige Lösungen der homogenen Differentialgleichung (30.4) existieren. Wir konstruieren ein System $y_1(x), y_2(x), \ldots, y_n(x)$ von Lösungen der Gleichung (30.4), dessen Wronskische Determinante an einer beliebig gewählten Stelle x_0 im Grundintervall etwa den Wert 1 hat, was zum Beispiel dadurch erreicht werden kann, daß die Matrix

$$\begin{pmatrix} y_1(x) & y_2(x) & \ldots & y_n(x) \\ y_1'(x) & y_2'(x) & \ldots & y_n'(x) \\ \ldots & \ldots & \ldots & \ldots \\ y_1^{(n-1)}(x) & y_2^{(n-1)}(x) & \ldots & y_n^{(n-1)}(x) \end{pmatrix}$$

für $x = x_0$ gleich der Einheitsmatrix ist. Wenn dies der Fall sein soll, dann müssen die Funktionen $y_k(x)$ Lösungen der Anfangswertaufgaben

$$\mathcal{L}y_k(x) = 0, \quad y_k^{(h-1)}(x_0) = \delta_{hk}, \quad h, k = 1, 2, \ldots, n, \tag{30.17}$$

sein, worin δ_{hk} das Kroneckersche Deltasymbol ist. Auf Grund des Existenz- und Eindeutigkeitssatzes sind die Anfangswertaufgaben (30.17) eindeutig lösbar, wenn die Koeffizienten $f_k(x)$ im Grundintervall]a, b[stetig sind und die Funktion $f_0(x)$ darin keine Nullstellen hat.

Damit steht nun fest, daß die Dimension des Kerns eines linearen Differentialoperators mindestens gleich seiner Ordnung n ist; wir zeigen jetzt im zweiten Beweisschritt, daß n + 1 Lösungen von (30.4) stets linear abhängig sind, was letztlich bedeutet, daß die Dimension des Kerns nicht größer als n sein kann. Damit wird schließlich bewiesen sein, daß die Dimension des Kerns eines linearen Differentialoperators genau gleich seiner Ordnung ist.

Es seien die n + 1 Funktionen $y_1(x), y_2(x), \ldots, y_n(x), y_{n+1}(x)$ Lösungen der Gleichung (30.4). In indirekter Schlußweise nehmen wir an, sie seien linear unabhängig. Da jedes Teilsystem eines Systems linear unabhängiger Funktionen linear unabhängig ist, sind insbesondere auch die Funktionen $y_1(x), y_2(x), \ldots, y_n(x)$ linear unabhängig, ihre Wronskische Determinante verschwindet an keiner Stelle im Grundintervall]a, b[. Das lineare Gleichungssystem

$$y_{n+1}^{(h)}(x_0) = \sum_{k=1}^{n} c_k y_k^{(h)}(x_0), \quad h = 0, 1, \ldots, n-1,$$

hat daher eine eindeutig bestimmte Lösung $\mathring{c}_1, \mathring{c}_2, \ldots, \mathring{c}_n$: diese Zahlen sind nicht alle gleich Null, da die linke Seite, bestehend aus den Ableitungen $y_{n+1}^{(h)}(x_0)$, vom Nullvektor verschieden sein muß (wären nämlich alle Ableitungen $y_{n+1}^{(h)}(x_0)$, $h = 0, 1, \ldots, n-1$, gleich Null, so müßte auf Grund des Existenz- und Eindeutigkeitssatzes $y_{n+1}(x) = 0$ sein, da die triviale Lösung $y(x) = 0$ die einzige Lösung ist, deren Ableitungen inklusive (n − 1)-ter Ordnung an einer beliebigen Stelle sämtlich gleich Null sind; andererseits wurde angenommen, daß die n + 1 Funktionen $y_1(x), y_2(x), \ldots, y_{n+1}(x)$ linear unabhängig sind, womit insbesondere vorausgesetzt wurde, daß keine dieser Funktionen die Nullfunktion ist). Mit der Lösung $\mathring{c}_1, \mathring{c}_2, \ldots, \mathring{c}_n$ bilden wir die Funktion

$$y_0(x) = \sum_{k=1}^{n} \mathring{c}_k y_k(x),$$

die klarerweise Lösung der Gleichung (30.4) ist; sie ist von der Nullfunktion verschieden, da die Funktionen $y_1(x), y_2(x), \ldots, y_n(x)$ linear unabhängig sind. Offenbar gilt auf Grund der Konstruktion der Zahlen $\mathring{c}_k$

$$y_0^{(h)}(x_0) = y_{n+1}^{(h)}(x_0), \quad h = 0, 1, \ldots, n-1,$$

woraus folgt, daß die Funktionen $y_0(x)$ und $y_{n+1}(x)$ Lösungen der Gleichung (30.4) zu gleichen Anfangsbedingungen sind. Es gilt daher $y_0(x) = y_{n+1}(x)$, denn wären die beiden Funktionen voneinander verschieden, so stünde dies im Widerspruch zum Existenz- und Eindeutigkeitssatz. Schließlich bedeutet dies, daß die Funktion $y_{n+1}(x) = y_0(x)$ als Linearkombination der Funktionen $y_1(x), y_2(x), \ldots, y_n(x)$ dargestellt werden kann, also mit diesen ein System linear abhängiger Funktionen bilden muß, im Widerspruch zu unserer indirekten Annahme.

Wir fassen diese Ergebnisse zusammen in

Satz 30.1 *Eine homogene lineare Differentialgleichung* n*-ter Ordnung besitzt stets* n *linear unabhängige Lösungen, je* n + 1 *Lösungen sind stets linear abhängig.*

Zurückkehrend zum Ausgangspunkt unserer Überlegungen erhalten wir

Satz 30.2 *Ist* $y_1(x), y_2(x), \ldots, y_n(x)$ *eine Integralbasis einer linearen homogenen Differentialgleichung* n*-ter Ordnung, so lautet deren allgemeines Integral*

$$y_h(x) = \varphi_h(x, c_1, \ldots, c_n) = c_1 y_1(x) + c_2 y_2(x) + \ldots + c_n y_n(x).$$

Die Integrationsaufgabe für eine lineare homogene Differentialgleichung (30.4) der Ordnung $n = 1$ führt uns immer auf eine Differentialgleichung mit getrennten Veränderlichen, so daß das Aufsuchen des allgemeinen Integrales im Falle $n = 1$ nur eine unbestimmte Integration erfordert,

$$y_h(x) = Ce^{-\int f_1/f_0 dx}.$$

Es liegt in der Natur der Dinge, daß wir mit den Mitteln der Differential- und Integralrechnung nicht in der Lage sind, eine Integralbasis für Gleichungen höherer Ordnung systematisch konstruieren zu können. Wie eine solche ermittelt werden kann, finden wir in der Beweisführung für den Nachweis der Existenz eines Fundamentalsystems. Danach bilden die Lösungen von n Anfangswertaufgaben (30.17) ein Fundamentalsystem, und wir hätten, den konstruktiven Charakter des Existenz- und Eindeutigkeitssatzes ausnützend, das Verfahren der sukzessiven Approximationen zur Berechnung eines Fundamentalsystems heranzuziehen. Auf diesem Wege erhalten wir im allgemeinen jedoch nur Näherungen für die Lösungsfunktionen, denn in ganz wenigen Fällen lassen sich die Funktionen der Approximationsfolge in geschlossener Form darstellen. Mit Rücksicht auf die Bedeutung, die wir einem Fundamentalsystem in der Regel beizumessen haben und welche eben eine geschlossene Darstellung der Lösungsfunktionen erfordert, erweist sich das Verfahren der sukzessiven Approximationen hierfür als nicht zielführend. Wir müssen uns daher nach anderen Methoden umsehen, wobei wir uns zunächst darüber klar werden sollten, welche Mittel uns überhaupt zur Verfügung stehen.

Bei allen Arten von Gleichungen, deren Unbekannte eine Funktion ist, hofft man auf die Möglichkeit einer Darstellung der Lösung mittels der vertrauten elementaren Funktionen. Dieses Wunschdenken muß aber im Lichte dessen gesehen werden, daß die Gesamtheit aller Funktionen, die sich mit den elementaren Funktionen bausteinhaft zusammensetzen lassen, eine derart enge Klasse ist, daß die Zugehörigkeit der Lösung einer Differentialgleichung zu dieser Klasse im allgemeinen gar nicht erwartet werden kann, und wenn es dennoch zutrifft, so ist dies zu erkennen im Grunde die eigentliche Schwierigkeit. Selbst dann, wenn eine Differentialgleichung – auch eine lineare, für die wir immerhin im Besitz einer vollständigen Lösungstheorie sind –, mit einfachen Koeffizienten aufgebaut ist, können wir dies nicht als Hinweis für die Existenz elementarer Lösungen werten. Es gibt aber auch noch einen anderen Gesichtspunkt, der uns zeigt, daß wir mit Hilfe der elementaren Funktionen gewissermaßen nur in Ausnahmefällen in der Lage sind, die Lösungen von Differentialgleichungen zu beschreiben. Als elementare Funktionen bezeichnet man die rationalen Funktionen und die elementaren transzendenten Funktionen, wobei letztere mittels der Exponentialfunktion, den trigonometrischen Funktionen sowie deren Umkehrfunktionen aufgebaut werden. Die rationalen Funktionen benötigen zu ihrer Berechnung nur die vier Grundrechnungsarten und sind daher die einzigen Funktionen, die sich auch exakt berechnen lassen; die elementaren transzendenten Funktionen, deren effektive Berechnung uns im großen und ganzen vor die gleiche Aufgabe stellt wie die Berechnung der Summe einer beliebigen Potenzreihe, verdanken ihre Sonderstellung dem auf Ästhetik ansprechenden Sinn des Menschen, ihre Bedeutung für Physik und Technik aber mehr dem Umstand, daß sie Lösungen gewisser einfacher Differentialgleichungen sind, durch die besonders wichtige, nahezu fundamentale physikalische Vorgänge beschrieben werden: Die Exponentialfunktion $y = e^{ax}$ ist Lösung der Differentialgleichung $y' = ay$, auf die man immer dann stößt, wenn das Wachstum einer Größe proportional zu ihrem Momentanwert ist; die trigonometrischen Funktionen $y = \cos x$ und $y = \sin x$ lösen die Differentialgleichung $y'' + y = 0$, der wir im Zusammenhang mit einfachen Schwingungsaufgaben schon begegnet sind. Angesichts dessen darf es nun nicht verwundern, wenn durch Differentialgleichungen im allgemeinen „neue" Funktionen definiert werden, die sich eben nicht mehr durch elementare Funktionen ausdrücken lassen.

Ein Weg zur Lösung unseres Problems, das im Grunde darin besteht, allgemeinere Funktionen in einer geschlossenen Form zu beschreiben, bietet sich durch das *Prinzip der Reihenentwicklung* an, da Funktionenreihen ein taugliches Mittel sind, aus dem Bereich der elementaren Funktionen hinauszuführen. Man entwickelt die gesuchte Funktion $y(x)$ nach Funktionen eines gewissen Typs $\varphi_m(x)$, $m = 1, 2, \ldots$ (Potenzen, trigonometrische Funktionen und andere), die nunmehr zu bestimmenden Größen sind Koeffizienten γ_m, $m = 1, 2, \ldots$, für die Entwicklung $y(x) = \sum \gamma_m \varphi_m(x)$. Ein derartiger Ansatz führt natürlich nur dann zum Erfolg, wenn sich auch eine Möglichkeit ergibt, die Koeffizienten γ_m der Reihe nach berechnen zu können, und wie unschwer einzusehen sein dürfte, kommt der Wahl der Funktionen $\varphi_m(x)$ hierfür eine entscheidende Rolle zu, was ein gewisses Gefühl für das Problem verlangt. Den zur Integration linearer Differentialgleichungen in der Regel am besten geeigneten Reihentyp finden wir in der Potenzreihe, vorausgesetzt, daß gewisse Bedingungen über die Koeffizientenfunktionen erfüllt sind. Wenn wir davon ausgehen, daß Potenzreihen beliebig oft differenzierbare Funktionen darstellen, so muß für unsere Zwecke sichergestellt sein, daß jede Lösung der Differentialgleichung beliebig oft differenzierbar ist. Wie ohne weiteres zu erkennen ist, trifft dies zu, wenn auch die Koeffizientenfunktionen beliebig oft differenzierbar sind. Unter diesen Umständen ist also jede Lösung beliebig oft differenzierbar, doch ist damit noch nicht gesagt, daß die Lösungen tatsächlich in eine Potenzreihe entwickelt werden können – die Existenz aller Ableitungen ist hierfür ja nur eine notwendige Bedingung. Um nun sicher sein zu können, daß wirklich jede Lösung in eine Potenzreihe (um eine gewisse Anschlußstelle x_0) entwickelt werden kann, genügt es vorauszusetzen, daß sämtliche Koeffizienten der Differentialgleichung durch eine Potenzreihe mit derselben Anschlußstelle dargestellt werden können[1]).

Doch nicht nur diese theoretische Aussage läßt den Versuch einer Entwicklung der Lösung $y(x)$ nach Potenzen von x als sinnvoll erscheinen, es legt dies auch ein Blick auf die praktische Seite nahe, zumal wir die höheren Ableitungen der Lösung $y(x)$ an der Anschlußstelle x_0 – und damit die Koeffizienten der Entwicklung – mit Hilfe der Differentialgleichung rekursiv ermitteln können. Wir denken uns die Lösung $y(x)$ in die Gleichung (30.4) eingesetzt und berechnen, nach Vorgabe der Werte für die ersten $n - 1$ Ableitungen

[1]) Der Leser möge sich vor Augen halten, daß elementare Lösungen, sofern sie nicht zusammengestückelt sind, auch beliebig oft differenzierbare Funktionen sind, weshalb diese Forderung auch erhoben werden muß, wenn alle Lösungen elementare Funktionen sein sollen!

an der Anschlußstelle x_0, durch Einsetzen für $x = x_0$ die n-te Ableitung – wofür wieder $f_0(x_0) \neq 0$ gefordert werden muß! –, sodann differenzieren wir die Gleichung (30.4) und können durch Einsetzen von $x = x_0$ mit Hilfe der Werte für die ersten n Ableitungen die $(n + 1)$-te Ableitung an der Stelle x_0 bestimmen; nochmaliges Differenzieren und Einsetzen für $x = x_0$ liefert dann die $(n + 2)$-te Ableitung an der Stelle x_0 usw.

Wir machen also zur Lösung von (30.4) den Ansatz

$$y(x) = \sum_{m=0}^{\infty} \gamma_m (x - x_0)^m \tag{30.18}$$

mit unbestimmten Koeffizienten γ_m. Wir setzen ihn, nachdem wir jede Koeffizientenfunktion in ihre Taylorsche Reihe mit der Anschlußstelle x_0 entwickelt haben, zusammen mit den Ableitungen

$$y'(x) = \sum_{m=1}^{\infty} \gamma_m m (x - x_0)^{m-1} = \sum_{m=0}^{\infty} (m + 1)\gamma_{m+1}(x - x_0)^m, \ldots$$

in die Gleichung (30.4) ein und ordnen nach steigenden Potenzen von $(x - x_0)$. Das Resultat ist eine Gleichung

$$\sum_{m=0}^{\infty} [\ldots\ldots](x - x_0)^m = 0;$$

unter Berufung auf den Identitätssatz für Potenzreihen haben wir jetzt die Ausdrücke in den eckigen Klammern gleich Null zu setzen, was auf ein lineares Gleichungssystem für die Koeffizienten γ_m führt und das eine eindeutige Lösung für vorgegebene Werte von $\gamma_0, \gamma_1, \ldots, \gamma_{n-1}$ besitzt; dabei wird mit Hilfe der Werte für $\gamma_0, \gamma_1, \ldots, \gamma_{n-1}$ zunächst γ_n berechnet, und dann der Reihe nach $\gamma_{n+1}, \gamma_{n+2}, \ldots$ (der Leser vergleiche hierzu die Aufgabe von Beispiel 17.7!). Läßt man die Koeffizienten $\gamma_0, \gamma_1, \ldots, \gamma_{n-1}$ unbestimmt, so liefert der Ansatz (30.18)

$$\begin{aligned} y(x) = \gamma_0 \sum_{m=0}^{\infty} \gamma_m^{(1)}(x - x_0)^{mn} + \gamma_1 \sum_{m=0}^{\infty} \gamma_m^{(2)}(x - x_0)^{mn+1} + \ldots \\ + \gamma_{n-1} \sum_{m=0}^{\infty} \gamma_m^{(n)}(x - x_0)^{mn+n-1}, \end{aligned} \tag{30.19}$$

worin die Koeffizienten $\gamma_m^{(k)}$, die sich formal in der Form

$$\gamma_m^{(k)} = \frac{\gamma_{mn+k-1}}{\gamma_{k-1}}, \quad k = 1, 2, \ldots, n, \quad m = 0, 1, 2, \ldots,$$

darstellen lassen, eindeutig bestimmt sind. Es ist offensichtlich, daß die (eindeutig bestimmten) Potenzreihen in (30.19) linear unabhängig sind; übrigens handelt es sich bei ihnen um die Lösungen der Anfangswertaufgaben (30.17). Damit ist durch (30.19) das allgemeine Integral der Gleichung (30.4) gefunden.

Damit jetzt nicht der Eindruck entsteht, daß die Lösung linearer homogener Differentialgleichungen immer aus dem Bereich der elementaren Funktionen hinausführt, bringen wir ein Beispiel, in dem wenigstens ein Integral eine elementare transzendente Funktion ist, was allerdings von vornherein nicht leicht zu erkennen sein dürfte.

Beispiel 30.1: Der Ansatz (30.18) zur Lösung von

$$y'' + xy' + y = 0$$

führt mit ($x_0 = 0$)

$$y'(x) = \sum_{m=1}^{\infty} m\gamma_m x^{m-1}, \quad y'' = \sum_{m=2}^{\infty} m(m-1)\gamma_m x^{m-2}$$

auf die Gleichung

$$\sum_{m=2}^{\infty} m(m-1)\gamma_m x^{m-2} + \sum_{m=1}^{\infty} m\gamma_m x^m + \sum_{m=0}^{\infty} \gamma_m x^m = 0.$$

Ordnen wir nach Potenzen von x, so ergibt sich

$$\sum_{m=0}^{\infty} \left[(m+2)(m+1)\gamma_{m+2} + m\gamma_m + \gamma_m\right] x^m = 0,$$

und somit durch Nullsetzen sämtlicher Koeffizienten dieser Potenzreihe

$$(m+2)\gamma_{m+2} + \gamma_m = 0, \quad m = 0, 1, 2, \dots .$$

Daraus folgt

$$\gamma_{m+2} = -\gamma_m \frac{1}{m+2}, \quad m = 0, 1, 2, \dots .$$

Aus dieser Rekursionsvorschrift lassen sich die Koeffizienten γ_m einfach ermitteln. Wir betrachten zunächst die Folge (γ_{2m}) der Koeffizienten mit geradem Index,

$$\gamma_2 = -\frac{1}{2}\gamma_0, \quad \gamma_{2m+2} = -\frac{1}{2(m+1)}\gamma_{2m}, \quad m = 1, 2, \dots;$$

wir erhalten

$$\gamma_4 = -\frac{1}{2\cdot 2}\gamma_2 = (-1)^2 \frac{1}{2^2\cdot 2}\gamma_0, \quad \gamma_6 = -\frac{1}{2\cdot 3}\gamma_4 = (-1)^3 \frac{1}{2^3\cdot 3\cdot 2}\gamma_0, \quad \dots$$

und durch Induktionsschluß

$$\gamma_{2m} = (-1)^m \frac{1}{2^m m!}\gamma_0, \quad m = 0, 1, 2, \dots .$$

Auf analoge Weise können wir die Koeffizienten mit ungeradem Index berechnen: Aus der Rekursionsvorschrift

$$\gamma_{2m+1} = -\frac{1}{2m+1}\gamma_{2m-1}, \quad m = 1, 2, \dots,$$

folgt

$$\gamma_3 = -\frac{1}{3}\gamma_1, \quad \gamma_5 = -\frac{1}{5}\gamma_3 = (-1)^2 \frac{1}{5\cdot 3}\gamma_1, \quad \dots$$

und wieder durch Induktionsschluß

$$\gamma_{2m+1} = (-1)^m \frac{1}{(2m+1)(2m-1)\cdot\ldots\cdot 5\cdot 3}\gamma_1 = (-1)^m \frac{2^m m!}{(2m+1)!}\gamma_1, \quad m = 0, 1, \ldots .$$

Das allgemeine Integral, das wir in der Form (30.19) erhalten, lautet somit

$$y(x) = \gamma_0 \sum_{m=0}^{\infty} \frac{(-1)^m}{2^m m!} x^{2m} + \gamma_1 \sum_{m=0}^{\infty} \frac{(-1)^m 2^m m!}{(2m+1)!} x^{2m+1}$$

$$= \gamma_0 e^{-x^2/2} + \gamma_1 \sum_{m=0}^{\infty} \frac{(-1)^m 2^m m!}{(2m+1)!} x^{2m+1}.$$

Die rechterhand stehende Potenzreihe stellt keine elementare Funktion dar!

Beispiel 30.2: Die Differentialgleichung

$$(1-x^2)y'' - 2xy' + \nu(\nu+1)y = 0, \tag{30.20}$$

worin ν ein Parameter ist, wird *Legendresche Differentialgleichung* genannt. Wir machen zu ihrer Lösung den Ansatz (30.18) mit $x_0 = 0$ und bilden zu diesem Zweck die Ableitungen

$$y' = \sum_{m=1}^{\infty} m\gamma_m x^{m-1} = \sum_{m=0}^{\infty} (m+1)\gamma_{m+1} x^m, \quad y'' = \sum_{m=0}^{\infty} (m+2)(m+1)\gamma_{m+2} x^m;$$

Einsetzen in (30.20) ergibt

$$(1-x^2) \sum_{m=0}^{\infty} (m+2)(m+1)\gamma_{m+2} x^m - 2x \sum_{m=0}^{\infty} (m+1)\gamma_{m+1} x^m$$

$$+ \nu(\nu+1) \sum_{m=0}^{\infty} \gamma_m x^m = 0,$$

und, wenn wir nach Potenzen von x ordnen,

$$0 = \sum_{m=0}^{\infty} (m+2)(m+1)\gamma_{m+2} x^m - \sum_{m=0}^{\infty} (m+2)(m+1)\gamma_{m+2} x^{m+2}$$

$$- \sum_{m=0}^{\infty} 2(m+1)\gamma_{m+1} x^{m+1} + \nu(\nu+1) \sum_{m=0}^{\infty} \gamma_m x^m$$

$$= \sum_{m=0}^{\infty} \left\{(m+2)(m+1)\gamma_{m+2} - \gamma_m\left[m(m+1) - \nu(\nu+1)\right]\right\} x^m.$$

Daraus bekommen wir für die Entwicklungskoeffizienten γ_m die Rekursionsvorschrift

$$\gamma_{m+2} = \frac{m(m+1) - \nu(\nu+1)}{(m+2)(m+1)}\gamma_m, \quad m = 0, 1, 2, \ldots .$$

Sie gibt uns zu erkennen, daß die Legendresche Differentialgleichung (30.20) durch Polynome gelöst wird, wenn der Parameter ν eine nichtnegative ganze Zahl darstellt, denn wir erhalten, wenn etwa $\nu = n$ ist, die für das Vorhandensein polynomialer Lösungen bei linearen homogenen Differentialgleichungen zweiter Ordnung charakteristischen Beziehungen

$$\gamma_{n+2} = \gamma_{n+4} = \ldots = 0.$$

Ist insbesondere $\nu = 2l$ eine gerade Zahl, so ist das allgemeine Integral von (30.20) entsprechend (30.19)

$$y(x) = \gamma_0 \sum_{m=0}^{l} \gamma'_m x^{2m} + \gamma_1 \sum_{m=0}^{\infty} \gamma''_m x^{2m+1}$$

mit eindeutig bestimmten Koeffizienten γ'_m und γ''_m ($\gamma'_0 = \gamma''_0 = 1$); im Falle, daß $\nu = 2l + 1$ ungerade ist, ergibt sich

$$y(x) = \gamma_0 \sum_{m=0}^{\infty} \gamma'_m x^{2m} + \gamma_1 \sum_{m=0}^{l} \gamma''_m x^{2m+1}.$$

Die rechterhand stehenden Polynome vom Grad ν ($\nu = 2l$ bzw. $\nu = 2l + 1$) stimmen bis auf einen multiplikativen Faktor mit den Legendreschen Polynomen $P_n(x)$ überein, die wir im Zusammenhang mit der Entwicklungsaufgabe von Beispiel 17.8 erstmals kennengelernt haben und auf die wir bei der Orthogogonalisierung der Potenzen x^k auf dem Intervall $[-1, 1]$ nach dem Verfahren von Schmidt wieder gestoßen sind. Daß es sich bei den Polynomlösungen von (30.20) tatsächlich um orthogonale Polynome (bezüglich der Belegungsfunktion $p(x) = 1$) auf dem Intervall $[-1, 1]$ handelt, geht aus folgender Rechnung hervor. Es seien $P_n^*(x)$ die durch die Bedingung $P_n^*(1) = 1$ „normierten" Polynomlösungen von (30.20) für $\nu = n = 0, 1, 2, \dots$,

$$(1 - x^2)P_n^{*''} - 2xP_n^{*'} + n(n+1)P_n^* = 0.$$

Wir schreiben diese Gleichung um,

$$-\frac{d}{dx}\left[(1 - x^2)\frac{d}{dx}P_n^*\right] = n(n+1)P_n^*,$$

und multiplizieren sie mit $P_m^*(x)$,

$$-\frac{d}{dx}\left[(1 - x^2)\frac{d}{dx}P_n^*\right]P_m^* = n(n+1)P_n^*P_m^*;$$

vertauschen wir in dieser Gleichung die Rollen von n und m, so erhalten wir

$$-\frac{d}{dx}\left[(1 - x^2)\frac{d}{dx}P_m^*\right]P_n^* = m(m+1)P_n^*P_m^*,$$

und, wenn wir schließlich die Differenz beider Gleichungen zwischen den Grenzen -1 und 1 integrieren,

$$\left[n(n+1) - m(m+1)\right]\int_{-1}^{1} P_n^*(x)P_m^*(x)dx =$$

$$= \int_{-1}^{1}\left\{\frac{d}{dx}\left[(1-x^2)\frac{d}{dx}P_m^*\right]P_n^* - \frac{d}{dx}\left[(1 - x^2)\frac{d}{dx}P_n^*\right]P_m^*\right\}dx$$

$$= \int_{-1}^{1}\frac{d}{dx}\left[(1 - x^2)(P_n^*P_m^{*'} - P_m^*P_n^{*'})\right]dx = (1 - x^2)(P_n^*P_m^{*'} - P_m^*P_n^{*'})\Big|_{-1}^{1} = 0,$$

also für $n \neq m$

$$\int_{-1}^{1} P_n^*(x)P_m^*(x)dx = 0.$$

Die Identität der Polynomlösungen $P_n^*(x)$ mit den Legendreschen Polynomen $P_n(x)$ ergibt sich nun daraus, daß jedes System von Polynomen n-ten Grades $p_n(x)$, $n = 0, 1, 2, \ldots$, die auf dem Intervall $[-1, 1]$ paarweise orthogonal bezüglich der Belegungsfunktion $p(x) = 1$ sind, notwendig im Zusammenhang $p_n(x) = \alpha_n P_n(x)$ mit den Legendreschen Polynomen $P_n(x)$ stehen muß, und weiter aus der Tatsache, daß $P_n(1) = 1$ gilt, wie durch Einsetzen von $\xi = 1$ in (17.31) unmittelbar bestätigt werden kann.

Die Lösungen der Gleichung (30.20) werden *Legendresche Funktionen* genannt. Jene, die für ganzzahliges $\nu = n \geqslant 0$ in die Legendreschen Polynome $P_n(x)$ übergehen, heißen *Legendresche Funktionen erster Art* und werden gewöhnlich mit $P_\nu(x)$ bezeichnet. Unter den *Legendreschen Funktionen zweiter Art* $Q_\nu(x)$ versteht man gewisse Lösungen der Legendreschen Differentialgleichung (30.20), die zusammen mit den Legendreschen Funktionen erster Art eine Integralbasis bilden.

Die Bedingung, daß der Koeffizient der höchsten Ableitung an der in Betracht gezogenen Stelle x_0 von Null verschieden ist, spielt eine entscheidende Rolle sowohl für die Existenz aller n Lösungen der Anfangswertaufgaben (30.17) als auch im Hinblick auf die Möglichkeit einer Potenzreihenentwicklung sämtlicher Lösungen mit der Anschlußstelle x_0. Gerade in wichtigen Fällen, in denen man eine Entwicklung nach Potenzen von $x - x_0$ benötigen würde, ist diese Bedingung aber verletzt, weshalb dann nicht mehr garantiert werden kann, daß alle Anfangswertaufgaben (30.17) lösbar sind, beziehungsweise, daß alle Lösungen in eine Potenzreihe mit der Anschlußstelle x_0 entwickelt werden können. Eine derartige Reihendarstellung läßt sich aber unter zusätzlichen Annahmen über die Koeffizienten der Differentialgleichung mit einem modifizierten Ansatz (30.18) gewinnen. Bei Erfülltsein dieser Voraussetzungen haben die Lösungen charakteristische Formen der Unstetigkeit, die durch einen Faktor beschrieben werden, der auch bereits im Lösungsansatz Berücksichtigung findet. Wir wollen uns der Übersichtlichkeit halber im folgenden auf Differentialgleichungen zweiter Ordnung beschränken, durch eine auf der Hand liegende Verallgemeinerung läßt sich das Folgende auf Differentialgleichungen höherer Ordnung übertragen. Nach wie vor halten wir an der Voraussetzung fest, daß sämtliche Koeffizienten der Gleichung (30.4) an der Stelle x_0 in eine Potenzreihe entwickelt werden können.

Wenn wir die Gleichung (30.4) durch $f_0(x)$ dividieren und damit auf die Form

$$y'' + f(x)y' + g(x)y = 0 \tag{30.21}$$

bringen, so hat mindestens einer der Koeffizienten $f(x)$ und $g(x)$ im Punkt x_0 eine Unendlichkeitsstelle, da sonst die Gleichung (30.4) durch eine Potenz von $x - x_0$, die die Nullstelle x_0 von $f_0(x)$ abspaltet, dividiert werden kann. Wir treffen nun die Annahme, daß dann wenigstens die Funktionen $(x - x_0)f(x)$ und $(x - x_0)^2 g(x)$ die Voraussetzungen für die Entwicklung in eine Potenzreihe mit der Anschlußstelle x_0 erfüllen,

$$(x - x_0)f(x) = \sum_{m=0}^{\infty} a_m(x - x_0)^m, \quad (x - x_0)^2 g(x) = \sum_{m=0}^{\infty} b_m(x - x_0)^m; \tag{30.22}$$

sie besagt im Grunde, daß x_0 höchstens eine zweifache Nullstelle des Koeffizienten $f_0(x)$ in der Differentialgleichung (30.4) (für $n = 2$) sein darf. Ist dieser Sachverhalt gegeben, so machen wir zur Lösung von (30.21) den Ansatz

$$y(x) = (x - x_0)^\alpha \sum_{m=0}^{\infty} \gamma_m(x - x_0)^m = \sum_{m=0}^{\infty} \gamma_m(x - x_0)^{m+\alpha}, \tag{30.23}$$

wobei wir, um den Exponenten α eindeutig festzulegen, $\gamma_0 \neq 0$ zu fordern haben; im folgenden sei stets $\gamma_0 = 1$. Setzen wir nun die Ableitungen

$$y'(x) = \sum_{m=0}^{\infty} (m+\alpha)\gamma_m(x-x_0)^{m+\alpha-1},$$

$$y''(x) = \sum_{m=0}^{\infty} (m+\alpha)(m+\alpha-1)\gamma_m(x-x_0)^{m+\alpha-2}$$

in die Gleichung (30.21) ein,

$$\sum_{m=0}^{\infty} (m+\alpha)(m+\alpha-1)\gamma_m(x-x_0)^{m+\alpha-2} + f(x)\sum_{m=0}^{\infty} (m+\alpha)\gamma_m(x-x_0)^{m+\alpha-1}$$

$$+ g(x)\sum_{m=0}^{\infty} \gamma_m(x-x_0)^{m+\alpha} = 0,$$

so erhalten wir nach Division durch $(x-x_0)^{\alpha-2}$ unter Berücksichtigung der Entwicklungen (30.22)

$$\sum_{m=0}^{\infty} (m+\alpha)(m+\alpha-1)\gamma_m(x-x_0)^m + \sum_{n=0}^{\infty} a_n(x-x_0)^n \sum_{m=0}^{\infty} (m+\alpha)\gamma_m(x-x_0)^m$$

$$+ \sum_{n=0}^{\infty} b_n(x-x_0)^n \sum_{m=0}^{\infty} \gamma_m(x-x_0)^m = 0,$$

und weiter, wenn wir die darin auftretenden Reihenmultiplikationen ausführen und anschließend alle Reihen zu einer einzigen zusammenfassen,

$$\sum_{m=0}^{\infty} \left\{(m+\alpha)(m+\alpha-1)\gamma_m + \sum_{n=0}^{m} \gamma_n\left[(n+\alpha)a_{m-n} + b_{m-n}\right]\right\}(x-x_0)^m = 0.$$

Mit Hilfe des Identitätssatzes für Potenzreihen können wir daraus nun das Gleichungssystem

$$(m+\alpha)(m+\alpha-1)\gamma_m + \sum_{n=0}^{m} \gamma_n\left[(n+\alpha)a_{m-n} + b_{m-n}\right] = 0, \quad m = 0, 1, \ldots \tag{30.24}$$

ableiten, das die Koeffizienten γ_m, ausgehend von $\gamma_0 = 1$, der Reihe nach zu berechnen gestattet. Dabei stellt die erste dieser Gleichungen $(m = 0)$ eine Bedingung über die möglichen Exponenten α für den Ansatz (30.23) dar,

$$\varphi(\alpha) = \alpha^2 - \alpha(1-a_0) + b_0 = 0. \tag{30.25}$$

Sie heißt die *determinierende Gleichung* für (30.21), ihre Lösungen

$$\alpha_1 = \frac{1-a_0+\sqrt{(1-a_0)^2-4b_0}}{2}, \quad \alpha_2 = \frac{1-a_0-\sqrt{(1-a_0)^2-4b_0}}{2} \tag{30.26}$$

kommen als Exponenten für den Ansatz (30.23) in Frage und werden *charakteristische Exponenten* genannt.

Für $m \geqslant 1$ lassen sich die Gleichungen (30.24) auf

$$\varphi(m+\alpha)\gamma_m = -\sum_{n=0}^{m-1} \gamma_n \left[(n+\alpha)a_{m-n} + b_{m-n}\right], \quad m = 1, 2, \ldots \tag{30.27}$$

umschreiben. In dieser Form geben sie zu erkennen, daß eine eindeutige Lösung nur existiert, wenn

$$\varphi(m+\alpha) \neq 0 \quad \text{für } m = 1, 2, \ldots \tag{30.28}$$

gilt. Wenn daher die charakteristische Gleichung zwei zusammenfallende Lösungen hat, oder zwei verschiedene, deren Differenz eine ganze Zahl ist,

$$(1-a_0)^2 - 4b_0 = k^2, \quad k \text{ ganzzahlig}, \tag{30.29}$$

so erhalten wir mit dem Ansatz (30.23) i.a. nur *eine* Lösung der Gleichungen (30.24), und zwar mit derjenigen Lösung von (30.25), die mit dem Hauptwert der Wurzel gebildet ist, also für $\alpha = \alpha_1$. Wir werden uns noch damit auseinanderzusetzen haben, wie wir in diesem Sonderfall eine weitere Lösung, die zusammen mit der (für $\alpha = \alpha_1$) stets vorhandenen eine Integralbasis bildet, konstruieren können.

Sind hingegen die beiden charakteristischen Exponenten (30.26) von der Beschaffenheit, daß ihre Differenz keine ganze Zahl ist, so erhalten wir zwei linear unabhängige Lösungen der Form (30.23), denn es gilt, wenn wir mit $\gamma_m^{(1)}$ und $\gamma_m^{(2)}$ die Koeffizienten der durch die Exponenten α_1 und α_2 bestimmten Lösungen $y_1(x)$ und $y_2(x)$ bezeichnen,

$$\begin{aligned} W(x, y_1, y_2) &= y_1 y_2' - y_1' y_2 \\ &= (x-x_0)^{-a_0} \sum_{m=0}^{\infty} (x-x_0)^m \sum_{n=0}^{m} \left[(n+\alpha_2)\gamma_n^{(2)}\gamma_{m-n}^{(1)} - (n+\alpha_1)\gamma_n^{(1)}\gamma_{m-n}^{(2)}\right] \\ &= (x-x_0)^{-a_0}\left[(\alpha_2-\alpha_1) + \ldots\right] \neq 0. \end{aligned}$$

Beispiel 30.3: Die einfachste Differentialgleichung der Form (30.21) ist die sogenannte *Eulersche Differentialgleichung*

$$x^2 y'' + axy' + by = 0, \tag{30.30}$$

die nach Division durch x^2 in

$$y'' + \frac{a}{x} y' + \frac{b}{x^2} y = 0$$

übergeht. Die determinierende Gleichung (30.25) lautet

$$\varphi(\alpha) = \alpha^2 - \alpha(1-a) + b = 0; \tag{30.31}$$

wegen $a_k = b_k = 0$ für $k = 1, 2, \ldots$ reduzieren sich die Gleichungen (30.27) auf

$$\varphi(m+\alpha)\gamma_m = 0, \quad m = 1, 2, \ldots, \tag{30.32}$$

sie werden durch $\gamma_m = 0$, $m = 1, 2, \ldots$ gelöst. Sind demnach α_1 und α_2 die Lösungen der determinierenden Gleichung (30.31) und ist ihre Differenz keine ganze Zahl, so ist

$$y_1(x) = x^{\alpha_1}, \quad y_2(x) = x^{\alpha_2}$$

eine Integralbasis und

$$y(x) = Cx^{\alpha_1} + Dx^{\alpha_2} \tag{30.33}$$

das allgemeine Integral der Eulerschen Differentialgleichung (30.30). Wenn andernfalls $\alpha_1 - \alpha_2$ ganzzahlig ist, insbesondere $\alpha_1 = \alpha_2 + k$ mit einer nichtnegativen ganzen Zahl k gilt, so ist eine Lösung von (30.30) durch

$$y_1(x) = x^{\alpha_1}$$

gegeben; eine zweite ist leicht zu finden, denn in diesem Fall werden die Gleichungen (30.32) für $\alpha = \alpha_2$ durch $\gamma_k = 1, \gamma_m = 0$ für $m = 1, 2, \ldots$ und $m \neq k$ gelöst: Für $k > 0$ bedeutet dies, daß dann

$$y_2(x) = x^{\alpha_2}$$

ebenfalls eine Lösung von (30.30) ist, womit auch in diesem Fall das allgemeine Integral von (30.30) durch (30.33) gegeben ist. Diese Untersuchung gilt allerdings nur für den Fall $k \neq 0$; wenn $k = 0$ ist, die determinierende Gleichung (30.31) also eine doppeltzuzählende Lösung hat, müssen wir uns ein zweites Integral auf anderem Wege verschaffen.

Beispiel 30.4: Die Differentialgleichung

$$y'' + \frac{1}{x}y' + \left(1 - \frac{\nu^2}{x^2}\right)y = 0, \tag{30.34}$$

in der ν ein Parameter ist, wird *Besselsche Differentialgleichung* genannt. Auch ihre Koeffizienten erfüllen im Hinblick auf eine Entwicklung der Lösungen nach Potenzen von x die Bedingungen (30.22),

$$xf(x) = 1, \quad x^2g(x) = -\nu^2 + x^2.$$

Für die Besselsche Differentialgleichung lautet die determinierende Gleichung

$$\varphi(\alpha) = \alpha^2 - \nu^2 = 0; \tag{30.35}$$

sie hat die Lösungen

$$\alpha_1 = \nu, \quad \alpha_2 = -\nu.$$

Wir dürfen also, wenn ν keine ganze Zahl ist, zwei Lösungen vom Typ (30.23) erwarten. Das Gleichungssystem (30.27) hat die Form

$$\left[(1+\nu)^2 - \nu^2\right]\gamma_1 = 0, \quad \left[(m+\nu)^2 - \nu^2\right]\gamma_m = -\gamma_{m-2}, \quad m = 2, 3, \ldots,$$

und liefert über die Rekursionsvorschrift

$$\gamma_m = -\frac{1}{m(m+2\nu)}\gamma_{m-2}, \quad m = 2, 3, \ldots,$$

die Koeffizienten

$$\gamma_{2m} = (-1)^m \frac{1}{2^{2m}m!} \frac{1}{(\nu+1)(\nu+2)\ldots(\nu+m)}\gamma_0, \quad m = 1, 2, \ldots,$$

und mit $\gamma_1 = 0$

$$\gamma_{2m+1} = 0, \quad m = 0, 1, 2, \ldots .$$

Berücksichtigen wir

$$(\nu+1)(\nu+2)\ldots(\nu+m) = \frac{\Gamma(m+\nu+1)}{\Gamma(\nu+1)}, \quad m \geqslant 1,$$

so erhalten wir, wenn wir von einem Faktor $2^\nu\Gamma(\nu+1)$ beziehungsweise $2^{-\nu}\Gamma(1-\nu)$ absehen, die beiden Lösungen

$$\begin{cases} J_\nu(x) = \sum_{m=0}^{\infty} \frac{(-1)^m}{m!\Gamma(m+\nu+1)}\left(\frac{x}{2}\right)^{2m+\nu}, \\ J_{-\nu}(x) = \sum_{m=0}^{\infty} \frac{(-1)^m}{m!\Gamma(m-\nu+1)}\left(\frac{x}{2}\right)^{2m-\nu}, \end{cases} \tag{30.36}$$

die *Besselfunktionen* mit dem Zeiger ν beziehungsweise $-\nu$ genannt werden.

Ist $\nu = n$ eine nichtnegative ganze Zahl, so lautet eine Lösung von (30.34)

$$J_n(x) = \sum_{m=0}^{\infty} \frac{(-1)^m}{m!(n+m)!}\left(\frac{x}{2}\right)^{2m+n}; \tag{30.37}$$

ein zweites Integral müssen wir uns wieder auf andere Weise verschaffen.

Die Besselfunktionen (30.36) spielen eine wichtige Rolle in der mathematischen Physik, insbesondere die sogenannten *sphärischen Besselfunktionen*

$$\begin{aligned} j_l(x) &= \sqrt{\frac{\pi}{2x}} J_{l+1/2}(x) = \frac{\sqrt{\pi}}{2} \sum_{m=0}^{\infty} \frac{(-1)^m}{m!\Gamma\left(m+l+\frac{3}{2}\right)}\left(\frac{x}{2}\right)^{2m+l} \\ &= 2^l \sum_{m=0}^{\infty} \frac{(-1)^m(m+l)!}{m!(2m+2l+1)!} x^{2m+l}, \quad l \geqslant 0, \end{aligned} \tag{30.38}$$

die mit den halbzahligen Besselfunktionen gebildet werden. Sie sind Lösungen der Differentialgleichung

$$y'' + \frac{2}{x} y' + \left(1 - \frac{l(l+1)}{x^2}\right) y = 0. \tag{30.39}$$

Speziell für $l = 0$ und $l = -1$ ist

$$j_0(x) = \frac{\sin x}{x}, \quad j_{-1}(x) = \frac{\cos x}{x}$$

und

$$J_{1/2}(x) = \sqrt{\frac{2}{\pi x}} \sin x, \quad J_{-1/2}(x) = \sqrt{\frac{2}{\pi x}} \cos x.$$

Beispiel 30.5: Ebenfalls vom Typ der Gleichung (30.21) unter den Zusatzbedingungen (30.22) ist die sogenannte *Laguerresche Differentialgleichung*

$$xy'' + (1-x)y' + \nu y = 0. \tag{30.40}$$

Ist der Parameter $\nu = n$ eine nichtnegative ganze Zahl, so wird sie durch die Laguerreschen Polynome (vgl. (26.30))

$$L_n(x) = e^x \frac{d^n}{dx^n}(x^n e^{-x}), \quad n = 0, 1, 2, \ldots$$

gelöst. Die Lösungen der Laguerreschen Differentialgleichung werden *Laguerresche Funktionen* genannt, diejenigen, die für $\nu = n$ in die Laguerreschen Polynome übergehen, werden mit $L_\nu(x)$ bezeichnet.

Wir erwähnen in diesem Zusammenhang noch die *Hermitesche Differentialgleichung*

$$y'' - 2xy' + 2\nu y = 0 \tag{30.41}$$

und die *Tschebyscheffsche Differentialgleichung*

$$(1-x^2)y''-xy'+\nu^2 y=0. \tag{30.42}$$

Beide Gleichungen lassen sich durch einen Potenzreihenansatz (30.18) lösen; ist $\nu = n$ eine nichtnegative ganze Zahl, so wird die Hermitesche Differentialgleichung durch die Hermiteschen Polynome (vgl. (26.31))

$$H_n(x)=(-1)^n e^{x^2}\frac{d^n}{dx^n}(e^{-x^2}),\quad n=0,1,2,\ldots,$$

gelöst, die Tschebyscheffsche Differentialgleichung durch die Tschebyscheffschen Polynome (vgl. (26.29))

$$T_0(x)=1,\quad T_n(x)=\frac{\cos(n\arccos x)}{2^{n-1}},\quad n=1,2,\ldots\,.$$

Es zeigt sich, daß für eine immerhin größere Klasse von linearen homogenen Differentialgleichungen stets mindestens eine Lösung durch einen Potenzreihenansatz (30.18) beziehungsweise (30.23) gefunden werden kann und unter Umständen auch die Existenz elementarer Lösungen auf diese Weise erkannt werden kann. Die Kenntnis wenigstens eines Integrales, wie auch immer es gefunden worden ist, ermöglicht uns nun, die Integration einer linearen homogenen Differentialgleichung n-ter Ordnung über einen speziellen Ansatz auf die Integration einer linearen homogenen Differentialgleichung $(n-1)$-ter Ordnung zurückzuführen. Für das Aufsuchen eines Fundamentalsystems linearer Differentialgleichungen zweiter Ordnung bedeutet dies insbesondere die Reduktion der Aufgabe auf die Integration einer linearen Differentialgleichung erster Ordnung, welche sich ja stets, wenigstens bis auf unbestimmte Integrationen, bewerkstelligen läßt. Dieser nach d'Alembert benannte *Reduktionsansatz* geht also von der Kenntnis eines Integrales $y_1(x)$ der Gleichung (30.4) aus und läuft auf die Bestimmung einer Funktion $u(x)$ mit der Eigenschaft, daß die Funktion

$$y(x)=y_1(x)\int u(x)dx \tag{30.43}$$

ein Integral der Gleichung (30.4) ist, hinaus. Dabei ergibt es sich, daß jede derartige Funktion einer gewissen linearen homogenen Differentialgleichung $(n-1)$-ter Ordnung genügt; es bedarf wohl keines besonderen Hinweises, daß $y_1(x)$ und die Funktion (30.43) mit jeder Lösung $u(x)$ dieser Differentialgleichung, abgesehen natürlich von der trivialen, linear unabhängige Funktionen sind.

Wir wollen den Reduktionsansatz (30.43) speziell auf Differentialgleichungen zweiter Ordnung der Gestalt (30.21) anwenden. Es gilt

$$y'=y_1'\int u dx+y_1u,\quad y''=y_1''\int u dx+2y_1'u+y_1u'$$

und daher, wenn wir fordern, daß $y(x)$ Lösung der Gleichung (30.21) sein möge,

$$y_1u'+u(2y_1'+fy_1)+[y_1''+fy_1'+gy_1]\int u dx=0.$$

Da $y_1(x)$ die Gleichung (30.21) löst, verschwindet der Ausdruck in der eckigen Klammer; die Funktion $u(x)$ muß infolgedessen der linearen homogenen Differentialgleichung erster Ordnung

$$y_1u'+u(2y_1'+fy_1)=0 \tag{30.44}$$

genügen, deren Lösung sich zu

$$u(x) = \frac{1}{y_1^2(x)} e^{-\int f(x)dx} \tag{30.45}$$

bestimmt. Somit stellt $y_1(x)$ und die Funktion

$$y_2(x) = y_1(x) \int \frac{1}{y_1^2(x)} e^{-\int f(x)dx} dx \tag{30.46}$$

eine Integralbasis der Gleichung (30.21) dar.

Beispiel 30.6: Ein elementares Integral der Differentialgleichung von Beispiel 30.1 ist die Funktion $y_1(x) = e^{-x^2/2}$. Nach dem eben Gesagten ist die Funktion

$$y_2(x) = e^{-x^2/2} \int e^{x^2} e^{-x^2/2} dx = e^{-x^2/2} \int e^{x^2/2} dx$$

ein von $y_1(x)$ linear unabhängiges Integral. Schreibt man darin das unbestimmte Integral als bestimmtes Integral mit der variablen oberen Grenze x und der festen unteren Grenze 0, so stellt $y_2(x)$ genau jenes Integral dar, das wir in Beispiel 30.1 nur durch eine Potenzreihe darstellen konnten.

Beispiel 30.7: Für die Eulersche Differentialgleichung (30.30) finden wir im Falle $(1-a)^2 = 4b$ durch den Ansatz (30.23) nur die Lösung

$$y_1(x) = x^{(1-a)/2}.$$

Mit Hilfe des Reduktionsansatzes (30.43) erhalten wir nach (30.46) unter Berücksichtigung von $\int f(x)dx = a \int \frac{dx}{x} = a \ln x$

$$y_2(x) = x^{(1-a)/2} \int x^{a-1} \frac{dx}{x^a} = x^{(1-a)/2} \ln x. \tag{30.47}$$

Beispiel 30.8: Die Legendresche Differentialgleichung (30.20) wird für $\nu = n \geqslant 0$ durch das Legendresche Polynom $P_n(x)$ gelöst. Wegen $f(x) = -\frac{2x}{1-x^2}$ und

$$\int f(x)dx = -2 \int \frac{x}{1-x^2} dx = \int \frac{du}{u}\bigg|_{u=1-x^2} = \ln(1-x^2) + C$$

für $-1 < x < 1$ folgt aus (30.46)

$$y_2(x) = P_n(x) \int \frac{dx}{(1-x^2)P_n^2(x)}.$$

Zur Auswertung dieses Integrales mit rationalem Integranden benötigen wir die Darstellung (26.26) für die Legendreschen Polynome $P_n(x)$. Wir ziehen aus ihr den Schluß, durch wiederholte Anwendung des Satzes von Rolle, daß das Polynom $P_n(x)$ genau n einfache Nullstellen im Intervall $]-1, 1[$ hat. Wir bezeichnen diese mit α_k und können somit von der Partialbruchentwicklung

$$\frac{1}{(1-x^2)P_n^2(x)} = \frac{A}{x-1} + \frac{B}{x+1} + \sum_{k=1}^{n} \left(\frac{C_k}{(x-\alpha_k)^2} + \frac{D_k}{x-\alpha_k} \right)$$

ausgehen. Für ihre Koeffizienten ergibt sich wegen $P_n(1) = 1$

$$A = \frac{1}{\frac{d}{dx}\left[(1-x^2)P_n^2(x)\right]\bigg|_{x=1}} = -\frac{1}{2}$$

und wegen $P_n(-1) = (-1)^n$

$$B = \frac{1}{\frac{d}{dx}\left[(1-x^2)P_n^2(x)\right]\Big|_{x=-1}} = \frac{1}{2};$$

die Koeffizienten C_k und D_k bestimmen sich zu

$$C_k = \lim_{x\to\alpha_k} \frac{(x-\alpha_k)^2}{(1-x^2)P_n^2(x)} = \frac{1}{(1-\alpha_k^2)\,P_n'^2(\alpha_k)}$$

und

$$D_k = \lim_{x\to\alpha_k} \frac{d}{dx}\frac{(x-\alpha_k)^2}{(1-x^2)P_n^2(x)} = 0.$$

Somit ist

$$\frac{1}{(1-x^2)\,P_n^2(x)} = \frac{1}{2}\frac{1}{x+1} - \frac{1}{2}\frac{1}{x-1} + \sum_{k=1}^{n} \frac{1}{(1-\alpha_k^2)\,P_n'^2\,(\alpha_k)}\,\frac{1}{(x-\alpha_k)^2}$$

und es folgt durch Integration für $-1 < x < 1$

$$y_2(x) = P_n(x)\,\frac{1}{2}\ln\frac{1+x}{1-x} - P_n(x)\sum_{k=1}^{n}\frac{1}{(1-\alpha_k^2)P_n'^2(\alpha_k)}\,\frac{1}{x-\alpha_k}.$$

Eine Lösung der Gleichung (30.20) für $\nu = n$ ist folglich

$$Q_n(x) = \frac{1}{2}P_n(x)\ln\frac{1+x}{1-x} - W_{n-1}(x), \tag{30.48}$$

worin

$$W_{n-1}(x) = \sum_{k=1}^{n}\frac{1}{(1-\alpha_k^2)P_n'^2(\alpha_k)}\,\frac{P_n(x)}{x-\alpha_k} \tag{30.49}$$

ein Polynom vom Grade $n-1$ ist. Die Funktion $Q_n(x)$ heißt *Legendresche Funktion zweiter Art*; mit $Q_\nu(x)$ bezeichnet man für allgemeines ν jene Lösung der Legendreschen Differentialgleichung, die beim Grenzübergang $\nu \to n$ auf die Funktion (30.48) führt.

Beispiel 30.9: Für die Besselsche Differentialgleichung (30.34) liefert der Ansatz (30.23), wenn $\nu = n$ eine nichtnegative ganze Zahl ist, nur die durch die Reihe (30.37) gegebene Funktion $J_n(x)$. Mit Hilfe des Reduktionsansatzes (30.43) finden wir eine zu $J_n(x)$ linear unabhängige zweite Lösung durch

$$y_2(x) = J_n(x)\int\frac{1}{xJ_n^2(x)}\,dx. \tag{30.50}$$

Eine direkte Auswertung dieses Integrales, zum Beispiel durch eine Reihenentwicklung, ist prinzipiell möglich, erweist sich aber als unüberschaubar und daher nicht zweckmäßig. Wir gehen einen anderen Weg und führen die Funktionen

$$N_\nu(x) = \frac{J_\nu(x)\cos\nu\pi - J_{-\nu}(x)}{\sin\nu\pi} \tag{30.51}$$

ein, die klarerweise Lösungen der Besselschen Differentialgleichung sind und *Neumannsche Funktionen* genannt werden. Für nicht ganzzahliges ν sind sie auf diese Weise wohldefiniert, für $\nu = n$ ist wegen

$$\lim_{\nu\to n} J_{-\nu}(x) = (-1)^n J_n(x) \tag{30.52}$$

Zähler und Nenner des Ausdruckes auf der rechten Seite von (30.51) gleich Null. Beim Grenzübergang $\nu \to n$, der mit Hilfe der Regel von de l'Hospital ausgeführt werden kann, ergibt sich

$$\begin{aligned} N_n(x) := \lim_{\nu \to n} N_\nu(x) = \frac{2}{\pi}\Bigg\{ & J_n(x)\left(\ln\frac{x}{2}+C\right) - \frac{1}{2}\sum_{k=0}^{n-1}\frac{(n-k-1)!}{k!}\left(\frac{x}{2}\right)^{2k-n} \\ & -\frac{1}{2}\sum_{m=0}^{\infty}\frac{(-1)^m}{m!(n+m)!}\left(\frac{x}{2}\right)^{2m+n}\left[\sum_{k=1}^{m}\frac{1}{k}+\sum_{k=1}^{n+m}\frac{1}{k}\right]\Bigg\}, \end{aligned} \tag{30.53}$$

worin

$$C = \lim_{n\to\infty}\left(\sum_{k=1}^{n}\frac{1}{k} - \ln n\right) = 0.577\,215\,664\,9\ldots$$

die *Euler-Mascheronische* Konstante ist. Der Grenzwert (30.53) ist aus Stetigkeitsgründen Lösung der Besselschen Differentialgleichung (30.34) für $\nu = n$ und wird *Neumannsche Funktion mit dem ganzzahligen nichtnegativen Zeiger* n genannt. Nun ergibt sich auf Grund von (25.70)

$$W(x, J_n(x), N_n(x)) = \lim_{\nu\to n} W(x, J_\nu(x), N_\nu(x)) = \lim_{\nu\to n}\frac{2\nu}{x\Gamma(\nu+1)\Gamma(1-\nu)\sin\nu\pi} = \frac{2}{\pi x}$$

und daraus nach Division durch $J_n^2(x)$

$$\frac{d}{dx}\frac{N_n(x)}{J_n(x)} = \frac{2}{\pi}\frac{1}{xJ_n^2(x)},$$

was auf die Darstellung

$$N_n(x) = \frac{2}{\pi}J_n(x)\int\frac{1}{xJ_n^2(x)}\,dx$$

der Neumannschen Funktion für eine geeignete Stammfunktion an Stelle des Integrales führt.

Wir erwähnen noch die sogenannten *Hankelfunktionen*

$$\begin{aligned} H_\nu^{(1)}(x) &= J_\nu(x) + jN_\nu(x), \\ H_\nu^{(2)}(x) &= J_\nu(x) - jN_\nu(x), \end{aligned} \tag{30.54}$$

die natürlich wieder Lösungen der Besselschen Differentialgleichung sind.

Zusammenfassend läßt sich sagen, daß die Funktionen $J_\nu(x)$ und $J_{-\nu}(x)$ nur für nicht ganzzahlige Zeiger eine Integralbasis der Besselschen Differentialgleichung bilden (wobei auf Grund des Grenzwertes (30.52) $J_{-n}(x) = (-1)^n J_n(x)$ zu setzen ist); die Funktionenpaare $J_\nu(x)$ und $N_\nu(x)$ beziehungsweise $H_\nu^{(1)}(x)$ und $H_\nu^{(2)}(x)$ sind hingegen für jeden Wert des Zeigers ν ein Fundamentalsystem der Besselschen Differentialgleichung (30.34).

30.3 Die inhomogene Gleichung

Auf Grund der Ergebnisse von Abschnitt 30.1 benötigen wir zum Aufbau des allgemeinen Integrals einer linearen inhomogenen Differentialgleichung (30.3) eine Integralbasis für die zugehörige homogene Gleichung (30.4) und eine beliebige partikuläre Lösung $y_p(x)$ der Gleichung (30.3),

$$y_a(x) = y_p(x) + c_1y_1(x) + c_2y_2(x) + \ldots + c_ny_n(x). \tag{30.55}$$

Im Gegensatz zur homogenen Gleichung, für deren Lösung wir im Falle $n > 1$ keinen systematischen Weg im üblichen Sinne kennen, aus Gründen, die weiter oben auseinandergesetzt wurden, gelingt es stets mit Hilfe eines Fundamentalsystems der homogenen Gleichung ein partikuläres Integral der inhomogenen Gleichung zu finden.

Zunächst befassen wir uns mit der inhomogenen Gleichung erster Ordnung

$$y' + f(x)y = s(x). \tag{30.56}$$

Wir gehen dabei von der Existenz einer Lösung $y_p(x)$ aus und denken uns diese in die Gleichung (30.56) eingesetzt; um daraus $y_p(x)$ errechnen zu können multiplizieren wir mit einem Faktor $\varphi(x)$,

$$\varphi(x)y_p'(x) + \varphi(x)f(x)y_p(x) = \varphi(x)s(x),$$

im Hinblick darauf, durch geeignete Wahl des Multiplikators $\varphi(x)$ zu erreichen, daß die linke Seite dieser Gleichung als Ableitung eines Produktes dargestellt werden kann,

$$\varphi(x)y_p'(x) + \varphi(x)f(x)y_p(x) = \frac{d}{dx}\left(\varphi(x)y_p(x)\right) = \varphi(x)y_p'(x) + \varphi'(x)y_p(x).$$

Auf diese Weise gelingt es uns, durch Integration der Gleichung zu einem Ausdruck zu gelangen, der die Ableitung $y_p'(x)$ nicht mehr enthält. Offenbar muß dann $\varphi(x)$ der homogenen linearen Differentialgleichung

$$f(x)\varphi(x) = \varphi'(x)$$

genügen, die durch

$$\varphi(x) = e^{\int f(x)dx}$$

gelöst wird. Mit Hilfe dieser Funktion erhalten wir

$$\frac{d}{dx}\left(y_p(x)e^{\int f(x)dx}\right) = s(x)e^{\int f(x)dx}$$

und daraus durch Integration

$$y_p(x) = e^{-\int f(x)dx} \int s(x)e^{\int f(x)dx}dx. \tag{30.57}$$

Berücksichtigen wir, daß die Funktion

$$y_1(x) = e^{-\int f(x)dx} \tag{30.58}$$

eine Integralbasis der zugehörigen homogenen Gleichung $y' + f(x)y = 0$ ist, so können wir die Lösung (30.57) auch in der Form

$$y_p(x) = y_1(x) \int s(x)e^{\int f(x)dx}dx \tag{30.59}$$

anschreiben. Es zeigt dies, daß wir die Lösung (30.57) auch durch einen Ansatz

$$y_p(x) = c(x)y_1(x) \tag{30.60}$$

gewinnen können, der, wenn wir ihm das allgemeine Integral

$$y_h(x) = Cy_1(x) \tag{30.61}$$

der homogenen Gleichung gegenüberstellen, aus (30.61) insbesondere dadurch hervorgeht, wenn darin die Integrationskonstante C durch eine Funktion c(x) ersetzt wird: diese genügt der Differentialgleichung

$$c'(x)y_1(x) = s(x) \tag{30.62}$$

mit der Lösung

$$c(x) = \int s(x)e^{\int f(x)dx}dx. \tag{30.63}$$

Der Art und Weise entsprechend, wie man sich den Ansatz (30.60) aus dem allgemeinen Integral (30.61) der homogenen Gleichung im Sinne einer Merkregel entstanden denken kann, bezeichnet man den Ansatz (30.60) als *Variation der Konstanten*.

Beispiel 30.10: Um das allgemeine Integral der inhomogenen Gleichung

$$y' + xy = x^3$$

zu finden, lösen wir zunächst die homogene Gleichung

$$y' + xy = 0$$

durch Trennung der Veränderlichen,

$$y_1(x) = e^{-x^2/2}.$$

Der Variationsansatz (30.60) führt über die Gleichung (30.62) zu (30.63),

$$c(x) = \int x^3e^{x^2/2}dx = x^2e^{x^2/2} - 2\int xe^{x^2/2}dx = e^{x^2/2}(x^2 - 2).$$

Daher ist

$$y_p(x) = x^2 - 2$$

ein Integral der inhomogenen Gleichung und

$$y_a(x) = Ce^{-x^2/2} + x^2 - 2$$

das allgemeine Integral.

Der Ansatz (30.60) zur Integration linearer inhomogener Differentialgleichungen erster Ordnung läßt sich auf inhomogene Gleichungen höherer Ordnung übertragen. Wir ersetzen im allgemeinen Integral

$$y_h(x) = c_1y_1(x) + c_2y_2(x) + \ldots + c_ny_n(x)$$

der homogenen Gleichung (30.4) von (30.3) die Konstanten c_k durch Funktionen $c_k(x)$,

$$y_p(x) = c_1(x)y_1(x) + c_2(x)y_2(x) + \ldots + c_n(x)y_n(x). \tag{30.64}$$

Zur Bestimmung n geeigneter Funktionen $c_k(x)$ steht uns allerdings nur eine Gleichung, nämlich die Differentialgleichung (30.3), zur Verfügung, doch liegt dem nichts im Wege, weitere $n-1$ Beziehungen vorzugeben. Da jede Funktion, die aus (30.64) durch Ersetzen von $c_k(x)$ durch $c_k(x)$ + const. ein partikuläres Integral der Gleichung (30.3) ist, setzen wir derartige Beziehungen für die Ableitungen $c_k'(x)$ an, wobei wir, um die praktische Rechnung möglichst einfach zu gestalten, ein lineares Gleichungssystem für die Funktionen $c_k'(x)$ aufzustellen bestrebt sind, von dem wir natürlich die eindeutige Lösbarkeit verlangen. Da wir dies erreichen können, wenn die Wronskische Determinante der Funktionen $y_1(x), y_2(x), \ldots, y_n(x)$ als Koeffizientendeterminante auftritt, fordern wir

$$c_1'y_1^{(k)} + c_2'y_2^{(k)} + \ldots + c_n'y_n^{(k)} = 0, \quad k = 0, 1, \ldots, n-2.$$

Dann genügen die Ableitungen der Funktion $y_p(x)$ den Gleichungen

$$y_p^{(k)} = c_1 y_1^{(k)} + c_2 y_2^{(k)} + \ldots + c_n y_n^{(k)}, \quad k = 0, 1, \ldots, n-1,$$

und

$$y_p^{(n)} = c_1 y_1^{(n)} + c_2 y_2^{(n)} + \ldots + c_n y_n^{(n)} + c_1' y_1^{(n-1)} + c_2' y_2^{(n-1)} + \ldots + c_n' y_n^{(n-1)}.$$

Setzen wir diese in die Differentialgleichung $Ly = s$ ein, so folgt

$$Ly_p = \sum_{k=1}^{n} c_k L y_k + f_0 \left(c_1' y_1^{(n-1)} + c_2' y_2^{(n-1)} + \ldots + c_n' y_1^{(n-1)} \right) = s(x).$$

Daraus erhalten wir wegen $Ly_k = 0$

$$c_1' y_1^{(n-1)} + c_2' y_2^{(n-1)} + \ldots + c_n' y_n^{(n-1)} = \frac{s(x)}{f_0(x)}$$

als n-te Gleichung. Sind also aus dem eindeutig lösbaren linearen inhomogenen Gleichungssystem

$$\begin{aligned} c_1' y_1 &+ c_2' y_2 &+ \ldots + c_n' y_n &= 0 \\ c_1' y_1' &+ c_2' y_2' &+ \ldots + c_n' y_n' &= 0 \\ c_1' y_1^{(n-2)} &+ c_2' y_2^{(n-2)} &+ \ldots + c_n' y_n^{(n-2)} &= 0 \\ c_1' y_1^{(n-1)} &+ c_2' y_2^{(n-1)} &+ \ldots + c_n' y_n^{(n-1)} &= \frac{s(x)}{f_0(x)} \end{aligned} \qquad (30.65)$$

die n Funktionen $c_k'(x)$ errechnet und sind die Funktionen $c_k(x)$ irgendwelche Stammfunktionen der Lösungen $c_k'(x)$, so liefern die Funktionen $c_k(x)$, in (30.64) eingesetzt, ein partikuläres Integral der inhomogenen linearen Differentialgleichung (30.3).

Speziell ergibt sich für eine Differentialgleichung zweiter Ordnung

$$y'' + f(x)y' + g(x)y = s(x) \qquad (30.66)$$

das Gleichungssystem

$$c_1' y_1 + c_2' y_2 = 0,$$

$$c_1' y_1' + c_2' y_2' = s(x),$$

über dessen Lösung wir das partikuläre Integral

$$y_p(x) = y_2(x) \int y_1(x) \frac{s(x)}{W(x)} dx - y_1(x) \int y_2(x) \frac{s(x)}{W(x)} dx \qquad (30.67)$$

der Gleichung (30.66) erhalten, wobei $W(x) = y_1(x)y_2'(x) - y_2(x)y_1'(x)$ die Wronskische Determinante der Funktionen $y_1(x)$ und $y_2(x)$ ist.

Beispiel 30.11: Wir lösen die Gleichung

$$y'' + xy' + y = x.$$

Ein Fundamentalsystem der zugehörigen homogenen Gleichung haben wir in den Beispielen 30.1 und 30.6 bereits errechnet,

$$y_1(x) = e^{-x^2/2}, \quad y_2(x) = e^{-x^2/2} \int_0^x e^{\xi^2/2} d\xi.$$

Für dieses gilt

$$W(x, y_1, y_2) = e^{-x^2/2},$$

und wir finden mit Hilfe von (30.67)

$$y_p(x) = e^{-x^2/2} \int\limits_0^x e^{\xi^2/2} d\xi \int x dx - e^{-x^2/2} \int x \left(\int\limits_0^x e^{\xi^2/2} d\xi \right) dx = \frac{1}{2} x - \frac{1}{2} e^{-x^2/2} \int e^{x^2/2} dx$$

$$= \frac{1}{2} x + C_1 y_1(x) + C_2 y_2(x),$$

wobei C_1 und C_2 gewisse Konstante sind, deren Wert davon abhängt, welche Stammfunktion für das unbestimmte Integral eingesetzt wird. Wir können sie beide gleich Null setzen, da es auf einen additiven Term, der Lösung der homogenen Differentialgleichung ist, nicht ankommt. Es ist also die Funktion $y_p(x) = \frac{x}{2}$ eine partikuläre Lösung.

Beispiel 30.12: Um ein partikuläres Integral der Gleichung

$$x^2 y'' + x y' - y = \ln x$$

zu finden, lösen wir die homogene Gleichung, die eine Eulersche Differentialgleichung (30.30) ist. Wir erhalten

$$y_1(x) = x, \quad y_2(x) = \frac{1}{x}$$

als Integralbasis und damit über (30.67) wegen $W(x) = -\frac{2}{x}$

$$y_p(x) = -\frac{1}{2x} \int \ln x dx + \frac{x}{2} \int \frac{\ln x}{x^2} dx = -\ln x,$$

wobei zu beachten ist, daß in (30.67) die rechte Seite $s(x) = \ln x$ durch $\frac{s(x)}{f_0(x)} = \frac{\ln x}{x^2}$ zu ersetzen ist.

30.4 Systeme linearer Differentialgleichungen

Analoge Lösungsverhältnisse finden wir bei Systemen linearer Differentialgleichungen

$$\dot{\mathbf{x}} = \mathbf{A}(t) \cdot \mathbf{x} + \mathbf{s}(t) \tag{30.68}$$

vor, worin $\mathbf{A}(t)$ eine quadratische n-reihige Matrix und $\mathbf{s}(t)$ ein n-dimensionaler Vektor ist. Damit die Anfangswertaufgabe $\mathbf{x}(t_0) = \mathbf{x}_0$ eindeutig lösbar ist, verlangen wir auf einem Intervall I, das den Punkt t_0 enthält, die Stetigkeit der Elemente $A_{ij}(t)$ der Matrix $\mathbf{A}(t)$ sowie die Stetigkeit der Koordinaten $s_i(t)$ des Vektors $\mathbf{s}(t)$. Wir schreiben die Gleichung (30.68) in der Form

$$L\mathbf{x} = \dot{\mathbf{x}} - \mathbf{A}(t) \cdot \mathbf{x} = \mathbf{s}(t) \tag{30.69}$$

mit einem linearen Operator L. Ist die *Störfunktion* $\mathbf{s}(t)$ vom Nullvektor verschieden, so wird (30.69) eine *inhomogene* Gleichung genannt; von einer *homogenen* Gleichung spricht man im Fall $\mathbf{s}(t) = \mathbf{o}$,

$$L\mathbf{x} = \dot{\mathbf{x}} - \mathbf{A}(t) \cdot \mathbf{x} = \mathbf{o}. \tag{30.70}$$

Sind $\mathbf{x}_1(t)$ und $\mathbf{x}_2(t)$ zwei beliebige Lösungen der inhomogenen Gleichung (30.69), so ist ihre Differenz $\mathbf{x}(t) = \mathbf{x}_1(t) - \mathbf{x}_2(t)$ auf Grund der Linearitätseigenschaft des Operators L eine Lösung der homogenen Gleichung (30.70). Wir ziehen daraus wieder den Schluß, daß die allgemeine Lösung $x = x_a(t)$ der inhomogenen Gleichung (30.69) die Gestalt

$$x = x_a(t) = x_p(t) + x_h(t) \tag{30.71}$$

hat, worin $x_p(t)$ ein beliebiges partikuläres Integral der inhomogenen Gleichung (30.69) und $x_h(t)$ die allgemeine Lösung der homogenen Gleichung (30.70) ist.

Für das Studium der Lösungsverhältnisse der homogenen Gleichung (30.70) benötigen wir wieder den Begriff der linearen Abhängigkeit beziehungsweise linearen Unabhängigkeit, nunmehr für Vektorfunktionen auf einem Intervall, dessen Übertragung wohl selbstverständlich sein dürfte. Ein hinreichendes Kriterium für die lineare Unabhängigkeit von n Vektorfunktionen $x_1(t), x_2(t), \ldots, x_n(t)$ auf einem Intervall I stellt die Bedingung dar, daß die Matrix $\mathbf{X}(t)$, in deren Spalten der Reihe nach die Vektoren $x_k(t)$ stehen, wenigstens an einer Stelle t_0 im Intervall I regulär ist,

$$\operatorname{Det}\mathbf{X}(t_0) \neq 0.$$

Sind die Funktionen $x_k(t)$ Lösungen der homogenen Gleichung (30.70), so genügt die mit ihnen gebildete Matrix $\mathbf{X}(t)$ der Gleichung

$$\dot{\mathbf{X}} = \mathbf{A} \cdot \mathbf{X}; \tag{30.72}$$

für die Ableitung der Determinante der Matrix $\mathbf{X}(t)$ erhalten wir entsprechend (30.15) die Darstellung

$$\frac{d}{dt}\operatorname{Det}\mathbf{X}(t) = \operatorname{Spur}\mathbf{A}(t)\operatorname{Det}\mathbf{X}(t); \tag{30.73}$$

aus dieser Gleichung folgt in Analogie zu (30.16)

$$\operatorname{Det}\mathbf{X}(t) = \operatorname{Det}\mathbf{X}(t_0)\exp\left(\int_{t_0}^{t} a(\tau)d\tau\right), \quad a(t) = \operatorname{Spur}\mathbf{A}(t), \tag{30.74}$$

und insbesondere, daß die Determinante eines Systems von n Lösungen der homogenen Gleichung (30.70) entweder für jeden Wert des Argumentes t gleich Null ist oder an keiner einzigen Stelle verschwindet.

Ohne große Schwierigkeiten läßt sich nun zeigen, daß n + 1 Lösungen der homogenen Gleichung (30.70) notwendig linear abhängig sein müssen, und daß immer n linear unabhängige Lösungen existieren, die durch n Anfangswertaufgaben, zum Beispiel durch

$$x_k(t) = e_k, \quad k = 1, 2, \ldots, n, \tag{30.75}$$

charakterisiert werden können. Mit den die Bedingungen (30.75) erfüllenden Integralen von (30.70) kann jede Anfangswertaufgabe $x(t_0) = x_0 = (\xi_1, \xi_2, \ldots, \xi_n)$ gelöst werden,

$$x(t) = \xi_1 x_1(t) + \xi_2 x_2(t) + \ldots + \xi_n x_n(t),$$

weshalb auch der mit beliebigen Konstanten c_k gebildete Ausdruck

$$x_h(t) = c_1 x_1(t) + c_2 x_2(t) + \ldots + c_n x_n(t) \tag{30.76}$$

das allgemeine Integral der homogenen Gleichung (30.70) darstellt. Fassen wir die Vektoren $x_k(t)$ zu einer Matrix $\mathbf{X}(t)$ zusammen, so können wir an Stelle von (30.76) für

$$x_h(t) = \mathbf{X}(t) \cdot c \tag{30.77}$$

mit einem konstanten Vektor c schreiben. Die Matrix $\mathbf{X}(t)$ wird eine *Fundamentalmatrix* für die Gleichung (30.70) genannt.

Ein partikuläres Integral der inhomogenen Gleichung (30.69) können wir durch einen Variationsansatz analog (30.60) konstruieren. Wir machen mit einem Vektor c(t) den Ansatz

$$x_p(t) = \mathbf{X}(t) \cdot c(t) \tag{30.78}$$

und setzen die nach der Produktregel zu bildende Ableitung

$$\dot{x}_p = \dot{\mathbf{X}} \cdot c + \mathbf{X} \cdot \dot{c}$$

in (30.69) ein; es folgt unter Berücksichtigung von (30.72)

$$\dot{x}_p = \dot{\mathbf{X}} \cdot c + \mathbf{X} \cdot \dot{c} = \mathbf{A} \cdot \mathbf{X} \cdot c + \mathbf{X} \cdot \dot{c} = \mathbf{A} \cdot \mathbf{X} \cdot c + s,$$

also

$$c(t) = \int \left(\mathbf{X}(t)\right)^{-1} \cdot s(t)\,dt$$

und damit schließlich

$$x_p(t) = \mathbf{X}(t) \cdot \int \left(\mathbf{X}(t)\right)^{-1} \cdot s(t)\,dt. \tag{30.79}$$

30.5 Übungsbeispiele

Man bestimme das allgemeine Integral der folgenden linearen Differentialgleichungen erster Ordnung:

1. $y' + y \sin x = 0$ 2. $y' + x^a y = 0$ 3. $xy' + y \sin x = 0$
4. $y' \sin x + y = 0$ 5. $(x^2 - 1)y' + 2xy = 0$.

Man bestimme das allgemeine Integral der folgenden homogenen Differentialgleichungen zweiter Ordnung:

6. $(x^2 - 1)y'' + 2xy' = 0$ 7. $x^2y'' + (x + 3)y' = 0$

Man löse durch Potenzreihenansatz für die Anschlußstelle $x_0 = 0$:

8. $y'' + xy' - y = 0$ 9. $y'' + x^2y' - xy = 0$ 10. $x^2y'' - (x^2 - 2x)y' - (3x + 2)y = 0$
11. $x^2y'' + x(2x + 1)y' - 4y = 0$ 12. $x^2y'' + 2x^2y' - 2y = 0$
13. $x^2y'' + 2x^2y' + (x^2 - 2)y = 0$ 14. $4x(1 - x)y'' + (6 - 8x)y' - y = 0$
15. $y'' - x^2 y = 0$ (Hinweis: Man mache den Ansatz $y(x) = e^{-x^2/2} u(x)$).

Man löse die inhomogenen Differentialgleichungen erster Ordnung:

16. $y' + y \sin x = x$ 17. $(x^2 - 1)y' + 2xy = x^2$
18. $y' + x^a y = x$ 19. $xy' + y \sin x = \cos x$

Man bestimme das allgemeine Integral der folgenden inhomogenen Differentialgleichungen zweiter Ordnung:

20. $x^2y'' + (x + 3)y' = 2x$ 21. $y'' + x^2y' - xy = x$
22. $x^2y'' + 2x^2y' + (x^2 - 2)y = e^{-x}$ 23. $x^2y'' + x(2x + 1)y' - 4y = e^{-2x}$

Man berechne das allgemeine Integral der Differentialgleichungssysteme:

24. $\dot{x} = tx + y, \quad \dot{y} = x - ty$
25. $t\dot{x} = -x - y, \quad \dot{y} = x + y$.

31 Lineare Differentialgleichungen mit konstanten Koeffizienten

Von besonderer Bedeutung für eine Vielzahl von Anwendungen sind lineare Differentialgleichungen, deren Koeffizienten konstante Größen sind. Auf solche Gleichungen stößt man zumeist durch Idealisierungen in der mathematischen Modellbildung, indem Zusammenhänge zwischen physikalischen Größen in Form linearer Beziehungen angesetzt werden. Der Leser sei etwa daran erinnert, daß die Bewegung eines an eine Feder gebundenen Massenpunktes durch eine lineare Differentialgleichung mit konstanten Koeffizienten beschrieben wird, wenn man die Feder als ideal annimmt, das heißt, wenn man davon ausgeht, daß die Kraft der Feder proportional zur Änderung ihrer Länge ist; ferner sei auf die Berechnung von Ausgleichsvorgängen in elektrischen Netzwerken verwiesen, die unter der Annahme linearer Widerstände, also solcher, deren Kennlinie eine Gerade ist, auf die Lösung eines Systems von Differentialgleichungen erster Ordnung mit konstanter Koeffizientenmatrix führt. Solange die in Betracht zu ziehenden physikalischen Größen in Bereichen variieren, in denen lineare Ansätze realistisch sind, geben die Lösungen der betreffenden Gleichungen auch ein mehr oder minder getreues Ebenbild der realen physikalischen Verhältnisse.

Selbstverständlich gilt auch für lineare Differentialgleichungen mit konstanten Koeffizienten, was den Aufbau des allgemeinen Integrales anlangt, die im vorangegangenen Abschnitt entwickelte Theorie. Ungleich einfacher allerdings gestaltet sich das Aufsuchen der Lösungen, da die Integrale linearer homogener Differentialgleichungen mit konstanten Koeffizienten immer durch elementare Funktionen ausgedrückt werden können.

31.1 Der lineare Differentialoperator mit konstanten Koeffizienten

Sind die Koeffizienten eines linearen Differentialoperators L konstante Funktionen,

$$Ly = a_0 y^{(n)} + a_1 y^{(n-1)} + \ldots + a_{n-1} y' + a_n y, \quad a_0 \neq 0, \tag{31.1}$$

so heißt L ein *linearer Differentialoperator* n-*ter Ordnung mit konstanten Koeffizienten*; dementsprechend wird

$$Ly = a_0 y^{(n)} + a_1 y^{(n-1)} + \ldots + a_{n-1} y' + a_n y = s(x) \tag{31.2}$$

eine *lineare inhomogene* und

$$Ly = a_0 y^{(n)} + a_1 y^{(n-1)} + \ldots + a_{n-1} y' + a_n y = 0 \tag{31.3}$$

eine *lineare homogene Differentialgleichung* n-*ter Ordnung mit konstanten Koeffizienten* genannt.

Unser Augenmerk gilt natürlich der homogenen Gleichung (31.3); ist eine Integralbasis für sie gefunden, so können wir ja immer mit Hilfe eines Variationsansatzes (30.64) ein partikuläres Integral der inhomogenen Gleichung (31.2) konstruieren. Wir wollen uns zunächst den einfachsten Fall, die homogene Gleichung erster Ordnung,

$$y' + ay = 0, \tag{31.4}$$

in Erinnerung rufen: Sie wird durch die Exponentialfunktion $y(x) = e^{-ax}$ gelöst. Eine andere uns von einfachen Schwingungsproblemen her bekannte Gleichung ist die spezielle homogene Gleichung zweiter Ordnung

$$y'' + \omega^2 y = 0, \tag{31.5}$$

die durch die beiden (linear unabhängigen) Funktionen $y(x) = \cos\omega x$ und $y(x) = \sin\omega x$ gelöst wird. Da die Real- und Imaginärteilbildung mit der Differentiation vertauschbar ist, sind folglich auch die komplexwertigen Funktionen $y(x) = e^{j\omega x}$ und $\overline{y(x)} = e^{-j\omega x}$ Lösungen der Gleichung (31.5), was natürlich auch durch direktes Einsetzen bestätigt werden kann. Die beiden Gleichungen (31.4) und (31.5) haben also das gemeinsame Merkmal, daß jedesmal die Exponentialfunktion als Lösung auftritt; es ist deshalb naheliegend, sich zu fragen, ob nicht auch die allgemeine homogene Gleichung n-ter Ordnung durch Exponentialfunktionen gelöst wird. Wir machen im Hinblick darauf den Ansatz

$$y(x) = e^{\lambda x} \tag{31.6}$$

mit einer zunächst noch unbestimmten reellen oder komplexen Zahl λ. Die Anwendung des Differentialoperators L auf diese Funktion ergibt wegen $y^{(k)}(x) = \lambda^k e^{\lambda x}$

$$Ly(x) = (a_0\lambda^n + a_1\lambda^{n-1} + \ldots + a_{n-1}\lambda + a_n)e^{\lambda x} = p(\lambda)e^{\lambda x}; \tag{31.7}$$

darin ist

$$p(\lambda) = a_0\lambda^n + a_1\lambda^{n-1} + \ldots + a_{n-1}\lambda + a_n \tag{31.8}$$

ein Polynom n-ten Grades, welches das *charakteristische Polynom des Differentialoperators L* genannt wird. Es geht formal aus diesem hervor, wenn man die Ableitungen $y^{(k)}$ durch die entsprechenden Potenzen λ^k ersetzt. Damit nun (31.6) eine Lösung der homogenen Gleichung (31.3) ist, muß

$$Ly(x) = Le^{\lambda x} = p(\lambda)e^{\lambda x} = 0 \tag{31.9}$$

für alle Werte von x gelten, was offenbar genau dann der Fall ist, wenn die Zahl λ eine Lösung der sogenannten *charakteristischen Gleichung*

$$p(\lambda) = a_0\lambda^n + a_1\lambda^{n-1} + \ldots + a_{n-1}\lambda + a_n = 0 \tag{31.10}$$

ist: *Die Funktion* (31.6) *ist demnach ein Integral der homogenen Gleichung* (31.3), *wenn für λ eine Wurzel des charakteristischen Polynoms* (31.8) *genommen wird.*

Der einfachste Fall ist nun der, daß alle Lösungen der charakteristischen Gleichung (31.10) voneinander verschieden und reell sind. Unter solchen Umständen liefern die n verschiedenen Wurzeln λ_k des charakteristischen Polynoms (31.8) die n Integrale

$$y_1(x) = e^{\lambda_1 x}, \quad y_2(x) = e^{\lambda_2 x}, \quad \ldots, \quad y_n(x) = e^{\lambda_n x}, \tag{31.11}$$

die, weil sie auf Grund der Verschiedenheit der Zahlen λ_k linear unabhängig sind, eine Integralbasis für die Gleichung (31.3) bilden. Die lineare Unabhängigkeit der n Funktionen (31.11) erkennt man dabei folgendermaßen: Schreiben wir ihre Wronskische Determinante (30.13) an, so können wir aus jeder Spalte einen entsprechenden Faktor $e^{\lambda_k x}$ herausziehen und erhalten auf diese Weise unter Berücksichtigung von $\sum \lambda_k = -\frac{a_1}{a_0}$

$$W(x, y_1, y_2, \ldots, y_n) = e^{-\frac{a_1}{a_0}x} V,$$

worin V die sogenannte *Vandermondesche Determinante*

$$V = \begin{vmatrix} 1 & 1 & \ldots & 1 \\ \lambda_1 & \lambda_2 & \ldots & \lambda_n \\ \lambda_1^2 & \lambda_2^2 & \ldots & \lambda_n^2 \\ \ldots & \ldots & \ldots & \ldots \\ \lambda_1^{n-1} & \lambda_2^{n-1} & \ldots & \lambda_n^{n-1} \end{vmatrix}$$

ist. Sie läßt sich ohne Schwierigkeiten auf Dreiecksgestalt umformen, wobei sich der Wert

$$V = \prod_{1 \leqslant j < i \leqslant n} (\lambda_i - \lambda_j)$$

ergibt, der offensichtlich ungleich Null ist, wenn alle Zahlen λ_k voneinander verschieden sind.

Als nächstes wollen wir annehmen, daß $\lambda = \mu + j\nu$ eine komplexe Nullstelle der charakteristischen Gleichung (31.10) ist. Da wir für (31.3) reelle Koeffizienten voraussetzen, tritt dann auch die konjugiert komplexe Zahl $\bar{\lambda} = \mu - j\nu$ als Nullstelle der charakteristischen Gleichung auf, weshalb die beiden komplexwertigen (offensichtlich linear unabhängigen) Funktionen

$$\begin{aligned} y(x) &= e^{(\mu + j\nu)x} = e^{\mu x}(\cos\nu x + j \sin\nu x), \\ \overline{y(x)} &= e^{(\mu - j\nu)x} = e^{\mu x}(\cos\nu x - j \sin\nu x) \end{aligned} \tag{31.12}$$

Integrale der Gleichung (31.3) sind. Auf Grund der Vertauschbarkeit der Differentiation mit der Real- und Imaginärteilbildung ergibt sich daraus, daß die Funktionen

$$y_1(x) = e^{\mu x} \cos\nu x, \quad y_2(x) = e^{\mu x} \sin\nu x \tag{31.13}$$

linear unabhängige Integrale der Gleichung (31.3) sind. Wenn somit alle Wurzeln des charakteristischen Polynoms voneinander verschieden sind, insbesondere

$$\lambda_1 = \overline{\lambda_2} = \mu_1 + j\nu_1, \quad \lambda_3 = \overline{\lambda_4} = \mu_2 + j\nu_2, \quad \ldots, \quad \lambda_{2m-1} = \overline{\lambda_{2m}} = \mu_m + j\nu_m$$

die komplexen und

$$\lambda_{2m+1}, \quad \lambda_{2m+2}, \quad \ldots, \quad \lambda_n$$

die reellen Wurzeln sind, so erhalten wir mit den n Funktionen

$$\begin{array}{llll} e^{\mu_1 x} \cos\nu_1 x, & e^{\mu_2 x} \cos\nu_2 x, & \ldots, & e^{\mu_m x} \cos\nu_m x, \\ e^{\mu_1 x} \sin\nu_1 x, & e^{\mu_2 x} \sin\nu_2 x, & \ldots, & e^{\mu_m x} \sin\nu_m x, \\ e^{\lambda_{2m+1} x}, & e^{\lambda_{2m+2} x}, & \ldots, & e^{\lambda_n x} \end{array} \tag{31.14}$$

eine Integralbasis der Gleichung (31.3). Die lineare Unabhängigkeit der n Integrale (31.14) kann dabei nach dem Muster des zuvor betrachteten Falles durch Übergang ins Komplexe nachgewiesen werden.

Es bleibt schließlich noch der Fall zu untersuchen, daß einzelne Lösungen der charakteristischen Gleichung mehrfache Wurzeln des charakteristischen Polynoms sind. Wenn die Gleichung (31.10) $n' < n$ verschiedene Lösungen hat, so liefert der Ansatz (31.6) zunächst nur n' Integrale der Gleichung (31.3) und damit nicht die für eine Integralbasis erforderliche Anzahl. Wie wir diese n' Lösungen nun zu einer Integralbasis ergänzen können, zeigt folgende Überlegung. Es sei λ_0 eine k-fache Nullstelle des charakteristischen Polynoms, so daß

$$p(\lambda) = (\lambda - \lambda_0)^k q(\lambda), \quad q(\lambda_0) \neq 0,$$

(vgl. (4.61)) beziehungsweise

$$p(\lambda_0) = p'(\lambda_0) = \ldots = p^{(k-1)}(\lambda_0) = 0, \quad p^{(k)}(\lambda_0) \neq 0 \tag{31.15}$$

(vgl. (7.28)) gilt. Wir differenzieren die Gleichung (31.7) partiell nach λ, wobei wir auf Grund des Satzes von Schwarz den Differentialoperator L mit der partiellen Differentiation nach λ vertauschen dürfen; dies gibt

$$\frac{\partial}{\partial\lambda} L e^{\lambda x} = L \frac{\partial}{\partial\lambda} e^{\lambda x} = L(xe^{\lambda x}) = \frac{\partial}{\partial\lambda}\left(p(\lambda)e^{\lambda x}\right) = p'(\lambda)e^{\lambda x} + xp(\lambda)e^{\lambda x}$$
$$= e^{\lambda x}\left(p'(\lambda) + xp(\lambda)\right).$$

Setzen wir darin für $\lambda = \lambda_0$ ein, so folgt wegen (31.15), wenn $k > 1$ ist,

$$L\left(xe^{\lambda_0 x}\right) = 0.$$

Ist also λ_0 eine mindestens zweifache Nullstelle des charakteristischen Polynoms, so ist auch die Funktion $y(x) = xe^{\lambda_0 x}$ neben der Lösung $y(x) = e^{\lambda_0 x}$ ein Integral der Gleichung (31.3), wobei es offensichtlich ist, daß beide Funktionen linear unabhängig sind. Leiten wir die Gleichung (31.7) m-mal partiell nach λ ab, so erhalten wir

$$\frac{\partial^m}{\partial\lambda^m} L e^{\lambda x} = L \frac{\partial^m}{\partial\lambda^m} e^{\lambda x} = L(x^m e^{\lambda x}) = \frac{\partial^m}{\partial\lambda^m}\left(p(\lambda)e^{\lambda x}\right)$$
$$= e^{\lambda x} \sum_{l=0}^{m} \binom{m}{l} x^{m-l} p^{(l)}(\lambda), \quad m = 0, 1, \dots ;$$

setzen wir in dieser Gleichung für $\lambda = \lambda_0$, so folgt unter Berücksichtigung der Annahme (31.15)

$$L(x^m e^{\lambda_0 x}) = 0 \quad \text{für } m = 0, 1, \dots, k-1.$$

Wenn demnach λ_0 eine k-fache Nullstelle des charakteristischen Polynoms ist, so sind die k Funktionen

$$y_1(x) = e^{\lambda_0 x}, \quad y_2(x) = xe^{\lambda_0 x}, \quad \dots, \quad y_k(x) = x^{k-1}e^{\lambda_0 x} \tag{31.16}$$

Integrale der Gleichung (31.3); sie sind offenbar linear unabhängig, denn soll für ein beliebiges Polynom q(x) die Gleichung

$$q(x)\, e^{\lambda x} = 0$$

für alle x gelten, so müssen die Koeffizienten des Polynoms q(x) sämtlich gleich Null sein.

Ist λ_0 eine reelle k-fache Nullstelle des charakteristischen Polynoms, so liefern die k Funktionen (31.16) einen entsprechenden Beitrag zu einem Fundamentalsystem. Im Falle mehrfacher komplexer Wurzeln ist analog wie oben vorzugehen, indem man in Real- und Imaginärteile aufspaltet. Ist $\lambda_0 = \mu + j\nu$ eine k-fache Nullstelle der charakteristischen Gleichung, so ist auch $\overline{\lambda_0} = \mu - j\nu$ eine Nullstelle, und zwar mit derselben Vielfachheit k. Für die beiden je k-fach zu zählenden Wurzeln λ_0 und $\overline{\lambda_0}$ erhalten wir zunächst die komplexwertigen Integrale

$$\begin{aligned} y_m(x) &= x^m e^{(\mu+j\nu)x} = x^m e^{\mu x}(\cos\nu x + j\sin\nu x) \\ \overline{y_m(x)} &= x^m e^{(\mu-j\nu)x} = x^m e^{\mu x}(\cos\nu x - j\sin\nu x) \end{aligned}, \quad m = 0, 1, \dots, k-1,$$

und durch deren Real- und Imaginärteile die 2k reellwertigen Integrale

$$\begin{matrix} e^{\mu x}\cos\nu x, & xe^{\mu x}\cos\nu x, & \dots, & x^{k-1}e^{\mu x}\cos\nu x, \\ e^{\mu x}\sin\nu x, & xe^{\mu x}\sin\nu x, & \dots, & x^{k-1}e^{\mu x}\sin\nu x \end{matrix} \tag{31.17}$$

als Beitrag der beiden k-fachen Wurzeln λ_0 und $\overline{\lambda_0}$ zu einer Integralbasis.

Wir fassen diese Ergebnisse zusammen in

Satz 31.1 *Ist L ein linearer Differentialoperator* n-*ter Ordnung mit konstanten reellen Koeffizienten und hat das charakteristische Polynom die reellen Nullstellen* $\lambda_1, \lambda_2, \ldots, \lambda_s$ *mit den Vielfachheiten* $h_1, h_2, \ldots, h_s$ *und die komplexen Nullstellen* $\mu_1 + j\nu_1, \mu_1 - j\nu_1, \mu_2 + j\nu_2, \mu_2 - j\nu_2, \ldots, \mu_t + j\nu_t, \mu_t - j\nu_t$ *mit den Vielfachheiten* $k_1, k_2, \ldots, k_t$ $(h_1 + h_2 + \ldots + h_s + 2(k_1 + k_2 + \ldots + k_t) = n)$, *so bilden die* n *Funktionen*

$$\left\{\begin{array}{l} e^{\lambda_1 x}, xe^{\lambda_1 x}, x^2e^{\lambda_1 x}, \ldots, x^{h_1-1}e^{\lambda_1 x}, \\ e^{\lambda_2 x}, xe^{\lambda_2 x}, x^2e^{\lambda_2 x}, \ldots, x^{h_2-1}e^{\lambda_2 x}, \\ \vdots \\ e^{\lambda_s x}, xe^{\lambda_s x}, x^2e^{\lambda_s x}, \ldots, x^{h_s-1}e^{\lambda_s x}, \\ e^{\mu_1 x}\cos\nu_1 x, xe^{\mu_1 x}\cos\nu_1 x, \ldots, x^{k_1-1}e^{\mu_1 x}\cos\nu_1 x, \\ e^{\mu_1 x}\sin\nu_1 x, xe^{\mu_1 x}\sin\nu_1 x, \ldots, x^{k_1-1}e^{\mu_1 x}\sin\nu_1 x, \\ \vdots \\ e^{\mu_t x}\cos\nu_t x, xe^{\mu_t x}\cos\nu_t x, \ldots, x^{k_t-1}e^{\mu_t x}\cos\nu_t x, \\ e^{\mu_t x}\sin\nu_t x, xe^{\mu_t x}\sin\nu_t x, \ldots, x^{k_t-1}e^{\mu_t x}\sin\nu_t x \end{array}\right. \tag{31.18}$$

eine Integralbasis der homogenen Gleichung $Ly = 0$.

Beispiel 31.1: Das charakteristische Polynom der Gleichung (31.4) lautet

$$p(\lambda) = \lambda + a$$

und hat die Wurzel $\lambda = -a$; daher ist die Funktion

$$y(x) = e^{-ax}$$

eine Integralbasis. Für die Gleichung (31.5) ergibt sich die charakteristische Gleichung

$$p(\lambda) = \lambda^2 + \omega^2 = 0;$$

ihre Lösungen sind $\lambda_1 = j\omega$ und $\lambda_2 = \overline{\lambda_1} = -j\omega$. Also bilden die beiden Funktionen

$$y(x) = e^{j\omega x} = \cos\omega x + j\sin\omega x, \quad \overline{y(x)} = e^{-j\omega x} = \cos\omega x - j\sin\omega x$$

eine Integralbasis, ebenso die Real- und Imaginärteile

$$y_1(x) = \cos\omega x, \quad y_2(x) = \sin\omega x.$$

Beispiel 31.2: Sei

$$y'' - \omega^2 y = 0.$$

Die charakteristische Gleichung

$$p(\lambda) = \lambda^2 - \omega^2 = 0$$

hat die beiden reellen Lösungen $\lambda_1 = \omega$ und $\lambda_2 = -\omega$. Infolgedessen sind die beiden Funktionen

$$y_1(x) = e^{\omega x}, \quad y_2(x) = e^{-\omega x}$$

ein Fundamentalsystem.

Beispiel 31.3:

$$y'' - 3y' + 2y = 0.$$

Das charakteristische Polynom lautet

$$p(\lambda) = \lambda^2 - 3\lambda + 2,$$

die charakteristische Gleichung $p(\lambda) = 0$ hat die beiden einfachen Nullstellen $\lambda_1 = 1$ und $\lambda_2 = 2$. Demnach ist

$$y_1(x) = e^x, \quad y_2(x) = e^{2x}$$

eine Integralbasis und

$$y_h(x) = Ce^x + De^{2x}$$

das allgemeine Integral.

Beispiel 31.4: Sei

$$y''' - 4y'' + 5y' - 2y = 0.$$

Die charakteristische Gleichung

$$p(\lambda) = \lambda^3 - 4\lambda^2 + 5\lambda - 2 = 0$$

hat die zweifache Nullstelle $\lambda_1 = 1$ und die einfache Nullstelle $\lambda_2 = 2$. Der Anteil der Nullstelle $\lambda_1 = 1$ am Fundamentalsystem besteht also aus den beiden Funktionen

$$y_1(x) = e^x, \quad y_2(x) = xe^x,$$

der einfachen Nullstelle $\lambda_2 = 2$ entspricht das Integral

$$y_3(x) = e^{2x};$$

das allgemeine Integral lautet daher

$$y_h(x) = Ae^x + Bxe^x + Ce^{2x} = (A + Bx)e^x + Ce^{2x}.$$

Beispiel 31.5:

$$y''' + y'' + y' + y = 0.$$

Die charakteristische Gleichung

$$\lambda^3 + \lambda^2 + \lambda + 1 = 0$$

hat die drei verschiedenen Nullstellen $\lambda_1 = j$, $\lambda_2 = \overline{\lambda_1} = -j$ und $\lambda_3 = -1$. Die beiden konjugiert komplexen Lösungen $\lambda_1 = j$ und $\lambda_2 = -j$ liefern die komplexen Lösungen e^{jx} und e^{-jx}, deren Real- und Imaginärteile

$$y_1(x) = \cos x, \quad y_2(x) = \sin x$$

der Beitrag zu einer reellen Integralbasis sind. Der Anteil der reellen Nullstelle $\lambda_3 = -1$ ist die Funktion

$$y_3(x) = e^{-x}.$$

Das allgemeine Integral lautet daher

$$y_h(x) = A\cos x + B\sin x + Ce^{-x}.$$

Beispiel 31.6:

$$y^{(4)} + 8y''' + 42y'' + 104y' + 169y = 0.$$

Die Lösungen der charakteristischen Gleichung

$$\lambda^4 + 8\lambda^3 + 42\lambda^2 + 104\lambda + 169 = 0$$

sind $\lambda_1 = -2 + 3j$, $\lambda_2 = \overline{\lambda_1} = -2 - 3j$ mit der Vielfachheit $k_1 = 2$. Es ist daher

$$y_1(x) = e^{-2x}\cos 3x, \quad y_2(x) = e^{-2x}\sin 3x,$$
$$y_3(x) = xe^{-2x}\cos 3x, \quad y_4(x) = xe^{-2x}\sin 3x$$

eine Integralbasis und

$$y_h(x) = (Ax + B)e^{-2x} \cos 3x + (Cx + D)e^{-2x} \sin 3x$$

das allgemeine Integral.

Beispiel 31.7:

$$y^{(8)} - 3y^{(7)} - 5y^{(6)} + 25y^{(5)} + 5y^{(4)} - 69y''' - 3y'' + 95y' + 50y = 0.$$

Die charakteristische Gleichung

$$\lambda^8 - 3\lambda^7 - 5\lambda^6 + 25\lambda^5 + 5\lambda^4 - 69\lambda^3 - 3\lambda^2 + 95\lambda + 50 = 0$$

hat die einfache Nullstelle $\lambda_1 = -2$, die dreifache Nullstelle $\lambda_2 = -1$ und die beiden komplexen Nullstellen $\lambda_3 = 2 + j$, $\lambda_4 = \overline{\lambda_3} = 2 - j$, jeweils mit der Vielfachheit 2. Zur Nullstelle $\lambda_1 = -2$ gehört das Integral

$$y_1(x) = e^{-2x},$$

zur dreifachen Nullstelle $\lambda_2 = -1$ gehören die drei Lösungen

$$y_2(x) = e^{-x}, \quad y_3(x) = xe^{-x}, \quad y_4(x) = x^2e^{-x},$$

zu den beiden komplexen Nullstellen $\lambda_3 = 2 + j$, $\lambda_4 = 2 - j$ die vier Integrale

$$y_5(x) = e^{2x} \cos x, \quad y_6(x) = xe^{2x} \cos x,$$

$$y_7(x) = e^{2x} \sin x, \quad y_8(x) = xe^{2x} \sin x.$$

Das allgemeine Integral lautet

$$y_h(x) = C_1e^{-2x} + (C_2 + C_3x + C_4x^2)e^{-x} + ((C_5 + C_6x) \cos x + (C_7 + C_8x) \sin x)e^{2x}.$$

31.2 Die Gleichung zweiter Ordnung

Das Verhalten eines realen durch gewisse Systemgrößen x_k bestimmten physikalischen Systems, dessen zeitlicher Ablauf Gegenstand der Betrachtung ist, beschreibt man durch Zustandsfunktionen $x_k(t)$ für die einzelnen Systemgrößen x_k. Die erste mathematische Formulierung, für die man im allgemeinen zu gewissen Idealisierungen mehr oder minder gezwungen ist, führt vielfach auf ein System linearer Differentialgleichungen erster Ordnung mit konstanter Koeffizientenmatrix für die unbekannten Zustandsfunktionen $x_k(t)$. Eliminiert man aus diesem System alle Unbekannten bis auf eine letzte, so genügt diese einer Differentialgleichung, deren Ordnung höchstens gleich der Anzahl der Systemgrößen x_k ist. Der einfachste Fall ist der, daß der Zustand eines Systems nur durch eine einzige Größe bestimmt ist; dann wird der zeitliche Ablauf durch eine Differentialgleichung erster Ordnung beschrieben. Ist diese homogen, so kann sich die betreffende Größe nur exponentiell ändern oder sie bleibt konstant. Besonders wichtig sind Systeme, für die zwei Größen in Betracht zu ziehen sind; jede der Zustandsfunktionen genügt dann einer Differentialgleichung zweiter Ordnung, wenn nicht in einer der beiden Systemgleichungen nur eine Unbekannte auftritt. Wir wollen uns im folgenden mit den Lösungsverhältnissen der linearen homogenen Differentialgleichung zweiter Ordnung befassen, wobei wir an unsere physikalischen Betrachtungen von Abschnitt 13 anschließen.

Die Bewegung eines Massenpunktes auf einer Geraden (die Systemgrößen sind der Ort x und der Impuls $p = mv$, $v = \dot{x}$) wird nach dem Grundgesetz der Dynamik durch die Gleichung

$$m\ddot{x} = k \tag{31.19}$$

beschrieben, worin k die Summe der auf den Massenpunkt m einwirkenden Kräfte ist. In Abschnitt 13 haben wir die Bewegung unter der Voraussetzung studiert, daß die Unterlage vollkommen (ideal) glatt ist und einzig die Rückstellkraft der als masselos angenommenen Feder angreift. Dabei gingen wir von der idealisierenden Annahme aus, daß die elastische Kraft k_f der Feder proportional ihrer Dehnung ist,

$$k_f = -cx, \quad c > 0,$$

was für kleine Längenänderungen den experimentellen Erfahrungen recht gut entspricht. Unter diesen Umständen ist die Bewegung eine harmonische Schwingung

$$x(t) = A\cos(\omega t + \varphi), \quad \omega = \sqrt{\frac{c}{m}},$$

um die Ruhelage $x = 0$, deren Frequenz *allein* durch die Masse m und die Federkonstante c bestimmt ist, während die Amplitude A und die Phasenlage φ nur von der *Anfangsauslenkung* $x(0)$ und der erteilten *Anfangsgeschwindigkeit* $v(0) = \dot{x}(0)$ abhängen. Bleibt also das System sich selbst überlassen, so schwingt es ungestört weiter, man spricht von einer *freien ungedämpften Schwingung.*

Eine freie ungedämpfte Schwingung entspricht jedoch nicht der physikalischen Realität, vielmehr kommt die Bewegung des Massenpunktes nach einer gewissen Zeit zum Stillstand. Daß dies in der obigen Lösung nicht zum Ausdruck kommt, hat seinen Grund darin, daß wir die auch bei noch so glatter Unterlage in Form von Reibung immer vorhandenen Dämpfungskräfte vernachlässigt haben. Für eine kurze Zeitspanne nach Beginn der Bewegung kann diese Vereinfachung bei entsprechend glatter Unterlage eine zulässige Idealisierung sein, für eine Darstellung über einen längeren Zeitraum müssen wir jedoch die Reibungskräfte berücksichtigen. Über deren Natur, die im allgemeinen mathematisch sehr schwierig zu erfassen ist, kann natürlich nur das Experiment Auskunft geben; für kleine Geschwindigkeiten zeigt sich, daß das *lineare Dämpfungsgesetz*, demzufolge die Reibungskraft k_r proportional der Geschwindigkeit ist,

$$k_r = -\rho v = -\rho\dot{x}, \quad \rho > 0,$$

in befriedigender Weise mit experimentellen Ergebnissen übereinstimmt.

Wenn wir also von diesen Idealisierungen über die Reibungskraft und die Rückstellkraft der Feder ausgehen, ist

$$k = k_r + k_f = -\rho\dot{x} - cx$$

die resultierende Kraft, die im Massenpunkt angreift; setzen wir in (31.19) ein, so erhalten wir die *homogene* Differentialgleichung

$$m\ddot{x} + \rho\dot{x} + cx = 0, \tag{31.20}$$

wobei zur vollständigen Bestimmung der Bewegung noch die Anfangsauslenkung $x(0)$ und die Anfangsgeschwindigkeit $v(0) = \dot{x}(0)$ zu berücksichtigen ist.

Wirkt von außen noch eine Erregerkraft $s(t)$ ein, so ist die Summe der im Massenpunkt angreifenden Kräfte

$$k = -\rho\dot{x} - cx + s(t)$$

und die Bewegungsgleichung ist jetzt eine *inhomogene* Differentialgleichung

$$m\ddot{x} + \rho\dot{x} + cx = s(t), \tag{31.21}$$

die natürlich wieder mit entsprechenden Anfangsbedingungen zu lösen ist.

Der Bewegung eines Massenpunktes auf einer Geraden unter Berücksichtigung einer Dämpfungskraft und einer Rückstellkraft entspricht in der Elektrotechnik der Serienschwingkreis. Wird eine Spannung u(t) eingeprägt, so fließt ein Strom, der durch die Gleichung

$$L\frac{di}{dt} + Ri + \frac{1}{C}\int_0^t i(\tau)d\tau + \frac{Q}{C} = u(t), \quad i(0) = 0, \tag{31.22}$$

worin Q die Ladung des Kondensators zum Zeitpunkt t = 0 ist, gegeben ist. Führen wir statt des Stromes i(t) die Ladung q(t) am Kondensator ein, so ergibt sich für deren zeitlichen Verlauf die inhomogene Differentialgleichung

$$L\ddot{q} + R\dot{q} + \frac{1}{C}q = u(t), \quad q(0) = Q, \ \dot{q}(0) = i(0) = 0. \tag{31.23}$$

Ebenso führt die Differentiation der Gleichung (31.22) auf eine Differentialgleichung zweiter Ordnung,

$$Li'' + Ri' + \frac{1}{C}i = u'(t), \quad i(0) = 0, \ i'(0) = \frac{u(0)}{L} - \frac{Q}{LC}, \tag{31.24}$$

wobei die Bedingung für i'(0) direkt aus der Gleichung (31.22) durch Einsetzen für t = 0 zu entnehmen ist. Wird keine Spannung eingeprägt, so ist in den obigen Gleichungen u(t) = 0 zu setzen; die Bestimmung des Stromverlaufs führt in diesem Fall auf eine homogene Gleichung, wobei die den entsprechenden Anfangsbedingungen genügende Lösung nur dann ungleich der Nullösung ist, wenn der Kondensator anfänglich geladen war. Physikalisch gesehen beschreibt dieser Strom, der, bedingt durch den ohmschen Widerstand, mit der Zeit wieder abklingt, die Entladung des Kondensators. Der Leser kann sich, das mechanische Modell des Massenpunktes vor Augen haltend, ein Bild über den zeitlichen Verlauf der Ladung am Kondensator und damit über den Strom machen: Dem induktiven Widerstand entspricht die Massenträgheit, dem kapazitiven Widerstand die Rückstellkraft der Feder und der Dämpfungskraft der ohmsche Widerstand, der auch für das Abklingen des Stromes verantwortlich ist; ohne ihn würde ja ein harmonischer Strom fließen.

Um einen genaueren Einblick in die Verhältnisse bei Fehlen äußerer Kräfte beziehungsweise eingeprägter Spannungen zu gewinnen, wollen wir nun die Lösungen einer homogenen Differentialgleichung zweiter Ordnung

$$\ddot{x} + 2\delta\dot{x} + \omega_0^2 x = 0 \tag{31.25}$$

untersuchen. Darin repräsentiert $\delta > 0$ die Dämpfung, ω_0 ist die Frequenz, mit der das System bei fehlender Dämpfung von selbst schwingen kann. Die charakteristische Gleichung für (31.25) lautet

$$p(\lambda) = \lambda^2 + 2\delta\lambda + \omega_0^2 = 0, \tag{31.26}$$

ihre Lösungen sind

$$\lambda_1 = -\delta + \sqrt{\delta^2 - \omega_0^2}, \quad \lambda_2 = -\delta - \sqrt{\delta^2 - \omega_0^2}.$$

Je nachdem, ob der Ausdruck $\delta^2 - \omega_0^2$ negativ, positiv oder gleich Null ist, haben nun auch die Lösungen der Gleichung (31.25) charakteristische Formen.

Gedämpfte Schwingungen. Ist

$$\delta < \omega_0, \tag{31.27}$$

so hat die Gleichung (31.26) zwei konjugiert komplexe Nullstellen

$$\lambda_1 = -\delta + j\omega, \quad \lambda_2 = \bar{\lambda}_1 = -\delta - j\omega, \quad \omega = \sqrt{\omega_0^2 - \delta^2}.$$

Das allgemeine Integral der Gleichung (31.25) hat infolgedessen die Gestalt

$$x(t) = e^{-\delta t}(a \cos\omega t + b \sin\omega t) = Ae^{-\delta t} \cos(\omega t + \varphi); \tag{31.28}$$

darin sind a und b beziehungsweise A und φ die Integrationskonstanten, die aus den Anfangsbedingungen zu bestimmen sind,

$$x(0) = x_0 = A \cos\varphi, \quad \dot{x}(0) = \dot{x}_0 = -A\delta \cos\varphi - A\omega \sin\varphi.$$

Die Funktionen (31.28) beschreiben einen *gedämpften* Vorgang, und zwar eine *gedämpfte Schwingung* mit *exponentiellem Dämpfungsgesetz* (Bild 31.1). Der Zeitabstand zwischen zwei aufeinanderfolgenden Nulldurchgängen ist konstant gleich $T = \frac{2\pi}{\omega}$ und wird *bedingte Periode* genannt. Die Zahl $\omega = \sqrt{\omega_0^2 - \delta^2}$ heißt *bedingte Kreisfrequenz*; sie ist von der Dämpfung abhängig und stets kleiner als die Kreisfrequenz ω_0, mit der das System bei fehlender Dämpfung ($\delta = 0$) schwingen würde.

Durch eine einfache Rechnung bestätigt man, daß das Verhältnis zweier aufeinanderfolgender Maxima (beziehungsweise Minima) stets denselben Wert $e^{\delta T}$ hat; den Logarithmus dieser Größe,

$$d = \delta T = \frac{2\pi\delta}{\omega},$$

nennt man das *logarithmische Dekrement*. Es ist ebenso wie die Zahl δ ein Maß für die Dämpfung, doch im Gegensatz zu δ unabhängig von der Maßeinheit für die Zeit. Der Kehrwert $\frac{1}{d}$ des logarithmischen Dekrements gibt die Anzahl der bedingten Perioden an, nach denen die Amplitude auf den $\frac{1}{e}$-ten Teil abgeklungen ist.

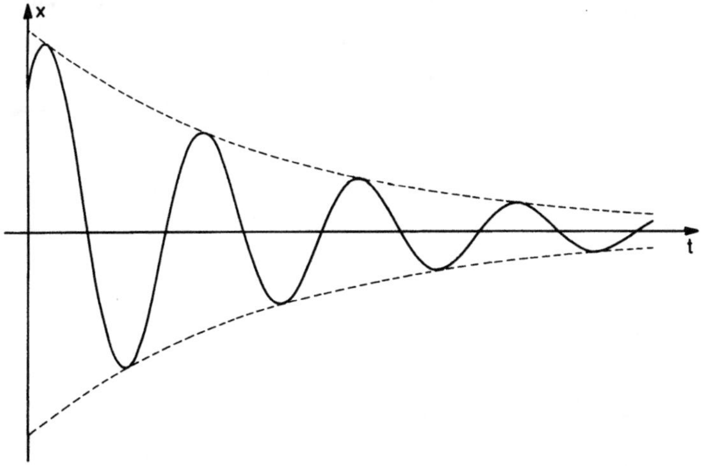

Bild 31.1

Aperiodische Vorgänge. Gilt

$$\delta > \omega_0, \tag{31.29}$$

so sind die beiden Lösungen der charakteristischen Gleichung (31.26) reell und wegen $\delta > \sqrt{\delta^2 - \omega_0^2}$ negativ. Das allgemeine Integral der Gleichung (31.25),

$$x(t) = Ce^{-(\delta+\nu)t} + De^{-(\delta-\nu)t}, \quad \nu = \sqrt{\delta^2 - \omega_0^2}, \tag{31.30}$$

beschreibt daher einen *aperiodischen mit der Zeit exponentiell abklingenden Vorgang.* Abhängig von den Anfangsbedingungen sind dabei verschiedene Bewegungsformen möglich, die in Bild 31.2 dargestellt sind. Ist $x_0 > 0$, so ist ein Nulldurchgang nur dann möglich, wenn für $v_0 = \dot{x}_0$ die Bedingung

$$v_0 < \hat{v} = -x_0(\delta + \nu)$$

erfüllt ist; der Nulldurchgang findet dann zum Zeitpunkt

$$t_1 = \frac{1}{2\nu} \ln \frac{v_0 + x_0(\delta - \nu)}{v_0 + x_0(\delta + \nu)}$$

statt. Ist $v_0 > 0$, so strebt die Größe x zunächst einem maximalen Wert zu, den sie zum Zeitpunkt

$$t_2 = \frac{1}{2\nu} \ln \left(\frac{v_0 + x_0(\delta - \nu)}{v_0 + x_0(\delta + \nu)} \frac{\delta + \nu}{\delta - \nu} \right)$$

erreicht; ab diesem klingt der Vorgang streng monoton ab. Für $\hat{v} \leqslant v_0 \leqslant 0$ findet von anbeginn an eine asymptotische Annäherung an den Wert $x = 0$ statt, ist $v_0 < \hat{v}$, so hat der Verlauf zunächst die der Anfangsauslenkung entgegengesetzte negative Richtung bis zur Erreichung des Umkehrpunktes zum Zeitpunkt t_2.

Analoge Bilder erhält man im Falle $x_0 < 0$; ist $x_0 = 0$, so erreicht die Größe x bei jedem Wert von $v_0 \neq 0$ ein Maximum, um ab diesem streng monoton gegen den Wert $x = 0$ zu streben.

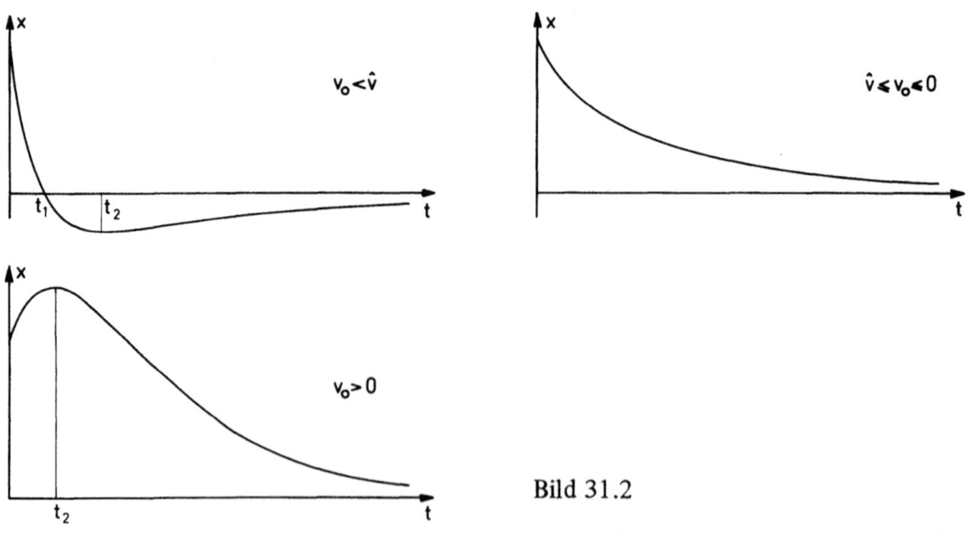

Bild 31.2

Der aperiodische Grenzfall. Im Falle

$$\delta = \omega_0 \tag{31.31}$$

hat die charakteristische Gleichung (31.26) die Doppellösung $\lambda_1 = -\delta$, das allgemeine Integral der Gleichung (31.25) lautet

$$x(t) = e^{-\delta t}(C + Dt). \tag{31.32}$$

Auch diese Funktionen beschreiben *aperiodisch abklingende* Vorgänge. Man spricht vom *aperiodischen Grenzfall*, da die Gleichung (31.31) die formale Grenze zwischen schwingenden und aperiodischen Vorgängen darstellt.

Ob es sich um schwingende oder aperiodische Vorgänge handelt, in allen Fällen gilt für die Lösungen der Gleichung (31.25)

$$\lim_{t \to \infty} x(t) = 0 \tag{31.33}$$

unabhängig von den Anfangsbedingungen. Mathematisch ergibt sich dieser Grenzwert aus der Forderung $\delta > 0$, physikalisch bedeutet er, daß das System, bedingt durch die Dämpfung, in den Ruhezustand $x = 0$ (die Lösung zu den Anfangsbedingungen $x_0 = v_0 = 0$) zurückkehrt, nachdem es durch eine Anfangsauslenkung oder durch eine Anfangsgeschwindigkeit erregt wurde. Daß dieser Ruhezustand erst nach unendlich langer Zeit erreicht wird, hängt eng mit den vorgenommenen Idealisierungen zusammen, die schließlich zur Gleichung (31.25) geführt haben, insbesondere mit dem Dämpfungsgesetz; die exponentielle Abnahme der Größe x stellt jedoch eine hervorragende technische Näherung dar. Auch die möglichen Bewegungsformen, schwingende und aperiodische Vorgänge, werden durch die Gleichung (31.25) sehr gut wiedergegeben. Ein Massenpunkt beginnt um die Ruhelage $x = 0$ mit gedämpfter Amplitude zu schwingen, wenn $\rho < 2\sqrt{mc}$ ist, also bei geringer Dämpfung oder hinreichend großer Masse beziehungsweise bei einer starken Feder. Gilt hingegen $\rho > 2\sqrt{mc}$, zum Beispiel bei starker Dämpfung oder bei kleiner Masse beziehungsweise einer schwachen Feder, so verläuft die Bewegung aperiodisch. Ähnlich verhält es sich mit der Entladung eines Kondensators über einen ohmschen und induktiven Widerstand (Serienschwingkreis): Gilt $R < 2\sqrt{\frac{L}{C}}$, so hat der Entladestrom die Form einer gedämpften Schwingung, ist hingegen $R > 2\sqrt{\frac{L}{C}}$, so entlädt sich der Kondensator nach einem Exponentialgesetz.

Der mathematisch zu unterscheidende aperiodische Grenzfall hat keine physikalische Bedeutung, da eine derart strenge Abgrenzung zwischen schwingenden und aperiodischen Vorgängen angesichts des durch die mehr oder minder notwendigen Idealisierungen eingeschränkten Gültigkeitsbereichs der Gleichung (31.25) nicht sinnvoll ist. Dennoch ist er aus technischer Sicht interessant, da die Schnelligkeit, mit der das System aperiodisch in den Ruhezustand zurückkehrt, im aperiodischen Grenzfall am größten ist. Diese Eigenschaft ist beispielsweise bei Meßinstrumenten erwünscht.

31.3 Die inhomogene Gleichung. Der eingeschwungene Zustand

Die allgemeine Lösung einer inhomogenen linearen Differentialgleichung erfordert die Kenntnis einer Integralbasis der zuzuordnenden homogenen Gleichung, um mit Hilfe des Variationsansatzes (30.64) ein partikuläres Integral der inhomogenen Gleichung konstruieren zu können. Jedoch in vielen gerade in Physik und Technik wichtigen Fällen läßt sich ein partikuläres Integral für gewisse Störfunktionen meist schneller gewinnen, ohne daß vorher die homogene Gleichung gelöst werden muß. Es handelt sich dabei um einen speziellen Ansatz, der eine wichtige physikalische Deutung zuläßt und keineswegs bloß ein mathematischer Trick ist. Wir betrachten zum Zwecke der Anschaulichkeit zunächst ein einfaches Beispiel.

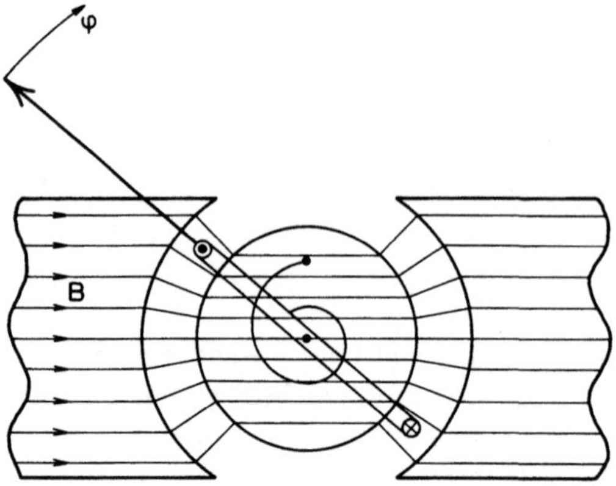

Bild 31.3

Eine rechteckförmige Leiterschleife sei um einen Zylinder aus magnetisierbarem Material drehbar gelagert; über diesen Zylinder werde ein magnetischer Kreis über die Polschuhe eines permanenten Magneten, wie in Bild 31.3 angedeutet, geschlossen. Durch diese Geometrie wird erreicht, daß das Magnetfeld **B** im Raum zwischen Zylinder und Polschuh in guter Näherung als zylindersymmetrisch angesehen werden kann, wenigstens in einem gewissen Winkelraum, auf den die Bewegung der Leiterschleife eingeschränkt sei. Die Radialkomponente des Magnetfeldes hat daher an den Orten, die die zur Drehachse parallelen Teile der Leiterschleife im Raum zwischen Zylinder und Polschuh überstreichen, den konstanten Wert $B = |\mathbf{B}|$. Die Leiterschleife sei ferner durch eine Spiralfeder in einer Ruhelage fixiert, gemessen werde die Lage der Leiterschleife durch den Winkel φ zu einer festen Richtung, wobei $\varphi = 0$ der Ruhelage entsprechen möge. Diese Anordnung ist das Modell für Drehspulinstrumente zur Messung von Gleichströmen. Fließt durch die Leiterschleife ein Gleichstrom I, so wirkt infolge des Magnetfeldes auf die Leiterschleife eine Kraft **K**, die senkrecht zur Richtung des Stromflusses und dem Feldvektor **B** (im Sinne der Rechtsschraubung) ist. Wegen des geringen Magnetfeldes im Außenraum können dabei die Kraftwirkungen auf alle Teile der stromdurchflossenen Leiterschleife, die nicht in den Raum zwischen den Polschuhen und dem Zylinder eintauchen, vernachlässigt werden; bezeichnet l die Breite der Polschuhe, so ist der Betrag der auf die Ebene der Leiterschleife senkrecht stehenden resultierenden Kraft

$$|\mathbf{K}| = K = BIl,$$

das Moment bezüglich der Drehachse

$$|\mathbf{M}| = M = BIld,$$

worin d der Normalabstand zur Drehachse ist. Die Gleichung für die Bewegung der Leiterschleife erhalten wir nun über den Momentensatz, demzufolge das Moment der Massenbeschleunigung gleich dem resultierenden Moment der äußeren Kräfte ist. Bezeichnet θ das

Trägheitsmoment der Leiterschleife, so ist $\theta\ddot{\varphi}$ das Moment der Massenbeschleunigung; das resultierende Moment der äußeren Kräfte setzt sich zusammen aus dem Moment $-\mu\dot{\varphi}$ der Dämpfungskräfte, dem Rückstellmoment $-c\varphi$ der Spiralfeder und dem Moment M der durch das Magnetfeld auf die stromdurchflossene Leiterschleife wirkenden Kräfte. Wir erhalten somit die lineare inhomogene Differentialgleichung

$$\theta\ddot{\varphi} + \mu\dot{\varphi} + c\varphi = BIld, \tag{31.34}$$

zu der die Anfangsbedingungen

$$\varphi(0) = 0, \quad \dot{\varphi}(0) = 0 \tag{31.35}$$

hinzukommen.

Aus der Konstanz der Störfunktion $s(t) = BIld$ ergibt sich unmittelbar, daß die *konstante* Funktion

$$\varphi_p(t) = \frac{BIld}{c} \tag{31.36}$$

ein partikuläres Integral der inhomogenen Gleichung (31.34) ist. Welche Bedeutung einem konstanten Integral einer (an sich beliebigen) Differentialgleichung, durch die ein zeitlicher Vorgang beschrieben wird, beizumessen ist, erkennt man am besten daran, wenn man sich die Anfangsbedingungen zunächst so gewählt denkt, daß sie durch dieses konstante Integral erfüllt werden. Unter diesen Umständen stellt nämlich jenes konstante Integral die Lösung der Anfangswertaufgabe dar und beschreibt somit das zeitliche Verhalten des Systems; *insbesondere bedeutet die Konstanz der Lösung, daß das System in Ruhe bleibt*. Ein konstantes Integral beschreibt also eine *Gleichgewichtslage*, in der das System verharren würde, wäre eine entsprechende Anfangssituation gegeben. Würde in unserem Beispiel die Leiterschleife aus der Lage $\varphi(0) = \frac{BIld}{c}$ bei Einprägen des Gleichstroms I sich selbst überlassen werden, so ist die Funktion (31.36) bereits die Lösung der Anfangswertaufgabe; die Leiterschleife bewegt sich nicht. Diese Ruhelage läßt sich natürlich auch aus den Gleichgewichtsbedingungen errechnen, die besagen, daß im Ruhezustand die Summe der Kräfte und die Summe der Momente gleich Null ist. Für die Kräfte trifft dies bereits zu, die Momentengleichung lautet

$$c\varphi = BIld;$$

sie ist identisch mit der Bedingung für konstante Lösungen der inhomogenen Differentialgleichung (31.34).

Wird jedoch die Leiterschleife vor Einprägen des Stromes I nicht von vornherein in die Gleichgewichtslage gebracht, so findet eine Drehbewegung statt, die durch die Lösung der Anfangswertaufgabe beschrieben wird. Wenn wir einen aperiodischen Fall mit $\nu^2 = \mu^2 - 4\theta c > 0$ annehmen, so ist

$$\varphi(t) = Ce^{-\frac{\mu+\nu}{2\theta}t} + De^{-\frac{\mu-\nu}{2\theta}t} + \frac{BIld}{c} \tag{31.37}$$

das allgemeine Integral der Gleichung (31.34). Berücksichtigen wir die Anfangsbedingungen (31.35), so ergibt sich die in Bild 31.4 dargestellte Lösung

$$\varphi(t) = \frac{BIld}{c}\left[1 + \frac{\mu-\nu}{2\nu}e^{-\frac{\mu+\nu}{2\theta}t} - \frac{\mu+\nu}{2\nu}e^{-\frac{\mu-\nu}{2\theta}t}\right], \tag{31.38}$$

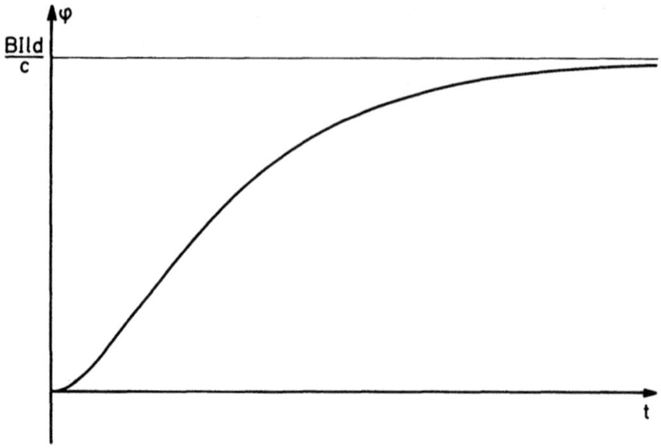

Bild 31.4

die die Bewegung der Leiterschleife von t = 0 an beschreibt. Wir sehen, daß sich die Leiterschleife *asymptotisch* der Gleichgewichtslage nähert, denn es gilt

$$\lim_{t \to \infty} \varphi(t) = \frac{BIld}{c}. \tag{31.39}$$

Dieser Sachverhalt ist jedoch kein Zufall. Da jede Lösung der homogenen Gleichung für $t \to \infty$ gegen Null strebt, wie der Grenzwert (31.33) zum Ausdruck bringt, stellt sich der Grenzwert (31.39) für *jede* Lösung der inhomogenen Gleichung (31.34) ein. Physikalisch bedeutet dies, daß die Leiterschleife asymptotisch der durch den Grenzwert (31.39) charakterisierten Gleichgewichtslage zustrebt, unabhängig davon, welche Anfangsauslenkung $\varphi(0)$ und welche Anfangsgeschwindigkeit $\dot{\varphi}(0)$ erteilt wird, abgesehen natürlich von dem Fall, daß die Leiterschleife durch die Anfangsauslenkung $\varphi(0) = \frac{BIld}{c}$ und die Anfangsgeschwindigkeit $\dot{\varphi}(0) = 0$ von vornherein in die Gleichgewichtslage gebracht worden ist.

Wir wollen das Charakteristische an diesem Beispiel zusammenfassen. Wird kein Strom eingeprägt, so bleibt die Leiterschleife in der Ruhelage $\varphi(t) = 0$, oder sie kehrt, wenn sie darin durch eine Anfangsauslenkung oder durch Erteilen einer Anfangsgeschwindigkeit gestört wird, in diese zurück. Dieser Fall wird durch die homogene Gleichung (I = 0) beschrieben. Wird aber ein Strom I eingeprägt, so ist $\varphi = 0$ keine Ruhelage mehr, da in diesem Fall die Momentensumme nicht verschwindet. Die einzig mögliche Ruhelage ist nun $\varphi = \frac{BIld}{c}$, und dieser Gleichgewichtslage strebt die Leiterschleife unabhängig von der Ausgangssituation zu. Dieser Fall wird durch die inhomogene Gleichung beschrieben.

Eine Gleichgewichtslage ist natürlich nur bei konstanter Störfunktion möglich. Wir wollen jetzt untersuchen, wie sich ein lineares System verhält, wenn es durch eine harmonische Erregung aus seiner Gleichgewichtslage gebracht wird. Als Beispiel bedienen wir uns jetzt des Serienschwingkreises, an den wir uns eine harmonische Wechselspannung $u(t) = \hat{U}\cos(\omega t + \varphi)$ angelegt denken; die Gleichung hierfür lautet

$$Li'' + Ri' + \frac{1}{C}i = u'(t) = -\hat{U}\omega\sin(\omega t + \varphi), \tag{31.40}$$

die Anfangsbedingungen sind

$$i(0) = 0, \quad i'(0) = \frac{\hat{U}}{L}\cos\varphi - \frac{Q}{LC}, \tag{31.41}$$

worin Q die Ladung des Kondensators zum Zeitpunkt des Anlegens der Spannung ist. Im Hinblick auf die Existenz harmonischer Ströme machen wir den Ansatz

$$i_p(t) = \hat{I}\cos(\omega t + \psi).$$

Die Rechnung vereinfacht sich, wenn wir für u(t) die Darstellung $u(t) = \mathrm{Re}(\underline{\hat{U}} e^{j\omega t})$ mit dem Spannungszeiger $\underline{\hat{U}} = \hat{U}e^{j\varphi}$ einführen; dementsprechend haben wir für den Strom

$$i_p(t) = \mathrm{Re}(\underline{\hat{I}} e^{j\omega t}), \quad \underline{\hat{I}} = \hat{I}e^{j\psi}, \tag{31.42}$$

anzusetzen. Gehen wir mit diesem Ansatz in (31.40), so folgt auf Grund der Vertauschbarkeit der Differentiation mit der Real- und Imaginärteilbildung

$$L\,\mathrm{Re}\left(\underline{\hat{I}}(j\omega)^2 e^{j\omega t}\right) + R\,\mathrm{Re}\left(\underline{\hat{I}} j\omega e^{j\omega t}\right) + \frac{1}{C}\mathrm{Re}\left(\underline{\hat{I}} e^{j\omega t}\right) = \mathrm{Re}\left(\underline{\hat{U}} j\omega e^{j\omega t}\right)$$

und weiter, da die Real- und Imaginärteilbildung mit der Addition vertauschbar ist,

$$\mathrm{Re}\left\{\left[\underline{\hat{I}}\left((j\omega)^2 L + j\omega R + \frac{1}{C}\right) - j\omega\underline{\hat{U}}\right] e^{j\omega t}\right\} = 0.$$

Da diese Gleichung für alle $t > 0$ gelten soll, muß der Ausdruck in der eckigen Klammer verschwinden. Wir erhalten somit

$$\underline{\hat{I}} = \underline{\hat{U}} \frac{1}{R + j\omega L + \dfrac{1}{j\omega C}} = \underline{\hat{U}}\,\underline{Y}(\omega), \tag{31.43}$$

worin $\underline{Y}(\omega)$ der komplexe Leitwert des Serienschwingkreises ist. Es sind also harmonische Ströme möglich, wenn eine bestimmte Situation zum Einschaltzeitpunkt gegeben ist, nämlich wenn das partikuläre Integral (31.42) mit (31.43) die Anfangsbedingungen (31.41) erfüllt,

$$i(0) = \mathrm{Re}(\underline{\hat{I}}) = \mathrm{Re}\left(\underline{\hat{U}}\,\underline{Y}(\omega)\right) = 0, \quad i'(0) = \mathrm{Re}(j\omega\underline{\hat{I}}) = \mathrm{Re}\left(j\omega\underline{\hat{U}}\,\underline{Y}(\omega)\right) = \frac{\hat{U}}{L}\cos\varphi - \frac{Q}{LC}.$$

Trifft dies nicht zu, so ist für den Verlauf des Stromes die Anfangswertaufgabe zu lösen. Wenn wir jetzt einen periodischen Fall bei der Lösung der homogenen Gleichung mit $\tilde{\omega}^2 = \frac{1}{LC} - \left(\frac{R}{2L}\right)^2 > 0$ annehmen, so lautet das allgemeine Integral der Gleichung (31.40)

$$i(t) = Ae^{-\delta t}\cos(\tilde{\omega} t + \chi) + \mathrm{Re}\left(\underline{\hat{U}}\,\underline{Y}(\omega) e^{j\omega t}\right), \quad \delta = \frac{R}{2L}; \tag{31.44}$$

die Amplitude A und der Winkel χ ergeben sich aus den Anfangsbedingungen (31.41) und sind Lösungen der beiden Gleichungen

$$A\cos\chi = -\hat{I}\cos\psi, \quad A\sin\chi = \hat{I}\left(\frac{\delta}{\tilde{\omega}}\cos\psi - \frac{\omega}{\tilde{\omega}}\sin\psi\right) + \frac{Q}{\tilde{\omega} CL} - \frac{\hat{U}}{\tilde{\omega} L}\cos\varphi. \tag{31.45}$$

In Bild 31.5 ist ein typischer Stromverlauf (für $Q = 0$ und $\varphi = \frac{\pi}{2}$) skizziert; die punktierte Linie beschreibt das partikuläre Integral (31.42); die ausgezogene Linie stellt den tatsächlichen Stromverlauf dar, wobei in Bild 31.5a ein periodischer Vorgang ($R^2C < 4L$), in Bild 31.5b ein aperiodischer Vorgang ($R^2C \geqslant 4L$) skizziert ist. Beide Bilder zeigen, daß die Kurve $i = i(t)$, die Lösung der Anfangswertaufgabe, sich an die Kurve $i = i_p(t)$

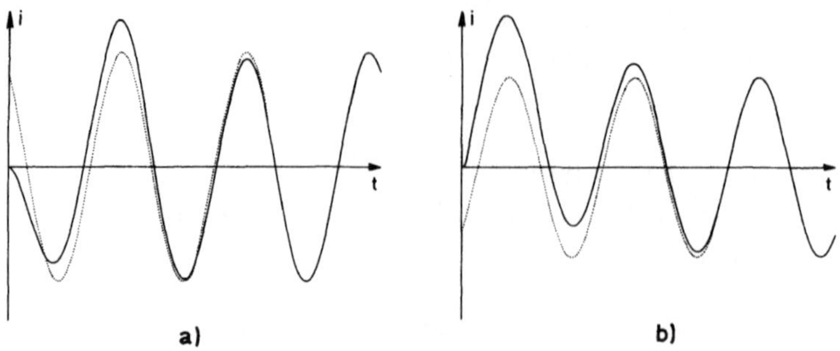

Bild 31.5

anschmiegt. Physikalisch gesprochen bedeutet dies, daß sich der tatsächliche Strom i(t), wenn nur hinreichend viel Zeit vergangen ist, um beliebig wenig von dem Strom $i_p(t)$ unterscheidet, gleichgültig, ob bei der Lösung der homogenen Gleichung ein periodischer ($R < 2\sqrt{L/C}$) oder ein aperiodischer Fall ($R \geqslant 2\sqrt{L/C}$) gegeben ist, und auch unabhängig davon, welche durch die Kondensatorladung Q und den Momentanwert $u(0) = \hat{U} \cos\varphi$ hervorgerufene Ausgangssituation gegeben war. Eine exakte mathematische Formulierung dieses Sachverhalts wäre: zu jedem $\epsilon > 0$ existiert eine Zahl $t_0(\epsilon)$, so daß gilt

$$\left| i(t) - \mathrm{Re}(\hat{\underline{I}} e^{j\omega t}) \right| < \epsilon \quad \text{für} \quad t > t_0(\epsilon), \tag{31.46}$$

worin i(t) der tatsächlich fließende durch die Lösung der Anfangswertaufgabe beschriebene Strom ist. Die Annäherung von i(t) an $i_p(t)$ geht offenbar exponentiell vor sich, denn es gilt für $t > 0$

$$\left| i(t) - \mathrm{Re}(\hat{\underline{I}} e^{j\omega t}) \right| < Ce^{-\delta t}, \quad \delta = \frac{R}{2L},$$

mit einer geeigneten Konstanten C.

Wir haben es hier wieder mit einem Ausgleichsvorgang zu tun, der mit dem zuvor besprochenen Fall einer konstanten (stationären) Erregung ein gemeinsames Merkmal hat: *Das System geht unabhängig von der Ausgangssituation in einen Zustand über, der sowohl qualitativ als auch quantitativ durch die Störung bestimmt ist.* Bei einer konstanten Erregung nimmt das System eine andere Ruhelage ein, geht also wieder in einen stationären Zustand über; wird das System durch eine harmonische Schwingung erregt, so ist, nach Beendigung des Ausgleichsvorganges, eine harmonische Schwingung die Antwort des Systems, wobei die Frequenz dieselbe ist wie die der Erregung, während auf Amplitude und Phase auch die Systemgrößen Einfluß nehmen. Diesen Zustand bezeichnet man als den *eingeschwungenen Zustand*; er wird für den Serienschwingkreis durch das partikuläre Integral (31.42) beschrieben. Der erste Term in (31.44) stellt den Ausgleichsvorgang dar, das heißt den Übergang vom stromlosen Zustand $i = 0$ zum eingeschwungenen Zustand $i = i_p(t)$, der im besonderen auch *Einschwingvorgang* genannt wird.

Die Verwandtschaft der Beziehungen (31.39) und (31.46) zeigt, daß der eingeschwungene Zustand eine Verallgemeinerung des stationären Zustandes ist, zu dem der Gleichstromfall beziehungsweise der stromlose Zustand zählt, bei mechanischen Systemen eine Ruhelage. Ferner umfaßt der eingeschwungene Zustand durch die Grenzwertbildung $\omega \to 0$ den stationären Zustand, was mathematisch bedeutet, daß der Grenzübergang $\omega \to 0$ mit dem Differentialoperator des Systems vertauschbar ist,

$$L \lim_{\omega \to 0} i(t) = \lim_{\omega \to 0} Li(t) = \lim_{\omega \to 0} u(t) = U.$$

Wir weisen schließlich noch darauf hin, daß das Ergebnis (31.42) und (31.43) – hier für den Serienschwingkreis – **die Begründung für das komplexe Ohmsche Gesetz** ist.

Der Begriff des eingeschwungenen Zustandes ist jedoch nicht an die Voraussetzung einer harmonischen Erregung gebunden. Es zeigt sich nämlich, wie wir uns wieder am Beispiel des Serienschwingkreises überlegen wollen, daß bei einer beliebigen periodischen Erregung nach einer durch den Ausgleichsvorgang bedingten Zeitspanne ein periodischer Strom fließt, der sich unabhängig von der Ausgangssituation einstellt und der in seinen charakteristischen Merkmalen allein durch die Klemmenspannung und die Systemgrößen R, L und C bestimmt ist.

Wir gehen davon aus, daß in Gleichung (31.40) die Klemmenspannung $u(t)$ eine T-periodische Funktion ist, die, ebenso wie ihre Ableitung $\dot{u}(t)$, stetig sei und die Voraussetzungen für die Entwicklung in ihre Fouriersche Reihe erfüllen möge,

$$u(t) = U_0 + \sum_{n=1}^{\infty} \hat{U}_n \cos(n\omega t + \varphi_n) = U_0 + \sum_{n=1}^{\infty} \mathrm{Re}(\hat{\underline{U}}_n e^{jn\omega t}), \quad \omega T = 2\pi, \tag{31.47}$$

so daß die Ableitung

$$\dot{u}(t) = \sum_{n=1}^{\infty} (-n\omega)\hat{U}_n \sin(n\omega t + \varphi_n) = \sum_{n=1}^{\infty} \mathrm{Re}(jn\omega\hat{\underline{U}}_n e^{jn\omega t})$$

durch gliedweise Differentiation der Reihe (31.47) gewonnen werden kann. Für den Strom $i_p(t)$ machen wir, entsprechend (31.42), den Ansatz

$$i_p(t) = I_0 + \sum_{n=1}^{\infty} \hat{\underline{I}}_n \cos(n\omega t + \psi_n) = I_0 + \sum_{n=1}^{\infty} \mathrm{Re}(\hat{\underline{I}}_n e^{jn\omega t}). \tag{31.48}$$

Nach Bildung der Ableitungen i_p' und i_p'' durch gliedweise Differentiation der Reihe (31.48) ergibt sich durch Einsetzen in (31.40) die Gleichung

$$L \sum_{n=1}^{\infty} \mathrm{Re}\left((jn\omega)^2 \hat{\underline{I}}_n e^{jn\omega t}\right) + R \sum_{n=1}^{\infty} \mathrm{Re}\left((jn\omega)\hat{\underline{I}}_n e^{jn\omega t}\right) + \frac{1}{C} \sum_{n=1}^{\infty} \mathrm{Re}\left(\hat{\underline{I}}_n e^{jn\omega t}\right) + \frac{1}{C} I_0$$
$$= \sum_{n=1}^{\infty} \mathrm{Re}\left((jn\omega)\hat{\underline{U}}_n e^{jn\omega t}\right),$$

die offenbar nur für $I_0 = 0$ erfüllt werden kann. Schreiben wir sie mit diesem Teilergebnis in der Form

$$\mathrm{Re}\left(\sum_{n=1}^{\infty} \left\{\left[(jn\omega)^2 L + jn\omega R + \frac{1}{C}\right]\hat{\underline{I}}_n - jn\omega\hat{\underline{U}}_n\right\} e^{jn\omega t}\right) = 0,$$

so folgt analog (31.43) durch Koeffizientenvergleich

$$\hat{\underline{I}}_n = \frac{jn\omega}{(jn\omega)^2 L + jn\omega R + \frac{1}{C}} \hat{\underline{U}}_n = \underline{Y}(n\omega)\hat{\underline{U}}_n, \quad n = 1, 2, \ldots, \tag{31.49}$$

das heißt, es ist

$$i_p(t) = \sum_{n=1}^{\infty} \mathrm{Re}\left(\underline{Y}(n\omega)\hat{\underline{U}}_n e^{jn\omega t}\right) \tag{31.50}$$

ein partikuläres Integral der Gleichung (31.40) für die Störung (31.47). Der Strom i_p fließt aber nur dann, wenn eine ganz bestimmte Ausgangssituation gegeben ist, wenn nämlich die Lösung (31.50) die Anfangsbedingungen $i(0) = 0$, $i'(0) = \frac{u(0)}{L} - \frac{Q}{LC}$ erfüllt. Trifft dies nicht zu, so ist der Stromverlauf aus dem allgemeinen Integral

$$i(t) = Ae^{-\delta t}\cos(\tilde{\omega}t + \chi) + i_p(t) \tag{31.51}$$

(wobei wieder ein periodischer Fall für die homogene Gleichung angenommen ist) durch Berücksichtigung der Anfangsbedingungen zu bestimmen. Die Situation ist jedoch fast völlig die gleiche wie bei einer harmonischen Erregung: Bedingt durch das exponentielle Abklingen des ersten Terms in (31.51) wird der Stromverlauf nach einer gewissen Zeitspanne faktisch durch das partikuläre Integral (31.50) beschrieben. Der Serienschwingkreis beginnt also nach einer Übergangsphase zu schwingen, ein Sachverhalt, der sinngemäß als eingeschwungener Zustand bezeichnet wird; seine mathematische Beschreibung vermittelt das partikuläre Integral (31.50). In Bild 31.6 ist ein solcher Vorgang dargestellt; es stellt darin die punktierte Linie den eingeschwungenen Zustand dar, die ausgezogene Linie den Stromverlauf unter Berücksichtigung der Anfangsbedingungen.

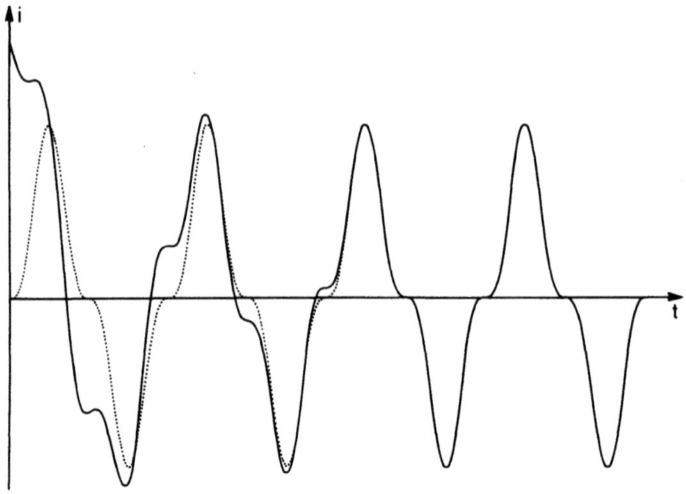

Bild 31.6

Diese Betrachtungen zeigen, daß ein durch einen linearen Differentialoperator mit konstanten Koeffizienten zu beschreibendes System nur bei periodischer Erregung (das heißt für eine periodische Störfunktion) in einen eingeschwungenen Zustand übergehen kann. Eine mathematische Formulierung dieses Sachverhalts ist die Feststellung, *daß eine lineare inhomogene Differentialgleichung mit konstanten Koeffizienten bei periodischer Störfunktion genau ein periodisches Integral* (das übrigens dieselbe Periode hat wie die Störfunktion) *besitzt: Diese einzige periodische Lösung beschreibt das System im eingeschwungenen Zustand.* Insbesondere antwortet ein lineares System auf eine harmonische Erregung (im eingeschwungenen Zustand) mit einer harmonischen Schwingung.

In einem linearen System kann sich aber nur dann ein eingeschwungener Zustand einstellen, wenn alle Störungen, die sich mathematisch in Anfangsbedingungen ausdrücken[1]), mit der Zeit wieder abklingen, das heißt, wenn jede Lösung der zugehörigen homogenen Glei-

[1]) Oder solche, die nur eine endliche Zeit wirksam sind.

chung für $t \to \infty$ den Grenzwert Null hat. Physikalisch bedeutet dies, daß dem System bei einer derartigen Erregung eine endliche Energie zugeführt wird, die es im Laufe der Zeit nach Abklingen der Störung wieder abgibt. Ein sich solcherart verhaltendes System nennt man *gedämpft*. In elektrischen Netzwerken sind ohmsche Widerstände für die Dämpfung verantwortlich, in mechanischen Systemen wird sie durch Reibung verursacht; durch ohmsche Widerstände beziehungsweise durch Reibung geht dem System die Energie verloren, und zwar wird sie in Form von Wärme nach außen abgegeben. Sofern diese Energieverluste nicht durch andere Energiequellen wieder wettgemacht werden, kehrt das System nach Abklingen der Störung in den Ausgangszustand zurück, es erreicht ihn genau in jenem Augenblick, in dem die gesamte Energie nach außen abgegeben worden ist.

Bei Systemen, die durch einen linearen Differentialoperator L mit konstanten Koeffizienten beschrieben werden, läßt sich leicht entscheiden, ob es sich um ein gedämpftes System handelt oder nicht. Die Bedingung hierfür lautet, da ja das Verhalten des Systems bei Störungen mit endlicher Energiezufuhr durch die Lösung einer Anfangswertaufgabe für die homogene Gleichung $Lx = 0$ beschrieben wird, daß alle Lösungen der Gleichung $Lx = 0$ für $t \to \infty$ gegen Null streben. Was nun das Wachstum der Lösungen einer homogenen linearen Differentialgleichung mit konstanten Koeffizienten betrifft, so sind drei Fälle möglich: Es wächst wenigstens eine Lösung exponentiell an, wenn eine reelle Zahl $\lambda > 0$ oder eine komplexe Zahl $\lambda = \mu + j\nu$ mit $\mu > 0$ eine Lösung der charakteristischen Gleichung ist; mindestens eine Lösung ist konstant, wenn $\lambda = 0$ die charakteristische Gleichung löst, beziehungsweise eine Lösung ist eine harmonische Schwingung, wenn eine rein imaginäre Zahl $\lambda = j\nu$ eine Wurzel des charakteristischen Polynoms ist; schließlich gibt es mindestens eine exponentiell abklingende Lösung, wenn eine reelle Zahl $\lambda < 0$ oder eine komplexe Zahl $\lambda = \mu + j\nu$ mit $\mu < 0$ eine Lösung der charakteristischen Gleichung ist. Fordern wir also $\lim\limits_{t \to \infty} x(t) = 0$ für *jede* Lösung der homogenen Gleichung $Lx = 0$, so müssen offenbar alle Nullstellen des charakteristischen Polynoms einen negativen Realteil haben, also in der Halbebene $\mathrm{Re}(\lambda) < 0$ liegen.

Satz 31.2 *Wird das zeitliche Verhalten eines linearen Systems durch einen linearen Differentialoperator L mit konstanten Koeffizienten beschrieben, so ist das System genau dann gedämpft, wenn alle Wurzeln des charakteristischen Polynoms von L in der Halbebene* $\mathrm{Re}(\lambda) < 0$ *liegen.*

Die Zeitgleichung für einen einzelnen Stromkreis ist im allgemeinen keine Differentialgleichung, bei der die Erregung selbst als Störfunktion auftritt, sondern unter Umständen auch deren Ableitung, wie insbesondere beim Serienschwingkreis. Im allgemeinen hat die Zeitgleichung für einen einzelnen Stromkreis die Form

$$Li(t) = Mu(t), \tag{31.52}$$

worin M ein auf die Erregung (zum Beispiel die Klemmenspannung $u(t)$) wirkender Differentialoperator mit konstanten Koeffizienten ist. Ist die Erregung $u(t)$ eine harmonische Spannung, so ist die Störfunktion $Mu(t)$ eine harmonische Größe. Für den Stromzeiger im eingeschwungenen Zustand ist der Ansatz (31.42) zu machen; bezeichnet $p(\lambda)$ das charakteristische Polynom von L, $q(\lambda)$ das charakteristische Polynom von M und ist $\underline{\hat{U}}$ der Zeiger der Spannung $u(t)$, so ergibt sich durch Einsetzen von (31.42) in (31.52) die Gleichung

$$p(j\omega)\underline{\hat{I}} = q(j\omega)\underline{\hat{U}} \tag{31.53}$$

für den Stromzeiger $\hat{\underline{I}}$, der sich daraus zu

$$\hat{\underline{I}} = \frac{q(j\omega)}{p(j\omega)} \hat{\underline{U}} \tag{31.54}$$

bestimmt. Handelt es sich dabei insbesondere um einen Stromkreis, an dessen Klemmen die Spannung u(t) anliegt, so ist

$$\frac{q(j\omega)}{p(j\omega)} = \underline{Y}(\omega) \tag{31.55}$$

der komplexe Leitwert dieses Stromkreises.

Diese Zusammenhänge sind die Begründung für das komplexe Ohmsche Gesetz. Die Regel, daß der Gesamtwiderstand zweier in Serie liegender Widerstände einfach deren Summe ist, geht aus der Maschenregel hervor, die Regel, daß der Gesamtleitwert zweier parallel liegender Widerstände die Summe ihrer Leitwerte ist, begründet sich durch die Knotenregel.

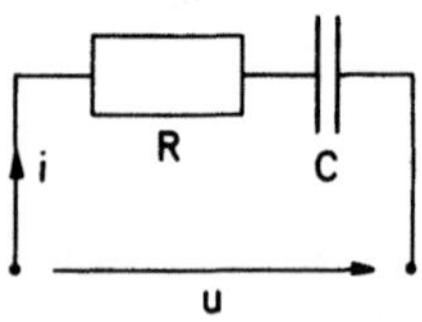

Bild 31.7

Beispiel 31.8: Die Differentialgleichung für den Stromverlauf in einem RC-Kreis (Bild 31.7) ergibt sich durch Differentiation der aus der Maschenregel resultierenden Gleichung

$$Ri + \frac{1}{C}\int_0^t i(\tau)d\tau + \frac{Q}{C} = u(t), \tag{31.56}$$

worin Q die Ladung des Kondensators zum Zeitpunkt t = 0 ist, zu

$$Li = Ri' + \frac{1}{C} i = \dot{u}(t) = Mu.$$

Wegen des ohmschen Widerstandes ist ein RC-Kreis gedämpft, tatsächlich liegt die Nullstelle $\lambda = -\frac{1}{RC}$ des charakteristischen Polynoms von L in der Halbebene $\mathrm{Re}(\lambda) < 0$. Ist $\hat{\underline{U}}$ der Zeiger der harmonischen Klemmenspannung u(t), so fließt im eingeschwungenen Zustand ein harmonischer Strom mit dem Zeiger

$$\hat{\underline{I}} = \frac{q(j\omega)}{p(j\omega)} \hat{\underline{U}} = \frac{j\omega}{j\omega R + \frac{1}{C}} \hat{\underline{U}} = \frac{1}{R + \frac{1}{j\omega C}} \hat{\underline{U}} = \underline{Y}(\omega)\hat{\underline{U}}.$$

Die allgemeine Lösung der Gleichung (31.56) lautet

$$i(t) = I_0 e^{-t/T} + \mathrm{Re}(\underline{Y}(\omega)\hat{\underline{U}} e^{j\omega t}), \tag{31.57}$$

worin mit T = RC die *Zeitkonstante* des RC-Kreises eingeführt wurde. Zur Bestimmung der Konstanten I_0 ist die Anfangsbedingung $i(0) = \frac{u(0)}{R} - \frac{Q}{RC}$ zu erfüllen. Wir setzen daher in (31.57) für t = 0 und erhalten mit $u(0) = \hat{U}\cos\varphi = \mathrm{Re}(\hat{\underline{U}})$ für I_0 die Gleichung

$$\frac{1}{R}\mathrm{Re}(\hat{\underline{U}}) - \frac{Q}{RC} = I_0 + \mathrm{Re}(\underline{Y}(\omega)\hat{\underline{U}}),$$

aus der sich

$$I_0 = \frac{1}{R}\operatorname{Re}\left(\frac{1}{1+j\omega CR}\underline{\hat{U}}\right) - \frac{Q}{RC}$$

ergibt. Durch Grenzübergang $\omega \to 0$ in (31.57) erhalten wir das uns von der Aufladung eines Kondensators her bekannte Resultat

$$i(t) = \frac{U}{R} e^{-t/T},$$

worin $U = \hat{U}\cos\varphi = u(0)$ gesetzt ist und $Q = 0$ angenommen wurde.

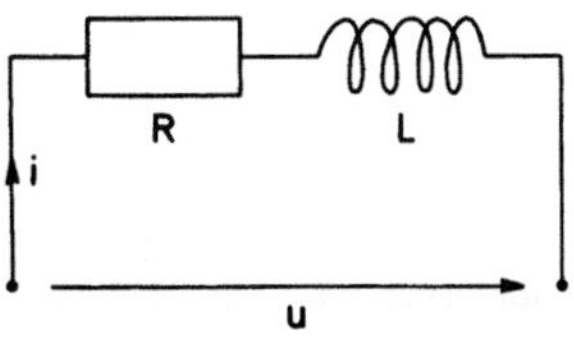

Bild 31.8

Beispiel 31.9: Die Bestimmung des Stromverlaufs in einem RL-Kreis (Bild 31.8) führt auf die Lösung der Differentialgleichung

$$\mathcal{L}i = Li' + Ri = u(t) = \mathcal{M}u. \tag{31.58}$$

Aus (31.54) folgt für den Stromzeiger im eingeschwungenen Zustand

$$\underline{\hat{I}} = \frac{1}{j\omega L + R}\underline{\hat{U}} = \underline{Y}(\omega)\underline{\hat{U}},$$

wenn u(t) eine harmonische Spannung mit dem Zeiger $\underline{\hat{U}}$ ist. Die vollständige Lösung der Gleichung (31.58) lautet

$$i(t) = I_0 e^{-t/T} + \operatorname{Re}\left(\underline{Y}(\omega)\underline{\hat{U}}e^{j\omega t}\right), \tag{31.59}$$

worin $T = \frac{L}{R}$ die *Zeitkonstante* für den RL-Kreis ist. Die Berücksichtigung der Anfangsbedingung $i(0) = 0$ ergibt für I_0 den Wert

$$I_0 = -\operatorname{Re}\left(\underline{Y}(\omega)\underline{\hat{U}}\right).$$

Den Stromverlauf für eine Gleichspannung $u(t) = U$ erhalten wir aus (31.59) durch Grenzübergang $\omega \to 0$ zu

$$i(t) = \frac{U}{R}\left(1 - e^{-t/T}\right).$$

Beispiel 31.10: Beim Parallelschwingkreis (Bild 31.9) kommt zu den beiden Gleichungen

$$\underline{\hat{I}}_1 = \frac{1}{\frac{1}{G} + \frac{1}{j\omega C}}\underline{\hat{U}} = \frac{j\omega CG}{G + j\omega C}\underline{\hat{U}}, \quad \underline{\hat{I}}_2 = \frac{1}{j\omega L + R}\underline{\hat{U}}$$

aus der Knotenregel

$$\underline{\hat{I}} = \underline{\hat{I}}_1 + \underline{\hat{I}}_2$$

hinzu, so daß

$$\underline{\hat{I}} = \left(\frac{j\omega CG}{G + j\omega C} + \frac{1}{R + j\omega L}\right)\underline{\hat{U}}$$

der Zeiger des Eingangsstromes im eingeschwungenen Zustand ist.

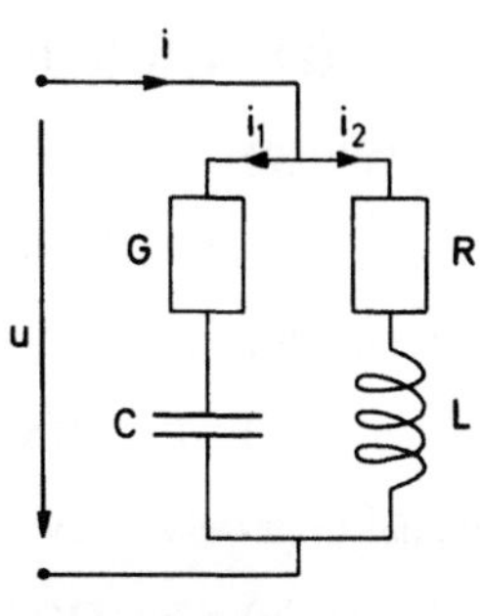

Bild 31.9

Beispiel 31.11: Aus den Transformatorgleichungen (29.45) bei ohmscher Last im Sekundärkreis ergeben sich für den Primärstrom $i_1(t)$ und den Sekundärstrom $i_2(t)$ die Differentialgleichungen zweiter Ordnung

$$\mathit{L}i_1(t) = Di_1'' + (L_1(R+R_2) + L_2R_1))i_1' + R_1(R+R_2)i_1 = (R+R_2)u + L_2\dot{u} = \mathit{M}_1\,u(t),$$

$$\mathit{L}i_2(t) = Di_2'' + (L_1(R+R_2) + L_2R_1))i_2' + R_1(R+R_2)i_2 = M\dot{u} = \mathit{M}_2u(t),$$

worin $D = L_1L_2 - M^2$ gesetzt ist. Die Anfangsbedingungen für den Primärkreis lauten

$$i_1(0) = 0, \quad i_1'(0) = \frac{L_2}{D}u(0),$$

für den Sekundärkreis

$$i_2(0) = 0, \quad i_2'(0) = \frac{M}{D}u(0).$$

Bezeichnet $p(\lambda)$ das charakteristische Polynom des Differentialoperators L, $q_1(\lambda) = \lambda L_2 + (R+R_2)$ beziehungsweise $q_2(\lambda) = \lambda M$ das charakteristische Polynom von M_1 beziehungsweise M_2, so ergeben sich aus (31.54) die Stromzeiger im eingeschwungenen Zustand,

$$\underline{\hat{I}}_1 = \frac{1}{p(j\omega)}q_1(j\omega)\underline{\hat{U}} = \frac{1}{p(j\omega)}(j\omega L_2 + (R+R_2))\underline{\hat{U}}$$

für den Primärkreis und

$$\underline{\hat{I}}_2 = \frac{1}{p(j\omega)}q_2(j\omega)\underline{\hat{U}} = \frac{1}{p(j\omega)}(j\omega M)\underline{\hat{U}}$$

für den Sekundärkreis.

Die in diesem Abschnitt besprochenen auf physikalischen Überlegungen fußenden Ansätze zur Gewinnung eines partikulären Integrales einer linearen Differentialgleichung mit konstanten Koeffizienten sind Spezialfälle in einem allgemeinen Zusammenhang. Für eine ganz bestimmte Klasse von Störfunktionen läßt sich nämlich mittels eines entsprechenden Ansatzes ein partikuläres Integral *ohne* die Kenntnis eines Fundamentalsystems der homogenen Gleichung konstruieren. Es sei

$$\mathit{L}y(x) = s(x)$$

eine lineare Differentialgleichung n-ter Ordnung mit konstanten Koeffizienten a_m. Wenn die Störfunktion s(x) die Gestalt der Lösung irgendeiner homogenen linearen Differentialgleichung mit konstanten Koeffizienten hat, das heißt, wenn sie als Integral irgendeiner homogenen linearen Differentialgleichung in Frage kommt und somit von der Form „*Exponentialfunktion mal Polynom*“ ist,

$$s(x) = \mathrm{Re}\left(P(x)e^{(\mu+j\nu)x}\right) = P(x)e^{\mu x}\cos\nu x \tag{31.60}$$

beziehungsweise

$$s(x) = \mathrm{Im}\left(P(x)e^{(\mu+j\nu)x}\right) = P(x)e^{\mu x}\sin\nu x \tag{31.61}$$

mit einem reellen Polynom P(x), so gibt es partikuläre Integrale der Form

$$y_p(x) = \mathrm{Re}\left(Q(x)e^{(\mu+j\nu)x}\right) \tag{31.62}$$

beziehungsweise

$$y_p(x) = \mathrm{Im}\left(Q(x)e^{(\mu+j\nu)x}\right), \tag{31.63}$$

in denen $Q(x)$ ein geeignetes komplexes Polynom in x ist. Um dieses Polynom zu bestimmen, gehen wir zunächst ins Komplexe über, indem wir von einer komplexen Störfunktion

$$\hat{s}(x) = P(x)e^{(\mu + j\nu)x} \tag{31.64}$$

ausgehen, in der aber $P(x)$ ein reelles Polynom sein möge. Um ein partikuläres Integral der Gleichung

$$L\hat{y}(x) = \hat{s}(x) \tag{31.65}$$

zu gewinnen, machen wir den Ansatz

$$\hat{y}_p(x) = Q(x)e^{(\mu + j\nu)x} \tag{31.66}$$

mit einem zu bestimmenden komplexen Polynom $Q(x)$. Für eine Störfunktion der Form (31.60) beziehungsweise (31.61) haben wir dann einfach den Realteil beziehungsweise den Imaginärteil zu bilden,

$$y_p(x) = \mathrm{Re}\left(\hat{y}_p(x)\right) \quad \text{bzw.} \quad y_p(x) = \mathrm{Im}\left(\hat{y}_p(x)\right),$$

da ein Differentialoperator L mit reellen Koeffizienten mit der Real- und Imaginärteilbildung vertauschbar ist.

Wenden wir den Differentialoperator L auf die Funktion (31.66) an, so ergibt sich der Ausdruck

$$L\hat{y}_p(x) = \sum_{k=0}^{n} a_{n-k} \sum_{h=0}^{k} \binom{k}{h} Q^{(h)}(x)(\mu + j\nu)^{k-h} e^{(\mu + j\nu)x},$$

und wir erhalten nach einer einfachen Umformung zur Erfüllung von (31.65) die Gleichung

$$L\hat{y}_p(x) = \sum_{k=0}^{n} \frac{1}{k!} Q^{(k)}(x) p^{(k)}(\mu + j\nu) e^{(\mu + j\nu)x} = P(x) e^{(\mu + j\nu)x},$$

die wir noch durch $e^{(\mu + j\nu)x}$ dividieren können,

$$\sum_{k=0}^{n} \frac{1}{k!} Q^{(k)}(x) p^{(k)}(\mu + j\nu) = P(x). \tag{31.67}$$

Diese Gleichung, die für alle Werte von x erfüllt sein muß, lehrt uns nun, welchen Grad das Polynom $Q(x)$ haben muß. Es kommt ersichtlich darauf an, ob die Zahl $\lambda = \mu + j\nu$ eine Nullstelle des charakteristischen Polynoms von L ist. Der bequemeren Sprechweise wegen wollen wir die Zahl $\mu + j\nu$ eine *null*fache Nullstelle des charakteristischen Polynoms $p(\lambda)$ nennen, wenn $p(\mu + j\nu) \neq 0$ ist; mit dieser Übereinkunft sei nun $\lambda = \mu + j\nu$ eine v-fache Nullstelle von $p(\lambda)$ mit $v \geqslant 0$. Die linke Seite der Gleichung (31.67), die ebenfalls ein Polynom in x ist, hat dann einen Grad, der offenbar um v geringer ist als derjenige von $Q(x)$. Der Grad, den das Polynom $Q(x)$ notwendigerweise haben muß, ergibt sich nun aus der Schlußfolgerung, daß die Gleichung (31.67) für alle Werte von x nur dann erfüllt sein kann, wenn die Gradzahlen auf beiden Seiten übereinstimmen. Wenn wir also annehmen, der Grad des Polynoms $P(x)$ auf der rechten Seite sei $m \geqslant 0$, dann muß der Grad des Polynoms $Q(x)$ gleich $m + v$ sein: Für $Q(x)$ ist demnach ein Polynom vom Grade $m + v$ anzusetzen. Doch ist dieses im Fall $v > 0$ nicht eindeutig bestimmt, weil unter diesen Umständen jede Funktion $q(x)e^{(\mu + j\nu)x}$, worin $q(x)$ ein beliebiges Polynom ist, dessen Grad jedoch $v - 1$ nicht übersteigt, ein Integral der homogenen Gleichung $L\hat{y} = 0$ ist. Aus diesem Grunde können in Q(x) die Koeffizienten der ersten v Potenzen $1, x, \ldots, x^{v-1}$ nicht eindeutig bestimmt sein. Im Hinblick auf ein eindeutig bestimmtes Polynom Q(x) verlangen wir nun, daß in Q(x) die Koeffizienten der Potenzen $1, x, \ldots, x^{v-1}$ gleich Null sind, so daß x^v die niedrigste Potenz von Q(x) ist. Rechnerisch berücksichtigen wir dies am besten, wenn wir das gesuchte Polynom Q(x) in der Form $x^v Q(x)$ ansetzen und dabei verlangen, daß das Polynom Q(x) wie das Polynom P(x) den Grad m hat.

Die Regel lautet also: *Ist* P(x) *ein Polynom* m*-ten Grades und die Zahl* $\lambda = \mu + j\nu$ *eine* v*-fache Nullstelle des charakteristischen Polynoms von L, so mache man den Ansatz*

$$\hat{y}_p(x) = x^v Q(x) e^{(\mu + j\nu)x} \tag{31.68}$$

mit einem komplexen Polynom Q(x), *das wie* P(x) *den Grad* m *hat.* Durch Vergleich der Koeffizienten der linken und rechten Seite von (31.67) (mit $x^v Q(x)$ anstatt Q(x)) ergibt sich sodann ein lineares inhomogenes Gleichungssystem für die Koeffizienten des Polynoms Q(x); ist $P(x) = \alpha_0 + \alpha_1 x + \ldots + \alpha_m x^m$ und $Q(x) = \beta_0 + \beta_1 x + \ldots + \beta_m x^m$, so lautet es

$$\sum_{k=h}^{m} \binom{k+v}{h} p^{(k+v-h)}(\mu + j\nu)\beta_k = \alpha_h, \quad h = 0, 1, \ldots, m. \tag{31.69}$$

Wir bemerken hierzu, daß die Koeffizientenmatrix dieses Systems die Form einer oberen Dreiecksmatrix hat. Daraus ergibt sich insbesondere, da die Hauptdiagonalglieder sämtlich von Null verschieden sind, daß das Polynom Q(x) eindeutig bestimmt ist. Natürlich ist die Dreiecksform der Koeffizientenmatrix auch für die praktische Rechnung ein großer Vorzug.

Beispiel 31.12: Sei

$$y'' + y = xe^x \sin x.$$

Es ist $\lambda = 1 + j$ wegen $p(1 + j) = 1 + 2j \neq 0$ eine nullfache Nullstelle; da $P(x) = x$ ein Polynom ersten Grades ist, machen wir mit einem Polynom ersten Grades $Q(x) = ax + b$ den Ansatz

$$\hat{y}_p(x) = (ax + b)e^{(1+j)x}.$$

Nun können wir entweder direkt in die Differentialgleichung einsetzen oder die Gleichung (31.67) realisieren,

$$(ax + b)(1 + 2j) + 2a(1 + j) = x.$$

Vergleichen wir die Koeffizienten auf beiden Seiten, so ergibt sich für a und b das lineare Gleichungssystem (31.69),

$$a(2 + 2j) + b(1 + 2j) = 0, \quad a(1 + 2j) = 1,$$

mit der Lösung

$$a = \frac{1 - 2j}{5}, \quad b = \frac{-2 + 14j}{25}.$$

Schließlich haben wir, da in der Störfunktion der Sinus auftritt, den Imaginärteil der komplexen Funktion $\hat{y}_p(x)$ zu bilden,

$$y_p(x) = \operatorname{Im}(\hat{y}_p(x)) = \frac{1}{25} e^x \operatorname{Im}\left[((5 - 10j)x + (14j - 2))(\cos x + j \sin x)\right]$$

$$= \frac{1}{25} e^x((5x - 2)\sin x + (-10x + 14)\cos x).$$

Beispiel 31.13: Sei

$$y'' - 2y' + y = e^x.$$

Die aus der Störfunktion hervorgehende reelle Zahl $\lambda = 1$ ist eine zweifache Nullstelle des charakteristischen Polynoms $p(\lambda) = (\lambda - 1)^2$, also müssen wir, da $P(x) = 1$ ein konstantes Polynom ist, den Ansatz

$$\hat{y}_p(x) = y_p(x) = ax^2 e^x$$

mit einem ebenfalls konstanten Polynom $Q(x) = a$ machen. Damit ergibt sich direkt aus der Gleichung (31.67)

$$\frac{1}{2!}(ax^2)'' p''(1) = 2a = 1,$$

das heißt, es ist $a = \frac{1}{2}$ und

$$y_p(x) = \frac{1}{2} x^2 e^x$$

das gesuchte partikuläre Integral.

Beispiel 31.14: Sei

$$y'' - 2y' + 5y = e^x \cos 2x.$$

Die Zahl $\lambda = 1 + 2j$ (beziehungsweise $\lambda = 1 - 2j$) ist Nullstelle des charakteristischen Polynoms, also lautet unser komplexer Ansatz

$$\hat{y}_p(x) = axe^{(1+2j)x}.$$

Aus der Gleichung (31.67) erhalten wir

$$(ax)' p'(1 + 2j) = 4aj = 1$$

und somit

$$\hat{y}_p(x) = -\frac{j}{4} xe^{(1+2j)x}.$$

Da in der Störfunktion der Cosinus auftritt, haben wir schließlich den Realteil dieser Funktion zu bilden,

$$y_p(x) = \mathrm{Re}(\hat{y}_p(x)) = \frac{1}{4} xe^x \sin 2x.$$

Beispiel 31.15: Für die Gleichung

$$y'' + 2\delta y' + \omega_0^2 y = \cos \omega_0 x, \quad \delta \neq 0,$$

ist $\lambda = j\omega_0$ keine Nullstelle des charakteristischen Polynoms, so daß wir einfach den Ansatz

$$\hat{y}_p(x) = ae^{j\omega_0 x}$$

zu machen haben. Stellen wir die Gleichung (31.67) auf,

$$ap(j\omega_0) = 2\delta aj\omega_0 = 1,$$

so erhalten wir $a = \frac{1}{2\delta j\omega_0}$, somit

$$\hat{y}_p(x) = \frac{1}{2\delta j\omega_0} e^{j\omega_0 x}$$

und durch Bildung des Realteils

$$y_p(x) = \frac{1}{2\delta\omega_0} \sin \omega_0 x.$$

Beispiel 31.16: Hingegen ist für die Differentialgleichung

$$y'' + \omega_0^2 y = \cos\omega_0 x$$

die Zahl $\lambda = j\omega_0$ eine Nullstelle des charakteristischen Polynoms, so daß wir

$$\hat{y}_p(x) = axe^{j\omega_0 x}$$

anzusetzen haben. Über die Gleichung (31.67), die jetzt

$$(ax)'p'(j\omega_0) = 2aj\omega_0 = 1$$

lautet, finden wir

$$\hat{y}_p(x) = \frac{x}{2j\omega_0} e^{j\omega_0 x}$$

und durch Realteilbildung

$$y_p(x) = \frac{x}{2\omega_0} \sin\omega_0 x.$$

Der große Vorzug dieses Verfahrens zur Gewinnung partikulärer Integrale einer linearen inhomogenen Differentialgleichung mit konstanten Koeffizienten unter den oben angeführten Voraussetzungen über die Störfunktion besteht darin, daß die Kenntnis eines Fundamentalsystems der zugehörigen homogenen Gleichung *nicht* benötigt wird und bloß ein lineares Gleichungssystem, das noch dazu eine dreiecksförmige Koeffizientenmatrix hat, zu lösen ist. Auch die Bildung aller Ableitungen des entsprechenden Ansatzes kann vermieden werden, indem man direkt die Gleichung (31.69) aufstellt.

31.4 Resonanz

Tritt der Fall ein, daß die aus der Störfunktion abzulesende Zahl $\lambda = \mu + j\nu$ eine Nullstelle des charakteristischen Polynoms des Differentialoperators L ist, so spricht man von *mathematischer Resonanz.* Dieser zunächst formalen Begriffsbildung erwächst eine physikalische Bedeutung von ungeheurer Tragweite, wenn es sich um die Zeitgleichung eines Systems handelt, das durch eine harmonische Erregung aus seiner Ruhelage gebracht worden ist. Es muß aber sofort klargestellt werden, daß es in realen physikalischen Systemen nicht zu mathematischer Resonanz kommen kann, was seine Ursache in der stets vorhandenen Dämpfung hat. Kann das zeitliche Verhalten eines realen physikalischen Systems bei harmonischer Erregung durch eine lineare inhomogene Differentialgleichung

$$Lx(t) = A\cos(\omega_0 t + \varphi)$$

mit konstanten Koeffizienten beschrieben werden, so zeigt sich die Dämpfung des Systems mathematisch darin, daß die Realteile sämtlicher Nullstellen des charakteristischen Polynoms von L negativ sind, weshalb die rein imaginäre Zahl $\lambda = j\omega_0$ die charakteristische Gleichung nicht löst. Sehr wohl kann hingegen der Imaginärteil einer Wurzel $\lambda = -\rho + j\omega_0$ des charakteristischen Polynoms mit der Erregerfrequenz ω_0 übereinstimmen, was als *physikalische Resonanz* bezeichnet wird. Sie ist uns vom Serienschwingkreis her geläufig, wenn dieser mit der Frequenz $\omega_0 = \frac{1}{\sqrt{LC}}$ erregt wird.

Auf den mathematischen Resonanzfall stößt man, wenn beim Aufstellen der Zeitgleichung von vornherein die Dämpfung vernachlässigt wird, wozu man sich etwa durch deren Geringfügigkeit veranlaßt sehen kann. In den Lösungsverhältnissen bei Berücksichtigung beziehungsweise Vernachlässigung der Dämpfung zeigt sich aber ein markanter Unterschied: Während ein System auch bei noch so geringer Dämpfung in einen eingeschwungenen Zustand übergeht, wenn auch, bedingt durch eine schwache Dämpfung, mit großen Amplituden, so stellt sich im mathematischen Resonanzfall überhaupt kein eingeschwungener Zustand ein, ja, die Lösungen wachsen, wenn etwa $\lambda = j\omega_0$ eine einfache Nullstelle des charakteristischen Polynoms ist, sogar linear an, da wir ein partikuläres Integral der Form

$$x_p(t) = t\,\mathrm{Re}(\underline{X}e^{j\omega_0 t})$$

zu erwarten haben (die Lösungen der homogenen Gleichung sind beschränkt). Daraus ergibt sich, daß die Systemgröße x, in offensichtlichem Gegensatz zur physikalischen Wirklichkeit, mit der Zeit beliebig große Werte erreicht. Es scheint somit, als würde die Vernachlässigung der Dämpfung einen groben Verstoß gegen fundamentale Regeln darstellen, die bei der Aufstellung der Zeitgleichung für das Systemverhalten zu beachten sind. Dennoch gibt der mathematische Resonanzfall, den wir offenbar als Grenzfall der physikalischen Resonanz für verschwindend kleine Dämpfung anzusehen haben, ein vernünftiges qualitatives Abbild der wirklichen Verhältnisse. Es darf zunächst nicht übersehen werden, daß auch im physikalischen Resonanzfall bei schwacher Dämpfung die Systemgröße hohe Werte erreicht, wobei keine Rolle spielt, daß diese beschränkt sind. Dem ist nun gegenüberzustellen, worauf schon mehrfach hingewiesen wurde, daß zur Beschreibung eines physikalischen Systems durch eine lineare Differentialgleichung mehr oder minder rigorose Idealisierungen vorzunehmen sind, die in den allermeisten Fällen in der Annahme eines linearen Zusammenhanges der typischen Kenngrößen für die einzelnen Konstruktionselemente bestehen. Solche Grundannahmen sind natürlich nur solange sinnvoll, als die Systemgröße im linearen Bereich variiert und somit gewisse kritische Werte nicht übersteigt; ein Anwachsen darüber hinaus würde die Gültigkeit der Differentialgleichung hinfällig machen, da in ihr die nunmehr zutage tretenden nichtlinearen Eigenschaften des Systems nicht berücksichtigt sind. Wir müssen daher vielmehr erwarten, daß ein System mit schwacher Dämpfung den eingeschwungenen Zustand, so wie ihn die lineare Differentialgleichung fordert, im Grunde gar nicht erreicht, weil schon vorher die Gültigkeitsgrenzen der linearen Differentialgleichung gesprengt worden sind; sie beschreibt das System nur für eine mehr oder minder kurze Zeitspanne nach Beginn des Vorgangs, jedenfalls solange, als die Systemgröße unterhalb gewisser kritischer Werte liegt, und in dieser Zeitspanne stimmen die Lösungen mit oder ohne Berücksichtigung der Dämpfung weitgehend überein.

Das Anwachsen der Systemgröße über kritische Werte hinaus kann aber auch die schlimme Auswirkung haben, den vollständigen Zusammenbruch des Systems herbeizuführen, was man als *Resonanzkatastrophe* bezeichnet. Jedes mechanische System muß daher so konstruiert sein, daß die Erregungen im normalen Betrieb nicht zur physikalischen Resonanz führen können, denn kein Material kann allzu großer Zug- und Druckbelastung standhalten. Eine dem Leser aus unangenehmer Erinnerung vielleicht vertraute Erscheinung der physikalischen Resonanz ist das beängstigende Dröhnen einer Autokarosserie, das bei einer bestimmten Fahrgeschwindigkeit meist auf gepflasterten Straßen auftreten kann. In der alten österreichischen Armee gab es sogar eine Verordnung, derzufolge eine Brücke von einer militärischen Kolonne nicht im Gleichschritt passiert werden durfte, im Hinblick auf die Gefahr, sie durch nahe der Resonanz gelegene Frequenzen zu erregen und damit zu zerstören.

Wir wollen uns die Verhältnisse an Hand eines Systems, das durch die Gleichung zweiter Ordnung

$$\ddot{x} + 2\delta\dot{x} + \omega_0^2 x = A\cos\omega_0 t, \quad x(0) = \dot{x}(0) = 0, \tag{31.70}$$

zu beschreiben ist, verdeutlichen, wobei wir insbesondere kleine Dämpfungszahlen $\delta > 0$ ins Auge fassen. Das allgemeine Integral der Gleichung (31.70) lautet, da wir wegen der Kleinheit der Dämpfung den periodischen Fall für die Lösung der homogenen Gleichung annehmen können,

$$x_a(t) = e^{-\delta t}(a\cos\tilde{\omega}t + b\sin\tilde{\omega}t) + \frac{A}{2\delta\omega_0}\sin\omega_0 t, \quad \tilde{\omega} = \sqrt{\omega_0^2 - \delta^2}.$$

Um die Konstanten a und b zu bestimmen, haben wir in die Anfangsbedingungen einzusetzen: Aus $x(0) = 0$ folgt sofort $a = 0$, durch Differentiation und Einsetzen in $\dot{x}(0) = 0$ ergibt sich $b = -\frac{A}{2\delta\tilde{\omega}}$, also ist

$$x(t) = \frac{A}{2\delta}\left(\frac{\sin\omega_0 t}{\omega_0} - e^{-\delta t}\frac{\sin\tilde{\omega}t}{\tilde{\omega}}\right) \tag{31.71}$$

die Lösung der Anfangswertaufgabe; die Amplitude im eingeschwungenen Zustand ist $\frac{A}{2\delta\omega_0}$.

Um zu untersuchen, welche Auswirkungen es hat, von vornherein die Dämpfung zu vernachlässigen, setzen wir in der Gleichung (31.70) für $\delta = 0$ und gelangen so zu der Anfangswertaufgabe

$$\ddot{x} + \omega_0^2 x = A\cos\omega_0 t, \quad x(0) = \dot{x}(0) = 0. \tag{31.72}$$

Die allgemeine Lösung dieser Gleichung lautet

$$x_a(t) = a\cos\omega_0 t + b\sin\omega_0 t + t\frac{A}{2\omega_0}\sin\omega_0 t,$$

als Lösung der Anfangswertaufgabe ergibt sich

$$x(t) = t\frac{A}{2\omega_0}\sin\omega_0 t. \tag{31.73}$$

Die Lösungen (31.71) und (31.73) sind in Bild 31.10 dargestellt; man erkennt darin die Übereinstimmung eine gewisse zeitlang nach Beginn des Vorgangs, die insbesondere umso besser ist, je kleiner die Dämpfung ist. Schließlich liefert der Grenzübergang $\delta \to 0$ in (31.71)

$$\lim_{\delta\to 0}\frac{A}{2\delta}\left(\frac{\sin\omega_0 t}{\omega_0} - e^{-\delta t}\frac{\sin\tilde{\omega}t}{\tilde{\omega}}\right) = t\frac{A}{2\omega_0}\sin\omega_0 t,$$

etwa durch Anwendung der Regel von de l'Hospital, die Lösung im mathematischen Resonanzfall.

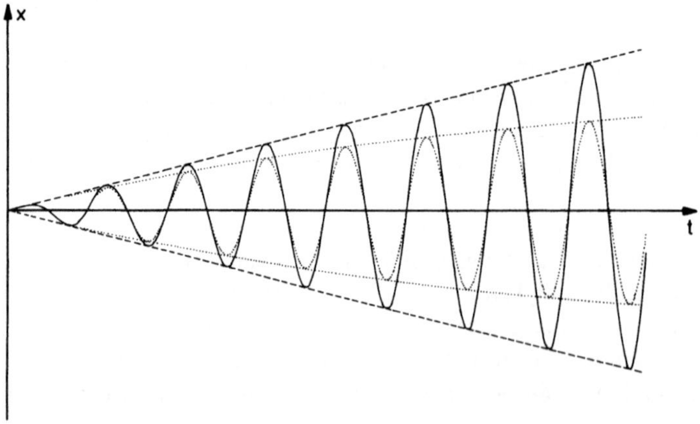

Bild 31.10

31.5 Systeme linearer Differentialgleichungen mit konstanten Koeffizienten

Die allgemeine Lösung eines Systems linearer Differentialgleichungen erster Ordnung

$$\dot{\mathbf{x}} = \mathbf{A} \cdot \mathbf{x} + \mathbf{s}(t) \tag{31.74}$$

mit konstanter Koeffizientenmatrix **A** hat die Form

$$\mathbf{x}_a(t) = e^{\mathbf{A}t} \cdot \mathbf{c} + \mathbf{x}_p(t), \tag{31.75}$$

worin **c** ein konstanter Vektor und $\mathbf{x}_p(t)$ ein beliebiges partikuläres Integral der inhomogenen Gleichung (31.74) ist. Die Integrationsaufgabe für ein System (31.74) ist im wesentlichen durch die Bestimmung der Fundamentalmatrix

$$e^{\mathbf{A}t} = \sum_{n=0}^{\infty} \frac{t^n}{n!} \mathbf{A}^n \tag{31.76}$$

gelöst, denn mit Hilfe dieser läßt sich auch ein partikuläres Integral der inhomogenen Gleichung (31.74) finden, etwa mit Hilfe des Variationsansatzes (30.79),

$$\mathbf{x}_p(t) = e^{\mathbf{A}t} \int_0^t e^{-\mathbf{A}\tau} \cdot \mathbf{s}(\tau)\, d\tau. \tag{31.77}$$

In einigen Sonderfällen ist uns die Bestimmung der Fundamentalmatrix $e^{\mathbf{A}t}$ durch direkte Auswertung der Reihe (31.76) gelungen (vgl. Beispiel 29.6), doch führt diese Methode bei Matrizen größerer Reihenzahl sehr schnell zu nahezu unüberschaubaren Rechnungen. Ein systematischer Weg zur Bestimmung der Matrix $e^{\mathbf{A}t}$ geht von der Lösung der Eigenwertaufgabe für die Matrix **A** aus, wobei sich als besondere Vereinfachung erweist, wenn zu jedem Eigenwert von **A** ebensoviele (linear unabhängige) Eigenvektoren existieren, als die algebraische Vielfachheit des betreffenden Eigenwertes beträgt. Diese Eigenschaft haben insbesondere symmetrische Matrizen, aber auch nichtsymmetrische, wenn deren Eigenwerte einfache Vielfachheit haben, also sämtlich voneinander verschieden sind. Wenn nämlich **A** eine N-reihige Matrix mit dieser Eigenschaft ist, so verfügen wir über ein System $\mathbf{x}_1, \mathbf{x}_2, \ldots, \mathbf{x}_N$ von N linear unabhängigen Eigenvektoren, die eine Basis bilden; konstruieren wir mit diesen die Matrix **X**, deren Spalten der Reihe nach diese Eigenvektoren sind, so gilt

$$\mathbf{A} \cdot \mathbf{X} = \mathbf{X} \cdot \mathbf{\Lambda}, \tag{31.78}$$

worin $\mathbf{\Lambda}$ jene Diagonalmatrix ist, deren Hauptdiagonalelemente der Reihe nach die Eigenwerte $\lambda_1, \lambda_2, \ldots, \lambda_N$ der Matrix **A** sind,

$$\mathbf{\Lambda} = \begin{pmatrix} \lambda_1 & & & \mathcal{O} \\ & \lambda_2 & & \\ & & \ddots & \\ \mathcal{O} & & & \lambda_N \end{pmatrix}. \tag{31.79}$$

Die Matrix **X** ist auf Grund der linearen Unabhängigkeit ihrer Spalten regulär; wenn wir nun die Gleichung (31.78) von rechts mit $\mathbf{X}^{-1}$ multiplizieren, so entsteht

$$\mathbf{A} = \mathbf{X} \cdot \mathbf{\Lambda} \cdot \mathbf{X}^{-1} \tag{31.80}$$

und daraus, wenn wir diese Gleichung in die n-te Potenz erheben,

$$\mathbf{A}^n = \mathbf{X} \cdot \Lambda^n \cdot \mathbf{X}^{-1} = \mathbf{X} \cdot \begin{pmatrix} \lambda_1^n & & & \mathcal{O} \\ & \lambda_2^n & & \\ & & \ddots & \\ \mathcal{O} & & & \lambda_N^n \end{pmatrix} \cdot \mathbf{X}^{-1}. \tag{31.81}$$

Setzen wir schließlich diese Ausdrücke in die Reihe (31.76) ein, so erhalten wir

$$\sum_{n=0}^{\infty} \frac{t^n}{n!} \mathbf{A}^n = \mathbf{X} \cdot \sum_{n=0}^{\infty} \frac{t^n}{n!} \Lambda^n \cdot \mathbf{X}^{-1} = \mathbf{X} \cdot \begin{pmatrix} \sum\limits_{n=0}^{\infty} \frac{t^n}{n!} \lambda_1^n & & \mathcal{O} \\ & \ddots & \\ \mathcal{O} & & \sum\limits_{n=0}^{\infty} \frac{t^n}{n!} \lambda_N^n \end{pmatrix} \cdot \mathbf{X}^{-1}$$

$$= \mathbf{X} \cdot \begin{pmatrix} e^{\lambda_1 t} & & \mathcal{O} \\ & \ddots & \\ \mathcal{O} & & e^{\lambda_N t} \end{pmatrix} \cdot \mathbf{X}^{-1},$$

also

$$e^{\mathbf{A}t} = \mathbf{X} \cdot e^{\mathbf{\Lambda}t} \cdot \mathbf{X}^{-1}. \tag{31.82}$$

Beispiel 31.17: Das charakteristische Polynom der schiefsymmetrischen Matrix

$$\mathbf{A} = \begin{pmatrix} 0 & 1 & 2 \\ -1 & 0 & 2 \\ -2 & -2 & 0 \end{pmatrix}$$

lautet

$$p(\lambda) = -\lambda^3 - 9\lambda$$

und hat die Nullstellen

$$\lambda_1 = 0, \quad \lambda_2 = 3j, \quad \lambda_3 = -3j;$$

die zugehörigen Eigenvektoren sind

$$\mathbf{x}_1 = (2, -2, 1), \quad \mathbf{x}_2 = (1 + 3j, -1 + 3j, -4), \quad \mathbf{x}_3 = (1 - 3j, -1 - 3j, -4).$$

Mit diesen Vektoren ist die Matrix

$$\mathbf{X} = \begin{pmatrix} 2 & 1+3j & 1-3j \\ -2 & -1+3j & -1-3j \\ 1 & -4 & -4 \end{pmatrix}$$

zu bilden, deren Inverse ist

$$\mathbf{X}^{-1} = \frac{1}{36} \begin{pmatrix} 8 & -8 & 4 \\ 1-3j & -1-3j & -4 \\ 1+3j & -1+3j & -4 \end{pmatrix};$$

damit ergibt sich aus der Gleichung (31.82)

$$e^{\mathbf{A}t} = \mathbf{X} \cdot e^{\Lambda t} \cdot \mathbf{X}^{-1} = \mathbf{X} \cdot \begin{pmatrix} 1 & 0 & 0 \\ 0 & e^{3jt} & 0 \\ 0 & 0 & e^{-3jt} \end{pmatrix} \cdot \mathbf{X}^{-1} =$$

$$= \frac{1}{36} \begin{pmatrix} 16 + 20\cos 3t & -16 + 16\cos 3t + 12\sin 3t & 8 - 8\cos 3t + 24\sin 3t \\ -16 + 16\cos 3t - 12\sin 3t & 16 + 20\cos 3t & -8 + 8\cos 3t + 24\sin 3t \\ 8 - 8\cos 3t - 24\sin 3t & -8 + 8\cos 3t - 24\sin 3t & 4 + 32\cos 3t \end{pmatrix}.$$

Etwas komplizierter gestaltet sich die Berechnung der Matrix $e^{\mathbf{A}t}$, wenn zu einzelnen Eigenwerten nicht ebensoviele linear unabhängige Eigenvektoren existieren, als die algebraische Vielfachheit derselben beträgt. Unter diesen Umständen gibt es nämlich keine Matrix **X**, mit der sich die Matrix **A** auf eine Diagonalmatrix transformieren läßt. Wir wollen daher einen anderen Weg einschlagen, der zunächst eine Fundamentalmatrix für die homogene Gleichung (31.74) liefert, mit Hilfe der sich dann auch die Matrix $e^{\mathbf{A}t}$ berechnen läßt.

Es sei λ ein Eigenwert der Matrix **A** mit der algebraischen Vielfachheit $v > 1$; zu diesem Eigenwert möge es $w < v$ linear unabhängige Eigenvektoren geben. Unser Ziel ist, v linear unabhängige Lösungsvektoren $\mathbf{x}_1(t), \mathbf{x}_2(t), \ldots, \mathbf{x}_v(t)$ des zu (31.74) gehörigen homogenen Systems zu bestimmen, als Beitrag des v-fachen Eigenwertes λ zu einem Fundamentalsystem. Wir beginnen mit einem Eigenvektor $\mathbf{y}$ zum Eigenwert λ; dann ist zunächst immer

$$\mathbf{x}_1(t) = \mathbf{y}e^{\lambda t} \tag{31.83}$$

eine Lösung des homogenen Systems $\dot{\mathbf{x}} = \mathbf{A} \cdot \mathbf{x}$. Eine zweite Lösung suchen wir in der Form

$$\mathbf{x}_2(t) = \left(\mathbf{y}_1 + \frac{t}{1!}\mathbf{y}\right)e^{\lambda t} \tag{31.84}$$

mit einem unbestimmten Vektor $\mathbf{y}_1$. Durch Einsetzen in die homogene Gleichung (31.74) entsteht

$$\dot{\mathbf{x}}_2 = \lambda e^{\lambda t}(\mathbf{y}_1 + t\mathbf{y}) + \mathbf{y}e^{\lambda t} = (\mathbf{A} \cdot \mathbf{y}_1 + t\mathbf{A} \cdot \mathbf{y})e^{\lambda t} = \mathbf{A} \cdot \mathbf{x}_2,$$

und daraus nach Division durch $e^{\lambda t}$ und Koeffizientenvergleich

$$(\mathbf{A} - \lambda\mathbf{E}) \cdot \mathbf{y}_1 = \mathbf{y}. \tag{31.85}$$

Was nun die Lösungsverhältnisse dieses linearen Gleichungssystems anlangt, so haben wir zu beachten, daß die Koeffizientenmatrix $\mathbf{A} - \lambda\mathbf{E}$ singulär ist, weshalb das System (31.85) nicht lösbar sein muß, und im Falle der Lösbarkeit der Vektor $\mathbf{y}_1$ nicht eindeutig bestimmt sein kann. Offenbar genügt es aber, damit der Ansatz (31.84) ein Integral der homogenen Gleichung (31.74) ist, irgendeine partikuläre Lösung des Systems (31.85) zu bestimmen. Wir wollen also annehmen, daß die Gleichung (31.85) lösbar ist und machen im nächsten Schritt zur Gewinnung einer weiteren Lösung $\mathbf{x}_3(t)$ den Ansatz

$$\mathbf{x}_3(t) = \left(\mathbf{y}_2 + \frac{t}{1!}\mathbf{y}_1 + \frac{t^2}{2!}\mathbf{y}\right)e^{\lambda t}, \tag{31.86}$$

wobei der Vektor $\mathbf{y}_2$ geeignet zu bestimmen ist. Damit nun $\mathbf{x}_3(t)$ ein Integral der homogenen Gleichung (31.74) ist, muß der Vektor $\mathbf{y}_2$ das lineare Gleichungssystem

$$(\mathbf{A} - \lambda\mathbf{E}) \cdot \mathbf{y}_2 = \mathbf{y}_1$$

lösen. Auf diese Weise wird fortgesetzt, die allgemeine Form der sich solcherart ergebenden Lösungen ist

$$x_k(t) = \left(y_{k-1} + \frac{t}{1!} y_{k-2} + \ldots + \frac{t^{k-1}}{(k-1)!} y_0\right) e^{\lambda t}, \quad k = 1, 2, \ldots, \nu, \quad y_0 = y, \tag{31.87}$$

worin die Vektoren y_k Lösungen der Gleichungen

$$(\mathbf{A} - \lambda\mathbf{E}) \cdot y_1 = y_0, \; (\mathbf{A} - \lambda\mathbf{E}) \cdot y_2 = y_1, \quad \ldots, \quad (\mathbf{A} - \lambda\mathbf{E}) \cdot y_{k-1} = y_{k-2}, \tag{31.88}$$

sind und die Zahl ν dadurch bestimmt ist, daß das Gleichungssystem

$$(\mathbf{A} - \lambda\mathbf{E}) \cdot \mathbf{u} = y_{\nu-1}$$

unlösbar ist. Ist y der einzige Eigenvektor zum v-fachen Eigenwert λ, so ist $\nu = v$; ist jedoch $w > 1$, so ist $\nu < v$ und wir setzen dieses Verfahren mit dem nächsten Eigenvektor $\mathbf{z}$ zum Eigenwert λ fort, der insgesamt μ Lösungen liefern möge. Wenn man auf diese Weise, ausgehend von einem System linear unabhängiger Eigenvektoren zum Eigenwert λ, alle möglichen Lösungen der Gestalt (31.87) bestimmt, so erhält man am Ende v Integrale der homogenen Gleichung $\dot{x} = \mathbf{A} \cdot x$, denn es gilt $\nu + \mu + \ldots = v$. Wenn man dies schließlich für alle Eigenvektoren der N-reihigen Matrix $\mathbf{A}$ durchführt, so sind N Integrale der homogenen Gleichung $\dot{x} = \mathbf{A} \cdot x$ gefunden; da diese offensichtlich linear unabhängig sind, stellt die Matrix $\mathbf{X}(t)$, deren Spalten der Reihe nach diese Integrale sind, eine Fundamentalmatrix dar. Sie ist im allgemeinen von der Matrix $e^{\mathbf{A}t}$ verschieden, muß aber mit dieser in einem Zusammenhang

$$e^{\mathbf{A}t} = \mathbf{X}(t) \cdot \mathbf{C}$$

stehen, worin $\mathbf{C}$ eine konstante Matrix ist. Sie ergibt sich, wenn wir in dieser Gleichung für $t = 0$ setzen, wegen $e^{\mathbf{0}} = \mathbf{E}$ zu $\mathbf{C} = \left(\mathbf{X}(0)\right)^{-1}$, so daß gilt

$$e^{\mathbf{A}t} = \mathbf{X}(t) \cdot \left(\mathbf{X}(0)\right)^{-1}. \tag{31.89}$$

Beispiel 31.18: Die Matrix

$$\mathbf{A} = \begin{pmatrix} 1 & 1 & 0 & 0 \\ 0 & 1 & 0 & 0 \\ 0 & 0 & 1 & 0 \\ 0 & 0 & 0 & 2 \end{pmatrix}$$

hat den einfachen Eigenwert $\lambda = 2$ und den dreifachen Eigenwert $\lambda = 1$, zu dem jedoch nur zwei linear unabhängige Eigenvektoren existieren, nämlich $y = e_1$ und $z = e_3$. Ein erstes Integral der Gleichung $\dot{x} = \mathbf{A} \cdot x$ ist $x_1(t) = e^t e_1 = (e^t, 0, 0, 0)$. Ein weiteres hat die Form

$$x_2(t) = e^t(y_1 + te_1),$$

wenn das Gleichungssystem

$$(\mathbf{A} - \mathbf{E}) \cdot y_1 = y = e_1,$$

das im Hinblick auf einen geeigneten Vektor y_1 aufzustellen ist, lösbar ist. Dies ist tatsächlich der Fall, eine Lösung ist offenbar $y_1 = e_2$, so daß

$$x_2(t) = e^t(e_2 + te_1) = (te^t, e^t, 0, 0)$$

ein Integral der homogenen Gleichung $\dot{x} = \mathbf{A} \cdot x$ ist. Der zum Eigenwert $\lambda = 1$ gehörige Eigenvektor $y = e_1$ trägt also mindestens zwei Integrale zu einem Fundamentalsystem bei; mehr als zwei können es jedoch nicht sein, weil der zweite Eigenvektor $z = e_3$ zum Eigenwert 1 und schließlich auch der

Eigenvektor $\mathbf{e}_4$ zum Eigenwert 2 jeweils mindestens ein Integral liefern. Tatsächlich ist auch das Gleichungssystem

$$(\mathbf{A} - \mathbf{E}) \cdot \mathbf{u} = \mathbf{z} = \mathbf{e}_3$$

unlösbar. Es ist also $\mathbf{x}_3(t) = e^t \mathbf{e}_3$ ein drittes Integral und $\mathbf{x}_4(t) = e^{2t}\mathbf{e}_4$ ein viertes Integral. Schließlich ist die Matrix

$$\mathbf{X}(t) = \begin{pmatrix} e^t & te^t & 0 & 0 \\ 0 & e^t & 0 & 0 \\ 0 & 0 & e^t & 0 \\ 0 & 0 & 0 & e^{2t} \end{pmatrix},$$

deren Spalten aus den vier Integralen $\mathbf{x}_k(t)$ bestehen, eine Fundamentalmatrix für das Differentialgleichungssystem $\dot{\mathbf{x}} = \mathbf{A} \cdot \mathbf{x}$; diese Fundamentalmatrix stimmt wegen $\mathbf{X}(0) = \mathbf{E}$ übrigens mit der Matrix $e^{\mathbf{A}t}$ überein.

Es wurde schon erwähnt, daß für jede einzelne Koordinatenfunktion eines linearen inhomogenen Differentialgleichungssystems (31.74) eine lineare Differentialgleichung höherer Ordnung aufgestellt werden kann. Wie man diese findet, möge das Folgende zeigen; der Leser sei insbesondere darauf hingewiesen, daß dieses Verfahren bloß die Lösung eines linearen Gleichungssystems erfordert, nicht aber die die Lösung der vollständigen Eigenwertaufgabe wie zur Bestimmung der Matrix $e^{\mathbf{A}t}$.

Wir gehen wieder vom System (31.74) aus; mit einem zunächst beliebigen Vektor $\mathbf{b}$ bilden wir den skalaren Ausdruck

$$y = \mathbf{b}^* \cdot \mathbf{x}, \tag{31.90}$$

der für jede Lösung $\mathbf{x}(t)$ von (31.74) eine reelle Funktion der reellen Veränderlichen t ist. Die Ableitungen von y sind durch

$$y^{(k)}(t) = \mathbf{b}^* \cdot \mathbf{x}^{(k)}(t) \tag{31.91}$$

gegeben, insbesondere ist

$$\dot{y} = \mathbf{b}^* \cdot \dot{\mathbf{x}} = \mathbf{b}^* \cdot \mathbf{A} \cdot \mathbf{x} + \mathbf{b}^* \cdot \mathbf{s}, \quad \ddot{y} = \mathbf{b}^* \cdot \ddot{\mathbf{x}} = \mathbf{b}^* \cdot \mathbf{A}^2 \cdot \mathbf{x} + \mathbf{b}^* \cdot \mathbf{A} \cdot \mathbf{s} + \mathbf{b}^* \cdot \dot{\mathbf{s}}$$

und allgemein

$$y^{(k)} = \mathbf{b}^* \cdot \mathbf{A}^k \cdot \mathbf{x} + \sum_{h=0}^{k-1} \mathbf{b}^* \cdot \mathbf{A}^{k-h-1} \cdot \mathbf{s}^{(h)}, \quad k = 1, 2, \ldots, \tag{31.92}$$

wie der Leser durch vollständige Induktion ohne Schwierigkeiten bestätigen kann. Es sei nun $p(\lambda) = a_0 + a_1\lambda + \ldots + a_m\lambda^m$ ein beliebiges Polynom; dann gilt auf Grund von (31.92)

$$a_0 y + a_1 \dot{y} + \ldots + a_m y^{(m)} = \mathbf{b}^* \cdot p(\mathbf{A}) \cdot \mathbf{x} + \sum_{k=1}^{m} a_k \sum_{h=0}^{k-1} \mathbf{b}^* \cdot \mathbf{A}^{k-h-1} \cdot \mathbf{s}^{(h)}. \tag{31.93}$$

Durch die Umformung

$$\sum_{k=1}^{m} a_k \sum_{h=0}^{k-1} \mathbf{b}^* \cdot \mathbf{A}^{k-h-1} \cdot \mathbf{s}^{(h)} = \sum_{h=0}^{m-1} \left(\mathbf{s}^{(h)}\right)^* \cdot \sum_{k=h+1}^{m} a_k (\mathbf{A}^*)^{k-h-1} \cdot \mathbf{b}$$

nimmt die Gleichung (31.93), wenn wir die Polynome

$$q_h(\lambda) = a_{h+1} + a_{h+2}\lambda + \ldots + a_m\lambda^{m-h-1}, \quad h = 0, 1, \ldots, m-1,$$

einführen und mit L jenen Differentialoperator bezeichnen, dessen charakteristisches Polynom gerade $p(\lambda)$ ist, die Gestalt

$$Ly = \mathbf{b}^* \cdot p(\mathbf{A}) \cdot \mathbf{x} + \sum_{h=0}^{m-1} \left(\mathbf{s}^{(h)}\right)^* \cdot q_h(\mathbf{A}^*) \cdot \mathbf{b} \tag{31.94}$$

an. Setzen wir noch

$$q_h(\mathbf{A}^*) \cdot \mathbf{b} = \mathbf{c}_h = \left(c_1^h, c_2^h, \ldots, c_N^h\right), \quad h = 0, 1, \ldots, m-1,$$

so erhalten wir die Darstellung

$$Ly = \mathbf{b}^* \cdot p(\mathbf{A}) \cdot \mathbf{x} + \sum_{h=0}^{m-1} \left(c_1^h s_1^{(h)} + c_2^h s_2^{(h)} + \ldots + c_N^h s_N^{(h)}\right),$$

beziehungsweise, wenn wir mit M_l jenen linearen Differentialoperator bezeichnen, dessen charakteristisches Polynom $p_l(\lambda) = c_l^0 + c_l^1 \lambda + \ldots + c_l^{m-1} \lambda^{m-1}$ ist,

$$Ly = \mathbf{b}^* \cdot p(\mathbf{A}) \cdot \mathbf{x} + \sum_{l=1}^{N} M_l s_l. \tag{31.95}$$

Wir bemerken hierzu, daß die Ordnung eines jeden der Differentialoperatoren M_l höchstens $m-1$ ist, sie kann durchaus auch kleiner sein.

Die für jede Lösung $\mathbf{x}(t)$ des inhomogenen Differentialgleichungssystems (31.74) gültige Gleichung (31.95) ist nun der Ansatzpunkt zur Konstruktion einer Differentialgleichung für die j-te Koordinatenfunktion $x_j(t)$ des Lösungsvektors $\mathbf{x}(t)$: Wir müssen einerseits den Vektor $\mathbf{b}$ so wählen, daß $y = x_j$ ist, und andererseits den ersten Term auf der rechten Seite von (31.95) zum Verschwinden bringen. Die erste Bedingung wird durch die Setzung $\mathbf{b} = \mathbf{e}_j$ erfüllt, die zweite, indem das Polynom $p(\lambda)$ so gewählt wird, daß

$$\mathbf{e}_j^* \cdot p(\mathbf{A}) = \mathbf{o} \tag{31.96}$$

gilt. Es erweist sich hierfür, wenn wir dies durch $p(\mathbf{A}) = \mathbf{0}$ erreichen wollen, das charakteristische Polynom der Matrix $\mathbf{A}$ als geeignet, unter Umständen auch ein Polynom niedrigeren Grades $p_j(\lambda)$ (was auf eine Differentialgleichung niedriger als N-ter Ordnung für x_j führt). Welche Eigenschaften ein solches Polynom haben muß, geht aus der Bedingung (31.96) unmittelbar hervor: Die Elemente in der j-ten Zeile der Matrix $p_j(\mathbf{A})$ müssen sämtlich gleich Null sein, wofür natürlich nicht verlangt werden muß, daß $p_j(\mathbf{A})$ die Nullmatrix ist. Es läßt sich zeigen, daß ein solches Polynom stets ein Teiler des charakteristischen Polynoms der Matrix $\mathbf{A}$ ist, was insbesondere bedeutet, daß jede Nullstelle von $p_j(\lambda)$ auch eine Lösung der charakteristischen Gleichung der Matrix $\mathbf{A}$ und somit ein Eigenwert der Matrix $\mathbf{A}$ ist.

Zusammenfassend ergibt sich also, daß die j-te Koordinate jeder Lösung $\mathbf{x}(t)$ des Systems (31.74) einer linearen Differentialgleichung

$$L_j x_j = \hat{s}_j = \sum_{h=1}^{N} M_h^{(j)} s_h \tag{31.97}$$

höchstens N-ter Ordnung genügt, wobei das charakteristische Polynom des Differentialoperators L_j das Polynom kleinsten Grades ist mit der Eigenschaft, daß die Elemente in der j-ten Zeile der Matrix $p_j(A)$ sämtlich gleich Null sind; die Ordnung jedes der Operatoren $M_h^{(j)}$ ist kleiner als die des Operators L_j.

Die Differentialoperatoren $M_h^{(j)}$, die durch das Polynom (kleinsten Grades) $p_j(\lambda) = a_0 + a_1\lambda + \dots a_m\lambda^m$ mit der Eigenschaft $\mathbf{e}_j^* \cdot p_j(\mathbf{A}) = \mathbf{o}$ eindeutig bestimmt sind, können folgendermaßen berechnet werden. Da die Polynome $q_h(\lambda)$ der Rekursionsvorschrift

$$q_{h-1}(\lambda) = a_h + \lambda q_h(\lambda), \quad h = m-1, m-2, \dots, 2, 1, \tag{31.98}$$

genügen, für die $q_{m-1}(\lambda) = a_m$ zu setzen ist, ergibt sich durch Substitution von λ in (31.98) durch $\mathbf{A}^*$ und Multiplikation von rechts mit $\mathbf{e}_j$ die Rekursionsvorschrift

$$\mathbf{c}_{h-1} = a_h\mathbf{e}_j + \mathbf{A}^* \cdot \mathbf{c}_h, \quad h = m-1, m-2, \dots, 2, 1, \quad \mathbf{c}_{m-1} = a_m\mathbf{e}_j, \tag{31.99}$$

für die Vektoren $\mathbf{c}_h$, aus denen die charakteristischen Polynome der Operatoren $M_h^{(j)}$ hervorgehen.

Sind Anfangsbedingungen $\mathbf{x}(t_0) = \mathbf{x}_0$ für das Differentialgleichungssystem (31.74) vorgeschrieben, so müssen diese natürlich für die Gleichung (31.97) übertragen werden. Hierfür hat man neben der Gleichung (31.90) entsprechend viele der Gleichungen (31.92) für $\mathbf{b} = \mathbf{e}_j$ zu berücksichtigen.

Beispiel 31.19: Sei

$$\begin{aligned}
\dot{x}_1 &= 2x_1 + x_2 - x_3 + s_1(t),\\
\dot{x}_2 &= 2x_1 + 2x_2 - x_3 + s_2(t),\\
\dot{x}_3 &= 3x_1 + 2x_2 - x_3 + s_3(t)
\end{aligned}$$

mit den Anfangsbedingungen $x_1(t_0) = x_1^0$, $x_2(t_0) = x_2^0$, $x_3(t_0) = x_3^0$. Wir suchen eine Differentialgleichung für die Funktion $x_1(t)$, wobei wir davon ausgehen können, daß deren Ordnung höchstens N = 3 ist. Für die rechnerische Durchführung haben wir daher ein Polynom $p_1(\lambda) = a_0 + a_1\lambda + a_2\lambda^2 + a_3\lambda^3$ kleinsten Grades zu suchen, derart, daß die Matrix

$$p_1(\mathbf{A}) = a_0\mathbf{E} + a_1\mathbf{A} + a_2\mathbf{A}^2 + a_3\mathbf{A}^3 = \begin{pmatrix} a_0 + 2a_1 + 3a_2 + 4a_3 & a_1 + 2a_2 + 3a_3 & -a_1 - 2a_2 - 3a_3 \\ 2a_1 + 5a_2 + 9a_3 & a_0 + 2a_1 + 4a_2 + 7a_3 & -a_1 - 3a_2 - 6a_3 \\ 3a_1 + 7a_2 + 12a_3 & 2a_1 + 5a_2 + 9a_3 & a_0 - a_1 - 4a_2 - 8a_3 \end{pmatrix}$$

in der ersten Zeilen nur Nullen hat: Diese Bedingung führt auf das lineare Gleichungssystem

$$a_0 + 2a_1 + 3a_2 + 4a_3 = 0, \quad a_1 + 2a_2 + 3a_3 = 0, \quad -a_1 - 2a_2 - 3a_3 = 0$$

für die Koeffizienten des gesuchten Polynoms $p_1(\lambda)$. Da die Koeffizientenmatrix dieses Gleichungssystems nicht injektiv sein kann (sie hat mehr Spalten als Zeilen), muß es eine nichttriviale Lösung geben. Die allgemeine Lösung dieses Systems ist

$$a_0 = t + 2\tau, \quad a_1 = -2t - 3\tau, \quad a_2 = t, \quad a_3 = \tau,$$

worin t und τ beliebig sind. Die Tatsache insbesondere, daß die Lösungsmannigfaltigkeit zweidimensional ist, zeigt uns, daß wir sogar mit einem Polynom zweiten Grades das Auslangen finden, denn für $\tau = 0$ und $t = 1$ wird $a_0 = 1$, $a_1 = -2$, $a_2 = 1$ und $a_3 = 0$. Es hat also das Polynom zweiten Grades $p_1(\lambda) = \lambda^2 - 2\lambda + 1 = (\lambda - 1)^2$ die gewünschten Eigenschaften, der Differentialoperator L_1 für die Unbekannte x_1 ist

$$L_1 x_1 = \ddot{x}_1 - 2\dot{x}_1 + x_1.$$

Um die rechte Seite der Differentialgleichung für x_1 aufzustellen, berechnen wir nach der Vorschrift (31.99) die Vektoren c_0 und c_1,

$$c_1 = e_1 = (1, 0, 0), \quad c_0 = -2e_1 + A^* \cdot e_1 = (0, 1, -1).$$

Daraus folgt schließlich

$$M_1 s_1(t) = \dot{s}_1, \quad M_2 s_2(t) = s_2, \quad M_3 s_3(t) = -s_3,$$

und die Unbekannte $x_1(t)$ genügt der Differentialgleichung

$$L_1 x_1(t) = \ddot{x}_1 - 2\dot{x}_1 + x_1 = \hat{s}(t) = \dot{s}_1(t) + s_2(t) - s_3(t).$$

Schließlich benötigen wir für diese Gleichung noch zwei Anfangsbedingungen: die eine ist natürlich $x_1(t_0) = x_1^0$, die andere finden wir aus (31.92) für k = 1 und $t = t_0$ zu $\dot{x}_1(t_0) = 2x_1^0 + x_2^0 - x_3^0 + s_1(t_0)$; sie ergibt sich auch aus der ersten Systemgleichung durch Einsetzen für $t = t_0$.

Für die Unbekannten x_2 und x_3 ist das Polynom kleinsten Grades, abgesehen von einem multiplikativen Faktor, mit dem charakteristischen Polynom $p(\lambda) = (\lambda - 1)^3$ der Koeffizientenmatrix **A** identisch. Man erhält

$$L_2 x_2 = \dddot{x}_2 - 3\ddot{x}_2 + 3\dot{x}_2 - x_2 = -s_1 + 2\dot{s}_1 + s_2 - \dot{s}_2 + \ddot{s}_2 - \dot{s}_3$$

und

$$L_3 x_3 = \dddot{x}_3 - 3\ddot{x}_3 + 3\dot{x}_3 - x_3 = -2s_1 + 3\dot{s}_1 - s_2 + 2\dot{s}_2 + 2s_3 - 4\dot{s}_3 + \ddot{s}_3.$$

Wie an anderem Orte schon auseinandergesetzt wurde, führt die Aufstellung der Zeitgleichungen für ein aus (idealen) ohmschen, induktiven und kapazitiven Widerständen bestehendes Netzwerk zunächst auf ein System von linearen Differentialgleichungen erster Ordnung mit konstanter Koeffizientenmatrix, worin die Unbekannten die Ströme durch die Induktivitäten und die Spannungen an den Kapazitäten sind. Für die Erregung des Systems gibt es zweierlei Ursachen: Äußere Einflüsse wie eingeprägte Spannungen und der Energiezustand des Systems in jenem Augenblick, in dem es sich selbst überlassen wird. Von außen herrührende Wirkungen sind durch einen Störvektor $\mathbf{s}(t)$ zu beschreiben, hingegen ist der energetische Zustand mathematisch durch Anfangsbedingungen $\mathbf{x}(t_0) = \mathbf{x}_0$ auszudrücken. Hierfür sind die beiden Schaltgesetze zu berücksichtigen, die nichts anderes zum Ausdruck bringen, als daß die elektrische Energie

$$W_{\text{elektrisch}} = \frac{1}{2} qu = \frac{1}{2} Cu^2$$

in geladenen Kondensatoren und die magnetische Energie

$$W_{\text{magnetisch}} = \frac{1}{2} \Phi i = \frac{1}{2} Li^2$$

in stromdurchflossenen Spulen stetige Funktionen der Zeit sind. Ist keine äußere Störung vorhanden, so ist $\mathbf{s}(t) = \mathbf{o}$ und das Systemverhalten wird durch die homogene Gleichung

$$\dot{\mathbf{x}} = \mathbf{A} \cdot \mathbf{x}, \quad \mathbf{x}(t_0) = \mathbf{x}_0, \tag{31.100}$$

beschrieben. Wenn dabei speziell $\mathbf{x}_0 = \mathbf{o}$ ist, so tritt überhaupt keine Erregung ein, das System bleibt in Ruhe; tatsächlich ist in diesem Fall $\mathbf{x}(t) = \mathbf{o}$ die Lösung der Anfangswertaufgabe (31.100). Wenn hingegen $\mathbf{x}_0 \neq \mathbf{o}$ ist, so lautet die Lösung der Anfangswertaufgabe (31.100)

$$\mathbf{x}(t) = e^{\mathbf{A}(t-t_0)} \cdot \mathbf{x}_0. \tag{31.101}$$

Lineare Systeme mit der Eigenschaft, daß die gesamte zu einem Zeitpunkt t_0 gespeicherte Energie (bei Fehlen einer äußeren Erregung) nach außen abgegeben wird, bezeichnet man als *gedämpft*. Wenn also keine Erregung ab einem gewissen Zeitpunkt vorhanden ist, kehrt ein solches System in den Ruhezustand zurück, das heißt, es gilt

$$\lim_{t \to \infty} \mathbf{x}(t) = \mathbf{o} \tag{31.102}$$

für jede Lösung der homogenen Gleichung (31.100). Wie ein Blick auf die Lösung der Anfangswertaufgabe (31.100) zeigt, gilt dies offenbar genau dann, wenn

$$\lim_{t \to \infty} e^{\mathbf{A}t} = \mathbf{0}. \tag{31.103}$$

Für die Gültigkeit dieser Grenzwertbeziehung ist nun notwendig, daß sämtliche Eigenwerte der Systemmatrix $\mathbf{A}$ einen negativen Realteil haben. Ist nämlich λ ein Eigenwert von $\mathbf{A}$ und $\hat{\mathbf{x}}$ der zugehörige Eigenvektor, so ist $\hat{\mathbf{x}}$ Eigenvektor der Matrix $e^{\mathbf{A}t}$ zum Eigenwert $e^{\lambda t}$, und offenbar gilt für die Lösung von (31.100) mit dem Anfangsvektor $\mathbf{x}_0 = \hat{\mathbf{x}}$ die Grenzwertbeziehung (31.102) nur dann, wenn $\mathrm{Re}(\lambda) < 0$ ist. Die genannte Bedingung ist aber auch hinreichend, wie sich durch folgenden Schluß ergibt. Wie unschwer zu sehen ist, gilt (31.102) für jede Lösung $\mathbf{x}(t)$ der homogenen Gleichung sicher nur dann, wenn $\lim\limits_{t \to \infty} x_k(t) = 0$ ist für jede einzelne Systemgröße x_k; jede der Systemgrößen genügt aber, wie weiter oben festgestellt wurde, einer homogenen linearen Differentialgleichung $L_k x_k = 0$, wobei das charakteristische Polynom $p_k(\lambda)$ des Differentialoperators L_k ein Teiler des charakteristischen Polynoms der Systemmatrix $\mathbf{A}$ ist. Wenn daher die Realteile der Eigenwerte der Matrix $\mathbf{A}$ sämtlich negativ sind, so ist für jede der Gleichungen $L_k x_k = 0$ die Voraussetzung von Satz 31.2 erfüllt, was schließlich bedeutet, daß alle Systemgrößen für $t \to \infty$ gegen Null streben. Es gilt also

Satz 31.3 *Ein lineares System ist genau dann gedämpft, wenn die Eigenwerte der Systemmatrix alle in der Halbebene* $\mathrm{Re}(\lambda) < 0$ *liegen.*

Ein gedämpftes System geht bei periodischer Erregung in einen eingeschwungenen Zustand über. Die Lösung von (31.74), die diesen beschreibt, gewinnen wir wieder durch einen entsprechenden Ansatz. Ist die Störfunktion $\mathbf{s}(t) = \hat{\mathbf{s}}$ ein konstanter Vektor, so ist offenbar der konstante Vektor

$$\hat{\mathbf{x}} = -\mathbf{A}^{-1} \cdot \hat{\mathbf{s}} \text{ [1]} \tag{31.104}$$

ein Integral der Gleichung (31.74). Ist der Vektor $\mathbf{s}(t)$ eine periodische Funktion mit der Periode $T = \frac{2\pi}{\omega}$, insbesondere $s_i(t) = \hat{S}_i \cos(\omega t + \varphi_i)$ für $i = 1, 2, \ldots, N$, so führt der Ansatz $x_i(t) = \hat{X}_i \cos(\omega t + \psi_i)$ für jede Unbekannte zu einem Lösungsvektor der Gleichung (31.74). Zweckmäßiger erweist sich jedoch wieder der Übergang ins Komplexe durch den Ansatz

$$\mathbf{x}(t) = \mathrm{Re}(\underline{\hat{\mathbf{X}}} e^{j\omega t}), \tag{31.105}$$

[1]) Hierzu ist zu beachten, daß die Systemmatrix eines gedämpften Systems regulär ist. Die Forderung $\mathrm{Re}(\lambda_i) < 0$ bedeutet ja insbesondere $\lambda_i \neq 0$, weswegen die Koeffizientendeterminante, die ja gleich dem Produkt der Eigenwerte ist, von Null verschieden sein muß.

worin $\underline{\hat{X}}$ ein komplexer Vektor ist, dessen Koordinaten $\underline{\hat{X}}_i$ die Zeiger für die einzelnen Systemgrößen sind. Wenn auch die rechte Seite s(t) in dieser Form dargestellt wird,

$$s(t) = \mathrm{Re}(\underline{\hat{S}} e^{j\omega t}),$$

so ergibt sich durch Einsetzen in (31.74) analog zu (31.43)

$$\underline{\hat{X}} = -(A - j\omega E)^{-1} \cdot \underline{\hat{S}}\ ^{2)}. \tag{31.106}$$

Wenn der Störvektor s(t) eine beliebige periodische Funktion ist, so stellt man jede der Funktionen $s_i(t)$ durch ihre Fouriersche Reihe dar und macht für die Systemgrößen $x_i(t)$ einen Fourierschen Ansatz mit unbestimmten Koeffizienten.

Stimmt die Erregerfrequenz ω mit dem Imaginärteil eines Eigenwertes der Systemmatrix überein, so kommt es zu (physikalischer) Resonanz. Sei etwa $\lambda_1 = -\rho + j\omega$; wenn dann die Dämpfung geringfügig ist, also die positive Zahl ρ sehr klein ist, so wird

$$\mathrm{Det}(A - j\omega E) = p(j\omega) = -\rho(\lambda_2 - j\omega) \cdot \ldots \cdot (\lambda_N - j\omega)$$

dem Betrage nach klein, weswegen einzelne oder alle Koordinaten des Vektors $\underline{\hat{X}}$ in (31.106) groß werden können. Dies bedeutet, daß die Systemgrößen hohe Spitzenwerte erreichen, was die Zerstörung des Systems herbeiführen kann.

Wir erwähnen noch den Spezialfall, daß die rechte Seite s(t) des Differentialgleichungssystems (31.74) die Gestalt s(t) = cu(t) mit einem konstanten Vektor c hat. Dieser Sachverhalt liegt beispielsweise dann vor, wenn die Erregung des Systems in einer einzigen Quelle ihren Ursprung hat, wie es die Erregerspannung an den Klemmen eines Netzwerkes ist. Ist eine der Systemgrößen ein Strom i(t), so genügt i(t) einer Differentialgleichung

$$Li(t) = Mu(t), \tag{31.107}$$

worin M ein linearer Differentialoperator ist, dessen Ordnung um mindestens 1 geringer ist als diejenige des Differentialoperators L. Bezeichnet $p(\lambda)$ das charakteristische Polynom von L, $q(\lambda)$ das charakteristische Polynom von M und ist $u(t) = \mathrm{Re}(\underline{\hat{U}} e^{j\omega t})$, so führt der Ansatz (31.42) für (31.107) auf die Gleichung

$$\underline{\hat{I}} p(j\omega) = \underline{\hat{U}} q(j\omega) \tag{31.108}$$

für den Stromzeiger $\underline{\hat{I}}$, aus der sich dieser zu

$$\underline{\hat{I}} = \frac{q(j\omega)}{p(j\omega)} \underline{\hat{U}} \tag{31.109}$$

bestimmt. Dabei ist $\frac{q(j\omega)}{p(j\omega)}$ eine echt gebrochene rationale Funktion in der Variablen $j\omega$.

Es sei schließlich noch darauf aufmerksam gemacht, daß die Forderung der Periodizität des Störvektors s(t) zu unterscheiden ist von dem Fall, daß wohl jede der Funktionen $s_i(t)$ periodisch ist, deren Perioden $T_i = \frac{2\pi}{\omega_i}$ aber unterschiedlich sind. Unter diesen Umständen sind die Lösungen $x_i(t)$ im allgemeinen keine periodischen Funktionen. Dies geht her-

---

2) Die Matrix $A - j\omega E$ ist für jeden Wert von ω regulär, denn die Eigenwerte der Matrix $A - j\omega E$ sind die von Null verschiedenen Zahlen $\lambda_i - j\omega$.

vor, wenn wir die entsprechenden Differentialgleichungen für die Systemgrößen x_i anschreiben,

$$L_i x_i = \hat{s}_i(t) = \sum_{k=1}^{N} M_k^{(i)} s_k(t), \quad i = 1, 2, \dots, N.$$

Obwohl jeder der Terme $M_k^{(i)} s_k(t)$ eine periodische Funktion ist, so ist deren Summe im allgemeinen aber keine periodische Funktion mehr (vergleiche hierzu Abschnitt 18.1, wo Bedingungen dafür angegeben wurden, daß die Überlagerung harmonischer Schwingungen wieder eine harmonische Schwingung ist).

31.6 Transformation linearer Differentialgleichungen mit konstanten Koeffizienten

Auf elegante Weise lassen sich Ausgleichsvorgänge, das heißt Anfangswertaufgaben für lineare Differentialgleichungen mit konstanten Koeffizienten, mit Hilfe der Laplace-Transformation berechnen. Auf Grund der Linearität der Laplace-Transformation kann der Operator $\mathscr{L}$ der Laplace-Transformation mit einem Differentialoperator mit konstanten Koeffizienten vertauscht werden,

$$\mathscr{L} L x(t) = \mathscr{L} \sum_{k=0}^{n} a_{n-k} x^{(k)}(t) = \sum_{k=0}^{n} a_{n-k} \mathscr{L} x^{(k)}(t);$$

beachtet man ferner die Regel (27.123) über die Differentiation im Zeitbereich,

$$\mathscr{L} x^{(k)}(t) = s^k X(s) - \sum_{m=0}^{k-1} s^m x^{(k-m-1)}(0),$$

worin $X(s) = \mathscr{L} x(t)$ ist, so geht die inhomogene Differentialgleichung $L x(t) = y(t)$ in

$$X(s) \sum_{k=0}^{n} a_{n-k} s^k - \sum_{k=1}^{n} a_{n-k} \sum_{m=0}^{k-1} s^m x^{(k-m-1)}(0) = Y(s) = \mathscr{L} y(t)$$

über, beziehungsweise, wenn wir abkürzend

$$\sum_{k=1}^{n} a_{n-k} \sum_{m=0}^{k-1} s^m x^{(k-m-1)}(0) = \sum_{k=0}^{n-1} x^{(k)}(0) q_k(s) = q(s) \tag{31.110}$$

schreiben, mit $p(s) = a_n + s q_0(s)$ und

$$q_k(s) = a_{n-k-1} + a_{n-k-2} s + \dots + a_0 s^{n-k-1} = a_{n-k-1} + s q_{k+1}(s), \quad k = n-1, \dots, 1, 0,$$

wobei $q_n(s) = 0$ zu setzen ist,

$$X(s) p(s) = Y(s) + q(s). \tag{31.111}$$

Diese Gleichung ist das Bild der inhomogenen Differentialgleichung $L x(t) = y(t)$ unter der Laplace-Transformation. Das Besondere an ihr ist, daß es sich um eine lineare algebraische Gleichung für das Bild $X(s)$ der gesuchten Zeitfunktion $x(t)$ handelt, was aber auch zu erwarten war, da Differentiationsprozessen im Zeitbereich algebraische Operationen im

Bildbereich entsprechen. Die Lösung der Gleichung (31.111) lautet

$$X(s) = \frac{q(s)}{p(s)} + \frac{1}{p(s)} Y(s). \tag{31.112}$$

Darin ist

$$\frac{q(s)}{p(s)} = \sum_{k=0}^{n-1} x^{(k)}(0) \frac{q_k(s)}{p(s)} \tag{31.113}$$

eine echt gebrochene rationale Funktion, deren Rücktransformation in den Zeitbereich durch Partialbruchzerlegung bewerkstelligt werden kann. Wenn insbesondere

$$\mathscr{L}^{-1} \frac{q_k(s)}{p(s)} = x_k(t) \tag{31.114}$$

gesetzt wird, so ergibt die Rücktransformation von (31.113)

$$\mathscr{L}^{-1} \frac{q(s)}{p(s)} = \sum_{k=0}^{n-1} x^{(k)}(0) x_k(t). \tag{31.115}$$

Zur Rücktransformation des zweiten Termes in (31.112) benötigen wir nur das Urbild der Funktion $\frac{1}{p(s)}$, was wieder eine Partialbruchzerlegung erfordert. Bezeichnet $g(t) = \mathscr{L}^{-1} \frac{1}{p(s)}$, so ist auf Grund der Faltungsregel (27.156)

$$\mathscr{L}^{-1}\left(\frac{1}{p(s)} Y(s)\right) = g(t) * y(t) = \int_0^t g(t-\tau) y(\tau) d\tau. \tag{31.116}$$

Diese Betrachtungen zeigen, wie mit Hilfe der Laplace-Transformation eine lineare inhomogene Differentialgleichung $Lx(t) = y(t)$ unter Anfangsbedingungen gelöst werden kann: man erhält aus (31.111) unter Berücksichtigung von (31.115) und (31.116)

$$x(t) = \sum_{k=0}^{n-1} x^{(k)}(0) x_k(t) + \int_0^t g(t-\tau) y(\tau) d\tau. \tag{31.117}$$

Die Funktionen $x_k(t)$ können dabei rekursiv berechnet werden. Da

$$\lim_{s \to \infty} s \frac{q_k(s)}{p(s)} = 0, \quad k = 1, 2, \ldots, n-1,$$

gilt, ist auf Grund des Anfangswertsatzes (27.165)

$$\lim_{t \to 0+} x_k(t) = 0, \quad k = 1, 2, \ldots, n-1,$$

und folglich

$$\mathscr{L}\dot{x}_k(t) = s \frac{q_k(s)}{p(s)}, \quad k = 1, 2, \ldots, n-1.$$

Deshalb wird

$$x_k(t) = a_{n-k-1} g(t) + \dot{x}_{k+1}(t), \quad k = n-1, \ldots, 1, 0, \tag{31.118}$$

wobei $x_n(t) = 0$ zu setzen ist.

Beispiel 31.20: Die Zeitgleichung für den RL-Kreis lautet

$$Li' + Ri = u(t), \quad i(0) = 0,$$

die Bildgleichung unter der Laplace-Transformation

$$(Ls + R)\, I(s) = U(s),$$

da der Anfangswert des Stromes gleich Null ist. Aus der Lösung

$$I(s) = \frac{1}{Ls + R} U(s)$$

dieser Gleichung ergibt sich durch Rücktransformation unter Berücksichtigung von $\mathscr{L}^{-1} \frac{1}{Ls+R} = \frac{1}{L} e^{-t/T}$, $T = \frac{L}{R}$, der Strom

$$i(t) = \frac{1}{L} \int_0^t e^{-(t-\tau)/T} u(\tau)\, d\tau, \quad T = \frac{L}{R}. \tag{31.119}$$

Beispiel 31.21: Zur Berechnung des Ausgleichsvorganges in einem RC-Kreis ist die Gleichung

$$Ri + \frac{1}{C} \int_0^t i(\tau)\, d\tau + \frac{Q}{C} = u(t)$$

zu lösen, worin Q die Kondensatorladung zum Zeitpunkt t = 0 ist. Wenn wir direkt den Operator $\mathscr{L}$ anwenden, so entsteht unter Berücksichtigung der Formel (27.121) über die Integration im Zeitbereich

$$RI(s) + \frac{1}{Cs} I(s) + \frac{Q}{Cs} = U(s),$$

woraus sich das Bild des Stromes zu

$$I(s) = \frac{Cs}{1 + RCs} U(s) - \frac{Q}{1 + RCs}$$

berechnet. Wegen

$$\mathscr{L}^{-1} \frac{Cs}{1+RCs} = \frac{1}{R} \mathscr{L}^{-1} \frac{s}{s + \frac{1}{T}} = \frac{1}{R} \mathscr{L}^{-1} \left(1 - \frac{1}{T} \frac{1}{s + \frac{1}{T}} \right) = \frac{1}{R} \delta(t) - \frac{1}{RT} e^{-t/T}, \quad T = RC,$$

worin (27.149) verwendet wurde, sowie

$$\mathscr{L}^{-1} \frac{Q}{1+RCs} = \frac{Q}{RC} \mathscr{L}^{-1} \frac{1}{s + \frac{1}{T}} = \frac{Q}{T} e^{-t/T}$$

folgt

$$i(t) = \int_0^t \left(\frac{1}{R} \delta(t-\tau) - \frac{1}{RT} e^{-(t-\tau)/T} \right) u(\tau)\, d\tau - \frac{Q}{T} e^{-t/T}$$

und, wenn man hierfür (27.82) berücksichtigt,

$$i(t) = \frac{1}{R} u(t) - \frac{Q}{T} e^{-t/T} - \frac{1}{RT} \int_0^t e^{-(t-\tau)/T} u(\tau) d\tau. \tag{31.120}$$

Differenziert man die Zeitgleichung für den RC-Kreis, so entsteht die Anfangswertaufgabe

$$Ri' + \frac{1}{C} i = \dot{u}(t), \quad i(0) = \frac{u(0) - \frac{Q}{C}}{R},$$

vorausgesetzt natürlich, daß die Funktion u(t) differenzierbar ist. Durch Anwendung der Laplace-Transformation ergibt sich im Bildraum die Gleichung

$$\left(Rs + \frac{1}{C}\right) I(s) - \left(u(0) - \frac{Q}{C}\right) = sU(s) - u(0)$$

und man erhält als Bild des Stromes i(t)

$$I(s) = \frac{s}{Rs + \frac{1}{C}} U(s) - \frac{Q}{C} \frac{1}{Rs + \frac{1}{C}},$$

natürlich in Übereinstimmung mit dem obigen Ergebnis.

Beispiel 31.22: Um den Ausgleichsvorgang in einem Serienschwingkreis zu berechnen, ist die Gleichung

$$Li' + Ri + \frac{1}{C} \int_0^t i(\tau) d\tau + \frac{Q}{C} = u(t), \quad i(0) = 0,$$

zu lösen, beziehungsweise die Anfangswertaufgabe

$$Li'' + Ri' + \frac{1}{C} i = \dot{u}(t), \quad i(0) = 0, \; i'(0) = \frac{u(0) - \frac{Q}{C}}{L}.$$

Im ersten Fall erhält man als Bildgleichung

$$\left(Ls + R + \frac{1}{Cs}\right) I(s) + \frac{Q}{Cs} = U(s),$$

im zweiten Fall

$$\left(Ls^2 + Rs + \frac{1}{C}\right) I(s) - u(0) + \frac{Q}{C} = sU(s) - u(0);$$

in beiden Fällen ist natürlich

$$I(s) = \frac{s}{Ls^2 + Rs + \frac{1}{C}} U(s) - \frac{Q}{C} \frac{1}{Ls^2 + Rs + \frac{1}{C}}.$$

Durch Partialbruchzerlegung, wie in Abschnitt 27.9 dargelegt, kann die Funktion

$$g(t) = \mathscr{L}^{-1} \frac{1}{Ls^2 + Rs + \frac{1}{C}}$$

berechnet werden; auf Grund des Anfangswertsatzes (27.165) ist g(0) = 0 und folglich

$$\mathcal{L}^{-1} \frac{s}{Ls^2 + Rs + \frac{1}{C}} = \dot{g}(t),$$

wobei natürlich auch dieses Ergebnis durch Partialbruchzerlegung gewonnen werden kann. Als Endergebnis haben wir somit

$$i(t) = \int_0^t \dot{g}(t-\tau)u(\tau)d\tau - \frac{Q}{C} g(t). \tag{31.121}$$

Beispiel 31.23: An die Schaltung von Bild 31.11 wird zum Zeitpunkt t = 0 eine Spannung u (t) angelegt, zum Zeitpunkt $t = t_0$ wird der Schalter S geschlossen und damit die Spule mit der Induktivität L und dem ohmschen Widerstand R_2 kurzgeschlossen. Zur Berechnung des Stromes i (t) haben wir für den Zeitraum $0 < t < t_0$ die Gleichung

$$Li' + (R_1 + R_2)i = u, \quad i(0) = 0,$$

zu lösen; für $t > t_0$ verzweigt sich der Strom i(t) in $i_1(t)$ und $i_2(t)$, wobei gilt

$$Li_2' + R_2 i_2 = 0, \quad u = R_1 i = R_1 i_1 + R_1 i_2.$$

Da der Strom durch die Spule stetig ist, kommt als weitere Bedingung $i_2(t_0+) = i(t_0-)$ hinzu. Nun entnehmen wir der Gleichung (31.119) zunächst

$$i(t) = \frac{1}{L} \int_0^t e^{-(t-\tau)/T} u(\tau)d\tau, \quad T = \frac{L}{R_1 + R_2}, \quad 0 \leqslant t < t_0 .$$

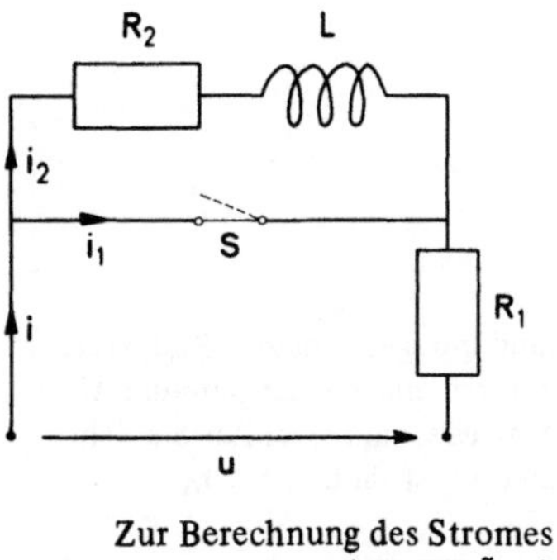

Bild 31.11

Zur Berechnung des Stromes $i_2(t)$ führen wir zunächst eine Zeittransformation $t' = t - t_0$ durch und setzen $i_2(t) = i_2(t' + t_0) = \tilde{i}_2(t')$. Bei dieser Transformation geht die Zeitgleichung für den Strom $i_2(t)$ in sich über, und es wird, wenn $\tilde{I}_2$ die Laplace-Transformierte von $\tilde{i}_2$ bezeichnet,

$$(Ls + R_2)\tilde{I}_2 - L\tilde{i}_2(0) = 0,$$

worin

$$\tilde{i}_2(0) = \tilde{i}_2(0+) = i_2(t_0+) = i_2(t_0-) = i(t_0-) = \frac{1}{L} \int_0^{t_0} e^{-(t_0-\tau)/T} u(\tau)d\tau$$

ist. Aus

$$\tilde{I}_2 = \frac{1}{Ls + R_2} \int_0^{t_0} e^{-(t_0-\tau)/T} u(\tau)d\tau$$

folgt durch Rücktransformation

$$\tilde{i}_2(t') = \frac{1}{L} e^{-t'R_2/L} \int_0^{t_0} e^{-(t_0-\tau)/T} u(\tau)\,d\tau, \quad T = \frac{L}{R_1 + R_2}, \quad t' > 0,$$

und somit

$$i_2(t) = \frac{1}{L} e^{-(t-t_0)R_2/L} \int_0^{t_0} e^{-(t_0-\tau)/T} u(\tau)\,d\tau, \quad T = \frac{L}{R_1 + R_2}, \quad t > t_0.$$

Für den Strom $i_1(t)$ erhält man mit Hilfe dieses Ergebnisses

$$i_1(t) = \frac{u(t)}{R_1} - \frac{1}{L} e^{-(t-t_0)R_2/L} \int_0^{t_0} e^{-(t_0-\tau)/T} u(\tau)\,d\tau, \quad t > t_0.$$

Den Verlauf des Stromes $i_2(t)$ für eine harmonische Klemmenspannung $u(t) = \hat{U} \cos\omega t$ zeigt Bild 31.12.

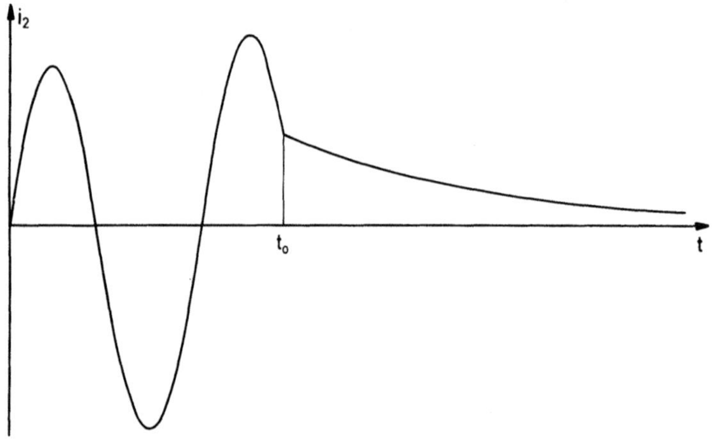

Bild 31.12

Beispiel 31.24: Ein geladener Kondensator werde über einen Widerstand kurzgeschlossen (Bild 31.13). Wir nehmen an, der zum Zeitpunkt $t = 0$ ungeladene Kondensator ist durch eine Gleichspannung U aufgeladen worden, zum Zeitpunkt t_0 werde der Schalter S umgelegt. Wieder sind zwei Zeitbereiche zu betrachten: Wenn $i(t)$ den Strom durch den Kondensator bezeichnet, so ist für $0 < t < t_0$

$$R_1 i + \frac{1}{C} \int_0^t i(\tau)\,d\tau = U,$$

für $t > t_0$ hingegen gilt die Gleichung

$$R_2 i + \frac{1}{C} \int_{t_0}^t i(\tau)\,d\tau + \frac{q(t_0)}{C} = 0,$$

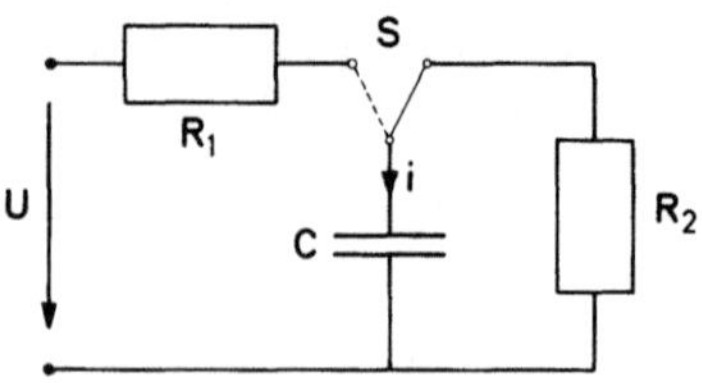

Bild 31.13

wobei als Zusatzbedingung die Stetigkeit der Kondensatorladung $q(t)$ beziehungsweise der Kondensatorspannung $u_C(t)$ hinzukommt, das heißt, daß

$$u_C(t_0-) = U - R_1 i(t_0-) = u_C(t_0+) = \frac{q(t_0+)}{C} = -R_2 i(t_0+)$$

zu erfüllen ist. Die Lösung der Gleichung für den Zeitbereich $0 < t < t_0$ ist nach Gleichung (31.120)

$$i(t) = \frac{U}{R_1} - \frac{U}{R_1 T} \int_0^t e^{-(t-\tau)/T} d\tau = \frac{U}{R_1} e^{-t/T}, \quad T = R_1 C, \; 0 \leqslant t < t_0.$$

Um den Strom $i(t)$ im Zeitbereich $t > t_0$ mittels der Laplace-Transformation zu berechnen, führen wir wieder eine Zeittransformation $t' = t - t_0$ durch. Mit der Setzung $i(t) = i(t' + t_0) = \tilde{i}(t')$ geht die Zeitgleichung für $i(t)$ über in

$$R_2 \tilde{i} + \frac{1}{C} \int_0^{t'} \tilde{i}(\tau) d\tau + \frac{q(t_0)}{C} = 0,$$

ihr Bild unter der Laplace-Transformation ist, wenn $\tilde{I}$ die Laplace-Transformierte von $\tilde{i}$ bezeichnet,

$$\left(R_2 + \frac{1}{Cs}\right)\tilde{I} + \frac{q(t_0)}{Cs} = 0.$$

Daraus ergibt sich

$$\tilde{I} = -\frac{q(t_0)}{R_2 Cs + 1}$$

und schließlich

$$\tilde{i}(t') = -\frac{1}{T'} q(t_0) e^{-t'/T'}, \quad T' = R_2 C, \; t' > 0.$$

Berücksichtigen wir jetzt noch

$$q(t_0) = q(t_0+) = q(t_0-) = \int_0^{t_0} i(\tau) d\tau = CU\left(1 - e^{-t_0/R_1 C}\right),$$

so folgt

$$i(t) = -\frac{U}{R_2} \left(1 - e^{-t_0/R_1 C}\right) e^{-(t-t_0)/R_2 C}, \quad t > t_0.$$

Der Strom- und Ladungsverlauf ist in Bild 31.14 dargestellt.

Beispiel 31.25: Eine an einer Gleichspannung liegende Spule werde über einen (ungeladenen) Kondensator kurzgeschlossen (Bild 31.15). Wir nehmen an, der Umschaltzeitpunkt sei $t = t_0$; dann gilt für $0 < t < t_0$ die Gleichung

$$Li' + Ri = U, \quad i(0) = 0,$$

für $t > t_0$

$$\frac{1}{G} i + \frac{1}{C} \int_{t_0}^{t} i(\tau) d\tau + Li' + Ri = 0,$$

worin bereits die Stetigkeit der Kondensatorspannung beziehungsweise der Kondensatorladung $q(t)$ zum Zeitpunkt t_0 berücksichtigt wurde, denn es ist $0 = q(t_0-) = q(t_0+)$. Als weitere Bedingung kommt die Stetigkeit des Spulenstromes $i(t)$ hinzu, das heißt, es muß $i(t_0-) = i(t_0+)$ erfüllt werden. Die Lösung

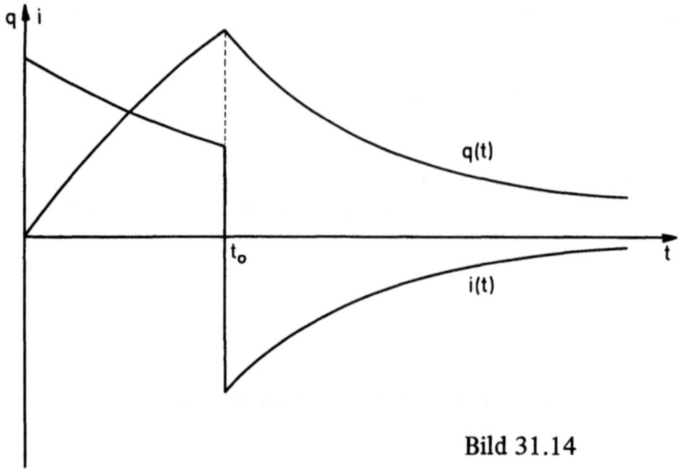

Bild 31.14

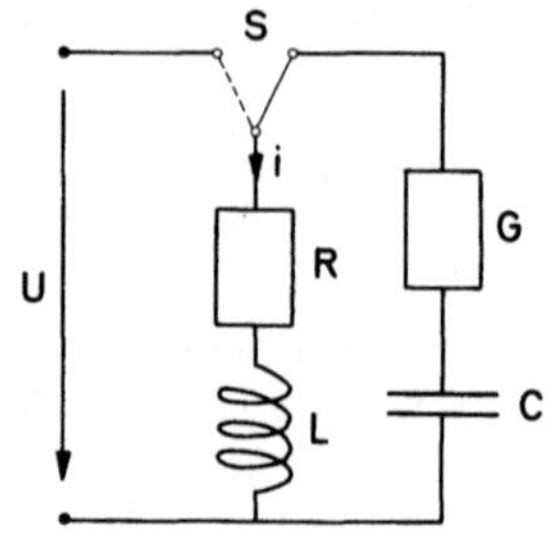

Bild 31.15

für den Zeitbereich $0 < t < t_0$ mittels der Laplace-Transformation ergibt sich über die Bildgleichung $(Ls + R)I = \frac{U}{s}$ zu

$$i(t) = U\mathscr{L}^{-1}\frac{1}{s(Ls+R)} = \frac{U}{L}\mathscr{L}^{-1}\frac{1}{s\left(s+\frac{R}{L}\right)} = \frac{U}{L}\mathscr{L}^{-1}\left(\frac{L}{R}\frac{1}{s} - \frac{L}{R}\frac{1}{s+\frac{R}{L}}\right)$$

$$= \frac{U}{R}\mathscr{L}^{-1}\left(\frac{1}{s} - \frac{1}{s+\frac{R}{L}}\right) = \frac{U}{R}\left(1 - e^{-tR/L}\right), \quad 0 < t < t_0.$$

Zur Berechnung des Stromes im Zeitbereich $t > t_0$ erweist sich wieder die Zeittransformation $t' = t - t_0$ als zweckmäßig. Wir setzen $i(t) = \tilde{i}(t')$, wobei die Zeitgleichung für den Strom i(t) in

$$\frac{1}{G}\tilde{i} + \frac{1}{C}\int_0^{t'}\tilde{i}(\tau)d\tau + L\tilde{i}' + R\tilde{i} = 0$$

übergeht; ihre Bildgleichung

$$\left(\frac{1}{G} + \frac{1}{Cs}\right)\tilde{I} + (Ls + R)\tilde{I} - L\tilde{i}(0) = 0$$

hat die Lösung

$$\tilde{I} = \tilde{i}(0)\frac{L}{Ls + \left(R + \frac{1}{G}\right) + \frac{1}{Cs}} = \tilde{i}(0)\frac{Ls}{Ls^2 + \left(R + \frac{1}{G}\right)s + \frac{1}{C}}.$$

Wenn nun etwa die Größen R, L, G und C so beschaffen sind, daß der Nenner reelle Nullstellen s_1 und s_2 hat $\left(R + \frac{1}{G} > 2\sqrt{\frac{L}{C}}\right)$, so folgt weiter

$$\tilde{i}(t') = \tilde{i}(0)\mathscr{L}^{-1}\left(\frac{s_1}{s_1 - s_2}\frac{1}{s - s_1} - \frac{s_2}{s_1 - s_2}\frac{1}{s - s_2}\right) = \tilde{i}(0)\frac{1}{s_1 - s_2}\left(s_1 e^{s_1 t'} - s_2 e^{s_2 t'}\right).$$

Wenn wir nun noch

$$\tilde{i}(0) = i(t_0) = i(t_0-) = \frac{U}{R}\left(1 - e^{-t_0 R/L}\right)$$

berücksichtigen, so erhalten wir als Endergebnis

$$i(t) = \frac{U}{R}\left(1 - e^{-t_0 R/L}\right)\frac{1}{s_1 - s_2}\left(s_1 e^{s_1(t-t_0)} - s_2 e^{s_2(t-t_0)}\right), \quad t > t_0.$$

Einen typischen Stromverlauf zeigt Bild 31.16.

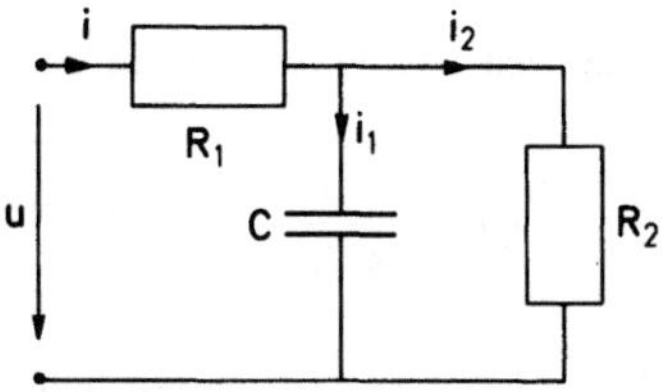

Bild 31.17

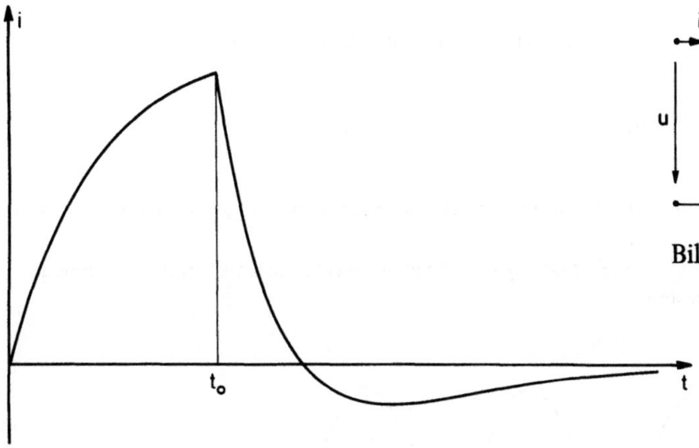

Bild 31.16

Beispiel 31.26: Wir berechnen die Ströme i_1 und i_2 des in Bild 31.17 dargestellten Netzwerkes. Die Zeitgleichungen lauten

$$u = R_1 i + \frac{1}{C}\int_0^t i_1(\tau)d\tau, \quad \frac{1}{C}\int_0^t i_1(\tau)d\tau - R_2 i_2 = 0, \quad i = i_1 + i_2,$$

die Bildgleichungen unter der Laplace-Transformation, wenn für $i = i_1 + i_2$ eingesetzt wird,

$$\left(R_1 + \frac{1}{Cs}\right)I_1 + R_1 I_2 = U, \quad \frac{1}{Cs}I_1 - R_2 I_2 = 0,$$

werden durch

$$I_1 = \frac{U}{R_1}\frac{1}{1 + \frac{1}{Cs}\left(\frac{1}{R_1} + \frac{1}{R_2}\right)}, \quad I_2 = \frac{U}{R_1 R_2 Cs}\frac{1}{1 + \frac{1}{Cs}\left(\frac{1}{R_1} + \frac{1}{R_2}\right)}$$

gelöst. Nun ist

$$\mathscr{L}^{-1}\frac{1}{1 + \frac{1}{Cs}\left(\frac{1}{R_1} + \frac{1}{R_2}\right)} = \mathscr{L}^{-1}\frac{s}{s + \frac{1}{T}} = \mathscr{L}^{-1}\left(1 - \frac{1}{T}\frac{1}{s + \frac{1}{T}}\right)$$

$$= \delta(t) - \frac{1}{T}e^{-t/T}, \quad \frac{1}{T} = \frac{1}{C}\left(\frac{1}{R_1} + \frac{1}{R_2}\right),$$

und infolgedessen

$$i_1(t) = \frac{1}{R_1} \int_0^t \left(\delta(t-\tau) - \frac{1}{T} e^{-(t-\tau)/T}\right) u(\tau)\,d\tau = \frac{u(t)}{R_1} - \frac{1}{TR_1} \int_0^t e^{-(t-\tau)/T} u(\tau)\,d\tau.$$

Damit wird schließlich

$$i_2(t) = \frac{1}{R_2 C} \int_0^t i_1(\tau)\,d\tau = \frac{1}{R_1 R_2 C} \left(\int_0^t u(\tau)\,d\tau - \frac{1}{T} \int_0^t dt' \int_0^{t'} e^{-(t'-\tau)/T} u(\tau)\,d\tau \right)$$

und nach einer einfachen Umformung des rechterhand stehenden Doppelintegrals

$$i_2(t) = \frac{1}{R_1 R_2 C} \int_0^t e^{-(t-\tau)/T} u(\tau)\,d\tau.$$

Dieses Ergebnis hätte natürlich auch durch direkte Rücktransformation von I_2 gewonnen werden können.

In Bild 31.18 ist der Verlauf des Stromes i_2 für eine gleichgerichtete sinusförmige Klemmenspannung $u(t) = \hat{U}\,|\sin \omega t|$ dargestellt.

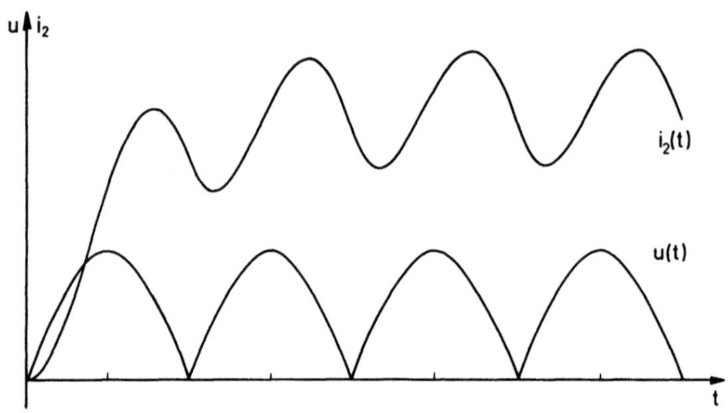

Bild 31.18

Die Laplace-Transformation führt auf elegante Weise zu einer theoretischen Darstellung der Lösung von Anfangswertaufgaben. Es ist aber dennoch ein weitverbreiteter Irrtum zu glauben, sie brächte, was die konkrete Rechnung in einzelnen Fällen anlangt, gegenüber dem gewöhnlichen Integrationsverfahren eine Verminderung des Rechenaufwandes mit sich. Die charakteristische Gleichung ist in beiden Fällen vollständig zu lösen, und die Rechenarbeit zur Gewinnung eines partikulären Integrales sowie die der Bestimmung der Konstanten im allgemeinen Integral bei der Anpassung an die Anfangsbedingungen wird durch die notwendigen Partialbruchzerlegungen bei der Rücktransformation meist durchaus wettgemacht; schließlich kann bei komplizierteren Störfunktionen die Rücktransformation Schwierigkeiten bereiten.

Die Anwendung der Laplace-Transformation besitzt jedoch gegenüber dem gewöhnlichen Integrationsverfahren bei der Berechnung von Ausgleichsvorgängen den Vorzug eines äußerst übersichtlichen Rechenablaufs. Man kann sogar auf die Aufstellung der Zeitgleichungen verzichten und direkt von deren Bildern ausgehen, indem man die Regeln zur

Bestimmung von Widerständen in Serienschaltung (Maschenregel) und in Parallelschaltung (Knotenregel) anwendet, wobei für die Spannungsabfälle an induktiven Widerständen $\mathscr{L}u_L = LsI$ zu setzen ist, an kapazitiven Widerständen $\mathscr{L}u_C = \frac{1}{Cs} I$ und an ohmschen Widerständen natürlich $\mathscr{L}u_R = RI$, wobei vorauszusetzen ist, daß in den Blindwiderständen im Einschaltzeitpunkt keine Energie gespeichert ist; andernfalls ist für den Spannungsabfall an induktiven Widerständen $\mathscr{L}u_L = L\big(sI - i(0)\big)$ und an kapazitiven Widerständen $\mathscr{L}u_C = \frac{1}{Cs} I + \frac{1}{s} u_C(0) = \frac{1}{Cs} I + \frac{Q}{Cs}$ anzusetzen.

Eine weitere Stärke der Laplace-Transformation zeigt sich bei der Untersuchung von Systemen, wenn infolge von Idealisierungen unstetige Erregungen betrachtet werden. Im einfachsten Fall ist dann der zeitliche Verlauf der Systemgröße x durch eine Differentialgleichung $Lx(t) = y(t)$ zu beschreiben, worin jetzt die Störfunktion $y(t)$ Unstetigkeiten – in der Regel Sprungstellen – aufweist. Nun hat im „klassischen" Sinn eine derartige Gleichung keine Lösung, da es keine im gewöhnlichen Sinn für alle Werte von t entsprechend oft differenzierbare Funktion $x(t)$ gibt, für die die Gleichung $Lx(t) = y(t)$ erfüllt wird. So hat beispielsweise die einfache Differentialgleichung $\dot{x} = \sigma(t - t_0)$ keine Lösung, da es keine für alle Werte von t differenzierbare Funktion gibt, deren Ableitung eine Sprungstelle hat. Inwieweit es aber dennoch sinnvoll ist, Differentialgleichungen mit unstetiger Störfunktion zu betrachten, ergibt sich direkt aus der vorgenommenen Idealisierung.

Wir wollen annehmen, die Störfunktion $y(t)$ habe an der Stelle t_0 eine Sprungstelle mit der Sprunghöhe $h = y(t_0+) - y(t_0-)$. Wir machen nun die Idealisierung rückgängig, indem wir anstatt der Funktion $y(t)$ eine – für alle sinnvollen Werte von ϵ – stetige Funktion $\tilde{y}(t, \epsilon)$ betrachten mit der Eigenschaft $\tilde{y}(t, \epsilon) = y(t)$ für $t \leqslant t_0 - \epsilon$, $\tilde{y}(t, \epsilon) = y(t)$ für $t \geqslant t_0 + \epsilon$, womit $\lim_{\epsilon \to 0} \tilde{y}(t, \epsilon) = y(t)$ für $t \neq t_0$ ist. An Stelle der Differentialgleichung $Lx(t) = y(t)$ betrachten wir jetzt die Gleichung $L\tilde{x}(t, \epsilon) = \tilde{y}(t, \epsilon)$ mit denselben Anfangsbedingungen wie für $Lx(t) = y(t)$. Wenn wir der Einfachheit halber verschwindende Anfangsbedingungen annehmen, so zeigt uns ein Blick auf die Gleichung (31.117)

$$\tilde{x}(t, \epsilon) = \int_0^t g(t - \tau)\tilde{y}(\tau, \epsilon)d\tau.$$

Nun ist auf Grund unserer obigen Annahmen für $t > t_0$

$$\tilde{x}(t, \epsilon) = \int_0^{t_0 - \epsilon} g(t - \tau)y(\tau)d\tau + \int_{t_0 + \epsilon}^{t} g(t - \tau)y(\tau)d\tau + \int_{t_0 - \epsilon}^{t_0 + \epsilon} g(t - \tau)\tilde{y}(\tau, \epsilon)d\tau.$$

Gehen wir in dieser Gleichung zur Grenze $\epsilon \to 0$ über, so folgt für $t > t_0$

$$x(t) = \lim_{\epsilon \to 0} \tilde{x}(t, \epsilon) = \int_0^{t_0} g(t - \tau)y(\tau)d\tau + \int_{t_0}^{t} g(t - \tau)y(\tau)d\tau = \int_0^{t} g(t - \tau)y(\tau)d\tau,$$

denn auf Grund des Mittelwertsatzes der Integralrechnung ist

$$\int_{t_0 - \epsilon}^{t_0 + \epsilon} g(t - \tau)\tilde{y}(\tau, \epsilon)d\tau = 2\epsilon g(t - \hat{\tau})\tilde{y}(\hat{\tau}, \epsilon) \to 0,$$

wobei wir natürlich davon ausgehen, daß die Funktionen $\tilde{y}(t, \epsilon)$ für alle Werte von ϵ in einer festen Umgebung der Stelle t_0 mit einer gemeinsamen Konstanten beschränkt sind.

Die so gewonnene Funktion

$$x(t) = \lim_{\epsilon \to 0} \tilde{x}(t, \epsilon) = \int_0^t g(t-\tau)y(\tau)d\tau, \tag{31.122}$$

die formal auch durch Anwendung der Laplace-Transformation geliefert wird, haben wir sinngemäß als Lösung der Differentialgleichung $Lx(t) = y(t)$ auch mit unstetiger Störfunktion (zu verschwindenden Anfangsbedingungen) aufzufassen. Sie ist, wenn n die Ordnung des Differentialoperators L ist, keine n-mal differenzierbare Funktion, sie ist vielmehr nur $(n-1)$-mal stetig differenzierbar im gewöhnlichen Sinn, die $(n-1)$-te Ableitung hat an der Stelle $t = t_0$ eine Ecke, insbesondere ist $x^{(n)}(t_0+) - x^{(n)}(t_0-) = \frac{h}{a_0}$.

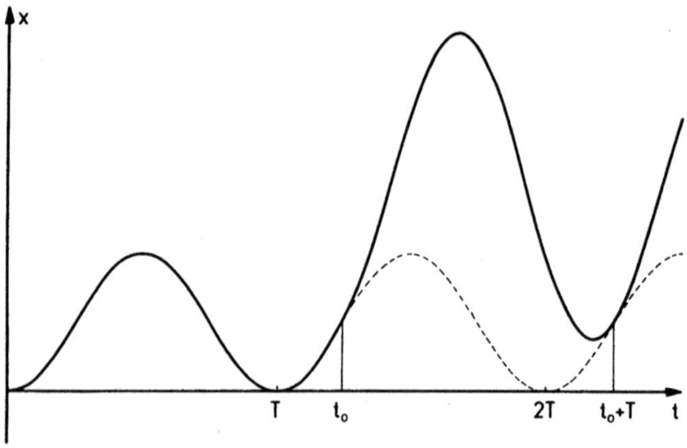

Bild 31.19

Beispiel 31.27: Um die Gleichung

$$\ddot{x} + \omega^2 x = y_0 + h\sigma(t-t_0) = \begin{cases} y_0 & \text{für } 0 < t < t_0 \\ y_0 + h & \text{für } t > t_0 \end{cases}$$

zu den Anfangsbedingungen $x(0) = \dot{x}(0) = 0$ zu lösen, ist zunächst die Funktion

$$g(t) = \mathscr{L}^{-1}\frac{1}{p(s)} = \mathscr{L}^{-1}\frac{1}{s^2+\omega^2} = \frac{1}{\omega}\sin\omega t$$

zu berechnen. Mit ihrer Hilfe erhalten wir die in Bild 31.19 skizzierte Lösungsfunktion

$$x(t) = \frac{1}{\omega}\int_0^t \sin\omega(t-\tau)\,(y_0 + h\sigma(\tau - t_0))d\tau =$$

$$= \begin{cases} \dfrac{y_0}{\omega^2}(1-\cos\omega t), & 0 \leqslant t < t_0, \\ \dfrac{y_0}{\omega^2}(1-\cos\omega t) + \dfrac{h}{\omega^2}(1-\cos\omega(t-t_0)), & t_0 < t. \end{cases}$$

Die Lösung (31.122) der Differentialgleichung $Lx(t) = y(t)$ unter den obigen Annahmen über die Störfunktion $y(t)$ kann auch durch direkte Integration ermittelt werden. Hierfür ist zu beachten, daß die Funktion $x(t)$ den gegebenen Anfangsbedingungen genügen muß, auf den beiden Teilintervallen $0 < t < t_0$ und $t > t_0$ n-mal stetig differenzierbar ist, daselbst die Differentialgleichung erfüllt, während im Punkt $t = t_0$ die $(n-1)$-te Ableitung existiert und stetig ist. Man hat daher das Zeitintervall $t > 0$ in die beiden Teilintervalle $0 < t < t_0$ und $t > t_0$ aufzuspalten und – unabhängig voneinander! – für jedes das allgemeine Integral aufzustellen; bezeichnet $\varphi(t)$ ein partikuläres Integral der inhomogenen Gleichung für das Intervall $0 < t < t_0$, $\psi(t)$ ein solches für das Intervall $t > t_0$ und ist $x_1(t), x_2(t), \ldots, x_n(t)$ eine beliebige Integralbasis der homogenen Gleichung, so muß mit geeigneten Konstanten $C_1, C_2, \ldots, C_n$

$$x(t) = C_1x_1(t) + C_2x_2(t) + \ldots + C_nx_n(t) + \varphi(t) \quad \text{für} \quad 0 < t < t_0$$

und mit geeigneten Konstanten $D_1, D_2, \ldots, D_n$

$$x(t) = D_1x_1(t) + D_2x_2(t) + \ldots + D_nx_n(t) + \psi(t) \quad \text{für} \quad t > t_0$$

gelten. Die Bestimmungsgleichungen für die darin auftretenden 2n Konstanten C_k und D_k ergeben sich nun folgendermaßen: Da die gesuchte Funktion $x(t)$ den Anfangsbedingungen genügen muß, bestimmen sich zunächst die Konstanten C_k durch Anpassung von $x(t)$ an die Anfangsbedingungen, das heißt aus dem linearen inhomogenen Gleichungssystem

$$C_1x_1^{(k)}(0) + C_2x_2^{(k)}(0) + \ldots + C_nx_n^{(k)}(0) + \varphi^{(k)}(0) = x^{(k)}(0), \quad k = 0, 1, \ldots, n-1.$$

Mit der Lösung dieses Gleichungssystems ist die Funktion $x(t)$ auf dem Intervall $0 < t < t_0$ bestimmt. Berücksichtigt man jetzt die Stetigkeit der ersten $n-1$ Ableitungen der Funktion $x(t)$, insbesondere im Punkt $t = t_0$, so erhält man weitere n Gleichungen

$$x^{(k)}(t_0+) = D_1x_1^{(k)}(t_0) + D_2x_2^{(k)}(t_0) + \ldots + D_nx_n^{(k)}(t_0) + \psi^{(k)}(t_0+) = x^{(k)}(t_0-),$$
$$k = 0, 1, \ldots, n-1,$$

für die Konstanten D_k.

Beispiel 31.28: Wenn wir auf diese Weise die Aufgabe von Beispiel 31.27 lösen wollen, so haben wir für die beiden Intervalle $0 < t < t_0$ und $t > t_0$ partikuläre Integrale zu bestimmen, das heißt, partikuläre Integrale der beiden Gleichungen

$$\ddot{x} + \omega^2 x = y_0 \quad \text{für} \quad 0 < t < t_0, \quad \ddot{x} + \omega^2 x = y_0 + h \quad \text{für} \quad t > t_0$$

zu ermitteln. Solche sind

$$\varphi(t) = \frac{y_0}{\omega^2} \quad \text{für} \quad 0 < t < t_0, \quad \psi(t) = \frac{y_0 + h}{\omega^2} \quad \text{für} \quad t > t_0.$$

Das allgemeine Integral für das Intervall $0 < t < t_0$ ist folglich

$$x(t) = C_1 \cos\omega t + C_2 \sin\omega t + \frac{y_0}{\omega^2},$$

für das Intervall $t > t_0$

$$x(t) = D_1 \cos\omega t + D_2 \sin\omega t + \frac{y_0 + h}{\omega^2}.$$

Wenn wir wie oben $x(0) = \dot{x}(0) = 0$ fordern, bestimmen sich die Konstanten C_1 und C_2 aus den beiden Gleichungen

$$x(0) = C_1 + \frac{y_0}{\omega^2} = 0, \quad \dot{x}(0) = \omega C_2 = 0$$

zu $C_1 = -\frac{y_0}{\omega^2}$, $C_2 = 0$, so daß

$$x(t) = \frac{y_0}{\omega^2}(1 - \cos\omega t) \quad \text{für } 0 \leqslant t < t_0$$

gefunden ist. Die Stetigkeits- und Differenzierbarkeitsbedingung für x(t) an der Stelle $t = t_0$ führt weiter zu den beiden Gleichungen

$$x(t_0-) = \frac{y_0}{\omega^2}(1 - \cos\omega t_0) = D_1 \cos\omega t_0 + D_2 \sin\omega t_0 + \frac{y_0 + h}{\omega^2} = x(t_0+),$$

$$\dot{x}(t_0-) = \frac{y_0}{\omega}\sin\omega t_0 = -\omega D_1 \sin\omega t_0 + \omega D_2 \cos\omega t_0 = \dot{x}(t_0+)$$

mit der Lösung

$$D_1 = -\frac{h}{\omega^2}\cos\omega t_0 - \frac{y_0}{\omega^2}, \quad D_2 = -\frac{h}{\omega^2}\sin\omega t_0.$$

Damit wird, in Übereinstimmung mit dem Ergebnis von Beispiel 31.27,

$$x(t) = \frac{y_0}{\omega^2}(1 - \cos\omega t) + \frac{h}{\omega^2}(1 - \cos\omega(t - t_0)) \quad \text{für } t > t_0 .$$

Komplizierter werden die Dinge, wenn das zeitliche Verhalten einer Systemgröße x durch eine Differentialgleichung

$$Lx(t) = My(t) \tag{31.123}$$

mit gewissen Anfangsbedingungen für die Größe x zu beschreiben ist; darin bezeichnet M einen Differentialoperator mit konstanten Koeffizienten, die Funktion y(t) repräsentiert die Erregung des Systems. Wenn die Funktion y(t) nicht entsprechende Differenzierbarkeitseigenschaften aufweist, damit sich der Ausdruck $My(t)$ bilden läßt, so hat die Systemgleichung zunächst überhaupt keinen Sinn. Durch analoge Betrachtungen, die uns weiter oben zu einer physikalisch sinnvollen Lösungsfunktion für eine Differentialgleichung $Lx(t) = y(t)$ mit unstetiger Störfunktion y(t) geführt haben, läßt sich auch im Falle der allgemeineren Gleichung (31.123) eine Funktion x(t) konstruieren, die wir sinngemäß als Lösung anzusehen haben. Es sei n beziehungsweise m die Ordnung von L beziehungsweise M, wobei wir nur den Fall $m \leqslant n$, der in den Anwendungen zumeist auftritt, in Betracht ziehen. Es seien ferner $a_0, a_1, \ldots, a_n$ beziehungsweise $b_0, b_1, \ldots, b_m$ die Koeffizienten und p(s) beziehungsweise q(s) die charakteristischen Polynome der Differentialoperatoren L und M. Wenn wir nun die Laplace-Transformation formal auf die Gleichung (31.123) anwenden, so gelangen wir zu

$$p(s)X(s) + \hat{p}(s) = q(s)Y(s) + \hat{q}(s), \tag{31.124}$$

worin $\hat{p}(s)$ beziehungsweise $\hat{q}(s)$ Polynome höchstens $(n-1)$-ter beziehungsweise $(m-1)$-ter Ordnung sind, in die die Anfangswerte für die Größen x beziehungsweise y eingehen,

$$\hat{p}(s) = -\sum_{k=0}^{n-1} x^{(k)}(0)p_k(s), \quad \hat{q}(s) = -\sum_{k=0}^{m-1} y^{(k)}(0)q_k(s);$$

darin ist

$$p_k(s) = a_{n-k-1} + a_{n-k-2}\,s + \ldots + a_0\,s^{n-k-1}, \quad k = 0, 1, \ldots, n-1,$$

und analog

$$q_k(s) = b_{m-k-1} + b_{m-k-2}s + \ldots + b_0 s^{m-k-1}, \quad k = 0, 1, \ldots, m-1,$$

Aus der Gleichung (31.124) folgt dann

$$X(s) = \frac{q(s)}{p(s)} Y(s) + \frac{\hat{q}(s) - \hat{p}(s)}{p(s)}. \tag{31.125}$$

Auf Grund unserer Voraussetzung $m \leqslant n$ ist die Funktion $\frac{\hat{q}(s) - \hat{p}(s)}{p(s)}$ stets eine echt gebrochene rationale Funktion, ihr Urbild im Zeitbereich kann durch Partialbruchzerlegung ermittelt werden,

$$\hat{x}(t) = \mathscr{L}^{-1}\,\frac{\hat{q}(s) - \hat{p}(s)}{p(s)}.$$

Die Funktion $G(s) = \frac{q(s)}{p(s)}$ ist wohl immer rational, jedoch nur im Falle $m < n$ echt gebrochen. Ist $m = n$, so haben wir sie in der Gestalt

$$G(s) = \frac{b_0}{a_0} + \hat{G}(s)$$

darzustellen, worin jetzt $\hat{G}(s)$ echt gebrochen ist und ohne Schwierigkeiten zurücktransformiert werden kann. Damit gelangen wir im Falle $m = n$ zum Ergebnis

$$g(t) = \mathscr{L}^{-1}G(s) = \frac{b_0}{a_0}\,\mathscr{L}^{-1}1 + \mathscr{L}^{-1}\hat{G}(s) = \frac{b_0}{a_0}\,\delta(t) + \hat{g}(t).$$

Durch Anwendung des Faltungssatzes liefert uns nun die Gleichung (31.125) die Lösung der Anfangswertaufgabe für die Differentialgleichung (31.123)

$$x(t) = \hat{x}(t) + \int_0^t g(t-\tau)y(\tau)d\tau, \quad m < n, \tag{31.126}$$

und speziell im Falle $n = m$ wegen $\delta(t) * y(t) = y(t)$

$$x(t) = \hat{x}(t) + \frac{b_0}{a_0}\,y(t) + \int_0^t \hat{g}(t-\tau)y(\tau)d\tau. \tag{31.127}$$

Ist die Erregerfunktion $y(t)$ m-mal stetig differenzierbar für alle Werte von $t > 0$, so hat die Gleichung (31.123) einen wohldefinierten Sinn, die beiden Funktionen (31.126) beziehungsweise (31.127) stellen die Lösung der Anfangswertaufgabe für die Gleichung $Lx(t) = s(t) = My(t)$ dar. Wenn aber die Funktion $y(t)$ nicht die erforderlichen Differenzierbarkeitseigenschaften hat, so geben wir der Gleichung (31.123) auf folgende Weise einen Sinn: Wir machen Idealisierungen, die in der Störfunktion ihren Ausdruck finden, rückgängig, indem wir wie oben an Stelle der Erregerfunktion $y(t)$ eine m-mal stetig differenzierbare Funktion $\tilde{y}(t, \epsilon)$ mit $\lim_{\epsilon \to 0} \tilde{y}(t, \epsilon) = y(t)$ betrachten und die Gleichung $L\tilde{x}(t, \epsilon) = M\tilde{y}(t, \epsilon)$ lösen; anschließend gehen wir wieder zur Grenze $\epsilon \to 0$ über. Es ist dann keine Schwierigkeit zu zeigen, daß die dabei hervorgehende Funktion $x(t) = \lim_{\epsilon \to 0} \tilde{x}(t, \epsilon)$ mit der Funktion (31.126) beziehungsweise (31.127) übereinstimmt.

Die Funktionen (31.126) beziehungsweise (31.127) lassen sich natürlich auch durch Zusammensetzen von Lösungen auf einzelnen Teilintervallen, auf denen der Ausdruck $My(t)$ einen Sinn hat, konstruieren. An den kritischen Stellen sind dann gewisse Bedingungen zu erfüllen, die wir aus den Eigenschaften der Funktion (31.126) beziehungsweise (31.127) abzulesen haben. Wir bezeichnen mit Δx die Sprunghöhe der Funktion $x(t)$ an der Stelle $t = t_0$, mit $\Delta x^{(k)}$ allgemein den Sprung der k-ten Ableitung, analog für die Erregerfunktion $y(t)$. Dann gilt im Falle $m < n$

$$\Delta x = 0, \quad \Delta x^{(k)} = \sum_{h=0}^{k-1} g^{(h)}(0)\Delta y^{(k-h-1)}, \quad k = 1, 2, \dots, n-1.$$

Wegen

$$\lim_{s \to \infty} s^h G(s) = 0, \quad h = 0, 1, \dots, n-m-1,$$

ist auf Grund des Anfangswertsatzes

$$g^{(h)}(0) = 0, \quad h = 0, 1, \dots, n-m-2, \quad g^{(n-m-1)}(0) = \frac{b_0}{a_0},$$

und somit

$$\Delta x^{(k)} = 0, \quad k = 0, 1, \dots, n-m-1, \tag{31.128}$$

beziehungsweise

$$\Delta x^{(k)} = \sum_{h=n-m-1}^{k-1} g^{(h)}(0)\Delta y^{(k-h-1)}, \quad k = n-m, \dots, n-1. \tag{31.129}$$

Insbesondere sei auf die Beziehung

$$\Delta x^{(n-m)} = \frac{b_0}{a_0}\Delta y \tag{31.130}$$

hingewiesen, die besagt, daß die $(n-m)$-te Ableitung der Lösungsfunktion $x(t)$ sicherlich springt, wenn die Erregerfunktion eine Sprungstelle hat.

Die n Forderungen (31.128) und (31.129) müssen an den kritischen Stellen erfüllt sein und sind somit ausreichend, um die Funktion $x(t)$ auf das an die Stelle $t = t_0$ anschließende Teilintervall eindeutig fortzusetzen. Sie besagen, daß die ersten $n - m - 1$ Ableitungen der Systemgröße x an der Stelle $t = t_0$ stetig sind und daß alle weiteren Ableitungen springen, wobei die diesbezüglichen Sprunghöhen durch die Gleichungen (31.129) gegeben sind. Für den Fall $m = 0$, das heißt für eine Gleichung $Lx(t) = y(t)$, ist damit auch der Nachweis erbracht, daß die Lösungsfunktion $x(t)$ jedenfalls $(n-1)$-mal stetig differenzierbar ist und daß die n-te Ableitung springt, wenn die Erregerfunktion $y(t)$ eine Sprungstelle hat; dabei ist die Sprunghöhe $\Delta x^{(n)} = \frac{1}{a_0}\Delta y$.

Im Falle n = m haben wir von der Funktion (31.127) auszugehen. Wir erhalten die n Sprungbedingungen

$$\Delta x = \frac{b_0}{a_0}\Delta y, \quad \Delta x^{(k)} = \frac{b_0}{a_0}\Delta y^{(k)} + \sum_{h=0}^{k-1} \hat{g}^{(h)}(0)\Delta y^{(k-h-1)}, \quad k = 1, 2, \ldots, n-1, \tag{31.131}$$

die an den kritischen Stellen erfüllt sein müssen. Es sei noch darauf hingewiesen, daß die Lösungsfunktion (31.127) jetzt sogar eine Sprungstelle hat, wenn dies für die Erregerfunktion zutrifft.

Beispiel 31.29: Wir lösen die Aufgabe von Beispiel 31.22 mit Q = 0 und $u(t) = y_0 + h\sigma(t - t_0)$. Aus (31.121) erhalten wir mit g(0) = 0

$$i(t) = \int_0^t \dot{g}(t-\tau)\,(y_0 + h\sigma(\tau - t_0))d\tau = \begin{cases} y_0 g(t), & 0 \leqslant t < t_0, \\ y_0 g(t) + hg(t - t_0), & t > t_0. \end{cases}$$

Wenn wir die Aufgabe durch Zusammenstückeln lösen, haben wir zunächst das allgemeine Integral der Differentialgleichung für das Intervall $0 < t < t_0$ zu ermitteln. Wir bezeichnen zu diesem Zweck mit $i_1(t)$ und $i_2(t)$ eine Integralbasis der homogenen Gleichung mit der Eigenschaft $i_1(0) = 1$, $i_1'(0) = 0$, $i_2(0) = 0$, $i_2'(0) = 1$; damit wird $W(0, i_1, i_2) = 1$ und $W(t_0, i_1, i_2) = e^{-Rt_0/L}$ (vgl. (30.16)). Im allgemeinen Integral

$$i(t) = C_1 i_1(t) + C_2 i_2(t), \quad 0 < t < t_0,$$

haben wir die Konstanten C_1 und C_2 nun so zu bestimmen, daß die Anfangsbedingungen i(0) = 0, $i'(0) = \frac{u(0)}{L} = \frac{y_0}{L}$ erfüllt sind; auf Grund der Konstruktion unserer Integralbasis ist $C_1 = 0$, $C_2 = \frac{y_0}{L}$ und folglich

$$i(t) = \frac{y_0}{L} i_2(t), \quad 0 \leqslant t < t_0.$$

Für das Zeitintervall $t > t_0$ lautet das allgemeine Integral

$$i(t) = D_1 i_1(t) + D_2 i_2(t), \quad t > t_0;$$

die Konstanten D_1 und D_2 sind darin so zu bestimmen, daß i(t) an der Stelle $t = t_0$ stetig ist (die Bedingung (31.128) für k = 0) und daß i'(t) an der Stelle $t = t_0$ um $\Delta i' = \frac{1}{L}\Delta u = \frac{h}{L}$ springt (die Bedingung (31.129) für k = 1). Damit erhalten wir die beiden Gleichungen

$$i(t_0-) = \frac{y_0}{L} i_2(t_0) = D_1 i_1(t_0) + D_2 i_2(t_0) = i(t_0+),$$

$$\Delta i' = i'(t_0+) - i'(t_0-) = D_1 i_1'(t_0) + D_2 i_2'(t_0) - \frac{y_0}{L} i_2'(t_0) = \frac{h}{L}$$

für die Konstanten D_1 und D_2 mit der Lösung

$$D_1 = -\frac{h}{L} e^{Rt_0/L} i_2(t_0), \quad D_2 = \frac{h}{L} e^{Rt_0/L} i_1(t_0) + \frac{y_0}{L}$$

und damit schließlich

$$i(t) = \frac{y_0}{L} i_2(t) + \frac{h}{L} e^{Rt_0/L}(i_1(t_0) i_2(t) - i_2(t_0) i_1(t)) = \frac{y_0}{L} i_2(t) + \frac{h}{L} i_2(t - t_0), \quad t > t_0.$$

Es ist nämlich der Ausdruck $\tilde{i}(t) = i_1(t_0)i_2(t) - i_2(t_0)i_1(t)$ Lösung der homogenen Gleichung mit der Eigenschaft $\tilde{i}(t_0) = 0$, $\tilde{i}'(t_0) = W(t_0, i_1, i_2) = e^{-Rt_0/L}$, woraus sich die Gültigkeit der Gleichung $e^{Rt_0/L}\tilde{i}(t) = i_2(t - t_0)$ ergibt.

Die Funktionen (31.122) und (31.126) beziehungsweise (31.127) sind formal durch Anwendung der Laplace-Transformation auf die Gleichung $Lx(t) = y(t)$ beziehungsweise $Lx(t) = My(t)$ hervorgegangen und stellen, wie schon erwähnt wurde, die Lösungen der diesbezüglichen Gleichungen dar, wenn die Erregerfunktion $y(t)$ stetig ist beziehungsweise entsprechende Differenzierbarkeitseigenschaften aufweist. Unter anderen Umständen haben wir diese Funktionen, ungeachtet der Tatsache, daß der Ausdruck $My(t)$ sinnlos sein kann, durch eine heuristisch-physikalische Betrachtungsweise als gesuchte Zeitfunktion der Systemgröße x aufzufassen gelernt. Dies enthebt uns aber schließlich nicht der Aufgabe zu klären, was als Lösung einer derartigen Differentialgleichung zu verstehen ist; dies soll im folgenden zur Abrundung des Verständnisses skizziert werden.

Wenn die Erregerfunktion $y(t)$ nicht die erforderlichen Stetigkeits- und Differenzierbarkeitseigenschaften hat, damit sich der Ausdruck $My(t)$ bilden läßt, so hat die Gleichung (31.123) im Rahmen der „klassischen" Differentialrechnung keinen Sinn, wohl aber können wir ihr einen Sinn geben, wenn wir darin anstatt der gewöhnlichen Ableitungen die *verallgemeinerten* Ableitungen verstehen, das heißt, wenn wir die Operation $\frac{d}{dx}$ durch die Operation D der verallgemeinerten Differentiation ersetzen. Natürlich müssen wir dann die Systemgrößen als verallgemeinerte Funktionen ansehen, wofür erforderlich ist, daß wir die Funktionen $x(t)$ und $y(t)$ für $t < 0$ – durch die Festsetzung $x(t) = y(t) = 0$ für $t < 0$ – erklären. An die Stelle der Gleichung (31.123) tritt dann

$$Ll(\varphi) = \sum_{k=0}^{n} a_{n-k} D^k l(\varphi) = \sum_{k=0}^{m} b_{m-k} D^k l_y(\varphi) = Ml_y(\varphi) \tag{31.132}$$

für das Funktional $l(\varphi)$. Wird dieses insbesondere von einer stückweise stetigen Funktion $x(t)$ erzeugt, das heißt ist $l(\varphi) = l_x(\varphi)$ für alle Testfunktionen $\varphi(t)$, so schreiben wir symbolisch $Lx(t) = My(t)$; diese Gleichung allerdings ist nun für alle Werte von t zu verstehen, im Gegensatz zur Gleichung (31.123), die für $t > 0$ aufgestellt worden ist. Lösen wir jetzt die Gleichung (31.132) durch Anwendung der Laplace-Transformation, wobei wir davon ausgehen, daß das Lösungsfunktional von einer stückweise stetigen Funktion $x(t)$ mit der Eigenschaft $x(t) = 0$ für $t < 0$ erzeugt wird, so erhalten wir als Bildgleichung nunmehr

$$p(s)X(s) = q(s)Y(s), \tag{31.133}$$

denn es ist

$$\mathscr{L}\left(D^k x(t)\right) = s^k \mathscr{L} x(t) = s^k X(s), \quad k = 0, 1, 2, \ldots,$$

(vgl. (28.102)). Daher ist im Zeitbereich mit $g(t) = \mathscr{L}^{-1}G(s)$, $G(s) = \frac{q(s)}{p(s)}$,

$$x(t) = g(t) * y(t) = \int_0^t g(t - \tau)y(\tau)d\tau; \tag{31.134}$$

darin ist die Funktion $g(t)$, wenn das Polynom $p(s)$ lauter einfache Nullstellen $s_1, s_2, \ldots, s_n$ hat, durch

$$g(t) = \sigma(t) \sum_{k=1}^{n} \frac{q(s_k)}{p'(s_k)} e^{s_k t} \tag{31.135}$$

gegeben. Über die Laplace-Transformation erhalten wir demnach eine ganz bestimmte Lösung der Gleichung $\mathcal{L}x(t) = \mathcal{M}y(t)$, und zwar jene, die gleich Null ist für $t < 0$; allen anderen Lösungen, die aus (31.134) durch Addition von Lösungen der homogenen Gleichung hervorgehen, kommt diese Eigenschaft nicht zu. Die Laplace-Transformation liefert also jene eindeutig bestimmte Lösung der Gleichung $\mathcal{L}x(t) = \mathcal{M}y(t)$ mit der Eigenschaft $x(t) = 0$ für $t < 0$. Nun sind wir aber, ausgehend von der Gleichung (31.123), an solchen Lösungen interessiert, die gewissen Anfangsbedingungen genügen und ebenfalls die Eigenschaft haben, für negative Werte von t gleich Null zu sein. Wir müssen daraus den Schluß ziehen, daß die Gleichung (31.132) das Problem nicht vollständig beschreibt, da sie nicht die Lösung zu vorgegebenen Anfangswerten liefert. Der Grund hierfür ist folgender: Da wir die Gleichung (31.123) nun für alle Werte von t betrachten, *müssen wir die sich in Anfangsbedingungen ausdrückenden Störungen des Systems selbst durch Störfunktionen – die in rechnerischer Hinsicht gleichwertig neben die Erregerfunktion treten – darstellen.* Kehren wir zunächst für einen Augenblick zur Gleichung (31.124) zurück, dem Bild der Gleichung (31.123) bei formaler Anwendung der Laplace-Transformation, worin die Polynome $\hat{p}(s)$ und $\hat{q}(s)$ die Anfangswerte, genauer die rechtsseitigen Grenzwerte der Systemgrößen, enthalten. Erinnern wir uns weiter an die Entstehung einer Gleichung $\mathcal{L}x(t) = \mathcal{M}y(t)$ durch Elimination einer Systemgröße aus einem System $\dot{\mathbf{x}} = \mathbf{A} \cdot \mathbf{x} + \mathbf{s}$ von Differentialgleichungen erster Ordnung unter Anfangsbedingungen $\mathbf{x}(0) = \mathbf{x}_0 = (c_1, c_2, \ldots, c_n)$, wenn etwa der Störvektor $\mathbf{s}(t)$ nur eine von Null verschiedene Koordinate hat, zum Beispiel $\mathbf{s}(t) = \big(y(t), 0, \ldots, 0\big)$. Schreiben wir die Gleichung (31.124) in der Form

$$p(s)X(s) = q(s)Y(s) + \hat{q}(s) - \hat{p}(s),$$

so läßt sich das Polynom $\hat{q}(s) - \hat{p}(s)$, dessen Grad höchstens $n - 1$ ist, in der Form

$$p^*(s) = \hat{q}(s) - \hat{p}(s) = \sum_{k=1}^{n} c_k p_k^*(s) \tag{31.136}$$

schreiben, worin $p_k^*(s)$ gewisse Polynome höchstens $(n-1)$-ten Grades sind, die allein durch die Differentialoperatoren $\mathcal{L}$ und $\mathcal{M}$ bestimmt sind. Auf diese Weise treten die Anfangswerte c_k der Systemgrößen, die eine Erregung des Systems auch bei Fehlen einer äußeren Erregung $y(t)$ zur Folge haben, direkt in der Bildgleichung von (31.123) auf. Der Funktion (31.136) haben wir

$$y^*(t) = \sum_{k=1}^{n} c_k \mathcal{L}_k^* \delta(t) \tag{31.137}$$

im Zeitbereich zuzuordnen, worin $\mathcal{L}_k^*$ Differentialoperatoren sind, deren charakteristische Polynome die Polynome $p_k^*(\lambda)$ sind. Die Funktion (31.137) fassen wir nunmehr als Störfunktion auf, die die durch den Anfangszustand bedingte Erregung des Systems beschreibt. Wir haben also an Stelle der Anfangswertaufgabe (31.123) die Gleichung

$$\mathcal{L}x(t) = \mathcal{M}y(t) + y^*(t) = \mathcal{M}y(t) + \sum_{k=1}^{n} c_k \mathcal{L}_k^* \delta(t) \tag{31.138}$$

zu lösen, und zwar haben wir jene Lösung aufzusuchen, die gleich Null ist für negative Werte von t: Diese ist eindeutig bestimmt und kann durch Anwendung der Laplace-Transformation auf (31.138) gewonnen werden – das Bild der Gleichung (31.138) ist gerade die Gleichung (31.124).

Beispiel 31.30: Wir wollen die Differentialgleichung des Serienschwingkreises unter diesem Gesichtspunkt betrachten (Beispiel 31.22). Die Bildgleichung bei formaler Anwendung der Laplace-Transformation lautet

$$p(s)I(s) = \left(Ls^2 + Rs + \frac{1}{C}\right)I(s) = sU(s) - \frac{Q}{C}.$$

das konstante Polynom $p^*(s) = -\frac{Q}{C}$ hat als Urbild im Zeitbereich

$$y^*(t) = -\frac{Q}{C}\,\delta(t),$$

und diese Funktion beschreibt jene Störung des Systems, die durch die Kondensatorladung zum Zeitpunkt $t = 0$ bewirkt wird. Die Zeitgleichung für den Serienschwingkreis im verallgemeinerten Sinn lautet daher

$$LD^2 i + RDi + \frac{1}{C}\,i = Du - \frac{Q}{C}\,\delta(t) = D\left(u - \frac{Q}{C}\,\sigma(t)\right).$$

Der geladene Kondensator wirkt also so, als wäre eine zweite Spannungsquelle $\hat{u} = -\frac{Q}{C}$ angebracht.

Speziell erhält man für $u(t) = U_0(\sigma(t) - \sigma(t - t_0))$ als Ableitung $Du(t) = U_0(\delta(t) - \delta(t - t_0))$, somit als Zeitgleichung

$$LD^2 i + RDi + \frac{1}{C}\,i = \left(U_0 - \frac{Q}{C}\right)\delta(t) - U_0\delta(t - t_0).$$

Mit $g(t) = \mathscr{L}^{-1}\,\frac{1}{p(s)}$ ergibt sich schließlich für den Stromverlauf

$$i(t) = g(t) * \left[\left(U_0 - \frac{Q}{C}\right)\delta(t) - U_0\delta(t - t_0)\right] = \left(U_0 - \frac{Q}{C}\right)g(t) - U_0 g(t - t_0).$$

31.7 Übertragungsfunktion, Übergangsfunktion, Frequenzgang

Die funktionellen Eigenschaften eines linearen Systems lassen sich auf bequeme Weise studieren, wenn man die Systemantwort auf bestimmte Eingänge kennt. Unter der Annahme, daß zum Zeitpunkt des Wirksamwerdens dieser speziellen Erregungen alle Energiespeicher leer sind, interessiert man sich vor allem für die Antwort des Systems auf die *Stoßfunktion*, auf die *Sprungfunktion* und auf eine *harmonische Erregung* als Eingangsgröße. Die Kenntnis der Antworten auf diese speziellen Erregungen und deren Zusammenhang stellt ein wichtiges Hilfsmittel sowohl für die Analyse als auch für die Konzeption linearer Systeme dar.

Im folgenden betrachten wir Systeme, die durch eine lineare Differentialgleichung $Lx(t) = My(t)$ beschrieben werden; darin sind L und M Differentialoperatoren, wobei M höchstens die Ordnung von L habe. Mit $p(\lambda)$ bezeichnen wir das charakteristische Polynom von L, mit $q(\lambda)$ dasjenige von M.

Wir wollen als erstes den Fall untersuchen, wie das System auf einen Einheitsimpuls reagiert, wenn alle Energiespeicher leer sind. Die gesuchte Systemantwort, die wir mit $x_\delta(t)$ bezeichnen wollen, ist die eindeutig bestimmte Lösung der Gleichung (31.138) für $y(t) = \delta(t)$ und $y^*(t) = 0$,

$$Lx_\delta(t) = M\delta(t). \tag{31.139}$$

Ihr Bild unter der Laplace-Transformation lautet

$$p(s)X_\delta(s) = q(s), \tag{31.140}$$

somit ist

$$X_\delta(s) = \frac{q(s)}{p(s)} = G(s) \tag{31.141}$$

und

$$x_\delta(t) = \mathscr{L}^{-1}\frac{q(s)}{p(s)} = g(t). \tag{31.142}$$

Die verallgemeinerte Funktion (31.142) wird *Impulsantwort* genannt. Als gewöhnliche für $t > 0$ definierte Funktion ist $g(t)$ Lösung der homogenen Differentialgleichung $Lx(t) = 0$ zu gewissen Anfangsbedingungen. Speziell im Falle $M = 1$ lauten diese

$$g(0+) = g'(0+) = \ldots = g^{(n-2)}(0+) = 0, \quad g^{(n-1)}(0+) = \frac{1}{a_0}.$$

In dieser Auffassung wird die Funktion $g(t)$ auch *Gewichtsfunktion* genannt.

Ist $y(t)$ eine beliebige Erregung, so läßt sich die Antwort des Systems in der Form

$$x(t) = g(t) * y(t) = \int_0^t g(t-\tau)y(\tau)d\tau \tag{31.143}$$

darstellen, wenn zum Zeitpunkt $t = 0$ alle Energiespeicher leer sind. Im Bildraum lautet der Zusammenhang zwischen dem Bild $Y(s)$ der Erregung und dem Bild $X(s)$ der Systemantwort wesentlich einfacher, nämlich

$$X(s) = G(s)Y(s). \tag{31.144}$$

Die rationale Funktion $G(s) = \frac{q(s)}{p(s)}$ wird *Übertragungsfunktion* genannt. Aus der Übertragungsfunktion lassen sich die Eigenschaften eines linearen Systems vollständig ablesen, weshalb man die im Zeitbereich aufgestellte Differentialgleichung beiseite läßt und nur mehr im Bildraum mit der Gleichung (31.144) arbeitet. Man bedient sich dabei einer graphischen Darstellung in Form eines Blocksymbols, das man mit dem Symbol für die Übertragungsfunktion kennzeichnet (Bild 31.20). Mit Hilfe derartiger Blocksymbole lassen sich komplexere Systeme wesentlich übersichtlicher beschreiben, indem man einzelne funktionelle Einheiten zu Blöcken zusammenfaßt und solcherart das gesamte System durch ein sogenanntes Blockdiagramm darstellt. Dabei bezeichnet man als *Kettenschaltung* zweier Blöcke, wenn der Ausgang des ersten Systems mit der Übertragungsfunktion $G_1(s)$ der Eingang für ein zweites System mit der Übertragungsfunktion $G_2(s)$ ist (Bild 31.21). Man hat in diesem Fall

$$X_1(s) = G_1(s)Y(s), \quad X(s) = G_2(s)X_1(s),$$

also

$$X(s) = G_1(s)G_2(s)Y(s). \tag{31.145}$$

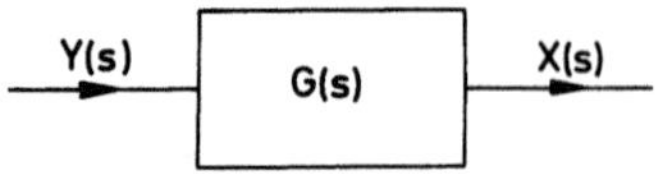

Bild 31.20

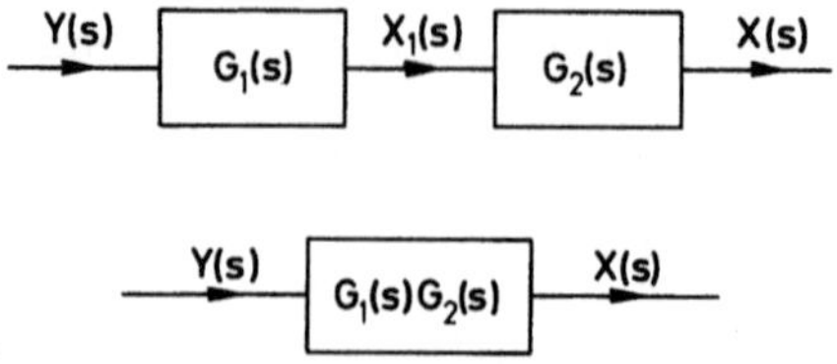

Bild 31.21

Diese Gleichung besagt, daß zwei Blöcke in Kettenschaltung zu einem einzigen Block zusammengefaßt werden können, dessen Übertragungsfunktion das Produkt der Übertragungsfunktionen der einzelnen Blöcke ist.

Eine besonders in der Regelungstechnik wichtige Blockverbindung ist die *Rückkopplung*. Dabei handelt es sich im einfachsten Fall um zwei Systeme, der *Regelstrecke* und dem *Regler*, die folgendermaßen zusammengeschaltet sind (Bild 31.22): Der Ausgang X(s) der Regelstrecke mit der Übertragungsfunktion $G_1(s)$ wird an den Eingang des Reglers gelegt, dessen Übertragungsfunktion durch $G_2(s)$ gegeben sei. Der Ausgang $X_1(s)$ des Reglers wird über ein *Summierungselement*, meist in invertierter Form, das heißt mit negativem Vorzeichen, an den Eingang der Regelstrecke zurückgeführt und mit der Störgröße Y(s) gemischt. Eine solche Anordnung wird *Regelkreis* genannt. Das Summierungselement wird symbolisch durch einen Kreis dargestellt, wobei mit einem negativen Vorzeichen angedeutet wird, daß die betreffende Größe invertiert der Mischstelle zugeführt wird (Bild 31.23). Die Gleichungen für den Regelkreis von Bild 31.22 lauten

$$X(s) = G_1(s)\left(Y(s) - X_1(s)\right), \quad X_1(s) = G_2(s)X(s);$$

aus ihnen folgt durch Elimination von $X_1(s)$

$$X(s) = \frac{G_1(s)}{G_1(s)G_2(s) + 1} Y(s). \tag{31.146}$$

Der Regelkreis kann somit durch ein einziges Blocksymbol mit der Übertragungsfunktion

$$G(s) = \frac{G_1(s)}{G_1(s)G_2(s) + 1} \tag{31.147}$$

dargestellt werden.

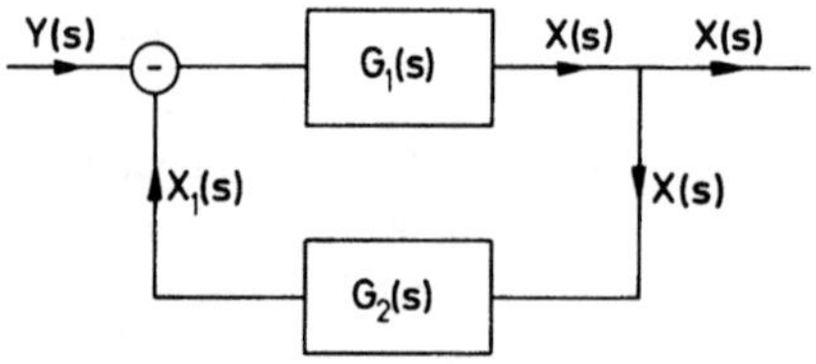

Bild 31.22

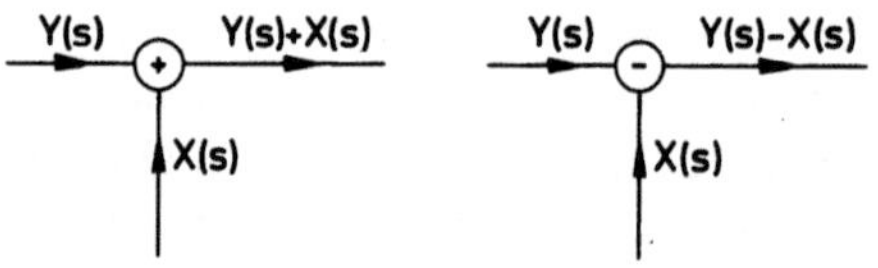

Bild 31.23

Technisch besonders leicht zu realisieren ist eine Störung durch eine sprunghaft einsetzende konstant bleibende Erregung wie zum Beispiel durch Anlegen einer Gleichspannung. Zum Studium des Systemverhaltens bei derartigen Erregungen genügt es, die Antwort $x_\sigma(t)$ des Systems auf den Einheitssprung $y(t) = \sigma(t)$ zu kennen; sie wird *Übergangsfunktion* genannt und gewöhnlich mit h(t) bezeichnet. Da wieder vorausgesetzt wird, daß zum Zeitpunkt $t = 0$ sämtliche Energiespeicher leer sind, folgt aus der Gleichung (31.138)

$$Lx_\sigma(t) = M\sigma(t). \tag{31.148}$$

Als Bild dieser Gleichung unter der Laplace-Transformation erhalten wir

$$p(s)X_\sigma(s) = \frac{1}{s}q(s); \tag{31.149}$$

somit ist

$$X_\sigma(s) = \frac{1}{s}\frac{q(s)}{p(s)} = \frac{1}{s}G(s) = H(s) \tag{31.150}$$

und

$$x_\sigma(t) = \mathscr{L}^{-1}\left(\frac{1}{s}G(s)\right) = h(t). \tag{31.151}$$

Daraus folgt insbesondere

$$h(t) = \int_0^t g(\tau)d\tau \tag{31.152}$$

beziehungsweise

$$g(t) = Dh(t). \tag{31.153}$$

Die Ableitung der Übergangsfunktion ergibt also die Impulsantwort.

Die Übergangsfunktion $h(t)$ kann entweder durch Auswertung des Integrals in (31.152) ermittelt werden oder durch Rücktransformation der Funktion $H(s) = \frac{1}{s}G(s)$. Hat $p(s)$ nur einfache Nullstellen $s_1, s_2, \ldots, s_n$ und ist $p(0) \neq 0$, so ergibt sich durch Anwendung des Heavisideschen Entwicklungssatzes auf die Funktion $H(s)$ die Partialbruchentwicklung

$$H(s) = \frac{1}{s}\frac{q(s)}{p(s)} = \frac{q(0)}{p(0)}\frac{1}{s} + \sum_{k=1}^{n} \frac{q(s_k)}{s_k p'(s_k)}\frac{1}{s-s_k}; \tag{31.154}$$

sie führt sofort zu

$$h(t) = \sigma(t)\left(\frac{q(0)}{p(0)} + \sum_{k=1}^{n} \frac{q(s_k)}{s_k p'(s_k)} e^{s_k t}\right). \tag{31.155}$$

Ist die Übergangsfunktion $h(t)$ bekannt, so läßt sich über ihr Bild $H(s)$ aus der Gleichung (31.150) unmittelbar die Übertragungsfunktion $G(s)$ des Systems ermitteln.

Beispiel 31.31: Der Eingangsstrom eines Zweipols soll bei Anlegen einer Gleichspannung U die sinusförmige Gestalt $i(t) = I \sin\omega t$ haben. Die Übergangsfunktion ist demnach

$$h(t) = \frac{I}{U}\sin\omega t,$$

ihr Bild unter der Laplace-Transformation lautet

$$H(s) = \frac{I}{U}\frac{\omega}{s^2+\omega^2}.$$

Damit ergibt sich für die Übertragungsfunktion

$$G(s) = sH(s) = \frac{I}{U}\frac{s\omega}{s^2 + \omega^2}.$$

Dieses System kann durch einen LC-Kreis mit $\omega = \frac{1}{\sqrt{LC}}$ realisiert werden.

Auch mit Hilfe der Übergangsfunktion h(t) läßt sich die Antwort des Systems auf eine beliebige Erregung beschreiben. Aus der Gleichung (31.143) folgt, wenn wir für g(t) aus (31.153) einsetzen und (28.100) berücksichtigen,

$$\begin{aligned} x(t) &= g(t) * y(t) = Dh(t) * y(t) = D\big(h(t) * y(t)\big) \\ &= D \int_0^t h(t-\tau)y(\tau)d\tau = \int_0^t \dot{h}(t-\tau)y(\tau)d\tau + h(0)y(t). \end{aligned} \tag{31.156}$$

Ist die Ordnung von M kleiner als diejenige von L, so ist h(0) = 0 und daher

$$x(t) = \int_0^t \dot{h}(t-\tau)y(\tau)d\tau. \tag{31.157}$$

Wegen

$$D\big(h(t) * y(t)\big) = h(t) * Dy(t)$$

kann x(t) auch in der Form

$$x(t) = \int_0^t h(t-\tau)Dy(\tau)d\tau \tag{31.158}$$

dargestellt werden. Die Gleichung (31.158) wird *Duhamelsche Formel* genannt, das rechterhand stehende Integral heißt *Duhamelsches Integral*.

Die Duhamelsche Formel (31.158) wird besonders anschaulich durch eine andere Herleitung. Mittels einer Zerlegung der Zeitachse werde die Störfunktion y(t), die wir für $t \geqslant 0$ als stetig differenzierbar voraussetzen, durch eine Treppenfunktion angenähert, wie in Bild 31.24 angedeutet,

$$\tilde{y}(t) = \sum_k \sigma(t-t_k)\Delta y_k = \sum_k \sigma(t-t_k)\dot{y}(\tau_k)\Delta t_k.$$

Mit Hilfe der Übergangsfunktion h(t) erhält man als Systemantwort auf eine sprunghaft einsetzende Erregung der Form $\sigma(t-t_k)\dot{y}(\tau_k)\Delta t_k$ den Ausdruck

$$h(t-t_k)\dot{y}(\tau_k)\Delta t_k;$$

da sich weiter auf Grund der Linearität des Systems die von einzelnen Störungen hervorgerufenen Systemantworten überlagern, wird

$$\tilde{x}(t) = \sum_k h(t-t_k)\dot{y}(\tau_k)\Delta t_k$$

die Antwort des Systems auf die Erregung $\tilde{y}(t)$. Wird die Zerlegung nun beliebig verfeinert, so ergibt sich in der Grenze das Duhamelsche Integral (31.158) mit $Dy(t) = \dot{y}(t)$.

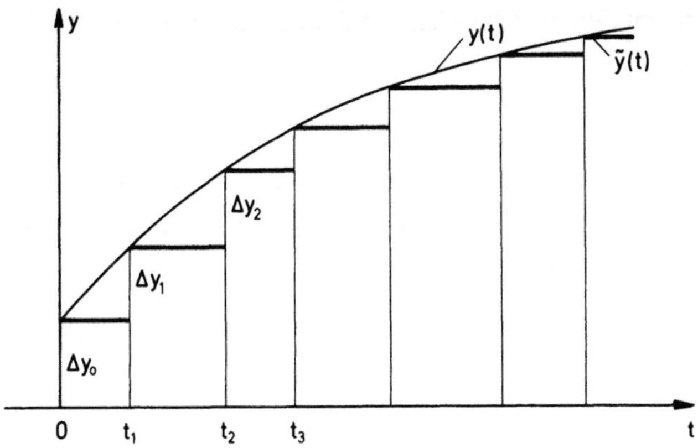

Bild 31.24

Beim dritten Fall, den wir betrachten wollen, handelt es sich um die Antwort des Systems auf eine harmonische Erregung $y(t) = \sigma(t)e^{j\omega t}$, die zum Zeitpunkt $t = 0$ einsetzt, wobei wieder vorausgesetzt wird, daß alle Energiespeicher zum Zeitpunkt $t = 0$ leer sind. Die Systemantwort auf diese Erregung, die wir mit $x_\omega(t)$ bezeichnen wollen, ist vermöge der Gleichung (31.138) Lösung von

$$Lx_\omega(t) = M\left(\sigma(t)e^{j\omega t}\right). \qquad (31.159)$$

Das Bild $X_\omega(s)$ der Funktion $x_\omega(t)$ genügt wegen $\mathscr{L}\left(\sigma(t)e^{j\omega t}\right) = \frac{1}{s-j\omega}$ der Gleichung

$$X_\omega(s)p(s) = \frac{1}{s-j\omega}\,q(s), \qquad (31.160)$$

so daß gilt

$$X_\omega(s) = \frac{1}{s-j\omega}\,G(s). \qquad (31.161)$$

Transformieren wir in den Zeitbereich zurück, so folgt

$$x_\omega(t) = g(t) * \left(\sigma(t)e^{j\omega t}\right) = \sigma(t)e^{j\omega t}\int_0^t e^{-j\omega\tau}g(\tau)\,d\tau. \qquad (31.162)$$

Die Funktion $x_\omega(t)$ wird *Frequenzantwort* genannt.

Ist das System gedämpft, was sich mathematisch darin ausdrückt, daß alle Nullstellen des Polynoms $p(s)$ beziehungsweise alle Pole der Übertragungsfunktion $G(s)$ einen negativen Realteil haben, so stellt sich ein eingeschwungener Zustand $x_e(t)$ ein. Diesen finden wir folgendermaßen: Wenn wir wieder davon ausgehen, daß die Pole $s_1, s_2, \ldots, s_n$ der Übertragungsfunktion $G(s)$ sämtlich voneinander verschieden sind, so läßt sich das Bild $X_\omega(s)$ der Frequenzantwort $x_\omega(t)$ durch Anwendung des Heavisideschen Entwicklungssatzes in der Form

$$X_\omega(s) = \frac{q(j\omega)}{p(j\omega)}\,\frac{1}{s-j\omega} + \sum_{k=1}^{n} \frac{q(s_k)}{(s_k-j\omega)p'(s_k)}\,\frac{1}{s-s_k}$$

darstellen. Der rechterhand stehenden Summe entspricht im Zeitbereich die Funktion

$$\sum_{k=1}^{n} \frac{q(s_k)}{(s_k - j\omega)p'(s_k)} e^{s_k t},$$

die offenbar eine Lösung der homogenen Gleichung $Lx(t) = 0$ ist. Wegen der Dämpfung des Systems strebt sie für $t \to \infty$ gegen den Grenzwert 0, folglich wird der eingeschwungene Zustand durch die Funktion

$$x_e(t) = \mathscr{L}^{-1} \frac{q(j\omega)}{p(j\omega)} \frac{1}{s - j\omega} = \sigma(t) G(j\omega) e^{j\omega t} \tag{31.163}$$

beschrieben (vgl. hierzu (31.54)).

Die Gleichung (31.163) sowie die Gleichung (31.143) zeigen die Bedeutung der Übertragungsfunktion für die Berechnung von Ausgleichsvorgängen und des eingeschwungenen Zustandes. Für die Behandlung von Ausgleichsvorgängen wird die Kenntnis der Übertragungsfunktion $G(s)$ als Funktion der komplexen Veränderlichen $s = x + j\omega$ benötigt, für die Berechnung des eingeschwungenen Zustandes sind die Werte $G(j\omega)$ der Übertragungsfunktion auf der imaginären s-Achse (Frequenzachse) erforderlich. Als Funktion der Frequenz ω wird $G(j\omega)$ der *Frequenzgang* des Systems genannt.

31.8 Ergänzungen

Mit Hilfe der Laplace-Transformation lassen sich auch Systeme von Differentialgleichungen erster Ordnung mit Anfangsbedingungen

$$\dot{\mathbf{x}} = \mathbf{A} \cdot \mathbf{x} + \mathbf{y}, \quad \mathbf{x}(0) = \mathbf{x}_0 = (c_1, c_2, \ldots, c_N), \tag{31.164}$$

auf bequeme Weise lösen. Wir bezeichnen mit $\mathbf{X} = \mathbf{X}(s)$ den Vektor, dessen Koordinaten $X_i = X_i(s)$ die Bilder der Laplace-Transformierten der Systemgrößen $x_i = x_i(t)$ sind, $X_i(s) = \mathscr{L}x_i(t), i = 1, 2, \ldots, N$, analog mit $\mathbf{Y} = \mathbf{Y}(s)$ den Vektor, dessen Koordinaten $Y_i(s) = \mathscr{L}y_i(t)$ die Bilder der Störgrößen y_i sind, und schreiben symbolisch $\mathscr{L}\mathbf{x}(t) = \mathbf{X}(s)$, $\mathscr{L}\mathbf{y}(t) = \mathbf{Y}(s)$. Auf Grund der Beziehungen $\mathscr{L}\dot{x}_i(t) = sX_i(s) - x_i(0) = sX_i(s) - c_i$ ist $\mathscr{L}\dot{\mathbf{x}} = s\mathbf{X} - \mathbf{x}_0$; wenden wir also den Operator $\mathscr{L}$ auf die Gleichung (31.164) an, so folgt

$$\mathscr{L}\dot{\mathbf{x}} = s\mathbf{X} - \mathbf{x}_0 = \mathscr{L}(\mathbf{A} \cdot \mathbf{x}) + \mathscr{L}\mathbf{y} = \mathbf{A} \cdot \mathscr{L}\mathbf{x} + \mathscr{L}\mathbf{y} = \mathbf{A} \cdot \mathbf{X} + \mathbf{Y}$$

beziehungsweise

$$(s\mathbf{E} - \mathbf{A}) \cdot \mathbf{X} = \mathbf{Y} + \mathbf{x}_0. \tag{31.165}$$

Dies ist die Bildgleichung von (31.164) unter der Laplace-Transformation. Ihre Lösung ist

$$\mathbf{X} = (s\mathbf{E} - \mathbf{A})^{-1} \cdot (\mathbf{Y} + \mathbf{x}_0) = \mathbf{G}(s) \cdot (\mathbf{Y} + \mathbf{x}_0), \tag{31.166}$$

worin

$$\mathbf{G}(s) = (s\mathbf{E} - \mathbf{A})^{-1} \tag{31.167}$$

gesetzt wurde. Die Elemente der Matrix $\mathbf{G}(s)$ sind echt gebrochene rationale Funktionen,

$$G_{ij}(s) = \frac{q_{ij}(s)}{p(s)}, \tag{31.168}$$

worin

$$p(s) = \mathrm{Det}(s\mathbf{E} - \mathbf{A}) = (-1)^N \hat{p}(s)$$

und $\hat{p}(s)$ das charakteristische Polynom der Matrix **A** ist. Bezeichnen wir mit

$$g_{ij}(t) = \mathscr{L}^{-1} G_{ij}(s) = \mathscr{L}^{-1} \frac{q_{ij}(s)}{p(s)}, \tag{31.169}$$

wobei $q_{ij}(s)$ die algebraischen Komplemente der Matrix $s\mathbf{E} - \mathbf{A}$ sind, so folgt aus (31.166)

$$x_i(t) = \sum_{j=1}^{N} c_j g_{ij}(t) + \sum_{j=1}^{N} \int_0^t g_{ij}(t-\tau) y_j(\tau) d\tau, \quad i = 1, 2, \ldots, N, \tag{31.170}$$

oder in symbolischer Schreibweise, wenn $\mathbf{g}(t)$ die Matrix mit den Elementen (31.169) ist,

$$\mathbf{x}(t) = \mathbf{g}(t) \cdot \mathbf{x}_0 + \int_0^t \mathbf{g}(t-\tau) \cdot \mathbf{y}(\tau) d\tau. \tag{31.171}$$

Aus dieser Gleichung folgt insbesondere durch Vergleich mit (31.101) für $t_0 = 0$

$$e^{\mathbf{A}t} = \mathbf{g}(t) = \mathscr{L}^{-1}\left((s\mathbf{E} - \mathbf{A})^{-1}\right). \tag{31.172}$$

Diese elegante Darstellung der Matrix $e^{\mathbf{A}t}$ darf jedoch nicht zu der Annahme verleiten, daß auf diesem Wege die Berechnung von $e^{\mathbf{A}t}$ einfacher wird.

Wenn alle Anfangswerte c_k gleich Null sind, so folgt aus (31.166)

$$X_i(s) = \sum_{h=1}^{N} G_{ih}(s) Y_h(s) = \sum_{h=1}^{N} \frac{q_{ih}(s)}{p(s)} Y_h(s)$$

beziehungsweise

$$X_i(s) p(s) = \sum_{h=1}^{N} q_{ih}(s) Y_h(s), \quad i = 1, 2, \ldots, N. \tag{31.173}$$

Stellen wir diesen Gleichungen die Beziehungen (31.97) gegenüber, so ergibt sich, daß die Polynome $q_{ih}(s)$ die charakteristischen Polynome der Differentialoperatoren $M_h^{(i)}$ sind, während im allgemeinen alle Differentialoperatoren L_i dasselbe charakteristische Polynom $p(s)$ haben. Der Fall, daß einer der Differentialoperatoren L_i eine geringere Ordnung als N hat, tritt nur dann ein, wenn die Polynome $p(s)$ und $q_{jh}(s)$, $h = 1, 2, \ldots, N$, wenigstens eine gemeinsame Nullstelle s_0 haben, so daß die Gleichung (31.173) durch $s - s_0$ dividiert werden kann.

Ist speziell nur eine der in $\mathbf{y}(t)$ zusammengefaßten Störgrößen von Null verschieden, also etwa $\mathbf{y}(t) = \left(y_1(t), 0, \ldots, 0\right)$, so ist

$$X_i(s) p(s) = q_{i1}(s) Y_1(s), \quad i = 1, 2, \ldots, N$$

was bedeutet, daß die Systemgrößen x_i den Differentialgleichungen

$$L x_i(t) = M_i y_1(t), \quad i = 1, 2, \ldots, N,$$

genügen, worin M_i jene Differentialoperatoren sind, deren charakteristische Polynome mit den Polynomen $q_{i1}(s)$ übereinstimmen.

Wird bei einem linearen System, das durch mehrere Größen beschrieben wird, nach dem zeitlichen Verlauf aller Systemgrößen gefragt, so ist es zweckmäßiger, das System der Laplace-Transformation zu unterwerfen, als für jede Systemgröße eine entsprechende Differentialgleichung höherer Ordnung aufzustellen und diese dann mit Hilfe der Laplace-Transformation zu lösen.

Beispiel 31.32: Transformieren wir das System der Transformatorgleichungen (29.45), so erhalten wir wegen $i_1(0) = i_2(0) = 0$ im Bildraum das Gleichungssystem

$$\left(s + \frac{L_2R_1}{D}\right)I_1 + \left(\frac{M}{D}(R + R_2)\right)I_2 = \frac{L_2}{D}U,$$

$$\left(\frac{M}{D}R_1\right)I_1 + \left(s + \frac{L_1}{D}(R + R_2)\right)I_2 = \frac{M}{D}U,$$

$$I_1 = \frac{R + R_2 + sL_2}{p(s)}U, \quad I_2 = \frac{sM}{p(s)}U,$$

$$p(s) = s^2D + s(R_1L_2 + L_1R_2 + L_1R) + R_1(R + R_2), \quad D = L_1L_2 - M^2.$$

Ist der Störvektor $\mathbf{y}(t)$ in (31.164) eine auf $]0, \infty[$ unstetige Funktion, so haben wir die Gleichung (31.164) im verallgemeinerten Sinn aufzufassen. Die Anwendung der Laplace-Transformation auf (31.164) liefert dann wegen $\mathscr{L}\dot{\mathbf{x}} = s\mathbf{X}$ jene Lösung, die für $t < 0$ gleich Null ist. Diese hat das Bild

$$\mathbf{X} = \mathbf{G}(s) \cdot \mathbf{Y} \tag{31.174}$$

und lautet daher

$$\mathbf{x}(t) = \int_0^t \mathbf{g}(t - \tau) \cdot \mathbf{y}(\tau)d\tau. \tag{31.175}$$

Um gegebene Anfangsbedingungen erfüllen zu können, müssen wir die in den von Null verschiedenen Anfangswerten zum Ausdruck kommenden Störungen mittels einer Störfunktion direkt in der Gleichung (31.164) berücksichtigen: hierfür lehrt uns die Gleichung (31.165), daß wir zu $\mathbf{y}(t)$ zusätzlich einen Term

$$\mathbf{y}^*(t) = \delta(t)\mathbf{x}_0 \tag{31.176}$$

einzuführen haben, das heißt, daß anstatt der Gleichung (31.164) die im verallgemeinerten Sinn aufzufassende Gleichung

$$\dot{\mathbf{x}} = \mathbf{A} \cdot \mathbf{x} + \mathbf{y}(t) + \mathbf{y}^*(t) = \mathbf{A} \cdot \mathbf{x} + \mathbf{y}(t) + \delta(t)\mathbf{x}_0 \tag{31.177}$$

zu lösen ist. Die einzige Lösung dieser Gleichung, die für $t < 0$ verschwindet, wird durch die Laplace-Transformation geliefert; sie erfüllt die gegebenen Anfangsbedingungen. Die Bildgleichung von (31.177) ist identisch mit der Gleichung (31.165).

Ist speziell wieder $\mathbf{y}(t) = \left(y_1(t), 0, \ldots, 0\right)$ und sind $M_h^{(i)}$ jene Differentialoperatoren, deren charakteristischen Polynome die Polynome $q_{ih}(s)$ sind, so genügt die Systemgröße x_i

der Differentialgleichung

$$\mathcal{L}x_i(t) = \sum_{h=1}^{N} M_h^{(i)}\left(y_h(t) + c_h\delta(t)\right) = M_1^{(i)}y_1(t) + \sum_{h=1}^{N} c_h M_h^{(i)}\delta(t) \tag{31.178}$$

(vgl. (31.138)).

Mit Hilfe der Laplace-Transformation lassen sich auch sogenannte *lineare Differenzengleichungen* lösen. Darunter versteht man eine Gleichung für eine unbekannte Funktion x(t),

$$\begin{aligned} &a_0x(t + nT) + a_1x(t + nT - T) + \ldots + a_{n-1}x(t + T) + a_nx(t) \\ &= \sum_{k=0}^{n} a_{n-k}x(t + kT) = y(t), \end{aligned} \tag{31.179}$$

worin T eine gegebene positive Konstante ist. In den Anwendungen verlangt man die Gültigkeit einer Differenzengleichung (31.179) in der Regel für $t > 0$ und fordert $x(t) = y(t) = 0$ für $t < 0$. Ist $y(t) = 0$ für $t > 0$, so spricht man von einer *linearen homogenen* Differenzengleichung, andernfalls von einer *linearen inhomogenen* Differenzengleichung.

Die allgemeine Theorie linearer Differenzengleichungen ist weitgehend analog der Theorie linearer Differentialgleichungen und soll deshalb auch nicht Gegenstand unserer Betrachtungen sein. Wir wollen uns vielmehr darauf beschränken, jene eindeutig bestimmte und für die Anwendungen interessante Lösung zu finden, die für $t < 0$ verschwindet; sie kann der Laplace-Transformation unterworfen und daher auch auf diesem Wege ermittelt werden.

Wenden wir die Laplace-Transformation auf die Gleichung (31.179) an, so folgt auf Grund des Verschiebungssatzes (27.119)

$$\left(a_0e^{nTs} + a_1e^{(n-1)Ts} + \ldots + a_{n-1}e^{Ts} + a_n\right)X(s) = Y(s),$$

beziehungsweise, wenn wir das „charakteristische" Polynom

$$p(\lambda) = a_0\lambda^n + a_1\lambda^{n-1} + \ldots + a_{n-1}\lambda + a_n$$

einführen,

$$p(e^{Ts})X(s) = Y(s). \tag{31.180}$$

Somit ist

$$X(s) = \frac{1}{p(e^{Ts})}Y(s). \tag{31.181}$$

Um daraus die Zeitfunktion x(t) zu bestimmen, benötigen wir nur das Urbild der Funktion $\frac{1}{p(e^{Ts})}$. Zu diesem Zweck entwickeln wir die Funktion $\frac{1}{p(z)}$ in eine Reihe nach Potenzen von $\frac{1}{z}$; wenn wir wieder den einfachsten Fall annehmen, daß $p(0) \neq 0$ ist und alle Nullstellen $s_1, s_2, \ldots, s_n$ des charakteristischen Polynoms $p(\lambda)$ einfach sind, so ist

$$\frac{1}{p(z)} = \sum_{k=1}^{n} \frac{1}{p'(s_k)}\,\frac{1}{z - s_k} \quad ;$$

wegen

$$\frac{1}{z-s_k} = \frac{1}{z}\frac{1}{1-\frac{s_k}{z}} = \frac{1}{s_k}\sum_{m=1}^{\infty}\left(\frac{s_k}{z}\right)^m, \quad |z| > |s_k|,$$

folgt

$$\frac{1}{p(z)} = \sum_{k=1}^{n}\frac{1}{p'(s_k)}\frac{1}{s_k}\sum_{m=1}^{\infty}\left(\frac{s_k}{z}\right)^m, \quad |z| > s_0,$$

worin s_0 der Betrag der absolut größten Nullstelle s_k ist. Setzen wir

$$c_m = \sum_{k=1}^{n}\frac{s_k^{m-1}}{p'(s_k)}, \quad m = 1, 2, \ldots,$$

und berücksichtigen wir, daß die gesuchte Entwicklung von $\frac{1}{p(z)}$ mit der Potenz $\frac{1}{z^n}$ beginnen muß, also $c_1 = \ldots = c_{n-1} = 0$ für $n > 1$ zu gelten hat, so erhalten wir mit $z = e^{Ts}$

$$\frac{1}{p(e^{Ts})} = \sum_{m=n}^{\infty} c_m e^{-mTs}, \quad \mathrm{Re}(s) > \frac{\ln s_0}{T}. \tag{31.182}$$

Nun ist auf Grund der Korrespondenz

$$\mathscr{L}^{-1}e^{-mTs} = \delta(t - mT),$$

und folglich, wenn wir den Operator $\mathscr{L}^{-1}$ mit der Summation vertauschen,

$$g(t) = \mathscr{L}^{-1}\frac{1}{p(e^{Ts})} = \sum_{m=n}^{\infty} c_m\delta(t - mT). \tag{31.183}$$

Daraus folgt schließlich mit Hilfe des Faltungssatzes

$$x(t) = g(t) * y(t) = \sum_{m=n}^{\infty} c_m\big(\delta(t-mT) * y(t)\big) = \sum_{m=n}^{\infty} c_m y(t-mT). \tag{31.184}$$

Beispiel 31.33: Wir lösen

$$x(t+1) - x(t) = \sigma(t).$$

Mit $p(\lambda) = \lambda - 1$ erhalten wir

$$\frac{1}{p(z)} = \frac{1}{z-1} = \sum_{m=1}^{\infty}\left(\frac{1}{z}\right)^m, \quad |z| > 1,$$

und damit

$$x(t) = \sum_{m=1}^{\infty}\sigma(t-m) = \sigma(t)[t].$$

Zur Gleichung (31.179) können auch Anfangsbedingungen gestellt werden. In diesem Fall ist eine für $t < 0$ verschwindende Lösung $x(t)$ gesucht, die auf dem Intervall

$]0, nT[$ vorgegebene Werte annimmt, das heißt, es wird eine Beziehung $x(t) = x_0(t)$ für $0 < t < nT$ gefordert. Man kann diese Aufgabe dadurch lösen, indem man die Anfangsbedingung als Störfunktion in der Gleichung (31.179) selbst berücksichtigt. Die Funktion $x_0(t)$ denken wir uns für $t > nT$ beliebig fortgesetzt, für $t < 0$ setzen wir $x_0(t) = 0$. Dann gilt wegen $x(t) = x_0(t)$ für $-\infty < t < nT$

$$\begin{aligned} &a_0 x(t + nT) + a_1 x(t + nT - T) + \ldots + a_{n-1} x(t + T) + a_n x(t) \\ &= a_0 x_0(t + nT) + a_1 x_0(t + nT - T) + \ldots + a_{n-1} x_0(t + T) + a_n x_0(t), \quad -\infty < t < 0, \end{aligned} \tag{31.185}$$

während für $t > 0$ die Gleichung (31.179) bestehen soll. Beide Gleichungen lassen sich zu einer einzigen zusammenfassen,

$$\begin{aligned} &a_0 x(t + nT) + a_1 x(t + nT - T) + \ldots + a_{n-1} x(t + T) + a_n x(t) = y(t) + \\ &+ \left(a_0 x_0(t + nT) + a_1 x_0(t + nT - T) + \ldots + a_{n-1} x_0(t + T) + a_n x_0(t)\right) \sigma(-t) = \\ &= s(t) = y(t) + y^*(t), \end{aligned} \tag{31.186}$$

die jetzt für $-\infty < t < \infty$ Gültigkeit hat. Die einzige für $t < 0$ verschwindende Lösung von (31.186) erfüllt die Anfangsbedingung und die Gleichung (31.179) für $t > 0$.

Beispiel 31.34: Wir suchen die Lösung der Gleichung von Beispiel 31.33 unter der Anfangsbedingung $x(t) = t$ für $0 < t < 1$. Wir setzen $x_0(t) = t\sigma(t)$ und haben somit als Störfunktion $s(t) = \sigma(t) + \sigma(-t)((t + 1)\sigma(t + 1) - t\sigma(t))$ anzusetzen. Die Lösung lautet

$$x(t) = \sum_{m=1}^{\infty} \sigma(t - m) + \sum_{m=1}^{\infty} \sigma(m - t)\left((t + 1 - m)\sigma(t + 1 - m) - (t - m)\sigma(t - m)\right) = \sigma(t)t.$$

Auch *Rekursionsformeln*

$$a_0 x_{m+n} + a_1 x_{m+n-1} + \ldots + a_{n-1} x_{m+1} + a_n x_m = y_m, \quad m = 0, 1, 2, \ldots, \tag{31.187}$$

durch die eine Folge (x_m) bei Vorgabe von Werten für $x_0, x_1, \ldots, x_{n-1}$ bestimmt wird, wobei (y_m) eine gegebene Folge ist, lassen sich durch Rückführung auf eine Differenzengleichung mit Hilfe der Laplace-Transformation lösen. Die Rekursionsformel (31.187) kann als Spezialfall einer Differenzengleichung (31.179) für $T = 1$ und „diskretes" Argument $t = m$ angesehen werden,

$$\begin{aligned} a_0 x(m + n) + a_1 x(m + n - 1) + \ldots + a_{n-1} x(m + 1) + a_n x(m) = y_m, \\ m = 0, 1, \ldots, \end{aligned} \tag{31.188}$$

wobei zur Erfüllung der Anfangsbedingungen eine Funktion $x_0(t)$ zu wählen ist mit der Eigenschaft $x_0(k) = x_k$, $k = 0, 1, \ldots, n - 1$, und als Störfunktion eine Funktion $y(t)$ anzusetzen ist, für die $y(m) = y_m$, $m = 0, 1, 2, \ldots$, gilt. Dann hat die eindeutig bestimmte Lösung der Gleichung

$$a_0 x(t + n) + a_1 x(t + n - 1) + \ldots + a_{n-1} x(t + 1) + a_n x(t) = y(t) \tag{31.189}$$

zur Anfangsbedingung $x(t) = x_0(t)$ die Eigenschaft, daß die durch $x_m = x(m)$ definierte Folge die Gleichung (31.187) löst. Die Funktion $x_0(t)$ setzt man am besten als Treppenfunktion

$$x_0(t) = \begin{cases} 0, & -\infty < t < 0, \\ x_0, & 0 \leqslant t < 1, \\ x_1, & 1 \leqslant t < 2, \\ \vdots & \\ x_{n-2}, & n-2 \leqslant t < n-1, \\ x_{n-1}, & n-1 \leqslant t < \infty, \end{cases} \tag{31.190}$$

an, analog die Störfunktion $y(t)$.

Beispiel 31.35: Wir lösen die Rekursionsformel

$$x_{n+2} + 3x_{n+1} + 2x_n = 0, \quad n = 0, 1, 2, \ldots,$$

für beliebig vorzugebende Werte von x_0 und x_1. Dazu haben wir die Gleichung

$$x(t+2) + 3x(t+1) + 2x(t) = 0$$

mit der Anfangsbedingung $x(t) = x_0(t)$ zu lösen, wobei nach (31.190)

$$x_0(t) = \begin{cases} 0, & -\infty < t < 0, \\ x_0, & 0 \leqslant t < 1, \\ x_1, & 1 \leqslant t < \infty, \end{cases}$$

zu setzen ist; damit berechnet sich gemäß (31.186) die Störfunktion zu

$$s(t) = \big(x_0(t+2) + 3x_0(t+1) + 2x_0(t)\big)\,\sigma(-t) = \begin{cases} 0, & -\infty < t < -2, \\ x_0, & -2 \leqslant t < -1, \\ 3x_0 + x_1, & -1 \leqslant t < 0, \\ 0, & 0 \leqslant t < \infty. \end{cases}$$

Nun erhalten wir durch die Reihenentwicklung

$$\frac{1}{p(z)} = \frac{1}{(z+1)(z+2)} = \frac{1}{z+1} - \frac{1}{z+2} = \sum_{m=2}^{\infty} (-1)^{m-1}(1 - 2^{m-1})\frac{1}{z^m}, \quad |z| > 2,$$

die Koeffizienten

$$c_m = (-1)^{m-1}(1 - 2^{m-1}), \quad m = 2, 3, \ldots,$$

für (31.184),

$$x(t) = \sum_{m=2}^{\infty} s(t-m)(-1)^{m-1}(1 - 2^{m-1}).$$

Für $t = n$ entsteht daraus

$$x_n = x(n) = \sum_{m=2}^{\infty} s(n-m)(-1)^{m-1}(1 - 2^{m-1});$$

Da $s(t)$ nur für $-2 \leqslant t < 0$ von Null verschieden ist, liefern in dieser Reihe nur die Glieder für $m = n + 1$ und $m = n + 2$ von Null verschiedene Beiträge; setzen wir schließlich noch für $s(-1)$ und $s(-2)$ ein, so erhalten wir als Ergebnis

$$x_n = (-1)^n\big((2 - 2^n)x_0 + (1 - 2^n)x_1\big), \quad n = 0, 1, 2, \ldots .$$

Wir werden in Abschnitt 38.3 noch eine weitere Methode zur Lösung einer Differenzengleichung (31.187), wie man solche Rekursionsformeln ebenfalls nennt, kennenlernen.

31.9 Übungsbeispiele

Man konstruiere eine Integralbasis für die folgenden homogenen linearen Differentialgleichungen:

1. $y'' + y' - 6y = 0$
2. $y'' - 2y' - 8y = 0$
3. $y''' - y'' - 12y' = 0$
4. $y''' - 3y'' - 6y' + 8y = 0$
5. $y''' - y = 0$
6. $y'' - 2y' + 5y = 0$
7. $y^{(4)} + y = 0$
8. $y''' - y'' - y' + y = 0$
9. $y^{(4)} + 5y'' - 36y = 0$
10. $y^{(4)} - 6y''' + 13y'' - 12y' + 4y = 0$.

Man bestimme das allgemeine Integral der folgenden inhomogenen linearen Differentialgleichungen:

11. $y'' + y = \dfrac{1}{\cos x}$
12. $y'' - 6y' + 9y = \dfrac{9x^2 + 6x + 2}{x^3}$
13. $y'' - y = \dfrac{1}{x}$
14. $y'' + y = \tan x$
15. $y'' - 2y' + y = \dfrac{1}{1 + e^x}$.

Ein lineares System werde durch den linearen Differentialoperator $L = D^2 + 2\delta D + \omega_0^2$, $D = \frac{d}{dt}$, $\delta > 0$, beschrieben: $Lx(t) = y(t)$. Man berechne die Systemgröße $x(t)$ im eingeschwungenen Zustand für folgende Erregungen $y(t)$:

16. $y(t) = \hat{Y} \sin \omega t$
17. $y(t) = Y(\sigma(t) - \sigma(t - \tau))$, $0 < t < T$, $y(t + T) = y(t)$.
18. An ein RC-Glied (Widerstand R und Kondensator mit der Kapazität C in Serienschaltung) wird eine gleichgerichtete sinusförmige Spannung $u(t) = \hat{U}|\sin \omega t|$ angelegt. Man berechne den Spannungsabfall $u_R(t)$ am Widerstand im eingeschwungenen Zustand.

Man berechne ein partikuläres Integral der folgenden inhomogenen linearen Differentialgleichungen:

19. $y'' - y = xe^x$
20. $y'' + y = x^2e^x$
21. $y'' + y' + y = e^x + x \sin x$
22. $y'' - 2y' + 2y = x + e^x \sin x$
23. $y''' - 3y'' + 3y' - y = x^2e^x$
24. $y''' - 2y'' + y' - 2y = \sin \dfrac{3x}{2} \cos \dfrac{x}{2}$
25. $y^{(4)} + 2y'' + y = 24x \sin x + e^x$
26. $y'' + a^2y = \sin bx$
27. $y'' + 2y' + y = e^{-x}(x + \cos x)$
28. $y'' - y = xe^x + e^{2x}$
29. $y''' - 4y' = x^2 + \sin x + xe^{2x}$.
30. Ein lineares System werde durch den Differentialoperator $L = D^2 + 2\delta D + \omega_0^2$, $D = \frac{d}{dt}$, $0 < \delta < \omega_0$, beschrieben. Mit welcher Frequenz muß das System erregt werden, damit (physikalische) Resonanz auftritt?

Man berechne die Matrix $e^{\mathbf{A}t}$ für die folgenden Matrizen:

31. $\mathbf{A} = \frac{1}{6}\begin{pmatrix} 6 & 6 & 6 \\ -4 & -8 & 2 \\ -4 & -2 & -4 \end{pmatrix}$ 32. $\mathbf{A} = \frac{1}{6}\begin{pmatrix} -3 & 0 & 9 \\ 1 & 2 & -5 \\ 7 & 8 & 7 \end{pmatrix}$ 33. $\mathbf{A} = \begin{pmatrix} 9 & 6 & 3 \\ 1 & 2 & -5 \\ 7 & 8 & 7 \end{pmatrix}$.

34. Sei $\dot{x} = y - z$, $\dot{y} = -x + z$, $\dot{z} = x - y$, $x(0) = x_0$, $y(0) = y_0$, $z(0) = z_0$. Man bestimme jene homogenen Differentialgleichungen kleinster Ordnung, denen die Größen x, y und z für sich genügen müssen und gebe die entsprechenden Anfangsbedingungen an.

35. Ein Transformator wird auf der Sekundärseite mit einem Kondensator der Kapazität C belastet; auf der Primärseite liegt eine harmonische Klemmenspannung mit dem Zeiger $\hat{\underline{U}}$ an. Man stelle die Differentialgleichung für den Spannungsabfall u_C am Kondensator auf und gebe die Anfangsbedingungen $u_C(0)$, $\dot{u}_C(0)$, $\ddot{u}_C(0)$ an, wobei angenommen sei, daß der Kondensator anfänglich ungeladen war. Man bestimme weiter den Zeiger $\hat{\underline{I}}_2$ des Sekundärstromes im eingeschwungenen Zustand. Ferner ermittle man jene Gleichung, der jene Erregerfrequenz ω genügen muß, für die der Quotient $\hat{I}_2/\hat{U}$ maximal wird. Man zeige, daß diese Gleichung für ω genau eine positive reelle Nullstelle besitzt.

36. Man bestimme – für den eingeschwungenen Zustand – das Verhältnis der Spannungsamplituden eines Transformators im Leerlauf (für eine harmonische Spannung auf der Primärseite).

37. Man ermittle – für den eingeschwungenen Zustand – den Spannungsabfall an den Klemmen der Sekundärseite eines Transformators, der mit dem Widerstand $\underline{Z}$ belastet ist.

Man berechne mit Hilfe der Laplace-Transformation die Lösung der folgenden Anfangswertaufgaben:

38. $\ddot{x} + x = t, \quad x(0) = 1, \quad \dot{x}(0) = -2.$

39. $\ddot{x} - 3\dot{x} + 2x = 4e^{2t}, \quad x(0) = -3, \quad \dot{x}(0) = -2.$

40. $\ddot{x} + 2\dot{x} + 5x = e^{-t}\sin t, \quad x(0) = 0, \quad \dot{x}(0) = 1.$

41. $\ddot{x} + 4x = \sigma(t-1), \quad x(0) = 1, \quad \dot{x}(0) = 0.$

42. $\ddot{x} + 4x = \sigma(t) - \sigma(t-1), \quad x(0) = 0, \quad \dot{x}(0) = 1.$

43. $\dot{x} = x - \omega y, \quad \dot{y} = \omega x + y, \quad x(0) = x_0, \quad y(0) = y_0.$

44. $\dot{x} = x - \omega y + g(t), \quad \dot{y} = \omega x + y + h(t), \quad x(0) = y(0) = 0.$

45. An eine Spule (Widerstand R und Induktivität L in Serie) wird parallel ein Widerstand 1/G und ein Kondensator C in Serie geschaltet. Welche Beziehung muß zwischen den Größen R, L, G und C bestehen, damit nach Abschalten der Spule von einer Gleichspannung das Magnetfeld möglichst rasch zusammenbricht? (Problem der Relaisdämpfung).

46. Sei L ein linearer Differentialoperator n-ter Ordnung mit konstanten Koeffizienten. Welche Gestalt besitzt die Laplace-Transformierte einer Lösung der homogenen Differentialgleichung $Lx(t) = 0$?

Man drücke die Lösung der Gleichung $Lx(t) = My(t)$ mit $L = D^2 + 2\delta D + \omega_0^2$, $\delta > 0$, für folgende Differentialoperatoren M mit Hilfe der Impulsantwort $g(t) = \mathcal{L}^{-1}\frac{1}{p(s)}$, $p(s) = s^2 + 2\rho s + \omega_0^2$, aus:

47. $M = D^2 - 1, \quad x(0) = \dot{x}(0) = 0.$

48. $M = D^2 + D + 1, \quad x(0) = 1, \quad \dot{x}(0) = 0.$

49. $M = D^3 + D$, $x(0) = 0$, $\dot{x}(0) = 1$.

50. $M = D^4$, $x(0) = \dot{x}(0) = 0$.

Man berechne die Übertragungsfunktion und den Frequenzgang der Schaltungen in den Bildern 31.25, wobei die Klemmenspannung u die Systemerregung, der Spannungsabfall u_Z am Widerstand $\underline{Z}$ die Systemantwort ist; $\underline{Z} = \underline{Z}(j\omega)$ ist ein frequenzabhängiger Widerstand.

51.

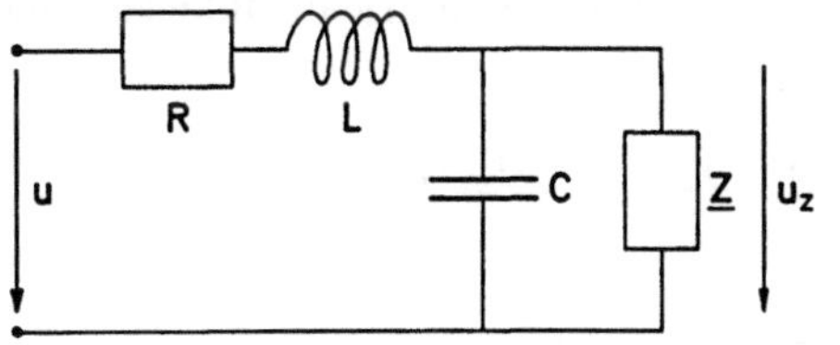

Bild 31.25a

52.

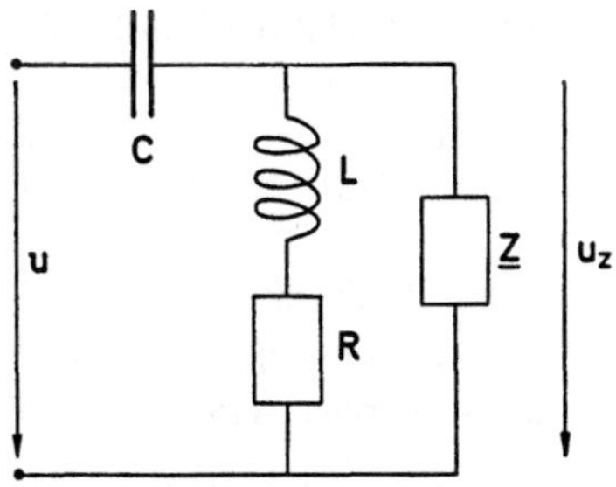

Bild 31.25b

Man berechne mit Hilfe der Laplace-Transformation die Matrix $e^{\mathbf{A}t}$ für die folgenden Matrizen:

53. Die Matrix **A** von Beispiel 31

54. Die Matrix **A** von Beispiel 32

55. Die Matrix **A** von Beispiel 33.

Man löse die Differenzengleichung $x(t+2) - 3x(t+1) + 2x(t) = \sigma(t)$ zu folgenden Anfangsbedingungen:

56. $x(t) = 0$ für $0 \leqslant t < 2$. 57. $x(t) = \begin{cases} 0 & \text{für } 0 \leqslant t < 1, \\ 1 & \text{für } 1 \leqslant t < 2. \end{cases}$

Man löse die folgenden Rekursionsformeln zu gegebenen Anfangswerten x_0 und x_1:

58. $x_{k+2} - 2x_{k+1} + 5x_k = 0$

59. $x_{k+2} - 4x_{k+1} + 4x_k = 0$

60. $x_{k+2} - 3x_{k+1} + 2x_k = 4^k$.

61. (Die *Fibonacci*schen Zahlen). Man löse die Differenzengleichung $x_{k+2} = x_{k+1} + x_k$ zu den Anfangswerten $x_0 = 0, x_1 = 1$.

62. (Die Tschebyscheffschen Polynome $T_n(x)$). Man berechne mit x als reellen Parameter die Größen $T_n(x)$ aus der Rekursionsformel $T_{k+2}(x) - xT_{k+1}(x) + \frac{1}{4} T_k(x) = 0$, $k = 1, 2, \ldots$, zu den Anfangswerten $T_1(x) = x$, $T_2(x) = x^2 - \frac{1}{2}$.

63. Man löse die Gleichung $\dot{x}(t) + e^{-2t} \int\limits_0^t e^{2\tau} x(\tau) d\tau = y(t)$, $x(0) = x_0$.

64. Man löse die Gleichung

$$Lx(t) + \int\limits_0^t g(t-\tau) M x(\tau) d\tau = y(t), \quad x(0) = \dot{x}(0) = \ldots = x^{(n-1)}(0) = 0,$$

worin L beziehungsweise M lineare Differentialoperatoren der Ordnung n beziehungsweise $m \leqslant n$ mit konstanten Koeffizienten sind; $p(s)$ beziehungsweise $q(s)$ seien die charakteristischen Polynome der Differentialoperatoren L beziehungsweise M.

65. Welcher Zusammenhang besteht zwischen den Laplace-Transformierten der stetig differenzierbaren Funktion $x(t)$ und der stetigen Funktion $y(t)$, wenn $x(t)$ und $y(t)$ der Gleichung $\dot{x}(t-1) + x(t) = y(t)$ für $t > 0$ genügen und gleich Null sind für $t \leqslant 0$?

66. Man bestimme auf folgendem Weg die Laplace-Transformierte der Besselfunktion $J_\nu(t)$ für $\nu > -1$:

(i) Man ermittle das Bild der Besselschen Differentialgleichung $t^2 J_\nu''(t) + tJ_\nu'(t) + (t^2 - \nu^2) J_\nu(t) = 0$ unter der Laplace-Transformation und bringe die Bildgleichung auf die Gestalt

$$f(s)\frac{d}{ds}\left(f(s)\frac{d}{ds}\left(f(s)X_\nu(s)\right)\right) = \nu^2 f(s)X_\nu(s), \quad X_\nu(s) = \mathscr{L}J_\nu(t),$$

mit einer geeigneten Funktion $f(s)$.

(ii) Aus dem allgemeinen Integral dieser Gleichung sondere man alle jene Lösungen aus, die als Laplace-Transformierte einer Zeitfunktion in Frage kommen $\left(\lim\limits_{s\to\infty} F(s) = 0!\right)$.

(iii) Um schließlich $X_\nu(s) = \mathscr{L}J_\nu(t)$ aus der Schar aller möglichen Lösungen bestimmen zu können, mache man von folgender Aussage über das asymptotische Verhalten, die eine Verallgemeinerung des Anfangswertsatzes ist, Gebrauch: Gilt für eine reelle Zahl $a > -1$ die Grenzwertbeziehung $\lim\limits_{t\to 0+} t^{-a} f(t) = A$, so gilt im Bildbereich

$$A = \lim_{s\to\infty} \frac{\mathscr{L}f(t)}{\mathscr{L}t^a} = \frac{1}{\Gamma(a+1)} \lim_{s\to\infty} s^{a+1}F(s).$$

32 Nichtlineare Differentialgleichungen

Ein reales System, dessen mathematische Untersuchung auf lineare Differentialgleichungen zurückgeführt werden kann, läßt sich verhältnismäßig einfach über das allgemeine Integral studieren. Die Linearität eines Systems ist dabei fast immer der Ausdruck einer Idealisierung, die in der Annahme linearer Zusammenhänge zwischen den Systemgrößen besteht. Dies ist auch durchaus zulässig, wenn man weiß, daß die Systemgrößen in Bereichen variieren, in denen die Kennlinien sinnvoll durch Geradenstücke ersetzt werden können.

Die Situation ändert sich aber, wenn durch Berücksichtigung nichtlinearer Beziehungen zwischen einzelnen Systemgrößen nichtlineare Differentialgleichungen zugrundegelegt werden müssen, denn solche lassen sich nur in den wenigsten Fällen durch elementare Funktionen integrieren. Damit besteht nun nicht mehr die Möglichkeit, das Systemverhalten mit Hilfe des allgemeinen Integrales untersuchen zu können.

Der Sinn und Zweck einer mathematischen Untersuchung besteht vor allen Dingen darin, Aussagen über das Systemverhalten für große Zeitintervalle machen zu können. An konkreten Zahlenwerten für die Systemgrößen, wie sie nur durch Integrale geliefert werden können, ist man daher gar nicht sosehr interessiert, überdies werden sie auf Grund der stets notwendigen Idealisierungen beim Aufstellen der Systemgleichungen mit den realen Werten meist ohnedies nicht übereinstimmen. Vom Standpunkt einer qualitativ orientierten Untersuchung ist man beispielsweise daran interessiert, die Bedingungen zu kennen, unter denen ein System einer bestimmten Ruhelage zustrebt oder in einen eingeschwungenen Zustand übergeht. Es erweist sich deshalb nicht unbedingt als Mangel, wenn das allgemeine Integral der Systemgleichungen rechnerisch nicht ermittelt werden kann, man benötigt vielmehr Methoden, die es gestatten, Aussagen über die Eigenschaften der Lösungen machen zu können, so wie ja auch das Verhalten linearer Systeme allein aus den Eigenwerten der Systemmatrix qualitativ abgelesen werden kann. Alle Problemkreise, die Eigenschaften der Lösungen nichtlinearer Differentialgleichungen betreffen, sind Gegenstand der sogenannten *Qualitativen Theorie nichtlinearer Differentialgleichungen.*

Wir beginnen das Studium der nichtlinearen Differentialgleichungen mit der Besprechung elementarer Integrationsverfahren. Wir geben dabei aber zu bedenken, daß auf diese Weise nur elementare Integrale gefunden werden können und daß derartige Methoden notwendigerweise versagen müssen, wenn solche überhaupt nicht vorhanden sind. Nach einem Exkurs über numerische Verfahren zur Lösung der Anfangswertaufgabe soll im Anschluß daran auf Fragen qualitativer Natur eingegangen werden, wobei wir uns allerdings mit einem kurzen Abriß der qualitativen Theorie begnügen müssen.

32.1 Die explizite Differentialgleichung erster Ordnung

Schon beim Studium der linearen Differentialgleichungen kam zutage, daß deren Integrale im allgemeinen keine elementaren Funktionen sind, weshalb wir erwarten müssen, daß diese Situation erst recht bei nichtlinearen Differentialgleichungen gegeben ist. Als erschwerend für die Integrationsaufgabe wirkt sich dabei der Mangel einer allgemeinen Theorie der Lösungsverhältnisse aus, weiter auch die Tatsache, daß viele Ideen zur Integration linearer Differentialgleichungen, wie zum Beispiel die Darstellung durch Potenzreihen, meist kaum sinnvoll angewendet werden können.

Für die Gleichung erster Ordnung

$$y' = f(x, y) \tag{32.1}$$

existiert eine Lösungsidee, deren Ansatzpunkt die implizite Differentiation ist. Wir wollen voraussetzen, daß die Funktion f(x, y) auf der rechten Seite von (32.1) in einem gewissen Bereich *B* der (x, y)-Ebene definiert ist und in jedem inneren Punkt von *B* die Voraussetzungen des Existenz- und Eindeutigkeitssatzes erfüllt. Dies bedeutet, daß durch jeden inneren Punkt von *B* genau eine Integralkurve hindurchgeht, insbesondere kann das allgemeine Integral der Gleichung (32.1) in der Form

$$F(x, y) = C \tag{32.2}$$

mit C als dem Scharparameter dargestellt werden (vgl. Abschnitt 29.4). Betrachten wir jetzt eine beliebige Kurve der Schar (32.2); ihr Anstieg im Punkt P mit den Koordinaten x und y ist offenbar

$$y' = -\frac{F_x(x, y)}{F_y(x, y)}. \tag{32.3}$$

Der Vergleich mit (32.1) zeigt nun, daß in *B* die Gleichung

$$f(x, y) = -\frac{F_x(x, y)}{F_y(x, y)} \tag{32.4}$$

gelten muß, da der Punkt P beliebig herausgegriffen wurde.

Wir nehmen nun weiter an, die Funktion f(x, y) sei der Quotient zweier in *B* stetiger Funktionen g(x, y) und h(x, y),

$$f(x, y) = -\frac{g(x, y)}{h(x, y)}, \tag{32.5}$$

was immer möglich ist, zum Beispiel mit den Setzungen g(x, y) = f(x, y), h(x, y) = −1. Sodann schreiben wir die Gleichung (32.1) um,

$$g(x, y) + h(x, y)y' = 0. \tag{32.6}$$

Es sei jetzt F(x, y) eine Funktion, deren partielle Ableitungen in *B* existieren und stetig sind; wenn für alle Punkte von *B* die Gleichungen

$$g(x, y) = F_x(x, y), \quad h(x, y) = F_y(x, y) \tag{32.7}$$

erfüllt sind, so ist F(x, y) = C auf Grund von (32.3) das allgemeine Integral der Gleichung (32.6) und damit auch der Gleichung (32.1).

Eine notwendige Bedingung für die Existenz einer Funktion F(x, y), mit der die Gleichungen (32.7) für alle Punkte von *B* erfüllt werden können, läßt sich mit Hilfe des Satzes von Schwarz finden. Angenommen, es existiere eine solche Funktion; wenn dann die partiellen Ableitungen $h_x(x, y)$ und $g_y(x, y)$ in *B* stetige Funktionen sind, so muß offenbar gelten

$$g_y(x, y) = F_{xy}(x, y) = F_{yx}(x, y) = h_x(x, y);$$

dies bedeutet, daß die Bedingung

$$g_y(x, y) = h_x(x, y) \tag{32.8}$$

notwendig für die Existenz einer Funktion F(x, y) ist, so daß (32.7) gilt. Wir nehmen an dieser Stelle vorweg, daß sie unter gewissen Voraussetzungen über den Bereich *B* auch hinreichend ist: Dieser kann die ganze (x, y)-Ebene sein, oder es besteht der Rand von B aus einer einzigen (geschlossenen oder sich ins Unendliche erstreckenden) Kurve (vgl. hierzu Abschnitt 33.3).

Eine Differentialgleichung (32.6), für die (32.8) gilt, heißt *exakt*.

Das allgemeine Integral einer exakten Differentialgleichung kann folgendermaßen aus den Funktionen g(x, y) und h(x, y) berechnet werden. Aus der ersten Gleichung (32.7) folgt, wenn G(x, y) eine „Stammfunktion" von g(x, y) bezüglich der Variablen x ist,

$$F(x,y) = \int g(x,y)\,dx = G(x,y) + c(y), \tag{32.9}$$

da die „Integrationskonstante" c als Funktion von y anzusetzen ist. Differenziert man sodann die Gleichung (32.9) partiell nach y, so erhält man

$$F_y(x,y) = G_y(x,y) + c'(y) = h(x,y).$$

Dies ist, nach entsprechenden Umformungen, in jedem Fall eine Gleichung in der Variablen y; sie stellt somit eine Bedingung für die Funktion c'(y) dar, aus der c(y) ermittelt werden kann.

Selbstverständlich kann man auch eine „Stammfunktion" H(x, y) für die Funktion h(x, y) bezüglich der Variablen y konstruieren und aus der Gleichung

$$F(x,y) = \int h(x,y)\,dy = H(x,y) + c(x)$$

durch Differentiation nach x analog zu oben die Funktion c(x) bestimmen.

Wir bemerken schließlich noch, daß die durch die Gleichung

$$F(x,y) = F(x_0, y_0) \tag{32.10}$$

implizit gegebene Funktion y = y(x) (beziehungsweise x = x(y)) die Lösung der Anfangswertaufgabe zu den Anfangsbedingungen $y_0 = y(x_0)$ (beziehungsweise $x_0 = x(y_0)$) ist.

Beispiel 32.1: Es sei

$$(xy^2 - 1) + (x^2y - 1)y' = 0.$$

Mit $g(x, y) = xy^2 - 1$ und $h(x, y) = x^2y - 1$ folgt

$$g_y(x,y) = 2xy = h_x(x,y),$$

also ist die Differentialgleichung exakt. Zur Bestimmung des allgemeinen Integrales bilden wir beispielsweise

$$F(x,y) = \int g(x,y)\,dx = \int (xy^2 - 1)\,dx = \frac{1}{2}x^2y^2 - x + c(y);$$

nun muß

$$F_y(x,y) = \frac{\partial}{\partial y}\left(\frac{1}{2}x^2y^2 - x + c(y)\right) = x^2y + c'(y) = h(x,y) = x^2y - 1$$

gelten, woraus $c'(y) = -1$ und $c(y) = -y$ folgt. Damit ist schließlich

$$F(x,y) = \frac{1}{2}x^2y^2 - (x+y) = C$$

das allgemeine Integral.

Wenn die Bedingung (32.8) nicht erfüllt ist, die Gleichung (32.6) also nicht exakt ist, so kann man ihre Integration auf die Lösung einer zu ihr äquivalenten exakten Differentialgleichung zurückführen. Man bestimmt eine Funktion $k(x, y)$ derart, daß die mit $k(x, y)$ multiplizierte Gleichung (32.6),

$$k(x, y)g(x, y) + k(x, y)h(x, y)y' = 0, \qquad (32.11)$$

exakt ist. Eine solche Funktion $k(x, y)$ wird *integrierender Faktor* für die Gleichung (32.6) genannt. Es ist offensichtlich, daß jede Lösung von (32.6) auch Lösung von (32.11) ist und umgekehrt.

Schreiben wir also für die Gleichung (32.11) die Bedingung (32.8) für Exaktheit an,

$$\big(k(x, y)g(x, y)\big)_y = \big(k(x, y)h(x, y)\big)_x,$$

so erhalten wir für $k(x, y)$ die partielle Differentialgleichung

$$h(x, y)k_x(x, y) - g(x, y)k_y(x, y) = k(x, y)\big(g_y(x, y) - h_x(x, y)\big). \qquad (32.12)$$

Jede Lösung $k(x, y)$ dieser Gleichung macht (32.6) zu einer exakten Differentialgleichung. Es ist deshalb nicht erforderlich, alle Integrale der Gleichung (32.12) zu bestimmen, es genügt, *irgendeine* Lösung zu finden. Um dabei das Lösen einer partiellen Differentialgleichung zu vermeiden, versucht man solche Funktionen $k(x, y)$ zu finden, deren Bestimmung im Endeffekt auf die Integration einer gewöhnlichen Differentialgleichung hinausläuft. Die einfachste Annahme ist, nach Lösungen von (32.12) zu suchen, die nur Funktionen von x beziehungsweise y sind, das heißt, mit einem Ansatz $k(x, y) = k(x)$ beziehungsweise $k(x, y) = k(y)$ in die Gleichung (32.12) zu gehen. Die Existenz solcher Lösungen läßt sich einfach entscheiden. Ist nämlich eine nur von x abhängige Funktion $k(x)$ Integral der Gleichung (32.12), so gilt

$$h(x, y)k'(x) = k(x)\big(g_y(x, y) - h_x(x, y)\big)$$

oder

$$\frac{k'(x)}{k(x)} = \frac{g_y(x, y) - h_x(x, y)}{h(x, y)}.$$

Offenbar muß dann der Ausdruck

$$\frac{g_y(x, y) - h_x(x, y)}{h(x, y)}$$

von y unabhängig sein. Analog erhält man als Bedingung für die Existenz eines nur von y abhängigen Integrales $k(y)$ der Gleichung (32.12), daß der Ausdruck

$$\frac{h_x(x, y) - g_y(x, y)}{g(x, y)}$$

von x unabhängig ist.

Beispiel 32.2: Die Differentialgleichung

$$x^2 - y^2 + xyy' = 0$$

ist wegen $g_y - h_x = -3y$ nicht exakt. Da

$$\frac{g_y(x, y) - h_x(x, y)}{h(x, y)} = -\frac{3}{x}$$

von x allein abhängig ist, hat die Gleichung (32.12) ein von x allein abhängiges Integral k(x); für dieses lautet die Gleichung (32.12)

$$xyk'(x) = -3yk(x)$$

und nach Division durch y

$$xk'(x) + 3k(x) = 0.$$

Diese Gleichung wird durch $k(x) = \frac{1}{x^3}$ gelöst. Dividieren wir daher die gegebene Differentialgleichung durch x^3, so entsteht die exakte Differentialgleichung

$$\frac{1}{x}\left[1-\left(\frac{y}{x}\right)^2\right] + \frac{y}{x^2}y' = 0.$$

Zur Bestimmung ihres allgemeinen Integrales berechnen wir

$$F(x, y) = \int\left(\frac{1}{x} - \frac{y^2}{x^3}\right)dx = \ln|x| + \frac{1}{2}\frac{y^2}{x^2} + c(y)$$

und erhalten durch Differentiation nach y und Vergleich mit $k(x)h(x, y) = x^{-2}y$,

$$F_y(x, y) = \frac{y}{x^2} + c'(y) = \frac{y}{x^2}\quad,$$

die Bedingung $c'(y) = 0$, das heißt $c(y) = \text{const}$. Damit ist

$$F(x, y) = \ln|x| + \frac{1}{2}\left(\frac{y}{x}\right)^2 = C$$

das allgemeine Integral.

Führt ein Ansatz k(x) oder k(y) nicht zum Ziel, so kann man Integrale k(x, y) suchen, die sich als Zusammensetzung $k(x, y) = l\big(z(x, y)\big)$ darstellen lassen, worin $l(z)$ eine zu bestimmende Funktion einer reellen Veränderlichen ist und für z(x, y) ein konkreter Ansatz gemacht wird, zum Beispiel $z = xy$, $z = x + y$, $z = x^2 + y^2$. Wenn dann sämtliche Koeffizienten in (32.12) nach entsprechenden Umformungen der Gleichung nur mehr Funktionen von z sind, so existiert ein integrierender Faktor $k(x, y) = l\big(z(x, y)\big)$, wobei die Funktion $l(z)$ durch Integration einer gewöhnlichen linearen Differentialgleichung erster Ordnung gewonnen werden kann.

Beispiel 32.3: Es sei

$$(xy^2 - y) + x(xy - 3)y' = 0.$$

Diese Differentialgleichung ist wegen $g_y(x, y) - h_x(x, y) = 2$ nicht exakt. Die Differentialgleichung für den integrierenden Faktor lautet

$$x(xy - 3)k_x - (xy^2 - y)k_y = 2k,$$

und offenbar gibt es keine von x beziehungsweise y allein abhängige Integrale. Der Ansatz $k(x, y) = l(z) = l(xy)$ führt zum Ziel: Wegen $k_x(x, y) = l'(z)y$, $k_y(x, y) = l'(z)x$ entsteht die Gleichung

$$z(z - 3)l'(z) - (z^2 - z)l'(z) = -2zl'(z) = 2l(z),$$

die durch $l(z) = \frac{1}{z}$ gelöst wird, so daß $k(x, y) = \frac{1}{xy}$ ein integrierender Faktor ist. Die vorgelegte Differentialgleichung ist also nach Division durch xy exakt,

$$\left(y - \frac{1}{x}\right) + \left(x - \frac{3}{y}\right)y' = 0.$$

Ihr allgemeines Integral lautet

$$F(x, y) = xy - \ln|xy^3| = C.$$

Beispiel 32.4: Auch die Gleichung

$$y - (x^2 + y^2 + x)y' = 0$$

ist nicht exakt. Die Differentialgleichung für einen integrierenden Faktor

$$(x^2 + y^2 + x)k_x + yk_y = -k(2x + 2)$$

hat ein Integral der Gestalt $k(x, y) = l(z)$ mit $z = x^2 + y^2$, denn ein solcher Ansatz liefert

$$(z + x)2xl'(z) + 2y^2l'(z) = -l(z)(2x + 2)$$

beziehungsweise nach einer einfachen Umformung

$$-zl'(z) = l(z).$$

Also ist $l(z) = \frac{1}{z}$ und $k(x, y) = \frac{1}{x^2 + y^2}$ ein integrierender Faktor. Damit entsteht nach Division der vorgelegten Gleichung durch $x^2 + y^2$ die exakte Differentialgleichung

$$\frac{y}{x^2 + y^2} - \left(1 + \frac{x}{x^2 + y^2}\right)y' = 0$$

mit dem allgemeinen Integral

$$y + \arctan \frac{y}{x} = C.$$

Wir weisen darauf hin, daß es für die Gleichung (32.1) beziehungsweise (32.6) stets einen integrierenden Faktor gibt; die Bestimmung des allgemeinen Integrales der partiellen Differentialgleichung (32.12) erfordert allerdings die Kenntnis des allgemeinen Integrals von (32.1) beziehungsweise (32.6). Wenn daher ein Integral der Gleichung (32.12) nicht auf dem eben beschriebenen Weg durch Rückführung auf eine gewöhnliche Differentialgleichung gefunden werden kann, so wendet man besser andere Methoden an, um die Integration der Gleichung (32.1) beziehungsweise (32.6) zu bewerkstelligen.

32.2 Transformation nichtlinearer Differentialgleichungen

Man kann versuchen, durch Einführung neuer Veränderlicher Vereinfachungen zu erzielen, oder damit gar die gegebene Gleichung auf einen bekannten Typ zurückzuführen. Selbstverständlich ist die Transformationsmethode nicht auf Differentialgleichungen erster Ordnung beschränkt, weshalb wir sie auch auf Gleichungen höherer Ordnung anwenden wollen.

Wir führen an Stelle der unabhängigen Veränderlichen x die neue unabhängige Veränderliche ξ durch eine implizite Gleichung $\Phi(x, \xi) = 0$ für die Funktionen

$$\xi = \varphi(x) \quad \text{beziehungsweise} \quad x = \psi(\xi) \tag{32.13}$$

ein, von denen jede die Umkehrung der anderen ist, und suchen die Integrale $y(x)$ der zu lösenden Gleichung als Funktion der neuen unabhängigen Veränderlichen ξ : $\hat{y}(\xi) = y\left(\psi(\xi)\right)$. Sie genügen einer Differentialgleichung derselben Ordnung; um diese zu finden, haben wir in der gegebenen Gleichung für $x = \psi(\xi)$ und $y(x) = y\left(\psi(\xi)\right) = \hat{y}(\xi)$ zu substituieren. Für die erste Ableitung y'(x) haben wir wegen

$$\frac{d\hat{y}}{d\xi} = \frac{dy}{dx}\frac{dx}{d\xi} = y'(x)\psi'(\xi) = \frac{y'(x)}{\varphi'(x)}$$

den Ausdruck

$$y'(x) = \frac{\hat{y}'(\xi)}{\psi'(\xi)} = \hat{y}'(\xi)\varphi'\left(\psi(\xi)\right) \tag{32.14}$$

einzusetzen. Daraus folgt durch Differentiation nach x

$$y''(x) = \frac{d}{dx}\frac{\hat{y}'(\xi)}{\psi'(\xi)} = \frac{d}{d\xi}\left(\frac{\hat{y}'(\xi)}{\psi'(\xi)}\right)\frac{1}{\psi'(\xi)},$$

weshalb in die gegebene Gleichung für y''(x) aus

$$y''(x) = \frac{\hat{y}''(\xi)\psi'(\xi) - \hat{y}'(\xi)\psi''(\xi)}{\left(\psi'(\xi)\right)^3} \tag{32.15}$$

einzusetzen ist. Durch fortgesetzte Differentiation nach x findet man die höheren Ableitungen als Funktionen von ξ.

Beispiel 32.5: Bei einer Transformation (32.13) geht die Differentialgleichung $y' = f(x, y)$ in

$$\hat{y}' = \hat{f}(\xi, \hat{y}) = f\left(\psi(\xi), \hat{y}\right)\psi'(\xi)$$

über.

Beispiel 32.6: Wir führen in

$$xyy'' + xy'^2 + yy' = 0$$

an Stelle der Variablen x die Veränderliche $x = e^{\xi} = \psi(\xi)$ ein. Dann ist

$$y'(x) = \hat{y}'(\xi)e^{-\xi}, \quad y''(x) = e^{-2\xi}(\hat{y}''(\xi) - \hat{y}'(\xi)),$$

die transformierte Gleichung lautet

$$e^{-\xi}\hat{y}(\hat{y}'' - \hat{y}') + e^{-\xi}\hat{y}'^2 + e^{-\xi}\hat{y}\hat{y}' = 0,$$

beziehungsweise nach Multiplikation mit e^{ξ}

$$\hat{y}\hat{y}'' + \hat{y}'^2 = 0.$$

Dies ist eine Differentialgleichung zweiter Ordnung, in der die unabhängige Veränderliche ξ nicht auftritt; eine solche Gleichung läßt sich,wie weiter unten gleich ausgeführt werden soll, stets auf elementarem Wege integrieren.

Beispiel 32.7: Die Eulersche Differentialgleichung

$$x^2y'' + axy' + by = 0$$

(vgl. Beispiel 30.3) geht durch die Substitution $x = e^{\xi}$ in eine Gleichung mit konstanten Koeffizienten über,

$$\hat{y}'' + (a-1)\hat{y}' + b\hat{y} = 0.$$

Beispiel 32.8: Führt man in der Differentialgleichung

$$y''\sin x + y'\cos x + \mu y\sin x = 0$$

die Veränderliche $\xi = \cos x$ ein, so entsteht

$$\sqrt{1-\xi^2}\,(\hat{y}''(1-\xi^2)-\xi\hat{y}') - \hat{y}'\xi\sqrt{1-\xi^2} + \mu\hat{y}\sqrt{1-\xi^2} = 0,$$

also die Legendresche Differentialgleichung (vgl. Beispiel 30.8)

$$(1-\xi^2)\hat{y}'' - 2\xi\hat{y}' + \mu\hat{y} = 0.$$

Von vielleicht größerer Bedeutung ist die Transformation der abhängigen Veränderlichen. Wir führen in einer gegebenen Differentialgleichung an Stelle der abhängigen Variablen y die neue abhängige Veränderliche η durch eine implizite Gleichung $\Phi(x, y, \eta) = 0$ ein; die Funktionen

$$y = \varphi(\eta, x) \quad \text{beziehungsweise} \quad \eta = \psi(y, x) \tag{32.16}$$

seien die Auflösungen nach y und η. Durch die Transformation (32.16) geht die gegebene Gleichung in eine Gleichung derselben Ordnung über; die Integrale der transformierten Gleichung sind alle Funktionen $\eta(x) = \psi\big(y(x), x\big)$, worin $y(x)$ ein Integral der Ausgangsgleichung ist. Um die transformierte Gleichung zu finden, haben wir daher zunächst für $y = \varphi(\eta, x)$ zu substituieren; die Zusammenhänge zwischen den Ableitungen der Integrale $y(x)$ und $\eta(x)$ ergeben sich durch Differentiation der Gleichung $y(x) = \varphi\big(\eta(x), x\big)$,

$$y'(x) = \frac{d}{dx}\varphi\big(\eta(x), x\big) = \varphi_\eta \eta' + \varphi_x,$$

$$y''(x) = \frac{d}{dx}(\varphi_\eta\eta' + \varphi_x) = (\varphi_{\eta\eta}\eta' + \varphi_{\eta x})\eta' + \varphi_\eta\eta'' + \varphi_{x\eta}\eta' + \varphi_{xx} \tag{32.17}$$

$$= \varphi_{\eta\eta}\eta'^2 + 2\varphi_{\eta x}\eta' + \varphi_\eta\eta'' + \varphi_{xx} \quad \text{usw.}$$

Beispiel 32.9: Aus der Gleichung $y' = f(x, y)$ entsteht durch Anwendung der Transformation (32.16)

$$\varphi_\eta\eta' + \varphi_x = f\big(x, \varphi(\eta, x)\big),$$

also

$$\eta' = \hat{f}(x, \eta) = \frac{f\big(x, \varphi(\eta, x)\big) - \varphi_x(\eta, x)}{\varphi_\eta(\eta, x)}.$$

Beispiel 32.10: Eine Differentialgleichung vom Typ

$$y' = f\left(\frac{y}{x}\right) \tag{32.18}$$

läßt sich durch die Substitution $\eta = \psi(y, x) = \dfrac{y}{x}$ auf eine Differentialgleichung mit getrennten Veränderlichen transformieren. Mit (32.17) erhält man

$$\eta' = \frac{f(\eta) - \eta}{x}$$

und daraus

$$\int \frac{d\eta}{f(\eta) - \eta} = \int \frac{dx}{x}.$$

Beispiel 32.11: Liegt eine Differentialgleichung vom Typ

$$y' = f(ax + by + c)$$

vor, so substituiert man $\eta = \psi(y, x) = ax + by + c$ und erhält mit $\varphi(\eta, x) = \frac{\eta - ax - c}{b}$

$$\eta' = \frac{f(\eta) + \frac{a}{b}}{\frac{1}{b}} = bf(\eta) + a,$$

also wieder eine Differentialgleichung mit getrennten Veränderlichen.

Beispiel 32.12: Die sogenannte *Bernoullische Differentialgleichung*

$$y' + f(x)y + g(x)y^n = 0$$

geht durch die Substitution $\eta = y^a$ in die Differentialgleichung

$$\eta' + af(x)\eta + ag(x)\eta^b = 0, \quad b = 1 + \frac{n-1}{a},$$

über. Wählt man speziell $a = 1 - n$, so entsteht die lineare Differentialgleichung

$$\eta' + (1-n)f(x)\eta + (1-n)g(x) = 0.$$

Man kann auch die Ableitungen in die Transformation mit einbeziehen, indem man

$$\eta = \psi(x, y, y') \quad \text{beziehungsweise} \quad y = \varphi(x, \eta, \eta')$$

setzt; auf diese Weise entsteht allerdings eine Differentialgleichung, deren Ordnung um 1 höher ist als die der Ausgangsgleichung.

Beispiel 32.13: Die *Riccatische Differentialgleichung*

$$y' = f(x)y^2 + g(x)y + h(x)$$

kann durch die Transformation

$$y = -\frac{1}{f(x)}\frac{\eta'}{\eta}$$

in eine lineare Differentialgleichung zweiter Ordnung übergeführt werden,

$$\eta'' - \eta'\left(g(x) + \frac{f'(x)}{f(x)}\right) + h(x)f(x)\eta = 0.$$

Ist

$$\eta(x) = C_1\eta_1(x) + C_2\eta_2(x)$$

das allgemeine Integral dieser Gleichung, so erhält man als allgemeines Integral der Riccatischen Differentialgleichung

$$y(x) = -\frac{1}{f(x)}\frac{\eta_1'(x) + C\eta_2'(x)}{\eta_1(x) + C\eta_2(x)},$$

worin $C = C_2/C_1$ gesetzt wurde.

Wir erwähnen noch eine Besonderheit der Riccatischen Differentialgleichung: Ist ein Integral bekannt, so kann ihre vollständige Integration auf die Lösung der Bernoullischen Differentialgleichung zurückgeführt werden. Ist etwa $y_1(x)$ ein beliebiges partikuläres Integral, und setzt man $y(x) = y_1(x) + \eta(x)$, so entsteht für $\eta(x)$ die Gleichung

$$\eta'(x) = f(x)\left(2y_1(x)\eta + \eta^2\right) + g(x)\eta.$$

Will man schließlich an Stelle der Variablen x und y neue Veränderliche ξ und η einführen, mit η als der neuen abhängigen Veränderlichen, so benötigt man zwei Gleichungen

$$\Phi(x, y, \xi, \eta) = 0, \quad \Psi(x, y, \xi, \eta) = 0, \tag{32.19}$$

um den Zusammenhang zwischen den alten und den neuen Variablen zu beschreiben. Es seien

$$x = u(\xi, \eta), \quad y = v(\xi, \eta) \tag{32.20}$$

beziehungsweise

$$\xi = \varphi(x, y), \quad \eta = \psi(x, y) \tag{32.21}$$

die Auflösungen der Gleichungen (32.19). Ist $y = y(x)$ ein Integral der vorgelegten Gleichung, so ist die Auflösung $\eta = \eta(\xi)$ der Gleichung $v(\xi, \eta) = y\big(u(\xi, \eta)\big)$ nach η ein Integral der transformierten Gleichung. Um auf die neuen Variablen umzurechnen, haben wir in die Ausgangsgleichung für x und y aus (32.20) einzusetzen; um den Zusammenhang zwischen der Ableitung $y'(x)$ und $\eta'(\xi)$ herzustellen, dividieren wir die Differentiale dy und dx,

$$\frac{dy}{dx} = \frac{v_\xi d\xi + v_\eta d\eta}{u_\xi d\xi + u_\eta d\eta} = \frac{v_\xi + v_\eta \eta'}{u_\xi + u_\eta \eta'}. \tag{32.22}$$

Aus der Differentialgleichung $y' = f(x, y)$ entsteht somit bei einer Transformation (32.19)

$$\eta' = \frac{v_\xi(\xi, \eta) - u_\xi(\xi, \eta) f\big(u(\xi, \eta), v(\xi, \eta)\big)}{u_\eta(\xi, \eta) f\big(u(\xi, \eta), v(\xi, \eta)\big) - v_\eta(\xi, \eta)} = \hat{f}(\xi, \eta).$$

Um die höheren Ableitungen $y''(x)$, $y'''(x)$ usw. zu berechnen, bildet man den Quotienten der Differentiale d^2y und dx^2, d^3y und dx^3 usw.

Beispiel 32.14: Es sei

$$y' = f\left(\frac{ax + by + c}{\alpha x + \beta y + \gamma}\right), \tag{32.23}$$

wobei der Fall $\frac{a}{\alpha} = \frac{b}{\beta} = \frac{c}{\gamma}$ ausgeschlossen sei, da sonst der Bruch $\frac{ax + by + c}{\alpha x + \beta y + \gamma}$ konstant ist. Weiter können wir annehmen, daß nicht beide Zahlen α und β gleich Null sind, da andernfalls die Gleichung (32.23) die in Beispiel 32.11 behandelte Gestalt hätte.

Die beiden Gleichungen

$$ax + by + c = 0, \quad \alpha x + \beta y + \gamma = 0 \tag{32.24}$$

beschreiben zwei Gerade in der (x, y)-Ebene. Gehen sie beide durch den Koordinatenursprung, so ist $c = \gamma = 0$; die Gleichung (32.23) hat dann die spezielle Gestalt

$$y' = f\left(\frac{ax + by}{\alpha x + \beta y}\right). \tag{32.25}$$

Sie läßt sich durch die Substitution $\eta = \frac{y}{x}$ in eine Gleichung mit getrennten Veränderlichen überführen,

$$x\eta' = f\left(\frac{a + b\eta}{\alpha + \beta\eta}\right) - \eta.$$

Wenn die beiden Geraden (32.24) nicht beide durch den Koordinatenursprung gehen, so ist wenigstens eine der Zahlen c und γ von Null verschieden. Nun gibt es zwei Möglichkeiten: Die beiden Geraden schneiden einander ($a\beta \neq \alpha b$) oder sie sind parallel ($a\beta = \alpha b$). Im ersten Fall machen wir den Schnittpunkt durch eine Parallelverschiebung der (x, y)-Ebene zum Ursprung eines neuen (ξ, η)-Systems, das heißt, wir setzen $\xi = x - p$, $\eta = y - q$, wobei p und q die Koordinaten des Schnittpunktes der beiden Geraden sind. Bei dieser Transformation geht (32.23) in

$$\eta' = f\left(\frac{a\xi + b\eta}{\alpha\xi + \beta\eta}\right)$$

über, also in eine Gleichung, die vom Typ (32.25) ist.

Sind jedoch die beiden Geraden (32.24) parallel, so gelangt man durch Einführung einer neuen abhängigen Veränderlichen η gemäß

$$\eta = \alpha x + \beta y + \gamma$$

zum Ziel. Auf Grund von $a\beta = \alpha b$ gilt nämlich $\frac{a}{\alpha} = \frac{b}{\beta} = k$ und daher

$$\frac{ax + by + c}{\alpha x + \beta y + \gamma} = \frac{k(\eta - \gamma) + c}{\eta} = k + \frac{c - k\gamma}{\eta}.$$

Berücksichtigen wir noch $\frac{d\eta}{dx} = \alpha + \beta\frac{dy}{dx}$, so erhalten wir schließlich aus (32.23) die Gleichung

$$\frac{d\eta}{dx} = \beta f\left(k + \frac{c - k\gamma}{\eta}\right) + \alpha = \hat{f}(\eta),$$

die wieder durch Trennung der Veränderlichen gelöst werden kann.

Beispiel 32.15: Es sei

$$\left(\frac{y}{R_1^3} + q\frac{y}{R_2^3}\right) - \left(\frac{x-a}{R_1^3} + q\frac{x+a}{R_2^3}\right)y' = 0$$

mit

$$R_1 = \sqrt{(x-a)^2 + y^2}, \quad R_2 = \sqrt{(x+a)^2 + y^2}.$$

Setzt man

$$\xi = \frac{x+a}{y}, \quad \eta = \frac{x-a}{y} \quad \text{beziehungsweise} \quad x = a\frac{\xi + \eta}{\xi - \eta}, \quad y = \frac{2a}{\xi - \eta}$$

so folgt

$$R_1 = |y|\sqrt{\eta^2 + 1}, \quad R_2 = |y|\sqrt{\xi^2 + 1},$$

$$dx = \frac{2a}{(\xi - \eta)^2}(\xi d\eta - \eta d\xi), \quad dy = \frac{2a}{(\xi - \eta)^2}(d\eta - d\xi)$$

und nach einer elementaren Rechnung

$$\frac{d\eta}{d\xi} = -q\left(\frac{\eta^2 + 1}{\xi^2 + 1}\right)^{3/2}.$$

Dies ist eine Gleichung mit getrennten Veränderlichen; ihr allgemeines Integral lautet

$$\frac{\eta}{\sqrt{\eta^2 + 1}} + q\frac{\xi}{\sqrt{\xi^2 + 1}} = C.$$

Beispiel 32.16: Zur Integration der Gleichung

$$y\,dx - [a(\sqrt{x^2+y^2})^3 + x]\,dy = 0$$

führen wir Polarkoordinaten r und φ ein. Aus $x = r\cos\varphi$ und $y = r\sin\varphi$ folgt

$$dx = \cos\varphi\,dr - r\sin\varphi\,d\varphi, \quad dy = \sin\varphi\,dr + r\cos\varphi\,d\varphi;$$

durch Einsetzen erhält man die transformierte Gleichung

$$(1 + ar^2\cos\varphi)\,d\varphi + ar\sin\varphi\,dr = 0.$$

Diese Differentialgleichung hat den integrierenden Faktor $k(\varphi) = \sin\varphi$; damit findet man für das allgemeine Integral

$$\frac{a}{2}r^2\sin^2\varphi - \cos\varphi = C$$

beziehungsweise in kartesischen Koordinaten

$$\frac{a}{2}y^2 - \frac{x}{\sqrt{x^2+y^2}} = C.$$

Wir erwähnen zum Abschluß noch einige spezielle Typen von Differentialgleichungen zweiter Ordnung, die sich durch Variablentransformation vereinfachen lassen. Der einfachste Fall ist der, daß in einer Differentialgleichung zweiter Ordnung die abhängige Variable y nicht auftritt,

$$y'' = f(x, y'). \tag{32.26}$$

Setzt man

$$z(x) = y'(x), \tag{32.27}$$

so genügt die Funktion z(x) einer Differentialgleichung erster Ordnung

$$z' = f(x, z).$$

Zur Lösung einer Differentialgleichung vom Typ

$$y'' = f(y) \tag{32.28}$$

sind zwei unbestimmte Integrale auszuwerten. Multipliziert man die Gleichung (32.28) mit y', so folgt

$$y'y'' = f(y)y',$$

oder, wenn F(y) eine Stammfunktion von f(y) bezeichnet,

$$\frac{d}{dx}\left(\frac{1}{2}y'^2\right) = \frac{d}{dx}F(y).$$

Dies bedeutet

$$\frac{1}{2}y'^2 = F(y) + \frac{C}{2},$$

also

$$y' = \pm\sqrt{2F(y) + C}.$$

Diese Gleichung kann durch Trennung der Veränderlichen gelöst werden,

$$\int \frac{dy}{\sqrt{2F(y) + C}} = \pm \int dx = \pm (x + D).$$

Beispiel 32.17: Sei

$$y'' = e^y.$$

Mit $f(y) = e^y$ findet man $F(y) = e^y$ und

$$\int \frac{dy}{\sqrt{2e^y + C}} = 2 \int \frac{dt}{t^2 - C}\bigg|_{t=\sqrt{2e^y + C}} = \pm (x + D).$$

Ist zum Beispiel die Integrationskonstante $C = -\omega^2 < 0$, so erhält man

$$y = -2 \ln \left| \cos\left(\omega \frac{x + D}{2}\right) \right|.$$

Auch das Fehlen der unabhängigen Veränderlichen x in einer Differentialgleichung zweiter Ordnung

$$y'' = f(y, y') \tag{32.29}$$

ermöglicht die Reduktion auf eine Gleichung erster Ordnung. Es sei $y = y(x)$ ein Integral der Gleichung (32.29), $x = x(y)$ die Umkehrfunktion. Wir führen y als unabhängige Veränderliche und $z = y'$ als abhängige Veränderliche ein,

$$z(y) = y'\big(x(y)\big) \quad \text{bzw.} \quad y'(x) = z\big(y(x)\big). \tag{32.30}$$

Dann ist

$$y''(x) = \frac{d}{dx} z\big(y(x)\big) = \frac{dz}{dy}\frac{dy}{dx} = z'\big(y(x)\big)\, y'(x)$$

und

$$z'\big(y(x)\big)\, y'(x) = f\big(y(x), y'(x)\big).$$

Wenn wir nun in diese Gleichung für $x = x(y)$ einsetzen, so erhalten wir die Gleichung

$$z'(y)y'\big(x(y)\big) = z'(y)z(y) = f(y, z).$$

Sie gibt uns zu erkennen, daß die Funktion $z(y)$ der Differentialgleichung

$$z\frac{dz}{dy} = f(y, z) \tag{32.31}$$

genügt.

Wenn die Funktion $z(y)$ ein Integral der Gleichung (32.31) ist, so finden wir auf folgendem Weg das entsprechende Integral der Gleichung (32.29): Wir bilden

$$x = \int dx = \int \frac{dx}{dy}\, dy = \int \frac{dy}{y'\big(x(y)\big)} = \int \frac{dy}{z(y)}. \tag{32.32}$$

Wir erhalten die Integrale also nicht in der Form $y = y(x)$, sondern über ihre Umkehrung $x = x(y)$.

Beispiel 32.18: Die Gleichung zweiter Ordnung, auf die wir in Beispiel 32.6 gestoßen sind, ist vom Typ (32.29),

$$y'' = -\frac{y'^2}{y}.$$

Die ihr zuzuordnende Gleichung (32.31) lautet

$$zz' = -\frac{z^2}{y}$$

und hat das allgemeine Integral $z = \frac{C}{y}$. Damit folgt aus (32.32)

$$x = \int \frac{dy}{z(y)} = \frac{1}{C} \int y\,dy = \frac{1}{2C} y^2 + D,$$

worin C und D die Integrationskonstanten sind. Durch Umkehrung erhalten wir schließlich

$$y = \sqrt{2C(x-D)} = \sqrt{Ax + B},$$

wenn wir statt C und D die Konstanten A und B einführen.

Eine implizite Differentialgleichung zweiter Ordnung

$$F(x, y, y', y'') = 0 \qquad (32.33)$$

kann gleichfalls auf eine Differentialgleichung erster Ordnung transformiert werden, wenn die Funktion F die Bedingung

$$F(x, y, y', y'') = y^k F\left(x, 1, \frac{y'}{y}, \frac{y''}{y}\right) \qquad (32.34)$$

mit einer festen Zahl k erfüllt. Setzt man nämlich $z = \frac{y'}{y}$, so folgt aus $y' = zy$ durch Differentiation $y'' = z'y + zy'$, also $\frac{y''}{y} = z' + z^2$, was schließlich auf die Gleichung erster Ordnung

$$F(x, 1, z, z' + z^2) = 0 \qquad (32.35)$$

führt. Aus jeder Lösung z(x) dieser Gleichung erhält man durch die Beziehung

$$y(x) = e^{\int z(x)dx} \qquad (32.36)$$

ein Integral der Gleichung (32.33).

Beispiel 32.19: Wir betrachten nochmals die Gleichung von Beispiel 32.18,

$$F(x, y, y', y'') = y''y + y'^2 = y^2\left(\frac{y''}{y} + \left(\frac{y'}{y}\right)^2\right) = 0.$$

Die Gleichung (32.35) lautet in diesem Fall

$$z' + 2z^2 = 0,$$

ihr allgemeines Integral ist

$$z = \frac{1}{2}\frac{1}{x + C}.$$

Daher ist

$$\int z(x)dx = \frac{1}{2}\ln|x + C| + \ln D$$

und mit neuen Integrationskonstanten A und B

$$y(x) = \sqrt{Ax + B}.$$

Damit wollen wir die Aufzählung der Differentialgleichungstypen, deren Lösungen wenigstens durch unbestimmte Integrale elementarer Funktionen dargestellt werden können, beenden. Die allgemeinen Methoden haben wir im großen und ganzen erschöpfend behandelt, auf jene vielen Tricks, die sich in einzelnen konkreten Fällen zielführend anwenden lassen, können wir nicht eingehen. Wir verweisen den Leser auf die spezielle Lehrbuchliteratur[1]).

32.3 Numerische Integration

Da viele in der Praxis auftretende Differentialgleichungen keine durch elementare Funktionen beziehungsweise durch unbestimmte Integrale darstellbare Lösungen haben, kommt den numerischen Integrationsverfahren besondere Bedeutung zu, wenn man an konkreten Werten der Lösungsfunktion interessiert ist.

Ein Verfahren, das zur angenäherten Lösung einer Anfangswertaufgabe herangezogen werden kann, liefert die Methode der sukzessiven Approximationen. Sie erweist sich jedoch für numerische Rechnungen als nicht besonders geeignet, denn in der Regel muß eine beträchtliche Anzahl unbestimmter Integrale numerisch ausgewertet werden. Dies führt zu einem hohen Rechenaufwand; daneben fällt aber auch ins Gewicht, daß bei einer großen Anzahl von Iterationsschritten, die zur Erreichung entsprechend genauer Ergebnisse notwendig ist, die Ergebnisse verfälscht werden können. Es ist deshalb besser, anderen Verfahren den Vorzug zu geben. im Folgenden sollen zwei der wichtigsten Methoden vorgestellt werden, das Verfahren von *Euler-Cauchy* und das Verfahren von *Runge-Kutta.*

Vorgelegt sei die Anfangswertaufgabe

$$y' = f(x, y), \quad y(x_0) = y_0, \tag{32.37}$$

wobei wir davon ausgehen, daß die Voraussetzungen des Existenz- und Eindeutigkeitssatzes erfüllt sind. Es sei $y = y(x)$ die Lösung der Anfangswertaufgabe. Die Tangente an die Integralkurve hat im Punkt (x_0, y_0) den Anstieg $y'_0 = f(x_0, y_0)$, das Differential der Lösung $y(x)$ im Punkt x_0 lautet daher

$$dy = f(x_0, y_0)h.$$

Wenn wir mit dem Differential dy die Differenz Δy der Funktionswerte in den Punkten x_0 und $x_0 + h$ approximieren,

$$y(x_0 + h) - y(x_0) = \Delta y \approx dy = f(x_0, y_0)h,$$

[1]) Insbesondere als Nachschlagwerk sei der Leser an das klassisch gewordene Buch von *E. Kamke*, „Differentialgleichungen, Lösungsmethoden und Lösungen“, Akad. Verlagsgesellschaft, Leipzig 1942, empfohlen. In diesem Werk wird eine Fülle von Differentialgleichungstypen behandelt und auf deren Lösungswege eingegangen.

so erhalten wir wegen $y(x_0) = y_0$ die Näherung

$$y(x_0 + h) \approx y_0 + hf(x_0, y_0)$$

für den Funktionswert der Lösung an der Stelle $x_0 + h$. Wir setzen $x_1 = x_0 + h$ und nehmen

$$y_1 = y_0 + hf(x_0, y_0)$$

als Näherungswert für $y(x_1)$. Eine Näherung für $y(x_1 + h)$ bekommen wir auf analoge Weise

$$y(x_1 + h) \approx y(x_1) + hf\Big(x_1, y(x_1)\Big),$$

doch ist der exakte Wert für $y(x_1)$ jetzt nicht bekannt. Es ist naheliegend, an seiner Stelle die Näherung y_1 einzusetzen und mit

$$y_2 = y_1 + hf(x_1, y_1)$$

den Funktionswert $y(x_1 + h)$ zu approximieren. Auf diese Weise wird fortgesetzt: Mit der Setzung $x_n = x_0 + nh$ berechne man mittels der Rekursionsvorschrift

$$y_{n+1} = y_n + hf(x_n, y_n), \quad n = 0, 1, 2, \ldots, \tag{32.38}$$

der Reihe nach die Zahlen $y_1, y_2, y_3, \ldots$, die wir als Näherungswerte für die Funktionswerte $y(x_n)$ der Lösung $y(x)$ verwenden. Das Verfahren (32.38) ist als *Euler*- oder *Euler-Cauchy*-Verfahren bekannt.

Wir verzichten auf die Durchführung der Fehleranalyse. Es läßt sich zeigen, daß es unter gewissen Voraussetzungen über die Funktion $f(x, y)$ (Stetigkeits- und Beschränktheitsbedingungen für die Funktion $f(x, y)$ und ihre partiellen Ableitungen $f_x(x, y)$ und $f_y(x, y)$) eine Konstante C gibt, so daß

$$|y(x_n) - y_n| \leqslant hC \tag{32.39}$$

gilt, worin die Konstante C, abgesehen von den Eigenschaften der Funktion $f(x, y)$, vom Intervall abhängig ist, in denen Näherungswerte für die Lösung $y(x)$ der Anfangswertaufgabe (32.37) gesucht werden. Man sagt auf Grund von (32.39), das Euler-Verfahren ist von erster Ordnung konvergent, denn der Fehler strebt wie die erste Potenz der Schrittweite h gegen Null.

Um mit dem Euler-Verfahren befriedigende Ergebnisse vor allem für Argumentwerte, die weiter vom Startpunkt x_0 entfernt sind, erzielen zu können, wird man die Schrittweite h sehr klein wählen müssen, was wegen des damit verbundenen hohen Rechenaufwandes als Nachteil des Euler-Verfahrens zu werten ist. Deshalb ist es sinnvoll, Verfahren mit größerer Konvergenzordnung zu konstruieren. Ein solches ist das klassische *Runge-Kutta*-Verfahren. Wir verzichten auf die Herleitung und beschränken uns auf die Angabe der Rechenvorschrift.

Nach Wahl einer Schrittweite h berechne man die vier Größen

$$\begin{cases} k_1 = f(x_0, y_0), \\ k_2 = f\left(x_0 + \frac{h}{2}, y_0 + \frac{h}{2} k_1\right), \\ k_3 = f\left(x_0 + \frac{h}{2}, y_0 + \frac{h}{2} k_2\right), \\ k_4 = f(x_0 + h, y_0 + hk_3) \end{cases} \tag{32.40}$$

und damit den Ausdruck

$$K = \frac{1}{6}(k_1 + 2k_2 + 2k_3 + k_4). \tag{32.41}$$

Nun läßt sich zeigen, daß die Taylorentwicklung der Lösung $y(x)$ an der Stelle x_0 mit der Taylorentwicklung der Funktion

$$\varphi(h) = y_0 + hK = y(x_0) + hy'(x_0) + \frac{h^2}{2!}y''(x_0) + \frac{h^3}{3!}y'''(x_0) + \frac{h^4}{4!}y^{(4)}(x_0) + \dots$$

an der Stelle $h = 0$ bis einschließlich der Glieder vierter Ordnung übereinstimmt: Dies gibt Anlaß, die Zahl

$$y_1 = y_0 + hK \tag{32.42}$$

als Näherung für $y(x_0 + h)$ zu verwenden.

Das Verfahren wird fortgesetzt, indem man die Größen (32.40) mit $x_1 = x_0 + h$ und y_1 an Stelle von x_0 und y_0 berechnet, mit diesen den Ausdruck (32.41) und damit schließlich den Näherungswert

$$y_2 = y_1 + hK$$

für $y(x_0 + 2h)$ usw.

Die Fehleranalyse führt beim Runge-Kutta-Verfahren unter entsprechenden Differenzierbarkeitsvoraussetzungen über die Funktion $f(x, y)$ auf

$$|y(x_n) - y_n| \leqslant h^4 C, \tag{32.43}$$

worin die Konstante C eine analoge Bedeutung hat wie in (32.39). Das Verfahren ist von vierter Ordnung konvergent und liefert damit (bei gleicher Schrittweite) erheblich genauere Ergebnisse als das Euler-Verfahren. Es ist auch trotz der vier Funktionsauswertungen wirtschaftlicher als das Euler-Verfahren.

Wir weisen schließlich noch darauf hin, daß das Runge-Kutta-Verfahren zur Integration einer Gleichung $y' = f(x)$ mit der Simpsonschen Formel zur Berechnung des bestimmten Integrals der Funktion $f(x)$ über das Integrationsintervall $[x_0, x_0 + nh]$ identisch ist. Das Runge-Kutta-Verfahren ist letztlich auch eine Verallgemeinerung der Simpsonschen Formel.

Die Bestimmung der Konstanten C in (32.39) beziehungsweise (32.43) erfordert im allgemeinen einen großen Aufwand, weshalb man auf ihre Kenntnis verzichtet. Damit verliert man die Möglichkeit, die Schrittweite h von vornherein so zu bestimmen, daß der Fehler ein gewisses Maß nicht übersteigt. Der Fehler wird anfangs klein sein, jedoch infolge der Fehlerfortpflanzung immer größer werden, denn beim Übergang von x_k auf x_{k+1} entsteht ein Fehler durch den Ersatz von $y(x_k)$ durch die Näherung y_k, zu dem dann noch der Verfahrensfehler hinzukommt. Man wird daher die Rechnung mit einer Schrittweite h beginnen, die entsprechend klein ist, je nach der Länge des Intervalls, in dem Näherungswerte für $y(x)$ gesucht werden; gewissermaßen zur Kontrolle kann die Rechnung mit einer kleineren Schrittweite, etwa $\frac{h}{2}$, wiederholt werden. In Tabelle 5 werden die Ergebnisse bei Anwendung des Euler-Verfahrens und des Runge-Kutta-Verfahrens an Hand der Anfangswertaufgabe $y' = y$, $y(0) = 1$, miteinander verglichen.

x	Euler-Verfahren h = 0.2 y	h = 0.1 y	Runge-Kutta-Verfahren h = 0.2 y	h = 0.1 y	exakte Lösung y
0.	1.	1.	1.	1.	1.
0.2	1.2	1.21	1.2214	1.2214	1.2214027
0.4	1.44	1.4641	1.49182	1.49182	1.4918247
0.6	1.728	1.77156	1.82211	1.82212	1.8221188
0.8	2.0736	2.14359	2.22552	2.22554	2.2255409
1.	2.48832	2.59374	2.71825	2.71828	2.7182818
1.2	2.98598	3.13843	3.32007	3.32011	3.3201169
1.4	3.58318	3.7975	4.05514	4.0552	4.0551999
1.6	4.29982	4.59497	4.95294	4.95303	4.9530324
1.8	5.15978	5.55992	6.04953	6.04964	6.0496474
2.	6.19174	6.7275	7.38889	7.38905	7.389056

Tabelle 5

Beim Euler-Verfahren erkennt man durch Halbierung der Schrittweite, daß die Ergebnisse nicht besonders gut sind; dagegen bringt das schneller konvergente Runge-Kutta-Verfahren fast exakte Ergebnisse, die Halbierung der Schrittweite bringt Änderungen erst in der vierten Stelle.

Für die numerische Integration von Differentialgleichungen höherer Ordnung braucht man die besprochenen Verfahren nur auf die Anfangswertaufgabe für Systeme von Differentialgleichungen erster Ordnung

$$\dot{\mathbf{x}} = \mathbf{f}(t, \mathbf{x}), \quad \mathbf{x}(t_0) = \mathbf{x}_0, \tag{32.44}$$

zu übertragen, denn jede Differentialgleichung höherer als erster Ordnung läßt sich als System von Differentialgleichungen erster Ordnung schreiben (vgl. (29.72)). Es ist evident, wie das Euler-Verfahren für die Anfangswertaufgabe (32.44) zu formulieren ist; für das Runge-Kutta-Verfahren lautet die Rechenvorschrift folgendermaßen: man berechne die vier Vektoren

$$\mathbf{k}_1 = \mathbf{f}(t_0, \mathbf{x}_0), \qquad \mathbf{k}_3 = \mathbf{f}\left(t_0 + \frac{h}{2}, \mathbf{x}_0 + \frac{h}{2}\mathbf{k}_2\right),$$
$$\mathbf{k}_2 = \mathbf{f}\left(t_0 + \frac{h}{2}, \mathbf{x}_0 + \frac{h}{2}\mathbf{k}_1\right), \qquad \mathbf{k}_4 = \mathbf{f}(t_0 + h, \mathbf{x}_0 + h\mathbf{k}_3)$$

und damit den Vektor

$$\mathbf{k} = \frac{1}{6}(\mathbf{k}_1 + 2\mathbf{k}_2 + 2\mathbf{k}_3 + \mathbf{k}_4).$$

Dann ist

$$\mathbf{x}_1 = \mathbf{x}_0 + h\mathbf{k} \tag{32.45}$$

Näherungswert für $\mathbf{x}(t_0 + h)$.

Für eine Differentialgleichung zweiter Ordnung

$$\ddot{x} = f(t, x, \dot{x}), \quad x(t_0) = x_0, \quad \dot{x}(t_0) = \dot{x}_0$$

geht man durch die Setzung $\dot{x} = y$ zum System

$$\dot{x} = g(t, x, y) = y, \quad \dot{y} = f(t, x, y), \quad x(t_0) = x_0, \quad y(t_0) = y_0 = \dot{x}_0$$

über. Bezeichnen wir dann mit k_i und l_i, $i = 1, 2, 3, 4$, die Koordinaten der vier Vektoren $\mathbf{k}_i$,

$$\begin{aligned}
k_1 &= y_0 & l_1 &= f(t_0, x_0, y_0),\\
k_2 &= y_0 + \frac{h}{2} l_1 & l_2 &= f\left(t_0 + \frac{h}{2}, x_0 + \frac{h}{2} k_1, y_0 + \frac{h}{2} l_1\right),\\
k_3 &= y_0 + \frac{h}{2} l_2 & l_3 &= f\left(t_0 + \frac{h}{2}, x_0 + \frac{h}{2} k_2, y_0 + \frac{h}{2} l_2\right),\\
k_4 &= y_0 + h l_3 & l_4 &= f(t_0 + h, x_0 + hk_3, y_0 + h l_3),
\end{aligned}$$

und mit K und L die des Vektors $\mathbf{k}$,

$$K = \frac{1}{6}(k_1 + 2k_2 + 2k_3 + k_4), \quad L = \frac{1}{6}(l_1 + 2l_2 + 2l_3 + l_4),$$

so sind die nach

$$x_1 = x_0 + hK, \quad y_1 = y_0 + hL$$

zu errechnenden Zahlen x_1 und y_1 Näherungen für $x(t_0 + h)$ und $y(t_0 + h) = \dot{x}(t_0 + h)$.

32.4 Der Phasenraum

Bei der Aufstellung der Differentialgleichungen für elektrische Netzwerke ist von den Kirchhoffschen Gleichungen, der Knotenregel und der Maschenregel, auszugehen. Neben diese Gleichungen treten die Beziehungen zwischen Strom und Spannung an den einzelnen Elementen; sind diese linear wie im Falle idealer Widerstände, so entstehen lineare Differentialgleichungen, im anderen Fall nichtlineare Differentialgleichungssysteme

$$\dot{\mathbf{x}} = \mathbf{f}(t, \mathbf{x}). \tag{32.46}$$

Die Ordnung dieses Systems ist gleich der Anzahl der energiespeichernden Elemente.

Man unterscheidet zwischen *autonomen* und *nichtautonomen* oder *heteronomen* Systemen. Autonome Systeme sind solche, in denen die Zeitvariable t explizit nicht vorkommt,

$$\dot{\mathbf{x}} = \mathbf{f}(\mathbf{x}). \tag{32.47}$$

Verschiedentlich kann man die mathematische Beschreibung elektrischer Systeme, wenn das Interesse besonders einer Größe gilt, auf eine Differentialgleichung höherer Ordnung zurückführen. Besondere Bedeutung haben die Differentialgleichungen zweiter Ordnung, und zwar speziell die allgemeine *nichtlineare Schwingungsgleichung*

$$\frac{d^2x}{dt^2} + f\left(t, x, \frac{dx}{dt}\right) + g(t, x) = s(t). \tag{32.48}$$

Die drei Terme auf der linken Seite dieser Gleichung bezeichnet man in Anlehnung an mechanische Systeme als *Trägheitskraft*, *Dämpfungskraft* und *Rückstellkraft*. Das System ist autonom, wenn in den Funktionen f, g und s die Zeit t explizit nicht auftritt. Bei autonomen Systemen unterscheidet man weiter die *konservativen* Systeme, das sind solche, in denen keine Dämpfung vorhanden ist,

$$\frac{d^2x}{dt^2} + g(x) = 0. \qquad (32.49)$$

Tritt in heteronomen Systemen die Zeit t nur auf der rechten Seite in Form einer „Störfunktion" s(t) auf, so spricht man von *erzwungenen Schwingungen.*

Mit der mathematischen Untersuchung eines physikalischen Systems verfolgt man vor allem das Ziel, Aussagen über das Systemverhalten machen zu können, und zwar nicht für einen konkreten Anfangszustand, sondern meist für ein ganzes Kontinuum von Anfangszuständen. Es braucht wohl nicht eigens dargelegt werden, daß numerische Integrationsverfahren, wie sie im vorangegangenen Abschnitt besprochen wurden, hierfür völlig ungeeignet sind. Wenn das allgemeine Integral, wie in den meisten Fällen in der Praxis, nicht durch elementare Funktionen ausgedrückt werden kann, muß auch jedes elementare Integrationsverfahren versagen. Deshalb werden Methoden benötigt, mit Hilfe derer die gewünschte Information gewonnen werden kann. In den beiden folgenden Abschnitten sollen nun die Grundzüge jener Ideen besprochen werden, die in einer Vielzahl von Fällen aus der Praxis Aussagen über das Systemverhalten zu machen gestatten.

Wir beschränken uns im folgenden auf ein autonomes System, das durch zwei Differentialgleichungen erster Ordnung

$$\frac{dx}{dt} = \dot{x} = g(x, y), \quad \frac{dy}{dt} = \dot{y} = h(x, y) \qquad (32.50)$$

beschrieben wird. Jede Differentialgleichung zweiter Ordnung, in der die Zeit t explizit nicht auftritt, kann auf das System (32.50) umgeschrieben werden. Der Einfachheit halber setzen wir voraus, daß die Funktionen g(x, y) und h(x, y) in der ganzen (x, y)-Ebene stetig sind, weiter verlangen wir, daß die Bedingungen des Existenz- und Eindeutigkeitssatzes für jeden Punkt in der (x, y)-Ebene erfüllt sind, so daß das System (32.50) zu beliebigen Anfangsbedingungen $x(t_0) = x_0$, $y(t_0) = y_0$ stets eindeutig lösbar ist. Da ferner das System autonom ist, sind wir bei der Wahl des Anfangszeitpunktes frei: Wir setzen ein für alle mal $t_0 = 0$ für den Zeitpunkt der Aktivierung des durch (32.50) beschriebenen Systems.

Die Lösungen x(t), y(t) des Systems (32.50), die im folgenden als *Bewegungstrajektorien* bezeichnet werden, können wir uns in einem (x, y, t)-Raum veranschaulichen (Bild 32.1). Eine andere Möglichkeit ist die Deutung als Kurve in der (x, y)-Ebene, mit der Zeit t als Parameter. Diese ist identisch mit der Kurve, die wir durch Projektion der Bewegungstrajektorie auf die (x, y)-Ebene erhalten; man nennt sie die *Phasentrajektorie*, da man die (x, y)-Ebene auch als *Phasenebene* beziehungsweise *Zustandsebene* bezeichnet. Jedem Zustand des Systems, der durch das Paar (x, y) der Systemgrößen x und y charakterisiert wird, entspricht ein Punkt P(x, y) in der Phasenebene und umgekehrt. Wir geben ferner jeder Phasentrajektorie jene Orientierung, wie sie der Änderung des Systemzustandes für wachsende Werte der Variablen t entspricht. Kennen wir demnach die Phasentrajektorien für jeden Anfangszustand x_0 und y_0 – man nennt die Schar der Phasentrajektorien auch das *Phasenportrait* –, so erhalten wir ein Bild über das Verhalten des Systems.

Der Vorteil der Phasenebene bei der Untersuchung von Systemen, die durch ein Paar von Gleichungen (32.50) beschrieben werden, liegt darin, daß wir die Phasentrajektorien

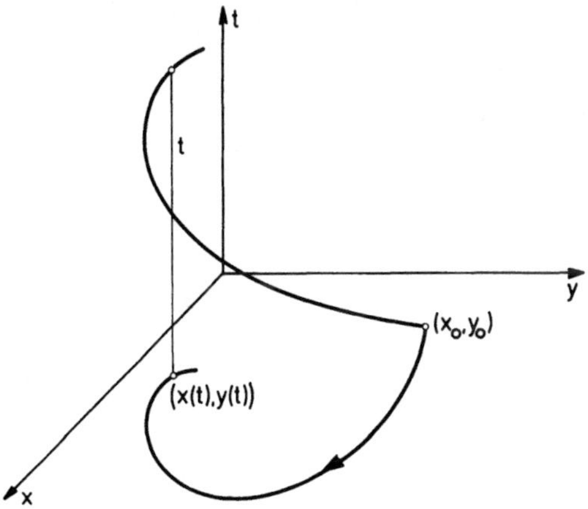

Bild 32.1

auch *implizit* durch eine Gleichung $F(x, y) = \text{const.}$ darstellen können. Offenbar ist die Phasentrajektorie von (32.50) zu den Anfangsbedingungen $x(0) = x_0$, $y(0) = y_0$ die Lösung der Anfangswertaufgabe

$$y' = \frac{dy}{dx} = \frac{\dot{y}}{\dot{x}} = \frac{h(x, y)}{g(x, y)} = f(x, y), \quad y(x_0) = y_0, \tag{32.51}$$

beziehungsweise

$$h(x, y) - g(x, y)y' = 0, \quad y(x_0) = y_0. \tag{32.52}$$

Nun ist es so, daß diese Anfangswertaufgabe nicht immer eindeutig lösbar sein muß. Bezeichnet $F(x, y)$ eine Funktion mit der Eigenschaft $h(x, y)F_y(x, y) + g(x, y)F_x(x, y) = 0$, so ist $F(x, y) = C$ das allgemeine Integral der Gleichung (32.51) beziehungsweise (32.52); die Gleichung $F(x, y) = F(x_0, y_0)$ stellt die Lösung der Anfangswertaufgabe dar. Wenn aber

$$g(x_0, y_0) = 0, \quad h(x_0, y_0) = 0 \tag{32.53}$$

gilt, so ist der Anstieg y' im Punkt (x_0, y_0) unbestimmt und deshalb

$$F_x(x_0, y_0) = 0, \quad F_y(x_0, y_0) = 0.$$

Dies bedeutet, daß die Gleichung $F(x, y) = F(x_0, y_0)$ lokal nicht eindeutig nach einer der beiden Veränderlichen x oder y auflösbar ist, mit anderen Worten, durch den Punkt $P(x_0, y_0)$ können mehrere Phasentrajektorien gehen.

Ein Punkt (x_0, y_0), für den die Gleichungen (32.53) erfüllt sind, wird *kritische Stelle* genannt. Somit geht durch jeden Punkt, der keine kritische Stelle ist, genau eine Phasentrajektorie.

Ist (x_0, y_0) eine kritische Stelle, so ist die Lösung des Systems (32.50) zu den Anfangsbedingungen $x(0) = x_0$, $y(0) = y_0$ konstant,

$$x = x(t) = x_0, \quad y = y(t) = y_0.$$

Dies bedeutet physikalisch, daß das System im Ruhezustand verharrt. *Einer kritischen Stelle entspricht also eine Gleichgewichtslage,* und offenbar gilt dies auch umgekehrt, das heißt, der Punkt (x_0, y_0) ist genau dann eine Gleichgewichtslage, wenn die Gleichungen (32.53) erfüllt sind.

Beispiel 32.20: Es sei

$$\dot{x} = -x(1-y), \quad \dot{y} = y(1-x).$$

Die Bestimmung der Phasentrajektorien führt auf die Differentialgleichung

$$\frac{dy}{dx} = -\frac{y(1-x)}{x(1-y)},$$

die durch Trennung der Veränderlichen gelöst werden kann,

$$F(x, y) = xye^{-(x+y)} = C.$$

Die kritischen Punkte erhalten wir durch Lösung der Gleichungen

$$x(1-y) = 0, \quad y(1-x) = 0;$$

es sind also P(0, 0) und Q(1, 1) die kritischen Punkte.

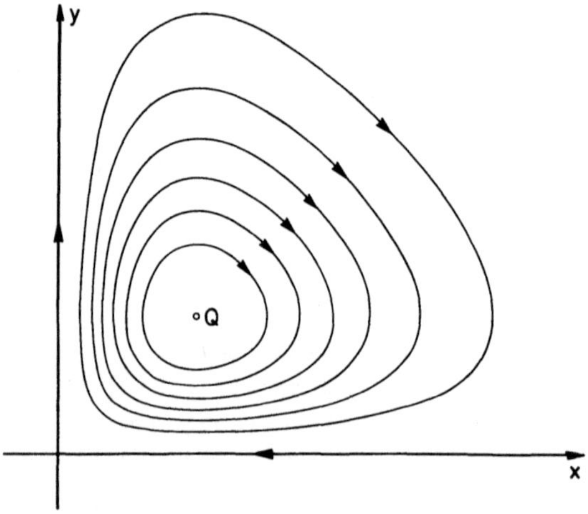

Bild 32.2

Das obige Differentialgleichungssystem kann auf eine Weise interpretiert werden, die zwar nichts mit Elektrotechnik zu tun hat, jedoch recht anschaulich die Bedeutung des Phasenporträts zeigt. In einem See mögen kleine und große Fische leben; x sei die Anzahl der großen Fische, y die Anzahl der kleinen Fische zum Zeitpunkt t. Für die kleinen Fische steht Nahrung in unbegrenzter Menge zur Verfügung, die großen Fische hingegen fressen entsprechend ihren Bedürfnissen die kleinen Fische. Wie nun das Leben im See abläuft, wird durch unser Differentialgleichungssystem beschrieben. Ein Blick auf das Phasenporträt im ersten Quadranten der (x, y)-Ebene (Bild 32.2) zeigt, was sich abspielt. Vorwegnehmend, daß geschlossene Phasentrajektorien die Existenz periodischer Lösungen des Differentialgleichungssystems bedeuten, gelangen wir zu der Erkenntnis, daß das Leben im See ein periodischer Vorgang ist. Dies leuchtet auch ein, wenn man bedenkt, daß eine Verminderung der Zahl der kleinen Fische eine Dezimierung der großen Fische durch Nahrungsmangel zur Folge hat, wodurch sich wiederum die kleinen Fische, für die ja Nahrung in unbegrenzter Menge zur Verfügung steht, vermehren können. Unter diesen Umständen werden sich auch die großen Fische wieder vermehren und auf diese Weise die kleinen Fische dezimieren. Die Bedeutung der Koordinatenachsen als Trajektorien ist offensichtlich: sind von anbeginn an keine großen Fische vorhanden, so vermehren sich die kleinen Fische unbegrenzt; wenn keine kleinen Fische vorhanden sind, so sterben die großen Fische mangels Nahrung aus. In der Gleichgewichtslage x = y = 1 werden schließlich soviele kleine Fische gefressen als geboren, und für die großen Fische ist stets gerade soviel Nahrung in Form kleiner Fische vorhanden, daß ihre Anzahl konstant bleibt.

Ist die Differentialgleichung (32.52) exakt, wofür die Bedingung $h_y(x, y) + g_x(x, y) = 0$ erfüllt sein muß, so kann (32.52) in der Form

$$\dot{x} = F_y(x, y), \quad \dot{y} = -F_x(x, y) \tag{32.54}$$

geschrieben werden; die Kurvenschar $F(x, y) = C$ stellt dabei das Phasenporträt dar. Ein System der Gestalt (32.54) wird *Hamiltonsches System* genannt, die Funktion $F(x, y)$ heißt *erstes Integral.* Wir bemerken, daß die kritischen Stellen eines Hamiltonschen Systems genau die stationären Stellen der Funktion $F(x, y)$ sind.

Beispiel 32.21: Der Differentialgleichung zweiter Ordnung

$$\ddot{x} = k(x) \tag{32.55}$$

entspricht durch die Setzung $y = \dot{x}$ das System

$$\dot{x} = y, \quad \dot{y} = k(x).$$

Die Differentialgleichung für die Phasentrajektorien ist exakt,

$$k(x) - yy' = 0.$$

Bezeichnet $-U(x)$ eine Stammfunktion von $k(x)$, so ist

$$F(x, y) = \frac{1}{2} y^2 + U(x)$$

ein erstes Integral, die Kurvenschar

$$F(x, y) = \frac{1}{2} y^2 + U(x) = C$$

stellt das Phasenporträt dar. Die kritischen Stellen liegen sämtlich auf der x-Achse, ihre Abszissen sind die Lösungen der Gleichung $k(x) = 0$.

Mechanisch können wir die Gleichung (32.55) als reibungslose Bewegung eines Massenpunktes der Masse $m = 1$ auf der x-Achse unter der Einwirkung der Kraft $k(x)$ deuten. Es ist

$$-U(x) + U(x_0) = \int_{x_0}^{x} k(s)\,ds$$

die Arbeit, die von der Kraft k bei der Bewegung von x_0 nach x geleistet wird. Dabei erfährt der Massenpunkt den Zuwachs $U(x) - U(x_0)$ an potentieller Energie. Die kinetische Energie des Massenpunktes ist $\frac{1}{2} y^2$, die Gesamtenergie somit $\frac{1}{2} y^2 + U(x) = E = \frac{1}{2} y_0^2 + U(x_0)$. Wir sehen daraus, ***daß das erste Integral gleich der Gesamtenergie des Systems ist.*** Die Phasentrajektorien sind jene Kurven, längs denen der Energieinhalt des Systems konstant ist, was bedeutet, daß dem System keine Energie entzogen wird. Deshalb ist ein durch (32.55) beschriebenes System konservativ.

Zur Beschreibung der Rückstellkraft durch eine nichtlineare Feder macht man den Ansatz $k(x) = -(cx + hx^3)$. Ist $h > 0$, so spricht man von einer ***überlinearen*** oder ***harten*** Feder, ist $h < 0$, so spricht man von einer ***unterlinearen*** oder ***weichen*** Feder. Die potentielle Energie ist

$$U(x) = \int_0^x (cs + hs^3)\,ds = \frac{1}{2} cx^2 + \frac{1}{4} hx^4$$

und

$$\frac{1}{2} y^2 + \frac{1}{2} cx^2 + \frac{1}{4} hx^4 = C$$

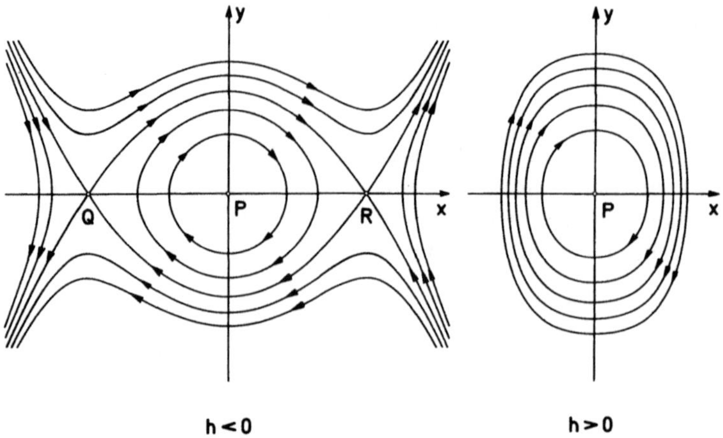

Bild 32.3

das Phasenporträt (Bild 32.3). Der Punkt P(0, 0) ist immer eine kritische Stelle; handelt es sich um eine weiche Feder, so sind auch die Punkte $Q\left(-\sqrt{-\frac{c}{h}}, 0\right)$ und $R\left(\sqrt{-\frac{c}{h}}, 0\right)$ kritische Stellen.

Wir wollen uns nun an Hand des Phasenporträts ein Bild darüber verschaffen, wie sich ein durch die beiden Gleichungen (32.50) beschriebenes System verhalten kann. Dem Anfangszustand entspricht ein Punkt $P_0(x_0, y_0)$, er ist der Anfangspunkt der zu den Anfangsbedingungen $x(0) = x_0$, $y(0) = y_0$ gehörigen Phasentrajektorie. Wir setzen dabei voraus, daß der Punkt P_0 keine kritische Stelle des Systems ist. Verfolgen wir nun die Phasentrajektorie in der durch den Zeitablauf bestimmten Orientierung, so können wir in eine kritische Stelle $P(\hat{x}, \hat{y})$ gelangen. Dies würde bedeuten, daß das System einer Ruhelage zustrebt – es endet gewissermaßen die Phasentrajektorie im Punkt $P(\hat{x}, \hat{y})$. Wesentlich ist, daß dies erst nach *unendlich* langer Zeit möglich ist und folglich

$$\hat{x} = \lim_{t \to \infty} x(t), \quad \hat{y} = \lim_{t \to \infty} y(t)$$

gilt. Würde nämlich die Gleichgewichtslage $P(\hat{x}, \hat{y})$ nach einer endlichen Zeitspanne t_1 erreicht werden, so hieße dies, daß das System (32.50) zu den Anfangsbedingungen $x(t_1) = \hat{x}$, $y(t_1) = \hat{y}$ nicht eindeutig lösbar ist – im Widerspruch zu unseren Annahmen über die Funktionen $g(x, y)$ und $h(x, y)$. Wir halten also fest, *daß eine Gleichgewichtslage nur nach unendlich langer Zeit erreicht werden kann.*

Ein anderer wichtiger Fall ist der, daß das System nach einer Zeitspanne T in den Anfangszustand zurückkehrt. In diesem Fall ist die Phasentrajektorie eine *geschlossene* Kurve, auf der offensichtlich keine kritische Stelle liegen kann, die Bewegungstrajektorie $x(t)$, $y(t)$ ist eine T-periodische Funktion. Es kann sein, daß alle Phasentrajektorien $F(x, y) = C$, wenn C ein gewisses Intervall $I = [C', C'']$ durchläuft, geschlossene Kurven sind, so daß jeder Anfangszustand (x_0, y_0), für den $C' \leqslant F(x_0, y_0) \leqslant C''$ gilt, zu einer periodischen Bewegung führt.

Wenn sich hingegen nur für einen *isolierten* Wert von C, etwa $C = C_0$, ein periodischer Vorgang ergibt, so wird die Phasentrajektorie $F(x, y) = C_0$ ein *Grenzzyklus* genannt. Es ist nun möglich, daß sich eine Phasentrajektorie, die nicht selbst geschlossen ist, einem Grenzzyklus beliebig annähert. Erreichen kann sie ihn in einer endlichen Zeitspanne jedenfalls nicht. Wenn dies nämlich zur Zeit t_1 im Punkt $P(\hat{x}, \hat{y})$ der Fall wäre, so müßte der Punkt $P(\hat{x}, \hat{y})$ eine kritische Stelle sein: Dies steht aber im Widerspruch dazu, daß auf einer geschlossenen Phasentrajektorie keine kritischen Stellen liegen können. Wenn sich alle Phasentrajektorien einem Grenzzyklus beliebig annähern, so können wir den Grenzzyklus als Verallgemeinerung dessen ansehen, was wir bei den erzwungenen Schwingungen linearer Systeme als eingeschwungenen Zustand bezeichnet haben (Bild 32.4).

Wir bemerken noch, daß im Inneren einer geschlossenen Phasentrajektorie stets eine kritische Stelle liegt.

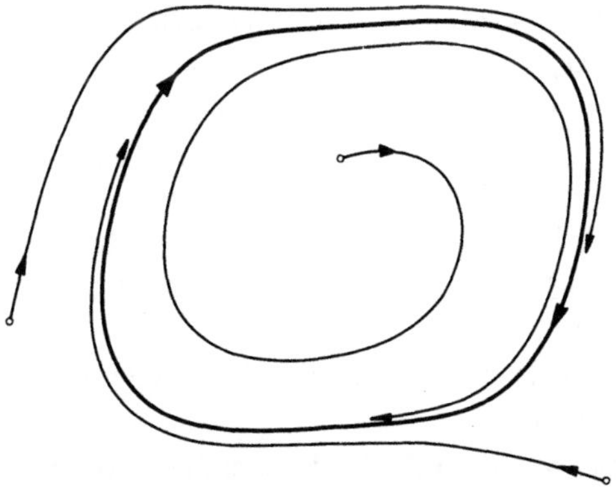

Bild 32.4

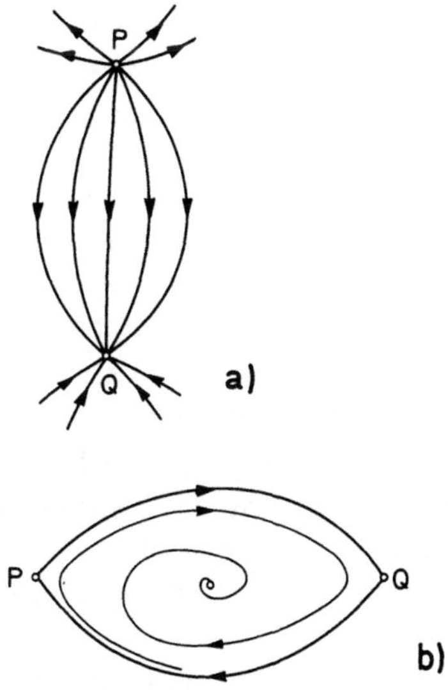

Bild 32.5

Schließlich kann es vorkommen, daß zwei kritische Stellen durch zwei verschiedene Phasentrajektorien miteinander verbunden sind. Dabei sind durch unterschiedliche Orientierungen zwei Fälle zu unterscheiden, wie in Bild 32.5 angedeutet. Der in Bild 32.5a skizzierte Fall kann folgendermaßen zustande kommen: Jede Trajektorie endet in der Gleichgewichtslage Q, mag ihr Anfangspunkt auch noch so nahe bei P liegen. Mit anderen Worten, das System strebt immer der Gleichgewichtslage Q zu. Der in Bild 32.5b dargestellte Fall ist komplizierter. Die beiden Phasentrajektorien bilden gewissermaßen die Einhüllende von in ihrem Inneren verlaufenden Phasentrajektorien; möglich sind spiralförmige Phasentrajektorien, aber auch geschlossene (vgl. hierzu auch Bild 32.3).

Eine geschlossene Kurve, die aus einer oder mehreren Phasentrajektorien besteht, deren Anfangspunkt und Endpunkt eine Gleichgewichtslage ist, heißt ein *Phasenpolygon*. Es sei aber ausdrücklich darauf hingewiesen, daß ein Phasenpolygon keiner realen Bewegungstrajektorie entspricht, denn auf einer Phasentrajektorie können keine kritischen Stellen liegen.

Mit diesen Betrachtungen über den Verlauf der Phasentrajektorien haben wir die möglichen Fälle charakterisiert, denn es gilt der folgende

Satz 32.1 (Bendixon) *Wenn eine Phasentrajektorie einen gewissen endlichen Bereich der Phasenebene nicht verläßt, so gilt entweder*

1. *Die Trajektorie C strebt gegen eine Gleichgewichtslage*
   oder
2. *Die Trajektorie C nähert sich asymptotisch einem Grenzzyklus oder einem Phasenpolygon*
   oder

3. *Die Trajektorie C ist eine geschlossene Kurve*
   oder
4. *Die Trajektorie C ist einpunktig.*

Physikalisch können diese vier Möglichkeiten folgendermaßen interpretiert werden: Im ersten Fall strebt das System einer Gleichgewichtslage zu, im zweiten Fall geht es in einen eingeschwungenen Zustand über, im dritten Fall schwingt das System von anbeginn an und im vierten Fall ist es im Gleichgewicht. Mit anderen Worten, *jede nichtperiodische Bewegung strebt entweder gegen eine Gleichgewichtslage oder gegen einen periodischen Zustand.*

Der Satz von Bendixon enthält die bedeutsame Aussage, daß ein nichtlineares autonomes System zweiter Ordnung *ohne* äußere Erregung schwingen kann, und zwar auch dann, wenn ein Dämpfungsterm vorhanden ist. Man bezeichnet solche Schwingungen, im Gegensatz zu den erzwungenen Schwingungen, als *autonome* oder *selbsterregte Schwingungen*. Insbesondere kann ein durch die allgemeine Schwingungsgleichung (32.48) zu beschreibendes System in einen periodischen Zustand übergehen.

Wir begnügen uns mit dieser Skizze über die Verhältnisse in der Phasenebene und verweisen den Leser auf die einschlägige Lehrbuchliteratur[1]).

Da die Begriffe Gleichgewicht und eingeschwungener Zustand, in mathematischer Sprechweise kritische Stelle und Grenzzyklus, in der Elektrotechnik eine weitreichende Bedeutung haben, wollen wir uns auch eingehender mit ihnen befassen. Wir beginnen zunächst mit der Untersuchung des Phasenporträts in der Umgebung einer Gleichgewichtslage.

Wir legen im folgenden das Differentialgleichungssystem (32.50) zugrunde und nehmen der Einfachheit halber an, daß der Koordinatenursprung $x = y = 0$ eine kritische Stelle ist. Weiter setzen wir die Existenz und Stetigkeit der partiellen Ableitungen der Funktionen $g(x, y)$ und $h(x, y)$ voraus. Unter diesen Umständen ist die Vektorfunktion $\big(g(x, y), h(x, y)\big)$ an der Stelle $x = y = 0$ differenzierbar, und es gilt, wenn wir $g(0, 0) = h(0, 0) = 0$ berücksichtigen,

$$\begin{aligned} \dot{x} &= g_x(0,0)x + g_y(0,0)y + \sqrt{x^2+y^2}\,\epsilon(x,y), \\ \dot{y} &= h_x(0,0)x + h_y(0,0)y + \sqrt{x^2+y^2}\,\eta(x,y), \end{aligned} \tag{32.56}$$

wobei $\lim \epsilon(x, y) = \lim \eta(x, y) = 0$ für $(x, y) \to (0, 0)$ gelten muß. Wenn wir uns nun auf eine kleine Umgebung der kritischen Stelle (0, 0) beschränken, so wird die Frage sinnvoll, inwieweit in dieser das Phasenporträt des *linearisierten Systems* (32.56),

$$\begin{aligned} \dot{x} &= g_x(0,0)x + g_y(0,0)y, \\ \dot{y} &= h_x(0,0)x + h_y(0,0)y, \end{aligned} \tag{32.57}$$

das auch *System der ersten Näherung* genannt wird, mit dem Phasenporträt des *gestörten* Systems, wie man (32.50) dann auch bezeichnet, wenigstens qualitativ übereinstimmt. Für das System der ersten Näherung (32.57) können wir das Phasenporträt ohne Schwierigkeiten konstruieren. Um uns diese Aufgabe möglichst einfach zu gestalten, gehen wir von

[1]) G. Sansone, R. Conti, Non-linear differential equations. Oxford 1964. A. A. Andronov, A. A. Witt, S. E. Chaikin, Theorie der Schwingungen, Teil I und II. Berlin 1969.

einem allgemeinen linearen System zweiter Ordnung

$$\dot{x} = ax + by, \quad \dot{y} = cx + dy \tag{32.58}$$

mit der Koeffizientenmatrix

$$\mathbf{A} = \begin{pmatrix} a & b \\ c & d \end{pmatrix} \tag{32.59}$$

aus. Schließlich verlangen wir, daß die kritische Stelle $x = y = 0$ isoliert ist, womit gemeint ist, daß in einer gewissen Umgebung der Stelle $x = y = 0$ keine weitere kritische Stelle liegt. Dies bedeutet, daß die Gleichung

$$\begin{pmatrix} a & b \\ c & d \end{pmatrix} \cdot \begin{pmatrix} x \\ y \end{pmatrix} = \begin{pmatrix} 0 \\ 0 \end{pmatrix}$$

nur die triviale Lösung haben kann, da sonst alle Punkte auf einer durch den Koordinatenursprung gehenden Geraden kritische Stellen sind. Wir müssen also fordern, daß die Koeffizientenmatrix (32.59) des Systems (32.58) regulär ist. Wir bemerken dazu, daß dann auch die Eigenwerte der Systemmatrix (32.59) von Null verschieden sind.

Die Differentialgleichung für das Phasenporträt des Systems (32.58) lautet

$$y' = \frac{cx + dy}{ax + by}. \tag{32.60}$$

Sie ist vom Typ (32.25) und kann durch die Substitution $z = \frac{y}{x}$ stets auf eine Differentialgleichung mit getrennten Veränderlichen transformiert werden. Die Diskussion der Integralkurven wird aber wesentlich einfacher, wenn in (32.58) beziehungsweise (32.60) für x und y neue Veränderliche eingeführt werden, und zwar durch eine Transformation, die durch folgende Überlegung nahegelegt wird.

Es seien λ_1 und λ_2 die beiden Eigenwerte der Systemmatrix (32.59). Für das Folgende haben wir nun zu unterscheiden, ob $\lambda_1 \neq \lambda_2$ ist oder ob die Matrix **A** einen zweifach zu zählenden Eigenwert $\lambda_1 = \lambda_2 = \lambda$ hat. Es sei zunächst $\lambda_1 \neq \lambda_2$. In einer zweiten Fallunterscheidung nehmen wir ferner an, daß die beiden Eigenwerte reell sind. Mit (x_1, y_1) beziehungsweise (x_2, y_2) bezeichnen wir den zu λ_1 beziehungsweise λ_2 gehörigen Eigenvektor. Dann ist nach Formel (31.80)

$$\mathbf{A} = \begin{pmatrix} x_1 & x_2 \\ y_1 & y_2 \end{pmatrix} \cdot \begin{pmatrix} \lambda_1 & 0 \\ 0 & \lambda_2 \end{pmatrix} \cdot \begin{pmatrix} x_1 & x_2 \\ y_1 & y_2 \end{pmatrix}^{-1}. \tag{32.61}$$

Führen wir nun durch die lineare Transformation

$$\begin{pmatrix} x \\ y \end{pmatrix} = \begin{pmatrix} x_1 & x_2 \\ y_1 & y_2 \end{pmatrix} \cdot \begin{pmatrix} u \\ v \end{pmatrix} \tag{32.62}$$

neue Veränderliche u und v ein, so transformieren sich die Gleichungen (32.58) unter Berücksichtigung von (32.61) auf

$$\dot{u} = \lambda_1 u, \quad \dot{v} = \lambda_2 v; \tag{32.63}$$

bei derselben Transformation geht die Gleichung (32.60) natürlich in

$$\frac{dv}{du} = \frac{\lambda_2}{\lambda_1} \frac{v}{u} \tag{32.64}$$

über. Das allgemeine Integral dieser Differentialgleichung kann unmittelbar angeschrieben werden,

$$|v|^{\lambda_1} = C\,|u|^{\lambda_2}. \tag{32.65}$$

Setzen wir darin für u und v durch Umkehrung der Transformation (32.62) ein, so erhalten wir die Gleichung für das Phasenporträt des Systems (32.58),

$$|x_1 y - y_1 x|^{\lambda_1} = C\,|x_2 y - y_2 x|^{\lambda_2}. \tag{32.66}$$

Die Diskussion über den Verlauf der Phasentrajektorien von (32.58) gestaltet sich jedoch einfacher über die Gleichung (32.65), denn bei der Transformation (32.62), die ja nur eine affine Verzerrung bewirkt, bleiben die charakteristischen Merkmale der Phasentrajektorien erhalten. Wir lösen daher (32.65) zunächst nach einer der beiden Veränderlichen auf,

$$|v| = C\,|u|^{\gamma}, \quad \gamma = \lambda_2/\lambda_1.$$

Nun haben wir zu unterscheiden, ob $\gamma > 0$ oder $\gamma < 0$ ist. Im Falle $\gamma > 0$ sind ersichtlich alle Kurven (32.65) *parabelartig*, abgesehen von den Koordinatenachsen $u = 0$ und $v = 0$; alle diese parabelartigen Kurven haben im Koordinatenursprung eine der beiden Koordinatenachsen als *gemeinsame* Tangente, und zwar $v = 0$ im Falle $\gamma > 1$ und $u = 0$, wenn $\gamma < 1$ ist. Für das Phasenporträt von (32.58) ergibt sich somit folgendes: *Im Falle $\lambda_1\lambda_2 > 0$ münden alle Phasentrajektorien des Systems im Koordinatenursprung.* Sie haben sämtlich parabelartige Gestalt, ausgenommen die beiden Geraden $x_1 y - y_1 x = 0$ und $x_2 y - y_2 x = 0$; als Tangente im Koordinatenursprung kommt nur eine dieser beiden Geraden, deren Richtungen durch die Eigenvektoren der Systemmatrix bestimmt sind, in Frage (Bild 32.6). Die kritische Stelle $x = 0$, $y = 0$ wird in diesem Fall ein *Knoten* genannt.

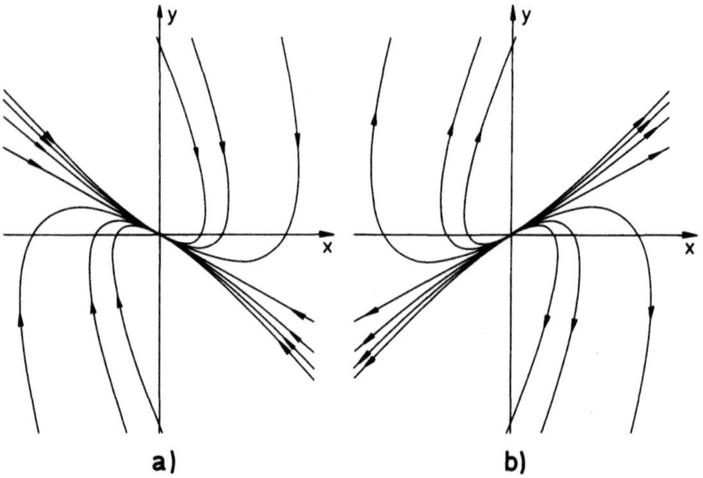

Bild 32.6

Haben die beiden Eigenwerte λ_1 und λ_2 entgegengesetztes Vorzeichen, so ist $\gamma < 0$. Die Kurven der Schar (32.65) – und damit auch der Schar (32.66) – sind *hyperbelartig*, abgesehen von den beiden Geraden $u = 0$ und $v = 0$ beziehungsweise $x_1 y - y_1 x = 0$ und $x_2 y - y_2 x = 0$; diese sind auch die einzigen Phasentrajektorien, die im Ursprung münden (Bild 32.7). Man bezeichnet im Falle $\lambda_1\lambda_2 < 0$ die kritische Stelle $x = 0$, $y = 0$ einen *Sattelpunkt*.

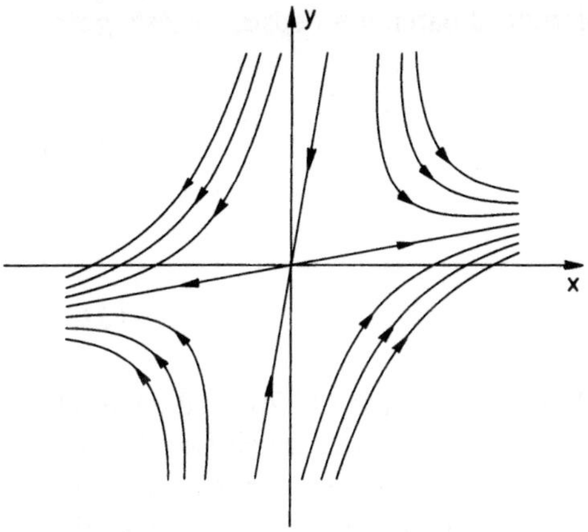

Bild 32.7

Schließlich haben wir noch den Fall zu behandeln, daß die beiden Eigenwerte der Systemmatrix verschieden, aber komplex sind; sie sind dann konjugiert komplex: $\lambda_1 = \rho + j\omega = \overline{\lambda_2}$. Es sei $(x_1 + jy_1, x_2 + jy_2)$ Eigenvektor zum Eigenwert λ_1. Aus den Gleichungen

$$a(x_1 + jy_1) + b(x_2 + jy_2) = \lambda_1(x_1 + jy_1),$$

$$c(x_1 + jy_1) + d(x_2 + jy_2) = \lambda_1(x_2 + jy_2)$$

erhalten wir durch Real- und Imaginärteilbildung

$$ax_1 + bx_2 = \rho x_1 - \omega y_1, \quad ay_1 + by_2 = \omega x_1 + \rho y_1,$$

$$cx_1 + dx_2 = \rho x_2 - \omega y_2, \quad cy_1 + dy_2 = \omega x_2 + \rho y_2$$

und daraus

$$\begin{pmatrix} a & b \\ c & d \end{pmatrix} \cdot \begin{pmatrix} x_1 & y_1 \\ x_2 & y_2 \end{pmatrix} = \begin{pmatrix} x_1 & y_1 \\ x_2 & y_2 \end{pmatrix} \cdot \begin{pmatrix} \rho & \omega \\ -\omega & \rho \end{pmatrix},$$

somit

$$\begin{pmatrix} a & b \\ c & d \end{pmatrix} = \begin{pmatrix} x_1 & y_1 \\ x_2 & y_2 \end{pmatrix} \cdot \begin{pmatrix} \rho & \omega \\ -\omega & \rho \end{pmatrix} \cdot \begin{pmatrix} x_1 & y_1 \\ x_2 & y_2 \end{pmatrix}^{-1}. \tag{32.67}$$

Auf Grund dieser Darstellung der Koeffizientenmatrix führen wir durch die lineare Transformation

$$\begin{pmatrix} x \\ y \end{pmatrix} = \begin{pmatrix} x_1 & y_1 \\ x_2 & y_2 \end{pmatrix} \cdot \begin{pmatrix} u \\ v \end{pmatrix} \tag{32.68}$$

in (32.58) die Veränderlichen u und v ein, wobei das System

$$\dot{u} = \rho u + \omega v, \quad \dot{v} = \rho v - \omega u \tag{32.69}$$

entsteht. Bei derselben Transformation geht die Gleichung (32.60) für die Phasentrajektorien über in

$$\frac{dv}{du} = \frac{\rho v - \omega u}{\rho u + \omega v}. \tag{32.70}$$

Zur Integration dieser Gleichung führen wir Polarkoordinaten $u = r\cos\varphi$, $v = r\sin\varphi$ ein; dadurch erhalten wir

$$\frac{dr}{d\varphi} = -\frac{\rho}{\omega}\,r. \tag{32.71}$$

Für $\rho \neq 0$ ist

$$r = Ce^{-\sigma\varphi}, \quad \sigma = \frac{\rho}{\omega}, \tag{32.72}$$

das allgemeine Integral der Gleichung (32.71): Die Lösungen von (32.70) sind demnach in diesem Fall *logarithmische Spiralen*. Für (32.58) bedeutet dies, *daß im Fall konjugiert komplexer Eigenwerte mit nicht verschwindendem Realteil die Phasentrajektorien spiralförmig im Koordinatenursprung einmünden* (Bild 32.8). In diesem Fall heißt die kritische Stelle $x = 0$, $y = 0$ ein *Strudelpunkt*.

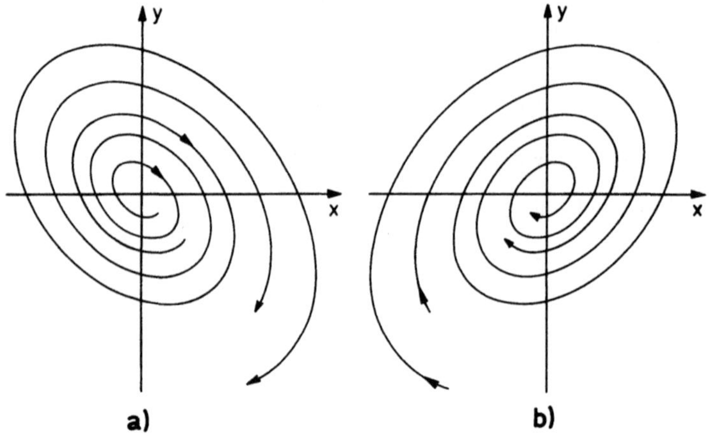

Bild 32.8

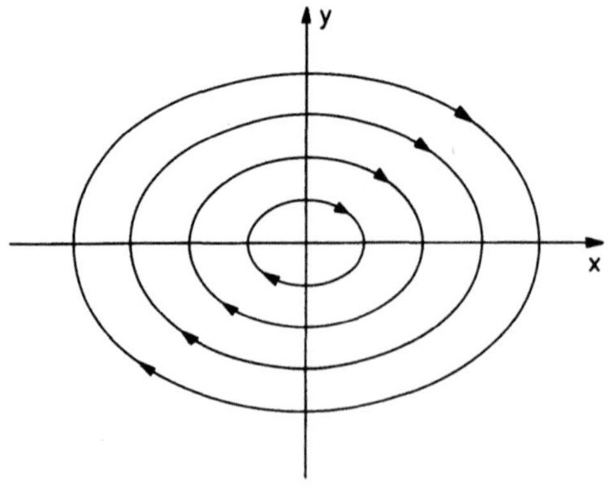

Bild 32.9

Ist $\rho = 0$, so sind die Integralkurven von (32.70) konzentrische Kreise mit dem Mittelpunkt im Koordinatenursprung. Die Phasentrajektorien von (32.58) sind also im Falle rein imaginärer Eigenwerte Ellipsen (Bild 32.9); die kritische Stelle $x = 0$, $y = 0$ wird dann ein *Wirbelpunkt* oder *Zentrum* genannt.

Es bleibt schließlich noch der Fall zu untersuchen, daß die Koeffizientenmatrix von (32.58) einen zweifachen reellen Eigenwert λ hat. Existieren zu diesem Eigenwert zwei linear unabhängige Eigenvektoren, so gilt notwendigerweise $\mathbf{A} = \lambda\mathbf{E}$, die Gleichung für das Phasenporträt ist in diesem Fall $y' = \frac{y}{x}$; aus ihrem allgemeinen Integral $y = Cx$ geht hervor, daß jede Halbgerade, die im Ursprung mündet, Phasentrajektorie von (32.58) ist. Wenn andernfalls zum Eigenwert λ nur ein linear unabhängiger Eigenvektor (x_1, y_1) existiert, so bestimmen wir durch Lösung des linearen Gleichungssystems

$$\begin{pmatrix} a-\lambda & b \\ c & d-\lambda \end{pmatrix} \cdot \begin{pmatrix} x_2 \\ y_2 \end{pmatrix} = \begin{pmatrix} x_1 \\ y_1 \end{pmatrix}$$

einen Vektor (x_2, y_2) (vgl. Abschnitt 31.5); offenbar gilt dann

$$\begin{pmatrix} a & b \\ c & d \end{pmatrix} \cdot \begin{pmatrix} x_1 & x_2 \\ y_1 & y_2 \end{pmatrix} = \begin{pmatrix} \lambda x_1 & x_1 + \lambda x_2 \\ \lambda y_1 & y_1 + \lambda y_2 \end{pmatrix} = \begin{pmatrix} x_1 & x_2 \\ y_1 & y_2 \end{pmatrix} \cdot \begin{pmatrix} \lambda & 1 \\ 0 & \lambda \end{pmatrix}.$$

Diese Gleichung legt wieder nahe, über die lineare Transformation

$$\begin{pmatrix} x \\ y \end{pmatrix} = \begin{pmatrix} x_1 & x_2 \\ y_1 & y_2 \end{pmatrix} \cdot \begin{pmatrix} u \\ v \end{pmatrix}$$

in (32.58) die Veränderlichen u und v einzuführen. Dadurch werden wir auf das System

$$\dot{u} = \lambda u + v, \quad \dot{v} = \lambda v \tag{32.73}$$

geführt; die Gleichung (32.60) für die Phasentrajektorien transformiert sich dabei auf

$$\frac{dv}{du} = \frac{\lambda v}{\lambda u + v} \tag{32.74}$$

mit dem allgemeinen Integral

$$\lambda u - v \ln|v| = vC. \tag{32.75}$$

Durch Rücktransformation ergibt sich daraus folgendes: *Die Phasentrajektorien von* (32.58) *münden im Falle eines zweifachen Eigenwertes sämtlich in der kritischen Stelle* $x = 0, y = 0$. Die Gerade $y_1 x - x_1 y = 0$ ist gemeinsame Tangente und selbst eine Phasentrajektorie. In diesem letzten Fall, den wir zu unterscheiden hatten, spricht man von einem *ausgearteten Knoten.*

Damit sind alle Fälle diskutiert. Insbesondere wollen wir folgendes festhalten: *Eine Phasentrajektorie, die in der Gleichgewichtslage* $x = 0, y = 0$ *endet, mündet entweder unter einem bestimmten Tangentenwinkel oder windet sich spiralförmig in die Gleichgewichtslage hinein.*

Durch Integration der Differentialgleichung (32.51) für die Phasentrajektorien des Systems (32.50) gewinnen wir naturgemäß nur das geometrische Bild der Phasentrajektorien, über ihre Orientierung, das heißt, über das dynamische Verhalten des Systems (32.50), läßt sich auf diesem Wege keine Aussage machen. Um Aufschluß darüber zu gewinnen, ist direkt von den Zeitgleichungen auszugehen. Für das lineare System (32.58) können wir die Frage nach dem dynamischen Verhalten ohne Schwierigkeiten durch Betrachtung der Eigenwerte der Koeffizientenmatrix (32.59) beantworten. Wir wissen, daß ein gedämpftes

lineares System stets der einzigen Gleichgewichtslage $x = 0, y = 0$ zustrebt. Die Dämpfung bedeutet dabei, daß die Realteile sämtlicher Eigenwerte negativ sind. Somit können wir im Falle eines Knotens aus dem Vorzeichen der beiden Eigenwerte unmittelbar auf die Orientierung der Phasentrajektorien schließen: Sind beide Eigenwerte negativ, so sind alle Phasentrajektorien zur Gleichgewichtslage hin orientiert. Dieser Fall ist in Bild 32.6a dargestellt. Sind beide Eigenwerte positiv, so ist die Orientierung entgegengesetzt, das heißt, in diesem Fall entfernt sich das System für jeden Anfangszustand von der Gleichgewichtslage, es sei denn, daß diese der Anfangszustand ist. Man spricht daher im Falle $\lambda_i < 0$ von einem *stabilen*, im Falle $\lambda_i > 0$ von einem *instabilen* Knoten. Liegt ein Strudelpunkt vor, so zeigt im Falle eines negativen Realteils, wie in Bild 32.8b angedeutet, die Orientierung zur Gleichgewichtslage, im Falle eines positiven Realteils sind die Phasentrajektorien entgegengesetzt orientiert. Im ersten Fall heißt $x = y = 0$ ein stabiler, im zweiten ein instabiler Strudelpunkt. Wenn andererseits die Gleichgewichtslage $x = 0, y = 0$ ein Sattelpunkt ist, so sind beide Eigenwerte reell mit entgegengesetztem Vorzeichen, zum Beispiel $\lambda_1 < 0, \lambda_2 > 0$. Wenn der den Anfangszustand charakterisierende Punkt (x_0, y_0) auf jener Geraden liegt, deren Richtung durch den zum negativen Eigenwert λ_1 gehörigen Eigenvektor (x_1, y_1) bestimmt ist, so daß $y_0 x_1 - x_0 y_1 = 0$ gilt, so lautet die Lösung von (32.58) $x(t) = x_0 \exp(\lambda_1 t)$, $y(t) = y_0 \exp(\lambda_1 t)$; sie ist offenbar die einzige Lösung, die für $t \to \infty$ gegen die Gleichgewichtslage $x = 0, y = 0$ strebt. Ihr entsprechen zwei zum Koordinatenursprung hin orientierte Phasentrajektorien, nämlich jene beiden Halbgeraden, deren Richtung durch den Eigenvektor (x_1, y_1) zum Eigenwert $\lambda_1 < 0$ bestimmt ist. Alle anderen Phasentrajektorien, die hyperbelartigen sowie die beiden Halbgeraden, deren Richtung sich aus dem zum zweiten positiven Eigenwert λ_2 gehörigen Eigenvektor ergibt, haben eine Orientierung, die von der Gleichgewichtslage wegweist. Das Verhalten eines Systems (32.58), dessen Gleichgewichtslage ein Sattelpunkt ist, kann somit folgendermaßen beschrieben werden: Es entfernt sich stets unbeschränkt von der Gleichgewichtslage, es sei denn, die Anfangswerte x_0 und y_0 für die Systemgrößen x und y haben ein ganz bestimmtes Verhältnis.
Ist schließlich die Gleichgewichtslage ein Wirbelpunkt, so hat die Orientierung im allgemeinen zweitrangige Bedeutung. Die Koeffizientenmatrix des Systems hat in diesem Fall die Gestalt

$$\mathbf{A} = \begin{pmatrix} a & b \\ c & -a \end{pmatrix},$$

wobei

$$a^2 + bc < 0$$

gelten muß, so daß insbesondere b und c verschiedenes Vorzeichen haben. Gilt $c > 0$ und $b < 0$, so ist die Orientierung positiv, ist $c < 0$ und $b > 0$, so ist die Orientierung negativ, wie in Bild 32.9 angedeutet.

Wir kehren nun zum System (32.50) zurück und wenden uns der Beantwortung der Frage zu, inwieweit nun tatsächlich Rückschlüsse auf das Phasenporträt von (32.50) durch Untersuchung des Phasenporträts des Systems der ersten Näherung (32.57) gezogen werden können. Es gilt der

Satz 32.2 *Sind die Eigenwerte der Koeffizientenmatrix des Systems der ersten Näherung nicht rein imaginär, so hat die Gleichgewichtslage* $x = 0, y = 0$ *von* (32.50) *den gleichen*

Charakter wie für das System der ersten Näherung (32.57). *Sind die Eigenwerte der Koeffizientenmatrix von* (32.57) *rein imaginär, so hängt das Verhalten von den Gliedern höherer Ordnung ab; möglich sind spiralförmige oder geschlossene Kurven, jedoch keine hyperbelartigen Kurven.*

Unter gleichem Charakter ist dabei gemeint, daß das Phasenporträt von (32.50) in einer gewissen Umgebung der Gleichgewichtslage x = 0, y = 0 mit dem des Systems der ersten Näherung qualitativ übereinstimmt. Das Wort *qualitativ* bezieht sich dabei sowohl auf den geometrischen Verlauf der Phasentrajektorien als auch auf deren Orientierung. Mit anderen Worten, liegt der Anfangspunkt nur hinreichend nahe der Gleichgewichtslage, so zeigt das System (32.50) unter den angegebenen Voraussetzungen das gleiche Verhalten wie das System der ersten Näherung.

Beispiel 32.22: Wir betrachten nochmals das System von Beispiel 32.20, das die beiden Gleichgewichtslagen x = 0, y = 0 und x = 1, y = 1 hat. Das um die Gleichgewichtslage x = 0, y = 0 linearisierte System lautet

$$\dot{x} = -x, \quad \dot{y} = y.$$

Die Koeffizientenmatrix

$$\mathbf{A} = \begin{pmatrix} -1 & 0 \\ 0 & 1 \end{pmatrix}$$

hat die beiden Eigenwerte $\lambda_1 = 1, \lambda_2 = -1$, somit haben die Phasentrajektorien des ungestörten Systems in einer Umgebung der Gleichgewichtslage x = 0, y = 0 hyperbelartige Gestalt – man vergleiche hierzu Bild 32.2.

Für die Gleichgewichtslage x = 1, y = 1 lautet das System der ersten Näherung

$$\dot{x} = y - 1, \quad \dot{y} = -(x - 1),$$

beziehungsweise, wenn wir durch die Parallelverschiebung u = x – 1, v = y – 1 die Gleichgewichtslage x = 1, y = 1 in den Koordinatenursprung u = 0, v = 0 legen,

$$\dot{u} = v, \quad \dot{v} = -u.$$

Da die Koeffizientenmatrix

$$\mathbf{A} = \begin{pmatrix} 0 & 1 \\ -1 & 0 \end{pmatrix}$$

dieses Systems die beiden Eigenwerte $\lambda_1 = j, \lambda_2 = -j$ hat, sind die Phasentrajektorien des Systems der ersten Näherung geschlossene Kurven. Wie Bild 32.2 zeigt, trifft dies auch für die Phasentrajektorien des ungestörten Systems zu.

Beispiel 32.23: Das System

$$\dot{x} = -\omega_0 y + cx(x^2 + y^2), \quad \dot{y} = \omega_0 x + cy(x^2 + y^2)$$

hat die einzige Gleichgewichtslage x = 0, y = 0. Das System der ersten Näherung ist

$$\dot{x} = -\omega_0 y, \quad \dot{y} = \omega_0 x.$$

Da die Koeffizientenmatrix die rein imaginären Eigenwerte $\lambda_1 = j\omega_0, \lambda_2 = -j\omega_0$ hat, sind die Phasentrajektorien des Systems der ersten Näherung geschlossene Kurven. Die Phasentrajektorien des ungestörten Systems sind jedoch spiralförmig; ist $c < 0$, so laufen sie in die Gleichgewichtslage hinein, ist $c > 0$, so entfernen sie sich von ihr. In Bild 32.10 ist der Fall $c < 0$ dargestellt.

Beispiel 32.24: Auf eine interessante und für mannigfache technische Anwendungen wichtige Differentialgleichung führt die Analyse der in Bild 32.11 skizzierten Schaltung, die den prinzipiellen Aufbau eines

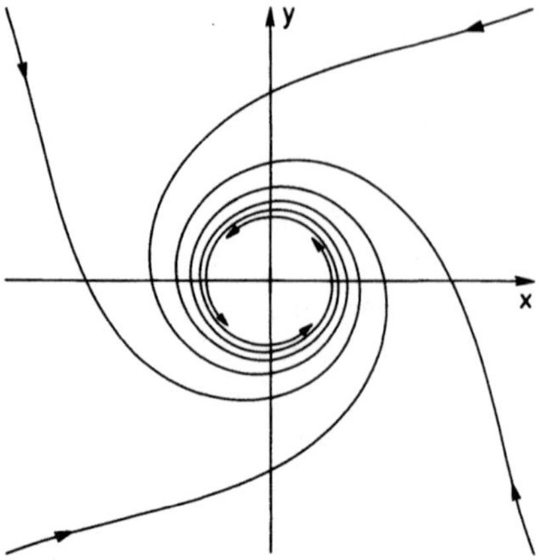

Bild 32.10

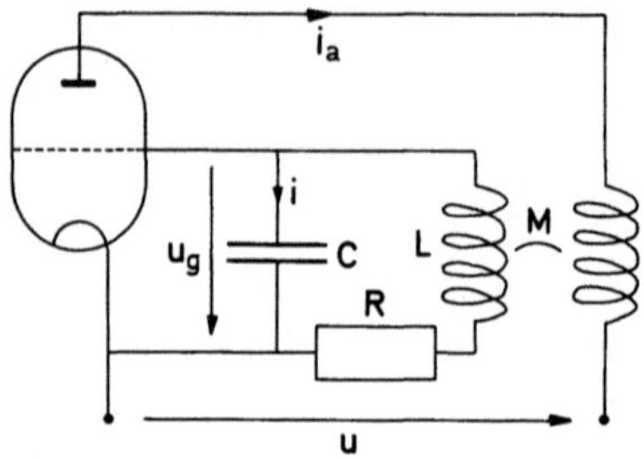

Bild 32.11

Röhrengenerators mit induktiver Rückkopplung zeigt. Für den Gitterkreis ergibt sich die Gleichung

$$L\frac{di}{dt} + Ri + \frac{1}{C}\int_0^t i(\tau)d\tau = M\frac{di_a}{dt}$$

und wegen $i = C\frac{du_g}{dt}$

$$\ddot{u}_g + \left(\frac{R}{L} - \frac{M}{LC}\frac{di_a}{du_g}\right)\dot{u}_g + \frac{1}{LC}u_g = 0.$$

Nähert man die Kennlinie der Triode durch ein unvollständiges Polynom dritten Grades

$$i_a = \alpha + \beta u_g + \gamma u_g^3$$

an, so erhalten wir eine Differentialgleichung vom Typ

$$\ddot{u}_g + (a - bu_g^2)\dot{u}_g + \omega_0^2 u_g = 0,$$

die, wenn a und b dasselbe Vorzeichen haben, durch die Transformation $u_g = \sqrt{\frac{a}{b}}\,x$ in die sogenannte *Van der Pol'sche Differentialgleichung*

$$\ddot{x} + \mu(x^2 - 1)\dot{x} + \omega_0^2 x = 0 \qquad (32.76)$$

übergeht. Ihr ist das System

$$\dot{x} = \omega_0 y, \quad \dot{y} = -\omega_0 x - \mu(x^2 - 1)y \qquad (32.77)$$

zuzuordnen, das als einzige Gleichgewichtslage den Punkt (0, 0) hat. Das System der ersten Näherung lautet

$$\dot{x} = \omega_0 y, \quad \dot{y} = -\omega_0 x + \mu y,$$

seine Koeffizientenmatrix hat die beiden Eigenwerte

$$\lambda_1 = \frac{1}{2}\left(\mu + \sqrt{\mu^2 - 4\omega_0^2}\right), \quad \lambda_2 = \frac{1}{2}\left(\mu - \sqrt{\mu^2 - 4\omega_0^2}\right),$$

die entweder konjugiert komplex oder reell mit gleichem Vorzeichen sind. Demnach ist für das System der ersten Näherung die Gleichgewichtslage ein Strudelpunkt ($\mu^2 < 4\omega_0^2$) oder ein Knoten ($\mu^2 \geqslant 4\omega_0^2$). Die Phasentrajektorien winden sich also entweder spiralförmig in die Gleichgewichtslage oder sie münden unter einem bestimmten Tangentenwinkel ein. Ihre Orientierung weist zur Gleichgewichtslage, wenn $\mu < 0$ ist, für $\mu > 0$ sind sie entgegengesetzt orientiert.

Beispiel 32.25: Die sogenannte *Duffing-Gleichung*

$$\ddot{x} + \mu\dot{x} + \omega_0^2 x(1 + hx^2) = 0, \tag{32.78}$$

die die Bewegung eines Massenpunktes unter einer nichtlinearen Rückstellkraft beschreibt, kann als System

$$\dot{x} = \omega_0 y, \quad \dot{y} = -\mu y - \omega_0 x(1 + hx^2) \tag{32.79}$$

geschrieben werden. Der Koordinatenursprung ist in jedem Fall eine Gleichgewichtslage, ihr Charakter ist derselbe wie bei der Van der Polschen Differentialgleichung (32.76) beziehungsweise des Systems (32.77). Im Falle $h < 0$ gibt es noch die beiden Gleichgewichtslagen $\left(\sqrt{-\frac{1}{h}}, 0\right)$ und $\left(-\sqrt{-\frac{1}{h}}, 0\right)$.
Für den Punkt $\left(\sqrt{-\frac{1}{h}}, 0\right)$ lautet das System der ersten Näherung, wenn $u = x - \sqrt{-\frac{1}{h}}$, $v = y$ gesetzt wird,

$$\dot{u} = \omega_0 v, \quad \dot{v} = 2\omega_0 u - \mu v.$$

Die Koeffizientenmatrix hat reelle Eigenwerte verschiedenen Vorzeichens,

$$\lambda_1 = \frac{1}{2}\left(-\mu + \sqrt{\mu^2 + 8\omega_0^2}\right), \quad \lambda_2 = \frac{1}{2}\left(-\mu - \sqrt{\mu^2 + 8\omega_0^2}\right);$$

das System der ersten Näherung hat also in dieser Gleichgewichtslage einen Sattelpunkt, die Phasentrajektorien der Duffingschen Gleichung haben in einer Umgebung der Gleichgewichtslage $\left(\sqrt{-\frac{1}{h}}, 0\right)$ hyperbelartige Gestalt.

Beispiel 32.26: Die Van der Polsche Differentialgleichung (32.76) und die Duffingsche Differentialgleichung (32.78) sind Spezialfälle der sogenannten *Lienard-Gleichung*

$$\ddot{x} + f(x)\dot{x} + g(x) = 0, \tag{32.80}$$

der das System erster Ordnung

$$\dot{x} = y, \quad \dot{y} = -f(x)y - g(x) \tag{32.81}$$

zugeordnet werden kann. Eine Gleichgewichtslage im Koordinatenursprung existiert offenbar nur, wenn $g(0) = 0$ ist; dann lautet das System der ersten Näherung um die Gleichgewichtslage $x = 0$, $y = 0$

$$\dot{x} = y, \quad \dot{y} = -g'(0)x - f(0)y. \tag{32.82}$$

Die Gleichgewichtslage $x = 0$, $y = 0$ ist, wie wir der Koeffizientenmatrix

$$\mathbf{A} = \begin{pmatrix} 0 & 1 \\ -g'(0) & -f(0) \end{pmatrix}$$

entnehmen können, nur dann isoliert, wenn $g'(0) \neq 0$ ist. In den meisten Anwendungen ist $g(x)$ eine ungerade Funktion mit $g'(0) \neq 0$ und $f(x)$ eine gerade Funktion.

Neben der Gleichgewichtslage spielt, wie schon mehrfach erwähnt wurde, eine zweite Erscheinungsform im Phasenporträt eines Systems (32.50) eine besondere Rolle, nämlich isolierte geschlossene Phasentrajektorien, die Grenzzyklen genannt werden und als Verallgemeinerung des eingeschwungenen Zustandes Bedeutung haben. Anders als bei Gleichgewichtslagen ist die Existenz von Grenzzyklen schwierig zu entscheiden, auch ist ihre Berechnung keine einfache Aufgabe. Was nun die Existenz von Grenzzyklen anlangt, wollen wir uns daher darauf beschränken, ohne Beweis einen Satz zu zitieren, der eine diesbezügliche Aussage über die Lienard-Gleichung (32.80) macht, die bereits ein ziemlich allgemeiner Typ der autonomen Schwingungsgleichung (32.48) ist.

Satz 32.3 *Die Funktionen* $f(x)$ *und* $g(x)$ *seien für alle Werte von* x *definiert,* $f(x)$ *sei stetig und gerade,* $f(x) = f(-x)$, $g(x)$ *sei stetig, differenzierbar für jeden Wert von* x *und eine ungerade Funktion,* $g(x) = -g(-x)$; *ferner sei*

$$F(x) = \int_0^x f(\xi)d\xi, \quad G(x) = \int_0^x g(\xi)d\xi.$$

Weiter möge eine Zahl $\hat{x}$ *existieren, so daß* $F(x) < 0$ *ist für* $0 < x < \hat{x}$ *und* $F(x) > 0$ *für* $x > \hat{x}$, *schließlich sei* $g(x) > 0$ *für* $x > 0$. *Wenn dann die Funktion* $F(x)$ *monoton wachsend ist für* $x > \hat{x}$ *und*

$$\lim_{x \to \infty} F(x) = \infty, \quad \lim_{x \to \infty} G(x) = \infty$$

gilt, so hat die Gleichung

$$\ddot{x} + f(x)\dot{x} + g(x) = 0$$

genau einen Grenzzyklus.

Beispiel 32.27: Die Voraussetzungen dieses Satzes sind für die Van der Polsche Differentialgleichung (32.76) erfüllt, wenn darin der Parameter μ positiv ist: also hat die Gleichung

$$\ddot{x} + \mu(x^2 - 1)\dot{x} + \omega_0^2 x = 0$$

für $\mu > 0$ genau einen Grenzzyklus.

Es ist naheliegend, diese (nach Wahl eines Nullpunktes für die Zeitzählung) eindeutig bestimmte periodische Lösung in Form ihrer Fourier'schen Reihe zu suchen. Hierfür ist aber zu bedenken, daß auch die Periode $T = \frac{2\pi}{\omega}$ unbekannt ist. Wir führen daher zunächst die dimensionslose Zeit $\tau = \omega t$ ein; mit den Bezeichnungen $\hat{x}(\tau) = x(t) = \hat{x}(\omega t)$ und $\hat{x}' = \frac{d\hat{x}}{d\tau}$ usw. entsteht aus (32.76) nach Division durch ω_0^2

$$\left(\frac{\omega}{\omega_0}\right)^2 \hat{x}'' + \frac{\omega}{\omega_0}\frac{\mu}{\omega_0}(\hat{x}^2 - 1)\hat{x}' + \hat{x} = 0.$$

Setzen wir noch $\hat{\omega} = \frac{\omega}{\omega_0}$, $\hat{\mu} = \frac{\mu}{\omega_0}$, so erhalten wir schließlich die Gleichung

$$\hat{\omega}^2\hat{x}'' + \hat{\mu}\hat{\omega}(\hat{x}^2 - 1)\hat{x}' + \hat{x} = 0, \tag{32.83}$$

die dann genau eine 2π-periodische Lösung besitzen muß. Diese hängt, ebenso wie auch die noch unbekannte Größe $\hat{\omega}$, von dem „Störparameter" $\hat{\mu}$ ab. Die Tatsache nun, daß $\hat{\mu}$ in der Gleichung (32.83) linear auftritt, erlaubt uns, die Abhängigkeit der Lösung $\hat{x}(\tau)$ von $\hat{\mu}$ durch eine Potenzreihe in $\hat{\mu}$ auszudrücken, also den Ansatz

$$\hat{x}(\tau) = x_0(\tau) + \hat{\mu}x_1(\tau) + \hat{\mu}^2 x_2(\tau) + \dots \tag{32.84}$$

zu machen, wobei für die Koeffizientenfunktionen $x_k(\tau)$ zu verlangen ist, daß sie 2π-periodisch sind. Um $\hat{x}(\tau)$ eindeutig festzulegen, fordern wir noch, daß im Anfangspunkt der Zeitzählung die Ableitung verschwindet, also $\hat{x}'(0) = 0$. Dies bedeutet offenbar $x_k'(0) = 0$ für $k = 0, 1, 2, \dots$. Der „Störansatz" (32.84) liefert, wie wir später sehen werden, durch Umordnung die Fourier'sche Reihe der Funktion $\hat{x}(\tau)$, wobei die Koeffizienten Potenzreihen in $\hat{\mu}$ sind. Für $\hat{\omega}$ schließlich setzen wir an

$$\hat{\omega} = 1 + \hat{\mu}\omega_1 + \hat{\mu}^2\omega_2 + \dots . \tag{32.85}$$

Gehen wir mit (32.84) und (32.85) in die Gleichung (32.83),

$$(1 + \hat{\mu}\omega_1 + \hat{\mu}^2\omega_2 + \ldots)^2 (x_0'' + \hat{\mu}x_1'' + \hat{\mu}^2 x_2'' + \ldots) +$$
$$+ \hat{\mu}(1 + \hat{\mu}\omega_1 + \hat{\mu}^2\omega_2 + \ldots)\left[(x_0 + \hat{\mu}x_1 + \hat{\mu}^2 x_2 + \ldots)^2 - 1\right](x_0' + \hat{\mu}x_1' + \hat{\mu}^2 x_2' + \ldots)$$
$$+ x_0 + \hat{\mu}x_1 + \hat{\mu}^2 x_2 + \ldots = 0,$$

so erhalten wir, wenn wir nach Potenzen von $\hat{\mu}$ ordnen,

$$[x_0'' + x_0] + \hat{\mu}\left[x_1'' + x_1 + 2\omega_1 x_0'' + x_0'(x_0^2 - 1)\right]$$
$$+ \hat{\mu}^2\left[x_2'' + x_2 + 2\omega_1 x_1'' + x_1'(x_0^2 - 1) + \omega_1 x_0'(x_0^2 - 1) + 2x_0 x_0' x_1 + x_0''(2\omega_2 + \omega_1^2)\right] + \ldots = 0.$$

Daraus folgt durch Koeffizientenvergleich

$$\begin{aligned} &x_0'' + x_0 = 0,\\ &x_1'' + x_1 = -2\omega_1 x_0'' - x_0'(x_0^2 - 1),\\ &x_2'' + x_2 = -2\omega_1 x_1'' - x_1'(x_0^2 - 1) - \omega_1 x_0'(x_0^2 - 1) - 2x_0 x_0' x_1 - x_0''(2\omega_2 + \omega_1^2),\\ &\vdots \end{aligned} \tag{32.86}$$

Aus diesen Gleichungen lassen sich der Reihe nach die Koeffizientenfunktionen $x_k(\tau)$ berechnen. Zunächst liefert die erste Gleichung (32.86)

$$x_0(\tau) = A\cos\tau + B\sin\tau.$$

Auf Grund der Bedingung $x_0'(0) = 0$ muß $B = 0$ sein; also ist

$$x_0(\tau) = A\cos\tau.$$

Welchen Wert die Konstante A haben muß, ergibt sich erst bei der Berechnung von $x_1(\tau)$. Setzen wir in die zweite Gleichung (32.86) auf der rechten Seite für $x_0(\tau)$ ein, so erhalten wir die inhomogene Differentialgleichung

$$x_1'' + x_1 = 2A\omega_1\cos\tau - \left(A - \frac{1}{4}A^3\right)\sin\tau + \frac{1}{4}A^3\sin 3\tau.$$

Diese Gleichung nun hat nur dann eine 2π-periodische Lösung, wenn kein Resonanzfall vorliegt: dies wäre aber der Fall, wenn die Koeffizienten von $\cos\tau$ und $\sin\tau$ von Null verschieden sind. Daher muß $2A\omega_1 = 0$ und $A\left(1 - \frac{1}{4}A^2\right) = 0$ gelten, was wegen $A \neq 0$ zu

$$\omega_1 = 0, \quad A = 2$$

führt. Für $x_1(\tau)$ erhalten wir dann

$$x_1(\tau) = C\cos\tau + D\sin\tau - \frac{1}{4}\sin 3\tau,$$

worin wegen $x_1'(0) = 0$ die Konstante D den Wert $\frac{3}{4}$ haben muß, so daß

$$x_1(\tau) = C\cos\tau + \frac{3}{4}\sin\tau - \frac{1}{4}\sin 3\tau.$$

Die Bestimmungsgleichung für die noch unbekannte Konstante C erhalten wir wieder im nächsten Schritt. Unter Berücksichtigung aller bisherigen Ergebnisse lautet die dritte Gleichung (32.86)

$$x_2'' + x_2 = \left(4\omega_2 + \frac{1}{4}\right)\cos\tau + 2C\sin\tau + 3C\sin 3\tau - \frac{3}{2}\cos 3\tau + \frac{5}{4}\cos 5\tau.$$

Wiederum dürfen zur Vermeidung von Resonanz auf der rechten Seite keine Terme $\cos\tau$ und $\sin\tau$ stehen, woraus

$$\omega_2 = -\frac{1}{16}, \quad C = 0$$

und somit schließlich

$$x_1(\tau) = \frac{3}{4}\sin\tau - \frac{1}{4}\sin 3\tau$$

folgt. Die Lösung $x_2(\tau)$ lautet dann unter Berücksichtigung von $x_2'(0) = 0$

$$x_2(\tau) = E\cos\tau + \frac{3}{16}\cos 3\tau - \frac{5}{96}\cos 5\tau,$$

worin wieder die Konstante E im nächsten Schritt bestimmt werden kann: ihr Wert ergibt sich zu $E = -\frac{1}{8}$, so daß gilt

$$x_2(\tau) = -\frac{1}{8}\cos\tau + \frac{3}{16}\cos 3\tau - \frac{5}{96}\cos 5\tau.$$

Auf diese Weise rechnet man weiter und erhält

$$\omega_3 = 0, \quad \omega_4 = \frac{17}{3072}, \ldots$$

$$x_3(\tau) = -\frac{7}{256}\sin\tau + \frac{21}{256}\sin 3\tau - \frac{35}{576}\sin 5\tau + \frac{7}{576}\sin 7\tau$$

usw. Damit wird

$$\omega = \omega_0\left(1 - \frac{1}{16}\left(\frac{\mu}{\omega_0}\right)^2 + \frac{17}{3072}\left(\frac{\mu}{\omega_0}\right)^4 + \ldots\right) \tag{32.87}$$

und mit $\tau = \omega t$

$$\begin{aligned} x(t) = \hat{x}(\tau) &= 2\cos\tau + \frac{\mu}{\omega_0}\left(\frac{3}{4}\sin\tau - \frac{1}{4}\sin 3\tau\right) \\ &\quad + \left(\frac{\mu}{\omega_0}\right)^2\left(-\frac{1}{8}\cos\tau + \frac{3}{16}\cos 3\tau - \frac{5}{96}\cos 5\tau\right) + \ldots \\ &= \left[2 - \frac{1}{8}\left(\frac{\mu}{\omega_0}\right)^2 + \ldots\right]\cos\tau + \left[\frac{3}{4}\frac{\mu}{\omega_0} - \frac{7}{256}\left(\frac{\mu}{\omega_0}\right)^3 + \ldots\right]\sin\tau \\ &\quad + \left[\frac{3}{16}\left(\frac{\mu}{\omega_0}\right)^2 + \ldots\right]\cos 3\tau + \left[-\frac{1}{4}\frac{\mu}{\omega_0} + \frac{21}{256}\left(\frac{\mu}{\omega_0}\right)^3 + \ldots\right]\sin 3\tau \\ &\quad + \left[-\frac{5}{96}\left(\frac{\mu}{\omega_0}\right)^2 + \ldots\right]\cos 5\tau + \left[-\frac{35}{576}\left(\frac{\mu}{\omega_0}\right)^3 + \ldots\right]\sin 5\tau + \ldots\,. \end{aligned} \tag{32.88}$$

Diese Näherung ist in Bild 32.12 punktiert gezeichnet; die ausgezogene Kurve stellt den Grenzzyklus dar.

Wie wir in diesem Beispiel gesehen haben, läßt sich der Grenzzyklus beliebig genau berechnen, in den allermeisten Fällen aber mit enormem Aufwand. Auf die Idee, eine sinnvolle Näherung für die Grundschwingung zu erhalten, stützt sich das Verfahren der *har-*

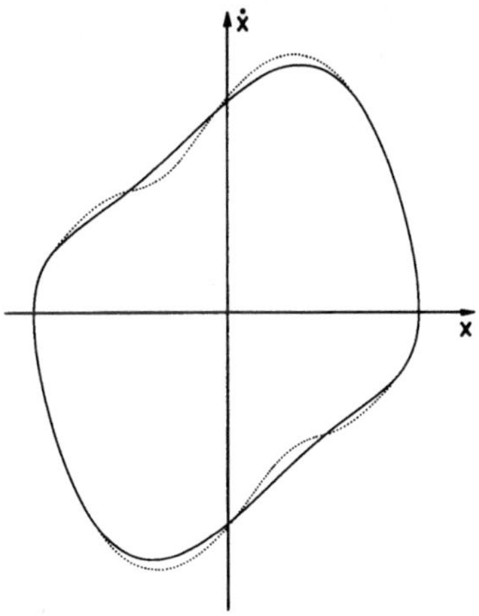

Bild 32.12

monischen Balance oder der *äquivalenten Linearisierung*, das wir an Hand der Differentialgleichung

$$\ddot{x} = f(x, \dot{x}) \tag{32.89}$$

darlegen, wobei wir die Existenz des Grenzzyklus als gesichert annehmen. Es sei

$$x = A \cos\omega t \tag{32.90}$$

eine Näherung für die Grundschwingung, worin die Amplitude A und die Kreisfrequenz ω unbekannt sind. Mit $\dot{x} = -A\omega \sin\omega t$ ist die Funktion $g(t) = f(A \cos\omega t, -A\omega \sin\omega t)$ periodisch, ihre Fouriersche Reihe sei

$$g(t) = f(A \cos\omega t, -A\omega \sin\omega t) = \sum_{n=1}^{\infty} (a_n \cos n\omega t + b_n \sin n\omega t),$$

wobei wir davon ausgegangen sind, daß g(t) eine reine Wechselgröße ist. Wir brechen nun die Fourier'sche Reihe der Funktion g(t) nach dem ersten Glied ab, so daß näherungsweise

$$f(x, \dot{x}) = g(t) \approx a_1 \cos\omega t + b_1 \sin\omega t = \frac{a_1}{A} x - \frac{b_1}{A\omega} \dot{x} = \alpha x + \beta \dot{x}$$

gilt, worin für

$$\alpha = \alpha(A, \omega) = \frac{2}{AT} \int_{-T/2}^{T/2} g(\tau) \cos\omega\tau d\tau, \quad \beta = \beta(A, \omega) = -\frac{2}{A\omega T} \int_{-T/2}^{T/2} g(\tau) \sin\omega\tau d\tau$$

gesetzt wurde; die Größen α und β sind natürlich abhängig von der Amplitude A und der Kreisfrequenz ω. Nun ersetzen wir die Gleichung (32.89) durch die lineare Gleichung

$$\ddot{x} = \alpha(A, \omega)x + \beta(A, \omega)\dot{x} \tag{32.91}$$

und fordern, daß sie durch den Ansatz (32.90) gelöst wird. Dies führt zu den Bestimmungsgleichungen

$$\alpha(A, \omega) = -\omega^2, \quad \beta(A, \omega) = 0 \tag{32.92}$$

für A und ω.

Beispiel 32.28: Für die Van der Polsche Gleichung (32.76) ist

$$f(x, \dot{x}) = -\mu(x^2 - 1)\dot{x} - \omega_0^2 x$$

und

$$g(t) = -\omega_0^2 A \cos\omega t - A\omega\mu\left(1 - \frac{1}{4} A^2\right) \sin\omega t + \frac{A^3\omega\mu}{4} \sin 3\omega t,$$

also

$$\alpha(A, \omega) = -\omega_0^2, \quad \beta(A, \omega) = \mu\left(1 - \frac{1}{4} A^2\right).$$

Daraus folgt unter Berücksichtigung der Bedingungen (32.92)

$$\omega = \omega_0, \quad A = 2,$$

was zu

$$x(t) = 2 \cos\omega_0 t$$

führt. An Hand der Ergebnisse von Beispiel 32.27 kann man erkennen, daß diese Näherung für die Grundschwingung recht brauchbar ist, wenn der Parameter μ im Verhältnis zu ω_0 klein ist.

Trotz der keineswegs einfachen Verhältnisse beim Nachweis der Existenz von Grenzzyklen sind eine Fülle von Kriterien, positiver und negativer Natur, angegeben worden. Auch was die Berechnung anlangt, für die man nicht allein auf die beiden angegebenen Verfahren angewiesen ist, sei der Leser auf die einschlägige Literatur verwiesen.

32.5 Stabilität

Die Bestimmung von Gleichgewichtszuständen bedeutet physikalisch, jene Systemkonfigurationen zu finden, in denen die in den Zeitgleichungen berücksichtigten Wirkungen im Gleichgewicht sind. In der Regel kann aber nicht auf alle das System beeinflussenden Wirkungen Rücksicht genommen werden, man wird vielmehr beim Aufstellen der Zeitgleichungen geringfügige Kräfte gegenüber jenen vernachlässigen, deren Berücksichtigung im Hinblick auf das Ziel der Untersuchung unerläßlich ist. Deshalb wird die tatsächliche Gesamtwirkung in der aus den Zeitgleichungen errechneten Gleichgewichtslage, wenn auch klein, so doch von Null verschieden sein. Das System kann sich daher auch nicht exakt im Gleichgewicht befinden, es wird vielmehr in einer Nachbarschaft der Gleichgewichtslage geringe Bewegungen ausführen. In der Nachbarschaft treten aber wieder die in den Zeitgleichungen berücksichtigten Kräfte hervor. Sie können bewirken, daß das System sich nicht weiter von der Gleichgewichtslage entfernt, insbesondere, daß es in den Gleichgewichtszustand zurückkehrt: in diesem Fall wird die Gleichgewichtslage *stabil* genannt. Ihre Wirkung kann aber auch sein, daß das System sich mehr und mehr von der Gleichgewichtslage entfernt: dann nennt man die Gleichgewichtslage *instabil*. Wir sehen also, daß ein reales System für lange Zeitintervalle nur dann wenigstens in einer kleinen Umgebung der Gleichgewichtslage bleibt, wenn diese stabil ist. Deshalb ist es für die Untersuchung des Systemverhaltens unerläßlich, die Stabilität beziehungsweise Instabilität einer Gleichgewichtslage festzustellen.

Wir rufen uns zunächst die Verhältnisse bei Systemen linearer Differentialgleichungen erster Ordnung

$$\dot{\mathbf{x}} = \mathbf{A} \cdot \mathbf{x} \tag{32.93}$$

mit konstanter Koeffizientenmatrix in Erinnerung. Wir setzen dabei voraus, daß $\mathbf{x} = \mathbf{o}$ eine isolierte Gleichgewichtslage ist, weswegen wir fordern müssen, daß die Systemmatrix $\mathbf{A}$ regulär ist, denn andernfalls gäbe es in jeder Umgebung von $\mathbf{x} = \mathbf{o}$ weitere Gleichgewichtslagen. Das durch (32.93) beschriebene System hatten wir gedämpft genannt, wenn für jede Lösung $\mathbf{x}(t)$ der Gleichung (32.93), also unabhängig vom Anfangszustand $\mathbf{x}_0 = \mathbf{x}(0)$, die Grenzwertbeziehung

$$\lim_{t \to \infty} \mathbf{x}(t) = \mathbf{o} \tag{32.94}$$

gilt. Mathematisch kann die Dämpfung über die Eigenwerte der Systemmatrix $\mathbf{A}$ entschieden werden, und zwar gilt (32.94) genau dann, wenn alle Eigenwerte von $\mathbf{A}$ in der Halbebene $\operatorname{Re}(\lambda) < 0$ liegen (vgl. Abschnitt 31.5, Satz 31.3).

Der Nachweis, daß ein lineares System gedämpft ist, kann daher durch Bestimmung der Eigenwerte und anschließende Vorzeichenuntersuchung erbracht werden, was rechnerisch auf die Lösung der charakteristischen Gleichung der Systemmatrix hinausläuft. Die Berechnung der Eigenwerte einer Matrix erfordert jedoch schon bei Matrizen mit verhältnismäßig geringer Reihenzahl einen großen Aufwand, insbesondere dann, wenn die Koeffizienten der Matrix noch von gewissen Systemparametern abhängig sind, wie dies in vielen technischen Anwendungen der Fall ist. Es ist aus diesen Gründen sinnvoll, da man ja nur Aussagen über das Vorzeichen der Realteile der Eigenwerte benötigt, nach Kriterien zu suchen, die die explizite Berechnung der Eigenwerte vermeiden. Eine notwendige Bedingung dafür, daß alle Lösungen einer algebraischen Gleichung

$$a_0\lambda^n + a_1\lambda^{n-1} + \ldots + a_{n-1}\lambda + a_n = 0, \quad a_0 \neq 0, \tag{32.95}$$

in der Halbebene $\operatorname{Re}(\lambda) < 0$ liegen, liefert der

Satz 32.4 *Notwendig dafür, daß alle Lösungen der Gleichung* (32.95) *in der Halbebene* $\operatorname{Re}(\lambda) < 0$ *liegen, ist die Bedingung*

$$\frac{a_k}{a_0} > 0, \quad k = 1, 2, \ldots, n. \tag{32.96}$$

Dies bedeutet, daß sicher eine Lösung von (32.95) in der Halbebene $\operatorname{Re}(\lambda) \geqslant 0$ liegt, wenn ein einziger Koeffizient in (32.95) gleich Null ist oder wenn die Koeffizienten verschiedenes Vorzeichen haben.

Die Bedingung (32.96) ist aber nicht hinreichend dafür, daß alle Lösungen von (32.95) in der Halbebene $\operatorname{Re}(\lambda) < 0$ liegen. Eine notwendige und hinreichende Bedingung bekommen wir mit

Satz 32.5 (Hurwitzsches Kriterium) *Man bilde die* n*-reihige quadratische Matrix*

$$\mathbf{H} = \begin{pmatrix} a_1 & a_0 & 0 & 0 & \ldots & 0 & 0 \\ a_3 & a_2 & a_1 & a_0 & \ldots & 0 & 0 \\ \cdots & \cdots & \cdots & \cdots & \cdots & \cdots & \cdots \\ 0 & 0 & 0 & 0 & \ldots & a_{n-1} & a_{n-2} \\ 0 & 0 & 0 & 0 & \ldots & 0 & a_n \end{pmatrix} \tag{32.97}$$

und ihre Hauptabschnittsdeterminanten

$$H_1 = a_1, \quad H_2 = \begin{vmatrix} a_1 & a_0 \\ a_3 & a_2 \end{vmatrix} = a_1a_2 - a_0a_3, \quad \ldots, \quad H_n = a_nH_{n-1}. \tag{32.98}$$

Ist $a_0 > 0$, *so sind die Bedingungen* (32.96) *zusammen mit*

$$H_k > 0 \quad \text{für } k = 1, 2, \ldots, n \text{ [1]} \tag{32.99}$$

notwendig und hinreichend dafür, daß alle Lösungen der Gleichung (32.95) *in der Halbebene* $\mathrm{Re}(\lambda) < 0$ *liegen.*

Beispiel 32.29: Im Falle n = 2 lautet die Matrix (32.97)

$$\mathbf{H} = \begin{pmatrix} a_1 & a_0 \\ 0 & a_2 \end{pmatrix},$$

somit ist

$$H_1 = a_1, \quad H_2 = a_1a_2.$$

Die Bedingungen (32.99) sind in diesem Fall automatisch erfüllt, wenn die Koeffizienten in (32.95) sämtlich das gleiche Vorzeichen haben.

Für n = 3 ist

$$\mathbf{H} = \begin{pmatrix} a_1 & a_0 & 0 \\ a_3 & a_2 & a_1 \\ 0 & 0 & a_3 \end{pmatrix}$$

und

$$H_1 = a_1, \quad H_2 = a_1a_2 - a_3a_0, \quad H_3 = a_3H_2.$$

Neben die Bedingungen (32.96) mit $a_0 > 0$ tritt somit als Zusatzforderung

$$a_1a_2 - a_3a_0 > 0$$

hinzu.

In einigen Fällen ist es über die Hauptabschnittsdeterminanten H_k der Matrix (32.97) möglich, zusätzliche Informationen über die Lösungen der Gleichung (32.95) zu gewinnen. Ist $H_{n-1} = 0$, so hat die Gleichung (32.95) zwei Lösungen λ und $-\lambda$ mit entgegengesetztem Vorzeichen. Ist überdies $H_k > 0$ für $k = 1, 2, \ldots, n-2$, so hat die Gleichung (32.95) zwei rein imaginäre Lösungen $j\omega$ und $-j\omega$, worin $\omega^2 = a_n \dfrac{H_{n-3}}{H_{n-2}}$ ist.

Sind die Koeffizienten a_k in (32.95) von gewissen Systemparametern abhängig, so kann man die Ungleichungen (32.99) dazu benützen, Bereiche für die Parameter abzugrenzen, so daß die Gleichung (32.96) nur Lösungen mit negativem Realteil besitzt. Dies ist ein unbestreitbarer Vorzug des Hurwitzschen Kriteriums, als Nachteil muß aber doch angeführt werden, daß die Berechnung der Determinanten H_k bei Gleichungen höheren Grades aufwendig wird. Vom praktischen Standpunkt erweist sich das folgende Kriterium, das durch Zeilenkombinationen aus dem Hurwitzschen Kriterium abgeleitet werden kann, manchmal als bequemer.

---

[1]) Ist $a_0 < 0$, so hat man (32.99) durch die Bedingung $(-1)^k H_k > 0$ zu ersetzen.

Satz 32.6 (Routhsches Kriterium) *Man bilde das* $(n+1)$*-zeilige Schema*

$$\begin{array}{lllll} a_0 & a_2 & a_4 & a_6 & \dots \\ a_1 & a_3 & a_5 & a_7 & \dots \\ \hline b_2 & b_4 & b_6 & b_8 & \dots \\ c_3 & c_5 & c_7 & c_9 & \dots \\ d_4 & d_6 & d_8 & d_{10} & \dots \\ \vdots & & & & \end{array} \qquad \begin{array}{l} \\ \\ b_k = a_k - \dfrac{a_0}{a_1} a_{k+1}, \\ c_k = a_k - \dfrac{a_1}{b_2} b_{k+1}, \\ d_k = b_k - \dfrac{b_2}{c_3} c_{k+1}. \end{array}$$

Dann hat die Gleichung (32.95) *genau dann nur Lösungen in der Halbebene* $\mathrm{Re}(\lambda) < 0$, *wenn die Zahlen* $a_1, b_2, c_3, d_4, \dots$ *in der ersten Spalte des Routhschen Schemas unter der Annahme* $a_0 > 0$ *sämtlich positiv sind.*

Wir bemerken hierzu, daß übrigens *alle* im Routhschen Schema auftretenden Zahlen positiv sein müssen, da sonst im Laufe der weiteren Rechnung ein negatives Element in der ersten Spalte auftreten muß. Die Kenntnis dieses Sachverhalts ist für die praktische Rechnung insofern bedeutsam, als bei Auftreten eines negativen Elementes sofort eine negative Entscheidung getroffen werden kann.

Das Routhsche Schema kommt durch einen einfachen Eliminationsprozeß zustande. Ausgehend von den ersten beiden Zeilen, die mit den Koeffizienten a_k zu bilden sind, betrachtet man stets zwei aufeinanderfolgende Zeilen und eliminiert in der unteren Zeile das Element in der ersten Spalte; die resultierende Zeile wird um eine Stelle nach links gerückt.

$$\begin{array}{llll} \alpha_k & \alpha_{k+2} & \alpha_{k+4} & \dots \\ \beta_{k+1} & \beta_{k+3} & \beta_{k+5} & \dots \\ \hline \gamma_{k+2} & \gamma_{k+4} & \gamma_{k+6} & \dots \end{array} \qquad \begin{array}{l} \left.\begin{array}{l} \\ -\dfrac{\alpha_k}{\beta_{k+1}} \end{array}\right\} + \\ \gamma_l = \alpha_l - \dfrac{\alpha_k}{\beta_{k+1}} \beta_{l+1}. \end{array}$$

Mit Hilfe des Routhschen Schemas können auch Aussagen über die Anzahl der Nullstellen mit positivem Realteil gemacht werden. Wir wollen darauf nicht weiter eingehen und verweisen den Leser auf die spezielle Lehrbuchliteratur[1]).

Beispiel 32.30: Es sei

$$p(\lambda) = \lambda^5 + 16\lambda^4 + 93\lambda^3 + 242\lambda^2 + 284\lambda + 120 = 0.$$

---

[1]) *R. Zurmühl*, Praktische Mathematik für Ingenieure und Physiker, Springer-Verlag, Berlin/Göttingen/Heidelberg 1961.
R. Sauer/I. Szabó, Mathematische Hilfsmittel des Ingenieurs, Springer-Verlag, Berlin/Heidelberg/New York 1970.

Das nach dem Routh'schen Kriterium aufzustellende Schema ist

$$
\begin{array}{lccccc}
 & 1 & 93 & 284 & & \\
 & 16 & 242 & 120 & -\frac{1}{16} & \\
\hline
b_2 = & \frac{623}{8} & \frac{553}{2} & & -\frac{128}{623} & \\
c_3 = & \frac{115374}{623} & 120 & & & -\frac{388129}{922992} \\
d_4 = & \frac{13039488}{57687} & & & & \\
e_5 = & 120 & & & &
\end{array}
$$

Da die Elemente in der ersten Spalte alle positiv sind, liegen die Nullstellen von $p(\lambda)$ sämtlich in der Halbebene $\operatorname{Re}(\lambda) < 0$.

Beispiel 32.31: Für die kubische Gleichung

$$p(\lambda) = a_0\lambda^3 + a_1\lambda^2 + a_2\lambda + a_3 = 0$$

lautet das Routhsche Schema

$$
\begin{array}{lccc}
 & a_0 & a_2 & \\
 & a_1 & a_3 & -\frac{a_0}{a_1} \\
\hline
b_2 = a_2 - \frac{a_0}{a_1} a_3 & & & -\frac{a_1}{b_2} \\
c_3 = & a_3 & &
\end{array}
$$

Die Bedingungen $a_0 > 0$, $a_1 > 0$, $b_2 > 0$ beziehungsweise wegen $a_1 > 0$ die Forderung $a_2 a_1 - a_0 a_3 > 0$ sowie schließlich $a_3 > 0$ stimmen natürlich mit jenen überein, die wir in Beispiel 32.29 mit Hilfe des Hurwitzschen Kriteriums gewonnen haben.

Die Kriterien von Hurwitz und Routh sind rein algebraischer Natur, wobei das Routh'sche Kriterium besonders einfach in der praktischen Handhabung ist. Ein drittes rein geometrisches Kriterium geht von folgendem aus. Es sei

$$p(\lambda) = a_0\lambda^n + a_1\lambda^{n-1} + \ldots + a_{n-1}\lambda + a_n, \quad a_0 > 0, \tag{32.100}$$

ein Polynom mit reellen Koeffizienten und

$$w = p(j\omega) = u(\omega) + jv(\omega), \tag{32.101}$$

worin $u(\omega)$ und $v(\omega)$ Polynome in ω sind. In der komplexen w-Ebene durchläuft der Punkt $w = p(j\omega)$ eine Kurve C, wenn ω das Intervall $[0, \infty[$ durchläuft. In elektrotechnischen Anwendungen, wenn speziell $p(\lambda)$ das charakteristische Polynom eines Übertragungsgliedes ist, bezeichnet man diese Kurve als *Leonhard'sche Ortskurve*. Nun gilt

Satz 32.7 (Leonhardsches Ortskurvenkriterium) *Die Gleichung* $p(\lambda) = 0$ *hat genau dann nur Nullstellen mit negativem Realteil, wenn die Leonhardsche Ortskurve auf der positiven reellen Achse beginnt und mit wachsendem* ω *genau* n *Quadranten im positiven Sinn durchläuft.*

Die Anwendung des Leonhardschen Kriteriums empfiehlt sich vor allem dann, wenn die Ortskurve (32.101) durch Meßergebnisse bekannt ist. In Bild 32.13a sind für $n = 2, 3, 4, 5$ stabile Fälle skizziert; Bild 32.13b zeigt zwei instabile Fälle.

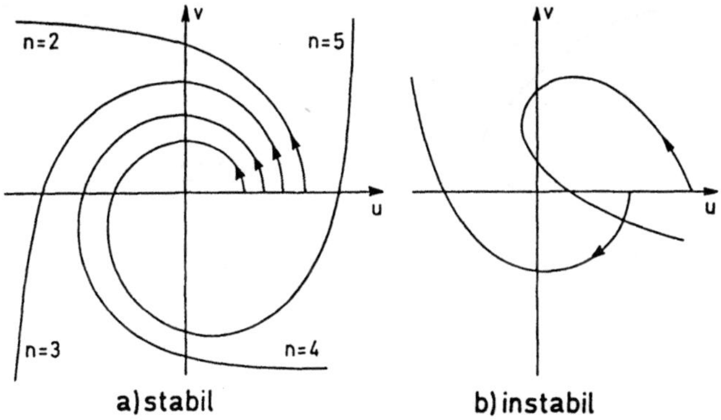

Bild 32.13

Nach diesem Exkurs über die praktische Feststellung der Dämpfung eines linearen Systems wenden wir uns jetzt der Untersuchung des Verhaltens eines Systems in der Umgebung einer Gleichgewichtslage zu. Über lineare gedämpfte Systeme (32.93) kann jedenfalls ausgesagt werden, daß sie stets in die Gleichgewichtslage $\mathbf{x} = \mathbf{o}$ zurückkehren, wenn sie aus dieser durch eine beliebige Störung gebracht werden. Erheblich komplizierter wird die Untersuchung für allgemeine nichtlineare heteronome Systeme

$$\dot{\mathbf{x}} = \mathbf{f}(t, \mathbf{x}). \qquad (32.102)$$

Wir bezeichnen im folgenden mit $\mathbf{x}(t, t_0, \mathbf{x}_0)$ die Lösung der Gleichung (32.102) zu der Anfangsbedingung $\mathbf{x}(t_0) = \mathbf{x}_0$; es gilt also $\mathbf{x}_0 = \mathbf{x}(t_0, t_0, \mathbf{x}_0)$. Ferner setzen wir voraus, daß der Punkt $\hat{\mathbf{x}}$ eine Gleichgewichtslage ist, das heißt, die Gleichung

$$\mathbf{f}(t, \hat{\mathbf{x}}) = \mathbf{o}$$

ist für alle Werte von t erfüllt. Insbesondere ist $\hat{\mathbf{x}} = \mathbf{x}(t, t, \hat{\mathbf{x}})$ für alle Werte von t. Wir bringen nun die folgende

Definition 32.1 (Stabilität nach Ljapunov[1]). Die Ruhelage $\hat{\mathbf{x}}$ des Systems (32.102) heißt *stabil (im Sinne von Ljapunov)*, wenn es zu jedem $\epsilon > 0$ eine im allgemeinen von ϵ abhängige Zahl $\delta > 0$ gibt, so daß gilt

$$\left|\mathbf{x}(t, t_0, \mathbf{x}_0) - \hat{\mathbf{x}}\right| < \epsilon \quad \text{für } t \geqslant t_0, \text{ wenn } |\mathbf{x}_0 - \hat{\mathbf{x}}| < \delta. \qquad (32.103)$$

Ist die Ruhelage $\hat{\mathbf{x}}$ nicht stabil, so wird sie *instabil* genannt.

Nach dieser Definition ist eine Gleichgewichtlsage stabil, wenn es zu einer Kugel (Kreis) vom beliebigen Radius ϵ mit dem Mittelpunkt in der Gleichgewichtslage eine zweite konzentrische Kugel vom Radius δ gibt, so daß das System ab einem gewissen Zeitpunkt t_0 innerhalb der ϵ-Kugel bleibt, wenn es sich zum Zeitpunkt t_0 innerhalb der δ-Kugel befunden hat (Bild 32.14a). Über die Verneinung der logischen Formel (32.103) können wir uns die Instabilität veranschaulichen. Danach bedeutet die Instabilität, daß es immer eine gewisse Kugel (Kreis) mit dem Radius ϵ_0 um die Gleichgewichtslage gibt und einen dieser Gleichgewichtslage insbesondere beliebig nahe benachbarten Punkt $\mathbf{x}_0$, so daß das System, wenn es in diesen Punkt gelangt, die ϵ_0-Kugel im Falle, daß $\mathbf{x}_0$ im Inneren dieser Kugel liegt, zu einem gewissen Zeitpunkt wieder verläßt (Bild 32.14b).

---

[1]) *A. M. Ljapunov*, 1857–1918, russischer Mathematiker und Ingenieur.

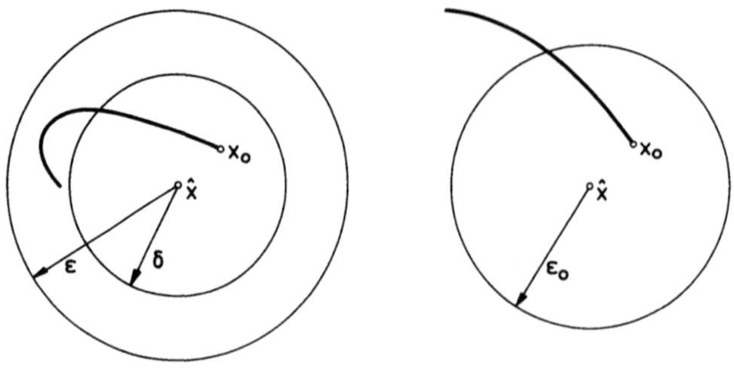

a) stabil b) instabil

Bild 32.14

Stabilität bedeutet nach der Definition von Ljapunov nicht, daß ein System, wenn es aus seiner Ruhelage gebracht worden ist, zwingend in diese zurückkehren muß. Dieser Fall wird unterschieden durch die

Definition 32.2 (Asymptotische Stabilität) Ist die Ruhelage $\hat{\mathbf{x}}$ des Systems (32.102) stabil und gibt es eine Zahl $\gamma > 0$ derart, daß für jeden Systemzustand $\mathbf{x}_0$ mit der Eigenschaft $|\mathbf{x}_0 - \hat{\mathbf{x}}| < \gamma$ stets

$$\lim_{t \to \infty} \mathbf{x}(t, t_0, \mathbf{x}_0) = \hat{\mathbf{x}} \tag{32.104}$$

gilt, so heißt die Ruhelage $\hat{\mathbf{x}}$ *asymptotisch stabil.*

Die asymptotische Stabilität bedeutet also, daß ein System in die Ruhelage zurückkehrt, wenn es sich zu einem gewissen Zeitpunkt hinreichend nahe der Gleichgewichtslage befunden hat. Jene Punktmenge von Anfangswerten $\mathbf{x}_0$, für die (32.104) gilt, nennt man den *Einzugsbereich der asymptotischen Stabilität.*

Wir fragen uns nun als erstes, unter welchen Voraussetzungen die Ruhelage $\hat{\mathbf{x}} = \mathbf{0}$ eines linearen Systems (32.93) mit regulärer Koeffizientenmatrix stabil ist. Für ein System der Ordnung $n = 2$ wie (32.58) genügt ein Blick auf das Phasenporträt in den einzelnen Fällen, um Aussagen über Stabilität beziehungsweise Instabilität machen zu können. Um zu wissen, daß Stabilität vorliegt, müssen wir zu jedem Kreis vom Radius ϵ um die Gleichgewichtslage einen konzentrischen Kreis vom Radius δ finden können, so daß jede Phasentrajektorie, die in den δ-Kreis eindringt, den ϵ-Kreis nie mehr verläßt. Offensichtlich ist dies, wie wir an Hand der Bilder 32.6 bis 32.9 sehen können, genau dann der Fall, wenn die Realteile der Eigenwerte nicht positiv sind. Hat hingegen ein Eigenwert einen positiven Realteil, so gibt es stets eine Trajektorie, die jeden Kreis um die Gleichgewichtslage verläßt, was Instabilität bedeutet.

Bei Systemen zweiter Ordnung kann wegen der vorausgesetzten Regularität der Koeffizientenmatrix ein Eigenwert mit verschwindendem Realteil nur einfache Vielfachheit haben. Da dies für Systeme höherer Ordnung nicht zu gelten braucht, bedarf der Fall, daß Eigenwerte mit verschwindendem Realteil auftreten, einer gesonderten Untersuchung. Es gilt der

Satz 32.8 *Die Ruhelage* $\hat{\mathbf{x}} = \mathbf{0}$ *eines linearen Systems* (32.93) *mit regulärer Koeffizientenmatrix ist asymptotisch stabil, wenn alle Eigenwerte der Koeffizientenmatrix in der Halbebene* $\mathrm{Re}(\lambda) < 0$ *liegen. Hat wenigstens ein Eigenwert einen positiven Realteil, so ist die*

Ruhelage $\hat{\mathbf{x}} = \mathbf{o}$ *instabil. Wenn einer oder mehrere Eigenwerte einen verschwindenden Realteil haben, alle übrigen aber in der Halbebene* $\mathrm{Re}(\lambda) < 0$ *liegen, so kann die Ruhelage* $\hat{\mathbf{x}} = \mathbf{o}$ *stabil oder instabil sein. Die Ruhelage* $\hat{\mathbf{x}} = \mathbf{o}$ *ist stabil, wenn zu allen Eigenwerten mit verschwindendem Realteil ebensoviele linear unabhängige Eigenvektoren existieren, als die algebraische Vielfachheit beträgt; andernfalls ist die Ruhelage* $\hat{\mathbf{x}} = \mathbf{o}$ *instabil.*

Die darin enthaltene Aussage über die asymptotische Stabilität ist auf Grund unserer früheren Ergebnisse selbstverständlich.

Wir betrachten als nächstes lineare nichtautonome Systeme

$$\dot{\mathbf{x}} = \mathbf{A}(t) \cdot \mathbf{x} \tag{32.105}$$

mit T-periodischer Koeffizientenmatrix,

$$\mathbf{A}(t + T) = \mathbf{A}(t). \tag{32.106}$$

Es sei $\mathbf{X}(t)$ eine Fundamentalmatrix. Dann ist offenbar auch $\mathbf{X}(t + T)$ eine Fundamentalmatrix, denn es gilt wegen (32.106)

$$\frac{d}{dt}\mathbf{X}(t+T) = \dot{\mathbf{X}}(t+T) = \mathbf{A}(t+T) \cdot \mathbf{X}(t+T) = \mathbf{A}(t) \cdot \mathbf{X}(t+T).$$

Daher muß es eine reguläre (konstante) Matrix $\mathbf{U}$ geben mit der Eigenschaft

$$\mathbf{X}(t+T) = \mathbf{X}(t) \cdot \mathbf{U}. \tag{32.107}$$

Ist $\mathbf{Y}(t)$ eine beliebige andere Fundamentalmatrix für (32.105), so gibt es eine Matrix $\mathbf{V}$, so daß gilt

$$\mathbf{Y}(t+T) = \mathbf{Y}(t) \cdot \mathbf{V}.$$

Da andererseits $\mathbf{X}(t)$ und $\mathbf{Y}(t)$ Fundamentalmatrizen sind, muß es eine (konstante) Matrix $\mathbf{S}$ geben, so daß

$$\mathbf{Y}(t) = \mathbf{X}(t) \cdot \mathbf{S}.$$

Aus den letzten drei Gleichungen folgt nun

$$\mathbf{Y}(t+T) = \mathbf{Y}(t) \cdot \mathbf{V} = \mathbf{X}(t) \cdot \mathbf{S} \cdot \mathbf{V} = \mathbf{X}(t+T) \cdot \mathbf{S} = \mathbf{X}(t) \cdot \mathbf{U} \cdot \mathbf{S},$$

also auf Grund der Regularität der Fundamentalmatrix $\mathbf{X}(t)$

$$\mathbf{V} = \mathbf{S}^{-1} \cdot \mathbf{U} \cdot \mathbf{S}.$$

Diese Gleichung besagt, daß die durch $\mathbf{X}(t)$ und $\mathbf{Y}(t)$ bestimmten Matrizen $\mathbf{U}$ und $\mathbf{V}$ *dasselbe* charakteristische Polynom und folglich auch dieselben Eigenwerte haben. Diese Zahlen $\lambda_1, \lambda_2, \ldots, \lambda_n$ sind angesichts dessen, daß $\mathbf{X}(t)$ und $\mathbf{Y}(t)$ beliebige Fundamentalmatrizen für das System (32.105) sind, charakteristische Größen für das System (32.105); sie werden *charakteristische Multiplikatoren* genannt. Diese Bezeichnung wird durch folgende Eigenschaft gerechtfertigt. Es sei $\mathbf{X}(t)$ jene eindeutig bestimmte Fundamentalmatrix mit der Eigenschaft $\mathbf{X}(0) = \mathbf{E}$; auf Grund von (32.107) sind dann die Eigenwerte von $\mathbf{X}(T)$ die charakteristischen Multiplikatoren, denn es gilt

$$\mathbf{X}(t+T) = \mathbf{X}(t) \cdot \mathbf{X}(T). \tag{32.108}$$

Es sei also λ ein charakteristischer Multiplikator, $\mathbf{u}$ ein zugehöriger Eigenvektor von $\mathbf{X}(T)$, $\mathbf{X}(T) \cdot \mathbf{u} = \lambda\mathbf{u}$. Für die spezielle Lösung

$$\mathbf{x}(t) = \mathbf{X}(t) \cdot \mathbf{u} \tag{32.109}$$

von (32.105) gilt dann wegen (32.108)

$$\mathbf{x}(t + T) = \mathbf{X}(t + T) \cdot \mathbf{u} = \mathbf{X}(t) \cdot \mathbf{X}(T) \cdot \mathbf{u} = \lambda\mathbf{X}(t) \cdot \mathbf{u} = \lambda\mathbf{x}(t),$$

also

$$\mathbf{x}(t + T) = \lambda\mathbf{x}(t). \tag{32.110}$$

Wenn umgekehrt eine Zahl λ und eine Lösung $\mathbf{x}(t)$ von (32.105) existiert, so daß (32.110) für alle t gilt, so ist λ ein charakteristischer Multiplikator.

Als erstes ergibt sich aus der Gleichung (32.110), unter welchen Voraussetzungen die Gleichung (32.105) T-periodische Lösungen hat. Offenbar ist dies genau dann der Fall, wenn *einer* der charakteristischen Multiplikatoren gleich 1 ist. Im allgemeinen braucht ein lineares System mit T-periodischer Koeffizientenmatrix keine T-periodischen Lösungen zu haben!

Die charakteristischen Multiplikatoren ermöglichen uns auch, die Ruhelage $\hat{\mathbf{x}} = \mathbf{o}$ als stabil oder instabil zu erkennen. Wir wollen aus Gründen der Einfachheit annehmen, daß alle charakteristischen Multiplikatoren $\lambda_1, \lambda_2, \ldots, \lambda_n$ voneinander verschieden sind. Wenn wir die zugehörigen Eigenvektoren von $\mathbf{X}(T)$ der Reihe nach mit $\mathbf{u}_1, \mathbf{u}_2, \ldots, \mathbf{u}_n$ bezeichnen und zu einer Matrix $\mathbf{S}$ spaltenweise zusammenfassen, so ist

$$\Lambda = \mathbf{S}^{-1} \cdot \mathbf{X}(T) \cdot \mathbf{S} \tag{32.111}$$

eine Diagonalmatrix, deren Hauptdiagonalglieder die charakteristischen Multiplikatoren sind (vgl. (31.78)). Setzen wir

$$\mu_k = \frac{1}{T} \ln \lambda_k, \quad k = 1, 2, \ldots, n, \tag{32.112}$$

so ist, wenn $\mathbf{M}$ die Diagonalmatrix mit den Eigenwerten $\mu_1, \mu_2, \ldots, \mu_n$ bezeichnet,

$$\Lambda = e^{T\mathbf{M}} = \mathbf{S}^{-1} \cdot \mathbf{X}(T) \cdot \mathbf{S}$$

und weiter unter Berücksichtigung von (32.111)

$$\begin{aligned} \mathbf{X}(T) &= \mathbf{S} \cdot \Lambda \cdot \mathbf{S}^{-1} = \mathbf{S} \cdot e^{T\mathbf{M}} \cdot \mathbf{S}^{-1} = \mathbf{S} \cdot \sum_{m=0}^{\infty} \frac{T^m}{m!} \mathbf{M}^m \cdot \mathbf{S}^{-1} \\ &= \sum_{m=0}^{\infty} \frac{T^m}{m!} (\mathbf{S} \cdot \mathbf{M} \cdot \mathbf{S}^{-1})^m = e^{\mathbf{R}T}, \end{aligned}$$

worin

$$\mathbf{R} = \mathbf{S} \cdot \mathbf{M} \cdot \mathbf{S}^{-1} \tag{32.113}$$

gesetzt wurde. Es ist also

$$\mathbf{X}(T) = e^{\mathbf{R}T}. \tag{32.114}$$

Wir ergänzen, daß eine die Gleichung (32.114) erfüllende Matrix $\mathbf{R}$ auch dann angegeben werden kann, wenn die charakteristischen Multiplikatoren nicht alle voneinander verschieden sind; ihre Eigenwerte sind die Zahlen μ_k.

Wir setzen nun

$$\mathbf{P}(t) := \mathbf{X}(t) \cdot e^{-\mathbf{R}t}; \tag{32.115}$$

dann gilt wegen $\mathbf{X}(0) = \mathbf{E}$ auch $\mathbf{P}(0) = \mathbf{E}$ und auf Grund von (32.115) und (32.108)

$$\mathbf{P}(t+T) = \mathbf{X}(t+T) \cdot e^{-\mathbf{R}(t+T)} = \mathbf{X}(t) \cdot e^{\mathbf{R}T} \cdot e^{-\mathbf{R}t} \cdot e^{-\mathbf{R}T} = \mathbf{X}(t) \cdot e^{-\mathbf{R}t} = \mathbf{P}(t),$$

also

$$\mathbf{P}(t+T) = \mathbf{P}(t). \tag{32.116}$$

Die in (32.115) eingeführte Matrix $\mathbf{P}(t)$ ist demnach periodisch mit der Periode T. Insbesondere folgt aus (32.115) die Darstellung $\mathbf{X}(t) = \mathbf{P}(t) \cdot e^{\mathbf{R}t}$; ist $\mathbf{Y}(t)$ eine beliebige andere Fundamentalmatrix, so steht sie mit der durch $\mathbf{X}(0) = \mathbf{E}$ eindeutig bestimmten Matrix $\mathbf{X}(t)$ im Zusammenhang $\mathbf{X}(t) = \mathbf{Y}(t) \cdot \mathbf{Y}(0)^{-1} = \mathbf{Y}(0)^{-1} \cdot \mathbf{Y}(t)$. Da mit $\mathbf{P}(t)$ auch $\mathbf{Q}(t) = \mathbf{Y}(0) \cdot \mathbf{P}(t)$ eine T-periodische Matrix ist, haben wir

Satz 32.9 *Jede Fundamentalmatrix eines linearen Systems* (32.105) *mit* T*-periodischer Koeffizientenmatrix kann in der Form*

$$\mathbf{X}(t) = \mathbf{P}(t) \cdot e^{\mathbf{R}t} \tag{32.117}$$

dargestellt werden, worin $\mathbf{P}(t)$ *eine* T*-periodische Matrix ist.*

Auf der Grundlage dieses Satzes kann jetzt die Stabilität beziehungsweise Instabilität der Ruhelage $\hat{\mathbf{x}} = \mathbf{o}$ von (32.105) entschieden werden. Sind alle charakteristischen Multiplikatoren λ_k dem Betrage nach kleiner als 1, so gilt $\mathrm{Re}(\mu_k) < 0$ für $k = 1, 2, \ldots, n$ und deswegen

$$\lim_{t \to \infty} e^{\mathbf{M}t} = \mathbf{0}.$$

Daraus folgt unter Berücksichtigung von (32.113) auch

$$\lim_{t \to \infty} e^{\mathbf{R}t} = \mathbf{0}$$

und somit

$$\lim_{t \to \infty} \mathbf{X}(t) = \mathbf{0}$$

für jede Fundamentalmatrix von (32.105). Dies bedeutet aber

$$\lim_{t \to \infty} \mathbf{x}(t) = \mathbf{o}$$

für jede Lösung $\mathbf{x}(t)$ von (32.105). Also liegt im Falle, daß alle charakteristischen Multiplikatoren dem Betrag nach kleiner als 1 sind, Stabilität und insbesondere asymptotische Stabilität vor.

Ist hingegen ein charakteristischer Multiplikator betragsmäßig größer als 1, etwa λ_j, so ist $\mathrm{Re}(\mu_j) > 0$; dies bedeutet, daß eine Lösung von (32.105) mit der Zeit beliebig große Werte annimmt – also liegt Instabilität vor.

Komplizierter ist der Fall, daß $|\lambda_k| \leqslant 1$ beziehungsweise $\mathrm{Re}(\mu_k) \leqslant 0$ für $k = 1, 2, \ldots, n$ gilt. Wir fassen das Endergebnis zusammen:

Satz 32.10 *Sind alle charakteristischen Multiplikatoren des Systems* (32.105) *dem Betrag nach kleiner als* 1, *so ist die Ruhelage* $\hat{\mathbf{x}} = \mathbf{o}$ *asymptotisch stabil. Ist wenigstens einer dem Betrag nach größer als* 1, *so liegt Instabilität vor. Wenn einer oder mehrere charakteristische Multiplikatoren den Betrag* 1 *haben, alle übrigen aber ihrem Betrag nach kleiner als* 1 *sind, so kann Stabilität oder Instabilität vorliegen. Die Ruhelage ist stabil, wenn zu allen charakteristischen Multiplikatoren vom Betrag* 1 *ebensoviele linear unabhängige Eigenvektoren existieren als die algebraische Vielfachheit angibt; andernfalls ist die Ruhelage instabil.*

Um die charakteristischen Multiplikatoren berechnen zu können, muß eine Fundamentalmatrix $\mathbf{X}(t)$ auf dem Intervall $[0, T]$ ermittelt werden; bestimmt man jene, für die $\mathbf{X}(0) = \mathbf{E}$ ist, so sind die charakteristischen Multiplikatoren die Eigenwerte der Matrix $\mathbf{X}(T)$. In jedem Fall ist das Produkt der charakteristischen Multiplikatoren von vornherein bekannt, denn es gilt wegen (30.74)

$$\lambda_1\lambda_2 \ldots \lambda_n = \mathrm{Det}\,\mathbf{X}(T) = e^{\int_0^T \mathrm{Spur}\,\mathbf{A}(t)\,dt} \tag{32.118}$$

Verhältnismäßig einfach zu behandeln ist der Fall $n = 2$. Sind λ_1 und λ_2 konjugiert komplex, $\lambda = \lambda_1 = \bar{\lambda}_2$, so folgt aus (32.118)

$$|\lambda|^2 = e^{\int_0^T [A_{11}(t) + A_{22}(t)]dt};$$

infolgedessen ist $|\lambda| < 1$, wenn gilt

$$p = \int_0^T \left[A_{11}(t) + A_{22}(t)\right] dt < 0. \tag{32.119}$$

Sind also die charakteristischen Multiplikatoren komplex und ist $p < 0$, so ist die Ruhelage stabil und sogar asymptotisch stabil. Gilt hingegen $p > 0$, so ist $|\lambda| > 1$, die Ruhelage ist instabil. Ist $p = 0$, so ist $|\lambda| = 1$, also $\lambda = e^{j\alpha}$, $-\pi < \alpha \leqslant \pi$. Für $\alpha \neq 0$ und $\alpha \neq \pi$ liegt Stabilität vor. Ist $\lambda_1 = \lambda_2 = 1$ $(\alpha = 0)$ beziehungsweise $\lambda_1 = \lambda_2 = -1$ $(\alpha = \pi)$, so liegt Stabilität nur dann vor, wenn die Matrix $\mathbf{X}(T)$ zum Eigenwert 1 beziehungsweise -1 zwei linear unabhängige Eigenvektoren besitzt.

Beispiel 32.32: Die sogenannte *Hillsche Gleichung*

$$a(t)\ddot{x} + b(t)\dot{x} + c(t)x = 0, \quad a(t) \neq 0, \tag{32.120}$$

worin die Koeffizienten $a(t)$, $b(t)$ und $c(t)$ periodisch mit gemeinsamer Periode T sind, wird durch die Transformation

$$x = u \exp\left(-\frac{1}{2}\int_0^t \frac{b(\tau)}{a(\tau)}\,d\tau\right)$$

in die Gleichung

$$\ddot{u} + q(t)u = 0 \tag{32.121}$$

übergeführt, worin der Koeffizient

$$q(t) = \frac{c(t)}{a(t)} - \left(\frac{b(t)}{2a(t)}\right)^2 - \frac{1}{2}\frac{d}{dt}\left(\frac{b(t)}{a(t)}\right)$$

eine T-periodische Funktion ist. Wir setzen $\dot{u} = v$ und erhalten auf diese Weise das System erster Ordnung

$$\dot{u} = v, \quad \dot{v} = -q(t)u \tag{32.122}$$

mit der T-periodischen Koeffizientenmatrix

$$\mathbf{A}(t) = \begin{pmatrix} 0 & 1 \\ -q(t) & 0 \end{pmatrix}.$$

Wegen Spur $\mathbf{A}(t) = 0$ folgt aus Gleichung (32.118)

$$\lambda_1\lambda_2 = 1.$$

Zur Konstruktion einer Fundamentalmatrix bestimmen wir zwei Lösungen $u_1(t)$, $v_1(t)$ und $u_2(t)$, $v_2(t)$ gemäß $u_1(0) = 1$, $v_1(0) = 0$, $u_2(0) = 0$ und $v_2(0) = 1$, so daß

$$\mathbf{X}(t) = \begin{pmatrix} u_1(t) & u_2(t) \\ v_1(t) & v_2(t) \end{pmatrix} \tag{32.123}$$

die Fundamentalmatrix mit der Eigenschaft $\mathbf{X}(0) = \mathbf{E}$ ist. Die charakteristische Gleichung der Matrix (32.123) für $t = T$ lautet mit der Setzung $r = \frac{1}{2}\,\mathrm{Spur}\,\mathbf{X}(T)$

$$\lambda^2 - 2r\lambda + 1 = 0,$$

ihre Lösungen sind

$$\lambda_1 = r + \sqrt{r^2 - 1}, \quad \lambda_2 = r - \sqrt{r^2 - 1}.$$

Ist $r^2 > 1$, so ist sicher eine dieser beiden Zahlen betragsmäßig größer als 1 – in diesem Fall ist die Ruhelage instabil. Ist $r^2 < 1$, so sind die beiden Eigenwerte konjugiert komplex; da sie notwendig einfach sind, ist in diesem Fall die Ruhelage stabil. Ist $r = 1$ oder $r = -1$, so hängt die Stabilität davon ab, ob die Matrix $\mathbf{X}(T)$ zu dem zweifachen Eigenwert 1 beziehungsweise -1 jeweils zwei linear unabhängige Eigenvektoren hat. Für eine zweireihige Matrix bedeutet dies, daß sie dann Diagonalgestalt haben muß, so daß im Falle $r^2 = 1$ die Bedingung $v_1(T) = u_2(T) = 0$ notwendig und hinreichend für die Stabilität der Ruhelage ist.

In einigen Sonderfällen läßt sich direkt über Eigenschaften der Funktion $q(t)$ die Stabilität beziehungsweise Instabilität entscheiden:

Ist $q(t) \leqslant 0$, so läßt sich $r^2 > 1$ zeigen – die Ruhelage ist instabil;

Ist $q(t) \geqslant 0$ und $\int_0^T q(t)\,dt \leqslant \frac{1}{T}$, so ist $r^2 < 1$ und daher die Ruhelage stabil.

Ein Spezialfall der Hillschen Gleichung ist

$$\ddot{x} + (a + b\cos t)x = 0, \tag{23.124}$$

die als *Mathieusche Gleichung* bekannt ist. Zur Stabilitätsuntersuchung hat man die Lösungen $x_1(t, a, b)$ und $x_2(t, a, b)$ zu den Anfangsbedingungen $x_1(0, a, b) = 1$, $\dot{x}_1(0, a, b) = 0$, $x_2(0, a, b) = 0$, $\dot{x}_2(0, a, b) = 1$ zu bestimmen und den Ausdruck $r = r(a, b) = \frac{1}{2}\left(x_1(2\pi, a, b) + \dot{x}_2(2\pi, a, b)\right)$ zu bilden. Wenn dann die Parameter a und b so beschaffen sind, daß $r^2 > 1$ gilt, so ist die Ruhelage instabil; ist hingegen $r^2 < 1$, so ist die Ruhelage stabil. Im Falle $r^2 = 1$ hat man Stabilität nur dann, wenn $x_2(2\pi, a, b) = \dot{x}_1(2\pi, a, b) = 0$ gilt.

Wir wenden uns nun nichtlinearen autonomen Systemen

$$\dot{\mathbf{x}} = \mathbf{f}(\mathbf{x}) \tag{32.125}$$

zu. Wir dürfen dabei annehmen, daß $\hat{\mathbf{x}} = \mathbf{o}$ eine Ruhelage ist; wenn andernfalls der Koordinatenursprung kein Gleichgewichtszustand ist und $\hat{\mathbf{x}}$ eine beliebige Ruhelage ist, so führen wir in (32.125) durch die Transformation $\mathbf{x} = \mathbf{y} + \hat{\mathbf{x}}$ die Variable $\mathbf{y}$ ein, wobei (32.125) in $\dot{\mathbf{y}} = \mathbf{f}(\mathbf{y} + \hat{\mathbf{x}}) = \mathbf{g}(\mathbf{y})$ übergeht, für das $\hat{\mathbf{y}} = \mathbf{o}$ eine Ruhelage ist. Damit weiter $\hat{\mathbf{x}} = \mathbf{o}$ eine isolierte Ruhelage von (32.125) ist, fordern wir, daß die Matrix $\mathbf{f}'(\mathbf{o})$ regulär ist.

In Abschnitt 32.4 haben wir den Fall $n = 2$ genauer untersucht und dabei festgestellt, daß die Ruhelage $\hat{\mathbf{x}} = \mathbf{o}$ in (32.125) denselben Charakter hat wie die Ruhelage des Systems der ersten Näherung

$$\dot{\mathbf{x}} = \mathbf{f}'(\mathbf{o}) \cdot \mathbf{x}, \tag{32.126}$$

wenn die Realteile der Eigenwerte der Koeffizientenmatrix $\mathbf{f}'(\mathbf{o})$ von Null verschieden sind (Satz 32.2). Dieser Sachverhalt gilt nun auch für Systeme beliebiger Ordnung. Es können daher über Satz 32.8 unmittelbar Stabilitätsaussagen gemacht werden, und zwar gilt der auf Ljapunov zurückgehende

Satz 32.11 *Die Ruhelage* $\hat{\mathbf{x}} = \mathbf{o}$ *des Systems* (32.125) *ist asymptotisch stabil, wenn die Eigenwerte der Koeffizientenmatrix* $\mathbf{f}'(\mathbf{o})$ *des Systems der ersten Näherung* (32.126) *sämtlich in der Halbebene* $\mathrm{Re}(\lambda) < 0$ *liegen. Die Ruhelage* $\hat{\mathbf{x}} = \mathbf{o}$ *ist instabil, wenn wenigstens ein Eigenwert des Systems der ersten Näherung einen positiven Realteil hat.*

Wir merken dazu an, daß keine Stabilitätsaussagen gemacht werden können, wenn die Koeffizientenmatrix von (32.126) rein imaginäre Eigenwerte hat.

Auf Ljapunov geht noch eine zweite Methode zur Stabilitätsuntersuchung zurück, die sich auf energetische Betrachtungen stützt, und zwar von der anschaulich klaren Vorstellung ausgeht, daß ein Gleichgewichtszustand stabil ist, wenn in der Nähe der Gleichgewichtslage die Energie des Systems nicht zunimmt. Es sei $V(\mathbf{x}) = V(x_1, x_2, \ldots, x_n)$ der gesamte Energieinhalt des Systems (32.125), wenn es sich im Zustand $\mathbf{x}$ befindet. Da in einer Ruhelage alle Energiespeicher leer sein müssen, gilt $V(\mathbf{o}) = 0$ und $V(\mathbf{x}) > 0$ für $|\mathbf{x}| > 0$. Wenn dann $\mathbf{x}(t)$ eine beliebige Bewegungstrajektorie ist, so stellt die Funktion $v(t) = V\big(\mathbf{x}(t)\big)$ den Energieinhalt zum Zeitpunkt t dar, der Ausdruck

$$\frac{dv}{dt} = \frac{d}{dt} V\big(\mathbf{x}(t)\big) = \dot{\mathbf{x}}(t) \cdot \operatorname{grad} V\big(\mathbf{x}(t)\big) = \mathbf{f}\big(\mathbf{x}(t)\big) \cdot \operatorname{grad} V\big(\mathbf{x}(t)\big)$$

beschreibt die Energieänderung während des Prozesses. Ist $\dot{v}(t) < 0$, so nimmt die Energie beständig ab: es ist physikalisch anschaulich, daß sie solange abnimmt, bis alle Energiespeicher leer sind – dies bedeutet asymptotische Stabilität. Ist $\dot{v}(t) > 0$, so nimmt die Energie unentwegt zu, was physikalisch nur möglich ist, wenn sich das System von der Ruhelage entfernt – dies heißt aber, daß die Ruhelage instabil sein muß. Bei dieser zweiten Methode von Ljapunov ist also das Vorzeichen des Ausdrucks $\mathbf{f}(\mathbf{x}) \cdot \operatorname{grad} V(\mathbf{x})$ in einer Umgebung der Gleichgewichtslage zu untersuchen. Um uns im folgenden bequemer ausdrücken zu können, bringen wir die

Definition 32.3 Es sei $V(\mathbf{x})$ eine stetige Funktion, die in einer Umgebung $|\mathbf{x}| < \eta$ des Koordinatenursprungs definiert ist und dort differenzierbar mit stetiger Ableitung ist.

Dann heißt V(x) eine *Ljapunov-Funktion für* (32.125), wenn folgende Ungleichungen gelten:

$$V(\mathbf{x}) > 0 \quad \text{für} \quad 0 < |\mathbf{x}| < \eta \quad \text{und} \quad V(\mathbf{o}) = 0 \tag{32.127}$$

sowie

$$\mathbf{f}(\mathbf{x}) \cdot \operatorname{grad} V(\mathbf{x}) \leqslant 0 \quad \text{für} \quad |\mathbf{x}| < \eta. \tag{32.128}$$

Dann gilt

Satz 32.12 (Stabilitätssatz) *Existiert für das System* (32.125) *eine Ljapunov-Funktion, dann ist die Ruhelage* $\mathbf{x} = \mathbf{o}$ *stabil.*

Läßt sich an Stelle von (32.128) die schärfere Ungleichung

$$\mathbf{f}(\mathbf{x}) \cdot \operatorname{grad} V(\mathbf{x}) < 0 \quad \text{für} \quad 0 < |\mathbf{x}| < \eta, \tag{32.129}$$

zeigen, so gilt

Satz 32.13 (Asymptotische Stabilität) *Erfüllt die Ljapunov-Funktion* V(x) *für* (32.125) *die Ungleichung* (32.129), *so ist die Ruhelage* $\mathbf{x} = \mathbf{o}$ *asymptotisch stabil.*

Wir wollen den Beweis für diese beiden Stabilitätssätze führen. Es sei V(x) eine Ljapunov-Funktion für (32.125) und $\mathbf{x}(t, t_0, \mathbf{x}_0)$ eine beliebige Bewegungstrajektorie mit $0 < |\mathbf{x}_0| < \eta$. Wir bilden die Funktion $v(t) = V\big(\mathbf{x}(t, t_0, \mathbf{x}_0)\big)$, die aus Stetigkeitsgründen in einem Intervall $[t_0, t_0 + \delta']$ definiert ist, denn die in Betracht gezogene Bewegungstrajektorie beginnt in der Kugel $|\mathbf{x}| < \eta$ und muß somit ein kleines Stück in dieser Kugel verlaufen. Auf Grund der Voraussetzungen über Ljapunov-Funktionen ist v(t) eine stetig differenzierbare Funktion.

Wir haben im Hinblick auf die Definition der Stabilität einer Gleichgewichtslage den Nachweis zu erbringen, daß es zu einer beliebig vorgegebenen Zahl $\epsilon > 0$ stets eine Zahl $\delta > 0$ gibt, so daß jede Bewegungstrajektorie $\mathbf{x}(t, t_0, \mathbf{x}_0)$, die zum Zeitpunkt t_0 innerhalb der δ-Kugel beginnt, für alle Zeiten in der ϵ-Kugel bleibt, das heißt, aus $|\mathbf{x}_0| < \delta$ folgt $|\mathbf{x}(t, t_0, \mathbf{x}_0)| < \epsilon$ für $t \geqslant t_0$. Es sei also $\epsilon > 0$ beliebig vorgegeben. Mit $\hat{v}$ bezeichnen wir das Minimum der Funktion V(x) auf der Oberfläche der ϵ-Kugel, so daß $V(\mathbf{x}) \geqslant \hat{v}$ für $|\mathbf{x}| = \epsilon$ gilt. Aus Stetigkeitsgründen gibt es dann eine positive Zahl δ, $0 < \delta < \epsilon$, derart, daß $|\mathbf{x}_0| < \delta$ die Ungleichung $V(\mathbf{x}_0) < \hat{v}$ nach sich zieht. Nun zeigen wir indirekt, daß jede Bewegungstrajektorie, die in der δ-Kugel beginnt, stets in der ϵ-Kugel bleibt. Zunächst folgt aus Stetigkeitsgründen, daß die Trajektorie $\mathbf{x}(t, t_0, \mathbf{x}_0)$, $|\mathbf{x}_0| < \delta$, wenigstens ein kurzes Stück innerhalb der ϵ-Kugel verläuft; angenommen nun, sie verläßt die ϵ-Kugel zum Zeitpunkt t_1, so gilt $|\mathbf{x}(t_1, t_0, \mathbf{x}_0)| = \epsilon$ und insbesondere $V\big(\mathbf{x}(t_1, t_0, \mathbf{x}_0)\big) \geqslant \hat{v}$. Andererseits ist auf Grund von

$$\frac{dv}{dt} = \frac{d}{dt} V\big(\mathbf{x}(t, t_0, \mathbf{x}_0)\big) = \mathbf{f}(\mathbf{x}) \cdot \operatorname{grad} V(\mathbf{x})\Big|_{\mathbf{x} = \mathbf{x}(t, t_0, \mathbf{x}_0)} \leqslant 0$$

die Funktion v(t) monoton nicht wachsend im Intervall $[t_0, t_1]$, also

$$\hat{v} \leqslant V\big(\mathbf{x}(t_1, t_0, \mathbf{x}_0)\big) = v(t_1) \leqslant v(t_0) = V(\mathbf{x}_0) < \hat{v},$$

was offensichtlich ein Widerspruch ist. Damit ist Satz 32.12 bewiesen.

Zum Beweis von Satz 32.13 bemerken wir zunächst, daß die Funktion v(t) auf Grund der Annahme (32.129) streng monoton fallend ist und folglich der Grenzwert

$$\lim_{t\to\infty} v(t) = v_0 \geqslant 0$$

existiert. Wir zeigen, daß $v_0 > 0$ nicht möglich ist und somit notwendig $v_0 = 0$ gilt. Da $V(\mathbf{x}) = 0$ nur für $\mathbf{x} = \mathbf{o}$ erfüllt ist, muß deshalb

$$\lim_{t\to\infty} \mathbf{x}(t, t_0, \mathbf{x}_0) = \mathbf{o}$$

gelten, woraus sich die asymptotische Stabilität der Ruhelage $\mathbf{x} = \mathbf{o}$ ergibt.

Wir nehmen also in indirekter Schlußweise $v_0 > 0$ an. Auf Grund der strengen Monotonie der Funktion v(t) gilt $v(t) > v_0$ für $t > t_0$. Die Annahme $v_0 > 0$ bedingt unter Berücksichtigung der Stetigkeit der Funktion v(t) die Existenz einer positiven Zahl a mit der Eigenschaft $|\mathbf{x}(t, t_0, \mathbf{x}_0)| > a > 0$ für $t \geqslant t_0$ – andernfalls müßte $v_0 = 0$ sein. Diese Ungleichung zusammen mit $v(t) > v(t_0)$ für $t > t_0$ hat weiter zur Folge, daß es eine positive Konstante b gibt, mit der die Ungleichung $\dot{v}(t) \leqslant -b$ für $t \geqslant t_0$ erfüllt ist. Aus dieser letzten Ungleichung ergibt sich schließlich durch Integration

$$0 < v_0 < v(t) \leqslant v(t_0) - b(t - t_0) \quad \text{für } t \geqslant t_0.$$

Diese Ungleichung kann aber für beliebig große Werte von t nicht erfüllt werden. Der damit auftretende Widerspruch kann nur durch $v_0 = 0$ aufgehoben werden.

Beispiel 32.33: Wir betrachten nochmals die Gleichung von Beispiel 32.21,

$$\ddot{x} = k(x),$$

die die reibungslose Bewegung eines Massenpunktes m = 1 unter der Kraft k(x) beschreibt. Über die Funktion k(x) sei Stetigkeit vorausgesetzt, ferner möge es eine Zahl x_0 geben, so daß $k(x) < 0$ für $0 < x < x_0$ gilt; überdies sei k(x) eine ungerade Funktion, das heißt insbesondere k(0) = 0. Dann ist mit $y = \dot{x}$ der Ausdruck

$$V(x, y) = \frac{1}{2} y^2 - \int_0^x k(\xi)\, d\xi$$

die Gesamtenergie des Systems. Offenbar ist im Streifen $|x| < x_0$ die Funktion V(x, y) nicht negativ, insbesondere verschwindet V(x, y) innerhalb dieses Streifens nur im Koordinatenursprung. Nun gilt

$$\mathbf{f}(\mathbf{x}) \cdot \operatorname{grad} V(\mathbf{x}) = yV_x(x, y) + k(x)V_y(x, y) = -yk(x) + k(x)y = 0,$$

was bedeutet, daß V(x, y) eine Ljapunov-Funktion hinsichtlich der Ruhelage x = 0, y = 0 ist, die infolgedessen stabil ist.

Beispiel 32.34: Die spezielle Lienard-Gleichung

$$\ddot{x} + f(x)\dot{x} + \omega_0^2 x = 0$$

geht durch die Setzung

$$F(x) = \frac{1}{\omega_0} \int_0^x f(\xi)\, d\xi$$

über in das System

$$\dot{x} = \omega_0 [y - F(x)], \quad \dot{y} = -\omega_0 x.$$

In elektrotechnischen Anwendungen beschreibt der erste Term die magnetischen Verhältnisse, der dritte Term die elektrischen Verhältnisse, der zweite Term ist Ausdruck für die Dämpfung. Die Gesamtenergie V setzt sich zusammen aus der elektrischen Energie $\frac{1}{2}\omega_0^2 x^2$ und der magnetischen Energie $\frac{1}{2}\dot{x}^2$, also ist

$$V(x, y) = \frac{1}{2}\omega_0^2(x^2 + y^2).$$

Diese Funktion ist offenbar positiv für $x^2 + y^2 > 0$ und gleich Null für $x = y = 0$. Ob sie eine Ljapunov-Funktion zur Untersuchung der Ruhelage $x = 0, y = 0$ ist, hängt von der Funktion f(x) ab. Es gilt

$$f(x) \cdot \operatorname{grad} V(x) = \omega_0(y - F(x))V_x(x, y) - \omega_0 x V_y(x, y) = -\omega_0^3 x F(x).$$

Ist demnach $f(x) > 0$ in einem Intervall $]-x_0, x_0[$, so fällt sicher

$$-\omega_0^3 x F(x) < 0 \quad \text{für } 0 < |x| < x_0$$

aus, V (x, y) ist Ljapunov-Funktion, die Ruhelage $x = 0, y = 0$ ist stabil.

Für die Van der Polsche Gleichung (32.76) ist $f(x) = \mu(x^2 - 1)$; wenn also $\mu < 0$ ist, so gilt $f(x) > 0$ im Intervall $]-1, 1[$ und die Ruhelage ist stabil.

Beispiel 32.35: Zur Untersuchung der Lienard-Gleichung (32.80) führt man die Funktionen

$$F(x) = \int_0^x f(\xi)d\xi, \quad G(x) = \int_0^x g(\xi)d\xi$$

ein und erhält als gleichwertiges System

$$\dot{x} = y - F(x), \quad \dot{y} = -g(x).$$

Die Gesamtenergie ist

$$V(x, y) = \frac{1}{2}y^2 + G(x),$$

ferner ist

$$f(x) \cdot \operatorname{grad} V(x) = -g(x)F(x).$$

Damit die Funktion V(x, y) eine Ljapunov-Funktion ist, müssen wir nun folgende Annahmen machen: Zur Erfüllung der Forderung $V(x, y) > 0$ für $x^2 + y^2 > 0$ muß die Funktion G(x) in einer Umgebung von $x = 0$ positiv sein, was gewährleistet ist, wenn g(x) eine ungerade Funktion ist und ein Intervall $]0, x_0[$ existiert, in welchem $g(x) > 0$ ist. Damit dann der Ausdruck $-g(x)F(x)$ für $x \neq 0$ stets negatives Vorzeichen hat, muß jetzt F(x) ungerade, also f(x) gerade sein, insbesondere muß $f(x) > 0$ für $0 < x < x_0$ gelten. Zusammenfassend läßt sich also sagen: *Ist* f (x) *eine gerade Funktion*, g (x) *eine ungerade Funktion*, $f(x) > 0$ *und* $g(x) > 0$ *für* $0 < x < x_0$, *so ist die Ruhelage* $x = 0, y = 0$ *der Lienard-Gleichung* (32.80) *stabil.*

Beispiel 32.36: Wir betrachten schließlich noch ein allgemeines Hamiltonsches System

$$\dot{x} = F_y(x, y), \quad \dot{y} = -F_x(x, y),$$

für das $F_x(0, 0) = F_y(0, 0) = 0$ gelten möge. In den Anwendungen ist die Funktion F(x, y) meist die Gesamtenergie des Systems, wobei dann $F(0, 0) = 0$ und $F(x, y) > 0$ in einer gewissen Kreisumgebung $0 < x^2 + y^2 < a^2$ um die Ruhelage gilt. Unter diesen Umständen ist die Funktion F(x, y) eine Ljapunov-Funktion, denn es gilt $f(x) \cdot \operatorname{grad} F(x) = 0$, so daß die Ruhelage $x = 0, y = 0$ stabil ist.

Wir wissen andererseits, daß $F(x, y) = \text{const.}$ das allgemeine Integral der Differentialgleichung für das Phasenporträt ist, die Kurven $F(x, y) = C$ sind die Phasentrajektorien. Auf Grund der Voraussetzungen $F(0, 0) = 0$ und $F(x, y) > 0$ für $0 < x^2 + y^2 < a^2$ handelt es sich dabei um geschlossene Kurven, so daß alle Vorgänge, die in einer gewissen Umgebung der Gleichgewichtslage $x = 0$, $y = 0$ beginnen, periodisch sind. In einem solchen Fall muß aber, wie aus der Definition der Stabilität einer Gleichgewichtslage unmittelbar hervorgeht, die Ruhelage stabil sein.

Die Sätze 32.12 und 32.13 liefern hinreichende Bedingungen für die Stabilität beziehungsweise asymptotische Stabilität. Eine hinreichende Bedingung für Instabilität gibt

Satz 32.14 (Instabilitätssatz) *Es sei die Funktion* $V(\mathbf{x})$ *in einer Umgebung* $|\mathbf{x}| < \eta$ *der Ruhelage* $\mathbf{x} = \mathbf{o}$ *von* (32.125) *definiert und dort stetig differenzierbar, ferner sei* $V(\mathbf{o}) = 0$. *Gilt dann*

$$\mathbf{f}(\mathbf{x}) \cdot \operatorname{grad} V(\mathbf{x}) > 0 \quad \text{für} \quad 0 < |\mathbf{x}| < \eta$$

und nimmt $V(\mathbf{x})$ *in jeder Umgebung von* $\mathbf{x} = \mathbf{o}$ *positive Werte an, so ist die Ruhelage* $\mathbf{x} = \mathbf{o}$ *instabil.*

Beispiel 32.37: Wir betrachten nochmals die Gleichung von Beispiel 32.33 beziehungsweise das ihr äquivalente System $\dot{x} = y$, $\dot{y} = k(x)$. Über die Funktion $k(x)$ setzen wir jetzt aber nur voraus, daß sie überall definiert und zweimal stetig differenzierbar ist, mit $k(0) = 0$, $k'(0) \neq 0$. Die Funktion

$$V(x, y) = xy$$

nimmt offenbar in jeder Umgebung des Koordinatenursprungs positive Werte an, ferner ist

$$\mathbf{f}(\mathbf{x}) \cdot \operatorname{grad} V(\mathbf{x}) = y^2 + xk(x) = y^2 + x^2k'(0) + \frac{x^3}{2}k''(\vartheta x), \quad 0 < \vartheta < 1.$$

Darin wird für hinreichend kleine Werte von x der Term $xk(x)$ dasselbe Vorzeichen haben wie $x^2k'(0)$. Dies bedeutet im Falle $k'(0) > 0$, daß es eine Umgebung $x^2 + y^2 < \eta^2$ um die Gleichgewichtslage $x = 0$, $y = 0$ gibt, in der $y^2 + xk(x) > 0$ für $x^2 + y^2 \neq 0$ ist. Somit sind die Voraussetzungen von Satz 32.14 erfüllt, die Ruhelage $x = 0$, $y = 0$ ist im Fall $k'(0) > 0$ instabil.

Ist $k'(0) < 0$, so ist $k'(x) < 0$ in einer gewissen Umgebung von $x = 0$ und folglich in einer gewissen Umgebung von $x = 0$, $y = 0$

$$V(x, y) = \frac{1}{2}y^2 - \int_0^x k(\xi)\,d\xi > 0.$$

Wie wir in Beispiel 32.33 nachgewiesen haben, ist $V(x, y)$ eine Ljapunov-Funktion – das heißt, im Fall $k'(0) < 0$ ist die Ruhelage stabil.

Beachtet man, daß jede Ruhelage eine stationäre Stelle der potentiellen Energie

$$U(x) = -\int_0^x k(\xi)\,d\xi + U(0)$$

ist, so hat man den bekannten Satz, ***daß eine Ruhelage*** x_0 ***stabil ist, wenn*** $U(x)$ ***in*** x_0 ***ein relatives Minimum hat, und daß sie instabil ist, wenn*** $U(x)$ ***in*** x_0 ***ein relatives Maximum hat.***

Wir haben nun zwei ihrem Wesen nach grundsätzlich verschiedene Methoden zur Stabilitätsuntersuchung kennengelernt. Die eine besteht in der Diskussion des Systems der ersten Näherung, die andere läuft auf die Konstruktion einer Ljapunov-Funktion hinaus, die auch *direkte Methode von Ljapunov* genannt wird. Beide Verfahren ermöglichen es, Aussagen über die Stabilität einer Gleichgewichtslage ohne Integration der Differentialgleichungen zu machen. Einfacher erscheint die Untersuchung des Systems der ersten Näherung zu sein, für die im wesentlichen eine Eigenwertaufgabe zu lösen ist. Dieses Verfahren hat somit konstruktiven Charakter (wenn auch die Berechnung der Eigenwerte mitunter recht kompliziert sein kann), denn es lassen sich auf vorgezeigtem Wege entsprechende Aussagen machen, wenn man vom Ausnahmefall rein imaginärer Eigenwerte absieht (der übrigens numerisch nicht so einfach festgestellt werden kann). Dagegen ist der Weg über Ljapunov-Funktionen zwar einfach und elegant, doch gibt es kein konstruktives Verfahren, Ljapunov-Funktionen für allgemeine Systeme zu finden. In der Regel ist dies auch eine schwierige Aufgabe, wenn es nicht möglich ist, allgemeine physikalische Gesetze auszunützen. Diesem Nachteil muß allerdings gegenübergestellt werden, daß es durch Konstruktion von Ljapunov-Funktionen möglich ist, den Einfluß der nichtlinearen Glieder auf das qualitative Verhalten der Lösungen zu berücksichtigen. Deshalb lassen sich über die direkte Methode von Ljapunov auch dann Aussagen über die Stabilität machen, wenn die Untersuchung des Systems der ersten Näherung keine diesbezüglichen Rückschlüsse möglich macht. Insofern ist die direkte Methode von Ljapunov weitreichender.

Über ein anderes Problem bei der Stabilitätsuntersuchung, das vor allem für die Praxis bedeutsam ist, darf nicht hinweggesehen werden. Für die Anwendungen ist der Begriff der asymptotischen Stabilität wichtiger als der der Stabilität schlechthin, da man lieber möchte, daß ein System in die Ruhelage zurückgebracht wird anstatt für die Zukunft – wenn auch geringe – Abweichungen zulassen zu müssen. Ist nun die asymptotische Stabilität sichergestellt, so weiß man bloß, daß das System bei hinlänglich kleiner Störung in die Ruhelage zurückkehrt; ob auch größere Abweichungen ausgeglichen werden, kann dadurch nicht entschieden werden. Gerade dies aber ist ein Anliegen in den praktischen Anwendungen. Die Kenntnis der asymptotischen Stabilität erlangt somit ihre wahre Bedeutung, wenn auch über den Einzugsbereich der asymptotischen Stabilität etwas bekannt ist.

Es ist unschwer einzusehen, daß über das System der ersten Näherung keine Rückschlüsse auf den Einzugsbereich der asymptotischen Stabilität gezogen werden können, da dies nicht ohne Berücksichtigung der Glieder höherer Ordnung möglich sein kann. Tatsächlich kann durch eine Modifikation von Satz 32.13 eine Aussage gemacht werden.

Satz 32.15 *Es sei* G *das Innere einer geschlossenen Kurve (Fläche etc.) um* $\mathbf{x} = \mathbf{o}$ *und* $V(\mathbf{x}) > 0$, $\mathbf{f} \cdot \operatorname{grad} V \leqslant 0$ *für* $\mathbf{x} \in G$, $\mathbf{x} \neq \mathbf{o}$. *Bezeichnet* Ω_l *die Menge aller* $\mathbf{x} \in G$ *mit* $V(\mathbf{x}) < l$, *so sei* $l > 0$ *derart, daß der durch* $V(\mathbf{x}) = l$ *bestimmte Rand von* Ω_l *aus Punkten von* G *oder des Randes von* G *besteht; schließlich sei* $I \subseteq \Omega_l$ *die Menge aller* $\mathbf{x} \in \Omega_l$ *mit* $\mathbf{f} \cdot \operatorname{grad} V = 0$. *Ist* $\mathbf{x} = \mathbf{x}(t) = \mathbf{o}$ *die einzige in* I *verlaufende Trajektorie (d.h. gilt für eine Trajektorie* $\mathbf{x}(t, t^*, \mathbf{x}^*) \in I$ *für alle* $t^* \leqslant t \leqslant t_1^*$, *so ist* $\mathbf{x}^* = \mathbf{o}$), *so ist die Gleichgewichtslage* $\mathbf{x} = \mathbf{o}$ *von* $\dot{\mathbf{x}} = \mathbf{f}(\mathbf{x})$ *asymptotisch stabil, es gilt*

$$\lim_{t \to \infty} \mathbf{x}(t, t_0, \mathbf{x}_0) = \mathbf{o} \quad \text{für } \mathbf{x}_0 \in \Omega_l. \tag{32.130}$$

Für $\mathbf{x}_0 \in \Omega_l$ ist $v(t) = V(\mathbf{x}(t, t_0, \mathbf{x}_0))$ wegen $\mathbf{f} \cdot \operatorname{grad} V \leqslant 0$ monoton fallend; somit kann die Trajektorie $\mathbf{x}(t, t_0, \mathbf{x}_0)$ den Bereich Ω_l nicht verlassen, da sonst $v(t_1) \geqslant l$ zu einem Zeitpunkt $t_1 > t_0$ wäre im Widerspruch zu $v(t) \leqslant v(t_0) = V(\mathbf{x}_0) < l$; da keine Trajektorie auch nur ein noch so kleines Stück in I verläuft, ist $v(t)$ sogar streng monoton fallend. Folglich ist $\lim\limits_{t \to \infty} v(t) = 0$ und $\lim\limits_{t \to \infty} \mathbf{x}(t, t_0, \mathbf{x}_0) = \mathbf{o}$ wegen $V(\mathbf{x}) > 0$ für $\mathbf{x} \in \Omega_l$, $\mathbf{x} \neq \mathbf{o}$, und der Beschränktheit von Ω_l.

Beispiel 32.38: Wir betrachten nochmals die Van der Polsche Gleichung (32.76) beziehungsweise das ihr äquivalente System. Wie wir in Beispiel 32.34 nachgewiesen haben, ist $V(x, y) = \frac{1}{2}\omega_0^2(x^2 + y^2)$ eine Ljapunov-Funktion, wenn $\mu < 0$ ist und die Ungleichung

$$x \int_0^x (\xi^2 - 1)d\xi = x^2\left(\frac{x^2}{3} - 1\right) < 0 \quad \text{für } x \neq 0$$

erfüllt ist, also wenn $|x| < \sqrt{3}$ gilt. Für die Punkte des Kreises $x^2 + y^2 < 3$ hat man folglich $V(x, y) < < \frac{3}{2}\omega_0^2 = l$, also sind, da keine Trajektorie auch nur ein Stück mit der y-Achse gemeinsam hat, die Voraussetzungen von Satz 32.15 erfüllt, wenn für Ω_l der Kreis $x^2 + y^2 < 3$ genommen wird.

Für die Van der Polsche Gleichung läßt sich der Einzugsbereich der asymptotischen Stabilität exakt angeben. Wir wissen, daß die Van der Polsche Gleichung für positive Werte des Parameters μ einen Grenzzyklus besitzt. Es läßt sich zeigen, daß das Innere des Grenzzyklus, den die Gleichung nach Änderung des Vorzeichens von μ hat, der Einzugsbereich der asymptotischen Stabilität ist. Insbesondere folgt daraus, daß der Grenzzyklus der Van der Polschen Gleichung für jeden (positiven) Wert von μ außerhalb des Kreises $x^2 + y^2 < 3$ liegen muß.

Die direkte Methode von Ljapunov kann erweitert werden, um die Ruhelage eines allgemeinen nichtautonomen Systems $\dot{\mathbf{x}} = \mathbf{f}(t, \mathbf{x})$ auf Stabilität beziehungsweise Instabilität zu untersuchen. Wir verzichten hier auf eine Formulierung der Sätze, die fast denselben Wortlaut wie diejenigen für autonome Systeme haben, wenn man den Begriff der Ljapunov-Funktion $V(t, \mathbf{x})$, die jetzt auch eine Funktion der Zeit t ist, entsprechend überträgt. An die Stelle des Ausdrucks $\frac{d}{dt}V(\mathbf{x}) = \mathbf{f}(\mathbf{x}) \cdot \operatorname{grad} V(\mathbf{x})$ tritt dann $\frac{d}{dt}V(t, \mathbf{x}) = \frac{\partial V}{\partial t} + + \mathbf{f}(t, \mathbf{x}) \cdot \operatorname{grad} V(t, \mathbf{x})$.

Wir wenden uns zum Abschluß der Stabilität einer Bewegung zu. Nach Ljapunov versteht man darunter folgendes:

Definition 32.4 (Stabilität einer Bewegung im Sinne von Ljapunov) Eine Bewegung $\mathbf{x}(t, t_0, \mathbf{x}_0)$ des heterogenen Systems $\dot{\mathbf{x}} = \mathbf{f}(t, \mathbf{x})$ heißt *stabil (im Sinne von Ljapunov)*, wenn es zu jeder Zahl $\epsilon > 0$ eine Zahl $\delta > 0$ gibt, so daß gilt

$$|\mathbf{x}(t, t_0, \mathbf{x}_0) - \mathbf{x}(t, t_0, \hat{\mathbf{x}})| < \epsilon \quad \text{für } t \geqslant t_0, \text{ wenn } |\mathbf{x}_0 - \hat{\mathbf{x}}| < \delta.$$

Ist eine Bewegung nicht stabil, so heißt sie *instabil.*

Wir merken an, daß die Untersuchung der Stabilität einer Bewegung von $\dot{\mathbf{x}} = \mathbf{f}(t, \mathbf{x})$ auf die Untersuchung der Stabilität der Ruhelage eines nichtautonomen Systems zurückgeführt werden kann. Ist $\mathbf{x}(t, t_0, \mathbf{x}_0)$ die in Betracht gezogene Bewegung, so führt man in $\dot{\mathbf{x}} = \mathbf{f}(t, \mathbf{x})$ für $\mathbf{x}$ die Variable $\mathbf{y} = \mathbf{x} - \mathbf{x}(t, t_0, \mathbf{x}_0)$ ein; dabei geht das System $\dot{\mathbf{x}} = \mathbf{f}(t, \mathbf{x})$ über in das System $\dot{\mathbf{y}} = \mathbf{f}\big(t, \mathbf{y} + \mathbf{x}(t, t_0, \mathbf{x}_0)\big) - \mathbf{f}\big(t, \mathbf{x}(t, t_0, \mathbf{x}_0)\big) = \mathbf{g}(t, \mathbf{y})$, für das offenbar $\mathbf{y} = \mathbf{o}$ eine Ruhelage ist. Diese ist genau dann stabil, wenn die Bewegung $\mathbf{x}(t, t_0, \mathbf{x}_0)$ stabil ist.

Die Ljapunovsche Definition der Stabilität einer Bewegung verlangt, daß die Systemzustände für alle Zeiten beliebig benachbart sind, wenn sich die Anfangszustände hinreichend wenig unterscheiden. Diese Forderung ist einigermaßen rigoros, durch sie werden Bewegungen instabil, die wir anschaulich als stabil bezeichnen würden. Ein Beispiel hierfür liefert uns das mathematische Pendel, dessen Bewegungsgleichung

$$\ddot{x} + \omega_0^2 \sin x = 0$$

lautet. Wir wissen, daß jeder Anfangszustand (x_0, y_0), ausgenommen $x_0 = 0$ und $x_0 = \pi$, zu einer periodischen Bewegung führt. Für $x_0 = 0$ und $x_0 = \pi$ erhält man die beiden Gleichgewichtszustände, wobei $x_0 = 0$ stabil ist, $x_0 = \pi$ instabil (vgl. Beispiel 32.37). Weiter ist uns bekannt, daß die Periode T jeder solchen Bewegung vom Anfangszustand abhängt. Wenn wir $\dot{x}_0 = 0$ annehmen, so ist insbesondere die Periode umso größer, je größer die Anfangsauslenkung x_0 ist. Wir wollen die Bewegungen zu zwei Anfangsauslenkungen x_0 und $x_0 + \Delta x$ betrachten; die Perioden seien T und $T + \Delta T$. Zum Zeitpunkt $t = T$ ist das erste Pendel wieder in der Ausgangslage, das zweite benötigt hierfür noch die Zeit ΔT. Nach n Schwingungen des ersten Pendels, also zum Zeitpunkt $t = nT$, benötigt das zweite Pendel noch die Zeit $n\Delta T$ zur Vollendung der n-ten Schwingung. Wenn wir n jetzt so groß wählen, daß näherungsweise $n\Delta T \approx \frac{T}{2}$ ist, so befinden sich die beiden Pendel zum Zeitpunkt $t = nT$ annähernd in den entgegengesetzten Totpunkten – im Ljapunovschen Sinn kann daher die Pendelbewegung nicht stabil sein, obwohl die Phasentrajektorien bei hinreichend kleinem Δx offensichtlich beliebig nahe nebeneinander verlaufen.

Da dieser Sachverhalt in vielen Anwendungen auftritt, schwächt man die Ljapunovsche Definition der Stabilität einer Bewegung folgendermaßen ab:

Definition 32.5 (Orbitale Stabilität) Eine Bewegung $\mathbf{x}(t, t_0, \mathbf{x}_0)$, der die Phasentrajektorie C entspricht, heißt *orbital stabil* oder *bahnstabil*, wenn es zu jedem $\epsilon > 0$ eine Zahl $\delta > 0$ gibt, so daß die Phasentrajektorie jeder anderen Bewegung, die sich zum Zeitpunkt $t = t_1$ im δ-Schlauch um C befindet, für alle Zeiten im ϵ-Schlauch um die Kurve C verläuft. Die Bewegung $\mathbf{x}(t, t_0, \mathbf{x}_0)$ heißt *orbital-asymptotisch stabil*, wenn sich jede Phasentrajektorie, die in einer gewissen Umgebung von C beginnt, der Phasentrajektorie C von $\mathbf{x}(t, t_0, \mathbf{x}_0)$ beliebig annähert.

Demnach ist eine Bewegung, der als Bild im Phasenraum die Trajektorie C entspricht, orbital stabil, wenn jede Phasentrajektorie, die in einen hinreichend schmalen Schlauch um die Kurve C zu einem gewissen Zeitpunkt eindringt, in der Folge beliebig nahe der Kurve C verläuft. In Bild 32.15 ist ein orbital stabiler Fall dargestellt; Bild 32.16 zeigt einen orbital-asymptotisch stabilen Fall.

Eine im Sinne von Ljapunov stabile Bewegung ist natürlich auch orbital stabil. Ferner bemerken wir, daß die Unterscheidung zwischen stabil im Sinne von Ljapunov und orbital stabil für eine Gleichgewichtslage gegenstandslos ist.

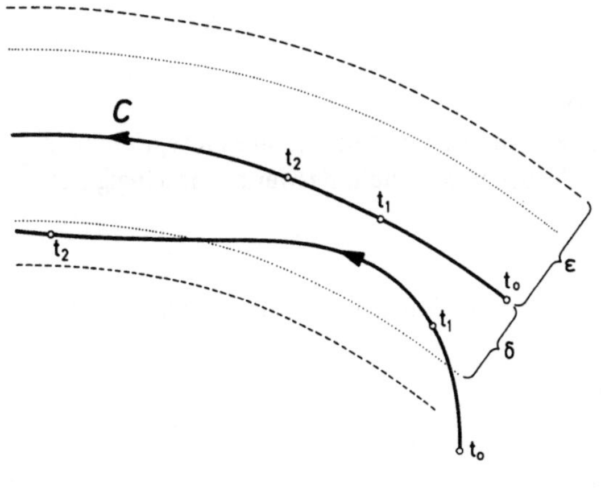

Bild 32.15

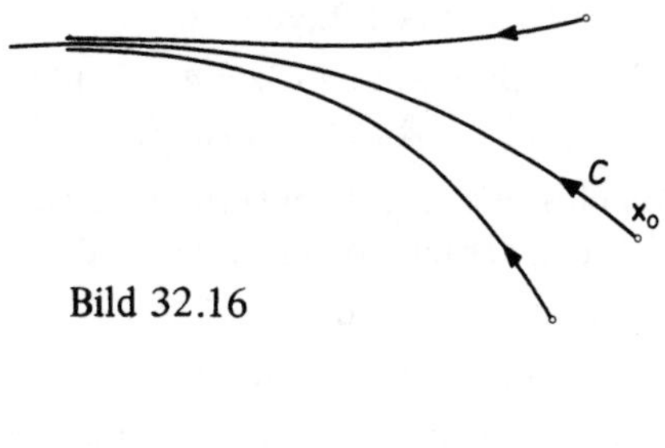

Bild 32.16

Im Hinblick auf Einschwingvorgänge in nichtlinearen Systemen gilt das Interesse besonders der Stabilität von Grenzzyklen. Wir beschränken uns darauf, ein Ergebnis zu notieren, das in vielen Anwendungen eine Aussage zu machen ermöglicht.

Satz 32.16 *Sind die Voraussetzungen von Satz* 32.3 *erfüllt, so ist der Grenzzyklus der Lienard-Gleichung* (32.80) *orbital-asymptotisch stabil.*

Beispiel 32.39: Für die Van der Polsche Gleichung (32.76) sind die Voraussetzungen dieses Satzes für $\mu > 0$ erfüllt, ihr Grenzzyklus ist demnach orbital asymptotisch stabil. Das Phasenporträt zeigt Bild 32.17. Jede Trajektorie (mit Ausnahme der Gleichgewichtslage und des Grenzzyklus selbst) nähert sich asymptotisch dem Grenzzyklus. Physikalisch bedeutet dies, daß jedes durch die Van der Polsche Differentialgleichung zu beschreibende System im Falle $\mu > 0$ in einen eingeschwungenen Zustand übergeht, wenn es sich nicht im Gleichgewicht befindet. In Bild 32.18 ist ein solcher Einschwingvorgang dargestellt; die punktierte Linie entspricht dabei dem Grenzzyklus.

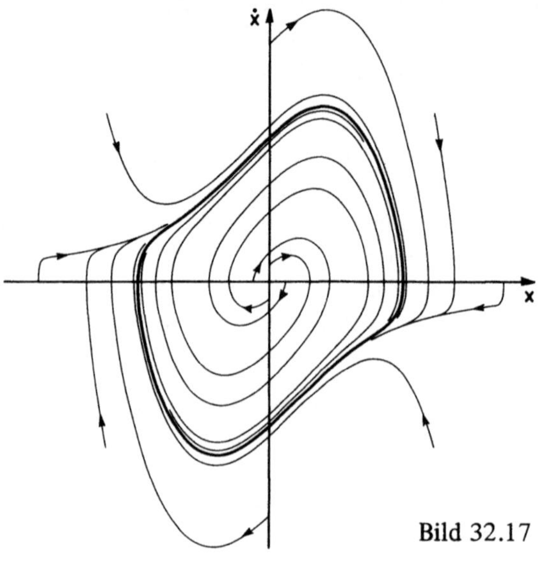

Bild 32.17

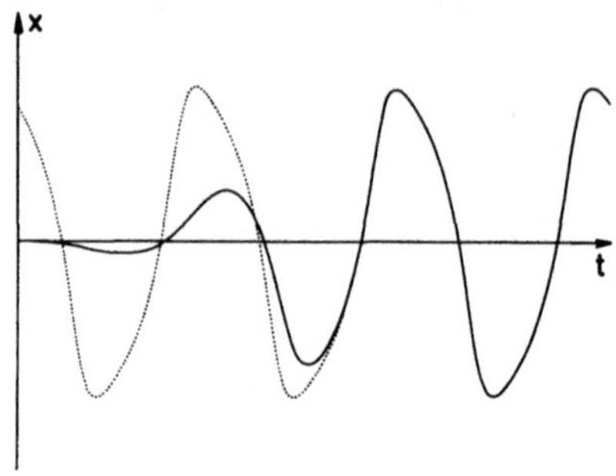

Bild 32.18

32.6 Übungsbeispiele

Man löse die folgenden (exakten) Differentialgleichungen:

1. $(x^2 + y^2)dx + 2xydy = 0$
2. $(x + 3y + 5)dx + (3x - 4y - 1)dy = 0$
3. $(x\sqrt{x^2 + y^2} + y)dx + (y\sqrt{x^2 + y^2} + x)dy = 0.$

Man löse die folgenden Differentialgleichungen durch Konstruktion eines integrierenden Faktors, der nur von einer der beiden Veränderlichen x beziehungsweise y abhängig ist:

4. $(2x^2 + y^2 - x)dx + xydy = 0$
5. $2xydx - (3y^2 + x^2)dy = 0.$

Man löse die folgenden Differentialgleichungen durch Konstruktion eines integrierenden Faktors der Gestalt $k(x, y) = l(z)$:

6. $y(1 - x)dx + x(1 - y)dy = 0, \quad z = xy$
7. $yg(xy)dx + xh(xy)dy = 0, \quad z = xy$

8. $(-7x^2 + 8xy - 4y^2)dx + 3(2y - x)^2\,dy = 0, \quad z = y - x$

9. $\big(x - cy(x^2 + y^2)\big)dx + \big(y + cx(x^2 + y^2)\big)dy = 0, \quad z = x^2 + y^2.$

Man berechne das allgemeine Integral der folgenden Differentialgleichungen:

10. $xy' = y \ln \frac{y}{x}$ 11. $x^2 y' = x^2 + xy + y^2$

12. $y' = -\frac{x + y - 2}{x - y + 4}$ 13. $y' = -\frac{x + y + 1}{2x + 2y - 1}.$

14. Man löse die Differentialgleichung $y' + xe^y = 1$, indem man zunächst durch $\eta = e^y$ eine neue abhängige Veränderliche einführt.

15. Man löse die Differentialgleichung
$y'(y - x)\sqrt{1 + x^2} - \sqrt{(1 + y^2)^3} = 0$
durch die Substitutionen $\xi = \arctan x$, $\eta = \arctan y$.

16. Man löse die Riccatische Differentialgleichung
$$y' = -y^2 - \frac{4}{x}y + \frac{4}{x^2}$$
durch Transformation auf eine lineare Differentialgleichung zweiter Ordnung.

17. Man transformiere die Differentialgleichung
$Ly(x) = a(x)y'' + b(x)y' + c(x)y = \lambda y,$
worin λ ein reeller Parameter ist, durch Einführung einer neuen unabhängigen Veränderlichen ξ und einer neuen abhängigen Veränderlichen η, und zwar durch den Ansatz $y(x) = \eta(\xi)g(x) = \eta\big(h(x)\big)g(x)$, auf die Gestalt $-\eta'' + f(\xi)\eta = \lambda\eta$.

18. Man löse die Differentialgleichung
$$\frac{\partial U}{\partial y}dx - \frac{\partial U}{\partial x}dy = 0, \quad U = \frac{A}{r} + \left(\frac{R^3}{r^3} - 1\right)x, \quad r = \sqrt{x^2 + y^2} > R,$$
durch Transformation auf Polarkoordinaten (Feldlinienbild einer elektrisch geladenen Kugel in einem homogenen elektrischen Feld, dessen Richtung parallel zur x-Achse ist $(A = Q/4\pi\epsilon_0 E)$).

Man berechne das allgemeine Integral der folgenden Differentialgleichungen:

19. $(1 + x^2)y'' + y'^2 + 1 = 0$

20. $2yy'' + y'^2 - 1 = 0$

21. $y'' = e^{x+y}.$

Man bestimme das Phasenportrait der durch die folgenden Gleichungen beschriebenen Systeme:

22. $\dot{x} = y + 2y^3, \quad \dot{y} = -x - 2x^3$

23. $\dot{x} = y + cx(x^2 + y^2), \quad \dot{y} = -x + cy(x^2 + y^2)$

24. $\dot{x} = 3x - 5y^2, \quad \dot{y} = -x^3 - 3y$

25. $\dot{x} = x(1 - y), \quad \dot{y} = y(1 - x).$

26. Zwei Betriebe, die das gleiche Produkt herstellen, befinden sich in gegenseitiger Konkurrenz. Man erstelle ein einfaches Modell für die Entwicklung des wirtschaftlichen Potentials der beiden Betriebe, und zwar durch ein System von zwei Differentialgleichungen erster Ordnung, dessen Unbekannte x und y ein Maß für das wirtschaftliche

Potential der beiden Betriebe sind. Man diskutiere die wirtschaftliche Entwicklung beider Betriebe mit Hilfe des Phasenportraits. Wie groß sind die Überlebenschancen eines der beiden Betriebe in Abhängigkeit von der Ausgangssituation?

Man diskutiere die (isolierte) Gleichgewichtslage $x = y = 0$ der folgenden linearen Systeme:

27. $\dot{x} = x + 4y, \quad \dot{y} = x + y$
28. $\dot{x} = -4x - y, \quad \dot{y} = 5x + y$
29. $\dot{x} = 2x + y, \quad \dot{y} = x + y$
30. $\dot{x} = x - y, \quad \dot{y} = 2x - y$
31. $\dot{x} = 3x + 2y, \quad \dot{y} = -4x - 2y$
32. $\dot{x} = -x + 2y, \quad \dot{y} = -2x - 3y.$
33. Man diskutiere die isolierte Gleichgewichtslage $x = y = 0$ des durch
$$\dot{x} = \alpha x + y, \quad \dot{y} = -x + 2\alpha y$$
beschriebenen linearen Systems in Abhängigkeit des reellen Parameters α. Für welche Werte von α ist das System gedämpft?

Man bestimme die Gleichgewichtslagen der folgenden Systeme und überprüfe sie auf Stabilität beziehungsweise Instabilität durch Untersuchung des Systems der ersten Näherung, sofern über dieses ein Rückschluß auf das gestörte System möglich ist:

34. $\dot{x} = y + 2y^3, \quad \dot{y} = -x - 2x^3$
35. $\dot{x} = y + x(x^2 + y^2), \quad \dot{y} = -x + y(x^2 + y^2)$
36. $\dot{x} = x(a - y), \quad \dot{y} = y(b - x), \quad a > 0, b > 0.$
37. Sei
$$\dot{x} = -\omega_0 y + f(x), \quad \dot{y} = \omega_0 x + g(y), \quad f(0) = g(0) = 0.$$
Darin sei $f(x)$ eine ungerade, $g(x)$ eine gerade stetig differenzierbare Funktion. Man überprüfe mit Hilfe des Systems der ersten Näherung die Gleichgewichtslage $x = y = 0$ auf Stabilität beziehungsweise Instabilität.
38. Man bestimme sämtliche Gleichgewichtslagen des Systems
$$\dot{x} = y^2 - (x + 1)\left((x - 1)^2 + a\right), \quad \dot{y} = -xy,$$
in Abhängigkeit des reellen Parameters a. Für welche Werte des Parameters a läßt sich durch Untersuchung des Systems der ersten Näherung eine Aussage über Stabilität beziehungsweise Instabilität dieser Gleichgewichtslagen machen?

Man untersuche die Ruhelage $x = y = z = 0$ in Abhängigkeit von den Systemparametern auf Stabilität, asymptotische Stabilität beziehungsweise Instabilität:

39. $\dot{x} = ax + by + cz, \quad \dot{y} = \alpha y + \gamma z, \quad \dot{z} = \beta y + \alpha z$
40. $\dot{x} = -x, \quad \dot{y} = bx + \alpha y - z, \quad \dot{z} = cx + y + \alpha z.$
41. Man gebe (über Ungleichungen zwischen den Parametern a, b und c) eine notwendige und hinreichende Bedingung für Stabilität und Instabilität der Ruhelage $x = y = z = 0$ des Systems
$$\dot{x} = -x + ay + bz, \quad \dot{y} = ax - y + cz, \quad \dot{z} = bx + cy - z$$
an.
42. Man ermittle jene Parameterkonfigurationen, für die die Ruhelage $x = 0$ des durch die Gleichung $\dddot{x} + \alpha\ddot{x} + \beta\dot{x} + \gamma x = 0$ beschriebenen Systems asymptotisch stabil ist.

43. Sei $\dot{\mathbf{x}} = \mathbf{A} \cdot \mathbf{x}$ ein lineares System mit regulärer Koeffizientenmatrix $\mathbf{A}$.

(i) Man gebe eine notwendige und hinreichende Bedingung für Stabilität der Ruhelage $\mathbf{x} = \mathbf{o}$ an, wenn $\mathbf{A}$ eine symmetrische Matrix ist.

(ii) Man beweise, daß die Ruhelage $\mathbf{x} = \mathbf{o}$ stabil ist, wenn $\mathbf{A}$ eine beliebige schiefsymmetrische Matrix ist (die nur eine gerade Anzahl von Spalten haben muß, da sonst die Voraussetzung der Regularität verletzt wäre).

44. Die Untersuchung der Stabilität der Rotationsbewegung einer Rakete führt auf das Differentialgleichungssystem

$\ddot{x} \cos y - 2\dot{x}\dot{y} \sin y + \alpha\dot{y} = \beta \sin x,$

$\ddot{y} + \dot{x}^2 \sin y \cos y - \alpha\dot{x} \cos y = \beta \sin y \cos x,$

worin α und β Konstante sind. Dabei ist die Roationsbewegung stabil, wenn die Ruhelage $x = y = 0$ dieses Differentialgleichungssystems stabil ist. Man gebe durch Untersuchung des Systems der ersten Näherung eine Ungleichung zwischen den Parametern α und β an, deren Bestehen notwendig für Stabilität (nach der ersten Näherung) ist.

45. Man untersuche die Gleichgewichtslage $\mathbf{x} = \mathbf{o}$ des durch das Differentialgleichungssystem $\ddot{\mathbf{x}} = \mathbf{B} \cdot \mathbf{x}$, worin $\mathbf{B}$ eine reguläre Matrix ist, beschriebenen Systems.

46. Ein lineares System werde durch die Mathieusche Differentialgleichung $\ddot{x} + \omega_0^2(1 + \eta \cos \Omega t)x = 0$ beschrieben. Man konstruiere (für hinreichend kleine Werte des Parameters η) $2\pi/\Omega = T$-periodische Lösungen zur Anfangsbedingung $x(0) \neq 0$, $\dot{x}(0) = 0$.

Man transformiere die Differentialgleichung durch Einführung der dimensionslosen Zeit $\tau = \Omega t$ auf $\frac{d^2x}{d\tau^2} + \omega^2(1 + \eta \cos\tau)x = 0$, $\omega^2 = \omega_0^2/\Omega^2$; für diese Differentialgleichung suche man 2π-periodische Lösungen, indem man mit dem Ansatz

$$x(\tau) = \sum_{n=0}^{\infty} \eta^n x_n(\tau),$$

für den man fordert, daß die Funktionen $x_n(\tau)$ 2π-periodisch sind und für $n \geqslant 1$ den Anfangsbedingungen $x_n(0) = 0$, $\dot{x}_n(0) = 0$ genügen, in die Differentialgleichung geht und gleichzeitig das Quadrat der Größe ω als Potenzreihe

$$\omega^2 = \sum_{n=0}^{\infty} \xi_n \eta^n = \gamma(\eta)$$

ansetzt. Durch die Lösungen der Gleichungen

$$\omega^2 = \omega_0^2/\Omega^2 = \sum_{k=0}^{n} \xi_k \eta^k, \quad n = 2, 3, \ldots,$$

erhält man Näherungen für jene Werte von η, für die periodische Lösungen auftreten.

47. Ein nichtlineares System werde durch die Differentialgleichung $\ddot{x} + a\dot{x} + 2bx + 3x^2 = 0$, $a \geqslant 0$, $b > 0$, beschrieben. Man diskutiere die Stabilität aller Gleichgewichtslagen durch Konstruktion einer Ljapunov-Funktion und schätze (im Falle $a > 0$) den Einzugsbereich der asymptotischen Stabilität der Gleichgewichtslage $x = y = 0$ ab.

48. Durch die Gleichung

$$\ddot{u}_g + \left(\frac{R}{L} - \frac{M}{LC} i_a'(u_g)\right)\dot{u}_g + \frac{1}{LC} u_g = 0$$

wird der Verlauf der Gitterspannung der in Bild 32.11 skizzierten Schaltung beschrieben. Man zeige durch Konstruktion einer Ljapunov-Funktion, daß die Gleichgewichtslage $u_g = 0$ stabil ist, wenn für die Steilheit $S = i_a'$ der Kennlinie im Punkt $u_g = 0$ die Bedingung $RC > MS$ erfüllt ist.

49. Man zeige durch Konstruktion einer Ljapunov-Funktion, daß die Ruhelage $x = y = 0$ des Systems

$$\dot{x} = \omega_0 y + bx^2 - 2cxy + dy^2, \quad \dot{y} = -\omega_0 x + ax^2 - 2bxy + cy^2, \quad \omega_0 > 0,$$

unabhängig von der Wahl der Konstanten a, b, c und d stabil ist.

50. Sei $\ddot{x} + x = f(x, \dot{x}) = ax^2 + 2bx\dot{x} + c\dot{x}^2$. Man gebe durch Konstruktion einer Ljapunov-Funktion Bedingungen (in Form von Ungleichungen zwischen den Parametern a, b und c) an, unter denen die Stabilität der Ruhelage $x = 0$ gewährleistet ist.

Man mache hierfür den Ansatz

$$V(x, y) = x^2 + y^2 + V_3(x, y) + V_4(x, y)$$

mit

$$V_3(x, y) = a_1x^3 + a_2x^2y + a_3xy^2 + a_4y^3,$$
$$V_4(x, y) = b_1x^4 + b_2x^3y + b_3x^2y^2 + b_4xy^3 + b_5y^4,$$

und bestimme $V_3(x, y)$ so, daß gilt

$$\frac{dV}{dt} = V_x\dot{x} + V_y\dot{y} = \gamma(x^2 + y^2)^2 + \ldots;$$

darin sind durch die Punkte die Glieder höherer Ordnung angedeutet, auf die es bei der Stabilitätsuntersuchung nicht ankommt, wenn $\gamma \neq 0$ ist, und zwar aus folgendem Grund: ist

$$F(x, y) = f(x, y) + g(x, y)$$

und ist für $0 < x^2 + y^2 < \delta$ die Ungleichung $f(x, y) > 0$ mit $f(0, 0) = 0$ erfüllt, und ist weiter $\lim\limits_{x \to 0, y \to 0} \frac{g(x, y)}{f(x, y)} = 0$, so ist $F(x, y) > 0$ in einer geeigneten Umgebung $0 < x^2 + y^2 < \delta'$ des Koordinatenursprungs.

51. Sei $\ddot{x} + x = f(x, \dot{x}) = ax^2 + bx\dot{x}^2 + c\dot{x}^3$. Man gebe Bedingungen für Stabilität der Gleichgewichtslage $x = 0$ an.

52. Man untersuche die Stabilität der Ruhelage $x = \dot{x} = \dot{y} = 0$ des Systems von Beispiel 44. Man beweise zunächst die Gültigkeit der Gleichungen

$$\frac{d}{dt} V_1(x, \dot{x}, y, \dot{y}) = \frac{d}{dt} V_2(x, \dot{x}, y, \dot{y}) = 0,$$

worin für V_1 und V_2 aus

$$V_1(x, \dot{x}, y, \dot{y}) = \frac{1}{2}(\dot{y}^2 + \dot{x}^2 \cos^2 y) + \beta(\cos x \cos y - 1),$$

$$V_2(x, \dot{x}, y, \dot{y}) = (\dot{y} \sin x - \dot{x} \cos y \sin y \cos x) + \alpha(\cos x \cos y - 1)$$

einzusetzen ist. Es gilt daher für jede reelle Zahl

$$\frac{d}{dt} V(x, \dot{x}, y, \dot{y}) = 0, \quad V = V_1 + \lambda V_2.$$

Wenn es schließlich eine Zahl λ_0 gibt, so daß $V(x, \dot{x}, y, \dot{y}) > 0$ für $0 < x^2 + \dot{x}^2 + y^2 + \dot{y}^2 < \eta^2$ gilt, so ist die Ruhelage $x = \dot{x} = y = \dot{y} = 0$ stabil.

Kapitel IX Vektoranalysis und partielle Differentialgleichungen

Die symbolische Vektorrechnung und die Differential- und Integralrechnung vektorwertiger Funktionen, die man auch als *Vektoranalysis* bezeichnet, bilden die mathematische Grundlage zur Beschreibung mannigfacher Erscheinungen unserer physikalischen Welt.

Bis weit in die Mitte des 19. Jahrhunderts versuchte man, die Lehre von der Elektrizität und des Magnetismus durch Gesetze zu begründen, in denen die durch die Anwesenheit materieller Substrate auftretenden Wirkungen als Fernkräfte in Anziehungszentren aufgefaßt werden. Typische Grundgesetze dieser Art sind das Newtonsche Attraktionsgesetz der Gravitation oder das nach *Charles Augustin Coulomb* (1736–1806) benannte Gesetz der Anziehung beziehungsweise Abstoßung elektrisch geladener Körper. Die diesen Gesetzen zugrundeliegende Auffassung bezeichnet man als *Fernwirkungstheorie*, da sie die Kraftwirkungen so formulieren, als würden diese den Raum zwischen den Körpern überspringen. Nur der englische Physiker *Michael Faraday* (1791–1867) ging von gänzlich anderen Vorstellungen aus. Er sah den Raum von Kraftlinien durchzogen und machte das Kraftfeld zwischen zwei räumlich voneinander getrennten Körpern für die elektrischen und magnetischen Einwirkungen des einen Körpers auf den anderen verantwortlich. Durch diese Auffassung der Kraftwirkungen wurde er zum Begründer der *Feldwirkungstheorie*, mit der nun eine umfassende Beschreibung elektrodynamischer Vorgänge möglich wurde.

Faraday selbst standen keine mathematischen Hilfsmittel zur Verfügung, um seine Vorstellungen einwandfrei formulieren zu können. Dies war dem schottischen Gelehrten *James Clerk Maxwell* (1831–1879) vorbehalten, der vom Faradayschen Feldbild ausgehend ein Lehrgebäude schuf, an dessen Spitze er vier Gleichungen stellte, die die Grundgleichungen der Elektrodynamik darstellen und welche untrennbar mit seinem Namen verbunden sind.

33 Vektorfelder. Differentiation und Integration der Feldgrößen

33.1 Der Feldbegriff

Um die Faradaysche Vorstellung von der Wirkung des Feldes mathematisch zu fassen, bedient man sich einer *Feldgröße*. Unter einem *Feld* versteht man eine von Ort zu Ort veränderliche Größe, die man die Feldgröße nennt. Die Feldgröße kann auch noch von anderen Parametern abhängen, wobei naturgemäß die Abhängigkeit von der Zeit eine große Rolle spielt. Man nennt zur Unterscheidung ein von der Zeit unabhängiges Feld *stationär* und spricht von einem *instationären* Feld, wenn sich die Feldgröße auch mit der Zeit ändert.

Ein Feld ist somit analytisch durch eine Funktion des Ortes und der Zeit zu beschreiben. Je nach der Natur der Feldgröße unterscheidet man verschiedene Arten von Feldern. Vor allem wichtig sind die *skalaren* Feldgrößen, das sind solche, die sich durch Zahlenwerte charakterisieren lassen, und die *vektoriellen* Feldgrößen, die durch einen Vektor darzustellen sind. Man spricht deshalb von einem *Skalarfeld*, wenn die Feldgröße ein Skalar ist, und von einem *Vektorfeld*, wenn die Feldgröße ein Vektor ist.

Ein instationäres Skalarfeld ist mathematisch durch eine reellwertige Funktion

$$\varphi = f(x, y, z, t) = f(\mathbf{x}, t)$$

zu beschreiben; darin bezeichnet φ die Feldgröße, x, y und z sind die kartesischen Koordinaten des Ortes $\mathbf{x}$, t bedeutet die Zeit. Entsprechend ist die Feldgröße $\mathbf{k}$ eines instationären Vektorfeldes eine vektorwertige Funktion

$$\mathbf{k} = \mathbf{f}(x, y, z, t) = \mathbf{f}(\mathbf{x}, t)$$

des Ortes $\mathbf{x}$ und der Zeit t. Der Fußpunkt des Vektors $\mathbf{k}$ ist dabei immer der Punkt $\mathbf{x}$. Sinngemäß wird ein stationäres Skalar- beziehungsweise Vektorfeld durch eine Funktion des Ortes $\mathbf{x}$ allein beschrieben,

$$\varphi = f(\mathbf{x}) \quad \text{beziehungsweise} \quad \mathbf{k} = \mathbf{f}(\mathbf{x}).$$

Ein Beispiel eines instationären Skalarfeldes ist das Temperaturfeld $\vartheta = f(x, y, z, t)$, das durch Körper verschiedener Temperatur im Raum erzeugt wird. Die dabei auftretende Wärmeströmung (Wärmeausgleich) ist ein instationäres Vektorfeld. Ein anschauliches Beispiel eines Vektorfeldes ist das Geschwindigkeitsfeld einer Flüssigkeitsströmung $\mathbf{v} = \mathbf{f}(\mathbf{x}, t)$: Jenes Flüssigkeitsteilchen, das sich zur Zeit t im Punkte $\mathbf{x}$ befindet, hat die Geschwindigkeit $\mathbf{v} = \mathbf{f}(\mathbf{x}, t)$.

Von grundlegender Bedeutung für die Mechanik und Elektrodynamik ist das Gravitationsfeld einer punktförmigen Masse sowie das elektrische Feld einer punktförmigen Ladung. Nach dem Newtonschen Attraktionsgesetz wirkt zwischen zwei Massen M und m, die wir uns im Koordinatenursprung beziehungsweise im Punkt $\mathbf{x}$ denken, die Anziehungskraft

$$K = \gamma \frac{mM}{r^2}, \quad r = |\mathbf{x}|, \tag{33.1}$$

worin γ die Gravitationskonstante ist. Die Masse m, die wir uns klein gegenüber der Masse M denken, wird von der Masse M angezogen; da der Einheitsvektor $\mathbf{e} = -\frac{1}{r}\mathbf{x}$ die Richtung der Kraft angibt, wirkt am Ort $\mathbf{x}$ der Masse m auf diese die Kraft

$$\mathbf{K} = \mathbf{e}K = \gamma \frac{mM}{r^2}\mathbf{e} = -\gamma \frac{mM}{r^3}\mathbf{x}.$$

Die feldwirkungstheoretische Auffassung der Gravitation geht nun davon aus, daß bereits eine *einzelne* Masse ein Schwerefeld erzeugt. Deshalb müssen wir beachten, daß auch die Masse m ein Feld um sich erzeugt, das sich dem Feld der Masse M überlagert. Um diesen Einfluß auszuschalten, machen wir die Masse m immer kleiner und erhalten, wenn wir die ebenfalls kleiner werdende Anziehungskraft **K** durch m dividieren, in der Grenze,

$$\mathbf{k} = \lim_{m \to 0} \frac{1}{m} \mathbf{K} = -\gamma \frac{M}{r^3} \mathbf{x}, \tag{33.2}$$

das Gravitationsfeld **k**, das von der im Koordinatenursprung befindlichen Masse M erzeugt wird. Auf eine Masse m wirkt in diesem Feld die Anziehungskraft

$$\mathbf{K} = m\mathbf{k}, \tag{33.3}$$

aus der man durch Bildung des Betrages das Newtonsche Gesetz (33.1) zurückgewinnt.

Eine analoge Betrachtung, die auf der formal gleichen Gesetzmäßigkeit des Newtonschen Massenanziehungsgesetzes (33.1) mit dem Coulombschen Gesetz fußt, führt zum Begriff der elektrischen Feldstärke einer punktförmigen Ladung. Nach dem Coulombschen Gesetz wirkt im leeren Raum auf zwei Ladungen q und Q im Abstand r voneinander die Kraft

$$K = \frac{qQ}{4\pi\epsilon_0} \frac{1}{r^2}; \tag{33.4}$$

darin ist $\epsilon_0 = 8.854 \cdot 10^{-12} \left[\frac{As}{Vm}\right]$ die sogenannte ***Influenzkonstante.*** Um das Feld zu erklären, das eine einzelne Ladung Q (deren Sitz wir im Koordinatenursprung annehmen) erzeugt, geht man von der Kraftwirkung auf eine kleine Probeladung q aus. Befindet sich diese im Punkt **x**, so wirkt auf sie die Kraft

$$\mathbf{K} = q \frac{Q}{4\pi\epsilon_0} \frac{1}{r^3} \mathbf{x}, \tag{33.5}$$

die abstoßend oder anziehend ist, je nachdem, ob q und Q gleiches oder entgegengesetztes Vorzeichen haben. Sodann betrachtet man immer kleiner werdende Probeladungen und mißt die Kraft auf diese im Verhältnis zu ihrer Größe. Die Feldgröße

$$\mathbf{E} = \lim_{q \to 0} \frac{1}{q} \mathbf{K} = \frac{Q}{4\pi\epsilon_0} \frac{1}{r^3} \mathbf{x}, \tag{33.6}$$

die man in der Grenze erhält, heißt die ***elektrische Feldstärke,*** das Feld wird das von der Ladung Q hervorgerufene ***elektrische Feld*** genannt. Die mechanische Kraft, die auf eine Ladung q im elektrischen Feld **E** wirkt, ist

$$\mathbf{K} = q\mathbf{E}. \tag{33.7}$$

Der Leser sei darauf hingewiesen, daß (33.3) beziehungsweise (33.7) zusammen mit (33.2) beziehungsweise (33.6) die Fassungen der Fernwirkungsgesetze (33.1) beziehungsweise (33.4) in der Konzeption der Feldwirkungstheorie sind. Diese unterschiedliche Formulierung ein und desselben physikalischen Sachverhalts macht in markanter Weise deutlich, wie die Idee der Feldwirkung schon in ihrer Anlage von der der Fernwirkung verschieden ist. Während in der Fernwirkungstheorie einer einzelnen Masse beziehungsweise Ladung keine Bedeutung zukommt, da erst durch eine zweite Masse beziehungsweise Ladung eine Kraftwirkung auftritt, erzeugt aus der Sicht der Feldwirkungstheorie eine einzelne Masse das Gravitationsfeld (33.2), eine einzelne Ladung das elektrische Feld (33.6). Begriffe wie Ladung und Abstand, die charakteristische Merkmale der Fernwirkungstheorie sind, treten in der Feldwirkungstheorie zurück; für diese stehen die Feldgrößen im Vordergrund. Die Formulierung von Gesetzen mit Hilfe von Feldgrößen ist daher typisch für die der Feldwirkung zugrundeliegende Idee.

Obwohl in der klassischen Physik nur dreidimensionale Felder existieren, ist es gelegentlich doch nützlich, zweidimensionale Felder zu betrachten. Man spricht in diesem Fall von einem *ebenen* Feld. Ebene Felder werden meist als lokale Näherungen benützt.

Ebenfalls im Rahmen von Näherungen betrachtet man verschiedentlich Felder mit konstanter Feldgröße. In solchen Fällen spricht man von einem *homogenen* Feld.

Wir gehen schließlich noch darauf ein, wie man sich Felder graphisch veranschaulichen kann, wobei wir uns auf stationäre Felder beschränken. Für Skalarfelder erweist sich die Konstruktion der Niveauflächen, also der Flächen, auf denen die Feldgröße konstant ist, als geeignet, insofern deren Schnittlinien mit einer Ebene ein Bild des Feldverlaufs geben können (vgl. hierzu Abschnitt 22.1). Um sich eine geometrische Vorstellung von Vektorfeldern zu verschaffen, geht man davon aus, daß durch ein Feld $\mathbf{k} = \mathbf{f}(\mathbf{x})$ in jedem Punkt des Raumes durch die darin angreifende Feldgröße $\mathbf{k}$ eine Richtung erklärt wird. Dies nützt man nun aus, indem man Kurven konstruiert, deren Tangentenrichtung in jedem Punkt die Richtung des dort angreifenden Feldvektors hat. Diese Kurven werden *Feldlinien* des Feldes $\mathbf{k} = \mathbf{f}(\mathbf{x})$ genannt. Um ihre Gleichung aufzustellen, bezeichnen wir mit $\mathbf{x} = \mathbf{x}(t)$ die Parameterdarstellung einer solchen Feldlinie; ihr Tangentenvektor $\mathbf{t}$ hat die Richtung von $\dot{\mathbf{x}}(t)$. Da nun zwei Vektoren genau dann parallel sind, wenn ihr äußeres Produkt verschwindet, ergibt sich

$$\mathbf{k} \times \dot{\mathbf{x}} = \mathbf{o}$$

oder wegen $d\mathbf{x} = \dot{\mathbf{x}} dt$ das von der Parametrisierung unabhängige Gleichungssystem

$$\mathbf{k} \times d\mathbf{x} = \mathbf{o} \tag{33.8}$$

beziehungsweise

$$\frac{dx_1}{k_1} = \frac{dx_2}{k_2} = \frac{dx_3}{k_3}. \tag{33.9}$$

Da es sich dabei nur um zwei linear unabhängige Differentialgleichungen handelt, zum Beispiel

$$k_2(x_1, x_2, x_3)dx_1 - k_1(x_1, x_2, x_3)dx_2 = 0,$$
$$k_3(x_1, x_2, x_3)dx_2 - k_2(x_1, x_2, x_3)dx_3 = 0,$$

erhält man durch Integration zwei Flächenscharen

$$F(x_1, x_2, x_3, c_1, c_2) = 0 \quad \text{und} \quad G(x_1, x_2, x_3, c_1, c_2) = 0,$$

deren Schnittlinien für verschiedene Werte der Integrationskonstanten c_1 und c_2 die Feldlinien ergeben.

Wir bemerken noch, daß die Feldlinien durch die Richtung des in jedem Punkt angreifenden Feldvektors auf natürliche Weise orientiert sind.

Beispiel 31.1: Wir berechnen die Feldlinien des resultierenden elektrischen Feldes $\mathbf{E}$, wenn eine Ladung Q in ein homogenes elektrisches Feld $\mathbf{E}_0$ gebracht wird. Da sich die Kraftwirkungen vektoriell addieren, ist das resultierende elektrische Feld, wenn sich die Ladung Q im Koordinatenursprung befindet,

$$\mathbf{E} = \mathbf{E}_0 + \frac{Q}{4\pi\epsilon_0} \frac{1}{r^3} \mathbf{x}.$$

Wir nehmen nun an, daß das homogene Feld $\mathbf{E}_0$ die Richtung der x_1-Achse hat, $\mathbf{E}_0 = E_0\mathbf{e}_1$. Damit folgt aus (33.9), wenn wir x, y und z an Stelle von x_1, x_2 und x_3 schreiben,

$$\frac{dx}{E_0 + \frac{Q}{4\pi\epsilon_0 r^3}x} = \frac{dy}{\frac{Q}{4\pi\epsilon_0 r^3}y} = \frac{dz}{\frac{Q}{4\pi\epsilon_0 r^3}z};$$

daraus leiten sich die beiden Differentialgleichungen

$$y\,dz - z\,dy = 0, \quad y\,dx - \left[\frac{4\pi\epsilon_0 E_0}{Q}(\sqrt{x^2+y^2+z^2})^3 + x\right]dy = 0$$

ab. Ihre Lösungen (vgl. Beispiel 32.16) sind

$$z - ay = 0, \quad \frac{(1+a^2)2\pi\epsilon_0 E_0}{Q}y^2 - \frac{x}{\sqrt{x^2+y^2+z^2}} - b = 0,$$

aus denen man durch die Wahl y = t die Parameterdarstellung

$$x(t) = t(Ct^2 - b)\sqrt{\frac{1+a^2}{1-(Ct^2-b)^2}}, \quad y(t) = t, \quad z(t) = at, \qquad C = \frac{(1+a^2)2\pi\epsilon_0 E_0}{Q},$$

erhält. Aus Symmetriegründen verläuft jede Feldlinie vollständig in einer Ebene durch die x-Achse. Das Feldlinienbild in einer solchen Ebene ist in Bild 33.1 wiedergegeben.

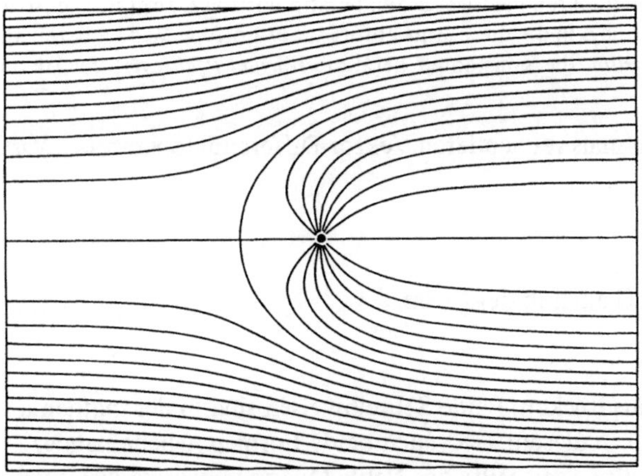

Bild 33.1

33.2 Gradient, Divergenz und Rotation

Die lokalen Eigenschaften eines Feldes in der Umgebung eines Punktes lassen sich mit Hilfe des Differentials der Feldgröße studieren. Wir wollen uns jetzt für das Verhalten der Feldgrößen interessieren, das sich aus charakteristischen Merkmalen der Ableitungsmatrix ergibt und uns zu grundlegenden Begriffsbildungen für das Studium der realen physikalischen Felder führen wird. Da im folgenden nur die Ortsabhängigkeit der Feldgrößen wesentlich ist, beschränken wir uns auf stationäre Felder.

Mit Hilfe des *Gradienten*

$$\text{grad } U = \frac{\partial U}{\partial x_1}e_1 + \frac{\partial U}{\partial x_2}e_2 + \frac{\partial U}{\partial x_3}e_3$$

eines Skalarfeldes U = U(x) läßt sich das Differential der Feldgröße U als inneres Produkt

$$dU = (\text{grad } U) \cdot dx \tag{33.10}$$

schreiben (vgl. Abschnitt 23.1). Wie ebenda festgestellt wurde, zeigt der Gradient in jene Richtung, in der die Feldgröße U am stärksten zunimmt, denn unter allen Zuwächsen dx mit |dx| = const. hat das Differential dU den größten Wert, wenn **dx** die Richtung von grad U hat. Weiter konnten wir sehen, daß der Vektor grad U senkrecht auf die Niveauflächen des Skalars U steht, denn liegt dx in der Tangentialebene einer Niveaufläche, so muß dU = 0 sein, was nur möglich ist, wenn grad U auf solche Ortszuwächse senkrecht steht.

Durch Bildung des Gradienten eines Skalarfeldes U = U(x) entsteht ein Vektorfeld

$$\mathbf{k} = \operatorname{grad} U,$$

das man das *Gradientenfeld* der skalaren Feldgröße U nennt. Aus den Eigenschaften des Gradienten geht hervor, daß die Feldlinien des Gradientenfeldes von U die Niveauflächen des Skalars U senkrecht durchsetzen.

Gradientenfelder haben auf Grund der oben besprochenen Eigenschaften des Gradienten eine große Bedeutung für die mathematische Physik. Ein besonders anschauliches Beispiel ist der Wärmeausgleich, der durch ein instationäres Temperaturfeld $\vartheta = \vartheta(x, t)$ beschrieben wird. Da Wärmemenge stets von Punkten höherer Temperatur zu Punkten niedrigerer Temperatur abströmt, zeigt der negative Temperaturgradient $-\operatorname{grad}\vartheta$ in jene Richtung, in die die Wärme abfließt. Für isotrope Medien bezeichnet man das Feld $\mathbf{w} = -l \operatorname{grad} \vartheta$ als *Wärmestrom*, die Konstante l heißt die *Wärmeleitfähigkeit*. Sie ist eine für das Medium spezifische Größe.

Mit Hilfe des von Hamilton erstmals verwendeten Vektor-Differentialoperators „*Nabla*"

$$\nabla = \mathbf{e}_1 \frac{\partial}{\partial x_1} + \mathbf{e}_2 \frac{\partial}{\partial x_2} + \mathbf{e}_3 \frac{\partial}{\partial x_3}$$

läßt sich der Gradient eines Skalars U auch in der Form

$$\operatorname{grad} U = \nabla U$$

(sprich: *Nabla angewendet auf* U) ausdrücken. Beide Schreibweisen sind in der mathematischen Physik in Gebrauch, weshalb in diesem Text auch beide Formen nebeneinander verwendet werden sollen, die Darstellung mit Hilfe des Nabla-Operators vorzugsweise im Zusammenhang mit nun zu besprechenden Differentialoperationen, die sich ebenfalls mit Hilfe des Nabla-Operators symbolisch darstellen lassen.

Wir wenden uns nun der Untersuchung von Vektorfeldern zu. Das Differential der Feldgröße y eines Vektorfeldes y = **f**(x) lautet

$$dy = \mathbf{F} \cdot dx, \tag{33.11}$$

worin die Matrix **F** die Ableitung der Funktion **f**(x) ist. Ein charakteristisches Verhalten zeigt der Feldzuwachs dy nun, je nachdem, ob die Matrix **F** symmetrisch ist,

$$\mathbf{F} = \mathbf{F}^*,$$

oder antisymmetrisch,

$$\mathbf{F} = -\mathbf{F}^*.$$

Wir wollen zunächst den Fall untersuchen, daß die Ableitungsmatrix **F** symmetrisch ist. Sie hat dann drei reelle Eigenwerte λ_1, λ_2 und λ_3, die zugehörigen Eigenvektoren bilden ein orthogonales Dreibein. Wir können dann ohne Beschränkung der Allgemeinheit den Koordinatenursprung in den Punkt **x** legen und die Koordinatenrichtungen mit den

Eigenrichtungen der Matrix **F** zusammenfallen lassen. Unter diesen Umständen hat die Matrix **F** Diagonalform und (33.11) lautet ausführlich

$$dy_1 = \lambda_1 dx_1, \quad dy_2 = \lambda_2 dx_2, \quad dy_3 = \lambda_3 dx_3. \tag{33.12}$$

Wenn wir nun annehmen, daß alle Eigenwerte positiv sind, so ergibt sich aus (33.12), daß der Feldzuwachs **dy** für Zuwächse **dx** in den Eigenrichtungen der Matrix **F** vom Punkt **x** wegweist. Ein qualitativ ähnliches Bild ergibt sich für den Zuwachs der Feldgröße in beliebigen Richtungen **dx** (Bild 33.2). Hält man sich dabei das Strömungsfeld einer Flüssigkeit vor Augen, so entsteht das Bild einer *Quelle*, in der Flüssigkeit entspringt und folglich Feldlinien beginnen (Bild 33.3). Analog liegt der Fall, wenn alle Eigenwerte der Matrix **F** negativ sind, nur haben jetzt die Zuwächse der Feldgröße eine Richtung, die zum Punkt **x** hinweist, wie bei einer *Senke*, in der Flüssigkeit verschwindet und infolgedessen Feldlinien enden. Sind die Eigenwerte teils positiv, teils negativ, so weisen die Zuwächse der Feldgröße teils vom Punkt **x** weg, teils zum Punkt **x** hin. Je nachdem, ob die Summe der Eigenwerte $\lambda_1 + \lambda_2 + \lambda_3$ positiv oder negativ ist, überwiegen die Einflüsse in den Richtungen der positiven Eigenwerte oder der negativen Eigenwerte, und sie kompensieren sich, wenn diese Summe gleich Null ist. Die Summe der Eigenwerte ist also ein Maß dafür, wieviel Flüssigkeit dem Strömungsfeld im Punkt **x** zugeführt wird. Aus der Hydromechanik stammt für diesen Ausdruck auch die Bezeichnung *Divergenz* des Feldes, symbolisch div**f**, mit der an das Auseinanderströmen der Flüssigkeit erinnert werden soll; daneben ist auch die Bezeichnung *Quelldichte* für die Divergenz eines Vektorfeldes gebräuchlich.

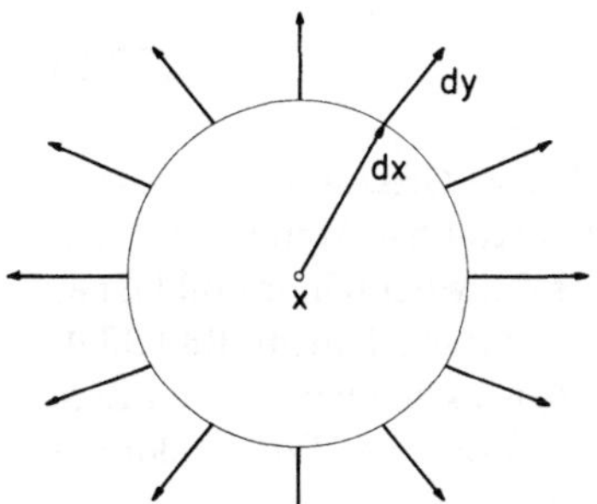

Bild 33.2

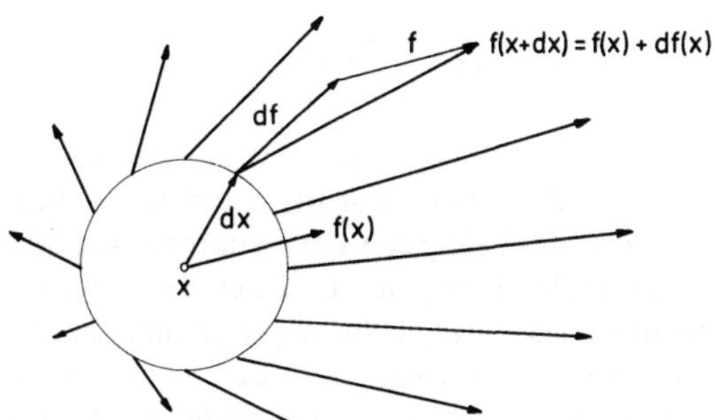

Bild 33.3

Da die Summe der Eigenwerte einer Matrix gleich ihrer Spur, also der Summe der Hauptdiagonalglieder ist (vgl. (21.7)), ergibt sich für die Divergenz eines Vektorfeldes der Ausdruck

$$\operatorname{div}\mathbf{f} = \operatorname{Spur}\mathbf{F} = \frac{\partial}{\partial x_1} f_1(\mathbf{x}) + \frac{\partial}{\partial x_2} f_2(\mathbf{x}) + \frac{\partial}{\partial x_3} f_3(\mathbf{x}). \tag{33.13}$$

Ist die Divergenz positiv, so befindet sich im Punkt **x** eine Quelle, es beginnen Feldlinien, ist die Divergenz negativ, so ist der Punkt **x** eine Senke, es enden Feldlinien.

Mit Hilfe des Nabla-Operators läßt sich der Ausdruck für die Divergenz eines Vektorfeldes als formales inneres Produkt des symbolischen Vektors ∇ und der Feldgröße schreiben,

$$\operatorname{div}\mathbf{f} = \nabla \cdot \mathbf{f}.$$

Für die Divergenz des Gradienten einer skalaren Feldgröße U erhält man

$$\operatorname{divgrad} U = \frac{\partial}{\partial x_1}\frac{\partial U}{\partial x_1} + \frac{\partial}{\partial x_2}\frac{\partial U}{\partial x_2} + \frac{\partial}{\partial x_3}\frac{\partial U}{\partial x_3} = \frac{\partial^2 U}{\partial x_1^2} + \frac{\partial^2 U}{\partial x_2^2} + \frac{\partial^2 U}{\partial x_3^2} = \Delta U,$$

also

$$\operatorname{divgrad} U = \Delta U, \tag{33.14}$$

wobei

$$\Delta = \frac{\partial^2}{\partial x_1^2} + \frac{\partial^2}{\partial x_2^2} + \frac{\partial^2}{\partial x_3^2}$$

der schon früher betrachtete *Laplace-Operator* ist (vgl. Abschnitt 23.4). Er kann mit Hilfe des Nabla-Operators symbolisch durch das innere Produkt

$$\Delta = \nabla \cdot \nabla = \nabla^2 \tag{33.15}$$

ausgedrückt werden.

Ein gänzlich anderes Verhalten zeigt ein Vektorfeld mit antisymmetrischer Ableitung. Da die Vektoren $\mathbf{F} \cdot \mathbf{x}$ für eine antisymmetrische Matrix $\mathbf{F}$ in der Form $\mathbf{F} \cdot \mathbf{x} = \mathbf{a} \times \mathbf{x}$ mit einem eindeutig bestimmten Vektor $\mathbf{a}$ dargestellt werden können (vgl. (21.35)), nimmt (33.11), wenn wir für $\mathbf{a} = \frac{1}{2}\mathbf{r}$ setzen, die Gestalt

$$\mathrm{d}\mathbf{y} = \mathbf{F} \cdot \mathrm{d}\mathbf{x} = \frac{1}{2}\mathbf{r} \times \mathrm{d}\mathbf{x} \tag{33.16}$$

an. Diese Gleichung besagt, daß der Feldzuwachs $\mathrm{d}\mathbf{y}$ für beliebige Ortszuwächse $\mathrm{d}\mathbf{x}$ senkrecht auf den Vektor $\mathbf{r}$ steht, so daß der Vektor $\mathbf{r}$ Achsencharakter hat. Weiter steht der Zuwachs der Feldgröße stets senkrecht auf den Ortszuwachs $\mathrm{d}\mathbf{x}$, wodurch das Bild einer Rotationsbewegung um die durch den Vektor $\mathbf{r}$ bestimmte Achse entsteht. In Bild 33.4 ist dies angedeutet, wobei angenommen wurde, daß der Vektor $\mathbf{r}$ senkrecht aus der Zeichenebene herauszeigt. Der Vektor $\mathbf{r}$ wird deshalb die *Rotation* oder der *Rotor* oder die *Wirbelstärke* beziehungsweise *Wirbeldichte* genannt, symbolisch rot f.

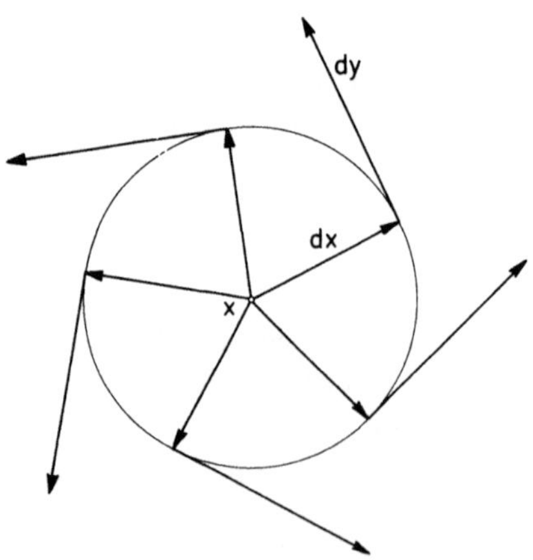

Bild 33.4

Die Koordinaten des Vektors **r** können auf Grund der Antisymmetrie der Matrix **F** in der Form

$$r_1 = -2\frac{\partial f_2}{\partial x_3} = \frac{\partial f_3}{\partial x_2} - \frac{\partial f_2}{\partial x_3}, \quad r_2 = 2\frac{\partial f_1}{\partial x_3} = \frac{\partial f_1}{\partial x_3} - \frac{\partial f_3}{\partial x_1},$$
$$r_3 = -2\frac{\partial f_1}{\partial x_2} = \frac{\partial f_2}{\partial x_1} - \frac{\partial f_1}{\partial x_2} \tag{33.17}$$

dargestellt werden. Eine einprägsame Merkregel für die Koordinaten des Rotors ist mit Hilfe des Nabla-Operators durch das symbolische äußere Produkt

$$\operatorname{rot}\mathbf{f} = \nabla \times \mathbf{f} \tag{33.18}$$

möglich, über das man mit Hilfe der symbolischen Determinante

$$\operatorname{rot}\mathbf{f} = \begin{vmatrix} \mathbf{e}_1 & \mathbf{e}_2 & \mathbf{e}_3 \\ \dfrac{\partial}{\partial x_1} & \dfrac{\partial}{\partial x_2} & \dfrac{\partial}{\partial x_3} \\ f_1 & f_2 & f_3 \end{vmatrix} = r_1\mathbf{e}_1 + r_2\mathbf{e}_2 + r_3\mathbf{e}_3$$

durch Entwicklung nach der ersten Zeile unmittelbar zu den Formeln (33.17) für die Koordinaten des Vektors $\operatorname{rot}\mathbf{f}$ gelangt.

Ist jetzt $\mathbf{y} = \mathbf{f}(\mathbf{x})$ ein beliebiges Vektorfeld, so zerlegen wir die Ableitungsmatrix $\mathbf{f}'(\mathbf{x}) = \mathbf{F}$ in einen symmetrischen Anteil **S** und in einen antisymmetrischen Anteil **T**,

$$\mathbf{F} = \mathbf{S} + \mathbf{T}, \quad \mathbf{S} = \frac{1}{2}(\mathbf{F} + \mathbf{F}^*), \quad \mathbf{T} = \frac{1}{2}(\mathbf{F} - \mathbf{F}^*).$$

Der symmetrische Anteil **S** ist für die Quellen des Feldes verantwortlich, der antisymmetrische Anteil für die Wirbel des Feldes. Wegen $\operatorname{Spur}\mathbf{T} = 0$ ist die Spur der Matrix **S** gleich der Spur der Matrix **F**, so daß der Ausdruck

$$\operatorname{div}\mathbf{f} := \nabla \cdot \mathbf{f} = \frac{\partial f_1}{\partial x_1} + \frac{\partial f_2}{\partial x_2} + \frac{\partial f_3}{\partial x_3}, \tag{33.19}$$

der die *Divergenz* des Feldes genannt wird, ein Maß für die Quelldichte ist. Der durch den antisymmetrischen Anteil **T** eindeutig bestimmte Vektor **r** mit der Eigenschaft $\mathbf{T} \cdot \mathbf{x} = \frac{1}{2}\mathbf{r} \times \mathbf{x}$ heißt *Rotor*, *Rotation* oder *Wirbeldichte* des Feldes,

$$\operatorname{rot}\mathbf{f} := \nabla \times \mathbf{f} = \begin{cases} \dfrac{\partial f_3}{\partial x_2} - \dfrac{\partial f_2}{\partial x_3} \\ \dfrac{\partial f_1}{\partial x_3} - \dfrac{\partial f_3}{\partial x_1} \\ \dfrac{\partial f_2}{\partial x_1} - \dfrac{\partial f_1}{\partial x_2} \end{cases}. \tag{33.20}$$

Das Gradientenfeld $\mathbf{y} = \mathbf{f}(\mathbf{x}) = \operatorname{grad} U$ einer skalaren Feldgröße U hat eine symmetrische Ableitung, denn es gilt (unter entsprechenden Differenzierbarkeitseigenschaften, die die

Anwendung des Satzes von Schwarz erlauben)

$$\frac{\partial f_i}{\partial x_j} = \frac{\partial}{\partial x_j}\frac{\partial U}{\partial x_i} = \frac{\partial^2 U}{\partial x_j \partial x_i} = \frac{\partial^2 U}{\partial x_i \partial x_j} = \frac{\partial}{\partial x_i}\frac{\partial U}{\partial x_j} = \frac{\partial f_j}{\partial x_i}.$$

Daher verschwindet der antisymmetrische Anteil der Ableitung des Feldes grad U, was bedeutet, daß der Rotor eines Gradienten stets gleich dem Nullvektor ist,

$$\operatorname{rot}\operatorname{grad} U = \mathbf{o}. \tag{33.21}$$

Mit Hilfe des Nabla-Operators schreibt sich diese Gleichung in der Form

$$\operatorname{rot}\operatorname{grad} U = \nabla \times (\nabla U) = (\nabla \times \nabla) U = \mathbf{o}.$$

Ein allgemeines Feld $\mathbf{y} = \mathbf{f}(\mathbf{x})$ mit der Eigenschaft

$$\operatorname{rot} \mathbf{f} = \mathbf{o}$$

wird *wirbelfrei* genannt. Ist $\operatorname{div} \mathbf{f} \neq 0$, so spricht man insbesondere von einem *wirbelfreien Quellenfeld*, im Falle $\operatorname{div} \mathbf{f} = 0$ von einem *quellen-* und *wirbelfreien* Feld. Ein quellen- und wirbelfreies Feld heißt auch ein *Laplace-Feld*, ein wirbelfreies Quellenfeld ein *Poisson-Feld*.

Verschwindet die Divergenz eines Vektorfeldes,

$$\operatorname{div} \mathbf{f} = 0,$$

so nennt man es *quellenfrei*, insbesondere ein *quellenfreies Wirbelfeld* oder ein *solenoidales* Feld, wenn $\operatorname{rot} \mathbf{f} \neq \mathbf{o}$ ist.

Ein Gradientenfeld ist wegen (33.21) stets ein Poisson-Feld. Da

$$\operatorname{div}\operatorname{rot} \mathbf{f} = \nabla \cdot (\nabla \times \mathbf{f}) = 0 \tag{33.22}$$

gilt, ist die Wirbeldichte eines Vektorfeldes stets ein solenoidales Feld.

Wir erwähnen noch die Formel

$$\operatorname{rot}\operatorname{rot} \mathbf{f} = \operatorname{grad}\operatorname{div} \mathbf{f} - \Delta \mathbf{f}, \tag{33.23}$$

die man durch eine direkte Rechnung bestätigen kann, oder mit Hilfe des Nabla-Operators, indem man diesen formal wie einen Vektor behandelt,

$$\operatorname{rot}\operatorname{rot} \mathbf{f} = \nabla \times (\nabla \times \mathbf{f}) = \nabla(\nabla \cdot \mathbf{f}) - \nabla^2 \mathbf{f} = \operatorname{grad}\operatorname{div} \mathbf{f} - \Delta \mathbf{f},$$

worin (19.45) und (33.15) verwendet wurde.

33.3 Kurvenintegrale

Über das Differential einer Feldgröße konnten wir uns einen Einblick in die *lokale* Struktur des Feldes verschaffen. Die Beschreibung *globaler* Wirkungen des Feldes führt auf Integrale über Feldgrößen.

Ein wichtiges Beispiel einer solchen globalen Wirkung ist die Arbeit, die bei der Bewegung eines Massenpunktes längs einer Kurve in einem Kraftfeld geleistet werden muß. Definitionsgemäß ist die Arbeit bei konstanter Kraft und geradliniger Bewegung das Produkt aus Kraft mal Weg in Richtung des Weges, das heißt, ist $\mathbf{k}$ die konstante Kraft und $\mathbf{t}$ der die Bewegungsrichtung kennzeichnende Einheitsvektor, so ist $k_t = \mathbf{k} \cdot \mathbf{t}$ die Kraftwirkung in Richtung des Weges und

$$A = k_t s = \mathbf{k} \cdot \mathbf{t} s$$

die Arbeit bei der Bewegung um die Weglänge s (vgl. Abschnitt 13.5). Diese Definition ist die Grundlage, um die Arbeit bei einer Bewegung eines Massenpunktes längs einer beliebigen Kurve C in einem Kraftfeld $\mathbf{k} = \mathbf{k}(\mathbf{x})$ bestimmen zu können. Wir denken uns die (durch die Bewegungsrichtung orientierte) Kurve C in Parameterdarstellung $\mathbf{x} = \mathbf{x}(t)$, $a \leqslant t \leqslant b$, gegeben. Durch die Wahl einer Zerlegung $a = t_0 < t_1 < \ldots < t_{n-1} < t_n = b$ des Parameterintervalls $[a, b]$ bestimmen wir auf der Kurve C Teilungspunkte $\mathbf{x}_i = \mathbf{x}(t_i)$ und ersetzen die Kurve C näherungsweise durch den die Punkte $\mathbf{x}_i$, $i = 0, 1, \ldots, n$, verbindenden Polygonzug. Auf der Verbindungsstrecke zweier aufeinanderfolgender Ecken $\mathbf{x}_{i-1}$ und $\mathbf{x}_i$ nähern wir nun die Kraft durch einen Mittelwert $\mathbf{k}_i$ an, etwa $\mathbf{k}_i = \mathbf{k}(\mathbf{x}_{i-1})$. Die Arbeit, die bei der Bewegung längs der die Punkte $\mathbf{x}_{i-1}$ und $\mathbf{x}_i$ verbindenden Strecke geleistet werden muß, ist dann näherungsweise

$$\Delta A_i \approx \mathbf{k}_i \cdot \mathbf{t}_i \Delta s_i,$$

worin Δs_i die Länge der Verbindungsstrecke und $\mathbf{t}_i$ der Einheitsvektor in der Bewegungsrichtung ist. Auf Grund der Beziehungen

$$\mathbf{t}_i = \frac{\Delta \mathbf{x}_i}{|\Delta \mathbf{x}_i|}, \quad \Delta s_i = |\Delta \mathbf{x}_i|, \quad \Delta \mathbf{x}_i \approx \dot{\mathbf{x}}(t_{i-1})\, \Delta t_i, \quad \Delta t_i = t_i - t_{i-1},$$

gilt somit näherungsweise

$$\Delta A_i \approx \mathbf{k}_i \cdot \Delta \mathbf{x}_i \approx \mathbf{k}\big(\mathbf{x}(t_{i-1})\big) \cdot \dot{\mathbf{x}}(t_{i-1})\, \Delta t_i.$$

Durch Summation dieser Ausdrücke gelangen wir schließlich zu dem Näherungswert

$$A = \sum_{i=1}^{n} \Delta A_i \approx \sum_{i=1}^{n} \mathbf{k}\big(\mathbf{x}(t_{i-1})\big) \cdot \dot{\mathbf{x}}(t_{i-1}) \Delta t_i.$$

Wenn die Kurve C in höchstens endlich vielen Punkten eine Ecke hat, sonst aber die Tangente sich stetig ändert, so daß die Funktion $\mathbf{x}(t)$ stückweise stetig differenzierbar ist, und wenn das Kraftfeld $\mathbf{k}(\mathbf{x})$ stetig ist, so strebt die rechterhand stehende Summe bei unbegrenzter Verfeinerung der Zerlegung des Parameterintervalls gegen das bestimmte Integral

$$\begin{aligned} A &= \int_a^b \mathbf{k}\big(\mathbf{x}(t)\big) \cdot \dot{\mathbf{x}}(t)\,dt \\ &= \int_a^b \Big(k_1\big(\mathbf{x}(t)\big)\dot{x}_1(t) + k_2\big(\mathbf{x}(t)\big)\dot{x}_2(t) + k_3\big(\mathbf{x}(t)\big)\dot{x}_3(t)\Big)dt, \end{aligned} \tag{33.24}$$

das nunmehr einen exakten Ausdruck für die bei der Bewegung längs der Kurve C geleistete Arbeit darstellt[1]).

Wir bemerken, daß das Integral (33.24) unabhängig von der speziellen Wahl der Parameterdarstellung für die Kurve C ist. Für eine andere, die Kurve C gleichartig orientierende Parameterdarstellung $\mathbf{x} = \tilde{\mathbf{x}}(\tau)$, $\alpha \leqslant \tau \leqslant \beta$, die wir durch eine Parametertransfor-

---

[1]) Streng genommen handelt es sich dabei um die Definition der Arbeit bei Bewegungen in einem Kraftfeld.

mation $t = \varphi(\tau)$, $a = \varphi(\alpha)$, $b = \varphi(\beta)$, mittels einer streng monotonen und stückweise stetig differenzierbaren Funktion $\varphi(\tau)$ erreichen, wobei $\tilde{\mathbf{x}}(\tau) = \mathbf{x}\big(\varphi(\tau)\big)$ ist, ergibt sich, wenn wir in (33.24) für $t = \varphi(\tau)$ substituieren,

$$\int_a^b \mathbf{k}\big(\mathbf{x}(t)\big) \cdot \dot{\mathbf{x}}(t)\,dt = \int_\alpha^\beta \mathbf{k}\big(\tilde{\mathbf{x}}(\tau)\big) \cdot \dot{\mathbf{x}}\big(\varphi(\tau)\big)\varphi'(\tau)\,d\tau$$

$$= \int_\alpha^\beta \mathbf{k}\big(\tilde{\mathbf{x}}(\tau)\big) \cdot \frac{d}{d\tau}\mathbf{x}\big(\varphi(\tau)\big)\,d\tau = \int_\alpha^\beta \mathbf{k}\big(\tilde{\mathbf{x}}(\tau)\big) \cdot \dot{\tilde{\mathbf{x}}}(\tau)\,d\tau.$$

Der Unabhängigkeit des Integrales (33.24) von der Parametrisierung der Kurve C trägt man durch eine parameterfreie Schreibweise Rechnung,

$$A = \int_C \mathbf{k}(\mathbf{x}) \cdot d\mathbf{x} = \int_C \big(k_1(\mathbf{x})dx_1 + k_2(\mathbf{x})dx_2 + k_3(\mathbf{x})dx_3\big). \tag{33.25}$$

In den Anwendungen bedient man sich gerne des Symbols $d\mathbf{s}$ an Stelle von $d\mathbf{x}$ und nennt es das *vektorielle Bogendifferential, Wegdifferential* oder *Wegelement*,

$$d\mathbf{s} = \mathbf{e}_1 dx_1 + \mathbf{e}_2 dx_2 + \mathbf{e}_3 dx_3. \tag{33.26}$$

Für (33.25) schreibt man dann ohne Kennzeichnung der Ortsvariablen $\mathbf{x}$

$$A = \int_C \mathbf{k} \cdot d\mathbf{s},$$

worin $\mathbf{k}$ die Feldgröße ist. Der Integrand

$$dA = \mathbf{k} \cdot d\mathbf{s} = k_1 dx_1 + k_2 dx_2 + k_3 dx_3 \tag{33.27}$$

wird *Wegdifferential der Arbeit* genannt.

Ein Integral

$$I = \int_C \mathbf{f} \cdot d\mathbf{s} = \int_C \mathbf{f}(\mathbf{x}) \cdot d\mathbf{x} = \int_C \big(f_1(\mathbf{x})dx_1 + f_2(\mathbf{x})dx_2 + f_3(\mathbf{x})dx_3\big)$$

heißt *Kurvenintegral, Linienintegral* oder *Wegintegral* der vektoriellen Feldgröße $\mathbf{f}$ über die orientierte Kurve C. Es wird definiert durch das Riemannsche Integral

$$I = \int_C \mathbf{f}(\mathbf{x}) \cdot d\mathbf{x} := \int_a^b \mathbf{f}\big(\mathbf{x}(t)\big) \cdot \dot{\mathbf{x}}(t)\,dt, \tag{33.28}$$

worin $\mathbf{x} = \mathbf{x}(t)$, $a \leqslant t \leqslant b$, eine die Orientierung der Kurve C für wachsende Werte des Parameters t berücksichtigende Parameterdarstellung der Kurve C ist. Ist die Kurve C geschlossen, so deutet man dies durch einen Ring im Integralzeichen an,

$$I = \oint_C \mathbf{f} \cdot d\mathbf{s} = \oint_C \mathbf{f}(\mathbf{x}) \cdot d\mathbf{x}.$$

In der Physik wird das Integral über eine geschlossene Kurve auch *Zirkulation* der Feldgröße längs der Kurve C genannt.

Der Wert eines Kurvenintegrales hängt von der Feldgröße sowie vom Verlauf und der Orientierung der Kurve C ab. Wird die Orientierung umgedreht, so ändert sich allerdings nur das Vorzeichen. Ist nämlich die Kurve C durch $\mathbf{x} = \mathbf{x}(t)$, $a \leqslant t \leqslant b$, parametrisiert und durch den Durchlaufsinn des Parameterintervalles von kleineren zu größeren Werten orientiert, so ist $\mathbf{x} = \tilde{\mathbf{x}}(\tau) = \mathbf{x}(a + b - \tau)$, $a \leqslant \tau \leqslant b$, eine Parametrisierung derselben Kurve nur mit umgekehrter Orientierung. Folglich wird

$$\int_C \mathbf{f}(\mathbf{x}) \cdot d\mathbf{x} = \int_a^b \mathbf{f}\big(\mathbf{x}(t)\big) \cdot \dot{\mathbf{x}}(t)dt = -\int_b^a \mathbf{f}\big(\tilde{\mathbf{x}}(\tau)\big) \cdot \dot{\tilde{\mathbf{x}}}(\tau)d\tau = -\int_{-C} \mathbf{f}(\mathbf{x}) \cdot d\mathbf{x},$$

worin wir mit $-C$ die Kurve C in geänderter Orientierung bezeichnet haben (vgl. Abschnitt 13.1). Es gilt also stets

$$\int_C \mathbf{f}(\mathbf{x}) \cdot d\mathbf{x} = -\int_{-C} \mathbf{f}(\mathbf{x}) \cdot d\mathbf{x} \tag{33.29}$$

(vgl. (13.7)). Kennzeichnen wir die Zusammensetzung von Kurvenstücken C_i zu einer Kurve C wie in Abschnitt 13.1 durch die formale Summe $C = \Sigma C_i$, so erhalten wir die Regel

$$\int_C \mathbf{f}(\mathbf{x}) \cdot d\mathbf{x} = \int_{\Sigma C_i} \mathbf{f}(\mathbf{x}) \cdot d\mathbf{x} = \sum_i \int_{C_i} \mathbf{f}(\mathbf{x}) \cdot d\mathbf{x}. \tag{33.30}$$

Wir führen schließlich noch die aus den Rechenregeln für bestimmte Integrale hervorgehenden Regeln

$$\int_C \big(\mathbf{f}(\mathbf{x}) + \mathbf{g}(\mathbf{x})\big) \cdot d\mathbf{x} = \int_C \mathbf{f}(\mathbf{x}) \cdot d\mathbf{x} + \int_C \mathbf{g}(\mathbf{x}) \cdot d\mathbf{x} \tag{33.31}$$

und

$$\int_C \big(c\mathbf{f}(\mathbf{x})\big) \cdot d\mathbf{x} = c\int_C \mathbf{f}(\mathbf{x}) \cdot d\mathbf{x}, \tag{33.32}$$

worin c eine konstante skalare Größe ist, an.

Bedient man sich speziell der Bogenlänge zur Parametrisierung der Kurve C, so wird

$$\frac{d\mathbf{x}}{ds} = \mathbf{t}$$

der normierte Tangentenvektor und

$$d\mathbf{s} = \mathbf{t}ds,$$

worin ds das skalare Bogenelement (25.72) ist (vgl. Abschnitt 25.7). Bezeichnet

$$\mathbf{f} \cdot \mathbf{t} = f_t$$

die Tangentialkomponente der Feldgröße $\mathbf{f}$ längs der Kurve C, so schreibt sich (33.28) in der Form

$$I = \int_C \mathbf{f}(\mathbf{x}) \cdot d\mathbf{x} = \int_0^l f_t ds,$$

worin l die Länge der Kurve C ist.

Der Leser sei schließlich noch an die Flächeninhaltsberechnung ebener Bereiche erinnert. Die Flächenformel (13.6) sowie die Sektorformel (13.9) kann als Integral über die (ebene) Feldgröße $\frac{1}{2}(-y, x)$ aufgefaßt werden.

Es wurde schon darauf hingewiesen, daß der Wert eines Kurvenintegrals auch vom Verlauf der Kurve abhängig ist. Die Integrale über zwei verschiedene Kurven mit gemeinsamen Anfangs- und Endpunkten werden daher im allgemeinen voneinander verschieden sein,

$$\int_{C_1} \mathbf{f}(\mathbf{x}) \cdot d\mathbf{x} \neq \int_{C_2} \mathbf{f}(\mathbf{x}) \cdot d\mathbf{x}.$$

Besondere Bedeutung erlangen damit jene Feldgrößen, für die eine solche Abhängigkeit nicht gegeben ist.

Dies trifft zum Beispiel für das elektrische Feld **E** einer Einzelladung zu. Wird im Feld (33.6) der im Koordinatenursprung befindlichen Ladung Q eine Ladung q bewegt, so ist die dabei zu leistende Arbeit, da $\mathbf{k} = q\mathbf{E}$ die Kraftwirkung auf die Ladung q ist,

$$A = \int_C \mathbf{k} \cdot d\mathbf{s} = \frac{qQ}{4\pi\epsilon_0} \int_C \frac{1}{r^3} \mathbf{x} \cdot d\mathbf{x} = \frac{qQ}{4\pi\epsilon_0} \int_C \frac{1}{|\mathbf{x}(t)|^3} \mathbf{x}(t) \cdot \dot{\mathbf{x}}(t) dt = -\frac{qQ}{4\pi\epsilon_0} \int_C \frac{d}{dt} \frac{1}{|\mathbf{x}(t)|} dt$$

$$= -\frac{qQ}{4\pi\epsilon_0} \left(\frac{1}{|\mathbf{x}(b)|} - \frac{1}{|\mathbf{x}(a)|} \right)$$

nur vom Anfangspunkt $\mathbf{x}(a)$ und vom Endpunkt $\mathbf{x}(b)$ abhängig.

Ein Kurvenintegral (33.28) heißt *wegunabhängig* oder *vom Weg unabhängig*, wenn für zwei beliebige Punkte A und B das Integral über *jede* die Punkte A und B verbindende Kurve (bei gleichartiger Orientierung) stets denselben Wert hat und somit nur vom Anfangs- und Endpunkt abhängt, nicht aber vom Verlauf der Kurve. Für ein wegunabhängiges Integral schreibt man daher auch

$$\int_A^B \mathbf{f} \cdot d\mathbf{s} \quad \text{oder} \quad \int_{\mathbf{a}}^{\mathbf{b}} \mathbf{f} \cdot d\mathbf{s},$$

womit durch bloße Angabe der Wegenden, dem Anfangspunkt A und dem Endpunkt B beziehungsweise deren Ortsvektoren **a** und **b**, die Unabhängigkeit des Integrals vom Verlauf der die Punkte A und B verbindenden Kurve betont wird.

Ein Kurvenintegral ist sicher vom Weg unabhängig, wenn der Integrand $\mathbf{f}(\mathbf{x}) \cdot d\mathbf{x}$ das Differential einer skalaren Funktion $U(\mathbf{x})$ ist, also

$$dU = \operatorname{grad} U \cdot d\mathbf{x} = \mathbf{f}(\mathbf{x}) \cdot d\mathbf{x}$$

und folglich

$$\mathbf{f}(\mathbf{x}) = \operatorname{grad} U \tag{33.33}$$

gilt. In diesem Fall ist

$$\mathbf{f}\left(\mathbf{x}(t)\right) \cdot \dot{\mathbf{x}}(t) = \frac{d}{dt} U\left(\mathbf{x}(t)\right)$$

und daher

$$\int_C \mathbf{f}(\mathbf{x}) \cdot d\mathbf{x} = \int_a^b \mathbf{f}\left(\mathbf{x}(t)\right) \cdot \dot{\mathbf{x}}(t)\, dt = \int_a^b \frac{d}{dt} U\left(\mathbf{x}(t)\right) dt = \int_a^b dU\left(\mathbf{x}(t)\right)$$
$$= U\left(\mathbf{x}(b)\right) - U\left(\mathbf{x}(a)\right),$$

was bedeutet, daß der Wert des Integrals nur vom Anfangspunkt $\mathbf{x}(a)$ und vom Endpunkt $\mathbf{x}(b)$ der Kurve *C* abhängt, jedoch nicht vom Verlauf der Kurve *C*.

Die Bedingung (33.33), daß die Feldgröße $\mathbf{f}$ der Gradient eines Skalars U ist, ist demnach hinreichend für die Wegunabhängigkeit des Integrals (33.28). Wir können leicht zeigen, daß sie auch notwendig ist.

Hierfür benötigen wir eine Voraussetzung über den Definitionsbereich *G* der Funktion $\mathbf{f}(\mathbf{x})$, und zwar sollen zwei beliebige Punkte von *G* sich stets durch eine ganz in *G* verlaufende Kurve verbinden lassen. Wenn zusätzlich *G* eine offene Menge von Punkten des dreidimensionalen Raumes ist, wird *G* ein *Gebiet* genannt. Es sei also der Definitionsbereich *G* von $\mathbf{f}(\mathbf{x})$ ein Gebiet und $\mathbf{f}(\mathbf{x})$ in *G* stetig. Da wir annehmen, daß das Integral (33.28) vom Weg unabhängig ist, wird durch das Integral

$$U(\mathbf{x}) = \int_{\mathbf{a}}^{\mathbf{x}} \mathbf{f}(\mathbf{y}) \cdot d\mathbf{y}, \tag{33.34}$$

worin $\mathbf{a}$ ein fester Punkt von *G* ist, eine skalare Funktion $U(\mathbf{x})$ definiert. Wir zeigen nun, daß $U(\mathbf{x})$ in *G* differenzierbar ist und daß (33.33) in jedem Punkt von *G* gilt. Dazu bilden wir die Differenz

$$U(\mathbf{x}+\mathbf{h}) - U(\mathbf{x}) = \int_{\mathbf{a}}^{\mathbf{x}+\mathbf{h}} \mathbf{f}(\mathbf{y}) \cdot d\mathbf{y} - \int_{\mathbf{a}}^{\mathbf{x}} \mathbf{f}(\mathbf{y}) \cdot d\mathbf{y} = \int_{\mathbf{x}}^{\mathbf{x}+\mathbf{h}} \mathbf{f}(\mathbf{y}) \cdot d\mathbf{y}.$$

Da der Definitionsbereich *G* der Funktion $\mathbf{f}(\mathbf{x})$ eine offene Punktmenge ist, existiert um den Punkt $\mathbf{x}$ stets eine Kugelumgebung $|\mathbf{y} - \mathbf{x}| < \delta$, die vollständig in *G* liegt. Wenn daher $|\mathbf{h}| < \delta$ ist, liegt auch der Punkt $\mathbf{x} + \mathbf{h}$ in dieser Kugelumgebung und wir können zur Berechnung des auf der rechten Seite stehenden Integrals die geradlinige Verbindung $\mathbf{y}(t) = \mathbf{x} + t\mathbf{h}$, $0 \leqslant t \leqslant 1$, der Punkte $\mathbf{x}$ und $\mathbf{x} + \mathbf{h}$ wählen. Dann wird

$$\int_{\mathbf{x}}^{\mathbf{x}+\mathbf{h}} \mathbf{f}(\mathbf{y}) \cdot d\mathbf{y} = \int_0^1 \mathbf{f}(\mathbf{x} + t\mathbf{h}) \cdot \mathbf{h}\, dt.$$

Da $\mathbf{f}(\mathbf{x})$ eine in G stetige Funktion ist, gibt es eine Funktion $\epsilon(\mathbf{z})$ mit $\lim\limits_{\mathbf{z}\to\mathbf{o}} \epsilon(\mathbf{z}) = \mathbf{o}$ und

$$\mathbf{f}(\mathbf{x} + t\mathbf{h}) = \mathbf{f}(\mathbf{x}) + \epsilon(t\mathbf{h});$$

setzen wir dies oben ein, so folgt weiter

$$U(\mathbf{x} + \mathbf{h}) - U(\mathbf{x}) = \int\limits_0^1 (\mathbf{f}(\mathbf{x}) + \epsilon(t\mathbf{h})) \cdot \mathbf{h}\,dt = \mathbf{f}(\mathbf{x}) \cdot \mathbf{h} + \mathbf{h} \cdot \eta(\mathbf{h}),$$

wobei wir

$$\eta(\mathbf{h}) = \int\limits_0^1 \epsilon(t\mathbf{h})\,dt$$

gesetzt haben. Aus der Voraussetzung $\lim \epsilon(\mathbf{z}) = \mathbf{o}$ folgt nun $\lim \eta(\mathbf{h}) = \mathbf{o}$, also die Differenzierbarkeit der Funktion $U(\mathbf{x})$ und insbesondere

$$\operatorname{grad} U = \mathbf{f}(\mathbf{x}).$$

Fassen wir zusammen, so erhalten wir den

Satz 33.1 *Es sei die Funktion* $\mathbf{f}(\mathbf{x})$ *in einem Gebiet* G *definiert und stetig. Dann ist das Integral von* $\mathbf{f}$ *über jede ganz in* G *verlaufende Kurve genau dann vom Weg unabhängig, wenn* $\mathbf{f}$ *der Gradient eines Skalarfeldes ist.*

Bei dieser Gelegenheit sei der Leser an die Aufgabe der unbestimmten Integration reeller Funktionen einer reellen Veränderlichen erinnert, die darin besteht, zu einer gegebenen Funktion $f(x)$ eine Funktion $F(x)$ zu finden, für die $F'(x) = f(x)$ gilt, so daß deren Differential dF mit der „Differentialform" $f(x)dx$ identisch ist. Es zeigte sich, daß nur die Stetigkeit der Funktion $f(x)$ vorauszusetzen ist, um die Existenz einer solchen Funktion sicherstellen zu können. Anders sind nun die Verhältnisse bei Funktionen mehrerer Veränderlicher, da offensichtlich nicht jede mit einer stetigen Funktion $\mathbf{f}(\mathbf{x})$ gebildete Differentialform

$$\mathbf{f}(\mathbf{x}) \cdot d\mathbf{x} = f_1(\mathbf{x})dx_1 + f_2(\mathbf{x})dx_2 + f_3(\mathbf{x})dx_3 \tag{33.35}$$

das Differential einer skalaren Funktion ist. Um dies sicherzustellen, muß jetzt vorausgesetzt werden, daß das Integral von $\mathbf{f}(\mathbf{x})$ über jede ganz im Definitionsgebiet verlaufende Kurve nur von deren Anfangs- und Endpunkt abhängt; das Integral (33.34) mit „variabler oberer Grenze", dessen Gradient mit $\mathbf{f}(\mathbf{x})$ auf G übereinstimmt, wird *Stammfunktion* von $\mathbf{f}(\mathbf{x})$, in physikalischen Anwendungen *Potential* der Feldgröße $\mathbf{f}$ genannt.

Wir bemerken noch, daß das Potential einer Feldgröße bis auf eine additive Konstante bestimmt ist: Ist $U(\mathbf{x})$ ein Potential, so ist auch $V(\mathbf{x}) = U(\mathbf{x}) + C$ ein Potential.

Die Auswertung des Integrals (33.34) zur Berechnung des Potentials einer Feldgröße kann über einen beliebigen die Punkte $\mathbf{a}$ und $\mathbf{x}$ verbindenden Weg erfolgen. Besonders bequem ist der in Bild 33.5 skizzierte „Haken"; wird er als Integrationsweg gewählt, so kann das Ergebnis unmittelbar angeschrieben werden,

$$\begin{aligned} U(x_1, x_2, x_3) &= \int\limits_{C_1} + \int\limits_{C_2} + \int\limits_{C_3} = \\ &= \int\limits_{a_1}^{x_1} f_1(x, a_2, a_3)dx + \int\limits_{a_2}^{x_2} f_2(x_1, y, a_3)dy + \int\limits_{a_3}^{x_3} f_3(x_1, x_2, z)dz. \end{aligned} \tag{33.36}$$

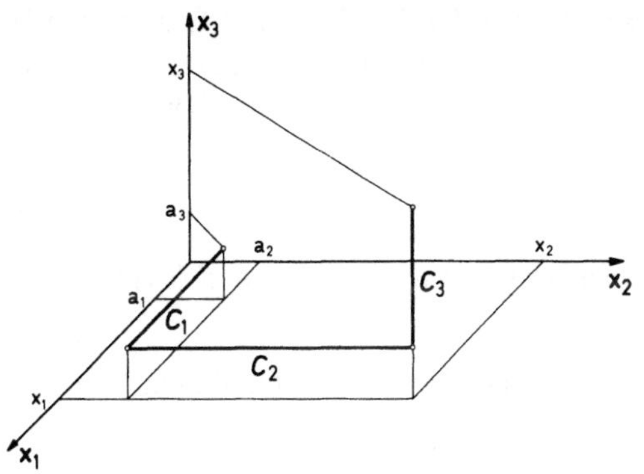

Bild 33.5

Wir stellen nun die Frage nach der Existenz eines Potentials in den Vordergrund und suchen nach einer Bedingung, mit Hilfe der die Existenz eines Potentials entschieden werden kann. Nach Satz 33.1 ist die Existenz des Potentials gleichbedeutend mit der Wegunabhängigkeit des Integrals über die Feldgröße **f**. Betrachten wir zwei beliebige Kurven C_1 und C_2 mit gemeinsamen Anfangs- und Endpunkten, so gilt

$$\int_{C_1} \mathbf{f}(\mathbf{x}) \cdot d\mathbf{x} = \int_{C_2} \mathbf{f}(\mathbf{x}) \cdot d\mathbf{x}.$$

Deshalb finden wir für das Integral über die geschlossene Kurve $C = C_1 + (-C_2) = C_1 - C_2$

$$\oint_C \mathbf{f}(\mathbf{x}) \cdot d\mathbf{x} = \int_{C_1} \mathbf{f}(\mathbf{x}) \cdot d\mathbf{x} + \int_{-C_2} \mathbf{f}(\mathbf{x}) \cdot d\mathbf{x} = \int_{C_1} \mathbf{f}(\mathbf{x}) \cdot d\mathbf{x} - \int_{C_2} \mathbf{f}(\mathbf{x}) \cdot d\mathbf{x} = 0.$$

Umgekehrt läßt sich aus dem Verschwinden der Zirkulation einer Feldgröße durch eine ähnliche Argumentation der Schluß ziehen, daß das Integral über eine beliebige Kurve unabhängig vom Verlauf dieser Kurve ist. Also gilt

Satz 33.2 *Es sei die Funktion* **f(x)** *in einem Gebiet G definiert und stetig. Dann hat das Feld* **f(x)** *in G genau dann ein Potential, wenn das Integral von* **f** *über jede ganz in G verlaufende geschlossene Kurve verschwindet,*

$$\oint_C \mathbf{f}(\mathbf{x}) \cdot d\mathbf{x} = 0. \tag{33.37}$$

Das Verschwinden der Zirkulation einer Feldgröße längs jeder ganz in G liegenden Kurve ist daher ebenfalls eine notwendige und hinreichende Bedingung für die Existenz eines Potentials.

Wenn nun die Feldgröße **f** ein Potential U(**x**) besitzt, so muß das Feld **f(x)** nach (33.21) wirbelfrei sein, das heißt, eine symmetrische Ableitung **f**′(**x**) haben. Die Wirbelfreiheit beziehungsweise die Symmetrie der Ableitung von **f(x)** ist folglich eine *notwendige* Bedingung für die Existenz eines Potentials der Feldgröße **f**. Man kann sich nun fragen, ob die Wirbelfreiheit des Feldes auch hinreichend für die Existenz eines Potentials ist.

Im allgemeinen ist dies nicht der Fall. In Teilbereichen von G kann wohl ein Potential existieren, jedoch muß dies im gesamten Definitionsgebiet G nicht der Fall sein. Unter einer zusätzlichen, das Gebiet G betreffenden Bedingung läßt sich aber eine positive Antwort geben.

Satz 33.3 *Es sei* G *ein Gebiet mit der Eigenschaft, daß durch jede ganz in* G *verlaufende geschlossene Kurve eine Fläche gelegt werden kann, die vollständig in* G *liegt. Ist dann das Vektorfeld* $\mathbf{f}(\mathrm{x})$ *in* G *differenzierbar, so ist die Symmetrie der Ableitung* $\mathbf{f}'(\mathrm{x})$ *oder damit gleichbedeutend die Bedingung*

$$\mathrm{rot}\,\mathbf{f} = \mathbf{o} \tag{33.38}$$

für alle Punkte von G notwendig und hinreichend dafür, daß das Vektorfeld $\mathbf{f}(\mathrm{x})$ *in G ein Potential besitzt.*

Die Bedingung (33.38) der Wirbelfreiheit des Feldes $\mathbf{f}(\mathrm{x})$ bedeutet, daß in *G* die drei Gleichungen

$$\frac{\partial f_2}{\partial x_3} = \frac{\partial f_3}{\partial x_2}, \quad \frac{\partial f_1}{\partial x_3} = \frac{\partial f_3}{\partial x_1}, \quad \frac{\partial f_1}{\partial x_2} = \frac{\partial f_2}{\partial x_1} \tag{33.39}$$

erfüllt sein müssen. Da sie unter den angegebenen Voraussetzungen notwendig und hinreichend dafür sind, daß die Differentialform $\mathbf{f}(\mathrm{x}) \cdot \mathrm{dx}$ das Differential einer in *G* definierten und in *G* differenzierbaren skalaren Funktion U(x) ist, wird (33.39) die *Integrabilitätsbedingung* genannt.

Den Beweis für die Hinlänglichkeit der Bedingung (33.38) für die Existenz eines Potentials holen wir später nach. Wir wollen an dieser Stelle auf ebene Felder $\big(f_1(x_1, x_2), f_2(x_1, x_2)\big)$ eingehen, die als Spezialfall eines räumlichen Feldes, dessen Koordinatenfunktionen von x_3 unabhängig sind und für das $f_3(x_1, x_2, x_3) = 0$ ist, angesehen werden können.

Das Integral eines ebenen Vektorfeldes $\big(f_1(x_1, x_2), f_2(x_1, x_2)\big)$ über eine in der (x_1, x_2)-Ebene liegende Kurve *C* wird als Integral der räumlichen Feldgröße $\big(f_1(x_1, x_2), f_2(x_1, x_2), 0\big)$ erklärt und hat folglich die Form

$$I = \int_C \big(f_1(x_1, x_2)dx_1 + f_2(x_1, x_2)dx_2\big).$$

Sinngemäß ist der Begriff der Wegunabhängigkeit und der des Potentials zu verstehen, wobei ein solches jetzt nur von den Ortsvariablen x_1 und x_2 abhängig ist. Die Sätze 33.1 und 33.2 gelten unverändert; erklärt man als Rotation eines ebenen Feldes $\mathbf{f}(\mathrm{x})$ den *Skalar*

$$\mathrm{rot}\,\mathbf{f} := \frac{\partial f_2}{\partial x_1} - \frac{\partial f_1}{\partial x_2}, \tag{33.40}$$

so kann auch Satz 33.3 zur Entscheidung der Frage, ob das ebene Vektorfeld $\mathbf{f}(\mathrm{x})$ ein Potential besitzt, herangezogen werden, wobei das Verschwinden der Rotation wieder gleichbedeutend mit der Symmetrie der Ableitungsmatrix ist. Ist dabei *C* eine beliebige geschlossene ganz im Definitionsgebiet des Vektorfeldes verlaufende Kurve, so begrenzt sie jenen Teil der (x_1, x_2)-Ebene, deren Punkte im Inneren von *C* liegen. Die Existenz eines Potentials $U(x_1, x_2)$ für das ebene Vektorfeld $\big(f_1(x_1, x_2), f_2(x_1, x_2)\big)$ ist somit genau dann gegeben, wenn das Innere jeder geschlossenen Kurve, die vollständig im Definitionsgebiet verläuft, diesem angehört und die Gleichung

$$\frac{\partial f_2}{\partial x_1} = \frac{\partial f_1}{\partial x_2} \tag{33.41}$$

erfüllt ist. Damit haben wir schließlich die Voraussetzungen kennengelernt, unter denen die Bedingung (32.8) beziehungsweise (33.41) auch hinreichend für die Existenz einer skalaren Funktion $U(x_1, x_2)$ ist, so daß

$$\frac{\partial U}{\partial x_1} = f_1(x_1, x_2), \quad \frac{\partial U}{\partial x_2} = f_2(x_1, x_2)$$

beziehungsweise

$$dU = f_1(x_1, x_2)dx_1 + f_2(x_1, x_2)dx_2$$

überall in G gilt.

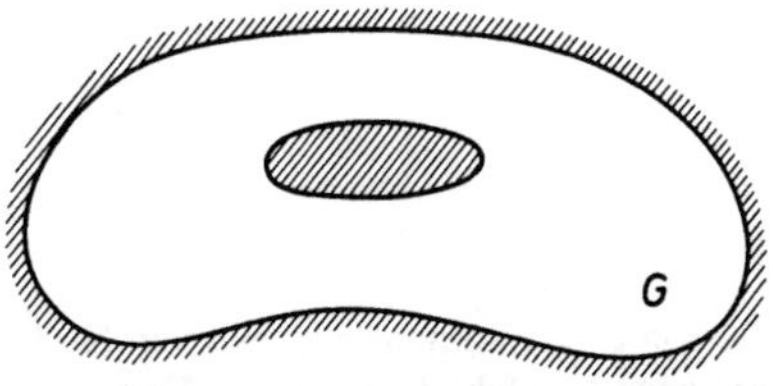

Bild 33.6

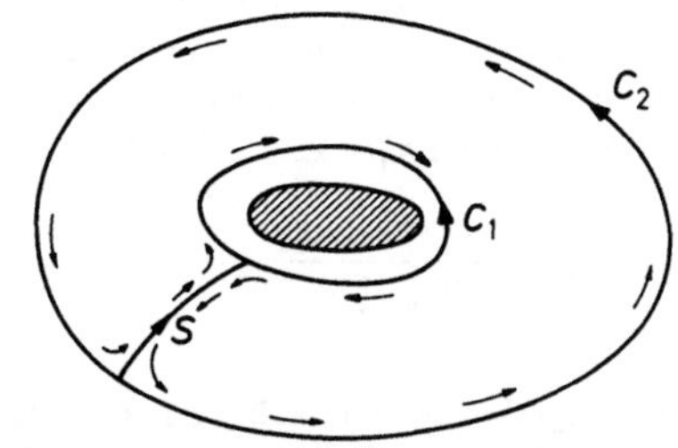

Bild 33.7

Gebiete, in denen sich „Löcher" befinden, wie etwa das in Bild 33.6 dargestellte, werden *mehrfach zusammenhängend* genannt. Wird ein Gebiet von einer einzigen Kurve berandet, die entweder geschlossen ist oder sich ins Unendliche erstreckt, so nennt man es *einfach zusammenhängend.* Allgemein heißt ein Gebiet n-*fach zusammenhängend*, wenn der Rand aus n getrennten einander nicht durchsetzenden Kurven besteht, wobei einzelne Punkte als Teile oder, wie man auch sagt, *Komponenten des Randes* mitzuzählen sind. Für ein zweifach zusammenhängendes Gebiet besteht der Rand aus zwei Teilen, wie etwa das Gebiet in Bild 33.6. Die geschlossenen Kurven dieses Gebietes können in zwei Klassen eingeteilt werden: Entweder gehört das Innere einer geschlossenen Kurve vollständig zu G oder die betreffende Kurve führt um das Loch herum, mit anderen Worten, eine geschlossene Kurve läßt sich auf einen Punkt aus G stetig zusammenziehen oder nicht. Wir können nun einfach zeigen, daß die Integrale über Kurven ein und desselben Typs stets denselben Wert haben. Für diejenigen Kurven, deren Inneres nur aus Punkten von G besteht, haben die Integrale sämtlich den Wert Null, wenn die Bedingung (33.41) erfüllt ist. Betrachten wir nun zwei geschlossene Kurven C_1 und C_2, beide gleichartig orientiert, in deren Innerem sich das Loch befindet. Verbinden wir, wie in Bild 33.7 angedeutet, beide Kurven durch einen Steg S und konstruieren wir die geschlossene Kurve $C = S - C_1 - S + C_2$, so ist, wenn in G (33.41) gilt,

$$\begin{aligned} 0 = \oint_C \mathbf{f} \cdot d\mathbf{s} &= \int_S \mathbf{f} \cdot d\mathbf{s} + \oint_{-C_1} \mathbf{f} \cdot d\mathbf{s} + \int_{-S} \mathbf{f} \cdot d\mathbf{s} + \oint_{C_2} \mathbf{f} \cdot d\mathbf{s} \\ &= \int_S \mathbf{f} \cdot d\mathbf{s} - \oint_{C_1} \mathbf{f} \cdot d\mathbf{s} - \int_S \mathbf{f} \cdot d\mathbf{s} + \oint_{C_2} \mathbf{f} \cdot d\mathbf{s} = -\oint_{C_1} \mathbf{f} \cdot d\mathbf{s} + \oint_{C_2} \mathbf{f} \cdot d\mathbf{s}, \end{aligned}$$

also

$$\oint_{C_1} \mathbf{f} \cdot d\mathbf{s} = \oint_{C_2} \mathbf{f} \cdot d\mathbf{s}.$$

Die Integrale über beide Arten geschlossener Kurven haben im allgemeinen aber nicht denselben Wert, so daß aus dem Verschwinden des Integrals über eine geschlossene Kurve, deren Inneres zu G gehört, das gleiche für die Kurven des anderen Typs nicht gefolgert werden kann.

Man sieht dies auch am Beispiel des ebenen Feldes

$$f_1(x_1, x_2) = \frac{-x_2}{x_1^2 + x_2^2}, \quad f_2(x_1, x_2) = \frac{x_1}{x_1^2 + x_2^2},$$

das in der ganzen Ebene mit Ausnahme des Koordinatenursprungs definiert ist und dessen Definitionsgebiet somit zweifach zusammenhängend ist (der unendlich ferne Punkt ist als Randpunkt mitzuzählen). Überall im Definitionsgebiet ist die Gleichung (33.41) erfüllt, doch ist die Zirkulation der Feldgröße längs des Kreises $x_1^2 + x_2^2 = R^2$ gleich

$$\oint_C \frac{x_1 dx_2 - x_2 dx_1}{x_1^2 + x_2^2} = 2\pi.$$

Das Integral ist wohl unabhängig vom Radius des Kreises, wie wir es ja erwarten mußten, aber von Null verschieden. In der Halbebene $x_1 > 0$, die ein einfach zusammenhängendes Gebiet ist, hat das Feld ein Potential, zum Beispiel $U(x_1, x_2) = \arctan(x_2/x_1)$, desgleichen in der Halbebene $x_1 < 0$, etwa $V(x_1, x_2) = \arctan(x_2/x_1) + C$. Es ist aber nicht möglich, ein in der ganzen (x_1, x_2)-Ebene mit Ausnahme des Koordinatenursprungs stetig differenzierbares Potential zu konstruieren.

Vektorfelder, die sich als Gradient eines Skalars darstellen lassen, haben in der Physik allgemein große Bedeutung. Viele Kraftfelder der Mechanik sind wirbelfrei, aber auch das elektrostatische Feld einer beliebigen Ladungsverteilung. Durch die Einführung eines Potentials lassen wirbelfreie Felder eine vereinfachte mathematische Behandlung zu.

Die Bewegung einer punktförmigen Masse m in einem Kraftfeld $\mathbf{k} = \mathbf{f}(\mathbf{x})$ wird nach dem Grundgesetz der Dynamik durch das System von Differentialgleichungen zweiter Ordnung

$$m\ddot{\mathbf{x}} = \mathbf{k} \tag{33.42}$$

beschrieben. Wir wollen ein Stück C der Bahnkurve zwischen zwei Punkten $\mathbf{x}_1$ und $\mathbf{x}_2$ betrachten, in denen sich der Massenpunkt zu den Zeitpunkten t_1 und $t_2 > t_1$ befindet. Bilden wir das innere Produkt der Differentialgleichung (33.42) mit dem Geschwindigkeitsvektor $\mathbf{v} = \dot{\mathbf{x}}$, so erhalten wir die skalare Gleichung

$$m\ddot{\mathbf{x}} \cdot \dot{\mathbf{x}} = \mathbf{k} \cdot \dot{\mathbf{x}},$$

die wir wegen $\frac{d}{dt} v^2 = \frac{d}{dt} \dot{\mathbf{x}}^2 = 2\dot{\mathbf{x}}\ddot{\mathbf{x}}$ auch in der Form

$$\frac{d}{dt} T = \frac{d}{dt}\left(\frac{1}{2} m v^2\right) = \mathbf{k} \cdot \dot{\mathbf{x}}$$

anschreiben können, worin wir mit $T = \frac{1}{2} m v^2$ die kinetische Energie des Massenpunktes eingeführt haben. Die Integration dieser Gleichung zwischen den Grenzen t_1 und t_2 führt zu

$$\frac{1}{2} m v_2^2 - \frac{1}{2} m v_1^2 = \int_{t_1}^{t_2} \mathbf{k} \cdot \dot{\mathbf{x}} dt = \int_{t_1}^{t_2} \mathbf{k} \cdot d\mathbf{s}, \tag{33.43}$$

worin v_1 bzw. v_2 die Momentangeschwindigkeit zu den Zeitpunkten t_1 bzw. t_2 bezeichnet. Das Kurvenintegral rechts stellt die von der Kraft $\mathbf{k}$ bei der Bewegung längs des Stückes C der Bahnkurve geleistete

Arbeit dar, die linke Seite ist die Differenz der kinetischen Energie, so daß die Gleichung (33.43) in Worten besagt: ***Die Änderung der kinetischen Energie ist gleich der von der Kraft* k *geleisteten Arbeit.***

Eine besondere Bedeutung gewinnt diese Aussage, wenn das Kurvenintegral in (33.43) vom Weg unabhängig ist. In diesem Fall läßt sich die Arbeit unabhängig vom Verlauf der Bahnkurve berechnen, indem man für jeden Punkt $\mathbf{x}$ des Raumes die Arbeit ermittelt, die von der Kraft bei der Verschiebung der Masse m von einem „Normalpunkt" $\mathbf{x}_0$ in den Punkt $\mathbf{x}$ geleistet wird. Meist wählt man für den Punkt $\mathbf{x}_0$ den unendlich fernen Punkt und definiert die negativ genommene Arbeit

$$U(\mathbf{x}) = -\int_{\infty}^{\mathbf{x}} \mathbf{k} \cdot d\mathbf{s} \tag{33.44}$$

als Potential des Feldes $\mathbf{k} = \mathbf{f}(\mathbf{x})$, so daß die Kraft $\mathbf{k}$ der negative Gradient des Potentials U ist,

$$\mathbf{k} = -\operatorname{grad} U.$$

Damit wird

$$\int_{\mathbf{x}_1}^{\mathbf{x}_2} \mathbf{k} \cdot d\mathbf{s} = \int_{\infty}^{\mathbf{x}_2} \mathbf{k} \cdot d\mathbf{s} - \int_{\infty}^{\mathbf{x}_1} \mathbf{k} \cdot d\mathbf{s} = U(\mathbf{x}_1) - U(\mathbf{x}_2)$$

und wir erhalten aus (33.43)

$$T_1 + U_1 = T_2 + U_2 \tag{33.45}$$

für zwei beliebige Zeitpunkte während des Bewegungsablaufs. Da das Potential U die Dimension einer Energie hat, wird U die *potentielle Energie* des Massenpunktes genannt. Die Gleichung (33.45) besagt somit, daß die Gesamtenergie $E = T + U$, die Summe aus kinetischer und potentieller Energie, während der Bewegung konstant ist. Aus diesem Grunde wird ein Kraftfeld, das sich als Gradient eines Skalars darstellen läßt, *konservativ* genannt, wobei diese Benennung daran erinnern soll, daß die Gesamtenergie erhalten bleibt.

Ein konservatives Feld ist das Schwerefeld einer Zentralmasse. Die potentielle Energie eines Massenkörpers m im Gravitationsfeld einer Masse M ist

$$U(\mathbf{x}) = \gamma m M \int_{\infty}^{\mathbf{x}} \frac{1}{|\mathbf{x}|^3} \mathbf{x} \cdot d\mathbf{x} = -\gamma m M \frac{1}{|\mathbf{x}|};$$

das Verhältnis der potentiellen Energie U pro Einheit der Masse m führt zum *Newtonschen Gravitationspotential*

$$V(\mathbf{x}) = -\gamma \frac{M}{|\mathbf{x}|}$$

des Schwerefeldes (33.2) einer im Koordinatenursprung befindlichen punktförmigen Masse M.

Eine analoge Vorgangsweise ermöglicht eine bequeme Beschreibung des elektrostatischen Feldes einer beliebigen Ladungsverteilung. Die elektrische Feldstärke $\mathbf{E}$ wird allgemein erklärt als der Grenzwert

$$\mathbf{E} := \lim_{q \to 0} \frac{1}{q} \mathbf{k},$$

worin $\mathbf{k}$ die Kraft ist, die auf eine Probeladung wirkt, so daß stets

$$\mathbf{k} = q\mathbf{E} \tag{33.46}$$

gilt. Nun ist für jede geschlossene Kurve C

$$\oint_C \mathbf{E} \cdot d\mathbf{s} = 0, \tag{33.47}$$

denn andernfalls wäre die von der Kraft (33.46) bei n-maligem Umlauf der Ladung q geleistete Arbeit das n-fache der Arbeit eines einzigen Umlaufs,

$$A = nq \oint_C \mathbf{E} \cdot d\mathbf{s},$$

so daß durch entsprechend oftmalige Wiederholung die von der Kraft (33.46) geleistete Arbeit beliebig groß werden könnte, was – im Gegensatz zur physikalischen Realität – ein unbeschränktes Energiereservoir erfordern würde. Da somit (33.47) für jede geschlossene Kurve C gelten muß, ist das elektrostatische Feld wirbelfrei,

$$\operatorname{rot} \mathbf{E} = \mathbf{0}. \tag{33.48}$$

Man erklärt in Analogie zum Potential mechanischer Kräfte durch

$$U(\mathbf{x}) = -\int_{\infty}^{\mathbf{x}} \mathbf{E} \cdot d\mathbf{s} \tag{33.49}$$

das Potential des elektrostatischen Feldes $\mathbf{E}$, so daß der Vektor der elektrischen Feldstärke stets in die Richtung der größten Abnahme des Potentials zeigt,

$$\mathbf{E} = -\operatorname{grad} U. \tag{33.50}$$

Die Definition (33.49) des Potentials ist überdies so gefaßt, daß das Potential im Unendlichen verschwindet,

$$\lim_{\mathbf{x} \to \infty} U(\mathbf{x}) = 0. \tag{33.51}$$

Wir bemerken noch, daß das elektrostatische Potential nicht die Dimension einer Arbeit beziehungsweise Energie hat. Es ist $-qU(\mathbf{x})$ die Arbeit, die die Kraft (33.46) leistet, wenn die Ladung q aus dem Unendlichen in den Punkt $\mathbf{x}$ gebracht wird.

Wie der Leser leicht selbst bestätigen kann, ist

$$U(\mathbf{x}) = \frac{Q}{4\pi\epsilon_0} \frac{1}{|\mathbf{x}|} \tag{33.52}$$

das Potential des von einer Punktladung Q erzeugten elektrostatischen Feldes.

In der Elektrodynamik treten verschiedentlich noch zwei andere Typen von Kurvenintegralen auf, die allerdings vektorwertig sind. Bezeichnet $U(\mathbf{x})$ eine skalare Feldgröße, so ist

$$\mathbf{u} = \int_C U d\mathbf{s} = \int_C U(\mathbf{x}) d\mathbf{x} \tag{33.53}$$

ein Vektor mit den Koordinaten

$$u_i = \int_C U(x_1, x_2, x_3) dx_i = \int_a^b U\big(x_1(t), x_2(t), x_3(t)\big) \dot{x}_i(t) dt, \quad i = 1, 2, 3,$$

worin $\mathbf{x} = \mathbf{x}(t)$, $a \leqslant t \leqslant b$, eine orientierungsgerechte Parameterdarstellung der Kurve C ist.

Ebenfalls ein Vektor ist der Wert des Kurvenintegrals

$$\mathbf{v} = \int_C \mathbf{f} \times d\mathbf{s} = \int_C \mathbf{f}(\mathbf{x}) \times d\mathbf{x}. \tag{33.54}$$

Die Koordinaten des Vektors **v** sind die Kurvenintegrale

$$v_1 = \int_C (-f_3 dx_2 + f_2 dx_3), \quad v_2 = \int_C (f_3 dx_1 - f_1 dx_3), \quad v_3 = \int_C (-f_2 dx_1 + f_1 dx_2).$$

33.4 Flächenintegrale

Eine zweite wichtige Feldwirkung im Großen ist der *Fluß* einer Feldgröße durch eine Fläche. Dieser Begriff führt auf die Integration von Feldgrößen über Flächen.

Wir gehen wieder von einer physikalischen Fragestellung aus. In das Strömungsfeld $\mathbf{v} = \mathbf{v}(\mathbf{x})$ einer Flüssigkeit, deren Feldgröße **v** die Geschwindigkeit jenes Flüssigkeitsteilchens ist, das sich am Ort **x** befindet, wird eine Fläche F gelegt. Aus der Hydromechanik kommt nun die Aufgabe, die Flüssigkeitsmenge zu berechnen, die pro Zeiteinheit in einer bestimmten Richtung durch diese Fläche hindurchströmt.

Im ersten Schritt betrachten wir wieder den einfachsten Fall, nämlich ein konstantes Strömungsfeld $\mathbf{v} = \text{const}$, in das ein Ebenenstück F mit dem Flächeninhalt A gelegt wird. Den auf die Länge 1 normierten Normalenvektor **n** der durch F bestimmten Ebene heften wir auf jener „Seite" der Fläche F an, daß er in die Richtung des gefragten Durchflusses zeigt (Bild 33.8). Liegt der Geschwindigkeitsvektor **v** in der durch F bestimmten Ebene, so fließt offenbar keine Flüssigkeit durch F hindurch; steht der Geschwindigkeitsvektor **v** senkrecht auf das Ebenenstück F, so fließt pro Zeiteinheit durch F die Flüssigkeitsmenge

$$\Phi = |\mathbf{v}|\,A. \tag{33.55}$$

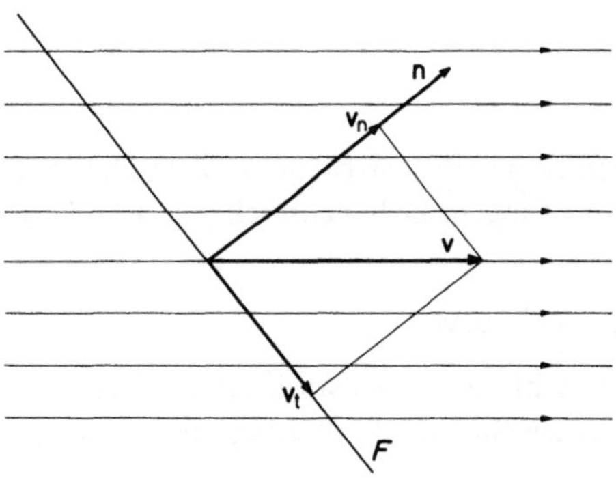

Bild 33.8

Um den Durchfluß bei einer beliebigen Lage des Geschwindigkeitsvektors **v** gegenüber **n** zu erhalten, zerlegen wir den Vektor **v** in die Komponente $\mathbf{v}_t$, die in der durch **n** bestimmten Ebene liegt, und in die Komponente $\mathbf{v}_n$, die senkrecht auf F steht,

$$\mathbf{v} = \mathbf{v}_t + \mathbf{v}_n,$$

wobei $\mathbf{v}_n = \mathbf{n}(\mathbf{v} \cdot \mathbf{n})$ und $\mathbf{v}_t = \mathbf{v} - \mathbf{v}_n$ ist. Die Komponente $\mathbf{v}_t$ liefert keinen Beitrag zum Durchfluß, die Komponente $\mathbf{v}_n$ hingegen nach (33.55)

$$\Phi = |\mathbf{v}_n|\,A = \mathbf{v} \cdot \mathbf{n}A. \tag{33.56}$$

Dieses Ergebnis ist wieder die Grundlage zur Berechnung des Durchflusses unter allgemeinen Verhältnissen. Das Flächenstück F, über das wir dieselben Voraussetzungen machen wie in Abschnitt 25.7 bei der Berechnung des Inhaltes krummer Flächenstücke, denken wir uns in Parameterdarstellung $\mathbf{x} = \mathbf{x}(u, v)$, $(u, v) \in B$, gegeben, den auf die Länge 1 normierten Normalvektor der Fläche F heften wir auf jener Seite von F an, daß er in die von der Problemstellung her bestimmte Durchflußrichtung zeigt.

Wir unterteilen nun den Parameterbereich B durch achsenparallele Gerade $u = u_i$ und $v = v_j$ der (u, v)-Ebene in kleine Teilbereiche ΔB_k. Dadurch wird das Flächenstück F mit einem Netz von Parameterlinien $\mathbf{x} = \mathbf{x}(u, v_j)$ und $\mathbf{x} = \mathbf{x}(u_i, v)$ überzogen und solcherart in kleine Flächenstücke ΔF_k zerlegt, die jeweils den Parameterwerten $(u, v) \in \Delta B_k$ entsprechen. Es sei nun ΔB ein solcher Teilbereich, begrenzt von den Geraden $u = u_0$, $u = u_0 + \Delta u$, $v = v_0$, $v = v_0 + \Delta v$. Das dem Parameterbereich ΔB entsprechende Flächenstück ΔF wird dann von den Kurvenstücken $\mathbf{x} = \mathbf{x}(u_0, v)$, $\mathbf{x} = \mathbf{x}(u_0 + \Delta u, v)$, $v_0 \leqslant v \leqslant v_0 + \Delta v$, und $\mathbf{x} = \mathbf{x}(u, v_0)$, $\mathbf{x} = \mathbf{x}(u, v_0 + \Delta v)$, $u_0 \leqslant u \leqslant u_0 + \Delta u$, berandet. Wie bei der Berechnung des Inhalts krummer Flächen ersetzen wir nun das Flächenstück ΔF durch das Stück

$$\mathbf{x} = \mathbf{x}_0 + \mathbf{x}_u(u_0, v_0)(u - u_0) + \mathbf{x}_v(u_0, v_0)(v - v_0),$$
$$u_0 \leqslant u \leqslant u_0 + \Delta u, \quad v_0 \leqslant v \leqslant v_0 + \Delta v,$$

der Tangentialebene im Punkt $\mathbf{x}_0 = \mathbf{x}(u_0, v_0)$, dessen Inhalt sich zu

$$\Delta o = |\mathbf{x}_u(u_0, v_0) \times \mathbf{x}_v(u_0, v_0)| \Delta u \Delta v$$

berechnet. Schließlich nehmen wir an, daß sich der Geschwindigkeitsvektor $\mathbf{v}$ stetig ändert, so daß wir ihn auf dem Tangentialebenenstück näherungsweise durch $\mathbf{v}_0 = \mathbf{v}(\mathbf{x}_0)$ ersetzen können. Wenn nun die Vektoren $\mathbf{x}_u$, $\mathbf{x}_v$ und $\mathbf{n}$ über die ganze Fläche F ein positiv orientiertes Dreibein bilden, dann ist

$$\mathbf{n}_0 = \frac{\mathbf{x}_u(u_0, v_0) \times \mathbf{x}_v(u_0, v_0)}{|\mathbf{x}_u(u_0, v_0) \times \mathbf{x}_v(u_0, v_0)|}$$

der durch die vorgegebene Durchflußrichtung bestimmte Normalvektor auf F im Punkt $\mathbf{x}_0$ und somit auch die Normale auf das ΔF ersetzende Tangentialebenenstück (vgl. (23.21)), so daß unter Berücksichtigung von (33.56)

$$\Delta\Phi \approx \mathbf{v}_0 \cdot \mathbf{n}_0 \Delta o = \mathbf{v}_0 \cdot \big(\mathbf{x}_u(u_0, v_0) \times \mathbf{x}_v(u_0, v_0)\big) \Delta u \Delta v$$

ein Näherungswert für den Fluß $\Delta\Phi$ durch das betrachtete Flächenstück ΔF ist. Der Gesamtfluß Φ ist schließlich näherungsweise gleich der Summe der Beiträge aller Flächenstücke ΔF_k,

$$\Phi \approx \sum \mathbf{v} \cdot (\mathbf{x}_u \times \mathbf{x}_v) \Delta u \Delta v,$$

die, indem man eine ausgezeichnete Zerlegungsfolge des Parameterbereiches B konstruiert, gegen das Bereichsintegral der Funktion $\mathbf{v}\big(\mathbf{x}(u, v)\big) \cdot (\mathbf{x}_u \times \mathbf{x}_v)$ über den Bereich B konvergiert, das nunmehr ein exakter Ausdruck für den Fluß Φ durch die Fläche F ist,

$$\Phi = \int_B \mathbf{v} \cdot (\mathbf{x}_u \times \mathbf{x}_v) d\mu = \int\int_B \mathbf{v} \cdot (\mathbf{x}_u \times \mathbf{x}_v) du dv. \tag{33.57}$$

Wir bemerken hierzu, daß der Wert des Integrals (33.57) unabhängig von der Wahl der Parameterdarstellung für die Fläche F ist. Der Beweis hierfür verläuft analog der entsprechenden Aussage über Kurvenintegrale durch Transformation der Parameter u und v.

Der Flächennormalvektor **n**, der in Abhängigkeit von der eingangs vorgegebenen Durchflußrichtung auf einer bestimmten Seite der Fläche *F* angeheftet werden muß, spielt für die Ableitung des Integrals (33.57) eine ähnliche Rolle wie der Tangentenvektor und damit der Durchlaufsinn einer Kurve bei der Integration von Vektoren über Kurven. Im allgemeinen besteht ja die Möglichkeit, bei einer Fläche zwei „Seiten" zu unterscheiden[1]); dementsprechend kann der Flächennormalvektor auf jeder der beiden Seiten angesetzt werden, so daß, wenn die Fläche *F* durch die Funktion $\mathbf{x} = \mathbf{x}(u, v)$ parametrisiert ist, wohl beide Vektoren $\mathbf{x}_u \times \mathbf{x}_v$ und $\mathbf{x}_v \times \mathbf{x}_u$ die Normalenrichtung der Fläche bestimmen, aber entgegengesetzt orientiert sind. Die zwei verschiedenen Bilder, die sich solcherart ergeben, unterscheiden wir durch eine *Orientierung* der Fläche *F*. Wir nennen eine Fläche *F orientiert*, wenn vereinbart worden ist, den Flächennormalvektor auf einer bestimmten Seite der Fläche anzuheften, und verstehen weiter unter dem Symbol *F* für eine Fläche – wie bei einer Kurve *C* – automatisch auch eine Orientierung der Fläche *F*. In physikalischen Fragestellungen ist die Orientierung einer Fläche meist durch den Zusammenhang vorgegeben, wie bei dem einleitenden Beispiel der durch eine Fläche pro Zeiteinheit hindurchströmenden Flüssigkeitsmenge.

Führen wir in (33.57) das skalare Flächenelement (25.77)

$$do = |\mathbf{x}_u \times \mathbf{x}_v|\,du\,dv = \sqrt{EG - F^2}\,du\,dv$$

der durch die Funktion $\mathbf{x} = \mathbf{x}(u, v)$ parametrisierten Fläche *F* ein, so schreibt sich der Fluß Φ der Feldgröße **v** durch die Fläche *F* in der Form

$$\Phi = \int_F \mathbf{v} \cdot \mathbf{n}\,do, \tag{33.58}$$

womit wir nun eine Symbolik einführen, in der die durch die Stellung des Normalenvektors **n** orientierte Fläche *F* als Integrationsbereich gekennzeichnet wird. Das Integral (33.58) wird *Flächenintegral* der Feldgröße **v** über die orientierte Fläche *F* genannt.

Eine andere Schreibweise für Flächenintegrale verwendet das *vektorielle Flächenelement*

$$\mathbf{do} = \mathbf{n}\,do, \tag{33.59}$$

so daß (33.58) schließlich die Gestalt

$$\Phi = \int_F \mathbf{v} \cdot \mathbf{do} \tag{33.60}$$

annimmt, wobei jetzt über das vektorielle Flächenelement **do** die Orientierung der Fläche *F* eingeht.

Ist $\mathbf{x} = \mathbf{x}(u, v)$ eine Parameterdarstellung für die Fläche *F*, so wird

$$\mathbf{do} = (\mathbf{x}_u \times \mathbf{x}_v)\,du\,dv, \tag{33.61}$$

[1]) Es gibt Flächen, bei denen dies nicht möglich ist, zum Beispiel das sogenannte Möbiussche Band. Dieses entsteht, wenn man die Enden eines Streifens nicht wie zu einem Zylindermantel zusammenklebt, sondern vorher verdreht.

wenn die durch die Orientierung von F bestimmte Normalenrichtung $\mathbf{n}$ mit den Vektoren $\mathbf{x}_u$ und $\mathbf{x}_v$ in dieser Reihenfolge ein positiv orientiertes Dreibein bildet; andernfalls ist in (33.61) die Reihenfolge der Vektoren $\mathbf{x}_u$ und $\mathbf{x}_v$ umzukehren. Berechnet man das äußere Produkt in (33.61), so erhält man

$$\mathbf{do} = \left[\begin{vmatrix} \frac{\partial x_2}{\partial u} & \frac{\partial x_2}{\partial v} \\ \frac{\partial x_3}{\partial u} & \frac{\partial x_3}{\partial v} \end{vmatrix} \mathbf{e}_1 + \begin{vmatrix} \frac{\partial x_3}{\partial u} & \frac{\partial x_3}{\partial v} \\ \frac{\partial x_1}{\partial u} & \frac{\partial x_1}{\partial v} \end{vmatrix} \mathbf{e}_2 + \begin{vmatrix} \frac{\partial x_1}{\partial u} & \frac{\partial x_1}{\partial v} \\ \frac{\partial x_2}{\partial u} & \frac{\partial x_2}{\partial v} \end{vmatrix} \mathbf{e}_3 \right] du dv$$
$$= \left(\frac{\partial(x_2, x_3)}{\partial(u, v)} \mathbf{e}_1 + \frac{\partial(x_3, x_1)}{\partial(u, v)} \mathbf{e}_2 + \frac{\partial(x_1, x_2)}{\partial(u, v)} \mathbf{e}_3 \right) du dv. \tag{33.62}$$

Aus (33.61) läßt sich noch folgende Deutung des vektoriellen Flächenelementes ableiten. Schreiben wir es als äußeres Produkt $\mathbf{do} = (\mathbf{x}_u du) \times (\mathbf{x}_v dv)$, so ergibt sich aus den Eigenschaften des äußeren Produktes, daß die Koordinaten des Vektors $\mathbf{do}$ ihrem Betrag nach gleich den Flächeninhalten der Parallelogramme sind, die von den Normalprojektionen der Vektoren $\mathbf{x}_u du$ und $\mathbf{x}_v dv$ in den einzelnen Koordinatenebenen aufgespannt werden, während das Vorzeichen angibt, ob die Projektionen der Vektoren $\mathbf{x}_u du$ und $\mathbf{x}_v dv$ in dieser Reihenfolge mit der jeweiligen Projektionsrichtung $\mathbf{e}_1$, $\mathbf{e}_2$ und $\mathbf{e}_3$ ein positiv orientiertes Dreibein bilden. Etwas allgemeiner können wir diesen Sachverhalt folgendermaßen zum Ausdruck bringen: Die Koordinaten des vektoriellen Flächenelementes sind ihrem Betrag nach die Flächeninhalte der Projektionen eines „differentiell" kleinen Flächenstückes auf die Koordinatenebenen, ihr Vorzeichen gibt an, ob die Orientierung einer geschlossenen Kurve auf der Fläche F, die mit der Flächennormalen $\mathbf{n}$ eine Rechtsschraubung bildet, bei der Projektion auf die jeweilige Koordinatenebene mit der Projektionsrichtung wieder eine Rechtsschraubung ergibt (positives Vorzeichen) oder nicht (negatives Vorzeichen).

Setzt man (33.62) in (33.60) ein, so wird man auf das Integral (33.57) zurückgeführt; ausführlich lautet es

$$\Phi = \iint_B \left(v_1\big(\mathbf{x}(u, v)\big) \frac{\partial(x_2, x_3)}{\partial(u, v)} + v_2\big(\mathbf{x}(u, v)\big) \frac{\partial(x_3, x_1)}{\partial(u, v)} + v_3\big(\mathbf{x}(u, v)\big) \frac{\partial(x_1, x_2)}{\partial(u, v)} \right) du dv.$$

Wir wollen nun annehmen, daß die durch $\mathbf{x} = \mathbf{x}(u, v)$, $(u, v) \in B$, parametrisierte Fläche F explizit in der Form $x_1 = f_1(x_2, x_3)$, $(x_2, x_3) \in B_1$, dargestellt werden kann, wofür wir $\frac{\partial(x_2, x_3)}{\partial(u,v)} \neq 0$ in B vorauszusetzen haben; B_1 kennzeichnet dabei den Bereich der (x_2, x_3)-Ebene, der durch Normalprojektion der Fläche F auf die (x_2, x_3)-Ebene entsteht. Bezeichnet $u = u(x_2, x_3)$, $v = v(x_2, x_3)$ die Auflösung von $x_2 = x_2(u, v)$, $x_3 = x_3(u, v)$ nach u und v, so ist $x_1 = f_1(x_2, x_3) = x_1\big(u(x_2, x_3), v(x_2, x_3)\big)$, und es gilt auf Grund der Transformationsformel (25.34) für Bereichsintegrale

$$\iint_B v_1\big(\mathbf{x}(u, v)\big) \frac{\partial(x_2, x_3)}{\partial(u, v)} du dv = \operatorname{sign}\left(\frac{\partial(x_2, x_3)}{\partial(u, v)}\right) \iint_{B_1} v_1\big(f_1(x_2, x_3), x_2, x_3\big) dx_2 dx_3,$$

worin durch den Faktor $\operatorname{sign}\left(\frac{\partial(x_2, x_3)}{\partial(u,v)}\right)$ die Orientierung der Fläche F eingeht. Diesem Sachverhalt trägt man Rechnung durch die symbolische Schreibweise

$$\iint_F v_1(x_1, x_2, x_3)dx_2dx_3$$

für die rechte Seite dieser Gleichung. Die Auswertung dieses Integrals über eine Parametrisierung der Fläche F hat nach der Transformationsformel

$$dx_2dx_3 = \frac{\partial(x_2, x_3)}{\partial(u, v)} dudv$$

zu erfolgen, in der die Orientierung der Fläche F durch das Vorzeichen der Funktionaldeterminante Berücksichtigung findet. Deshalb darf auch im obigen Integral die Reihenfolge der Differentiale dx_2 und dx_3 nicht vertauscht werden, die ein Symbol dafür ist, daß die (x_2, x_3)-Ebene positiv orientiert ist.

Durch eine analoge Betrachtung erhält man

$$\iint_B v_2\big(x(u, v)\big) \frac{\partial(x_3, x_1)}{\partial(u, v)} dudv = \iint_F v_2(x_1, x_2, x_3)dx_3dx_1,$$

$$dx_3dx_1 = \frac{\partial(x_3, x_1)}{\partial(u, v)} dudv,$$

und

$$\iint_B v_3\big(x(u, v)\big) \frac{\partial(x_1, x_2)}{\partial(u, v)} dudv = \iint_F v_3(x_1, x_2, x_3)dx_1dx_2,$$

$$dx_1dx_2 = \frac{\partial(x_1, x_2)}{\partial(u, v)} dudv.$$

Fassen wir zusammen, so gelangen wir zu der von der Parametrisierung der Fläche F unabhängigen Darstellung

$$\Phi = \iint_F \big(v_1(x)dx_2dx_3 + v_2(x)dx_3dx_1 + v_3(x)dx_1dx_2\big) \tag{33.63}$$

für das Flächenintegral (33.57); für das vektorielle Flächenelement (33.61) ergibt sich dabei der Ausdruck

$$do = e_1dx_2dx_3 + e_2dx_3dx_1 + e_3dx_1dx_2. \tag{33.64}$$

Sinngemäß wird für eine beliebige Feldgröße $\mathbf{f}$ das Integral über eine orientierte Fläche F erklärt,

$$\begin{aligned} I &= \iint_F \big(f_1(x)dx_2dx_3 + f_2(x)dx_3dx_1 + f_3(x)dx_1dx_2\big) \\ &= \int_F \mathbf{f} \cdot do = \int_F \mathbf{f} \cdot ndo = \int_F f_n do, \end{aligned} \tag{33.65}$$

worin $f_n = \mathbf{f} \cdot \mathbf{n}$ die Normalkomponente der Feldgröße **f** in der Richtung der Flächennormalen **n** ist. Ist $\mathbf{x} = \mathbf{x}(u, v)$, $(u, v) \in B$, eine Parameterdarstellung der Fläche F und bildet die die Orientierung der Fläche F kennzeichnende Normale **n** mit den Vektoren $\mathbf{x}_u$ und $\mathbf{x}_v$ ein positiv orientiertes Dreibein, so wird (33.65) auf das Bereichsintegral

$$I = \int_F \mathbf{f} \cdot d\mathbf{o} := \iint_B \mathbf{f}\big(\mathbf{x}(u, v)\big) \cdot \big(\mathbf{x}_u(u, v) \times \mathbf{x}_v(u, v)\big)\, du\, dv \tag{33.66}$$

zurückgeführt. Das Integral (33.65) wird *Fluß der Feldgröße* **f** *durch die Fläche F* genannt. Ist die Feldgröße **f** eine Kraft, so spricht man auch vom *Kraftfluß* durch die Fläche F.

Ist F eine orientierte Fläche, so bezeichnet man mit $-F$ die andersartig orientierte Fläche. Da bei einer Änderung der Orientierung der Richtungssinn der Normalen **n** umzudrehen ist, was einer Ersetzung des Vektors **n** durch den Vektor $-\mathbf{n}$ gleichkommt, haben die Integrale über F und $-F$ entgegengesetztes Vorzeichen. Entsprechend der Regel (33.29) gilt daher

$$\int_F \mathbf{f} \cdot d\mathbf{o} = -\int_{-F} \mathbf{f} \cdot d\mathbf{o}. \tag{33.67}$$

Entsteht eine Fläche F durch Aneinanderheften einzelner Flächenstücke $F_1, F_2, \ldots$, so symbolisieren wir dies wie das Zusammenstückeln von Kurven durch die formale Summe

$$F = \sum_i F_i.$$

Das Integral über die Fläche F ist dann die Summe der Integrale über die einzelnen Teilflächen F_i,

$$\int_F \mathbf{f} \cdot d\mathbf{o} = \int_{\sum\limits_i F_i} \mathbf{f} \cdot d\mathbf{o} = \sum_i \int_{F_i} \mathbf{f} \cdot d\mathbf{o}, \tag{33.68}$$

entsprechend der Regel (33.30) für Kurvenintegrale.

Analog den Regeln (33.31) und (33.32) gilt auf Grund der Eigenschaften von Bereichsintegralen

$$\int_F (\mathbf{f} + \mathbf{g}) \cdot d\mathbf{o} = \int_F \mathbf{f} \cdot d\mathbf{o} + \int_F \mathbf{g} \cdot d\mathbf{o} \tag{33.69}$$

und, wenn c eine konstante skalare Größe ist,

$$\int_F (c\mathbf{f}) \cdot d\mathbf{o} = c \int_F \mathbf{f} \cdot d\mathbf{o}. \tag{33.70}$$

Unter einer geschlossenen Fläche verstehen wir die Berandung eines zusammenhängenden dreidimensionalen Bereiches. Die Orientierung einer geschlossenen Fläche können wir auch dadurch unterscheiden, daß das eine mal die Normale ins Innere der geschlossenen Fläche weist, das andere mal ins Äußere. Wie bei geschlossenen Kurven in der Ebene unterscheiden wir auch hier zwischen einem *positiven* und *negativen* Orientierungssinn. Wir nennen eine geschlossene Fläche F positiv orientiert, wenn die Normale ins Außengebiet zeigt; andernfalls heißt sie negativ orientiert.

Das Integral über eine geschlossene Fläche F kennzeichnet man durch einen Ring im Integralzeichen,

$$\oint_F \mathbf{f} \cdot \mathbf{do}.$$

Für das Integral über eine geschlossene Fläche ist auch die Bezeichnung *Hüllenintegral* üblich.

Eine besondere Bedeutung in der Elektrodynamik hat der Fluß der ***elektrischen Verschiebung*** $\mathbf{D} = \epsilon_0\mathbf{E}$ durch eine geschlossene positiv orientierte Fläche. Wir wollen den Fluß der elektrischen Verschiebung durch die Oberfläche einer Kugel K vom Radius R berechnen, in deren Mittelpunkt sich die Ladung Q befindet. Legen wir den Sitz der Ladung Q in den Koordinatenursprung, so ist das Feld der elektrischen Verschiebung $\mathbf{D}$ auf Grund von (33.6) durch

$$\mathbf{D} = \epsilon_0\mathbf{E} = \frac{Q}{4\pi}\frac{1}{|\mathbf{x}|^3}\mathbf{x} \tag{33.71}$$

gegeben. Eine Parameterdarstellung der Kugeloberfläche K ist

$$x_1 = R\sin\vartheta\cos\varphi,\quad x_2 = R\sin\vartheta\sin\varphi,\quad x_3 = R\cos\vartheta,\quad 0 \leqslant \varphi \leqslant 2\pi,\ 0 \leqslant \vartheta \leqslant \pi.$$

Offenbar ist

$$\begin{aligned}\mathbf{do} &= (\mathbf{x}_\vartheta \times \mathbf{x}_\varphi)\,d\vartheta d\varphi\\ &= (\mathbf{e}_1(R^2\sin^2\vartheta\cos\varphi) + \mathbf{e}_2(R^2\sin^2\vartheta\sin\varphi) + \mathbf{e}_3(R^2\sin\vartheta\cos\vartheta))\,d\vartheta d\varphi = \mathbf{x}R\sin\vartheta\, d\vartheta d\varphi = \mathbf{x}\frac{1}{R}\,do\end{aligned}$$

das die positive Orientierung berücksichtigende vektorielle Flächenelement der Kugeloberfläche K; dabei ist

$$do = R^2\sin\vartheta d\vartheta d\varphi$$

das skalare Flächenelement der Kugeloberfläche. Wir erhalten damit

$$\oint_K \mathbf{D}\cdot\mathbf{do} = \frac{Q}{4\pi R}\oint_K \frac{1}{|\mathbf{x}|^3}\mathbf{x}\cdot\mathbf{x}\,do = \frac{Q}{4\pi}\int_0^{2\pi} d\varphi \int_0^{\pi}\sin\vartheta d\vartheta = Q, \tag{33.72}$$

da auf der Kugeloberfläche $\mathbf{x}\cdot\mathbf{x} = |\mathbf{x}|^2 = R^2$ gilt. Der Fluß der elektrischen Verschiebung $\mathbf{D}$ durch die Kugeloberfläche ist unabhängig vom Kugelradius und gleich der im Inneren der Kugel befindlichen Ladung Q.

Auch bei Flächenintegralen betrachtet man neben (33.66) noch zwei andere Typen, die vektorwertig sind. Bezeichnet U eine skalare Feldgröße, so ist das Integral

$$\mathbf{u} = \int_F U\mathbf{do} = \int_F U(\mathbf{x})\,(\mathbf{e}_1 dx_2dx_3 + \mathbf{e}_2 dx_3dx_1 + \mathbf{e}_3 dx_1dx_2) \tag{33.73}$$

ein Vektor mit den Koordinaten

$$u_1 = \int_F U(x_1, x_2, x_3)dx_2dx_3,\quad u_2 = \int_F U(x_1, x_2, x_3)dx_3dx_1,$$

$$u_3 = \int_F U(x_1, x_2, x_3)dx_1dx_2.$$

Wenn die Fläche F durch die Funktion $\mathbf{x} = \mathbf{x}(u, v)$, $(u, v) \in B$, parametrisiert wird und der Vektor $\mathbf{x}_u \times \mathbf{x}_v$ die durch die Orientierung der Fläche F bestimmte Richtung hat, so ist

$$u_1 = \int_F U(x_1, x_2, x_3) dx_2 dx_3 = \int_B U\big(\mathbf{x}(u, v)\big) \frac{\partial(x_2, x_3)}{\partial(u, v)} du dv.$$

Analoge Ausdrücke erhält man für u_2 und u_3.

Vom zweiten Typ sind Flächenintegrale der Form

$$\mathbf{v} = \int_F \mathbf{f} \times \mathbf{do} = \mathbf{e}_1 \int_F (-f_3 dx_3 dx_1 + f_2 dx_1 dx_2) + \mathbf{e}_2 \int_F (f_3 dx_2 dx_3 - f_1 dx_1 dx_2)$$
$$+ \mathbf{e}_3 \int_F (-f_2 dx_2 dx_3 + f_1 dx_3 dx_1). \tag{33.74}$$

Unter den obigen Annahmen über die Parameterdarstellung $\mathbf{x} = \mathbf{x}(u, v)$ der Fläche F erhält man zum Beispiel für

$$v_1 = \iint_B \left(f_2\big(\mathbf{x}(u, v)\big) \frac{\partial(x_1, x_2)}{\partial(u, v)} - f_3\big(\mathbf{x}(u, v)\big) \frac{\partial(x_3, x_1)}{\partial(u, v)}\right) du dv.$$

33.5 Übungsbeispiele

Es seien $U(\mathbf{x})$, $V(\mathbf{x})$ Skalarfelder, $\mathbf{f}(\mathbf{x})$, $\mathbf{g}(\mathbf{x})$ Vektorfelder. Man berechne die folgenden Größen:

1. $\operatorname{grad}(UV)$ 2. $\operatorname{grad}(\mathbf{f} \cdot \mathbf{g})$
3. $\operatorname{div}(U \operatorname{grad} V)$ 4. $\operatorname{div}(U\mathbf{f})$ 5. $\operatorname{div}(\mathbf{f} \times \mathbf{g})$
6. $\operatorname{div}(\mathbf{f} \times \operatorname{rot} \mathbf{g})$ 7. $\operatorname{rot}(U\mathbf{f})$ 8. $\operatorname{rot}(\mathbf{f} \times \mathbf{g})$
9. $\operatorname{rot}(\mathbf{f} \times \operatorname{grad} U)$.
10. Es sei $U(\mathbf{x})$ ein Skalarfeld, $\mathbf{V}(\mathbf{x})$ ein quellenfreies Vektorfeld. Man berechne die Quell- und Wirbeldichte der Feldgröße $\mathbf{f} = \operatorname{grad} U + \operatorname{rot} \mathbf{V}$.
11. Man berechne das Kurvenintegral

    $$\int_C (yz dx + zx dy + xy dz)$$

    und nehme für C die geradlinige Verbindungsstrecke der Punkte $P(0, 0, 0)$ und $Q(\xi, \eta, \zeta)$ sowie den „Haken", der aus Geradenstücken parallel zu den Koordinatenachsen besteht und ebenfalls die Punkte P und Q verbindet. Hat die Feldgröße ein Potential?
12. Man zeige, daß die Feldgröße $\mathbf{f} = x^2\mathbf{e}_x + y^2\mathbf{e}_y + z^2\mathbf{e}_z$ ein Potential besitzt und berechne das Kurvenintegral

    $$\int_C (x^2 dx + y^2 dy + z^2 dz)$$

    für eine beliebige den Koordinatenursprung mit dem Punkt $P(\xi, \eta, \zeta)$ verbindende Kurve C.

Man untersuche, ob die folgenden Felder ein Potential besitzen und berechne es, wenn ein solches existiert:

13. $\mathbf{f} = \dfrac{Q}{x^2+y^2}(x\mathbf{e}_x + y\mathbf{e}_y)$

14. $\mathbf{f} = \sum\limits_{k=1}^{n} \dfrac{Q_k}{(x-x_k)^2+(y-y_k)^2}\Big((x-x_k)\mathbf{e}_x + (y-y_k)\mathbf{e}_y\Big)$

15. $\mathbf{f} = \mathbf{e}_x\sqrt{\sqrt{x^2+y^2}+x} - \mathbf{e}_y\sqrt{\sqrt{x^2+y^2}-x}$.

Man berechne die Zirkulation der Feldgröße **f** über den (positiv orientierten) Kreis $x^2+y^2=r^2$ mit $r \neq 1$:

16. $\mathbf{f} = \left(\dfrac{x}{x^2+y^2} - \dfrac{x-1}{(x-1)^2+y^2}\right)\mathbf{e}_x + \left(\dfrac{y}{x^2+y^2} - \dfrac{y}{(x-1)^2+y^2}\right)\mathbf{e}_y$

17. $\mathbf{f} = \left(\dfrac{-y}{(x-1)^2+y^2} - \dfrac{y}{x^2+y^2}\right)\mathbf{e}_x + \left(\dfrac{x-1}{(x-1)^2+y^2} + \dfrac{x}{x^2+y^2}\right)\mathbf{e}_y$.

Man berechne für $\mathbf{f}(\mathbf{x}) = \mathbf{x}$ (und für einen konstanten Einsvektor $\mathbf{e} = a\mathbf{e}_1 + b\mathbf{e}_2 + c\mathbf{e}_3$) die folgenden Kurvenintegrale über den Kreis K: $x^2+y^2=r^2$, $z=z_0$, der so orientiert sei, daß sich beim Durchlaufen zusammen mit einer Fortbewegung in Richtung der positiven z-Achse eine Rechtsschraubung ergibt:

18. $\oint\limits_K \mathbf{f}\,ds$ 19. $\oint\limits_K (\mathbf{f}\cdot\mathbf{e})\,ds$ 20. $\oint\limits_K \mathbf{f}\cdot d\mathbf{s}$ 21. $\oint\limits_K (\mathbf{f}\times\mathbf{e})\times d\mathbf{s}$

22. $\oint\limits_K \mathbf{f}\times d\mathbf{s}$.

23. Es seien **x** und **y** zwei beliebige Punkte im Raum und $r = |\mathbf{x}-\mathbf{y}|$ ihr Abstand. Man zeige, daß die Vektoren $\operatorname{grad}_{\mathbf{x}} r$ und $\operatorname{grad}_{\mathbf{y}} r$ (wobei mit dem „Index" **x** beziehungsweise **y** die Gradientenbildung hinsichtlich der Variablen **x** beziehungsweise **y** angedeutet werden soll) Einsvektoren sind, und zwar hat der Vektor $\operatorname{grad}_{\mathbf{x}} r$ die Richtung der Verbindungsgeraden durch die Punkte **x** und **y**; was seine Orientierung anlangt, so zeigt er vom Punkt **y** zum Punkt **x**. Analoge Bedeutung hat der Vektor $\operatorname{grad}_{\mathbf{y}} r$. Ferner beweise man die Beziehungen

$$\operatorname{grad}_{\mathbf{x}} r = -\operatorname{grad}_{\mathbf{y}} r, \quad \text{ebenso} \quad \operatorname{grad}_{\mathbf{x}} \frac{1}{r} = -\operatorname{grad}_{\mathbf{y}} \frac{1}{r}.$$

Es sei K die Kugeloberfläche $x^2+y^2+z^2=r^2$, H die Oberfläche der Halbkugel $x^2+y^2+z^2=r^2$, $z \geqslant 0$; die (geschlossene) Fläche K sei positiv orientiert, die (offene) Fläche H sei so orientiert, daß der Flächennormalvektor vom Koordinatenursprung wegweist. Man berechne die folgenden Flächenintegrale:

24. $\int\limits_H \mathbf{x}\,do$ 25. $\oint\limits_K (x^2+y^2)\,do$ 26. $\int\limits_H (\mathbf{x}\times\mathbf{e})\times d\mathbf{o}$, $|\mathbf{e}|=1$

27. $\oint\limits_K (x^2\mathbf{e}_x + y^2\mathbf{e}_y + z^2\mathbf{e}_z)\cdot d\mathbf{o}$.

Sei Q das Quadrat $0 \leqslant x \leqslant a, 0 \leqslant y \leqslant b, z = 0$ und $\mathbf{f} = (y+z)\mathbf{e}_x + (z+x)\mathbf{e}_y + (x+y)\mathbf{e}_z$. Man berechne die Flächenintegrale über die quadratische Fläche Q, die so orientiert sei, daß ein positiver Durchlaufsinn der Berandung mit dem Normalenvektor eine Rechtsschraubung ergibt:

28. $\int\limits_Q \mathbf{f} d\mathbf{o}$ 29. $\int\limits_Q \mathbf{f} \cdot d\mathbf{o}$ 30. $\int\limits_Q \mathbf{f} \times d\mathbf{o}$.

31. Sei F eine (offene) Fläche. Man berechne im Aufpunkt $\mathbf{x}$ den Gradienten der Feldgröße

$$U = -\frac{1}{4\pi} \int\limits_F \operatorname{grad}_y \frac{1}{r} \cdot d\mathbf{o}, \quad r = |\mathbf{x} - \mathbf{y}|,$$

indem man diesen als Flächenintegral darstellt.

32. Sei C eine geschlossene Kurve. Man berechne im Aufpunkt $\mathbf{x}$ die Wirbeldichte der Feldgröße

$$\mathbf{V} = \frac{1}{4\pi} \oint\limits_C \frac{1}{r} d\mathbf{s}, \quad r = |\mathbf{x} - \mathbf{y}|,$$

indem man diese als Integral über die Kurve C darstellt.

33. Man berechne im Aufpunkt $P(x_1, x_2, 0)$ die Feldgröße

$$\mathbf{V} = \frac{1}{4\pi} \oint\limits_K \frac{1}{r} d\mathbf{s}, \quad r = |\mathbf{x} - \mathbf{y}|,$$

worin K der (positiv orientierte) Kreis $y_1^2 + y_2^2 = R^2, y_3 = 0$, ist. Anschließend bestimme man die Zirkulation der Feldgröße $\mathbf{V}$ über den (positiv orientierten) Kreis $x_1^2 + x_2^2 = \rho^2$, $x_3 = 0$, mit $\rho < R$.

Hinweis: Man führe Zylinderkoordinaten ein, stelle die Feldgröße $\mathbf{V}$ durch V_r, V_φ und V_z dar, zeige $V_r = V_z = 0$ und berechne V_φ durch Reihenentwicklung, indem man von den Integralbeziehungen

$$\int\limits_{-\pi}^{\pi} P_{2n}(\cos\varphi)\cos\varphi\, d\varphi = 0, \quad \int\limits_{-\pi}^{\pi} P_{2n+1}(\cos\varphi)\cos\varphi\, d\varphi = \pi 2^{-4n-1}\binom{2n}{n}\binom{2n+2}{n+1}$$

der Legendreschen Polynome $P_n(x)$ Gebrauch macht.

34 Die Integralsätze von Stokes und Gauß

Durch Differentiation der Feldgrößen konnten wir uns einen Einblick in die lokalen Eigenschaften der Felder verschaffen. Bei Vektorfeldern sind es vor allen Dingen die Quellen und Wirbel, die ein charakteristisches Verhalten der Feldgrößen aufzeigen. Hingegen sind die Feldwirkungen im Großen durch Integrale der Feldgrößen über Kurven beziehungsweise Flächen auszudrücken. Damit gewinnt natürlich die Frage an Interesse, inwieweit die Feldwirkungen im Großen durch das Feldverhalten im Kleinen bestimmt sind. Bedeutungsvoll sind dabei vor allem jene Feldwirkungen, die in den Quellen und Wirbeln des Feldes ihre Ursache haben.

34.1 Der Integralsatz von Stokes

Aus Betrachtungen im Kleinen ist zu erwarten, daß die Zirkulation einer Feldgröße über eine geschlossene Kurve mit den Wirbeln des Feldes in engem Zusammenhang steht. Wir wollen im folgenden nun darlegen, wie aus der Wirbeldichte ein Rückschluß auf die Zirkulation der Feldgröße über geschlossene Kurven gezogen werden kann.

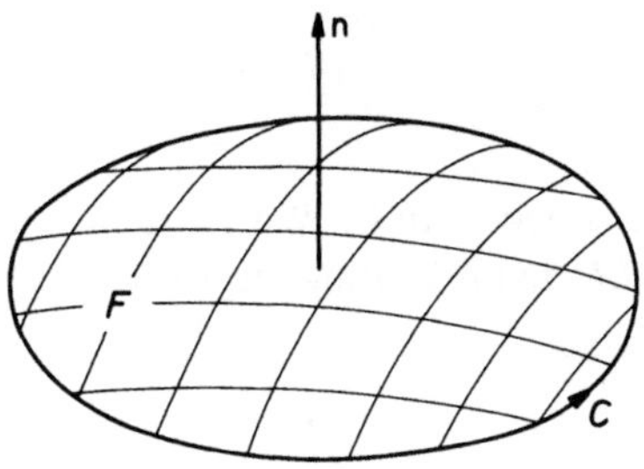

Bild 34.1

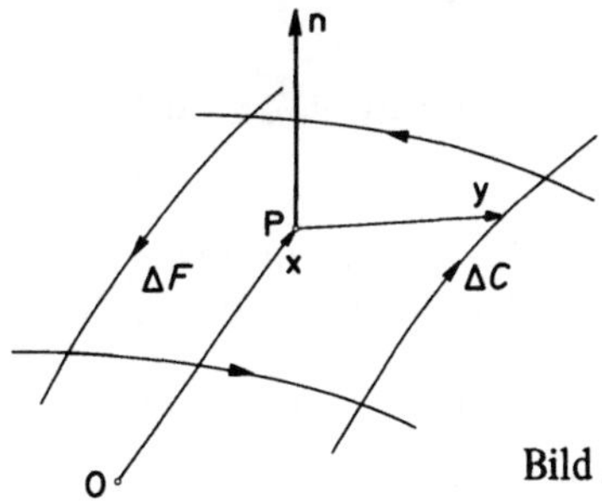

Bild 34.2

Wir legen in ein Vektorfeld **f** eine (nicht geschlossene) Fläche F, deren geschlossene Randkurve wir mit C bezeichnen. Die Orientierung der Fläche F legen wir so fest, daß ihre Normale **n** mit dem Durchlaufsinn der Randkurve C eine Rechtsschraubung bildet (Bild 34.1). Wir unterteilen die Fläche F, etwa durch ein Netz von Linien, in kleine Flächenstücke und greifen ein beliebiges, das wir mit ΔF bezeichnen wollen, heraus (Bild 34.2). Auf dem Flächenstück ΔF wählen wir weiter einen Punkt P mit dem Ortsvektor **x**; der Vektor vom Punkt P zur Berandung ΔC von ΔF sei **y**. Den Durchlaufsinn der Kurve ΔC legen wir so fest, daß er mit der Richtung der Flächennormalen **n** eine Rechtsschraubung bildet. Um einen Näherungswert für die Zirkulation

$$\oint_{\Delta C} \mathbf{f} \cdot d\mathbf{s} = \oint_{\Delta C} \left(f_1(\mathbf{x}+\mathbf{y})dy_1 + f_2(\mathbf{x}+\mathbf{y})dy_2 + f_3(\mathbf{x}+\mathbf{y})dy_3\right)$$

der Feldgröße **f** über die Kurve ΔC zu erhalten, ersetzen wir die Feldgröße **f** längs der Berandung ΔC durch den linearen Anteil von **f** an der Stelle **x**,

$$\mathbf{f}(\mathbf{x}+\mathbf{y}) \approx \mathbf{f}(\mathbf{x}) + \mathbf{f}'(\mathbf{x}) \cdot \mathbf{y}.$$

Wenn wir noch die Matrix $\mathbf{F} = \mathbf{f}'(\mathbf{x})$ in ihren symmetrischen Anteil $\mathbf{S} = \frac{1}{2}(\mathbf{F} + \mathbf{F}^*)$ und in ihren antisymmetrischen Anteil $\mathbf{T} = \frac{1}{2}(\mathbf{F} - \mathbf{F}^*)$ zerlegen, so erhalten wir näherungsweise

$$\oint_{\Delta C} \mathbf{f} \cdot d\mathbf{s} \approx \oint_{\Delta C} \left(\mathbf{f}(\mathbf{x}) + \mathbf{F} \cdot \mathbf{y}\right) \cdot d\mathbf{y} = \oint_{\Delta C} \mathbf{f}(\mathbf{x}) \cdot d\mathbf{y} + \oint_{\Delta C} (\mathbf{S} \cdot \mathbf{y}) \cdot d\mathbf{y} + \oint_{\Delta C} (\mathbf{T} \cdot \mathbf{y}) \cdot d\mathbf{y}.$$

Auf Grund von Satz 33.2 haben die beiden ersten Integrale auf der rechten Seite den Wert Null, denn für den konstanten Vektor **f**(**x**) ist $U = U(\mathbf{y}) = \mathbf{f}(\mathbf{x}) \cdot \mathbf{y}$ ein Potential, der Vektor $\mathbf{S} \cdot \mathbf{y}$ hat, bedingt durch die Symmetrie der Matrix **S**, ein Potential, nämlich $U = U(\mathbf{y}) = \frac{1}{2}\mathbf{y}^* \cdot \mathbf{S} \cdot \mathbf{y}$. Es folgt also, wenn wir insbesondere die Definition (33.16) des Rotors einer Feldgröße berücksichtigen,

$$\oint_{\Delta C} \mathbf{f} \cdot d\mathbf{s} \approx \frac{1}{2} \oint_{\Delta C} \left((\mathbf{F} - \mathbf{F}^*) \cdot \mathbf{y}\right) \cdot d\mathbf{y} = \frac{1}{2} \oint_{\Delta C} (\mathbf{r} \times \mathbf{y}) \cdot d\mathbf{y} = \frac{1}{2} \oint_{\Delta C} \mathbf{r} \cdot (\mathbf{y} \times d\mathbf{y}) =$$

$$= \frac{1}{2}\mathbf{r} \cdot \oint_{\Delta C} (\mathbf{y} \times d\mathbf{y}),$$

worin zur Abkürzung $\mathbf{r} = \operatorname{rot} \mathbf{f}$ für den Rotor der Feldgröße **f** im Punkt **x** gesetzt wurde. Nun ergibt sich durch eine einfache geometrische Überlegung unter Berücksichtigung des Orientierungssinnes von ΔC und der Stellung des Flächennormalenvektors **n** im Punkt **x**, daß näherungsweise

$$\frac{1}{2} \oint_{\Delta C} (\mathbf{y} \times d\mathbf{y}) \approx \Delta\mathbf{o} = \mathbf{n}\,\Delta o$$

gilt (vgl. (19.36)), worin Δo der Flächeninhalt des Flächenstückes ΔF ist. Wir erhalten somit für die Zirkulation der Feldgröße **f** über die Kurve ΔC den Näherungsausdruck

$$\oint_{\Delta C} \mathbf{f} \cdot d\mathbf{s} \approx \mathbf{r} \cdot \Delta\mathbf{o} = (\operatorname{rot} \mathbf{f}) \cdot \Delta\mathbf{o}.$$

Summieren wir diese Ausdrücke für alle Flächenstücke der Unterteilung von F auf, so wird einerseits

$$\sum \oint_{\Delta C} \mathbf{f} \cdot d\mathbf{s} = \oint_{C} \mathbf{f} \cdot d\mathbf{s},$$

denn die nicht am Rande von F gelegenen Kurvenstücke werden zweimal, jedoch in entgegengesetzter Richtung, durchlaufen, so daß sich sämtliche Beiträge von den im „Inneren" der Fläche F liegenden Kurvenbögen bei der Summation aufheben und nur die Teile der Randkurve C von F einen Beitrag leisten. Andererseits streben die Summen

$$\sum (\operatorname{rot} \mathbf{f}) \cdot \Delta\mathbf{o}$$

bei unbegrenzter Verfeinerung der Zerlegung der Fläche F gegen das Integral der Rotation von **f** über die Fläche F. Wir haben damit den

Satz 34.1 (Integralsatz von Stokes[1]) *Es sei F eine nicht geschlossene Fläche, die von der Kurve C berandet sei. Wird die geschlossene Kurve C so orientiert, daß ihr Durchlaufsinn mit der Orientierung der Flächennormalen eine Rechtsschraubung ergibt, so gilt*

$$\oint_C \mathbf{f} \cdot d\mathbf{s} = \int_F (\operatorname{rot} \mathbf{f}) \cdot d\mathbf{o}. \tag{34.1}$$

[1]) Sir *George Gabriel Stokes*, 1819–1903, englischer Physiker.

In Worten: *Der Fluß der Wirbeldichte durch eine nicht geschlossene Fläche ist gleich der Zirkulation über die Randkurve.*

Um das erforderliche Zusammenspiel der Orientierung der Fläche F und ihrer Berandung C zu erhalten, kann man entweder die Orientierung der Fläche F vorgeben, durch die sodann der Durchlaufsinn der Randkurve C festgelegt ist, oder die Orientierung der Kurve C wählen, wodurch dann die Orientierung der Fläche F erzwungen wird.

Mit Hilfe des Stokeschen Satzes können wir nun auch den Beweis von Satz 33.3 vervollständigen. Unter den dort gemachten Voraussetzungen folgt aus $\operatorname{rot}\mathbf{f} = \mathbf{o}$ in G, daß die Zirkulation von $\mathbf{f}$ über jede ganz in G verlaufende geschlossene Kurve verschwindet. Dabei ist entscheidend, daß sich durch jede geschlossene ganz in G liegende Kurve eine Fläche legen läßt, die zur Gänze in G verläuft.

Wir erwähnen noch zwei weitere Integralsätze, die aus Satz 34.1 hervorgehen. Ist U eine skalare Größe und $\mathbf{a}$ ein beliebiger konstanter Vektor, so ergibt sich aus (34.1) für $\mathbf{f} = \mathbf{a}U$ wegen $\operatorname{rot}(\mathbf{a}U) = (\operatorname{grad} U) \times \mathbf{a}$

$$\mathbf{a} \cdot \oint_C U\, d\mathbf{s} = \oint_C (\mathbf{a}U) \cdot d\mathbf{s} = \int_F \big((\operatorname{grad} U) \times \mathbf{a}\big) \cdot d\mathbf{o} = -\int_F \mathbf{a} \cdot \big((\operatorname{grad} U) \times d\mathbf{o}\big)$$
$$= \mathbf{a} \cdot \int_F d\mathbf{o} \times (\operatorname{grad} U)$$

und folglich, da der Vektor $\mathbf{a}$ beliebig war,

$$\oint_C U\, d\mathbf{s} = \int_F d\mathbf{o} \times \operatorname{grad} U. \tag{34.2}$$

Wenden wir auf den Vektor $\mathbf{a} \times \mathbf{f}$ den Stokesschen Integralsatz an, so ist einerseits wegen $\operatorname{rot}(\mathbf{a} \times \mathbf{f}) = \mathbf{a} \operatorname{div} \mathbf{f} - \mathbf{f}' \cdot \mathbf{a}$

$$\oint_C (\mathbf{a} \times \mathbf{f}) \cdot d\mathbf{s} = \int_F (\mathbf{a} \operatorname{div} \mathbf{f} - \mathbf{f}' \cdot \mathbf{a}) \cdot d\mathbf{o} = \mathbf{a} \cdot \int_F \operatorname{div} \mathbf{f}\, d\mathbf{o} - \mathbf{a} \cdot \int_F \mathbf{f}'^* \cdot d\mathbf{o};$$

andererseits gilt

$$\oint_C (\mathbf{a} \times \mathbf{f}) \cdot d\mathbf{s} = \oint_C \mathbf{a} \cdot (\mathbf{f} \times d\mathbf{s}) = \mathbf{a} \cdot \oint_C \mathbf{f} \times d\mathbf{s},$$

also, da der Vektor $\mathbf{a}$ beliebig ist,

$$\oint_C \mathbf{f} \times d\mathbf{s} = \int_F \operatorname{div} \mathbf{f}\, d\mathbf{o} - \int_F \mathbf{f}'^* \cdot d\mathbf{o}. \tag{34.3}$$

34.2 Der Integralsatz von Gauß

Wir haben in Abschnitt 33.2 gesehen, daß der Ausdruck $\operatorname{div}\mathbf{f}$ ein Maß für die lokale Ergiebigkeit der Feldgröße $\mathbf{f}$ ist. Wir wissen weiter, daß der Fluß der Feldgröße $\mathbf{f}$ durch eine geschlossene Fläche, wenn wir an das Geschwindigkeitsfeld einer Flüssigkeitsströmung denken, die durch diese Fläche pro Zeiteinheit in Richtung der Flächennormalen abströmende Flüssigkeitsmenge ist. Es muß deshalb ein Zusammenhang zwischen dem Fluß der Feldgröße durch eine geschlossene Fläche und der Ergiebigkeit des Feldes in dem von dieser Fläche berandeten räumlichen Bereich bestehen.

Wir betrachten im Feld $\mathbf{f}$ einen räumlichen Bereich B, dessen geschlossene Randfläche F wir so orientieren, daß die Normale $\mathbf{n}$ ins Äußere weist, so daß F positiv orientiert ist. Durch Ebenen parallel zu den Koordinatenebenen unterteilen wir den Bereich B in kleine quaderförmige Teilbereiche und betrachten einen beliebigen dieser Teilbereiche ΔB mit den Abmessungen Δx_1, Δx_2 und Δx_3. Indem wir uns den Quader ΔB von den Vektoren des positiv orientierten Dreibeins $\Delta x_1 \mathbf{e}_1$, $\Delta x_2 \mathbf{e}_2$ und $\Delta x_3 \mathbf{e}_3$ aufgespannt denken, wird ein Eckpunkt P ausgezeichnet (Bild 34.3); es sei $\mathbf{x}$ der Ortsvektor zum Punkt P, mit $\mathbf{y}$ bezeichnen wir die Vektoren vom Punkt P zu den Punkten der Berandung ΔF von ΔB. Die geschlossene Fläche ΔF sei ferner wie die Fläche F positiv orientiert. Die sechs rechteckförmigen Randflächen $\Delta F_1^+, \Delta F_1^-, \Delta F_2^+, \Delta F_2^-, \Delta F_3^+$ und ΔF_3^-, aus denen sich die Fläche ΔF zusammensetzt, sind dann so orientiert, daß

$$\mathbf{do} = \mathbf{e}_1 dy_2 dy_3 \quad \text{beziehungsweise} \quad \mathbf{do} = -\mathbf{e}_1 dy_2 dy_3$$

das vektorielle Flächenelement der Fläche ΔF_1^+ beziehungsweise ΔF_1^- ist; analoge Ausdrücke ergeben sich für die beiden restlichen Flächenpaare $\Delta F_2^+, \Delta F_2^-$ und $\Delta F_3^+, \Delta F_3^-$.

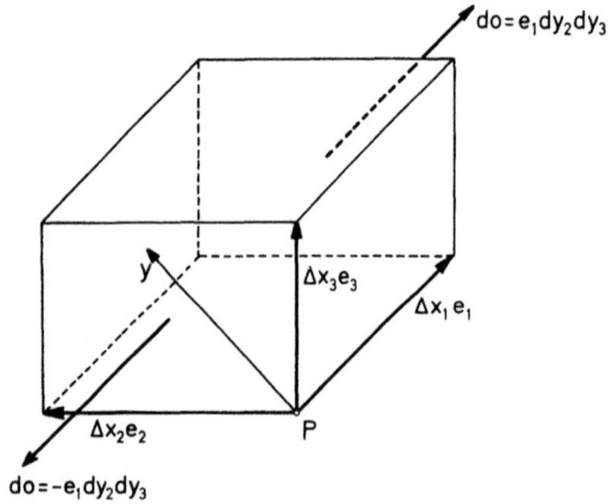

Bild 34.3

Unser Ziel ist zunächst, den Fluß der Feldgröße $\mathbf{f}$ durch die Fläche ΔF,

$$\oint_{\Delta F} \mathbf{f} \cdot \mathbf{do} = \int_{\Delta F_1^+ + \Delta F_1^-} \mathbf{f} \cdot \mathbf{do} + \int_{\Delta F_2^+ + \Delta F_2^-} \mathbf{f} \cdot \mathbf{do} + \int_{\Delta F_3^+ + \Delta F_3^-} \mathbf{f} \cdot \mathbf{do},$$

durch einen Näherungsausdruck zu ersetzen. Zu diesem Zweck nähern wir die Feldgröße $\mathbf{f}$ auf der Fläche ΔF durch den linearen Anteil von $\mathbf{f}$ im Punkt $\mathbf{x}$ an,

$$\mathbf{f}(\mathbf{x}+\mathbf{y}) \approx \mathbf{f}(\mathbf{x}) + \mathbf{f}'(\mathbf{x}) \cdot \mathbf{y}.$$

Dann gilt näherungsweise, wenn wir mit $\mathbf{F} = \mathbf{f}'(\mathbf{x})$ die Ableitung von $\mathbf{f}$ bezeichnen,

$$\begin{aligned}\int_{\Delta F_1^+ + \Delta F_1^-} \mathbf{f} \cdot \mathbf{do} &= \iint_{\Delta F_1^+} \mathbf{f}(\mathbf{x}+\mathbf{y}) \cdot \mathbf{e}_1 dy_2 dy_3 + \iint_{\Delta F_1^-} \mathbf{f}(\mathbf{x}+\mathbf{y}) \cdot (-\mathbf{e}_1) dy_2 dy_3 \\ &\approx \iint_{\Delta F_1^+} \big(\mathbf{f}(\mathbf{x}) + \mathbf{F} \cdot \mathbf{y}\big) \cdot \mathbf{e}_1 dy_2 dy_3 - \iint_{\Delta F_1^-} \big(\mathbf{f}(\mathbf{x}) + \mathbf{F} \cdot \mathbf{y}\big) \cdot \mathbf{e}_1 dy_2 dy_3.\end{aligned}$$

Wenn wir nun beachten, daß $(\Delta x_1, y_2, y_3)$ der Ortsvektor vom Punkt P zur Fläche ΔF_1^+ und $(0, y_2, y_3)$ der Ortsvektor von P zur Fläche ΔF_1^- ist, folgt weiter

$$\int\limits_{\Delta F_1^+ + \Delta F_1^-} \mathbf{f} \cdot d\mathbf{o} \approx \int\limits_0^{\Delta x_2} \int\limits_0^{\Delta x_3} F_{11} \Delta x_1 dy_2 dy_3 = F_{11} \Delta x_1 \Delta x_2 \Delta x_3 = F_{11} \Delta\tau,$$

worin $\Delta\tau$ das Volumen des Teilbereiches ΔB ist.

Analog wird

$$\int\limits_{\Delta F_2^+ + \Delta F_2^-} \mathbf{f} \cdot d\mathbf{o} \approx F_{22} \Delta\tau, \qquad \int\limits_{\Delta F_3^+ + \Delta F_3^-} \mathbf{f} \cdot d\mathbf{o} \approx F_{33} \Delta\tau,$$

und somit, da $F_{11} + F_{22} + F_{33} = \operatorname{div} \mathbf{f}$ im Punkt $\mathbf{x}$ ist,

$$\oint\limits_{\Delta F} \mathbf{f} \cdot d\mathbf{o} \approx \operatorname{div} \mathbf{f} \Delta\tau.$$

Summieren wir über alle Teilbereiche der Zerlegung von B auf, so wird

$$\sum \oint\limits_{\Delta F} \mathbf{f} \cdot d\mathbf{o} = \oint\limits_{F} \mathbf{f} \cdot d\mathbf{o},$$

denn die Integrale über die im Inneren von B liegenden Teilflächen heben einander auf; über jede solche Fläche wird ja zweimal integriert, jedoch mit entgegengesetzten Orientierungen, weshalb zwei anliegende Teilquader über ihre gemeinsame Randfläche entgegengesetzt gleiche Beiträge liefern. Bei unbegrenzter Verfeinerung der Zerlegung von B bleibt die obige Gleichung erhalten, während die Summen

$$\sum \operatorname{div} \mathbf{f} \Delta\tau$$

gegen das Bereichsintegral der Quelldichte $\operatorname{div} \mathbf{f}$ über den Bereich B streben. Es gilt daher der

Satz 34.2 (Integralsatz von Gauß) *Es sei B ein zusammenhängender räumlicher Bereich und F die positiv orientierte Randfläche von B. Dann ist*

$$\oint\limits_F \mathbf{f} \cdot d\mathbf{o} = \int\limits_B \operatorname{div} \mathbf{f} d\tau. \tag{34.4}$$

In Worten: *Das Integral der Quelldichte einer Feldgröße über einen räumlichen Bereich B, das die Gesamtergiebigkeit des Feldes in B darstellt, ist gleich dem Fluß der Feldgröße durch die Berandung von B.*

Die physikalische Bedeutung des Gaußschen Integralsatzes kann man sich sehr gut an Hand des Geschwindigkeitsfeldes einer Flüssigkeitsströmung klar machen. Die Divergenz der Feldgröße ist ein Maß für die *lokale* Nettoergiebigkeit des Feldes, das Integral der Divergenz über einen Bereich B stellt somit die Nettoergiebigkeit des Feldes im Bereich B dar, das heißt, die Differenz der in B erzeugten und vernichteten Flüssigkeitsmenge. Wird in B Flüssigkeit erzeugt, so muß diese nach Außen abfließen, wird in B Flüssigkeit vernichtet, so muß diese von Außen in den Bereich B eingeflossen sein. Dies bedeutet aber, daß die Gesamtergiebigkeit des Feldes im Bereich B gleich dem Fluß der Feldgröße durch die Berandung von B sein muß.

Wir weisen noch auf zwei Integralformeln hin, die sich als Folgerung des Gaußschen Integralsatzes ergeben. Ist a ein beliebiger konstanter Vektor und U eine skalare Feldgröße, so folgt aus (34.4) für $\mathbf{f} = \mathbf{a}U$ wegen $\operatorname{div}\mathbf{f} = \operatorname{div}(\mathbf{a}U) = \mathbf{a} \cdot \operatorname{grad} U$

$$\mathbf{a} \cdot \oint_F U d\mathbf{o} = \oint_F (\mathbf{a}U) \cdot d\mathbf{o} = \int_B \mathbf{a} \cdot \operatorname{grad} U d\tau = \mathbf{a} \cdot \int_B \operatorname{grad} U d\tau,$$

also, da der Vektor a beliebig ist,

$$\oint_F U d\mathbf{o} = \int_B \operatorname{grad} U d\tau. \tag{34.5}$$

Wegen $\operatorname{div}(\mathbf{u} \times \mathbf{a}) = \mathbf{a} \cdot \operatorname{rot}\mathbf{u}$ ergibt die Anwendung von (34.4) auf die Feldgröße $\mathbf{f} = \mathbf{u} \times \mathbf{a}$

$$\oint_F (\mathbf{u} \times \mathbf{a}) \cdot d\mathbf{o} = \mathbf{a} \cdot \int_B \operatorname{rot}\mathbf{u} d\tau;$$

durch Umformung des Hüllenintegrals auf der linken Seite dieser Gleichung,

$$\oint_F (\mathbf{u} \times \mathbf{a}) \cdot d\mathbf{o} = -\mathbf{a} \cdot \oint_F \mathbf{u} \times d\mathbf{o},$$

folgt schließlich mit der selben Begründung wie oben

$$\oint_F d\mathbf{o} \times \mathbf{u} = \int_B \operatorname{rot}\mathbf{u} d\tau. \tag{34.6}$$

Der Gaußsche Integralsatz erlaubt, eine Frage zu beantworten, die verschiedentlich von Bedeutung ist. Wie das Integral über eine nicht geschlossene Kurve im allgemeinen vom Weg abhängig ist, so hängt auch der Wert eines Flächenintegrales im allgemeinen vom Verlauf der Fläche ab. Man kann sich nun wieder fragen, unter welchen Voraussetzungen eine solche Abhängigkeit nicht gegeben ist, sondern vielmehr durch die die Fläche berandende Kurve der Wert des Integrals bestimmt ist, ebenso wie ein Kurvenintegral nur vom „Rand“ der Kurve, ihrem Anfangs- und Endpunkt, abhängen kann.

Einen ersten Hinweis darauf, daß das Integral

$$I = \int_F \mathbf{f} \cdot d\mathbf{o} \tag{34.7}$$

nur von der Berandung C der Fläche F abhängt, gibt uns der Integralsatz von Stokes: Läßt sich nämlich die Feldgröße f als Rotor einer Feldgröße u darstellen,

$$\mathbf{f} = \operatorname{rot}\mathbf{u}, \tag{34.8}$$

so folgt aus (34.1)

$$I = \int_F \mathbf{f} \cdot d\mathbf{o} = \int_F (\operatorname{rot}\mathbf{u}) \cdot d\mathbf{o} = \oint_C \mathbf{u} \cdot d\mathbf{s},$$

womit offensichtlich das Integral (34.7) nur von der Randkurve C abhängt. Eine Feldgröße u mit der Eigenschaft (34.8) wird *Vektorpotential* für f genannt.

Die Existenz eines Vektorpotentials ist also hinreichend für die Unabhängigkeit des Integrals (34.7) vom Verlauf der Fläche. Die Bedingung

$$\operatorname{div} \mathbf{f} = \mathbf{o} \tag{34.9}$$

ist wegen (33.22) offenbar eine notwendige Bedingung[2] für die Existenz eines Vektorpotentials für $\mathbf{f}(\mathbf{x})$; für ein Gebiet G mit der Eigenschaft, daß das Innere jeder geschlossenen in G liegenden Fläche zur Gänze in G liegt, stellt (34.9) eine notwendige und hinreichende Bedingung für die Unabhängigkeit des Integrals (34.7) vom Verlauf der Fläche dar. Betrachten wir hierzu zwei nicht geschlossene Flächen F_1 und F_2, die von ein und derselben Kurve C berandet sein mögen; die beiden Flächen seien so orientiert, daß die Orientierung der geschlossenen Kurve C mit den Normalen der beiden Flächen denselben Drehsinn ergibt, also eine Rechtsschraubung oder Linksschraubung. Indem wir die Orientierung einer der beiden Flächen umkehren, erhalten wir die geschlossene Fläche $F = F_1 + (-F_2) = F_1 - F_2$; dann zieht die Forderung der Gleichheit der Integrale über F_1 und F_2

$$0 = \int_{F_1} \mathbf{f} \cdot d\mathbf{o} - \int_{F_2} \mathbf{f} \cdot d\mathbf{o} = \int_{F_1} \mathbf{f} \cdot d\mathbf{o} + \int_{-F_2} \mathbf{f} \cdot d\mathbf{o} = \oint_{F_1 - F_2} \mathbf{f} \cdot d\mathbf{o} = \oint_F \mathbf{f} \cdot d\mathbf{o}$$

nach sich, also die Bedingung, daß das Integral über jede geschlossene in dem betrachteten Gebiet liegende Fläche verschwindet. Wenn aber F eine beliebige geschlossene Fläche und B der von ihr begrenzte räumliche Bereich ist, so ergibt sich aus dem Gaußschen Integralsatz

$$0 = \oint_F \mathbf{f} \cdot d\mathbf{o} = \int_B \operatorname{div} \mathbf{f}\, d\tau,$$

was nur möglich ist, wenn das Feld $\mathbf{f}$ in dem betrachteten Gebiet (das eben keine „Löcher" haben darf) quellenfrei ist.

Abschließend sei auf eine Formel hingewiesen, die die Inhaltsbestimmung eines räumlichen Bereiches auf die Berechnung eines Integrals über die Randfläche zurückzuführen gestattet und solcherart das räumliche Analogon zur Flächeninhaltsformel (13.6) darstellt. Wendet man den Gaußschen Integralsatz (34.4) auf die Feldgröße $\mathbf{f}(\mathbf{x}) = \mathbf{x}$ an, so ergibt die rechte Seite von (34.4) wegen $\operatorname{div} \mathbf{f} = 3$ das dreifache Volumen des Bereichs B, so daß gilt

$$\mathrm{V} = \frac{1}{3} \oiint_F (x_1 dx_2 dx_3 + x_2 dx_3 dx_1 + x_3 dx_1 dx_2), \tag{34.10}$$

worin V das Volumen des von der geschlossenen Fläche F begrenzten räumlichen Bereiches B ist.

34.3 Die Integralsätze in der Ebene

Die Integralsätze von Stokes und Gauß lassen sich auch für ebene Felder formulieren. Dabei handelt es sich aber im Grunde um eine einzige Integralformel, die nach *G. Green*[1]) und *B. Riemann* benannt ist.

---

1) *George Green,* 1793–1841, englischer Physiker und Mathematiker.

2) Sie ist unter gewissen Voraussetzungen über das Gebiet G auch hinreichend (s. Abschn. 3.5.4).

Es sei $\big(f_1(x_1, x_2), f_2(x_1, x_2), 0\big)$ ein räumliches Vektorfeld. Wir betrachten in der (x_1, x_2)-Ebene eine geschlossene Kurve *C*, deren Durchlaufsinn mit der positiven x_3-Achse eine Rechtsschraubung bildet. *F* sei das Flächenstück in der (x_1, x_2)-Ebene, das von der Kurve *C* berandet wird; die Orientierung von *F* legen wir so fest, daß $\mathbf{n} = \mathbf{e}_3$ der Flächennormalenvektor ist. Wegen

$$\operatorname{rot}\mathbf{f} = \left(\frac{\partial f_2}{\partial x_1} - \frac{\partial f_1}{\partial x_2}\right)\mathbf{e}_3, \quad d\mathbf{o} = dx_1 dx_2 \mathbf{e}_3$$

führt die Anwendung des Stokesschen Integralsatzes auf die Gleichung

$$\iint\limits_F \left(\frac{\partial f_2}{\partial x_1} - \frac{\partial f_1}{\partial x_2}\right) dx_1 dx_2 = \oint\limits_C (f_1 dx_1 + f_2 dx_2).$$

Bezeichnet jetzt *B* den von der Kurve *C* eingeschlossenen Bereich, so heißt

$$\iint\limits_B \left(\frac{\partial f_2}{\partial x_1} - \frac{\partial f_1}{\partial x_2}\right) dx_1 dx_2 = \oint\limits_C (f_1 dx_1 + f_2 dx_2) \tag{34.11}$$

beziehungsweise

$$\int\limits_B \operatorname{rot}\mathbf{f}\, d\mu = \oint\limits_C (f_1 dx_1 + f_2 dx_2), \tag{34.12}$$

worin der Skalar (vgl. (33.40))

$$\operatorname{rot}\mathbf{f} = \frac{\partial f_2}{\partial x_1} - \frac{\partial f_1}{\partial x_2}$$

die *Wirbeldichte* des ebenen Feldes $\big(f_1(x_1, x_2), f_2(x_1, x_2)\big)$ genannt wird, der *Stokessche Integralsatz in der Ebene*.

Ersetzt man in (34.11) f_2 durch f_1 und f_1 durch $-f_2$, so folgt

$$\iint\limits_B \left(\frac{\partial f_1}{\partial x_1} + \frac{\partial f_2}{\partial x_2}\right) dx_1 dx_2 = \oint\limits_C (f_1 dx_2 - f_2 dx_1). \tag{34.13}$$

Bezeichnet **n** die auf die Länge 1 normierte ins Äußere von *B* weisende Normale auf die Kurve *C* und **t** den in die Durchlaufrichtung der Kurve *C* zeigenden Tangentenvektor, so daß die Vektoren **n**, **t** und $\mathbf{e}_3$ ein positiv orientiertes Dreibein bilden, so ist

$$f_1 dx_2 - f_2 dx_1 = \mathbf{f} \cdot \mathbf{n}\, ds$$

und (34.13) kann in der Form

$$\int\limits_B \operatorname{div}\mathbf{f}\, d\mu = \oint\limits_C \mathbf{f} \cdot \mathbf{n}\, ds \tag{34.14}$$

geschrieben werden; der Skalar

$$\operatorname{div}\mathbf{f} = \frac{\partial f_1}{\partial x_1} + \frac{\partial f_2}{\partial x_2}$$

wird *Divergenz* oder *Quelldichte* des ebenen Feldes $\left(f_1(x_1, x_2), f_2(x_1, x_2)\right)$ genannt. (34.14) heißt der *Gaußsche Integralsatz in der Ebene.*

Wir bemerken noch, daß die Anwendung des Gaußschen Integralsatzes (34.14) auf das Feld $\mathbf{f}(\mathbf{x}) = \mathbf{x}$ zur Flächeninhaltsformel (13.6) führt.

34.4 Sprungflächenoperatoren

Die Anwendung der Differentialoperatoren div und rot auf eine Feldgröße **f** setzt voraus, daß die Feldgröße **f** differenzierbar ist. Deshalb kann mit den Ausdrücken div **f** und rot **f** nur die räumliche Dichte der Quellen und Wirbel des Feldes **f** bestimmt werden, flächenhaft verteilte Quellen und Wirbel lassen sich auf diese Weise nicht erfassen. Wir wollen uns im folgenden damit auseinandersetzen, wie aus dem Verhalten einer Feldgröße auf beiden Seiten einer Unstetigkeitsfläche des Feldes Rückschlüsse auf das Vorhandensein von Flächenquellen und Flächenwirbel gezogen werden können.

Wir gehen dabei davon aus, daß die räumliche Quelldichte eines Vektorfeldes **f** durch Bereichsdifferentiation gewonnen werden kann, und zwar gilt auf Grund von (25.23), wenn der Gaußsche Integralsatz (34.4) verwendet wird,

$$\operatorname{div}\mathbf{f} = \lim_{\Delta\tau \to 0} \frac{1}{\Delta\tau} \oint_{\Delta F} \mathbf{f} \cdot d\mathbf{o}, \tag{34.15}$$

worin $\Delta\tau$ das Volumen von ΔB und ΔF die Randfläche von ΔB ist. Auf analoge Weise ergibt sich über die Form (34.6) des Gaußschen Integralsatzes die räumliche Wirbeldichte

$$\operatorname{rot}\mathbf{f} = \lim_{\Delta\tau \to 0} \frac{1}{\Delta\tau} \oint_{\Delta F} d\mathbf{o} \times \mathbf{f}. \tag{34.16}$$

Es sei F eine Unstetigkeitsfläche der Feldgröße **f**. Wir kommen überein, eine positive und eine negative Seite der Fläche F zu unterscheiden, wobei wir jene Seite die positive nennen, auf der der Normalenvektor **n** angeheftet ist. Mit $\mathbf{f}^+$ und $\mathbf{f}^-$ bezeichnen wir die „einseitigen" Grenzwerte der Feldgröße **f** bei Annäherung an die positive beziehungsweise negative Seite der Fläche F. Daß F eine Unstetigkeitsfläche ist, bedeutet $\mathbf{f}^+ \neq \mathbf{f}^-$ auf der Fläche F.

Wir betrachten nun eine geschlossene positiv orientierte Fläche ΔF, die auf beiden Seiten von F verlaufen möge. Die Schnittkurve von ΔF mit der Fläche F berandet ein Stück ΔO der Fläche F mit dem Flächeninhalt Δo, wobei ΔO die Orientierung von F habe (Bild 34.4). Die Ergiebigkeit Δq der Flächenquellen auf ΔO messen wir durch den Grenz-

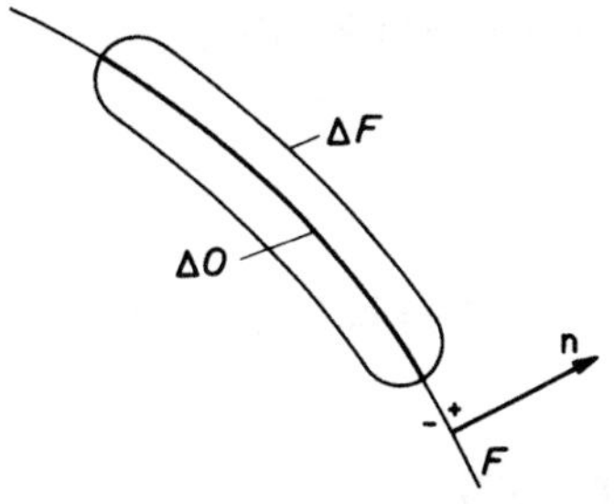

Bild 34.4

wert des Integrals

$$\oint\limits_{\Delta F} \mathbf{f} \cdot \mathbf{do},$$

wenn ΔF auf das Flächenstück ΔO zusammengezogen wird, so daß in der Grenze $\Delta F = \Delta O + (-\Delta O)$ ist,

$$\Delta q = \int\limits_{\Delta O} \mathbf{f} \cdot \mathbf{do} + \int\limits_{-\Delta O} \mathbf{f} \cdot \mathbf{do},$$

wobei im Integral über ΔO für $\mathbf{f} = \mathbf{f}^+$ und im Integral über $-\Delta O$ für $\mathbf{f} = \mathbf{f}^-$ gesetzt werden muß. Dividieren wir noch durch den Flächeninhalt Δo, so ist

$$\frac{\Delta q}{\Delta o} = \frac{1}{\Delta o} \int\limits_{\Delta O} (\mathbf{f}^+ - \mathbf{f}^-) \cdot \mathbf{do}$$

die mittlere Quelldichte auf dem Flächenstück ΔO. Ziehen wir das Flächenstück ΔO auf einen Punkt $\mathbf{x}$ zusammen, so ist der Grenzwert

$$\sigma = \lim_{\Delta o \to 0} \frac{\Delta q}{\Delta o} = \lim_{\Delta o \to 0} \frac{1}{\Delta o} \int\limits_{\Delta O} (\mathbf{f}^+ - \mathbf{f}^-) \cdot \mathbf{do} = (\mathbf{f}^+ - \mathbf{f}^-) \cdot \mathbf{n} = f_n^+ - f_n^-$$

die *Quelldichte* der Feldgröße $\mathbf{f}$ im Punkt $\mathbf{x}$ auf F. Wir haben damit folgendes Ergebnis gewonnen: *Springt die Normalkomponente der Feldgröße* $\mathbf{f}$ *beim Durchgang durch eine Fläche, so befinden sich auf dieser Fläche Quellen mit der Dichte* $\sigma = (\mathbf{f}^+ - \mathbf{f}^-) \cdot \mathbf{n}$. *Umgekehrt hat das Vorhandensein von Flächenquellen einen Sprung der Normalkomponente der Feldgröße zur Folge.*

Diesen Sachverhalt nehmen wir zum Anlaß, den Ausdruck

$$\operatorname{Div} \mathbf{f} := \mathbf{n} \cdot (\mathbf{f}^+ - \mathbf{f}^-) = f_n^+ - f_n^- \tag{34.17}$$

als *Flächendivergenz* des Feldes $\mathbf{f}$ einzuführen. Wir wollen künftighin ein Feld quellenfrei nennen, wenn $\operatorname{div} \mathbf{f} = 0$ in räumlichen Teilgebieten und $\operatorname{Div} \mathbf{f} = 0$ auf Unstetigkeitsflächen gilt.

Zur Feststellung von Flächenwirbeln gehen wir in Anlehnung an (34.16) vom Integral

$$\oint\limits_{\Delta F} \mathbf{do} \times \mathbf{f}$$

aus und ziehen wie oben die Fläche ΔF auf das Flächenstück ΔO zusammen. Der Grenzwert dieses Integrals, bezogen auf den Flächeninhalt Δo des Flächenstückes ΔO,

$$\frac{\Delta \mathbf{r}}{\Delta o} = \frac{1}{\Delta o} \left(\int\limits_{\Delta O} \mathbf{do} \times \mathbf{f} + \int\limits_{-\Delta O} \mathbf{do} \times \mathbf{f} \right) = \frac{1}{\Delta o} \int\limits_{\Delta O} \mathbf{do} \times (\mathbf{f}^+ - \mathbf{f}^-)$$

ist die mittlere Wirbeldichte von $\mathbf{f}$ auf der Fläche ΔO. Ziehen wir das Flächenstück wieder auf einen Punkt $\mathbf{x}$ zusammen, so wird in der Grenze

$$\mathbf{R} = \lim_{\Delta o \to 0} \frac{\Delta \mathbf{r}}{\Delta o} = \lim_{\Delta o \to 0} \frac{1}{\Delta o} \int\limits_{\Delta O} \mathbf{do} \times (\mathbf{f}^+ - \mathbf{f}^-) = \mathbf{n} \times (\mathbf{f}^+ - \mathbf{f}^-)$$

die *Wirbeldichte* der Feldgröße $\mathbf{f}$ im Punkt $\mathbf{x}$ auf F. Beachten wir, daß $\mathbf{n} \times \mathbf{a} = \mathbf{n} \times \mathbf{a}_t$ ist, wobei $\mathbf{a}_t$ die Komponente von a senkrecht zu $\mathbf{n}$ ist, so können wir folgendes aussagen: *Geht die Tangentialkomponente der Feldgröße unstetig durch eine Fläche, so befinden sich auf dieser Wirbel der Dichte* $\mathbf{R} = \mathbf{n} \times (\mathbf{f}^+ - \mathbf{f}^-)$. *Die Existenz von Wirbeln auf einer Fläche bedeutet umgekehrt einen Sprung der Tangentialkomponente der Feldgröße.*

Wir nennen auf Grund dieses Sachverhaltes den Ausdruck

$$\text{Rot}\,\mathbf{f} := \mathbf{n} \times (\mathbf{f}^+ - \mathbf{f}^-) = \mathbf{n} \times (\mathbf{f}_t^+ - \mathbf{f}_t^-) \tag{34.18}$$

die *Flächenrotation* der Feldgröße $\mathbf{f}$. Wir wollen für den weiteren Text ein Feld wirbelfrei nennen, wenn in Teilgebieten des Raumes $\text{rot}\,\mathbf{f} = \mathbf{o}$ und auf Unstetigkeitsflächen $\text{Rot}\,\mathbf{f} = \mathbf{o}$ gilt.

Wir erwähnen der Vollständigkeit halber, daß sich auch die Gradientenbildung auf Unstetigkeitsflächen erklären läßt. Ausgehend von der Formel (34.5) nennt man das Ergebnis

$$\text{Grad}\,U := (U^+ - U^-)\mathbf{n} \tag{34.19}$$

analoger Grenzprozesse den *Flächengradienten* des Skalars U.

34.5 Die Integralformeln von Green

Wir leiten zum Abschluß aus dem Gaußschen Integralsatz drei Integralformeln ab, die als Hilfsmittel für viele Untersuchungen nützlich sind.

Die Anwendung des Gaußschen Integralsatzes (34.4) auf ein Gradientenfeld $\mathbf{f} = \text{grad}\,U$ führt auf Grund der Beziehung $\text{div}\,\text{grad}\,U = \Delta U$ zu der Formel

$$\int_B \Delta U d\tau = \oint_F (\text{grad}\,U) \cdot d\mathbf{o}. \tag{34.20}$$

Den Ausdruck

$$\frac{\partial U}{\partial n} := \mathbf{n} \cdot \text{grad}\,U \tag{34.21}$$

nennt man die *Ableitung von* U *in Richtung der Flächennormalen von F* oder kurz *Normalableitung von* U. Mit dieser Symbolik nimmt (34.20) die Gestalt

$$\int_B \Delta U d\tau = \oint_F \frac{\partial U}{\partial n}\, do \tag{34.22}$$

an.

Es seien nun U und V zwei skalare Größen. Aus der Beziehung

$$\text{div}(U\,\text{grad}\,V) = (\text{grad}\,U) \cdot (\text{grad}\,V) + U\Delta V$$

ergibt sich durch Anwendung des Gaußschen Integralsatzes auf die Feldgröße $\mathbf{f} = U\,\text{grad}\,V$ die Gleichung

$$\int_B (\text{grad}\,U) \cdot (\text{grad}\,V) d\tau + \int_B U\Delta V d\tau = \oint_F U \frac{\partial V}{\partial n}\, do, \tag{34.23}$$

die die *erste Greensche Integralformel* genannt wird. Speziell für U = V heißt

$$\int_B (\operatorname{grad} U)^2 d\tau + \int_B U\Delta U d\tau = \oint_F U \frac{\partial U}{\partial n} do \tag{34.24}$$

die *zweite Greensche Integralformel*. Vertauscht man in (34.23) die Rollen von U und V und zieht man die so entstehende Gleichung von (34.23) ab, so resultiert die Gleichung

$$\int_B (U\Delta V - V\Delta U) d\tau = \oint_F \left(U \frac{\partial V}{\partial n} - V \frac{\partial U}{\partial n}\right) do, \tag{34.25}$$

die man die *dritte Greensche Integralformel* nennt.

34.6 Übungsbeispiele

Sei B ein im Endlichen liegender räumlicher Bereich, berandet von der (positiv orientierten) geschlossenen Fläche F. Man forme die folgenden Integrale über B beziehungsweise F in Integrale über F beziehungsweise B um:

1. $\int_B \operatorname{rot}(U\mathbf{f}) d\tau$ 2. $\int_B \operatorname{div}(\mathbf{f} \times \operatorname{grad} U) d\tau$ 3. $\oint_F \mathbf{f}(\mathbf{g} \cdot d\mathbf{o})$

4. $\oint_F (\mathbf{f} \times \mathbf{g}) \cdot d\mathbf{o}$ 5. $\int_B \operatorname{rot}(\mathbf{f} \times \mathbf{g}) d\tau$ 6. $\oint_F (\mathbf{f} \cdot \mathbf{g}) d\mathbf{o}$.

7. Sei B ein im Endlichen liegender von der geschlossenen Fläche F berandeter Bereich. Welcher Bedingung müssen die Vektoren **f** und **g** auf der Fläche F genügen, damit die Gleichung

$$\int_B \mathbf{f} \cdot \operatorname{rot} \mathbf{g} d\tau = \int_B \mathbf{g} \cdot \operatorname{rot} \mathbf{f} d\tau$$

erfüllt ist?

Sei F eine im Endlichen liegende (offene) Fläche mit der Randkurve C. Die (geschlossene) Kurve C sei so orientiert, daß ihr Durchlaufsinn mit der Normalenrichtung der Fläche F eine Rechtsschraubung ergibt. Man forme die folgenden Integrale über F beziehungsweise C in Integrale über C beziehungsweise F um:

8. $\int_F (\operatorname{grad} U \times \operatorname{grad} V) \cdot d\mathbf{o}$ 9. $\oint_C U\mathbf{f} \cdot d\mathbf{s}$

10. $\oint_C (\mathbf{f} \times \operatorname{grad} U) \cdot d\mathbf{s}$ 11. $\oint_C (\operatorname{grad} U) \times d\mathbf{s}$.

Sei F eine beliebige offene im Endlichen liegende Fläche. Man stelle die folgenden Flächenintegrale als Integrale über die Randkurve C von F dar:

12. $\int_F d\mathbf{o}$ 13. $\int_F \mathbf{e} \cdot d\mathbf{o}$, **e** konstant.

14. Ist C eine geschlossene Kurve im Raum und F eine geeignet orientierte von der Kurve C berandete Fläche, so gilt im Aufpunkt **x**

$$\operatorname{grad}\left(-\frac{1}{4\pi}\int_F \operatorname{grad}_y \frac{1}{r}\cdot d\mathbf{o}\right) = \operatorname{rot}\left(\frac{1}{4\pi}\oint_C \frac{1}{r}\, d\mathbf{s}\right), \quad r = |\mathbf{x}-\mathbf{y}|.$$

15. Sei H_R die Halbkugel $x_1^2 + x_2^2 + x_3^2 = R^2$, $x_3 \geqslant 0$; die Orientierung sei derart, daß die Flächennormale im Punkt (0, 0, R) die Richtung der positiven x_3-Achse hat. Man bestimme den Fluß des Gradienten von

$$U = -\frac{1}{4\pi}\int_{H_R} \operatorname{grad}_y \frac{1}{r}\cdot d\mathbf{o}, \quad r = |\mathbf{x}-\mathbf{y}|,$$

durch die Kreisscheibe K_ρ: $x_1^2 + x_2^2 = \rho^2$, $x_3 = 0$ $(\rho < R)$. Hinweis: Man führe Kugelkoordinaten ein und berechne U und grad U durch Reihenentwicklung, indem man von der Beziehung

$$P_n(\cos\gamma) = P_n(\cos\vartheta)\,P_n(\cos\vartheta') +$$

$$+\,2\sum_{m=1}^{n}\frac{(n-m)!}{(n+m)!}\sin^m\vartheta'\,P_n^{(m)}(\cos\vartheta)\,P_n^{(m)}(\cos\vartheta')\cos m(\varphi-\varphi')$$

Gebrauch macht: Darin ist $|\mathbf{x}|\,|\mathbf{x}'|\cos\gamma = \mathbf{x}\cdot\mathbf{x}'$, ϑ und φ bzw. ϑ' und φ' sind Polhöhe und Azimut der Punkte **x** bzw. **x**′, die Funktionen $P_n(x)$ sind die Legendreschen Polynome.

16. Sei U ein Skalarfeld im ganzen Raum; U_i seien die Werte des Skalars U im Inneren der Kugel $|\mathbf{x}| \leqslant R$, U_a die Werte im Äußeren dieser Kugel,

$$U_i = -3E_0\,\frac{1}{2+\epsilon_r}\,z, \quad U_a = E_0\left(\frac{\epsilon_r - 1}{2+\epsilon_r}\left(\frac{R}{r}\right)^3 - 1\right)z, \quad r = \sqrt{x^2+y^2+z^2}.$$

Man berechne die Quelldichte (Flächenquellen!) des Gradientenfeldes $\mathbf{E} = -\operatorname{grad} U$ ($\mathbf{E} = -\operatorname{grad} U_i$ für $r < R$, $\mathbf{E} = -\operatorname{grad} U_a$ für $r > R$) und die Wirbeldichte (Flächenwirbel!) der Feldgröße $\mathbf{D} = \epsilon\mathbf{E}$, wobei $\epsilon = \epsilon_0\epsilon_r$ für $r < R$, $\epsilon = \epsilon_0$ für $r > R$ gilt.
Bei diesen beiden Feldgrößen handelt es sich um das resultierende elektrische Feld **E** und um das Verschiebungsfeld **D**, wenn eine dielektrische Kugel (Dielektrizitätskonstante $\epsilon = \epsilon_0\epsilon_r$) in den leeren Raum gebracht wird, in dem ein homogenes elektrisches Feld $\mathbf{E} = \mathbf{E}_0\mathbf{e}_z$ herrscht (der Radius der Kugel ist R, der Koordinatenursprung wurde im Mittelpunkt der Kugel angenommen).

35 Elemente der Feldtheorie

Durch die feldtheoretische Auffassung vieler physikalischer Erscheinungen und Vorgänge kommt der Berechnung von Feldern besondere Bedeutung zu. In den Anwendungen steht man dabei vielfach vor der Aufgabe, eine Feldgröße aus den Quellen und Wirbeln des Feldes unter Berücksichtigung gewisser Randeigenschaften zu berechnen. Wir wollen im folgenden den Leser mit den theoretischen Grundlagen der Feldtheorie vertraut machen, um den Einstieg in weiterführende Literatur zu erleichtern.

35.1 Allgemeine Eigenschaften wirbelfreier Felder

Eine Feldgröße $\mathbf{f}$ heißt in einem Gebiet G *wirbelfrei*, wenn in G überall

$$\operatorname{rot}\mathbf{f} = \mathbf{0} \tag{35.1}$$

gilt. Ist die Quelldichte

$$\operatorname{div}\mathbf{f} = \rho \tag{35.2}$$

in G von Null verschieden, so wird $\mathbf{f}$ ein *wirbelfreies Quellenfeld* oder ein *Poissonfeld* genannt, im Spezialfall $\rho = 0$ heißt $\mathbf{f}$ ein *wirbel- und quellenfreies Feld* oder ein *Laplacefeld.*

Hat das Gebiet G die Eigenschaft, daß sich in jede ganz im Gebiet G liegende geschlossene Kurve eine Fläche einspannen läßt, die vollständig in G verläuft, so läßt sich der Feldvektor $\mathbf{f}$ nach Satz 33.3 als Gradient eines skalaren Potentials U darstellen,

$$\mathbf{f} = \operatorname{grad}\mathrm{U}. \tag{35.3}$$

Wegen $\operatorname{div}\operatorname{grad}\mathrm{U} = \Delta\mathrm{U}$ genügt das Potential U der Feldgröße der sogenannten *Poissonschen Differentialgleichung*

$$\Delta\mathrm{U} = \rho; \tag{35.4}$$

hat die Feldgröße $\mathbf{f}$ in G keine Quellen, das heißt ist $\rho = 0$ in G, so genügt das Potential U in G der *Laplaceschen Differentialgleichung*

$$\Delta\mathrm{U} = 0. \tag{35.5}$$

Besonders einfach ist der Fall, daß das Gebiet G der ganze Raum ist. Betrachten wir zunächst ein im ganzen Raum quellen- und wirbelfreies Feld. Das Potential eines solchen Feldes genügt der Laplaceschen Differentialgleichung (35.5), die die konstante Lösung $\mathrm{U} = \mathrm{U}(\mathbf{x}) = \text{const}$ hat. Wir können uns durch folgende Überlegung klar machen, daß die Gleichung (35.5) keine weitere Lösung hat, deren Gradient eine im ganzen Raum wirbel- und quellenfreie Feldgröße ist. Die Annahme, daß der Feldvektor nicht überall verschwindet, führt uns auf folgende Weise zu einem Widerspruch zur Wirbel- und Quellenfreiheit des Feldes. Betrachten wir einen Punkt P und die durch diesen hindurchgehende Feldlinie C. Wenn wir diese von P aus weiter verfolgen, so gibt es drei Möglichkeiten: Die Feldlinie endet irgendwo, oder sie läuft ins Unendliche, oder sie kehrt in den Punkt P zurück. Im ersten Fall muß der Endpunkt eine Quelle oder Senke sein, und auch im zweiten Fall muß sie in einer Quelle oder Senke enden. Im dritten Fall schließlich ist C eine geschlossene Kurve. Da längs C dann $\mathbf{f}\cdot\mathbf{t} = |\mathbf{f}| > 0$ gilt, folgt

$$\oint_C \mathbf{f}\cdot d\mathbf{s} > 0$$

und daraus mit Hilfe des Stokesschen Satzes, daß auf jeder von C berandeten Fläche Wirbel des Feldes vorhanden sein müssen. Ein im ganzen Raum quellen- und wirbelfreies Feld hat also notwendigerweise ein konstantes Potential, weil zwingend $\mathbf{f} = \mathbf{o}$ gelten muß. Wir können aus der obigen Überlegung insbesondere den folgenden Schluß ziehen: Ist eine nicht verschwindende Feldgröße in einem gewissen Gebiet G quellen- und wirbelfrei, so befinden sich am Rande von G oder im Äußeren von G Quellen oder Wirbel des Feldes.

Gewöhnlich fordert man, daß das Potential im Unendlichen verschwindet,

$$\lim_{\mathbf{x} \to \infty} U(\mathbf{x}) = 0. \tag{35.6}$$

Unter dieser Zusatzforderung ist offenbar $U = U(\mathbf{x}) = 0$ die einzige Lösung der Laplaceschen Differentialgleichung (35.5) für den ganzen Raum.

Auch die Poissonsche Differentialgleichung (35.4) für den ganzen Raum hat eine eindeutig bestimmte Lösung, wenn zusätzlich die Grenzwertbeziehung (35.6) gefordert wird und die Quellen des Feldes sich im Endlichen befinden. Um diese Lösung aufzusuchen, gehen wir von folgender Überlegung aus. Wegen

$$\Delta \frac{1}{|\mathbf{x}|} = 0 \quad \text{für } \mathbf{x} \neq \mathbf{o} \tag{35.7}$$

ist

$$\mathbf{v} = \frac{1}{4\pi} \frac{1}{|\mathbf{x}|^3} \mathbf{x} = \operatorname{grad} V, \quad V = -\frac{1}{4\pi} \frac{1}{|\mathbf{x}|}, \tag{35.8}$$

ein im ganzen Raum mit Ausnahme des Koordinatenursprungs quellen- und wirbelfreies Feld. Ursache für das Feld (35.8) ist eine Quelle im Koordinatenursprung mit der Ergiebigkeit 1, denn wir erhalten für den Fluß durch eine beliebige Kugel K mit dem Mittelpunkt im Koordinatenursprung

$$\oint_K \mathbf{v} \cdot d\mathbf{o} = 1$$

(vgl. (33.71) und (33.72) für Q = 1). Die Dichte γ der Verteilung der für das Feld (35.8) verantwortlichen Substanz – für die wir im folgenden Ladung sagen wollen – ist mittels der Deltafunktion auszudrücken,

$$\gamma(\mathbf{x}) = 1 \cdot \delta(\mathbf{x}) = \delta(\mathbf{x}).$$

Wenden wir andererseits den Operator div auf die Feldgröße (35.8) an, so erhalten wir die Gleichung

$$\operatorname{div} \mathbf{v} = -\frac{1}{4\pi} \Delta \frac{1}{|\mathbf{x}|} = \delta(\mathbf{x})\ ^{1}), \tag{35.9}$$

[1]) Diese Gleichung ist folgendermaßen zu verstehen. Für das im Sinne der Differentiation verallgemeinerter Funktionen aufzufassende Funktional

$$\operatorname{div} l_{\mathbf{v}}(\varphi) = l_{\operatorname{div} \mathbf{v}}(\varphi) = l_{\Delta V}(\varphi) = \int V \Delta\varphi \, d\tau = -\frac{1}{4\pi} \int \frac{1}{r} \Delta\varphi \, d\tau, \quad r = \frac{1}{|\mathbf{x}|},$$

das heißt, die Dichtefunktion der Ladungsverteilung des Feldes (35.8) ist gleich seiner Quelldichte. Wenn wir jetzt die in Abschnitt 25.3 beschriebene Idee, aus Einzelwirkungen über das Superpositionsprinzip auf Gesamtwirkungen zu schließen, zur Anwendung bringen, so finden wir

$$U = U(\mathbf{x}) = \int_B V(\mathbf{x}-\mathbf{y})\rho(\mathbf{y})\,d\mathbf{y} = -\frac{1}{4\pi}\int_B \frac{1}{r}\rho\,d\tau, \quad r = |\mathbf{x}-\mathbf{y}|, \tag{35.10}$$

und

$$\mathbf{f} = \operatorname{grad} U = \int_B \mathbf{v}(\mathbf{x}-\mathbf{y})\rho(\mathbf{y})\,d\mathbf{y} = \frac{1}{4\pi}\int_B \frac{1}{|\mathbf{x}-\mathbf{y}|^3}(\mathbf{x}-\mathbf{y})\rho(\mathbf{y})\,d\mathbf{y}, \tag{35.11}$$

worin B der räumliche Bereich ist, in dem die das Feld $\mathbf{f}$ verursachenden Ladungen konzentriert sind. Ist B beschränkt, so erfüllt (35.10) die Grenzwertforderung (35.6).

Die Funktion (35.10) ist tatsächlich Lösung der Poissonschen Differentialgleichung (35.4), denn es gilt wegen (35.9)

$$\Delta U = -\frac{1}{4\pi}\int_B \rho\Delta\frac{1}{r}\,d\tau = \int_B \rho(\mathbf{y})\delta(\mathbf{x}-\mathbf{y})\,d\mathbf{y} = \rho(\mathbf{x}).$$

Sie ist auch die einzige Lösung, die (35.6) erfüllt, wenn sich die Ladungen im Endlichen befinden. Gäbe es nämlich eine zweite Lösung V, so wäre die Differenz U − V wegen

$$\Delta(U-V) = \Delta U - \Delta V = \rho - \rho = 0$$

eine Lösung der Laplaceschen Differentialgleichung (35.5), die nach den vorangegangenen Überlegungen identisch verschwinden muß.

Ist der Bereich B, in dem die Ladungen konzentriert sind, unbeschränkt, so wird die Forderung (35.6) natürlich hinfällig.

---

ergibt sich der Ausdruck

$$-\frac{1}{4\pi}\int \frac{1}{r}\Delta\varphi\,d\tau = \varphi(\mathbf{0}) = l_\delta(\varphi)$$

für jede beliebige Testfunktion $\varphi(\mathbf{x})$. Ist nämlich $\varphi(\mathbf{x})$ eine Testfunktion, die im Äußeren des beschränkten Bereiches B verschwindet, und liegt der Bereich B im Inneren der Kugel $|\mathbf{x}| \leq R$, so ergibt sich wegen des Verschwindens von φ und der Normalableitung von φ auf der Kugeloberfläche $|\mathbf{x}| = R$ durch Anwendung der dritten Greenschen Formel (34.25) auf den Bereich $\epsilon \leq |\mathbf{x}| \leq R$ unter Berücksichtigung der Gleichung (35.7)

$$\int \frac{1}{r}\Delta\varphi\,d\tau = \oint_{K_\epsilon}\left(\frac{1}{\epsilon}\frac{\partial\varphi}{\partial n} - \varphi\frac{\partial\frac{1}{r}}{\partial n}\right)do = \oint_{K_\epsilon}\left(\epsilon\frac{\partial\varphi}{\partial n} - \varphi\right)d\Omega,$$

worin K_ϵ die Kugeloberfläche $|\mathbf{x}| = \epsilon$ ist, deren Normale ins Innere der Kugel $|\mathbf{x}| \leq \epsilon$ zeigt. Beim Grenzübergang $\epsilon \to 0$ strebt schließlich das Integral auf der rechten Seite gegen den Wert $-4\pi\varphi(\mathbf{0})$. Die Gleichheit der Funktionale $l_{\operatorname{div}\mathbf{v}}$ und l_δ drücken wir dann symbolisch durch $\operatorname{div}\mathbf{v} = \delta$ aus.

Wir bemerken ergänzend, daß

$$U = -\frac{1}{4\pi}\int_F \frac{1}{r}\,\sigma\,do \tag{35.12}$$

beziehungsweise

$$U = -\frac{1}{4\pi}\int_C \frac{1}{r}\,\gamma ds \tag{35.13}$$

das Potential einer Feldgröße ist, deren Quellen sich auf einer Fläche F beziehungsweise einer Kurve C befinden. Darin ist σ das Symbol für die Flächenladungsdichte und γ das Symbol für die Dichte längs einer Kurve.

Wir berechnen nach (35.10) das Potential eines Feldes, dessen Quellen sich im Inneren einer Kugel vom Radius R befinden und die konstante Dichte ρ haben. Wenn wir den Kugelmittelpunkt in den Koordinatenursprung legen, so ist auf Grund der Symmetrie das Potential nur vom Abstand $r = |x|$ des Aufpunktes x vom Koordinatenursprung abhängig,

$$U = -\frac{3Q}{8\pi r R^3}\int_0^R (|r + r'| - |r - r'|)r'dr',$$

worin $Q = \frac{4\pi}{3}\rho R^3$ die gesamte im Inneren der Kugel befindliche Ladungsmenge ist (vgl. Beispiel 25.20)). Für $r > R$ berechnet sich der Wert dieses Integrals zu

$$U = -\frac{Q}{4\pi r}, \quad r > R,$$

für $r \leqslant R$ zu

$$U = -\frac{Q}{8\pi R}\left(3 - \left(\frac{r}{R}\right)^2\right), \quad r \leqslant R.$$

Um das Potential der Ladungsverteilung zu berechnen, wenn die Kugeloberfläche der Sitz von Ladungen mit konstanter Dichte σ ist, müssen wir auf (35.12) zurückgreifen. In diesem Fall ergibt sich durch eine analoge Rechnung

$$U = -\frac{Q}{8\pi r R}(|r + R| - |r - R|) = \begin{cases} -\dfrac{Q}{4\pi r}, & r > R, \\[2ex] -\dfrac{Q}{4\pi R}, & r \leqslant R, \end{cases}$$

worin $Q = 4\pi\sigma R^2$ die gesamte auf der Kugeloberfläche befindliche Ladung ist.

In beiden Fällen ist die Wirkung im Äußeren der Kugel die, als ob die Gesamtladung Q im Kugelmittelpunkt konzentriert wäre. Bei der geladenen Vollkugel nimmt das Potential im Inneren der Kugel wieder ab, während es bei der geladenen Kugelfäche konstant gleich dem Wert auf der Oberfläche der Kugel ist; diese ist in jedem Fall eine Äquipotentialfläche.

Der Sachverhalt, daß sich das Potential eines Feldes, dessen Quellen sich im Endlichen befinden, in großer Entfernung wie das Potential der im Koordinatenursprung konzentrierten Gesamtladung verhält, zeigt sich auch im allgemeinen Fall. Um dies zu sehen, entwickeln wir das Integral (35.10) in eine Reihe nach Potenzen von $\frac{1}{|x|}$.

Sind x und y die Ortsvektoren zweier Punkte P und Q, so ist mit den Bezeichnungen $|x| = r$, $|y| = r'$ auf Grund des Cosinus-Satzes

$$|x - y| = \sqrt{r^2 + r'^2 - 2rr' \cos\psi} = r\sqrt{1 + R^2 - 2R\cos\psi}, \quad R = \frac{r'}{r},$$

worin ψ der Winkel ist, den die Ortsvektoren der Punkte P und Q einschließen. Für den Kehrwert des Abstandes $|x - y|$ der Punkte P und Q erhalten wir dann unter Berücksichtigung des Ergebnisses von Beispiel 17.8

$$\frac{1}{|x-y|} = \frac{1}{r}\,\frac{1}{\sqrt{1 + R^2 - 2R\cos\psi}} = \frac{1}{r}\sum_{n=0}^{\infty} R^n P_n(\cos\psi), \quad R < 1, \tag{35.14}$$

worin die Koeffizienten $P_n(\xi)$ die Legendreschen Polynome sind. Aus der Integraldarstellung

$$P_n(\cos\psi) = \frac{1}{\pi}\int_0^{\pi} (\cos\psi + j\sin\psi\cos\varphi)^n d\varphi$$

der Legendreschen Polynome findet man $|P_n(\cos\psi)| \leqslant 1$ für $0 \leqslant \psi \leqslant \pi$, was bedeutet, daß die Reihe (35.14) auf dem Intervall $[0, \pi]$ gleichmäßig in ψ konvergiert. Ist der Abstand $r = |x|$ des Aufpunktes x vom Koordinatenursprung hinlänglich groß, so kann die Entwicklung (35.14) in (35.10) eingesetzt werden. Da wir annehmen, daß der Bereich B beschränkt ist, gibt es eine Kugel mit dem Mittelpunkt im Koordinatenursprung, die den Bereich B vollständig enthält; ist R_0 der Radius der kleinsten Kugel mit dieser Eigenschaft, so darf für $r > R_0$ die Integration mit der Summation vertauscht werden, so daß gilt

$$U(x) = -\frac{1}{4\pi}\sum_{n=0}^{\infty} \frac{1}{r^{n+1}}\int_B \rho r'^n P_n(\cos\psi)d\tau = \sum_{n=0}^{\infty} U_n(x), \quad |x| = r > R_0. \tag{35.15}$$

Bezeichnet φ und ϑ Azimut und Polhöhe des Punktes x und führt man zur Berechnung der Integrale in der Entwicklung (35.15) Kugelkoordinaten r', ϑ' und φ' ein, so wird

$$S_n(\vartheta, \varphi) = -\frac{1}{4\pi}\int_B \rho r'^n P_n(\cos\psi)d\tau = \tag{35.16}$$

$$= -\frac{1}{4\pi}\iiint_B \rho(r', \vartheta', \varphi')P_n\left(\cos\vartheta\cos\vartheta' + \sin\vartheta\sin\vartheta'\cos(\varphi - \varphi')\right) r'^{n+2}dr'd\Omega'$$

und

$$U_n(x) = \frac{1}{r^{n+1}}S_n(\vartheta, \varphi). \tag{35.17}$$

Für $n = 0$ erhält man wegen $P_0(\xi) = 1$

$$U_0(x) = -\frac{1}{4\pi r}\int_B \rho d\tau = -\frac{Q}{4\pi r}, \tag{35.18}$$

und dies bedeutet, daß das Potential in großer Entfernung sich so verhält, als wäre die Gesamtladung Q im Koordinatenursprung konzentriert. Für n = 1 ergibt sich unter Berücksichtigung von $P_1(\xi) = \xi$ und $\cos\psi = \frac{1}{rr'}\,\mathbf{x}\cdot\mathbf{y}$

$$U_1(\mathbf{x}) = -\frac{1}{4\pi r^2}\int_B \rho r' \cos\psi\, d\tau = -\frac{1}{4\pi r^3}\int_B \rho\,\mathbf{x}\cdot\mathbf{y}\,d\mathbf{y} = -\frac{1}{4\pi r^3}\,\mathbf{x}\cdot\int_B \rho\,\mathbf{y}\,d\mathbf{y}.$$

Der Vektor

$$\mathbf{p} = \int_B \rho\,\mathbf{y}\,d\mathbf{y} \tag{35.19}$$

wird *Moment erster Ordnung* der Ladungsdichte genannt. Es gilt somit

$$U_1(\mathbf{x}) = -\frac{1}{4\pi r^3}\,\mathbf{x}\cdot\mathbf{p} = \frac{1}{4\pi}\,\mathbf{p}\cdot\operatorname{grad}\frac{1}{r} \tag{35.20}$$

und die Entwicklung (35.15) beginnt mit

$$U(\mathbf{x}) = -\frac{Q}{4\pi r} + \frac{1}{4\pi}\,\mathbf{p}\cdot\operatorname{grad}\frac{1}{r} + \ldots, \quad r = |\mathbf{x}|. \tag{35.21}$$

Erheblich schwieriger gestaltet sich die Lösung der Aufgabe, eine in einem echten Teilgebiet *G* des Raumes wirbelfreie Feldgröße **f** aus den vorgegebenen Quellen zu berechnen. Natürlich machen wir in *G* den Ansatz (35.3), mit dem wir in *G* die Forderung der Wirbelfreiheit erfüllen, und gelangen so wieder zur Poissonschen Differentialgleichung (35.4), der in *G* das Potential U zu genügen hat. Wir wollen uns zunächst mit der Frage auseinandersetzen, unter welchen zusätzlichen Bedingungen dann die Feldgröße $\mathbf{f} = \operatorname{grad} U$ eindeutig bestimmt ist, wobei wir annehmen, daß das Gebiet *G* das Innere einer geschlossenen Fläche *F* ist.

Es seien U und V zwei Lösungen der Poissonschen Differentialgleichung in *G*. Die Differenz W = U − V genügt dann in *G* offenbar der Laplaceschen Differentialgleichung. Wenden wir die zweite Greensche Integralformel (34.24) auf den Skalar W an, so folgt wegen $\Delta W = 0$

$$\int_B (\operatorname{grad} W)^2 d\tau = \oint_F W \frac{\partial W}{\partial n}\, do,$$

worin *B* der abgeschlossene Bereich ist, der aus *G* durch Hinzunahme der Punkte auf der Randfläche *F* hervorgeht. Diese Gleichung lehrt uns nun folgendes: Ist W = 0 oder $\frac{\partial W}{\partial n} = 0$ auf der Randfläche *F*, so ist die rechte Seite dieser Gleichung Null und deshalb

$$\int_B (\operatorname{grad} W)^2 d\tau = 0,$$

was aber nur möglich ist, wenn der nichtnegative und stetige Integrand $(\operatorname{grad} W)^2$ überall in *G* verschwindet, was schließlich

$$\operatorname{grad} W = \mathbf{o}$$

in G bedeutet. Wenn wir also verlangen, daß die gesuchte Lösung U auf der Randfläche F von G vorgeschriebene Randwerte U_1 annimmt,

$$U = U_1 \quad \text{auf } F, \tag{35.22}$$

oder daß ihre Normalableitung mit einer auf F definierten Funktion U_2 übereinstimmt,

$$\frac{\partial U}{\partial n} = U_2 \quad \text{auf } F, \tag{35.23}$$

so ist die Differenz zweier Lösungen U und V der Gleichung (35.4), die beide jeweils eine der zwei Bedingungen (35.22) oder (35.23) erfüllen, in G konstant, also

$$\operatorname{grad} U = \operatorname{grad} V$$

in G, das heißt, der Feldvektor ist durch die Randbedingung (35.22) oder (35.23) eindeutig bestimmt. Wir haben damit den Beweis für

Satz 35.1 *Der Feldvektor eines im Inneren einer geschlossenen Fläche wirbelfreien Feldes ist durch die Vorgabe der Werte des Potentials oder dessen Normalableitung auf der Randfläche eindeutig bestimmt. Werden die Werte des Potentials auf der Randfläche vorgegeben, so ist auch das Potential des Feldes eindeutig bestimmt; durch die Werte der Normalableitung ist das Potential des Feldes nur bis auf eine additive Konstante bestimmt.*

Dieser Satz beinhaltet eine Eindeutigkeitsaussage für die Lösung der Aufgabe

$$\Delta U = \rho \quad \text{in } G \quad \text{und} \quad U = U_1 \quad \text{auf } F, \tag{35.24}$$

die die *erste Randwertaufgabe der Potentialtheorie* oder *Dirichletsche Randwertaufgabe* genannt wird, ebenso für die Aufgabe

$$\Delta U = \rho \quad \text{in } G \quad \text{und} \quad \frac{\partial U}{\partial n} = U_2 \quad \text{auf } F, \tag{35.25}$$

die als *zweite Randwertaufgabe der Potentialtheorie* oder *Neumannsche Randwertaufgabe* bezeichnet wird. Wir bemerken hierzu, daß die zweite Randwertaufgabe nur dann lösbar sein kann, wenn die geforderten Werte U_2 für die Normalableitung des Potentials der Bedingung

$$\int_B \rho \, d\tau = \oint_F U_2 \, do \tag{35.26}$$

genügen, die eine unmittelbare Folgerung aus dem Gaußschen Integralsatz ist.

Wir können aus Satz 35.1 noch eine wichtige Schlußfolgerung ziehen. Befinden sich im Inneren des von einer geschlossenen Äquipotentialfläche F begrenzten Bereiches B keine Quellen des Feldes, so ist das Innere von F feldfrei, das heißt, es ist $U = U_0 = \text{const.}$ beziehungsweise $\mathbf{f} = \mathbf{o}$ im Inneren der Fläche F; dabei ist U_0 der Wert des Potentials auf der Fläche F. Aus der zweiten Greenschen Integralformel (34.24) folgt nämlich wegen $\Delta U = 0$

$$\int_B (\operatorname{grad} U)^2 d\tau = \oint_F U \frac{\partial U}{\partial n} do = U_0 \oint_F (\operatorname{grad} U) \cdot \mathbf{do} = U_0 \int_B \Delta U d\tau = 0$$

und daraus $\mathbf{f} = \operatorname{grad} U = \mathbf{o}$.

Auch für die Lösungen der Aufgaben (35.24) und (35.25) lassen sich Integraldarstellungen angeben. Es sei $\mathbf{x}$ ein beliebiger Punkt in G und

$$G(\mathbf{x}, \mathbf{y}) = -\frac{1}{4\pi} \frac{1}{|\mathbf{x} - \mathbf{y}|} + V(\mathbf{x}, \mathbf{y}) \tag{35.27}$$

eine Funktion mit folgenden Eigenschaften: Bezüglich der Variablen $\mathbf{y}$ sei $V(\mathbf{x}, \mathbf{y})$ eine Lösung der Laplaceschen Differentialgleichung in G,

$$\Delta_{\mathbf{y}} V(\mathbf{x}, \mathbf{y}) = 0; \tag{35.28}$$

zur Lösung der ersten Randwertaufgabe (35.24) soll

$$G = 0 \quad \text{für } \mathbf{y} \in F,\ \mathbf{x} \in G \tag{35.29}$$

gelten, zur Lösung der zweiten Randwertaufgabe (35.25) wird

$$\mathbf{n} \cdot \operatorname{grad}_{\mathbf{y}} G = \frac{\partial G}{\partial n} = 0 \quad \text{für } \mathbf{y} \in F,\ \mathbf{x} \in G \tag{35.30}$$

verlangt (dabei soll mit der Symbolik $\Delta_{\mathbf{y}}$ und $\operatorname{grad}_{\mathbf{y}}$ daran erinnert werden, daß sich die Differentialoperationen Δ und grad auf die Variable $\mathbf{y}$ beziehen).

Aus diesen Forderungen ergibt sich unter Berücksichtigung von (35.9), daß die Funktion $G(\mathbf{x}, \mathbf{y})$ der Gleichung

$$\Delta_{\mathbf{y}} G(\mathbf{x}, \mathbf{y}) = \delta(\mathbf{x} - \mathbf{y}) \tag{35.31}$$

für jedes feste $\mathbf{x} \in G$ genügt.

Es sei nun $U(\mathbf{x})$ die Lösung von (35.24). Wenden wir die dritte Greensche Integralformel (34.25) auf die Funktionen $U(\mathbf{y})$ und $G(\mathbf{x}, \mathbf{y})$ an, so folgt aus (35.29)

$$\int_B U(\mathbf{y})\delta(\mathbf{x} - \mathbf{y})\mathbf{dy} - \int_B G(\mathbf{x}, \mathbf{y})\rho(\mathbf{y})\mathbf{dy} = \oint_F U(\mathbf{y}) \left(\operatorname{grad}_{\mathbf{y}} G(\mathbf{x}, \mathbf{y})\right) \cdot \mathbf{do}$$

und somit

$$U(\mathbf{x}) = \int_B G(\mathbf{x}, \mathbf{y})\rho(\mathbf{y})\mathbf{dy} + \oint_F U_1(\mathbf{y}) \left(\operatorname{grad}_{\mathbf{y}} G(\mathbf{x}, \mathbf{y})\right) \cdot \mathbf{do}. \tag{35.32}$$

Verlangt man an Stelle von (35.29) die Gültigkeit von (35.30), so findet man durch eine analoge Rechnung die Darstellung

$$U(\mathbf{x}) = \int_B G(\mathbf{x}, \mathbf{y})\rho(\mathbf{y})\mathbf{dy} - \oint_F U_2(\mathbf{y}) G(\mathbf{x}, \mathbf{y}) do \tag{35.33}$$

für die Lösung der zweiten Randwertaufgabe der Potentialtheorie.

Neben den Randbedingungen (35.22) und (35.23) spielt noch eine weitere vor allem bei Abstrahlungsproblemen wichtige Form eine Rolle, nämlich

$$aU + b\frac{\partial U}{\partial n} = U_3 \quad \text{auf } F, \quad ab > 0, \tag{35.34}$$

die *Newtonsche Randbedingung* genannt wird. Auch für diese Art der Randbedingung ist die sogenannte *dritte Randwertaufgabe der Potentialtheorie* oder *Newtonsche Randwertaufgabe*

$$\Delta U = \rho \quad \text{in } G \quad \text{und} \quad aU + b\frac{\partial U}{\partial n} = U_3 \quad \text{auf } F, \quad ab > 0, \tag{35.35}$$

eindeutig lösbar, denn sind U und V zwei Lösungen der Poissonschen Differentialgleichung, die beide der Randbedingung (35.34) genügen, so ist die Differenz W = U − V in G eine Lösung der Laplaceschen Differentialgleichung, die auf der Randfläche F von G die Bedingung $aW + b\frac{\partial W}{\partial n} = 0$ erfüllt. Mit Hilfe der zweiten Greenschen Integralformel (34.24) finden wir jetzt

$$\int_B (\operatorname{grad} W)^2 d\tau = \oint_F W \frac{\partial W}{\partial n} do = -\frac{b}{a}\oint_F \left(\frac{\partial W}{\partial n}\right)^2 do;$$

wegen ab > 0 ist die rechte Seite dieser Gleichung nicht positiv, die linke ist hingegen nicht negativ. Also müssen beide Seiten dieser Gleichung Null sein, woraus wieder $\operatorname{grad} W = \mathbf{o}$, also grad U = grad V folgt.

Auch die Lösung der Randwertaufgabe (35.35) läßt sich mit Hilfe einer Funktion (35.27) darstellen, die jetzt (35.28) und der Bedingung

$$aG + b\frac{\partial G}{\partial n} = 0 \quad \text{für } \mathbf{y} \in F, \ \mathbf{x} \in G \tag{35.36}$$

zu unterwerfen ist. Es gilt

$$U(\mathbf{x}) = \int_B G(\mathbf{x}, \mathbf{y})\rho(\mathbf{y})d\mathbf{y} - \frac{1}{b}\oint_F U_3(\mathbf{y})G(\mathbf{x}, \mathbf{y})do. \tag{35.37}$$

Die Funktion (35.27) heißt *Einflußfunktion* oder *Greensche Funktion.* Sie ist für alle drei erwähnten Randwertaufgaben, wenn sie überhaupt existiert, durch die geometrischen Verhältnisse eindeutig bestimmt.

Die Konstruktion der Greenschen Funktion ist im allgemeinen keine einfache Aufgabe. Die Lösung einer Randwertaufgabe wird aber insofern erleichtert, als man mit Hilfe der Greenschen Funktion in der Lage ist, die Randwertaufgabe (35.24) beziehungsweise (35.25) beziehungsweise (35.35) für alle möglichen Quelldichten und für alle möglichen Potentialverteilungen auf der Randfläche zu lösen.

35.2 Dipolfelder

Der Feldvektor einer Quelle im Punkt **y** mit der Ergiebigkeit Q ist im Aufpunkt **x** durch

$$\mathbf{f} = \frac{Q}{4\pi}\frac{1}{|\mathbf{x}-\mathbf{y}|^3}(\mathbf{x}-\mathbf{y})$$

gegeben. Befindet sich im Punkt **y** eine Quelle der Ergiebigkeit −Q und in dem Nachbarpunkt **y** + **h** eine Quelle der Ergiebigkeit Q, so ist

$$\mathbf{f} = \frac{Q}{4\pi}\left(\frac{1}{|\mathbf{x}-\mathbf{y}-\mathbf{h}|^3}(\mathbf{x}-\mathbf{y}-\mathbf{h}) - \frac{1}{|\mathbf{x}-\mathbf{y}|^3}(\mathbf{x}-\mathbf{y})\right)$$

das resultierende Feld mit dem Potential

$$U = -\frac{Q}{4\pi}\left(\frac{1}{|\mathbf{x}-\mathbf{y}-\mathbf{h}|} - \frac{1}{|\mathbf{x}-\mathbf{y}|}\right).$$

Ist nun $|\mathbf{h}|$ sehr klein gegenüber $|\mathbf{x}|$, so gilt näherungsweise, wenn wir zur Abkürzung $V(\mathbf{y}) = \frac{-Q}{4\pi|\mathbf{x}-\mathbf{y}|}$ setzen,

$$U = V(\mathbf{y}+\mathbf{h}) - V(\mathbf{y}) \approx dV = V'(\mathbf{y}) \cdot \mathbf{h} = \mathbf{h} \cdot \operatorname{grad} V$$

$$= -\frac{Q}{4\pi}\frac{1}{|\mathbf{x}-\mathbf{y}|^3}(\mathbf{x}-\mathbf{y}) \cdot \mathbf{h} = -\frac{1}{4\pi} Q\mathbf{h} \cdot \operatorname{grad}_{\mathbf{y}} \frac{1}{r}, \quad r = |\mathbf{x}-\mathbf{y}|.$$

Eine solche Anordnung wird *Doppelquelle* oder *physikalischer Dipol* mit dem *Moment*

$$\mathbf{P} = Q\mathbf{h} \tag{35.38}$$

genannt. Das Potential eines physikalischen Dipols im Punkt $\mathbf{y}$ mit dem Moment (35.38) ist also näherungsweise gleich

$$U \approx -\frac{1}{4\pi}\mathbf{P} \cdot \operatorname{grad}_{\mathbf{y}} \frac{1}{r}, \quad r = |\mathbf{x}-\mathbf{y}|. \tag{35.39}$$

Führt man nun den Grenzübergang $\mathbf{h} \to \mathbf{o}$ bei gleichzeitigem Anwachsen von Q durch, und zwar so, daß der Grenzwert

$$\lim_{\mathbf{h}\to\mathbf{o}} Q\mathbf{h} = \mathbf{P}$$

endlich ist, so wird aus (35.39) exakt

$$U = -\frac{1}{4\pi}\mathbf{P} \cdot \operatorname{grad}_{\mathbf{y}} \frac{1}{r} = -\frac{1}{4\pi}\frac{1}{|\mathbf{x}-\mathbf{y}|^3}\mathbf{P} \cdot (\mathbf{x}-\mathbf{y}). \tag{35.40}$$

Bei diesem Grenzübergang geht der physikalische Dipol mit dem Moment (35.38) in eine „Doppelquelle" unendlich großer entgegengesetzter Ergiebigkeiten mit dem Moment **P** über; diese Idealisierung des physikalischen Dipols heißt *mathematischer Dipol* mit dem *Moment* **P**.

Es sei an dieser Stelle auf die Entwicklung (35.15) beziehungsweise (35.21) hingewiesen. Demnach verhält sich das Potential eines wirbelfreien Quellenfeldes in großer Entfernung wie das Potential der im Koordinatenursprung konzentrierten Gesamtladung, in zweiter Näherung wie das Feld dieser Punktquelle und einer Doppelquelle im Koordinatenursprung mit dem Moment (35.19), wie man aus (35.40) für $\mathbf{y} = \mathbf{o}$ unter Berücksichtigung der Beziehung

$$\operatorname{grad}_{\mathbf{y}} \frac{1}{r} = -\operatorname{grad}_{\mathbf{x}} \frac{1}{r}, \quad r = |\mathbf{x}-\mathbf{y}|, \tag{35.41}$$

erkennen kann.

Wir wollen nun annehmen, ein räumlicher Bereich B sei mit Dipolen der Dichte $\mathbf{p}(\mathbf{y})$ ausgefüllt. Das Potential dieses Dipolfeldes ist dann durch

$$U(\mathbf{x}) = -\frac{1}{4\pi}\int_B \frac{1}{|\mathbf{x}-\mathbf{y}|^3}(\mathbf{x}-\mathbf{y}) \cdot \mathbf{p}(\mathbf{y})d\mathbf{y} = -\frac{1}{4\pi}\int_B \mathbf{p} \cdot \operatorname{grad}_{\mathbf{y}} \frac{1}{r}\, d\tau \tag{35.42}$$

gegeben. Durch die Umformung

$$\mathbf{p} \cdot \operatorname{grad}_y \frac{1}{r} = \operatorname{div}\left(\frac{1}{r}\mathbf{p}\right) - \frac{1}{r}\operatorname{div}\mathbf{p}$$

entsteht aus (35.42)

$$U = -\frac{1}{4\pi}\int_B \operatorname{div}\left(\frac{1}{r}\mathbf{p}\right) d\tau + \frac{1}{4\pi}\int_B \frac{1}{r}\operatorname{div}\mathbf{p}\, d\tau \tag{35.43}$$

und weiter durch Anwendung des Gaußschen Integralsatzes auf das erste Integral der rechten Seite

$$U = -\frac{1}{4\pi}\oint_F \frac{1}{r}\mathbf{p} \cdot d\mathbf{o} + \frac{1}{4\pi}\int_B \frac{1}{r}\operatorname{div}\mathbf{p}\, d\tau, \tag{35.44}$$

worin F die Randfläche von B bezeichnet. Wenn die Dipoldichte im Äußeren von B verschwindet, ist $\mathbf{p} \cdot \mathbf{n} = -\operatorname{Div}\mathbf{p}$ und somit

$$U = \frac{1}{4\pi}\oint_F \frac{1}{r}\operatorname{Div}\mathbf{p}\, do + \frac{1}{4\pi}\int_B \frac{1}{r}\operatorname{div}\mathbf{p}\, d\tau. \tag{35.45}$$

Diese Darstellung zeigt, wenn wir die darin auftretenden Integrale mit (35.10) und (35.12) vergleichen, daß das Potential eines mit Dipolen der Dichte $\mathbf{p}$ ausgefüllten räumlichen Bereiches gleich dem Potential eines wirbelfreien Feldes mit der im Inneren von B befindlichen räumlichen Quelldichte

$$\rho = -\operatorname{div}\mathbf{p} \tag{35.46}$$

und der auf dem Rand F von B flächenhaft verteilten Quellen mit der Dichte

$$\sigma = -\operatorname{Div}\mathbf{p} = \mathbf{p} \cdot \mathbf{n} \tag{35.47}$$

ist. Man muß sich dies so vorstellen, daß sich die einander zugewendeten Ladungen teilweise kompensieren, womit eine Raumladung entsteht; auf der Randfläche werden die Ladungen gewissermaßen von innen her kompensiert, so daß sie zu einer Quellfläche wird. Das negative Vorzeichen in (35.46) und (35.47) rührt davon her, daß der Vektor $\mathbf{p}$ von der Senke zur Quelle zeigt.

Ist die Dipoldichte $\mathbf{p}$ in B konstant, so geht (35.45) in

$$U = -\frac{1}{4\pi}\oint_F \frac{1}{r}\mathbf{p} \cdot d\mathbf{o} = \frac{1}{4\pi}\oint_F \frac{1}{r}\operatorname{Div}\mathbf{p}\, do \tag{35.48}$$

über. Dieses Ergebnis deckt sich mit der Vorstellung, daß sich bei gleichmäßiger Verteilung der Dipole die Ladungen im Inneren gegenseitig aufheben und am Rande in Form von Flächenquellen zur Wirkung kommen.

Wir betrachten noch den Fall, daß die Dipoldichte $\mathbf{p}$ in einem Bereich B stückweise konstant ist (Bild 35.1). Im Teilbereich B^+ sei $\mathbf{p} = \mathbf{p}^+$, im Teilbereich B^- sei $\mathbf{p} = \mathbf{p}^-$. Die Trennfläche von B^+ und B^- bezeichnen wir mit F', wobei wir ihre Normale $\mathbf{n}$ in B^+ zeigen lassen; ferner seien F^+ beziehungsweise F^- jene Teile der Randfläche F von B, die B^+

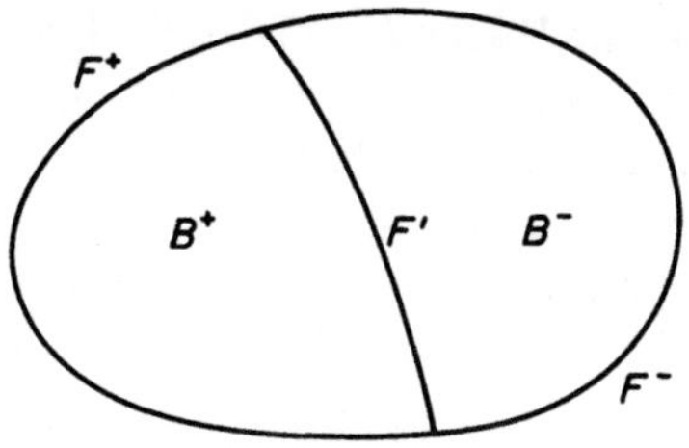

Bild 35.1

beziehungsweise B^- beranden. Dann ist auf Grund von (35.42) unter Berücksichtigung von (35.48)

$$
\begin{aligned}
U &= -\frac{1}{4\pi}\int\limits_{B^+} \mathbf{p}^+ \cdot \operatorname{grad}_y \frac{1}{r}\, d\tau - \frac{1}{4\pi}\int\limits_{B^-} \mathbf{p}^- \cdot \operatorname{grad}_y \frac{1}{r}\, d\tau \\
&= -\frac{1}{4\pi}\int\limits_{F^+} \frac{1}{r}\mathbf{p}^+ \cdot do - \frac{1}{4\pi}\int\limits_{-F'} \frac{1}{r}\mathbf{p}^+ \cdot do - \frac{1}{4\pi}\int\limits_{F^-} \frac{1}{r}\mathbf{p}^- \cdot do - \frac{1}{4\pi}\int\limits_{F'} \frac{1}{r}\mathbf{p}^- \cdot do \\
&= -\frac{1}{4\pi}\oint\limits_{F} \frac{1}{r}\mathbf{p} \cdot do + \frac{1}{4\pi}\int\limits_{F'} \frac{1}{r}(\mathbf{p}^+ - \mathbf{p}^-) \cdot do = \frac{1}{4\pi}\oint\limits_{F} \frac{1}{r}\operatorname{Div}\mathbf{p}\, do + \frac{1}{4\pi}\int\limits_{F'} \frac{1}{r}\operatorname{Div}\mathbf{p}\, do.
\end{aligned}
$$

Dies bedeutet, daß eine Unstetigkeitsfläche der Dipoldichte durch Flächenquellen mit der Dichte

$$\sigma' = -\operatorname{Div}\mathbf{p} = (\mathbf{p}^- - \mathbf{p}^+) \cdot \mathbf{n} \tag{35.49}$$

erklärt werden kann.

Eine *Dipolfläche* können wir uns durch unbegrenzte Annäherung zweier Quellflächen mit entgegengesetzter Dichte entstanden denken. Ist **p** die Dichte der Belegung der Fläche F mit Dipolmomenten, so ist das Potential im Aufpunkt **x**

$$U = -\frac{1}{4\pi}\int\limits_{F} \mathbf{p} \cdot \operatorname{grad}_y \frac{1}{r}\, do. \tag{35.50}$$

Besonders wichtig ist der Fall, daß der Vektor **p** in jedem Punkt parallel zur Normalenrichtung **n** ist, so daß $\mathbf{p} = p\mathbf{n}$ in jedem Punkt auf der Fläche gilt. Eine solche Dipolfläche wird *Doppelschicht* genannt. Das Potential einer Doppelschicht kann offenbar in der Form

$$U = -\frac{1}{4\pi}\int\limits_{F} p\left(\operatorname{grad}_y \frac{1}{r}\right) \cdot do \tag{35.51}$$

geschrieben werden.

Der Unterschied zwischen einer Quellfläche und einer Doppelschicht zeigt sich mathematisch in einem charakteristischen Verhalten des Feldvektors und seines Potentials. Es sei F eine Quellfläche mit der Quelldichte σ; sie erzeugt das Potential

$$U = -\frac{1}{4\pi}\int\limits_{F} \frac{1}{r}\sigma do \tag{35.52}$$

(vgl. (35.12)). Wir legen nun um die Fläche F eine geschlossene Fläche F', so daß die Fläche F ins Innere der Fläche F' zu liegen kommt. Das Äußere der Fläche F' begrenzen wir mit der Oberfläche K_R einer Kugel mit hinreichend großem Radius R; mit B bezeichnen wir den Bereich zwischen der Fläche F' und der Kugeloberfläche K_R. Die Berandung $F' + K_R$ von B sei positiv orientiert, so daß die Normale ins Äußere der Kugeloberfläche K_R zeigt beziehungsweise ins Innere der Fläche F'. Wir greifen nun einen beliebigen, aber festen Punkt $\mathbf{x}$ im Inneren von B heraus und setzen $V = -\frac{1}{4\pi}\frac{1}{|\mathbf{x}-\mathbf{y}|}$; wenden wir auf die Funktion V und das Potential (35.52) der Quellfläche die dritte Greensche Formel (34.25) an, so folgt wegen $\Delta V = \delta(\mathbf{x}-\mathbf{y})$ und $\Delta U = 0$ in B

$$U(\mathbf{x}) = \frac{1}{4\pi}\oint\limits_{F'}\left(-U\,\mathrm{grad}_y\frac{1}{r} + \frac{1}{r}\mathbf{f}\right)\cdot d\mathbf{o} + \frac{1}{4\pi}\oint\limits_{K_R}\left(-U\,\mathrm{grad}_y\frac{1}{r} + \frac{1}{r}\mathbf{f}\right)\cdot d\mathbf{o},$$

worin $\mathbf{f} = \mathrm{grad}\,U$ ist. Da für $r \to \infty$ das Potential U wie $\frac{1}{r}$ und $\mathrm{grad}_y\frac{1}{r}$ wie $\frac{1}{r^2}$ gegen Null strebt, gilt

$$\lim_{R\to\infty}\frac{1}{4\pi}\oint\limits_{K_R}\left(-U\,\mathrm{grad}_y\frac{1}{r} + \frac{1}{r}\mathbf{f}\right)\cdot d\mathbf{o} = 0$$

und somit

$$U(\mathbf{x}) = \frac{1}{4\pi}\oint\limits_{F'}\left(-U\,\mathrm{grad}_y\frac{1}{r} + \frac{1}{r}\mathbf{f}\right)\cdot d\mathbf{o}. \tag{35.53}$$

Wir bezeichnen nun wieder jene Seite der Fläche F als die positive, auf der ihr Normalenvektor $\mathbf{n}$ angeheftet ist; $\mathbf{f}^+$ und U^+ seien die Grenzwerte des Feldvektors $\mathbf{f}$ und seines Potentials U bei Annäherung an die positive Seite der Fläche, $\mathbf{f}^-$ und U^- die Grenzwerte bei Annäherung an die negative Seite der Fläche F. Ziehen wir jetzt die Fläche F' auf die Fläche F zusammen, so ist in der Grenze $F' = F + (-F)$ (Bild 35.2). Da bei diesem Grenzübergang die linke Seite von (35.53) nicht verändert wird, erhalten wir schließlich

$$U(\mathbf{x}) = -\frac{1}{4\pi}\int\limits_F (U^- - U^+)\left(\mathrm{grad}_y\frac{1}{r}\right)\cdot d\mathbf{o} + \frac{1}{4\pi}\int\limits_F \frac{1}{r}(\mathbf{f}^- - \mathbf{f}^+)\cdot d\mathbf{o}. \tag{35.54}$$

Vergleichen wir dieses Ergebnis mit (35.52), so finden wir die Beziehungen

$$U^+ = U^-, \quad \mathrm{Div}\,\mathbf{f} = (\mathbf{f}^+ - \mathbf{f}^-)\cdot\mathbf{n} = \sigma, \tag{35.55}$$

die auf der Fläche F erfüllt sein müssen: *Das Potential einer Quellfläche geht stetig durch diese hindurch, die Normalkomponente des Feldvektors erleidet beim Durchgang durch die Fläche einen Sprung, der gleich der örtlichen Quelldichte der Belegung ist.*

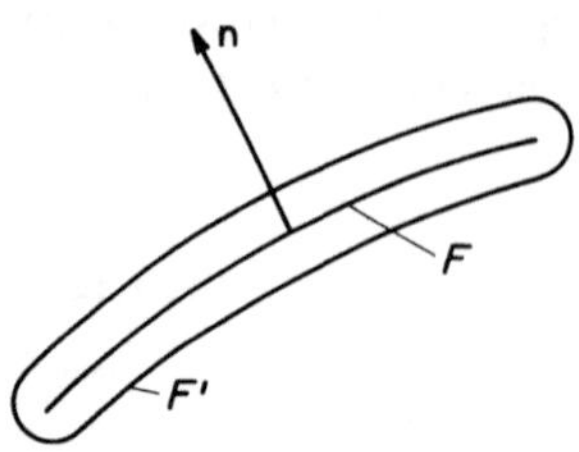

Bild 35.2

Anders ist das Verhalten des Feldvektors und seines Potentials bei einer Doppelschicht. Wie der Leser ohne Schwierigkeiten feststellen kann, gilt die Gleichung (35.54) auch dann, wenn für U das Potential (35.51) einer Doppelschicht genommen wird. Dann zeigt der Vergleich von (35.51) mit (35.54), daß

$$\mathbf{n} \cdot \operatorname{Grad} U = U^+ - U^- = -p, \quad \operatorname{Div} \mathbf{f} = (\mathbf{f}^+ - \mathbf{f}^-) \cdot \mathbf{n} = 0 \qquad (35.56)$$

auf der Fläche F gelten muß: *Das Potential einer Doppelschicht springt beim Durchgang durch die Fläche um die negativ genommene Normalprojektion der Belegungsdichte* $\mathbf{p}$, *während die Normalkomponente des Feldvektors stetig durch die Fläche hindurchgeht.*

35.3 Wirbelfreie Doppelfelder

In vielen Anwendungen liegt ein etwas allgemeinerer Sachverhalt vor als der des „einfachen" wirbelfreien Feldes, das aus seinen Quellen bestimmt werden soll. Oft werden zur Beschreibung der Feldwirkungen in einem Gebiet G zwei Vektorfelder $\mathbf{f}$ und $\mathbf{g}$ herangezogen, die über einen *Feldfaktor* λ miteinander gekoppelt sind,

$$\mathbf{g} = \lambda \mathbf{f}. \qquad (35.57)$$

Der Feldfaktor λ ist eine in G nirgends verschwindende (meist positive) Funktion des Ortes. Man spricht von einem in G *wirbelfreien Doppelfeld*, wenn das $\mathbf{f}$-Feld in G wirbelfrei ist und die Quellen des $\mathbf{g}$-Feldes in G vorgegeben sind,

$$\operatorname{rot} \mathbf{f} = \mathbf{o}, \quad \operatorname{div} \mathbf{g} = \rho. \qquad (35.58)$$

Wir wollen uns zunächst wieder der Frage zuwenden, unter welchen Voraussetzungen ein wirbelfreies Doppelfeld $\mathbf{f}$ und $\mathbf{g}$ durch die Quellen des $\mathbf{g}$-Feldes eindeutig bestimmt ist; dabei kommt es offenbar darauf an, unter welchen Bedingungen das $\mathbf{f}$-Feld durch die Quellen des $\mathbf{g}$-Feldes eindeutig bestimmt ist. Wir setzen hierfür wieder voraus, daß das Gebiet G die Eigenschaften hat, um ein in G wirbelfreies Feld als Gradient eines Skalars darstellen zu können. Nehmen wir an, es würde zwei Doppelfelder $\mathbf{f}_1$ und $\mathbf{g}_1$, $\mathbf{f}_2$ und $\mathbf{g}_2$ geben, wobei die Felder $\mathbf{f}_1$ und $\mathbf{f}_2$ in G wirbelfrei sind, die Felder $\mathbf{g}_1$ und $\mathbf{g}_2$ in G dieselbe Quelldichte haben,

$$\operatorname{rot} \mathbf{f}_1 = \operatorname{rot} \mathbf{f}_2 = \mathbf{o}, \quad \operatorname{div} \mathbf{g}_1 = \operatorname{div} \mathbf{g}_2 = \rho.$$

Offenbar ist dann auch das Differenzfeld $\mathbf{f} = \mathbf{f}_1 - \mathbf{f}_2$ in G wirbelfrei und folglich als Gradient eines skalaren Potentials V darstellbar, $\mathbf{f} = \operatorname{grad} V$. Wenden wir dann den Gaußschen Integralsatz auf das Feld $(\mathbf{g}_1 - \mathbf{g}_2)V$ an, so folgt aus $\operatorname{div}(\mathbf{g}_1 - \mathbf{g}_2) = 0$

$$\begin{aligned} \operatorname{div}\left[(\mathbf{g}_1 - \mathbf{g}_2)V\right] &= V \operatorname{div}(\mathbf{g}_1 - \mathbf{g}_2) + (\mathbf{g}_1 - \mathbf{g}_2) \cdot \operatorname{grad} V \\ &= (\mathbf{g}_1 - \mathbf{g}_2) \cdot \operatorname{grad} V = \lambda \mathbf{f} \cdot \operatorname{grad} V = \lambda (\operatorname{grad} V)^2 \end{aligned}$$

die Beziehung

$$\int_B \operatorname{div}\left[(\mathbf{g}_1 - \mathbf{g}_2)V\right] d\tau = \int_B \lambda (\operatorname{grad} V)^2 d\tau = \oint_F V(\mathbf{g}_1 - \mathbf{g}_2) \cdot \mathbf{do} = \oint_F \lambda V \mathbf{f} \cdot \mathbf{do},$$

aus der bereits zu erkennen ist, daß es höchstens ein Doppelfeld $\mathbf{f}$ und $\mathbf{g}$ geben kann, wenn das Potential des wirbelfreien $\mathbf{f}$-Feldes oder die Normalprojektion $f_n = \mathbf{f} \cdot \mathbf{n}$ der Feldgröße $\mathbf{f}$ auf der Randfläche F des Gebietes vorgegebene Werte annehmen soll. Werden die Werte des Potentials der Feldgröße **f** vorgeschrieben (Dirichletsche Randbedingung (35.22)), so ist das Potential eindeutig bestimmt; soll die Normalprojektion des Feldvektors **f** bestimmte Werte annehmen (Neumannsche Randbedingung (35.23)), so ist das Potential nur bis auf eine additive Konstante bestimmt. Wir bemerken, daß das Potential des **f**-Feldes ebenfalls eindeutig bestimmt ist, wenn die Newtonsche Randbedingung (35.34) gefordert wird, was gleichfalls mit Hilfe der obigen Gleichung nachgewiesen werden kann.

Erfüllt man die erste Forderung (35.58) durch den Ansatz $\mathbf{f} = \operatorname{grad} U$, so erhält man für das Potential U die partielle Differentialgleichung

$$\operatorname{div}(\lambda \operatorname{grad} U) = \lambda \Delta U + (\operatorname{grad} \lambda) \cdot (\operatorname{grad} U) = \rho. \tag{35.59}$$

Ist der Feldfaktor in einzelnen Teilgebieten konstant, so ist in diesen

$$\operatorname{div} \mathbf{f} = \frac{1}{\lambda} \operatorname{div} \mathbf{g} = \frac{\rho}{\lambda},$$

das heißt, das Potential U des **f**-Feldes genügt in solchen Gebieten der Poissonschen Differentialgleichung

$$\Delta U = \frac{\rho}{\lambda}. \tag{35.60}$$

In derartigen Gebieten ist dann natürlich auch das **g**-Feld wirbelfrei.

Ist der Feldfaktor nicht konstant, so wird

$$\rho = \operatorname{div}(\lambda \mathbf{f}) = \lambda \operatorname{div} \mathbf{f} + \mathbf{f} \cdot \operatorname{grad} \lambda,$$

also

$$\operatorname{div} \mathbf{f} = \frac{\rho}{\lambda} - \mathbf{f} \cdot \left(\frac{1}{\lambda} \operatorname{grad} \lambda\right) = \frac{\rho}{\lambda} + \mathbf{g} \cdot \operatorname{grad} \frac{1}{\lambda}.$$

Dies bedeutet insbesondere, daß das **f**-Feld nicht quellenfrei zu sein braucht, wenn das **g**-Feld quellenfrei ist. Übrigens müssen auch die Wirbel des **g**-Feldes nicht verschwinden, wie aus der Gleichung

$$\operatorname{rot} \mathbf{g} = \operatorname{rot}(\lambda \mathbf{f}) = (\operatorname{grad} \lambda) \times \mathbf{f} + \lambda \operatorname{rot} \mathbf{f} = -\mathbf{f} \times \operatorname{grad} \lambda$$

zu entnehmen ist.

Derartige Betrachtungen setzen natürlich voraus, daß der Feldfaktor λ differenzierbar ist. In vielen Fällen trifft dies jedoch nicht zu, in den Anwendungen hat man es oft mit einem stückweise konstanten Feldfaktor zu tun. Dies hat zur Folge, daß eine der beiden Feldgrößen unstetig durch eine Sprungfläche des Feldfaktors hindurchgehen muß.

Es sei *F* eine Unstetigkeitsfläche des Feldfaktors λ. Infolge der Wirbelfreiheit der Feldgröße **f** geht die Tangentialkomponente $\mathbf{f}_t$ von **f** stetig durch die Fläche *F* hindurch,

$$\operatorname{Rot} \mathbf{f} = \mathbf{n} \times (\mathbf{f}^+ - \mathbf{f}^-) = \mathbf{o}. \tag{35.61}$$

Die Normalkomponente $\mathbf{f}_n$ kann aber durchaus springen. Nehmen wir an, auf der Fläche *F* befinden sich keine Quellen des **g**-Feldes; dann geht die Normalkomponente des **g**-Feldes stetig durch *F* hindurch,

$$\operatorname{Div} \mathbf{g} = \mathbf{n} \cdot (\mathbf{g}^+ - \mathbf{g}^-) = \mathbf{n} \cdot (\lambda^+ \mathbf{f}_n^+ - \lambda^- \mathbf{f}_n^-) = 0. \tag{35.62}$$

Wie aus dieser Gleichung abzulesen ist, erleidet die Normalkomponente des **f**-Feldes einen Sprung

$$\mathbf{f}_n^+ - \mathbf{f}_n^- = \frac{1}{\lambda^+}\mathbf{g}_n - \frac{1}{\lambda^-}\mathbf{g}_n = \mathbf{g}_n\left(\frac{1}{\lambda^+} - \frac{1}{\lambda^-}\right),$$

das heißt, auf der Fläche F befinden sich Quellen des **f**-Feldes mit der Dichte

$$\operatorname{Div}\mathbf{f} = \mathbf{n}\cdot\mathbf{g}\left(\frac{1}{\lambda^+} - \frac{1}{\lambda^-}\right) = \mathbf{g}\cdot\operatorname{Grad}\frac{1}{\lambda}. \tag{35.63}$$

Da die Tangentialkomponente der Feldgröße **f** stetig durch die Fläche F hindurchgeht, springt die Tangentialkomponente des **g**-Feldes,

$$\mathbf{g}_t^+ - \mathbf{g}_t^- = \lambda^+\mathbf{f}_t - \lambda^-\mathbf{f}_t = \mathbf{f}_t(\lambda^+ - \lambda^-),$$

so daß sich auf der Fläche F Wirbel des **g**-Feldes mit der Dichte

$$\operatorname{Rot}\mathbf{g} = (\mathbf{n}\times\mathbf{f})(\lambda^+ - \lambda^-) = -\mathbf{f}\times\operatorname{Grad}\lambda \tag{35.64}$$

befinden.

Aus diesem Verhalten der Feldgrößen lernen wir folgendes. Wir wollen annehmen, ein wirbelfreies Doppelfeld **f** und **g** möge aus den Quellen des **g**-Feldes in einem Gebiet G mit der Berandung F bestimmt werden. Im Gebiet G sei der Feldfaktor stückweise konstant, so daß G in Teilgebiete mit konstantem Feldfaktor unterteilt werden kann. Nehmen wir der Einfachheit halber an, es bestehe G aus zwei Teilgebieten G^+ und G^-, in denen der Feldfaktor λ die konstanten Werte $\lambda = \lambda^+$ und $\lambda = \lambda^-$ hat; F' sei die Trennfläche der Gebiete G^+ und G^-. Dann haben wir in G^+ die Poissonsche Differentialgleichung (35.60) mit $\lambda = \lambda^+$ zu lösen, in G^- mit $\lambda = \lambda^-$. Unter Berücksichtigung der Bedingungen für das Potential U der Feldgröße **f** auf der Randfäche F des Gebietes G haben wir dann jene Lösungen U^+ für G^+ und U^- für G^- auszusondern, für die (35.61) und (35.62) erfüllt ist. Die letzte Bedingung besagt, daß auf der Sprungfläche F' des Feldfaktors

$$\lambda^+\frac{\partial U^+}{\partial n} = \lambda^-\frac{\partial U^-}{\partial n}$$

zu gelten hat. Da es sich bei der Fläche F' um eine Quellfläche des **f**-Feldes handelt, muß wegen (35.55) auch die Stetigkeit des Potentials gefordert werden. Zusammenfassend müssen auf einer Sprungfläche des Feldfaktors folgende Bedingungen erfüllt sein,

$$U^- = U^+, \quad \mathbf{n}\times(\operatorname{grad}U^-) = \mathbf{n}\times(\operatorname{grad}U^+), \quad \lambda^+\frac{\partial U^+}{\partial n} = \lambda^-\frac{\partial U^-}{\partial n}, \tag{35.65}$$

vorausgesetzt, daß sich auf der Fläche F' keine Quellen des **g**-Feldes befinden. In diesem Fall ist die letzte Forderung (35.65) durch

$$\operatorname{Div}\mathbf{g} = \lambda^+\frac{\partial U^+}{\partial n} - \lambda^-\frac{\partial U^-}{\partial n} = \sigma \tag{35.66}$$

zu ersetzen, worin σ die Dichte dieser Quellen ist.

Mit einem Doppelfeld beschreibt man die Wirkung auf die Ausbreitung des elektrischen Feldes bei Anwesenheit materieller Körper.

Man geht von der Annahme aus, daß jeder elektrisch neutrale, das heißt ungeladene materielle Körper positive und negative Ladungsträger enthält, und zwar, weil er ungeladen ist, von jeder Sorte in gleicher Anzahl. In idealen Leitern ist eine dieser Sorten völlig frei beweglich, in idealen Isolatoren sind diese Ladungsträger unverrückbar an den Ort gebunden. In der Realität gibt es keine idealen Isolatoren, die Ladungsträger können unter der Einwirkung elektrischer Felder vielmehr ein wenig verschoben werden, sie sind gewissermaßen elastisch an den Ort gebunden. Wird nun ein Isolator in ein elektrisches Feld gebracht, so werden die positiven Ladungen in Richtung des elektrischen Feldes verschoben, die negativen Ladungsträger in entgegengesetzter Richtung. Auf diese Weise entstehen Dipole, man sagt, der Isolator ist ***polarisiert***; die Dipoldichte, die man mit **P** bezeichnet, wird ***Polarisation*** genannt. Diese Dipole erzeugen ein elektrisches Feld $\mathbf{E}_p$, das sich dem Fremdfeld zu einem resultierenden elektrischen Feld **E** überlagert. Das Potential des durch die Polarisation des Isolators hervorgerufenen Feldes ist

$$U_p = -\frac{1}{4\pi\epsilon_0}\oint_F \frac{1}{r}\,\mathrm{Div}\,\mathbf{P}\,do - \frac{1}{4\pi\epsilon_0}\int_B \frac{1}{r}\,\mathrm{div}\,\mathbf{P}\,d\tau$$

(vgl. (35.45), so daß $\mathbf{E}_p = -\mathrm{grad}\,U_p$ ist. Wie schon bemerkt wurde, ist $\mathbf{E}_p$ ein wirbelfreies Feld, dessen Quellen sich im Inneren und auf dem Rand des Isolators befinden, und zwar ist $\rho_p = -\mathrm{div}\,\mathbf{P}$ die Quelldichte im Inneren und $\sigma_p = -\mathrm{Div}\,\mathbf{P}$ die Quelldichte auf dem Rand. Diese Quellen werden ***Polarisationsladungen*** genannt, die Quellen des ursprünglich vorhandenen Feldes heißen die ***wahren Ladungen***. Bezeichnet ρ_w die Dichte der wahren Ladungen, so gilt

$$\mathrm{div}\,\mathbf{E} = \frac{1}{\epsilon_0}(\rho_w + \rho_p) = \frac{1}{\epsilon_0}(\rho_w - \mathrm{div}\,\mathbf{P}), \quad \mathrm{Div}\,\mathbf{E} = \frac{1}{\epsilon_0}\sigma_p = -\frac{1}{\epsilon_0}\mathrm{Div}\,\mathbf{P}.$$

Man führt nun die Größe

$$\mathbf{D} = \epsilon_0\mathbf{E} + \mathbf{P}$$

ein, für die offenbar folgendes gilt:

$$\mathrm{div}\,\mathbf{D} = \rho_w, \quad \mathrm{Div}\,\mathbf{D} = 0,$$

das heißt, die Quellen der Feldgröße **D** sind die wahren Ladungen, also diejenigen, die das ursprünglich vorhandene elektrische Feld erzeugt haben. Die Feldgröße **D**, die eine reine Rechengröße ist, wird ***dielektrische Verschiebung*** oder kurz ***Verschiebung*** genannt (bei Maxwell: ***displacement***); man spricht auch vom ***Verschiebungsfeld*** **D**.

In isotropen Stoffen hat die Polarisation **P** dieselbe Richtung wie das resultierende elektrische Feld **E**. Man setzt

$$\mathbf{P} = \epsilon_0\chi\mathbf{E}$$

mit einer positiven Konstanten χ, die ***dielektrische Suszeptibilität*** genannt wird. In isotropen Stoffen ist also

$$\mathbf{D} = \epsilon_0(1+\chi)\mathbf{E}.$$

Die Konstante

$$\epsilon = \epsilon_0(1+\chi)$$

wird ***Dielektrizitätskonstante*** des Isolators genannt; gelegentlich setzt man

$$\epsilon = \epsilon_0\epsilon_r, \quad \epsilon_r = 1 + \chi,$$

wobei ϵ_r die ***relative Dielektrizitätskonstante*** heißt.

Die beiden Feldgrößen **E** und $\mathbf{D} = \epsilon\mathbf{E}$ bilden also ein wirbelfreies Doppelfeld im Sinne dieses Abschnittes, der Feldfaktor ist die Dielektrizitätskonstante. Alle Ergebnisse, die wir in diesem Abschnitt gewonnen haben, können zur Berechnung der elektrischen Feldstärke herangezogen werden, insbesondere erwähnen wir die Bedingungen

$$U^+ = U^-, \quad \mathbf{n}\times(\mathrm{grad}\,U^+) = \mathbf{n}\times(\mathrm{grad}\,U^-), \quad \epsilon^+\frac{\partial U^+}{\partial n} - \epsilon^-\frac{\partial U^-}{\partial n} = -\sigma_w = -\mathrm{Div}\,\mathbf{D},$$

(vgl. (35.65) und (35.66)), die für das Potential U der elektrischen Feldstärke **E** = −grad U auf der Trennfläche zweier Isolatoren mit unterschiedlichen Dielektrizitätskonstanten bei Anwesenheit wahrer Flächenladungen der Dichte σ_W erfüllt sein müssen.

Werden Leiter in ein elektrisches Feld gebracht, so hat dies ebenfalls eine Beeinflussung des elektrischen Feldes zur Folge. Da in Leitern die negativen Ladungsträger verschiebbar sind, ohne daß dabei Arbeit geleistet wird, muß das Innere eines Leiters feldfrei sein, so daß die Oberfläche eine Äquipotentialfläche ist. Auch wenn der Leiter ungeladen ist, bilden sich auf seiner Oberfläche Influenzladungen aus, im Inneren befinden sich keine Ladungen. Da im Inneren des Leiters $\mathbf{E} = \mathbf{0}$ und $U = U_0 = \text{const}$ ist, muß die elektrische Feldstärke $\mathbf{E}^+$ senkrecht auf die Leiteroberfläche stehen (was auch daraus gefolgert werden kann, daß der Feldvektor eines wirbelfreien Feldes senkrecht auf eine Äquipotentialfläche steht). Es gilt als $\operatorname{div}\mathbf{D} = 0$ im Inneren und $\operatorname{Div}\mathbf{D} = \sigma$, wobei σ die Dichte der Influenzladungen auf der Leiteroberfläche ist. Für das Potential U des elektrischen Feldes ergeben sich also die Bedingungen

$$U^+ = U^- = U_0, \quad \mathbf{n} \times (\operatorname{grad} U^+) = \mathbf{0}, \quad \epsilon \frac{\partial U^+}{\partial n} = -\sigma = -\operatorname{Div}\mathbf{D},$$

worin ϵ die Dielektrizitätskonstante des den Leiter umgebenden Mediums ist. Bild 35.3 zeigt das resultierende elektrische Feld, wenn eine dielektrische Kugel in ein homogenes elektrisches Feld gebracht wird; in Bild 35.4 ist der Fall einer leitenden ungeladenen Kugel in einem homogenen elektrischen Feld dargestellt.

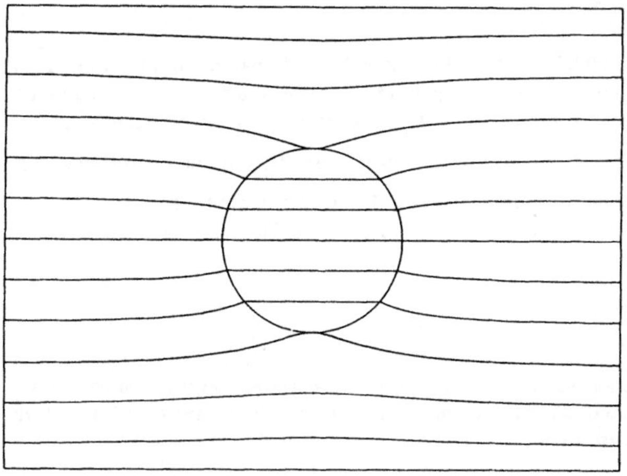

Bild 35.3

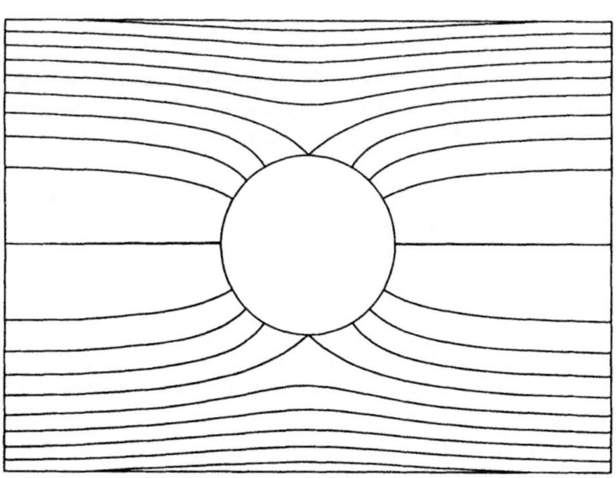

Bild 35.4

Ebenfalls ein wirbelfreies Doppelfeld ist das Feld der elektrischen Feldstärke E und der *Stromdichte*

$$\mathbf{S} = \sigma\mathbf{E}$$

im Fall stationärer Ströme; dabei ist im Endlichen $\operatorname{Div}\mathbf{S} = 0$. Der Feldfaktor σ heißt die *Leitfähigkeit.* Die Sprungbedingungen für das Potential der elektrischen Feldstärke ergeben sich aus (35.61) und (35.62). Ist das angrenzende Medium ein idealer Nichtleiter, so ist seine Leitfähigkeit gleich Null und wir folgern aus

$$0 = \operatorname{Div}\mathbf{S} = -\sigma\mathbf{n} \cdot \mathrm{E} = \sigma \frac{\partial U}{\partial n},$$

daß die Normalkomponente der Stromdichte auf der Oberfläche des stromführenden Leiters verschwindet. Die elektrische Feldstärke dringt im stationären Fall stetig in stromführende Leiter ein, wobei die Normalkomponente auf der Leiteroberfläche verschwindet.

Auch das Wärmefeld wird durch ein wirbelfreies Doppelfeld beschrieben. Der negative *Temperaturgradient*

$$\mathrm{v} = -\operatorname{grad}\vartheta$$

ruft in einem isotropen Medium einen *Wärmestrom*

$$\mathrm{w} = l\mathrm{v} = -l \operatorname{grad}\vartheta$$

hervor; der Feldfaktor l heißt die *Wärmeleitfähigkeit* des Mediums. Im stationären Fall bildet der Temperaturgradient und der Wärmestrom ein wirbelfreies Doppelfeld. Bei konstanter Wärmeleitfähigkeit l führt die Berechnung des Temperaturfeldes auf die Lösung der Poissonschen Differentialgleichung (35.4) mit $\rho = -\frac{\eta}{l}$, wenn $\eta = \operatorname{div}\mathrm{w}$ die Quelldichte des Wärmestromes ist. Als Randbedingungen kommen in den Anwendungen drei Fälle vor. Entweder ist am Rande die Temperaturverteilung vorgegeben (Dirichletsche Randwertaufgabe (35.24)), oder die Normalprojektion des Wärmestromes soll vorgegebene Werte annehmen, zum Beispiel

$$\mathbf{n} \cdot \mathrm{w} = -l \frac{\partial\vartheta}{\partial n} = 0,$$

wenn der betrachtete Körper völlig wärmeisoliert ist, oder es liegt ein *Abstrahlungsproblem* vor. Das einfachste *Abstrahlungsgesetz* besagt, daß der Wärmestrom von der Oberfläche proportional dem Temperaturunterschied zur Umgebungstemperatur ϑ_0 ist,

$$\mathbf{n} \cdot \mathrm{w} = -l \frac{\partial\vartheta}{\partial n} = \alpha(\vartheta - \vartheta_0),$$

worin α eine positive Konstante ist (je heißer die Oberfläche, umso mehr Wärme strömt nach außen ab). Dabei kann stets $\vartheta_0 = 0$ angenommen werden, was bedeutet, daß die Temperatur im Körper relativ zur Umgebungstemperatur betrachtet wird. Das Abstrahlungsproblem führt also auf die Newtonsche Randwertaufgabe (35.35).

Wir gehen noch auf den instationären Fall, die *Wärmeleitung*, ein. Die gesamte Wärme, die pro Zeiteinheit ins Äußere eines Bereiches B mit der Randfläche F abfließt, ist

$$\oint_F \mathrm{w} \cdot d\mathrm{o} = \int_B \operatorname{div}\mathrm{w}\, d\tau.$$

Die im Inneren erzeugte Wärmemenge der Dichte $\eta(\mathrm{x}, t)$ muß entweder nach außen abfließen oder den Bereich erwärmen. Betrachten wir ein kleines Volumen mit der Masse dm; die von diesem Volumen in der Zeitspanne dt aufgenommene Wärmemenge dQ ist

$$dQ = c_v dm\, d\vartheta,$$

worin c_V die *spezifische Wärme* (bei konstantem Volumen) ist. Ist μ die Massendichte, so ist $dm = \mu d\tau$ und folglich

$$dQ = c_V \mu d\tau d\vartheta = c_V \mu \frac{\partial \vartheta}{\partial t} dt d\tau.$$

Daher gilt für jedes Volumen die „Bilanzgleichung"

$$\int \eta(\mathbf{x}, t) d\tau = \int \operatorname{div} \mathbf{w} d\tau + \int c_V \mu \frac{\partial \vartheta}{\partial t} d\tau,$$

aus der die Gleichung

$$\operatorname{div} \mathbf{w} + c_V \mu \frac{\partial \vartheta}{\partial t} = \eta(\mathbf{x}, t)$$

folgt. Setzt man darin für $\mathbf{w} = -l \operatorname{grad} \vartheta$, so gilt in Bereichen mit konstanter Wärmeleitfähigkeit

$$-\Delta\vartheta + \frac{1}{\kappa^2} \frac{\partial \vartheta}{\partial t} = \frac{1}{l} \eta(\mathbf{x}, t), \tag{35.67}$$

worin

$$\kappa^2 = \frac{l}{\mu c_V}$$

die *Wärmeleitungszahl* heißt. Die Differentialgleichung (35.67) heißt *Wärmeleitungsgleichung*.

35.4 Allgemeine Eigenschaften quellenfreier Felder

Eine Feldgröße **f** heißt in einem Gebiet G quellenfrei, wenn überall in G

$$\operatorname{div} \mathbf{f} = 0 \tag{35.68}$$

gilt. Da wir ausschließen wollen, daß **f** in G ein Laplace-Feld ist, setzen wir voraus, daß die Wirbeldichte **w** von **f** in G von Null verschieden ist,

$$\operatorname{rot} \mathbf{f} = \mathbf{w}. \tag{35.69}$$

Man spricht auch von einem *Wirbelfeld* **f**. Wir bemerken, daß die Quelldichte von **w** auf Grund der Beziehung (33.22) in G verschwinden muß,

$$\operatorname{div} \mathbf{w} = 0. \tag{35.70}$$

Wir setzen für das Folgende nun wieder voraus, daß das Gebiet G die Eigenschaften besitzt, um ein in G wirbelfreies Feld als Gradient eines Skalars darstellen zu können.

In Analogie zur Darstellbarkeit einer wirbelfreien Feldgröße als Gradient eines skalaren Potentials läßt sich eine quellenfreie Feldgröße als Wirbeldichte eines *vektoriellen Potentials* oder *Vektorpotentials* **V** darstellen,

$$\mathbf{f} = \operatorname{rot} \mathbf{V}. \tag{35.71}$$

Das Vektorpotential ist nicht eindeutig bestimmt, denn ist **V** ein Vektorpotential für **f** und U ein Skalar, so ist wegen (33.21) auch $\mathbf{V} + \operatorname{grad} U$ ein Vektorpotential für **f**. Sind umgekehrt $\mathbf{V}_1$ und $\mathbf{V}_2$ zwei Vektorpotentiale für **f**,

$$\operatorname{rot} \mathbf{V}_1 = \operatorname{rot} \mathbf{V}_2 = \mathbf{f},$$

so ist die Differenz $\mathbf{V} = \mathbf{V}_1 - \mathbf{V}_2$ in G wirbelfrei und folglich als Gradient eines Skalars darstellbar,

$$\mathbf{V}_1 - \mathbf{V}_2 = \operatorname{grad} U,$$

mit anderen Worten, zwei Vektorpotentiale für $\mathbf{f}$ unterscheiden sich durch den Gradienten eines Skalars. Dies bedeutet, daß wir alle Vektorpotentiale für $\mathbf{f}$ kennen, wenn wir im Besitze eines einzigen sind: Die allgemeine Lösung der Gleichung (35.71) ist $\mathbf{V}_a = \mathbf{V}_p + \operatorname{grad} U$, worin $\mathbf{V}_p$ eine beliebige partikuläre Lösung von (35.71) und U ein Skalar ist.

Wir suchen eine partikuläre Lösung der Gleichung (35.71). Dabei dürfen wir annehmen, daß eine Koordinate in G verschwindet. Setzen wir zum Beispiel $V_3 = 0$, so müssen V_1 und V_2 die partiellen Differentialgleichungen

$$f_1 = -\frac{\partial V_2}{\partial x_3}, \quad f_2 = \frac{\partial V_1}{\partial x_3}, \quad f_3 = \frac{\partial V_2}{\partial x_1} - \frac{\partial V_1}{\partial x_2} \tag{35.72}$$

erfüllen. Die allgemeine Lösung der ersten Gleichung (35.72) ist

$$V_2 = -\int_c^{x_3} f_1(x_1, x_2, z)\,dz + \varphi_2(x_1, x_2),$$

die allgemeine Lösung der zweiten Gleichung (35.72) lautet

$$V_1 = \int_c^{x_3} f_2(x_1, x_2, z)\,dz + \varphi_1(x_1, x_2),$$

worin $\varphi_1(x_1, x_2)$ und $\varphi_2(x_1, x_2)$ willkürliche Funktionen sind. Setzen wir diese Ergebnisse in die dritte Gleichung (35.72) ein, so erhalten wir

$$f_3 = -\int_c^{x_3} \left(\frac{\partial f_1}{\partial x_1} + \frac{\partial f_2}{\partial x_2}\right) dz + \frac{\partial \varphi_2}{\partial x_1} - \frac{\partial \varphi_1}{\partial x_2}$$

und wegen (35.68)

$$f_3 = \int_c^{x_3} \frac{\partial f_3}{\partial x_3}\,dz + \frac{\partial \varphi_2}{\partial x_1} - \frac{\partial \varphi_1}{\partial x_2},$$

was zu der Bestimmungsgleichung

$$\frac{\partial \varphi_2}{\partial x_1} - \frac{\partial \varphi_1}{\partial x_2} = f_3(x_1, x_2, c)$$

für die Funktionen φ_1 und φ_2 führt. Offenbar können wir eine weitere Beziehung zwischen diesen Funktionen willkürlich wählen: wir setzen $\varphi_2(x_1, x_2) = 0$. Sodann ist

$$\varphi_1(x_1, x_2) = -\int_{c'}^{x_2} f_3(x_1, y, c)\,dy.$$

Sofern die auftretenden Integrale für $\mathbf{x} \in G$ sinvoll sind, stellt

$$V_1 = \int_c^{x_3} f_2(x_1, x_2, z)\, dz - \int_{c'}^{x_2} f_3(x_1, y, c)\, dy, \quad V_2 = -\int_c^{x_3} f_1(x_1, x_2, z)\, dz, \quad V_3 = 0$$

ein Vektorpotential für $\mathbf{f}$ dar. Jenes Vektorpotential für $\mathbf{f}$, das in G Quellenfrei ist,

$$\operatorname{div}\mathbf{V} = 0, \tag{35.73}$$

wird *Vektorpotential schlechthin* genannt.

Wir betrachten zunächst wieder den Fall, daß das Gebiet G der ganze Raum ist. Die Feldlinien von $\mathbf{f}$ sind dann geschlossene Kurven oder sie laufen ins Unendliche (wo sie sich schließen), denn würde eine Feldlinie in einem Punkt enden, so müßte sich in diesem eine Quelle des Feldes befinden.

Es sei $\mathbf{V}$ ein beliebiges Vektorpotential für $\mathbf{f}$. Mit dem Ansatz (35.71) erfüllen wir die Gleichung (35.68); setzen wir aus (35.71) in (35.69) ein, so finden wir unter Berücksichtigung der Beziehung (33.23) die Gleichung

$$\mathbf{w} = \operatorname{rot}\mathbf{f} = \operatorname{rot}\operatorname{rot}\mathbf{V} = \operatorname{grad}\operatorname{div}\mathbf{V} - \Delta\mathbf{V}, \tag{35.74}$$

der das Vektorpotential zu genügen hat. Nehmen wir insbesondere für $\mathbf{V}$ das quellenfreie Vektorpotential (35.73), so muß dieses Lösung der „vektoriellen" Poissonschen Differentialgleichung

$$-\Delta\mathbf{V} = \mathbf{w} \tag{35.75}$$

sein. Für den ganzen Raum können wir diese Gleichung unmittelbar lösen. Füllen die Wirbel von $\mathbf{f}$ einen räumlichen Bereich B aus, so ist

$$\mathbf{V} = \frac{1}{4\pi} \int_B \frac{1}{r} \mathbf{w}\, d\tau. \tag{35.76}$$

Setzt man die Reihenentwicklung (35.14) in (35.76) ein, so läßt sich feststellen, daß das Vektorpotential (35.76) die Bedingung

$$\lim_{\mathbf{x} \to \infty} \mathbf{V}(\mathbf{x}) = \mathbf{o} \tag{35.77}$$

erfüllt, vorausgesetzt, daß sich die Wirbel $\mathbf{w}$ der Feldgröße $\mathbf{f}$ in einem endlichen Bereich befinden. Mit dem Grenzwert (35.77) wird die natürliche Forderung erhoben, daß die Feldwirkungen für $\mathbf{x} \to \infty$ abklingen. Es sei nun $\mathbf{W}(\mathbf{x})$ ein anderes quellenfreies Vektorpotential für $\mathbf{f}$, das der Bedingung (35.77) genügt; $\mathbf{W}$ muß offenbar auch eine Lösung der Poissonschen Differentialgleichung (35.75) sein. Dann ist das Differenzfeld $\mathbf{V} - \mathbf{W}$ im ganzen Raum quellen- und wirbelfrei, also konstant. Da auch $\mathbf{V} - \mathbf{W}$ gegen Null strebt, wenn $|\mathbf{x}|$ über alle Grenzen geht, ist $\mathbf{V} - \mathbf{W} = \mathbf{o}$, das heißt, (35.76) ist die einzige Lösung von (35.75), für die die Grenzwertforderung (35.77) erfüllt ist. Mit anderen Worten, (35.76) ist das einzige quellenfreie Vektorpotential der Feldgröße $\mathbf{f}$, das im Unendlichen verschwindet.

Von besonderem Interesse ist der Fall, daß die Wirbel $\mathbf{w}$ der Feldgröße $\mathbf{f}$ eine dünne Röhre W um eine „Mittellinie" C bilden. Wir betrachten zwei Querschnitte Q_1 und Q_2 und bezeichnen mit M die Mantelfläche der Wirbelröhre zwischen diesen Querschnitten (Bild 35.5). Die geschlossene Fläche $F = M + Q_1 + Q_2$ sei positiv orientiert; den von der

Fläche F begrenzten Bereich bezeichnen wir mit B. Da die Wirbeldichte $\mathbf{w}$ der Feldgröße $\mathbf{f}$ quellenfrei ist, gilt insbesondere $\operatorname{Div}\mathbf{w} = 0$ auf M, also, da $\mathbf{w}$ im Äußeren der Wirbelröhre verschwindet, $\mathbf{w_n} = \mathbf{o}$ beziehungsweise $\mathbf{w} \cdot \mathbf{n} = 0$ auf der Mantelfläche M. Für den Fluß der Wirbeldichte $\mathbf{w}$ durch die Fläche F erhalten wir dann

$$0 = \int_B \operatorname{div}\mathbf{w}\,d\tau = \int_{Q_1} \mathbf{w}\cdot d\mathbf{o} + \int_{Q_2} \mathbf{w}\cdot d\mathbf{o} + \int_M \mathbf{w}\cdot d\mathbf{o} = \int_{Q_1} \mathbf{w}\cdot d\mathbf{o} + \int_{Q_2} \mathbf{w}\cdot d\mathbf{o}.$$

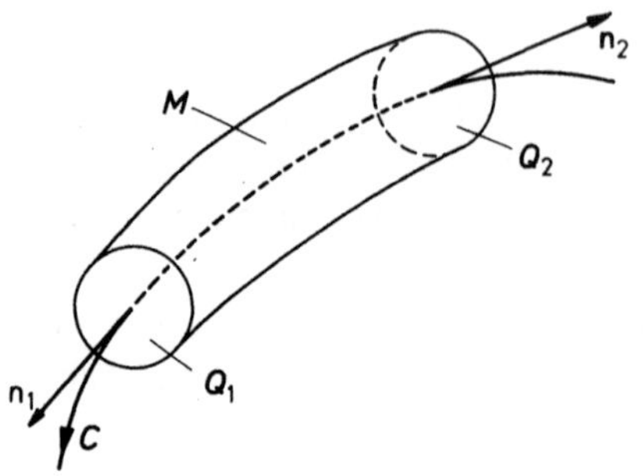

Bild 35.5

Dies bedeutet, daß der Fluß der Wirbeldichte durch einen beliebigen Querschnitt stets denselben Wert

$$\mathrm{I} = \int_Q \mathbf{w}\cdot d\mathbf{o} \tag{35.78}$$

hat, den man das *Moment der Wirbelröhre W* nennt. Dabei wird der Querschnitt Q so orientiert, daß Übereinstimmung mit der Durchlaufrichtung der Mittellinie C herrscht. Ist der Querschnitt Q sehr klein, so kann näherungsweise

$$\mathrm{I} \approx \mathbf{w}\cdot\mathbf{t}\,do$$

gesetzt werden. Zerlegen wir die Wirbelröhre durch Schnitte senkrecht zur Mittellinie C in kleine Teilbereiche mit den Voluminhalten $d\tau = do\,ds$, so wird

$$\mathbf{w}\,d\tau = \mathbf{w}\,do\,ds \approx (\mathbf{w}\cdot\mathbf{t})\,\mathbf{t}\,do\,ds \approx \mathrm{I}\,\mathbf{t}\,ds = \mathbf{I}\,ds$$

und folglich

$$\mathbf{V} = \frac{1}{4\pi}\int_W \frac{1}{\mathrm{r}}\mathbf{w}\,d\tau \approx \frac{\mathrm{I}}{4\pi}\int_C \frac{1}{\mathrm{r}}\,d\mathbf{s}.$$

Zieht man jetzt die Wirbelröhre W auf die Mittellinie C zusammen, wobei das Moment (35.78) konstant gehalten wird, so ist in der Grenze

$$\mathbf{V} = \frac{\mathrm{I}}{4\pi}\int_C \frac{1}{\mathrm{r}}\,d\mathbf{s} \tag{35.79}$$

das Vektorpotential einer *isolierten Wirbellinie C*. Dabei ist längs C die Wirbeldichte $\mathbf{w}$ konstant und parallel zum Tangentenvektor $\mathbf{t}$ der Kurve C. Die Größe $\mathrm{I} = \mathbf{w}\cdot\mathbf{t}$ heißt *Moment der Wirbellinie C*. Die Kurve C muß entweder geschlossen sein oder ins Unendliche verlaufen, da sie wegen der Quellenfreiheit von $\mathbf{w}$ im Endlichen nirgends enden kann.

Zur Bestimmung des Feldvektors **f** bilden wir den Rotor des Vektorpotentials (35.79),

$$\mathbf{f} = \operatorname{rot}\mathbf{V} = \frac{I}{4\pi}\operatorname{rot}\int_C \frac{1}{r}\,d\mathbf{s} = \frac{I}{4\pi}\int_C \left(\operatorname{grad}_x \frac{1}{r}\right) \times d\mathbf{s}$$

$$= -\frac{I}{4\pi}\int_C \frac{1}{|\mathbf{x}-\mathbf{y}|^3}(\mathbf{x}-\mathbf{y}) \times d\mathbf{y} = -\frac{I}{4\pi}\int_C \frac{1}{r^3}\,\mathbf{r} \times d\mathbf{s}, \tag{35.80}$$

worin für $\mathbf{r} = \mathbf{x} - \mathbf{y}$ gesetzt wurde. Bezeichnet ϑ für einen festen Aufpunkt **x** den Winkel zwischen den Vektoren **r** und **t** und ist $\mathbf{n} = \frac{\mathbf{r} \times \mathbf{t}}{|\mathbf{r} \times \mathbf{t}|}$ die Normale auf die von den Vektoren **r** und **t** aufgespannte Ebene (Bild 35.6), so wird

$$\mathbf{f} = -\frac{I}{4\pi}\int_C \frac{1}{r^2}\,\mathbf{n}\sin\vartheta\,ds,$$

das heißt, ein Stück des Wirbelfadens der Länge ds liefert den Beitrag

$$-\frac{I}{4\pi}\,\mathbf{n}\,\frac{1}{r^2}\sin\vartheta\,ds$$

zur Feldgröße, der Anteil dieses Stückes am Betrag der Feldgröße ist

$$d|\mathbf{f}| = \frac{I}{4\pi r^2}\sin\vartheta\,ds.$$

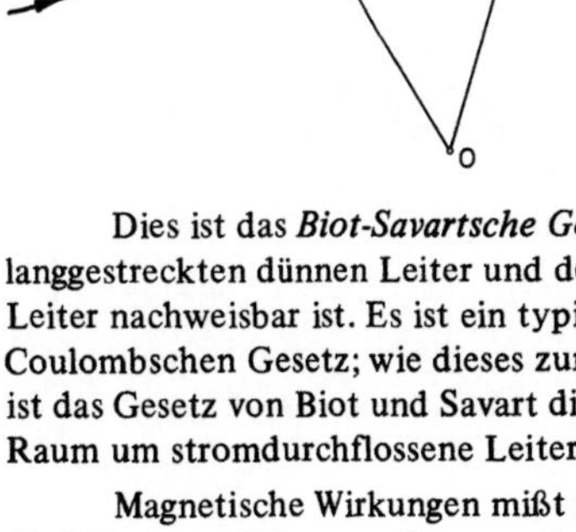

Bild 35.6

Dies ist das ***Biot-Savartsche Gesetz***, das den Zusammenhang zwischen der Stromstärke I in einem langgestreckten dünnen Leiter und dem Magnetfeld herstellt, das in der Umgebung stromdurchflossener Leiter nachweisbar ist. Es ist ein typisches Fernwirkungsgesetz und besitzt große Ähnlichkeit mit dem Coulombschen Gesetz; wie dieses zur Definition der elektrischen Feldstärke von Punktladungen dient, ist das Gesetz von Biot und Savart die Grundlage zur Definition der Feldstärke des Magnetfeldes im Raum um stromdurchflossene Leiter.

Magnetische Wirkungen mißt man mit Hilfe einer Magnetnadel. Bringt man eine Magnetnadel in die Nähe eines Körpers mit magnetischen Eigenschaften, so ist zwar keine resultierende Kraftwirkung feststellbar, wohl aber ein Drehmoment. Dabei ergibt sich, daß das Drehmoment **T** als äußeres Produkt zweier Vektoren **m** und **H** dargestellt werden kann,

$$\mathbf{T} = \mathbf{m} \times \mathbf{H},$$

worin der Vektor **H** von den Merkmalen der Magnetnadel unabhängig ist, der Vektor **m** dagegen ausschließlich durch die Eigenschaften der Magnetnadel bestimmt ist (Polstärke mal Abstand in Richtung von Südpol zu Nordpol) und das *Moment* der Magnetnadel genannt wird. Da die Ursache der durch **H** repräsentierten Wirkung auf die Magnetnadel in der Anwesenheit der magnetischen Materie liegt, wird **H** die *magnetische Feldstärke* genannt. Biot und Savart fanden auf experimentelle Weise, daß stromdurchflossene Leiter auf eine Magnetnadel mit dem Moment **m** ein Drehmoment ausüben, und zwar ist der Beitrag eines Leiterstückes der Länge ds

$$d\mathbf{T} = \mathbf{m} \times d\mathbf{H}$$

mit

$$d\mathbf{H} = \frac{1}{4\pi r^3}\,(I\mathbf{t} \times \mathbf{r})\,ds = \frac{I}{4\pi r^3}\,d\mathbf{s} \times \mathbf{r}, \quad \mathbf{r} = \mathbf{x} - \mathbf{y},$$

worin I die Stromstärke ist und der Einsvektor **t** die Stromrichtung kennzeichnet. Dies gibt Anlaß, durch

$$\mathbf{H} = \frac{I}{4\pi}\oint_C \frac{1}{r^3}\,d\mathbf{s} \times \mathbf{r}, \quad \mathbf{r} = \mathbf{x} - \mathbf{y},$$

die *Feldstärke des Magnetfeldes* im Raum eines vom Strom I durchflossenen Leiters *C* zu erklären.

Wir berechnen das Vektorpotential (35.79) eines kreisförmigen Wirbelfadens. Den vom Wirbelfaden berandeten Kreis legen wir in die (x_1, x_2)-Ebene, der Radius sei R, den Mittelpunkt nehmen wir im Koordinatenursprung an.

Es ist zweckmäßig, an Stelle der kartesischen Koordinaten Zylinderkoordinaten r, φ und z einzuführen und auch den Vektor **V** im (r, φ, z)-System darzustellen,

$$\mathbf{V} = V_r\mathbf{e}_r + V_\varphi\mathbf{e}_\varphi + V_z\mathbf{e}_z,$$

wobei der Zusammenhang

$$V_r = V_1\cos\varphi + V_2\sin\varphi, \quad V_\varphi = V_2\cos\varphi - V_1\sin\varphi, \quad V_z = V_3$$

besteht (vgl. Abschnitt 23.4). Mit der Parameterdarstellung $x_1 = R\cos\psi$, $x_2 = R\sin\psi$, $x_3 = z$ für den Wirbelfaden finden wir dann

$$V_r = \frac{IR}{4\pi}\int_0^{2\pi} \frac{\sin(\varphi - \psi)}{\sqrt{r^2 + z^2 + R^2 - 2rR\cos(\varphi - \psi)}}\,d\psi = 0, \quad V_z = 0$$

und

$$V_\varphi = \frac{IR}{4\pi}\int_0^{2\pi} \frac{\cos(\varphi - \psi)}{\sqrt{r^2 + z^2 + R^2 - 2rR\cos(\varphi - \psi)}}\,d\psi = \frac{IR}{2\pi}\int_0^{\pi} \frac{\cos\chi}{\sqrt{r^2 + z^2 + R^2 - 2rR\cos\chi}}\,d\chi.$$

Durch die Substitution $\chi = \pi - 2\tau$ geht das rechtsstehende Integral in

$$V_\varphi = \frac{IR}{\pi}\,\frac{1}{\sqrt{(r+R)^2 + z^2}}\int_0^{\pi/2} \frac{2\sin^2\tau - 1}{\sqrt{1 - k^2\sin^2\tau}}\,d\tau,$$

über, worin

$$k^2 = \frac{4rR}{(r+R)^2 + z^2} < 1$$

gesetzt wurde. Mit Hilfe der elliptischen Normalintegrale

$$F(k) = \int_0^{\pi/2} \frac{1}{\sqrt{1-k^2 \sin^2\tau}} d\tau, \quad E(k) = \int_0^{\pi/2} \sqrt{1-k^2 \sin^2\tau}\, d\tau$$

erster und zweiter Gattung kann V_φ schließlich in der Form

$$V_\varphi = \frac{I}{2\pi} \sqrt{\frac{R}{r}} \left[\left(\frac{2}{k} - k\right) F(k) - \frac{2}{k} E(k)\right]$$

geschrieben werden. Da $V_r = V_z = 0$ gilt, sind die Feldlinien des Vektorpotentials **V** Kreise parallel zur (x_1, x_2)-Ebene, deren Mittelpunkt auf der x_3-Achse liegt. Aus den Formeln (23.126) ergibt sich schließlich

$$f_r = (\operatorname{rot} \mathbf{V})_r = -\frac{\partial}{\partial z} V_\varphi, \quad f_\varphi = (\operatorname{rot} \mathbf{V})_\varphi = 0, \quad f_z = (\operatorname{rot} \mathbf{V})_z = \frac{1}{r} \frac{\partial}{\partial r} (r V_\varphi)$$

für die Koordinaten des Feldvektors $\mathbf{f} = \operatorname{rot} \mathbf{V}$ im (r, φ, z)-System. Den Verlauf der Feldlinien in einer Ebene durch die x_3-Achse zeigt Bild 35.7.

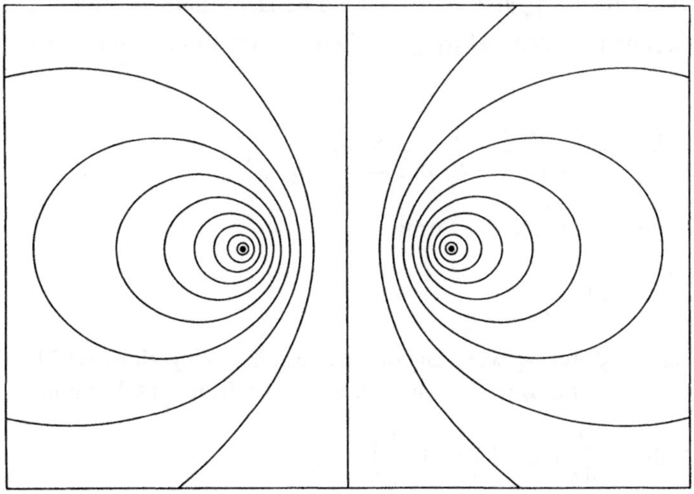

Bild 35.7

Zwischen dem Feld einer isolierten geschlossenen Wirbellinie und dem Feld einer Doppelschicht besteht ein bemerkenswerter Zusammenhang. Ist *C* eine im Endlichen verlaufende geschlossene Wirbellinie mit dem Moment I, so ist der Feldvektor im Aufpunkt **x**

$$\mathbf{f} = \frac{I}{4\pi} \oint_C \left(\operatorname{grad}_x \frac{1}{r}\right) \times d\mathbf{s}, \quad r = |\mathbf{x} - \mathbf{y}|. \tag{35.81}$$

In allen Punkten, die nicht auf der Wirbellinie *C* liegen, ist das Feld quellen- und wirbelfrei. Die Wirbelfreiheit bedeutet dabei allerdings nicht, daß die Feldgröße **f** in allen Punkten des Raumes mit Ausnahme der Punkte auf der Wirbellinie *C* ein Potential besitzt. Wir brauchen nämlich nur eine mit der Kurve *C* wie in Bild 35.8 verkettete Kurve *C'* zu betrachten; da jede Fläche, die von *C'* berandet wird, von der Wirbellinie *C* wenigstens in einem Punkt durchstoßen wird, sind die Voraussetzungen des Satzes 33.3 für die Existenz eines Potentials für **f** nicht erfüllt. Das Gebiet *G*, in dem **f** als Gradient eines Skalars dargestellt werden

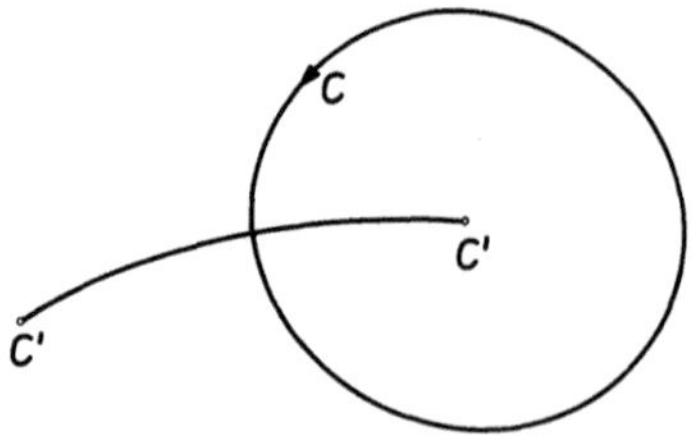

Bild 35.8

kann, muß demnach so beschaffen sein, daß eine in G verlaufende geschlossene Kurve nicht auf die oben dargelegte Weise mit der Wirbellinie C verkettet sein kann. Legen wir durch die Wirbellinie C eine Fläche, so sind für das Gebiet G, das aus allen Punkten des Raumes mit Ausnahme jener auf der Fläche F und ihrer Berandung C besteht, diese Forderungen erfüllt. Die Fläche F wollen wir so orientieren, daß ihre Normale $\mathbf{n}$ mit der Durchlaufrichtung von C eine Rechtsschraubung bildet; wieder wollen wir eine positive und negative Seite der Fläche F unterscheiden, wobei wir jene die positive nennen, auf der die Normale $\mathbf{n}$ angeheftet ist. Um das Potential der Feldgröße $\mathbf{f}$ im Gebiet G zu finden, wenden wir den Stokesschen Integralsatz (34.3) mit $\mathbf{f} = \frac{I}{4\pi} \operatorname{grad}_x \frac{1}{r}$ an. Ist $\mathbf{n}$ die Flächennormale im Punkt $\mathbf{y}$ und $\mathbf{x}$ ein Punkt in G, so können wir den Vektor $\mathbf{g} = \mathbf{f}'^* \cdot \mathbf{n}$ mit den Koordinaten g_i folgendermaßen darstellen:

$$g_i = \sum_{j=1}^{3} n_j \frac{\partial f_j}{\partial y_i} = \frac{I}{4\pi} \sum_{j=1}^{3} n_j \frac{\partial}{\partial y_i} \frac{\partial}{\partial x_j} \frac{1}{r} = \frac{I}{4\pi} \frac{\partial}{\partial x_i} \sum_{j=1}^{3} n_j \frac{\partial}{\partial y_j} \frac{1}{r};$$

symbolisch schreibt sich diese Gleichung in der Form

$$\mathbf{g} = \mathbf{f}'^* \cdot \mathbf{n} = \frac{I}{4\pi} \operatorname{grad}_x \left(\mathbf{n} \cdot \operatorname{grad}_y \frac{1}{r}\right).$$

Mit diesem Ergebnis gelangen wir durch Anwendung des Stokesschen Integralsatzes (34.3) unter Berücksichtigung der im Gebiet G geltenden Beziehung $\operatorname{div} \mathbf{f} = 0$ zu der Gleichung

$$\mathbf{f} = \frac{I}{4\pi} \oint_C \left(\operatorname{grad}_x \frac{1}{r}\right) \times d\mathbf{s} = -\frac{I}{4\pi} \operatorname{grad} \int_F \left(\operatorname{grad}_y \frac{1}{r}\right) \cdot d\mathbf{o},$$

aus der schließlich abzulesen ist, daß der Feldvektor $\mathbf{f}$ im Gebiet G als Gradient des Skalars

$$U = -\frac{I}{4\pi} \int_F \left(\operatorname{grad}_y \frac{1}{r}\right) \cdot d\mathbf{o} \tag{35.82}$$

dargestellt werden kann. Vergleichen wir jetzt (35.82) mit (35.51), so zeigt sich, daß wir uns das Feld $\mathbf{f}$ des Wirbelfadens auch durch eine Doppelschicht mit der Dipolbelegung I entstanden denken können,

$$\mathbf{f} = \operatorname{rot} \mathbf{V} = \operatorname{grad} U,$$

worin für $\mathbf{V}$ das Vektorpotential (35.79) und für U das skalare Potential (35.82) einzusetzen ist. Bemerkenswert ist daran, daß die Fläche F nur von der Kurve C berandet sein muß, wie sie im Raum verläuft, hat keinen weiteren Einfluß.

Es ist offensichtlich, daß der Feldvektor $\mathbf{f}$ stetig durch die Fläche F hindurchgeht. Für die Normalkomponente $\mathbf{f}_n$ ist diese Aussage nicht neu, wir fanden sie schon mit (35.56); wegen $\operatorname{rot}\mathbf{f} = \mathbf{o}$ geht auch die Tangentialkomponente $\mathbf{f}_t$ stetig durch die Fläche F hindurch. Dagegen erleidet das Potential (35.82) einen Sprung. Betrachten wir eine beliebige mit dem Wirbelfaden C verkettete Kurve C', die die Fläche F notwendig durchsetzen muß. Wir orientieren die Kurve C' so, daß im Durchstoßpunkt Übereinstimmung mit der Orientierung der Fläche F herrscht, oder anders ausgedrückt, die Orientierung der Kurve C' bildet mit dem Durchlaufsinn des Wirbelfadens C eine Rechtsschraubung (Bild 35.9). Dann ergibt sich

$$\oint_{C'} \mathbf{f} \cdot d\mathbf{s} = \oint_{C'} (\operatorname{grad} U) \cdot d\mathbf{s} = U^- - U^+ = I, \tag{35.83}$$

das heißt, *die Zirkulation der Feldgröße* $\mathbf{f}$ *über eine beliebige mit der Wirbellinie C verkettete Kurve C' ist gleich dem Moment* I *der Wirbellinie.*

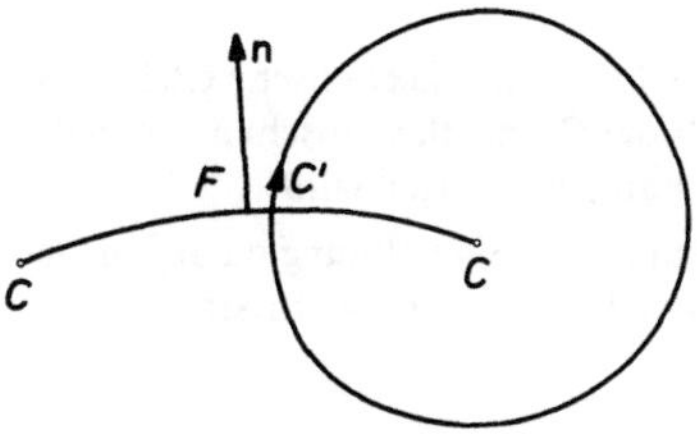

Bild 35.9

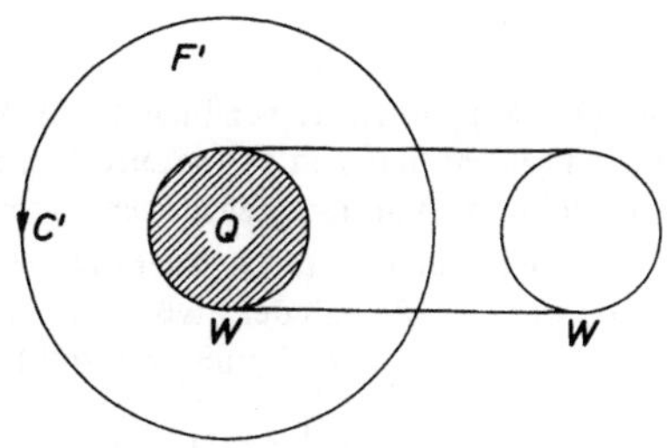

Bild 35.10

Für eine dünne Wirbelröhre W, wie sie weiter oben betrachtet wurde, zeigt sich derselbe Sachverhalt. Ist C' eine die Wirbelröhre umschlingende Kurve (Bild 35.10), so gilt auf Grund des Stokesschen Satzes (34.1)

$$\oint_{C'} \mathbf{f} \cdot d\mathbf{s} = \int_{F'} (\operatorname{rot}\mathbf{f}) \cdot d\mathbf{o} = \int_{F'} \mathbf{w} \cdot d\mathbf{o} = \int_{Q} \mathbf{w} \cdot d\mathbf{o} = I, \tag{35.84}$$

da $\mathbf{w} = \operatorname{rot}\mathbf{f}$ nur in den Punkten des Querschnittes Q, den eine in C' eingespannte Fläche F' aus der Wirbelröhre W herausschneidet, vom Nullvektor verschieden ist. Dies bedeutet wieder: Die Zirkulation der Feldgröße $\mathbf{f}$ über eine die Wirbelröhre umschlingende Kurve ist gleich dem Moment der Wirbelröhre.

Die physikalische Bedeutung dieser Zusammenhänge liegt in folgendem. Wir denken uns einen geschlossenen Stromfaden C mit dem Moment I; die Stromrichtung ist durch den Orientierungssinn der Kurve C festgelegt, die Stromstärke ist gleich dem Moment I. Wir spannen in die Kurve C eine Fläche F ein, deren Orientierung mit dem Durchlaufsinn von C eine Rechtsschraubung bilden möge, und gehen zunächst davon aus, daß das Feld $\mathbf{H}$ durch eine Doppelschicht magnetischer Mengen mit dem Moment I hervorgerufen wird. Ferner sei C' eine beliebige mit dem Stromfaden C verkettete Kurve, die so orientiert sei, daß ihr Durchlaufsinn mit der Orientierung von C eine Rechtsschraubung bildet. Wir bringen nun eine Probeladung in das Feld und führen sie längs der Kurve C' einmal um den Stromfaden C herum; dann ist

$$\Theta = \oint_{C'} \mathbf{H} \cdot d\mathbf{s} \tag{35.85}$$

das Verhältnis der dabei geleisteten Arbeit zu dieser Probeladung. Würde es magnetische Mengen geben, so könnte man das Integral (35.85) als das Verhältnis der Arbeit zur „Polstärke" einer nordmagnetischen Menge ansehen, wenn diese einmal um den Wirbelfaden herumgeführt wird. Daß dieses Verhältnis proportional zur Stromstärke I ist, wurde experimentell von ***Kohlrausch*** und ***Weber*** bestätigt; im internationalen Maßsystem ist der Proportionalitätsfaktor gleich 1 zu setzen, so daß

$$\oint_{C'} \mathbf{H} \cdot d\mathbf{s} = I. \tag{35.86}$$

Das Kohlrausch-Webersche Gesetz (35.86) ist ein typisches Fernwirkungsgesetz. Die feldtheoretische Fassung ist die *erste Maxwellsche Gleichung* des elektromagnetischen Feldes stationärer Ströme,

$$\operatorname{rot} \mathbf{H} = \mathbf{S}, \tag{35.87}$$

worin **S** die *Stromdichte* genannt wird: *Die Wirbeldichte des von einem stromführenden Leiters verursachten Magnetfeldes* **H** *ist gleich der Stromdichte* **S**. Denken wir uns den stromführenden Leiter als Wirbelröhre („Stromröhre"), so ist die Stromstärke I gleich dem Moment der Stromröhre,

$$I = \int_{Q} \mathbf{S} \cdot d\mathbf{o} \tag{35.88}$$

(vgl. (35.78)). Durch Anwendung des Stokesschen Integralsatzes (34.1) auf die Maxwellsche Gleichung (35.87) gelangt man zu (35.86) zurück. Der Stromfaden ist dabei als der Grenzfall anzusehen, wenn die Stromröhre bei konstant gehaltenem Moment auf ihre Mittellinie zusammengezogen wird.

Die Größe Θ in (35.85) wird *Durchflutung* genannt, wobei mit dieser Bezeichnung darauf hingewiesen werden soll, daß der Fluß der Stromdichte **S** durch eine Fläche F gleich der Gesamtstromstärke der von der Randkurve C „umgürteten" Leiter ist (Bild 35.11),

$$\Theta = \oint_{C} \mathbf{H} \cdot d\mathbf{s} = \int_{F} (\operatorname{rot} \mathbf{H}) \cdot d\mathbf{o} = \int_{F} \mathbf{S} \cdot d\mathbf{o} = \int_{\sum_k Q_k} \mathbf{S} \cdot d\mathbf{o} = \sum I_k. \tag{35.89}$$

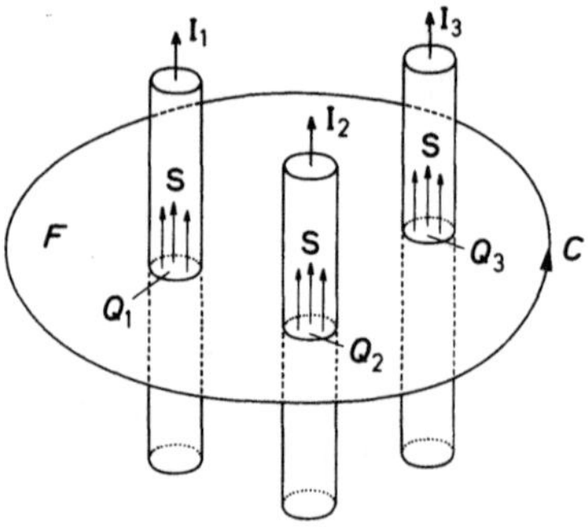

Bild 35.11

Wir wollen schließlich noch darauf eingehen, unter welchen Voraussetzungen ein quellenfreies Feld durch seine Wirbeldichte eindeutig bestimmt ist, wenn das Gebiet G nicht der ganze Raum ist. Der Einfachheit halber nehmen wir an, es sei das Gebiet G das Innere einer geschlossenen positiv orientierten Fläche F. Im Inneren der Fläche F sei die Feldgröße **f** quellenfrei, ihre Wirbeldichte **w** ist vorgegeben, so daß

$$\operatorname{div} \mathbf{f} = 0, \quad \operatorname{rot} \mathbf{f} = \mathbf{w} \tag{35.90}$$

in G gilt. Die erste Bedingung (35.90) erfüllen wir mit dem Ansatz $\mathbf{f} = \operatorname{rot} \mathbf{V}$, die zweite Forderung führt uns damit auf die vektorielle Poissonsche Differentialgleichung

$$-\Delta \mathbf{V} = \mathbf{w}, \tag{35.91}$$

der im Gebiet G das Vektorpotential $\mathbf{V}$ zu genügen hat, wenn wir fordern, daß $\mathbf{V}$ in G quellenfrei ist. Jede der drei Gleichungen (35.91),

$$-\Delta V_i = w_i, \quad i = 1, 2, 3,$$

hat auf Grund der Ergebnisse von Abschnitt 35.1 eine eindeutig bestimmte Lösung, wenn auf der Randfläche F des Gebietes G die Koordinaten V_i des Vektorpotentials $\mathbf{V}$ oder die Normalableitungen $\frac{\partial V_i}{\partial n}$ vorgeschrieben werden. Berücksichtigen wir, daß die Koordinaten des Vektors

$$\frac{\partial \mathbf{V}}{\partial n} := \mathbf{V}' \cdot \mathbf{n},$$

den wir die *Normalableitung* des Vektors $\mathbf{V}$ nennen, die Normalableitungen der Koordinaten von $\mathbf{V}$ sind, so können wir folgende Aussage machen: *Ein quellenfreies Feld ist duch seine Wirbeldichte in einem Gebiet G eindeutig bestimmt, wenn auf der Randfläche F von G entweder das Vektorpotential* $\mathbf{V}$ *oder die Normalableitung* $\frac{\partial \mathbf{V}}{\partial n}$ *vorgeschrieben ist.*

Die Vorgabe des Vektorpotentials oder seiner Normalableitung auf der Randfläche ist jedoch nicht die einzige Möglichkeit, ein quellenfreies Feld eindeutig festzulegen. Nehmen wir an, es gäbe zwei Felder $\mathbf{f}_1$ und $\mathbf{f}_2$, die beide den Gleichungen (35.90) genügen. Ist $\mathbf{V}_1$ ein Vektorpotential für $\mathbf{f}_1$, $\mathbf{V}_2$ ein solches für $\mathbf{f}_2$ und $\mathbf{g} = \mathbf{f}_1 - \mathbf{f}_2$, $\mathbf{W} = \mathbf{V}_1 - \mathbf{V}_2$, so erhalten wir auf Grund der Beziehung

$$\operatorname{div}(\mathbf{W} \times \mathbf{g}) = \mathbf{g} \cdot \operatorname{rot}\mathbf{W} - \mathbf{W} \cdot \operatorname{rot}\mathbf{g}$$

durch Anwendung des Gaußschen Integralsatzes (34.4) auf den Vektor $\mathbf{W} \times \mathbf{g}$ unter Berücksichtigung von $\operatorname{rot}\mathbf{g} = \mathbf{o}$

$$\int_B \mathbf{g}^2 d\tau = \int_B \mathbf{g} \cdot \operatorname{rot}\mathbf{W} d\tau = \oint_F (\mathbf{W} \times \mathbf{g}) \cdot d\mathbf{o} = \oint_F \mathbf{g} \cdot (d\mathbf{o} \times \mathbf{W}) = \oint_F \mathbf{W} \cdot (\mathbf{g} \times d\mathbf{o}), \tag{35.92}$$

worin B der abgeschlossene Bereich ist, der aus den Punkten von G und der Randfläche F besteht. Diese Gleichung lehrt uns, daß $\mathbf{g} = \mathbf{o}$, also $\mathbf{f}_1 = \mathbf{f}_2$ in G gelten muß, wenn auf der Fläche F die Beziehung $\mathbf{n} \times \mathbf{W} = \mathbf{0}$ oder $\mathbf{n} \times \mathbf{g} = \mathbf{0}$ besteht, das heißt, wenn $\mathbf{n} \times \mathbf{V}_1 = \mathbf{n} \times \mathbf{V}_2$ oder $\mathbf{n} \times \mathbf{f}_1 = \mathbf{n} \times \mathbf{f}_2$ in den Punkten der Fläche F gilt. Dies bedeutet, daß das Feld $\mathbf{f}$ durch seine Wirbeldichte in G eindeutig bestimmt ist, wenn auf der Randfläche F von G entweder der Vektor $\mathbf{n} \times \mathbf{V}$ oder der Vektor $\mathbf{n} \times \mathbf{f}$ vorgeschriebene Werte annehmen soll.

Durch die Vorgabe des Vektors $\mathbf{n} \times \mathbf{f}$ auf der Randfläche von G werden bestimmte Flächenwirbel Rot $\mathbf{f}$ verlangt, so daß man sagen kann, *ein quellenfreies Feld ist durch seine Wirbeldichte in einem Gebiet G und durch seine Wirbel auf der Randfläche von G eindeutig bestimmt.* Diese Aussage entspricht dem Sachverhalt bei einem wirbelfreien Feld, das durch seine Quelldichte in einem Gebiet G und durch seine Quellen auf der Randfläche eindeutig bestimmt ist, denn die Forderung, daß die Normalableitung $\frac{\partial U}{\partial n} = \mathbf{n} \cdot \operatorname{grad} U = \mathbf{n} \cdot \mathbf{f}$ auf der Randfläche bestimmte Werte annehmen soll, bedeutet ja, daß die Quelldichte auf der Randfläche vorgeschrieben wird (wenn das Äußere von G feldfrei ist).

Ist ein Feld in einem Gebiet G wirbelfrei oder quellenfrei, so können sich im Äußeren von G, insbesondere auf dem Rand von G, Wirbel oder Quellen oder beides befinden. Dies legt die Frage nahe, ob ein in einem Gebiet G quellenfreies Wirbelfeld durch Quellen auf der Randfläche eindeutig bestimmt ist, und analog, ob ein in einem Gebiet G wirbelfreies Quellenfeld durch Wirbel auf der Randfläche eindeutig bestimmt ist. Dies trifft in der Tat zu. Nehmen wir an, die Felder $\mathbf{f}_1$ und $\mathbf{f}_2$ haben in G dieselbe Wirbeldichte $\mathbf{w}$ und sind in G quellenfrei. Dann ist das Feld $\mathbf{g} = \mathbf{f}_1 - \mathbf{f}_2$ in G quellen- und wirbelfrei und folglich als Gradient eines Skalars darstellbar, $\mathbf{g} = \operatorname{grad} U$; das Potential U muß in G der Laplaceschen Differentialgleichung (35.5) genügen. Gilt auf der Randfläche $\mathbf{n} \cdot \mathbf{f}_1 = \mathbf{n} \cdot \mathbf{f}_2$, so ist $\mathbf{n} \cdot \mathbf{g} = \frac{\partial U}{\partial n} = 0$ und U in G konstant, was $\mathbf{f}_1 = \mathbf{f}_2$ bedeutet. Betrachten wir andererseits ein in G wirbelfreies Feld $\mathbf{f}$ mit vorgeschriebener Quelldichte ρ und vorgegebenen Randwerten für $\mathbf{n} \times \mathbf{f}$. Sind $\mathbf{f}_1$ und $\mathbf{f}_2$ zwei Felder mit diesen Eigenschaften, so ist die Differenz $\mathbf{g} = \mathbf{f}_1 - \mathbf{f}_2$ in G quellen- und wirbelfrei, auf Grund der Quellenfreiheit insbesondere durch ein Vektorpotential darstellbar, $\mathbf{g} = \operatorname{rot} \mathbf{W}$. Da auf der Randfläche $\mathbf{n} \times \mathbf{g} = \mathbf{o}$ gelten muß, ergibt sich aus der Gleichung (35.92) wieder $\mathbf{g} = \mathbf{o}$, das heißt, es ist $\mathbf{f}_1 = \mathbf{f}_2$ in G.

35.5 Magnetische Dipolfelder

Wir betrachten einen in einer Ebene liegenden kreisförmigen Stromfaden C mit dem Moment I. Das Vektorpotential der Feldgröße $\mathbf{f}$ im Aufpunkt $\mathbf{x}$ ist

$$\mathbf{V} = \frac{I}{4\pi} \oint_C \frac{1}{r}\, d\mathbf{s}, \quad r = |\mathbf{x} - \mathbf{y}|. \tag{35.93}$$

Wir orientieren die Ebene, in der wir C annehmen, so, daß die Normale $\mathbf{n}$ mit dem Durchlaufsinn von C, der Stromrichtung, eine Rechtsschraubung bildet. Mit Hilfe des Stokesschen Integralsatzes (34.2) können wir $\mathbf{V}$ in der Form

$$\mathbf{V} = \frac{I}{4\pi} \int_F d\mathbf{o} \times \operatorname{grad}_y \frac{1}{r} \tag{35.94}$$

darstellen, worin F das ebene Flächenstück ist, das von C eingeschlossen wird. Ist $\mathbf{y}$ ein fester Punkt auf F (Bild 35.12), so gilt näherungsweise

$$\mathbf{V} \approx \frac{I}{4\pi} \Delta o\, \mathbf{n} \times \operatorname{grad}_y \frac{1}{r},$$

wobei Δo der Flächeninhalt von F ist. Ziehen wir jetzt den Stromfaden C auf den Punkt $\mathbf{y}$ zusammen, wobei wir die Stromstärke I so vergrößern, daß bei diesem Grenzübergang der

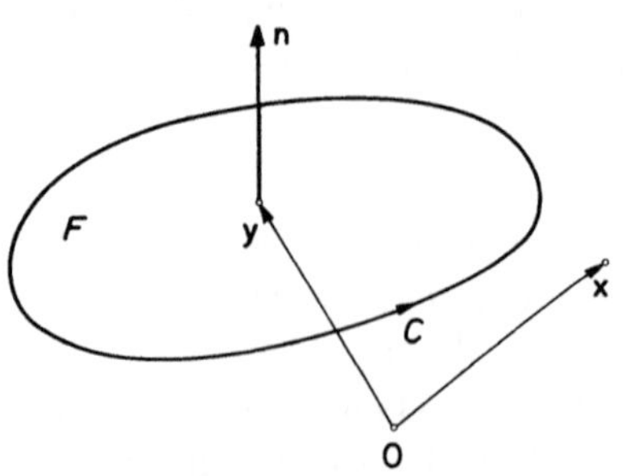

Bild 35.12

Vektor

$$\lim_{\Delta o \to 0} \mathbf{I} \Delta o \, \mathbf{n} = \mathbf{M}$$

endlich ist, so erhalten wir in der Grenze

$$\mathbf{V} = \frac{1}{4\pi} \mathbf{M} \times \operatorname{grad}_y \frac{1}{r} \tag{35.95}$$

als das Vektorpotential eines infinitesimal kleinen *Ringstromes*; der Vektor **M** wird das *Moment des Ringstromes* genannt, die Richtung von **M** bildet mit der Stromrichtung eine Rechtsschraubung.

Der infinitesimale Ringstrom mit dem Moment **M** ist das „magnetische" Analogon zur „elektrischen" Doppelquelle mit dem Moment **P**. Wir erwähnen, daß sich das Vektorpotential (35.76) in großen Entfernungen wie das Vektorpotential eines infinitesimalen Ringstromes im Koordinatenursprung mit dem Moment

$$\mathbf{M} = \frac{1}{2} \int_B \left(\mathbf{y} \times \mathbf{w}(\mathbf{y})\right) \mathbf{dy}$$

verhält, denn es gilt, wenn man die Reihenentwicklung (35.14) in (35.76) einsetzt,

$$\mathbf{V} = \frac{1}{4\pi} \mathbf{M} \times \operatorname{grad} \frac{1}{r} + \ldots, \quad r = |\mathbf{x}|.$$

Ist ein räumlicher Bereich B mit Ringströmen der Momentendichte $\mathbf{m}(\mathbf{y})$ ausgefüllt, so ist das Vektorpotential dieses Feldes

$$\mathbf{V} = \frac{1}{4\pi} \int_B \left(\mathbf{m} \times \operatorname{grad}_y \frac{1}{r}\right) d\tau. \tag{35.96}$$

Mit Hilfe der Beziehung

$$\mathbf{m} \times \operatorname{grad}_y \frac{1}{r} = \frac{1}{r} \operatorname{rot} \mathbf{m} - \operatorname{rot}\left(\frac{1}{r} \mathbf{m}\right)$$

können wir (35.96) folgendermaßen umformen,

$$\begin{aligned} \mathbf{V} &= \frac{1}{4\pi} \int_B \frac{1}{r} \operatorname{rot} \mathbf{m} \, d\tau - \frac{1}{4\pi} \int_B \operatorname{rot}\left(\frac{1}{r} \mathbf{m}\right) d\tau \\ &= \frac{1}{4\pi} \int_B \frac{1}{r} \operatorname{rot} \mathbf{m} \, d\tau + \frac{1}{4\pi} \oint_F \frac{1}{r} \mathbf{m} \times \mathbf{do}, \end{aligned} \tag{35.97}$$

worin der Gaußsche Integralsatz (34.6) verwendet wurde. Da $\mathbf{m} = \mathbf{o}$ im Äußeren des Bereiches B gilt, ist $\operatorname{Rot} \mathbf{m} = -\mathbf{n} \times \mathbf{m}$ und folglich

$$\mathbf{V} = \frac{1}{4\pi} \int_B \frac{1}{r} \operatorname{rot} \mathbf{m} \, d\tau + \frac{1}{4\pi} \oint_F \frac{1}{r} \operatorname{Rot} \mathbf{m} \, do. \tag{35.98}$$

Für den Feldvektor $\mathbf{f} = \operatorname{rot}\mathbf{V}$ gelten daher die Beziehungen

$$\operatorname{rot}\mathbf{f} = \operatorname{rot}\mathbf{m}, \quad \operatorname{Rot}\mathbf{f} = \operatorname{Rot}\mathbf{m}. \tag{35.99}$$

Ist die Momentendichte $\mathbf{m}$ konstant, so reduziert sich (35.98) auf

$$\mathbf{V} = \frac{1}{4\pi} \oint_F \frac{1}{r} \operatorname{Rot}\mathbf{m}\, do. \tag{35.100}$$

Die Konstanz der Momentendichte bedeutet einerseits, daß die Ringströme in parallelen Ebenen liegen, andererseits, daß die Stromstärke konstant ist. Daher kompensieren sich die Ströme im Inneren und kommen nur am Rande in Form eines „Flächenstromes" zur Wirkung.

Den Feldvektor eines Ringstromes können wir auch als Gradient eines skalaren Potentials darstellen, und zwar erhält man durch einen analogen Grenzübergang aus (35.82)

$$U = -\frac{1}{4\pi} \mathbf{M} \cdot \operatorname{grad}_y \frac{1}{r}, \quad r = |\mathbf{x} - \mathbf{y}|. \tag{35.101}$$

Wenn wir dieses Ergebnis mit (35.40) vergleichen, so erkennen wir, daß das Feld eines Ringstromes mit dem Feld eines Dipols übereinstimmt. Damit ist jetzt aber nicht ein elektrischer Dipol gemeint, sondern ein *magnetischer Dipol* mit dem Moment **M**, den wir uns als Grenzfall eines dünnen stabförmigen Magneten vorzustellen haben, wenn wir seine Länge beliebig klein machen und dabei die Polstärke so vergrößern, daß das Produkt aus der Polstärke und der Länge in Richtung vom Südpol zum Norpol konstant gleich **M** ist.

Die Gleichung

$$\mathbf{f} = \operatorname{rot}\mathbf{V} = \operatorname{grad} U, \tag{35.102}$$

in die für **V** aus (35.95) und für U aus (35.101) einzusetzen ist, kann folgendermaßen interpretiert werden: *Das Magnetfeld eines Ringstromes mit dem Moment* **M** *ist identisch mit dem Magnetfeld eines magnetischen Dipols mit dem gleichen Moment* **M**.

Von dieser Äquivalenz ausgehend, ersetzen wir nun jeden infinitesimalen Ringstrom im Inneren von *B* durch einen magnetischen Dipol mit demselben Moment. Das von diesen Dipolen der Dichte **m** erzeugte Feld besitzt ein Potential, das wir dadurch erhalten, wenn wir in (35.45) **p** durch **m** ersetzen,

$$U = \frac{1}{4\pi} \int_B \frac{1}{r} \operatorname{div}\mathbf{m}\, d\tau + \frac{1}{4\pi} \oint_F \frac{1}{r} \operatorname{Div}\mathbf{m}\, do. \tag{35.103}$$

Wir bezeichnen mit **f** die Wirbel des Vektors (35.98), mit $\mathbf{f}^*$ den Gradienten des Skalars (35.103). Das Feld **f** ist ein quellenfreies Wirbelfeld mit den Wirbeln (35.99), das Feld $\mathbf{f}^*$ ist ein wirbelfreies Quellenfeld mit den Quellen

$$\operatorname{div}\mathbf{f}^* = -\operatorname{div}\mathbf{m}, \quad \operatorname{Div}\mathbf{f}^* = -\operatorname{Div}\mathbf{m}. \tag{35.104}$$

Diese Unterschiede in den Ursachen für die Felder $\mathbf{f} = \operatorname{rot}\mathbf{V}$ und $\mathbf{f}^* = \operatorname{grad} U$ legen nun die Frage nahe, angesichts der Äquivalenz von Ringstrom und Dipol, in welchem Zusammenhang die Felder **f** und $\mathbf{f}^*$ stehen. Zunächst beachten wir, daß das Feld eines Ringstroms nur im Äußeren einer den Ringstrom umhüllenden Fläche als Gradient eines Skalars dargestellt werden kann. Infolgedessen kann das Feld $\mathbf{f} = \operatorname{rot}\mathbf{V}$ von Ringströmen der Dichte **m** in *B* nur im Äußeren einer alle Ringströme umhüllenden Fläche der Gradient eines Skalars sein, das heißt, nur im Äußeren von B kann $\mathbf{f} = \operatorname{rot}\mathbf{V}$ ein Gradientenfeld sein; wir dürfen annehmen, daß (35.103) dieser Skalar ist, so daß

$$\mathbf{f} = \operatorname{rot}\mathbf{V} = \operatorname{grad}U = \mathbf{f}^* \tag{35.105}$$

im Äußeren von B gilt. Im Inneren können wir keine Übereinstimmung der Felder $\mathbf{f}$ und $\mathbf{f}^*$ erwarten; tatsächlich gilt in jedem beliebigen Raumpunkt $\mathbf{x}$

$$\mathbf{f} - \mathbf{f}^* = \operatorname{rot}\mathbf{V} - \operatorname{grad}U = -\frac{1}{4\pi}\int_B \mathbf{m}\Delta_y\left(\frac{1}{r}\right)d\tau = \int_B \mathbf{m}(\mathbf{y})\delta(\mathbf{x}-\mathbf{y})\mathbf{dy} = \mathbf{m}(\mathbf{x}), \tag{35.106}$$

worin (35.9) verwendet wurde. Im Inneren von B unterscheiden sich die Feldgrößen $\mathbf{f} = \operatorname{rot}\mathbf{V}$ und $\mathbf{f}^* = \operatorname{grad}U$ um die Momentendichte der Ringströme beziehungsweise um die Dichte der Belegung mit magnetischen Dipolen, im Äußeren von B stimmen die beiden Felder überein.

Bevor wir auf die physikalische Bedeutung der Felder $\mathbf{f}$, $\mathbf{f}^*$ und $\mathbf{m}$ zur Beschreibung des Einflusses von Materie auf Magnetfelder eingehen, schicken wir eine kurze Betrachtung über quellenfreie Doppelfelder voraus.

35.6 Quellenfreie Doppelfelder

Wir sprachen in Abschnitt 35.3 von einem Doppelfeld, wenn zwei Feldgrößen $\mathbf{f}$ und $\mathbf{g}$ durch einen Feldfaktor λ wie in (35.57) miteinander verknüpft sind. Ein solches Doppelfeld wird in einem Gebiet G *quellenfrei* genannt, wenn das $\mathbf{g}$-Feld in G quellenfrei ist und die Wirbeldichte $\mathbf{w}$ von $\mathbf{f}$ in G von Null verschieden ist, so daß gilt

$$\operatorname{div}\mathbf{g} = 0, \quad \operatorname{rot}\mathbf{f} = \mathbf{w}. \tag{35.107}$$

Wir können es dem Leser überlassen, den Nachweis zu erbringen, daß ein in einem Gebiet G quellenfreies Doppelfeld eindeutig bestimmt ist, wenn auf der Randfläche von G entweder der Vektor $\mathbf{n} \times \mathbf{f}$ oder die Normalprojektion $\mathbf{n} \cdot \mathbf{f}$ vorgeschrieben wird.

Zur Erfüllung der ersten Forderung (35.107) macht man den Ansatz $\mathbf{g} = \operatorname{rot}\mathbf{V}$; das Vektorpotential $\mathbf{V}$ muß dann in G der Gleichung

$$\operatorname{rot}\mathbf{f} = \frac{1}{\lambda}\operatorname{grad}\operatorname{div}\mathbf{V} - \operatorname{rot}\mathbf{V} \times \operatorname{grad}\frac{1}{\lambda} - \frac{1}{\lambda}\Delta\mathbf{V} = \mathbf{w}$$

genügen, die sich zu

$$-\frac{1}{\lambda}\Delta\mathbf{V} - \operatorname{rot}\mathbf{V} \times \operatorname{grad}\frac{1}{\lambda} = \mathbf{w}$$

vereinfacht, wenn verlangt wird, daß das Vektorpotential $\mathbf{V}$ in G quellenfrei sein soll. Ist in Teilbereichen von G der Feldfaktor λ konstant, so muß $\mathbf{V}$ in G eine Lösung der Poissonschen Differentialgleichung

$$-\Delta\mathbf{V} = \lambda\mathbf{w} \tag{35.108}$$

sein. In diesem Fall ist auch das $\mathbf{f}$-Feld quellenfrei, die Wirbeldichte der Feldgröße $\mathbf{g}$ ist das λ-fache der Wirbeldichte von $\mathbf{f}$.

Ist der Feldfaktor nicht konstant, so ist das f-Feld im allgemeinen nicht quellenfrei,

$$\operatorname{div} \mathbf{f} = \mathbf{g} \cdot \operatorname{grad} \frac{1}{\lambda} + \frac{1}{\lambda} \operatorname{div} \mathbf{g} = \mathbf{g} \cdot \operatorname{grad} \frac{1}{\lambda},$$

das g-Feld nicht wirbelfrei,

$$\operatorname{rot} \mathbf{g} = \lambda \operatorname{rot} \mathbf{f} - \mathbf{f} \times \operatorname{grad} \lambda = \lambda \mathbf{w} - \mathbf{f} \times \operatorname{grad} \lambda.$$

Diese Betrachtungen setzen natürlich voraus, daß der Feldfaktor λ stetige partielle Ableitungen hat. Wir wollen nun wieder untersuchen, wie sich die Feldgrößen **f** und **g** auf beiden Seiten einer Unstetigkeitsfläche F des Feldfaktors verhalten. Da das g-Feld in G quellenfrei ist, besitzt es auf der in G liegenden Fläche F keine Quellen. Es gilt also mit den schon mehrfach verwendeten Bezeichnungen

$$\operatorname{Div} \mathbf{g} = \mathbf{n} \cdot (\mathbf{g}^+ - \mathbf{g}^-) = 0, \tag{35.109}$$

das heißt, die Normalkomponente $\mathbf{g}_n$ der Feldgröße **g** geht stetig durch die Fläche F hindurch. Dagegen springt die Normalkomponente des f-Feldes, denn es ist

$$\operatorname{Div} \mathbf{f} = \mathbf{n} \cdot (\mathbf{f}^+ - \mathbf{f}^-) = \mathbf{n} \cdot \mathbf{g} \left(\frac{1}{\lambda^+} - \frac{1}{\lambda^-} \right) = \mathbf{g} \cdot \operatorname{Grad} \frac{1}{\lambda}. \tag{35.110}$$

Befinden sich auf der Fläche F keine Wirbel des f-Feldes, so geht die Tangentialkomponente $\mathbf{f}_t$ der Feldgröße **f** stetig durch F hindurch,

$$\operatorname{Rot} \mathbf{f} = \mathbf{n} \times (\mathbf{f}^+ - \mathbf{f}^-) = \mathbf{o}. \tag{35.111}$$

Daher springt die Tangentialkomponente $\mathbf{g}_t$ des g-Feldes, und zwar ergibt sich aus

$$\mathbf{g}_t^+ - \mathbf{g}_t^- = \lambda^+ \mathbf{f}_t^+ - \lambda^- \mathbf{f}_t^- = \mathbf{f}_t (\lambda^+ - \lambda^-),$$

daß das g-Feld auf der Fläche F die Wirbeldichte

$$\operatorname{Rot} \mathbf{g} = \mathbf{n} \times (\mathbf{g}^+ - \mathbf{g}^-) = (\mathbf{n} \times \mathbf{f})(\lambda^+ - \lambda^-) = -\mathbf{f} \times \operatorname{Grad} \lambda \tag{35.112}$$

hat.

Für den Fall, daß der Feldfaktor stückweise konstant ist, kann daher folgender Weg zur Berechnung eines quellenfreien Doppelfeldes eingeschlagen werden. In den Teilgebieten, in denen der Feldfaktor konstant ist, bestimmt man die Feldgröße **f** (oder **g**) über ein Vektorpotential aus der Poissonschen Differentialgleichung und sondert alle Lösungen aus, die die gegebenen Randbedingungen nicht erfüllen. Die Lösungen in den einzelnen Teilgebieten müssen dann so zusammengestückelt werden, daß auf jeder Sprungfläche des Feldfaktors die entsprechenden Übergangsbedingungen (35.110) und (35.111) für die Feldgröße **f** (beziehungsweise (35.109) und (35.112) für die Feldgröße **g**) erfüllt sind.

Zur Beschreibung der magnetischen Feldwirkungen bei Anwesenheit materieller Körper bedient man sich eines quellenfreien Doppelfeldes.

Bringt man in das Magnetfeld $\mathbf{H}_l$ eines Leitungsstromes einen materiellen Körper, so zeigt sich eine Störung des Magnetfeldes $\mathbf{H}_l$. Im Äußeren des Körpers kann das Feld durch eine Magnetnadel ausgemessen werden. Über den Feldverlauf im Inneren gibt es zwei Auffassungen, die zwar formal zu denselben Feldgrößen führen, begrifflich jedoch insofern voneinander verschieden sind, als daß diese Feldgrößen unterschiedlich zu deuten sind.

Der *Mengentheorie des Magnetismus* liegt die Annahme zugrunde, daß magnetische Mengen nicht wie elektrische Ladungen trennbar sind, sondern nur in Form magnetischer Dipole auftreten können. Hinsichtlich der magnetischen Eigenschaften von Materie nimmt man an, daß jeder magnetisierbare Körper aus solchen Dipolen besteht, die im unmagnetisierten Zustand völlig ungeordnet sind und deshalb nach außen keine Wirkung zeigen. Bringt man aber einen magnetisierbaren Körper in das Magnetfeld $\mathbf{H}_l$ eines Leitungsstromes, so erfährt jeder Dipol das Drehmoment $\mathbf{T} = \mathbf{m}_p \times \mathbf{H}_l$, worin $\mathbf{m}_p$ das magnetische Moment des Dipols ist. Dadurch wird jeder Dipol ausgerichtet, man sagt, der Körper ist *magnetisch polarisiert*; die Dichte der Dipolmomente, die man mit **J** bezeichnet, heißt *magnetische Polarisation*. Diese durch das Magnetfeld $\mathbf{H}_l$ bewirkte Ordnung der Dipole äußert sich nun in einem Magnetfeld, das sich dem Feld $\mathbf{H}_l$ des Leitungsstromes zu einem resultierenden Feld $\mathbf{H}_p$ überlagert. Das Feld der magnetischen Dipole läßt sich als Gradient des skalaren Potentials

$$U_p = \frac{1}{4\pi\mu_0} \int\limits_B \frac{1}{r} \operatorname{div} \mathbf{J} d\tau + \frac{1}{4\pi\mu_0} \oint\limits_F \frac{1}{r} \operatorname{Div} \mathbf{J} do$$

darstellen (vgl. (35.103))[1]; in der mengentheoretischen Auffassung des Magnetismus erklärt man daher durch

$$\mathbf{H}_p = \mathbf{H}_l + \operatorname{grad} U_p \tag{35.113}$$

das resultierende Feld, was im Äußeren des magnetisierten Körpers durch Messungen bestätigt werden kann.

Das Erregerfeld $\mathbf{H}_l$ ist als Magnetfeld von Leitungsströmen selbstverständlich quellenfrei, das resultierende Feld $\mathbf{H}_p$ ist aber nicht mehr quellenfrei, denn es gilt

$$\operatorname{div} \mathbf{H}_p = -\frac{1}{\mu_0} \operatorname{div} \mathbf{J}, \quad \operatorname{Div} \mathbf{H}_p = -\frac{1}{\mu_0} \operatorname{Div} \mathbf{J}. \tag{35.114}$$

Dagegen sind die Wirbel des resultierenden Feldes $\mathbf{H}_p$ mit denen des Erregerfeldes $\mathbf{H}_l$ identisch, da das Magnetfeld der Dipole ein wirbelfreies Quellenfeld ist,

$$\operatorname{rot} \mathbf{H}_p = \operatorname{rot} \mathbf{H}_l = \mathbf{S}, \quad \operatorname{Rot} \mathbf{H}_p = \mathbf{0}. \tag{35.115}$$

Die *Elementarstromtheorie des Magnetismus* geht davon aus, die Umlaufbewegung der Elektronen auf kreisförmigen Bahnen um die Atomkerne als Ringströme aufzufassen. Sind diese Ringströme chaotisch geordnet, so zeigt der Körper im Äußeren keine magnetischen Wirkungen. Wird der Körper aber in das Magnetfeld $\mathbf{H}_l$ eines stromdurchflossenen Leiters gebracht, so wirkt auf jeden Ringstrom auf Grund der Äquivalenz von Dipol und Ringstrom das Drehmoment $\mathbf{T} = \mu_0 \mathbf{m}_e \times \mathbf{H}_l$, wenn $\mathbf{m}_e$ das magnetische Moment des Ringstromes ist. Die Momentendichte der Ringströme, die man mit **M** bezeichnet, heißt *Magnetisierung*. Durch die Anwesenheit des Magnetfeldes $\mathbf{H}_l$ werden die Ringströme ausgerichtet, wodurch ein Magnetfeld hervorgerufen wird, das sich dem Feld $\mathbf{H}_l$ zu einem resultierenden Feld $\mathbf{H}_m$ überlagert. Das Feld der Ringströme kann über ein Vektorpotential

$$\mathbf{V}_m = \frac{1}{4\pi} \int\limits_B \frac{1}{r} \operatorname{rot} \mathbf{M} d\tau + \frac{1}{4\pi} \oint\limits_F \frac{1}{r} \operatorname{Rot} \mathbf{M} do$$

dargestellt werden (vgl. (35.98)), so daß

$$\mathbf{H}_m = \mathbf{H}_l + \operatorname{rot} \mathbf{V}_m \tag{35.116}$$

---

[1]) Die Konstante $\mu_0 = 4\pi\, 10^{-7} \left[\frac{\mathrm{Vs}}{\mathrm{Am}}\right]$ heißt *Induktionskonstante*. Ihre Einführung ist durch das zugrundeliegende internationale Maßsystem notwendig. Die Induktionskonstante μ_0 steht mit der Influenzkonstanten ϵ_0 im Zusammenhang $\mu_0 \epsilon_0 = c^{-2}$, wobei c die Lichtgeschwindigkeit ist.

das resultierende Feld nach der Elementarstromtheorie ist. Im Gegensatz zur mengentheoretischen Auffassung hat das resultierende Feld $\mathbf{H}_m$ keine Quellen, da das Feld $\operatorname{rot}\mathbf{V}_m$ der Ringströme ein quellenfreies Wirbelfeld ist,

$$\operatorname{div}\mathbf{H}_m = 0, \quad \operatorname{Div}\mathbf{H}_m = 0. \tag{35.117}$$

Die Wirbeldichte des Feldes $\mathbf{H}_m$ ist

$$\operatorname{rot}\mathbf{H}_m = \mathbf{S} + \operatorname{rot}\mathbf{M}, \quad \operatorname{Rot}\mathbf{H}_m = \operatorname{Rot}\mathbf{M}. \tag{35.118}$$

Unter der Annahme $\mathbf{J} = \mu_0\mathbf{M}$ sind die resultierenden Felder $\mathbf{H}_p$ und $\mathbf{H}_m$ der beiden Theorien im Äußeren des magnetisierten Körpers identisch, denn nach (35.105) ist mit $\mathbf{f} = \mathbf{H}_m$ und $\mathbf{f}^* = \mathbf{H}_p$ für jeden Punkt im Äußeren des magnetisierten Körpers

$$\mathbf{H}_m - \mathbf{H}_p = \operatorname{rot}\mathbf{V}_m - \operatorname{grad}U_p = \mathbf{0}.$$

Im Inneren dagegen unterscheiden sie sich nach Gleichung (35.106) um die Magnetisierung $\mathbf{M}$,

$$\mathbf{H}_m - \mathbf{H}_p = \operatorname{rot}\mathbf{V}_m - \operatorname{grad}U_p = \frac{1}{\mu_0}\mathbf{J} = \mathbf{M}.$$

Man führt nun die Feldgrößen

$$\mathbf{H} = \mathbf{H}_p, \quad \mathbf{B} = \mu_0\mathbf{H}_m$$

ein, die durch

$$\mathbf{B} = \mu_0(\mathbf{H} + \mathbf{M}) = \mu_0\mathbf{H} + \mathbf{J} \tag{35.119}$$

miteinander verknüpft sind. Die Feldgröße $\mathbf{H}$ heißt die ***magnetische Feldstärke***, die Feldgröße $\mathbf{B}$ die ***magnetische Induktion***. Die magnetische Induktion $\mathbf{B}$ ist auf Grund von (35.117) quellenfrei,

$$\operatorname{div}\mathbf{B} = 0, \quad \operatorname{Div}\mathbf{B} = 0, \tag{35.120}$$

die Wirbeldichte der magnetischen Induktion ist wegen (35.118)

$$\operatorname{rot}\mathbf{B} = \mu_0(\mathbf{S} + \operatorname{rot}\mathbf{M}), \quad \operatorname{Rot}\mathbf{B} = \mu_0 \operatorname{Rot}\mathbf{M}. \tag{35.121}$$

Nach (35.115) ist die Wirbeldichte der Feldgröße $\mathbf{H}$ identisch mit der Leitungsstromdichte,

$$\operatorname{rot}\mathbf{H} = \mathbf{S}. \tag{35.122}$$

In der mengentheoretischen Auffassung des Magnetismus ist die magnetische Feldstärke $\mathbf{H}$ die physikalisch reale Größe, die magnetische Induktion $\mathbf{B}$ eine reine Rechengröße ähnlich dem Verschiebungsvektor $\mathbf{D}$, wobei die Quellenfreiheit von $\mathbf{B}$ bedeutet, daß magnetische Mengen nur in Form von Dipolen auftreten können. In der Elementarstromtheorie ist die magnetische Induktion $\mathbf{B}$ die reale Feldgröße, der Vektor $\mathbf{H}$ ist jetzt eine reine Rechengröße, deren Wirbeldichte die „wahre" Stromdichte $\mathbf{S}$ ist, während die „freie" Stromdichte $\mathbf{S} + \operatorname{rot}\mathbf{M}$, abgesehen vom Faktor μ_0, die Wirbeldichte der magnetischen Induktion $\mathbf{B}$ ist. Die Wirbeldichte $\operatorname{rot}\mathbf{M}$ der Magnetisierung $\mathbf{M}$ nennt man auch die *Elementarstromdichte* oder *Magnetisierungsstromdichte*.

Die folgenden Bilder mögen die Unterschiede in den Auffassungen der beiden Theorien des Magnetismus veranschaulichen. In Bild 35.13 ist das Feld der magnetischen Induktion $\mathbf{B}$ eines zylindrischen Permanentmagneten mit konstanter achsenparalleler Magnetisierung $\mathbf{M}$ dargestellt; nach der Auffassung der Elementarstromtheorie ist es das physikalisch reale Feld. Das Feld wird erzeugt durch einen Flächenstrom auf dem Zylindermantel mit der Stromdichte $\operatorname{Rot}\mathbf{M} = -\mathbf{n} \times \mathbf{M}$ (die Normale $\mathbf{n}$ zeigt ins Äußere des Zylinders), da sich im Inneren des Zylinders und auf den Stirnflächen wegen der Konstanz von $\mathbf{M}$ die Elementarströme gegenseitig kompensieren. Diese Flächenströme kann man sich durch Stromfäden, die auf dem Zylindermantel kontinuierlich verteilt sind, entstanden denken.

Ein ganz anderes Feldbild im Inneren des Permanentmagneten hat die magnetische Feldstärke $\mathbf{H}$ bei konstanter achsenparalleler Polarisation $\mathbf{J}$ (Bild 35.14). Die Konstanz von $\mathbf{J}$ hat zur Folge, daß sich die Wirkungen der magnetischen Dipole im Inneren gegenseitig aufheben und nur auf den Stirnflächen zur

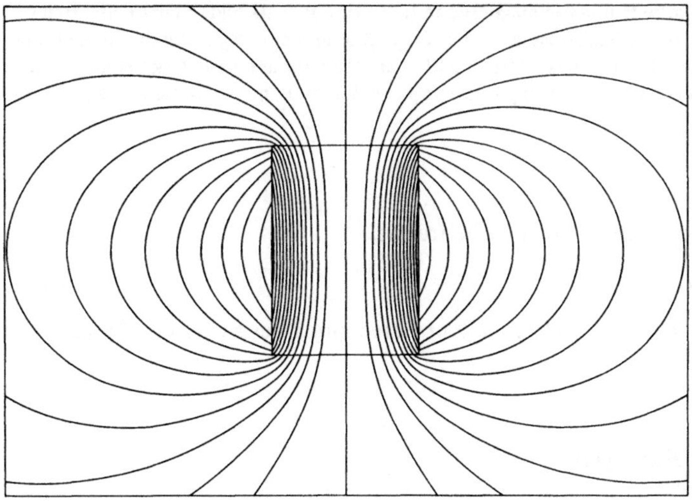

Bild 35.13

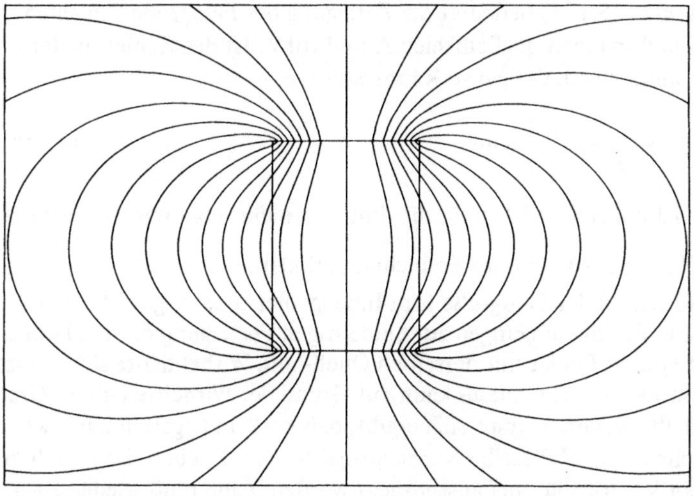

Bild 35.14

Wirkung kommen, so, als würde die eine Stirnfläche mit konstant verteilten nordmagnetischen Mengen belegt sein, die andere mit konstant verteilten südmagnetischen Mengen der selben Gesamtergiebigkeit. Deshalb ist **H** ein wirbelfreies Quellenfeld mit der Quelldichte $\mathrm{Div}\,\mathbf{H} = \frac{1}{\mu_0}\,\mathbf{n} \cdot \mathbf{J}$. Im Äußeren des Permanentmagneten sind die Feldbilder der magnetischen Induktion **B** und der magnetischen Feldstärke **H** identisch.

In isotroper Materie richten sich die Dipole beziehungsweise die Ringströme nach dem Feld aus, so daß die Feldgrößen **J**, **M**, **H** und **B** parallel sind. Man setzt

$$\mathbf{M} = \kappa \mathbf{H}$$

und nennt den Proportionalitätsfaktor κ die ***magnetische Suszeptibilität***. Der Zusammenhang zwischen magnetischer Induktion und magnetischer Feldstärke ist dann

$$\mathbf{B} = \mu_0(1 + \kappa)\mathbf{H} = \mu_0\mu_r\mathbf{H} = \mu\mathbf{H}, \qquad (35.123)$$

wobei μ die ***Permeabilität***, $\mu_r = 1 + \kappa$ die ***relative Permeabilität*** genannt wird.

Die magnetische Feldstärke **H** und die magnetische Induktion $\mathbf{B} = \mu\mathbf{H}$ bilden ein quellenfreies Doppelfeld. Da die Induktion **B** quellenfrei ist, geht die Normalkomponente $\mathbf{B}_n$ stetig durch die Randfläche magnetisierter Körper hindurch; da die Wirbeldichte der magnetischen Feldstärke **H** nur in stromführenden Leitern von Null verschieden ist, dringt die Tangentialkomponente $\mathbf{H}_t$ stetig in magnetisierte Körper ein.

35.7 Allgemeine Felder

Ein Feld **f**, das weder quellen- noch wirbelfrei ist,

$$\operatorname{div}\mathbf{f} = \rho, \quad \operatorname{rot}\mathbf{f} = \mathbf{w}, \tag{35.124}$$

heißt ein *allgemeines Quellen- und Wirbelfeld*. Zur Berechnung der Feldgröße **f** macht man den Ansatz

$$\mathbf{f} = \operatorname{grad} U + \operatorname{rot}\mathbf{V}, \tag{35.125}$$

der zu den Bestimmungsgleichungen

$$\Delta U = \rho, \quad -\Delta\mathbf{V} = \mathbf{w} \tag{35.126}$$

für U und **V** führt. Der Ansatz (35.125) bedeutet die Zerlegung der Feldgröße **f** in einen wirbelfreien Anteil grad U und in einen quellenfreien Anteil rot **V**. Ist das Gebiet, in dem die Feldgröße **f** bestimmt werden soll, der ganze Raum, so ist

$$\mathbf{f} = -\frac{1}{4\pi}\operatorname{grad}\int\frac{1}{r}\rho\,d\tau + \frac{1}{4\pi}\operatorname{rot}\int\frac{1}{r}\mathbf{w}\,d\tau \tag{35.127}$$

die einzige Lösung der Gleichungen (35.124), für die $\lim_{\mathbf{x}\to\infty}\mathbf{f} = \mathbf{o}$ gilt, vorausgesetzt natürlich, daß sich die Quellen und Wirbel des Feldes im Endlichen befinden.

Sind die Quellen und Wirbel der Feldgröße **f** im Innengebiet *G* einer geschlossenen Fläche *F* vorgegeben, so sind Randbedingungen zur eindeutigen Festlegung der Feldgröße **f** erforderlich. Wenn $\mathbf{f}_1$ und $\mathbf{f}_2$ zwei Felder mit derselben Quell- und Wirbeldichte sind, so ist die Differenz $\mathbf{g} = \mathbf{f}_1 - \mathbf{f}_2$ ein Laplacefeld. Dieses kann auf Grund der Wirbelfreiheit als Gradient eines Skalars dargestellt werden, woraus sich ergibt, daß $\mathbf{g} = \mathbf{o}$ in *G* gelten muß, wenn $\mathbf{f}_1$ und $\mathbf{f}_2$ auf der Randfläche *F* von *G* dieselbe Normalprojektion $\mathbf{n}\cdot\mathbf{f}$ haben. Da **g** auch quellenfrei ist, kann **g** durch ein Vektorpotential ausgedrückt werden; dann muß wieder $\mathbf{g} = \mathbf{o}$ in *G* gelten, wenn $\mathbf{f}_1$ und $\mathbf{f}_2$ auf der Randfläche *F* dieselbe Tangentialkomponente $\mathbf{f}_t$ haben. Also gilt: *Ein Quellen- und Wirbelfeld* **f** *ist durch Vorgabe der Normalprojektion* $\mathbf{n}\cdot\mathbf{f}$ *oder durch Vorgabe des Vektors* $\mathbf{n}\times\mathbf{f}$ *auf der Randfläche F durch die Quell- und Wirbeldichte im Inneren der Fläche F eindeutig bestimmt.*

Die Grundgleichungen des stationären elektromagnetischen Feldes bestehen in Aussagen über die Quelldichte des wirbelfreien Doppelfeldes der elektrischen Feldwirkungen und über die Wirbeldichte des quellenfreien Doppelfeldes der magnetischen Feldwirkungen,

$$\operatorname{rot}\mathbf{E} = \mathbf{o}, \quad \operatorname{div}\mathbf{D} = \rho, \quad \mathbf{D} = \epsilon\mathbf{E}, \tag{35.128}$$

$$\operatorname{rot}\mathbf{H} = \mathbf{S}, \quad \operatorname{div}\mathbf{B} = 0, \quad \mathbf{B} = \mu\mathbf{H}, \tag{35.129}$$

worin die Stromdichte **S** mit der elektrischen Feldstärke **E** durch die feldtheoretische Fassung des *Ohmschen Gesetzes*

$$\mathbf{S} = \sigma\mathbf{E} \tag{35.130}$$

verknüpft ist. Die Leitfähigkeit σ ist in idealen Leitern unendlich, in idealen Isolatoren gleich Null.

Ist die Stromdichte $\mathbf{S} = \mathbf{o}$, so tritt kein Magnetfeld auf, die Gleichungen (35.129) werden gegenstandslos. Die Gleichungen (35.128) sind die Grundgleichungen für das elektrostatische Feld.

Ändern sich die Feldgrößen mit der Zeit, so ist die elektrische Feldstärke **E** nicht mehr wirbelfrei. An die Stelle der ersten Gleichung (35.128) tritt jetzt im Falle ruhender Leiter

$$\operatorname{rot}\mathbf{E} = -\frac{\partial \mathbf{B}}{\partial t}; \tag{35.131}$$

für die Wirbel der magnetischen Feldstärke **H** sind nicht mehr allein die Leitungsströme verantwortlich, es kommt ein Term hinzu,

$$\operatorname{rot}\mathbf{H} = \mathbf{S} + \frac{\partial \mathbf{D}}{\partial t}. \tag{35.132}$$

Die Größe $\frac{\partial \mathbf{D}}{\partial t}$ heißt *Verschiebungsstromdichte.* (35.131) und (35.132) zusammen mit $\operatorname{div}\mathbf{D} = \rho$, $\operatorname{div}\mathbf{B} = 0$ sind die *Maxwellschen Gleichungen* des elektromagnetischen Feldes.

(35.131) ist die feldtheoretische Fassung des *Induktionsgesetzes.* Die Größe

$$\Phi = \int_F \mathbf{B} \cdot \mathrm{d}\mathbf{o} \tag{35.133}$$

heißt der *magnetische Fluß* oder der *Induktionsfluß* durch die Fläche F. Es gilt auf Grund des Stokesschen Integralsatzes

$$\oint_C \mathbf{E} \cdot \mathrm{d}\mathbf{s} = -\frac{\mathrm{d}}{\mathrm{d}t} \int_F \mathbf{B} \cdot \mathrm{d}\mathbf{o} = -\frac{\mathrm{d}\Phi}{\mathrm{d}t}. \tag{35.134}$$

Durch diese Gleichung ist (35.131) zu ersetzen, wenn sich auch die Lage der Kurve C mit der Zeit ändert. Fließt in einem geschlossenen Leiter C ein zeitlich veränderlicher Strom i, so ruft dieser ein Magnetfeld $\mathbf{B} = \mu\mathbf{H} = \operatorname{rot}\mathbf{V}$ hervor; der magnetische Fluß dieses Feldes durch eine von C berandete Fläche F ist daher gleich der Zirkulation des Vektorpotentials **V** über C,

$$\Phi = \int_F (\operatorname{rot}\mathbf{V}) \cdot \mathrm{d}\mathbf{o} = \oint_C \mathbf{V} \cdot \mathrm{d}\mathbf{s}.$$

Wie wir an anderem Orte schon gesehen haben, ist das Vektorpotential proportional der Stromstärke i; daraus folgt, daß auch die Zirkulation des Vektorpotentials über C proportional der Stromstärke i ist,

$$\Phi = \oint_C \mathbf{V} \cdot \mathrm{d}\mathbf{s} = L\mathrm{i}. \tag{35.135}$$

Darin hängt die positive Konstante L nur von der Geometrie der Leiterschleife C ab. Ändert sich die Stromstärke i in der Leiterschleife C, so wird eine elektromotorische Kraft

$$e = \oint_C \mathbf{E} \cdot ds = -L \frac{di}{dt}$$

induziert, was die Bezeichnung *Selbstinduktionskoeffizient* für die Konstante L rechtfertigt. Befinden sich noch andere geschlossene Leiter C_k im Raum, so ist der Fluß durch jede von C berandete Fläche gleich

$$\Phi = Li + \sum_k M_k i_k.$$

Darin ist i_k die Stromstärke im Leiter C_k; die positiven Konstanten M_k sind allein von der Geometrie der Anordnung abhängig und werden *Gegeninduktionskoeffizienten* genannt.

Wir gehen nun auf die Bedeutung der Gleichung (35.132) ein. Die Anwendung des Divergenzoperators auf die Gleichung (35.132) führt uns unter Berücksichtigung der Gleichung $\operatorname{div} \mathbf{D} = \rho$ zu

$$\operatorname{div} \mathbf{S} = -\frac{\partial \rho}{\partial t}. \tag{35.136}$$

Dies ist die *Kontinuitätsgleichung*. Betrachten wir einen räumlichen Bereich B mit der Berandung F, so folgt durch Anwendung des Gaußschen Integralsatzes

$$I = \oint_F \mathbf{S} \cdot do = \int_B \operatorname{div} \mathbf{S} d\tau = -\int_B \frac{\partial \rho}{\partial t} d\tau = -\frac{dq}{dt}, \tag{35.137}$$

worin q die Gesamtladung im Bereich B ist. Die Gleichung (35.137) sagt aus, daß durch die Fläche F ein Strom $I = -\frac{dq}{dt}$ abfließt, wenn sich im Inneren die Gesamtladung q in der Zeit dt um dq ändert (eine Zunahme positiver Ladungen bedeutet Ladungseinströmung, eine Abnahme positiver Ladungsmengen eine Ladungsausströmung). Dies ist der Satz von der Erhaltung der Ladung: *Im Inneren eines Bereiches kann Ladung weder entstehen noch vernichtet werden, ohne daß durch die Randfläche ein Leitungsstrom fließt.*

Die Verschiebungsstromdichte $\frac{\partial \mathbf{D}}{\partial t}$ kann gegenüber der Leitungsstromdichte $\mathbf{S}$ vernachlässigt werden, wenn es sich um langsam veränderliche elektrische Felder handelt, bei denen die Leitungsstromdichte überwiegt. Diese Näherung, die durch

$$\operatorname{rot} \mathbf{H} = \mathbf{S}, \quad \operatorname{div} \mathbf{S} = 0$$

gekennzeichnet ist, bezeichnet man als *quasistationären Fall.*

Die Ausbreitung elektromagnetischer Felder in Isolatoren ($\sigma = 0$) wird durch die Gleichungen

$$\operatorname{rot} \mathbf{H} = \epsilon \dot{\mathbf{E}}, \quad \operatorname{div} \mathbf{H} = 0 \tag{35.138}$$

und

$$\operatorname{rot} \mathbf{E} = -\mu \dot{\mathbf{H}}, \quad \operatorname{div} \mathbf{E} = \frac{\rho}{\epsilon} \tag{35.139}$$

beschrieben, worin $\dot{\mathbf{E}}$ und $\dot{\mathbf{H}}$ die (partiellen) Ableitungen der Feldgrößen **E** und **H** nach der Zeit bedeuten. Eine räumliche Ladungsdichte ρ kann, wenn sie überhaupt vorhanden ist, nur zeitlich konstant sein,

$$\frac{\partial \rho}{\partial t} = 0.$$

Wenden wir auf die erste Gleichung (35.138) die Operation rot an, so folgt wegen (33.23) und $\operatorname{div} \mathbf{H} = 0$

$$\Delta \mathbf{H} = \epsilon\mu \ddot{\mathbf{H}}. \tag{35.140}$$

Derselben Gleichung genügt die elektrische Feldstärke **E**, wenn $\operatorname{div} \mathbf{E} = 0$ angenommen wird,

$$\Delta \mathbf{E} = \epsilon\mu \ddot{\mathbf{E}}. \tag{35.141}$$

Stellen wir andererseits die magnetische Feldstärke **H** durch ein Vektorpotential **V** dar, $\mathbf{H} = \operatorname{rot} \mathbf{V}$, so wird

$$\mathbf{o} = \operatorname{rot} \mathbf{E} + \mu \dot{\mathbf{H}} = \operatorname{rot}(\mathbf{E} + \mu \dot{\mathbf{V}}), \tag{35.142}$$

woraus folgt, daß die elektrische Feldstärke **E** in der Form

$$\mathbf{E} = -\mu \dot{\mathbf{V}} + \operatorname{grad} U \tag{35.143}$$

angesetzt werden kann. Geht man damit in die erste Gleichung (35.138), so erhält man die Gleichung

$$\operatorname{rot} \mathbf{H} = -\epsilon\mu \ddot{\mathbf{V}} + \epsilon \operatorname{grad} \dot{U}$$

und weiter wegen $\operatorname{rot} \mathbf{H} = \operatorname{rot} \operatorname{rot} \mathbf{V}$

$$\operatorname{grad} \operatorname{div} \mathbf{V} - \Delta \mathbf{V} = -\epsilon\mu \ddot{\mathbf{V}} + \epsilon \operatorname{grad} \dot{U}.$$

Unterwirft man nun das Vektorpotential **V** der Bedingung

$$\operatorname{div} \mathbf{V} = \epsilon \dot{U}, \tag{35.144}$$

so ergibt sich für **V** die Gleichung

$$\Delta \mathbf{V} = \epsilon\mu \ddot{\mathbf{V}}. \tag{35.145}$$

Auch der Skalar U genügt einer Differentialgleichung dieses Typs. Wendet man auf die Gleichung (35.143) die Operation div an, so folgt

$$\frac{\rho}{\epsilon} = -\mu \operatorname{div} \dot{\mathbf{V}} + \Delta U = -\mu\epsilon \ddot{U} + \Delta U,$$

worin (35.144) verwendet wurde. Ist die räumliche Ladungsdichte $\rho = 0$, so ergibt sich auch für U die Gleichung

$$\Delta U = \epsilon\mu \ddot{U}. \tag{35.146}$$

Die partielle Differentialgleichung

$$\Delta \Phi = \frac{1}{v^2} \frac{\partial^2 \Phi}{\partial t^2} \tag{35.147}$$

wird *Wellengleichung* genannt.

Für die Ausbreitung elektromagnetischer Felder in Leitern sind die Gleichungen

$$\operatorname{rot}\mathbf{H} = \sigma\mathbf{E} + \epsilon\dot{\mathbf{E}}, \quad \operatorname{div}\mathbf{H} = 0 \tag{35.148}$$

und

$$\operatorname{rot}\mathbf{E} = -\mu\dot{\mathbf{H}}, \quad \operatorname{div}\mathbf{E} = 0 \tag{35.149}$$

grundlegend, wenn angenommen wird, daß keine räumlichen Ladungen vorhanden sind. Die Anwendung der Operation rot auf die erste Gleichung (35.148) führt zu

$$\Delta\mathbf{H} = \epsilon\mu\ddot{\mathbf{H}} + \sigma\mu\dot{\mathbf{H}}; \tag{35.150}$$

wendet man die Rotorbildung auf die erste Gleichung (35.149) an, so erhält man dieselbe Gleichung für die elektrische Feldstärke **E**,

$$\Delta\mathbf{E} = \epsilon\mu\ddot{\mathbf{E}} + \sigma\mu\dot{\mathbf{E}}. \tag{35.151}$$

Setzt man $\mathbf{H} = \operatorname{rot}\mathbf{V}$ an, so gelangt man zunächst wieder zur Gleichung (35.142) beziehungsweise zur Darstellung (35.143) der elektrischen Feldstärke. Wenn schließlich für das Vektorpotential **V** anstatt (35.144) nunmehr die Bedingung

$$\operatorname{div}\mathbf{V} = \epsilon\dot{U} + \sigma U$$

gefordert wird, so erhält man für **V** die Gleichung

$$\Delta\mathbf{V} = \epsilon\mu\ddot{\mathbf{V}} + \sigma\mu\dot{\mathbf{V}}, \tag{35.152}$$

und ebenso für den Skalar U, wenn wieder $\rho = 0$ ist,

$$\Delta U = \epsilon\mu\ddot{U} + \sigma\mu\dot{U}. \tag{35.153}$$

Die partielle Differentialgleichung

$$\Delta\Phi = \frac{1}{v^2}\frac{\partial^2\Phi}{\partial t^2} + \delta\frac{\partial\Phi}{\partial t} \tag{35.154}$$

heißt die *Telegraphengleichung.*

35.8 Übungsbeispiele

1. Sei **f** ein quellenfreies Vektorfeld, dessen stetige Wirbeldichte $\mathbf{w} = \operatorname{rot}\mathbf{f}$ im Äußeren eines von einer geschlossenen Fläche F berandeten Bereiches B verschwindet. Man zeige

   $$\int_B \operatorname{rot}\mathbf{f}\,d\tau = \mathbf{0}.$$

   (Man beachte, daß die Feldgröße **w** keine Flächenquellen hat!).

2. Sei **f** ein quellenfreies Vektorfeld, das im Äußeren eines von einer geschlossenen Fläche F berandeten Bereiches B verschwindet. Bezeichnet **x** einen beliebigen Raumpunkt, so gilt

   $$\int_B (\mathbf{x}\cdot\mathbf{y})\mathbf{f}(\mathbf{y})\mathbf{dy} = -\mathbf{x}\times\frac{1}{2}\int_B \big(\mathbf{y}\times\mathbf{f}(\mathbf{y})\big)\mathbf{dy}.$$

   (Da **f** ein quellenfreies Feld ist, hat **f** auch keine Flächenquellen!).

Sei **f** ein Vektorfeld, das im Äußeren eines von einer geschlossenen Fläche F berandeten Bereiches B verschwindet. Man zeige:

3. $\int\limits_B \operatorname{div}\mathbf{f}\,d\tau + \oint\limits_F \operatorname{Div}\mathbf{f}\,do = 0$ 4. $\int\limits_B \operatorname{rot}\mathbf{f}\,d\tau + \oint\limits_F \operatorname{Rot}\mathbf{f}\,do = \mathbf{o}$.

Sei $\mathbf{f}, \mathbf{g} = \lambda\mathbf{f}$ ein Doppelfeld in einem Bereich B, der von der geschlossenen Fläche F berandet sei. Durch eine Unstetigkeitsfläche F' des Feldfaktors λ wird der Bereich B in zwei Teilbereiche B^+ und B^- zerlegt (siehe Bild 35.1). Längs der Fläche F' seien die Feldgrößen durch ihre arithmetischen Mittelwerte erklärt.

5. Man formuliere die Sprungbedingungen der Feldgrößen **f** und **g** beim Durchgang durch die Fläche F', wenn **f**, **g** ein wirbelfreies Doppelfeld ist ($\operatorname{rot}\mathbf{f} = \mathbf{o}$ im Inneren von B^+ und B^-, $\operatorname{Rot}\mathbf{f} = \mathbf{o}$ auf F', $\operatorname{div}\mathbf{g} = \rho$ im Inneren von B^+ und B^-, $\operatorname{Div}\mathbf{g} = \sigma$ auf F') und berechne $\operatorname{Div}\mathbf{f}$, $\operatorname{Rot}\mathbf{g}$.
6. Man formuliere die Sprungbedingungen der Feldgrößen **f** und **g** beim Durchgang durch die Fläche F', wenn **f**, **g** ein quellenfreies Doppelfeld ist ($\operatorname{div}\mathbf{g} = 0$ im Inneren von B^+ und B^-, $\operatorname{Div}\mathbf{g} = 0$ auf F', $\operatorname{rot}\mathbf{f} = \mathbf{w}$ im Inneren von B^+ und B^-, $\operatorname{Rot}\mathbf{f} = \mathbf{r}$ auf F') und berechne $\operatorname{Div}\mathbf{f}$, $\operatorname{Rot}\mathbf{g}$.
7. Man berechne sämtliche Vektorpotentiale der Feldgröße
$$\mathbf{f} = \frac{I}{2\pi}\left(-\frac{y}{x^2+y^2}\mathbf{e}_x + \frac{x}{x^2+y^2}\mathbf{e}_y\right)$$
in kartesischen Koordinaten.
8. Man bestimme sämtliche Vektorpotentiale der Feldgröße von Beispiel 7 in Zylinderkoordinaten.
9. Man berechne die Feldgröße eines geradlinigen beidseitig unendlich ausgedehnten Wirbelfadens mit dem Moment I (man lege den Wirbelfaden in die x_3-Achse).
10. Sei Z der Zylinder $x^2 + y^2 \leqslant R^2$, $-h/2 \leqslant z \leqslant h/2$. Der Zylinder Z sei mit Dipolen mit dem konstanten Moment $\mathbf{p} = p\mathbf{e}_z$ ausgefüllt. Man stelle die Feldgröße des durch diesen polarisierten Zylinder verursachten Feldes als Flächenintegral dar.
11. Sei Z der Zylinder $x^2 + y^2 \leqslant R^2$, $-h/2 \leqslant z \leqslant h/2$. Der Zylinder Z sei mit Ringströmen mit dem konstanten Moment $\mathbf{m} = I\mathbf{e}_z$ ausgefüllt. Man stelle die Feldgröße des durch diesen magnetisierten Zylinder hervorgerufenen Feldes als Flächenintegral dar.
12. Sei B ein im Endlichen liegender Bereich, berandet von der geschlossenen Fläche F. Befinden sich im Inneren von B Wirbel der Feldgröße **f** mit der Dichte **w**, Quellen mit der Dichte ρ, so ist im Inneren von B der Feldvektor **f** durch Vorgabe der Werte von $\mathbf{n}\cdot\mathbf{f}$ oder $\mathbf{n}\times\mathbf{f}$ auf der Randfläche F eindeutig bestimmt.
13. Die Kreisfläche $x^2 + y^2 \leqslant R^2$, $z = 0$, sei mit Ringströmen der konstanten Momentendichte $\mathbf{m} = I\mathbf{e}_z$ belegt. Man berechne das Vektorpotential dieses Feldes (es handelt sich, insbesondere für eine nicht konstante Momentendichte, zum Beispiel für $\mathbf{m} = \mu(r)\mathbf{e}_z$, um das Vektorpotential des Magnetfeldes, das von einem kreisförmigen Flächenstrom hervorgerufen wird).

   Hinweis: Man führe die Aufgabe auf die Berechnung eines Kurvenintegrals zurück; man interpretiere das Ergebnis!

14. In den leeren Raum, in dem das homogene elektrische Feld $\mathbf{E} = E_0\mathbf{e}_z$ herrscht, wird eine dielektrische Kugel (mit der relativen Dielektrizitätskonstanten ϵ_r) gebracht. Man berechne das resultierende elektrische Feld **E**, den Verschiebungsvektor **D** und die Polarisation **P**.

    Hinweis: Man berechne das resultierende elektrische Feld **E** über ein Potential U, $\mathbf{E} = -\text{grad}\,U$, indem man, sowohl für das Innere als auch für das Äußere der Kugel, den Ansatz $U = f(r)z$ macht. Man beachte schließlich, daß die durch die dielektrische Kugel bedingte Störung des ursprünglich vorhandenen homogenen Feldes im Unendlichen nicht merkbar sein kann, weshalb die Grenzwertbeziehung

    $$\lim_{|\mathbf{x}| \to \infty} \mathbf{E} = E_0\mathbf{e}_z$$

    zu fordern ist.

    Den Mittelpunkt der Kugel nehme man im Koordinatenursprung an, der Radius der Kugel sei R.

15. In den leeren Raum, in dem das homogene elektrische Feld $\mathbf{E} = E_0\mathbf{e}_z$ herrscht, wird eine geladene (leitende) Vollkugel gebracht. Man berechne das resultierende elektrische Feld **E**.

    Hinweis: Man berechne das elektrische Feld **E** über ein Potential, $\mathbf{E} = -\text{grad}\,U$, indem man für das Äußere der Kugel den Ansatz $U = f(r) + g(r)z$ macht (Das Innere der Kugel ist ja feldfrei). Man beachte dabei wieder, daß die durch das Hineinbringen der geladenen Kugel bewirkte Störung des homogenen elektrischen Feldes im Unendlichen abgeklungen sein muß.

    Den Mittelpunkt der Kugel nehme man im Koordinatenursprung an, der Radius sei R, die (auf ihrer Oberfläche konzentrierte) Gesamtladung sei Q.

36 Partielle Differentialgleichungen

Im vorangegangenen Abschnitt konnten wir sehen, daß Felder durch ihre Quell- und Wirbeldichte im Inneren und auf dem Rand eines Bereiches eindeutig bestimmt sind. Zur Berechnung eines Feldes erwies es sich als zweckmäßig, die Feldgröße durch ein Potential (skalares Potential oder Vektorpotential) darzustellen. Dabei ergab sich, daß die Bestimmung des Potentials jedesmal auf die Lösung einer partiellen Differentialgleichung führte; je nachdem, ob es sich um ein stationäres oder instationäres Feld handelte, traten in diesen Gleichungen neben den partiellen Ableitungen nach den Ortsvariablen auch partielle Ableitungen nach der Zeit auf.

Die Berechnung von Feldern ist ein wichtiges Beispiel für das Auftreten partieller Differentialgleichungen, doch gibt es eine Vielzahl anderer Probleme aus Physik und Technik, die durch partielle Differentialgleichungen beschrieben werden. Wir wollen uns in diesem Abschnitt nur mit den partiellen Differentialgleichungen der mathematischen Physik, deren wichtigste Vertreter die Laplacegleichung, die Poissongleichung, die Wärmeleitungsgleichung, die Wellengleichung und die Telegraphengleichung sind, auseinandersetzen und Lösungsverfahren für diese Gleichungen entwickeln. Auf eine Darstellung der Lösungstheorie partieller Differentialgleichungen erster Ordnung, die in der mathematischen Physik eine eher untergeordnete Rolle spielen, müssen wir aus Platzgründen verzichten; die Lösung einer partiellen Differentialgleichung erster Ordnung ist im wesentlichen durch die Integration eines Systems gewöhnlicher Differentialgleichungen erster Ordnung bewerkstelligt.

36.1 Lineare partielle Differentialgleichungen

Eine Gleichung für eine Funktion $u(x, y, \ldots)$ in mehreren unabhängigen Variablen, in der neben der Funktion $u(x, y, \ldots)$ auch deren partielle Ableitungen auftreten,

$$F(x, y, \ldots, u, u_x, u_y, \ldots, u_{xx}, u_{xy}, u_{yy}, \ldots) = 0, \tag{36.1}$$

heißt eine *partielle Differentialgleichung*. Die Ordnung der höchsten vorkommenden Ableitung wird die Ordnung der Differentialgleichung genannt. Jede Funktion $u(x, y, \ldots)$, die in einem Gebiet des $(x, y, \ldots)$-Raumes die Gleichung (36.1) erfüllt, heißt ein *Integral* der Differentialgleichung (36.1).

Die Lösung partieller Differentialgleichungen erweist sich als erheblich schwieriger als die gewöhnlicher Differentialgleichungen, wenn es darum geht, einen Ausdruck zu finden, der alle Lösungen enthält. Der Grund hierfür liegt darin, daß in der allgemeinen Lösung nunmehr willkürliche Funktionen auftreten und nicht bloß Integrationskonstanten wie bei gewöhnlichen Differentialgleichungen.

Beispiel 36.1: Die Differentialgleichung

$$yu_x - xu_y = 0$$

wird durch

$$u = f(x^2 + y^2)$$

gelöst, wenn die Funktion f stetig differenzierbar ist; sie muß darüber hinaus keiner weiteren Einschränkung unterworfen werden.

Beispiel 36.2: Die Gleichung

$$v^2 u_{xx} = u_{tt}$$

hat die Lösungen

$$u = f(x - vt), \quad u = g(x + vt),$$

wenn f und g zweimal stetig differenzierbare Funktionen sind.

Beispiel 36.3: Jede Funktion $u = f(x, y)$ mit der Eigenschaft, daß

$$f(tx, ty) = t^k f(x, y)$$

für alle t gilt, ist Lösung der partiellen Differentialgleichung

$$xu_x + yu_y = ku.$$

Eine partielle Differentialgleichung (36.1) heißt *linear*, wenn in ihr die gesuchte Funktion u und ihre partiellen Ableitungen linear auftreten. So ist

$$au_x + bu_y + cu = s$$

die allgemeine Gestalt der linearen partiellen Differentialgleichung erster Ordnung,

$$au_{xx} + bu_{xy} + cu_{yy} + du_x + eu_y + fu = s$$

die allgemeine Form der linearen partiellen Differentialgleichung zweiter Ordnung für eine Funktion u der beiden unabhängigen Veränderlichen x und y. Die Funktionen $a(x, y)$, $b(x, y)$, $c(x, y)$, ... heißen die *Koeffizienten* der Differentialgleichung, die Funktion $s(x, y)$ wird die *Störfunktion* genannt. Sind die Koeffizienten konstante Funktionen, so spricht man von einer *linearen partiellen Differentialgleichung mit konstanten Koeffizienten*. Ist $s(x, y) = 0$, so heißt die Differentialgleichung *homogen*, andernfalls *inhomogen*.

Beispiel 36.4: Die Laplacesche Differentialgleichung

$$\Delta u = u_{xx} + u_{yy} = 0$$

ist eine homogene lineare partielle Differentialgleichung zweiter Ordnung mit konstanten Koeffizienten, die Poissonsche Differentialgleichung

$$\Delta u = u_{xx} + u_{yy} = s$$

ist eine inhomogene lineare partielle Differentialgleichung zweiter Ordnung mit konstanten Koeffizienten.

Auch eine lineare partielle Differentialgleichung schreibt man mit Hilfe eines Operators L in der Form

$$Lu = s, \tag{36.2}$$

wobei L ein *linearer partieller Differentialoperator* genannt wird. Für die allgemeine partielle Differentialgleichung zweiter Ordnung für Funktionen in zwei unabhängigen Veränderlichen ist

$$L = a\frac{\partial^2}{\partial x^2} + b\frac{\partial^2}{\partial x \partial y} + c\frac{\partial^2}{\partial y^2} + d\frac{\partial}{\partial x} + e\frac{\partial}{\partial y} + f.$$

Die Ordnung der Gleichung (36.2) heißt die Ordnung des partiellen Differentialoperators L. Sind die Koeffizienten konstant, so heißt L ein partieller Differentialoperator mit konstanten Koeffizienten. Ein besonders wichtiger partieller Differentialoperator ist der Laplace-Operator

$$\Delta = \frac{\partial^2}{\partial x^2} + \frac{\partial^2}{\partial y^2} \quad \text{beziehungsweise} \quad \Delta = \frac{\partial^2}{\partial x^2} + \frac{\partial^2}{\partial y^2} + \frac{\partial^2}{\partial z^2}.$$

Wie für alle Gleichungen mit linearer Struktur gilt auch für lineare partielle Differentialgleichungen, daß die Differenz zweier Lösungen der inhomogenen Gleichung eine Lösung der zugehörigen homogenen Gleichung ist. Insbesondere setzt sich die allgemeine Lösung der inhomogenen Gleichung additiv aus der allgemeinen Lösung der homogenen Gleichung und einer partikulären Lösung der inhomogenen Gleichung zusammen. Dies ist auch wieder der Grund, weshalb zunächst die homogene Gleichung

$$L\mathrm{u} = 0 \tag{36.3}$$

im Vordergrund steht. Um ohne weitere Informationen Integrale der homogenen Gleichung (36.3) finden zu können, muß man im allgemeinen einen Weg einschlagen, der über die Integration gewöhnlicher Differentialgleichungen führt. *D. Bernoulli* machte den Ansatz

$$u(x, y) = X(x)Y(y), \tag{36.4}$$

den man *Separationsansatz* oder *Trennungsansatz* nennt. Dieser Ansatz liefert Lösungen, die Produkte von Funktionen in den einzelnen unabhängigen Veränderlichen sind. Man geht mit dem Ansatz (36.4) in die homogene Differentialgleichung (36.3); wenn die auf diese Weise entstehende Gleichung für die Funktionen $X(x)$ und $Y(y)$ in die Gestalt

$$\frac{1}{X(x)} MX(x) = \frac{1}{Y(y)} NY(y) \tag{36.5}$$

gebracht werden kann, worin M und N *gewöhnliche* lineare Differentialoperatoren sind, deren Koeffizienten nur von x beziehungsweise nur von y allein abhängig sind, so steht man vor folgendem Sachverhalt: Die linke Seite von (36.5) ist eine Funktion von x allein, die rechte Seite eine Funktion von y allein, woraus zwingend folgt, da x und y *unabhängige* Veränderliche sind, daß beide Seiten konstant sind, das heißt, es muß

$$\frac{1}{X(x)} MX(x) = \lambda, \quad \frac{1}{Y(y)} NY(y) = \lambda \tag{36.6}$$

gelten. Die Konstante λ, die zunächst keiner Einschränkung unterworfen ist, heißt *Separationsparameter.*

Beispiel 36.5: Wir betrachten wieder die Gleichung von Beispiel 36.1 und gehen mit dem Separationsansatz (36.4) in die Differentialgleichung. Dies führt zu der Gleichung

$$yX'Y - xXY' = 0,$$

die nach Division durch $xyXY$ die Gestalt

$$\frac{X'}{xX} = \frac{Y'}{yY}$$

annimmt. Also muß

$$\frac{X'}{xX} = \lambda, \quad \frac{Y'}{yY} = \lambda$$

beziehungsweise

$$X' - \lambda x X = 0, \quad Y' - \lambda y Y = 0$$

gelten. Mit Hilfe der allgemeinen Integrale

$$X(x) = Ae^{\frac{\lambda}{2}x^2}, \quad Y(y) = Be^{\frac{\lambda}{2}y^2}$$

dieser gewöhnlichen Differentialgleichungen erhalten wir Lösungen der Form

$$u(x, y) = Ce^{\frac{\lambda}{2}(x^2 + y^2)}.$$

Beispiel 36.6: Wir machen den Separationsansatz für die Laplacesche Differentialgleichung

$$\Delta u = u_{xx} + u_{yy} = 0.$$

Setzt man (36.4) in diese Gleichung ein, so erhält man

$$X''Y + XY'' = 0$$

und nach Division durch XY

$$\frac{X''}{X} + \frac{Y''}{Y} = 0.$$

Also muß

$$\frac{X''}{X} = \lambda = -\frac{Y''}{Y}$$

beziehungsweise

$$X'' - \lambda X = 0, \quad Y'' + \lambda Y = 0$$

gelten. Da mit

$$X(x) = C_1 e^{x\sqrt{\lambda}} + C_2 e^{-x\sqrt{\lambda}}, \quad Y(y) = D_1 e^{jy\sqrt{\lambda}} + D_2 e^{-jy\sqrt{\lambda}}$$

das allgemeine Integral dieser Differentialgleichungen gegeben ist, ergibt sich, daß die mit beliebigen Konstanten A, B, C und D gebildete Funktion

$$u(x, y) = X(x)Y(y) = Ae^{(x+jy)\sqrt{\lambda}} + Be^{-(x+jy)\sqrt{\lambda}} + Ce^{(x-jy)\sqrt{\lambda}} + De^{-(x-jy)\sqrt{\lambda}}$$

ein Integral der Laplaceschen Differentialgleichung für Funktionen in zwei unabhängigen Veränderlichen ist.

Beispiel 36.7: Um Integrale der Laplacegleichung

$$\Delta u = u_{xx} + u_{yy} + u_{zz} = 0$$

für Funktionen in drei unabhängigen Veränderlichen zu finden, separieren wir zunächst eine Variable, etwa x,

$$u(x, y, z) = X(x)v(y, z).$$

Dieser Ansatz führt zur Gleichung

$$X''v + X(v_{yy} + v_{zz}) = 0,$$

die in der Form

$$\frac{X''}{X} + \frac{1}{v}(v_{yy} + v_{zz}) = 0$$

geschrieben werden kann. Der erste Term ist eine Funktion der unabhängigen Veränderlichen x, der zweite Term eine Funktion der beiden unabhängigen Veränderlichen y und z, so daß gelten muß

$$\frac{X''}{X} = -\frac{1}{v}(v_{yy} + v_{zz}) = \lambda.$$

Somit genügt die Funktion X(x) der Differentialgleichung

$$X'' - \lambda X = 0.$$

Für die zweite Gleichung machen wir wieder einen Trennungsansatz,

$$v(y, z) = Y(y)Z(z).$$

Dieser führt zu

$$Y''Z + YZ'' + \lambda YZ = 0$$

beziehungsweise

$$\frac{Y''}{Y} + \frac{Z''}{Z} + \lambda = 0.$$

Daher muß

$$\frac{Y''}{Y} = -\frac{Z''}{Z} - \lambda = \mu$$

gelten. Damit ergeben sich für die Funktionen Y(y) und Z(z) die beiden Differentialgleichungen

$$Y'' - \mu Y = 0, \quad Z'' + (\lambda + \mu)Z = 0.$$

Der Bernoullische Trennungsansatz ist weitreichender, als es im ersten Augenblick den Anschein haben mag. Sind wir erst im Besitze einer Schar

$$u = u(x, y, \lambda) \tag{36.7}$$

von Lösungen der homogenen Gleichung (36.3), so können wir unter Ausnützung der Linearität des partiellen Differentialoperators L weitere Lösungen der homogenen Gleichung (36.3) gewinnen. Wenn zum Beispiel $\lambda_1, \lambda_2, \ldots, \lambda_n$ feste Werte für den Separationsparameter λ sind, so ist mit beliebigen Zahlen $c_1, c_2, \ldots, c_n$ auch

$$u(x, y) = \sum_{m=1}^{n} c_m u(x, y, \lambda_m) \tag{36.8}$$

ein Integral der Gleichung (36.3). Ist $k(\lambda)$ eine auf dem Intervall [a, b] stetige Funktion, so ist auch das Integral

$$u(x, y) = \int_a^b u(x, y, \lambda)k(\lambda)d\lambda \tag{36.9}$$

eine Lösung der Gleichung (36.3). Eine unendliche Summe jedoch,

$$\sum_{m=1}^{\infty} c_m u(x, y, \lambda_m), \tag{36.10}$$

oder ein Integral mit unbeschränktem Integrationsbereich wie

$$\int_{-\infty}^{\infty} u(x, y, \lambda)k(\lambda)d\lambda, \tag{36.11}$$

braucht im allgemeinen keine Lösung der Gleichung (36.3) zu sein; hierfür muß sichergestellt werden, daß der partielle Differentialoperator L mit der Summe (36.10) beziehungsweise mit dem Integral (36.11) vertauscht werden kann.

36.2 Randwertaufgaben für gewöhnliche Differentialgleichungen

Bei Aufgaben, die auf die Integration gewöhnlicher Differentialgleichungen führen, interessiert man sich für Lösungen auf einem gewissen offenen Intervall. Dementsprechend besteht die Integrationsaufgabe bei partiellen Differentialgleichungen im Aufsuchen von Funktionen, die in einem gewissen Gebiet (der Ebene oder des Raumes) die gegebene Differentialgleichung lösen. Dieses Gebiet kann der ganze Raum sein, es kann sich teilweise ins Unendliche erstrecken oder überhaupt von einer ganz im Endlichen liegenden geschlossenen Fläche berandet sein.

Es ist gar keine Frage, daß eine partielle Differentialgleichung eine Vielzahl von Lösungen hat, wenn nicht zusätzliche Eigenschaften verlangt werden. Wie wir schon mehrfach sehen konnten, kann durch gewisse Bedingungen über das Verhalten der Lösungen am Rande des Gebietes – man spricht von *Randbedingungen* – genau eine Lösung ausgezeichnet werden. Ist das Gebiet der ganze Raum, so verlangt man meist das Verschwinden der Lösungsfunktion im Unendlichen. Wird das Gebiet von einer Fläche berandet, so können die Werte der Lösungsfunktion (Dirichletsche Randbedingung (35.22)), oder die Werte der Normalableitung (Neumannsche Randbedingung (35.23)) oder eine Linearkombination der Lösung und ihrer Normalableitung (Newtonsche Randbedingung (35.34)) vorgeschrieben werden, um die Lösung eindeutig festzulegen. Die Integration einer Differentialgleichung unter Berücksichtigung von Randbedingungen nennt man eine *Randwertaufgabe*.

In den seltensten Fällen gelingt es, mit Hilfe des allgemeinen Integrals eine Randwertaufgabe zu lösen, so daß es in der Regel notwendig sein wird, die gesuchte Lösungsfunktion in eine Reihe zu entwicklen. Die Frage ist nur, nach welchen Funktionen entwickelt werden soll. Um einen Einblick in die Verhältnisse zu gewinnen, wollen wir zunächst Randwertaufgaben für gewöhnliche Differentialgleichungen studieren; dabei soll eine Lösungsmethode entwickelt werden, die sich auch auf Randwertaufgaben für partielle Differentialgleichungen übertragen läßt.

Es seien die Funktionen $f_0(x)$, $f_1(x)$ und $f_2(x)$ auf dem offenen Intervall $]a, b[$ stetig und

$$L = f_0(x)\frac{d^2}{dx^2} + f_1(x)\frac{d}{dx} + f_2(x) \tag{36.12}$$

ein linearer Differentialoperator zweiter Ordnung auf dem Intervall $]a, b[$. Über die Funktion $f_0(x)$ setzen wir voraus, daß sie im Intervall $]a, b[$ ihr Vorzeichen nicht wechselt, so daß $f_0(x) \neq 0$ in $]a, b[$ gilt; wir nehmen für das Folgende an, es sei $f_0(x) < 0$ in $]a, b[$. Wir schreiben den Differentialoperator (36.12) nun in der Form

$$L = \frac{1}{p(x)}\left[-\frac{d}{dx}\left(f(x)\frac{d}{dx}\right) + g(x)\right], \tag{36.13}$$

worin f(x), f'(x), p(x) und g(x) auf dem Intervall]a, b[stetige Funktionen sind. Aus der Gleichung

$$Ly = -\frac{f}{p}y'' - \frac{f'}{p}y' + \frac{g}{p}y = f_0 y'' + f_1 y' + f_2 y,$$

die für jede auf]a, b[zweimal stetig differenzierbare Funktion y(x) gelten muß, findet man

$$\frac{f(x)}{p(x)} = -f_0(x), \quad \frac{f'(x)}{p(x)} = -f_1(x), \quad \frac{g(x)}{p(x)} = f_2(x)$$

und daraus

$$f(x) = e^{\int f_1(x)/f_0(x)dx}, \quad p(x) = -\frac{f(x)}{f_0(x)}, \quad g(x) = p(x)f_2(x).$$

Auf Grund unserer Annahme über das Vorzeichen der Funktion $f_0(x)$ sind die Funktionen p(x) und f(x) auf dem Intervall]a, b[positiv. Welche Bedeutung es hat, den Differentialoperator (36.12) in der Form (36.13) zu schreiben, wird weiter unten gleich einsichtig werden. Ein Differentialoperator (36.13), worin die Funktionen p(x), f(x) und g(x) die eben genannten Eigenschaften haben, heißt ein *Sturm-Liouvillescher Differentialoperator auf dem Intervall*]a, b[. Sind die Koeffizientenfunktionen in (36.12) auch auf dem abgeschlossenen Intervall [a, b] stetig und ist $f_0(a) \neq 0$, $f_0(b) \neq 0$, so heißt L ein *regulärer* Sturm-Liouvillescher Differentialoperator auf]a, b[. Trifft dies nicht zu, so nennt man L einen *singulären* Sturm-Liouvilleschen Differentialoperator auf]a, b[.

Für das Folgende sei der einfacher zu behandelnde Fall, daß L ein regulärer Differentialoperator ist, vorausgesetzt.

Definition 36.1 Es sei L ein regulärer Sturm-Liouvillescher Differentialoperator auf]a, b[und s(x) eine auf [a, b] stetige Funktion. Die Lösung der Differentialgleichung

$$Ly(x) = \frac{1}{p}\left[-\frac{d}{dx}\left(f\frac{dy}{dx}\right) + gy\right] = s(x) \tag{36.14}$$

unter Berücksichtigung der Randbedingungen

$$r_a(y) = a_1 y(a) + a_2 y'(a) = A, \quad r_b(y) = b_1 y(b) + b_2 y'(b) = B \tag{36.15}$$

zu vorgegebenen Zahlen A und B heißt eine *Sturm-Liouvillesche Randwertaufgabe*.

Die Randbedingungen (36.15) werden *homogen* genannt, wenn A = B = 0 gilt; andernfalls heißen sie *inhomogen*. Ist die Differentialgleichung (36.14) homogen und sind auch die Randbedingungen (36.15) homogen, so spricht man von einer *homogenen Randwertaufgabe*; die Randwertaufgabe heißt *inhomogen*, wenn entweder die Differentialgleichung inhomogen ist oder die Randbedingungen inhomogen sind.

Definition 36.2 Es sei L ein regulärer Sturm-Liouvillescher Differentialoperator auf]a, b[. Gibt es eine Zahl λ und eine auf]a, b[nicht identisch verschwindende Funktion y(x), so daß die homogene Differentialgleichung

$$Ly(x) = \lambda y(x) \tag{36.16}$$

und die homogenen Randbedingungen

$$r_a(y) = a_1 y(a) + a_2 y'(a) = 0, \quad r_b(y) = b_1 y(b) + b_2 y'(b) = 0 \tag{36.17}$$

erfüllt sind, so heißt $y(x)$ eine *Eigenfunktion* des Sturm-Liouvilleschen Differentialoperators L und λ der zugehörige *Eigenwert*. Die Aufgabe, alle Eigenwerte und Eigenfunktionen zu bestimmen, heißt *Sturm-Liouvillesche Eigenwertaufgabe.*

Wir bemerken, daß eine Eigenfunktion auf Grund der Homogenität der Differentialgleichung und der Randbedingungen nicht eindeutig bestimmt sein kann. Ist insbesondere $y_0(x)$ eine Eigenfunktion zum Eigenwert λ_0 und C eine beliebige Konstante, so ist auch $Cy_0(x)$ eine Eigenfunktion zum Eigenwert λ_0. Der Leser sei weiter darauf hingewiesen, daß es keine Einschränkung war zu fordern, daß der Koeffizient der höchsten Ableitung in L negatives Vorzeichen hat, da dies sowohl für eine Randwertaufgabe als auch für die Eigenwertaufgabe immer erreicht werden kann.

Wir wollen uns zunächst mit den Lösungsverhältnissen auseinandersetzen. Um eine Antwort auf die Frage nach der eindeutigen Lösbarkeit zu bekommen, nehmen wir an, es seien $y_1(x)$ und $y_2(x)$ zwei Lösungen der Gleichung (36.14), die beide den Randbedingungen (36.15) genügen. Offenbar muß dann die Differenz $y(x) = y_1(x) - y_2(x)$ eine Lösung der homogenen Gleichung

$$Ly(x) = 0 \tag{36.18}$$

sein, die die homogenen Randbedingungen (36.17) erfüllt. Dies bedeutet, daß die Zahl $\lambda = 0$ ein Eigenwert des Differentialoperators L ist. Hat umgekehrt der Differentialoperator L den Eigenwert $\lambda_0 = 0$ und bezeichnet $y_0(x)$ die zugehörige Eigenfunktion, so ist mit jeder Lösung $y(x)$ der Randwertaufgabe (36.14), (36.15) auch die Funktion $y(x) + Cy_0(x)$ mit einer beliebigen Konstanten C eine Lösung der Randwertaufgabe. Eine Randwertaufgabe kann also nur dann eindeutig lösbar sein, wenn die Eigenwerte des Differentialoperators von Null verschieden sind. Wir nehmen vorweg, daß diese Bedingung auch hinreichend für die Lösbarkeit ist. Es gilt also

Satz 36.1 *Ist* $\lambda = 0$ *kein Eigenwert des Differentialoperators L, so ist die Randwertaufgabe* (36.14), (36.15) *eindeutig lösbar. Ist* $\lambda_0 = 0$ *ein Eigenwert von L, so kann die Randwertaufgabe lösbar oder unlösbar sein; sie ist in diesem Fall aber nicht eindeutig lösbar.*

Eine notwendige und hinreichende Bedingung, die es gestattet, mit Hilfe eines Fundamentalsystems der homogenen Gleichung (36.18) zu entscheiden, ob $\lambda_0 = 0$ ein Eigenwert des Differentialoperators L ist, ergibt sich durch folgende Überlegung. Es sei $y_1(x)$, $y_2(x)$ eine Integralbasis der homogenen Gleichung (36.18). Ist $\lambda_0 = 0$ ein Eigenwert von L und $y_0(x)$ die zugehörige Eigenfunktion, so muß es zwei Konstante C_1 und C_2 geben, die nicht beide gleich Null sind, so daß gilt

$$y_0(x) = C_1 y_1(x) + C_2 y_2(x).$$

Da die Eigenfunktion $y_0(x)$ die homogenen Randbedingungen (36.17) erfüllt, ist

$$r_a(y_0) = C_1 r_a(y_1) + C_2 r_a(y_2) = 0,$$

$$r_b(y_0) = C_1 r_b(y_1) + C_2 r_b(y_2) = 0.$$

Dieses homogene lineare Gleichungssystem für die Konstanten C_1 und C_2 muß in nichttrivialer Weise lösbar sein, weshalb

$$D = \begin{vmatrix} r_a(y_1) & r_a(y_2) \\ r_b(y_1) & r_b(y_2) \end{vmatrix} = 0 \tag{36.19}$$

gelten muß. Es sei nun $z_1(x)$, $z_2(x)$ ein beliebiges anderes Fundamentalsystem der Gleichung (36.18). Dieses kann mit Hilfe der Funktionen $y_1(x)$, $y_2(x)$ in der Form

$$z_1(x) = C_{11}y_1(x) + C_{21}y_2(x), \quad z_2(x) = C_{12}y_1(x) + C_{22}y_2(x)$$

dargestellt werden, worin **C** eine reguläre Matrix ist. Aus der Gleichung

$$\begin{vmatrix} r_a(z_1) & r_a(z_2) \\ r_b(z_1) & r_b(z_2) \end{vmatrix} = \begin{vmatrix} r_a(y_1) & r_a(y_2) \\ r_b(y_1) & r_b(y_2) \end{vmatrix} \operatorname{Det} \mathbf{C}$$

können wir den Schluß ziehen, daß die Determinante in (36.19) entweder für *jedes* Fundamentalsystem der homogenen Gleichung $Ly = 0$ verschwindet oder *stets* von Null verschieden ist. Somit gilt

Satz 36.2 *Eine Sturm-Liouvillesche Eigenwertaufgabe*

$$Ly = \lambda y, \quad r_a(y) = 0, \quad r_b(y) = 0$$

hat sicherlich den Eigenwert $\lambda_0 = 0$, *wenn die Determinante* D *in* (36.19) *für ein einziges Fundamentalsystem* $y_1(x)$, $y_2(x)$ *der homogenen Gleichung* $Ly = 0$ *verschwindet. Gilt hingegen* $D \neq 0$ *für eine beliebige Integralbasis der Gleichung* $Ly = 0$, *so ist die Zahl* $\lambda = 0$ *kein Eigenwert des Differentialoperators* L.

Wir berechnen nun die Lösung der Randwertaufgabe (36.14), (36.15), wobei wir davon ausgehen, daß die Zahl $\lambda = 0$ kein Eigenwert von L ist. Zunächst bestimmen wir zwei Lösungen $y_1(x)$, $y_2(x)$ der homogenen Gleichung (36.18) zu den Anfangsbedingungen $y_1(a) = -a_2$, $y_1'(a) = a_1$ und $y_2(b) = -b_2$, $y_2'(b) = b_1$, so daß $r_a(y_1) = 0$ und $r_b(y_2) = 0$ gilt. Diese beiden eindeutig bestimmten Lösungen müssen linear unabhängig sein. Wären sie nämlich linear abhängig, so gibt es eine Zahl $k \neq 0$, so daß $y_1(x) = ky_2(x)$ für $a < x < b$ gilt. Deshalb wäre $r_b(y_1) = kr_b(y_2) = 0$, ebenso $r_a(y_2) = \frac{1}{k} r_a(y_1) = 0$, das heißt $y_1(x)$ und $y_2(x)$ sind Lösungen der Gleichung (36.18), die *beide* die Randbedingungen (36.17) erfüllen; dies wiederum bedeutet, daß der Differentialoperator L den Eigenwert $\lambda_0 = 0$ haben muß, denn die beiden Funktionen $y_1(x)$ und $y_2(x)$ sind Eigenfunktionen des Differentialoperators L, und zwar, weil sie Lösungen der homogenen Differentialgleichung $Ly = 0$ sind, Eigenfunktionen zum Eigenwert $\lambda_0 = 0$. Dies widerspricht unserer Annahme, daß $\lambda = 0$ kein Eigenwert des Differentialoperators L ist. Also bilden die beiden Funktionen $y_1(x)$ und $y_2(x)$ eine Integralbasis der homogenen Gleichung (36.18).

Wir konstruieren nun ein zweites Fundamentalsystem $u(x)$, $v(x)$, für das

$$r_a(u) = 1, \quad r_a(v) = 0 \tag{36.20}$$

und

$$r_b(u) = 0, \quad r_b(v) = 1 \tag{36.21}$$

gelten soll. Aus der Darstellung

$$u(x) = C_{11}y_1(x) + C_{12}y_2(x), \quad v(x) = C_{21}y_1(x) + C_{22}y_2(x)$$

findet man durch Einsetzen in (36.20) und (36.21)

$$u(x) = \frac{1}{D}\Big(r_b(y_2)y_1(x) - r_b(y_1)y_2(x)\Big) = \frac{y_2(x)}{r_a(y_2)} \tag{36.22}$$

und

$$v(x) = \frac{1}{D}\Big(r_a(y_1)y_2(x) - r_a(y_2)y_1(x)\Big) = \frac{y_1(x)}{r_b(y_1)}, \tag{36.23}$$

worin

$$D = r_a(y_1)r_b(y_2) - r_b(y_1)r_a(y_2) = -r_b(y_1)r_a(y_2)$$

die Determinante in (36.19) ist, die auf Grund unserer Voraussetzungen von Null verschieden sein muß. Daß die beiden Funktionen $u(x)$ und $v(x)$ linear unabhängig sind und somit ebenfalls eine Integralbasis der homogenen Gleichung (36.18) sind, erkennt man aus der Gleichung

$$W(x; u, v) = \frac{1}{D} W(x; y_1, y_2).$$

Die allgemeine Lösung der Differentialgleichung (36.14) lautet, wenn wir das Fundamentalsystem $u(x)$, $v(x)$ verwenden,

$$y(x) = \alpha u(x) + \beta v(x) + u(x) \int_a^x \frac{pvs}{(uv' - u'v)f}\, d\xi + v(x) \int_x^b \frac{pus}{(uv' - v'u)f}\, d\xi$$

(vgl. (30.67)); darin ist

$$uv' - u'v = W(x; u, v) = \frac{D_0}{f(x)}$$

(vgl. (30.16)) die Wronskische Determinante der Funktionen $u(x)$ und $v(x)$. Die Konstante D_0 ist durch die Funktionen $u(x)$ und $v(x)$ eindeutig bestimmt. Es gilt daher

$$y(x) = \alpha u(x) + \beta v(x) + \frac{u(x)}{D_0} \int_a^x p(\xi)v(\xi)s(\xi)d\xi + \frac{v(x)}{D_0} \int_x^b p(\xi)u(\xi)s(\xi)d\xi.$$

Zur Bestimmung der Konstanten α und β haben wir in die Randbedingungen (36.15) einzusetzen. Bilden wir zunächst die Ableitung

$$y'(x) = \alpha u'(x) + \beta v'(x) + \frac{u'(x)}{D_0} \int_a^x p(\xi)v(\xi)s(\xi)d\xi + \frac{v'(x)}{D_0} \int_x^b p(\xi)u(\xi)s(\xi)d\xi,$$

so erhalten wir unter Berücksichtigung von (36.20) und (36.21)

$$A = r_a(y) = \alpha, \quad B = r_b(y) = \beta.$$

Setzen wir noch zur Abkürzung

$$G(x, \xi) = \begin{cases} \dfrac{1}{D_0} u(x)v(\xi), & a \leqslant \xi \leqslant x \leqslant b, \\[2ex] \dfrac{1}{D_0} u(\xi)v(x), & a \leqslant x \leqslant \xi \leqslant b, \end{cases} \tag{36.24}$$

so erhalten wir schließlich

$$y(x) = Au(x) + Bv(x) + \int_a^b p(\xi)G(x, \xi)s(\xi)d\xi. \tag{36.25}$$

Diese Funktion ist die (eindeutig bestimmte) Lösung der Randwertaufgabe (36.14), (36.15). Damit ist schließlich auch der Nachweis erbracht, daß eine Sturm-Liouvillesche Randwertaufgabe eindeutig lösbar ist, wenn die Zahl $\lambda = 0$ kein Eigenwert des Differentialoperators L ist.

Die Funktion (36.24) heißt *Greensche Funktion der Randwertaufgabe* (36.14), (36.15).

Die Greensche Funktion $G(x, \xi)$ hat drei charakteristische Merkmale, durch die sie übrigens eindeutig bestimmt ist. *Sie ist eine symmetrische Funktion ihrer beiden Argumente* x *und* ξ,

$$G(x, \xi) = G(\xi, x), \tag{36.26}$$

für festes $\xi \in]a, b[$ *erfüllt sie die homogenen Randbedingungen* (36.17),

$$r_a(G) = 0, \quad r_b(G) = 0, \tag{36.27}$$

und sie ist in den beiden Intervallen $]a, \xi[$ *und* $]\xi, b[$ *eine Lösung der homogenen Gleichung* (36.18). Um die dritte Eigenschaft abzuleiten, stellen wir zunächst fest, daß die Funktion $G(x, \xi)$ als Funktion von x im Punkte $x = \xi$ wohl stetig, aber nicht differenzierbar ist, da sie dort eine Ecke hat: Die Ableitung springt, und zwar gilt, wenn wir die Ableitung nach der Variablen x mit einem Strich bezeichnen,

$$G'(\xi+, \xi) - G'(\xi-, \xi) = \frac{1}{D_0}\left(u'(\xi)v(\xi) - u(\xi)v'(\xi)\right) = -\frac{1}{f(\xi)}.$$

Bezeichnet D den Operator der Differentiation verallgemeinerter Funktionen, so gilt bei festgehaltenem $\xi \in]a, b[$

$$DG(x, \xi) = G'(x, \xi)$$

(vgl. (28.43)) und

$$D^2G(x, \xi) = G''(x, \xi) - \frac{1}{f(\xi)}\delta(x - \xi)$$

(vgl. (28.44)). Daher wird

$$LG(x, \xi) = \frac{1}{p}\left(-D(fDG) + gG\right) = \frac{1}{p}\left(-(fG')' + gG\right) + \frac{1}{p(\xi)}\delta(x - \xi)$$

und folglich

$$LG(x, \xi) = \frac{1}{p(\xi)}\delta(x - \xi). \tag{36.28}$$

Beispiel 36.8: Wir berechnen die Greensche Funktion der Randwertaufgabe

$$Ly = -y'' = s(x), \quad y(0) = 0, \quad y(l) = 0.$$

Zunächst ermitteln wir die Funktionen u(x) und v(x). Da $y_1(x) = x$, $y_2(x) = 1$ eine Integralbasis der homogenen Gleichung $y'' = 0$ ist, muß

$$u(x) = C_{11}x + C_{12}, \quad v(x) = C_{21}x + C_{22}$$

mit eindeutig bestimmten Konstanten C_{ij} gelten. Die Bedingung (36.20) führt auf die beiden Gleichungen

$$1 = u(0) = C_{12}, \quad 0 = u(l) = C_{11}l + C_{12},$$

woraus $C_{12} = 1, C_{11} = -\frac{1}{l}$ folgt. Um (36.21) zu erfüllen, haben wir die Gleichungen

$$0 = v(0) = C_{22}, \quad 1 = v(l) = C_{21}l + C_{22}$$

zu lösen; mit $C_{22} = 0$ und $C_{21} = \frac{1}{l}$ folgt schließlich

$$u(x) = 1 - \frac{x}{l}, \quad v(x) = \frac{x}{l}.$$

Nun haben wir noch die Konstante D_0 zu bestimmen. Mit f(x) = 1 erhalten wir

$$D_0 = f(x)\,\big(u(x)v'(x) - u'(x)v(x)\big) = \left(1 - \frac{x}{l}\right)\frac{1}{l} + \frac{x}{l^2} = \frac{1}{l}.$$

Damit lautet die Greensche Funktion der Randwertaufgabe

$$G(x, \xi) = \begin{cases} \left(1 - \dfrac{x}{l}\right)\xi, & 0 \leqslant \xi \leqslant x \leqslant l, \\[2ex] \left(1 - \dfrac{\xi}{l}\right)x, & 0 \leqslant x \leqslant \xi \leqslant l. \end{cases}$$

Wir wenden uns nun der Eigenwertaufgabe zu. Als erstes merken wir an, daß die Eigenwerte eines Sturm-Liouvilleschen Differentialoperators (36.13) notwendigerweise reell sein müssen. Um dies zu sehen, nehmen wir an, es sei λ ein komplexer Eigenwert und y(x) die zugehörige (komplexwertige) Eigenfunktion, $Ly = \lambda y$. Konjugieren wir diese Gleichung, so erhalten wir, da die Koeffizienten von L reellwertige Funktionen sind, $\overline{Ly} = L\overline{y} = \overline{\lambda}\overline{y}$. Multiplizieren wir die Gleichung $Ly = \lambda y$ mit $p\overline{y}$, die Gleichung $L\overline{y} = \overline{\lambda}\overline{y}$ mit py und bilden wir die Differenz, so folgt

$$(\lambda - \overline{\lambda})p|y|^2 = p(\overline{y}Ly - yL\overline{y})$$

und weiter durch Integration dieser Gleichung zwischen den Grenzen a und b

$$(\lambda - \overline{\lambda}) \int_a^b p|y|^2 dx = \int_a^b p(\overline{y}Ly - yL\overline{y})dx.$$

Nun gilt allgemein für zwei Funktionen $y_1(x)$ und $y_2(x)$, die beide die homogenen Randbedingungen (36.17) erfüllen,

$$\int_a^b p(y_1Ly_2 - y_2Ly_1)dx = 0. \tag{36.29}$$

Bildet man nämlich den Ausdruck

$$p(y_1 L y_2 - y_2 L y_1) = -y_1(fy_2')' + y_2(fy_1')' = \frac{d}{dx}\left(f(y_1'y_2 - y_2'y_1)\right),$$

so erhält man durch Integration zwischen den Grenzen a und b

$$\int_a^b p(y_1 L y_2 - y_2 L y_1)\,dx = -f \begin{vmatrix} y_1 & y_2 \\ y_1' & y_2' \end{vmatrix}\Bigg|_a^b .$$

Die Forderung, daß die Funktionen $y_1(x)$ und $y_2(x)$ die homogenen Randbedingungen (36.17) erfüllen, zieht nach sich, daß die rechterhand stehende Determinante für $x = a$ und $x = b$ parallele Zeilen hat und somit für $x = a$ und $x = b$ verschwindet.

Unter Berücksichtigung von (36.29) für $y_1 = \overline{y}$, $y_2 = y$ erhalten wir dann

$$(\lambda - \overline{\lambda}) \int_a^b p|y|^2 dx = 0;$$

da das Integral wegen des positiven Integranden nicht verschwinden kann, muß $\lambda = \overline{\lambda}$ gelten, das heißt λ muß reell sein.

Ein charakteristisches Merkmal der Sturm-Liouvilleschen Eigenwertaufgabe (36.16), (36.17) ist die Orthogonalität der Eigenfunktionen bezüglich der Funktion $p(x)$. Sind $y_1(x)$ und $y_2(x)$ zwei Eigenfunktionen von L zu verschiedenen Eigenwerten λ_1 und λ_2, so gilt

$$\int_a^b p(x) y_1(x) y_2(x)\,dx = 0. \tag{36.30}$$

Um (36.30) abzuleiten, multipliziert man die Gleichung $Ly_1 = \lambda_1 y_1$ mit py_2, die Gleichung $Ly_2 = \lambda_2 y_2$ mit py_1, subtrahiert die entstehenden Gleichungen voneinander und integriert das Ergebnis zwischen den Grenzen a und b; berücksichtigt man (36.29), so wird

$$(\lambda_1 - \lambda_2) \int_a^b p y_1 y_2\,dx = \int_a^b p(y_2 L y_1 - y_1 L y_2)\,dx = 0.$$

Zur Lösung der Eigenwertaufgabe (36.16), (36.17) bestimmen wir zwei Integrale $\varphi(x, \lambda)$, $\psi(x, \lambda)$ der homogenen Differentialgleichung $Ly = \lambda y$ zu den Anfangsbedingungen

$$\varphi(a, \lambda) = -a_2, \quad \varphi'(a, \lambda) = a_1 \tag{36.31}$$

und

$$\psi(b, \lambda) = -b_2, \quad \psi'(b, \lambda) = b_1, \tag{36.32}$$

so daß für jedes λ

$$r_a\left(\varphi(x, \lambda)\right) = 0, \quad r_b\left(\psi(x, \lambda)\right) = 0 \tag{36.33}$$

gilt. Da die Koeffizienten a_1 und a_2 (beziehungsweise b_1 und b_2) in (36.17) nicht beide gleich Null sein können, ist keine der beiden Funktionen $\varphi(x, \lambda)$ und $\psi(x, \lambda)$ die Nullfunktion.

Sind für einen Wert $\lambda = \lambda_0$ die Funktionen $\varphi(x, \lambda_0)$, $\psi(x, \lambda_0)$ linear abhängig, das heißt gilt $\varphi(x, \lambda_0) = k\psi(x, \lambda_0)$ mit einer gewissen Konstanten k, so ist wegen (36.33)

$$r_b\big(\varphi(x, \lambda_0)\big) = kr_b\big(\psi(x, \lambda_0)\big) = 0.$$

Dies bedeutet, daß die Funktion $\varphi(x, \lambda_0)$ (und ebenso die Funktion $\psi(x, \lambda_0)$) die Randbedingungen (36.17) erfüllt und somit eine Eigenfunktion von L ist; der zugehörige Eigenwert ist λ_0. Wenn umgekehrt λ_0 ein Eigenwert von L ist und die Funktionen $\varphi(x, \lambda_0)$, $\psi(x, \lambda_0)$ linear unabhängig sind, so muß die zu λ_0 gehörige Eigenfunktion $y_0(x)$ in der Form

$$y_0(x) = C_1\varphi(x, \lambda_0) + C_2\psi(x, \lambda_0)$$

dargestellt werden können. Durch Einsetzen in die Randbedingungen (36.17) ergibt sich daraus unter Berücksichtigung von (36.33)

$$r_a(y_0) = C_2 r_a\big(\psi(x, \lambda_0)\big) = 0, \quad r_b(y_0) = C_1 r_b\big(\varphi(x, \lambda_0)\big) = 0.$$

Wäre jetzt $r_a\big(\psi(x, \lambda_0)\big) = 0$, so erfüllt die Funktion $\psi(x, \lambda_0)$ die Randbedingungen (36.17) und ist daher Eigenfunktion zum Eigenwert λ_0. Dies zieht nach sich, daß auch die Funktion $\varphi(x, \lambda_0)$ eine Eigenfunktion zum Eigenwert λ_0 ist und daher $r_b\big(\varphi(x, \lambda_0)\big) = 0$ gilt. Dann muß aber die Wronskische Determinante der Funktionen $\varphi(x, \lambda_0)$ und $\psi(x, \lambda_0)$ für $x = a$ und $x = b$ parallele Zeilen haben, im Widerspruch zur Annahme, daß die Funktionen $\varphi(x, \lambda_0)$ und $\psi(x, \lambda_0)$ linear unabhängig sind. Also ist $r_a\big(\psi(x, \lambda_0)\big) \neq 0$, ebenso $r_b\big(\varphi(x, \lambda_0)\big) \neq 0$. Aus diesen Ungleichungen folgt $C_1 = C_2 = 0$ und damit $y_0(x) = 0$ auf $]a, b[$. Dies ist abermals ein Widerspruch, denn eine Eigenfunktion kann nicht die Nullfunktion sein. Die Funktionen $\varphi(x, \lambda_0)$ und $\psi(x, \lambda_0)$ müssen daher linear abhängig sein.

Die Zahl λ_0 ist also genau dann ein Eigenwert von L, wenn die Funktionen $\varphi(x, \lambda_0)$ und $\psi(x, \lambda_0)$ linear abhängig sind. Dies trifft nur dann zu, wenn die Wronskische Determinante der Funktionen $\varphi(x, \lambda_0)$ und $\psi(x, \lambda_0)$ verschwindet; da diese die Gestalt

$$W\big(x; \varphi(x, \lambda), \psi(x, \lambda)\big) = \frac{D(\lambda)}{f(x)}$$

hat, sind $\varphi(x, \lambda)$ und $\psi(x, \lambda)$ genau dann linear abhängig, wenn

$$D(\lambda) = 0 \tag{36.34}$$

gilt. Jede Lösung der Gleichung (36.34) ist ein Eigenwert von L; ist umgekehrt λ_0 ein Eigenwert von L, so ist $D(\lambda_0) = 0$.

Wir weisen darauf hin, daß die Funktion $D(\lambda)$ auf dem Intervall $]-\infty, \infty[$ definiert ist und Ableitungen beliebig hoher Ordnung hat. Ist λ_0 eine Lösung der Gleichung (36.34), so ist $D'(\lambda_0) \neq 0$, das heißt, die Eigenwerte von L sind einfach. Daher ist eine Eigenfunktion bis auf einen konstanten Faktor eindeutig bestimmt. Jede der Funktionen $\varphi(x, \lambda_0)$ und $\psi(x, \lambda_0)$ ist Eigenfunktion von L zum Eigenwert λ_0; gewöhnlich normiert man die Eigenfunktion $y_0(x)$ bezüglich der Funktion $p(x)$ auf die Länge 1,

$$\int_a^b p(x)\big(y_0(x)\big)^2 dx = 1.$$

Beispiel 36.9: Wir berechnen die Eigenwerte und Eigenfunktionen der Eigenwertaufgabe

$$Ly = -y'' = \lambda y, \quad y(0) = 0, \quad y(l) = 0.$$

Die Funktionen $e^{jx\sqrt{\lambda}}$, $e^{-jx\sqrt{\lambda}}$ sind eine Integralbasis der Gleichung $y'' + \lambda y = 0$. Wir bestimmen über sie die Funktionen

$$\varphi(x, \lambda) = C_{11}e^{jx\sqrt{\lambda}} + C_{12}e^{-jx\sqrt{\lambda}}, \quad \psi(x, \lambda) = C_{21}e^{jx\sqrt{\lambda}} + C_{22}e^{-jx\sqrt{\lambda}},$$

für die die Anfangsbedingungen (36.31) und (36.32) erfüllt sind,

$$\varphi(x, \lambda) = \frac{\sin x\sqrt{\lambda}}{\sqrt{\lambda}}, \quad \psi(x, \lambda) = \frac{1}{\sqrt{\lambda}} \sin(x - l)\sqrt{\lambda}.$$

Die Wronskische Determinante dieser Funktionen ist

$$W(x; \varphi(x, \lambda), \psi(x, \lambda)) = \frac{1}{\sqrt{\lambda}} \begin{vmatrix} \sin x\sqrt{\lambda} & \sin(x-l)\sqrt{\lambda} \\ \cos x\sqrt{\lambda} & \cos(x-l)\sqrt{\lambda} \end{vmatrix} = \frac{\sin l\sqrt{\lambda}}{\sqrt{\lambda}}.$$

Wegen $f(x) = 1$ ist daher

$$D(\lambda) = \frac{\sin l\sqrt{\lambda}}{\sqrt{\lambda}}.$$

Da die Funktion $D(\lambda)$ nur dann verschwindet, wenn $l\sqrt{\lambda} = n\pi$ mit einer von Null verschiedenen ganzen Zahl n gilt, sind

$$\lambda_n = \left(\frac{n\pi}{l}\right)^2, \quad n = 1, 2, \ldots$$

die Nullstellen von $D(\lambda)$ und somit die Eigenwerte des Problems. Die Funktionen $\varphi(x, \lambda_n) = \frac{l}{n\pi} \sin \frac{n\pi x}{l}$ sind die Eigenfunktionen; normiert man sie auf die Länge 1 (bezüglich der Belegungsfunktion $p(x) = 1$), so erhält man

$$y_n(x) = \sqrt{\frac{2}{l}} \sin \frac{n\pi x}{l}, \quad n = 1, 2, \ldots .$$

Es muß nun schließlich noch geklärt werden, ob ein Sturm-Liouvillescher Differentialoperator (36.13) immer Eigenwerte besitzt. Ist $y(x)$ eine Eigenfunktion und λ der zugehörige Eigenwert, so erhält man aus (36.25), wenn man darin $s(x) = \lambda y(x)$ setzt und berücksichtigt, daß die Randbedingungen homogen sind,

$$y(x) = \lambda \int_a^b p(\xi)G(x, \xi)y(\xi)d\xi. \tag{36.35}$$

Hat umgekehrt diese Gleichung für eine gewisse Zahl λ eine auf dem Intervall $]a, b[$ nicht verschwindende Lösung $y(x)$, so ist $y(x)$ eine Eigenfunktion von L und die Zahl λ der zugehörige Eigenwert.

Um eine Antwort auf die Frage nach der Existenz von Eigenwerten zu finden, kehren wir zunächst wieder zur Randwertaufgabe (36.14), (36.15) zurück, setzen dabei aber voraus, daß die Randbedingungen homogen sind. Dann ist nach (36.25) wegen $A = B = 0$

$$y(x) = \int_a^b p(\xi)G(x, \xi)s(\xi)d\xi \tag{36.36}$$

die Lösung der Randwertaufgabe.

Wir bezeichnen mit D die Menge aller auf dem Intervall [a, b] zweimal stetig differenzierbaren Funktionen, die die homogenen Randbedingungen (36.17) erfüllen. Offenbar ist D eine lineare Mannigfaltigkeit von Funktionen im Sinne von Abschnitt 26.1, denn sind $y_1(x)$ und $y_2(x)$ zwei Funktionen aus D, so genügt die sicherlich zweimal stetig differenzierbare Funktion $y(x) = C_1 y_1(x) + C_2 y_2(x)$ für beliebige Konstanten C_1 und C_2 den homogenen Randbedingungen (36.17), da es sich bei diesen um lineare Rechenvorschriften handelt. Angesichts dessen, daß zur Beantwortung der Frage nach der Existenz von Eigenwerten des Differentialoperators L von vornherein nur Funktionen aus D interessant sind, nehmen wir den Funktionenraum D als Definitionsbereich des Differentialoperators L an. Als Bildbereich B des Differentialoperators L erklären wir die Mannigfaltigkeit der auf dem Intervall [a, b] stetigen Funktionen, denn wendet man den Differentialoperator L auf eine Funktion aus D an, so ist das Resultat eine auf dem Intervall [a, b] stetige Funktion. Da schließlich L eine lineare Rechenvorschrift ist, wird mit diesen Festsetzungen L ein linearer Operator auf D in B. Die Randwertaufgabe (36.14), (36.15) zu homogenen Randbedingungen können wir damit folgendermaßen als lineare Gleichung formulieren: Zu einer gegebenen Funktion $s(x) \in B$ wird eine Funktion $y(x) \in D$ gesucht, für die $Ly(x) = s(x)$ ist. Ist $\lambda = 0$ kein Eigenwert von L, das heißt, folgt aus $Ly(x) = 0$ notwendig $y(x) = 0$, so heißt der Operator L *injektiv*. Wie uns die Darstellung (36.36) der Lösung einer Randwertaufgabe $Ly(x) = s(x)$ zu homogenen Randbedingungen zeigt, läßt sich der Operator L umkehren, wenn er injektiv ist: Der Umkehroperator ist ein Integraloperator K mit dem Kern $K(x, \xi) = p(\xi)G(x, \xi)$. Jede Eigenfunktion des Differentialoperators L ist eine Eigenfunktion des Integraloperators $K = L^{-1}$ und umgekehrt; die Zahl λ ist genau dann Eigenwert von L, wenn der Kehrwert $\mu = \frac{1}{\lambda}$ ein Eigenwert von K ist.

Wir zeigen nun, daß der Integraloperator K – und infolgedessen auch der Differentialoperator L – abzählbar unendlich viele reelle Eigenwerte besitzt. Zu diesem Zweck betrachten wir den Integraloperator $\tilde{K}$ mit dem Kern

$$\tilde{K}(x, \xi) = \sqrt{p(x)p(\xi)}\, G(x, \xi),$$

der auf Grund von (36.26) symmetrisch ist. Der Operator $\tilde{K}$ erfüllt die Voraussetzungen von Satz 26.1 und hat deshalb abzählbar unendlich viele von Null verschiedene reelle Eigenwerte $\mu_1, \mu_2, \ldots$; die Eigenfunktionen $z_n(x)$,

$$\mu_n z_n(x) = \int_a^b \sqrt{p(x)p(\xi)}\, G(x, \xi) z_n(\xi) d\xi, \quad n = 1, 2, \ldots, \tag{36.37}$$

sind paarweise orthogonal; normiert man sie auf die Länge 1, so wird

$$\int_a^b z_n(x) z_m(x) dx = \delta_{nm}. \tag{36.38}$$

Nun ist es ein leichtes zu sehen, daß die Funktionen

$$y_n(x) = \frac{1}{\sqrt{p(x)}} z_n(x), \quad n = 1, 2, \ldots, \tag{36.39}$$

Eigenfunktionen des Integraloperators K sind, denn setzt man aus (36.39) für $z_n(x)$ in

(36.37) ein, so folgt nach Division durch $\sqrt{p(x)}$

$$\mu_n y_n(x) = \int_a^b p(\xi)G(x, \xi)y_n(\xi)d\xi, \quad n = 1, 2, \ldots . \tag{36.40}$$

Die Eigenfunktionen $y_n(x)$ sind orthogonal bezüglich der Funktion $p(x)$,

$$\int_a^b p(x)y_n(x)y_m(x)dx = \delta_{nm}. \tag{36.41}$$

Insbesondere haben die Integraloperatoren K und $\widetilde{K}$ dieselben Eigenwerte μ_n. Es läßt sich nun zeigen, daß die Eigenwerte $\lambda_n = \frac{1}{\mu_n}$ des Differentialoperators L eine bestimmt divergente Folge bilden,

$$\lim_{n \to \infty} \lambda_n = \infty. \tag{36.42}$$

Diese Grenzwertbeziehung bedeutet, daß die Eigenwerte von L und daher auch von K fast alle dasselbe Vorzeichen haben. Unter Bezugnahme auf Satz 26.1 können wir daraus den Schluß ziehen, daß die Reihe

$$\sqrt{p(x)p(\xi)}\,G(x, \xi) = \sum_{n=1}^{\infty} \mu_n z_n(x)z_n(\xi)$$

und folglich auch die Entwicklung der Greenschen Funktion

$$G(x, \xi) = \sum_{n=1}^{\infty} \frac{1}{\lambda_n} y_n(x)y_n(\xi) \tag{36.43}$$

auf dem Grundquadrat $a \leqslant x, \xi \leqslant b$ gleichmäßig in x und ξ konvergiert. Setzt man die Entwicklung (36.43) in (36.36) ein und vertauscht man die Integration mit der Summation, was durch die gleichmäßige Konvergenz gerechtfertigt ist, so erhält man die auf dem Intervall $[a, b]$ gleichmäßig konvergente Orthogonalreihenentwicklung

$$y(x) = \int_a^b p(\xi)G(x, \xi)s(\xi)d\xi = \sum_{n=1}^{\infty} \frac{1}{\lambda_n} y_n(x) \int_a^b p(\xi)y_n(\xi)s(\xi)d\xi \tag{36.44}$$

der Lösung der Randwertaufgabe $Ly(x) = s(x)$. Dieses Ergebnis steht im Einklang mit der ersten Aussage von Satz 26.2; die zweite besagt, daß sich jede Funktion aus dem Objektbereich D in eine im Mittel konvergente Orthogonalreihe nach den Eigenfunktionen $y_n(x)$ entwickeln läßt. Tatsächlich gilt jedoch mehr, wenn K der Umkehroperator eines regulären Sturm-Liouvilleschen Differentialoperators ist. Bezeichnet $y(x)$ eine beliebige Funktion aus D, so folgt aus (36.44) für $s(x) = Ly(x)$

$$y(x) = \sum_{n=1}^{\infty} \frac{1}{\lambda_n} y_n(x) \int_a^b p(\xi)y_n(\xi)Ly(\xi)d\xi.$$

Mit Hilfe der Beziehung (36.29) folgern wir

$$\int_a^b py_n \mathcal{L} y d\xi = \int_a^b py\mathcal{L} y_n d\xi = \lambda_n \int_a^b pyy_n d\xi$$

und erhalten somit

$$y(x) = \sum_{n=1}^{\infty} y_n(x) \int_a^b p(\xi) y_n(\xi) y(\xi) d\xi. \tag{36.45}$$

Diese Reihe konvergiert für jede Funktion $y(x) \in D$ gleichmäßig auf $[a, b]$.

Dieses Resultat läßt sich sogar noch verschärfen. Es gilt, wenn wir zusammenfassen, der

Satz 36.3 (Entwicklungssatz nach Eigenfunktionen) *Es sei L ein regulärer Sturm-Liouvillescher Differentialoperator auf* $]a, b[$. *Dann hat L abzählbar unendlich viele Eigenwerte* λ_n, *die sich im Endlichen nicht häufen; die Eigenfunktionen* $y_n(x)$ *sind paarweise orthogonal bezüglich der Funktion* $p(x)$. *Ist* $\varphi(x)$ *eine auf dem Intervall* $[a, b]$ *stückweise stetige Funktion, so läßt sich* $\varphi(x)$ *in eine Orthogonalreihe nach den Eigenfunktionen des Differentialoperators L entwicklen, und zwar gilt*

$$\frac{1}{2}\left(\varphi(x+) + \varphi(x-)\right) = \sum_{n=1}^{\infty} y_n(x) \int_a^b p(\xi) y_n(\xi) \varphi(\xi) d\xi, \quad a < x < b, \tag{36.46}$$

wenn die Funktion $\varphi(x)$ *in einer linksseitigen Umgebung und in einer rechtsseitigen Umgebung der Stelle* x *monoton ist. Ist* $\varphi(x)$ *stetig auf dem Intervall* $[a, b]$ *und erfüllt* $\varphi(x)$ *die Randbedingungen des Problems, so ist die Reihe* (36.46) *auf dem Intervall* $[a, b]$ *gleichmäßig konvergent.*

Wir bemerken, daß die Reihe (36.46) unter denselben Bedingungen wie eine Fouriersche Reihe konvergiert. Tatsächlich kann man Fouriersche Reihenentwicklungen als Spezialfall auffassen; sie gehen aus (36.46) für die Eigenwertaufgabe $\mathcal{L}y = -y'' = \lambda y$ zu den Randbedingungen für 2π-periodische Funktionen.

$$y(-\pi) = y(\pi), \quad y'(-\pi) = y'(\pi), \tag{36.47}$$

hervor.

Der Entwicklungssatz liefert eine Möglichkeit, Randwertaufgaben zu homogenen Randbedingungen durch Reihenentwicklung zu lösen. Wenn wir mit $y(x)$ die Lösung der Randwertaufgabe $\mathcal{L}y(x) = s(x)$ bezeichnen, so gilt jedenfalls

$$y(x) = \sum_{n=1}^{\infty} \gamma_n y_n(x), \quad \gamma_n = \int_a^b p(\xi) y_n(\xi) y(\xi) d\xi.$$

Zur Berechnung der Koeffizienten γ_n dieser Entwicklung setzen wir für $y_n = \frac{1}{\lambda_n} \mathcal{L} y_n$ – hier geht die Bedingung $\lambda_n \neq 0$ für die eindeutige Lösbarkeit der Randwertaufgabe ein – und erhalten unter Berücksichtigung von (36.29)

$$\gamma_n = \int_a^b p y_n y d\xi = \frac{1}{\lambda_n} \int_a^b p y L y_n d\xi = \frac{1}{\lambda_n} \int_a^b p y_n L y d\xi = \frac{1}{\lambda_n} \int_a^b p y_n s d\xi$$

in Übereinstimmung mit (36.44). Diese Methode, Randwertaufgaben mit homogenen Randbedingungen durch Orthogonalreihenentwicklung nach den Eigenfunktionen des Differentialoperators zu lösen, läßt sich, wie wir weiter unten gleich sehen werden, auf Randwertaufgaben für partielle Differentialgleichungen übertragen.

Beispiel 36.10: Wir lösen die Randwertaufgabe von Beispiel 36.8 durch Reihenentwicklung. Die Eigenwerte und Eigenfunktionen dieses Problems sind nach Beispiel 36.9

$$\lambda_n = \left(\frac{n\pi}{l}\right)^2, \quad y_n(x) = \sqrt{\frac{2}{l}} \sin\frac{n\pi x}{l}, \quad n = 1, 2, \ldots .$$

Damit folgt aus (36.44)

$$y(x) = \frac{2l}{\pi^2} \sum_{n=1}^{\infty} \frac{1}{n^2} \sin\frac{n\pi x}{l} \int_0^l s(\xi) \sin\frac{n\pi\xi}{l} d\xi.$$

Die Entwicklung einer auf dem Intervall $]0, l[$ definierten willkürlichen Funktion $\varphi(x)$ führt auf die *Fourier-Sinusreihe*

$$\varphi(x) = \frac{2}{l} \sum_{n=1}^{\infty} \sin\frac{n\pi x}{l} \int_0^l \varphi(\xi) \sin\frac{n\pi\xi}{l} d\xi, \quad 0 < x < l.$$

Zu dieser Reihendarstellung gelangt man auch über die Theorie der Fourierschen Reihen, wenn man zunächst durch die Festsetzung $\varphi(-x) = -\varphi(x)$, $0 < x < l$, die Funktion $\varphi(x)$ ungerade auf das Intervall $]-l, 0[$ fortsetzt und anschließend jene $2l$-periodische Funktion betrachtet, die auf dem Intervall $]-l, l[$ mit der Funktion $\varphi(x)$ übereinstimmt; die obige Reihe (ohne die Einschränkung $0 < x < l$) stellt dann die Fouriersche Reihe dieser $2l$-periodischen Funktion dar. Analog ist die *Fourier-Cosinusreihe*

$$\varphi(x) = \frac{1}{l} \int_0^l \varphi(\xi) d\xi + \frac{2}{l} \sum_{n=1}^{\infty} \cos\frac{n\pi x}{l} \int_0^l \varphi(\xi) \cos\frac{n\pi\xi}{l} d\xi, \quad 0 < x < l,$$

als Entwicklung der willkürlichen Funktion $\varphi(x)$ nach den Eigenfunktionen des Problems $Ly = -y'' = \lambda y$, $y'(0) = 0$, $y'(l) = 0$ zu verstehen (vgl. Beispiel 26.8).

In vielen Problemen stößt man auf singuläre Sturm-Liouvillesche Differentialoperatoren. Dieser Fall liegt dann vor, wenn das Grundintervall $]a, b[$ zwar beschränkt ist, die Koeffizientenfunktionen des Differentialoperators (36.12) jedoch so beschaffen sind, daß zumindest eine der beiden Funktionen $f_1(x)/f_0(x)$, $f_2(x)/f_0(x)$ in einem oder in beiden Endpunkten des Intervalls $]a, b[$ eine Unendlichkeitsstelle hat. Eine weitere Möglichkeit ist die, daß das Grundintervall einseitig oder beidseitig unbeschränkt ist. Offensichtlich lassen sich in einem Randpunkt des Grundintervalls *keine* Bedingungen vorschreiben, wenn dieser entweder im Unendlichen liegt oder auch nur eine der beiden Funktionen $f_1(x)/f_0(x)$, $f_2(x)/f_0(x)$ in diesem Punkt eine Unendlichkeitsstelle hat. In diesem Fall treten an die Stelle der „*quantitativen*" Randbedingungen, wie wir sie bisher betrachtet haben, „*qualitative*" Randbedingungen, wie zum Beispiel Stetigkeitsforderungen.

Die Situation, vor der wir im singulären Fall bei der Lösung der Eigenwertaufgabe, vor allem bei der Ableitung eines Entwicklungssatzes stehen, ist einigermaßen kompliziert und kann hier nicht studiert werden. Es gibt jedoch in jedem Fall eine Form des Entwicklungssatzes, wobei man es allerdings nicht immer mit Reihenentwicklungen zu tun hat. Im allgemeinen ist der Entwicklungssatz eine *Integraldarstellung*, die im einfachsten Fall die Form

$$\varphi(x) = \int_{-\infty}^{\infty} y(x,\lambda)\Phi(\lambda)l(\lambda)d\lambda, \quad \Phi(\lambda) = \int_a^b p(\xi)y(\xi,\lambda)\varphi(\xi)d\xi, \quad a < x < b,$$

hat. Darin ist $l(\lambda)$ eine durch den Differentialoperator L bestimmte Funktion; die Funktionen $y(x,\lambda)$ sind gewisse Lösungen der Gleichung $Ly(x,\lambda) = \lambda y(x,\lambda)$, die der eventuell vorzuschreibenden quantitativen Randbedingung genügen.

Wir wollen einige der wichtigsten singulären Differentialoperatoren betrachten und den zugehörigen Entwicklungssatz angeben.

Beispiel 36.11: Es sei

$$Ly = -y'', \quad -\infty < x < \infty.$$

Der Entwicklungssatz ist das Fouriersche Integraltheorem

$$\varphi(x) = \int_0^{\infty} \big(a(\omega)\cos\omega x + b(\omega)\sin\omega x\big)d\omega, \quad -\infty < x < \infty,$$

mit

$$a(\omega) = \frac{1}{\pi}\int_{-\infty}^{\infty} \varphi(\xi)\cos\omega\xi d\xi, \quad b(\omega) = \frac{1}{\pi}\int_{-\infty}^{\infty} \varphi(\xi)\sin\omega\xi d\xi.$$

Ist $]0, \infty[$ das Grundintervall, so ist im Punkt $x = 0$ eine Randbedingung vorzuschreiben; lautet diese $y'(0) = hy(0)$, $h > 0$, so erhält man

$$\varphi(x) = \frac{2}{\pi}\int_0^{\infty} \frac{\omega^2}{h^2+\omega^2}\, y(x,\omega)\Phi(\omega)d\omega, \quad \Phi(\omega) = \int_0^{\infty} \varphi(\xi)y(\xi,\omega)d\xi, \quad 0 < x < \infty,$$

mit

$$y(x,\omega) = \frac{h}{\omega}\sin\omega x + \cos\omega x.$$

Lautet die Randbedingung $y'(0) = 0$, so erhält man als Entwicklungssatz das *Fourier-Cosinustheorem*

$$\varphi(x) = \frac{2}{\pi}\int_0^{\infty} \cos\omega x d\omega \int_0^{\infty} \varphi(\xi)\cos\omega\xi d\xi, \quad 0 < x < \infty;$$

für die Randbedingung $y(0) = 0$ ist der Entwicklungssatz das *Fourier-Sinustheorem*

$$\varphi(x) = \frac{2}{\pi}\int_0^{\infty} \sin\omega x d\omega \int_0^{\infty} \varphi(\xi)\sin\omega\xi d\xi, \quad 0 < x < \infty.$$

Beispiel 36.12: Es sei

$$Ly = \frac{1}{x}\left[-\frac{d}{dx}\left(x\frac{dy}{dx}\right) + \frac{\nu^2}{x}\,y\right], \quad 0 < x < l, \quad y(l) = 0.$$

Die Eigenwertgleichung $Ly = \lambda y$ führt durch die Substitution $x\sqrt{\lambda} = x'$ auf die Besselsche Differentialgleichung (30.34). Für $\nu > -\frac{1}{2}$ hat man als Entwicklungssatz die Reihendarstellung

$$\varphi(x) = \frac{2}{l^2}\sum_{n=1}^{\infty}\frac{J_\nu\left(\frac{x}{l}s_n\right)}{(J'_\nu(s_n))^2}\int_0^l \xi J_\nu\left(\frac{\xi}{l}s_n\right)\varphi(\xi)d\xi, \quad 0 < x < l,$$

die eine *Fourier-Besselreihe* genannt wird. Darin sind $J_\nu(x)$ die Besselfunktionen (30.36), die Zahlen $s_1, s_2, \ldots$ sind die Lösungen der Gleichung $J_\nu(s) = 0$.

Ist $]0, \infty[$ das Grundintervall, so sind keine Randbedingungen vorgeschrieben; an die Stelle der Fourier-Besselreihe tritt das sogenannte *Hankelsche Integraltheorem*

$$\varphi(x) = \int_0^\infty \xi J_\nu(x\xi)H(\xi)d\xi, \quad H(\xi) = \int_0^\infty xJ_\nu(x\xi)\varphi(x)dx, \quad 0 < x < \infty.$$

Beispiel 36.13: Die Eigenwertgleichung des Problems

$$Ly = -\frac{d}{dx}\left[(1-x^2)\frac{dy}{dx}\right], \quad -1 < x < 1, \quad y(x) \text{ stetig in } x = 1 \text{ und } x = -1,$$

führt auf die Legendresche Differentialgleichung

$$(1-x^2)\frac{d^2y}{dx^2} - 2x\frac{dy}{dx} + \lambda y = 0$$

(vgl. Beispiel 30.2). Sie besitzt nur dann Lösungen, die in den Randpunkten $x = 1$ und $x = -1$ stetig sind, wenn der Parameter λ die Gestalt $\lambda = n(n+1)$ mit einer nichtnegativen ganzen Zahl $n = 0, 1, 2, \ldots$ hat; die in Frage kommenden Lösungen sind die Legendreschen Polynome $P_n(x)$. Der Entwicklungssatz lautet

$$\varphi(x) = \sum_{n=0}^{\infty}\left(n+\frac{1}{2}\right)P_n(x)\int_{-1}^{1}\varphi(\xi)P_n(\xi)d\xi, \quad -1 < x < 1.$$

36.3 Randwertaufgaben für partielle Differentialgleichungen

Die Methode, Randwertaufgaben für gewöhnliche Differentialgleichungen durch Orthogonalreihenentwicklung zu lösen, läßt sich auch zur Lösung von Randwertaufgaben für partielle Differentialgleichungen anwenden; dabei lassen sich die Ergebnisse des vorangegangenen Abschnittes fast wörtlich übertragen.

Wir wollen im folgenden nur die (räumliche) Randwertaufgabe (35.24) und (35.25) behandeln; die Ableitung der Ergebnisse für das entsprechende ebene Problem verläuft vollkommen analog. Wir bemerken hierzu noch, daß die Durchführung nicht auf die Poissonsche Differentialgleichung beschränkt ist, an die Stelle des Laplaceoperators kann auch ein beliebiger anderer linearer partieller Differentialoperator zweiter Ordnung treten, wenn er nur jene Eigenschaften hat, die wir im folgenden für den Laplaceoperator ableiten wollen.

Es sei G ein räumliches Gebiet, das von einer geschlossenen Fläche F begrenzt ist. Mit B bezeichnen wir den abgeschlossenen Bereich, der aus den Punkten von G und der Randfläche F besteht. Es sei weiter $\rho(\mathrm{x})$ eine in G stetige Funktion. Bezeichnet $\mathrm{r(u)}$ die Werte der Funktion $\mathrm{u(x)}$ oder die Werte der Normalableitung $\frac{\partial u}{\partial n}$ auf der Fläche F, so können wir die erste und die zweite Randwertaufgabe der Potentialtheorie zu homogenen Randbedingungen folgendermaßen anschreiben,

$$-\Delta u = \rho, \quad x \in G, \quad r(u) = 0. \tag{36.48}$$

Weshalb man an Stelle des Operators Δ den Operator $-\Delta$ betrachtet, zeigt sich in der zugehörigen Eigenwertaufgabe

$$-\Delta u = \lambda u, \quad x \in G, \quad r(u) = 0. \tag{36.49}$$

Gibt es für eine gewisse Zahl λ eine in G nicht identisch verschwindende Lösung $\mathrm{u(x)}$ dieses Problems, so heißt $\mathrm{u(x)}$ eine *Eigenfunktion* des Laplaceoperators und λ der zugehörige *Eigenwert.*

Es sei $u_0(x)$ eine Eigenfunktion zum Eigenwert λ_0. Dann folgt mit Hilfe der zweiten Greenschen Formel (34.24)

$$\lambda_0 \int\limits_B u_0^2 d\tau = -\int\limits_B u_0 \Delta u_0 d\tau = \int\limits_B (\operatorname{grad} u_0)^2 d\tau - \oint\limits_F u_0 \frac{\partial u_0}{\partial n} do = \int\limits_B (\operatorname{grad} u_0)^2 d\tau,$$

denn das Flächenintegral verschwindet, weil $u_0(x)$ als Eigenfunktion der Bedingung $r(u_0) = 0$ genügen muß. Dieses Ergebnis bedeutet, daß die Eigenwerte des Laplaceoperators nichtnegativ sind, nachdem sie, wie sich unschwer zeigen läßt, reell sein müssen. Der Fall, daß $\lambda_0 = 0$ ein Eigenwert ist, kann nur dann auftreten, wenn die Eigenfunktion $u_0(x)$ konstant ist; offensichtlich trifft dies für die zweite Randwertaufgabe zu, für die erste Randwertaufgabe sind die Eigenwerte sämtlich positiv.

Setzt man in (36.49) für $\lambda = k^2$, so heißt die Eigenwertgleichung für den Laplaceoperator in der Form

$$\Delta u + k^2 u = 0 \tag{36.50}$$

die *Schwingungsgleichung* oder *Helmholtzgleichung.*

Sinngemäß erklären wir durch

$$(u, v) = \int\limits_B u(x) v(x) \mathbf{dx}$$

das innere Produkt zweier im Bereich B definierter Funktionen und nennen die Funktionen $\mathrm{u(x)}$ und $\mathrm{v(x)}$ orthogonal, wenn $(u, v) = 0$ ist. Wir zeigen nun, daß zwei Eigenfunktionen des Laplaceoperators, die zu verschiedenen Eigenwerten gehören, orthogonal sind. Dazu bilden wir

$$(\lambda_1 - \lambda_2) \int\limits_B u_1 u_2 d\tau = \int\limits_B (u_1 \Delta u_2 - u_2 \Delta u_1) d\tau = \oint\limits_F \left(u_1 \frac{\partial u_2}{\partial n} - u_2 \frac{\partial u_1}{\partial n}\right) do,$$

worin die dritte Greensche Formel (34.25) verwendet wurde. Da entweder $u_1 = u_2 = 0$

oder $\frac{\partial u_1}{\partial n} = \frac{\partial u_2}{\partial n} = 0$ auf der Fläche F gilt und λ_1 von λ_2 verschieden ist, folgt daraus

$$\int_B u_1 u_2 d\tau = 0.$$

Diese gemeinsamen Merkmale des Laplaceoperators und Sturm-Liouvillescher Differentialoperatoren legen die Frage nahe, ob es für den Laplaceoperator unendlich viele Eigenwerte $\lambda_1, \lambda_2, \ldots$ und Eigenfunktionen $u_1(\mathbf{x}), u_2(\mathbf{x}), \ldots$ gibt und insbesondere, ob es möglich ist, eine in G definierte willkürliche Funktion $u(\mathbf{x})$ in eine Orthogonalreihe nach den Eigenfunktionen zu entwickeln,

$$u(\mathbf{x}) = \sum_{n=1}^{\infty} u_n(\mathbf{x}) \int_B u_n(\mathbf{y}) u(\mathbf{y}) d\mathbf{y}, \quad \mathbf{x} \in G. \tag{36.51}$$

Die Antwort auf diese Frage fällt positiv aus, wenn die Randfläche F des Gebietes G, wie zunächst vorausgesetzt wurde, ganz im Endlichen liegt. In diesem Fall ist der Laplaceoperator auf G regulär. Wenn andernfalls das Gebiet G ins Unendliche reicht, heißt der Laplaceoperator auf G singulär; an die Stelle des Entwicklungssatzes (36.51) tritt dann im allgemeinen eine Integraldarstellung.

Beispiel 36.14: Wir berechnen die Eigenwerte und Eigenfunktionen des Laplaceoperators, wenn das Gebiet G das Rechteck $0 < x < a$, $0 < y < b$ ist und als Randbedingung $r(u) = u = 0$ auf der Randkurve zu gelten hat,

$$u(x, 0) = u(x, b) = 0, \quad 0 \leqslant x \leqslant a, \quad u(0, y) = u(a, y) = 0, \quad 0 \leqslant y \leqslant b.$$

Wir versuchen, mit Hilfe des Separationsansatzes Eigenfunktionen als Produkte

$$u(x, y) = X(x) Y(y)$$

von Funktionen in den einzelnen unabhängigen Variablen zu finden. Da die Funktion $u(x, y)$ der Randbedingung des Problems zu genügen hat, ergeben sich natürlich gewisse Bedingungen für die Funktionen $X(x)$ und $Y(y)$. Da

$$u(x, 0) = X(x) Y(0) = 0, \quad u(x, b) = X(x) Y(b) = 0, \quad 0 \leqslant x \leqslant a,$$

zu gelten hat, sind die Funktionen $Y(y)$ der Einschränkung

$$Y(0) = 0, \quad Y(b) = 0$$

zu unterwerfen; aus

$$u(0, y) = X(0) Y(y) = 0, \quad u(a, y) = X(a) Y(y) = 0, \quad 0 \leqslant y \leqslant b,$$

folgt, daß die Funktion $X(x)$ den Bedingungen

$$X(0) = 0, \quad X(a) = 0$$

zu genügen hat. Gehen wir jetzt mit dem Separationsansatz in die Eigenwertgleichung (36.49), so erhalten wir

$$-\Delta u = -X''Y - XY'' = \lambda XY$$

und nach Division durch XY

$$-\frac{X''}{X} - \frac{Y''}{Y} = \lambda.$$

Daher muß

$$X'' + \mu X = 0, \quad Y'' + \nu Y = 0, \quad \mu + \nu = \lambda,$$

gelten. Berücksichtigen wir die obigen Bedingungen für die Funktionen X(x) und Y(y), so ergibt sich, daß wir die beiden Sturm-Liouvilleschen Eigenwertaufgaben

$$-X'' = \mu X, \quad X(0) = X(a) = 0 \quad \text{und} \quad -Y'' = \nu Y, \quad Y(0) = Y(b) = 0$$

zu lösen haben. In Beispiel 36.9 haben wir diese Aufgabe gerechnet; es ist

$$X_n(x) = \sqrt{\frac{2}{a}} \sin \frac{n\pi x}{a}, \quad \mu_n = \left(\frac{n\pi}{a}\right)^2, \quad n = 1, 2, \ldots,$$

und analog

$$Y_m(y) = \sqrt{\frac{2}{b}} \sin \frac{m\pi y}{b}, \quad \nu_m = \left(\frac{m\pi}{b}\right)^2, \quad m = 1, 2, \ldots .$$

Daher sind

$$u_{n,m}(x, y) = \frac{2}{\sqrt{ab}} \sin \frac{n\pi x}{a} \sin \frac{m\pi y}{b}, \quad n, m = 1, 2, \ldots,$$

Eigenfunktionen und

$$\lambda_{n,m} = \pi^2\left(\frac{n^2}{a^2} + \frac{m^2}{b^2}\right), \quad n, m = 1, 2, \ldots$$

die zugehörigen Eigenwerte. Wir haben damit tatsächlich alle Eigenwerte und Eigenfunktionen gefunden, denn mit diesen läßt sich ein Entwicklungssatz (36.51) ableiten. Es sei u(x, y) eine auf dem offenen Quadrat Q, $0 < x < a$, $0 < y < b$ definierte willkürliche Funktion. Für festes $y \in\ ]0, b[$ kann die Funktion u(x, y) in eine Orthogonalreihe nach den Eigenfunktionen der Eigenwertaufgabe für die Funktion X(x) entwickelt werden,

$$u(x, y) = \frac{2}{a} \sum_{n=1}^{\infty} c_n(y) \sin \frac{n\pi x}{a}, \quad 0 < x < a, \quad c_n(y) = \int_0^a u(\xi, y) \sin \frac{n\pi \xi}{a} d\xi.$$

Die auf dem Intervall $]0, b[$ definierten Koeffizienten $c_n(y)$ lassen sich in eine Orthogonalreihe nach den Eigenfunktionen der Eigenwertaufgabe für die Funktion Y(y) entwickeln,

$$c_n(y) = \frac{2}{b} \sum_{m=1}^{\infty} d_{n,m} \sin \frac{m\pi y}{b}, \quad 0 < y < b,$$

worin die konstanten Koeffizienten $d_{n,m}$ die Gestalt

$$d_{n,m} = \int_0^b c_n(\eta) \sin \frac{m\pi\eta}{b} d\eta = \int_0^b \int_0^a u(\xi, \eta) \sin \frac{n\pi\xi}{a} \sin \frac{m\pi\eta}{b} d\xi d\eta$$

haben. Damit ist schließlich der Entwicklungssatz

$$u(x, y) = \frac{4}{ab} \sum_{n=1}^{\infty} \sum_{m=1}^{\infty} \sin \frac{n\pi x}{a} \sin \frac{m\pi y}{b} \iint_Q u(\xi, \eta) \sin \frac{n\pi\xi}{a} \sin \frac{m\pi\eta}{b} d\xi d\eta$$

$$= \sum_{n=1}^{\infty} \sum_{m=1}^{\infty} u_{n,m}(x, y) \iint_Q u_{n,m}(\xi, \eta) u(\xi, \eta) d\xi d\eta, \quad 0 < x < a, 0 < y < b,$$

gefunden.

Beispiel 36.15: Zur Berechnung der Eigenwerte und Eigenfunktionen des Laplaceoperators für den Kreis $x^2 + y^2 < a^2$ zu der Randbedingung $u(x, y) = 0$ für $x^2 + y^2 = a^2$ ist es zweckmäßig, ebene Polarkoordinaten r und φ einzuführen. Die Eigenwertgleichung (36.49) lautet dann (vgl. (23.123))

$$-\frac{1}{r}\frac{\partial}{\partial r}\left(r\frac{\partial u}{\partial r}\right)-\frac{1}{r^2}\frac{\partial^2 u}{\partial\varphi^2} = \lambda u,$$

die Randbedingung kann in der Form

$$u(a, \varphi) = 0, \quad 0 \leqslant \varphi \leqslant 2\pi,$$

geschrieben werden. Wir versuchen, diese Gleichung wieder durch einen Trennungsansatz zu lösen,

$$u(r, \varphi) = R(r)\Phi(\varphi).$$

Zunächst wollen wir uns überlegen, wie sich die Randbedingung für die Funktion $u(r, \varphi)$ auf die Funktionen $R(r)$ und $\Phi(\varphi)$ überträgt. Aus der Gleichung

$$u(a, \varphi) = R(a)\Phi(\varphi) = 0 \quad \text{für } 0 \leqslant \varphi \leqslant 2\pi$$

folgt notwendigerweise

$$R(a) = 0.$$

Weiter muß die Lösung $u(r, \varphi)$ für $0 < r < a$ eine 2π-periodische Funktion in φ sein; wir haben also zu fordern, daß $\Phi(\varphi)$ eine 2π-periodische Funktion ist, das heißt, $\Phi(\varphi)$ muß den Randbedingungen (36.47) für 2π-periodische Funktionen genügen.

Wenn wir jetzt mit dem Ansatz $u = R\Phi$ in die Eigenwertgleichung (36.49) gehen, so erhalten wir

$$\Phi\frac{1}{r}\frac{d}{dr}\left(r\frac{dR}{dr}\right)+\frac{R}{r^2}\frac{d^2\Phi}{d\varphi^2} + \lambda R\Phi = 0,$$

beziehungsweise, wenn wir diese Gleichung mit $r^2/R\Phi$ multiplizieren,

$$\frac{r}{R}\frac{d}{dr}\left(r\frac{dR}{dr}\right)+\frac{1}{\Phi}\frac{d^2\Phi}{d\varphi^2} + \lambda r^2 = 0.$$

Wir setzen $-\dfrac{\Phi''}{\Phi} = \mu$ und haben auf Grund dessen für die Funktion Φ und den Separationsparameter μ die Eigenfunktionen und Eigenwerte des Problems

$$-\Phi'' = \mu\Phi, \quad -\pi < \varphi < \pi, \quad \Phi(-\pi) = \Phi(\pi), \quad \Phi'(-\pi) = \Phi'(\pi)$$

in Betracht zu ziehen. Zur Lösung dieser Eigenwertaufgabe untersuchen wir zunächst den Fall $\mu = 0$. Da unter dieser Annahme $\Phi(\varphi) = A + B\varphi$ das allgemeine Integral der Eigenwertgleichung ist und offensichtlich nur die konstante Lösung für $B = 0$ auch den Randbedingungen genügt, ist $\Phi_0(\varphi) = A_0$ eine Eigenfunktion zum Eigenwert $\mu_0 = 0$. Für $\mu \neq 0$ lautet die allgemeine Lösung

$$\Phi(\varphi) = A\cos\varphi\sqrt{\mu} + B\sin\varphi\sqrt{\mu}.$$

Setzt man in die Randbedingungen ein, so resultiert für A und B das Gleichungssystem

$$A\cos\pi\sqrt{\mu} - B\sin\pi\sqrt{\mu} = A\cos\pi\sqrt{\mu} + B\sin\pi\sqrt{\mu},$$

$$A\sin\pi\sqrt{\mu} + B\cos\pi\sqrt{\mu} = -A\sin\pi\sqrt{\mu} + B\cos\pi\sqrt{\mu},$$

das offensichtlich nur dann eine nichttriviale Lösung für A und B hat, wenn

$$\sin\pi\sqrt{\mu} = 0$$

gilt. Die von Null verschiedenen Lösungen dieser Gleichung sind die Zahlen $\mu_n = n^2$, $n = 1, 2, \ldots$. Damit haben wir die Eigenwerte gefunden,

$$\mu_n = n^2, \quad n = 0, 1, 2, \ldots .$$

Die Eigenfunktionen berechnen sich zu

$$\Phi_0(\varphi) = A_0, \quad \Phi_n(\varphi) = A_n \cos n\varphi + B_n \sin n\varphi, \quad n = 1, 2, \ldots .$$

Mit diesem Ergebnis wenden wir uns nun dem Radialteil R(r) zu, für den wir ebenfalls eine Eigenwertaufgabe zu lösen haben. Die Eigenwertgleichung für R(r) lautet

$$\frac{1}{r}\left[-\frac{d}{dr}\left(r\frac{dR}{dr}\right) + \frac{n^2}{r}R\right] = \lambda R, \quad 0 < r < a.$$

Führen wir die Variable $\rho = r\sqrt{\lambda}$ ein, so geht diese Gleichung in die Besselsche Differentialgleichung (30.34) über,

$$\frac{d^2R}{d\rho^2} + \frac{1}{\rho}\frac{dR}{d\rho} + \left(1 - \frac{n^2}{\rho^2}\right)R = 0;$$

deren allgemeines Integral ist (vgl. (30.37), (30.53))

$$R(r) = CJ_n(r\sqrt{\lambda}) + DN_n(r\sqrt{\lambda}).$$

Im Randpunkt r = a haben wir die Bedingung R(a) = 0 zu erfüllen, für den Punkt r = 0 ergibt sich eine qualitative Bedingung: Da die Eigenfunktionen des Laplaceoperators im Kreismittelpunkt stetig sein müssen, ***muß*** R(r) ***im Punkt*** r = 0 ***stetig sein.*** Dieser Forderung können wir nur dadurch genügen, daß wir D = 0 setzen, denn die Neumannfunktion $N_n(x)$ strebt für $x \to 0$ gegen unendlich. Also muß der Radialteil die Gestalt

$$R(r) = J_n(r\sqrt{\lambda})$$

haben, da es auf einen multiplikativen Faktor nicht ankommt. Aus der Gleichung

$$R(a) = J_n(a\sqrt{\lambda}) = 0$$

erhalten wir schließlich die Eigenwerte des Laplaceoperators für den Kreis,

$$\lambda_{n,m} = \left(\frac{1}{a}s_m^{(n)}\right)^2, \quad m = 1, 2, \ldots, \quad n = 0, 1, 2, \ldots,$$

worin die Zahlen $s_m^{(n)}$, m = 1, 2, ..., die Lösungen der Gleichung $J_n(s) = 0$ (für n = 0, 1, 2, ...) sind. Die zugehörigen Eigenfunktionen lauten

$$u_{0,m}(r,\varphi) = A_{0,m} J_0\left(\frac{r}{a}s_m^{(0)}\right), \quad m = 1, 2, \ldots,$$

$$u_{n,m}(r,\varphi) = J_n\left(\frac{r}{a}s_m^{(n)}\right)(A_{n,m}\cos n\varphi + B_{n,m}\sin n\varphi), \quad n, m = 1, 2, \ldots$$

Damit haben wir alle Eigenwerte und Eigenfunktionen gefunden. Dies ergibt sich wieder aus der Tatsache, daß wir mit diesen Eigenfunktionen einen Entwicklungssatz aufbauen können. Ist $u(r,\varphi)$ eine willkürliche Funktion, so entwickeln wir sie für festes $r \in\,]0, a[$ in ihre Orthogonalreihe nach den Eigenfunktionen der Eigenwertaufgabe für die Funktion Φ,

$$u(r,\varphi) = \frac{1}{2}a_0(r) + \sum_{n=1}^{\infty}(a_n(r)\cos n\varphi + b_n(r)\sin n\varphi),$$

die nichts anderes als die Fouriersche Reihe der Funktion $u(r,\varphi)$ für festgehaltenes r ist. Die Koeffizienten dieser Reihe stellen wir mit Hilfe des Entwicklungssatzes von Beispiel 36.12 durch ihre Fourier-Besselreihe dar,

$$a_n(r) = \frac{2}{a^2\pi}\sum_{m=1}^{\infty}\frac{J_n\left(\frac{r}{a}s_m^{(n)}\right)}{(J_n'(s_m^{(n)}))^2}\int_0^a \rho J_n\left(\frac{\rho}{a}s_m^{(n)}\right)d\rho\int_{-\pi}^{\pi}u(\rho,\psi)\cos n\psi\, d\psi, \quad n = 0, 1, 2, \ldots$$

$$b_n(r) = \frac{2}{a^2\pi} \sum_{m=1}^{\infty} \frac{J_n\left(\frac{r}{a} s_m^{(n)}\right)}{(J_n'(s_m^{(n)}))^2} \int_0^a \rho J_n\left(\frac{\rho}{a} s_m^{(n)}\right) d\rho \int_{-\pi}^{\pi} u(\rho, \psi) \sin n\psi d\psi, \quad n = 1, 2, \ldots$$

Diese Beispiele zeigen, wie der Entwicklungssatz (36.51) für mehrdimensionale Randwertprobleme aufzubauen ist. Über den Trennungsansatz wird man für jeden der einzelnen Faktoren auf eine Sturm-Liouvillesche Eigenwertaufgabe geführt, für die ein Entwicklungssatz zur Verfügung steht. Von einer willkürlichen Funktion ausgehend hält man alle Variablen fest bis auf eine und entwickelt die willkürliche Funktion in Abhängigkeit von dieser Veränderlichen in eine Reihe nach den Eigenfunktionen des zugehörigen Eigenwertproblems. Die von den festgehaltenen Variablen abhängigen Koeffizienten werden in eine Orthogonalreihe entwickelt, indem man wieder eine Variable festhält und nach den Eigenfunktionen des diesbezüglichen Eigenwertproblems entwickelt. So fortfahrend erhält man den Entwicklungssatz (36.51) in Form mehrfacher Reihen.

Steht ein Entwicklungssatz (36.51) zur Verfügung, so bereitet die Lösung der Randwertaufgabe (36.48) keine Schwierigkeiten. Ist $u(x)$ die gesuchte Lösung, so kann sie in die Orthogonalreihe nach den Eigenfunktionen $u_n(x)$ der Eigenwertaufgabe (36.49) entwickelt werden,

$$u(x) = \sum_{n=1}^{\infty} c_n u_n(x), \quad c_n = \int_B u_n(y) u(y) d\mathbf{y}, \quad x \in G.$$

Für die Koeffizienten c_n erhält man, wenn $\lambda = 0$ kein Eigenwert ist,

$$c_n = \int_B u u_n d\tau = -\frac{1}{\lambda_n} \int_B u \Delta u_n d\tau = -\frac{1}{\lambda_n} \int_B u_n \Delta u d\tau = \frac{1}{\lambda_n} \int_B u_n \rho d\tau, \quad n = 1, 2, \ldots,$$

so daß

$$u(x) = \sum_{n=1}^{\infty} \frac{1}{\lambda_n} u_n(x) \int_B u_n(y) \rho(y) d\mathbf{y}, \quad x \in G, \tag{36.52}$$

die Lösung der Randwertaufgabe (36.48) ist. Vertauscht man in (36.52) die Summation mit der Integration und setzt man

$$G(x, y) = \sum_{n=1}^{\infty} \frac{1}{\lambda_n} u_n(x) u_n(y), \tag{36.53}$$

so erhält man für die Lösungsfunktion (36.52) die Darstellung

$$u(x) = \int_B G(x, y) \rho(y) d\mathbf{y}, \quad x \in G. \tag{36.54}$$

Die Funktion $G(x, y)$ heißt *Greensche Funktion* der Randwertaufgabe (36.48).

Ist $\lambda_0 = 0$ ein Eigenwert, so braucht die Randwertaufgabe (36.48) nicht lösbar zu sein. Wenn sie lösbar ist, so ist sie sicher nicht eindeutig lösbar, insbesondere ist die Differenz zweier Lösungen eine Eigenfunktion zum Eigenwert $\lambda_0 = 0$.

Wir haben schon festgestellt, daß $\lambda_0 = 0$ als Eigenwert des Laplaceoperators auftritt, wenn als Randbedingung das Verschwinden der Normalableitung gefordert wird; in Abschnitt 35.1 kamen wir zu dem Ergebnis, daß die zweite Randwertaufgabe der Potentialtheorie für die homogene Randbedingung nur dann lösbar ist, wenn

$$\int_B \rho \, d\tau = 0$$

gilt (vgl. (35.26)). Da jede konstante Funktion eine Eigenfunktion zum Eigenwert $\lambda_0 = 0$ ist, unterscheiden sich im Falle der Lösbarkeit zwei Lösungen der zweiten Randwertaufgabe um eine Konstante. Zur Lösung der zweiten Randwertaufgabe ist deshalb der Ansatz

$$u(x) = C + \sum_{n=1}^{\infty} c_n u_n(x), \quad c_n = \int_B u_n(y) u(y) \mathbf{dy}, \quad n = 1, 2, \ldots$$

zu machen, worin C eine willkürliche Konstante ist. Die Koeffizienten c_n sind wie oben zu bestimmen, die Greensche Funktion (36.53) ist mit den Eigenfunktionen der zweiten Randwertaufgabe aufzubauen.

Die Greensche Funktion (36.53) ist symmetrisch in ihren beiden Argumenten,

$$G(x, y) = G(y, x), \tag{36.55}$$

sie genügt für festes $y \in G$ den Randbedingungen des Problems,

$$r(G) = 0, \tag{36.56}$$

und ist Lösung der Differentialgleichung

$$-\Delta G(x, y) = \delta(x - y), \quad y \in G. \tag{36.57}$$

Setzt man nämlich in (36.54) für $\rho(x) = \delta(x - y)$, so erhält man

$$u(x) = \int_B G(x, z) \rho(z) \mathbf{dz} = \int_B G(x, z) \delta(z - y) \mathbf{dz} = G(x, y).$$

Wir bemerken, daß die Greensche Funktion $G(x, y)$ durch die drei Eigenschaften (36.55), (36.56) und (36.57) eindeutig bestimmt ist.

Bisher haben wir vorausgesetzt, daß die Randbedingung des Problems homogen ist. Wir wollen nun darlegen, wie mit Hilfe der Greenschen Funktion auch die Randwertaufgabe

$$-\Delta u = \rho, \quad x \in G, \quad r(u) = u_0 \quad \text{auf } F \tag{36.58}$$

für eine inhomogene Randbedingung gelöst werden kann, wobei u_0 eine auf der Randfläche F des Gebietes G definierte Funktion ist. Wir schließen zu diesem Zweck an unsere Betrachtungen von Abschnitt 35.1 auf Seite 1099 an, wo wir uns mit der Lösung der Poissonschen Differentialgleichung unter Berücksichtigung einer inhomogenen Randbedingung schon kurz befaßt haben. Dort sind wir von der Existenz einer Funktion der Gestalt

$$G(x, y) = \frac{1}{4\pi r} + V(x, y), \quad \Delta_y V(x, y) = 0, \quad r = |x - y|, \tag{36.59}$$

mit den Eigenschaften[1])

$$-\Delta_y G(x, y) = \delta(x - y), \quad r_y(G) = 0 \tag{36.60}$$

(vgl. (35.31) und (35.29) beziehungsweise (35.30)) ausgegangen und kamen zur Darstellung

$$u(x) = \int_B G\rho d\tau - \oint_F u_0 \frac{\partial G}{\partial n} do, \quad u = u_0 \quad \text{auf } F, \tag{36.61}$$

beziehungsweise

$$u(x) = \int_B G\rho d\tau + \oint_F u_0 G do, \quad \frac{\partial u}{\partial n} = u_0 \quad \text{auf } F, \tag{36.62}$$

der Lösung für die erste beziehungsweise zweite Randwertaufgabe der Potentialtheorie. Die Funktion (36.59) mit den Eigenschaften (36.60), deren Existenz wir in Abschnitt 35.1 angenommen haben, muß mit der Greenschen Funktion (36.53) übereinstimmen, wie sich aus der Symmetrieeigenschaft (36.55) und durch Vergleich von (36.56) und (36.57) mit (36.60) ergibt, und weiter aus der Tatsache, daß die Greensche Funktion eindeutig bestimmt ist. Setzt man für die Greensche Funktion der entsprechenden Randwertaufgabe in (36.61) beziehungsweise (36.62) ein, so ist damit die Lösung der ersten beziehungsweise zweiten Randwertaufgabe der Potentialtheorie gefunden.

Wir bemerken als Ergänzung, daß die Reihe (36.53) bezüglich der Variablen x bei festem y nicht punktweise konvergiert, wofür der „singuläre" Term in (36.59) verantwortlich ist. Die Reihe konvergiert aber für jedes $y \in G$ im Mittel gegen eine Funktion G(x, y), das heißt, es gilt für jedes $y \in G$

$$\lim_{N \to \infty} \int_B \left[G(x, y) - \sum_{n=1}^{N} \frac{1}{\lambda_n} u_n(x) u_n(y) \right]^2 dx = 0. \tag{36.63}$$

Die Gleichung (36.53) ist also so zu verstehen, daß durch die Reihe auf der rechten Seite eine Funktion G(x, y) definiert wird, für die die Grenzwertbeziehung (36.63) besteht; diese Funktion hat auch die Eigenschaften (36.55), (36.56) und (36.57). Die direkte Konstruktion der Greenschen Funktion aus ihren charakteristischen Eigenschaften ist äußerst kompliziert, tatsächlich gibt es nur wenige Fälle, für die die Greensche Funktion bekannt ist. Die Kenntnis der Reihe (36.53) reicht aber aus, eine in *G* konvergente Reihenentwicklung der Lösung (36.61) beziehungsweise (36.62) zu gewinnen, indem man für die entsprechende Greensche Funktion aus (36.53) einsetzt und die Integrationen mit der Summation vertauscht.

Wir weisen schließlich noch darauf hin, daß der singuläre Term in (36.59) für räumliche und ebene Bereiche verschieden ist. Für räumliche Bereiche lautet er $\frac{1}{4\pi r}$, für ebene Bereiche $\frac{1}{2\pi} \ln \frac{1}{r}$, denn es gilt

$$-\frac{1}{2\pi} \Delta \ln \frac{1}{r} = \delta(x - y), \quad r = |x - y|. \tag{36.64}$$

[1]) Die durch die Ersetzung von Δ durch −Δ bedingten Vorzeichenunterschiede verlangen, daß ρ durch −ρ und G durch −G zu ersetzen ist.

Daher tritt für ebene Probleme an die Stelle von (36.59)

$$G(x, y) = \frac{1}{2\pi} \ln \frac{1}{r} + V(x, y), \quad \Delta_y V(x, y) = 0. \tag{36.65}$$

Beispiel 36.16: Die Eigenwerte und die auf die Länge 1 normierten Eigenfunktionen des Laplaceoperators für den Kreis $x^2 + y^2 < a^2$ mit der Randbedingung $u = 0$ auf der Kreisperipherie lauten nach Beispiel 36.15

$$\frac{1}{a\sqrt{\pi}} \frac{J_0\left(\frac{r}{a} s_m^{(0)}\right)}{J_0'(s_m^{(0)})}, \quad \lambda_{0,m} = \left(\frac{1}{a} s_m^{(0)}\right)^2, \quad m = 1, 2, \ldots,$$

$$\frac{\sqrt{2}}{a\sqrt{\pi}} \frac{J_n\left(\frac{r}{a} s_m^{(n)}\right)}{J_n'(s_m^{(n)})} \cos n\varphi, \quad \frac{\sqrt{2}}{a\sqrt{\pi}} \frac{J_n\left(\frac{r}{a} s_m^{(n)}\right)}{J_n'(s_m^{(n)})} \sin n\varphi, \quad \lambda_{n,m} = \left(\frac{1}{a} s_m^{(n)}\right)^2, \quad n, m = 1, 2, \ldots .$$

Dieses Ergebnis führt uns auf die Reihenentwicklung

$$G(r, \varphi, \rho, \psi) = \frac{1}{\pi} \sum_{m=1}^{\infty} \frac{J_0\left(\frac{r}{a} s_m^{(0)}\right) J_0\left(\frac{\rho}{a} s_m^{(0)}\right)}{[s_m^{(0)} J_0'(s_m^{(0)})]^2} + \frac{2}{\pi} \sum_{n=1}^{\infty} \cos n(\varphi - \psi) \sum_{m=1}^{\infty} \frac{J_n\left(\frac{r}{a} s_m^{(n)}\right) J_n\left(\frac{\rho}{a} s_m^{(n)}\right)}{[s_m^{(n)} J_n'(s_m^{(n)})]^2}$$

der Greenschen Funktion dieser Randwertaufgabe, worin r, φ die Polarkoordinaten des Punktes x und ρ, ψ die Polarkoordinaten des Punktes y sind.

Um mit Hilfe der Greenschen Funktion die Randwertaufgabe $\Delta u = 0$, $u(a, \varphi) = u_0(\varphi)$, $-\pi \leqslant \varphi \leqslant \pi$, zu lösen, haben wir in die dem ebenen Fall entsprechende Formel (36.61) (an die Stelle von F tritt die Randkurve C, an die Stelle des skalaren Flächenelementes do das skalare Wegelement ds) einzusetzen und die Integration mit der Summation zu vertauschen. Unter Berücksichtigung von $\frac{\partial G}{\partial n} = \frac{\partial G}{\partial \rho}$ für $\rho = a$ und $ds = a\, d\psi$ erhalten wir dann

$$u(r, \varphi) = -\frac{a_0}{2} 2 \sum_{m=1}^{\infty} \frac{J_0\left(\frac{r}{a} s_m^{(0)}\right)}{s_m^{(0)} J_0'(s_m^{(0)})} - 2 \sum_{n=1}^{\infty} (a_n \cos n\varphi + b_n \sin n\varphi) \sum_{m=1}^{\infty} \frac{J_n\left(\frac{r}{a} s_m^{(n)}\right)}{s_m^{(n)} J_n'(s_m^{(n)})}, \quad r < a.$$

worin a_n und b_n die Fourierkoeffizienten der Funktion $u_0(\varphi)$ sind.

Die Darstellung (36.61) beziehungsweise (36.62) der Lösung einer Randwertaufgabe (36.58) kann als Summe $u(x) = u_1(x) + u_2(x)$ zweier Funktionen $u_1(x)$ und $u_2(x)$ geschrieben werden, wobei $u_1(x)$ die Lösung der Randwertaufgabe

$$-\Delta u = \rho, \quad x \in G, \quad r(u) = 0 \quad \text{auf } F, \tag{36.66}$$

für die inhomogene Differentialgleichung mit der homogenen Randbedingung ist, $u_2(x)$ die Lösung der Randwertaufgabe

$$\Delta u = 0, \quad x \in G, \quad r(u) = u_0 \quad \text{auf } F \tag{36.67}$$

für die homogene Differentialgleichung mit der inhomogenen Randbedingung ist. Offenbar ist die Summe $u(x) = u_1(x) + u_2(x)$ die Lösung der Randwertaufgabe (36.58),

$$-\Delta u = -\Delta u_1 - \Delta u_2 = -\Delta u_1 = \rho, \quad r(u) = r(u_1) + r(u_2) = r(u_2) = u_0 \quad \text{auf } F.$$

Zur Konstruktion der Lösung einer Randwertaufgabe (36.67) für eine homogene Differentialgleichung braucht man unter Umständen die meist komplizierte Eigenwertaufgabe für den Laplaceoperator nicht zu lösen. Man kann versuchen, indem man möglichst viele Lösungen der Laplacegleichung aufzusuchen trachtet, mit diesen jene Lösung aufzubauen, die die inhomogene Randbedingung erfüllt.

Beispiel 36.17: Wir lösen nochmals die Randwertaufgabe $\Delta u = 0$ für den Kreis $x^2 + y^2 < a^2$ mit der Randbedingung $u(a, \varphi) = u_0(\varphi)$, $-\pi \leqslant \varphi \leqslant \pi$.

Wir führen zunächst Polarkoordinaten ein und transformieren die Laplacegleichung,

$$\frac{1}{r}\frac{\partial}{\partial r}\left(r\frac{\partial u}{\partial r}\right)+\frac{1}{r^2}\frac{\partial^2 u}{\partial \varphi^2}=0.$$

Mit dem Trennungsansatz $u(r, \varphi) = R(r)\Phi(\varphi)$ werden wir auf die Gleichung

$$\frac{r}{R}\frac{d}{dr}\left(r\frac{dR}{dr}\right)=-\frac{\Phi''}{\Phi}=\mu$$

mit dem Separationsparameter μ geführt. Wie in Beispiel 36.15 kommen auf Grund der Periodizitätsforderung für den Separationsparameter μ und die Funktion $\Phi(\varphi)$ nur die Eigenwerte und Eigenfunktionen der Aufgabe $-\Phi'' = \mu\Phi$, $\Phi(-\pi) = \Phi(\pi)$, $\Phi'(-\pi) = \Phi'(\pi)$ in Frage,

$$\mu_n = n^2, \quad n = 0, 1, 2, \ldots,$$

$$\Phi_0(\varphi) = A_0, \quad \Phi_n(\varphi) = A_n \cos n\varphi + B_n \sin n\varphi, \quad n = 1, 2, \ldots .$$

Für den Radialteil $R(r)$ ergibt sich unter Berücksichtigung der Werte für den Separationsparameter μ die Eulersche Differentialgleichung

$$r\frac{d}{dr}\left(r\frac{dR}{dr}\right)-n^2R=0$$

mit der allgemeinen Lösung

$$R(r) = Cr^n + D\frac{1}{r^n}$$

für $n = 1, 2, \ldots$ und

$$R(r) = C + D \ln r$$

für $n = 0$. Auf Grund der Forderung, daß die Lösungen $u(r, \varphi)$ im Kreis $x^2 + y^2 < a^2$, insbesondere im Mittelpunkt $x = y = 0$, stetig sein müssen, dürfen wir nur die Lösungen für $D = 0$ in Betracht ziehen; da wir dann $C = 1$ setzen können, erhalten wir Lösungen der Laplacegleichung in der Form

$$u_0(r, \varphi) = A_0, \quad u_n(r, \varphi) = r^n(A_n \cos n\varphi + B_n \sin n\varphi), \quad n = 1, 2, \ldots .$$

Durch Superposition dieser Lösungen gelangen wir zu weiteren Lösungen: Ist M eine endliche Menge nichtnegativer ganzer Zahlen, so ist auch

$$u(r, \varphi) = \sum_{n \in M} u_n(r, \varphi)$$

eine Lösung der Laplacegleichung. Setzen wir solche Lösungen in die Randbedingung ein, so folgt

$$\sum_{n\in M} u_n(a, \varphi) = \sum_{n \in M} a^n(A_n \cos n\varphi + B_n \sin n\varphi) = \frac{a_0}{2} + \sum_{n=1}^{\infty} (a_n \cos n\varphi + b_n \sin n\varphi) = u_0(\varphi),$$

worin die Zahlen a_n und b_n die Fourierkoeffizienten der Funktion $u_0(\varphi)$ sind. Wenn die Funktion $u_0(\varphi)$ nicht ein trigonometrisches Polynom ist, so kann diese Gleichung für alle $\varphi \in [-\pi, \pi]$ nur dann erfüllt werden, wenn für M die Menge der nichtnegativen ganzen Zahlen genommen wird,

$$u(a, \varphi) = A_0 + \sum_{n=1}^{\infty} a^n(A_n \cos n\varphi + B_n \sin n\varphi) = \frac{a_0}{2} + \sum_{n=1}^{\infty} (a_n \cos n\varphi + b_n \sin n\varphi),$$

und, wie aus dieser Gleichung durch Koeffizientenvergleich hervorgeht,

$$A_0 = \frac{a_0}{2}, \quad A_n = \frac{a_n}{a^n}, \quad B_n = \frac{b_n}{a^n}, \quad n = 1, 2, \ldots,$$

gesetzt wird. Dies bedeutet, daß die gesuchte Lösung die Gestalt

$$u(r, \varphi) = \frac{a_0}{2} + \sum_{n=1}^{\infty} \left(\frac{r}{a}\right)^n (a_n \cos n\varphi + b_n \sin n\varphi), \quad r < a,$$

haben muß. Diese Funktion nimmt die vorgeschriebenen Randwerte an; daß es sich dabei auch um eine Lösung der Laplacegleichung handelt, das heißt, daß der Laplaceoperator mit der Summation vertauschbar ist, folgt aus der in beiden Veränderlichen gleichmäßigen Konvergenz dieser Reihe auf jedem abgeschlossenen Kreis mit dem Radius $r' < a$.

Dieses durch Lösung der Laplacegleichung gewonnene Ergebnis stimmt natürlich mit jenem von Beispiel 36.16 überein, denn es gelten die Reihenentwicklungen

$$\left(\frac{r}{a}\right)^n = -2 \sum_{m=1}^{\infty} \frac{J_n\left(\frac{r}{a} s_m^{(n)}\right)}{s_m^{(n)} J_n'(s_m^{(n)})}, \quad r < a, \ n = 0, 1, 2, \ldots,$$

die allein aus den Eigenschaften der Besselfunktionen mit ganzzahligem Zeiger abgeleitet werden können.

Wir weisen den Leser noch darauf hin, daß wir bei dieser Art der Lösung deshalb erfolgreich waren, weil die Randfunktion nach Eigenfunktionen eines der Eigenwertprobleme, die sich bei der Lösung über den Trennungsansatz ergeben, entwickelt werden konnte.

Setzt man in der obigen Entwicklung für die Fourierkoeffizienten der Funktion $u_0(\varphi)$ ein, so erhält man

$$u(r, \varphi) = \frac{1}{2\pi} \int_{-\pi}^{\pi} u_0(\psi) d\psi + \frac{1}{\pi} \int_{-\pi}^{\pi} u_0(\psi) \sum_{n=1}^{\infty} \left(\frac{r}{a}\right)^n \cos n(\varphi - \psi) d\psi.$$

Unter Verwendung der Entwicklung

$$\sum_{n=1}^{\infty} x^n \cos n\alpha = \frac{x \cos\alpha - x^2}{1 + x^2 - 2x \cos\alpha}, \quad |x| < 1,$$

gelangt man schließlich zu der (36.61) entsprechenden Darstellung

$$u(r, \varphi) = \frac{1}{2\pi} \int_{-\pi}^{\pi} \frac{a^2 - r^2}{a^2 + r^2 - 2ar \cos(\varphi - \psi)} u_0(\psi) d\psi, \quad r < a,$$

die die *Poissonsche Integralformel* genannt wird.

Beispiel 36.18: Wir lösen die Laplacegleichung für die Halbebene $y > 0$. Als Randbedingung verlangen wir

$$u(x, 0) = u_0(x), \quad \lim_{y \to \infty} u(x, y) = 0, \quad -\infty < x < \infty.$$

Gehen wir mit dem Separationsansatz u(x, y) = X(x)Y(y) in die Laplacegleichung, so entsteht

$$-\frac{X''}{X} = \frac{Y''}{Y} = \mu.$$

Für die Funktion X(x) werden wir auf das Eigenwertproblem

$$-X'' = \mu X, \quad -\infty < x < \infty$$

geführt, für das ein Entwicklungssatz

$$u_0(x) = \int_0^\infty \bigl(a(\omega)\cos\omega x + b(\omega)\sin\omega x\bigr)d\omega$$

mit

$$a(\omega) = \frac{1}{\pi}\int_{-\infty}^{\infty} u_0(\xi)\cos\omega\xi d\xi, \qquad b(\omega) = \frac{1}{\pi}\int_{-\infty}^{\infty} u_0(\xi)\sin\omega\xi d\xi$$

zur Verfügung steht (vgl. Beispiel 36.11). Mit $\mu = \omega^2$ lauten die Lösungen

$$X(x, \omega) = A\cos\omega x + B\sin\omega x.$$

Für die Funktion Y(y) erhalten wir die Gleichung

$$Y'' - \omega^2 Y = 0,$$

die unter der Bedingung

$$\lim_{y\to\infty} Y(y) = 0$$

zu lösen ist, was auf

$$Y(y, \omega) = e^{-|\omega| y}, \quad y > 0,$$

führt. Somit erhalten wir Lösungen der Laplacegleichung der Form

$$u(x, y, \omega) = X(x, \omega)Y(y, \omega) = e^{-|\omega| y}(A\cos\omega x + B\sin\omega x).$$

Superponieren wir solche Lösungen, so können wir versuchen, aus der Schar

$$u(x, y) = \int_I \bigl(A(\omega)\cos\omega x + B(\omega)\sin\omega x\bigr)e^{-|\omega| y}d\omega$$

jene Lösung auszusondern, die auf der x-Achse die Werte $u_0(x)$ annimmt,

$$u(x, 0) = \int_I \bigl(A(\omega)\cos\omega x + B(\omega)\sin\omega x\bigr)d\omega = \int_0^\infty (a(\omega)\cos\omega x + b(\omega)\sin\omega x)d\omega = u_0(x).$$

Aus dieser Gleichung folgt, daß $I = [0, \infty[$ sein muß und weiter, daß

$$A(\omega) = a(\omega), \quad B(\omega) = b(\omega)$$

zu setzen ist. Somit wird

$$u(x, y) = \int_0^\infty \bigl(a(\omega)\cos\omega x + b(\omega)\sin\omega x\bigr)e^{-\omega y}d\omega, \quad -\infty < x < \infty, y > 0,$$

die Lösung unserer Aufgabe.

36.4 Anfangsrandwertaufgaben

Es wurde schon darauf hingewiesen, daß die Berechnung instationärer Felder auf partielle Differentialgleichungen führt, in denen auch partielle Ableitungen nach der Zeit auftreten. Besonders wichtige Beispiele sind die Wärmeleitungsgleichung (35.67), die Wellengleichung (35.147) sowie die Telegraphengleichung (35.154). Diese drei Gleichungen sind Spezialfälle des allgemeinen Gleichungstyps

$$\Delta u = a\frac{\partial^2 u}{\partial t^2} + b\frac{\partial u}{\partial t} + cu - \rho, \quad x \in G, \ t > t_0, \tag{36.68}$$

worin a, b und c konstante Größen sind und $\rho(x, t)$ eine im Gebiet G für alle $t > t_0$ definierte stetige Funktion ist. Die Gleichung (36.68) schreiben wir mit Hilfe des Differentialoperators

$$L_t = a\frac{\partial^2}{\partial t^2} + b\frac{\partial}{\partial t} + c$$

in der Form

$$\Delta u = L_t u - \rho, \quad x \in G, \ t > t_0. \tag{36.69}$$

Wenn das Gebiet G nicht der ganze Raum ist, hat die gesuchte Lösung auf der Berandung F von G eine Randbedingung zu erfüllen,

$$r(u) = u_0(y, t), \quad y \in F, \ t > t_0. \tag{36.70}$$

Damit ist aber die Aufgabe noch nicht vollständig gestellt, da der durch eine Gleichung (36.69) beschriebene Vorgang auch vom Ausgangszustand zum Zeitpunkt $t = t_0$ abhängig ist. Deshalb wird die Lösung erst durch Vorgabe von *Anfangsbedingungen* eindeutig. Je nach der Ordnung des Differentialoperators L_t wird der Anfangszustand durch eine oder zwei Anfangsbedingungen festzulegen sein. Es ist daher jene Funktion $u(x, t)$ Lösung der Aufgabe, die für $x \in G$ und $t > t_0$ die Randbedingung (36.70) erfüllt und für die

$$u(x, t_0) = g(x), \quad x \in G, \tag{36.71}$$

gilt; hat der Differentialoperator L_t die Ordnung 2, so kommt eine zweite Anfangsbedingung hinzu,

$$u_t(x, t_0) = h(x), \quad x \in G. \tag{36.72}$$

Die Aufgabe, eine partielle Differentialgleichung unter Berücksichtigung von Anfangsbedingungen und Randbedingungen zu lösen, bezeichnet man als *Anfangsrandwertaufgabe*. Wir wollen zunächst skizzieren, wie eine Anfangsrandwertaufgabe zu lösen ist. Wir beschränken uns dabei auf homogene Randbedingungen; der Leser wird keine Schwierigkeiten haben, derartige Aufgaben nach dem Muster des vorherigen Abschnittes für eine inhomogene Randbedingung zu lösen.

Wir setzen voraus, daß wir einen Entwicklungssatz (36.51) nach den Eigenfunktionen $u_n(x)$ des Laplaceoperators zur Verfügung haben, so daß jede willkürliche in G definierte Funktion in eine Orthogonalreihe nach den Eigenfunktionen $u_n(x)$ entwickelt werden kann. Wir entwickeln die gesuchte Lösung $u(x, t)$ unserer Anfangsrandwertaufgabe,

$$u(x, t) = \sum_{n=1}^{\infty} c_n(t)u_n(x), \quad c_n(t) = \int_B u_n(x)u(x, t)\mathbf{dx}, \quad x \in G, \tag{36.73}$$

worin wieder B den abgeschlossenen Bereich bezeichnet, der aus den Punkten von G und der Randfläche F besteht. Zur Bestimmung der von der Zeit abhängigen Koeffizientenfunktionen $c_n(t)$ setzen wir zunächst für $u_n = -\frac{1}{\lambda_n}\Delta u_n$ (wofür wieder die Bedingung $\lambda_n \neq 0$ für die eindeutige Lösbarkeit erfüllt sein muß) ein und erhalten

$$c_n(t) = \int_B u_n(\mathbf{x})u(\mathbf{x}, t)\mathbf{dx} = -\frac{1}{\lambda_n}\int_B \Delta u_n(\mathbf{x})u(\mathbf{x}, t)\mathbf{dx}, \quad n = 1, 2, \dots .$$

Da die Eigenfunktionen $u_n(\mathbf{x})$ und die gesuchte Lösungsfunktion $u(\mathbf{x}, t)$ für $t > t_0$ die Randbedingung $r(u) = 0$ erfüllen, folgt durch Anwendung der dritten Greenschen Formel (34.25)

$$\int_B \Delta u_n(\mathbf{x})u(\mathbf{x}, t)\mathbf{dx} = \int_B u_n(\mathbf{x})\Delta u(\mathbf{x}, t)\mathbf{dx}, \quad t > t_0.$$

Berücksichtigen wir jetzt, daß die Funktion $u(\mathbf{x}, t)$ eine Lösung der Differentialgleichung (36.69) ist, so erhalten wir weiter

$$c_n(t) = -\frac{1}{\lambda_n}\int_B u_n(\mathbf{x})\Big(L_t u(\mathbf{x}, t) - \rho(\mathbf{x}, t)\Big)\mathbf{dx}$$

$$= L_t\left(-\frac{1}{\lambda_n}\int_B u_n(\mathbf{x})u(\mathbf{x}, t)\mathbf{dx}\right) + \frac{1}{\lambda_n}\int_B u_n(\mathbf{x})\rho(\mathbf{x}, t)\mathbf{dx}, \quad t > t_0.$$

Diese Gleichung lehrt uns, daß die Koeffizientenfunktionen $c_n(t)$ den gewöhnlichen linearen inhomogenen Differentialgleichungen

$$L_t c_n(t) + \lambda_n c_n(t) = s_n(t) = \int_B u_n(\mathbf{x})\rho(\mathbf{x}, t)\mathbf{dx}, \quad t > t_0, \; n = 1, 2, \dots, \tag{36.74}$$

genügen müssen. Um die Funktionen $c_n(t)$ eindeutig festlegen zu können, sind für die Lösungen der Gleichungen (36.74) Anfangsbedingungen zu verlangen. Diese ergeben sich aus den Anfangsbedingungen für die Lösungsfunktion $u(\mathbf{x}, t)$. Hat der Differentialoperator L_t die Ordnung 1, so muß $u(\mathbf{x}, t)$ der Anfangsbedingung (36.71) genügen. Entwickeln wir die Funktion $g(\mathbf{x})$ nach den Eigenfunktionen $u_n(\mathbf{x})$,

$$g(\mathbf{x}) = \sum_{n=1}^{\infty} \alpha_n u_n(\mathbf{x}), \quad \alpha_n = \int_B u_n(\mathbf{x})g(\mathbf{x})\mathbf{dx}, \quad \mathbf{x} \in G,$$

so folgt durch Einsetzen von (36.73) in (36.71)

$$u(\mathbf{x}, t_0) = \sum_{n=1}^{\infty} c_n(t_0)u_n(\mathbf{x}) = \sum_{n=1}^{\infty} \alpha_n u_n(\mathbf{x}) = g(\mathbf{x}), \quad \mathbf{x} \in G,$$

und daraus durch Koeffizientenvergleich

$$c_n(t_0) = \alpha_n, \quad n = 1, 2, \dots . \tag{36.75}$$

Hat der Differentialoperator L_t die Ordnung 2, so muß eine zweite Anfangsbedingung (36.72) erfüllt werden. Hierfür müssen wir zuerst die Ableitung der durch die Reihe (36.73) dargestellten Funktion berechnen; wir zeigen, daß dies durch gliedweise Differentiation geschehen kann. Entwickelt man nämlich die Funktion $u_t(x, t)$,

$$u_t(x, t) = \sum_{n=1}^{\infty} \gamma_n(t) u_n(x), \gamma_n(t) = \int_B u_n(\mathbf{x}) u_t(\mathbf{x}, t) \mathbf{dx}, \quad \mathbf{x} \in G,$$

so folgt

$$\gamma_n(t) = \int_B u_n(\mathbf{x}) u_t(\mathbf{x}, t) \mathbf{dx} = \frac{d}{dt} \int_B u_n(\mathbf{x}) u(\mathbf{x}, t) \mathbf{dx} = c_n'(t), \quad n = 1, 2, \dots .$$

Wenn wir schließlich die Funktion $h(\mathbf{x})$ in ihre Orthogonalreihe nach den Eigenfunktionen $u_n(\mathbf{x})$ entwickeln,

$$h(\mathbf{x}) = \sum_{n=1}^{\infty} \beta_n u_n(\mathbf{x}), \quad \beta_n = \int_B u_n(\mathbf{x}) h(\mathbf{x}) \mathbf{dx}, \quad \mathbf{x} \in G,$$

so erhalten wir durch Einsetzen in (36.72)

$$u_t(\mathbf{x}, t_0) = \sum_{n=1}^{\infty} c_n'(t_0) u_n(\mathbf{x}) = \sum_{n=1}^{\infty} \beta_n u_n(\mathbf{x}) = h(\mathbf{x}), \quad \mathbf{x} \in G.$$

Durch Koeffizientenvergleich folgt daraus

$$c_n'(t_0) = \beta_n, \quad n = 1, 2, \dots . \tag{36.76}$$

Wir haben also bei der Bestimmung der Koeffizienten $c_n(t)$ über die Differentialgleichungen (36.74) die Anfangsbedingungen (36.75) und, wenn die Ordnung des Differentialoperators L_t gleich 2 ist, auch die Anfangsbedingungen (36.76) zu berücksichtigen. Damit sind die für die Entwicklung (36.73) benötigten Koeffizienten $c_n(t)$ eindeutig bestimmt, die Reihe (36.73) stellt, wenn die Anfangsrandwertaufgabe überhaupt lösbar ist, die eindeutig bestimmte Lösung dar.

Wir wollen im folgenden speziell auf die Wärmeleitungsgleichung, die Wellengleichung und die Telegraphengleichung eingehen und Anfangsrandwertaufgaben für diese Gleichungen lösen.

Die Wärmeleitungsgleichung

$$\Delta u = \frac{1}{\kappa^2} \frac{\partial u}{\partial t} - \rho(\mathbf{x}, t). \tag{36.77}$$

Beispiel 36.19: Wir lösen die eindimensionale Wärmeleitungsgleichung (vgl. (35.67) mit $\eta = l\rho$)

$$\frac{\partial^2 u}{\partial x^2} = \frac{1}{\kappa^2} \frac{\partial u}{\partial t} - \rho(x, t), \quad 0 < x < a, t > 0,$$

mit den Randbedingungen

$$u(0, t) = 0, \quad u(a, t) = 0, \ t > 0,$$

und der Anfangsbedingung

$$u(x, 0) = g(x), \quad 0 < x < a.$$

Der in Beispiel 36.10 abgeleitete Entwicklungssatz führt zunächst zur Darstellung

$$u(x, t) = \sqrt{\frac{2}{a}} \sum_{n=1}^{\infty} c_n(t) \sin \frac{n\pi x}{a}.$$

Zur Berechnung der Funktionen $c_n(t)$ haben wir die Differentialgleichungen (36.74),

$$\frac{1}{\kappa^2} c_n' + \left(\frac{n\pi}{a}\right)^2 c_n = s_n(t) = \sqrt{\frac{2}{a}} \int_0^a \rho(\xi, t) \sin \frac{n\pi\xi}{a} d\xi,$$

zu den Anfangsbedingungen (36.75),

$$c_n(0) = \alpha_n = \sqrt{\frac{2}{a}} \int_0^a g(\xi) \sin \frac{n\pi\xi}{a} d\xi$$

zu lösen,

$$c_n(t) = \alpha_n e^{-\left(\frac{\kappa n\pi}{a}\right)^2 t} + \kappa^2 \sqrt{\frac{2}{a}} \int_0^t e^{-\left(\frac{\kappa n\pi}{a}\right)^2 (t-\tau)} d\tau \int_0^a \rho(\xi, \tau) \sin \frac{n\pi\xi}{a} d\xi.$$

Die Lösung unserer Aufgabe kann mit Hilfe der Funktion

$$G(x, \xi, t) = \frac{2\kappa^2}{la} \sum_{n=1}^{\infty} e^{-\left(\frac{\kappa n\pi}{a}\right)^2 t} \sin \frac{n\pi x}{a} \sin \frac{n\pi\xi}{a},$$

wenn wir die Dichte $\eta = l\rho$ der Wärmequellen einführen, in der Form

$$u(x, t) = \frac{l}{\kappa^2} \int_0^a G(x, \xi, t) g(\xi) d\xi + \int_0^a d\xi \int_0^t G(x, \xi, t-\tau) \eta(\xi, \tau) d\tau$$

geschrieben werden. Die Funktion $G(x, \xi, t)$ heißt *Greensche Funktion* der Anfangsrandwertaufgabe.

Beispiel 36.20: Wir lösen nochmals die eindimensionale Wärmeleitungsgleichung, jetzt für $-\infty < x < \infty$ und $\rho(x, t) = 0$; als Anfangsbedingung schreiben wir

$$u(x, 0) = g(x), \quad -\infty < x < \infty,$$

vor.

Der Entwicklungssatz für das Intervall $]-\infty, \infty[$ ist das Fouriersche Integraltheorem,

$$u(x, t) = \int_0^{\infty} (a(\omega, t) \cos \omega x + b(\omega, t) \sin \omega x) d\omega$$

mit

$$a(\omega, t) = \frac{1}{\pi} \int_{-\infty}^{\infty} u(\xi, t) \cos \omega\xi \, d\xi, \quad b(\omega, t) = \frac{1}{\pi} \int_{-\infty}^{\infty} u(\xi, t) \sin \omega\xi \, d\xi.$$

Die (36.74) entsprechende Differentialgleichung für die Funktionenschar $a(\omega, t)$ erhalten wir durch zweimalige partielle Integration, wobei wir die physikalisch einleuchtenden Grenzwertbeziehungen

$$\lim_{x \to \pm\infty} u(x, t) = \lim_{x \to \pm\infty} u_x(x, t) = 0$$

zu berücksichtigen haben,

$$a(\omega, t) = \frac{1}{\pi} \int_{-\infty}^{\infty} u(\xi, t) \cos \omega\xi \, d\xi = -\frac{1}{\pi\omega^2} \int_{-\infty}^{\infty} u_{xx}(\xi, t) \cos \omega\xi \, d\xi$$

$$= -\frac{1}{\pi\omega^2\kappa^2} \int_{-\infty}^{\infty} u_t(\xi, t) \cos \omega\xi \, d\xi = -\frac{d}{dt}\left(\frac{1}{\omega^2\kappa^2} a(\omega, t)\right).$$

Diese Differentialgleichung ist für die Anfangsbedingung

$$a(\omega, 0) = \frac{1}{\pi} \int_{-\infty}^{\infty} g(\xi) \cos \omega\xi d\xi$$

zu lösen,

$$a(\omega, t) = \frac{1}{\pi} e^{-\kappa^2\omega^2 t} \int_{-\infty}^{\infty} g(\xi) \cos \omega\xi d\xi.$$

Analog erhält man

$$b(\omega, t) = \frac{1}{\pi} e^{-\kappa^2\omega^2 t} \int_{-\infty}^{\infty} g(\xi) \sin \omega\xi d\xi.$$

Bilden wir nun den Ausdruck

$$a(\omega, t) \cos \omega x + b(\omega, t) \sin \omega x = \frac{1}{\pi} e^{-\kappa^2\omega^2 t} \int_{-\infty}^{\infty} g(\xi) \cos \omega(x - \xi) d\xi,$$

so erhalten wir schließlich

$$u(x, t) = \frac{1}{\pi} \int_{0}^{\infty} e^{-\kappa^2\omega^2 t} d\omega \int_{-\infty}^{\infty} g(\xi) \cos \omega (x - \xi) d\xi = \frac{l}{\kappa^2} \int_{-\infty}^{\infty} G(x, \xi, t) g(\xi) d\xi,$$

worin

$$G(x, \xi, t) = \frac{\kappa^2}{l\pi} \int_{0}^{\infty} e^{-\kappa^2\omega^2 t} \cos \omega (x - \xi) d\omega$$

gesetzt wurde. Diese Funktion ist die Greensche Funktion der Anfangsrandwertaufgabe. Sie läßt sich über die Substitution $\omega' = \omega\kappa\sqrt{2t}$ mit Hilfe der Integralformel (27.22) für $\frac{x - \xi}{\kappa\sqrt{2t}}$ an der Stelle von t berechnen,

$$G(x, \xi, t) = \frac{\kappa}{2l\sqrt{\pi t}} e^{-\frac{(x - \xi)^2}{4\kappa^2 t}} \tag{36.78}$$

Wir bemerken, daß die Lösung der inhomogenen Wärmeleitungsgleichung für das beidseitig unendliche Intervall mit Hilfe der Greenschen Funktion (36.78) in der Form

$$u(x, t) = \frac{l}{\kappa^2} \int\limits_{-\infty}^{\infty} G(x, \xi, t) g(\xi) d\xi + \int\limits_{-\infty}^{\infty} d\xi \int\limits_{0}^{t} G(x, \xi, t-\tau) \eta(\xi, \tau) d\tau$$

dargestellt werden kann. Wir betrachten speziell den Fall $g(x) = 0$ und $\eta(x, t) = \delta(x - x')\delta(t - t')$. Für diese Störfunktion, die einer punktförmigen Wärmequelle in $x = x'$, die *impulsartig* zum Zeitpunkt $t = t'$ wirksam ist, lautet die Lösung

$$u(x, t) = G(x, x', t - t'), \quad t > t'.$$

Die Greensche $G(x, \xi, t)$ Funktion einer Anfangsrandwertaufgabe für die Wärmeleitungsgleichung beschreibt den Temperaturverlauf einer im Punkt ξ zum Zeitpunkt $t = 0$ impulsartig auftretenden „Wärmequelle" der Ergiebigkeit 1.

Wir erwähnen, daß die (36.78) entsprechende Greensche Funktion der dreidimensionalen Wärmeleitungsgleichung für den ganzen Raum durch

$$G(x, y, t) = \frac{1}{8 l \kappa^3 \sqrt{\pi^3 t^3}} e^{-\frac{|x - y|^2}{4\kappa^2 t}}$$

gegeben ist.

Die Wellengleichung

$$\Delta u = \frac{1}{v^2} \frac{\partial^2 u}{\partial t^2} - \rho(x, t). \tag{36.79}$$

Wir betrachten zunächst die homogene Wellengleichung

$$\Delta u = \frac{1}{v^2} \frac{\partial^2 u}{\partial t^2}. \tag{36.80}$$

Es ist leicht zu sehen, daß jede Funktion der Gestalt

$$u = \varphi(\mathbf{n} \cdot \mathbf{x} - vt), \tag{36.81}$$

worin $\varphi(\xi)$ eine reelle Funktion einer reellen Veränderlichen und $\mathbf{n}$ ein konstanter Einsvektor ist, ein Integral der Gleichung (36.80) ist. Wir wollen uns ein Bild darüber machen, welcher Natur die Vorgänge sind, die durch Funktionen der Form (36.81) zu beschreiben sind. Zunächst betrachten wir die eindimensionale homogene Wellengleichung, deren Integrale durch Funktionen der Gestalt

$$u = \varphi(x - vt), \quad u = \psi(x + vt) \tag{36.82}$$

dargestellt werden können. Wird durch die erste dieser beiden Lösungen eine gewisse Zustandsgröße u charakterisiert, so herrscht in allen Punkten x und zu allen Zeiten t, für die der Ausdruck $x - vt$ denselben Wert hat, ein und derselbe Zustand. Man kann sich den Verlauf der örtlich und zeitlich veränderlichen Größe u dann so vorstellen, als würde sich das „Profil" $u = \varphi(\xi)$ mit der Geschwindigkeit v in Richtung der positiven ξ-Achse fortbewegen. Analog hat man sich ein Integral $u = \psi(x + vt)$ als Bewegung des Profils $u = \psi(\xi)$ mit der Geschwindigkeit v in Richtung der negativen ξ-Achse vorzustellen (Bild 36.1).

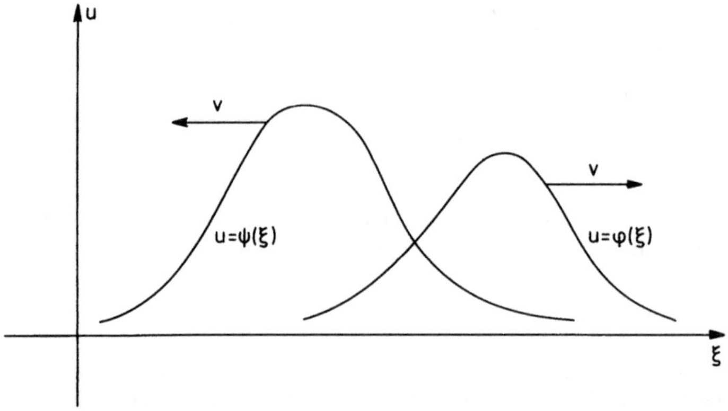

Bild 36.1

Ähnlicher Natur ist ein durch (36.81) beschriebener Vorgang im dreidimensionalen Raum. Betrachten wir die Ebene $\mathbf{n} \cdot \mathbf{x} = s$ und die zu ihr parallele Ebene $\mathbf{n} \cdot \mathbf{x} = 0$ durch den Koordinatenursprung; die reelle Zahl s ist dabei der Normalabstand der beiden Ebenen. Auf jeder Ebene, die parallel zu $\mathbf{n} \cdot \mathbf{x} = 0$ verläuft, hat die einen gewissen Raumzustand beschreibende Größe zu einem gewissen Zeitpunkt dieselben Werte wie auf der Ebene $\mathbf{n} \cdot x = 0$: Auf der Ebene $\mathbf{n} \cdot \mathbf{x} = s$ herrscht zum Zeitpunkt t derselbe Zustand, der auf der Ebene $\mathbf{n} \cdot \mathbf{x} = 0$ zum Zeitpunkt $t - \frac{s}{v}$ geherrscht hat. Wir können daher sagen, der durch die Größe u beschriebene Zustand breitet sich im Raum mit der Geschwindigkeit v in der durch den Einsvektor **n** bestimmten Richtung, die man die *Fortpflanzungsrichtung* nennt, aus. Da auf jeder Ebene senkrecht zur Fortpflanzungsrichtung **n** überall derselbe Zustand herrscht, nennt man einen solchen Vorgang eine *ebene Welle.*

Von besonderer Bedeutung ist der Fall, daß sich ein in Form einer ebenen Welle ausbreitender Zustand am Ort periodisch mit der Zeit ändert. Mathematisch ist ein derartiger Vorgang durch eine periodische Funktion $\varphi(\xi)$ für (36.81) darzustellen. Ist T die Periode von $\varphi(\xi)$, so treffen wir den Zustand, der auf der Ebene $\mathbf{n} \cdot \mathbf{x} = 0$ herrscht, auf jeder Ebene $\mathbf{n} \cdot \mathbf{x} = s$ an, wenn s ein Vielfaches von vT ist. Die Größe $\lambda = vT$ heißt die *Wellenlänge*; bezeichnet $f = \frac{1}{T}$ die Frequenz, so ist $v = \lambda f$: *Die Ausbreitungsgeschwindigkeit* v *ist das Produkt aus Wellenlänge und Frequenz.* Speziell wird

$$u = Ae^{j \frac{\omega}{v} (vt - \mathbf{n} \cdot \mathbf{x})}$$

eine *harmonische ebene Welle* genannt.

Unter einer *Kugelwelle* versteht man die wellenförmige Ausbreitung eines Zustandes von der Art, daß konzentrische Kugeln die Flächen gleichen Zustandes sind. Um die Lösungen der Gleichung (36.80) zu finden, durch die Kugelwellen beschrieben werden, haben wir mit dem Ansatz $u = \varphi(r, t)$, $r = |\mathbf{x}|$, in die Gleichung (36.80) zu gehen; man findet

$$u = \frac{1}{r} \varphi(r - vt), \quad u = \frac{1}{r} \psi(r + vt). \tag{36.83}$$

Die erste dieser beiden Lösungen stellt eine Kugelwelle dar, die sich in Richtung der Radienvektoren vom Koordinatenursprung gleichmäßig nach allen Seiten hin ausbreitet, die zweite Lösung stellt eine Kugelwelle dar, die in den Koordinatenursprung hineinläuft. Unter einer *harmonischen Kugelwelle* versteht man eine Lösung der Gestalt

$$u = \frac{A}{r} e^{j\omega\left(t - \frac{r}{v}\right)}.$$

Von einer *Zylinderwelle* spricht man im Falle einer wellenförmigen Ausbreitung mit der Eigenschaft, daß konzentrische Zylinder die Flächen gleichen Zustandes sind.

Mit der eindimensionalen Wellengleichung (36.79) werden Seilschwingungen beschrieben, Schwingungsprobleme für eine Membran führen auf die zweidimensionale Wellengleichung. Der dreidimensionalen Wellengleichung genügen die Feldgrößen des elektromagnetischen Feldes, wenn es sich um die Ausbreitung des Feldes in Isolatoren handelt. Bevor wir uns mit der Integration der Wellengleichung im Zusammenhang mit dem elektromagnetischen Feld in Isolatoren befassen, wollen wir dem Leser an Hand des einfachsten Beispiels die Lösung einer Anfangsrandwertaufgabe für die homogene Wellengleichung vorführen.

Beispiel 36.21: Die Schwingungen einer Saite beziehungsweise eines Seiles, das einer Biegung nur geringen, im Idealfall keinen Widerstand entgegensetzt, werden durch die eindimensionale Wellengleichung beschrieben. Wir denken uns eine Saite in zwei Punkten $x = 0$ und $x = l$ fest eingespannt; bezeichnet $u(x, t)$ die Auslenkung im Punkt x zur Zeit t von der Ruhelage $u = 0$, so haben wir die Gleichung

$$\frac{\partial^2 u}{\partial x^2} = \frac{1}{v^2}\frac{\partial^2 u}{\partial t^2}, \quad 0 < x < l, \ t > 0,$$

mit den Randbedingungen

$$u(0, t) = 0, \quad u(l, t) = 0$$

zu lösen. Die Anfangslage sei

$$u(x, 0) = f(x), \quad 0 < x < l,$$

die Anfangsgeschwindigkeit, mit der die Saite dann sich selbst überlassen wird, sei

$$u_t(x, 0) = g(x), \quad 0 < x < l.$$

Wir entwickeln die Lösung nach den Eigenfunktionen des Sturm-Liouvilleschen Differentialoperators $Ly = -y''$ zu den Randbedingungen $y(0) = y(l) = 0$,

$$u(x, t) = \sqrt{\frac{2}{l}} \sum_{n=1}^{\infty} c_n(t) \sin\frac{n\pi x}{l}$$

(vgl. Beispiel 36.9 und Beispiel 36.10). Die Koeffizientenfunktionen $c_n(t)$ sind die Lösungen der Anfangswertaufgaben

$$\frac{1}{v^2} c_n'' + \left(\frac{n\pi}{l}\right)^2 c_n = 0, \quad c_n(0) = \alpha_n, \quad c_n'(0) = \beta_n, \quad n = 1, 2, \ldots,$$

worin

$$\alpha_n = \sqrt{\frac{2}{l}} \int_0^l f(\xi) \sin\frac{n\pi\xi}{l} d\xi, \quad \beta_n = \sqrt{\frac{2}{l}} \int_0^l g(\xi) \sin\frac{n\pi\xi}{l} d\xi, \quad n = 1, 2, \ldots,$$

ist. Sie lauten

$$c_n(t) = \alpha_n \cos\frac{n\pi vt}{l} + \beta_n \frac{l}{n\pi v} \sin\frac{n\pi vt}{l};$$

somit ist

$$u(x, t) = \sqrt{\frac{2}{l}} \sum_{n=1}^{\infty} \sin \frac{n\pi x}{l} \left[\alpha_n \cos \frac{n\pi vt}{l} + \beta_n \frac{l}{n\pi v} \sin \frac{n\pi vt}{l}\right]$$

die Lösung unserer Aufgabe. Setzen wir

$$G(x, \xi, t) = \frac{2}{\pi v} \sum_{n=1}^{\infty} \frac{1}{n} \sin \frac{n\pi x}{l} \sin \frac{n\pi \xi}{l} \sin \frac{n\pi vt}{l},$$

so können wir sie in der Form

$$u(x, t) = \frac{\partial}{\partial t} \int_0^l G(x, \xi, t) f(\xi) d\xi + \int_0^l G(x, \xi, t) g(\xi) d\xi$$

schreiben. Die Funktion $G(x, \xi, t)$ heißt die Greensche Funktion der Anfangsrandwertaufgabe.

Wir knüpfen nun an unsere Betrachtungen am Ende von Abschnitt 35.7 an. Dort haben wir festgestellt, daß die Feldgrößen des elektromagnetischen Feldes in Isolatoren der Wellengleichung genügen. Das elektromagnetische Feld breitet sich daher wellenförmig aus, die Fortpflanzungsgeschwindigkeit ist $v = \frac{1}{\sqrt{\epsilon\mu}}$, im leeren Raum ist sie die Lichtgeschwindigkeit $c = \frac{1}{\sqrt{\epsilon_0\mu_0}}$.

Im allgemeinen gehen Wellen von räumlich eng begrenzten Zentren aus. Solche Wellen können schon in relativ geringen Abständen vom Erregungszentrum als kugelförmig angesehen werden, erst in großen Entfernungen wird eine Näherung in Form einer ebenen Welle sinnvoll. Wir wollen nun versuchen, Lösungen der Maxwellschen Gleichungen für Isolatoren zu finden, die eine kugelförmige Ausbreitung des elektromagnetischen Feldes beschreiben. Die magnetische Feldstärke **H** sei durch das Vektorpotential **V** dargestellt, der Zusammenhang mit der elektrischen Feldstärke **E** wird durch die Gleichung (35.143) hergestellt, wobei wir über die Quelldichte des Vektorpotentials **V** gemäß der Gleichung (35.144) verfügen. Die Gleichung (35.144) ist offenbar erfüllt, wenn wir den Vektor **Z** einführen, von dem wir

$$U = \operatorname{div} \mathbf{Z}, \quad \mathbf{V} = \epsilon \dot{\mathbf{Z}} \tag{36.84}$$

verlangen. Wenn wir annehmen, daß keine Raumladungen vorhanden sind, so genügt auch der Vektor **Z** der homogenen Wellengleichung (36.80). Die eine Kugelwelle beschreibende Lösung

$$\mathbf{Z} = \mathbf{p} \frac{1}{r} \varphi\left(t - \frac{r}{v}\right), \tag{36.85}$$

worin φ eine willkürliche Funktion und **p** ein konstanter Vektor ist, heißt *Hertzscher Vektor.*

Wir setzen zur Abkürzung $F(r, t) = \frac{1}{r} \varphi\left(t - \frac{r}{v}\right)$ und bezeichnen mit $\dot{F}$, $\ddot{F}$ die partiellen Ableitungen der Funktion $F(r, t)$ nach der Zeit t. Führen wir noch den Einheitsvektor $\mathbf{e} = \operatorname{grad} r = \frac{1}{r} \mathbf{x}$ ein, so erhalten wir aus der ersten Gleichung (36.84)

$$U = \mathbf{p} \cdot \operatorname{grad} F = \mathbf{e} \cdot \mathbf{p} \frac{\partial F}{\partial r}$$

und aus der zweiten Gleichung (36.84)

$$\mathbf{V} = \mathbf{p}\epsilon\dot{F}.$$

Daraus ergibt sich für die magnetische Induktion

$$\mathbf{B} = \mu \operatorname{rot}\mathbf{V} = \frac{1}{v^2}\operatorname{rot}(\mathbf{p}\dot{F}) = -\frac{1}{v^2}\mathbf{p}\times\operatorname{grad}\dot{F} = -\frac{1}{v^2}\frac{\partial\dot{F}}{\partial r}\mathbf{p}\times\mathbf{e};$$

die elektrische Feldstärke erhalten wir schließlich aus der Gleichung (35.143),

$$\begin{aligned}\mathbf{E} &= -\frac{1}{v^2}\mathbf{p}\ddot{F} + \frac{1}{r}\frac{\partial F}{\partial r}\big(\mathbf{p} - (\mathbf{p}\cdot\mathbf{e})\mathbf{e}\big) + \mathbf{e}(\mathbf{p}\cdot\mathbf{e})\frac{\partial^2 F}{\partial r^2}\\ &= \mathbf{p}\left(-\frac{1}{v^2}\ddot{F} + \frac{1}{r}\frac{\partial F}{\partial r}\right) + \mathbf{e}(\mathbf{p}\cdot\mathbf{e})\left(\frac{\partial^2 F}{\partial r^2} - \frac{1}{r}\frac{\partial F}{\partial r}\right).\end{aligned}$$

Die elektrische Feldstärke **E** liegt in der von den Vektoren **p** und **e** aufgespannten Ebene, die magnetische Induktion **B** hat die Richtung des Vektors $\mathbf{p}\times\mathbf{e}$. Dies bedeutet, daß die elektrische Feldstärke und die magnetische Induktion in jedem Punkt aufeinander senkrecht stehen.

Wir wollen jetzt annehmen, daß sich im Raum Ladungen mit der Dichte ρ befinden und auch die Stromdichte **S** nicht überall gleich Null ist. Dann genügt der Skalar U der inhomogenen Wellengleichung

$$\Delta U = \epsilon\mu\ddot{U} + \frac{\rho}{\epsilon}, \tag{36.86}$$

ebenso das Vektorpotential **V**,

$$\Delta\mathbf{V} = \epsilon\mu\ddot{\mathbf{V}} - \mathbf{S}. \tag{36.87}$$

Die Lösungen dieser Gleichungen für den ganzen Raum sind

$$U(\mathbf{x}, t) = -\frac{1}{4\pi\epsilon}\int\frac{1}{r}\rho\left(\mathbf{y}, t - \frac{r}{v}\right)d\mathbf{y}, \quad r = |\mathbf{x} - \mathbf{y}|, \tag{36.88}$$

beziehungsweise

$$\mathbf{V}(\mathbf{x}, t) = \frac{1}{4\pi}\int\frac{1}{r}\mathbf{S}\left(\mathbf{y}, t - \frac{r}{v}\right)d\mathbf{y}, \quad r = |\mathbf{x} - \mathbf{y}|, \tag{36.89}$$

wobei die Integrationen über jene Bereiche zu erstrecken sind, in denen die Raumladungsdichte beziehungsweise die Stromdichte von Null verschieden sind.

Die Potentiale (36.88) beziehungsweise (36.89) verhalten sich wie die Lösungen (35.10) beziehungsweise (35.76) der Poissongleichung für den ganzen Raum, jedoch mit einer Zeitabhängigkeit, bei der die Feldwirkungen zum Zeitpunkt t im Abstand $r = |\mathbf{x} - \mathbf{y}|$ durch die das Feld verursachende Ladungs- beziehungsweise Stromdichte zum früheren Zeitpunkt $t - \frac{r}{v}$ dargestellt werden. Damit kommt zum Ausdruck, daß das Feld die Zeit $\frac{r}{v}$ benötigt, um sich vom Punkt **y** in den Punkt **x** fortzupflanzen. Man nennt aus diesem Grunde die Potentiale (36.88) und (36.89) *retardiert*, im Gegensatz zu den *avancierten* Potentialen, die aus (36.88) beziehungsweise (36.89) durch die Ersetzung von v durch −v hervorgehen und ebenfalls Lösungen der inhomogenen Wellengleichung (36.86) beziehungsweise (36.87) sind. Bei avancierten Potentialen wirken die Feldursachen aus der Zukunft in die Vergangenheit zurück, was eine Verletzung des Kausalitätsprinzips darstellt; derartige Lösungen sind daher aus physikalischen Gründen auszuschließen.

Die homogene Telegraphengleichung

$$\Delta u = a\frac{\partial^2 u}{\partial t^2} + b\frac{\partial u}{\partial t} = L_t u. \tag{36.90}$$

Auf diese Gleichung stößt man bei der Berechnung der Feldgrößen des elektromagnetischen Feldes in Leitern. Integrale von derart allgemeiner Form, wie es die Lösungen (36.81), (36.82) und (36.85) der homogenen Wellengleichung sind, können wir für die Gleichung (36.90) nicht angeben. Funktionen der Gestalt (36.81) und (36.85) sind jedenfalls keine Lösungen der Gleichung (36.90), und dies bedeutet, daß sich das elektromagnetische Feld in Leitern nicht undeformiert fortpflanzen kann.

Wir wollen uns mit den Lösungsverhältnissen der Gleichung (36.90) unter der Annahme $a \geqslant 0$, $b \geqslant 0$ befassen, wobei wir für $a = 0$ die Wärmeleitungsgleichung und für $b = 0$ die Wellengleichung in unsere Betrachtungen mit einschließen. Wir suchen insbesondere Lösungen, die das Produkt einer Orts- und Zeitfunktion sind,

$$u(x, t) = v(x)T(t). \tag{36.91}$$

Gehen wir mit diesem Ansatz in die Gleichung (36.90), so zerfällt sie in die Schwingungsgleichung

$$-\Delta v = \lambda v \tag{36.92}$$

und in die gewöhnliche Differentialgleichung

$$aT'' + bT' + \lambda T = 0 \tag{36.93}$$

für den Zeitanteil; die Zahl λ ist der Separationsparameter.

Haben die Lösungen der Gleichung (36.90) im Falle, daß das zugrundeliegende Gebiet G nicht der ganze Raum ist, auf der Randfläche von G gewisse homogene Randbedingungen zu erfüllen, so wird der Separationsparameter λ festgelegt, und zwar kommen für λ nur gewisse Werte $\lambda_1, \lambda_2, \ldots$, die Eigenwerte des Laplaceoperators für das Gebiet G, in Frage. Unter diesen Umständen hat die Gleichung (36.93) die Lösungen

$$T_n(t) = e^{-\delta t} e^{j\omega_n t}, \quad \delta = \frac{b}{2a}, \quad \omega_n = \frac{1}{2a}\sqrt{4a\lambda_n - b^2},$$

im Falle $a > 0$ und

$$T_n(t) = e^{-\lambda_n t/b}$$

im Falle $a = 0$, wobei wir $4a\lambda_n - b^2 > 0$ angenommen haben, was für fast alle n zutrifft, wenn, wie in den meisten Fällen, $\lim \lambda_n = \infty$ gilt. Sind die Funktionen $v_n(x)$ die Lösungen der Gleichungen $-\Delta v_n = \lambda_n v_n$, also die Eigenfunktionen des Laplaceoperators für das Gebiet G, so erhalten wir

$$u_n(x, t) = v_n(x)T_n(t), \quad n = 1, 2, \ldots\ . \tag{36.94}$$

Diese Lösungen der Gleichung (36.90) beschreiben zeitlich exponentiell gedämpfte Vorgänge, also solche, die nach einer gewissen Zeit abgeklungen sind. Ist die Gleichung (36.90) unter Berücksichtigung von Anfangsbedingungen zu lösen, so hat man die Lösungen (36.94), mit geeigneten Konstanten multipliziert, zu superponieren; dieses Verfahren zur Lösung einer Anfangsrandwertaufgabe für die Gleichung (36.90) ist im wesentlichen identisch mit dem eingangs dargelegten Prinzip, das sich auf den Entwicklungssatz nach den Eigenfunktionen des Laplaceoperators für das in Betracht zu ziehende Gebiet stützt.

Werden an die Lösungen der Gleichung (36.90) keine Bedingungen hinsichtlich ihrer Ortsabhängigkeit gestellt, so ist das Produkt einer Lösung von (36.92) und einer Lösung von (36.93) für beliebiges λ eine Lösung von (36.90). Interessiert man sich aber für Lösungen, die eine charakteristische Zeitabhängigkeit aufweisen, so werden über die Gleichung (36.93) für den Zeitanteil Bedingungen an den Separationsparameter λ gestellt. Von besonderem Interesse ist der Fall, daß ein zeitlich periodischer Vorgang beschrieben werden soll, also $u(x, t + \tau) = u(x, t)$, so daß als Lösungen von (36.93) nur periodische Funktionen in Frage kommen. Periodische Lösungen der Gleichung (36.93) müssen zwingend die Form

$$T(t) = e^{j\omega t}, \quad \omega\tau = 2\pi, \tag{36.95}$$

haben, wobei

$$a(j\omega)^2 + j\omega b + \lambda = 0,$$

also

$$\lambda = -p(j\omega) \tag{36.96}$$

gelten muß, worin $p(s)$ das charakteristische Polynom des Differentialoperators L_t ist. Im Falle $a = 0$ ist

$$\lambda = -j\omega b$$

rein imaginär, im Falle $b = 0$, $a > 0$ ist λ reell,

$$\lambda = a\omega^2.$$

Wir versuchen nun, Lösungen der Gleichung (36.92) für beliebiges komplexes λ zu finden und gehen zunächst mit dem Ansatz

$$v(x) = X_1(x_1)X_2(x_2)X_3(x_3) \tag{36.97}$$

in die Gleichung (36.92); dies führt auf die Gleichung

$$-\frac{X_1''}{X_1} - \frac{X_2''}{X_2} - \frac{X_3''}{X_3} = \lambda.$$

Wir setzen

$$-\frac{X_i''}{X_i} = \mu_i^2, \quad i = 1, 2, 3,$$

worin μ_1, μ_2 und μ_3 beliebige komplexe Zahlen sind, die wir nur der Bedingung

$$\mu_1^2 + \mu_2^2 + \mu_3^2 = \lambda \tag{36.98}$$

zu unterwerfen haben. Auf diese Weise erhalten wir, wenn $\mu_k = m_k + jn_k$ ist, die Lösungen

$$v(x) = e^{j(m + jn) \cdot x} = e^{-n \cdot x} e^{jm \cdot x}$$

und damit schließlich

$$u(x, t) = e^{-n \cdot x} e^{j(\omega t + m \cdot x)}. \tag{36.99}$$

Jede Funktion dieser Gestalt, für die im Hinblick auf die Gleichung (36.98) die Beziehung

$$\mathbf{m}^2 - \mathbf{n}^2 + 2j\mathbf{m} \cdot \mathbf{n} = \lambda \tag{36.100}$$

erfüllt ist, stellt eine Lösung der Gleichung (36.90) dar.

Um die Lösungen (36.100) physikalisch zu interpretieren, wollen wir davon ausgehen, daß die Lösung der Gleichung (36.90) für den Halbraum $\mathbf{n} \cdot \mathbf{x} \geqslant 0$ von Interesse ist. Der Faktor $e^{j(\omega t + \mathbf{m} \cdot \mathbf{x})}$ in (36.99) beschreibt eine ebene (harmonische) Welle, die sich in der Richtung des Vektors $-\mathbf{m}$ mit der Geschwindigkeit $\frac{\omega}{|\mathbf{m}|}$ fortpflanzt; diese Welle wird räumlich gedämpft bedingt durch das Auftreten des Faktors $e^{-\mathbf{n} \cdot \mathbf{x}}$, und zwar ist die Amplitude im Abstand s von der Ebene $\mathbf{n} \cdot \mathbf{x} = 0$ auf den e^s-ten Teil abgesunken. Die Welle ist daher praktisch auf einen schmalen Bereich in unmittelbarer Nachbarschaft der Ebene $\mathbf{n} \cdot \mathbf{x} = 0$ beschränkt, auf der Ebene $\mathbf{n} \cdot \mathbf{x} = 0$ pflanzt sich die Welle ungedämpft fort. Man spricht aus diesem Grunde von einer *Oberflächenwelle*. Die Flächen konstanter Amplitude sind die Ebenen $\mathbf{n} \cdot \mathbf{x} = \text{const}$, die Flächen konstanter Phase sind die Ebenen $\mathbf{m} \cdot \mathbf{x} = \text{const}$.

Zwei Sonderfälle verdienen Beachtung: der Fall, daß λ rein imaginär ist ($a = 0$, $b > 0$) und der Fall, daß λ reell ist ($a > 0$, $b = 0$). Ist λ rein imaginär, so folgt aus (36.100) $|\mathbf{m}| = |\mathbf{n}|$; physikalisch wichtig ist der Fall $\mathbf{n} = -\mathbf{m}$, das heißt, die Richtung der stärksten Dämpfung fällt in die Fortpflanzungsrichtung. Ist λ reell, so müssen die Vektoren $\mathbf{m}$ und $\mathbf{n}$ orthogonal sein, so daß die stärkste Dämpfung senkrecht zur Fortpflanzungsrichtung ist: Solche Oberflächenwellen werden durch die Wellengleichung beschrieben.

Wir wollen als nächstes kugelsymmetrische Lösungen der Gleichung (36.92) für die Werte (36.96) des Separationsparameters λ konstruieren und machen zu diesem Zweck den Ansatz

$$v(x) = R(r), \quad r = |\mathbf{x}|. \tag{36.101}$$

Transformieren wir den Laplaceoperator auf Kugelkoordinaten, so erhalten wir für die Funktionen $R(r)$ die Gleichung

$$R'' + \frac{2}{r} R' + \lambda R = 0. \tag{36.102}$$

Durch die Substitution $x = r\sqrt{\lambda}$, $R(r) = y(x)$, geht diese Gleichung in die Differentialgleichung (30.39) der sphärischen Besselfunktionen (30.38) für $l = 0$ und $l = -1$ über. Somit ist

$$R(r) = Aj_0(r\sqrt{\lambda}) + Bj_{-1}(r\sqrt{\lambda}) = \frac{1}{r\sqrt{\lambda}} (A \sin r\sqrt{\lambda} + B \cos r\sqrt{\lambda})$$

die allgemeine Lösung der Gleichung (36.102); insbesondere können wir als Lösungen von (36.102)

$$R(r) = \frac{1}{r} e^{jr\sqrt{\lambda}}, \tag{36.103}$$

wobei wir uns noch die Freiheit lassen, welchen Wert wir für $\sqrt{\lambda}$ nehmen wollen, in Betracht ziehen. Damit haben die hinsichtlich der Zeit periodischen und hinsichtlich des Ortes kugelsymmetrischen Lösungen der Gleichung (36.90) die Gestalt

$$u(x, t) = \frac{1}{r} e^{j(\omega t + r\sqrt{\lambda})}. \tag{36.104}$$

Ist b = 0 und a > 0 wie im Fall der Wellengleichung, so ist λ positiv und (36.104) stellt eine Kugelwelle mit der Fortpflanzungsgeschwindigkeit $\frac{\omega}{\sqrt{\lambda}}$ dar, wobei sich diese Welle je nach dem Vorzeichen von $\sqrt{\lambda}$ vom Koordinatenursprung in den Raum ausbreitet oder in den Koordinatenursprung hineinläuft. Ist b > 0, so ist λ auf jeden Fall komplex; wegen $a \geqslant 0$ ist $\sqrt{\lambda} = \rho - j\nu$, $\rho > 0$, $\nu > 0$, für den Hauptwert zu setzen. Wir nehmen für das Folgende den Nebenwert $\sqrt{\lambda} = -\rho + j\nu$; dann folgt aus (36.104)

$$u(x, t) = \frac{1}{r} e^{-r\nu} e^{j(\omega t - \rho r)}. \tag{36.105}$$

Diese Lösung stellt eine in der Fortpflanzungsrichtung $\operatorname{grad} r = \frac{1}{r}\,x$ *exponentiell gedämpfte Kugelwelle* dar.

Es sei noch darauf hingewiesen, daß sowohl der Dämpfungsfaktor als auch die Fortpflanzungsgeschwindigkeit von der Frequenz ω abhängt. Für $a = \epsilon\mu$, $b = \mu\sigma$ ist

$$\rho = \frac{\omega}{v}\sqrt{\frac{\sqrt{1+\alpha}+1}{2}}, \quad \nu = \frac{\omega}{v}\sqrt{\frac{\sqrt{1+\alpha}-1}{2}}, \quad v = \frac{1}{\sqrt{\epsilon\mu}}, \quad \alpha = \left(\frac{\sigma}{\omega\epsilon}\right)^2.$$

Es zeigt sich also als charakteristisches Merkmal der Telegraphengleichung, daß ihre Lösungen, wenn eine periodische Zeitabhängigkeit verlangt wird, *bei fester Frequenz eine Wellenausbreitung mit räumlicher exponentiell verlaufender Dämpfung beschreiben.*

Das folgende Beispiel bringt eine für die Elektrotechnik wichtige Anwendung dieser Überlegungen.

Beispiel 36.22: In einem unendlich langen zylindrischen Leiter mit dem Radius a möge ein harmonischer Strom $i(t) = \hat{I}\cos\omega t$ fließen. Wir wollen das elektrische Feld **E** und die Stromdichte **S** im Inneren des Zylinders berechnen, wobei wir den quasistationären Fall zugrunde legen.

Wir legen die Achse des Zylinders in die x_3-Achse. Es ist zweckmäßig, auf Zylinderkoordinaten r, φ und z umzurechnen und auch an Stelle der kartesischen Koordinaten der Feldvektoren ihre Koordinaten im (r, φ, z)-System einzuführen. Die Feldgleichungen (35.148) und (35.149) lauten dann ($\epsilon = 0$)

$$\sigma E_r = \frac{1}{r}\frac{\partial H_z}{\partial \varphi} - \frac{\partial H_\varphi}{\partial z}, \qquad \sigma E_\varphi = \frac{\partial H_r}{\partial z} - \frac{\partial H_z}{\partial r}, \qquad \sigma E_z = \frac{1}{r}\frac{\partial}{\partial r}(rH_\varphi) - \frac{1}{r}\frac{\partial H_r}{\partial \varphi}$$

und

$$\mu\dot{H}_r = \frac{\partial E_\varphi}{\partial z} - \frac{1}{r}\frac{\partial E_z}{\partial \varphi}, \qquad \mu\dot{H}_\varphi = \frac{\partial E_z}{\partial r} - \frac{\partial E_r}{\partial z}, \qquad \mu\dot{H}_z = \frac{1}{r}\frac{\partial E_r}{\partial \varphi} - \frac{1}{r}\frac{\partial}{\partial r}(rE_\varphi)$$

(vgl. (23.126)). Auf Grund der Zylindersymmetrie ist keine der Feldgrößen vom Azimut φ abhängig, so daß in diesen 6 Gleichungen alle partiellen Ableitungen nach φ verschwinden. Also gilt

$$\sigma E_r = -\frac{\partial H_\varphi}{\partial z}, \qquad \sigma E_\varphi = \frac{\partial H_r}{\partial z} - \frac{\partial H_z}{\partial r}, \qquad \sigma E_z = \frac{1}{r}\frac{\partial}{\partial r}(rH_\varphi)$$

und

$$\mu\dot{H}_r = \frac{\partial E_\varphi}{\partial z}, \qquad \mu\dot{H}_\varphi = \frac{\partial E_z}{\partial r} - \frac{\partial E_r}{\partial z}, \qquad \mu\dot{H}_z = -\frac{1}{r}\frac{\partial}{\partial r}(rE_\varphi).$$

Diese 6 Gleichungen zerfallen in zwei Gruppen: in der ersten treten nur die Größen E_r, E_z und H_φ auf,

$$\sigma E_r = -\frac{\partial H_\varphi}{\partial z}, \quad \sigma E_z = -\frac{1}{r}\frac{\partial}{\partial r}(rH_\varphi), \quad \mu \dot{H}_\varphi = \frac{\partial E_z}{\partial r} - \frac{\partial E_r}{\partial z}, \tag{36.106}$$

die zweite Gruppe besteht aus Gleichungen für die Größen E_φ, H_r und H_z. Die erste Gleichungsgruppe beschreibt somit ***transversale magnetische*** Kraftwirkungen, die zweite ***transversale elektrische*** Kraftwirkungen. Daher entspricht die zweite Gruppe nicht unserer Aufgabe und wir können von vornherein

$$E_\varphi = 0, \quad H_z = 0, \quad H_r = 0$$

setzen.

Da H_φ nicht von z abhängen kann, ergibt sich aus der ersten Gleichung (36.106), daß im Inneren des Zylinders $E_r = 0$ gilt. Aus der Gleichung

$$\operatorname{div} E = \frac{1}{r}\frac{\partial}{\partial r}\left(rE_r\right) + \frac{\partial E_z}{\partial z} = 0$$

(vgl. (23.116) für u = r, v = φ, w = z und U = 1, V = r, W = 1) folgt somit, daß im Inneren des Zylinders E_z von z nicht abhängt und folglich eine Funktion von r und t ist. Da ein harmonischer Strom eingeprägt ist und wir infolgedessen Lösungen mit derselben Zeitabhängigkeit suchen, machen wir für die elektrische Feldstärke den Ansatz

$$E = R(r)e^{j\omega t}e_3 \quad \text{bzw.} \quad E_z = R(r)e^{j\omega t}.$$

Gehen wir damit in die Gleichung (35.151), so folgt

$$-\Delta R = \lambda R, \quad \lambda = -j\omega\mu\sigma.$$

Diese Gleichung lautet in Zylinderkoordinaten

$$\frac{1}{r}\frac{d}{dr}\left(r\frac{dR}{dr}\right) + \lambda R = 0, \tag{36.107}$$

ihre allgemeine Lösung ist

$$R(r) = AJ_0(r\sqrt{\lambda}) + BN_0(r\sqrt{\lambda})$$

(vgl. Beispiel 36.15). Da E_z längs der Zylinderachse stetig sein muß, haben wir B = 0 zu setzen, so daß die in Frage kommenden Lösungen die Gestalt

$$R(r) = AJ_0(r\sqrt{\lambda}) \tag{36.108}$$

haben müssen. Die Konstante A ergibt sich aus dem Zeiger $\underline{\hat{I}} = \hat{I}$ des eingeprägten Wechselstromes,

$$\underline{\hat{I}} = \hat{I} = \sigma \int\limits_Q E \cdot do = \sigma \int\limits_Q R(r)do,$$

worin Q ein beliebiger Querschnitt des Zylinders ist. Wählen wir einen Querschnitt parallel zur (x_1, x_2)-Ebene, so ist do = rdrdφ und folglich

$$\hat{I} = \sigma A \int_0^{2\pi} d\varphi \int_0^a rJ_0(r\sqrt{\lambda})dr = 2\pi A\sigma \int_0^a rJ_0(r\sqrt{\lambda})dr.$$

Zur Berechnung dieses Integrales schreiben wir die Gleichung (36.107) in der Form

$$rR = -\frac{1}{\lambda}\frac{d}{dr}\left(r\frac{dR}{dr}\right)$$

und integrieren sie zwischen den Grenzen 0 und a,

$$\int_0^a rR(r)\,dr = -\frac{1}{\lambda}\, r\frac{dR}{dr}\Big|_0^a = -\frac{1}{\lambda}\, aR'(a).$$

Setzen wir in diese Gleichung aus (36.108) ein, so folgt

$$\int_0^a rR(r)\,dr = -\frac{a}{\sqrt{\lambda}}\, AJ_0'(a\sqrt{\lambda}).$$

Verwenden wir noch die Formel

$$J_0'(x) = -J_1(x),$$

die man zum Beispiel durch Einsetzen der Potenzreihen für $J_0(x)$ und $J_1(x)$ bestätigen kann, so findet man schließlich für die Konstante A den Wert

$$A = \hat{I}\,\frac{\sqrt{\lambda}}{2\pi a\sigma}\,\frac{1}{J_1(a\sqrt{\lambda})}$$

und somit

$$E_z = \hat{I}\,\frac{\sqrt{\lambda}}{2\pi a\sigma}\,\frac{J_0(r\sqrt{\lambda})}{J_1(a\sqrt{\lambda})}\, e^{j\omega t}, \quad \lambda = -j\omega\mu\sigma. \tag{36.109}$$

Wir wollen jetzt noch untersuchen, inwieweit die elektrische Feldstärke und damit die Stromdichte von der Frequenz des eingeprägten Wechselstromes abhängig ist. Um zunächst Aufschluß über den Verlauf der elektrischen Feldstärke für sehr kleine Frequenzen ω zu bekommen, bilden wir den Grenzwert von (36.109) für $\omega \to 0$. Zu diesem Zweck berechnen wir

$$\sqrt{\lambda}\,\frac{J_0(r\sqrt{\lambda})}{J_1(a\sqrt{\lambda})} = \frac{1 - \frac{r^2\lambda}{4} + \ldots}{\frac{a}{2}\left(1 - \frac{a^2\lambda}{8} + \ldots\right)} = \frac{2}{a}\,\frac{1 + \frac{\omega}{4} jr^2\mu\sigma + \ldots}{1 + \frac{\omega}{8} ja^2\mu\sigma + \ldots}$$

und erhalten damit

$$\lim_{\omega\to 0} E_z = \hat{I}\,\frac{1}{a^2\pi\sigma}.$$

Dieses Ergebnis besagt, daß im Gleichstromfall die elektrische Feldstärke und damit die Stromdichte über den Querschnitt des Zylinders konstant ist.

Um den Verlauf der elektrischen Feldstärke für große Werte von ω innerhalb des Gültigkeitsbereiches der quasistationären Betrachtungsweise studieren zu können, benötigen wir eine asymptotische Darstellung für die Besselfunktionen $J_n(x)$: Aus der Grenzwertbeziehung

$$\lim_{x\to\infty} \frac{J_n(x)}{\sqrt{\frac{2}{\pi x}}\cos\left(x - \frac{n\pi}{2} - \frac{\pi}{4}\right)} = 1$$

ergibt sich, daß für große Werte von x näherungsweise

$$J_n(x) \approx \sqrt{\frac{2}{\pi x}}\cos\left(x - \frac{n\pi}{2} - \frac{\pi}{4}\right)$$

gilt; diese asymptotische Näherungsformel ist auch für komplexes Argument gültig. Wir bekommen damit, wenn wir

$$\sqrt{\lambda} = \sqrt{-j\omega\mu\sigma} = (1-j)\sqrt{\frac{\omega\mu\sigma}{2}} = (1-j)k, \quad k = \sqrt{\frac{\omega\mu\sigma}{2}},$$

setzen,

$$\frac{J_0(r\sqrt{\lambda})}{J_1(a\sqrt{\lambda})} \approx \sqrt{\frac{a}{r}}\,\frac{\cos\left(r\sqrt{\lambda}-\frac{\pi}{4}\right)}{\cos\left(a\sqrt{\lambda}-\frac{3\pi}{4}\right)} = \sqrt{\frac{a}{r}}\,\frac{e^{jr\sqrt{\lambda}}+je^{-jr\sqrt{\lambda}}}{-je^{ja\sqrt{\lambda}}-e^{-ja\sqrt{\lambda}}}$$

$$= \sqrt{\frac{a}{r}}\,\frac{e^{rk}e^{jrk}+je^{-jrk}e^{-rk}}{-je^{jak}e^{ak}-e^{-jak}e^{-ak}} \approx = \frac{1}{j}\sqrt{\frac{a}{r}}\,e^{-k(a-r)}e^{-jk(a-r)},$$

und mit Hilfe dieser Näherung, wenn wir den Abstand $d = a - r$ von der Zylinderoberfläche einführen,

$$E_z \approx \hat{I}\,\frac{1}{2\pi a\sigma}(1+j)k\sqrt{\frac{a}{a-d}}\,e^{-kd}e^{j(\omega t-kd)}.$$

Dieses Ergebnis lehrt uns, *daß sich die Strömung wellenförmig von der Zylinderoberfläche her ins Innere ausbreitet, und daß diese Welle exponentiell gedämpft ist. Es handelt sich also um eine (zylindrische) Oberflächenwelle, die in der Fortpflanzungsrichtung exponentiell gedämpft ist.*

Nach einer Strecke

$$d_e = \frac{1}{k} = \sqrt{\frac{2}{\mu\omega\sigma}},$$

die man die *Eindringtiefe* nennt, ist die am Zylindermantel existierende Stromamplitude auf den e-ten Teil abgesunken. Dies bedeutet, daß im Fall hochfrequenter Wechselströme, die eine quasistationäre Betrachtungsweise zulassen, der Strom praktisch in einer dünnen Haut an der Zylinderoberfläche fließt, während das Leiterinnere nahezu strömungsfrei ist. Dieses Phänomen bezeichnet man als *Skineffekt* oder *Hauteffekt*.

36.5 Ergänzungen und Bemerkungen

Der Name Telegraphengleichung für eine partielle Differentialgleichung vom Typ (36.90) rührt davon her, daß diese Gleichung erstmals bei Leitungsproblemen auftrat.

Wir betrachten eine homogene Leitung und greifen ein Stück der Länge dx heraus; in Bild 36.2 ist das Ersatzschaltbild mit den Strom- und Spannungsverhältnissen dargestellt (vgl. Beispiel 6.26 und Bild 6.12), wobei $u(x, t)$ beziehungsweise $i(x, t)$ die Spannung beziehungsweise der Strom im Punkt x zur Zeit t ist. Am ohmschen Widerstand $R'dx$ und

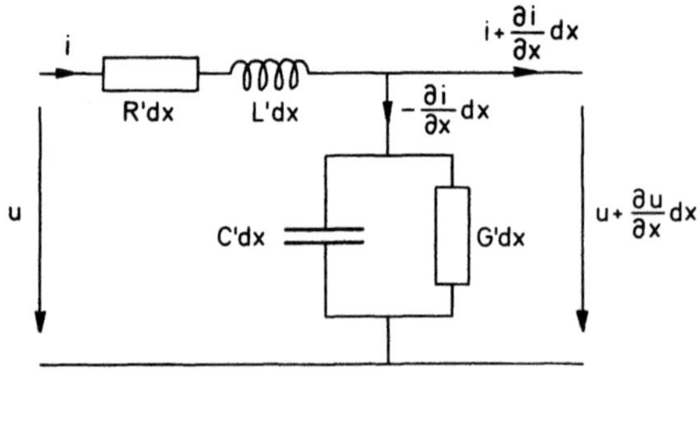

Bild 36.2

am induktiven Widerstand $L'dx$ fällt die Spannung $-\frac{\partial u}{\partial x}dx$ ab, so daß gilt

$$-\frac{\partial u}{\partial x}dx = iR'dx + \frac{\partial i}{\partial t}L'dx.$$

Durch den Kondensator $C'dx$ und den Übergangswiderstand mit dem Leitwert $G'dx$ fließt der Strom $-\frac{\partial i}{\partial x}dx$; folglich muß

$$-\frac{\partial i}{\partial x}dx = \frac{\partial}{\partial t}\left(u + \frac{\partial u}{\partial x}dx\right)C'dx + \left(u + \frac{\partial u}{\partial x}dx\right)G'dx$$

gelten, da die Spannung $u + \frac{\partial u}{\partial x}dx$ anliegt. Dividieren wir diese Gleichungen durch dx und ziehen wir anschließend durch den Grenzübergang $dx \to 0$ das Leiterstück auf den Punkt x zusammen, so erhalten wir die beiden Gleichungen

$$R'i + L'\frac{\partial i}{\partial t} = -\frac{\partial u}{\partial x}, \quad -\frac{\partial i}{\partial x} = C'\frac{\partial u}{\partial t} + G'u. \tag{36.110}$$

Eliminiert man den Strom, indem man die erste Gleichung partiell nach x, die zweite Gleichung partiell nach t differenziert, so entsteht die Telegraphengleichung

$$\frac{\partial^2 u}{\partial x^2} = L'C'\frac{\partial^2 u}{\partial t^2} + (R'C' + L'G')\frac{\partial u}{\partial t} + R'G'u, \tag{36.111}$$

ebenso für den Strom

$$\frac{\partial^2 i}{\partial x^2} = L'C'\frac{\partial^2 i}{\partial t^2} + (R'C' + L'G')\frac{\partial i}{\partial t} + R'G'i. \tag{36.112}$$

Gehen wir in die Gleichungen (36.110) mit dem Ansatz

$$i(t) = \mathrm{Re}\left(\underline{\hat{I}}(x)e^{j\omega t}\right), \quad u(t) = \mathrm{Re}\left(\underline{\hat{U}}(x)e^{j\omega t}\right),$$

der dem Separationsansatz (36.91) für eine periodische Zeitabhängigkeit (36.95) entspricht, so gelangen wir zu den in Beispiel 6.26 abgeleiteten Differentialgleichungen (6.83) für den Strom- und Spannungszeiger, mit deren Lösungen wir uns in Beispiel 29.7 befaßt haben. Wir empfehlen dem Leser, die dortigen Ergebnisse im Lichte der allgemeinen Lösungsverhältnisse der Telegraphengleichung für eine periodische Zeitabhängigkeit nochmals zu betrachten.

Der Separationsansatz zur Konstruktion von Lösungen der homogenen Gleichung (36.68), die eine periodische Zeitabhängigkeit aufweisen, steht in engem Zusammenhang mit der Fourier-Transformation. Setzen wir (36.94) mit (36.95) in die homogene Gleichung (36.68) ein, so erhalten wir die Schwingungsgleichung

$$\Delta v = p(j\omega)v. \tag{36.113}$$

Wenden wir auf eine Lösung $u(x, t)$ der homogenen Gleichung (36.68) die Fourier-Transformation an,

$$\mathscr{F}u(x, t) = U(x, \omega) = \int_{-\infty}^{\infty} u(x, t)e^{-j\omega t}dt,$$

so folgt einerseits, da der Fourieroperator $\mathscr{F}$ mit dem Laplaceoperator Δ vertauschbar ist,

$$\mathscr{F}\Delta u(x, t) = \Delta\mathscr{F}u(x, t) = \Delta U(x, \omega),$$

andererseits

$$\mathscr{F} L_t u(x, t) = p(j\omega)\mathscr{F}u(x, t) = p(j\omega)U(x, \omega).$$

Somit muß die Fourier-Transformierte $U(x, \omega)$ einer Lösung $u(x, t)$ der Schwingungsgleichung

$$\Delta U = p(j\omega)U,$$

also der Gleichung (36.113), genügen. Ist daher $v(x, \omega)$ eine Lösung der Gleichung (36.113), so ist

$$u(x, t) = \frac{1}{2\pi}\int_{-\infty}^{\infty} v(x, \omega)e^{j\omega t}d\omega \tag{36.114}$$

eine Lösung der homogenen Gleichung (36.68).

Die Fourier-Transformation wird zur Lösung einer partiellen Differentialgleichung angewendet, wenn Vorgänge studiert werden, die sich seit unendlich langer Zeit abspielen, weshalb keine Anfangsbedingungen vorgegeben werden können.

Auch die Laplace-Transformation kann zur Lösung von partiellen Differentialgleichungen eingesetzt werden, wobei naturgemäß der Anfangszustand bekannt sein muß. Unter diesen Umständen kann über die Laplace-Transformation eine Anfangsrandwertaufgabe in eine reine Randwertaufgabe übergeführt werden.

Wir wollen von der durch die Differentialgleichung (36.68), die Randbedingung (36.70) und die Anfangsbedingungen (36.71), (36.72) gegebenen Anfangsrandwertaufgabe ausgehen, wobei wir $t_0 = 0$ setzen. Bezeichnet $P(x, s)$ die Laplace-Transformierte der Störfunktion $\rho(x, t)$, $U(x, s)$ die Laplace-Transformierte der gesuchten Lösung $u(x, t)$, so genügt diese der Differentialgleichung

$$\Delta U = p(s)U - (as + b)g(x) - ah(x) - P(x, s),$$

in der bereits die Anfangsbedingungen berücksichtigt sind; wir schreiben diese Gleichung in der Form

$$-\Delta U + p(s)U = P^*(x, s) \tag{36.115}$$

mit der Störfunktion

$$P^*(x, s) = P(x, s) + (as + b)g(x) + ah(x).$$

Aus

$$r(U) = r(\mathscr{L}u) = \mathscr{L}r(u) = \mathscr{L}u_0(y, t) = U_0(y, s), \quad y \in F,$$

folgt schließlich, daß die Laplace-Transformierte der Lösung unserer Anfangsrandwertaufgabe die Lösung der Randwertaufgabe

$$-\Delta U + p(s)U = P^*(x, s), \quad r(U) = U_0(y, s), \quad y \in F, \tag{36.116}$$

ist. Um diese Randwertaufgabe zu lösen, benötigen wir die Eigenfunktionen und Eigenwerte des partiellen Differentialoperators $-\Delta + p(s)$. Hierfür brauchen wir nur die Eigenwertaufgabe für den Laplaceoperator zu lösen. Sind $u_n(x)$, λ_n die Eigenfunktionen und Eigenwerte des Laplaceoperators zur Randbedingung $r(u) = 0$, so gilt

$$-\Delta u_n = \left(-\Delta + p(s)\right) u_n - p(s) u_n = \lambda_n u_n$$

beziehungsweise

$$\left(-\Delta + p(s)\right) u_n = \left(\lambda_n + p(s)\right) u_n.$$

Aus dieser Gleichung geht hervor, daß die Funktionen $u_n(x)$ auch die Eigenfunktionen des partiellen Differentialoperators $-\Delta + p(s)$ zur Randbedingung $r(u) = 0$ sind; die zugehörigen Eigenwerte sind offenbar $\mu_n(s) = \lambda_n + p(s)$. Zur Lösung der Randwertaufgabe für $U_0 = 0$ haben wir daher anzusetzen

$$U(x, s) = \sum_{n=1}^{\infty} C_n(s) u_n(x),$$

und die Koeffizienten $C_n(s)$ nach dem Muster von Abschnitt 36.3 zu bestimmen,

$$C_n(s) = \frac{1}{\lambda_n + p(s)} \int_B u_n(x) P^*(x, s) dx.$$

Durch Rücktransformation dieser Koeffizienten in den Zeitbereich,

$$c_n(t) = \mathscr{L}^{-1} C_n(x, s),$$

erhält man schließlich die Lösung

$$u(x, t) = \sum_{n=1}^{\infty} c_n(t) u_n(x)$$

der gegebenen Anfangsrandwertaufgabe für die homogene Randbedingung. Der Zusatzterm, der die inhomogene Randbedingung berücksichtigt, kann wie in Abschnitt 36.3 konstruiert werden.

36.6 Übungsbeispiele

Man konstruiere über den Separationsansatz Lösungen der folgenden linearen partiellen Differentialgleichungen:

1. $x \dfrac{\partial u}{\partial x} + y \dfrac{\partial u}{\partial y} = ku$ 2. $x \dfrac{\partial u}{\partial x} + y \dfrac{\partial u}{\partial y} + z \dfrac{\partial u}{\partial z} = ku$

3. $y^2 \dfrac{\partial^2 u}{\partial y^2} - x^2 \dfrac{\partial^2 u}{\partial x^2} = 0$ 4. $\dfrac{\partial^2 u}{\partial x^2} + \dfrac{\partial^2 u}{\partial y^2} + k^2 u = 0.$

5. Seien $g(x, y)$ und $h(x, y)$ stetige Funktionen in einem Gebiet G. Ist $d(x, y) = g_y(x, y) - -h_x(x,y) \neq 0$ in G und $\frac{h(x, y)}{d(x, y)}$ eine Funktion der Variablen x allein, $\frac{g(x, y)}{d(x, y)}$ eine Funktion der Variablen y allein, so hat die Differentialgleichung $g(x, y) + h(x, y) y' = 0$ einen integrierenden Faktor der Gestalt $k(x, y) = \phi(x) \psi(y)$.

6. Man suche Lösungen der Gleichung
$$\frac{\partial^2 u}{\partial x^2}+\frac{\partial^2 u}{\partial y^2}=a\frac{\partial^2 u}{\partial t^2}+b\frac{\partial u}{\partial t},$$
die die Gestalt $u(x, y, t) = v(x, y)e^{j\omega t}$ haben.
7. Man separiere die Laplacesche Differentialgleichung in Kugelkoordinaten und in Zylinderkoordinaten.
8. Man zeige, daß eine Sturm-Liouvillesche Eigenwertaufgabe mit $L = \frac{1}{p}\left\{-\frac{d}{dx}\left(f\frac{d}{dx}\right)+g\right\}$ auf einem Intervall $]a,b[$ in ein Problem der Gestalt $\hat{L} = -\frac{d^2}{d\xi^2}+\hat{g}(\xi)$ auf einem gewissen Intervall $]\alpha,\beta[$ übergeht, wenn man die Variablen x und y gemäß $y(x) = \hat{y}(\xi)H(x)$, $\xi = h(x)$, transformiert, wobei die Funktion $h(x)$ der Gleichung $fh'^2 = p$ genügt und $H(x) = \left(p(x)f(x)\right)^{-1/4}$ gesetzt wird (*Sturm-Liouville-Transformation*).
9. Man löse die Eigenwertaufgabe
$$Ly=-\frac{1}{p}\frac{d}{dx}\left(\frac{1}{p}\frac{dy}{dx}\right)=\lambda y,\quad a<x<b,\ y(a)=y(b)=0,$$
worin $p(x)$ eine auf dem Intervall $[a, b]$ positive Funktion ist. Man berechne die Greensche Funktion der zugehörigen Randwertaufgabe.
10. Man löse die Eigenwertaufgabe
$$Ly=-\frac{1}{(1-x)^2}\frac{d}{dx}\left((1-x)^2\frac{dy}{dx}\right)=\lambda y,\quad 0<x<1,\ y(0)=0,$$
unter der Bedingung: $y(x)$ ist (linksseitig) stetig im Punkt $x = 1$. Man bestimme ferner die Greensche Funktion der zugehörigen Randwertaufgabe.

Sei $L = -\frac{d^2}{dx^2}$ auf dem Intervall I. Man löse die Eigenwertaufgabe $Ly = \lambda y$ für die folgenden Probleme und bestimme die Greensche Funktion der zugehörigen Randwertaufgabe:

11. $y(0) = 0,\quad y'(1) = 0,\quad I =]0, 1[$.
12. $y(-1) = 0,\quad y(1) = 0,\quad I =]-1, 1[$.
13. $y(-\pi) = y(\pi),\quad y'(-\pi) = y'(\pi),\quad I =]-\pi, \pi[$.
14. Man löse die Eigenwertaufgabe $Ly = -xy'' - y' = \lambda xy$, $0 < x < 1$, mit der Randbedingung $y(1) = 0$ und der Forderung, daß $y(x)$ in $x = 0$ (rechtsseitig) stetig ist. Man bestimme ferner die Greensche Funktion der zugehörigen Randwertaufgabe.

Man bestimme die Greensche Funktion der folgenden Randwertaufgaben:

15. $$Ly=\frac{1}{x}\left[-\frac{d}{dx}\left(x\frac{dy}{dx}\right)+\frac{\nu^2}{x}y\right]=s(x),\qquad 0<x<1,\ \nu\neq 0,$$
mit der Bedingung $y(1) = 0$, $y(x)$ rechtsseitig stetig in $x = 0$.
16. $$Ly=-\frac{d}{dx}\left((1-x^2)\frac{dy}{dx}\right)=s(x),\qquad -1<x<1,$$
wobei gefordert wird, daß $y(x)$ in $x = -1$ und $x = 1$ stetig ist.
17. Für welche Randwertaufgabe auf dem Intervall $]0, 1[$ ist $G(x, \xi) = \frac{1}{2}|x - \xi|$ die Greensche Funktion?
18. Man löse die Randwertaufgabe $-xy'' - y' = s(x)$, $0 < x < \infty$, unter der Forderung $y(0) = 1$.

19. Die Schwingungen eines unbelasteten Balkens werden durch die partielle Differentialgleichung $c^2 \frac{\partial^4 u}{\partial x^4} + \frac{\partial^2 u}{\partial t^2} = 0$ beschrieben; darin ist c eine vom Material sowie von der Geometrie des Balkens abhängige Konstante und $u = u(x, t)$ die Durchbiegung am Ort x zur Zeit t. Eine Randbedingung $u(\xi, t) = 0$ bedeutet, daß der Balken in $x = \xi$ fixiert ist, durch $u_x(\xi, t) = 0$ (und $u(\xi, t) = 0$) wird verlangt, daß der Balken in $x = \xi$ fest eingespannt ist; ist $u_{xx}(\xi, t) = 0$, so verschwindet das Biegemoment (so daß $u(\xi, t) = u_{xx}(\xi, t) = 0$ zu verlangen ist, wenn der Balken in $x = \xi$ drehbar gelagert ist), gilt schließlich $u_{xxx}(\xi, t) = 0$, so verschwindet die Querkraft (wenn also ein Ende des Balkens, z. B. in $x = \xi$, frei ist, so hat man $u_{xx}(\xi, t) = u_{xxx}(\xi, t) = 0$ zu fordern).

Man berechne die Schwingungsformen (Eigenfunktionen der nach Separation der Zeit entstehenden Differentialgleichung) des Balkens, wenn dieser

(i) in $x = 0$ und $x = l$ drehbar gelagert ist;

(ii) in $x = 0$ eingespannt ist, wobei das Ende in $x = l$ frei ist.

20. Sei $u(x, y, z)$ eine Funktion, deren partielle Ableitungen bis einschließlich zweiter Ordnung stetige Funktionen sind. Gilt $u(tx, ty, tz) = t^\nu u(x, y, z)$ für $t \geqslant 0$ und für eine reelle Zahl ν, ist weiter $\Delta u = 0$, so ist in Kugelkoordinaten $u(x, y, z) = r^\nu S_\nu(\theta, \varphi)$. Man zeige, daß auch die Funktion $v(x, y, z) = r^{-\nu-1} S_\nu(\theta, \varphi)$ eine Lösung der Laplaceschen Differentialgleichung ist.

    Welcher Differentialgleichung genügt die Funktion $S_\nu(\theta, \varphi)$?

Man bestimme aller kreissymmetrischen Lösungen, das heißt alle Lösungen der Gestalt $u(x, y) = f(\sqrt{x^2 + y^2})$, der

21. Laplacegleichung $\frac{\partial^2 u}{\partial x^2} + \frac{\partial^2 u}{\partial y^2} = 0$,

22. Schwingungsgleichung $\frac{\partial^2 u}{\partial x^2} + \frac{\partial^2 u}{\partial y^2} + k^2 u = 0$.

Man bestimme alle kugelsymmetrischen Lösungen, das heißt alle Lösungen der Gestalt $u(x, y, z) = f(\sqrt{x^2 + y^2 + z^2})$, der

23. Laplacegleichung $\frac{\partial^2 u}{\partial x^2} + \frac{\partial^2 u}{\partial y^2} + \frac{\partial^2 u}{\partial z^2} = 0$,

24. Schwingungsgleichung $\frac{\partial^2 u}{\partial x^2} + \frac{\partial^2 u}{\partial y^2} + \frac{\partial^2 u}{\partial z^2} + k^2 u = 0$.

25. Man berechne die Eigenfunktionen und Eigenwerte des Laplaceoperators für den Quader $\alpha < x < a, \beta < y < b, \gamma < z < c$ zur Randbedingung: $u = 0$ auf den Deckflächen.

26. Man berechne die Eigenfunktionen und Eigenwerte des Laplaceoperators für den Kreissektor $r < a, -\alpha < \varphi < \alpha < \pi$, zur Randbedingung $u = 0$.

27. Man berechne die Eigenfunktionen und Eigenwerte des Laplaceoperators für den Zylinder $x^2 + y^2 < a^2, 0 < z < h$

    (i) mit der Randbedingung $u = 0$,

    (ii) mit der Randbedingung $u = -k \frac{\partial u}{\partial n}$, $k > 0$.

28. Durch die Funktionen $x = x(u, v)$, $y = y(u, v)$ (orthogonale krummlinige Koordinaten) werde ein von einer geschlossenen Kurve *C* berandetes einfach zusammenhängendes

Gebiet G auf das Rechteck $\alpha < u < a, \beta < v < b$ umkehrbar eindeutig abgebildet, wobei die in (23.96) definierten Größen U und V die spezielle Eigenschaft $U = U(u)$, $V = V(v)$ haben mögen. Man berechne die Eigenfunktionen des Laplaceoperators in G für die erste Randwertaufgabe.

29. Man löse die Gleichung $\Delta u = 0$ im Inneren des Rechtecks $0 < x < a, 0 < y < b$ mit der Randbedingung: $u(x, 0) = f_1(x), u(x, b) = f_2(x), u(0, y) = g_1(y), u(a, y) = g_2(y)$.

30. Man löse die Gleichung $\Delta u = 0$ für das Innere des Kreises $x^2 + y^2 < a^2$ unter der Randbedingung $\frac{\partial u}{\partial n} = g(\varphi)$. Unter welcher Voraussetzung über die Funktion $g(\varphi)$ ist diese Randwertaufgabe überhaupt lösbar?

31. Man löse die Gleichung $\Delta u = 0$ für das Gebiet $x^2 + y^2 > a^2$ mit der Randbedingung $u(a, \varphi) = f(\varphi)$; weiter wird verlangt, daß das Potential u im Unendlichen verschwindet.

32. Man löse die Gleichung $\Delta u = 0$ für den Kreissektor $r < a, -\alpha < \varphi < \alpha < \pi$; die Randbedingung sei $u(r, \pm\alpha) = 0, r < a, u(a, \varphi) = f(\varphi), |\varphi| < \alpha$.

33. Man löse die Gleichung $\Delta u = 0$ für das Innere des Zylinders $x^2 + y^2 < a^2, 0 < z < h$ unter der inhomogenen Randbedingung $u(a, \varphi, z) = f(z), 0 < z < h, u(r, \varphi, 0) = = u(r, \varphi, h) = 0, r < a, -\pi < \varphi < \pi$.

34. Man löse die Gleichung $\Delta u = 0$ für den Halbraum $z > 0$. Die Randbedingung sei $u(x, y, 0) = f(\sqrt{x^2 + y^2})$, im Unendlichen wird das Verschwinden des Potentials gefordert.

    Hinweis: Man führe Zylinderkoordinaten ein!

35. Ein Zylinder mit dem Durchmesser a und der Höhe h habe zum Zeitpunkt $t = 0$ die konstante Temperatur θ_0. Man berechne den Abkühlvorgang, wenn über die Randfläche Wärme gemäß dem Gesetz $\theta = -k \frac{\partial \theta}{\partial n}$ in das umgebende Medium abgegeben wird.

36. In einem Zylinder mit dem Radius a und der Höhe h befinden sich Wärmequellen mit der konstanten Dichte η. Die Stirnflächen des Zylinders seien gegenüber dem umgebenden Medium adiabatisch isoliert $\left(\text{Randbedingung } \frac{\partial \theta}{\partial n} = 0\right)$, während an der Mantelfläche durch einen natürlichen Wärmeübergang in den Außenraum Wärme abgegeben wird $\left(\text{Randbedingung } \theta = -k \frac{\partial \theta}{\partial n}\right)$. Man berechne den Temperaturverlauf im Inneren des Zylinders, wenn seine Temperatur zum Zeitpunkt $t = 0$ dieselbe war wie im Außenraum ($\theta = \theta_0 = 0$) (Aufheizung eines zylindrischen Drahtstückes, zum Beispiel durch Entwicklung Joulescher Wärme). Welche stationäre Temperaturverteilung stellt sich ein?

37. Man löse die Wellengleichung $\frac{\partial^2 u}{\partial x^2} + \frac{\partial^2 u}{\partial y^2} = \frac{1}{v^2} \frac{\partial^2 u}{\partial t^2}$ für das Gebiet G unter der Bedingung $u = 0$ auf dem Rand von G.

    (i) G sei das Quadrat $0 < x < a, 0 < y < a$, die Anfangslage sei $u(x, y, 0) = u_0(x, y)$, die Anfangsgeschwindigkeit sei $u_t(x, y, 0) = 0$ (Schwingungen einer quadratischen Membran).

    (ii) G sei der Kreis $x^2 + y^2 < a^2$. Die Anfangslage sei $u(x, y, 0) = u_0(x, y)$, die Anfangsgeschwindigkeit sei $u_t(x, y, 0) = 0$ (Schwingungen einer kreisförmigen Membran).

38. Eine in $x = 0$ und $x = l$ eingespannte Saite wird in $x = \xi$ angeschlagen. Man berechne die Schwingungen der Saite.

    Hinweis: Die Anfangsbedingungen lauten $u(x, 0) = 0$, $u_t(x, 0) = P\delta(x - \xi)$.

39. Ein unendlich langer metallischer Zylinder ($\epsilon = 0$) mit dem Radius a befinde sich in einem parallel zur Zylinderachse verlaufenden homogenen Magnetfeld $\mathbf{H} = H_0\mathbf{e}_z$. Zum Zeitpunkt $t = 0$ wird das Magnetfeld **H** „abgeschaltet“. Man berechne den Zusammenbruch des Magnetfeldes im Inneren des Zylinders.

    Hinweis: Man beachte, daß es sich um longitudinale magnetische Feldwirkungen handelt.

40. Eine Kugel mit dem Radius a, in der sich keine Wärmequellen befinden, habe zum Zeitpunkt $t = 0$ die Temperaturverteilung $\theta(r, 0) = \theta_0(r)$, wobei $\theta_0(a) = 0$ (= Temperatur des umgebenden Mediums) gelten möge. Man berechne mit Hilfe der Laplace-Transformation die Abkühlung der Kugel, wenn ein freier Wärmeübergang (Randbedingung $\theta(a, t) = \theta_0(a) = 0$) in den Außenraum stattfindet.

Kapitel X Funktionentheorie

Gegenstand der Funktionentheorie ist das Studium der differenzierbaren komplexen Funktionen komplexer Veränderlicher. Die Grundlage hierfür ist die Diskussion der Verhältnisse bei komplexen Funktionen einer komplexen Veränderlichen. Formal erscheint der Begriff der Ableitung einer derartigen Funktion wie bei Funktionen einer reellen Veränderlichen als Grenzwert eines Differenzenquotienten, doch ist der Begriff der Differenzierbarkeit im Komplexen sehr viel enger als im Reellen. Aus der Differenzierbarkeit ergeben sich eine Reihe sehr bemerkenswerter Eigenschaften, wodurch eine getrennte Behandlung der Analysis komplexer Funktionen gerechtfertigt wird.

Das Folgende stellt eine Einführung in die Grundtatsachen der Funktionentheorie dar, die für das Verständnis der zahlreichen Anwendungen funktionentheoretischer Methoden in Theorie und Praxis unumgänglich sind. Für eine Vertiefung der mathematischen Theorie sei der Leser auf die spezielle Lehrbuchliteratur verwiesen.

37 Analytische Funktionen

37.1 Der Begriff der analytischen Funktion

Beim Studium der Funktionen in mehreren abhängigen und unabhängigen Veränderlichen haben wir uns bereits mit komplexen Funktionen einer komplexen Veränderlichen befaßt. Eine komplexe Funktion $w = f(z)$ ordnet jedem Punkt ihres Definitionsbereiches in der komplexen z-Ebene einen Punkt $w = f(z)$ in der komplexen w-Ebene zu. Hinsichtlich des Grenzwert- und Stetigkeitsbegriffs sei der Leser auf Abschnitt 22.2 zurückverwiesen; was unter der Ableitung einer komplexen Funktion $w = f(z)$ zu verstehen ist, haben wir in Abschnitt 23.1 geklärt. Wir nannten die Funktion $w = f(z)$ im Punkt z_0 differenzierbar, wenn sich die Änderung $\Delta w = f(z_0 + \Delta z) - f(z_0)$ des Funktionswertes in zwei Summanden aufspalten läßt, in einen linearen Anteil und in einen Fehler, der selbst im Verhältnis zum Argumentzuwachs Δz beliebig klein wird,

$$\Delta w = a\Delta z + \Delta z\epsilon(\Delta z), \qquad \lim_{\Delta z \to 0} \epsilon(\Delta z) = 0. \tag{37.1}$$

Wir sahen, daß eine solche Darstellung der Änderung des Funktionswertes nur dann möglich ist, wenn der Differenzenquotient $\frac{\Delta w}{\Delta z}$ für $\Delta z \to 0$ einem Grenzwert zustrebt: Wenn dieser Grenzwert existiert, so heißt die Funktion $w = f(z)$ an der Stelle z_0 differenzierbar und

$$f'(z_0) = \lim_{\Delta z \to 0} \frac{f(z_0 + \Delta z) - f(z_0)}{\Delta z} = \lim_{\Delta z \to 0} \frac{\Delta w}{\Delta z} \tag{37.2}$$

die Ableitung von $w = f(z)$ an der Stelle z_0. Wir konnten weiter sehen, daß aus der Differenzierbarkeit des Realteils $u(x, y)$ und des Imaginärteils $v(x, y)$ im Punkt (x_0, y_0) sowie aus der Gültigkeit der Cauchy-Riemannschen Differentialgleichungen (23.39),

$$u_x = v_y, \quad u_y = -v_x, \tag{37.3}$$

für $x = x_0$, $y = y_0$ die Existenz des Grenzwertes (37.2) und somit die Differenzierbarkeit von $w = f(z)$ an der Stelle $z_0 = x_0 + jy_0$ folgt. Die Existenz der partiellen Ableitungen u_x, u_y und v_x, v_y im Punkt $x = x_0$, $y = y_0$ sowie das Bestehen der Gleichungen (37.3) ist nur eine notwendige Bedingung für die Differenzierbarkeit von $f(z)$; dies ergibt sich aus dem Grenzwert (23.38), wenn man darin für $\Delta y = 0$ beziehungsweise für $\Delta x = 0$ setzt und den Grenzübergang $\Delta x \to 0$ beziehungsweise $\Delta y \to 0$ durchführt.

Ist $w = f(z)$ differenzierbar im Punkt $z_0 = x_0 + jy_0$, so lautet die Ableitung (vgl. (23.42))

$$f'(z_0) = u_x(x_0, y_0) + jv_x(x_0, y_0) = -j\left(u_y(x_0, y_0) + jv_y(x_0, y_0)\right). \tag{37.4}$$

Im folgenden wollen wir als Definitionsbereich einer komplexen Funktion stets ein Gebiet in der komplexen Zahlenebene annehmen; dabei verstehen wir unter einem Gebiet G wieder eine offene Punktmenge mit der Eigenschaft, daß sich zwei beliebige Punkte aus G stets durch eine ganz in G verlaufende Kurve verbinden lassen.

Wir bringen nun die

Definition 37.1 Es sei $w = f(z)$ in einem Gebiet G definiert. Ist $f(z)$ in G differenzierbar, so heißt $w = f(z)$ in G *analytisch*[1]).

---

[1]) Andere vielfach verwendete Bezeichnungsweisen sind *regulär* und *holomorph*.

Wir weisen ausdrücklich darauf hin, daß der Begriff „analytisch" nur im Zusammenhang mit der Differenzierbarkeit in einem Gebiet *G* sinnvoll ist. Wenn wir sagen, $w = f(z)$ ist im Punkt z_0 analytisch, so meinen wir damit, daß um z_0 eine Umgebung existiert, in der $w = f(z)$ analytisch ist.

Eine in *G* analytische Funktion ist in *G* stetig. Hinreichend dafür, daß $w = f(z)$ in *G* analytisch ist, ist die Bedingung, daß der Realteil $u(x, y)$ und der Imaginärteil $v(x, y)$ in jedem Punkt von *G* differenzierbar ist und weiter, daß in *G* die Cauchy-Riemannschen Differentialgleichungen (37.3) erfüllt sind. Wie sich zeigen läßt, sind diese Bedingungen auch notwendig dafür, daß $w = f(z)$ in *G* analytisch ist. Wir haben damit den

Satz 37.1 (Erster Fundamentalsatz der Funktionentheorie) *Eine in G definierte komplexe Funktion* $w = f(z)$ *ist in G genau dann analytisch, wenn der Realteil* $u(x, y) = \operatorname{Re}\big(f(z)\big)$ *und der Imaginärteil* $v(x, y) = \operatorname{Im}\big(f(z)\big)$ *in G differenzierbare Funktionen sind und die Cauchy-Riemannschen Differentialgleichungen* (37.3) *durch sie in G erfüllt werden.*

Es ist eine bemerkenswerte Tatsache, daß der Realteil und der Imaginärteil einer in *G* analytischen Funktion in *G* stetige partielle Ableitungen hat; mit anderen Worten, aus der Differenzierbarkeit in einem Gebiet *G* und der Gültigkeit der Cauchy-Riemannschen Differentialgleichungen folgt die Stetigkeit der partiellen Ableitungen des Real- und Imaginärteils. Es läßt sich darüber hinaus sogar zeigen, daß auch die zweiten partiellen Ableitungen existieren und in *G* stetige Funktionen sind; daraus folgt insbesondere, daß der Realteil $u(x, y)$ und der Imaginärteil $v(x, y)$ in *G* der Laplaceschen Differentialgleichung genügen,

$$\Delta u = 0, \quad \Delta v = 0, \tag{37.5}$$

wie aus den Cauchy-Riemannschen Differentialgleichungen unmittelbar hervorgeht.

Über die Besonderheiten der durch eine analytische Funktion $f(z) = u(x, y) + jv(x, y)$ vermittelten Punktabbildung wurde ebenfalls in Abschnitt 23.1 gesprochen. Es ergab sich, daß die durch $u = u(x, y)$, $v = v(x, y)$ vermittelte Punktabbildung lokal eine affine Transformation ist mit der besonderen Eigenschaft, daß die Bilder der Maßvektoren orthogonal sind und die gleiche Länge haben; insbesondere bleibt der Orientierungssinn erhalten. Da weiter der Winkel, unter dem sich die Bilder zweier Kurven C_1 und C_2 schneiden, derselbe ist, unter dem sich die Kurven C_1 und C_2 schneiden, wird eine solche Abbildung *winkeltreu* oder *konform* genannt. Auf Anwendungen, die sich auf diesen Sachverhalt stützen, soll an späterer Stelle eingegangen werden (siehe Abschnitt 38.4).

Die Regeln (6.17), (6.18) für die Ableitung einer Summe/Differenz, (6.21) für die Ableitung eines Produktes, (6.23) für die Ableitung eines Quotienten und (6.47) für die Ableitung einer Zusammensetzung von reellen Funktionen lassen sich unmittelbar auf komplexe Funktionen übertragen.

Beispiel 37.1: Die durch

$$e^z = e^{x + jy} = e^x(\cos y + j \sin y)$$

definierte komplexe Exponentialfunktion ist in der ganzen z-Ebene analytisch. Real- und Imaginärteil,

$$u(x, y) = e^x \cos y, \quad v(x, y) = e^x \sin y,$$

sind in jedem Punkt differenzierbar, die Cauchy-Riemannschen Differentialgleichungen (37.3) sind überall erfüllt,

$$u_x = e^x \cos y = v_y, \quad u_y = -e^x \sin y = -v_x.$$

Also ist $f(z) = e^z$ in der ganzen z-Ebene analytisch und nach (37.4)

$$\frac{d}{dz} e^z = u_x + jv_x = e^x (\cos y + j \sin y) = e^z.$$

Aus der Kettenregel folgt

$$\frac{d}{dz} e^{az} = ae^{az}$$

für eine beliebige komplexe Konstante a. Daraus folgt die Differenzierbarkeit der Sinus- und Cosinusfunktion im Komplexen,

$$\frac{d}{dz} \sin z = \cos z, \quad \frac{d}{dz} \cos z = -\sin z,$$

und damit über die Quotientenregel die Differenzierbarkeit der Tangens- und Cotangensfunktion im Komplexen, natürlich abgesehen von den Nullstellen des Nenners $\cos z$ beziehungsweise $\sin z$.

Auf die gleiche Weise führt man den Nachweis der Analytizität der Hyperbelfunktionen.

Anders als im Reellen ist der Nachweis der Existenz der Umkehrfunktion zu führen, da der Begriff der Monotonie im Komplexen keinen Sinn hat. Aus der Tatsache, daß ein Funktionensystem $u = u(x, y)$, $v = v(x, y)$, bestehend aus Real- und Imaginärteil einer komplexen Funktion $w = f(z)$, nur lokal in der Umgebung eines Punktes umkehrbar ist, wenn die Ableitungsmatrix regulär ist, ergibt sich die Umkehrbarkeit einer komplexen Funktion $w = f(z)$ nur in einer gewissen Umgebung der in Betracht gezogenen Stelle z_0, und zwar unter der Voraussetzung, daß $f'(z_0) \neq 0$ ist, denn nur dann ist die Ableitungsmatrix des Systems von Real- und Imaginärteil regulär (vgl. (23.44)). Die Ableitung der Umkehrfunktion $z = g(w)$ berechnet sich nach der selben Regel wie im Reellen,

$$\frac{dz}{dw} = g'(w) = \frac{1}{f'(z)} = \frac{1}{\frac{dw}{dz}}, \quad z = g(w), \ w = f(z).$$

Beispiel 37.2: Die Umkehrfunktion der komplexen Exponentialfunktion ist der natürliche Logarithmus

$$w = \ln z = \ln |z| + j \arg(z), \quad z = e^w.$$

Der Logarithmus ist in der ganzen z-Ebene mit Ausnahme des Punktes $z = 0$ definiert, aber nicht eindeutig. Die Umkehrung der Exponentialfunktion im Fundamentalstreifen $-\pi < \mathrm{Im}(w) \leqslant \pi$ ist eindeutig, wenn für $\arg(z)$ der Hauptwert genommen wird; dieser Zweig des Logarithmus heißt der Hauptwert (vgl. Abschnitt 4.6). Für reelles $z > 0$ hat der Hauptwert des Logarithmus dieselben Werte wie der reelle Logarithmus.

Die Ableitung des Logarithmus bestimmt sich zu

$$\frac{d}{dz} \ln z = \frac{1}{z}.$$

Ebenso eine mehrdeutige Funktion ist die allgemeine Potenzfunktion

$$w = z^a = e^{a \ln z}$$

für einen beliebigen komplexen Exponenten a. Der Hauptwert der Potenzfunktion ist jener Zweig, wenn für den Logarithmus der Hauptwert vereinbart wird; dieser hat für reelles $z > 0$ dieselben Werte wie die reelle Potenzfunktion im Falle eines reellen Exponenten a.

Mit Hilfe der Kettenregel ergibt sich die Ableitung der Potenzfunktion zu

$$\frac{d}{dz} z^a = a z^{a-1}.$$

Die Umkehrung der trigonometrischen Funktionen w = sin z und w = cos z führt ebenfalls auf den Logarithmus. Löst man die Gleichung $z = \sin w = \frac{1}{2j}(e^{jw} - e^{-jw})$ nach w auf, so erhält man die beiden Lösungen

$$w = -j \ln(jz + \sqrt{1 - z^2})$$

für den Haupt- und Nebenwert der Wurzel. Nimmt man für die Wurzel und den Logarithmus den Hauptwert, so erhält man den Hauptwert der Umkehrfunktion des Sinus,

$$w = -j \ln(jz + \sqrt{1 - z^2}) = \operatorname{arc} \sin z.$$

Für reelles z, $|z| \leqslant 1$, stimmt dieser mit dem Hauptwert der reellen Arcus-Sinusfunktion überein.

Für die Ableitung der Arcus-Sinusfunktion erhält man

$$\frac{d}{dz} \operatorname{arc} \sin z = \frac{1}{\sqrt{1 - z^2}}.$$

Analog verfährt man bei der Umkehrung von Funktionen, bei denen man auf mehrdeutige Ausdrücke geführt wird, die im Reellen eindeutig sind oder für die im Reellen ein Hauptwert erklärt ist.

37.2 Integration komplexer Funktionen

Es sei die komplexe Funktion w = f(z) in einem Gebiet *G* stetig und *C* eine ganz in *G* verlaufende Kurve. Wir wählen auf *C* n − 1 Punkte $z_1, z_2, \ldots, z_{n-1}$, wobei jeweils z_{k+1} im Sinne der Orientierung von *C* auf den Punkt z_k folgt. Durch die Auswahl solcher Punkte wird eine Zerlegung Z der Kurve *C* in Teilbögen C_k bestimmt. Wir schreiben $z_0 = a$ für den Anfangspunkt, $z_n = b$ für den Endpunkt der Kurve *C* und setzen $\Delta z_k = z_k - z_{k-1}$; den größten Abstand $\delta(Z) = \operatorname{Max} |\Delta z_k|$ nennen wir die Feinheit der Zerlegung Z. Wählen wir auf jedem Teilbogen C_k einen Punkt ζ_k, so heißt

$$R(Z, f) = \sum_{k=1}^{n} f(\zeta_k) \Delta z_k$$

eine Zwischensumme zur Zerlegung Z. Ist dann (Z_n) eine Folge von Zerlegungen der Kurve *C* mit der Eigenschaft $\lim \delta(Z_n) = 0$, so streben die Zwischensummen $R(Z_n, f)$ bei beliebiger Auswahl der Zwischenpunkte stets gegen ein und denselben Grenzwert I, den man *das über die Kurve C erstreckte Integral der Funktion* w = f(z) nennt,

$$I = \lim_{n \to \infty} R(Z_n, f) = \int_C f(z)\, dz.$$

Ist $z(t) = x(t) + jy(t)$, $\alpha \leqslant t \leqslant \beta$, eine Parametrisierung der Kurve *C*, so zeigt man ohne Schwierigkeiten

$$\int_C f(z)\, dz = \int_\alpha^\beta f\big(z(t)\big)\, \dot{z}(t)\, dt. \qquad (37.6)$$

Zerlegen wir schließlich das rechterhand stehende Integral in seinen Real- und Imaginärteil, so erhalten wir

$$\int_C f(z)dz = \int_\alpha^\beta \left[u\left(x(t), y(t)\right)\dot{x}(t) - v\left(x(t), y(t)\right)\dot{y}(t)\right] dt$$

$$+ j \int_\alpha^\beta \left[u\left(x(t), y(t)\right)\dot{y}(t) + v\left(x(t), y(t)\right)\dot{x}(t)\right] dt,$$

also

$$\int_C f(z)dz = \int_C (udx - vdy) + j \int_C (udy + vdx). \tag{37.7}$$

Real- und Imaginärteil des über eine Kurve erstreckten Integrals einer komplexen Funktion sind ebene Kurvenintegrale. Wir übernehmen auf Grund dessen unsere Notation für Kurvenintegrale und können damit die Rechenregeln (33.29), (33.30), (33.31) und (33.32) unmittelbar auf Integrale komplexer Funktionen übertragen. Entsprechend der Abschätzung (11.29) haben wir im Komplexen (man beachte $ds = |dz|$)

$$\left|\int_C f(z)dz\right| \leqslant \int_C |f(z)|\, ds; \tag{37.8}$$

daraus ergibt sich insbesondere, wenn l die Länge der Kurve C ist und $|f(z)| \leqslant M$ auf der Kurve C gilt, die (11.30) analoge Abschätzung

$$\left|\int_C f(z)dz\right| \leqslant lM. \tag{37.9}$$

Beispiel 37.3: Wir berechnen für eine beliebige ganze Zahl n das Integral

$$I = \oint_C (z - z_0)^n dz, \quad n \text{ ganz},$$

wobei C der positiv orientierte Kreis $|z - z_0| = R$ ist. Wir parametrisieren diesen Kreis durch $z = z(\varphi) = z_0 + Re^{j\varphi}$ und erhalten mit $dz = z'(\varphi)d\varphi = jRe^{j\varphi}d\varphi$

$$I = jR^{n+1} \int_0^{2\pi} e^{j(n+1)\varphi} d\varphi.$$

Für $n \neq -1$ hat dieses Integral offenbar den Wert Null,

$$\oint_C (z - z_0)^n dz = 0, \quad n \neq -1, \tag{37.10}$$

für $n = -1$ wird

$$\oint_C \frac{1}{z - z_0} dz = 2\pi j. \tag{37.11}$$

Wir weisen den Leser darauf hin, daß dieses Integral vom Radius R des Kreises C unabhängig ist!

Bis jetzt war nur vorausgesetzt, daß die Funktion $w = f(z)$ in G stetig ist. Nunmehr wollen wir annehmen, daß die Funktion $w = f(z)$ in G analytisch ist. Zunächst verlangen wir aber, daß das Gebiet G einfach zusammenhängend ist. Wir rufen dem Leser in Erinnerung, daß ein einfach zusammenhängendes Gebiet, wenn es nicht die ganze z-Ebene (mit dem einzigen Randpunkt ∞) ist, von einer einzigen Kurve begrenzt ist; insbesondere läßt sich jede ganz in G verlaufende geschlossene Kurve auf einen Punkt aus G zusammenziehen (vgl. Abschnitt 33.3, Seite 1065).

Es sei also G einfach zusammenhängend und $w = f(z)$ in G analytisch. Da dann in G die Cauchy-Riemannschen Differentialgleichungen gelten müssen, haben die ebenen Vektorfelder $(u, -v)$ und (v, u) in G ein Potential, denn die Cauchy-Riemannschen Differentialgleichungen (37.3) sind nichts anderes als die Integrabilitätsbedingungen (33.41) für diese beiden Felder. Aus diesem Grund verschwinden die Kurvenintegrale

$$\oint_C (u\,dx - v\,dy) = 0, \quad \oint_C (v\,dx + u\,dy) = 0$$

für jede ganz in G verlaufende geschlossene Kurve C. Unter Berücksichtigung von (37.7) ergibt sich daraus, daß auch das Integral der Funktion $w = f(z)$ über jede ganz in G liegende geschlossene Kurve gleich Null ist. Dies ist der Inhalt von

Satz 37.2 (Zweiter Fundamentalsatz der Funktionentheorie) *Ist G ein einfach zusammenhängendes Gebiet und* $w = f(z)$ *in G analytisch, so gilt*

$$\oint_C f(z)\,dz = 0 \tag{37.12}$$

für jede ganz in G verlaufende geschlossene Kurve C.

Wir können weiter aus der Analytizität der Funktion $w = f(z)$ in dem einfach zusammenhängenden Gebiet G den Schluß ziehen, daß die Kurvenintegrale auf der rechten Seite von (37.7) vom Weg unabhängig sind. Deshalb ist auch das Integral der Funktion $w = f(z)$ auf der linken Seite von (37.7) nicht vom Verlauf, sondern nur vom Anfangs- und Endpunkt der Kurve C abhängig. Bezeichnet daher a einen festen Punkt und z einen beliebigen Punkt aus G und ist C eine die Punkte a und z verbindende in G liegende Kurve, so wird durch

$$F(z) = \int_C f(z)\,dz = \int_a^z f(\zeta)\,d\zeta \tag{37.13}$$

eine in G eindeutige Funktion erklärt. Diese Funktion ist in G stetig, denn es gilt

$$F(z + \Delta z) - F(z) = \int_z^{z+\Delta z} f(\zeta)\,d\zeta.$$

Liegt der Punkt $z + \Delta z$ dem Punkt z hinlänglich nahe, so kann die geradlinige Verbindungsstrecke gewählt werden und wir erhalten unter Berufung auf die Integralabschätzung (37.9), da $f(z)$ in G stetig ist und somit eine Ungleichung $|f(z)| \leqslant M$ auf dieser Verbindungsstrecke gilt,

$$|F(z + \Delta z) - F(z)| \leqslant M|\Delta z|,$$

und dies bedeutet, es strebt $F(z + \Delta z)$ gegen $F(z)$ für $\Delta z \to 0$.

Die durch (37.13) definierte Funktion F(z) ist auch differenzierbar, und zwar ist ihre Ableitung f(z). Bildet man nämlich den Ausdruck

$$\frac{F(z+\Delta z)-F(z)}{\Delta z}-f(z)=\frac{1}{\Delta z}\int\limits_{z}^{z+\Delta z}\left[f(\zeta)-f(z)\right]d\zeta,$$

worin die Punkte z und z + Δz geradlinig verbunden sind, so folgt aus der Stetigkeit der Funktion f(z) längs dieser Verbindungsstrecke

$$\lim_{\Delta z\to 0}\left|\frac{F(z+\Delta z)-F(z)}{\Delta z}-f(z)\right|=0,$$

also ist F(z) differenzierbar und

$$F'(z)=\frac{d}{dz}\int\limits_{a}^{z}f(\zeta)d\zeta=f(z) \tag{37.14}$$

die Ableitung.

Auch im Komplexen heißt eine Funktion F(z), für die F'(z) = f(z) in *G* gilt, eine *Stammfunktion von* f(z) *in G*. Hierfür ist allerdings zu beachten, daß der Begriff der Stammfunktion im Komplexen auf analytische Funktionen beschränkt ist. Unverändert gilt auch im Komplexen, daß sich zwei Stammfunktionen einer (analytischen) Funktion nur durch eine Konstante unterscheiden.

Wir wollen nun auch zulassen, daß das Gebiet *G*, in dem f(z) analytisch ist, mehrfach zusammenhängend ist. Wir beschränken uns dabei auf den Fall, daß f(z) in allen Punkten eines einfach zusammenhängenden Gebietes mit Ausnahme endlich vieler Punkte $z_1, z_2, \ldots, z_n$ analytisch ist; das Gebiet *G*, in dem f(z) analytisch ist, ist dann (n + 1)-fach zusammenhängend (Bild 37.1). Im Inneren einer geschlossenen in *G* verlaufenden Kurve liegen dann entweder nur Punkte aus *G* oder es werden einige der „Ausnahmepunkte" eingeschlossen. Wenn sich nur Punkte aus *G* im Inneren befinden, so läßt sich die Kurve stetig auf einen Punkt aus *G* zusammenziehen (die Kurve C_0 in Bild 37.1). Werden Ausnahmepunkte eingeschlossen, so kann die Kurve nicht auf einen Punkt zusammengezogen werden, wenn bei dieser Deformation nur Punkte aus *G* überstrichen werden dürfen, es sei denn, im Inneren dieser Kurve liegt nur ein einziger Ausnahmepunkt; dann kann die Kurve auf einen Punkt zusammengezogen werden, und zwar nur auf diesen Ausnahmepunkt (die Kurve C_1 in Bild 37.1). Ist *C* eine geschlossene Kurve, die sich auf einen Punkt aus *G* zusammenziehen läßt, so verschwindet nach Satz 37.2 das Integral einer in *G* analytischen Funktion f(z) über diese Kurve. Wenn andernfalls eine geschlossene Kurve nur auf einen Ausnahmepunkt zusammengezogen werden kann, so ist das Integral der Funktion f(z) über diese Kurve im allgemeinen von Null verschieden. Der Wert dieses Integrals ist jedoch nicht vom Verlauf dieser Kurve abhängig, denn sind C_1 und C_2 zwei geschlossene Kurven, die beide ein und denselben Ausnahmepunkt in ihrem Inneren einschließen, so gilt

$$\oint\limits_{C_1} f(z)dz=\oint\limits_{C_2} f(z)dz. \tag{37.15}$$

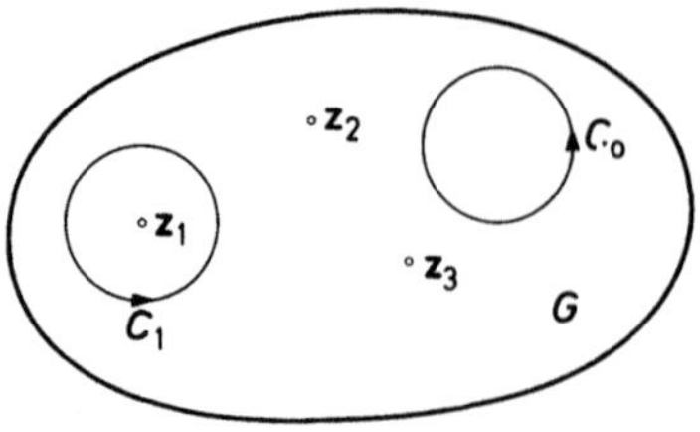

Bild 37.1

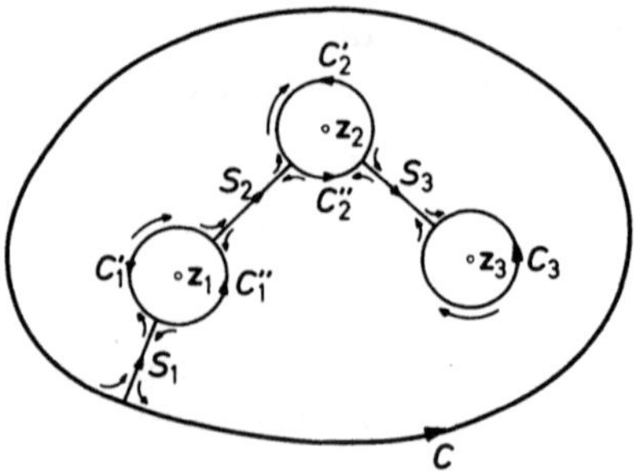

Bild 37.2

Auf diesen Sachverhalt sind wir schon in Abschnitt 33.3 beim Studium ebener Kurvenintegrale gestoßen. Zum Beweis von (37.15) verbinden wir die beiden Kurven C_1 und C_2 durch einen Steg S wie in Bild 33.7; das von der Kurve $C = S + C_2 - S - C_1$ berandete Teilgebiet von G besteht aus den Punkten zwischen den Kurven C_1 und C_2 ohne die Punkte auf dem Steg S und ist einfach zusammenhängend. Deshalb verschwindet das Integral von f(z) über C. Wie in Abschnitt 33.3, Seite 1065, folgern wir daraus, daß das Integral über die Kurve $C_2 - C_1$ den Wert Null hat – dies bedeutet aber, daß das Integral über C_1 denselben Wert hat wie das Integral über C_2. Entscheidend für die Gültigkeit von (37.15) ist die Tatsache, daß die beiden Kurven C_1 und C_2 ganz in G liegen und beide denselben Ausnahmepunkt einschließen. Wir nehmen dies zum Anlaß für die

Definition 37.2 Es sei f(z) in einem Gebiet G analytisch. Ist C eine in G liegende geschlossene Kurve, in deren Innerem f(z) analytisch ist mit Ausnahme eines einzigen Punktes z_0, so heißt das mit dem Faktor $\frac{1}{2\pi j}$ multiplizierte Integral von f(z) über C das *Residuum von* f(z) *an der Stelle* z_0, symbolisch

$$\operatorname*{Res}_{z=z_0} f(z) := \frac{1}{2\pi j} \oint_C f(z)\,dz.$$

Das Integral über eine geschlossene Kurve, in deren Innerem f(z) mit Ausnahme eines einzigen Punktes z_0 analytisch ist, ist gleich dem $2\pi j$-fachen Residuum der Funktion f(z) an der Stelle z_0.

Wir betrachten nun in G eine geschlossene Kurve C, die mehrere Punkte $z_1, z_2, \ldots, z_m$, in denen f(z) nicht analytisch ist, einschließt. Um das Integral von f(z) über C zu berechnen, schließen wir jeden der Ausnahmepunkte z_k in das Innere einer geschlossenen Kurve C_k ein. Sodann legen wir von der Kurve C einen Steg S_1 zur Kurve C_1, indem wir einen Punkt P auf C mit einem Punkt P_1 auf C_1 verbinden, legen weiter einen Steg S_2 von C_1 nach C_2, indem wir einen Punkt Q_1 auf C_1 mit einem Punkt P_2 auf C_2 verbinden usw. (Bild 37.2). Durch die Anfangs- und Endpunkte der Verbindungsstege wird jede der Kurven $C_1, C_2, \ldots, C_{m-1}$ in zwei Kurvenbögen zerlegt, die wir mit C_k' und C_k'' bezeichnen wollen. Die geschlossene Kurve

$$C + S_1 - C_1' + S_2 - \ldots + S_m - C_m - S_m - \ldots - S_2 - C_1'' - S_1,$$

die wir wie in Bild 37.2 angedeutet durchlaufen, berandet ein einfach zusammenhängendes Teilgebiet von G. Folglich verschwindet das Integral der Funktion f(z) über diese Kurve und wir erhalten

$$\oint_C f(z)\,dz = \sum_{k=1}^{m} \oint_{C_k} f(z)\,dz, \tag{37.16}$$

denn die Beiträge von den Stegen S_k heben einander weg. Berücksichtigen wir, daß das Integral von f(z) über die Kurve C_k gleich dem $2\pi j$-fachen Residuum von f(z) an der Stelle z_k ist, so können wir für (37.16) auch

$$\oint_C f(z)dz = 2\pi j \sum_{k=1}^{m} \operatorname*{Res}_{z=z_k} f(z) \tag{37.17}$$

schreiben. Dies ist der Inhalt von

Satz 37.3 (Residuensatz) *Es sei* f(z) *analytisch in G. Liegen im Inneren einer ganz in G verlaufenden geschlossenen Kurve C einzelne Punkte, in denen* f(z) *nicht analytisch ist, so ist das Integral von* f(z) *über die Kurve C gleich der* $2\pi j$*-fachen Summe der Residuen von* f(z) *in diesen Ausnahmepunkten.*

Auf die Berechnung von Residuen ohne Integration wollen wir später in Abschnitt 37.6 zurückkommen. Wir gehen zunächst in der Theorie weiter und bringen eine Integralformel, die grundlegend für die ganze Funktionentheorie ist und weitere wichtige Eigenschaften analytischer Funktionen aufzudecken ermöglicht.

37.3 Die Cauchysche Integralformel

Es sei f(z) analytisch in einem Gebiet G und C eine ganz in G verlaufende geschlossene Kurve, in deren Innerem f(z) analytisch sein möge. Ist z_0 ein beliebiger Punkt im Inneren von C, so ist die Funktion $\frac{f(z)}{z-z_0}$ im Inneren von C analytisch mit Ausnahme des Punktes z_0. Wir bestimmen das Residuum dieser Funktion an der Stelle $z = z_0$, das gleich dem $\frac{1}{2\pi j}$-fachen Integral dieser Funktion über die Kurve C ist,

$$\operatorname*{Res}_{z=z_0} \frac{f(z)}{z-z_0} = \frac{1}{2\pi j} \oint_C \frac{f(z)}{z-z_0}\, dz.$$

Wir berechnen das Integral, wobei wir uns darauf berufen, daß der Wert dieses Integrals derselbe ist wie der über eine beliebige andere Kurve, wenn diese nur den Punkt z_0 in ihrem Inneren einschließt; insbesondere ergibt sich für das Integral über C derselbe Wert wie für einen Kreis mit dem Mittelpunkt in z_0. Ist K_R der Kreis $|z - z_0| = R$, der durch $z = z(\varphi) = z_0 + Re^{j\varphi}$, $0 \leqslant \varphi \leqslant 2\pi$, parametrisiert wird, so folgt mit $dz = jRe^{j\varphi}d\varphi$

$$\frac{1}{2\pi j} \oint_{K_R} \frac{f(z)}{z-z_0}\, dz = \frac{1}{2\pi} \int_0^{2\pi} f(z_0 + Re^{j\varphi})d\varphi.$$

Da das Integral über den Kreis K_R vom Radius R unabhängig sein muß, können wir seinen Wert durch den Grenzübergang $R \to 0$ ermitteln (damit ist aber nicht gemeint, daß der Kreis auf den Punkt z_0 zusammengezogen wird). Auf Grund der Stetigkeit von f(z) dürfen wir diesen Grenzübergang mit der Integration vertauschen; wir erhalten somit

$$\frac{1}{2\pi j} \oint_C \frac{f(z)}{z-z_0}\, dz = \frac{1}{2\pi j} \oint_{K_R} \frac{f(z)}{z-z_0}\, dz = \frac{1}{2\pi} \int_0^{2\pi} f(z_0 + Re^{j\varphi})d\varphi$$

$$= \lim_{R \to 0} \frac{1}{2\pi} \int_0^{2\pi} f(z_0 + Re^{j\varphi})d\varphi = \frac{1}{2\pi} \int_0^{2\pi} \lim_{R \to 0} f(z_0 + Re^{j\varphi})d\varphi = f(z_0).$$

Wir fassen dieses Ergebnis mit Rücksicht darauf, daß z_0 ein beliebiger Punkt im Inneren der Kurve *C* war, zusammen in

Satz 37.4 (Cauchysche Integralformel) *Ist* f(z) *in G analytisch und C eine ganz in G liegende geschlossene Kurve, in deren Innerem* f(z) *analytisch ist, so gilt für jeden Punkt* z *im Inneren von C*

$$f(z) = \frac{1}{2\pi j} \oint_C \frac{f(\zeta)}{\zeta - z}\, d\zeta. \tag{37.18}$$

Eine der wichtigsten Folgerungen aus der Cauchyschen Integralformel (37.18) ist die Tatsache, daß die Ableitung f'(z) einer in einem Gebiet *G* analytischen Funktion f(z) selbst wieder eine analytische Funktion in *G* ist. Daraus folgt durch Induktion der

Satz 37.5 *Eine in einem Gebiet G analytische Funktion* f(z) *hat Ableitungen beliebig hoher Ordnung, die in G analytische Funktionen sind. Ist C eine in G liegende geschlossene Kurve, in deren Innerem die Funktion* f(z) *analytisch ist, so gilt für jeden Punkt aus dem Inneren von G*

$$f^{(n)}(z) = \frac{n!}{2\pi j} \oint_C \frac{f(\zeta)}{(\zeta - z)^{n+1}}\, d\zeta, \quad n = 0, 1, 2, \ldots\ . \tag{37.19}$$

Um den Nachweis zu erbringen, daß die Ableitung f'(z) einer in *G* analytischen Funktion f(z) selbst wieder analytisch in *G* ist, bilden wir den Differenzenquotienten von f(z) für zwei Punkte z und z + Δz aus dem Inneren von *C*, wobei wir aus (37.18) einsetzen,

$$\frac{f(z+\Delta z) - f(z)}{\Delta z} = \frac{1}{2\pi j \Delta z} \oint_C f(\zeta) \left[\frac{1}{\zeta - z - \Delta z} - \frac{1}{\zeta - z}\right] d\zeta$$

$$= \frac{1}{2\pi j} \oint_C f(\zeta) \frac{1}{(\zeta - z - \Delta z)(\zeta - z)}\, d\zeta,$$

und gehen zu Grenze $\Delta z \to 0$ über,

$$f'(z) = \lim_{\Delta z \to 0} \frac{f(z+\Delta z) - f(z)}{\Delta z} = \lim_{\Delta z \to 0} \frac{1}{2\pi j} \oint_C \frac{f(\zeta)}{(\zeta - z - \Delta z)(\zeta - z)}\, d\zeta.$$

Aus

$$\frac{1}{2\pi j} \oint_C \frac{f(\zeta)}{(\zeta - z - \Delta z)(\zeta - z)}\, d\zeta - \frac{1}{2\pi j} \oint_C \frac{f(\zeta)}{(\zeta - z)^2}\, d\zeta = \frac{\Delta z}{2\pi j} \oint_C \frac{f(\zeta)\, d\zeta}{(\zeta - z)^2 (\zeta - z - \Delta z)}$$

und der Stetigkeit von f(z) längs der Kurve *C* folgern wir, daß der Grenzübergang $\Delta z \to 0$ mit der Integration vertauscht werden kann, womit wir die Darstellung

$$f'(z) = \frac{1}{2\pi j} \oint_C \frac{f(\zeta)}{(\zeta - z)^2}\, d\zeta$$

der Ableitung von f(z) für jeden Punkt im Inneren der Kurve *C* erhalten. Zum Nachweis, daß $f'(z)$ eine in *G* analytische Funktion ist, setzt man dieses Ergebnis in

$$f''(z) = \lim_{\Delta z \to 0} \frac{f'(z+\Delta z) - f'(z)}{\Delta z}$$

$$= \lim_{\Delta z \to 0} \frac{1}{2\pi j \Delta z} \oint_C f(\zeta) \left[\frac{1}{(\zeta - z - \Delta z)^2} - \frac{1}{(\zeta - z)^2} \right] d\zeta$$

ein und zeigt wie oben, daß der Grenzübergang $\Delta z \to 0$ mit der Integration vertauscht werden kann; das Ergebnis ist (37.19) für $n = 2$. Damit ist erwiesen, daß die Ableitung einer in *G* analytischen Funktion in *G* analytisch ist. Durch Induktion folgt daraus, daß eine in *G* analytische Funktion Ableitungen beliebig hoher Ordnung hat, die in *G* analytische Funktionen sind. Den Beweis von (37.19) erbringt man durch vollständige Induktion.

Wir weisen weiter auf die bemerkenswerte Tatsache hin, daß die Werte einer analytischen Funktion sowie ihrer Ableitungen im Inneren einer geschlossenen Kurve *C* durch die Werte auf der Kurve *C* bestimmt sind!

Aus der Cauchyschen Integralformel lassen sich noch eine Reihe weiterer Schlußfolgerungen ziehen.

Satz 37.6 (Satz von Morera) *Ist* $f(z)$ *in einem einfach zusammenhängenden Gebiet G stetig und ist für jede geschlossene ganz in G verlaufende Kurve*

$$\oint_C f(z)\,dz = 0,$$

so ist $f(z)$ *in G analytisch.*

Zum Beweis dieses Satzes, der die Umkehrung von Satz 37.2 darstellt, beachten wir, daß auf Grund der Voraussetzungen die Funktion

$$F(z) = \int_a^z f(\zeta)\,d\zeta$$

für festes a aus *G* eine in *G* analytische Funktion darstellt mit der Ableitung $F'(z) = f(z)$. Daher muß $f(z)$ als Ableitung einer analytischen Funktion analytisch sein.

Wendet man auf (37.19) die Integralabschätzung (37.9) an, so ergeben sich die Ungleichungen

$$|f^{(n)}(z)| \leq \frac{n!}{\delta^n} \frac{ML}{2\pi\delta}, \quad n = 0, 1, 2, \ldots, \tag{37.20}$$

in der M das Maximum von $|f(z)|$ längs der Kurve *C*, δ das Minimum der Abstände der Punkte der Kurve *C* vom Punkt z und L die Länge der Kurve *C* ist. Ist *C* speziell ein Kreis mit dem Radius R und dem Mittelpunkt z, so gilt

$$|f^{(n)}(z)| \leq \frac{n!}{R^n} M, \quad n = 0, 1, 2, \ldots . \tag{37.21}$$

Für $n = 1$ erhält man daraus

$$|f'(z)| \leq \frac{M}{R}.$$

Aus dieser Ungleichung ergibt sich der

Satz 37.7 (Satz von Liouville) *Eine in der ganzen z-Ebene beschränkte analytische Funktion ist konstant.*

Gilt nämlich $|f(z)| \leqslant M$ für alle z, so ist im Inneren eines Kreises mit hinreichend großem Radius $|f'(z)|$ beliebig klein, weshalb $f'(z) = 0$ und somit $f(z) = \text{const.}$ sein muß.

Wir erwähnen schließlich noch ohne Beweis einen Satz, der eine Aussage über die Lage der Extremwerte der Funktion $|f(z)|$ macht und ebenfalls aus der Cauchyschen Integralformel abgeleitet werden kann.

Satz 37.8 (Satz vom Maximum und Minimum) *Es sei* $f(z)$ *analytisch in dem beschränkten Gebiet G und auf dem Rand von G stetig. Dann nimmt die reelle Funktion* $|f(z)|$ *ihr Maximum am Rand und, wenn* $f(z)$ *in G nicht konstant ist, auch nur am Rand an.*

Ist $f(z)$ *in G überall von Null verschieden und* $f(z)$ *in G nicht konstant, so nimmt die reelle Funktion* $|f(z)|$ *ihr Minimum nur am Rand von G an.*

37.4 Isolierte singuläre Stellen

Es sei die Funktion $f(z)$ in einer Umgebung des Punktes z_0 eindeutig und analytisch mit Ausnahme des Punktes z_0 selbst. Dann heißt z_0 eine *isolierte singuläre Stelle* der Funktion $f(z)$, isoliert deshalb, weil es eine Umgebung um z_0 gibt, in der $f(z)$ keine weitere singuläre Stelle hat.

Es sind dann folgende Fälle möglich. Gilt

$$\lim_{z \to z_0} f(z) = \infty,$$

so heißt z_0 ein *Pol* der Funktion $f(z)$. Ist hingegen $f(z)$ in einer Umgebung der Stelle z_0 beschränkt, das heißt, gilt

$$|f(z)| \leqslant M \quad \text{für } 0 < |z - z_0| \leqslant \delta,$$

so existiert im Punkt z_0 der Grenzwert von $f(z)$,

$$\lim_{z \to z_0} f(z) = A.$$

Durch Abänderung des Funktionswertes oder durch die Setzung $f(z_0) = A$ wird $f(z)$ im Punkt z_0 nicht nur stetig, sondern auch analytisch, weshalb man in diesem Fall von einer *hebbaren Singularität* spricht.

Der Nachweis, daß $f(z)$ durch die Setzung $f(z_0) = A$ im Punkt z_0 analytisch wird, kann mit Hilfe der Cauchyschen Integralformel (37.18) erbracht werden. Sind K_r beziehungsweise K_R die beiden Kreise $|z - z_0| = r$ beziehungsweise $|z - z_0| = R$, so folgt aus der Cauchyschen Integralformel

$$f(z) = \frac{1}{2\pi j} \oint_{K_R} \frac{f(\zeta)}{\zeta - z} d\zeta - \frac{1}{2\pi j} \oint_{K_r} \frac{f(\zeta)}{\zeta - z} d\zeta, \quad 0 < r < |z - z_0| < R.$$

Das Integral über den Kreis K_r kann wegen der Beschränktheit von $f(z)$ durch geeignete Wahl von r beliebig klein gemacht werden, denn aus der evidenten Ungleichung

$|\zeta - z| \geqslant |z - z_0| - |\zeta - z_0| \geqslant |z - z_0| - r$ folgt

$$\left| \frac{1}{2\pi j} \oint_{K_r} \frac{f(\zeta)}{\zeta - z} d\zeta \right| \leqslant M \frac{r}{|z - z_0| - r}.$$

Also muß das Integral über K_r verschwinden, die durch

$$f(z) = \frac{1}{2\pi j} \oint_{K_R} \frac{f(\zeta)}{\zeta - z} d\zeta$$

in den Punkt z_0 fortgesetzte Funktion ist im Punkt z_0 analytisch.

Ist schließlich z_0 weder ein Pol noch eine hebbare Singularität von f(z), so heißt z_0 eine *wesentlich singuläre Stelle* von f(z). Eine analytische Funktion zeigt in der Umgebung einer wesentlich singulären Stelle ein bemerkenswertes Verhalten. Wie Weierstraß gezeigt hat, kommt eine in der Umgebung einer wesentlich singulären Stelle z_0 analytische Funktion bei geeigneter Annäherung von z an z_0 jedem Wert beliebig nahe.

Beispiel 37.4: Die Funktion

$$f(z) = \frac{1}{(z - z_0)^n}, \quad z \neq z_0,$$

hat für natürliches n im Punkt z_0 einen Pol. Dagegen hat die Funktion

$$f(z) = \frac{\sin z}{z}, \quad z \neq 0,$$

im Punkt z = 0 eine hebbare Singularität. Erklärt man den Funktionswert f(0) durch den Grenzwert

$$f(0) := \lim_{z \to 0} \frac{\sin z}{z} = 1,$$

so wird f(z) für alle z einschließlich des Punktes z = 0 analytisch.

Schließlich hat die Funktion

$$f(z) = e^{1/z}, \quad z \neq 0,$$

im Punkt z = 0 eine wesentlich singuläre Stelle. Nähert man sich dem Punkt z = 0 auf der imaginären Achse, so ergibt sich kein Grenzwert, denn

$$\lim_{y \to 0} e^{1/jy} = \lim_{y \to 0} \cos\frac{1}{y} - j \lim_{y \to 0} \sin\frac{1}{y}$$

existiert nicht. Bei Annäherung an z = 0 auf der reellen Achse erhält man

$$\lim_{x \to 0+} e^{1/x} = \infty, \quad \lim_{x \to 0-} e^{1/x} = 0.$$

Der Grenzwert von $e^{1/z}$ im Punkt z = 0 existiert also weder im eigentlichen noch im uneigentlichen Sinn; deshalb muß $e^{1/z}$ im Punkt z = 0 eine isolierte wesentliche Singularität haben.

Wir weisen mit Nachdruck darauf hin, daß sich diese Einteilung auf Funktionen bezieht, die in der Umgebung der isolierten singulären Stelle eindeutig sind. Bei mehrdeutigen Funktionen gibt es noch andere Arten von Singularitäten. So nennt man die singuläre Stelle z = 0 der Potenzfunktion $f(z) = z^a$ mit rationalem Exponenten einen *Verzweigungs-*

punkt; die singuläre Stelle $z = 0$ des Logarithmus $f(z) = \ln z$ heißt ein *logarithmischer Verzweigungspunkt*, desgleichen die Singularität $z = 0$ der Potenzfunktion $f(z) = z^a = e^{a \ln z}$ mit nichtrationalem Exponenten.

37.5 Reihen komplexer Funktionen

In Abschnitt 15.5 haben wir Reihen mit konstanten komplexen Gliedern betrachtet. Wir schließen nun daran an und betrachten Reihen

$$s(z) = \sum_{n=1}^{\infty} f_n(z) \tag{37.22}$$

komplexer Funktionen $f_n(z)$, $n = 1, 2, \ldots$, von denen wir zunächst nur voraussetzen, daß sie alle in einem gemeinsamen Gebiet G definiert und eindeutig sind. Die Menge K aller komplexen Zahlen aus G, für die die Reihe (37.22) konvergiert, nennen wir den *Konvergenzbereich* der Reihe (37.22). Wir fragen nun wieder nach den Eigenschaften der in ihrem Konvergenzbereich K eindeutigen Summenfunktion $s(z)$.

Fast wörtlich läßt sich der Satz 16.5 über die Stetigkeit der Summenfunktion auf komplexe Funktionenreihen übertragen, wenn wir den Begriff der gleichmäßigen Konvergenz sinngemäß auf komplexe Funktionenreihen erweitern: Die Reihe (37.22) heißt auf einem Teilbereich B ihres Konvergenzbereiches K gleichmäßig konvergent gegen die Summenfunktion $s(z)$, wenn es zu jeder Zahl $\epsilon > 0$ eine nur von ϵ allein abhängige Zahl $N(\epsilon)$ gibt, so daß

$$\left| \sum_{k=1}^{n} f_k(z) - s(z) \right| < \epsilon \quad \text{für alle } z \in B \text{ gilt, wenn } n \geqslant N(\epsilon) \text{ ist.}$$

Wir können es dem Leser überlassen, das in Satz 16.2 formulierte notwendige und hinreichende Kriterium für die gleichmäßige Konvergenz auf Reihen komplexer Funktionen zu übertragen, ebenso das in Satz 16.3 angegebene hinreichende Kriterium für die gleichmäßige Konvergenz.

Ohne Schwierigkeiten kann man nun den Satz 16.5 über die Stetigkeit der Summenfunktion auf Reihen komplexer Funktionen erweitern: Konvergiert die Reihe (37.22) gleichmäßig auf einem Teilbereich B ihres Konvergenzbereiches K und sind die Glieder $f_n(z)$ auf B stetig, so ist die Summenfunktion $s(z)$ auf B stetig.

Auch im Komplexen kann die Summation mit der Integration vertauscht werden, wenn die Reihe gleichmäßig konvergiert: Ist die Reihe (37.22) mit stetigen Gliedern $f_n(z)$ auf dem Bereich B gleichmäßig konvergent und ist C eine ganz in B verlaufende Kurve, so gilt

$$\int_C s(z)\,dz = \int_C \sum_{n=1}^{\infty} f_n(z)\,dz = \sum_{n=1}^{\infty} \int_C f_n(z)\,dz. \tag{37.23}$$

Solange wir uns also nur für die Stetigkeit und für die Möglichkeit der gliedweisen Integration komplexer Funktionenreihen interessieren, finden wir im wesentlichen dieselben Verhältnisse wie bei Reihen reeller Funktionen vor. Mit dem Begriff der analytischen Funktion tritt nun im Komplexen ein neues Element hinzu.

Wir wollen als erstes untersuchen, unter welchen Umständen die Summenfunktion einer Reihe komplexer Funktionen eine analytische Funktion ist. Hierfür setzen wir jetzt voraus, daß die Glieder $f_n(z)$ der Reihe (37.22) in einem einfach zusammenhängenden Gebiet G analytisch sind und daß die Reihe (37.22) in jedem abgeschlossenen Teilbereich von G gleichmäßig gegen die Summenfunktion $s(z)$ konvergiert. Daraus folgt zunächst auf Grund der obigen Ergebnisse, daß die Summe $s(z)$ der Reihe (37.22) in G stetig ist und daß die Summation mit der Integration über jede ganz in G liegende Kurve vertauscht werden kann, denn ist C eine beliebige Kurve in G, so gibt es stets einen abgeschlossenen Bereich, der die Kurve C enthält und selbst in G enthalten ist.

Es sei nun C eine beliebige geschlossene Kurve in G, so gilt nach Satz 37.2

$$\oint_C f_n(z)dz = 0, \quad n = 1, 2, \ldots,$$

da die Funktionen $f_n(z)$ in G analytisch vorausgesetzt sind. Bilden wir nun das Integral der Summenfunktion $s(z)$ über die Kurve C, so ergibt sich, weil die Integration mit der Summation vertauscht werden darf,

$$\oint_C s(z)dz = \oint_C \sum_{n=1}^{\infty} f_n(z)dz = \sum_{n=1}^{\infty} \oint_C f_n(z)dz = 0.$$

Aus dem Verschwinden des Integrals der Summenfunktion über eine beliebige in G liegende geschlossene Kurve können wir nun über den Satz 37.6 den Schluß ziehen, daß $s(z)$ in G analytisch ist.

Um zu sehen, daß die Ableitungen der Summenfunktion durch gliedweise Differentiation der Reihe (37.22) gewonnen werden können, nehmen wir die Cauchysche Integralformel (37.19) zu Hilfe. Es sei B ein beliebiger abgeschlossener Bereich in G und C eine ganz in G liegende Kurve, die den Bereich B in ihrem Inneren enthält. Dann gilt für jedes z in B

$$\sum_{n=1}^{\infty} f_n^{(m)}(z) = \sum_{n=1}^{\infty} \frac{m!}{2\pi j} \oint_C \frac{f_n(\zeta)}{(\zeta - z)^{m+1}} d\zeta, \quad m = 0, 1, 2, \ldots \,. \tag{37.24}$$

Diese Reihen sind auf dem abgeschlossenen Teilbereich B von G gleichmäßig konvergent. Die gleichmäßige Konvergenz der Reihe (37.22) auf *jedem* abgeschlossenen Teilbereich von G bedeutet nämlich die Gültigkeit einer Abschätzung der Form

$$\left| \sum_{k=n+1}^{n+p} f_k(z) \right| < \epsilon, \quad n \geqslant N(\epsilon), \; z \in C, \; p = 1, 2, \ldots,$$

aus der man für beliebiges p die Ungleichung

$$\left| \sum_{k=n+1}^{n+p} \frac{m!}{2\pi j} \oint_C \frac{f_k(\zeta)}{(\zeta - z)^{m+1}} d\zeta \right| \leqslant \frac{m!}{2\pi} \frac{L}{\delta^{m+1}} \epsilon, \quad n \geqslant N(\epsilon), \; z \in B,$$

erhält, worin L die Länge der Kurve C und $\delta = \inf |z - \zeta| > 0$ das Infimum der Abstände der Punkte $z \in B$ von den Punkten $\zeta \in C$ ist. Daher konvergiert die Reihe (37.24) gleichmäßig auf B und es darf die Integration mit der Summation vertauscht werden,

$$\sum_{n=1}^{\infty} f_n^{(m)}(z) = \frac{m!}{2\pi j} \oint_C \frac{1}{(\zeta - z)^{m+1}} \sum_{n=1}^{\infty} f_n(\zeta) d\zeta = \frac{m!}{2\pi j} \oint_C \frac{s(\zeta)}{(\zeta - z)^{m+1}} d\zeta = s^{(m)}(z).$$

Fassen wir zusammen, so erhalten wir den

Satz 37.9 *Sind die Glieder* $f_n(z)$ *der Reihe* (37.22) *in einem Gebiet G eindeutig und analytisch und konvergiert die Reihe* (37.22) *in jedem abgeschlossenen Teilbereich B von G gleichmäßig gegen die Summenfunktion* $s(z)$, *so ist* $s(z)$ *in G eine analytische Funktion.*

Die Ableitungen der Summenfunktion $s(z)$ *können durch gliedweise Differentiation der Reihe* (37.22) *gewonnen werden,*

$$s^{(m)}(z) = \sum_{n=1}^{\infty} f_n^{(m)}(z), \quad z \in G. \tag{37.25}$$

Wir wenden diese Ergebnisse nun auf Potenzreihen

$$s(z) = \sum_{n=0}^{\infty} a_n (z - z_0)^n \tag{37.26}$$

an. Konvergiert diese Reihe nur für die Anschlußstelle $z = z_0$, so heißt die Reihe (37.26) *nirgends konvergent*; konvergiert sie für jede komplexe Zahl z, so heißt sie *beständig konvergent*. Auf eine komplexe Potenzreihe, die weder beständig konvergent noch nirgends konvergent ist, kann der Satz 17.1 übertragen werden, der über Satz 17.2 Aufschluß über die Gestalt des Konvergenzbereiches gibt: Ist

$$r = \frac{1}{\limsup \sqrt[n]{|a_n|}}, \tag{37.27}$$

so konvergiert die Reihe (37.26) absolut für jedes z mit $|z - z_0| < r$, sie konvergiert gleichmäßig in jedem abgeschlossenen Kreis $|z - z_0| \leqslant r' < r$, insbesondere in jedem abgeschlossenen Bereich, der ganz im Konvergenzkreis $|z - z_0| < r$ enthalten ist.

Der Konvergenzbereich einer Potenzreihe ist im Komplexen im allgemeinen eine offene Kreisscheibe, deren durch (37.27) gegebener Radius der *Konvergenzradius* genannt wird. Damit wird die schon im Reellen verwendete Bezeichnungsweise gerechtfertigt. Durch $r = 0$ wird eine nirgends konvergente Potenzreihe gekennzeichnet, durch $r = \infty$ eine beständig konvergente Potenzreihe.

Ist der Konvergenzradius r der Reihe (37.26) endlich, so divergiert die Reihe (37.26) für jedes z mit $|z - z_0| > r$. Was das Verhalten einer Potenzreihe auf der Peripherie des Konvergenzkreises betrifft, so bestehen alle Möglichkeiten, weshalb eine allgemeine Aussage über Konvergenz oder Divergenz nicht gemacht werden kann. Konvergiert die Reihe (37.26) jedoch absolut in einem Punkt ζ auf der Peripherie des Konvergenzkreises, so konvergiert sie absolut und gleichmäßig in der abgeschlossenen Kreisscheibe $|z - z_0| \leqslant r$. Schließlich läßt sich auch der Abelsche Grenzwertsatz (Satz 17.4) für komplexe Potenzreihen aussprechen: Konvergiert die Reihe (37.26) in einem Punkt ζ auf der Peripherie des Konvergenzkreises, so gilt

$$\lim_{z \to \zeta} s(z) = \lim_{z \to \zeta} \sum_{n=0}^{\infty} a_n (z - z_0)^n = \sum_{n=0}^{\infty} a_n (\zeta - z_0)^n = s(\zeta).$$

Die Annäherung $z \to \zeta$ muß dabei allerdings so erfolgen, daß eine Berührung der Peripherie des Konvergenzkreises aus dem Inneren her ausgeschlossen ist: die Annäherung muß also in einem gewissen Winkelraum erfolgen (Bild 37.3).

Auch der Identitätssatz für Potenzreihen, den wir nun mit verschärften Voraussetzungen aussprechen, bleibt im Komplexen gültig.

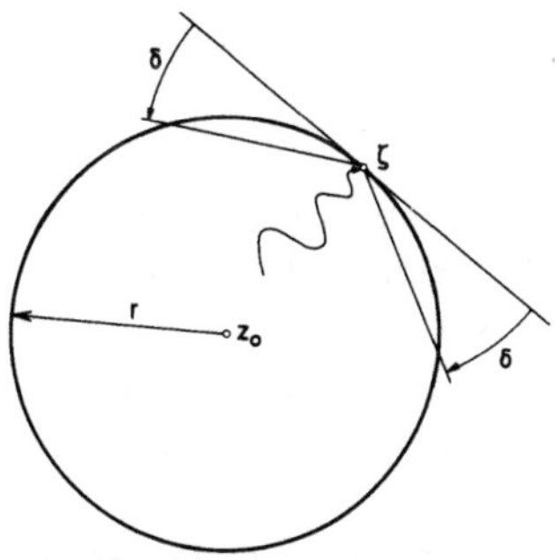

Bild 37.3

Satz 37.10 (Identitätssatz für Potenzreihen) *Haben die beiden Potenzreihen* $\sum a_n(z - z_0)^n$ *und* $\sum b_n(z - z_0)^n$ *einen positiven Konvergenzradius* r' *und* r'' *und stimmen sie in allen Punkten einer gegen die gemeinsame Anschlußstelle* z_0 *konvergierenden Folge* (z_n) *mit unendlich vielen verschiedenen Gliedern überein, so sind sie identisch, das heißt es gilt* $r' = r''$ *und* $a_n = b_n$ *für* $n = 0, 1, 2, \ldots$.

Zum Beweis bildet man auf beiden Seiten der Gleichung

$$a_0 + a_1(z_k - z_0) + a_2(z_k - z_0)^2 + \ldots = b_0 + b_1(z_k - z_0) + b_2(z_k - z_0)^2 + \ldots$$

den Grenzübergang $k \to \infty$: daraus folgt $a_0 = b_0$. Ist $a_k = b_k$ für $k = 1, 2, \ldots, n$ bereits bewiesen, so ergibt der Grenzübergang $k \to \infty$ in

$$a_{n+1} + a_{n+2}(z_k - z_0) + \ldots = b_{n+1} + b_{n+2}(z_k - z_0) + \ldots$$

die Gleichheit der Koeffizienten a_{n+1} und b_{n+1}.

Aus dem Identitätssatz für Potenzreihen läßt sich die bemerkenswerte Schlußfolgerung ziehen, *daß sich die Nullstellen der Summenfunktion einer Potenzreihe im Mittelpunkt des Konvergenzkreises nicht häufen können*!

Die Anwendung von Satz 37.9 auf Potenzreihen ergibt schließlich die Erweiterung von Satz 17.6 ins Komplexe.

Satz 37.11 *Eine Potenzreihe stellt im Inneren ihres Konvergenzkreises eine analytische Funktion dar. Die Ableitungen einer Potenzreihe können durch gliedweise Differentiation berechnet werden,*

$$s^{(m)}(z) = \sum_{n=m}^{\infty} \frac{n!}{(n-m)!} a_n(z - z_0)^{n-m}, \quad m = 0, 1, 2, \ldots, \quad |z - z_0| < r. \tag{37.28}$$

Aus (37.28) folgt für $z = z_0$

$$s^{(m)}(z_0) = m! a_m, \quad m = 0, 1, 2, \ldots, \tag{37.29}$$

und daraus unter Berücksichtigung von (37.19)

$$a_m = \frac{1}{m!} s^{(m)}(z_0) = \frac{1}{2\pi j} \oint_C \frac{s(\zeta)}{(\zeta - z_0)^{m+1}} d\zeta, \quad m = 0, 1, 2, \ldots, \tag{37.30}$$

worin C eine beliebige im Konvergenzkreis liegende geschlossene Kurve ist, die den Mittelpunkt z_0 des Konvergenzkreises in ihrem Inneren enthält.

37.6 Reihenentwicklung analytischer Funktionen

Wir haben soeben gesehen, daß eine Potenzreihe im Inneren ihres Konvergenzkreises eine analytische Funktion ist. Wir wollen uns nun umgekehrt die Frage stellen, ob eine analytische Funktion durch eine Potenzreihe dargestellt werden kann, oder, wie man auch sagt, in eine Potenzreihe entwickelt werden kann. Daß eine solche Entwicklung immer möglich ist, unterstreicht die große Bedeutung der Potenzreihen für die Theorie der analytischen Funktionen.

Es sei $f(z)$ in einem Gebiet G analytisch und z_0 ein beliebiger Punkt in G. Da mit z_0 stets eine ganze Umgebung zu G gehört, gibt es einen Kreis K mit dem Mittelpunkt in z_0, dessen Inneres ganz zu G gehört. Wir betrachten einen zu K konzentrischen kleineren Kreis K' mit dem Radius r'; $r > r'$ sei der Radius von K. Da der Kreis K' einschließlich seiner Peripherie zu G gehört, gilt für jeden Punkt z aus dem Inneren von K'

$$f(z) = \frac{1}{2\pi j} \oint_{K'} \frac{f(\zeta)}{\zeta - z} d\zeta.$$

Wir formen den Ausdruck $\frac{1}{\zeta - z}$ um,

$$\frac{1}{\zeta - z} = \frac{1}{\zeta - z_0} \frac{1}{1 - \frac{z - z_0}{\zeta - z_0}}.$$

Da voraussetzungsgemäß z im Inneren des Kreises K' liegt, gilt

$$|z - z_0| < r' = |\zeta - z_0| < r, \quad \text{also} \quad \left| \frac{z - z_0}{\zeta - z_0} \right| < 1;$$

folglich konvergiert die Reihe

$$\frac{1}{\zeta - z} = \sum_{n=0}^{\infty} \frac{(z - z_0)^n}{(\zeta - z_0)^{n+1}}$$

in jedem Punkt ζ auf der Peripherie von K', insbesondere ist diese Entwicklung gleichmäßig konvergent in ζ auf der Peripherie von K'. Setzen wir daher für $\frac{1}{\zeta - z}$ diese Reihe ein, so darf die Integration mit der Summation vertauscht werden,

$$f(z) = \frac{1}{2\pi j} \oint_{K'} \frac{f(\zeta)}{\zeta - z} d\zeta = \frac{1}{2\pi j} \oint_{K'} f(\zeta) \sum_{n=0}^{\infty} \frac{(z - z_0)^n}{(\zeta - z_0)^{n+1}} d\zeta$$

$$= \sum_{n=0}^{\infty} (z - z_0)^n \frac{1}{2\pi j} \oint_{K'} \frac{f(\zeta)}{(\zeta - z_0)^{n+1}} d\zeta = \sum_{n=0}^{\infty} \frac{f^{(n)}(z_0)}{n!} (z - z_0)^n,$$

worin (37.19) verwendet wurde. Diese Reihe konvergiert sicher für alle z mit $|z - z_0| < r'$ und folglich für jeden Punkt im Inneren des Kreises K, da r' beliebig nahe an r gewählt werden kann. Wir haben damit den

Satz 37.12 (Dritter Fundamentalsatz der Funktionentheorie) *Es sei* f(z) *in G analytisch. Ist* z_0 *ein beliebiger Punkt in G, dann kann* f(z) *in eine Potenzreihe entwickelt werden, die in einem gewissen Kreis* $|z - z_0| < r$ *um* z_0 *konvergiert und darin die Funktion* f(z) *darstellt,*

$$f(z) = \sum_{n=0}^{\infty} \frac{f^{(n)}(z_0)}{n!} (z - z_0)^n. \tag{37.31}$$

Diese Reihe heißt die Taylorsche Reihe der Funktion f(z) *mit der Anschlußstelle* z_0.

Der Konvergenzradius der Potenzreihe (37.31) ist der Radius des größten Kreises um z_0, dessen Inneres vollständig dem Gebiet G angehört, in dem f(z) analytisch ist. Daraus folgt: *Auf dem Rand des Konvergenzkreises einer Potenzreihe liegt mindestens ein singulärer Punkt der Summenfunktion.*

Wir bemerken unter Berufung auf den Identitätssatz für Potenzreihen, daß die Entwicklung (37.31) die einzige ist, die die Funktion f(z) in einer Umgebung der Stelle z_0 durch eine Potenzreihe darstellt. Weiter ergibt sich aus dem Identitätssatz, daß sich die Nullstellen einer in G analytischen Funktion in einem Punkt aus G nicht häufen können. Mit anderen Worten: *Ist* f(z) *in G analytisch und B ein abgeschlossener Bereich in G, so kann* f(z) *in B nur endlich viele Nullstellen haben.* Wendet man dieses Ergebnis auf die Funktion $g(z) = f(z) - a$ an, so erhält man die Aussage, daß eine Gleichung $f(z) = a$ in einem abgeschlossenen Bereich im Inneren eines Gebietes G, in dem f(z) analytisch ist, nur endlich viele Lösungen haben kann.

Eine analytische Funktion f(z) kann in der Umgebung eines Punktes, in dem f(z) analytisch ist, in eine Potenzreihe entwickelt werden. Wir wollen jetzt annehmen, z_0 sei eine isolierte singuläre Stelle von f(z). Dann existiert ein Kreis K um z_0, so daß f(z) in diesem Kreis mit Ausnahme des Punktes z_0 analytisch ist. Es sei r der Radius des Kreises K; wir betrachten zwei zu K konzentrische kleinere Kreise K' und K'' mit den Radien $r'' < r' < r$. Dann ist f(z) im Kreisringgebiet $0 < r'' < |z - z_0| < r' < r$ analytisch und es gilt für jeden Punkt z im Inneren dieses Kreisringgebietes

$$f(z) = \frac{1}{2\pi j} \oint_{K'} \frac{f(\zeta)}{\zeta - z} d\zeta - \frac{1}{2\pi j} \oint_{K''} \frac{f(\zeta)}{\zeta - z} d\zeta,$$

da auch der Kreis K'' positiv orientiert sein soll. Nun gilt wie vorhin, wenn ζ ein Punkt des Kreises K' ist und z im Inneren des Kreisringgebietes liegt,

$$\frac{1}{\zeta - z} = \frac{1}{\zeta - z_0} \frac{1}{1 - \dfrac{z - z_0}{\zeta - z_0}} = \sum_{n=0}^{\infty} \frac{(z - z_0)^n}{(\zeta - z_0)^{n+1}}, \quad \left|\frac{z - z_0}{\zeta - z_0}\right| < 1 \quad \text{für } \zeta \in K';$$

analog erhalten wir

$$\frac{1}{\zeta - z} = -\frac{1}{z - z_0} \frac{1}{1 - \dfrac{\zeta - z_0}{z - z_0}} = -\sum_{n=1}^{\infty} \frac{(\zeta - z_0)^{n-1}}{(z - z_0)^n}, \quad \left|\frac{\zeta - z_0}{z - z_0}\right| < 1 \quad \text{für } \zeta \in K''.$$

Setzen wir diese Entwicklungen, die gleichmäßig in ζ auf K' beziehungsweise K'' konvergieren, oben ein und vertauschen wir in beiden Termen die Integration mit der Summation, so folgt

$$f(z) = \sum_{n=0}^{\infty} (z-z_0)^n \frac{1}{2\pi j} \oint_{K'} \frac{f(\zeta)}{(\zeta - z_0)^{n+1}} d\zeta + \sum_{n=1}^{\infty} \frac{1}{(z-z_0)^n} \frac{1}{2\pi j} \oint_{K''} (\zeta - z_0)^{n-1} f(\zeta) d\zeta$$

$$= \sum_{n=-\infty}^{\infty} a_n (z-z_0)^n,$$

worin für

$$a_n = \frac{1}{2\pi j} \oint_{K'} \frac{f(\zeta)}{(\zeta - z_0)^{n+1}} d\zeta, \quad n = 0, 1, 2, \ldots,$$

und

$$a_n = \frac{1}{2\pi j} \oint_{K''} \frac{f(\zeta)}{(\zeta - z_0)^{n+1}} d\zeta, \quad n = -1, -2, \ldots,$$

gesetzt wurde. Da diese Koeffizienten unabhängig von den Radien der Kreise K' und K'' sein müssen, kann für K' und K'' eine beliebige geschlossene Kurve C genommen werden, die im Kreisring $r'' \leqslant |z - z_0| \leqslant r'$ liegt. Auf diese Weise können beide Koeffizientenformeln in eine einzige zusammengefaßt werden,

$$a_n = \frac{1}{2\pi j} \oint_{C} \frac{f(\zeta)}{(\zeta - z_0)^{n+1}} d\zeta, \quad n = 0, \pm 1, \pm 2, \ldots. \tag{37.32}$$

Es gilt somit

Satz 37.13 *Es sei* $f(z)$ *in einem Gebiet* G *regulär und* z_0 *eine isolierte singuläre Stelle von* $f(z)$. *Dann besitzt* $f(z)$ *eine Darstellung*

$$f(z) = \sum_{n=-\infty}^{\infty} a_n (z-z_0)^n, \quad a_n = \frac{1}{2\pi j} \oint_{C} \frac{f(\zeta)}{(\zeta - z_0)^{n+1}} d\zeta. \tag{37.33}$$

Diese Reihe, die Laurentsche Reihe der Funktion $f(z)$ *an der singulären Stelle* z_0 *genannt wird, konvergiert in einem gewissen Kreis um* z_0 *mit Ausnahme des Mittelpunktes* z_0.

Wir haben nur noch zu zeigen, daß eine Zahl r existiert, mit der Eigenschaft, daß die Reihe (37.33) für $0 < |z - z_0| < r$ konvergiert. Zu diesem Zweck schreiben wir (37.33) als Summe zweier Reihen in der Form

$$f(z) = \sum_{n=1}^{\infty} \frac{a_{-n}}{(z-z_0)^n} + \sum_{n=0}^{\infty} a_n (z-z_0)^n.$$

Es sei

$$\rho = \limsup \sqrt[n]{|a_{-n}|}.$$

Dann konvergiert die Reihe

$$\sum_{n=1}^{\infty} \frac{a_{-n}}{(z-z_0)^n} \tag{37.34}$$

für $|z-z_0| > \rho$; die Potenzreihe

$$\sum_{n=0}^{\infty} a_n(z-z_0)^n \tag{37.35}$$

konvergiert für $|z-z_0| < r$, wenn r ihr Konvergenzradius ist. Folglich konvergiert die Reihe (37.33) für

$$\rho < |z-z_0| < r.$$

Auf Grund der obigen Ableitung gilt die Entwicklung (37.33) in einem Kreisringgebiet $r'' < |z-z_0| < r'$, wobei r'' beliebig nahe bei Null gewählt werden kann. Deshalb muß $\rho = 0$ sein und (37.33) für alle z mit $0 < |z-z_0| < r$ konvergieren, wobei r der Konvergenzradius der in (37.33) enthaltenen Potenzreihe (37.35) ist. Der Fall $r = 0$ kann nicht eintreten, da z_0 eine isolierte singuläre Stelle von f(z) ist; auf dem Kreis $|z-z_0| = r$ liegt die dem Punkt z_0 nächstgelegene singuläre Stelle von f(z).

Ist z_0 eine isolierte singuläre Stelle der Funktion f(z) und ist f(z) in einer Umgebung von z_0 eindeutig, so ist nach der Einteilung von Abschnitt 37.4 der Punkt z_0 entweder ein Pol, eine hebbare singuläre Stelle oder eine wesentlich singuläre Stelle. Dieser Klassifikation entsprechen die folgenden drei Möglichkeiten.

1. Es sind fast alle Koeffizienten (37.32) mit negativem Index gleich Null,

$$a_n = 0 \quad \text{für } n = -k-1, -k-2, \ldots, \quad k \geqslant 1.$$

Dann lautet die Entwicklung (37.33)

$$f(z) = \frac{a_{-k}}{(z-z_0)^k} + \ldots + \frac{a_{-1}}{z-z_0} + a_0 + a_1(z-z_0) + \ldots,$$

aus der unschwer die Grenzwertbeziehung

$$\lim_{z \to z_0} f(z) = \infty$$

entnommen werden kann. In diesem Fall ist also z_0 ein Pol von f(z); die natürliche Zahl k wird die *Ordnung des Pols* z_0 genannt. Der Ausdruck

$$H(z, z_0) = \frac{a_{-k}}{(z-z_0)^k} + \frac{a_{-k+1}}{(z-z_0)^{k-1}} + \ldots + \frac{a_{-1}}{z-z_0} \tag{37.36}$$

heißt der *Hauptteil von* f(z) *für den Pol* z_0 (vgl. hierzu Abschnitt 10.5).

Aus der Darstellung

$$(z-z_0)^k f(z) = a_{-k} + a_{-k+1}(z-z_0) + \ldots + a_{-1}(z-z_0)^{k-1}$$
$$+ a_0(z-z_0)^k + a_1(z-z_0)^{k+1} + \ldots$$

ergeben sich die Formeln

$$a_{n-k} = \frac{1}{n!} \lim_{z \to z_0} \frac{d^n}{dz^n}\Big((z-z_0)^k f(z)\Big), \quad n = 0, 1, 2, \ldots, k-1, \tag{37.37}$$

zur Berechnung der Koeffizienten des Hauptteils (37.36) von $f(z)$ für den Pol z_0 (vgl. (10.66)).

2. Es verschwinden alle Koeffizienten mit negativem Index. Dann hat $f(z)$ in z_0 eine hebbare Singularität. Da nämlich dann die Laurentsche Reihe (37.33) für $z = z_0$ konvergiert, existiert der Grenzwert

$$\lim_{z \to z_0} f(z) = a_0.$$

3. In der Laurentreihe von $f(z)$ treten unendlich viele negative Potenzen auf. Dann ist z_0 eine wesentlich singuläre Stelle von $f(z)$.

Aus der Laurententwicklung einer im Punkt z_0 nicht analytischen Funktion $f(z)$ ergibt sich ein bemerkenswerter Sachverhalt. Setzt man in (37.32) für $n = -1$, so folgt

$$a_{-1} = \frac{1}{2\pi j} \oint_C f(\zeta)\,d\zeta = \operatorname*{Res}_{z = z_0} f(z). \tag{37.38}$$

Der Koeffizient der ersten negativen Potenz der Laurententwicklung in z_0 ist das Residuum von $f(z)$ an der Stelle z_0. Daraus ergibt sich in vielen Fällen eine Vereinfachung zur Berechnung des Residuums, vor allem dann, wenn die singuläre Stelle z_0 ein Pol erster Ordnung ist. Wie aus (37.37) im Falle $k = 1$ hervorgeht, ist

$$a_{-1} = \operatorname*{Res}_{z = z_0} f(z) = \lim_{z \to z_0} \Big((z - z_0) f(z)\Big) \tag{37.39}$$

das Residuum von $f(z)$ in z_0, wenn z_0 ein einfacher Pol von $f(z)$ ist. Die Berechnung dieses Grenzwertes gestaltet sich besonders einfach, wenn $f(z)$ in einer Umgebung von z_0 der Quotient zweier Funktionen $g(z)$ und $h(z)$ ist, die in z_0 analytisch sind, $f(z) = \frac{g(z)}{h(z)}$. Wenn z_0 ein einfacher Pol von $f(z)$ ist und $g(z)$ in z_0 eine k-fache Nullstelle hat, was bedeutet, daß $g(z)$ in der Form $g(z) = (z - z_0)^k g^*(z)$, $g^*(z_0) \neq 0$, dargestellt werden kann, so muß die Funktion $h(z)$ in z_0 eine $(k + 1)$-fache Nullstelle haben, und die Taylorentwicklungen der Funktionen $g(z)$ und $h(z)$ beginnen mit

$$g(z) = \frac{g^{(k)}(z_0)}{k!}(z - z_0)^k + \ldots, \quad h(z) = \frac{h^{(k+1)}(z_0)}{(k+1)!}(z - z_0)^{k+1} + \ldots .$$

Daraus folgt

$$a_{-1} = \operatorname*{Res}_{z = z_0} \frac{g(z)}{h(z)} = (k + 1)\frac{g^{(k)}(z_0)}{h^{(k+1)}(z_0)}. \tag{37.40}$$

Speziell für $k = 0$ ergibt sich (vgl. (10.68))

$$a_{-1} = \operatorname*{Res}_{z = z_0} \frac{g(z)}{h(z)} = \frac{g(z_0)}{h'(z_0)}. \tag{37.41}$$

Wir beschließen diese theoretischen Betrachtungen mit einer Klassifikation der analytischen Funktionen.

Es sei $f(z)$ im Außengebiet $|z| > R$ eines gewissen Kreises analytisch. Dann heißt $f(z)$ *in* $z = \infty$ *analytisch*, wenn die Funktion $g(z) = f\left(\frac{1}{z}\right)$ in $z = 0$ analytisch ist; andernfalls heißt $z = \infty$ eine singuläre Stelle. Speziell heißt $z = \infty$ ein Pol, wenn $g(z) = f\left(\frac{1}{z}\right)$ in $z = 0$ einen Pol hat; ist $z = 0$ eine wesentlich singuläre Stelle der Funktion $g(z) = f\left(\frac{1}{z}\right)$, so nennt man $z = \infty$ eine wesentlich singuläre Stelle von $f(z)$. Als Residuum der Funktion $f(z)$ in $z = \infty$ bezeichnet man das Integral $\frac{1}{2\pi j} \oint_C f(z)\,dz$, worin C eine *negativ* orientierte geschlossene Kurve ist (auf ihr läuft man im Uhrzeigersinn um den Ursprung!), die im *positiven* Sinn – also zur Linken! – den Punkt $z = \infty$ als einzige singuläre Stelle der Funktion $f(z)$ umfährt. Ist $\sum_{n=-\infty}^{\infty} a_{-n} z^n$ die Laurent-Reihe bzw. Taylor-Reihe ($a_n = 0$ für $n < 0$) der Funktion $f\left(\frac{1}{z}\right)$ um $z = 0$, so ist $\sum_{n=-\infty}^{\infty} a_n z^n$ die Laurent-Reihe bzw. Taylor-Reihe der Funktion $f(z)$ um $z = \infty$, der negativ genommene Koeffizient a_{-1} ist das Residuum von $f(z)$ in $z = \infty$, denn es gilt $\frac{1}{2\pi j} \oint_C f(z)\,dz = -\frac{1}{2\pi j} \oint_{C'} \frac{1}{z^2} f\left(\frac{1}{z}\right) dz$ $= -a_{-1}$, worin C' die am Einheitskreis gespiegelte Kurve C ist (die Kurve C' ist positiv orientiert, da die Spiegelung am Einheitskreis den Orientierungssinn geschlossener Kurven umkehrt.)

Eine in der ganzen z-Ebene analytische Funktion $f(z)$ heißt eine *ganze Funktion*. Eine nicht konstante ganze Funktion hat demnach die einzige singuläre Stelle $z = \infty$. Ist $z = \infty$ ein Pol der ganzen Funktion $f(z)$, so heißt $f(z)$ eine *ganze rationale Funktion*, ist $z = \infty$ eine wesentlich singuläre Stelle, so wird $f(z)$ eine *ganze transzendente Funktion* genannt. Entwickelt man eine ganze Funktion an einer beliebigen Stelle z_0 in ihre Taylorreihe, so ist diese beständig konvergent; wäre nämlich der Konvergenzradius r endlich, so müßte auf dem Kreis $|z - z_0| = r$ eine singuläre Stelle liegen.

Ist $f(z)$ eine ganze rationale Funktion, so muß die Potenzreihe nach endlich vielen Gliedern abbrechen: Die ganzen rationalen Funktionen sind also die Polynome.

Ist $f(z)$ in einem Gebiet G analytisch und hat $f(z)$ in z_0 einen Pol der Ordnung k, so ist die Funktion $g(z) = (z - z_0)^k f(z)$ in z_0 analytisch (genauer: $g(z)$ hat in z_0 eine hebbare singuläre Stelle). Es folgt daraus, daß die Funktion $\frac{1}{f(z)}$ in z_0 eine Nullstelle der Vielfachheit k hat. Ist umgekehrt z_0 eine k-fache Nullstelle der Funktion $f(z)$, so ist z_0 ein Pol k-ter Ordnung der reziproken Funktion $\frac{1}{f(z)}$. Aus der Tatsache, daß eine analytische Funktion in einem abgeschlossenen und beschränkten Bereich der z-Ebene höchstens endlich viele Nullstellen haben kann, ziehen wir weiter den Schluß, daß eine analytische Funktion in einem abgeschlossenen und beschränkten Bereich höchstens endlich viele Pole haben kann. Eine analytische Funktion, die in der ganzen z-Ebene keine anderen Singularitäten als Pole hat, heißt *meromorph*. Der Quotient zweier ganzer Funktionen ist stets eine meromorphe Funktion.

Hat eine meromorphe Funktion $f(z)$ in der ganzen z-Ebene nur endlich viele Pole $z_1, z_2, \ldots, z_n$, so ist, wenn $H(z, z_k)$ den Hauptteil von $f(z)$ für den Pol z_k bezeichnet,

$$g(z) = f(z) - H(z, z_1) - H(z, z_2) - \ldots - H(z, z_n)$$

eine ganze Funktion. Ist auch $z = \infty$ ein Pol von $f(z)$, so ist $g(z)$ ganz rational und $f(z)$ demnach eine unecht gebrochene rationale Funktion. Ist $f(z)$ in $z = \infty$ analytisch, so muß nach dem Satz von Liouville (Satz 37.7) $g(z)$ konstant sein. Verschwindet $f(z)$ in $z = \infty$, das heißt, hat $f(\frac{1}{z})$ in $z = 0$ eine Nullstelle, so ist $g(z) = 0$ und $f(z)$ echt gebrochen. Die Darstellung

$$f(z) = H(z, z_1) + H(z, z_2) + \ldots + H(z, z_n)$$

ist dann nichts anderes als die Partialbruchzerlegung der echt gebrochenen rationalen Funktion $f(z)$.

Beispiel 37.5: Die natürliche Exponentialfunktion e^z ist in der ganzen z-Ebene analytisch und folglich eine ganze (transzendente) Funktion. Auf Grund der auch im Komplexen gültigen Ableitungsregel (6.26) lautet ihre Taylorentwicklung um den Punkt $z = 0$

$$e^z = \sum_{n=0}^{\infty} \frac{z^n}{n!} = 1 + \frac{z}{1!} + \frac{z^2}{2!} + \frac{z^3}{3!} + \ldots \tag{37.42}$$

(vgl. (17.15)). Da die Exponentialfunktion eine ganze Funktion ist, muß diese Reihe beständig konvergent sein.

Die Umkehrfunktion der natürlichen Exponentialfunktion, der natürliche Logarithmus $\ln z$, ist eine mehrdeutige Funktion. Der Hauptwert des natürlichen Logarithmus ist jener Zweig, der für reelles positives Argument reellwertig ist. Da $\ln z$ beim Übergang vom zweiten in den dritten Quadranten um $2\pi j$ springt, ist der Hauptwert von $\ln z$ analytisch in der längs der negativen reellen Achse aufgeschnittenen z-Ebene. Der Hauptwert von $\ln(1 + z)$ ist daher analytisch in der längs der negativen reellen Achse von $-\infty$ bis zum Punkt -1 aufgeschnittenen z-Ebene; seine Taylorentwicklung um den Punkt $z = 0$ ist

$$\ln(1 + z) = \sum_{n=0}^{\infty} \frac{(-1)^n}{n+1} z^{n+1} = z - \frac{z^2}{2} + \frac{z^3}{3} - \frac{z^4}{4} + - \ldots, \quad |z| < 1, \tag{37.43}$$

(vgl. (17.24)). Am Rande des Konvergenzkreises liegt der singuläre Punkt $z = -1$.

Beispiel 37.6: Der Hauptwert der Potenzfunktion

$$f(z) = (1 + z)^a = e^{a \ln(1 + z)}$$

ist analytisch in der längs der negativen reellen Achse von $-\infty$ bis -1 aufgeschnittenen z-Ebene. Die Taylorentwicklung um den Punkt $z = 0$ führt zur binomischen Reihe (17.20) im Komplexen,

$$(1 + z)^a = \sum_{n=0}^{\infty} \binom{a}{n} z^n = 1 + \frac{a}{1!} z + \frac{a(a-1)}{2!} z^2 + \ldots, \quad |z| < 1. \tag{37.44}$$

Beispiel 37.7: Die Entwicklung der trigonometrischen Funktionen $\sin z$ und $\cos z$ lautet, da die Ableitungsregeln im Komplexen mit den diesbezüglichen Formeln im Reellen identisch sind,

$$\sin z = \sum_{n=0}^{\infty} \frac{(-1)^n}{(2n+1)!} z^{2n+1} = z - \frac{z^3}{3!} + \frac{z^5}{5!} - \frac{z^7}{7!} + - \ldots, \tag{37.45}$$

und

$$\cos z = \sum_{n=0}^{\infty} \frac{(-1)^n}{(2n)!} z^{2n} = 1 - \frac{z^2}{2!} + \frac{z^4}{4!} - \frac{z^6}{6!} + - \ldots . \tag{37.46}$$

Diese Reihen sind beständig konvergent, da $\sin z$ und $\cos z$ ganze transzendente Funktionen sind.

Die Funktionen $\tan z = \frac{\sin z}{\cos z}$ und $\cot z = \frac{\cos z}{\sin z}$ sind als Quotienten ganzer Funktionen meromorph. Die auf der reellen Achse liegenden Nullstellen $z_n = \left(n + \frac{1}{2}\right)\pi$, n ganz, der Funktion cos z sind die Pole der Funktion tan z, die Nullstellen $z_n = n\pi$, n ganz, der Funktion sin z sind die Pole der Funktion cot z. Da die Nullstellen von sin z und cos z sämtlich die Vielfachheit 1 haben, hat jeder Pol von tan z und cot z die Ordnung 1. Zur Berechnung der Residuen kann die Formel (37.41) herangezogen werden; so erhält man für das Residuum der Cotangensfunktion im Pol $z_n = n\pi$

$$\operatorname*{Res}_{z = n\pi} \cot z = \lim_{z \to n\pi} (z - n\pi) \cot z = 1.$$

Die Laurentreihe der Cotangensfunktion im Punkt z = 0 findet man, wenn man die in z = 0 reguläre Funktion z cot z in ihrer Taylorreihe in z = 0 entwickelt und das Ergebnis durch z dividiert,

$$\cot z = \frac{1}{z} - \frac{1}{3} z - \frac{1}{45} z^3 - \frac{2}{945} z^5 - \ldots, \quad 0 < |z| < \pi.$$

Daß diese Entwicklung für $0 < |z| < \pi$ gültig ist, ergibt sich aus der Tatsache, daß $z = \pi$ und $z = -\pi$ die dem Pol z = 0 nächstgelegenen singulären Stellen der Cotangensfunktion sind.

Beispiel 37.8: Der Hauptwert der Umkehrfunktion der Tangensfunktion ist

$$\operatorname{arc\,tan} z = \frac{1}{2j} \ln \frac{1 + jz}{1 - jz},$$

worin für den Logarithmus der Hauptwert zu nehmen ist. Aus der Entwicklung (37.43) für jz beziehungsweise −jz an der Stelle von z findet man

$$\frac{1}{2j} \ln \frac{1 + jz}{1 - jz} = \sum_{n=0}^{\infty} \frac{(-1)^n}{n + 1} \left(\frac{j^{n+1} - (-j)^{n+1}}{2j} \right) z^{n+1} = \sum_{n=0}^{\infty} \frac{(-1)^n \cos \frac{n\pi}{2}}{n + 1} z^{n+1}$$

und somit

$$\operatorname{arc\,tan} z = \sum_{n=0}^{\infty} \frac{(-1)^n}{2n + 1} z^{2n+1} = z - \frac{z^3}{3} + \frac{z^5}{5} - \frac{z^7}{7} + - \ldots, \quad |z| < 1. \tag{37.47}$$

Die Entwicklung des Hauptwertes der Arcus-Sinusfunktion gewinnt man durch Differentiation über die binomische Reihe (37.44) für $a = -\frac{1}{2}$ und $-z^2$ an Stelle von z,

$$\operatorname{arc\,sin} z = \sum_{n=0}^{\infty} \binom{-1/2}{n} (-1)^n \frac{z^{2n+1}}{2n + 1} = z + \frac{1}{6} z^3 + \frac{3}{40} z^5 + \ldots, \quad |z| < 1. \tag{37.48}$$

Beispiel 37.9: Die Funktion $f(z) = \sin \frac{1}{z}$ hat im Punkt z = 0 eine wesentlich singuläre Stelle. Dies geht unmittelbar aus der Laurententwicklung im Punkt z = 0 hervor, die man erhält, wenn in der Entwicklung (37.45) das Argument z durch $\frac{1}{z}$ ersetzt wird,

$$\sin \frac{1}{z} = \sum_{n=0}^{\infty} \frac{(-1)^n}{(2n + 1)!} \frac{1}{z^{2n+1}}, \quad z \neq 0.$$

Beispiel 37.10: Die Funktion

$$f(z) = \frac{e^z}{z^2(1 - z)}$$

hat in z = 1 einen Pol erster Ordnung, in z = 0 einen Pol zweiter Ordnung. Der Hauptteil für diesen Pol ist

$$H(z,0) = \frac{1}{z^2} + \frac{2}{z}.$$

Die Laurentreihe um den Pol z = 0 gewinnt man durch Entwicklung der Funktion $z^2 f(z)$ in ihre Taylorreihe im Punkt z = 0,

$$z^2 f(z) = \frac{e^z}{1-z} = \sum_{n=0}^{\infty} z^n \sum_{m=0}^{\infty} \frac{z^m}{m!} = \sum_{n=0}^{\infty} z^n \sum_{k=0}^{n} \frac{1}{k!}, \quad |z| < 1;$$

dividiert man durch z^2, so resultiert

$$\frac{e^z}{z^2(1-z)} = \frac{1}{z^2} + \frac{2}{z} + \sum_{n=0}^{\infty} z^n \sum_{k=0}^{n+2} \frac{1}{k!}, \quad 0 < |z| < 1.$$

Der Konvergenzradius dieser Reihe ist r = 1, da der Abstand zur nächstgelegenen singulären Stelle z = 1 gleich 1 ist.

Die Laurententwicklung um den Pol z = 1 kann man auf die gleiche Weise gewinnen. Am besten setzt man $z = \xi + 1$ und entwickelt $f(\xi + 1)$ in ihre Laurentreihe im Punkt $\xi = 0$,

$$f(\xi+1) = -\frac{e^{\xi+1}}{(\xi+1)^2 \xi} = -\frac{e}{\xi} \sum_{n=0}^{\infty} \frac{\xi^n}{n!} \sum_{m=0}^{\infty} (-1)^m (m+1) \xi^m$$

$$= -\frac{e}{\xi} \sum_{n=0}^{\infty} (-1)^n \xi^n \sum_{k=0}^{n} (-1)^k \frac{n-k+1}{k!};$$

also gilt

$$\frac{e^z}{z^2(1-z)} = -\frac{e}{z-1} + e \sum_{n=0}^{\infty} (-1)^n (z-1)^n \sum_{k=0}^{n+1} (-1)^k \frac{n-k+2}{k!}, \quad 0 < |z-1| < 1.$$

Die Residuen der Funktion f(z) für die beiden Pole z = 0 und z = 1 hätte man natürlich auch ohne die Laurentreihe bekommen. Es ist

$$\operatorname*{Res}_{z=1} \frac{e^z}{z^2(1-z)} = \left.\frac{e^z}{[z^2(1-z)]'}\right|_{z=1} = -e, \qquad \operatorname*{Res}_{z=0} \frac{e^z}{z^2(1-z)} = \lim_{z\to 0} \frac{d}{dz} \frac{e^z}{1-z} = 2.$$

37.7 Analytische Fortsetzung

Mit Hilfe des Identitätssatzes für Potenzreihen (Satz 37.10) können wir auf eine bemerkenswerte Eigenschaft analytischer Funktionen schließen. Nehmen wir an, es seien die beiden Funktionen $f_1(z)$ und $f_2(z)$ in einem Gebiet *G* analytisch, ferner mögen die Funktionen $f_1(z)$ und $f_2(z)$ in allen Punkten z_n, n = 1, 2, ..., einer gegen einen Punkt z_0 von *G* konvergierenden Folge übereinstimmen,

$$f_1(z_n) = f_2(z_n), \quad n = 1, 2, \ldots;$$

dann sind die beiden Funktionen $f_1(z)$ und $f_2(z)$ in *G* überhaupt identisch, das heißt, es gilt

$$f_1(z) = f_2(z) \quad \text{für alle z aus } G.$$

Um dies einzusehen, entwickeln wir $f_1(z)$ und $f_2(z)$ um den Punkt z_0 in ihre Taylorreihen, die beide in einem gewissen Kreis *K* konvergieren. Auf Grund des Identitätssatzes für Potenzreihen stimmen die Koeffizienten dieser Reihen überein, womit nachgewiesen ist, daß die beiden Funktionen $f_1(z)$ und $f_2(z)$ im Kreis K dieselben Werte haben. Es sei nun ζ ein beliebiger Punkt in G; wir verbinden ζ mit dem Punkt z_0 durch eine ganz in G verlaufende Kurve. Nun läßt sich die Existenz einer Zahl ρ und endlich vieler Punkte $z_1, z_2, \ldots, z_{n-1}$ auf dieser Kurve zeigen, so daß $|z_k - z_{k-1}| < \rho$ für $k = 1, 2, \ldots, n$ gilt und alle Kreise $|z - z_k| < \rho$, $k = 1, \ldots, n-1$, ganz dem Gebiet G angehören (Bild 37.4). In dem zu K konzentrischen Kreis $|z - z_0| < \rho$ haben die beiden Funktionen $f_1(z)$ und $f_2(z)$ dieselben Werte. In diesem Kreis liegt der Punkt z_1: entwickeln wir $f_1(z)$ und $f_2(z)$ in ihre Taylorreihen um z_1, so müssen diese übereinstimmende Koeffizienten haben – also stimmen $f_1(z)$ und $f_2(z)$ im Kreis $|z - z_1| < \rho$ überein. Wenn man nun beachtet, daß der Punkt z_2 diesem Kreis angehört, ergibt sich durch den gleichen Schluß, daß $f_1(z) = f_2(z)$ für alle Punkte des Kreises $|z - z_2| < \rho$ gelten muß. So fortfahrend findet man schließlich, daß die beiden Funktionen $f_1(z)$ und $f_2(z)$ im Kreis $|z - z_n| < \rho$ um den Punkt $z_n = \zeta$ übereinstimmende Werte haben müssen. Damit ist gezeigt, daß die beiden Funktionen $f_1(z)$ und $f_2(z)$ in G identisch sind.

Da der Identitätssatz für Potenzreihen die Grundlage für diese Beweisführung bildet, wären wir zu demselben Ergebnis gekommen, wenn wir vorausgesetzt hätten, daß die beiden Funktionen $f_1(z)$ und $f_2(z)$ in einem einzigen Punkt aus G samt allen ihren Ableitungen übereinstimmen. Es gilt also der

Satz 37.14 (Identitätssatz für analytische Funktionen) *Sind zwei Funktionen* $f_1(z)$ *und* $f_2(z)$ *in einem Gebiet G analytisch und stimmen sie in den Punkten einer konvergenten Folge, deren Grenzwert in G liegt, überein, so sind sie in G überhaupt identisch.*

Stimmen die beiden Funktionen in einem einzigen Punkt aus G samt allen ihren Ableitungen überein, so sind sie in G identisch.

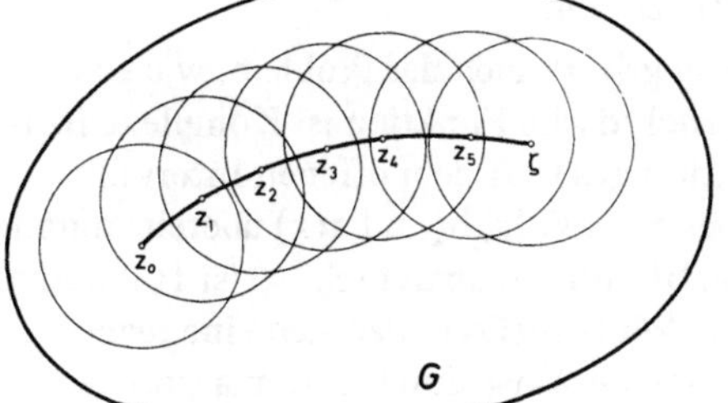

Bild 37.4

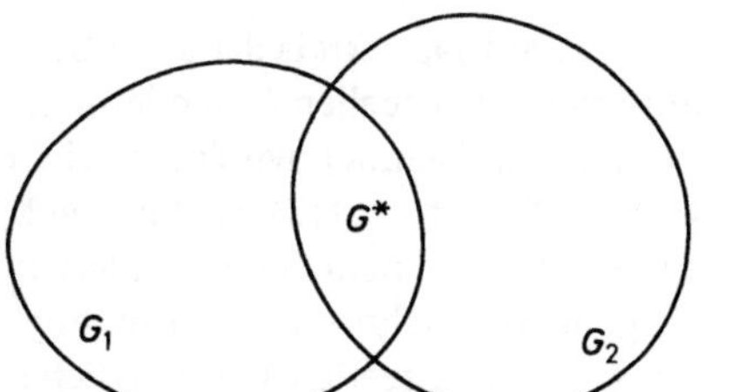

Bild 37.5

Die weitreichende Bedeutung dieses Identitätssatzes zeigt sich in der Betrachtung folgender Situation. Es seien G_1 und G_2 zwei Gebiete, die einander überlappen, das heißt ihr Durchschnitt ist nicht leer und insbesondere ein Teilgebiet von G_1 und G_2, das wir mit G^* bezeichnen wollen (Bild 37.5). Die Funktion $f_1(z)$ sei in G_1 analytisch, die Funktion $f_2(z)$ sei in G_2 analytisch, weiter nehmen wir an, daß die Funktionen $f_1(z)$ und $f_2(z)$ in den Punkten einer konvergenten Folge, die gegen einen Punkt aus G^* konvergiert, übereinstimmen. Der Identitätssatz für analytische Funktionen lehrt uns, daß dann $f_1(z)$ und $f_2(z)$ in G^* identisch übereinstimmen. Man nennt die Funktion $f_1(z)$ die *analytische Fortsetzung* von $f_2(z)$ in den nicht zu G_2 gehörigen Teil von G_1 und umgekehrt $f_2(z)$ die analytische Fortsetzung von $f_1(z)$ in den nicht zu G_1 gehörigen Teil von G_2.

Der oben betrachtete Sachverhalt liegt vor, wenn ein gewisser Ausdruck (zum Beispiel eine Potenzreihe, ein Integral eines komplexen Parameters u. Ä.) in einem Gebiet G_1 analytisch ist, ein anderer Ausdruck in einem Gebiet G_2, das mit G_1 ein Teilgebiet G^* gemeinsam hat, analytisch ist und in G^* die beiden Ausdrücke dieselben Werte haben. Man sagt, die beiden Ausdrücke sind *Funktionselemente* einer in der Vereinigung der beiden Gebiete G_1 und G_2 analytischen Funktion.

Ist $f_1(z)$ in einem Gebiet G_1 analytisch, wobei $f_1(z)$ irgendein Ausdruck ist, so kann man sich fragen, ob sich $f_1(z)$ in das Äußere von G_1 analytisch fortsetzen läßt, das heißt, ob es einen anderen Ausdruck $f_2(z)$ gibt, der in einem Gebiet G_2, das mit G_1 ein nichtleeres Teilgebiet G^* gemeinsam hat, analytisch ist, und insbesondere, ob eine solche analytische Fortsetzung eindeutig ist. Natürlich stellt sich dann auch die Frage, wie eine solche analytische Fortsetzung gegebenenfalls zu konstruieren ist.

Eine allgemeine Aussage darüber, ob eine Funktion analytisch fortgesetzt werden kann, läßt sich nicht machen. Im konkreten Fall hängt die Fortsetzbarkeit von der Verteilung der singulären Stellen auf dem Rand des Gebietes ab, in dem Analytizität vorliegt. Es kann sein, daß eine analytische Fortsetzung möglich ist, aber genausogut, daß sie nicht möglich ist.

Die Frage nach der Eindeutigkeit kann mit Hilfe des Identitätssatzes für analytische Funktionen beantwortet werden.

Satz 37.15 (Monodromiesatz) *Es sei G ein einfach zusammenhängendes beschränktes Gebiet und G^* ein Teilgebiet von G. Ist* $f(z)$ *in G^* analytisch, so läßt sich* $f(z)$, *wenn überhaupt, nur auf eine einzige Art in das Gebiet G fortsetzen.*

Wir weisen darauf hin, daß es für die Gültigkeit des Monodromiesatzes wesentlich ist, das Gebiet G als einfach zusammenhängend vorauszusetzen. Die Fortsetzung in mehrfach zusammenhängende Gebiete braucht nicht eindeutig zu sein.

Zum Fragenkreis der analytischen Fortsetzung gehört auch das Problem, wie eine Funktion einer reellen Veränderlichen durch eine analytische Funktion ist Komplexe fortzusetzen ist. Nehmen wir an, es sei die reelle Funktion $g(x)$ auf dem offenen Intervall $]a, b[$ definiert. Ist $f(z)$ ein Ausdruck, der für reelles $z = x \in]a, b[$ mit $g(x)$ übereinstimmt und ist $f(z)$ in einem Gebiet G, das das Intervall $]a, b[$ enthält, analytisch, so ist $f(z)$ bereits die gesuchte analytische Fortsetzung ins Komplexe. Wir bemerken, daß sich eine reelle Funktion einer reellen Veränderlichen auf höchstens eine Weise durch eine analytische Funktion ins Komplexe fortsetzen läßt.

Betrachten wir die reelle Exponentialfunktion e^x. Die beständig konvergente Potenzreihe (37.42) ist analytisch in der ganzen z-Ebene und stimmt für reelles $z = x$ mit der reellen Exponentialfunktion überein, wie uns deren (mit den Mitteln der reellen Analysis gewonnenen) Taylorentwicklung (17.15) lehrt. Folglich stellt die Potenzreihe (37.42) die eindeutig bestimmte analytische Fortsetzung der reellen Exponentialfunktion e^x dar. Setzt man in (37.42) für $z = jy$ und trennt man in Real- und Imaginärteil auf, so erhält man

$$e^{jy} = \sum_{n=0}^{\infty} \frac{(-1)^n y^{2n}}{(2n)!} + j \sum_{n=0}^{\infty} \frac{(-1)^n y^{2n+1}}{(2n+1)!}.$$

Diese beiden Reihen haben, wie wir aus der reellen Analysis wissen, $\cos y$ und $\sin y$ als Summe, das heißt, es ist $e^{jy} = \cos y + j \sin y$. Weiter gilt für zwei beliebige komplexe Zahlen z_1 und z_2

$$e^{z_1 + z_2} = e^{z_1} e^{z_2},$$

wie sich ergibt, wenn man in Beispiel 15.15 für $x = z_1$ und $y = z_2$ setzt, was die formale Rechnung nicht beeinflußt. Aus alledem folgt, daß die Definition (4.67) der Exponentialfunktion für komplexes Argument die *einzige* Möglichkeit darstellt, eine analytische Funktion zu konstruieren, die für reelles Argument mit der reellen Exponentialfunktion übereinstimmt.

Auf welche Weise aus einem gegebenen Funktionselement weitere Funktionselemente konstruiert werden können, hängt weitgehend davon ab, von welcher Art der das gegebene Funktionselement definierende Ausdruck ist. Dabei sind vor allem zwei Fälle von Bedeutung: das gegebene Funktionselement wird durch ein Integral definiert oder es ist die Summe einer Potenzreihe.

Ist durch eine Potenzreihe ein Funktionselement gegeben, so lassen sich durch Umbildung weitere Funktionselemente gewinnen. Es sei

$$f(z) = \sum_{n=0}^{\infty} a_n(z - z_0)^n, \quad |z - z_0| < r, \tag{37.49}$$

und z_1 ein Punkt im Konvergenzkreis K_0 dieser Reihe. Setzen wir aus

$$(z - z_0)^n = \big((z - z_1) + (z_1 - z_0)\big)^n = \sum_{m=0}^{n} \binom{n}{m} (z - z_1)^m (z_1 - z_0)^{n-m}$$

in die Potenzreihe (37.49) ein, so folgt

$$f(z) = \sum_{n=0}^{\infty} a_n \sum_{m=0}^{n} \binom{n}{m} (z - z_1)^m (z_1 - z_0)^{n-m}$$

und durch eine einfache Umformung

$$f(z) = \sum_{n=0}^{\infty} (z - z_1)^n \sum_{m=n}^{\infty} \binom{m}{n} a_m (z_1 - z_0)^{m-n} = \sum_{n=0}^{\infty} b_n (z - z_1)^n, \tag{37.50}$$

wobei

$$b_n = \sum_{m=n}^{\infty} \binom{m}{n} a_m (z_1 - z_0)^{m-n} = \sum_{k=0}^{\infty} \binom{n+k}{n} a_{n+k} (z_1 - z_0)^k = \frac{1}{n!} f^{(n)}(z_1)$$

gilt. Die Potenzreihe (37.50) konvergiert sicher im Kreis $|z - z_1| < \rho$, wobei ρ der kürzeste Abstand des Punktes z_1 von der Peripherie $|z - z_0| = r$ des Konvergenzkreises K_0 der Potenzreihe (37.49) ist (Bild 37.6). Es kann aber auch sein, daß der Konvergenzkreis K_1 der Reihe (37.50) nicht zur Gänze im Konvergenzkreis K_0 der Reihe (37.49) enthalten ist, sondern über diesen hinausragt. In diesem Fall wird durch die Reihe (37.50) ein weiteres Funktionselement geliefert.

Diese Methode, durch Umbildung neue Funktionselemente zu konstruieren, kann wiederholt werden. Man wählt im Kreis K_1 einen Punkt z_2 aus, der nicht im Kreis K_0 liegt und ordnet die Reihe (37.50) nach Potenzen von $z - z_2$. Der Konvergenzkreis K_2 dieser neuen Reihe kann wieder über den Kreis K_1 hinausragen. Auf diese Weise wird fortgesetzt. Ob man tatsächlich von Schritt zu Schritt ein neues Funktionselement hinzugewinnt, ergibt sich durch folgende Überlegung. Auf der Peripherie des Konvergenzkreises einer Potenzreihe liegt stets ein singulärer Punkt. Daher ergibt sich bei jedem Schritt ein neues Funktionsele-

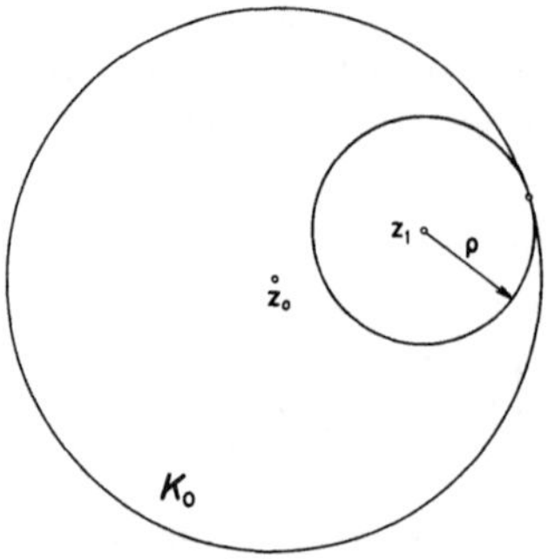

Bild 37.6

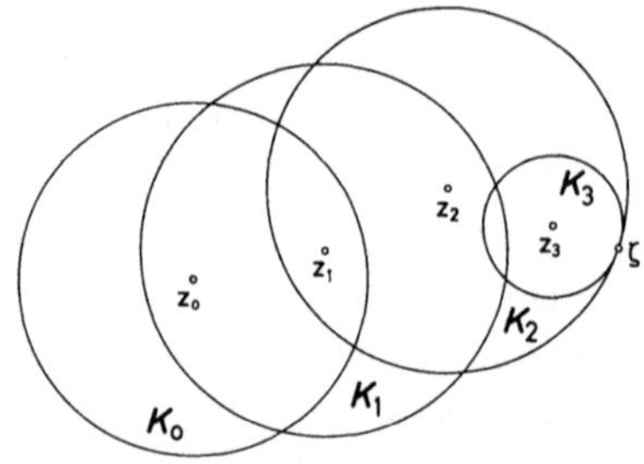

Bild 37.7

ment, wenn der Schnittpunkt der durch die Punkte z_n und z_{n+1} bestimmten Geraden mit der Peripherie des Kreises K_n kein singulärer Punkt ist. Führt die Umordnung um den Punkt z_{n+1} nicht aus dem Kreis K_{n+1} hinaus, das heißt, liegt der Kreis K_{n+1} zur Gänze im Kreis K_n, so ist der Berührungspunkt dieser beiden Kreise ein singulärer Punkt (Bild 37.7).

Dieses Prinzip zur Konstruktion von Funktionselementen entspricht dem Beweisgedanken für den Identitätssatz und wird *Kreiskettenverfahren* genannt.

Eine andere Situation liegt vor, wenn der das Funktionselement definierende Ausdruck ein Integral ist. Die folgenden Beispiele mögen veranschaulichen, wie in diesem Fall Fortsetzungen gefunden werden können.

Beispiel 37.11: Im Abschnitt 27.6 haben wir festgestellt, daß das Laplace-Integral

$$F(s) = \int_0^\infty e^{-st} f(t)\,dt \tag{37.51}$$

einer reellen Funktion f(t), worin s ein komplexer Parameter ist, in einer gewissen Halbebene $\text{Re}(s) > x_0$ konvergiert, sofern f(t) nicht stärker als exponentiell anwächst (vgl. Beispiel 25.22). Somit ist die durch das Laplace-Integral erklärte Funktion F(s) in der Halbebene $\text{Re}(s) > x_0$ definiert. Weiter konnten wir sehen, daß F(s) in dieser Halbebene stetig und auch differenzierbar ist; daher ist F(s) in der Konvergenzhalbebene des Laplace-Integrals (37.51) eine analytische Funktion von s.

Die Auswertung des Laplace-Integrals hat unter der Annahme $\text{Re}(s) > x_0$ durchgeführt zu werden, kann aber einen Ausdruck liefern, der auch außerhalb der Konvergenzhalbebene $\text{Re}(s) > x_0$ sinnvoll ist. Dann handelt es sich bei diesem Ausdruck um eine analytische Fortsetzung des Laplace-Integrals. Wir bemerken hierzu, daß auf dem Rand $\text{Re}(s) = x_0$ der Konvergenzhalbebene stets ein singulärer Punkt der analytischen Funktion F(s) liegt, für die das Laplace-Integral ein Funktionselement ist.

So ist zum Beispiel

$$F(s) = \int_0^\infty e^{-st} e^t\,dt = \frac{1}{s-1}.$$

Das Integral ist nur für $\text{Re}(s) > 1$ sinnvoll, der Ausdruck auf der rechten Seite ist für $s \neq 1$ eine analytische Funktion.

Das Prinzip der analytischen Fortsetzung hat aber noch eine wichtige Konsequenz, die für die Auswertung des Laplace-Integrals einer Funktion f(t) von Bedeutung ist. Wir haben in Abschnitt 27.7 schon darauf hingewiesen, daß man das Laplace-Integral einer f(t) Funktion auswerten kann, indem man zunächst so tut, als wäre s eine reelle Veränderliche, nachträglich faßt man s wieder als komplexe Veränderliche auf. Die Begründung für diese Praxis zur Bestimmung einer Laplace-Transformierten liegt im Prinzip der analytischen Fortsetzung. Das Laplace-Integral (27.104) einer Zeitfunktion f(t) ist ein Funktionselement der analytischen Funktion F(s) – das Laplace-Integral definiert diese analytische Funktion in der Halbebene $Re(s) > x_0$ und damit durch analytische Fortsetzung in der s-Ebene. Wenn man nun die Werte der Funktion F(s) auf der reellen Achse für $s > x_0$ gefunden hat, zum Beispiel durch Anwendung der Integrationsregeln für reelle Funktionen einer reellen Veränderlichen, wobei natürlich auch s als reeller Parameter anzusehen ist, so ist das Ergebnis F(s) (als reelle Funktion der reellen Veränderlichen s) beliebig oft differenzierbar für $s > x_0$; faßt man im nachhinein s wieder als komplexe Veränderliche auf, so ist die (komplexe) Funktion F(s) der (komplexen) Veränderlichen s analytisch in der Halbebene $Re(s) > x_0$, die Einschränkung auf die reelle Achse der s-Ebene stimmt mit dem Laplace-Integral der Funktion f(t) überein. Daher muß die bei der Auswertung des Laplace-Integrals für eine reelle Veränderliche s gewonnene Funktion als komplexe Funktion der komplexen Veränderlichen s die Laplace-Transformierte F(s) – oder wenigstens ein Funktionselement der Funktion F(s) – liefern.

Beispiel 37.12: Die Gammafunktion $\Gamma(x)$ ist historisch durch die Aufgabe entstanden, eine Funktion zu konstruieren, die für natürliches n die Eigenschaft $\Gamma(n) = (n-1)!$ hat. Auf Euler geht die uns für reelles Argument bereits bekannte Integraldarstellung

$$\Gamma(x) = \int_0^\infty e^{-t} t^{x-1} dt, \quad x > 0,$$

zurück. Wir wollen zunächst $\Gamma(x)$ durch eine analytische Funktion ins Komplexe fortsetzen und betrachten zu diesem Zweck das Integral

$$\int_0^\infty e^{-t} t^{z-1} dt,$$

worin wir für die Potenz t^{z-1} den Hauptwert nehmen, um zu erreichen, daß dieser Ausdruck im Falle eines reellen Argumentes $z = x > 0$ mit der Gammafunktion für reelles Argument x übereinstimmt. Wir überlassen es dem Leser, die gleichmäßige Konvergenz dieses Integrals für $Re(z) \geqslant \eta > 0$ festzustellen; mit Hilfe des Satzes von Morera (Satz 37.6) gelingt uns dann der Nachweis, daß dieses Integral in der Halbebene $Re(z) > 0$ eine analytische Funktion darstellt. Bezeichnet C eine beliebige geschlossene Kurve, die vollständig in der Halbebene $Re(z) > 0$ liegt, so folgt, da auf Grund der gleichmäßigen Konvergenz die Integrationen vertauscht werden dürfen,

$$\oint_C \left(\int_0^\infty e^{-t} t^{z-1} dt \right) dz = \int_0^\infty e^{-t} \left(\oint_C t^{z-1} dz \right) dt = 0,$$

denn der Hauptwert der Potenz t^{z-1} ist analytisch in der längs der negativen reellen Achse aufgeschnittenen z-Ebene. Also ist das obige Integral in der Halbebene $Re(z) > 0$ analytisch. Wir nehmen dies zum Anlaß, durch

$$\Gamma(z) = \int_0^\infty e^{-t} t^{z-1} dt, \quad Re(z) > 0, \tag{37.52}$$

die Gammafunktion für komplexes Argument in der Halbebene $Re(z) > 0$ einzuführen.

Wir trennen nun in (37.52) die Integration von 0 nach ∞ in die Integration von 0 nach 1 und von 1 nach ∞ auf und setzen im Integral von 0 nach 1 für e^{-t} die Potenzreihe ein. Da die Integration mit der Summation vertauscht werden darf, erhalten wir unter der Voraussetzung $Re(z) > 0$

$$\Gamma(z) = \int_0^1 \sum_{n=0}^\infty \frac{(-1)^n}{n!} t^{n+z-1} dt + \int_1^\infty e^{-t} t^{z-1} dt = \sum_{n=0}^\infty \frac{(-1)^n}{n!} \int_0^1 t^{n+z-1} dt + \int_1^\infty e^{-t} t^{z-1} dt,$$

also
$$\Gamma(z) = \sum_{n=0}^{\infty} \frac{(-1)^n}{n!} \frac{1}{z+n} + \int_1^{\infty} e^{-t} t^{z-1} dt. \tag{37.53}$$

Die Reihe in (37.53) konvergiert gleichmäßig in jedem abgeschlossenen und beschränkten Bereich der z-Ebene, der keinen der Punkte $z = 0, -1, -2, \ldots$ enthält, das Integral in (37.53) konvergiert in jedem abgeschlossenen und beschränkten Bereich der z-Ebene gleichmäßig. Somit stellt (37.53) eine Fortsetzung des Integrals (37.52) dar, aus der wir erkennen, daß die Gammafunktion mit Ausnahme der Punkte $z = 0, -1, -2, \ldots$ eine in der ganzen z-Ebene analytische Funktion ist. Da es sich bei den Singularitäten der Gammafunktion um (einfache) Pole handelt, ist $\Gamma(z)$ eine meromorphe Funktion. Das Residuum im Pol $z = -n$ ist $(-1)^n \frac{1}{n!}$, $n = 0, 1, 2, \ldots$.

Auch im Komplexen ist die Funktionalgleichung
$$\Gamma(z+1) = z\Gamma(z) \tag{37.54}$$
und der sogenannte *Ergänzungssatz* (vgl. 25.70))
$$\Gamma(z)\Gamma(1-z) = \frac{\pi}{\sin \pi z} \tag{37.55}$$
für jedes z gültig, solange diese Gleichungen einen Sinn haben.

Auf Gauß geht die Lösung der Aufgabe durch das Produkt
$$\Gamma(z) = \lim_{n \to \infty} \frac{n^{z-1}\, n!}{z(z+1)(z+2)\ldots(z+n-1)} \tag{37.56}$$
zurück, das für jedes $z \neq 0, -1, -2, \ldots$ konvergiert, für $\mathrm{Re}(z) > 0$ mit dem Eulerschen Integral (37.52) übereinstimmt und eine analytische Fortsetzung desselben ist. Die Darstellung (37.56) gibt uns insbesondere zu erkennen, daß $\Gamma(z)$ keine Nullstellen hat; daher ist $\frac{1}{\Gamma(z)}$ eine ganze Funktion. Aus (37.56) erhält man die für jedes z gültige Produktdarstellung
$$\frac{1}{\Gamma(z)} = e^{C(z-1)} \prod_{n=1}^{\infty} \left(1 + \frac{z-1}{n}\right) e^{-\frac{z-1}{n}} \tag{37.57}$$
der reziproken Gammafunktion; darin ist
$$C = \lim_{n \to \infty} \left(\sum_{m=1}^{n} \frac{1}{m} - \ln n \right) = 0.577\,215\,664\,9\ldots$$
die Euler-Mascheronische Konstante.

Wir erwähnen schließlich noch die für jedes z gültige Integraldarstellung
$$\frac{1}{\Gamma(z)} = \frac{1}{2\pi j} \int_C e^t t^{-z} dt, \tag{37.58}$$
worin C der Weg ist, wenn man am südlichen Ufer der negativen reellen Achse vom Punkt $-\infty$ bis in beliebige Nähe von $z = 0$ geht, den Punkt $z = 0$ auf einem Kreis (dessen Radius somit beliebig klein sein kann) umfährt und dann auf dem nördlichen Ufer der negativen reellen Achse in den Punkt $-\infty$ zurückkehrt (Bild 37.8).

Aus (37.58) läßt sich eine interessante Integraldarstellung der ins Komplexe fortgesetzten Besselfunktionen $J_\nu(z)$ ableiten. Setzt man (37.58) in die Reihenentwicklung von $J_\nu(z)$ ein,
$$J_\nu(z) = \left(\frac{z}{2}\right)^\nu \sum_{m=0}^{\infty} \frac{(-1)^m}{m!\,\Gamma(\nu+m+1)} \left(\frac{z}{2}\right)^{2m} = \frac{1}{2\pi j} \left(\frac{z}{2}\right)^\nu \sum_{m=0}^{\infty} \frac{(-1)^m}{m!} \left(\frac{z}{2}\right)^{2m} \int_C e^t t^{-(\nu+m+1)} dt,$$

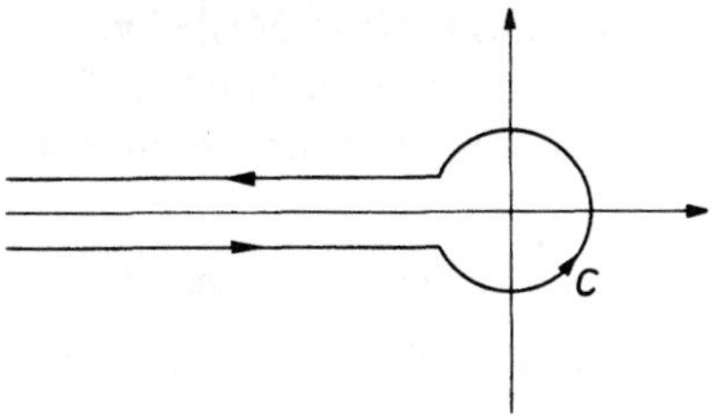

Bild 37.8

und vertauscht unter Berufung auf gleichmäßige Konvergenz die Integration mit der Summation, so folgt

$$J_\nu(z) = \frac{1}{2\pi j}\left(\frac{z}{2}\right)^\nu \int_C e^t t^{-(\nu+1)} \sum_{m=0}^{\infty} \frac{1}{m!}\left(-\frac{z^2}{4t}\right)^m dt$$

und nach Summation der unter dem Integral stehenden Reihe die Integraldarstellung der Besselfunktionen

$$J_\nu(z) = \frac{1}{2\pi j}\left(\frac{z}{2}\right)^\nu \int_C e^{t-\frac{z^2}{4t}} t^{-(\nu+1)} dt, \tag{37.59}$$

worin *C* die für (37.58) eingeführte Kurve ist.

Ist speziell $\nu = n$ eine ganze Zahl, so ist in (37.59) die Potenz $t^{-(\nu+1)}$ eindeutig, was zur Folge hat, daß die Beiträge zum Integral (37.59) von den beiden Ufern der negativen reellen Achse einander gegenseitig aufheben. Bezeichnet *K* einen beliebigen Kreis mit dem Mittelpunkt in $z = 0$, so gilt infolgedessen

$$J_n(z) = \frac{1}{2\pi j}\left(\frac{z}{2}\right)^n \oint_K e^{t-\frac{z^2}{4t}} t^{-(n+1)} dt. \tag{37.60}$$

Diese Darstellung gibt uns über die Koeffizientenformel (37.32) zu erkennen, daß die Funktionen $J_n(z)\left(\frac{z}{2}\right)^{-n}$ die Koeffizienten der Laurententwicklung der Funktion $e^{t-z^2/4t}$ sind; ersetzen wir noch t durch $\frac{z}{2}t$, so erhalten wir schließlich

$$e^{\frac{z}{2}\left(t-\frac{1}{t}\right)} = \sum_{n=-\infty}^{\infty} J_n(z)t^n, \quad t \neq 0. \tag{37.61}$$

Berechnet man das (vom Radius des Kreises *K* unabhängige) Integral (37.60), indem man $t = \frac{z}{2}e^{j\varphi}$, $0 \leqslant \varphi \leqslant 2\pi$, für reelles $z > 0$ setzt, so findet man die Darstellung

$$J_n(z) = \frac{1}{2\pi}\int_{-\pi}^{\pi} e^{j(z\sin\varphi - n\varphi)} d\varphi = \frac{1}{\pi}\int_0^{\pi} \cos(z\sin\varphi - n\varphi)d\varphi; \tag{37.62}$$

durch analytische Fortsetzung ergibt sich, daß (37.62) für beliebiges komplexes z gültig sein muß.

37.8 Übungsbeispiele

Es strebe z auf dem Halbstrahl $\arg(z) = \varphi$, $-\pi < \varphi \leqslant \pi$, gegen Unendlich. Für welche Werte von φ haben dabei die folgenden Funktionen einen (eigentlichen beziehungsweise uneigentlichen) Grenzwert?

1. $f(z) = e^z$
2. $f(z) = \sin z$

3. Die Funktionen $\ln z$ und $\sqrt{z}$ sind eindeutig und analytisch in $|z| > 0$, $|\arg(z)| < \pi$. Man berechne den Grenzwert von $\ln z$ und $\sqrt{z}$ bei Annäherung an einen Punkt $z_0 < 0$ der negativen reellen Achse, und zwar aus der oberen Halbebene sowie aus der unteren Halbebene.
4. Ist n eine natürliche Zahl, so ist die Funktion $f(z) = z^n \sin\frac{1}{z}$ eindeutig und analytisch in der ganzen z-Ebene mit Ausnahme des Punktes $z = 0$. Gibt es eine natürliche Zahl n, für die der Grenzwert $\lim\limits_{z \to 0} z^n \sin\frac{1}{z}$ existiert?

Man untersuche, ob die folgenden Funktionen in einem Gebiet G (oder in einem Punkt z_0) analytisch sind:

5. $f(z) = \bar{z}$
6. $f(z) = |z|$
7. $f(z) = e^{\bar{z}}$
8. $f(z) = e^{\mathrm{Re}(z)} + j e^{\mathrm{Im}(z)}$.

Man bestimme aus der Kenntnis des Realteils $u(x, y)$ beziehungsweise des Imaginärteils $v(x, y)$ einer analytischen Funktion $w = f(z) = u(x, y) + j\, v(x, y)$ die Funktion $f(z)$:

9. $v(x, y) = \dfrac{y}{x^2 + y^2}$
10. $u(x, y) = e^x(x \cos y - y \sin y)$
11. $u(x, y) = \varphi\left(\frac{y}{x}\right)$ (Mit einer geeigneten beliebig oft differenzierbaren Funktion $\varphi(\xi)$).
12. $v(x, y) = \varphi(x^2 + y^2)$ (Mit einer geeigneten beliebig oft differenzierbaren Funktion $\varphi(\xi)$).
13. Es sei die Funktion $w = f(z) = u(x, y) + j\, v(x, y)$ analytisch in einem Gebiet G. Man zeige, daß die reellen Funktionen $u(x, y)$ und $v(x, y)$ partielle Ableitungen beliebig hoher Ordnung haben und berechne Real- und Imaginärteil von $f^{(n)}(z)$.

    Wie lauten die Cauchy-Riemannschen Differentialgleichungen für die Ableitung $f'(z)$?

Man bestimme die singulären Stellen der folgenden Funktionen und gebe an, um welche Arten von Singularitäten es sich handelt:

14. $f(z) = e^{z + 1/z}$
15. $f(z) = \dfrac{1}{\sin\frac{1}{z}}$
16. $f(z) = e^{\cot z}$
17. $f(z) = \dfrac{1}{e^z - 1} - \dfrac{1}{z}$
18. $f(z) = \cot z - \dfrac{1}{z}$
19. $f(z) = \dfrac{e^z - 1}{e^z + 1}$
20. $f(z) = \dfrac{z}{e^z - 1}$.

Man gebe das größtmögliche Gebiet G an, in denen die Summe der folgenden Reihen eine analytische Funktion ist, sofern überhaupt analytische Funktionen durch sie definiert werden:

21. $\sum_{n=1}^{\infty} \frac{1}{n^z}$ 22. $\sum_{n=0}^{\infty} \frac{z^n}{1+z^n}$ 23. $\sum_{n=1}^{\infty} \frac{\cos nz}{n^2}$ 24. $\sum_{n=1}^{\infty} \frac{1}{2^n} \frac{z^n}{1-z^n}$.

Man entwickle die folgenden analytischen Funktionen in ihre Taylorsche Reihe um den Punkt z_0 und gebe den Konvergenzradius an:

25. $f(z) = \frac{\cosh z}{\cos z}$, $z_0 = 0$ 26. $f(z) = \frac{\sinh z}{\sin z}$, $z_0 = 0$

27. $f(z) = \left(\frac{z}{z-3}\right)^2$, $z_0 = -3$ 28. $f(z) = \ln(a + \sqrt{a^2 + z^2})$, $a > 0$, $z_0 = 0$

29. $f(z) = \frac{z-1}{z^2+1}$, $z_0 = \infty$ 30. $f(z) = \frac{z}{z-1} \cos \frac{1}{z}$, $z_0 = \infty$

31. $f(z) = \frac{1}{\sqrt{z^2 + 1 - 2\xi z}}$, $z_0 = 0$.

32. Es sei $f(z) = \frac{p(z)}{q(z)}$ eine rationale Funktion; der Grad des Zählers $p(z)$ sei n, der Grad des Nenners $q(z)$ sei m. Weiter sei angenommen, daß das Polynom $q(z)$ lauter einfache von Null verschiedene Wurzeln $\lambda_1, \lambda_2, \ldots, \lambda_m$ hat. Man entwickle die Funktion $f(z)$ in ihre Taylorsche Reihe um den Punkt $z = 0$ und gebe den Konvergenzradius an.

    Im Fall $m \geqslant n$ ist $f(z)$ in $z = \infty$ analytisch. Man bestimme die Taylorsche Reihe von $f(z)$ um $z = \infty$ und gebe ebenfalls den Konvergenzradius an.

Man entwickle die folgenden analytischen Funktionen in ihre Laurentsche Reihe um die Stelle z_0 und gebe das Konvergenzgebiet an:

33. $f(z) = \frac{1}{(z-a)(z-b)}$, $z_0 = a$, $z_0 = \infty$ 34. $f(z) = \left(\frac{z}{z-3}\right)^2$, $z_0 = 3$

35. $f(z) = \frac{1}{(z-1)^3} e^{2z}$ $z_0 = 1$ 36. $f(z) = \frac{z}{1-z} \cosh \frac{1}{z}$, $z_0 = 0$

37. $f(z) = z - \ln\left(\frac{z-a}{z+a}\right)$, $a > 0$, $z_0 = \infty$ 38. $f(z) = e^{z + 1/z}$, $z_0 = 0$

39. $f(z) = z \cos\left(\frac{z}{z-1}\right)$, $z_0 = 1$.

40. Es seien

$$g(z) = \sum_{n=0}^{\infty} a_n z^n, \quad h(z) = \sum_{n=0}^{\infty} b_n z^n$$

ganze Funktionen. In welchem (größtmöglichen) Gebiet ist die Funktion $f(z) = g(z)h\left(\frac{1}{z}\right)$ regulär? Der Punkt $z = 0$ ist sicher eine singuläre Stelle – man bestimme die Art dieser Singularität und entwickle $f(z)$ in ihre Laurentsche Reihe um $z = 0$.

41. Es sei $f(z) = \frac{p(z)}{q(z)}$ eine rationale Funktion; über die Polynome p(z) und q(z) sei dasselbe vorausgesetzt wie in Beispiel 32.

Im Fall $m < n$ ist f(z) in $z = \infty$ nicht analytisch. Man entwickle f(z) in die Laurentsche Reihe um $z = \infty$ und gebe das Konvergenzgebiet an.

Ist speziell eine der Wurzeln des Nenners q(z) gleich Null, etwa $\lambda_1 = 0$, dann ist $q(0) = 0$ und f(z) in $z = 0$ nur dann regulär, wenn $p(0) = 0$ ist ($z = 0$ ist eine hebbare singuläre Stelle). Wenn $p(0) \neq 0$ ist, so ist f(z) in $z = 0$ singulär. Man entwickle unter der Voraussetzung $p(0) \neq 0$ die Funktion f(z) in ihre Laurentreihe um $z = 0$ und gebe wieder das Konvergenzgebiet an.

Man bestimme die singulären Stellen der folgenden analytischen Funktionen und berechne das Residuum:

42. $f(z) = \frac{e^{jz}}{z^2 + a^2}$ 43. $f(z) = \frac{e^{jz}}{z^2}$ 44. $f(z) = \frac{1}{(z^2 + 1)^{2n}}$

45. $f(z) = \frac{z}{(z + 1)^2 (z + 2)}$ 46. $f(z) = \frac{1}{z} e^{1/(z-1)}$ 47. $f(z) = \frac{e^z}{\sin z}$

48. $f(z) = (z^2 + 4)e^{-z}$ 49. $f(z) = \frac{1}{1 - e^z}$

50. $f(z) = \frac{1}{2^n} \frac{(z^2 - 1)^n}{(z - \zeta)^{n+1}}$.

Die Funktion f(z) habe in $z = z_0$ eine Nullstelle der Vielfachheit α/einen Pol der Ordnung β. Man bestimme das Residuum der folgenden Funktionen in z_0:

51. $g(z) = \frac{f'(z)}{f(z)}$ 52. $g(z) = z \frac{f'(z)}{f(z)}$

53. $g(z) = h(z) \frac{f'(z)}{f(z)}$, wobei h(z) in $z = z_0$ analytisch sein möge.

54. Es seien die Funktionen g(z) und h(z) in $z = z_0$ analytisch, ferner sei $g(z_0) = h(z_0) = 0$. Unter welchen Umständen ist die Funktion $f(z) = \frac{g(z)}{h(z)}$ in $z = z_0$ analytisch, das heißt, wann existiert der Grenzwert $\lim_{z \to z_0} \frac{g(z)}{h(z)}$? Man berechne diesen Grenzwert (Regel von de l'Hospital).

55. Eine Funktion $R(\cos\varphi, \sin\varphi)$ läßt sich in der Form $f(e^{j\varphi}) = R(\cos\varphi, \sin\varphi)$ darstellen. Man zeige die Gültigkeit der Gleichung

$$\frac{1}{2\pi} \int_0^{2\pi} R(\cos\varphi, \sin\varphi)\, d\varphi = \frac{1}{2\pi j} \oint_{|z|=1} f(z) \frac{dz}{z} = \sum \operatorname{Res} \frac{f(z)}{z},$$

wobei die Summe rechts über alle Residuen der Funktion $\frac{f(z)}{z}$ der im Inneren des Einheitskreises befindlichen singulären Stellen zu erstrecken ist, vorausgesetzt natürlich, daß f(z) im Inneren des Einheitskreises analytisch ist mit Ausnahme endlich vieler singulärer Stellen und auf $|z| = 1$ stetig ist.

Man berechne über diese Methode die folgenden Integrale:

56. $\frac{1}{2\pi} \int_{-\pi}^{\pi} \frac{1}{a + b\cos\varphi}\, d\varphi$, $a > 0, |b| < a$. 57. $\frac{1}{2\pi} \int_{-\pi}^{\pi} \frac{1}{r^2 - 2r\cos\varphi + 1}\, d\varphi$, $r \neq 1$

58. $\dfrac{1}{2\pi}\displaystyle\int_{-\pi}^{\pi}\frac{1}{a^2\cos^2\varphi + b^2\sin^2\varphi}\,d\varphi.$

59. Man berechne das Integral

$$\frac{1}{2^n}\frac{1}{2\pi j}\oint_C \frac{(z^2-1)^n}{(z-\zeta)^{n+1}}\,dz,$$

worin C eine geschlossene Kurve ist (auf der der Punkt ζ im positiven Sinn umfahren wird), und zwar durch direkte Auswertung und über den Satz von Cauchy.

Hinweis: Das Integral ist vom Verlauf der Kurve C unabhängig und kann ebensogut über den Kreis $|z-\zeta| = \rho$ ausgewertet werden. Man nehme hierfür an, ζ sei reell, insbesondere $\zeta > 1$, und setze $\rho = \sqrt{\zeta^2-1}$ (Dies ist der Beweis der Formel (26.26) zur Darstellung der Legendreschen Polynome; die Tatsache, daß ζ beliebig komplex sein kann, ergibt sich durch eine auf dem Prinzip der analytischen Fortsetzung fußende Argumentation).

60. Es sei $f(z)$ eine analytische Funktion, die in $z = z_0$ eine Nullstelle der Vielfachheit α/ einen Pol der Ordnung β hat. Man berechne

$$\frac{1}{2\pi j}\oint_C \frac{f'(z)}{f(z)}\,dz,$$

worin C eine geschlossene Kurve ist, in deren Innerem die Funktion $\frac{f'(z)}{f(z)}$ nur die singuläre Stelle z_0 hat.

Man verallgemeinere dieses Ergebnis auf den Fall, daß $f(z)$ im Inneren der Kurve C die Nullstellen $z_1, z_2, \ldots, z_n$ mit den Vielfachheiten α_k und die Pole $\zeta_1, \zeta_2, \ldots, \zeta_m$ mit den Ordnungen β_h hat.

61. Man beweise den Satz von Rouché: *Sind die Funktionen* $f(z)$ *und* $g(z)$ *analytisch im Inneren einer geschlossenen Kurve C und stetig auf C, gilt weiter* $|g(z)| < |f(z)|$ *für alle Punkte auf der Kurve C, so haben die Funktionen* $f(z)$ und $f(z) + g(z)$ *im Inneren der Kurve C dieselbe Anzahl von Nullstellen.*

Hinweis: Man setze $F(z) = \frac{g(z)}{f(z)}$; dann gilt $|F(z)| < 1$ auf der Kurve C. Nach Beispiel 60 ist der numerische Wert der Integrale

$$I_1 = \frac{1}{2\pi j}\oint_C \frac{f'(z)+g'(z)}{f(z)+g(z)}\,dz, \quad I_2 = \frac{1}{2\pi j}\oint_C \frac{f'(z)}{f(z)}\,dz$$

die Anzahl der Nullstellen der Funktionen $f(z) + g(z)$ beziehungsweise $f(z)$ im Inneren der Kurve C; man stelle die Differenz dieser Integrale in der Form

$$I_1 - I_2 = \frac{1}{2\pi j}\oint_C \frac{F'(z)}{1+F(z)}\,dz$$

dar. Aus der Bedingung $|F(z)| < 1$ auf der Kurve C folgt daraus schließlich $I_1 - I_2 = 0$.

62. Man beweise mit Hilfe des Satzes von Rouché (Beispiel 61) den Fundamentalsatz der Algebra (Satz 4.1).

Hinweis: Sei $p(z) = z^n + q(z)$, worin $q(z)$ ein Polynom vom Grade $m \leqslant n-1$ ist. Auf einem Kreis von hinreichend großem Radius R gilt dann $|q(z)| < |z|^n$, $z = Re^{j\varphi}$, $-\pi < \varphi \leqslant \pi$.

63. Man zeige, daß die Reihe $\frac{1}{1+j} \sum_{n=0}^{\infty} \left(\frac{z+j}{1+j}\right)^n$ in $|z+j| < \sqrt{2}$ ein Funktionselement der durch $\sum_{n=0}^{\infty} z^n$ im Kreis $|z| < 1$ gegebenen analytischen Funktion ist.

64. Das Integral $\int_0^{\infty} (1+t)e^{-zt}dt$ ist für $\operatorname{Re}(z) > 0$ Funktionselement einer analytischen Funktion. Man bestimme diese analytische Funktion.

65. Die Funktion $w = \sqrt{z}$ (Hauptwert!) ist in jedem Gebiet, das keinen Punkt der negativen reellen Achse (einschließlich des Koordinatensprungs) enthält, analytisch. Daher ist die Funktion $\frac{\sin\sqrt{z}}{\sqrt{z}}$ in der ganzen z-Ebene mit Ausschluß der Punkte auf der negativen reellen Achse analytisch. Gibt es eine in der ganzen z-Ebene analytische Funktion, die mit $\frac{\sin\sqrt{z}}{\sqrt{z}}$ in allen Punkten, die nicht auf der negativen reellen Achse liegen, übereinstimmt?

66. Durch das Integral $\int_0^{\infty} e^{-zt^2} dt$ ist eine analytische Funktion in Form eines Funktionselementes in der Halbebene $\operatorname{Re}(z) > 0$ gegeben. Man bestimme diese Funktion.

67. Die Reihe

$$\sum_{n=1}^{\infty} \frac{z^{2^n}}{1 - z^{2^{n+1}}}$$

konvergiert für $|z| \neq 1$. Sie konvergiert gleichmäßig in jedem Kreis $|z| \leqslant r < 1$ und ist daher im Kreis $|z| < 1$ Funktionselement einer analytischen Funktion. Man bestimme diese analytische Funktion.

Die Reihe konvergiert aber auch gleichmäßig in jedem Kreis $|z| \geqslant \rho > 1$ und ist deshalb in $|z| > 1$ Funktionselement einer analytischen Funktion. Man bestimme diese analytische Funktion.

Der Leser sei auf die bemerkenswerte Tatsache hingewiesen, daß die beiden gesuchten analytischen Funktionen nicht identisch sind!

38 Anwendungen

Nach dieser Einführung in die elementaren Grundtatsachen der Theorie der analytischen Funktionen wollen wir den Leser mit einigen Anwendungen vertraut machen, wobei vor allem mathematische Methoden und Verfahren, die in der Elektrotechnik von Bedeutung sind, Gegenstand unserer Betrachtungen sein werden.

Wir beginnen mit dem Residuensatz, mit dem wir ein einfaches, aber nichtsdestoweniger wirksames Instrument besitzen, um gewisse bestimmte Integrale ohne direkte Integration auszuwerten.

38.1 Der Residuensatz

Es sei die Funktion f(z) in einem Gebiet *G* analytisch. Ist *C* eine ganz in *G* verlaufende geschlossene Kurve, so besagt der Residuensatz 37.3: *Das Integral der Funktion* f(z) *über die Kurve C ist gleich der* 2πj-*fachen Summe der Residuen von* f(z) *der im Inneren der Kurve C befindlichen (isolierten) singulären Stellen von* f(z),

$$\oint_C f(z)dz = 2\pi j \sum_k \operatorname*{Res}_{z=z_k} f(z). \tag{38.1}$$

Ist f(z) im Inneren von *C* analytisch, so verschwindet das Integral der Funktion f(z) über die Kurve *C*.

Der Residuensatz ermöglicht die Berechnung uneigentlicher Integrale reeller Funktionen über das Intervall $]-\infty, \infty[$ und liefert, sollten diese Integrale nicht konvergieren, wenigstens den Cauchyschen Hauptwert (12.29). Wir wollen annehmen, die Funktion f(z) sei in der oberen Halbebene $\mathrm{Im}(z) \geqslant 0$ analytisch mit Ausnahme endlich vieler isolierter singulärer Punkte $z_1, z_2, \ldots, z_n$, wobei wir voraussetzen, daß diese nicht auf der reellen Achse liegen. Mit H_r^+ bezeichnen wir den in der oberen Halbebene liegenden Teil des Kreises $|z| = r$, den wir so orientieren, daß wir auf ihm vom Punkt $z = r$ in den Punkt $z = -r$ gelangen. Durch die auf der reellen Achse liegende Verbindungsstrecke der Punkte $z = -r$ und $z = r$ schließen wir diesen Halbkreis zu einer geschlossenen Kurve *C* ab (Bild 38.1). Wenn wir jetzt den Radius r des Halbkreises H_r^+ so groß annehmen, daß alle in der oberen Halbebene befindlichen singulären Stellen z_k von f(z) im Inneren der Kurve *C* liegen, so gilt

$$\oint_C f(z)dz = \int_{H_r^+} f(z)dz + \int_{-r}^{r} f(x)dx = 2\pi j \sum_k \operatorname*{Res}_{z=z_k} f(z). \tag{38.2}$$

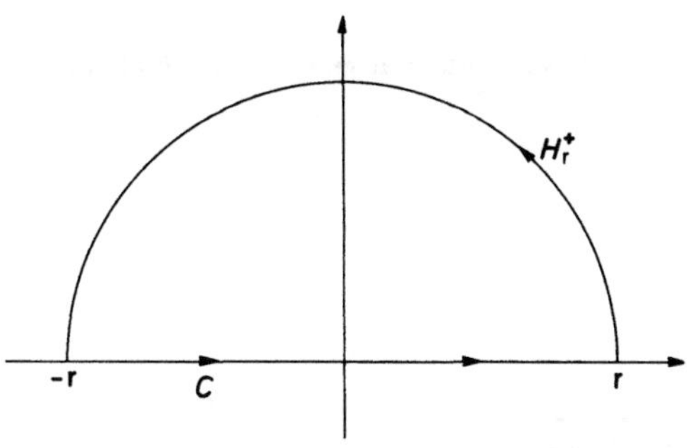

Bild 38.1

Führen wir in dieser Gleichung den Grenzübergang $r \to \infty$ durch, so ergibt sich, da die rechte Seite auf Grund der obigen Annahme über die Lage der singulären Stellen z_k vom Radius r unabhängig ist, unter der Voraussetzung

$$\lim_{r \to \infty} \int_{H_r^+} f(z)\,dz = 0 \tag{38.3}$$

die Existenz des Cauchyschen Hauptwertes des Integrals von f(x) über das Intervall $]-\infty, \infty[$, und zwar gilt

$$\mathrm{HW} \int_{-\infty}^{\infty} f(x)\,dx = \lim_{r \to \infty} \int_{-r}^{r} f(x)\,dx = 2\pi j \sum_k \operatorname*{Res}_{z = z_k} f(z). \tag{38.4}$$

Wenn das Integral von f(x) über das Intervall $]-\infty, \infty[$ konvergiert, so ist sein Wert mit dem Cauchyschen Hauptwert identisch.

Beispiel 38.1: Es sei $f(z) = \frac{p(z)}{q(z)}$ eine echt gebrochene rationale Funktion, n der Grad des Zählers p(z) und $m > n + 1$ der Grad des Nenners q(z). Um die Grenzwertbeziehung (38.3) zu zeigen, suchen wir zunächst eine geeignete Abschätzung des Integranden, wofür sich folgende Ungleichung als zielführend erweist: Ist k(z) ein beliebiges Polynom vom Grad n, so gibt es drei positive Zahlen a, b und x_0, so daß gilt

$$a|z|^n \leqslant |k(z)| \leqslant b|z|^n \quad \text{für } |z| \geqslant x_0$$

(vgl. Beispiel 2.28). Wenn wir uns derartige Ungleichungen für die Polynome p(z) und q(z) konstruieren und diese dividieren, so bekommen wir eine Abschätzung

$$\left|\frac{p(z)}{q(z)}\right| \leqslant C|z|^{n-m} \quad \text{für } |z| \geqslant x_0, \tag{38.5}$$

worin C eine Konstante ist. Mit Hilfe dieser Ungleichung erhalten wir, wenn wir den Halbkreis H_r^+ durch $z = re^{j\varphi}$, $0 \leqslant \varphi \leqslant \pi$, parametrisieren,

$$\left|\int_{H_r^+} \frac{p(z)}{q(z)}\,dz\right| \leqslant \int_{H_r^+} \left|\frac{p(z)}{q(z)}\right| |dz| \leqslant Cr^{n-m} \int_0^{\pi} |dz| = C\pi r^{n-m+1}.$$

Nun ist $n - m + 1 < 0$ auf Grund unserer Annahme über die Gradzahlen n und m der Polynome p(z) und q(z), und dies bedeutet schließlich die Gültigkeit der Grenzwertbeziehung (38.3). Somit wird

$$\int_{-\infty}^{\infty} \frac{p(x)}{q(x)}\,dx = 2\pi j \sum_k \operatorname*{Res}_{z = z_k} \frac{p(z)}{q(z)},$$

insbesondere konvergiert das uneigentliche Integral auf der linken Seite. Hat speziell das Polynom q(z) einfache Nullstellen, so ist zufolge (37.41)

$$\int_{-\infty}^{\infty} \frac{p(x)}{q(x)}\,dx = 2\pi j \sum_k \frac{p(z_k)}{q'(z_k)}.$$

So findet man zum Beispiel für

$$\int_{-\infty}^{\infty} \frac{x^2}{x^4+1}\,dx = 2\pi j \frac{1}{4}\left(e^{-j\pi/4} + e^{-3j\pi/4}\right) = \pi \cos\frac{\pi}{4} = \frac{\pi}{\sqrt{2}},$$

denn die rationale Funktion $f(z) = \frac{z^2}{z^4 + 1}$ hat in der oberen Halbebene die beiden einfachen Pole $z_1 = e^{j\pi/4}$ und $z_2 = e^{3j\pi/4}$.

Ist die Funktion f(z) in der unteren Halbebene $\mathrm{Im}(z) \leqslant 0$ analytisch, so kann die geschlossene Kurve, die sich aus dem durch $z = re^{j\varphi}$, $0 \geqslant \varphi \geqslant -\pi$, parametrisierten Halbkreis H_r^- und der Verbindungsstrecke der Punkte $z = -r$ und $z = r$ zusammensetzt, genausogut zur Berechnung des Cauchyschen Hauptwertes des Integrals von f(x) über $]-\infty, \infty[$ herangezogen werden (Bild 38.2). Wenn eine (38.3) analoge Grenzwertbeziehung für den Halbkreis H_r^- erfüllt ist, so erhält man, indem man durch Änderung des Vorzeichens die negative Orientierung der Kurve in Bild 38.2 berücksichtigt,

$$\mathrm{HW} \int_{-\infty}^{\infty} f(x)dx = -2\pi j \sum_k \underset{z = z_k}{\mathrm{Res}} f(z), \tag{38.6}$$

wobei jetzt die Residuen der in der unteren Halbebene liegenden singulären Stellen der Funktion f(z) aufzusummieren sind.

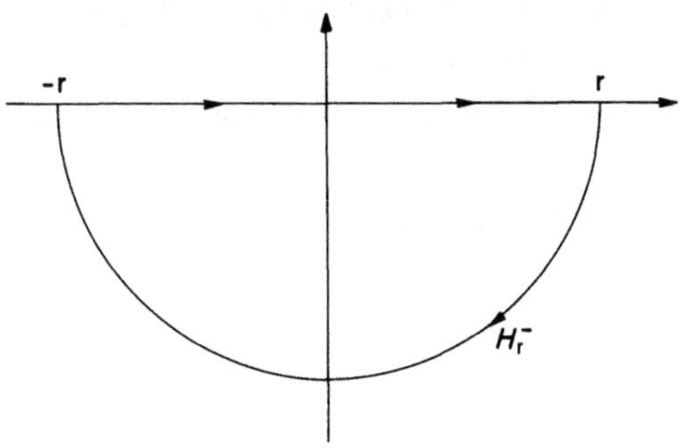

Bild 38.2

Ist f(z) analytisch in der ganzen z-Ebene mit Ausnahme endlich vieler isolierter singulärer Stellen, von denen keine auf der reellen Achse liegt, so kann man sowohl die Kurve in Bild 38.1 als auch die Kurve in Bild 38.2 zugrundelegen und anschließend den Grenzübergang $r \to \infty$ durchführen. Im Prinzip ist man bei der Wahl des Integrationsweges vollkommen frei, es kann aber ohne weiteres vorkommen, da man in der Regel die Gültigkeit von (38.3) durch Abschätzung des Integrales nachzuweisen versucht, daß man in dem einen Fall vor einer leichter zu bewältigenden Aufgabe steht als in dem anderen Fall. Deshalb ist es durchaus zweckmäßig, das Verhalten des Integranden f(z) auf dem vollen Kreis $z = re^{j\varphi}$ zu untersuchen, bevor man die Wahl des Integrationsweges trifft.

Bei der Umkehrung der Fourier-Transformation hat man es mit Integralen

$$\mathrm{HW} \frac{1}{2\pi} \int_{-\infty}^{\infty} e^{jtx} F(x)dx \tag{38.7}$$

zu tun, worin t ein reeller Parameter ist. Welcher Integrationsweg zu wählen ist, um derartige Integrale über den Residuensatz berechnen zu können, hängt vom Verhalten der Funktion F(z) beim Grenzübergang $z \to \infty$ ab, aber auch vom Vorzeichen des Parameters t; es zeigt uns dies das sogenannte

Lemma von Jordan: *Es möge die Funktion* F(z) *in der abgeschlossenen oberen Halbebene* $\mathrm{Im}(z) \geqslant 0$ *für* $z \to \infty$ *gleichmäßig gegen Null streben, das heißt, zu jeder Zahl* $\epsilon > 0$ *möge eine Zahl* R *existieren, so daß* $|F(z)| < \epsilon$ *für* $|z| > R$ *und* $\mathrm{Im}(z) \geqslant 0$ *gilt. Dann ist für* $t > 0$

$$\lim_{r \to \infty} \int_{H_r^+} e^{jtz} F(z)\,dz = 0. \tag{38.8}$$

Strebt F(z) *in der abgeschlossenen unteren Halbebene* $\mathrm{Im}(z) \leqslant 0$ *für* $z \to \infty$ *gleichmäßig gegen Null, so wird für* $t < 0$

$$\lim_{r \to \infty} \int_{H_r^-} e^{jtz} F(z)\,dz = 0. \tag{38.9}$$

Sind die Voraussetzungen des Jordanschen Lemmas betreffend das Verhalten der Funktion F(z) beim Grenzübergang $z \to \infty$ erfüllt, so folgt

$$\mathrm{HW} \frac{1}{2\pi} \int_{-\infty}^{\infty} e^{jtx} F(x)\,dx = j\,\mathrm{sign}(t) \sum \mathrm{Res}\left(e^{jtz} F(z)\right), \tag{38.10}$$

worin für $t > 0$ über die Residuen in der oberen Halbebene $\mathrm{Im}(z) > 0$, für $t < 0$ über die Residuen in der unteren Halbebene $\mathrm{Im}(z) < 0$ zu summieren ist.

Wir beweisen das Jordansche Lemma für den Fall $t > 0$. Auf Grund der Voraussetzungen gilt für $|z| = r > R$, $\mathrm{Im}(z) \geqslant 0$

$$\left|e^{jtz} F(z)\right| = \left|e^{jtr(\cos\varphi + j\sin\varphi)}\right| \left|F(z)\right| = e^{-tr\sin\varphi} \left|F(z)\right| < \epsilon e^{-tr\sin\varphi}$$

und folglich mit $|dz| = r\,d\varphi$

$$\left| \int_{H_r^+} e^{jtz} F(z)\,dz \right| < \epsilon r \int_0^{\pi} e^{-tr\sin\varphi}\,d\varphi = 2\epsilon r \int_0^{\pi/2} e^{-tr\cos\varphi}\,d\varphi.$$

Das rechtsstehende Integral schätzen wir mit Hilfe der für $0 \leqslant \varphi \leqslant \frac{\pi}{2}$ gültigen Ungleichung $\cos\varphi \geqslant 1 - \frac{2}{\pi}\varphi$ (Bild 38.3) ab,

$$\int_0^{\pi/2} e^{-tr\cos\varphi}\,d\varphi \leqslant e^{-tr} \int_0^{\pi/2} e^{2tr\varphi/\pi}\,d\varphi = \frac{\pi}{2tr} e^{-tr}(e^{tr} - 1) = \frac{\pi}{2tr}(1 - e^{-tr}).$$

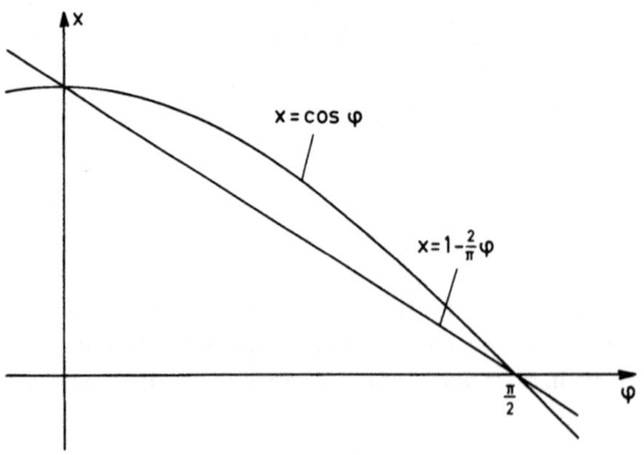

Bild 38.3

Damit wird

$$\left| \int_{H_r^+} e^{jtz} F(z)\,dz \right| < \epsilon \frac{\pi}{t} \quad \text{für } |z| > R,$$

was mit dem Grenzwert (38.8) gleichbedeutend ist.

Beispiel 38.2: Die Fourier-Transformierte der Funktion $f(t) = \frac{1}{2} e^{-|t|}$ ist $F(\omega) = \frac{1}{1+\omega^2}$. Die Funktion $F(z) = \frac{1}{1+z^2}$ erfüllt die Voraussetzungen des Jordanschen Lemmas, und zwar sowohl für die obere Halbebene als auch für die untere Halbebene. Es gilt daher

$$\text{HW} \frac{1}{2\pi} \int_{-\infty}^{\infty} e^{jtx} \frac{1}{1+x^2}\,dx = j \operatorname*{Res}_{z=j} \left(e^{jtz} \frac{1}{1+z^2} \right) = \frac{1}{2} e^{-t}, \quad t > 0,$$

und

$$\text{HW} \frac{1}{2\pi} \int_{-\infty}^{\infty} e^{jtx} \frac{1}{1+x^2}\,dx = -j \operatorname*{Res}_{z=-j} \left(e^{jtz} \frac{1}{1+z^2} \right) = \frac{1}{2} e^{t}, \quad t < 0,$$

(vgl. Beispiel 27.1 und Beispiel 25.27).

Integrale der Form (38.7) lassen sich über zwei andere Wege mit Hilfe des Residuensatzes berechnen. Es kann einerseits das Hauptwertintegral (38.7) als Integral der Funktion $\frac{1}{2\pi} e^{jtz} F(z)$ über die reelle Achse dargestellt werden, wie wir es gerade getan haben, andererseits als Integral der Funktion $\frac{1}{2\pi j} e^{tz} \hat{F}(z)$ über die imaginäre Achse, wenn dabei $\hat{F}(z) = F(-jz)$ gesetzt wird.

Betrachten wir die geschlossene Kurve in Bild 38.4. Integrieren wir die Funktion $\frac{1}{2\pi j} e^{tz} \hat{F}(z)$ über diese Kurve, so erhalten wir wegen $\hat{F}(jy) = F(y)$

$$\frac{1}{2\pi j} \int_{K_r^-} e^{tz} \hat{F}(z)\,dz + \frac{1}{2\pi} \int_{-r}^{r} e^{jty} F(y)\,dy = \sum \operatorname{Res} \left(e^{tz} \hat{F}(z) \right),$$

worin über die Residuen der Funktion $e^{tz}\hat{F}(z)$ in den singulären Stellen in der linken Halbebene $\operatorname{Re}(z) < 0$, sofern diese im Inneren des Kreises $|z| = r$ liegen, zu summieren ist. Ebenso kann der Integrationsweg von Bild 38.5 zugrundegelegt werden, wofür dann, um die negative Orientierung des Integrationsweges zu korrigieren, die negative Summe der Residuen der in der rechten Halbebene $\operatorname{Re}(z) > 0$, aber im Inneren des Kreises $|z| = r$ befindlichen singulären Stellen zu bilden ist.

Was das Verhalten der Integrale der Funktion $\frac{1}{2\pi j} e^{tz} \hat{F}(z)$ über die Halbkreise K_r^+ und K_r^- beim Grenzübergang $r \to \infty$ anlangt, so läßt sich durch eine Modifikation des Jordanschen Lemmas folgende Aussage machen: *Strebt die Funktion* $\hat{F}(z)$ *in der abgeschlossenen linken Halbebene* $\operatorname{Re}(z) \leqslant 0$ (*beziehungsweise in der abgeschlossenen rechten Halbebene* $\operatorname{Re}(z) \geqslant 0$) *gleichmäßig gegen Null für* $|z| \to \infty$ *und ist* $t > 0$ (*beziehungsweise* $t < 0$), *so strebt das Integral der Funktion* $\frac{1}{2\pi j} e^{tz} \hat{F}(z)$ *über den Halbkreis* K_r^- *(beziehungsweise über den Halbkreis* K_r^+*)*

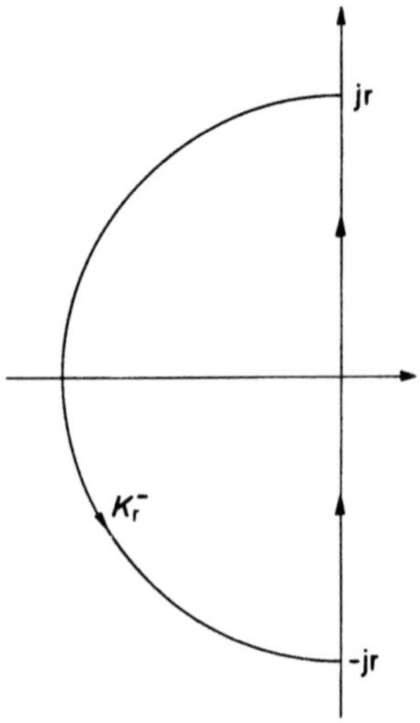

Bild 38.4

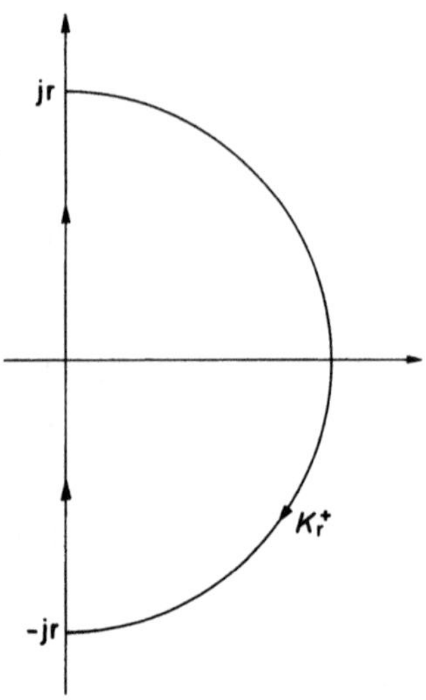

Bild 38.5

gegen Null. Ist diese Situation für die linke und rechte Halbebene gegeben, so erhält man mit $\hat{F}(jy) = F(y)$ die Umkehrformel für die Fouriertransformation,

$$\mathrm{HW}\,\frac{1}{2\pi}\int_{-\infty}^{\infty} e^{jty}F(y)\,dy = \mathrm{sign}(t)\sum \mathrm{Res}\left(e^{tz}\hat{F}(z)\right), \tag{38.11}$$

worin für $t > 0$ über die Residuen in der linken Halbebene $\mathrm{Re}(z) < 0$, für $t < 0$ über die Residuen in der rechten Halbebene $\mathrm{Re}(z) > 0$ zu summieren ist.

Wir bemerken hierzu, daß der Übergang von (38.10) zu (38.11) einer Drehung der Ebene um 90° entspricht, die durch die Substitution $z \to -jz$ im Integral der Funktion $\frac{1}{2\pi}\,e^{jtz}F(z)$, $F(-jz) = \hat{F}(z)$, über die Integrationswege von Bild 38.1 beziehungsweise Bild 38.2 bewirkt wird.

Beispiel 38.3: Wir betrachten nochmals die Fourier-Transformierte $F(\omega) = \frac{1}{1+\omega^2}$ der Funktion $f(t) = \frac{1}{2}e^{-|t|}$. Auf Grund von $\hat{F}(j\omega) = F(\omega) = \frac{1}{1-(j\omega)^2}$ muß $\hat{F}(z) = \frac{1}{1-z^2}$ gesetzt werden, was wieder zu

$$\mathrm{HW}\,\frac{1}{2\pi}\int_{-\infty}^{\infty} e^{jty}\frac{1}{1+y^2}\,dy = \mathop{\mathrm{Res}}_{z=-1}\left(e^{zt}\frac{1}{1-z^2}\right) = \frac{1}{2}e^{-t}, \quad t > 0,$$

beziehungsweise

$$\mathrm{HW}\,\frac{1}{2\pi}\int_{-\infty}^{\infty} e^{jty}\frac{1}{1+y^2}\,dy = -\mathop{\mathrm{Res}}_{z=1}\left(e^{zt}\frac{1}{1-z^2}\right) = \frac{1}{2}e^{t}, \quad t < 0,$$

führt.

Die Berechnung der Zeitfunktion zu einer gegebenen Fourier-Transformierten über die Integrationswege der Bilder 38.4 und 38.5, also über die Formel (38.11), entspricht der Umkehrung der Fourier-Transformation eher als über die Integrationswege der Bilder

38.1 und 38.2 und solcherart über die Formel (38.10). Der Grund hierfür liegt nicht so sehr in der gestörten Symmetrie durch das Auftreten des Faktors j auf der rechten Seite von (38.10), sondern vielmehr darin, daß die Fourier-Transformation von vornherein eine Funktion $\hat{F}$ des rein imaginären Argumentes $j\omega$ liefert (die als Funktion von ω die Fourier-Transformierte genannt wird). Dies wird im nächsten Abschnitt, in dem wir die Umkehraufgabe für die Laplace-Transformation besprechen werden, noch deutlicher werden, wenn man beachtet, daß die Laplace-Transformation aus der Fourier-Transformation formal dadurch hervorgeht, indem man die rein imaginäre Veränderliche $j\omega$ durch die komplexe Veränderliche $s = x + j\omega$ ersetzt.

Bislang haben wir den Fall ausgeschlossen, daß sich auf der reellen Achse Singularitäten der Funktion f(z) befinden. Wir wollen nun auch zulassen, daß die Funktion f(z) auf der reellen Achse singuläre Punkte hat, wobei wir der Einfachheit halber annehmen, daß sich auf der reellen Achse nur eine einzige singuläre Stelle befindet und diese der Punkt $z = 0$ ist. Unter diesen Umständen ist

$$\int_{-\infty}^{\infty} f(x)dx$$

ein uneigentliches Integral erster und zweiter Art, dessen Cauchyscher Hauptwert

$$\text{HW}\int_{-\infty}^{\infty} f(x)dx = \lim_{\substack{r\to\infty\\ \rho\to 0}}\left(\int_{-r}^{-\rho} f(x)dx + \int_{\rho}^{r} f(x)dx\right) \tag{38.12}$$

mit Hilfe des Residuensatzes berechnet werden kann. Wir bilden zu diesem Zweck das Integral der Funktion f(z) über die in Bild 38.6 skizzierte geschlossene Kurve, auf der wir vom Punkt $-r$ auf der reellen Achse in den Punkt $-\rho$ gelangen, sodann auf dem Halbkreis H_ρ^+ die singuläre Stelle $z = 0$ umfahren, weiter vom Punkt ρ in den Punkt r gelangen und schließlich von diesem auf dem Halbkreis H_r^+ in den Punkt $-r$ zurückkehren. Anschließend machen wir den Grenzübergang $r \to \infty$, $\rho \to 0$, der offensichtlich in beliebiger Reihenfolge durchgeführt werden kann. Strebt dabei das Integral über den Halbkreis H_r^+ gegen Null, so wird

$$\text{HW}\int_{-\infty}^{\infty} f(x)dx + \lim_{\rho\to 0}\int_{H_\rho^+} f(z)dz = 2\pi j \sum \text{Res } f(z),$$

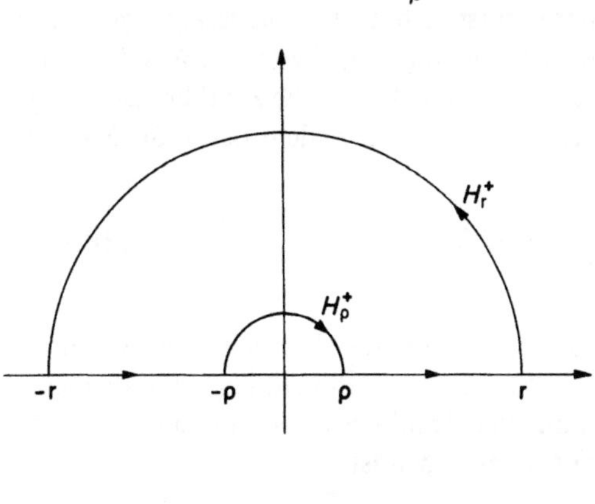

Bild 38.6

worin auf der rechten Seite über die Residuen der Funktion f(z) in den singulären Stellen der oberen Halbebene $\mathrm{Im}(z) > 0$ zu summieren ist. Zur Berechnung des Integrals über den Halbkreis H_ρ^+ setzen wir die Laurent-Entwicklung von f(z),

$$f(z) = \sum_{n=-\infty}^{\infty} a_n z^n, \quad 0 < |z| < R,$$

um die singuläre Stelle z = 0 ein; verlangen wir noch $\rho < R$, so erhalten wir über die Parameterdarstellung $z = \rho e^{j\varphi}$, $\pi \geqslant \varphi \geqslant 0$, des Halbkreises H_ρ^+

$$\int_{H_\rho^+} f(z)dz = \int_{H_\rho^+} \sum_{n=-\infty}^{\infty} a_n z^n dz = \sum_{n=-\infty}^{\infty} a_n \int_{H_\rho^+} z^n dz = j \sum_{n=-\infty}^{\infty} a_n \rho^{n+1} \int_{\pi}^{0} e^{j(n+1)\varphi} d\varphi.$$

Diese Entwicklung nach Potenzen von ρ gibt zu erkennen, daß der Grenzwert des Integrals über den Halbkreis H_ρ^+ für $\rho \to 0$ existiert, wenn $a_n = 0$ für $n \leqslant -2$ gilt, das heißt, wenn die Funktion f(z) in z = 0 einen Pol erster Ordnung hat. Trifft dies zu, so ist

$$\lim_{\rho \to 0} \int_{H_\rho^+} f(z)dz = -j\pi a_{-1} = -j\pi \operatorname*{Res}_{z=0} f(z)$$

und folglich

$$\mathrm{HW} \int_{-\infty}^{\infty} f(x)dx = 2\pi j \left(\frac{1}{2} \operatorname*{Res}_{z=0} f(z) + \sum \mathrm{Res}\, f(z) \right), \tag{38.13}$$

worin die Summe rechts über die Residuen der in der oberen Halbebene $\mathrm{Im}(z) > 0$ befindlichen singulären Stellen von f(z) zu erstrecken ist.

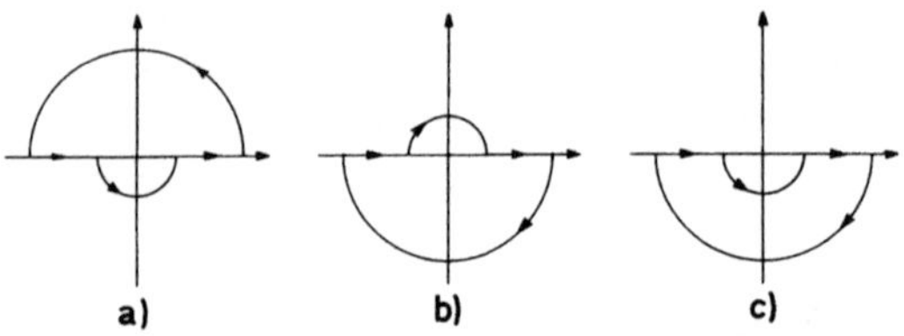

Bild 38.7

Der Integrationsweg von Bild 38.6 ist nicht die einzige Möglichkeit zur Berechnung des Integrals (38.12) über den Residuensatz, unter entsprechenden Voraussetzungen kann auch jede der drei geschlossenen Kurven in Bild 38.7 herangezogen werden. Was die Kurven a) und b) betrifft, so ist zu beachten, daß auch die singuläre Stelle z = 0 bei der Berechnung der Residuensumme zu berücksichtigen ist. Wir überlassen es dem Leser, die Formel

$$\mathrm{HW} \int_{-\infty}^{\infty} f(x)dx = \pm 2\pi j \left(\frac{1}{2} \operatorname*{Res}_{z=0} f(z) + \sum \mathrm{Res}\, f(z) \right) \tag{38.14}$$

zu bestätigen, die wieder so zu verstehen ist, daß für das positive Vorzeichen die Summe der Residuen der Funktion f(z) in den singulären Stellen der (offenen) oberen Halbebene $\mathrm{Im}(z) > 0$, für das negative Vorzeichen die Summe der Residuen von f(z) in den singulären Stellen der (offenen) unteren Halbebene $\mathrm{Im}(z) < 0$ zu bilden ist.

Beispiel 38.4: Wir berechnen

$$\mathrm{HW}\int_{-\infty}^{\infty}\frac{dx}{x(x^2-2x+2)}.$$

Da für $r \to \infty$ sowohl das Integral über den Halbkreis H_r^+ als auch das Integral über den Halbkreis H_r^- gegen Null strebt, ergibt sich über (38.14)

$$\mathrm{HW}\int_{-\infty}^{\infty}\frac{dx}{x(x^2-2x+2)} = 2\pi j\left(\frac{1}{2}\operatorname*{Res}_{z=0}\frac{1}{z(z^2-2z+2)} + \operatorname*{Res}_{z=1+j}\frac{1}{z(z^2-2z+2)}\right)$$

$$= -2\pi j\left(\frac{1}{2}\operatorname*{Res}_{z=0}\frac{1}{z(z^2-2z+2)} + \operatorname*{Res}_{z=1-j}\frac{1}{z(z^2-2z+2)}\right) = \frac{\pi}{2}.$$

Hauptwertintegrale des Typs (38.12) treten auch bei der Umkehrung der Fourier-Transformation auf. Sinngemäß gilt die Formel (38.14) auch dann, wenn der Integrand die Gestalt $f(z) = e^{jtz}F(z)$ hat und $F(z)$ in $z = 0$ einen Pol erster Ordnung hat. Die Überprüfung, ob die Integrale über die großen Halbkreise beim Grenzübergang $r \to \infty$ gegen Null streben, kann mit Hilfe des Jordanschen Lemmas vorgenommen werden, dessen Aussage durch das Auftreten der singulären Stelle $z = 0$ nicht beeinflußt wird.

Ist der Punkt $x_0 \neq 0$ auf der reellen Achse ein Pol erster Ordnung, so bildet man das Integral vom Punkt $-r$ bis zum Punkt $x_0 - \rho$, umfährt den Punkt x_0 auf einem Halbkreis mit dem Radius ρ, nach rechts oder links ausweichend, integriert anschließend vom Punkt $x_0 + \rho$ bis zum Punkt r und kehrt auf dem Halbkreis H_r^+ (oder auch H_r^-) in den Punkt $-r$ zurück. Befinden sich mehrere singuläre Stellen x_k auf der reellen Achse, so ist jeder einzelne auf einem kleinen Halbkreis zu umfahren, wobei man bei jedem singulären Punkt freie Wahl hat, ob man in die untere oder in die obere Halbebene ausweicht.

Dreht man die Integrationswege der Bilder 38.6 und 38.7 um den Winkel 90°, so entsteht, wenn wieder $\hat{F}(z) = F(-jz)$ gesetzt wird, die Umkehrformel

$$\mathrm{HW}\frac{1}{2\pi}\int_{-\infty}^{\infty} e^{jty}F(y)dy = \operatorname{sign}(t)\left(\frac{1}{2}\operatorname*{Res}_{z=0}\left(e^{tz}\hat{F}(z)\right) + \sum\operatorname{Res}\left(e^{tz}\hat{F}(z)\right)\right), \quad (38.15)$$

worin für $t > 0$ die Residuensumme für die singulären Stellen der (offenen) linken Halbebene $\operatorname{Re}(z) < 0$, für $t < 0$ die Residuensumme für die singulären Stellen der (offenen) rechten Halbebene $\operatorname{Re}(z) > 0$ zu bilden ist. Hat $\hat{F}(z)$ im Punkt $jy_0 \neq 0$ einen Pol erster Ordnung, so ist der erste Term auf der rechten Seite durch das mit dem Faktor $\frac{1}{2}$ versehene Residuum von $e^{tz}\hat{F}(z)$ im Punkt $z = jy_0$ zu ersetzen, sind mehrere einfache Pole $z_k = jy_k$ vorhanden, so ist deren $\frac{1}{2}$-fache Residuensumme zu bilden. Für die Gültigkeit von (38.15) sowie der genannten Verallgemeinerungen genügt es vorauszusetzen, daß die Funktion $\hat{F}(z)$ für $z \to \infty$ gleichmäßig gegen Null strebt, das heißt, zu jedem $\epsilon > 0$ möge es eine positive Zahl R geben, so daß $|\hat{F}(z)| < \epsilon$ für $|z| > R$ gilt.

Beispiel 38.5: Die Fourier-Transformierte der Funktion $f(t) = \frac{1}{2}\operatorname{sign}(t)$ ist nach (28.65) die Funktion $F(\omega) = \mathrm{HW}\frac{1}{j\omega}$. Wir haben $\hat{F}(z) = \frac{1}{z}$ zu setzen; da die genannte Bedingung für die Richtigkeit der Umkehrformel (38.15) offenbar erfüllt ist, wird

$$\mathrm{HW}\frac{1}{2\pi}\int_{-\infty}^{\infty} e^{jty}\frac{1}{jy}\,dy = \frac{1}{2}\,\mathrm{sign}(t)\,\operatorname*{Res}_{z=0}\left(e^{tz}\frac{1}{z}\right) = \frac{1}{2}\,\mathrm{sign}(t).$$

Allgemeiner erhält man mit $\hat{F}(z) = \dfrac{1}{z - jy_0}$

$$\mathrm{HW}\frac{1}{2\pi}\int_{-\infty}^{\infty} e^{jty}\frac{1}{j(y-y_0)}\,dy = \frac{1}{2}\,\mathrm{sign}(t)\operatorname*{Res}_{z=jy_0}\left(e^{tz}\frac{1}{z-jy_0}\right) = \frac{1}{2}\,\mathrm{sign}(t)\,e^{jty_0},$$

in Übereinstimmung mit dem Verschiebungssatz im Frequenzbereich.

38.2 Umkehrung der Laplace-Transformation

Auch die Umkehrung der Laplace-Transformation kann in vielen Fällen mit Hilfe des Residuensatzes bewerkstelligt werden. In Abschnitt 27.6 haben wir die Umkehrformel

$$\mathscr{L}^{-1}F(s) = \frac{1}{2\pi}\int_{-\infty}^{\infty} e^{st}F(s)\,d\omega = \begin{cases} f(t), & t>0 \\ 0, & t<0 \end{cases}, \quad s = x + j\omega, \tag{38.16}$$

(vgl. (27.108)) abgeleitet, indem wir den Übergang von der Fourier-Transformation zur Laplace-Transformation zurückverfolgt haben. Wir bemerken zu (38.16), daß das uneigentliche Integral nicht zu konvergieren braucht, da prinzipiell der Cauchysche Hauptwert die Originalfunktion liefert.

Während die Fourier-Transformierte einer Zeitfunktion eine komplexe Funktion einer reellen Veränderlichen ist, führt das Laplace-Integral einer Zeitfunktion auf eine komplexe Funktion einer komplexen Veränderlichen. Wir wissen, daß das Laplace-Integral in einer Halbebene $\mathrm{Re}(s) > x_0$ konvergiert und in dieser Halbebene eine analytische Funktion ist. Aus diesem Grunde liegt es nahe, das Integral (38.16) als Integral der Funktion $\frac{1}{2\pi j}e^{st}F(s)$ über eine innerhalb der Konvergenzhalbebene verlaufende zur imaginären Achse parallele Gerade g (mit der Parameterdarstellung $s = x + j\omega$, $-\infty < \omega < \infty$) aufzufassen,

$$\mathscr{L}^{-1}F(s) = \frac{1}{2\pi j}\int_g e^{st}F(s)\,ds, \quad x > x_0. \tag{38.17}$$

Daß der Abstand x der Geraden g von der imaginären Achse beliebig gewählt werden kann, solange nur $x > x_0$ ist, ohne daß sich am Wert des Integrals (38.17) etwas ändert, ist nur eine Konsequenz des Satzes von Cauchy, demzufolge ein Integral seinen Wert nicht ändert, wenn der Integrationsweg stetig deformiert wird und dabei keine singuläre Stelle des Integranden überstrichen wird.

Wir wollen nun annehmen, daß die durch das Laplace-Integral der Zeitfunktion f(t) in der Halbebene $\mathrm{Re}(s) > x_0$ definierte analytische Funktion über den Rand $\mathrm{Re}(s) = x_0$ der Konvergenzhalbebene in die Halbebene $\mathrm{Re}(s) \leqslant x_0$ eindeutig analytisch fortgesetzt werden kann; schließlich bezeichnen wir mit F(s) jene in der ganzen s-Ebene mit Ausnahme endlich oder unendlich vieler singulärer Stellen eindeutige analytische Funktion, die in der

Halbebene $\mathrm{Re}(s) > x_0$ mit dem Laplace-Integral der Funktion f(t) übereinstimmende Werte hat. Da das Laplace-Integral der Funktion f(t) in der Halbebene $\mathrm{Re}(s) > x_0$ analytisch ist, müssen die singulären Stellen der Funktion F(s) in der Halbebene $\mathrm{Re}(s) \leqslant x_0$ liegen.

Zunächst gehen wir jedoch davon aus, daß die Funktion F(s) nur endlich viele singuläre Stellen hat. Um aus der Funktion F(s) die Zeitfunktion f(t) zurückzugewinnen, bilden wir das Integral der Funktion $\frac{1}{2\pi j} e^{st}F(s)$ über die in Bild 38.8 skizzierte geschlossene Kurve, die aus der geradlinigen Verbindungsstrecke der Punkte $x - j\Omega$ und $x + j\Omega$ besteht sowie aus dem Kreisbogen K_Ω mit dem Radius $R = |x + j\Omega|$, auf dem man im positiven Sinn vom Punkt $x + j\Omega$ in den Punkt $x - j\Omega$ zurückgelangt. Durch Anwendung des Residuensatzes ergibt sich

$$\frac{1}{2\pi j}\int_{x-j\Omega}^{x+j\Omega} e^{st}F(s)\,ds + \frac{1}{2\pi j}\int_{K_\Omega} e^{st}F(s)\,ds = \sum \mathrm{Res}\left(e^{st}F(s)\right). \tag{38.18}$$

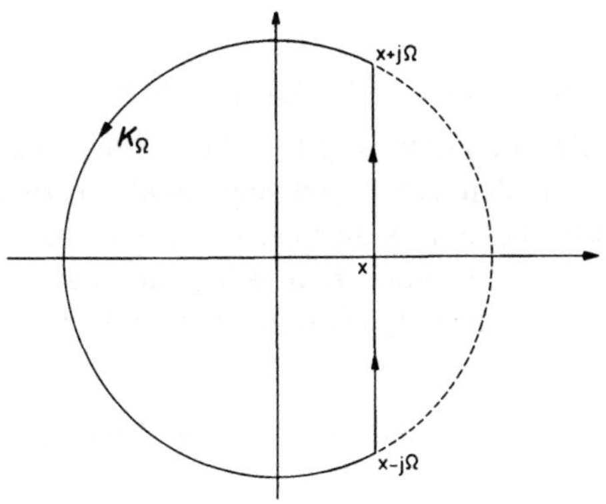

Bild 38.8

Gehen wir jetzt zur Grenze $\Omega \to \infty$ über, so strebt das Integral über die Verbindungsstrecke der Punkte $x - j\Omega$ und $x + j\Omega$ gegen den Hauptwert des Integrals (38.16); da die rechte Seite sich mit Ω nicht mehr ändert, wenn Ω hinreichend groß geworden ist, strebt für $\Omega \to \infty$ oder, was damit gleichbedeutend ist, für $R \to \infty$ auch das Integral über den Kreisbogen K_Ω einem bestimmten Wert zu. Ist dieser gleich Null,

$$\lim_{\Omega \to \infty} \int_{K_\Omega} e^{st}F(s)\,ds = 0, \tag{38.19}$$

so wird

$$\mathscr{L}^{-1}F(s) = \mathrm{HW}\,\frac{1}{2\pi j}\int_{x-j\infty}^{x+j\infty} e^{st}F(s)\,ds = \sum \mathrm{Res}\left(e^{st}F(s)\right). \tag{38.20}$$

Die Grenzwertbeziehung (38.19) läßt sich bestätigen, wenn über das Verhalten der Funktion F(s) für $s \to \infty$ analoge Voraussetzungen gemacht werden wie im vorangegangenen Abschnitt bei der Umkehrung der Fourier-Transformation, und zwar ist (38.19) richtig, wenn, erstens, $t > 0$ ist und, zweitens, die Funktion F(s) in der Halbebene $\mathrm{Re}(s) \leqslant x$ für $s \to \infty$ gleichmäßig gegen Null strebt, das heißt, wenn zu jeder Zahl $\epsilon > 0$ eine Zahl ρ

existiert, so daß $|F(s)| < \epsilon$ für $\mathrm{Re}(s) \leqslant x$ und $|s| > \rho$ gilt. Zum Beweis dieser Behauptung spalten wir das Integral über den Kreisbogen K_Ω auf,

$$\int_{K_\Omega} = \int_{x+j\Omega}^{jR} + \int_{jR}^{-jR} + \int_{-jR}^{x-j\Omega}.$$

Nun gilt für $s = Re^{j\varphi}$, $\arccos\frac{x}{R} \leqslant \varphi \leqslant \frac{\pi}{2}$, $R > \rho$,

$$\left|\int_{x+j\Omega}^{jR} e^{st}F(s)ds\right| \leqslant \left|\epsilon R \int_{\arccos\frac{x}{R}}^{\pi/2} e^{Rt\cos\varphi}d\varphi\right| = \epsilon R\left|\int_0^{\arcsin\frac{x}{R}} e^{Rt\sin\psi}d\psi\right|$$

$$< \epsilon R \int_0^{\arcsin\frac{x}{R}} e^{Rt\psi}d\psi = \frac{\epsilon}{t}\left(e^{Rt\arcsin\frac{x}{R}} - 1\right) < \frac{\epsilon}{t}(e^{\pi xt/2} - 1),$$

worin die Ungleichung $\arcsin z \leqslant \frac{\pi}{2} z$ für $0 \leqslant z \leqslant 1$ verwendet wurde. Daher strebt für $\Omega \to \infty$ das Integral über den Kreisbogen vom Punkt $x + j\Omega$ zum Punkt jR gegen Null. Durch eine analoge Abschätzung zeigt man, daß das Integral über den Kreisbogen vom Punkt $-jR$ zum Punkt $x - j\Omega$ beliebig klein wird; der Nachweis schließlich, daß auch das Integral über den Kreisbogen vom Punkt jR zum Punkt $-jR$ für $R \to \infty$ gegen Null strebt, gelingt am besten mit Hilfe der Abschätzung, die wir beim Beweis des Jordanschen Lemmas verwendet haben. Es gilt somit der

Satz 38.1 *Strebt die Funktion* $F(s)$ *in der Halbebene* $\mathrm{Re}(s) \leqslant x$, $x > x_0$, *gleichmäßig gegen Null, so gilt für* $t > 0$

$$f(t) = \mathscr{L}^{-1}F(s) = \mathrm{HW}\frac{1}{2\pi j}\int_{x-j\infty}^{x+j\infty} e^{st}F(s)ds = \sum \mathrm{Res}\left(e^{st}F(s)\right)^{1)}. \tag{38.21}$$

Beispiel 38.6: Eine echt gebrochene rationale Funktion $F(s) = \frac{p(s)}{q(s)}$ strebt für $s \to \infty$ in der ganzen s-Ebene gleichmäßig gegen Null, denn aus der Ungleichung (38.5) folgt $\left|\frac{p(s)}{q(s)}\right| \leqslant C\frac{1}{|s|} < \epsilon$ für $|s| > \frac{C}{\epsilon} = R$. Infolgedessen ist

$$f(t) = \mathrm{HW}\frac{1}{2\pi j}\int_{x-j\infty}^{x+j\infty} e^{st}\frac{p(s)}{q(s)}ds = \sum \mathrm{Res}\left(e^{st}\frac{p(s)}{q(s)}\right) = \sum_k e^{s_k t}\frac{p(s_k)}{q'(s_k)} \quad \text{für } t > 0, \tag{38.22}$$

worin der Einfachheit halber angenommen wurde, daß die Nullstellen s_k des Nenners $q(s)$ sämtlich die Vielfachheit 1 haben.

---

[1]) Für eine Unstetigkeitsstelle der Zeitfunktion f(t) liefert (38.21), wie es auf Grund der Zusammenhänge mit der Fourier-Transformation sein muß, den arithmetischen Mittelwert der einseitigen Grenzwerte von f(t).

Bilden wir das Integral der Funktion $\frac{1}{2\pi j} e^{st} \frac{p(s)}{q(s)}$ über die geschlossene Kurve, die sich aus der geradlinigen Verbindungsstrecke der Punkte $x - j\Omega$ und $x + j\Omega$ und dem in Bild 38.8 strichliert gezeichneten Kreisbogen zusammensetzt, so strebt beim Grenzübergang $\Omega \to \infty$ das Integral über den Kreisbogen für $t < 0$ gegen Null, denn $F(s) = \frac{p(s)}{q(s)}$ strebt für $s \to \infty$ in der ganzen s-Ebene, also insbesondere in der Halbebene $\mathrm{Re}(s) \geqslant x$, gleichmäßig gegen Null. Deshalb wird

$$f(t) = \mathrm{HW} \frac{1}{2\pi j} \int_{x-j\infty}^{x+j\infty} e^{st} \frac{p(s)}{q(s)} ds = 0 \quad \text{für } t < 0, \tag{38.23}$$

denn in der Halbebene $\mathrm{Re}(s) > x$ ist $F(s) = \frac{p(s)}{q(s)}$ analytisch.

Der Fall $t = 0$ bedarf einer gesonderten Rechnung, die das Ergebnis $\frac{1}{2} f(0+)$ liefern muß. Um mit Hilfe der Ungleichung (38.5) den Nachweis erbringen zu können, daß das Integral über den Kreisbogen gegen Null strebt, muß vorausgesetzt werden, daß der Grad des Zählers $p(s)$ wenigstens um 2 kleiner ist als der Grad des Nenners $q(s)$ (vgl. Beispiel 38.1). Da in der Halbebene $\mathrm{Re}(s) > x$ keine singulären Stellen liegen, liefert der Integrationsweg in der Halbebene $\mathrm{Re}(s) \geqslant x$

$$\mathrm{HW} \frac{1}{2\pi j} \int_{x-j\infty}^{x+j\infty} \frac{p(s)}{q(s)} ds = 0.$$

Dagegen ergibt sich über den Integrationsweg in der Halbebene $\mathrm{Re}(s) \leqslant x$ die Summe der Residuen von $\frac{p(s)}{q(s)}$; also muß gelten

$$\sum \mathrm{Res} \frac{p(s)}{q(s)} = 0.$$

Da, wie aus (38.22) hervorgeht, die Residuensumme gleich dem rechtsseitigen Grenzwert der Originalfunktion $f(t)$ ist, muß unter der obigen Annahme über die Gradzahlen des Zählers $p(s)$ und des Nenners $q(s)$ die Beziehung $f(0-) = 0 = f(0+)$ gelten, das heißt, es ist $f(t)$ stetig für $t = 0$. Dieses Ergebnis steht im Einklang mit der Aussage des Anfangswertsatzes.

Ist der Grad des Zählers $p(s)$ genau um 1 kleiner als der Grad des Nenners $q(s)$, so streben die Integrale über die Kreisbögen einem von Null verschiedenen Wert zu. Um dies zu sehen, entwickeln wir die an der Stelle $\sigma = 0$ analytische Funktion $G(\sigma) = F\left(\frac{1}{\sigma}\right)$ in ihre Taylorreihe um den Punkt $\sigma = 0$,

$$G(\sigma) = \frac{p\left(\frac{1}{\sigma}\right)}{q\left(\frac{1}{\sigma}\right)} = \sum_{n=1}^{\infty} a_n \sigma^n.$$

Darin ist der Koeffizient a_1 von Null verschieden, da sonst der Grad von $p(s)$ um mindestens 2 kleiner ist als der Grad des Nenners $q(s)$. Der Konvergenzradius dieser Potenzreihe ergibt sich durch folgende Überlegung. Bezeichnet s_k, $k = 1, 2, \ldots, n$, die Nullstellen des Nenners $q(s)$, so sind die Reziprokwerte $\frac{1}{s_k}$ die singulären Stellen der Funktion $G(\sigma)$; deshalb konvergiert die Entwicklung für $|\sigma| < \min\limits_k \frac{1}{|s_k|}$. Wir gewinnen daraus die für $|s| > \max\limits_k |s_k|$ konvergente Reihendarstellung

$$F(s) = \frac{p(s)}{q(s)} = \sum_{n=1}^{\infty} a_n \frac{1}{s^n},$$

die für $|s| \geqslant R > \max\limits_k |s_k|$ gleichmäßig konvergiert. Setzen wir diese Entwicklung in das Integral der

Funktion $\frac{1}{2\pi j}F(s)$, erstreckt über den in Bild 38.8 strichliert eingetragenen Kreisbogen, ein, so folgt mit $\alpha = \arc\cos\frac{x}{R}$,

$$\frac{1}{2\pi j}\int F(s)ds = \frac{1}{2\pi j}\sum_{n=1}^{\infty} a_n \int \frac{ds}{s^n} = \frac{1}{2\pi}\sum_{n=1}^{\infty} a_n \frac{1}{R^{n-1}}\int_{\alpha}^{-\alpha} e^{-j(n-1)\varphi}d\varphi$$

$$= -\frac{\alpha}{\pi}a_1 - \frac{1}{\pi}\sum_{n=2}^{\infty} a_n \frac{1}{R^{n-1}}\frac{\sin(n-1)\alpha}{n-1}.$$

Wegen $\alpha \to \frac{\pi}{2}$ für $R \to \infty$ erhalten wir daraus

$$\lim_{R\to\infty}\frac{1}{2\pi j}\int F(s)ds = -\frac{1}{2}a_1 = -\frac{1}{2}\lim_{\sigma\to 0}\frac{1}{\sigma}G(\sigma) = -\frac{1}{2}\lim_{s\to\infty}\bigl(sF(s)\bigr)$$

und somit

$$\mathrm{HW}\frac{1}{2\pi j}\int_{x-j\infty}^{x+j\infty}\frac{p(s)}{q(s)}ds = \frac{1}{2}\lim_{s\to\infty} s\frac{p(s)}{q(s)} = \frac{1}{2}f(0+). \tag{38.24}$$

Wir bemerken, daß die Bedingung $a_1 \neq 0$ für die Gültigkeit dieser Formel nicht entscheidend ist; tatsächlich gilt (38.24) für jede beliebige echt gebrochene rationale Funktion $\frac{p(s)}{q(s)}$, nur strebt der Ausdruck $s\frac{p(s)}{q(s)}$ beim Grenzübergang $s \to \infty$ genau dann gegen einen von Null verschiedenen Wert, wenn der Grad des Zählers p(s) um 1 kleiner ist als der Grad des Nenners q(s).

Wir wollen als nächstes zulassen, daß die Funktion F(s) unendlich viele Pole hat (die in der Halbebene $\mathrm{Re}(s) \leqslant x_0$ liegen müssen und sich nur im Unendlichen häufen können). Auch unter diesen Gegebenheiten kann das Urbild f(t) der meromorphen Funktion F(s) in manchen Fällen mit Hilfe des Residuensatzes gewonnen werden. Man betrachtet hierfür eine Folge von Kreisen mit den Radien R_m, für die $\lim R_m = \infty$ ist. Gilt auf fast allen Kreisbögen, die in der Halbebene $\mathrm{Re}(s) \leqslant x$ $(x > x_0)$ liegen, die Ungleichung $|F(s)| < \epsilon$ für eine beliebige positive Zahl ϵ, so werden für $t > 0$ auch die Integrale der Funktion $\frac{1}{2\pi j}e^{st}F(s)$ über diese Kreisbögen beliebig klein, wenn deren Radien hinreichend groß sind. Numeriert man die Pole der Funktion F(s) durch, $s_1, s_2, \ldots$, so erhält man aus (38.18) für $R = R_m$ und Grenzübergang $m \to \infty$

$$\mathrm{HW}\frac{1}{2\pi j}\int_{x-j\infty}^{x+j\infty} e^{st}F(s)ds = \sum_{n=1}^{\infty}\operatorname*{Res}_{s=s_n}\bigl(e^{st}F(s)\bigr),\quad t>0. \tag{38.25}$$

Beispiel 38.7: Die meromorphe Funktion

$$F(s) = \frac{U\omega}{s^2+\omega^2}\frac{1+e^{-sT/2}}{1-e^{-sT/2}},\quad \omega T = 2\pi,$$

ist das Bild der $\left(\frac{T}{2}\text{-periodischen}\right)$ Zeitfunktion $f(t) = U|\sin\omega t|$ (vgl. Beispiel 27.7). Die Funktion F(s) hat in den Punkten $s = \pm j\omega$, $s = 2nj\omega$, $n = 0, \pm 1, \pm 2, \ldots$, einfache Pole mit den Residuen

$$\operatorname*{Res}_{s=j\omega}\left(e^{st}F(s)\right) = \operatorname*{Res}_{s=-j\omega}\left(e^{st}F(s)\right) = 0, \qquad \operatorname*{Res}_{s=2nj\omega}\left(e^{st}F(s)\right) = \frac{2U}{\pi}\,\frac{e^{2nj\omega t}}{1-4n^2}\,.$$

Da auf fast allen Kreisbögen $s = R_m e^{j\varphi}$, $R_m = (2m+1)\,\omega$, $\mathrm{Re}(s) \leqslant x$ (die Konvergenzabszisse ist $x_0 = 0$, so daß für x eine beliebig kleine positive Zahl gewählt werden kann) die Ungleichung $|F(s)| < \epsilon$ für beliebiges $\epsilon > 0$ erfüllt ist, kann (38.25) angewendet werden, das heißt, es ist für $t > 0$

$$\mathrm{HW}\,\frac{1}{2\pi j}\int\limits_{x-j\infty}^{x+j\infty} e^{st}\,\frac{U\omega}{s^2+\omega^2}\,\frac{1+e^{-sT/2}}{1-e^{-sT/2}}\,ds = \frac{2U}{\pi}\sum_{n=-\infty}^{\infty} e^{2nj\omega t}\,\frac{1}{1-4n^2}$$

$$= \frac{2U}{\pi}\left(1 - 2\sum_{n=1}^{\infty}\frac{\cos 2n\omega t}{4n^2-1}\right)$$

(vgl. Beispiel 18.3).

Zum Abschluß wollen wir uns jetzt auch noch damit befassen, wie die Rücktransformation mehrdeutiger Funktionen mit Hilfe des Residuensatzes bewerkstelligt werden kann. Wir beschränken uns dabei auf den Fall, daß die Bildfunktion F(s) die Gestalt $F(s) = G(\sqrt{s})$ hat, worin $G(\sigma)$ eine eindeutige Funktion ist.

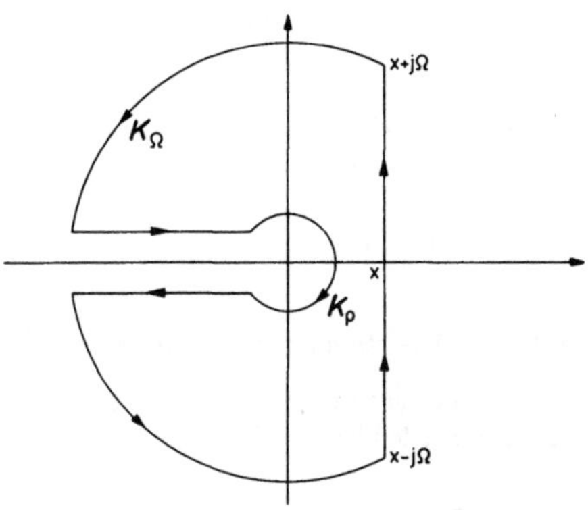

Bild 38.9

Da der Ausdruck $\sqrt{s}$ in der längs der negativen reellen Achse aufgeschnittenen s-Ebene eindeutig und analytisch ist, wird die Funktion F(s) durch Aufschneiden der s-Ebene längs der negativen reellen Achse eindeutig. Die Punkte der negativen reellen Achse sind damit aus dem Definitionsbereich der Funktion herausgenommen, weshalb sich das Urbild von F(s) nicht mehr durch Integration der Funktion $\frac{1}{2\pi j}\,e^{st}F(s)$ über eine Kurve der in Bild 38.8 skizzierten Art gewinnen läßt, denn der Kreisbogen K_Ω schneidet zwingend die reelle Achse und liegt somit nicht vollständig im Definitionsbereich der Funktion F(s). Um die negative reelle Achse nicht kreuzen zu müssen, legen wir eine Kurve der in Bild 38.9 gezeichneten Art zugrunde, die zur Gänze im Definitionsgebiet der Funktion F(s) liegt. Wenn wir das Integral der Funktion $\frac{1}{2\pi j}\,e^{st}F(s)$ über eine solche Kurve bilden, so liefert der Grenzübergang $\Omega \to \infty$ den Hauptwert des Integrals (38.16); natürlich ist hierfür das Integral längs des nördlichen und südlichen Ufers der negativen reellen Achse, ebenso das Integral über den Kreis K_ρ, auf dem wir den Punkt $s = 0$ umfahren, zu berechnen. Da wir den Radius ρ des Kreises K_ρ beliebig klein wählen können, liegt es nahe, auch den Grenzübergang $\rho \to 0$ zu bilden; dabei nähern sich die Verbindungsstege vom Kreisbogen K_Ω zum Kreis K_ρ unbegrenzt der negativen reellen Achse, was bei der Berechnung der Integrale zu beachten ist. Grob gesprochen können wir die Grenzlage so beschreiben, daß auf der negativen reellen Achse zum Ursprung und wieder zurück zum Schnittpunkt mit dem Kreisbogen K_Ω zu integrieren ist. Der Hinweg aber ist die Grenzlage des Verbindungssteges aus der oberen Halbebene $\mathrm{Im}(s) > 0$, so daß auf diesem für $\sqrt{s}$ der Wert $j\sqrt{|s|}$ zu nehmen ist; der Rückweg ist die Grenzlage des Verbindungssteges aus der unteren Halbebene, weshalb bei der Integration für $\sqrt{s}$ der Wert $-j\sqrt{|s|}$ zu nehmen ist.

Wenn in einer Umgebung der Stelle $s = 0$ die Funktion $F(s) = G(\sqrt{s})$ einer Ungleichung $|G(\sqrt{s})| < C\frac{1}{|s|^a}$ genügt, worin C und a Konstante sind und $a < 1$ ist, so strebt das Integral über den Kreis K_ρ beim Grenzübergang $\rho \to 0$ gegen Null; wird auch beim Grenzübergang $\Omega \to \infty$ das Integral über die beiden Kreisbögen beliebig klein, so ist

$$\mathrm{HW}\frac{1}{2\pi j}\int_{x-j\infty}^{x+j\infty} e^{st}G(\sqrt{s})\,ds + \frac{1}{2\pi j}\lim_{\rho\to 0}\left(\int_{-\infty}^{-\rho} e^{xt}G(j\sqrt{|x|})\,dx + \int_{-\rho}^{-\infty} e^{xt}G(-j\sqrt{|x|})\,dx\right)$$
$$= \sum \mathrm{Res}\left(e^{st}G(\sqrt{s})\right) \quad \text{für } t > 0.$$

Durch die Substitution $x = -u^2$ erhält man daraus

$$\mathrm{HW}\frac{1}{2\pi j}\int_{x-j\infty}^{x+j\infty} e^{st}G(\sqrt{s})\,ds = \frac{1}{j\pi}\int_0^\infty u e^{-tu^2}\left(G(-ju) - G(ju)\right)du$$
$$+ \sum \mathrm{Res}\left(e^{st}G(\sqrt{s})\right), \quad t > 0. \tag{38.26}$$

Beispiel 38.8: Die Funktion $F(s) = \Gamma\left(\frac{1}{2}\right)\frac{1}{\sqrt{s}} = \sqrt{\frac{\pi}{s}}$ ist das Bild der Funktion $f(t) = \frac{1}{\sqrt{t}}$. Mit $G(\sigma) = \frac{\sqrt{\pi}}{\sigma}$ erhalten wir, da alle Voraussetzungen für die Gültigkeit von (38.26) erfüllt sind und F(s) in der längs der negativen reellen Achse aufgeschnittenen s-Ebene keine singulären Stellen hat,

$$\mathrm{HW}\frac{1}{2\pi j}\int_{x-j\infty}^{x+j\infty} e^{st}\frac{1}{\sqrt{s}}\,ds = \frac{1}{j\pi}\int_0^\infty u e^{-tu^2}\left(\frac{\sqrt{\pi}}{-ju} - \frac{\sqrt{\pi}}{ju}\right)du = \frac{2}{\sqrt{\pi}}\int_0^\infty e^{-tu^2}du$$
$$= \frac{1}{\sqrt{\pi t}}\int_0^\infty e^{-z}z^{-1/2}dz = \frac{1}{\sqrt{\pi t}}\Gamma\left(\frac{1}{2}\right) = \frac{1}{\sqrt{t}}.$$

Beispiel 38.9: Auch die Rücktransformation der Funktion $F(s) = e^{-\sqrt{s}}$ ist mit Hilfe der Umkehrformel (38.26) möglich. Auf Grund des Fehlens singulärer Stellen in der längs der negativen reellen Achse aufgeschnittenen s-Ebene wird (vgl. Beispiel 27.10)

$$\mathrm{HW}\frac{1}{2\pi j}\int_{x-j\infty}^{x+j\infty} e^{st}e^{-\sqrt{s}}ds = \frac{1}{j\pi}\int_0^\infty u e^{-tu^2}(e^{ju} - e^{-ju})\,du = \frac{2}{\pi}\int_0^\infty e^{-tu^2}u\sin u\,du$$
$$= \frac{1}{\pi t}\int_0^\infty e^{-tu^2}\cos u\,du = \frac{1}{2t\sqrt{\pi t}}\,e^{-1/4t}.$$

Um jegliches Mißverständnis zu vermeiden, sei mit Nachdruck auf die stets stillschweigend gemachte Voraussetzung hingewiesen, daß die Funktion F(s) das Bild einer Zeitfunktion f(t) unter der Laplace-Transformation ist. Die komplexe Umkehrformel liefert unter Umständen auch dann eine Zeitfunktion, wenn F(s) als Bildfunktion unter der Laplace-Transformation gar nicht in Frage kommt – hierfür ist ja notwendig, daß F(s) in einer Halbebene $\mathrm{Re}(s) > x_0$ analytisch ist und in einem Winkelraum um einen Konvergenzpunkt auf der Geraden $\mathrm{Re}(s) = x_0$ gleichmäßig gegen Null strebt.

38.3 Die $\mathscr{Z}$-Transformation

In manchen Anwendungen verschafft man sich ein Bild über den zeitlichen Ablauf einer gewissen Größe, indem man in periodischen Zeitabständen die Funktionswerte aussiebt, das heißt, an Stelle einer für $t \geq 0$ definierten Zeitfunktion f(t) liegen die Werte $f_n = f(nT)$ zu gewissen Zeitpunkten $t_n = nT$, $n = 0, 1, 2, \ldots$, vor. Da die Funktion f(t) nicht bekannt ist, kann sie auch nicht der Laplace-Transformation unterworfen werden; man kann aber der Folge (f_n) die Treppenfunktion $\hat{f}(t)$,

$$\hat{f}(t) = f_n \quad \text{für} \quad nT \leq t < (n+1)T, \quad n = 0, 1, 2, \ldots, \tag{38.27}$$

zuordnen (Bild 38.10) und auf $\hat{f}(t)$ die Laplace Transformation anwenden,

$$\mathscr{L}\hat{f}(t) = \int_0^\infty e^{-st}\hat{f}(t)\,dt = \sum_{n=0}^\infty \int_{nT}^{(n+1)T} e^{-st}\hat{f}(t)\,dt = \sum_{n=0}^\infty f_n \int_{nT}^{(n+1)T} e^{-st}\,dt$$

$$= \sum_{n=0}^\infty f_n e^{-nTs}\,\frac{1-e^{-sT}}{s} = \frac{1}{s}(1-e^{-sT}) \sum_{n=0}^\infty f_n e^{-nTs}.$$

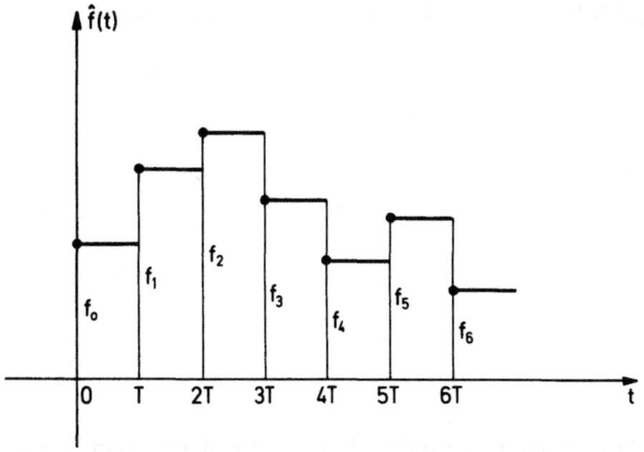

Bild 38.10

Da die Bildfunktion einer Treppenfunktion (38.27) stets den Faktor $\frac{1}{s}(1 - e^{-sT})$ enthält, läßt man diesen, da die Information ja in den Gliedern der Folge (f_n) steckt, prinzipiell weg. Der Folge (f_n) ordnet man unter Verwendung des Operationssymbols $\mathscr{D}$ die komplexe Funktion

$$\mathscr{D}(f_n) := \sum_{n=0}^\infty f_n e^{-nTs} = F^*(s) \tag{38.28}$$

zu und nennt diese Zuordnung *diskrete Laplace-Transformation*.

Um den Zusammenhang zwischen der „kontinuierlichen" Laplace-Transformation und der diskreten Laplace-Transformation zu erkennen, stellen wir das Heraussieben der Funktionswerte $f_n = f(nT)$ mit Hilfe der Funktion

$$f^*(t) = f(t) \sum_{n=0}^{\infty} \delta(t - nT) = \sum_{n=0}^{\infty} f_n \delta(t - nT) \tag{38.29}$$

dar; die Anwendung der Laplace-Transformation auf die Funktion $f^*(t)$ liefert

$$\mathscr{L} f^*(t) = \sum_{n=0}^{\infty} f_n \mathscr{L} \delta(t - nT) = \sum_{n=0}^{\infty} f_n e^{-nTs} = F^*(s).$$

Wir haben damit die Beziehung

$$\mathscr{D}(f_n) = \mathscr{L} f^*(t). \tag{38.30}$$

Wir führen nun in (38.28) durch die Substitution $z = e^{sT}$ die neue Variable z ein; setzen wir $F^*(s) = F(e^{sT})$, so entsteht aus (38.28) die sogenannte *$\mathscr{Z}$-Transformation*

$$\mathscr{Z}(f_n) := \sum_{n=0}^{\infty} f_n z^{-n} = F(z), \tag{38.31}$$

die der Folge (f_n) die Funktion $F(z)$ zuordnet. Um den Konvergenzbereich der Reihe in (38.31) zu bestimmen, berechnen wir die Größe $r = \limsup \sqrt[n]{|f_n|}$. Da wir davon auszugehen haben, daß die Funktion $f(t)$ der Laplace-Transformation unterworfen werden kann und deshalb einer Ungleichung $|f(t)| < e^{at}$ für hinreichend großes t genügt, muß $\sqrt[n]{|f_n|} < e^{aT}$ für genügend großes n und folglich $r < e^{aT}$, also $r < \infty$, gelten. Somit konvergiert die Reihe in (38.31) im Äußeren eines gewissen Kreises, nämlich für $|z| > r$. Die Funktion $F(z)$ ist daher für $|z| > r$ analytisch, ihre singulären Stellen liegen im Inneren des Kreises $|z| \leqslant r$.

Beispiel 38.10: Sei $f_n = a^n$. Dann ist

$$\mathscr{Z}(a^n) = \sum_{n=0}^{\infty} a^n z^{-n} = \frac{1}{1 - \frac{a}{z}} = \frac{z}{z - a}.$$

Beispiel 38.11: Für $f_n = \frac{a^n}{n!}$ erhält man

$$\mathscr{Z}\left(\frac{a^n}{n!}\right) = \sum_{n=0}^{\infty} \frac{1}{n!}\left(\frac{a}{z}\right)^n = e^{a/z}.$$

Beispiel 38.12: Das Bild der Folge (f_n) mit $f_0 = 0$ und $f_n = \frac{1}{n}$ für n = 1, 2, ... unter der $\mathscr{Z}$-Transformation ist

$$\mathscr{Z}(f_n) = \sum_{n=1}^{\infty} \frac{1}{n} z^{-n} = -\ln\left(1 - \frac{1}{z}\right) = \ln \frac{z}{z - 1}.$$

Die $\mathscr{L}$-, $\mathscr{D}$- und $\mathscr{Z}$-Transformation stehen zueinander in der wichtigen Beziehung

$$\mathscr{L} f^*(t) = \mathscr{D}(f_n) = \mathscr{Z}(f_n)\Big|_{z = e^{sT}} = F(e^{sT}). \tag{38.32}$$

Die mathematische Beschreibung eines linearen Systems führt immer auf eine lineare Gleichung beziehungsweise auf ein System linearer Gleichungen. Handelt es sich bei diesem, wie zum Beispiel bei der Berechnung von Ausgleichsvorgängen, um ein lineares Differentialgleichungssystem, so erweist sich die Laplace-Transformation als wirksames Instrument zur Untersuchung der Systemeigenschaften. Ist die Systemgleichung eine Differenzengleichung (31.187) oder liegt ein System von Differenzengleichungen zugrunde, so steht uns mit der $\mathscr{Z}$-Transformation ein einfacher Kalkül zur Verfügung. Bevor wir jedoch auf diese Anwendung der $\mathscr{Z}$-Transformation eingehen, haben wir die Rechenregeln für die $\mathscr{Z}$-Transformation zu besprechen. Im folgenden sei stets $F(z) = \mathscr{Z}(f_n)$.

Die $\mathscr{Z}$-Transformation ist eine lineare Transformation, das heißt, es gilt für zwei beliebige Folgen (f_n) und (g_n)

$$\mathscr{Z}(af_n + bg_n) = a\mathscr{Z}(f_n) + b\mathscr{Z}(g_n), \tag{38.33}$$

wobei a und b beliebige (komplexe) Konstante sind.

Als *ersten Verschiebungssatz* bezeichnet man die Regel

$$\mathscr{Z}(f_{n-k}) = z^{-k}F(z), \quad k = 1, 2, \ldots, \tag{38.34}$$

für die $f_m = 0$ für $m < 0$ erklärt wird. Die Transformationsformel (38.34) ist so zu verstehen, daß der Folge $0, \ldots, 0, f_0, f_1, \ldots$, die mit k Nullen beginnt, die Funktion $z^{-k}F(z)$ zuzuordnen ist.

Die Regel

$$\mathscr{Z}(f_{n+k}) = z^k\left(F(z) - \sum_{m=0}^{k-1} f_m z^{-m}\right) = z^kF(z) - \sum_{n=1}^{k} f_{k-n}z^n, \quad k = 1, 2, \ldots, \tag{38.35}$$

heißt *zweiter Verschiebungssatz.* Die Transformationsformel (38.35) beschreibt den Zusammenhang zwischen den Bildern der Folgen $f_0, f_1, \ldots$ und $f_k, f_{k+1}, \ldots$.

Ebenso einfach wie die beiden Verschiebungssätze zeigt man den *Dämpfungssatz*

$$\mathscr{Z}(a^{-n}f_n) = F(az), \tag{38.36}$$

worin a eine beliebige komplexe Konstante ist.

Das Analogon zur Ableitungsregel bei der Laplace-Transformation ist die Anwendung der $\mathscr{Z}$-Transformation auf *Differenzenfolgen.* Ist (f_n) eine Folge, so heißt die Folge (f'_n), $f'_n = \Delta f_n = f_{n+1} - f_n$, $n = 0, 1, 2, \ldots$, die Folge der *ersten Differenzen*, die Folge (f''_n), $f''_n = \Delta f'_n = \Delta^2 f_n = f'_{n+1} - f'_n = f_{n+2} - 2f_{n+1} + f_n$, $n = 0, 1, 2, \ldots$, die Folge der *zweiten Differenzen* usw. Es gilt

$$\mathscr{Z}(\Delta f_n) = (z-1)F(z) - zf_0\,, \tag{38.37}$$

$$\mathscr{Z}(\Delta^2 f_n) = (z-1)^2F(z) - z(z-1)f_0 - z\Delta f_0; \tag{38.38}$$

analoge, jedoch kompliziertere Formeln erhält man für die Transformierten der höheren Differenzen.

Der Integrationsregel entspricht bei der $\mathscr{Z}$-Transformation die *Summenregel*

$$\mathscr{Z}\left(\sum_{m=0}^{n-1} f_m\right) = \frac{1}{z-1}F(z), \tag{38.39}$$

die der Folge 0, f_0, $f_0 + f_1$, $f_0 + f_1 + f_2$, ... die Funktion $\frac{1}{z-1} F(z)$ als Bild zuordnet. Zum Beweis von (38.39) setzen wir für $\frac{1}{z-1}$ die Entwicklung

$$\frac{1}{z-1} = \frac{1}{z\left(1-\frac{1}{z}\right)} = \sum_{m=0}^{\infty} z^{-m-1}$$

ein und multiplizieren aus,

$$\frac{1}{z-1} F(z) = \sum_{m=0}^{\infty} z^{-m-1} \sum_{n=0}^{\infty} f_n z^{-n} = \frac{1}{z} \sum_{n=0}^{\infty} z^{-n} \sum_{m=0}^{n} f_m.$$

Differenziert man die Bildfunktion $F(z) = \mathscr{Z}(f_n)$,

$$\frac{d}{dz} \sum_{n=0}^{\infty} f_n z^{-n} = - \sum_{n=1}^{\infty} n f_n z^{-n-1},$$

so erhält man die Zuordnungsvorschrift

$$\mathscr{Z}(n f_n) = -zF'(z), \tag{38.40}$$

die der Folge 0, f_1, $2f_2$, $3f_3$, ... die Funktion $-zF'(z)$ als Bild zuweist.

Unter dem *Faltungsprodukt* zweier Folgen (f_n) und (g_n) versteht man die Folge (h_n),

$$h_n = f_0 g_n + f_1 g_{n-1} + \ldots + f_n g_0 = \sum_{k=0}^{n} f_k g_{n-k}, \quad n = 0, 1, 2, \ldots, \tag{38.41}$$

und schreibt symbolisch

$$(h_n) = (f_n) * (g_n). \tag{38.42}$$

Das Faltungsprodukt (38.42) ist offenbar kommutativ, assoziativ und distributiv gegenüber der Addition. Es gilt

$$\mathscr{Z}\Big((f_n) * (g_n)\Big) = \mathscr{Z}(f_n)\, \mathscr{Z}(g_n). \tag{38.43}$$

Der Beweis stützt sich auf die Cauchysche Multiplikation zweier Potenzreihen,

$$F(z)G(z) = \sum_{n=0}^{\infty} f_n z^{-n} \sum_{m=0}^{\infty} g_m z^{-m} = \sum_{n=0}^{\infty} h_n z^{-n},$$

worin für die Koeffizienten h_n aus (38.41) einzusetzen ist.

Die Umkehrung der $\mathscr{Z}$-Transformation bereitet, wenigstens theoretisch, keine nennenswerten Schwierigkeiten. Zunächst sei darauf hingewiesen, daß eine Funktion $F(z)$ genau dann eine $\mathscr{Z}$-Transformierte ist, wenn $F(z)$ außerhalb eines gewissen Kreises um $z = 0$ analytisch ist, und zwar mit Einschluß des Punktes $z = \infty$. Ist die Funktion $F(z)$ eine $\mathscr{Z}$-Transformierte, so ist die Funktion $F^\dagger(z) = F\left(\frac{1}{z}\right)$ im Inneren eines gewissen Kreises einschließlich des Punktes $z = 0$ analytisch, ihre Taylorentwicklung um $z = 0$ ist

$$F^\dagger(z) = F\left(\frac{1}{z}\right) = \sum_{n=0}^{\infty} f_n z^n, \quad |z| < \frac{1}{r}.$$

Aus der Cauchyschen Koeffizientenformel (37.30) folgt

$$f_n = \frac{1}{2\pi j} \oint_K F^\dagger(z) z^{-n-1} dz, \quad n = 0, 1, 2, \ldots, \tag{38.44}$$

worin K ein Kreis um den Punkt $z = 0$ ist, der keine singulären Stellen der Funktion $F^\dagger(z) = F\left(\frac{1}{z}\right)$ umfaßt, also im Inneren des Kreises $|z| < \frac{1}{r}$ liegt. Durch die Substitution $z \to \frac{1}{z}$ wird aus (38.44)

$$f_n = \frac{1}{2\pi j} \oint_{K'} F(z) z^{n-1} dz = \sum \operatorname{Res}\left(F(z) z^{n-1}\right), \quad n = 0, 1, 2, \ldots, \tag{38.45}$$

wenn mit K' der am Einheitskreis gespiegelte Kreis K bezeichnet wird, dessen Radius größer als r ist und der alle singulären Stellen der Funktion $F(z)$ einschließt. Die Umkehrformel (38.45) besagt, daß das n-te Glied der Urbildfolge gleich der Summe aller Residuen der Funktion $F(z)z^{n-1}$ ist.

Beispiel 38.13: In den Anwendungen steht man häufig vor der Aufgabe, eine rationale Funktion

$$r(z) = \frac{p(z)}{q(z)} = \frac{a_0 z^h + a_1 z^{h-1} + \ldots + a_{h-1} z + a_h}{b_0 z^k + b_1 z^{k-1} + \ldots + b_{k-1} z + b_k}$$

zurücktransformieren zu müssen. Damit $r(z)$ eine $\mathscr{Z}$-Transformierte ist, muß $h \leqslant k$ gelten, da sonst $r(z)$ in $z = \infty$ nicht analytisch ist. Die singulären Stellen der Funktion $r(z)z^{n-1}$ sind die Nullstellen des Nenners $q(z)$ und, für $n = 0$, auch der Punkt $z = 0$. Wenn wir der Einfachheit halber annehmen, daß die Nullstellen λ_l des Nenners $q(z)$ sämtlich einfach sind, so ist

$$f_0 = \sum \operatorname{Res}\left(r(z) \frac{1}{z}\right) = \frac{a_h}{b_k} + \sum_{l=1}^{k} \frac{p(\lambda_l)}{q'(\lambda_l)} \frac{1}{\lambda_l}$$

und

$$f_n = \sum \operatorname{Res}\left(r(z) z^{n-1}\right) = \sum_{l=1}^{k} \lambda_l^{n-1} \frac{p(\lambda_l)}{q'(\lambda_l)}, \quad n = 1, 2, \ldots .$$

Eine kompakte Darstellung der Urbildfolge einer rationalen Funktion $\frac{p(z)}{q(z)}$ ist durch einen kleinen Umweg über die Laplace-Transformation möglich. Es sei wieder k der Grad des Nenners $q(z)$; mit $g(t) = \mathscr{L}^{-1} \frac{1}{q(s)}$ bezeichnen wir das Urbild der Funktion $\frac{1}{q(s)}$ bei der Laplace-Transformation. Dann gilt

$$\mathscr{Z}^{-1} \frac{z^m}{q(z)} = \left(g^{(n+m-1)}(0+)\right), \quad m = 0, 1, 2, \ldots, k, \tag{38.46}$$

worin für $g^{(-1)}(0+) = 0$ zu setzen ist.

Um die spezielle Umkehrformel (38.46) nachzuweisen, setzen wir zunächst $m \geqslant 1$ voraus. Haben die Nullstellen λ_l des Polynoms $q(z)$ sämtlich die Vielfachheit 1, so ist

$$g(t) = \sigma(t) \sum_{l=1}^{k} \frac{1}{q'(\lambda_l)} e^{\lambda_l t}.$$

Durch Differentiation und Einsetzen für t = 0 folgt daraus

$$g^{(n+m-1)}(0+) = \sum_{l=1}^{k} \frac{\lambda_l^{n+m-1}}{q'(\lambda_l)},$$

in Übereinstimmung mit dem Ergebnis von oben für $p(z) = z^m$.

Hat eine Nullstelle λ_0 von q(z) die Vielfachheit v, so ist

$$\frac{A_0}{(z-\lambda_0)^v} + \frac{A_1}{(z-\lambda_0)^{v-1}} + \ldots + \frac{A_{v-1}}{z-\lambda_0}$$

mit

$$A_l = \frac{1}{l!} \lim_{z \to \lambda_0} \frac{d^l}{dz^l} \frac{(z-\lambda_0)^v}{q(z)}, \quad l = 0, 1, \ldots, v-1,$$

der Hauptteil von $\frac{1}{q(z)}$ zu dieser Nullstelle. Bei der Rücktransformation liefert dieser den Beitrag

$$\sigma(t) e^{\lambda_0 t} \left(\frac{A_0}{(v-1)!} t^{v-1} + \ldots + \frac{A_{v-2}}{1!} t + \frac{A_{v-1}}{0!} \right) = \sigma(t) e^{\lambda_0 t} \hat{p}(t)$$

zur Funktion $g(t) = \mathscr{L}^{-1} \frac{1}{q(s)}$. Bildet man schließlich die (n + m − 1)-te Ableitung dieses Ausdrucks an der Stelle t = 0+, so erhält man

$$\sum_{l=0}^{n+m-1} \binom{n+m-1}{l} \hat{p}^{(l)}(0) \lambda_0^{n+m-l-1}.$$

Die Rechnung über die Residuenbestimmung nach der Formel (38.45) liefert mit (37.37) den Ausdruck

$$\operatorname*{Res}_{z=\lambda_0} \frac{z^{m+n-1}}{q(z)} = \frac{1}{(v-1)!} \lim_{z \to \lambda_0} \frac{d^{v-1}}{dz^{v-1}} \left(z^{m+n-1} \frac{(z-\lambda_0)^v}{q(z)} \right),$$

der, wie der Leser leicht selbst bestätigen kann, mit dem obigen übereinstimmt.

Damit ist (38.46) für m = 1, 2, ..., k nachgewiesen. Für m = 0 erhält man nach dem ersten Verschiebungssatz

$$\mathscr{Z}^{-1} \frac{1}{q(z)} = \mathscr{Z}^{-1} \left(\frac{1}{z} \frac{z}{q(z)} \right) = \left(g^{(n-1)}(0+) \right),$$

wofür dann $g^{(-1)}(0+) = 0$ zu verlangen ist.

Bezeichnet schließlich $p(z) = a_0 z^h + a_1 z^{h-1} + \ldots + a_{h-1} z + a_h$ ein beliebiges Polynom, dessen Grad h allerdings nicht größer ist als der des Polynoms q(z), so ist auf Grund der Linearitätseigenschaft der $\mathscr{Z}$-Transformation

$$f_n = \sum_{l=0}^{h} a_l g^{(n+h-l-1)}(0+), \quad g(t) = \mathscr{L}^{-1} \frac{1}{q(s)}, \quad g^{(-1)}(0+) = 0, \tag{38.47}$$

das allgemeine Glied der Folge $\mathscr{Z}^{-1} \frac{p(z)}{q(z)}$.

Wir erwähnen schließlich noch zwei asymptotische Formeln, die dem Anfangs- beziehungsweise Endwertsatz der Laplace-Transformation entsprechen. Wenn F(z) eine $\mathscr{Z}$-Transformierte ist, so erhält man durch den Grenzübergang $z \to \infty$ das Anfangsglied der Urbildfolge $\mathscr{Z}^{-1}F(z)$,

$$f_0 = \lim_{z \to \infty} F(z). \tag{38.48}$$

Diese Grenzwertbeziehung heißt *Anfangswertsatz der $\mathscr{Z}$-Transformation.*

Ist $F(z)$ eine $\mathscr{Z}$-Transformierte und konvergiert die Urbildfolge $\mathscr{Z}^{-1}F(z) = (f_n)$, so gilt

$$\lim_{n \to \infty} f_n = \lim_{z \to 1+} (z-1)F(z). \tag{38.49}$$

Diese Gleichung heißt *Endwertsatz der $\mathscr{Z}$-Transformation.* Es sei mit Nachdruck darauf hingewiesen, daß die Konvergenz der Urbildfolge für die Gültigkeit von (38.49) von vornherein gesichert sein muß, es kann der Grenzwert der Urbildfolge bestimmt werden, aber nur dann, wenn man weiß, daß er überhaupt existiert; die Konvergenz der Urbildfolge kann aus dem Verhalten der Bildfunktion nicht abgelesen werden.

Es wurde schon erwähnt, daß die $\mathscr{Z}$-Transformation ein bequemes Instrument zur Lösungen von linearen Differenzengleichungen ist. Wir betrachten die lineare Differenzengleichung n-ter Ordnung

$$a_0x_{m+n} + a_1x_{m+n-1} + \ldots + a_{n-1}x_{m+1} + a_nx_m = y_m, \quad m = 0, 1, 2, \ldots . \tag{38.50}$$

Die Differenzengleichung (38.50) heißt *homogen*, wenn $y_m = 0$ ist für $m = 0, 1, 2, \ldots$, andernfalls *inhomogen.* Verlangt man, daß die ersten n Glieder der gesuchten Folge (x_n) vorgegebene Werte $x_0, x_1, \ldots x_{n-1}$ annehmen, so spricht man von einer *Anfangswertaufgabe* für (38.50). Wir bemerken, daß die Anfangswertaufgabe stets eine eindeutig bestimmte Lösung hat.

Zur Konstruktion der Lösung der Anfangswertaufgabe für (38.50) mit Hilfe der $\mathscr{Z}$-Transformation bezeichnen wir mit $X(z) = \mathscr{Z}(x_m)$ die Bildfunktion der Folge (x_m). Auf Grund des zweiten Verschiebungssatzes (38.35) ist

$$\mathscr{Z}(x_{m+n-k}) = z^{n-k}X(z) - \sum_{h=1}^{n-k} x_{n-k-h}z^h, \quad k = 0, 1, 2, \ldots, n-1;$$

unter Berücksichtigung dieser Transformationsformeln ist

$$\mathscr{Z}\left(\sum_{k=0}^{n} a_kx_{m+n-k}\right) = \sum_{k=0}^{n} a_k\mathscr{Z}(x_{m+n-k}) = \sum_{k=0}^{n} a_k\left(z^{n-k}X(z) - \sum_{h=1}^{n-k} x_{n-k-h}z^h\right)$$

Mit den Bezeichnungen,

$$p(z) = a_0z^n + a_1z^{n-1} + \ldots + a_{n-1}z + a_n$$

für das *charakteristische Polynom* der Differenzengleichung (38.50),

$$q(z) = \sum_{k=0}^{n-1} a_k \sum_{h=1}^{n-k} x_{n-k-h}z^h = z(b_0z^{n-1} + b_1z^{n-2} + \ldots + b_{n-2}z + b_{n-1}),$$

$$b_j = \sum_{k=0}^{j} a_{j-k}x_k, \quad j = 0, 1, 2, \ldots, n-1,$$

und $Y(z) = \mathscr{Z}(y_m)$ für das Bild der rechten Seite (y_m) ist

$$p(z)X(z) - q(z) = Y(z) \tag{38.51}$$

die Bildgleichung der Differenzengleichung (38.50) unter der $\mathscr{Z}$-Transformation (der Leser sei auf die Ähnlichkeit mit dem Bild einer linearen Differentialgleichung unter der Laplace-Transformation hingewiesen!). Für (38.51) ist zu beachten, daß das Polynom $q(z)$ durch die Vorgabe der ersten n Glieder $x_0, x_1, \ldots, x_{n-1}$ der Lösungsfolge (x_n) eindeutig bestimmt ist; das Polynom $q(z)$ verschwindet offenbar genau dann, wenn verlangt wird, daß die ersten n Glieder sämtlich gleich Null sind.

Die Lösung der Bildgleichung (38.51) von (38.50) lautet

$$X(z) = \frac{1}{p(z)} Y(z) + \frac{q(z)}{p(z)} \tag{38.52}$$

Ist $\mathscr{Z}^{-1} \frac{1}{p(z)} = (f_m), \mathscr{Z}^{-1} \frac{q(z)}{p(z)} = (g_m)$, so ergibt sich durch Rücktransformation unter Verwendung des Faltungssatzes (38.43)

$$x_m = \sum_{k=0}^{m} f_{m-k} y_k + g_m, \quad m = 0, 1, 2, \ldots \,. \tag{38.53}$$

Beispiel 38.14: Wir lösen die allgemeine Differenzengleichung zweiter Ordnung

$$a_0 x_{m+2} + a_1 x_{m+1} + a_2 x_m = y_m, \quad m = 0, 1, 2, \ldots \,.$$

Der Einfachheit halber nehmen wir an, das charakteristische Polynom $p(z) = a_0 z^2 + a_1 z + a_2$ habe zwei verschiedene Nullstellen λ_1 und λ_2; ferner sei $p(0) = a_2 \neq 0$. Für die Glieder f_m der Folge $\mathscr{Z}^{-1} \frac{1}{p(z)}$ erhalten wir nach Beispiel 38.13, insbesondere mit Hilfe von (38.47)

$$f_0 = 0, \quad f_m = g^{(m-1)}(0+) = \frac{1}{a_0(\lambda_1 - \lambda_2)} (\lambda_1^{m-1} - \lambda_2^{m-1}), \quad m = 1, 2, \ldots,$$

worin die Funktion

$$g(t) = \mathscr{L}^{-1} \frac{1}{p(s)} = \sigma(t) \left(\frac{1}{p'(\lambda_1)} e^{\lambda_1 t} + \frac{1}{p'(\lambda_2)} e^{\lambda_2 t} \right)$$

verwendet wurde. Mit $q(z) = a_0 x_0 z^2 + (a_1 x_0 + a_0 x_1) z$ finden wir unter Berücksichtigung von (38.47) für die Glieder g_m der Folge $\mathscr{Z}^{-1} \frac{q(z)}{p(z)}$

$$\begin{aligned} g_m &= a_0 x_0 g^{(m+1)}(0+) + (a_1 x_0 + a_0 x_1) g^{(m)}(0+) \\ &= x_0 (a_0 g^{(m+1)}(0+) + a_1 g^{(m)}(0+)) + x_1 a_0 g^{(m)}(0+) \end{aligned}$$

und damit nach (38.53)

$$x_m = \sum_{k=0}^{m} g^{(m-1-k)}(0+) y_k + x_0 (a_0 g^{(m+1)}(0+) + a_1 g^{(m)}(0+)) + x_1 a_0 g^{(m)}(0+).$$

Speziell für

$$x_{m+2} + 3x_{m+1} + 2x_m = 0$$

(vgl. Beispiel 31.35) erhalten wir mit $\lambda_1 = -1, \lambda_2 = -2$ für $g^{(m)}(0+) = (-1)^m - (-2)^m = (-1)^m (1 - 2^m)$

und daraus

$$\begin{aligned} x_m &= x_0(g^{(m+1)}(0+) + 3g^{(m)}(0+)) + x_1 g^{(m)}(0+) \\ &= x_0[(-1)^{m+1}(1-2^{m+1}) + 3(-1)^m(1-2^m)] + x_1(-1)^m(1-2^m) \\ &= (-1)^m((2-2^m)x_0 + (1-2^m)x_1), \quad m = 0, 1, 2, \ldots . \end{aligned}$$

Eine Differenzengleichung (38.50) gehört zur Klasse der linearen Gleichungen, weshalb die Lösungsverhältnisse auch völlig analog den anderen Typen linearer Gleichungen sind. Die allgemeine Lösung von (38.50) hat die Gestalt

$$x_m = x_m^{(p)} + c_1 x_m^{(1)} + c_2 x_m^{(2)} + \ldots + c_n x_m^{(n)}. \tag{38.54}$$

Darin ist die Folge $(x_m^{(p)})$ eine partikuläre Lösung der inhomogenen Gleichung (38.50), die Zahlen $c_1, c_2, \ldots, c_n$ sind willkürliche Konstante, die n Folgen $(x_m^{(1)}), (x_m^{(2)}), \ldots, (x_m^{(n)})$ bilden ein Fundamentalsystem von Lösungen der homogenen Gleichung; diese Lösungen sind linear unabhängig, und zwar bedeutet dies, daß die unendlich vielen Gleichungen

$$\lambda_1 x_m^{(1)} + \lambda_2 x_m^{(2)} + \ldots + \lambda_n x_m^{(n)} = 0, \quad m = 0, 1, 2, \ldots,$$

nur durch $\lambda_1 = \lambda_2 = \ldots = \lambda_n = 0$ erfüllt werden können.

In (38.53) ist das Faltungsprodukt $(f_m) * (y_m)$ eine partikuläre Lösung der inhomogenen Gleichung, die Folge (g_m) kann in der Form

$$g_m = x_0 \hat{x}_m^{(1)} + x_1 \hat{x}_m^{(2)} + \ldots + x_{n-1} \hat{x}_m^{(n)}, \quad m = 0, 1, 2, \ldots, \tag{38.55}$$

dargestellt werden. Dies ergibt sich aus der Zerlegung

$$q(z) = x_0 q_1(z) + x_1 q_2(z) + \ldots + x_{n-1} q_n(z)$$

des Polynoms q(z), in der die Polynome $q_k(z)$ durch die Koeffizienten a_h der Differenzengleichung (38.50) eindeutig bestimmt sind. Deshalb sind auch die Folgen $(\hat{x}_m^{(k)}) = \mathscr{Z}^{-1} \dfrac{q_k(z)}{p(z)}$ eindeutig bestimmt; offenbar ist die Folge $(\hat{x}_m^{(k)})$ die Lösung der homogenen Gleichung (38.50) zu den Anfangsbedingungen $x_0 = 0, \ldots, x_{k-1} = 1, \ldots, x_{n-1} = 0$.

In manchen Anwendungen stößt man auf eine Differenzengleichung, doch unterschiedlich zur Anfangswertaufgabe, bei der die Unbekannten für alle m = 0, 1, 2, ... gesucht werden, interessiert man sich nur für einen Folgenabschnitt $x_0, x_1, \ldots, x_N$, wobei natürlich $N \geqslant n$ zu gelten hat. Handelt es sich, wie in vielen Fällen, um eine Differenzengleichung zweiter Ordnung, so sind zur Festlegung einer bestimmten Lösung dann meist die Werte von x_0 und x_N vorgeschrieben, oder allgemein eine lineare Beziehung

$$\alpha x_0 + \beta x_1 = u, \quad a x_{N-1} + b x_N = v \tag{38.56}$$

zwischen den beiden ersten und den beiden letzten Gliedern des gesuchten Folgenabschnittes. Man spricht in diesem Fall von einer *Randwertaufgabe*, die Gleichungen (38.56) werden *Randbedingungen* genannt. Die Randbedingungen (38.56) heißen *homogen*, wenn $u = v = 0$ gilt, sonst *inhomogen*. Eine Randwertaufgabe heißt homogen, wenn die Differenzengleichung homogen ist und homogene Randbedingungen vorgeschrieben sind; andernfalls spricht man von einer inhomogenen Randwertaufgabe.

Die Lösungsverhältnisse bei Randwertaufgaben für Differenzengleichungen sind völlig analog denen bei Randwertaufgaben für Differentialgleichungen. Zur Lösung einer Randwertaufgabe setzt man die allgemeine Lösung (38.54) in die Randbedingungen ein und bestimmt aus den so entstehenden Gleichungen die unbekannten Koeffizienten $c_1, c_2, \ldots, c_n$; wenn die Lösung eindeutig sein soll, müssen deshalb ebensoviele Randbedingungen vorgeschrieben sein als die Ordnung der Differenzengleichung beträgt.

Beispiel 38.15: Wir lösen die inhomogene Differenzengleichung von Beispiel 38.14 zu den Randbedingungen $x_0 = u$ und $x_N = v$. Die weiter oben konstruierte allgemeine Lösung (mit $c_1 = x_0$, $c_2 = x_1$) erfüllt für $x_0 = u$ die erste Randbedingung. Für $m = N$ erhalten wir eine Gleichung für die Unbekannte $c_2 = x_1$; setzen wir zur Abkürzung $g^{(m)}(0+) = q_m$ $(q_{-1} = q_0 = 0)$, so lautet diese

$$v = x_N = \sum_{k=0}^{N-1} q_{N-1-k} y_k + u(a_0 q_{N+1} + a_1 q_N) + c_2 a_0 q_N.$$

Setzen wir die Lösung

$$c_2 = \frac{1}{a_0 q_N}\left(v - \sum_{k=0}^{N-1} q_{N-1-k} y_k - u(a_0 q_{N+1} + a_1 q_N)\right)$$

in die allgemeine Lösung (mit $x_0 = u$) ein, so resultiert

$$x_m = \sum_{k=0}^{m} q_{m-1-k} y_k - q_m \sum_{k=0}^{N-1} \frac{q_{N-1-k}}{q_N} y_k + u\left(a_0 q_{m+1} - a_0 q_m \frac{q_{N+1}}{q_N}\right) + v q_m \frac{1}{q_N},$$

$$m = 0, 1, 2, \ldots, N.$$

Beispiel 38.16: Wird eine Anzahl von Vierpolen so hintereinandergeschaltet, daß der Ausgang eines jeden Vierpols (bis auf den letzten) als Eingang des nächstfolgenden dient, so bezeichnet man diese Anordnung als *Ketten-* oder *Kaskadenschaltung* (Bild 38.11). Es bedeute U_{n-1} die Eingangsspannung des n-ten Vierpols in dieser Reihe, I_{n-1} den Eingangsstrom; je nachdem, ob ein Ausgleichsvorgang studiert wird oder der eingeschwungene Zustand, ist U_n beziehungsweise I_n die Laplace-Transformierte oder der komplexe Zeiger der Eingangsspannung beziehungsweise des Eingangsstromes.

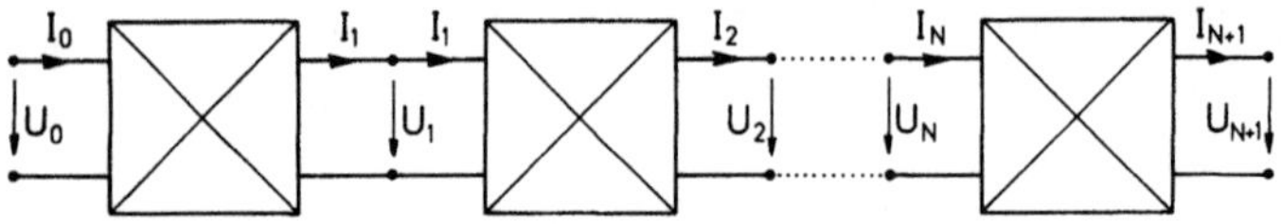

Bild 38.11

Unter einem *linearen quellenfreien Vierpol* versteht man ein Netzwerk, das keine inneren Strom- und Spannungsquellen enthält und für das der Zusammenhang zwischen den Eingangsgrößen U_e und I_e und den Ausgangsgrößen U_a und I_a (Bild 38.12) linear ist,

$$U_e = A_{11} U_a + A_{12} I_a, \quad I_e = A_{21} U_a + A_{22} I_a. \tag{38.57}$$

Die Koeffizientenmatrix dieses Gleichungssystems heißt *Kettenmatrix* des Vierpols, die beiden Gleichungen (38.57) werden *Kettenform* der Vierpolgleichungen genannt. Rechnet man aus der ersten der beiden Gleichungen (38.57) den Strom I_a aus und setzt für I_a in die zweite Gleichung ein, so erhält man die sogenannte *Leitwertform* der Vierpolgleichungen,

$$I_e = Y_{11} U_e + Y_{12} U_a, \quad I_a = Y_{21} U_e + Y_{22} U_a. \tag{38.58}$$

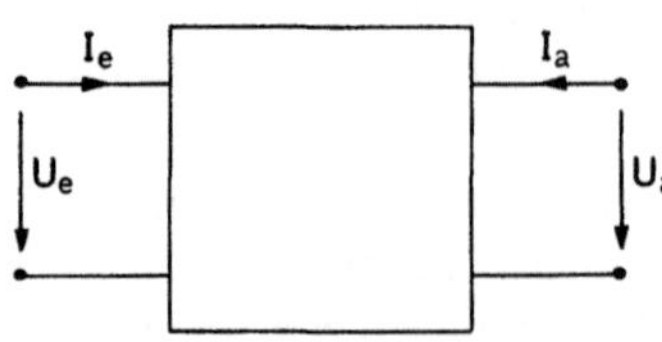

Bild 38.12

Die Matrix **Y** wird *Admittanz-* oder *Leitwertmatrix* des Vierpols genannt. Rechnet man aus der zweiten Gleichung (38.57) die Ausgangsspannung U_a aus und setzt für U_a in die erste Gleichung ein, so entsteht

$$U_e = Z_{11}I_e + Z_{12}I_a, \quad U_a = Z_{21}I_e + Z_{22}I_a; \tag{38.59}$$

diese Fassung der Vierpolgleichungen heißt *Widerstandsform*, die Koeffizientenmatrix **Z** wird *Impedanz-* oder *Widerstandsmatrix* genannt. Offenbar besteht zwischen der Widerstands- und der Leitwertmatrix der Zusammenhang $\mathbf{Y} \cdot \mathbf{Z} = \mathbf{Z} \cdot \mathbf{Y} = \mathbf{E}$, das heißt, Widerstands- und Leitwertmatrix sind zueinander invers.

Bei einem *reziproken* Vierpol ist die Leitwertmatrix und daher auch die Widerstandsmatrix symmetrisch,

$$Y_{12} = Y_{21} \quad \text{beziehungsweise} \quad Z_{12} = Z_{21}.$$

Dies bedeutet, daß ein reziproker Vierpol durch drei Parameter charakterisiert ist. Ein Vierpol heißt *symmetrisch*, wenn die Vertauschung von Eingang und Ausgang sich in den äußeren elektrischen Eigenschaften nicht auswirkt; dies wiederum bedeutet die Gleichheit der Hauptdiagonalglieder der Leitwert- beziehungsweise der Widerstandsmatrix,

$$Y_{11} = Y_{22} \quad \text{beziehungsweise} \quad Z_{11} = Z_{22}.$$

Ein symmetrischer reziproker quellenfreier Vierpol ist deshalb bereits durch zwei Parameter charakterisiert.

Wir erwähnen als weitere Eigenschaft reziproker Vierpole die für die Kettenmatrix **A** gültige Beziehung

$$\operatorname{Det} \mathbf{A} = -1.$$

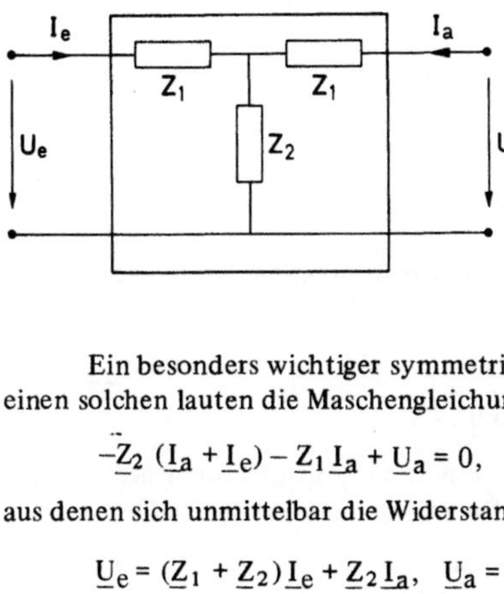

Bild 38.13

Ein besonders wichtiger symmetrischer Vierpol ist der sogenannte *T-Vierpol* (Bild 38.13). Für einen solchen lauten die Maschengleichungen

$$-\underline{Z}_2\,(\underline{I}_a + \underline{I}_e) - \underline{Z}_1\underline{I}_a + \underline{U}_a = 0, \quad -\underline{Z}_2\,(\underline{I}_a + \underline{I}_e) - \underline{Z}_1\underline{I}_e + \underline{U}_e = 0,. \tag{38.61}$$

aus denen sich unmittelbar die Widerstandsform

$$\underline{U}_e = (\underline{Z}_1 + \underline{Z}_2)\underline{I}_e + \underline{Z}_2\underline{I}_a, \quad \underline{U}_a = \underline{Z}_2\underline{I}_e + (\underline{Z}_1 + \underline{Z}_2)\underline{I}_a \tag{38.62}$$

der Vierpolgleichungen ergibt.

Nach diesen vorbereitenden Begriffsbildungen wenden wir uns nun der Behandlung der in Bild 38.11 skizzierten Kettenschaltung zu, wobei wir von der Annahme ausgehen, daß alle Vierpole in dieser Kette gleichartig sind. Am zweckmäßigsten ist es, von der Kettenform der Vierpolgleichungen auszugehen; da zu berücksichtigen ist, daß der Ausgangsstrom des n-ten Vierpols die dem Eingangsstrom für den (n + 1)-ten Vierpol entgegengesetzte positive Zählrichtung hat, lauten die Systemgleichungen

$$U_n = A_{11}U_{n+1} - A_{12}I_{n+1}, \quad I_n = A_{21}U_{n+1} - A_{22}I_{n+1}$$

und wegen (38.60)

$$U_{n+1} = -A_{22}U_n + A_{12}I_n, \quad I_{n+1} = -A_{21}U_n + A_{11}I_n, \quad n = 0, 1, 2, \dots. \tag{38.63}$$

Dieses Gleichungspaar ist als System von Differenzengleichungen erster Ordnung aufzufassen und stellt das Analogon zum System linearer Differentialgleichungen erster Ordnung dar. Es besteht die Möglichkeit, durch Elimination der Ströme beziehungsweise der Spannungen eine Differenzengleichung zweiter Ordnung für die Folge (U_n) beziehungsweise (I_n) aufzustellen,

$$U_{n+2} + (A_{22} - A_{11})U_{n+1} + U_n = 0, \quad n = 0, 1, 2, \ldots,$$

beziehungsweise

$$I_{n+2} + (A_{22} - A_{11})I_{n+1} + I_n = 0, \quad n = 0, 1, 2, \ldots,$$

worin (38.60) verwendet wurde. Man kann das Differenzengleichungssystem (38.63) aber auch direkt durch Anwendung der $\mathcal{Z}$-Transformation lösen. Wir bezeichnen zu diesem Zweck mit $F(z) = \mathcal{Z}(U_n)$, $G(z) = \mathcal{Z}(I_n)$ und erhalten unter Berücksichtigung von (38.35) für $k = 1$

$$zF(z) - U_0 z = -A_{22}F(z) + A_{12}G(z), \quad zG(z) - I_0 z = -A_{21}F(z) + A_{11}G(z).$$

Dieses lineare Gleichungssystem für die $\mathcal{Z}$-Transformierten $F(z)$ und $G(z)$ der Folgen (U_n) und (I_n) ist das Bild des Differenzengleichungssystems (38.63) unter der $\mathcal{Z}$-Transformation. Die Lösung lautet

$$F(z) = z\,\frac{U_0 z - U_0 A_{11} + I_0 A_{12}}{z^2 - z(A_{11} - A_{22}) + 1}, \quad G(z) = z\,\frac{I_0 z + I_0 A_{22} - U_0 A_{21}}{z^2 - z(A_{11} - A_{22}) + 1}.$$

Der gemeinsame Nenner $p(z) = z^2 - z(A_{11} - A_{22}) + 1$ ist das charakteristische Polynom des Systems (38.63); wir wollen annehmen, die beiden Nullstellen λ_1 und λ_2 von $p(z)$ sind voneinander verschieden. Die Rücktransformation gestaltet sich besonders einfach, wenn für $A_{11} - A_{22} = 2\cosh\lambda$ gesetzt wird; da die Nullstellen von $p(z)$ einfach sein sollen, muß $\lambda \neq 0$ sein; ferner ist $\lambda_1 = e^{\lambda}$, $\lambda_2 = e^{-\lambda}$. Aus der Partialbruchzerlegung

$$\frac{U_0 z - U_0 A_{11} + I_0 A_{12}}{z^2 - z(A_{11} - A_{22}) + 1} = \frac{U_0 e^{\lambda} - U_0 A_{11} + I_0 A_{12}}{2\sinh\lambda}\,\frac{1}{z - e^{\lambda}} - \frac{U_0 e^{-\lambda} - U_0 A_{11} + I_0 A_{12}}{2\sinh\lambda}\,\frac{1}{z - e^{-\lambda}}$$

folgt mit Hilfe der Transformationsformel $\mathcal{Z}(a^n) = \dfrac{z}{z-a}$ (vgl. Beispiel (38.10)) nach einer elementaren Rechnung

$$U_n = U_0\left(\cosh n\lambda - \frac{1}{2}(A_{11} + A_{22})\frac{\sinh n\lambda}{\sinh\lambda}\right) + I_0 A_{12}\frac{\sinh n\lambda}{\sinh\lambda} \tag{38.64}$$

für die Glieder der Folge $(U_n) = \mathcal{Z}^{-1}F(z)$. Eine analoge Rechnung zur Bestimmung der Folge $(I_n) = \mathcal{Z}^{-1}G(z)$ führt zu

$$I_n = -U_0 A_{21}\frac{\sinh n\lambda}{\sinh\lambda} + I_0\left(\cosh n\lambda + \frac{1}{2}(A_{11} + A_{22})\frac{\sinh n\lambda}{\sinh\lambda}\right). \tag{38.65}$$

Die Folgen (38.64) und (38.65) stellen für vorgegebene Werte von U_0, I_0 die Lösung der Anfangswertaufgabe für das Differenzengleichungssystem (38.63) dar. Die allgemeine Lösung ist offenbar

$$\left\{\begin{aligned} U_n &= A_{12}\frac{\sinh n\lambda}{\sinh\lambda}c_1 + \left(\cosh n\lambda - \frac{1}{2}(A_{11} + A_{22})\frac{\sinh n\lambda}{\sinh\lambda}\right)c_2,\\ I_n &= \left(\cosh n\lambda + \frac{1}{2}(A_{11} + A_{22})\frac{\sinh n\lambda}{\sinh\lambda}\right)c_1 - A_{21}\frac{\sinh n\lambda}{\sinh\lambda}c_2, \end{aligned}\right. \tag{38.66}$$

worin c_1 und c_2 willkürliche Konstante sind.

Wir wollen jetzt annehmen, daß unsere Vierpolkette aus $N + 1$ Vierpolen besteht. An den Eingang des ersten Vierpols sei die Spannung U_0 angelegt; ist der letzte Vierpol kurzgeschlossen, so muß $U_{N+1} = 0$ gelten, ist der Ausgang des letzten Vierpols offen, so ist $I_{N+1} = 0$. Bei einer solchen Aufgabenstellung, bei der man sich von vornherein nur für die Glieder $U_0, U_1, \ldots, U_{N+1}$ und $I_0, I_1, \ldots, I_{N+1}$ interessiert, handelt es sich um ein Randwertproblem für das Differenzengleichungssystem (38.63). Die allgemeinste Form der technisch interessanten Randbedingungen ist $\alpha U_0 + \beta I_0 = u$, $aU_{N+1} + bI_{N+1} = v$. Zur Lösung einer Randwertaufgabe hat man die allgemeine Lösung in die Randbedingungen einzusetzen und aus dem so entstehenden Gleichungssystem die zunächst freien Konstanten zu bestimmen.

Wir nehmen als Beispiel den Leerlauffall an, für den wir $I_{N+1} = 0$ zu verlangen haben, während U_0 beliebig vorgegeben sei. Aus (38.66) folgt für $n = 0$ aus der ersten Gleichung $c_2 = U_0$, für $n = N + 1$ aus der zweiten Gleichung

$$0 = I_{N+1} = \left(\cosh(N+1)\lambda + \frac{1}{2}(A_{11} + A_{22})\frac{\sinh(N+1)\lambda}{\sinh\lambda}\right)c_1 - A_{21}\frac{\sinh(N+1)\lambda}{\sinh\lambda}c_2;$$

berücksichtigt man $c_2 = U_0$, so erhält man

$$c_1 = \frac{U_0 A_{21}}{\sinh\lambda\coth(N+1)\lambda + \frac{1}{2}(A_{11} + A_{22})}.$$

Diese Werte für c_1 und c_2 hat man in die allgemeine Lösung (38.66) einzusetzen, um durch (38.66) für $n = 0, 1, 2, \ldots, N + 1$ die Ströme und Spannungen ausgedrückt zu erhalten.

Beispiel 38.17: Die $\mathscr{Z}$-Transformation liefert eine elegante Methode zur Berechnung der Potenzen einer Matrix.

Ein (homogenes) System von Differenzengleichungen erster Ordnung, zum Beispiel (38.63), kann symbolisch in der Form

$$\mathbf{x}_{n+1} = \mathbf{A}\cdot\mathbf{x}_n, \quad n = 0, 1, 2, \ldots, \tag{38.67}$$

mit $\mathbf{A}$ als Koeffizientenmatrix geschrieben werden. Zu einer vorgegebenen Anfangsspalte $\mathbf{x}_0$ lautet die Lösung

$$\mathbf{x}_n = \mathbf{A}^n\cdot\mathbf{x}_0, \quad n = 0, 1, 2, \ldots\,. \tag{38.68}$$

Löst man (38.67) über die $\mathscr{Z}$-Transformation, so ist mit der Bezeichnung $\mathbf{X}(z) = \mathscr{Z}(\mathbf{x}_n)$

$$z\big(\mathbf{X}(z) - \mathbf{x}_0\big) = \mathbf{A}\cdot\mathbf{X}(z) \tag{38.69}$$

die Bildgleichung von (38.67) unter der $\mathscr{Z}$-Transformation. Aus dem Urbild der Lösung

$$\mathbf{X}(z) = z(z\mathbf{E} - \mathbf{A})^{-1}\cdot\mathbf{x}_0 \tag{38.70}$$

von (38.69) geht durch Vergleich mit der Folge $(\mathbf{A}^n\cdot\mathbf{x}_0)$ die Beziehung

$$(\mathbf{A}^n) = \mathscr{Z}^{-1}\big(z(z\mathbf{E} - \mathbf{A})^{-1}\big) \tag{38.71}$$

hervor. Auf dasselbe Ergebnis kommt man auch durch Anwendung der $\mathscr{Z}$-Transformation auf die Rekursionsvorschrift $\mathbf{A}^{n+1} = \mathbf{A}\cdot\mathbf{A}^n$ mit der Anfangsbedingung $\mathbf{A}^0 = \mathbf{E}$.

So ist zum Beispiel

$$\begin{pmatrix} \cosh n\lambda - \frac{1}{2}(A_{11} + A_{22})\frac{\sinh n\lambda}{\sinh\lambda} & A_{12}\frac{\sinh n\lambda}{\sinh\lambda} \\ -A_{21}\frac{\sinh n\lambda}{\sinh\lambda} & \cosh n\lambda + \frac{1}{2}(A_{11} + A_{22})\frac{\sinh n\lambda}{\sinh\lambda} \end{pmatrix}$$

die n-te Potenz der Koeffizientenmatrix des Systems (38.63).

Um aus (38.71) die Matrizenfolge $(\mathbf{A}^n)$ zu berechnen, kann man von der Darstellung (21.22) der Matrix $(\mathbf{A} - z\mathbf{E})^{ad}$ ausgehen. Ist N die Reihenzahl der Matrix $\mathbf{A}$, so gilt mit eindeutig bestimmten Matrizen $\mathbf{B}_0, \mathbf{B}_1, \ldots, \mathbf{B}_{N-1}$

$$(z\mathbf{E} - \mathbf{A})^{ad} = (-1)^{N-1}(z^{N-1}\mathbf{B}_{N-1} + z^{N-2}\mathbf{B}_{N-2} + \ldots + z\mathbf{B}_1 + \mathbf{B}_0).$$

Berücksichtigt man

$$\mathrm{Det}(z\mathbf{E} - \mathbf{A}) = (-1)^N\mathrm{Det}(\mathbf{A} - z\mathbf{E}) = (-1)^N p(z),$$

worin p(z) das charakteristische Polynom der Matrix **A** bezeichnet, so wird

$$z(z\mathbf{E}-\mathbf{A})^{-1} = -\frac{z^N}{p(z)}\mathbf{B}_{N-1} - \frac{z^{N-1}}{p(z)}\mathbf{B}_{N-2} - \ldots - \frac{z^2}{p(z)}\mathbf{B}_1 - \frac{z}{p(z)}\mathbf{B}_0.$$

Aus der Transformationsformel (38.46) mit $g(t) = \mathscr{L}^{-1}\frac{1}{p(s)}$ erhält man daraus wenn zur Abkürzung wieder $q_n = g^{(n)}(0+)$ gesetzt wird,

$$\mathbf{A}^n = -q_{n+N-1}\mathbf{B}_{N-1} - q_{n+N-2}\mathbf{B}_{N-2} - \ldots - q_{n+1}\mathbf{B}_1 - q_n\mathbf{B}_0, \quad n = 0, 1, 2, \ldots .$$

Die Matrizen $\mathbf{B}_k$ können schließlich noch mit Hilfe der Matrix **A** ausgedrückt werden. Man findet durch Koeffizientenvergleich wie in Abschnitt 21.2

$$\begin{aligned}
-\mathbf{B}_{N-1} &= t_N\mathbf{E},\\
-\mathbf{B}_{N-2} &= t_{N-1}\mathbf{E} - \mathbf{B}_{N-1}\cdot\mathbf{A} = t_{N-1}\mathbf{E} + t_N\mathbf{A},\\
-\mathbf{B}_{N-3} &= t_{N-2}\mathbf{E} - \mathbf{B}_{N-2}\cdot\mathbf{A} = t_{N-2}\mathbf{E} + t_{N-1}\mathbf{A} + t_N\mathbf{A}^2,\\
&\vdots\\
-\mathbf{B}_1 &= t_2\mathbf{E} - \mathbf{B}_2\cdot\mathbf{A} = t_2\mathbf{E} + t_3\mathbf{A} + \ldots + t_{N-1}\mathbf{A}^{N-3} + t_N\mathbf{A}^{N-2},\\
-\mathbf{B}_0 &= t_1\mathbf{E} - \mathbf{B}_1\cdot\mathbf{A} = t_1\mathbf{E} + t_2\mathbf{A} + \ldots + t_{N-1}\mathbf{A}^{N-2} + t_N\mathbf{A}^{N-1},
\end{aligned}$$

worin die Zahlen t_k die Koeffizienten des charakteristischen Polynoms der Matrix **A** sind. Setzt man diese Darstellungen oben ein, so erhält man

$$\begin{aligned}
\mathbf{A}^n = {} & q_{n+N-1}t_N\mathbf{E} + q_{n+N-2}(t_{N-1}\mathbf{E} + t_N\mathbf{A}) + q_{n+N-3}(t_{N-2}\mathbf{E} + t_{N-1}\mathbf{A} + t_N\mathbf{A}^2) + \ldots\\
& + q_n(t_1\mathbf{E} + t_2\mathbf{A} + \ldots + t_{N-1}\mathbf{A}^{N-2} + t_N\mathbf{A}^{N-1})
\end{aligned}$$

und durch Ordnen nach Potenzen der Matrix **A**

$$\mathbf{A}^n = \sum_{k=0}^{N-1}\mathbf{A}^k\sum_{h=1}^{N-k} q_{n+h-1}t_{h+k}, \quad n = 0, 1, 2, \ldots . \tag{38.72}$$

Für eine zweireihige Matrix erhält man auf diese Weise mit $t_1 = -(A_{11} + A_{22})$, $t_2 = 1$

$$\mathbf{A}^n = (q_{n+1} - q_n(A_{11} + A_{22}))\mathbf{E} + q_n\mathbf{A} = \begin{pmatrix} q_{n+1} - q_nA_{22} & q_nA_{12}\\ q_nA_{21} & q_{n+1} - q_nA_{11}\end{pmatrix}.$$

Durch Anwendung der $\mathscr{Z}$-Transformation auf die Rekursionsformel $\mathbf{A}\cdot\mathbf{A}^{-(n+1)} = \mathbf{A}^{-n}$ erhält man

$$\mathscr{Z}(\mathbf{A}^{-n}) = \left(\mathbf{A} - \frac{1}{z}\mathbf{E}\right)^{-1}\cdot\mathbf{A}$$

und daraus durch eine analoge Rechnung

$$\mathbf{A}^{-n} = -\sum_{k=0}^{N-1}\mathbf{A}^k\sum_{h=1}^{N-k}\hat{q}_{n+N-h-1}t_{h+k}, \quad n = 1, 2, \ldots, \tag{38.73}$$

worin für $\hat{q}_n = \hat{g}^{(n)}(0+)$, $\hat{g}(t) = \mathscr{L}^{-1}\frac{1}{\hat{p}(s)}$, $\hat{p}(z) = z^Np\left(\frac{1}{z}\right)$ gesetzt wurde; das Polynom $q(z) = \frac{(-1)^N}{t_0}\hat{p}(z)$ ist das charakteristische Polynom der Matrix $\mathbf{A}^{-1}$.

38.4 Konforme Abbildung und ebene Felder

Eine Anwendung ganz anderer Art, die für viele technische Probleme, namentlich aus der Strömungslehre, interessant ist, beruht auf den Abbildungseigenschaften analytischer Funktionen, deren Besonderheiten in Abschnitt 23.1 bereits kurz zur Sprache kamen.

Eine differenzierbare Funktion $u = u(x, y)$, $v = v(x, y)$ kann als Abbildung eines Gebietes G der (x, y)-Ebene auf ein Gebiet G' der (u, v)-Ebene gedeutet werden. Wie wir in Abschnitt 23.1 gesehen haben, ist die Differenzierbarkeit der mathematische Ausdruck dafür, daß diese Abbildung im Kleinen affin ist: der lineare Anteil, bei dem es sich ja um eine affine Transformation handelt, beschreibt in erster Näherung die lokalen Abbildungseigenschaften.

Die Spalten der im Punkt P mit den Koordinaten x_0 und y_0 genommenen Ableitungsmatrix sind die Tangentenvektoren an die beiden Kurven $u = u(x, y_0)$, $v = v(x, y_0)$ und $u = u(x_0, y)$, $v = v(x_0, y)$ in deren Schnittpunkt Q mit den Koordinaten $u_0 = u(x_0, y_0)$, $v_0 = v(x_0, y_0)$. Bei diesen Kurven handelt es sich um die Bilder der Geraden $x = x_0$ und $y = y_0$; da die Maßvektoren $\mathbf{e}_x$ und $\mathbf{e}_y$ die Tangentenvektoren an diese Geraden im Schnittpunkt P sind, fassen wir die Spalten der Ableitungsmatrix als Bilder der Maßvektoren auf. Schließlich erinnern wir daran, daß ein kleines Quadrat in der (x, y)-Ebene im allgemeinen Fall in ein Parallelogramm in der (u, v)-Ebene übergeht, wenn die Ableitung eine reguläre Matrix ist. Das Flächenverzerrungsverhältnis wird durch den Betrag der Determinante der Ableitungsmatrix zahlenmäßig ausgedrückt.

Sind die Funktionen $u(x, y)$ und $v(x, y)$ Real- und Imaginärteil einer in G analytischen Funktion, so hat die durch $u = u(x, y)$, $v = v(x, y)$ vermittelte Punktabbildung von G in G' eine besondere Eigenschaft. Da in G die Cauchy-Riemannschen Differentialgleichungen

$$u_x = v_y, \quad u_y = -v_x$$

(vgl. (37.3) und (23.39)) erfüllt sind, sind auch die Bilder der Maßvektoren, die Spalten der Ableitungsmatrix, ein orthogonales Zweibein (vgl. (23.45)); die Ableitungsmatrix ist entweder gleich der Nullmatrix oder regulär, und zwar ist sie genau dann regulär, wenn die Ableitung der Funktion $w = f(z)$ in dem betrachteten Punkt von Null verschieden ist (vgl. (23.44)). Schließlich haben die Bilder der Maßvektoren die gleiche Länge, denn es gilt auf Grund der Cauchy-Riemannschen Differentialgleichungen

$$u_x^2 + v_x^2 = u_y^2 + v_y^2 = |f'(z)|^2 .$$

Selbstverständlich ergeben sich diese Besonderheiten auch durch eine direkte Untersuchung der durch die Funktion $w = f(z) = u(x, y) + jv(x, y)$ vermittelten Punktabbildung. Hierfür ist die (x, y)-Ebene mit einer z-Ebene zu identifizieren, die (u, v)-Ebene mit einer w-Ebene; die Funktion $w = f(z)$ ordnet jedem Punkt des Gebietes G in der z-Ebene einen Punkt des Gebietes G' in der w-Ebene zu. Die lokalen Abbildungseigenschaften in der Umgebung eines Punktes z_0 werden durch den linearen Anteil

$$W = f(z_0) + f'(z_0)(z - z_0)$$

beschrieben. Beachtet man, daß es sich bei diesem um eine Parallelverschiebung und eine Drehstreckung handelt, vorausgesetzt, es ist $f'(z_0) \neq 0$, so erkennt man die genannten Eigenschaften unmittelbar aus der Tatsache, daß jedes Linienelement um den Winkel $\arg(f'(z_0))$ gedreht und unabhängig von seiner Richtung um den Faktor $|f'(z_0)|$ gedehnt oder gestaucht wird.

Die Besonderheiten der durch eine analytische Funktion $w = f(z)$ vermittelten Punktabbildung von G auf G' mit in G nirgends verschwindender Ableitung lassen sich folgendermaßen zusammenfassen: Das Netz der orthogonalen Geraden $\mathrm{Re}(z) = \text{const}$, $\mathrm{Im}(z) = \text{const}$.

geht in ein orthogonales Kurvennetz über, insbesondere geht ein Quadratnetz in ein Kurvennetz über, das im Kleinen ebenfalls ein Quadratnetz ist. Die Bilder zweier Kurven in der z-Ebene, die sich unter einem gewissen Winkel schneiden, schließen in der w-Ebene denselben Winkel ein (worauf in Abschnitt 23.1 schon hingewiesen wurde). Man nennt aus diesem Grunde eine durch eine analytische Funktion vermittelte Abbildung winkeltreu oder konform. Als Folgerung halten wir fest, daß ein beliebiges orthogonales Kurvennetz wieder in ein orthogonales Kurvennetz übergeht.

Wir haben ein Funktionenpaar $u = u(x, y)$, $v = v(x, y)$ auch als Koordinatentransformation aufzufassen gelernt: x und y sowie u und v sind Koordinatenpaare ein und desselben Punktes, x und y sind gewöhnlich die kartesischen, u und v gewisse krummlinige Koordinaten wie zum Beispiel die ebenen Polarkoordinaten. Besonders wichtig für die Anwendungen sind orthogonale krummlinige Koordinaten, die durch einander senkrecht kreuzende Koordinatenlinien $u(x, y) = \text{const}$, $v(x, y) = \text{const}$. ausgezeichnet sind.

Durch Einführung anderer Koordinaten gelingt es in vielen Fällen, indem man auf diese Weise die geometrischen Gegebenheiten von vornherein in die Rechnung einbezieht, Vereinfachungen zu erzielen. Als ein wichtiges Beispiel greifen wir die Laplace-Gleichung

$$\Delta\omega = \frac{\partial^2\omega}{\partial x^2} + \frac{\partial^2\omega}{\partial y^2} = 0 \tag{38.74}$$

heraus, die grundlegend für eine Vielzahl ebener stationärer Probleme der Theorie der Elektrizität und der Wärme sowie der Hydromechanik ist. Gesucht ist eine Funktion $\omega(x, y)$, die in einem gewissen Gebiet G der (x, y)-Ebene die Gleichung (38.74) löst und auf der Berandung von G gewisse Bedingungen erfüllt. Die Lösung $\omega(x, y)$ ist dabei durch das Gebiet G und durch die Randbedingungen bestimmt.

In Abschnitt 36 haben wir gelernt, wie eine Randwertaufgabe für die Gleichung (38.74) prinzipiell gelöst werden kann. Daß wir ein Lösungsverfahren zur Verfügung haben, bedeutet aber keineswegs, daß die Wege zur rechnerischen Lösung geebnet sind, vielmehr treten bei komplizierter berandeten Gebieten die allergrößten Schwierigkeiten auf. Diese lassen sich in vielen Fällen umgehen, wenn man durch die Einführung anderer Koordinaten auf die Gestalt des Gebietes eingeht; die Auswahl der neuen Koordinaten wird dabei dadurch bestimmt, daß die Berandung des Gebietes aus Koordinatenlinien besteht. Führt man neue Koordinaten ein, so hat man natürlich die Gleichung (38.74) auf diese umzurechnen; wenn man auf orthogonale Koordinaten u und v übergeht, so transformiert sich die Gleichung (38.74) auf

$$\Delta\omega = \frac{1}{UV}\left[\frac{\partial}{\partial u}\left(\frac{V}{U}\frac{\partial\omega}{\partial u}\right) + \frac{\partial}{\partial v}\left(\frac{U}{V}\frac{\partial\omega}{\partial v}\right)\right] = 0, \tag{38.75}$$

worin für

$$U^2 = x_u^2 + y_u^2, \quad V^2 = x_v^2 + y_v^2$$

einzusetzen ist (vgl. (23.120)). Auf diese Weise läßt sich also erreichen, daß das Gebiet G', in dem das Koordinatenpaar (u, v) variiert, wenn das Paar (x, y) der kartesischen Koordinaten das Gebiet G überstreicht, eine einfachere Struktur hat, die nunmehr zu lösende Gleichung (38.75) wird jedoch im allgemeinen komplizierter sein als die Gleichung (38.74): die Schwierigkeiten, die sich bei der Lösung der Gleichung (38.74) für ein komplizierteres

Gebiet *G* ergeben können, treten nur in anderer Form auf, und zwar bei der Integration der nicht mehr so einfachen Gleichung (38.75). Nur im Sonderfall U = V, das heißt, wenn in *G'*

$$x_u^2 + y_u^2 = x_v^2 + y_v^2 \tag{38.76}$$

beziehungsweise in *G*

$$u_x^2 + u_y^2 = v_x^2 + v_y^2 \tag{38.77}$$

gilt (vgl. (23.98)), bleibt die einfache Gestalt der Gleichung (38.74) erhalten, und zwar geht die Gleichung (38.75) nach Multiplikation mit UV in

$$\Delta\omega = \frac{\partial^2\omega}{\partial u^2} + \frac{\partial^2\omega}{\partial v^2} = 0 \tag{38.78}$$

über. Mit anderen Worten, die Laplacegleichung ist *invariant* gegenüber einer Transformation auf orthogonale krummlinige Koordinaten mit der besonderen Eigenschaft (38.76) beziehungsweise (38.77).

Wie nun unmittelbar zu sehen ist, sind die Gleichungen (38.76) und (38.77) immer erfüllt, wenn die Funktionen u(x, y) und ± v(x, y) Real- und Imaginärteil einer in *G* analytischen Funktion w = f(z) sind, denn aus der Gültigkeit der Cauchy-Riemannschen Differentialgleichungen folgt die Gleichung (38.77) und aus dieser die Gleichung (38.76), da es für eine Koordinatentransformation selbstverständlich ist, daß die sie vermittelnde Funktion umkehrbar eindeutig ist.

Die speziellen Abbildungseigenschaften analytischer Funktionen kann man sich nun auf folgende Art zur Lösung der Laplacegleichung (38.74), wenn das zugrundeliegende Gebiet *G* einfach zusammenhängend ist, zunutze machen: Man bildet durch eine analytische Funktion w = f(z) das Gebiet *G* der z-Ebene auf ein einfacheres Gebiet *G'* der w-Ebene umkehrbar eindeutig ab – wobei sich als „Normalgebiet" ein Kreis $|w| < R$ besonders eignet –, überträgt punktweise die Randbedingungen, löst für das Kreisgebiet $u^2 + v^2 < R^2$ die Gleichung (38.78) unter Berücksichtigung der Randbedingungen und transformiert auf kartesische Koordinaten zurück[1]).

Durch diese Vorgangsweise werden die Schwierigkeiten, die sich durch die Gestalt des Gebietes *G* einstellen können, auf die Konstruktion einer konformen Abbildung von *G* auf ein einfacheres Gebiet *G'* abgewälzt. Hierfür sind aber eine Reihe von Verfahren entwickelt worden, die zu brauchbaren technischen Näherungen führen.

Durch ein Funktionenpaar u = u(x, y), v = v(x, y) läßt sich schließlich ein ebenes stationäres Vektorfeld beschreiben. Angesichts dessen, daß ebene Vektoren auch durch komplexe Zahlen beschrieben werden können, liegt es nahe, ein ebenes Vektorfeld mit Hilfe einer komplexen Funktion darzustellen. In vielen ebenen Problemen der mathematischen Physik sind diese Funktionen in einem gewissen Gebiet *G* analytisch; in solchen Fällen können die Eigenschaften des Feldes auf bequeme Weise mit funktionentheoreti-

[1]) Wenn das Gebiet *G* mehrfach zusammenhängend ist, so kann man keinen Kreis als Bildgebiet wählen. Der Grund hierfür liegt darin, daß nur Gebiete mit gleichen Zusammenhangseigenschaften konform aufeinander abgebildet werden können.

schen Mitteln untersucht werden, was unter Umständen die Auffindung der Lösung infolge einfacherer Rechnungen erheblich zu erleichtern vermag.

In einem einfach zusammenhängenden Gebiet G der (x, y)-Ebene sei durch eine differenzierbare Funktion $u = u(x, y)$, $v = v(x, y)$ ein ebenes stationäres Vektorfeld gegeben. Die Feldgröße beschreiben wir durch die komplexe Zahl $w^* = u + jv$. Die Quelldichte des Feldes ist

$$\operatorname{div} w^* = u_x + v_y, \tag{38.79}$$

die Wirbeldichte

$$\operatorname{rot} w^* = v_x - u_y. \tag{38.80}$$

Wir wollen nun davon ausgehen, daß das Feld in G quellen- und wirbelfrei ist, das heißt, es mögen in G überall die Gleichungen

$$u_x = -v_y, \quad u_y = v_x \tag{38.81}$$

erfüllt sein. Da das Gebiet G einfach zusammenhängend ist, können wir aus der Wirbelfreiheit des Feldes auf die Existenz eines skalaren Potentials $U(x, y)$ schließen,

$$u = U_x, \quad v = U_y;$$

die Quellenfreiheit schließlich bedeutet, daß das Potential U in G der Laplaceschen Differentialgleichung genügt,

$$\Delta U = U_{xx} + U_{yy} = u_x + v_y = 0.$$

Die Gleichungen (38.81) bringen aber auch zum Ausdruck, daß die komplexe Funktion $w = u - jv = f(z)$ in G analytisch ist – sie sind ja gerade die Cauchy-Riemannschen Differentialgleichungen für die Funktion $w = u - jv$. Um das Potential zu berechnen, wählen wir zunächst einen beliebigen festen Punkt $z_0 = x_0 + jy_0$ in G. Da G einfach zusammenhängend ist, kann jeder Punkt z mit z_0 durch eine Kurve verbunden werden, insbesondere ist das Integral

$$\int_{z_0}^{z} f(\zeta)\,d\zeta$$

unabhängig vom Verlauf der die Punkte z_0 und z verbindenden Kurve. Bezeichnet $F(z) = U(x, y) + jV(x, y)$ eine beliebige Stammfunktion von $f(z)$, so gilt

$$F(z) - F(z_0) = \int_{z_0}^{z} f(\zeta)\,d\zeta = \int_{z_0}^{z} (u - jv)(d\xi + j\,d\eta)$$

$$= \int_{(x_0, y_0)}^{(x, y)} (u\,d\xi + v\,d\eta) + j \int_{(x_0, y_0)}^{(x, y)} (u\,d\eta - v\,d\xi);$$

daraus folgt durch Vergleich von Real- und Imaginärteil

$$\int_{(x_0, y_0)}^{(x, y)} (u\,d\xi + v\,d\eta) = U(x, y) - U(x_0, y_0), \qquad \int_{(x_0, y_0)}^{(x, y)} (u\,d\eta - v\,d\xi) = V(x, y) - V(x_0, y_0).$$

Diese beiden Gleichungen zeigen, daß der Realteil U(x, y) einer Stammfunktion F(z) von $w = u - jv = f(z)$ ein Potential der Feldgröße $w^* = u + jv$ ist. Eine Stammfunktion von $w = f(z)$ heißt deshalb ein *komplexes Potential* des Feldes $w^* = u + jv$. Die Kurven U(x, y) = = const. stellen die Äquipotentiallinien dar, die Kurven V(x, y) = const. sind die Feldlinien, denn offenbar ist der Ausdruck V(x, y) = C das allgemeine Integral der Gleichung $u\,dy - v\,dx = 0$ für die Feldlinien. Aus der Hydromechanik kommt die Bezeichnung *Stromfunktion* für den Imaginärteil V(x, y) des komplexen Potentials, die Kurven V(x, y) = const. werden auch *Stromlinien* genannt.

Ein bißchen komplizierter, für die Anwendungen jedoch interessanter werden die Dinge, wenn das Gebiet *G* mehrfach zusammenhängend ist. Von praktischem Interesse sind dabei vor allem zwei Fälle: Das Gebiet *G* ist der ganze Raum beziehungsweise das Innere einer geschlossenen Kurve, jedoch mit Ausnahme endlich vieler Punkte, oder das Gebiet *G* ist das Äußere einer geschlossenen Kurve. Im ersten Fall ist *G* (n + 1)-fach zusammenhängend, wenn n die Anzahl der Ausnahmepunkte ist (der unendlich ferne Punkt ist als Randpunkt mitzuzählen!), im zweiten Fall ist *G* zweifach zusammenhängend.

Wir betrachten zunächst den einfachsten Fall, daß das Gebiet *G* der ganze Raum mit Ausnahme eines einzelnen Punktes ist, den wir im Ursprung annehmen, und setzen weiter voraus, daß $w = u - jv = f(z)$ in $z = 0$ einen Pol erster Ordnung hat; dies bedeutet, daß f(z) in der Form

$$w = f(z) = \frac{A}{z} + g(z) \tag{38.82}$$

mit einer ganzen Funktion g(z) angesetzt werden kann. Bezeichnet G(z) eine Stammfunktion von g(z), so ist

$$F(z) = A \ln z + G(z) \tag{38.83}$$

eine Stammfunktion von f(z), die wir (auch bei mehrfach zusammenhängenden Gebieten) ein komplexes Potential der Feldgröße $w^* = u + jv$ nennen wollen.

Ist *C* eine geschlossene positiv orientierte Kurve, die den Pol $z = 0$ in ihrem Inneren enthält, so folgt aus dem Residuensatz

$$2\pi jA = \oint_C w\,dz = \oint_C (u - jv)(dx + j\,dy) = \oint_C (u\,dx + v\,dy) + j \oint_C (u\,dy - v\,dx).$$

Mit Hilfe des Stokesschen Integralsatzes (34.12) und des Gaußschen Integralsatzes (34.13) kann diese Gleichung in der Form

$$2\pi jA = \iint_B \operatorname{rot} w^*\,dx\,dy + j \iint_B \operatorname{div} w^*\,dx\,dy \tag{38.84}$$

geschrieben werden, worin *B* der abgeschlossene Bereich ist, der aus den Punkten der Kurve *C* und den Punkten im Inneren von *C* besteht. Ist $A = a + jb$, so folgt durch Vergleich von Real- und Imaginärteil

$$\iint_B \operatorname{rot} w^*\,dx\,dy = -2\pi b, \qquad \iint_B \operatorname{div} w^*\,dx\,dy = 2\pi a. \tag{38.85}$$

Zwei Spezialfälle haben besondere Bedeutung: das Residuum A von f(z) im Punkt z = 0 ist reell oder es ist rein imaginär. Ist A = a reell, so hat das Feld keine Wirbel, es ist ein reines Quellenfeld, der Punkt z = 0 ist ein Quellpunkt mit der Ergiebigkeit $2\pi a$. Ist A = jb rein imaginär, so hat das Feld keine Quellen, es ist ein reines Wirbelfeld, im Punkt z = 0 ist ein Wirbel mit der Stärke $-2\pi b$.

Das Feld (38.82) kann man sich durch Überlagerung der beiden Felder $w_1 = \frac{A}{z}$ und $w_2 = g(z)$ entstanden denken. Die Tatsache, daß g(z) eine ganze Funktion ist, bedeutet, daß die Feldgröße w_2^* im Endlichen keine Quellen und Wirbel hat, denn es verschwindet nach dem Satz von Cauchy das Integral über jede geschlossene Kurve; die Ursachen für das Vorhandensein dieses Feldes liegen daher (in Form von Quellen oder Wirbeln) im Unendlichen. Wir setzen jetzt g(z) = 0 in (38.82) und nehmen A = a reell an,

$$w = f(z) = \frac{a}{z}. \tag{38.86}$$

Der Feldvektor $w^* = u + jv$ hat die Koordinaten

$$u = a\frac{x}{x^2+y^2}, \quad v = a\frac{y}{x^2+y^2}.$$

Das Feld (38.86) ist ein reines Quellenfeld mit dem Potential

$$U(x, y) = \operatorname{Re}(a \ln z) = a \ln\sqrt{x^2+y^2}. \tag{38.87}$$

Die Feldlinien erhalten wir durch Konstantsetzen des Imaginärteils,

$$V(x, y) = \operatorname{Im}(a \ln z) = a \arg(z) = \text{const},$$

das heißt, die Feldlinien sind Geraden durch den Koordinatenursprung.

Die Funktion (38.86) beschreibt das Feld einer punktförmigen Quelle mit der Ergiebigkeit $2\pi a$, wie aus (38.84) durch Vergleich von Real- und Imaginärteil hervorgeht. Da ein Feld im dreidimensionalen Raum unserer physikalischen Welt nur dann in voller Strenge mit Hilfe einer ebenen Feldgröße beschrieben werden kann, wenn in allen Ebenen $\mathbf{n}\cdot\mathbf{x} = k$ das gleiche Feldbild herrscht, entspricht im Dreidimensionalen dem Feld (38.86) das Feld einer Linienquelle in der x_3-Achse mit der konstanten Ladungsdichte $\rho = 2\pi a$.

Ist A = jb rein imaginär,

$$w = j\frac{b}{z}, \tag{38.88}$$

so hat die Feldgröße w^* die Koordinaten

$$u = b\frac{y}{x^2+y^2}, \quad v = -b\frac{x}{x^2+y^2}.$$

Das Feld ist quellenfrei, im Punkt z = 0 ist ein Wirbel mit der Stärke $-2\pi b$, wie sich wieder durch Vergleich von Real- und Imaginärteil in (38.84) ergibt. Die Feldlinien finden wir wieder durch Konstantsetzen des Imaginärteils des komplexen Potentials $F(z) = jb \ln z$,

$$V(x, y) = \operatorname{Im}(jb \ln z) = b \ln\sqrt{x^2+y^2} = \text{const},$$

es sind Kreise mit dem Mittelpunkt im Wirbelpunkt $z = 0$. Da das Feld (38.88) im ganzen Raum nicht wirbelfrei ist, hat es auch kein skalares Potential. In jedem einfach zusammenhängenden Gebiet, das den Punkt $z = 0$ nicht enthält, ist es wirbelfrei und hat daher ein Potential

$$U(x, y) = \mathrm{Re}(jb \ln z) = -b \arg(z).$$

Im Dreidimensionalen entspricht dem Feld (38.88) das Feld einer Wirbellinie in der x_3-Achse mit dem Moment $I = -2\pi b$. Die wichtigste physikalische Deutung ist das Magnetfeld eines Stromfadens in der x_3-Achse mit der Stromstärke $I = -2\pi b$, die Stromrichtung ist für positives b die Richtung der negativen x_3-Achse.

Diese Grundtatsachen können zur Konstruktion des Feldbildes und der Feldgröße in komplizierteren Fällen angewendet werden. Betrachten wir zwei zur x_3-Achse parallele Linienquellen mit der konstanten gleichnamigen Ladungsdichte ρ; die Punkte (x_1, y_1) und (x_2, y_2) seien die Durchstoßpunkte mit der (x, y)-Ebene. Da wir das Feld als eben behandeln dürfen, beschreiben wir die Feldwirkungen der beiden Linienquellen durch Punktquellen in den beiden Punkten $z_1 = x_1 + jy_1$ und $z_2 = x_2 + jy_2$,

$$w_1 = \frac{\rho}{2\pi} \frac{1}{z - z_1}, \quad w_2 = \frac{\rho}{2\pi} \frac{1}{z - z_2}.$$

Da sich die Feldwirkungen überlagern, wird

$$w = f(z) = \frac{\rho}{2\pi} \left(\frac{1}{z - z_1} + \frac{1}{z - z_2} \right)$$

und

$$F(z) = \frac{\rho}{2\pi} (\ln(z - z_1) + \ln(z - z_2))$$

das komplexe Potential des Feldes. Der Realteil

$$U(x, y) = \frac{\rho}{2\pi} (\ln|z - z_1| + \ln|z - z_2|)$$

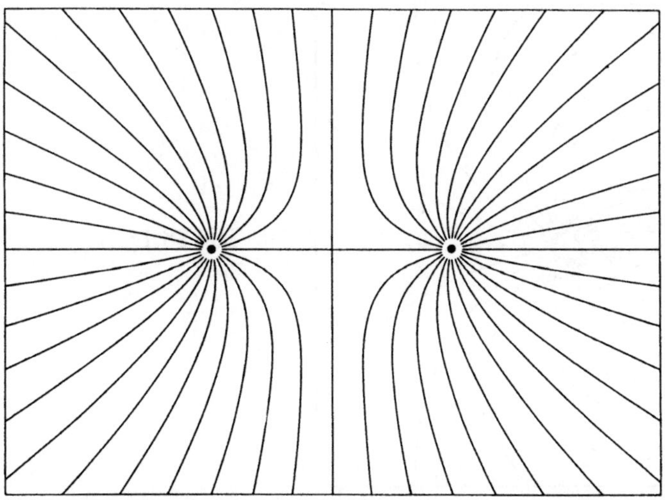

Bild 38.14

ist das Potential der Feldgröße w*; durch Konstantsetzen des Imaginärteils,

$$V(x, y) = \frac{\rho}{2\pi}\left(\arg(z - z_1) + \arg(z - z_2)\right) = \text{const},$$

finden wir, daß die Feldlinien Hyperbeln sind (Bild 38.14). Bild 38.15 zeigt als Gegenüberstellung das Feld zweier gleichnamiger punktförmiger Ladungen im Raum. Sind die beiden Linienquellen ungleichnamig geladen, so sind die Feldlinien Kreise (Bild 38.16); der Fall zweier ungleichnamiger Punktquellen im Raum ist in Bild 38.17 dargestellt.

Auf analoge Weise läßt sich das Magnetfeld unendlich ausgedehnter stromdurchflossener Leiter berechnen. Wir denken uns zwei zur x_3-Achse parallele linienförmige Leiter, die in den Punkten (x_1, y_1) und (x_2, y_2) durch die (x, y)-Ebene hindurchgehen mögen. Wenn wir annehmen, daß die Stromstärke und die Stromrichtung in beiden Leitern die gleiche ist, so beschreiben die beiden Funktionen

$$w_1 = \frac{I}{2\pi j}\,\frac{1}{z - z_1}, \quad w_2 = \frac{I}{2\pi j}\,\frac{1}{z - z_2}$$

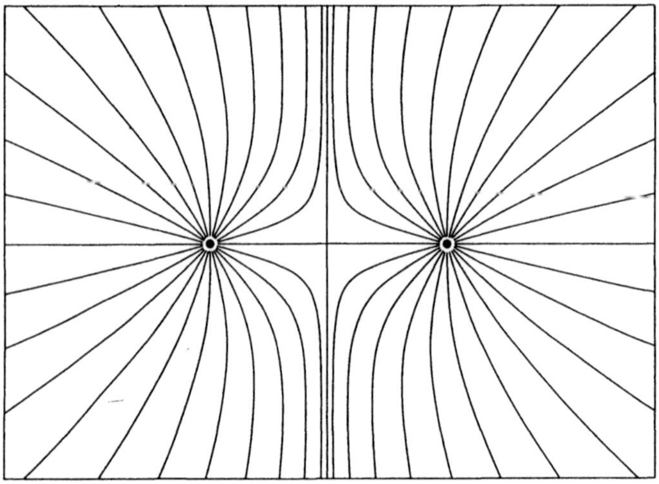

Bild 38.15

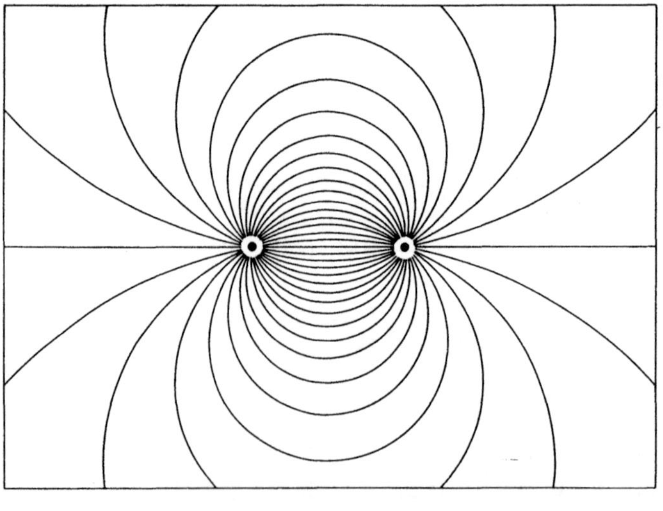

Bild 38.16

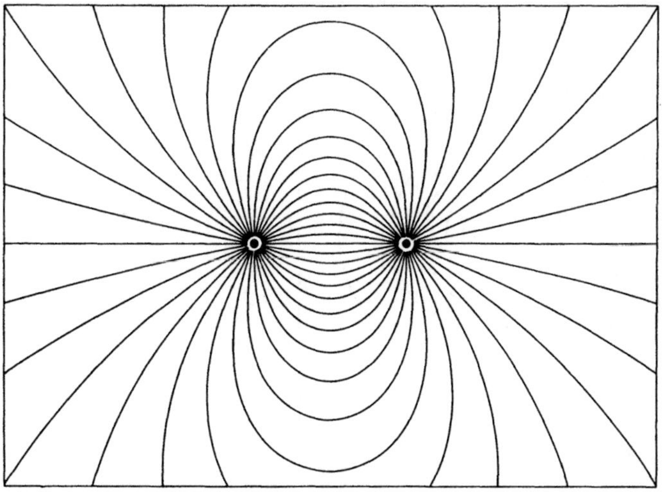

Bild 38.17

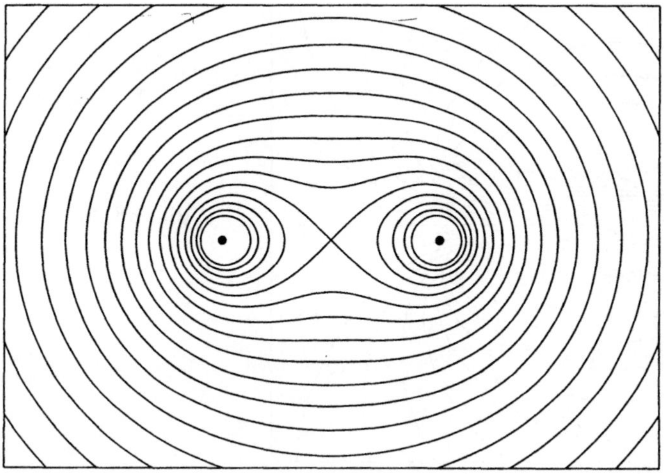

Bild 38.18

die Feldwirkungen der beiden stromführenden Leiter; da sich diese überlagern, erhalten wir durch Addition

$$w = f(z) = \frac{I}{2\pi j}\left(\frac{1}{z - z_1} + \frac{1}{z - z_2}\right).$$

Das komplexe Potential ist

$$F(z) = \frac{I}{2\pi j}\left(\ln(z - z_1) + \ln(z - z_2)\right);$$

setzen wir den Imaginärteil konstant, so ergibt sich nach einer einfachen Rechnung die Gleichung

$$|z - z_1||z - z_2| = \text{const.}$$

für die Feldlinien, die in Bild 38.18 skizziert sind. Bei entgegengesetzter Stromrichtung ergibt sich der in Bild 38.19 dargestellte Feldlinienverlauf.

Auf diese Weise läßt sich das Magnetfeld beliebig vieler paralleler stromdurchflossener Leiter berechnen. Man hat einfach entsprechende Ausdrücke (38.88) zu summieren, da sich die von den ein-

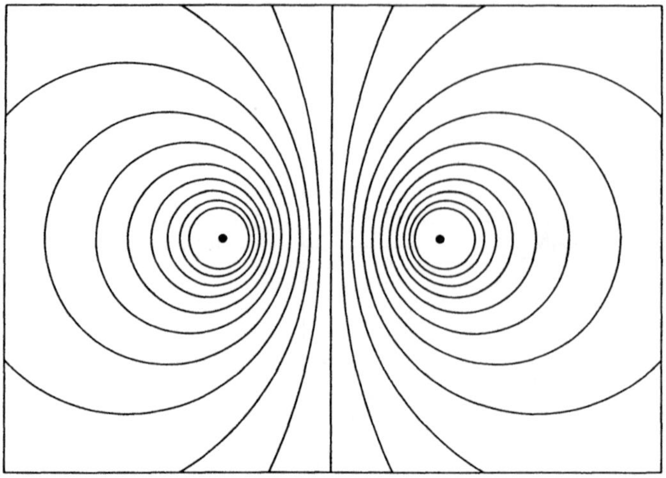

Bild 38.19

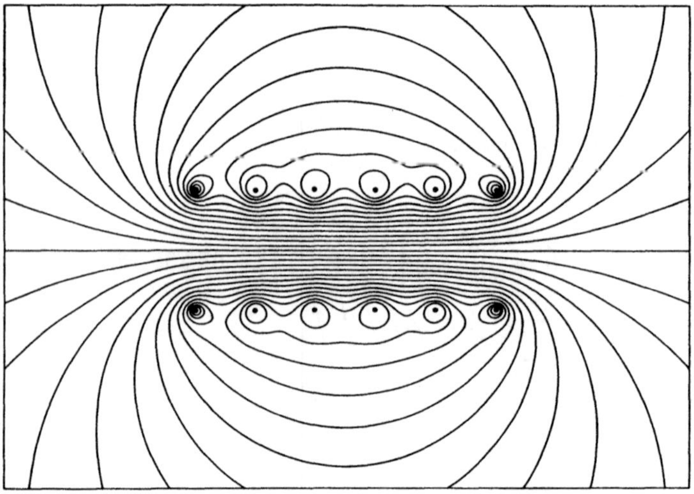

Bild 38.20

zelnen Leitern herrührenden Feldwirkungen überlagern. Bild 38.20 zeigt ein solches Feld von Leitern gleicher Stromstärke, wobei die Stromrichtung einander gegenüberstehender Leiter entgegengesetzt ist, während sie für benachbarte Leiter die gleiche ist. Dieses Bild veranschaulicht das Magnetfeld im „Inneren“ und „Äußeren“ einer zylindrisch gewickelten Spule in einer Ebene durch die Zylinderachse.

Natürlich lassen sich auch allgemeinere Felder berechnen, wobei stets das Superpositionsprinzip die Grundlage ist. Bringt man im Feld $w = g(z)$ eine Quelle (Wirbel) der Ergiebigkeit ρ (der Stärke I) im Punkt z_0 an, so ist das resultierende Feld

$$w = f(z) = \frac{\rho}{2\pi}\frac{1}{z - z_0} + g(z) \quad \text{bzw.} \quad w = f(z) = \frac{I}{2\pi j}\frac{1}{z - z_0} + g(z).$$

Als Beispiel betrachten wir den Fall, daß in ein homogenes elektrisches Feld eine Linienquelle mit der Ladungsdichte ρ gebracht wird. Da ein homogenes Feld (u_0, v_0) durch die konstante Funktion $g(z) = w_0 = u_0 - jv_0$ dargestellt wird, ist

$$w = f(z) = \frac{\rho}{2\pi}\frac{1}{z - z_0} + w_0$$

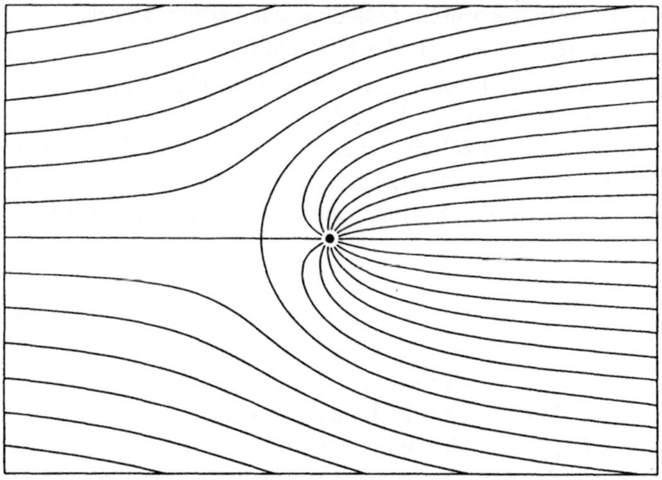

Bild 38.21

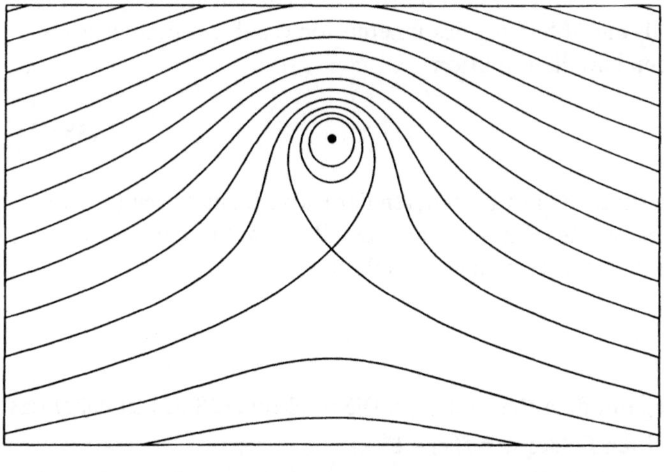

Bild 38.22

das resultierende elektrische Feld (Bild 38.21) (der Leser vergleiche hierzu das Feld einer punktförmigen Ladung in einem homogenen Feld, das in Bild 33.1 skizziert ist). In Bild 38.22 ist das resultierende Magnetfeld eines stromdurchflossenen Leiters in einem homogenen Magnetfeld dargestellt.

Nicht mehr so einfach wie für die ganze Ebene gestalten sich Feldberechnungen, wenn das Gebiet G ein Teilgebiet ist. Wir wollen aus der Vielfalt derartiger Aufgaben einen besonders wichtigen Fall herausgreifen, der wiederum die Bedeutung der konformen Abbildung für die Berechnung ebener Felder erhellt.

Im Inneren einer geschlossenen Kurve C befinde sich eine punktförmige Quelle der Ergiebigkeit 1, auf der Randkurve C habe das Potential U des durch diese Quelle hervorgerufenen Feldes den konstanten Wert 0. Ist y der Quellpunkt, so genügt das Potential U in G der Poissonschen Differentialgleichung

$$\Delta U = \delta(x - y). \tag{38.89}$$

In Abschnitt 36.3, Seite 1165, haben wir gelernt, daß die Greensche Funktion

$$G(x, y) = \frac{1}{2\pi} \ln |x - y| + G_0(x, y) \tag{38.90}$$

der ersten Randwertaufgabe der Potentialtheorie beide Bedingungen erfüllt, so daß $U = G(x, y)$ das Potential des gesuchten Feldes ist (vgl. (36.64) und (36.65)).

Wir wollen diese Aufgabe jetzt mit funktionentheoretischen Mitteln behandeln; dabei wird sich ein bemerkenswerter Zusammenhang mit der Aufgabe, das Innere der Kurve *C* konform auf das Innere des Einheitskreises abzubilden, herausstellen. Den Aufpunkt **x** stellen wir durch die komplexe Zahl $z = x + jy$ dar, den Quellpunkt **y** durch $\zeta = \xi + j\eta$. Aus den obigen Betrachtungen können wir zunächst den Schluß ziehen, daß das Feld notwendig durch eine Funktion der Gestalt

$$w = f(z) = \frac{1}{2\pi}\frac{1}{z-\zeta}\,g(z) \tag{38.91}$$

zu beschreiben ist, worin $g(z)$ eine im Inneren der Kurve *C* analytische Funktion mit $g(\zeta) = 1$ ist. Es sei nun $w = \varphi(z)$ eine Funktion, die das Innere der Kurve *C* konform auf den Einheitskreis $|w| < 1$ in der w-Ebene abbildet. Wir verlangen dabei speziell, daß der Punkt $z = \zeta$ in den Mittelpunkt $w = 0$ des Einheitskreises übergeht, das heißt, es möge $\varphi(\zeta) = 0$ gelten. Weitere Nullstellen kann $\varphi(z)$ dann offenbar nicht haben; übrigens muß $\varphi'(\zeta) \neq 0$ gelten, da andernfalls die Abbildung des Inneren von *C* auf den Einheitskreis nicht konform wäre. Wir bilden nun die Funktion

$$F(z) = \frac{1}{2\pi}\ln\varphi(z), \tag{38.92}$$

die folgende Eigenschaften besitzt: $F(z)$ ist im Inneren der Kurve *C* analytisch mit Ausnahme des Punktes $z = \zeta$, ferner ist $\mathrm{Re}\,(F(z)) = 0$ für jeden Punkt auf *C*, denn es ist $|\varphi(z)| = 1$ für jeden Punkt auf *C*. Schließlich hat die Ableitung

$$F'(z) = \frac{1}{2\pi}\frac{\varphi'(z)}{\varphi(z)}$$

in $z = \zeta$ ein Pol erster Ordnung mit dem Residuum $\frac{1}{2\pi}$. Die Funktion (38.92) ist daher das komplexe Potential des gesuchten Feldes $w = f(z) = F'(z)$.

Wir fassen zusammen: Bildet die Funktion $w = \varphi(z)$ das Innere der Kurve *C* konform auf den Einheitskreis ab und ist $\varphi(\zeta) = 0$, so ist

$$G(x, y, \xi, \eta) = \frac{1}{2\pi}\ln|\varphi(z)|, \quad z = x + jy, \quad \zeta = \xi + j\eta,$$

die Greensche Funktion der ersten Randwertaufgabe für das von der Kurve *C* berandete Gebiet.

Diese Betrachtungen lassen sich auf unbeschränkte einfach zusammenhängende Gebiete übertragen. Elementar behandeln läßt sich der Fall, daß das Gebiet *G* eine Halbebene ist, weil die Abbildung einer Halbebene auf den Einheitskreis durch elementare Funktionen bewerkstelligt wird.

Wir wollen annehmen, daß G die obere Halbebene $\mathrm{Im}(z) > 0$ ist. Jede der Funktionen

$$w = \varphi(z) = e^{j\alpha}\frac{z-\zeta}{z-\bar{\zeta}}, \tag{38.93}$$

worin α eine beliebige reelle Zahl und ζ ein beliebiger Punkt in der oberen Halbebene ist, bildet die obere Halbebene $\mathrm{Im}(z) > 0$ auf den Einheitskreis $|w| < 1$ ab (vgl. Beispiel 38.20)). Es ist $\varphi(\zeta) = 0$, ferner dürfen wir $\alpha = 0$ wählen. Also ist

$$G(x, y, \zeta, \eta) = \frac{1}{2\pi} \ln \left| \frac{z - \zeta}{z - \bar{\zeta}} \right| = \frac{1}{2\pi} \ln \sqrt{\frac{(x - \xi)^2 + (y - \eta)^2}{(x - \xi)^2 + (y + \eta)^2}}$$

die Greensche Funktion der ersten Randwertaufgabe für die obere Halbebene. Durch Differentiation von (38.92) erhalten wir das Feld

$$w = f(z) = \frac{1}{2\pi} = \frac{\zeta - \bar{\zeta}}{z^2 - z(\zeta + \bar{\zeta}) + |\zeta|^2} = \frac{1}{2\pi} \left(\frac{1}{z - \zeta} - \frac{1}{z - \bar{\zeta}} \right).$$

Diese Funktion beschreibt auch das Feld zweier ungleichnamiger Punktquellen, die spiegelbildlich zur reellen Achse in den Punkten ζ und $\bar{\zeta}$ liegen. Daß dies kein Zufall ist, zeigt sich durch folgende Überlegung. Ist eine Äquipotentiallinie eine Gerade, so ist das Feld zu dieser Geraden spiegelbildlich. Man erhält in diesem Fall das Feld, wenn man spiegelbildlich zu jedem Quellpunkt eine Quelle mit der entgegengesetzten Ergiebigkeit anbringt. Ähnliches gilt für Feldlinien: Ist eine Feldlinie eine Gerade, so ist das Feld zu dieser Geraden spiegelbildlich. In diesem Fall bringt man spiegelbildlich zu jedem Quellpunkt eine Quelle mit der selben Ergiebigkeit an. Damit wird das Problem der Feldberechnung für eine Halbebene auf ein Problem für die ganze Ebene zurückgeführt; eine solche Aufgabe kann aber, wie wir weiter oben gesehen haben, ohne Schwierigkeiten mit Hilfe des Superpositionsprinzips gelöst werden. Natürlich hat nach erfolgter Rechnung das Feld nur in der Halbebene physikalische Realität, von der man ausgegangen ist, die spiegelbildlich angebrachten Quellen sind nur ein rechnerischer Kunstgriff. Dieses Verfahren wird *Spiegelbildmethode* genannt.

Funktionentheoretische Methoden zur Konstruktion ebener Felder spielen besonders in der Strömungslehre eine große Rolle, da Flüssigkeits- und Gasströmungen in vielen praktisch interessanten Fällen ganz oder doch in guter Näherung quellen- und wirbelfrei sind. Eine wirbelfreie Strömung wird auch eine *Potentialströmung* genannt. Wir bringen als Beispiel die Ausweichströmung um ein Profil, die durch konforme Abbildung von Außengebieten konstruiert werden kann.

In eine Parallelströmung werde ein Kreiszylinder gebracht, der in der Tiefenrichtung unendlich ausgedehnt ist, so daß das Strömungsfeld nach Hineinbringen des Zylinders als eben angesehen werden kann. Wir setzen dabei voraus, daß der Flüssigkeitsdruck in jedem Punkt nach allen Richtungen hin gleich ist; in diesem Fall spricht man von einer *idealen* (*reibungsfreien*) Flüssigkeit. Weiter gehen wir von der Annahme aus, daß die Flüssigkeit *inkompressibel* ist, womit gemeint ist, daß ihre Dichte konstant ist.

Zur Konstruktion der Ausweichströmung um den Zylinder gehen wir von folgender Überlegung aus. Durch das Hineinbringen des Zylinders bleibt die Strömung (die dann nur mehr im Äußeren des Zylinders physikalische Realität hat), quellen- und wirbelfrei und läßt sich folglich im Äußeren der Kreiskontur durch eine analytische Funktion $w = u - jv = f(z)$ darstellen; w heißt die *komplexe Geschwindigkeit*. Um eine Lösung zu finden, haben wir einerseits zu beachten, daß die Kreiskontur eine Stromlinie ist, andererseits muß die Störung durch das Hineinbringen des Zylinders im Unendlichen abgeklungen sein, das heißt, wir haben

$$\lim_{z \to \infty} f(z) = u_\infty - jv_\infty = u_\infty \tag{38.94}$$

zu fordern, wobei wir angenommen haben, daß die ursprünglich vorhandene Strömung parallel zur reellen Achse verlief.

Betrachten wir jetzt die Funktion $f(z) = a + bz^{-2}$ mit der Stammfunktion $F(z) = az - \frac{b}{z}$. Um (38.94) zu erfüllen, müssen wir offenbar $a = u_\infty$ setzen. Auf der Kreisperipherie $z = re^{j\varphi}$ gilt $F(re^{j\varphi}) = u_\infty re^{j\varphi} - \frac{b}{r} e^{-j\varphi}$ und für reelles b

$$\operatorname{Im}\left(F(re^{j\varphi})\right) = u_\infty r \sin\varphi + \frac{b}{r} \sin\varphi;$$

offenbar ist der Imaginärteil von F(z) auf der Kreisperipherie konstant und somit die Kreiskontur eine Stromlinie, wenn $b = -u_\infty r^2$ gewählt wird. Damit ist das Geschwindigkeitsfeld

$$w = f(z) = u_\infty \left(1 - \frac{r^2}{z^2}\right) \tag{38.95}$$

mit dem komplexen Potential

$$F(z) = u_\infty \left(z + \frac{r^2}{z}\right) \tag{38.96}$$

eineLösung unserer Aufgabe (Bild 38.23).

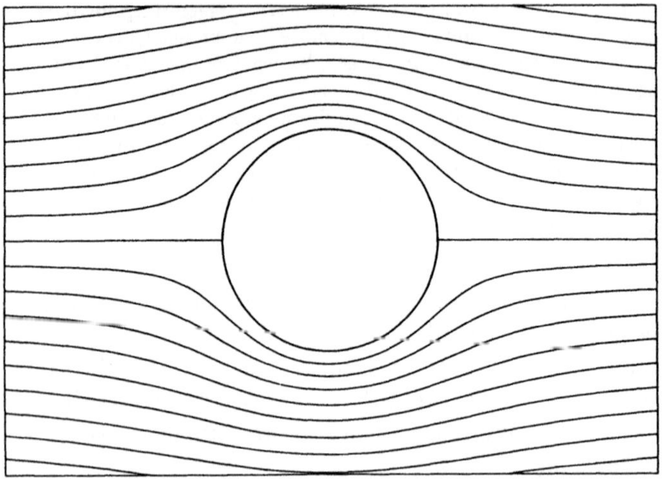

Bild 38.23

Das komplexe Potential (38.96) bekommt eine geometrische Bedeutung, wenn wir die Abbildungseigenschaften der Funktion

$$\zeta = g(z) = z + \frac{r^2}{z} \tag{38.97}$$

studieren. Durch (38.97) wird der Kreis $|z| = r$ auf das Intervall $[-2r, 2r]$ in der ζ-Ebene abgebildet, und zwar wird dieses Intervall zweimal durchlaufen, vom Punkt $\zeta = 2r$ auf dem „nördlichen" Ufer der reellen Achse zum Punkt $\zeta = -2r$ und von dort auf dem „südlichen" Ufer zurück zum Punkt $\zeta = 2r$, wenn der Kreis $|z| = r$, ausgehend vom Punkt $z = r$, im positiven Sinn durchlaufen wird; die konzentrischen Kreise $|z| = \rho > r$ gehen in die Ellipsen

$$\zeta = \left(\rho + \frac{r^2}{\rho}\right) \cos\varphi + j \left(\rho - \frac{r^2}{\rho}\right) \sin\varphi$$

über, wobei durch jeden Punkt der ζ-Ebene genau eine solche Ellipse hindurchgeht. Dies bedeutet schließlich, daß durch die Funktion (38.97) das Äußere des Kreises $|z| = r$ konform auf die zwischen den Punkten $\zeta = -2r$ und $\zeta = 2r$ aufgeschnittene ζ-Ebene abgebildet wird. Die Umkehrung von (38.97) ist

$$z = h(\zeta) = \frac{1}{2}\left(\zeta + \sqrt{\zeta^2 - 4r^2}\right). \tag{38.98}$$

Wir denken uns jetzt eine unendliche dünne Platte der Breite 4r, deren „Querschnitt" wir im Intervall $[-2r, 2r]$ der ζ-Ebene annehmen, in die Parallelströmung gebracht. Das Strömungsfeld füllt jetzt die längs des Intervalls $[-2r, 2r]$ aufgeschnittene ζ-Ebene aus. Da die Platte als unendlich dünn ange-

Bild 38.24

nommen wurde, wird die Parallelströmung nicht gestört, die Stromlinien sind die Parallelen $\mathrm{Im}(\zeta) = \mathrm{const.}$ zur reellen Achse. Die komplexe Geschwindigkeit, die wir mit w_ζ bezeichnen wollen, ist $w_\zeta = u_\infty$, das komplexe Potential der Strömung ist $G(\zeta) = u_\infty \zeta$ (Bild 38.24). Zwischen der Strömung um die unendlich dünne Platte und der Ausweichströmung um den Zylinder in der z-Ebene besteht nun folgender Zusammenhang. Bezeichnet w_z die komplexe Geschwindigkeit der Strömung um den Zylinder, so ist

$$w_z = g'(z) w_\zeta \quad \text{bzw.} \quad w_\zeta = h'(\zeta) w_z, \tag{38.99}$$

die Potentiale $F(z)$ und $G(\zeta)$ stehen zueinander in der Beziehung

$$F(z) = G\big(g(z)\big) \quad \text{bzw.} \quad G(\zeta) = F\big(h(\zeta)\big). \tag{38.100}$$

Dieser Sachverhalt lehrt uns nun folgendes. Kennen wir das Strömungsfeld für eine gewisse Kontur C_1 in der ζ-Ebene (wie zum Beispiel für die unendlich dünne Platte), so erhalten wir das Strömungsfeld um eine Kontur C_2 in der z-Ebene, wenn wir das Äußere der Kontur C_2 auf das Äußere der Kontur C_1 konform abbilden. Die Stromlinien der Ausweichströmung um die Kontur C_2 sind die Bilder der Stromlinien um die Kontur C_1. Zwischen den komplexen Geschwindigkeiten w_ζ und w_z besteht der Zusammenhang (38.99), zwischen den komplexen Potentialen $G(\zeta)$ und $F(z)$ der Zusammenhang (38.100). Die Abbildung $\zeta = g(z)$ beziehungsweise $z = h(\zeta)$ muß allerdings gewisse Eigenschaften aufweisen. Da die Konturen C_1 und C_2 bei der Abbildung ineinander übergehen sollen, muß der unendlich ferne Punkt $\zeta = \infty$, der ja ein Randpunkt des Äußeren von C_1 ist, in den unendlich fernen Punkt $z = \infty$ übergehen, weil dieser Randpunkt des Äußeren von C_2 ist. Weiter muß

$$\lim_{z \to \infty} g'(z) = 1 \quad \text{bzw.} \quad \lim_{\zeta \to \infty} h'(\zeta) = 1$$

gelten, denn andernfalls würde, wie durch Bildung des Grenzübergangs $z \to \infty$ bzw. $\zeta \to \infty$ in (38.99) unmittelbar abzulesen ist, die Ausweichströmung mit zunehmender Entfernung nicht in die Parallelströmung übergehen. Die Taylorentwicklung der Funktion $\zeta = g(z)$ im Punkt $z = \infty$ muß folglich die Gestalt

$$\zeta = g(z) = z + a_0 + a_1 \frac{1}{z} + a_2 \frac{1}{z^2} + \ldots$$

haben.

Wir kehren jetzt zur Ausweichströmung um den Kreiszylinder zurück. Durch die zwei Bedingungen, daß, erstens, die Störung im Unendlichen abklingt und daß, zweitens, die Kreiskontur eine Stromlinie ist, wird die Strömung nicht eindeutig festgelegt. Wie unmittelbar zu sehen ist, erfüllt

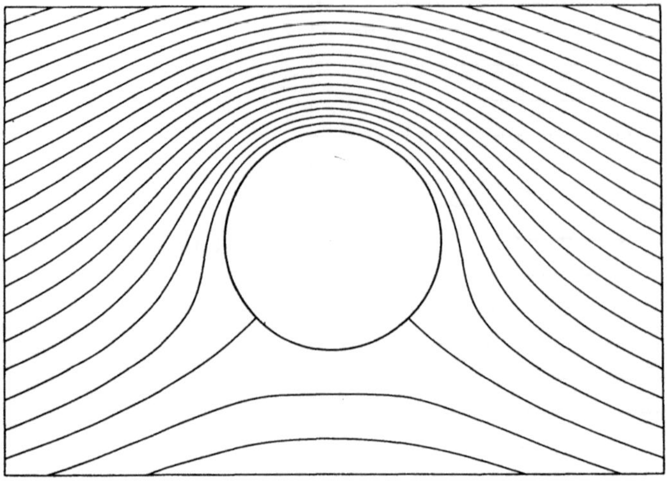

Bild 38.25

auch die Funktion

$$F(z) = u_\infty\left(z + \frac{r^2}{z}\right) + \frac{\Gamma}{2\pi j}\ln z \tag{38.101}$$

mit

$$w = f(z) = F'(z) = u_\infty + \frac{\Gamma}{2\pi j}\frac{1}{z} - u_\infty\frac{r^2}{z^2} \tag{38.102}$$

die gestellten Bedingungen. Der hinzugekommene Term $\frac{\Gamma}{2\pi j}\ln z$ ist das komplexe Potential einer reinen *Zirkulationsströmung* $w = \frac{\Gamma}{2\pi j}\frac{1}{z}$ um den Zylinder, weshalb die Konstante Γ die *Zirkulation* genannt wird. Bezeichnet C eine beliebige geschlossene positiv orientierte Kurve, die den Kreis $|z| \leqslant r$ in ihrem Inneren enthält, so ist

$$\Gamma = \oint_C w\,dz.$$

Die Strömung (38.102) mit dem Potential (38.101) entsteht durch Überlagerung der Strömung (38.95) und der Zirkulationsströmung $w = \frac{\Gamma}{2\pi j}\frac{1}{z}$ (Bild 38.25).

Ein Punkt im Inneren oder auf dem Rande des Strömungsfeldes, in dem die Geschwindigkeit Null ist, heißt ein ***Staupunkt.*** In einem Staupunkt ist folglich $w = 0$, das heißt

$$f(z) = F'(z) = 0. \tag{38.103}$$

Die Staupunkte der Strömung (38.102) liegen, in Abhängigkeit von der Stärke der Zirkulation, auf dem Kreiszylinder oder außerhalb. Wir wollen annehmen, daß sie auf dem Kreiszylinder liegen und machen zu ihrer Berechnung den Ansatz $z = re^{j\psi}$; Einsetzen in (38.102) liefert mit $w = 0$ die Gleichung

$$u_\infty(1 - e^{-2j\psi}) + \frac{\Gamma}{2\pi jr}e^{-j\psi} = 0$$

und nach einer einfachen Umformung

$$\sin\psi = \frac{\Gamma}{4\pi r u_\infty}. \tag{38.104}$$

Bild 38.26

Demnach liegen Staupunkte der Strömung (38.102) genau dann auf dem Kreis $|z| = r$, wenn $|\Gamma| \leq 4\pi r u_\infty$ gilt. Im Falle positiver Zirkulation ($\Gamma > 0$) liegen sie auf der oberen Seite, im Falle negativer Zirkulation ($\Gamma < 0$) liegen sie auf der unteren Seite; in Bild 38.25 ist $\Gamma < 0$ angenommen. Ist $\Gamma = \pm 4\pi r u_\infty$, so fallen die beiden Staupunkte zusammen, ist $|\Gamma| > 4\pi r u_\infty$, so gibt es ebenfalls nur einen Staupunkt, und zwar liegt dieser im Inneren des Strömungsfeldes (Bild 38.26).

Wir wollen jetzt die Ausweichströmung um eine schräg gestellte unendlich dünne Platte der Breite l in der ζ-Ebene konstruieren. Es sei α der Winkel, den die Platte mit der positiven Richtung der reellen Achse einschließt, den „Querschnitt" der Platte legen wir in die Verbindungsstrecke der Punkte $\zeta = \frac{l}{2} e^{j\alpha}$ und $\zeta = -\frac{l}{2} e^{j\alpha}$. Zur Konstruktion des Strömungsbildes bei vorgegebener Zirkulation Γ benötigen wir die konforme Abbildung des Äußeren eines Kreises in der z-Ebene auf die längs der Verbindungsstrecke der Punkte $\zeta = \frac{l}{2} e^{j\alpha}$ und $\zeta = -\frac{l}{2} e^{j\alpha}$ aufgeschnittene ζ-Ebene, da wir das Strömungsproblem für eine kreisförmige Kontur mit (38.102) bereits gelöst haben. Eine solche Abbildung leistet die Funktion

$$\zeta = g(z) = z + \frac{l^2}{16} e^{2j\alpha} \frac{1}{z} \tag{38.105}$$

mit der Umkehrung

$$z = h(\zeta) = \frac{1}{2}\left(\zeta + \sqrt{\zeta^2 - l^2 e^{2j\alpha}/4}\right), \tag{38.106}$$

worin $r = \frac{l}{4}$ der Radius des Kreises in der z-Ebene ist. Konstruiert man jetzt die Bilder der Stromlinien der Strömung um den Zylinder, so erhält man das Strömungsbild der schräg angeströmten Platte (Bild 38.27).

Ist z_0 ein Staupunkt der Strömung um den Zylinder in der z-Ebene, so ist, wie aus den Gleichungen (38.99) abgelesen werden kann, das Bild $\zeta_0 = g(z_0)$ dieses Staupunktes unter der Abbildung $\zeta = g(z)$ ein Staupunkt der schräg angeströmten Platte in der ζ-Ebene. Weiter ist die Zirkulation um die angeströmte Platte dieselbe wie um den Kreiszylinder, denn es gilt, wie der Leser mit Hilfe des komplexen Potentials der Strömungen leicht nachrechnet,

$$\Gamma = \oint_{C_1} w_z dz = \oint_{C_2} w_\zeta d\zeta.$$

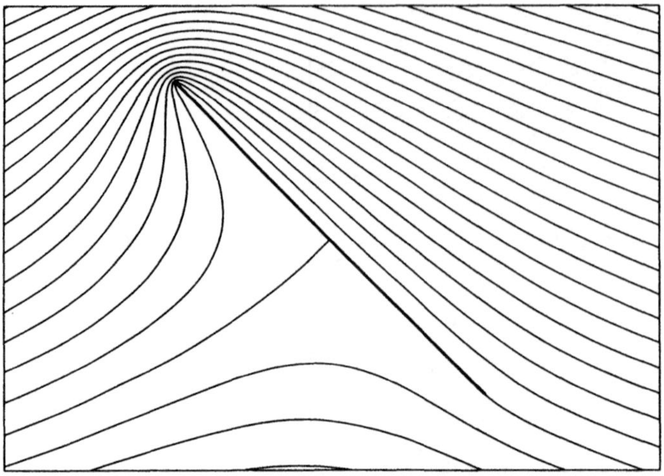

Bild 38.27

Von den verschiedenen Bildern, die sich durch Variation der Zirkulation Γ und des Winkels α ergeben, greifen wir einen besonders wichtigen Fall heraus, nämlich den, daß die Hinterkante der Platte ein Staupunkt ist, wofür jetzt $\frac{\pi}{2} < \alpha < \pi$ angenommen sei. Da die Hinterkante der Platte, der Punkt $\zeta = -\frac{l}{2} e^{j\alpha}$, bei der Abbildung (38.106) in den Punkt $z = -re^{j\alpha}$ auf der Kreisperipherie übergeht, müssen wir verlangen, daß dieser ein Staupunkt der Strömung um den Zylinder ist. Dies bedeutet, daß $\psi = \alpha + \pi$ eine Lösung der Gleichung (38.104) sein muß; daraus folgt, daß die Zirkulation den Wert

$$\Gamma = -4\pi r u_\infty \sin\alpha = -l\pi u_\infty \sin\alpha \tag{38.107}$$

haben muß. Da die beiden Staupunkte der Strömung um die Kreiskontur symmetrisch zur imaginären Achse liegen, hat der zweite Staupunkt das Argument $-\alpha$; beachtet man, daß dem Punkt $z = re^{-j\alpha}$ der Punkt $\zeta = \frac{l}{2} e^{j\alpha} \cos 2\alpha$ entspricht, so finden wir den zweiten Staupunkt der schräg angeströmten Platte im Abstand $l \cos^2\alpha$ von der Hinterkante, und zwar auf der Unterseite der Platte. Dieser Fall ist in Bild 38.27 dargestellt.

Der Umstand, daß eine scharfe Hinterkante Staupunkt eines umströmten Profils ist, stellt keinen Sonderfall dar. Das Experiment lehrt, daß sich um jedes Profil mit scharfer Hinterkante, das in eine Parallelströmung gebracht wird oder durch eine ruhende Flüssigkeit mit konstanter Geschwindigkeit bewegt wird, auf Grund von komplizierten Vorgängen in der sogenannten Grenzschicht eine Zirkulationsströmung einstellt, die sich der Parallelströmung überlagert, und zwar so, daß die Hinterkante ein Staupunkt ist. Die Stromlinien von der Ober- und Unterseite schließen sich an der scharfen Hinterkante wieder zusammen, es findet keine Umströmung der Hinterkante statt. Durch diesen Sachverhalt wird übrigens die Stärke der Zirkulation festgelegt.

Das Auftreten einer Zirkulationsströmung um ein Profil ist schließlich Bedingung dafür, daß sich eine Kraft senkrecht zur Strömungsrichtung einstellt, die man den ***Auftrieb*** nennt. Wir bezeichnen mit C die Kontur des Profils, Γ sei die Zirkulation, die resultierende Kraft auf das Profil sei $\mathbf{k}$. Da wir vorausgesetzt haben, daß die Flüssigkeit ideal ist, der Druck p also in jedem Punkt nach allen Richtungen gleich ist, gilt

$$\mathbf{k} = \oint_C p\mathbf{n}\,ds,$$

worin $\mathbf{n}$ die ins Innere des Profils weisende Normale auf C ist. Wir gehen nun ins Komplexe über und bezeichnen mit a beziehungsweise b die Koordinaten der resultierenden Kraft $\mathbf{k}$ in der x- beziehungsweise y-Richtung. Wie eine einfache Rechnung zeigt, ist

$$a + jb = \oint_C p(j\,dx - dy). \tag{38.108}$$

Nun besteht für ideale Flüssigkeiten zwischen dem Druck p und der Geschwindigkeit v bei Fehlen äußerer Kräfte der Zusammenhang

$$\frac{p}{\rho} + \frac{1}{2} v^2 = \text{const}, \tag{38.109}$$

worin ρ die Dichte der Flüssigkeit ist. Die Gleichung (38.109) heißt *Bernoullische Gleichung* für ideale Flüssigkeiten. Wenn wir aus (38.109) für p in (38.108) einsetzen und berücksichtigen, daß auf Grund der Inkompressibilität die Dichte ρ konstant ist, so erhalten wir

$$a + jb = -\frac{\rho}{2} \oint_C v^2 (j dx - dy). \tag{38.110}$$

Nun gilt aber

$$\begin{aligned}\oint_C w^2 dz &= \oint_C (u^2 - v^2 - 2juv)(dx + jdy)\\ &= \oint_C ((u^2 - v^2) dx + 2uvdy) + j \oint_C ((u^2 - v^2) dy - 2uvdx)\\ &= \oint_C (u^2 + v^2)(dx - jdy) + 2 \oint_C (v + ju)(udy - vdx).\end{aligned}$$

Da längs der Profilkontur der Geschwindigkeitsvektor $w^* = u + jv$ die Richtung des Tangentenvektors haben muß, gilt $udy - vdx = 0$ längs C und folglich

$$-\frac{\rho}{2} \oint_C w^2 dz = -\frac{\rho}{2} \oint_C v^2 (dx - jdy) = b + ja. \tag{38.111}$$

Wir entwickeln nun, um das Integral (38.111) zu berechnen, die komplexe Geschwindigkeit $w = f(z)$ in ihre Taylorsche Reihe im Punkt $z = \infty$; diese Entwicklung hat die Gestalt

$$w = u_\infty + \frac{\Gamma}{2\pi j} \frac{1}{z} + \frac{\alpha}{z^2} + \frac{\beta}{z^3} + \dots .$$

Setzen wir in (38.111) ein, so ergibt sich

$$-\frac{\rho}{2} \oint_C w^2 dz = -\frac{\rho}{2} \oint_C \left[u_\infty^2 + 2u_\infty \frac{\Gamma}{2\pi j} \frac{1}{z} + \dots\right] dz = -\rho u_\infty \frac{\Gamma}{2\pi j} \oint_C \frac{dz}{z} = -\rho u_\infty \Gamma,$$

also

$$a = 0, \quad b = -\rho u_\infty \Gamma.$$

Die resultierende Kraft auf das Profil wirkt senkrecht zur Strömungsrichtung, wodurch die Bezeichnung Auftrieb gerechtfertigt wird,

$$A = -\rho u_\infty \Gamma. \tag{38.112}$$

Die Gleichung (38.112) heißt *Kutta-Jukowskysche Gleichung*. Sie lehrt, daß ein Auftrieb nur möglich ist, wenn eine Zirkulationsströmung um das Profil auftritt, insbesondere ist der Auftrieb positiv, wenn die Zirkulation negativ ist.

Wie schon erwähnt, stellt sich an Profilen mit scharfer Hinterkante eine Zirkulationsströmung ein, so daß die Hinterkante ein Staupunkt der Strömung ist. Der Auftrieb, den demnach eine schräg angeströmte Platte erfährt, ist wegen (38.107)

$$A = \rho u_\infty^2 l \pi \sin\alpha.$$

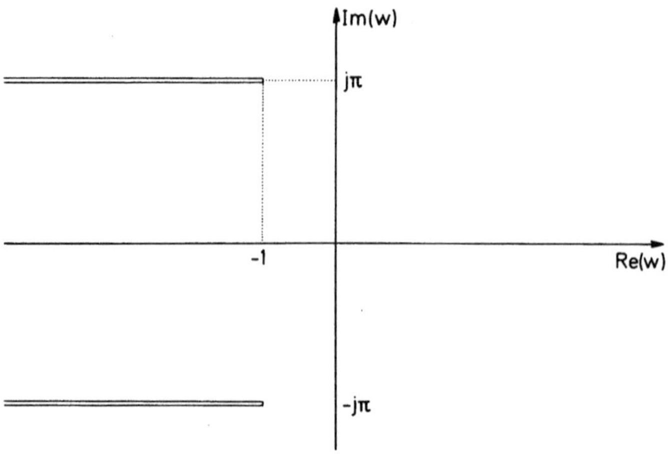

Bild 38.28

Wir bringen zum Abschluß ein Beispiel zur konformen Abbildung mit einer interessanten Anwendung in der Elektrostatik.

Die Funktion

$$w = f(z) = z + e^z \tag{38.113}$$

bildet den Streifen $|\mathrm{Im}(z)| < \pi$ konform auf die w-Ebene ab, die längs der beiden Halbgeraden $w = u + j\pi$ und $w = u - j\pi$, $-\infty < u \leq -1$, aufgeschnitten ist (Bild 38.28). Um dies zu sehen, braucht man nur die Bilder der Geraden $\mathrm{Im}(z) = \pi$ und $\mathrm{Im}(z) = -\pi$ zu untersuchen. Durchläuft man die Gerade $\mathrm{Im}(z) = \pi$, so bewegt sich der Bildpunkt in der w-Ebene in der selben Richtung auf dem südlichen Ufer des Schnittes in $w = u + j\pi$ bis zum Punkt $w = -1 + j\pi$, der dem Punkt $z = j\pi$ entspricht, und läuft auf dem nördlichen Ufer zurück ins Unendliche. Analog sind die Verhältnisse, wenn man das Bild der Geraden $\mathrm{Im}(z) = -\pi$ untersucht.

Wir stellen uns nun einen Plattenkondensator mit allseitig ins Unendliche ausgedehnten Platten im Abstand 2π voneinander vor. Im Raum zwischen den Platten herrscht ein homogenes Feld, das wir durch eine ebene Feldgröße beschreiben können. Wir gehen ins Komplexe über und legen die „Querschnitte" der Kondensatorplatten in die Geraden $\mathrm{Im}(z) = \pi$ beziehungsweise $\mathrm{Im}(z) = -\pi$. Die Äquipotentiallinien verlaufen dann parallel zur reellen Achse, die Feldlinien senkrecht dazu parallel zur imaginären Achse. Durch die Funktion (38.113) wird nun der Streifen $|\mathrm{Im}(z)| < \pi$, der „Raum" zwischen

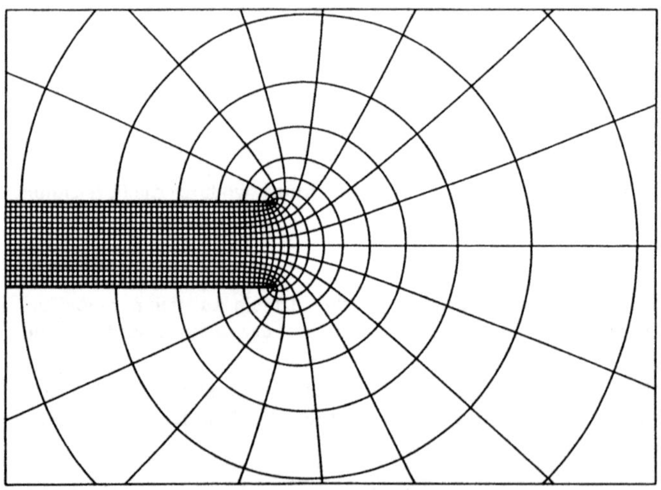

Bild 38.29

den beiden Platten, konform auf die längs der beiden Halbgeraden aufgeschnittene w-Ebene abgebildet; die Kondensatorplatten werden in den Punkten $z = -1 + j\pi$ und $z = -1 - j\pi$ aufgeklappt, es entsteht das Bild eines Kondensators mit Innen- und Außenraum. Zeichnet man in der w-Ebene die Bilder der Feldlinien und Äquipotentiallinien, so erhält man Bild 38.29, das das Streufeld am Rande eines Plattenkondensators anschaulich macht.

38.5 Theorie und Praxis der konformen Abbildung

Die Konstruktion einer konformen Abbildung zweier Gebiete ist im allgemeinen ein recht schwieriges Problem. Im folgenden wollen wir den Leser mit den theoretischen Grundtatsachen der konformen Abbildung vertraut machen und im Anschluß daran auf die Prinzipien zur näherungsweisen Lösung der einfachsten Abbildungsaufgaben eingehen.

Wir beginnen mit einer Eigenschaft analytischer Funktionen, die man auch als *Satz von der Gebietstreue* bezeichnet: *Ist die Funktion* $w = f(z)$ *in einem Punkt* z_0 *analytisch und ist* $f'(z_0) \neq 0$, *so existiert in einer gewissen Umgebung von* $w_0 = f(z_0)$ *die Umkehrung* $z = g(w)$; *die Funktion* $z = g(w)$ *ist in dieser Umgebung eindeutig und in* w_0 *analytisch.* Anders ausgedrückt, eine Umgebung U_z des Punktes z_0 wird durch $w = f(z)$ umkehrbar eindeutig auf eine Umgebung U_w des Punktes $w_0 = f(z_0)$ abgebildet. Man sagt, die Abbildung von U_z auf U_w ist *schlicht* und nennt $w = f(z)$ eine in U_z *schlichte Funktion.*

Die Bedingung $f'(z_0) \neq 0$ ist wesentlich dafür, daß die Abbildung von U_z auf U_w umkehrbar eindeutig ist, sie ist aber nicht entscheidend dafür, daß das Bild einer Umgebung wieder eine Umgebung ist. Es läßt sich hierüber eine globale Aussage machen, die eine Ausdehnung des Satzes von der Gebietstreue ist: *Ist* $w = f(z)$ *in einem Gebiet G der z-Ebene analytisch und ist* $f(z)$ *in G nicht konstant, so wird das Gebiet G durch* $w = f(z)$ *wieder auf ein Gebiet G' der w-Ebene abgebildet.* Diese Abbildung muß aber nicht umkehrbar eindeutig, also schlicht sein. Auch die Bedingung $f'(z) \neq 0$ in *G* gewährleistet nicht, daß $w = f(z)$ eine schlichte Abbildung von *G* auf *G'* vermittelt, diese Bedingung ist lokal notwendig und hinreichend, global aber nur notwendig, das heißt, wenn eine Abbildung von *G* auf *G'* schlicht ist, so ist $f'(z) \neq 0$ in *G*.

Sollen zwei gegebene Gebiete aufeinander abgebildet werden, so liegt es in der Natur der Dinge zu verlangen, daß diese Abbildung umkehrbar eindeutig ist. Wir wollen deshalb, wenn wir von einer konformen Abbildung eines Gebietes *G* der z-Ebene auf ein Gebiet *G'* der w-Ebene sprechen, stillschweigend voraussetzen, daß diese Abbildung umkehrbar eindeutig ist, mit anderen Worten, wir fordern, daß die Funktion $w = f(z)$ eine in *G* schlichte Funktion ist.

Das Grundproblem der konformen Abbildung besteht darin, zwei vorgegebene Gebiete konform aufeinander abzubilden. Bevor man die Lösung einer derartigen Abbildungsaufgabe in Angriff nimmt, muß natürlich geklärt sein, ob sich die beiden in Betracht gezogenen Gebiete überhaupt konform aufeinander abbilden lassen. Wir wollen daher zunächst untersuchen, welche Eigenschaften zwei Gebiete aufweisen müssen, damit sie konform aufeinander abgebildet werden können. Eine notwendige Bedingung ergibt sich aus der Tatsache, daß jede Funktion $w = f(z)$, die ein Gebiet *G* auf ein Gebiet *G'* konform abbildet, in *G* stetig ist. Dies bedeutet, daß nur Gebiete mit denselben Zusammenhangseigenschaften aufeinander konform abgebildet werden können. Diese Bedingung ist im allgemeinen nur notwendig; für einfach zusammenhängende Gebiete, die echte Teilgebiete der Ebene sind, ist sie auch hinreichend:

Satz 38.2 (Riemannscher Abbildungssatz) *Sind G und G' zwei einfach zusammenhängende Gebiete der* z- *und der* w-*Ebene mit mehr als zwei Randpunkten (einschließlich des unendlich fernen Punktes), so gibt es stets eine in G analytische Funktion* $w = f(z)$, *die G konform auf G' abbildet. Insbesondere läßt sich jedes von einer geschlossenen sich nicht durchsetzenden Kurve berandetes Gebiet konform auf den Einheitskreis – als Normalgebiet – abbilden.*

Die konforme Abbildung eines Gebietes G auf ein Gebiet G' ist nicht eindeutig. Sie wird eindeutig festgelegt, wenn man für einen beliebigen Punkt z_0 in G und für einen beliebigen Punkt w_0 in G' den Zusammenhang $w_0 = f(z_0)$ verlangt und arg $(f'(z_0))$ vorgibt. Die allgemeinste Abbildung hängt demnach von drei Parametern ab. Diese können aber auch auf andere Weise festgelegt werden, so zum Beispiel durch die Forderung, daß drei vorgegebene Punkte auf der Berandung von G in drei vorgegebene Punkte der Berandung von G' übergehen.

In den meisten praktischen Fällen ist sowohl das Gebiet G als auch das Gebiet G' von einer geschlossenen sich nicht durchsetzenden Kurve begrenzt. Ist $w = f(z)$ eine konforme Abbildung von G auf G', so geht die Randkurve C von G durch $w = f(z)$ in den Rand C' von G' über. Für die Praxis der konformen Abbildung ist es wichtig zu wissen, daß die Ränderzuordnung stetig ist, da die Funktion $w = f(z)$ auf dem abgeschlossenen Bereich, der aus G und den Punkten der Randkurve C besteht, stetig ist. Wählt man für G' den Einheitskreis, so bedeutet dies folgendes: *Ist das einfach zusammenhängende Gebiet G von einer geschlossenen sich nicht durchsetzenden Kurve berandet und bildet* $w = f(z)$ *das Gebiet G konform auf den Einheitskreis ab, so ist* $w = f(z)$ *auf dem Rand von G stetig und bildet die Randkurve umkehrbar eindeutig auf die Peripherie des Einheitskreises ab.*

Komplizierter ist die Abbildung mehrfach zusammenhängender Gebiete. Der gleiche Zusammenhang der beiden Gebiete reicht jetzt nicht mehr aus, die Existenz einer konformen Abbildung zu gewährleisten, die Forderung nach gleichen Zusammenhangseigenschaften ist für mehrfach zusammenhängende Gebiete nur mehr eine notwendige Bedingung, aber keine hinreichende.

Über die Verhältnisse bei zweifach zusammenhängenden Gebieten läßt sich folgende Aussage machen, wenn man als Normalgebiet in der w-Ebene ein Kreisringgebiet $0 \leqslant r_1 < |w| < r_2$ wählt: *Jedes zweifach zusammenhängende Gebiet kann konform auf einen Kreisring mit endlichem oder unendlichem Verhältnis* r_2/r_1 *der Radien seiner Berandungskreise abgebildet werden.* Die Bestimmung des Quotienten r_2/r_1 zählt dabei zu den schwierigsten Problemen der Theorie der konformen Abbildung.

Jede analytische Funktion vermittelt konforme Abbildungen verschiedener Gebiete. Ist nämlich $w = f(z)$ eine im Gebiet G analytische Funktion und ist $f(z)$ in G schlicht, so wird durch $w = f(z)$ das Gebiet G konform auf das Bild G' von $w = f(z)$ abgebildet. Es ist hier nicht der Platz, auch die einfachsten Fälle von Abbildungen durch elementare Funktionen durchzubesprechen, weil einerseits keine Vollständigkeit angestrebt werden kann und es andererseits ausgezeichnete Zusammenstellungen beziehungsweise Kataloge der konformen Abbildung gibt; auf solche sei der interessierte Leser verwiesen. Wir wollen vielmehr zwei wichtige Fälle von allgemeinem Interesse behandeln, die Abbildungseigenschaften der linear gebrochenen Funktionen sowie die Abbildung der oberen Halbebene auf das Innere eines geschlossenen Polygonzuges.

Unter einer *linear gebrochenen Funktion* versteht man eine rationale Funktion, deren Zähler und Nenner Polynome höchstens vom Grad 1 sind,

$$w = f(z) = \frac{az + b}{cz + d}, \tag{38.114}$$

wobei wir $D = ad - bc \neq 0$ voraussetzen, da sonst $f(z)$ eine konstante Funktion ist. Für $c = 0$, $d = 1$ erhält man als Spezialfall die *lineare Funktion*

$$w = az + b, \tag{38.115}$$

die eine Drehstreckung und eine Parallelverschiebung beschreibt, wobei man für $b = 0$ eine reine Drehstreckung, für $a = 1$ eine reine Parallelverschiebung erhält. Ist $a = d = 0$, $b = c = 1$, so ist

$$w = \frac{1}{z}. \tag{38.116}$$

Diese Funktion beschreibt eine Spiegelung am Einheitskreis mit anschließender Spiegelung an der reellen Achse (vgl. Abschnitt 4.6, Seite 110). Für das Folgende sei nun $c \neq 0$ angenommen.

Durch die Funktion (38.114) wird die z-Ebene, mit Ausnahme des Punktes $z = -\frac{d}{c}$, auf die w-Ebene, aus der der Punkt $w = \frac{a}{c}$ herausgenommen ist, umkehrbar eindeutig abgebildet; die Umkehrung leistet die Funktion

$$z = g(w) = \frac{dw - b}{-cw + a}, \tag{38.117}$$

die ebenfalls linear gebrochen ist. Erweitern wir die z-Ebene und ebenso die w-Ebene um den unendlich fernen Punkt, so wird durch (38.114) die z-Ebene (mit Einschluß des Punktes $z = \infty$) umkehrbar eindeutig auf die w-Ebene (mit Einschluß des Punktes $w = \infty$) abgebildet. Wir erwähnen, daß die linear gebrochenen Funktionen die allgemeinsten Funktionen mit dieser Eigenschaft sind.

Die allgemeine linear gebrochene Funktion (38.114) läßt sich als Zusammensetzung von Funktionen des Typs (38.115) und (38.116) darstellen,

$$z_1 = z + \frac{d}{c}, \quad z_2 = \frac{1}{z_1}, \quad w = -\frac{D}{c^2} z_2 + \frac{a}{c}, \quad D = ad - bc.$$

Die Abbildung durch eine linear gebrochene Funktion entsteht also zunächst durch eine Parallelverschiebung, durch eine Spiegelung am Einheitskreis mit anschließender Spiegelung an der reellen Achse, sodann durch eine Drehstreckung und schließlich durch eine Parallelverschiebung. Aus dieser Zerlegung läßt sich eine wichtige Eigenschaft der linear gebrochenen Funktionen im Zusammenhang mit konformen Abbildungen erkennen. Wir haben hierfür zwei Dinge zu beachten: erstens werden durch eine lineare Funktion (38.115) Geraden auf Geraden und Kreise auf Kreise abgebildet, zweitens werden durch die Funktion (38.116), wie wir in Beispiel 4.33 gelernt haben, Kreise und Geraden auf Kreise oder Geraden abgebildet. Fassen wir Geraden als Verallgemeinerung von Kreisen auf – solche mit unendlich großem Radius – so können wir sagen, durch eine lineare Funktion (38.115) und durch die Funktion (38.116) werden Kreise wieder auf Kreise abgebildet. Da diese

Eigenschaft jede Zusammensetzung von Funktionen der beiden Typen haben muß, kommt sie folglich auch den linear gebrochenen Funktionen zu: *Durch eine linear gebrochene Funktion* (38.114) *werden Kreise auf Kreise abgebildet.* Diese Eigenschaft bezeichnet man als *Kreistreue.*

Wir bemerken hierzu, daß ein (echter) Kreis oder eine Gerade durch den Punkt $z = -\frac{d}{c}$ stets auf eine Gerade abgebildet wird. Dies ergibt sich aus der Tatsache, daß das Bild nur dann eine Gerade sein kann, wenn der unendlich ferne Punkt $w = \infty$ als Bildpunkt auftritt.

Eine *linear gebrochene Transformation*, wie wir die Abbildung durch eine linear gebrochene Funktion nennen wollen, ist durch die Vorgabe von drei Punktepaaren z_i, w_i, $i = 1, 2, 3$, die einander bei der Abbildung entsprechen sollen, eindeutig bestimmt. Aus den drei Gleichungen

$$w_i = \frac{az_i + b}{cz_i + d}, \quad i = 1, 2, 3,$$

lassen sich die vier Koeffizienten a, b, c und d bis auf einen gemeinsamen Faktor berechnen, wobei dieser, nach Einsetzen in (38.114), gekürzt werden kann. Einfacher ist der Weg, wenn man zu diesen drei Gleichungen eine vierte hinzufügt, und zwar $w = \frac{az + b}{cz + d}$, worin z und w zwei beliebige Punkte sind, die aufeinander abgebildet werden sollen. Man erhält auf diese Weise ein lineares homogenes Gleichungssystem, bestehend aus vier Gleichungen für die vier Unbekannten a, b, c und d, dessen Koeffizientendeterminante verschwinden muß, da nicht alle der vier Koeffizienten gleich Null sein dürfen,

$$\begin{vmatrix} z_1 & 1 & -w_1z_1 & -w_1 \\ z_2 & 1 & -w_2z_2 & -w_2 \\ z_3 & 1 & -w_3z_3 & -w_3 \\ z & 1 & -wz & -w \end{vmatrix} = 0.$$

Löst man diese Gleichung nach w auf, so erhält man die gesuchte Transformation. Um diese Rechnung möglichst einfach zu gestalten, addieren wir die mit -1 multiplizierte vierte Zeile zu den übrigen und wenden sodann auf die zweite Spalte den Entwicklungssatz an; das Ergebnis ist eine dreireihige Determinante. In dieser addieren wir die mit $-z$ multiplizierte dritte Spalte zur zweiten Spalte hinzu und erhalten, wenn wir aus der ersten Zeile den Faktor $z - z_1$, aus der zweiten den Faktor $z - z_2$ und aus der dritten den Faktor $z - z_3$ herausheben,

$$(z - z_1)(z - z_2)(z - z_3) \begin{vmatrix} -1 & w_1 & \dfrac{w - w_1}{z - z_1} \\ -1 & w_2 & \dfrac{w - w_2}{z - z_2} \\ -1 & w_3 & \dfrac{w - w_3}{z - z_3} \end{vmatrix} = 0.$$

Zur weiteren Vereinfachung ziehen wir die dritte Zeile dieser Determinante von den beiden ersten ab und wenden wieder den Entwicklungssatz an; nun führen wir die Multiplikation mit dem Faktor $z - z_3$ aus, in dem wir die zweite Spalte der entstandenen zweireihigen

Determinante mit $z - z_3$ multiplizieren. Addieren wir sodann die erste Spalte zur zweiten hinzu, so erhalten wir schließlich

$$(z - z_1)(z - z_2)\begin{vmatrix} w_3 - w_1 & (w - w_1)\dfrac{z_1 - z_3}{z - z_1} \\ w_3 - w_2 & (w - w_2)\dfrac{z_2 - z_3}{z - z_2}\end{vmatrix} = 0$$

und daraus

$$(z - z_1)(z_2 - z_3)(w - w_2)(w_3 - w_1) - (z - z_2)(z_1 - z_3)(w - w_1)(w_3 - w_2) = 0.$$

Wir geben dieser Gleichung die Gestalt

$$\frac{w - w_2}{w - w_1} : \frac{w_3 - w_2}{w_3 - w_1} = \frac{z - z_2}{z - z_1} : \frac{z_3 - z_2}{z_3 - z_1}. \tag{38.118}$$

Führt man das *Doppelverhältnis* von vier Punkten z_1, z_2, z_3 und z_4 ein,

$$D(z_1, z_2, z_3, z_4) := \frac{z_4 - z_2}{z_4 - z_1} : \frac{z_3 - z_2}{z_3 - z_1},$$

so kann die Gleichung (38.118) in der Form

$$D(w_1, w_2, w_3, w) = D(z_1, z_2, z_3, z)$$

geschrieben werden, womit schließlich zum Ausdruck kommt, daß das Doppelverhältnis von vier Punkten, die einander bei einer linear gebrochenen Transformation entsprechen, konstant ist: *Das Doppelverhältnis ist eine Invariante der linear gebrochenen Transformationen.*

Die Kreistreue der linear gebrochenen Transformationen (38.114) ermöglicht die konforme Abbildung des Inneren eines Kreises, des Äußeren eines Kreises, einer Halbebene auf das Innere eines Kreises oder auf das Äußere eines Kreises oder auf eine Halbebene. Wie eine solche Abbildungsaufgabe zu lösen ist, wollen wir uns im folgenden überlegen.

Eine naheliegende Idee ist, die Ränder der aufeinander abzubildenden Gebiete direkt ineinander überzuführen. Dies kann dadurch geschehen, daß man jeweils drei Punkte z_1, z_2, z_3 beziehungsweise w_1, w_2, w_3 auf den Randkurven vorgibt und verlangt, daß sie bei der Abbildung einander entsprechen sollen. Wir bemerken hierzu, daß sich durch drei Punkte stets genau ein Kreis oder eine Gerade legen läßt und dieser Kreis beziehungsweise diese Gerade eindeutig bestimmt ist. Durch die Auswahl der Randpunkte ist die linear gebrochene Transformation eindeutig bestimmt; somit wird auf diese Weise auch festgelegt, welches Gebiet auf welches Gebiet abgebildet wird. Hierfür gibt es ja vier Möglichkeiten, bei der Abbildung zweier Kreise zum Beispiel: Innengebiet oder Außengebiet auf Innengebiet oder Außengebiet. Welche Gebiete nun aufeinander abgebildet werden, hängt davon ab, wie die Punkte auf der Randkurve in der z-Ebene und die ihnen entsprechenden Punkte auf der Randkurve in der w-Ebene aufeinanderfolgen. Wir geben nach Auswahl der Punkte z_i und w_i den Randkurven einen Durchlaufsinn, und zwar derart, daß wir vom Punkt z_1 (beziehungsweise w_1) zunächst zum Punkt z_2 (beziehungsweise w_2) und von diesem zum Punkt z_3 (beziehungsweise w_3) gelangen. Es ist klar, daß dieser Orientierungssinn durch die Auswahl der Punkte für Kreise eindeutig festgelegt wird. Handelt es sich um eine Gerade als Randkurve, so liegen die drei Punkte entweder in einer Reihe oder der dritte Punkt liegt zwischen den beiden ersten; wenn wir uns die Gerade als verallgemeinerten Kreis vorstellen, so haben wir in diesem letzten Fall die Orientierung so festzulegen, daß man vom ersten Punkt zunächst zum Punkt ∞ gelangt, von diesem auf dem anderen „Ende" der Geraden zum zweiten Punkt und schließlich von diesem zum dritten Punkt. Nun gilt auf Grund der Tatsache, daß bei konformer Abbildung der Orientierungssinn von Kurven erhalten bleibt: *Durchläuft man den Kreis/die Gerade in der z-Ebene im Sinne der durch die Wahl der drei Punkte festgelegten Orientierung, ebenso den Kreis/die Gerade in der w-Ebene, so werden die Gebiete zur Linken und die Gebiete zur Rechten aufeinander abgebildet.*

Für die praktische Rechnung bedeutet dies folgendes. Man gibt zunächst den Berandungen eine Orientierung, und zwar so, daß im Sinne dieser Orientierung die aufeinander abzubildenden Gebiete entweder beide zur Linken oder beide zur Rechten liegen. Nachdem dies getan ist, wählt man auf den Randkurven drei beliebige Punkte, deren Wahl der einzigen Einschränkung unterworfen ist, daß ihre Aufeinanderfolge im Einklag mit der vorgegebenen Orientierung steht.

Beispiel 38.18: Wir bilden das Äußere des Einheitskreises konform auf die obere Halbebene ab. Dem Einheitskreis geben wir eine negative Orientierung und wählen der Einfachheit halber die Punkte $z_1 = -1$, $z_2 = j$, $z_3 = 1$. Da durch die negative Orientierung des Einheitskreises das abzubildende Gebiet der z-Ebene zur Linken liegt, müssen wir die reelle Achse der w-Ebene, den Rand des Bildgebietes, so orientieren, daß die obere Halbebene zur Linken liegt. Die Auswahl der drei Punkte w_1, w_2, w_3 muß dann so erfolgen, daß eine der beiden Doppelungleichungen $w_1 < w_2 < w_3$ oder $w_2 < w_3 < w_1$ richtig ist; wir wählen $w_1 = -1$, $w_2 = 0$, $w_3 = 1$. Setzen wir in (38.118) ein, so folgt

$$\frac{w-0}{w+1} : \frac{1-0}{1+1} = \frac{z-j}{z+1} : \frac{1-j}{1+1}$$

und daraus

$$w = \frac{z-j}{-jz+1}.$$

Diese gebrochene lineare Transformation ist auch die Lösung der Aufgabe, das Innere des Einheitskreises konform auf die untere Halbebene abzubilden.

Verschiedentlich ist es wünschenswert, sämtliche Abbildungen zweier Gebiete zu kennen, wenn es zum Beispiel darum geht, aus der Schar aller Abbildungen eine einzige mit besonderen Eigenschaften auszusondern. Dem wird die eben beschriebene Methode der Konstruktion durch direkte Ränderzuordnung im allgemeinen nicht gerecht, wohl aber ein zweites Konstruktionsprinzip, das sich auf folgende Eigenschaft linear gebrochener Transformationen stützt, deren Beweis wir dem Leser überlassen können: *Liegen zwei Punkte zu einem Kreis oder zu einer Geraden spiegelbildlich, so gehen sie bei einer linear gebrochenen Transformation in zwei Punkte über, die zum Bild des Kreises beziehungsweise zum Bild der Geraden spiegelbildlich liegen.*

Zur Bestimmung der gesuchten Transformation mit Hilfe dieses Spiegelungsprinzips kann man folgendermaßen verfahren. Man wählt zwei Punkte z_0 und w_0, die einander bei der Abbildung entsprechen sollen, entweder beide im Inneren oder beide im Äußeren der aufeinander abzubildenden Gebiete. Sodann bestimmt man die an den Randkurven gespiegelten Punkte z_0^* und w_0^* und verlangt, daß auch diese ineinander übergehen. Als drittes

Paar korrespondierender Punkte wählt man schließlich zwei beliebige Punkte auf den Randkurven. Die Auswahl der Punkte z_0 und w_0, ebenso der beiden Randpunkte, ist keiner weiteren Einschränkung unterworfen. Wenn ein Kreis abgebildet werden soll oder ein Kreis als Bild verlangt wird, so empfiehlt sich im Hinblick auf eine einfachere Rechnung die Wahl des unendlich fernen Punktes, dessen Spiegelbild der Kreismittelpunkt ist.

Beispiel 38.19: Wir behandeln nochmals die Abbildungsaufgabe von Beispiel 38.18. Zunächst fordern wir, daß der Punkt $z = \infty$ in den Punkt w_0 in der oberen Halbebene übergeht; w_0 ist beliebig, nur muß $\mathrm{Im}(w_0) > 0$ gelten. Das Spiegelbild des Punktes $z = \infty$ am Einheitskreis ist der Kreismittelpunkt $z = 0$, das Spiegelbild von w_0 an der reellen Achse ist der Punkt $\bar{w}_0$. Wir wählen also $z_1 = \infty$, $z_2 = 0$, und $w_1 = w_0$, $w_2 = \bar{w}_0$. Schließlich soll der Punkt $z_3 = e^{j\alpha}$ in den Punkt $w_3 = a$ auf der reellen Achse übergehen. Setzt man in (38.118) ein, so erhält man

$$w = \frac{zw_0 - \bar{w}_0\gamma}{z - \gamma}, \quad \mathrm{Im}(w_0) > 0, \quad \gamma = e^{j\alpha}\frac{w_0 - a}{\bar{w}_0 - a} = e^{j\beta}.$$

Dies ist die allgemeinste linear gebrochene Transformation, die das Äußere des Einheitskreises konform auf die obere Halbebene abbildet. Für $\gamma = -j$ und $w_0 = j$ erhält man das Ergebnis von Beispiel 38.18.

Beispiel 38.20: Wir wollen alle Abbildungen der oberen Halbebene $\mathrm{Im}(z) > 0$ auf den Einheitskreis $|w| < 1$ bestimmen. Hierfür wählen wir in der oberen Halbebene einen Punkt $z_1 = z_0$ aus, dessen Bild der Kreismittelpunkt $w_1 = 0$ sein möge; das Spiegelbild von z_1 an der reellen Achse ist der Punkt $z_2 = \bar{z}_0$, das Spiegelbild von w_1 am Einheitskreis ist der Punkt $w_2 = \infty$. Wenn wir noch verlangen, daß der Punkt $z_3 = a$ auf der reellen Achse in den Punkt $w_3 = e^{j\alpha}$ übergeht, so finden wir nach einer kurzen Rechnung

$$w = e^{j\beta}\frac{z - z_0}{z - \bar{z}_0}, \quad \mathrm{Im}(z_0) > 0, \quad e^{j\beta} = e^{-j\alpha}\frac{a - \bar{z}_0}{a - z_0}.$$

Um einiges komplizierter in Theorie und Praxis ist der zweite angekündigte Themenkreis, die konforme Abbildung der oberen Halbebene auf das Innere eines geschlossenen Polygonzuges.

Es seien $a_1 < a_2 < \ldots < a_n$ beliebige reelle Zahlen. Wir geben ferner n Zahlen α_k mit der Eigenschaft $0 < |\alpha_k| < 1$ vor und setzen

$$\alpha = \alpha_1 + \alpha_2 + \ldots + \alpha_n,$$

wobei wir zunächst

$$\alpha = 2 \tag{38.119}$$

verlangen. Mit diesen Größen bilden wir das Integral

$$w = g(z) = \int_0^z (\zeta - a_1)^{-\alpha_1}(\zeta - a_2)^{-\alpha_2}\ldots(\zeta - a_n)^{-\alpha_n}d\zeta. \tag{38.120}$$

Da wir für die Ausdrücke $(\zeta - a_k)^{-\alpha_k}$ die Hauptwerte vereinbaren, ist der Integrand in (38.120) und somit auch die Funktion $w = g(z)$ in der oberen Halbebene eindeutig und analytisch. Die Funktion $g(z)$ hat eindeutige Randwerte bei Annäherung an die reelle Achse, insbesondere ist $w = g(z)$ stetig in der abgeschlossenen oberen Halbebene $\mathrm{Im}(z) \geqslant 0$. Um $g(z)$ für ein reelles z zu berechnen, kann die geradlinige Verbindungsstrecke der Punkte 0 und z zugrunde gelegt werden, wobei den Punkten $z = a_k$ auf kleinen Halbkreisen in die obere Halbebene auszuweichen ist. Dies bedeutet, daß bei der Berechnung von $g(z)$ für reelles z der Hauptwert des uneigentlichen Integrals in (38.120) zu nehmen ist; dieser existiert und ist gleich dem Wert des uneigentlichen Integrals, dessen Existenz durch die Bedingungen $|\alpha_k| < 1$ gewährleistet ist.

Wir zeigen nun, daß durch (38.120) die obere Halbebene $\mathrm{Im}(z) > 0$ auf das Innere eines geschlossenen Polygonzuges mit den Ecken $b_k = g(a_k)$ und den Außenwinkeln $\alpha_k\pi$ konform abgebildet wird (Bild 38.30). Um uns im folgenden kürzer ausdrücken zu können, setzen wir

$$h(x) = |x - a_1|^{-\alpha_1} |x - a_2|^{-\alpha_2} \dots |x - a_n|^{-\alpha_n}$$

und

$$H(x) = \int_0^x h(\xi) d\xi.$$

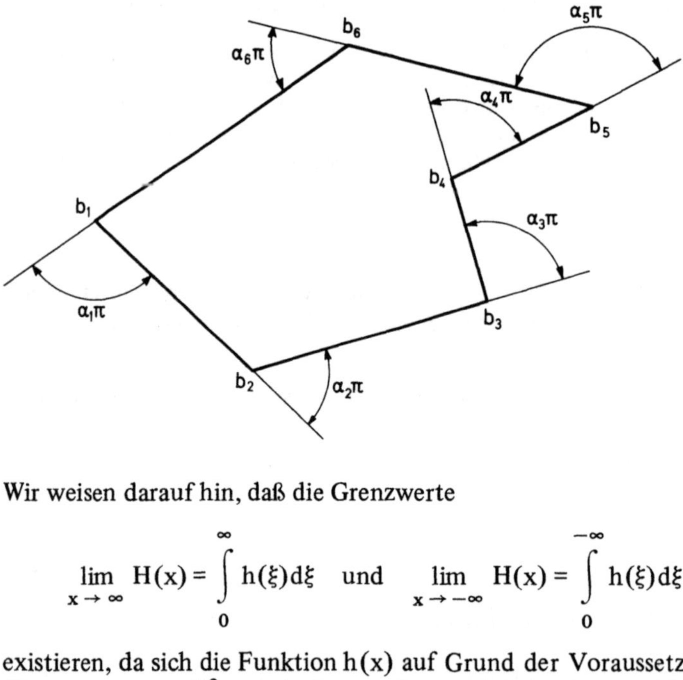

Bild 38.30

Wir weisen darauf hin, daß die Grenzwerte

$$\lim_{x \to \infty} H(x) = \int_0^{\infty} h(\xi) d\xi \quad \text{und} \quad \lim_{x \to -\infty} H(x) = \int_0^{-\infty} h(\xi) d\xi \tag{38.121}$$

existieren, da sich die Funktion $h(x)$ auf Grund der Voraussetzung (38.119) für große Werte von x wie x^{-2} verhält. Dies bedeutet, daß durch $w = g(z)$ der unendlich ferne Punkt $z = \infty$ auf einen im Endlichen liegenden Punkt, den wir mit b_∞ bezeichnen wollen, abgebildet wird.

Wir lassen nun den Punkt z die reelle Achse von links nach rechts durchlaufen, so daß die obere Halbebene $\mathrm{Im}(z) > 0$ zur Linken liegt. Bewegt sich z im Intervall $]-\infty, a_1[$, so läuft der Bildpunkt w auf einer stetigen Kurve vom Punkt b_∞ zum Punkt b_1. Nun ist für $z \in]-\infty, a_1[$

$$(z - a_k)^{-\alpha_k} = e^{-\alpha_k \ln(z - a_k)} = e^{-\alpha_k(\ln|z - a_k| + j\pi)}$$
$$= e^{-j\pi\alpha_k} |z - a_k|^{-\alpha_k}, \quad k = 1, 2, \dots, n,$$

wegen $z - a_k < 0$. Infolgedessen wird für $-\infty < z < a_1$

$$w - b_\infty = e^{-j\pi(\alpha_1 + \alpha_2 + \ldots + \alpha_n)} \int_{-\infty}^{z} h(\xi)d\xi = \int_{-\infty}^{z} h(\xi)d\xi.$$

Demnach ist $\arg(w - b_\infty) = 0$, wenn z das Intervall $]-\infty, a_1[$ durchläuft, das heißt, der Punkt $w = g(z)$ läuft auf der geradlinigen Verbindungsstrecke vom Punkt b_∞ zum Punkt b_1. Mit anderen Worten, durch (38.120) wird $[-\infty, a_1]$ auf die Verbindungsstrecke der Punkte b_∞ und b_1 abgebildet. Für $z \in]a_1, a_2[$ ist

$$(z - a_1)^{-\alpha_1} = |z - a_1|^{-\alpha_1}, \quad (z - a_k)^{-\alpha_k} = e^{-j\pi\alpha_k}|z - a_k|^{-\alpha_k}, \quad k = 2, \ldots, n,$$

und somit

$$w - b_1 = e^{-j\pi(\alpha_2 + \ldots + \alpha_n)} \int_{a_1}^{z} h(\xi)d\xi = e^{j\pi\alpha_1} \int_{a_1}^{z} h(\xi)d\xi.$$

Also gilt $\arg(w - b_1) = \pi\alpha_1$ für $z \in]a_1, a_2[$, das heißt, das Intervall $[a_1, a_2]$ auf der reellen Achse wird auf die Verbindungsstrecke der Punkte b_1 und b_2 abgebildet.

Allgemein gilt $\arg(w - b_k) = \pi(\alpha_1 + \alpha_2 + \ldots + \alpha_k)$ für $z \in]a_k, a_{k+1}[$, $k = 1, 2, \ldots, n-1$; dies bedeutet, daß das Intervall $[a_k, a_{k+1}]$ auf die Verbindungsstrecke der Punkte b_k und b_{k+1} abgebildet wird. Schließlich wird $[a_n, \infty]$ auf die Verbindungsstrecke der Punkte b_n und b_∞ abgebildet. Auf Grund der Voraussetzung (38.119) ist $\arg(b_n - b_\infty) = \arg(b_\infty - b_1)$, woraus folgt, daß der Bildpunkt b_∞ des unendlich fernen Punktes auf der Verbindungsstrecke der Punkte b_n und b_1 liegt. Fassen wir zusammen, so kommen wir zu folgendem Ergebnis: Durchläuft der Punkt z die reelle Achse von links nach rechts, so bewegt sich der Bildpunkt $w = g(z)$ auf einem geschlossenen Polygonzug mit den Ecken $b_k = g(a_k)$ und den *Schwenkungswinkeln* $\alpha_k\pi$. Da dabei das Innere des Polygonzuges zur Linken liegt, wird durch (38.120) die obere Halbebene $\mathrm{Im}(z) > 0$ auf das Innere des Polygonzuges abgebildet, solange keine Überschneidungen stattfinden.

Die Voraussetzung $\alpha = 2$ bedeutet, daß der Polygonzug geschlossen ist, insbesondere liegt das Bild des Punktes $z = \infty$ auf einer Polygonseite und ist selbst kein Eckpunkt. Für $1 < \alpha < 2$ existieren die Grenzwerte (38.121) im eigentlichen Sinn, so daß der Bildpunkt von $z = \infty$ auch in diesem Fall im Endlichen liegt, die obere Halbebene $\mathrm{Im}(z) > 0$ wird auf das Innere eines Polygonzuges abgebildet, doch ist jetzt auch der Punkt b_∞ ein Eckpunkt mit dem Schwenkungswinkel $\pi(2 - \alpha)$. Ist $0 < \alpha \leqslant 1$, so ist $b_\infty = \infty$, der Polygonzug schließt sich im Unendlichen. Für $\alpha = 1$ sind die Seiten, die ins Unendliche führen, parallel, für $\alpha < 1$ schneiden sie sich unter dem Winkel $\alpha\pi$. Auf diese Weise gelingt zum Beispiel die konforme Abbildung der oberen Halbebene auf einen Halbstreifen (Bild 38.31) oder auf ein Gebiet der in Bild 38.32 skizzierten Art.

Der allgemeinste Ausdruck, der eine Abbildung der oberen Halbebene auf das Innere eines Polygonzuges vermittelt, ist

$$w = f(z) = Ag(z) + B = A \int_{0}^{z} (\zeta - a_1)^{-\alpha_1}(\zeta - a_2)^{-\alpha_2} \ldots (\zeta - a_n)^{-\alpha_n} d\zeta + B. \quad (38.122)$$

(38.122) wird *Schwarz-Christoffelsches Integral* genannt.

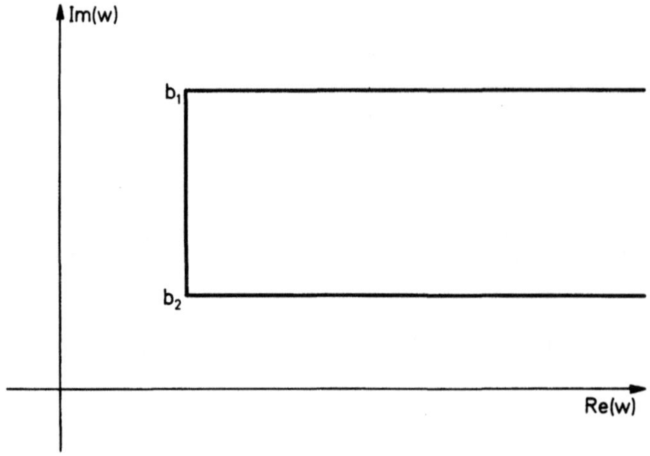

Bild 38.31

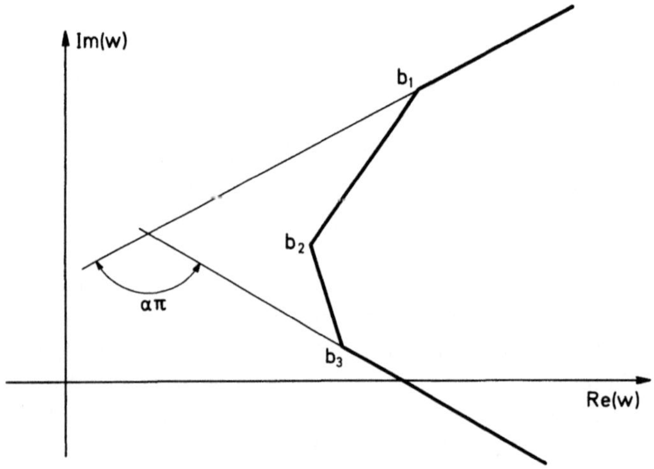

Bild 38.32

Wir bemerken, daß man durch eine Zusammensetzung der Abbildung (38.122) mit einer Abbildung des Einheitskreises auf die obere Halbebene eine Abbildung des Einheitskreises auf das Innere eines geschlossenen Polygonzuges konstruieren kann. Man erhält als Abbildungsfunktion denselben Ausdruck (38.122), nur liegen die Zahlen a_i, die Urbilder der Eckpunkte b_i, auf dem Einheitskreis und sind unimodular, $a_i = e^{j\beta_i}$.

Die praktische Anwendung von (38.122) führt zunächst auf das Problem, die freien Parameter so zu bestimmen, daß durch $w = f(z)$ die obere Halbebene beziehungsweise der Einheitskreis auf das Innere eines vorgegebenen geschlossenen Polygonzuges abgebildet wird. Dieses Parameterproblem sowie letztlich auch die Auswertung des Integrals (38.122) ist einigermaßen kompliziert und nur in wenigen Fällen elementar lösbar. Hinsichtlich der Methoden zur Parameterbestimmung müssen wir den Leser auf die einschlägige Literatur verweisen.

Mit Hilfe der linear gebrochenen Transformationen und der Polygonabbildungen kann eine Reihe von Abbildungsaufgaben einer Lösung zugeführt werden. In den Anwendungen treten aber vielfach auch Gebiete auf, deren Ränder so kompliziert sind, daß ein expliziter Ausdruck für die Abbildungsfunktion nicht mehr angegeben werden kann. Der Riemannsche

Abbildungssatz garantiert zwar die Existenz der Abbildungsfunktion, er gibt jedoch keinen Hinweis darauf, wie diese aufzubauen ist. In derartigen Fällen ist man auf Näherungsverfahren angewiesen.

Im einfachsten Fall handelt es sich um die Abbildung zweier einfach zusammenhängender Gebiete, die beide von einer geschlossenen sich nicht durchsetzenden Kurve berandet sind. Eine solche Abbildungsaufgabe kann grundsätzlich gelöst werden, wenn man in der Lage ist, ein einfach zusammenhängendes Gebiet konform auf das Innere des Einheitskreises abzubilden und auch die Umkehrung anzugeben. Um zwei beliebige Gebiete, ein Gebiet G_1 in der z-Ebene und ein Gebiet G_2 in der w-Ebene, konform aufeinander abzubilden, bestimmt man zunächst die Abbildung $t = h(z)$ des Gebietes G_1 auf den Einheitskreis in einer dazwischengeschalteten t-Ebene, sodann durch $w = g(t)$ die Abbildung des Einheitskreises auf das Gebiet G_2; die Zusammensetzung $w = g\big(h(z)\big) = f(z)$ vermittelt dann eine Abbildung des Gebietes G_1 auf das Gebiet G_2. Wir wollen im folgenden zwei Ideen zur Konstruktion der Abbildung eines einfach zusammenhängenden Gebietes auf den Einheitskreis skizzieren. Die eine stützt sich auf Extremalprinzipien, die andere auf die Bestimmung der Ränderzuordnung.

Wir beginnen mit den Extremalprinzipien. Es sei die Funktion

$$w = f(z) = a_0 + a_1 z + a_2 z^2 + a_3 z^3 + \ldots$$

im Inneren eines Kreises $|z| < R$ analytisch und stetig auf dem Rand. Durch $w = f(z)$ werde der Kreis $|z| < R$ auf ein Gebiet G in der w-Ebene konform abgebildet, wobei die Kreisperipherie auf eine geschlossene Kurve, die Berandung von G, abgebildet wird. Mit B bezeichnen wir den abgeschlossenen Bereich, der aus G und den Punkten der Randkurve besteht. Für den Flächeninhalt von B ergibt sich auf Grund der Transformationsformel für Bereichsintegrale

$$I = \iint_B du\,dv = \iint_{x^2+y^2 \leqslant R^2} |f'(z)|^2 dx\,dy = \pi R^2 |a_1|^2 + \pi \sum_{n=2}^{\infty} n|a_n|^2 R^{2n}.$$

Aus dieser Gleichung folgt, daß der Flächeninhalt des Bildbereichs B von $|z| \leqslant R$ mindestens gleich $\pi R^2 |f'(0)|^2$ ist; offenbar hat er genau dann diesen Wert, wenn $f(z) = a_0 + a_1 z$ eine lineare Funktion ist. Ist speziell $f'(0) = 1$, so vergrößert sich der Flächeninhalt, es sei denn, es liegt eine Parallelverschiebung $w = f(z) = a_0 + z$ vor.

Es möge nun umgekehrt die Funktion $w = g(z)$ ein Gebiet G in der z-Ebene konform auf den Kreis $|w| < 1$ in der w-Ebene abbilden. Wir nehmen dabei an, der Punkt $z = 0$ sei ein Punkt von G; die Abbildung legen wir ferner durch die Forderungen $g(0) = 0$, $g'(0) > 0$ fest. Dann bildet die Funktion $w = \varphi(z) = \frac{g(z)}{g'(0)}$ mit der Eigenschaft $\varphi(0) = 0$, $\varphi'(0) = 1$ das Gebiet G konform auf den Kreis $|w| < R = (g'(0))^{-1}$ ab. Wir betrachten nun alle möglichen Abbildungen von G, die durch Funktionen mit der Eigenschaft

$$f(0) = 0, \quad f'(0) = 1, \tag{38.123}$$

also solchen, deren Entwicklung in $z = 0$ die Form

$$f(z) = z + a_2 z^2 + a_3 z^3 + \ldots$$

hat, vermittelt werden. Mit I_f bezeichnen wir den Flächeninhalt des Bereiches B', auf den das Gebiet G mit Einschluß der Punkte der Berandung abgebildet wird. Der Riemannsche

Abbildungssatz stellt sicher, daß sich unter allen möglichen Bildgebieten genau ein Kreis K befindet, dessen Mittelpunkt in $w = 0$ liegt. Den Radius dieses Kreises bezeichnen wir mit R, die Funktion, die die Abbildung von G auf K vermittelt, sei $w = \varphi(z)$. Wir behaupten nun, daß das Integral

$$I_f = \iint_B |f'(z)|^2 dxdy \tag{38.124}$$

den kleinsten Wert hat für die Funktion $f(z) = \varphi(z)$, die das Gebiet G auf den Kreis K abbildet. Um dies zu sehen sei angenommen, daß die Funktion $w = \psi(z)$, die gleichfalls den Bedingungen (38.123) unterworfen sei, das Gebiet G auf ein Gebiet G' abbildet, dessen Flächeninhalt kleiner als der des Kreises K ist. Durch $z = \varphi^{-1}(w)$ wird der Kreis K auf das Gebiet G abgebildet, durch $w = \psi(z)$ das Gebiet G auf das Gebiet G'; infolgedessen bildet die Zusammensetzung $h = \psi \circ \varphi^{-1}$ den Kreis K auf das Gebiet G' ab. Wie wir aber weiter oben festgestellt haben, muß das Gebiet G', da ja auch die Zusammensetzung $h = \psi \circ \varphi^{-1}$ den Bedingungen (38.123) genügt, einen größeren Flächeninhalt als der Kreis K haben. Dieser Widerspruch ist aber nur aufzuheben, wenn der Flächeninhalt von G' nicht kleiner ist als der des Kreises K.

Wir erhalten damit folgendes Minimalprinzip zur Konstruktion der konformen Abbildung eines einfach zusammenhängenden Gebietes G auf einen Kreis: *Unter allen Funktionen* $w = f(z)$, *die in G analytisch sind und den Bedingungen* (38.123) *genügen, liefert diejenige die Abbildung von G auf einen Kreis mit dem Mittelpunkt in* $w = 0$, *für die das Integral* (38.124) *den kleinsten Wert hat.*

Auf der Grundlage dieses Minimalprinzips läßt sich nun ein Näherungsverfahren konstruieren. Wir geben eine natürliche Zahl n vor und machen mit unbestimmten Koeffizienten $c_1, c_2, \ldots, c_n$ den Ansatz

$$w = P_n(z) = 1 + c_1 z + c_2 z^2 + \ldots + c_n z^n \tag{38.125}$$

zur angenäherten Darstellung der Funktion $w = \varphi'(z)$ und gehen damit in (38.124). Der Wert dieses Integrals für $f'(z) = P_n(z)$ ist eine Funktion der Koeffizienten $c_k = a_k + jb_k$,

$$\iint_B |P_n(z)|^2 dxdy = \Phi(c_1, c_2, \ldots, c_n) = \psi(a_1, a_2, \ldots, a_n, b_1, b_2, \ldots, b_n).$$

Wir bestimmen nun die Koeffizienten c_k so, daß die reelle Funktion $\Phi(c_1, \ldots, c_n)$ den kleinstmöglichen Wert hat. Wir übergehen die Rechnung, die schließlich auf ein lineares inhomogenes Gleichungssystem für die Zahlen c_k führt,

$$\sum_{k=1}^{n} \alpha_{ik} c_k = -\alpha_{io}, \quad i = 1, 2, \ldots, n, \tag{38.126}$$

worin die Koeffizienten durch

$$\alpha_{ik} = \iint_B z^k \bar{z}^i dxdy = \bar{\alpha}_{ki}, \quad i, k = 0, 1, 2, \ldots, n,$$

gegeben sind.

Es läßt sich zeigen, daß das System (38.126) stets eindeutig lösbar ist. Man erhält infolgedessen für jede natürliche Zahl n ein eindeutig bestimmtes Polynom $P_n(z)$. Es ist offenbar, daß die Folge der Integrale

$$I_n = \iint\limits_B |P_n(z)|^2 dxdy$$

monoton fallend ist und somit, da sie nach unten beschränkt ist, konvergiert: $\lim I_n = I$. Die Frage ist nur, ob dieser Grenzwert tatsächlich der kleinste Wert des Integrals (38.124) für alle Funktionen $w = f(z)$ ist, wenn diese der Bedingung (38.123) unterworfen sind, insbesondere, ob die „Minimalfolge" $(P_n(z))$ in *G* gegen die Ableitung $\varphi'(z)$ der gesuchten Abbildung $w = \varphi(z)$ von *G* auf den Kreis *K* konvergiert. Dies ist tatsächlich der Fall, wenn *G* von einer geschlossenen sich nicht durchsetzenden Kurve berandet ist, wie es für viele in der Praxis auftretende Gebiete zutrifft.

Da die Konvergenz der Minimalfolge, wenigstens für eine wichtige Klasse von Gebieten, gesichert ist, läßt sich durch den Polynomansatz (38.125) theoretisch eine beliebige Genauigkeit erreichen, doch kann dies zu einem beachtlichen Rechenaufwand führen. Die Konvergenzgeschwindigkeit hängt im wesentlichen von der Gestalt des abzubildenden Gebietes *G* ab. Es ist einleuchtend, daß sie relativ schnell sein wird für Gebiete, die einem Kreis sehr ähnlich sind, sie wird umso langsamer sein, je mehr das Gebiet *G* von einem Kreis abweicht, vor allem dann, wenn die Krümmung der Randkurve oder auch die Änderung der Tangentenrichtung im Falle, daß *G* Ecken hat, nicht mehr stetig ist. Der Grad des Polynoms $P_n(z)$ darf dann nicht zu klein angesetzt werden, so daß viele der Koeffizienten α_{ik} zu berechnen sind, was bei komplizierten Rändern zu beträchtlichen vorbereitenden Rechnungen führt. Bild 38.33 zeigt am Beispiel der Aufgabe, das Innere einer Ellipse ($a = 2, b = 1$) konform auf das Innere eines Kreises abzubilden, wie sich die Bilder des Ellipsenrandes mit wachsendem Polynomgrad immer mehr einem Kreis annähern.

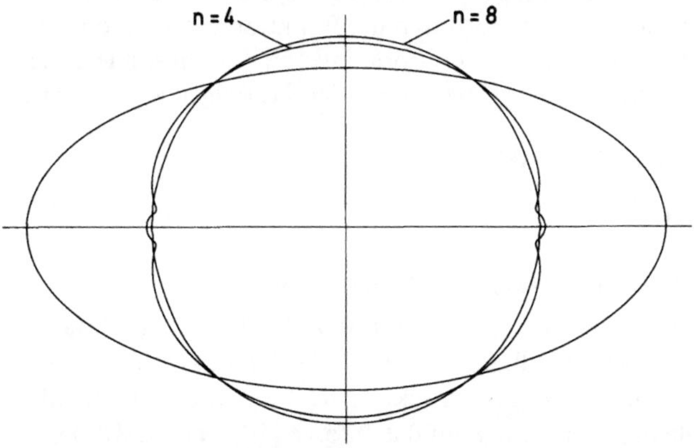

Bild 38.33

Ein zweites Minimalprinzip hat zur Grundlage, daß bei der Abbildung eines Kreises auf ein Gebiet *G* die Länge der Bildkontur größer als der Kreisumfang ist, wenn die Abbildungsfunktion den Bedingungen (38.123) unterworfen wird. Dies führt zu folgendem Minimalprinzip: *Unter allen Funktionen* $w = f(z)$, *die in dem von der Kurve C berandeten einfach zusammenhängenden Gebiet G analytisch sind und den Bedingungen* (38.123) *genügen, liefert diejenige die Abbildung von G auf einen Kreis mit dem Mittelpunkt in* w = 0, *für die das Integral*

$$I = \int_C |f'(z)|\,ds \tag{38.127}$$

den kleinsten Wert hat.

Genau wie beim Prinzip des kleinsten Flächeninhalts läßt sich aus dieser Eigenschaft ein Näherungsverfahren konstruieren. Man macht einen Polynomansatz (38.125), nunmehr zur angenäherten Darstellung der Funktion $\sqrt{\varphi(z)}$, und bestimmt die Koeffizienten c_k so, daß das Integral (38.127) für $\sqrt{f'(z)} = P_n(z)$ den kleinstmöglichen Wert annimmt. Die Berechnung der Koeffizienten führt wieder auf die Lösung eines linearen Gleichungssystems, das die gleiche Gestalt wie (38.126) hat, nur ist jetzt für

$$\alpha_{ik} = \int_C z^k \bar{z}^i\,ds = \bar{\alpha}_{ki}$$

zu setzen. Hinsichtlich der Konvergenz der „Minimalfolge" $\left(P_n^2(z)\right)$ gegen die Ableitung $\varphi'(z)$ der Abbildung $w = \varphi(z)$ von G auf den Kreis K gilt das gleiche wie beim Prinzip des kleinsten Flächeninhalts.

Die anderen Verfahren, mit denen wir diesen Exkurs in die Praxis der konformen Abbildung abschließen, gehen von der Bestimmung der Ränderzuordnung aus.

Zunächst behandeln wir die Aufgabe, ein einfach zusammenhängendes Gebiet G, das den Punkt $z = 0$ enthält, auf den Einheitskreis in der w-Ebene abzubilden. Über das Gebiet G setzen wir voraus, daß es von einer geschlossenen Kurve C berandet ist, wobei wir verlangen, daß C in jedem Punkt eine Tangente hat, die sich stetig ändern möge. Durch die Funktion $z = z(s)$, $0 \leqslant s \leqslant l$, mit s als der Bogenlänge sei die Kurve C parametrisiert; l ist die Länge der Kurve C. Auf Grund dieser Annahmen ist die Funktion $z(s)$ in $[0, l]$ differenzierbar, die Ableitung $z'(s)$, die die Tangentenrichtung angibt, ist eine stetige Funktion in $[0, l]$. Schließlich werde das Gebiet G durch die Funktion $w = f(z)$, die wir zunächst nur der Bedingung $f(0) = 0$ unterwerfen, konform auf $|w| < 1$ abgebildet; dabei möge der Punkt $z(0)$ auf C in den Punkt $w = e^{j\alpha}$ übergehen. Für das Folgende bezeichne

$$r_{st} = |z(t) - z(s)|, \quad \varphi_s(t) = \arg\left(z(t) - z(s)\right), \quad t \neq s,$$
$$r(s) = |z(s)|, \quad \varphi(s) = \arg\left(z(s)\right);$$

wegen $|z'(s)| = 1$ ist $z'(s) = e^{j\vartheta(s)}$, also $\arg\left(z'(s)\right) = \vartheta(s)$ (Bild 38.34).

Unser Ziel ist, die sogenannte *Ränderzuordnungsfunktion* $\theta = \theta(s) = \arg\left(f(z(s))\right)$ zu bestimmen, mit der bekannt ist, auf welchen Punkt $w = e^{j\theta(s)}$ der Punkt $z(s)$ auf der Berandung von G abgebildet wird. Die Ränderzuordnungsfunktion $\theta(s)$ ist auf dem Intervall $[0, l]$ stetig und bildet dieses umkehrbar eindeutig auf das Intervall $[0, 2\pi]$ ab. Mit der Kenntnis von $\theta(s)$ ist die Abbildungsfunktion $w = f(z)$ bestimmt, und zwar erhält man über den Cauchyschen Integralsatz für $z \in G$

$$w = f(z) = \frac{1}{2\pi j}\oint_C \frac{f(\zeta)}{\zeta - z}\,d\zeta = \frac{1}{2\pi j}\int_0^l \frac{f\left(z(s)\right)}{z(s) - z}\,z'(s)\,ds = \frac{1}{2\pi j}\int_0^l e^{j\theta(s)}\,\frac{z'(s)\,ds}{z(s) - z}.$$

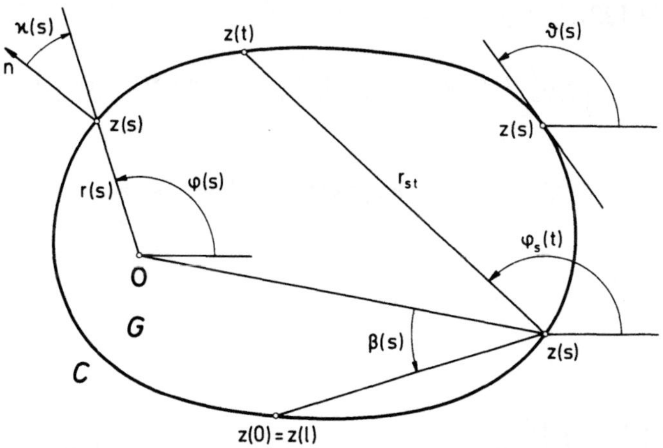

Bild 38.34

Grundlegend für das Folgende ist eine Erweiterung des Cauchyschen Integralsatzes: *Es sei das Gebiet G von einer geschlossenen Kurve mit stetiger Tangente berandet*, w = f(z) *in G analytisch und auf der Randkurve C stetig. Dann gilt für jeden Punkt* z_0 *auf C*

$$f(z_0) = \frac{1}{j\pi} \oint\limits_C \frac{f(\zeta)}{\zeta - z_0}\, d\zeta, \tag{38.128}$$

wobei für das Integral der Cauchysche Hauptwert zu nehmen ist. Dies bedeutet hier, daß dem Punkt z_0 auf dem Bogen eines Kreises, dessen Radius man anschließend gegen Null gehen läßt, ins Innere oder Äußere von *G* auszuweichen ist.

Nun betrachten wir die Funktion

$$F(z) = \ln \frac{f(z)}{z},$$

die auf Grund der Annahmen über f(z) in *G* analytisch und eindeutig ist. Sie kann stetig auf den Rand *C* von *G* fortgesetzt werden, es gilt

$$\mathrm{Im}\Big(F(z(s))\Big) = \arg \frac{f\big(z(s)\big)}{z(s)} = \theta(s) - \varphi(s). \tag{38.129}$$

Wenden wir (38.128) auf die Funktion F(z) an, so ergibt dies

$$\ln \frac{f(z)}{z} = \frac{1}{j\pi} \oint\limits_C \ln \frac{f(\zeta)}{\zeta} \frac{d\zeta}{\zeta - z}; \tag{38.130}$$

setzen wir in diesem Integral für z = z(s) mit festem $s \in [0, l]$ und für $\zeta = z(t)$, $0 \leqslant t \leqslant l$, so wird

$$\frac{d\zeta}{\zeta - z} = \frac{z'(t)}{z(t) - z(s)}\, dt = \frac{1}{r_{st}}\, e^{j(\vartheta(t) - \varphi_s(t))} dt$$

und wir erhalten nach Einsetzen in (38.130) durch Vergleich von Real- und Imaginärteil unter Berücksichtigung von (38.129)

$$\theta(s) - \varphi(s) = \frac{1}{\pi}\int_0^l \big(\theta(t) - \varphi(t)\big)\frac{\sin\big(\vartheta(t) - \varphi_s(t)\big)}{r_{st}}\,dt + \frac{1}{\pi}\int_0^l \ln r(t)\,\frac{\cos\big(\vartheta(t) - \varphi_s(t)\big)}{r_{st}}\,dt,$$

worin in beiden Integralen für t = s der Cauchysche Hauptwert zu nehmen ist. Führen wir zur Abkürzung die Funktionen

$$K(s, t) = \frac{1}{\pi}\frac{\sin\big(\vartheta(t) - \varphi_s(t)\big)}{r_{st}} \tag{38.131}$$

und

$$\Phi(s) = \frac{1}{\pi}\int_0^l \ln r(t)\,\frac{\cos\big(\vartheta(t) - \varphi_s(t)\big)}{r_{st}}\,dt \tag{38.132}$$

ein, so erhalten wir die Integralgleichung zweiter Art

$$\theta(s) - \varphi(s) = \int_0^l K(s, t)\big(\theta(t) - \varphi(t)\big)\,dt + \Phi(s) \tag{38.133}$$

für die Funktion $\theta(s) - \varphi(s)$, in der für t = s der Cauchysche Hauptwert zu nehmen ist. Die Gleichung (38.133) geht auf *L. Liechtenstein* zurück. Eine andere Integralgleichung zweiter Art mit demselben Kern, bezüglich deren Herleitung der Leser auf die Literatur verwiesen sei,

$$\theta(s) = \int_0^l K(s, t)\theta(t)\,dt - 2\beta(s), \quad 0 < s < l, \tag{38.134}$$

ist nach *S. Gerschgorin* benannt. Auch in ihr ist für t = s der Cauchysche Hauptwert zu nehmen. Die Gerschgorinsche Gleichung (38.134) besitzt gegenüber der Gleichung (38.133) den Vorzug eines einfacheren inhomogenen Terms.

Die Lösbarkeit der Gleichungen (38.133) und (38.134) ist durch den Riemannschen Abbildungssatz jedenfalls gesichert; dieser garantiert ja die Existenz der Abbildung. Die beiden Integralgleichungen sind jedoch nicht eindeutig lösbar. Wie sich zeigen läßt, gilt

$$\int_0^l K(s, t)\,dt = 1;$$

diese Gleichung sagt aus, daß die Zahl $\lambda = 1$ ein Eigenwert des Kerns $K(s, t)$ ist, die zugehörige Eigenfunktion ist konstant. Deshalb ist durch (38.133) und (38.134) die Ränderzuordnungsfunktion $\theta(s)$ nur bis auf eine additive Konstante bestimmt. Dies war im Grunde auch zu erwarten, weil über $\theta(0)$, das Argument des Bildpunktes von $z(0)$, noch nicht verfügt worden ist.

Wir erwähnen, daß der Kern K(s, t) im Quadrat $0 \leqslant s, t \leqslant l$ stetig ist, wenn die Randkurve *C* stetig gekrümmt ist, und zwar gilt

$$K(s,t) = \frac{1}{\pi} \frac{\left(x(t)-x(s)\right) y'(t) - \left(y(t)-y(s)\right) x'(t)}{\left(x(t)-x(s)\right)^2 + \left(y(t)-y(s)\right)^2} \quad \text{für } t \neq s$$

und

$$K(s,s) = \frac{1}{2\pi} \frac{x'(s)y''(s) - y'(s)x''(s)}{\left(x'(s)\right)^2 + \left(y'(s)\right)^2}.$$

Dieser Umstand bringt natürlich eine große Erleichterung bei der numerischen Lösung. Eine weitere Vereinfachung kann es bedeuten, daß in diesem Fall die Gleichung (38.134) ihre Gültigkeit behält, wenn s, t ein beliebiger Kurvenparameter und nicht die Bogenlänge ist.

Die Integralgleichungen (38.133) und (38.134) können natürlich nur näherungsweise gelöst werden. Ein gedanklich einfaches Näherungsverfahren ist die Methode der *Diskretisierung*. Man unterteilt das Integrationsintervall $[0, l]$ durch Auswahl äquidistanter Stützpunkte $t_k = kh$, $h = \frac{l}{n}$, in n Teilintervalle und nähert das Integral mit Hilfe einer Quadraturformel, zum Beispiel durch die Eulersche Formel (14.3), an,

$$\theta(s) + 2\beta(s) = \int_0^l K(s,t)\theta(t)dt \approx h \sum_{k=1}^{n-1} K(s,t_k)\theta(t_k)$$
$$+ \frac{h}{2}\left(K(s,0)\theta(0) + K(s,l)\theta(l)\right).$$

Verlangt man $\theta(0) = 0$, so wird $\theta(l) = \theta(0) + 2\pi = 2\pi$, und man erhält wegen $K(s,0) = K(s,l)$ für $s = s_i = ih$, $i = 1, 2, \ldots, n-1$,

$$\theta(s_i) + 2\beta(s_i) - h\pi K(s_i,0) \approx h \sum_{k=1}^{n-1} K(s_i,t_k)\theta(t_k), \quad i = 1, 2, \ldots, n-1.$$

Fordert man jetzt die Gleichheit, so entsteht ein lineares Gleichungssystem

$$\sum_{k=1}^{n-1} \left(hK(s_i,t_k) - \delta_{ik}\right)\theta_k = 2\beta(s_i) - h\pi K(s_i,0), \quad i = 1, \ldots, n-1, \tag{38.135}$$

worin jetzt die Unbekannten Zahlen θ_k Näherungen für die Werte $\theta(t_k)$ sind. In Bild 38.35 ist die Ränderzuordnungsfunktion bei der Abbildung einer Ellipse mit den Hauptachsen $a = 2$, $b = 1$ auf das Innere des Einheitskreises dargestellt. Nach dem eben geschilderten Verfahren sind Näherungswerte für $\theta(t_k)$ errechnet worden, mit Hilfe derer durch Interpolation eine Näherung für die Ränderzuordnungsfunktion $\theta(s)$ konstruiert wurde. Für den Ellipsenrand wurde die Parameterdarstellung $z(t) = a\cos t + jb\sin t$, $0 \leqslant t \leqslant 2\pi$, gewählt.

Schließlich wollen wir noch die Abbildung des Einheitskreises $|z| < 1$ auf ein einfach zusammenhängendes Gebiet *G* der w-Ebene behandeln. Das wichtigste und auch bewährteste Verfahren ist das von *T. Theodorsen* und *I. E. Garrick*, dem ebenfalls eine Integralgleichung, allerdings eine nichtlineare, zugrundeliegt. Über das Gebiet *G*, das wieder den Punkt $w = 0$

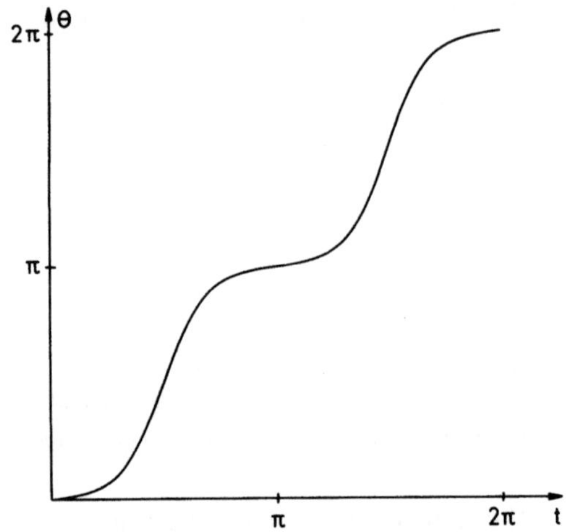

Bild 38.35

enthalten möge, müssen Einschränkungen gemacht werden, und zwar soll sich jeder Punkt von G mit dem Punkt $w = 0$ geradlinig verbinden lassen, wobei diese Verbindungsstrecke zur Gänze in G liegen soll. Ein solches Gebiet bezeichnet man als *sternförmig* (bezüglich $w = 0$). Weiter muß das Gebiet G in einem gewissen Sinn „kreisnah" sein, was weiter unten erläutert werden soll.

Die Grundlage des Verfahrens von Theodorsen und Garrick ist der Zusammenhang zwischen dem Real- und dem Imaginärteil einer analytischen Funktion auf dem Rand des Einheitskreises: *Es sei* $w = f(z) = u(x, y) + jv(x, y)$ *in* $|z| < 1$ *analytisch und in* $|z| \leqslant 1$ *stetig. Dann besteht zwischen den Funktionen* $U(\theta) = u(\cos\theta, \sin\theta)$ *und* $V(\theta) = v(\cos\theta, \sin\theta)$ *der Zusammenhang*

$$V(\theta) = v(0,0) + \frac{1}{2\pi}\int_0^{2\pi} U(\vartheta)\cot\frac{\theta-\vartheta}{2}\,d\vartheta. \tag{38.136}$$

Das Integral ist bezüglich $\vartheta = \theta$ *als Cauchyscher Hauptwert zu nehmen.* Hinsichtlich des Beweises von (38.136) sei der Leser auf die Literatur verwiesen. Für $f(z) = z^n$ ergeben sich insbesondere die Formeln

$$\frac{1}{2\pi}\int_0^{2\pi} \sin n\vartheta \cot\frac{\theta-\vartheta}{2}\,d\vartheta = -\cos n\theta, \quad \frac{1}{2\pi}\int_0^{2\pi} \cos n\vartheta \cot\frac{\theta-\vartheta}{2}\,d\vartheta = \sin n\theta,$$

die sich zu

$$\frac{1}{2\pi}\int_0^{2\pi} e^{jn\vartheta}\cot\frac{\theta-\vartheta}{2}\,d\vartheta = \begin{cases} -je^{jn\theta}, & n = 1, 2, \ldots, \\ 0, & n = 0, \\ je^{jn\theta}, & n = -1, -2, \ldots, \end{cases} \tag{38.137}$$

zusammenfassen lassen.

Ist $f(\theta)$ eine stückweise stetige 2π-periodische Funktion, so nennt man

$$f^*(\theta) = \frac{1}{2\pi}\int_0^{2\pi} f(\vartheta)\cot\frac{\theta-\vartheta}{2}\,d\vartheta$$

die zu $f(\theta)$ *konjugierte Funktion*; offenbar ist auch $f^*(\theta)$ eine 2π-periodische Funktion. Läßt sich $f(\theta)$ in eine Fouriersche Reihe

$$f(\theta) = \frac{a_0}{2} + \sum_{n=1}^{\infty} (a_n \cos n\theta + b_n \sin n\theta)$$

entwickeln, so auch die konjugierte Funktion $f^*(\theta)$, und zwar lautet ihre Fourierentwicklung auf der Grund der Gleichungen (38.137)

$$f^*(\theta) = \sum_{n=1}^{\infty} (a_n \sin n\theta - b_n \cos n\theta).$$

Es möge nun durch $w = f(z)$, $f(0) = 0$, $f'(0) > 0$, der Einheitskreis $|z| < 1$ konform auf das einfach zusammenhängende Gebiet G in der w-Ebene abgebildet werden; dabei wird dem Punkt $z = e^{j\theta}$ durch $w = f(z)$ der Punkt $w = r(\varphi)e^{j\varphi}$ zugeordnet, worin $r = r(\varphi)$ die Darstellung der Randkurve von G in Polarkoordinaten ist. Die Ränderzuordnungsfunktion $\varphi = \varphi(\theta)$ genügt wieder einer Integralgleichung. Um diese aufzustellen, betrachten wir die Funktion

$$F(z) = \ln \frac{f(z)}{z} = U(x, y) + jV(x, y),$$

die auf Grund der Annahme $f(0) = 0$, $f'(0) > 0$, in $|z| < 1$ eindeutig, analytisch und auf $|z| \leqslant 1$ stetig ist. Es gilt $V(0, 0) = 0$ und

$$U(\cos\theta, \sin\theta) = \ln r\big(\varphi(\theta)\big), \quad V(\cos\theta, \sin\theta) = \varphi(\theta) - \theta.$$

Nun benützen wir die Aussage von (38.136), nämlich die Tatsache, daß die Funktion $\varphi(\theta) - \theta$ die zu $\ln r\big(\varphi(\theta)\big)$ konjugierte Funktion ist und erhalten

$$\varphi(\theta) = \theta + \frac{1}{2\pi} \int_0^{2\pi} \ln r\big(\varphi(\vartheta)\big) \cot \frac{\theta - \vartheta}{2} \, d\vartheta. \tag{38.138}$$

Dies ist die auf Theodorsen zurückgehende nichtlineare Integralgleichung zur Bestimmung der Ränderzuordnungsfunktion $\varphi = \varphi(\theta)$, in der für $\vartheta = \theta$ wieder der Cauchysche Hauptwert zu nehmen ist.

Wir wollen einen kurzen Blick auf die Lösungsverhältnisse der Gleichung (38.138) werfen. Was das Gebiet G in der w-Ebene betrifft, so lassen wir zu, daß die Randkurve C mit der Polarkoordinatendarstellung $r = r(\varphi)$ Ecken hat, doch soll sich die Tangente auf den Bögen zwischen zwei Ecken stetig ändern. Da der Punkt $w = 0$ nicht auf der Randkurve C liegt, ist die Funktion $\frac{r'(\varphi)}{r(\varphi)}$ im Intervall $[0, 2\pi]$ stückweise stetig, sie hat Sprungstellen in den Punkten φ_k, die den Ecken entsprechen. Bezeichnet $\kappa(\varphi)$ den Winkel, den der Radiusvektor vom Punkt $w = 0$ zum Randpunkt $w = r(\varphi)e^{j\varphi}$ mit der Kurvennormalen einschließt (Bild 38.34), so gilt $\tan\kappa(\varphi) = \frac{r'(\varphi)}{r(\varphi)}$ in jedem Punkt von C, natürlich mit Ausnahme der Eckpunkte. Wenn nun eine Zahl $\epsilon < 1$ existiert, so daß für alle $\varphi \neq \varphi_k$

$$|\tan\kappa(\varphi)| = \left|\frac{r'(\varphi)}{r(\varphi)}\right| \leqslant \epsilon < 1$$

gilt, eine Eigenschaft von G, die als *kreisnah* bezeichnet wird, so hat die Gleichung (38.138) genau eine stetige Lösung $\varphi(\theta)$, die überdies streng monoton steigend ist. Unter gewissen Zusatzvoraussetzungen kann diese Lösung iterativ gewonnen werden, indem man zum Beispiel von der Funktion $\varphi_0(\theta) = \theta$ ausgeht und der Reihe nach die Funktionen

$$\varphi_{n+1}(\theta) = \theta + \frac{1}{2\pi} \int_0^{2\pi} \ln r\left(\varphi_n(\vartheta)\right) \cot \frac{\theta - \vartheta}{2} \, d\vartheta, \quad n = 0, 1, 2, \ldots,$$

berechnet. Die Grenzfunktion

$$\lim_{n \to \infty} \varphi_n(\theta) = \varphi(\theta)$$

existiert und ist die gesuchte Lösung von (38.138).

Um mit Hilfe der Ränderzuordnungsfunktion $\varphi(\theta)$ die Abbildung $w = f(z)$ zu bestimmen, kann man folgendermaßen vorgehen. Man entwickelt die 2π-periodische Funktion $\ln r\left(\varphi(\theta)\right)$ in ihre Fouriersche Reihe,

$$\ln r\left(\varphi(\theta)\right) = \frac{a_0}{2} + \sum_{n=1}^{\infty} (a_n \cos n\theta + b_n \sin n\theta);$$

da die Funktion $\varphi(\theta) - \theta$ die zu $\ln r\left(\varphi(\theta)\right)$ konjugierte Funktion ist, hat man somit auch die Fourierentwicklung der Funktion $\varphi(\theta) - \theta$,

$$\varphi(\theta) - \theta = \sum_{n=1}^{\infty} (a_n \sin n\theta - b_n \cos n\theta).$$

Nun nimmt der Realteil $U(x, y)$ der Funktion $F(z) = \ln \frac{f(z)}{z}$ auf dem Einheitskreis die Werte $\ln r\left(\varphi(\theta)\right)$ an; nach Beispiel 36.17 ist damit die Funktion $U(x, y)$, die im Kreis $|z| < 1$ der Laplacegleichung genügt, eindeutig bestimmt,

$$U(x, y) = \frac{a_0}{2} + \sum_{n=1}^{\infty} r^n (a_n \cos n\theta + b_n \sin n\theta).$$

Durch eine analoge Schlußweise, betreffend den Imaginärteil $V(x, y)$ der Funktion $F(z)$, erhält man

$$V(x, y) = \sum_{n=1}^{\infty} r^n (a_n \sin n\theta - b_n \cos n\theta).$$

Faßt man zusammen, so ergibt sich

$$F(z) = U(x, y) + jV(x, y) = \frac{a_0}{2} + \sum_{n=1}^{\infty} (a_n - jb_n) z^n$$

und daraus

$$w = f(z) = Cz e^{\sum_{n=1}^{\infty} (a_n - jb_n) z^n}, \quad C = e^{a_0/2}. \tag{38.139}$$

Zur Bestimmung der Ränderzuordnungsfunktion $\varphi(\theta)$ braucht die Gleichung (38.138) nicht gelöst zu werden, wenn die Abbildung des Gebietes G auf den Einheitskreis, etwa durch Lösung der Gerschgorinschen Gleichung (38.134), bereits bekannt ist. Man bestimme aus der Schar $\theta = \theta_0(s) + c$ aller Lösungen der Gleichung (38.134) jene Lösung, deren Umkehrung, zusammengesetzt mit der Funktion $\varphi = \chi(s) = \arg\left(z(s)\right)$, auf eine Funktion $\varphi = \varphi(\theta)$ mit der Eigenschaft

$$\int_0^{2\pi} \left(\varphi(\theta) - \theta\right) d\theta = 0$$

führt. Diese Funktion ist die gesuchte Lösung der Gleichung (38.138).

Die praktische Rechnung zur angenäherten Bestimmung der Abbildung des Einheitskreises auf das Gebiet G vereinfacht sich auf diese Weise, wenn die Randkurve stetig gekrümmt ist, da dann die Gleichung (38.134) entschieden einfacher zu lösen ist als die Gleichung (38.138). Eine Näherungslösung der Abbildungsaufgabe kann man dann, wenn Näherungswerte der Lösung $\varphi(\theta)$ der Gleichung (38.138) für diskrete Werte von θ vorliegen, auf folgende Art gewinnen. Man berechnet für äquidistante Werte θ_i durch Interpolation Näherungen für die Argumente φ_i und bestimmt zu vorgegebenem n dasjenige trigonometrische Polynom vom Grade n, das an den Stellen θ_i die Werte $\ln r(\varphi_i)$ annimmt,

$$\ln r\left(\varphi(\theta)\right) \approx \frac{\alpha_0}{2} + \sum_{m=1}^{n} (\alpha_m \cos m\theta + \beta_m \sin m\theta).$$

Dann bildet man das Polynom

$$p_n(z) = \frac{\alpha_n}{2} + \sum_{m=1}^{n} (\alpha_m - j\beta_m) z^m$$

und erhält mit

$$w = z e^{p_n(z)}$$

eine Näherung für die Abbildungsfunktion (38.139). Bild 38.36 zeigt für zwei Werte von n die Bildkontur des Einheitskreises für die Aufgabe, das Innere des Einheitskreises konform

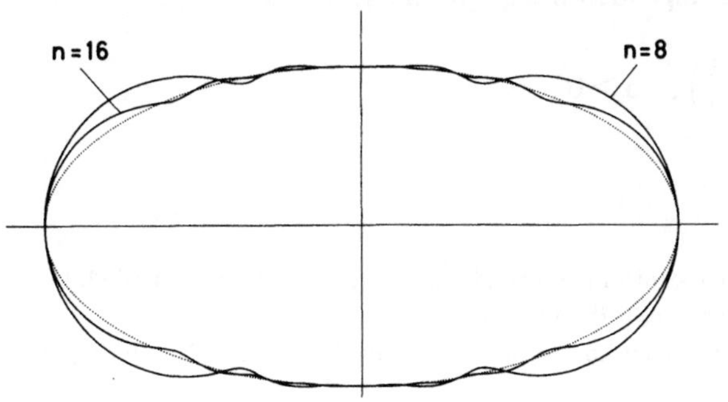

Bild 38.36

auf das Innere der Ellipse mit den Hauptachsen a = 2 und b = 1 abzubilden; hierfür wurde die in Bild 38.35 dargestellte über die Integralgleichung (38.134) berechnete Ränderzuordnungsfunktion verwendet.

Wir begnügen uns mit diesen Skizzen zur näherungsweisen Lösung der einfachsten Abbildungsaufgaben. Den an einer Vertiefung und Erweiterung interessierten Leser verweisen wir auf die spezielle Literatur[1]).

38.6 Übungsbeispiele

Man berechne die folgenden uneigentlichen Integrale beziehungsweise deren Cauchyschen Hauptwert über den Residuensatz:

1. $\int\limits_{-\infty}^{\infty} \frac{x^2+1}{x^4+1}\,dx$ 2. $\int\limits_{-\infty}^{\infty} \frac{x^4+1}{x^6+1}\,dx$

3. $\int\limits_{-\infty}^{\infty} \frac{x^2}{(x^2+a^2)^2}\,dx$ 4. $\int\limits_{-\infty}^{\infty} \frac{1}{(x^2+a^2)(x^2+b^2)}\,dx$

5. $\int\limits_{-\infty}^{\infty} \frac{x^{2m}}{x^{2n}+1}\,dx, \quad m < n$ 6. HW $\int\limits_{-\infty}^{\infty} \frac{e^{j\omega x}}{x+ja}\,dx, \quad a = \alpha + j\beta \neq 0, \ \omega \neq 0$

7. HW $\int\limits_{-\infty}^{\infty} \frac{x+1}{x(x^3-x^2+x-1)}\,dx$ 8. HW $\int\limits_{-\infty}^{\infty} \frac{e^{ax}}{1-e^x}\,dx, \quad 0 < a < 1$

9. $\int\limits_{0}^{\infty} \frac{x \sin ax}{x^2+b^2}\,dx$ 10. $\int\limits_{0}^{\infty} \frac{\cos ax}{x^2+b^2}\,dx.$

Die folgenden Integrale lassen sich berechnen, wenn man einen Integrationsweg der in Bild 38.1 (für Beispiel 11) beziehungsweise 38.6 (für die Beispiele 12 und 13) skizzierten Art zugrundelegt und den Grenzübergang $r \to \infty$, $\rho \to 0$ durchführt. Man beweise, durch eine entsprechende Rechnung, die folgenden Integralformeln:

11. $\int\limits_{0}^{\infty} \frac{x^2-a^2}{x^2+a^2}\,\frac{\sin x}{x}\,dx = \pi\left(e^{-a} - \frac{1}{2}\right), \quad a > 0$

---

[1] D. Gaier, Konstruktive Methoden der konformen Abbildung, Springer Tracts in Natural Philosophy, Volume 3, Springer-Verlag, Berlin/Göttingen/Heidelberg 1964.

W. von Koppenfels/F. Stallmann, Praxis der konformen Abbildung, Springer-Verlag, Berlin/Göttingen/Heidelberg 1959.

A. Betz, Konforme Abbildung, Springer-Verlag, Berlin/Göttingen/Heidelberg 1964.

I. W. Kantorowitsch/W. Krylow, Näherungsmethoden der höheren Analysis, Deutscher Verlag der Wissenschaften, Berlin 1956.

12. HW $\int_0^\infty \frac{x^{p-1}}{1-x}\,dx = \pi \cot p\pi, \quad 0 < p < 1$

13. $\int_0^\infty \frac{x^{-p}}{1 + 2x\cos\varphi + x^2}\,dx = \frac{\pi}{\sin p\pi}\,\frac{\sin p\varphi}{\sin\varphi}, \quad 0 < p < 1,\ 0 < |\varphi| < \pi.$

Es sei $F(\omega) = \mathscr{F} f(t)$. Man berechne die Originalfunktion $f(t)$ zu folgenden Bildfunktionen $F(\omega)$:

14. $F(\omega) = \frac{1}{1 + j\omega}$

15. $F(\omega) = \frac{j\omega}{1 + \omega^2}$

16. $F(\omega) = \frac{1}{R + j\omega L + \frac{1}{j\omega C}}$

17. $F(\omega) = \frac{1}{j\omega L + \frac{1}{j\omega C}}$

18. $F(\omega) = \frac{e^{-j\omega\tau}}{j\omega}, \quad \tau > 0$

19. $F(\omega) = \frac{e^{-j\omega\tau} - 1}{j\omega}, \quad \tau > 0$

20. $F(\omega) = \frac{1}{1 + j\omega}\,e^{-\tau(1 + j\omega)}, \quad \tau > 0.$

Es sei $F(s) = \mathscr{L} f(t)$. Man berechne die Originalfunktion $f(t)$ zu folgenden Bildfunktionen $F(s)$:

21. $F(s) = \frac{1}{s(1 + e^s)}$

22. $F(s) = \frac{1}{s \cosh s}$

23. $F(s) = \frac{1}{s(1 - e^{-s})}$

24. $F(s) = \frac{1}{s^2} - \frac{1}{2s}\,\frac{e^s + 1}{e^s - 1}$

25. $F(s) = \frac{1}{s^2 + \omega^2}\,\frac{1}{1 + e^{-\tau s}}$

26. $F(s) = \frac{1}{s}\tanh\frac{\tau s}{2}$

27. $F(s) = \frac{\tanh \tau s}{s(s + \alpha)}, \quad \alpha > 0$

28. $F(s) = \frac{\omega}{s^2 + \omega^2}\;\frac{1}{(1 - e^{-\pi s/\omega})}$

29. $F(s) = \frac{\cosh a\sqrt{s}}{s \cosh\sqrt{s}}, \quad 0 < a < 1$

30. $F(s) = \frac{\sinh as}{s^2 \cosh s b}, \quad 0 < a < b$

31. $F(s) = \frac{\sinh(a - x)\sqrt{s}}{\sinh a\sqrt{s}}, \quad 0 < x < a.$

Für die beiden folgenden Aufgaben ist ein Integrationsweg der in Bild 38.9 skizzierten Gestalt zugrundezulegen. Dabei ist für Beispiel 33 zu beachten, daß die Funktion $\ln\left(1 + \frac{1}{s}\right)$ in der längs der negativen reellen Achse zwischen den Punkten 0 und -1 aufgeschnittenen s-Ebene eindeutig und analytisch ist.

32. $F(s) = \frac{\sqrt{s}}{s - 1}$

33. $F(s) = \ln\left(1 + \frac{1}{s}\right).$

34. Man beweise die Umkehrformel

$$\mathscr{L}^{-1}\left(\frac{s e^{-a\sqrt{s}}}{s^2 + \omega^2}\right) = e^{-a\sqrt{\omega/2}}\cos(\omega t - a\sqrt{\omega/2}) - \frac{1}{\pi}\int_0^\infty \frac{x e^{-xt}\sin a\sqrt{x}}{x^2 + \omega^2}\,dx, \quad a > 0.$$

35. Man löse die Gleichung $y'(t) = \lambda y(t-1), 0 < \lambda < 1$, unter den Bedingungen $y(0) = y_0, y(t) = 0$ für $t < 0$.

Man berechne die $\mathscr{Z}$-Transformierte der nachstehenden Zahlenfolgen (x_n) mit dem allgemeinen Glied x_n, $n = 0, 1, \ldots$:

36. $x_n = n$

37. $x_n = n^2$

38. $x_n = na^n$

39. $x_n = n^2 a^n$

40. $x_n = \dfrac{a^n}{n+1}$

41. $x_n = \alpha + \beta n + \gamma n^2$

42. $x_n = \dfrac{n}{(n+1)!}$

43. $x_n = \dfrac{n+1}{n!}$.

Sei $F(z) = \mathscr{Z}(x_n)$ die $\mathscr{Z}$-Transformierte der Folge (x_n). Man berechne das Urbild (x_n) für die folgenden Bildfunktionen $F(z)$:

44. $F(z) = \dfrac{2z^2 - 14z}{z^2 - 8z + 15}$

45. $F(z) = \dfrac{1}{z^2 - 3z + 2}$

46. $F(z) = \dfrac{1}{z^2 - 2az\cos\varphi + a^2}$

47. $F(z) = \dfrac{z}{z^2 - 2az\cos\varphi + a^2}$

48. $F(z) = \dfrac{z+1}{(z-1)^3}$

49. $F(z) = \dfrac{6z}{(2z-1)^3}$

50. $F(z) = \dfrac{4z^2}{z^4 - 1}$

51. $F(z) = \dfrac{4z^2}{(z^2+1)(z-1)^2}$

52. $F(z) = z\dfrac{p'(z)}{p(z)}, \quad p(z) = \prod_{k=1}^{n} (z - \lambda_k), \quad \lambda_i \neq \lambda_j$.

Man löse die folgenden homogenen und inhomogenen linearen Differenzengleichungen für $x_0 = \alpha, x_1 = \beta$:

53. $x_{n+2} - 5x_{n+1} + 6x_n = 0$

54. $x_{n+2} - 2x_{n+1} + x_n = 0$

55. $4x_{n+2} - 4x_{n+1} + x_n = 0$

56. $x_{n+3} - 3x_{n+2} + 3x_{n+1} - x_n = 0$

57. $x_{n+2} - 3x_{n+1} + 2x_n = 4 \cdot 3^n - 2 \cdot 5^n$

58. $x_{n+2} - 5x_{n+1} + 6x_n = n^2$

59. $x_{n+2} - 2x_{n+1} + x_n = 3 + n + 4^n$

60. $4x_{n+2} - 4x_{n+1} + x_n = 3 \cdot 2^{-n}$

61. $x_{n+2} + 4x_{n+1} + 4x_n = n^2 - 3n + 5$

62. $x_{n+2} + x_n = \dfrac{1}{n+1}$.

63. Sei (x_n) eine Zahlenfolge. Man beweise

$$\Delta^m x_n = \sum_{k=0}^{m} (-1)^{m-k} \binom{m}{k} x_{n+k}, \quad n, m = 0, 1, \ldots .$$

64. Sei $x_n = \frac{(-1)^n}{n+1}$ für $n = 0, 1, 2, \ldots$. Man berechne $\Delta^m x_0$ für $m = 0, 1, 2, \ldots$.

65. Sei $\sum_{n=0}^{\infty} (-1)^n a_n$ eine konvergente (nicht notwendigerweise alternierende) Reihe.
Man beweise

$$\sum_{n=0}^{\infty} (-1)^n a_n = \sum_{n=0}^{\infty} \frac{(-1)^n}{2^{n+1}} \Delta^n a_0$$

66. Man untersuche, für welche Werte von λ die Gleichung
$-\Delta^2 x_{n-1} = \lambda x_n, \quad n = 1, 2, \ldots, N-1, \quad x_0 = x_N = 0,$
eine nichttriviale Lösung besitzt. Man berechne diese Lösungen!

Man gebe die allgemeine Lösung der folgenden Systeme von Differenzengleichungen erster Ordnung an:

67. $2x_{k+1} + y_{k+1} = x_k + 3y_k, \quad x_{k+1} + y_{k+1} = x_k + y_k$

68. $x_{k+1} = px_k + qy_k, \quad y_{k+1} = (1-p)x_k + (1-q)y_k, \quad p - q \neq 1.$

69. Es sei $\mathbf{A}$ eine N-reihige quadratische Matrix und $\mathbf{F}(z) = \mathscr{Z}(\mathbf{A}^n) = \left(z(z\mathbf{E} - \mathbf{A})^{-1}\right)$.
Man zeige erstens, daß die Reihen

$$F_{ij}(z) = \sum_{n=0}^{\infty} (\mathbf{A}^n)_{ij} \frac{1}{z^n}, \quad i, j = 1, 2, \ldots, N,$$

für $|z| > r = \operatorname{Max}_{k=1}^{N} |\lambda_k|$ konvergieren, zweitens, daß eine dieser N^2 Reihen für $|z| < r$ divergiert.

Man ermittle das Gebiet G in der w-Ebene, auf das die obere Halbebene $\operatorname{Im}(z) > 0$ durch die Funktion $w = f(z)$ konform abgebildet wird:

70. $w = (z + j\alpha)^2, \alpha > 0$

71. $w = z^\alpha, 0 < \alpha < 1$

72. $w = \dfrac{\sqrt{z} - 1}{\sqrt{z} + 1}$

73. $w = \left(\dfrac{\sqrt{z} - 1}{\sqrt{z} + 1}\right)^\alpha, 0 < \alpha < 1$

74. $w = \dfrac{a}{\pi} \ln z, a > 0$

75. $w = \dfrac{\pi}{\operatorname{arcoth} z}$

Durch die Funktion $w = f(z)$ wird das Gebiet G in der z-Ebene konform auf das Gebiet G^* in der w-Ebene abgebildet. Man bestimme das Gebiet G^*:

76. $w = \sin \dfrac{\pi z}{a}, \quad G = \{z \mid |\operatorname{Re}(z)| < \frac{a}{2}, \operatorname{Im}(z) > 0\}, \quad a > 0$

77. $w = \cos \dfrac{\pi z}{a}, \quad G = \{z \mid 0 < \operatorname{Re}(z) < a, \operatorname{Im}(z) > 0\}, \quad a > 0$

78. $w = \cosh \dfrac{\pi z}{a}, \quad G = \{z \mid \operatorname{Re}(z) > 0, 0 < \operatorname{Im}(z) < a\}, \quad a > 0$

79. $w = \dfrac{1}{2}\left(z + \dfrac{1}{z}\right), \quad G = \{z \mid \operatorname{Im}(z) > 0, |z| > 1\}$

80. $w = \dfrac{1}{2}\left(z + \dfrac{1}{z}\right), \quad G = \{z \mid |z| < R, R < 1\}$

81. $w = \dfrac{1}{2}\left(z + \dfrac{1}{z}\right), \quad G = \{z \mid |z| < 1\}$

82. $w = \dfrac{1}{2}\left(z + \dfrac{1}{z}\right), \quad G = \{z \mid |z + a| < 1 + a, a > 0\}$

83. $w = \frac{a}{\pi} \ln \frac{1-z}{1+z}$, $G = \{z \mid \mathrm{Im}(z) > 0, \mathrm{Re}(z) > 0\}$, $a > 0$

84. $w = \frac{z^\alpha - e^{j\beta}}{z^\alpha + e^{j\beta}}$, $0 < \alpha \leqslant \frac{1}{2}$, $G = \{z \mid \mathrm{Im}(z) > 0\}$

85. $w = \frac{2}{\pi}(\mathrm{ar\,tanh}\sqrt{z} - \mathrm{arc\,tan}\sqrt{z})$, $G = \{z \mid \mathrm{Im}(z) > 0\}$

86. $w = \frac{a(1-z^2) - 2jbz}{1+z^2}$, a, b reell, $G = \{z \mid \mathrm{Im}(z) > 0\}$

87. Die Funktion $\zeta = \left(\frac{1+z}{1-z}\right)^2$ bildet den Halbkreis $K_+ = \{z \mid |z| < 1, \mathrm{Im}(z) > 0\}$ auf die obere Halbebene $\mathrm{Im}(\zeta) > 0$ der ζ-Ebene ab. Man konstruiere die Abbildung des Halbkreises K_+ auf das Innere des Einheitskreises der w-Ebene, bei der dem Punkt $z = \frac{j}{2}$ der Punkt $w = 0$ entspricht und der Punkt $z = 1$ ein Fixpunkt ist.

88. Durch die Funktion $\zeta = \cosh z$ wird der Halbstreifen $S = \{z \mid \mathrm{Re}(z) > 0, 0 < \mathrm{Im}(z) < \pi\}$ auf die obere Halbebene $\mathrm{Im}(\zeta) > 0$ der ζ-Ebene abgebildet. Man bilde den Halbstreifen S so auf das Innere des Einheitskreises in der w-Ebene ab, daß die Punkte $z_1 = 0$, $z_2 = \frac{j\pi}{2}$, $z_3 = j\pi$ der Reihe nach in die Punkte $w_1 = 1$, $w_2 = -j$, $w_3 = -1$ übergehen.

89. Man bilde das Äußere des Einheitskreises in der z-Ebene auf das Äußere der Ellipse mit den Halbachsen a und b in der w-Ebene ab, und zwar so, daß die Punkte $z_1 = 1$, $z_2 = j$, $z_3 = -1$ und $w_1 = -jb$, $w_2 = a$, $w_3 = jb$ einander bei der Abbildung entsprechen (siehe hierzu Beispiel 86).

90. Man bilde den Kreissektor $K_\alpha = \{z \mid |z| < 1, 0 < \arg(z) < \alpha\pi\}$ mit dem Öffnungswinkel $\alpha\pi$ auf den Halbstreifen $S = \{w \mid |\mathrm{Re}(w)| < \frac{a}{2}, \mathrm{Im}(w) > 0\}$ unter Berücksichtigung der Korrespondenzen $0 \to \frac{a}{2}$, $1 \to \infty$, $e^{j\alpha\pi} \to 0$ ab.

91. Man bilde das Innere des Halbkreises $H = \{z \mid |z + \frac{1}{2}| < 1, \mathrm{Re}(z) > -\frac{1}{2}\}$ durch $w = f(z)$ auf das Innere des Einheitskreises in der w-Ebene ab, und zwar derart, daß $f(0) = 0$ und $\arg(f'(0)) > 0$ gilt (siehe hierzu Beispiel 87).

92. Man bilde das Innere des Einheitskreises in der z-Ebene auf die Halbebene $\frac{1}{2j}(\overline{w}e^{j\alpha} - we^{-j\alpha}) < a$ ab, und zwar so, daß $z = j$ in $w = \infty$, der Schnittpunkt der die Halbebene berandenden Geraden mit der reellen w-Achse in den Punkt $z = -j$ übergeht; der Schnittpunkt mit der imaginären w-Achse soll einem der beiden Schnittpunkte des Kreises $|z| = 1$ mit der reellen z-Achse entsprechen $(0 < |\alpha| < \frac{\pi}{2})$.

93. Man bestimme die Greensche Funktion der ersten Randwertaufgabe der Potentialtheorie für den Kreis $x^2 + y^2 < R^2$.

94. Man bestimme die Greensche Funktion der ersten Randwertaufgabe der Potentialtheorie für den Halbkreis $x^2 + y^2 < 1, y > 0$ (siehe hierzu Beispiel 87).

95. Man zeige, daß durch die Funktion

$$w = f(z) = \int_0^z (\zeta - e^{j\beta_1})^{-\alpha_1} \ldots (\zeta - e^{j\beta_n})^{-\alpha_n} d\zeta, \qquad \sum_{k=1}^{n} \alpha_k = 2,$$

das Innere des Einheitskreises in der z-Ebene auf das Innere eines Polygons (mit den Schwenkungswinkeln $\alpha_k\pi$) in der w-Ebene abgebildet wird.

Speziell bildet die Funktion

$$w = \int_0^z \frac{1}{\sqrt[n]{(1-\zeta^n)^2}}\, d\zeta$$

das Innere des Einheitskreises in der z-Ebene auf ein regelmäßiges n-Eck in der w-Ebene ab.

96. Man zeige, daß die Funktion

$$w = \int_0^z \frac{1}{\sqrt{1+\alpha^4\zeta^4}}\, d\zeta, \quad \alpha = \int_0^1 \frac{1}{\sqrt{1+t^4}}\, dt,$$

das Innere des Kreises $|z| < \frac{1}{\alpha}$ auf das Quadrat $Q = \{z \,|\, |\mathrm{Re}(w)| < 1, |\mathrm{Im}(w)| < 1\}$ abbildet.

Sachwortverzeichnis

A

F

G

H

I

K

M

N

O

P

Q

R

S

T

U

V

W

Z

GPSR Compliance

The European Union's (EU) General Product Safety Regulation (GPSR) is a set of rules that requires consumer products to be safe and our obligations to ensure this.

If you have any concerns about our products, you can contact us on ProductSafety@springernature.com

In case Publisher is established outside the EU, the EU authorized representative is:

Springer Nature Customer Service Center GmbH
Europaplatz 3
69115 Heidelberg, Germany

Batch number: 10584556

Printed by Printforce, the Netherlands